2025 최신판

30일 완성 Project

소방시설관리사
2차 실기 공통편

이기덕 저

- (전)대형소방학원 원장
- (주)대형소방 대표이사
- 소방기술사 수석 합격
- 소방시설관리사 수석 합격

■ 필수 암기사항인 핵심내용과 암기방법 수록(요점정리)
■ 출제빈도가 높은 공통편(화재안전기준, 설비별 계통도, 소방이론) 수록

소방시설의 **설계 및 시공** 과목 및 **점검실무행정** 과목에
합격하기 위해서는 **공통편**에 대한 학습이 필요합니다.

유튜브에서 저자가 직접 강의한 동영상을 참고하시면 자격증 취득에
도움이 될 것입니다. **이기덕** 검색 → **재생목록** 클릭

www.kimoonsa.co.kr

2025 최신판

30일 완성 Project

소방시설관리사 2차 실기 `공통편`

이 기 덕 저

- (전)대형소방학원 원장
- (주)대형소방 대표이사
- 소방기술사 수석 합격
- 소방시설관리사 수석 합격

■ 필수 암기사항인 핵심내용과 암기방법 수록(요점정리)
■ 출제빈도가 높은 공통편(화재안전기준, 설비별 계통도, 소방이론) 수록

소방시설의 **설계 및 시공** 과목 및 **점검실무행정** 과목에 합격하기 위해서는 **공통편**에 대한 학습이 필요합니다.

유튜브에서 저자가 직접 강의한 동영상을 참고하시면 자격증 취득에 도움이 될 것입니다. **이기덕** 검색 → **재생목록** 클릭

www.kimoonsa.co.kr

머리말

소방시설의 설계 및 시공 과목과 소방시설의 점검실무행정 과목을 이해하고, 소방시설관리사 2차 실기시험에 합격하는 데 있어서, 이 교재가 도움이 될 수 있도록 집필하였습니다.

이 교재의 특징은

> ① 이 교재는 "소방시설의 설계 및 시공" 과목과 "소방시설의 점검실무행정" 과목에 모두 출제되는 공통파트(화재안전기준, 설비별 계통도, 그 밖의 소방관련 문제)에 중점을 두고 집필하였습니다.
> ② 이 교재는 2024년 9월 14일에 시행된 소방시설관리사 실기(2차) 최신 출제경향을 철저하게 분석하고 이를 반영하였습니다.
> ③ 이 교재는 각 문제마다 별표를 통하여 중요도를 구분하였습니다. 삼성급(별표 3개) 이상은 출제 가능성이 매우 높기 때문에 이해 및 암기까지 철저히 하는 것이 좋습니다.
> ※ 이 한 권의 교재로 공통파트에 대한 공부를 끝낼 수 있도록 집필하였습니다.

여러분의 합격을 위해서 끊임없이 노력할 것이며, 시험과 관계있는 보충 자료를 제공하고 교재 관련 질문에 대한 답변을 할 것입니다. 소방시설관리사 시험 합격과 행운이 함께하시길 소망합니다.

이 교재와 함께할 것은

> ■ 질의응답 : 다음 카페(http://cafe.daum.net/Daehyungpowerstudy)
> ■ 소방시설관리사 실기는 혼자 힘으로 합격하기 어렵기 때문에 직강이나 동영상 강의를 듣는 것이 좋습니다.

이 교재가 나오기까지 출판에 심혈을 기울여 주신 도서출판 기문사 임직원 여러분께 감사드립니다. 또한 수험생 여러분들의 끊임없는 관심과 지적이 있었기에 좀 더 만족할만한 교재가 된 것에 깊은 감사를 드립니다.

교재 작업과 강의 등 바쁜 일상으로 많은 시간을 함께 하지 못했음에도 항상 믿어주고 든든한 후원자가 되어 준 나의 아내(恩正)와 아이들(炯斌, 炯俊)에게 미안함과 고마운 마음을 전합니다.

李記德 드림

합격전략

열정을 가지고 자신의 모든 능력을 쏟아 부으면 소방시설관리사 합격은 당연히 따라오게 되어 있습니다. 합격을 기원합니다.

1 합격에 필요한 내용
소방시설관리사 2차 실기시험에 합격하기 위해서는 **공통파트**(화재안전기준, 설비별 계통도, 소방이론)에 대한 학습이 필요합니다.

2 학습 순서(study process)
① 교재 1권의 숙지 → 참고용 교재
  합격에 필요한 내용을 모두 수록하고 있는 교재 1권을 숙지하게 되면 일단 합격권에 들게 됩니다. 이때 참고용 교재를 접하게 되면 지식은 추가될 것입니다. 그러나 교재 1권을 숙지하지 못한 채 참고용 교재를 접할 경우 지식은 교체될 것입니다. 합격은 추가되는 데 있으며, 교체되는 데 있지 않음을 명심해야 합니다.
② 쉬운 것 → 중요한 것
  쉬운 것부터 꾸준하게 학습하다 보면 중요한 것(예상문제)이 서서히 눈에 띄게 되는데, 중요한 것은 별도로 정리해 가면서 좀 더 심도 있게 학습하는 것이 효과적입니다.

3 합격을 위해서 꼭 필요한 것
합격을 위해서 꼭 필요한 것은 합격에 대한 믿음(자신감)과 꾸준한 학습시간입니다. 합격에 대한 믿음(자신감)을 갖고서 매일 5시간 이상 꾸준하게 학습한다면 충분히 합격할 수 있습니다.

4 시험 준비물과 풀이 순서

- ■시험 준비물
  - 계산기 2개
  - 필기구 2개
  - 신분증
  - 수험표
  - 시계

- ■풀이 순서
  - 기술형 → 계산형
  - 단순 → 복잡
  - 아는 것 → 모르는 것
  - 쉬운 것 → 어려운 것

출제경향

1 소방시설의 설계 및 시공

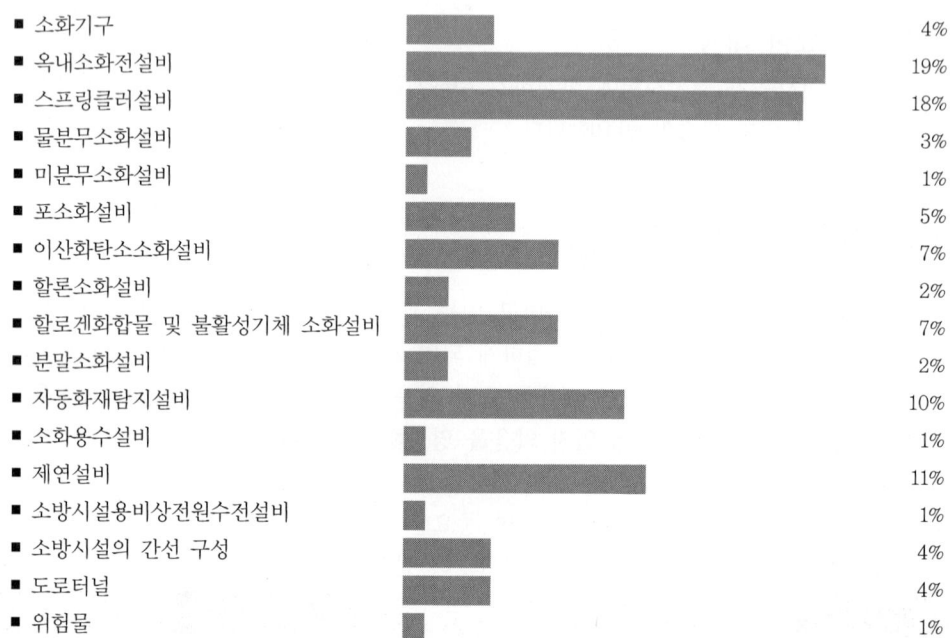

- 소화기구 — 4%
- 옥내소화전설비 — 19%
- 스프링클러설비 — 18%
- 물분무소화설비 — 3%
- 미분무소화설비 — 1%
- 포소화설비 — 5%
- 이산화탄소소화설비 — 7%
- 할론소화설비 — 2%
- 할로겐화합물 및 불활성기체 소화설비 — 7%
- 분말소화설비 — 2%
- 자동화재탐지설비 — 10%
- 소화용수설비 — 1%
- 제연설비 — 11%
- 소방시설용비상전원수전설비 — 1%
- 소방시설의 간선 구성 — 4%
- 도로터널 — 4%
- 위험물 — 1%

구분	7회	8회	9회	10회	11회	12회	13회	14회	15회	16회	17회	18회	19회	20회	21회	22회	23회	24회
계산	27	67	56	44	51	50	64	70	59	59	49	60	81	42	54	73	42	67
비계산	73	33	44	56	49	50	36	30	41	41	51	40	19	58	46	27	58	33

구분	7회	8회	9회	10회	11회	12회	13회	14회	15회	16회	17회	18회	19회	20회	21회	22회	23회	24회
NFSC	70	67	89	56	50	95	86	53	51	48	52	57	60	24	31	43	41	36
기타	30	33	11	44	50	5	14	47	49	52	48	43	40	76	69	57	59	64

구분		7회	8회	9회	10회	11회	12회	13회	14회	15회	16회	17회	18회	19회	20회	21회	22회	23회	24회
계산	NFSC	27	67	56	–	21	45	50	35	17	37	31	41	48	0	4	34	26	24
	기타	–	–	–	44	30	5	14	35	42	22	18	19	33	42	50	39	16	43
비계산	NFSC	43	–	33	56	29	50	36	18	34	11	21	6	12	24	27	9	15	12
	기타	30	33	11	–	20	–	–	12	7	30	30	24	7	34	19	18	43	21
계산, NFSC		70	67	89	100	80	100	100	88	93	70	70	76	93	66	81	82	57	79

☞ **합격전략(설계) : 계산, 화재안전기준**

2 소방시설의 점검실무행정

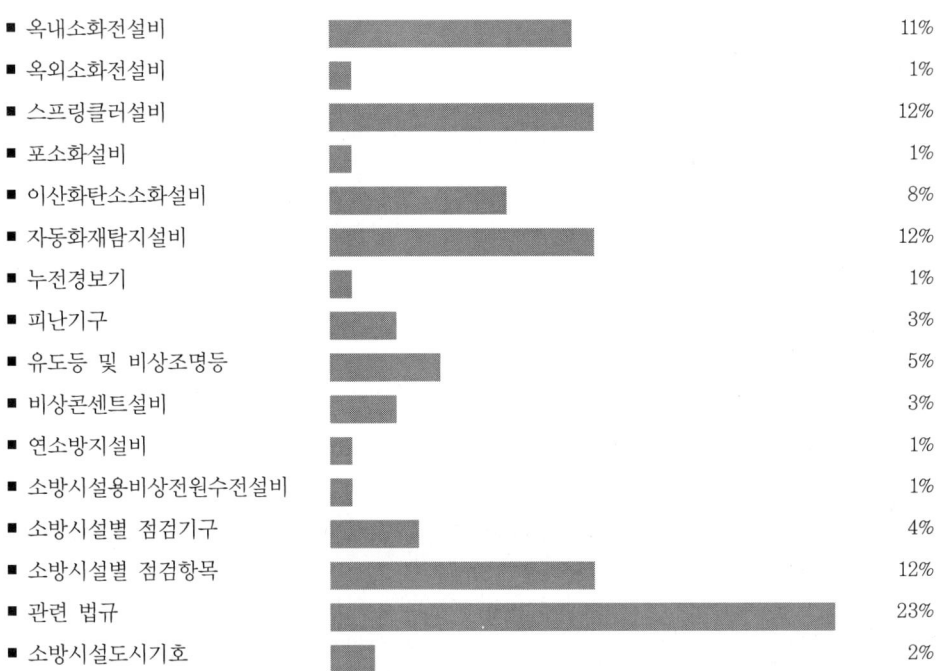

- 옥내소화전설비 — 11%
- 옥외소화전설비 — 1%
- 스프링클러설비 — 12%
- 포소화설비 — 1%
- 이산화탄소소화설비 — 8%
- 자동화재탐지설비 — 12%
- 누전경보기 — 1%
- 피난기구 — 3%
- 유도등 및 비상조명등 — 5%
- 비상콘센트설비 — 3%
- 연소방지설비 — 1%
- 소방시설용비상전원수전설비 — 1%
- 소방시설별 점검기구 — 4%
- 소방시설별 점검항목 — 12%
- 관련 법규 — 23%
- 소방시설도시기호 — 2%

구분	7회	8회	9회	10회	11회	12회	13회	14회	15회	16회	17회	18회	19회	20회	21회	22회	23회	24회
법규	30	30	15	40	30	30	40	20	55	12	31	7	16	45	10	40	23	43
NFSC	40	30		20	10	40	30	54	15	3	24	26	38	18	23	17	40	17
점검표		30	20		20		10	26	26	11	12	14	14	33	24	43	13	23
기준					40	20	20			17	6	10		4			19	
도시기호						10			4	10	6	8	2					13
계통도			20															
시험방법		10	45	40						47	10	35	21		31		5	4
점검기구															12			
밸브	30												9					
기준, 법령	70	90	35	60	100	100	100	100	100	53	79	65	70	100	57	100	95	96

※기준 : NFSC, 위험물세부기준, 소방방재청 고시, 국토교통부 고시, 제품검사기준 등

☞ **합격전략(점검) : 화재안전기준, 법령, 점검표, 기타 기준**

출제기준

1 시험과목 및 시험방법

구분	시험과목	시험방법
제1차 시 험	① 소방안전관리론 및 화재역학 ② 소방수리학·약제화학 및 소방전기 ③ 소방 관련 법령 ④ 위험물의 성상 및 시설기준 ⑤ 소방시설의 구조원리	객관식 4지 선택형
제2차 시 험	① 소방시설의 점검실무행정(점검절차 및 점검기구 사용법 포함) ② 소방시설의 설계 및 시공	논문형을 원칙으로 하되 기입형을 가미

2 시험시간

시험구분	시험과목	시험시간	문항 수
제1차 시 험	5개 과목	09:30~11:35(125분) (09:00까지 입실)	과목별 25문항 (총 125문항)
	4개 과목(일부면제자)	09:30~11:10(100분) (09:00까지 입실)	
제2차 시 험	1교시 소방시설의 점검실무행정	09:30~11:00(90분) (09:00까지 입실)	과목별 3문항 (총 6문항)
	2교시 소방시설의 설계 및 시공	12:00~13:30(90분) (11:30까지 입실)	

3 합격 결정

구분	합격 결정 기준
제1차 시 험	매 과목 100점을 만점으로 하여 매 과목 40점 이상, 전 과목 평균 60점 이상 득점한 자
제2차 시 험	매 과목 100점을 만점으로 하되, 시험위원의 채점 점수 중 최고 점수와 최저 점수를 제외한 점수가 매 과목 평균 40점 이상, 전 과목 평균 60점 이상을 득점한 자

4 응시자격

1) 소방기술사·위험물기능장·건축사·건축기계설비기술사·건축전기설비기술사 또는 공조냉동기계기술사 자격취득자
2) 소방설비기사 자격을 취득한 후 2년 이상 소방청장이 정하여 고시하는 소방에 관한 실무경력(이하 "소방실무경력"이라 함)이 있는 사람
3) 소방설비산업기사 자격을 취득한 후 3년 이상 소방실무경력이 있는 사람

4) 「국가과학기술 경쟁력 강화를 위한 이공계지원 특별법」 제2조제1호에 따른 이공계(이하 "이공계"라 한다) 분야를 전공한 사람으로서 다음 각 목의 어느 하나에 해당하는 사람
   가. 이공계 분야의 박사학위를 취득한 사람
   나. 이공계 분야의 석사학위를 취득한 후 2년 이상 소방실무경력이 있는 사람
   다. 이공계 분야의 학사학위를 취득한 후 3년 이상 소방실무경력이 있는 사람
5) 소방안전공학(소방방재공학, 안전공학을 포함한다) 분야를 전공한 후 다음 각 목의 어느 하나에 해당하는 사람
   가. 해당 분야의 석사학위 이상을 취득한 사람
   나. 2년 이상 소방실무경력이 있는 사람
6) 위험물산업기사 또는 위험물기능사 자격을 취득한 후 3년 이상 소방실무경력이 있는 사람
7) 소방공무원으로 5년 이상 근무한 경력이 있는 사람
8) 소방안전 관련 학과의 학사학위를 취득한 후 3년 이상 소방실무경력이 있는 사람
9) 산업안전기사 자격을 취득한 후 3년 이상 소방실무경력이 있는 사람
10) 다음 각 목의 어느 하나에 해당하는 사람
    가. 특급 소방안전관리대상물의 소방안전관리자로 2년 이상 근무한 실무경력이 있는 사람
    나. 1급 소방안전관리대상물의 소방안전관리자로 3년 이상 근무한 실무경력이 있는 사람
    다. 2급 소방안전관리대상물의 소방안전관리자로 5년 이상 근무한 실무경력이 있는 사람
    라. 3급 소방안전관리대상물의 소방안전관리자로 7년 이상 근무한 실무경력이 있는 사람
    마. 10년 이상 소방실무경력이 있는 사람
    ※ 시험에서 부정한 행위를 한 응시자에 대하여는 그 시험을 정지 또는 무효로 하고, 그 처분이 있은 날부터 2년간 시험 응시자격을 정지한다.(법 제26조의2)

〈응시자격 관련 참고사항〉

■ 대학졸업자란?
  ☞ 고등교육법 제2조 1호부터 제6호의 학교[대학, 산업대학, 교육대학, 전문대학, 원격대학(방송대학, 통신대학, 방송통신대학 및 사이버대학), 기술대학] 학위 및 평생교육법 제4조 제4항 및 「학점인정 등에 관한 법률」 제7조와 9조 등에 의거한 학위 인정
    ※ 응시자격 경력산정 서류심사 기준일은 원서접수 마감일
■ 소방관련학과 · 소방안전관련학과 인정범위, 응시자격별 실무경력인정범위 및 경력기간 산정방법은 소방시설관리사 홈페이지 자료실의 응시자격 서류심사 관련자료 참조

5 답안지 작성 시 유의사항

가. 답안지는 **표지, 연습지, 답안내지(16쪽)**로 구성되어 있으며, 교부받는 즉시 쪽 번호 등 정상 여부를 확인하고 연습지를 포함하여 1매라도 분리하거나 훼손해서는 안 됩니다.
나. 답안지 표지 앞면 빈칸에는 **시행연도 · 자격시험명 · 과목명**을 정확하게 기재하여야 합니다.

다. 채점 사항	1. 답안지 작성은 반드시 **검정색 필기구만 사용**하여야 합니다.(그 외 연필류, 유색필기구 등을 사용한 **답항은 채점하지 않으며 0점 처리**됩니다.) 2. 수험번호 및 성명은 반드시 연습지 첫 장 좌측 인적사항 기재란에만 작성하여야 하며, **답안지의 인적사항 기재란 외의 부분에 특정인임을 암시하거나 답안과 관련 없는 특수한 표시를 하는 경우 답안지 전체를 채점하지 않으며 0점 처리**합니다. 3. 계산문제는 반드시 **계산과정, 답, 단위를 정확히 기재**하여야 합니다. 4. 답안 정정 시에는 두 줄(=)을 긋고 다시 기재하여야 하며, 수정테이프 · 수정액 등을 사용할 경우 채점상의 불이익을 받을 수 있으므로 사용하지 마시기 바랍니다. 5. 기 작성한 문항 전체를 삭제하고자 할 경우 반드시 해당 문항의 답안 전체에 명확하게 X표시하시기 바랍니다.(X표시 한 답안은 채점대상에서 제외)
라. 일반 사항	1. 답안 작성 시 문제번호 순서에 관계없이 답안을 작성하여도 되나, 반드시 문제번호 및 문제를 기재(긴 경우 요약기재 가능)하고 해당 답안을 기재하여야 합니다. 2. 각 문제의 답안작성이 끝나면 바로 옆에 **"끝"**이라고 쓰고, 최종 답안작성이 끝나면 줄을 바꾸어 중앙에 **"이하여백"**이라고 써야합니다. 3. 수험자는 시험시간이 종료되면 즉시 답안작성을 멈춰야 하며, 종료시간 이후 계속 답안을 작성하거나 감독위원의 답안지 제출지시에 불응할 때에는 **당회 시험을 무효처리**합니다. 4. 답안지가 부족할 경우 추가 지급하며, 이 경우 먼저 작성한 답안지의 16쪽 우측하단 [　　　]란에 **"계속"**이라고 쓰고, 답안지 표지의 우측 상단(총　권 중　번째)에는 답안지 총 권수, 현재 권수를 기재하여야 합니다.(예시: 총 2권 중 1번째)

6 합격자

회차	시험일	합격자	회차	시험일	합격자
제1회	1993.05.23	87명	제13회	2013.05.11	147명
제2회	1995.03.19	22명	제14회	2014.05.17	44명
제3회	1996.03.31	29명	제15회	2015.09.05	75명
제4회	1998.09.20	9명	제16회	2016.09.24	122명
제5회	2000.10.15	26명	제17회	2017.10.23	70명
제6회	2002.11.03	18명	제18회	2018.10.13	67명
제7회	2004.10.31	144명	제19회	2019.09.21	283명
제8회	2005.07.03	100명	제20회	2020.09.26	65명
제9회	2006.07.02	70명	제21회	2021.09.18	104명
제10회	2008.09.28	105명	제22회	2022.09.24	172명
제11회	2010.09.05	190명	제23회	2023.09.16	39명
제12회	2011.08.20	216명			

차 례

■ 요점정리 · 17

제1편 소화설비

제1장_소화기구 · 50
1. 소화기 · 50
2. 자동소화장치 · 52
3. 설치기준 · 52
4. 소화기의 감소 · 55
5. 소화기구의 소화약제별 적응성 · 56
6. 소화약제 외의 것을 이용한 간이소화용구의 능력단위 · 57
7. 특정소방대상물별 소화기구의 능력단위기준 · 57
8. 부속용도별로 추가하여야 할 소화기구 · 57
9. 사용온도범위 · 59
10. 자동확산소화기 · 59

제2장_옥내소화전설비 · 60
1. 옥내소화전설비의 계통도 · 60
2. 수원 · 62
3. 가압송수장치 · 64
4. 배관 등 · 71
5. 함 및 방수구 등 · 77
6. 전원 · 79
7. 제어반 · 80
8. 배선 등 · 82
9. 방수구의 설치제외 · 83
10. 수원 및 가압송수장치의 펌프 등의 겸용 · 83
11. 배선에 사용되는 전선의 종류 및 공사방법 · 85
12. 옥내소화전설비와 호스릴옥내소화전설비 · 86
13. 감압장치의 종류 · 87
14. 수온상승 방지장치의 종류 · 88
15. 가압송수장치 · 89
16. 펌프에서 발생되는 각종 현상 · 89
17. 압력스위치의 Setting 방법 · 91
18. 소방펌프와 급수펌프 · 92
19. 주펌프, 예비펌프, 충압펌프 · 93
20. 펌프의 연합운전 · 94
21. 펌프의 종류 · 95
22. 원심펌프의 분류 및 형식표시 · 97
23. 펌프 주요부 · 97
24. 신축이음 · 98
25. 마찰손실 · 99

제3장_스프링클러설비 · 100
1. 스프링클러설비의 종류 · 100
2. 수원 · 103
3. 가압송수장치 · 105
4. 폐쇄형 스프링클러설비의 방호구역 · 유수검지장치 · 108
5. 개방형 스프링클러설비의 방수구역 및 일제개방밸브 · 109
6. 배관 · 110
7. 음향장치 및 기동장치 · 117
8. 헤드 · 121
9. 송수구 · 125
10. 전원 · 126
11. 제어반 · 129

12. 배선 등 · 132
13. 헤드의 설치제외 · 132
14. 수원 및 가압송수장치의 펌프 등의 겸용 · 134
15. 스프링클러헤드 수별 급수관의 구경 [별표 1] · 135
16. 스프링클러설비의 소화특성 · 136
17. RDD와 ADD · 137
18. 소화설비의 배관방식 · 139
19. Skipping 현상 · 140
20. 비상발전기 및 부속실 제연설비 운영지침 · 141
21. 충압펌프의 잦은 기동 원인 · 144
22. 규약배관방식과 수리배관방식 · 144
23. 스프링클러헤드의 물리적인 특성을 결정짓는 3요소 · 145

제4장_간이스프링클러설비 ········· 146

1. 수원 · 146
2. 가압송수장치 · 147
3. 간이스프링클러설비의 방호구역 · 유수검지장치 · 150
4. 제어반 · 151
5. 배관 및 밸브 · 151
6. 간이헤드 · 157
7. 음향장치 및 기동장치 · 158
8. 송수구 · 159
9. 비상전원 · 160
10. 수원 및 가압송수장치의 펌프 등의 겸용 · 160
11. 간이헤드 수별 급수관의 구경 · 161

제5장_화재조기진압용 스프링클러설비 ········· 162

1. 설치장소의 구조 · 162
2. 수원 · 162
3. 가압송수장치 · 164
4. 방호구역 · 유수검지장치 · 167
5. 배관 · 167
6. 음향장치 및 기동장치 · 171
7. 헤드 · 172
8. 저장물의 간격 · 173
9. 환기구 · 173
10. 송수구 · 173
11. 전원 · 174
12. 제어반 · 175
13. 배선 등 · 177
14. 설치 제외 · 178
15. 수원 및 가압송수장치의 펌프 등의 겸용 · 178
16. 보 또는 기타 장애물 아래에 헤드가 설치된 경우의 반사판 위치[별표 1] · 179
17. 저장물 위에 장애물이 있는 경우의 헤드설치 기준[별표 2] · 180
18. 보 또는 기타 장애물 위에 헤드가 설치된 경우의 반사판 위치[별도 1] · 180
19. 장애물이 헤드 아래에 연속적으로 설치된 경우의 반사판 위치[별도 2] · 181
20. 장애물 아래에 설치되는 헤드 반사판의 위치[별도 3] · 181

제6장_물분무소화설비 ········· 182

1. 물분무소화설비의 소화작용 · 182
2. 수원 · 182
3. 가압송수장치 · 184
4. 배관 등 · 186
5. 송수구 · 188
6. 기동장치 · 189
7. 제어밸브 등 · 190
8. 물분무헤드 · 190
9. 배수설비 · 191
10. 전원 · 192
11. 제어반 · 193
12. 배선 등 · 195
13. 물분무헤드의 설치제외 · 195
14. 수원 및 가압송수장치의 펌프 등의 겸용 · 196

제7장_미분무소화설비 ········· 197

1. 미분무소화설비의 종류 · 197
2. 설계도서 작성 · 197

3. 수원 · 198
4. 수조 · 199
5. 가압송수장치 · 199
6. 폐쇄형 미분무소화설비의 방호구역 · 201
7. 개방형 미분무소화설비의 방수구역 · 201
8. 배관 등 · 202
9. 음향장치 및 기동장치 · 205
10. 헤드 · 206
11. 제어반 · 207
12. 배선 등 · 208
13. 청소·시험·유지 및 관리 등 · 209
14. 설계도서 작성 기준[별표 1] · 209

제8장_포소화설비 ········· 211

1. 소화작용 · 211
2. 종류 및 적응성 · 211
3. 수원 · 213
4. 가압송수장치 · 214
5. 배관 등 · 218
6. 저장탱크 등 · 221
7. 혼합장치 · 222
8. 개방밸브 · 224
9. 기동장치 · 224
10. 포헤드 및 고정포방출구 · 226
11. 전원 · 230
12. 제어반 · 231
13. 배선 등 · 233
4. 수원 및 가압송수장치의 펌프 등의 겸용 · 233

제9장_이산화탄소 소화설비 ········· 235

1. 이산화탄소 소화설비의 종류 · 235
2. 전역방출방식 계통도(가스압력식) · 236
3. 작동순서 · 237
4. 소화약제의 저장용기 등 · 238
5. 소화약제 · 239
6. 기동장치 · 242
7. 제어반 등 · 243
8. 배관 등 · 244
9. 선택밸브 · 244
10. 분사헤드 · 245
11. 분사헤드 설치 제외 · 247
12. 자동식 기동장치의 화재감지기 · 247
13. 음향경보장치 · 248
14. 자동폐쇄장치 · 248
15. 비상전원 · 249
16. 배출설비 · 250
17. 과압배출구 · 250
18 설계프로그램 · 250
19. 저압식 이산화탄소 소화설비 · 251
20. 가스압력식 기동장치의 전자개방밸브 작동 방법 · 252
21. 안전시설 등 · 253

제10장_할론소화설비 ········· 253

1. 소화약제의 저장용기 등 · 253
2. 소화약제 · 254
3. 기동장치 · 256
4. 제어반 등 · 257
5. 배관 · 258
6. 선택밸브 · 258
7. 분사헤드 · 258
8. 자동식 기동장치의 화재감지기 · 261
9. 음향경보장치 · 261
10. 자동폐쇄장치 · 262
11. 비상전원 · 262
12. 할론의 종류 및 명명법 · 263
13. 오존파괴지수 ; ODP · 264
14. 지구온난화지수 ; GWP · 265

제11장_할로겐화합물 및 불활성기체 소화설비 ········· 266

1. 종류 · 266
2. 구조식 · 267
3. 설치제외 · 268
4. 저장용기 · 268

5. 소화약제량의 산정 · 269
6. 기동장치 · 270
7. 제어반 등 · 271
8. 배관 · 272
9. 분사헤드 · 273
10. 자동식 기동장치의 화재감지기 · 274
11. 음향경보장치 · 275
12. 자동폐쇄장치 · 275
13. 비상전원 · 276
14. 과압배출구 · 276
15. 저장용기의 충전밀도·충전압력 및 배관의 최소사용설계압력[별표 1] · 276
16. 할로겐화합물 및 불활성기체 소화약제 최대허용설계농도[별표 2] · 278
17. 할로겐화합물 소화약제 · 278
18. 불활성기체 소화약제 · 279

제12장_분말소화설비 ···················· 280

1. 전역방출방식 계통도 · 280
2. 작동순서 · 281
3. 저장용기 · 282
4. 가압용 가스용기 · 283
5. 소화약제 · 283
6. 기동장치 · 285
7. 제어반 등 · 286
8. 배관 · 286
9. 선택밸브 · 287
10. 분사헤드 · 287
11. 자동식 기동장치의 화재감지기 · 289
12. 음향경보장치 · 289
13. 자동폐쇄장치 · 290
14. 비상전원 · 290
15. 정압작동장치 · 291
16. 분말소화약제 · 291

제13장_옥외소화전설비 ···················· 294

1. 수원 · 294
2. 가압송수장치 · 295
3. 배관 등 · 298
4. 소화전함 등 · 300
5. 전원 · 301
6. 제어반 · 302
7. 배선 등 · 304
8. 수원 및 가압송수장치의 펌프 등의 겸용 · 304
9. 옥외소화전의 구조·모양 및 치수 · 305

제2편 경보설비

제1장_비상경보설비 ···················· 308

1. 비상벨설비 또는 자동식 사이렌설비 · 308
2. 단독경보형 감지기 · 310

제2장_비상방송설비 ···················· 311

1. 음향장치 · 311
2. 배선 · 312
3. 전원 · 313

제3장_자동화재탐지설비 ···················· 314

1. 수신기의 형식(종류) · 314
2. 중계기의 종류 · 315
3. 감지기의 종류 · 315
4. 비화재보 · 324
5. 경계구역 · 325
6. 수신기 · 325
7. 중계기 · 327
8. 감지기 · 327
9. 음향장치 및 시각경보장치 · 336
10. 발신기 · 337

11. 전원 · 338
12. 배선 · 339
13. 설치장소별 감지기 적응성(연기감지기를 설치할 수 없는 경우 적용)[별표 1] · 340
14. 설치장소별 감지기 적응성(제7조제7항 관련)[별표 2] · 343

제4장_자동화재속보설비 ··· 345
1. 자동화재속보설비의 설치기준 · 345

제5장_누전경보기 ··· 346
1. 설치방법 등 · 346
2. 수신부 · 347
3. 전원 · 348

제3편 피난구조설비

제1장_피난기구 ··· 350
1. 피난기구의 종류 · 350
2. 피난사다리의 종류 · 350
3. 구조대의 종류 · 351
4. 적응 및 설치개수 등 · 351
5. 설치 제외 · 354
6. 피난기구 설치의 감소 · 356
7. 소방대상물의 설치장소별 피난기구의 적응성[별표 1] · 357

제2장_인명구조기구 ··· 358
1. 인명구조기구의 종류 · 358
2. 설치기준 · 358

제3장_유도등 및 유도표지 ··· 360
1. 유도등의 종류 · 360
2. 통로유도등의 종류 · 360
3. 유도등 및 유도표지의 종류 · 360
4. 피난구유도등 · 361
5. 통로유도등 설치기준 · 361
6. 객석유도등 설치기준 · 363
7. 유도표지 · 364
8. 피난유도선 · 364
9. 유도등의 전원 · 365
10. 유도등 및 유도표지의 제외 · 366
11 유도등설비의 배선 · 367
12 설치높이 및 설치방법 · 368

제4장_비상조명등 ··· 369
1. 설치기준 · 369
2. 비상조명등의 제외 · 371

제4편 소화용수설비

제1장_상수도소화용수설비 ··· 374
제2장_소화수조 및 저수조 ··· 375
1. 소화수조 등 · 375
2. 가압송수장치 · 376
3. 소방용수시설[소방기본법 시행규칙] · 377

제5편 소화활동설비

제1장_제연설비 ··· 380
1. 제연설비의 종류 · 380
2. 제연설비 · 381
3. 제연방식 · 382
4. 배출량 및 배출방식 · 383
5. 배출구 · 385
6. 공기유입방식 및 유입구 · 385
7. 배출기 및 배출풍도 · 387
8. 유입풍도 등 · 388
9. 제연설비의 전원 및 기동 · 388
10. 설치제외 · 389
11. 송풍기 · 389
12. 송풍기의 Surging(맥동현상) · 390

제2장_부속실 제연설비 ··· 391
1. 제연방식 · 391
2. 제연구역의 선정 · 391
3. 차압 등 · 392
4. 급기량 · 392
5. 누설량 · 393
6. 보충량 · 393
7. 방연풍속 · 393
8. 과압방지조치 · 394
9. 누설틈새의 면적 등 · 394
10. 유입공기의 배출 · 395
11. 수직풍도에 따른 배출 · 396
12. 배출구에 따른 배출 · 397
13. 급기 · 398
14. 급기구 · 398
15. 급기풍도 · 399
16. 급기송풍기 · 400
17. 외기취입구 · 400
18. 제연구역 및 옥내의 출입문 · 401
19. 수동기동장치 · 401
20. 제어반 · 402
21. 비상전원 · 402

제3장_연결송수관설비 ··· 404
1. 연결송수관설비의 종류 · 404
2. 송수구 · 404
3. 배관 등 · 405
4. 방수구 · 406
5. 방수기구함 · 407
6. 가압송수장치 · 408
7. 전원 등 · 410
8. 배선 등 · 411
9. 송수구의 겸용 · 411

제4장_연결살수설비 ··· 412
1. 연결살수설비 설치도 · 412
2. 송수구 등 · 412
3. 배관 등 · 413
4. 연결살수설비의 헤드 · 416
5. 헤드의 설치제외 · 418
6. 소화설비의 겸용 · 419

제5장_비상콘센트설비 ··· 420
1. 전원 및 콘센트 등 · 420
2. 보호함 · 422
3. 배선 · 422

제6장_무선통신보조설비 ··· 424
1. 무선통신보조설비의 종류 · 424
2. 무반사 종단저항 · 425
3. 전압정재파비 · 425
4. 임피던스 matching · 425

5. 설치제외 · 425
6. 누설동축케이블 등 · 426
7. 무선기기 접속단자 · 427
8. 분배기 등 · 427
9. 증폭기 등 · 427

제6편 기타설비

제1장_소방시설용 비상전원수전설비 ·········· 430
1. 인입선 및 인입구 배선의 시설 · 430
2. 특별고압 또는 고압으로 수전하는 경우 · 430
3. 저압으로 수전하는 경우 · 432
4. 고압 또는 특별고압 수전의 경우[별표 1] · 434
5. 저압수전의 경우(제6조제3항제3호관련)[별표 2] · 435

제2장_도로터널 ·········· 436
1. 소화기 · 436
2. 옥내소화전설비 · 436
3. 물분무소화설비 · 437
4. 비상경보설비 · 437
5. 자동화재탐지설비 · 438
6. 비상조명등 · 439
7. 제연설비 · 440
8. 연결송수관설비 · 441
9. 무선통신보조설비 · 441
10 비상콘센트설비 · 442

제3장_고층건축물 ·········· 443
1. 옥내소화전설비 · 443
2. 스프링클러설비 · 444
3. 비상방송설비 · 445
4. 자동화재탐지설비 · 445
5. 특별피난계단의 계단실 및 부속실 제연설비 · 446
6. 연결송수관설비 · 446
7. 피난안전구역의 소방시설 · 446
8. 피난안전구역에 설치하는 소방시설 설치기준[별표 1] · 447

제4장_임시 소방시설 ·········· 448
1. 정의 · 448
2. 소화기의 성능 및 설치기준 · 448
3. 간이소화장치 성능 및 설치기준 · 448
4. 비상경보장치의 성능 및 설치기준 · 449
5. 가스누설경보기의 성능 및 설치기준 · 450
6. 간이피난유도선의 성능 및 설치기준 · 450
7. 비상조명등의 성능 및 설치기준 · 450
8. 방화포의 성능 및 설치기준 · 451
9. 소방안전관리자의 업무 · 451

제7편 위험물

제1장_위험물안전관리법 시행규칙 ·········· 454
1. 제조소의 위치·구조 및 설비의 기준 · 454
2. 옥외탱크저장소의 위치·구조 및 설비의 기준 · 456
3. 소화난이도등급 I의 제조소 등 및 소화설비 · 460
4. 소화설비의 설치기준 · 462

5. 제조소 등별로 설치하여야 하는 경보설비의 종류 · 467
6. 자동화재탐지설비의 설치기준 · 468

제2장_위험물세부기준 ·· 469

1. 소화설비 설치의 구분 · 469
2. 옥내소화전설비의 기준 · 469
3. 옥외소화전설비의 기준 · 474
4. 스프링클러설비의 기준 · 475
5. 물분무소화설비의 기준 · 479
6. 포소화설비의 기준 · 480
7. 불활성가스소화설비의 기준 · 488
8. 할로겐화물소화설비의 기준 · 497
9. 분말소화설비의 기준 · 502

제8편 부록

1. 소방시설 도시기호 · 510
2. 소방시설 · 515
3. 특정소방대상물 · 517
4. 소방용품 · 527
5. 수용인원의 산정 방법 · 528
6. 특정소방대상물의 관계인이 특정소방대상물의 규모·용도 및 수용인원 등을 고려하여 갖추어야 하는 소방시설의 종류 · 528
7. 임시소방시설의 종류와 설치기준 등 · 541
8. 특정소방대상물의 소방시설 설치의 면제기준 · 543
9. 소방시설을 설치하지 아니할 수 있는 특정소방대상물 및 소방시설의 범위 · 545
10. 특수가연물 · 546
11. 위험물 및 지정수량 · 547
12. 성능위주설계 · 550
13. 국제단위계 · 556
14. 소방시설의 내진설계 기준 · 558

요점정리

1st Day

① 소화기구

🪖 대형소화기 약제 충전량

> **암기방법** 포강물 분할이 268 235 (2+6=8 / 2+3=5)

종류	충전량
포소화기	20ℓ 이상
강화액소화기	60ℓ 이상
물소화기	80ℓ 이상
분말소화기	20kg 이상
할로겐화물소화기	30kg 이상
이산화탄소소화기	50kg 이상

🪖 자동소화장치의 종류

> **암기방법** 상주가 고분캐

① **상**업용 주방자동소화장치 ② **주**거용 주방자동소화장치
③ **가**스자동소화장치   ④ **고**체에어로졸자동소화장치
⑤ **분**말자동소화장치   ⑥ **캐**비닛형 자동소화장치

🪖 주거용 주방자동소화장치의 설치기준

> **암기방법** 소방 감차 가수

① **소**화약제 **방**출구는 환기구(주방에서 발생하는 열기류 등을 밖으로 배출하는 장치를 말한다. 이하 같다)의 청소부분과 분리되어 있어야 하며, 형식승인 받은 유효설치 높이 및 방호면적에 따라 설치할 것
② **감**지부는 형식승인 받은 유효한 높이 및 위치에 설치할 것
③ **차**단장치(전기 또는 가스)는 상시 확인 및 점검이 가능하도록 설치할 것
④ **가**스용 주방자동소화장치를 사용하는 경우 탐지부는 수신부와 분리하여 설치하되, 공기보다 가벼운 가스를 사용하는 경우에는 천장 면으로 부터 30㎝ 이하의 위치에 설치하고, 공기보다 무거운 가스를 사용하는 장소에는 바닥 면으로부터 30㎝ 이하의 위치에 설치할 것
⑤ **수**신부는 주위의 열기류 또는 습기 등과 주위온도에 영향을 받지 않고 사용자가 상시 볼 수 있는 장소에 설치할 것

교차회로방식으로 설치하지 아니할 수 있는 경우

→ 암기방법: 축아 다정 불복 광분

① **축**적방식의 감지기
② **아**날로그방식의 감지기
③ **다**신호방식의 감지기
④ **정**온식 감지선형 감지기
⑤ **불**꽃감지기
⑥ **복**합형 감지기
⑦ **광**전식 분리형 감지기
⑧ **분**포형 감지기

소화기를 감소할 수 없는 부분

→ 암기방법: 11근위 문운 판운숙 노유의 아업방 교항자 관광

층수가 **11**층 이상인 부분, **근**린생활시설, **위**락시설, **문**화 및 집회시설, **운**동시설, **판**매시설, **운**수시설, **숙**박시설, **노유**자시설, **의**료시설, **아**파트, **업**무시설(무인변전소를 제외한다), **방**송통신시설, **교**육연구시설, **항**공기 및 **자**동차관련시설, **관광**휴게시설

캐비닛형 자동소화장치의 설치기준

→ 암기방법: 분설 방화감 화회 개통 작구방

① **분**사헤드(방출구)의 **설**치 높이는 방호구역의 바닥으로부터 형식승인을 받은 범위 내에서 유효하게 소화약제를 방출시킬 수 있는 높이에 설치할 것
② **방**호구역 내의 **화**재감지기의 **감**지에 따라 작동되도록 할 것
③ **화**재감지기의 **회**로는 교차회로방식으로 설치할 것
④ **개**구부 및 **통**기구(환기장치를 포함)를 설치한 것에 있어서는 소화약제가 방출되기 전에 해당 개구부 및 통기구를 자동으로 폐쇄할 수 있도록 할 것
⑤ **작**동에 지장이 없도록 견고하게 고정할 것
⑥ **구**획된 장소의 **방**호체적 이상을 방호할 수 있는 소화성능이 있을 것

가스식, 분말식, 고체에어로졸식 자동소화장치의 감지부

→ 암기방법: 39 64 06 / 79 21 62 (백 단위 생략 후 암기)

설치장소의 최고주위온도	표시온도
39℃ 미만	79℃ 미만
39℃ 이상 64℃ 미만	79℃ 이상 121℃ 미만
64℃ 이상 106℃ 미만	121℃ 이상 162℃ 미만
106℃ 이상	162℃ 이상

🪖 소화약제 외의 것을 이용한 간이소화용구의 능력단위

→ 암기방법 마삽5 팽삽8 0.5

간이소화용구		능력단위
마른모래	**삽**을 상비한 50 L 이상의 것 1포	**0.5**단위
팽창질석 또는 팽창진주암	**삽**을 상비한 80 L 이상의 것 1포	

2 옥내소화전설비

🪖 옥내소화전설비의 계통도(부압흡입방식)

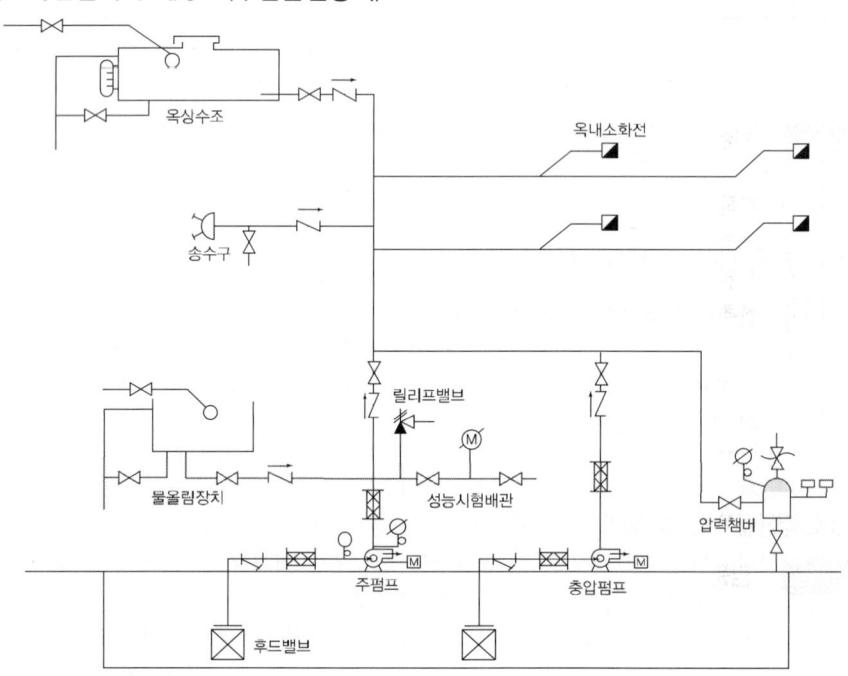

🪖 옥내소화전설비의 계통도(정압흡입방식)

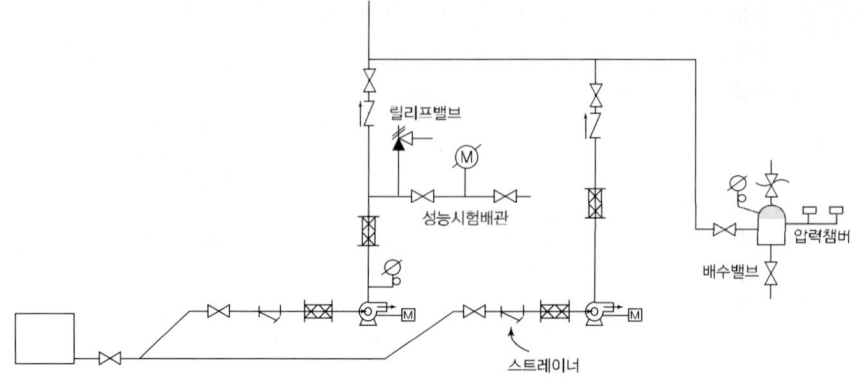

옥내소화전설비의 기준

구분	기준
방수량	130 L/min 이상
방수압력	0.17 MPa 이상 0.7 MPa 이하
방수시간	20분 이상
수평거리	25 m 이하
펌프의 토출량	N×130 L/min 이상
수원의 저수량	N×2.6 m³ 이상
옥상수조의 수량	$N \times 2.6 \, m^3 \times \frac{1}{3}$ 이상
기준개수(N)	2개

옥상수조를 설치하지 아니할 수 있는 경우

→ 암기방법 지하 고수 건축 높이가 주펌프 내연 비상

① **지하**층만 있는 건축물
② **고**가수조를 가압송수장치로 설치한 경우
③ **수**원이 건축물의 최상층에 설치된 방수구보다 높은 위치에 설치된 경우
④ **건**축물의 **높이**가 지표면으로부터 10m 이하인 경우
⑤ **가**압수조를 가압송수장치로 설치한 경우
⑥ **주펌프**와 동등 이상의 성능이 있는 별도의 펌프로서 **내연**기관의 기동과 연동하여 작동되거나 **비상**전원을 연결하여 설치한 경우

옥내소화전설비용 수조의 설치기준

→ 암기방법 점동 수조 고배표

① **점**검에 편리한 곳에 설치할 것
② **동**결방지조치를 하거나 동결의 우려가 없는 장소에 설치할 것
③ 수조의 외측에 **수**위계를 설치할 것. 다만, 구조상 불가피한 경우에는 수조의 맨홀 등을 통하여 수조 안의 물의 양을 쉽게 확인할 수 있도록 하여야 한다.
④ 수조가 실내에 설치된 때에는 그 실내에 **조**명설비를 설치할 것
⑤ 수조의 상단이 바닥보다 높은 때에는 수조의 외측에 **고**정식 사다리를 설치할 것
⑥ 수조의 밑 부분에는 청소용 **배**수밸브 또는 배수관을 설치할 것
⑦ 수조의 외측의 보기 쉬운 곳에 "옥내소화전설비용 수조"라고 표시한 **표**지를 할 것. 이 경우 그 수조를 다른 설비와 겸용하는 때에는 그 겸용되는 설비의 이름을 표시한 표지를 함께 해야 한다.
⑧ 소화설비용 펌프의 흡수배관 또는 소화설비의 수직배관과 수조의 접속부분에는 "옥내소화전설비용 배관"이라고 표시한 **표**지를 할 것.

연성계, 압력계, 진공계의 설치위치와 측정범위

구분	설치위치	측정범위
연성계	펌프의 흡입측에 설치	대기압 이상의 압력과 대기압 이하의 압력
압력계	펌프의 토출측에는 압력계를 체크밸브 이전에 펌프 토출측 플랜지에서 가까운 곳에 설치	대기압 이상의 압력
진공계	펌프의 흡입측에 설치	대기압 이하의 압력

고가수조의 구성

➡ 암기방법 배급수 오맨

배수관 · **급**수관 · **수**위계 · **오**버플로우관 및 **맨**홀

압력수조의 구성

➡ 암기방법 수급배급 맨압 안자

수위계 · **급**수관 · **배**수관 · **급**기관 · **맨**홀 · **압**력계 · **안**전장치 및 압력저하 방지를 위한 **자**동식 공기압축기

가압수조의 구성

➡ 암기방법 수급배급 압안맨

수위계 · **급**수관 · **배**수관 · **급**기관 · **압**력계 · **안**전장치와 **맨**홀

옥내소화전설비 배관

system	가지배관	주배관
옥내소화전설비	40mm 이상	50mm 이상
호스릴 옥내소화전설비	25mm 이상	32mm 이상
옥내소화전설비와 연결송수관설비의 배관을 겸용할 경우	65mm 이상	100mm 이상

소방용 합성수지배관으로 설치할 수 있는 경우

➡ 암기방법 배지 다내구 천불

① **배**관을 **지**하에 매설하는 경우
② **다**른 부분과 **내**화구조로 **구**획된 덕트 또는 피트의 내부에 설치하는 경우
③ **천**장(상층이 있는 경우에는 상층바닥의 하단을 포함한다. 이하 같다)과 반자를 **불**연재료 또는 준불연 재료로 설치하고 소화배관 내부에 항상 소화수가 채워진 상태로 설치하는 경우

소화펌프의 성능곡선

성능곡선	성능기준
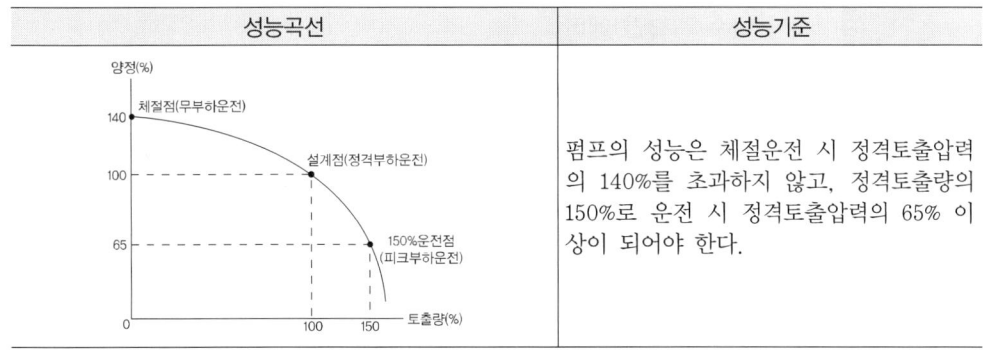	펌프의 성능은 체절운전 시 정격토출압력의 140%를 초과하지 않고, 정격토출량의 150%로 운전 시 정격토출압력의 65% 이상이 되어야 한다.

비상전원의 설치기준

▶암기방법 **점화침 옥상 비방 비조**

① **점**검에 편리하고 **화**재 및 **침**수 등의 재해로 인한 피해를 받을 우려가 없는 곳에 설치할 것
② **옥**내소화전설비를 유효하게 20분 이상 작동할 수 있어야 할 것
③ **상**용전원으로부터 전력의 공급이 중단된 때에는 자동으로 비상전원으로부터 전력을 공급받을 수 있도록 할 것
④ **비**상전원(내연기관의 기동 및 제어용 축전기를 제외한다)의 설치장소는 다른 장소와 **방**화구획할 것. 이 경우 그 장소에는 비상전원의 공급에 필요한 기구나 설비 외의 것(열병합발전설비에 필요한 기구나 설비는 제외한다)을 두어서는 안 된다.
⑤ **비**상전원을 실내에 설치하는 때에는 그 실내에 비상**조**명등을 설치할 것

내화배선에 사용되는 전선의 종류 및 공사방법

사용전선의 종류	공사방법
① 450/750V 저독성 난연 가교 폴리올레핀 절연 전선 ② 0.6/1kV 가교 폴리에틸렌 절연 저독성 난연 폴리올레핀 시스 전력케이블 ③ 6/10kV 가교 폴리에틸렌 절연 저독성 난연 폴리올레핀 시스 전력용 케이블 ④ 가교 폴리에틸렌 절연 비닐시스 트레이용 난연 전력 케이블 ⑤ 0.6/1kV EP 고무절연 클로로프렌 시스 케이블 ⑥ 300/500V 내열성 실리콘 고무 절연전선(180℃) ⑦ 내열성 에틸렌-비닐 아세테이트 고무 절연 케이블 ⑧ 버스덕트(Bus Duct) ⑨ 기타 「전기용품 및 생활용품 안전관리법」 및 「전기설비기술기준」에 따라 동등 이상의 내화성능이 있다고 주무부장관이 인정하는 것	금속관·2종 금속제 가요전선관 또는 합성 수지관에 수납하여 내화구조로 된 벽 또는 바닥 등에 벽 또는 바닥의 표면으로부터 25mm 이상의 깊이로 매설해야 한다. 다만 다음의 기준에 적합하게 설치하는 경우에는 그렇지 않다. 가. 배선을 내화성능을 갖는 배선전용실 또는 배선용 샤프트·피트·덕트 등에 설치하는 경우 나. 배선전용실 또는 배선용 샤프트·피트·덕트 등에 다른 설비의 배선이 있는 경우에는 이로부터 15cm 이상 떨어지게 하거나 소화설비의 배선과 이웃하는 다른 설비의 배선 사이에 배선지름(배선의 지름이 다른 경우에는 가장 큰 것을 기준으로 한다)의 1.5배 이상의 높이의 불연성 격벽을 설치하는 경우
내화전선	케이블공사의 방법에 따라 설치해야 한다.

1st Day

감시제어반의 기능

→ 암기방법 작자 비수각 확인 예비

① **작**동여부를 확인할 수 있는 표시등 및 음향경보기능이 있어야 할 것
② 각 펌프를 **자**동 및 수동으로 작동시키거나 중단시킬 수 있어야 할 것
③ **비**상전원을 설치한 경우에는 상용전원 및 비상전원의 공급여부를 확인할 수 있어야 할 것
④ **수**조 또는 물올림수조가 저수위로 될 때 표시등 및 음향으로 경보할 것
⑤ 다음의 **각 확인**회로마다 도통시험 및 작동시험을 할 수 있도록 할 것
　(1) 기동용수압개폐장치의 압력스위치회로
　(2) 수조 또는 물올림수조의 저수위감시회로
　(3) 급수배관에 설치되어 급수를 차단할 수 있는 개폐밸브의 폐쇄상태 확인회로
　(4) 그 밖의 이와 비슷한 회로
⑥ **예비**전원이 확보되고 예비전원의 적합여부를 시험할 수 있어야 할 것

옥내소화전 방수구의 설치제외 대상

→ 암기방법 냉고 발식야

① **냉**장창고 중 온도가 영하인 냉장실 또는 냉동창고의 냉동실
② **고**온의 노가 설치된 장소 또는 물과 격렬하게 반응하는 물품의 저장 또는 취급장소
③ **발**전소·변전소 등으로서 전기시설이 설치된 장소
④ **식**물원·수족관·목욕실·수영장(관람석 부분을 제외한다) 또는 그 밖의 이와 비슷한 장소
⑤ **야**외음악당·야외극장 또는 그 밖의 이와 비슷한 장소

감압장치의 종류

→ 암기방법 감고 구중감

① **감**압용 오리피스방식
② **고**가수조방식
③ **구**간별 전용배관방식
④ **중**간펌프방식(부스터펌프방식, 가압펌프방식)
⑤ **감**압밸브방식

가압송수장치의 종류

암기방법: 고전가압

① **고**가수조의 자연낙차를 이용한 가압송수장치
② **전**동기 또는 내연기관에 따른 펌프를 이용하는 가압송수장치
③ **가**압수조를 이용한 가압송수장치
④ **압**력수조를 이용한 가압송수장치

신축이음의 종류

암기방법: 루스벨 슬립볼

① **루**우프형(Loop type)
② **스**위블형(Swivel type)
③ **벨**로우즈형(Bellows type)
④ **슬립**형(Slip type)
⑤ **볼**조인트(Ball joint)

3 스프링클러설비

스프링클러설비의 종류

종류	습식	건식	준비작동식	일제살수식	부압식
밸브 종류	알람밸브	건식밸브	준비작동식밸브	일제개방밸브	준비작동식밸브
배관 내부 1차측	가압수	가압수	가압수	가압수	가압수
배관 내부 2차측	가압수	압축공기	대기 또는 저압공기	대기(개방상태)	부압수
사용 헤드	폐쇄형	폐쇄형	폐쇄형	개방형	폐쇄형
감지기	없음	없음	있음	있음	있음
시험장치	있음	있음	없음	없음	있음

스프링클러설비의 기준

구분	기준
방수량	80 L/min 이상
방수압력	0.1 MPa 이상 1.2 MPa 이하
방수시간	20분 이상
펌프의 토출량	N×80 L/min 이상
수원의 저수량	N×1.6 m³ 이상
옥상수조의 수량	$N \times 1.6 \, m^3 \times \dfrac{1}{3}$ 이상

기준개수

스프링클러설비 설치장소			기준개수
지하층을 제외한 층수가 10층 이하인 특정소방대상물	공장 또는 창고(랙크식 창고를 포함한다)	특수가연물을 저장·취급하는 것	30
		그 밖의 것	20
	근린생활시설·판매시설·운수시설 또는 복합건축물	판매시설 또는 복합건축물(판매시설이 설치되는 복합건축물을 말한다)	30
		그 밖의 것	20
	그 밖의 것	헤드의 부착높이가 8m 이상인 것	20
		헤드의 부착높이가 8m 미만인 것	10
아파트			10
지하층을 제외한 층수가 11층 이상인 특정소방대상물(아파트를 제외한다)·지하가 또는 지하역사			30

스프링클러설비에 사용할 수 있는 배관의 종류

구분	기준
배관 내 사용압력이 1.2MPa 미만일 경우	① 배관용 탄소강관(KS D 3507) ② 이음매 없는 구리 및 구리합금관(KS D 5301). 다만, 습식의 배관에 한한다. ③ 배관용 스테인리스강관(KS D 3576) 또는 일반배관용 스테인리스강관(KS D 3595) ④ 덕타일 주철관(KS D 4311)
배관 내 사용압력이 1.2MPa 이상일 경우	① 압력배관용 탄소강관(KS D 3562) ② 배관용 아크용접 탄소강강관(KS D 3583)

급수개폐밸브 작동표시스위치(탬퍼스위치)의 설치기준

암기방법 급감 탬감 급작사

① **급**수개폐밸브가 잠길 경우 탬퍼스위치의 동작으로 인하여 **감**시제어반 또는 수신기에 표시되어야 하며 경보음을 발할 것
② **탬**퍼스위치는 **감**시제어반 또는 수신기에서 동작의 유무 확인과 동작시험, 도통시험을 할 수 있을 것
③ **급**수개폐밸브의 **작**동표시스위치에 **사**용되는 전기배선은 내화전선 또는 내열전선으로 설치할 것

조기반응형 스프링클러헤드를 설치하여야 하는 장소

암기방법 공노거 오숙병

① **공**동주택·**노**유자시설의 **거**실
② **오**피스텔·**숙**박시설의 침실
③ **병**원·의원의 입원실

상향식 스프링클러헤드를 설치하지 아니할 수 있는 경우

> **암기방법** 드스스 동개스

① **드**라이펜던트 **스**프링클러헤드를 사용하는 경우
② **스**프링클러헤드의 설치 장소가 **동**파의 우려가 없는 곳인 경우
③ **개**방형 **스**프링클러헤드를 사용하는 경우

수평거리 및 수직거리

스프링클러헤드의 반사판 중심과 보의 수평거리	스프링클러헤드의 반사판 높이와 보의 하단 높이의 수직거리
0.75m 미만	보의 하단보다 낮을 것
0.75m 이상 1m 미만	0.1m 미만일 것
1m 이상 1.5m 미만	0.15m 미만일 것
1.5m 이상	0.3m 미만일 것

소방전원 보존형 발전기

구분	기준
정의	"소방전원 보존형 발전기"란 소방부하 및 소방부하 이외의 부하(이하 비상부하라 한다) 겸용의 비상발전기로서, 상용전원 중단 시에는 소방부하 및 비상부하에 비상전원이 동시에 공급되고, 화재 시 과부하에 접근될 경우 비상부하의 일부 또는 전부를 자동적으로 차단하는 제어장치를 구비하여, 소방부하에 비상전원을 연속 공급하는 자가발전설비를 말한다.
비상전원의 출력용량 기준	① 비상전원 설비에 설치되어 동시에 운전될 수 있는 모든 부하의 합계 입력용량을 기준으로 정격출력을 선정할 것. 다만, 소방전원 보존형 발전기를 사용할 경우에는 그렇지 않다. ② 기동전류가 가장 큰 부하가 기동될 때에도 부하의 허용 최저 입력전압 이상의 출력전압을 유지할 것 ③ 단시간 과전류에 견디는 내력은 입력용량이 가장 큰 부하가 최종 기동할 경우에도 견딜 수 있을 것
부하의 용도와 조건에 따라 설치할 수 있는 자가발전설비의 종류	① 소방전용 발전기 : 소방부하 용량을 기준으로 정격출력용량을 산정하여 사용하는 발전기 ② 소방부하 겸용 발전기 : 소방 및 비상부하 겸용으로서 소방부하와 비상부하의 전원용량을 합산하여 정격출력용량을 산정하여 사용하는 발전기 ③ 소방전원 보존형 발전기 : 소방 및 비상부하 겸용으로서 소방부하의 전원용량을 기준으로 정격출력용량을 산정하여 사용하는 발전기
소방전원 보존형 발전기 제어장치 설치 시 포함되어야 하는 기준 항목	① 소방전원 보존형임을 식별할 수 있도록 표기할 것 ② 발전기 운전 시 소방부하 및 비상부하에 전원이 동시 공급되고, 그 상태를 확인할 수 있는 표시가 되도록 할 것 ③ 발전기가 정격용량을 초과할 경우 비상부하는 자동적으로 차단되고, 소방부하만 공급되는 상태를 확인할 수 있는 표시가 되도록 할 것

도통시험 및 작동시험을 하여야 하는 확인회로

> **암기방법** 기수 유일개

① **기**동용 수압개폐장치의 압력스위치회로
② **수**조 또는 물올림수조의 저수위감시회로
③ **유**수검지장치 또는 일제개방밸브의 압력스위치회로
④ **일**제개방밸브를 사용하는 설비의 화재감지기회로
⑤ 급수배관에 설치되어 급수를 차단할 수 있는 **개**폐밸브의 폐쇄상태 확인회로
⑥ 그 밖의 이와 비슷한 회로

드렌처설비의 설치기준

> **암기방법** 헤제 수설가

① 드렌처**헤**드는 개구부 위측에 2.5m 이내마다 1개를 설치할 것
② **제**어밸브(일제개방밸브·개폐표시형밸브 및 수동조작부를 합한 것을 말한다)는 특정소방대상물 층마다에 바닥면으로부터 0.8m 이상 1.5m 이하의 위치에 설치할 것
③ 수원의 **수**량은 드렌처헤드가 가장 많이 설치된 제어밸브의 드렌처헤드의 설치개수에 1.6 m³를 곱하여 얻은 수치 이상이 되도록 할 것
④ 드렌처**설**비는 드렌처헤드가 가장 많이 설치된 제어밸브에 설치된 드렌처헤드를 동시에 사용하는 경우에 각각의 헤드 선단에 방수압력이 0.1 MPa 이상, 방수량이 80 L/min 이상이 되도록 할 것
⑤ 수원에 연결하는 **가**압송수장치는 점검이 쉽고 화재 등의 재해로 인한 피해 우려가 없는 장소에 설치할 것

스프링클러헤드 수별 급수관의 구경

구분 \ 급수관의 구경	25	32	40	50	65	80	90	100	125	150
가	2	3	5	10	30	60	80	100	160	161 이상
나	2	4	7	15	30	60	65	100	160	161 이상
다	1	2	5	8	15	27	40	55	90	91 이상

"가"란 : 폐쇄형 스프링클러헤드를 설치하는 경우
"나"란 : 폐쇄형 스프링클러헤드를 설치하고 반자 아래의 헤드와 반자 속의 헤드를 동일 급수관의 가지관상에 병설하는 경우
"다"란 : 개방형 스프링클러헤드를 설치하는 경우(하나의 방수구역이 담당하는 헤드의 개수가 30개 이하일 때), 무대부·특수가연물을 저장 또는 취급하는 장소에 폐쇄형 스프링클러헤드를 설치하는 경우

표시온도에 따른 다음 표의 색표시(폐쇄형 헤드에 한한다)

유리벌브형		퓨지블링크형	
표시온도(℃)	액체의 색별	표시온도(℃)	후레임의 색별
57 ℃	오렌지	77 ℃ 미만	색표시 안함
68 ℃	빨강	78~120 ℃	흰색
79 ℃	노랑	121~162 ℃	파랑
93 ℃	초록	163~203 ℃	빨강
141 ℃	파랑	204~259 ℃	초록
182 ℃	연한자주	260~319 ℃	오렌지
227 ℃ 이상	검정	320 ℃ 이상	검정

반응시간지수(RTI)

"반응시간지수(RTI)"란 기류의 온도·속도 및 작동시간에 대하여 헤드의 반응을 예상한 지수로서 아래 식에 의하여 계산하고 $(m \cdot s)^{0.5}$을 단위로 한다.

$$RTI = \tau \sqrt{u}$$

τ : 감열체의 시간상수(초) u : 기류속도(m/s)

분류	RTI
표준반응	80 초과~350 이하
특수반응	51 초과~80 이하
조기반응	50 이하

4 간이스프링클러설비

간이스프링클러설비의 배관 및 밸브 등의 순서

① 상수도직결형

➡ 암기방법 수급개체 아유2

① **수**도용 계량기, **급**수차단장치, **개**폐표시형밸브, **체**크밸브, **압**력계, **유**수검지장치(압력스위치 등 유수검지장치와 동등 이상의 기능과 성능이 있는 것을 포함한다), **2**개의 시험밸브의 순으로 설치할 것
② 간이스프링클러설비 이외의 배관에는 화재 시 배관을 차단할 수 있는 급수차단장치를 설치할 것

② 펌프 등의 가압송수장치를 이용하여 배관 및 밸브 등을 설치하는 경우

➡ 암기방법 수연펌아 아체서 개유시

수원, **연**성계 또는 진공계(수원이 펌프보다 높은 경우를 제외한다), **펌**프 또는 **압**력수조, **압**력계, **체**크밸브, **성**능시험배관, **개**폐표시형밸브, **유**수검지장치, **시**험밸브의 순으로 설치할 것

③ 가압수조를 가압송수장치로 이용하여 배관 및 밸브 등을 설치하는 경우

➡️ 암기방법   **수가 아체서 개유2**

> **수**원, **가**압수조, **압**력계, **체**크밸브, **성**능시험배관, **개**폐표시형밸브, **유**수검지장치, **2**개의 시험밸브의 순으로 설치할 것

④ 캐비닛형의 가압송수장치에 배관 및 밸브 등을 설치하는 경우

➡️ 암기방법   **수연펌아 체개2**

> **수**원, **연**성계 또는 진공계(수원이 펌프보다 높은 경우를 제외한다), **펌**프 또는 **압**력수조, **압**력계, **체**크밸브, **개**폐표시형밸브, **2**개의 시험밸브의 순으로 설치할 것. 다만, 소화용수의 공급은 상수도와 직결된 바이패스관 또는 펌프에서 공급받아야 한다.

5 화재조기진압용 스프링클러설비

🔔 화재조기진압용 스프링클러설비를 설치할 장소의 구조

➡️ 암기방법   **해천 평평보 창선**

> ① **해**당 층의 높이가 13.7 m 이하일 것. 다만, 2층 이상일 경우에는 해당 층의 바닥을 내화구조로 하고 다른 부분과 방화구획할 것
> ② **천**장의 기울기가 1,000분의 168을 초과하지 않아야 하고, 이를 초과하는 경우에는 반자를 지면과 수평으로 설치할 것
> ③ 천장은 **평평**해야 하며 철재나 목재트러스 구조인 경우, 철재나 목재의 돌출부분이 102 mm를 초과하지 않을 것
> ④ **보**로 사용되는 목재·콘크리트 및 철재 사이의 간격이 0.9 m 이상 2.3 m 이하일 것. 다만, 보의 간격이 2.3 m 이상인 경우에는 화재조기진압용 스프링클러헤드의 동작을 원활히 하기 위해 보로 구획된 부분의 천장 및 반자의 넓이가 28 m^2를 초과하지 않을 것
> ⑤ **창**고 내의 **선**반의 형태는 하부로 물이 침투되는 구조로 할 것

🔔 화재조기진압용 스프링클러를 설치하여서는 안 되는 물품

➡️ 암기방법   **4타 두섬연**

> ① 제**4**류 위험물
> ② **타**이어, **두**루마리 종이 및 **섬**유류, 섬유제품 등 **연**소 시 화염의 속도가 빠르고 방사된 물이 하부까지에 도달하지 못하는 것

🪖 보 또는 기타 장애물 아래에 헤드가 설치된 경우의 반사판 위치

장애물과 헤드 사이의 수평거리	장애물의 하단과 헤드의 반사판 사이의 수직거리	장애물과 헤드 사이의 수평거리	장애물의 하단과 헤드의 반사판 사이의 수직거리
0.3 m 미만	0 mm	1.1 m 이상 ~ 1.2 m 미만	300 mm
0.3 m 이상 ~ 0.5 m 미만	40 mm	1.2 m 이상 ~ 1.4 m 미만	380 mm
0.5 m 이상 ~ 0.7 m 미만	75 mm	1.4 m 이상 ~ 1.5 m 미만	460 mm
0.7 m 이상 ~ 0.8 m 미만	140 mm	1.5 m 이상 ~ 1.7 m 미만	560 mm
0.8 m 이상 ~ 0.9 m 미만	200 mm	1.7 m 이상 ~ 1.8 m 미만	660 mm
0.9 m 이상 ~ 1.1 m 미만	250 mm	1.8 m 이상	790 mm

6 물분무소화설비

🪖 물분무헤드

전압(kV)	거리(cm)	전압(kV)	거리(cm)
66 이하	70 이상	154 초과 181 이하	180 이상
66 초과 77 이하	80 이상	181 초과 220 이하	210 이상
77 초과 110 이하	110 이상	220 초과 275 이하	260 이상
110 초과 154 이하	150 이상		

🪖 배수설비의 설치기준

➡암기방법 차경 배집소 차기 배가수

① **차**량이 주차하는 장소의 적당한 곳에 높이 10cm 이상의 **경**계턱으로 배수구를 설치할 것
② **배**수구에는 새어나온 기름을 모아 소화할 수 있도록 길이 40m 이하마다 **집**수관·**소**화핏트 등 기름분리장치를 설치할 것
③ **차**량이 주차하는 바닥은 배수구를 향하여 100분의 2 이상의 **기**울기를 유지할 것
④ **배**수설비는 **가**압송수장치의 최대 송수능력의 **수**량을 유효하게 배수할 수 있는 크기 및 기울기로 할 것

물분무헤드의 종류

➡️ 암기방법 선디슬 충분

① **선**회류형 ② **디**프렉타형 ③ **슬**리트형 ④ **충**돌형 ⑤ **분**사형

물분무헤드를 설치하지 아니할 수 있는 장소

➡️ 암기방법 물물 고증물 운직

① **물**에 심하게 반응하는 물질 또는 **물**과 반응하여 위험한 물질을 생성하는 물질을 저장 또는 취급하는 장소
② **고**온의 물질 및 **증**류 범위가 넓어 끓어 넘치는 위험이 있는 **물**질을 저장 또는 취급하는 장소
③ **운**전 시에 표면의 온도가 260℃ 이상으로 되는 등 **직**접 분무를 하는 경우 그 부분에 손상을 입힐 우려가 있는 기계장치 등이 있는 장소

7 미분무소화설비

사용압력에 의한 종류

구분	사용압력
저압 미분무소화설비	최고 사용압력 1.2MPa 이하
중압 미분무소화설비	사용압력 1.2MPa 초과 3.5MPa 이하
고압 미분무소화설비	최저 사용압력 3.5MPa 초과

하나의 발화원을 가정한 설계도서 작성 시 고려사항

➡️ 암기방법 초점 문화 공시

① **초**기 점화되는 연료 유형
② **점**화원의 형태
③ **문**과 창문의 초기상태(열림, 닫힘) 및 시간에 따른 변화상태
④ **화**재 위치
⑤ **공**기조화설비, 자연형(문, 창문) 및 기계형 여부
⑥ **시**공 유형과 내장재 유형

8 포소화설비

팽창비

팽창비율에 따른 포의 종류	포방출구의 종류
팽창비가 20 이하인 것(저발포)	포헤드, 압축공기포헤드
팽창비가 80 이상 1,000 미만인 것(고발포)	고발포용 고정포방출구

포소화약제 저장탱크의 설치기준

→ 암기방법 화기변점 가압계글

① **화**재 등의 재해로 인한 피해를 받을 우려가 없는 장소에 설치할 것
② **기**온의 변동으로 포의 발생에 장애를 주지 않는 장소에 설치할 것. 다만, 기온의 변동에 영향을 받지 않는 포소화약제의 경우에는 그렇지 않다.
③ 포소화약제가 **변**질될 우려가 없고 **점**검에 편리한 장소에 설치할 것
④ **가**압송수장치 또는 포소화약제 혼합장치의 기동에 따라 **압**력이 가해지는 것 또는 상시 가압된 상태로 사용되는 것은 압력계를 설치할 것
⑤ 포소화약제 저장량의 확인이 쉽도록 액면계 또는 **계**량봉 등을 설치할 것
⑥ 가압식이 아닌 저장탱크는 **글**라스게이지를 설치하여 액량을 측정할 수 있는 구조로 할 것

9 이산화탄소 소화설비

전역방출방식 계통도(가스압력식)

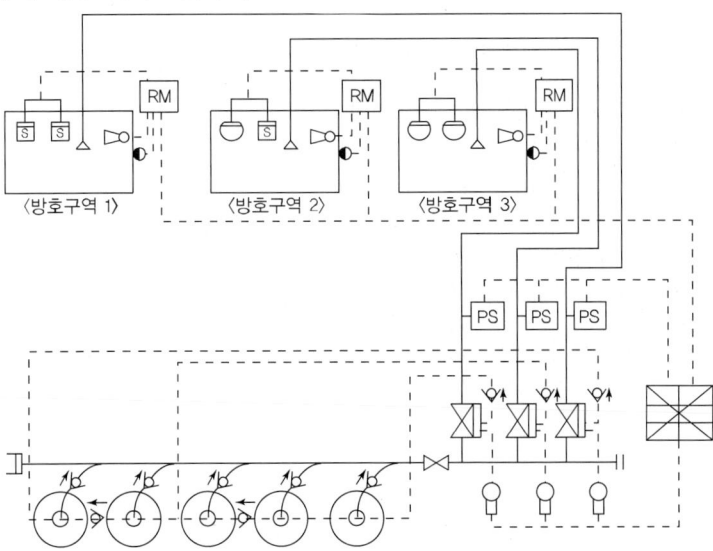

작동순서

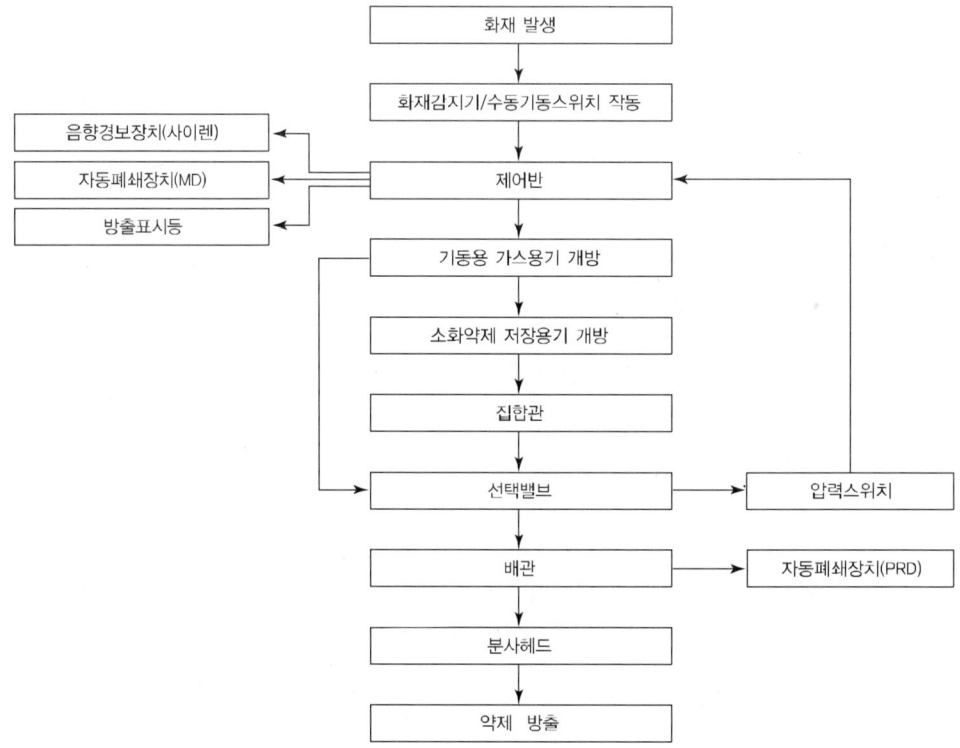

이산화탄소 소화약제 저장용기를 설치하기에 적합한 장소에 대한 기준

➡ 암기방법 **방온직방 표간체**

① **방**호구역 외의 장소에 설치할 것. 다만, 방호구역 내에 설치할 경우에는 피난 및 조작이 용이하도록 피난구 부근에 설치해야 한다.
② **온**도가 40℃ 이하이고, 온도 변화가 작은 곳에 설치할 것
③ **직**사광선 및 빗물이 침투할 우려가 없는 곳에 설치할 것
④ **방**화문으로 방화구획된 실에 설치할 것
⑤ 용기의 설치 장소에는 해당 용기가 설치된 곳임을 표시하는 **표**지를 할 것
⑥ 용기 간의 **간**격은 점검에 지장이 없도록 3㎝ 이상의 간격을 유지할 것
⑦ 저장용기와 집합관을 연결하는 연결배관에는 **체**크밸브를 설치할 것. 다만, 저장용기가 하나의 방호구역만을 담당하는 경우에는 그렇지 않다.

이산화탄소 소화약제의 저장용기 설치기준

암기방법 충안액압 압자내

① 저장용기의 **충**전비는 고압식은 1.5 이상 1.9 이하, 저압식은 1.1 이상 1.4 이하로 할 것
② 저압식 저장용기에는 내압시험압력의 0.64배부터 0.8배의 압력에서 작동하는 **안**전밸브와 내압시험압력의 0.8배부터 내압시험압력에서 작동하는 봉판을 설치할 것
③ 저압식 저장용기에는 **액**면계 및 **압**력계와 2.3 MPa 이상 1.9 MPa 이하의 압력에서 작동하는 압력경보장치를 설치할 것
④ 저압식 저장용기에는 용기 내부의 온도가 섭씨 영하 18℃ 이하에서 2.1MPa의 **압**력을 유지할 수 있는 **자**동냉동장치를 설치할 것
⑤ 저장용기는 고압식은 25 MPa 이상, 저압식은 3.5 MPa 이상의 **내**압시험압력에 합격한 것으로 할 것

고압식과 저압식

구분	강관	동관	1차 부속	2차 부속	충전비
고압식	스케줄 80	16.5 MPa	4.0 MPa	2.0 MPa	1.5~1.9
저압식	스케줄 40	3.75 MPa	2.0 MPa	2.0 MPa	1.1~1.4

10 할론소화설비

오존파괴지수(ODP)

$$ODP = \frac{\text{어떤 물질 } 1kg \text{이 파괴하는 오존량}}{CFC-11\ 1kg \text{이 파괴하는 오존량}}$$

지구온난화지수

① GWP(Global Warming Potential)

$$GWP = \frac{\text{어떤 물질 } 1kg \text{이 기여하는 온난화 정도}}{CO_2\ 1kg \text{이 기여하는 온난화 정도}}$$

② HGWP(Halocarbon Global Warming Potential)

$$HGWP = \frac{\text{어떤 물질 } 1kg \text{이 기여하는 온난화 정도}}{CFC-11\ 1kg \text{이 기여하는 온난화 정도}}$$

11 할로겐화합물 및 불활성기체 소화설비

할로겐화합물 및 불활성기체 소화약제의 종류 및 화학식

소화약제	화학식
퍼플루오로부탄(FC-3-1-10)	C_4F_{10}
하이드로클로로플루오로카본혼화제 (HCFC BLEND A)	HCFC-123($CHCl_2CF_3$) : 4.75 % HCFC-22($CHClF_2$) : 82 % HCFC-124($CHClFCF_3$) : 9.5 % $C_{10}H_{16}$: 3.75 %
클로로테트라플루오르에탄(HCFC-124)	$CHClFCF_3$
펜타플루오로에탄(HFC-125)	CHF_2CF_3
헵타플루오로프로판(HFC-227ea)	CF_3CHFCF_3
트리플루오로메탄(HFC-23)	CHF_3
헥사플루오로프로판(HFC-236fa)	$CF_3CH_2CF_3$
트리플루오로이오다이드(FIC-13I1)	CF_3I
불연성·불활성 기체혼합가스(IG-01)	Ar
불연성·불활성 기체혼합가스(IG-100)	N_2
불연성·불활성 기체혼합가스(IG-541)	N_2 : 52 %, Ar : 40 %, CO_2 : 8 %
불연성·불활성 기체혼합가스(IG-55)	N_2 : 50 %, Ar : 50 %
도데카플루오로-2-메틸펜탄-3-원(FK-5-1-12)	$CF_3CF_2C(O)CF(CF_3)_2$

할로겐화합물 및 불활성기체 소화약제 최대허용설계농도

소화약제	최대허용설계농도(%)
FC-3-1-10	40
HCFC BLEND A	10
HCFC-124	1.0
HFC-125	11.5
HFC-227ea	10.5
HFC-23	30
HFC-236fa	12.5
FIC-13I1	0.3
FK-5-1-12	10
IG-01	43
IG-100	43
IG-541	43
IG-55	43

12 분말소화설비

분말소화약제의 저장용기의 내용적

소화약제의 종별	소화약제 1 kg당 저장용기의 내용적
제1종 분말(탄산수소나트륨을 주성분으로 한 분말)	0.8 L
제2종 분말(탄산수소칼륨을 주성분으로 한 분말)	1 L
제3종 분말(인산염을 주성분으로 한 분말)	1 L
제4종 분말(탄산수소칼륨과 요소가 화합된 분말)	1.25 L

13 옥외소화전설비

옥외소화전설비의 기준

구분	기준
방수량	350 L/min 이상
방수압력	0.25 MPa 이상 0.7 MPa 이하
방수시간	20분 이상
수평거리	40 m 이하
펌프의 토출량	N×350 L/min 이상
수원의 저수량	N×7 m^3 이상
기준개수(N)	2개

옥외소화전 및 소화전함

옥외소화전	소화전함
10개 이하 설치된 때	옥외소화전마다 5 m 이내의 장소에 1개 이상의 소화전함을 설치
11개 이상 30개 이하 설치된 때	11개 이상의 소화전함을 각각 분산하여 설치
31개 이상 설치된 때	옥외소화전 3개마다 1개 이상의 소화전함을 설치

14 비상경보설비

전원회로의 전로와 대지 사이 및 배선 상호 간의 절연저항

전로의 사용전압 구분		절연저항
400 V 미만	대지전압(접지식 전로는 전선과 대지간의 전압, 비접지식 전로는 전선간의 전압을 말한다)이 150 V 이하인 경우	0.1 MΩ 이상
	대지전압이 150V 초과 300 V 이하인 경우	0.2 MΩ 이상
	사용전압이 300V 초과 400 V 미만인 경우	0.3 MΩ 이상
400 V 이상		0.4 MΩ 이상

15 자동화재탐지설비

부착 높이에 따라 설치할 수 있는 감지기의 종류

부착 높이	감지기의 종류
8 m 이상 15 m 미만	① 차동식 분포형　② 이온화식 1종 또는 2종 ③ 광전식(스포트형, 분리형, 공기흡입형) 1종 또는 2종 ④ 연기복합형　⑤ 불꽃감지기
15 m 이상 20 m 미만	① 이온화식 1종　② 광전식(스포트형, 분리형, 공기흡입형) 1종 ③ 연기복합형　④ 불꽃감지기
20 m 이상	① 불꽃감지기　② 광전식(분리형, 공기흡입형) 중 아날로그방식

연기감지기를 설치하여야 하는 장소

➡ 암기방법 **계복엘천**

① **계**단·경사로 및 에스컬레이터 경사로
② **복**도(30 m 미만의 것을 제외한다)
③ **엘**리베이터 승강로(권상기실이 있는 경우에는 권상기실)·린넨슈트·파이프 피트 및 덕트 기타 이와 유사한 장소
④ **천**장 또는 반자의 높이가 15 m 이상 20 m 미만의 장소
⑤ 다음의 어느 하나에 해당하는 특정소방대상물의 취침·숙박·입원 등 이와 유사한 용도로 사용되는 거실
　㉮ 공동주택·오피스텔·숙박시설·노유자시설·수련시설
　㉯ 교육연구시설 중 합숙소
　㉰ 의료시설, 근린생활시설 중 입원실이 있는 의원·조산원
　㉱ 교정 및 군사시설
　㉲ 근린생활시설 중 고시원

공기관식 차동식 분포형 감지기 설치기준

➡ 암기방법 **노수상도 검길경위**(3공기관 3검출부)

① 공기관의 **노**출부분은 감지구역마다 20 m 이상이 되도록 할 것
② 공기관과 감지구역의 각 변과의 **수**평거리는 1.5 m 이하가 되도록 하고, 공기관 **상**호 간의 거리는 6 m(주요구조부가 내화구조로 된 특정소방대상물 또는 그 부분에 있어서는 9 m) 이하가 되도록 할 것
③ 공기관은 **도**중에서 분기하지 않도록 할 것
④ 하나의 **검**출부분에 접속하는 공기관의 **길**이는 100 m 이하로 할 것
⑤ 검출부는 5°이상 **경**사되지 않도록 부착할 것
⑥ 검출부는 바닥으로부터 0.8 m 이상 1.5 m 이하의 **위**치에 설치할 것

감지기 설치제외 장소

암기방법 부목천 먼고파프 헛간

① **부**식성 가스가 체류하고 있는 장소
② **목**욕실·욕조나 샤워시설이 있는 화장실·기타 이와 유사한 장소
③ **천**장 또는 반자의 높이가 20 m 이상인 장소. 다만, 2.4.1 단서의 각호의 감지기로서 부착높이에 따라 적응성이 있는 장소는 제외한다.
④ **먼**지·가루 또는 수증기가 다량으로 체류하는 장소 또는 주방 등 평상시에 연기가 발생하는 장소(연기감지기에 한한다)
⑤ **고**온도 및 저온도로서 감지기의 기능이 정지되기 쉽거나 감지기의 유지관리가 어려운 장소
⑥ **파**이프덕트 등 그 밖의 이와 비슷한 것으로서 2개층마다 방화구획된 것이나 수평 단면적이 5 m² 이하인 것
⑦ **프**레스공장·주조공장 등 화재 발생의 위험이 적은 장소로서 감지기의 유지관리가 어려운 장소
⑧ **헛간** 등 외부와 기류가 통하는 장소로서 감지기에 따라 화재 발생을 유효하게 감지할 수 없는 장소

16 누전경보기

누전경보기의 수신기 설치가 제외되는 장소

암기방법 가화습온대

① **가**연성의 증기·먼지·가스 등이나 부식성의 증기·가스 등이 다량으로 체류하는 장소
② **화**약류를 제조하거나 저장 또는 취급하는 장소
③ **습**도가 높은 장소
④ **온**도의 변화가 급격한 장소
⑤ **대**전류회로·고주파 발생회로 등에 따른 영향을 받을 우려가 있는 장소

17 피난기구

소방대상물의 설치장소별 피난기구의 적응성

설치장소별\층별	1층	2층	3층	4층 이상 10층 이하
1. 노유자시설	미끄럼대 구조대 피난교 다수인피난장비 승강식 피난기	미끄럼대 구조대 피난교 다수인피난장비 승강식 피난기	미끄럼대 구조대 피난교 다수인피난장비 승강식 피난기	구조대1) 피난교 다수인피난장비 승강식 피난기

			미끄럼대 구조대 피난교 피난용트랩 다수인피난장비 승강식 피난기	구조대 피난교 피난용트랩 다수인피난장비 승강식 피난기
2. 의료시설·근린생활시설 중 입원실이 있는 의원·접골원·조산원				
3. 「다중이용업소의 안전관리에 관한 특별법 시행령」 제2조에 따른 다중이용업소로서 영업장의 위치가 4층 이하인 다중이용업소	미끄럼대 피난사다리 구조대 완강기 다수인피난장비 승강식 피난기	미끄럼대 피난사다리 구조대 완강기 다수인피난장비 승강식 피난기	미끄럼대 피난사다리 구조대 완강기 다수인피난장비 승강식 피난기	
4. 그 밖의 것			미끄럼대 피난사다리 구조대 완강기 피난교 피난용트랩 간이완강기2) 공기안전매트3) 다수인피난장비 승강식 피난기	피난사다리 구조대 완강기 피난교 간이완강기2) 공기안전매트3) 다수인피난장비 승강식 피난기

18 유도등 및 유도표지

통로유도등

구분	계단통로유도등	복도통로유도등	거실통로유도등
설치장소	계단	복도	거실의 통로
설치방법	각 층의 경사로참 또는 계단참마다	구부러진 모퉁이 및 설치된 통로유도등을 기점으로 보행거리 20 m마다	구부러진 모퉁이 및 보행거리 20 m마다
설치높이	바닥으로부터 높이 1 m 이하	바닥으로부터 높이 1 m 이하	바닥으로부터 높이 1.5 m 이상

점멸기를 설치할 경우 점등되어야 할 때

> **암기방법** 자비 상자방

① **자**동화재탐지설비의 감지기 또는 발신기가 작동되는 때
② **비**상경보설비의 발신기가 작동되는 때
③ **상**용전원이 정전되거나 전원선이 단선되는 때
④ **자**동소화설비가 작동되는 때
⑤ **방**재업무를 통제하는 곳 또는 전기실의 배전반에서 수동으로 점등하는 때

설치높이 및 설치방법

소방시설	설치높이	설치방법
피난구 유도등	피난구의 바닥으로부터 높이 1.5 m 이상으로서 출입구에 인접하도록 설치해야 한다.	① 옥내로부터 직접 지상으로 통하는 출입구 및 그 부속실의 출입구 ② 직통계단·직통계단의 계단실 및 그 부속실의 출입구 ③ 제1호 및 제2호의 규정에 따른 출입구에 이르는 복도 또는 통로로 통하는 출입구 ④ 안전구획된 거실로 통하는 출입구
복도통로 유도등	바닥으로부터 높이 1 m 이하의 위치에 설치할 것	구부러진 모퉁이 및 설치된 통로유도등을 기점으로 보행거리 20 m마다 설치할 것
거실통로 유도등	바닥으로부터 높이 1.5 m 이상의 위치에 설치할 것. 다만, 거실통로에 기둥이 설치된 경우에는 기둥부분의 바닥으로부터 높이 1.5 m 이하의 위치에 설치할 수 있다.	구부러진 모퉁이 및 보행거리 20 m마다 설치할 것
계단통로 유도등	바닥으로부터 높이 1 m 이하의 위치에 설치할 것	각 층의 경사로참 또는 계단참마다(1개층에 경사로참 또는 계단참이 2 이상 있는 경우에는 2개의 계단참마다) 설치할 것
객석 유도등	–	$\dfrac{\text{객석 통로의 직선부분 길이}(m)}{4} - 1$

[19] 제연설비

배출풍도

풍도단면의 긴 변 또는 직경의 크기	450 mm 이하	450 mm 초과 750 mm 이하	750 mm 초과 1,500 mm 이하	1,500 mm 초과 2,250 mm 이하	2,250 mm 초과
강판 두께	0.5 mm	0.6 mm	0.8 mm	1.0 mm	1.2 mm

20 소방시설용 비상전원수전설비

고압 또는 특별고압 수전의 경우

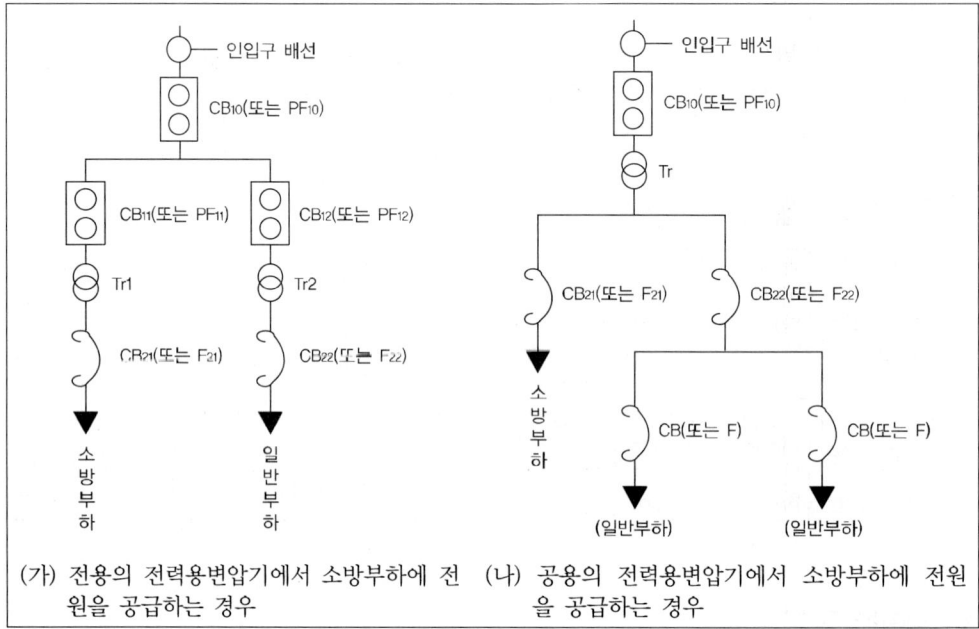

(가) 전용의 전력용변압기에서 소방부하에 전원을 공급하는 경우
(나) 공용의 전력용변압기에서 소방부하에 전원을 공급하는 경우

21 도로터널

소화기의 수량

구분	소화기의 수량
편도 2차선 미만의 양방향 터널과 4차로 미만의 일방향 터널의 경우	주행차로의 우측 측벽에 50 m 이내의 간격으로 2개 이상을 설치
편도 2차선 이상의 양방향 터널과 4차로 이상의 일방향 터널의 경우	양쪽 측벽에 각각 50 m 이내의 간격으로 엇갈리게 2개 이상을 설치

소화전함의 수량

구분	소화전함의 수량
편도 2차선 미만의 양방향 터널이나 4차로 미만의 일방향 터널의 경우	주행차로의 우측 측벽을 따라 50 m 이내의 간격으로 설치
편도 2차선 이상의 양방향 터널이나 4차로 이상의 일방향 터널의 경우	양쪽 측벽에 각각 50 m 이내의 간격으로 엇갈리게 설치

22 자동화재탐지설비의 음향장치(발화층 직상층 우선경보방식)

※ 적용대상 : 층수가 11층(공동주택의 경우에는 16층) 이상의 특정소방대상물
① 2층 이상의 층에서 발화한 때에는 발화층 및 그 직상 4개층에 경보를 발할 것
② 1층에서 발화한 때에는 발화층·그 직상 4개층 및 지하층에 경보를 발할 것
③ 지하층에서 발화한 때에는 발화층·그 직상층 및 기타의 지하층에 경보를 발할 것

23 감시시간 및 경보시간

29층 이하	자동화재탐지설비에는 그 설비에 대한 감시상태를 60분간 지속한 후 유효하게 10분 이상 경보할 수 있는 비상전원으로서 축전지설비(수신기에 내장하는 경우를 포함한다) 또는 전기저장장치(외부 전기에너지를 저장해 두었다가 필요한 때 전기를 공급하는 장치)를 설치해야 한다. 다만, 상용전원이 축전지설비인 경우 또는 건전지를 주전원으로 사용하는 무선식 설비인 경우에는 그렇지 않다.
30층 이상	자동화재탐지설비에는 그 설비에 대한 감시상태를 60분간 지속한 후 유효하게 30분 이상 경보할 수 있는 비상전원으로서 축전지설비(수신기에 내장하는 경우를 포함한다) 또는 전기저장장치(외부 전기에너지를 저장해 두었다가 필요한 때 전기를 공급하는 장치)를 설치해야한다. 다만, 상용전원이 축전지설비인 경우에는 그렇지 않다.

24 화재안전기준

면적(A) 정리

구분		면적
스프링클러설비	방호구역	3,000 m²
	유수검지장치	3,000 m²
	송수구	3,000 m²
	급수배관	3,000 m²
간이 스프링클러설비	방호구역	1,000 m²
	유수검지장치	1,000 m²
	급수배관	1,000 m²
화재조기진압용 스프링클러설비	방호구역	3,000 m²
	유수검지장치	3,000 m²
	헤드	6.0 m² 이상 9.3 m² 이하
	송수구	3,000 m²
	송수구(물분무소화설비)	3,000 m²
포소화설비	송수구	3,000 m²
	자동식 기동장치(폐쇄형 스프링클러헤드를 사용하는 경우)	20 m²
	포워터 스프링클러헤드	8 m²
	포헤드	9 m²
	고정포방출구(전역방출방식)	500 m²
	단독경보형 감지기	150 m²

	자동화재탐지설비의 경계구역	600 m²
피난기구	숙박시설·노유자시설 및 의료시설로 사용되는 층	500 m²
	위락시설·문화집회 및 운동시설·판매시설 또는 복합용도의 층	800 m²
	그 밖의 용도의 층	1,000 m²
제연설비의 제연구역		1,000 m²

수평거리(R) 정리

구분		R
옥내소화전 방수구		25 m
호스릴 옥내소화전설비 방수구		25 m
스프링클러설비의 음향장치		25 m
간이스프링클러설비의 음향장치		25 m
포소화전방수구		25 m
확성기(방송에 따른 경보장치를 설치할 경우)		25 m
자동화재탐지설비 발신기		25 m
확성기(비상방송설비)		25 m
스프링클러 헤드	무대부, 특수가연물	1.7 m
	공동주택(아파트) 세대 내의 거실	2.6 m
	내화구조	2.3 m
	기타	2.1 m
간이헤드		2.3 m
호스릴포방수구		15 m
호스릴 이산화탄소소화설비		15 m
호스릴 분말소화설비		15 m
호스릴 할론소화설비		20 m
옥외소화전 호스접결구		40 m
제연설비의 배출구		10 m
연결송수관설비의 방수구	지하가(터널은 제외한다) 또는 지하층의 바닥면적의 합계가 3,000 m² 이상인 것	25 m
	그 밖의 것	50 m
연결살수설비	연결살수설비전용헤드	3.7 m
	스프링클러헤드	2.3 m
비상콘센트	지하상가 또는 지하층의 바닥면적의 합계가 3,000 m² 이상인 것	25 m
	그 밖의 것	50 m

수평거리(S) 정리

구분	S
스프링클러헤드(연소할 우려가 있는 개구부)	2.5 m
측벽형 스프링클러헤드	3.6 m
드렌처헤드	2.5 m

연기감지기 (복도 및 통로)	1종 또는 2종	30 m
	3종	20 m
복도통로유도등		20 m
거실통로유도등		20 m
유도표지		15 m
휴대용비상조명등	대규모점포	50 m
	지하상가 및 지하역사	25 m
연결살수설비의 헤드(가연성 가스의 저장·취급시설에 설치하는 경우)		3.7 m
연소방지설비의 방수헤드	연소방지설비 전용헤드의 경우	2 m
	개방형 스프링클러헤드의 경우	1.5 m
도로터널	소화기	50 m
	옥내소화전설비의 소화전함과 방수구	50 m
	비상경보설비의 발신기	50 m
	연결송수관설비의 방수구 및 방수기구함	50 m
	비상콘센트설비	50 m
	자동화재탐지설비의 경계구역	100 m

높이 정리(1)

구분	높이	
스프링클러헤드(랙크식 창고의 경우)	특수가연물	4 m 이하
	그 밖의 것	6 m 이하
자동화재탐지설비의 경계구역(계단 및 경사로)	45 m 이하	
자동화재탐지설비의 연기감지기(계단 및 경사로)	1종 또는 2종	15 m
	3종	10 m

높이 정리(2)

설치높이	구분
바닥으로부터 1.5 m 이하	소화기구(자동소화장치를 제외)
	옥내소화전설비의 방수구
	포소화설비의 호스릴함 또는 호스함
	자동화재탐지설비 종단저항 전용함
	거실통로유도등(거실 통로에 기둥이 설치된 경우)
	예상제연구역에 설치되는 공기유입구 (바닥면적이 400 m² 이상의 거실인 경우)
	도로터널의 소화기
	도로터널의 옥내소화전설비 방수구
바닥으로부터 최소 0.2 m 이상 최대 3.7 m 이하	할로겐화합물 및 불활성기체 소화설비의 분사헤드
지면으로부터 0.5 m 이상 1 m 이하	송수구, 소화용수설비의 채수구

설치위치	설치대상
바닥으로부터 0.8 m 이상 1.5 m 이하	물분무소화설비 자동개방밸브의 기동조작부 및 수동식 개방밸브
	포소화설비 수동식 기동장치의 조작부
	이산화탄소 소화설비 수동식 기동장치의 조작부
	할론소화설비 수동식 기동장치의 조작부
	할로겐화합물 및 불활성기체 소화설비 수동식 기동장치의 조작부
	분말소화설비 수동식 기동장치의 조작부
	비상방송설비 조작부의 조작스위치
	자동화재탐지설비 수신기의 조작스위치
	자동화재탐지설비 발신기의 스위치
	자동화재속보설비 스위치
	광원점등방식 피난유도선의 피난유도 제어부
	휴대용 비상조명등
	연결송수관설비 가압송수장치의 수동스위치
	비상콘센트
	도로터널의 비상경보설비 발신기
	도로터널의 비상콘센트설비
바닥으로부터 5 m 이하	포소화설비 폐쇄형 스프링클러헤드(감지용 헤드)
바닥으로부터 2 m 이상 2.5 m 이하	청각장애인용 시각경보장치
바닥으로부터 1.5 m 이상	피난구유도등, 거실통로유도등
바닥으로부터 1 m 이하	복도통로유도등, 계단통로유도등, 통로유도표지
	광원점등방식 피난유도선의 피난유도 표시부
바닥으로부터 50 cm 이하의 위치 또는 바닥면	축광방식의 피난유도선
바닥으로부터 0.5 m 이상 1m 이하	연결송수관설비 방수구의 호스접결구

🪖 송수구 정리

설치기준	옥내	스프링	간이	화재조기	물분무	포	연결송수	연결살수	연소방지
지면으로부터 높이가 0.5 m 이상 1m 이하의 위치에 설치할 것	○	○	○	○	○	○	○	○	○
송수구에는 이물질을 막기 위한 마개를 씌울 것	○	○	○	○	○	○	○	○	○
구경 65 mm의 쌍구형 또는 단구형으로 할 것	○		○						
구경 65 mm의 쌍구형으로 할 것		○				○	○	○	○
송수구는 소방차가 쉽게 접근할 수 있는 잘 보이는 장소에 설치하되 화재층으로부터 지면으로 떨어지는 유리창 등이 송수 및 그 밖의 소화작업에 지장을 주지 아니하는 장소에 설치할 것	○	○	○						
송수구는 화재층으로부터 지면으로 떨어지는 유리창 등이 송수 및 그 밖의 소화작업에 지장을 주지 아니하는 장소에 설치할 것					○	○	○	○	

항목								
소방차가 쉽게 접근할 수 있고 노출된 장소에 설치할 것						○	○	○
송수구의 가까운 부분에 자동배수밸브(또는 직경 5 mm의 배수공) 및 체크밸브를 설치할 것	○	○	○	○	○	○		
송수구로부터 스프링클러설비의 주배관에 이르는 연결배관에 개폐밸브를 설치한 때에는 그 개폐상태를 쉽게 확인 및 조작할 수 있는 옥외 또는 기계실 등의 장소에 설치할 것			○	○	○	○	○	
송수구로부터 주배관에 이르는 연결배관에는 개폐밸브를 설치하지 아니할 것	○						○	○
송수구에는 그 가까운 곳의 보기 쉬운 곳에 송수압력범위를 표시한 표지를 할 것		○		○	○	○		
송수구는 하나의 층의 바닥면적이 3,000 m²를 넘을 때마다 1개(5개를 넘을 경우에는 5개) 이상을 설치할 것		○		○	○	○		

방출시간

① 방출시간의 정의

"방출시간"이란 분사헤드로부터 소화약제가 방출되기 시작하여 방호구역의 가스계 소화약제 농도값이 최소설계농도의 95 %에 도달되는 시간을 말한다.

② 설비 종류에 따른 방출시간 정리

설비 종류	구분		방출시간
이산화탄소	전역방출방식	표면화재	1분
		심부화재	7분
	국소방출방식		30초
할론	전역방출방식		10초
	국소방출방식		10초
할로겐화합물 및 불활성기체	할로겐화합물		10초
	불활성기체	A·C급 화재	2분
		B급 화재	1분
분말	전역방출방식		30초
	국소방출방식		30초

25 위험물안전관리법 시행규칙

기타 소화설비의 능력단위

소화설비	용량	능력단위
소화전용(轉用)물통	8 L	0.3
수조(소화전용물통 3개 포함)	80 L	1.5
수조(소화전용물통 6개 포함)	190 L	2.5
마른 모래(삽 1개 포함)	50 L	0.5
팽창질석 또는 팽창진주암(삽 1개 포함)	160 L	1.0

26 위험물세부기준

폐쇄형 스프링클러헤드

부착장소의 최고주위온도 (단위 ℃)	표시온도 (단위 ℃)
28 미만	58 미만
28 이상 39 미만	58 이상 79 미만
39 이상 64 미만	79 이상 121 미만
64 이상 106 미만	121 이상 162 미만
106 이상	162 이상

제1편

01 소화설비

제1장 소화기구
제2장 옥내소화전설비
제3장 스프링클러설비
제4장 간이스프링클러설비
제5장 화재조기진압용 스프링클러설비
제6장 물분무소화설비
제7장 미분무소화설비
제8장 포소화설비
제9장 이산화탄소 소화설비
제10장 할론소화설비
제11장 할로겐화합물 및 불활성기체 소화설비
제12장 분말소화설비
제13장 옥외소화전설비

제1장 소화기구

소화기구에는 소화기, 자동소화장치(주방자동소화장치, 캐비닛형 자동소화장치, 가스자동소화장치, 분말자동소화장치, 고체에어로졸자동소화장치), 자동확산소화기, 간이소화용구(에어로졸식 소화용구, 투척용 소화용구 및 소화약제 외의 것을 이용한 간이소화용구)가 있다.

1 소화기

"**소화기**"란 소화약제를 압력에 따라 방사하는 기구로서 사람이 수동으로 조작하여 소화하는 것을 말한다.

(1) 능력단위에 따른 종류

1) 소형소화기
'소형소화기'란 능력단위가 1단위 이상이고, 대형소화기의 능력단위 미만인 소화기를 말한다.

2) 대형소화기
'대형소화기'는 화재 시 사람이 운반할 수 있도록 운반대와 바퀴가 설치되어 있고, 능력단위가 **A급 10단위 이상, B급 20단위 이상**인 소화기를 말한다.

구분	소형소화기	대형소화기
능력단위	1단위 이상 대형 능력단위 미만	A급화재 : 10단위 이상 B급화재 : 20단위 이상
약제 충전량		포소화기 : 20ℓ 이상 강화액소화기 : 60ℓ 이상 물소화기 : 80ℓ 이상 분말소화기 : 20kg 이상 할로겐화물소화기 : 30kg 이상 이산화탄소소화기 : 50kg 이상

구분	능력단위
간이소화용구	1단위 미만
소형소화기	1단위 이상 대형소화기의 능력단위 미만
대형소화기	A급 10단위 이상, B급 20단위 이상

★★☆☆

문제01 소형소화기 및 대형소화기의 용어의 정의를 쓰시오.

(2) 가압방식에 따른 종류

1) 가압식 소화기
"**가압식 소화기**"란 소화약제의 방출원이 되는 가압가스를 소화기 본체용기와는 별도의 전용용기(소화기가압용 가스용기)에 충전하여 장치하고 소화기가압용 가스용기의 작동봉판을 파괴하는 등의 조작에 의하여 방출되는 가스의 압력으로 소화약제를 방사하는 방식의 소화기를 말한다.

2) 축압식 소화기
"**축압식 소화기**"란 본체용기 중에 소화약제와 함께 소화약제의 방출원이 되는 압축가스(질소 등)를 봉입한 방식의 소화기를 말한다. 축압식 소화기(이산화탄소 및 할론 1301 소화약제를 충전한 소화기와 한번 사용한 후에는 다시 사용할 수 없는 형의 소화기는 제외한다)는 지시압력계를 설치하여야 한다. 지시압력계가 녹색부분을 지시하면 정상 압력($7.0 \sim 9.8 kg/cm^2$) 상태이다.

※ 가압방식에 따른 종류

구분	가압식 소화기	축압식 소화기
가압용 가스용기	있다.	없다.
지시압력계	없다.	있다.

(3) 소화약제에 따른 종류

종류	주성분	적응화재	소화효과
포소화기	단백포, 수성막포, 합성계면활성제포, 불화단백포, 알코올형포	A, B	질식, 냉각
강화액소화기	$K_2CO_3+H_2O$	A, B, C	질식, 냉각, 부촉매
물소화기	물	A	냉각
분말소화기	제1종 분말, 제2종 분말 제3종 분말, 제4종 분말	A, B, C	질식, 냉각, 부촉매
할로겐화물소화기	할론 2402, 할론 1211, 할론 1301	B, C	질식, 냉각, 부촉매
이산화탄소소화기	이산화탄소	B, C	질식, 냉각
산알칼리소화기	$H_2SO_4+NaHCO_3$	A, B, C	질식, 냉각, 부촉매

강화액(Loaded stream)은 소화효과를 증대시키기 위해서 연쇄반응 억제작용이 있는 알칼리금속염인 탄산칼륨(K_2CO_3)을 물에 첨가한 것이다.
① 소화효과 : 질식효과, 냉각효과, 부촉매효과
② 적응대상 : 일반화재, 유류화재, 전기화재, 자동차화재 등
③ 사용온도 : 영하 20℃~영상 40℃

2 자동소화장치

"자동소화장치"란 소화약제를 자동으로 방사하는 고정된 소화장치로서 형식승인이나 성능인증을 받은 유효설치 범위(설계방호체적, 최대설치높이, 방호면적 등을 말한다) 이내에 설치하여 소화하는 다음 각 소화장치를 말한다.[**자동소화장치의 종류**]

① "**주거용 주방자동소화장치**"란 주거용 주방에 설치된 열발생 조리기구의 사용으로 인한 화재 발생 시 열원(전기 또는 가스)을 자동으로 차단하며 소화약제를 방출하는 소화장치를 말한다.

② "**상업용 주방자동소화장치**"란 상업용 주방에 설치된 열발생 조리기구의 사용으로 인한 화재 발생 시 열원(전기 또는 가스)을 자동으로 차단하며 소화약제를 방출하는 소화장치를 말한다.

③ "**캐비닛형 자동소화장치**"란 열, 연기 또는 불꽃 등을 감지하여 소화약제를 방사하여 소화하는 캐비닛형태의 소화장치를 말한다.

④ "**가스자동소화장치**"란 열, 연기 또는 불꽃 등을 감지하여 가스계 소화약제를 방사하여 소화하는 소화장치를 말한다.

⑤ "**분말자동소화장치**"란 열, 연기 또는 불꽃 등을 감지하여 분말의 소화약제를 방사하여 소화하는 소화장치를 말한다.

⑥ "**고체에어로졸자동소화장치**"란 열, 연기 또는 불꽃 등을 감지하여 에어로졸의 소화약제를 방사하여 소화하는 소화장치를 말한다.

★★★★☆

 문제02 자동소화장치의 종류 6가지를 쓰고, 그 용어를 간단히 설명하시오.

3 설치기준

① 소화기구는 다음의 기준에 따라 설치하여야 한다.
  1. 소화기는 다음의 기준에 따라 설치할 것
     가. 특정소방대상물의 각 층마다 설치하되, 각층이 2 이상의 거실로 구획된 경우에는 각 층마다 설치하는 것 외에 바닥면적이 33 ㎡ 이상으로 구획된 각 거실에도 배치할 것
     나. 특정소방대상물의 각 부분으로부터 1개의 소화기까지의 보행거리가 소형소화기의 경우에는 20 m 이내, 대형소화기의 경우에는 30 m 이내가 되도록 배치할 것. 다만, 가연성 물질이 없는 작업장의 경우에는 작업장의 실정에 맞게 보행거리를 완화하여 배치할 수 있다.
  2. 능력단위가 2단위 이상이 되도록 소화기를 설치하여야 할 특정소방대상물 또는 그 부분에 있어서는 간이소화용구의 능력단위가 전체 능력단위의 2분의 1을 초과하지 않게 할 것. 다만, 노유자시설의 경우에는 그렇지 않다.

"간이소화용구"란 에어로졸식 소화용구, 투척용 소화용구 및 소화약제 외의 것을 이용한 소화용구를 말한다.

3. 소화기구(자동확산소화기를 제외한다)는 거주자 등이 손쉽게 사용할 수 있는 장소에 바닥으로부터 높이 1.5m 이하의 곳에 비치하고, 소화기에 있어서는 "**소화기**", 투척용 소화용구에 있어서는 "**투척용 소화용구**", 마른모래에 있어서는 "**소화용 모래**", 팽창질석 및 팽창진주암에 있어서는 "**소화질석**"이라고 표시한 표지를 보기 쉬운 곳에 부착할 것
4. 자동확산소화기는 다음 각 목의 기준에 따라 설치할 것
   가. 방호대상물에 소화약제가 유효하게 방출될 수 있도록 설치할 것
   나. 작동에 지장이 없도록 견고하게 고정할 것
② 자동소화장치는 다음 각 호의 기준에 따라 설치하여야 한다.
1. 주거용 주방자동소화장치는 다음 각 목의 기준에 따라 설치할 것[**주거용 주방자동소화장치의 설치기준**]
   가. 소화약제 방출구는 환기구(주방에서 발생하는 열기류 등을 밖으로 배출하는 장치를 말한다)의 청소부분과 분리되어 있어야 하며, 형식승인 받은 유효설치 높이 및 방호면적에 따라 설치할 것
   나. 감지부는 형식승인 받은 유효한 높이 및 위치에 설치할 것
   다. 차단장치(전기 또는 가스)는 상시 확인 및 점검이 가능하도록 설치할 것
   라. 가스용 주방자동소화장치를 사용하는 경우 탐지부는 수신부와 분리하여 설치하되, 공기보다 가벼운 가스를 사용하는 경우에는 천장 면으로 부터 30 cm 이하의 위치에 설치하고, 공기보다 무거운 가스를 사용하는 장소에는 바닥 면으로부터 30 cm 이하의 위치에 설치할 것
   마. 수신부는 주위의 열기류 또는 습기 등과 주위온도에 영향을 받지 않고 사용자가 상시 볼 수 있는 장소에 설치할 것

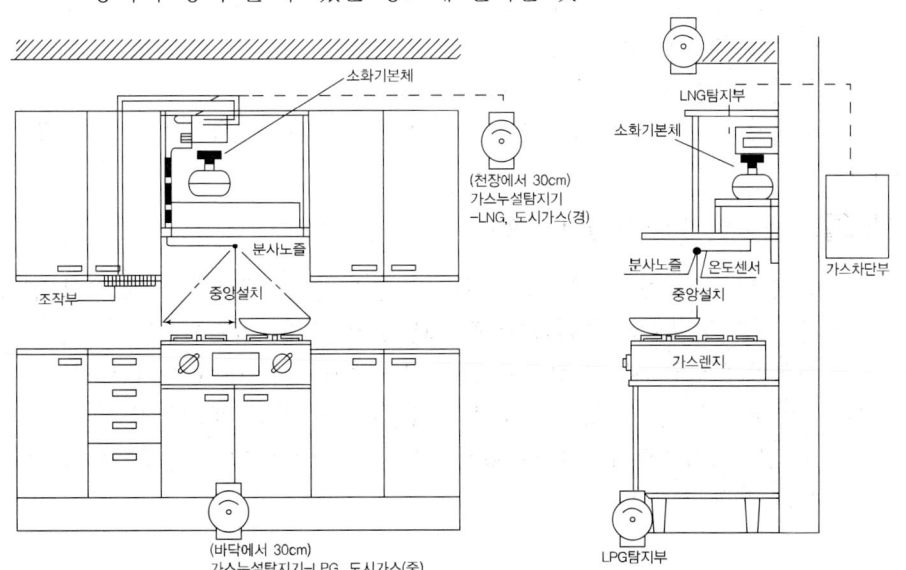

★★★★☆

[예상] 문제03 아파트의 각 세대별 주방 및 오피스텔의 각 실별 주방에 설치하는 주방용 자동소화장치의 설치기준을 쓰시오. [설계12회기출][점검21회기출]

2. 상업용 주방자동소화장치는 다음 각 목의 기준에 따라 설치할 것 [**상업용 주방자동소화장치의 설치기준**]
   가. 소화장치는 조리기구의 종류 별로 성능인증을 받은 설계 매뉴얼에 적합하게 설치할 것
   나. 감지부는 성능인증을 받는 유효높이 및 위치에 설치할 것
   다. 차단장치(전기 또는 가스)는 상시 확인 및 점검이 가능하도록 설치할 것
   라. 후드에 방출되는 분사헤드는 후드의 가장 긴 변의 길이까지 방출될 수 있도록 소화약제의 방출 방향 및 거리를 고려하여 설치할 것
   마. 덕트에 설치되는 분사헤드는 성능인증을 받은 길이 이내로 설치할 것

3. 캐비닛형 자동소화장치는 다음 각 목의 기준에 따라 설치하여야 한다. [**캐비닛형자동소화장치의 설치기준**]
   가. 분사헤드(방출구)의 설치 높이는 방호구역의 바닥으로부터 형식승인을 받은 범위 내에서 유효하게 소화약제를 방출시킬 수 있는 높이에 설치할 것
   나. 방호구역 내의 화재감지기의 감지에 따라 작동되도록 할 것
   다. 화재감지기의 회로는 교차회로방식으로 설치할 것. 다만, 화재감지기를 「자동화재탐지설비 및 시각경보장치의 화재안전기술기준(NFTC 203)」 2.4.1 단서의 각 감지기로 설치하는 경우에는 그렇지 않다.
   라. 개구부 및 통기구(환기장치를 포함한다. 이하 같다)를 설치한 것에 있어서는 소화약제가 방출되기 전에 해당 개구부 및 통기구를 자동으로 폐쇄할 수 있도록 할 것. 다만, 가스압에 의하여 폐쇄되는 것은 소화약제 방출과 동시에 폐쇄할 수 있다.
   마. 작동에 지장이 없도록 견고하게 고정할 것
   바. 구획된 장소의 방호체적 이상을 방호할 수 있는 소화성능이 있을 것

★★★☆☆

[예상] 문제04 캐비닛형 자동소화장치의 설치기준 중 5가지를 쓰시오.

4. 가스, 분말, 고체에어로졸 자동소화장치는 다음 각 목의 기준에 따라 설치하여야 한다. [**가스, 분말, 고체에어로졸 자동소화장치의 설치기준**]
   가. 소화약제 방출구는 형식승인 받은 유효설치 범위 내에 설치할 것
   나. 자동소화장치는 방호구역 내에 형식승인 된 1개의 제품을 설치할 것. 이 경우 연동방식으로서 하나의 형식으로 형식승인을 받은 경우에는 1개의 제품으로 본다.

다. 감지부는 형식 승인된 유효설치 범위 내에 설치해야 하며, 설치장소의 평상시 최고주위온도에 따라 다음 표에 따른 표시온도의 것으로 설치할 것. 다만, 열감지선의 감지부는 형식승인 받은 최고주위온도 범위 내에 설치해야 한다.

설치 장소의 최고주위온도	표시온도
39 ℃ 미만	79 ℃ 미만
39 ℃ 이상 64 ℃ 미만	79 ℃ 이상 121 ℃ 미만
64 ℃ 이상 106 ℃ 미만	121 ℃ 이상 162 ℃ 미만
106 ℃ 이상	162 ℃ 이상

★★☆☆☆

 문제05 자동소화장치 중 가스식, 분말식, 고체에어로졸식 자동소화장치의 설치기준을 쓰시오. [설계14회기출]

③ 이산화탄소 또는 할로겐화합물을 방출하는 소화기구(자동확산소화기를 제외한다)는 지하층이나 무창층 또는 밀폐된 거실로서 그 바닥면적이 20 m² 미만의 장소에는 설치할 수 없다. 다만, 배기를 위한 유효한 개구부가 있는 장소인 경우에는 그렇지 않다.

4 소화기의 감소

① 소형소화기를 설치해야 할 특정소방대상물 또는 그 부분에 옥내소화전설비·스프링클러설비·물분무등소화설비·옥외소화전설비 또는 대형소화기를 설치한 경우에는 해당 설비의 유효범위의 부분에 대하여는 소형소화기의 3분의 2(대형소화기를 둔 경우에는 2분의 1)를 감소할 수 있다. 다만, 층수가 11층 이상인 부분, 근린생활시설, 위락시설, 문화 및 집회시설, 운동시설, 판매시설, 운수시설, 숙박시설, 노유자시설, 의료시설, 아파트, 업무시설(무인변전소를 제외한다), 방송통신시설, 교육연구시설, 항공기 및 자동차관련시설, 관광휴게시설은 그렇지 않다.

★★★☆☆

 문제06 소화기구 및 자동소화장치의 화재안전기준(NFSC 101)에 관하여 다음 물음에 답하시오. [설계17회기출]
① 소화기 수량산출에 소형소화기를 감소할 수 있는 경우에 관하여 쓰시오.
② 소화기 수량산출에서 소형소화기를 감소할 수 없는 특정소방대상물 4가지를 쓰시오.

② 대형소화기를 설치해야 할 특정소방대상물 또는 그 부분에 옥내소화전설비·스프링클러설비·물분무등소화설비 또는 옥외소화전설비를 설치한 경우에는 해당 설비의 유효범위 안의 부분에 대하여는 대형소화기를 설치하지 않을 수 있다.

2nd Day

5 소화기구의 소화약제별 적응성

소화약제 구분	가스			분말		액체			기타		
적응대상	이산화탄소소화약제	할론소화약제	할로겐화합물 및 불활성기체 소화약제	인산염류소화약제	중탄산염류소화약제	산알칼리소화약제	강화액소화약제	포소화약제	물·침윤소화약제	고체에어로졸화합물	마른모래	팽창질석·팽창진주암	그 밖의 것
일반화재(A급 화재)	-	○	○	○	-	○	○	○	○	○	○	○	-
유류화재(B급 화재)	○	○	○	○	○	○	○	○	○	○	○	○	-
전기화재(C급 화재)	○	○	○	○	○	*	*	*	*	○	-	-	-
주방화재(K급 화재)	-	-	-	-	*	-	*	*	*	-	-	-	*

[비고] "*"의 소화약제별 적응성은 「소방시설 설치 및 관리에 관한 법률」제37조에 의한 형식승인 및 제품검사의 기술기준에 따라 화재 종류별 적응성에 적합한 것으로 인정되는 경우에 한한다.

1. **"일반화재(A급 화재)"** 란 나무, 섬유, 종이, 고무, 플라스틱류와 같은 일반 가연물이 타고 나서 재가 남는 화재를 말한다. 일반화재에 대한 소화기의 적응 화재별 표시는 'A'로 표시한다.
2. **"유류화재(B급 화재)"** 란 인화성 액체, 가연성 액체, 석유 그리스, 타르, 오일, 유성도료, 솔벤트, 래커, 알코올 및 인화성 가스와 같은 유류가 타고 나서 재가 남지 않는 화재를 말한다. 유류화재에 대한 소화기의 적응 화재별 표시는 'B'로 표시한다.
3. **"전기화재(C급 화재)"** 란 전류가 흐르고 있는 전기기기, 배선과 관련된 화재를 말한다. 전기화재에 대한 소화기의 적응 화재별 표시는 'C'로 표시한다.
4. **"주방화재(K급 화재)"** 란 주방에서 동식물유를 취급하는 조리기구에서 일어나는 화재를 말한다. 주방화재에 대한 소화기의 적응 화재별 표시는 'K'로 표시한다.
5. **"금속화재(D급 화재)"** 란 마그네슘 합금 등 가연성 금속에서 일어나는 화재를 말한다. 금속화재에 대한 소화기의 적응 화재별 표시는 'D'로 표시한다.

★★☆☆☆

문제07 일반화재를 적용대상으로 하는 소화기구의 적응성이 있는 소화약제를 쓰시오.[설계17회기출]

구분	내용
가스계소화약제	㉠
분말소화약제	㉡
액체소화약제	㉢
기타소화약제	㉣

6 소화약제 외의 것을 이용한 간이소화용구의 능력단위

간이소화용구		능력단위
1. 마른모래	삽을 상비한 50 L 이상의 것 1포	0.5단위
2. 팽창질석 또는 팽창진주암	삽을 상비한 80 L 이상의 것 1포	

7 특정소방대상물별 소화기구의 능력단위기준

특정소방대상물	소화기구의 능력단위
1. 위락시설	해당 용도의 바닥면적 30 m²마다 능력단위 1단위 이상
2. 공연장·집회장·관람장·문화재·장례식장 및 의료시설	해당 용도의 바닥면적 50 m²마다 능력단위 1단위 이상
3. 근린생활시설·판매시설·운수시설·숙박시설·노유자시설·전시장·공동주택·업무시설·방송통신시설·공장·창고시설·항공기 및 자동차관련시설 및 관광휴게시설	해당 용도의 바닥면적 100 m²마다 능력단위 1단위 이상
4. 그 밖의 것	해당 용도의 바닥면적 200 m²마다 능력단위 1단위 이상

[비고] 소화기구의 능력단위를 산출함에 있어서 건축물의 주요구조부가 **내화구조**이고, 벽 및 반자의 실내에 면하는 부분이 **불연재료·준불연재료 또는 난연재료**로 된 특정소방대상물에 있어서는 위 표의 **바닥면적의 2배**를 해당 특정소방대상물의 기준면적으로 한다.

8 부속용도별로 추가하여야 할 소화기구

용도별	소화기구의 능력단위
1. 다음 각목의 시설. 다만, 스프링클러설비·간이스프링클러설비·물분무등소화설비 또는 상업용 주방자동소화장치가 설치된 경우에는 **자동확산소화기**를 설치하지 않을 수 있다. 가. 보일러실·건조실·세탁소·대량화기취급소 나. 음식점(지하가의 음식점을 포함한다)·다중이용업소·호텔·기숙사·노유자시설·의료시설·업무시설·공장·장례식장·교육연구시설·교정 및 군사시설의 주방. 다만, 의료시설·업무시설 및 공장의 주방은 공동취사를 위한 것에 한한다. 다. 관리자의 출입이 곤란한 변전실·송전실·변압기실 및 배전반실(불연재료로 된 상자 안에 장치된 것을 제외한다)	1. 해당 용도의 바닥면적 25 m²마다 능력단위 1단위 이상의 소화기로 할 것. 이 경우 나목의 주방에 설치하는 소화기 중 1개 이상은 주방화재용 소화기(K급)로 설치해야 한다. 2. 자동확산소화기는 해당 용도의 바닥면적을 기준으로 10 m² 이하는 1개, 10 m² 초과는 2개 이상을 설치하되, 보일러, 조리기구, 변전설비 등 방호대상에 유효하게 분사될 수 있는 위치에 배치될 수 있는 수량으로 설치할 것

2. 발전실·변전실·송전실·변압기실·배전반실·통신기기실·전산기기실·기타 이와 유사한 시설이 있는 장소. 다만, 제1호 다목의 장소를 제외한다.			해당 용도의 바닥면적 50 m²마다 적응성이 있는 소화기 1개 이상 또는 유효설치방호체적 이내의 가스·분말·고체에어로졸 자동소화장치, 캐비닛형 자동소화장치(다만, 통신기기실·전자기기실을 제외한 장소에 있어서는 교류 600V 또는 직류 750V 이상의 것에 한한다)
3. 위험물안전관리법시행령 별표1에 따른 지정수량의 1/5 이상 지정수량 미만의 위험물을 저장 또는 취급하는 장소			능력단위 2단위 이상 또는 유효설치방호체적 이내의 가스·분말·고체에어로졸 자동소화장치, 캐비닛형 자동소화장치
4. 「화재의 예방 및 안전관리에 관한 법률 시행령」 별표 2에 따른 **특수가연물을** 저장 또는 취급하는 장소	「화재의 예방 및 안전관리에 관한 법률 시행령」 별표 2에서 정하는 수량 이상		「화재의 예방 및 안전관리에 관한 법률 시행령」 별표 2에서 정하는 수량의 50배 이상마다 능력단위 1단위 이상
	「화재의 예방 및 안전관리에 관한 법률 시행령」 별표 2에서 정하는 수량의 500배 이상		**대형소화기** 1개 이상
5. 고압가스안전관리법·액화석유가스의 안전관리 및 사업법 및 도시가스사업법에서 규정하는 가연성가스를 연료로 사용하는 장소	액화석유가스 기타 가연성가스를 연료로 사용하는 연소기기가 있는 장소		각 연소기로부터 보행거리 10 m 이내에 능력단위 3단위 이상의 소화기 1개 이상. 다만, 상업용 주방자동소화장치가 설치된 장소는 제외한다.
	액화석유가스 기타 가연성가스를 연료로 사용하기 위하여 저장하는 저장실(저장량 300kg 미만은 제외한다)		능력단위 5단위 이상의 소화기 2개 이상 및 대형소화기 1개 이상
6. 고압가스안전관리법·액화석유가스의 안전관리 및 사업법 또는 도시가스사업법에서 규정하는 가연성가스를 제조하거나 연료 외의 용도로 저장·사용하는 장소	저장하고 있는 양 또는 1개월 동안 제조·사용하는 양	200 kg 미만	
			저장하는 장소 : 능력단위 3단위 이상의 소화기 2개 이상
			제조·사용하는 장소 : 능력단위 3단위 이상의 소화기 2개 이상
		200 kg 이상 300 kg 미만	저장하는 장소 : 능력단위 5단위 이상의 소화기 2개 이상
			제조·사용하는 장소 : 바닥면적 50 m²마다 능력단위 5단위 이상의 소화기 1개 이상
		300 kg 이상	저장하는 장소 : 대형소화기 2개 이상
			제조·사용하는 장소 : 바닥면적 50 m²마다 능력단위 5단위 이상의 소화기 1개 이상

비고 : 액화석유가스·기타 가연성가스를 제조하거나 연료 외의 용도로 사용하는 장소에 소화기를 설치하는 때에는 해당 장소 바닥면적 50m² 이하인 경우에도 해당 소화기를 2개 이상 비치해야 한다.

⑨ 사용온도범위

① 소화기는 그 종류에 따라 다음의 온도범위에서 사용할 경우 소화 및 방사의 기능을 유효하게 발휘할 수 있는 것이어야 한다.
  1. 강화액소화기 : -20 ℃ 이상 40℃ 이하
  2. 분말소화기 : -20 ℃ 이상 40℃ 이하
  3. 그 밖의 소화기 : 0 ℃ 이상 40℃ 이하
② 제1항의 규정에 불구하고 사용온도의 범위를 확대하고자 할 경우에는 10 ℃ 단위로 하여야 한다.

★★☆☆☆

 문제08 다음 소화기의 사용온도범위를 쓰시오.
① 이산화탄소소화기
② 분말소화기
③ 할로겐화물소화기
④ 강화액소화기
⑤ 포소화기

⑩ 자동확산소화기

"자동확산소화기"란 화재를 감지하여 자동으로 소화약제를 방출 확산시켜 국소적으로 소화하는 다음 각 소화기를 말한다.
① "일반화재용자동확산소화기"란 보일러실, 건조실, 세탁소, 대량화기취급소 등에 설치되는 자동확산소화기를 말한다.
② "주방화재용자동확산소화기"란 음식점, 다중이용업소, 호텔, 기숙사, 의료시설, 업무시설, 공장 등의 주방에 설치되는 자동확산소화기를 말한다.
③ "전기설비용자동확산소화기"란 변전실, 송전실, 변압기실, 배전반실, 제어반, 분전반등에 설치되는 자동확산소화기를 말한다.

제2장 옥내소화전설비

옥내소화전설비는 화재 초기에 소방대가 도착할 때까지 건물 내의 거주자 또는 근무자 등 소위 자위소방대가 소방호스와 노즐을 이용하여 대량 주수하기 위한 소화설비이다. 옥내소화전설비는 초기소화를 목적으로 소방대상물의 옥내에 설치한다.

1 옥내소화전설비의 계통도

(1) 부압흡입방식

수원의 수위가 펌프보다 낮은 곳에 있어서, 펌프 기동 시 펌프 흡입측에 부압(진공압)이 형성되는 방식이다. 펌프 흡입측 배관을 연결하여 사용할 수 없다.(충압펌프 포함)

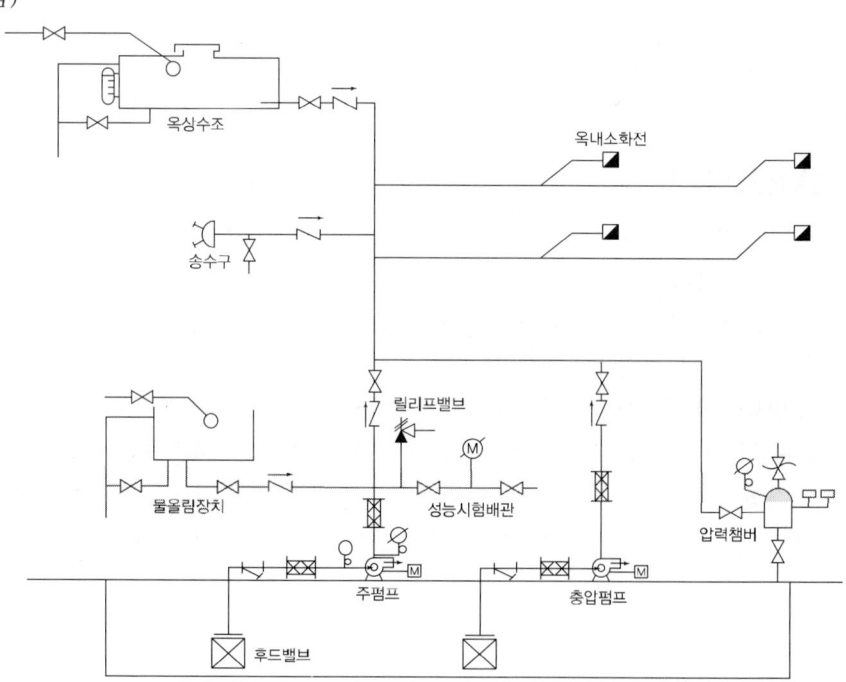

명칭	기능
후드밸브	여과기능, 역류방지기능
후렉시블조인트	진동 전달 방지, 신축 흡수
연성계 또는 진공계	펌프의 흡입측 진공압력(흡입측 수두) 측정
압력계	펌프의 토출측 게이지압력(토출측 수두) 측정
물올림장치	후드밸브의 감시
순환배관	펌프의 체절운전 시 수온 상승 방지
릴리프밸브	체절압력 미만에서 개방
체크밸브	역류방지
개폐표시형 개폐밸브	성능시험 시 또는 배관 수리 시 유수 차단
유량계	성능시험 시 펌프의 유량(토출량) 측정
성능시험배관	가압송수장치의 성능시험
충압펌프	배관 내를 상시 충압
기동용 수압개폐장치 (압력챔버)	펌프의 자동기동 및 정지, 압력변화의 완충작용, 압력변동에 따른 설비의 보호

★★★★☆

예상 **문제01** 펌프 주변의 계통도를 그리고 각 기기의 명칭을 표시하고 기능을 설명하시오. [점검9회기출]
① 수조의 수위보다 펌프가 높게 설치되어 있다.
② 물올림장치 부분의 부속류를 도시한다.
③ 펌프 흡입측 배관의 밸브 및 부속류를 도시한다.
④ 펌프 토출측 배관의 밸브 및 부속류를 도시한다.
⑤ 성능시험배관의 밸브 및 부속류를 도시한다.

(2) 정압흡입방식

수원의 수위가 펌프보다 높은 곳에 있어서, 펌프 흡입측에 항상 정압(양압)이 형성되어 있는 방식이다. 펌프 흡입측 연성계(또는 진공계), 후드밸브, 물올림장치가 설치되지 않는 특징이 있다. 펌프 흡입측 배관을 연결하여 사용할 수 있다.

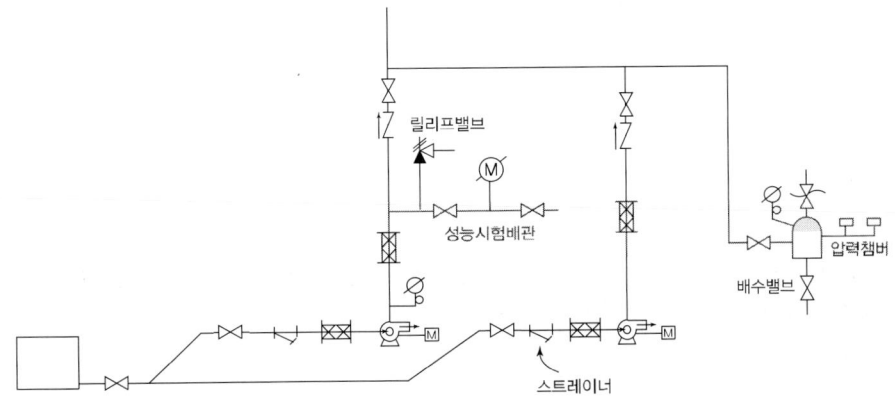

종류	부압흡입방식	정압흡입방식
풋밸브	○	×
연성계 또는 진공계	○	×
물올림장치	○	×
펌프 흡입측 개폐밸브	×	○
후렉시블조인트	○	○
압력계	○	○
순환배관	○	○
릴리프밸브	○	○
유량계	○	○
성능시험배관	○	○

★★★★☆

  문제02 펌프의 흡입측과 토출측의 주위 배관을 도시하고 밸브 및 기구 등의 이름을 쓰시오.(정압흡입방식, 기동장치는 기동용 수압개폐장치 사용) [설계8회기출]

2 수원

① 옥내소화전설비의 수원은 그 저수량이 옥내소화전의 설치개수가 가장 많은 층의 설치개수(2개 이상 설치된 경우에는 2개)에 2.6 m³(호스릴옥내소화전설비를 포함한다)를 곱한 양 이상이 되도록 해야 한다.

  옥내소화전설비 수원의 저수량=N×2.6 m³

② 옥내소화전설비의 수원은 제1항에 따라 산출된 유효수량 외에 유효수량의 3분의 1 이상을 옥상(옥내소화전설비가 설치된 건축물의 주된 옥상을 말한다)에 설치해야 한다. 다만, 다음 각 호의 어느 하나에 해당하는 경우에는 그렇지 않다.[**옥상수조를 설치하지 아니할 수 있는 경우**]

1. 지하층만 있는 건축물
2. 고가수조를 가압송수장치로 설치한 경우
3. 수원이 건축물의 최상층에 설치된 방수구보다 높은 위치에 설치된 경우
4. 건축물의 높이가 지표면으로부터 10 m 이하인 경우
5. 주펌프와 동등 이상의 성능이 있는 별도의 펌프로서 내연기관의 기동과 연동하여 작동되거나 비상전원을 연결하여 설치한 경우
6. 2.2.1.9의 단서에 해당하는 경우

[2.2.1.9의 단서] : 학교·공장·창고시설로서 동결의 우려가 있는 장소에 있어서는 기동스위치에 보호판을 부착하여 옥내소화전함 내에 설치할 수 있다.

7. 가압수조를 가압송수장치로 설치한 경우

③ 옥내소화전설비의 수원을 수조로 설치하는 경우에는 소방설비의 전용수조로 해야 한다. 다만, 다음 각 호의 어느 하나에 해당하는 경우에는 그렇지 않다.[**소방설비 전용수조로 설치하지 아니할 수 있는 경우**]
  1. 옥내소화설비용 펌프의 풋밸브 또는 흡수배관의 흡수구(수직회전축펌프의 흡수구를 포함한다. 이하 같다)를 다른 설비(소화용 설비 외의 것을 말한다. 이하 같다)의 풋밸브 또는 흡수구보다 낮은 위치에 설치한 때
  2. 고가수조로부터 옥내소화전설비의 수직배관에 물을 공급하는 급수구를 다른 설비의 급수구보다 낮은 위치에 설치한 때

★★★☆☆

 문제03 옥내소화전설비의 수원을 수조로 설치하는 경우에는 소방설비의 전용수조로 하여야 한다. 그러하지 아니할 수 있는 경우(소방설비 전용수조로 설치하지 아니할 수 있는 경우) 2가지를 쓰시오.

④ 저수량을 산정함에 있어서 다른 설비와 겸용하여 옥내소화전설비용 수조를 설치하는 경우에는 옥내소화전설비의 풋밸브·흡수구 또는 수직배관의 급수구와 다른 설비의 풋밸브·흡수구 또는 수직배관의 급수구와의 사이의 수량을 그 유효수량으로 한다.

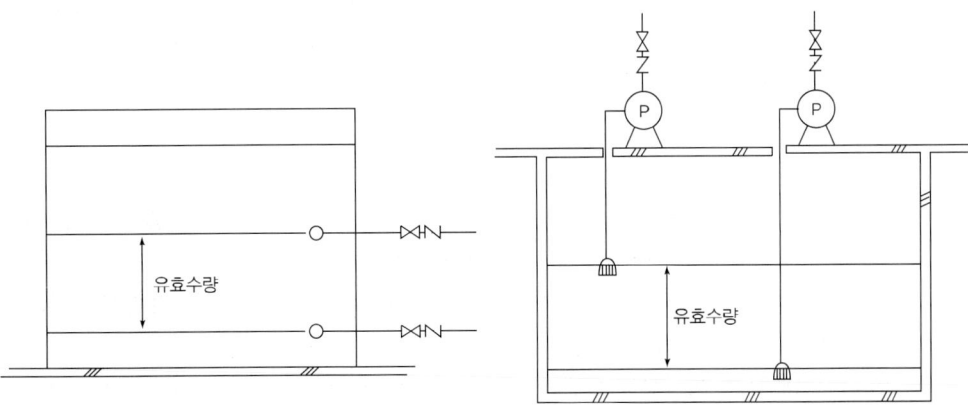

★★★☆☆

 문제04 다른 설비와 겸용하여 옥내소화전설비용 수조를 설치하는 경우 유효수량 산정기준을 쓰시오.

⑤ 옥내소화전설비용 수조는 다음 각 호의 기준에 따라 설치하여야 한다. [옥내소화전설비용 수조의 설치기준]
1. 점검에 편리한 곳에 설치할 것
2. 동결방지조치를 하거나 동결의 우려가 없는 장소에 설치할 것
3. 수조의 외측에 수위계를 설치할 것. 다만, 구조상 불가피한 경우에는 수조의 맨홀 등을 통하여 수조 안의 물의 양을 쉽게 확인할 수 있도록 해야 한다.
4. 수조의 상단이 바닥보다 높은 때에는 수조의 외측에 고정식 사다리를 설치할 것
5. 수조가 실내에 설치된 때에는 그 실내에 조명설비를 설치할 것
6. 수조의 밑 부분에는 청소용 배수밸브 또는 배수관을 설치할 것
7. 수조의 외측의 보기 쉬운 곳에 "**옥내소화전설비용 수조**"라고 표시한 표지를 할 것. 이 경우 그 수조를 다른 설비와 겸용하는 때에는 그 겸용되는 설비의 이름을 표시한 표지를 함께 해야 한다.
8. 옥내소화전펌프의 흡수배관 또는 옥내소화전설비의 수직배관과 수조의 접속부분에는 "**옥내소화전설비용 배관**"이라고 표시한 표지를 할 것.

★★★★☆

 문제05 옥내소화전설비용 수조의 설치기준 중 5가지만 쓰시오.

③ 가압송수장치

① 전동기 또는 내연기관에 따른 펌프를 이용하는 가압송수장치는 다음 각 호의 기준에 따라 설치해야 한다. 다만, 가압송수장치의 주펌프는 전동기에 따른 펌프로 설치해야 한다.
1. 쉽게 접근할 수 있고 점검하기에 충분한 공간이 있는 장소로서 화재 및 침수 등의 재해로 인한 피해를 받을 우려가 없는 곳에 설치할 것
2. 동결방지조치를 하거나 동결의 우려가 없는 장소에 설치할 것
3. 특정소방대상물의 어느 층에 있어서도 해당 층의 옥내소화전(2개 이상 설치된 경우에는 2개의 옥내소화전)을 동시에 사용할 경우 각 소화전의 노즐선단에서의 방수압력이 0.17 MPa(호스릴옥내소화전설비를 포함한다) 이상이고, 방수량이 130 L/min(호스릴옥내소화전설비를 포함한다) 이상이 되는 성능의 것으로 할 것. 다만, 하나의 옥내소화전을 사용하는 노즐선단에서의 방수압력이 0.7 MPa을 초과할 경우에는 호스접결구의 인입측에 감압장치를 설치해야 한다.
4. 펌프의 토출량은 옥내소화전이 가장 많이 설치된 층의 설치개수(옥내소화전이 2개 이상 설치된 경우에는 2개)에 130 L/min를 곱한 양 이상이 되도록 할 것
5. 펌프는 전용으로 할 것. 다만, 다른 소화설비와 겸용하는 경우 각각의 소화설비의 성능에 지장이 없을 때에는 그렇지 않다.
6. 펌프의 토출측에는 압력계를 체크밸브 이전에 펌프 토출측 플랜지에서 가까운

곳에 설치하고, 흡입측에는 연성계 또는 진공계를 설치할 것. 다만, 수원의 수위가 펌프의 위치보다 높거나 수직회전축펌프의 경우에는 연성계 또는 진공계를 설치하지 않을 수 있다.

★★★☆☆

[예상] 문제06 펌프의 토출측에는 압력계를 체크밸브 이전에 펌프 토출측 플랜지에서 가까운 곳에 설치하고, 흡입측에는 연성계 또는 진공계를 설치하여야 한다. 연성계 또는 진공계를 설치하지 아니할 수 있는 경우에 대하여 쓰시오.

[정리]

계측기	압력측정범위
압력계	대기압 이상의 압력
진공계	대기압 이하의 압력
연성계	대기압 이상의 압력과 대기압 이하의 압력

7. 펌프의 성능은 체절운전 시 정격토출압력의 140%를 초과하지 않고, 정격토출량의 150%로 운전 시 정격토출압력의 65% 이상이 되어야 하며, 펌프의 성능을 시험할 수 있는 성능시험배관을 설치할 것. 다만, 충압펌프의 경우에는 그렇지 않다.

[용어] "**충압펌프**"란 배관 내 압력손실에 따른 주펌프의 빈번한 기동을 방지하기 위하여 충압 역할을 하는 펌프를 말한다.

★★★☆☆

[예상] 문제07 가압송수장치에 설치하는 성능시험배관의 설치목적을 쓰시오.

8. 가압송수장치에는 체절운전 시 수온의 상승을 방지하기 위한 순환배관을 설치할 것. 다만, 충압펌프의 경우에는 그렇지 않다.

[용어] ① "**체절운전**"이란 펌프의 성능시험을 목적으로 펌프 토출측의 개폐밸브를 닫은 상태에서 펌프를 운전하는 것을 말한다.
② 체절운전을 무부하운전 또는 토출량이 0인 운전이라고도 한다.

★★★☆☆

[예상] 문제08 가압송수장치에 설치하는 순환배관의 설치목적을 쓰시오.

9. 기동장치로는 기동용 수압개폐장치 또는 이와 동등 이상의 성능이 있는 것을 설치할 것. 다만, 학교·공장·창고시설(옥상수조를 설치한 대상은 제외한다)로서 동결의 우려가 있는 장소에 있어서는 기동스위치에 보호판을 부착하여 옥내소화전함 내에 설치할 수 있다.

10. 제9호 단서의 경우에는 주펌프와 동등 이상의 성능이 있는 별도의 펌프로서 내연기관의 기동과 연동하여 작동되거나 비상전원을 연결한 펌프를 추가 설치할 것. 다만, 다음 각 목의 경우는 제외한다.

가. 지하층만 있는 건축물
나. 고가수조를 가압송수장치로 설치한 경우
다. 수원이 건축물의 최상층에 설치된 방수구보다 높은 위치에 설치된 경우
라. 건축물의 높이가 지표면으로부터 10 m 이하인 경우
마. 가압수조를 가압송수장치로 설치한 경우

★★★☆☆

문제09 전동기 또는 내연기관에 따른 펌프를 이용하는 가압송수장치의 기동장치로는 기동용 수압개폐장치 또는 이와 동등 이상의 성능이 있는 것을 설치하는 방법(자동기동방식)과 기동스위치에 보호판을 부착하여 옥내소화전함 내에 설치하는 방법(수동기동방식 : ON-OFF 스위치 방식)이 있다. 기동스위치에 보호판을 부착하여 옥내소화전함 내에 설치할 수 있는 장소에 대하여 쓰시오.

※**기동용 수압개폐장치**
(1) "기동용 수압개폐장치"란 소화설비의 배관 내 압력 변동을 검지하여 자동적으로 펌프를 기동 및 정지시키는 것으로서 압력챔버 또는 기동용 압력스위치 등을 말한다.

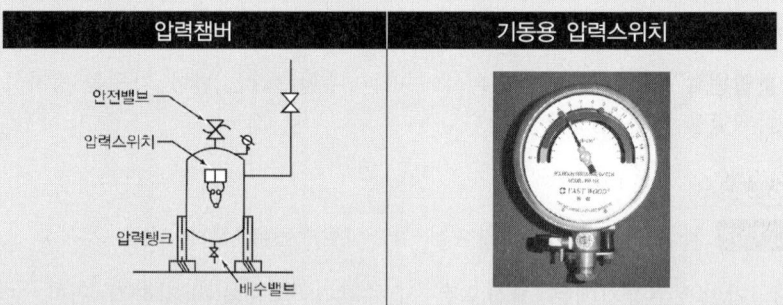

(2) 기동용 수압개폐장치(압력챔버)의 설치목적(기능)
① 펌프의 자동기동 및 정지
② 압력변화의 완충작용
③ 압력변동에 따른 설비의 보호

★★★☆☆

문제10 기동용 수압개폐장치의 용어의 정의 및 설치목적(기능) 3가지를 쓰시오.

11. 기동용 수압개폐장치 중 압력챔버를 사용할 경우 그 용적은 100 L 이상의 것으로 할 것
12. 수원의 수위가 펌프보다 낮은 위치에 있는 가압송수장치에는 다음 각 목의 기준에 따른 물올림장치를 설치할 것[**물올림장치의 설치기준**]
  가. 물올림장치에는 전용의 수조를 설치할 것
  나. 수조의 유효수량은 100 L 이상으로 하되, 구경 15 mm 이상의 급수배관에 따라 해당 수조에 물이 계속 보급되도록 할 것

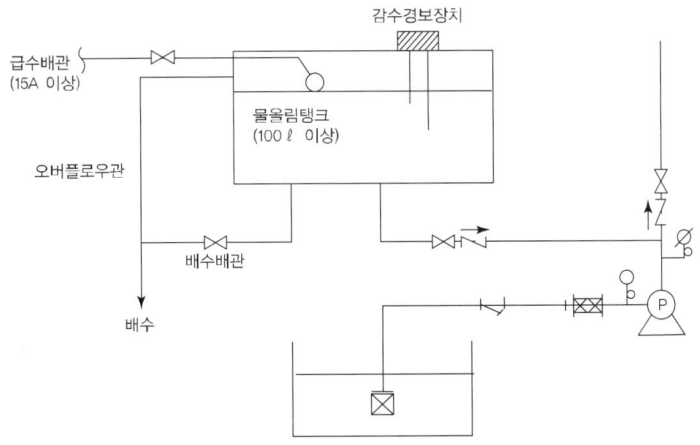

TIP ※물올림장치

① 물올림장치는 수원의 수위가 펌프보다 낮은 위치에 있는 가압송수장치에 설치하는 것으로 후드밸브가 고장 등으로 누수되어, 펌프 흡입측 배관에 물이 없을 경우 펌프가 공회전을 하게 되는데 이것을 방지하기 위하여 설치한다.
② 후드밸브에서 소량 누수 발생 시에는 펌프의 흡입측 배관에 충분한 보충수를 공급하며, 대량 누수 발생으로 인한 물올림탱크의 용량 부족 시에는 감수경보를 발하여 관계자에게 알려준다.

★★★☆☆

[예상] 문제11 물올림장치의 설치개요 및 설치기준을 쓰시오. [설계1회기출]

13. 기동용 수압개폐장치를 기동장치로 사용할 경우에는 다음 각 목의 기준에 따른 충압펌프를 설치할 것. [**충압펌프의 설치기준**]
   가. 펌프의 토출압력은 그 설비의 최고 위 호스접결구의 자연압보다 적어도 0.2 MPa이 더 크도록 하거나 가압송수장치의 정격토출압력과 같게 할 것

   [공식] 충압펌프의 토출압력=자연압+0.2 MPa 이상

   나. 펌프의 정격토출량은 정상적인 누설량보다 적어서는 안 되며, 옥내소화전설비가 자동적으로 작동할 수 있도록 충분한 토출량을 유지할 것

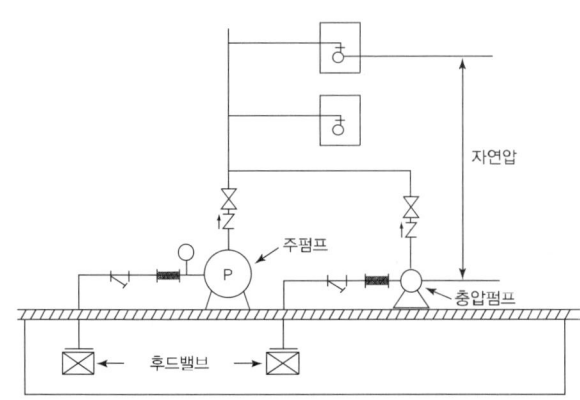

14. 내연기관을 사용하는 경우에는 다음 각 목의 기준에 적합한 것으로 할 것[**내연기관의 기준**]

　가. 내연기관의 기동은 제9호의 기동장치를 설치하거나 또는 소화전함의 위치에서 원격 조작이 가능하고 기동을 명시하는 적색등을 설치할 것

> **TIP** ※제9호의 기동장치
> 기동장치로는 기동용 수압개폐장치 또는 이와 동등 이상의 성능이 있는 것을 설치할 것. 다만, 학교·공장·창고시설(옥상수조를 설치한 대상은 제외한다)로서 동결의 우려가 있는 장소에 있어서는 기동스위치에 보호판을 부착하여 옥내소화전함 내에 설치할 수 있다.

　나. 제어반에 따라 내연기관의 자동 기동 및 수동 기동이 가능하고, 상시 충전되어 있는 축전지설비를 갖출 것

　다. 내연기관의 연료량은 펌프를 20분(층수가 30층 이상 49층 이하는 40분, 50층 이상은 60분) 이상 운전할 수 있는 용량일 것

★★★☆☆

예상 문제12 내연기관에 따른 펌프를 이용하는 가압송수장치의 경우 내연기관의 기준 3가지를 쓰시오.

② 고가수조의 자연낙차를 이용한 가압송수장치는 다음 각 호의 기준에 따라 설치하여야 한다.

1. 고가수조의 자연낙차수두(수조의 하단으로부터 최고층에 설치된 소화전 호스 접결구까지의 수직거리를 말한다)는 다음의 식에 따라 산출한 수치 이상이 되도록 할 것

공식
$$H = h_1 + h_2 + 17 \text{(호스릴옥내소화전설비를 포함한다)}$$

　H : 필요한 낙차(m)　　　　h_1 : 호스의 마찰손실수두(m)
　h_2 : 배관의 마찰손실수두(m)

2. 고가수조에는 수위계·배수관·급수관·오버플로우관 및 맨홀을 설치할 것

> **[용어]** "**고가수조**"란 구조물 또는 지형지물 등에 설치하여 자연낙차의 압력으로 급수하는 수조를 말한다.

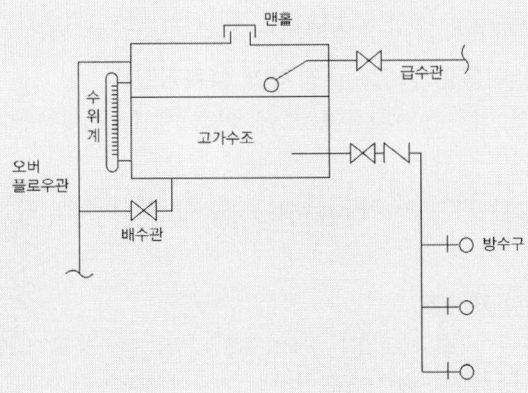

★★★★☆

[예상] 문제13 고가수조의 구성 5가지를 쓰시오.

③ 압력수조를 이용한 가압송수장치는 다음 각 호의 기준에 따라 설치하여야 한다.
 1. 압력수조의 압력은 다음의 식에 따라 산출한 수치 이상으로 할 것

> **[공식]**
> $$P = p_1 + p_2 + p_3 + 0.17 \text{(호스릴옥내소화전설비를 포함한다)}$$

  P : 필요한 압력(MPa)
  p_1 : 호스의 마찰손실수두압(MPa)
  p_2 : 배관의 마찰손실수두압(MPa)
  p_3 : 낙차의 환산수두압(MPa)

 2. 압력수조에는 수위계·급수관·배수관·급기관·맨홀·압력계·안전장치 및 압력저하 방지를 위한 자동식 공기압축기를 설치할 것.

> **[용어]** "**압력수조**"란 소화용수와 공기를 채우고 일정압력 이상으로 가압하여 그 압력으로 급수하는 수조를 말한다.

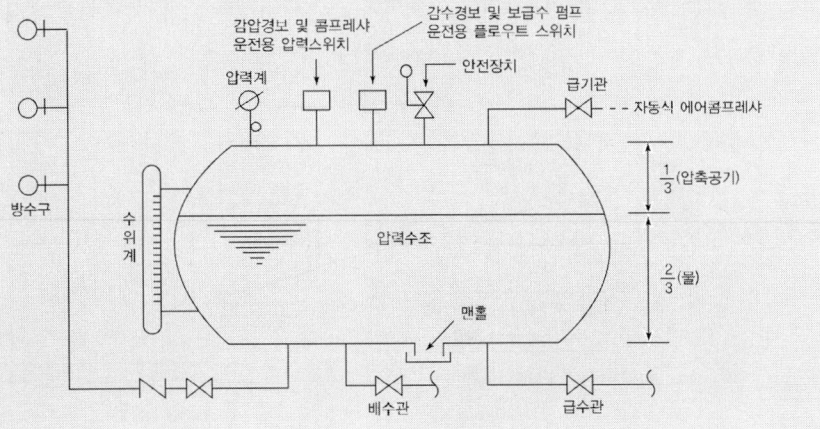

★★★★☆

 문제14 압력수조의 구성 8가지를 쓰시오.[설계22회기출]

④ 가압수조를 이용한 가압송수장치는 다음 각 호의 기준에 따라 설치하여야 한다.
   [가압수조를 이용한 가압송수장치의 설치기준]
   1. 가압수조의 압력은 제1항제3호에 따른 방수압 및 방수량을 20분 이상 유지되도록 할 것
   2. 가압수조 및 가압원은 「건축법 시행령」 제46조에 따른 방화구획된 장소에 설치할 것

   > **※건축법 시행령 제46조**
   > 주요구조부가 내화구조 또는 불연재료로 된 건축물로서 연면적이 1천 제곱미터를 넘는 것은 국토교통부령으로 정하는 기준에 따라 내화구조로 된 바닥·벽 및 제64조에 따른 갑종방화문(국토교통부장관이 정하는 기준에 적합한 자동방화셔터를 포함한다)으로 구획(이하 **"방화구획"**이라 한다)하여야 한다. 다만, 「원자력안전법」 제2조에 따른 원자로 및 관계시설은 「원자력안전법」에서 정하는 바에 따른다.

   3. 가압수조를 이용한 가압송수장치는 소방청장이 정하여 고시한 「가압수조식가압송수장치의 성능인증 및 제품검사의 기술기준」에 적합한 것으로 설치할 것

 "가압수조"란 가압원인 압축공기 또는 불연성 고압기체에 따라 소방용수를 가압시키는 수조를 말한다.

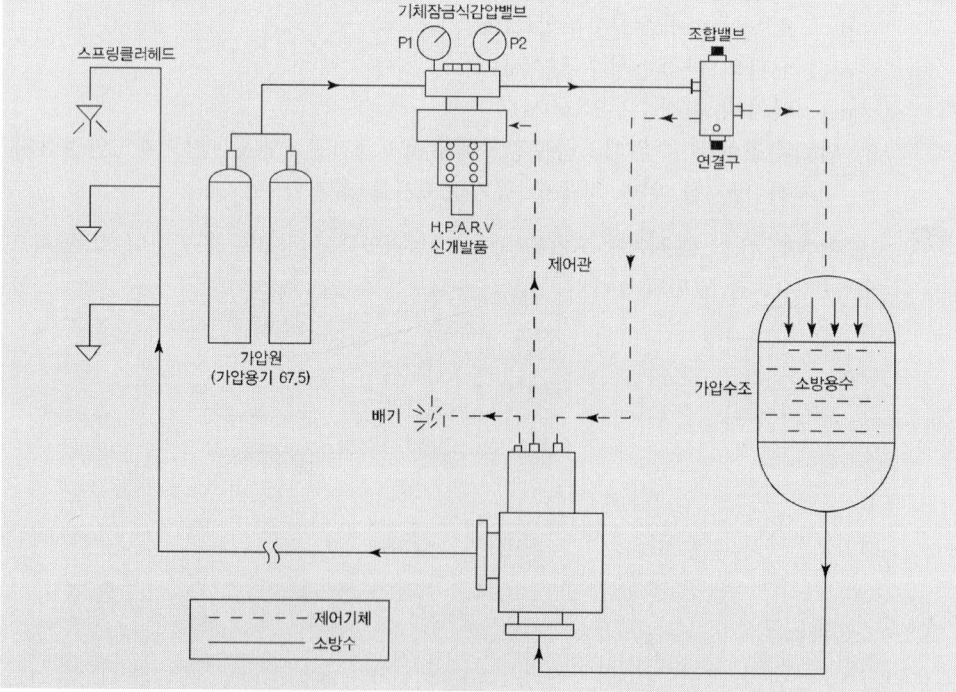

★★☆☆☆

 문제15 가압수조를 이용한 가압송수장치의 설치기준 3가지를 쓰시오.

4 배관 등

① 배관과 배관이음쇠는 다음의 어느 하나에 해당하는 것 또는 동등 이상의 강도·내식성 및 내열성 등을 국내·외 공인기관으로부터 인정받은 것을 사용해야 하고, 배관용 스테인리스 강관(KS D 3576)의 이음을 용접으로 할 경우에는 텅스텐 불활성 가스 아크 용접(Tungsten Inertgas Arc Welding)방식에 따른다. 다만, 본 조에서 정하지 않은 사항은 「건설기술 진흥법」 제44조제1항의 규정에 따른 "건설기준"에 따른다.

1. 배관 내 사용압력이 1.2 MPa 미만일 경우에는 다음 각 목의 어느 하나에 해당하는 것
  가. 배관용 탄소강관(KS D 3507)
  나. 이음매 없는 구리 및 구리합금관(KS D 5301). 다만, 습식의 배관에 한한다.
  다. 배관용 스테인리스강관(KS D 3576) 또는 일반배관용 스테인리스강관(KS D 3595)
  라. 덕타일 주철관(KS D 4311)
2. 배관 내 사용압력이 1.2 MPa 이상일 경우에는 다음 각 목의 어느 하나에 해당하는 것
  가. 압력배관용 탄소강관(KS D 3562)
  나. 배관용 아크용접 탄소강강관(KS D 3583)

★★★★☆

 문제16 다음 각각의 경우 옥내소화전설비에 사용할 수 있는 배관의 종류를 쓰시오.
1. 배관 내 사용압력이 1.2 MPa 미만일 경우
2. 배관 내 사용압력이 1.2 MPa 이상일 경우

② 제1항에도 불구하고 다음 각 호의 어느 하나에 해당하는 장소에는 소방청장이 정하여 고시한 「소방용 합성수지배관의 성능인증 및 제품검사의 기술기준」에 적합한 **소방용 합성수지배관**으로 설치할 수 있다.
1. 배관을 지하에 매설하는 경우
2. 다른 부분과 내화구조로 구획된 덕트 또는 피트의 내부에 설치하는 경우
3. 천장(상층이 있는 경우에는 상층바닥의 하단을 포함한다. 이하 같다)과 반자를 불연재료 또는 준불연 재료로 설치하고 소화배관 내부에 항상 소화수가 채워진 상태로 설치하는 경우

TIP ※**소방용 합성수지배관(CPVC 배관)**
  1) 소방용 합성수지배관(CPVC 배관)의 설치방법(시공방법)
    ① 파이프를 절단한다.   ② 절단면을 청소한다.

③ 접착제를 바른다(파이프)
④ 접착제를 바른다(부속품)
⑤ 조립(결합)한다.
⑥ 경화시간을 준수한다.

2) 소방용 합성수지배관(CPVC 배관)의 설치 시 주의사항
① CPVC 파이프 및 이음관을 옥외에서 보관할 경우, 직사광선을 피하고 열기를 받지 않도록 천막을 덮는 등의 보호를 하여야 한다.
② 이음관에는 직접 나사가공을 하지 않도록 한다.
③ 아세톤, 신나, 크레오소트, 살충제 등 관의 재질에 나쁜 영향을 주는 물질을 뿌리거나 도포하지 않도록 한다.
④ 운반 중에 떨어지거나 설치 중에 공구 등으로 흠이 나지 않도록 주의하고 특히 동절기에는 충격강도가 저하됨으로 신중하게 다루어야 한다.
⑤ 현장에서의 열가공을 하여서는 안 된다.(물성 저하)

★★★☆☆

문제17 소방용 합성수지배관으로 설치할 수 있는 장소(경우) 3가지를 쓰시오. [점검 21회기출]

③ 급수배관은 전용으로 해야 한다. 다만, 옥내소화전의 기동장치의 조작과 동시에 다른 설비의 용도에 사용하는 배관의 송수를 차단할 수 있거나, 옥내소화전설비의 성능에 지장이 없는 경우에는 다른 설비와 겸용할 수 있다.

"**급수배관**"이란 수원 및 옥외송수구로부터 옥내소화전방수구에 급수하는 배관을 말한다.

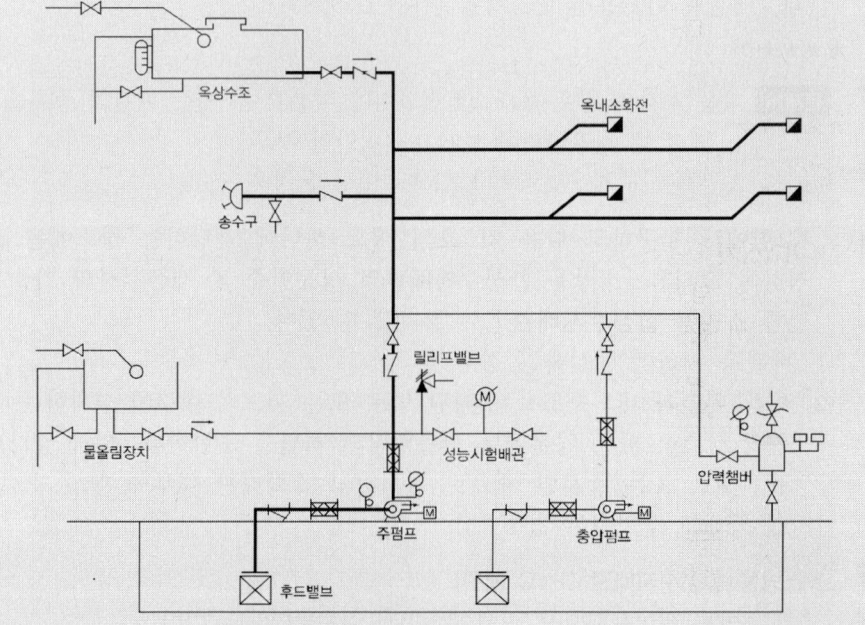

★★★☆☆

 문제18 옥내소화전설비용 급수배관은 전용으로 하여야 하는 것이 원칙이나, 그러하지 아니할 수 있는 경우(겸용할 수 있는 경우)를 쓰시오.

④ 펌프의 흡입측 배관은 다음 각 호의 기준에 따라 설치하여야 한다.
  1. 공기 고임이 생기지 않는 구조로 하고 여과장치를 설치할 것
  2. 수조가 펌프보다 낮게 설치된 경우에는 각 펌프(충압펌프를 포함한다)마다 수조로부터 별도로 설치할 것

 ※공기고임이 생기지 아니하는 구조
펌프에 공기가 물과 같이 혼입될 경우 소음과 진동이 발생하고 토출량이 감소하며, 심할 경우 양수 불능 상태가 되기 때문에, 펌프 흡입측을 다음과 같은 구조(공기고임이 생기지 아니하는 구조)로 한다.
① 수원의 수위를 펌프의 흡입측 배관보다 높게 한다.(정압흡입방식)
② 역류방지 기능이 있는 후드밸브를 설치한다.
③ 펌프의 토출측에 설치된 체크밸브 이전에 물올림장치를 설치한다.
④ 펌프의 흡입측 배관에는 버터플라이밸브 외의 개폐표시형밸브를 설치한다.
⑤ 펌프의 흡입측 배관에 레듀셔를 사용할 경우에는 편심레듀셔를 사용한다.

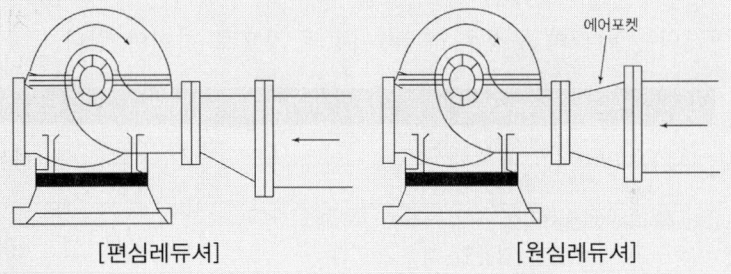

[편심레듀셔]   [원심레듀셔]

★★★☆☆

 문제19 펌프의 흡입측 배관의 설치기준 2가지를 쓰시오.

 ※여과장치
펌프의 임펠러에 이물질이 끼게 되면 소음과 진동이 발생하고, 토출량이 감소하는 원인이 된다.

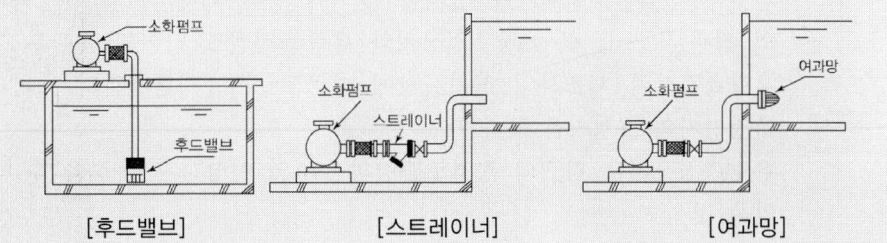

[후드밸브]   [스트레이너]   [여과망]

★★★☆☆

 문제20 여과장치의 종류 3가지를 쓰시오.

⑤ 펌프의 토출측 주배관의 구경은 유속이 4 m/s 이하가 될 수 있는 크기 이상으로 해야 하고, 옥내소화전 방수구와 연결되는 가지배관의 구경은 40 mm(호스릴옥내소화전설비의 경우에는 25 mm) 이상으로 해야 하며, 주배관 중 수직배관의 구경은 50 mm(호스릴옥내소화전설비의 경우에는 32 mm) 이상으로 해야 한다.

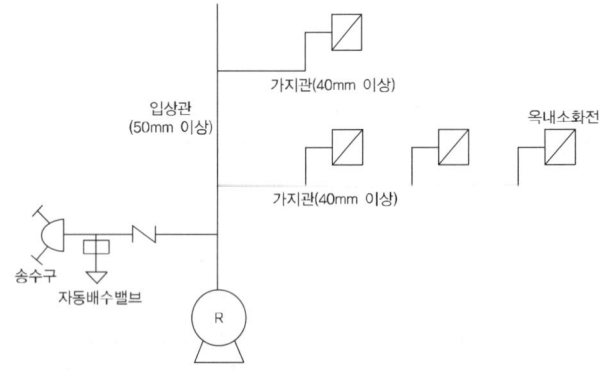

⑥ 연결송수관설비의 배관과 겸용할 경우의 주배관은 구경 100 mm 이상, 방수구로 연결되는 배관의 구경은 65 mm 이상의 것으로 하여야 한다.

system	가지배관	주배관
옥내소화전설비	40 mm 이상	50 mm 이상
호스릴옥내소화전설비	25 mm 이상	32 mm 이상
옥내소화전설비와 연결송수관설비의 배관을 겸용할 경우	65 mm 이상	100 mm 이상
연결송수관설비	65 mm 이상	100 mm 이상

⑦ 펌프의 성능시험배관은 다음의 기준에 적합하도록 설치해야 한다.[**성능시험배관의 기준**]

1. 성능시험배관은 펌프의 토출 측에 설치된 개폐밸브 이전에서 분기하여 직선으로 설치하고, 유량측정장치를 기준으로 전단 직관부에는 개폐밸브를 후단 직관부에는 유량조절밸브를 설치할 것. 이 경우 개폐밸브와 유량측정장치 사이의 직관부 거리 및 유량측정장치와 유량조절밸브 사이의 직관부 거리는 해당 유량측정장치 제조사의 설치사양에 따르고, 성능시험배관의 호칭지름은 유량측정장치의 호칭지름에 따른다.
2. 유량측정장치는 펌프의 정격토출량의 175 % 이상까지 측정할 수 있는 성능이 있을 것

① "**정격토출량**"이란 정격토출압력에서의 펌프의 토출량을 말한다.
② "**정격토출압력**"이란 정격토출량에서의 펌프의 토출측 압력을 말한다.

★★★★☆

문제21 다음 각 물음에 답하시오.
1. 펌프의 성능
2. 성능시험배관 및 유량측정장치의 설치기준을 쓰시오. [설계6회기출][점검19회기출]

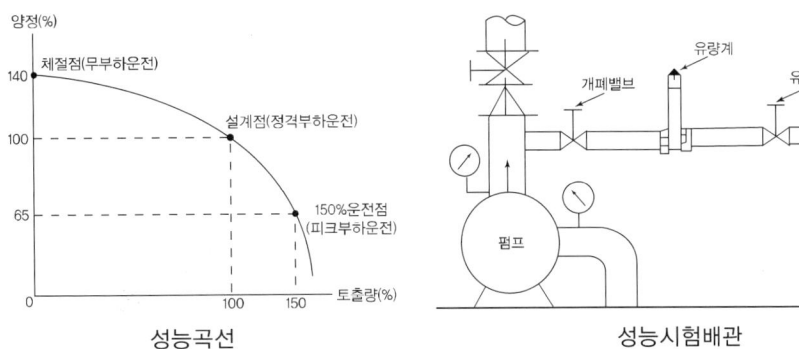

성능곡선   성능시험배관

★★★★☆

문제22 정격토출량 및 양정이 각각 800 LPM 및 80 m인 표준수직원심펌프의 성능특성 곡선을 그리고 체절점, 설계점, 150 % 유량점 등을 명시하시오. [설계3회기출]

TIP ※유량계 종류에 따른 유량측정범위

① Orifice Type or Screw Type(나사식, 플랜지식)

구분	25	32	40	50	65	80	100	125	150
유량범위 [L/min]	35~80	70~360	110~550	220~1100	450~2200	700~3300	900~4500	1200~6000	2000~10000

② Clamp Type(밴드형)

구분	25	32	40	50	65	80	100	150	200
유량범위 [L/min]	20~150	55~275	75~375	150~550	250~900	300~1125	500~2000	900~3900	1800~7200

★★★☆☆

문제23 펌프의 정격토출량이 650 ℓ/min일 경우 아래 표를 참고하여 유량계의 측정 범위를 계산하고, 적합한 유량계를 선정하시오.

구분	25	32	40	50	65	80	100	125	150
유량범위 [L/min]	35~80	70~360	110~550	220~1100	450~2200	700~3300	900~4500	1200~6000	2000~10000

⑧ 가압송수장치의 체절운전 시 수온의 상승을 방지하기 위하여 체크밸브와 펌프 사이에서 분기한 구경 20 mm 이상의 배관에 체절압력 이하에서 개방되는 릴리프 밸브를 설치해야 한다.

4th Day

순환배관 및 릴리프밸브 설치도	릴리프밸브

안전밸브	릴리프밸브
가스나 증기용	액체용
제조 시 공장에서 작동압력 설정	현장에서 임으로 작동압력 설정 가능

★★☆☆☆

문제24 안전밸브와 릴리프밸브의 차이점을 쓰시오. [설계8회기출]

⑨ 배관은 동결방지조치를 하거나 동결의 우려가 없는 장소에 설치해야 한다. 다만, 보온재를 사용할 경우에는 난연재료 성능 이상의 것으로 해야 한다.
⑩ 급수배관에 설치되어 급수를 차단할 수 있는 개폐밸브(옥내소화전방수구를 제외한다)는 개폐표시형으로 하여야 한다. 이 경우 펌프의 흡입측 배관에는 버터플라이밸브 외의 개폐표시형밸브를 설치하여야 한다.

"개폐표시형밸브"란 밸브의 개폐 여부를 외부에서 식별이 가능한 밸브를 말한다.

⑪ 배관은 다른 설비의 배관과 쉽게 구분이 될 수 있는 위치에 설치하거나, 그 배관 표면 또는 배관 보온재 표면의 색상은 「한국산업표준(배관계의 식별 표시, KS A 0503)」 또는 적색으로 식별이 가능하도록 소방용설비의 배관임을 표시하여야 한다.
⑫ 옥내소화전설비에는 소방차로부터 그 설비에 송수할 수 있는 송수구를 다음 각호의 기준에 의하여 설치하여야 한다. [**송수구의 설치기준**]
  1. 소방차가 쉽게 접근할 수 있고 잘 보이는 장소에 설치하고, 화재층으로부터 지면으로 떨어지는 유리창 등이 송수 및 그 밖의 소화작업에 지장을 주지 않는 장소에 설치할 것
  2. 송수구로부터 옥내소화전설비의 주배관에 이르는 연결배관에는 개폐밸브를 설치하지 않을 것. 다만, 스프링클러설비·물분무소화설비·포소화설비 또는 연결송수관설비의 배관과 겸용하는 경우에는 그렇지 않다.

3. 지면으로부터 높이가 0.5 m 이상 1 m 이하의 위치에 설치할 것
4. 송수구는 구경 65 mm의 쌍구형 또는 단구형으로 할 것
5. 송수구의 부근에는 자동배수밸브(또는 직경 5 mm의 배수공) 및 체크밸브를 다음의 기준에 따라 설치할 것. 이 경우 자동배수밸브는 배관 안의 물이 잘 빠질 수 있는 위치에 설치하되, 배수로 인하여 다른 물건이나 장소에 피해를 주지 않아야 한다.
6. 송수구에는 이물질을 막기 위한 마개를 씌울 것

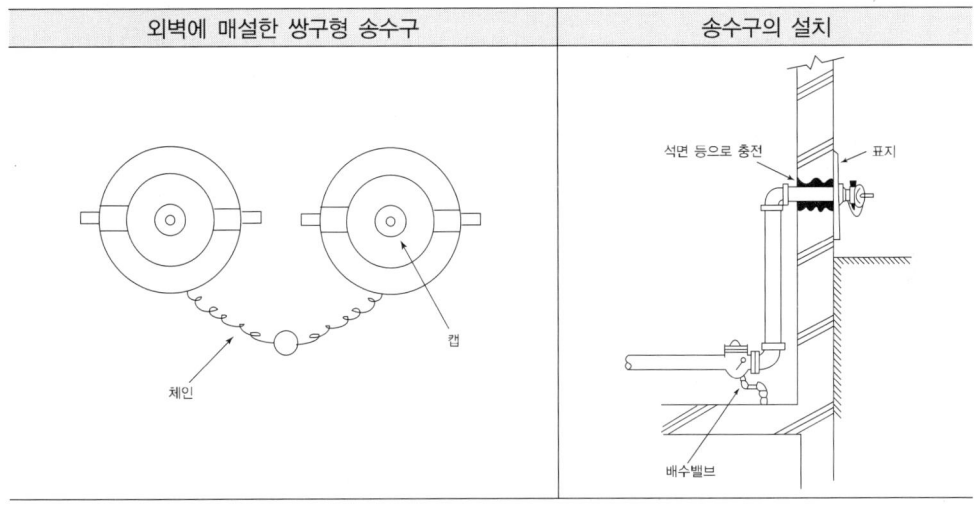

| 외벽에 매설한 쌍구형 송수구 | 송수구의 설치 |

★★★★☆

문제25 옥내소화전설비에는 소방차로부터 그 설비에 송수할 수 있는 송수구를 설치하여야 한다. 송수구의 설치기준 중 5가지를 쓰시오.

5 함 및 방수구 등

① 옥내소화전설비의 함은 다음 각 호의 기준에 따라 설치하여야 한다.
 1. 함은 소방청장이 정하여 고시한「소화전함 성능인증 및 제품검사의 기술기준」에 적합한 것으로 설치하되 밸브의 조작, 호스의 수납 및 문의 개방 등 옥내소화전 사용에 장애가 없도록 설치할 것. 연결송수관의 방수구를 같이 설치하는 경우에도 또한 같다.
 2. 해당 특정소방대상물의 각 부분으로부터 하나의 옥내소화전 방수구까지의 수평거리 25 m를 초과하는 경우로서 기둥 또는 벽이 설치되지 아니한 대형공간의 경우는 다음 각 목의 기준에 따라 설치할 수 있다.[**수평거리가 25 m를 초과하는 경우로서 기둥 또는 벽이 설치되지 아니한 대형공간의 경우 옥내소화전설비의 함의 설치기준**]
  가. 호스 및 관창은 방수구의 가장 가까운 장소의 벽 또는 기둥 등에 함을 설치하여 비치할 것

나. 방수구의 위치표지는 표시등 또는 축광도료 등으로 상시 확인이 가능토록 할 것

★★★☆☆

예상 문제26 수평거리가 25m를 초과하는 경우로서 기둥 또는 벽이 설치되지 아니한 대형공간의 경우 옥내소화전설비의 함의 설치기준 2가지를 쓰시오.

② 옥내소화전방수구는 다음 각 호의 기준에 따라 설치하여야 한다.[**옥내소화전방수구의 설치기준**]
  1. 특정소방대상물의 층마다 설치하되, 해당 특정소방대상물의 각 부분으로부터 하나의 옥내소화전 방수구까지의 수평거리가 25 m(호스릴옥내소화전설비를 포함한다) 이하가 되도록 할 것. 다만, 복층형 구조의 공동주택의 경우에는 세대의 출입구가 설치된 층에만 설치할 수 있다.

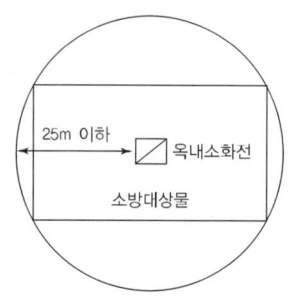

  2. 바닥으로부터의 높이가 1.5 m 이하가 되도록 할 것
  3. 호스는 구경 40 ㎜(호스릴옥내소화전설비의 경우에는 25 ㎜) 이상의 것으로서 특정소방대상물의 각 부분에 물이 유효하게 뿌려질 수 있는 길이로 설치할 것
  4. 호스릴옥내소화전설비의 경우 그 노즐에는 노즐을 쉽게 개폐할 수 있는 장치를 부착할 것

★★★★☆

예상 문제27 옥내소화전 방수구의 설치기준 4가지를 쓰시오.

③ 표시등은 다음 각 호의 기준에 따라 설치하여야 한다.
  1. 옥내소화전설비의 위치를 표시하는 표시등은 함의 상부에 설치하되, 소방청장이 고시하는 「표시등의 성능인증 및 제품검사의 기술기준」에 적합한 것으로 할 것
  2. 가압송수장치의 기동을 표시하는 표시등은 옥내소화전함의 상부 또는 그 직근에 설치하되 적색등으로 할 것. 다만, 자체소방대를 구성하여 운영하는 경우(「위험물 안전관리법 시행령」 별표8에서 정한 소방자동차와 자체소방대원의 규모를 말한다) 가압송수장치의 기동표시등을 설치하지 않을 수 있다.

★★★☆☆

 문제28 가압송수장치의 기동을 표시하는 표시등은 옥내소화전함의 상부 또는 그 직근에 적색등으로 설치하여야 한다. 기동표시등을 설치하지 않을 수 있는 경우를 쓰시오.

④ 옥내소화전설비의 함에는 그 표면에 "**소화전**"이라는 표시를 해야 한다.
⑤ 옥내소화전설비의 함에는 함 가까이 보기 쉬운 곳에 그 사용요령을 기재한 표지판을 붙여야 하며, 표지판을 함의 문에 붙이는 경우에는 문의 내부 및 외부 모두에 붙여야 한다. 이 경우, 사용요령은 외국어와 시각적인 그림을 포함하여 작성해야 한다.

6 전원

① 옥내소화전설비에는 그 특정소방대상물의 수전방식에 따라 다음 각 호의 기준에 따른 상용전원회로의 배선을 설치하여야 한다. 다만, 가압수조방식으로서 모든 기능이 20분 이상 유효하게 지속될 수 있는 경우에는 그러하지 아니하다.[**상용전원회로의 배선 설치기준**]
1. 저압수전인 경우에는 인입개폐기의 직후에서 분기하여 전용배선으로 하여야 하며, 전용의 전선관에 보호되도록 할 것
2. 특별고압수전 또는 고압수전일 경우에는 전력용 변압기 2차측의 주차단기 1차측에서 분기하여 전용배선으로 하되, 상용전원의 상시 공급에 지장이 없을 경우에는 주차단기 2차측에서 분기하여 전용배선으로 할 것. 다만, 가압송수장치의 정격입력전압이 수전전압과 같은 경우에는 제1호의 기준에 따른다.

★★★☆☆

 문제29 옥내소화전설비에는 그 특정소방대상물의 수전방식에 따라 상용전원회로의 배선을 설치하여야 한다. 저압수전인 경우 및 특별고압수전 또는 고압수전일 경우, 상용전원회로의 배선 설치기준을 각각 쓰시오.

② 다음 각 호의 어느 하나에 해당하는 특정소방대상물의 옥내소화전설비에는 비상전원을 설치하여야 한다. 다만, 2 이상의 변전소(「전기사업법」 제67조에 따른 변전소를 말한다)에서 전력을 동시에 공급받을 수 있거나 하나의 변전소로부터 전력의 공급이 중단되는 때에는 자동으로 다른 변전소로부터 전원을 공급받을 수 있도록 상용전원을 설치한 경우와 가압수조방식에는 그러하지 아니하다.[**비상전원을 설치하여야 하는 특정소방대상물**]
1. 층수가 7층 이상으로서 연면적이 2,000 m² 이상인 것
2. 제1호에 해당하지 아니하는 특정소방대상물로서 지하층의 바닥면적의 합계가 3,000 m² 이상인 것

4th Day

★★★☆☆

예상 문제30 옥내소화전설비에 비상전원을 설치하여야 하는 특정소방대상물 2가지를 쓰시오.

③ 제2항에 따른 비상전원은 자가발전설비, 축전지설비(내연기관에 따른 펌프를 사용하는 경우에는 내연기관의 기동 및 제어용 축전지를 말한다) 또는 전기저장장치(외부 전기에너지를 저장해 두었다가 필요한 때 전기를 공급하는 장치)로서 다음 각 호의 기준에 따라 설치하여야 한다.

1. 점검에 편리하고 화재 및 침수 등의 재해로 인한 피해를 받을 우려가 없는 곳에 설치할 것
2. 옥내소화전설비를 유효하게 20분 이상 작동할 수 있어야 할 것
3. 상용전원으로부터 전력의 공급이 중단된 때에는 자동으로 비상전원으로부터 전력을 공급받을 수 있도록 할 것
4. 비상전원(내연기관의 기동 및 제어용 축전지를 제외한다)의 설치장소는 다른 장소와 방화구획 할 것. 이 경우 그 장소에는 비상전원의 공급에 필요한 기구나 설비 외의 것(열병합발전설비에 필요한 기구나 설비는 제외한다)을 두어서는 아니 된다.
5. 비상전원을 실내에 설치하는 때에는 그 실내에 비상조명등을 설치할 것

★★★★☆

예상 문제31 층수가 7층 이상으로서 연면적이 2,000m² 이상인 특정소방대상물의 옥내소화전설비에는 비상전원(자가발전설비 또는 축전지설비)을 설치하여야 한다. 비상전원의 설치기준 5가지를 쓰시오.

7 제어반

① 소화설비에는 제어반을 설치하되, 감시제어반과 동력제어반으로 구분하여 설치해야 한다. 다만, 다음의 어느 하나에 해당하는 경우에는 감시제어반과 동력제어반으로 구분하여 설치하지 않을 수 있다.[**감시제어반과 동력제어반으로 구분하여 설치하지 않을 수 있는 경우**]

1. 제8조제2항에 해당하지 아니하는 특정소방대상물에 설치되는 옥내소화전설비

TIP ※제8조제2항
　① 층수가 7층 이상으로서 연면적이 2,000 m² 이상인 것
　② 제1호에 해당하지 아니하는 특정소방대상물로서 지하층의 바닥면적의 합계가 3,000 m² 이상인 것

2. 내연기관에 따른 가압송수장치를 사용하는 옥내소화전설비
3. 고가수조에 따른 가압송수장치를 사용하는 옥내소화전설비
4. 가압수조에 따른 가압송수장치를 사용하는 옥내소화전설비

★★★★☆

 문제32 옥내소화전설비 제어반을 감시제어반과 동력제어반으로 구분하여 설치하지 아니할 수 있는 경우 중 3가지만 쓰시오.

② 감시제어반의 기능은 다음 각 호의 기준에 적합하여야 한다. [**감시제어반의 기능**]
  1. 각 펌프의 작동여부를 확인할 수 있는 표시등 및 음향경보기능이 있어야 할 것
  2. 각 펌프를 자동 및 수동으로 작동시키거나 중단시킬 수 있어야 할 것
  3. 비상전원을 설치한 경우에는 상용전원 및 비상전원의 공급여부를 확인할 수 있어야 할 것
  4. 수조 또는 물올림수조가 저수위로 될 때 표시등 및 음향으로 경보할 것
  5. 다음의 각 확인회로마다 도통시험 및 작동시험을 할 수 있도록 할 것
     가. 기동용수압개폐장치의 압력스위치회로
     나. 수조 또는 물올림수조의 저수위감시회로
     다. 급수배관에 설치되어 급수를 차단할 수 있는 개폐밸브의 폐쇄상태 확인회로
     라. 그 밖의 이와 비슷한 회로
  6. 예비전원이 확보되고 예비전원의 적합여부를 시험할 수 있어야 할 것

★★★★★

 문제33 화재안전기준에서 정하는 옥내소화전설비 감시제어반의 기능에 대한 기준을 5가지만 쓰시오. [점검10회기출]

③ 감시제어반은 다음 각 호의 기준에 따라 설치하여야 한다.
  1. 화재 및 침수 등의 재해로 인한 피해를 받을 우려가 없는 곳에 설치할 것
  2. 감시제어반은 옥내소화전설비의 전용으로 할 것. 다만, 옥내소화전설비의 제어에 지장이 없는 경우에는 다른 설비와 겸용할 수 있다.
  3. 감시제어반은 다음 각 목의 기준에 따른 전용실 안에 설치할 것. 다만 제1항 각 호의 어느 하나에 해당하는 경우와 공장, 발전소 등에서 설비를 집중 제어·운전할 목적으로 설치하는 중앙제어실 내에 감시제어반을 설치하는 경우에는 그러하지 아니하다. [**전용실의 설치기준**]
     가. 다른 부분과 방화구획을 할 것. 이 경우 전용실의 벽에는 기계실 또는 전기실 등의 감시를 위하여 두께 7㎜ 이상의 망입유리(두께 16.3㎜ 이상의 접합유리 또는 두께 28㎜ 이상의 복층유리를 포함한다)로 된 4㎡ 미만의 붙박이창을 설치할 수 있다.
     나. 피난층 또는 지하 1층에 설치할 것. 다만, 다음 각 세목의 어느 하나에 해당하는 경우에는 지상 2층에 설치하거나 지하 1층 외의 지하층에 설치할 수 있다. [**감시제어반을 지상 2층에 설치하거나 지하 1층 외의 지하층에 설치할 수 있는 경우**]
       (1) 「건축법시행령」제35조에 따라 특별피난계단이 설치되고 그 계단(부속실을 포함한다)출입구로부터 보행거리 5m 이내에 전용실의 출입구가 있는 경우

(2) 아파트의 관리동(관리동이 없는 경우에는 경비실)에 설치하는 경우
다. 비상조명등 및 급·배기설비를 설치할 것
라. 「무선통신보조설비의 화재안전기술기준(NFTC 505)」 2.2.3에 따라 유효하게 통신이 가능할 것(영 별표 4의 제5호마목에 따른 무선통신보조설비가 설치된 특정소방대상물에 한한다)
마. 바닥면적은 감시제어반의 설치에 필요한 면적 외에 화재 시 소방대원이 그 감시제어반의 조작에 필요한 최소 면적 이상으로 할 것
4. 제3호에 따른 전용실에는 특정소방대상물의 기계·기구 또는 시설 등의 제어 및 감시설비 외의 것을 두지 아니할 것

★★★☆☆

 문제34 감시제어반을 지상 2층에 설치하거나 지하 1층 외의 지하층에 설치할 수 있는 경우 2가지를 쓰시오.

④ 동력제어반은 다음 각 호의 기준에 따라 설치하여야 한다. [**동력제어반의 설치기준**]
1. 앞면은 적색으로 하고 "**옥내소화전설비용 동력제어반**"이라고 표시한 표지를 설치할 것
2. 외함은 두께 1.5㎜ 이상의 강판 또는 이와 동등 이상의 강도 및 내열성능이 있는 것으로 할 것
3. 화재 및 침수 등의 재해로 인한 피해를 받을 우려가 없는 곳에 설치할 것
4. 동력제어반은 옥내소화전설비의 전용으로 할 것. 다만, 옥내소화전설비의 제어에 지장이 없는 경우에는 다른 설비와 겸용할 수 있다.

★★★☆☆

 문제35 동력제어반의 설치기준 4가지를 쓰시오.

8 배선 등

① 옥내소화전설비의 배선은 「전기사업법」 제67조에 따른 기술기준에서 정한 것 외에 다음 각 호의 기준에 따라 설치하여야 한다.
1. 비상전원을 설치한 경우에는 비상전원으로부터 동력제어반 및 가압송수장치에 이르는 전원회로의 배선은 내화배선으로 할 것. 다만, 자가발전설비와 동력제어반이 동일한 실에 설치된 경우에는 자가발전기로부터 그 제어반에 이르는 전원회로의 배선은 그렇지 않다.
2. 상용전원으로부터 동력제어반에 이르는 배선, 그 밖의 옥내소화전설비의 감시·조작 또는 표시등회로의 배선은 내화배선 또는 내열배선으로 할 것. 다만, 감시제어반 또는 동력제어반 안의 감시·조작 또는 표시등회로의 배선은 그러하지 아니하다.

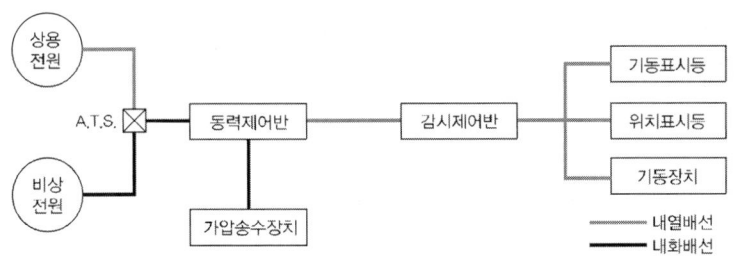

★★★☆☆

 문제36 옥내소화전설비에서 반드시 내화배선으로 하여야 하는 배선을 쓰시오.

9 방수구의 설치제외

불연재료로 된 특정소방대상물 또는 그 부분으로서 다음 각 호의 어느 하나에 해당하는 곳에는 옥내소화전 방수구를 설치하지 아니할 수 있다. [**옥내소화전 방수구의 설치제외 대상**]

1. 냉장창고 중 온도가 영하인 냉장실 또는 냉동창고의 냉동실
2. 고온의 노가 설치된 장소 또는 물과 격렬하게 반응하는 물품의 저장 또는 취급 장소
3. 발전소·변전소 등으로서 전기시설이 설치된 장소
4. 식물원·수족관·목욕실·수영장(관람석 부분을 제외한다) 또는 그 밖의 이와 비슷한 장소
5. 야외음악당·야외극장 또는 그 밖의 이와 비슷한 장소

★★★☆☆

 문제37 옥내소화전 방수구의 설치제외 대상 5가지를 쓰시오. [설계12회기출]

10 수원 및 가압송수장치의 펌프 등의 겸용

① 옥내소화전설비의 수원을 스프링클러설비·간이스프링클러설비·화재조기진압용 스프링클러설비·물분무소화설비·포소화설비 및 옥외소화전설비의 수원과 겸용하여 설치하는 경우의 저수량은 각 소화설비에 필요한 저수량을 합한 양 이상이 되도록 해야 한다. 다만, 이들 소화설비 중 고정식 소화설비(펌프·배관과 소화수 또는 소화약제를 최종 방출하는 방출구가 고정된 설비를 말한다. 이하 같다)가 2 이상 설치되어 있고, 그 소화설비가 설치된 부분이 방화벽과 방화문으로 구획되어 있는 경우에는 각 고정식 소화설비에 필요한 저수량 중 최대의 것 이상으로 할 수 있다.

★★★☆☆

문제38 옥내소화전설비의 수원을 스프링클러설비·간이스프링클러설비·화재조기진압용 스프링클러설비·물분무소화설비·포소화전설비 및 옥외소화전설비의 수원과 겸용하여 설치하는 경우의 저수량은 각 소화설비에 필요한 저수량을 합한 양 이상이 되도록 하여야 한다. 그러하지 아니할 수 있는 경우(각 소화설비에 필요한 저수량을 최대의 것 이상이 되도록 할 수 있는 경우)에 대하여 쓰시오.

② 옥내소화전설비의 가압송수장치로 사용하는 펌프를 스프링클러설비·간이스프링클러설비·화재조기진압용 스프링클러설비·물분무소화설비·포소화설비 및 옥외소화전설비의 가압송수장치와 겸용하여 설치하는 경우의 펌프의 토출량은 각 소화설비에 해당하는 토출량을 합한 양 이상이 되도록 하여야 한다. 다만, 이들 소화설비 중 고정식 소화설비가 2 이상 설치되어 있고, 그 소화설비가 설치된 부분이 방화벽과 방화문으로 구획되어 있으며 각 소화설비에 지장이 없는 경우에는 펌프의 토출량 중 최대의 것 이상으로 할 수 있다.

★★★☆☆

문제39 옥내소화전설비의 가압송수장치로 사용하는 펌프를 스프링클러설비·간이스프링클러설비·화재조기진압용 스프링클러설비·물분무소화설비·포소화설비 및 옥외소화전설비의 가압송수장치와 겸용하여 설치하는 경우의 펌프의 토출량은 각 소화설비에 해당하는 토출량을 합한 양 이상이 되도록 하여야 한다. 그러하지 아니할 수 있는 경우(펌프의 토출량 중 최대의 것 이상으로 할 수 있는 경우)에 대하여 쓰시오.

③ 옥내소화전설비·스프링클러설비·간이스프링클러설비·화재조기진압용 스프링클러설비·물분무소화설비·포소화설비 및 옥외소화전설비의 가압송수장치에 있어서 각 토출측 배관과 일반급수용의 가압송수장치의 토출측 배관을 상호 연결하여 화재 시 사용할 수 있다. 이 경우 연결배관에는 개폐표시형밸브를 설치하여야 하며, 각 소화설비의 성능에 지장이 없도록 하여야 한다.

④ 옥내소화전설비의 송수구를 스프링클러설비·간이스프링클러설비·화재조기진압용 스프링클러설비·물분무소화설비·포소화설비 또는 연결송수관설비의 송수구와 겸용으로 설치하는 경우에는 스프링클러설비의 송수구의 설치기준에 따르고, 연결살수설비의 송수구와 겸용으로 설치하는 경우에는 옥내소화전설비의 송수구의 설치기준에 따르되 각각의 소화설비의 기능에 지장이 없도록 하여야 한다.

11 배선에 사용되는 전선의 종류 및 공사방법

(1) 내화배선

사용전선의 종류	공사방법
1. 450/750 V 저독성 난연 가교 폴리올레핀 절연 전선 2. 0.6/1 kV 가교 폴리에틸렌 절연 저독성 난연 폴리올레핀 시스 전력케이블 3. 6/10 kV 가교 폴리에틸렌 절연 저독성 난연 폴리올레핀 시스 전력용 케이블 4. 가교 폴리에틸렌 절연 비닐시스 트레이용 난연 전력 케이블 5. 0.6/1 kV EP 고무절연 클로로프렌 시스 케이블 6. 300/500 V 내열성 실리콘 고무 절연전선(180 ℃) 7. 내열성 에틸렌-비닐 아세테이트 고무 절연 케이블 8. 버스덕트(Bus Duct) 9. 기타 「전기용품 및 생활용품 안전관리법」 및 「전기설비기술기준」에 따라 동등 이상의 내화성능이 있다고 주무부장관이 인정하는 것	금속관·2종 금속제 가요전선관 또는 합성 수지관에 수납하여 내화구조로 된 벽 또는 바닥 등에 벽 또는 바닥의 표면으로부터 25 mm 이상의 깊이로 매설하여야 한다. 다만 다음 각 목의 기준에 적합하게 설치하는 경우에는 그렇지 않다. 가. 배선을 내화성능을 갖는 배선전용실 또는 배선용 샤프트·피트·덕트 등에 설치하는 경우 나. 배선전용실 또는 배선용 샤프트·피트·덕트 등에 다른 설비의 배선이 있는 경우에는 이로부터 15 cm 이상 떨어지게 하거나 소화설비의 배선과 이웃하는 다른 설비의 배선 사이에 배선지름(배선의 지름이 다른 경우에는 가장 큰 것을 기준으로 한다)의 1.5배 이상의 높이의 불연성 격벽을 설치하는 경우
내화전선	케이블공사의 방법에 따라 설치하여야 한다.

비고 : **내화전선의 내화성능**은 KS C IEC 60331-1과 2(온도 830℃ / 가열시간 120분) 표준 이상을 충족하고, 난연성능 확보를 위해 KS C IEC 60332-3-24 성능 이상을 충족할 것

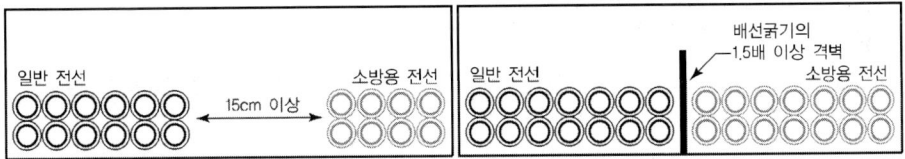

[이격거리 및 불연성 격벽]

★★★☆☆

문제40 옥내소화전설비의 화재안전기준에서 정하고 있는 내화배선에 사용되는 전선의 종류 및 공사방법을 쓰시오. [설계5회기출][설계13회기출]

(2) 내열배선

사용전선의 종류	공사방법
1. 450/750 V 저독성 난연 가교 폴리올레핀 절연전선 2. 0.6/1 kV 가교 폴리에틸렌 절연 저독성 난연 폴리올레핀 시스 전력 케이블 3. 6/10 kV 가교 폴리에틸렌 절연 저독성 난연 폴리올레핀 시스 전력용 케이블 4. 가교 폴리에틸렌 절연 비닐시스 트레이용 난연 전력 케이블 5. 0.6/1 kV EP 고무절연 클로로프렌 시스 케이블 6. 300/500 V 내열성 실리콘 고무 절연전선(180 ℃) 7. 내열성 에틸렌-비닐 아세테이트 고무 절연 케이블 8. 버스덕트(Bus Duct) 9. 기타 「전기용품 및 생활용품 안전관리법」 및 「전기설비기술기준」에 따라 동등 이상의 내열성능이 있다고 주무부장관이 인정하는 것	금속관·금속제 가요전선관·금속덕트 또는 케이블(불연성덕트에 설치하는 경우에 한한다.) 공사방법에 따라야 한다. 다만, 다음 각 목의 기준에 적합하게 설치하는 경우에는 그렇지 않다. 가. 배선을 내화성능을 갖는 배선전용실 또는 배선용 샤프트·피트·덕트 등에 설치하는 경우 나. 배선전용실 또는 배선용 샤프트·피트·덕트 등에 다른 설비의 배선이 있는 경우에는 이로부터 15 cm 이상 떨어지게 하거나 소화설비의 배선과 이웃하는 다른 설비의 배선 사이에 배선지름(배선의 지름이 다른 경우에는 지름이 가장 큰 것을 기준으로 한다)의 1.5배 이상의 높이의 불연성 격벽을 설치하는 경우
내화전선	케이블공사의 방법에 따라 설치하여야 한다.

★★★☆☆

  문제41 옥내소화전설비의 화재안전기준에서 정하고 있는 내열배선에 사용되는 전선의 종류 및 공사방법을 쓰시오.

12 옥내소화전설비와 호스릴옥내소화전설비

구 분	옥내소화전설비	호스릴옥내소화전설비
조작 인원	• 2인 공동 조작	• 1인 조작
사 용 자	• 방수량과 반동력(20kgf 이하)이 크므로 신체 건강한 전문 소방인이 사용한다.	• 조작력이 10 kgf 이하이므로 노약자, 부녀자 등 누구나 사용 가능하다.
압력 손실	• 압력 손실이 크다.	• 압력 손실이 작다.
신속한 소화	• 신속한 소화가 어렵다.	• 신속한 소화가 가능하다.
호스의 점착현상	• 호스가 접혀있으므로 점착 현상이 발생한다.	• 환형의 형태 유지로 점착 현상이 없다.
방수압력	0.17 MPa~0.7 MPa	
수평거리	25 m 이내	
방수량	130 ℓ/min 이상	

	호스 구경	40 mm 이상	25 mm 이상
배관	가지배관	40 mm 이상	25 mm 이상
	수직배관	50 mm 이상	32 mm 이상

★★★★☆

문제42 옥내소화전과 호스릴옥내소화전의 차이점(방수압, 방수량, 배관, 수평거리)을 기술하시오.[설계7회기출]

13 감압장치의 종류

하나의 옥내소화전을 사용하는 노즐 선단에서의 방수압력이 0.7MPa을 초과할 경우에는 호스접결구의 인입측에 감압장치를 설치하여야 한다.
① **감압용 오리피스방식** : 가장 많이 사용하는 방식으로 앵글밸브와 호스 접결구 사이에 감압용 오리피스를 설치한다.
② **고가수조방식** : 고가수조를 건물 옥상에 설치하고, 저층부에 대하여 소화펌프 없이 자연낙차를 이용하는 방식이다.

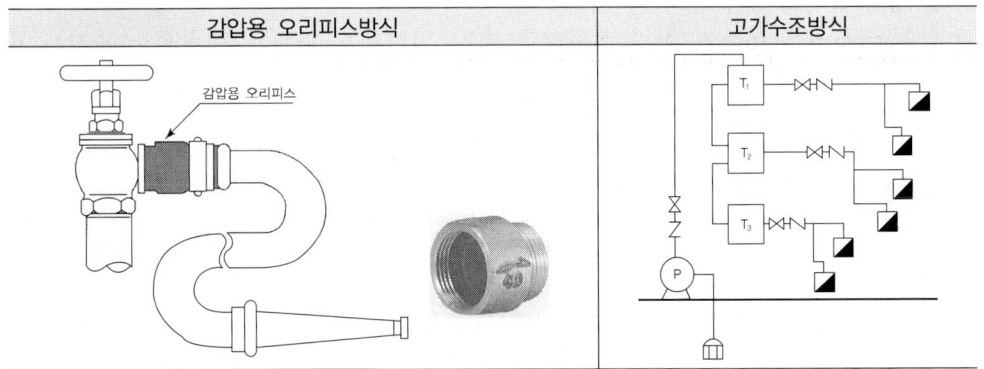

③ **구간별 전용배관방식** : 시스템을 고층부와 저층부로 분리한 후 입상관, 펌프 등을 각각 별도로 구분하여 설치하는 방식이다.
④ **중간펌프방식(부스터펌프방식, 가압펌프방식)** : 입상배관 중간에 고층부로 급수할 수 있는 중간펌프를 추가로 직렬 설치하는 방식이다.
⑤ **감압밸브방식** : 시스템을 고층부와 저층부로 분리한 후 입상관, 감압밸브 등을 각각 별도로 구분하여 설치하는 방식이다.

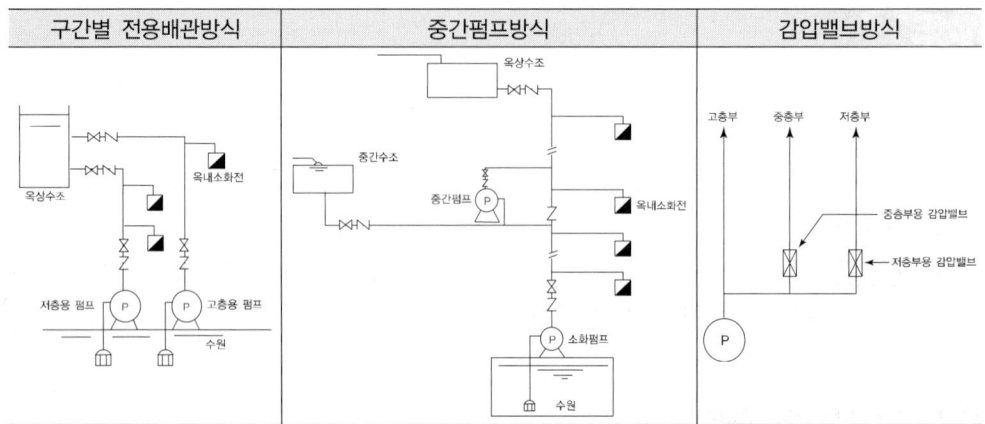

예상 문제43 옥내소화전 노즐 선단에서의 방수압력이 0.7 MPa를 초과하는 경우 시공상 감압방식을 4가지 이상 기술하시오. [설계6회기출][설계7회기출]

14 수온상승 방지장치의 종류

① 상시 릴리프 장치
수온 상승의 염려가 없는 경우에도 항상 저압부로 릴리프 리턴을 계속하는 방법이며, 장치가 단순하다. 릴리프배관은 상시 개방되어 있다.

② 자동 릴리프밸브 부착 체크밸브를 사용하는 방법
펌프의 정격토출량으로 정상 운전 중일 때에는 릴리프배관이 폐쇄되고, 허용 최소 토출량 이하로 되면 자동적으로 밸브가 동작하여 릴리프배관을 개방하여 물을 방수한다.

③ 유량을 검출하여 릴리프밸브를 작동시키는 방법
펌프와 릴리프밸브 사이에 분기관과 공기작동 릴리프밸브를 설치하고, 이 밸브의 2차측을 수조에 연결한다. 펌프의 토출량이 감소하여 설정치 이하로 되면 차압식 유량계의 신호에 의하여 3-Pass 전자밸브는 소자되고, 릴리프밸브는 자동적으로 열려서 방출수를 수조로 순환하여 수온 상승을 방지한다.

④ 순환배관을 이용하는 방법
순환배관 상에 오리피스를 설치하여 펌프가 운전되면 무조건 순환배관에 설치된 오리피스에 의하여 방수되도록 한 것이다. 방출수는 일반적으로 수조로 리턴시킨다.

예상 문제44 소화펌프의 수온상승 방지장치를 2종류 이상 기술하시오. [설계3회기출]

15 가압송수장치

가압송수장치(加壓送水裝置)는 말 그대로 압력을 더해서(加壓) 물을 보내는(送水) 장치(裝置)이다. **[가압송수장치의 종류]**
① 전동기 또는 내연기관에 따른 펌프를 이용하는 가압송수장치
② 고가수조의 자연낙차를 이용한 가압송수장치
③ 압력수조를 이용한 가압송수장치
④ 가압수조를 이용한 가압송수장치

종류	고가수조방식	압력수조방식	펌프방식	가압수조방식
비상전원	불필요	필요	필요	불필요
신뢰성	높다	높다	낮다	높다
부대시설	적다	많다	많다	적다
적용제한	있다	없다	없다	없다
저장제한	없다	있다(2/3 이하)	없다	없다
방수압 감소	거의 없다	크게 감소	거의 없다	거의 없다

★★★★☆

 문제45 옥내소화전설비의 가압송수장치 종류 4가지를 쓰시오.[설계22회기출]

16 펌프에서 발생되는 각종 현상

(1) 캐비테이션(Cavitation) 현상(공동현상)

1) 정의

펌프의 흡입측 배관에서 발생하는 현상으로 유수 중에서 그 수온의 증기압력보다 낮은 부분이 생겼을 때, 물이 증발하거나 수중에 용해하고 있는 공기가 석출하여 적은 기포가 다수 생성되는 현상

2) 발생현상
① 소음과 진동이 생긴다.
② 깃(날개)에 대한 침식이 생긴다.
③ 토출량, 양정, 효율이 점차 감소한다.
④ 심하면 양수불능이 된다.

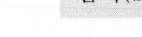 침식(浸蝕) : 깃(날개)이 깎이어 점점 줄어듦

3) 발생원인
① 유체가 고온일 경우
② 펌프의 흡입측 마찰손실이 클 경우
③ 펌프의 흡입측 수두가 클 경우

4th Day

　　④ 펌프의 임펠러 속도가 클 경우
　　⑤ 펌프의 흡입관경이 작을 경우

4) 방지대책
　　① 펌프의 설치위치를 수원보다 낮게 한다.
　　② 펌프의 흡입양정을 작게 한다.
　　③ 펌프의 흡입관경을 크게 한다.
　　④ 수직회전축펌프를 사용하고 회전차를 수중에 완전히 잠기게 한다.
　　⑤ 펌프의 회전수를 낮추고, 흡입회전도를 작게 한다.

★☆☆☆☆

 문제46 공동 현상을 설명하시오.[설계1회기출]

(2) 수격(Water hammering) 현상

1) 정의
관 속을 흐르고 있는 액체의 속도를 급격하게 변화시켰을 때 액체에 심한 압력변화가 생기고, 장치나 배관을 치는 현상을 수격현상이라 한다.

2) 발생원인
　　① 펌프에서 물을 압송하고 있을 때 정전 등으로 급히 펌프가 멈춘 경우
　　② 유량조절밸브를 급히 개폐한 경우

3) 방지대책
　　① 관내의 유속을 작게 한다.
　　② 관의 직경을 크게 한다.
　　③ 펌프에 플라이휠(Fly wheel)을 설치한다.
　　④ 조압수조(Surge tank)를 관선에 설치한다.
　　⑤ 수격방지기(Water Hammering Cution)를 설치한다.
　　⑥ 밸브는 송출구 가까이에 설치하고 밸브를 적당히 제어한다.

★☆☆☆☆

 문제47 수격(Water hammering) 현상의 방지대책 중 5가지를 쓰시오.

(3) 서어징(Surging) 현상

1) 정의
펌프를 운전하였을 때, 주기적으로 운동, 양정, 토출량이 규칙 바르게 변하는 현상

2) 발생원인
　　① 펌프의 양정곡선이 산고곡선이고, 곡선의 상승부에서 운전했을 때
　　② 배관 중에 물탱크나 공기탱크가 있을 때
　　③ 유량조절밸브가 탱크 뒤쪽에 있을 때

3) 방지대책
① 회전차나 안내날개의 형상, 치수를 바꾸어 그 특성을 변화시킨다. 특히 날개의 출구 각도를 작게 하든지 안내날개의 각도를 조절할 수 있도록 배려한다.
② 방출밸브 등을 써서 펌프 속의 양수량을 서어징할 때의 양수량 이상으로 증가시키든지 무단 변속기어 등을 써서 회전차의 회전수를 변화시킨다.
③ 관로에 있어서 불필요한 공기 탱크의 잔류공기를 제거하고 관로의 단면적, 유체의 유속, 저항 등을 바꾼다.

★☆☆☆☆

문제48 서어징(Surging) 현상을 설명하시오.

(4) 펌프의 이상현상
1) 펌프의 토출량이 감소하는 원인
① 임펠러 자체가 마모 또는 부식되었을 때
② 송수관 내면에 스케일 등이 부착하여 관로 저항이 증대하였을 때
③ 공기를 혼입하였을 때
④ 임펠러에 이물질이 끼었을 때
⑤ 캐비테이션이 발생하였을 때

2) 펌프의 소음, 진동의 원인
① 캐비테이션이 발생하였을 때
② 서어징현상이 발생하였을 때
③ 공기를 혼입하였을 때
④ 임펠러에 이물질이 끼었을 때
⑤ 임펠러의 일부가 마모 또는 부식되었을 때
⑥ 기초, 설치, 센터링 불량 시

★★☆☆☆

문제49 옥내소화전설비용 소방펌프에 대한 다음의 물음에 답하시오.
　　　　1) 토출량이 감소하는 원인
　　　　2) 펌프의 소음, 진동의 발생원인

17 압력스위치의 Setting 방법

(1) 압력스위치(Pressure Switch)
① 압력스위치에는 "RANGE"와 "DIFF"의 눈금이 있으며 압력스위치 상단부의 나사를 이용하여 조정하게 되어있다.
② RANGE는 펌프의 정지점이며 DIFF는 『정지점과 기동점의 차』로 펌프가 RANGE 위치일 경우 DIFF만큼 압력이 떨어지면 펌프는 다시 기동하게 된다.

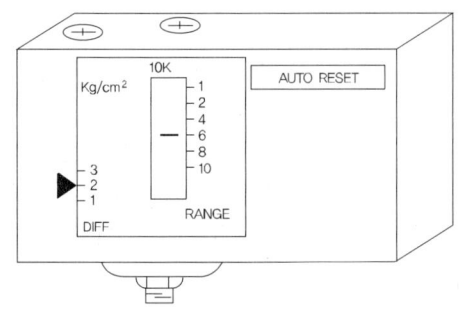

(2) 압력스위치의 세팅 방법(NFPA 규정)

① 충압펌프의 정지점 : 주펌프의 체절압력+최소정수두압력(펌프보다 수조가 높은 경우 그 높이 차이에 대한 압력)
② 충압펌프의 기동점 : 충압펌프의 정지점-10 psi
③ 주펌프의 기동점 : 충압펌프의 기동점-5 psi
④ 예비펌프의 기동점 : 주펌프의 기동점-10 psi
⑤ 주펌프 및 예비펌프의 정지점 : 수동으로 정지되도록 한다.

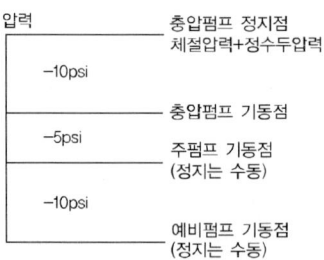

(3) 압력스위치 조정 시 주의사항

① 각 펌프의 작동압력은 옥상 2차 수원의 낙차압력보다 높아야 한다.
② 충압펌프의 작동압력은 주펌프의 작동압력보다 높아야 한다.
③ 주펌프의 작동압력은 예비펌프의 작동압력보다 높아야 한다.
④ 예비펌프의 정지압력은 주펌프의 정지압력과 같아야 한다.

18 소방펌프와 급수펌프

(1) 소방펌프(주펌프)

화재 시 자동 및 수동으로 운전되어, 화재 진압에 필요한 소화수를 토출하여 노즐이나 헤드로 소화수를 공급하는 펌프이다. 평상시에 기동하지 않고 화재 시에 기동되므로 고장의 발견이 어렵다. 성능의 확인을 위한 성능시험배관과 수온 상승을 방지하기 위한 순환배관을 설치하여야 한다.

(2) 급수펌프

평상 시 자동으로 운전되어, 옥상수조 등으로 물을 공급하는 펌프이다. 평상시에 기동되므로 고장의 발견이 용이하다. 성능의 확인을 위한 성능시험배관과 수온 상승을 방지하기 위한 순환배관을 설치하지 않는다.

구분	소방펌프	급수펌프
운전시기	화재 시	평상 시
성능시험배관	필요	불필요
순환배관	필요	불필요
토출량	화재안전기준에 규정	규정 없음
전양정	화재안전기준에 규정	규정 없음
운전점	여러 개임(무부하운전점, 정격부하운전점, 피크부하운전점)	하나임 (정격부하운전점)
운전범위	0%~150%	90%~110%
성능	고양정, 대유량	저양정, 소유량

19 주펌프, 예비펌프, 충압펌프

(1) 주펌프

화재 시 자동 및 수동으로 운전되어, 화재 진압에 필요한 소화수를 토출하여 노즐이나 헤드로 소화수를 공급하는 펌프이다. 평상시에 기동하지 않고 화재 시에 기동되므로 고장의 발견이 어렵다. 성능의 확인을 위한 성능시험배관과 수온 상승을 방지하기 위한 순환배관을 설치하여야 한다.

(2) 예비펌프

화재 시 주펌프가 고장으로 기동되지 않는 경우에 자동 및 수동으로 운전되어, 화재 진압에 필요한 소화수를 토출하여 노즐이나 헤드로 소화수를 공급하는 펌프이다. 평상시에 기동하지 않고 화재 시에 기동되므로 고장의 발견이 어렵다. 성능의 확인을 위한 성능시험배관과 수온 상승을 방지하기 위한 순환배관을 설치하여야 한다.

(3) 충압펌프

평상 시 자동으로 운전되어, 펌프에서 노즐이나 헤드까지의 전 배관 내를 충압하는 펌프이다. 평상시에 기동되므로 고장의 발견이 용이하다. 성능의 확인을 위한 성능시험배관과 수온 상승을 방지하기 위한 순환배관을 설치하지 않는다.

구분	주펌프/예비펌프	충압펌프
운전시기	화재 시	평상 시
성능시험배관	필요	불필요
순환배관	필요	불필요
토출량	$N \times 130\ \ell/\min$ 이상	정상적인 누설량 이상
전양정(정격토출압력)	$h_1+h_2+h_3+17$ m 이상	자연압+0.2 MPa 이상

20 펌프의 연합운전

(1) 펌프의 직렬운전

펌프의 성능곡선 상에서 동일 유량에 대해 양정이 2배로 증가하지만, 운전점(저항곡선과 만나는 점)에서의 양정은 2배가 되지 않는다. 펌프를 직렬로 설치하는 경우 양정에 여유치를 고려하여야 한다. 배관 계통에 고양정이 필요한 경우 또는 Booster Pump(가압펌프) 필요시에 적용한다.

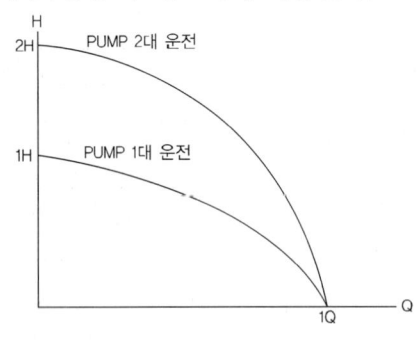
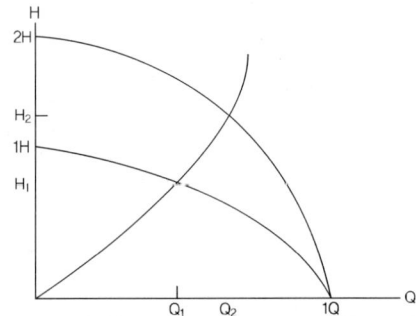

(2) 펌프의 병렬운전

펌프의 성능곡선 상에서 동일 양정에 대하여 유량이 2배로 증가하지만, 운전점에서의 유량은 2배가 되지 않는다. 펌프를 병렬로 설치하는 경우 유량에 여유치를 고려하여야 한다.

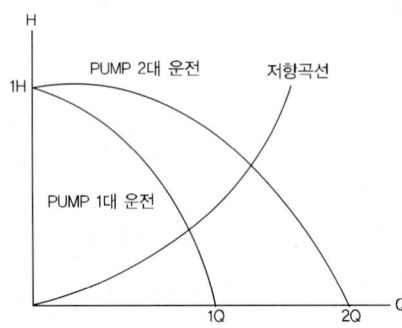
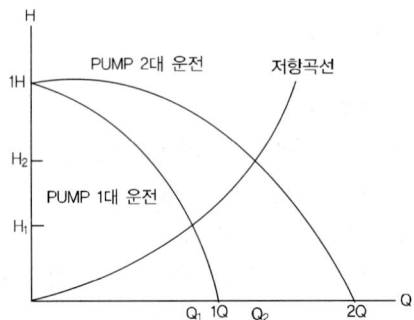

21 펌프의 종류

펌프의 종류에는 터보형 펌프, 용적형 펌프, 특수 펌프 등이 있으며, 이들 중 소방용 주펌프 및 예비펌프로는 터보형 펌프 중 하나인 원심식 펌프를 사용하도록 소방검정기준에 명시되어 있었으며, 충압펌프에 대한 기준은 없는 상태이다. 현장에서 충압펌프로는 특수펌프의 한 종류인 와류펌프(웨스코펌프)를 주로 사용한다.

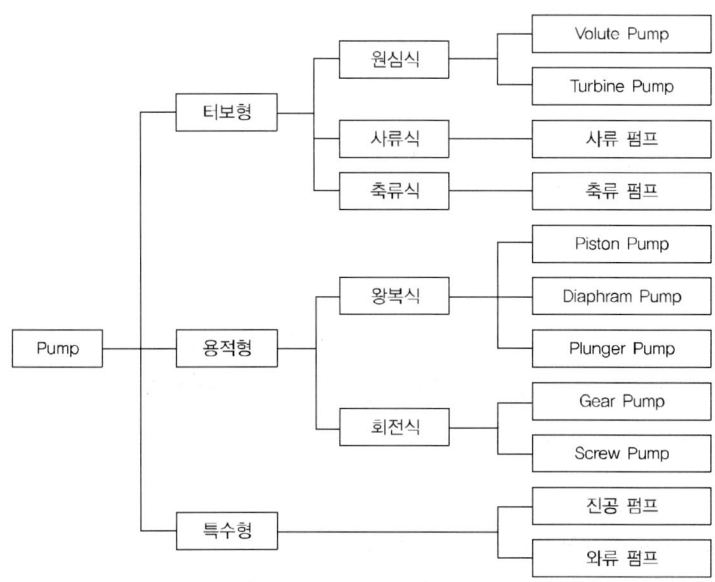

(1) 터보형 펌프

1) 원심식(반경류형) 펌프

유체가 임펠라를 통과할 때 유체의 흐름이 축에 수직한 방향으로 흐르는 펌프로 원심식 펌프를 세분하면 볼류트펌프와 터빈펌프로 분류할 수 있다.

① 볼류트펌프 : 임펠라가 단단인 소양정용이며, 임펠라에서 토출된 유량이 안내깃을 통하지 않고 바로 볼류트(Volute)케이싱으로 통해 송출되는 펌프
② 터빈펌프 : 임펠라 단수가 다단인 고양정용 펌프로, 임펠라에서 토출되는 유량이 안내깃(Guide Vane)을 통하여 케이싱으로 송출되는 펌프

구분	구조	성능	
	안내날개	양정(토출압력)	유량(토출량)
볼류트펌프	없음	저	대
터빈펌프	있음	고	소

2) 사류식 펌프

반경류와 축류식의 중간형식으로 유체 흐름이 축에 경사된 방향으로 흐르는 펌프로서 양정범위가 5~20m 범위이다.

3) 축류식 펌프

유체 흐름이 축에 평행하게 흐르는 펌프로 양정이 낮고(10 m 이하), 송출량이 많은 펌프이다. 축류펌프의 운전은 체절상태(Shut Off)에서 가장 큰 운전동력을 필요로 하므로, 항상 토출밸브를 개방한 후 기동해야 한다.

(2) 용적형 펌프

케이싱 내에 용적을 변화시켜 액체에 에너지를 주어 이송시키는 정량 펌프로 소유량, 고양정에 적합한 펌프로 다음과 같이 분류한다.

1) 왕복식 펌프

흡입밸브와 토출밸브를 장착하여 실린더 속을 피스톤 또는 플런저를 왕복운동시켜 송출하는 펌프로 그 종류로는 피스톤펌프, 플런저펌프, 다이아프램펌프로 분류할 수 있다.

2) 회전식 펌프

케이싱 내 1개 또는 2개, 3개의 회전차를 회전시켜 송출하는 펌프로 흡입 및 송출 밸브가 없는 것이 특징이다. 윤활성 및 점성이 있는 유체에 적합하며 송출유량에 비해 맥동이 없어 유압펌프로 이용되고 있다.

(3) 특수 펌프

1) 마찰펌프(재생펌프=와류펌프=웨스코펌프)

임펠러 외주부분에서 소용돌이를 일으켜 유체가 선회작용을 한 후, 다시 회전차 내로 흡입되어 회전차의 회전운동으로 송출구로 유체를 송출하는 펌프이다.

2) 분사펌프(제트펌프)

노즐을 통해서 고속으로 분사된 유체에 부압에 의하여 이송유체가 흡입구를 통해서 디퓨저로 송출하는 펌프이다.

3) 기포펌프

압축공기를 공기관을 통하여 양수관 아래쪽에서 분출시키면 양수관 속은 물보다 가벼운 기체, 액체 혼합체로 되어 부력 원리에 의해 물이 상승되어 송출되는 펌프이다.

4) 수격펌프

유체의 위치에너지를 이용한 것으로 높은 위치의 물을 흘려보내다가 급격히 밸브를 폐쇄시킬 때 고압이 발생하는 『워터햄머』를 이용한 것으로 낙차의 50배까지 높은 압력으로 양수할 수 있는 펌프이다.

22 원심펌프의 분류 및 형식표시

(1) 안내날개의 유무에 따라
케이싱 내부에 안내날개(guide vane)의 유무에 따라 안내날개(안내깃)이 있는 것을 터빈펌프, 없는 것을 볼류트펌프라고 한다.

(2) 임펠러의 수에 따라
펌프 1대에 설치된 임펠러의 수에 따라 단단펌프와 다단펌프로 구분한다.

(3) 흡입구의 수에 따라
흡입구가 하나로 회전차의 한쪽에서만 흡입되는 것을 편흡입 펌프, 흡입구가 두개로 회전차의 양쪽에서 흡입되는 것을 양흡입 펌프라고 한다.

(4) 축의 방향에 따라
축이 수평으로 놓이는 횡축펌프(horizontal shaft)와 축이 수직으로 설치되는 입축펌프(vertical shaft)가 있는데, 입축펌프는 설치장소의 면적을 적게 차지하며, 양정이 높아서 깊은 우물이나 공동현상이 발생하는 경우 등에 사용된다.

구분	횡축펌프(수평회전축펌프)	입축펌프(수직회전축펌프)
부식	적다	크다
분해조립	편리	불편
보수점검	편리	불편
가격	싸다	비싸다
설치면적	크다	작다
흡입양정	제한	제한×
캐비테이션	발생	발생×
프라이밍	필요	불필요
조작	복잡	간단
홍수	불안	안전
대구경펌프	부적당	적당

> **용어** 프라이밍 : 원심펌프 따위를 기동할 때 내부에 물을 가득 채우는 일

23 펌프 주요부

(1) 회전차(Impeller)
회전차는 여러 개의 만곡된 깃이 달린 바퀴 형상으로, 깃(vane)의 수는 보통 4~8매로서 원판 사이에 끼워져 있다.

(2) 케이싱(Casing)
회전차에 의해 유체에 가해진 속도에너지를 압력에너지로 유효하게 변환시키는 일종의 압력용기이다.

(3) 안내날개(Guide vane)
케이싱 내부에 취부한 여러 개의 날개이다. 사류 또는 축류펌프는 안내날개에 의해서 유체의 에너지를 변화시킨다.

(4) 축과 커플링(Shaft and Coupling)
축은 원동기에서 받은 동력을 회전차에 전달해야 하므로 강도만 아니라 진동상의 안전을 고려하여 치수를 결정한다.

(5) 베어링(Bearing)
회전체의 자중 및 수력하중 등을 지지하기 위하여 오일 또는 그리스로 윤활하는 슬리브 메탈이나 볼 베어링 등을 사용한다.

(6) Packing 또는 Seal
축이 케이싱을 관통하는 부분에서 액체가 새는 것을 방지하는 장치로, 액체가 상온의 물일 경우는 Gland Packing을 사용하고, 액체가 고온 고압이거나 부식성이 강한 것일 경우는 Mechanical Seal을 사용한다.

24 신축이음

(1) 신축이음의 개요
신축이음이란 배관의 외기온도 변화나 충격 등에 따른 신축작용에 의한 손상 방지용 이음이다.

(2) 신축이음의 종류

종류	루우프형 (Loop type)	슬립형 (Slip type)	벨로우즈형 (Bellows type)	스위블형 (Swivel type)	볼조인트 (Ball joint)
그림					
도시 기호					-

★★★☆☆

 문제50 배관의 외기 온도 변화나 충격 등에 따른 신축작용에 의한 손상 방지용 신축이음의 종류를 3가지 이상 기술하시오. [설계7회기출]

25 마찰손실

(1) 주손실(major loss)
관의 마찰에 의한 손실

(2) 부차적 손실(minor loss)
① 관의 급격한 축소에 의한 손실(돌연 축소관의 손실)
② 관의 급격한 확대에 의한 손실(돌연 확대관의 손실)
③ 관 부속품에 의한 손실

★★☆☆☆

 문제51 부차적 손실(minor loss)의 종류 3가지를 쓰시오.

(3) 상당길이(등가길이)
배관 부속을 통하여 물이 흐를 때 일어나는 마찰손실수두와 동일한 크기의 마찰손실을 일으킬 수 있는 동일 구경의 직관 길이를 그 부속의 등가길이라 한다.

※ 관 부속품의 마찰손실수두에 상당하는 직관장(m)

호칭지름 (mm)	90° 엘보	45° 엘보	90° T (분류티)	90° T (직류티)	게이트 밸브	볼밸브	앵글 밸브
15	0.60	0.36	0.90	0.18	0.12	4.95	2.4
20	0.75	0.45	1.20	0.24	0.15	6.00	3.6
25	0.90	0.54	1.50	0.27	0.18	7.50	4.5
32	1.20	0.72	1.80	0.36	0.24	10.50	5.4
40	1.5	0.9	2.1	0.45	0.30	13.8	6.5
50	2.1	1.2	3.0	0.60	0.39	16.5	8.4
65	2.4	1.3	3.6	0.75	0.48	19.5	10.2
80	3.0	1.8	4.5	0.90	0.60	24.0	12.0
100	4.2	2.4	6.3	1.20	0.81	37.5	16.5
125	5.1	3.0	7.5	1.50	0.99	42.0	21.0
150	6.0	3.6	9.0	1.80	1.20	49.5	24.0

 ※ 상당길이(마찰손실)의 대소
볼밸브 > 앵글밸브 > 분류티 > 90° 엘보 > 45° 엘보 > 직류티 > 게이트밸브

제3장 스프링클러설비

스프링클러설비는 초기소화를 목적으로 한 자동식 소화설비이며, 스프링클러헤드에 의해서 적상(물방울 모양) 주수하므로, 옥내소화전설비에 비해서 소화성능이 우수하며, 설비가 크고 복잡하다.

1 스프링클러설비의 종류

(1) 습식 스프링클러설비

"**습식 스프링클러설비**"란 가압송수장치에서 폐쇄형 스프링클러헤드까지 배관 내에 항상 물이 가압되어 있다가 화재로 인한 열로 폐쇄형 스프링클러헤드가 개방되면 배관 내에 유수가 발생하여 습식 유수검지장치가 작동하게 되는 스프링클러설비를 말한다.

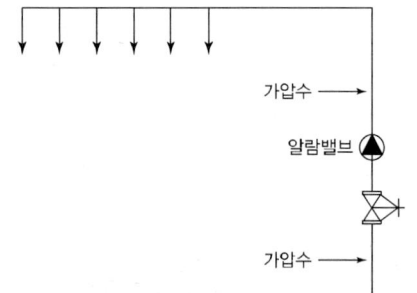

구 분		습 식
밸브 종류		알람밸브
배관 내부	1차측	가압수
	2차측	가압수
사용 헤드 종류		폐쇄형
감지기		없음
시험장치		있음

(2) 건식 스프링클러설비

"**건식 스프링클러설비**"란 건식유수검지장치 2차측에 압축공기 또는 질소 등의 기체로 충전된 배관에 폐쇄형 스프링클러헤드가 부착된 스프링클러설비로서, 폐쇄형 스프링클러헤드가 개방되어 배관 내의 압축공기 등이 방출되면 건식 유수검지장치 1차측의 수압에 의하여 건식 유수검지장치가 작동하게 되는 스프링클러설비를 말한다.

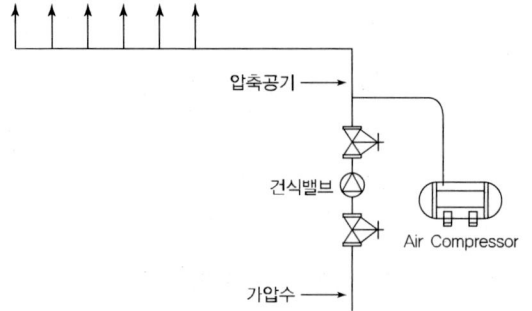

구 분		건 식
밸브 종류		건식밸브
배관 내부	1차측	가압수
	2차측	압축공기
사용 헤드 종류		폐쇄형
감지기		없음
시험장치		있음

> **용어** "유수검지장치"란 습식 유수검지장치(패들형을 포함한다), 건식 유수검지장치, 준비작동식 유수검지장치를 말하며 본체 내의 유수현상을 자동적으로 검지하여 신호 또는 경보를 발하는 장치를 말한다.

(3) 준비작동식 스프링클러설비

"**준비작동식 스프링클러설비**"란 가압송수장치에서 준비작동식유수검지장치 1차 측까지 배관 내에 항상 물이 가압되어 있고, 2차 측에서 폐쇄형 스프링클러헤드까지 대기압 또는 저압으로 있다가 화재 발생 시 감지기의 작동으로 준비작동식 밸브가 개방되면 폐쇄형 스프링클러헤드까지 소화수가 송수되고, 폐쇄형 스프링클러헤드가 열에 의해 개방되면 방수가 되는 방식의 스프링클러설비를 말한다.

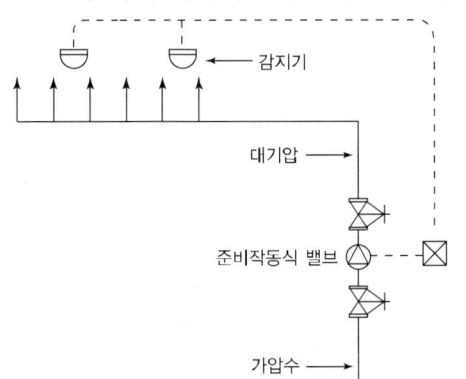

구 분		준비작동식
밸브 종류		준비작동식밸브
배관 내부	1차측	가압수
	2차측	대기 또는 저압공기
사용 헤드 종류		폐쇄형
감지기		있음
시험장치		없음

(4) 일제살수식 스프링클러설비

"**일제살수식 스프링클러설비**"란 가압송수장치에서 일제개방밸브 1차측까지 배관 내에 항상 물이 가압되어 있고 2차측에서 개방형 스프링클러헤드까지 대기압으로 있다가 화재 발생 시 자동감지장치 또는 수동식 기동장치의 작동으로 일제개방밸브가 개방되면 스프링클러헤드까지 소화용수가 송수되는 방식의 스프링클러설비를 말한다.

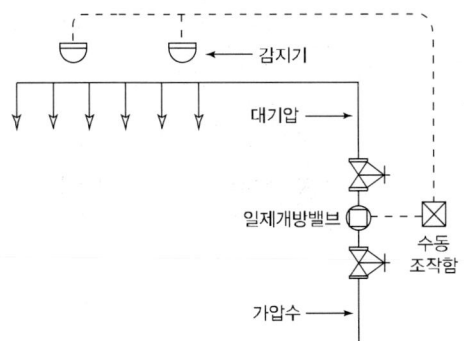

구 분		일제살수식
밸브 종류		일제개방밸브
배관 내부	1차측	가압수
	2차측	대기(개방상태)
사용 헤드 종류		개방형
감지기		있음
시험장치		없음

① **"개방형 스프링클러헤드"**란 감열체 없이 방수구가 항상 열려져 있는 스프링클러헤드를 말한다.
② **"폐쇄형 스프링클러헤드"**란 정상상태에서 방수구를 막고 있는 감열체가 일정 온도에서 자동적으로 파괴·용해 또는 이탈됨으로써 방수구가 개방되는 스프링클러헤드를 말한다.

(5) 부압식 스프링클러설비

"**부압식 스프링클러설비**"란 가압송수장치에서 준비작동식 유수검지장치의 1차측까지는 항상 정압의 물이 가압되고, 2차측 폐쇄형 스프링클러헤드까지는 소화수가 부압으로 되어 있다가 화재 시 감지기의 작동에 의해 정압으로 변하여 유수가 발생하면 작동하는 스프링클러설비를 말한다.

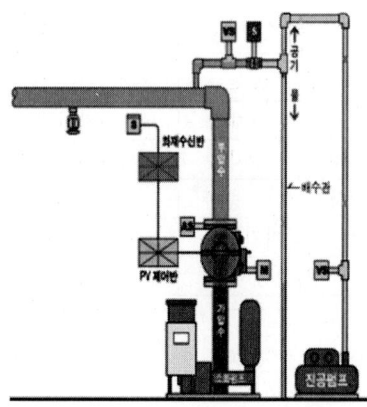

구 분		부압식
밸브 종류		준비작동식밸브
배관 내부	1차측	가압수
	2차측	부압수
사용 헤드 종류		폐쇄형
감지기		있음
시험장치		있음

★★★★☆

 문제01 부압식 스프링클러설비의 정의를 쓰시오.

구 분		습 식	건 식	준비작동식	일제살수식	부압식
밸브 종류		알람밸브	건식밸브	준비작동식밸브	일제개방밸브	준비작동식밸브
배관 내부	1차측	가압수	가압수	가압수	가압수	가압수
	2차측	가압수	압축공기	대기 또는 저압공기	대기(개방상태)	부압수
사용 헤드		폐쇄형	폐쇄형	폐쇄형	개방형	폐쇄형
감지기		없음	없음	있음	있음	있음
시험장치		있음	있음	없음	없음	있음

2 수원

(1) 스프링클러설비의 수원은 그 저수량이 다음 각 호의 기준에 적합하도록 하여야 한다.
   1. 폐쇄형 스프링클러헤드를 사용하는 경우에는 다음 표의 스프링클러설비 설치장소별 스프링클러헤드의 기준개수[스프링클러헤드의 설치개수가 가장 많은 층(**아파트의 경우에는 설치개수가 가장 많은 세대**)에 설치된 스프링클러헤드의 개수가 기준개수보다 작은 경우에는 그 설치개수를 말한다]에 1.6 m³를 곱한 양 이상이 되도록 할 것

스프링클러설비 설치장소			기준개수
지하층을 제외한 층수가 10층 이하인 특정소방대상물	공장 또는 창고(랙크식 창고를 포함한다)	특수가연물을 저장·취급하는 것	30
		그 밖의 것	20
	근린생활시설·판매시설·운수시설 또는 복합건축물	판매시설 또는 복합건축물(판매시설이 설치되는 복합건축물을 말한다)	30
		그 밖의 것	20
	그 밖의 것	헤드의 부착높이가 8 m 이상인 것	20
		헤드의 부착높이가 8 m 미만인 것	10
아파트			10
지하층을 제외한 층수가 11층 이상인 특정소방대상물(아파트를 제외한다)·지하가 또는 지하역사			30

비고 : 하나의 소방대상물이 2 이상의 "스프링클러헤드의 기준개수"란에 해당하는 때에는 기준개수가 많은 난을 기준으로 한다. 다만, 각 기준개수에 해당하는 수원을 별도로 설치하는 경우에는 그러하지 아니하다.

   2. 개방형 스프링클러헤드를 사용하는 스프링클러설비의 수원은 최대 방수구역에 설치된 스프링클러헤드의 개수가 30개 이하일 경우에는 설치헤드 수에 1.6 m³를 곱한 양 이상으로 하고, 30개를 초과하는 경우에는 수리계산에 따를 것

(2) 스프링클러설비의 수원은 제1항에 따라 산출된 유효수량 외에 유효수량의 3분의 1 이상을 옥상(스프링클러설비가 설치된 건축물의 주된 옥상을 말한다)에 설치하여야 한다. 다만, 다음 각 호의 어느 하나에 해당하는 경우에는 그러하지 아니하다.[**옥상수조를 설치하지 아니할 수 있는 경우**]
   1. 지하층만 있는 건축물
   2. 고가수조를 가압송수장치로 설치한 경우
   3. 수원이 건축물의 최상층에 설치된 헤드보다 높은 위치에 설치된 경우
   4. 건축물의 높이가 지표면으로부터 10 m 이하인 경우
   5. 주펌프와 동등 이상의 성능이 있는 별도의 펌프로서 내연기관의 기동과 연동하여 작동되거나 비상전원을 연결하여 설치한 경우
   6. 가압수조를 가압송수장치로 설치한 경우

5th Day

문제02 스프링클러설비의 수원은 화재안전기준에 따라 산출된 유효수량 외에 유효수량의 3분의 1 이상을 옥상에 설치하여야 한다. 그러하지 아니할 수 있는 경우(옥상수조를 설치하지 아니할 수 있는 경우) 6가지를 쓰시오.

(3) 옥상수조(제1항에 따라 산출된 유효수량의 3분의 1 이상을 옥상에 설치한 설비를 말한다)는 이와 연결된 배관을 통하여 상시 소화수를 공급할 수 있는 구조인 특정소방대상물인 경우에는 둘 이상의 특정소방대상물이 있더라도 하나의 특정소방대상물에만 이를 설치할 수 있다.

(4) 스프링클러설비의 수원을 수조로 설치하는 경우에는 소방설비의 전용수조로 하여야 한다. 다만, 다음 각 호의 어느 하나에 해당하는 경우에는 그러하지 아니하다.[**전용수조로 설치하지 아니할 수 있는 경우**]
  1. 스프링클러설비용 펌프의 풋밸브 또는 흡수배관의 흡수구(수직회전축펌프의 흡수구를 포함한다. 이하 같다)를 다른 설비(소화용 설비 외의 것을 말한다)의 풋밸브 또는 흡수구보다 낮은 위치에 설치한 때
  2. 고가수조로부터 스프링클러설비의 수직배관에 물을 공급하는 급수구를 다른 설비의 급수구보다 낮은 위치에 설치한 때

문제03 스프링클러설비의 수원을 수조로 설치하는 경우에는 소방설비의 전용수조로 하여야 한다. 그러하지 아니할 수 있는 경우(전용수조로 설치하지 아니할 수 있는 경우) 2가지를 쓰시오.

(5) 제1항 및 제2항에 따른 저수량을 산정함에 있어서 다른 설비와 겸용하여 스프링클러설비용 수조를 설치하는 경우에는 스프링클러설비의 풋밸브·흡수구 또는 수직배관의 급수구와 다른 설비의 풋밸브·흡수구 또는 수직배관의 급수구와의 사이의 수량을 그 유효수량으로 한다.

문제04 스프링클러설비를 설치할 경우 수원의 저수량을 산정함에 있어서 다른 설비와 겸용하여 스프링클러설비용 수조를 설치하는 경우 유효수량의 산정기준에 대하여 쓰시오.

(6) 스프링클러설비용 수조는 다음 각 호의 기준에 따라 설치하여야 한다.[**스프링클러설비용 수조의 설치기준**]
  1. 점검에 편리한 곳에 설치할 것
  2. 동결방지조치를 하거나 동결의 우려가 없는 장소에 설치할 것
  3. 수조의 외측에 수위계를 설치할 것. 다만, 구조상 불가피한 경우에는 수조의 맨홀 등을 통하여 수조 안의 물의 양을 쉽게 확인할 수 있도록 하여야 한다.
  4. 수조의 상단이 바닥보다 높은 때에는 수조의 외측에 고정식 사다리를 설치할 것

5. 수조가 실내에 설치된 때에는 그 실내에 조명설비를 설치할 것
6. 수조의 밑부분에는 청소용 배수밸브 또는 배수관을 설치할 것
7. 수조의 외측의 보기 쉬운 곳에 "**스프링클러설비용 수조**"라고 표시한 표지를 할 것. 이 경우 그 수조를 다른 설비와 겸용하는 때에는 그 겸용되는 설비의 이름을 표시한 표지를 함께 하여야 한다.
8. 스프링클러펌프의 흡수배관 또는 스프링클러설비의 수직배관과 수조의 접속부분에는 "**스프링클러설비용 배관**"이라고 표시한 표지를 할 것.

★★★★☆

 문제 05 스프링클러설비용 수조의 설치기준 중 5가지를 쓰시오.

3 가압송수장치

(1) 전동기 또는 내연기관에 따른 펌프를 이용하는 가압송수장치는 다음 각 호의 기준에 따라 설치하여야 한다. 다만, 가압송수장치의 주펌프는 전동기에 따른 펌프로 설치하여야 한다.
 1. 쉽게 접근할 수 있고 점검하기에 충분한 공간이 있는 장소로서 화재 및 침수 등의 재해로 인한 피해를 받을 우려가 없는 곳에 설치할 것
 2. 동결방지조치를 하거나 동결의 우려가 없는 장소에 설치할 것
 3. 펌프는 전용으로 할 것. 다만, 다른 소화설비와 겸용하는 경우 각각의 소화설비의 성능에 지장이 없을 때에는 그러하지 아니하다.
 4. 펌프의 토출측에는 압력계를 체크밸브 이전에 펌프 토출측 플랜지에서 가까운 곳에 설치하고, 흡입측에는 연성계 또는 진공계를 설치할 것. 다만, 수원의 수위가 펌프의 위치보다 높거나 수직회전축 펌프의 경우에는 연성계 또는 진공계를 설치하지 아니할 수 있다.

★★★☆☆

 문제 06 전동기 또는 내연기관에 따른 펌프의 토출측에는 압력계를 체크밸브 이전에 펌프 토출측 플랜지에서 가까운 곳에 설치하고, 흡입측에는 연성계 또는 진공계를 설치하여야 한다. 연성계 또는 진공계를 설치하지 아니할 수 있는 경우를 쓰시오.

 5. 펌프의 성능은 체절운전 시 정격토출압력의 140%를 초과하지 않고, 정격토출량의 150%로 운전 시 정격토출압력의 65% 이상이 되어야 하며, 펌프의 성능을 시험할 수 있는 성능시험배관을 설치할 것. 다만, 충압펌프의 경우에는 그렇지 않다.
 6. 가압송수장치에는 체절운전 시 수온의 상승을 방지하기 위한 순환배관을 설치할 것. 다만, 충압펌프의 경우에는 그러하지 아니하다.
 7. 기동장치로는 기동용 수압개폐장치 또는 이와 동등 이상의 성능이 있는 것을

설치할 것. 기동용 수압개폐장치 중 압력챔버를 사용할 경우 그 용적은 100 L 이상의 것으로 할 것

8. 수원의 수위가 펌프보다 낮은 위치에 있는 가압송수장치에는 다음 각 목의 기준에 따른 물올림장치를 설치할 것[**물올림장치의 설치기준**]
   가. 물올림장치에는 전용의 수조를 설치할 것
   나. 수조의 유효수량은 100 L 이상으로 하되, 구경 15 ㎜ 이상의 급수배관에 따라 해당 수조에 물이 계속 보급되도록 할 것

★★★☆☆

 문제07 수원의 수위가 펌프보다 낮은 위치에 있는 가압송수장치에는 물올림장치를 설치하여야 한다. 물올림장치의 설치기준 2가지를 쓰시오.

9. 가압송수장치의 정격토출압력은 하나의 헤드 선단에 0.1 MPa 이상 1.2 MPa 이하의 방수압력이 될 수 있게 하는 크기일 것
10. 가압송수장치의 송수량은 0.1 MPa의 방수압력 기준으로 80 L/min 이상의 방수성능을 가진 기준개수의 모든 헤드로부터의 방수량을 충족시킬 수 있는 양 이상의 것으로 할 것. 이 경우 속도수두는 계산에 포함하지 아니할 수 있다.
11. 제10호의 기준에 불구하고 가압송수장치의 1분당 송수량은 폐쇄형 스프링클러헤드를 사용하는 설비의 경우 제4조제1항제1호에 따른 기준개수에 80 L를 곱한 양 이상으로도 할 수 있다.
12. 제10호의 기준에 불구하고 가압송수장치의 1분당 송수량은 제4조제1항제2호의 개방형스프링클러헤드 수가 30개 이하의 경우에는 그 개수에 80 L를 곱한 양 이상으로 할 수 있으나 30개를 초과하는 경우에는 제9호 및 제10호에 따른 기준에 적합하게 할 것
13. 기동용 수압개폐장치를 기동장치로 사용하는 경우에는 다음의 각 목의 기준에 따른 충압펌프를 설치할 것[**충압펌프의 설치기준**]
    가. 펌프의 토출압력은 그 설비의 최고위 살수장치(일제개방밸브의 경우는 그 밸브)의 자연압보다 적어도 0.2 MPa이 더 크도록 하거나 가압송수장치의 정격토출압력과 같게 할 것
    나. 펌프의 정격토출량은 정상적인 누설량보다 적어서는 아니되며 스프링클러설비가 자동적으로 작동할 수 있도록 충분한 토출량을 유지할 것

★★★☆☆

 문제08 기동용 수압개폐장치를 기동장치로 사용하는 경우에는 충압펌프를 설치하여야 한다. 충압펌프의 설치기준 2가지를 쓰시오.

14. 내연기관을 사용하는 경우에는 다음 각 목의 기준에 적합하게 설치할 것[**내연기관의 설치기준**]
    가. 제어반에 따라 내연기관의 자동기동 및 수동기동이 가능하고, 상시 충전되어 있는 축전지설비를 갖출 것

나. 내연기관의 연료량은 펌프를 20분(층수가 30층 이상 49층 이하는 40분, 50층 이상은 60분) 이상 운전할 수 있는 용량일 것

★★★☆☆

 문제09 내연기관에 따른 펌프를 이용하는 가압송수장치의 경우 내연기관의 설치기준 2가지를 쓰시오.

15. 가압송수장치에는 "**스프링클러펌프**"라고 표시한 표지를 할 것. 이 경우 그 가압송수장치를 다른 설비와 겸용하는 때에는 그 겸용되는 설비의 이름을 표시한 표지를 함께 하여야 한다.
16. 가압송수장치가 기동되는 경우에는 자동으로 정지되지 아니하도록 하여야 한다. 다만, 충압펌프의 경우에는 그러하지 아니하다.

(2) 고가수조의 자연낙차를 이용한 가압송수장치는 다음 각 호의 기준에 따라 설치하여야 한다.
 1. 고가수조의 자연낙차수두(수조의 하단으로부터 최고층에 설치된 헤드까지의 수직거리를 말한다)는 다음의 식에 따라 산출한 수치 이상이 되도록 할 것

$$H = h_1 + 10$$

H : 필요한 낙차(m)
h_1 : 배관의 마찰손실 수두(m)

 2. 고가수조에는 수위계·배수관·급수관·오버플로우관 및 맨홀을 설치할 것

★★★★☆

 문제10 고가수조의 자연낙차를 이용한 가압송수장치의 경우 고가수조의 구성 5가지를 쓰시오.

(3) 압력수조를 이용한 가압송수장치는 다음 각 호의 기준에 따라 설치하여야 한다.
 1. 압력수조의 압력은 다음의 식에 따라 산출한 수치 이상으로 할 것

$$P = p_1 + p_2 + 0.1$$

P : 필요한 압력(MPa)
p_1 : 낙차의 환산 수두압(MPa)
p_2 : 배관의 마찰손실 수두압(MPa)

 2. 압력수조에는 수위계·급수관·배수관·급기관·맨홀·압력계·안전장치 및 압력저하 방지를 위한 자동식 공기압축기를 설치할 것

★★★★☆

 문제11 압력수조를 이용한 가압송수장치의 경우 압력수조의 구성 8가지를 쓰시오.

(4) 가압수조를 이용한 가압송수장치는 다음 각 호의 기준에 따라 설치하여야 한다.[**가압수조를 이용한 가압송수장치의 설치기준**]

1. 가압수조의 압력은 제1항제10호에 따른 방수량 및 방수압이 20분 이상 유지되도록 할 것
2. 가압수조 및 가압원은 「건축법 시행령」 제46조에 따른 방화구획 된 장소에 설치할 것

> ※ **건축법 시행령 제46조**
> 주요구조부가 내화구조 또는 불연재료로 된 건축물로서 연면적이 1천 제곱미터를 넘는 것은 국토교통부령으로 정하는 기준에 따라 내화구조로 된 바닥·벽 및 제64조에 따른 갑종방화문(국토교통부장관이 정하는 기준에 적합한 자동방화셔터를 포함한다)으로 구획(이하 "방화구획"이라 한다)하여야 한다. 다만, 「원자력안전법」 제2조에 따른 원자로 및 관계시설은 「원자력안전법」에서 정하는 바에 따른다.

3. 가압수조를 이용한 가압송수장치는 소방청장이 정하여 고시한 「가압수조식가압송수장치의 성능인증 및 제품검사의 기술기준」에 적합한 것으로 설치할 것

★★☆☆☆

 문제12 가압수조를 이용한 가압송수장치의 설치기준 3가지를 쓰시오.

4 폐쇄형 스프링클러설비의 방호구역·유수검지장치

폐쇄형 스프링클러헤드를 사용하는 설비의 방호구역(스프링클러설비의 소화범위에 포함된 영역을 말한다)·유수검지장치는 다음 각 호의 기준에 적합하여야 한다.[**방호구역 및 유수검지장치의 설치기준**]

(1) 하나의 방호구역의 바닥면적은 3,000 m²를 초과하지 아니할 것. 다만, 폐쇄형 스프링클러설비에 격자형 배관방식(2 이상의 수평주행배관 사이를 가지배관으로 연결하는 방식을 말한다)을 채택하는 때에는 3,700 m² 범위 내에서 펌프 용량, 배관의 구경 등을 수리학적으로 계산한 결과 헤드의 방수압 및 방수량이 방호구역 범위 내에서 소화목적을 달성하는 데 충분할 것

$$방호구역의 수량 = \frac{바닥면적(m^2)}{3,000 m^2/1구역}$$

(2) 하나의 방호구역에는 1개 이상의 유수검지장치를 설치하되, 화재 발생 시 접근이 쉽고 점검하기 편리한 장소에 설치할 것
(3) 하나의 방호구역은 2개 층에 미치지 아니하도록 할 것. 다만, 1개 층에 설치되는 스프링클러헤드의 수가 10개 이하인 경우와 복층형구조의 공동주택에는 3개 층 이내로 할 수 있다.
(4) 유수검지장치를 실내에 설치하거나 보호용 철망 등으로 구획하여 바닥으로부터 0.8 m 이상 1.5 m 이하의 위치에 설치하되, 그 실 등에는 가로 0.5 m 이상 세

로 1m 이상의 개구부로서 그 개구부에는 출입문을 설치하고 그 출입문 상단에 **"유수검지장치실"**이라고 표시한 표지를 설치할 것. 다만, 유수검지장치를 기계실(공조용기계실을 포함한다)안에 설치하는 경우에는 별도의 실 또는 보호용 철망을 설치하지 않고 기계실 출입문 상단에 **"유수검지장치실"**이라고 표시한 표지를 설치할 수 있다.

(5) 스프링클러헤드에 공급되는 물은 유수검지장치를 지나도록 할 것. 다만, 송수구를 통하여 공급되는 물은 그러하지 아니하다.

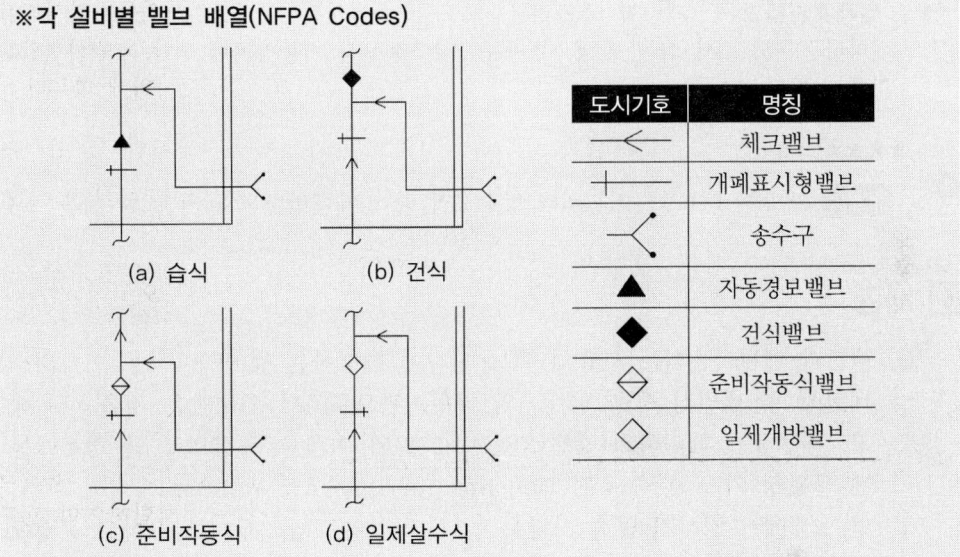

(6) 자연낙차에 따른 압력수가 흐르는 배관 상에 설치된 유수검지장치는 화재 시 물의 흐름을 검지할 수 있는 최소한의 압력이 얻어질 수 있도록 수조의 하단으로부터 낙차를 두어 설치할 것

(7) 조기반응형 스프링클러헤드를 설치하는 경우에는 습식 유수검지장치 또는 부압식 스프링클러설비를 설치할 것

용어 **"조기반응형 헤드"**란 표준형 스프링클러헤드보다 기류온도 및 기류속도에 조기에 반응하는 것을 말한다.

★★★★☆

예상 문제13 폐쇄형 스프링클러헤드를 사용하는 설비의 방호구역·유수검지장치 설치기준을 6가지만 쓰시오.[점검13회기출][설계19회기출]

5 개방형 스프링클러설비의 방수구역 및 일제개방밸브

개방형 스프링클러설비의 방수구역 및 일제개방밸브는 다음 각 호의 기준에 적합하여야 한다.[**방수구역 및 일제개방밸브의 설치기준**]

(1) 하나의 방수구역은 2개 층에 미치지 아니할 것
(2) 방수구역마다 일제개방밸브를 설치할 것
(3) 하나의 방수구역을 담당하는 헤드의 개수는 50개 이하로 할 것. 다만, 2개 이상의 방수구역으로 나눌 경우에는 하나의 방수구역을 담당하는 헤드의 개수는 25개 이상으로 할 것
(4) 일제개방밸브의 설치위치는 2.3.4의 기준에 따르고, 표지는 "**일제개방밸브실**"이라고 표시해야 한다.

> **[용어]** "**일제개방밸브**"란 개방형 스프링클러헤드를 사용하는 일제살수식 스프링클러설비에 설치하는 밸브로서 화재 발생 시 자동 또는 수동식 기동장치에 따라 밸브가 열려지는 것을 말한다.

★★★★☆

[예상] **문제14** 개방형 스프링클러설비의 방수구역 및 일제개방밸브의 기준 4가지를 쓰시오.

6 배관

(1) 배관과 배관이음쇠는 다음의 어느 하나에 해당하는 것 또는 동등 이상의 강도·내식성 및 내열성 등을 국내·외 공인기관으로부터 인정받은 것을 사용해야 하고, 배관용 스테인리스 강관(KS D 3576)의 이음을 용접으로 할 경우에는 텅스텐 불활성 가스 아크 용접(Tungsten Inertgas Arc Welding)방식에 따른다. 다만, 2.5에서 정하지 않은 사항은 「건설기술 진흥법」 제44조제1항의 규정에 따른 "건설기준"에 따른다.
   1) 배관 내 사용압력이 1.2 MPa 미만일 경우에는 다음 각 목의 어느 하나에 해당하는 것
      ① 배관용 탄소강관(KS D 3507)
      ② 이음매 없는 구리 및 구리합금관(KS D 5301). 다만, 습식의 배관에 한한다.
      ③ 배관용 스테인리스강관(KS D 3576) 또는 일반배관용 스테인리스강관(KS D 3595)
      ④ 덕타일 주철관(KS D 4311)
   2) 배관 내 사용압력이 1.2 MPa 이상일 경우에는 다음 각 목의 어느 하나에 해당하는 것
      ① 압력배관용 탄소강관
      ② 배관용 아크용접 탄소강강관(KS D 3583)

★★★★☆

[예상] **문제15** 다음 각각에 대하여 스프링클러설비에 사용할 수 있는 배관의 종류를 쓰시오.
   1. 배관 내 사용압력이 1.2 MPa 미만일 경우
   2. 배관 내 사용압력이 1.2 MPa 이상일 경우

(2) 제1항에도 불구하고 다음 각 호의 어느 하나에 해당하는 장소에는 소방청장이 정하여 고시한 「소방용합성수지배관의 성능인증 및 제품검사의 기술기준」에 적합한 소방용 합성수지배관으로 설치할 수 있다.
  1) 배관을 지하에 매설하는 경우
  2) 다른 부분과 내화구조로 구획된 덕트 또는 피트의 내부에 설치하는 경우
  3) 천장(상층이 있는 경우에는 상층 바닥의 하단을 포함한다)과 반자를 불연재료 또는 준불연재료로 설치하고 소화배관 내부에 항상 소화수가 채워진 상태로 설치하는 경우

★★★☆☆

 문제16 스프링클러설비에서 소방용 합성수지배관으로 설치할 수 있는 경우 3가지를 쓰시오.

(3) 급수배관은 다음 각 호의 기준에 따라 설치하여야 한다.
  1) 전용으로 할 것. 다만, 스프링클러설비의 기동장치의 조작과 동시에 다른 설비의 용도에 사용하는 배관의 송수를 차단할 수 있거나, 스프링클러설비의 성능에 지장이 없는 경우에는 다른 설비와 겸용할 수 있다.

★★★☆☆

 문제17 스프링클러설비의 급수배관은 전용으로 설치하여야 한다. 그러하지 아니할 수 있는 경우(다른 설비와 겸용할 수 있는 경우)를 쓰시오.

  2) 급수배관에 설치되어 급수를 차단할 수 있는 개폐밸브는 개폐표시형으로 할 것. 이 경우 펌프의 흡입측배관에는 버터플라이밸브 외의 개폐표시형 밸브를 설치해야 한다.
  3) 배관의 구경은 2.2.1.10 및 2.2.1.11에 적합하도록 수리계산에 의하거나 표 2.5.3.3의 기준에 따라 설치할 것. 다만, 수리계산에 따르는 경우 가지배관의 유속은 6 ㎧, 그 밖의 배관의 유속은 10 ㎧를 초과할 수 없다.
(4) 펌프의 흡입측 배관은 다음 각 호의 기준에 따라 설치하여야 한다.
  1. 공기고임이 생기지 아니하는 구조로 하고 여과장치를 설치할 것
  2. 수조가 펌프보다 낮게 설치된 경우에는 각 펌프(충압펌프를 포함한다)마다 수조로부터 별도로 설치할 것

★★★☆☆

 문제18 펌프 흡입측 배관의 설치기준 2가지를 쓰시오.

(5) 삭제 <2024.7.1.>
(6) 펌프의 성능시험배관은 다음의 기준에 적합하도록 설치해야 한다.
  1. 성능시험배관은 펌프의 토출 측에 설치된 개폐밸브 이전에서 분기하여 직선으로 설치하고, 유량측정장치를 기준으로 전단 직관부에는 개폐밸브를 후단 직관부에는 유량조절밸브를 설치할 것. 이 경우 개폐밸브와 유량측정장치 사이의

직관부 거리 및 유량측정장치와 유량조절밸브 사이의 직관부 거리는 해당 유량측정장치 제조사의 설치사양에 따르고, 성능시험배관의 호칭지름은 유량측정장치의 호칭지름에 따른다.
  2. 유량측정장치는 펌프의 정격토출량의 175 % 이상 측정할 수 있는 성능이 있을 것
(7) 가압송수장치의 체절운전 시 수온의 상승을 방지하기 위하여 체크밸브와 펌프 사이에서 분기한 구경 20 ㎜ 이상의 배관에 체절압력 미만에서 개방되는 릴리프밸브를 설치하여야 한다.
(8) 배관은 동결방지조치를 하거나 동결의 우려가 없는 장소에 설치해야 한다. 다만, 보온재를 사용할 경우에는 난연재료 성능 이상의 것으로 해야 한다.
(9) 가지배관의 배열은 다음 각 호의 기준에 따른다.
 1) 토너먼트(tournament)방식이 아닐 것
 2) 교차배관에서 분기되는 지점을 기점으로 한쪽 가지배관에 설치되는 헤드의 개수(반자 아래와 반자 속의 헤드를 하나의 가지배관 상에 병설하는 경우에는 반자 아래에 설치하는 헤드의 개수)는 8개 이하로 할 것. 다만, 다음 각 목의 어느 하나에 해당하는 경우에는 그러하지 아니하다.[**한쪽 가지배관에 설치되는 헤드의 개수를 8개 이하로 설치하지 아니할 수 있는 경우**]
  ① 기존의 방호구역 안에서 칸막이 등으로 구획하여 1개의 헤드를 증설하는 경우
  ② 습식 스프링클러설비 또는 부압식 스프링클러설비에 **격자형 배관방식**(2 이상의 수평주행배관 사이를 가지배관으로 연결하는 방식을 말한다)을 채택하는 때에는 펌프의 용량, 배관의 구경 등을 수리학적으로 계산한 결과 헤드의 방수압 및 방수량이 소화목적을 달성하는 데 충분하다고 인정되는 경우

※**가지배관, 교차배관, 수평주행배관, 입상배관(수직배관)**
 ① "**가지배관**"이란 스프링클러헤드가 설치되어 있는 배관을 말한다.
 ② "**교차배관**"이란 직접 또는 수직배관을 통하여 가지배관에 급수하는 배관을 말한다.
 ③ "**주배관**"이란 각 층을 수직으로 관통하는 수직배관을 말한다.

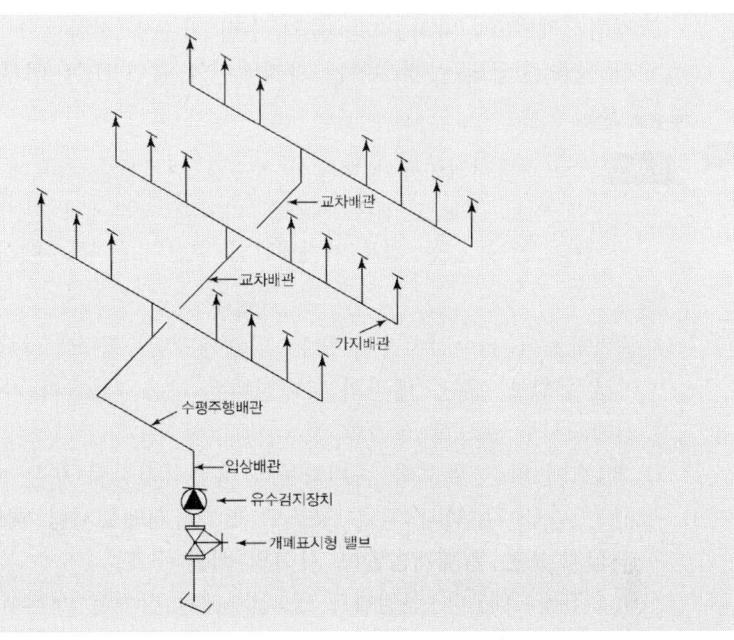

★★★☆☆

예상 문제19 교차배관에서 분기되는 지점을 기점으로 한쪽 가지배관에 설치되는 헤드의 개수는 8개 이하로 하여야 한다. 그러하지 아니할 수 있는 경우(한쪽 가지배관에 설치되는 헤드의 개수를 8개 이하로 설치하지 아니할 수 있는 경우) 2가지를 쓰시오.

3) 가지배관과 헤드 사이의 배관을 신축배관으로 하는 경우에는 소방청장이 정하여 고시한 「스프링클러설비신축배관의 성능인증 및 제품검사의 기술기준」에 적합한 것으로 설치할 것. 이 경우 신축배관의 설치길이는 2.7.3의 거리를 초과하지 않아야 한다.

 "**신축배관**"이란 가지배관과 스프링클러헤드를 연결하는 구부림이 용이하고 유연성을 가진 배관을 말한다.

(10) 교차배관의 위치·청소구 및 가지배관의 헤드 설치는 다음 각 호의 기준에 따른다.
1) 교차배관은 가지배관과 수평으로 설치하거나 또는 가지배관 밑에 설치하고, 그 구경은 2.5.3.3에 따르되, 최소구경이 40㎜ 이상이 되도록 할 것. 다만, 패들형 유수검지장치를 사용하는 경우에는 교차배관의 구경과 동일하게 설치할 수 있다.
2) 청소구는 교차배관 끝에 40㎜ 이상 크기의 개폐밸브를 설치하고, 호스접결이 가능한 나사식 또는 고정배수 배관식으로 할 것. 이 경우 나사식의 개폐밸브는 옥내소화전 호스접결용의 것으로 하고, 나사보호용의 캡으로 마감해야 한다.
3) 하향식 헤드를 설치하는 경우에 가지배관으로부터 헤드에 이르는 헤드 접속배관은 가지관 상부에서 분기할 것. 다만, 소화설비용 수원의 수질이 「먹는물 관

리법」 제5조에 따라 먹는 물의 수질 기준에 적합하고 덮개가 있는 저수조로부터 물을 공급받는 경우에는 가지배관의 측면 또는 하부에서 분기할 수 있다.

★★★☆☆

 문제20 스프링클러설비에서 하향식 헤드를 설치하는 경우에 가지배관으로부터 헤드에 이르는 헤드 접속 배관은 가지관 상부에서 분기하여야 한다. 그러하지 아니할 수 있는 경우(가지배관의 측면 또는 하부에서 분기할 수 있는 경우)를 쓰시오.

(11) 준비작동식 유수검지장치 또는 일제개방밸브를 사용하는 스프링클러설비에 있어서 동밸브 2차측 배관의 부대설비는 다음 각 호의 기준에 따른다.
 1) 개폐표시형 밸브를 설치할 것
 2) 제1호에 따른 밸브와 준비작동식 유수검지장치 또는 일제개방밸브 사이의 배관은 다음 각 목과 같은 구조로 할 것[**개폐표시형 밸브와 준비작동식 유수검지장치 또는 일제개방밸브 사이의 배관 구조**]
  ㉮ 수직배수배관과 연결하고 동 연결배관 상에는 개폐밸브를 설치할 것
  ㉯ 자동배수장치 및 압력스위치를 설치할 것
  ㉰ 나목에 따른 압력스위치는 수신부에서 준비작동식 유수검지장치 또는 일제개방밸브의 개방 여부를 확인할 수 있게 설치할 것

★★★☆☆

 문제21 일제개방밸브를 사용하는 스프링클러설비에 있어서 일제개방밸브 2차측 배관의 부대설비 설치기준을 쓰시오.[설계17회기출]

(12) 습식 유수검지장치 또는 건식 유수검지장치를 사용하는 스프링클러설비와 부압식 스프링클러설비에는 동장치를 시험할 수 있는 시험장치를 다음 각 호의 기준에 따라 설치하여야 한다.[**말단시험장치의 설치기준**]
 1) 습식스프링클러설비 및 부압식스프링클러설비에 있어서는 유수검지장치 2차측 배관에 연결하여 설치하고 건식스프링클러설비인 경우 유수검지장치에서 가장 먼 거리에 위치한 가지배관의 끝으로부터 연결하여 설치할 것. 유수검지장치 2차측 설비의 내용적이 2,840L를 초과하는 건식스프링클러설비의 경우 시험장치 개폐밸브를 완전 개방 후 1분 이내에 물이 방사되어야 한다.
 2) 시험장치 배관의 구경은 25 mm 이상으로 하고, 그 끝에 개폐밸브 및 개방형 헤드를 설치할 것. 이 경우 개방형 헤드는 반사판 및 프레임을 제거한 오리피스만으로 설치할 수 있다.
 3) 시험배관의 끝에는 물받이 통 및 배수관을 설치하여 시험 중 방사된 물이 바닥에 흘러내리지 아니하도록 할 것. 다만, 목욕실·화장실 또는 그 밖의 곳으로서 배수처리가 쉬운 장소에 시험배관을 설치한 경우에는 그러하지 아니하다.

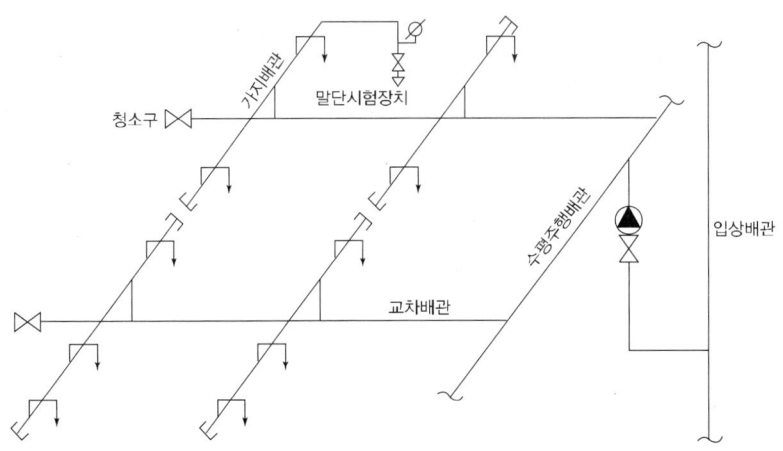

★★★☆☆

예상 문제22 습식 유수검지장치 또는 건식 유수검지장치를 사용하는 스프링클러설비와 부압식 스프링클러설비에는 동장치를 시험할 수 있는 시험장치를 설치하여야 한다. 그 설치기준 3가지를 쓰시오.

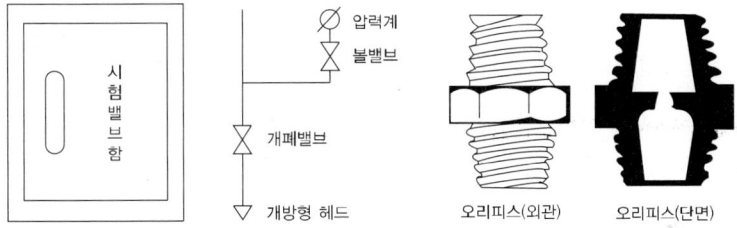

TIP ※시험장치의 설치목적
습식 유수검지장치 또는 건식 유수검지장치를 사용하는 스프링클러설비와 부압식 스프링클러설비의 유수검지장치의 기능을 시험하기 위하여 시험장치를 설치한다.
① 유수검지장치의 기능시험
  ㉮ 압력스위치 작동 여부
  ㉯ 음향장치 작동 여부
  ㉰ 제어반에 화재표시등 점등 여부
  ㉱ 제어반에 유수검지등 점등 여부
② 가압송수장치의 작동시험
  ㉮ 가압송수장치의 작동 여부
  ㉯ 기동용 수압개폐장치의 압력스위치 작동 여부
③ 법정 방수압 확인
④ 법정 방수량 확인

★★★☆☆

예상 문제23 스프링클러설비의 말단시험밸브의 시험 작동 시 확인될 수 있는 사항을 간기하시오.[점검1회기출]

(13) 배관에 설치되는 행가는 다음 각 호의 기준에 따라 설치하여야 한다.[배관에 설치되는 행거의 설치기준]
  1. 가지배관에는 헤드의 설치지점 사이마다 1개 이상의 행거를 설치하되, 헤드 간의 거리가 3.5 m를 초과하는 경우에는 3.5 m 이내마다 1개 이상 설치할 것. 이 경우 상향식헤드와 행거 사이에는 8 ㎝ 이상의 간격을 두어야 한다.
  2. 교차배관에는 가지배관과 가지배관 사이마다 1개 이상의 행거를 설치하되, 가지배관 사이의 거리가 4.5 m를 초과하는 경우에는 4.5 m 이내마다 1개 이상 설치할 것
  3. 제1호 및 제2호의 수평주행배관에는 4.5 m 이내마다 1개 이상 설치할 것

> **TIP** ※배관 지지금구의 종류
> ① 서포트(supports) : 배관계의 중량을 지지하는 금구로서 밑으로부터 밀어올려 지지한다.
> ② 행거(hanger) : 배관계의 중량을 지지하는 금구로서 위에 매달게 하여 지지한다.
> ③ 프레스 : 배관계의 중량 이외의 힘. 즉 지진, 수격(水擊)작용 등의 충격에 의한 배관의 이동을 억제하는 것을 프레스라고 한다.

★★☆☆☆

 문제24 스프링클러설비 배관 지지금구의 종류 3가지를 쓰시오.

(14) 수직배수배관의 구경은 50 ㎜ 이상으로 하여야 한다. 다만, 수직배관의 구경이 50 ㎜ 미만인 경우에는 수직배관과 동일한 구경으로 할 수 있다.
(15) 〈삭제 2024.4.1.〉
(16) 급수배관에 설치되어 급수를 차단할 수 있는 개폐밸브에는 그 밸브의 개폐상태를 감시제어반에서 확인할 수 있도록 급수개폐밸브 작동표시스위치를 다음 각 호의 기준에 따라 설치하여야 한다.[급수개폐밸브 작동표시스위치(탬퍼스위치)의 설치기준]
  1) 급수개폐밸브가 잠길 경우 탬퍼스위치의 동작으로 인하여 감시제어반 또는 수신기에 표시되어야 하며 경보음을 발할 것
  2) 탬퍼스위치는 감시제어반 또는 수신기에서 동작의 유무 확인과 동작시험, 도통시험을 할 수 있을 것
  3) 급수개폐밸브의 작동표시스위치에 사용되는 전기배선은 내화전선 또는 내열전선으로 설치할 것

> **TIP** ※급수개폐밸브 작동표시스위치(탬퍼스위치)
> 1. 설치목적
>   급수배관에 설치되어 급수를 차단할 수 있는 개폐밸브에는 그 밸브의 개폐상태를 감시제어반에서 확인할 수 있도록 급수개폐밸브 작동표시스위치(탬퍼스위치)를 설치한다.

2. 설치위치
   급수배관에 설치되어 급수를 차단할 수 있는 개폐밸브에 설치
   ① 주펌프의 흡입 및 토출측의 개폐밸브
   ② 옥상수조와 입상관이 연결된 부분의 개폐밸브
   ③ 유수검지장치 및 일제개방밸브의 1차측 및 2차측의 개폐밸브
   ④ 송수관의 개폐밸브

★★★☆☆

문제25 스프링클러설비의 급수배관에 설치되어 급수를 차단할 수 있는 개폐밸브에는 그 밸브의 개폐상태를 감시제어반에서 확인할 수 있도록 급수개폐밸브 작동표시스위치(탬퍼스위치)를 설치하여야 한다. 급수개폐밸브 작동표시스위치(탬퍼스위치)의 설치기준 3가지를 쓰시오.

(17) 스프링클러설비 배관의 배수를 위한 기울기는 다음 각 호의 기준에 따른다.
 1) 습식 스프링클러설비 또는 부압식 스프링클러설비의 배관을 수평으로 할 것. 다만, 배관의 구조상 소화수가 남아 있는 곳에는 배수밸브를 설치하여야 한다.
 2) 습식 스프링클러설비 또는 부압식 스프링클러설비 외의 설비에는 헤드를 향하여 상향으로 수평주행배관의 기울기를 500분의 1 이상, 가지배관의 기울기를 250분의 1 이상으로 할 것. 다만, 배관의 구조상 기울기를 줄 수 없는 경우에는 배수를 원활하게 할 수 있도록 배수밸브를 설치하여야 한다.

★★★☆☆

문제26 습식 스프링클러설비 또는 부압식 스프링클러설비 외의 설비에는 헤드를 향하여 상향으로 수평주행배관의 기울기를 500분의 1 이상, 가지배관의 기울기를 250분의 1 이상으로 하여야 한다. 배관의 구조상 기울기를 줄 수 없는 경우 그 조치사항을 쓰시오.

(18) 배관은 다른 설비의 배관과 쉽게 구분이 될 수 있는 위치에 설치하거나, 그 배관 표면 또는 배관 보온재 표면의 색상은 「한국산업표준(배관계의 식별 표시, KS A 0503)」 또는 적색으로 식별이 가능하도록 소방용설비의 배관임을 표시하여야 한다.

7 음향장치 및 기동장치

(1) 스프링클러설비의 음향장치 및 기동장치는 다음 각 호의 기준에 따라 설치하여야 한다.
 1) 습식 유수검지장치 또는 건식 유수검지장치를 사용하는 설비에 있어서는 헤드가 개방되면 유수검지장치가 화재신호를 발신하고 그에 따라 음향장치가 경보되도록 할 것

2) 준비작동식 유수검지장치 또는 일제개방밸브를 사용하는 설비에는 화재감지기의 감지에 따라 음향장치가 경보되도록 할 것. 이 경우 화재감지기회로를 **교차회로방식**(하나의 준비작동식유수검지장치 또는 일제개방밸브의 담당구역 내에 2 이상의 화재감지기회로를 설치하고 인접한 2 이상의 화재감지기가 동시에 감지되는 때에 준비작동식유수검지장치 또는 일제개방밸브가 개방·작동되는 방식을 말한다)으로 하는 때에는 하나의 화재감지기회로가 화재를 감지하는 때에도 음향장치가 경보되도록 하여야 한다.

TIP ※교차회로방식

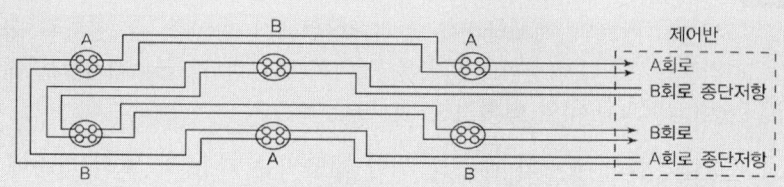

문제27 준비작동식 유수검지장치 또는 일제개방밸브를 사용하는 설비에는 화재감지기 회로를 교차회로방식으로 설치하여야 한다. 교차회로방식의 정의를 쓰시오.

3) 음향장치는 유수검지장치 및 일제개방밸브 등의 담당구역마다 설치하되 그 구역의 각 부분으로부터 하나의 음향장치까지의 수평거리는 25m 이하가 되도록 할 것

4) 음향장치는 경종 또는 사이렌(전자식 사이렌을 포함한다)으로 하되, 주위의 소음 및 다른 용도의 경보와 구별이 가능한 음색으로 할 것. 이 경우 경종 또는 사이렌은 자동화재탐지설비·비상벨설비 또는 자동식사이렌설비의 음향장치와 겸용할 수 있다.

문제28 스프링클러설비의 음향장치는 경종 또는 사이렌(전자식 사이렌을 포함한다)으로 하되, 주위의 소음 및 다른 용도의 경보와 구별이 가능한 음색으로 하여야 한다. 음향장치를 겸용할 수 있는 설비 3가지를 쓰시오.

5) 주음향장치는 수신기의 내부 또는 그 직근에 설치할 것.
6) 층수가 11층(공동주택의 경우 16층) 이상의 특정소방대상물은 다음의 기준에 따라 경보를 발할 수 있도록 해야 한다.
   ① 2층 이상의 층에서 발화한 때에는 발화층 및 그 직상 4개 층에 경보를 발할 것
   ② 1층에서 발화한 때에는 발화층·그 직상 4개층 및 지하층에 경보를 발할 것
   ③ 지하층에서 발화한 때에는 발화층·그 직상층 및 기타의 지하층에 경보를 발할 것

★★★★★

문제29 스프링클러설비가 설치된 층수가 16층 이상으로서 연면적이 30,000m²를 초과하는 특정소방대상물에서 다음 층에 화재 발생 시 경보를 발하여야 하는 층을 각각 쓰시오.
　① 2층 이상의 층　　② 1층　　③ 지하층

7) 음향장치는 다음 각 목의 기준에 따른 구조 및 성능의 것으로 할 것
　① 정격전압의 80 % 전압에서 음향을 발할 수 있는 것으로 할 것
　② 음향의 크기는 부착된 음향장치의 중심으로부터 1 m 떨어진 위치에서 90 dB 이상이 되는 것으로 할 것

★★★☆☆

문제30 음향장치의 구조 및 성능 기준 2가지를 쓰시오.

(2) 스프링클러설비의 가압송수장치로서 펌프가 설치되는 경우에는 그 펌프의 작동은 다음 각 호의 어느 하나의 기준에 적합하여야 한다.[**펌프의 작동 기준**]
 1) 습식 유수검지장치 또는 건식 유수검지장치를 사용하는 설비에 있어서는 유수검지장치의 발신이나 기동용 수압개폐장치에 의하여 작동되거나 또는 이 두 가지의 혼용에 따라 작동될 수 있도록 할 것
 2) 준비작동식 유수검지장치 또는 일제개방밸브를 사용하는 설비에 있어서는 화재감지기의 화재 감지나 기동용 수압개폐장치에 따라 작동되거나 또는 이 두 가지의 혼용에 따라 작동할 수 있도록 할 것

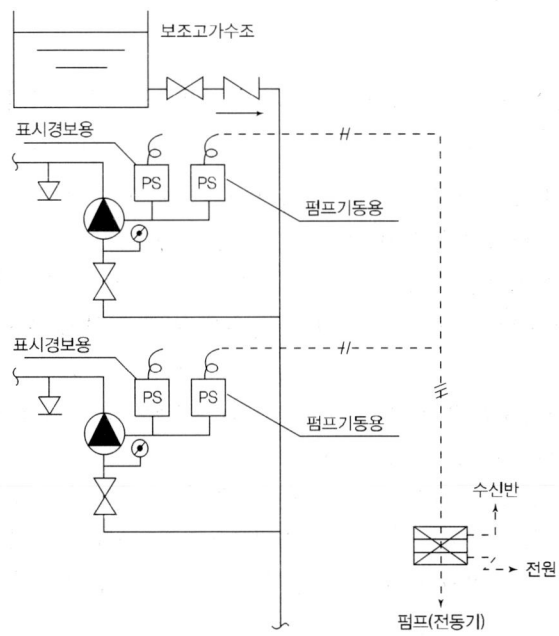

★★★☆☆

예상 **문제31** 스프링클러설비의 가압송수장치로서 펌프가 설치되는 경우, 다음 각각에 대하여 그 펌프의 작동 기준을 쓰시오.
1. 습식 유수검지장치 또는 건식 유수검지장치를 사용하는 설비
2. 준비작동식 유수검지장치 또는 일제개방밸브를 사용하는 설비

(3) 준비작동식 유수검지장치 또는 일제개방밸브의 작동은 다음 각 호의 기준에 적합하여야 한다.
 1) 담당구역 내의 화재감지기의 동작에 따라 개방 및 작동될 것
 2) 화재감지회로는 교차회로방식으로 할 것. 다만, 다음 각 목의 어느 하나에 해당하는 경우에는 그러하지 아니하다.
  ① 스프링클러설비의 배관 또는 헤드에 누설경보용 물 또는 압축공기가 채워지거나 부압식 스프링클러설비의 경우
  ② 화재감지기를 「자동화재탐지설비의 화재안전기준(NFSC 203)」 제7조제1항 단서의 각 호의 감지기로 설치한 때[**교차회로방식으로 설치하지 아니할 수 있는 감지기**]

TIP ※자동화재탐지설비의 화재안전기준 제7조제1항 단서의 각 호의 감지기
 1. 불꽃감지기   2. 정온식 감지선형 감지기
 3. 분포형 감지기   4. 복합형 감지기
 5. 광전식 분리형 감지기 6. 아날로그방식의 감지기
 7. 다신호방식의 감지기   8. 축적방식의 감지기

★★★★★

예상 **문제32** 준비작동식 유수검지장치 또는 일제개방밸브의 화재감지회로를 교차회로방식으로 설치하지 않아도 되는 감지기의 종류 5가지를 쓰시오.[설계4회기출]

 3) 준비작동식 유수검지장치 또는 일제개방밸브의 인근에서 수동 기동(전기식 및 배수식)에 따라서도 개방 및 작동될 수 있게 할 것
 4) 화재감지기 회로에는 다음 각 목의 기준에 따른 발신기를 설치할 것. 다만, 자동화재탐지설비의 발신기가 설치된 경우에는 그러하지 아니하다.[**발신기의 설치기준**]

  ① 조작이 쉬운 장소에 설치하고, 스위치는 바닥으로부터 0.8 m 이상 1.5 m 이하의 높이에 설치할 것
  ② 특정소방대상물의 층마다 설치하되, 해당 특정소방대상물의 각 부분으로부터 하나의 발신기까지의 수평거리가 25 m 이하가 되도록 할 것. 다만, 복도 또는 별도로 구획된 실로서 보행거리가 40 m 이상일 경우에는 추가로 설치하여야 한다.

③ 발신기의 위치를 표시하는 표시등은 함의 상부에 설치하되, 그 불빛은 부착면으로부터 15°이상의 범위 안에서 부착지점으로부터 10 m 이내의 어느 곳에서도 쉽게 식별할 수 있는 적색등으로 할 것

★★★★★

 문제33 준비작동식 스프링클러설비의 화재감지기 회로에는 발신기를 설치하여야 한다. 그 설치기준 3가지를 쓰시오.

8 헤드

(1) 스프링클러헤드는 특정소방대상물의 천장·반자·천장과 반자 사이·덕트·선반 기타 이와 유사한 부분(폭이 1.2 m를 초과하는 것에 한한다)에 설치하여야 한다. 다만, 폭이 9m 이하인 실내에 있어서는 측벽에 설치할 수 있다.

(2) <삭제 2024.1.1.>

(3) 스프링클러헤드를 설치하는 천장·반자·천장과 반자 사이·덕트·선반 등의 각 부분으로부터 하나의 스프링클러헤드까지의 수평거리는 다음 각 호와 같이 하여야 한다. 다만, 성능이 별도로 인정된 스프링클러헤드를 수리계산에 따라 설치하는 경우에는 그러하지 아니하다.

1) 무대부·「화재의 예방 및 안전관리에 관한 법률 시행령」 별표 2의 특수가연물을 저장 또는 취급하는 장소에 있어서는 1.7 m 이하

2) <삭제 2024.1.1.>

3) <삭제 2024.1.1.>

4) 제1호부터 제3호까지 규정 외의 특정소방대상물에 있어서는 2.1 m 이하(내화구조로 된 경우에는 2.3 m 이하)

특정소방대상물		수평거리
무대부·특수가연물을 저장 또는 취급하는 장소		1.7 m
공동주택(아파트) 세대 내의 거실		2.6 m
그 밖의 특정소방대상물	내화구조	2.3 m
	기타의 구조	2.1 m

(4) 무대부 또는 연소할 우려가 있는 개구부에 있어서는 개방형 스프링클러헤드를 설치하여야 한다.

"**연소할 우려가 있는 개구부**"란 각 방화구획을 관통하는 컨베이어·에스컬레이터 또는 이와 유사한 시설의 주위로서 방화구획을 할 수 없는 부분을 말한다.

(5) 다음 각 호의 어느 하나에 해당하는 장소에는 조기반응형 스프링클러헤드를 설치하여야 한다.[**조기반응형 스프링클러헤드를 설치하여야 하는 장소**]

1) 공동주택·노유자시설의 거실

2) 오피스텔·숙박시설의 침실
3) 병원·의원의 입원실

★★★☆☆

문제34 조기반응형 스프링클러헤드를 설치하여야 하는 장소 2가지를 쓰시오.

(6) 폐쇄형스프링클러헤드는 그 설치장소의 평상시 최고 주위온도에 따라 다음 표에 따른 표시온도의 것으로 설치해야 한다. 다만, 높이가 4 m 이상인 공장에 설치하는 스프링클러헤드는 그 설치장소의 평상시 최고 주위온도에 관계없이 표시온도 121 ℃ 이상의 것으로 할 수 있다.

설치 장소의 최고 주위온도	표시온도
39 ℃ 미만	79 ℃ 미만
39 ℃ 이상 64 ℃ 미만	79 ℃ 이상 121 ℃ 미만
64 ℃ 이상 106 ℃ 미만	121 ℃ 이상 162 ℃ 미만
106 ℃ 이상	162 ℃ 이상

(7) 스프링클러헤드는 다음 각 호의 방법에 따라 설치하여야 한다.[**스프링클러헤드의 설치방법**]

1) 살수가 방해되지 아니하도록 스프링클러헤드로부터 반경 60 ㎝ 이상의 공간을 보유할 것. 다만, 벽과 스프링클러헤드간의 공간은 10 ㎝ 이상으로 한다.

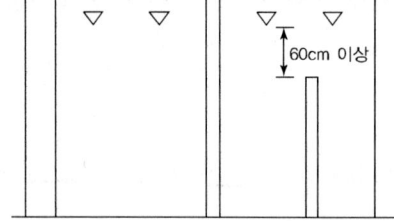
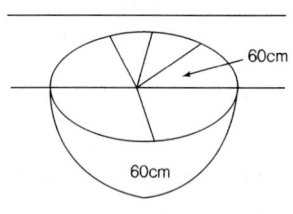

2) 스프링클러헤드와 그 부착면(상향식 헤드의 경우에는 그 헤드의 직상부의 천장·반자 또는 이와 비슷한 것을 말한다)과의 거리는 30 ㎝ 이하로 할 것

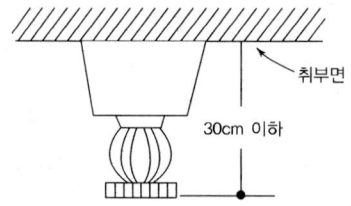

3) 배관·행거 및 조명기구 등 살수를 방해하는 것이 있는 경우에는 제1호 및 제2호에도 불구하고 그로부터 아래에 설치하여 살수에 장애가 없도록 할 것. 다만, 스프링클러헤드와 장애물과의 이격거리를 장애물 폭의 3배 이상 확보한 경우에는 그러하지 아니하다.

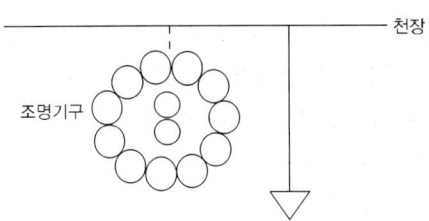

4) 스프링클러헤드의 반사판은 그 부착면과 평행하게 설치할 것. 다만, 측벽형 헤드 또는 연소할 우려가 있는 개구부에 설치하는 스프링클러헤드의 경우에는 그러하지 아니하다.

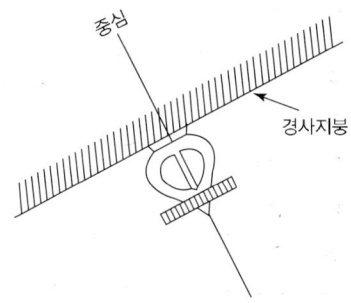

> **용어** "반사판(디프렉타)"이란 스프링클러헤드의 방수구에서 유출되는 물을 세분시키는 작용을 하는 것을 말한다.

5) 천장의 기울기가 10분의 1을 초과하는 경우에는 가지관을 천장의 마루와 평행하게 설치하고, 스프링클러헤드는 다음 각 목의 어느 하나의 기준에 적합하게 설치할 것
① 천장의 최상부에 스프링클러헤드를 설치하는 경우에는 최상부에 설치하는 스프링클러헤드의 반사판을 수평으로 설치할 것
② 천장의 최상부를 중심으로 가지관을 서로 마주보게 설치하는 경우에는 최상부의 가지관 상호간의 거리가 가지관상의 스프링클러헤드 상호 간의 거리의 2분의 1이하(최소 1 m 이상이 되어야 한다)가 되게 스프링클러헤드를 설치하고, 가지관의 최상부에 설치하는 스프링클러헤드는 천장의 최상부로부터의 수직거리가 90 cm 이하가 되도록 할 것. 톱날지붕, 둥근지붕 기타 이와 유사한 지붕의 경우에도 이에 준한다.

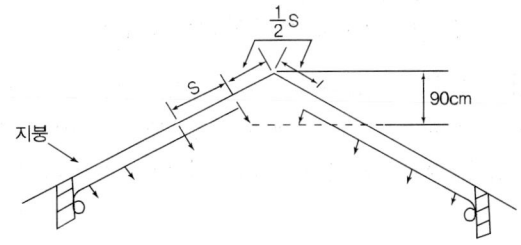

6) 연소할 우려가 있는 개구부에는 그 상하좌우에 2.5 m 간격으로(개구부의 폭이 2.5 m 이하인 경우에는 그 중앙에) 스프링클러헤드를 설치하되, 스프링클러헤드와 개구부의 내측면으로부터 직선거리는 15 cm 이하가 되도록 할 것. 이 경우 사람이 상시 출입하는 개구부로서 통행에 지장이 있는 때에는 개구부의 상부 또는 측면(개구부의 폭이 9 m 이하인 경우에 한한다)에 설치하되, 헤드 상호 간의 간격은 1.2 m 이하로 설치하여야 한다.

TIP ※스프링클러헤드 설치방법(연소할 우려가 있는 개구부)

간격 2.5m / 15cm 15cm / 통행에 지장이 없는 경우

간격 1.2m / 통행에 지장이 있는 경우

7) 습식 스프링클러설비 및 부압식 스프링클러설비 외의 설비에는 상향식 스프링클러헤드를 설치할 것. 다만, 다음 각 목의 어느 하나에 해당하는 경우에는 그러하지 아니하다.[**상향식 스프링클러헤드를 설치하지 아니할 수 있는 경우**]
 ① 드라이펜던트 스프링클러헤드를 사용하는 경우
 ② 스프링클러헤드의 설치 장소가 동파의 우려가 없는 곳인 경우
 ③ 개방형 스프링클러헤드를 사용하는 경우

용어 ※건식 스프링클러헤드(드라이펜던트 스프링클러헤드)
 "건식 스프링클러헤드"란 물과 오리피스가 분리되어 동파를 방지할 수 있는 스프링클러헤드를 말한다.

★★★☆☆

예상 **문제35** 습식 외의 스프링클러설비에는 상향식 스프링클러헤드를 설치하여야 하나, 하향식 헤드를 사용할 수 있는 경우(상향식 스프링클러헤드를 설치하지 아니할 수 있는 경우) 3가지를 쓰시오.[설계7회기출]

8) 측벽형 스프링클러헤드를 설치하는 경우 긴 변의 한쪽 벽에 일렬로 설치(폭이 4.5 m 이상 9 m 이하인 실에 있어서는 긴 변의 양쪽에 각각 일렬로 설치하되 마주보는 스프링클러헤드가 나란히꼴이 되도록 설치)하고 3.6 m 이내마다 설치할 것

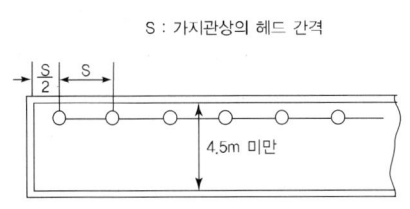
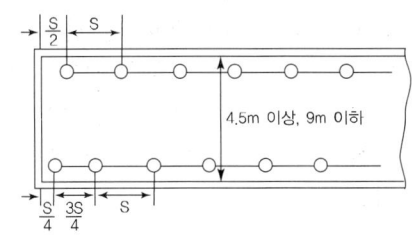

> **"측벽형 스프링클러헤드"**란 가압된 물이 분사될 때 헤드의 축심을 중심으로 한 반원상에 균일하게 분산시키는 헤드를 말한다.

9) 상부에 설치된 헤드의 방출수에 따라 감열부에 영향을 받을 우려가 있는 헤드에는 방출수를 차단할 수 있는 유효한 차폐판을 설치할 것

(8) 특정소방대상물의 보와 가장 가까운 스프링클러헤드는 다음 표의 기준에 따라 설치하여야 한다. 다만, 천장 면에서 보의 하단까지의 길이가 55㎝를 초과하고 보의 하단 측면 끝부분으로부터 스프링클러헤드까지의 거리가 스프링클러헤드 상호간 거리의 2분의 1 이하가 되는 경우에는 스프링클러헤드와 그 부착 면과의 거리를 55㎝ 이하로 할 수 있다.

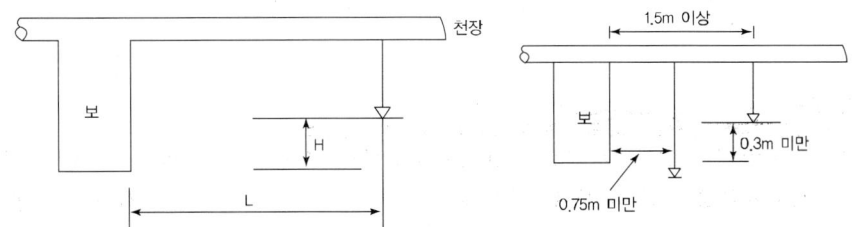

스프링클러헤드의 반사판 중심과 보의 수평거리(L)	스프링클러헤드의 반사판 높이와 보의 하단 높이의 수직거리(H)
0.75m 미만	보의 하단보다 낮을 것
0.75m 이상 1m 미만	0.1m 미만일 것
1m 이상 1.5m 미만	0.15m 미만일 것
1.5m 이상	0.3m 미만일 것

9 송수구

스프링클러설비에는 소방차로부터 그 설비에 송수할 수 있는 송수구를 다음 각 호의 기준에 따라 설치하여야 한다. [**송수구의 설치기준**]

(1) 소방차가 쉽게 접근할 수 있고 잘 보이는 장소에 설치하고, 화재층으로부터 지면으로 떨어지는 유리창 등이 송수 및 그 밖의 소화작업에 지장을 주지 않는 장소에 설치할 것

(2) 송수구로부터 스프링클러설비의 주배관에 이르는 연결배관에 개폐밸브를 설치한 때에는 그 개폐 상태를 쉽게 확인 및 조작할 수 있는 옥외 또는 기계실 등의 장소에 설치할 것

(3) 구경 65 ㎜의 쌍구형으로 할 것
(4) 송수구에는 그 가까운 곳의 보기 쉬운 곳에 송수압력범위를 표시한 표지를 할 것
(5) 폐쇄형 스프링클러헤드를 사용하는 스프링클러설비의 송수구는 하나의 층의 바닥면적이 3,000 ㎡를 넘을 때마다 1개 이상(5개를 넘을 경우에는 5개로 한다)을 설치할 것

[공식]
$$송수구의\ 수량 = \frac{바닥면적(m^2)}{3000m^2}$$

(6) 지면으로부터 높이가 0.5 m 이상 1m 이하의 위치에 설치할 것
(7) 송수구의 부근에는 자동배수밸브(또는 직경 5 ㎜의 배수공) 및 체크밸브를 설치할 것. 이 경우 자동배수밸브는 배관안의 물이 잘 빠질 수 있는 위치에 설치하되, 배수로 인하여 다른 물건이나 장소에 피해를 주지 않아야 한다.
(8) 송수구에는 이물질을 막기 위한 마개를 씌워야 한다.

★★★★☆

문제36 스프링클러설비에는 소방차로부터 그 설비에 송수할 수 있는 송수구를 설치하여야 한다. 그 설치기준 중 5가지를 쓰시오.

10 전원

(1) 스프링클러설비에는 그 특정소방대상물의 수전방식에 따라 다음의 기준에 따른 상용전원회로의 배선을 설치해야 한다. 다만, 가압수조방식으로서 모든 기능이 20분 이상 유효하게 지속될 수 있는 경우에는 그렇지 않다.[**상용전원회로의 배선 설치기준**]
  1) 저압수전인 경우에는 인입개폐기의 직후에서 분기하여 전용배선으로 하여야 하며, 전용의 전선관에 보호되도록 할 것
  2) 특별고압수전 또는 고압수전일 경우에는 전력용 변압기 2차측의 주차단기 1차측에서 분기하여 전용배선으로 하되, 상용전원의 상시 공급에 지장이 없을 경우에는 주차단기 2차측에서 분기하여 전용배선으로 할 것. 다만, 가압송수장치의 정격입력전압이 수전전압과 같은 경우에는 제1호의 기준에 따른다.

★★★☆☆

문제37 다음 각각에 대하여 스프링클러설비 상용전원회로의 배선 설치기준을 쓰시오.
  1. 저압수전인 경우
  2. 특별고압수전 또는 고압수전일 경우

(2) 스프링클러설비에는 자가발전설비, 축전지설비(내연기관에 따른 펌프를 설치한 경우에는 내연기관의 기동 및 제어용축전지를 말한다. 이하 같다) 또는 전기저장장치(외부 전기에너지를 저장해 두었다가 필요한 때 전기를 공급하는 장치. 이하 같다)에 따른 비상전원을 설치해야 한다. 다만, 차고·주차장으로서 스프링클러설비

가 설치된 부분의 바닥면적(「포소화설비의 화재안전기술기준(NFTC 105)」의 2.10. 2.2에 따른 차고·주차장의 바닥면적을 포함한다)의 합계가 1,000 m² 미만인 경우에는 비상전원수전설비로 설치할 수 있으며, 2 이상의 변전소(「전기사업법」 제67조에 따른 변전소를 말한다. 이하 같다)에서 전력을 동시에 공급받을 수 있거나 하나의 변전소로부터 전력의 공급이 중단되는 때에는 자동으로 다른 변전소로부터 전력을 공급받을 수 있도록 상용전원을 설치한 경우와 가압수조방식에는 비상전원을 설치하지 않을 수 있다.

★★★☆☆

 문제38 스프링클러설비에서 비상전원을 설치하지 아니할 수 있는 경우를 쓰시오.

(3) 제2항에 따른 비상전원 중 자가발전설비, 축전지설비 또는 전기저장장치는 다음의 기준에 따라 설치하고, 비상전원수전설비는 「소방시설용 비상전원수전설비의 화재안전기술기준(NFTC 602)」에 따라 설치해야 한다.
1) 점검에 편리하고 화재 및 침수 등의 재해로 인한 피해를 받을 우려가 없는 곳에 설치할 것
2) 스프링클러설비를 유효하게 20분 이상 작동할 수 있어야 할 것
3) 상용전원으로부터 전력의 공급이 중단된 때에는 자동으로 비상전원으로부터 전력을 공급받을 수 있도록 할 것
4) 비상전원(내연기관의 기동 및 제어용 축전지를 제외한다)의 설치장소는 다른 장소와 방화구획할 것. 이 경우 그 장소에는 비상전원의 공급에 필요한 기구나 설비 외의 것(열병합발전설비에 필요한 기구나 설비는 제외한다)을 두어서는 아니 된다.
5) 비상전원을 실내에 설치하는 때에는 그 실내에 비상조명등을 설치할 것
6) 옥내에 설치하는 비상전원실에는 옥외로 직접 통하는 충분한 용량의 급배기설비를 설치할 것

★★★★☆

 문제39 스프링클러설비에서 비상전원 중 자가발전설비 또는 축전지설비의 설치기준 6가지를 쓰시오.

7) 비상전원의 출력용량은 다음 각 목의 기준을 충족할 것[**비상전원의 출력용량 기준**]
① 비상전원 설비에 설치되어 동시에 운전될 수 있는 모든 부하의 합계 입력용량을 기준으로 정격출력을 선정할 것. 다만, 소방전원 보존형 발전기를 사용할 경우에는 그러하지 아니하다.
② 기동전류가 가장 큰 부하가 기동될 때에도 부하의 허용 최저 입력전압 이상의 출력전압을 유지할 것

③ 단시간 과전류에 견디는 내력은 입력용량이 가장 큰 부하가 최종 기동할 경우에도 견딜 수 있을 것

★★★★☆

 문제40 스프링클러설비에서 비상전원(자가발전설비 또는 축전지설비를 사용할 경우)의 출력용량이 충족하여야 할 기준 3가지를 쓰시오.

8) 자가발전설비는 부하의 용도와 조건에 따라 다음의 어느 하나를 설치하고 그 부하 용도별 표지를 부착해야 한다. 다만, 자가발전설비의 정격출력용량은 하나의 건축물에 있어서 소방부하의 설비용량을 기준으로 하고, ㉯의 경우 비상부하는 국토해양부장관이 정한 「건축전기설비설계기준」의 수용률 범위 중 최대값 이상을 적용한다.[**부하의 용도와 조건에 따라 설치할 수 있는 자가발전설비의 종류**]

㉮ **소방전용 발전기** : 소방부하 용량을 기준으로 정격출력용량을 산정하여 사용하는 발전기

㉯ **소방부하 겸용 발전기** : 소방 및 비상부하 겸용으로서 소방부하와 비상부하의 전원용량을 합산하여 정격출력용량을 산정하여 사용하는 발전기

㉰ **소방전원 보존형 발전기** : 소방 및 비상부하 겸용으로서 소방부하의 전원용량을 기준으로 정격출력용량을 산정하여 사용하는 발전기

★★★★☆

 문제41 부하의 용도와 조건에 따라 스프링클러설비에 설치할 수 있는 자가발전설비의 종류 3가지를 쓰시오.

 "**소방전원 보존형 발전기**"란 소방부하 및 소방부하 이외의 부하(이하 비상부하라 한다)겸용의 비상발전기로서, 상용전원 중단 시에는 소방부하 및 비상부하에 비상전원이 동시에 공급되고, 화재 시 과부하에 접근될 경우 비상부하의 일부 또는 전부를 자동적으로 차단하는 제어장치를 구비하여, 소방부하에 비상전원을 연속 공급하는 자가발전설비를 말한다.

★★★★☆

 문제42 소방전원 보존형 발전기의 정의를 쓰시오.

9) 비상전원실의 출입구 외부에는 실의 위치와 비상전원의 종류를 식별할 수 있도록 표지판을 부착할 것

"**소방부하**"란 법 제2조제1항제1호에 따른 소방시설 및 방화·피난·소화활동을 위한 시설의 전력부하를 말한다. "**비상부하**"란 소방부하 이외의 부하를 말한다.

소방부하	소방펌프, 제연FAN, 비상조명등, 비상용승강기
비상부하	급수펌프, 공조FAN, 일반조명등, 일반용승강기

11 제어반

(1) 스프링클러설비에는 제어반을 설치하되, 감시제어반과 동력제어반으로 구분하여 설치하여야 한다. 다만, 다음 각 호의 어느 하나에 해당하는 경우에는 감시제어반과 동력제어반으로 구분하여 설치하지 아니할 수 있다.[**감시제어반과 동력제어반을 구분하여 설치하지 않아도 되는 경우**]
  1) 다음 각 목의 어느 하나에 해당하지 아니하는 특정소방대상물에 설치되는 스프링클러설비
     ㉮ 지하층을 제외한 층수가 7층 이상으로서 연면적이 2,000㎡ 이상인 것
     ㉯ 가목에 해당하지 아니하는 특정소방대상물로서 지하층의 바닥면적의 합계가 3,000㎡ 이상인 것
  2) 내연기관에 따른 가압송수장치를 사용하는 스프링클러설비
  3) 고가수조에 따른 가압송수장치를 사용하는 스프링클러설비
  4) 가압수조에 따른 가압송수장치를 사용하는 스프링클러설비

★★★☆☆

 문제43 스프링클러설비에서 감시제어반과 동력제어반을 구분하여 설치하지 않아도 되는 경우 4가지에 대하여 쓰시오.[설계12회기출]

(2) 감시제어반의 기능은 다음 각 호의 기준에 적합하여야 한다.[**감시제어반의 기능**]
  1) 각 펌프의 작동 여부를 확인할 수 있는 표시등 및 음향경보기능이 있어야 할 것
  2) 각 펌프를 자동 및 수동으로 작동시키거나 중단시킬 수 있어야 한다.
  3) 비상전원을 설치한 경우에는 상용전원 및 비상전원의 공급 여부를 확인할 수 있어야 할 것
  4) 수조 또는 물올림수조가 저수위로 될 때 표시등 및 음향으로 경보할 것
  5) 예비전원이 확보되고 예비전원의 적합 여부를 시험할 수 있어야 할 것

★★★★★

 문제44 스프링클러설비에서 감시제어반의 기능 5가지를 쓰시오.

(3) 감시제어반은 다음 각 호의 기준에 따라 설치하여야 한다.
  1) 화재 및 침수 등의 재해로 인한 피해를 받을 우려가 없는 곳에 설치할 것
  2) 감시제어반은 스프링클러설비의 전용으로 할 것. 다만, 스프링클러설비의 제어에 지장이 없는 경우에는 다른 설비와 겸용할 수 있다.
  3) 감시제어반은 다음 각 목의 기준에 따른 전용실 안에 설치할 것. 다만, 제1항 각 호의 어느 하나에 해당하는 경우와 공장, 발전소 등에서 설비를 집중 제어·운전할 목적으로 설치하는 중앙제어실 내에 감시제어반을 설치하는 경우에는 그러하지 아니하다.

> **※ 제1항 각 호**
> 1. 다음 각 목의 어느 하나에 해당하지 아니하는 특정소방대상물에 설치되는 스프링클러설비
>   가. 지하층을 제외한 층수가 7층 이상으로서 연면적이 2,000 m² 이상인 것
>   나. 가목에 해당하지 아니하는 특정소방대상물로서 지하층의 바닥면적의 합계가 3,000 m² 이상인 것
> 2. 내연기관에 따른 가압송수장치를 사용하는 스프링클러설비
> 3. 고가수조에 따른 가압송수장치를 사용하는 스프링클러설비
> 4. 가압수조에 따른 가압송수장치를 사용하는 스프링클러설비

① 다른 부분과 방화구획을 할 것. 이 경우 전용실의 벽에는 기계실 또는 전기실 등의 감시를 위하여 두께 7 mm 이상의 망입유리(두께 16.3 mm 이상의 접합유리 또는 두께 28 mm 이상의 복층유리를 포함한다)로 된 4 m² 미만의 붙박이창을 설치할 수 있다.

② 피난층 또는 지하 1층에 설치할 것. 다만, 다음 각 세목의 어느 하나에 해당하는 경우에는 지상 2층에 설치하거나 지하 1층 외의 지하층에 설치할 수 있다.**[감시제어반을 지상 2층에 설치하거나 지하 1층 외의 지하층에 설치할 수 있는 경우]**
   가. 「건축법시행령」 제35조에 따라 특별피난계단이 설치되고 그 계단(부속실을 포함한다) 출입구로부터 보행거리 5 m 이내에 전용실의 출입구가 있는 경우
   나. 아파트의 관리동(관리동이 없는 경우에는 경비실)에 설치하는 경우

③ 비상조명등 및 급·배기설비를 설치할 것

④ 「무선통신보조설비의 화재안전기술기준(NFTC 505)」 2.2.3에 따라 유효하게 통신이 가능할 것(영 별표 4의 제5호마목에 따른 무선통신보조설비가 설치된 특정소방대상물에 한한다)

⑤ 바닥면적은 감시제어반의 설치에 필요한 면적 외에 화재 시 소방대원이 그 감시제어반의 조작에 필요한 최소 면적 이상으로 할 것

★★★☆☆

문제45 스프링클러설비에서 감시제어반을 전용실 안에 설치하지 아니할 수 있는 경우 5가지를 쓰시오.

4) 제3호에 따른 전용실에는 특정소방대상물의 기계·기구 또는 시설 등의 제어 및 감시설비 외의 것을 두지 아니할 것
5) 각 유수검지장치 또는 일제개방밸브의 경우에는 작동여부를 확인할 수 있는 표시 및 경보기능이 있도록 할 것
6) 일제개방밸브의 경우에는 밸브를 개방시킬 수 있는 수동조작스위치를 설치할 것
7) 일제개방밸브를 사용하는 경우에는 설비의 화재감지는 각 경계회로별로 화재

표시가 되도록 할 것

8) 다음의 각 확인회로마다 도통시험 및 작동시험을 할 수 있도록 할 것[**도통시험 및 작동시험을 하여야 하는 확인회로**]

① 기동용 수압개폐장치의 압력스위치회로
② 수조 또는 물올림수조의 저수위감시회로
③ 유수검지장치 또는 일제개방밸브의 압력스위치회로
④ 일제개방밸브를 사용하는 설비의 화재감지기회로
⑤ 급수배관에 설치되어 급수를 차단할 수 있는 개폐밸브의 폐쇄상태 확인회로
⑥ 그 밖의 이와 비슷한 회로

★★★★★

문제46 스프링클러설비의 화재안전기준에서 정하는 감시제어반의 설치기준 중 도통시험 및 작동시험을 하여야 하는 확인회로 5가지를 쓰시오.[점검11회기출]

(4) 동력제어반은 다음 각 호의 기준에 따라 설치하여야 한다.[**동력제어반의 설치기준**]
 1) 앞면은 적색으로 하고 "**스프링클러설비용 동력제어반**"이라고 표시한 표지를 설치할 것
 2) 외함은 두께 1.5mm 이상의 강판 또는 이와 동등 이상의 강도 및 내열성능이 있는 것으로 할 것
 3) 화재 및 침수 등의 재해로 인한 피해를 받을 우려가 없는 곳에 설치할 것
 4) 동력제어반은 스프링클러설비의 전용으로 할 것. 다만, 스프링클러설비의 제어에 지장이 없는 경우에는 다른 설비와 겸용할 수 있다.

★★★☆☆

문제47 동력제어반의 설치기준 4가지를 쓰시오.

(5) 자가발전설비 제어반의 제어장치는 비영리 공인기관의 시험을 필한 것으로 설치하여야 한다. 다만, 소방전원 보존형 발전기의 제어장치는 다음 각 호의 기준이 포함되어야 한다.[**소방전원 보존형 발전기 제어장치 설치 시 포함되어야 하는 기준 항목**]
 1) 소방전원 보존형임을 식별할 수 있도록 표기할 것
 2) 발전기 운전 시 소방부하 및 비상부하에 전원이 동시 공급되고, 그 상태를 확인할 수 있는 표시가 되도록 할 것
 3) 발전기가 정격용량을 초과할 경우 비상부하는 자동적으로 차단되고, 소방부하만 공급되는 상태를 확인할 수 있는 표시가 되도록 할 것

★★★★☆

문제48 스프링클러설비에서 소방전원 보존형 발전기 제어장치 설치 시 포함되어야 하는 기준 항목 3가지를 쓰시오.

12 배선 등

(1) 스프링클러설비의 배선은 「전기사업법」 제67조에 따른 기술기준에서 정한 것 외에 다음 각 호의 기준에 따라 설치하여야 한다.
   1) 비상전원을 설치한 경우에는 비상전원으로부터 동력제어반 및 가압송수장치에 이르는 전원회로의 배선은 내화배선으로 할 것. 다만, 자가발전설비와 동력제어반이 동일한 실에 설치된 경우에는 자가발전기로부터 그 제어반에 이르는 전원회로의 배선은 그렇지 않다.
   2) 상용전원으로부터 동력제어반에 이르는 배선, 그 밖의 스프링클러설비의 감시·조작 또는 표시등회로의 배선은 내화배선 또는 내열배선으로 할 것. 다만, 감시제어반 또는 동력제어반 안의 감시·조작 또는 표시등회로의 배선은 그러하지 아니하다.

★★★☆☆

 문제49 스프링클러설비의 배선 중 내화배선 및 내열배선으로 설치하여야 하는 배선을 각각 쓰시오.

(2) 소화설비의 과전류차단기 및 개폐기에는 "**스프링클러소화설비용 과전류차단기 또는 개폐기**"라고 표시한 표지를 해야 한다.
(3) 스프링클러설비용 전기배선의 양단 및 접속단자에는 다음 각 호의 기준에 따라 표지하여야 한다.
   1) 단자에는 "**스프링클러설비단자**"라고 표시한 표지를 부착할 것
   2) 소화설비용 전기배선의 양단에는 다른 배선과 식별이 용이하도록 표시할 것

★★★☆☆

 문제50 스프링클러설비용 전기배선의 양단 및 접속단자의 표지 설치기준 2가지를 쓰시오.

13 헤드의 설치제외

(1) 스프링클러설비를 설치하여야 할 특정소방대상물에 있어서 다음 각 호의 어느 하나에 해당하는 장소에는 스프링클러헤드를 설치하지 아니할 수 있다.
   1) 계단실(특별피난계단의 부속실을 포함한다)·경사로·승강기의 승강로·비상용 승강기의 승강장·파이프덕트 및 덕트피트(파이프·덕트를 통과시키기 위한 구획된 구멍에 한한다)·목욕실·수영장(관람석 부분을 제외한다)·화장실·직접 외기에 개방되어 있는 복도·기타 이와 유사한 장소
   2) 통신기기실·전자기기실·기타 이와 유사한 장소
   3) 발전실·변전실·변압기·기타 이와 유사한 전기설비가 설치되어 있는 장소
   4) 병원의 수술실·응급처치실·기타 이와 유사한 장소

5) 천장과 반자 양쪽이 불연재료로 되어 있는 경우로서 그 사이의 거리 및 구조가 다음 각 목의 어느 하나에 해당하는 부분
   ① 천장과 반자 사이의 거리가 2 m 미만인 부분
   ② 천장과 반자 사이의 벽이 불연재료이고 천장과 반자 사이의 거리가 2m 이상으로서 그 사이에 가연물이 존재하지 아니하는 부분
6) 천장·반자 중 한쪽이 불연재료로 되어있고 천장과 반자 사이의 거리가 1m 미만인 부분
7) 천장 및 반자가 불연재료 외의 것으로 되어 있고 천장과 반자 사이의 거리가 0.5 m 미만인 부분
8) 펌프실·물탱크실 엘리베이터 권상기실 그 밖의 이와 비슷한 장소
9) 현관 또는 로비 등으로서 바닥으로부터 높이가 20 m 이상인 장소
10) 영하의 냉장창고의 냉장실 또는 냉동창고의 냉동실
11) 고온의 노가 설치된 장소 또는 물과 격렬하게 반응하는 물품의 저장 또는 취급장소
12) 불연재료로 된 특정소방대상물 또는 그 부분으로서 다음 각 목의 어느 하나에 해당하는 장소
    ① 정수장·오물처리장 그 밖의 이와 비슷한 장소
    ② 펄프 공장의 작업장·음료수 공장의 세정 또는 충전하는 작업장 그 밖의 이와 비슷한 장소
    ③ 불연성의 금속·석재 등의 가공 공장으로서 가연성 물질을 저장 또는 취급하지 아니하는 장소
    ④ 가연성 물질이 존재하지 않는 「건축물의 에너지절약설계기준」에 따른 방풍실
13) 실내에 설치된 테니스장·게이트볼장·정구장 또는 이와 비슷한 장소로서 실내 바닥·벽·천장이 불연재료 또는 준불연재료로 구성되어 있고 가연물이 존재하지 않는 장소로서 관람석이 없는 운동시설(지하층은 제외한다)
14) <삭제 2024.1.1.>

(2) 연소할 우려가 있는 개구부에 다음 각 호의 기준에 따른 드렌처설비를 설치한 경우에는 해당 개구부에 한하여 스프링클러헤드를 설치하지 아니할 수 있다.[드렌처설비의 설치기준]

1) 드렌처헤드는 개구부 위측에 2.5 m 이내마다 1개를 설치할 것

$$\text{드렌처헤드 설치 수량} = \frac{\text{연소할 우려가 있는 개구부의 폭}(m)}{2.5 m/\text{개}}$$

2) 제어밸브(일제개방밸브·개폐표시형 밸브 및 수동조작부를 합한 것을 말한다)는 특정소방대상물 층마다에 바닥면으로부터 0.8 m 이상 1.5 m 이하의 위치에 설치할 것

3) 수원의 수량은 드렌처헤드가 가장 많이 설치된 제어밸브의 드렌처헤드의 설치 개수에 1.6 m³를 곱하여 얻은 수치 이상이 되도록 할 것

 드렌처설비 수원의 수량=N×1.6m³

4) 드렌처설비는 드렌처헤드가 가장 많이 설치된 제어밸브에 설치된 드렌처헤드를 동시에 사용하는 경우에 각각의 헤드 선단에 방수압력이 0.1 MPa 이상, 방수량이 80 ℓ/min 이상이 되도록 할 것

5) 수원에 연결하는 가압송수장치는 점검이 쉽고 화재 등의 재해로 인한 피해우려가 없는 장소에 설치할 것

★★★★★

 문제51 연소할 우려가 있는 개구부에 드렌처설비를 설치한 경우에는 해당 개구부에 한하여 스프링클러헤드를 설치하지 아니할 수 있다. 드렌처설비의 설치기준 5가지를 쓰시오.

14 수원 및 가압송수장치의 펌프 등의 겸용

(1) 스프링클러설비의 수원을 옥내소화전설비·간이스프링클러설비·화재조기진압용 스프링클러설비·물분무소화설비·포소화설비 및 옥외소화전설비의 수원을 겸용하여 설치하는 경우의 저수량은 각 소화설비에 필요한 저수량을 합한 양 이상이 되도록 해야 한다. 다만, 이들 소화설비 중 고정식 소화설비(펌프·배관과 소화수 또는 소화약제를 최종 방출하는 방출구가 고정된 설비를 말한다. 이하 같다)가 2 이상 설치되어 있고, 그 소화설비가 설치된 부분이 방화벽과 방화문으로 구획되어 있는 경우에는 각 고정식 소화설비에 필요한 저수량 중 최대의 것 이상으로 할 수 있다.

(2) 스프링클러설비의 가압송수장치로 사용하는 펌프를 옥내소화전설비·간이스프링클러설비·화재조기진압용 스프링클러설비·물분무소화설비·포소화설비 및 옥외소화전설비의 가압송수장치와 겸용하여 설치하는 경우의 펌프의 토출량은 각 소화설비에 해당하는 토출량을 합한 양 이상이 되도록 하여야 한다. 다만, 이들 소화설비 중 고정식 소화설비가 2 이상 설치되어 있고, 그 소화설비가 설치된 부분이 방화벽과 방화문으로 구획되어 있으며 각 소화설비에 지장이 없는 경우에는 펌프의 토출량 중 최대의 것 이상으로 할 수 있다.

(3) 옥내소화전설비·스프링클러설비·간이스프링클러설비·화재조기진압용 스프링클러설비·물분무소화설비·포소화설비 및 옥외소화전설비의 가압송수장치에 있어서 각 토출측 배관과 일반급수용의 가압송수장치의 토출측 배관을 상호 연결하여 화재 시 사용할 수 있다. 이 경우 연결배관에는 개폐표시형밸브를 설치하여야 하며, 각 소화설비의 성능에 지장이 없도록 하여야 한다.

(4) 스프링클러설비의 송수구를 옥내소화전설비·간이스프링클러설비·화재조기진압

용 스프링클러설비·물분무소화설비·포소화설비 또는 연결살수설비의 송수구와 겸용으로 설치하는 경우에는 스프링클러설비의 송수구의 설치기준에 따르되 각각의 소화설비의 기능에 지장이 없도록 해야 한다.

15 스프링클러헤드 수별 급수관의 구경 [별표 1]

(단위 : mm)

급수관의 구경 구분	25	32	40	50	65	80	90	100	125	150
가	2	3	5	10	30	60	80	100	160	161 이상
나	2	4	7	15	30	60	65	100	160	161 이상
다	1	2	5	8	15	27	40	55	90	91 이상

[비고]

1. **폐쇄형 스프링클러헤드를 사용하는 설비의 경우**로서 1개 층에 하나의 급수배관(또는 밸브 등)이 담당하는 구역의 최대면적은 3,000 m²를 초과하지 않을 것
2. **폐쇄형 스프링클러헤드를 설치하는 경우**에는 "가"란의 헤드 수에 따를 것. 다만, 100개 이상의 헤드를 담당하는 급수배관(또는 밸브)의 구경을 100 mm로 할 경우에는 수리계산을 통하여 2.5.3.3의 단서에서 규정한 배관의 유속에 적합하도록 할 것

> **TIP** [2.5.3.3의 단서] : 다만, 수리계산에 따르는 경우 가지배관의 유속은 6 m/s, 그 밖의 배관의 유속은 10 m/s를 초과할 수 없다.

3. **폐쇄형 스프링클러헤드를 설치하고 반자 아래의 헤드와 반자 속의 헤드를 동일 급수관의 가지관상에 병설하는 경우**에는 "나"란의 헤드 수에 따를 것
4. 2.7.3.1의 경우로서 폐쇄형 스프링클러헤드를 설치하는 설비의 배관구경은 "다"란에 따를 것

> **TIP** [2.7.3.2의 경우] : 무대부·「소방기본법시행령」 별표 2의 특수가연물을 저장 또는 취급하는 장소

5. **개방형 스프링클러헤드를 설치하는 경우** 하나의 방수구역이 담당하는 헤드의 개수가 30개 이하일 때는 "다"란의 헤드 수에 의하고, 30개를 초과할 때는 수리계산 방법에 따를 것

★★★★☆

예상 문제52 스프링클러설비 헤드의 감열부 유무에 따른 헤드의 설치수와 급수관 구경과의 관계를 도표로 나타내시오.[점검1회기출]

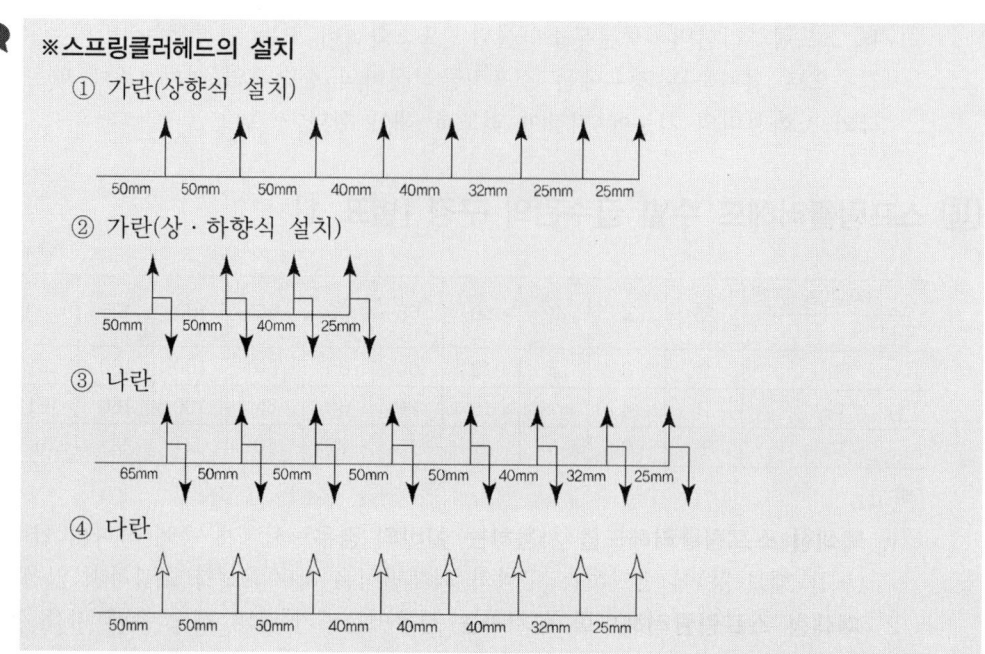

16 스프링클러설비의 소화특성

(1) 화재감지특성

1) **RTI**(Response Time Index : 반응시간지수)

① "**반응시간지수(RTI)**"란 기류의 온도·속도 및 작동시간에 대하여 스프링클러헤드의 반응을 예상한 지수로서 아래 식에 의하여 계산하고 $(m \cdot s)^{0.5}$을 단위로 한다.

$$RTI = \tau \sqrt{v}$$

RTI : 반응시간지수$[(m \cdot s)^{0.5}]$
v : 기류속도(m/s)
τ : 감열체의 시간상수(s)

$$\tau = \frac{mc}{hA} = \frac{감열체의\ 질량 \times 비열}{대류열\ 전달계수 \times 감열체\ 면적}$$

m : 감열체의 질량(kg)
c : 감열체의 비열(kcal/kg·℃)
h : 대류열전달계수(kcal/m²·s·℃)
A : 감열체의 면적(m²)

② RTI가 낮을수록 스프링클러헤드는 개방 온도에 일찍 도달하므로 화재에 대해 더욱 민첩하게 반응한다.

2) 전도열전달계수(Conductivity : C)

스프링클러헤드의 감열부로 흡수된 열량 중에서 스프링클러설비용 배관 또는 수로(물) 등에 의해 손실되는 열량 특성으로, 전도열전달계수가 작을수록(열전달이 잘 안될수록) 스프링클러헤드는 조기에 작동한다.

(2) 방사특성

1) 화재제어(Fire Control)

화재 시 가연물의 표면과 불꽃에 부족한 양의 물을 분사하여 화재면의 주변을 적셔서 화재가 더 번지지 않도록 제한함으로서 화재가 꺼질 때까지 기다리는 방법이다.

2) 화재진압(Fire Suppression)

화재 시 가연물의 표면과 불꽃에 충분한 양의 물을 분사하여 물방울이 화염을 뚫고 침투하여 열방출률을 급격히 감소시켜 화세를 경감시켜 소화하고 재발화를 방지하는 방법이다.

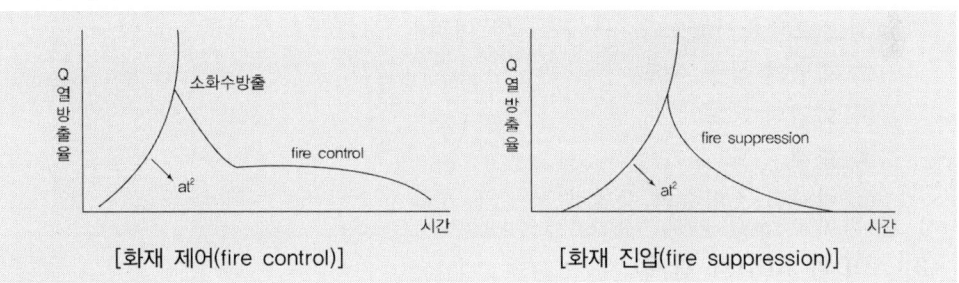

[화재 제어(fire control)]   [화재 진압(fire suppression)]

17 RDD와 ADD

(1) RDD(Required Delivered Density : 필요진화밀도)

1) 단위 면적당 화재를 진압하는데 필요한 물의 양이며, LPM/m^2 또는 mm/min을 단위로 한다.
2) 화재 진압에 필요한 물의 양을 뜻하며 소방대상물의 화재하중 및 화재가혹도에 관련된 사항으로 소화 목적을 달성하기 위하여 연소 표면에서 필요로 하는 급수량을 가연물 상단의 표면적으로 나눈 값이다.
3) RDD는 소방대상물의 용도 및 화재하중에 따라 다르며, 스프링클러설비에 필요한 토출량의 계산에 관계한다.
4) RDD는 시간이 경과할수록 화세가 확대되어 더 많은 주수를 필요로 하므로 시간에 따라 증가하게 된다.

(2) ADD(Actual Delivered Density : 실제진화밀도)

1) 스프링클러헤드로부터 분사된 물 중에서 화염을 통과하여 연소 중인 가연물 상단에 실제로 도달한 양을 가연물 상단의 표면적으로 나눈 값이며, LPM/m^2 또는 mm/min을 단위로 한다.

2) 화재를 진압하기 위해서는 진압에 필요한 최소한의 물의 양보다는 더 많은 양의 물을 침투시켜야 한다. 이를 위해서는 실제진화밀도(ADD)가 가연물의 필요진화밀도(RDD)보다 커야 한다.

3) ADD는 시간이 지나면 확대된 화세로 인하여 Fire Plume 주위로 물방울이 비산되거나 증발하는 양이 증가하게 되어, 실제 화염 속으로 침투하는 양은 줄어들게 된다.

4) ADD에 영향을 주는 인자
   ① 스프링클러헤드의 오리피스의 구경
   ② 스프링클러헤드의 방사압력
   ③ 스프링클러헤드의 살수 분포
   ④ 스프링클러헤드의 물방울의 크기
   ⑤ 스프링클러헤드의 배치 간격
   ⑥ 작동된 스프링클러헤드 수
   ⑦ 스프링클러헤드와 가연물 간의 거리
   ⑧ 화염의 상승 속도
   ⑨ 화염의 온도
   ⑩ 화재 강도
   ⑪ 방사된 소화수의 증발량

(3) ADD와 RDD의 관계

ADD가 RDD보다 클 때 화재는 진화되며, 빗금 친 부분이 조기 소화가 가능한 영역이다.

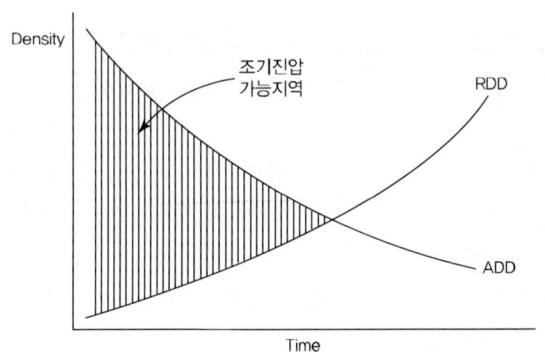

RTI가 낮을수록 스프링클러헤드는 일찍 개방되므로 화재에 대해 더욱 민첩하게 반응한다. 스프링클러헤드의 반응이 빠를수록(RTI 수치가 낮을수록) RDD는 낮고 ADD는 높아져서 화재의 진압이 상당히 용이하다. 화재 진압 시에 스프링클러헤드는 RDD보다 큰 ADD를 확보하여야 한다.

★★★☆☆

문제53 스프링클러헤드의 소화성능에 영향을 주는 RTI(Response Time Index), RDD(Required Delivered Density), ADD(Actual Delivered Density)를 정의하고, 상호 관계를 설명하시오.

18 소화설비의 배관방식

소화설비 가지배관의 배관방식은 가지형(Tree) 방식, 토너먼트형(Tournament) 방식, 격자형(Grid) 방식, 루프형(Loop) 방식 등이 있으며, 이중 토너먼트형 방식은 가스계 및 분말소화설비에 사용되며, 가지형 방식, 격자형 방식, 루프형 방식은 수계소화설비에 사용되는 방식이다. 현재 국내에서 가장 많이 사용되는 수계소화설비의 배관방식은 규약배관방식에 의한 가지형(Tree) 방식이며, 격자형(Grid) 방식과 루프형(Loop) 방식은 수리계산방법에 의하여 설계해야 한다.

(1) 루프형(Loop System)
작동 중인 스프링클러헤드에 둘 이상의 배관에서 물이 공급되도록 여러 개의 교차배관이 서로 접속되어 있는 배관 방식이다.

(2) 격자형(Grid System)
평행 교차배관 사이에 다수의 가지배관(Branch Line)을 접속한 배관 방식이며, 작동 중인 스프링클러헤드가 그 가지배관의 양쪽에서 물을 공급받는 동안 다른 가지배관은 교차배관간의 물 이송을 보조한다.

구분	루프형	격자형
평면도		
가지배관	가지배관에서 유수의 흐름이 분산되지 않으므로 유량이 많고, 마찰손실이 크다.	가지배관에서 유수의 흐름이 분산되어 유량이 적고, 마찰손실이 작다.
교차배관	교차배관에서 유수의 흐름이 분산되어 유량이 적고, 마찰손실이 작다.	교차배관에서 유수의 흐름이 분산되어 유량이 적고, 마찰손실이 작다.
배관 차단 시	가지배관 차단 시 소화수 공급이 중단된다. 교차배관 차단 시 소화수 공급이 가능하다.	가지배관 차단 시 소화수 공급이 가능하다. 교차배관 차단 시 소화수 공급이 가능하다.

(3) 가지형(Tree System)
Tee에 의한 분기점은 가지배관 당 1개소로 마찰손실이 토너먼트방식보다 적지만, 헤드의 방사압력 및 방사량은 각 지점에서 균일하지 않다. 배관 주위에 각종 살수장애용 시설물이 있어도 적절한 배관 설계가 가능하므로, 시공이 용이하며 편리하다.

(4) 토너먼트형(Tournament System)

Tee에 의한 분기점이 많으며 마찰손실이 증가하게 되며, 이로 인하여 말단 헤드의 방사압력은 현저하게 저하되지만, 헤드의 방사압력 및 방사량은 각 지점에서 균등(균일)하다. 배관 주위에 각종 살수장애용 시설물이 있을 경우 균등한 배관 설계가 어려우며, 시공 시 많은 Tee를 사용하여야 하므로 시공이 불편하다. 균등한 약제의 방사 및 빠른 시간 내에 확산을 위하여 가스계 및 분말소화설비에 주로 사용되며, 스프링클러설비 등의 수계설비에 사용 시 수격현상이 많이 발생하기 때문에 수계설비에서는 사용하지 않는다.

가지형	토너먼트형
• Tee에 의한 분기점은 가지배관 당 1개소로 마찰손실이 토너먼트방식보다 작다. • 헤드의 방사압력 및 방사량은 각 지점에서 균일하지 않다. • 배관 주위에 각종 살수장애용 시설물이 있어도 적절한 배관 설계가 가능하다. • 시공이 용이하며 편리하다. • 수계 및 포소화설비에 주로 사용한다.	• 배관의 마찰손실이 일정하다. • 방사압, 방사량이 일정하고, 분구면적이 모두 같다. • 배관 주위에 각종 살수장애용 시설물이 있을 경우 균등한 배관 설계가 어렵다. • 시공 시 많은 Tee를 사용하여야 하므로 시공이 불편하다. • 가스계 및 분말소화설비에 주로 사용한다.

19 Skipping 현상

(1) 정의

화재 발생 시 초기에 먼저 개방된 스프링클러헤드로부터 방사된 물로 인하여 주변의 스프링클러헤드를 적시거나 또는 방사된 물방울들이 화재 시 발생되는 열기류에 의하여 동반 상승되어 주변의 스프링클러헤드에 부착하여 감열부를 냉각시킴으로써, 주변의 스프링클러헤드 개방을 지연시키거나 미개방되게 하는 현상을 Skipping 현상이라고 한다.

(2) 발생원인

1) 폐쇄형 스프링클러헤드 사이의 설치거리가 1.8m 이내인 경우
2) 스프링클러헤드가 드렌처헤드(수막헤드)로부터 1.8m 이내에 설치된 경우
3) 랙크식 창고와 같이 실의 높이가 높아 스프링클러헤드가 상하로 여러 개 설치된 경우

(3) 방지대책

1) 헤드 사이의 거리를 1.8 m 이상이 되도록 설치한다.
   (NFPA : 1.8 m 이상 유지, FM : 2.1 m 이상 유지, 국내 기준 없음)
2) 1.8 m 이내에 헤드가 이미 설치된 경우에는 차폐판(Baffle Plate)을 설치한다.
3) 스프링클러헤드가 드렌처헤드로부터 1.8 m 이내에 있을 경우, 개방형 드렌처헤드를 Recessed Baffle Pocket 내에 설치하여 드렌처헤드로부터 방사된 물이 1.8 m 이내에 있는 스프링클러헤드를 적시지 않도록 한다.

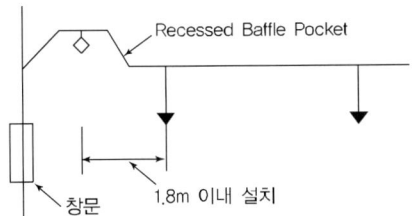

4) 랙크식 창고와 같이 헤드가 수직 상태로 여러개 설치된 경우, 아래 부분의 헤드는 상부에 설치된 헤드로부터 방사된 물에 의하여 적셔져서 하부의 헤드가 터지지 않을 수가 있으므로 다음과 같은 대책이 강구되어야 한다.
   ① 차폐판이 부착된 In-Rack 스프링클러헤드를 설치한다.
   ② ESFR(Early Suppression Fast Response Head) 스프링클러헤드를 랙크식 창고의 상부에 설치한다.

★★★☆☆

문제54 스프링클러설비에서 Skipping 현상에 대하여 설명하시오.

20 비상발전기 및 부속실 제연설비 운영지침(소방방재청 방호과-4278, 2010.10.01.)

■ 배경

상용전원 차단 시 비상전원을 공급하는 비상용 자가발전설비에서 소방용과 정전용 2가지 부하 겸용으로 사용하는 경우, 정전 및 소방시설 작동 시 비상전원 용량이 정상부하에 미치지 못하는 부족 사례 발생

■ 내용

비상전원으로 자가발전설비를 시설할 경우는 다음 각 호 중 하나에 해당되는 발전기를 설치하여 비상전원 용량을 확보
1. 소방용 및 정전용 부하기준으로 별도 설치할 경우는 각각 전용의 소방용 발전기 및 전용의 정전용 발전기
2. 소방용과 정전용 부하기준 겸용으로 설치할 경우는 합산 부하 비상전원 용량 발전기
3. 소방용과 정전용 부하기준 겸용으로 하고, 두 부하 중 더 큰 한쪽 부하기준으로

설치할 경우, 상용전원 차단 시 비상전원은 정전용 및 소방용으로 동시 자동 공급되게 하고, 화재로 인해 소방부하가 증가할 때, 발전기의 과부하에 도달되기 전에 정전용 부하를 자동 제어하여, 소방용 전원을 연속적으로 공급되게 하는 소방용 전원 우선 보존형 발전기

가. 전용의 정전용 및 소방용 발전기를 별도 설치하는 경우
- 정전부하 용량을 만족하는 전용의 정전용 발전기를 설치
- 전용의 소방용 발전기를 별도 설치
- 설치 대수와 면적 증가에 대한 평면과 충분한 공간 확보 필요
- 병렬 운전의 경우도 동일한 구분 조건으로 설치

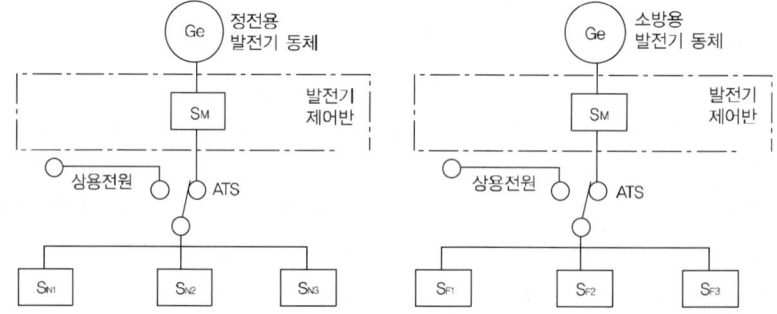

※ 용어 설명
 Ge : 자가발전기 동체
 S_M : 주전원 전력차단기
 ATS : 자동전력변환스위치
 S_{N1}, S_{N2}, S_{N3} : 정전용 분기 전력차단기
 S_{F1}, S_{F2}, S_{F3} : 소방용 분기 전력차단기

나. 합산 부하 비상전원 용량 발전기를 설치하는 경우
- 모든 부하를 만족하는 합산용량의 정전 및 소방 겸용 발전기 설치
- 발전기 크기의 증대에 따른 충분한 설치 공간 확보 필요
- 병렬 운전의 경우도 동일한 구분 조건으로 설치

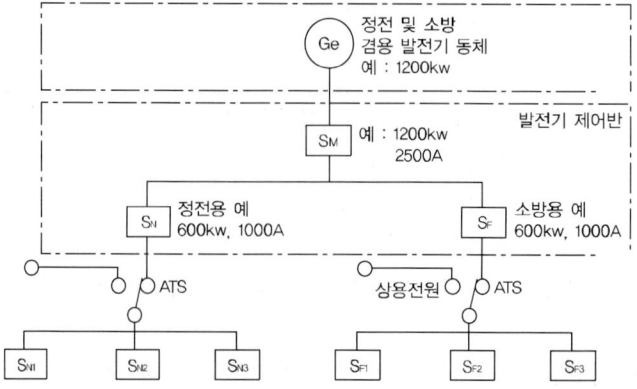

※**용어 설명 및 참고사항**
 Ge : 자가발전기 동체
 S_M : 주전원 전력차단기
 ATS : 자동전력변환스위치
 S_F : 소방용 전력차단기
 S_N : 정전용 전력차단기
 S_{N1}, S_{N2}, S_{N3} : 정전용 분기 전력차단기
 S_{F1}, S_{F2}, S_{F3} : 소방용 분기 전력차단기
 ※ S_F 또는 S_N은 생략하고 구성될 수도 있음

다. 소방전원 우선 보존형 발전기를 설치하는 경우
- 정전용 및 소방용 중 더 큰 한쪽의 부하를 만족하는 발전기를 설치
- 소방전원 우선 보존형 제어기를 구비한 발전기로서 정격부하를 초과하면 단수 또는 복수개의 정전용 차단기를 제어하는 성능을 한국전기전자시험연구원(또는 동등 이상)에서 인증받은 제품으로 설치
- 기존 발전기 개선의 경우 발전기 정격부하를 초과하면 정전용 차단기를 차단하는 제어기로 교체하고 과부하 시험기로 작동 여부를 확인
- 상용전원이 정전되면 정전용과 소방용 부하에 전원공급 상태를 항상 유지하고, 정격부하를 초과할 때만 비상부하에 도달하기 전에 정전부하 차단하는 기능을 확인
- 병렬 운전의 경우도 동일한 구분 조건으로 설치

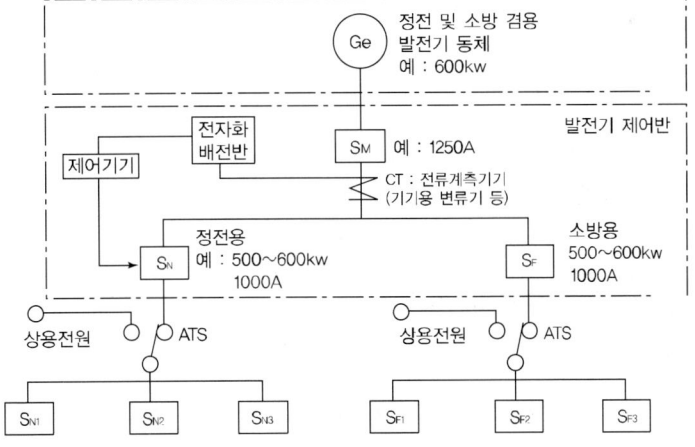

> ※ 용어 설명 및 참고사항
> Ge : 자가발전기 동체
> S_M : 주전원 전력차단기
> ATS : 자동전력변환스위치
> CT : 계기용 변류기
> S_F : 소방용 전력차단기
> S_N : 정전용 전력차단기
> S_{N1}, S_{N2}, S_{N3} : 정전용 분기 전력차단기
> S_{F1}, S_{F2}, S_{F3} : 소방용 분기 전력차단기
> ※ S_F 또는 S_N은 생략하고 구성될 수도 있음. 이 경우 발전기에는 단자대에 단수 또는 복수개의 제어용 출력단자를 제공하여, 현지에서 정전용 분기차단기(S_{N1}, S_{N2}, S_{N3})와 결선하여 일괄 또는 단계 제어되도록 결선하게 할 것

21 충압펌프의 잦은 기동 원인

① 펌프 토출측 체크밸브 2차측 배관의 누수
② 펌프 토출측 체크밸브의 미세한 개방으로 인한 역류
③ 기동용 수압개폐장치(압력챔버)에 설치된 배수밸브의 미세한 개방 또는 누수
④ 살수장치(옥내소화전설비 방수구 또는 스프링클러헤드 등)의 미세한 개방 또는 누수
⑤ 스프링클러설비일 경우 유수검지장치 등에 설치된 배수밸브의 미세한 개방 또는 누수
⑥ 습식 스프링클러설비의 말단시험밸브의 미세한 개방 또는 누수

★★★☆☆

 문제55 충압펌프가 5분마다 기동 및 정지를 반복한다. 그 원인으로 생각되는 사항 2가지를 쓰시오.[점검9회기출]

22 규약배관방식과 수리배관방식

(1) 규약배관 시스템(Pipe Schedule system)
① 헤드의 개수에 따라 경험상 미리 규정된 관경을 적용하는 방식이다.
② 국내 소방법에 규정되어 있다.
③ 전문적인 지식이 없어도 편하게 활용할 수 있다.
④ 건물에 따라 과다 계획이 초래됨으로써 비경제적이다.
⑤ 건물의 특수성을 고려하지 않는다.
⑥ 시스템에 대한 용수의 공급율과 헤드의 방호면적 및 소요 방수압에 초점
⑦ 설비가 커지면 밸브의 수압이 가장 불리한 곳에 있는 헤드의 방수량이 적어진다.

⑧ 고층 건물에서 최고 위치에 있는 헤드에 급수할 수 있는 적당한 관경이라면 낮은 위치의 헤드용 배관이 더 커지게 되어 비경제적이다.
⑨ 경급, 보통 위험용도에 대한 교차배관의 양끝에 있는 가지관에 설치할 수 있는 최대 헤드는 8개이다.

(2) 수리배관 시스템(Hydraulically designed system)
① 배관의 마찰손실, 유량, 유속 등을 고려하여 수계산에 의해 관경을 산정한다.
② 가장 실제에 근접하고 경제적인 시스템이다.
③ 주수 계획에서 필요한 소요주수밀도와 주수면적 등을 과학적 실험 데이터에 의거하여 제시함으로써 주수율의 산정, 배관 구경의 결정 등의 기준이 된다.
④ 자료 이용의 편리성은 있으나 이 자료에서 시작되는 계산은 수리원리에 입각한 계산이 요구되며, 다소간의 기술적 지식과 경험이 필요하다.
⑤ 건물의 특성에 가장 근접한 시스템 계획이 가능하다.
⑥ 설계자에게 융통성을 주고 방법도 간단하다.
⑦ 미국에서 널리 사용되는 시스템이다.
⑧ 프로그램의 활용으로 계산의 시간이 절약되고, 수계산 시의 오산을 방지할 수 있다.

23 스프링클러헤드의 물리적인 특성을 결정짓는 3요소

(1) 작동메카니즘(Link)
작동메카니즘은 반응시간지수(Response Time Index)를 의미하며, 폐쇄형 스프링클러헤드의 감열부에 대한 열적 민감도에 관한 것이다. 반응시간지수가 작은 속동형 스프링클러헤드는 열적 민감도가 크고, 빠르게 개방된다.

(2) 디플렉터(Deflector)
디플렉터(반사판)는 스프링클러헤드에서 방수되는 물방울의 크기와 방수패턴을 결정짓는다. 물방울의 크기가 클수록 화염 속으로의 침투성능은 증가하고, 증발에 의한 냉각성능은 감소하게 된다.

(3) 오리피스(Orifice)
오리피스의 구경의 크기에 따라서 방수량이 달라지는데, 구경이 클수록 방수량은 많아진다. 방수량은 오리피스의 구경과 방수압력에 관계한다.

★★☆☆☆

 문제56 스프링클러헤드의 물리적인 특성을 결정짓는 3요소를 쓰시오.

8th Day

제4장 | 간이스프링클러설비

간이스프링클러설비는 초기소화를 목적으로 한 자동식 소화설비이며, 스프링클러헤드에 의해서 적상(물방울 모양) 주수한다. 스프링클러설비에 비해서 설비가 작고 간단하다.

1 수원

(1) 간이스프링클러설비의 수원은 다음 각 호와 같다.
  1) 상수도직결형의 경우에는 수돗물
  2) 수조("**캐비닛형**"을 포함한다)를 사용하고자 하는 경우에는 적어도 1개 이상의 자동급수장치를 갖추어야 하며, 2개의 간이헤드에서 최소 10분[영 별표 4 제1호마목2)가) 또는 6)과 8)에 해당하는 경우에는 5개의 간이헤드에서 최소 20분] 이상 방수할 수 있는 양 이상을 수조에 확보할 것

　　간이스프링클러설비의 수원=2개×50ℓ/min×10 min
　[영 별표 4 제1호마목2)가) 또는 6)과 8)의 경우=5개×50ℓ/min×20 min]

※영 별표 4 제1호마목2)가) 또는 6)과 8)
　　가. 근린생활시설로 사용하는 부분의 바닥면적 합계가 1천 m² 이상인 것은 모든 층
　　6) 숙박시설로 사용되는 바닥면적의 합계가 300 m² 이상 600 m² 미만인 시설
　　7) 복합건축물(별표 2 제30호나목의 복합건축물만 해당한다)로서 연면적 1천 m² 이상인 것은 모든 층

(2) 간이스프링클러설비의 수원을 수조로 설치하는 경우에는 소방설비의 전용수조로 하여야 한다. 다만, 다음 각 호의 어느 하나에 해당하는 경우에는 그러하지 아니하다.[소방설비의 전용수조로 설치하지 아니할 수 있는 경우]
  1) 간이스프링클러설비용 펌프의 풋밸브 또는 흡수배관의 흡수구(수직회전축펌프의 흡수구를 포함한다. 이하 같다)를 다른 설비(소화용 설비 외의 것을 말한다. 이하 같다)의 풋밸브 또는 흡수구보다 낮은 위치에 설치한 때
  2) 고가수조로부터 간이스프링클러설비의 수직배관에 물을 공급하는 급수구를 다른 설비의 급수구보다 낮은 위치에 설치한 때

★★★☆☆

 문제01 간이스프링클러설비의 수원을 수조로 설치하는 경우에 소방설비 전용수조로 설치하지 아니할 수 있는 경우 2가지를 쓰시오.

(3) 저수량을 산정함에 있어서 다른 설비와 겸용하여 간이스프링클러설비용 수조를 설치하는 경우에는 간이스프링클러설비의 풋밸브·흡수구 또는 수직배관의 급수구와 다른 설비의 풋밸브·흡수구 또는 수직배관의 급수구와의 사이의 수량을 그 유효수량으로 한다.

(4) 간이스프링클러설비용 수조는 다음 각 호의 기준에 따라 설치하여야 한다. [**간이스프링클러설비용 수조의 설치기준**]
1) 점검에 편리한 곳에 설치할 것
2) 동결방지조치를 하거나 동결의 우려가 없는 장소에 설치할 것
3) 수조의 외측에 수위계를 설치할 것. 다만, 구조상 불가피한 경우에는 수조의 맨홀 등을 통하여 수조 안의 물의 양을 쉽게 확인할 수 있도록 하여야 한다.
4) 수조의 상단이 바닥보다 높은 때에는 수조의 외측에 고정식 사다리를 설치할 것
5) 수조가 실내에 설치된 때에는 그 실내에 조명설비를 설치할 것
6) 수조의 밑부분에는 청소용 배수밸브 또는 배수관을 설치할 것
7) 수조의 외측의 보기 쉬운 곳에 "**간이스프링클러설비용 수조**"라고 표시한 표지를 할 것. 이 경우 그 수조를 다른 설비와 겸용하는 때에는 그 겸용되는 설비의 이름을 표시한 표지를 함께 하여야 한다.
8) 소화설비용 펌프의 흡수배관 또는 소화설비의 수직배관과 수조의 접속부분에는 "**간이스프링클러설비용 배관**"이라고 표시한 표지를 할 것. 다만, 수조와 가까운 장소에 소화설비용 펌프가 설치되고 해당 펌프에 "**간이스프링클러소화펌프**"라고 표시한 표지를 설치한 때에는 그렇지 않다.

★★★★☆

 문제02 간이스프링클러설비용 수조의 설치기준 중 5가지를 쓰시오.

2 가압송수장치

(1) 방수압력(상수도직결형은 상수도압력)은 가장 먼 가지배관에서 2개[영 별표 4 제1호마목2)가) 또는 6)과 8)에 해당하는 경우에는 5개]의 간이헤드를 동시에 개방할 경우 각각의 간이헤드 선단 방수압력은 0.1 MPa 이상, 방수량은 50 L/min 이상이어야 한다. 다만, 2.3.1.7에 따른 주차장에 표준반응형 스프링클러헤드를 사용할 경우 헤드 1개의 방수량은 80 L/min 이상이어야 한다.

 [2.3.1.7] : 간이스프링클러설비가 설치되는 특정소방대상물에 부설된 주차장부분(영 별표 4 제1호바목에 해당하지 않는 부분에 한한다)에는 습식 외의 방식으로 해야 한다. 다만, 동결의 우려가 없거나 동결을 방지할 수 있는 구조 또는 장치가 된 곳은 그렇지 않다.
[영 별표 4 제1호마목] : 간이스프링클러설비를 설치해야 하는 특정소방대상물

(2) 전동기 또는 내연기관에 따른 펌프를 이용하는 가압송수장치는 다음 각 호의 기준에 따라 설치하여야 한다.
  1) 쉽게 접근할 수 있고 점검하기에 충분한 공간이 있는 장소로서 화재 및 침수 등의 재해로 인한 피해를 받을 우려가 없는 곳에 설치할 것
  2) 동결방지조치를 하거나 동결의 우려가 없는 장소에 설치할 것
  3) 펌프는 전용으로 할 것. 다만, 다른 소화설비와 겸용하는 경우 각각의 소화설비의 성능에 지장이 없을 때에는 그러하지 아니하다.
  4) 펌프의 토출측에는 압력계를 체크밸브 이전에 펌프 토출측 플랜지에서 가까운 곳에 설치하고, 흡입측에는 연성계 또는 진공계를 설치할 것. 다만, 수원의 수위가 펌프의 위치보다 높거나 수직회전축 펌프의 경우에는 연성계 또는 진공계를 설치하지 아니할 수 있다.

★★★☆☆

 문제03 펌프의 토출측에는 압력계를 체크밸브 이전에 펌프 토출측 플랜지에서 가까운 곳에 설치하고, 흡입측에는 연성계 또는 진공계를 설치하여야 한다. 연성계 또는 진공계를 설치하지 아니할 수 있는 경우를 쓰시오.

  5) 펌프의 성능은 체절운전 시 정격토출압력의 140%를 초과하지 않고, 정격토출량의 150%로 운전 시 정격토출압력의 65% 이상이 되어야 하며, 펌프의 성능을 시험할 수 있는 성능시험배관을 설치할 것. 다만, 충압펌프의 경우에는 그렇지 않다.
  6) 가압송수장치에는 체절운전 시 수온의 상승을 방지하기 위한 순환배관을 설치할 것
  7) 기동용 수압개폐장치를 기동장치로 사용할 경우에는 다음의 기준에 따른 충압펌프를 설치할 것. 다만, 캐비닛형 간이스프링클러설비의 경우에는 그렇지 않다. [**충압펌프의 설치기준**]
    ① 펌프의 토출압력은 그 설비의 최고위 살수장치의 자연압보다 적어도 0.2 MPa이 더 크도록 하거나 가압송수장치의 정격토출압력과 같게 할 것
    ② 펌프의 정격토출량은 정상적인 누설량보다 적어서는 안 되며, 간이스프링클러설비가 자동적으로 작동할 수 있도록 충분한 토출량을 유지할 것

"**충압펌프**"란 배관 내 압력 손실에 따른 주펌프의 빈번한 기동을 방지하기 위하여 압력을 보충하는 역할을 하는 펌프를 말한다.

★★★☆☆

 문제04 전동기 또는 내연기관에 따른 펌프를 이용하는 가압송수장치의 기동장치로는 기동용 수압개폐장치 또는 이와 동등 이상의 성능이 있는 것을 설치하고 충압펌프도 설치하여야 한다. 충압펌프의 설치기준 2가지를 쓰시오.

  8) 수원의 수위가 펌프보다 낮은 위치에 있는 가압송수장치에는 다음 각 목의 기

준에 따른 물올림장치를 설치할 것. 다만, 캐비닛형일 경우에는 그러하지 아니하다.[**물올림장치의 설치기준**]
① 물올림장치에는 전용의 수조를 설치할 것
② 수조의 유효수량은 100 L 이상으로 하되, 구경 15 mm 이상의 급수배관에 따라 해당 수조에 물이 계속 보급되도록 할 것

★★★☆☆

문제05 수원의 수위가 펌프보다 낮은 위치에 있는 간이스프링클러설비의 가압송수장치에는 물올림장치를 설치하여야 한다.
1) 물올림장치를 설치하지 아니할 수 있는 경우를 쓰시오.
2) 물올림장치의 설치기준 2가지를 쓰시오.

9) 내연기관을 사용하는 경우에는 제어반에 따라 내연기관의 자동기동 및 수동기동이 가능하고, 상시 충전되어 있는 축전지설비를 갖출 것
10) 가압송수장치에는 "**간이스프링클러펌프**"라고 표시한 표지를 할 것. 이 경우 그 가압송수장치를 다른 설비와 겸용하는 때에는 그 겸용되는 설비의 이름을 함께 표시한 표지를 하여야 한다.

(3) 고가수조의 자연낙차를 이용한 가압송수장치는 다음 각 호의 기준에 따라 설치하여야 한다.
1) 고가수조의 자연낙차수두(수조의 하단으로부터 최고층에 설치된 헤드까지의 수직거리를 말한다)는 다음의 식에 따라 산출한 수치 이상이 되도록 할 것

공식
$$H = h_1 + 10$$

H : 필요한 낙차(m)
h_1 : 배관의 마찰손실수두(m)
2) 고가수조에는 수위계 · 배수관 · 급수관 · 오버플로우관 및 맨홀을 설치할 것

★★★★☆

문제06 고가수조의 구성 5가지를 쓰시오.

(4) 압력수조를 이용한 가압송수장치는 다음 각 호의 기준에 따라 설치하여야 한다.
1) 압력수조의 압력은 다음의 식에 따라 산출한 수치 이상으로 할 것

공식
$$P = P_1 + P_2 + 0.1$$

P : 필요한 압력(MPa)
P_1 : 낙차의 환산수두압(MPa)
P_2 : 배관의 마찰손실수두압(MPa)
2) 압력수조에는 수위계 · 급수관 · 배수관 · 급기관 · 맨홀 · 압력계 · 안전장치 및 압력저하 방지를 위한 자동식 공기압축기를 설치할 것

8th Day

★★★★☆

 문제07 압력수조의 구성 8가지를 쓰시오.

(5) 가압수조를 이용한 가압송수장치는 다음 각 호의 기준에 따라 설치하여야 한다.[**가압수조를 이용한 가압송수장치의 설치기준**]
   1) 가압수조의 압력은 간이헤드 2개를 동시에 개방할 때 적정방수량 및 방수압이 10분[영 별표 4 제1호마목2)가) 또는 6)과 8)에 해당하는 경우에는 5개의 간이헤드에서 최소 20분] 이상 유지되도록 할 것
   2) 소방청장이 정하여 고시한 「가압수조식가압송수장치의 성능인증 및 제품검사의 기술기준」에 적합한 것으로 설치할 것

★★☆☆☆

 문제08 가압수조를 이용한 가압송수장치의 설치기준 2가지를 쓰시오.

③ 간이스프링클러설비의 방호구역 · 유수검지장치

간이스프링클러설비의 방호구역(간이스프링클러설비의 소화 범위에 포함된 영역을 말한다) · 유수검지장치는 다음 각 호의 기준에 적합하여야 한다. 다만, 캐비닛형의 경우에는 제3호의 기준에 적합하여야 한다.[**방호구역 및 유수검지장치의 설치기준**]

(1) 하나의 방호구역의 바닥면적은 1,000 m²를 초과하지 아니할 것

$$방호구역의 \ 수량 = \frac{바닥면적(m^2)}{1,000 m^2/1구역}$$

(2) 하나의 방호구역에는 1개 이상의 유수검지장치를 설치하되, 화재 발생 시 접근이 쉽고 점검하기 편리한 장소에 설치할 것
(3) 하나의 방호구역은 2개 층에 미치지 아니하도록 할 것. 다만, 1개 층에 설치되는 간이헤드의 수가 10개 이하인 경우에는 3개 층 이내로 할 수 있다.
(4) 유수검지장치는 실내에 설치하거나 보호용 철망 등으로 구획하여 바닥으로부터 0.8 m 이상 1.5 m 이하의 위치에 설치하되, 그 실 등에는 개구부가 가로 0.5 m 이상 세로 1m 이상의 출입문을 설치하고 그 출입문 상단에 "**유수검지장치실**"이라고 표시한 표지를 설치할 것. 다만, 유수검지장치를 기계실(공조용 기계실을 포함한다) 안에 설치하는 경우에는 별도의 실 또는 보호용 철망을 설치하지 아니하고 기계실 출입문 상단에 "**유수검지장치실**"이라고 표시한 표지를 설치할 수 있다.
(5) 간이헤드에 공급되는 물은 유수검지장치를 지나도록 할 것. 다만, 송수구를 통하여 공급되는 물은 그러하지 아니하다.
(6) 자연낙차에 따른 압력수가 흐르는 배관 상에 설치된 유수검지장치는 화재 시 물의 흐름을 검지할 수 있는 최소한의 압력이 얻어질 수 있도록 수조의 하단으로부터 낙차를 두어 설치할 것

(7) 간이스프링클러설비가 설치되는 특정소방대상물에 부설된 주차장 부분에는 습식 외의 방식으로 하여야 한다. 다만, 동결의 우려가 없거나 동결을 방지할 수 있는 구조 또는 장치가 된 곳은 그러하지 아니하다.

4 제어반

간이스프링클러설비에는 다음 각 호의 어느 하나의 기준에 따른 제어반을 설치하여야 한다. 다만, 캐비닛형 간이스프링클러설비의 경우에는 그러하지 아니하다.
(1) 상수도 직결형의 경우에는 급수배관에 설치되어 급수를 차단할 수 있는 개폐밸브(제8조제16항제1호나목의 급수차단장치를 포함한다) 및 유수검지장치의 작동 상태를 확인할 수 있어야 하며, 예비전원이 확보되고 예비전원의 적합 여부를 시험할 수 있어야 한다.
(2) 상수도 직결형을 제외한 방식의 것에 있어서는「스프링클러설비의 화재안전기술기준(NFTC 103)」의 2.10(제어반)을 준용할 것

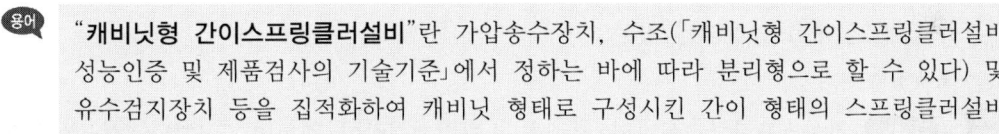

"캐비닛형 간이스프링클러설비"란 가압송수장치, 수조(「캐비닛형 간이스프링클러설비 성능인증 및 제품검사의 기술기준」에서 정하는 바에 따라 분리형으로 할 수 있다) 및 유수검지장치 등을 집적화하여 캐비닛 형태로 구성시킨 간이 형태의 스프링클러설비를 말한다.

5 배관 및 밸브

(1) 배관과 배관이음쇠는 다음의 어느 하나에 해당하는 것 또는 동등 이상의 강도·내식성 및 내열성 등을 국내·외 공인기관으로부터 인정받은 것을 사용해야 하고, 배관용 스테인리스 강관(KS D 3576)의 이음을 용접으로 할 경우에는 텅스텐 불활성 가스 아크 용접(Tungsten Inertgas Arc Welding)방식에 따른다. 다만, 상수도직결형 간이스프링클러설비에 사용하는 배관 및 밸브는「수도법」제14조(수도용 자재와 제품의 인증 등)에 적합한 제품을 사용해야 한다. 또한, 2.5에서 정하지 않은 사항은「건설기술 진흥법」제44조제1항의 규정에 따른 "건설기준"에 따른다.
 1) 배관 내 사용압력이 1.2 MPa 미만일 경우에는 다음 각 목의 어느 하나에 해당하는 것
  ① 배관용 탄소강관(KS D 3507)
  ② 이음매 없는 구리 및 구리합금관(KS D 5301). 다만, 습식의 배관에 한한다.
  ③ 배관용 스테인리스강관(KS D 3576) 또는 일반배관용 스테인리스강관(KS D 3595)
  ④ 덕타일 주철관(KS D 4311)
 2) 배관 내 사용압력이 1.2 MPa 이상일 경우에는 다음 각 목의 어느 하나에 해당하는 것

① 압력배관용 탄소강관(KS D 3562)
② 배관용 아크용접 탄소강강관(KS D 3583)

★★★★☆

문제09 다음 각각의 경우 간이스프링클러설비에 사용할 수 있는 배관의 종류를 쓰시오.
1. 배관 내 사용압력이 1.2 MPa 미만일 경우
2. 배관 내 사용압력이 1.2 MPa 이상일 경우

(2) 제1항에도 불구하고 다음 각 호의 어느 하나에 해당하는 장소에는 소방청장이 정하여 고시한 「소방용합성수지배관의 성능인증 및 제품검사의 기술기준」에 적합한 소방용 합성수지배관으로 설치할 수 있다.
1) 배관을 지하에 매설하는 경우
2) 다른 부분과 내화구조로 구획된 덕트 또는 피트의 내부에 설치하는 경우
3) 천장(상층이 있는 경우에는 상층바닥의 하단을 포함한다. 이하 같다)과 반자를 불연재료 또는 준불연 재료로 설치하고 소화배관 내부에 항상 소화수가 채워진 상태로 설치하는 경우

★★★☆☆

문제10 간이스프링클러설비의 배관을 소방방재청장이 정하여 고시하는 성능시험기술기준에 적합한 소방용 합성수지배관으로 설치할 수 있는 장소 3가지를 쓰시오.

(3) 급수배관은 다음 각 호의 기준에 따라 설치하여야 한다.
1) 전용으로 할 것. 다만, 상수도직결형의 경우에는 수도배관 호칭지름 32 ㎜ 이상의 배관이어야 하고, 간이헤드가 개방될 경우에는 유수 신호 작동과 동시에 다른 용도로 사용하는 배관의 송수를 자동 차단할 수 있도록 하여야 하며, 배관과 연결되는 이음쇠 등의 부속품은 물이 고이는 현상을 방지하는 조치를 하여야 한다.
2) 급수배관에 설치되어 급수를 차단할 수 있는 개폐밸브는 개폐표시형으로 할 것. 이 경우 펌프의 흡입측 배관에는 버터플라이밸브 외의 개폐표시형 밸브를 설치해야 한다.
3) 배관의 구경은 제5조제1항에 적합하도록 수리계산에 의하거나 별표 1의 기준에 따라 설치할 것. 다만, 수리계산에 의하는 경우 가지배관의 유속은 6m/s, 그 밖의 배관의 유속은 10 m/s를 초과할 수 없다.

(4) 펌프의 흡입측 배관은 다음 각 호의 기준에 따라 설치하여야 한다.
1) 공기고임이 생기지 아니하는 구조로 하고 여과장치를 설치할 것
2) 수조가 펌프보다 낮게 설치된 경우에는 각 펌프(충압펌프를 포함한다)마다 수조로부터 별도로 설치할 것

★★★☆☆

 문제11 펌프 흡입측 배관의 설치기준 2가지를 쓰시오.

(5) 삭제 <2024.7.1.>
(6) 펌프의 성능시험배관은 다음의 기준에 적합하도록 설치해야 한다. [**성능시험배관의 설치기준**]
 1) 성능시험배관은 펌프의 토출 측에 설치된 개폐밸브 이전에서 분기하여 직선으로 설치하고, 유량측정장치를 기준으로 전단 직관부에는 개폐밸브를 후단 직관부에는 유량조절밸브를 설치할 것. 이 경우 개폐밸브와 유량측정장치 사이의 직관부 거리 및 유량측정장치와 유량조절밸브 사이의 직관부 거리는 해당 유량측정장치 제조사의 설치사양에 따르고, 성능시험배관의 호칭지름은 유량측정장치의 호칭지름에 따른다.
 2) 유량측정장치는 펌프의 정격토출량의 175 % 이상까지 측정할 수 있는 성능이 있을 것

★★★☆☆

 문제12 펌프의 성능 및 성능시험배관의 설치기준 2가지를 쓰시오.

(7) 가압송수장치의 체절운전 시 수온의 상승을 방지하기 위하여 체크밸브와 펌프 사이에서 분기한 구경 20 ㎜ 이상의 배관에 체절압력 미만에서 개방되는 릴리프밸브를 설치하여야 한다.
(8) 배관은 동결방지조치를 하거나 동결의 우려가 없는 장소에 설치해야 한다. 다만, 보온재를 사용할 경우에는 난연재료 성능 이상의 것으로 해야 한다.
(9) 가지배관의 배열은 다음 각 호의 기준에 따른다.
 1) 토너먼트(tournament)방식이 아닐 것
 2) 교차배관에서 분기되는 지점을 기점으로 한쪽 가지배관에 설치되는 간이헤드의 개수(반자 아래와 반자 속의 헤드를 하나의 가지배관 상에 병설하는 경우에는 반자 아래에 설치하는 헤드의 개수)는 8개 이하로 할 것. 다만, 다음 각 목의 어느 하나에 해당하는 경우에는 그러하지 아니하다.
  ① 기존의 방호구역 안에서 칸막이 등으로 구획하여 1개의 간이헤드를 증설하는 경우
  ② **격자형 배관방식**(2 이상의 수평주행배관 사이를 가지배관으로 연결하는 방식을 말한다)을 채택하는 때에는 펌프의 용량, 배관의 구경 등을 수리학적으로 계산한 결과 간이헤드의 방수압 및 방수량이 소화목적을 달성하는 데 충분하다고 인정되는 경우
 3) 가지배관과 헤드 사이의 배관을 신축배관으로 하는 경우에는 소방청장이 정하여 고시한 「스프링클러설비신축배관의 성능인증 및 제품검사의 기술기준」에

적합한 것으로 설치할 것. 이 경우 신축배관의 설치길이는 「스프링클러설비의 화재안전기술기준(NFTC 103)」의 2.7.3의 거리를 초과하지 않아야 한다.

(10) 가지배관에 하향식 간이헤드를 설치하는 경우에 가지배관으로부터 간이헤드에 이르는 헤드 접속 배관은 가지관 상부에서 분기할 것. 다만, 소화설비용 수원의 수질이 「먹는물 관리법」 제5조에 따라 먹는 물의 수질기준에 적합하고 덮개가 있는 저수조로부터 물을 공급받는 경우에는 가지배관의 측면 또는 하부에서 분기할 수 있다.

★★★☆☆

문제13 가지배관에 하향식 간이헤드를 설치하는 경우에 가지배관으로부터 간이헤드에 이르는 헤드 접속 배관은 가지관 상부에서 분기하여야 한다. 가지배관의 측면 또는 하부에서 분기할 수 있는 경우를 쓰시오.

(11) 준비작동식 유수검지장치를 사용하는 간이스프링클러설비에 있어서 유수검지장치 2차측 배관의 부대설비는 다음 각 호의 기준에 따른다.
 1) 개폐표시형밸브를 설치할 것
 2) 제1호에 따른 밸브와 준비작동식 유수검지장치 사이의 배관은 다음 각 목과 같은 구조로 할 것
  ㉮ 수직배수배관과 연결하고 동 연결배관상에는 개폐밸브를 설치할 것
  ㉯ 자동배수장치 및 압력스위치를 설치할 것
  ㉰ 나목에 따른 압력스위치는 수신부에서 준비작동식 유수검지장치의 개방 여부를 확인할 수 있게 설치할 것

★★★☆☆

문제14 준비작동식 유수검지장치를 사용하는 간이스프링클러설비에 있어서 유수검지장치 2차측 배관에는 개폐표시형 밸브를 설치하여야 한다. 개폐표시형 밸브와 준비작동식 유수검지장치 사이의 배관 구조에 대한 기준 3가지를 쓰시오.

(12) 간이스프링클러설비에는 유수검지장치를 시험할 수 있는 시험장치를 다음 각 호의 기준에 따라 설치하여야 한다. 다만, 준비작동식 유수검지장치를 설치하는 부분은 그러하지 아니하다.
 1) 펌프(캐비닛형 제외)를 가압송수장치로 사용하는 경우 유수검지장치 2차측 배관에 연결하여 설치하고, 펌프 외의 가압송수장치를 사용하는 경우 유수검지장치에서 가장 먼 거리에 위치한 가지배관의 끝으로부터 연결하여 설치할 것
 2) 시험장치배관의 구경은 25 mm 이상으로 하고, 그 끝에 개폐밸브 및 개방형간이헤드 또는 간이스프링클러헤드와 동등한 방수성능을 가진 오리피스를 설치할 것. 이 경우 개방형간이헤드는 반사판 및 프레임을 제거한 오리피스만으로 설치할 수 있다.
 3) 시험배관의 끝에는 물받이 통 및 배수관을 설치하여 시험 중 방사된 물이 바닥에

흘러내리지 아니하도록 하여야 한다. 다만, 목욕실·화장실 또는 그 밖의 곳으로서 배수 처리가 쉬운 장소에 시험배관을 설치한 경우에는 그러하지 아니하다.

★★★☆☆

 문제15 간이스프링클러설비에는 유수검지장치를 시험할 수 있는 시험장치를 설치하여야 한다. 다음 각 물음에 답하시오.
1. 시험장치를 설치하지 아니할 수 있는 부분을 쓰시오.
2. 시험장치의 설치기준 3가지를 쓰시오.

(13) 배관에 설치되는 행가는 다음 각 호의 기준에 따라 설치하여야 한다.
 1) 가지배관에는 간이헤드의 설치지점 사이마다 1개 이상의 행가를 설치하되, 간이헤드 간의 거리가 3.5 m를 초과하는 경우에는 3.5 m 이내마다 1개 이상 설치할 것. 이 경우 상향식 간이헤드와 행가 사이에는 8 cm 이상의 간격을 두어야 한다.
 2) 교차배관에는 가지배관과 가지배관 사이마다 1개 이상의 행가를 설치하되, 가지배관 사이의 거리가 4.5 m를 초과하는 경우에는 4.5 m 이내마다 1개 이상 설치할 것
 3) 제1호 및 제2호의 수평주행배관에는 4.5 m 이내마다 1개 이상 설치할 것
(14) 급수배관에 설치되어 급수를 차단할 수 있는 개폐밸브에는 그 밸브의 개폐 상태를 감시제어반에서 확인할 수 있도록 급수개폐밸브 작동표시스위치를 다음 각 호의 기준에 따라 설치하여야 한다.
 1) 급수개폐밸브가 잠길 경우 탬퍼스위치의 동작으로 인하여 감시제어반 또는 수신기에 표시되어야 하며 경보음을 발할 것
 2) 탬퍼스위치는 감시제어반 또는 수신기에서 동작의 유무 확인과 동작시험, 도통시험을 할 수 있을 것
 3) 급수개폐밸브의 작동표시스위치에 사용되는 전기배선은 내화전선 또는 내열전선으로 설치할 것

★★★☆☆

 문제16 간이스프링클러설비 급수배관에 설치되어 급수를 차단할 수 있는 개폐밸브에는 그 밸브의 개폐상태를 감시제어반에서 확인할 수 있도록 급수개폐밸브 작동표시스위치(탬퍼스위치)를 설치하여야 한다. 급수개폐밸브 작동표시스위치(탬퍼스위치)의 설치기준 3가지를 쓰시오.

(15) 간이스프링클러설비 배관의 배수를 위한 기울기는 다음의 기준에 따른다.
  간이스프링클러설비의 배관을 수평으로 할 것. 다만, 배관의 구조상 소화수가 남아 있는 곳에는 배수밸브를 설치하여야 한다.
(16) 간이스프링클러설비의 배관 및 밸브 등의 순서는 다음 각 호의 기준에 따라 설치하여야 한다.[**간이스프링클러설비의 배관 및 밸브 등의 순서**]
 1) 상수도직결형은 다음 각 목의 기준에 따라 설치할 것
  ① 수도용 계량기, 급수차단장치, 개폐표시형밸브, 체크밸브, 압력계, 유수검지

장치(압력스위치 등 유수검지장치와 동등 이상의 기능과 성능이 있는 것을 포함한다), 2개의 시험밸브의 순으로 설치할 것
② 간이스프링클러설비 이외의 배관에는 화재 시 배관을 차단할 수 있는 급수차단장치를 설치할 것

> **[용어]** "**상수도직결형 간이스프링클러설비**"란 수조를 사용하지 아니하고 상수도에 직접 연결하여 항상 기준 압력 및 방수량 이상을 확보할 수 있는 설비를 말한다.

★★★★★

[예상] 문제17 상수도직결형의 경우, 간이스프링클러설비의 배관 및 밸브 등의 순서를 쓰시오. [설계16회기출]

2) 펌프 등의 가압송수장치를 이용하여 배관 및 밸브 등을 설치하는 경우에는 수원, 연성계 또는 진공계(수원이 펌프보다 높은 경우를 제외한다), 펌프 또는 압력수조, 압력계, 체크밸브, 성능시험배관, 개폐표시형밸브, 유수검지장치, 시험밸브의 순으로 설치할 것

★★★★★

[예상] 문제18 펌프 등의 가압송수장치를 이용하여 배관 및 밸브 등을 설치하는 경우, 간이스프링클러설비의 배관 및 밸브 등의 순서를 쓰시오. [설계16회기출]

3) 가압수조를 가압송수장치로 이용하여 배관 및 밸브 등을 설치하는 경우에는 수원, 가압수조, 압력계, 체크밸브, 성능시험배관, 개폐표시형밸브, 유수검지장치, 2개의 시험밸브의 순으로 설치할 것

★★★★★

[예상] 문제19 가압수조를 가압송수장치로 이용하여 배관 및 밸브 등을 설치하는 경우, 간이스프링클러설비의 배관 및 밸브 등의 순서를 쓰시오.

4) 캐비닛형의 가압송수장치에 배관 및 밸브 등을 설치하는 경우에는 수원, 연성계 또는 진공계(수원이 펌프보다 높은 경우를 제외한다), 펌프 또는 압력수조, 압력계, 체크밸브, 개폐표시형밸브, 2개의 시험밸브의 순으로 설치할 것. 다만, 소화용수의 공급은 상수도와 직결된 바이패스관 또는 펌프에서 공급받아야 한다.

★★★★★

[예상] 문제20 캐비닛형의 가압송수장치에 배관 및 밸브 등을 설치하는 경우, 간이스프링클러설비의 배관 및 밸브 등의 순서를 쓰시오.

(17) 배관은 다른 설비의 배관과 쉽게 구분이 될 수 있는 위치에 설치하거나 그 배관 표면 또는 배관 보온재 표면은 「한국산업표준(배관계의 식별 표시, KS A 0503)」 또는 적색으로 식별이 가능하도록 소방용설비의 배관임을 표시하여야 한다.

6 간이헤드

간이헤드는 다음 각 호의 기준에 적합한 것을 사용하여야 한다.

(1) 폐쇄형 간이헤드를 사용할 것
(2) 간이헤드의 작동온도는 실내의 최대 주위천장온도가 0 ℃ 이상 38 ℃ 이하인 경우 공칭작동온도가 57 ℃에서 77 ℃의 것을 사용하고, 39 ℃ 이상 66 ℃ 이하인 경우에는 공칭작동온도가 79 ℃에서 109 ℃의 것을 사용할 것
(3) 간이헤드를 설치하는 천장·반자·천장과 반자 사이·덕트·선반 등의 각 부분으로부터 간이헤드까지의 수평거리는 2.3 m(「스프링클러헤드의 형식승인 및 제품검사의 기술기준」 유효반경의 것으로 한다) 이하가 되도록 하여야 한다. 다만, 성능이 별도로 인정된 간이헤드를 수리계산에 따라 설치하는 경우에는 그러하지 아니하다.
(4) 상향식 간이헤드 또는 하향식 간이헤드의 경우에는 간이헤드의 디플렉터에서 천장 또는 반자까지의 거리는 25 ㎜에서 102 ㎜ 이내가 되도록 설치하여야 하며, 측벽형 간이헤드의 경우에는 102 ㎜에서 152 ㎜ 사이에 설치할 것. 다만, 플러쉬 스프링클러헤드의 경우에는 천장 또는 반자까지의 거리를 102 ㎜ 이하가 되도록 설치할 수 있다.
(5) 간이헤드는 천장 또는 반자의 경사·보·조명장치 등에 따라 살수장애의 영향을 받지 아니하도록 설치할 것
(6) 제4호의 규정에도 불구하고 소방대상물의 보와 가장 가까운 간이헤드는 다음 표의 기준에 따라 설치할 것. 다만, 천장면에서 보의 하단까지의 길이가 55 ㎝를 초과하고 보의 하단 측면 끝부분으로부터 간이헤드까지의 거리가 간이헤드 상호간 거리의 2분의 1 이하가 되는 경우에는 간이헤드와 그 부착면과의 거리를 55 ㎝ 이하로 할 수 있다.

간이헤드의 반사판 중심과 보의 수평거리	간이헤드의 반사판 높이와 보의 하단 높이의 수직거리
0.75 m 미만	보의 하단보다 낮을 것
0.75 m 이상 1 m 미만	0.1 m 미만일 것
1 m 이상 1.5 m 미만	0.15 m 미만일 것
1.5 m 이상	0.3 m 미만일 것

(7) 상향식 간이헤드 아래에 설치되는 하향식 간이헤드에는 상향식 헤드의 방출수를 차단할 수 있는 유효한 차폐판을 설치할 것
(8) 간이스프링클러설비를 설치하여야 할 소방대상물에 있어서는 간이헤드 설치 제외에 관한 사항은 「스프링클러설비의 화재안전기준」 제15조제1항을 준용한다.
(9) 주차장에는 표준반응형스프링클러헤드를 설치해야 하며 설치기준은 「스프링클러설비의 화재안전기술기준(NFTC 103)」 2.7(헤드)을 준용한다.

> **용어** "간이헤드"란 폐쇄형 헤드의 일종으로 간이스프링클러설비를 설치하여야 하는 특정소방대상물의 화재에 적합한 감도·방수량 및 살수분포를 갖는 헤드를 말한다.

★★★☆☆

8th Day

문제21 간이스프링클러설비(NFSC 103A)의 간이헤드에 관한 것이다. ( )에 들어갈 내용을 쓰시오.[점검19회기출]

> 간이헤드의 작동온도는 실내의 최대 주위천장온도가 0 ℃ 이상 38 ℃ 이하인 경우 공칭작동온도가 (ㄱ)의 것을 사용하고, 39℃ 이상 66 ℃ 이하인 경우에는 공칭작동온도가 (ㄴ)의 것을 사용한다.

7 음향장치 및 기동장치

(1) 간이스프링클러설비의 음향장치 및 기동장치는 다음 각 호의 기준에 따라 설치하여야 한다.
  1) 습식 유수검지장치를 사용하는 설비에 있어서는 간이헤드가 개방되면 유수검지장치가 화재신호를 발신하고 그에 따라 음향장치가 경보되도록 할 것
  2) 음향장치는 습식 유수검지장치의 담당구역마다 설치하되 그 구역의 각 부분으로부터 하나의 음향장치까지의 수평거리는 25 m 이하가 되도록 할 것
  3) 음향장치는 경종 또는 사이렌(전자식 사이렌을 포함한다)으로 하되, 주위의 소음 및 다른 용도의 경보와 구별이 가능한 음색으로 할 것. 이 경우 경종 또는 사이렌은 자동화재탐지설비·비상벨설비 또는 자동식사이렌설비의 음향장치와 겸용할 수 있다.
  4) 주음향장치는 수신기의 내부 또는 그 직근에 설치할 것
  5) 층수가 11층(공동주택의 경우에는 16층) 이상의 특정소방대상물 또는 그 부분에 있어서는 2층 이상의 층에서 발화한 때에는 발화층 및 그 직상 4개 층에 한하여, 1층에서 발화한 때에는 발화층·그 직상 4개 층 및 지하층에 한하여, 지하층에서 발화한 때에는 발화층·그 직상층 및 기타의 지하층에 한하여 경보를 발할 수 있도록 할 것
  6) 음향장치는 다음 각 목의 기준에 따른 구조 및 성능의 것으로 할 것
    ① 정격전압의 80 % 전압에서 음향을 발할 수 있는 것으로 할 것
    ② 음향의 크기는 부착된 음향장치의 중심으로부터 1 m 떨어진 위치에서 90 dB 이상이 되는 것으로 할 것
(2) 간이스프링클러설비의 가압송수장치로서 펌프가 설치되는 경우에는 그 펌프의 작동은 다음 각 호의 어느 하나의 기준에 적합하여야 한다.
  1) 습식유수검지장치를 사용하는 설비에 있어서는 동장치의 발신이나 기동용 수압개폐장치에 따라 작동되거나 또는 이 두 가지의 혼용에 따라 작동될 수 있도록 할 것

"**습식 유수검지장치**"란 1차측 및 2차측에 가압수를 가득 채운 상태에서 폐쇄형 스프링클러헤드가 열린 경우 2차측의 압력 저하로 시트가 열리어 가압수 등이 2차측으로 유출되도록 하는 장치(패들형을 포함한다)를 말한다.

2) 준비작동식 유수검지장치를 사용하는 설비에 있어서는 화재감지기의 화재감지나 기동용 수압개폐장치에 따라 작동되거나 또는 이 두 가지의 혼용에 따라 작동될 수 있도록 할 것

> **용어** "준비작동식 유수검지장치"란 1차측에 가압수 등을 채우고 2차측에서 폐쇄형 스프링클러헤드까지 대기압 또는 저압으로 있다가 화재감지설비의 감지기 또는 화재감지용 헤드의 작동에 의하여 시트가 열리어 가압수 등이 2차측으로 유출되도록 하는 장치를 말한다.

★★★☆☆

> **예상 문제22** 간이스프링클러설비의 가압송수장치로서 펌프가 설치되는 경우 그 펌프의 작동에 대한 화재안전기준을 다음 각각의 설비에 대하여 쓰시오.
> 1. 습식 유수검지장치를 사용하는 설비
> 2. 준비작동식 유수검지장치를 사용하는 설비

(3) 준비작동식 유수검지장치의 작동기준은 「스프링클러설비의 화재안전기술기준(NFTC 103)」 2.6.3을 준용한다.
(4) 제1항부터 제3항의 배선(감지기 상호간의 배선은 제외한다)은 내화배선 또는 내열배선으로 하며 사용되는 전선은 내화전선으로 하고 전선의 종류 및 설치방법은 「옥내소화전설비의 화재안전기술기준(NFTC 102)」 2.7.2의 표 2.7.2(1) 또는 표 2.7.2(2)에 따르되, 다른 배선과 공유하는 회로방식이 되지 않도록 해야 한다. 다만, 음향장치의 작동에 지장을 주지 않는 회로방식의 경우에는 그렇지 않다.

8 송수구

간이스프링클러설비에는 소방차로부터 그 설비에 송수할 수 있는 송수구를 다음 각호의 기준에 따라 설치하여야 한다. 다만, 「다중이용업소의 안전관리에 관한 특별법」제9조제1항 및 같은 법 시행령 제9조에 해당하는 영업장(건축물 전체가 하나의 영업장일 경우는 제외)에 설치되는 상수도직결형 또는 캐비닛형의 경우에는 송수구를 설치하지 아니할 수 있다.[**송수구의 설치기준**]

(1) 소방차가 쉽게 접근할 수 있고 잘 보이는 장소에 설치하고, 화재층으로부터 지면으로 떨어지는 유리창 등이 송수 및 그 밖의 소화작업에 지장을 주지 않는 장소에 설치할 것
(2) 송수구로부터 간이스프링클러설비의 주배관에 이르는 연결배관에 개폐밸브를 설치한 때에는 그 개폐상태를 쉽게 확인 및 조작할 수 있는 옥외 또는 기계실 등의 장소에 설치할 것
(3) 구경 65㎜의 단구형 또는 쌍구형으로 하여야 하며, 송수배관의 안지름은 40㎜ 이상으로 할 것
(4) 지면으로부터 높이가 0.5m 이상 1m 이하의 위치에 설치할 것

(5) 송수구의 가까운 부분에 자동배수밸브(또는 직경 5 mm의 배수공) 및 체크밸브를 설치할 것. 이 경우 자동배수밸브는 배관 안의 물이 잘 빠질 수 있는 위치에 설치하되, 배수로 인하여 다른 물건 또는 장소에 피해를 주지 아니하여야 한다.

(6) 송수구에는 이물질을 막기 위한 마개를 씌울 것

★★★★☆

문제23 간이스프링클러설비에는 소방차로부터 그 설비에 송수할 수 있는 송수구를 설치하여야 한다. 송수구의 설치기준 중 5가지만 쓰시오.

9 비상전원

간이스프링클러설비에는 다음의 기준에 적합한 비상전원 또는 「소방시설용 비상전원수전설비의 화재안전기술기준(NFTC 602)」의 규정에 따른 비상전원수전설비를 설치해야 한다. 다만, 무전원으로 작동되는 간이스프링클러설비의 경우에는 모든 기능이 10분[영 별표 4 제1호마목2)가) 또는 6)과 8)에 해당하는 경우에는 20분] 이상 유효하게 지속될 수 있는 구조를 갖추어야 한다.

1) 간이스프링클러설비를 유효하게 10분[영 별표 4 제1호마목2)가) 또는 6)과 8)에 해당하는 경우에는 20분] 이상 작동할 수 있도록 할 것
2) 상용전원으로부터 전력의 공급이 중단된 때에는 자동으로 비상전원으로부터 전원을 공급받을 수 있는 구조로 할 것

★★★☆☆

문제24 간이스프링클러설비에는 비상전원 또는 소방시설용 비상전원수전설비의 화재안전기준(NFSC 602)의 규정에 따른 비상전원 수전설비를 설치하여야 한다. 비상전원의 설치기준 2가지를 쓰시오.

10 수원 및 가압송수장치의 펌프 등의 겸용

(1) 간이스프링클러설비의 수원을 옥내소화전설비·스프링클러설비·화재조기진압용 스프링클러설비·물분무소화설비·포소화전설비 및 옥외소화전설비의 수원과 겸용하여 설치하는 경우의 저수량은 각 소화설비에 필요한 저수량을 합한 양 이상이 되도록 하여야 한다. 다만, 이들 소화설비 중 고정식 소화설비(펌프·배관과 소화수 또는 소화약제를 최종 방출하는 방출구가 고정된 설비를 말한다)가 2 이상 설치되어 있고, 그 소화설비가 설치된 부분이 방화벽과 방화문으로 구획되어 있는 경우에는 각 고정식 소화설비에 필요한 저수량 중 최대의 것 이상으로 할 수 있다.

(2) 간이스프링클러설비의 가압송수장치로 사용하는 펌프를 옥내소화전설비·스프링클러설비·화재조기진압용 스프링클러설비·물분무소화설비·포소화설비 및 옥외소화전설비의 가압송수장치와 겸용하여 설치하는 경우의 펌프의 토출량은 각

소화설비에 해당하는 토출량을 합한 양 이상이 되도록 하여야 한다. 다만, 이들 소화설비 중 고정식 소화설비가 2 이상 설치되어 있고, 그 소화설비가 설치된 부분이 방화벽과 방화문으로 구획되어 있으며 각 소화설비에 지장이 없는 경우에는 펌프의 토출량 중 최대의 것 이상으로 할 수 있다.
(3) 옥내소화전설비·스프링클러설비·간이스프링클러설비·화재조기진압용 스프링클러설비·물분무소화설비·포소화설비 및 옥외소화전설비의 가압송수장치에 있어서 각 토출측 배관과 일반급수용의 가압송수장치의 토출측 배관을 상호 연결하여 화재 시 사용할 수 있다. 이 경우 연결배관에는 개폐표시형밸브를 설치하여야 하며, 각 소화설비의 성능에 지장이 없도록 하여야 한다.
(4) 간이스프링클러설비의 송수구를 옥내소화전설비·스프링클러설비·화재조기진압용 스프링클러설비·물분무소화설비·포소화설비 또는 연결살수설비의 송수구와 겸용으로 설치하는 경우에는 스프링클러설비의 송수구의 설치기준에 따르되 각각의 소화설비의 기능에 지장이 없도록 해야 한다.

11 간이헤드 수별 급수관의 구경

구분 \ 급수관의 구경	25	32	40	50	65	80	100	125	150 mm
가	2	3	5	10	30	60	100	160	161 이상
나	2	4	7	15	30	60	100	160	161 이상

(주)
1. 폐쇄형 간이헤드를 사용하는 설비의 경우로서 1개층에 하나의 급수배관(또는 밸브 등)이 담당하는 구역의 최대면적은 1,000 m²를 초과하지 아니할 것
2. 폐쇄형 간이헤드를 설치하는 경우에는 "가"란의 헤드 수에 따를 것
3. 폐쇄형 간이헤드를 설치하고 반자 아래의 헤드와 반자 속의 헤드를 동일 급수관의 가지관상에 병설하는 경우에는 "나"란의 헤드 수에 따를 것
4. "캐비닛형" 및 "상수도직결형"을 사용하는 경우 주배관은 32, 수평주행배관은 32, 가지배관은 25 이상으로 할 것. 이 경우 최장배관은 2.2.6에 따라 인정받은 길이로 하며 하나의 가지배관에는 간이헤드를 3개 이내로 설치하여야 한다.

> **TIP** [2.2.6] : 캐비닛형 간이스프링클러설비를 사용할 경우 소방청장이 정하여 고시한 「캐비닛형 간이스프링클러설비의 성능인증 및 제품검사의 기술기준」에 적합한 것으로 설치해야 한다.

제5장 화재조기진압용 스프링클러설비

화재조기진압용 스프링클러설비는 랙크식 창고에 설치하여, 고강도 화재(최고 온도가 높은 화재)를 초기에 진압할 목적으로 설치하는 자동식 소화설비이며, 스프링클러헤드에 의해서 적상(물방울 모양) 주수한다. 스프링클러설비에 비해서 방수량 및 방수압력이 크다.

1 설치장소의 구조

화재조기진압용 스프링클러설비를 설치할 장소의 구조는 다음 각 호에 적합하여야 한다.[화재조기진압용 스프링클러설비를 설치할 장소의 구조]
(1) 해당 층의 높이가 13.7 m 이하일 것. 다만, 2층 이상일 경우에는 해당 층의 바닥을 내화구조로 하고 다른 부분과 방화구획할 것
(2) 천장의 기울기가 1,000분의 168을 초과하지 않아야 하고, 이를 초과하는 경우에는 반자를 지면과 수평으로 설치할 것
(3) 천장은 평평하여야 하며 철재나 목재트러스 구조인 경우, 철재나 목재의 돌출부분이 102 ㎜를 초과하지 아니할 것
(4) 보로 사용되는 목재·콘크리트 및 철재 사이의 간격이 0.9 m 이상 2.3 m 이하일 것. 다만, 보의 간격이 2.3 m 이상인 경우에는 화재조기진압용 스프링클러헤드의 동작을 원활히 하기 위하여 보로 구획된 부분의 천장 및 반자의 넓이가 28 ㎡를 초과하지 아니할 것
(5) 창고 내의 선반의 형태는 하부로 물이 침투되는 구조로 할 것

★★★★☆

 문제01 화재조기진압용 스프링클러설비를 설치할 장소의 구조에 대한 적합한 기준 5가지를 쓰시오.

2 수원

(1) 화재조기진압용 스프링클러설비의 수원은 수리학적으로 가장 먼 가지배관 3개에 각각 4개의 스프링클러헤드가 동시에 개방되었을 때 헤드 선단의 압력이 별표3에 의한 값 이상으로 60분간 방사할 수 있는 양으로 계산식은 다음과 같다.

$$수원(Q) = 12개 \times 60\min \times K\sqrt{10P}$$

Q : 수원의 양(ℓ) K : 상수[ℓ/min/(MPa)$^{1/2}$]
P : 헤드 선단의 압력(MPa)

※ [별표 3] 화재조기진압용 스프링클러헤드의 최소방사압력(MPa)

최대 층고	최대 저장높이	화재조기진압용 스프링클러헤드				
		K=360 하향식	K=320 하향식	K=240 하향식	K=240 상향식	K=200 하향식
13.7 m	12.2 m	0.28	0.28	–	–	–
13.7 m	10.7 m	0.28	0.28	–	–	–
12.2 m	10.7 m	0.17	0.28	0.36	0.36	0.52
10.7 m	9.1 m	0.14	0.24	0.36	0.36	0.52
9.1 m	7.6 m	0.10	0.17	0.24	0.24	0.34

(2) 화재조기진압용 스프링클러설비의 수원은 제1항에 따라 산출된 유효수량 외 유효수량의 3분의 1 이상을 옥상(화재조기진압용 스프링클러설비가 설치된 건축물의 주된 옥상을 말한다)에 설치하여야 한다. 다만, 다음 각 호의 어느 하나에 해당하는 경우에는 그러하지 아니하다.[옥상수조를 설치하지 아니할 수 있는 경우]
  1) 옥상이 없는 건축물 또는 공작물
  2) 지하층만 있는 건축물
  3) 고가수조를 가압송수장치로 설치한 경우
  4) 수원이 건축물의 지붕보다 높은 위치에 설치된 경우
  5) 건축물의 높이가 지표면으로부터 10 m 이하인 경우
  6) 주펌프와 동등 이상의 성능이 있는 별도의 펌프로서 내연기관의 기동과 연동하여 작동되거나 비상전원을 연결하여 설치한 경우
  7) 가압수조를 가압송수장치로 설치한 경우

★★★★☆

문제02 화재조기진압용 스프링클러설비의 수원은 유효수량의 3분의 1 이상을 옥상에 설치하여야 한다. 그러하지 아니할 수 있는 경우(옥상수조를 설치하지 아니할 수 있는 경우) 7가지를 쓰시오.[설계21회기출]

(3) 옥상수조(제1항에 따라 산출된 유효수량의 3분의 1 이상을 옥상에 설치한 설비를 말한다)는 이와 연결된 배관을 통하여 상시 소화수를 공급할 수 있는 구조인 특정소방대상물인 경우에는 둘 이상의 특정소방대상물이 있더라도 하나의 특정소방대상물에만 이를 설치할 수 있다.
(4) 화재조기진압용 스프링클러설비의 수원을 수조로 설치하는 경우에는 소방설비의 전용수조로 하여야 한다. 다만, 다음 각 호의 어느 하나에 해당하는 경우에는 그러하지 아니하다.[소방설비 전용수조로 설치하지 아니할 수 있는 경우]
  1) 화재조기진압용 스프링클러설비용 펌프의 풋밸브 또는 흡수배관의 흡수구(수직회전축펌프의 흡수구를 포함한다. 이하 같다)를 다른 설비(소화용 설비 외의 것을 말한다. 이하 같다)의 풋밸브 또는 흡수구보다 낮은 위치에 설치한 때

2) 고가수조로부터 화재조기진압용 스프링클러설비의 수직배관에 물을 공급하는 급수구를 다른 설비의 급수구보다 낮은 위치에 설치한 때

★★★☆☆

문제03 화재조기진압용 스프링클러설비의 수원을 수조로 설치하는 경우에는 소방설비의 전용수조로 하여야 한다. 그러하지 아니할 수 있는 경우(소방설비 전용수조로 설치하지 아니할 수 있는 경우) 2가지를 쓰시오.

(5) 저수량을 산정함에 있어서 다른 설비와 겸용하여 화재조기진압용 스프링클러설비용 수조를 설치하는 경우에는 화재조기진압용 스프링클러설비의 풋밸브·흡수구 또는 수직배관의 급수구와 다른 설비의 풋밸브·흡수구 또는 수직배관의 급수구와의 사이의 수량을 그 유효수량으로 한다.
(6) 화재조기진압용 스프링클러설비용 수조는 다음 각 호의 기준에 따라 설치하여야 한다.[화재조기진압용 스프링클러설비용 수조의 설치기준]
  1) 점검에 편리한 곳에 설치할 것
  2) 동결방지조치를 하거나 동결의 우려가 없는 장소에 설치할 것
  3) 수조의 외측에 수위계를 설치할 것. 다만, 구조상 불가피한 경우에는 수조의 맨홀 등을 통하여 수조 안의 물의 양을 쉽게 확인할 수 있도록 하여야 한다.
  4) 수조의 상단이 바닥보다 높은 때에는 수조의 외측에 고정식 사다리를 설치할 것
  5) 수조가 실내에 설치된 때에는 그 실내에 조명설비를 설치할 것
  6) 수조의 밑 부분에는 청소용 배수밸브 또는 배수관을 설치할 것
  7) 수조의 외측의 보기 쉬운 곳에 **"화재조기진압용 스프링클러설비용 수조"** 라고 표시한 표지를 할 것. 이 경우 그 수조를 다른 설비와 겸용하는 때에는 그 겸용되는 설비의 이름을 표시한 표지를 함께 하여야 한다.
  8) 소화설비용 펌프의 흡수배관 또는 소화설비의 수직배관과 수조의 접속부분에는 **"화재조기진압용 스프링클러설비용 배관"** 이라고 표시한 표지를 할 것. 다만, 수조와 가까운 장소에 소화설비용 펌프가 설치되고 해당 펌프에 "화재조기진압용 스프링클러펌프"라고 표시한 표지를 설치한 때에는 그렇지 않다.

★★★★☆

문제04 화재조기진압용 스프링클러설비용 수조의 설치기준 중 5가지만 쓰시오.

3 가압송수장치

(1) 전동기 또는 내연기관에 따라 펌프를 이용하는 가압송수장치는 다음 각 호의 기준에 따라 설치하여야 한다.
  1) 쉽게 접근할 수 있고 점검하기에 충분한 공간이 있는 장소로서 화재 및 침수 등의 재해로 인한 피해를 받을 우려가 없는 곳에 설치할 것
  2) 동결방지조치를 하거나 동결의 우려가 없는 장소에 설치할 것

3) 펌프는 전용으로 할 것. 다만, 다른 소화설비와 겸용하는 경우 각각의 소화설비의 성능에 지장이 없을 때에는 그러하지 아니하다.
4) 펌프의 토출측에는 압력계를 체크밸브 이전에 펌프 토출측 플랜지에서 가까운 곳에 설치하고, 흡입측에는 연성계 또는 진공계를 설치할 것. 다만, 수원의 수위가 펌프의 위치보다 높거나 수직회전축 펌프의 경우에는 연성계 또는 진공계를 설치하지 아니할 수 있다.
5) 펌프의 성능은 체절운전 시 정격토출압력의 140 %를 초과하지 않고, 정격토출량의 150 %로 운전 시 정격토출압력의 65 % 이상이 되어야 하며, 펌프의 성능을 시험할 수 있는 성능시험배관을 설치할 것. 다만, 충압펌프의 경우에는 그렇지 않다.
6) 가압송수장치에는 체절운전 시 수온의 상승을 방지하기 위한 순환배관을 설치할 것. 다만, 충압펌프의 경우에는 그러하지 아니하다.
7) 기동용 수압개폐장치(압력챔버)를 사용할 경우 그 용적은 100 ℓ 이상의 것으로 할 것
8) 수원의 수위가 펌프보다 낮은 위치에 있는 가압송수장치에는 다음 각 목의 기준에 따른 물올림장치를 설치할 것
   ① 물올림장치에는 전용의 수조를 설치할 것
   ② 수조의 유효수량은 100 L 이상으로 하되, 구경 15 mm 이상의 급수배관에 따라 해당 수조에 물이 계속 보급되도록 할 것

★★★☆☆

 문제05 수원의 수위가 펌프보다 낮은 위치에 있는 가압송수장치에는 물올림장치를 설치하여야 한다. 물올림장치의 설치기준 2가지를 쓰시오.

9) 제5조의 방사량 및 헤드선단의 압력을 충족할 것
10) 기동용 수압개폐장치를 기동장치로 사용하는 경우에는 다음 각 목의 기준에 따른 충압펌프를 설치할 것
    ① 펌프의 토출압력은 그 설비의 최고 위 살수장치의 자연압보다 적어도 0.2 MPa이 더 크도록 하거나 가압송수장치의 정격토출압력과 같게 할 것
    ② 펌프의 정격토출량은 정상적인 누설량 보다 적어서는 아니 되며 화재조기진압용 스프링클러설비가 자동적으로 작동할 수 있도록 충분한 토출량을 유지할 것

★★★☆☆

 문제06 기동용 수압개폐장치를 기동장치로 사용하는 경우에는 충압펌프를 설치하여야 한다. 충압펌프의 설치기준 2가지를 쓰시오.

11) 내연기관을 사용하는 경우에는 제어반에 따라 내연기관의 자동기동 및 수동기동이 가능하고, 상시 충전되어 있는 축전지설비를 갖출 것

12) 가압송수장치에는 "**화재조기진압용 스프링클러펌프**"라고 표시한 표지를 할 것. 이 경우 그 가압송수장치를 다른 설비와 겸용하는 때에는 그 겸용되는 설비의 이름을 표시한 표지를 함께 하여야 한다.

13) 가압송수장치가 기동이 된 경우에는 자동으로 정지되지 아니하도록 하여야 한다. 다만, 충압펌프의 경우에는 그러하지 아니하다.

(2) 고가수조의 자연낙차를 이용한 가압송수장치는 다음 각 호의 기준에 따라 설치하여야 한다.

1) 고가수조의 자연낙차수두(수조의 하단으로부터 최고층에 설치된 헤드까지의 수직거리를 말한다)는 다음의 식에 따라 산출한 수치 이상이 되도록 할 것

$$H = h_1 + h_2$$

H : 필요한 낙차(m)
h_1 : 배관의 마찰손실수두(m)
h_2 : 별표3에 의한 최소 방사압력의 환산수두(m)

2) 고가수조에는 수위계 · 배수관 · 급수관 · 오버플로우관 및 맨홀을 설치할 것

★★★★☆

 문제07 고가수조의 구성 5가지를 쓰시오.

(3) 압력수조를 이용한 가압송수장치는 다음 각 호의 기준에 따라 설치하여야 한다.

1) 압력수조의 압력은 다음의 식에 따라 산출한 수치 이상으로 할 것

$$P = p_1 + p_2 + p_3$$

P : 필요한 압력(MPa)
p_1 : 낙차의 환산수두압(MPa)
p_2 : 배관의 마찰손실수두압(MPa)
p_3 : 별표3에 의한 최소방사압력(MPa)

2) 압력수조에는 수위계 · 급수관 · 배수관 · 급기관 · 맨홀 · 압력계 · 안전장치 및 압력저하 방지를 위한 자동식 공기압축기를 설치할 것

★★★★☆

 문제08 압력수조의 구성 8가지를 쓰시오.

(4) 가압수조를 이용한 가압송수장치는 다음 각 호의 기준에 따라 설치하여야 한다.

1) 가압수조의 압력은 제1항제9호에 따른 방수량 및 방수압이 20분 이상 유지되도록 할 것

2) 가압수조 및 가압원은 「건축법 시행령」 제46조에 따른 방화구획 된 장소에 설치할 것

3) 가압수조를 이용한 가압송수장치는 소방청장이 정하여 고시한 「가압수조식가압송수장치의 성능인증 및 제품검사의 기술기준」에 적합한 것으로 설치할 것

★★☆☆☆

 문제09 가압수조를 이용한 가압송수장치의 설치기준 3가지를 쓰시오.

4 방호구역 · 유수검지장치

화재조기진압용 스프링클러설비의 방호구역(화재조기진압용 스프링클러설비의 소화 범위에 포함된 영역을 말한다) · 유수검지장치는 다음 각 호의 기준에 적합하여야 한다.

1) 하나의 방호구역의 바닥면적은 3,000 m²를 초과하지 아니할 것

$$방호구역 \ 수(구역) = \frac{바닥면적(m^2)}{3,000(m^2/구역)}$$

2) 하나의 방호구역에는 1개 이상의 유수검지장치를 설치하되, 화재 발생 시 접근이 쉽고 점검하기 편리한 장소에 설치할 것
3) 하나의 방호구역은 2개 층에 미치지 아니하도록 할 것. 다만, 1개 층에 설치되는 화재조기진압용 스프링클러헤드의 수가 10개 이하인 경우에는 3개층 이내로 할 수 있다.
4) 유수검지장치를 실내에 설치하거나 보호용 철망 등으로 구획하여 바닥으로부터 0.8 m 이상 1.5 m 이하의 위치에 설치하되, 그 실 등에는 개구부가 가로 0.5 m 이상 세로 1 m 이상의 출입문을 설치하고 그 출입문 상단에 "**유수검지장치실**"이라고 표시한 표지를 설치할 것. 다만, 유수검지장치를 기계실(공조용기계실을 포함한다) 안에 설치하는 경우에는 별도의 실 또는 보호용 철망을 설치하지 아니하고 기계실 출입문 상단에 "**유수검지장치실**"이라고 표시한 표지를 설치할 수 있다.
5) 화재조기진압용 스프링클러헤드에 공급되는 물은 유수검지장치를 지나도록 할 것. 다만, 송수구를 통하여 공급되는 물은 그러하지 아니하다.
6) 자연낙차에 따른 압력수가 흐르는 배관 상에 설치된 유수검지장치는 화재 시 물의 흐름을 검지할 수 있는 최소한의 압력이 얻어질 수 있도록 수조의 하단으로부터 낙차를 두어 설치할 것

5 배관

(1) 화재조기진압용 스프링클러설비의 배관은 습식으로 하여야 한다
(2) 배관과 배관이음쇠는 다음의 어느 하나에 해당하는 것 또는 동등 이상의 강도 · 내식성 및 내열성 등을 국내 · 외 공인기관으로부터 인정받은 것을 사용해야 하고, 배관용 스테인리스 강관(KS D 3576)의 이음을 용접으로 할 경우에는 텅스텐 불활성 가스 아크 용접(Tungsten Inertgas Arc Welding)방식에 따른다. 다만, 2.5에서 정하지 않은 사항은 「건설기술 진흥법」 제44조제1항의 규정에 따른 "건설기준"에 따른다.

★★★☆☆

문제10 화재조기진압용 스프링클러설비의 배관은 습식으로 하여야 한다. 다음 각각의 경우 배관의 사용기준을 쓰시오.
1) 배관 내 사용압력이 1.2 MPa 미만일 경우
2) 배관 내 사용압력이 1.2 MPa 이상일 경우

(3) 제2항에도 불구하고 다음 각 호의 어느 하나에 해당하는 장소에는 법 제39조에 따라 제품검사에 합격한 소방용 합성수지배관으로 설치할 수 있다.
 1) 배관을 지하에 매설하는 경우
 2) 다른 부분과 내화구조로 구획된 덕트 또는 피트의 내부에 설치하는 경우
 3) 천장(상층이 있는 경우에는 상층바닥의 하단을 포함한다. 이하 같다)과 반자를 불연재료 또는 준불연 재료로 설치하고 소화배관 내부에 항상 소화수가 채워진 상태로 설치하는 경우

★★★☆☆

문제11 소방용 합성수지배관으로 설치할 수 있는 경우 3가지를 쓰시오.

(4) 급수배관은 다음 각 호의 기준에 따라 설치하여야 한다.
 1) 전용으로 할 것. 다만, 화재조기진압용 스프링클러설비의 기동장치의 조작과 동시에 다른 설비의 용도에 사용하는 배관의 송수를 차단할 수 있거나, 화재조기진압용 스프링클러의 성능에 지장이 없는 경우에는 다른 설비와 겸용할 수 있다.
 2) 급수배관에 설치되어 급수를 차단할 수 있는 개폐밸브는 개폐표시형으로 할 것. 이 경우 펌프의 흡입측 배관에는 버터플라이밸브 외의 개폐표시형 밸브를 설치해야 한다.
 3) 배관의 구경은 제5조제1항에 적합하도록 수리계산에 따라 설치할 것. 다만, 이 경우 가지배관의 유속은 6m/s, 그 밖의 배관의 유속은 10m/s를 초과할 수 없다.
(5) 펌프의 흡입측 배관은 다음 각 호의 기준에 따라 설치하여야 한다.
 1) 공기고임이 생기지 아니하는 구조로 하고 여과장치를 설치할 것
 2) 수조가 펌프보다 낮게 설치된 경우에는 각 펌프(충압펌프를 포함한다)마다 수조로부터 별도로 설치할 것

★★★☆☆

문제12 펌프 흡입측 배관의 설치기준 2가지를 쓰시오.

(6) 삭제 <2024.7.1.>
(7) 펌프의 성능시험배관은 다음의 기준에 적합하도록 설치해야 한다.[**성능시험배관의 설치기준**]
 1) 성능시험배관은 펌프의 토출 측에 설치된 개폐밸브 이전에서 분기하여 직선으

로 설치하고, 유량측정장치를 기준으로 전단 직관부에는 개폐밸브를 후단 직관부에는 유량조절밸브를 설치할 것. 이 경우 개폐밸브와 유량측정장치 사이의 직관부 거리 및 유량측정장치와 유량조절밸브 사이의 직관부 거리는 해당 유량측정장치 제조사의 설치사양에 따르고, 성능시험배관의 호칭지름은 유량측정장치의 호칭지름에 따른다.
2) 유량측정장치는 펌프의 정격토출량의 175 % 이상까지 측정할 수 있는 성능이 있을 것

★★★☆☆

 문제13 펌프의 성능 및 성능시험배관의 설치기준 2가지를 쓰시오.

(8) 가압송수장치의 체절운전 시 수온의 상승을 방지하기 위하여 체크밸브와 펌프 사이에서 분기한 구경 20 ㎜ 이상의 배관에 체절압력 미만에서 개방되는 릴리프 밸브를 설치하여야 한다.
(9) 배관은 동결방지조치를 하거나 동결의 우려가 없는 장소에 설치해야 한다. 다만, 보온재를 사용할 경우에는 난연재료 성능 이상의 것으로 해야 한다.
(10) 가지배관의 배열은 다음 각 호의 기준에 따른다.
 1) 토너먼트(tournament)방식이 아닐 것
 2) 가지배관 사이의 거리는 2.4 m 이상 3.7 m 이하로 할 것. 다만, 천장의 높이가 9.1 m 이상 13.7 m 이하인 경우에는 2.4 m 이상 3.1 m 이하로 한다.
 3) 교차배관에서 분기되는 지점을 기점으로 한쪽 가지배관에 설치되는 헤드의 개수(반자 아래와 반자 속의 헤드를 하나의 가지배관 상에 병설하는 경우에는 반자 아래에 설치하는 헤드의 개수)는 8개 이하로 할 것. 다만, 다음 각 목의 어느 하나에 해당하는 경우에는 그러하지 아니하다.
  ① 기존의 방호구역 안에서 칸막이 등으로 구획하여 1개의 헤드를 증설하는 경우
  ② **격자형 배관방식**(2 이상의 수평주행배관 사이를 가지배관으로 연결하는 방식을 말한다)을 채택하는 때에는 펌프의 용량, 배관의 구경 등을 수리학적으로 계산한 결과 헤드의 방수압 및 방수량이 소화목적을 달성하는 데 충분하다고 인정되는 경우. 다만, 중앙소방기술심의위원회 또는 지방소방기술심의위원회의 심의를 거친 경우에 한한다.
 4) 가지배관과 헤드 사이의 배관을 신축배관으로 하는 경우에는 소방청장이 정하여 고시한 「스프링클러설비신축배관의 성능인증 및 제품검사의 기술기준」에 적합한 것으로 설치할 것. 이 경우 신축배관의 설치 길이는 「스프링클러설비의 화재안전기술기준(NFTC 103)」의 2.7.3의 거리를 초과하지 않을 것
(11) 교차배관의 위치·청소구 및 가지배관의 헤드 설치는 다음 각 호의 기준에 따른다.
 1) 교차배관은 가지배관과 수평으로 설치하거나 또는 가지배관 밑에 설치하고, 그 구경은 제4항제3호에 따르되, 최소 구경이 40㎜ 이상이 되도록 할 것

2) 청소구는 교차배관 끝에 40 mm 이상 크기의 개폐밸브를 설치하고, 호스 접결이 가능한 나사식 또는 고정배수 배관식으로 할 것. 이 경우 나사식의 개폐밸브는 옥내소화전 호스 접결용의 것으로 하고, 나사 보호용의 캡으로 마감하여야 한다.
3) 하향식 헤드를 설치하는 경우에 가지배관으로부터 헤드에 이르는 헤드 접속 배관은 가지관 상부에서 분기할 것. 다만, 소화설비용 수원의 수질이 「먹는물관리법」 제5조에 따라 먹는 물의 수질기준에 적합하고 덮개가 있는 저수조로부터 물을 공급받는 경우에는 가지배관의 측면 또는 하부에서 분기할 수 있다.

(12) 유수검지장치를 시험할 수 있는 시험장치를 다음 각 호의 기준에 따라 설치하여야 한다.
1) 유수검지장치 2차측 배관에 연결하여 설치할 것
2) 시험장치 배관의 구경은 32 mm 이상으로 하고, 그 끝에 개방형헤드 또는 화재조기진압용스프링클러헤드와 동등한 방수성능을 가진 오리피스를 설치할 것. 이 경우 개방형헤드는 반사판 및 프레임을 제거한 오리피스만으로 설치할 수 있다.
3) 시험배관의 끝에는 물받이통 및 배수관을 설치하여 시험 중 방사된 물이 바닥에 흘러내리지 아니하도록 할 것. 다만, 목욕실·화장실 또는 그 밖의 곳으로서 배수처리가 쉬운 장소에 시험배관을 설치한 경우에는 그러하지 아니하다.

★★★☆☆

 문제14 유수검지장치를 시험할 수 있는 시험장치의 설치기준 3가지를 쓰시오.

(13) 배관에 설치되는 행가는 다음 각 호의 기준에 따라 설치하여야 한다.
1) 가지배관에는 헤드의 설치지점 사이마다 1개 이상의 행가를 설치하되, 헤드간의 거리가 3.5 m를 초과하는 경우에는 3.5 m 이내마다 1개 이상 설치할 것. 이 경우 상향식헤드와 행가 사이에는 8 cm 이상의 간격을 두어야 한다.
2) 교차배관에는 가지배관과 가지배관 사이마다 1개 이상의 행가를 설치하되, 가지배관 사이의 거리가 4.5 m를 초과하는 경우에는 4.5 m 이내마다 1개 이상 설치할 것
3) 제1호와 제2호의 수평주행배관에는 4.5 m 이내마다 1개 이상 설치할 것
(14) 수직배수배관의 구경은 50 mm 이상으로 하여야 한다.
(15) 급수배관에 설치되어 급수를 차단할 수 있는 개폐밸브에는 그 밸브의 개폐상태를 감시제어반에서 확인할 수 있도록 급수개폐밸브 작동표시스위치를 다음 각 호의 기준에 따라 설치하여야 한다.
1) 급수개폐밸브가 잠길 경우 탬퍼스위치의 동작으로 인하여 감시제어반 또는 수신기에 표시되어야 하며 경보음을 발할 것
2) 탬퍼스위치는 감시제어반 또는 수신기에서 동작의 유무 확인과 동작시험, 도통시험을 할 수 있을 것
3) 급수개폐밸브의 작동표시스위치에 사용되는 전기배선은 내화전선 또는 내열전선으로 설치할 것

★★★☆☆

 문제15 급수배관에 설치되어 급수를 차단할 수 있는 개폐밸브에는 그 밸브의 개폐 상태를 감시제어반에서 확인할 수 있도록 급수개폐밸브 작동표시스위치를 설치하여야 한다. 급수개폐밸브 작동표시스위치(탬퍼스위치)의 설치기준 3가지를 쓰시오.

(16) 화재조기진압용 스프링클러설비 배관을 수평으로 하여야 한다. 다만, 배관의 구조상 소화수가 남아 있는 곳에는 배수밸브를 설치할 수 있다.

(17) 배관은 다른 설비의 배관과 쉽게 구분이 될 수 있는 위치에 설치하거나, 그 배관표면 또는 배관 보온재표면의 색상은 「한국산업표준(배관계의 식별 표시, KS A 0503)」 또는 적색으로 식별이 가능하도록 소방용설비의 배관임을 표시해야 한다.

6 음향장치 및 기동장치

(1) 화재조기진압용 스프링클러설비의 음향장치 및 기동장치는 다음 각 호의 기준에 따라 설치하여야 한다.
  1) 유수검지장치를 사용하는 설비는 헤드가 개방되면 유수검지장치가 화재신호를 발신하고 그에 따라 음향장치가 경보되도록 할 것
  2) 음향장치는 유수검지장치의 담당구역마다 설치하되 그 구역의 각 부분으로부터 하나의 음향장치까지의 수평거리는 25 m 이하가 되도록 할 것
  3) 음향장치는 경종 또는 사이렌(전자식 사이렌을 포함한다)으로 하되, 주위의 소음 및 다른 용도의 경보와 구별이 가능한 음색으로 할 것. 이 경우 경종 또는 사이렌은 자동화재탐지설비·비상벨설비 또는 자동식사이렌설비의 음향장치와 겸용할 수 있다.
  4) 주음향장치는 수신기의 내부 또는 그 직근에 설치할 것
  5) 층수가 11층(공동주택의 경우 16층) 이상의 특정소방대상물은 다음의 기준에 따라 경보를 발할 수 있도록 해야 한다. <개정 2023.2.10.>
    ① 2층 이상의 층에서 발화한 때에는 발화층 및 그 직상 4개 층에 경보를 발할 수 있도록 할 것 <개정 2023.2.10.>
    ② 1층에서 발화한 때에는 발화층·그 직상 4개층 및 지하층에 경보를 발할 수 있도록 할 것 <개정 2023.2.10.>
    ③ 지하층에서 발화한 때에는 발화층·그 직상층 및 기타의 지하층에 경보를 발할 수 있도록 할 것
  6) 음향장치는 다음 각 목의 기준에 따른 구조 및 성능의 것으로 할 것
    ① 정격전압의 80% 전압에서 음향을 발할 수 있는 것으로 할 것
    ② 음향의 크기는 부착된 음향장치의 중심으로부터 1 m 떨어진 위치에서 90 dB 이상이 되는 것으로 할 것

(2) 화재조기진압용 스프링클러설비의 가압송수장치로서 펌프가 설치되는 경우에는 그 펌프의 작동은 유수검지장치의 발신이나 기동용 수압개폐장치에 따라 작동되거나 또는 이 두 가지의 혼용에 따라 작동될 수 있도록 하여야 한다.

★★★☆☆

문제16 화재조기진압용 스프링클러설비의 가압송수장치로서 펌프가 설치되는 경우에 그 펌프의 작동방법을 쓰시오.

7 헤드

화재조기진압용 스프링클러설비의 헤드는 다음 각 호에 적합하여야 한다.
(1) 헤드 하나의 방호면적은 6.0 m² 이상 9.3 m² 이하로 할 것
(2) 가지배관의 헤드 사이의 거리는 천장의 높이가 9.1 m 미만인 경우에는 2.4 m 이상 3.7 m 이하로, 9.1 m 이상 13.7 m 이하인 경우에는 3.1 m 이하로 할 것

구분	천장의 높이	
	9.1 m 미만인 경우	9.1 m 이상 13.7 m 이하인 경우
가지배관의 헤드 사이의 거리	2.4 m 이상 3.7 m 이하	3.1 m 이하
가지배관 사이의 거리	2.4 m 이상 3.7 m 이하	2.4 m 이상 3.1 m 이하

(3) 헤드의 반사판은 천장 또는 반자와 평행하게 설치하고 저장물의 최상부와 914 ㎜ 이상 확보되도록 할 것
(4) 하향식 헤드의 반사판의 위치는 천장이나 반자 아래 125 ㎜ 이상 355 ㎜ 이하일 것
(5) 상향식 헤드의 감지부 중앙은 천장 또는 반자와 101 ㎜ 이상 152 ㎜ 이하이어야 하며, 반사판의 위치는 스프링클러배관의 윗부분에서 최소 178 ㎜ 상부에 설치되도록 할 것
(6) 헤드와 벽과의 거리는 헤드 상호간 거리의 2분의 1을 초과하지 않아야 하며 최소 102 ㎜ 이상일 것
(7) 헤드의 작동온도는 74℃ 이하일 것. 다만, 헤드 주위의 온도가 38 ℃ 이상의 경우에는 그 온도에서의 화재시험 등에서 헤드 작동에 관하여 공인기관의 시험을 거친 것을 사용할 것
(8) 헤드의 살수분포에 장애를 주는 장애물이 있는 경우에는 다음 각 목의 어느 하나에 적합할 것
  1) 천장 또는 천장 근처에 있는 장애물과 반사판의 위치는 별도 1 또는 별도 2와 같이 하며, 천장 또는 천장 근처에 보·덕트·기둥·난방기구·조명기구·전선관 및 배관 등의 기타 장애물이 있는 경우에는 장애물과 헤드 사이의 수평거리에 따른 장애물의 하단과 그 보다 윗부분에 설치되는 헤드 반사판 사이의 수직거리는 별표 1 또는 별도 3에 따를 것

2) 헤드 아래에 덕트·전선관·난방용 배관 등이 설치되어 헤드의 살수를 방해하는 경우에는 별표 1 또는 별도 3에 따를 것. 다만, 2개 이상의 헤드의 살수를 방해하는 경우에는 별표 2를 참고로 한다.

(9) 상부에 설치된 헤드의 방출수에 따라 감열부에 영향을 받을 우려가 있는 헤드에는 방출수를 차단할 수 있는 유효한 차폐판을 설치할 것

> **용어** "화재조기진압용 스프링클러헤드"란 특정 높은 장소의 화재 위험에 대하여 조기에 진화할 수 있도록 설계된 스프링클러헤드를 말한다.

8 저장물의 간격

저장물품 사이의 간격은 모든 방향에서 152㎜ 이상의 간격을 유지하여야 한다.

9 환기구

화재조기진압용 스프링클러설비의 환기구는 다음 각 호에 적합하여야 한다.
(1) 공기의 유동으로 인하여 헤드의 작동온도에 영향을 주지 않는 구조일 것
(2) 화재감지기와 연동하여 동작하는 자동식 환기장치를 설치하지 아니할 것. 다만, 자동식 환기장치를 설치할 경우에는 최소 작동온도가 180 ℃ 이상일 것

10 송수구

화재조기진압용 스프링클러설비에는 소방차로부터 그 설비에 송수할 수 있는 송수구를 다음 각 호의 기준에 따라 설치하여야 한다.
(1) 소방차가 쉽게 접근할 수 있고 잘 보이는 장소에 설치하고, 화재층으로부터 지면으로 떨어지는 유리창 등이 송수 및 그 밖의 소화작업에 지장을 주지 않는 장소에 설치할 것
(2) 송수구로부터 주배관에 이르는 연결배관에 개폐밸브를 설치한 때에는 그 개폐상태를 쉽게 확인 및 조작할 수 있는 옥외 또는 기계실 등의 장소에 설치할 것
(3) 구경 65㎜의 쌍구형으로 할 것
(4) 송수구에는 그 가까운 곳의 보기 쉬운 곳에 송수압력범위를 표시한 표지를 할 것
(5) 송수구는 하나의 층의 바닥면적이 3,000 ㎡를 넘을 때마다 1개(5개를 넘을 경우에는 5개로 한다) 이상을 설치할 것
(6) 지면으로부터 높이가 0.5 m 이상 1 m 이하의 위치에 설치할 것
(7) 송수구의 부근에는 자동배수밸브(또는 직경 5㎜의 배수공) 및 체크밸브를 다음의 기준에 따라 설치할 것. 이 경우 자동배수밸브는 배관안의 물이 잘 빠질 수 있는 위치에 설치하되, 배수로 인하여 다른 물건이나 장소에 피해를 주지 않아야 한다.
(8) 송수구에는 이물질을 막기 위한 마개를 씌어야 한다.

★★★☆☆

예상 **문제17** 화재조기진압용 스프링클러설비에는 소방차로부터 그 설비에 송수할 수 있는 송수구를 설치하여야 한다. 송수구의 설치기준 중 5가지를 쓰시오.

⑪ 전원

(1) 화재조기진압용 스프링클러설비에는 다음 각 호의 기준에 따른 상용전원회로의 배선을 설치하여야 한다. 다만, 가압수조방식으로서 모든 기능이 20분 이상 유효하게 지속될 수 있는 경우에는 그러하지 아니하다.
  1) 저압수전인 경우에는 인입개폐기의 직후에서 분기하여 전용 배선으로 하여야 하며, 전용의 전선관에 보호되도록 할 것
  2) 특별고압수전 또는 고압수전일 경우에는 전력용 변압기 2차측의 주차단기 1차측에서 분기하여 전용배선으로 하되, 상용전원의 상시 공급에 지장이 없을 경우에는 주차단기 2차측에서 분기하여 전용 배선으로 할 것. 다만, 가압송수장치의 정격입력전압이 수전전압과 같은 경우에는 제1호의 기준에 따른다.

★★★☆☆

예상 **문제18** 화재조기진압용 스프링클러설비에는 상용전원회로의 배선을 설치하여야 한다. 다음 각각의 경우 그 설치기준을 쓰시오.
  1. 저압수전인 경우
  2. 특별고압수전 또는 고압수전일 경우

(2) 화재조기진압용 스프링클러설비에는 자가발전설비, 축전지설비 또는 전기저장장치에 따른 비상전원을 설치하여야 한다. 다만, 2 이상의 변전소(「전기사업법」제67조에 따른 변전소를 말한다. 이하 같다)에서 전력을 동시에 공급받을 수 있거나 하나의 변전소로부터 전력의 공급이 중단되는 때에는 자동으로 다른 변전소로부터 전력을 공급받을 수 있도록 상용전원을 설치한 경우와 가압수조방식에는 비상전원을 설치하지 아니할 수 있다.

★★★☆☆

예상 **문제19** 화재조기진압용 스프링클러설비에 대한 다음 각 물음에 답하시오.
  1) 설치할 수 있는 비상전원의 종류 2가지
  2) 비상전원을 설치하지 아니할 수 있는 경우(또는 방식) 3가지

(3) 제2항에 따라 비상전원 중 자가발전설비, 축전지설비(내연기관에 따른 펌프를 설치한 경우에는 내연기관의 기동 및 제어용축전지를 말한다) 또는 전기저장장치(외부 전기에너지를 저장해 두었다가 필요한 때 전기를 공급하는 장치)는 다음 각 호의 기준에 따라 설치하여야 한다.
  1) 점검에 편리하고 화재 및 침수 등의 재해로 인한 피해를 받을 우려가 없는 곳에 설치할 것

2) 화재조기진압용 스프링클러설비를 유효하게 20분 이상 작동할 수 있어야 할 것
3) 상용전원으로부터 전력의 공급이 중단된 때에는 자동으로 비상전원으로부터 전력을 공급받을 수 있도록 할 것
4) 비상전원(내연기관의 기동 및 제어용 축전지를 제외한다)의 설치 장소는 다른 장소와 방화구획할 것. 이 경우 그 장소에는 비상전원의 공급에 필요한 기구나 설비 외의 것(열병합발전설비에 필요한 기구나 설비는 제외한다)을 두어서는 아니 된다.
5) 비상전원을 실내에 설치하는 때에는 그 실내에 비상조명등을 설치할 것

★★★★☆

 문제20 비상전원 중 자가발전설비 또는 축전지설비의 설치기준 5가지를 쓰시오.

12 제어반

(1) 화재조기진압용 스프링클러설비에는 제어반을 설치하되, 감시제어반과 동력제어반으로 구분하여 설치하여야 한다. 다만, 다음 각 호의 어느 하나에 해당하는 경우에는 감시제어반과 동력제어반으로 구분하여 설치하지 아니할 수 있다.[**감시제어반과 동력제어반으로 구분하여 설치하지 아니할 수 있는 경우**]
 1) 다음 각 목의 어느 하나에 해당하지 아니하는 특정소방대상물에 설치되는 화재조기진압용 스프링클러설비
  ㉮ 지하층을 제외한 층수가 7층 이상으로서 연면적이 2,000 m² 이상인 것
  ㉯ 가목에 해당하지 아니하는 특정소방대상물로서 지하층의 바닥면적의 합계가 3,000 m² 이상인 것. 다만, 차고·주차장 또는 보일러실·기계실·전기실 등 이와 유사한 장소의 면적은 제외한다.
 2) 내연기관에 따른 가압송수장치를 사용하는 경우
 3) 고가수조에 따른 가압송수장치를 사용하는 경우
 4) 가압수조에 따른 가압송수장치를 사용하는 경우

★★★☆☆

 문제21 감시제어반과 동력제어반으로 구분하여 설치하지 아니할 수 있는 경우 4가지를 쓰시오.

(2) 감시제어반의 기능은 다음 각 호의 기준에 적합하여야 한다. 다만, 제1항 각 호의 어느 하나에 해당하는 경우에는 제3호 및 제5호의 규정을 적용하지 아니한다.[**감시제어반의 기능**]
 1) 각 펌프의 작동 여부를 확인할 수 있는 표시등 및 음향경보기능이 있어야 할 것
 2) 각 펌프를 자동 및 수동으로 작동시키거나 중단시킬 수 있어야 한다.
 3) 비상전원을 설치한 경우에는 상용전원 및 비상전원의 공급 여부를 확인할 수 있어야 할 것

4) 수조 또는 물올림수조가 저수위로 될 때 표시등 및 음향으로 경보할 것
5) 예비전원이 확보되고 예비전원의 적합 여부를 시험할 수 있어야 할 것

★★★★★

 문제22 감시제어반의 기능 5가지를 쓰시오.

(3) 감시제어반은 다음 각 호의 기준에 따라 설치하여야 한다.
1) 화재 및 침수 등의 재해로 인한 피해를 받을 우려가 없는 곳에 설치할 것
2) 감시제어반은 스프링클러설비의 전용으로 할 것. 다만, 스프링클러설비의 제어에 지장이 없는 경우에는 다른 설비와 겸용할 수 있다.
3) 감시제어반은 다음 각 목의 기준에 따른 전용실 안에 설치할 것. 다만 제1항 각 호의 어느 하나에 해당하는 경우와 공장, 발전소 등에서 설비를 집중 제어·운전할 목적으로 설치하는 중앙제어실 내에 감시제어반을 설치하는 경우에는 그러하지 아니하다.
   ① 다른 부분과 방화구획을 할 것. 이 경우 전용실의 벽에는 기계실 또는 전기실 등의 감시를 위하여 두께 7㎜ 이상의 망입유리(두께 16.3㎜ 이상의 접합유리 또는 두께 28㎜ 이상의 복층유리를 포함한다)로 된 4㎡ 미만의 붙박이창을 설치할 수 있다.
   ② 피난층 또는 지하 1층에 설치할 것. 다만, 다음의 어느 하나에 해당하는 경우에는 지상 2층에 설치하거나 지하 1층 외의 지하층에 설치할 수 있다.
      ㉮ 「건축법 시행령」제35조에 따라 특별피난계단이 설치되고 그 계단(부속실을 포함한다) 출입구로부터 보행거리 5m 이내에 전용실의 출입구가 있는 경우
      ㉯ 아파트의 관리동(관리동이 없는 경우에는 경비실)에 설치하는 경우
   ③ 비상조명등 및 급·배기설비를 설치할 것
   ④ 「무선통신보조설비의 화재안전기술기준(NFTC 505)」 2.2.3에 따라 유효하게 통신이 가능할 것(영 별표 4의 제5호마목에 따른 무선통신보조설비가 설치된 특정소방대상물에 한한다)
   ⑤ 바닥면적은 감시제어반의 설치에 필요한 면적 외에 화재 시 소방대원이 그 감시제어반의 조작에 필요한 최소 면적 이상으로 할 것
4) 제3호에 따른 전용실에는 특정소방대상물의 기계·기구 또는 시설 등의 제어 및 감시설비 외의 것을 두지 아니할 것
5) 각 유수검지장치의 작동 여부를 확인할 수 있는 표시 및 경보기능이 있도록 할 것
6) 다음 각 목의 확인회로마다 도통시험 및 작동시험을 할 수 있도록 할 것[**도통시험 및 작동시험을 할 수 있도록 해야 하는 회로**]
   ① 기동용 수압개폐장치의 압력스위치회로

② 수조 또는 물올림수조의 저수위감시회로
③ 유수검지장치 또는 압력스위치회로
④ 급수배관에 설치되어 급수를 차단할 수 있는 개폐밸브의 폐쇄상태 확인회로
⑤ 그 밖의 이와 비슷한 회로

★★★☆☆

 문제23 도통시험 및 작동시험을 할 수 있도록 해야 하는 회로 4가지를 쓰시오.

7) 감시제어반과 자동화재탐지설비의 수신기를 별도의 장소에 설치하는 경우에는 이들 상호간 연동하여 화재발생 및 2.12.2.1, 2.12.2.3 및 2.12.2.4의 기능을 확인할 수 있도록 할 것

 [2.12.2.1] : 각 펌프의 작동여부를 확인할 수 있는 표시등 및 음향경보기능이 있어야 할 것
[2.12.2.3] : 비상전원을 설치한 경우에는 상용전원 및 비상전원의 공급여부를 확인할 수 있어야 할 것
[2.12.2.4] : 수조 또는 물올림수조가 저수위로 될 때 표시등 및 음향으로 경보할 것

(4) 동력제어반은 다음 각 호의 기준에 따라 설치하여야 한다. [**동력제어반의 설치기준**]
  1) 앞면은 적색으로 하고 "**화재조기진압용 스프링클러설비용 동력제어반**"이라고 표시한 표지를 설치할 것
  2) 외함은 두께 1.5㎜ 이상의 강판 또는 이와 동등 이상의 강도 및 내열성능이 있는 것으로 할 것
  3) 화재 및 침수 등의 재해로 인한 피해를 받을 우려가 없는 곳에 설치할 것
  4) 동력제어반은 스프링클러설비의 전용으로 할 것. 다만, 스프링클러설비의 제어에 지장이 없는 경우에는 다른 설비와 겸용할 수 있다.

★★★☆☆

 문제24 동력제어반의 설치기준 4가지를 쓰시오.

13 배선 등

(1) 화재조기진압용 스프링클러설비 배선은 「전기사업법」 제67조에 따른 기술기준에서 정한 것 외에 다음 각 호의 기준에 따라 설치하여야 한다.
  1) 비상전원을 설치한 경우에는 비상전원으로부터 동력제어반 및 가압송수장치에 이르는 전원회로의 배선은 내화배선으로 할 것. 다만, 자가발전설비와 동력제어반이 동일한 실에 설치된 경우에는 자가발전기로부터 그 제어반에 이르는 전원회로의 배선은 그렇지 않다.
  2) 상용전원으로부터 동력제어반에 이르는 배선, 그 밖의 스프링클러설비의 감시·조작 또는 표시등회로의 배선은 내화배선 또는 내열배선으로 할 것. 다

만, 감시제어반 또는 동력제어반 안의 감시·조작 또는 표시등회로의 배선은 그러하지 아니하다.

★★★☆☆

> **문제25** 다음 각 물음에 답하시오.
> 1) 비상전원으로부터 동력제어반 및 가압송수장치에 이르는 전원회로배선은 내화배선으로 하여야 한다. 그러하지 아니할 수 있는 배선(내화배선으로 설치하지 아니할 수 있는 배선)을 쓰시오.
> 2) 상용전원으로부터 동력제어반에 이르는 배선, 그 밖의 스프링클러설비의 감시·조작 또는 표시등회로의 배선은 내화배선 또는 내열배선으로 하여야 한다. 그러하지 아니할 수 있는 배선(내화배선 또는 내열배선으로 설치하지 아니할 수 있는 배선)을 쓰시오.

(2) 제1항에 따른 내화배선 및 내열배선에 사용되는 전선의 종류 및 설치방법은 「옥내소화전설비의 화재안전기술기준(NFTC 102)」 2.7.2의 표 2.7.2(1) 및 표 2.7.2(2)의 기준에 따른다.
(3) 화재조기진압용 스프링클러설비의 과전류차단기 및 개폐기에는 "**화재조기진압용 스프링클러설비용**"이라고 표시한 표지를 하여야 한다.
(4) 화재조기진압용 스프링클러설비용 전기배선의 양단 및 접속단자에는 다음 각 호의 기준에 따라 표지하여야 한다.
  1) 단자에는 "**화재조기진압용 스프링클러설비단자**"라고 표시한 표지를 부착할 것
  2) 소화설비용 전기배선의 양단에는 다른 배선과 식별이 용이하도록 표시할 것

14 설치 제외

다음 각 호에 해당하는 물품의 경우에는 화재조기진압용 스프링클러를 설치하여서는 아니 된다. 다만, 물품에 대한 화재시험 등 공인기관의 시험을 받은 것은 제외한다.[**화재조기진압용 스프링클러를 설치하여서는 안 되는 물품**]

(1) 제4류 위험물
(2) 타이어, 두루마리 종이 및 섬유류, 섬유제품 등 연소 시 화염의 속도가 빠르고 방사된 물이 하부까지에 도달하지 못하는 것

★★★★☆

> **문제26** 화재조기진압용 스프링클러를 설치하여서는 안 되는 물품 2가지를 쓰시오.

15 수원 및 가압송수장치의 펌프 등의 겸용

(1) 화재조기진압용 스프링클러설비의 수원을 옥내소화전설비·스프링클러설비·간이스프링클러설비·물분무소화설비·포소화전설비 및 옥외소화전설비의 수원과 겸용하여 설치하는 경우의 저수량은 각 소화설비에 필요한 저수량을 합한 양 이

상이 되도록 하여야 한다. 다만, 이들 소화설비 중 고정식 소화설비(펌프·배관과 소화수 또는 소화약제를 최종 방출하는 방출구가 고정된 설비를 말한다)가 2 이상 설치되어 있고, 그 소화설비가 설치된 부분이 방화벽과 방화문으로 구획되어 있는 경우에는 각 고정식 소화설비에 필요한 저수량 중 최대의 것 이상으로 할 수 있다.

(2) 화재조기진압용 스프링클러설비의 가압송수장치로 사용하는 펌프를 옥내소화전설비·스프링클러설비·간이스프링클러설비·물분무소화설비·포소화설비 및 옥외소화전설비의 가압송수장치와 겸용하여 설치하는 경우의 펌프의 토출량은 각 소화설비에 해당하는 토출량을 합한 양 이상이 되도록 하여야 한다. 다만, 이들 소화설비 중 고정식 소화설비가 2 이상 설치되어 있고, 그 소화설비가 설치된 부분이 방화벽과 방화문으로 구획되어 있으며 각 소화설비에 지장이 없는 경우에는 펌프의 토출량 중 최대의 것 이상으로 할 수 있다.

(3) 옥내소화전설비·스프링클러설비·간이스프링클러설비·화재조기진압용 스프링클러설비·물분무소화설비·포소화설비 및 옥외소화전설비의 가압송수장치에 있어서 각 토출측 배관과 일반급수용의 가압송수장치의 토출측 배관을 상호 연결하여 화재 시 사용할 수 있다. 이 경우 연결 배관에는 개폐표시형밸브를 설치하여야 하며, 각 소화설비의 성능에 지장이 없도록 하여야 한다.

(4) 화재조기진압용 스프링클러설비의 송수구를 옥내소화전설비·스프링클러설비·간이스프링클러설비·물분무소화설비·포소화설비 또는 연결살수설비의 송수구와 겸용으로 설치하는 경우에는 스프링클러설비의 송수구의 설치기준에 따르되 각각의 소화설비의 기능에 지장이 없도록 해야 한다.

16 보 또는 기타 장애물 아래에 헤드가 설치된 경우의 반사판 위치[별표 1]

장애물과 헤드 사이의 수평거리	장애물의 하단과 헤드의 반사판 사이의 수직거리	장애물과 헤드 사이의 수평거리	장애물의 하단과 헤드의 반사판 사이의 수직거리
0.3 m 미만	0 mm	1.1 m 이상 ~ 1.2 m 미만	300 mm
0.3 m 이상 ~ 0.5 m 미만	40 mm	1.2 m 이상 ~ 1.4 m 미만	380 mm
0.5 m 이상 ~ 0.7 m 미만	75 mm	1.4 m 이상 ~ 1.5 m 미만	460 mm
0.7 m 이상 ~ 0.8 m 미만	140 mm	1.5 m 이상 ~ 1.7 m 미만	560 mm
0.8 m 이상 ~ 0.9 m 미만	200 mm	1.7 m 이상 ~ 1.8 m 미만	660 mm
0.9 m 이상 ~ 1.1 m 미만	250 mm	1.8 m 이상	790 mm

17 저장물 위에 장애물이 있는 경우의 헤드설치 기준[별표 2]

장애물의 류(폭)		조 건
돌출 장애물	0.6 m 이하	1. 별표 1 또는 별도 2에 적합하거나 2. 장애물의 끝 부근에서 헤드 반사판까지의 수평거리가 0.3 m 이하로 설치할 것
	0.6 m 초과	별표 1 또는 별도 3에 적합할 것
연속 장애물	5 cm 이하	1. 별표 1 또는 별도 3에 적합하거나 2. 장애물이 헤드 반사판 아래 0.6 m 이하로 설치된 경우는 허용한다.
	5 cm 초과 ~ 0.3 m 이하	1. 별표 1 또는 별도 3에 적합하거나 2. 장애물의 끝 부근에서 헤드 반사판까지의 수평거리가 0.3 m 이하로 설치할 것
	0.3 m 초과 ~ 0.6 m 이하	1. 별표 1 또는 별도 3에 적합하거나 2. 장애물이 끝 부근에서 헤드 반사판까지의 수평거리가 0.6 m 이하로 설치할 것
	0.6 m 초과	1. 별표 1 또는 별도 3에 적합하거나 2. 장애물이 평편하고 견고하며 수평적인 경우에는 저장물의 최상단과 헤드 반사판의 간격이 0.9 m 이하로 설치할 것 3. 장애물이 평편하지 않거나 비연속적인 경우에는 저장물 아래에 평편한 판을 설치한 후 헤드를 설치할 것

18 보 또는 기타 장애물 위에 헤드가 설치된 경우의 반사판 위치[별도 1]
(별도 3 또는 별표 1을 함께 사용할 것)

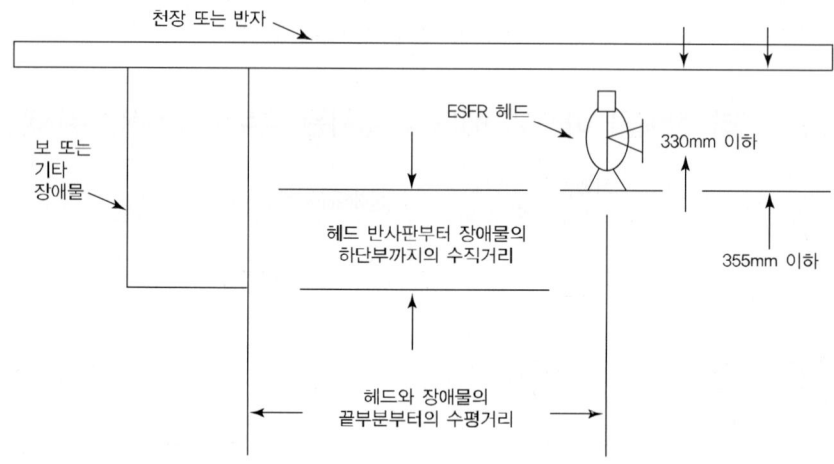

9th Day

19 장애물이 헤드 아래에 연속적으로 설치된 경우의 반사판 위치[별도 2]
(별도 3 또는 별표 1을 함께 사용할 것)

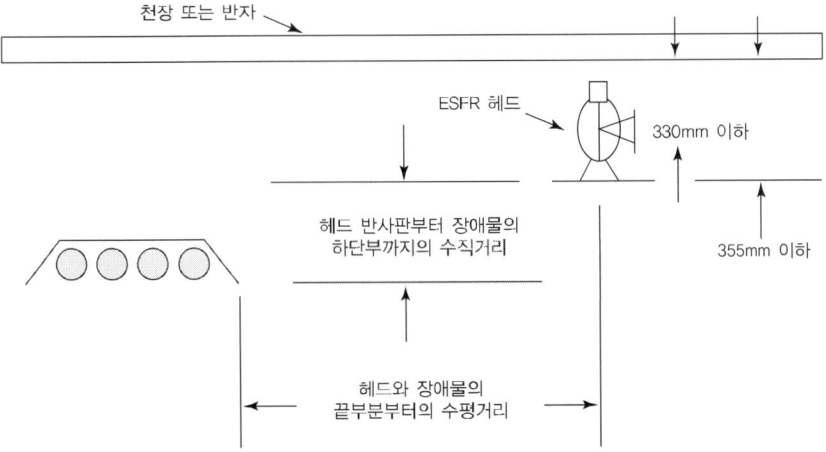

20 장애물 아래에 설치되는 헤드 반사판의 위치[별도 3]

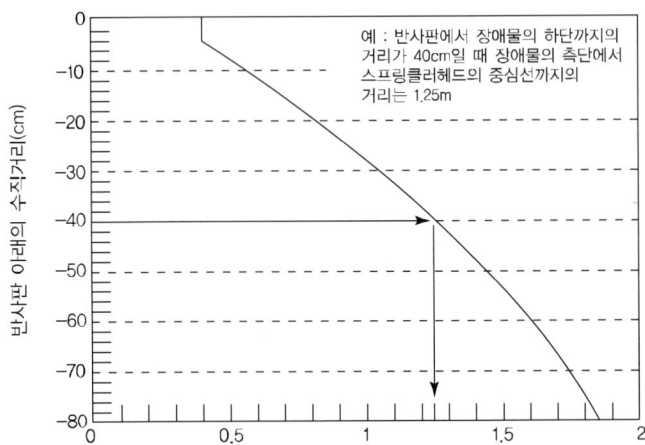

★★★☆☆

문제27 화재조기진압용 스프링클러설비에서 다음의 경우에 대한 그림을 각각 그리시오.
1) 보 또는 기타 장애물 위에 헤드가 설치된 경우의 반사판 위치
2) 장애물이 헤드 아래에 연속적으로 설치된 경우의 반사판 위치
3) 장애물 아래에 설치되는 헤드 반사판의 위치

제6장 물분무소화설비

물분무소화설비는 물분무헤드를 통해 물을 안개와 같은 입자(무상)로 방사하여 화재가 더 이상 확산되지 않도록 하는 설비이며, 물분무헤드는 방호대상물의 형상, 구조, 성질, 수량, 취급방법에 따라 다르게 설치된다.

1 물분무소화설비의 소화작용

종류	설명
질식작용	수증기에 의해 공기 중의 산소 농도를 낮추어 화재를 소화한다.
냉각작용	물소화약제가 증발할 때, 화재 장소로부터 열을 흡수함으로서 주위의 온도를 연소점 이하로 낮추어 화재를 소화한다.
유화작용	물소화약제를 4류위험물에 방사하면, 유류 표면에 엷은 막을 형성하여 화재를 소화한다.
희석작용	알코올, 에테르, 에스테르, 케톤 등의 수용성액체 화재 시 물분무를 방사하여 수용성액체의 농도를 연소범위의 하한계 이하로 묽게 하여 화재를 소화한다.

2 수원

(1) 물분무소화설비의 수원은 그 저수량이 다음 각 호의 기준에 적합하도록 하여야 한다.
  1) 「화재의 예방 및 안전관리에 관한 법률 시행령」 별표 2의 특수가연물을 저장 또는 취급하는 특정소방대상물 또는 그 부분에 있어서 그 바닥면적(최대 방수구역의 바닥면적을 기준으로 하며, 50 m² 이하인 경우에는 50 m²) 1 m²에 대하여 10 L/min로 20분간 방수할 수 있는 양 이상으로 할 것
  2) 차고 또는 주차장은 그 바닥면적(최대 방수구역의 바닥면적을 기준으로 하며, 50 m² 이하인 경우에는 50 m²) 1 m²에 대하여 20 L/min로 20분간 방수할 수 있는 양 이상으로 할 것
  3) 절연유 봉입 변압기는 바닥부분을 제외한 표면적을 합한 면적 1 m²에 대하여 10 L/min로 20분간 방수할 수 있는 양 이상으로 할 것
  4) 케이블트레이, 케이블덕트 등은 투영된 바닥면적 1 m²에 대하여 12 L/min로 20분간 방수할 수 있는 양 이상으로 할 것
  5) 콘베이어벨트 등은 벨트 부분의 바닥면적 1 m²에 대하여 10 L/min로 20분간 방수할 수 있는 양 이상으로 할 것

(2) 물분무소화설비의 수원을 수조로 설치하는 경우에는 소방설비의 전용수조로 하여야 한다. 다만, 다음 각 호의 어느 하나에 해당하는 경우에는 그러하지 아니하다.[**소방설비의 전용수조로 설치하지 아니할 수 있는 경우**]
  1) 물분무소화설비용 펌프의 풋밸브 또는 흡수배관의 흡수구(수직회전축펌프의 흡수구를 포함한다. 이하 같다)를 다른 설비(소화용 설비 외의 것을 말한다. 이하 같다)의 풋밸브 또는 흡수구보다 낮은 위치에 설치한 때
  2) 제5조제2항에 따른 고가수조로부터 물분무소화설비의 수직배관에 물을 공급하는 급수구를 다른 설비의 급수구보다 낮은 위치에 설치한 때

★★★☆☆

 문제01 물분무소화설비의 수원을 수조로 설치하는 경우에는 소방설비의 전용수조로 하여야 한다. 그러하지 아니할 수 있는 경우(소방설비의 전용수조로 설치하지 아니할 수 있는 경우) 2가지를 쓰시오.

(3) 저수량을 산정함에 있어서 다른 설비와 겸용하여 물분무소화설비용 수조를 설치하는 경우에는 물분무소화설비의 풋밸브·흡수구 또는 수직배관의 급수구와 다른 설비의 풋밸브·흡수구 또는 수직배관의 급수구와의 사이의 수량을 그 유효수량으로 한다.

(4) 물분무소화설비용 수조는 다음 각 호의 기준에 따라 설치하여야 한다.[**물분무소화설비용 수조의 설치기준**]
  1) 점검에 편리한 곳에 설치할 것
  2) 동결방지조치를 하거나 동결의 우려가 없는 장소에 설치할 것
  3) 수조의 외측에 수위계를 설치할 것. 다만, 구조상 불가피한 경우에는 수조의 맨홀 등을 통하여 수조 안의 물의 양을 쉽게 확인할 수 있도록 하여야 한다.
  4) 수조의 상단이 바닥보다 높은 때에는 수조의 외측에 고정식 사다리를 설치할 것
  5) 수조가 실내에 설치된 때에는 그 실내에 조명설비를 설치할 것
  6) 수조의 밑부분에는 청소용 배수밸브 또는 배수관을 설치할 것
  7) 수조의 외측의 보기 쉬운 곳에 "**물분무소화설비용 수조**"라고 표시한 표지를 할 것. 이 경우 그 수조를 다른 설비와 겸용하는 때에는 그 겸용되는 설비의 이름을 표시한 표지를 함께 하여야 한다.
  8) 소화설비용 펌프의 흡수배관 또는 소화설비의 수직배관과 수조의 접속부분에는 "**물분무소화설비용 배관**"이라고 표시한 표지를 할 것. 다만, 수조와 가까운 장소에 소화설비용 펌프가 설치되고 해당 펌프에 "**물분무소화설비 소화펌프**"라고 표시한 표지를 설치한 때에는 그렇지 않다.

★★★★☆

 문제02 물분무소화설비용 수조의 설치기준 중 5가지를 쓰시오.

③ 가압송수장치

(1) 전동기 또는 내연기관에 따른 펌프를 이용하는 가압송수장치는 다음 각 호의 기준에 따라 설치하여야 한다.

1) 쉽게 접근할 수 있고 점검하기에 충분한 공간이 있는 장소로서 화재 및 침수 등의 재해로 인한 피해를 받을 우려가 없는 곳에 설치할 것

2) 펌프의 1분당 토출량은 다음 각 목의 기준에 따라 설치할 것
   ① 「화재의 예방 및 안전관리에 관한 법률 시행령」 별표 2의 특수가연물을 저장·취급하는 특정소방대상물 또는 그 부분은 그 바닥면적(최대 방수구역의 바닥면적을 기준으로 하며, 50 m² 이하인 경우에는 50 m²) 1 m²에 대하여 10 L를 곱한 양 이상이 되도록 할 것
   ② 차고 또는 주차장은 그 바닥면적(최대 방수구역의 바닥면적을 기준으로 하며, 50 m² 이하인 경우에는 50 m²) 1 m²에 대하여 20 L를 곱한 양 이상이 되도록 할 것
   ③ 절연유 봉입 변압기는 바닥면적을 제외한 표면적을 합한 면적 1 m²당 10 L를 곱한 양 이상이 되도록 할 것
   ④ 케이블트레이, 케이블덕트 등은 투영된 바닥면적 1 m²당 12 L를 곱한 양 이상이 되도록 할 것
   ⑤ 콘베이어벨트 등은 벨트 부분의 바닥면적 1 m²당 10 L를 곱한 양 이상이 되도록 할 것

3) 펌프의 양정은 다음의 식에 따라 산출한 수치 이상이 되도록 할 것

$$H = h_1 + h_2$$

H : 펌프의 양정(m)
h_1 : 물분무헤드의 설계압력 환산수두(m)
h_2 : 배관의 마찰손실수두(m)

4) 동결방지조치를 하거나 동결의 우려가 없는 장소에 설치할 것

5) 펌프는 전용으로 할 것. 다만, 다른 소화설비와 겸용하는 경우 각각의 소화설비의 성능에 지장이 없을 때에는 그러하지 아니하다.

6) 펌프의 토출측에는 압력계를 체크밸브 이전에 펌프 토출측 플랜지에서 가까운 곳에 설치하고, 흡입측에는 연성계 또는 진공계를 설치할 것. 다만, 수원의 수위가 펌프의 위치보다 높거나 수직회전축 펌프의 경우에는 연성계 또는 진공계를 설치하지 아니할 수 있다.

7) 펌프의 성능은 체절운전 시 정격토출압력의 140 %를 초과하지 않고, 정격토출량의 150 %로 운전 시 정격토출압력의 65 % 이상이 되어야 하며, 펌프의 성능을 시험할 수 있는 성능시험배관을 설치할 것. 다만, 충압펌프의 경우에는 그렇지 않다.

8) 가압송수장치에는 체절운전 시 수온의 상승을 방지하기 위한 순환배관을 설치할 것. 다만, 충압펌프의 경우에는 그러하지 아니하다.
9) 기동장치로는 기동용수압개폐장치 또는 이와 동등 이상의 성능이 있는 것을 설치하고, 기동용수압개폐장치 중 압력챔버를 사용할 경우 그 용적은 100 L 이상의 것으로 할 것
10) 수원의 수위가 펌프보다 낮은 위치에 있는 가압송수장치에는 다음 각 목의 기준에 따른 물올림장치를 설치할 것[**물올림장치의 설치기준**]
   ① 물올림장치에는 전용의 수조를 설치할 것
   ② 수조의 유효수량은 100 L 이상으로 하되, 구경 15 mm 이상의 급수배관에 따라 해당 수조에 물이 계속 보급되도록 할 것

★★★☆☆

문제03 수원의 수위가 펌프보다 낮은 위치에 있는 가압송수장치에는 물올림장치를 설치하여야 한다. 물올림장치의 설치기준 2가지를 쓰시오.

11) 기동용 수압개폐장치를 기동장치로 사용할 경우에는 다음 각 목의 기준에 따른 충압펌프를 설치할 것[**충압펌프의 설치기준**]
   ① 펌프의 토출압력은 그 설비의 최고 위 물분무헤드의 자연압 보다 적어도 0.2 MPa이 더 크도록 하거나 가압송수장치의 정격토출압력과 같게 할 것
   ② 펌프의 정격토출량은 정상적인 누설량보다 적어서는 아니 되며, 물분무소화설비가 자동적으로 작동할 수 있도록 충분한 토출량을 유지할 것

★★★☆☆

문제04 기동용 수압개폐장치를 기동장치로 사용할 경우에는 충압펌프를 설치하여야 한다. 충압펌프의 설치기준 2가지를 쓰시오.

12) 내연기관을 사용하는 경우에는 제어반에 따라 내연기관의 자동기동 및 수동기동이 가능하고, 상시 충전되어 있는 축전지설비를 갖출 것
13) 가압송수장치에는 "**물분무소화설비펌프**"라고 표시한 표지를 할 것. 이 경우 그 가압송수장치를 다른 설비와 겸용하는 때에는 그 겸용되는 설비의 이름을 표시한 표지를 함께 하여야 한다.
14) 가압송수장치가 기동이 된 경우에는 자동으로 정지되지 아니하도록 하여야 한다. 다만, 충압펌프의 경우에는 그러하지 아니하다.

(2) 고가수조의 자연낙차를 이용한 가압송수장치는 다음 각 호의 기준에 따라 설치하여야 한다.
1) 고가수조의 자연낙차수두(수조의 하단으로부터 최고층에 설치된 물분무헤드까지의 수직거리를 말한다)는 다음의 식에 따라 산출한 수치 이상이 되도록 할 것

$$H = h_1 + h_2$$

H : 필요한 낙차(m)

h₁ : 물분무헤드의 설계압력 환산수두(m)
h₂ : 배관의 마찰손실 수두(m)

2) 고가수조에는 수위계·배수관·급수관·오버플로우관 및 맨홀을 설치할 것

★★★★☆

 문제05 고가수조의 구성 5가지를 쓰시오.

(3) 압력수조를 이용한 가압송수장치는 다음 각 호의 기준에 따라 설치하여야 한다.
  1) 압력수조의 압력은 다음의 식에 따라 산출한 수치 이상이 되도록 할 것

공식
$$P = p_1 + p_2 + p_3$$

P : 필요한 압력(MPa)
p₁ : 물분무헤드의 설계압력(MPa)
p₂ : 배관의 마찰손실 수두압(MPa)
p₃ : 낙차의 환산수두압(MPa)

2) 압력수조에는 수위계·급수관·배수관·급기관·맨홀·압력계·안전장치 및 압력저하 방지를 위한 자동식 공기압축기를 설치할 것

★★★★☆

 문제06 압력수조의 구성 8가지를 쓰시오.

(4) 가압수조를 이용한 가압송수장치는 다음 각 호의 기준에 따라 설치하여야 한다.
  1) 가압수조의 압력은 2.2.1.2에 따른 단위 면적당 방수량을 20분 이상 유지되도록 할 것
  2) 가압수조 및 가압원은 「건축법 시행령」 제46조에 따른 방화구획 된 장소에 설치할 것
  3) 소방청장이 정하여 고시한 「가압수조식 가압송수장치의 성능인증 및 제품검사의 기술기준」에 적합한 것으로 설치할 것

★★☆☆☆

 문제07 가압수조를 이용한 가압송수장치의 설치기준 3가지를 쓰시오.

4 배관 등

2.3.1 배관과 배관이음쇠는 다음의 어느 하나에 해당하는 것 또는 동등 이상의 강도·내식성 및 내열성 등을 국내·외 공인기관으로부터 인정받은 것을 사용해야 하고, 배관용 스테인리스 강관(KS D 3576)의 이음을 용접으로 할 경우에는 텅스텐 불활성 가스 아크 용접(Tungsten Inertgas Arc Welding)방식에 따른다. 다만, 2.3에서 정하지 않은 사항은 「건설기술 진흥법」 제44조제1항의 규정에 따른 "건설기준"에 따른다.

2.3.1.1 배관 내 사용압력이 1.2 MPa 미만일 경우에는 다음의 어느 하나에 해당하는 것
  (1) 배관용 탄소 강관(KS D 3507)
  (2) 이음매 없는 구리 및 구리합금관(KS D 5301). 다만, 습식의 배관에 한한다.
  (3) 배관용 스테인리스 강관(KS D 3576) 또는 일반배관용 스테인리스 강관(KS D 3595)
  (4) 덕타일 주철관(KS D 4311)
2.3.1.2 배관 내 사용압력이 1.2 MPa 이상일 경우에는 다음의 어느 하나에 해당하는 것
  (1) 압력 배관용 탄소 강관(KS D 3562)
  (2) 배관용 아크용접 탄소강 강관(KS D 3583)
2.3.2 2.3.1에도 불구하고 다음의 어느 하나에 해당하는 장소에는 소방청장이 정하여 고시한 「소방용합성수지배관의 성능인증 및 제품검사의 기술기준」에 적합한 소방용 합성수지배관으로 설치할 수 있다.
2.3.2.1 배관을 지하에 매설하는 경우
2.3.2.2 다른 부분과 내화구조로 구획된 덕트 또는 피트의 내부에 설치하는 경우
2.3.2.3 천장(상층이 있는 경우에는 상층바닥의 하단을 포함한다. 이하 같다)과 반자를 불연재료 또는 준불연 재료로 설치하고 소화배관 내부에 항상 소화수가 채워진 상태로 설치하는 경우

★★★☆☆

 문제08 소방용 합성수지배관으로 설치할 수 있는 경우 3가지를 쓰시오.

(2) 급수배관은 전용으로 하여야 한다. 다만, 물분무소화설비의 기동장치의 조작과 동시에 다른 설비의 용도에 사용하는 배관의 송수를 차단할 수 있거나, 물분무소화설비의 성능에 지장이 없는 경우에는 다른 설비와 겸용할 수 있다.
(3) 펌프의 흡입측 배관은 다음 각 호의 기준에 따라 설치하여야 한다.[**펌프의 흡입측 배관의 설치기준**]
  1) 공기 고임이 생기지 아니하는 구조로 하고 여과장치를 설치할 것
  2) 수조가 펌프보다 낮게 설치된 경우에는 각 펌프(충압펌프를 포함한다)마다 수조로부터 별도로 설치할 것

★★★☆☆

 문제09 펌프의 흡입측 배관의 설치기준 2가지를 쓰시오.

(4) 삭제<2024.7.1.>
(5) 펌프의 성능시험배관은 다음의 기준에 적합하도록 설치해야 한다.
  1) 성능시험배관은 펌프의 토출 측에 설치된 개폐밸브 이전에서 분기하여 직선으로 설치하고, 유량측정장치를 기준으로 전단 직관부에는 개폐밸브를 후단 직관

부에는 유량조절밸브를 설치할 것. 이 경우 개폐밸브와 유량측정장치 사이의 직관부 거리 및 유량측정장치와 유량조절밸브 사이의 직관부 거리는 해당 유량측정장치 제조사의 설치사양에 따르고, 성능시험배관의 호칭지름은 유량측정장치의 호칭지름에 따른다.

2) 유량측정장치는 펌프의 정격토출량의 175 % 이상까지 측정할 수 있는 성능이 있을 것

★★★☆☆

 문제10 펌프의 성능 및 성능시험배관의 설치기준 2가지를 쓰시오.

(6) 가압송수장치의 체절운전 시 수온의 상승을 방지하기 위하여 체크밸브와 펌프 사이에서 분기한 구경 20 mm 이상의 배관에 체절압력 미만에서 개방되는 릴리프밸브를 설치하여야 한다.

(7) 동결방지조치를 하거나 동결의 우려가 없는 장소에 설치하여야 한다. 다만, 보온재를 사용할 경우에는 난연재료 성능 이상의 것으로 하여야 한다.

(8) 급수배관에 설치되어 급수를 차단할 수 있는 개폐밸브는 개폐표시형으로 하여야 한다. 이 경우 펌프의 흡입측 배관에는 버터플라이밸브 외의 개폐표시형밸브를 설치하여야 한다.

(9) 급수배관에 설치되어 급수를 차단할 수 있는 개폐밸브에는 그 밸브의 개폐상태를 감시제어반에서 확인할 수 있도록 급수개폐밸브 작동표시스위치를 다음 각 호의 기준에 따라 설치하여야 한다.

1) 급수개폐밸브가 잠길 경우 탬퍼스위치의 동작으로 인하여 감시제어반 또는 수신기에 표시되어야 하며 경보음을 발할 것
2) 탬퍼스위치는 감시제어반에서 동작의 유무 확인과 동작시험, 도통시험을 할 수 있을 것
3) 급수개폐밸브의 작동표시스위치에 사용되는 전기배선은 내화전선 또는 내열전선으로 설치할 것

★★★☆☆

 문제11 급수배관에 설치되어 급수를 차단할 수 있는 개폐밸브에는 그 밸브의 개폐상태를 감시제어반에서 확인할 수 있도록 급수개폐밸브 작동표시스위치를 설치하여야 한다. 급수개폐밸브 작동표시스위치의 설치기준 3가지를 쓰시오.

5 송수구

물분무소화설비에는 소방펌프자동차로부터 그 설비에 송수할 수 있는 송수구를 다음 각 호의 기준에 따라 설치하여야 한다.

1) 송수구는 화재층으로부터 지면으로 떨어지는 유리창 등이 송수 및 그 밖의 소화

작업에 지장을 주지 아니하는 장소에 설치할 것. 이 경우 가연성가스의 저장·취급시설에 설치하는 송수구는 그 방호대상물로부터 20 m 이상의 거리를 두거나 방호대상물에 면하는 부분이 높이 1.5 m 이상 폭 2.5 m 이상의 철근콘크리트 벽으로 가려진 장소에 설치하여야 한다.
2) 송수구로부터 물분무소화설비의 주배관에 이르는 연결배관에 개폐밸브를 설치한 때에는 그 개폐 상태를 쉽게 확인 및 조작할 수 있는 옥외 또는 기계실 등의 장소에 설치할 것
3) 구경 65 mm의 쌍구형으로 할 것
4) 송수구에는 그 가까운 곳의 보기 쉬운 곳에 송수압력범위를 표시한 표지를 할 것
5) 송수구는 하나의 층의 바닥면적이 3,000 m²를 넘을 때마다 1개(5개를 넘을 경우에는 5개로 한다) 이상을 설치할 것
6) 지면으로부터 높이가 0.5 m 이상 1 m 이하의 위치에 설치할 것
7) 송수구의 부근에는 자동배수밸브(또는 직경 5 mm의 배수공) 및 체크밸브를 설치할 것. 이 경우 자동배수밸브는 배관안의 물이 잘 빠질 수 있는 위치에 설치하되, 배수로 인하여 다른 물건이나 장소에 피해를 주지 않아야 한다.
8) 송수구에는 이물질을 막기 위한 마개를 씌울 것

★★★★☆

문제12 물분무소화설비에는 소방펌프자동차로부터 그 설비에 송수할 수 있는 송수구를 설치하여야 한다. 송수구의 설치기준 8가지를 쓰시오.

6 기동장치

(1) 물분무소화설비의 수동식 기동장치는 다음 각 호의 기준에 따라 설치하여야 한다.
  1) 직접 조작 또는 원격조작에 따라 각각의 가압송수장치 및 수동식 개방밸브 또는 가압송수장치 및 자동개방밸브를 개방할 수 있도록 설치할 것
  2) 기동장치의 가까운 곳의 보기 쉬운 곳에 "**기동장치**"라고 표시한 표지를 할 것

★★★☆☆

문제13 물분무소화설비의 수동식 기동장치 설치기준 2가지를 쓰시오.

(2) 자동식 기동장치는 자동화재탐지설비의 감지기의 작동 또는 폐쇄형 스프링클러 헤드의 개방과 연동하여 경보를 발하고, 가압송수장치 및 자동개방밸브를 기동할 수 있는 것으로 하여야 한다. 다만, 자동화재탐지설비의 수신기가 설치되어 있는 장소에 상시 사람이 근무하고 있고, 화재 시 물분무소화설비를 즉시 작동시킬 수 있는 경우에는 그러하지 아니하다.

7 제어밸브 등

(1) 물분무소화설비의 제어밸브 기타 밸브는 다음 각 호의 기준에 따라 설치하여야 한다.
  1) 제어밸브는 바닥으로부터 0.8m 이상 1.5m 이하의 위치에 설치할 것
  2) 제어밸브의 가까운 곳의 보기 쉬운 곳에 "**제어밸브**"라고 표시한 표지를 할 것
(2) 자동개방밸브 및 수동식 개방밸브는 다음 각 호의 기준에 따라 설치하여야 한다. [**자동개방밸브 및 수동식 개방밸브의 설치기준**]
  1) 자동개방밸브의 기동조작부 및 수동식 개방밸브는 화재 시 용이하게 접근할 수 있는 곳의 바닥으로부터 0.8m 이상 1.5m 이하의 위치에 설치할 것
  2) 자동개방밸브 및 수동식 개방밸브의 2차측 배관 부분에는 해당 방수구역 외에 밸브의 작동을 시험할 수 있는 장치를 설치할 것. 다만, 방수구역에서 직접 방사시험을 할 수 있는 경우에는 그러하지 아니하다.

★★★☆☆

문제14 자동개방밸브 및 수동식 개방밸브의 설치기준 2가지를 쓰시오.

8 물분무헤드

(1) 물분무헤드는 표준방사량으로 해당 방호대상물의 화재를 유효하게 소화하는데 필요한 수를 적정한 위치에 설치하여야 한다.
(2) 고압의 전기기기가 있는 장소는 전기의 절연을 위하여 전기기기와 물분무헤드 사이에 다음 표에 따른 거리를 두어야 한다.

전압(kV)	거리(cm)	전압(kV)	거리(cm)
66 이하	70 이상	154 초과 181 이하	180 이상
66 초과 77 이하	80 이상	181 초과 220 이하	210 이상
77 초과 110 이하	110 이상	220 초과 275 이하	260 이상
110 초과 154 이하	150 이상		

(3) 물분무헤드의 종류

충돌형	분사형	선회류형	디프렉타형	슬리트형

1) 충돌형 : 유수와 유수의 충돌에 의해 미세한 물방울을 만드는 물분무헤드를 말한다.
2) 분사형 : 소구경의 오리피스로부터 고압으로 분사하여 미세한 물방울을 만드는 물분무헤드를 말한다.
3) 선회류형 : 선회류에 의한 확산 방출하든가 선회류와 직선류의 충돌에 의해 확산 방출하여 미세한 물방울로 만드는 물분무헤드를 말한다.
4) 디프렉타형 : 수류를 살수판에 충돌하여 미세한 물방울을 만드는 물분무헤드를 말한다.
5) 슬리트형 : 수류를 슬리트에 의해 방출하여 수막상의 분무를 만드는 물분무헤드를 말한다.

용어
"**물분무헤드**"란 화재 시 직선류 또는 나선류의 물을 충돌·확산시켜 미립상태로 분무함으로써 소화하는 헤드를 말한다.

★★★☆☆

 문제15 물분무헤드의 종류 5가지를 쓰시오.

9 배수설비

물분무소화설비를 설치하는 차고 또는 주차장에는 다음 각 호의 기준에 따라 배수설비를 하여야 한다. [**배수설비의 설치기준**]
1) 차량이 주차하는 장소의 적당한 곳에 높이 10cm 이상의 경계턱으로 배수구를 설치할 것
2) 배수구에는 새어나온 기름을 모아 소화할 수 있도록 길이 40m 이하마다 집수관·소화핏트 등 기름분리장치를 설치할 것

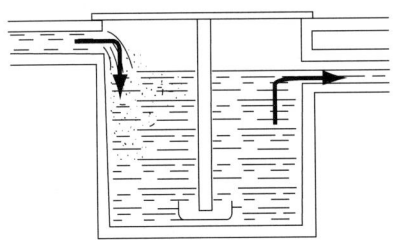

[소화핏트]

3) 차량이 주차하는 바닥은 배수구를 향하여 100분의 2 이상의 기울기를 유지할 것

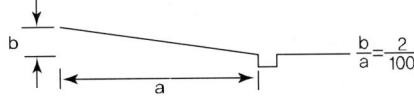

4) 배수설비는 가압송수장치의 최대 송수능력의 수량을 유효하게 배수할 수 있는 크기 및 기울기로 할 것

★★★★☆

문제16 차고 또는 주차장에 물분무소화설비를 설치하는 경우 배수설비의 설치기준 4가지를 쓰시오. [설계11회기출]

⑩ 전원

(1) 물분무소화설비에는 그 특정소방대상물의 수전방식에 따라 다음 각 호의 기준에 따른 상용전원회로의 배선을 설치하여야 한다. 다만, 가압수조방식으로서 모든 기능이 20분 이상 유효하게 지속될 수 있는 경우에는 그러하지 아니하다.
 1) 저압수전인 경우에는 인입개폐기의 직후에서 분기하여 전용배선으로 하여야 하며, 전용의 전선관에 보호되도록 할 것
 2) 특별고압수전 또는 고압수전일 경우에는 전력용 변압기 2차측의 주차단기 1차측에서 분기하여 전용배선으로 하되, 상용전원의 상시 공급에 지장이 없을 경우에는 주차단기 2차측에서 분기하여 전용배선으로 할 것. 다만, 가압송수장치의 정격입력전압이 수전전압과 같은 경우에는 제1호의 기준에 따른다.

★★★☆☆

문제17 물분무소화설비에는 그 특정소방대상물의 수전방식에 따라 상용전원회로의 배선을 설치하여야 한다. 다음 각각의 경우 상용전원회로 배선의 설치기준을 쓰시오.
1. 저압수전인 경우
2. 특별고압수전 또는 고압수전일 경우

(2) 물분무소화설비에는 자가발전설비, 축전지설비(내연기관에 따른 펌프를 설치한 경우에는 내연기관의 기동 및 제어용축전지를 말한다. 이하 같다) 또는 전기저장장치(외부 전기에너지를 저장해 두었다가 필요한 때 전기를 공급하는 장치. 이하 같다)에 따른 비상전원을 다음의 기준에 따라 설치해야 한다. 다만, 2 이상의 변전소(「전기사업법」 제67조에 따른 변전소를 말한다. 이하 같다)에서 전력을 동시에 공급받을 수 있거나 하나의 변전소로부터 전력의 공급이 중단되는 때에는 자동으로 다른 변전소로부터 전원을 공급받을 수 있도록 상용전원을 설치한 경우와 가압수조방식에는 비상전원을 설치하지 않을 수 있다.
 1) 점검에 편리하고 화재 및 침수 등의 재해로 인한 피해를 받을 우려가 없는 곳에 설치할 것
 2) 물분무소화설비를 유효하게 20분 이상 작동할 수 있도록 할 것
 3) 상용전원으로부터 전력의 공급이 중단된 때에는 자동으로 비상전원으로부터 전력을 공급받을 수 있도록 할 것
 4) 비상전원(내연기관의 기동 및 제어용 축전지를 제외한다)의 설치장소는 다른 장소와 방화구획할 것. 이 경우 그 장소에는 비상전원의 공급에 필요한 기구

나 설비 외의 것(열병합발전설비에 필요한 기구나 설비는 제외한다)을 두어서는 아니 된다.
5) 비상전원을 실내에 설치하는 때에는 그 실내에 비상조명등을 설치할 것

★★★★☆

 문제18 물분무소화설비에 대한 다음 각 물음에 답하시오.
1) 설치할 수 있는 비상전원의 종류 2가지
2) 비상전원을 설치하지 아니할 수 있는 경우(또는 방식) 3가지
3) 비상전원의 설치기준 5가지

11 제어반

(1) 물분무소화설비에는 제어반을 설치하되, 감시제어반과 동력제어반으로 구분하여 설치하여야 한다. 다만, 다음 각 호의 어느 하나에 해당하는 경우에는 감시제어반과 동력제어반으로 구분하여 설치하지 아니할 수 있다.[**감시제어반과 동력제어반으로 구분하여 설치하지 아니할 수 있는 경우**]
1) 다음 각 목의 어느 하나에 해당하지 아니하는 특정소방대상물에 설치되는 물분무소화설비
  ㉮ 지하층을 제외한 층수가 7층 이상으로서 연면적이 2,000 m² 이상인 것
  ㉯ 가목에 해당하지 아니하는 특정소방대상물로서 지하층의 바닥면적의 합계가 3,000 m² 이상인 것. 다만, 차고·주차장 또는 보일러실·기계실·전기실 등 이와 유사한 장소의 면적은 제외한다.
2) 내연기관에 따른 가압송수장치를 사용하는 경우
3) 고가수조에 따른 가압송수장치를 사용하는 경우
4) 가압수조에 따른 가압송수장치를 사용하는 경우

★★★☆☆

 문제19 감시제어반과 동력제어반으로 구분하여 설치하지 아니할 수 있는 경우 4가지를 쓰시오.

(2) 감시제어반의 기능은 다음 각 호의 기준에 적합하여야 한다. 다만, 제1항 각 호의 어느 하나에 해당하는 경우에는 제3호 및 제6호의 규정을 적용하지 아니한다.[**감시제어반의 기능**]
1) 각 펌프의 작동 여부를 확인할 수 있는 표시등 및 음향경보기능이 있어야 할 것
2) 각 펌프를 자동 및 수동으로 작동시키거나 중단시킬 수 있어야 한다.
3) 비상전원을 설치한 경우에는 상용전원 및 비상전원의 공급 여부를 확인할 수 있어야 할 것
4) 수조 또는 물올림수조가 저수위로 될 때 표시등 및 음향으로 경보할 것
5) 다음의 각 확인회로마다 도통시험 및 작동시험을 할 수 있도록 할 것

① 기동용 수압개폐장치의 압력스위치회로
② 수조 또는 물올림수조의 저수위감시회로
6) 예비전원이 확보되고 예비전원의 적합 여부를 시험할 수 있어야 할 것

★★★★☆

 문제20 물분무소화설비 감시제어반의 기능 6가지를 쓰시오.

(3) 감시제어반은 다음 각 호의 기준에 따라 설치하여야 한다.
1) 화재 및 침수 등의 재해로 인한 피해를 받을 우려가 없는 곳에 설치할 것
2) 감시제어반은 물분무소화설비의 전용으로 할 것. 다만, 물분무소화설비의 제어에 지장이 없는 경우에는 다른 설비와 겸용할 수 있다.
3) 감시제어반은 다음 각 목의 기준에 따른 전용실 안에 설치할 것. 다만 제1항 각 호의 어느 하나에 해당하는 경우와 공장, 발전소 등에서 설비를 집중 제어·운전할 목적으로 설치하는 중앙제어실 내에 감시제어반을 설치하는 경우에는 그러하지 아니하다.
① 다른 부분과 방화구획을 할 것. 이 경우 전용실의 벽에는 기계실 또는 전기실 등의 감시를 위하여 두께 7 ㎜ 이상의 망입유리(두께 16.3 ㎜ 이상의 접합유리 또는 두께 28 ㎜ 이상의 복층유리를 포함한다)로 된 4 ㎡ 미만의 붙박이창을 설치할 수 있다.
② 피난층 또는 지하 1층에 설치할 것. 다만, 다음의 어느 하나에 해당하는 경우에는 지상 2층에 설치하거나 지하 1층 외의 지하층에 설치할 수 있다.
가. 「건축법 시행령」제35조에 따라 특별피난계단이 설치되고 그 계단(부속실을 포함한다) 출입구로부터 보행거리 5 m 이내에 전용실의 출입구가 있는 경우
나. 아파트의 관리동(관리동이 없는 경우에는 경비실)에 설치하는 경우
③ 비상조명등 및 급·배기설비를 설치할 것
④ 「무선통신보조설비의 화재안전기술기준(NFTC 505)」 2.2.3에 따라 유효하게 통신이 가능할 것(영 별표 4의 제5호마목에 따른 무선통신보조설비가 설치된 특정소방대상물에 한한다)
⑤ 바닥면적은 감시제어반의 설치에 필요한 면적 외에 화재 시 소방대원이 그 감시제어반의 조작에 필요한 최소 면적 이상으로 할 것
4) 제3호에 따른 전용실에는 특정소방대상물의 기계·기구 또는 시설 등의 제어 및 감시설비 외의 것을 두지 아니할 것

(4) 동력제어반은 다음 각 호의 기준에 따라 설치하여야 한다.
1) 앞면은 적색으로 하고 **"물분무소화설비용 동력제어반"**이라고 표시한 표지를 설치할 것
2) 외함은 두께 1.5 ㎜ 이상의 강판 또는 이와 동등 이상의 강도 및 내열성능이 있는 것으로 할 것

3) 화재 및 침수 등의 재해로 인한 피해를 받을 우려가 없는 곳에 설치할 것
4) 동력제어반은 물분무소화설비의 전용으로 할 것. 다만, 물분무소화설비의 제어에 지장이 없는 경우에는 다른 설비와 겸용할 수 있다.

★★★☆☆

 문제21 동력제어반의 설치기준 4가지를 쓰시오.

12 배선 등

(1) 물분무소화설비의 배선은 「전기사업법」 제67조에 따른 기술기준에서 정한 것 외에 다음 각 호의 기준에 따라 설치하여야 한다.
  1) 비상전원을 설치한 경우에는 비상전원으로부터 동력제어반 및 가압송수장치에 이르는 전원회로의 배선은 내화배선으로 할 것. 다만, 자가발전설비와 동력제어반이 동일한 실에 설치된 경우에는 자가발전기로부터 그 제어반에 이르는 전원회로의 배선은 그렇지 않다.
  2) 상용전원으로부터 동력제어반에 이르는 배선, 그 밖의 물분무소화설비의 감시·조작 또는 표시등회로의 배선은 내화배선 또는 내열배선으로 할 것. 다만, 감시제어반 또는 동력제어반 안의 감시·조작 또는 표시등회로의 배선은 그러하지 아니하다.
(2) 제1항에 따른 내화배선 및 내열배선에 사용되는 전선의 종류 및 설치방법은 「옥내소화전설비의 화재안전기술기준(NFTC 102)」 2.7.2의 표 2.7.2(1) 및 표 2.7.2(2)의 기준에 따른다.
(3) 물분무소화설비의 과전류차단기 및 개폐기에는 "**물분무소화설비용**"이라고 표시한 표지를 하여야 한다.
(4) 물분무소화설비용 전기배선의 양단 및 접속단자에는 다음 각 호의 기준에 따라 표지하여야 한다.
  1) 단자에는 "**물분무소화설비단자**"라고 표시한 표지를 부착할 것
  2) 물분무소화설비용 전기배선의 양단에는 다른 배선과 식별이 용이하도록 표시할 것

13 물분무헤드의 설치제외

다음 각 호의 장소에는 물분무헤드를 설치하지 아니할 수 있다.[**물분무헤드를 설치하지 아니할 수 있는 장소**]
(1) 물에 심하게 반응하는 물질 또는 물과 반응하여 위험한 물질을 생성하는 물질을 저장 또는 취급하는 장소
(2) 고온의 물질 및 증류 범위가 넓어 끓어 넘치는 위험이 있는 물질을 저장 또는 취급하는 장소

(3) 운전 시에 표면의 온도가 260℃ 이상으로 되는 등 직접 분무를 하는 경우 그 부분에 손상을 입힐 우려가 있는 기계장치 등이 있는 장소

★★★★☆

문제22 물분무헤드를 설치하지 아니할 수 있는 장소 3가지를 쓰시오.

14 수원 및 가압송수장치의 펌프 등의 겸용

(1) 물분무소화설비의 수원을 옥내소화전설비·스프링클러설비·간이스프링클러설비·화재조기진압용 스프링클러설비·포소화설비 및 옥외소화전설비의 수원을 겸용하여 설치하는 경우의 저수량은 각 소화설비에 필요한 저수량을 합한 양 이상이 되도록 해야 한다. 다만, 이들 소화설비 중 고정식 소화설비(펌프·배관과 소화수 또는 소화약제를 최종 방출하는 방출구가 고정된 설비를 말한다. 이하 같다)가 둘 이상 설치되어 있고, 그 소화설비가 설치된 부분이 방화벽과 방화문으로 구획되어 있는 경우에는 각 고정식 소화설비에 필요한 저수량 중 최대의 것 이상으로 할 수 있다.

(2) 물분무소화설비의 가압송수장치로 사용하는 펌프를 옥내소화전설비·스프링클러설비·간이스프링클러설비·화재조기진압용 스프링클러설비·포소화설비 및 옥외소화전설비의 가압송수장치와 겸용하여 설치하는 경우의 펌프의 토출량은 각 소화설비에 해당하는 토출량을 합한 양 이상이 되도록 하여야 한다. 다만, 이들 소화설비 중 고정식 소화설비가 2 이상 설치되어 있고, 그 소화설비가 설치된 부분이 방화벽과 방화문으로 구획되어 있으며 각 소화설비에 지장이 없는 경우에는 펌프의 토출량 중 최대의 것 이상으로 할 수 있다.

(3) 옥내소화전설비·스프링클러설비·간이스프링클러설비·화재조기진압용 스프링클러설비·물분무소화설비·포소화설비 및 옥외소화전설비의 가압송수장치에 있어서 각 토출측 배관과 일반급수용의 가압송수장치의 토출측 배관을 상호 연결하여 화재 시 사용할 수 있다. 이 경우 연결배관에는 개폐표시형밸브를 설치하여야 하며, 각 소화설비의 성능에 지장이 없도록 하여야 한다.

(4) 물분무소화설비의 송수구를 옥내소화전설비·스프링클러설비·간이스프링클러설비·화재조기진압용 스프링클러설비·포소화설비 또는 연결살수설비의 송수구와 겸용으로 설치하는 경우에는 스프링클러설비의 송수구의 설치기준에 따르되 각각의 소화설비의 기능에 지장이 없도록 해야 한다.

10th Day

제7장 미분무소화설비

"미분무소화설비"란 가압된 물이 헤드 통과 후 미세한 입자로 분무됨으로써 소화성능을 가지는 설비를 말하며, 소화력을 증가시키기 위해 강화액 등을 첨가할 수 있다. "미분무"란 물만을 사용하여 소화하는 방식으로 최소설계압력에서 헤드로부터 방출되는 물입자 중 99 %의 누적체적분포가 400 μm 이하로 분무되고 A, B, C급 화재에 적응성을 갖는 것을 말한다.

★★★★★

문제01 미분무소화설비에 대한 다음 용어의 정의를 쓰시오.
① 미분무소화설비   ② 미분무

1 미분무소화설비의 종류

(1) 사용압력에 의한 종류

1) "**저압 미분무소화설비**"란 최고 사용압력이 1.2 MPa 이하인 미분무소화설비를 말한다.
2) "**중압 미분무소화설비**"란 사용압력이 1.2 MPa을 초과하고 3.5 MPa 이하인 미분무소화설비를 말한다.
3) "**고압 미분무소화설비**"란 최저 사용압력이 3.5 MPa을 초과하는 미분무소화설비를 말한다.

★★★★★

문제02 저압, 중압, 고압 미분무소화설비의 사용압력 범위를 쓰시오.

(2) 미분무헤드에 의한 종류

1) "**폐쇄형 미분무소화설비**"란 배관 내에 항상 물 또는 공기 등이 가압되어 있다가 화재로 인한 열로 폐쇄형 미분무헤드가 개방되면서 소화수를 방출하는 방식의 미분무소화설비를 말한다.
2) "**개방형 미분무소화설비**"란 화재감지기의 신호를 받아 가압송수장치를 동작시켜 미분무수를 방출하는 방식의 미분무소화설비를 말한다.

2 설계도서 작성

(1) 미분무소화설비의 성능을 확인하기 위하여 하나의 발화원을 가정한 설계도서는 다음 각 호 및 별표 1을 고려하여 작성되어야 하며, 설계도서는 일반설계도서와

특별설계도서로 구분한다.[미분무소화설비의 성능을 확인하기 위하여 하나의 발화원을 가정한 설계도서 작성 시 고려사항]
1) 점화원의 형태
2) 초기 점화되는 연료 유형
3) 화재 위치
4) 문과 창문의 초기상태(열림, 닫힘) 및 시간에 따른 변화상태
5) 공기조화설비, 자연형(문, 창문) 및 기계형 여부
6) 시공 유형과 내장재 유형

★★★★★

문제03 미분무소화설비의 성능을 확인하기 위하여 하나의 발화원을 가정한 설계도서 작성 시 고려사항 6가지를 쓰시오.

(2) 일반설계도서는 유사한 특정소방대상물의 화재 사례 등을 이용하여 작성하고, 특별설계도서는 일반설계도서에서 발화 장소 등을 변경하여 위험도를 높게 만들어 작성하여야 한다.

③ 수원

(1) 미분무수 소화설비에 사용되는 용수는 「먹는물관리법」 제5조에 적합하고, 저수조 등에 충수할 경우 필터 또는 스트레이너를 통하여야 하며, 사용되는 물에는 입자·용해고체 또는 염분이 없어야 한다.
(2) 배관의 연결부(용접부 제외) 또는 주배관의 유입측에는 필터 또는 스트레이너를 설치하여야 하고, 사용되는 스트레이너에는 청소구가 있어야 하며, 검사·유지관리 및 보수 시에 배치 위치를 변경하지 아니하여야 한다. 다만, 노즐이 막힐 우려가 없는 경우에는 설치하지 아니할 수 있다.
(3) 사용되는 필터 또는 스트레이너의 메쉬는 헤드 오리피스 지름의 80% 이하가 되어야 한다.
(4) 수원의 양은 다음의 식을 이용하여 계산한 양 이상으로 하여야 한다.

$$Q = N \times D \times T \times S + V$$

Q : 수원의 양(m^3)
N : 방호구역(방수구역) 내 헤드의 개수
D : 설계유량(m^3/min)
T : 설계방수시간(min)
S : 안전율(1.2 이상)
V : 배관의 총체적(m^3)

4 수조

(1) 수조의 재료는 냉간 압연 스테인리스 강판 및 강대(KS D 3698)의 STS 304 또는 이와 동등 이상의 강도·내식성·내열성이 있는 것으로 하여야 한다.
(2) 수조를 용접할 경우 용접찌꺼기 등이 남아 있지 아니하여야 하며, 부식의 우려가 없는 용접방식으로 하여야 한다.
(3) 미분무소화설비용 수조는 다음 각 호의 기준에 따라 설치하여야 한다.[**미분무소화설비용 수조의 설치기준**]
  1) 전용수조로 하고, 점검에 편리한 곳에 설치할 것
  2) 동결방지조치를 하거나 동결의 우려가 없는 장소에 설치할 것
  3) 수조의 외측에 수위계를 설치할 것. 다만, 구조상 불가피한 경우에는 수조의 맨홀 등을 통하여 수조 내 물의 양을 쉽게 확인할 수 있도록 하여야 한다.
  4) 수조의 상단이 바닥보다 높은 때에는 수조의 외측에 고정식 사다리를 설치할 것
  5) 수조가 실내에 설치된 때에는 그 실내에 조명설비를 설치할 것
  6) 수조의 밑 부분에는 청소용 배수밸브 또는 배수관을 설치할 것
  7) 수조 외측의 보기 쉬운 곳에 "**미분무설비용 수조**"라고 표시한 표지를 할 것
  8) 미분무펌프의 흡수배관 또는 수직배관과 수조의 접속 부분에는 "**미분무설비용 배관**"이라고 표시한 표지를 할 것. 다만, 수조와 가까운 장소에 미분무펌프가 설치되고 미분무펌프에 제7호에 따른 표지를 설치한 때에는 그러하지 아니하다.

★★★★☆

 문제04 미분무소화설비용 수조의 설치기준 중 5가지를 쓰시오.

5 가압송수장치

(1) 전동기 또는 내연기관에 따른 펌프를 이용하는 가압송수장치는 다음 각 호의 기준에 따라 설치하여야 한다.[**전동기 또는 내연기관에 따른 펌프를 이용하는 가압송수장치의 설치기준**]
  1) 쉽게 접근할 수 있고 점검하기에 충분한 공간이 있는 장소로서 화재 및 침수 등의 재해로 인한 피해를 받을 우려가 없는 곳에 설치할 것
  2) 동결방지조치를 하거나 동결의 우려가 없는 장소에 설치할 것
  3) 펌프는 전용으로 할 것
  4) 펌프의 토출측에는 압력계를 체크밸브 이전에 펌프 토출측 가까운 곳에 설치할 것
  5) 펌프의 성능은 체절운전 시 정격토출압력의 140 %를 초과하지 않고, 정격토출량의 150 %로 운전 시 정격토출압력의 65 % 이상이 되어야 하며, 펌프의 성능을 시험할 수 있는 성능시험배관을 설치할 것
  6) 가압송수장치의 송수량은 최저설계압력에서 설계유량(L/min) 이상의 방수성능

을 가진 기준개수의 모든 헤드로부터의 방수량을 충족시킬 수 있는 양 이상의 것으로 할 것

7) 내연기관을 사용하는 경우에는 제어반에 따라 내연기관의 자동기동 및 수동기동이 가능하고, 상시 충전되어 있는 축전지설비를 갖출 것
8) 가압송수장치에는 "**미분무펌프**"라고 표시한 표지를 할 것. 다만, 호스릴방식의 경우 "**호스릴방식 미분무펌프**"라고 표시한 표지를 할 것
9) 가압송수장치가 기동되는 경우에는 자동으로 정지되지 아니하도록 할 것
10) 가압송수장치는 부식 등으로 인한 펌프의 고착을 방지할 수 있도록 다음 각 목의 기준에 적합한 것으로 할 것. 다만, 충압펌프는 제외한다.
   가. 임펠러는 청동 또는 스테인리스 등 부식에 강한 재질을 사용할 것
   나. 펌프축은 스테인리스 등 부식에 강한 재질을 사용할 것

★★★★★

문제05 미분무소화설비에서 전동기 또는 내연기관에 따른 펌프를 이용하는 가압송수장치의 설치기준 9가지를 쓰시오.

(2) 압력수조를 이용하는 가압송수장치는 다음 각 호의 기준에 따라 설치하여야 한다.[**압력수조를 이용하는 가압송수장치의 설치기준**]
1) 압력수조는 배관용 스테인리스 강관(KS D 3676) 또는 이와 동등 이상의 강도·내식성, 내열성을 갖는 재료를 사용할 것
2) 용접한 압력수조를 사용할 경우 용접찌꺼기 등이 남아 있지 아니하여야 하며, 부식의 우려가 없는 용접방식으로 하여야 한다.
3) 쉽게 접근할 수 있고 점검하기에 충분한 공간이 있는 장소로서 화재 및 침수 등의 재해로 인한 피해를 받을 우려가 없는 곳에 설치할 것
4) 동결방지조치를 하거나 동결의 우려가 없는 장소에 설치할 것
5) 압력수조는 전용으로 할 것
6) 압력수조에는 수위계·급수관·배수관·급기관·맨홀·압력계·안전장치 및 압력저하방지를 위한 자동식 공기압축기를 설치할 것
7) 압력수조의 토출측에는 사용압력의 1.5배 범위를 초과하는 압력계를 설치하여야 한다.
8) 작동장치의 구조 및 기능은 다음 각 목의 기준에 적합하여야 한다.
   ① 화재감지기의 신호에 의하여 자동적으로 밸브를 개방하고 소화수를 배관으로 송출할 것
   ② 수동으로 작동할 수 있게 하는 장치를 설치할 경우에는 부주의로 인한 작동을 방지하기 위한 보호장치를 강구할 것

★★★★☆

문제06 미분무소화설비에서 압력수조를 이용하는 가압송수장치의 설치기준 8가지를 쓰시오.

(3) 가압수조를 이용하는 가압송수장치는 다음 각 호의 기준에 따라 설치하여야 한다.[가압수조를 이용하는 가압송수장치의 설치기준]
  1) 가압수조의 압력은 설계 방수량 및 방수압이 설계방수시간 이상 유지되도록 할 것
  2) 가압수조 및 가압원은 「건축법 시행령」 제46조에 따른 방화구획 된 장소에 설치할 것

> TIP ※건축법 시행령 제46조
> 주요구조부가 내화구조 또는 불연재료로 된 건축물로서 연면적이 1천 제곱미터를 넘는 것은 국토교통부령으로 정하는 기준에 따라 내화구조로 된 바닥·벽 및 제64조에 따른 갑종방화문(국토교통부장관이 정하는 기준에 적합한 자동방화셔터를 포함한다)으로 구획(이하 **"방화구획"**이라 한다)하여야 한다. 다만, 「원자력안전법」 제2조에 따른 원자로 및 관계시설은 「원자력안전법」에서 정하는 바에 따른다.

  3) 가압수조를 이용한 가압송수장치는 소방청장이 정하여 고시한 「가압수조식 가압송수장치의 성능인증 및 제품검사의 기술기준」에 적합한 것으로 설치할 것
  4) 가압수조는 전용으로 설치할 것

★★☆☆☆

 문제07 미분무소화설비에서 가압수조를 이용하는 가압송수장치의 설치기준 4가지를 쓰시오.

6 폐쇄형 미분무소화설비의 방호구역

폐쇄형 미분무헤드를 사용하는 설비의 방호구역(미분무소화설비의 소화범위에 포함된 영역을 말한다)은 다음 각 호의 기준에 적합하여야 한다.[**폐쇄형 미분무헤드를 사용하는 설비의 방호구역 설치기준**]
(1) 하나의 방호구역의 바닥면적은 펌프 용량, 배관의 구경 등을 수리학적으로 계산한 결과 헤드의 방수압 및 방수량이 방호구역 범위 내에서 소화목적을 달성할 수 있도록 산정하여야 한다.
(2) 하나의 방호구역은 2개 층에 미치지 아니하도록 할 것

★★★★☆

 문제08 폐쇄형 미분무헤드를 사용하는 설비의 방호구역 설치기준 2가지를 쓰시오.

7 개방형 미분무소화설비의 방수구역

개방형 미분무소화설비의 방수구역은 다음 각 호의 기준에 적합하여야 한다.[**개방형 미분무소화설비의 방수구역의 설치기준**]

(1) 하나의 방수구역은 2개 층에 미치지 아니할 것
(2) 하나의 방수구역을 담당하는 헤드의 개수는 최대 설계개수 이하로 할 것. 다만, 2개 이상의 방수구역으로 나눌 경우에는 하나의 방수구역을 담당하는 헤드의 개수는 최대 설계개수의 1/2 이상으로 할 것
(3) 터널, 지하가 등에 설치할 경우 동시에 방수되어야 하는 방수구역은 화재가 발생된 방수구역 및 접한 방수구역으로 할 것

★★★☆☆

 문제09 개방형 미분무소화설비의 방수구역의 설치기준 3가지를 쓰시오.

8 배관 등

(1) 설비에 사용되는 구성요소는 STS 304 이상의 재료를 사용하여야 한다.
(2) 배관은 배관용 스테인리스 강관(KS D 3576)이나 이와 동등 이상의 강도·내식성 및 내열성을 가진 것으로 하여야 하고, 용접할 경우 용접찌꺼기 등이 남아있지 아니하여야 하며, 부식의 우려가 없는 용접방식으로 하여야 한다.
(3) 급수배관은 다음 각 호의 기준에 따라 설치하여야 한다.[**급수배관의 설치기준**]
  1) 전용으로 할 것
  2) 급수배관에 설치되어 급수를 차단할 수 있는 개폐밸브는 개폐표시형으로 할 것. 이 경우 펌프의 흡입측 배관에는 버터플라이밸브 외의 개폐표시형 밸브를 설치해야 한다.

★★★☆☆

 문제10 급수배관의 설치기준 2가지를 쓰시오.

(4) 펌프의 성능시험배관은 다음의 기준에 적합하도록 설치해야 한다.[**성능시험배관의 설치기준**]
  1) 성능시험배관은 펌프의 토출 측에 설치된 개폐밸브 이전에서 분기하여 직선으로 설치하고, 유량측정장치를 기준으로 전단 직관부에는 개폐밸브를 후단 직관부에는 유량조절밸브를 설치할 것. 이 경우 개폐밸브와 유량측정장치 사이의 직관부 거리 및 유량측정장치와 유량조절밸브 사이의 직관부 거리는 해당 유량측정장치 제조사의 설치사양에 따르고, 성능시험배관의 호칭지름은 유량측정장치의 호칭지름에 따른다.
  2) 유입구에는 개폐밸브를 둘 것
  3) 유량측정장치는 펌프의 정격토출량의 175% 이상 측정할 수 있는 성능이 있을 것
  4) 가압송수장치의 체절운전 시 수온의 상승을 방지하기 위하여 체크밸브와 펌프 사이에서 분기한 구경 20㎜ 이상의 배관에 체절압력 이하에서 개방되는 릴리프밸브를 설치할 것

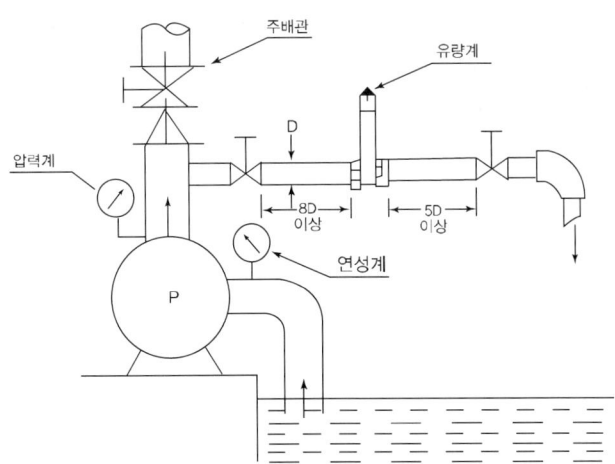

 문제11 미분무소화설비에 대한 다음 물음에 답하시오.
1) 펌프의 성능기준을 쓰시오.
2) 성능시험배관의 설치기준 5가지를 쓰시오.

★★★★★

(5) 동결방지조치를 하거나 동결의 우려가 없는 장소에 설치하여야 한다. 다만, 보온재를 사용할 경우에는 난연재료 성능 이상의 것으로 하여야 한다.
(6) 교차배관의 위치·청소구 및 가지배관의 헤드 설치는 다음 각 호의 기준에 따른다.
  1) 교차배관은 가지배관과 수평으로 설치하거나 또는 가지배관 밑에 설치할 것
  2) 청소구는 교차배관 끝에 개폐밸브를 설치하고, 호스 접결이 가능한 나사식 또는 고정 배수 배관식으로 할 것. 이 경우 나사식의 개폐밸브는 나사 보호용의 캡으로 마감할 것
(7) 미분무설비에는 그 성능을 확인하기 위한 시험장치를 다음 각 호의 기준에 따라 설치하여야 한다. 다만, 개방형헤드를 설치한 경우에는 그러하지 아니하다.[**미분무설비의 성능을 확인하기 위해 설치하는 시험장치의 설치기준**]
  1) 가압송수장치에서 가장 먼 가지배관의 끝으로부터 연결하여 설치할 것
  2) 시험장치 배관의 구경은 가압장치에서 가장 먼 가지배관의 구경과 동일한 구경으로 하고, 그 끝에 개방형헤드를 설치할 것. 이 경우 개방형헤드는 동일 형태의 오리피스만으로 설치할 수 있다.
  3) 시험배관의 끝에는 물받이 통 및 배수관을 설치하여 시험 중 방사된 물이 바닥에 흘러내리지 아니하도록 할 것. 다만, 목욕실·화장실 또는 그 밖의 곳으로서 배수 처리가 쉬운 장소에 시험배관을 설치한 경우에는 그러하지 아니하다.

★★★☆☆

 문제12 미분무설비의 성능을 확인하기 위해 설치하는 시험장치의 설치기준 3가지를 쓰시오.

(8) 배관에 설치되는 행가는 다음 각 호의 기준에 따라 설치하여야 한다.
  1) 가지배관에는 헤드의 설치지점 사이마다, 교차배관에는 가지배관과 가지배관 사이마다 1개 이상의 행가를 설치할 것
  2) 제1호의 수평주행배관에는 4.5 m 이내마다 1개 이상 설치할 것
(9) 수직배수배관의 구경은 50 ㎜ 이상으로 하여야 한다. 다만, 수직배관의 구경이 50 ㎜ 미만인 경우에는 수직배관과 동일한 구경으로 할 수 있다.
(10) 주차장의 미분무소화설비는 습식 외의 방식으로 하여야 한다. 다만, 주차장이 벽 등으로 차단되어 있고 출입구가 자동으로 열리고 닫히는 구조인 것으로서 다음 각 호의 어느 하나에 해당하는 경우에는 그러하지 아니하다.
  1) 동절기에 상시 난방이 되는 곳이거나 그 밖에 동결의 염려가 없는 곳
  2) 미분무소화설비의 동결을 방지할 수 있는 구조 또는 장치가 된 것
(11) 급수배관에 설치되어 급수를 차단할 수 있는 개폐밸브에는 그 밸브의 개폐 상태를 감시제어반에서 확인할 수 있도록 급수개폐밸브 작동표시스위치를 다음 각 호의 기준에 따라 설치하여야 한다.[급수개폐밸브 작동표시스위치의 설치기준]
  1) 급수개폐밸브가 잠길 경우 탬퍼스위치의 동작으로 인하여 감시제어반 또는 수신기에 표시되어야 하며 경보음을 발할 것
  2) 탬퍼스위치는 감시제어반 또는 수신기에서 동작의 유무 확인과 동작시험, 도통 시험을 할 수 있을 것
  3) 급수개폐밸브의 작동표시스위치에 사용되는 전기배선은 내화전선 및 내열전선으로 설치할 것

★★★☆☆

문제13 급수배관에 설치되어 급수를 차단할 수 있는 개폐밸브에는 그 밸브의 개폐 상태를 감시제어반에서 확인할 수 있도록 급수개폐밸브 작동표시스위치를 설치하여야 한다. 급수개폐밸브 작동표시스위치의 설치기준 3가지를 쓰시오.

(12) 미분무설비 배관의 배수를 위한 기울기는 다음 각 호의 기준에 따른다.
  1) 폐쇄형 미분무소화설비의 배관을 수평으로 할 것. 다만, 배관의 구조상 소화수가 남아 있는 곳에는 배수밸브를 설치하여야 한다.
  2) 개방형 미분무소화설비에는 헤드를 향하여 상향으로 수평주행배관의 기울기를 500분의 1 이상, 가지배관의 기울기를 250분의 1 이상으로 할 것. 다만, 배관의 구조상 기울기를 줄 수 없는 경우에는 배수를 원활하게 할 수 있도록 배수밸브를 설치하여야 한다.
(13) 배관은 다른 설비의 배관과 쉽게 구분이 될 수 있는 위치에 설치하거나, 그 배관표면 또는 배관 보온재 표면의 색상은 「한국산업표준(배관계의 식별 표시, KS A 0503)」 또는 적색으로 식별이 가능하도록 소방용 설비의 배관임을 표시하여야 한다.

(14) 호스릴방식의 설치는 다음 각 호에 따라 설치하여야 한다.[**호스릴방식의 설치기준**]
  1) 차고 또는 주차장 외의 장소에 설치하되 방호대상물의 각 부분으로부터 하나의 호스 접결구까지의 수평거리가 25 m 이하가 되도록 할 것
  2) 소화약제 저장용기의 개방밸브는 호스의 설치 장소에서 수동으로 개폐할 수 있는 것으로 할 것
  3) 소화약제 저장용기의 가장 가까운 곳의 보기 쉬운 곳에 표시등을 설치하고 호스릴 미분무소화설비가 있다는 뜻을 표시한 표지를 할 것

★★★☆☆

 문제14 호스릴방식의 설치기준 3가지를 쓰시오.

9 음향장치 및 기동장치

미분무소화설비의 음향장치 및 기동장치는 다음 각 호의 기준에 따라 설치하여야 한다.
(1) 폐쇄형 미분무헤드가 개방되면 화재신호를 발신하고 그에 따라 음향장치가 경보되도록 할 것
(2) 개방형 미분무설비는 화재감지기의 감지에 따라 음향장치가 경보되도록 할 것. 이 경우 화재감지기 회로를 교차회로방식으로 하는 때에는 하나의 화재감지기 회로가 화재를 감지하는 때에도 음향장치가 경보되도록 하여야 한다.
(3) 음향장치는 방호구역 또는 방수구역마다 설치하되 그 구역의 각 부분으로부터 하나의 음향장치까지의 수평거리는 25 m 이하가 되도록 할 것
(4) 음향장치는 경종 또는 사이렌(전자식 사이렌을 포함한다)으로 하되, 주위의 소음 및 다른 용도의 경보와 구별이 가능한 음색으로 할 것. 이 경우 경종 또는 사이렌은 자동화재탐지설비·비상벨설비 또는 자동식사이렌설비의 음향장치와 겸용할 수 있다.
(5) 주음향장치는 수신기의 내부 또는 그 직근에 설치할 것
(6) 층수가 11층(공동주택의 경우 16층) 이상의 소방대상물 또는 그 부분에 있어서는 2층 이상의 층에서 발화한 때에는 발화층 및 그 직상 4개 층에 한하여, 1층에서 발화한 때에는 발화층과 그 직상 4개층 및 지하층에 한하여, 지하층에서 발화한 때에는 발화층·그 직상층 및 기타의 지하층에 한하여 경보를 발할 수 있도록 할 것<개정 2023.2.10.>
(7) 음향장치는 다음 각 목의 기준에 따른 구조 및 성능의 것으로 할 것
  1) 정격전압의 80% 전압에서 음향을 발할 수 있는 것으로 할 것
  2) 음향의 크기는 부착된 음향장치의 중심으로부터 1 m 떨어진 위치에서 90 dB 이상이 되는 것으로 할 것

(8) 화재감지기 회로에는 다음 각 목의 기준에 따른 발신기를 설치할 것. 다만, 자동화재탐지설비의 발신기가 설치된 경우에는 그러하지 아니하다.[**발신기의 설치기준**]
  1) 조작이 쉬운 장소에 설치하고, 스위치는 바닥으로부터 0.8 m 이상 1.5 m 이하의 높이에 설치할 것
  2) 소방대상물의 층마다 설치하되, 당해 소방대상물의 각 부분으로부터 하나의 발신기까지의 수평거리가 25 m 이하가 되도록 할 것. 다만, 복도 또는 별도로 구획된 실로서 보행거리가 40 m 이상일 경우에는 추가로 설치하여야 한다.
  3) 발신기의 위치를 표시하는 표시등은 함의 상부에 설치하되, 그 불빛은 부착면으로부터 15° 이상의 범위 안에서 부착 지점으로부터 10 m 이내의 어느 곳에서도 쉽게 식별할 수 있는 적색등으로 할 것

★★★☆☆

문제15 화재감지기 회로에는 발신기를 설치하여야 한다. 발신기의 설치기준 3가지를 쓰시오.

10 헤드

(1) 미분무헤드는 소방대상물의 천장·반자·천장과 반자 사이·덕트·선반 기타 이와 유사한 부분에 설계자의 의도에 적합하도록 설치하여야 한다.
(2) 하나의 헤드까지의 수평거리 산정은 설계자가 제시하여야 한다.
(3) 미분무설비에 사용되는 헤드는 조기반응형 헤드를 설치하여야 한다.
(4) 폐쇄형 미분무헤드는 그 설치장소의 평상시 최고주위온도에 따라 다음 식에 따른 표시온도의 것으로 설치하여야 한다.

$$Ta = 0.9Tm - 27.3℃$$

Ta : 최고주위온도
Tm : 헤드의 표시온도

(5) 미분무헤드는 배관, 행거 등으로부터 살수가 방해되지 아니하도록 설치하여야 한다.
(6) 미분무헤드는 설계도면과 동일하게 설치하여야 한다.

※**미분무헤드**
 ① "**미분무헤드**"란 하나 이상의 오리피스를 가지고 미분무소화설비에 사용되는 헤드를 말한다.
 ② "**개방형 미분무헤드**"란 감열체 없이 방수구가 항상 열려져 있는 헤드를 말한다.
 ③ "**폐쇄형 미분무헤드**"란 정상 상태에서 방수구를 막고 있는 감열체가 일정 온도에서 자동적으로 파괴·용융 또는 이탈됨으로써 방수구가 개방되는 헤드를 말한다.

11 제어반

(1) 미분무소화설비에는 제어반을 설치하되, 감시제어반과 동력제어반으로 구분하여 설치하여야 한다. 다만, 가압수조에 따른 가압송수장치를 사용하는 미분무소화설비의 경우와 별도의 시방서를 제시할 경우에는 그러하지 아니할 수 있다.

★★★☆☆

문제16 미분무소화설비에는 제어반을 설치하되, 감시제어반과 동력제어반으로 구분하여 설치하지 아니할 수 있는 경우를 쓰시오.

(2) 감시제어반의 기능은 다음 각 호의 기준에 적합하여야 한다.[**감시제어반의 기능**]
  1) 각 펌프의 작동 여부를 확인할 수 있는 표시등 및 음향경보기능이 있어야 할 것
  2) 각 펌프를 자동 및 수동으로 작동시키거나 작동을 중단시킬 수 있어야 할 것
  3) 비상전원을 설치한 경우에는 상용전원 및 비상전원의 공급 여부를 확인할 수 있어야 할 것
  4) 수조가 저수위로 될 때 표시등 및 음향으로 경보할 것
  5) 예비전원이 확보되고 예비전원의 적합 여부를 시험할 수 있어야 할 것

★★★★★

문제17 미분무소화설비에서 감시제어반의 기능 5가지를 쓰시오.

(3) 감시제어반은 다음 각 호의 기준에 따라 설치하여야 한다.
  1) 화재 및 침수 등의 재해로 인한 피해를 받을 우려가 없는 곳에 설치할 것
  2) 감시제어반은 미분무소화설비의 전용으로 할 것
  3) 감시제어반은 다음 각 목의 기준에 따른 전용실 안에 설치할 것
    ① 다른 부분과 방화구획을 할 것. 이 경우 전용실의 벽에는 기계실 또는 전기실 등의 감시를 위하여 두께 7 ㎜ 이상의 망입유리(두께 16.3 ㎜ 이상의 접합유리 또는 두께 28 ㎜ 이상의 복층유리를 포함한다)로 된 4 m² 미만의 붙박이창을 설치할 수 있다.
    ② 피난층 또는 지하 1층에 설치할 것
    ③ 「무선통신보조설비의 화재안전기술기준(NFTC 505)」 2.2.3에 따라 유효하게 통신이 가능할 것(영 별표 4의 제5호마목에 따른 무선통신보조설비가 설치된 특정소방대상물에 한한다)
    ④ 바닥면적은 감시제어반의 설치에 필요한 면적 외에 화재 시 소방대원이 그 감시제어반의 조작에 필요한 최소면적 이상으로 할 것
  4) 제3호에 따른 전용실에는 소방대상물의 기계·기구 또는 시설 등의 제어 및 감시설비 외의 것을 두지 아니할 것
  5) 다음의 각 확인회로마다 도통시험 및 작동시험을 할 수 있도록 할 것[**도통시험 및 작동시험을 하여야하는 확인회로**]
    ① 수조의 저수위감시회로
    ② 개방식 미분무소화설비의 화재감지기회로

③ 급수배관에 설치되어 급수를 차단할 수 있는 개폐밸브의 폐쇄상태 확인회로
④ 그 밖의 이와 비슷한 회로

★★★☆☆

 문제18 도통시험 및 작동시험을 하여야하는 확인회로 3가지를 쓰시오.

(4) 동력제어반은 다음 각 호의 기준에 따라 설치하여야 한다.[**동력제어반의 설치기준**]
 1) 앞면은 적색으로 하고 "**미분무소화설비용 동력제어반**"이라고 표시한 표지를 설치할 것
 2) 외함은 두께 1.5㎜ 이상의 강판 또는 이와 동등 이상의 강도 및 내열성능이 있는 것으로 할 것
 3) 화재 및 침수 등의 재해로 인한 피해를 받을 우려가 없는 곳에 설치할 것
 4) 동력제어반은 미분무소화설비의 전용으로 할 것

★★★☆☆

 문제19 동력제어반의 설치기준 4가지를 쓰시오.

12 배선 등

(1) 미분무소화설비의 배선은 「전기사업법」 제67조에 따른 기술기준에서 정한 것 외에 다음 각 호의 기준에 따라 설치하여야 한다.
 1) 비상전원을 설치한 경우에는 비상전원으로부터 동력제어반 및 가압송수장치에 이르는 전원회로의 배선은 내화배선으로 할 것. 다만, 자가발전설비와 동력제어반이 동일한 실에 설치된 경우에는 자가발전기로부터 그 제어반에 이르는 전원회로의 배선은 그렇지 않다.
 2) 상용전원으로부터 동력제어반에 이르는 배선, 그 밖의 미분무소화설비의 감시·조작 또는 표시등회로의 배선은 내화배선 또는 내열배선으로 할 것. 다만, 감시제어반 또는 동력제어반 안의 감시·조작 또는 표시등회로의 배선은 그러하지 아니하다.
(2) 내화배선 및 내열배선에 사용되는 전선의 종류 및 설치방법은 「옥내소화전설비의 화재안전기술기준(NFTC 102)」 2.7.2의 표 2.7.2(1) 또는 표 2.7.2(2)의 기준에 따른다.
(3) 소화설비의 과전류차단기 및 개폐기에는 "**미분무소화설비용 과전류차단기 또는 개폐기**"라고 표시한 표지를 해야 한다.
(4) 미분무소화설비용 전기배선의 양단 및 접속단자에는 다음 각 호의 기준에 따라 표지하여야 한다.
 1) 단자에는 "**미분무소화설비단자**"라고 표시한 표지를 부착할 것
 2) 미분무소화설비용 전기배선의 양단에는 다른 배선과 식별이 용이하도록 표시할 것

13 청소 · 시험 · 유지 및 관리 등

(1) 미분무소화설비의 청소·유지 및 관리 등은 건축물의 모든 부분(건축설비를 포함한다)을 완성한 시점부터 최소 연 1회 이상 실시하여 그 성능 등을 확인하여야 한다.

(2) 미분무소화설비의 배관 등의 청소는 배관의 수리계산 시 설계된 최대방출량으로 방출하여 배관 내 이물질이 제거될 수 있는 충분한 시간동안 실시하여야 한다.

14 설계도서 작성 기준[별표 1]

(1) 공통사항

설계도서는 건축물에서 발생 가능한 상황을 선정하되, 건축물의 특성에 따라 제2호의 설계도서 유형 중 가목의 일반설계도서와 나목부터 사목까지의 특별설계도서 중 1개 이상을 작성한다.

(2) 설계도서 유형

가) 일반설계도서
① 건물용도, 사용자 중심의 일반적인 화재를 가상한다.
② 설계도서에는 다음 사항이 필수적으로 명확히 설명되어야 한다.
　가. 건물 사용자 특성
　나. 사용자의 수와 장소
　다. 실 크기
　라. 가구와 실내 내용물
　마. 연소 가능한 물질들과 그 특성 및 발화원
　바. 환기조건
　사. 최초 발화물과 발화물의 위치
③ 설계자가 필요한 경우 기타 설계도서에 필요한 사항을 추가할 수 있다.

★★★★★

 문제20 미분무소화설비의 일반설계도서에 필수적으로 명확히 설명되어야 할 사항 7가지를 쓰시오.

나) 특별설계도서 1
① 내부 문들이 개방되어 있는 상황에서 피난로에 화재가 발생하여 급격한 화재 연소가 이루어지는 상황을 가상한다.
② 화재 시 가능한 피난방법의 수에 중심을 두고 작성한다.

다) 특별설계도서 2
① 사람이 상주하지 않는 실에서 화재가 발생하지만, 잠재적으로 많은 재실자에게 위험이 되는 상황을 가상한다.
② 건축물 내의 재실자가 없는 곳에서 화재가 발생하여 많은 재실자가 있는 공간으로 연소 확대되는 상황에 중심을 두고 작성한다.

라) 특별설계도서 3
① 많은 사람들이 있는 실에 인접한 벽이나 덕트 공간 등에서 화재가 발생한 상황을 가상한다.
② 화재감지기가 없는 곳이나 자동으로 작동하는 소화설비가 없는 장소에서 화재가 발생하여 많은 재실자가 있는 곳으로의 연소 확대가 가능한 상황에 중심을 두고 작성한다.

마) 특별설계도서 4
① 많은 거주자가 있는 아주 인접한 장소 중 소방시설의 작동 범위에 들어가지 않는 장소에서 아주 천천히 성장하는 화재를 가상한다.
② 작은 화재에서 시작하지만 큰 대형화재를 일으킬 수 있는 화재에 중심을 두고 작성한다.

바) 특별설계도서 5
① 건축물의 일반적인 사용 특성과 관련, 화재하중이 가장 큰 장소에서 발생한 아주 심각한 화재를 가상한다.
② 재실자가 있는 공간에서 급격하게 연소 확대되는 화재를 중심으로 작성한다.

사) 특별설계도서 6
① 외부에서 발생하여 본 건물로 화재가 확대되는 경우를 가상한다.
② 본 건물에서 떨어진 장소에서 화재가 발생하여 본 건물로 화재가 확대되거나 피난로를 막거나 거주가 불가능한 조건을 만드는 화재에 중심을 두고 작성한다.

★★★★★

 문제21 미분무소화설비의 특별설계도서 6가지를 쓰시오.

제8장 포소화설비

11th Day

포소화설비는 다량의 물과 소량의 포소화약제를 혼합한 포수용액을 발포시켜서 일반화재나 유류화재 발생 시 화재면을 포로 덮어서 질식소화하는 설비이며, 고정식과 이동식 설비가 있다.

1 소화작용

소화작용	설 명
질식작용	공기 중의 산소의 공급을 포에 의해 차단하여 화재를 소화한다.
냉각작용	포소화약제가 일부 증발할 때, 화재 장소로부터 열을 흡수함으로서 주위의 온도를 연소점 이하로 낮추어 화재를 소화한다.
유화작용	포소화약제를 4류위험물에 방사하면, 유류 표면에 엷은 막을 형성하여 화재를 소화한다.
희석작용	알코올, 에테르, 에스테르, 케톤 등의 수용성액체 화재 시 다량의 포를 일시에 방사하여 수용성액체의 농도를 연소범위의 하한계 이하로 묽게 하여 화재를 소화한다.

2 종류 및 적응성

특정소방대상물에 따라 적응하는 포소화설비는 다음 각 호와 같다.
(1) 「화재의 예방 및 안전관리에 관한 법률 시행령」 별표 2의 특수가연물을 저장·취급하는 공장 또는 창고 : 포워터스프링클러설비·포헤드설비 또는 고정포방출설비, 압축공기포소화설비

★★★☆☆

[예상] 문제01 특수가연물을 저장·취급하는 공장 또는 창고에 적응하는 포소화설비 종류 3가지를 쓰시오.

[TIP] ※ 포헤드설비와 포워터스프링클러설비
포헤드설비 : "포헤드설비"란 포헤드를 사용하는 포소화설비를 말한다.

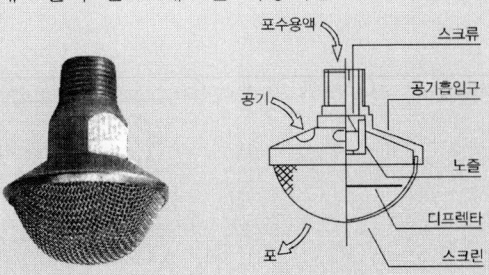

제1편 소화설비 **211**

포워터스프링클러설비 : "포워터스프링클러설비"란 포워터스프링클러헤드를 사용하는 포소화설비를 말한다.

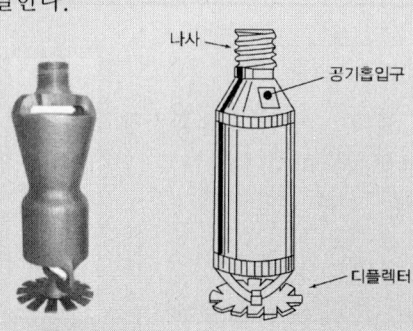

(2) 차고 또는 주차장 : 포워터스프링클러설비·포헤드설비 또는 고정포방출설비·압축공기포소화설비. 다만, 다음 각 목의 어느 하나에 해당하는 차고·주차장의 부분에는 호스릴포소화설비 또는 포소화전설비를 설치할 수 있다.[**호스릴포소화설비 또는 포소화전설비를 설치할 수 있는 차고·주차장의 부분**]

  가. 완전 개방된 옥상주차장 또는 고가 밑의 주차장으로서 주된 벽이 없고 기둥뿐이거나 주위가 위해방지용 철주 등으로 둘러싸인 부분
  나. 〈삭제 2019. 8. 13.〉
  다. 지상 1층으로서 지붕이 없는 부분
  라. 〈삭제 2019. 8. 13.〉

> "**호스릴포소화설비**"란 호스릴포방수구·호스릴 및 이동식 포노즐을 사용하는 설비를 말한다.
> "**포소화전설비**"란 포소화전방수구·호스 및 이동식 포노즐을 사용하는 설비를 말한다.

★★★★☆

문제02 호스릴포소화설비 또는 포소화전설비를 설치할 수 있는 차고·주차장 부분 2가지를 쓰시오.[설계15회기출]

(3) 항공기격납고 : 포워터스프링클러설비·포헤드설비 또는 고정포방출설비·압축공기포소화설비. 다만, 바닥면적의 합계가 1,000 m² 이상이고 항공기의 격납 위치가 한정되어 있는 경우에는 그 한정된 장소 외의 부분에 대하여는 호스릴포소화설비를 설치할 수 있다.

★★★☆☆

문제03 항공기격납고에 적응하는 포소화설비 종류 3가지를 쓰시오.

(4) 발전기실, 엔진펌프실, 변압기, 전기케이블실, 유압설비 : 바닥면적의 합계가 300 m² 미만의 장소에는 고정식 압축공기포소화설비를 설치할 수 있다.

3 수원

(1) 포소화설비의 수원은 그 저수량이 특정소방대상물에 따라 다음 각 호의 기준에 적합하도록 하여야 한다.

1) 「화재의 예방 및 안전관리에 관한 법률 시행령」별표 2의 특수가연물을 저장·취급하는 공장 또는 창고 : 포워터스프링클러설비 또는 포헤드설비의 경우에는 포워터스프링클러헤드 또는 포헤드(이하 "**포헤드**"라 한다)가 가장 많이 설치된 층의 포헤드(바닥면적이 200 m²를 초과한 층은 바닥면적 200 m² 이내에 설치된 포헤드를 말한다)에서 동시에 표준방사량으로 10분간 방사할 수 있는 양 이상으로, 고정포방출설비의 경우에는 고정포방출구가 가장 많이 설치된 방호구역 안의 고정포방출구에서 표준방사량으로 10분간 방사할 수 있는 양 이상으로 한다. 이 경우 하나의 공장 또는 창고에 포워터스프링클러설비·포헤드설비 또는 고정포방출설비가 함께 설치된 때에는 각 설비별로 산출된 저수량 중 최대의 것을 그 특정소방대상물에 설치해야 할 수원의 양으로 한다.

2) 차고 또는 주차장 : 호스릴포소화설비 또는 포소화전설비의 경우에는 방수구가 가장 많은 층의 설치개수(호스릴포방수구 또는 포소화전방수구가 5개 이상 설치된 경우에는 5개)에 6 m³를 곱한 양 이상으로, 포워터스프링클러설비·포헤드설비 또는 고정포방출설비의 경우에는 제1호의 기준을 준용한다. 이 경우 하나의 차고 또는 주차장에 호스릴포소화설비·포소화전설비·포워터스프링클러설비·포헤드설비 또는 고정포방출설비가 함께 설치된 때에는 각 설비별로 산출된 저수량 중 최대의 것을 그 차고 또는 주차장에 설치하여야 할 수원의 양으로 한다.

3) 항공기격납고 : 포워터스프링클러설비·포헤드설비 또는 고정포방출설비의 경우에는 포헤드 또는 고정포방출구가 가장 많이 설치된 항공기격납고의 포헤드 또는 고정포방출구에서 동시에 표준방사량으로 10분간 방사할 수 있는 양 이상으로 하되, 호스릴포소화설비를 함께 설치한 경우에는 호스릴포방수구가 가장 많이 설치된 격납고의 호스릴방수구수(호스릴포방수구가 5개 이상 설치된 경우에는 5개)에 6 m³를 곱한 양을 합한 양 이상으로 하여야 한다.

4) 압축공기포소화설비를 설치하는 경우 방수량은 설계 사양에 따라 방호구역에 최소 10분간 방사할수 있어야 한다.

5) 압축공기포소화설비의 설계방출밀도(L/min·m²)는 설계사양에 따라 정하여야 하며 일반가연물, 탄화수소류는 1.63 L/min·m² 이상, 특수가연물, 알코올류와 케톤류는 2.3 L/min·m² 이상으로 하여야 한다.

(2) 포소화설비의 수원을 수조로 설치하는 경우에는 소방설비의 전용수조로 하여야 한다. 다만, 다음 각 호의 어느 하나에 해당하는 경우에는 그러하지 아니하다.
[소방설비의 전용수조로 설치하지 아니할 수 있는 경우]
1) 포소화설비용 펌프의 풋밸브 또는 흡수배관의 흡수구(수직회전축펌프의 흡수구를 포함한다. 이하 같다)를 다른 설비(소화용 설비 외의 것을 말한다. 이하 같다)의 풋밸브 또는 흡수구보다 낮은 위치에 설치한 때
2) 고가수조로부터 포소화설비의 수직 배관에 물을 공급하는 급수구를 다른 설비의 급수구보다 낮은 위치에 설치한 때

★★★☆☆

문제04 포소화설비의 수원을 소방설비의 전용수조로 설치하지 아니할 수 있는 경우 2가지를 쓰시오.

(3) 저수량을 산정함에 있어서 다른 설비와 겸용하여 포소화설비용 수조를 설치하는 경우에는 포소화설비의 풋밸브·흡수구 또는 수직배관의 급수구와 다른 설비의 풋밸브·흡수구 또는 수직배관의 급수구와의 사이의 수량을 그 유효수량으로 한다.

(4) 포소화설비용 수조는 다음 각 호의 기준에 따라 설치하여야 한다.[**포소화설비용 수조의 설치기준**]
1) 점검에 편리한 곳에 설치할 것
2) 동결방지조치를 하거나 동결의 우려가 없는 장소에 설치할 것
3) 수조의 외측에 수위계를 설치할 것. 다만, 구조상 불가피한 경우에는 수조의 맨홀 등을 통하여 수조 안의 물의 양을 쉽게 확인할 수 있도록 하여야 한다.
4) 수조의 상단이 바닥보다 높은 때에는 수조의 외측에 고정식 사다리를 설치할 것
5) 수조가 실내에 설치된 때에는 그 실내에 조명설비를 설치할 것
6) 수조의 밑 부분에는 청소용 배수밸브 또는 배수관을 설치할 것
7) 수조의 외측의 보기 쉬운 곳에 "**포소화설비용 수조**"라고 표시한 표지를 할 것. 이 경우 그 수조를 다른 설비와 겸용하는 때에는 그 겸용되는 설비의 이름을 표시한 표지를 함께 하여야 한다.
8) 포소화설비 펌프의 흡수배관 또는 포소화설비의 수직배관과 수조의 접속부분에는 "**포소화설비용 배관**"이라고 표시한 표지를 할 것

★★★★☆

문제05 포소화설비용 수조의 설치기준 중 5가지를 쓰시오.

4 가압송수장치

(1) 전동기 또는 내연기관에 따른 펌프를 이용하는 가압송수장치는 다음 각 호의 기준에 따라 설치하여야 한다. 다만, 가압송수장치의 주펌프는 전동기에 따른 펌프를 설치하여야 한다.

1) 쉽게 접근할 수 있고 점검하기에 충분한 공간이 있는 장소로서 화재 및 침수 등의 재해로 인한 피해를 받을 우려가 없는 곳에 설치할 것
2) 동결방지조치를 하거나 동결의 우려가 없는 장소에 설치하여야 한다. 다만, 보온재를 사용할 경우에는 난연재료 성능 이상의 것으로 하여야 한다.
3) 소화약제가 변질될 우려가 없는 곳에 설치할 것
4) 펌프의 토출량은 포헤드·고정포방출구 또는 이동식 포노즐의 설계압력 또는 노즐의 방사압력의 허용범위 안에서 포수용액을 방출 또는 방사할 수 있는 양 이상이 되도록 할 것
5) 펌프는 전용으로 할 것. 다만, 다른 소화설비와 겸용하는 경우 각각의 소화설비의 성능에 지장이 없을 때에는 그러하지 아니하다.
6) 펌프의 양정은 다음의 식에 따라 산출한 수치 이상이 되도록 할 것

$$H = h_1 + h_2 + h_3 + h_4$$

H : 펌프의 양정(m)
h_1 : 방출구의 설계압력 환산수두 또는 노즐 선단의 방사압력 환산수두(m)
h_2 : 배관의 마찰손실수두(m)
h_3 : 낙차(m)
h_4 : 소방용 호스의 마찰손실수두(m)

7) 펌프의 토출측에는 압력계를 체크밸브 이전에 펌프 토출측 플랜지에서 가까운 곳에 설치하고, 흡입측에는 연성계 또는 진공계를 설치할 것. 다만, 수원의 수위가 펌프의 위치보다 높거나 수직 회전축 펌프의 경우에는 연성계 또는 진공계를 설치하지 아니할 수 있다.
8) 펌프의 성능은 체절운전 시 정격토출압력의 140 %를 초과하지 않고, 정격토출량의 150 %로 운전 시 정격토출압력의 65 % 이상이 되어야 하며, 펌프의 성능을 시험할 수 있는 성능시험배관을 설치할 것. 다만, 충압펌프의 경우에는 그렇지 않다.
9) 가압송수장치에는 체절운전 시 수온의 상승을 방지하기 위한 순환배관을 설치할 것. 다만, 충압펌프의 경우에는 그러하지 아니하다.
10) 기동장치로는 기동용 수압개폐장치 또는 이와 동등 이상의 성능이 있는 것을 설치하고, 기동용 수압개폐장치 중 압력챔버를 사용할 경우 그 용적은 100 L 이상의 것으로 할 것
11) 수원의 수위가 펌프보다 낮은 위치에 있는 가압송수장치에는 다음 각 목의 기준에 따른 물올림장치를 설치할 것[**물올림장치의 설치기준**]
   ① 물올림장치에는 전용의 수조를 설치할 것
   ② 수조의 유효수량은 100L 이상으로 하되, 구경 15 ㎜ 이상의 급수배관에 따라 해당 수조에 물이 계속 보급되도록 할 것

★★★☆☆

문제06 수원의 수위가 펌프보다 낮은 위치에 있는 가압송수장치에는 물올림장치를 설치하여야 한다. 물올림장치의 설치기준 2가지를 쓰시오.

12) 기동용 수압개폐장치를 기동장치로 사용하는 경우에는 다음 각 목의 기준에 따른 충압펌프를 설치할 것. 다만, 호스릴포소화설비 또는 포소화전설비를 설치한 경우 소용 급수펌프로 상시 충압이 가능하고 1개의 호스릴포방수구 또는 포소화전방수구를 개방할 때에 급수펌프가 정지되는 시간 없이 지속적으로 작동될 수 있고 다음 가목의 성능을 갖춘 경우에는 충압펌프를 별도로 설치하지 아니할 수 있다.[충압펌프의 설치기준]
① 펌프의 토출압력은 그 설비의 최고위 일제개방밸브·포소화전 또는 호스릴포방수구의 자연압보다 적어도 0.2 MPa이 더 크도록 하거나 가압송수장치의 정격토출압력과 같게 할 것
② 펌프의 정격토출량은 정상적인 누설량보다 적어서는 아니 되며, 포소화설비가 자동적으로 작동할 수 있도록 충분한 토출량을 유지할 것

★★★☆☆

문제07 기동용 수압개폐장치를 기동장치로 사용하는 경우에는 충압펌프를 설치하여야 한다. 충압펌프의 설치기준 2가지를 쓰시오.

13) 내연기관을 사용하는 경우에는 제어반에 따라 내연기관의 자동 기동 및 수동 기동이 가능하고, 상시 충전되어 있는 축전지설비를 갖출 것
14) 가압송수장치에는 "**포소화설비펌프**"라고 표시한 표지를 할 것. 이 경우 그 가압송수장치를 다른 설비와 겸용하는 때에는 그 겸용되는 설비의 이름을 표시한 표지를 함께 하여야 한다.
15) 가압송수장치가 기동이 된 경우에는 자동으로 정지되지 아니하도록 하여야 한다. 다만, 충압펌프의 경우에는 그러하지 아니하다.
16) 압축공기포소화설비에 설치되는 펌프의 양정은 0.4 MPa 이상이 되어야 한다. 다만, 자동으로 급수장치를 설치한 때에는 전용펌프를 설치하지 아니할 수 있다.
(2) 고가수조의 자연낙차를 이용한 가압송수장치는 다음 각 호의 기준에 따라 설치하여야 한다.
1) 고가수조의 자연낙차수두(수조의 하단으로부터 최고층에 설치된 포헤드까지의 수직거리를 말한다)는 다음의 식에 따라 산출한 수치 이상이 되도록 할 것

공식

$$H = h_1 + h_2 + h_3$$

H : 필요한 낙차(m)
h_1 : 방출구의 설계압력 환산수두 또는 노즐 선단의 방사압력 환산수두(m)
h_2 : 배관의 마찰손실수두(m)
h_3 : 소방용 호스의 마찰손실수두(m)
2) 고가수조에는 수위계·배수관·급수관·오버플로우관 및 맨홀을 설치할 것

★★★★☆

 문제08 고가수조의 구성 5가지를 쓰시오.

(3) 압력수조를 이용한 가압송수장치는 다음 각 호의 기준에 따라 설치하여야 한다.
 1) 압력수조의 압력은 다음의 식에 따라 산출한 수치 이상이 되도록 할 것

공식

$$P = p_1 + p_2 + p_3 + p_4$$

  P : 필요한 압력(MPa)
  p_1 : 방출구의 설계압력 또는 노즐선단의 방사압력(MPa)
  p_2 : 배관의 마찰손실수두압(MPa)
  p_3 : 낙차의 환산수두압(MPa)
  p_4 : 소방용 호스의 마찰손실수두압(MPa)
 2) 압력수조에는 수위계 · 급수관 · 배수관 · 급기관 · 맨홀 · 압력계 · 안전장치 및 압력저하 방지를 위한 자동식 공기압축기를 설치할 것

★★★★☆

 문제09 압력수조의 구성 8가지를 쓰시오.

(4) 가압송수장치에는 포헤드 · 고정방출구 또는 이동식 포노즐의 방사압력이 설계압력 또는 방사압력의 허용범위를 넘지 아니하도록 감압장치를 설치하여야 한다.
(5) 가압송수장치는 다음 표에 따른 표준방사량을 방사할 수 있도록 하여야 한다.

구 분	표준 방사량
포워터스프링클러헤드	75 ℓ/min 이상
포헤드 · 고정포방출구 또는 이동식포노즐 · 압축공기포헤드	각 포헤드 · 고정포방출구 또는 이동식 포노즐의 설계압력에 따라 방출되는 소화약제의 양

포워터스프링클러헤드의 수원 = $N \times 75\ell/\min \times 10\min$

(6) 가압수조를 이용한 가압송수장치는 다음 각 호의 기준에 따라 설치하여야 한다. [**가압수조를 이용한 가압송수장치의 설치기준**]
 1) 가압수조의 압력은 제5항에 따른 방수량 및 방수압이 20분 이상 유지되도록 할 것
 2) 가압수조 및 가압원은 「건축법 시행령」 제46조에 따른 방화구획 된 장소에 설치할 것

 ※**건축법 시행령 제46조**
주요구조부가 내화구조 또는 불연재료로 된 건축물로서 연면적이 1천 제곱미터를 넘는 것은 국토교통부령으로 정하는 기준에 따라 내화구조로 된 바닥 · 벽 및 제64조에 따른 갑종방화문(국토교통부장관이 정하는 기준에 적합한 자동방화셔터를 포함한다)으로 구획(이하 "**방화구획**"이라 한다)하여야 한다. 다만, 「원자력안전법」 제2조에 따른 원자로 및 관계시설은 「원자력안전법」에서 정하는 바에 따른다.

제1편 소화설비 **217**

3) 소방청장이 정하여 고시한 「가압수조식 가압송수장치의 성능인증 및 제품검사의 기술기준」에 적합한 것으로 설치할 것

★★☆☆☆

문제10 가압수조를 이용하는 가압송수장치의 설치기준 3가지를 쓰시오.

5 배관 등

2.4.1 배관과 배관이음쇠는 다음의 어느 하나에 해당하는 것 또는 동등 이상의 강도·내식성 및 내열성 등을 국내·외 공인기관으로부터 인정받은 것을 사용해야 하고, 배관용 스테인리스 강관(KS D 3576)의 이음을 용접으로 할 경우에는 텅스텐 불활성 가스 아크 용접(Tungsten Inertgas Arc Welding)방식에 따른다. 다만, 2.3에서 정하지 않은 사항은 「건설기술 진흥법」 제44조제1항의 규정에 따른 "건설기준"에 따른다.

2.4.1.1 배관 내 사용압력이 1.2 MPa 미만일 경우에는 다음의 어느 하나에 해당하는 것

(1) 배관용 탄소 강관(KS D 3507)
(2) 이음매 없는 구리 및 구리합금관(KS D 5301). 다만, 습식의 배관에 한한다.
(3) 배관용 스테인리스 강관(KS D 3576) 또는 일반배관용 스테인리스 강관(KS D 3595)
(4) 덕타일 주철관(KS D 4311)

2.4.1.2 배관 내 사용압력이 1.2 MPa 이상일 경우에는 다음의 어느 하나에 해당하는 것

(1) 압력 배관용 탄소 강관(KS D 3562)
(2) 배관용 아크용접 탄소강 강관(KS D 3583)

2.4.2 2.4.1에도 불구하고 다음의 어느 하나에 해당하는 장소에는 소방청장이 정하여 고시한 「소방용합성수지배관의 성능인증 및 제품검사의 기술기준」에 적합한 소방용 합성수지배관으로 설치할 수 있다.

2.4.2.1 배관을 지하에 매설하는 경우

2.4.2.2 다른 부분과 내화구조로 구획된 덕트 또는 피트의 내부에 설치하는 경우

2.4.2.3 천장(상층이 있는 경우에는 상층바닥의 하단을 포함한다. 이하 같다)과 반자를 불연재료 또는 준불연 재료로 설치하고 소화배관 내부에 항상 소화수가 채워진 상태로 설치하는 경우

★★★☆☆

문제11 포소화설비의 배관을 소방용 합성수지배관으로 설치할 수 있는 경우 3가지를 쓰시오.

(2) 송액관은 포의 방출 종료 후 배관 안의 액을 배출하기 위하여 적당한 기울기를 유지하도록 하고 그 낮은 부분에 배액밸브를 설치하여야 한다.

 "송액관"이란 수원으로부터 포헤드·고정포방출구 또는 이동식 포노즐에 급수하는 배관을 말한다.

(3) 포워터스프링클러설비 또는 포헤드설비의 가지배관의 배열은 토너먼트방식이 아니어야 하며, 교차배관에서 분기하는 지점을 기점으로 한쪽 가지배관에 설치하는 헤드의 수는 8개 이하로 한다.

(4) 송액관은 전용으로 하여야 한다. 다만, 포소화전의 기동장치의 조작과 동시에 다른 설비의 용도에 사용하는 배관의 송수를 차단할 수 있거나, 포소화설비의 성능에 지장이 없는 경우에는 다른 설비와 겸용할 수 있다.

(5) 펌프의 흡입측 배관은 다음 각 호의 기준에 따라 설치하여야 한다.
  1) 공기고임이 생기지 아니하는 구조로 하고 여과장치를 설치할 것
  2) 수조가 펌프보다 낮게 설치된 경우에는 각 펌프(충압펌프를 포함한다)마다 수조로부터 별도로 설치할 것.

(6) 삭제 <2024.7.1.>

(7) 펌프의 성능시험배관은 다음의 기준에 적합하도록 설치해야 한다.[**성능시험배관의 설치기준**]
  1) 성능시험배관은 펌프의 토출 측에 설치된 개폐밸브 이전에서 분기하여 직선으로 설치하고, 유량측정장치를 기준으로 전단 직관부에는 개폐밸브를 후단 직관부에는 유량조절밸브를 설치할 것. 이 경우 개폐밸브와 유량측정장치 사이의 직관부 거리 및 유량측정장치와 유량조절밸브 사이의 직관부 거리는 해당 유량측정장치 제조사의 설치사양에 따르고, 성능시험배관의 호칭지름은 유량측정장치의 호칭지름에 따른다.
  2) 유량측정장치는 펌프의 정격토출량의 175 % 이상 측정할 수 있는 성능이 있을 것

★★★☆☆

 문제12 펌프의 성능 및 성능시험배관의 설치기준 2가지를 쓰시오.

(8) 가압송수장치의 체절운전 시 수온의 상승을 방지하기 위하여 체크밸브와 펌프 사이에서 분기한 구경 20 ㎜ 이상의 배관에 체절압력 미만에서 개방되는 릴리프밸브를 설치하여야 한다.

(9) 동결방지조치를 하거나 동결의 우려가 없는 장소에 설치하여야 한다. 다만, 보온재를 사용할 경우에는 난연재료 성능 이상의 것으로 하여야 한다.

(10) 급수배관에 설치되어 급수를 차단할 수 있는 개폐밸브(포헤드·고정포방출구 또는 이동식 포노즐은 제외한다)는 개폐표시형으로 하여야 한다. 이 경우 펌프의 흡입측 배관에는 버터플라이밸브 외의 개폐표시형밸브를 설치하여야 한다.

(11) 제10항의 개폐밸브에는 그 밸브의 개폐상태를 감시제어반에서 확인할 수 있는 급수개폐밸브 작동표시스위치를 다음 각 호의 기준에 따라 설치하여야 한다.
[**급수개폐밸브 작동표시스위치의 설치기준**]
 1) 급수개폐밸브가 잠길 경우 탬퍼스위치의 동작으로 인하여 감시제어반 또는 수신기에 표시 되어야 하며 경보음을 발할 것
 2) 탬퍼스위치는 감시제어반에서 동작의 유무 확인과 동작시험, 도통시험을 할 수 있을 것
 3) 급수개폐밸브의 작동표시스위치에 사용되는 전기배선은 내화전선 또는 내열전선으로 설치할 것

★★★☆☆

 문제13 개폐표시형 개폐밸브에는 그 밸브의 개폐상태를 감시제어반에서 확인할 수 있는 급수개폐밸브 작동표시스위치를 설치하여야 한다. 급수개폐밸브 작동표시스위치의 설치기준 3가지를 쓰시오.

(12) 배관은 다른 설비의 배관과 쉽게 구분이 될 수 있는 위치에 설치하거나, 그 배관표면 또는 배관 보온재표면의 색상은 「한국산업표준(배관계의 식별 표시, KS A 0503)」 또는 적색으로 식별이 가능하도록 소방용설비의 배관임을 표시해야 한다.

(13) 포소화설비에는 소방차로부터 그 설비에 송수할 수 있는 송수구를 다음 각 호의 기준에 따라 설치하여야 한다.[**송수구의 설치기준**]
 1) 송수구는 화재층으로부터 지면으로 떨어지는 유리창 등이 송수 및 그 밖의 소화작업에 지장을 주지 아니하는 장소에 설치할 것
 2) 송수구로부터 포소화설비의 주배관에 이르는 연결배관에 개폐밸브를 설치한 때에는 그 개폐 상태를 쉽게 확인 및 조작할 수 있는 옥외 또는 기계실 등의 장소에 설치할 것
 3) 구경 65mm의 쌍구형으로 할 것
 4) 송수구에는 그 가까운 곳의 보기 쉬운 곳에 송수압력범위를 표시한 표지를 할 것
 5) 포소화설비의 송수구는 하나의 층의 바닥면적이 3,000 m²를 넘을 때마다 1개 이상을 설치할 것(5개를 넘을 경우에는 5개로 한다)
 6) 지면으로부터 높이가 0.5 m 이상 1 m 이하의 위치에 설치할 것
 7) 송수구의 부근에는 자동배수밸브(또는 직경 5 mm의 배수공) 및 체크밸브를 설치할 것. 이 경우 자동배수밸브는 배관 안의 물이 잘 빠질 수 있는 위치에 설치하되, 배수로 인하여 다른 물건이나 장소에 피해를 주지 않아야 한다.
 8) 송수구에는 이물질을 막기 위한 마개를 씌울 것
 9) 압축공기포소화설비를 스프링클러 보조설비로 설치하거나 압축공기포 소화설비에 자동으로 급수되는 장치를 설치한 때에는 송수구 설치를 아니할 수 있다.

★★★★☆

문제14 포소화설비에는 소방차로부터 그 설비에 송수할 수 있는 송수구를 설치하여야 한다. 송수구의 설치기준 중 5가지를 쓰시오.

6 저장탱크 등

(1) 포소화약제의 저장탱크(용기를 포함한다)는 다음 각 호의 기준에 따라 설치하고, 제9조에 따른 혼합장치와 배관 등으로 연결하여 두어야 한다.[**포소화약제 저장탱크의 설치기준**]

1) 화재 등의 재해로 인한 피해를 받을 우려가 없는 장소에 설치할 것
2) 기온의 변동으로 포의 발생에 장애를 주지 아니하는 장소에 설치할 것. 다만, 기온의 변동에 영향을 받지 아니하는 포소화약제의 경우에는 그러하지 아니하다.
3) 포소화약제가 변질될 우려가 없고 점검에 편리한 장소에 설치할 것
4) 가압송수장치 또는 포소화약제 혼합장치의 기동에 따라 압력이 가해지는 것 또는 상시 가압된 상태로 사용되는 것은 압력계를 설치할 것
5) 포소화약제 저장량의 확인이 쉽도록 액면계 또는 계량봉 등을 설치할 것
6) 가압식이 아닌 저장탱크는 그라스게이지를 설치하여 액량을 측정할 수 있는 구조로 할 것

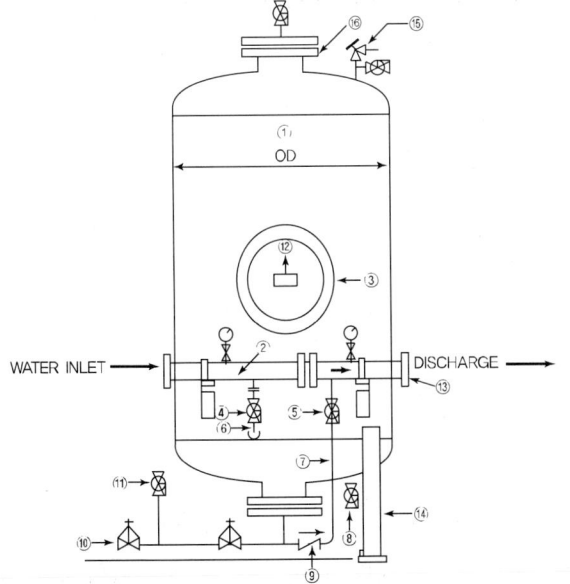

①	원액탱크
②	혼합장치
③	맨홀
④	급수밸브
⑤	원액밸브
⑥	급수관
⑦	원액공급관
⑧	배수밸브
⑨	원액체크밸브
⑩	원액공급용밸브
⑪	계기용밸브
⑫	안전밸브

 ★★★★★

문제15 포소화약제 저장탱크의 설치기준 6가지를 쓰시오.

(2) 포소화약제의 저장량은 다음 각 호의 기준에 따른다.
   1) 옥내포소화전방식 또는 호스릴방식에 있어서는 다음의 식에 따라 산출한 양 이

상으로 할 것. 다만, 바닥면적이 200 m² 미만인 건축물에 있어서는 그 75 %로 할 수 있다.

공식
$$Q = N \times S \times 6,000 \ell$$

Q : 포소화약제의 양(ℓ)
N : 호스 접결구 수(5개 이상인 경우는 5)
S : 포소화약제의 사용농도(%)

2) 포헤드방식 및 압축공기포소화설비에 있어서는 하나의 방사구역 안에 설치된 포헤드를 동시에 개방하여 표준방사량으로 10분간 방사할 수 있는 양 이상으로 할 것

7 혼합장치

포소화약제의 혼합장치는 포소화약제의 사용농도에 적합한 수용액으로 혼합할 수 있도록 다음 각 호의 어느 하나에 해당하는 방식에 따르되, 법 제39조에 따라 제품검사에 합격한 것으로 설치하여야 한다.[**포소화약제의 혼합장치 종류**]

(1) 펌프 푸로포셔너방식

"**펌프 푸로포셔너방식**"이란 펌프의 토출관과 흡입관 사이의 배관 도중에 설치한 흡입기에 펌프에서 토출된 물의 일부를 보내고, 농도조정밸브에서 조정된 포소화약제의 필요량을 포소화약제탱크에서 펌프 흡입측으로 보내어 이를 혼합하는 방식을 말한다.

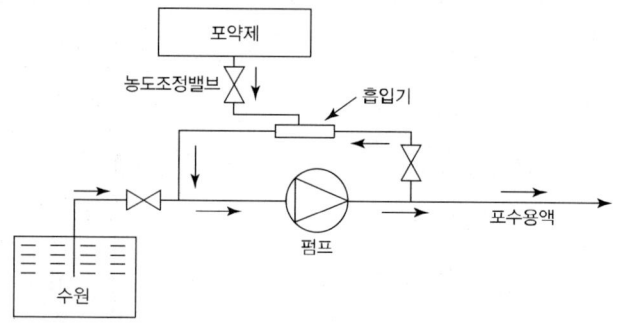

(2) 프레셔 푸로포셔너방식

"**프레셔 푸로포셔너방식**"이란 펌프와 발포기의 중간에 설치된 벤추리관의 벤추리작용과 펌프 가압수의 포소화약제 저장탱크에 대한 압력에 따라 포소화약제를 흡입·혼합하는 방식을 말한다.

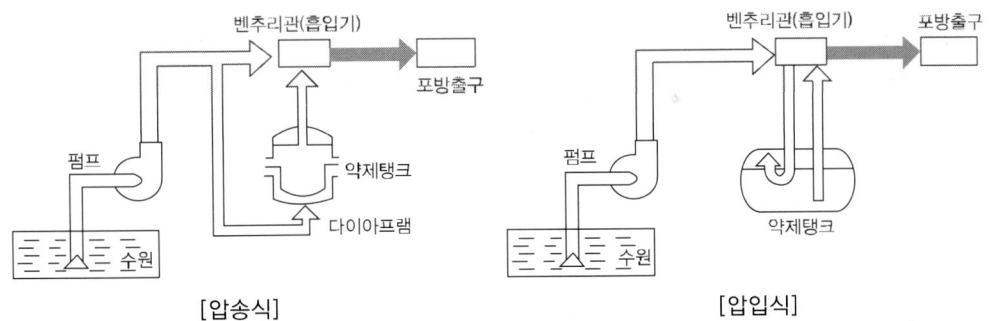

[압송식]　　　　　　　　　　[압입식]

(3) 라인 푸로포셔너방식

"**라인 푸로포셔너방식**"이란 펌프와 발포기의 중간에 설치된 벤추리관의 벤추리작용에 따라 포소화약제를 흡입·혼합하는 방식을 말한다.

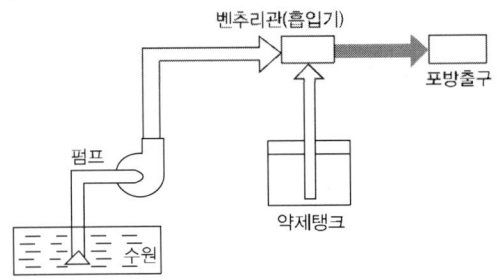

(4) 프레셔 사이드 푸로포셔너방식

"**프레셔 사이드 푸로포셔너방식**"이란 펌프의 토출관에 압입기를 설치하여 포소화약제 압입용 펌프로 포소화약제를 압입시켜 혼합하는 방식을 말한다.

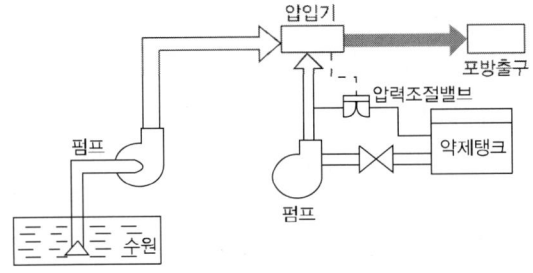

> **TIP** 혼합장치(propotioner)는 방사유량에 비례하여 소화원액을 지정농도 허용범위 내로 혼합시키는 성능을 갖고 있는 것이다. 유량의 변화범위는 정격의 50~200%, 즉, 최소 유량 시와 최대 유량 시의 비가 1:4 이다.

★★★★★

예상 **문제16** 포소화설비 혼합장치의 종류 4가지 열거하고 간략히 설명하시오. [설계7회기출]

(5) 압축공기포 믹싱챔버방식

8 개방밸브

포소화설비의 개방밸브는 다음 각 호의 기준에 따라 설치하여야 한다.
(1) 자동개방밸브는 화재감지장치의 작동에 따라 자동으로 개방되는 것으로 할 것
(2) 수동식 개방밸브는 화재 시 쉽게 접근할 수 있는 곳에 설치할 것

9 기동장치

(1) 포소화설비의 수동식 기동장치는 다음 각 호의 기준에 따라 설치하여야 한다.
  [포소화설비의 수동식 기동장치 설치기준]
  1) 직접조작 또는 원격조작에 따라 가압송수장치·수동식개방밸브 및 소화약제 혼합장치를 기동할 수 있는 것으로 할 것
  2) 2 이상의 방사구역을 가진 포소화설비에는 방사구역을 선택할 수 있는 구조로 할 것
  3) 기동장치의 조작부는 화재 시 쉽게 접근할 수 있는 곳에 설치하되, 바닥으로부터 0.8m 이상 1.5m 이하의 위치에 설치하고, 유효한 보호장치를 설치할 것
  4) 기동장치의 조작부 및 호스 접결구에는 가까운 곳의 보기 쉬운 곳에 각각 "**기동장치의 조작부**" 및 "**접결구**"라고 표시한 표지를 설치할 것
  5) 차고 또는 주차장에 설치하는 포소화설비의 수동식 기동장치는 방사구역마다 1개 이상 설치할 것
  6) 항공기격납고에 설치하는 포소화설비의 수동식 기동장치는 각 방사구역마다 2개 이상을 설치하되, 그 중 1개는 각 방사구역으로부터 가장 가까운 곳 또는 조작에 편리한 장소에 설치하고, 1개는 화재감지 수신기를 설치한 감시실 등에 설치할 것

★★★★☆

> **문제17** 포소화설비 수동식 기동장치의 설치기준 중 5가지를 쓰시오.

(2) 포소화설비의 자동식 기동장치는 자동화재탐지설비의 감지기의 작동 또는 폐쇄형 스프링클러헤드의 개방과 연동하여 가압송수장치·일제개방밸브 및 포소화약제 혼합장치를 기동시킬 수 있도록 다음 각 호의 기준에 따라 설치하여야 한다. 다만, 자동화재탐지설비의 수신기가 설치된 장소에 상시 사람이 근무하고 있고, 화재 시 즉시 해당 조작부를 작동시킬 수 있는 경우에는 그러하지 아니하다.
  1) 폐쇄형 스프링클러헤드를 사용하는 경우에는 다음 각 목의 기준에 따를 것

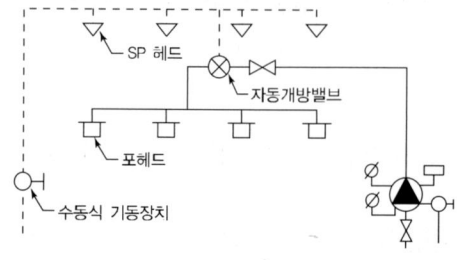

① 표시온도가 79 ℃ 미만인 것을 사용하고, 1개의 스프링클러헤드의 경계면적은 20 m² 이하로 할 것
② 부착면의 높이는 바닥으로부터 5 m 이하로 하고, 화재를 유효하게 감지할 수 있도록 할 것
③ 하나의 감지장치 경계구역은 하나의 층이 되도록 할 것

★★★☆☆

 문제18 포소화설비의 자동식 기동장치는 폐쇄형 스프링클러헤드의 개방과 연동하여 가압송수장치·일제개방밸브 및 포소화약제 혼합장치를 기동시킬 수 있도록 설치하여야 한다. 폐쇄형 스프링클러헤드를 사용하는 경우 그 기준 3가지를 쓰시오.

2) 화재감지기를 사용하는 경우에는 다음 각 목의 기준에 따를 것

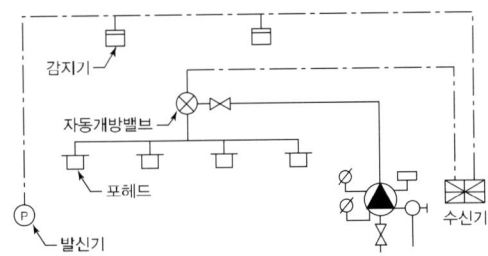

① 화재감지기는 「자동화재탐지설비 및 시각경보장치의 화재안전기술기준(NFTC 203)」 2.4(감지기)의 기준에 따라 설치할 것
② 화재감지기 회로에는 다음 각 세목의 기준에 따른 발신기를 설치할 것 [**발신기 설치기준**]
   가. 조작이 쉬운 장소에 설치하고, 스위치는 바닥으로부터 0.8 m 이상 1.5 m 이하의 높이에 설치할 것
   나. 특정소방대상물의 층마다 설치하되, 해당 특정소방대상물의 각 부분으로부터 수평거리가 25 m 이하가 되도록 할 것. 다만, 복도 또는 별도로 구획된 실로서 보행거리가 40 m 이상일 경우에는 추가로 설치하여야 한다.
   다. 발신기의 위치를 표시하는 표시등은 함의 상부에 설치하되, 그 불빛은 부착 면으로부터 15° 이상의 범위 안에서 부착지점으로부터 10 m 이내의 어느 곳에서도 쉽게 식별할 수 있는 적색등으로 할 것

★★★☆☆

 문제19 화재감지기 회로에는 발신기를 설치하여야 한다. 발신기 설치기준 3가지를 쓰시오.

3) 동결 우려가 있는 장소의 포소화설비의 자동식 기동장치는 자동화재탐지설비와 연동으로 할 것
(3) 포소화설비의 기동장치에 설치하는 자동경보장치는 다음 각 호의 기준에 따라 설치하여야 한다. 다만, 자동화재탐지설비에 따라 경보를 발할 수 있는 경우에

는 음향경보장치를 설치하지 아니할 수 있다.[**포소화설비의 기동장치에 설치하는 자동경보장치의 설치기준**]

1) 방사구역마다 일제개방밸브와 그 일제개방밸브의 작동 여부를 발신하는 발신부를 설치할 것. 이 경우 각 일제개방밸브에 설치되는 발신부 대신 1개 층에 1개의 유수검지장치를 설치할 수 있다.
2) 상시 사람이 근무하고 있는 장소에 수신기를 설치하되, 수신기에는 폐쇄형 스프링클러헤드의 개방 또는 감지기의 작동 여부를 알 수 있는 표시장치를 설치할 것
3) 하나의 소방대상물에 2 이상의 수신기를 설치하는 경우에는 수신기가 설치된 장소 상호간에 동시 통화가 가능한 설비를 할 것

★★★☆☆

문제20 포소화설비의 기동장치에 설치하는 자동경보장치의 설치기준 3가지를 쓰시오.[설계15회기출]

10 포헤드 및 고정포방출구

(1) 포헤드 및 고정포방출구는 포의 팽창비율에 따라 다음 표에 따른 것으로 하여야 한다.

팽창비율에 따른 포의 종류	포방출구의 종류
팽창비가 20 이하인 것(저발포)	포헤드·압축공기포헤드
팽창비가 80 이상 1,000 미만인 것(고발포)	고발포용 고정포방출구

"**팽창비**"란 최종 발생한 포 체적을 원래 포수용액 체적으로 나눈 값을 말한다.

$$팽창비 = \frac{최종 \ 발생한 \ 포 \ 체적}{원래 \ 포수용액 \ 체적}$$

(2) 포헤드는 다음 각 호의 기준에 따라 설치하여야 한다.
1) 포워터스프링클러헤드는 특정소방대상물의 천장 또는 반자에 설치하되, 바닥면적 8 m²마다 1개 이상으로 하여 해당 방호대상물의 화재를 유효하게 소화할 수 있도록 할 것
2) 포헤드는 특정소방대상물의 천장 또는 반자에 설치하되, 바닥면적 9 m²마다 1개 이상으로 하여 해당 방호대상물의 화재를 유효하게 소화할 수 있도록 할 것
3) 포헤드는 특정소방대상물별로 그에 사용되는 포소화약제에 따라 1분당 방사량이 다음 표에 따른 양 이상이 되는 것으로 할 것

소방대상물	포소화약제의 종류	바닥면적 1m²당 방사량
차고·주차장 및 항공기격납고	단백포	6.5ℓ 이상
	합성계면활성제포	8.0ℓ 이상
	수성막포	3.7ℓ 이상
화재의 예방 및 안전관리에 관한 법률 시행령 별표 2의 특수가연물을 저장·취급하는 소방대상물	단백포	6.5ℓ 이상
	합성계면활성제포	6.5ℓ 이상
	수성막포	6.5ℓ 이상

4) 특정소방대상물의 보가 있는 부분의 포헤드는 다음 표의 기준에 따라 설치할 것

포헤드와 보의 하단의 수직거리	포헤드와 보의 수평거리
0	0.75 m 미만
0.1 m 미만	0.75 m 이상 1 m 미만
0.1 m 이상 0.15 m 미만	1 m 이상 1.5 m 미만
0.15 m 이상 0.3 m 미만	1.5 m 이상

5) 포헤드 상호 간에는 다음 각 목의 기준에 따른 거리를 두도록 할 것
  ① 정방형으로 배치한 경우에는 다음의 식에 따라 산정한 수치 이하가 되도록 할 것

$$S = 2r \times \cos 45°$$

  S : 포헤드 상호간의 거리(m)
  r : 유효반경(2.1 m)

  ② 장방형으로 배치한 경우에는 그 대각선의 길이가 다음의 식에 따라 산정한 수치 이하가 되도록 할 것

$$pt = 2r$$

  pt : 대각선의 길이(m)
  r : 유효반경(2.1 m)

6) 포헤드와 벽 방호구역의 경계선과는 제5호에 따른 거리의 2분의 1 이하의 거리를 둘 것
7) 압축공기포소화설비의 분사헤드는 천장 또는 반자에 설치하되 방호대상물에 따라 측벽에 설치할 수 있으며 유류탱크주위에는 바닥면적 13.9 m²마다 1개 이상, 특수가연물저장소에는 바닥면적 9.3 m²마다 1개 이상으로 당해 방호대상물의 화재를 유효하게 소화할 수 있도록 할 것

방호대상물	방호면적 1 m²에 대한 1분당 방출량
특수가연물	2.3 L
기타의 것	1.63 L

(3) 차고·주차장에 설치하는 호스릴포소화설비 또는 포소화전설비는 다음 각 호의 기준에 따라야 한다.
  1) 특정소방대상물의 어느 층에 있어서도 그 층에 설치된 호스릴포방수구 또는 포소화전방수구(호스릴포방수구 또는 포소화전방수구가 5개 이상 설치된 경우에는 5개)를 동시에 사용할 경우 각 이동식 포노즐 선단의 포수용액 방사압력이 0.35 MPa 이상이고 300 L/min 이상(1개 층의 바닥면적이 200 m² 이하인 경우에는 230 L/min 이상)의 포수용액을 수평거리 15 m 이상으로 방사할 수 있도록 할 것
  2) 저발포의 포소화약제를 사용할 수 있는 것으로 할 것

3) 호스릴 또는 호스를 호스릴포방수구 또는 포소화전방수구로 분리하여 비치하는 때에는 그로부터 3 m 이내의 거리에 호스릴함 또는 호스함을 설치할 것
4) 호스릴함 또는 호스함은 바닥으로부터 높이 1.5 m 이하의 위치에 설치하고 그 표면에는 "**포호스릴함(또는 포소화전함)**"이라고 표시한 표지와 적색의 위치표시등을 설치할 것
5) 방호대상물의 각 부분으로부터 하나의 호스릴포방수구까지의 수평거리는 15 m 이하(포소화전방수구의 경우에는 25m 이하)가 되도록 하고 호스릴 또는 호스의 길이는 방호대상물의 각 부분에 포가 유효하게 뿌려질 수 있도록 할 것

(4) 고발포용 포방출구는 다음 각 호의 기준에 따라 설치하여야 한다.
1) 전역방출방식의 고발포용 고정포방출구는 다음 각 목의 기준에 따를 것

 "**전역방출방식**"이란 고정식 포 발생장치로 구성되어 포수용액이 방호대상물 주위가 막혀진 공간이나 밀폐 공간 속으로 방출되도록 된 설비방식을 말한다.

① 개구부에 자동폐쇄장치(「건축법 시행령」 제64조제1항에 따른 방화문 또는 불연재료로 된 문으로 포수용액이 방출되기 직전에 개구부가 자동적으로 폐쇄될 수 있는 장치를 말한다)를 설치할 것. 다만, 해당 방호구역에서 외부로 새는 양 이상의 포수용액을 유효하게 추가하여 방출하는 설비가 있는 경우에는 그렇지 않다.

② 고정포방출구(포발생기가 분리되어 있는 것은 해당 포 발생기를 포함한다)는 특정소방대상물 및 포의 팽창비에 따른 종별에 따라 해당 방호구역의 관포체적 1 m³에 대하여 1분당 방출량이 다음 표에 따른 양 이상이 되도록 할 것

소방대상물	포의 팽창비	1 m³에 대한 분당 포수용액 방출량
항공기격납고	팽창비 80 이상 250 미만의 것	2.00 ℓ
	팽창비 250 이상 500 미만의 것	0.50 ℓ
	팽창비 500 이상 1,000 미만의 것	0.29 ℓ
차고 또는 주차장	팽창비 80 이상 250 미만의 것	1.11 ℓ
	팽창비 250 이상 500 미만의 것	0.28 ℓ
	팽창비 500 이상 1,000 미만의 것	0.16 ℓ
특수가연물을 저장 또는 취급하는 소방대상물	팽창비 80 이상 250 미만의 것	1.25 ℓ
	팽창비 250 이상 500 미만의 것	0.31 ℓ
	팽창비 500 이상 1,000 미만의 것	0.18 ℓ

 "**관포체적**"이란 해당 바닥면으로부터 방호대상물의 높이보다 0.5 m 높은 위치까지의 체적을 말한다.

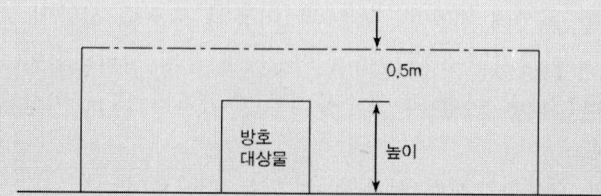

③ 고정포방출구는 바닥면적 500 m²마다 1개 이상으로 하여 방호대상물의 화재를 유효하게 소화할 수 있도록 할 것
④ 고정포방출구는 방호대상물의 최고 부분보다 높은 위치에 설치할 것. 다만, 밀어올리는 능력을 가진 것은 방호대상물과 같은 높이로 할 수 있다.
2) 국소방출방식의 고발포용고정포방출구는 다음 각 목의 기준에 따를 것

 "**국소방출방식**"이란 고정된 포 발생장치로 구성되어 화점이나 연소 유출물 위에 직접 포를 방출하도록 설치된 설비방식을 말한다.

① 방호대상물이 서로 인접하여 불이 쉽게 붙을 우려가 있는 경우에는 불이 옮겨 붙을 우려가 있는 범위 내의 방호대상물을 하나의 방호대상물로 하여 설치할 것
② 고정포방출구(포발생기가 분리되어 있는 것에 있어서는 해당 포발생기를 포함한다)는 방호대상물의 구분에 따라 당해 방호대상물의 높이의 3배(1 m 미만의 경우에는 1 m)의 거리를 수평으로 연장한 선으로 둘러싸인 부분의 면적 1 m²에 대하여 1분당 방출량이 다음 표에 따른 양 이상이 되도록 할 것

방호대상물	방호면적 1m²에 대한 1분당 방출량
특수가연물	3 ℓ
기타의 것	2 ℓ

 ※**외주선과 방호면적**
1. **외주선** : 당해 방호대상물의 높이의 3배(1 m 미만의 경우에는 1 m)의 거리를 수평으로 연장한 선

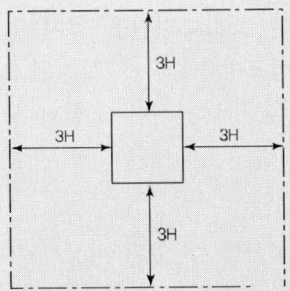

2. **방호면적** : 당해 방호대상물의 높이의 3배(1 m 미만의 경우에는 1 m)의 거리를 수평으로 연장한 선으로 둘러싸인 부분의 면적

11 전원

(1) 포소화설비에는 다음 각 호의 기준에 따라 상용전원회로의 배선을 설치하여야 한다. 다만, 가압수조방식으로서 모든 기능이 20분 이상 유효하게 지속될 수 있는 경우에는 그러하지 아니하다.[**상용전원회로의 배선 설치기준**]

1) 저압수전인 경우에는 인입개폐기의 직후에서 분기하여 전용배선으로 하여야 하며, 전용의 전선관에 보호되도록 할 것
2) 특별고압수전 또는 고압수전일 경우에는 전력용 변압기 2차측의 주차단기 1차측에서 분기하여 전용배선으로 하되, 상용전원의 상시 공급에 지장이 없을 경우에는 주차단기 2차측에서 분기하여 전용배선으로 할 것. 다만, 가압송수장치의 정격입력전압이 수전전압과 같은 경우에는 제1호의 기준에 따른다.

★★★☆☆

문제21 다음 물음에 답하시오.
1) 포소화설비에는 화재안전기준에 따라 상용전원회로의 배선을 설치하여야 한다. 그러하지 아니할 수 있는 경우를 쓰시오.
2) 포소화설비에는 화재안전기준에 따라 상용전원회로의 배선을 설치하여야 한다. 다음 각각의 경우에 대한 상용전원회로의 배선 설치기준을 쓰시오.
① 저압수전인 경우
② 특별고압수전 또는 고압수전일 경우

(2) 포소화설비에는 자가발전설비, 축전지설비 또는 전기저장장치에 따른 비상전원을 설치하되, 다음 각 호의 어느 하나에 해당하는 경우에는 비상전원수전설비로 설치할 수 있다. 다만, 2 이상의 변전소(「전기사업법」 제67조에 따른 변전소를 말한다. 이하 같다)로부터 동시에 전력을 공급받을 수 있거나 하나의 변전소로부터 전력의 공급이 중단되는 때에는 자동으로 다른 변전소로부터 전력을 공급받을 수 있도록 상용전원을 설치한 경우와 가압수조방식에는 비상전원을 설치하지 아니할 수 있다.
1) 호스릴포소화설비 또는 포소화전만을 설치한 차고·주차장
2) 포헤드설비 또는 고정포방출설비가 설치된 부분의 바닥면적(스프링클러설비가 설치된 차고·주차장의 바닥면적을 포함한다)의 합계가 1,000 m² 미만인 것

★★★☆☆

문제22 다음 물음에 답하시오.
1) 포소화설비에 설치할 수 있는 비상전원의 종류 3가지를 쓰시오.
2) 포소화설비에 비상전원을 설치하지 아니할 수 있는 경우(또는 방식) 3가지를 쓰시오.
3) 포소화설비에 비상전원을 비상전원수전설비로 설치할 수 있는 경우 2가지를 쓰시오.

(3) 비상전원 중 자가발전설비, 축전지설비 또는 전기저장장치는 다음 각 기준에 따라 설치하고, 비상전원수전설비는 「소방시설용 비상전원수전설비의 화재안전기술기준(NFTC 602)」에 따라 설치해야 한다.
1) 점검에 편리하고 화재 및 침수 등의 재해로 인한 피해를 받을 우려가 없는 곳에 설치할 것

2) 포소화설비를 유효하게 20분 이상 작동할 수 있도록 할 것
3) 상용전원으로부터 전력의 공급이 중단된 때에는 자동으로 비상전원으로부터 전력을 공급받을 수 있도록 할 것
4) 비상전원(내연기관의 기동 및 제어용 축전지를 제외한다)의 설치장소는 다른 장소와 방화구획할 것. 이 경우 그 장소에는 비상전원의 공급에 필요한 기구나 설비 외의 것(열병합발전설비에 필요한 기구나 설비는 제외한다)을 두어서는 아니 된다.
5) 비상전원을 실내에 설치하는 때에는 그 실내에 비상조명등을 설치할 것

★★★★☆

 문제23 포소화설비의 비상전원으로 자가발전설비 또는 축전지설비(내연기관에 따른 펌프를 사용하는 경우에는 내연기관의 기동 및 제어용 축전지)를 사용하는 경우 그 설치기준 5가지를 쓰시오.

12 제어반

(1) 포소화설비에는 제어반을 설치하되, 감시제어반과 동력제어반으로 구분하여 설치하여야 한다. 다만, 다음 각 호의 어느 하나에 해당하는 경우에는 감시제어반과 동력제어반으로 구분하여 설치하지 아니할 수 있다.[**감시제어반과 동력제어반으로 구분하여 설치하지 아니할 수 있는 경우**]
 1) 다음 각 목의 어느 하나에 해당하지 아니하는 특정소방대상물에 설치되는 포소화설비
  ㉮ 지하층을 제외한 층수가 7층 이상으로서 연면적이 2,000 m² 이상인 것
  ㉯ 가목에 해당하지 아니하는 특정소방대상물로서 지하층의 바닥면적의 합계가 3,000 m² 이상인 것. 다만, 차고·주차장 또는 보일러실·기계실·전기실 등 이와 유사한 장소의 면적은 제외한다.
 2) 내연기관에 따른 가압송수장치를 사용하는 경우
 3) 고가수조에 따른 가압송수장치를 사용하는 경우
 4) 가압수조에 따른 가압송수장치를 사용하는 경우

★★★☆☆

 문제24 포소화설비에서 제어반을 감시제어반과 동력제어반으로 구분하여 설치하지 아니할 수 있는 경우 4가지를 쓰시오.

(2) 감시제어반의 기능은 다음 각 호의 기준에 적합하여야 한다. 다만, 제1항 각 호의 어느 하나에 해당하는 경우에는 제3호 및 제6호의 규정을 적용하지 아니한다.
 1) 각 펌프의 작동 여부를 확인할 수 있는 표시등 및 음향경보기능이 있어야 할 것
 2) 각 펌프를 자동 및 수동으로 작동시키거나 중단시킬 수 있어야 할 것

12th Day

3) 비상전원을 설치한 경우에는 상용전원 및 비상전원의 공급 여부를 확인할 수 있어야 할 것
4) 수조 또는 물올림수조가 저수위로 될 때 표시등 및 음향으로 경보할 것
5) 각 확인회로(기동용 수압개폐장치의 압력스위치회로·수조 또는 물올림탱크의 감시회로를 말한다)마다 도통시험 및 작동시험을 할 수 있어야 할 것
6) 예비전원이 확보되고 예비전원의 적합 여부를 시험할 수 있어야 할 것

★★★★☆

 문제25 감시제어반의 기능 6가지를 쓰시오.

(3) 감시제어반은 다음 각 호의 기준에 따라 설치하여야 한다.
 1) 화재 및 침수 등의 재해로 인한 피해를 받을 우려가 없는 곳에 설치할 것
 2) 감시제어반은 포소화설비의 전용으로 할 것. 다만, 포소화설비의 제어에 지장이 없는 경우에는 다른 설비와 겸용할 수 있다.
 3) 감시제어반은 다음 각 목의 기준에 따른 전용실 안에 설치할 것. 다만 제1항 각 호의 어느 하나에 해당하는 경우와 공장, 발전소 등에서 설비를 집중 제어·운전할 목적으로 설치하는 중앙제어실 내에 감시제어반을 설치하는 경우에는 그러하지 아니하다.
  ① 다른 부분과 방화구획을 할 것. 이 경우 전용실의 벽에는 기계실 또는 전기실 등의 감시를 위하여 두께 7 ㎜ 이상의 망입유리(두께 16.3 ㎜ 이상의 접합유리 또는 두께 28 ㎜ 이상의 복층유리를 포함한다)로 된 4 ㎡ 미만의 붙박이창을 설치할 수 있다.
  ② 피난층 또는 지하 1층에 설치할 것. 다만, 다음 각 세목의 어느 하나에 해당하는 경우에는 지상 2층에 설치하거나 지하 1층 외의 지하층에 설치할 수 있다.
   가. 「건축법 시행령」 제35조에 따라 특별피난계단이 설치되고 그 계단(부속실을 포함한다) 출입구로부터 보행거리 5 m 이내에 전용실의 출입구가 있는 경우
   나. 아파트의 관리동(관리동이 없는 경우에는 경비실)에 설치하는 경우
  ③ 비상조명등 및 급·배기설비를 설치할 것
  ④ 「무선통신보조설비의 화재안전기술기준(NFTC 505)」 2.2.3에 따라 유효하게 통신이 가능할 것(영 별표 4의 제5호마목에 따른 무선통신보조설비가 설치된 특정소방대상물에 한한다)
  ⑤ 바닥면적은 감시제어반의 설치에 필요한 면적 외에 화재 시 소방대원이 그 감시제어반의 조작에 필요한 최소 면적 이상으로 할 것
 4) 제3호에 따른 전용실에는 특정소방대상물의 기계·기구 또는 시설 등의 제어 및 감시설비 외의 것을 두지 아니할 것
(4) 동력제어반은 다음 각 호의 기준에 따라 설치하여야 한다.

1) 앞면은 적색으로 하고 **"포소화설비용 동력제어반"**이라고 표시한 표지를 설치할 것
2) 외함은 두께 1.5㎜ 이상의 강판 또는 이와 동등 이상의 강도 및 내열성능이 있는 것으로 할 것
3) 화재 및 침수 등의 재해로 인한 피해를 받을 우려가 없는 곳에 설치할 것
4) 동력제어반은 포소화설비의 전용으로 할 것. 다만, 포소화설비의 제어에 지장이 없는 경우에는 다른 설비와 겸용할 수 있다.

★★★☆☆

 문제26 동력제어반의 설치기준 4가지를 쓰시오.

13 배선 등

(1) 포소화설비의 배선은 「전기사업법」 제67조에 따른 기술기준에서 정한 것 외에 다음 각 호의 기준에 따라 설치하여야 한다.
 1) 비상전원을 설치한 경우에는 비상전원으로부터 동력제어반 및 가압송수장치에 이르는 전원회로의 배선은 내화배선으로 할 것. 다만, 자가발전설비와 동력제어반이 동일한 실에 설치된 경우에는 자가발전기로부터 그 제어반에 이르는 전원회로의 배선은 그렇지 않다.
 2) 상용전원으로부터 동력제어반에 이르는 배선, 그 밖의 포소화설비의 감시·조작 또는 표시등회로의 배선은 내화배선 또는 내열배선으로 할 것. 다만, 감시제어반 또는 동력제어반 안의 감시·조작 또는 표시등회로의 배선은 그러하지 아니하다.
(2) 내화배선 및 내열배선에 사용되는 전선의 종류 및 설치방법은 「옥내소화전설비의 화재안전기술기준(NFTC 102)」 2.7.2의 표 2.7.2(1) 및 표 2.7.2(2)의 기준에 따른다.
(3) 과전류차단기 및 개폐기에는 **"포소화설비용 과전류차단기 또는 개폐기"**라고 표시한 표지를 해야 한다.
(4) 포소화설비용 전기배선의 양단 및 접속단자에는 다음 각 호의 기준에 따라 표지하여야 한다.
 1) 단자에는 **"포소화설비단자"**라고 표시한 표지를 부착할 것
 2) 포소화설비용 전기배선의 양단에는 다른 배선과 식별이 용이하도록 표시할 것

14 수원 및 가압송수장치의 펌프 등의 겸용

(1) 포소화전설비의 수원을 옥내소화전설비·스프링클러설비·간이스프링클러설비·화재조기진압용 스프링클러설비·물분무소화설비 및 옥외소화전설비의 수원과 겸용하여 설치하는 경우의 저수량은 각 소화설비에 필요한 저수량을 합한 양 이상이 되도록 하여야 한다. 다만, 이들 소화설비 중 고정식 소화설비(펌프·배관

과 소화수 또는 소화약제를 최종 방출하는 방출구가 고정된 설비를 말한다)가 2 이상 설치되어 있고, 그 소화설비가 설치된 부분이 방화벽과 방화문으로 구획되어 있는 경우에는 각 고정식 소화설비에 필요한 저수량 중 최대의 것 이상으로 할 수 있다.

(2) 포소화설비의 가압송수장치로 사용하는 펌프를 옥내소화전설비·스프링클러설비·간이스프링클러설비·화재조기진압용 스프링클러설비·물분무소화설비 및 옥외소화전설비의 가압송수장치와 겸용하여 설치하는 경우의 펌프의 토출량은 각 소화설비에 해당하는 토출량을 합한 양 이상이 되도록 하여야 한다. 다만, 이들 소화설비 중 고정식 소화설비가 2 이상 설치되어 있고, 그 소화설비가 설치된 부분이 방화벽과 방화문으로 구획되어 있으며 각 소화설비에 지장이 없는 경우에는 펌프의 토출량 중 최대의 것 이상으로 할 수 있다.

(3) 옥내소화전설비·스프링클러설비·간이스프링클러설비·화재조기진압용 스프링클러설비·물분무소화설비·포소화설비 및 옥외소화전설비의 가압송수장치에 있어서 각 토출측 배관과 일반급수용의 가압송수장치의 토출측 배관을 상호 연결하여 화재 시 사용할 수 있다. 이 경우 연결배관에는 개폐표시형밸브를 설치하여야 하며, 각 소화설비의 성능에 지장이 없도록 하여야 한다.

(4) 포소화설비의 송수구를 옥내소화전설비·스프링클러설비·간이스프링클러설비·화재조기진압용 스프링클러설비·물분무소화설비 또는 연결살수설비의 송수구와 겸용으로 설치하는 경우에는 스프링클러설비의 송수구의 설치기준에 따르되 각각의 소화설비의 기능에 지장이 없도록 해야 한다.

제9장 이산화탄소 소화설비

이산화탄소는 불연성 기체이고, 소방대상물에 부식성이 없으며, 전기절연체이다. 액체 상태로 고압용기에 저장되어 화재 시 자동 또는 수동으로 분사된다. 중요 소화작용으로는 질식작용, 냉각작용, 피복작용이 있다.

1 이산화탄소 소화설비의 종류

(1) 방출방식에 따른 분류

1) **전역방출방식**

"**전역방출방식**"이란 고정식 이산화탄소 공급장치에 배관 및 분사헤드를 고정 설치하여 밀폐 방호구역 내에 이산화탄소를 방출하는 설비를 말한다.

2) **국소방출방식**

"**국소방출방식**"이란 고정식 이산화탄소 공급장치에 배관 및 분사헤드를 설치하여 직접 화점에 이산화탄소를 방출하는 설비로 화재 발생 부분에만 집중적으로 소화약제를 방출하도록 설치하는 방식을 말한다.

3) **호스릴방식**

"**호스릴방식**"이란 분사헤드가 배관에 고정되어 있지 않고 소화약제 저장용기에 호스를 연결하여 사람이 직접 화점에 소화약제를 방출하는 이동식 소화설비를 말한다.

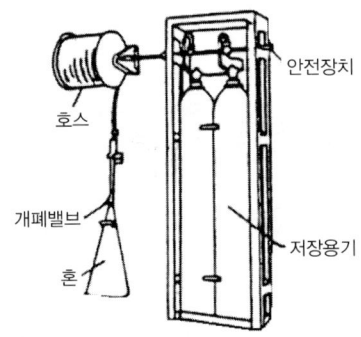

★★★☆☆

 문제01 이산화탄소의 방출방식 3가지를 쓰시오.

(2) 기동방식에 따른 분류

1) **가스압력식**

각 방사구역에 설치된 감지기가 작동하면 음향경보장치가 작동된다. 환기설비를 정지함과 동시에 방화셔터를 폐쇄한다. 수신반을 경유하여 지연장치에서 일정시간(20초 이상) 경과 후 기동용 가스용기의 전자개방밸브가 개방해서 기동용 가스용기밸브를 개방한다. 기동용 가스가 조작동관을 지나서 선택밸브와 저장용기밸브를 개방한다.

2) 전기식
각 방사구역의 출입구 부근에 있는 수동기동장치의 문을 열면 음향경보장치가 작동된다. 누름스위치를 누르면 환기설비를 정지함과 동시에 방화셔터를 폐쇄한다. 지연장치에서 일정 시간(20초 이상) 경과 후 화재발생 구역의 전자밸브가 작동해서 선택밸브와 저장용기밸브를 개방한다.

3) 기계식
약제저장용기에 와이어로프, 연결링크를 설치하여 용기밸브를 직접 개방하는 방식이다.

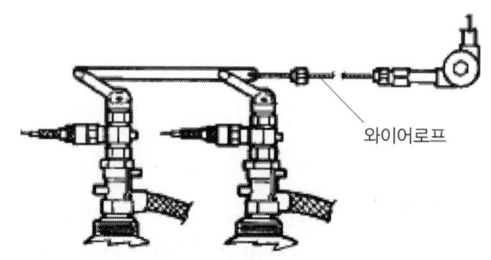

★★★☆☆

문제02 이산화탄소의 기동방식 3가지를 쓰시오.

② 전역방출방식 계통도(가스압력식)

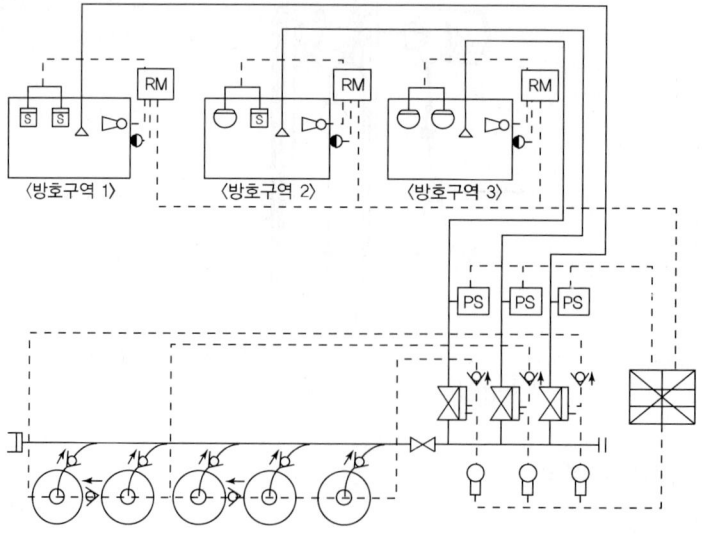

13th Day

★★★★★

문제03 A구역(용기 1병), B구역(용기 3병), C구역(용기 5병)에 전역방출방식의 고압식 CO_2소화설비를 설치하고자 한다. 이 경우 압력스위치는 선택밸브 상단 배관 상에 설치, CO_2제어반은 저장용기실에 설치, 체크밸브는 ─◇─, 저장용기 개방은 가스압력식이다. CO_2저장용기실의 계통도를 작도하시오. 단, 배관구경 및 케이블 규격은 생략해도 됨.

3 작동순서

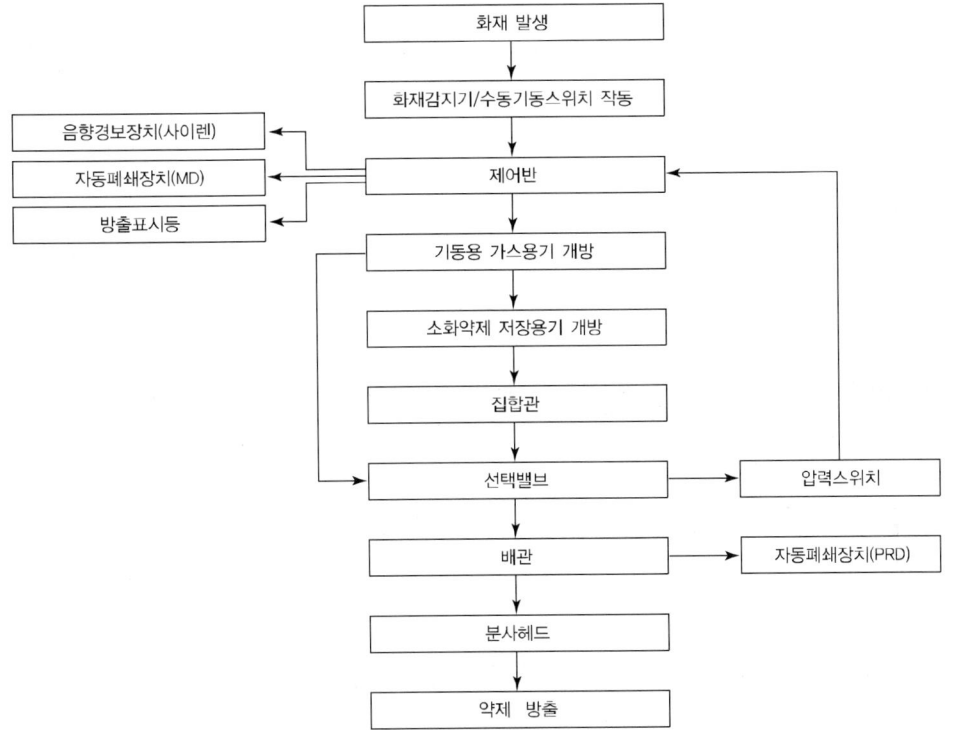

TIP
MD : motor damper ; 자동폐쇄장치(전기식)
PRD : piston release damper ; 자동폐쇄장치(가스압력식)

★★★★☆

문제04 전역방출방식에서 화재 발생 시부터 Head 방사까지의 동작 흐름을 Block diagram으로 표시하시오.[점검3회기출]

4 소화약제의 저장용기 등

(1) 이산화탄소 소화약제의 저장용기는 다음 각 호의 기준에 적합한 장소에 설치하여야 한다. [이산화탄소 소화약제 저장용기를 설치하기에 적합한 장소에 대한 기준]
   1) 방호구역 외의 장소에 설치할 것. 다만, 방호구역 내에 설치할 경우에는 피난 및 조작이 용이하도록 피난구 부근에 설치하여야 한다.
   2) 온도가 40℃ 이하이고, 온도 변화가 작은 곳에 설치할 것
   3) 직사광선 및 빗물이 침투할 우려가 없는 곳에 설치할 것
   4) 방화문으로 방화구획된 실에 설치할 것
   5) 용기의 설치 장소에는 해당 용기가 설치된 곳임을 표시하는 표지를 할 것
   6) 용기 간의 간격은 점검에 지장이 없도록 3 cm 이상의 간격을 유지할 것
   7) 저장용기와 집합관을 연결하는 연결배관에는 체크밸브를 설치할 것. 다만, 저장용기가 하나의 방호구역만을 담당하는 경우에는 그러하지 아니하다.

> "**방화문**"이란 「건축법 시행령」 제64조에 따른 갑종방화문 또는 을종방화문으로써 언제나 닫힌 상태를 유지하거나 화재로 인한 연기의 발생 또는 온도의 상승에 따라 자동적으로 닫히는 구조를 말한다.

★★★★☆

문제05 화재안전기준에서 정하는 이산화탄소 소화약제 저장용기를 설치하기에 적합한 장소에 대한 기준을 6가지만 쓰시오. [점검10회기출]

(2) 이산화탄소 소화약제의 저장용기는 다음 각 호의 기준에 따라 설치하여야 한다. [이산화탄소 소화약제의 저장용기 설치기준]
   1) 저장용기의 충전비는 고압식은 1.5 이상 1.9 이하, 저압식은 1.1 이상 1.4 이하로 할 것

> "**충전비**"란 용기의 용적과 소화약제의 중량과의 비율을 말한다.
> $$충전비 = \frac{용기의 용적(L)}{소화약제의 중량(kg)}$$

   2) 저압식 저장용기에는 내압시험압력의 0.64배부터 0.8배의 압력에서 작동하는 안전밸브와 내압시험압력의 0.8배부터 내압시험압력에서 작동하는 봉판을 설치할 것
   3) 저압식 저장용기에는 액면계 및 압력계와 2.3 MPa 이상 1.9 MPa 이하의 압력에서 작동하는 압력경보장치를 설치할 것
   4) 저압식 저장용기에는 용기 내부의 온도가 섭씨 영하 18 ℃ 이하에서 2.1 MPa의 압력을 유지할 수 있는 자동냉동장치를 설치할 것
   5) 저장용기는 고압식은 25 MPa 이상, 저압식은 3.5 MPa 이상의 내압시험압력에 합격한 것으로 할 것

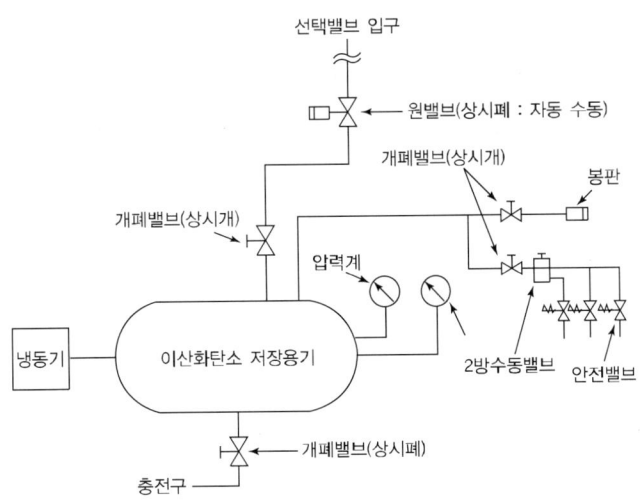

★★★★★

문제06 이산화탄소 소화설비의 화재안전기준에서 정하고 있는 소화약제의 저장용기 설치기준 5가지를 쓰시오. [설계13회기출]

(3) 이산화탄소 소화약제 저장용기의 개방밸브는 전기식·가스압력식 또는 기계식에 따라 자동으로 개방되고 수동으로도 개방되는 것으로서 안전장치가 부착된 것으로 하여야 한다.

(4) 이산화탄소 소화약제 저장용기와 선택밸브 또는 개폐밸브 사이에는 배관의 최소 사용설계압력과 최대허용압력 사이의 압력에서 작동하는 안전장치를 설치해야 하며, 안전장치를 통하여 나온 소화가스는 전용의 배관 등을 통하여 건축물 외부로 배출될 수 있도록 해야 한다. 이 경우 안전장치로 용전식을 사용해서는 안 된다.

★★★☆☆

문제07 이산화탄소 소화약제 저장용기와 선택밸브 또는 개폐밸브 사이에 설치하는 안전장치의 작동압력을 쓰시오.

5 소화약제

이산화탄소 소화약제 저장량은 다음 각 호의 기준에 따른 양으로 한다. 이 경우 동일한 특정소방대상물 또는 그 부분에 2 이상의 방호구역이나 방호대상물이 있는 경우에는 각 방호구역 또는 방호대상물에 대하여 다음 각 호의 기준에 따라 산출한 저장량 중 최대의 것으로 할 수 있다.

(1) 전역방출방식에 있어서 가연성액체 또는 가연성가스 등 표면화재 방호대상물의 경우에는 다음 각 목의 기준에 따른다.

"표면화재" 란 가연성물질의 표면에서 연소하는 화재를 말한다.

가) 방호구역의 체적(불연재료나 내열성의 재료로 밀폐된 구조물이 있는 경우에는 그 체적을 감한 체적) 1m³에 대하여 다음 표에 따른 양. 다만, 다음 표에 따라 산출한 양이 동표에 따른 저장량의 최저한도의 양 미만이 될 경우에는 그 최저한도의 양으로 한다.

방호구역 체적	방호구역의 체적 1m³에 대한 소화약제의 양	소화약제 저장량의 최저한도의 양
45 m³ 미만	1.00 kg	45 kg
45 m³ 이상 150 m³ 미만	0.90 kg	
150 m³ 이상 1,450 m³ 미만	0.80 kg	135 kg
1,450 m³ 이상	0.75 kg	1,125 kg

나) 별표 1에 따른 설계농도가 34% 이상인 방호대상물의 소화약제량은 가목의 기준에 따라 산출한 기본소화약제량에 다음 표에 따른 보정계수를 곱하여 산출한다.

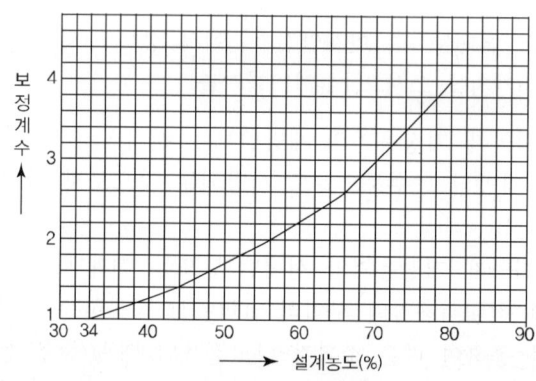

[별표 1] 가연성 액체 또는 가연성 가스의 소화에 필요한 설계농도

방호대상물	설계농도(%)
수소(Hydrogen)	75
아세틸렌(Acetylene)	66
일산화탄소(Carbon Monoxide)	64
산화에틸렌(Ethylene Oxide)	53
에틸렌(Ethylene)	49
에탄(Ethane)	40
석탄가스, 천연가스(Coal, Natural gas)	37
사이크로 프로판(Cyclo Propane)	37
이소부탄(Iso Butane)	36
프로판(Propane)	36
부탄(Butane)	34
메탄(Methane)	34

다) 방호구역의 개구부에 자동폐쇄장치를 설치하지 아니한 경우에는 가목 및 나목의 기준에 따라 산출한 양에 개구부면적 1m²당 5kg을 가산하여야 한다. 이 경우 개구부의 면적은 방호구역 전체 표면적의 3% 이하로 하여야 한다.

(2) 전역방출방식에 있어서 종이 · 목재 · 석탄 · 섬유류 · 합성수지류 등 심부화재 방호대상물의 경우에는 다음 각 목의 기준에 따른다.

용어 "**심부화재**"란 목재 또는 섬유류와 같은 고체가연물에서 발생하는 화재 형태로서 가연물 내부에서 연소하는 화재를 말한다.

가) 방호구역의 체적(불연재료나 내열성의 재료로 밀폐된 구조물이 있는 경우에는 그 체적을 감한 체적) 1 m³에 대하여 다음 표에 따른 양 이상으로 하여야 한다.

방호대상물	방호구역의 체적 1 m³에 대한 소화약제의 양	설계농도 (%)
유압기기를 제외한 전기설비, 케이블실	1.3 kg	50
체적 55 m³ 미만의 전기설비	1.6 kg	50
서고, 전자제품창고, 목재가공품창고, 박물관	2.0 kg	65
고무류 · 면화류창고, 모피창고, 석탄창고, 집진설비	2.7 kg	75

나) 방호구역의 개구부에 자동폐쇄장치를 설치하지 아니한 경우에는 가목의 기준에 따라 산출한 양에 개구부 면적 1 m²당 10 kg을 가산하여야 한다. 이 경우 개구부의 면적은 방호구역 전체 표면적의 3% 이하로 하여야 한다.

★★★☆☆

예상 **문제08** 이산화탄소 소화설비의 화재안전기준(NFSC 106)에 따라 전역방출방식에 있어서 심부화재의 경우 방호대상물별 소화약제의 양과 설계농도를 쓰시오.[설계 16회기출]

방호대상물	방호구역의 체적 1 m³에 대한 소화약제의 양	설계농도(%)
(가)		
(나)		
(다)		
(라)		

(3) 국소방출방식은 다음 각 목의 기준에 따라 산출한 양에 고압식은 1.4, 저압식은 1.1을 각각 곱하여 얻은 양 이상으로 할 것

㉮ 윗면이 개방된 용기에 저장하는 경우와 화재 시 연소면이 한정되고 가연물이 비산할 우려가 없는 경우에는 방호대상물의 표면적 1 m²에 대하여 13 kg

㉯ 가목 외의 경우에는 방호공간(방호대상물의 각 부분으로부터 0.6 m의 거리에 따라 둘러싸인 공간을 말한다)의 체적 1 m³에 대하여 다음의 식에 따라 산출한 양

 공식

$$Q = 8 - 6\frac{a}{A}$$

Q : 방호공간 1 m³에 대한 이산화탄소 소화약제의 양(kg/m³)
a : 방호대상물 주위에 설치된 벽의 면적의 합계(m²)

A : 방호공간의 벽면적(벽이 없는 경우에는 벽이 있는 것으로 가정한 당해 부분의 면적)의 합계(m²)

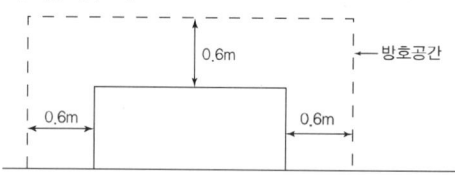

(4) 호스릴이산화탄소 소화설비는 하나의 노즐에 대하여 90kg 이상으로 할 것

6 기동장치

(1) 이산화탄소 소화설비의 수동식 기동장치는 다음의 기준에 따라 설치해야 한다. 이 경우 수동식 기동장치의 부근에는 소화약제의 방출을 지연시킬 수 있는 **방출지연스위치**(자동복귀형 스위치로서 수동식 기동장치의 타이머를 순간 정치시키는 기능의 스위치를 말한다)를 설치해야 한다.[**이산화탄소 소화설비 수동식 기동장치의 설치기준**]
  1) 전역방출방식은 방호구역마다, 국소방출방식은 방호대상물마다 설치할 것
  2) 해당 방호구역의 출입구 부분 등 조작을 하는 자가 쉽게 피난할 수 있는 장소에 설치할 것
  3) 기동장치의 조작부는 바닥으로부터 높이 0.8 m 이상 1.5 m 이하의 위치에 설치하고, 보호판 등에 따른 보호장치를 설치할 것
  4) 기동장치 인근의 보기 쉬운 곳에 "**이산화탄소 소화설비 수동식 기동장치**"라는 표지를 할 것
  5) 전기를 사용하는 기동장치에는 전원표시등을 설치할 것
  6) 기동장치의 방출용 스위치는 음향경보장치와 연동하여 조작될 수 있는 것으로 할 것

★★★★☆

문제09 CO₂ 소화설비 수동식 기동장치의 설치기준을 기술하시오.[점검6회기출]

(2) 이산화탄소 소화설비의 자동식 기동장치는 자동화재탐지설비의 감지기의 작동과 연동하는 것으로서 다음 각 호의 기준에 따라 설치하여야 한다.
  1) 자동식 기동장치에는 수동으로도 기동할 수 있는 구조로 할 것
  2) 전기식 기동장치로서 7병 이상의 저장용기를 동시에 개방하는 설비는 2병 이상의 저장용기에 전자개방밸브를 부착할 것
  3) 가스압력식 기동장치는 다음 각 목의 기준에 따를 것
    ① 기동용 가스용기 및 해당 용기에 사용하는 밸브는 25 MPa 이상의 압력에 견딜 수 있는 것으로 할 것
    ② 기동용 가스용기에는 내압시험압력의 0.8배부터 내압시험압력 이하에서 작동하는 안전장치를 설치할 것

③ 기동용 가스용기의 체적은 5 L 이상으로 하고, 해당 용기에 저장하는 질소 등의 비활성기체는 6.0 MPa 이상(21 ℃ 기준)의 압력으로 충전할 것
④ 질소 등의 비활성기체 기동용가스용기에는 충전 여부를 확인할 수 있는 압력게이지를 설치할 것
4) 기계식 기동장치는 저장용기를 쉽게 개방할 수 있는 구조로 할 것

★★★★★

 문제10 이산화탄소 소화설비에서 가스압력식 기동장치의 기준 4가지를 쓰시오.

(3) 이산화탄소 소화설비가 설치된 부분의 출입구 등의 보기 쉬운 곳에 소화약제의 방사를 표시하는 표시등을 설치하여야 한다.

7 제어반 등

이산화탄소소화설비의 제어반 및 화재표시반은 다음 각 호의 기준에 따라 설치하여야 한다. 다만, 자동화재탐지설비의 수신기의 제어반이 화재표시반의 기능을 가지고 있는 것은 화재표시반을 설치하지 아니할 수 있다.

(1) 제어반은 수동기동장치 또는 감지기에서의 신호를 수신하여 음향경보장치의 작동, 소화약제의 방출 또는 지연 기타의 제어기능을 가진 것으로 하고, 제어반에는 전원표시등을 설치할 것
(2) 화재표시반은 제어반에서의 신호를 수신하여 작동하는 기능을 가진 것으로 하되, 다음 각 목의 기준에 따라 설치할 것 **[화재표시반의 설치기준]**
 1) 각 방호구역마다 음향경보장치의 조작 및 감지기의 작동을 명시하는 표시등과 이와 연동하여 작동하는 벨·버저 등의 경보기를 설치할 것. 이 경우 음향경보장치의 조작 및 감지기의 작동을 명시하는 표시등을 겸용할 수 있다.
 2) 수동식 기동장치는 그 방출용 스위치의 작동을 명시하는 표시등을 설치할 것
 3) 소화약제의 방출을 명시하는 표시등을 설치할 것
 4) 자동식 기동장치는 자동·수동의 절환을 명시하는 표시등을 설치할 것

★★★★☆

 문제11 제어반에서의 신호를 수신하여 작동하는 기능을 가진 화재표시반의 설치기준 4가지를 쓰시오.

(3) 제어반 및 화재표시반의 설치장소는 화재에 따른 영향, 진동 및 충격에 따른 영향 및 부식의 우려가 없고 점검에 편리한 장소에 설치할 것
(4) 제어반 및 화재표시반에는 해당 회로도 및 취급설명서를 비치할 것
(5) 수동잠금밸브의 개폐여부를 확인할 수 있는 표시등을 설치할 것

8 배관 등

(1) 이산화탄소 소화설비의 배관은 다음 각 호의 기준에 따라 설치하여야 한다.[이산화탄소 소화설비의 배관 설치기준]
  1) 배관은 전용으로 할 것
  2) 강관을 사용하는 경우의 배관은 압력배관용 탄소강관(KS D 3562) 중 스케줄 80(저압식은 스케줄 40) 이상의 것 또는 이와 동등 이상의 강도를 가진 것으로 아연도금 등으로 방식처리된 것을 사용할 것. 다만, 배관의 호칭구경이 20㎜ 이하인 경우에는 스케줄 40 이상인 것을 사용할 수 있다.
  3) 동관을 사용하는 경우의 배관은 이음이 없는 동 및 동합금관(KS D 5301)으로서 고압식은 16.5 MPa 이상, 저압식은 3.75 MPa 이상의 압력에 견딜 수 있는 것을 사용할 것
  4) 고압식의 1차측(개폐밸브 또는 선택밸브 이전) 배관부속의 최소사용설계압력은 9.5 MPa로 하고, 고압식의 2차측과 저압식의 배관부속의 최소사용설계압력은 4.5 MPa로 할 것

★★★★☆

 문제12 이산화탄소 소화설비 배관의 설치기준 4가지를 쓰시오.[설계2회기출]

(2) 배관의 구경은 이산화탄소의 소요량이 다음 각 호의 기준에 따른 시간 내에 방사될 수 있는 것으로 하여야 한다.
  1) 전역방출방식에 있어서 가연성액체 또는 가연성가스 등 표면화재 방호대상물의 경우에는 1분
  2) 전역방출방식에 있어서 종이, 목재, 석탄, 섬유류, 합성수지류 등 심부화재 방호대상물의 경우에는 7분. 이 경우 설계농도가 2분 이내에 30%에 도달하여야 한다.
  3) 국소방출방식의 경우에는 30초

> TIP ※설계농도 30%일 경우 소화약제의 양
> $$x = 2.303\log\left(\frac{100}{100-C}\right) \times \frac{1}{S} = 2.303\log\left(\frac{100}{100-30}\right) \times \frac{1}{0.53} = 0.673 kg/m^3$$
> 0.53 : 10℃일 때 이산화탄소의 비체적

(3) 소화약제의 저장용기와 선택밸브 사이의 집합배관에는 수동잠금밸브를 설치하되 선택밸브 직전에 설치할 것. 다만, 선택밸브가 없는 설비의 경우에는 저장용기실 내에 설치하되 조작 및 점검이 쉬운 위치에 설치하여야 한다.

9 선택밸브

하나의 특정소방대상물 또는 그 부분에 2 이상의 방호구역 또는 방호대상물이 있어

이산화탄소 저장용기를 공용하는 경우에는 다음 각 호의 기준에 따라 선택밸브를 설치하여야 한다.
(1) 방호구역 또는 방호대상물마다 설치할 것
(2) 각 선택밸브에는 그 담당방호구역 또는 방호대상물을 표시할 것

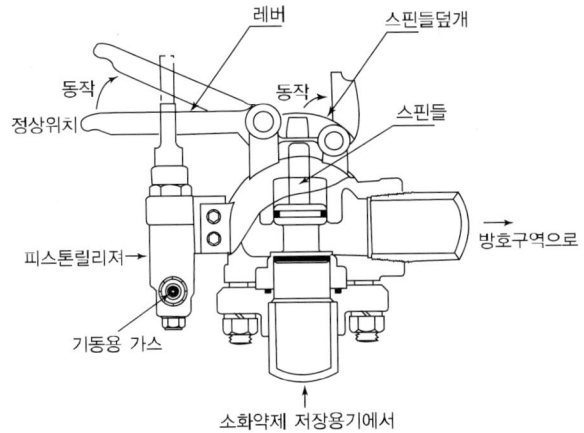

★★★☆☆

문제13 하나의 특정소방대상물 또는 그 부분에 2 이상의 방호구역 또는 방호대상물이 있어 이산화탄소 저장용기를 공용하는 경우에는 선택밸브를 설치하여야 한다. 선택밸브의 설치기준 2가지를 쓰시오.

10 분사헤드

(1) 전역방출방식의 이산화탄소 소화설비의 분사헤드는 다음 각 호의 기준에 따라 설치하여야 한다.
  1) 방사된 소화약제가 방호구역의 전역에 균일하게 신속히 확산할 수 있도록 할 것
  2) 분사헤드의 방사압력이 2.1 MPa(저압식은 1.05 MPa) 이상의 것으로 할 것
  3) 특정소방대상물 또는 그 부분에 설치된 이산화탄소소화설비의 소화약제의 저장량은 2.5.2.1 및 2.5.2.2의 기준에서 정한 시간 이내에 방출할 수 있는 것으로 할 것
(2) 국소방출방식의 이산화탄소 소화설비의 분사헤드는 다음 각 호의 기준에 따라 설치하여야 한다.
  1) 소화약제의 방사에 따라 가연물이 비산하지 아니하는 장소에 설치할 것
  2) 이산화탄소 소화약제의 저장량은 30초 이내에 방사할 수 있는 것으로 할 것
  3) 성능 및 방출압력이 2.7.1.1 및 2.7.1.2의 기준에 적합한 것으로 할 것

방출방식	분사헤드에서의 유량	
전역방출방식 (표면화재)	$\dfrac{\text{이산화탄소의 저장량}}{1\text{분}}$	
전역방출방식 (심부화재)	$\dfrac{\text{이산화탄소의 저장량}}{7\text{분}}$	$\dfrac{\text{방호구역}(m^3) \times 0.673(kg/m^3)}{2\text{분}}$
국소방출방식	$\dfrac{\text{이산화탄소의 저장량}}{30\text{초}}$	

(3) 화재 시 현저하게 연기가 찰 우려가 없는 장소(차고 또는 주차의 용도로 사용되는 부분 제외)로서 다음의 어느 하나에 해당하는 장소에는 호스릴 이산화탄소소화설비를 설치할 수 있다. [**호스릴 이산화탄소소화설비를 설치할 수 있는 장소(부분)**]

1) 지상 1층 및 피난층에 있는 부분으로서 지상에서 수동 또는 원격조작에 따라 개방할 수 있는 개구부의 유효면적의 합계가 바닥면적의 15% 이상이 되는 부분
2) 전기설비가 설치되어 있는 부분 또는 다량의 화기를 사용하는 부분(해당 설비의 주위 5m 이내의 부분을 포함한다)의 바닥면적이 해당 설비가 설치되어 있는 구획의 바닥면적의 5분의 1 미만이 되는 부분

★★★☆☆

문제14 화재 시 현저하게 연기가 찰 우려가 없는 장소에는 호스릴이산화탄소 소화설비를 설치할 수 있다. 설치할 수 있는 장소(부분) 2가지를 쓰시오.

(4) 호스릴이산화탄소 소화설비는 다음 각 호의 기준에 따라 설치하여야 한다. [**호스릴이산화탄소 소화설비의 설치기준**]

1) 방호대상물의 각 부분으로부터 하나의 호스접결구까지의 수평거리가 15m 이하가 되도록 할 것
2) 호스릴 이산화탄소소화설비의 노즐은 20℃에서 하나의 노즐마다 60kg/min 이상의 소화약제를 방출할 수 있는 것으로 할 것
3) 소화약제 저장용기는 호스릴을 설치하는 장소마다 설치할 것
4) 소화약제 저장용기의 개방밸브는 호스의 설치장소에서 수동으로 개폐할 수 있는 것으로 할 것
5) 소화약제 저장용기의 가장 가까운 곳의 보기 쉬운 곳에 표시등을 설치하고, 호스릴 이산화탄소 소화설비가 있다는 뜻을 표시한 표지를 할 것

★★★★★

문제15 호스릴이산화탄소 소화설비의 설치기준 5가지를 쓰시오. [점검14회기출]

(5) 이산화탄소 소화설비의 분사헤드의 오리피스구경 등은 다음 각 호의 기준에 적합하여야 한다. [**이산화탄소 소화설비의 분사헤드 설치기준**]

1) 분사헤드에는 부식방지조치를 하여야 하며 오리피스의 크기, 제조일자, 제조업체가 표시되도록 할 것

2) 분사헤드의 개수는 방호구역에 방사시간이 충족되도록 설치할 것
3) 분사헤드의 방출율 및 방출압력은 제조업체에서 정한 값으로 할 것
4) 분사헤드의 오리피스의 면적은 분사헤드가 연결되는 배관구경 면적의 70%를 초과하지 아니할 것

★★★★☆

문제16 분사헤드의 오리피스구경 등에 관하여 ( )에 들어갈 내용을 쓰시오. [점검19회기출]

구분	기준
표시내용	(ㄱ)
분사헤드의 개수	(ㄴ)
방출율 및 방출압력	(ㄷ)
오리피스의 면적	(ㄹ)

11 분사헤드 설치 제외

이산화탄소 소화설비의 분사헤드는 다음 각 호의 장소에 설치하여서는 아니 된다.

[이산화탄소 소화설비의 분사헤드 설치 제외 장소]
(1) 방재실·제어실 등 사람이 상시 근무하는 장소
(2) 니트로셀룰로스·셀룰로이드제품 등 자기연소성물질을 저장·취급하는 장소
(3) 나트륨·칼륨·칼슘 등 활성금속물질을 저장·취급하는 장소
(4) 전시장 등의 관람을 위하여 다수인이 출입·통행하는 통로 및 전시실 등

★★★★☆

문제17 CO_2 소화설비에서 분사 Head 설치 제외 장소를 기술하라. [점검3회기출] [설계13회기출] [설계21회기출]

12 자동식 기동장치의 화재감지기

이산화탄소 소화설비의 자동식 기동장치는 다음 각 호의 기준에 따른 화재감지기를 설치하여야 한다.
(1) 각 방호구역 내의 화재감지기의 감지에 따라 작동되도록 할 것
(2) 화재감지기의 회로는 교차회로방식으로 설치할 것. 다만, 화재감지기를 「자동화재탐지설비 및 시각경보장치의 화재안전기술기준(NFTC 203)」 2.4.1 단서의 각 감지기로 설치하는 경우에는 그렇지 않다.

> TIP ※자동화재탐지설비의 화재안전기준 제7조제1항 단서의 각 호의 감지기
> 1. 불꽃감지기 2. 정온식 감지선형 감지기 3. 분포형 감지기
> 4. 복합형 감지기 5. 광전식 분리형 감지기 6. 아날로그방식의 감지기
> 7. 다신호방식의 감지기 8. 축적방식의 감지기

13th Day

★★★★☆

예상 문제18 이산화탄소 소화설비의 화재감지기 회로는 교차회로방식으로 설치하여야 한다. 교차회로방식으로 설치하지 아니할 수 있는 감지기 8가지를 쓰시오.

용어 "**교차회로방식**"이란 하나의 방호구역 내에 2 이상의 화재감지기 회로를 설치하고 인접한 2 이상의 화재감지기가 동시에 감지되는 때에는 이산화탄소 소화설비가 작동하여 소화약제가 방출되는 방식을 말한다.

★★★☆☆

예상 문제19 이산화탄소 소화설비의 화재감지기 회로는 교차회로방식으로 설치하여야 한다. 교차회로방식의 정의를 쓰시오.

13 음향경보장치

(1) 이산화탄소 소화설비의 음향경보장치는 다음 각 호의 기준에 따라 설치하여야 한다.[**이산화탄소 소화설비의 음향경보장치의 설치기준**]
  1) 수동식 기동장치를 설치한 것은 그 기동장치의 조작과정에서, 자동식 기동장치를 설치한 것은 화재감지기와 연동하여 자동으로 경보를 발하는 것으로 할 것
  2) 소화약제의 방출개시 후 1분 이상 경보를 계속할 수 있는 것으로 할 것
  3) 방호구역 또는 방호대상물이 있는 구획 안에 있는 자에게 유효하게 경보할 수 있는 것으로 할 것

★★★☆☆

예상 문제20 이산화탄소 소화설비의 음향경보장치의 설치기준 3가지를 쓰시오.

(2) 방송에 따른 경보장치를 설치할 경우에는 다음 각 호의 기준에 따라야 한다.
  1) 증폭기 재생장치는 화재 시 연소의 우려가 없고, 유지관리가 쉬운 장소에 설치할 것
  2) 방호구역 또는 방호대상물이 있는 구획의 각 부분으로부터 하나의 확성기까지의 수평거리는 25m 이하가 되도록 할 것
  3) 제어반의 복구스위치를 조작하여도 경보를 계속 발할 수 있는 것으로 할 것

★★★☆☆

예상 문제21 방송에 따른 경보장치를 설치할 경우에 그 기준 3가지를 쓰시오.

14 자동폐쇄장치

전역방출방식의 이산화탄소 소화설비를 설치한 특정소방대상물 또는 그 부분에 대하여는 다음 각 호의 기준에 따라 자동폐쇄장치를 설치하여야 한다.[**자동폐쇄장치의 설치기준**]

(1) 환기장치 등을 설치한 것은 소화약제가 방출되기 전에 해당 환기장치 등이 정지될 수 있도록 할 것
(2) 개구부가 있거나 천장으로부터 1m 이상의 아래 부분 또는 바닥으로부터 해당 층의 높이의 3분의 2 이내의 부분에 통기구가 있어 소화약제의 유출에 따라 소화효과를 감소시킬 우려가 있는 것은 소화약제가 방출되기 전에 해당 개구부 및 통기구를 폐쇄할 수 있도록 할 것
(3) 자동폐쇄장치는 방호구역 또는 방호대상물이 있는 구획의 밖에서 복구할 수 있는 구조로 하고, 그 위치를 표시하는 표지를 할 것

★★★☆☆

 문제22 전역방출방식의 이산화탄소 소화설비를 설치한 소방대상물 또는 그 부분에 대하여는 화재안전기준에 따라 자동폐쇄장치를 설치하여야 한다. 자동폐쇄장치의 기준 3가지를 쓰시오.

15 비상전원

이산화탄소 소화설비(호스릴 이산화탄소 소화설비를 제외한다)에는 자가발전설비, 축전지설비(제어반에 내장하는 경우를 포함한다. 이하 같다) 또는 전기저장장치(외부 전기에너지를 저장해 두었다가 필요한 때 전기를 공급하는 장치. 이하 같다)에 따른 비상전원을 다음의 기준에 따라 설치해야 한다. 다만, 2 이상의 변전소(「전기사업법」제67조 및 「전기설비기술기준」제3조제1항제2호에 따른 변전소를 말한다. 이하 같다)에서 전력을 동시에 공급받을 수 있거나 하나의 변전소로부터 전력의 공급이 중단되는 때에는 자동으로 다른 변전소로부터 전력을 공급받을 수 있도록 상용전원을 설치한 경우에는 비상전원을 설치하지 않을 수 있다.
(1) 점검에 편리하고 화재 및 침수 등의 재해로 인한 피해를 받을 우려가 없는 곳에 설치할 것
(2) 이산화탄소 소화설비를 유효하게 20분 이상 작동할 수 있어야 할 것
(3) 상용전원으로부터 전력의 공급이 중단된 때에는 자동으로 비상전원으로부터 전력을 공급받을 수 있도록 할 것
(4) 비상전원의 설치장소는 다른 장소와 방화구획할 것. 이 경우 그 장소에는 비상전원의 공급에 필요한 기구나 설비 외의 것(열병합발전설비에 필요한 기구나 설비는 제외한다)을 두어서는 아니 된다.
(5) 비상전원을 실내에 설치하는 때에는 그 실내에 비상조명등을 설치할 것

13th Day

문제23 이산화탄소 소화설비의 비상전원에 대한 다음 물음에 답하시오.
★★★☆☆
1) 비상전원을 설치하지 아니할 수 있는 설비 1가지
2) 설치할 수 있는 비상전원의 종류 2가지
3) 비상전원을 설치하지 아니할 수 있는 경우 2가지
4) 비상전원의 설치기준 5가지

16 배출설비

지하층, 무창층 및 밀폐된 거실 등에 이산화탄소소화설비를 설치한 경우에는 방출된 소화약제를 배출하기 위한 배출설비를 갖추어야 한다.

★★★☆☆

문제24 소화약제의 농도를 희석시키기 위한 배출설비를 갖추어야 하는 경우를 쓰시오.

17 과압배출구(Pressure Venting)

이산화탄소소화설비가 설치된 방호구역에는 소화약제가 방출 시 과압으로 인한 구조물 등의 손상을 방지하기 위하여 과압배출구를 설치해야 한다.

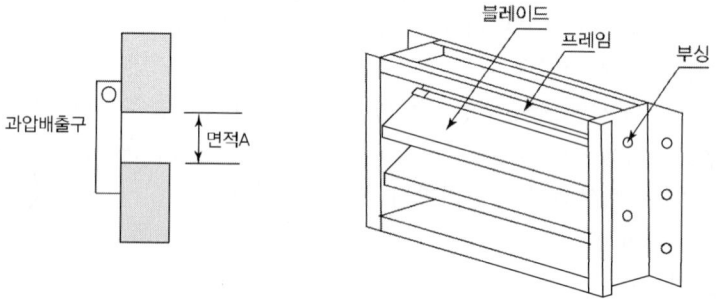

★★★☆☆

문제25 과압배출구를 설치하여야 하는 장소를 쓰시오.

18 설계프로그램

이산화탄소소화설비를 설계프로그램을 이용하여 설계할 경우에는 「가스계소화설비 설계프로그램의 성능인증 및 제품검사의 기술기준」에 적합한 설계프로그램을 사용해야 한다.

★★★☆☆

문제26 제품검사에 합격한 설계프로그램을 사용하여야 하는 경우를 쓰시오.

13th Day

[19] 저압식 이산화탄소 소화설비

(1) 계통도

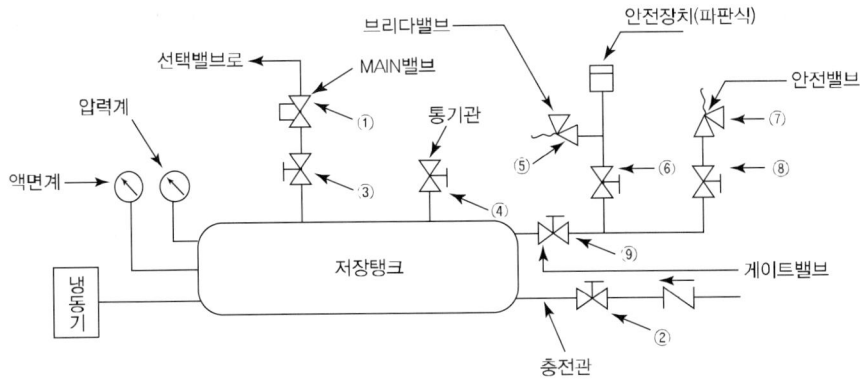

(2) 구성 명칭 및 설치 목적

번호	명칭	설치 목적	평상 시 상태
①	원밸브 (master discharge valve)	화재감지기 동작에 의해 개방되어, 저장탱크 내의 약제를 선택밸브로 방출.	닫힘
②	충전용 밸브	이산화탄소소화약제 충전시 개방, 충전 후 폐쇄	닫힘
③	개폐밸브		열림
④	pressure relief vent valve	탱크의 과압을 대기로 방출.	닫힘
⑤	방출밸브(breeder valve)	탱크 내압과 안전장치(파판식) 작동압력 사이에서 소량씩 방출(다이어프램식).	닫힘
⑥	개폐밸브		열림
⑦	안전밸브		닫힘
⑧	개폐밸브		열림
⑨	개폐밸브		열림

(3) 저압식과 고압식 비교

구분	저압식	고압식
용기 저장압력	−18 ℃에서 2.1 MPa	21 ℃에서 6.0 MPa
충전비	1.1 이상 1.4 이하	1.5 이상 1.9 이하
내압시험압력	3.5 MPa 이상	25 MPa 이상
안전밸브	내압시험압력의 0.64~0.8배	설치 없음
봉판	내압시험압력의 0.8배~내압시험압력	기준 없음
액면계	설치	설치 없음
압력계	설치	설치 없음
압력경보장치	2.3 MPa 이상 1.9 MPa 이하의 압력에서 작동(2.1±0.2 MPa)	설치 없음

자동냉동장치	설치	설치 없음
분사헤드 방사압	1.05MPa 이상	2.1MPa 이상
배관부 압력	2.0MPa	선택밸브 1차측 : 4.0MPa 선택밸브 2차측 : 2.0MPa
용기	Tank	실린더(봄베)
용량	1.5~60ton까지 다양함	68ℓ/45kg 용기
경제성	3,000kg 이상 시 경제적	3,000kg 미만 시 경제적

20 가스압력식 기동장치의 전자개방밸브 작동 방법

① 감지기 2개 회로 동시 작동
② 수동조작함에서 수동기동스위치 작동
③ 제어반에서 감지기회로 작동시험
④ 제어반에서 방호구역 수동기동스위치 작동

★★☆☆☆

 문제27 작동시험 시 가스압력식 기동장치의 전자개방밸브 작동 방법 중 4가지만 쓰시오. [점검10회기출]

21 안전시설 등

이산화탄소소화설비가 설치된 장소에는 다음 각 호의 기준에 따른 안전시설을 설치하여야 한다.

1) 소화약제 방출시 방호구역 내와 부근에 가스방출시 영향을 미칠 수 있는 장소에 시각경보장치를 설치하여 소화약제가 방출되었음을 알도록 할 것.
2) 방호구역의 출입구 부근 잘 보이는 장소에 약제방출에 따른 위험경고표지를 부착할 것.

★★☆☆☆

 문제28 이산화탄소소화설비의 화재안전기준(NFSC 106)에 따라 이산화탄소소화설비의 설치장소에 대한 안전시설 설치기준 2가지를 쓰시오. [설계18회기출]

제10장 | 할론소화설비

할론소화설비는 할론소화약제를 압축, 액화하여 고압가스용기에 충전하고, 다시 질소로 축압하여 가압된 상태로 저장하며, 자동 또는 수동 조작으로 용기밸브를 개방함과 동시에 경보를 하도록 한 설비이다.

1 소화약제의 저장용기 등

(1) 할론소화약제의 저장용기는 다음 각 호의 기준에 적합한 장소에 설치하여야 한다.[**할론소화약제의 저장용기 설치 장소 기준**]
  1) 방호구역 외의 장소에 설치할 것. 다만, 방호구역 내에 설치할 경우에는 피난 및 조작이 용이하도록 피난구 부근에 설치하여야 한다.
  2) 온도가 40 ℃ 이하이고, 온도변화가 작은 곳에 설치할 것
  3) 직사광선 및 빗물이 침투할 우려가 없는 곳에 설치할 것
  4) 방화문으로 방화구획 된 실에 설치할 것
  5) 용기의 설치장소에는 해당 용기가 설치된 곳임을 표시하는 표지를 할 것
  6) 용기간의 간격은 점검에 지장이 없도록 3 cm 이상의 간격을 유지할 것
  7) 저장용기와 집합관을 연결하는 연결배관에는 체크밸브를 설치할 것. 다만, 저장용기가 하나의 방호구역만을 담당하는 경우에는 그러하지 아니하다.

★★★★☆

 문제01 할론소화약제의 저장용기 설치장소 기준 중 5가지를 쓰시오.

(2) 할론소화약제의 저장용기는 다음 각 호의 기준에 따라 설치하여야 한다.[**할론소화약제의 저장용기 설치기준**]
  1) 축압식 저장용기의 압력은 온도 20 ℃에서 할론 1211을 저장하는 것은 1.1 MPa 또는 2.5 MPa, 할론 1301을 저장하는 것은 2.5 MPa 또는 4.2 MPa이 되도록 질소가스로 축압할 것
  2) 저장용기의 충전비는 할론 2402를 저장하는 것 중 가압식 저장용기는 0.51 이상 0.67 미만, 축압식 저장용기는 0.67 이상 2.75 이하, 할론 1211은 0.7 이상 1.4 이하, 할론 1301은 0.9 이상 1.6 이하로 할 것
  3) 동일 집합관에 접속되는 용기의 소화약제 충전량은 동일 충전비의 것이어야 할 것

★★★☆☆

 문제02 할론소화약제의 저장용기 설치기준 3가지를 쓰시오.

(3) 가압용 가스용기는 질소가스가 충전된 것으로 하고, 그 압력은 21℃에서 2.5 MPa 또는 4.2 MPa이 되도록 하여야 한다.
(4) 할론소화약제 저장용기의 개방밸브는 전기식·가스압력식 또는 기계식에 따라 자동으로 개방되고 수동으로도 개방되는 것으로서 안전장치가 부착된 것으로 하여야 한다.
(5) 가압식 저장용기에는 2.0 MPa 이하의 압력으로 조정할 수 있는 압력조정장치를 설치하여야 한다.
(6) 하나의 구역을 담당하는 소화약제 저장용기의 소화약제량의 체적합계보다 그 소화약제 방출 시 방출경로가 되는 배관(집합관 포함)의 내용적이 1.5배 이상일 경우에는 해당 방호구역에 대한 설비는 별도 독립방식으로 하여야 한다.

2 소화약제

할론소화약제의 저장량은 다음 각 호의 기준에 따라야 한다. 이 경우 동일한 특정소방대상물 또는 그 부분에 2 이상의 방호구역 또는 방호대상물이 있는 경우에는 각 방호구역 또는 방호대상물에 대하여 다음 각 호의 기준에 따라 산출한 저장량 중 최대의 것으로 할 수 있다.

(1) 전역방출방식은 다음 각 목의 기준에 따라 산출한 양 이상으로 할 것
  1) 방호구역의 체적(불연재료 나 내열성의 재료로 밀폐된 구조물이 있는 경우에는 그 체적을 제외한다) $1\,m^3$에 대하여 다음 표에 따른 양

소방대상물 또는 그 부분		소화약제의 종별	방호구역의 체적 $1\,m^3$ 당 소화약제의 양
차고·주차장·전기실·통신기기실·전산실 기타 이와 유사한 전기설비가 설치되어 있는 부분		할론 1301	0.32 kg 이상 0.64 kg 이하
소방기본법시행령 별표 2의 특수가연물을 저장·취급하는 소방대상물 또는 그 부분	가연성 고체류·가연성 액체류	할론 2402 할론 1211 할론 1301	0.40 kg 이상 1.1 kg 이하 0.36 kg 이상 0.71 kg 이하 0.32 kg 이상 0.64 kg 이하
	면화류·나무껍질 및 대팻밥·넝마 및 종이부스러기·사류·볏짚류·목재가공품 및 나무부스러기를 저장·취급하는 것	할론 1211 할론 1301	0.60 kg 이상 0.71 kg 이하 0.52 kg 이상 0.64 kg 이하
	합성수지류를 저장·취급하는 것	할론 1211 할론 1301	0.36 kg 이상 0.71 kg 이하 0.32 kg 이상 0.64 kg 이하

  2) 방호구역의 개구부에 자동폐쇄장치를 설치하지 아니한 경우에는 다음 표에 따라 산출한 양을 가산한 양

소방대상물 또는 그 부분	소화약제의 종별	가산량(개구부의 면적 $1\,m^2$ 당 소화약제의 양)
차고·주차장·전기실·통신기기실·전산실 기타 이와 유사한 전기설비가 설치되어 있는 부분	할론 1301	2.4 kg

소방기본법시행령 별표 2의 특수가연물을 저장·취급하는 소방대상물 또는 그 부분	가연성 고체류·가연성 액체류	할론 2402	3.0 kg
		할론 1211	2.7 kg
		할론 1301	2.4 kg
	면화류·나무껍질 및 대팻밥·넝마 및 종이부스러기·사류·볏짚류·목재가공품 및 나무부스러기를 저장·취급하는 것	할론 1211	4.5 kg
		할론 1301	3.9 kg
	합성수지류를 저장·취급하는 것	할론 1211	2.7 kg
		할론 1301	2.4 kg

(2) 국소방출방식은 다음 각 목의 기준에 따라 산출한 양에 할론 2402 또는 할론 1211은 1.1을, 할론 1301은 1.25를 각각 곱하여 얻은 양 이상으로 할 것

㉮ 윗면이 개방된 용기에 저장하는 경우와 화재 시 연소면이 1면에 한정되고 가연물이 비산할 우려가 없는 경우에는 다음 표에 따른 양

소화약제의 종별	방호대상물의 표면적 1 m²에 대한 소화약제의 양
할론 2402	8.8 kg
할론 1211	7.6 kg
할론 1301	6.8 kg

※ **할론소화약제 저장량(국소방출방식, 면적식)**

소화약제의 종별	소화약제 저장량
할론 2402	방호대상물의 표면적$(m^2) \times 8.8(kg/m^2) \times 1.1$
할론 1211	방호대상물의 표면적$(m^2) \times 7.6(kg/m^2) \times 1.1$
할론 1301	방호대상물의 표면적$(m^2) \times 6.8(kg/m^2) \times 1.25$

㉯ 가목 외의 경우에는 방호공간(방호대상물의 각 부분으로부터 0.6 m의 거리에 따라 둘러싸인 공간을 말한다)의 체적 1 m³에 대하여 다음의 식에 따라 산출한 양

$$Q = X - Y \frac{a}{A}$$

Q : 방호공간 1 m³에 대한 할론소화약제의 양(kg/m³)

a : 방호대상물의 주위에 설치된 벽의 면적의 합계(m²)

A : 방호공간의 벽면적(벽이 없는 경우에는 벽이 있는 것으로 가정한 해당 부분의 면적)의 합계(m²)

X 및 Y : 다음 표의 수치

소화약제의 종별	X의 수치	Y의 수치
할론 2402	5.2	3.9
할론 1211	4.4	3.3
할론 1301	4.0	3.0

※ 할론소화약제 저장량(국소방출방식, 용적식)

소화약제의 종별	소화약제 저장량
할론 2402	방호공간의 체적$(m^3) \times \left[5.2 - 3.9\dfrac{a}{A}\right] \times 1.1$
할론 1211	방호공간의 체적$(m^3) \times \left[4.4 - 3.3\dfrac{a}{A}\right] \times 1.1$
할론 1301	방호공간의 체적$(m^3) \times \left[4.0 - 3.0\dfrac{a}{A}\right] \times 1.25$

(3) 호스릴 할론소화설비는 하나의 노즐에 대하여 다음 표에 따른 양 이상으로 할 것

소화약제의 종별	소화약제의 양
할론 2402 또는 1211	50kg
할론 1301	45kg

3 기동장치

(1) 할론소화설비의 수동식 기동장치는 다음의 기준에 따라 설치해야 한다. 이 경우 수동식 기동장치의 부근에는 소화약제의 방출을 지연시킬 수 있는 **방출지연스위치**(자동복귀형 스위치로서 수동식 기동장치의 타이머를 순간 정지시키는 기능의 스위치를 말한다)를 설치해야 한다. [할론소화설비의 수동식 기동장치 설치기준]
1) 전역방출방식은 방호구역마다, 국소방출방식은 방호대상물마다 설치할 것
2) 해당 방호구역의 출입구부분 등 조작을 하는 자가 쉽게 피난할 수 있는 장소에 설치할 것
3) 기동장치의 조작부는 바닥으로부터 높이 0.8 m 이상 1.5 m 이하의 위치에 설치하고, 보호판 등에 따른 보호장치를 설치할 것
4) 기동장치 인근의 보기 쉬운 곳에 "**할론소화설비 수동식 기동장치**"라는 표지를 할 것
5) 전기를 사용하는 기동장치에는 전원표시등을 설치할 것
6) 기동장치의 방출용 스위치는 음향경보장치와 연동하여 조작될 수 있는 것으로 할 것

★★★★☆

문제03 할론소화설비의 수동식 기동장치 설치기준 중 5가지만 쓰시오.

(2) 할론소화설비의 자동식 기동장치는 자동화재탐지설비의 감지기의 작동과 연동하는 것으로서 다음 각 호의 기준에 따라 설치하여야 한다.
1) 자동식 기동장치에는 수동으로도 기동할 수 있는 구조로 할 것
2) 전기식 기동장치로서 7병 이상의 저장용기를 동시에 개방하는 설비는 2병 이상의 저장용기에 전자개방밸브를 부착할 것

3) 가스압력식 기동장치는 다음 각 목의 기준에 따를 것[**가스압력식 기동장치(기동용 가스용기) 설치기준**]
   ① 기동용 가스용기 및 해당 용기에 사용하는 밸브는 25MPa 이상의 압력에 견딜 수 있는 것으로 할 것
   ② 기동용 가스용기에는 내압시험압력 0.8배부터 내압시험압력 이하에서 작동하는 안전장치를 설치할 것
   ③ 기동용 가스용기의 체적은 5 L 이상으로 하고, 해당 용기에 저장하는 질소 등의 비활성기체는 6.0 MPa 이상(21℃ 기준)의 압력으로 충전할 것. 다만, 기동용 가스용기의 체적을 1 L 이상으로 하고, 해당 용기에 저장하는 이산화탄소의 양은 0.6 kg 이상으로 하며, 충전비는 1.5 이상 1.9 이하의 기동용 가스용기로 할 수 있다.

★★★☆☆

문제04 가스압력식 기동장치(기동용 가스용기)의 설치기준 3가지를 쓰시오.

4) 기계식 기동장치는 저장용기를 쉽게 개방할 수 있는 구조로 할 것
(3) 할론소화설비가 설치된 부분의 출입구 등의 보기 쉬운 곳에 소화약제의 방사를 표시하는 표시등을 설치하여야 한다.

4 제어반 등

할론소화설비의 제어반 및 화재표시반은 다음 각 호의 기준에 따라 설치하여야 한다. 다만, 자동화재탐지설비의 수신기의 제어반이 화재표시반의 기능을 가지고 있는 것은 화재표시반을 설치하지 아니할 수 있다.
(1) 제어반은 수동기동장치 또는 감지기에서의 신호를 수신하여 음향경보장치의 작동, 소화약제의 방출 또는 지연 기타의 제어기능을 가진 것으로 하고, 제어반에는 전원표시등을 설치할 것
(2) 화재표시반은 제어반에서의 신호를 수신하여 작동하는 기능을 가진 것으로 하되, 다음 각 목의 기준에 따라 설치할 것[**화재표시반 설치기준**]
   1) 각 방호구역마다 음향경보장치의 조작 및 감지기의 작동을 명시하는 표시등과 이와 연동하여 작동하는 벨·버저 등의 경보기를 설치할 것. 이 경우 음향경보장치의 조작 및 감지기의 작동을 명시하는 표시등을 겸용할 수 있다.
   2) 수동식 기동장치는 그 방출용 스위치의 작동을 명시하는 표시등을 설치할 것
   3) 소화약제의 방출을 명시하는 표시등을 설치할 것
   4) 자동식 기동장치는 자동·수동의 절환을 명시하는 표시등을 설치할 것

★★★★☆

문제05 화재표시반의 설치기준 4가지를 쓰시오.

(3) 제어반 및 화재표시반의 설치장소는 화재에 따른 영향, 진동 및 충격에 따른 영향 및 부식의 우려가 없고 점검에 편리한 장소에 설치할 것
(4) 제어반 및 화재표시반에는 해당 회로도 및 취급설명서를 비치할 것

5 배관

할론소화설비의 배관은 다음 각 호의 기준에 따라 설치하여야 한다.[**할론소화설비의 배관 설치기준**]
(1) 배관은 전용으로 할 것
(2) 강관을 사용하는 경우의 배관은 압력배관용 탄소강관(KS D 3562) 중 스케줄 40 이상의 것 또는 이와 동등 이상의 강도를 가진 것으로서 아연도금 등에 따라 방식처리된 것을 사용할 것
(3) 동관을 사용하는 경우에는 이음이 없는 동 및 동합금관(KS D 5301)의 것으로서 고압식은 16.5 MPa 이상, 저압식은 3.75 MPa 이상의 압력에 견딜 수 있는 것을 사용할 것
(4) 배관부속 및 밸브류는 강관 또는 동관과 동등 이상의 강도 및 내식성이 있는 것으로 할 것

★★★☆☆

문제06 할론 1301 소화설비 배관으로 강관을 사용할 경우 배관기준을 쓰시오.[설계6회기출]

6 선택밸브

하나의 특정소방대상물 또는 그 부분에 2 이상의 방호구역 또는 방호대상물이 있어 할론 저장용기를 공용하는 경우에는 다음 각 호의 기준에 따라 선택밸브를 설치하여야 한다.
(1) 방호구역 또는 방호대상물마다 설치할 것
(2) 각 선택밸브에는 그 담당 방호구역 또는 방호대상물을 표시할 것

★★★☆☆

문제07 전역방출방식의 할론소화설비 선택밸브의 설치기준 2가지를 쓰시오.

7 분사헤드

(1) 전역방출방식의 할론소화설비의 분사헤드는 다음 각 호의 기준에 따라 설치하여야 한다.
 1) 방사된 소화약제가 방호구역의 전역에 균일하게 신속히 확산할 수 있도록 할 것

2) 할론 2402를 방출하는 분사헤드는 해당 소화약제가 무상으로 분무되는 것으로 할 것
3) 분사헤드의 방사압력은 할론 2402를 방사하는 것은 0.1MPa 이상, 할론 1211을 방사하는 것은 0.2 MPa 이상, 할론 1301을 방사하는 것은 0.9 MPa 이상으로 할 것
4) 기준저장량의 소화약제를 10초 이내에 방출할 수 있는 것으로 할 것

공식

$$\text{분사헤드에서의 유량(전역방출방식)} = \frac{\text{기준저장량}}{10초}$$

★★★★☆

예상 **문제08** 전역방출방식의 할론소화설비 분사헤드의 설치기준 4가지를 쓰시오.

TIP ※10초 제한의 이유
① 배관 내에서 액체와 증기의 균질 흐름을 위한 유속의 확보
② 구획 내에서 액체와 공기의 혼합을 위해 노즐을 통한 높은 유량의 확보
③ 열분해 생성물 형성의 최소화
④ 직·간접 화재 손상의 최소화

★★★☆☆

예상 **문제09** 전역방출방식의 할론소화설비 소화약제 저장량의 방출시간을 10초 이내로 제한하고 있다. 제한하고 있는 이유 4가지를 쓰시오.

(2) 국소방출방식의 할론소화설비의 분사헤드는 다음 각 호의 기준에 따라 설치하여야 한다.
1) 소화약제의 방사에 따라 가연물이 비산하지 아니하는 장소에 설치할 것
2) 할론 2402를 방사하는 분사헤드는 해당 소화약제가 무상으로 분무되는 것으로 할 것
3) 분사헤드의 방사압력은 할론 2402를 방사하는 것은 0.1 MPa 이상, 할론 1211을 방사하는 것은 0.2 MPa 이상, 할론 1301을 방사하는 것은 0.9 MPa 이상으로 할 것
4) 기준저장량의 소화약제를 10초 이내에 방출할 수 있는 것으로 할 것

공식

$$\text{분사헤드에서의 유량(국소방출방식)} = \frac{\text{기준저장량}}{10초}$$

★★★☆☆

예상 **문제10** 국소방출방식의 할론소화설비 분사헤드의 설치기준 4가지를 쓰시오.

(3) 화재 시 현저하게 연기가 찰 우려가 없는 장소로서 다음 각 호의 어느 하나에 해당하는 장소는 호스릴 할론소화설비를 설치할 수 있다.[**호스릴 할론소화설비를 설치할 수 있는 장소**]
   1) 지상 1층 및 피난층에 있는 부분으로서 지상에서 수동 또는 원격조작에 따라 개방할 수 있는 개구부의 유효면적의 합계가 바닥면적의 15% 이상이 되는 부분
   2) 전기설비가 설치되어 있는 부분 또는 다량의 화기를 사용하는 부분(해당 설비의 주위 5 m 이내의 부분을 포함한다)의 바닥면적이 당해 설비가 설치되어 있는 구획의 바닥면적의 5분의 1 미만이 되는 부분

★★★☆☆

 문제11 호스릴 할론소화설비를 설치할 수 있는 장소(부분) 2가지를 쓰시오.

(4) 호스릴방식의 할론소화설비는 다음의 기준에 따라 설치해야 한다.
   1) 방호대상물의 각 부분으로부터 하나의 호스접결구까지의 수평거리가 20m 이하가 되도록 할 것
   2) 소화약제의 저장용기의 개방밸브는 호스릴의 설치장소에서 수동으로 개폐할 수 있는 것으로 할 것
   3) 소화약제의 저장용기는 호스릴을 설치하는 장소마다 설치할 것
   4) 호스릴방식의 할론소화설비의 노즐은 20 ℃에서 하나의 노즐마다 1분당 다음 표에 따른 소화약제를 방출할 수 있는 것으로 할 것

소화약제의 종별	1분당 방사하는 소화약제의 양
할론 2402	45 kg
할론 1211	40 kg
할론 1301	35 kg

   5) 소화약제 저장용기의 가장 가까운 곳의 보기 쉬운 곳에 적색의 표시등을 설치하고, 호스릴방식의 할론소화설비가 있다는 뜻을 표시한 표지를 할 것
(5) 할론소화설비의 분사헤드의 오리피스구경·방출률·크기 등에 관하여는 다음 각 호의 기준에 따라야 한다.[**할론소화설비의 분사헤드 설치기준**]
   1) 분사헤드에는 부식방지조치를 하여야 하며 오리피스의 크기, 제조일자, 제조업체가 표시 되도록 할 것
   2) 분사헤드의 개수는 방호구역에 방사시간이 충족되도록 설치할 것
   3) 분사헤드의 방출률 및 방출압력은 제조업체에서 정한 값으로 할 것
   4) 분사헤드의 오리피스의 면적은 분사헤드가 연결되는 배관구경 면적의 70%를 초과하지 아니할 것

★★★★☆

 문제12 할론소화설비 분사헤드의 오리피스구경·방출률·크기 등에 관한 설치기준 4가지를 쓰시오.

8 자동식 기동장치의 화재감지기

할론소화설비의 자동식 기동장치는 다음 각 호의 기준에 따른 화재감지기를 설치하여야 한다.
(1) 각 방호구역 내의 화재감지기의 감지에 따라 작동되도록 할 것
(2) 화재감지기의 회로는 교차회로방식으로 설치할 것. 다만, 화재감지기를 「자동화재탐지설비 및 시각경보장치의 화재안전기술기준(NFTC 203)」 2.4.1 단서의 각 감지기로 설치하는 경우에는 그렇지 않다.

> TIP ※자동화재탐지설비의 화재안전기준 제7조제1항 단서의 각 호의 감지기
> 1. 불꽃감지기   2. 정온식 감지선형 감지기
> 3. 분포형 감지기   4. 복합형 감지기
> 5. 광전식 분리형 감지기 6. 아날로그방식의 감지기
> 7. 다신호방식의 감지기   8. 축적방식의 감지기

(3) 교차회로 내의 각 화재감지기회로별로 설치된 화재감지기 1개가 담당하는 바닥면적은 「자동화재탐지설비 및 시각경보장치의 화재안전기술기준(NFTC 203)」 2.4.3.5, 2.4.3.8부터 2.4.3.10까지의 규정에 따른 바닥면적으로 할 것

★★★★☆

 문제13 화재감지기의 회로는 교차회로방식으로 설치하여야 한다. 그러하지 아니할 수 있는 감지기 8가지를 쓰시오.

9 음향경보장치

(1) 할론소화설비의 음향경보장치는 다음 각 호의 기준에 따라 설치하여야 한다.
  1) 수동식 기동장치를 설치한 것은 그 기동장치의 조작과정에서, 자동식 기동장치를 설치한 것은 화재감지기와 연동하여 자동으로 경보를 발하는 것으로 할 것
  2) 소화약제의 방출 개시 후 1분 이상 경보를 계속할 수 있는 것으로 할 것
  3) 방호구역 또는 방호대상물이 있는 구획 안에 있는 자에게 유효하게 경보할 수 있는 것으로 할 것

★★★☆☆

 문제14 할론소화설비의 음향경보장치 설치기준 3가지를 쓰시오.

14th Day

(2) 방송에 따른 경보장치를 설치할 경우에는 다음 각 호의 기준에 따라야 한다.
  1) 증폭기 재생장치는 화재 시 연소의 우려가 없고, 유지관리가 쉬운 장소에 설치할 것
  2) 방호구역 또는 방호대상물이 있는 구획의 각 부분으로부터 하나의 확성기까지의 수평거리는 25 m 이하가 되도록 할 것
  3) 제어반의 복구스위치를 조작하여도 경보를 계속 발할 수 있는 것으로 할 것

★★★☆☆

 문제15 방송에 따른 경보장치를 설치할 경우 그 기준 3가지를 쓰시오.

10 자동폐쇄장치

전역방출방식의 할론소화설비를 설치한 특정소방대상물 또는 그 부분에 대하여는 다음 각 호의 기준에 따라 자동폐쇄장치를 설치하여야 한다.[**자동폐쇄장치 설치기준**]
(1) 환기장치 등을 설치한 것은 소화약제가 방출되기 전에 해당 환기장치 등이 정지될 수 있도록 할 것
(2) 개구부가 있거나 천장으로부터 1 m 이상의 아랫부분 또는 바닥으로부터 해당 층의 높이의 3분의 2 이내의 부분에 통기구가 있어 소화약제의 유출에 따라 소화효과를 감소시킬 우려가 있는 것은 소화약제가 방출되기 전에 해당 개구부 및 통기구를 폐쇄할 수 있도록 할 것
(3) 자동폐쇄장치는 방호구역 또는 방호대상물이 있는 구획의 밖에서 복구할 수 있는 구조로 하고, 그 위치를 표시하는 표지를 할 것

★★★☆☆

 문제16 전역방출방식의 할론소화설비를 설치한 특정소방대상물 또는 그 부분에 대하여는 자동폐쇄장치를 설치하여야 한다. 자동폐쇄장치의 기준 3가지를 쓰시오.

11 비상전원

할론소화설비(호스릴 할론소화설비를 제외한다)에는 자가발전설비, 축전지설비(제어반에 내장하는 경우를 포함한다. 이하 같다) 또는 전기저장장치(외부 전기에너지를 저장해 두었다가 필요한 때 전기를 공급하는 장치. 이하 같다)에 따른 비상전원을 다음의 기준에 따라 설치해야 한다. 다만, 2 이상의 변전소(「전기사업법」 제67조 및 「전기설비기술기준」 제3조제1항제2호에 따른 변전소를 말한다. 이하 같다)에서 전력을 동시에 공급받을 수 있거나 하나의 변전소로부터 전력의 공급이 중단되는 때에는 자동으로 다른 변전소로부터 전력을 공급받을 수 있도록 상용전원을 설치한 경우에는 비상전원을 설치하지 않을 수 있다.

(1) 점검에 편리하고 화재 및 침수 등의 재해로 인한 피해를 받을 우려가 없는 곳에 설치할 것
(2) 할론소화설비를 유효하게 20분 이상 작동할 수 있어야 할 것
(3) 상용전원으로부터 전력의 공급이 중단된 때에는 자동으로 비상전원으로부터 전력을 공급받을 수 있도록 할 것
(4) 비상전원의 설치장소는 다른 장소와 방화구획할 것. 이 경우 그 장소에는 비상전원의 공급에 필요한 기구나 설비 외의 것(열병합발전설비에 필요한 기구나 설비는 제외한다)을 두어서는 아니 된다.
(5) 비상전원을 실내에 설치하는 때에는 그 실내에 비상조명등을 설치할 것

★★★★☆

예상 **문제17** 할론소화설비(호스릴 할론소화설비를 제외)는 비상전원(자가발전설비 또는 축전지설비)을 설치하여야 한다. 비상전원의 설치기준 5가지를 쓰시오.

12 할론의 종류 및 명명법

종류	분자식	명칭
할론 1301	CF_3Br	BTM(Bromo Trifluoro Methane)
할론 1211	CF_2ClBr	BCF(Bromo Chloro difluoro Methane)
할론 2402	$C_2F_4Br_2$	FB(Tetra Fluoro dibromo Ethane)
할론 1011	CH_2ClBr	CB(Chloro Bromo Methane)
할론 104	CCl_4	CTC(Carbon Tetra Chloride)

할론 1301은 분자식이 CF_3Br로서 1개의 탄소원자, 3개의 플루오르원자, 1개의 브롬원자로 이루어진 화합물이다.

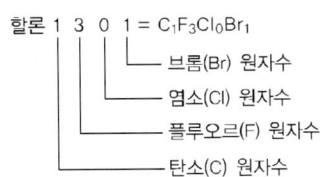

할론 1 3 0 1 = $C_1F_3Cl_0Br_1$
— 브롬(Br) 원자수
— 염소(Cl) 원자수
— 플루오르(F) 원자수
— 탄소(C) 원자수

13 오존파괴지수 ; ODP(Ozone Depletion Potential)

(1) 오존파괴지수(ODP)의 개념

오존을 파괴시키는 물질의 능력을 나타내는 척도로서 대기 내 수명, 안정성 그리고 염소와 브롬과 같이 오존을 공격할 수 있는 원소의 양과 반응성 등에 그 근거를 두고 있다. 모든 오존파괴지수는 CFC-11 1kg을 기준으로 한다.

$$ODP = \frac{\text{어떤 물질 1kg이 파괴하는 오존량}}{\text{CFC-11 1kg이 파괴하는 오존량}}$$

(2) 오존층 파괴 Mechanism

CFC 화합물은 매우 안정하며 결합력이 강하므로 대기 중에서 쉽게 분해되지 않고 오존층이 있는 성층권까지 상승한다. 자외선에 의해 광분해하여 Cl^*과 Br^*이 발생하고 O_3을 O_2로 변화시켜 오존층을 파괴한다.

1) 지상에서 방출된 할론은 분해되지 않고 오존층이 있는 성층권으로 올라간다.
2) 태양으로부터 강한 자외선을 받아 할론은 광분해하며 Cl^* 또는 Br^* 등을 방출한다.
3) 이 Cl^* 또는 Br^*이 오존(O_3)과 반응하여 오존층을 파괴한다.

   $O_3 + Cl^* \rightarrow ClO + O_2$
   $2ClO \rightarrow 2Cl^* + O_2$
   $O_3 + Cl^* \rightarrow ClO + O_2$

4) 연쇄 반응이 일어난다.

(3) 오존층 파괴에 의한 영향

1) 인체에 대한 영향
피부암, 면역기능 약화, 종양, 백내장, 전염병 발생

2) 동식물에 대한 영향
식물, 곡물류의 생산량 감소, 산림 피해, 플라스틱의 노후화, 식물성 플랑크톤 피해, 자연 생태계 파괴, 광합성 기능 억제

3) 기후에 대한 영향
이상 기온, 집중 호우 등의 기후 변화

★★☆☆☆

 문제18 소화약제의 특성을 나타내는 용어 중 ODP에 대하여 쓰시오.[설계4회기출]

14 지구온난화지수 ; GWP(Global Warming Potential)

단파장은 얇은 유리막을 통과하지만, 장파장은 얇은 유리막을 통과하지 못하고 반사된다. 태양은 표면이 고온이므로 대부분 단파장을 방사하므로 대기권을 통과하여 지표면에 도달한다. 지면은 저온이므로 지면에서는 대부분 장파장을 방사하게 된다. 장파장은 대기권에 포함된 온실 기체를 통과하지 못하고 반사되어 지구의 온도를 상승하게 한다. 즉, 온실 가스와 분진 등이 결합하여 대기권 밖에서 막을 형성 → 단파장은 통과하지만 장파장은 통과하지 못함 → 온도 상승

(1) 지구온난화지수

1) GWP(Global Warming Potential)

$$GWP = \frac{어떤\ 물질\ 1kg이\ 기여하는\ 온난화\ 정도}{CO_2\ 1kg이\ 기여하는\ 온난화\ 정도}$$

2) HGWP(Halocarbon Global Warming Potential)

$$HGWP = \frac{어떤\ 물질\ 1kg이\ 기여하는\ 온난화\ 정도}{CFC-11\ 1kg이\ 기여하는\ 온난화\ 정도}$$

3) 할론, CO_2, 수증기, 오존, 메탄, 아산화질소, CCl_4 등 50여종 이상이 대기 중 수명이 클수록 GWP는 증가한다.

(2) 지구온난화의 영향

1) **기후 변화**
지구 평균 기온 상승으로 태풍 발생, 강우, 해일 등 기후 형태 파괴, 대기 중 수증기량 증가로 강수량 증가

2) **해수면 상승**
지구 평균 기온 상승으로 극지방 빙하의 해빙으로 해수면 상승

3) **생태계 변화**
지구의 평균 온도 3℃ 상승은 지구역사 10만 년간의 변화와 같으며 생태계의 빠른 변화 즉 멸종, 도태, 재분포를 초래

4) **수자원 영향**
지구의 평균 온도 증가로 가뭄지역은 강수량 감소, 생활 용수난 발생

5) **인체에 미치는 영향**
지구의 평균 온도 증가로 여름철 질병의 발생률 증가

★★☆☆☆

 문제19 소화약제의 특성을 나타내는 용어 중 GWP에 대하여 쓰시오. [설계4회기출]

제11장 할로겐화합물 및 불활성기체 소화설비

"할로겐화합물 및 불활성기체 소화약제"란 할로겐화합물(할론 1301, 할론 2402, 할론 1211 제외) 및 불활성기체로서 전기적으로 비전도성이며 휘발성이 있거나 증발 후 잔여물을 남기지 않는 소화약제를 말한다.

(1) "**할로겐화합물 소화약제**"란 불소, 염소, 브롬 또는 요오드 중 하나 이상의 원소를 포함하고 있는 유기화합물을 기본성분으로 하는 소화약제를 말한다.
(2) "**불활성기체 소화약제**"란 헬륨, 네온, 아르곤 또는 질소가스 중 하나 이상의 원소를 기본성분으로 하는 소화약제를 말한다.

★★★☆☆

> **문제01** 다음의 용어 정의를 설명하시오. [설계10회기출]
> ① 할로겐화합물 및 불활성기체 소화약제
> ② 할로겐화합물 소화약제 ③ 불활성기체 소화약제

1 종류

소화설비에 적용되는 할로겐화합물 및 불활성기체 소화약제는 다음 표에서 정하는 것에 한한다. [**할로겐화합물 및 불활성기체 소화약제의 종류 및 화학식**]

소화약제	화학식
퍼플루오로부탄(FC-3-1-10)	C_4F_{10}
하이드로클로로플루오로카본혼화제 (HCFC BLEND A)	HCFC-123($CHCl_2CF_3$) : 4.75% HCFC-22($CHClF_2$) : 82% HCFC-124($CHClFCF_3$) : 9.5% $C_{10}H_{16}$: 3.75%
클로로테트라플루오르에탄(HCFC-124)	$CHClFCF_3$
펜타플루오로에탄(HFC-125)	CHF_2CF_3
헵타플루오로프로판(HFC-227ea)	CF_3CHFCF_3
트리플루오로메탄(HFC-23)	CHF_3
헥사플루오로프로판(HFC-236fa)	$CF_3CH_2CF_3$
트리플루오로이오다이드(FIC-13I1)	CF_3I
불연성·불활성기체혼합가스(IG-01)	Ar
불연성·불활성기체혼합가스(IG-100)	N_2
불연성·불활성기체혼합가스(IG-541)	N_2 : 52%, Ar : 40%, CO_2 : 8%
불연성·불활성기체혼합가스(IG-55)	N_2 : 50%, Ar : 50%
도데카플루오로-2-메틸펜탄-3-원(FK-5-1-12)	$CF_3CF_2C(O)CF(CF_3)_2$

※라틴어 숫자

①	②	③	④	⑤	⑥	⑦	⑧	⑨	⑩
mono	di	tri	tetra	penta	hexa	hepta	octa	nona	deca

2 구조식

소화약제		화학식	구조식
하이드로클로로플루오로카본혼화제 (HCFC BLEND A)	HCFC-22	$CHClF_2$	F | H-C-Cl | F
	HCFC-123	$CHCl_2CF_3$	Cl F | | H-C-C-F | | Cl F
클로로테트라플루오르에탄(HCFC-124)		$CHClFCF_3$	H F | | Cl-C-C-F | | F F
트리플루오로메탄(HFC-23)		CHF_3	F | H-C-F | F
트리플루오로이오다이드(FIC-13I1)		CF_3I	F | I-C-F | F
펜타플루오로에탄(HFC-125)		CHF_2CF_3	F F | | H-C-C-F | | F F
헵타플루오로프로판(HFC-227ea)		CF_3CHFCF_3	F H F | | | F-C-C-C-F | | | F F F
헥사플루오로프로판(HFC-236fa)		$CF_3CH_2CF_3$	F H F | | | F-C-C-C-F | | | F H F
퍼플루오로부탄(FC-3-1-10)		C_4F_{10}	F F F F | | | | F-C-C-C-C-F | | | | F F F F
도데카플루오로-2-메틸펜탄-3-원 (FK-5-1-12)		$CF_3CF_2C(O)CF(CF_3)_2$	F F O F F | | | | | F-C-C-C-C-C-F | | | | F F F-C-F F | F

★★★★☆

 문제02 할로겐화합물 및 불활성기체 소화약제의 종류 및 화학식을 쓰시오.

③ 설치제외

할로겐화합물 및 불활성기체 소화설비는 다음 각 호에서 정한 장소에는 설치할 수 없다.[**할로겐화합물 및 불활성기체 소화설비를 설치해서는 안 되는 장소**]
(1) 사람이 상주하는 곳으로써 2.4.2의 최대허용 설계농도를 초과하는 장소
(2) 「위험물안전기본법 시행령」 별표 1의 제3류위험물 및 제5류위험물을 사용하는 장소. 다만, 소화성능이 인정되는 위험물은 제외한다.

★★★★☆

 문제03 할로겐화합물 및 불활성기체 소화설비를 설치해서는 안 되는 장소를 쓰시오. [설계10회기출]

④ 저장용기

(1) 할로겐화합물 및 불활성기체 소화약제의 저장용기는 다음 각 호의 기준에 적합한 장소에 설치하여야 한다.[**할로겐화합물 및 불활성기체 소화약제의 저장용기 설치장소 기준**]
  1) 방호구역 외의 장소에 설치할 것. 다만, 방호구역 내에 설치할 경우에는 피난 및 조작이 용이하도록 피난구 부근에 설치하여야 한다.
  2) 온도가 55℃ 이하이고 온도의 변화가 작은 곳에 설치할 것
  3) 직사광선 및 빗물이 침투할 우려가 없는 곳에 설치할 것
  4) 저장용기를 방호구역 외에 설치한 경우에는 방화문으로 구획된 실에 설치할 것
  5) 용기의 설치장소에는 해당 용기가 설치된 곳임을 표시하는 표지를 할 것
  6) 용기간의 간격은 점검에 지장이 없도록 3㎝ 이상의 간격을 유지할 것
  7) 저장용기와 집합관을 연결하는 연결배관에는 체크밸브를 설치할 것. 다만, 저장용기가 하나의 방호구역만을 담당하는 경우에는 그러하지 아니하다.

★★★★☆

 문제04 할로겐화합물 및 불활성기체 소화약제 저장용기는 화재안전기준에 적합한 장소에 설치하여야 한다. 그 기준 중 5가지만 쓰시오.

(2) 할로겐화합물 및 불활성기체 소화약제의 저장용기는 다음 각 호의 기준에 적합하여야 한다.
  1) 저장용기의 충전밀도 및 충전압력은 별표 1에 따를 것
  2) 저장용기는 약제명·저장용기의 자체중량과 총중량·충전일시·충전압력 및 약제의 체적을 표시할 것
  3) 집합관에 접속되는 저장용기는 동일한 내용적을 가진 것으로 충전량 및 충전압력이 같도록 할 것
  4) 저장용기에 충전량 및 충전압력을 확인할 수 있는 장치를 하는 경우에는 해당 소화약제에 적합한 구조로 할 것

5) 저장용기의 약제량 손실이 5%를 초과하거나 압력손실이 10%를 초과할 경우에는 재충전하거나 저장용기를 교체할 것. 다만, 불활성기체 소화약제 저장용기의 경우에는 압력손실이 5%를 초과할 경우 재충전하거나 저장용기를 교체하여야 한다.

용어 "**충전밀도**"란 용기의 단위 용적당 소화약제의 중량의 비율을 말한다.

★★★★★

예상 **문제05** 저장용기 재충전 또는 교체기준을 쓰시오.[설계10회기출][설계18회기출]

(3) 하나의 방호구역을 담당하는 저장용기의 소화약제의 체적합계보다 소화약제의 방출 시 방출경로가 되는 배관(집합관을 포함한다)의 내용적의 비율이 할로겐화합물 및 불활성기체 소화약제 제조업체의 설계기준에서 정한 값 이상일 경우에는 해당 방호구역에 대한 설비는 별도 독립방식으로 하여야 한다.

5 소화약제량의 산정

(1) 소화약제의 저장량은 다음 각 호의 기준에 따른다.
  1) 할로겐화합물 소화약제는 다음 공식에 따라 산출한 양 이상으로 할 것

공식
$$W = \frac{V}{S} \times \left[\frac{C}{(100-C)}\right]$$

W : 소화약제의 무게(kg)
V : 방호구역의 체적(m^3)
S : 소화약제별 선형상수($K_1 + K_2 \times t$)(m^3/kg)

소화약제	K_1	K_2
FC-3-1-10	0.094104	0.00034455
HCFC BLEND A	0.2413	0.00088
HCFC-124	0.1575	0.0006
HFC-125	0.1825	0.0007
HFC-227ea	0.1269	0.0005
HFC-23	0.3164	0.0012
HFC-236fa	0.1413	0.0006
FIC-13I1	0.1138	0.0005
FK-5-1-12	0.0664	0.0002741

C : 체적에 따른 소화약제의 설계농도(%)
t : 방호구역의 최소예상온도(℃)

  2) 불활성기체 소화약제는 다음 공식에 따라 산출한 양 이상으로 할 것

$$X = 2.303\left(\frac{V_S}{S}\right) \times \text{Log}_{10}\left[\frac{100}{(100-C)}\right]$$

X : 공간체적당 더해진 소화약제의 부피(m^3/m^3)
S : 소화약제별 선형상수($K_1 + K_2 \times t$)(m^3/kg)

소화약제	K₁	K₂
IG-01	0.5685	0.00208
IG-100	0.7997	0.00293
IG-541	0.65799	0.00239
IG-55	0.6598	0.00242

C : 체적에 따른 소화약제의 설계농도(%)
Vs : 20℃에서 소화약제의 비체적(m³/kg)
t : 방호구역의 최소예상온도(℃)

3) 체적에 따른 소화약제의 설계농도(%)는 상온에서 제조업체의 설계기준에 따라 인증받은 소화농도(%)에 다음 표에 따른 안전계수를 곱한 값 이상으로 할 것

설계농도	소화농도	안전계수
A급	A급	1.2
B급	B급	1.3
C급	A급	1.35

용어 "설계농도유지시간(Soaking Time)"이란 할로겐화합물 및 불활성기체 소화약제를 심부화재에 적용할 경우에는 소화가 가능한 고농도로 일정시간 유지시켜 주어야 하는데, 이때 필요한 시간이다.

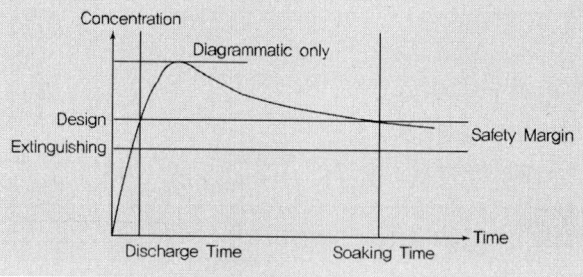

★★☆☆☆

예상 문제06 Soaking Time에 대하여 쓰시오. [설계6회기출]

(2) 제1항의 기준에 의해 산출한 소화약제량은 사람이 상주하는 곳에서는 별표 2에 따른 최대허용설계농도를 초과할 수 없다.

6 기동장치

할로겐화합물 및 불활성기체 소화설비의 수동식 기동장치는 다음의 기준에 따라 설치해야 한다.
(1) 수동식 기동장치의 부근에는 소화약제의 방출을 지연시킬 수 있는 **방출지연스위치**(자동복귀형 스위치로서 수동식 기동장치의 타이머를 순간 정지시키는 기능의 스위치를 말한다)를 설치해야 한다. [**수동식 기동장치의 설치기준**]
  1) 방호구역마다 설치

2) 해당 방호구역의 출입구 부근 등 조작을 하는 자가 쉽게 피난할 수 있는 장소에 설치할 것
3) 기동장치의 조작부는 바닥으로부터 0.8 m 이상 1.5 m 이하의 위치에 설치하고, 보호판 등에 따른 보호장치를 설치할 것
4) 기동장치 인근의 보기 쉬운 곳에 "**할로겐화합물 및 불활성기체 소화설비 수동식 기동장치**"라는 표지를 할 것
5) 전기를 사용하는 기동장치에는 전원표시등을 설치할 것
6) 기동장치의 방출용 스위치는 음향경보장치와 연동하여 조작될 수 있는 것으로 할 것
7) 5 N 이하의 힘을 가하여 기동할 수 있는 구조로 할 것

★★★★☆

 문제07 수동식 기동장치의 설치기준 7가지를 쓰시오.

(2) 자동식 기동장치는 자동화재탐지설비의 감지기의 작동과 연동하는 것으로서 다음 각 목의 기준에 따라 설치할 것.
 1) 자동식 기동장치에는 수동으로도 기동할 수 있는 구조로 할 것
 2) 전기식 기동장치로서 7병 이상의 저장용기를 동시에 개방하는 설비는 2병 이상의 저장용기에 전자 개방밸브를 부착할 것
 3) 가스압력식 기동장치는 다음의 기준에 따를 것
  ① 기동용 가스용기 및 해당 용기에 사용하는 밸브는 25 MPa 이상의 압력에 견딜 수 있는 것으로 할 것
  ② 기동용 가스용기에는 내압시험압력의 0.8배부터 내압시험압력 이하에서 작동하는 안전장치를 설치할 것
  ③ 기동용 가스용기의 체적은 5 L 이상으로 하고, 해당 용기에 저장하는 질소 등의 비활성기체는 6.0 MPa 이상(21 ℃ 기준)의 압력으로 충전할 것. 다만, 기동용 가스용기의 체적을 1 L 이상으로 하고, 해당 용기에 저장하는 이산화탄소의 양은 0.6 kg 이상으로 하며, 충전비는 1.5 이상 1.9 이하의 기동용 가스용기로 할 수 있다.
  ④ 질소 등의 비활성기체 기동용 가스용기에는 충전 여부를 확인할 수 있는 압력게이지를 설치할 것
 4) 기계식 기동장치는 저장용기를 쉽게 개방할 수 있는 구조로 할 것
(3) 할로겐화합물 및 불활성기체 소화설비가 설치된 구역의 출입구에는 소화약제가 방출되고 있음을 나타내는 표시등을 설치할 것

7 제어반 등

할로겐화합물 및 불활성기체 소화설비의 제어반 및 화재표시반은 다음 각 호의 기준

에 따라 설치하여야 한다. 다만, 자동화재탐지설비의 수신기의 제어반이 화재표시반의 기능을 가지고 있는 것은 화재표시반을 설치하지 아니할 수 있다.
(1) 제어반은 수동기동장치 또는 감지기에서의 신호를 수신하여 음향경보장치의 작동, 소화약제의 방출 또는 지연 기타의 제어기능을 가진 것으로 하고, 제어반에는 전원표시등을 설치할 것
(2) 화재표시반은 제어반에서의 신호를 수신하여 작동하는 기능을 가진 것으로 하되, 다음 각 목의 기준에 따라 설치할 것[**화재표시반의 설치기준**]
  1) 각 방호구역마다 음향경보장치의 조작 및 감지기의 작동을 명시하는 표시등과 이와 연동하여 작동하는 벨·부자 등의 경보기를 설치할 것. 이 경우 음향경보장치의 조작 및 감지기의 작동을 명시하는 표시등을 겸용할 수 있다.
  2) 수동식 기동장치는 그 방출용 스위치의 작동을 명시하는 표시등을 설치할 것
  3) 소화약제의 방출을 명시하는 표시등을 설치할 것
  4) 자동식 기동장치는 자동·수동의 절환을 명시하는 표시등을 설치할 것

★★★★☆

문제08 화재표시반의 설치기준 4가지를 쓰시오.

(3) 제어반 및 화재표시반은 화재 및 침수 등의 재해로 인한 피해를 받을 우려가 없고 점검에 편리한 장소에 설치할 것
(4) 제어반 및 화재표시반에는 해당 회로도 및 취급설명서를 비치할 것

8 배관

(1) 할로겐화합물 및 불활성기체 소화설비의 배관은 다음 각 호의 기준에 따라 설치하여야 한다.
  1) 배관은 전용으로 할 것
  2) 배관·배관부속 및 밸브류는 저장용기의 방출내압을 견딜 수 있어야 하며 다음 각 목의 기준에 적합할 것. 이 경우 설계내압은 별표 1에서 정한 최소사용설계압력 이상으로 하여야 한다.
    ① 강관을 사용하는 경우의 배관은 압력배관용 탄소강관(KS D 3562) 또는 이와 동등 이상의 강도를 가진 것으로서 아연도금 등에 따라 방식처리된 것을 사용할 것
    ② 동관을 사용하는 경우의 배관은 이음이 없는 동 및 동합금관(KS D 5301)의 것을 사용할 것
    ③ 배관의 두께는 다음의 계산식에서 구한 값(t) 이상일 것. 다만, 방출헤드 설치부는 제외한다.

$$관의 \ 두께(t) = \frac{PD}{2SE} + A$$

P : 최대허용압력(kPa)
D : 배관의 바깥지름(mm)
SE : 최대허용응력(kPa) (배관 재질 인장강도의 1/4값과 항복점의 2/3 값 중 적은 값×배관이음효율×1.2)

배관이음효율	이음매 없는 배관	1.0
	전기저항 용접배관	0.85
	가열맞대기 용접배관	0.60

A : 나사이음, 홈이음 등의 허용 값(mm) (헤드 설치 부분은 제외한다)

나사이음, 홈이음 등의 허용 값(mm)	나사이음	나사의 높이
	절단홈이음	홈의 깊이
	용접이음	0

3) 배관부속 및 밸브류는 강관 또는 동관과 동등 이상의 강도 및 내식성이 있는 것으로 할 것

(2) 배관과 배관, 배관과 배관부속 및 밸브류의 접속은 나사접합, 용접접합, 압축접합 또는 플랜지접합 등의 방법을 사용하여야 한다.

(3) 배관의 구경은 해당 방호구역에 할로겐화합물 소화약제는 10초 이내에, 불활성기체 소화약제는 A·C급 화재 2분, B급 화재 1분 이내에 방호구역 각 부분에 최소설계농도의 95% 이상 해당하는 약제량이 방출되도록 하여야 한다.

★★★☆☆

문제09 할로겐화합물 및 불활성기체소화설비의 화재안전기준(NFSC 107A)에 따른 배관의 구경 선정기준을 쓰시오.[설계19회기출]

"**방출시간**"이란 분사헤드로부터 소화약제가 방출되기 시작하여 방호구역의 가스계 소화약제 농도값이 최소설계농도의 95%에 도달되는 시간을 말한다.

종류		배관 내 유량
할로겐화합물 소화약제		$\dfrac{\dfrac{V}{S} \times \left[\dfrac{C \times 0.95}{(100 - C \times 0.95)}\right]}{10초}$
불활성기체 소화약제	A·C급 화재	$\dfrac{V \times 2.303 \left(\dfrac{V_S}{S}\right) \times Log_{10} \left[\dfrac{100}{(100 - C \times 0.95)}\right]}{2분}$
	B급 화재	$\dfrac{V \times 2.303 \left(\dfrac{V_S}{S}\right) \times Log_{10} \left[\dfrac{100}{(100 - C \times 0.95)}\right]}{1분}$

⑨ 분사헤드

(1) 분사헤드는 다음 각 호의 기준에 따라야 한다.

1) 분사헤드의 설치 높이는 방호구역의 바닥으로부터 최소 0.2 m 이상 최대 3.7 m 이하로 하여야 하며 천장높이가 3.7 m를 초과할 경우에는 추가로 다른 열의 분사헤드를 설치할 것. 다만, 분사헤드의 성능인정 범위 내에서 설치하는 경우에는 그러하지 아니하다.
2) 분사헤드의 개수는 방호구역에 2.7.3에 따른 방출시간이 충족되도록 설치할 것

> **TIP** [제10조제3항] : 배관의 구경은 해당 방호구역에 할로겐화합물 소화약제는 10초 이내에, 불활성기체 소화약제는 A·C급 화재 2분, B급 화재 1분 이내에 방호구역 각 부분에 최소설계농도의 95% 이상 해당하는 약제량이 방출되도록 하여야 한다.

3) 분사헤드에는 부식방지조치를 하여야 하며 오리피스의 크기, 제조일자, 제조업체가 표시 되도록 할 것
(2) 분사헤드의 방출률 및 방출압력은 제조업체에서 정한 값으로 한다.
(3) 분사헤드의 오리피스의 면적은 분사헤드가 연결되는 배관구경 면적의 70 % 이하가 되도록 할 것

10 자동식 기동장치의 화재감지기

할로겐화합물 및 불활성기체 소화설비의 자동식 기동장치는 다음 각 호의 기준에 따른 화재감지기를 설치하여야 한다.
(1) 각 방호구역 내의 화재감지기의 감지에 따라 작동되도록 할 것
(2) 화재감지기의 회로는 교차회로방식으로 설치할 것. 다만, 화재감지기를 「자동화재탐지설비 및 시각경보장치의 화재안전기술기준(NFTC 203)」 2.4.1 단서의 각 감지기로 설치하는 경우에는 그렇지 않다.

> **TIP** ※자동화재탐지설비의 화재안전기준 제7조제1항 단서의 각 호의 감지기
> 1. 불꽃감지기　　　　　　　　2. 정온식 감지선형 감지기
> 3. 분포형 감지기　　　　　　　4. 복합형 감지기
> 5. 광전식 분리형 감지기　　　　6. 아날로그방식의 감지기
> 7. 다신호방식의 감지기　　　　　8. 축적방식의 감지기

(3) 교차회로 내의 각 화재감지기회로별로 설치된 화재감지기 1개가 담당하는 바닥면적은 「자동화재탐지설비 및 시각경보장치의 화재안전기술기준(NFTC 203)」 2.4.3.5, 2.4.3.8부터 2.4.3.10까지의 규정에 따른 바닥면적으로 할 것

★★★★☆

 문제10 화재감지기의 회로는 교차회로방식으로 설치하여야 한다. 그러하지 아니할 수 있는 경우 8가지를 쓰시오.

15th Day

11 음향경보장치

(1) 할로겐화합물 및 불활성기체 소화설비의 음향경보장치는 다음 각 호의 기준에 따라 설치하여야 한다.
  1) 수동식 기동장치를 설치한 것은 그 기동장치의 조작과정에서, 자동식 기동장치를 설치한 것은 화재감지기와 연동하여 자동으로 경보를 발하는 것으로 할 것
  2) 소화약제의 방사 개시 후 1분 이상 경보를 계속할 수 있는 것으로 할 것
  3) 방호구역 또는 방호대상물이 있는 구획 안에 있는 자에게 유효하게 경보할 수 있는 것으로 할 것

★★★☆☆

 문제11 할로겐화합물 및 불활성기체 소화설비 소화설비의 음향경보장치 설치기준 3가지를 쓰시오.

(2) 방송에 따른 경보장치를 설치할 경우에는 다음 각 호의 기준에 따라야 한다.
  1) 증폭기 재생장치는 화재 시 연소의 우려가 없고, 유지관리가 쉬운 장소에 설치할 것
  2) 방호구역 또는 방호대상물이 있는 구획의 각 부분으로부터 하나의 확성기까지의 수평거리는 25 m 이하가 되도록 할 것
  3) 제어반의 복구스위치를 조작하여도 경보를 계속 발할 수 있는 것으로 할 것

★★★☆☆

 문제12 방송에 따른 경보장치를 설치할 경우 그 기준 3가지를 쓰시오.

12 자동폐쇄장치

할로겐화합물 및 불활성기체 소화설비를 설치한 특정소방대상물 또는 그 부분에 대하여는 다음 각 호의 기준에 따라 자동폐쇄장치를 설치하여야 한다.
(1) 환기장치 등을 설치한 것은 소화약제가 방출되기 전에 해당 환기장치 등이 정지될 수 있도록 할 것
(2) 개구부가 있거나 천장으로부터 1 m 이상의 아래 부분 또는 바닥으로부터 해당 층의 높이의 3분의 2 이내의 부분에 통기구가 있어 소화약제의 유출에 따라 소화효과를 감소시킬 우려가 있는 것은 소화약제가 방출되기 전에 해당 개구부 및 통기구를 폐쇄할 수 있도록 할 것
(3) 자동폐쇄장치는 방호구역 또는 방호대상물이 있는 구획의 밖에서 복구할 수 있는 구조로 하고, 그 위치를 표시하는 표지를 할 것

★★★☆☆

 문제13 자동폐쇄장치의 설치기준을 쓰시오.[설계10회기출]

13 비상전원

할로겐화합물 및 불활성기체 소화설비에는 자가발전설비, 축전지설비(제어반에 내장하는 경우를 포함한다. 이하 같다) 또는 전기저장장치(외부 전기에너지를 저장해 두었다가 필요한 때 전기를 공급하는 장치. 이하 같다)에 따른 비상전원을 다음의 기준에 따라 설치해야 한다. 다만, 2 이상의 변전소(「전기사업법」제67조에 따른 변전소를 말한다. 이하 같다)에서 전력을 동시에 공급받을 수 있거나 하나의 변전소로부터 전력의 공급이 중단되는 때에는 자동으로 다른 변전소로부터 전력을 공급받을 수 있도록 상용전원을 설치한 경우에는 비상전원을 설치하지 않을 수 있다.

(1) 점검에 편리하고 화재 및 침수 등의 재해로 인한 피해를 받을 우려가 없는 곳에 설치할 것
(2) 할로겐화합물 및 불활성기체 소화설비를 유효하게 20분 이상 작동할 수 있어야 할 것
(3) 상용전원으로부터 전력의 공급이 중단된 때에는 자동으로 비상전원으로부터 전력을 공급받을 수 있도록 할 것
(4) 비상전원의 설치장소는 다른 장소와 방화구획할 것. 이 경우 그 장소에는 비상전원의 공급에 필요한 기구나 설비외의 것(열병합발전설비에 필요한 기구나 설비는 제외한다)을 두어서는 아니 된다.
(5) 비상전원을 실내에 설치하는 때에는 그 실내에 비상조명등을 설치할 것

★★★★☆

문제14 할로겐화합물 및 불활성기체 소화설비의 비상전원(자가발전설비 또는 축전지설비) 설치기준 5가지를 쓰시오.

14 과압배출구

할로겐화합물 및 불활성기체 소화설비가 설치된 방호구역에는 소화약제 방출 시 과압으로 인한 구조물 등의 손상을 방지하기 위하여 과압배출구를 설치해야 한다.

★★★☆☆

문제15 과압배출구 설치장소를 쓰시오. [설계10회기출]

15 저장용기의 충전밀도 · 충전압력 및 배관의 최소사용설계압력[별표 1]

(1) 할로겐화합물 소화약제

소화약제 항목	HFC-227ea				FC-3-1-10	HCFC BLEND A	
최대충전밀도(kg/m^3)	1,265	1,201.4	1,153.3	1,153.3	1,281.4	900.2	900.2
21℃ 충전압력(kPa)	303*	1,034*	2,482*	4,137*	2,482*	4,137*	2,482*
최소사용 설계압력(kPa)	2,868	1,379	2,868	5,654	2,482	4,689	2,979

항목 \ 소화약제	HFC-23						HCFC-124	
최대충전밀도(kg/m³)	865	768.9	720.8	640.7	560.6	480.6	1,185.4	1,185.4
21℃ 충전압력(kPa)	4,198**	4,198**	4,198**	4,198**	4,198**	4,198**	1,655*	2,482*
최소사용 설계압력(kPa)	12,038	9,453	8,605	7,626	6,943	6,392	1,951	3,199

항목 \ 소화약제	HFC-125		HFC-236fa			FK-5-1-12				
최대충전밀도(kg/m³)	865	897	1,185.4	1,201.4	1,185.4	1,441.7	1,441.7	1,441.7	1,201	1,441.7	1,121
21℃ 충전압력(kPa)	2,482*	4,137*	1,655*	2,482*	4,137*	1,034*	1,344*	2,482**	3,447*	4,206*	6,000*
최소사용 설계압력(kPa)	3,392	5,764	1,931	3,310	6,068	1,034	1,344	2,482	3,447	4,206	6,000

비고)
1. "*" 표시는 질소로 축압한 경우를 표시한다.
2. "**" 표시는 질소로 축압하지 아니한 경우를 표시한다.
3. 소화약제 방출을 위해 별도의 용기로 질소를 공급하는 경우 배관의 최소사용설계압력은 충전된 질소압력에 따른다. 다만, 다음 각 목에 해당하는 경우에는 조정된 질소의 공급압력을 최소사용설계압력으로 적용할 수 있다.
    가. 질소의 공급압력을 조정하기 위해 감압장치를 설치할 것
    나. 폐쇄할 우려가 있는 배관 구간에는 배관의 최대허용압력 이하에서 작동하는 안전장치를 설치할 것

(2) 불활성기체 소화약제

항목 \ 소화약제		IG-01			IG-541			IG-55			IG-100		
21℃ 충전압력(kPa)		16,341	20,436	31,097	14,997	19,996	31,125	15,320	20,423	30,634	16,575	22,312	28,000
최소사용 설계압력(kPa)	1차측	16,341	20,436	31,097	14,997	19,996	31,125	15,320	20,423	30,634	16,575	22,312	28,000
	2차측	"비고 2" 참조											

비고)
1. 1차측과 2차측은 감압장치를 기준으로 한다.
2. 2차측 최소사용설계압력은 제조사의 설계프로그램에 의한 압력값에 따른다.
3. 저장용기에 소화약제가 21℃ 충전압력보다 낮은 압력으로 충전되어 있는 경우에는 실제 저장용기에 충전되어 있는 압력값을 1차측 최소사용설계압력으로 적용할 수 있다.

16 할로겐화합물 및 불활성기체 소화약제 최대허용설계농도[별표 2]

소화약제	최대허용설계농도(%)
FC-3-1-10	40
HCFC BLEND A	10
HCFC-124	1.0
HFC-125	11.5
HFC-227ea	10.5
HFC-23	30
HFC-236fa	12.5
FIC-13I1	0.3
FK-5-1-12	10
IG-01	43
IG-100	43
IG-541	43
IG-55	43

★★★☆☆

 문제16 다음 물음에 답하시오.[설계10회기출]
① 최대허용설계농도가 가장 높은 약제명을 쓰시오.
② 최대허용설계농도가 가장 낮은 약제명을 쓰시오.

 ※LOAEL과 NOAEL
1. LOAEL(Lowest Observable Adverse Effect Level)
   ① 정의 : 농도를 감소시킬 때 악영향을 감지할 수 있는 최소농도.
   ② 적용 : 할론대체소화제는 주로 NOAEL과 LOAEL에 의해 독성을 상대적으로 평가하고 있다.
2. NOAEL(No Observable Adverse Effect Level);최대 허용 설계농도
   ① 정의 : 농도를 증가시킬 때 아무런 악영향도 감지할 수 없는 최대농도. 즉, 인간의 심장에 영향을 주지 않는 최대 농도로서 관찰이 불가능한 부작용 수준을 의미한다.
   ② 설계 : 사람이 존재하는 곳의 총괄 소방시스템의 경우 소화약제의 소화농도가 NOAEL보다 낮은 것이 바람직하다.

★★☆☆☆

 문제17 LOAEL과 NOAEL에 대하여 간단히 설명하시오.

17 할로겐화합물 소화약제

할로겐화합물 소화약제라 함은 불소, 염소, 브롬 또는 요오드 중 하나 이상의 원소를 포함하고 있는 유기화합물을 기본성분으로 하는 소화약제를 말한다. 할로겐화합

물 소화약제는 질식작용, 냉각작용, 부촉매작용에 의하여 소화를 행하며, 주된 소화 작용은 부촉매작용이다.
(1) 액체 상태로 저장한다.
(2) 액위측정법으로 측정한다.
(3) 저장압력이 압축가스보다 낮다.
(4) 저장 공간이 작다.
(5) 공기의 구성성분이 아니므로 방출 시에 분해, 독성이 발생한다.
(6) 방사시간 10초
(7) 부촉매효과에 의해 소화하므로 소화효과가 크다.

18 불활성기체 소화약제

불활성기체 소화약제라 함은 헬륨, 네온, 아르곤 또는 질소가스 중 하나 이상의 원소를 기본성분으로 하는 소화약제를 말한다. 불활성기체 소화약제는 질식작용, 냉각작용에 의하여 소화를 행하며, 주된 소화작용은 질식작용이다.
(1) 압축가스 상태로 저장한다.
(2) 압력측정법으로 측정한다.
(3) 저장 압력이 액화가스보다 높다.
(4) 저장 공간이 크다.
(5) 공기의 구성성분이므로 방출 시에 독성이 없다.
(6) 방사시간 60초
(7) 질식효과에 의해 소화한다.

제12장 분말소화설비

분말소화설비는 수동 또는 자동 조작에 의해 작동되며, 불연성가스(N_2, CO_2)의 압력에 의해 분말소화약제를 배관 내에 보내고, 고정된 헤드 또는 노즐로부터 방호구역에 분말소화약제를 방출하는 설비이다.

① 전역방출방식 계통도(가스압력식, 가압식)

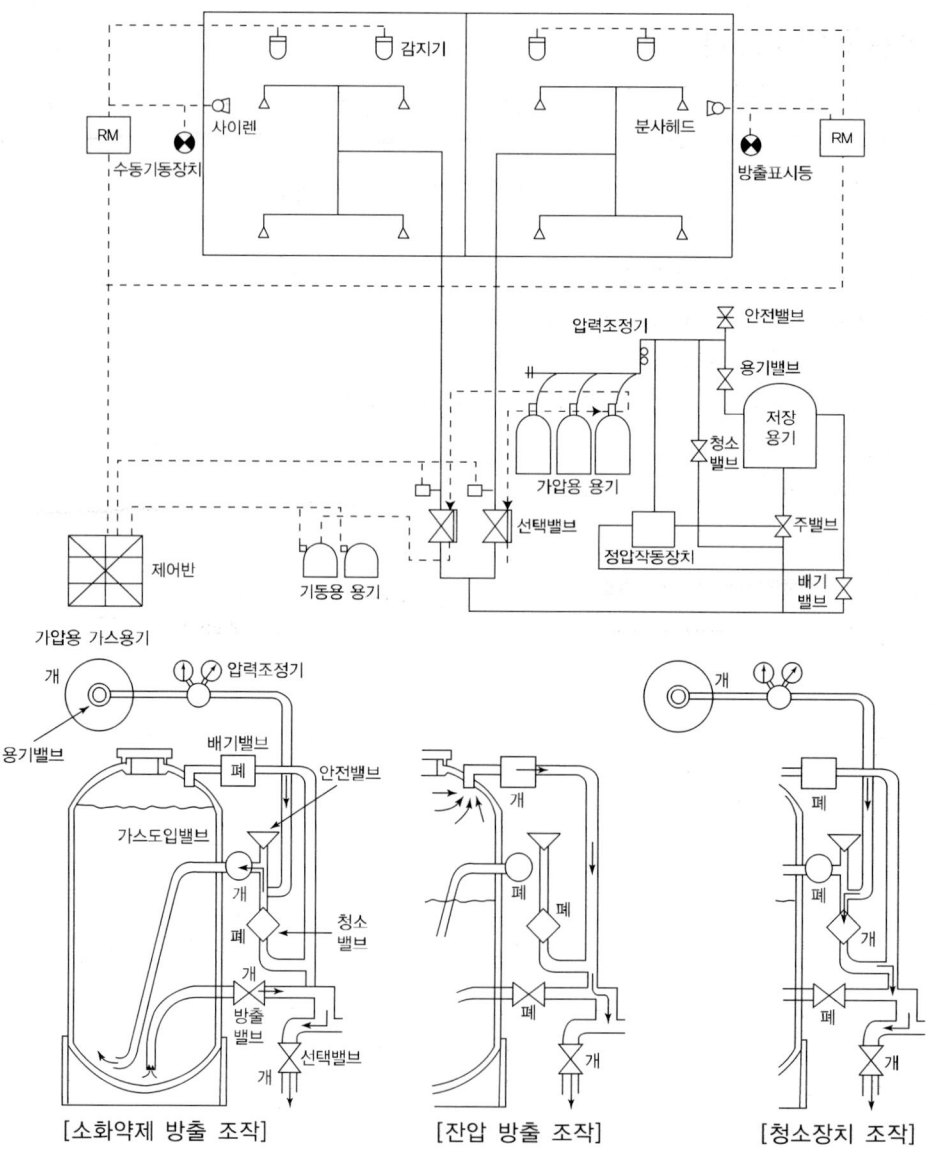

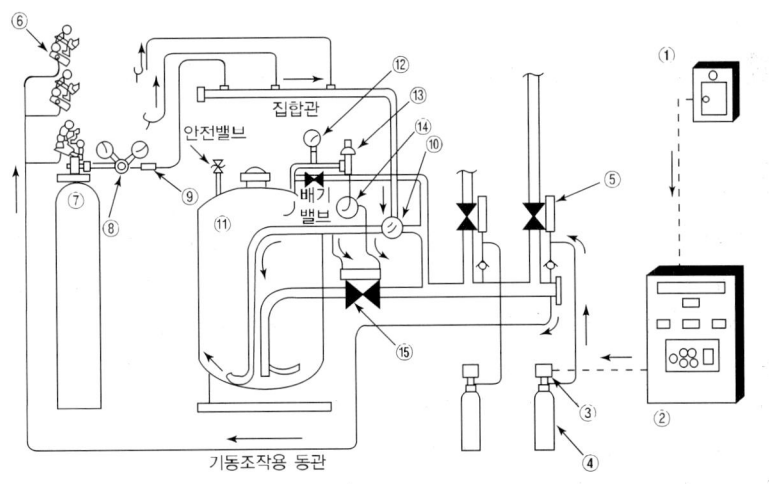

① 수동식 기동장치　② 제어반　③ 용기밸브 개방장치(전기식)
④ 기동용 가스용기　⑤ 선택밸브　⑥ 가압용 가스용기밸브 개방장치
⑦ 가압용 가스용기　⑧ 압력조정장치　⑨ 점검코크(cock)
⑩ 가스도입밸브겸 크리닝밸브　⑪ 저장탱크　⑫ 압력계
⑬ 정압작동장치　⑭ 방출교체밸브　⑮ 방출밸브

2 작동순서

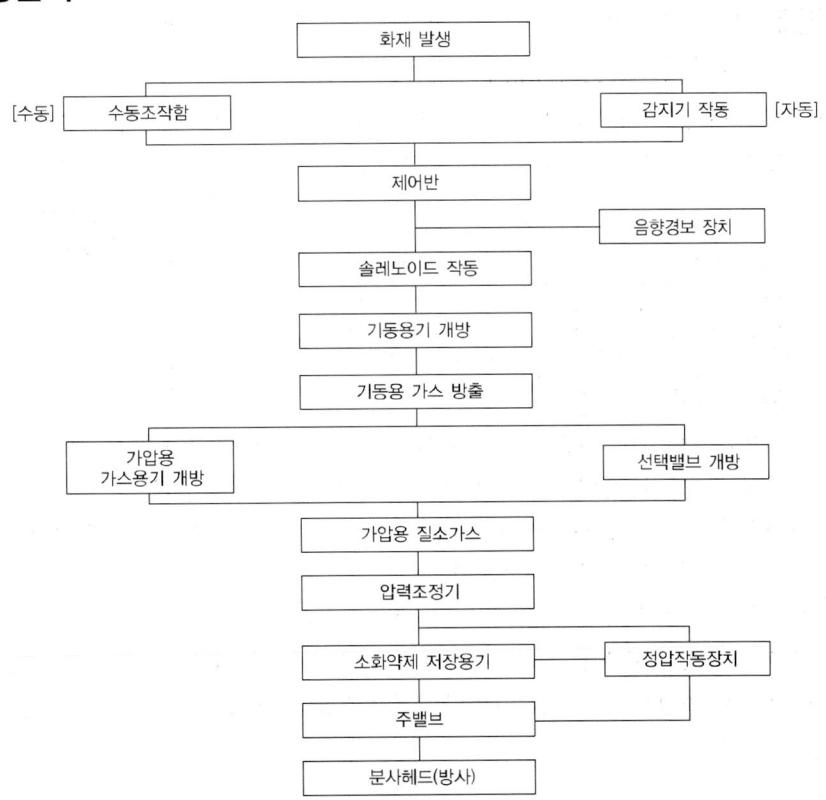

★★★☆☆

문제01 분말소화설비의 작동순서도를 작도하시오.(고압식, 가스압력식)

3 저장용기

(1) 분말소화약제의 저장용기는 다음 각 호의 기준에 적합한 장소에 설치하여야 한다.
  1) 방호구역 외의 장소에 설치할 것. 다만, 방호구역 내에 설치할 경우에는 피난 및 조작이 용이하도록 피난구 부근에 설치하여야 한다.
  2) 온도가 40℃ 이하이고, 온도 변화가 작은 곳에 설치할 것
  3) 직사광선 및 빗물이 침투할 우려가 없는 곳에 설치할 것
  4) 방화문으로 방화구획된 실에 설치할 것
  5) 용기의 설치장소에는 해당용기가 설치된 곳임을 표시하는 표지를 할 것
  6) 용기 간의 간격은 점검에 지장이 없도록 3㎝ 이상의 간격을 유지할 것
  7) 저장용기와 집합관을 연결하는 연결배관에는 체크밸브를 설치할 것. 다만, 저장용기가 하나의 방호구역만을 담당하는 경우에는 그러하지 아니하다.

★★★★☆

문제02 분말소화약제의 저장용기는 적합한 장소에 설치하여야 한다. 그 기준 7가지를 쓰시오.

(2) 분말소화약제의 저장용기는 다음 각 호의 기준에 따라 설치하여야 한다.
  1) 저장용기의 내용적은 다음 표에 따를 것

소화약제의 종별	소화약제 1kg당 저장용기의 내용적
제1종 분말(탄산수소나트륨을 주성분으로 한 분말)	0.8ℓ
제2종 분말(탄산수소칼륨을 주성분으로 한 분말)	1ℓ
제3종 분말(인산염을 주성분으로 한 분말)	1ℓ
제4종 분말(탄산수소칼륨과 요소가 화합된 분말)	1.25ℓ

  2) 저장용기에는 가압식은 최고사용압력의 1.8배 이하, 축압식은 용기의 내압시험압력의 0.8배 이하의 압력에서 작동하는 안전밸브를 설치할 것
  3) 저장용기에는 저장용기의 내부압력이 설정압력으로 되었을 때 주밸브를 개방하는 정압작동장치를 설치할 것
  4) 저장용기의 충전비는 0.8 이상으로 할 것
  5) 저장용기 및 배관에는 잔류 소화약제를 처리할 수 있는 청소장치를 설치할 것
  6) 축압식의 분말소화설비는 사용압력의 범위를 표시한 지시압력계를 설치할 것

4 가압용 가스용기

(1) 분말소화약제의 가스용기는 분말소화약제의 저장용기에 접속하여 설치하여야 한다.
(2) 분말소화약제의 가압용 가스용기를 3병 이상 설치한 경우에는 2개 이상의 용기에 전자개방밸브를 부착하여야 한다.
(3) 분말소화약제의 가압용 가스용기에는 2.5 MPa 이하의 압력에서 조정이 가능한 압력조정기를 설치하여야 한다.
(4) 가압용 가스 또는 축압용 가스는 다음 각 호의 기준에 따라 설치하여야 한다.
   [가압용 가스 또는 축압용 가스의 설치기준]
   1) 가압용 가스 또는 축압용 가스는 질소가스 또는 이산화탄소로 할 것
   2) 가압용 가스에 질소가스를 사용하는 것의 질소가스는 소화약제 1 kg마다 40ℓ (35℃에서 1기압의 압력상태로 환산한 것) 이상, 이산화탄소를 사용하는 것의 이산화탄소는 소화약제 1 kg에 대하여 20g에 배관의 청소에 필요한 양을 가산한 양 이상으로 할 것

가압용 가스	가압용 가스량
질소가스를 사용하는 것	소화약제(kg)×40ℓ/kg
이산화탄소를 사용하는 것	소화약제(kg)×20g/kg

   3) 축압용 가스에 질소가스를 사용하는 것의 질소가스는 소화약제 1kg에 대하여 10ℓ(35℃에서 1기압의 압력상태로 환산한 것) 이상, 이산화탄소를 사용하는 것의 이산화탄소는 소화약제 1kg에 대하여 20g에 배관의 청소에 필요한 양을 가산한 양 이상으로 할 것

축압용 가스	축압용 가스량
질소가스를 사용하는 것	소화약제(kg)×10ℓ/kg
이산화탄소를 사용하는 것	소화약제(kg)×20g/kg

   4) 배관의 청소에 필요한 양의 가스는 별도의 용기에 저장할 것

★★★★☆

문제03 가압용 가스 또는 축압용 가스의 설치기준 4가지를 쓰시오.

5 소화약제

(1) 분말소화설비에 사용하는 소화약제는 제1종 분말·제2종 분말·제3종 분말 또는 제4종 분말로 하여야 한다. 다만, 차고 또는 주차장에 설치하는 분말소화설비의 소화약제는 제3종 분말로 하여야 한다.
(2) 분말소화약제의 저장량은 다음 각 호의 기준에 따라야 한다. 이 경우 동일한 특정소방대상물 또는 그 부분에 2 이상의 방호구역 또는 방호대상물이 있는 경우

에는 각 방호구역 또는 방호대상물에 대하여 다음 각 호의 기준에 따라 산출한 저장량 중 최대의 것으로 할 수 있다.

1) 전역방출방식은 다음 각 목의 기준에 따라 산출한 양 이상으로 할 것
   ① 방호구역의 체적 1m³에 대하여 다음 표에 따른 양

소화약제의 종별	방호구역의 체적 1m³에 대한 소화약제의 양
제1종 분말	0.60 kg
제2종 분말 또는 제3종 분말	0.36 kg
제4종 분말	0.24 kg

   ② 방호구역의 개구부에 자동폐쇄장치를 설치하지 아니한 경우에는 가목에 따라 산출한 양에 다음 표에 따라 산출한 양을 가산한 양

소화약제의 종별	가산량(개구부의 면적 1m²에 대한 소화약제의 양)
제1종 분말	4.5 kg
제2종 분말 또는 제3종 분말	2.7 kg
제4종 분말	1.8 kg

2) 국소방출방식은 다음의 기준에 따라 산출한 양에 1.1을 곱하여 얻은 양 이상으로 할 것

$$Q = X - Y \frac{a}{A}$$

Q : 방호공간(방호대상물의 각 부분으로부터 0.6 m의 거리에 따라 둘러싸인 공간을 말한다) 1 m³에 대한 분말소화약제의 양(kg/m³)

a : 방호대상물의 주변에 설치된 벽면적의 합계(m²)

A : 방호공간의 벽면적(벽이 없는 경우에는 벽이 있는 것으로 가정한 해당 부분의 면적)의 합계(m²)

X 및 Y : 다음 표의 수치

소화약제의 종별	X의 수치	Y의 수치
제1종 분말	5.2	3.9
제2종 분말 또는 제3종 분말	3.2	2.4
제4종 분말	2.0	1.5

※분말소화약제 저장량(국소방출방식)

종류	소화약제의 저장량
제1종 분말	방호공간의 체적$(m^3) \times \left[5.2 - 3.9\dfrac{a}{A}\right] \times 1.1$
제2종 분말	방호공간의 체적$(m^3) \times \left[3.2 - 2.4\dfrac{a}{A}\right] \times 1.1$
제3종 분말	방호공간의 체적$(m^3) \times \left[3.2 - 2.4\dfrac{a}{A}\right] \times 1.1$
제4종 분말	방호공간의 체적$(m^3) \times \left[2.0 - 1.5\dfrac{a}{A}\right] \times 1.1$

3) 호스릴분말소화설비는 하나의 노즐에 대하여 다음 표에 따른 양 이상으로 할 것

소화약제의 종별	소화약제의 양
제1종 분말	50kg
제2종 분말 또는 제3종 분말	30kg
제4종 분말	20kg

6 기동장치

(1) 분말소화설비의 수동식 기동장치는 다음의 기준에 따라 설치해야 한다. 이 경우 수동식 기동장치의 부근에는 소화약제의 방출을 지연시킬 수 있는 **방출지연스위치**(자동복귀형 스위치로서 수동식 기동장치의 타이머를 순간 정지시키는 기능의 스위치를 말한다)를 설치해야 한다.[**분말소화설비의 수동식 기동장치 설치기준**]

1) 전역방출방식은 방호구역마다, 국소방출방식은 방호대상물마다 설치할 것
2) 해당 방호구역의 출입구부분 등 조작을 하는 자가 쉽게 피난할 수 있는 장소에 설치할 것
3) 기동장치의 조작부는 바닥으로부터 높이 0.8m 이상 1.5m 이하의 위치에 설치하고, 보호판 등에 따른 보호장치를 설치할 것
4) 기동장치 인근의 보기 쉬운 곳에 "분말소화설비 수동식 기동장치"라는 표지를 할 것
5) 전기를 사용하는 기동장치에는 전원표시등을 설치할 것
6) 기동장치의 방출용스위치는 음향경보장치와 연동하여 조작될 수 있는 것으로 할 것

★★★★☆

문제04 분말소화설비의 수동식 기동장치 설치기준 중 5가지만 쓰시오.

(2) 분말소화설비의 자동식 기동장치는 자동화재탐지설비의 감지기의 작동과 연동하는 것으로서 다음 각 호의 기준에 따라 설치하여야 한다.

1) 자동식 기동장치에는 수동으로도 기동할 수 있는 구조로 할 것
2) 전기식 기동장치로서 7병 이상의 저장용기를 동시에 개방하는 설비는 2병 이상의 저장용기에 전자 개방밸브를 부착할 것
3) 가스압력식 기동장치는 다음 각 목의 기준에 따를 것
   ① 기동용 가스용기 및 해당 용기에 사용하는 밸브는 25MPa 이상의 압력에 견딜 수 있는 것으로 할 것
   ② 기동용 가스용기에는 내압시험압력의 0.8배 내지 내압시험압력 이하에서 작동하는 안전장치를 설치할 것
   ③ 기동용 가스용기의 체적은 5L 이상으로 하고, 해당 용기에 저장하는 질소 등의 비활성기체는 6.0MPa 이상(21℃ 기준)의 압력으로 충전할 것. 다만, 기동용 가스용기의 체적을 1L 이상으로 하고, 해당 용기에 저장하는 이산화

15th Day

탄소의 양은 0.6 kg 이상으로 하며, 충전비는 1.5 이상 1.9 이하의 기동용 가스용기로 할 수 있다.
4) 기계식 기동장치는 저장용기를 쉽게 개방할 수 있는 구조로 할 것

★★★☆☆

 문제05 가스압력식 기동장치의 설치기준 3가지를 쓰시오.[점검17회기출]

(3) 분말소화설비가 설치된 부분의 출입구 등의 보기 쉬운 곳에 소화약제의 방사를 표시하는 표시등을 설치하여야 한다.

7 제어반 등

분말소화설비의 제어반 및 화재표시반은 다음 각 호의 기준에 따라 설치하여야 한다. 다만, 자동화재탐지설비의 수신기의 제어반이 화재표시반의 기능을 가지고 있는 것은 화재표시반을 설치하지 아니할 수 있다.
(1) 제어반은 수동기동장치 또는 감지기에서의 신호를 수신하여 음향경보장치의 작동, 소화약제의 방출 또는 지연 기타의 제어기능을 가진 것으로 하고, 제어반에는 전원표시등을 설치할 것
(2) 화재표시반은 제어반에서의 신호를 수신하여 작동하는 기능을 가진 것으로 하되, 다음 각 목의 기준에 따라 설치할 것[**화재표시반 설치기준**]
  1) 각 방호구역마다 음향경보장치의 조작 및 감지기의 작동을 명시하는 표시등과 이와 연동하여 작동하는 벨·부자 등의 경보기를 설치할 것. 이 경우 음향경보장치의 조작 및 감지기의 작동을 명시하는 표시등을 겸용할 수 있다.
  2) 수동식 기동장치는 그 방출용 스위치의 작동을 명시하는 표시등을 설치할 것
  3) 소화약제의 방출을 명시하는 표시등을 설치할 것
  4) 자동식 기동장치는 자동·수동의 절환을 명시하는 표시등을 설치할 것
(3) 제어반 및 화재표시반의 설치장소는 화재에 따른 영향, 진동 및 충격에 따른 영향 및 부식의 우려가 없고 점검에 편리한 장소에 설치할 것
(4) 제어반 및 화재표시반에는 해당 회로도 및 취급설명서를 비치할 것

★★★★☆

 문제06 화재표시반의 설치기준 4가지를 쓰시오.

8 배관

분말소화설비의 배관은 다음 각 호의 기준에 따라 설치하여야 한다.[**분말소화설비의 배관 설치기준**]
(1) 배관은 전용으로 할 것
(2) 강관을 사용하는 경우의 배관은 아연도금에 따른 배관용 탄소강관(KS D 3507)

이나 이와 동등 이상의 강도·내식성 및 내열성을 가진 것으로 할 것. 다만, 축압식 분말소화설비에 사용하는 것 중 20℃에서 압력이 2.5 MPa 이상 4.2 MPa 이하인 것은 압력배관용 탄소강관(KS D 3562) 중 이음이 없는 스케줄 40 이상의 것 또는 이와 동등 이상의 강도를 가진 것으로서 아연도금으로 방식처리된 것을 사용하여야 한다.

(3) 동관을 사용하는 경우의 배관은 고정압력 또는 최고사용압력의 1.5배 이상의 압력에 견딜 수 있는 것을 사용할 것
(4) 밸브류는 개폐위치 또는 개폐방향을 표시한 것으로 할 것
(5) 배관의 관부속 및 밸브류는 배관과 동등 이상의 강도 및 내식성이 있는 것으로 할 것
(6) 확관형 분기배관을 사용할 경우에는 소방청장이 정하여 고시한 「분기배관의 성능인증 및 제품검사의 기술기준」에 적합한 것으로 설치하여야 한다.

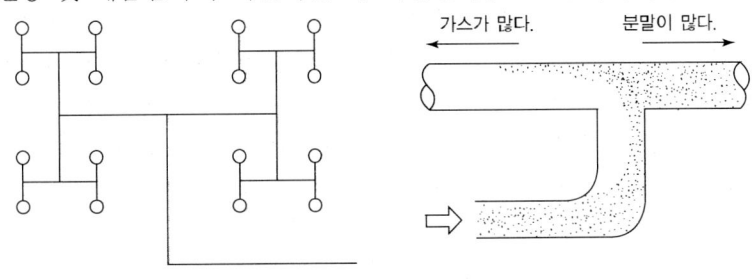

[토너먼트 배관방식]   [분말과 가스의 분리현상]

★★★★☆

  문제07 분말소화설비 배관의 설치기준 중 5가지만 쓰시오.

9 선택밸브

하나의 특정소방대상물 또는 그 부분에 2 이상의 방호구역 또는 방호대상물이 있어 분말소화설비 저장용기를 공용하는 경우에는 다음 각 호의 기준에 따라 선택밸브를 설치하여야 한다.
(1) 방호구역 또는 방호대상물마다 설치할 것
(2) 각 선택밸브에는 그 담당방호구역 또는 방호대상물을 표시할 것

10 분사헤드

(1) 전역방출방식의 분말소화설비의 분사헤드는 다음 각 호의 기준에 따라 설치하여야 한다.
 1) 방사된 소화약제가 방호구역의 전역에 균일하고 신속하게 확산할 수 있도록 할 것
 2) 소화약제 저장량을 30초 이내에 방사할 수 있는 것으로 할 것

> **공식**
>
> $$\text{분사헤드에서의 유량(전역방출방식)} = \frac{\text{소화약제 저장량}}{30초}$$

(2) 국소방출방식의 분말소화설비의 분사헤드는 다음 각 호의 기준에 따라 설치하여야 한다.
  1) 소화약제의 방사에 따라 가연물이 비산하지 아니하는 장소에 설치할 것
  2) 기준저장량의 소화약제를 30초 이내에 방사할 수 있는 것으로 할 것

> **공식**
>
> $$\text{분사헤드에서의 유량(국소방출방식)} = \frac{\text{소화약제 저장량}}{30초}$$

(3) 화재 시 현저하게 연기가 찰 우려가 없는 장소로서 다음의 어느 하나에 해당하는 장소에는 호스릴방식의 분말소화설비를 설치할 수 있다. 다만, 차고 또는 주차의 용도로 사용되는 장소는 제외한다.
  1) 지상 1층 및 피난층에 있는 부분으로서 지상에서 수동 또는 원격조작에 따라 개방할 수 있는 개구부의 유효면적의 합계가 바닥면적의 15% 이상이 되는 부분
  2) 전기설비가 설치되어 있는 부분 또는 다량의 화기를 사용하는 부분(해당 설비의 주위 5m 이내의 부분을 포함한다)의 바닥면적이 해당 설비가 설치되어 있는 구획의 바닥면적의 5분의 1 미만이 되는 부분

★★★☆☆

 문제08 호스릴분말소화설비를 설치할 수 있는 장소(부분) 2가지를 쓰시오.

(4) 호스릴방식의 분말소화설비는 다음의 기준에 따라 설치해야 한다.
  1) 방호대상물의 각 부분으로부터 하나의 호스접결구까지의 수평거리가 15m 이하가 되도록 할 것
  2) 소화약제의 저장용기의 개방밸브는 호스릴의 설치장소에서 수동으로 개폐할 수 있는 것으로 할 것
  3) 소화약제의 저장용기는 호스릴을 설치하는 장소마다 설치할 것
  4) 호스릴방식의 분말소화설비의 노즐은 하나의 노즐마다 1분당 다음 표에 따른 소화약제를 방출할 수 있는 것으로 할 것

소화약제의 종별	1분당 방사하는 소화약제의 양
제1종 분말	45 kg
제2종 분말 또는 제3종 분말	27 kg
제4종 분말	18 kg

  5) 소화약제 저장용기의 가장 가까운 곳의 보기 쉬운 곳에 적색의 표시등을 설치하고, 호스릴방식의 분말소화설비가 있다는 뜻을 표시한 표지를 할 것

11 자동식 기동장치의 화재감지기

분말소화설비의 자동식 기동장치는 다음 각 호의 기준에 따른 화재감지기를 설치하여야 한다.
(1) 각 방호구역 내의 화재감지기의 감지에 따라 작동되도록 할 것
(2) 화재감지기의 회로는 교차회로방식으로 설치할 것. 다만, 화재감지기를 「자동화재탐지설비 및 시각경보장치의 화재안전기술기준(NFTC 203)」 2.4.1 단서의 각 감지기로 설치하는 경우에는 그렇지 않다.

> **TIP** ※자동화재탐지설비의 화재안전기준 제7조제1항 단서의 각 호의 감지기
> 1. 불꽃감지기
> 2. 정온식 감지선형 감지기
> 3. 분포형 감지기
> 4. 복합형 감지기
> 5. 광전식 분리형 감지기
> 6. 아날로그방식의 감지기
> 7. 다신호방식의 감지기
> 8. 축적방식의 감지기

★★★★☆

 문제09 화재감지기의 회로는 교차회로방식으로 설치하여야 한다. 그러하지 아니할 수 있는 화재감지기의 종류 8가지를 쓰시오.

12 음향경보장치

(1) 분말소화설비의 음향경보장치는 다음 각 호의 기준에 따라 설치하여야 한다.
 1) 수동식 기동장치를 설치한 것은 그 기동장치의 조작과정에서, 자동식 기동장치를 설치한 것은 화재감지기와 연동하여 자동으로 경보를 발하는 것으로 할 것
 2) 소화약제의 방출 개시 후 1분 이상 경보를 계속할 수 있는 것으로 할 것
 3) 방호구역 또는 방호대상물이 있는 구획 안에 있는 자에게 유효하게 경보할 수 있는 것으로 할 것

★★★☆☆

 문제10 분말소화설비의 음향경보장치 설치기준 3가지를 쓰시오.

(2) 방송에 따른 경보장치를 설치할 경우에는 다음 각 호의 기준에 따라야 한다.
 1) 증폭기 재생장치는 화재 시 연소의 우려가 없고, 유지관리가 쉬운 장소에 설치할 것
 2) 방호구역 또는 방호대상물이 있는 구획의 각 부분으로부터 하나의 확성기까지의 수평거리는 25 m 이하가 되도록 할 것
 3) 제어반의 복구스위치를 조작하여도 경보를 계속 발할 수 있는 것으로 할 것

★★★☆☆

 문제11 방송에 따른 경보장치를 설치할 경우 그 설치기준 3가지를 쓰시오.

13 자동폐쇄장치

전역방출방식의 분말소화설비를 설치한 특정소방대상물 또는 그 부분에 대하여는 다음 각 호의 기준에 따라 자동폐쇄장치를 설치하여야 한다.
(1) 환기장치 등을 설치한 것은 소화약제가 방출되기 전에 해당 환기장치 등이 정지될 수 있도록 할 것
(2) 개구부가 있거나 천장으로부터 1 m 이상의 아랫 부분 또는 바닥으로부터 해당 층의 높이의 3분의 2 이내의 부분에 통기구가 있어 소화약제의 유출에 따라 소화효과를 감소시킬 우려가 있는 것은 소화약제가 방출되기 전에 해당 개구부 및 통기구를 폐쇄할 수 있도록 할 것
(3) 자동폐쇄장치는 방호구역 또는 방호대상물이 있는 구획의 밖에서 복구할 수 있는 구조로 하고, 그 위치를 표시하는 표지를 할 것

★★★☆☆

문제12 전역방출방식의 분말소화설비를 설치한 특정소방대상물 또는 그 부분에 대하여는 자동폐쇄장치를 설치하여야 한다. 자동폐쇄장치의 설치기준 3가지를 쓰시오.

14 비상전원

분말소화설비에는 자가발전설비, 축전지설비(제어반에 내장하는 경우를 포함한다. 이하 같다) 또는 전기저장장치(외부 전기에너지를 저장해 두었다가 필요한 때 전기를 공급하는 장치. 이하 같다)에 따른 비상전원을 다음의 기준에 따라 설치해야 한다. 다만, 2 이상의 변전소(「전기사업법」 제67조 및 「전기설비기술기준」 제3조제1항제2호에 따른 변전소를 말한다. 이하 같다)에서 전력을 동시에 공급받을 수 있거나 하나의 변전소로부터 전력의 공급이 중단되는 때에는 자동으로 다른 변전소로부터 전력을 공급받을 수 있도록 상용전원을 설치한 경우에는 비상전원을 설치하지 않을 수 있다.
(1) 점검에 편리하고 화재 및 침수 등의 재해로 인한 피해를 받을 우려가 없는 곳에 설치할 것
(2) 분말소화설비를 유효하게 20분 이상 작동할 수 있어야 할 것
(3) 상용전원으로부터 전력의 공급이 중단된 때에는 자동으로 비상전원으로부터 전력을 공급받을 수 있도록 할 것
(4) 비상전원의 설치장소는 다른 장소와 방화구획할 것. 이 경우 그 장소에는 비상전원의 공급에 필요한 기구나 설비 외의 것(열병합발전설비에 필요한 기구나 설비는 제외한다)을 두어서는 아니 된다.
(5) 비상전원을 실내에 설치하는 때에는 그 실내에 비상조명등을 설치할 것

★★★★☆

문제13 비상전원의 설치기준 5가지를 쓰시오.

15 정압작동장치

정압작동장치는 분말소화설비에서 소화약제 저장용기와 방출용 주밸브 사이에 있는 장치이다. 가압용 가스가 저장용기에 유입되어 소화약제가 유동되고 소화약제 저장용기 내의 압력이 일정 압력에 도달하였을 때 방출용 주밸브를 자동으로 개방하는 장치이다.

(1) 압력스위치식
설정된 압력에 도달하면 압력스위치가 작동하여 주밸브를 개방하여 약제를 방출한다. 전원이 필요하고, 압력설정으로 작동이 정확하다.

(2) 시한릴레이식
유입된 가스(N_2)가 설정압에 도달하는 시간을 미리 계산하여 일정한 시간이 흐른 뒤에 주밸브를 개방한다.

(3) 기계식
유입된 가스압력에 의해서 주밸브를 개방하는 방식이다. 압력조절나사로 압력설정을 할 수 있으며, 동력이 불필요하다. 확실한 작동에 대한 신뢰성은 크나, 정확성은 압력스위치식보다 작다.

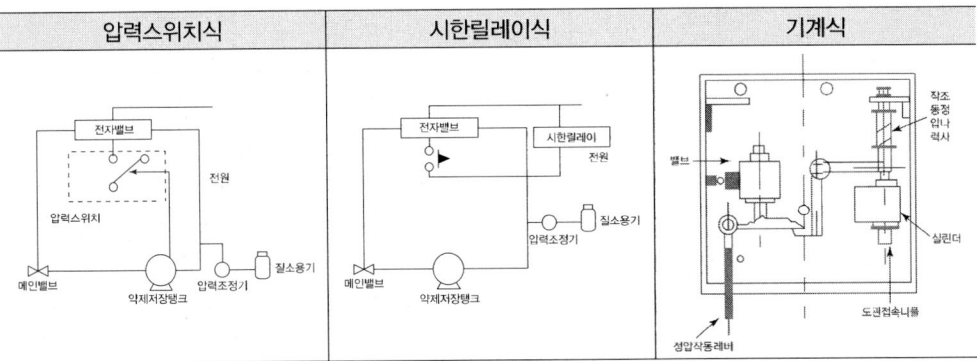

★★★☆☆

문제14 정압작동장치의 기능(설치목적)과 종류 3가지를 쓰시오.

16 분말소화약제

(1) 분말소화약제의 특징
1) 인체에 무해하다.
2) 변질의 위험이 없으므로 반영구적이다.
3) 소화능력이 우수하며 소화시간이 짧다.
4) 가격이 저렴하다.

5) 분말이 습기에 의하여 굳어지는 것을 방지하기 위하여 방습제로 분말을 표면처리한다.

(2) 분말소화약제의 물성

종류	제1종 분말	제2종 분말	제3종 분말	제4종 분말
주성분	중탄산나트륨	중탄산칼륨	인산염	중탄산칼륨+요소
분자식	$NaHCO_3$	$KHCO_3$	$NH_4H_2PO_4$	$KHCO_3+(NH_2)_2CO$
착색	백색	담자(보라)색	담홍(핑크)색	회색
적응화재	B급, C급	B급, C급	A급, B급, C급	B급, C급
소화효과	小	→		大

(3) 소화효과

분말소화약제의 입도가 너무 적거나 커도 소화효과는 좋지 않으며, 가장 적당한 입도는 20~25㎛이다.

종류	소화효과
제1종 분말	질식작용 냉각작용 부촉매작용(Na^+)
제2종 분말	질식작용 냉각작용 부촉매작용(K^+)
제3종 분말	질식작용 냉각작용 부촉매작용(NH_4^+) 방진작용 탈수작용
제4종 분말	질식작용 냉각작용 부촉매작용(K^+)

(4) 제3종 분말의 소화효과

종류	설명
질식작용	열분해 시 생성된 수증기에 의하여 화재를 소화한다.
냉각작용	열분해 시 발생되는 수증기 및 흡열반응에 의하여 화재를 소화한다.
부촉매작용	유리된 암모늄이온(NH_4^+)이 연쇄반응을 차단, 억제하여 화재를 소화한다.
방진작용	열분해 시 불연성 용융물질인 메타인산(HPO_3)이 생성되어 가연물의 표면에 점착되므로 가연물과 산소와의 접촉을 차단시켜 일반화재에서 흔히 나타나는 잔진현상(숯불형태의 연소현상)을 방지한다.
탈수작용	1차 열분해 반응 시 발생하는 올소인산(H_3PO_4)에 의해 목재나 섬유의 구성 요소인 Cellulose(섬유소)를 연소하기 어려운 탄소와 물로 분해하여 연소를 차단한다.

★★☆☆☆

 문제15 제3종 분말약제의 소화효과에 대하여 쓰고, 간단히 설명하시오.

(5) 분말소화약제의 열분해반응식

1) 제1종 분말소화약제
   ① 1차 열분해반응식(270℃) : $2NaHCO_3 \rightarrow Na_2CO_3 + CO_2 + H_2O$
   ② 2차 열분해반응식(850℃) : $2NaHCO_3 \rightarrow Na_2O + 2CO_2 + H_2O$

2) 제2종 분말소화약제
   ① 1차 열분해반응식(190℃) : $2KHCO_3 \rightarrow K_2CO_3 + CO_2 + H_2O$
   ② 2차 열분해반응식(590℃) : $2KHCO_3 \rightarrow K_2O + 2CO_2 + H_2O$

3) 제3종 분말소화약제
   ① 1차 열분해반응식(166℃) : $NH_4H_2PO_4 \rightarrow H_3PO_4 + NH_3$
   ② 2차 열분해반응식(360℃) : $NH_4H_2PO_4 \rightarrow HPO_3 + NH_3 + H_2O$

4) 제4종 분말소화약제
   $2KHCO_3 + (NH_2)_2CO \rightarrow K_2CO_3 + 2CO_2 + 2NH_3$

★★★☆☆

 문제16 분말소화약제의 열분해반응식에 대하여 종류별로 각각 기술하시오.

(6) Knock Down 효과

Knock Down 효과란, 불꽃을 포위하여 자유라디컬(Free Radical)을 흡착하고, 부촉매작용에 의해 순식간에 불꽃이 꺼지게 하는 것이다. 일반적으로 분말소화약제 방사 후 10~20초 내에 소화된다.

(7) 비누화 현상(Saponification)

비누화 현상이란, 제1종 분말(탄산수소나트륨)을 기름(지방이나 식용유)화재에 방사하면 탄산수소나트륨의 Na^+이온과 기름의 지방산이 결합하여 금속성의 비누거품이 발생하는 것이다. 발생된 비누거품은 가연물을 덮어 산소 공급을 차단하여 소화효과를 높이게 된다.

★★☆☆☆

 문제17 분말소화설비에 대한 다음의 물음에 답하시오.
1) Knock Down 효과
2) 비누화 현상(Saponification)

제13장 옥외소화전설비

옥외소화전설비는 소방대상물의 옥외에 설치하며, 지상 1층과 지상 2층의 화재 시 이를 초기에 소화하여, 지상 3층 이상 전 층으로 화재가 확대되는 것을 방지할 목적으로 설치하는 설비이다.

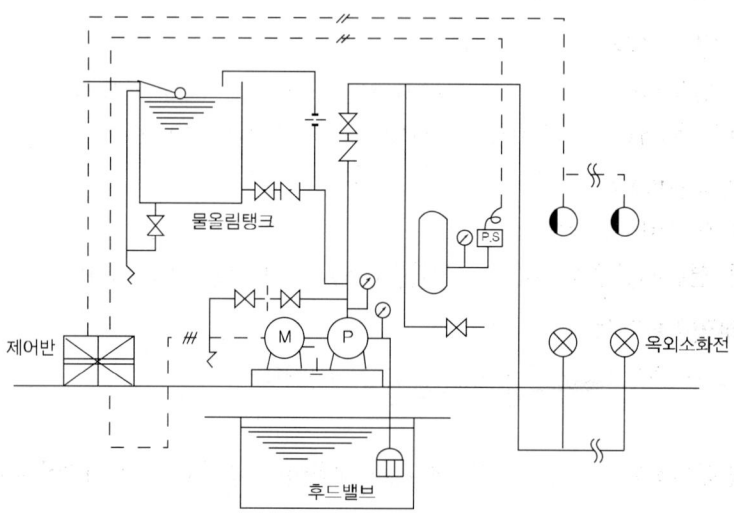

1 수원

(1) 옥외소화전설비의 수원은 그 저수량이 옥외소화전의 설치개수(옥외소화전이 2개 이상 설치된 경우에는 2개)에 7 m³를 곱한 양 이상이 되도록 하여야 한다.

　　　　옥외소화전설비 수원의 저수량=N×7m³ 이상(N : 2개 이하)

(2) 옥외소화전설비의 수원을 수조로 설치하는 경우에는 소방설비의 전용수조로 하여야 한다. 다만, 다음 각 호의 어느 하나에 해당하는 경우에는 그러하지 아니하다.[**소방설비의 전용수조로 설치하지 아니할 수 있는 경우**]
　1) 옥외소화전설비용 펌프의 풋밸브 또는 흡수배관의 흡수구(수직회전축펌프의 흡수구를 포함한다. 이하 같다)를 다른 설비(소화용 설비 외의 것을 말한다. 이하 같다)의 풋밸브 또는 흡수구보다 낮은 위치에 설치한 때
　2) 2.2.2에 따른 고가수조로부터 옥외소화전설비의 수직배관에 물을 공급하는 급수구를 다른 설비의 급수구보다 낮은 위치에 설치한 때

16th Day

★★★☆☆

예상 문제01 옥외소화전설비의 수원을 수조로 설치하는 경우에는 소방설비의 전용수조로 하여야 한다. 소방설비의 전용수조로 설치하지 아니할 수 있는 경우 2가지를 쓰시오.

(3) 2.1.1에 따른 저수량을 산정함에 있어서 다른 설비와 겸용하여 옥외소화전설비용 수조를 설치하는 경우에는 옥외소화전설비의 풋밸브·흡수구 또는 수직배관의 급수구와 다른 설비의 풋밸브·흡수구 또는 수직배관의 급수구와의 사이의 수량을 그 유효수량으로 한다.

★★★☆☆

예상 문제02 저수량을 산정함에 있어서 다른 설비와 겸용하여 옥외소화전설비용 수조를 설치하는 경우에 유효수량의 산정기준을 쓰시오.

(4) 옥외소화전설비용 수조는 다음 각 호의 기준에 따라 설치하여야 한다. [**옥외소화전설비용 수조의 설치기준**]
  1) 점검에 편리한 곳에 설치할 것
  2) 동결방지조치를 하거나 동결의 우려가 없는 장소에 설치할 것
  3) 수조의 외측에 수위계를 설치할 것. 다만, 구조상 불가피한 경우에는 수조의 맨홀 등을 통하여 수조 안의 물의 양을 쉽게 확인할 수 있도록 하여야 한다.
  4) 수조의 상단이 바닥보다 높은 때에는 수조의 외측에 고정식 사다리를 설치할 것
  5) 수조가 실내에 설치된 때에는 그 실내에 조명설비를 설치할 것
  6) 수조의 밑 부분에는 청소용 배수밸브 또는 배수관을 설치할 것
  7) 수조의 외측의 보기 쉬운 곳에 "**옥외소화전설비용 수조**"라고 표시한 표지를 할 것. 이 경우 그 수조를 다른 설비와 겸용하는 때에는 그 겸용되는 설비의 이름을 표시한 표지를 함께 하여야 한다.
  8) 옥외소화전펌프의 흡수배관 또는 옥외소화전설비의 수직배관과 수조의 접속부분에는 "**옥외소화전설비용 배관**"이라고 표시한 표지를 할 것

★★★★☆

예상 문제03 옥외소화전설비용 수조의 설치기준 중 5가지만 쓰시오.

② 가압송수장치

(1) 전동기 또는 내연기관에 따른 펌프를 이용하는 가압송수장치는 다음 각 호의 기준에 따라 설치하여야 한다.
  1) 쉽게 접근할 수 있고 점검하기에 충분한 공간이 있는 장소로서 화재 및 침수 등의 재해로 인한 피해를 받을 우려가 없는 곳에 설치할 것
  2) 동결방지조치를 하거나 동결의 우려가 없는 장소에 설치할 것

3) 해당 특정소방대상물에 설치된 옥외소화전(2개 이상 설치된 경우에는 2개의 옥외소화전)을 동시에 사용할 경우 각 옥외소화전의 노즐선단에서의 방수압력이 0.25 MPa 이상이고, 방수량이 350 ℓ/min 이상이 되는 성능의 것으로 할 것. 이 경우 하나의 옥외소화전을 사용하는 노즐선단에서의 방수압력이 0.7 MPa을 초과할 경우에는 호스접결구의 인입측에 감압장치를 설치하여야 한다.

> **공식** 옥외소화전설비 펌프의 토출량 = $N \times 350 \ell/\min$ 이상(N : 2개 이하)

4) 펌프는 전용으로 할 것. 다만, 다른 소화설비와 겸용하는 경우 각각의 소화설비의 성능에 지장이 없을 때에는 그러하지 아니하다.
5) 펌프의 토출측에는 압력계를 체크밸브 이전에 펌프 토출측 플랜지에서 가까운 곳에 설치하고, 흡입측에는 연성계 또는 진공계를 설치할 것. 다만, 수원의 수위가 펌프의 위치보다 높거나 수직회전축 펌프의 경우에는 연성계 또는 진공계를 설치하지 아니할 수 있다.
6) 펌프의 성능은 체절운전 시 정격토출압력의 140%를 초과하지 않고, 정격토출량의 150%로 운전 시 정격토출압력의 65% 이상이 되어야 하며, 펌프의 성능을 시험할 수 있는 성능시험배관을 설치할 것. 다만, 충압펌프의 경우에는 그렇지 않다.
7) 가압송수장치에는 체절운전 시 수온의 상승을 방지하기 위한 순환배관을 설치할 것. 다만, 충압펌프의 경우에는 그러하지 아니하다.
8) 기동장치로는 기동용 수압개폐장치 또는 이와 동등 이상의 성능이 있는 것을 설치할 것. 다만, 아파트·업무시설·학교·전시시설·공장·창고시설 또는 종교시설 등으로서 동결의 우려가 있는 장소에 있어서는 기동스위치에 보호판을 부착하여 옥외소화전함 내에 설치할 수 있다.
9) 기동용 수압개폐장치 중 압력챔버를 사용할 경우 그 용적은 100 L 이상의 것으로 할 것
10) 수원의 수위가 펌프보다 낮은 위치에 있는 가압송수장치에는 다음 각 목의 기준에 따른 물올림장치를 설치할 것[**물올림장치의 설치기준**]
   ① 물올림장치에는 전용의 수조를 설치할 것
   ② 수조의 유효수량은 100 L 이상으로 하되, 구경 15 ㎜ 이상의 급수배관에 따라 당해 수조에 물이 계속 보급되도록 할 것

★★★☆☆

 문제04 수원의 수위가 펌프보다 낮은 위치에 있는 가압송수장치에는 물올림장치를 설치하여야 한다. 물올림장치의 설치기준 2가지를 쓰시오.

11) 기동용 수압개폐장치를 기동장치로 사용할 경우에는 다음 각 목의 기준에 따른 충압펌프를 설치할 것. 다만, 옥외소화전이 1개 설치된 경우로서 소화용 급수펌프로도 상시 충압이 가능하고 다음 가목의 성능을 갖춘 경우에는 충압펌프를 별도로 설치하지 아니할 수 있다.[**충압펌프의 설치기준**]

㉮ 펌프의 토출압력은 그 설비의 최고위 호스접결구의 자연압보다 적어도 0.2 MPa 이상 더 크도록 하거나 가압송수장치의 정격토출압력과 같게 할 것
㉯ 펌프의 정격토출량은 정상적인 누설량보다 적어서는 아니 되며, 옥외소화전설비가 자동적으로 작동할 수 있도록 충분한 토출량을 유지하여야 한다.

★★★☆☆

문제05 기동용 수압개폐장치를 기동장치로 사용할 경우에는 충압펌프를 설치하여야 한다. 충압펌프의 설치기준 2가지를 쓰시오.

12) 내연기관을 사용하는 경우에는 다음 각 목의 기준에 적합한 것으로 할 것.
① 내연기관의 기동은 2.2.1.8의 기동장치를 설치하거나 또는 소화전함의 위치에서 원격조작이 가능하고 기동을 명시하는 적색등을 설치할 것
② 제어반에 따라 내연기관의 자동기동 및 수동기동이 가능하고, 상시 충전되어 있는 축전지설비를 갖출 것

★★★☆☆

문제06 내연기관에 따른 펌프를 이용하는 가압송수장치를 사용하는 경우 그 기준 2가지를 쓰시오.

13) 가압송수장치에는 "**옥외소화전펌프**"라고 표시한 표지를 할 것. 이 경우 그 가압송수장치를 다른 설비와 겸용하는 때에는 그 겸용되는 설비의 이름을 표시한 표지를 함께 하여야 한다.
14) 가압송수장치가 기동이 된 경우에는 자동으로 정지되지 아니하도록 하여야 한다. 다만, 충압펌프인 경우에는 그러하지 아니하다.

(2) 고가수조의 자연낙차를 이용한 가압송수장치는 다음 각 호의 기준에 따라 설치하여야 한다.
1) 고가수조의 자연낙차수두(수조의 하단으로부터 최고층에 설치된 소화전 호스접결구까지의 수직거리를 말한다)는 다음의 식에 따라 산출한 수치 이상이 되도록 할 것

공식

$$H = H_1 + h_2 + 25$$

H : 필요한 낙차(m)
h_1 : 소방용 호스 마찰손실수두(m)
h_2 : 배관의 마찰손실수두(m)

2) 고가수조에는 수위계·배수관·급수관·오버플로우관 및 맨홀을 설치할 것

★★★★☆

문제07 고가수조의 구성 5가지를 쓰시오.

(3) 압력수조를 이용한 가압송수장치는 다음 각 호의 기준에 따라 설치하여야 한다.
  1) 압력수조의 압력은 다음의 식에 따라 산출한 수치 이상으로 할 것

 공식

$$P = p_1 + p_2 + p_3 + 0.25$$

  P : 필요한 압력(MPa)
  p_1 : 소방용호스의 마찰손실수두압(MPa)
  p_2 : 배관의 마찰손실수두압(MPa)
  p_3 : 낙차의 환산수두압(MPa)

  2) 압력수조에는 수위계 · 급수관 · 배수관 · 급기관 · 맨홀 · 압력계 · 안전장치 및 압력저하 방지를 위한 자동식 공기압축기를 설치할 것

★★★★☆

 예상 　문제08　압력수조의 구성 8가지를 쓰시오.

(4) 가압수조를 이용한 가압송수장치는 다음 각 호의 기준에 따라 설치하여야 한다.[**가압수조를 이용한 가압송수장치의 설치기준**]
  1) 압력은 2.2.1.3에 따른 방수압 및 방수량을 20분 이상 유지되도록 할 것
  2) 가압수조 및 가압원은 「건축법 시행령」 제46조에 따른 방화구획된 장소에 설치할 것
  3) 소방청장이 정하여 고시한 「가압수조식 가압송수장치의 성능인증 및 제품검사의 기술기준」에 적합한 것으로 설치할 것

★★☆☆☆

 예상 　문제09　가압수조를 이용한 가압송수장치의 설치기준 3가지를 쓰시오.

3 배관 등

(1) 호스접결구는 지면으로부터 높이가 0.5 m 이상 1 m 이하의 위치에 설치하고 특정소방대상물의 각 부분으로부터 하나의 호스접결구까지의 수평거리가 40 m 이하가 되도록 설치하여야 한다.

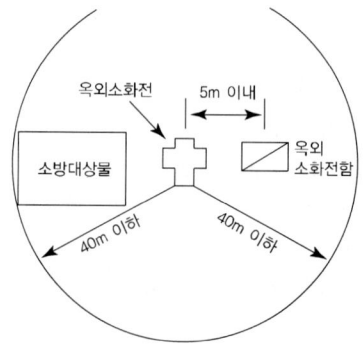

(2) 호스는 구경 65 mm의 것으로 하여야 한다.

2.3.3 배관과 배관이음쇠는 다음의 어느 하나에 해당하는 것 또는 동등 이상의 강도·내식성 및 내열성 등을 국내·외 공인기관으로부터 인정받은 것을 사용해야 하고, 배관용 스테인리스 강관(KS D 3576)의 이음을 용접으로 할 경우에는 텅스텐 불활성 가스 아크 용접(Tungsten Inertgas Arc Welding)방식에 따른다. 다만, 2.3에서 정하지 않은 사항은 「건설기술 진흥법」 제44조제1항의 규정에 따른 "건설기준"에 따른다.

2.3.3.1 배관 내 사용압력이 1.2 MPa 미만일 경우에는 다음의 어느 하나에 해당하는 것
  (1) 배관용 탄소 강관(KS D 3507)
  (2) 이음매 없는 구리 및 구리합금관(KS D 5301). 다만, 습식의 배관에 한한다.
  (3) 배관용 스테인리스 강관(KS D 3576) 또는 일반배관용 스테인리스 강관(KS D 3595)
  (4) 덕타일 주철관(KS D 4311)

2.3.3.2 배관 내 사용압력이 1.2 MPa 이상일 경우에는 다음의 어느 하나에 해당하는 것
  (1) 압력 배관용 탄소 강관(KS D 3562)
  (2) 배관용 아크용접 탄소강 강관(KS D 3583)

2.3.4 2.3.3에도 불구하고 다음의 어느 하나에 해당하는 장소에는 소방청장이 정하여 고시한 「소방용합성수지배관의 성능인증 및 제품검사의 기술기준」에 적합한 소방용 합성수지배관으로 설치할 수 있다.

2.3.4.1 배관을 지하에 매설하는 경우

2.3.4.2 다른 부분과 내화구조로 구획된 덕트 또는 피트의 내부에 설치하는 경우

2.3.4.3 천장(상층이 있는 경우에는 상층바닥의 하단을 포함한다. 이하 같다)과 반자를 불연재료 또는 준불연재료로 설치하고 소화배관 내부에 항상 소화수가 채워진 상태로 설치하는 경우

★★★☆☆

 문제10 소방용 합성수지배관의 설치기준 3가지를 쓰시오.

(4) 급수배관은 전용으로 하여야 한다. 다만, 옥외소화전의 기동장치의 조작과 동시에 다른 설비의 용도에 사용하는 배관의 송수를 차단할 수 있거나, 옥외소화전설비의 성능에 지장이 없는 경우에는 다른 설비와 겸용할 수 있다.

(5) 펌프의 흡입측 배관은 다음 각 호의 기준에 따라 설치하여야 한다.
 1) 공기고임이 생기지 아니하는 구조로 하고 여과장치를 설치할 것
 2) 수조가 펌프보다 낮게 설치된 경우에는 각 펌프(충압펌프를 포함한다)마다 수조로부터 별도로 설치할 것

(6) 펌프의 성능시험배관은 다음의 기준에 적합하도록 설치해야 한다.
 1) 성능시험배관은 펌프의 토출 측에 설치된 개폐밸브 이전에서 분기하여 직선으로 설치하고, 유량측정장치를 기준으로 전단 직관부에는 개폐밸브를 후단 직관부에는 유량조절밸브를 설치할 것. 이 경우 개폐밸브와 유량측정장치 사이의 직관부 거리 및 유량측정장치와 유량조절밸브 사이의 직관부 거리는 해당 유량측정장치 제조사의 설치사양에 따르고, 성능시험배관의 호칭지름은 유량측정장치의 호칭지름에 따른다.
 2) 유량측정장치는 펌프의 정격토출량의 175 % 이상까지 측정할 수 있는 성능이 있을 것

★★★☆☆

 문제11 펌프의 성능 및 성능시험배관 설치기준을 쓰시오.

(7) 가압송수장치의 체절운전 시 수온의 상승을 방지하기 위하여 체크밸브와 펌프 사이에서 분기한 구경 20 mm 이상의 배관에 체절압력 미만에서 개방되는 릴리프밸브를 설치하여야 한다.
(8) 동결방지조치를 하거나 동결의 우려가 없는 장소에 설치하여야 한다. 다만, 보온재를 사용할 경우에는 난연재료 성능 이상의 것으로 하여야 한다.
(9) 급수배관에 설치되어 급수를 차단할 수 있는 개폐밸브(옥외소화전방수구를 제외한다)는 개폐표시형으로 하여야 한다. 이 경우 펌프의 흡입측 배관에는 버터플라이밸브 외의 개폐표시형 밸브를 설치하여야 한다.
(10) 배관은 다른 설비의 배관과 쉽게 구분이 될 수 있는 위치에 설치하거나 그 배관표면 또는 배관 보온재표면의 색상은 식별이 가능하도록 「한국산업표준(배관계의 식별 표시, KS A 0503)」 또는 적색으로 소방용설비의 배관임을 표시하여야 한다.

4 소화전함 등

(1) 옥외소화전설비에는 옥외소화전마다 그로부터 5m 이내의 장소에 소화전함을 다음 각 호의 기준에 따라 설치하여야 한다.[**소화전함의 설치기준**]
 1) 옥외소화전이 10개 이하 설치된 때에는 옥외소화전마다 5 m 이내의 장소에 1개 이상의 소화전함을 설치하여야 한다.
 2) 옥외소화전이 11개 이상 30개 이하 설치된 때에는 11개 이상의 소화전함을 각각 분산하여 설치하여야 한다.
 3) 옥외소화전이 31개 이상 설치된 때에는 옥외소화전 3개마다 1개 이상의 소화전함을 설치하여야 한다.

옥외소화전	소화전함
10개 이하 설치된 때	옥외소화전마다 5m 이내의 장소에 1개 이상의 소화전함을 설치
11개 이상 30개 이하 설치된 때	11개 이상의 소화전함을 각각 분산하여 설치
31개 이상 설치된 때	옥외소화전 3개마다 1개 이상의 소화전함을 설치

★★★☆☆

 문제12 옥외소화전설비에는 옥외소화전마다 그로부터 5m 이내의 장소에 소화전함을 설치하여야 한다. 소화전함의 설치기준 3가지를 쓰시오.

(2) 옥외소화전설비의 함은 소방청장이 정하여 고시한 「소화전함 성능인증 및 제품검사의 기술기준」에 적합한 것으로 설치하되 밸브의 조작, 호스의 수납 등에 충분한 여유를 가질 수 있도록 할 것. 연결송수관의 방수구를 같이 설치하는 경우에도 또한 같다.
(3) 옥외소화전설비의 소화전함 표면에는 "**옥외소화전**"이라고 표시한 표지를 하고, 가압송수장치의 조작부 또는 그 부근에는 가압송수장치의 기동을 명시하는 적색등을 설치하여야 한다.
(4) 표시등은 다음 각 호의 기준에 따라 설치하여야 한다.
 1) 옥외소화전설비의 위치를 표시하는 표시등은 함의 상부에 설치하되, 소방청장이 정하여 고시한 「표시등의 성능인증 및 제품검사의 기술기준」에 적합한 것으로 할 것
 2) 가압송수장치의 기동을 표시하는 표시등은 옥외소화전함의 상부 또는 그 직근에 설치하되 적색등으로 할 것. 다만, 자체소방대를 구성하여 운영하는 경우(「위험물안전관리법 시행령」 별표 8에서 정한 소방자동차와 자체소방대원의 규모를 말한다) 가압송수장치의 기동표시등을 설치하지 않을 수 있다.

5 전원

옥외소화전설비에는 그 특정소방대상물의 수전방식에 따라 다음 각 호의 기준에 따른 상용전원회로의 배선을 설치하여야 한다. 다만, 가압수조방식으로서 모든 기능이 20분 이상 유효하게 지속될 수 있는 경우에는 그러하지 아니하다.[**상용전원회로의 배선 설치기준**]
(1) 저압수전인 경우에는 인입개폐기의 직후에서 분기하여 전용배선으로 하여야 하며, 전용의 전선관에 보호되도록 할 것
(2) 특별고압수전 또는 고압수전일 경우에는 전력용 변압기 2차측의 주차단기 1차측에서 분기하여 전용배선으로 하되, 상용전원의 상시공급에 지장이 없을 경우에는 주차단기 2차측에서 분기하여 전용배선으로 할 것. 다만, 가압송수장치의 정격입력전압이 수전전압과 같은 경우에는 제1호의 기준에 따른다.

6 제어반

(1) 옥외소화전설비에는 제어반을 설치하되, 감시제어반과 동력제어반으로 구분하여 설치하여야 한다. 다만, 다음 각 호의 어느 하나에 해당하는 경우에는 감시제어반과 동력제어반으로 구분하여 설치하지 아니할 수 있다.[**감시제어반과 동력제어반으로 구분하여 설치하지 아니할 수 있는 경우**]

  1) 다음 각 목의 어느 하나에 해당하지 아니하는 특정소방대상물에 설치되는 옥외소화전설비
     ㉮ 지하층을 제외한 층수가 7층 이상으로서 연면적이 2,000 m² 이상인 것
     ㉯ 가목에 해당하지 않는 특정소방대상물로서 지하층의 바닥면적의 합계가 3,000 m² 이상인 것. 다만, 차고·주차장 또는 보일러실·기계실·전기실 등 이와 유사한 장소의 면적은 제외한다.
  2) 내연기관에 따른 가압송수장치를 사용하는 경우
  3) 고가수조에 따른 가압송수장치를 사용하는 경우
  4) 가압수조에 따른 가압송수장치를 사용하는 경우

★★★☆☆

 문제13 옥외소화전설비에는 제어반을 설치하되, 감시제어반과 동력제어반으로 구분하여 설치하여야 한다. 감시제어반과 동력제어반으로 구분하여 설치하지 아니할 수 있는 경우 4가지를 쓰시오.

(2) 감시제어반의 기능은 다음 각 호의 기준에 적합하여야 한다. 다만, 제1항 각 호의 어느 하나에 해당하는 경우에는 제3호와 제6호를 적용하지 아니한다.[**감시제어반의 기능**]

  1) 각 펌프의 작동 여부를 확인할 수 있는 표시등 및 음향경보기능이 있어야 할 것
  2) 각 펌프를 자동 및 수동으로 작동시키거나 중단시킬 수 있어야 한다.
  3) 비상전원을 설치한 경우에는 상용전원 및 비상전원의 공급 여부를 확인할 수 있어야 할 것
  4) 수조 또는 물올림수조가 저수위로 될 때 표시등 및 음향으로 경보할 것
  5) 다음의 각 확인회로마다 도통시험 및 작동시험을 할 수 있도록 할 것
     ① 기동용수압개폐장치의 압력스위치회로
     ② 수조 또는 물올림수조의 저수위감시회로
  6) 예비전원이 확보되고 예비전원의 적합 여부를 시험할 수 있어야 할 것

★★★★☆

 문제14 감시제어반의 기능 중 5가지를 쓰시오.

(3) 감시제어반은 다음 각 호의 기준에 따라 설치하여야 한다.
  1) 화재 및 침수 등의 재해로 인한 피해를 받을 우려가 없는 곳에 설치할 것

2) 감시제어반은 옥외소화전설비의 전용으로 할 것. 다만, 옥외소화전설비의 제어에 지장이 없는 경우에는 다른 설비와 겸용할 수 있다.
3) 감시제어반은 다음 각 목의 기준에 따른 전용실 안에 설치할 것. 다만, 제1항 각 호의 어느 하나에 해당하는 경우와 공장, 발전소 등에서 설비를 집중 제어·운전할 목적으로 설치하는 중앙제어실 내에 감시제어반을 설치하는 경우에는 그러하지 아니하다.
  ① 다른 부분과 방화구획을 할 것. 이 경우 전용실의 벽에는 기계실 또는 전기실 등의 감시를 위하여 두께 7㎜ 이상의 망입유리(두께 16.3㎜ 이상의 접합유리 또는 두께 28㎜ 이상의 복층유리를 포함한다)로 된 4㎡ 미만의 붙박이창을 설치할 수 있다.
  ② 피난층 또는 지하 1층에 설치할 것. 다만, 다음 각 세목의 어느 하나에 해당하는 경우에는 지상 2층에 설치하거나 지하 1층 외의 지하층에 설치할 수 있다.[**전용실을 지상 2층에 설치하거나 지하 1층 외의 지하층에 설치할 수 있는 경우**]
    가. 「건축법 시행령」 제35조에 따라 특별피난계단이 설치되고 그 계단(부속실을 포함한다) 출입구로부터 보행거리 5m 이내에 전용실의 출입구가 있는 경우
    나. 아파트의 관리동(관리동이 없는 경우에는 경비실)에 설치하는 경우
  ③ 비상조명등 및 급·배기설비를 설치할 것
  ④ 「무선통신보조설비의 화재안전기술기준(NFTC 505)」 2.2.3에 따라 유효하게 통신이 가능할 것(영 별표 4의 제5호마목에 따른 무선통신보조설비가 설치된 특정소방대상물에 한한다)
  ⑤ 바닥면적은 감시제어반의 설치에 필요한 면적 외에 화재 시 소방대원이 그 감시제어반의 조작에 필요한 최소 면적 이상으로 할 것
4) 제3호에 따른 전용실에는 소방대상물의 기계·기구 또는 시설 등의 제어 및 감시설비 외의 것을 두지 아니할 것
(4) 동력제어반은 다음 각 호의 기준에 따라 설치하여야 한다.[**동력제어반의 설치기준**]
1) 앞면은 적색으로 하고 "**옥외소화전설비용 동력제어반**"이라고 표시한 표지를 설치할 것
2) 외함은 두께 1.5㎜ 이상의 강판 또는 이와 동등 이상의 강도 및 내열성능이 있는 것으로 할 것
3) 화재 및 침수 등의 재해로 인한 피해를 받을 우려가 없는 곳에 설치할 것
4) 동력제어반은 옥외소화전설비의 전용으로 할 것. 다만, 옥외소화전설비의 제어에 지장이 없는 경우에는 다른 설비와 겸용할 수 있다.

★★★☆☆

 문제15 동력제어반의 설치기준 4가지를 쓰시오.

7 배선 등

(1) 옥외소화전설비의 배선은 「전기사업법」 제67조에 따른 기술기준에서 정한 것 외에 다음 각 호의 기준에 따라 설치하여야 한다.
  1) 비상전원을 설치한 경우에는 비상전원으로부터 동력제어반 및 가압송수장치에 이르는 전원회로의 배선은 내화배선으로 할 것. 다만, 자가발전설비와 동력제어반이 동일한 실에 설치된 경우에는 자가발전기로부터 그 제어반에 이르는 전원회로의 배선은 그렇지 않다.
  2) 상용전원으로부터 동력제어반에 이르는 배선, 그 밖의 옥외소화전설비의 감시·조작 또는 표시등회로의 배선은 내화배선 또는 내열배선으로 할 것. 다만, 감시제어반 또는 동력제어반의 감시·조작 또는 표시등회로의 배선은 그러하지 아니하다.
(2) 내화배선 및 내열배선에 사용되는 전선의 종류 및 설치방법은 「옥내소화전설비의 화재안전기술기준(NFTC 102)」 2.7.2의 표 2.7.2(1) 및 표 2.7.2(2)의 기준에 따른다.
(3) 옥외소화전설비의 과전류차단기 및 개폐기에는 "**옥외소화전설비용**"이라고 표시한 표지를 하여야 한다.
(4) 옥외소화전설비용 전기배선의 양단 및 접속단자에는 다음 각 호의 기준에 따라 표지하여야 한다.
  1) 단자에는 "**옥외소화전단자**"라고 표시한 표지를 부착한다.
  2) 옥외소화전설비용 전기배선의 양단에는 다른 배선과 식별이 용이하도록 표시하여야 한다.

8 수원 및 가압송수장치의 펌프 등의 겸용

(1) 옥외소화전설비의 수원을 옥내소화전설비·스프링클러설비·간이스프링클러설비·화재조기진압용 스프링클러설비·물분무소화설비 및 포소화설비의 수원과 겸용하여 설치하는 경우의 저수량은 각 소화설비에 필요한 저수량을 합한 양 이상이 되도록 해야 한다. 다만, 이들 소화설비 중 고정식 소화설비(펌프·배관과 소화수 또는 소화약제를 최종 방출하는 방출구가 고정된 설비를 말한다. 이하 같다)가 2 이상 설치되어 있고, 그 소화설비가 설치된 부분이 방화벽과 방화문으로 구획되어 있는 경우에는 각 고정식 소화설비에 필요한 저수량 중 최대의 것 이상으로 할 수 있다.
(2) 옥외소화전설비의 가압송수장치로 사용하는 펌프를 옥내소화전설비·스프링클러설비·간이스프링클러설비·화재조기진압용 스프링클러설비·물분무소화설비 및 포소화설비의 가압송수장치와 겸용하여 설치하는 경우의 펌프의 토출량은 각 소화설비에 해당하는 토출량을 합한 양 이상이 되도록 하여야 한다. 다만, 이들 소화설비 중 고정식 소화설비가 2 이상 설치되어 있고, 그 소화설비가 설치된

부분이 방화벽과 방화문으로 구획되어 있으며 각 소화설비에 지장이 없는 경우에는 펌프의 토출량 중 최대의 것 이상으로 할 수 있다.

(3) 옥내소화전설비 · 스프링클러설비 · 간이스프링클러설비 · 화재조기진압용 스프링클러설비 · 물분무소화설비 · 포소화설비 및 옥외소화전설비의 가압송수장치에 있어서 각 토출측 배관과 일반급수용의 가압송수장치의 토출측 배관을 상호 연결하여 화재 시 사용할 수 있다. 이 경우 연결배관에는 개폐표시형밸브를 설치하여야 하며, 각 소화설비의 성능에 지장이 없도록 하여야 한다.

9 옥외소화전의 구조 · 모양 및 치수
(소화전의 형식승인 및 제품검사의 기술기준)

(1) 옥외소화전은 다음과 같이 구분하되, 지상용 및 지하용(승하강식에 한함)은 흡수관을 연결하여 사용할 수 있는 토출구나 방수총 등을 부착하여 사용할 수 있는 플랜지 등을 함께 설치할 수 있다.

종류	토출구 수	호칭	구분(설치장소)
A형	1	80 이상	지상용
B형	2	100 이상	지상용
C형	3	125 이상	지상용
D형	4	150 이상	지상용
E형	1	80 이상	지하용
F형	1	100 이상	지하용
G형	2	100 이상	지하용

(2) 옥외소화전의 구조 및 치수는 다음 각 호에 적합하여야 한다.
 1) 밸브의 개폐는 핸들을 좌회전할 때 열리고 우회전할 때 닫히는 구조이어야 한다.
 2) 옥외소화전은 본체의 양면에 보기 쉽도록 주물된 글씨로 "소화전"이라고 표시하여야 한다.
 3) 지상용 및 지하용(승하강식에 한함) 소화전의 소화용수가 통과하는 유효단면적은 밸브시트 단면적의 120 % 이상이어야 한다.
 4) 지상용 소화전은 지면으로부터 길이 600 mm 이상 매몰될 수 있어야 하며, 지면으로부터 높이 0.5 m 이상 1 m 이하로 노출될 수 있는 구조이어야 한다.
 5) 지상용 소화전의 토출구 방향은 수평 또는 수평에서 아랫방향으로 30° 이내이어야 하며, 지하용 소화전의 토출구 방향은 수직이어야 한다. 다만, 몸체 일부가 지상으로 상승하는 방식인 지하용 소화전의 토출구 방향은 수평으로 할 수 있다.
 6) 옥외소화전은 사용 후 시트로부터 토출구까지의 담겨있는 물을 배수할 수 있도록 플러그나 코크 그 밖의 적합한 장치를 하여야 한다.

■ **훌륭한 투자가는 훌륭한 학생이다.**

"훌륭한 투자가는 훌륭한 학생이다. 이건 아주 단순한 진리다.
나는 매일 몇 시간을 들여, 월스트리트 저널, 포브스, 비즈니스 위크, 포춘,
뉴욕타임스, 파이낸셜 타임스 등 경제신문을 읽는다.
또 책과 잡지도 많이 읽는다.
당신의 다음번 번뜩이는 아이디어가 어디에서 나올지 결코 알 수 없다.
당신이 종사하는 사업뿐만 아니라 지역적, 국가적, 전 세계적 뉴스들을 모두
꿰뚫고 있어야 한다.
당신이 무엇을 보거나 읽든, 매일같이 공부하라.
항상 마음을 열어 놓고 주의를 게을리 하지 않는 것이 중요하다."

- 도널드 트럼프 -

우리 대한민국이 이만큼 발전할 수 있었던 데는 교육열이라는 원동력이 있었
습니다. 안타깝게도 그 교육열이 자녀 교육, 대학시절까지의 학습에 그치고
있습니다.
'고3처럼 공부하는 직장인'이 되어야 우리는 또 한번의 도약을 해낼 수
있습니다.
도약을 위하여 소방시설관리사 및 소방기술사에 열심인 당신이 자랑스럽습
니다.

- 이기덕 원장 -

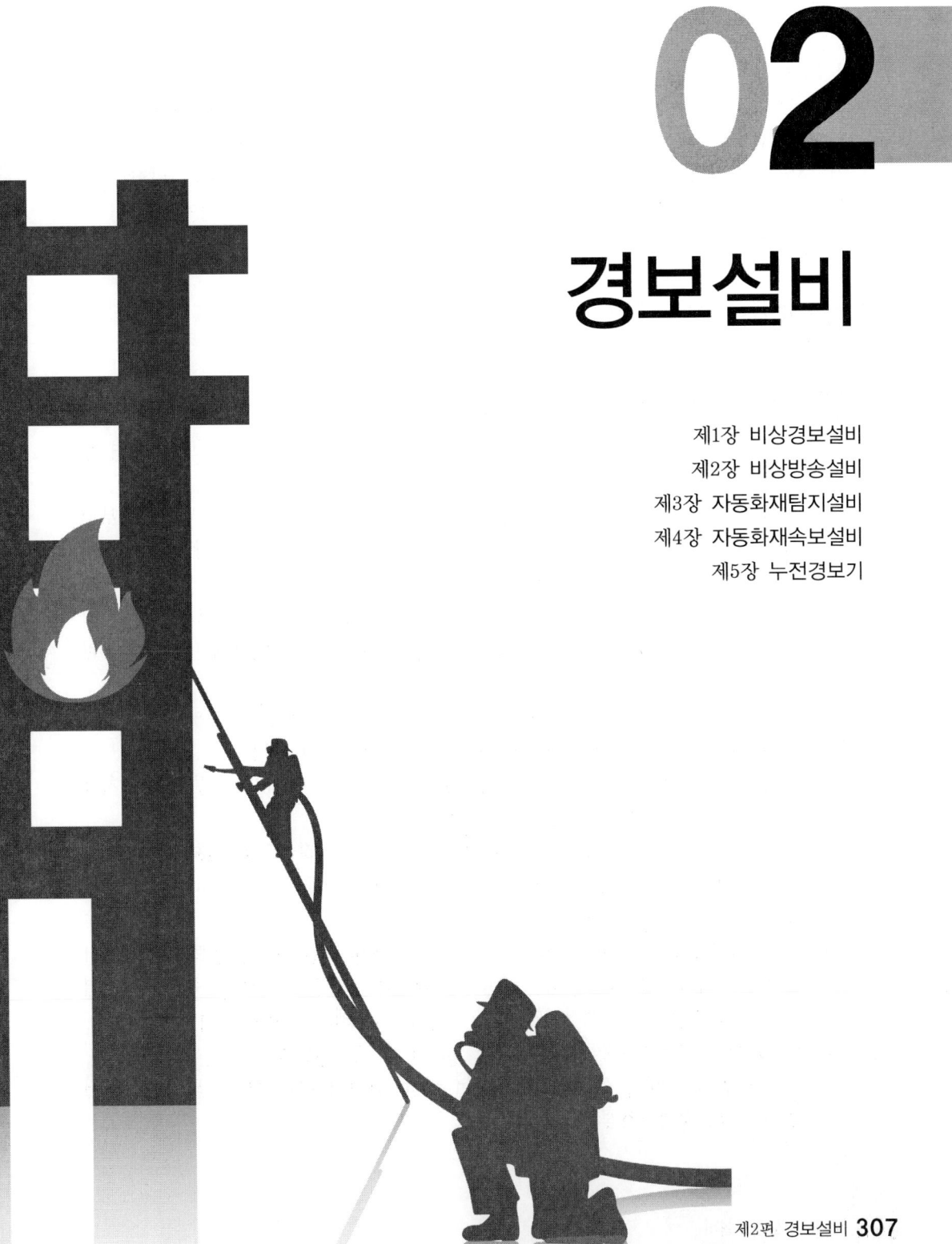

02 경보설비

제1장 비상경보설비
제2장 비상방송설비
제3장 자동화재탐지설비
제4장 자동화재속보설비
제5장 누전경보기

제1장 비상경보설비

비상경보설비는 화재 발생 시 화재경보를 발생시켜서 인명을 대피시키기 위한 설비로서, 그 종류로는 비상벨설비, 자동식사이렌설비, 단독경보형감지기가 있다.
(1) **"비상벨설비"** 란 화재 발생 상황을 경종으로 경보하는 설비를 말한다.
(2) **"자동식사이렌설비"** 란 화재 발생 상황을 사이렌으로 경보하는 설비를 말한다.
(3) **"단독경보형 감지기"** 란 화재 발생 상황을 단독으로 감지하여 자체에 내장된 음향장치로 경보하는 감지기를 말한다.

★★★☆☆

 문제01 단독경보형 감지기의 정의를 쓰시오.

1 비상벨설비 또는 자동식 사이렌설비

(1) 비상벨설비 또는 자동식 사이렌설비는 부식성 가스 또는 습기 등으로 인하여 부식의 우려가 없는 장소에 설치하여야 한다.
(2) 지구음향장치는 특정소방대상물의 층마다 설치하되, 해당 층의 각 부분으로부터 하나의 음향장치까지의 수평거리가 25 m 이하가 되도록 하고, 해당 층의 각 부분에 유효하게 경보를 발할 수 있도록 설치해야 한다. 다만, 「비상방송설비의 화재안전기술기준(NFTC 202)」에 적합한 방송설비를 비상벨설비 또는 자동식사이렌설비와 연동하여 작동하도록 설치한 경우에는 지구음향장치를 설치하지 않을 수 있다.
(3) 음향장치는 정격전압의 80% 전압에서 음향을 발할 수 있도록 하여야 한다. 다만, 건전지를 주전원으로 사용하는 음향장치는 그러하지 아니하다.
(4) 음향장치의 음향의 크기는 부착된 음향장치의 중심으로부터 1 m 떨어진 위치에서 음압이 90 dB 이상이 되는 것으로 해야 한다.
(5) 발신기는 다음 각 호의 기준에 따라 설치하여야 한다.[**발신기의 설치기준**]
　1) 조작이 쉬운 장소에 설치하고, 조작스위치는 바닥으로부터 0.8 m 이상 1.5 m 이하의 높이에 설치할 것
　2) 특정소방대상물의 층마다 설치하되, 해당 특정소방대상물의 각 부분으로부터 하나의 발신기까지의 수평거리가 25 m 이하가 되도록 할 것. 다만, 복도 또는 별도로 구획된 실로서 보행거리가 40 m 이상일 경우에는 추가로 설치하여야 한다.
　3) 발신기의 위치표시등은 함의 상부에 설치하되, 그 불빛은 부착면으로부터 15° 이상의 범위 안에서 부착지점으로부터 10 m 이내의 어느 곳에서도 쉽게 식별할 수 있는 적색등으로 할 것

★★★☆☆

 문제02 발신기의 설치기준 3가지를 쓰시오.[점검21회기출]

(6) 비상벨설비 또는 자동식 사이렌설비의 상용전원은 다음 각 호의 기준에 따라 설치하여야 한다.[**비상벨설비 또는 자동식 사이렌설비의 상용전원 설치기준**]
 1) 상용전원은 전기가 정상적으로 공급되는 축전지설비, 전기저장장치(외부 전기에너지를 저장해 두었다가 필요한 때 전기를 공급하는 장치) 또는 교류전압의 옥내간선으로 하고, 전원까지의 배선은 전용으로 할 것
 2) 개폐기에는 "**비상벨설비 또는 자동식 사이렌설비용**"이라고 표시한 표지를 할 것

★★☆☆☆

 문제03 비상벨설비 또는 자동식 사이렌설비의 상용전원 설치기준 2가지를 쓰시오.

(7) 비상벨설비 또는 자동식사이렌설비에는 그 설비에 대한 감시상태를 60분간 지속한 후 유효하게 10분 이상 경보할 수 있는 비상전원으로서 축전지설비(수신기에 내장하는 경우를 포함한다) 또는 전기저장장치(외부 전기에너지를 저장해 두었다가 필요한 때 전기를 공급하는 장치)를 설치해야 한다. 다만, 상용전원이 축전지설비인 경우 또는 건전지를 주전원으로 사용하는 무선식 설비인 경우에는 그렇지 않다.

> 축전지 용량 = 감시전류(60분) + 동작전류(10분)

(8) 비상벨설비 또는 자동식 사이렌설비의 배선은 「전기사업법」 제67조에 따른 「전기설비기술기준」에서 정한 것 외에 다음의 기준에 따라 설치해야 한다.
 1) 전원회로의 배선은 내화배선에 의하고, 그 밖의 배선은 내화배선 또는 내열배선에 따를 것
 2) 전원회로의 전로와 대지 사이 및 배선 상호 간의 절연저항은 「전기사업법」 제67조에 따른 기술기준이 정하는 바에 의하고, 부속회로의 전로와 대지 사이 및 배선 상호 간의 절연저항은 1경계구역마다 직류 250V의 절연저항측정기를 사용하여 측정한 절연저항이 0.1MΩ 이상이 되도록 할 것

 ※**전기사업법 제67조에 따른 기술기준**

전로의 사용전압 구분		절연저항
400 V 미만	대지전압(접지식 전로는 전선과 대지간의 전압, 비접지식 전로는 전선간의 전압을 말한다)이 150 V 이하인 경우	0.1 MΩ 이상
	대지전압이 150 V 초과 300 V 이하인 경우	0.2 MΩ 이상
	사용전압이 300 V 초과 400 V 미만인 경우	0.3 MΩ 이상
400 V 이상		0.4 MΩ 이상

3) 배선은 다른 전선과 별도의 관·덕트(절연효력이 있는 것으로 구획한 때에는 그 구획된 부분은 별개의 덕트로 본다)·몰드 또는 풀박스 등에 설치할 것. 다만, 60 V 미만의 약전류회로에 사용하는 전선으로서 각각의 전압이 같을 때에는 그러하지 아니하다.

2 단독경보형 감지기

단독경보형 감지기는 다음 각 호의 기준에 따라 설치하여야 한다.[**단독경보형 감지기의 설치기준**]

(1) 각 실(이웃하는 실내의 바닥면적이 각각 30 m² 미만이고 벽체의 상부의 전부 또는 일부가 개방되어 이웃하는 실내와 공기가 상호 유통되는 경우에는 이를 1개의 실로 본다)마다 설치하되, 바닥면적이 150 m²를 초과하는 경우에는 150 m²마다 1개 이상 설치할 것

$$\text{단독경보형 감지기의 설치 수량} = \frac{\text{바닥면적}(m^2)}{150(m^2/\text{개})}$$

(2) 계단실은 최상층의 계단실 천장(외기가 상통하는 계단실의 경우를 제외한다)에 설치할 것
(3) 건전지를 주전원으로 사용하는 단독경보형 감지기는 정상적인 작동상태를 유지할 수 있도록 건전지를 교환할 것
(4) 상용전원을 주전원으로 사용하는 단독경보형감지기의 2차 전지는 법 제40조에 따라 제품검사에 합격한 것을 사용할 것

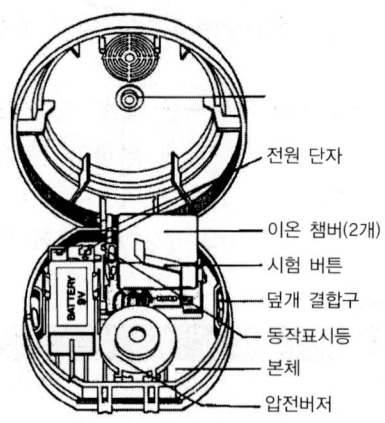

★★★★☆

문제04 단독경보형 감지기의 설치기준 4가지를 쓰시오.

제2장 비상방송설비

비상방송설비는 자동화재탐지설비의 화재감지기와 연동하여 증폭기에 전원이 투입되게 하여, 화재 시 행하는 경보방송을 미리 녹음한 내용을 스피커를 통하여 음성으로 방송하는 설비이다.

1 음향장치

비상방송설비는 다음 각 호의 기준에 따라 설치하여야 한다. 이 경우 엘리베이터 내부에는 별도의 음향장치를 설치할 수 있다.

(1) 확성기의 음성입력은 3 W(실내에 설치하는 것에 있어서는 1 W) 이상일 것

> **용어** "확성기"란 소리를 크게 하여 멀리까지 전달될 수 있도록 하는 장치로써 일명 스피커를 말한다.

(2) 확성기는 각 층마다 설치하되, 그 층의 각 부분으로부터 하나의 확성기까지의 수평거리가 25 m 이하가 되도록 하고, 해당 층의 각 부분에 유효하게 경보를 발할 수 있도록 설치할 것
(3) 음량조정기를 설치하는 경우 음량조정기의 배선은 3선식으로 할 것

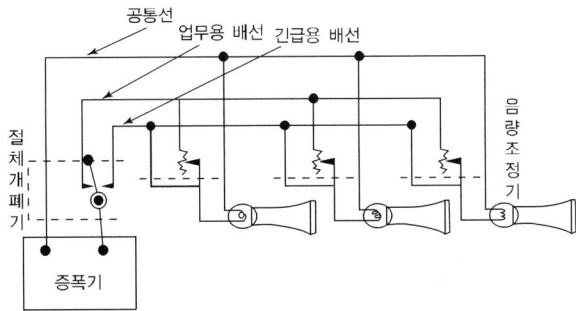

> **용어** "음량조절기"란 가변저항을 이용하여 전류를 변화시켜 음량을 크게 하거나 작게 조절할 수 있는 장치를 말한다.

(4) 조작부의 조작스위치는 바닥으로부터 0.8 m 이상 1.5 m 이하의 높이에 설치할 것
(5) 조작부는 기동장치의 작동과 연동하여 해당 기동장치가 작동한 층 또는 구역을 표시할 수 있는 것으로 할 것
(6) 증폭기 및 조작부는 수위실 등 상시 사람이 근무하는 장소로서 점검이 편리하고 방화상 유효한 곳에 설치할 것

16th Day

> **용어** "**증폭기**"란 전압전류의 진폭을 늘려 감도를 좋게 하고 미약한 음성전류를 커다란 음성전류로 변화시켜 소리를 크게 하는 장치를 말한다.

(7) 층수가 11층(공동주택의 경우에는 16층) 이상의 특정소방대상물은 다음의 기준에 따라 경보를 발할 수 있도록 해야 한다. <개정 2023.2.10>

  1) 2층 이상의 층에서 발화한 때에는 발화층 및 그 직상 4개층에 경보를 발할 것 <개정 2023.2.10>
  2) 1층에서 발화한 때에는 발화층·그 직상 4개층 및 지하층에 경보를 발할 것<개정 2023.2.10>
  3) 지하층에서 발화한 때에는 발화층·그 직상층 및 기타의 지하층에 경보를 발할 것

★★★★★

> **예상 문제01** 지하 3층, 지상 5층, 연면적 5,000 m²인 경우 화재 층이 아래와 같을 때 경보되는 층을 모두 쓰시오. [점검8회기출]
> ① 지하 2층   ② 지상 1층   ③ 지상 2층

(8) 다른 방송설비와 공용하는 것에 있어서는 화재 시 비상경보 외의 방송을 차단할 수 있는 구조로 할 것
(9) 다른 전기회로에 따라 유도장애가 생기지 아니하도록 할 것
(10) 하나의 특정소방대상물에 2 이상의 조작부가 설치되어 있는 때에는 각각의 조작부가 있는 장소 상호간에 동시 통화가 가능한 설비를 설치하고, 어느 조작부에서도 해당 특정소방대상물의 전 구역에 방송을 할 수 있도록 할 것
(11) 기동장치에 따른 화재신호를 수신한 후 필요한 음량으로 화재발생상황 및 피난에 유효한 방송이 자동으로 개시될 때까지의 소요시간은 10초 이내로 할 것
(12) 음향장치는 다음 각 목의 기준에 따른 구조 및 성능의 것으로 하여야 한다. [음향장치의 설치기준]
  1) 정격전압의 80 % 전압에서 음향을 발할 수 있는 것을 할 것
  2) 자동화재탐지설비의 작동과 연동하여 작동할 수 있는 것으로 할 것

2 배선

비상방송설비의 배선은 「전기사업법」 제67조에 따른 「전기설비기술기준」에서 정한 것 외에 다음의 기준에 따라 설치해야 한다.
(1) 화재로 인하여 하나의 층의 확성기 또는 배선이 단락 또는 단선되어도 다른 층의 화재 통보에 지장이 없도록 할 것
(2) 전원회로의 배선은 내화배선에 따르고, 그 밖의 배선은 내화배선 또는 내열배선에 따라 설치할 것

(3) 전원회로의 전로와 대지 사이 및 배선 상호 간의 절연저항은 「전기사업법」 제67조에 따른 기술기준이 정하는 바에 따르고, 부속회로의 전로와 대지 사이 및 배선 상호 간의 절연저항은 1경계구역마다 직류 250V의 절연저항측정기를 사용하여 측정한 절연저항이 0.1㏁ 이상이 되도록 할 것

※ 전기사업법 제67조에 따른 기술기준

전로의 사용전압 구분		절연저항
400 V 미만	대지전압(접지식 전로는 전선과 대지간의 전압, 비접지식 전로는 전선간의 전압을 말한다)이 150 V 이하인 경우	0.1 ㏁ 이상
	대지전압이 150 V 초과 300 V 이하인 경우	0.2 ㏁ 이상
	사용전압이 300 V 초과 400 V 미만인 경우	0.3 ㏁ 이상
400 V 이상		0.4 ㏁ 이상

(4) 비상방송설비의 배선은 다른 전선과 별도의 관·덕트(절연효력이 있는 것으로 구획한 때에는 그 구획된 부분은 별개의 덕트로 본다) 몰드 또는 풀박스 등에 설치할 것. 다만, 60V 미만의 약전류회로에 사용하는 전선으로서 각각의 전압이 같을 때에는 그러하지 아니하다.

3 전원

(1) 비상방송설비의 상용전원은 다음 각 호의 기준에 따라 설치하여야 한다.
 1) 상용전원은 전기가 정상적으로 공급되는 축전지설비, 전기저장장치(외부 전기에너지를 저장해 두었다가 필요한 때 전기를 공급하는 장치) 또는 교류전압의 옥내간선으로 하고, 전원까지의 배선은 전용으로 할 것
 2) 개폐기에는 **"비상방송설비용"**이라고 표시한 표지를 할 것
(2) 비상방송설비에는 그 설비에 대한 감시상태를 60분간 지속한 후 유효하게 10분 이상 경보할 수 있는 축전지설비(수신기에 내장하는 경우를 포함한다) 또는 전기저장장치(외부 전기에너지를 저장해 두었다가 필요한 때 전기를 공급하는 장치)를 설치하여야 한다.

17th Day

제3장 자동화재탐지설비

자동화재탐지설비는 건축물 내에 발생한 화재 시, 초기단계에서 발생되는 열, 연기, 불꽃 등의 연소생성물을 자동으로 감지하여 관계자에게 경종 등의 음향장치로 화재발생을 알리는 설비이다.

1 수신기의 형식(종류)

(1) P형 수신기(Proprietary Type : 개인 소유형)
P형은 수신기를 감지기, 발신기, 경종 등과 전선으로 연결하는 방식으로서 소규모의 건물에 많이 사용된다.

(2) R형 수신기(Record Type : 기록형)
R형은 고유의 신호를 발신하는 중계기에 접속된 단신호식(재래식) 감지기 또는 발신기가 작동하면 중계기에서 고유신호로 변환되어 수신기로 신호 전송을 하거나 고유신호 발생장치(아날로그/어드레스식)를 갖는 감지기를 직접 연결하여 신호를 수신, 제어하는 수신기이다.

항목	P형	R형
시스템의 신뢰성	신뢰성이 낮다.	신뢰성이 높다.
유지관리	유지관리가 어렵다.	유지관리가 쉽다.
회로의 증설, 변경	회로의 증설, 변경이 어렵다.	회로의 증설, 변경이 쉽다.
배관, 배선 공사비	배관, 배선 공사비가 높다.	배관, 배선 공사비가 낮다.
수신기 가격	수신기 가격이 저렴하다.	수신기 가격이 고가이다.

(3) GP형 수신기(Gas-Proprietary Type)

(4) GR형 수신기(Gas-Record Type)

★★☆☆

예상 문제01 P형과 R형 수신기를 설명하고, 그 차이점을 간략히 비교(대용량 회로 기준) 하시오. [설계3회기출]

TIP ※다중전송방식의 특징
① 하나의 신호선(통신 전선)으로 동시에 2개 이상의 신호 전송이 가능하다.
② R형 수신기의 신호전송방식이다.
③ 선로 수가 적게 들어 경제적이다.
④ 선로 길이를 길게 할 수 있다.

2 중계기의 종류

중계기의 종류에는 전원장치(축전지)를 내장한 집합형과 전원장치를 내장하지 않은 분산형이 있다. 집합형은 상용전원 및 비상전원을 분전반에서 직접 공급 받으며, 분산형은 상용전원 및 비상전원을 수신기에서 공급받는다.

종류	집합형(전원장치 내장형)	분산형(전원장치 비내장형)
입력전원	AC 110/220V, 50~60Hz	DC 24V
전력 공급원	비상전원	R형 수신기
예비전원(BATTERY)	자체 내장	R형 수신기에 내장
회로 수용 능력	대용량(30~40회로)	소용량(5회로 미만)
외형 크기	대형	소형
설치 방식	전기 PIT 등에 벽걸이형으로 설치	발신기함 등에 내장하거나 별도의 수용함 내부에 설치
설치도	(그림) R형수신기	(그림) R형수신기

3 감지기의 종류

(1) 차동식 스포트형 감지기

1) 개요
주위의 온도가 일정한 온도 상승률 이상이 되었을 경우 작동하는 것으로 일국소의 열효과에 의하여 작동하는 것을 말한다.

2) 동작원리
화재 시 급속히 온도가 상승하면 공기실의 팽창된 공기 압력에 의해 다이어프램이 작동되어 접점을 폐로시켜 작동한다.

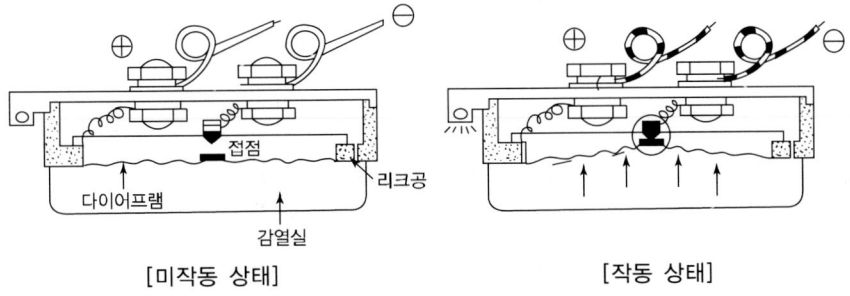

[미작동 상태]   [작동 상태]

3) 구조

① 리이크홀 : 공기실 내부의 공기 압력을 조절하여 비화재보를 방지한다. 리이크홀이 먼지 등에 의해서 막히게 되면 감열실 내의 압력과 외부의 압력의 조정이 일어나지 않아 완만한 온도 상승에도 공기의 압력은 다이어프램을 밀어 올려 비화재보를 발생하는 원인이 되므로 주의해야 한다.

② 다이어프램 : 약 0.03~0.04 mm 정도의 황동판 또는 인청동판으로서 화재 시에 공기실의 팽창된 공기 압력을 변위시키는 역할을 수행하며, 접촉 면적을 증대시키기 위해 파형으로 되어 있다.

③ 공기실(감열실) : 열을 유효하게 감지하는 부분이다.

④ 접점 : PGS(PLATINUM, GOLD, SILVER)합금, 파라듐

⑤ 감지기 작동표시 장치(다이오드) : 현장에서도 감지기의 동작 유무를 식별할 수 있도록 동작 LAMP 등을 작동시키도록 회로적으로 구성되어 있다.

(2) 차동식 분포형 감지기

1) 공기관식 감지기

① 개요

주위의 온도가 일정한 온도 상승률 이상이 되었을 경우에 작동하는 것으로서 광범위한 열효과의 누적에 의하여 작동된다.

② 구조

화재 시에 열을 감지하는 감열부와 감열부에서 전해진 공기의 팽창을 감지하는 검출부(미터릴레이)로 구성된다.

③ 동작원리

화재 시 급격히 온도가 상승하면 공기관 내의 공기를 팽창시켜 다이어프램이 작동, 접점을 폐로시켜 작동한다.

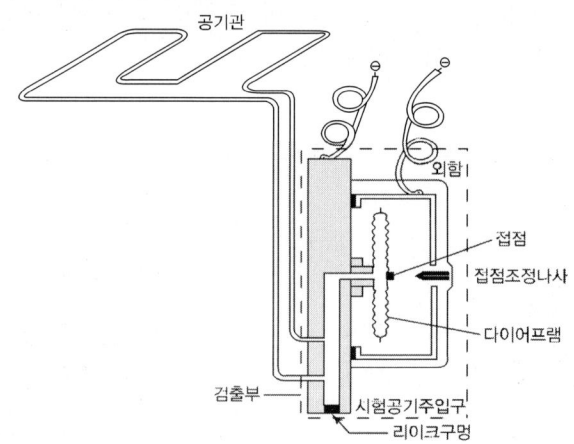

2) 열전대식 감지기

① 작동원리

구리와 비스무스(Bi) 또는 비스무스선과 안티몬(Sb)선의 양쪽 끝을 서로 용접하고 접합부를 가열하면 전위차가 발생하고 전류가 흐르게 된다.(제에벡 효과) 검출부 내의 코일에 전류가 흐르게 되면 자석이 되어 접점이 붙게 되어 화재 신호를 발생한다.

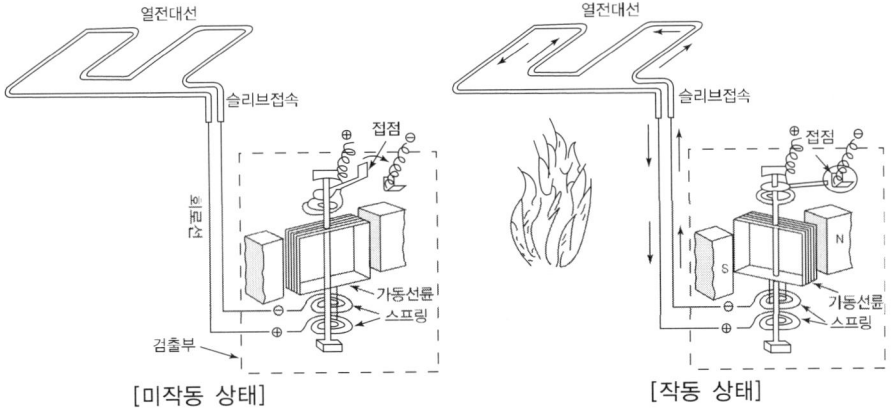

[미작동 상태]　　　　　[작동 상태]

② 구성

열전대선(서로 다른 두 종류의 금속)과 검출부(접점+코일)로 구성되어 있다.

③ 특징

리크홀이 없다. 감지기의 미터릴레이(검출부)는 완만한 온도 상승에서는 열기전력이 적어 작동하지 않는다. 검출부에 접속할 수 있는 열전대는 4개 이상 20개 이하이다.

3) 열반도체식 감지기

① 작동원리

감열부와 검출부로 구성되어 있고 그 중 감열부는 열반도체 소자와 수열판으로 되어 있어 화재에 의해 급격히 온도가 상승할 경우 열반도체 소자에 의하여 열기전력이 발생되어 미터릴레이를 작동시켜 접점이 폐로 됨으로써 화재 신호를 수신기에 송신한다.

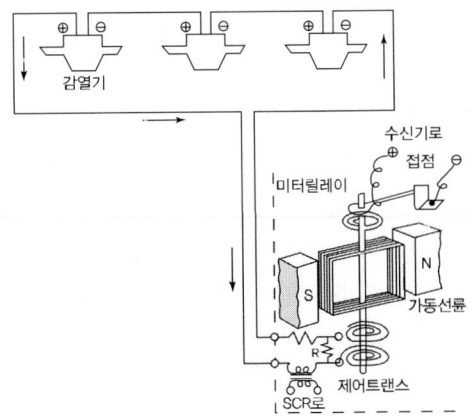

② 구성
  수열판, 열반도체 소자, 동니켈선, 검출부, 접점

(3) 정온식 스포트형 감지기

1) 개요
주위의 온도가 일정한 온도 이상이 되었을 경우 작동하는 것으로 일국소의 열효과에 의하여 작동하는 것을 말한다. 국내에는 열팽창률이 서로 다른 두 종류의 금속을 접합시킨 바이메탈을 감지기 소자로 사용하고 있다.

2) 동작원리
주요 구성품은 열팽창계수가 다른 두 종류의 금속을 접합시킨 바이메탈과 접점으로 구성되어 있으며, 동작원리는 화재 시 발생되는 열에 의해 열이 집열판에 집열되어 감지 소자인 바이메탈에 전달되면 바이메탈의 특성에 의해 가동접점을 이동시켜 고정접점과 접촉되므로 폐회로가 구성되어 수신기에 신호를 보내게 된다.

3) 종류
① 바이메탈의 활곡을 이용한 방식
② 바이메탈의 반전을 이용한 방식
③ 금속의 팽창계수차를 이용한 방식
④ 액체의 팽창을 이용한 방식
⑤ 가용절연물을 이용한 방식

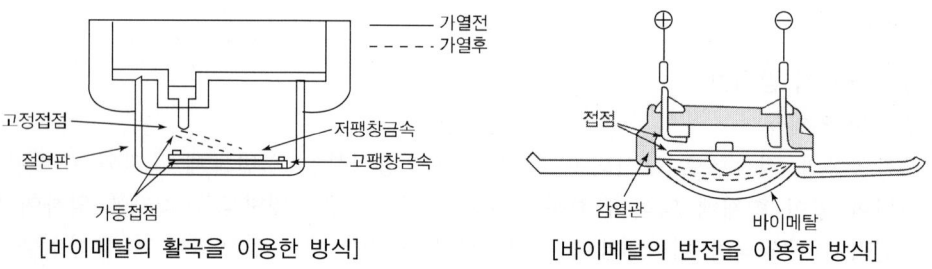

[바이메탈의 활곡을 이용한 방식] [바이메탈의 반전을 이용한 방식]

★★★☆☆

[예상] 문제02 정온식 스포트형 감지기에 대하여 간단히 설명하고, 그 종류 4가지를 쓰시오.

(4) 정온식 감지선형 감지기
정온식 감지선형 감지기는 가용절연물로 강철선을 피복하고, 그 위를 난연성 재질로 피복한 전선 형태의 감지기이며, 화재로 인한 열 또는 화염에 의해 가용절연물이 용융될 경우, 서로 꼬인 강철선이 원형으로 되돌아가고자 하는 힘에 의하여 단락되어 화재 신호를 보내게 된다. 가용절연물이 용융되어 화재 신호를 발생한 용융된 부분은 재사용이 불가능하다.(비재용형)

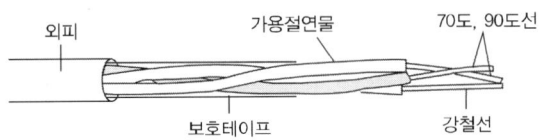

(5) 보상식 스포트형 감지기

보상식 스포트형 감지기는 차동식 스포트형 감지기와 정온식 스포트형 감지기의 기능을 합쳐놓은 것이다. 차동식 열감지기로 감지하기 곤란한 경우(아주 완만하게 온도가 상승할 경우) 어느 시간이 지나 주위의 온도가 정해진 일정 온도에 도달하게 되면 정온 특성의 기능을 발휘할 수 있다.

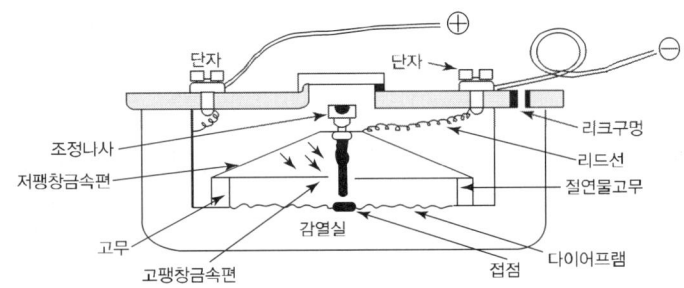

구분	보상식 감지기	열복합형 감지기
동작 방식	차동식, 정온식 OR회로 둘 중 하나만 작동해도 작동	차동식, 정온식 AND회로 둘 모두 작동 시에만 작동
적응 장소	① 심부화재 적용 ② 온도 상승이 완만한 장소에 사용	① 지하층, 무창층 등 환기가 잘 안되는 장소 ② 실내 용적이 적은 장소 ③ 천장과 바닥 사이가 좁은 장소

(6) 이온화식 연기감지기

1) 개요

주위의 공기가 일정한 농도의 연기를 포함하게 되는 경우에 작동하는 것으로서 일국소의 연기에 의하여 이온전류가 변화하여 작동한다.

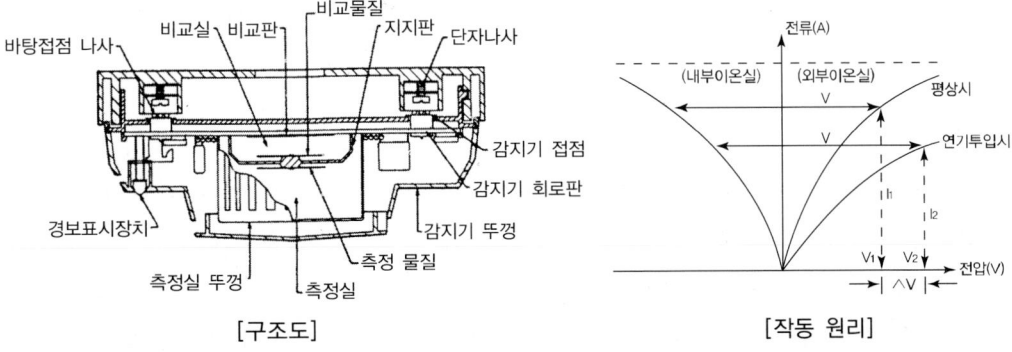

[구조도] [작동 원리]

2) 작동원리

연기가 흘러 들어가는 외부 이온실과 밀폐된 내부 이온실로 구성되어 있으며 각 이

17th Day

온실에는 미량의 방사선원으로 봉입되어 있다. 내부 이온실의 ⊕극과 외부 이온실의 ⊖극 사이에는 정전압 V가 인가되어 있는데 화재가 발생하여 외부 이온실 안에 연기가 들어가면 이온 전류가 감소하여 외부 이온실과 내부 이온실의 전압비가 변화하게 된다. 이러한 전압차를 증폭시켜 감지기에 편성되어 있는 전기회로를 작동시킴으로서 수신기에 화재경보를 발하도록 한 것이다. 이온실의 방사선원으로는 아메리슘241(Am241)이나 라듐(Ra)을 사용한다.

(7) 광전식 연기감지기

모든 광전식 감지기는 MIE의 분산법칙이라는 기본 원리에 의하여 작동한다. MIE의 분산법칙은 공기 중에 부유하는 작은 입자의 직경이 분산된 빛의 파장보다 길어야만 빛이 분산된다는 간단한 원리이다.

 ※광전식 감지기

종류	감지원리
광전식 스포트형 연기감지기(산란광식)	광량의 증가를 이용
광전식 분리형 연기감지기(감광식)	광량의 감소를 이용

1) 광전식 스포트형 연기감지기(산란광식)

광전식 감지기(산란광식)는 주위의 빛을 완전히 차단시키고 연기만 진입하도록 한 암상자 내의 한쪽에서 발광소자의 광속을 하나의 방향으로 조사시키고, 이 광속의 산란광을 받는 방향에 수광소자(광전지)를 설치한다. 화재에 의하여 암상자 내에 연기가 유입되면 연기에 포함된 입자가 광속에 부딪혀 산란반사를 일으키고, 수광소자는 산란광의 일부를 받아 수광량의 변화를 검출하여 신호증폭회로, 스위칭회로를 통하여 수신기에 화재신호를 발신한다.

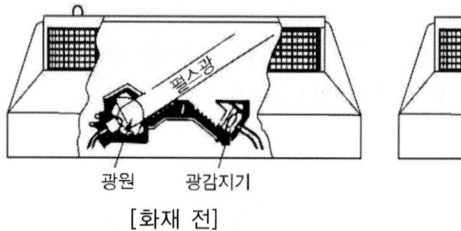
[화재 전]

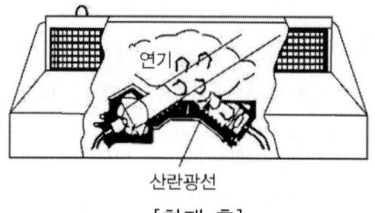
[화재 후]

★★☆☆☆

 문제03 연기감지기에서 광전식 감지기의 구조 원리를 설명하시오.(구조는 산란광식 감지기) [설계1회기출]

2) 광전식 분리형 감지기(감광식)

광전식 분리형 감지기는 광전식 스포트형 감지기의 발광부와 수광부를 분리한 것과 같은 것으로, 발광부에서 상시 수광부로 빛을 보내고 있어 그 사이에 연기가 광도의 축을 방해하는 경우 광량이 감소되면서 일정량을 초과하면 화재 신호를 보낸다.

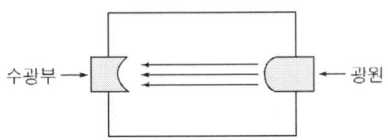

★★★☆☆

예상 **문제04** Mie의 분산법칙을 정의하고, 이 법칙을 기초로 응용한 감지기를 모두 열거하시오.

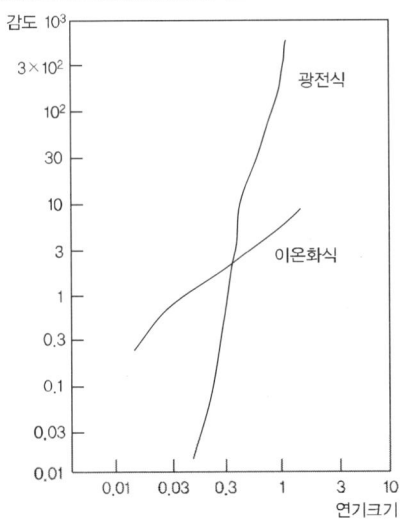

[연기 크기와 감도와의 관계]

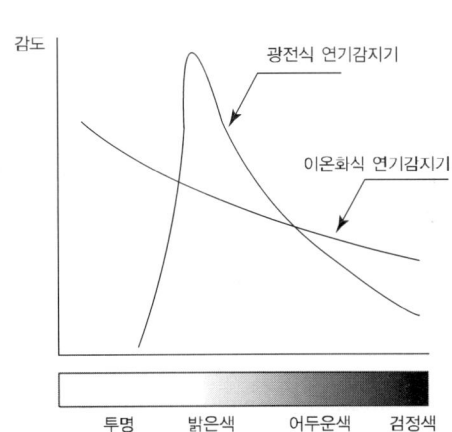

[연기 색상과 감도와의 관계]

종류	이온화식	광전식
작동 원리	이온 전류 변화	수광부의 광량 변화
구조	방사선원, 이온챔버, 검출부	발광원, 수광부, 검출부
연기 크기	연기 크기에 따른 감지 범위가 넓으며, 감도 폭이 작다.	연기 크기에 따른 감지 범위가 좁으며, 감도 폭이 크다.
연기 색상	연기 색상에 따른 감도 폭이 작다. 모든 연기(투명, 밝은 색, 어두운색, 검정색)의 검출이 가능하다.	연기 색상에 따른 감도 폭이 크다. 밝은 색과 어두운색 사이의 연기는 검출이 용이하나, 투명색과 검정색의 검출은 어렵다.
사용 장소	① B급화재 등 불꽃화재 ② 입자가 작은 연기에 유리($0.01 \sim 0.3 \mu m$)	① A급화재 등 훈소화재 ② 입자가 큰 연기에 유리($0.3 \mu m \sim 1 \mu m$)

(8) 다신호식 감지기

감지원리는 동일하나 감도가 서로 다른 2개 이상의 신호를 발하는 감지기이다. 다신호식 감지기는 성능, 종별, 공칭작동온도 또는 공칭축적시간별마다 서로 다른 2 이상의 신호를 발할 수 있다. 다신호식 감지기로부터 신호를 받기 위해서는 다신호식 수신기를 사용해야 한다.

(9) 공기흡입형 감지기(공기표본추출형)

1) 개요
연소 초기 단계에서 열분해 시 생성된 초미립자를 감지구역 내에 설치된 흡입배관을 통하여 감지헤드로 흡입시켜 미립자를 분석하여 화재 신호를 발생하는 장치이다.

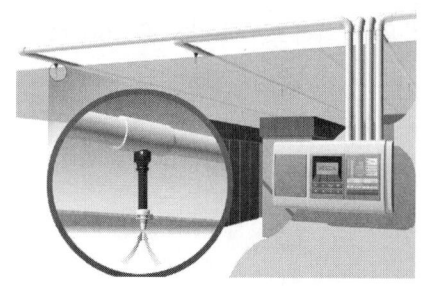

2) 특징
재래식 연기감지기(이온화식, 광전식)보다 빠른 응답특성을 가지고 있어 초기화재 감지장치로 분류된다. $0.005 \sim 0.02\ \mu m$의 입자(재래식 감지기보다 450배 이상 작은 입자)를 측정할 수 있다.
→ 능동형 감지기, 빠른 응답특성, 초기 화재 감지, 초미립자 검출

3) 종류
Cloud Chamber Smoke Detector, 초기감지형 광전식감지기, 공기흡입형(레이져) 감지기 등의 종류가 있다.

종 류	작동 원리
Cloud Chamber Smoke Detector	연기(초미립자) 흡입 → 습도 챔버(Cloud Chamber)에서 연기입자 증폭 → 광전식원리에 의하여 검출(일반 광원 사용)
초기감지형 광전식감지기	연기(초미립자) 흡입 → 광전식원리에 의하여 검출(강력한 고감도의 크세논(Xenon) 광원을 사용)
공기흡입형 (레이저) 감지기	연기(초미립자) 흡입 → 광전식원리에 의하여 검출(강력한 고감도의 레이저 광원을 사용)

※ Cloud Chamber Smoke Detector

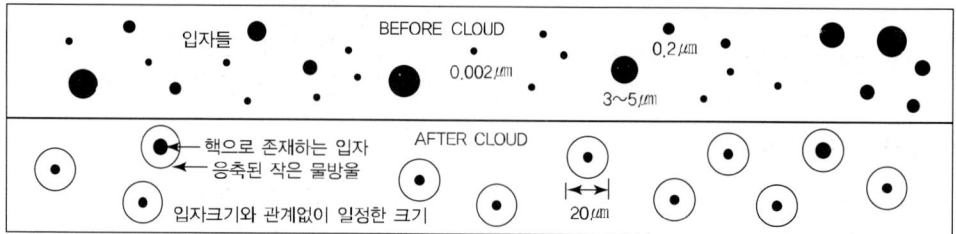

(10) 불꽃감지기(화염감지기)
화재 시 화염(Flame), 전기불꽃(Spark), 잔화(Ember)로 부터의 복사에너지는 스펙트럼상의 자외선, 가시광선, 적외선의 다양한 방출물로 나타나게 된다. 불꽃감지기

는 특정 파장(자외선 및 적외선)의 방사에너지를 전기에너지로 변환하여 이를 검출하는 감지기이다. 불꽃감지기는 물질이 빛을 흡수하면 광전자를 방출하여 기전력이 발생하는 현상인 광전효과에 의하여 화재를 검출한다.

구분	자외선식 불꽃감지기	적외선식 불꽃감지기
작동원리	화염에서 방사되는 자외선의 변화가 일정량 이상 되었을 때 작동	화염에서 방사되는 적외선의 변화가 일정량 이상 되었을 때 작동
검출파장	0.18~0.26 ㎛	4.1~4.7 ㎛
감지방식	① 외부 광전자 효과 ② 광도전 효과 ③ 광기전력 효과	① CO_2공명방사 감지방식 ② 2파장 감지방식 ③ 정방사 감지방식 ④ Fricker 감지방식

(11) 아날로그 감지기

아날로그 감지기는 주위의 온도 또는 농도를 상시 검지하여 수신기로 그 값을 송출하면 수신기에 프로그램 된 설정치에 의하여 단계별 출력을 내보내는 감지기이다. 일반감지기에 비하여 비화재보를 최소화할 수 있는 장점이 있으며, 온도 또는 농도의 변화에 따라 예비경보, 화재경보, 설비연동 등을 수행하게 되며 아날로그 신호를 수신할 수 있는 수신기를 설치해야 한다.

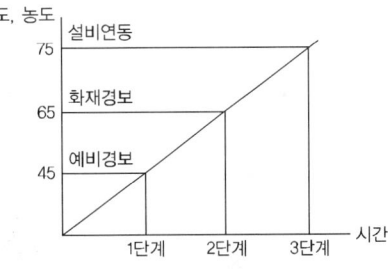

항목	일반형 감지기	아날로그 감지기
동작특성	-정해진 온도, 농도에 도달하여 접점 동작 -수신반에서 즉시 경보 발생	-온도, 농도를 항상 검지하여 아날로그 신호를 수신기로 송출 -수신기의 프로그램에 의해 단계적 경보 발생
시공방법	-600㎡당 1경계구역으로 여러 개의 감지기를 1회로로 구성 -동작한 감지기를 알 수 없음	-감지기 하나가 1회로이며 고유번호를 부여하여 각각 수신기에 연결 -동작한 감지기를 알 수 있음
수신반 회로수	경계구역별 1회로이므로 수신반 회로수가 적어진다.	감지기별 1회로이므로 수신반 회로수가 많아진다.
비화재보	비화재보 발생률이 높다	비화재보 발생률이 낮다

> **[용어]** "경계구역"이란 특정소방대상물 중 화재신호를 발신하고 그 신호를 수신 및 유효하게 제어할 수 있는 구역을 말한다.

★★☆☆☆

 문제05 아날로그방식 감지기에 관하여 다음 물음에 답하시오.[점검18회기출]
(1) 감지기의 동작특성에 대하여 설명하시오.
(2) 감지기의 시공방법에 대하여 설명하시오.
(3) 수신반 회로수 산정에 대하여 설명하시오.

4 비화재보(Unwanted Alarm)

화재 이외의 요인에 의해 자동화재탐지설비가 작동하여 화재 경보를 발하는 것을 비화재보(Unwanted Alarm)라 한다. 잦은 비화재보는 자동화재탐지설비의 신뢰성을 떨어뜨리고 결국은 그 본연의 기능을 상실하게 된다.

(1) 비화재보의 종류

1) 비화재보(False Alarm) - 설비 자체의 결함이나 오조작 등에 의한 것
2) 일과성 비화재보(Nuisance Alarm) - 주위 상황이 대부분 순간적으로 화재와 같은 상태로 되었다가 정상 상태로 복귀하는 경우

(2) 비화재보의 원인

종류	설명
인위적인 요인	공사 중의 분진, 공조기의 바람, 자동차 등의 배기가스, 조리에 의한 열이나 연기, 끽연에 의한 연기, 보수공사 중의 실수로 인한 전선의 합선, 단선, 누전 또는 감지기의 파손
기능상의 요인	조리실이나 기계실로부터 유출한 증기, 부품이나 회로의 불량, 모래나 면사 등의 먼지, 경년 열화에 따른 감도의 변화, 해충 또는 쥐 등에 의한 설비의 고장이나 결로 현상
환경적 요인	풍압, 기압, 온도, 습도, 빛, 연기, 먼지, 분진의 변화
유지상의 요인	청소 및 관리 불량, 건축물의 갈라진 틈에 의한 침수, 감지기 주위의 부적정 환경 미제거
설치상의 요인	배선의 접속 불량, 부착 불량 등 부적절한 공사, 부적합한 장소 설치(감지기의 선정 부적정)

(3) 비화재보의 방지대책

종류	설명
기기의 선정	① 설치 장소에 적응성 있는 감지기 선정 ② 오동작의 우려가 적은 감지기 선정 ③ 오동작의 우려가 적은 수신기 선정
환경 변화	① 조리 시 열, 연기의 유입 방지 ② 흡연에 의한 연기의 체류 방지 ③ 공업용 기계, 기구의 가동으로 인한 열, 연기, 배기가스의 체류 방지 ④ 태양열에 의한 열 관리 ⑤ 비화재보 생성물인 습기, 먼지, 분진 등의 발생 억제
경년 변화	① 연기감지기에 기류를 가하지 않음 ② 진동, 충격 등의 기계적 작용이나 스위치의 개폐, 그 밖의 전기회로의 전압변동 등의 전기적 작용 ③ 사용 장소에 따라 예측되는 조명기구의 빛, 외광 ④ 전자파 또는 전계의 영향

5 경계구역

(1) 자동화재탐지설비의 경계구역은 다음 각호의 기준에 따라 설정하여야 한다. 다만, 감지기의 형식승인 시 감지거리, 감지면적 등에 대한 성능을 별도로 인정받은 경우에는 그 성능인정범위를 경계구역으로 할 수 있다. [자동화재탐지설비의 경계구역 설정기준]

   1) 하나의 경계구역이 2개 이상의 건축물에 미치지 아니하도록 할 것
   2) 하나의 경계구역이 2개 이상의 층에 미치지 아니하도록 할 것. 다만, 500 m² 이하의 범위 안에서는 2개의 층을 하나의 경계구역으로 할 수 있다.
   3) 하나의 경계구역의 면적은 600 m² 이하로 하고 한변의 길이는 50 m 이하로 할 것. 다만, 해당 특정소방대상물의 주된 출입구에서 그 내부 전체가 보이는 것에 있어서는 한 변의 길이가 50 m의 범위 내에서 1,000 m² 이하로 할 수 있다.

★★★★☆

 문제06 자동화재탐지설비의 경계구역 설정기준 3가지를 쓰시오.

(2) 계단(직통계단외의 것에 있어서는 떨어져 있는 상하계단의 상호간의 수평거리가 5m 이하로서 서로 간에 구획되지 아니한 것에 한한다. 이하 같다)·경사로(에스컬레이터경사로 포함)·엘리베이터 승강로(권상기실이 있는 경우에는 권상기실)·린넨슈트·파이프 피트 및 덕트 기타 이와 유사한 부분에 대하여는 별도로 경계구역을 설정하되, 하나의 경계구역은 높이 45m 이하(계단 및 경사로에 한한다)로 하고, 지하층의 계단 및 경사로(지하층의 층수가 1일 경우는 제외한다)는 별도로 하나의 경계구역으로 하여야 한다.

(3) 외기에 면하여 상시 개방된 부분이 있는 차고·주차장·창고 등에 있어서는 외기에 면하는 각 부분으로부터 5m 미만의 범위 안에 있는 부분은 경계구역의 면적에 산입하지 아니한다.

(4) 스프링클러설비·물분무등소화설비 또는 제연설비의 화재감지장치로서 화재감지기를 설치한 경우의 경계구역은 해당 소화설비의 방사구역 또는 제연구역과 동일하게 설정할 수 있다.

6 수신기

(1) 자동화재탐지설비의 수신기는 다음 각 호의 기준에 적합한 것으로 설치하여야 한다.
   1) 해당 특정소방대상물의 경계구역을 각각 표시할 수 있는 회선수 이상의 수신기를 설치할 것
   2) 삭제 〈2022. 5. 9.〉
   3) 해당 특정소방대상물에 가스누설탐지설비가 설치된 경우에는 가스누설탐지설

17th Day

비로부터 가스누설신호를 수신하여 가스누설경보를 할 수 있는 수신기를 설치할 것(가스누설탐지설비의 수신부를 별도로 설치한 경우에는 제외한다)

> **용어** "**수신기**"란 감지기나 발신기에서 발하는 화재신호를 직접 수신하거나 중계기를 통하여 수신하여 화재의 발생을 표시 및 경보하여 주는 장치를 말한다.

(2) 자동화재탐지설비의 수신기는 특정소방대상물 또는 그 부분이 지하층·무창층 등으로서 환기가 잘되지 아니하거나 실내 면적이 40 m² 미만인 장소, 감지기의 부착면과 실내 바닥과의 거리가 2.3 m 이하인 장소로서 일시적으로 발생한 열·연기 또는 먼지 등으로 인하여 감지기가 화재신호를 발신할 우려가 있는 때에는 축적기능 등이 있는 것(축적형 감지기가 설치된 장소에는 감지기회로의 감시전류를 단속적으로 차단시켜 화재를 판단하는 방식 외의 것을 말한다)으로 설치하여야 한다. 다만, 제7조제1항 단서에 따라 감지기를 설치한 경우에는 그러하지 아니하다.

> **TIP** ※자동화재탐지설비의 화재안전기준 제7조제1항 단서의 각 호의 감지기
> 1. 불꽃감지기   2. 정온식 감지선형 감지기
> 3. 분포형 감지기   4. 복합형 감지기
> 5. 광전식 분리형 감지기   6. 아날로그방식의 감지기
> 7. 다신호방식의 감지기   8. 축적방식의 감지기

★★★☆☆

예상 문제07 지하층, 무창층 등으로 환기가 잘되지 아니하거나 실내 면적이 40 m² 미만인 장소, 감지기의 부착면과 실내 바닥과의 거리가 2.3m 이하인 곳으로서 일시적으로 발생한 열, 연기 또는 먼지 등으로 인하여 화재신호를 발신할 우려가 있는 장소에서 적응성 있는 감지기를 제외한 일반감지기를 설치할 수 있는 조건을 쓰시오.[설계11회기출]

(3) 수신기는 다음 각 호의 기준에 따라 설치하여야 한다.[**수신기의 설치기준**]
 1) 수위실 등 상시 사람이 근무하는 장소에 설치할 것. 다만, 사람이 상시 근무하는 장소가 없는 경우에는 관계인이 쉽게 접근할 수 있고 관리가 용이한 장소에 설치할 수 있다.
 2) 수신기가 설치된 장소에는 경계구역 일람도를 비치할 것. 다만, 모든 수신기와 연결되어 각 수신기의 상황을 감시하고 제어할 수 있는 수신기(이하 "**주수신기**"라 한다)를 설치하는 경우에는 주수신기를 제외한 기타 수신기는 그러하지 아니하다.
 3) 수신기의 음향기구는 그 음량 및 음색이 다른 기기의 소음 등과 명확히 구별될 수 있는 것으로 할 것
 4) 수신기는 감지기·중계기 또는 발신기가 작동하는 경계구역을 표시할 수 있는 것으로 할 것

5) 화재·가스 전기 등에 대한 종합방재반을 설치한 경우에는 해당 조작반에 수신기의 작동과 연동하여 감지기·중계기 또는 발신기가 작동하는 경계구역을 표시할 수 있는 것으로 할 것
6) 하나의 경계구역은 하나의 표시등 또는 하나의 문자로 표시되도록 할 것
7) 수신기의 조작스위치는 바닥으로부터의 높이가 0.8m 이상 1.5m 이하인 장소에 설치할 것
8) 하나의 특정소방대상물에 2 이상의 수신기를 설치하는 경우에는 수신기를 상호 간 연동하여 화재발생 상황을 각 수신기마다 확인할 수 있도록 할 것
9) 화재로 인하여 하나의 층의 지구음향장치 배선이 단락되어도 다른 층의 화재통보에 지장이 없도록 각 층 배선 상에 유효한 조치를 할 것

★★★★☆

 문제08 수신기의 설치기준 중 5가지만 쓰시오.

7 중계기

자동화재탐지설비의 중계기는 다음 각 호의 기준에 따라 설치하여야 한다.[**자동화재탐지설비의 중계기 설치기준**]
(1) 수신기에서 직접 감지기회로의 도통시험을 행하지 아니하는 것에 있어서는 수신기와 감지기 사이에 설치할 것
(2) 조작 및 점검에 편리하고 화재 및 침수 등의 재해로 인한 피해를 받을 우려가 없는 장소에 설치할 것
(3) 수신기에 따라 감시되지 아니하는 배선을 통하여 전력을 공급받는 것에 있어서는 전원 입력측의 배선에 과전류 차단기를 설치하고 해당 전원의 정전이 즉시 수신기에 표시되는 것으로 하며, 상용전원 및 예비전원의 시험을 할 수 있도록 할 것

★★★☆☆

 문제09 중계기 설치기준 3가지를 쓰시오.[설계2회기출][점검19회기출]

8 감지기

"**감지기**"란 화재 시 발생하는 열, 연기, 불꽃 또는 연소생성물을 자동적으로 감지하여 수신기에 발신하는 장치를 말한다.
(1) 자동화재탐지설비의 감지기는 부착 높이에 따라 다음 표에 따른 감지기를 설치하여야 한다. 다만, 지하층·무창층 등으로서 환기가 잘되지 아니하거나 실내 면적이 40m² 미만인 장소, 감지기의 부착면과 실내 바닥과의 거리가 2.3 m 이하인 곳으로서 일시적으로 발생한 열·연기 또는 먼지 등으로 인하여 화재 신호를 발

신할 우려가 있는 장소(제5조제2항 본문에 따른 수신기를 설치한 장소를 제외한다)에는 다음 각 호에서 정한 감지기 중 적응성 있는 감지기를 설치하여야 한다.
1) 불꽃감지기   2) 정온식 감지선형 감지기
3) 분포형 감지기   4) 복합형 감지기
5) 광전식 분리형 감지기 6) 아날로그방식의 감지기
7) 다신호방식의 감지기 8) 축적방식의 감지기

★★★★☆

문제10 지하층, 무창층 등으로 환기가 잘되지 아니하거나 실내 면적이 40 m² 미만인 장소, 감지기의 부착면과 실내 바닥과의 거리가 2.3 m 이하인 곳으로서 일시적으로 발생한 열, 연기 또는 먼지 등으로 인하여 화재신호를 발신할 우려가 있는 장소에 설치가 가능한 적응성 있는 화재감지기 8가지를 쓰시오. [설계11회기출]

부착 높이	감지기의 종류
4 m 미만	차동식(스포트형, 분포형) 보상식 스포트형 정온식(스포트형, 감지선형) 이온화식 또는 광전식(스포트형, 분리형, 공기흡입형) 열복합형 연기복합형 열연기복합형 불꽃감지기
4 m 이상 8 m 미만	차동식(스포트형, 분포형) 보상식 스포트형 정온식(스포트형, 감지선형) 특종 또는 1종 이온화식 1종 또는 2종 광전식(스포트형, 분리형, 공기흡입형) 1종 또는 2종 열복합형 연기복합형 열연기복합형 불꽃감지기
8 m 이상 15 m 미만	차동식 분포형 이온화식 1종 또는 2종 광전식(스포트형, 분리형, 공기흡입형) 1종 또는 2종 연기복합형 불꽃감지기
15 m 이상 20 m 미만	이온화식 1종 광전식(스포트형, 분리형, 공기흡입형) 1종 연기복합형 불꽃감지기
20 m 이상	불꽃감지기 광전식(분리형, 공기흡입형) 중 아나로그방식

비고) 1) 감지기별 부착 높이 등에 대하여 별도로 형식승인 받을 경우에는 그 성능 인정범위 내에서 사용할 수 있다
2) 부착 높이 20 m 이상에 설치되는 광전식 중 아나로그방식의 감지기는 공칭감지농도 하한 값이 감광률 5 %/m 미만인 것으로 한다.

★★★★☆

 문제11 부착 높이별 감지기의 종류에 대한 다음의 표를 완성하시오.

부착 높이	감지기의 종류
8m 이상 15m 미만	
15m 이상 20m 미만	
20m 이상	

(2) 다음 각 호의 장소에는 연기감지기를 설치하여야 한다. 다만, 교차회로방식에 따른 감지기가 설치된 장소 또는 제1항 단서에 따른 감지기가 설치된 장소에는 그러하지 아니하다.[**연기감지기를 설치하여야 하는 장소**]
  1) 계단·경사로 및 에스컬레이터 경사로
  2) 복도(30 m 미만의 것을 제외한다)
  3) 엘리베이터 승강로(권상기실이 있는 경우에는 권상기실)·린넨슈트·파이프 피트 및 덕트 기타 이와 유사한 장소
  4) 천장 또는 반자의 높이가 15 m 이상 20 m 미만의 장소
  5) 다음 각 목의 어느 하나에 해당하는 특정소방대상물의 취침·숙박·입원 등 이와 유사한 용도로 사용되는 거실
     ㉮ 공동주택·오피스텔·숙박시설·노유자시설·수련시설
     ㉯ 교육연구시설 중 합숙소
     ㉰ 의료시설, 근린생활시설 중 입원실이 있는 의원·조산원
     ㉱ 교정 및 군사시설
     ㉲ 근린생활시설 중 고시원

★★★★★

 문제12 취침·숙박·입원 등 이와 유사한 용도로 사용되는 거실에 설치하여야 하는 연기감지기의 설치대상 특정소방대상물 4가지를 쓰시오.[점검19회기출]

(3) 감지기는 다음 각 호의 기준에 따라 설치하여야 한다. 다만, 교차회로방식에 사용되는 감지기, 급속한 연소 확대가 우려되는 장소에 사용되는 감지기 및 축적기능이 있는 수신기에 연결하여 사용하는 감지기는 축적기능이 없는 것으로 설치하여야 한다.
  1) 감지기(차동식 분포형의 것을 제외한다)는 실내로의 공기유입구로부터 1.5m 이상 떨어진 위치에 설치할 것
  2) 감지기는 천장 또는 반자의 옥내에 면하는 부분에 설치할 것
  3) 보상식 스포트형 감지기는 정온점이 감지기 주위의 평상시 최고온도보다 20℃ 이상 높은 것으로 설치할 것
  4) 정온식 감지기는 주방·보일러실 등으로서 다량의 화기를 취급하는 장소에 설치하되, 공칭작동온도가 최고주위온도보다 20℃ 이상 높은 것으로 설치할 것

5) 차동식 스포트형·보상식 스포트형 및 정온식 스포트형 감지기는 그 부착 높이 및 특정소방대상물에 따라 다음 표에 따른 바닥면적마다 1개 이상을 설치할 것

(단위 m²)

부착 높이 및 소방대상물의 구분		감지기의 종류						
		차동식 스포트형		보상식 스포트형		정온식 스포트형		
		1종	2종	1종	2종	특종	1종	2종
4m 미만	주요구조부를 내화구조로 한 소방대상물 또는 그 부분	90	70	90	70	70	60	20
	기타 구조의 소방대상물 또는 그 부분	50	40	50	40	40	30	15
4m 이상 8m 미만	주요구조부를 내화구조로 한 소방대상물 또는 그 부분	45	35	45	35	35	30	
	기타 구조의 소방대상물 또는 그 부분	30	25	30	25	25	15	

6) 스포트형 감지기는 45° 이상 경사되지 아니하도록 부착할 것
7) 공기관식 차동식 분포형 감지기는 다음의 기준에 따를 것[**공기관식 차동식 분포형 감지기 설치기준**]
  ① 공기관의 노출부분은 감지구역마다 20 m 이상이 되도록 할 것
  ② 공기관과 감지구역의 각 변과의 수평거리는 1.5 m 이하가 되도록 하고, 공기관 상호 간의 거리는 6 m(주요 구조부를 내화구조로 한 특정소방대상물 또는 그 부분에 있어서는 9 m) 이하가 되도록 할 것

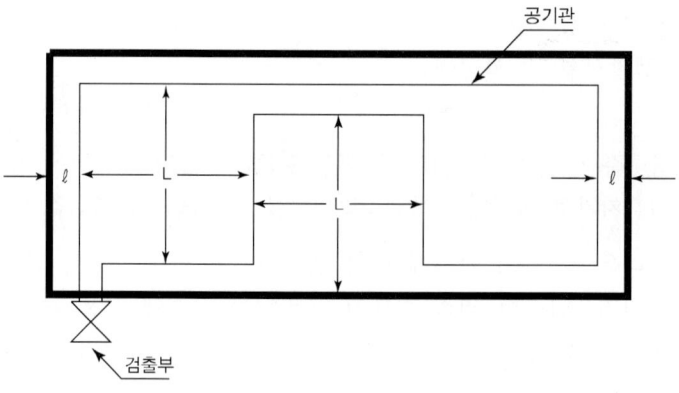

  ③ 공기관은 도중에서 분기하지 아니하도록 할 것
  ④ 하나의 검출부분에 접속하는 공기관의 길이는 100 m 이하로 할 것
  ⑤ 검출부는 5° 이상 경사되지 아니하도록 부착할 것
  ⑥ 검출부는 바닥으로부터 0.8m 이상 1.5 m 이하의 위치에 설치할 것

★★★★☆

문제13 공기관식 차동식 분포형 감지기의 설치기준에 관하여 쓰시오. [점검19회기출]

8) 열전대식 차동식 분포형 감지기는 다음의 기준에 따를 것

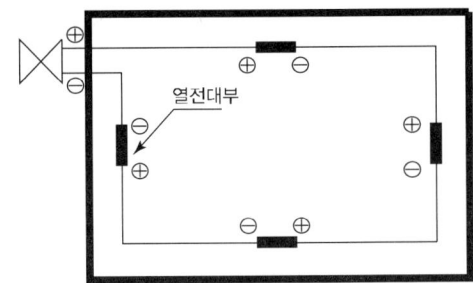

① 열전대부는 감지구역의 바닥면적 18 m²(주요구조부가 내화구조로 된 특정소방대상물에 있어서는 22 m²)마다 1개 이상으로 할 것. 다만, 바닥면적이 72 m² (주요구조부가 내화구조로 된 특정소방대상물에 있어서는 88 m²) 이하인 특정소방대상물에 있어서는 4개 이상으로 하여야 한다.
② 하나의 검출부에 접속하는 열전대부는 20개 이하로 할 것. 다만, 각각의 열전대부에 대한 작동 여부를 검출부에서 표시할 수 있는 것(주소형)은 형식승인 받은 성능인정범위 내의 수량으로 설치할 수 있다.

9) 열반도체식 차동식 분포형 감지기는 다음의 기준에 따를 것
① 감지부는 그 부착 높이 및 특정소방대상물에 따라 다음 표에 따른 바닥면적마다 1개 이상으로 할 것. 다만, 바닥면적이 다음 표에 따른 면적의 2배 이하인 경우에는 2개(부착 높이가 8 m 미만이고, 바닥면적이 다음 표에 따른 면적 이하인 경우에는 1개) 이상으로 하여야 한다.

(단위 m²)

부착 높이 및 소방대상물의 구분		감지기의 종류	
		1종	2종
8m 미만	주요구조부가 내화구조로 된 소방대상물 또는 그 구분	65	36
	기타 구조의 소방대상물 또는 그 부분	40	23
8m 이상 15m 미만	주요구조부가 내화구조로 된 소방대상물 또는 그 부분	50	36
	기타 구조의 소방대상물 또는 그 부분	30	23

② 하나의 검출부에 접속하는 감지부는 2개 이상 15개 이하가 되도록 할 것. 다만, 각각의 감지부에 대한 작동 여부를 검출기에서 표시할 수 있는 것(주소형)은 형식승인 받은 성능인정 범위 내의 수량으로 설치할 수 있다.

10) 연기감지기는 다음의 기준에 따라 설치할 것
① 감지기의 부착 높이에 따라 다음 표에 따른 바닥면적마다 1개 이상으로 할 것

(단위 m²)

부착 높이	감지기의 종류	
	1종 및 2종	3종
4m 미만	150	50
4m 이상 20m 미만	75	

② 감지기는 복도 및 통로에 있어서는 보행거리 30m(3종에 있어서는 20m)마다, 계단 및 경사로에 있어서는 수직거리 15m(3종에 있어서는 10m)마다 1개 이상으로 할 것

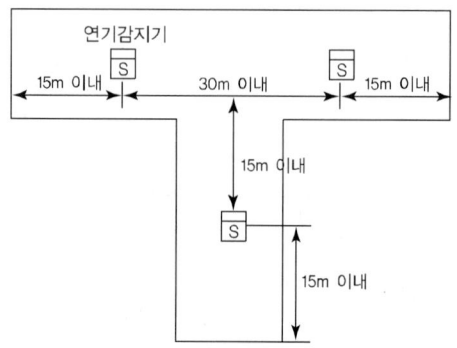

③ 천장 또는 반자가 낮은 실내 또는 좁은 실내에 있어서는 출입구의 가까운 부분에 설치할 것
④ 천장 또는 반자 부근에 배기구가 있는 경우에는 그 부근에 설치할 것
⑤ 감지기는 벽 또는 보로부터 0.6 m 이상 떨어진 곳에 설치할 것

11) 열연기복합형 감지기의 설치
① 차동식 스포트형·보상식 스포트형 및 정온식 스포트형 감지기는 그 부착 높이 및 특정소방대상물에 따라 다음 표에 따른 바닥면적마다 1개 이상을 설치할 것

(단위 m²)

부착 높이 및 소방대상물의 구분		감지기의 종류						
		차동식 스포트형		보상식 스포트형		정온식 스포트형		
		1종	2종	1종	2종	특종	1종	2종
4m 미만	주요구조부를 내화구조로 한 소방대상물 또는 그 부분	90	70	90	70	70	60	20
	기타 구조의 소방대상물 또는 그 부분	50	40	50	40	40	30	15
4m 이상 8m 미만	주요구조부를 내화구조로 한 소방대상물 또는 그 부분	45	35	45	35	35	30	
	기타 구조의 소방대상물 또는 그 부분	30	25	30	25	25	15	

② 감지기는 복도 및 통로에 있어서는 보행거리 30 m(3종에 있어서는 20 m)마다, 계단 및 경사로에 있어서는 수직거리 15 m(3종에 있어서는 10 m)마다 1개 이상으로 할 것
③ 감지기는 벽 또는 보로부터 0.6 m 이상 떨어진 곳에 설치할 것

12) 정온식 감지선형 감지기는 다음의 기준에 따라 설치할 것[**정온식 감지선형 감지기 설치기준**]
① 보조선이나 고정금구를 사용하여 감지선이 늘어지지 않도록 설치할 것
② 단자부와 마감 고정금구와의 설치간격은 10 ㎝ 이내로 설치할 것

③ 감지선형 감지기의 굴곡반경은 5 cm 이상으로 할 것

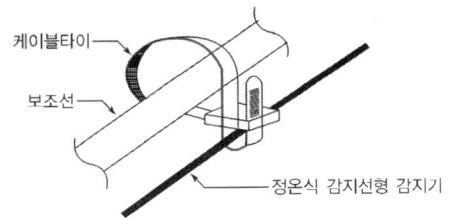 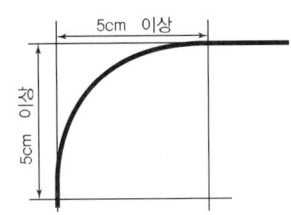

④ 감지기와 감지구역의 각 부분과의 수평거리가 내화구조의 경우 1종 4.5 m 이하, 2종 3 m 이하로 할 것. 기타 구조의 경우 1종 3 m 이하, 2종 1 m 이하로 할 것

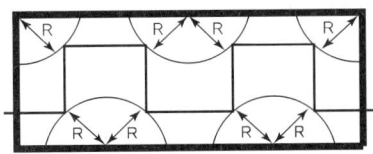

⑤ 케이블트레이에 감지기를 설치하는 경우에는 케이블트레이 받침대에 마감금구를 사용하여 설치할 것

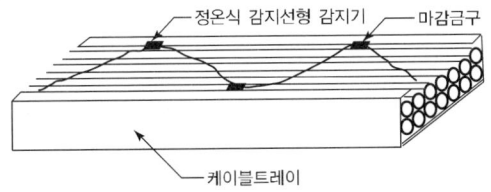

⑥ 창고의 천장 등에 지지물이 적당하지 않는 장소에서는 보조선을 설치하고 그 보조선에 설치할 것
⑦ 분전반 내부에 설치하는 경우 접착제를 이용하여 돌기를 바닥에 고정시키고 그 곳에 감지기를 설치할 것
⑧ 그 밖의 설치방법은 형식승인 내용에 따르며 형식승인 사항이 아닌 것은 제조사의 시방(示方)에 따라 설치할 것

★★★★☆

문제14 정온식 감지선형 감지기의 설치기준 8가지를 쓰시오.[점검14회기출] [설계21회기출]

★★★★☆

문제15 자동화재탐지설비 및 시각경보장치의 화재안전기준[NFSC 203]에 따른 정온식 감지선형감지의 설치기준이다. ( ) 안의 내용을 차례대로 쓰시오.[설계14회기출]
○ 감지기와 감지구역의 각 부분과의 수평거리가 내화구조의 경우 1종 (ㄱ) 이하, 2종 (ㄴ) 이하로 할 것. 기타 구조의 경우 1종 (ㄷ) 이하, 2종 (ㄹ) 이하로 할 것

13) 불꽃감지기는 다음의 기준에 따라 설치할 것[**불꽃감지기 설치기준**]
   ① 공칭감시거리 및 공칭시야각은 형식승인 내용에 따를 것

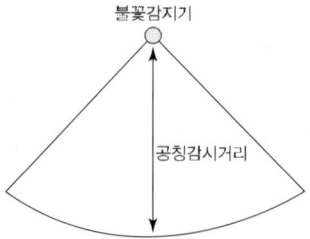

   ② 감지기는 공칭감시거리와 공칭시야각을 기준으로 감시구역이 모두 포용될 수 있도록 설치할 것
   ③ 감지기는 화재감지를 유효하게 감지할 수 있는 모서리 또는 벽 등에 설치할 것
   ④ 감지기를 천장에 설치하는 경우에는 감지기는 바닥을 향하여 설치할 것
   ⑤ 수분이 많이 발생할 우려가 있는 장소에는 방수형으로 설치할 것
   ⑥ 그 밖의 설치기준은 형식승인 내용에 따르며 형식승인 사항이 아닌 것은 제조사의 시방에 따라 설치할 것

★★★★☆

문제16 불꽃감지기 설치기준 5가지를 모두 쓰시오. [점검12회기출]

14) 아날로그방식의 감지기는 공칭감지온도범위 및 공칭감지농도범위에 적합한 장소에, 다신호방식의 감지기는 화재신호를 발신하는 감도에 적합한 장소에 설치할 것. 다만, 이 기준에서 정하지 않는 설치방법에 대하여는 형식승인 사항이나 제조사의 시방에 따라 설치할 수 있다.
15) 광전식 분리형 감지기는 다음의 기준에 따라 설치할 것[**광전식 분리형 감지기 설치기준**]
   ① 감지기의 수광면은 햇빛을 직접 받지 않도록 설치할 것
   ② 광축(송광면과 수광면의 중심을 연결한 선)은 나란한 벽으로부터 0.6 m 이상 이격하여 설치할 것
   ③ 감지기의 송광부와 수광부는 설치된 뒷벽으로부터 1 m 이내 위치에 설치할 것

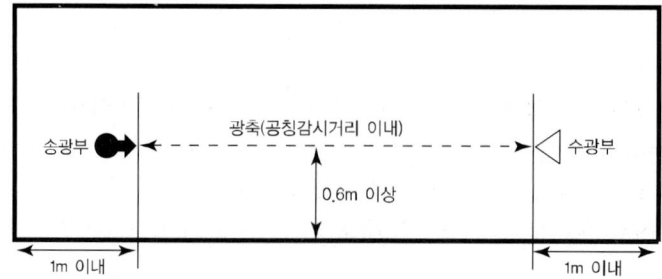

   ④ 광축의 높이는 천장 등(천장의 실내에 면한 부분 또는 상층의 바닥 하부면을 말한다) 높이의 80 % 이상일 것

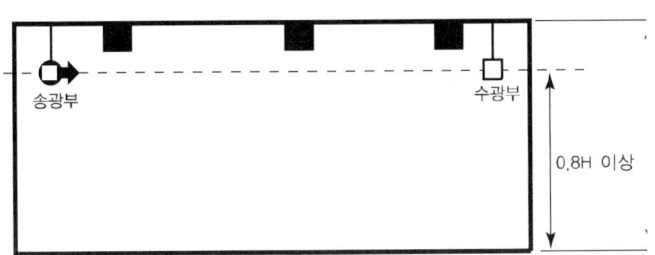

⑤ 감지기의 광축의 길이는 공칭감시거리 범위 이내일 것
⑥ 그 밖의 설치기준은 형식승인 내용에 따르며 형식승인 사항이 아닌 것은 제조사의 시방에 따라 설치할 것

★★★★★

 문제17 광전식 분리형 감지기 설치기준 6가지를 쓰시오.[점검19회기출]

(4) 제3항에도 불구하고 다음 각 호의 장소에는 각각 광전식 분리형 감지기 또는 불꽃감지기를 설치하거나 광전식 공기흡입형 감지기를 설치할 수 있다.
 1) 화학공장·격납고·제련소 등 : 광전식 분리형 감지기 또는 불꽃감지기. 이 경우 각 감지기의 공칭감시거리 및 공칭시야각등 감지기의 성능을 고려하여야 한다.
 2) 전산실 또는 반도체 공장 등 : 광전식 공기흡입형 감지기. 이 경우 설치장소·감지면적 및 공기흡입관의 이격거리 등은 형식승인 내용에 따르며 형식승인 사항이 아닌 것은 제조사의 시방에 따라 설치하여야 한다.

★★★☆☆

 문제18 화학공장·격납고·제련소 및 전산실 또는 반도체 공장 등의 장소에 설치할 수 있는 감지기의 종류를 쓰시오.

(5) 다음 각 호의 장소에는 감지기를 설치하지 아니한다.[**감지기 설치제외 장소**]
 1) 천장 또는 반자의 높이가 20 m 이상인 장소. 다만, 2.4.1 단서의 감지기로서 부착 높이에 따라 적응성이 있는 장소는 제외한다.
 2) 헛간 등 외부와 기류가 통하는 장소로서 감지기에 따라 화재 발생을 유효하게 감지할 수 없는 장소
 3) 부식성 가스가 체류하고 있는 장소
 4) 고온도 및 저온도로서 감지기의 기능이 정지되기 쉽거나 감지기의 유지관리가 어려운 장소
 5) 목욕실·욕조나 샤워시설이 있는 화장실·기타 이와 유사한 장소
 6) 파이프덕트 등 그 밖의 이와 비슷한 것으로서 2개 층마다 방화구획된 것이나 수평 단면적이 5 m² 이하인 것
 7) 먼지·가루 또는 수증기가 다량으로 체류하는 장소 또는 주방 등 평시에 연기가 발생하는 장소(연기감지기에 한한다)
 8) 프레스공장·주조공장 등 화재 발생의 위험이 적은 장소로서 감지기의 유지관리가 어려운 장소

★★★★★

 문제19 감지기 설치제외 장소 8가지를 쓰시오.

(6) 제1항 단서에도 불구하고 일시적으로 발생한 열·연기 또는 먼지 등으로 인하여 화재 신호를 발신할 우려가 있는 장소에는 별표 1 및 별표 2에 따라 그 장소에 적응성 있는 감지기를 설치할 수 있으며, 연기감지기를 설치할 수 없는 장소에는 별표 1을 적용하여 설치할 수 있다.

9 음향장치 및 시각경보장치

(1) 자동화재탐지설비의 음향장치는 다음 각 호의 기준에 따라 설치하여야 한다.
　1) 주음향장치는 수신기의 내부 또는 그 직근에 설치할 것
　2) 층수가 11층(공동주택의 경우에는 16층) 이상의 특정소방대상물은 다음 각 목에 따라 경보를 발할 수 있도록 하여야 한다.
　　① 2층 이상의 층에서 발화한 때에는 발화층 및 그 직상 4개층에 경보를 발할 것
　　② 1층에서 발화한 때에는 발화층·그 직상 4개층 및 지하층에 경보를 발할 것
　　③ 지하층에서 발화한 때에는 발화층·그 직상층 및 그 밖의 지하층에 경보를 발할 것

★★★★★

 문제20 소방대상물(지상 10층, 지하 2층)의 지상 1층에서 화재 발생 시 경보되어야 할 층을 쓰시오. [설계9회기출]

　3) 지구음향장치는 특정소방대상물의 층마다 설치하되, 해당 층의 각 부분으로부터 하나의 음향장치까지의 수평거리가 25 m 이하가 되도록 하고, 해당 층의 각 부분에 유효하게 경보를 발할 수 있도록 설치할 것. 다만, 「비상방송설비의 화재안전기술기준(NFTC 202)」에 적합한 방송설비를 자동화재탐지설비의 감지기와 연동하여 작동하도록 설치한 경우에는 지구음향장치를 설치하지 않을 수 있다.

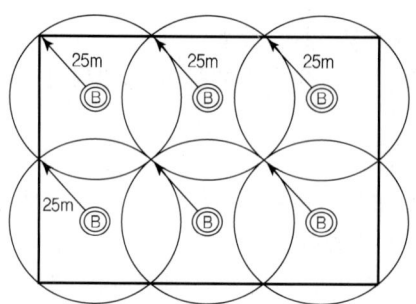

4) 음향장치는 다음 각 목의 기준에 따른 구조 및 성능의 것으로 하여야 한다.[**음향장치의 구조 및 성능 기준**]
   ① 정격전압의 80% 전압에서 음향을 발할 수 있는 것으로 할 것. 다만, 건전지를 주전원으로 사용하는 음향장치는 그러하지 아니하다.
   ② 음량의 크기는 부착된 음향장치의 중심으로부터 1 m 떨어진 위치에서 90 dB 이상이 되는 것으로 할 것
   ③ 감지기 및 발신기의 작동과 연동하여 작동할 수 있는 것으로 할 것

★★★☆☆

 문제21 음향장치의 구조 및 성능 기준 3가지를 쓰시오.[점검22회기출]

(2) 청각장애인용 시각경보장치는 소방청장이 정하여 고시한 「시각경보장치의 성능인증 및 제품검사의 기술기준」에 적합한 것으로서 다음 각 목의 기준에 따라 설치하여야 한다.
   1) 복도·통로·청각장애인용 객실 및 공용으로 사용하는 거실(로비, 회의실, 강의실, 식당, 휴게실, 오락실, 대기실, 체력단련실, 접객실, 안내실, 전시실, 기타 이와 유사한 장소를 말한다)에 설치하며, 각 부분으로부터 유효하게 경보를 발할 수 있는 위치에 설치할 것
   2) 공연장·집회장·관람장 또는 이와 유사한 장소에 설치하는 경우에는 시선이 집중되는 무대부 부분 등에 설치할 것
   3) 설치 높이는 바닥으로부터 2 m 이상 2.5 m 이하의 장소에 설치할 것. 다만, 천장의 높이가 2m 이하인 경우에는 천장으로부터 0.15 m 이내의 장소에 설치하여야 한다.
   4) 시각경보장치의 광원은 전용의 축전지설비 또는 전기저장장치(외부 전기에너지를 저장해 두었다가 필요한 때 전기를 공급하는 장치)에 의하여 점등되도록 할 것. 다만, 시각경보기에 작동전원을 공급할 수 있도록 형식승인을 얻은 수신기를 설치한 경우에는 그러하지 아니하다.

★★★★☆

 문제22 청각장애인용 시각경보장치의 설치기준 4가지를 쓰시오.

(3) 하나의 특정소방대상물에 2 이상의 수신기가 설치된 경우 어느 수신기에서도 지구음향장치 및 시각경보장치를 작동할 수 있도록 할 것

"시각경보장치"란 자동화재탐지설비에서 발하는 화재 신호를 시각경보기에 전달하여 청각장애인에게 점멸 형태의 시각경보를 하는 것을 말한다.

10 발신기

"발신기"란 화재 발생 신호를 수신기에 수동으로 발신하는 장치를 말한다.

(1) 자동화재탐지설비의 발신기는 다음 각 호의 기준에 따라 설치하여야 한다.[**자동화재탐지설비의 발신기 설치기준**]
  1) 조작이 쉬운 장소에 설치하고, 스위치는 바닥으로부터 0.8m 이상 1.5m 이하의 높이에 설치할 것
  2) 특정소방대상물의 층마다 설치하되, 해당 특정소방대상물의 각 부분으로부터 하나의 발신기까지의 수평거리가 25m 이하가 되도록 할 것. 다만, 복도 또는 별도로 구획된 실로서 보행거리가 40m 이상일 경우에는 추가로 설치하여야 한다.
  3) 제2호에도 불구하고 제2호의 기준을 초과하는 경우로서 기둥 또는 벽이 설치되지 아니한 대형공간의 경우 발신기는 설치 대상 장소의 가장 가까운 장소의 벽 또는 기둥 등에 설치할 것

★★★☆☆

문제23 자동화재탐지설비의 발신기 설치기준 3가지를 쓰시오.

(2) 발신기의 위치를 표시하는 표시등은 함의 상부에 설치하되, 그 불빛은 부착면으로부터 15° 이상의 범위 안에서 부착지점으로부터 10m 이내의 어느 곳에서도 쉽게 식별할 수 있는 적색등으로 하여야 한다.

11 전원

(1) 자동화재탐지설비의 상용전원은 다음 각 호의 기준에 따라 설치하여야 한다.
  1) 상용전원은 전기가 정상적으로 공급되는 축전지설비, 전기저장장치(외부 전기에너지를 저장해 두었다가 필요한 때 전기를 공급하는 장치) 또는 교류전압의 옥내 간선으로 하고, 전원까지의 배선은 전용으로 할 것
  2) 개폐기에는 "**자동화재탐지설비용**"이라고 표시한 표지를 할 것
(2) 자동화재탐지설비에는 그 설비에 대한 감시상태를 60분간 지속한 후 유효하게 10분 이상 경보할 수 있는 비상전원으로서 축전지설비(수신기에 내장하는 경우를 포함한다) 또는 전기저장장치(외부 전기에너지를 저장해 두었다가 필요한 때 전기를 공급하는 장치)를 설치해야 한다. 다만, 상용전원이 축전지설비인 경우 또는 건전지를 주전원으로 사용하는 무선식 설비인 경우에는 그렇지 않다.

★★★☆☆

문제24 자동화재탐지설비에는 그 설비에 대한 감시상태를 ( )분간 지속한 후 유효하게 ( )분 이상 경보할 수 있는 ( )를 설치하여야 한다. 다만, ( )이 ( )인 경우에는 그러하지 아니하다.[설계9회기출]

18th Day

12 배선

배선은 「전기사업법」 제67조에 따른 「전기설비기술기준」에서 정한 것 외에 다음의 기준에 따라 설치해야 한다.

(1) 전원회로의 배선은 내화배선에 따르고, 그 밖의 배선(감지기 상호 간 또는 감지기로부터 수신기에 이르는 감지기회로의 배선을 제외한다)은 내화배선 또는 내열배선에 따라 설치할 것

★★★☆☆

 문제25 자동화재탐지설비의 배선에서 내화배선으로 시공해야 할 부분을 쓰시오. [설계5회기출]

(2) 감지기 상호간 또는 감지기로부터 수신기에 이르는 감지기회로의 배선은 다음 각 목의 기준에 따라 설치할 것.
  가) 아날로그식, 다신호식 감지기나 R형 수신기용으로 사용되는 것은 전자파 방해를 받지 아니하는 쉴드선 등을 사용하여야 하며, 광케이블의 경우에는 전자파 방해를 받지 아니하고 내열성능이 있는 경우 사용할 수 있다. 다만, 전자파 방해를 받지 아니하는 방식의 경우에는 그러하지 아니하다.
  나) 가목 외의 일반배선을 사용할 때는 「옥내소화전설비의 화재안전기술기준(NFTC 102)」 2.7.2의 표 2.7.2(1) 또는 표 2.7.2(2)에 따른 내화배선 또는 내열배선으로 사용할 것
(3) 감지기회로의 도통시험을 위한 종단저항은 다음의 기준에 따를 것 [종단저항 설치기준]
  1) 점검 및 관리가 쉬운 장소에 설치할 것
  2) 전용함을 설치하는 경우 그 설치 높이는 바닥으로부터 1.5 m 이내로 할 것
  3) 감지기 회로의 끝부분에 설치하며, 종단감지기에 설치할 경우에는 구별이 쉽도록 해당 감지기의 기판 및 감지기 외부 등에 별도의 표시를 할 것

★★★☆☆

 문제26 감지기회로의 도통시험을 위한 종단저항의 설치기준 3가지를 쓰시오. [설계17회기출]

(4) 감지기 사이의 회로의 배선은 송배전식으로 할 것
(5) 전원회로의 전로와 대지 사이 및 배선 상호 간의 절연저항은 「전기사업법」 제67조에 따른 기술기준이 정하는 바에 의하고, 감지기회로 및 부속회로의 전로와 대지 사이 및 배선 상호 간의 절연저항은 1경계구역마다 직류 250V의 절연저항측정기를 사용하여 측정한 절연저항이 0.1MΩ 이상이 되도록 할 것
(6) 자동화재탐지설비의 배선은 다른 전선과 별도의 관·덕트(절연효력이 있는 것으로 구획한 때에는 그 구획된 부분은 별개의 덕트로 본다)·몰드 또는 풀박스 등에 설치할 것. 다만, 60V 미만의 약 전류회로에 사용하는 전선으로서 각각의 전압이 같을 때에는 그러하지 아니하다.

(7) 피(P)형 수신기 및 지피(G.P.)형 수신기의 감지기 회로의 배선에 있어서 하나의 공통선에 접속할 수 있는 경계구역은 7개 이하로 할 것

(8) 자동화재탐지설비의 감지기회로의 전로저항은 50 Ω 이하가 되도록 하여야 하며, 수신기의 각 회로별 종단에 설치되는 감지기에 접속되는 배선의 전압은 감지기 정격전압의 80% 이상이어야 할 것

13 설치장소별 감지기 적응성(연기감지기를 설치할 수 없는 경우 적용)[별표 1]

설치장소		적응 열감지기								불꽃감지기	비고
환경상태	적응장소	차동식 스포트형		차동식 분포형		보상식 스포트형		정온식		열아날로그식	
		1종	2종	1종	2종	1종	2종	특종	1종			
먼지 또는 미분 등이 다량으로 체류하는 장소	쓰레기장, 하역장, 도장실, 섬유·목재·석재 등 가공 공장	○	○	○	○	○	○	○	○	○	○	1. 불꽃감지기에 따라 감시가 곤란한 장소는 적응성이 있는 열감지기를 설치할 것. 2. 차동식 분포형 감지기를 설치하는 경우에는 검출부에 먼지, 미분 등이 침입하지 않도록 조치할 것. 3. 차동식 스포트형 감지기 또는 보상식 스포트형 감지기를 설치하는 경우에는 검출부에 먼지, 미분 등이 침입하지 않도록 조치할 것. 4. 섬유, 목재가공 공장 등 화재 확대가 급속하게 진행될 우려가 있는 장소에 설치하는 경우 정온식 감지기는 특종으로 설치할 것. 공칭작동온도 75℃ 이하, 열아날로그식 스포트형 감지기는 화재 표시 설정은 80℃ 이하가 되도록 할 것.
수증기가 다량으로 머무는 장소	증기 세정실, 탕비실, 소독실 등	×	×	×	○	×	○	○	○	○	○	1. 차동식 분포형 감지기 또는 보상식 스포트형 감지기는 급격한 온도 변화가 없는 장소에 한하여 사용할 것. 2. 차동식 분포형 감지기를 설치하는 경우에는 검출부에 수증기가 침입하지 않도록 조치할 것. 3. 보상식 스포트형 감지기, 정온식 감지기 또는 열아날로그식 감지기를 설치하는 경우에는 방수형으로 설치할 것. 4. 불꽃감지기를 설치할 경우 방수형으로 할 것

18th Day

★★★★☆

문제27 연기감지기를 설치하여야 하는 장소 중 먼지 또는 미분 등이 다량으로 체류하여 연기감지기를 설치할 수 없는 장소인 경우 고려하여야 하는 사항 5가지를 쓰시오. [점검12회기출]

설치장소		적응 열감지기								불꽃감지기	비고
환경 상태	적응장소	차동식 스포트형		차동식 분포형		보상식 스포트형		정온식		열아날로그식		
		1종	2종	1종	2종	1종	2종	특종	1종			
부식성 가스가 발생할 우려가 있는 장소	도금공장, 축전지실, 오수처리장 등	×	×	○	○	○	○	○	○	○	○	1. 차동식 분포형 감지기를 설치하는 경우에는 감지부가 피복되어 있고 검출부가 부식성가스에 영향을 받지 않는 것 또는 검출부에 부식성 가스가 침입하지 않도록 조치할 것. 2. 보상식 스포트형 감지기, 정온식 감지기 또는 열아날로그식 스포트형 감지기를 설치하는 경우에는 부식성가스의 성상에 반응하지 않는 내산형 또는 내알칼리형으로 설치할 것 3. 정온식감지기를 설치하는 경우에는 특종으로 설치할 것
주방, 기타 평상시에 연기가 체류하는 장소	주방, 조리실, 용접작업장 등	×	×	×	×	×	×	○	○	○	○	1. 주방, 조리실 등 습도가 많은 장소에는 방수형 감지기를 설치할 것. 2. 불꽃감지기는 UV/IR형을 설치할 것
현저하게 고온으로 되는 장소	건조실, 살균실, 보일러실, 주조실, 영사실, 스튜디오	×	×	×	×	×	×	○	○	○	×	
배기가스가 다량으로 체류하는 장소	주차장, 차고, 화물취급소 차로, 자가발전실, 트럭터미널, 엔진시험실	○	○	○	○	○	○	×	×	○	○	1. 불꽃감지기에 따라 감시가 곤란한 장소는 적응성이 있는 열감지기를 설치할 것. 2. 열아날로그식 스포트형 감지기는 화재표시 설정이 60℃ 이하가 바람직하다.

18th Day

★★★☆☆

문제28 「자동화재탐지설비 및 시각경보장치의 화재안전기준(NFSC 203)」 별표 1에서 규정한 연기감지기를 설치할 수 없는 장소 중 도금공장 또는 축전기실과 같이 부식성 가스의 발생우려가 있는 장소에 감지기 설치 시 유의사항을 쓰시오. [점검15회기출]

설치장소		적응 열감지기								불꽃감지기	비고
환경 상태	적응장소	차동식 스포트형		차동식 분포형		보상식 스포트형		정온식		열아날로그식		
		1종	2종	1종	2종	1종	2종	특종	1종			
연기가 다량으로 유입할 우려가 있는 장소	음식물 배급실, 주방전실, 주방 내 식품저장실, 음식물 운반용 엘리베이터, 주방 주변의 복도 및 통로, 식당 등	○	○	○	○	○	○	○	○	○	×	1. 고체연료 등 가연물이 수납되어 있는 음식물 배급실, 주방 전실에 설치하는 정온식 감지기는 특종으로 설치할 것 2. 주방 주변의 복도 및 통로, 식당 등에는 정온식 감지기를 설치하지 말 것 3. 제1호 및 제2호의 장소에 열아날로그식 스포트형 감지기를 설치하는 경우에는 화재표시 설정을 60℃ 이하로 할 것.
물방울이 발생하는 장소	스레트 또는 철판으로 설치한 지붕 창고·공장, 패키지형 냉각기전용 수납실, 밀폐된 지하창고, 냉동실 주변 등	×	×	○	○	○	○	○	○	○	○	1. 보상식 스포트형 감지기, 정온식 감지기 또는 열아날로그식 스포트형 감지기를 설치하는 경우에는 방수형으로 설치할 것. 2. 보상식 스포트형 감지기는 급격한 온도 변화가 없는 장소에 한하여 설치할 것. 3. 불꽃감지기를 설치하는 경우에는 방수형으로 설치할 것
불을 사용하는 설비로서 불꽃이 노출되는 장소	유리공장, 용선로가 있는 장소, 용접실, 주방, 작업장, 주방, 주조실 등	×	×	×	×	×	×	○	○	○	×	

주)
1. "○"는 당해 설치장소에 적응하는 것을 표시, "×"는 당해 설치장소에 적응하지 않는 것을 표시

2. 차동식 스포트형, 차동식 분포형 및 보상식 스포트형 1종은 감도가 예민하기 때문에 비화재보 발생은 2종에 비해 불리한 조건이라는 것을 유의할 것
3. 차동식 분포형 3종 및 정온식 2종은 소화설비와 연동하는 경우에 한해서 사용할 것.
4. 다신호식 감지기는 그 감지기가 가지고 있는 종별, 공칭작동온도별로 따르지 말고 상기 표에 따른 적응성이 있는 감지기로 할 것

14 설치장소별 감지기 적응성(제7조제7항 관련)[별표 2]

설치장소		적응 열감지기					적응 연기감지기						불꽃감지기	비고
환경상태	적응장소	차동식 스포트형	차동식 분포형	보상식 스포트형	정온식	열아날로그식	이온화식 스포트형	광전식 스포트형	이온아날로그식 스포트형	광전아날로그식 스포트형	광전식 분리형	광전아날로그식 분리형		
1. 흡연에 의해 연기가 체류하며 환기가 되지 않는 장소	회의실, 응접실, 휴게실, 노래연습실, 오락실, 다방, 음식점, 대합실, 카바레 등의 객실, 집회장, 연회장 등	○	○	○				◎		◎	○	○		
2. 취침시설로 사용하는 장소	호텔 객실, 여관, 수면실 등						◎	◎	◎	◎	○	○		
3. 연기 이외의 미분이 떠다니는 장소	복도, 통로 등						◎	◎	◎	◎	○	○	○	
4. 바람에 영향을 받기 쉬운 장소	로비, 교회, 관람장, 옥탑에 있는 기계실		○					◎		◎	○	○	○	
5. 연기가 멀리 이동해서 감지기에 도달하는 장소	계단, 경사로							○		○	○	○		광전식 스포트형 감지기 또는 광전아날로그식 스포트형 감지기를 설치하는 경우에는 해당 감지기회로에 축적기능을 갖지 않는 것으로 할 것.
6. 훈소화재의 우려가 있는 장소	전화기기실, 통신기기실, 전산실, 기계제어실							○		○	○	○		

| 7. 넓은 공간으로 천장이 높아 열 및 연기가 확산하는 장소 | 체육관, 항공기 격납고, 높은 천장의 창고·공장, 관람석 상부 등 감지기 부착 높이가 8m 이상의 장소 | ○ | | | | | ○ | ○ | |

주)
1. "○"는 당해 설치장소에 적응하는 것을 표시
2. "◎" 당해 설치장소에 연감지기를 설치하는 경우에는 당해 감지회로에 축적기능을 갖는 것을 표시
3. 차동식 스포트형, 차동식 분포형, 보상식 스포트형 및 연기식(당해 감지기회로에 축적 기능을 갖지 않는 것) 1종은 감도가 예민하기 때문에 비화재보 발생은 2종에 비해 불리한 조건이라는 것을 유의하여 따를 것
4. 차동식 분포형 3종 및 정온식 2종은 소화설비와 연동하는 경우에 한해서 사용할 것
5. 광전식 분리형 감지기는 평상 시 연기가 발생하는 장소 또는 공간이 협소한 경우에는 적응성이 없음
6. 넓은 공간으로 천장이 높아 열 및 연기가 확산하는 장소로서 차동식 분포형 또는 광전식 분리형 2종을 설치하는 경우에는 제조사의 사양에 따를 것
7. 다신호식 감지기는 그 감지기가 가지고 있는 종별, 공칭작동온도별로 따르고 표에 따른 적응성이 있는 감지기로 할 것
8. 축적형 감지기 또는 축적형 중계기 혹은 축적형수신기를 설치하는 경우에는 제7조에 따를 것.

문제29 일시적으로 발생한 열·연기 또는 먼지 등으로 인하여 화재신호를 발신할 우려가 있는 장소에 설치장소별 적응성 있는 감지기를 설치하기 위한(별표 2)의 환경상태 구분 장소 7가지를 쓰시오.[점검14회기출]

문제30 자동화재탐지설비의 감지기 설치기준에서 다음 물음에 답하시오.[점검17회기출]
① 설치장소별 감지기 적응성(연기감지기를 설치할 수 없는 경우 적용)에서 설치장소의 환경상태가 "물방울이 발생하는 장소"에 설치할 수 있는 감지기의 종류별 설치조건을 쓰시오.
② 설치장소별 감지기 적응성(연기감지기를 설치할 수 없는 경우 적용)에서 설치장소의 환경상태가 "부식성가스가 발생할 우려가 있는 장소"에 설치할 수 있는 감지기의 종류별 설치조건을 쓰시오.

제4장 자동화재속보설비

자동화재속보설비는 자동화재탐지설비와 연동으로 자체에 녹음된 내용(소방대상물의 위치, 연락처 등)을 소방관서에 자동으로 통보하거나 속보기에 내장된 송수화기를 이용하여 수동으로 화재발생을 통보할 수 있는 설비이다.

1 자동화재속보설비의 설치기준

자동화재속보설비는 다음 각 호의 기준에 따라 설치하여야 한다.
(1) 자동화재탐지설비와 연동으로 작동하여 자동적으로 화재신호를 소방관서에 전달되는 것으로 할 것. 이 경우 부가적으로 특정소방대상물의 관계인에게 화재신호를 전달되도록 할 수 있다.
(2) 조작스위치는 바닥으로부터 0.8 m 이상 1.5 m 이하의 높이에 설치할 것
(3) 속보기는 소방관서에 통신망으로 통보하도록 하며, 데이터 또는 코드전송방식을 부가적으로 설치할 수 있다. 단, 데이터 및 코드전송방식의 기준은 소방청장이 정하여 고시한 「자동화재속보설비의 속보기의 성능인증 및 제품검사의 기술기준」제5조제12호에 따른다.

① **'속보기'**란 화재 신호를 통신망을 통하여 음성 등의 방법으로 소방관서에 통보하는 장치를 말한다.
② **'통신망'**이란 유선이나 무선 또는 유무선 겸용 방식을 구성하여 음성 또는 데이터 등을 전송할 수 있는 집합체를 말한다.

(4) 문화재에 설치하는 자동화재속보설비는 제1호의 기준에도 불구하고 속보기에 감지기를 직접 연결하는 방식(자동화재탐지설비 1개의 경계구역에 한한다)으로 할 수 있다.
(5) 속보기는 소방청장이 정하여 고시한 「자동화재속보설비의 속보기의 성능인증 및 제품검사의 기술기준」에 적합한 것으로 설치하여야 한다.

★★★☆☆

문제01 자동화재속보설비에 대한 다음의 물음에 답하시오.
1) 속보기와 통신망의 정의를 쓰시오.
2) 자동화재속보설비의 설치기준 5가지를 쓰시오.

제5장 누전경보기

"**누전경보기**"란 내화구조가 아닌 건축물로서 벽, 바닥 또는 천장의 전부나 일부를 불연재료 또는 준불연재료가 아닌 재료에 철망을 넣어 만든 건물의 전기설비로부터 누설전류를 탐지하여 경보를 발하며 변류기와 수신부로 구성된 것을 말한다.

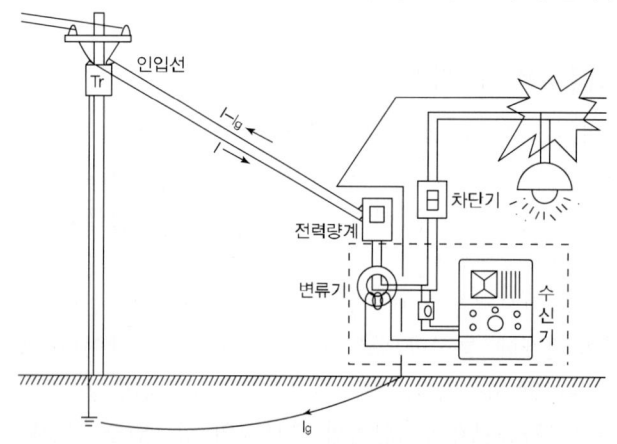

> "**변류기**"란 경계전로의 누설 전류를 자동적으로 검출하여 이를 누전경보기의 수신부에 송신하는 것을 말한다.

1 설치방법 등

누전경보기는 다음 각 호의 방법에 따라 설치하여야 한다.[**누전경보기의 설치 방법**]
(1) 경계전로의 정격전류가 60 A를 초과하는 전로에 있어서는 1급 누전경보기를, 60 A 이하의 전로에 있어서는 1급 또는 2급 누전경보기를 설치할 것. 다만, 정격전류가 60 A를 초과하는 경계전로가 분기되어 각 분기회로의 정격전류가 60 A 이하로 되는 경우 당해 분기회로마다 2급 누전경보기를 설치한 때에는 당해 경계전로에 1급 누전경보기를 설치한 것으로 본다.
(2) 변류기는 특정소방대상물의 형태, 인입선의 시설방법 등에 따라 옥외 인입선의 제1지점의 부하측 또는 제2종 접지선측의 점검이 쉬운 위치에 설치할 것. 다만, 인입선의 형태 또는 특정소방대상물의 구조상 부득이한 경우에는 인입구에 근접한 옥내에 설치할 수 있다.
(3) 변류기를 옥외의 전로에 설치하는 경우에는 옥외형으로 설치할 것

★★★☆☆

문제01 누전경보기의 설치방법 3가지를 쓰시오.[점검22회기출]

2 수신부

"**수신부**"란 변류기로부터 검출된 신호를 수신하여 누전의 발생을 해당 특정소방대상물의 관계인에게 경보하여 주는 것(차단기구를 갖는 것을 포함한다)을 말한다.

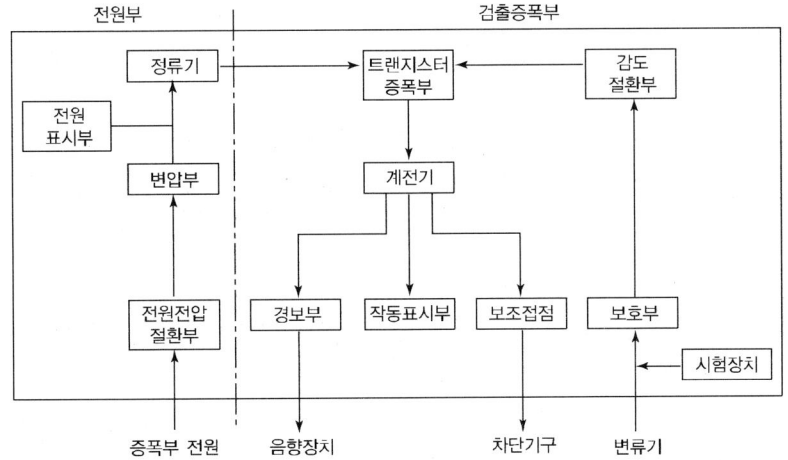

(1) 누전경보기의 수신부는 옥내의 점검에 편리한 장소에 설치하되, 가연성의 증기·먼지 등이 체류할 우려가 있는 장소의 전기회로에는 해당 부분의 전기회로를 차단할 수 있는 차단기구를 가진 수신부를 설치하여야 한다. 이 경우 차단기구의 부분은 해당 장소 외의 안전한 장소에 설치하여야 한다.

(2) 누전경보기의 수신부는 다음 각 호의 장소 외의 장소에 설치하여야 한다. 다만, 해당 누전경보기에 대하여 방폭·방식·방습·방온·방진 및 정전기 차폐 등의 방호조치를 한 것은 그러하지 아니하다.[**누전경보기의 수신기 설치가 제외되는 장소**]

  1) 가연성의 증기·먼지·가스 등이나 부식성의 증기·가스 등이 다량으로 체류하는 장소
  2) 화약류를 제조하거나 저장 또는 취급하는 장소
  3) 습도가 높은 장소
  4) 온도의 변화가 급격한 장소
  5) 대전류회로·고주파 발생회로 등에 따른 영향을 받을 우려가 있는 장소

★★★★★

> **예상** **문제02** 화재안전기준의 누전경보기의 수신기 설치가 제외되는 장소 5곳을 기술하시오.[점검1회기출]

(3) 음향장치는 수위실 등 상시 사람이 근무하는 장소에 설치하여야 하며, 그 음량 및 음색은 다른 기기의 소음 등과 명확히 구별할 수 있는 것으로 하여야 한다.

18th Day

3 전원

누전경보기의 전원은 「전기사업법」 제67조에 따른 기술기준에서 정한 것 외에 다음 각 호의 기준에 따라야 한다.[**전원의 설치기준**]

(1) 전원은 분전반으로부터 전용회로로 하고, 각 극에 개폐기 및 15 A 이하의 과전류 차단기(배선용 차단기에 있어서는 20 A 이하의 것으로 각 극을 개폐할 수 있는 것)를 설치할 것
(2) 전원을 분기할 때에는 다른 차단기에 따라 전원이 차단되지 아니하도록 할 것
(3) 전원의 개폐기에는 "누전경보기용"이라고 표시한 표지를 할 것

★★★☆☆

 문제03 누전경보기의 전원은 「전기사업법」 제67조에 따른 기술기준에서 정한 것 외에 화재안전기준에 따라 설치하여야 한다. 화재안전기준 3가지를 쓰시오.

03 피난구조설비

제3편

제1장 피난기구
제2장 인명구조기구
제3장 유도등 및 유도표지
제4장 비상조명등

19th Day

제1장 피난기구

1 피난기구의 종류

종류	정의
피난사다리	"피난사다리"란 화재 시 긴급대피를 위해 사용하는 사다리를 말한다.
완강기	"완강기"란 사용자의 몸무게에 따라 자동적으로 내려올 수 있는 기구 중 사용자가 교대하여 연속적으로 사용할 수 있는 것을 말한다.
간이완강기	"간이완강기"란 사용자의 몸무게에 따라 자동적으로 내려올 수 있는 기구 중 사용자가 연속적으로 사용할 수 없는 것을 말한다.
구조대	"구조대"란 포지 등을 사용하여 자루 형태로 만든 것으로서 화재 시 사용자가 그 내부에 들어가서 내려옴으로써 대피할 수 있는 것을 말한다.
공기안전매트	"공기안전매트"란 화재 발생 시 사람이 건축물 내에서 외부로 긴급히 뛰어내릴 때 충격을 흡수하여 안전하게 지상에 도달할 수 있도록 포지에 공기 등을 주입하는 구조로 되어 있는 것을 말한다.
다수인피난장비	"다수인피난장비"란 화재 시 2인 이상의 피난자가 동시에 해당 층에서 지상 또는 피난층으로 하강하는 피난기구를 말한다.
승강식 피난기	"승강식 피난기"란 사용자의 몸무게에 의하여 자동으로 하강하고 내려서면 스스로 상승하여 연속적으로 사용할 수 있는 무동력 승강식피난기를 말한다.
하향식 피난구용 내림식 사다리	"하향식 피난구용 내림식사다리"란 하향식 피난구 해치에 격납하여 보관하고 사용 시에는 사다리 등이 소방대상물과 접촉되지 아니하는 내림식 사다리를 말한다.

★★★☆☆

 문제01 다수인피난장비, 승강식 피난기, 하향식 피난구용 내림식 사다리의 용어 정의를 쓰시오.

2 피난사다리의 종류

피난사다리는 화재 시 긴급대피를 위해 사용하는 사다리이며, 그 종류에는 고정식 사다리, 올림식 사다리, 내림식 사다리 등이 있다.

(1) 고정식 사다리

항상 사용 가능한 상태로 소방대상물에 고정되어 사용되는 사다리이다.
1) 수납식 : 횡봉을 종봉 내에 수납해 두었다가 사용할 때 이것을 꺼내어 사용 가능하는 고정식 사다리이다.
2) 접는식 : 사다리 하부가 접는 구조로 되어 있는 고정식 사다리이다.
3) 신축식 : 사다리 하부를 신축할 수 있는 구조로 되어 있는 고정식 사다리이다.

(2) 올림식 사다리
소방대상물에 올려 받쳐서 사용하는 사다리이다.

(3) 내림식 사다리
평상시에는 접어둔 상태로 두었다가 사용 시에 소방대상물에 걸어 내린 후 사용하는 사다리이다.

3 구조대의 종류

구조대는 포지 등을 사용하여 자루 형태로 만든 것으로서 화재 시 사용자가 그 내부에 들어가서 내려옴으로써 대피할 수 있는 것이다. 그 종류에는 경사강하식 구조대와 수직강하식 구조대가 있다.

4 적응 및 설치개수 등

(1) 피난기구는 별표 1에 따라 소방대상물의 설치장소별로 그에 적응하는 종류의 것으로 설치하여야 한다.
(2) 피난기구는 다음 각 호의 기준에 따른 개수 이상을 설치하여야 한다.
  1) 층마다 설치하되, 숙박시설·노유자시설 및 의료시설로 사용되는 층에 있어서는 그 층의 바닥면적 500 ㎡마다, 위락시설·문화집회 및 운동시설·판매시설로 사용되는 층 또는 복합용도의 층(하나의 층이 영 별표 2 제1호 나목 내지 라목 또는 제4호 또는 제8호 내지 제18호 중 2 이상의 용도로 사용되는 층을 말한다)에 있어서는 그 층의 바닥면적 800 ㎡마다, 계단실형 아파트에 있어서는 각 세대마다, 그 밖의 용도의 층에 있어서는 그 층의 바닥면적 1,000 ㎡마다 1개 이상 설치할 것
  2) 제1호에 따라 설치한 피난기구 외에 숙박시설(휴양콘도미니엄을 제외한다)의 경우에는 추가로 객실마다 완강기 또는 둘 이상의 간이완강기를 설치할 것
  3) 〈삭제 2024.1.1.〉
  4) 제1호에 따라 설치한 피난기구 외에 4층 이상의 층에 설치된 노유자시설 중 장애인 관련시설로서 주된 사용자 중 스스로 피난이 불가한 자가 있는 경우에는 층마다 구조대를 1개 이상 추가로 설치할 것
(3) 피난기구는 다음 각 호의 기준에 따라 설치하여야 한다.
  1) 피난기구는 계단·피난구 기타 피난시설로부터 적당한 거리에 있는 안전한 구조로 된 피난 또는 소화활동상 유효한 개구부(가로 0.5 m 이상 세로 1 m 이상인 것을 말한다. 이 경우 개구부 하단이 바닥에서 1.2 m 이상이면 발판 등을 설치하여야 하고, 밀폐된 창문은 쉽게 파괴할 수 있는 파괴장치를 비치하여야 한다)에 고정하여 설치하거나 필요한 때에 신속하고 유효하게 설치할 수 있는 상태에 둘 것

★★★☆☆

문제02 "피난기구는 계단, 피난구 기타 피난시설로부터 적당한 거리에 있는 안전한 구조로된 피난 또는 소화활동상 <u>유효한 개구부</u>에 고정하여 설치하거나 필요한 때에 신속하고 유효하게 설치할 수 있는 상태에 둘 것"이라고 규정하고 있다. 여기에서 밑줄 친 유효한 개구부에 대하여 설명하시오.[설계18회기출]

2) 피난기구를 설치하는 개구부는 서로 동일직선상이 아닌 위치에 있을 것. 다만, 피난교·피난용 트랩·간이완강기·아파트에 설치되는 피난기구(다수인 피난장비는 제외한다) 기타 피난 상 지장이 없는 것에 있어서는 그러하지 아니하다.
3) 피난기구는 소방대상물의 기둥·바닥·보 기타 구조상 견고한 부분에 볼트 조임·매입·용접 기타의 방법으로 견고하게 부착할 것
4) 4층 이상의 층에 피난사다리(하향식 피난구용 내림식 사다리는 제외한다)를 설치하는 경우에는 금속성 고정사다리를 설치하고, 당해 고정사다리에는 쉽게 피난할 수 있는 구조의 노대를 설치할 것

★★★☆☆

문제03 4층 이상의 층에 피난사다리(하향식 피난구용 내림식사다리는 제외)를 설치하는 경우 기준을 쓰시오.[설계18회기출]

5) 완강기는 강하 시 로프가 건축물 또는 구조물 등과 접촉하여 손상되지 않도록 할 것
6) 완강기 로프의 길이는 부착위치에서 지면 기타 피난상 유효한 착지 면까지의 길이로 할 것
7) 미끄럼대는 안전한 강하 속도를 유지하도록 하고, 전락 방지를 위한 안전조치를 할 것
8) 구조대의 길이는 피난 상 지장이 없고 안정한 강하속도를 유지할 수 있는 길이로 할 것
9) 다수인피난장비는 다음 각 목에 적합하게 설치할 것[**다수인피난장비의 설치기준**]
   ① 피난에 용이하고 안전하게 하강할 수 있는 장소에 적재 하중을 충분히 견딜 수 있도록 「건축물의 구조기준 등에 관한 규칙」 제3조에서 정하는 구조안전의 확인을 받아 견고하게 설치할 것
   ② 다수인피난장비 보관실(이하 "**보관실**"이라 한다)은 건물 외측보다 돌출되지 아니하고, 빗물·먼지 등으로부터 장비를 보호할 수 있는 구조일 것
   ③ 사용 시에 보관실 외측 문이 먼저 열리고 탑승기가 외측으로 자동으로 전개될 것
   ④ 하강 시에 탑승기가 건물 외벽이나 돌출물에 충돌하지 않도록 설치할 것
   ⑤ 상·하층에 설치할 경우에는 탑승기의 하강경로가 중첩되지 않도록 할 것
   ⑥ 하강 시에는 안전하고 일정한 속도를 유지하도록 하고 전복, 흔들림, 경로이탈 방지를 위한 안전조치를 할 것

⑦ 보관실의 문에는 오작동 방지조치를 하고, 문 개방 시에는 당해 소방대상물에 설치된 경보설비와 연동하여 유효한 경보음을 발하도록 할 것
⑧ 피난층에는 해당 층에 설치된 피난기구가 착지에 지장이 없도록 충분한 공간을 확보할 것
⑨ 한국소방산업기술원 또는 법 제46조제1항에 따라 성능시험기관으로 지정받은 기관에서 그 성능을 검증받은 것으로 설치할 것

★★★☆☆

 문제04 피난기구의 화재안전기준에서 정하고 있는 다수인 피난장비의 설치기준 9가지를 쓰시오. [점검13회기출]

10) 승강식 피난기 및 하향식 피난구용 내림식 사다리는 다음 각 목에 적합하게 설치할 것 [**승강식 피난기 및 하향식 피난구용 내림식 사다리의 설치기준**]
① 승강식 피난기 및 하향식 피난구용 내림식사다리는 설치경로가 설치층에서 피난층까지 연계될 수 있는 구조로 설치할 것. 다만, 건축물의 구조 및 설치 여건 상 불가피한 경우에는 그러하지 아니 한다.
② 대피실의 면적은 2 m²(2세대 이상일 경우에는 3 m²) 이상으로 하고, 건축법시행령 제46조제4항의 규정에 적합하여야 하며 하강구(개구부) 규격은 직경 60 cm 이상일 것. 단, 외기와 개방된 장소에는 그러하지 아니한다.

 ※건축법 시행령 제46조제4항
공동주택 중 아파트로서 4층 이상인 층의 각 세대가 2개 이상의 직통계단을 사용할 수 없는 경우에는 발코니에 인접 세대와 공동으로 또는 각 세대별로 다음 각 호의 요건을 모두 갖춘 대피공간을 하나 이상 설치하여야 한다. 이 경우 인접 세대와 공동으로 설치하는 대피공간은 인접 세대를 통하여 2개 이상의 직통계단을 쓸 수 있는 위치에 우선 설치되어야 한다.
1. 대피공간은 바깥의 공기와 접할 것
2. 대피공간은 실내의 다른 부분과 방화구획으로 구획될 것
3. 대피공간의 바닥면적은 인접 세대와 공동으로 설치하는 경우에는 3제곱미터 이상, 각 세대별로 설치하는 경우에는 2제곱미터 이상일 것
4. 국토교통부장관이 정하는 기준에 적합할 것

③ 하강구 내측에는 기구의 연결 금속구 등이 없어야 하며 전개된 피난기구는 하강구 수평투영면적 공간 내의 범위를 침범하지 않는 구조이어야 할 것. 단, 직경 60cm 크기의 범위를 벗어난 경우이거나, 직하층의 바닥면으로부터 높이 50cm 이하의 범위는 제외한다.
④ 대피실의 출입문은 60분+ 방화문 또는 60분 방화문으로 설치하고, 피난방향에서 식별할 수 있는 위치에 "**대피실**" 표지판을 부착할 것. 다만, 외기와 개방된 장소에는 그렇지 않다.
⑤ 착지점과 하강구는 상호 수평거리 15cm 이상의 간격을 둘 것

제3편 피난설비

⑥ 대피실 내에는 비상조명등을 설치 할 것
⑦ 대피실에는 층의 위치표시와 피난기구 사용설명서 및 주의사항 표지판을 부착할 것
⑧ 대피실 출입문이 개방되거나, 피난기구 작동 시 해당층 및 직하층 거실에 설치된 표시등 및 경보장치가 작동되고, 감시제어반에서는 피난기구의 작동을 확인 할 수 있어야 할 것
⑨ 사용 시 기울거나 흔들리지 않도록 설치할 것
⑩ 승강식 피난기는 한국소방산업기술원 또는 법 제46조제1항에 따라 성능시험기관으로 지정받은 기관에서 그 성능을 검증받은 것으로 설치할 것

★★★★☆

문제05 피난기구의 화재안전기준에서 정하고 있는 승강식피난기 및 하향식 피난구용 내림식 사다리의 설치기준 중 5가지를 쓰시오.

(4) 피난기구를 설치한 장소에는 가까운 곳의 보기 쉬운 곳에 피난기구의 위치를 표시하는 발광식 또는 축광식표지와 그 사용방법을 표시한 표지(외국어 및 그림 병기)를 부착하되, 축광식표지는 소방청장이 정하여 고시한 「축광표지의 성능인증 및 제품검사의 기술기준」에 적합하여야 한다. 다만, 방사성물질을 사용하는 위치표지는 쉽게 파괴되지 아니하는 재질로 처리할 것

5 설치 제외

영 별표 5 제14호 피난구조설비의 설치면제 요건의 규정에 따라 다음의 어느 하나에 해당하는 특정소방대상물 또는 그 부분에는 피난기구를 설치하지 않을 수 있다. 다만, 2.1.2.2에 따라 숙박시설(휴양콘도미니엄을 제외한다)에 설치되는 완강기 및 간이완강기의 경우에는 그렇지 않다.

(1) 다음 각 목의 기준에 적합한 층[**피난기구를 설치하지 아니할 수 있는 층의 기준**]
  1) 주요구조부가 내화구조로 되어 있어야 할 것
  2) 실내의 면하는 부분의 마감이 불연재료·준불연재료 또는 난연재료로 되어 있고 방화구획이 건축법시행령 제46조의 규정에 적합하게 구획되어 있어야 할 것
  3) 거실의 각 부분으로부터 직접 복도로 쉽게 통할 수 있어야 할 것
  4) 복도에 2 이상의 특별피난계단 또는 피난계단이 「건축법시행령」 제35조에 적합하게 설치되어 있어야 할 것
  5) 복도의 어느 부분에서도 2 이상의 방향으로 각각 다른 계단에 도달할 수 있어야 할 것

★★★★★

문제06 화재안전기준에 적합한 층에는 피난기구를 설치하지 아니할 수 있다. 피난기구의 설치를 면제할 수 있는 화재안전기준 5가지를 쓰시오.

(2) 다음 각 목의 기준에 적합한 소방대상물 중 그 옥상의 직하층 또는 최상층(관람집회 및 운동시설 또는 판매시설을 제외한다)[**피난기구를 설치하지 아니할 수 있는 옥상의 직하층 또는 최상층의 기준**]
 1) 주요구조부가 내화구조로 되어 있어야 할 것
 2) 옥상의 면적이 1,500m² 이상이어야 할 것
 3) 옥상으로 쉽게 통할 수 있는 창 또는 출입구가 설치되어 있어야 할 것
 4) 옥상이 소방사다리차가 쉽게 통행할 수 있는 도로(폭 6m 이상의 것을 말한다) 또는 공지(공원 또는 광장 등을 말한다)에 면하여 설치되어 있거나 옥상으로부터 피난층 또는 지상으로 통하는 2 이상의 피난계단 또는 특별피난계단이 건축법시행령 제35조의 규정에 적합하게 설치되어 있어야 할 것

(3) 주요구조부가 내화구조이고 지하층을 제외한 층수가 4층 이하이며, 소방사다리차가 쉽게 통행할 수 있는 도로 또는 공지에 면하는 부분에 영 제2조제1호 각 목의 기준에 적합한 개구부가 2 이상 설치되어 있는 층(문화집회 및 운동시설·판매시설 및 영업시설 또는 노유자시설의 용도로 사용되는 층으로서 그 층의 바닥면적이 1,000 m² 이상인 것을 제외한다)

> **※ 영 제2조제1호 각 목의 기준**
> 가. 크기는 지름 50센티미터 이상의 원이 내접(內接)할 수 있는 크기일 것
> 나. 해당 층의 바닥면으로부터 개구부 밑 부분까지의 높이가 1.2미터 이내일 것
> 다. 도로 또는 차량이 진입할 수 있는 빈터를 향할 것
> 라. 화재 시 건축물로부터 쉽게 피난할 수 있도록 창살이나 그 밖의 장애물이 설치되지 아니할 것
> 마. 내부 또는 외부에서 쉽게 부수거나 열 수 있을 것

(4) 갓복도식 아파트 또는 「건축법 시행령」 제46조제5항에 해당하는 구조 또는 시설을 설치하여 인접(수평 또는 수직)세대로 피난할 수 있는 아파트
(5) 주요구조부가 내화구조로서 거실의 각 부분으로 직접 복도로 피난할 수 있는 학교(강의실 용도로 사용되는 층에 한한다)
(6) 무인공장 또는 자동창고로서 사람의 출입이 금지된 장소(관리를 위하여 일시적으로 출입하는 장소를 포함한다)
(7) 건축물의 옥상부분으로서 거실에 해당하지 아니하고 「건축법 시행령」 제119조제1항제9호에 해당하여 층수로 산정된 층으로 사람이 근무하거나 거주하지 아니하는 장소

19th Day

6 피난기구 설치의 감소

(1) 피난기구를 설치하여야 할 소방대상물 중 다음 각 호의 기준에 적합한 층에는 제4조제2항에 따른 피난기구의 2분의 1을 감소할 수 있다. 이 경우 설치하여야 할 피난기구의 수에 있어서 소수점 이하의 수는 1로 한다.
  1) 주요구조부가 내화구조로 되어 있을 것
  2) 직통계단인 피난계단 또는 특별피난계단이 2 이상 설치되어 있을 것

(2) 피난기구를 설치하여야 할 소방대상물 중 주요구조부가 내화구조이고 다음 각 호의 기준에 적합한 건널 복도가 설치되어 있는 층에는 제4조제2항에 따른 피난기구의 수에서 해당 건널 복도의 수의 2배의 수를 뺀 수로 한다.
  1) 내화구조 또는 철골조로 되어 있을 것
  2) 건널 복도 양단의 출입구에 자동폐쇄장치를 한 60분+ 방화문 또는 60분 방화문(방화셔터를 제외한다)이 설치되어 있을 것
  3) 피난·통행 또는 운반의 전용 용도일 것

★★★★☆

 문제07 피난기구를 설치하여야 할 소방대상물 중 주요구조부가 내화구조이고 화재안전기준에 적합한 건널복도가 설치되어 있는 층에는 규정에 따른 피난기구의 수에서 당해 건널복도의 수의 2배의 수를 뺀 수로 할 수 있다. 이에 해당하는 화재안전기준 3가지를 쓰시오.

(3) 피난기구를 설치하여야 할 소방대상물 중 다음 각 호에 기준에 적합한 노대가 설치된 거실의 바닥면적은 제4조제2항에 따른 피난기구의 설치개수 산정을 위한 바닥면적에서 이를 제외한다.
  1) 노대를 포함한 소방대상물의 주요구조부가 내화구조일 것
  2) 노대가 거실의 외기에 면하는 부분에 피난 상 유효하게 설치되어 있어야 할 것
  3) 노대가 소방사다리차가 쉽게 통행할 수 있는 도로 또는 공지에 면하여 설치되어 있거나, 또는 거실 부분과 방화구획 되어 있거나 또는 노대에 지상으로 통하는 계단 그 밖의 피난기구가 설치되어 있어야 할 것

★★★★☆

 문제08 피난기구를 설치하여야 할 소방대상물 중 화재안전기준에 적합한 노대가 설치된 거실의 바닥면적은 규정에 따른 피난기구의 설치개수 산정을 위한 바닥면적에서 이를 제외할 수 있다. 이에 해당하는 화재안전기준 3가지를 쓰시오.

★★★☆☆

 문제09 「피난기구의 화재안전기준 (NFSC 301)」 제 6조 피난기구 설치의 감소기준을 쓰시오.[점검15회기출]

7 소방대상물의 설치장소별 피난기구의 적응성[별표 1]

설치장소별 구분 \ 층별	1층	2층	3층	4층 이상 10층 이하
1. 노유자시설	미끄럼대 구조대 피난교 다수인피난장비 승강식 피난기	미끄럼대 구조대 피난교 다수인피난장비 승강식 피난기	미끄럼대 구조대 피난교 다수인피난장비 승강식 피난기	구조대1) 피난교 다수인피난장비 승강식 피난기
2. 의료시설·근린생활시설 중 입원실이 있는 의원·접골원·조산원			미끄럼대 구조대 피난교 피난용트랩 다수인피난장비 승강식 피난기	구조대 피난교 피난용트랩 다수인피난장비 승강식 피난기
3. 「다중이용업소의 안전관리에 관한 특별법 시행령」 제2조에 따른 다중이용업소로서 영업장의 위치가 4층 이하인 다중이용업소		미끄럼대 피난사다리 구조대 완강기 다수인피난장비 승강식 피난기	미끄럼대 피난사다리 구조대 완강기 다수인피난장비 승강식 피난기	미끄럼대 피난사다리 구조대 완강기 다수인피난장비 승강식 피난기
4. 그 밖의 것			미끄럼대 피난사다리 구조대 완강기 피난교 피난용트랩 간이완강기2) 공기안전매트3) 다수인피난장비 승강식 피난기	피난사다리 구조대 완강기 피난교 간이완강기2) 공기안전매트3) 다수인피난장비 승강식 피난기

※ 비고
1) 구조대의 적응성은 장애인 관련시설로서 주된 사용자 중 스스로 피난이 불가한 자가 있는 경우 제4조제2항제4호에 따라 추가로 설치하는 경우에 한한다.
2), 3) 간이완강기의 적응성은 제4조제2항제2호에 따라 숙박시설의 3층 이상에 있는 객실에, 공기안전매트의 적응성은 제4조제2항제3호에 따라 공동주택(공동주택관리법 제2조제1항제2호 가목부터 라목까지 중 어느 하나에 해당하는 공동주택)에 추가로 설치하는 경우에 한한다.

★★★☆☆

 문제10 지상 10층(업무시설)인 소방대상물의 3층에 피난기구를 설치하고자 한다. 적응성이 있는 피난기구 8가지를 쓰시오.[설계18회기출]

제2장 인명구조기구

1 인명구조기구의 종류

종류	정의
방열복	"방열복"이란 고온의 복사열에 가까이 접근하여 소방활동을 수행할 수 있는 내열피복을 말한다.
공기호흡기	"공기호흡기"란 소화활동 시에 화재로 인하여 발생하는 각종 유독가스 중에서 일정시간 사용할 수 있도록 제조된 압축공기식 개인호흡장비(보조마스크를 포함한다)를 말한다.
인공소생기	"인공소생기"란 호흡 부전 상태인 사람에게 인공호흡을 시켜 환자를 보호하거나 구급하는 기구를 말한다.
방화복	"방화복"이란 화재진압 등의 소방활동을 수행할 수 있는 피복을 말한다.

★★☆☆☆

 문제01 피난설비 중 인명구조기구의 종류 4가지를 쓰시오.

2 설치기준

인명구조기구는 다음 각 호의 기준에 따라 설치하여야 한다. [**인명구조기구의 설치기준**]

(1) 특정소방대상물의 용도 및 장소별로 설치하여야 할 인명구조기구는 별표 1에 따라 설치하여야 한다.
(2) 화재 시 쉽게 반출 사용할 수 있는 장소에 비치할 것
(3) 인명구조기구가 설치된 가까운 장소의 보기 쉬운 곳에 "**인명구조기구**"라는 축광식 표지와 그 사용방법을 표시한 표시를 부착하되, 축광식 표지는 소방청장이 고시한 「축광표지의 성능인증 및 제품검사의 기술기준」에 적합한 것으로 할 것
(4) 방열복은 소방청장이 고시한 「소방용 방열복의 성능인증 및 제품검사의 기술기준」에 적합한 것으로 설치할 것
(5) 방화복(안전모, 보호장갑 및 안전화를 포함한다)은 「소방장비관리법」 제10조제2항 및 「표준규격을 정해야 하는 소방장비의 종류고시」 제2조제1항제4호에 따른 표준규격에 적합한 것으로 설치할 것

★★★☆☆

 문제02 피난설비 중 인명구조기구의 설치기준 5가지를 쓰시오.

[별표 1] 특정소방대상물의 용도 및 장소별로 설치하여야 할 인명구조기구

특정소방대상물	인명구조기구의 종류	설치 수량
• 지하층을 포함하는 층수가 7층 이상인 관광호텔 및 5층 이상인 병원	• 방열복 또는 방화복(헬멧, 보호장갑 및 안전화를 포함한다) • 공기호흡기 • 인공소생기	• 각 2개 이상 비치할 것. 다만, 병원의 경우에는 인공소생기를 설치하지 않을 수 있다.
• 문화 및 집회시설 중 수용인원 100명 이상의 영화상영관 • 판매시설 중 대규모 점포 • 운수시설 중 지하역사 • 지하가 중 지하상가	• 공기호흡기	• 층마다 2개 이상 비치할 것. 다만, 각 층마다 갖추어 두어야 할 공기호흡기 중 일부를 직원이 상주하는 인근 사무실에 갖추어 둘 수 있다.
• 물분무등소화설비 중 이산화탄소소화설비를 설치하여야 하는 특정소방대상물	• 공기호흡기	• 이산화탄소소화설비가 설치된 장소의 출입구 외부 인근에 1대 이상 비치할 것

★★★★☆

 문제03 화재예방, 소방시설 설치, 유지 및 안전관리에 관한 법률 시행령 제15조에 근거한 인명구조기구 중 공기호흡기의 설치기준을 모두 쓰시오. [점검18회기출]

제3장 유도등 및 유도표지

"**유도등**"이란 화재 시에 피난을 유도하기 위한 등으로서 정상 상태에서는 상용전원에 따라 켜지고 상용전원이 정전되는 경우에는 비상전원으로 자동 전환되어 켜지는 등을 말한다.

1 유도등의 종류

종류	정의
피난구유도등	"피난구유도등"이란 피난구 또는 피난 경로로 사용되는 출입구를 표시하여 피난을 유도하는 등을 말한다.
통로유도등	"통로유도등"이란 피난 통로를 안내하기 위한 유도등으로 복도통로유도등, 거실통로유도등, 계단통로유도등을 말한다.
객석유도등	"객석유도등"이란 객석의 통로, 바닥 또는 벽에 설치하는 유도등을 말한다.

2 통로유도등의 종류

종류	정의
복도통로유도등	"복도통로유도등"이란 피난통로가 되는 복도에 설치하는 통로유도등으로서 피난구의 방향을 명시하는 것을 말한다.
거실통로유도등	"거실통로유도등"이란 거주, 집무, 작업, 집회, 오락 그 밖에 이와 유사한 목적을 위하여 계속적으로 사용하는 거실, 주차장 등 개방된 통로에 설치하는 유도등으로 피난의 방향을 명시하는 것을 말한다.
계단통로유도등	"계단통로유도등"이란 피난 통로가 되는 계단이나 경사로에 설치하는 통로유도등으로 바닥면 및 디딤 바닥면을 비추는 것을 말한다.

★★★☆☆

 문제01 통로유도등의 종류 3가지를 쓰시오.

3 유도등 및 유도표지의 종류

특정소방대상물의 용도별로 설치하여야 할 유도등 및 유도표지는 다음 표에 따라 그에 적응하는 종류의 것으로 설치하여야 한다.

설치장소	유도등 및 유도표지의 종류
1. 공연장·집회장(종교집회장 포함)·관람장·운동시설 2. 유흥주점영업시설(「식품위생법 시행령」 21조제8호라목의 유흥주점영업 중 손님이 춤을 출 수 있는 무대가 설치된 카바레, 나이트클럽 또는 그 밖에 이와 비슷한 영업시설만 해당한다)	• 대형피난구유도등 • 통로유도등 • 객석유도등

3. 위락시설·판매시설·운수시설·「관광진흥법」제3조제1항제2호에 따른 관광숙박업·의료시설·장례식장·방송통신시설·전시장·지하상가·지하철역사	• 대형피난구유도등 • 통로유도등
4. 숙박시설(제3호의 관광숙박업 외의 것을 말한다)·오피스텔	• 중형피난구유도등 • 통로유도등
5. 제1호부터 제3호까지 외의 건축물로서 지하층·무창층 또는 층수가 11층 이상인 특정소방대상물	
6. 제1호부터 제5호까지 외의 건물로서 근린생활시설·노유자시설·업무시설·발전시설·종교시설(집회장 용도로 사용하는 부분 제외)·교육연구시설·수련시설·공장·교정 및 군사시설(국방·군사시설 제외)·자동차정비공장·운전학원 및 정비학원·다중이용업소·복합건축물·아파트	• 소형피난구유도등 • 통로유도등
7. 그 밖의 것	• 피난구유도표지 • 통로유도표지

※ 비고
1. 소방서장은 특정소방대상물의 위치·구조 및 설비의 상황을 판단하여 대형피난구유도등을 설치해야 할 장소에 중형피난구유도등 또는 소형피난구유도등을, 중형피난구유도등을 설치해야 할 장소에 소형피난구유도등을 설치하게 할 수 있다.
2. 복합건축물의 경우, 주택의 세대 내에는 유도등을 설치하지 않을 수 있다.

4 피난구유도등

(1) 피난구유도등은 다음 각 호의 장소에 설치하여야 한다.[**피난구유도등을 설치하여야 하는 장소**]
  1) 옥내로부터 직접 지상으로 통하는 출입구 및 그 부속실의 출입구
  2) 직통계단·직통계단의 계단실 및 그 부속실의 출입구
  3) 제1호와 제2호에 따른 출입구에 이르는 복도 또는 통로로 통하는 출입구
  4) 안전구획된 거실로 통하는 출입구

★★★★☆

문제02 피난구유도등을 설치하여야 하는 장소 4가지를 쓰시오.

(2) 피난구유도등은 피난구의 바닥으로부터 높이 1.5m 이상으로서 출입구에 인접하도록 설치하여야 한다.

5 통로유도등 설치기준

(1) 통로유도등은 특정소방대상물의 각 거실과 그로부터 지상에 이르는 복도 또는 계단의 통로에 다음 각 호의 기준에 따라 설치하여야 한다.
  1) 복도통로유도등은 다음 각 목의 기준에 따라 설치할 것[**복도통로유도등의 설치기준**]
    ㉮ 복도에 설치하되 2.2.1.1 또는 2.2.1.2에 따라 피난구유도등이 설치된 출입구의 맞은편 복도에는 입체형으로 설치하거나, 바닥에 설치할 것

㉯ 구부러진 모퉁이 및 가목에 따라 설치된 통로유도등을 기점으로 보행거리 20m마다 설치할 것

$$복도통로유도등\ 설치개수 = \frac{보행거리(m)}{20m} - 1$$

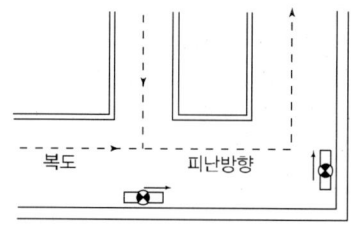

㉰ 바닥으로부터 높이 1m 이하의 위치에 설치할 것. 다만, 지하층 또는 무창층의 용도가 도매시장·소매시장·여객자동차터미널·지하역사 또는 지하상가인 경우에는 복도·통로 중앙 부분의 바닥에 설치하여야 한다.

㉱ 바닥에 설치하는 통로유도등은 하중에 따라 파괴되지 아니하는 강도의 것으로 할 것

★★★★☆

문제03 복도통로유도등의 설치기준 4가지를 쓰시오. [설계15회기출]

2) 거실통로유도등은 다음 각 목의 기준에 따라 설치할 것 [**거실통로유도등의 설치기준**]

① 거실의 통로에 설치할 것. 다만, 거실의 통로가 벽체 등으로 구획된 경우에는 복도통로유도등을 설치하여야 한다.

② 구부러진 모퉁이 및 보행거리 20m마다 설치할 것

$$거실통로유도등\ 설치개수 = \frac{보행거리(m)}{20m/개} - 1$$

③ 바닥으로부터 높이 1.5m 이상의 위치에 설치할 것. 다만, 거실 통로에 기둥이 설치된 경우에는 기둥부분의 바닥으로부터 높이 1.5m 이하의 위치에 설치할 수 있다.

★★★☆☆

문제04 거실통로유도등의 설치기준 3가지를 쓰시오.

3) 계단통로유도등은 다음 각 목의 기준에 따라 설치할 것 [**계단통로유도등의 설치기준**]

① 각 층의 경사로 참 또는 계단참마다(1개층에 경사로 참 또는 계단참이 2 이상 있는 경우에는 2개의 계단참마다) 설치할 것

② 바닥으로부터 높이 1m 이하의 위치에 설치할 것

★★★☆☆

 문제05 계단통로유도등의 설치기준 2가지를 쓰시오.

4) 통행에 지장이 없도록 설치할 것
5) 주위에 이와 유사한 등화광고물·게시물 등을 설치하지 아니할 것

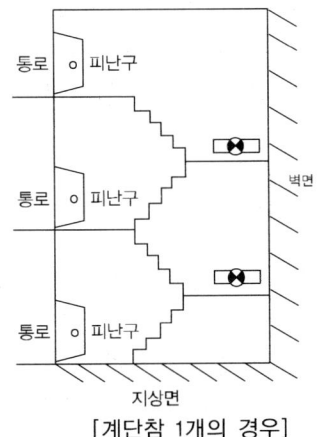

[계단참 1개의 경우]   [계단참 3개의 경우]

※ 통로유도등

구분	계단통로유도등	복도통로유도등	거실통로유도등
설치장소	계단	복도	거실의 통로
설치방법	각 층의 경사로참 또는 계단참 마다	구부러진 모퉁이 및 보행거리 20m마다	구부러진 모퉁이 및 보행거리 20m마다
설치높이	바닥으로부터 높이 1m 이하	바닥으로부터 높이 1m 이하	바닥으로부터 높이 1.5m 이상

6 객석유도등 설치기준

(1) 객석유도등은 객석의 통로, 바닥 또는 벽에 설치하여야 한다.
(2) 객석 내의 통로가 경사로 또는 수평로로 되어 있는 부분은 다음의 식에 따라 산출한 수(소수점 이하의 수는 1로 본다)의 유도등을 설치하여야 한다.

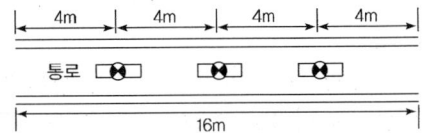

 객석유도등 설치개수 = $\dfrac{객석\ 통로의\ 직선부분의\ 길이(m)}{4} - 1$

(3) 객석 내의 통로가 옥외 또는 이와 유사한 부분에 있는 경우에는 해당 통로 전체에 미칠 수 있는 수의 유도등을 설치하여야 한다.

7 유도표지

"**피난구유도표지**"란 피난구 또는 피난 경로로 사용되는 출입구를 표시하여 피난을 유도하는 표지를 말한다. "**통로유도표지**"란 피난통로가 되는 복도, 계단 등에 설치하는 것으로서 피난구의 방향을 표시하는 유도표지를 말한다.

(1) 유도표지는 다음 각 호의 기준에 따라 설치하여야 한다.[**유도표지의 설치기준**]

 1) 계단에 설치하는 것을 제외하고는 각 층마다 복도 및 통로의 각 부분으로부터 하나의 유도표지까지의 보행거리가 15 m 이하가 되는 곳과 구부러진 모퉁이의 벽에 설치할 것

$$유도표지의\ 설치개수 = \frac{복도 및 통로의\ 직선부분의\ 길이(m)}{15m/개} - 1$$

 2) 피난구유도표지는 출입구 상단에 설치하고, 통로유도표지는 바닥으로부터 높이 1m 이하의 위치에 설치할 것
 3) 주위에는 이와 유사한 등화·광고물·게시물 등을 설치하지 아니할 것
 4) 유도표지는 부착판 등을 사용하여 쉽게 떨어지지 아니하도록 설치할 것
 5) 축광방식의 유도표지는 외광 또는 조명장치에 의하여 상시 조명이 제공되거나 비상조명등에 의한 조명이 제공되도록 설치할 것

★★★★☆

문제06 유도표지의 설치기준 5가지를 쓰시오.

(2) 유도표지는 소방청장이 고시한 「축광표지의 성능인증 및 제품검사의 기술기준」에 적합한 것이어야 한다. 다만, 방사성 물질을 사용하는 위치표지는 쉽게 파괴되지 아니하는 재질로 처리하여야 한다.

8 피난유도선

"**피난유도선**"이란 햇빛이나 전등불에 따라 축광(이하 "**축광방식**"이라 한다)하거나 전류에 따라 빛을 발하는(이하 "**광원점등방식**"이라 한다) 유도체로서 어두운 상태에서 피난을 유도할 수 있도록 띠 형태로 설치되는 피난유도시설을 말한다.

(1) 축광방식의 피난유도선은 다음 각 호의 기준에 따라 설치하여야 한다.[**축광방식의 피난유도선 설치기준**]

 1) 구획된 각 실로부터 주출입구 또는 비상구까지 설치할 것
 2) 바닥으로부터 높이 50 cm 이하의 위치 또는 바닥면에 설치할 것
 3) 피난유도 표시부는 50 cm 이내의 간격으로 연속되도록 설치
 4) 부착대에 의하여 견고하게 설치할 것
 5) 외부의 빛 또는 조명장치에 의하여 상시 조명이 제공되거나 비상조명등에 의한 조명이 제공되도록 설치 할 것

★★★★★

 문제07 축광방식의 피난유도선 설치기준 5가지를 쓰시오.

(2) 광원점등방식의 피난유도선은 다음 각 호의 기준에 따라 설치하여야 한다.[**광원점등방식의 피난유도선 설치기준**]
  1) 구획된 각 실로부터 주출입구 또는 비상구까지 설치할 것
  2) 피난유도 표시부는 바닥으로부터 높이 1 m 이하의 위치 또는 바닥면에 설치할 것
  3) 피난유도 표시부는 50 cm 이내의 간격으로 연속되도록 설치하되 실내장식물 등으로 설치가 곤란할 경우 1 m 이내로 설치할 것
  4) 수신기로부터의 화재신호 및 수동조작에 의하여 광원이 점등되도록 설치할 것
  5) 비상전원이 상시 충전상태를 유지하도록 설치할 것
  6) 바닥에 설치되는 피난유도 표시부는 매립하는 방식을 사용할 것
  7) 피난유도 제어부는 조작 및 관리가 용이하도록 바닥으로부터 0.8m 이상 1.5m 이하의 높이에 설치할 것

★★★★☆

 문제08 광원점등방식의 피난유도선 설치기준 6가지를 쓰시오.[점검12회기출]

9 유도등의 전원

(1) 유도등의 상용전원은 전기가 정상적으로 공급되는 축전지설비, 전기저장장치(외부 전기에너지를 저장해 두었다가 필요한 때 전기를 공급하는 장치) 또는 교류전압의 옥내 간선으로 하고, 전원까지의 배선은 전용으로 해야 한다.
(2) 비상전원은 다음 각 호의 기준에 적합하게 설치하여야 한다.
  1) 축전지로 할 것
  2) 유도등을 20분 이상 유효하게 작동시킬 수 있는 용량으로 할 것. 다만, 다음 각 목의 특정소방대상물의 경우에는 그 부분에서 피난층에 이르는 부분의 유도등을 60분 이상 유효하게 작동시킬 수 있는 용량으로 하여야 한다.
    ① 지하층을 제외한 층수가 11층 이상의 층
    ② 지하층 또는 무창층으로서 용도가 도매시장·소매시장·여객자동차터미널·지하역사 또는 지하상가

★★★☆☆

 문제09 비상전원은 유도등을 20분 이상 유효하게 작동시킬 수 있는 용량으로 하여야 한다. 이러한 규정에도 불구하고 특정소방대상물의 특정 부분에서 피난층에 이르는 부분의 유도등은 60분 이상 유효하게 작동시킬 수 있는 용량으로 하여야 한다. 특정소방대상물의 특정 부분 2가지를 쓰시오.[설계15회기출]

(3) 배선은 「전기사업법」 제67조에서 정한 것 외에 다음 각 호의 기준에 따라야 한다.

1) 유도등의 인입선과 옥내배선은 직접 연결할 것
2) 유도등은 전기회로에 점멸기를 설치하지 아니하고 항상 점등 상태를 유지할 것. 다만, 특정소방대상물 또는 그 부분에 사람이 없거나 다음 각 목의 어느 하나에 해당하는 장소로서 3선식 배선에 따라 상시 충전되는 구조인 경우에는 그러하지 아니하다.[**3선식 배선으로 할 수 있는 장소**]
① 외부의 빛에 의해 피난구 또는 피난방향을 쉽게 식별할 수 있는 장소
② 공연장, 암실(暗室) 등으로서 어두워야 할 필요가 있는 장소
③ 특정소방대상물의 관계인 또는 종사원이 주로 사용하는 장소

★★★☆☆

 문제10 3선식 배선으로 할 수 있는 장소 3가지를 쓰시오.

(4) 제3항제2에 따라 3선식 배선으로 상시 충전되는 유도등의 전기회로에 점멸기를 설치하는 경우에는 다음 각 호의 어느 하나에 해당되는 경우에 점등되도록 하여야 한다.[**점멸기를 설치할 경우 점등되어야 할 때**]
1) 자동화재탐지설비의 감지기 또는 발신기가 작동되는 때
2) 비상경보설비의 발신기가 작동되는 때
3) 상용전원이 정전되거나 전원선이 단선되는 때
4) 방재업무를 통제하는 곳 또는 전기실의 배전반에서 수동으로 점등하는 때
5) 자동소화설비가 작동되는 때

★★★★★

 문제11 3선식 배선으로 상시 충전되는 유도등의 전기회로에 점멸기를 설치할 경우 점등되어야 할 때를 기술하시오.[점검1회기출][점검8회기출][점검21회기출]

10 유도등 및 유도표지의 제외

(1) 다음 각 호의 어느 하나에 해당하는 경우에는 피난구유도등을 설치하지 아니한다.[**피난구유도등을 설치하지 아니할 수 있는 경우(출입구)**]
1) 바닥면적이 1,000 m² 미만인 층으로서 옥내로부터 직접 지상으로 통하는 출입구(외부의 식별이 용이한 경우에 한한다)
2) 대각선 길이가 15 m 이내인 구획된 실의 출입구
3) 거실 각 부분으로부터 하나의 출입구에 이르는 보행거리가 20 m 이하이고 비상조명등과 유도표지가 설치된 거실의 출입구
4) 출입구가 3 이상 있는 거실로서 그 거실 각 부분으로부터 하나의 출입구에 이르는 보행거리가 30 m 이하인 경우에는 주된 출입구 2개소 외의 출입구(유도표지가 부착된 출입구를 말한다). 다만, 공연장·집회장·관람장·전시장·판매시설·운수시설·숙박시설·노유자시설·의료시설·장례식장의 경우에는 그러하지 아니하다.

★★★★☆

예상 문제12 피난구유도등 설치제외 기준 4가지를 쓰시오.[점검12회기출]

(2) 다음 각 호의 어느 하나에 해당하는 경우에는 통로유도등을 설치하지 아니한다.[**통로유도등을 설치하지 아니할 수 있는 경우(통로)**]
  1) 구부러지지 아니한 복도 또는 통로로서 길이가 30 m 미만인 복도 또는 통로
  2) 제1호에 해당되지 않는 복도 또는 통로로서 보행거리가 20 m 미만이고 그 복도 또는 통로와 연결된 출입구 또는 그 부속실의 출입구에 피난구유도등이 설치된 복도 또는 통로

★★★☆☆

예상 문제13 통로유도등을 설치하지 아니할 수 있는 경우(통로) 2가지를 쓰시오.

(3) 다음 각 호의 어느 하나에 해당하는 경우에는 객석유도등을 설치하지 아니한다.[**객석유도등을 설치하지 아니할 수 있는 경우(객석)**]
  1) 주간에만 사용하는 장소로서 채광이 충분한 객석
  2) 거실 등의 각 부분으로부터 하나의 거실 출입구에 이르는 보행거리가 20 m 이하인 객석의 통로로서 그 통로에 통로유도등이 설치된 객석

★★★☆☆

예상 문제14 객석유도등을 설치하지 아니할 수 있는 경우(객석) 2가지를 쓰시오.

(4) 다음 각 호의 어느 하나에 해당하는 경우에는 유도표지를 설치하지 아니한다.
  1) 유도등이 제5조와 제6조에 적합하게 설치된 출입구·복도·계단 및 통로
  2) 제1항제1호·제2호와 제2항에 해당하는 출입구·복도·계단 및 통로

11 유도등설비의 배선

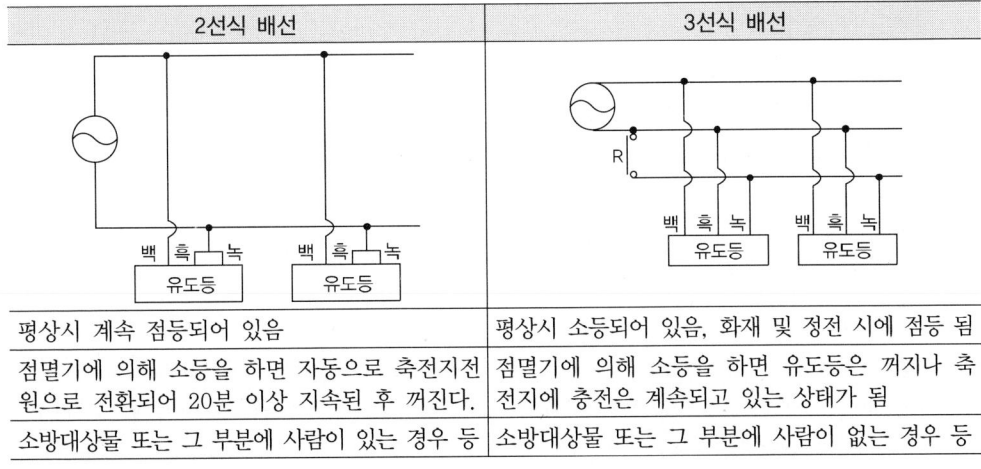

2선식 배선	3선식 배선
평상시 계속 점등되어 있음	평상시 소등되어 있음, 화재 및 정전 시에 점등 됨
점멸기에 의해 소등을 하면 자동으로 축전지전원으로 전환되어 20분 이상 지속된 후 꺼진다.	점멸기에 의해 소등을 하면 유도등은 꺼지나 축전지에 충전은 계속되고 있는 상태가 됨
소방대상물 또는 그 부분에 사람이 있는 경우 등	소방대상물 또는 그 부분에 사람이 없는 경우 등

20th Day

12 설치높이 및 설치방법

소방시설	설치높이	설치방법
피난구 유도등	피난구의 바닥으로부터 높이 1.5 m 이상의 곳에 설치하여야 한다.	① 옥내로부터 직접 지상으로 통하는 출입구 및 그 부속실의 출입구 ② 직통계단·직통계단의 계단실 및 그 부속실의 출입구 ③ 제1호 및 제2호의 규정에 따른 출입구에 이르는 복도 또는 통로로 통하는 출입구 ④ 안전구획된 거실로 통하는 출입구
복도통로 유도등	바닥으로부터 높이 1 m 이하의 위치에 설치할 것	구부러진 모퉁이 및 보행거리 20m마다 설치할 것
거실통로 유도등	바닥으로부터 높이 1.5 m 이상의 위치에 설치할 것. 다만, 거실 통로에 기둥이 설치된 경우에는 기둥 부분의 바닥으로부터 높이 1.5 m 이하의 위치에 설치할 수 있다.	구부러진 모퉁이 및 보행거리 20 m마다 설치할 것
계단통로 유도등	바닥으로부터 높이 1 m 이하의 위치에 설치할 것	각 층의 경사로참 또는 계단참마다(1개 층에 경사로참 또는 계단참이 2 이상 있는 경우에는 2개의 계단참마다) 설치할 것
객석 유도등	–	$\dfrac{객석의통로의직선부분의길이(m)}{4} - 1$

제4장 비상조명등

"**비상조명등**"이란 화재 발생 등에 따른 정전 시에 안전하고 원활한 피난활동을 할 수 있도록 거실 및 피난통로 등에 설치되어 자동 점등되는 조명등을 말한다. "**휴대용 비상조명등**"이란 화재 발생 등으로 정전 시 안전하고 원활한 피난을 위하여 피난자가 휴대할 수 있는 조명등을 말한다.

★★★☆☆

 문제01 비상조명등 및 휴대용 비상조명등의 정의를 쓰시오.

1 설치기준

(1) 비상조명등은 다음 각 호의 기준에 따라 설치하여야 한다.
  1) 특정소방대상물의 각 거실과 그로부터 지상에 이르는 복도·계단 및 그 밖의 통로에 설치할 것
  2) 조도는 비상조명등이 설치된 장소의 각 부분의 바닥에서 1 lx 이상이 되도록 할 것
  3) 예비전원을 내장하는 비상조명등에는 평상 시 점등 여부를 확인할 수 있는 점검스위치를 설치하고 해당 조명등을 유효하게 작동시킬 수 있는 용량의 축전지와 예비전원 충전장치를 내장할 것
  4) 예비전원을 내장하지 아니하는 비상조명등의 비상전원은 자가발전설비, 축전지설비 또는 전기저장장치(외부 전기에너지를 저장해 두었다가 필요한 때 전기를 공급하는 장치)를 다음 각 목의 기준에 따라 설치하여야 한다.
    ① 점검에 편리하고 화재 및 침수 등의 재해로 인한 피해를 받을 우려가 없는 곳에 설치할 것
    ② 상용전원으로부터 전력의 공급이 중단된 때에는 자동으로 비상전원으로부터 전력을 공급받을 수 있도록 할 것
    ③ 비상전원의 설치장소는 다른 장소와 방화구획할 것. 이 경우 그 장소에는 비상전원의 공급에 필요한 기구나 설비 외의 것(열병합발전설비에 필요한 기구나 설비는 제외한다)을 두어서는 아니 된다.
    ④ 비상전원을 실내에 설치하는 때에는 그 실내에 비상조명등을 설치할 것

★★★★☆

 문제02 예비전원을 내장하지 아니하는 비상조명등의 비상전원은 자가발전설비 또는 축전지설비를 설치하여야 한다. 그 설치기준 4가지를 쓰시오.

5) 제3호와 제4호에 따른 예비전원과 비상전원은 비상조명등을 20분 이상 유효하게 작동시킬 수 있는 용량으로 할 것. 다만, 다음의 특정소방대상물의 경우에는 그 부분에서 피난층에 이르는 부분의 비상조명등을 60분 이상 유효하게 작동시킬 수 있는 용량으로 해야 한다.
  ① 지하층을 제외한 층수가 11층 이상의 층
  ② 지하층 또는 무창층으로서 용도가 도매시장·소매시장·여객자동차터미널·지하역사 또는 지하상가

★★★☆☆

  문제03 비상전원의 용량을 비상조명등을 60분 이상 유효하게 작동시킬 수 있는 용량으로 하여야 하는 부분을 쓰시오.

6) 영 별표 5 제15호 비상조명등의 설치면제 요건에서 "**그 유도등의 유효범위**"란 유유도등의 조도가 바닥에서 1 ℓx 이상이 되는 부분을 말한다.

(2) 휴대용 비상조명등은 다음 각 호의 기준에 적합하여야 한다.
  1) 다음 각 목의 장소에 설치할 것[휴대용 비상조명등의 설치 장소]
    ① 숙박시설 또는 다중이용업소에는 객실 또는 영업장 안의 구획된 실마다 잘 보이는 곳(외부에 설치 시 출입문 손잡이로부터 1 m 이내 부분)에 1개 이상 설치
    ② 「유통산업발전법」 제2조제3호에 따른 대규모점포(지하상가 및 지하역사를 제외한다)와 영화상영관에는 보행거리 50 m 이내마다 3개 이상 설치
    ③ 지하상가 및 지하역사에는 보행거리 25 m 이내마다 3개 이상 설치
  2) 설치높이는 바닥으로부터 0.8m 이상 1.5 m 이하의 높이에 설치할 것
  3) 어둠 속에서 위치를 확인할 수 있도록 할 것
  4) 사용 시 자동으로 점등되는 구조일 것
  5) 외함은 난연성능이 있을 것
  6) 건전지를 사용하는 경우에는 방전방지조치를 하여야 하고, 충전식 배터리의 경우에는 상시 충전되도록 할 것
  7) 건전지 및 충전식 배터리의 용량은 20분 이상 유효하게 사용할 수 있는 것으로 할 것

★★★☆☆

  문제04 비상조명등에 대한 다음의 물음에 답하시오.
  1) 휴대용 비상조명등의 설치장소 3가지를 쓰시오.
  2) 휴대용 비상조명등의 설치기준 5가지를 쓰시오.

20th Day

2 비상조명등의 제외

(1) 다음 각 호의 어느 하나에 해당하는 경우에는 비상조명등을 설치하지 아니한다.[비상조명등을 설치하지 아니할 수 있는 경우]
 1) 거실의 각 부분으로부터 하나의 출입구에 이르는 보행거리가 15m 이내인 부분
 2) 의원·경기장·공동주택·의료시설·학교의 거실
(2) 지상 1층 또는 피난층으로서 복도·통로 또는 창문 등의 개구부를 통하여 피난이 용이한 경우 또는 숙박시설로서 복도에 비상조명등을 설치한 경우에는 휴대용 비상조명등을 설치하지 아니할 수 있다.

★★★☆☆

문제05 비상조명등에 대한 다음의 물음에 답하시오.[점검21회기출]
 1) 비상조명등을 설치하지 아니할 수 있는 부분 2가지를 쓰시오.
 2) 휴대용 비상조명등을 설치하지 아니할 수 있는 경우를 쓰시오.

■ 성공하기 위한 세 가지 열쇠

만일 신이 우리에게 세 개의 열쇠를 준다면 그 중 두 개는 '집안'과 '학력'일 것이다.
이 두 개의 열쇠는 나를 성공하기 쉬운 위치에 앉혀줄 것이다.
하지만 만약 신이 우리에게 좋은 집안과 명문대학을 졸업할 능력을 주지 않았다면 '태도'야말로 우리를 성공으로 이끌어줄 유일한 열쇠다.
태도를 장악하는 것은 바로 인생의 미로를 여는 열쇠를 가진 것과도 같다.

– 류가와 미카 –

장미란 선수가 이런 말을 했죠...
'생각이 바뀌면 습관이 바뀌고, 습관이 바뀌면 인생이 바뀐다.'
생각은 있는데 습관이 바뀌지 않는다면...
생각은 없더라도 바른 습관을 지녔다면...

바른 습관(생활 태도)을 장시간 유지한다면 성공할 수 있습니다.
소방기술사나 소방시설관리사의 합격 또한 마찬가지입니다.
매일 습관적으로 5시간, 5개월 동안 꾸준하게 학습한다면 합격의 내공을 갖게 될 것입니다.
소방설비기사, 소방시설관리사, 소방기술사의 공부 방법은 큰 차이가 있으므로 그것을 제대로 알고서 학습한다면 더욱 효과적입니다.

– 이기덕 원장 –

04 소화용수설비

제1장 상수도소화용수설비
제2장 소화수조 및 저수조

20th Day

제1장 상수도소화용수설비

상수도소화용수설비는 「수도법」에 따른 기준 외에 다음 각 호의 기준에 따라 설치하여야 한다. [**상수도소화용수설비의 설치기준**]
(1) 호칭지름 75 ㎜ 이상의 수도배관에 호칭지름 100 ㎜ 이상의 소화전을 접속할 것
(2) 소화전은 소방자동차 등의 진입이 쉬운 도로변 또는 공지에 설치할 것
(3) 소화전은 특정소방대상물의 수평투영면의 각 부분으로부터 140 m 이하가 되도록 설치할 것

> "**수평투영면**"이란 건축물을 수평으로 투영하였을 경우의 면을 말한다.

★★★☆☆

문제01 상수도소화용수설비는 「수도법」에 따른 기준 외에 화재안전기준에 따라 설치하여야 한다. 상수도소화용수설비의 설치기준 3가지를 쓰시오.

제2장 　 소화수조 및 저수조

"**소화수조 또는 저수조**"란 수조를 설치하고 여기에 소화에 필요한 물을 항시 채워두는 것을 말한다.

1 소화수조 등

(1) 소화수조, 저수조의 채수구 또는 흡수관투입구는 소방차가 2m 이내의 지점까지 접근할 수 있는 위치에 설치하여야 한다.

> **"채수구"**란 소방차의 소방호스와 접결되는 흡입구를 말한다.

(2) 소화수조 또는 저수조의 저수량은 특정소방대상물의 연면적을 다음 표에 따른 기준면적으로 나누어 얻은 수(소수점 이하의 수는 1로 본다)에 20 m^3를 곱한 양 이상이 되도록 하여야 한다.

소방대상물의 구분	면적
1. 1층 및 2층의 바닥면적 합계가 15,000 m^2 이상인 소방대상물	7,500 m^2
2. 제1호에 해당되지 아니하는 그 밖의 소방대상물	12,500 m^2

(3) 소화수조 또는 저수조는 다음 각 호의 기준에 따라 흡수관투입구 또는 채수구를 설치하여야 한다.

1) 지하에 설치하는 소화용수설비의 흡수관투입구는 그 한변이 0.6 m 이상이거나 직경이 0.6 m 이상인 것으로 하고, 소요수량이 80 m^3 미만인 것은 1개 이상, 80 m^3 이상인 것은 2개 이상을 설치해야 하며, "**흡수관투입구**"라고 표시한 표지를 할 것

2) 소화용수설비에 설치하는 채수구는 다음 각 목의 기준에 따라 설치할 것
   ① 채수구는 다음 표에 따라 소방용 호스 또는 소방용 흡수관에 사용하는 구경 65 ㎜ 이상의 나사식 결합금속구를 설치할 것

소요수량	20 m^3 이상 40m^3 미만	40 m^3 이상 100 m^3 미만	100 m^3 이상
채수구의 수	1 개	2 개	3 개

   ② 채수구는 지면으로부터의 높이가 0.5 m 이상 1m 이하의 위치에 설치하고 "**채수구**"라고 표시한 표지를 할 것

(4) 소화용수설비를 설치하여야 할 특정소방대상물에 있어서 유수의 양이 0.8m^3/min 이상인 유수를 사용할 수 있는 경우에는 소화수조를 설치하지 아니할 수 있다.

2 가압송수장치

(1) 소화수조 또는 저수조가 지표면으로부터의 깊이(수조 내부 바닥까지의 길이를 말한다)가 4.5 m 이상인 지하에 있는 경우에는 다음 표에 따라 가압송수장치를 설치하여야 한다. 다만, 제4조제2항에 따른 저수량을 지표면으로부터 4.5 m 이하인 지하에서 확보할 수 있는 경우에는 소화수조 또는 저수조의 지표면으로부터의 깊이에 관계없이 가압송수장치를 설치하지 아니할 수 있다.

소요수량	20 m³ 이상 40 m³ 미만	40 m³ 이상 100 m³ 미만	100 m³ 이상
가압송수장치의 1분당 양수량	1,100 ℓ 이상	2,200 ℓ 이상	3,300 ℓ 이상

(2) 소화수조가 옥상 또는 옥탑의 부분에 설치된 경우에는 지상에 설치된 채수구에서의 압력이 0.15 MPa 이상이 되도록 하여야 한다.

(3) 전동기 또는 내연기관에 따른 펌프를 이용하는 가압송수장치는 다음 각 호의 기준에 따라 설치하여야 한다.
  1) 쉽게 접근할 수 있고 점검하기에 충분한 공간이 있는 장소로서 화재 및 침수 등의 재해로 인한 피해를 받을 우려가 없는 곳에 설치할 것
  2) 동결방지조치를 하거나 동결의 우려가 없는 장소에 설치할 것
  3) 펌프는 전용으로 할 것. 다만, 다른 소화설비와 겸용하는 경우 각각의 소화설비의 성능에 지장이 없을 때에는 예외로 한다.
  4) 펌프의 토출측에는 압력계를 체크밸브 이전에 펌프 토출측 플랜지에서 가까운 곳에 설치하고, 흡입측에는 연성계 또는 진공계를 설치할 것. 다만, 수원의 수위가 펌프의 위치보다 높거나 수직회전축 펌프의 경우에는 연성계 또는 진공계를 설치하지 아니할 수 있다.
  5) 가압송수장치에는 정격부하운전 시 펌프의 성능을 시험하기 위한 배관을 설치할 것
  6) 가압송수장치에는 체절운전 시 수온의 상승을 방지하기 위한 순환배관을 설치할 것
  7) 기동장치로는 보호판을 부착한 기동스위치를 채수구 직근에 설치할 것
  8) 수원의 수위가 펌프보다 낮은 위치에 있는 가압송수장치에는 다음 각 목의 기준에 따른 물올림장치를 설치할 것
    ① 물올림장치에는 전용의 수조를 설치할 것
    ② 수조의 유효수량은 100 L 이상으로 하되, 구경 15 ㎜ 이상의 급수배관에 따라 해당 수조에 물이 계속 보급되도록 할 것
  9) 내연기관을 사용하는 경우에는 다음 각 목의 기준에 적합한 것으로 할 것.
    ① 내연기관의 기동은 채수구의 위치에서 원격조작으로 가능하고 기동을 명시하는 적색등을 설치할 것
    ② 제어반에 따라 내연기관의 기동이 가능하고 상시 충전되어 있는 축전지설비를 갖출 것

3 소방용수시설[소방기본법 시행규칙]

[별표 2] 소방용수표지

1. 지하에 설치하는 소화전 또는 저수조의 경우 소방용수표지는 다음 각 목의 기준에 따라 설치한다.
   가. 맨홀 뚜껑은 지름 648밀리미터 이상의 것으로 할 것. 다만, 승하강식 소화전의 경우에는 이를 적용하지 않는다.
   나. 맨홀 뚜껑에는 "**소화전·주정차금지**" 또는 "**저수조·주정차금지**"의 표시를 할 것
   다. 맨홀뚜껑 부근에는 노란색 반사도료로 폭 15센티미터의 선을 그 둘레를 따라 칠할 것
2. 지상에 설치하는 소화전, 저수조 및 급수탑의 경우 소방용수표지는 다음 각 목의 기준에 따라 설치한다.
   가. 규격

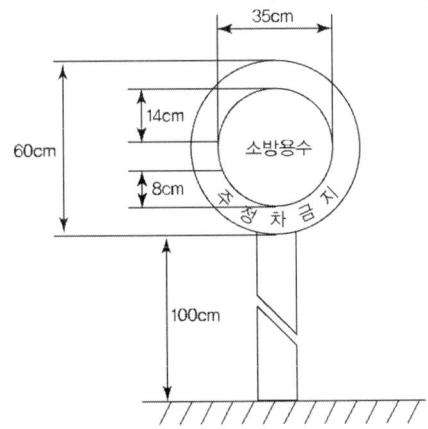

   나. 안쪽 문자는 흰색, 바깥쪽 문자는 노란색으로, 안쪽 바탕은 붉은색, 바깥쪽 바탕은 파란색으로 하고, 반사재료를 사용해야 한다.
   다. 가목의 규격에 따른 소방용수표지를 세우는 것이 매우 어렵거나 부적당한 경우에는 그 규격 등을 다르게 할 수 있다.

20th Day

[별표 3] 소방용수시설의 설치기준

1. 공통기준
   가. 국토의 계획 및 이용에 관한 법률 제36조제1항제1호의 규정에 의한 주거지역·상업지역 및 공업지역에 설치하는 경우 : 소방대상물과의 수평거리를 100미터 이하가 되도록 할 것
   나. 가목 외의 지역에 설치하는 경우 : 소방대상물과의 수평거리를 140미터 이하가 되도록 할 것

2. 소방용수시설별 설치기준
   가. 소화전의 설치기준 : 상수도와 연결하여 지하식 또는 지상식의 구조로 하고, 소방용 호스와 연결하는 소화전의 연결금속구의 구경은 65밀리미터로 할 것
   나. 급수탑의 설치기준 : 급수배관의 구경은 100밀리미터 이상으로 하고, 개폐밸브는 지상에서 1.5미터 이상 1.7미터 이하의 위치에 설치하도록 할 것
   다. 저수조의 설치기준
      (1) 지면으로부터의 낙차가 4.5미터 이하일 것
      (2) 흡수부분의 수심이 0.5미터 이상일 것
      (3) 소방펌프자동차가 쉽게 접근할 수 있도록 할 것
      (4) 흡수에 지장이 없도록 토사 및 쓰레기 등을 제거할 수 있는 설비를 갖출 것
      (5) 흡수관의 투입구가 사각형의 경우에는 한 변의 길이가 60센티미터 이상, 원형의 경우에는 지름이 60센티미터 이상일 것
      (6) 저수조에 물을 공급하는 방법은 상수도에 연결하여 자동으로 급수되는 구조일 것

★★★☆☆

문제01 소방기본법 시행규칙 [별표 3]에서 규정하고 있는 소방용수시설별 설치기준에 대한 다음 물음에 답하시오.[점검6회기출]
1. 소화전의 설치기준을 쓰시오.
2. 급수탑의 설치기준을 쓰시오.
3. 저수조의 설치기준을 쓰시오.

소화활동설비

제1장 제연설비
제2장 부속실 제연설비
제3장 연결송수관설비
제4장 연결살수설비
제5장 비상콘센트설비
제6장 무선통신보조설비

제1장 제연설비

1 제연설비의 종류

(1) 자연제연방식

아파트, 학교, 병원, 기숙사 등 개구부가 충분히 확보된 건물에 적용되나, 연기의 성상, 풍향 등의 영향으로 상황이 악화되는 단점도 있다. 예비전원, 제연기기 등의 시설비가 거의 들지 않는다.

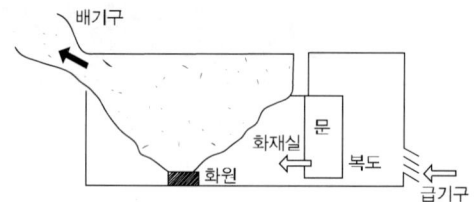

(2) 스모크타워(Smoke tower)제연방식

난방, 화재로 인한 옥내외의 온도차에 의한 부력 또는 제연샤프트 상단에 설치한 루프모니터(roof monitor)로 유입되는 바람에 의해 샤프트 내의 연기가 흡입되어 쉽게 제연될 수 있는 방식이다. 고층빌딩에 적합하며 장치가 간단하나, 온도나 옥외의 풍속에 영향을 받는 단점이 있다.

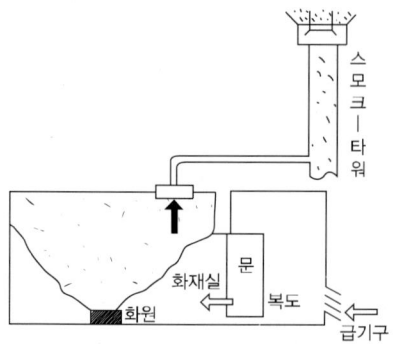

(3) 기계제연방식

기계력에 의해 강제적으로 제연하는 것으로 급기 계통이 확보된 상태라면 일정량의 연기를 확실하게 제거할 수 있다. 급기 계통이 확보되고 초기화재의 발연 시에만 적용할 수 있으며 그 외의 경우는 사용이 곤란한 경우가 많다. 보수 관리가 어렵다.

1) 제1종 기계제연방식

실내의 연기를 실외로 배출하는 배출기와 신선한 공기를 화재실로 공급하는 송풍기가 모두 필요하다.

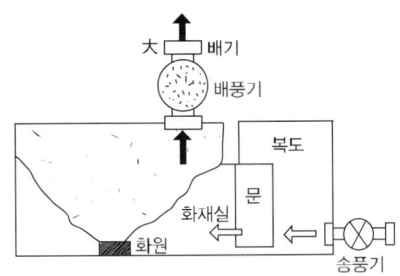

2) 제2종 기계제연방식

배연은 자연스럽게 하고 급기만 송풍기로 한다.

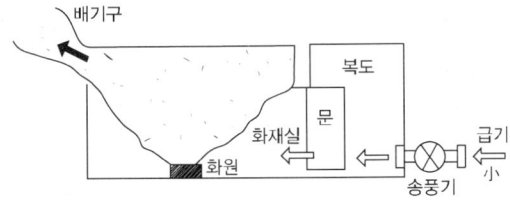

3) 제3종 기계제연방식

배출기를 설치하여 연기를 기계의 힘으로 옥외로 배출하고 급기는 자연적으로 하는 방식이다.

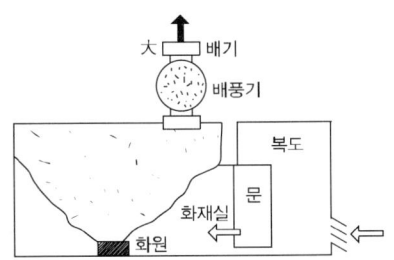

2 제연설비

(1) 제연설비의 설치장소는 다음 각 호에 따른 제연구역으로 구획하여야 한다.[제연설비 설치장소의 제연구획 기준]

1) 하나의 제연구역의 면적은 1,000 m² 이내로 할 것
2) 거실과 통로(복도를 포함한다)는 상호 제연구획할 것
3) 통로상의 제연구역은 보행중심선의 길이가 60 m를 초과하지 아니할 것
4) 하나의 제연구역은 직경 60 m 원 내에 들어갈 수 있을 것
5) 하나의 제연구역은 2개 이상 층에 미치지 아니하도록 할 것. 다만, 층의 구분이 불분명한 부분은 그 부분을 다른 부분과 별도로 제연구획하여야 한다.

★★★★★

  문제01 제연설비의 설치장소에 대한 구획기준에 관하여 쓰시오.[설계7회기출][점검19회기출]

(2) 제연구역의 구획은 보·제연경계벽(제연경계) 및 벽(화재 시 자동으로 구획되는 가동벽·샷다·방화문을 포함한다)으로 하되, 다음 각 호의 기준에 적합하여야 한다.[**제연구역의 구획 기준**]

1) 재질은 내화재료, 불연재료 또는 제연경계벽으로 성능을 인정받은 것으로서 화재 시 쉽게 변형·파괴되지 아니하고 연기가 누설되지 않는 기밀성 있는 재료로 할 것
2) 제연경계는 제연경계의 폭이 0.6m 이상이고, 수직거리는 2m 이내이어야 한다. 다만, 구조상 불가피한 경우는 2m를 초과할 수 있다.

① "**수직거리**"란 제연경계의 바닥으로부터 그 수직하단까지의 거리를 말한다.
② "**공동예상제연구역**"이란 2개 이상의 예상제연구역을 말한다.

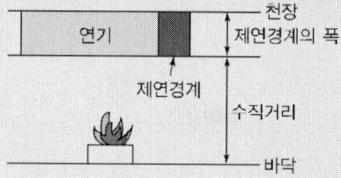

3) 제연경계벽은 배연 시 기류에 따라 그 하단이 쉽게 흔들리지 아니하여야 하며, 또한 가동식의 경우에는 급속히 하강하여 인명에 위해를 주지 아니하는 구조일 것

★★★☆☆

 문제02 제연설비의 제연구획의 설치기준에 관하여 쓰시오.[점검19회기출]

3 제연방식

(1) 예상제연구역에 대하여는 화재 시 연기배출(이하 "배출"이라 한다)과 동시에 공기유입이 될 수 있게 하고, 배출구역이 거실일 경우에는 통로에 동시에 공기가 유입될 수 있도록 하여야 한다.
(2) 제1항에도 불구하고 통로와 인접하고 있는 거실의 바닥면적이 50m² 미만으로 구획(제연경계에 따른 구획은 제외한다. 다만, 거실과 통로와의 구획은 그러하지 아니하다)되고 그 거실에 통로가 인접하여 있는 경우에는 화재 시 그 거실에서 직접 배출하지 아니하고 인접한 통로의 배출로 갈음할 수 있다. 다만, 그 거실이 다른 거실의 피난을 위한 경유거실인 경우에는 그 거실에서 직접 배출하여야 한다.
(3) 통로의 주요구조부가 내화구조이며 마감이 불연재료 또는 난연재료로 처리되고 가연성 내용물이 없는 경우에 그 통로는 예상제연구역으로 간주하지 아니할 수 있다. 다만, 화재 발생 시 연기의 유입이 우려되는 통로는 그러하지 아니하다.

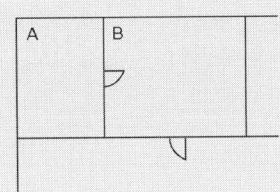

"B실"을 경유거실이라 한다.

4 배출량 및 배출방식

(1) 거실의 바닥면적이 400 m² 미만으로 구획(제연경계에 따른 구획을 제외한다. 다만, 거실과 통로와의 구획은 그러하지 아니하다)된 예상제연구역에 대한 배출량은 다음 각 호의 기준에 따른다.

1) 바닥면적 1 m²당 1 m³/min 이상으로 하되, 예상제연구역에 대한 최저 배출량은 5,000 m³/hr 이상으로 할 것 〈개정 2022. 9. 15.〉
2) 제5조제2항에 따라 바닥면적이 50 m² 미만인 예상제연구역을 통로배출방식으로 하는 경우에는 통로보행중심선의 길이 및 수직거리에 따라 다음 표에서 정하는 기준량 이상으로 할 것

통로길이	수직거리	배출량	비고
40 m 이하	2 m 이하	25,000 m³/hr	벽으로 구획된 경우를 포함한다.
	2 m 초과 2.5 m 이하	30,000 m³/hr	
	2.5 m 초과 3 m 이하	35,000 m³/hr	
	3 m 초과	45,000 m³/hr	
40 m 초과 60 m 이하	2 m 이하	30,000 m³/hr	벽으로 구획된 경우를 포함한다.
	2 m 초과 2.5 m 이하	35,000 m³/hr	
	2.5 m 초과 3 m 이하	40,000 m³/hr	
	3 m 초과	50,000 m³/hr	

(2) 바닥면적 400 m² 이상인 거실의 예상제연구역의 배출량은 다음 각 호의 기준에 적합하여야 한다.

1) 예상제연구역이 직경 40 m인 원의 범위 안에 있을 경우에는 배출량이 40,000 m³/hr 이상으로 할 것. 다만, 예상제연구역이 제연경계로 구획된 경우에는 그 수직거리에 따라 배출량은 다음 표에 따른다.

수직거리	배출량
2 m 이하	40,000 m³/hr 이상
2 m 초과 2.5 m 이하	45,000 m³/hr 이상
2.5 m 초과 3 m 이하	50,000 m³/hr 이상
3 m 초과	60,000 m³/hr 이상

2) 예상제연구역이 직경 40 m인 원의 범위를 초과할 경우에는 배출량이 45,000 m³/hr 이상으로 할 것. 다만, 예상제연구역이 제연경계로 구획된 경우에는 그 수직거리에 따라 배출량은 다음 표에 따른다.

수직거리	배출량
2 m 이하	45,000 m³/hr 이상
2 m 초과 2.5 m 이하	50,000 m³/hr 이상
2.5 m 초과 3 m 이하	55,000 m³/hr 이상
3 m 초과	65,000 m³/hr 이상

(3) 예상제연구역이 통로인 경우의 배출량은 45,000 m³/hr 이상으로 할 것. 다만, 예상제연구역이 제연경계로 구획된 경우에는 그 수직거리에 따라 배출량은 제2항제2호의 표에 따른다.

(4) 배출은 각 예상제연구역별로 제1항부터 제3항에 따른 배출량 이상을 배출하되, 2개 이상의 예상제연구역이 설치된 특정소방대상물에서 배출을 각 예상지역별로 구분하지 아니하고 공동예상제연구역을 동시에 배출하고자 할 때의 배출량은 다음 각 호에 따라야 한다. 다만, 거실과 통로는 공동예상제연구역으로 할 수 없다.

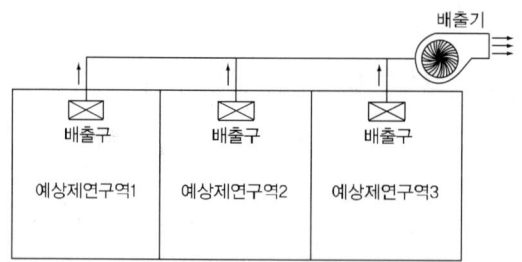

1) 공동예상제연구역 안에 설치된 예상제연구역이 각각 벽으로 구획된 경우(제연구역의 구획 중 출입구만을 제연경계로 구획한 경우를 포함한다)에는 각 예상제연구역의 배출량을 합한 것 이상으로 할 것. 다만, 예상제연구역의 바닥면적이 400 m² 미만인 경우 배출량은 바닥면적 1 m²당 1 m³/min 이상으로 하고 공동예상구역 전체배출량은 5,000 m³/hr 이상으로 할 것 〈개정 2022. 9. 15.〉

2) 공동예상제연구역 안에 설치된 예상제연구역이 각각 제연경계로 구획된 경우(예상제연구역의 구획 중 일부가 제연경계로 구획된 경우를 포함하나 출입구 부분만을 제연경계로 구획한 경우를 제외한다)에 배출량은 각 예상제연구역의 배출량 중 최대의 것으로 할 것. 이 경우 공동제연예상구역이 거실일 때에는 그 바닥면적이 1,000 m² 이하이며, 직경 40 m 원 안에 들어가야 하고, 공동제연예상구역이 통로일 때에는 보행중심선의 길이를 40 m 이하로 하여야 한다.

(5) 수직거리가 구획 부분에 따라 다른 경우는 수직거리가 긴 것을 기준으로 한다.

5 배출구

(1) 예상제연구역에 대한 배출구의 설치는 다음 각 호의 기준에 따라야 한다.
  1) 바닥면적이 400 m² 미만인 예상제연구역(통로인 예상제연구역을 제외한다)에 대한 배출구의 설치는 다음 각 목의 기준에 적합할 것
    ① 예상제연구역이 벽으로 구획되어 있는 경우의 배출구는 천장 또는 반자와 바닥 사이의 중간 윗부분에 설치할 것
    ② 예상제연구역 중 어느 한 부분이 제연경계로 구획되어 있는 경우에는 천장·반자 또는 이에 가까운 벽의 부분에 설치할 것. 다만, 배출구를 벽에 설치하는 경우에는 배출구의 하단이 해당 예상제연구역에서 제연경계의 폭이 가장 짧은 제연경계의 하단보다 높이 되도록 하여야 한다.
  2) 통로인 예상제연구역과 바닥면적이 400 m² 이상인 통로 외의 예상제연구역에 대한 배출구의 위치는 다음 각 목의 기준에 적합하여야 한다.
    ① 예상제연구역이 벽으로 구획되어 있는 경우의 배출구는 천장·반자 또는 이에 가까운 벽의 부분에 설치할 것. 다만, 배출구를 벽에 설치한 경우에는 배출구의 하단과 바닥 간의 최단거리가 2 m 이상이어야 한다.
    ② 예상제연구역 중 어느 한 부분이 제연경계로 구획되어 있을 경우에는 천장·반자 또는 이에 가까운 벽의 부분(제연경계를 포함한다)에 설치할 것. 다만, 배출구를 벽 또는 제연경계에 설치하는 경우에는 배출구의 하단이 해당 예상제연구역에서 제연경계의 폭이 가장 짧은 제연경계의 하단보다 높이 되도록 설치하여야 한다.
(2) 예상제연구역의 각 부분으로부터 하나의 배출구까지의 수평거리는 10 m 이내가 되도록 하여야 한다.

★★☆☆☆

 문제03 제연설비의 NFSC에서 예상제연구역의 바닥면적 400 m² 미만인 예상제연구역(통로인 예상제연구역은 제외)에 대한 배출구의 설치기준 2가지를 쓰시오.[점검14회기출]

6 공기유입방식 및 유입구

(1) 예상제연구역에 대한 공기유입은 유입풍도를 경유한 강제유입 또는 자연유입방식으로 하거나, 인접한 제연구역 또는 통로에 유입되는 공기(가압의 결과를 일으키는 경우를 포함한다)가 해당 구역으로 유입되는 방식으로 할 수 있다.
(2) 예상제연구역에 설치되는 공기유입구는 다음 각 호의 기준에 적합하여야 한다.
  1) 바닥면적 400m² 미만의 거실인 예상제연구역(제연경계에 따른 구획을 제외한다. 다만, 거실과 통로와의 구획은 그러하지 아니하다)에 대하여서는 공기유입

구와 배출구간의 직선거리는 5 m 이상 또는 구획된 실의 장변의 2분의 1 이상으로 할 것. 다만, 공연장·집회장·위락시설의 용도로 사용되는 부분의 바닥면적이 200 m²를 초과하는 경우의 공기유입구는 제2호의 기준에 따른다. 〈개정 2022. 9. 15.〉

2) 바닥면적이 400 m² 이상의 거실인 예상제연구역(제연경계에 따른 구획을 제외한다. 다만, 거실과 통로와의 구획은 그러하지 아니하다)에 대하여는 바닥으로부터 1.5 m 이하의 높이에 설치하고 그 주변은 공기의 유입에 장애가 없도록 할 것 〈개정 2022. 9. 15.〉

3) 제1호와 제2호에 해당하는 것 외의 예상제연구역(통로인 예상제연구역을 포함한다)에 대한 유입구는 다음 각 목에 따를 것. 다만, 제연경계로 인접하는 구역의 유입공기가 당해 예상제연구역으로 유입되게 한 때에는 그러하지 아니하다.
  ① 유입구를 벽에 설치할 경우에는 제2호의 기준에 따를 것
  ② 유입구를 벽 외의 장소에 설치할 경우에는 유입구 상단이 천장 또는 반자와 바닥 사이의 중간 아랫부분보다 낮게 되도록 하고, 수직거리가 가장 짧은 제연경계 하단보다 낮게 되도록 설치할 것

(3) 공동예상제연구역에 설치되는 공기유입구는 다음 각 호의 기준에 적합하게 설치하여야 한다.

1) 공동예상제연구역 안에 설치된 각 예상제연구역이 벽으로 구획되어 있을 때에는 각 예상제연구역의 바닥면적에 따라 제2항제1호 및 제2호에 따라 설치할 것 〈개정 2022. 9. 15.〉

2) 공동예상제연구역 안에 설치된 각 예상제연구역의 일부 또는 전부가 제연경계로 구획되어 있을 때에는 공동예상제연구역 안의 1개 이상의 장소에 제2항제3호에 따라 설치할 것

(4) 인접한 제연구역 또는 통로에 유입되는 공기를 해당 예상제연구역에 대한 공기유입으로 하는 경우에는 그 인접한 제연구역 또는 통로의 유입구가 제연경계 하단보다 높은 경우에는 그 인접한 제연구역 또는 통로의 화재 시 그 유입구는 다음 각 호의 어느 하나의 기준에 적합할 것

1) 각 유입구는 자동 폐쇄될 것

2) 해당 구역 내에 설치된 유입풍도가 해당 제연구획 부분을 지나는 곳에 설치된 댐퍼는 자동 폐쇄될 것

(5) 예상제연구역에 공기가 유입되는 순간의 풍속은 5 m/s 이하가 되도록 하고, 제2항부터 제4항까지의 유입구의 구조는 유입공기를 상향으로 분출하지 않도록 설치하여야 한다. 다만, 유입구가 바닥에 설치되는 경우에는 상향으로 분출이 가능하며 이때의 풍속은 1 m/s 이하가 되도록 해야 한다. 〈개정 2022. 9. 15.〉

(6) 예상제연구역에 대한 공기유입구의 크기는 해당 예상제연구역 배출량 1 m³/min에 대하여 35 cm² 이상으로 하여야 한다.

공기유입구의 크기=배출량(m³/min)×35(cm²/m³/min)

(7) 예상제연구역에 대한 공기유입량은 2.3.1부터 2.3.4까지에 따른 배출량의 배출에 지장이 없는 양으로 해야 한다.

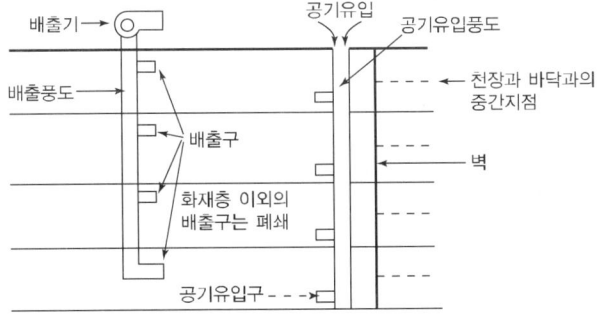

7 배출기 및 배출풍도

"**배출풍도**"란 예상제연구역의 공기를 외부로 배출하도록 하는 풍도를 말한다.

(1) 배출기는 다음 각 호의 기준에 따라 설치하여야 한다.
  1) 배출기의 배출 능력은 2.3.1부터 2.3.4까지의 배출량 이상이 되도록 할 것
  2) 배출기와 배출풍도의 접속 부분에 사용하는 캔버스는 내열성(석면재료는 제외한다)이 있는 것으로 할 것
  3) 배출기의 전동기 부분과 배풍기 부분은 분리하여 설치하여야 하며, 배풍기 부분은 유효한 내열처리를 할 것

★★★☆☆

 문제04 배연용 송풍기와 전동기의 연결방법에 대하여 설명하시오. [설계6회기출]

(2) 배출풍도는 다음 각 호의 기준에 따라야 한다.
  1) 배출풍도는 아연도금강판 또는 이와 동등 이상의 내식성·내열성이 있는 것으로 하며, 「건축법 시행령」 제2조제10호에 따른 불연재료(석면재료를 제외한다)인 단열재로 풍도 외부에 유효한 단열 처리를 하고, 강판의 두께는 배출풍도의 크기에 따라 다음 표에 따른 기준 이상으로 할 것

풍도단면의 긴변 또는 직경의 크기	450 mm 이하	450 mm 초과 750 mm 이하	750 mm 초과 1,500 mm 이하	1,500 mm 초과 2,250 mm 이하	2,250 mm 초과
강판 두께	0.5 mm	0.6 mm	0.8 mm	1.0 mm	1.2 mm

  2) 배출기의 흡입측 풍도 안의 풍속은 15 m/s 이하로 하고 배출측 풍속은 20 m/s 이하로 할 것

21st Day

8 유입풍도 등

"유입풍도"란 예상제연구역으로 공기를 유입하도록 하는 풍도를 말한다.

(1) 유입풍도는 아연도금강판 또는 이와 동등 이상의 내식성·내열성이 있는 것으로 하며, 풍도 안의 풍속은 20 ㎧ 이하로 하고 풍도의 강판 두께는 2.6.2.1에 따라 설치해야 한다.

> **TIP** ※제9조제2항제1호의 기준
>
> | 풍도단면의 긴변
또는 직경의 크기 | 450mm
이하 | 450mm 초과
750mm 이하 | 750mm 초과
1,500mm 이하 | 1,500mm 초과
2,250mm 이하 | 2,250mm
초과 |
> |---|---|---|---|---|---|
> | 강판 두께 | 0.5mm | 0.6mm | 0.8mm | 1.0mm | 1.2mm |

(2) 옥외에 면하는 배출구 및 공기유입구는 비 또는 눈 등이 들어가지 아니하도록 하고, 배출된 연기가 공기유입구로 순환 유입되지 아니하도록 하여야 한다.

9 제연설비의 전원 및 기동

(1) 비상전원은 자가발전설비, 축전지설비 또는 전기저장장치(외부 전기에너지를 저장해 두었다가 필요한 때 전기를 공급하는 장치)는 다음 각 호의 기준에 따라 설치하여야 한다. 다만, 2 이상의 변전소(「전기사업법」 제67조에 따른 변전소를 말한다)에서 전력을 동시에 공급받을 수 있거나 하나의 변전소로부터 전력의 공급이 중단되는 때에는 자동으로 다른 변전소로부터 전원을 공급받을 수 있도록 상용전원을 설치한 경우에는 그러하지 아니하다.

1) 점검에 편리하고 화재 및 침수 등의 재해로 인한 피해를 받을 우려가 없는 곳에 설치할 것
2) 제연설비를 유효하게 20분 이상 작동할 수 있도록 할 것
3) 상용전원으로부터 전력의 공급이 중단된 때에는 자동으로 비상전원으로부터 전력을 공급받을 수 있도록 할 것
4) 비상전원의 설치장소는 다른 장소와 방화구획할 것. 이 경우 그 장소에는 비상전원의 공급에 필요한 기구나 설비 외의 것(열병합발전설비에 필요한 기구나 설비는 제외한다)을 두어서는 아니 된다.
5) 비상전원을 실내에 설치하는 때에는 그 실내에 비상조명등을 설치할 것

★★★★☆

 문제05 비상전원(자가발전설비 또는 축전지설비)의 설치기준 5가지를 쓰시오.

(2) 제연설비의 작동은 해당 제연구역에 설치된 화재감지기와 연동되어야 하며, 예상제연구역(또는 인접장소)마다 설치된 수동기동장치 및 제어반에서 수동으로 기동이 가능하도록 해야 한다.

> ※ 제연설비의 작동
>
> 화재감지기의 작동
> 예상제연구역(또는 인접장소)에서 수동으로 기동   →   가동식의 벽의 작동
> 제어반에서 수동으로 기동   제연경계벽의 작동
>   댐퍼의 작동
>   배출기의 작동

★★★☆☆

문제06 가동식의 벽·제연경계벽·댐퍼 및 배출기의 작동 방법에 대한 기준을 쓰시오.

10 설치제외

제연설비를 설치해야 할 특정소방대상물 중 화장실·목욕실·주차장·발코니를 설치한 숙박시설(가족호텔 및 휴양콘도미니엄에 한한다)의 객실과 사람이 상주하지 않는 기계실·전기실·공조실·50㎡ 미만의 창고 등으로 사용되는 부분에 대하여는 배출구·공기유입구의 설치 및 배출량 산정에서 이를 제외할 수 있다.

★★★☆☆

문제07 배출구·공기유입구의 설치 및 배출량 산정에서 이를 제외할 수 있는 부분(장소)을 쓰시오.[점검16회기출]

11 송풍기

(1) 풍압에 의한 분류
1) 선풍기 : 대기압 하에서 공기를 흡입하고 압력 상승은 거의 0 이다.
2) Fan : 대기압 하에서 공기를 흡입하고 압력 상승은 1000 mmH$_2$O 미만이다.
3) Blower : 대기압 하에서 공기를 흡입하고 압력 상승은 1000 mmH$_2$O 이상이다.

(2) 임펠러의 작용에 의한 분류
1) 원심식송풍기
   ① 다익송풍기
   ② 터보송풍기
   ③ 리밋로드송풍기
   ④ 관류송풍기
2) 축류식송풍기 : 축류송풍기

(3) 다익 Fan(시로코 Fan)의 특성
1) 전곡익형팬으로 소형이고 단가가 작으며, 설치 공간이 작고 효율이 낮다.
2) 동력비가 크고 소음이 크다.

3) 다익팬의 구동동력은 풍량이 증가하면 급격히 증가하며, 사용범위 이상으로 풍량이 커지면 전동기에 과부하가 걸린다.

4) 다익송풍기 번호(No) = $\dfrac{\text{임펠러지름(mm)}}{150\text{(mm)}}$

★★☆☆☆

 문제08 제연설비에서 일반적으로 사용하는 송풍기의 명칭과 주요특징을 설명하시오.
[설계6회기출]

12 송풍기의 Surging(맥동현상)

(1) 정의
송풍기를 저유량 영역에서 사용할 때 유량, 압력이 주기적으로 변화하는 현상

(2) 발생조건
송풍기의 특성 곡선이 P-Q곡선이고, 이 곡선의 상승부에서 운전

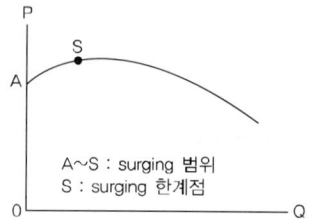

A~S : surging 범위
S : surging 한계점

(3) 영향
큰 압력변동, 심한 진동, 큰 소음이 발생하고 장시간 계속되면 유체기계의 관로에 연결되는 장치나 기계의 파손을 초래한다.

(4) 방지법

1) 방풍
풍량을 줄이지 않고 반대로 토출측의 밸브를 열어 여분의 풍량을 대기에 방출해서 필요한 풍량만을 목적물에 송풍하는 방법이다.

2) 바이패스
방풍밸브에서 공기를 송풍기의 흡입측으로 되돌려서 순환하는 방법이다.

3) 흡입조임
흡입댐퍼 또는 베인을 조이면 압력곡선이 우측으로 내려가 서어징 한계가 좁아진다.

제2장 부속실 제연설비(특별피난계단의 계단실 및 부속실 제연설비)

1 제연방식

이 기준에 따른 제연설비는 다음 각 호의 기준에 적합하여야 한다. [**제연방식 기준**]
(1) 제연구역에 옥외의 신선한 공기를 공급하여 제연구역의 기압을 제연구역 이외의 옥내(이하 "**옥내**"라 한다)보다 높게 하되 일정한 기압의 차이(차압)를 유지하게 함으로써 옥내로부터 제연구역 내로 연기가 침투하지 못하도록 할 것
(2) 피난을 위하여 제연구역의 출입문이 일시적으로 개방되는 경우 방연풍속을 유지하도록 옥외의 공기를 제연구역 내로 보충 공급하도록 할 것
(3) 출입문이 닫히는 경우 제연구역의 과압을 방지할 수 있는 유효한 조치를 하여 차압을 유지할 것

> **용어** "**제연구역**"이란 제연하고자 하는 계단실, 부속실 또는 비상용승강기의 승강장을 말한다.

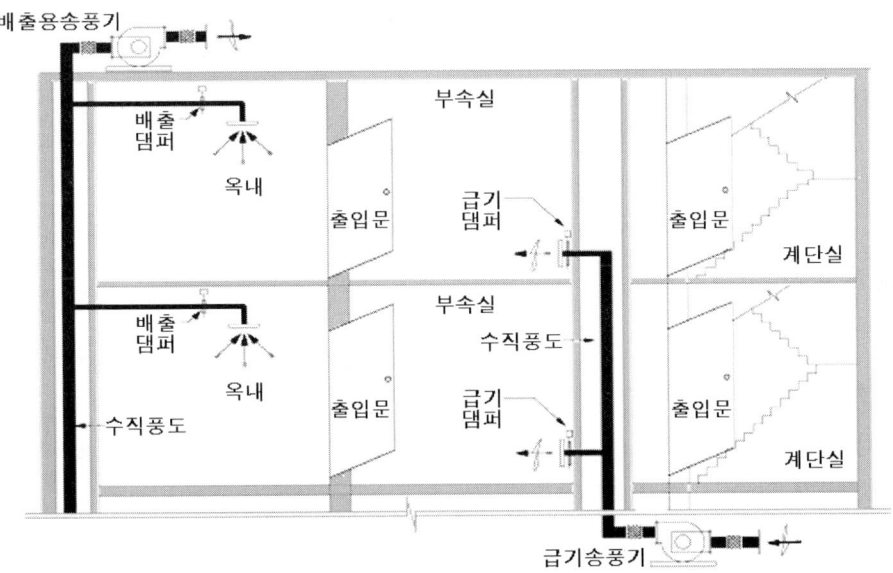

★★★☆☆

예상 **문제01** 제연방식 기준 3가지를 쓰시오. [설계10회기출]

2 제연구역의 선정

제연구역은 다음 각 호의 1에 따라야 한다. [**제연구역 선정기준**]
(1) 계단실 및 그 부속실을 동시에 제연하는 것

(2) 부속실만을 단독으로 제연하는 것
(3) 계단실 단독 제연하는 것
(4) 비상용승강기 승강장 단독 제연하는 것

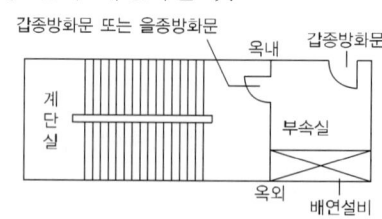

★★★★☆

 문제02 제연구역 선정기준 3가지를 쓰시오. [설계10회기출]

③ 차압 등

(1) 2.1.1.1의 기준에 따라 제연구역과 옥내와의 사이에 유지해야 하는 최소차압은 40 Pa(옥내에 스프링클러설비가 설치된 경우에는 12.5 Pa) 이상으로 해야 한다.
(2) 제연설비가 가동되었을 경우 출입문의 개방에 필요한 힘은 110 N 이하로 하여야 한다.
(3) 2.1.1.2의 기준에 따라 출입문이 일시적으로 개방되는 경우 개방되지 않은 제연구역과 옥내와의 차압은 2.3.1의 기준에도 불구하고 2.3.1의 기준에 따른 차압의 70 % 이상이어야 한다.
(4) 계단실과 부속실을 동시에 제연하는 경우 부속실의 기압은 계단실과 같게 하거나 계단실의 기압보다 낮게 할 경우에는 부속실과 계단실의 압력 차이는 5 Pa 이하가 되도록 하여야 한다.

④ 급기량

"**급기량**"이란 제연구역에 공급하여야 할 공기의 양을 말한다. 급기량은 다음 각 호의 양을 합한 양 이상이 되어야 한다.
(1) 2.1.1.1의 기준에 따른 차압을 유지하기 위하여 제연구역에 공급해야 할 공기량. 이 경우 제연구역에 설치된 출입문(창문을 포함한다. 이하 "**출입문등**"이라 한다)의 누설량과 같아야 한다.

$$출입문의 \ 누설량(Q) = 0.827 A_t P^{\frac{1}{N}}$$

(2) 제4조제2호의 기준에 따른 보충량

$$보충량 = \frac{Av}{0.6} - Q_1$$

5 누설량

"**누설량**"이란 틈새를 통하여 제연구역으로부터 흘러나가는 공기량을 말한다. 제7조 제1호의 기준에 따른 누설량은 제연구역의 누설량을 합한 양으로 한다. 이 경우 출입문이 2개소 이상인 경우에는 각 출입문의 누설틈새면적을 합한 것으로 한다.

6 보충량

"**보충량**"이란 방연풍속을 유지하기 위하여 제연구역에 보충하여야 할 공기량을 말한다. 제7조제2호의 기준에 따른 보충량은 부속실(또는 승강장)의 수가 20 이하는 1개 층 이상, 20을 초과하는 경우에는 2개층 이상의 보충량으로 한다.

7 방연풍속

"**방연풍속**"이란 옥내로부터 제연구역 내로 연기의 유입을 유효하게 방지할 수 있는 풍속을 말한다. 방연풍속은 제연구역의 선정방식에 따라 다음 표의 기준에 따라야 한다.

제연구역		방연풍속
계단실 및 그 부속실을 동시에 제연하는 것 또는 계단실만 단독으로 제연하는 것		0.5 ㎧ 이상
부속실만 단독으로 제연하는 것 또는 비상용승강기의 승강장만 단독으로 제연하는 것	부속실 또는 승강장이 면하는 옥내가 거실인 경우	0.7 ㎧ 이상
	부속실 또는 승강장이 면하는 옥내가 복도로서 그 구조가 방화구조(내화시간이 30분 이상인 구조를 포함한다)인 것	0.5 ㎧ 이상

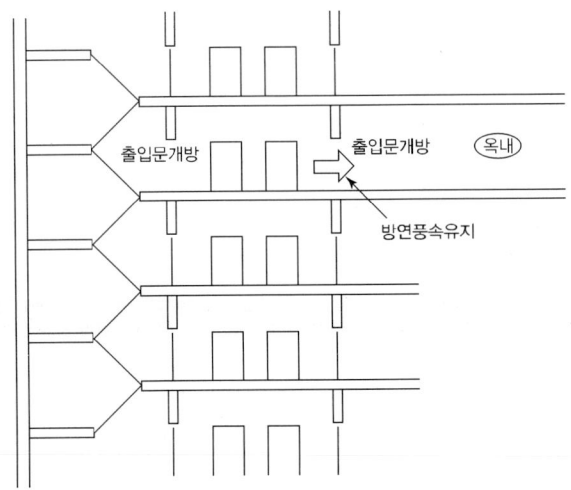

8 과압방지조치

제연구역에서 발생하는 과압을 해소하기 위해 과압방지장치를 설치하는 등의 과압방지조치를 해야 한다. 다만, 제연구역 내에 과압발생의 우려가 없다는 것을 시험 또는 공학적인 자료로 입증하는 경우에는 과압방지조치를 하지 않을 수 있다.
(1) 〈삭제 2024. 4. 1.〉
(2) 〈삭제 2024. 4. 1.〉
(3) 〈삭제 2024. 4. 1.〉
(4) 〈삭제 2024. 4. 1.〉
(5) 〈삭제 2024. 4. 1.〉

9 누설틈새의 면적 등

제연구역으로부터 공기가 누설하는 틈새면적은 다음 각 호의 기준에 따라야 한다.
(1) 출입문의 틈새면적은 다음의 식에 따라 산출하는 수치를 기준으로 할 것. 다만, 방화문의 경우에는 「한국산업표준」에서 정하는 「문세트(KS F 3109)」에 따른 기준을 고려하여 산출할 수 있다.

$$A = \left(\frac{L}{\ell}\right) \times A_d$$

A : 출입문의 틈새(m^2)

L : 출입문 틈새의 길이(m). 다만, L의 수치가 ℓ의 수치 이하인 경우에는 ℓ의 수치로 할 것

ℓ : 외여닫이문이 설치되어 있는 경우에는 5.6, 쌍여닫이문이 설치되어 있는 경우에는 9.2, 승강기의 출입문이 설치되어 있는 경우에는 8.0으로 할 것

A_d : 외여닫이문으로 제연구역의 실내 쪽으로 열리도록 설치하는 경우에는 0.01, 제연구역의 실외 쪽으로 열리도록 설치하는 경우에는 0.02, 쌍여닫이문의 경우에는 0.03, 승강기의 출입문에 대하여는 0.06으로 할 것

※출입문의 틈새면적

출입문	ℓ	A_d
외여닫이문(실내 쪽으로 열리도록 설치하는 경우)	5.6	0.01
외여닫이문(실외 쪽으로 열리도록 설치하는 경우)	5.6	0.02
쌍여닫이문	9.2	0.03
승강기의 출입문	8.0	0.06

(2) 창문의 틈새면적은 다음의 식에 따라 산출하는 수치를 기준으로 할 것. 다만, 「한국산업표준」에서 정하는 「창세트(KS F 3117)」에 따른 기준을 고려하여 산출할 수 있다.

1) 여닫이식 창문으로서 창틀에 방수팩킹이 없는 경우
   틈새면적(m^2)=2.55×10^{-4}×틈새의 길이(m)
2) 여닫이식 창문으로서 창틀에 방수팩킹이 있는 경우
   틈새면적(m^2)=3.61×10^{-5}×틈새의 길이(m)
3) 미닫이식 창문이 설치되어 있는 경우
   틈새면적(m^2)=1.00×10^{-4}×틈새의 길이(m)

※창문의 틈새면적

창문	틈새면적(m^2)
여닫이식 창문(방수팩킹이 없는 경우)	2.55×10^{-4}×틈새의 길이(m)
여닫이식 창문(방수팩킹이 있는 경우)	3.61×10^{-5}×틈새의 길이(m)
미닫이식 창문	1.00×10^{-4}×틈새의 길이(m)

(3) 제연구역으로부터 누설하는 공기가 승강기의 승강로를 경유하여 승강로의 외부로 유출하는 유출면적은 승강로 상부의 승강로와 기계실 사이의 개구부 면적을 합한 것을 기준으로 할 것
(4) 제연구역을 구성하는 벽체(반자 속의 벽체를 포함한다)가 벽돌 또는 시멘트블록 등의 조적구조이거나 석고판 등의 조립구조인 경우에는 불연재료를 사용하여 틈새를 조정할 것. 다만, 제연구역의 내부 또는 외부면을 시멘트모르터로 마감하거나 철근 콘크리트 구조의 벽체로 하는 경우에는 그 벽체의 공기 누설은 무시할 수 있다.
(5) 제연설비의 완공 시 제연구역의 출입문 등은 크기 및 개방방식이 해당 설비의 설계 시와 같아야 한다.

10 유입공기의 배출

"유입공기"란 제연구역으로부터 옥내로 유입하는 공기로서 차압에 따라 누설하는 것과 출입문의 개방에 따라 유입하는 것을 말한다.
(1) 유입공기는 화재 층의 제연구역과 면하는 옥내로부터 옥외로 배출되도록 하여야 한다. 다만, 직통계단식 공동주택의 경우에는 그러하지 아니하다.
(2) 유입공기의 배출은 다음 각 호의 어느 하나의 기준에 따른 배출방식으로 하여야 한다.[유입공기의 배출방식]
  1) 수직풍도에 따른 배출 : 옥상으로 직통하는 전용의 배출용 수직풍도를 설치하여 배출하는 것으로서 다음 각 목의 어느 하나에 해당하는 것
    ① 자연배출식 : 굴뚝효과에 따라 배출하는 것
    ② 기계배출식 : 수직풍도의 상부에 전용의 배출용 송풍기를 설치하여 강제로 배출하는 것. 다만, 지하층만을 제연하는 경우 배출용 송풍기의 설치위치는 배출된 공기로 인하여 피난 및 소화활동에 지장을 주지 아니하는 곳에 설치할 수 있다.

2) 배출구에 따른 배출 : 건물의 옥내와 면하는 외벽마다 옥외와 통하는 배출구를 설치하여 배출하는 것
3) 제연설비에 따른 배출 : 거실제연설비가 설치되어 있고 당해 옥내로부터 옥외로 배출하여야 하는 유입공기의 양을 거실제연설비의 배출량에 합하여 배출하는 경우 유입공기의 배출은 당해 거실제연설비에 따른 배출로 갈음할 수 있다.

> **용어** "**거실제연설비**"란 「제연설비의 화재안전기준(NFSC 501)」의 기준에 따른 옥내의 제연설비를 말한다.

★★★☆☆

예상 **문제03** 유입공기의 배출방식 3가지를 쓰시오.

11 수직풍도에 따른 배출

수직풍도에 따른 배출은 다음 각 호의 기준에 적합하여야 한다.
(1) 수직풍도는 내화구조로 하되 「건축물의 피난·방화구조 등의 기준에 관한 규칙」 제3조제1호 또는 제2호의 기준 이상의 성능으로 할 것
(2) 수직풍도의 내부면은 두께 0.5 ㎜ 이상의 아연도금강판 또는 동등 이상의 내식성·내열성이 있는 것으로 마감되는 접합부에 대하여는 통기성이 없도록 조치할 것
(3) 각 층의 옥내와 면하는 수직풍도의 관통부에는 다음 각 목의 기준에 적합한 댐퍼(이하 "**배출댐퍼**"라 한다)를 설치하여야 한다. [**배출댐퍼의 설치기준**]
  1) 배출댐퍼는 두께 1.5 ㎜ 이상의 강판 또는 이와 동등 이상의 성능이 있는 것으로 설치하여야 하며 비 내식성 재료의 경우에는 부식방지 조치를 할 것
  2) 평상시 닫힌 구조로 기밀상태를 유지할 것
  3) 개폐 여부를 당해 장치 및 제어반에서 확인할 수 있는 감지기능을 내장하고 있을 것
  4) 구동부의 작동상태와 닫혀 있을 때의 기밀상태를 수시로 점검할 수 있는 구조일 것
  5) 풍도의 내부 마감상태에 대한 점검 및 댐퍼의 정비가 가능한 이·탈착구조로 할 것
  6) 화재 층에 설치된 화재감지기의 동작에 따라 당해 층의 댐퍼가 개방될 것
  7) 개방 시의 실제 개구부(개구율을 감안한 것을 말한다)의 크기는 2.11.1.4의 기준에 따른 수직풍도의 최소 내부단면적 이상으로 할 것
  8) 댐퍼는 풍도 내의 공기 흐름에 지장을 주지 않도록 수직풍도의 내부로 돌출하지 않게 설치할 것

★★★★☆

문제04 각 층의 옥내와 면하는 수직풍도의 관통부에는 화재안전기준에 적합한 배출댐퍼를 설치하여야 한다. 배출댐퍼의 설치기준 중 5가지만 쓰시오.

(4) 수직풍도의 내부 단면적은 다음 각 목의 기준에 적합할 것
   1) 자연배출식의 경우 다음 식에 따라 산출하는 수치 이상으로 할 것. 다만, 수직풍도의 길이가 100m를 초과하는 경우에는 산출수치의 1.2배 이상의 수치를 기준으로 하여야 한다.

$$A_P = \frac{Q_N}{2}$$

   A_P : 수직풍도의 내부단면적(m²)
   Q_N : 수직풍도가 담당하는 1개 층의 제연구역의 출입문(옥내와 면하는 출입문을 말한다) 1개의 면적(m²)과 방연풍속(㎧)를 곱한 값(m³/s)

   2) 송풍기를 이용한 기계배출식의 경우 풍속 15㎧ 이하로 할 것
(5) 기계배출식에 따라 배출하는 경우 배출용 송풍기는 다음 각 목의 기준에 적합할 것
   1) 열기류에 노출되는 송풍기 및 그 부품들은 250℃의 온도에서 1시간 이상 가동상태를 유지할 것
   2) 송풍기의 풍량은 2.11.1.4.1의 기준에 따른 Q_N에 여유량을 더한 양을 기준으로 할 것
   3) 송풍기는 화재감지기의 동작에 따라 연동하도록 할 것
   4) 송풍기의 풍량을 실측할 수 있는 유효한 조치를 할 것〈신설 2024. 4. 1.〉
   5) 송풍기는 다른 장소와 방화구획되고 접근과 점검이 용이한 장소에 설치할 것〈신설 2024. 4. 1.〉
(6) 수직풍도의 상부의 말단(기계배출식의 송풍기도 포함한다)은 빗물이 흘러들지 아니하는 구조로 하고, 옥외의 풍압에 따라 배출성능이 감소하지 아니하도록 유효한 조치를 할 것

12 배출구에 따른 배출

배출구에 따른 배출은 다음 각 호의 기준에 적합하여야 한다.
(1) 배출구에는 다음 각 목의 기준에 적합한 장치(개폐기)를 설치할 것
   1) 빗물과 이물질이 유입하지 아니하는 구조로 할 것
   2) 옥외 쪽으로만 열리도록 하고 옥외의 풍압에 따라 자동으로 닫히도록 할 것
   3) 그 밖의 설치기준은 2.11.1.3.1 내지 2.11.1.3.7의 기준을 준용할 것
(2) 개폐기의 개구면적은 다음 식에 따라 산출한 수치 이상으로 할 것

공식

$$A_0 = \frac{Q_N}{2.5}$$

A_0 : 개폐기의 개구면적(m²)
Q_N : 수직풍도가 담당하는 1개 층의 제연구역의 출입문(옥내와 면하는 출입문을 말한다) 1개의 면적(m²)과 방연풍속(m/s)를 곱한 값(m³/s)

13 급기

제연구역에 대한 급기는 다음 각 호의 기준에 따라야 한다.[**제연구역에 대한 급기 기준**]
(1) 부속실만을 제연하는 경우 동일 수직선상의 모든 부속실은 하나의 전용 수직풍도를 통해 동시에 급기할 것. 다만, 동일 수직선상에 2대 이상의 급기송풍기가 설치되는 경우에는 수직풍도를 분리하여 설치할 수 있다.
(2) 계단실 및 부속실을 동시에 제연하는 경우 계단실에 대하여는 그 부속실의 수직풍도를 통해 급기할 수 있다.
(3) 계단실만 제연하는 경우에는 전용 수직풍도를 설치하거나 계단실에 급기풍도 또는 급기송풍기를 직접 연결하여 급기하는 방식으로 할 것
(4) 하나의 수직풍도마다 전용의 송풍기로 급기할 것
(5) 비상용 승강기의 승강장을 제연하는 경우에는 비상용 승강기의 승강로를 급기풍도로 사용할 수 있다. 다만, 승강장과 부속실을 겸용하는 경우에는 그러하지 아니하다.

★★★★★

예상 제연구역에 대한 급기 기준 4가지를 쓰시오.[설계13회기출]

14 급기구

제연구역에 설치하는 급기구는 다음 각 호의 기준에 적합하여야 한다.
(1) 급기용 수직풍도와 직접 면하는 벽체 또는 천장(당해 수직풍도와 천장 급기구 사이의 풍도를 포함한다)에 고정하되, 급기되는 기류 흐름이 출입문으로 인하여 차단되거나 방해받지 아니하도록 옥내와 면하는 출입문으로부터 가능한 먼 위치에 설치할 것
(2) 계단실과 그 부속실을 동시에 제연하거나 또는 계단실만을 제연하는 경우 급기구는 계단실 매 3개층 이하의 높이마다 설치할 것. 다만, 계단실의 높이가 31 m 이하로서 계단실만을 제연하는 경우에는 하나의 계단실에 하나의 급기구만을 설치할 수 있다.

(3) 급기구의 댐퍼설치는 다음의 기준에 적합할 것
 1) 급기댐퍼의 재질은 「자동차압급기댐퍼의 성능인증 및 제품검사의 기술기준」에 적합한 것으로 할 것
 2) 〈삭제 2024. 4. 1.〉
 3) 〈삭제 2024. 4. 1.〉
 4) 〈삭제 2024. 4. 1.〉
 5) 자동차압급기댐퍼는 「자동차압급기댐퍼의 성능인증 및 제품검사의 기술기준」에 적합한 것으로 설치할 것
 6) 자동차압급기댐퍼가 아닌 댐퍼는 개구율을 수동으로 조절할 수 있는 구조로 할 것
 7) 화재감지기에 따라 모든 제연구역의 댐퍼가 개방되도록 할 것. 다만, 둘 이상의 특정소방대상물이 지하에 설치된 주차장으로 연결되어 있는 경우에는 특정소방대상물의 화재감지기 및 주차장에서 하나의 특정소방대상물의 제연구역으로 들어가는 입구에 설치된 제연용 연기감지기의 작동에 따라 해당 특정소방대상물의 수직풍도에 연결된 모든 제연구역의 댐퍼가 개방되도록 하거나 해당 특정소방대상물을 포함한 둘 이상의 특정소방대상물의 모든 제연구역의 댐퍼가 개방되도록 할 것
 8) 댐퍼의 작동이 전기적 방식에 의하는 경우 2.11.1.3.2 내지 2.11.1.3.5의 기준을, 기계적 방식에 따른 경우 2.11.1.3.3, 2.11.1.3.4 및 2.11.1.3.5 기준을 준용할 것
 9) 그 밖의 설치기준은 2.11.1.3.1 및 2.11.1.3.8의 기준을 준용할 것

> **용어** "**자동차압급기댐퍼**"란 제연구역과 옥내 사이의 차압을 압력센서 등으로 감지하여 제연구역에 공급되는 풍량의 조절로 제연구역의 차압 유지를 자동으로 제어할 수 있는 댐퍼를 말한다.

★★★☆☆

> **예상** 문제06 자동차압·과압조절형 댐퍼의 설치기준 4가지를 쓰시오.

15 급기풍도

급기풍도(이하 "**풍도**"라 한다)의 설치는 다음 각 호의 기준에 적합하여야 한다.
(1) 수직풍도는 2.11.1.1 및 2.11.1.2의 기준을 준용할 것
(2) 수직풍도 이외의 풍도로서 금속판으로 설치하는 풍도는 다음 각 목의 기준에 적합할 것
 1) 풍도는 아연도금강판 또는 이와 동등 이상의 내식성·내열성이 있는 것으로 하며, 「건축법 시행령」 제2조에 따른 불연재료(석면재료를 제외한다)인 단열재로 풍도외부에 유효한 단열처리를 하고, 강판의 두께는 풍도의 크기에 따라 다음

표에 따른 기준 이상으로 할 것. 다만, 방화구획이 되는 전용실에 급기송풍기와 연결되는 풍도는 단열이 필요 없다.

풍도 단면의 긴 변 또는 직경의 크기	450 mm 이하	450 mm 초과 750 mm 이하	750 mm 초과 1,500 mm 이하	1,500 mm 초과 2,250 mm 이하	2,250 mm 초과
강판 두께	0.5 mm	0.6 mm	0.8 mm	1.0 mm	1.2 mm

  2) 풍도에서의 누설량은 급기량의 10 %를 초과하지 아니할 것
(3) 풍도는 정기적으로 풍도 내부를 청소할 수 있는 구조로 설치할 것
(4) 풍도 내의 풍속은 15 m/s 이하로 할 것 〈신설 2024. 4. 1.〉

16 급기송풍기

급기송풍기의 설치는 다음 각 호의 기준에 적합하여야 한다.[**급기송풍기 설치기준**]
(1) 송풍기의 송풍능력은 송풍기가 담당하는 제연구역에 대한 급기량의 1.15배 이상으로 할 것. 다만, 풍도에서의 누설을 실측하여 조정하는 경우에는 그러하지 아니한다.
(2) 송풍기에는 풍량조절장치를 설치하여 풍량조절을 할 수 있도록 할 것
(3) 송풍기에는 풍량을 실측할 수 있는 유효한 조치를 할 것
(4) 송풍기는 인접장소의 화재로부터 영향을 받지 아니하고 접근 및 점검이 용이한 곳에 설치할 것
(5) 송풍기는 옥내의 화재감지기의 동작에 따라 작동하도록 할 것
(6) 송풍기와 연결되는 캔버스는 내열성(석면재료를 제외한다)이 있는 것으로 할 것

★★★★★

문제07 급기송풍기 설치기준 중 4가지를 쓰시오.[설계13회기출]

17 외기취입구

외기취입구(이하 "**취입구**"라 한다)는 다음 각 호의 기준에 적합하여야 한다.[**외기취입구의 설치기준**]
(1) 외기를 옥외로부터 취입하는 경우 취입구는 연기 또는 공해물질 등으로 오염된 공기를 취입하지 아니하는 위치에 설치하여야 하며, 배기구 등(유입공기, 주방의 조리대의 배출공기 또는 화장실의 배출공기 등을 배출하는 배기구를 말한다)으로부터 수평거리 5 m 이상, 수직거리 1 m 이상 낮은 위치에 설치할 것
(2) 취입구를 옥상에 설치하는 경우에는 옥상의 외곽 면으로부터 수평거리 5 m 이상, 외곽면의 상단으로부터 하부로 수직거리 1 m 이하의 위치에 설치할 것
(3) 취입구는 빗물과 이물질이 유입하지 아니하는 구조로 할 것
(4) 취입구는 취입공기가 옥외의 바람의 속도와 방향에 따라 영향을 받지 아니하는 구조로 할 것

★★★★☆

문제08 외기취입구의 기준 4가지를 쓰시오.

18 제연구역 및 옥내의 출입문

(1) 제연구역의 출입문은 다음 각 호의 기준에 적합하여야 한다.
  1) 제연구역의 출입문(창문을 포함한다)은 언제나 닫힌 상태를 유지하거나 자동폐쇄장치에 의해 자동으로 닫히는 구조로 할 것. 다만, 아파트인 경우 제연구역과 계단실 사이의 출입문은 자동폐쇄장치에 의하여 자동으로 닫히는 구조로 하여야 한다.
  2) 제연구역의 출입문에 설치하는 자동폐쇄장치는 제연구역의 기압에도 불구하고 출입문을 용이하게 닫을 수 있는 충분한 폐쇄력이 있을 것
  3) 제연구역의 출입문 등에 자동폐쇄장치를 사용하는 경우에는 「자동폐쇄장치의 성능인증 및 제품검사의 기술기준」에 적합한 것으로 설치하여야 한다.

> **용어** "**자동폐쇄장치**"란 제연구역의 출입문 등에 설치하는 것으로서 화재발생시 옥내에 설치된 감지기 작동과 연동하여 출입문을 자동적으로 닫게 하는 장치를 말한다.

(2) 옥내의 출입문(2.7.1의 표 2.7.1에 따른 방화구조의 복도가 있는 경우로서 복도와 거실 사이의 출입문에 한한다)은 다음의 기준에 적합해야 한다.
  1) 출입문은 언제나 닫힌 상태를 유지하거나 자동폐쇄장치에 의해 자동으로 닫히는 구조로 할 것
  2) 거실 쪽으로 열리는 구조의 출입문에 자동폐쇄장치를 설치하는 경우에는 출입문의 개방 시 유입공기의 압력에도 불구하고 출입문을 용이하게 닫을 수 있는 충분한 폐쇄력이 있는 것으로 할 것

★★★☆☆

문제09 옥내의 출입문에 대한 기준 2가지를 쓰시오. [설계17회기출]

19 수동기동장치

(1) 배출댐퍼 및 개폐기의 직근 또는 제연구역에는 다음의 기준에 따른 장치의 작동을 위하여 수동기동장치를 설치하고 스위치는 바닥으로부터 0.8 m 이상 1.5 m 이하의 높이에 설치해야 한다. 다만, 계단실 및 그 부속실을 동시에 제연하는 제연구역에는 그 부속실에만 설치할 수 있다.
  1) 전 층의 제연구역에 설치된 급기댐퍼의 개방
  2) 당해 층의 배출댐퍼 또는 개폐기의 개방
  3) 급기송풍기 및 유입공기의 배출용 송풍기(설치한 경우에 한한다)의 작동
  4) 개방·고정된 모든 출입문(제연구역과 옥내 사이의 출입문에 한한다)의 개폐장치의 작동

★★★★☆

예상 **문제10** 배출댐퍼 및 개폐기의 직근과 제연구역에는 특정 장치의 작동을 위하여 전용의 수동기동장치를 설치하여야 한다. 그 기준 4가지를 쓰시오.

(2) 제1항 각 호의 기준에 따른 장치는 옥내에 설치된 수동발신기의 조작에 따라서도 작동할 수 있도록 하여야 한다.

20 제어반

제연설비의 제어반은 다음 각 호의 기준에 적합하도록 설치하여야 한다.
(1) 제어반에는 제어반의 기능을 1시간 이상 유지할 수 있는 용량의 비상용 축전지를 내장할 것. 다만, 당해 제어반이 종합방재 제어반에 함께 설치되어 종합방재 제어반으로부터 이 기준에 따른 용량의 전원을 공급받을 수 있는 경우에는 그러하지 아니한다.
(2) 제어반은 다음 각 목의 기능을 보유할 것[**전실제연설비의 제어반 기능**]
 1) 급기용 댐퍼의 개폐에 대한 감시 및 원격조작기능
 2) 배출댐퍼 또는 개폐기의 작동 여부에 대한 감시 및 원격조작기능
 3) 급기송풍기와 유입공기의 배출용 송풍기(설치한 경우에 한한다)의 작동 여부에 대한 감시 및 원격조작기능
 4) 제연구역의 출입문의 일시적인 고정 개방 및 해정에 대한 감시 및 원격조작기능
 5) 수동기동장치의 작동 여부에 대한 감시기능
 6) 급기구 개구율의 자동조절장치(설치하는 경우에 한한다)의 작동 여부에 대한 감시기능. 다만, 급기구에 차압표시계를 고정부착한 자동차압·과압조절형 댐퍼를 설치하고 당해 제어반에도 차압표시계를 설치한 경우에는 그러하지 아니하다.
 7) 감시선로의 단선에 대한 감시기능
 8) 예비전원이 확보되고 예비전원의 적합여부를 시험할 수 있어야 할 것

★★★★★

예상 **문제11** 전실제연설비의 제어반 기능 중 5가지만 쓰시오. [설계9회기출]

21 비상전원

비상전원은 자가발전설비, 축전지설비 또는 전기저장장치(외부 전기에너지를 저장해 두었다가 필요한 때 전기를 공급하는 장치)로서 다음 각호의 기준에 따라 설치하여야 한다. 다만, 둘 이상의 변전소(전기사업법 제67조의 규정에 따른 변전소를 말한다)에서 전력을 동시에 공급받을 수 있거나 하나의 변전소로부터 전력의 공급이 중단되는 때에는 자동으로 다른 변전소로부터 전원을 공급받을 수 있도록 상용전원을 설치한 경우에는 그러하지 아니하다.

(1) 점검에 편리하고 화재 및 침수 등의 재해로 인한 피해를 받을 우려가 없는 곳에 설치할 것
(2) 제연설비를 유효하게 20분(층수가 30층 이상 49층 이하는 40분, 50층 이상은 60분) 이상 작동할 수 있도록 할 것
(3) 상용전원으로부터 전력의 공급이 중단된 때에는 자동으로 비상전원으로부터 전력을 공급받을 수 있도록 할 것
(4) 비상전원의 설치장소는 다른 장소와 방화구획할 것. 이 경우 그 장소에는 비상전원의 공급에 필요한 기구나 설비 외의 것(열병합발전설비에 필요한 기구나 설비는 제외한다)을 두어서는 아니 된다.
(5) 비상전원을 실내에 설치하는 때에는 그 실내에 비상조명등을 설치할 것

★★★★☆

 문제12 특별피난계단의 계단실 및 부속실 제연설비에 대한 다음 물음에 답하시오.
　　　1) 비상전원(자가발전설비 또는 축전지설비)의 설치기준 5가지를 쓰시오.
　　　2) 비상전원(자가발전설비 또는 축전지설비)을 설치하지 않을 수 있는 경우에 대하여 쓰시오.

제3장 연결송수관설비

1 연결송수관설비의 종류

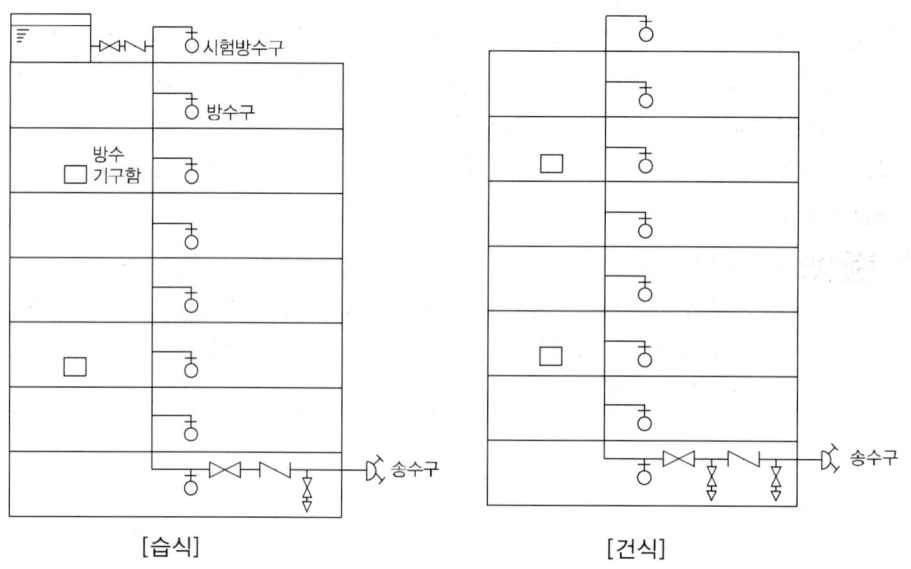

[습식]　　　　　　　　[건식]

(1) 건식 송수관

평상시에 항상 배관 내부가 비어있도록 설치하는 연결송수관설비로서, 겨울철이나 한랭지에서 동파의 우려가 없다는 장점이 있으나, 31 m 이상의 고층건축물에는 사용할 수 없다.

(2) 습식 송수관

평상시에 항상 배관 내에 물이 충만되어 있도록 설치한 연결송수관설비로서, 옥상수조를 설치하여 연결하는 방법과 옥내소화전설비의 배관과 겸용하는 방법이 있다. 높이가 31m 이상인 건축물과 11층 이상인 건축물에는 습식으로 하여야 한다.

2 송수구

연결송수관설비의 송수구는 다음 각 호의 기준에 따라 설치하여야 한다.[**연결송수관설비의 송수구 설치기준**]

(1) 소방차가 쉽게 접근할 수 있고 잘 보이는 장소에 설치할 것
(2) 지면으로부터 높이가 0.5 m 이상 1 m 이하의 위치에 설치할 것
(3) 송수구는 화재층으로부터 지면으로 떨어지는 유리창 등이 송수 및 그 밖의 소화작업에 지장을 주지 아니하는 장소에 설치할 것

(4) 송수구로부터 연결송수관설비의 주배관에 이르는 연결배관에 개폐밸브를 설치한 때에는 그 개폐상태를 쉽게 확인 및 조작할 수 있는 옥외 또는 기계실 등의 장소에 설치할 것. 이 경우 개폐밸브에는 그 밸브의 개폐상태를 감시제어반에서 확인할 수 있도록 급수개폐밸브 작동표시스위치를 다음 각 목의 기준에 따라 설치하여야 한다.
  ㉮ 급수개폐밸브가 잠길 경우 탬퍼스위치의 동작으로 인하여 감시제어반 또는 수신기에 표시되어야 하며 경보음을 발할 것
  ㉯ 탬퍼스위치는 감시제어반 또는 수신기에서 동작의 유무확인과 동작시험, 도통시험을 할 수 있을 것
  ㉰ 탬퍼스위치에 사용되는 전기배선은 내화전선 또는 내열전선으로 설치할 것

★★★☆☆

 문제01 연결송수관설비의 송수구 설치기준 중 급수개폐밸브 작동표시스위치의 설치기준을 쓰시오. [설계17회기출]

(5) 구경 65 ㎜의 쌍구형으로 할 것
(6) 송수구에는 그 가까운 곳의 보기 쉬운 곳에 송수압력범위를 표시한 표지를 할 것
(7) 송수구는 연결송수관의 수직배관마다 1개 이상을 설치할 것. 다만, 하나의 건축물에 설치된 각 수직배관이 중간에 개폐밸브가 설치되지 아니한 배관으로 상호 연결되어 있는 경우에는 건축물마다 1개씩 설치할 수 있다.
(8) 송수구의 부근에는 자동배수밸브 및 체크밸브를 다음 각 목의 기준에 따라 설치할 것. 이 경우 자동배수밸브는 배관 안의 물이 잘 빠질 수 있는 위치에 설치하되, 배수로 인하여 다른 물건이나 장소에 피해를 주지 아니하여야 한다.
  ㉮ 습식의 경우에는 송수구·자동배수밸브·체크밸브의 순으로 설치할 것
  ㉯ 건식의 경우에는 송수구·자동배수밸브·체크밸브·자동배수밸브의 순으로 설치할 것
(9) 송수구에는 가까운 곳의 보기 쉬운 곳에 "**연결송수관설비송수구**"라고 표시한 표지를 설치할 것
(10) 송수구에는 이물질을 막기 위한 마개를 씌울 것

★★★☆☆

 문제02 연결송수관설비의 송수구의 설치기준 중 5가지만 쓰시오.

3 배관 등

(1) 연결송수관설비의 배관은 다음 각 호의 기준에 따라 설치하여야 한다.
  1) 주배관의 구경은 100 ㎜ 이상의 것으로 할 것. 다만, 주 배관의 구경이 100 ㎜ 이상인 옥내소화전설비의 배관과는 겸용할 수 있다.

2) 지면으로부터의 높이가 31 m 이상인 특정소방대상물 또는 지상 11층 이상인 특정소방대상물에 있어서는 습식설비로 할 것

(2) 성능시험배관은 펌프의 토출측에 설치된 개폐밸브 이전에서 분기하여 설치하고, 유량측정장치를 기준으로 전단에 개폐밸브를 후단에 유량조절 밸브를 설치해야 한다.

(3) 성능시험배관에 설치하는 유량측정장치는 성능시험배관의 직관부에 설치하되, 펌프 정격토출량의 175 % 이상을 측정할 수 있는 것으로 해야 한다.

4 방수구

연결송수관설비의 방수구는 다음 각 호의 기준에 따라 설치하여야 한다.

(1) 연결송수관설비의 방수구는 그 특정소방대상물의 층마다 설치할 것. 다만, 다음 각 목의 어느 하나에 해당하는 층에는 설치하지 아니할 수 있다.[**연결송수관설비의 방수구를 설치하지 아니할 수 있는 층**]

1) 아파트의 1층 및 2층
2) 소방차의 접근이 가능하고 소방대원이 소방차로부터 각 부분에 쉽게 도달할 수 있는 피난층
3) 송수구가 부설된 옥내소화전을 설치한 특정소방대상물(집회장·관람장·백화점·도매시장·소매시장·판매시설·공장·창고시설 또는 지하가를 제외한다)로서 다음의 어느 하나에 해당하는 층
   ① 지하층을 제외한 층수가 4층 이하이고 연면적이 6,000 ㎡ 미만인 특정소방대상물의 지상층
   ② 지하층의 층수가 2 이하인 특정소방대상물의 지하층

★★★☆☆

문제03 연결송수관설비의 방수구를 설치하지 아니할 수 있는 층에 대한 기준을 모두 쓰시오.

(2) 특정소방대상물의 층마다 설치하는 방수구는 다음의 기준에 따를 것
1) 아파트 또는 바닥면적이 1,000 ㎡ 미만인 층에 있어서는 계단(계단이 둘 이상 있는 경우에는 그중 1개의 계단을 말한다)으로부터 5 m 이내에 설치할 것. 이 경우 부속실이 있는 계단은 부속실의 옥내 출입구로부터 5 m 이내에 설치할 수 있다.
2) 바닥면적 1,000 ㎡ 이상인 층(아파트를 제외한다)에 있어서는 각 계단(계단의 부속실을 포함하며 계단이 셋 이상 있는 층의 경우에는 그중 두 개의 계단을 말한다)으로부터 5 m 이내에 설치할 것. 이 경우 부속실이 있는 계단은 부속실의 옥내 출입구로부터 5 m 이내에 설치할 수 있다.

3) 방수구로부터 그 층의 각 부분까지의 거리가 다음의 기준을 초과하는 경우에는 그 기준 이하가 되도록 방수구를 추가하여 설치할 것
   ㉮ 지하가(터널은 제외한다) 또는 지하층의 바닥면적의 합계가 3,000 ㎡ 이상인 것은 수평거리 25 m
   ㉯ 가목에 해당하지 않는 것은 수평거리 50 m
(3) 11층 이상의 부분에 설치하는 방수구는 쌍구형으로 할 것. 다만, 다음 각 목의 어느 하나에 해당하는 층에는 단구형으로 설치할 수 있다.[**방수구를 단구형으로 설치할 수 있는 경우**]
   ㉮ 아파트의 용도로 사용되는 층
   ㉯ 스프링클러설비가 유효하게 설치되어 있고 방수구가 2개소 이상 설치된 층

★★★★☆

 문제04 방수구를 단구형으로 설치할 수 있는 경우 2가지를 쓰시오.

(4) 방수구의 호스접결구는 바닥으로부터 높이 0.5 m 이상 1 m 이하의 위치에 설치할 것
(5) 방수구는 연결송수관설비의 전용 방수구 또는 옥내소화전방수구로서 구경 65 ㎜의 것으로 설치할 것
(6) 방수구의 위치표시는 표시등 또는 축광식 표지로 하되 다음 각 목의 기준에 따라 설치할 것
   ㉮ 표시등을 설치하는 경우에는 함의 상부에 설치하되, 소방청장이 고시한 「표시등의 성능인증 및 제품검사의 기술기준」에 적합한 것으로 설치하여야 한다.
   ㉯ 축광식 표지를 설치하는 경우에는 소방청장이 고시한 「축광표지의 성능인증 및 제품검사의 기술기준」에 적합한 것으로 설치하여야 한다.
(7) 방수구는 개폐기능을 가진 것으로 설치하여야 하며, 평상 시 닫힌 상태를 유지할 것

5 방수기구함

연결송수관설비의 방수용기구함을 다음 각 호의 기준에 따라 설치하여야 한다.
(1) 방수기구함은 피난층과 가장 가까운 층을 기준으로 3개 층마다 설치하되, 그 층의 방수구마다 보행거리 5 m 이내에 설치할 것
(2) 방수기구함에는 길이 15 m의 호스와 방사형 관창을 다음 각 목의 기준에 따라 비치할 것
   1) 호스는 방수구에 연결하였을 때 그 방수구가 담당하는 구역의 각 부분에 유효하게 물이 뿌려질 수 있는 개수 이상을 비치할 것. 이 경우 쌍구형 방수구는 단구형 방수구의 2배 이상의 개수를 설치하여야 한다.

22nd Day

  2) 방사형 관창은 단구형 방수구의 경우에는 1개, 쌍구형 방수구의 경우에는 2개 이상 비치할 것
 (3) 방수기구함에는 "**방수기구함**"이라고 표시한 축광식 표지를 할 것. 이 경우 축광식 표지는 소방청장이 고시한 「축광표지의 성능인증 및 제품검사의 기술기준」에 적합한 것으로 설치하여야 한다.

6 가압송수장치

지표면에서 최상층 방수구의 높이가 70 m 이상의 특정소방대상물에는 다음 각 호의 기준에 따라 연결송수관설비의 가압송수장치를 설치하여야 한다.
(1) 쉽게 접근할 수 있고 점검하기에 충분한 공간이 있는 장소로서 화재 및 침수 등의 재해로 인한 피해를 받을 우려가 없는 곳에 설치할 것
(2) 동결방지조치를 하거나 동결의 우려가 없는 장소에 설치할 것
(3) 펌프는 전용으로 할 것. 다만, 다른 소화설비와 겸용하는 경우 각각의 소화설비의 성능에 지장이 없을 때에는 예외로 한다.
(4) 펌프의 토출측에는 압력계를 체크밸브 이전에 펌프 토출측 플랜지에서 가까운 곳에 설치하고, 흡입측에는 연성계 또는 진공계를 설치할 것. 다만, 수원의 수위가 펌프의 위치보다 높거나 수직회전축 펌프의 경우에는 연성계 또는 진공계를 설치하지 아니할 수 있다.
(5) 가압송수장치에는 정격부하운전 시 펌프의 성능을 시험하기 위한 배관을 설치할 것. 다만, 충압펌프의 경우에는 그러하지 아니하다.
(6) 가압송수장치에는 체절운전 시 수온의 상승을 방지하기 위한 순환배관을 설치할 것. 다만, 충압펌프의 경우에는 그러하지 아니하다.
(7) 펌프의 토출량은 2,400 ℓ/min(계단식 아파트의 경우에는 1,200 ℓ/min) 이상이 되는 것으로 할 것. 다만, 해당 층에 설치된 방수구가 3개를 초과(방수구가 5개 이상인 경우에는 5개)하는 것에 있어서는 1개마다 800 ℓ/min(계단식 아파트의 경우에는 400 ℓ/min)를 가산한 양이 되는 것으로 할 것

 ※**펌프의 토출량**

방수구 수	1개~3개	4개	5개 이상
계단식 아파트	1,200ℓ/min 이상	1,600ℓ/min 이상	2,000ℓ/min 이상
그 밖의 것	2,400ℓ/min 이상	3,200ℓ/min 이상	4,000ℓ/min 이상

(8) 펌프의 양정은 최상층에 설치된 노즐 선단의 압력이 0.35 MPa 이상의 압력이 되도록 할 것

공식   펌프의 양정(H) = $h_1 + h_2 + h_3 + 35m$ - 소방차 가압능력

h_1 : 낙차(m) = 토출양정 + 흡입양정 = 압력수두 + 위치수두

h₂ : 배관의 마찰손실수두(m)
   h₃ : 소방용 호스의 마찰손실수두(m)
   h₄ : 방출구의 설계압력 환산수두 또는 노즐 선단의 방사압력 환산수두(m)
(9) 가압송수장치는 방수구가 개방될 때 자동으로 기동되거나 또는 수동스위치의 조작에 따라 기동되도록 할 것. 이 경우 수동스위치는 2개 이상을 설치하되, 그 중 1개는 다음 각목의 기준에 따라 송수구의 부근에 설치하여야 한다.
  1) 송수구로부터 5m 이내의 보기 쉬운 장소에 바닥으로부터 높이 0.8m 이상 1.5m 이하로 설치할 것
  2) 1.5mm 이상의 강판함에 수납하여 설치하고 "**연결송수관설비 수동스위치**"라고 표시한 표지를 부착할 것. 이경우 문짝은 불연재료로 설치할 수 있다.
  3) 「전기사업법」 제67조에 따른 기술기준에 따라 접지하고 빗물 등이 들어가지 아니하는 구조로 할 것
(10) 기동장치로는 기동용 수압개폐장치 또는 이와 동등 이상의 성능이 있는 것으로 설치할 것. 다만, 기동용 수압개폐장치 중 압력챔버를 사용할 경우 그 용적은 100ℓ 이상의 것으로 할 것
(11) 수원의 수위가 펌프보다 낮은 위치에 있는 가압송수장치에는 다음의 기준에 따른 물올림장치를 설치할 것
  1) 물올림장치에는 전용의 수조를 설치할 것
  2) 수조의 유효수량은 100 L 이상으로 하되, 구경 15㎜ 이상의 급수배관에 따라 해당 수조에 물이 계속 보급되도록 할 것

★★★☆☆

예상 **문제05** 물올림장치의 설치기준 2가지를 쓰시오.

(12) 기동용 수압개폐장치를 기동장치로 사용할 경우에는 다음의 기준에 따른 충압펌프를 설치할 것. 다만, 소화용 급수펌프로도 상시 충압이 가능하고 다음 가목의 성능을 갖춘 경우에는 충압펌프를 별도로 설치하지 아니할 수 있다.
  ㉮ 펌프의 토출압력은 그 설비의 최고 위 호스접결구의 자연압보다 적어도 0.2 MPa이 더 크도록 하거나 가압송수장치의 정격토출압력과 같게 할 것
  ㉯ 펌프의 정격토출량은 정상적인 누설량보다 적어서는 아니 되며, 연결송수관설비가 자동적으로 작동할 수 있도록 충분한 토출량을 유지할 것

★★★☆☆

예상 **문제06** 기동용 수압개폐장치를 기동장치로 사용할 경우에는 충압펌프를 설치하여야 한다. 충압펌프의 설치기준 2가지를 쓰시오.

(13) 내연기관을 사용하는 경우에는 다음의 기준에 적합한 것으로 할 것
  1) 내연기관의 기동은 2.5.1.9의 기동장치의 기동을 명시하는 적색등을 설치할 것

2) 제어반에 따라 내연기관의 자동 기동 및 수동 기동이 가능하고, 상시 충전되어 있는 축전지설비를 갖출 것
3) 내연기관의 연료량은 펌프를 20분 이상 운전할 수 있는 용량일 것
(14) 가압송수장치에는 "**연결송수관펌프**"라고 표시한 표지를 할 것. 이 경우 그 가압송수장치를 다른 설비와 겸용하는 때에는 그 겸용되는 설비의 이름을 표시한 표지를 함께 하여야 한다.
(15) 가압송수장치가 기동이 된 경우에는 자동으로 정지되지 아니하도록 하여야 한다. 다만, 충압펌프의 경우에는 그러하지 아니하다.

7 전원 등

(1) 가압송수장치의 상용전원회로의 배선 및 비상전원은 다음 각 호의 기준에 따라 설치하여야 한다.
  1) 저압수전인 경우에는 인입개폐기의 직후에서 분기하여 전용배선으로 할 것
  2) 특별고압수전 또는 고압수전일 경우에는 전력용 변압기 2차측의 주차단기 1차측에서 분기하여 전용배선으로 하되, 상용전원회로의 배선기능에 지장이 없을 경우에는 주차단기 2차측에서 분기하여 전용배선으로 할 것. 다만, 가압송수장치의 정격입력전압이 수전전압과 같은 경우에는 제1호의 기준에 따른다.

★★★☆☆

문제07 다음 각각에 대하여 가압송수장치의 상용전원회로의 배선 및 비상전원의 설치기준을 쓰시오.
1. 저압수전인 경우
2. 특별고압수전 또는 고압수전일 경우

(2) 비상전원은 자가발전설비, 축전지설비(내연기관에 따른 펌프를 사용하는 경우에는 내연기관의 기동 및 제어용 축전지를 말한다) 또는 전기저장장치(외부 전기에너지를 저장해 두었다가 필요한 때 전기를 공급하는 장치)로서 다음 각 호의 기준에 따라 설치하여야 한다.
  1) 점검에 편리하고 화재 및 침수 등의 재해로 인한 피해를 받을 우려가 없는 곳에 설치할 것
  2) 연결송수관설비를 유효하게 20분 이상 작동할 수 있어야 할 것
  3) 상용전원으로부터 전력의 공급이 중단된 때에는 자동으로 비상전원으로부터 전력을 공급받을 수 있도록 할 것
  4) 비상전원의 설치장소는 다른 장소와 방화구획할 것. 이 경우 그 장소에는 비상전원의 공급에 필요한 기구나 설비 외의 것(열병합발전설비에 필요한 기구나 설비는 제외한다)을 두어서는 아니 된다.
  5) 비상전원을 실내에 설치하는 때에는 그 실내에 비상조명등을 설치할 것

★★★★☆

 문제08 비상전원(자가발전설비 또는 축전지설비)의 설치기준 5가지를 쓰시오.

8 배선 등

(1) 연결송수관설비의 배선은 「전기사업법」 제67조에 따른 기술기준에서 정한 것 외에 다음 각 호의 기준에 따라 설치하여야 한다.
  1) 비상전원으로부터 동력제어반 및 가압송수장치에 이르는 전원회로배선은 내화배선으로 할 것. 다만, 자가발전설비와 동력제어반이 동일한 실에 설치된 경우에는 자가발전기로부터 그 제어반에 이르는 전원회로배선은 그러하지 아니하다.
  2) 상용전원으로부터 동력제어반에 이르는 배선, 그 밖의 연결송수관설비의 감시·조작 또는 표시등회로의 배선은 「옥내소화전설비의 화재안전기술기준(NFTC 102)」 2.7.2의 표 2.7.2(1) 또는 표 2.7.2(2)에 따른 내화배선 또는 내열배선으로 할 것. 다만, 감시제어반 또는 동력제어반 안의 감시·조작 또는 표시등회로의 배선은 그렇지 않다.
(2) 연결송수관설비의 과전류차단기 및 개폐기에는 "**연결송수관설비용**"이라고 표시한 표지를 하여야 한다.
(3) 연결송수관설비용 전기배선의 양단 및 접속단자에는 다음 각호의 기준에 따라 표지하여야 한다.
  1) 단자에는 "**연결송수관설비단자**"라고 표지한 표지를 부착할 것
  2) 연결송수관설비용 전기배선의 양단에는 다른 배선과 식별이 용이하도록 표시할 것

9 송수구의 겸용

연결송수관설비의 송수구를 옥내소화전설비와 겸용으로 설치하는 경우에는 연결송수관설비의 송수구 설치기준에 따르되 각각의 소화설비의 기능에 지장이 없도록 해야 한다.

22nd Day

제4장　연결살수설비

1 연결살수설비 설치도

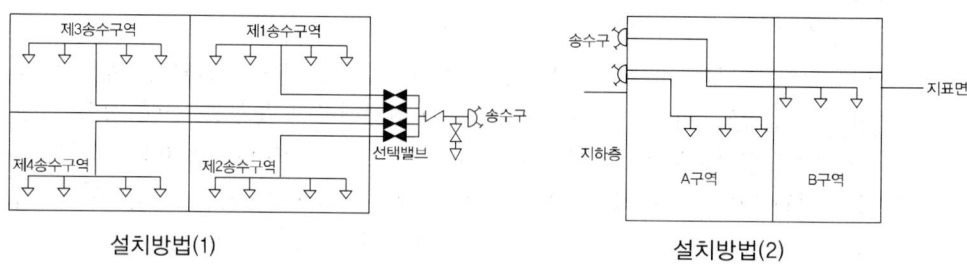

2 송수구 등

(1) 연결살수설비의 송수구는 다음 각 호의 기준에 따라 설치하여야 한다.
  1) 소방차가 쉽게 접근할 수 있고 노출된 장소에 설치할 것
  2) 가연성가스의 저장·취급시설에 설치하는 연결살수설비의 송수구는 그 방호대상물로부터 20 m 이상의 거리를 두거나 방호대상물에 면하는 부분이 높이 1.5 m 이상 폭 2.5 m 이상의 철근콘크리트 벽으로 가려진 장소에 설치해야 한다.
  3) 송수구는 구경 65 ㎜의 쌍구형으로 설치할 것. 다만, 하나의 송수구역에 부착하는 살수헤드의 수가 10개 이하인 것은 단구형의 것으로 할 수 있다.
  4) 개방형헤드를 사용하는 송수구의 호스접결구는 각 송수구역마다 설치할 것. 다만, 송수구역을 선택할 수 있는 선택밸브가 설치되어 있고 각 송수구역의 주요구조부가 내화구조로 되어 있는 경우에는 그러하지 아니하다.
  5) 소방관의 호스연결 등 소화작업에 용이하도록 지면으로부터 높이가 0.5 m 이상 1 m 이하의 위치에 설치할 것
  6) 송수구로부터 주배관에 이르는 연결배관에는 개폐밸브를 설치하지 아니할 것. 다만, 스프링클러설비·물분무소화설비·포소화설비 또는 연결송수관설비의 배관과 겸용하는 경우에는 그러하지 아니하다.
  7) 송수구의 부근에는 **"연결살수설비 송수구"** 라고 표시한 표지와 송수구역 일람표를 설치할 것. 다만, 제2항에 따른 선택밸브를 설치한 경우에는 그러하지 아니하다.
  8) 송수구에는 이물질을 막기 위한 마개를 씌워야 한다.

★★★★☆

예상 문제01 연결살수설비의 송수구 설치기준 중 5가지만 쓰시오.

(2) 연결살수설비의 선택밸브는 다음 각 호의 기준에 따라 설치하여야 한다. 다만, 송수구를 송수구역마다 설치한 때에는 그러하지 아니하다.[**연결살수설비의 선택밸브 설치기준**]
  1) 화재 시 연소의 우려가 없는 장소로서 조작 및 점검이 쉬운 위치에 설치할 것
  2) 자동개방밸브에 따른 선택밸브를 사용하는 경우에는 송수구역에 방수하지 아니하고 자동밸브의 작동시험이 가능하도록 할 것
  3) 선택밸브의 부근에는 송수구역 일람표를 설치할 것

★★★☆☆

 문제02 연결살수설비 선택밸브의 설치기준 3가지를 쓰시오.

(3) 연결살수설비에는 송수구의 가까운 부분에 자동배수밸브와 체크밸브를 다음 각 목의 기준에 따라 설치하여야 한다.
  1) 폐쇄형 헤드를 사용하는 설비의 경우에는 송수구·자동배수밸브·체크밸브의 순으로 설치할 것
  2) 개방형 헤드를 사용하는 설비의 경우에는 송수구·자동배수밸브의 순으로 설치할 것
  3) 자동배수밸브는 배관 안의 물이 잘 빠질 수 있는 위치에 설치하되, 배수로 인하여 다른 물건 또는 장소에 피해를 주지 아니할 것

★★★☆☆

 문제03 연결살수설비에는 송수구의 가까운 부분에 자동배수밸브와 체크밸브를 설치하여야 한다. 그 기준 3가지를 쓰시오.

(4) 개방형 헤드를 사용하는 연결살수설비에 있어서 하나의 송수구역에 설치하는 살수헤드의 수는 10개 이하가 되도록 하여야 한다.

3 배관 등

(1) 배관과 배관이음쇠는 다음 각 호의 어느 하나에 해당하는 것 또는 동등 이상의 강도·내식성 및 내열성을 국내·외 공인기관으로부터 인정받은 것을 사용하여야 하고, 배관용 스테인리스강관(KS D 3576)의 이음을 용접으로 할 경우에는 알곤용접방식에 따른다. 다만, 본 조에서 정하지 않은 사항은 건설기술 진흥법 제44조제1항의 규정에 따른 건축기계설비공사 표준설명서에 따른다.
  1) 배관 내 사용압력이 1.2 MPa 미만일 경우에는 다음 각 목의 어느 하나에 해당하는 것
    가. 배관용 탄소강관(KS D 3507)
    나. 이음매 없는 구리 및 구리합금관(KS D 5301). 다만, 습식의 배관에 한한다.
    다. 배관용 스테인리스강관(KS D 3576) 또는 일반배관용 스테인리스강관(KS D 3595)

라. 덕타일 주철관(KS D 4311)
2) 배관 내 사용압력이 1.2MPa 이상일 경우에는 다음 각 목의 어느 하나에 해당하는 것
   가. 압력배관용 탄소강관(KS D 3553)
   나. 배관용 아크용접 탄소강강관(KS D 3583)
3) 제1호와 제2호에도 불구하고 다음 각 목의 어느 하나에 해당하는 장소에는 소방청장이 정하여 고시한 「소방용 합성수지배관의 성능인증 및 제품검사의 기술기준」에 적합한 소방용 합성수지배관으로 설치할 수 있다.
   가. 배관을 지하에 매설하는 경우
   나. 다른 부분과 내화구조로 구획된 덕트 또는 피트의 내부에 설치하는 경우
   다. 천장(상층이 있는 경우에는 상층 바닥의 하단을 포함한다. 이하 같다)과 반자를 불연재료 또는 준불연재료로 설치하고 소화배관 내부에 항상 소화수가 채워진 상태로 설치하는 경우

★★★☆☆

  문제04 소방용 합성수지배관으로 설치할 수 있는 경우 3가지를 쓰시오.

(2) 연결살수설비의 배관의 구경은 다음 각 호의 기준에 따라 설치하여야 한다.
  1) 연결살수설비 전용헤드를 사용하는 경우에는 다음 표에 따른 구경 이상으로 할 것

하나의 배관에 부착하는 살수헤드의 개수	1개	2개	3개	4개 또는 5개	6개 이상 10개 이하
배관의 구경(mm)	32	40	50	65	80

  2) 스프링클러헤드를 사용하는 경우에는 「스프링클러설비의 화재안전기술기준(NFTC 103)」 2.5.3.3의 표 2.5.3.3에 따를 것
(3) 폐쇄형 헤드를 사용하는 연결살수설비의 주배관은 다음 각 호의 어느 하나에 해당하는 배관 또는 수조에 접속하여야 한다. 이 경우 접속부분에는 체크밸브를 설치하되 점검하기 쉽게 하여야 한다.
  1) 옥내소화전설비의 주배관(옥내소화전설비가 설치된 경우에 한한다)
  2) 수도배관(연결살수설비가 설치된 건축물 안에 설치된 수도배관 중 구경이 가장 큰 배관을 말한다)
  3) 옥상에 설치된 수조(다른 설비의 수조를 포함한다)
(4) 폐쇄형 헤드를 사용하는 연결살수설비에는 다음 각 호의 기준에 따른 시험배관을 설치하여야 한다.
  1) 송수구에서 가장 먼 거리에 위치한 가지배관의 끝으로부터 연결하여 설치할 것
  2) 시험장치 배관의 구경은 25 mm 이상으로 하고, 그 끝에는 물받이 통 및 배수관을 설치하여 시험 중 방사된 물이 바닥으로 흘러내리지 아니하도록 할 것. 다만, 목욕실·화장실 또는 그 밖의 배수처리가 쉬운 장소의 경우에는 물받이 통 또는 배수관을 설치하지 아니할 수 있다.

★★★☆☆

 문제05 폐쇄형 헤드를 사용하는 연결살수설비에는 시험배관을 설치하여야 한다. 시험배관의 설치기준 2가지를 쓰시오.

(5) 개방형 헤드를 사용하는 연결살수설비의 수평주행배관은 헤드를 향하여 상향으로 100분의 1 이상의 기울기로 설치하고 주배관 중 낮은 부분에는 자동배수밸브를 제4조제3항제3호의 기준에 따라 설치하여야 한다.

(6) 가지배관 또는 교차배관을 설치하는 경우에는 가지배관의 배열은 토너멘트방식이 아니어야 하며, 가지배관은 교차배관 또는 주배관에서 분기되는 지점을 기점으로 한 쪽 가지배관에 설치되는 헤드의 개수는 8개 이하로 하여야 한다.

(7) 습식 연결살수설비의 배관은 동결방지조치를 하거나 동결의 우려가 없는 장소에 설치하여야 한다. 다만, 보온재를 사용할 경우에는 난연재료 성능 이상의 것으로 하여야 한다.

(8) 급수배관에 설치되어 급수를 차단할 수 있는 개폐밸브는 개폐표시형으로 하여야 한다. 이 경우 펌프의 흡입측 배관에는 버터플라이밸브(볼형식의 것을 제외한다) 외의 개폐표시형 밸브를 설치하여야 한다.

(9) 연결살수설비 교차배관의 위치·청소구 및 가지배관의 헤드 설치는 다음 각 호의 기준에 따른다.
  1) 교차배관은 가지배관과 수평으로 설치하거나 또는 가지배관 밑에 설치하고, 그 구경은 제2항에 따르되, 최소 구경이 40㎜ 이상이 되도록 할 것
  2) 폐쇄형 헤드를 사용하는 연결살수설비의 청소구는 주배관 또는 교차배관(교차배관을 설치하는 경우에 한한다) 끝에 40㎜ 이상 크기의 개폐밸브를 설치하고, 호스접결이 가능한 나사식 또는 고정배수 배관식으로 할 것. 이 경우 나사식의 개폐밸브는 옥내소화전 호스접결용의 것으로 하고, 나사보호용의 캡으로 마감하여야 한다.
  3) 폐쇄형 헤드를 사용하는 연결살수설비에 하향식 헤드를 설치하는 경우에는 가지배관으로부터 헤드에 이르는 헤드접속배관은 가지관상부에서 분기할 것. 다만, 소화설비용 수원의 수질이 「먹는물관리법」 제5조에 따라 먹는 물의 수질기준에 적합하고 덮개가 있는 저수조로부터 물을 공급받는 경우에는 가지배관의 측면 또는 하부에서 분기할 수 있다.

(10) 배관에 설치되는 행가는 다음 각 호의 기준에 따라 설치하여야 한다.
  1) 가지배관에는 헤드의 설치지점 사이마다 1개 이상의 행가를 설치하되, 헤드 간의 거리가 3.5 m를 초과하는 경우에는 3.5 m 이내마다 1개 이상 설치할 것. 이 경우 상향식 헤드와 행가 사이에는 8㎝ 이상의 간격을 두어야 한다.
  2) 교차배관에는 가지배관과 가지배관 사이마다 1개 이상의 행가를 설치하되, 가지배관 사이의 거리가 4.5 m를 초과하는 경우에는 4.5 m 이내마다 1개 이상 설치할 것

    3) 제1호와 제2호의 수평주행배관에는 4.5 m 이내마다 1개 이상 설치할 것
(11) 배관은 다른 설비의 배관과 쉽게 구분이 될 수 있는 위치에 설치하거나, 그 배관표면 또는 배관 보온재표면의 색상은 식별이 가능하도록 「한국산업표준(배관계의 식별 표시, KS A 0503)」 또는 적색으로 소방용설비의 배관임을 표시하여야 한다.

4 연결살수설비의 헤드

(1) 연결살수설비의 헤드는 연결살수설비전용헤드 또는 스프링클러헤드로 설치하여야 한다.
(2) 건축물에 설치하는 연결살수설비의 헤드는 다음 각 호의 기준에 따라 설치하여야 한다.[**건축물에 설치하는 연결살수설비의 헤드 설치기준**]
  1) 천장 또는 반자의 실내에 면하는 부분에 설치할 것
  2) 천장 또는 반자의 각 부분으로부터 하나의 살수헤드까지의 수평거리가 연결살수설비전용 헤드의 경우는 3.7 m 이하, 스프링클러헤드의 경우는 2.3 m 이하로 할 것. 다만, 살수헤드의 부착면과 바닥과의 높이가 2.1 m 이하인 부분은 살수헤드의 살수분포에 따른 거리로 할 수 있다.

> ※**연결살수설비전용헤드의 최소 수량(정방형)**
> =가로설치수량×세로설치수량
> 가로설치수량=[가로길이÷(2rcos45°)]=[가로길이÷(2×3.7m×cos45°)]
> 세로설치수량=[세로길이÷(2rcos45°)]=[세로길이÷(2×3.7m×cos45°)]

(3) 폐쇄형 스프링클러헤드를 설치하는 경우에는 제2항의 규정 외에 다음 각 호의 기준에 따라 설치하여야 한다.
  1) 그 설치장소의 평상시 최고 주위온도에 따라 다음 표에 따른 표시 온도의 것으로 설치할 것. 다만, 높이가 4 m 이상인 공장 및 창고(랙크식창고를 포함한다)에 설치하는 스프링클러헤드는 그 설치 장소의 평상시 최고 주위 온도에 관계없이 표시 온도 121℃ 이상의 것으로 할 수 있다.

설치 장소의 최고 주위 온도	표시 온도
39 ℃ 미만	79 ℃ 미만
39 ℃ 이상 64 ℃ 미만	79 ℃ 이상 121 ℃ 미만
64 ℃ 이상 106 ℃ 미만	121 ℃ 이상 162 ℃ 미만
106 ℃ 이상	162 ℃ 이상

  2) 살수가 방해되지 아니하도록 스프링클러헤드로부터 반경 60 ㎝ 이상의 공간을 보유할 것. 다만, 벽과 스프링클러헤드 간의 공간은 10 ㎝ 이상으로 한다.
  3) 스프링클러헤드와 그 부착면(상향식헤드의 경우에는 그 헤드의 직상부의 천장·반자 또는 이와 비슷한 것을 말한다)과의 거리는 30 ㎝ 이하로 할 것

4) 배관·행가 및 조명기구 등 살수를 방해하는 것이 있는 경우에는 제2호에도 불구하고 그로부터 아래에 설치하여 살수에 장애가 없도록 할 것. 다만, 연결살수헤드와 장애물과의 이격거리를 장애물 폭의 3배 이상 확보한 경우에는 그러하지 아니하다.
5) 스프링클러헤드의 반사판은 그 부착면과 평행하게 설치할 것. 다만, 측벽형 헤드 또는 제7호에 따라 연소할 우려가 있는 개구부에 설치하는 스프링클러헤드의 경우에는 그러하지 아니하다.
6) 천장의 기울기가 10분의 1을 초과하는 경우에는 가지관을 천장의 마루와 평행하게 설치하고, 스프링클러헤드는 다음 각 목의 어느 하나의 기준에 적합하게 설치할 것
   ① 천장의 최상부에 스프링클러헤드를 설치하는 경우에는 최상부에 설치하는 스프링클러헤드의 반사판을 수평으로 설치할 것
   ② 천장의 최상부를 중심으로 가지관을 서로 마주보게 설치하는 경우에는 최상부의 가지관 상호 간의 거리가 가지관상의 스프링클러헤드 상호 간의 거리의 2분의 1 이하(최소 1m 이상이 되어야 한다)가 되게 스프링클러헤드를 설치하고, 가지관의 최상부에 설치하는 스프링클러헤드는 천장의 최상부로부터의 수직거리가 90㎝ 이하가 되도록 할 것. 톱날지붕, 둥근지붕 기타 이와 유사한 지붕의 경우에도 이에 준한다.
7) 연소할 우려가 있는 개구부에는 그 상하좌우에 2.5 m 간격으로(개구부의 폭이 2.5 m 이하인 경우에는 그 중앙에) 스프링클러헤드를 설치하되, 스프링클러헤드와 개구부의 내측면으로부터의 직선거리는 15 ㎝ 이하가 되도록 할 것. 이 경우 사람이 상시 출입하는 개구부로서 통행에 지장이 있는 때에는 개구부의 상부 또는 측면(개구부의 폭이 9 m 이하인 경우에 한한다)에 설치하되, 헤드 상호 간의 간격은 1.2 m 이하로 설치하여야 한다.
8) 습식 연결살수설비 외의 설비에는 상향식 스프링클러헤드를 설치할 것. 다만, 다음 각 목의 어느 하나에 해당하는 경우에는 그러하지 아니하다.[**상향식 스프링클러헤드를 설치하지 아니할 수 있는 경우**]
   ① 드라이펜던트스프링클러헤드를 사용하는 경우
   ② 스프링클러헤드의 설치장소가 동파의 우려가 없는 곳인 경우
   ③ 개방형 스프링클러헤드를 사용하는 경우

★★★☆☆

 문제06 상향식 스프링클러헤드를 설치하지 아니할 수 있는 경우 3가지를 쓰시오.

9) 측벽형 스프링클러헤드를 설치하는 경우 긴 변의 한쪽 벽에 일렬로 설치(폭이 4.5 m 이상 9 m 이하인 실은 긴 변의 양쪽에 각각 일렬로 설치하되 마주보는 스프링클러헤드가 나란히꼴이 되도록 설치)하고 3.6 m 이내마다 설치할 것

(4) 가연성 가스의 저장·취급시설에 설치하는 연결살수설비의 헤드는 다음 각 호의 기준에 따라 설치하여야 한다. 다만, 지하에 설치된 가연성 가스의 저장·취급시설로서 지상에 노출된 부분이 없는 경우에는 그러하지 아니하다.[**가연성 가스의 저장·취급시설에 설치하는 연결살수설비의 헤드 설치기준**]
  1) 연결살수설비 전용의 개방형 헤드를 설치할 것
  2) 가스저장탱크·가스홀더 및 가스발생기의 주위에 설치하되, 헤드 상호 간의 거리는 3.7m 이하로 할 것
  3) 헤드의 살수범위는 가스저장탱크·가스홀더 및 가스발생기의 몸체의 중간 윗부분의 모든 부분이 포함되도록 하여야 하고 살수된 물이 흘러내리면서 살수범위에 포함되지 아니한 부분에도 모두 적셔질 수 있도록 할 것

★★★☆☆

문제07 가연성 가스의 저장·취급시설에 설치하는 연결살수설비헤드의 설치기준 3가지를 쓰시오.

5 헤드의 설치제외

연결살수설비를 설치하여야 할 특정소방대상물 또는 그 부분으로서 다음 각 호의 어느 하나에 해당하는 장소에는 연결살수설비의 헤드를 설치하지 아니할 수 있다.

(1) 상점(영 별표 2 제5호와 제6호의 판매시설과 운수시설을 말하며, 바닥면적이 150㎡ 이상인 지하층에 설치된 것을 제외한다)으로서 주요구조부가 내화구조 또는 방화구조로 되어 있고 바닥면적이 500㎡ 미만으로 방화구획되어 있는 특정소방대상물 또는 그 부분
(2) 계단실(특별피난계단의 부속실을 포함한다)·경사로·승강기의 승강로·파이프 덕트·목욕실·수영장(관람석부분을 제외한다)·화장실·직접 외기에 개방되어 있는 복도 기타 이와 유사한 장소
(3) 통신기기실·전자기기실·기타 이와 유사한 장소
(4) 발전실·변전실·변압기·기타 이와 유사한 전기설비가 설치되어 있는 장소
(5) 병원의 수술실·응급처치실·기타 이와 유사한 장소
(6) 천장과 반자 양쪽이 불연재료로 되어 있는 경우로서 그 사이의 거리 및 구조가 다음 각 목의 어느 하나에 해당하는 부분
  1) 천장과 반자 사이의 거리가 2m 미만인 부분
  2) 천장과 반자 사이의 벽이 불연재료이고 천장과 반자 사이의 거리가 2m 이상으로서 그 사이에 가연물이 존재하지 아니하는 부분
(7) 천장·반자 중 한쪽이 불연재료로 되어있고 천장과 반자 사이의 거리가 1m 미만인 부분

(8) 천장 및 반자가 불연재료 외의 것으로 되어 있고 천장과 반자 사이의 거리가 0.5 m 미만인 부분
(9) 펌프실·물탱크실 그 밖의 이와 비슷한 장소
(10) 현관 또는 로비 등으로서 바닥으로부터 높이가 20 m 이상인 장소
(11) 냉장창고의 영하의 냉장실 또는 냉동창고의 냉동실
(12) 고온의 노가 설치된 장소 또는 물과 격렬하게 반응하는 물품의 저장 또는 취급 장소
(13) 불연재료로 된 특정소방대상물 또는 그 부분으로서 다음 각 목의 어느 하나에 해당하는 장소
  1) 정수장·오물처리장 그 밖의 이와 비슷한 장소
  2) 펄프공장의 작업장·음료수공장의 세정 또는 충전하는 작업장 그 밖의 이와 비슷한 장소
  3) 불연성의 금속·석재 등의 가공공장으로서 가연성물질을 저장 또는 취급하지 아니하는 장소
(14) 실내에 설치된 테니스장·게이트볼장·정구장 또는 이와 비슷한 장소로서 실내 바닥·벽·천장이 불연재료 또는 준불연재료로 구성되어 있고 가연물이 존재하지 않는 장소로서 관람석이 없는 운동시설 부분(지하층은 제외한다)

5 소화설비의 겸용

연결살수설비의 송수구를 스프링클러설비·간이스프링클러설비·화재조기진압용 스프링클러설비·물분무소화설비·포소화설비와 겸용으로 설치하는 경우에는 스프링클러설비의 송수구 설치기준에 따르고, 옥내소화전설비의 송수구와 겸용으로 설치하는 경우에는 옥내소화전설비의 송수구의 설치기준에 따르되 각각의 소화설비의 기능에 지장이 없도록 해야 한다.

제5장 비상콘센트설비

1 전원 및 콘센트 등

(1) 비상콘센트설비에는 다음 각 호의 기준에 따른 전원을 설치하여야 한다.
   1) 상용전원회로의 배선은 저압수전인 경우에는 인입개폐기의 직후에서, 고압수전 또는 특고압수전인 경우에는 전력용변압기 2차측의 주차단기 1차측 또는 2차측에서 분기하여 전용배선으로 할 것

   ① "**저압**"이란 직류는 1.5 kV 이하, 교류는 1 kV 이하인 것을 말한다.
   ② "**고압**"이란 직류는 1.5 kV를, 교류는 1 kV를 초과하고, 7 kV 이하인 것을 말한다.
   ③ "**특고압**"이란 7kV를 초과하는 것을 말한다.

   ★★★☆☆

    문제01 저압, 고압, 특별고압의 정의를 쓰시오.

   2) 지하층을 제외한 층수가 7층 이상으로서 연면적이 2,000 m² 이상이거나 지하층의 바닥면적의 합계가 3,000 m² 이상인 특정소방대상물의 비상콘센트설비에는 자가발전설비, 비상전원수전설비, 축전지설비 또는 전기저장장치(외부 전기에너지를 저장해 두었다가 필요한 때 전기를 공급하는 장치를 말한다)를 비상전원으로 설치할 것. 다만, 2 이상의 변전소에서 전력을 동시에 공급받을 수 있거나 하나의 변전소로부터 전력의 공급이 중단되는 때에는 자동으로 다른 변전소로부터 전력을 공급받을 수 있도록 상용전원을 설치한 경우에는 비상전원을 설치하지 않을 수 있다.

   ★★★☆☆

    문제02 지하층을 제외한 층수가 7층 이상으로서 연면적이 2,000m² 이상이거나 지하층의 바닥면적의 합계가 3,000m² 이상인 특정소방대상물의 비상콘센트설비에는 자가발전기설비 또는 비상전원수전설비를 비상전원으로 설치하여야 한다. 그러하지 아니할 수 있는 경우(비상전원을 설치하지 아니할 수 있는 경우)를 쓰시오.

   3) 비상전원 중 자가발전설비, 축전지설비 또는 전기저장장치는 다음 기준에 따라 설치하고, 비상전원수전설비는 「소방시설용 비상전원수전설비의 화재안전기술기준(NFTC 602)」에 따라 설치할 것
      ① 점검에 편리하고 화재 및 침수 등의 재해로 인한 피해를 받을 우려가 없는 곳에 설치할 것
      ② 비상콘센트설비를 유효하게 20분 이상 작동시킬 수 있는 용량으로 할 것

③ 상용전원으로부터 전력의 공급이 중단된 때에는 자동으로 비상전원으로부터 전력을 공급받을 수 있도록 할 것

④ 비상전원의 설치장소는 다른 장소와 방화구획할 것. 이 경우 그 장소에는 비상전원의 공급에 필요한 기구나 설비 외의 것(열병합발전설비에 필요한 기구나 설비는 제외한다)을 두어서는 아니 된다.

⑤ 비상전원을 실내에 설치하는 때에는 그 실내에 비상조명등을 설치할 것

★★★★☆

  문제03 비상전원 중 자가발전설비의 설치기준 5가지를 쓰시오.

(2) 비상콘센트설비의 전원회로(비상콘센트에 전력을 공급하는 회로를 말한다)는 다음 각 호의 기준에 따라 설치하여야 한다.

1) 비상콘센트설비의 전원회로는 단상교류 220V인 것으로서, 그 공급용량은 1.5 kVA 이상인 것으로 할 것.

2) 전원회로는 각 층에 2 이상이 되도록 설치할 것. 다만, 설치하여야 할 층의 비상콘센트가 1개인 때에는 하나의 회로로 할 수 있다.

3) 전원회로는 주배전반에서 전용회로로 할 것. 다만, 다른 설비의 회로의 사고에 따른 영향을 받지 아니하도록 되어 있는 것은 그러하지 아니하다.

4) 전원으로부터 각 층의 비상콘센트에 분기되는 경우에는 분기배선용 차단기를 보호함 안에 설치할 것

5) 콘센트마다 배선용 차단기(KS C 8321)를 설치하여야 하며, 충전부가 노출되지 아니하도록 할 것

6) 개폐기에는 "**비상콘센트**"라고 표시한 표지를 할 것

7) 비상콘센트용의 풀박스 등은 방청도장을 한 것으로서, 두께 1.6mm 이상의 철판으로 할 것

8) 하나의 전용회로에 설치하는 비상콘센트는 10개 이하로 할 것. 이 경우 전선의 용량은 각 비상콘센트(비상콘센트가 3개 이상인 경우에는 3개)의 공급용량을 합한 용량 이상의 것으로 하여야 한다.

★★★★☆

  문제04 비상콘센트설비 전원회로(비상콘센트에 전력을 공급하는 회로)의 설치기준 중 5가지를 쓰시오.

(3) 비상콘센트의 플러그접속기는 접지형 2극 플러그접속기(KS C 8305)를 사용하여야 한다.

(4) 비상콘센트의 플러그접속기의 칼받이의 접지극에는 접지공사를 하여야 한다.

(5) 비상콘센트는 다음 각 호의 기준에 따라 설치하여야 한다.

1) 바닥으로부터 높이 0.8 m 이상 1.5m 이하의 위치에 설치할 것

2) 비상콘센트의 배치는 바닥면적이 1,000 m² 미만인 층은 계단의 출입구(계단의

부속실을 포함하며 계단이 2 이상 있는 경우에는 그중 1개의 계단을 말한다)로부터 5 m 이내에, 바닥면적 1,000 m² 이상인 층은 각 계단의 출입구 또는 계단부속실의 출입구(계단의 부속실을 포함하며 계단이 3 이상 있는 층의 경우에는 그중 2개의 계단을 말한다)로부터 5 m 이내에 설치하되, 그 비상콘센트로부터 그 층의 각 부분까지의 거리가 다음의 기준을 초과하는 경우에는 그 기준 이하가 되도록 비상콘센트를 추가하여 설치할 것

㉮ 지하상가 또는 지하층의 바닥면적의 합계가 3,000 m² 이상인 것은 수평거리 25 m

㉯ 가목에 해당하지 아니하는 것은 수평거리 50 m

(6) 비상콘센트설비의 전원부와 외함 사이의 절연저항 및 절연내력은 다음 각 호의 기준에 적합하여야 한다.[**절연저항 및 절연내력 기준**]

1) 절연저항은 전원부와 외함 사이를 500V 절연저항계로 측정할 때 20㏁ 이상일 것
2) 절연내력은 전원부와 외함 사이에 정격전압이 150 V 이하인 경우에는 1,000 V의 실효전압을, 정격전압이 150 V 이상인 경우에는 그 정격전압에 2를 곱하여 1,000을 더한 실효전압을 가하는 시험에서 1분 이상 견디는 것으로 할 것

★★★★☆

 문제05 비상콘센트설비의 전원부와 외함 사이의 절연저항 및 절연내력에 대한 기준을 쓰시오.

2 보호함

비상콘센트를 보호하기 위하여 비상콘센트 보호함은 다음 각 호의 기준에 따라 설치하여야 한다.[**비상콘센트 보호함의 설치기준**]

(1) 보호함에는 쉽게 개폐할 수 있는 문을 설치할 것
(2) 보호함 표면에 "**비상콘센트**"라고 표시한 표지를 할 것
(3) 보호함 상부에 적색의 표시등을 설치할 것. 다만, 비상콘센트의 보호함을 옥내소화전함 등과 접속하여 설치하는 경우에는 옥내소화전함 등의 표시등과 겸용할 수 있다.

★★★☆☆

 문제06 보호함의 설치기준 3가지를 쓰시오.[점검7회기출]

3 배선

비상콘센트설비의 배선은 「전기사업법」 제67조에 따른 기술기준에서 정하는 것 외에 다음 각 호의 기준에 따라 설치하여야 한다.

(1) 전원회로의 배선은 내화배선으로, 그 밖의 배선은 내화배선 또는 내열배선으로 할 것
(2) 내화배선 및 내열배선에 사용하는 전선의 종류 및 설치방법은 「옥내소화전설비의 화재안전기술기준(NFTC 102)」 2.7.2의 표 2.7.2 기준에 따를 것

제6장 무선통신보조설비

① 무선통신보조설비의 종류

(1) 안테나 방식

장애물이 적은 대강당, 극장 등에 적합하며, 누설동축케이블 방식보다 경제적이다. 또한 케이블을 반자 내에 은폐할 수 있으므로 화재 시 영향이 적고 미관을 해치지 않는다. 말단에서는 전파의 강도가 떨어져서 통화의 어려움이 있다.

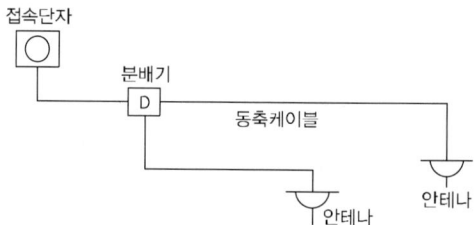

(2) 누설동축케이블 방식

터널, 지하철역 등 폭이 좁고 긴 지하가나 건축물 내부에 적합하며, 전파를 균일하고 광범위하게 방사할 수 있다. 또한 케이블이 외부에 노출되므로 유지보수가 용이하다.

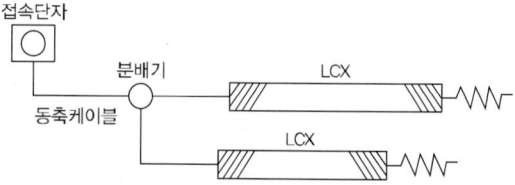

> **용어** "누설동축케이블"이란 동축케이블의 외부 도체에 가느다란 홈을 만들어서 전파가 외부로 새어나갈 수 있도록 한 케이블을 말한다.

(3) 안테나 방식과 누설동축케이블을 혼합한 방식

누설동축케이블의 장점과 안테나의 장점을 이용한 것이다.

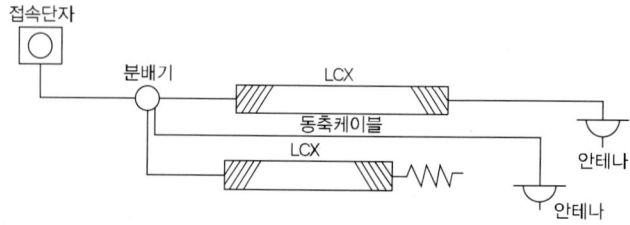

★★★☆☆

 문제01 무선통신보조설비의 방식(종류) 3가지를 쓰시오.

2 무반사 종단저항

누설동축케이블의 종단부에 전송된 전파가 종단에서 반사하여 송신효율이 떨어지는 것을 방지하기 위해서 무반사 종단저항기를 설치한다.
(1) 임피던스 : 50 Ω
(2) 전압정재파비 : 1.5 이하
(3) 허용전력 : 1 W

3 전압정재파비(VSWR : Voltage Standing Wave Ratio)

누설동축케이블의 송전단에서 신호를 보내면 수전단에서 반사가 일어나고 반사된 반사파가 신호 송신파에 간섭을 일으키는데 간섭된 전파의 최대치와 최소치와의 진폭비를 전압정재파비라 한다.

TIP
$$\text{전압정재파비} = \frac{\text{송전단 전압}}{\text{수전단 전압}}$$

4 임피던스 matching

회로에서 전원측과 부하측의 임피던스를 같게 하는 것을 Impedance Matching이라 한다. 전원측 임피던스와 부하측 임피던스가 같을 때 전원측의 전력이 최대로 부하에 전달된다. 다음은 Impedance Matching에 관계있는 화재안전기준이다.
(1) 누설동축케이블 또는 동축케이블의 임피던스는 50 Ω으로 하고, 이에 접속하는 공중선·분배기 기타의 장치는 해당 임피던스에 적합한 것으로 하여야 한다.
(2) 분배기·분파기 및 혼합기의 임피던스는 50 Ω의 것으로 할 것

 ① **"분배기"** 란 신호의 전송로가 분기되는 장소에 설치하는 것으로 임피던스 매칭(Matching)과 신호 균등 분배를 위해 사용하는 장치를 말한다.
② **"분파기"** 란 서로 다른 주파수의 합성된 신호를 분리하기 위해서 사용하는 장치를 말한다.
③ **"혼합기"** 란 두개 이상의 입력신호를 원하는 비율로 조합한 출력이 발생하도록 하는 장치를 말한다.

5 설치제외

지하층으로서 특정소방대상물의 바닥 부분 2면 이상이 지표면과 동일하거나 지표면으로부터의 깊이가 1 m 이하인 경우에는 해당 층에 한하여 무선통신보조설비를 설치하지 아니할 수 있다.

★★★☆☆

 문제02 무선통신보조설비를 설치하지 아니할 수 있는 경우를 쓰시오. [점검17회기출]

6 누설동축케이블 등

(1) 무선통신보조설비의 누설동축케이블 등은 다음 각 호의 기준에 따라 설치하여야 한다. [**누설동축케이블의 설치기준**]

1) 소방전용 주파수대에서 전파의 전송 또는 복사에 적합한 것으로서 소방전용의 것으로 할 것. 다만, 소방대 상호 간의 무선연락에 지장이 없는 경우에는 다른 용도와 겸용할 수 있다.
2) 누설동축케이블과 이에 접속하는 안테나 또는 동축케이블과 이에 접속하는 안테나로 구성할 것
3) 누설동축케이블 및 동축케이블은 불연 또는 난연성의 것으로서 습기에 따라 전기의 특성이 변질되지 아니하는 것으로 하고, 노출하여 설치한 경우에는 피난 및 통행에 장애가 없도록 할 것
4) 누설동축케이블 및 동축케이블은 화재에 따라 해당 케이블의 피복이 소실된 경우에 케이블 본체가 떨어지지 아니하도록 4 m 이내마다 금속제 또는 자기제 등의 지지금구로 벽·천장·기둥 등에 견고하게 고정시킬 것. 다만, 불연재료로 구획된 반자 안에 설치하는 경우에는 그러하지 아니하다.
5) 누설동축케이블 및 안테나는 금속판 등에 따라 전파의 복사 또는 특성이 현저하게 저하되지 아니하는 위치에 설치할 것
6) 누설동축케이블 및 안테나는 고압의 전로로부터 1.5 m 이상 떨어진 위치에 설치할 것. 다만, 해당 전로에 정전기 차폐장치를 유효하게 설치한 경우에는 그러하지 아니하다.
7) 누설동축케이블의 끝부분에는 무반사 종단저항을 견고하게 설치할 것

★★★★☆

 문제03 누설동축케이블 등의 설치기준 중 5가지만 쓰시오.

(2) 누설동축케이블 또는 동축케이블의 임피던스는 50 Ω으로 하고, 이에 접속하는 안테나·분배기 기타의 장치는 해당 임피던스에 적합한 것으로 하여야 한다.
(3) 무선통신보조설비는 다음 각 호의 기준에 따라 설치하여야 한다.
1) 누설동축케이블 또는 동축케이블과 이에 접속하는 안테나가 설치된 층은 모든 부분(계단실, 승강기, 별도 구획된 실 포함)에서 유효하게 통신이 가능할 것
2) 옥외 안테나와 연결된 무전기와 건축물 내부에 존재하는 무전기 간의 상호통신, 건축물 내부에 존재하는 무전기 간의 상호통신, 옥외 안테나와 연결된 무전기와 방재실 또는 건축물 내부에 존재하는 무전기와 방재실 간의 상호통신이 가능할 것

7 옥외 안테나

옥외안테나는 다음 각 호의 기준에 따라 설치하여야 한다.
(1) 건축물, 지하가, 터널 또는 공동구의 출입구(「건축법 시행령」 제39조에 따른 출구 또는 이와 유사한 출입구를 말한다) 및 출입구 인근에서 통신이 가능한 장소에 설치할 것
(2) 다른 용도로 사용되는 안테나로 인한 통신장애가 발생하지 않도록 설치할 것
(3) 옥외안테나는 견고하게 설치하며 파손의 우려가 없는 곳에 설치하고 그 가까운 곳의 보기 쉬운 곳에 "무선통신보조설비 안테나"라는 표시와 함께 통신 가능거리를 표시한 표지를 설치할 것
(4) 수신기가 설치된 장소 등 사람이 상시 근무하는 장소에는 옥외 안테나의 위치가 모두 표시된 옥외안테나 위치표시도를 비치할 것

8 분배기 등

분배기·분파기 및 혼합기 등은 다음 각 호의 기준에 따라 설치하여야 한다.[**분배기·분파기 및 혼합기 등의 설치기준**]
(1) 먼지·습기 및 부식 등에 따라 기능에 이상을 가져오지 아니하도록 할 것
(2) 임피던스는 50 Ω의 것으로 할 것
(3) 점검에 편리하고 화재 등의 재해로 인한 피해의 우려가 없는 장소에 설치할 것

★★★☆☆

 문제04 분배기·분파기 및 혼합기 등의 설치기준 3가지를 쓰시오.

9 증폭기 등

"**증폭기**"란 신호 전송 시 신호가 약해져 수신이 불가능해지는 것을 방지하기 위해서 증폭하는 장치를 말한다. 증폭기 및 무선이동중계기를 설치하는 경우에는 다음 각 호의 기준에 따라 설치하여야 한다.[**증폭기 및 무선이동중계기의 설치기준**]
(1) 상용전원은 전기가 정상적으로 공급되는 축전지설비, 전기저장장치(외부 전기에너지를 저장해 두었다가 필요한 때 전기를 공급하는 장치) 또는 교류전압의 옥내 간선으로 하고, 전원까지의 배선은 전용으로 할 것
(2) 증폭기의 전면에는 주회로의 전원이 정상인지의 여부를 표시할 수 있는 표시등 및 전압계를 설치할 것
(3) 증폭기에는 비상전원이 부착된 것으로 하고 해당 비상전원 용량은 무선통신보조설비를 유효하게 30분 이상 작동시킬 수 있는 것으로 할 것
(4) 증폭기 및 무선중계기를 설치하는 경우에는 「전파법」 제58조의2에 따른 적합성평가를 받은 제품으로 설치하고 임의로 변경하지 않도록 할 것

(5) 디지털 방식의 무전기를 사용하는데 지장이 없도록 설치할 것

★★★☆☆

문제05 증폭기 및 무선이동중계기를 설치하는 경우 그 설치기준 5가지를 쓰시오.

06 기타설비

제1장 소방시설용 비상전원수전설비
제2장 도로터널
제3장 고층건축물
제4장 임시소방시설

제1장 소방시설용 비상전원수전설비

1 인입선 및 인입구 배선의 시설

"**인입구배선**"이란 인입선 연결점으로부터 특정소방대상물 내에 시설하는 인입개폐기에 이르는 배선을 말한다.
(1) 인입선은 특정소방대상물에 화재가 발생할 경우에도 화재로 인한 손상을 받지 않도록 설치하여야 한다.
(2) 인입구 배선은「옥내소화전설비의 화재안전기술기준(NFTC 102)」2.7.2의 표 2.7.2(1)에 따른 내화배선으로 해야 한다.

★★★☆☆

문제01 인입선 및 인입구 배선의 시설기준 2가지를 쓰시오.[점검14회기출]

2 특별고압 또는 고압으로 수전하는 경우

(1) 일반전기사업자로부터 특별고압 또는 고압으로 수전하는 비상전원 수전설비는 방화구획형, 옥외개방형 또는 큐비클(Cubicle)형으로 하여야 한다.
  1) 전용의 방화구획 내에 설치할 것
  2) 소방회로배선은 일반회로배선과 불연성 벽으로 구획할 것. 다만, 소방회로배선과 일반회로배선을 15cm 이상 떨어져 설치한 경우는 그러하지 아니한다.

① "**소방회로**"란 소방부하에 전원을 공급하는 전기회로를 말한다.
② "**일반회로**"란 소방회로 이외의 전기회로를 말한다.

  3) 일반회로에서 과부하, 지락 사고 또는 단락 사고가 발생한 경우에도 이에 영향을 받지 아니하고 계속하여 소방회로에 전원을 공급시켜 줄 수 있어야 할 것
  4) 소방회로용 개폐기 및 과전류차단기에는 "**소방시설용**"이라 표시할 것
  5) 전기회로는 별표 1 같이 결선할 것
(2) 옥외개방형은 다음 각 호에 적합하게 설치하여야 한다.
  1) 건축물의 옥상에 설치하는 경우에는 그 건축물에 화재가 발생할 경우에도 화재로 인한 손상을 받지 않도록 설치할 것
  2) 공지에 설치하는 경우에는 인접 건축물에 화재가 발생한 경우에도 화재로 인한 손상을 받지 않도록 설치할 것
  3) 그 밖의 옥외개방형의 설치에 관하여는 2.2.1.2부터 2.2.1.5까지의 규정에 적합하게 설치할 것

(3) 큐비클형은 다음 각 호에 적합하게 설치하여야 한다.
  1) 전용큐비클 또는 공용큐비클식으로 설치할 것
  2) 외함은 두께 2.3㎜ 이상의 강판과 이와 동등 이상의 강도와 내화성능이 있는 것으로 제작하여야 하며, 개구부(제3호에 게기하는 것은 제외한다)에는 갑종방화문 또는 을종방화문을 설치할 것
  3) 다음 각 목(옥외에 설치하는 것은 가목부터 다목까지)에 해당하는 것은 외함에 노출하여 설치할 수 있다.[**외함에 노출하여 설치할 수 있는 것**]
    ① 표시등(불연성 또는 난연성재료로 덮개를 설치한 것에 한한다)
    ② 전선의 인입구 및 인출구
    ③ 환기장치
    ④ 전압계(퓨즈 등으로 보호한 것에 한한다)
    ⑤ 전류계(변류기의 2차측에 접속된 것에 한한다)
    ⑥ 계기용 전환스위치(불연성 또는 난연성재료로 제작된 것에 한한다)

★★★★☆

문제02 일반전기사업자로부터 특별고압 또는 고압으로 수전하는 비상전원수전설비는 방화구획형, 옥외개방형 또는 큐비클(Cubicle)형으로 하여야 한다. 큐비클형의 경우 외함에 노출하여 설치할 수 있는 것 6가지를 쓰시오.

  4) 외함은 건축물의 바닥 등에 견고하게 고정할 것
  5) 외함에 수납하는 수전설비, 변전설비 그 밖의 기기 및 배선은 다음 각 목에 적합하게 설치할 것
    ① 외함 또는 프레임(Frame) 등에 견고하게 고정할 것
    ② 외함의 바닥에서 10 ㎝(시험단자, 단자대 등의 충전부는 15 ㎝) 이상의 높이에 설치할 것

① "**수전설비**"란 전력수급용 계기용 변성기·주차단장치 및 그 부속기기를 말한다.
② "**변전설비**"란 전력용 변압기 및 그 부속장치를 말한다.

  6) 전선 인입구 및 인출구에는 금속관 또는 금속제 가요전선관을 쉽게 접속할 수 있도록 할 것
  7) 환기장치는 다음 각 목에 적합하게 설치할 것[**환기장치의 설치기준**]
    ① 내부의 온도가 상승하지 않도록 환기장치를 할 것
    ② 자연환기구의 개부구 면적의 합계는 외함의 한 면에 대하여 해당 면적의 3분의 1 이하로 할 것. 이 경우 하나의 통기구의 크기는 직경 10㎜ 이상의 둥근 막대가 들어가서는 아니 된다.
    ③ 자연환기구에 따라 충분히 환기할 수 없는 경우에는 환기설비를 설치할 것
    ④ 환기구에는 금속망, 방화댐퍼 등으로 방화조치를 하고, 옥외에 설치하는 것은 빗물 등이 들어가지 않도록 할 것

★★★★☆

 문제03 환기장치의 설치기준 4가지를 쓰시오. [점검14회기출]

8) 공용 큐비클식의 소방회로와 일반회로에 사용되는 배선 및 배선용기기는 불연재료로 구획할 것

 ① "**전용 큐비클식**"이란 소방회로용의 것으로 수전설비, 변전설비 그 밖의 기기 및 배선을 금속제 외함에 수납한 것을 말한다.
② "**공용 큐비클식**"이란 소방회로 및 일반회로 겸용의 것으로서 수전설비, 변전설비 그 밖의 기기 및 배선을 금속제 외함에 수납한 것을 말한다.

9) 그 밖의 큐비클형의 설치에 관하여는 2.2.1.2부터 2.2.1.5까지의 규정 및 한국산업표준에 적합할 것

3 저압으로 수전하는 경우

전기사업자로부터 저압으로 수전하는 비상전원설비는 전용배전반(1·2종)·전용분전반(1·2종) 또는 공용분전반(1·2종)으로 하여야 한다.

 ① "**전용 배전반**"이란 소방회로 전용의 것으로서 개폐기, 과전류차단기, 계기 그 밖의 배선용기기 및 배선을 금속제 외함에 수납한 것을 말한다.
② "**공용 배전반**"이란 소방회로 및 일반회로 겸용의 것으로서 개폐기, 과전류차단기, 계기 그 밖의 배선용기기 및 배선을 금속제 외함에 수납한 것을 말한다.
③ "**전용 분전반**"이란 소방회로 전용의 것으로서 분기개폐기, 분기과전류차단기 그 밖의 배선용기기 및 배선을 금속제 외함에 수납한 것을 말한다.
④ "**공용 분전반**"이란 소방회로 및 일반회로 겸용의 것으로서 분기개폐기, 분기과전류차단기 그 밖의 배선용 기기 및 배선을 금속제 외함에 수납한 것을 말한다.

(1) 제1종 배전반 및 제1종 분전반은 다음 각 호에 적합하게 설치하여야 한다.
 1) 외함은 두께 1.6 mm(전면판 및 문은 2.3 mm) 이상의 강판과 이와 동등 이상의 강도와 내화성능이 있는 것으로 제작할 것
 2) 외함의 내부는 외부의 열에 의해 영향을 받지 많도록 내열성 및 단열성이 있는 재료를 사용하여 단열할 것. 이 경우 단열부분은 열 또는 진동에 따라 쉽게 변형되지 아니하여야 한다.
 3) 다음 각 목에 해당하는 것은 외함에 노출하여 설치할 수 있다.
  ① 표시등(불연성 또는 난연성재료로 덮개를 설치한 것에 한한다)
  ② 전선의 인입구 및 인출구
 4) 외함은 금속관 또는 금속제 가요전선관을 쉽게 접속할 수 있도록 하고, 당해 접속부분에는 단열조치를 할 것
 5) 공용 배전반 및 공용 분전반의 경우 소방회로와 일반회로에 사용하는 배선 및 배선용 기기는 불연재료로 구획되어야 할 것

(2) 제2종 배전반 및 제2종 분전반은 다음 각 호에 적합하게 설치하여야 한다.
 1) 외함은 두께 1 mm(함 전면의 면적이 1,000 cm²를 초과하고 2,000 cm² 이하인 경우에는 1.2 mm, 2,000 cm²를 초과하는 경우에는 1.6 mm) 이상의 강판과 이와 동등 이상의 강도와 내화성능이 있는 것으로 제작할 것
 2) 2.3.1.1.3(1) 및 (2)에서 정한 것과 120 ℃의 온도를 가했을 때 이상이 없는 전압계 및 전류계는 외함에 노출하여 설치할 것
 3) 단열을 위해 배선용 불연 전용실 내에 설치할 것
 4) 그 밖의 제2종 배전반 및 제2종 분전반의 설치에 관하여는 2.3.1.1.4 및 2.3.1.1.5의 규정에 적합할 것
(3) 그 밖의 배전반 및 분전반의 설치에 관하여는 다음 각 호에 적합하여야 한다.
 1) 일반회로에서 과부하·지락 사고 또는 단락 사고가 발생한 경우에도 이에 영향을 받지 아니하고 계속하여 소방회로에 전원을 공급시켜 줄 수 있어야 할 것
 2) 소방회로용 개폐기 및 과전류차단기에는 "**소방시설용**"이라는 표시를 할 것
 3) 전기회로는 별표 2와 같이 결선할 것

4 고압 또는 특별고압 수전의 경우[별표 1]

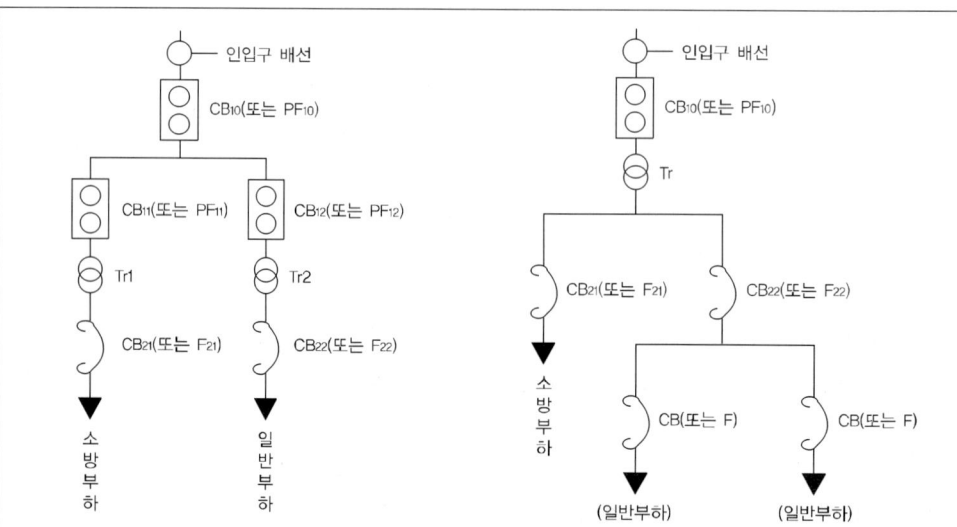

(가) 전용의 전력용 변압기에서 소방부하에 전원을 공급하는 경우

(나) 공용의 전력용 변압기에서 소방부하에 전원을 공급하는 경우

주
1. 일반회로의 과부하 또는 단락 사고 시에 CB_{10}(또는 PF_{10})이 CB_{12}(또는 PF_{12}) 및 CB_{22}(또는 F_{22})보다 먼저 차단되어서는 아니 된다.
2. CB_{11}(또는 PF_{11})은 CB_{12}(또는 PF_{12})와 동등 이상의 차단용량일 것.

주
1. 일반회로의 과부하 또는 단락 사고 시에 CB_{10}(또는 PF_{10})이 CB_{22}(또는 F_{22}) 및 CB(또는 F)보다 먼저 차단되어서는 아니 된다.
2. CB_{21}(또는 F_{22})은 CB_{22}(또는 F_{22})와 동등 이상의 차단용량일 것.

약호	명칭
CB	전력차단기
PF	전력퓨즈(고압 또는 특별고압용)
F	퓨즈(저압용)
Tr	전력용 변압기

약호	명칭
CB	전력차단기
PF	전력퓨즈(고압 또는 특별고압용)
F	퓨즈(저압용)
Tr	전력용 변압기

★★★★★

문제04 소방시설용 비상전원전용 수전설비에서 고압 또는 특별고압으로 수전하고자 한다. 다음 각각의 경우 인입구 배선에서부터 소방부하까지의 단선결선도를 작성하고, 주차단기(또는 전력퓨즈)와 분기차단기(또는 전력퓨즈)의 차단 우선순위 관계를 설명하시오.
① 전용의 전력용 변압기에서 소방부하에 전원을 공급하는 경우
② 공용의 전력용 변압기에서 소방부하에 전원을 공급하는 경우

5 저압수전의 경우(제6조제3항제3호관련)[별표 2]

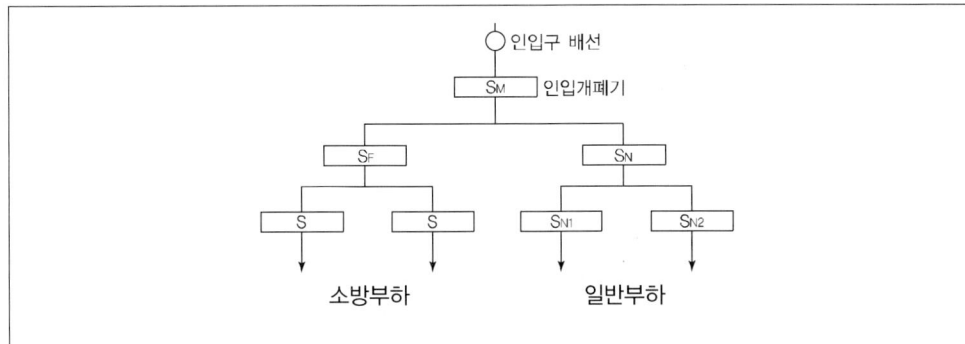

주
1. 일반회로의 과부하 또는 단락 사고 시 S_M이 S_N, S_{N1} 및 S_{N2}보다 먼저 차단되어서는 아니 된다.
2. S_F는 S_N과 동등 이상의 차단용량일 것.

약호	명칭
S	저압용개폐기 및 과전류차단기

★★★★☆

문제05 소방시설용 비상전원전용 수전설비에서 저압수전의 경우 인입구 배선에서부터 소방부하까지의 단선결선도를 작성하고, 주차단기(또는 전력퓨즈)와 분기차단기(또는 전력퓨즈)의 차단 우선순위 관계를 설명하시오.

제2장 도로터널

1 소화기

소화기는 다음 각 호의 기준에 따라 설치하여야 한다.
(1) 소화기의 능력단위는 (「소화기구 및 자동소화장치의 화재안전기술기준(NFTC 101)」 1.7.1.6에 따른 수치를 말한다. 이하 같다)는 A급 화재는 3단위 이상, B급 화재는 5단위 이상 및 C급 화재에 적응성이 있는 것으로 할 것
(2) 소화기의 총중량은 사용 및 운반의 편리성을 고려하여 7 kg 이하로 할 것
(3) 소화기는 주행차로의 우측 측벽에 50 m 이내의 간격으로 2개 이상을 설치하며, 편도 2차선 이상의 양방향 터널과 4차로 이상의 일방향 터널의 경우에는 양쪽 측벽에 각각 50 m 이내의 간격으로 엇갈리게 2개 이상을 설치할 것

※소화기의 수량

구분	소화기의 수량
편도 2차선 미만의 양방향 터널이나 4차로 미만의 일방향 터널의 경우	우측 측벽에 50 m 이내의 간격으로 2개 이상을 설치
편도 2차선 이상의 양방향 터널이나 4차로 이상의 일방향 터널의 경우	양쪽 측벽에 각각 50 m 이내의 간격으로 엇갈리게 2개 이상을 설치

4) 바닥면(차로 또는 보행로를 말한다)으로부터 1.5 m 이하의 높이에 설치할 것
5) 소화기구함의 상부에 "**소화기**"라고 조명식 또는 반사식의 표지판을 부착하여 사용자가 쉽게 인지할 수 있도록 할 것

★★★★☆

문제01 소화기의 능력단위, 총중량 및 설치높이에 대한 기준을 쓰시오.

2 옥내소화전설비

옥내소화전설비는 다음 각 호의 기준에 따라 설치하여야 한다.
(1) 소화전함과 방수구는 주행차로 우측 측벽을 따라 50 m 이내의 간격으로 설치하며, 편도 2차선 이상의 양방향 터널이나 4차로 이상의 일방향 터널의 경우에는 양쪽 측벽에 각각 50 m 이내의 간격으로 엇갈리게 설치할 것

① "**양방향터널**"이란 하나의 터널 안에서 차량의 흐름이 서로 마주보게 되는 터널을 말한다.
② "**일방향 터널**"이란 하나의 터널 안에서 차량의 흐름이 하나의 방향으로만 진행되는 터널을 말한다.

(2) 수원은 그 저수량이 옥내소화전의 설치개수 2개(4차로 이상의 터널의 경우 3개)를 동시에 40분 이상 사용할 수 있는 충분한 양 이상을 확보할 것
(3) 가압송수장치는 옥내소화전 2개(4차로 이상의 터널인 경우 3개)를 동시에 사용할 경우 각 옥내소화전의 노즐선단에서의 방수압력은 0.35 MPa 이상이고 방수량은 190 ℓ/min 이상이 되는 성능의 것으로 할 것. 다만, 하나의 옥내소화전을 사용하는 노즐선단에서의 방수압력이 0.7 MPa을 초과할 경우에는 호스접결구의 인입측에 감압장치를 설치하여야 한다.
(4) 압력수조나 고가수조가 아닌 전동기 및 내연기관에 의한 펌프를 이용하는 가압송수장치는 주펌프와 동등 이상인 별도의 예비펌프를 설치할 것
(5) 방수구는 40 mm 구경의 단구형을 옥내소화전이 설치된 벽면의 바닥면으로부터 1.5m 이하의 높이에 설치할 것
(6) 소화전함에는 옥내소화전 방수구 1개, 15 m 이상의 소방호스 3본 이상 및 방수노즐을 비치할 것
(7) 옥내소화전설비의 비상전원은 40분 이상 작동할 수 있을 것

※옥내소화전설비(도로터널)

토출량	$N \times 190 \ell /$분
수원	$N \times 190 \ell /$분 $\times 40$분
양정	$h_1 + h_2 + h_3 + 35m$

③ 물분무소화설비

물분무소화설비는 다음 각 호의 기준에 따라 설치하여야 한다.[물분무소화설비의 설치기준]
(1) 물분무 헤드는 도로면에 1 m²당 6 ℓ/min 이상의 수량을 균일하게 방수할 수 있도록 할 것
(2) 물분무설비의 하나의 방수구역은 25 m 이상으로 하며, 3개 방수구역을 동시에 40분 이상 방수할 수 있는 수량을 확보할 것
(3) 물분무설비의 비상전원은 40분 이상 기능을 유지할 수 있도록 할 것

※물분무소화설비(도로터널)

토출량	$A \times 6\ell/\min \cdot m^2$
수원	$A \times 6\ell/\min \cdot m^2 \times 40\min$

④ 비상경보설비

비상경보설비는 다음 각 호의 기준에 따라 설치하여야 한다.[비상경보설비의 설치기준]

(1) 발신기는 주행차로 한쪽 측벽에 50 m 이내의 간격으로 설치하며, 편도 2차선 이상의 양방향터널이나 4차로 이상의 일방향터널의 경우에는 양쪽의 측벽에 각각 50 m 이내의 간격으로 엇갈리게 설치하고, 발신기는 바닥면으로부터 0.8 m 이상, 1.5 m 이하의 높이에 설치할 것

※발신기의 수량

구분	발신기의 수량
편도 2차선 미만의 양방향 터널이나 4차로 미만의 일방향 터널의 경우	주행차로 한쪽 측벽에 50 m 이내의 간격으로 설치
편도 2차선 이상의 양방향 터널이나 4차로 이상의 일방향 터널의 경우	양쪽의 측벽에 각각 50 m 이내의 간격으로 엇갈리게 설치

(2) 음향장치는 발신기 설치위치와 동일하게 설치할 것. 「비상방송설비의 화재안전기술기준(NFTC 202)」에 적합하게 설치된 방송설비를 비상경보설비와 연동하여 작동하도록 설치한 경우에는 비상경보설비의 지구음향장치를 설치하지 않을 수 있다.

(3) 음향장치의 음량은 부착된 음향장치의 중심으로부터 1 m 떨어진 위치에서 90 dB 이상이 되도록 하고, 음향장치는 터널 내부 전체에 동시에 경보를 발하도록 설치할 것

(4) 시각경보기는 주행차로 한쪽 측벽에 50 m 이내의 간격으로 비상경보설비의 상부 직근에 설치하고, 설치된 전체 시각경보기는 동기방식에 의해 작동될 수 있도록 할 것

★★★★☆

문제02 비상경보설비의 설치기준 중 5가지만 쓰시오. [설계15회기출]

5 자동화재탐지설비

(1) 터널에 설치할 수 있는 감지기의 종류는 다음 각 호의 어느 하나와 같다. [터널에 설치할 수 있는 감지기의 종류]
  1) 차동식 분포형 감지기
  2) 정온식 감지선형 감지기(아날로그식에 한한다)
  3) 중앙기술심의위원회의 심의를 거쳐 터널화재에 적응성이 있다고 인정된 감지기

★★★☆☆

문제03 도로터널 내 자동화재탐지설비를 설치할 경우 설치 가능한 화재감지기 3가지를 쓰시오. (단, 경계구역은 다른 설비와의 연동은 없다) [설계12회기출]

(2) 하나의 경계구역의 길이는 100 m 이하로 하여야 한다.

$$경계구역의\ 수 = \frac{터널의\ 길이(m)}{100 m/구역}$$

(3) 제1항에 의한 감지기의 설치기준은 다음 각 호와 같다. 다만, 중앙기술심의위원회의 심의를 거쳐 제조사 시방서에 따른 설치방법이 터널화재에 적합하다고 인정되는 경우에는 다음 각 호의 기준에 의하지 아니하고 심의결과에 의한 제조사 시방서에 따라 설치할 수 있다.
1) 감지기의 감열부(열을 감지하는 기능을 갖는 부분을 말한다)와 감열부 사이의 이격거리는 10m 이하로, 감지기와 터널 좌·우측 벽면과의 이격거리는 6.5m 이하로 설치할 것
2) 제1호에도 불구하고 터널 천장의 구조가 아치형의 터널에 감지기를 터널 진행 방향으로 설치하고자 하는 경우에는 감열부와 감열부 사이의 이격거리를 10m 이하로 하여 아치형 천장의 중앙 최상부에 1열로 감지기를 설치하여야 하며, 감지기를 2열 이상으로 설치하고자 하는 경우에는 감열부와 감열부 사이의 이격거리는 10m 이하로 감지기 간의 이격거리는 6.5m 이하로 설치할 것
3) 감지기를 천장면(터널 안 도로 등에 면한 부분 또는 상층의 바닥 하부면을 말한다)에 설치하는 경우에는 감기기가 천장면에 밀착되지 않도록 고정금구 등을 사용하여 설치할 것
4) 형식승인 내용에 설치방법이 규정된 경우에는 형식승인 내용에 따라 설치할 것. 다만, 감지기와 천장면과의 이격거리에 대해 제조사의 시방서에 규정되어 있는 경우에는 시방서의 규정에 따라 설치할 수 있다.
(4) 제2항에도 불구하고 감지기의 작동에 의하여 다른 소방시설 등이 연동되는 경우로서 해당 소방시설 등의 작동을 위한 정확한 발화위치를 확인할 필요가 있는 경우에는 경계구역의 길이가 해당 설비의 방호구역 등에 포함되도록 설치하여야 한다.

6 비상조명등

비상조명등은 다음 각 호의 기준에 따라 설치하여야 한다.[**비상조명등의 설치기준**]
(1) 상시 조명이 소등된 상태에서 비상조명등이 점등되는 경우 터널 안의 차도 및 보도의 바닥면의 조도는 10 lx 이상, 그 외 모든 지점의 조도는 1lx 이상이 될 수 있도록 설치할 것
(2) 비상조명등은 상용전원이 차단되는 경우 자동으로 비상전원으로 60분 이상 점등되도록 설치할 것
(3) 비상조명등에 내장된 예비전원이나 축전지설비는 상용전원의 공급에 의하여 상시 충전상태를 유지할 수 있도록 설치할 것

★★★☆☆

 문제04 비상조명등의 설치기준 3가지를 쓰시오.

7 제연설비

(1) 제연설비는 다음 각 호의 사양을 만족하도록 설계하여야 한다.
   1) 설계화재강도 20MW를 기준으로 하고, 이때 연기발생률은 80 m³/s로 하며, 배출량은 발생된 연기와 혼합된 공기를 충분히 배출할 수 있는 용량 이상을 확보할 것

> **용어** "연기발생률"이란 일정한 설계화재강도의 차량에서 단위 시간당 발생하는 연기량을 말한다.

   2) 제1호에도 불구하고 화재강도가 설계화재강도보다 높을 것으로 예상될 경우 위험도분석을 통하여 설계화재강도를 설정하도록 할 것

> **용어** "설계화재강도"란 터널 화재 시 소화설비 및 제연설비 등의 용량산정을 위해 적용하는 차종별 최대열방출률(MW)을 말한다.

(2) 제연설비는 다음 각 호의 기준에 따라 설치하여야 한다.[제연설비의 설치기준]
   1) 종류환기방식의 경우 제트팬의 소손을 고려하여 예비용 제트팬을 설치하도록 할 것
   2) 횡류환기방식(또는 반횡류환기방식) 및 대배기구 방식의 배연용 팬은 덕트의 길이에 따라서 노출온도가 달라질 수 있으므로 수치해석 등을 통해서 내열온도 등을 검토한 후에 적용하도록 할 것
   3) 대배기구의 개폐용 전동모터는 정전 등 전원이 차단되는 경우에도 조작상태를 유지할 수 있도록 할 것
   4) 화재에 노출이 우려되는 제연설비와 전원공급선 및 제트팬 사이의 전원공급장치 등은 250℃의 온도에서 60분 이상 운전상태를 유지할 수 있도록 할 것

★★★★☆

> **예상 문제05** 제연설비의 설치기준 4가지를 쓰시오.

> **용어** ※환기방식
> ① "종류환기방식"이란 터널 안의 배기가스와 연기 등을 배출하는 환기설비로서 기류를 종방향(출입구 방향)으로 흐르게 하여 환기하는 방식을 말한다.
> ② "횡류환기방식"이란 터널 안의 배기가스와 연기 등을 배출하는 환기설비로서 기류를 횡방향(바닥에서 천장)으로 흐르게 하여 환기하는 방식을 말한다.
> ③ "반횡류환기방식"이란 터널 안의 배기가스와 연기 등을 배출하는 환기설비로서 터널에 수직배기구를 설치해서 횡방향과 종방향으로 기류를 흐르게 하여 환기하는 방식을 말한다.

(3) 제연설비의 기동은 다음 각 호의 어느 하나에 의하여 자동 또는 수동으로 기동될 수 있도록 하여야 한다.
  1) 화재감지기가 동작되는 경우
  2) 발신기의 스위치 조작 또는 자동소화설비의 기동장치를 동작시키는 경우
  3) 화재수신기 또는 감시제어반의 수동조작스위치를 동작시키는 경우

★★★☆☆

 문제06 제연설비의 기동은 자동 또는 수동으로 기동될 수 있도록 하여야 한다. 기동되어야 하는 3가지 경우를 쓰시오.[설계15회기출]

(4) 제연설비의 비상전원은 제연설비를 유효하게 60분 이상 작동할 수 있도록 해야 한다.

8 연결송수관설비

연결송수관설비는 다음 각 호의 기준에 따라 설치하여야 한다.[**연결송수관설비의 설치기준**]

(1) 연결송수관설비의 방수노즐선단에서의 방수압력은 0.35 MPa 이상, 방수량은 400 L/min 이상을 유지할 수 있도록 할 것
(2) 방수구는 50 m 이내의 간격으로 옥내소화전함에 병설하거나 독립적으로 터널 출입구 부근과 피난연결통로에 설치할 것

공식

$$\text{방수구의 수} = \frac{\text{터널의 길이}(m)}{50 m/\text{개}}$$

(3) 방수기구함은 50m 이내의 간격으로 옥내소화전함 안에 설치하거나 독립적으로 설치하고, 하나의 방수기구함에는 65 mm 방수노즐 1개와 15 m 이상의 호스 3본을 설치하도록 할 것

용어 "피난연결통로"란 본선터널과 병설된 상대터널이나 본선터널과 평행한 피난통로를 연결하기 위한 연결통로를 말한다.

★★★☆☆

 문제07 연결송수관설비의 설치기준 3가지를 쓰시오.

9 무선통신보조설비

(1) 무선통신보조설비의 옥외안테나는 방재실 인근과 터널의 입구 및 출구, 피난연결통로 등에 설치해야 한다.
(2) 라디오 재방송설비가 설치되는 터널의 경우에는 무선통신보조설비와 겸용으로 설치할 수 있다.

24th Day

[10] 비상콘센트설비

비상콘센트설비는 다음 각 호의 기준에 따라 설치하여야 한다.[**도로터널 내 비상콘센트의 설치기준**]

(1) 비상콘센트설비의 전원회로는 단상교류 220 V인 것으로서 그 공급용량은 1.5 kVA 이상인 것으로 할 것
(2) 전원회로는 주배전반에서 전용회로로 할 것. 다만, 다른 설비의 회로의 사고에 따른 영향을 받지 아니하도록 되어 있는 것은 그러하지 아니하다.
(3) 콘센트마다 배선용 차단기(KS C 8321)를 설치하여야 하며, 충전부가 노출되지 아니하도록 할 것
(4) 주행차로의 우측 측벽에 50 m 이내의 간격으로 바닥으로부터 0.8 m 이상 1.5 m 이하의 높이에 설치할 것

공식

$$비상콘센트의 수 = \frac{터널의 길이(m)}{50m/개}$$

★★★★☆

예상 **문제08** 도로터널 내 비상콘센트의 설치기준을 쓰시오.[설계12회기출]

제3장 고층건축물

"**고층건축물**"이란 층수가 30층 이상이거나 높이가 120미터 이상인 건축물을 말한다. "**초고층건축물**"이란 층수가 50층 이상이거나 높이가 200미터 이상인 건축물을 말한다.

1 옥내소화전설비

(1) 수원은 그 저수량이 옥내소화전의 설치개수가 가장 많은 층의 설치개수(5개 이상 설치된 경우에는 5개)에 5.2 m³(호스릴옥내소화전설비를 포함한다)를 곱한 양 이상이 되도록 하여야 한다. 다만, 층수가 50층 이상인 건축물의 경우에는 7.8 m³를 곱한 양 이상이 되도록 하여야 한다.

※옥내소화전설비(수원의 저수량)

구분	소방대상물의 층수	수원의 저수량
일반건축물	29층 이하	$N \times 2.6$ m³
고층건축물	30층 이상 49층 이하	$N \times 5.2$ m³
초고층건축물	50층 이상	$N \times 7.8$ m³

(2) 수원은 제1호에 따라 산출된 유효수량 외에 유효수량의 3분의 1 이상을 옥상(옥내소화전설비가 설치된 건축물의 주된 옥상을 말한다. 이하 같다)에 설치해야 한다. 다만, 「옥내소화전설비의 화재안전기술기준(NFTC 102)」 2.1.2(2) 또는 2.1.2(3)에 해당하는 경우에는 그렇지 않다.

(3) 전동기 또는 내연기관을 이용한 펌프방식의 가압송수장치는 옥내소화전설비 전용으로 설치하여야 하며, 옥내소화전설비 주펌프 이외에 동등 이상인 별도의 예비펌프를 설치하여야 한다.

(4) 급수배관은 전용으로 하여야 한다. 다만, 옥내소화전설비의 성능에 지장이 없는 경우에는 연결송수관설비의 배관과 겸용할 수 있다.

"**급수배관**"이란 수원 및 옥외송수구로부터 옥내소화전 방수구 또는 스프링클러헤드, 연결송수관 방수구에 급수하는 배관을 말한다.

(5) 50층 이상인 건축물의 옥내소화전 주배관 중 수직배관은 2개 이상(주배관 성능을 갖는 동일 호칭배관)으로 설치하여야 하며, 하나의 수직배관의 파손 등 작동불능 시에도 다른 수직배관으로부터 소화용수가 공급되도록 구성하여야 한다.

(6) 비상전원은 자가발전설비, 축전지설비(내연기관에 따른 펌프를 사용하는 경우에는 내연기관의 기동 및 제어용 축전지를 말한다) 또는 전기저장장치(외부 전기에너지를 저장해 두었다가 필요한 때 전기를 공급하는 장치)로서 옥내소화전설비를 40분 이상 작동할 수 있을 것. 다만, 50층 이상인 건축물의 경우에는 60분 이상 작동할 수 있어야 한다.

2 스프링클러설비

스프링클러설비는 다음 각 항의 기준에 따라 설치하여야 한다.

(1) 수원은 스프링클러설비 설치장소별 스프링클러헤드의 기준개수에 3.2 m³를 곱한 양 이상이 되도록 하여야 한다. 다만, 50층 이상인 건축물의 경우에는 4.8 m³를 곱한 양 이상이 되도록 하여야 한다.

요점

※스프링클러설비(수원의 저수량)

구분	소방대상물의 층수	수원의 저수량
일반건축물	29층 이하	$N \times 1.6$ m³
고층건축물	30층 이상 49층 이하	$N \times 3.2$ m³
초고층건축물	50층 이상	$N \times 4.8$ m³

(2) 수원은 제1호에 따라 산출된 유효수량 외에 유효수량의 3분의 1 이상을 옥상(옥내소화전설비가 설치된 건축물의 주된 옥상을 말한다. 이하 같다)에 설치해야 한다. 다만, 「스프링클러설비의 화재안전기술기준(NFTC 103)」 2.1.2(3) 또는 2.1.2(4)에 해당하는 경우에는 그렇지 않다.

(3) 전동기 또는 내연기관을 이용한 펌프방식의 가압송수장치는 스프링클러설비 전용으로 설치하여야 하며, 스프링클러설비 주펌프 이외에 동등 이상인 별도의 예비펌프를 설치하여야 한다.

(4) 급수배관은 전용으로 설치하여야 한다.

(5) 50층 이상인 건축물의 스프링클러설비 주배관 중 수직배관은 2개 이상(주배관 성능을 갖는 동일 호칭배관)으로 설치하고, 하나의 수직배관이 파손 등 작동 불능 시에도 다른 수직배관으로부터 소화용수가 공급되도록 구성하여야 하며, 각각의 수직배관에 유수검지장치를 설치하여야 한다.

(6) 50층 이상인 건축물의 스프링클러헤드에는 2개 이상의 가지배관 양방향에서 소화용수가 공급되도록 하고, 수리계산에 의한 설계를 하여야 한다.

(7) 스프링클러설비의 음향장치는 「스프링클러설비의 화재안전기술기준(NFTC 103)」 2.6(음향장치 및 기동장치)에 따라 설치하되, 다음의 기준에 따라 경보를 발할 수 있도록 해야 한다.

  1) 2층 이상의 층에서 발화한 때에는 발화층 및 그 직상 4개층에 경보를 발할 것
  2) 1층에서 발화한 때에는 발화층·그 직상 4개층 및 지하층에 경보를 발할 것

3) 지하층에서 발화한 때에는 발화층·그 직상층 및 기타의 지하층에 경보를 발할 것

★★★★★

 문제01 스프링클러설비가 설치된 층수가 30층 이상의 특정소방대상물에서 다음 층에 화재 발생 시 경보를 발하여야 하는 층을 각각 쓰시오.
① 2층 이상의 층   ② 1층   ③ 지하층

(8) 비상전원은 자가발전설비, 축전지설비(내연기관에 따른 펌프를 사용하는 경우에는 내연기관의 기동 및 제어용 축전지를 말한다) 또는 전기저장장치로서 스프링클러설비를 유효하게 40분 이상 작동할 수 있을 것. 다만, 50층 이상인 건축물의 경우에는 60분 이상 작동할 수 있어야 한다.

③ 비상방송설비

(1) 비상방송설비의 음향장치는 다음 각 호의 기준에 따라 경보를 발할 수 있도록 하여야 한다.
  1) 2층 이상의 층에서 발화한 때에는 발화층 및 그 직상 4개층에 경보를 발할 것
  2) 1층에서 발화한 때에는 발화층·그 직상 4개층 및 지하층에 경보를 발할 것
  3) 지하층에서 발화한 때에는 발화층·그 직상층 및 기타의 지하층에 경보를 발할 것
(2) 비상방송설비에는 그 설비에 대한 감시상태를 60분간 지속한 후 유효하게 30분 이상 경보할 수 있는 비상전원으로서 축전지설비(수신기에 내장하는 경우를 포함한다) 또는 전기저장장치를 설치해야 한다.

★암
★
★
★

④ 자동화재탐지설비

(1) 감지기는 아날로그방식의 감지기로서 감지기의 작동 및 설치지점을 수신기에서 확인할 수 있는 것으로 설치하여야 한다. 다만, 공동주택의 경우에는 감지기별로 작동 및 설치지점을 수신기에서 확인할 수 있는 아날로그방식 외의 감지기로 설치할 수 있다.
(2) 자동화재탐지설비의 음향장치는 다음 각 호의 기준에 따라 경보를 발할 수 있도록 하여야 한다.
  1) 2층 이상의 층에서 발화한 때에는 발화층 및 그 직상 4개층에 경보를 발할 것
  2) 1층에서 발화한 때에는 발화층·그 직상 4개층 및 지하층에 경보를 발할 것
  3) 지하층에서 발화한 때에는 발화층·그 직상층 및 기타의 지하층에 경보를 발할 것
(3) 50층 이상인 건축물에 설치하는 통신·신호배선은 이중배선을 설치하도록 하고 단선(斷線) 시에도 고장표시가 되며 정상 작동할 수 있는 성능을 갖도록 설비를 하여야 한다.

1) 수신기와 수신기 사이의 통신배선
2) 수신기와 중계기 사이의 신호배선
3) 수신기와 감지기 사이의 신호배선

★★★★☆

문제02 소방시설관리사가 지상 53층인 건축물의 점검과정에서 설계도면상 자동화재탐지설비의 통신 및 신호배선방식의 적합성판단을 위해 「고층건축물의 화재안전기준(NFSC 604)」에서 확인해야 할 배선관련 사항을 모두 쓰시오.[점검 17회기출]

(4) 자동화재탐지설비에는 그 설비에 대한 감시상태를 60분간 지속한 후 유효하게 30분 이상 경보할 수 있는 축전지설비(수신기에 내장하는 경우를 포함한다) 또는 전기저장장치(외부 전기에너지를 저장해 두었다가 필요한 때 전기를 공급하는 장치)를 설치하여야한다. 다만, 상용전원이 축전지설비인 경우에는 그러하지 아니하다.

5 특별피난계단의 계단실 및 부속실 제연설비

특별피난계단의 계단실 및 부속실 제연설비는 「특별피난계단의 계단실 및 부속실 제연설비의 화재안전기술기준(NFTC 501A)」에 따라 설치하되, 비상전원은 자가발전설비, 축전지설비, 전기저장장치로 하고 제연설비를 유효하게 40분 이상 작동할 수 있도록 해야 한다. 다만, 50층 이상인 건축물의 경우에는 60분 이상 작동할 수 있어야 한다.

6 연결송수관설비

(1) 연결송수관설비의 배관은 전용으로 한다. 다만, 주배관의 구경이 100㎜ 이상인 옥내소화전설비와 겸용할 수 있다.
(2) 연결송수관설비의 비상전원은 자가발전설비, 축전지설비(내연기관에 따른 펌프를 사용하는 경우에는 내연기관의 기동 및 제어용 축전지를 말한다) 또는 전기저장장치(외부 전기에너지를 저장해 두었다가 필요한 때 전기를 공급하는 장치)로서 연결송수관설비를 유효하게 40분 이상 작동할 수 있어야 할 것. 다만, 50층 이상인 건축물의 경우에는 60분 이상 작동할 수 있어야 한다.

7 피난안전구역의 소방시설

「초고층 및 지하연계 복합건축물 재난관리에 관한 특별법시행령」 제14조제2항에 따라 피난안전구역에 설치하는 소방시설은 별표 1과 같이 설치하여야 하며, 이 기준에서 정하지 아니한 것은 개별 화재안전기준에 따라 설치하여야 한다.

8 피난안전구역에 설치하는 소방시설 설치기준[별표 1]

구분	설치기준
1. 제연설비	피난안전구역과 비 제연구역간의 차압은 50 Pa(옥내에 스프링클러설비가 설치된 경우에는 12.5 Pa) 이상으로 하여야 한다. 다만 피난안전구역의 한쪽 면 이상이 외기에 개방된 구조의 경우에는 설치하지 아니할 수 있다.
2. 피난유도선	피난유도선은 다음 각 호의 기준에 따라 설치하여야 한다. 가. 피난안전구역이 설치된 층의 계단실 출입구에서 피난안전구역 주 출입구 또는 비상구까지 설치할 것 나. 계단실에 설치하는 경우 계단 및 계단참에 설치할 것 다. 피난유도 표시부의 너비는 최소 25 mm 이상으로 설치할 것 라. 광원점등방식(전류에 의하여 빛을 내는 방식)으로 설치하되, 60분 이상 유효하게 작동할 것
3. 비상조명등	피난안전구역의 비상조명등은 상시 조명이 소등된 상태에서 그 비상조명등이 점등되는 경우 각 부분의 바닥에서 조도는 10 lx 이상이 될 수 있도록 설치할 것

4. 휴대용 비상조명등	가. 피난안전구역에는 휴대용 비상조명등을 다음 각 호의 기준에 따라 설치하여야 한다.
	  1) 초고층 건축물에 설치된 피난안전구역 : 피난안전구역 위층의 재실자 수(「건축물의 피난·방화구조 등의 기준에 관한 규칙」 별표 1의2에 따라 산정된 재실자 수를 말한다)의 10분의 1 이상
	  2) 지하연계 복합건축물에 설치된 피난안전구역 : 피난안전구역이 설치된 층의 수용인원(영 별표 2에 따라 산정된 수용인원을 말한다)의 10분의 1 이상
	나. 건전지 및 충전식 건전지의 용량은 40분 이상 유효하게 사용할 수 있는 것으로 한다. 다만, 피난안전구역이 50층 이상에 설치되어 있을 경우의 용량은 60분 이상으로 할 것

5. 인명구조기구	가. 방열복, 인공소생기를 각 2개 이상 비치할 것 나. 45분 이상 사용할 수 있는 성능의 공기호흡기(보조마스크를 포함한다)를 2개 이상 비치하여야 한다. 다만, 피난안전구역이 50층 이상에 설치되어 있을 경우에는 동일한 성능의 예비용기를 10개 이상 비치할 것 다. 화재 시 쉽게 반출할 수 있는 곳에 비치할 것 라. 인명구조기구가 설치된 장소의 보기 쉬운 곳에 "인명구조기구"라는 표지판 등을 설치할 것

★★★★★

 문제03 고층건축물의 화재안전기준에 대하여 다음 물음에 답하시오.[설계21회기출]
1) 피난안전구역에 설치하는 피난유도선의 설치기준 4가지를 쓰시오.
2) 피난안전구역에 설치하는 인명구조기구의 설치기준 4가지를 쓰시오.

★★★★☆

 문제04 피난안전구역에 설치하는 소방시설 중 제연설비 및 휴대용비상조명등의 설치기준을 고층건축물의 화재안전기준(NFSC 604)에 따라 각각 쓰시오.[점검18회기출]

★★★☆☆

 문제05 고층건축물의 화재안전기준(NFSC 604)상 피난안전구역에 설치하는 소방시설 설치기준에서 제연설비 설치기준을 쓰시오.[설계22회기출]

제4장 임시 소방시설(건설현장의 화재안전성능기준)

1 정의

1. "**임시소방시설**"이란 「소방시설 설치 및 관리에 관한 법률」 제15조제1항에 따른 설치 및 철거가 쉬운 화재대비시설을 말한다.
2. "**소화기**"란 「소화기구 및 자동소화장치의 화재안전성능기준(NFPC101)」 제3조제2호에서 정의하는 소화기를 말한다.
3. "**간이소화장치**"란 건설현장에서 화재발생 시 신속한 화재 진압이 가능하도록 물을 방수하는 형태의 소화장치를 말한다.
4. "**비상경보장치**"란 발신기, 경종, 표시등 및 시각경보장치가 결합된 형태의 것으로서 화재위험작업 공간 등에서 수동조작에 의해서 화재경보상황을 알려줄 수 있는 비상벨 장치를 말한다.
5. "**가스누설경보기**"란 건설현장에서 발생하는 가연성가스를 탐지하여 경보하는 장치를 말한다.
6. "**간이피난유도선**"이란 화재발생 시 작업자의 피난을 유도할 수 있는 케이블형태의 장치를 말한다.
7. "**비상조명등**"이란 화재발생 시 안전하고 원활한 피난활동을 할 수 있도록 계단실 내부에 설치되어 자동 점등되는 조명등을 말한다.
8. "**방화포**"란 건설현장 내 용접·용단 등의 작업 시 발생하는 금속성 불티로부터 가연물이 점화되는 것을 방지해주는 차단막을 말한다.

2 소화기의 성능 및 설치기준

1. 소화기의 소화약제는 「소화기구 및 자동소화장치의 화재안전성능기준(NFPC101)」 제4조제1호에 따른 적응성이 있는 것을 설치해야 한다.
2. 각 층 계단실마다 계단실 출입구 부근에 능력단위 3단위 이상인 소화기 2개 이상을 설치하고, 영 제18조제1항에 해당하는 작업을 하는 경우 작업종료 시까지 작업지점으로부터 5 미터 이내의 쉽게 보이는 장소에 능력단위 3단위 이상인 소화기 2개 이상과 대형소화기 1개 이상을 추가 배치해야 한다.
3. "소화기"라고 표시한 축광식 표지를 소화기 설치장소 보기 쉬운 곳에 부착하여야 한다.

3 간이소화장치의 성능 및 설치기준

1. 20분 이상의 소화수를 공급할 수 있는 수원을 확보해야 한다.

2. 소화수의 방수압력은 0.1 메가파스칼 이상, 방수량은 분당 65 리터 이상이어야 한다.
3. 영 제18조제1항에 해당하는 작업을 하는 경우 작업종료 시까지 작업지점으로부터 25 미터 이내에 배치하여 즉시 사용이 가능하도록 해야 한다.
4. 간이소화장치는 소방청장이 정하여 고시한 「간이소화장치의 성능인증 및 제품검사의 기술기준」에 적합한 것으로 해야 한다.
5. 영 제18조제2항 별표 8 제3호가목에 따라 당해 특정소방대상물에 설치되는 다음 각 목의 소방시설을 사용승인 전이라도 「소방시설공사업법」 제14조에 따른 완공검사(이하 "완공검사"라 한다)를 받아 사용할 수 있게 된 경우 간이소화장치를 배치하지 않을 수 있다.
   가. 옥내소화전설비
   나. 연결송수관설비와 연결송수관설비의 방수구 인근에 대형소화기를 6개 이상 배치한 경우

4 비상경보장치의 성능 및 설치기준

1. 피난층 또는 지상으로 통하는 각 층 직통계단의 출입구마다 설치해야 한다.
2. 발신기를 누를 경우 해당 발신기와 결합된 경종이 작동해야 한다. 이 경우 다른 장소에 설치된 경종도 함께 연동하여 작동되도록 설치할 수 있다.
3. 경종의 음량은 부착된 음향장치의 중심으로부터 1 미터 떨어진 위치에서 100 데시벨 이상이 되는 것으로 설치해야 한다.
4. 발신기의 위치표시등은 함의 상부에 설치하되, 그 불빛은 부착 면으로부터 15도 이상의 범위 안에서 부착지점으로부터 10 미터 이내의 어느 곳에서도 쉽게 식별할 수 있는 적색등으로 할 것
5. 시각경보장치는 발신기함 상부에 위치하도록 설치하되 바닥으로부터 2 미터 이상 2.5 미터 이하의 높이에 설치하여 건설현장의 각 부분에 유효하게 경보할 수 있도록 할 것
6. 발신기와 경종은 각각 「발신기의 형식승인 및 제품검사의 기술기준」과 「경종의 형식승인 및 제품검사의 기술기준」에 적합한 것으로, 표시등은 「표시등의 성능인증 및 제품검사의 기술기준」에 적합한 것으로 설치해야 한다.
7. "비상경보장치"라고 표시한 표지를 비상경보장치 상단에 부착해야 한다.
8. 비상경보장치를 20분 이상 유효하게 작동시킬 수 있는 비상전원을 확보해야 한다.
9. 영 제18조제2항 별표 8 제3호나목에 따라 당해 특정소방대상물에 설치되는 자동화재탐지설비 또는 비상방송설비를 사용승인 전이라도 완공검사를 받아 사용할 수 있게 된 경우 비상경보장치를 설치하지 않을 수 있다.

5 가스누설경보기의 성능 및 설치기준

1. 영 제18조제1항제1호에 따른 가연성가스를 발생시키는 작업을 하는 지하층 또는 무창층 내부(내부에 구획된 실이 있는 경우에는 구획실마다)에 가연성가스를 발생시키는 작업을 하는 부분으로부터 수평거리 10미터 이내에 바닥으로부터 탐지부 상단까지의 거리가 0.3미터 이하인 위치에 설치해야 한다.
2. 가스누설경보기는 소방청장이 정하여 고시한 「가스누설경보기의 형식승인 및 제품검사의 기술기준」에 적합한 것으로 설치해야 한다.

6 간이피난유도선의 성능 및 설치기준

1. 영 제18조제2항 별표 8 제2호마목에 따른 지하층이나 무창층에는 간이피난유도선을 녹색 계열의 광원점등방식으로 해당 층의 직통계단마다 계단의 출입구로부터 건물 내부로 10미터 이상의 길이로 설치해야 한다.
2. 바닥으로부터 1미터 이하의 높이에 설치하고, 피난유도선이 점멸하거나 화살표로 표시하는 등의 방법으로 작업장의 어느 위치에서도 피난유도선을 통해 출입구로의 피난방향을 알 수 있도록 해야 한다.
3. 층 내부에 구획된 실이 있는 경우에는 구획된 각 실로부터 가장 가까운 직통계단의 출입구까지 연속하여 설치해야 한다.
4. 공사 중에는 상시 점등되도록 하고, 간이피난유도선을 20분 이상 유효하게 작동시킬 수 있는 비상전원을 확보해야 한다.
5. 영 제18조제2항 별표 8 제3호다목에 따라 당해 특정소방대상물에 설치되는 피난유도선, 피난구유도등, 통로유도등 또는 비상조명등을 사용승인 전이라도 완공검사를 받아 사용할 수 있게 된 경우 간이피난유도선을 설치하지 않을 수 있다.

7 비상조명등의 성능 및 설치기준

1. 영 제18조제2항 별표 8 제2호바목에 따른 지하층이나 무창층에서 피난층 또는 지상으로 통하는 직통계단의 계단실 내부에 각 층마다 설치해야 한다.
2. 비상조명등이 설치된 장소의 조도는 각 부분의 바닥에서 1럭스 이상이 되도록 해야 한다.
3. 비상조명등을 20분(지하층과 지상 11층 이상의 층은 60분) 이상 유효하게 작동시킬 수 있는 비상전원을 확보해야 한다.
4. 비상경보장치가 작동할 경우 연동하여 점등되는 구조로 설치해야 한다.
5. 비상조명등은 소방청장이 정하여 고시한 「비상조명등의 형식승인 및 제품검사의 기술기준」에 적합한 것으로 해야 한다.

8 방화포의 성능 및 설치기준

1. 용접·용단 작업 시 11미터 이내에 가연물이 있는 경우 해당 가연물을 방화포로 보호하여야 한다. 다만, 「산업안전보건기준에 관한 규칙」 제241조제2항제4호에 따른 비산방지조치를 한 경우에는 방화포를 설치하지 않을 수 있다.
2. 소방청장이 정하여 고시한 「방화포의 성능인증 및 제품검사의 기술기준」에 적합한 것으로 설치해야 한다.

9 소방안전관리자의 업무

1. 방수·도장·우레탄폼 성형 등 가연성가스 발생 작업과 용접·용단 및 불꽃이 발생하는 작업이 동시에 이루어지지 않도록 수시로 확인해야 한다.
2. 가연성가스가 발생되는 작업을 할 경우에는 사전에 가스누설경보기의 정상작동 여부를 확인하고, 작업 중 또는 작업 후 가연성가스가 체류되지 않도록 충분한 환기조치를 실시해야 한다.
3. 용접·용단 작업을 할 경우에는 성능인증 받은 방화포가 설치기준에 따라 적정하게 도포되어 있는지 확인해야 한다.
4. 위험물 등이 있는 장소에서 화기 등을 취급하는 작업이 이루어지지 않도록 확인해야 한다.

■ 배우고 때로 익히면 즐겁지 아니한가?

미래 사회에는 오직 두 부류의 사람만이 존재한다.
하나는 바빠서 죽을 지경인 사람이고, 또 다른 하나는 할일을 찾지 못해 시간이 남아도는 사람이다.
요즘 중국 직장인들 사이에 유행하는 것 중에 '38주의'라는 것이 있다.
8시간 쉬고, 8시간 일하며, 8시간 배운다는 말이다.

- 리우웨이리 -

사람의 능력과 가치, 재능도 시간에 따라 감가상각됩니다.
오늘 능력이 출중하다고 해서 앞으로도 핵심인재로 남아있다는 보장이 전혀 없습니다.
따라서 이제는 학력(學歷)이 아닌, 학력(學力)이 더 중요합니다.
학이시습지(學而時習之) 불역열호(不亦說乎)!
2500년전 공자님 말씀처럼 '평생 학습을 즐기는 사람'이 진정한 경쟁력을 갖는 시대가 되었습니다.
8시간 쉬고, 8시간 일하며, 8시간 소방 공부를 한다면 성공과 합격은 따라 올 것입니다.

- 이기덕 원장 -

위험물

제1장 위험물안전관리법 시행규칙
제2장 위험물세부기준

제1장 위험물안전관리법 시행규칙

1 제조소의 위치 · 구조 및 설비의 기준

(1) 안전거리

1. 제조소(제6류 위험물을 취급하는 제조소를 제외한다)는 다음 각목의 규정에 의한 건축물의 외벽 또는 이에 상당하는 공작물의 외측으로부터 당해 제조소의 외벽 또는 이에 상당하는 공작물의 외측까지의 사이에 다음 각목의 규정에 의한 수평거리(이하 "안전거리"라 한다)를 두어야 한다.

   가. 나목 내지 라목의 규정에 의한 것 외의 건축물 그 밖의 공작물로서 주거용으로 사용되는 것(제조소가 설치된 부지내에 있는 것을 제외한다)에 있어서는 10 m 이상

   나. 학교 · 병원 · 극장 그 밖에 다수인을 수용하는 시설로서 다음의 1에 해당하는 것에 있어서는 30m 이상
   1) 「초 · 중등교육법」 제2조 및 「고등교육법」 제2조에 정하는 학교
   2) 「의료법」 제3조제2항제3호에 따른 병원급 의료기관
   3) 「공연법」 제2조제4호에 따른 공연장, 「영화 및 비디오물의 진흥에 관한 법률」 제2조제10호에 따른 영화상영관 및 그 밖에 이와 유사한 시설로서 3백명 이상의 인원을 수용할 수 있는 것
   4) 「아동복지법」 제3조제10호에 따른 아동복지시설, 「노인복지법」 제31조제1호부터 제3호까지에 해당하는 노인복지시설, 「장애인복지법」 제58조제1항에 따른 장애인복지시설, 「한부모가족지원법」 제19조제1항에 따른 한부모가족복지시설, 「영유아보육법」 제2조제3호에 따른 어린이집, 「성매매방지 및 피해자보호 등에 관한 법률」 제5조제1항에 따른 성매매피해자등을 위한 지원시설, 「정신보건법」 제3조제2호에 따른 정신보건시설, 「가정폭력방지 및 피해자보호 등에 관한 법률」 제7조의2제1항에 따른 보호시설 및 그 밖에 이와 유사한 시설로서 20명 이상의 인원을 수용할 수 있는 것

   다. 「문화재보호법」의 규정에 의한 유형문화재와 기념물 중 지정문화재에 있어서는 50 m 이상

   라. 고압가스, 액화석유가스 또는 도시가스를 저장 또는 취급하는 시설로서 다음의 1에 해당하는 것에 있어서는 20m 이상. 다만, 당해 시설의 배관 중 제조소가 설치된 부지 내에 있는 것은 제외한다.
   1) 「고압가스 안전관리법」의 규정에 의하여 허가를 받거나 신고를 하여야 하는 고압가스제조시설(용기에 충전하는 것을 포함한다) 또는 고압가스 사용시설로서 1일 30 m^3 이상의 용적을 취급하는 시설이 있는 것

2) 「고압가스 안전관리법」의 규정에 의하여 허가를 받거나 신고를 하여야 하는 고압가스저장시설

3) 「고압가스 안전관리법」의 규정에 의하여 허가를 받거나 신고를 하여야 하는 액화산소를 소비하는 시설

4) 「액화석유가스의 안전관리 및 사업법」의 규정에 의하여 허가를 받아야 하는 액화석유가스제조시설 및 액화석유가스저장시설

5) 「도시가스사업법」 제2조제5호의 규정에 의한 가스공급시설

마. 사용전압이 7,000V 초과 35,000V 이하의 특고압가공전선에 있어서는 3m 이상

바. 사용전압이 35,000V를 초과하는 특고압가공전선에 있어서는 5m 이상

2. 제1호가목 내지 다목의 규정에 의한 건축물 등은 부표의 기준에 의하여 불연재료로 된 방화상 유효한 담 또는 벽을 설치하는 경우에는 동표의 기준에 의하여 안전거리를 단축할 수 있다.

(2) 보유공지

1. 위험물을 취급하는 건축물 그 밖의 시설(위험물을 이송하기 위한 배관 그 밖에 이와 유사한 시설을 제외한다)의 주위에는 그 취급하는 위험물의 최대수량에 따라 다음 표에 의한 너비의 공지를 보유하여야 한다.

취급하는 위험물의 최대수량	공지의 너비
지정수량의 10배 이하	3 m 이상
지정수량의 10배 초과	5 m 이상

2. 제조소의 작업공정이 다른 작업장의 작업공정과 연속되어 있어, 제조소의 건축물 그 밖의 공작물의 주위에 공지를 두게 되면 그 제조소의 작업에 현저한 지장이 생길 우려가 있는 경우 당해 제조소와 다른 작업장 사이에 다음 각목의 기준에 따라 방화상 유효한 격벽을 설치한 때에는 당해 제조소와 다른 작업장 사이에 제1호의 규정에 의한 공지를 보유하지 아니할 수 있다.

가. 방화벽은 내화구조로 할 것, 다만 취급하는 위험물이 제6류 위험물인 경우에는 불연재료로 할 수 있다.

나. 방화벽에 설치하는 출입구 및 창 등의 개구부는 가능한 한 최소로 하고, 출입구 및 창에는 자동폐쇄식의 갑종방화문을 설치할 것

다. 방화벽의 양단 및 상단이 외벽 또는 지붕으로부터 50 cm 이상 돌출하도록 할 것

★★☆☆☆

문제01 제조소의 작업공정이 다른 작업장의 작업공정과 연속되어 있어, 제조소의 건축물 그 밖의 공작물의 주위에 공지를 두게 되면 그 제조소의 작업에 현저한 지장이 생길 우려가 있는 경우 당해 제조소와 다른 작업장 사이에 방화상 유효한 격벽을 설치한 때에는 당해 제조소와 다른 작업장 사이에 공지를 보유하지 아니할 수 있다. 방화상 유효한 격벽의 설치기준 3가지를 쓰시오.

(3) 기타설비

1. 위험물의 누출 · 비산방지
2. 가열 · 냉각설비 등의 온도측정장치
3. 가열건조설비
4. 압력계 및 안전장치

    위험물을 가압하는 설비 또는 그 취급하는 위험물의 압력이 상승할 우려가 있는 설비에는 압력계 및 다음 각목의 1에 해당하는 안전장치를 설치하여야 한다. 다만, 라목의 파괴판은 위험물의 성질에 따라 안전밸브의 작동이 곤란한 가압설비에 한한다.
    가. 자동적으로 압력의 상승을 정지시키는 장치
    나. 감압측에 안전밸브를 부착한 감압밸브
    다. 안전밸브를 병용하는 경보장치
    라. 파괴판

★★★☆☆

>
> **문제02** 위험물을 가압하는 설비 또는 그 취급하는 위험물의 압력이 상승할 우려가 있는 설비에는 압력계 및 안전장치를 설치하여야 한다. 안전장치의 종류를 쓰시오.

2 옥외탱크저장소의 위치 · 구조 및 설비의 기준

(1) 보유공지

1. 옥외저장탱크(위험물을 이송하기 위한 배관 그 밖에 이에 준하는 공작물을 제외한다)의 주위에는 그 저장 또는 취급하는 위험물의 최대수량에 따라 옥외저장탱크의 측면으로부터 다음 표에 의한 너비의 공지를 보유하여야 한다.

저장 또는 취급하는 위험물의 최대수량	공지의 너비
지정수량의 500배 이하	3 m 이상
지정수량의 500배 초과 1,000배 이하	5 m 이상
지정수량의 1,000배 초과 2,000배 이하	9 m 이상
지정수량의 2,000배 초과 3,000배 이하	12 m 이상
지정수량의 3,000배 초과 4,000배 이하	15 m 이상
지정수량의 4,000배 초과	당해 탱크의 수평단면의 최대 지름(횡형인 경우에는 긴 변)과 높이 중 큰 것과 같은 거리 이상. 다만, 30 m 초과의 경우에는 30 m 이상으로 할 수 있고, 15 m 미만의 경우에는 15 m 이상으로 하여야 한다.

2. 제6류 위험물 외의 위험물을 저장 또는 취급하는 옥외저장탱크(지정수량의 4,000배를 초과하여 저장 또는 취급하는 옥외저장탱크를 제외한다)를 동일한 방유제 안에 2개 이상 인접하여 설치하는 경우 그 인접하는 방향의 보유공지는 제1호의 규정에 의한 보유공지의 3분의 1 이상의 너비로 할 수 있다. 이 경우 보유공지의 너비는 3m 이상이 되어야 한다.
3. 제6류 위험물을 저장 또는 취급하는 옥외저장탱크는 제1호의 규정에 의한 보유공지의 3분의 1 이상의 너비로 할 수 있다. 이 경우 보유공지의 너비는 1.5m 이상이 되어야 한다.
4. 제6류 위험물을 저장 또는 취급하는 옥외저장탱크를 동일구내에 2개 이상 인접하여 설치하는 경우 그 인접하는 방향의 보유공지는 제3호의 규정에 의하여 산출된 너비의 3분의 1 이상의 너비로 할 수 있다. 이 경우 보유공지의 너비는 1.5m 이상이 되어야 한다.
5. 제1호의 규정에도 불구하고 옥외저장탱크(이하 이호에서 "**공지단축 옥외저장탱크**"라 한다)에 다음 각목의 기준에 적합한 물분무설비로 방호조치를 하는 경우에는 그 보유공지를 제1호의 규정에 의한 보유공지의 2분의 1 이상의 너비(최소 3m 이상)로 할 수 있다. 이 경우 공지단축 옥외저장탱크의 화재시 1m²당 20kW 이상의 복사열에 노출되는 표면을 갖는 인접한 옥외저장탱크가 있으면 당해 표면에도 다음 각목의 기준에 적합한 물분무설비로 방호조치를 함께하여야 한다.
   가. 탱크의 표면에 방사하는 물의 양은 탱크의 원주길이 1m에 대하여 분당 37ℓ 이상으로 할 것
   나. 수원의 양은 가목의 규정에 의한 수량으로 20분 이상 방사할 수 있는 수량으로 할 것
   다. 탱크에 보강링이 설치된 경우에는 보강링의 아래에 분무헤드를 설치하되, 분무헤드는 탱크의 높이 및 구조를 고려하여 분무가 적정하게 이루어 질 수 있도록 배치할 것
   라. 물분무소화설비의 설치기준에 준할 것

★★★☆☆

문제03 옥외저장탱크에 물분무설비로 방호조치를 하는 경우에는 그 보유공지를 규정에 의한 보유공지의 2분의 1 이상의 너비(최소 3m 이상)로 할 수 있다. 이 경우 공지단축 옥외저장탱크의 화재 시 1m²당 20kW 이상의 복사열에 노출되는 표면을 갖는 인접한 옥외저장탱크가 있으면 당해 표면에도 물분무설비로 방호조치를 함께하여야 한다. 물분무설비의 기준을 쓰시오.

(2) 방유제

인화성액체위험물(이황화탄소를 제외한다)의 옥외탱크저장소의 탱크 주위에는 다음 각목의 기준에 의하여 방유제를 설치하여야 한다.

가. 방유제의 용량은 방유제안에 설치된 탱크가 하나인 때에는 그 탱크 용량의 110 % 이상, 2기 이상인 때에는 그 탱크 중 용량이 최대인 것의 용량의 110 % 이상으로 할 것. 이 경우 방유제의 용량은 당해 방유제의 내용적에서 용량이 최대인 탱크 외의 탱크의 방유제 높이 이하 부분의 용적, 당해 방유제 내에 있는 모든 탱크의 지반면 이상 부분의 기초의 체적, 칸막이 둑의 체적 및 당해 방유제 내에 있는 배관 등의 체적을 뺀 것으로 한다.

나. 방유제는 높이 0.5 m 이상 3 m 이하, 두께 0.2 m 이상, 지하매설깊이 1 m 이상으로 할 것. 다만, 방유제와 옥외저장탱크 사이의 지반면 아래에 불침윤성(不浸潤性) 구조물을 설치하는 경우에는 지하매설깊이를 해당 불침윤성 구조물까지로 할 수 있다.

다. 방유제 내의 면적은 8만 ㎡ 이하로 할 것

라. 방유제 내의 설치하는 옥외저장탱크의 수는 10(방유제내에 설치하는 모든 옥외저장탱크의 용량이 20만 ℓ 이하이고, 당해 옥외저장탱크에 저장 또는 취급하는 위험물의 인화점이 70 ℃ 이상 200℃ 미만인 경우에는 20) 이하로 할 것. 다만, 인화점이 200 ℃ 이상인 위험물을 저장 또는 취급하는 옥외저장탱크에 있어서는 그러하지 아니하다.

마. 방유제 외면의 2분의 1 이상은 자동차 등이 통행할 수 있는 3 m 이상의 노면폭을 확보한 구내도로(옥외저장탱크가 있는 부지내의 도로를 말한다. 이하 같다)에 직접 접하도록 할 것. 다만, 방유제 내에 설치하는 옥외저장탱크의 용량합계가 20만 ℓ 이하인 경우에는 소화활동에 지장이 없다고 인정되는 3 m 이상의 노면폭을 확보한 도로 또는 공지에 접하는 것으로 할 수 있다.

바. 방유제는 옥외저장탱크의 지름에 따라 그 탱크의 옆판으로부터 다음에 정하는 거리를 유지할 것. 다만, 인화점이 200 ℃ 이상인 위험물을 저장 또는 취급하는 것에 있어서는 그러하지 아니하다.
  1) 지름이 15 m 미만인 경우에는 탱크 높이의 3분의 1 이상
  2) 지름이 15 m 이상인 경우에는 탱크 높이의 2분의 1 이상

사. 방유제는 철근콘크리트로 하고, 방유제와 옥외저장탱크 사이의 지표면은 불연성과 불침윤성이 있는 구조(철근콘크리트 등)로 할 것. 다만, 누출된 위험물을 수용할 수 있는 전용유조(專用油槽) 및 펌프 등의 설비를 갖춘 경우에는 방유제와 옥외저장탱크 사이의 지표면을 흙으로 할 수 있다.

아. 용량이 1,000만ℓ 이상인 옥외저장탱크의 주위에 설치하는 방유제에는 다음의 규정에 따라 당해 탱크마다 칸막이 둑을 설치할 것
  1) 칸막이 둑의 높이는 0.3 m(방유제 내에 설치되는 옥외저장탱크의 용량의 합계가 2억ℓ를 넘는 방유제에 있어서는 1m)이상으로 하되, 방유제의 높이보다 0.2 m 이상 낮게 할 것
  2) 칸막이 둑은 흙 또는 철근콘크리트로 할 것
  3) 칸막이 둑의 용량은 칸막이 둑안에 설치된 탱크의 용량의 10% 이상일 것
자. 방유제 내에는 당해 방유제 내에 설치하는 옥외저장탱크를 위한 배관(당해 옥외저장탱크의 소화설비를 위한 배관을 포함한다), 조명설비 및 계기시스템과 이들에 부속하는 설비 그 밖의 안전확보에 지장이 없는 부속설비 외에는 다른 설비를 설치하지 아니할 것
차. 방유제 또는 칸막이 둑에는 해당 방유제를 관통하는 배관을 설치하지 아니할 것. 다만, 위험물을 이송하는 배관의 경우에는 배관이 관통하는 지점의 좌우방향으로 각 1m 이상까지의 방유제 또는 칸막이 둑의 외면에 두께 0.1 m 이상, 지하매설깊이 0.1 m 이상의 구조물을 설치하여 방유제 또는 칸막이 둑을 이중구조로 하고, 그 사이에 토사를 채운 후, 관통하는 부분을 완충재 등으로 마감하는 방식으로 설치할 수 있다.
카. 방유제에는 그 내부에 고인 물을 외부로 배출하기 위한 배수구를 설치하고 이를 개폐하는 밸브 등을 방유제의 외부에 설치할 것
타. 용량이 100만ℓ 이상인 위험물을 저장하는 옥외저장탱크에 있어서는 카목의 밸브 등에 그 개폐상황을 쉽게 확인할 수 있는 장치를 설치할 것
파. 높이가 1m를 넘는 방유제 및 칸막이 둑의 안팎에는 방유제내에 출입하기 위한 계단 또는 경사로를 약 50 m마다 설치할 것
하. 용량이 50만리터 이상인 옥외탱크저장소가 해안 또는 강변에 설치되어 방유제 외부로 누출된 위험물이 바다 또는 강으로 유입될 우려가 있는 경우에는 해당 옥외탱크저장소가 설치된 부지 내에 전용유조(專用油槽) 등 누출위험물 수용설비를 설치할 것

★★★☆☆

 문제04 이황화탄소를 제외한 인화성 액체위험물의 옥외탱크저장소의 탱크 주위에는 방유제를 설치하여야 한다. 방유제에 대한 다음 물음에 답하시오.
1) 방유제의 높이
2) 방유제 내의 면적
3) 방유제 내에 설치하는 옥외저장탱크의 수
4) 용량이 1,000만ℓ 이상인 옥외저장탱크의 주위에 설치하는 방유제에는 당해 탱크마다 칸막이둑을 설치하여야 한다. 칸막이둑의 설치기준 3가지

3 소화난이도등급 Ⅰ의 제조소 등 및 소화설비

(1) 소화난이등급 Ⅰ에 해당하는 제조소 등

제조소 등의 구분	제조소 등의 규모, 저장 또는 취급하는 위험물의 품명 및 최대수량 등
제조소, 일반취급소	연면적 1,000 m² 이상인 것
	지정수량의 100배 이상인 것(고인화점위험물만을 100℃ 미만의 온도에서 취급하는 것 및 제48조의 위험물을 취급하는 것은 제외)
	지반면으로부터 6 m 이상의 높이에 위험물 취급설비가 있는 것(고인화점위험물만을 100℃ 미만의 온도에서 취급하는 것은 제외)
	일반취급소로 사용되는 부분 외의 부분을 갖는 건축물에 설치된 것(내화구조로 개구부 없이 구획된 것 및 고인화점위험물만을 100℃ 미만의 온도에서 취급하는 것 및 화학실험의 일반취급소는 제외)
주유취급소	별표 13 Ⅴ제2호에 따른 면적의 합이 500 m²를 초과하는 것
옥내저장소	지정수량의 150배 이상인 것(고인화점위험물만을 저장하는 것 및 제48조의 위험물을 저장하는 것은 제외)
	연면적 150 m²를 초과하는 것(150 m² 이내마다 불연재료로 개구부 없이 구획된 것 및 인화성 고체 외의 제2류 위험물 또는 인화점 70℃ 이상의 제4류 위험물만을 저장하는 것은 제외)
	처마 높이가 6 m 이상인 단층 건물의 것
	옥내저장소로 사용되는 부분 외의 부분이 있는 건축물에 설치된 것(내화구조로 개구부 없이 구획된 것 및 인화성 고체 외의 제2류 위험물 또는 인화점 70℃ 이상의 제4류 위험물만을 저장하는 것은 제외)
옥외탱크 저장소	액표면적이 40 m² 이상인 것(제6류 위험물을 저장하는 것 및 고인화점위험물만을 100℃ 미만의 온도에서 저장하는 것은 제외)
	지반면으로부터 탱크 옆판의 상단까지 높이가 6 m 이상인 것(제6류 위험물을 저장하는 것 및 고인화점위험물만을 100℃ 미만의 온도에서 저장하는 것은 제외)
	지중탱크 또는 해상탱크로서 지정수량의 100배 이상인 것(제6류 위험물을 저장하는 것 및 고인화점위험물만을 100℃ 미만의 온도에서 저장하는 것은 제외)
	고체위험물을 저장하는 것으로서 지정수량의 100배 이상인 것
옥내탱크 저장소	액표면적이 40 m² 이상인 것(제6류 위험물을 저장하는 것 및 고인화점위험물만을 100℃ 미만의 온도에서 저장하는 것은 제외)
	바닥면으로부터 탱크 옆판의 상단까지 높이가 6 m 이상인 것(제6류 위험물을 저장하는 것 및 고인화점위험물만을 100℃ 미만의 온도에서 저장하는 것은 제외)
	탱크 전용실이 단층 건물 외의 건축물에 있는 것으로서 인화점 38℃ 이상 70℃ 미만의 위험물을 지정수량의 5배 이상 저장하는 것(내화구조로 개구부 없이 구획된 것은 제외한다)
옥외저장소	덩어리 상태의 유황을 저장하는 것으로서 경계표시 내부의 면적(2 이상의 경계표시가 있는 경우에는 각 경계표시의 내부의 면적을 합한 면적)이 100 m² 이상인 것
	별표 11 Ⅲ의 위험물을 저장하는 것으로서 지정수량의 100배 이상인 것
암반탱크 저장소	액표면적이 40 m² 이상인 것(제6류 위험물을 저장하는 것 및 고인화점위험물만을 100℃ 미만의 온도에서 저장하는 것은 제외)
	고체위험물만을 저장하는 것으로서 지정수량의 100배 이상인 것
이송취급소	모든 대상

(2) 소화난이도등급 Ⅰ의 제조소 등에 설치하여야 하는 소화설비

제조소 등의 구분			소화설비
제조소 및 일반취급소			옥내소화전설비, 옥외소화전설비, 스프링클러설비 또는 물분무등소화설비(화재 발생 시 연기가 충만할 우려가 있는 장소에는 스프링클러설비 또는 이동식 외의 물분무등소화설비에 한한다)
주유취급소			스프링클러설비(건축물에 한정한다), 소형 수동식 소화기등(능력단위의 수치가 건축물 그 밖의 공작물 및 위험물의 소요단위의 수치에 이르도록 설치할 것)
옥내저장소	처마 높이가 6 m 이상인 단층 건물 또는 다른 용도의 부분이 있는 건축물에 설치한 옥내저장소		스프링클러설비 또는 이동식 외의 물분무등소화설비
	그 밖의 것		옥외소화전설비, 스프링클러설비, 이동식 외의 물분무등소화설비 또는 이동식 포소화설비(포소화전을 옥외에 설치하는 것에 한한다)
옥외탱크저장소	지중탱크 또는 해상탱크 외의 것	유황만을 저장취급하는 것	물분무소화설비
		인화점 70 ℃ 이상의 제4류 위험물만을 저장취급하는 것	물분무소화설비 또는 고정식 포소화설비
		그 밖의 것	고정식 포소화설비(포소화설비가 적응성이 없는 경우에는 분말소화설비)
	지중탱크		고정식 포소화설비, 이동식 이외의 이산화탄소 소화설비 또는 이동식 이외의 할로겐화합물 소화설비
	해상탱크		고정식 포소화설비, 물분무소화설비, 이동식 이외의 이산화탄소 소화설비 또는 이동식 이외의 할로겐화합물 소화설비
옥내탱크저장소	유황만을 저장취급하는 것		물분무소화설비
	인화점 70 ℃ 이상의 제4류 위험물만을 저장취급하는 것		물분무소화설비, 고정식 포소화설비, 이동식 이외의 이산화탄소 소화설비, 이동식 이외의 할로겐화합물 소화설비 또는 이동식 이외의 분말소화설비
	그 밖의 것		고정식 포소화설비, 이동식 이외의 이산화탄소 소화설비, 이동식 이외의 할로겐화합물 소화설비 또는 이동식 이외의 분말소화설비
옥외저장소 및 이송취급소			옥내소화전설비, 옥외소화전설비, 스프링클러설비 또는 물분무등소화설비(화재 발생 시 연기가 충만할 우려가 있는 장소에는 스프링클러설비 또는 이동식 이외의 물분무등소화설비에 한한다)
암반탱크저장소	유황만을 저장취급하는 것		물분무소화설비
	인화점 70 ℃ 이상의 제4류 위험물만을 저장취급하는 것		물분무소화설비 또는 고정식 포소화설비
	그 밖의 것		고정식 포소화설비(포소화설비가 적응성이 없는 경우에는 분말소화설비)

★★☆☆☆

 문제05 소화난이도등급 Ⅰ의 제조소 및 일반취급소에 설치하여야 하는 소화설비를 모두 쓰시오.

4 소화설비의 설치기준

(1) 전기설비의 소화설비

제조소 등에 전기설비(전기배선, 조명기구 등은 제외한다)가 설치된 경우에는 당해 장소의 면적 100m²마다 소형수동식 소화기를 1개 이상 설치할 것

$$소형수동식\ 소화기의\ 수 = \frac{당해\ 장소의\ 면적(m^2)}{100m^2/개}$$

(2) 소요단위 및 능력단위
  1) 소요단위 : 소화설비의 설치대상이 되는 건축물 그 밖의 공작물의 규모 또는 위험물의 양의 기준단위
  2) 능력단위 : 1)의 소요단위에 대응하는 소화설비의 소화능력의 기준단위

(3) 소요단위의 계산방법

건축물 그 밖의 공작물 또는 위험물의 소요단위의 계산방법은 다음의 기준에 의할 것
  1) 제조소 또는 취급소의 건축물은 외벽이 내화구조인 것은 연면적(제조소 등의 용도로 사용되는 부분 외의 부분이 있는 건축물에 설치된 제조소 등에 있어서는 당해 건축물 중 제조소 등에 사용되는 부분의 바닥면적의 합계를 말한다) 100m²를 1소요단위로 하며, 외벽이 내화구조가 아닌 것은 연면적 50m²를 1소요단위로 할 것
  2) 저장소의 건축물은 외벽이 내화구조인 것은 연면적 150m²를 1소요단위로 하고, 외벽이 내화구조가 아닌 것은 연면적 75m²를 1소요단위로 할 것
  3) 제조소 등의 옥외에 설치된 공작물은 외벽이 내화구조인 것으로 간주하고 공작물의 최대수평투영면적을 연면적으로 간주하여 1) 및 2)의 규정에 의하여 소요단위를 산정할 것
  4) 위험물은 지정수량의 10배를 1소요단위로 할 것

※ 소요단위의 계산방법

구분		소요단위
제조소 또는 취급소	외벽이 내화구조인 것	$\dfrac{\text{연면적}(m^2)}{100m^2/\text{단위}}$
	외벽이 내화구조가 아닌 것	$\dfrac{\text{연면적}(m^2)}{50m^2/\text{단위}}$
저장소	외벽이 내화구조인 것	$\dfrac{\text{연면적}(m^2)}{150m^2/\text{단위}}$
	외벽이 내화구조가 아닌 것	$\dfrac{\text{연면적}(m^2)}{75m^2/\text{단위}}$
제조소 또는 취급소의 옥외에 설치된 공작물		$\dfrac{\text{최대수평투영면적}}{100m^2/\text{단위}}$
저장소의 옥외에 설치된 공작물		$\dfrac{\text{최대수평투영면적}}{150m^2/\text{단위}}$
위험물		$\dfrac{\text{위험물 수량}}{\text{지정수량의 10배}}$

(4) 소화설비의 능력단위
  1) 수동식 소화기의 능력단위는 수동식 소화기의 형식승인 및 검정기술기준에 의하여 형식승인 받은 수치로 할 것
  2) 기타 소화설비의 능력단위는 다음의 표에 의할 것

소화설비	용량	능력단위
소화 전용(轉用) 물통	8ℓ	0.3
수조(소화 전용 물통 3개 포함)	80ℓ	1.5
수조(소화 전용 물통 6개 포함)	190ℓ	2.5
마른 모래(삽 1개 포함)	50ℓ	0.5
팽창질석 또는 팽창진주암(삽 1개 포함)	160ℓ	1.0

(5) 옥내소화전설비의 설치기준은 다음의 기준에 의할 것
  1) 옥내소화전은 제조소 등의 건축물의 층마다 당해 층의 각 부분에서 하나의 호스 접속구까지의 수평거리가 25 m 이하가 되도록 설치할 것. 이 경우 옥내소화전은 각 층의 출입구 부근에 1개 이상 설치하여야 한다.
  2) 수원의 수량은 옥내소화전이 가장 많이 설치된 층의 옥내소화전 설치개수(설치개수가 5개 이상인 경우는 5개)에 7.8 m³를 곱한 양 이상이 되도록 설치할 것

수원의 수량 = $N \times 260\ell/\min \times 30\text{분} = N \times 7,800\ell = N \times 7.8\text{m}^3$

3) 옥내소화전설비는 각 층을 기준으로 하여 당해 층의 모든 옥내소화전(설치개수가 5개 이상인 경우는 5개의 옥내소화전)을 동시에 사용할 경우에 각 노즐 끝부분의 방수압력이 350kPa 이상이고 방수량이 1분당 260ℓ 이상의 성능이 되도록 할 것

4) 옥내소화전설비에는 비상전원을 설치할 것

 ※옥내소화전설비

구분	화재안전기준	터널	위험물
방수압력	0.17 MPa~0.7 MPa	0.35 MPa 이상	0.35 MPa 이상
방수량	130ℓ/분 이상	190ℓ/분 이상	260ℓ/분 이상
방수시간	20분 이상	40분 이상	30분 이상
기준개수	2개	2개(4차로 이상의 터널의 경우 3개)	5개
수평거리	25 m 이하	50 m 이내의 간격으로 설치	25 m 이하

(6) 옥외소화전설비의 설치기준은 다음의 기준에 의할 것

1) 옥외소화전은 방호대상물(당해 소화설비에 의하여 소화하여야 할 제조소 등의 건축물, 그 밖의 공작물 및 위험물을 말한다)의 각 부분(건축물의 경우에는 당해 건축물의 1층 및 2층의 부분에 한한다)에서 하나의 호스접속구까지의 수평거리가 40 m 이하가 되도록 설치할 것. 이 경우 그 설치개수가 1개일 때는 2개로 하여야 한다.

2) 수원의 수량은 옥외소화전의 설치개수(설치개수가 4개 이상인 경우는 4개의 옥외소화전)에 13.5 m³를 곱한 양 이상이 되도록 설치할 것

$$수원의\ 수량 = N \times 450\ell/\min \times 30분 = N \times 13,500\ell = N \times 13.5\text{m}^3$$

3) 옥외소화전설비는 모든 옥외소화전(설치개수가 4개 이상인 경우는 4개의 옥외소화전)을 동시에 사용할 경우에 각 노즐 끝부분의 방수압력이 350 kPa 이상이고, 방수량이 1분당 450ℓ 이상의 성능이 되도록 할 것

4) 옥외소화전설비에는 비상전원을 설치할 것

※옥외소화전설비

구분	화재안전기준	터널	위험물
방수압력	0.25 MPa~0.7 MPa	-	0.35 MPa 이상
방수량	350ℓ/분 이상	-	450ℓ/분 이상
방수시간	20분 이상	-	30분 이상
기준개수	2개	-	4개
수평거리	40 m 이하	-	40 m 이하

(7) 스프링클러설비의 설치기준은 다음의 기준에 의할 것
 1) 스프링클러헤드는 방호대상물의 천장 또는 건축물의 최상부 부근(천장이 설치되지 아니한 경우)에 설치하되, 방호대상물의 각 부분에서 하나의 스프링클러헤드까지의 수평거리가 1.7 m(제4호 비고 제1호의 표에 정한 살수밀도의 기준을 충족하는 경우에는 2.6 m) 이하가 되도록 설치할 것
 2) 개방형 스프링클러헤드를 이용한 스프링클러설비의 방사구역(하나의 일제개방밸브에 의하여 동시에 방사되는 구역을 말한다)은 150 m² 이상(방호대상물의 바닥면적이 150 m² 미만인 경우에는 당해 바닥면적)으로 할 것
 3) 수원의 수량은 폐쇄형 스프링클러헤드를 사용하는 것은 30(헤드의 설치개수가 30 미만인 방호대상물인 경우에는 당해 설치개수), 개방형 스프링클러헤드를 사용하는 것은 스프링클러헤드가 가장 많이 설치된 방사구역의 스프링클러헤드 설치개수에 2.4 m³를 곱한 양 이상이 되도록 설치할 것

$$\text{수원의 수량} = N \times 80\ell/\min \times 30\text{분} = N \times 2,400\ell = N \times 2.4\text{m}^3$$

 4) 스프링클러설비는 3)의 규정에 의한 개수의 스프링클러헤드를 동시에 사용할 경우에 각 끝부분의 방사압력이 100kPa(제4호 비고 제1호의 표에 정한 살수밀도의 기준을 충족하는 경우에는 50kPa) 이상이고, 방수량이 1분당 80 ℓ (제4호 비고 제1호의 표에 정한 살수밀도의 기준을 충족하는 경우에는 56 ℓ) 이상의 성능이 되도록 할 것
 5) 스프링클러설비에는 비상전원을 설치할 것

※스프링클러설비

구분	화재안전기준	터널	위험물
방수압력	0.1 MPa~1.2 MPa	-	0.1 MPa 이상
방수량	80 ℓ /분 이상	-	80 ℓ /분 이상
방수시간	20분 이상	-	30분 이상
기준개수	10, 20, 30	-	30
수평거리	1.7 m, 2.1 m, 2.3 m 등	-	1.7 m 이하

(8) 물분무소화설비의 설치기준은 다음의 기준에 의할 것
 1) 분무헤드의 개수 및 배치는 다음 각 목에 의할 것
  ① 분무헤드로부터 방사되는 물분무에 의하여 방호대상물의 모든 표면을 유효하게 소화할 수 있도록 설치할 것
  ② 방호대상물의 표면적(건축물에 있어서는 바닥면적) 1 m²당 3)의 규정에 의한 양의 비율로 계산한 수량을 표준방사량(당해 소화설비의 헤드의 설계압력에 의한 방사량을 말한다)으로 방사할 수 있도록 설치할 것
 2) 물분무소화설비의 방사구역은 150 m² 이상(방호대상물의 표면적이 150 m² 미만인 경우에는 당해 표면적)으로 할 것

3) 수원의 수량은 분무헤드가 가장 많이 설치된 방사구역의 모든 분무헤드를 동시에 사용할 경우에 당해 방사구역의 표면적 1 m²당 1분당 20 ℓ 의 비율로 계산한 양으로 30분간 방사할 수 있는 양 이상이 되도록 설치할 것
4) 물분무소화설비는 3)의 규정에 의한 분무헤드를 동시에 사용할 경우에 각 끝부분의 방사압력이 350 kPa 이상으로 표준방사량을 방사할 수 있는 성능이 되도록 할 것
5) 물분무소화설비에는 비상전원을 설치할 것

> 요점
> ※물분무소화설비
>
> | 구분 | 화재안전기준 | 터널 | 위험물 |
> |---|---|---|---|
> | 방수압력 | — | — | 0.35 MPa 이상 |
> | 방수량 | 10, 12, 20 ℓ/분·m² | 6 ℓ/분·m² | 20 ℓ/분·m² |
> | 방수시간 | 20분 이상 | 40분 이상 | 30분 이상 |

(9) 포소화설비의 설치기준은 다음의 기준에 의할 것
 1) 고정식 포소화설비의 포방출구 등은 방호대상물의 형상, 구조, 성질, 수량 또는 취급방법에 따라 표준방사량으로 당해 방호대상물의 화재를 유효하게 소화할 수 있도록 필요한 개수를 적당한 위치에 설치할 것
 2) 이동식 포소화설비(포소화전 등 고정된 포수용액 공급장치로부터 호스를 통하여 포수용액을 공급받아 이동식 노즐에 의하여 방사하도록 된 소화설비를 말한다)의 포소화전은 옥내에 설치하는 것은 마목1), 옥외에 설치하는 것은 바목1)의 규정을 준용할 것
 3) 수원의 수량 및 포소화약제의 저장량은 방호대상물의 화재를 유효하게 소화할 수 있는 양 이상이 되도록 할 것
 4) 포소화설비에는 비상전원을 설치할 것
(10) 불활성가스 소화설비의 설치기준은 다음의 기준에 의할 것
 1) 전역방출방식 불활성가스 소화설비의 분사헤드는 불연재료의 벽·기둥·바닥·보 및 지붕(천장이 있는 경우에는 천장)으로 구획되고 개구부에 자동폐쇄장치(갑종방화문, 을종방화문 또는 불연재료의 문으로 불활성가스소화약제가 방사되기 직전에 개구부를 자동적으로 폐쇄하는 장치를 말한다)가 설치되어 있는 부분(이하 "방호구역"이라 한다)에 해당 부분의 용적 및 방호대상물의 성질에 따라 표준방사량으로 방호대상물의 화재를 유효하게 소화할 수 있도록 필요한 개수를 적당한 위치에 설치할 것. 다만, 해당 부분에서 외부로 누설되는 양 이상의 불활성가스 소화약제를 유효하게 추가하여 방출할 수 있는 설비가 있는 경우는 당해 개구부의 자동폐쇄장치를 설치하지 아니할 수 있다.
 2) 국소방출방식 불활성가스 소화설비의 분사헤드는 방호대상물의 형상, 구조, 성질, 수량 또는 취급방법에 따라 방호대상물에 이산화탄소 소화약제를 직접 방사하여 표준방사량으로 방호대상물의 화재를 유효하게 소화할 수 있도록 필요한 개수를 적당한 위치에 설치할 것

3) 이동식 불활성가스 소화설비(고정된 이산화탄소 소화약제 공급장치로부터 호스를 통하여 이산화탄소 소화약제를 공급받아 이동식 노즐에 의하여 방사하도록 된 소화설비를 말한다)의 호스접속구는 모든 방호대상물에 대하여 당해 방호 대상물의 각 부분으로부터 하나의 호스접속구까지의 수평거리가 15 m 이하가 되도록 설치할 것
4) 불활성가스 소화약제용기에 저장하는 불활성가스 소화약제의 양은 방호대상물의 화재를 유효하게 소화할 수 있는 양 이상이 되도록 할 것
5) 전역방출방식 또는 국소방출방식의 불활성가스 소화설비에는 비상전원을 설치할 것

(11) 할로겐화합물 소화설비의 설치기준은 불활성가스 소화설비의 기준을 준용할 것
(12) 분말소화설비의 설치기준은 불활성가스 소화설비의 기준을 준용할 것
(13) 대형수동식 소화기의 설치기준은 방호대상물의 각 부분으로부터 하나의 대형수동식 소화기까지의 보행거리가 30 m 이하가 되도록 설치할 것. 다만, 옥내소화전설비, 옥외소화전설비, 스프링클러설비 또는 물분무등소화설비와 함께 설치하는 경우에는 그러하지 아니하다.
(14) 소형수동식 소화기 등의 설치기준은 소형수동식 소화기 또는 그 밖의 소화설비는 지하탱크저장소, 간이탱크저장소, 이동탱크저장소, 주유취급소 또는 판매취급소에서는 유효하게 소화할 수 있는 위치에 설치하여야 하며, 그 밖의 제조소 등에서는 방호대상물의 각 부분으로부터 하나의 소형수동식 소화기까지의 보행거리가 20m 이하가 되도록 설치할 것. 다만, 옥내소화전설비, 옥외소화전설비, 스프링클러설비, 물분무등소화설비 또는 대형수동식 소화기와 함께 설치하는 경우에는 그러하지 아니하다.

5 제조소 등별로 설치하여야 하는 경보설비의 종류

제조소 등의 구분	제조소 등의 규모, 저장 또는 취급하는 위험물의 종류 및 최대수량 등	경보설비
1. 제조소 및 일반취급소	• 연면적 500 m² 이상인 것 • 옥내에서 지정수량의 100배 이상을 취급하는 것(고인화점 위험물만을 100 ℃ 미만의 온도에서 취급하는 것을 제외한다) • 일반취급소로 사용되는 부분 외의 부분이 있는 건축물에 설치된 일반취급소(일반취급소와 일반취급소 외의 부분이 내화구조의 바닥 또는 벽으로 개구부 없이 구획된 것을 제외한다)	자동화재 탐지설비
2. 옥내저장소	• 지정수량의 100배 이상을 저장 또는 취급하는 것(고인화점위험물만을 저장 또는 취급하는 것을 제외한다) • 저장창고의 연면적이 150 m²를 초과하는 것[당해 저장창고가 연면적 150 m² 이내마다 불연재료의 격벽으로 개구부 없이 완전히 구획된 것과 제2류 또는 제4류의 위험물(인화성 고체 및 인화점이 70 ℃ 미만인 제4류 위험물을 제외한다)만을 저장 또는 취급하는 것에 있어서는 저장창고의 연면적이 500 m² 이상의 것에 한한다] • 처마높이가 6 m 이상인 단층 건물의 것 • 옥내저장소로 사용되는 부분 외의 부분이 있는 건축물에 설치된 옥내저장소[옥내저장소와 옥내저장소 외의 부분이 내화구조의 바닥 또는 벽으로 개구부 없이 구획된 것과 제2류 또는 제4류의 위험물(인화성 고체 및 인화점이 70℃ 미만인 제4류 위험물을 제외한다)만을 저장 또는 취급하는 것을 제외한다]	자동화재 탐지설비

3. 옥내탱크 저장소	단층 건물 외의 건축물에 설치된 옥내탱크저장소로서 소화난이도등급Ⅰ에 해당하는 것	자동화재탐지설비
4. 주유취급소	옥내주유취급소	자동화재탐지설비
5. 제1호 내지 제4호의 자동화재탐지설비 설치대상에 해당하지 아니하는 제조소 등	지정수량의 10배 이상을 저장 또는 취급하는 것	자동화재탐지설비, 비상경보설비, 확성장치 또는 비상방송설비 중 1종 이상

비고 : 이송취급소의 경보설비는 별표 15 Ⅳ제14호의 규정에 의한다.

6 자동화재탐지설비의 설치기준

(1) 자동화재탐지설비의 경계구역(화재가 발생한 구역을 다른 구역과 구분하여 식별할 수 있는 최소단위의 구역을 말한다)은 건축물 그 밖의 공작물의 2 이상의 층에 걸치지 아니하도록 할 것. 다만, 하나의 경계구역의 면적이 500 m² 이하이면서 당해 경계구역이 두개의 층에 걸치는 경우이거나 계단·경사로·승강기의 승강로 그 밖에 이와 유사한 장소에 연기감지기를 설치하는 경우에는 그러하지 아니하다.

(2) 하나의 경계구역의 면적은 600 m² 이하로 하고 그 한변의 길이는 50 m(광전식 분리형 감지기를 설치할 경우에는 100 m) 이하로 할 것. 다만, 당해 건축물 그 밖의 공작물의 주요한 출입구에서 그 내부의 전체를 볼 수 있는 경우에 있어서는 그 면적을 1,000 m² 이하로 할 수 있다.

(3) 자동화재탐지설비의 감지기(옥외탱크저장소에 설치하는 자동화재탐지설비의 감지기는 제외한다)는 지붕(상층이 있는 경우에는 상층의 바닥) 또는 벽의 옥내에 면한 부분(천장이 있는 경우에는 천장 또는 벽의 옥내에 면한 부분 및 천장의 뒷부분)에 유효하게 화재의 발생을 감지할 수 있도록 설치할 것

(4) 옥외탱크저장소에 설치하는 자동화재탐지설비의 감지기 설치기준
   1) 불꽃감지기를 설치할 것. 다만, 불꽃을 감지하는 기능이 있는 지능형 폐쇄회로 텔레비전(CCTV)을 설치한 경우 불꽃감지기를 설치한 것으로 본다.
   2) 옥외저장탱크 외측과 별표 6 Ⅱ에 따른 보유공지 내에서 발생하는 화재를 유효하게 감지할 수 있는 위치에 설치할 것
   3) 지지대를 설치하고 그 곳에 감지기를 설치하는 경우 지지대는 벼락에 영향을 받지 않도록 설치할 것

(5) 자동화재탐지설비에는 비상전원을 설치할 것

★★★★☆

문제06 제조소 등에 설치하는 자동화재탐지설비의 설치기준을 쓰시오.

제2장 위험물세부기준

1 소화설비 설치의 구분

옥내소화전설비, 옥외소화전설비, 스프링클러설비 또는 물분무등소화설비 설치의 구분은 다음 각호와 같다.
(1) 옥내소화전설비 및 이동식 물분무등소화설비는 화재발생시 연기가 충만할 우려가 없는 장소 등 쉽게 접근이 가능하고 화재 등에 의한 피해를 받을 우려가 적은 장소에 한하여 설치할 것
(2) 옥외소화전설비는 건축물의 1층 및 2층 부분만을 방사능력범위로 하고 건축물의 지하층 및 3층 이상의 층에 대하여 다른 소화설비를 설치할 것. 또한 옥외소화전설비를 옥외 공작물에 대한 소화설비로 하는 경우에도 유효방수거리 등을 고려한 방사능력범위에 따라 설치할 것
(3) 제4류위험물을 저장 또는 취급하는 탱크에 포소화설비를 설치하는 경우에는 고정식포소화설비(종형탱크에 설치하는 것은 고정식포방출구방식으로 하고 보조포소화전 및 연결송액구를 함께 설치할 것)를 설치할 것
(4) 소화난이도등급Ⅰ의 제조소 또는 일반취급소에 옥내·외소화전설비, 스프링클러설비 또는 물분무등소화설비를 설치 시 해당 제조소 또는 일반취급소의 취급탱크(인화점 21℃ 미만의 위험물을 취급하는 것에 한한다)의 펌프설비, 주입구 또는 토출구가 옥내·외소화전설비, 스프링클러설비 또는 물분무등소화설비의 방사능력범위 내에 포함되도록 할 것. 이 경우 해당 취급탱크의 펌프설비, 주입구 또는 토출구에 접속하는 배관의 내경이 200㎜ 이상인 경우에는 해당 펌프설비, 주입구 또는 토출구에 대하여 적응성 있는 소화설비는 이동식 외의 물분무등소화설비에 한한다.
(5) 포소화설비 중 포모니터노즐방식은 옥외의 공작물(펌프설비 등을 포함한다) 또는 옥외에서 저장 또는 취급하는 위험물을 방호대상물로 할 것

2 옥내소화전설비의 기준

옥내소화전설비의 기준은 다음 각 호와 같다.
1. 옥내소화전의 개폐밸브 및 호스접속구는 바닥면으로부터 1.5 m 이하의 높이에 설치할 것
2. 옥내소화전의 개폐밸브 및 방수용 기구를 격납하는 상자(이하 "소화전함"이라 한다)는 불연재료로 제작하고 점검에 편리하고 화재발생시 연기가 충만할 우려가 없는 장소 등 쉽게 접근이 가능하고 화재 등에 의한 피해를 받을 우려가 적은 장소에 설치할 것

3. 가압송수장치의 시동을 알리는 표시등(시동표시등)은 적색으로 하고 옥내소화전함의 내부 또는 그 직근의 장소에 설치할 것. 다만, 제4호나목에 의하여 설치한 적색의 표시등을 점멸시키는 것에 의하여 가압송수장치의 시동을 알리는 것이 가능한 경우 및 영 제18조의 규정에 의한 자체소방대를 둔 제조소 등으로서 가압송수장치의 기동장치를 기동용 수압개폐장치로 사용하는 경우에는 시동표시등을 설치하지 아니할 수 있다.
4. 옥내소화전설비의 설치의 표시는 다음 각 목에 정한 것에 의할 것
   가) 옥내소화전함에는 그 표면에 "**소화전**"이라고 표시할 것
   나) 옥내소화전함의 상부의 벽면에 적색의 표시등을 설치하되, 당해 표시등의 부착면과 15°이상의 각도가 되는 방향으로 10 m 떨어진 곳에서 용이하게 식별이 가능하도록 할 것
5. 수원의 수위가 펌프(수평회전식의 것에 한한다)보다 낮은 위치에 있는 가압송수장치는 다음 각 목에 정한 것에 의하여 물올림장치를 설치할 것[물올림장치의 설치기준]
   1) 물올림장치에는 전용의 물올림탱크를 설치할 것
   2) 물올림탱크의 용량은 가압송수장치를 유효하게 작동할 수 있도록 할 것
   3) 물올림탱크에는 감수경보장치 및 물올림탱크에 물을 자동으로 보급하기 위한 장치가 설치되어 있을 것

★★★☆☆

문제01 옥내소화전설비 수원의 수위가 펌프(수평회전식의 것에 한한다)보다 낮은 위치에 있는 가압송수장치는 물올림장치를 설치하여야 한다. 물올림장치의 설치기준 3가지를 쓰시오.

6. 옥내소화전설비의 비상전원은 자가발전설비 또는 축전지설비에 의하되 다음 각 목에 정한 것으로 할 것. 다만, 가목에 적합한 내연기관으로서 상용전원의 정전 시 신속히 당해 내연기관을 작동할 수 있는 경우에는 자가발전설비를 대신하여 내연기관을 사용할 수 있다.
   가. 용량은 옥내소화전설비를 유효하게 45분 이상 작동시키는 것이 가능할 것
   나. 자가발전설비는 (1) 내지 (3)에 정한 것에 의할 것
      (1) 비상전원 전용수전설비는 (가) 내지 (마)에 정한 것으로 할 것
         (가) 점검에 편리하고 화재 등의 피해를 받을 우려가 적은 곳에 설치할 것
         (나) 다른 전기회로의 개폐기 또는 차단기에 의하여 차단되지 않을 것
         (다) 개폐기에는 "**옥내소화전설비용**"이라고 표시할 것
         (라) 고압 또는 특별고압으로 수전하는 비상전원전용수전설비는 불연재료의 벽, 기둥, 바닥 및 천정(천정이 없는 경우에는 지붕)으로 구획되고 출입구는 갑종방화문 또는 을종방화문이 설치되고 창에는 망입유리 또는 강화유리(8mm 이상)가 설치된 전용실에 설치할 것. 다만, 1) 또는 2)에 해당하는 경우는 그러하지 아니하다.

1) 큐비클식 비상전원전용 수전설비로서 불연재료로 구획된 변전설비실, 발전설비실, 기계실, 펌프실, 그 밖의 이와 유사한 실 또는 옥외나 건축물의 옥상에 설치된 경우
2) 옥외 또는 주요구조부가 내화구조인 건축물의 옥상에 설치한 것으로서 인접한 건축물 또는 공작물로부터 3 m 이상 이격된 경우 또는 당해 수전설비로부터 3 m 미만의 범위에 있는 건축물 또는 공작물의 부분이 불연재료인 경우
(마) 큐비클식 비상전원전용수전설비는 당해 수전설비의 전면에 폭 1 m 이상의 공지를 보유하여야 하며, 다른 자가발전·축전설비(큐비클식을 제외한다) 또는 건축물·공작물(수전설비를 옥외에 설치하는 경우에 한한다)로부터 1 m 이상 이격할 것
(2) 상용전원이 정전인 때에는 자동으로 비상전원으로 전환될 수 있을 것
(3) 큐비클식 외의 자가발전설비는 (가) 내지 (다)에 정한 것에 의할 것
    (가) 자가발전장치(발전기와 원동기를 연결한 것을 말한다)의 주위에는 0.6 m 이상의 공지를 보유할 것
    (나) 연료탱크와 원동기와의 간격은 예열하는 방식의 원동기는 2 m 이상, 그 밖의 방식의 원동기는 0.6 m 이상으로 할 것. 다만, 연료탱크와 원동기의 사이에 불연재료로 만든 방화상 유효한 차폐물을 설치한 경우는 그러하지 아니하다.
    (다) 운전제어장치, 보호장치, 여자(勵磁)장치 또는 이와 유사한 장치를 수납하는 조작반(자가발전장치에 내장된 것은 제외한다)은 강판제의 함에 수납하고 해당 함의 전면에 폭 1 m 이상의 공지를 보유할 것
다. 축전지설비는 (1) 내지 (3)에 정한 것에 의할 것
 (1) 나목(1)의 규정에 의할 것
 (2) 상용전원이 정전인 때에는 자동으로 비상전원으로 전환되고 상용전원이 복구된 때에는 자동으로 상용전원으로 전환될 수 있을 것
 (3) 큐비클 외의 축전지설비는 (가) 내지 (마)에 정한 것에 의할 것
    (가) 축전지설비는 설치된 실의 벽으로부터 0.1 m 이상 이격할 것
    (나) 축전지설비를 동일실에 2 이상 설치하는 경우에는 축전지설비의 상호 간격은 0.6 m(높이가 1.6 m 이상인 선반 등을 설치한 경우에는 1 m) 이상 이격할 것
    (다) 축전지설비는 물이 침투할 우려가 없는 장소에 설치할 것
    (라) 축전지설비를 설치한 실에는 옥외로 통하는 유효한 환기설비를 설치할 것
    (마) 충전장치와 축전지를 동일실에 설치하는 경우에는 충전장치를 강제의 함에 수납하고 당해 함의 전면에 폭 1 m 이상의 공지를 보유할 것

★★★★☆☆

문제02 옥내소화전설비의 비상전원 중 큐비클 외의 축전지설비에 대한 설치기준 5가지를 쓰시오.

　라. 배선은 「전기사업법」에 의한 전기설비기술기준에 적합하게 하여야 하며 다른 회로에 의한 장애를 받지 아니하도록 조치를 하고 (1) 내지 (3)에 정한 것에 의할 것
　　(1) 600볼트 2종 비닐절연전선 또는 이와 동등 이상의 내열성을 갖는 전선을 사용할 것
　　(2) 전선은 내화구조인 주요구조부에 매설하거나 또는 이와 동등 이상의 내열효과가 있는 방법으로 보호할 것. 다만, MI케이블 또는 이와 동등 이상의 내열성능이 있는 것은 그러하지 아니하다.
　　(3) 개폐기, 과전류보호기, 기타 배선기기는 내열효과가 있는 방법으로 보호할 것
7. 조작회로 및 제4호나목의 규정에 의한 표시등의 회로배선은 다음 각 목에 정한 것에 의할 것
　가. 600볼트 2종비닐절연전선 또는 이와 동등 이상의 내열성능을 갖는 전선을 사용할 것
　나. 금속관공사, 가요전선관공사, 금속덕트공사 또는 케이블공사(불연성의 덕트로 덮는 경우에 한한다)에 의하여 설치할 것
8. 배관은 다음 각 목에 정한 기준에 의할 것
　가. 전용으로 할 것. 다만, 옥내소화전의 기동장치를 조작하는 것에 의하여 즉시 다른 소화설비 배관의 송수를 차단하는 것이 가능한 경우 등 당해 옥내소화전설비의 성능에 지장을 주지 아니하는 경우에는 그러하지 아니하다.
　나. 가압송수장치의 토출측 직근 부분의 배관에는 체크밸브 및 개폐밸브를 설치할 것
　다. 펌프를 이용한 가압송수장치의 흡수관은 (1) 내지 (3)에 정한 것에 의할 것[**펌프를 이용한 가압송수장치의 흡수관 설치기준**]
　　(1) 흡수관은 펌프마다 전용으로 설치할 것
　　(2) 흡수관에는 여과장치(후드밸브에 부속된 것을 포함한다)를 설치하여야 하며, 수원의 수위가 펌프보다 낮은 위치에 있는 경우에는 후드밸브를 설치하고 그 외의 경우에는 개폐밸브를 설치할 것
　　(3) 후드밸브는 용이하게 점검할 수 있도록 할 것

★★★★☆☆

문제03 옥내소화전설비 펌프를 이용한 가압송수장치의 흡수관 설치기준 3가지를 쓰시오.

　라. 「배관용 탄소강관」(KS D 3507), 「압력배관용 탄소강관」(KS D 3562) 또는 이와 동등 이상의 강도, 내식성 및 내열성을 갖는 관을 사용할 것

마. 관이음쇠는 「나사식강관제관이음쇠」(KS B 1533), 「나사식가단주철제관이음쇠」(KS B 1531), 「강제용접식 관플랜지」(KS B 1503), 「스테인리스강제용접식 플랜지」(KS B 1506), 「배관용 강제맞대기용접식 관이음쇠」(KS B 1541) 또는 이와 동등 이상의 강도, 내식성 및 내열성을 갖는 것으로 할 것

바. 주배관 중 입상관은 관의 직경이 50㎜ 이상인 것으로 할 것

사. 밸브류는 (1) 및 (2)에 정한 것에 의할 것
  (1) 재질은 「주강 플랜지형 밸브」(KS B 2361), 「회주철품」(KS D 4301), 「구상흑연주철품」(KS D 4302) 또는 이와 동등 이상의 강도, 내식성 및 내열성을 갖는 것으로 할 것
  (2) 개폐밸브에는 그 개폐방향을, 체크밸브에는 그 흐름방향을 표시할 것

아. 배관은 당해 배관에 급수하는 가압송수장치의 체절압력의 1.5배 이상의 수압을 견딜 수 있는 것으로 할 것

9. 가압송수장치는 다음 각 목에 정한 것에 의하여 설치할 것
  가. 고가수조를 이용한 가압송수장치는 (1) 및 (2)에 정한 것에 의할 것
    (1) 낙차(수조의 하단으로부터 호스접속구까지의 수직거리를 말한다)는 다음 식에 의하여 구한 수치 이상으로 할 것

공식
$$H = h_1 + h_2 + 35\,m$$

  H : 필요낙차(단위 m)
  h_1 : 방수용 호스의 마찰손실수두(단위 m)
  h_2 : 배관의 마찰손실수두(단위 m)
    (2) 고가수조에는 수위계, 배수관, 오버플로우용 배수관, 보급수관 및 맨홀을 설치할 것
  나. 압력수조를 이용한 가압송수장치는 (1) 내지 (3)에 정한 것에 의할 것
    (1) 압력수조의 압력은 다음 식에 의하여 구한 수치 이상으로 할 것

공식
$$P = p_1 + p_2 + p_3 + 0.35\,MPa$$

  P : 필요한 압력(단위 MPa)
  p_1 : 소방용호스의 마찰손실수두압(단위 MPa)
  p_2 : 배관의 마찰손실수두압(단위 MPa)
  p_3 : 낙차의 환산수두압(단위 MPa)
    (2) 압력수조의 수량은 당해 압력수조 체적의 2/3 이하일 것
    (3) 압력수조에는 압력계, 수위계, 배수관, 보급수관, 통기관 및 맨홀을 설치할 것
  다. 펌프를 이용한 가압송수장치는 (1) 내지 (8)에 정한 것에 의할 것
    (1) 펌프의 토출량은 옥내소화전의 설치개수가 가장 많은 층에 대해 당해 설치개수(설치개수가 5개 이상인 경우에는 5개로 한다)에 260ℓ/min를 곱한 양 이상이 되도록 할 것

(2) 펌프의 전양정은 다음 식에 의하여 구한 수치 이상으로 할 것

$$H = h_1 + h_2 + h_3 + 35m$$

H : 펌프의 전양정(단위 m)
h_1 : 소방용 호스의 마찰손실수두(단위 m)
h_2 : 배관의 마찰손실수두(단위 m)
h_3 : 낙차(단위 m)

(3) 펌프의 토출량이 정격토출량의 150 %인 경우에는 전양정은 정격전양정의 65 % 이상 일 것
(4) 펌프는 전용으로 할 것. 다만, 다른 소화설비와 병용 또는 겸용하여도 각각의 소화설비의 성능에 지장을 주지 아니하는 경우에는 그러하지 아니하다.
(5) 펌프에는 토출측에 압력계, 흡입측에 연성계를 설치할 것
(6) 가압송수장치에는 정격부하운전 시 펌프의 성능을 시험하기 위한 배관설비를 설치할 것
(7) 가압송수장치에는 체절운전 시에 수온상승방지를 위한 순환배관을 설치할 것
(8) 원동기는 전동기 또는 내연기관에 의한 것으로 할 것

라. 가압송수장치에는 당해 옥내소화전의 노즐선단에서 방수압력이 0.7 MPa을 초과하지 아니하도록 할 것
마. 기동장치는 직접조작이 가능하고, 옥내소화전함의 내부 또는 그 직근의 장소에 설치된 조작부(자동화재탐지설비의 P형발신기를 포함한다)에서 원격조작이 가능하도록 할 것
바. 가압송수장치는 직접조작에 의해서만 정지되도록 할 것
사. 소방용 호스 및 배관의 마찰손실계산은 Hazen & Williams 공식에 의할 것

10. 가압송수장치는 점검에 편리하고 화재 등의 피해를 받을 우려가 적은 장소에 설치할 것
11. 옥내소화전설비는 습식(배관 내에 상시 충수되어 있고 가압송수장치의 기동에 의하여 즉시 방수가능한 방법을 말한다)으로 하고 동결방지조치를 할 것. 다만, 동결방지조치가 곤란한 경우에는 습식 외의 방식으로 할 수 있다.

③ 옥외소화전설비의 기준

옥외소화전설비의 기준은 다음 각 호와 같다.
1. 옥외소화전의 개폐밸브 및 호스접속구는 지반면으로부터 1.5 m 이하의 높이에 설치할 것
2. 방수용 기구를 격납하는 함(이하 "**옥외소화전함**"이라 한다)은 불연재료로 제작하고 옥외소화전으로부터 보행거리 5 m 이하의 장소로서 화재발생시 쉽게 접근가능하고 화재 등의 피해를 받을 우려가 적은 장소에 설치할 것

3. 옥외소화전설비의 설치의 표시는 다음 각 목에 정한 것에 의할 것
   가. 옥외소화전함에는 그 표면에 "**호스격납함**"이라고 표시할 것. 다만, 호스접속구 및 개폐밸브를 옥외소화전함의 내부에 설치하는 경우에는 "**소화전**"이라고 표시할 수도 있다.
   나. 옥외소화전에는 직근의 보기 쉬운 장소에 "**소화전**"이라고 표시할 것
4. 가압송수장치, 시동표시등, 물올림장치, 비상전원, 조작회로의 배선 및 배관 등은 옥내소화전설비의 기준의 예에 준하여 설치할 것. 다만, 영 제18조의 규정에 따른 자체소방대를 둔 제조소 등으로서 옥외소화전함 부근에 설치된 옥외 전등에 비상전원이 공급되는 경우에는 옥외소화전함의 적색 표시등을 설치하지 아니할 수 있다.
5. 옥외소화전설비는 습식으로 하고 동결방지조치를 할 것. 다만, 동결방지조치가 곤란한 경우에는 습식 외의 방식으로 할 수 있다.

4 스프링클러설비의 기준

스프링클러설비의 기준은 다음 각 호와 같다.
1. 개방형 스프링클러헤드는 방호대상물의 모든 표면이 헤드의 유효사정 내에 있도록 설치하고, 다음 각 목에 정한 것에 의하여 설치할 것
   가. 스프링클러헤드의 반사판으로부터 하방으로 0.45 m, 수평방향으로 0.3 m의 공간을 보유할 것
   나. 스프링클러헤드는 헤드의 축심이 당해 헤드의 부착면에 대하여 직각이 되도록 설치할 것

★★☆☆☆

문제04 개방형 스프링클러헤드는 방호대상물의 모든 표면이 헤드의 유효사정 내에 있도록 설치하여야 한다. 개방형 스프링클러헤드의 설치기준 2가지를 쓰시오.

2. 폐쇄형 스프링클러헤드는 방호대상물의 모든 표면이 헤드의 유효사정 내에 있도록 설치하고, 다음 각 목에 정한 것에 의하여 설치할 것
   가. 스프링클러헤드는 제1호가목 및 나목의 규정에 의할 것
   나. 스프링클러헤드의 반사판과 당해 헤드의 부착면과의 거리는 0.3 m 이하일 것
   다. 스프링클러헤드는 당해 헤드의 부착면으로부터 0.4 m 이상 돌출한 보 등에 의하여 구획된 부분마다 설치할 것. 다만, 당해 보 등의 상호 간의 거리(보 등의 중심선을 기산점으로 한다)가 1.8 m 이하인 경우에는 그러하지 아니하다.
   라. 급배기용 덕트 등의 긴 변의 길이가 1.2 m를 초과하는 것이 있는 경우에는 당해 덕트 등의 아래 면에도 스프링클러헤드를 설치할 것
   마. 스프링클러헤드의 부착위치는 (1) 및 (2)에 정한 것에 의할 것
     (1) 가연성 물질을 수납하는 부분에 스프링클러헤드를 설치하는 경우에는 제1호가목의 규정에 불구하고 당해 헤드의 반사판으로부터 하방으로 0.9 m, 수평방향으로 0.4 m의 공간을 보유할 것

(2) 개구부에 설치하는 스프링클러헤드는 당해 개구부의 상단으로부터 높이 0.15 m 이내의 벽면에 설치할 것

바. 건식 또는 준비작동식의 유수검지장치의 2차측에 설치하는 스프링클러헤드는 상향식 스프링클러헤드로 할 것. 다만, 동결할 우려가 없는 장소에 설치하는 경우는 그러하지 아니하다.

사. 스프링클러헤드는 그 부착장소의 평상시의 최고주위온도에 따라 다음 표에 정한 표시온도를 갖는 것을 설치할 것

부착장소의 최고주위온도 (단위 ℃)	표시온도 (단위 ℃)
28 미만	58 미만
28 이상 39 미만	58 이상 79 미만
39 이상 64 미만	79 이상 121 미만
64 이상 106 미만	121 이상 162 미만
106 이상	162 이상

★★★☆☆

 문제05 「위험물안전관리에 관한 세부기준」에서 부착장소의 최고주위온도와 스프링클러헤드 표시온도를 쓰시오. [설계17회기출]

3. 개방형 스프링클러헤드를 이용하는 스프링클러설비에는 일제개방밸브 또는 수동식 개방밸브를 다음 각 목에 정한 것에 의하여 설치할 것
   가. 일제개방밸브의 기동조작부 및 수동식 개방밸브는 화재 시 쉽게 접근 가능한 바닥면으로부터 1.5 m 이하의 높이에 설치할 것
   나. 가목에 정한 것 외에 일제개방밸브 또는 수동식 개방밸브는 (1) 내지 (4)에 정한 것에 의할 것[**일제개방밸브 또는 수동식 개방밸브의 설치기준**]
      (1) 방수구역마다 설치할 것
      (2) 일제개방밸브 또는 수동식 개방밸브에 작용하는 압력은 당해 일제개방밸브 또는 수동식 개방밸브의 최고사용압력 이하로 할 것
      (3) 일제개방밸브 또는 수동식 개방밸브의 2차측 배관부분에는 당해 방수구역에 방수하지 않고 당해 밸브의 작동을 시험할 수 있는 장치를 설치할 것
      (4) 수동식 개방밸브를 개방 조작하는데 필요한 힘이 15kg 이하가 되도록 설치할 것
4. 개방형 스프링클러헤드를 이용하는 스프링클러설비에 2 이상의 방사구역을 두는 경우에는 화재를 유효하게 소화할 수 있도록 인접하는 방사구역이 상호 중복되도록 할 것
5. 스프링클러설비에는 다음 각 목에 정한 것에 의하여 각 층 또는 방사구역마다 제어밸브를 설치할 것[**제어밸브의 설치기준**]
   가. 제어밸브는 개방형 스프링클러헤드를 이용하는 스프링클러설비에 있어서는 방수구역마다, 폐쇄형 스프링클러헤드를 사용하는 스프링클러설비에 있어서는 당

해 방화대상물의 층마다, 바닥면으로부터 0.8m 이상 1.5m 이하의 높이에 설치할 것
나. 제어밸브에는 함부로 닫히지 아니하는 조치를 강구할 것
다. 제어밸브에는 직근의 보기 쉬운 장소에 **"스프링클러설비의 제어밸브"** 라고 표시할 것

★★☆☆☆

 문제06 스프링클러설비에는 각 층 또는 방사구역마다 제어밸브를 설치하여야 한다. 제어밸브의 설치기준 3가지를 쓰시오.

6. 자동경보장치는 다음 각 목에 정한 것에 의하여 설치할 것. 다만, 자동화재탐지설비에 의하여 경보가 발하는 경우는 음향경보장치를 설치하지 아니할 수 있다.[**자동경보장치의 설치기준**]
   가. 스프링클러헤드의 개방 또는 보조살수전의 개폐밸브의 개방에 의하여 경보를 발하도록 할 것
   나. 발신부는 각 층 또는 방수구역마다 설치하고 당해 발신부는 유수검지장치 또는 압력검지장치를 이용할 것
   다. 나목의 유수검지장치 또는 압력검지장치에 작용하는 압력은 당해 유수검지장치 또는 압력검지장치의 최고사용압력 이하로 할 것
   라. 수신부에는 스프링클러헤드 또는 화재감지용 헤드가 개방된 층 또는 방수구역을 알 수 있는 표시장치를 설치하고, 수신부는 수위실 기타 상시 사람이 있는 장소(중앙관리실이 설치되어 있는 경우에는 당해 중앙관리실)에 설치할 것
   마. 하나의 방화대상물에 2 이상의 수신부가 설치되어 있는 경우에는 이들 수신부가 있는 장소 상호간에 동시에 통화할 수 있는 설비를 설치할 것

★★★★☆

 문제07 스프링클러설비에는 자동경보장치를 설치하여야 한다. 자동경보장치의 설치기준 5가지를 쓰시오.

7. 유수검지장치는 다음 각 목에 정한 것에 의하여 설치할 것
   가. 유수검지장치의 1차측에는 압력계를 설치할 것
   나. 유수검지장치의 2차측에 압력의 설정을 필요로 하는 스프링클러설비에는 당해 유수검지장치의 압력설정치보다 2차측의 압력이 낮아진 경우에 자동으로 경보를 발하는 장치를 설치할 것

★★☆☆☆

 문제08 스프링클러설비 유수검지장치의 설치기준 2가지를 쓰시오.

8. 폐쇄형 스프링클러헤드를 이용하는 스프링클러설비의 배관의 말단에는 유수검지장치 또는 압력검지장치의 작동을 시험하기 위한 밸브(이하 **"말단시험밸브"** 라 한다)를 다음 각 목에 의하여 설치할 것[**말단시험밸브의 설치기준**]

가. 말단시험밸브는 유수검지장치 또는 압력검지장치를 설치한 배관의 계통마다 1개씩, 방수압력이 가장 낮다고 예상되는 배관의 부분에 설치할 것
나. 말단시험밸브의 1차측에는 압력계를, 2차측에는 스프링클러헤드와 동등의 방수성능을 갖는 오리피스 등의 시험용 방수구를 설치할 것
다. 말단시험밸브에는 직근의 보기 쉬운 장소에 "**말단시험밸브**"라고 표시할 것

★★★☆☆

문제09 폐쇄형 스프링클러헤드를 이용하는 스프링클러설비의 배관의 말단에는 유수검지장지 또는 압력검지장치의 작동을 시험하기 위한 밸브(말단시험밸브)를 설치하여야 한다. 말단시험밸브의 설치기준 3가지를 쓰시오.

9. 스프링클러설비에는 다음 각 목의 정한 것에 의하여 소방펌프자동차가 용이하게 접근할 수 있는 위치에 쌍구형의 송수구를 설치할 것[송수구의 설치기준]
가. 전용으로 할 것
나. 송수구의 결합금속구는 탈착식 또는 나사식으로 하고 내경을 63.5 ㎜ 내지 66.5 ㎜로 할 것
다. 송수구의 결합금속구는 지면으로부터 0.5 m 이상 1 m 이하의 높이의 송수에 지장이 없는 위치에 설치할 것
라. 송수구는 당해 스프링클러설비의 가압송수장치로부터 유수검지장치·압력검지장치 또는 일제개방형 밸브·수동식 개방밸브까지의 배관에 전용의 배관으로 접속할 것
마. 송수구에는 그 직근의 보기 쉬운 장소에 "**스프링클러용 송수구**"라고 표시하고 그 송수압력범위를 함께 표시할 것

★★★★☆

문제10 스프링클러설비에는 소방펌프자동차가 용이하게 접근할 수 있는 위치에 쌍구형의 송수구를 설치하여야 한다. 송수구의 설치기준 5가지를 쓰시오.

10. 기동장치는 폐쇄형 스프링클러헤드를 이용하는 스프링클러설비에 있어서는 자동식의 기동장치를 설치하고, 개방형 스프링클러헤드를 이용하는 스프링클러설비에 있어서는 자동식의 기동장치 또는 수동식의 기동장치를 설치하여야 하며 그 기준은 다음 각 목에 정한 것에 의할 것
가. 자동식의 기동장치는 (1) 또는 (2)에 정한 것에 의할 것
(1) 개방형 스프링클러헤드를 이용하는 스프링클러설비는 자동화재탐지설비의 감지기의 작동, 화재감지기용 헤드의 작동 또는 개방에 의한 압력검지장치의 작동과 연동하여 가압송수장치 및 일제개방밸브가 기동될 수 있도록 할 것. 다만, 자동화재탐지설비의 수신기 또는 스프링클러설비의 표시장치가 설치되어 있는 장소에 상시 사람이 있고 화재 시 즉시 당해 조작부를 작동시킬 수 있는 경우에는 그러하지 아니하다.

　　(2) 폐쇄형 스프링클러헤드를 이용하는 스프링클러설비는 스프링클러헤드의 개방 또는 보조살수전의 개폐밸브의 개방에 의한 유수검지장치 또는 기동용수압개폐장치의 작동과 연동하여 가압송수장치가 기동될 수 있도록 할 것
나. 수동식의 기동장치는 (1) 및 (2)에 정한 것에 의할 것
　　(1) 직접조작 또는 원격조작에 의하여 각각 가압송수장치 및 수동식 개방밸브 또는 압력송수장치 및 일제개방밸브를 기동할 수 있도록 할 것
　　(2) 2 이상의 방수구역을 갖는 스프링클러설비는 방수구역을 선택할 수 있는 구조로 할 것

★★☆☆☆

 문제11 폐쇄형 스프링클러헤드를 이용하는 스프링클러설비에 있어서는 자동식의 기동장치를 설치하고, 개방형 스프링클러헤드를 이용하는 스프링클러설비에 있어서는 자동식의 기동장치 또는 수동식의 기동장치를 설치하여야 한다. 자동식의 기동장치 및 수동식의 기동장치의 설치기준을 각각 쓰시오.

11. 건식 또는 준비작동식의 유수검지장치가 설치되어 있는 스프링클러설비는 스프링클러헤드가 개방된 후 1분 이내에 당해 스프링클러헤드로부터 방수될 수 있도록 할 것
12. 가압송수장치, 물올림장치, 비상전원, 조작회로의 배선 및 배관 등은 옥내소화전설비의 예에 준하여 설치할 것

5 물분무소화설비의 기준

물분무소화설비의 기준은 다음 각 호와 같다.
1. 물분무소화설비에 2 이상의 방사구역을 두는 경우에는 화재를 유효하게 소화할 수 있도록 인접하는 방사구역이 상호 중복되도록 할 것
2. 고압의 전기설비가 있는 장소에는 당해 전기설비와 분무헤드 및 배관과 사이에 전기절연을 위하여 필요한 공간을 보유할 것
3. 물분무소화설비에는 각 층 또는 방사구역마다 제어밸브, 스트레이너 및 일제개방밸브 또는 수동식 개방밸브를 다음 각 목에 정한 것에 의하여 설치할 것
　가. 제어밸브 및 일제개방밸브 또는 수동식 개방밸브는 스프링클러설비의 기준의 예에 의할 것
　나. 스트레이너 및 일제개방밸브 또는 수동식 개방밸브는 제어밸브의 하류측 부근에 스트레이너, 일제개방밸브 또는 수동식 개방밸브의 순으로 설치할 것
4. 기동장치는 스프링클러설비의 기준의 예에 의할 것
5. 가압송수장치, 물올림장치, 비상전원, 조작회로의 배선 및 배관 등은 옥내소화전설비의 예에 준하여 설치할 것

제7편 위험물 **479**

6 포소화설비의 기준

포소화설비의 기준은 다음 각 호와 같다.
1. 고정식의 포소화설비의 포방출구 등은 다음 각 목에 정한 것에 의하여 설치할 것
    가. 고정식 포방출구방식은 탱크에서 저장 또는 취급하는 위험물의 화재를 유효하게 소화할 수 있도록 포방출구, 당해 소화설비에 부속하는 보조포소화전 및 연결송액구를 다음에 정한 것에 의하여 설치할 것
    (1) 포방출구는 다음에 정한 것에 의할 것
        (가) 포방출구는 다음의 구분에 의할 것
        1) I형 : 고정지붕구조의 탱크에 상부포주입법(고정포방출구를 탱크 옆판의 상부에 설치하여 액표면상에 포를 방출하는 방법을 말한다)을 이용하는 것으로서 방출된 포가 액면 아래로 몰입되거나 액면을 뒤섞지 않고 액면상을 덮을 수 있는 통계단 또는 미끄럼판 등의 설비 및 탱크 내의 위험물 증기가 외부로 역류되는 것을 저지할 수 있는 구조·기구를 갖는 포방출구
        2) II형 : 고정지붕구조 또는 부상덮개부착고정지붕구조(옥외저장탱크의 액상에 금속제의 플로팅, 팬 등의 덮개를 부착한 고정지붕구조의 것을 말한다)의 탱크에 상부포주입법을 이용하는 것으로서 방출된 포가 탱크 옆판의 내면을 따라 흘러내려 가면서 액면 아래로 몰입되거나 액면을 뒤섞지 않고 액면상을 덮을 수 있는 반사판 및 탱크 내의 위험물 증기가 외부로 역류되는 것을 저지할 수 있는 구조·기구를 갖는 포방출구
        3) 특형 : 부상지붕구조의 탱크에 상부포주입법을 이용하는 것으로서 부상지붕의 부상부분 상에 높이 0.9 m 이상의 금속제의 칸막이(방출된 포의 유출을 막을 수 있고 충분한 배수능력을 갖는 배수구를 설치한 것에 한한다)를 탱크 옆판의 내측으로부터 1.2m 이상 이격하여 설치하고 탱크 옆판과 칸막이에 의하여 형성된 환상부분(이하 "환상부분"이라 한다)에 포를 주입하는 것이 가능한 구조의 반사판을 갖는 포방출구

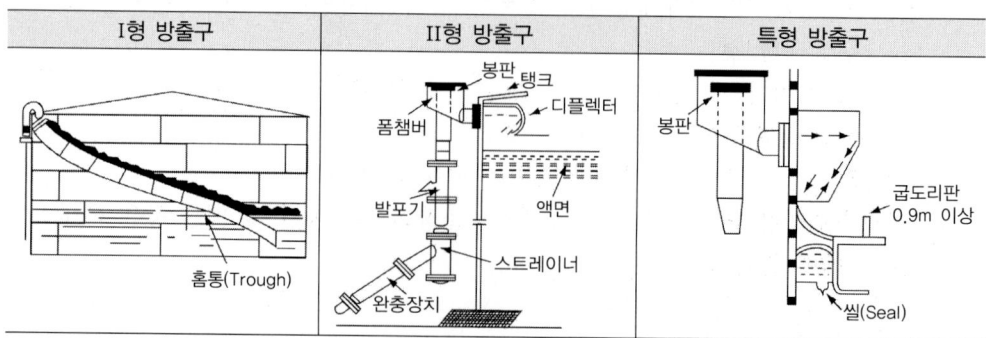

4) Ⅲ형 : 고정지붕구조의 탱크에 저부포주입법(탱크의 액면하에 설치된 포방출구로부터 포를 탱크 내에 주입하는 방법을 말한다)을 이용하는 것으로서 송포관(발포기 또는 포발생기에 의하여 발생된 포를 보내는 배관을 말한다. 당해 배관으로 탱크 내의 위험물이 역류되는 것을 저지할 수 있는 구조·기구를 갖는 것에 한한다)으로부터 포를 방출하는 포방출구

5) Ⅳ형 : 고정지붕구조의 탱크에 저부포주입법을 이용하는 것으로서 평상시에는 탱크의 액면하의 저부에 설치된 격납통(포를 보내는 것에 의하여 용이하게 이탈되는 캡을 갖는 것을 포함한다)에 수납되어 있는 특수호스 등이 송포관의 말단에 접속되어 있다가 포를 보내는 것에 의하여 특수호스 등이 전개되어 그 선단이 액면까지 도달한 후 포를 방출하는 포방출구

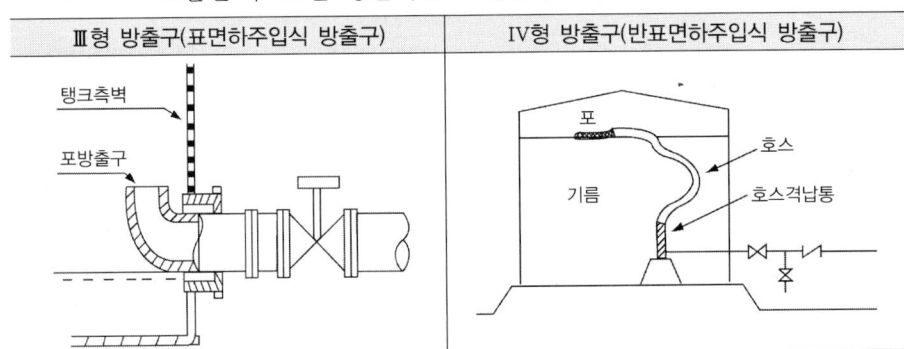

★★★★☆

문제12 위험물안전관리에 관한 세부기준에서 정하고 있는 고정식의 포소화설비의 포방출구 중 Ⅱ형, Ⅳ형에 대하여 각각 설명하시오. [점검13회기출]

(나) 포방출구는 다음 표에 의하여 탱크의 직경, 구조 및 포방출구의 종류에 따른 수 이상의 개수를 탱크 옆판의 외주에 균등한 간격으로 설치할 것

탱크의 구조 및 포방출구의 종류 탱크 직경	포방출구의 개수			
	고정지붕구조		부상덮개부착 고정지붕구조	부상지붕 구조
	Ⅰ형 또는 Ⅱ형	Ⅲ형 또는 Ⅳ형	Ⅱ형	특형
13 m 미만	2	1	2	2
13 m 이상 19 m 미만			3	3
19 m 이상 24 m 미만			4	4
24 m 이상 35 m 미만		2	5	5
35 m 이상 42 m 미만	3	3	6	6
42 m 이상 46 m 미만	4	4	7	7
46 m 이상 53 m 미만	6	6	8	8

53 m 이상 60 m 미만		8	8	10	10
60 m 이상 67 m 미만	왼쪽란에 해당하는 직경의 탱크에는 Ⅰ형 또는 Ⅱ형의 포방출구를 8개 설치하는 것 외에, 오른쪽란에 표시한 직경에 따른 포방출구의 수에서 8을 뺀 수의 Ⅲ형 또는 Ⅳ형의 포방출구를 폭 30m의 환상부분을 제외한 중심부의 액표면에 방출할 수 있도록 추가로 설치할 것		10		
67 m 이상 73 m 미만			12		12
73 m 이상 79 m 미만			14		
79 m 이상 85 m 미만			16		14
85 m 이상 90 m 미만			18		
90 m 이상 95 m 미만			20		16
95 m 이상 99 m 미만			22		
99 m 이상			24		18

(주) Ⅲ형의 포방출구를 이용하는 것은 온도 20℃의 물 100g에 용해되는 양이 1g 미만인 위험물(이하 '비수용성'이라 한다)이면서 저장온도가 50℃ 이하 또는 동점도가 100cSt 이하인 위험물을 저장 또는 취급하는 탱크에 한하여 설치 가능하다.

고정지붕구조 (Cone Roof Tank)	부상지붕구조 (Floating Roof Tank)	부상덮개부착고정지붕구조 (Internal Floating Roof Tank)
CRT는 원추형의 고정 지붕을 가진 탱크로 설치비가 저렴하고, 오랫동안 석유류 저장에 가장 일반적으로 사용되고 있는 탱크의 형태이다.	FRT는 액표면 위에 액위와 같이 움직이는 부유지붕(Floating Roof)을 설치하여, 제품의 증발손실을 줄일 수 있도록 한 형태의 탱크이다.	IFRT는 빗물 등이 제품에 유입되어서는 아니 되는 증기압이 높은 제품을 저장할 경우에 액표면 위에 내부 부유지붕을 설치한 탱크이다.

★★★★☆

문제13 휘발유탱크(고정지붕구조 : 직경 35 m, 높이 15m)에 포소화설비의 설계시 고정포방출구(Ⅱ형 방출구)의 개수를 구하시오. [설계5회기출]

(다) 포방출구는 다음 표의 위험물의 구분 및 포방출구의 종류에 따라 정한 액표면적 $1m^2$당 필요한 포수용액양에 당해 탱크의 액표면적(특형의 포방출구를 설치하는 경우는 환상부분의 면적으로 한다)을 곱하여 얻은 양을 동표의 위험물의 구분 및 포방출구의 종류에 따라 정한 방출률(액표면적 $1m^2$당 매분당의 포수용액의 방출량) 이상으로 (나)의 표에서 정한 개수[고정지붕구조의 탱크 중 탱크 직경이 24 m 미만인 것은 당해 포방출구(Ⅲ형 및 Ⅳ형은 제외)의 개수에서 1을 뺀 개수]에 유효하게 방출할 수 있도록 설치할 것

[포수용액량(ℓ/m^2), 방출률($\ell/m^2 \cdot min$)]

포방출구의 종류 위험물의 구분	Ⅰ형		Ⅱ형, Ⅲ형, Ⅳ형		특형	
	포수용액량	방출률	포수용액량	방출률	포수용액량	방출률
제4류위험물 중 인화점이 21℃ 미만인 것	120	4	220	4	240	8
제4류위험물 중 인화점이 21℃ 이상, 70℃ 미만인 것	80	4	120	4	160	8
제4류위험물 중 인화점이 70℃ 이상인 것	60	4	100	4	120	8

(라) 제4류 위험물 중 비수용성 외의 것에 대해서는 (다)의 표에 불구하고 표 1에서 정한 포수용액양 및 방출률에 표 2의 세부구분란의 품목에 따라 정한 계수를 각각 곱한 수치 이상으로 할 것

[표 1]

Ⅰ형		Ⅱ형, Ⅳ형	
포수용액량	방출율	포수용액량	방출률
160	8	240	8

[표 2]

위험물의 구분		계수
종 류	세 부 구 분	
알코올류	메틸알코올, 3-메틸2-부틸알코올, 에틸알코올, 아릴알코올, 1-펜틸알코올, 2-펜틸알코올, t-펜틸알코올, 이소펜틸알코올, 1-헥실알코올, 사이크로헥사놀, 훌후릴 알코올, 벤질알코올, 프로필렌글리콜, 에틸렌글리콜, 디에틸렌 글리콜, 디프로필렌 글리콜, 글리세린	1.0
	2-프로필알코올, 1-프로필알코올, 이소부틸알코올, 1-부틸알코올, 2-부틸알코올	1.25
	t-부틸 알코올	2.0
에테르류	디이소프로필에텔, 에틸렌글리콜에틸에텔, 에틸렌글리콜메틸에텔, 디에틸렌글리콜에틸에텔, 디에틸렌글리콜메틸에텔	1.25
	1-4디옥산	1.5
	디에틸에텔, 아세톤알데히드디에틸아세탈, 에틸프로필에텔, 테트라히드로푸란, 이소부틸비닐에텔, 에틸부틸에텔, 에틸비닐에텔	2.0
에스테르류	초산에틸, 개미산에틸, 개미산메틸, 초산메틸, 초산비닐, 개미산프로필, 아크릴산메틸, 아크릴산에틸, 메타크릴산메틸, 메타크릴산에틸, 초산프로필, 개미산부틸, 에틸렌글리콜모노에틸에텔아세톤, 에틸렌글리콜모노메틸에텔아세톤	1.0
케톤류	아세톤, 메틸에틸케톤, 메틸이소부틸케톤, 아세틸아세톤, 사이클로헥사논	1.0
알데히드류	아크릴알데히드(아크로레인), 크로톤알데히드, 파라알데히드	1.25
	아세트알데히드	2.0

아민류	에틸렌디아민, 사이클로헥실아민, 아니린, 에타놀아민, 디에타놀아민, 트리에타놀아민	1.0
	에틸아민, 프로필아민, 아릴아민, 디에틸아민, 부틸아민, 이소부틸아민, 트리에틸아민, 펜틸아민, t-부틸아민	1.25
	이소프로필아민	2.0
니트릴류	아크릴로니트릴, 아세트니트릴, 브틸로니트릴	1.25
유기산	초산, 무수초산, 아크릴산, 프로피온산, 개미산	1.25
그 밖의 비수용성 외의 것	프로필렌옥사이드, 그 밖의 것	2.0

(2) 보조포소화전은 (가) 내지 (다)에 정한 것에 의할 것

(가) 방유제 외측의 소화활동상 유효한 위치에 설치하되 각각의 보조포소화전 상호간의 보행거리가 75 m 이하가 되도록 설치할 것

(나) 보조포소화전은 3개(호스접속구가 3개 미만인 경우에는 그 개수)의 노즐을 동시에 사용할 경우에 각각의 노즐선단의 방사압력이 0.35 MPa 이상이고 방사량이 400 ℓ/min 이상의 성능이 되도록 설치할 것

(다) 보조포소화전은 옥외소화전설비의 옥외소화전기준의 예에 준하여 설치할 것

(3) 연결송액구는 다음 식에 의하여 구해진 수 이상을 스프링클러설비의 송수구 기준의 예에 의하여 설치할 것

$$N = \frac{Aq}{C}$$

N : 연결송액구의 설치수

A : 탱크의 최대수평단면적(단위 m²)

q : 제1호가목(1)(다)에서 정한 탱크의 액표면적 1m²당 방사하여야 할 포수용액의 방출률(단위 ℓ/min)

C : 연결송액구 1구당의 표준송액량(800 ℓ/min)

나. 포헤드방식의 포헤드는 (1) 내지 (3)에 정한 것에 의하여 설치할 것[포헤드의 설치기준]

(1) 포헤드는 방호대상물의 모든 표면이 포헤드의 유효사정 내에 있도록 설치할 것

(2) 방호대상물의 표면적(건축물의 경우에는 바닥면적) 9m²당 1개 이상의 헤드를, 방호대상물의 표면적 1m²당의 방사량이 6.5 ℓ/min 이상의 비율로 계산한 양의 포수용액을 표준방사량으로 방사할 수 있도록 설치할 것

(3) 방사구역은 100m² 이상(방호대상물의 표면적이 100 m² 미만인 경우에는 당해 표면적)으로 할 것

다. 포모니터노즐(위치가 고정된 노즐의 방사각도를 수동 또는 자동으로 조준하여 포를 방사하는 설비를 말한다)방식의 포모니터노즐은 (1) 내지 (3)에 정한 것에 의하여 설치할 것

(1) 포모니터노즐은 옥외저장탱크 또는 이송취급소의 펌프설비 등이 안벽, 부두, 해상구조물, 그 밖의 이와 유사한 장소에 설치되어 있는 경우에 당해 장소의 끝선(해면과 접하는 선)으로부터 수평거리 15m 이내의 해면 및 주입구 등 위험물취급설비의 모든 부분이 수평방사거리 내에 있도록 설치할 것. 이 경우에 그 설치개수가 1개인 경우에는 2개로 할 것
(2) 포모니터노즐은 소화활동상 지장이 없는 위치에서 기동 및 조작이 가능하도록 고정하여 설치할 것
(3) 포모니터노즐은 모든 노즐을 동시에 사용할 경우에 각 노즐선단의 방사량이 1900 ℓ/min 이상이고 수평방사거리가 30m 이상이 되도록 설치할 것
2. 이동식 포소화설비의 포소화전은 옥내에 설치하는 것은 옥내소화전설비의 옥내소화전, 옥외에 설치하는 것은 옥외소화전설비의 옥외소화전의 기준의 예에 의할 것
3. 수원의 수량은 다음 각 목에 정한 양의 포수용액을 만들기 위하여 필요한 양 이상이 되도록 할 것
　가. 포방출구방식의 것은 (1) 및 (2)에 정한 양의 합계량
　　(1) 고정식 포방출구는 제1호가목(1)(다)의 표의 위험물의 구분 및 포방출구의 종류에 따라 정한 포수용액량에 당해 탱크의 액표면적을 곱한 양
　　(2) 보조포소화전은 제1호가목(2)(나)에 정한 방사량으로 20분간 방사할 수 있는 양
　나. 포헤드방식의 것은 헤드의 가장 많이 설치된 방사구역의 모든 헤드를 동시에 사용할 경우에 제1호나목(2)에 정한 방사량으로 10분간 방사할 수 있는 양
　다. 포모니터노즐방식의 것은 제1호다목(3)에 정한 방사량으로 30분간 방사할 수 있는 양
　라. 이동식 포소화설비는 4개(호스접속구가 4개 미만인 경우에는 그 개수)의 노즐을 동시에 사용할 경우에 각 노즐선단의 방사압력은 0.35 MPa 이상이고 방사량은 옥내에 설치한 것은 200 ℓ/min 이상, 옥외에 설치한 것은 400 ℓ/min 이상으로 30분간 방사할 수 있는 양
　마. 가목 내지 라목에 정한 포수용액의 양 외에 배관 내를 채우기 위하여 필요한 포수용액의 양
4. 포소화약제의 저장량은 제3호에 정한 포수용액량에 각 포소화약제의 적정희석용량농도를 곱하여 얻은 양 이상이 되도록 할 것
5. 포소화설비에 이용하는 포소화약제는 Ⅲ형의 방출구를 이용하는 것은 불화단백포소화약제 또는 수성막포소화약제로 하고, 그 밖의 것은 단백포소화약제(불화단백포소화약제를 포함한다) 또는 수성막포소화약제로 할 것. 이 경우에 수용성 위험물에 사용하는 것은 수용성 액체용포소화약제로 하여야 한다.
6. 물올림장치, 조작회로의 배선 및 배관 등은 옥내소화전설비의 기준의 예에 준하여 설치할 것
7. 가압송수장치는 다음 각 목에 정한 것에 의하여 설치할 것

가. 고가수조를 이용하는 가압송수장치는 다음에 정한 것에 의할 것
　(1) 가압송수장치의 낙차(수조의 하단으로부터 포방출구까지의 수직거리)는 다음 식에 의하여 구한 수치 이상으로 할 것

$$H = h_1 + h_2 + h_3$$

　　H : 필요한 낙차(단위 m)
　　h_1 : 고정식 포방출구의 설계압력 환산수두 또는 이동식 포소화설비 노즐방사 압력 환산수두(단위 m)
　　h_2 : 배관의 마찰손실수두(단위 m)
　　h_3 : 이동식 포소화설비의 소방용 호스의 마찰손실수두(단위 m)
　(2) 고가수조에는 수위계, 배수관, 오버플로우용 배수관, 보급수관 및 맨홀을 설치할 것

나. 압력수조를 이용하는 가압송수장치는 다음에 정한 것에 의할 것
　(1) 가압송수장치의 압력수조의 압력은 다음 식에 의하여 구한 수치 이상으로 할 것

$$P = p_1 + p_2 + p_3 + p_4$$

　　P : 필요한 압력(단위 MPa)
　　p_1 : 고정식 포방출구의 설계압력 또는 이동식 포소화설비 노즐방사압력(단위 MPa)
　　p_2 : 배관의 마찰손실수두압(단위 MPa)
　　p_3 : 낙차의 환산수두압(단위 MPa)
　　p_4 : 이동식 포소화설비의 소방용 호스의 마찰손실수두압(단위 MPa)
　(2) 압력수조의 수량은 당해 압력수조 체적의 2/3 이하일 것
　(3) 압력수조에는 압력계, 수위계, 배수관, 보급수관, 통기관 및 맨홀을 설치할 것

다. 펌프를 이용하는 가압송수장치는 다음에 정한 것에 의할 것
　(1) 펌프의 토출량은 고정식 포방출구의 설계압력 또는 노즐의 방사압력의 허용범위로 포수용액을 방출 또는 방사하는 것이 가능한 양으로 할 것
　(2) 펌프의 전양정은 다음 식에 의하여 구한 수치 이상으로 할 것

$$H = h_1 + h_2 + h_3 + h_4$$

　　H : 펌프의 전양정(단위 m)
　　h_1 : 고정식 포방출구의 설계압력환산수두 또는 이동식 포소화설비 노즐선단의 방사압력 환산수두(단위 m)
　　h_2 : 배관의 마찰손실수두(단위 m)
　　h_3 : 낙차(단위 m)
　　h_4 : 이동식 포소화설비의 소방용 호스의 마찰손실수두(단위 m)
　(3) 펌프의 토출량이 정격토출량의 150%인 경우에는 전양정은 정격전양정의 65% 이상일 것

(4) 펌프는 전용으로 할 것. 다만, 다른 소화설비와 병용 또는 겸용하여도 각각의 소화설비의 성능에 지장을 주지 아니하는 경우에는 그러하지 아니하다.
(5) 펌프에는 토출측에 압력계, 흡입측에 연성계를 설치할 것
(6) 가압송수장치에는 정격부하운전 시 펌프의 성능을 시험하기 위한 배관설비를 설치할 것
(7) 가압송수장치에는 체절운전 시에 수온상승방지를 위한 순환배관을 설치할 것
(8) 원동기는 전동기 또는 내연기관에 의한 것으로 할 것
(9) 펌프를 시동한 후 5분 이내에 포수용액을 포방출구 등까지 송액할 수 있도록 하거나 또는 펌프로부터 포방출구 등까지의 수평거리를 500 m 이내로 할 것
라. 가압송수장치는 직접조작에 의해서만 정지되도록 할 것
마. 소방용 호스 및 배관의 마찰손실계산은 Hazen & Williams 공식에 의할 것
바. 가압송수장치에는 포방출구의 방출압력 또는 노즐선단의 방사압력이 당해 포방출구 또는 노즐의 성능범위의 상한치를 초과하지 않도록 조치를 할 것

8. 기동장치는 자동식의 기동장치 또는 수동식의 기동장치를 설치하여야 하며 그 기준은 다음 각 목에 정한 것에 의할 것
   가. 자동식 기동장치는 자동화재탐지설비의 감지기의 작동 또는 폐쇄형 스프링클러헤드의 개방과 연동하여 가압송수장치, 일제개방밸브 및 포소화약제혼합장치가 기동될 수 있도록 할 것. 다만, 자동화재탐지설비의 수신기가 설치되어 있는 장소에 상시 사람이 있고 화재 시 즉시 당해 조작부를 작동시킬 수 있는 경우에는 그러하지 아니하다.
   나. 수동식 기동장치는 다음에 정한 것에 의할 것[**수동식 기동장치의 설치기준**]
   (1) 직접조작 또는 원격조작에 의하여 가압송수장치, 수동식 개방밸브 및 포소화약제혼합장치를 기동할 수 있을 것
   (2) 2 이상의 방사구역을 갖는 포소화설비는 방사구역을 선택할 수 있는 구조로 할 것
   (3) 기동장치의 조작부는 화재 시 용이하게 접근이 가능하고 바닥면으로부터 0.8 m 이상 1.5 m 이하의 높이에 설치할 것
   (4) 기동장치의 조작부에는 유리 등에 의한 방호조치가 되어 있을 것
   (5) 기동장치의 조작부 및 호스접속구에는 직근의 보기 쉬운 장소에 각각 "**기동장치의 조작부**" 또는 "**접속구**"라고 표시할 것

★★★★☆

 문제14 포소화설비 수동식 기동장치의 설치기준 5가지를 쓰시오.

9. 자동경보장치는 스프링클러설비의 기준의 예에 의할 것
10. 비상전원은 제3호가목 내지 동호라목에 정한 방사시간의 1.5배 이상 소화설비를 작동시킬 수 있는 용량으로 하고 옥내소화전설비의 기준의 예에 의할 것

7 불활성가스소화설비의 기준

불활성가스소화설비의 기준은 다음 각 호와 같다.
1. 전역방출방식의 불활성가스소화설비의 분사헤드는 다음 각목에 정한 것에 의할 것
   가. 방사된 소화약제가 방호구역의 전역에 균일하고 신속하게 방사할 수 있도록 설치할 것
   나. 분사헤드의 방사압력은 다음에 정한 기준에 의할 것
      (1) 이산화탄소를 방사하는 분사헤드 중 고압식의 것(소화약제가 상온으로 용기에 저장되어 있는 것을 말한다. 이하 같다.)에 있어서는 2.1 MPa 이상, 저압식의 것(소화약제가 영하 18 ℃ 이하의 온도로 용기에 저장되어 있는 것을 말한다. 이하 같다)에 있어서는 1.05 MPa 이상일 것
      (2) 질소(이하 "IG-100"이라 한다.), 질소와 아르곤의 용량비가 50대 50인 혼합물(이하 "IG-55"라 한다.) 또는 질소와 아르곤과 이산화탄소의 용량비가 52대 40대 8인 혼합물(이하 "IG-541"이라 한다.)을 방사하는 분사헤드는 1.9 MPa 이상일 것
   다. 이산화탄소를 방사하는 것은 제3호가목에 정하는 소화약제의 양을 60초 이내에 균일하게 방사하고, IG-100, IG-55 또는 IG-541을 방사하는 것은 제3호가목에 정하는 소화약제의 양의 95% 이상을 60초 이내에 방사할 것

   요점 ※방사압력 및 방사시간

구분	방사압력		방사시간
	고압식	저압식	
이산화탄소	2.1 MPa 이상	1.05 MPa 이상	60초 이내
IG-100 IG-55 IG-541	1.9MPa 이상		60초 이내

2. 국소방출방식(이산화탄소 소화약제에 한한다)의 불활성가스소화설비(이산화탄소소화설비에 한한다)의 분사헤드는 제1호나목(1)의 예에 의하는 것 외에 다음 각 목에 정한 것에 의할 것
   가. 분사헤드는 방호대상물의 모든 표면이 분사헤드의 유효사정 내에 있도록 설치할 것
   나. 소화약제의 방사에 의해서 위험물이 비산되지 않는 장소에 설치할 것
   다. 제3호나목에 정하는 소화약제의 양을 30초 이내에 균일하게 방사할 것
3. 불활성가스소화약제의 저장용기에 저장하는 소화약제의 양은 다음 각목에 정하는 것에 의할 것
   가. 전역방출방식의 불활성가스소화설비 중 이산화탄소를 방사하는 것은 (1)부터 (3)까지에 정하는 것에 의하여 산출된 양 이상으로 하고, IG-100, IG-55 또는 IG-541을 방사하는 것은 (4)에 정하는 것에 의하여 산출된 양 이상으로 할 것

(1) 다음 표의 방호구역의 체적에 따라 방호구역의 체적 1 m³당 소화약제의 양의 비율로 계산한 양. 다만, 그 양이 동표의 소화약제총량의 최저한도 미만인 경우에는 당해 최저한도의 양으로 한다.

방호구역의 체적 (단위 m³)	방호구역의 체적 1 m³당 소화약제의 양(단위 kg)	소화약제총량의 최저한도 (단위 kg)
5 미만	1.20	–
5 이상 15 미만	1.10	6
15 이상 45 미만	1.00	17
45 이상 150 미만	0.90	45
150 이상 1,500 미만	0.80	135
1,500 이상	0.75	1,200

(2) 방호구역의 개구부에 자동폐쇄장치(갑종방화문, 을종방화문 또는 불연재료의 문으로 이산화탄소소화약제가 방사되기 직전에 개구부를 자동으로 폐쇄하는 장치를 말한다. 이하 같다)를 설치하지 않은 경우에는 (1)에 의하여 산출된 양에 당해 개구부의 면적 1 m²당 5 kg의 비율로 계산한 양을 가산한 양

(3) 방호구역 내에서 저장 또는 취급하는 위험물에 따라 별표 2에 정한 소화약제에 따른 계수를 (1) 및 (2)에 의하여 산출된 양에 곱해서 얻은 양

※이산화탄소 소화약제 저장량(전역방출방식)
=(방호구역 체적×체적당 소화약제 양+개구부 면적×5 kg/m²)×계수

[별표 2] 위험물의 종류에 대한 가스계소화약제의 계수

소화약제의 종별 위험물의 종류	CO₂	IG -100	IG -55	IG -541	할로겐화물					분말			
					하론 1301	하론 1211	HFC -23	HFC -125	HFC -227ea	제1종	제2종	제3종	제4종
아크릴로니트릴	1.2	1.2	1.2	1.2	1.4	1.2	1.4	1.4	1.4	1.2	1.2	1.2	1.2
아세트알데히드	1.1	1.1	1.1	1.1	1.1	1.1	1.1	1.1	1.1	–	–	–	–
아세트니트릴	1.0	1.0	1.0	1.0	1.0	1.0	1.0	1.0	1.0	1.0	1.0	1.0	1.0
아세톤	1.0	1.0	1.0	1.0	1.0	1.0	1.0	1.0	1.0	1.0	1.0	1.0	1.0
아닐린	1.1	1.1	1.1	1.1	1.1	1.1	1.1	1.1	1.1	1.0	1.0	1.0	1.0
이소옥탄	1.0	1.0	1.0	1.0	1.0	1.0	1.0	1.0	1.0	1.1	1.1	1.1	1.1
이소프렌	1.0	1.0	1.0	1.0	1.0	1.0	1.2	1.2	1.2	1.1	1.1	1.1	1.1
이소프로필아민	1.0	1.0	1.0	1.0	1.0	1.0	1.0	1.0	1.0	1.1	1.1	1.1	1.1
이소프로필에테르	1.0	1.0	1.0	1.0	1.0	1.0	1.0	1.0	1.0	1.1	1.1	1.1	1.1
이소헥산	1.0	1.0	1.0	1.0	1.0	1.0	1.0	1.0	1.0	1.1	1.1	1.1	1.1
이소헵탄	1.0	1.0	1.0	1.0	1.0	1.0	1.0	1.0	1.0	1.1	1.1	1.1	1.1
이소펜탄	1.0	1.0	1.0	1.0	1.0	1.0	1.0	1.0	1.0	1.1	1.1	1.1	1.1
에탄올	1.2	1.2	1.2	1.2	1.0	1.2	1.0	1.0	1.0	1.2	1.2	1.2	1.2
에틸아민	1.0	1.0	1.0	1.0	1.0	1.0	1.0	1.0	1.0	1.1	1.1	1.1	1.1
염화비닐	1.1	1.1	1.1	1.1	1.1	1.1	1.1	1.1	1.1	–	–	1.0	–
옥탄	1.2	1.2	1.2	1.2	1.0	1.0	1.0	1.0	1.0	1.1	1.1	1.1	1.1

27th Day

위험물	1	2	3	4	5	6	7	8	9	10	11	12
휘발유	1.0	1.0	1.0	1.0	1.0	1.0	1.0	1.0	1.0	1.0	1.0	1.0
포름산(개미산)에틸	1.0	1.0	1.0	1.0	1.0	1.0	1.0	1.0	1.0	1.1	1.1	1.1
포름산(개미산)프로필	1.0	1.0	1.0	1.0	1.0	1.0	1.0	1.0	1.0	1.1	1.1	1.1
포름산(개미산)메틸	1.0	1.0	1.0	1.0	1.4	1.4	1.4	1.4	1.4	1.1	1.1	1.1
경유	1.0	1.0	1.0	1.0	1.0	1.0	1.0	1.0	1.0	1.0	1.0	1.0
원유	1.0	1.0	1.0	1.0	1.0	1.0	1.0	1.0	1.0	1.0	1.0	1.0
초산(아세트산)	1.1	1.1	1.1	1.1	1.1	1.1	1.1	1.1	1.1	1.0	1.0	1.0
초산에틸	1.0	1.0	1.0	1.0	1.0	1.0	1.0	1.0	1.0	1.0	1.0	1.0
초산메틸	1.0	1.0	1.0	1.0	1.0	1.0	1.0	1.0	1.0	1.1	1.1	1.1
산화프로필렌	1.8	1.8	1.8	1.8	2.0	1.8	2.0	2.0	2.0	–	–	–
사이클로헥산	1.0	1.0	1.0	1.0	1.0	1.0	1.0	1.0	1.0	1.1	1.1	1.1
디에틸아민	1.0	1.0	1.0	1.0	1.0	1.0	1.0	1.0	1.0	1.1	1.1	1.1
디에틸에테르	1.2	1.2	1.2	1.2	1.2	1.0	1.2	1.2	1.2	–	–	–
디옥산	1.6	1.6	1.6	1.6	1.8	1.6	1.8	1.8	1.8	1.2	1.2	1.2
중유(重油)	1.0	1.0	1.0	1.0	1.0	1.0	1.0	1.0	1.0	1.0	1.0	1.0
윤활유	1.0	1.0	1.0	1.0	1.0	1.0	1.0	1.0	1.0	1.0	1.0	1.0
테트라하이드로퓨란	1.0	1.0	1.0	1.0	1.4	1.4	1.4	1.4	1.4	1.2	1.2	1.2
등유	1.0	1.0	1.0	1.0	1.0	1.0	1.0	1.0	1.0	1.0	1.0	1.0
트리에틸아민	1.0	1.0	1.0	1.0	1.0	1.0	1.0	1.0	1.0	1.1	1.1	1.1
톨루엔	1.0	1.0	1.0	1.0	1.0	1.0	1.0	1.0	1.0	1.0	1.0	1.0
나프타	1.0	1.0	1.0	1.0	1.0	1.0	1.0	1.0	1.0	1.0	1.0	1.0
채종유	1.1	1.1	1.1	1.1	1.1	1.1	1.1	1.1	1.1	1.0	1.0	1.0
이황화탄소	3.0	3.0	3.0	3.0	4.2	1.0	4.2	4.2	4.2	–	–	–
비닐에틸에테르	1.2	1.2	1.2	1.2	1.6	1.4	1.6	1.6	1.6	1.1	1.1	1.1
피리딘	1.1	1.1	1.1	1.1	1.1	1.1	1.1	1.1	1.1	1.0	1.0	1.0
부타놀	1.1	1.1	1.1	1.1	1.1	1.1	1.1	1.1	1.1	1.0	1.0	1.0
프로판올	1.0	1.0	1.0	1.0	1.0	1.2	1.0	1.0	1.0	1.0	1.0	1.0
2-프로판올	1.0	1.0	1.0	1.0	1.0	1.0	1.0	1.0	1.0	1.1	1.1	1.1
프로필아민	1.0	1.0	1.0	1.0	1.0	1.0	1.0	1.0	1.0	1.1	1.1	1.1
헥산	1.0	1.0	1.0	1.0	1.0	1.0	1.0	1.0	1.0	1.2	1.2	1.2
헵탄	1.0	1.0	1.0	1.0	1.0	1.0	1.0	1.0	1.0	1.0	1.0	1.0
벤젠	1.0	1.0	1.0	1.0	1.0	1.0	1.0	1.0	1.0	1.2	1.2	1.2
펜탄	1.0	1.0	1.0	1.0	1.0	1.0	1.0	1.0	1.0	1.4	1.4	1.4
메타놀	1.6	1.6	1.6	1.6	2.2	2.4	2.2	2.2	2.2	1.2	1.2	1.2
메틸에틸케톤	1.0	1.0	1.0	1.0	1.0	1.0	1.0	1.0	1.0	1.0	1.2	1.0
모노클로로벤젠	1.1	1.1	1.1	1.1	1.1	1.1	1.1	1.1	1.1	–	1.0	–
그밖의 것	1.1	1.1	1.1	1.1	1.1	1.1	1.1	1.1	1.1	1.1	1.1	1.1

(비고) "–" 표시는 해당 위험물에 소화약제로 사용 불가함을 표시한다.

(4) IG-100, IG-55 또는 IG-541을 방사하는 것은 다음 표의 소화약제의 종류에 따라 방호구역의 체적 1㎥당 소화약제의 양의 비율로 계산한 양에 방호구역 내에서 저장 또는 취급하는 위험물에 따라 별표 2에 정한 소화약제에 따른 계수를 곱해서 얻은 양

소화약제의 종류	방호구역의 체적 1m³당 소화약제의 양 (단위 m³ : 1기압, 20 ℃ 기준)
IG-100	0.516
IG-55	0.477
IG-541	0.472

나. 국소방출방식의 불활성가스소화설비는 (1) 또는 (2)에 의하여 산출된 양에 저장 또는 취급하는 위험물에 따라 별표 2에 정한 소화약제에 따른 계수를 곱하고 다시 고압식인 것은 1.4를, 저압식인 것은 1.1을 각각 곱한 양 이상으로 할 것

(1) 면적식 국소방출방식

액체 위험물을 상부를 개방한 용기에 저장하는 경우 등 화재시 연소면이 한면에 한정되고 위험물이 비산할 우려가 없는 경우에는 방호대상물의 표면적(당해 방호대상물의 한변의 길이가 0.6 m 이하인 경우에는 당해 변의 길이를 0.6 m로 해서 계산한 면적) 1 m²당 13 kg의 비율로 계산한 양

※ 이산화탄소 소화약제 저장량(국소방출방식, 면적식)

구분	소화약제 저장량
고압식	= 방호대상물의 표면적$(m^2) \times 13(kg/m^2) \times$ 계수 $\times 1.4$
저압식	= 방호대상물의 표면적$(m^2) \times 13(kg/m^2) \times$ 계수 $\times 1.1$

(2) 용적식 국소방출방식

(1)의 경우 외의 경우에는 다음 식에 의하여 구해진 양에 방호공간[방호대상물의 모든 부분(지반면에 접한 바닥면은 제외)으로부터 0.6 m 외부로 이격된 부분에 의하여 둘러싸여진 부분을 말한다. 이하 같다.]의 체적을 곱한 양

$$Q = 8 - 6\frac{a}{A}$$

Q : 단위체적당 소화약제의 양(단위 kg/m³)
a : 방호대상물의 주위에 실제로 설치된 고정벽(방호대상물로부터 0.6 m 미만의 거리에 있는 것에 한한다)의 면적의 합계(단위 m²)
A : 방호 공간 전체 둘레의 면적(단위 m²)

※ 이산화탄소 소화약제 저장량(국소방출방식, 용적식)

구분	소화약제 저장량
고압식	= 방호공간의 체적$(m^3) \times \left[8 - 6\frac{a}{A}\right] \times$ 계수 $\times 1.4$
저압식	= 방호공간의 체적$(m^3) \times \left[8 - 6\frac{a}{A}\right] \times$ 계수 $\times 1.1$

다. 전역방출방식 또는 국소방출방식의 불활성가스소화설비를 설치한 동일 제조소 등에 방호구역 또는 방호대상물이 2 이상 있을 경우에는 각 방호구역 또는 방

호대상물에 대해서 가목 및 나목에 의하여 계산한 양 중에서 최대의 양 이상으로 할 수가 있다. 다만, 방호구역 또는 방호대상물이 서로 인접하여 있을 경우에는 하나의 저장용기를 공용할 수 없다.
    라. 이동식 불활성가스소화설비는 하나의 노즐마다 90kg 이상의 양으로 할 것

※ 이산화탄소 소화약제 저장량(호스릴이산화탄소 소화설비)
= 호스릴 노즐 수량(개)×90(kg/개)

4. 전역방출방식 또는 국소방출방식의 불활성가스소화설비는 다음 각목에 정한 것에 의할 것
    가. 방호구역의 환기설비 또는 배출설비는 소화약제 방사 전에 정지할 수 있는 구조로 할 것
    나. 전역방출방식의 불활성가스소화설비를 설치한 방화대상물 또는 그 부분의 개구부는 다음에 정한 것에 의할 것
        (1) 이산화탄소를 방사하는 것은 다음에 의할 것
            (가) 층고의 2/3 이하의 높이에 있는 개구부로서 방사한 소화약제의 유실의 우려가 있는 것에는 소화약제 방사 전에 폐쇄할 수 있는 자동폐쇄장치를 설치할 것
            (나) 자동폐쇄장치를 설치하지 아니한 개구부 면적의 합계수치는 방호대상물의 전체둘레의 면적(방호구역의 벽, 바닥 및 천정 또는 지붕면적의 합계를 말한다. 이하 같다)의 수치의 1% 이하일 것
        (2) IG-100, IG-55 또는 IG-541을 방사하는 것은 모든 개구부에 소화약제 방사 전에 폐쇄할 수 있는 자동폐쇄장치를 설치할 것
    다. 저장용기에 충전은 다음에 의할 것
        (1) 이산화탄소를 소화약제로 하는 경우에 저장용기의 충전비(용기내용적의 수치와 소화약제중량의 수치와의 비율을 말한다. 이하 같다)는 고압식인 경우에는 1.5 이상 1.9 이하이고, 저압식인 경우에는 1.1 이상 1.4 이하일 것
        (2) IG-100, IG-55 또는 IG-541을 소화약제로 하는 경우에는 저장용기의 충전압력을 21℃의 온도에서 32 MPa 이하로 할 것
    라. 저장용기는 다음에 정하는 것에 의하여 설치할 것
        (1) 방호구역 외의 장소에 설치할 것
        (2) 온도가 40℃ 이하이고 온도 변화가 적은 장소에 설치할 것
        (3) 직사일광 및 빗물이 침투할 우려가 적은 장소에 설치할 것
        (4) 저장용기에는 안전장치(용기밸브에 설치되어 있는 것을 포함한다. 이하 이 조, 제135조 및 제136조에서 같다)를 설치할 것
        (5) 저장용기의 외면에 소화약제의 종류와 양, 제조년도 및 제조자를 표시할 것

★★★☆☆

문제15 이산화탄소 소화약제 저장용기의 설치기준 5가지를 쓰시오.

마. 배관은 다음에 정하는 것에 의할 것 [**배관의 설치기준**]
 (1) 전용으로 할 것
 (2) 강관의 배관은 「압력배관용 탄소강관」(KS D 3562) 중에서 고압식인 것은 스케줄80 이상, 저압식인 것은 스케줄40 이상의 것 또는 이와 동등 이상의 강도를 갖는 것으로서 아연도금 등에 의한 방식처리를 한 것을 사용할 것
 (3) 동관의 배관은 「이음매없는 구리 및 구리합금관」(KS D 5301) 또는 이와 동등 이상의 강도를 갖는 것으로서 고압식인 것은 16.5 MPa 이상, 저압식인 것은 3.75 MPa 이상의 압력에 견딜 수 있는 것을 사용할 것
 (4) 관이음쇠는 고압식인 것은 16.5 MPa 이상, 저압식인 것은 3.75 MPa 이상의 압력에 견딜 수 있는 것으로서 적절한 방식처리를 한 것을 사용할 것

바. 배관은 다음에 정하는 것에 의할 것
 (1) 전용으로 할 것
 (2) 이산화탄소를 방사하는 것은 다음에 의할 것
  (가) 강관의 배관은 「압력 배관용 탄소강관」(KS D 3562) 중에서 고압식인 것은 스케줄80 이상, 저압식인 것은 스케줄40 이상의 것 또는 이와 동등 이상의 강도를 갖는 것으로서 아연도금 등에 의한 방식처리를 한 것을 사용할 것
  (나) 동관의 배관은 「이음매 없는 구리 및 구리합금 관」(KS D 5301) 또는 이와 동등 이상의 강도를 갖는 것으로서 고압식인 것은 16.5MPa 이상, 저압식인 것은 3.75 MPa 이상의 압력에 견딜 수 있는 것을 사용할 것
  (다) 관이음쇠는 고압식인 것은 16.5 MPa 이상, 저압식인 것은 3.75 MPa 이상의 압력에 견딜 수 있는 것으로서 적절한 방식처리를 한 것을 사용할 것
  (라) 낙차(배관의 가장 낮은 위치로부터 가장 높은 위치까지의 수직거리를 말한다. 제135조에서 같다)는 50 m 이하일 것

★★★★☆

문제16 위험물안전관리에 관한 세부기준에서 정하고 있는 이산화탄소 소화설비의 배관기준 4가지를 쓰시오. [점검13회기출]

 (3) IG-100, IG-55 또는 IG-541을 방사하는 것은 다음에 의할 것. 다만, 압력조절장치의 2차측 배관은 온도 40℃에서 최고조절압력에 견딜 수 있는 강도를 갖는 강관(아연도금 등에 의한 방식처리를 한 것에 한한다) 또는 동관을 사용할 수 있고, 선택밸브 또는 폐쇄밸브를 설치하는 경우에는 저장용기로부터 선택밸브 또는 폐쇄밸브까지의 부분에 온도 40℃에서 내부압력에 견딜 수 있는 강도를 갖는 강관(아연도금 등에 의한 방식처리를 한 것에 한한다) 또는 동관을 사용할 수 있다.

(가) 강관의 배관은 「압력 배관용 탄소강관」(KS D 3562) 중에서 스케줄 40 이상의 것 또는 이와 동등 이상의 강도를 갖는 것으로서 아연도금 등에 의한 방식처리를 한 것을 사용할 것

(나) 동관의 배관은 「이음매 없는 구리 및 구리합금 관」(KS D 5301) 또는 이와 동등 이상의 강도를 갖는 것으로서 16.5 MPa 이상의 압력에 견딜 수 있는 것을 사용할 것

(다) 관이음쇠는 배관의 예에 의할 것

(4) 관이음쇠는 고압식인 것은 16.5 MPa 이상, 저압식인 것은 3.75 MPa 이상의 압력에 견딜 수 있는 것으로서 적절한 방식처리를 한 것을 사용할 것

(5) 낙차(배관의 가장 낮은 위치로부터 가장 높은 위치까지의 수직거리를 말한다. 제135조에서 같다)는 50 m 이하일 것

바. 고압식저장용기에는 용기밸브를 설치할 것

사. 이산화탄소를 저장하는 저압식저장용기에는 다음에 정하는 것에 의할 것

(1) 이산화탄소를 저장하는 저압식저장용기에는 액면계 및 압력계를 설치할 것

(2) 이산화탄소를 저장하는 저압식저장용기에는 2.3MPa 이상의 압력 및 1.9 MPa 이하의 압력에서 작동하는 압력경보장치를 설치할 것

(3) 이산화탄소를 저장하는 저압식저장용기에는 용기내부의 온도를 영하 20℃ 이상 영하 18℃ 이하로 유지할 수 있는 자동냉동기를 설치할 것

(4) 이산화탄소를 저장하는 저압식저장용기에는 파괴판을 설치할 것

(5) 이산화탄소를 저장하는 저압식저장용기에는 방출밸브를 설치할 것

★★★★☆

 문제17 이산화탄소 소화약제 저압식 저장용기의 설치기준 5가지를 쓰시오.

아. 선택밸브는 다음에 정한 것에 의할 것

(1) 저장용기를 공용하는 경우에는 방호구역 또는 방호대상물마다 선택밸브를 설치할 것

(2) 선택밸브는 방호구역 외의 장소에 설치할 것

(3) 선택밸브에는 "**선택밸브**"라고 표시하고 선택이 되는 방호구역 또는 방호대상물을 표시할 것

★★★☆☆

 문제18 이산화탄소 소화설비 선택밸브의 설치기준 3가지를 쓰시오.

자. 저장용기와 선택밸브 또는 개폐밸브(이하 "**선택밸브등**"이라 한다)사이에는 안전장치 또는 파괴판을 설치할 것

차. 기동용가스용기는 다음에 정한 것에 의할 것

(1) 기동용 가스용기는 25 MPa 이상의 압력에 견딜 수 있는 것일 것

(2) 기동용 가스용기의 내용적은 1ℓ 이상으로 하고 당해 용기에 저장하는 이산화탄소의 양은 0.6 kg 이상으로 하되 그 충전비는 1.5 이상일 것

(3) 기동용 가스용기에는 안전장치 및 용기밸브를 설치할 것

문제19 이산화탄소 소화설비 기동용 가스용기의 설치기준 3가지를 쓰시오.

카. 기동장치는 다음에 정한 것에 의할 것
  (1) 이산화탄소를 방사하는 것의 기동장치는 수동식으로 하고(다만, 상주인이 없는 대상물 등 수동식에 의하는 것이 적당하지 아니한 경우에는 자동식으로 할 수 있다.), IG-100, IG-55 또는 IG-541을 방사하는 것의 기동장치는 자동식으로 할 것
  (2) 수동식의 기동장치는 다음에 정한 것에 의할 것
    (가) 기동장치는 당해 방호구역 밖에 설치하되 당해 방호구역 안을 볼 수 있고 조작을 한 자가 쉽게 대피할 수 있는 장소에 설치할 것
    (나) 기동장치는 하나의 방호구역 또는 방호대상물마다 설치할 것
    (다) 기동장치의 조작부는 바닥으로부터 0.8 m 이상 1.5 m 이하의 높이에 설치할 것
    (라) 기동장치에는 직근의 보기 쉬운 장소에 **"불활성가스소화설비의 수동식 기동장치"**임을 알리는 표시를 할 것
    (마) 기동장치의 외면은 적색으로 할 것
    (바) 전기를 사용하는 기동장치에는 전원표시등을 설치할 것
    (사) 기동장치의 방출용스위치 등은 음향경보장치가 기동되기 전에는 조작될 수 없도록 하고 기동장치에 유리 등에 의하여 유효한 방호조치를 할 것
    (아) 기동장치 또는 직근의 장소에 방호구역의 명칭, 취급방법, 안전상의 주의사항 등을 표시할 것

문제20 이산화탄소 소화설비 수동식 기동장치의 설치기준 중 5가지만 쓰시오.

(3) 자동식의 기동장치는 다음에 정한 것에 의할 것
  (가) 기동장치는 자동화재탐지설비의 감지기의 작동과 연동하여 기동될 수 있도록 할 것
  (나) 기동장치에는 다음에 정한 것에 의하여 자동수동전환장치를 설치할 것
    1) 쉽게 조작할 수 있는 장소에 설치할 것
    2) 자동 및 수동을 표시하는 표시등을 설치할 것
    3) 자동수동의 전환은 열쇠 등에 의하는 구조로 할 것
  (다) 자동수동전환장치 또는 직근의 장소에 취급방법을 표시할 것
타. 음향경보장치는 다음에 정한 것에 의할 것
  (1) 수동 또는 자동에 의하여 기동장치의 조작·작동과 연동하여 자동으로 경보를 발하도록 하고 소화약제 방사 전에 차단되지 않도록 할 것

(2) 음향경보장치는 방호구역 또는 방호대상물에 있는 모든 사람에게 소화약제가 방사된다는 사실을 유효하게 알릴 수 있도록 할 것
(3) 전역방출방식인 것에 설치하는 음향경보장치는 음성에 의한 경보장치로 할 것. 다만, 상주인이 없는 대상물은 그러하지 아니하다.

★★☆☆☆

 문제21 이산화탄소 소화설비 음향경보장치의 설치기준 3가지를 쓰시오.

파. 불활성가스소화설비를 설치한 장소에는 방출된 소화약제 및 연소가스를 안전한 장소로 배출하기 위한 조치를 할 것
하. 전역방출방식인 것에는 다음에 정하는 안전조치를 할 것
 (1) 기동장치의 방출용스위치 등의 작동으로부터 저장용기의 용기밸브 또는 방출밸브의 개방까지의 시간이 20초 이상 되도록 지연장치를 설치할 것
 (2) 수동기동장치에는 (1)에 정한 시간 내에 소화약제가 방출되지 않도록 조치를 할 것
 (3) 방호구역의 출입구 등 보기 쉬운 장소에 소화약제가 방출된다는 사실을 알리는 표시등을 설치할 것
거. 비상전원은 자가발전설비 또는 축전지설비에 의하고 그 용량은 당해 설비를 유효하게 1시간 작동할 수 있는 용량 이상으로 하는 외에 제129조제6호나목·다목·라목의 기준의 예에 의할 것
너. 조작회로, 음향경보장치회로 및 표시등회로(제135조 및 제136조에서 "조작회로등"이라 한다)의 배선은 제129조제7호의 기준의 예에 의할 것
더. 불활성가스소화설비에 사용하는 소화약제는 이산화탄소, IG-100, IG-55 또는 IG-541로 하되, 국소방출방식의 불활성가스소화설비에 사용하는 소화약제는 이산화탄소로 할 것
러. 전역방출방식의 불활성가스소화설비에 사용하는 소화약제는 다음 표에 의할 것

제조소 등의 구분		소화약제의 종류
제4류 위험물을 저장 또는 취급하는 제조소 등	방호구획의 체적이 1,000 m³ 이상의 것	이산화탄소
	방호구획의 체적이 1,000 m³ 미만의 것	이산화탄소, IG-100, IG-55, IG-541
제4류 외의 위험물을 저장 또는 취급하는 제조소 등		이산화탄소

머. 전역방출방식의 불활성가스소화설비 중 IG-100, IG-55 또는 IG-541을 방사하는 것은 방호구역 내의 압력상승을 방지하는 조치를 강구할 것
5. 이동식 불활성가스소화설비는 다음 각목에 정하는 것에 의할 것
 가. 제4호다목(1)·라목(2)(3)(4)·마목(1)(2) 및 바목에 정한 것에 의할 것

나. 노즐은 온도 20℃에서 하나의 노즐마다 90 kg/min 이상의 소화약제를 방사할 수 있을 것
다. 저장용기의 용기밸브 또는 방출밸브는 호스의 설치장소에서 수동으로 개폐할 수 있을 것
라. 저장용기는 호스를 설치하는 장소마다 설치할 것
마. 저장용기의 직근의 보기 쉬운 장소에 적색등을 설치하고 이동식 불활성가스소화설비 임을 알리는 표시를 할 것
바. 화재시 연기가 현저하게 충만할 우려가 있는 장소 외의 장소에 설치할 것
사. 이동식 불활성가스소화설비에 사용하는 소화약제는 이산화탄소로 할 것

8 할로겐화물소화설비의 기준

할로겐화물소화설비의 기준은 다음 각 호와 같다.
1. 전역방출방식 할로겐화물소화설비의 분사헤드는 다음 각목에 의하여 설치할 것
   가. 방사된 소화약제가 방호구역의 전역에 균일하고 신속하게 확산할 수 있도록 설치할 것
   나. 다이브로모테트라플루오로에탄(이하 "하론 2402"라 한다)을 방사하는 분사헤드는 당해 소화약제를 무상(霧狀)으로 방사하는 것일 것
   다. 분사헤드의 방사압력은 하론 2402를 방사하는 것은 0.1 MPa 이상, 브로모클로로다이플루오로메탄(이하 "하론 1211"이라 한다.)을 방사하는 것은 0.2 MPa 이상, 브로모트라이플루오로메탄(이하 "하론 1301"이라 한다.)을 방사하는 것은 0.9 MPa 이상, 트라이플루오로메탄(이하 "HFC-23"이라 한다.)을 방사하는 것은 0.9 MPa 이상, 펜타플루오로에탄(이하 "HFC-125"라 한다.)을 방사하는 것은 0.9MPa 이상, 헵타플루오로프로판(이하 "HFC-227ea"라 한다.), 도데카플루오로-2-메틸펜탄-3-원(이하 "FK-5-1-12"라 한다.)을 방사하는 것은 0.3MPa 이상일 것
   라. 하론 2402, 하론 1211 또는 하론 1301을 방사하는 것은 제3호가목에 정하는 소화약제의 양을 30초 이내에 균일하게 방사하고, HFC-23, HFC-125, HFC-227ea 또는 FK-5-1-12를 방사하는 것은 제3호가목에 정하는 소화약제의 양을 10초 이내에 균일하게 방사할 것
2. 국소방출방식의 할로겐화물소화설비의 분사헤드는 제1호가목나목 및 다목(HFC-23, HFC-125, HFC-227ea 또는 FK-5-1-12 에 관련된 부분을 제외한다.)의 예에 의하는 것 외에 다음 각목에 정하는 것에 의하여 설치할 것
   가. 분사헤드는 방호대상물의 모든 표면이 분사헤드의 유효사정 내에 있도록 설치할 것
   나. 소화약제의 방사에 의하여 위험물이 비산되지 않는 장소에 설치할 것
   다. 제3호나목에 정하는 소화약제의 양을 30초 이내에 균일하게 방사할 것
3. 할로겐화물 소화약제의 저장용기 또는 저장탱크에 저장하는 소화약제의 양은 다음 각목에 정하는 것에 의할 것

27th Day

가. 전역방출방식의 할로겐화물소화설비 중 하론 2402, 하론 1211 또는 하론 1301을 방사하는 것은 (1)부터 (3)까지에 정하는 것에 의하여 산출된 양 이상으로 하고, HFC-23, HFC-125, HFC-227ea 또는 FK-5-1-12를 방사하는 것은 (4)에 정하는 것에 의하여 산출된 양 이상으로 할 것

(1) 방호구역의 체적 1 m³당 소화약제의 양이 하론 2402에 있어서는 0.40 kg, 하론 1211에 있어서는 0.36 kg, 하론 1301에 있어서는 0.32 kg의 비율로 계산한 양

(2) 방호구역의 개구부에 자동폐쇄장치를 설치하지 않은 경우에는 (1)에 의하여 산출된 양에 당해 개구부의 면적 1m²당 하론 2402에 있어서는 3.0 kg, 하론 1211에 있어서는 2.7 kg, 하론 1301에 있어서는 2.4 kg의 비율로 계산한 양을 가산한 양

(3) 방호구역 내에서 저장 또는 취급하는 위험물에 따라 별표 2에 정한 소화약제에 따른 계수를 (1) 및 (2)에 의하여 산출된 양에 곱해서 얻은 양

※ 할로겐화물 소화약제 저장량(전역방출방식)
=(방호구역 체적×체적당 소화약제 양+개구부 면적×면적당 소화약제 양)×계수

소화약제의 종류	체적당 소화약제 양	면적당 소화약제 양
하론 2402	0.40 kg	3.0 kg
하론 1211	0.36 kg	2.7 kg
하론 1301	0.32 kg	2.4 kg

(4) HFC-23, HFC-125, HFC-227ea 또는 FK-5-1-12를 방사하는 것은 다음 표의 소화약제의 종류에 따라 방호구역의 체적 1 m³당 소화약제의 양의 비율로 계산한 양에 방호구역 내에서 저장 또는 취급하는 위험물에 따라 별표 2에 정한 소화약제에 따른 계수를 곱해서 얻은 양

소화약제 종류	방호구역의 체적 1 m³당 소화약제의 양(단위 kg)
HFC-23 HFC-125	0.52
HFC-227ea	0.55
FK-5-1-12	0.84

나. 국소방출방식의 할로겐화물 소화설비는 (1) 또는 (2)에 의하여 산출된 양에 저장 또는 취급하는 위험물에 따라 별표 2에 정한 소화약제에 따른 계수를 곱하고 다시 하론 2402 또는 하론 1211에 있어서는 1.1, 하론 1301에 있어서는 1.25를 각각 곱한 양 이상으로 할 것

(1) 면적식의 국소방출방식
액체 위험물을 상부를 개방한 용기에 저장하는 경우 등 화재시 연소면이 한면에 한정되고 위험물이 비산할 우려가 없는 경우에는 방호대상물의 표면적 1 m²당 하론 2402에 있어서는 8.8 kg, 하론 1211에 있어서는 7.6 kg, 하론 1301에 있어서는 6.8 kg의 비율로 계산한 양

※할로겐화물 소화약제 저장량(국소방출방식, 면적식)

구분	소화약제 저장량
하론 2402	= 방호대상물의 표면적$(m^2) \times 8.8(kg/m^2) \times$ 계수 $\times 1.1$
하론 1211	= 방호대상물의 표면적$(m^2) \times 7.6(kg/m^2) \times$ 계수 $\times 1.1$
하론 1301	= 방호대상물의 표면적$(m^2) \times 6.8(kg/m^2) \times$ 계수 $\times 1.25$

(2) 용적식의 국소방출방식
(1)의 경우 외의 경우에는 다음 식에 의하여 구해진 양에 방호공간의 체적을 곱한 양

$$Q = X - Y \frac{a}{A}$$

Q : 단위체적당 소화약제의 양(단위 kg/m³)
a : 방호대상물 주위에 실제로 설치된 고정벽의 면적의 합계(단위 m²)
A : 방호공간 전체 둘레의 면적(단위 m²)
X 및 Y : 다음 표에 정한 소화약제의 종류에 따른 수치

소화약제의 종별	X의 수치	Y의 수치
하론 2402	5.2	3.9
하론 1211	4.4	3.3
하론 1301	4.0	3.0

※할로겐화물 소화약제 저장량(국소방출방식, 용적식)

구분	소화약제 저장량
하론 2402	방호공간의 체적$(m^3) \times \left[5.2 - 3.9\dfrac{a}{A}\right] \times$ 계수 $\times 1.1$
하론 1211	방호공간의 체적$(m^3) \times \left[4.4 - 3.3\dfrac{a}{A}\right] \times$ 계수 $\times 1.1$
하론 1301	방호공간의 체적$(m^3) \times \left[4.0 - 3.0\dfrac{a}{A}\right] \times$ 계수 $\times 1.25$

다. 전역방출방식 또는 국소방출방식의 할로겐화물소화설비를 설치한 동일 제조소 등에 방호구역 또는 방호대상물이 2 이상 있을 경우에는 각 방호구역 또는 방호대상물에 대해서 가목 및 나목에 의하여 계산한 양 중에서 최대의 양 이상으로 할 수가 있다. 다만, 방호구역 또는 방호대상물이 서로 인접하여 있을 경우에는 하나의 저장용기를 공용할 수 없다.

라. 이동식할로겐화물소화설비는 하나의 노즐마다 다음 표에 정한 소화약제의 종류에 따른 양 이상으로 할 것

소화약제의 종별	소화약제의 양 (단위 kg)
하론 2402	50
하론 1211 또는 하론 1301	45

4. 전역방출방식 또는 국소방출방식의 할로겐화물소화설비는 다음 각목에 정한 것에 의할 것
   가. 제134조제4호가목 및 파목의 규정의 예에 의할 것
   나. 할로겐화물소화설비에 사용하는 소화약제는 하론 2402, 하론 1211, 하론 1301, HFC-23, HFC-125, HFC-227ea 또는 FK-5-1-12로 할 것
   다. 저장용기 등의 충전비는 하론 2402 중에서 가압식저장용기 등에 저장하는 것은 0.51 이상 0.67 이하, 축압식저장용기 등에 저장하는 것은 0.67 이상 2.75 이하, 하론 1211은 0.7 이상 1.4 이하, 하론 1301 및 HFC-227ea는 0.9 이상 1.6 이하, HFC-23 및 HFC-125는 1.2 이상 1.5 이하, FK-5-1-12는 0.7이상 1.6 이하 일 것
   라. 저장용기는 제134조제4호라목의 규정의 예에 의하는 것 외에 다음에 정한 것에 의할 것
     (1) 가압식 저장용기 등에는 방출밸브를 설치할 것
     (2) 보기 쉬운 장소에 충전소화약제량, 소화약제의 종류, 최고사용압력(가압식의 것에 한한다), 제조년도 및 제조자명을 표시할 것
   마. 축압식저장용기 등은 온도 21℃에서 하론 1211을 저장하는 것은 1.1 MPa 또는 2.5 MPa, 하론 1301, HFC-227ea 또는 FK-5-1-12를 저장하는 것은 2.5 MPa 또는 4.2 MPa이 되도록 질소가스로 축압할 것
   바. 가압용가스용기는 질소가스가 충전되어 있는 것일 것
   사. 가압용가스용기에는 안전장치 및 용기밸브를 설치할 것
   아. 배관은 다음에 정한 것에 의할 것
     (1) 전용으로 할 것
     (2) 강관의 배관은 하론 2402에 있어서는 「배관용탄소강관」(KSD3507), 하론 1211, 하론 1301, HFC-227ea, HFC-23, HFC-125 또는 FK-5-1-12에 있어서는 「압력배관용탄소강관」(KS D 3562) 중에서 스케줄 40 이상의 것 또는 이와 동등 이상의 강도를 갖는 것으로서 아연도금 등에 의한 방식처리를 한 것을 사용할 것
     (3) 동관의 배관은 「이음매없는구리및구리합금관」(KS D 5301) 또는 이와 동등 이상의 강도 및 내식성을 갖는 것을 사용할 것
     (4) 관이음쇠 및 밸브류는 강관이나 동관 또는 이와 동등 이상의 강도 및 내식성을 갖는 것일 것
     (5) 낙차는 50 m 이하일 것

★★★★☆

 문제22 할로겐화물 소화설비 배관의 설치기준 5가지를 쓰시오.

자. 저장용기(축압식의 것으로서 내부압력이 1.0 MPa 이상인 것에 한한다)에는 용기밸브를 설치할 것
차. 가압식의 것에는 2.0 MPa 이하의 압력으로 조정할 수 있는 압력조정장치를 설치할 것
카. 선택밸브는 제134조제4호아목의 규정의 예에 의할 것
타. 저장용기등과 선택밸브 등 사이에는 안전장치 또는 파괴판을 설치할 것
파. 기동용가스용기 및 기동장치는 제134조제4호차목카목의 규정의 예에 의할 것. 다만, 기동장치는 하론 2402, 하론 1211 또는 하론 1301을 방사하는 것의 기동장치는 수동식으로 하고(다만, 상주인이 없는 대상물 등 수동식에 의하는 것이 적당하지 아니한 경우에는 자동식으로 할 수 있다.), HFC-23, HFC-125, HFC-227ea 또는 FK-5-1-12를 방사하는 것의 기동장치는 자동식으로 하여야 한다.
하. 음향경보장치는 제134조제4호타목의 규정의 예에 의할 것. 다만, 하론 1301을 방사하는 전역방출방식의 것은 음성에 의한 경보장치로 하지 않을 수 있다.
거. 전역방출방식인 것에는 다음에 정하는 안전조치를 할 것
　(1) 기동장치의 방출용 스위치 등의 작동으로부터 저장용기 등의 용기밸브 또는 방출밸브의 개방까지의 시간이 20초 이상으로 되도록 지연장치를 설치할 것. 다만, 하론 1301을 방사하는 것은 지연장치를 설치하지 않을 수 있다.
　(2) 수동기동장치에는 (1)에 정한 시간 내에 소화약제가 방출되지 않도록 조치를 할 것
　(3) 방호구역의 출입구 등 보기 쉬운 장소에 소화약제가 방출된다는 사실을 알리는 표시등을 설치할 것
너. 비상전원 및 조작회로 등의 배선은 제134조제4호거목 및 너목의 규정의 예에 의할 것
더. 전역방출방식의 할로겐화물소화설비를 설치한 방화대상물 또는 그 부분의 개구부는 다음에 정한 것에 의할 것
　(1) 하론 2402, 하론 1211 또는 하론 1301를 방사하는 것은 다음에 의한 것
　　(가) 층고의 2/3 이하의 높이에 있는 개구부로서 방사한 소화약제의 유실의 우려가 있는 것에는 소화약제 방사 전에 폐쇄할 수 있는 자동폐쇄장치를 설치할 것
　　(나) 자동폐쇄장치를 설치하지 아니한 개구부 면적의 합계수치는 방호대상물의 전체둘레의 면적(방호구역의 벽, 바닥 및 천정 또는 지붕면적의 합계를 말한다. 이하 같다)의 수치의 1% 이하일 것
　(2) HFC-23, HFC-125, HFC-227ea 또는 FK-5-1-12를 방사하는 것은 모든 개구부에 소화약제 방사 전에 폐쇄할 수 있는 자동폐쇄장치를 설치할 것

러. 국소방출방식의 할로겐화물소화설비에 사용하는 소화약제는 하론 2402, 하론 1211 또는 하론 1301로 할 것
머. 전역방출방식의 할로겐화물소화설비에 사용하는 소화약제는 다음 표에 의할 것

제조소 등의 구분		소화약제의 종류
제4류 위험물을 저장 또는 취급하는 제조소 등	방호구획의 체적이 1,000 m³ 이상의 것	하론 2402, 하론 1211 또는 하론 1301
	방호구획의 체적이 1,000 m³ 미만의 것	하론 2402, 하론 1211, 하론 1301, HFC-23, HFC-125, HFC-227ea 또는 FK-5-1-12
제4류 외의 위험물을 저장 또는 취급하는 제조소 등		하론 2402, 하론 1211 또는 하론 1301

버. 전역방출방식의 할로겐화물소화설비 중 HFC-23, HFC-125, HFC-227ea 또는 FK-5-1-12를 방사하는 것은 방호구역 내의 압력상승을 방지하는 조치를 강구할 것

5. 이동식할로겐화물소화설비는 다음 각 목에 정한 것에 의할 것
 가. 제134조제4호라목(2)·(3), 같은 조 제5호다목부터 바목까지, 이 조 제4호다목·라목·마목부터 자목까지 및 같은 호 더목(1)의 규정(HFC-23, HFC-125, HFC-227ea 또는 FK-5-1-12와 관련된 부분은 제외한다.)의 예에 의할 것
 나. 하나의 노즐마다 온도 20 ℃에서 1분당 다음 표에 정한 소화약제의 종류에 따른 양 이상을 방사할 수 있도록 할 것

소화약제의 종별	소화약제의 양 (단위 kg)
하론 2402	45
하론 1211	40
하론 1301	35

 다. 이동식 할로겐화물소화설비의 소화약제는 하론 2402, 하론 1211 또는 하론 1301로 할 것

9 분말소화설비의 기준

분말소화설비의 기준은 다음 각 호와 같다.
1. 전역방출방식의 분말소화설비의 분사헤드는 다음 각 목에 정한 것에 의할 것
 가. 방사된 소화약제가 방호구역의 전역에 균일하고 신속하게 확산할 수 있도록 설치할 것
 나. 분사헤드의 방사압력은 0.1 MPa 이상일 것
 다. 제3호가목에 정하는 소화약제의 양을 30초 이내에 균일하게 방사할 것
2. 국소방출방식의 분말소화설비의 분사헤드는 제1호나목의 예에 의하는 것 외에 다음 각목에 의할 것
 가. 분사헤드는 방호대상물의 모든 표면이 분사헤드의 유효사정 내에 있도록 설치할 것

나. 소화약제의 방사에 의하여 위험물이 비산되지 않는 장소에 설치할 것
다. 제3호나목에 정하는 소화약제의 양을 30초 이내에 균일하게 방사할 것
3. 분말소화약제의 저장용기 또는 저장탱크에 저장하는 소화약제의 양은 다음 각 목에 정하는 것에 의할 것
   가. 전역방출방식의 분말소화설비는 다음에 정하는 것에 의하여 산출된 양 이상으로 할 것
   (1) 다음 표에 정한 소화약제의 종별에 따른 양의 비율로 계산한 양

소화약제의 종별	방호구역의 체적 $1m^3$당 소화약제의 양(단위 kg)
탄산수소나트륨을 주성분으로 한 것(제1종 분말)	0.60
탄산수소칼륨을 주성분으로 한 것(제2종 분말) 또는 인산염류 등을 주성분으로 한 것(인산암모늄을 90%이상 함유한 것에 한한다. 제3종 분말)	0.36
탄산수소칼륨과 요소의 반응생성물(제4종 분말)	0.24
특정의 위험물에 적응성이 있는 것으로 인정되는 것(제5종 분말)	소화약제에 따라 필요한 양

   (2) 방호구역의 개구부에 자동폐쇄장치를 설치하지 않은 경우에는 (1)에 의하여 산출된 양에 다음 표에 정한 소화약제의 종별에 따른 양의 비율로 계산한 양을 가산한 양

소화약제의 종별	개구부의 면적 $1m^2$당 소화약제의 양 (단위 kg)
제1종 분말	4.5
제2종 분말 또는 제3종 분말	2.7
제4종 분말	1.8
제5종 분말	소화약제에 따라 필요한 양

   (3) 방호구역 내에서 저장 또는 취급하는 위험물에 따라 별표 2에 정한 소화약제에 따른 계수를 (1) 및 (2)에 의하여 산출된 양에 곱해서 얻은 양

※ **분말소화약제 저장량(전역방출방식)**
=(방호구역 체적×체적당 소화약제 양+개구부 면적×면적당 소화약제 양)×계수

소화약제의 종류	체적당 소화약제 양	면적당 소화약제 양
제1종 분말	0.60kg	4.5kg
제2종 분말 또는 제3종 분말	0.36kg	2.7kg
제4종 분말	0.24kg	1.8kg

   나. 국소방출방식의 분말소화설비는 (1) 또는 (2)에 의하여 산출된 양에 저장 또는 취급하는 위험물에 따라 별표 2에 정한 소화약제에 따른 계수를 곱하고 다시 1.1을 곱한 양 이상으로 할 것
   (1) 면적식의 국소방출방식
       액체 위험물을 상부를 개방한 용기에 저장하는 경우 등 화재시 연소면이 한면

에 한정되고 위험물이 비산할 우려가 없는 경우에는 다음 표에 정한 비율로 계산한 양

소화제의 종별	방호대상물의 표면적 1㎡ 당 소화약제의 양 (단위 kg)
제1종 분말	8.8
제2종 분말 또는 제3종 분말	5.2
제4종 분말	3.6
제5종 분말	소화약제에 따라 필요한 양

※ 분말소화약제 저장량(국소방출방식, 면적식)

구분	소화약제 저장량
제1종 분말	방호대상물의 표면적$(m^2) \times 8.8(kg/m^2) \times$ 계수 $\times 1.1$
제2종 분말 또는 제3종 분말	방호대상물의 표면적$(m^2) \times 5.2(kg/m^2) \times$ 계수 $\times 1.1$
제4종 분말	방호대상물의 표면적$(m^2) \times 3.6(kg/m^2) \times$ 계수 $\times 1.1$

(2) 용적식의 국소방출방식

(1)의 경우 외의 경우에는 다음 식에 의하여 구해진 양에 방호공간의 체적을 곱한 양

$$Q = X - Y\frac{a}{A}$$

Q : 단위체적당 소화약제의 양(단위 kg/㎥)
a : 방호대상물 주위에 실제로 설치된 고정벽의 면적의 합계(단위 ㎡)
A : 방호공간 전체 둘레의 면적(단위 ㎡)
X 및 Y : 다음 표에 정한 소화약제의 종류에 따른 수치

소화약제의 종별	X의 수치	Y의 수치
제1종 분말	5.2	3.9
제2종 분말 또는 제3종 분말	3.2	2.4
제4종 분말	2.0	1.5
제5종 분말	소화약제에 따라 필요한 양	

※ 분말소화약제 저장량(국소방출방식, 용적식)

구분	소화약제 저장량
제1종 분말	방호공간의 체적$(m^3) \times \left[5.2 - 3.9\frac{a}{A}\right] \times$ 계수 $\times 1.1$
제2종 분말 또는 제3종 분말	방호공간의 체적$(m^3) \times \left[3.2 - 2.4\frac{a}{A}\right] \times$ 계수 $\times 1.1$
제4종 분말	방호공간의 체적$(m^3) \times \left[2.0 - 1.5\frac{a}{A}\right] \times$ 계수 $\times 1.1$

다. 전역방출방식 또는 국소방출방식의 분말소화설비를 설치한 동일 제조소 등에

방호구역 또는 방호대상물이 2 이상 있을 경우에는 각 방호구역 또는 방호대상물에 대해서 가목 및 나목에 의하여 계산한 양 중에서 최대의 양 이상으로 할 수가 있다. 다만, 방호구역 또는 방호대상물이 서로 인접하여 있을 경우에는 하나의 저장용기를 공용할 수 없다.

라. 이동식 분말소화설비는 하나의 노즐마다 다음 표에 정한 소화약제의 종류에 따른 양 이상으로 할 것

소화약제의 종별	소화약제의 양 (단위 kg)
제1종 분말	50
제2종 분말 또는 제3종 분말	30
제4종 분말	20
제5종 분말	소화약제에 따라 필요한 양

4. 전역방출방식 또는 국소방출방식의 분말소화설비의 기준은 다음 각호에 정한 것에 의할 것
   가. 제134조제4호 가목 및 나목의 규정의 예에 의할 것
   나. 분말소화설비에 사용하는 소화약제는 제1종 분말, 제2종 분말, 제3종 분말, 제4종 분말 또는 제5종 분말로 할 것
   다. 저장용기 등의 충전비는 다음 표에 정한 소화약제의 종별에 따른 것으로 할 것

소화약제의 종별	충전비의 범위
제1종 분말	0.85 이상 1.45 이하
제2종 분말 또는 제3종 분말	1.05 이상 1.75 이하
제4종 분말	1.50 이상 2.50 이하

   라. 저장용기 등은 제134조제4호라목의 규정의 예에 의하는 것 외에 다음에 정하는 것에 의할 것 [**저장용기의 설치기준**]
   (1) 저장탱크는 「압력용기-설계 및 제조 일반」(KS B 6750)의 기준에 적합한 것 또는 이와 동등 이상의 강도 및 내식성이 있는 것을 사용할 것
   (2) 저장용기 등에는 안전장치를 설치할 것
   (3) 저장용기(축압식인 것은 내압력이 1.0 MPa인 것에 한한다)에는 용기밸브를 설치할 것
   (4) 가압식의 저장용기 등에는 방출밸브를 설치할 것
   (5) 보기 쉬운 장소에 충전소화약제량, 소화약제의 종류, 최고사용압력(가압식인 것에 한한다) 제조연월 및 제조자명을 표시할 것

★★★★☆

 문제23 분말소화약제 저장용기의 설치기준 5가지를 쓰시오.

   마. 저장용기 등에는 잔류가스를 배출하기 위한 배출장치를, 배관에는 잔류소화약제를 처리하기 위한 클리닝장치를 설치할 것
   바. 가압용 가스용기는 저장용기 등의 직근에 설치되고 확실하게 접속되어 있을 것

사. 가압용 가스용기에는 안전장치 및 용기밸브를 설치할 것
아. 가압용 또는 축압용 가스는 다음에 정하는 것에 의할 것[**가압용 또는 축압용 가스의 설치기준**]
  (1) 가압용 또는 축압용 가스는 질소 또는 이산화탄소로 할 것
  (2) 가압용 가스로 질소를 사용하는 것은 소화약제 1kg당 온도 35 ℃에서 0 MPa의 상태로 환산한 체적 40 ℓ 이상, 이산화탄소를 사용하는 것은 소화약제 1 kg당 20 g에 배관의 청소에 필요한 양을 더한 양 이상일 것
  (3) 축압용 가스로 질소가스를 사용하는 것은 소화약제 1 kg당 온도 35 ℃에서 0 MPa의 상태로 환산한 체적 10 ℓ에 배관의 청소에 필요한 양을 더한 양 이상, 이산화탄소를 사용하는 것은 소화약제 1 kg당 20 g에 배관의 청소에 필요한 양을 더한 양 이상일 것
  (4) 클리닝에 필요한 양의 가스는 별도의 용기에 저장할 것

★★★☆☆

  문제24 분말소화설비 가압용 또는 축압용 가스의 설치기준 4가지를 쓰시오.

자. 배관은 다음에 정하는 것에 의할 것
  (1) 전용으로 할 것
  (2) 강관의 배관은 「배관용 탄소강관」(KS D 3507)에 적합하고 아연도금 등에 의하여 방식처리를 한 것 또는 이와 동등 이상의 강도 및 내식성을 갖는 것을 사용할 것. 다만, 축압식인 것 중에서 온도 20 ℃에서 압력이 2.5 MPa을 초과하고 4.2 MPa 이하인 것에 있어서는 「압력배관용 탄소강관」(KS D 3562) 중에서 스케줄40 이상이고 아연도금 등에 의하여 방식처리를 한 것 또는 이와 동등 이상의 강도와 내식성이 있는 것을 사용할 것
  (3) 동관의 배관은 「이음매없는 구리 및 구리합금관」(KS D 5301) 또는 이와 동등 이상의 강도 및 내식성을 갖는 것으로 조정압력 또는 최고사용압력의 1.5배 이상의 압력에 견딜 수 있는 것을 사용할 것
  (4) 관이음쇠는 「나사식 강관제관이음쇠」(KS B 1533), 「나사식 가단주철제관이음쇠」(KS B 1531), 「강제용접식 관플랜지」(KS B 1503), 「스테인리스강제용접식 플랜지」(KS B 1506), 「배관용 강제맞대기용접식 관이음쇠」(KS B 1541) 또는 이와 동등 이상의 강도, 내식성 및 내열성을 갖는 것으로 할 것
  (5) 밸브류는 다음에 정한 것에 의할 것[**밸브류의 설치기준**]
    (가) 소화약제를 방사하는 경우에 현저하게 소화약제와 가압용·축압용 가스가 분리되거나 소화약제가 잔류할 우려가 없는 구조일 것
    (나) 접속할 관의 구경에 맞는 규격일 것
    (다) 재질은 「주강 플랜지형 밸브」(KS B 2361), 「구상흑연주철품」(KS D 4302)로서 방식처리가 된 것 또는 이와 동등 이상의 강도, 내식성 및 내열성을 갖는 것으로 할 것

(라) 밸브류는 개폐위치 또는 개폐방향을 표시할 것
(마) 방출밸브 및 가압용 가스용기밸브의 수동조작부는 화재시 쉽게 접근 가능하고 안전한 장소에 설치할 것

★★★★☆

 문제25 분말소화설비 밸브류의 설치기준 5가지를 쓰시오.

(6) 저장용기 등으로부터 배관의 굴곡부까지의 거리는 관경의 20배 이상 되도록 할 것. 다만, 소화약제와 가압용·축압용 가스가 분리되지 않도록 조치를 한 경우에는 그러하지 아니하다.
(7) 낙차는 50 m 이상일 것
(8) 동시에 방사하는 분사헤드의 방사압력이 균일하도록 설치할 것

차. 가압식의 분말소화설비에는 2.5 MPa 이하의 압력으로 조정할 수 있는 압력조정기를 설치할 것
카. 가압식의 분말소화설비에는 다음에 정하는 것에 의하여 정압작동장치를 설치할 것
 (1) 기동장치의 작동 후 저장용기 등의 압력이 설정압력이 되었을 때 방출밸브를 개방시키는 것일 것
 (2) 정압작동장치는 저장용기 등마다 설치할 것
타. 축압식의 분말소화설비에는 사용압력의 범위를 녹색으로 표시한 지시압력계를 설치할 것
파. 선택밸브는 제134조제4호아목의 규정의 예에 의할 것
하. 저장용기 등과 선택밸브 등 사이에는 안전장치 또는 파괴판을 설치할 것
거. 기동용 가스용기는 제134조제4호 라목·차목의 규정의 예에 의하는 것 외에 다음에 정하는 것에 의할 것
 (1) 내용적은 0.27 ℓ 이상으로 하고 당해 용기에 저장하는 가스의 양은 145g 이상일 것
 (2) 충전비는 1.5 이상일 것

★★☆☆☆

 문제26 분말소화설비 기동용 가스용기의 설치기준 2가지를 쓰시오.

너. 기동장치는 제134조제4호카목(IG-100, IG-55 또는 IG-541과 관련된 부분은 제외한다)의 규정의 예에 의할 것
더. 음향경보장치는 제134조제4호타목의 규정의 예에 의할 것
러. 전역방출방식인 것에는 제134조제4호하목(IG-100, IG-55 또는 IG-541과 관련된 부분은 제외한다)의 규정의 예에 의할 것
머. 비상전원 및 조작회로 등의 배선은 제134조제4호 거목·너목의 규정의 예에 의할 것

5. 이동식 분말소화설비는 다음 각 호에 정한 것에 의할 것
   가. 제134조제5호다목 내지 바목, 이 조 제4호나목 내지 자목·타목의 규정의 예에 의할 것
   나. 하나의 노즐마다 매분당 소화약제 방사량은 다음 표에 정한 소화약제의 종류에 따른 양 이상으로 할 것

소화약제의 종류	소화약제의 양 (단위 kg)
제1종 분말	45 〈50〉
제2종 분말 또는 제3종 분말	27 〈30〉
제4종 분말	18 〈20〉

(비고) 오른쪽 란에 기재된 "〈 〉" 속의 수치는 전체 소화약제의 양임

08

제8편

부록

28th Day

1 소방시설 도시기호

☞ 소방시설 자체점검사항 등에 관한 고시[별표]

분류	명 칭	도시기호	분류	명 칭	도시기호
배관	일반배관	———	헤드류	스프링클러헤드폐쇄형 상향식(평면도)	
	옥내·외 소화전	—H—		스프링클러헤드폐쇄형 하향식(평면도)	
	스프링클러	—SP—		스프링클러헤드개방형 상향식(평면도)	
	물분무	—WS—		스프링클러헤드개방형 하향식(평면도)	
	포소화	—F—		스프링클러헤드폐쇄형 상향식(계통도)	
	배수관	—D—		스프링클러헤드폐쇄형 하향식(입면도)	
	전선관	입상		스프링클러헤드폐쇄형 상·하향식(입면도)	
		입하		스프링클러헤드 상향형(입면도)	
		통과		스프링클러헤드 하향형(입면도)	
관이음쇠	후렌지			분말·탄산가스·할로겐헤드	
	유니온			연결살수헤드	
	플러그			물분무헤드(평면도)	
	90° 엘보			물분무헤드(입면도)	
	45° 엘보			드렌쳐헤드(평면도)	
	티			드렌쳐헤드(입면도)	
	크로스			포헤드(평면도)	
	맹후렌지			포헤드(입면도)	
	캡			감지헤드(평면도)	

분류	명 칭	도시기호	분류	명 칭	도시기호
헤드류	감지헤드(입면도)		밸브류	릴리프밸브(이산화탄소용)	
	청정소화약제 방출헤드(평면도)			릴리프밸브(일반)	
	청정소화약제 방출헤드(입면도)			동체크밸브	
밸브류	체크밸브			앵글밸브	
	가스체크밸브			FOOT밸브	
	게이트밸브(상시개방)			볼밸브	
	게이트밸브(상시폐쇄)			배수밸브	
	선택밸브			자동배수밸브	
	조작밸브(일반)			여과망	
	조작밸브(전자식)			자동밸브	
	조작밸브(가스식)			감압밸브	
	경보밸브(습식)			공기조절밸브	
	경보밸브(건식)		계기류	압력계	
	프리액션밸브			연성계	
	경보델류지밸브			유량계	
	프리액션밸브 수동조작함	SVP	소화전	옥내소화전함	
	플렉시블조인트			옥내소화전 방수용기구병설	
	솔레노이드밸브			옥외소화전	
	모터밸브			포말소화전	

제8편 부록 511

28th Day

분류	명칭	도시기호	분류	명칭	도시기호
소화전	송수구		경보설비기기류	차동식스포트형감지기	
	방수구			보상식스포트형감지기	
스트레이너	Y형			정온식스포트형감지기	
	U형			연기감지기	S
저장탱크류	고가수조(물올림장치)			감지선	⊙
	압력챔버			공기관	———
	포말원액탱크	(수직) (수평)		열전대	
레듀셔	편심레듀셔			열반도체	∞
	원심레듀셔			차동식 분포형 감지기의검출기	⋈
혼합장치류	프레져프로포셔너			발신기세트 단독형	P B L
	라인프로포셔너			발신기세트 옥내소화전내장형	P B L
	프레져사이드 프로포셔너			경계구역번호	△
	기 타	P		비상용누름버튼	F
펌프류	일반펌프			비상전화기	ET
	펌프모터(수평)	M		비상벨	B
	펌프모토(수직)	M		싸이렌	
저장용기류	분말약제 저장용기	P.D		모터싸이렌	M
	저장용기			전자싸이렌	S
				조작장치	EP
				증폭기	AMP

분류	명칭	도시기호	분류	명칭	도시기호
경보설비기기류	기동누름버튼	Ⓔ	경보설비기기류	종단저항	∩
	이온화식감지기 (스포트형)	S I		수동식 제어	□
	광전식연기감지기 (아나로그)	S A		천장용 배풍기	
	광전식연기감지기 (스포트형)	S P		벽부착용 배풍기	
	감지기간선, HIV1.2mm×4(22C)	─F╫╫─	제연설비	배풍기	일반배풍기	
	감지기간선, HIV1.2mm×8(22C)	─F╫╫╫╫─			관로배풍기	
	유도등간선 HIV2.0mm×3(22C)	─EX─		댐퍼	화재댐퍼	
	경보부저	BZ			연기댐퍼	
	제어반	⊠			화재/연기댐퍼	
	표시반		스위치류	압력스위치	PS
	회로시험기	⊙		탬퍼스위치	TS
	화재경보벨	Ⓑ	방연·방화문	연기감지기(전용)	S
	시각경보기(스트로브)	◇		열감지기(전용)	
	수신기	⊠		자동폐쇄장치	ER
	부수신기			연동제어기	
	중계기			배연창기동 모터	M
	표시등	◐		배연창수동조작함	
	피난구유도등	⊗	피뢰침	피뢰부(평면도)	⊙
	통로유도등	→|		피뢰부(입면도)	
	표시판	△		피뢰도선 및 지붕위 도체	───
	보조전원	TR			

분류	명 칭	도시기호	분류	명 칭	도시기호
제연설비	접 지	⏚	기 타	비상콘센트	⦾⦿
	접지저항 측정용단자	⊗		비상분전반	▰
소 화 기 류	ABC소화기	소		가스계소화설비의 수동조작함	RM
	자동확산 소화기	자		전동기구동	M
	자동식소화기	◀소▶		엔진구동	E
	이산화탄소 소화기	C		배관행거	
	할로겐화합물 소화기	△		기압계	⌶
기 타	안테나	▽		배기구	↑
	스피커	▽		바닥은폐선	------
	연기 방연벽	▨		노출배선	———
	화재방화벽			소화가스 패키지	PAC
	화재 및 연기방벽				

★★★★☆

문제01 다음의 사항을 도시기호로 표시하시오. [점검1회기출]
1) 경보설비의 중계기
2) 포말소화전
3) 이산화탄소의 저장용기
4) 물분무헤드(평면도)
5) 자동방화문의 폐쇄장치

★★★★☆

문제02 소방방재청 소방시설자체점검 등에 관한 고시에서 정한 다음의 소방시설도시기호를 쓰시오. 단, 평면도 기준이다. [점검12회기출]
1) 스프링클러헤드 폐쇄형 하향식
2) 스프링클러헤드 개방형 하향식
3) 프리액션밸브
4) 경보델류지밸브
5) 솔레노이드밸브

★★★★☆

문제03 다음 명칭에 대한 소방시설 도시기호를 그리시오.[점검15회기출]
1) 릴리프밸브(일반) 2) 회로시험기
3) 연결살수헤드 4) 화재댐퍼

★★★★☆

문제04 소화설비에 사용되는 밸브류에 관하여 다음의 명칭에 맞는 도시기호를 표시하고 그 기능을 쓰시오.[점검16회기출]

명칭	도시기호	기능
(가) 가스체크밸브		
(나) 앵글밸브		
(다) 후드(Foot)밸브		
(라) 자동배수밸브		
(마) 감압밸브		

★★★★☆

문제05 다음 빈칸에 소방시설 도시기호를 넣고 그 기능을 설명하시오.[점검17회기출]

명칭	도시기호	기능
시각경보기	A	시각경보기는 소리를 듣지 못하는 청각장애인을 위하여 화재나 피난 등 긴급한 상태를 볼 수 있도록 알리는 기능을 한다.
기압계	B	E
방화문 연동제어기	C	F
포헤드(입면도)	D	포소화설비가 화재 등으로 작동되어 포소화약제가 방호구역에 방출될 때 포헤드에서 공기와 혼합하여서 포를 발포한다.

② 소방시설

☞ **소방시설 설치 및 관리에 관한 법률 시행령[별표 1]**

1. 소화설비 : 물 또는 그 밖의 소화약제를 사용하여 소화하는 기계·기구 또는 설비로서 다음 각 목의 것
   가. 소화기구
   1) 소화기
   2) 간이소화용구 : 에어로졸식 소화용구, 투척용 소화용구, 소공간용 소화용구 및 소화약제 외의 것을 이용한 간이소화용구
   3) 자동확산소화기
   나. 자동소화장치
   1) 주거용 주방자동소화장치

2) 상업용 주방자동소화장치
  3) 캐비닛형 자동소화장치
  4) 가스자동소화장치
  5) 분말자동소화장치
  6) 고체에어로졸자동소화장치
 다. 옥내소화전설비(호스릴옥내소화전설비를 포함한다)
 라. 스프링클러설비 등
  1) 스프링클러설비
  2) 간이스프링클러설비(캐비닛형 간이스프링클러설비를 포함한다)
  3) 화재조기진압용 스프링클러설비
 마. 물분무등소화설비
  1) 물분무소화설비
  2) 미분무소화설비
  3) 포소화설비
  4) 이산화탄소소화설비
  5) 할론소화설비
  6) 할로겐화합물 및 불활성기체 소화설비
  7) 분말소화설비
  8) 강화액소화설비
  9) 고체에어로졸소화설비
 바. 옥외소화전설비
2. 경보설비 : 화재발생 사실을 통보하는 기계·기구 또는 설비로서 다음 각 목의 것
 가. 단독경보형 감지기
 나. 비상경보설비
  1) 비상벨설비
  2) 자동식사이렌설비
 다. 자동화재탐지설비
 라. 시각경보기
 마. 화재알림설비
 바. 비상방송설비
 사. 자동화재속보설비
 아. 통합감시시설
 자. 누전경보기
 차. 가스누설경보기
3. 피난구조설비 : 화재가 발생할 경우 피난하기 위하여 사용하는 기구 또는 설비로서 다음 각 목의 것

가. 피난기구
   1) 피난사다리
   2) 구조대
   3) 완강기
   4) 그 밖에 법 제9조제1항에 따라 소방청장이 정하여 고시하는 화재안전기준(이하 "화재안전기준"이라 한다)으로 정하는 것
나. 인명구조기구
   1) 방열복, 방화복(안전모, 보호장갑 및 안전화를 포함한다)
   2) 공기호흡기
   3) 인공소생기
다. 유도등
   1) 피난유도선
   2) 피난구유도등
   3) 통로유도등
   4) 객석유도등
   5) 유도표지
라. 비상조명등 및 휴대용비상조명등
4. 소화용수설비 : 화재를 진압하는 데 필요한 물을 공급하거나 저장하는 설비로서 다음 각 목의 것
   가. 상수도소화용수설비
   나. 소화수조·저수조, 그 밖의 소화용수설비
5. 소화활동설비 : 화재를 진압하거나 인명구조활동을 위하여 사용하는 설비로서 다음 각 목의 것
   가. 제연설비
   나. 연결송수관설비
   다. 연결살수설비
   라. 비상콘센트설비
   마. 무선통신보조설비
   바. 연소방지설비

3 특정소방대상물

☞ 소방시설 설치 및 관리에 관한 법률 시행령[별표 2]

1. 공동주택
   가. 아파트 등 : 주택으로 쓰는 층수가 5층 이상인 주택
   나. 연립주택 : 주택으로 쓰는 1개 동의 바닥면적(2개 이상의 동을 지하주차장으로 연결하는 경우에는 각각의 동으로 본다) 합계가 660 ㎡를 초과하고, 층수가 4개 층 이하인 주택

다. 다세대주택 : 주택으로 쓰는 1개 동의 바닥면적(2개 이상의 동을 지하주차장으로 연결하는 경우에는 각각의 동으로 본다) 합계가 660㎡ 이하이고, 층수가 4개 층 이하인 주택
라. 기숙사 : 학교 또는 공장 등의 학생 또는 종업원 등을 위하여 쓰는 것으로서 1개 동의 공동취사시설 이용 세대 수가 전체의 50퍼센트 이상인 것(「교육기본법」 제27조제2항에 따른 학생복지주택 및 「공공주택 특별법」 제2조제1호의3에 따른 공공매입임대주택 중 독립된 주거의 형태를 갖추지 않은 것을 포함한다)

2. 근린생활시설
   가. 슈퍼마켓과 일용품(식품, 잡화, 의류, 완구, 서적, 건축자재, 의약품, 의료기기 등) 등의 소매점으로서 같은 건축물(하나의 대지에 두 동 이상의 건축물이 있는 경우에는 이를 같은 건축물로 본다. 이하 같다)에 해당 용도로 쓰는 바닥면적의 합계가 1천㎡ 미만인 것
   나. 휴게음식점, 제과점, 일반음식점, 기원(棋院), 노래연습장 및 단란주점(단란주점은 같은 건축물에 해당 용도로 쓰는 바닥면적의 합계가 150㎡ 미만인 것만 해당한다)
   다. 이용원, 미용원, 목욕장 및 세탁소(공장이 부설된 것과 「대기환경보전법」, 「물환경보전법」 또는 「소음·진동관리법」에 따른 배출시설의 설치허가 또는 신고의 대상이 되는 것은 제외한다)
   라. 의원, 치과의원, 한의원, 침술원, 접골원, 조산원, 산후조리원 및 안마원(「의료법」 제82조제4항에 따른 안마시술소를 포함한다)
   마. 탁구장, 테니스장, 체육도장, 체력단련장, 에어로빅장, 볼링장, 당구장, 실내낚시터, 골프연습장, 물놀이형 시설(「관광진흥법」 제33조에 따른 안전성검사의 대상이 되는 물놀이형 시설을 말한다. 이하 같다), 그 밖에 이와 비슷한 것으로서 같은 건축물에 해당 용도로 쓰는 바닥면적의 합계가 500㎡ 미만인 것
   바. 공연장(극장, 영화상영관, 연예장, 음악당, 서커스장, 「영화 및 비디오물의 진흥에 관한 법률」 제2조제16호가목에 따른 비디오물감상실업의 시설, 같은 호 나목에 따른 비디오물소극장업의 시설, 그 밖에 이와 비슷한 것을 말한다. 이하 같다) 또는 종교집회장[교회, 성당, 사찰, 기도원, 수도원, 수녀원, 제실(祭室), 사당, 그 밖에 이와 비슷한 것을 말한다. 이하 같다]으로서 같은 건축물에 해당 용도로 쓰는 바닥면적의 합계가 300㎡ 미만인 것
   사. 금융업소, 사무소, 부동산중개사무소, 결혼상담소 등 소개업소, 출판사, 서점, 그 밖에 이와 비슷한 것으로서 같은 건축물에 해당 용도로 쓰는 바닥면적의 합계가 500㎡ 미만인 것
   아. 제조업소, 수리점, 그 밖에 이와 비슷한 것으로서 같은 건축물에 해당 용도로 쓰는 바닥면적의 합계가 500㎡ 미만이고, 「대기환경보전법」, 「물환경보전법」 또는 「소음·진동관리법」에 따른 배출시설의 설치허가 또는 신고의 대상이 아닌 것

자. 「게임산업진흥에 관한 법률」 제2조제6호의2에 따른 청소년게임제공업 및 일반 게임제공업의 시설, 같은 조 제7호에 따른 인터넷컴퓨터게임시설제공업의 시설 및 같은 조 제8호에 따른 복합유통게임제공업의 시설로서 같은 건축물에 해당 용도로 쓰는 바닥면적의 합계가 500 ㎡ 미만인 것
차. 사진관, 표구점, 학원(같은 건축물에 해당 용도로 쓰는 바닥면적의 합계가 500 ㎡ 미만인 것만 해당하며, 자동차학원 및 무도학원은 제외한다), 독서실, 고시원 (「다중이용업소의 안전관리에 관한 특별법」에 따른 다중이용업 중 고시원업의 시설로서 독립된 주거의 형태를 갖추지 않은 것으로서 같은 건축물에 해당 용도로 쓰는 바닥면적의 합계가 500 ㎡ 미만인 것을 말한다), 장의사, 동물병원, 총포 판매사, 그 밖에 이와 비슷한 것
카. 의약품 판매소, 의료기기 판매소 및 자동차영업소로서 같은 건축물에 해당 용도로 쓰는 바닥면적의 합계가 1천 ㎡ 미만인 것
타. 삭제 〈2013.1.9〉

3. 문화 및 집회시설
  가. 공연장으로서 근린생활시설에 해당하지 않는 것
  나. 집회장 : 예식장, 공회당, 회의장, 마권(馬券) 장외 발매소, 마권 전화투표소, 그 밖에 이와 비슷한 것으로서 근린생활시설에 해당하지 않는 것
  다. 관람장 : 경마장, 경륜장, 경정장, 자동차 경기장, 그 밖에 이와 비슷한 것과 체육관 및 운동장으로서 관람석의 바닥면적의 합계가 1천㎡ 이상인 것
  라. 전시장 : 박물관, 미술관, 과학관, 문화관, 체험관, 기념관, 산업전시장, 박람회장, 견본주택, 그 밖에 이와 비슷한 것
  마. 동·식물원 : 동물원, 식물원, 수족관, 그 밖에 이와 비슷한 것

4. 종교시설
  가. 종교집회장으로서 근린생활시설에 해당하지 않는 것
  나. 가목의 종교집회장에 설치하는 봉안당(奉安堂)

5. 판매시설
  가. 도매시장 : 「농수산물 유통 및 가격안정에 관한 법률」 제2조제2호에 따른 농수산물도매시장, 같은 조 제5호에 따른 농수산물공판장, 그 밖에 이와 비슷한 것 (그 안에 있는 근린생활시설을 포함한다)
  나. 소매시장 : 시장, 「유통산업발전법」 제2조제3호에 따른 대규모점포, 그 밖에 이와 비슷한 것(그 안에 있는 근린생활시설을 포함한다)
  다. 전통시장 :「전통시장 및 상점가 육성을 위한 특별법」 제2조제1호에 따른 전통시장(그 안에 있는 근린생활시설을 포함하며, 노점형시장은 제외한다)
  라. 상점 : 다음의 어느 하나에 해당하는 것(그 안에 있는 근린생활시설을 포함한다)
    1) 제2호가목에 해당하는 용도로서 같은 건축물에 해당 용도로 쓰는 바닥면적 합계가 1천 ㎡ 이상인 것

2) 제2호자목에 해당하는 용도로서 같은 건축물에 해당 용도로 쓰는 바닥면적 합계가 500 m² 이상인 것

6. 운수시설
   가. 여객자동차터미널
   나. 철도 및 도시철도 시설(정비창 등 관련 시설을 포함한다)
   다. 공항시설(항공관제탑을 포함한다)
   라. 항만시설 및 종합여객시설

7. 의료시설
   가. 병원 : 종합병원, 병원, 치과병원, 한방병원, 요양병원
   나. 격리병원 : 전염병원, 마약진료소, 그 밖에 이와 비슷한 것
   다. 정신의료기관
   라. 「장애인복지법」 제58조제1항제4호에 따른 장애인 의료재활시설

8. 교육연구시설
   가. 학교
      1) 초등학교, 중학교, 고등학교, 특수학교, 그 밖에 이에 준하는 학교 : 「학교시설사업 촉진법」 제2조제1호나목의 교사(校舍)(교실·도서실 등 교수·학습활동에 직접 또는 간접적으로 필요한 시설물을 말하되, 병설유치원으로 사용되는 부분은 제외한다. 이하 같다), 체육관, 「학교급식법」 제6조에 따른 급식시설, 합숙소(학교의 운동부, 기능선수 등이 집단으로 숙식하는 장소를 말한다. 이하 같다)
      2) 대학, 대학교, 그 밖에 이에 준하는 각종 학교 : 교사 및 합숙소
   나. 교육원(연수원, 그 밖에 이와 비슷한 것을 포함한다)
   다. 직업훈련소
   라. 학원(근린생활시설에 해당하는 것과 자동차운전학원·정비학원 및 무도학원은 제외한다)
   마. 연구소(연구소에 준하는 시험소와 계량계측소를 포함한다)
   바. 도서관

9. 노유자시설
   가. 노인 관련 시설 : 「노인복지법」에 따른 노인주거복지시설, 노인의료복지시설, 노인여가복지시설, 주·야간보호서비스나 단기보호서비스를 제공하는 재가노인복지시설(「노인장기요양보험법」에 따른 재가장기요양기관을 포함한다), 노인보호전문기관, 노인일자리지원기관, 학대피해노인 전용쉼터, 그 밖에 이와 비슷한 것
   나. 아동 관련 시설 : 「아동복지법」에 따른 아동복지시설, 「영유아보육법」에 따른 어린이집, 「유아교육법」에 따른 유치원[제8호가목1)에 따른 학교의 교사 중 병설유치원으로 사용되는 부분을 포함한다], 그 밖에 이와 비슷한 것
   다. 장애인 관련 시설 : 「장애인복지법」에 따른 장애인 거주시설, 장애인 지역사회재활시설(장애인 심부름센터, 한국수어통역센터, 점자도서 및 녹음서 출판시설

등 장애인이 직접 그 시설 자체를 이용하는 것을 주된 목적으로 하지 않는 시설은 제외한다), 장애인 직업재활시설, 그 밖에 이와 비슷한 것
- 라. 정신질환자 관련 시설 : 「정신건강증진 및 정신질환자 복지서비스 지원에 관한 법률」에 따른 정신재활시설(생산품판매시설은 제외한다), 정신요양시설, 그 밖에 이와 비슷한 것
- 마. 노숙인 관련 시설 : 「노숙인 등의 복지 및 자립지원에 관한 법률」 제2조제2호에 따른 노숙인복지시설(노숙인일시보호시설, 노숙인자활시설, 노숙인재활시설, 노숙인요양시설 및 쪽방상담소만 해당한다), 노숙인종합지원센터 및 그 밖에 이와 비슷한 것
- 바. 가목부터 마목까지에서 규정한 것 외에 「사회복지사업법」에 따른 사회복지시설 중 결핵환자 또는 한센인 요양시설 등 다른 용도로 분류되지 않는 것

10. 수련시설
- 가. 생활권 수련시설 : 「청소년활동 진흥법」에 따른 청소년수련관, 청소년문화의집, 청소년특화시설, 그 밖에 이와 비슷한 것
- 나. 자연권 수련시설 : 「청소년활동 진흥법」에 따른 청소년수련원, 청소년야영장, 그 밖에 이와 비슷한 것
- 다. 「청소년활동 진흥법」에 따른 유스호스텔

11. 운동시설
- 가. 탁구장, 체육도장, 테니스장, 체력단련장, 에어로빅장, 볼링장, 당구장, 실내낚시터, 골프연습장, 물놀이형 시설, 그 밖에 이와 비슷한 것으로서 근린생활시설에 해당하지 않는 것
- 나. 체육관으로서 관람석이 없거나 관람석의 바닥면적이 1천 m^2 미만인 것
- 다. 운동장 : 육상장, 구기장, 볼링장, 수영장, 스케이트장, 롤러스케이트장, 승마장, 사격장, 궁도장, 골프장 등과 이에 딸린 건축물로서 관람석이 없거나 관람석의 바닥면적이 1천 m^2 미만인 것

12. 업무시설
- 가. 공공업무시설 : 국가 또는 지방자치단체의 청사와 외국공관의 건축물로서 근린생활시설에 해당하지 않는 것
- 나. 일반업무시설 : 금융업소, 사무소, 신문사, 오피스텔(업무를 주로 하며, 분양하거나 임대하는 구획 중 일부의 구획에서 숙식을 할 수 있도록 한 건축물로서 국토교통부장관이 고시하는 기준에 적합한 것을 말한다), 그 밖에 이와 비슷한 것으로서 근린생활시설에 해당하지 않는 것
- 다. 주민자치센터(동사무소), 경찰서, 지구대, 파출소, 소방서, 119안전센터, 우체국, 보건소, 공공도서관, 국민건강보험공단, 그 밖에 이와 비슷한 용도로 사용하는 것
- 라. 마을회관, 마을공동작업소, 마을공동구판장, 그 밖에 이와 유사한 용도로 사용되는 것

마. 변전소, 양수장, 정수장, 대피소, 공중화장실, 그 밖에 이와 유사한 용도로 사용되는 것
13. 숙박시설
  가. 일반형 숙박시설 :「공중위생관리법 시행령」제4조제1호가목에 따른 숙박업의 시설
  나. 생활형 숙박시설 :「공중위생관리법 시행령」제4조제1호나목에 따른 숙박업의 시설
  다. 고시원(근린생활시설에 해당하지 않는 것을 말한다)
  라. 그 밖에 가목부터 다목까지의 시설과 비슷한 것
14. 위락시설
  가. 단란주점으로서 근린생활시설에 해당하지 않는 것
  나. 유흥주점, 그 밖에 이와 비슷한 것
  다. 「관광진흥법」에 따른 유원시설업(遊園施設業)의 시설, 그 밖에 이와 비슷한 시설(근린생활시설에 해당하는 것은 제외한다)
  라. 무도장 및 무도학원
  마. 카지노영업소
15. 공장
  물품의 제조·가공[세탁·염색·도장(塗裝)·표백·재봉·건조·인쇄 등을 포함한다] 또는 수리에 계속적으로 이용되는 건축물로서 근린생활시설, 위험물 저장 및 처리 시설, 항공기 및 자동차 관련 시설, 분뇨 및 쓰레기 처리시설, 묘지 관련 시설 등으로 따로 분류되지 않는 것
16. 창고시설(위험물 저장 및 처리 시설 또는 그 부속용도에 해당하는 것은 제외한다)
  가. 창고(물품저장시설로서 냉장·냉동 창고를 포함한다)
  나. 하역장
  다. 「물류시설의 개발 및 운영에 관한 법률」에 따른 물류터미널
  라. 「유통산업발전법」제2조제15호에 따른 집배송시설
17. 위험물 저장 및 처리 시설
  가. 위험물 제조소등
  나. 가스시설 : 산소 또는 가연성 가스를 제조·저장 또는 취급하는 시설 중 지상에 노출된 산소 또는 가연성 가스 탱크의 저장용량의 합계가 100톤 이상이거나 저장용량이 30톤 이상인 탱크가 있는 가스시설로서 다음의 어느 하나에 해당하는 것
    1) 가스 제조시설
      가)「고압가스 안전관리법」제4조제1항에 따른 고압가스의 제조허가를 받아야 하는 시설
      나)「도시가스사업법」제3조에 따른 도시가스사업허가를 받아야 하는 시설
    2) 가스 저장시설

가) 「고압가스 안전관리법」 제4조제3항에 따른 고압가스 저장소의 설치허가를 받아야 하는 시설
나) 「액화석유가스의 안전관리 및 사업법」 제8조제1항에 따른 액화석유가스 저장소의 설치 허가를 받아야 하는 시설
3) 가스 취급시설
「액화석유가스의 안전관리 및 사업법」 제5조에 따른 액화석유가스 충전사업 또는 액화석유가스 집단공급사업의 허가를 받아야 하는 시설

18. 항공기 및 자동차 관련 시설(건설기계 관련 시설을 포함한다)
   가. 항공기격납고
   나. 차고, 주차용 건축물, 철골 조립식 주차시설(바닥면이 조립식이 아닌 것을 포함한다) 및 기계장치에 의한 주차시설
   다. 세차장
   라. 폐차장
   마. 자동차 검사장
   바. 자동차 매매장
   사. 자동차 정비공장
   아. 운전학원·정비학원
   자. 다음의 건축물을 제외한 건축물의 내부(「건축법 시행령」 제119조제1항제3호다목에 따른 필로티와 건축물 지하를 포함한다)에 설치된 주차장
      1) 「건축법 시행령」 별표 1 제1호에 따른 단독주택
      2) 「건축법 시행령」 별표 1 제2호에 따른 공동주택 중 50세대 미만인 연립주택 또는 50세대 미만인 다세대주택
   차. 「여객자동차 운수사업법」, 「화물자동차 운수사업법」 및 「건설기계관리법」에 따른 차고 및 주기장(駐機場)

19. 동물 및 식물 관련 시설
   가. 축사[부화장(孵化場)을 포함한다]
   나. 가축시설 : 가축용 운동시설, 인공수정센터, 관리사(管理舍), 가축용 창고, 가축시장, 동물검역소, 실험동물 사육시설, 그 밖에 이와 비슷한 것
   다. 도축장
   라. 도계장
   마. 작물 재배사(栽培舍)
   바. 종묘배양시설
   사. 화초 및 분재 등의 온실
   아. 식물과 관련된 마목부터 사목까지의 시설과 비슷한 것(동·식물원은 제외한다)

20. 자원순환 관련 시설
   가. 하수 등 처리시설
   나. 고물상

다. 폐기물재활용시설
라. 폐기물처분시설
마. 폐기물감량화시설
21. 교정 및 군사시설
　가. 보호감호소, 교도소, 구치소 및 그 지소
　나. 보호관찰소, 갱생보호시설, 그 밖에 범죄자의 갱생·보호·교육·보건 등의 용도로 쓰는 시설
　다. 치료감호시설
　라. 소년원 및 소년분류심사원
　마. 「출입국관리법」 제52조제2항에 따른 보호시설
　바. 「경찰관 직무집행법」 제9조에 따른 유치장
　사. 국방·군사시설(「국방·군사시설 사업에 관한 법률」 제2조제1호가목부터 마목까지의 시설을 말한다)
22. 방송통신시설
　가. 방송국(방송프로그램 제작시설 및 송신·수신·중계시설을 포함한다)
　나. 전신전화국
　다. 촬영소
　라. 통신용 시설
　마. 그 밖에 가목부터 라목까지의 시설과 비슷한 것
23. 발전시설
　가. 원자력발전소
　나. 화력발전소
　다. 수력발전소(조력발전소를 포함한다)
　라. 풍력발전소
　마. 전기저장시설[20킬로와트시(kWh)를 초과하는 리튬·나트륨·레독스플로우 계열의 이차전지를 이용한 전기저장장치의 시설을 말한다. 이하 같다]
　바. 그 밖에 가목부터 마목까지의 시설과 비슷한 것(집단에너지 공급시설을 포함한다)
24. 묘지 관련 시설
　가. 화장시설
　나. 봉안당(제4호나목의 봉안당은 제외한다)
　다. 묘지와 자연장지에 부수되는 건축물
　라. 동물화장시설, 동물건조장(乾燥葬)시설 및 동물 전용의 납골시설
25. 관광 휴게시설
　가. 야외음악당
　나. 야외극장
　다. 어린이회관
　라. 관망탑

마. 휴게소
바. 공원·유원지 또는 관광지에 부수되는 건축물
26. 장례시설
가. 장례식장[의료시설의 부수시설(「의료법」 제36조제1호에 따른 의료기관의 종류에 따른 시설을 말한다)은 제외한다]
나. 동물 전용의 장례식장
27. 지하가
지하의 인공구조물 안에 설치되어 있는 상점, 사무실, 그 밖에 이와 비슷한 시설이 연속하여 지하도에 면하여 설치된 것과 그 지하도를 합한 것
가. 지하상가
나. 터널 : 차량(궤도차량용은 제외한다) 등의 통행을 목적으로 지하, 해저 또는 산을 뚫어서 만든 것
28. 지하구
가. 전력·통신용의 전선이나 가스·냉난방용의 배관 또는 이와 비슷한 것을 집합 수용하기 위하여 설치한 지하 인공구조물로서 사람이 점검 또는 보수를 하기 위하여 출입이 가능한 것 중 다음의 어느 하나에 해당하는 것
  1) 전력 또는 통신사업용 지하 인공구조물로서 전력구(케이블 접속부가 없는 경우에는 제외한다) 또는 통신구 방식으로 설치된 것
  2) 1)외의 지하 인공구조물로서 폭이 1.8미터 이상이고 높이가 2미터 이상이며 길이가 50미터 이상인 것
나. 「국토의 계획 및 이용에 관한 법률」 제2조제9호에 따른 공동구
29. 국가유산
가. 「문화유산의 보존 및 활용에 관한 법률」에 따른 지정문화유산 중 건축물
나. 「자연유산의 보존 및 활용에 관한 법률」에 따른 천연기념물 등 중 건축물
30. 복합건축물
가. 하나의 건축물이 제1호부터 제27호까지의 것 중 둘 이상의 용도로 사용되는 것. 다만, 다음의 어느 하나에 해당하는 경우에는 복합건축물로 보지 않는다.
  1) 관계 법령에서 주된 용도의 부수시설로서 그 설치를 의무화하고 있는 용도 또는 시설
  2) 「주택법」 제35조제1항제3호 및 제4호에 따라 주택 안에 부대시설 또는 복리시설이 설치되는 특정소방대상물
  3) 건축물의 주된 용도의 기능에 필수적인 용도로서 다음의 어느 하나에 해당하는 용도
    가) 건축물의 설비, 대피 또는 위생을 위한 용도, 그 밖에 이와 비슷한 용도
    나) 사무, 작업, 집회, 물품저장 또는 주차를 위한 용도, 그 밖에 이와 비슷한 용도

다) 구내식당, 구내세탁소, 구내운동시설 등 종업원후생복리시설(기숙사는 제외한다) 또는 구내소각시설의 용도, 그 밖에 이와 비슷한 용도

나. 하나의 건축물이 근린생활시설, 판매시설, 업무시설, 숙박시설 또는 위락시설의 용도와 주택의 용도로 함께 사용되는 것

★★★☆☆

 문제06 특정소방대상물 [별표 2]의 복합건축물 구분 항목에서 하나의 건축물에 둘 이상의 용도로 사용되는 경우에도 복합건축물에 해당되지 않는 경우를 모두 쓰시오. [점검14회기출]

[비고]
1. 내화구조로 된 하나의 특정소방대상물이 개구부(건축물에서 채광·환기·통풍·출입 등을 위하여 만든 창이나 출입구를 말한다)가 없는 내화구조의 바닥과 벽으로 구획되어 있는 경우에는 그 구획된 부분을 각각 별개의 특정소방대상물로 본다.
2. 둘 이상의 특정소방대상물이 다음 각 목의 어느 하나에 해당되는 구조의 복도 또는 통로(이하 이 표에서 "연결통로"라 한다)로 연결된 경우에는 이를 하나의 소방대상물로 본다.
   가. 내화구조로 된 연결통로가 다음의 어느 하나에 해당되는 경우
      1) 벽이 없는 구조로서 그 길이가 6 m 이하인 경우
      2) 벽이 있는 구조로서 그 길이가 10 m 이하인 경우. 다만, 벽 높이가 바닥에서 천장까지의 높이의 2분의 1 이상인 경우에는 벽이 있는 구조로 보고, 벽 높이가 바닥에서 천장까지의 높이의 2분의 1 미만인 경우에는 벽이 없는 구조로 본다.
   나. 내화구조가 아닌 연결통로로 연결된 경우
   다. 컨베이어로 연결되거나 플랜트설비의 배관 등으로 연결되어 있는 경우
   라. 지하보도, 지하상가, 지하가로 연결된 경우
   마. 자동방화셔터 또는 60분+ 방화문이 설치되지 않은 피트(전기설비 또는 배관설비 등이 설치되는 공간을 말한다)로 연결된 경우
   바. 지하구로 연결된 경우
3. 제2호에도 불구하고 연결통로 또는 지하구와 소방대상물의 양쪽에 다음 각 목의 어느 하나에 적합한 경우에는 각각 별개의 소방대상물로 본다.
   가. 화재 시 경보설비 또는 자동소화설비의 작동과 연동하여 자동으로 닫히는 자동방화셔터 또는 60분+ 방화문이 설치된 경우
   나. 화재 시 자동으로 방수되는 방식의 드렌처설비 또는 개방형 스프링클러헤드가 설치된 경우
4. 위 제1호부터 제30호까지의 특정소방대상물의 지하층이 지하가와 연결되어 있는 경우 해당 지하층의 부분을 지하가로 본다. 다만, 다음 지하가와 연결되는 지하층에 지하층 또는 지하가에 설치된 자동방화셔터 또는 60분+ 방화문이 화재 시 경

보설비 또는 자동소화설비의 작동과 연동하여 자동으로 닫히는 구조이거나 그 윗부분에 드렌처설비가 설치된 경우에는 지하가로 보지 않는다.

★★★☆☆

문제07 2 이상의 특정소방대상물이 연결통로로 연결된 경우 다음 물음에 대하여 답하시오.[점검10회기출]
1) 하나의 소방대상물로 보는 조건 중 내화구조로 벽이 없는 통로와 벽이 있는 통로를 구분하여 쓰시오.
2) 위 1) 외에 하나의 소방대상물로 볼 수 있는 조건 5가지를 쓰시오.
3) 별개의 소방대상물로 볼 수 있는 조건에 대하여 쓰시오.

4 소방용품

☞ 소방시설 설치 및 관리에 관한 법률 시행령[별표 3]

1. 소화설비를 구성하는 제품 또는 기기
   가. 별표 1 제1호가목의 소화기구(소화약제 외의 것을 이용한 간이소화용구는 제외한다)
   나. 별표 1 제1호나목의 자동소화장치
   다. 소화설비를 구성하는 소화전, 관창(菅槍), 소방호스, 스프링클러헤드, 기동용 수압개폐장치, 유수제어밸브 및 가스관선택밸브
2. 경보설비를 구성하는 제품 또는 기기
   가. 누전경보기 및 가스누설경보기
   나. 경보설비를 구성하는 발신기, 수신기, 중계기, 감지기 및 음향장치(경종만 해당한다)
3. 피난구조설비를 구성하는 제품 또는 기기
   가. 피난사다리, 구조대, 완강기(간이완강기 및 지지대를 포함한다)
   나. 공기호흡기(충전기를 포함한다)
   다. 피난구유도등, 통로유도등, 객석유도등 및 예비 전원이 내장된 비상조명등
4. 소화용으로 사용하는 제품 또는 기기
   가. 소화약제(별표 1 제1호나목2)와 3)의 자동소화장치와 같은 호 마목3)부터 8)까지의 소화설비용만 해당한다)
   나. 방염제(방염액·방염도료 및 방염성물질을 말한다)
5. 그 밖에 행정안전부령으로 정하는 소방 관련 제품 또는 기기

★★★☆☆

문제08 소방시설 설치·유지 및 안전관리에 관한 법률 시행령 별표 3에서 규정하고 있는 소방용품을 모두 쓰시오.[점검14회기출]

5 수용인원의 산정 방법

☞ 소방시설 설치 및 관리에 관한 법률 시행령[별표 4]

1. 숙박시설이 있는 특정소방대상물
   가. 침대가 있는 숙박시설 : 해당 특정소방물의 종사자 수에 침대 수(2인용 침대는 2개로 산정한다)를 합한 수
   나. 침대가 없는 숙박시설 : 해당 특정소방대상물의 종사자 수에 숙박시설 바닥면적의 합계를 3㎡로 나누어 얻은 수를 합한 수
2. 제1호 외의 특정소방대상물
   가. 강의실·교무실·상담실·실습실·휴게실 용도로 쓰이는 특정소방대상물 : 해당 용도로 사용하는 바닥면적의 합계를 1.9㎡로 나누어 얻은 수
   나. 강당, 문화 및 집회시설, 운동시설, 종교시설 : 해당 용도로 사용하는 바닥면적의 합계를 4.6㎡로 나누어 얻은 수(관람석이 있는 경우 고정식 의자를 설치한 부분은 그 부분의 의자 수로 하고, 긴 의자의 경우에는 의자의 정면너비를 0.45m로 나누어 얻은 수로 한다)
   다. 그 밖의 특정소방대상물 : 해당 용도로 사용하는 바닥면적의 합계를 3㎡로 나누어 얻은 수

[비고]
1. 위 표에서 바닥면적을 산정할 때에는 복도(「건축법 시행령」 제2조제11호에 따른 준불연재료 이상의 것을 사용하여 바닥에서 천장까지 벽으로 구획한 것을 말한다), 계단 및 화장실의 바닥면적을 포함하지 않는다.
2. 계산 결과 소수점 이하의 수는 반올림한다.

★★★☆☆

 문제09 숙박시설이 설치되지 않은 특정소방대상물의 경우 수용인원산정기준을 쓰시오.[점검12회기출]

6 특정소방대상물의 관계인이 특정소방대상물의 규모·용도 및 수용인원 등을 고려하여 갖추어야 하는 소방시설의 종류

☞ 소방시설 설치 및 관리에 관한 법률 시행령[별표 5]

1. 소화설비
   가. 화재안전기준에 따라 소화기구를 설치해야 하는 특정소방대상물은 다음의 어느 하나에 해당하는 것으로 한다.
      1) 연면적 33㎡ 이상인 것. 다만, 노유자 시설의 경우에는 투척용 소화용구 등을 화재안전기준에 따라 산정된 소화기 수량의 2분의 1 이상으로 설치할 수 있다.
      2) 1)에 해당하지 않는 시설로서 가스시설, 발전시설 중 전기저장시설 및 국가유산

3) 터널
4) 지하구

나. 자동소화장치를 설치해야 하는 특정소방대상물은 다음의 어느 하나에 해당하는 특정소방대상물 중 후드 및 덕트가 설치되어 있는 주방이 있는 특정소방대상물로 한다. 이 경우 해당 주방에 자동소화장치를 설치해야 한다.
1) 주거용 주방자동소화장치를 설치해야 하는 것 : 아파트등 및 오피스텔의 모든 층
2) 상업용 주방자동소화장치를 설치해야 하는 것
    가) 판매시설 중「유통산업발전법」제2조제3호에 해당하는 대규모점포에 입점해 있는 일반음식점
    나)「식품위생법」제2조제12호에 따른 집단급식소
3) 캐비닛형 자동소화장치, 가스자동소화장치, 분말자동소화장치 또는 고체에어로졸자동소화장치를 설치해야 하는 것 : 화재안전기준에서 정하는 장소

다. 옥내소화전설비를 설치해야 하는 특정소방대상물은 다음의 어느 하나에 해당하는 것으로 한다. 다만, 위험물 저장 및 처리 시설 중 가스시설, 지하구 및 업무시설 중 무인변전소(방재실 등에서 스프링클러설비 또는 물분무등소화설비를 원격으로 조정할 수 있는 무인변전소로 한정한다)는 제외한다.
1) 다음의 어느 하나에 해당하는 경우에는 모든 층
    가) 연면적 3천 ㎡ 이상인 것(지하가 중 터널은 제외한다)
    나) 지하층·무창층(축사는 제외한다)으로서 바닥면적이 600 ㎡ 이상인 층이 있는 것
    다) 층수가 4층 이상인 것 중 바닥면적이 600 ㎡ 이상인 층이 있는 것
2) 1)에 해당하지 않는 근린생활시설, 판매시설, 운수시설, 의료시설, 노유자 시설, 업무시설, 숙박시설, 위락시설, 공장, 창고시설, 항공기 및 자동차 관련 시설, 교정 및 군사시설 중 국방·군사시설, 방송통신시설, 발전시설, 장례시설 또는 복합건축물로서 다음의 어느 하나에 해당하는 경우에는 모든 층
    가) 연면적 1천5백 ㎡ 이상인 것
    나) 지하층·무창층으로서 바닥면적이 300 ㎡ 이상인 층이 있는 것
    다) 층수가 4층 이상인 것 중 바닥면적이 300 ㎡ 이상인 층이 있는 것
3) 건축물의 옥상에 설치된 차고·주차장으로서 사용되는 면적이 200 ㎡ 이상인 경우 해당 부분
4) 지하가 중 터널로서 다음에 해당하는 터널
    가) 길이가 1천 m 이상인 터널
    나) 예상교통량, 경사도 등 터널의 특성을 고려하여 행정안전부령으로 정하는 터널
5) 1) 및 2)에 해당하지 않는 공장 또는 창고시설로서「화재의 예방 및 안전관리에 관한 법률 시행령」별표 2에서 정하는 수량의 750배 이상의 특수가연물을 저장·취급하는 것

라. 스프링클러설비를 설치해야 하는 특정소방대상물(위험물 저장 및 처리 시설 중 가스시설 및 지하구는 제외한다)은 다음의 어느 하나에 해당하는 것으로 한다.
  1) 층수가 6층 이상인 특정소방대상물의 경우에는 모든 층. 다만, 다음의 어느 하나에 해당하는 경우는 제외한다.
     가) 주택 관련 법령에 따라 기존의 아파트등을 리모델링하는 경우로서 건축물의 연면적 및 층의 높이가 변경되지 않는 경우. 이 경우 해당 아파트등의 사용검사 당시의 소방시설의 설치에 관한 대통령령 또는 화재안전기준을 적용한다.
     나) 스프링클러설비가 없는 기존의 특정소방대상물을 용도변경하는 경우. 다만, 2)부터 6)까지 및 9)부터 12)까지의 규정에 해당하는 특정소방대상물로 용도변경하는 경우에는 해당 규정에 따라 스프링클러설비를 설치한다.
  2) 기숙사(교육연구시설·수련시설 내에 있는 학생 수용을 위한 것을 말한다) 또는 복합건축물로서 연면적 5천 m^2 이상인 경우에는 모든 층
  3) 문화 및 집회시설(동·식물원은 제외한다), 종교시설(주요구조부가 목조인 것은 제외한다), 운동시설(물놀이형 시설 및 바닥이 불연재료이고 관람석이 없는 운동시설은 제외한다)로서 다음의 어느 하나에 해당하는 경우에는 모든 층
     가) 수용인원이 100명 이상인 것
     나) 영화상영관의 용도로 쓰는 층의 바닥면적이 지하층 또는 무창층인 경우에는 500 m^2 이상, 그 밖의 층의 경우에는 1천 m^2 이상인 것
     다) 무대부가 지하층·무창층 또는 4층 이상의 층에 있는 경우에는 무대부의 면적이 300 m^2 이상인 것
     라) 무대부가 다) 외의 층에 있는 경우에는 무대부의 면적이 500 m^2 이상인 것
  4) 판매시설, 운수시설 및 창고시설(물류터미널로 한정한다)로서 바닥면적의 합계가 5천 m^2 이상이거나 수용인원이 500명 이상인 경우에는 모든 층
  5) 다음의 어느 하나에 해당하는 용도로 사용되는 시설의 바닥면적의 합계가 600 m^2 이상인 것은 모든 층
     가) 근린생활시설 중 조산원 및 산후조리원
     나) 의료시설 중 정신의료기관
     다) 의료시설 중 종합병원, 병원, 치과병원, 한방병원 및 요양병원
     라) 노유자 시설
     마) 숙박이 가능한 수련시설
     바) 숙박시설
  6) 창고시설(물류터미널은 제외한다)로서 바닥면적 합계가 5천 m^2 이상인 경우에는 모든 층
  7) 특정소방대상물의 지하층·무창층(축사는 제외한다) 또는 층수가 4층 이상인 층으로서 바닥면적이 1천 m^2 이상인 층이 있는 경우에는 해당 층

8) 랙식 창고(rack warehouse) : 랙(물건을 수납할 수 있는 선반이나 이와 비슷한 것을 말한다. 이하 같다)을 갖춘 것으로서 천장 또는 반자(반자가 없는 경우에는 지붕의 옥내에 면하는 부분을 말한다)의 높이가 10 m를 초과하고, 랙이 설치된 층의 바닥면적의 합계가 1천5백 ㎡ 이상인 경우에는 모든 층

9) 공장 또는 창고시설로서 다음의 어느 하나에 해당하는 시설
  가) 「화재의 예방 및 안전관리에 관한 법률 시행령」 별표 2에서 정하는 수량의 1천 배 이상의 특수가연물을 저장·취급하는 시설
  나) 「원자력안전법 시행령」 제2조제1호에 따른 중·저준위방사성폐기물(이하 "중·저준위방사성폐기물"이라 한다)의 저장시설 중 소화수를 수집·처리하는 설비가 있는 저장시설

10) 지붕 또는 외벽이 불연재료가 아니거나 내화구조가 아닌 공장 또는 창고시설로서 다음의 어느 하나에 해당하는 것
  가) 창고시설(물류터미널로 한정한다) 중 4)에 해당하지 않는 것으로서 바닥면적의 합계가 2천5백 ㎡ 이상이거나 수용인원이 250명 이상인 경우에는 모든 층
  나) 창고시설(물류터미널은 제외한다) 중 6)에 해당하지 않는 것으로서 바닥면적의 합계가 2천5백 ㎡ 이상인 경우에는 모든 층
  다) 공장 또는 창고시설 중 7)에 해당하지 않는 것으로서 지하층·무창층 또는 층수가 4층 이상인 것 중 바닥면적이 500 ㎡ 이상인 경우에는 모든 층
  라) 랙식 창고 중 8)에 해당하지 않는 것으로서 바닥면적의 합계가 750 ㎡ 이상인 경우에는 모든 층
  마) 공장 또는 창고시설 중 9)가)에 해당하지 않는 것으로서 「화재의 예방 및 안전관리에 관한 법률 시행령」 별표 2에서 정하는 수량의 500배 이상의 특수가연물을 저장·취급하는 시설

11) 교정 및 군사시설 중 다음의 어느 하나에 해당하는 경우에는 해당 장소
  가) 보호감호소, 교도소, 구치소 및 그 지소, 보호관찰소, 갱생보호시설, 치료감호시설, 소년원 및 소년분류심사원의 수용거실
  나) 「출입국관리법」 제52조제2항에 따른 보호시설(외국인보호소의 경우에는 보호대상자의 생활공간으로 한정한다. 이하 같다)로 사용하는 부분. 다만, 보호시설이 임차건물에 있는 경우는 제외한다.
  다) 「경찰관 직무집행법」 제9조에 따른 유치장

12) 지하가(터널은 제외한다)로서 연면적 1천 ㎡ 이상인 것
13) 발전시설 중 전기저장시설
14) 1)부터 13)까지의 특정소방대상물에 부속된 보일러실 또는 연결통로 등

마. 간이스프링클러설비를 설치해야 하는 특정소방대상물은 다음의 어느 하나에 해당하는 것으로 한다.

1) 공동주택 중 연립주택 및 다세대주택(연립주택 및 다세대주택에 설치하는 간이스프링클러설비는 화재안전기준에 따른 주택전용 간이스프링클러설비를 설치한다)
2) 근린생활시설 중 다음의 어느 하나에 해당하는 것
   가) 근린생활시설로 사용하는 부분의 바닥면적 합계가 1천 ㎡ 이상인 것은 모든 층
   나) 의원, 치과의원 및 한의원으로서 입원실이 있는 시설
   다) 조산원 및 산후조리원으로서 연면적 600 ㎡ 미만인 시설
3) 의료시설 중 다음의 어느 하나에 해당하는 시설
   가) 종합병원, 병원, 치과병원, 한방병원 및 요양병원(의료재활시설은 제외한다)으로 사용되는 바닥면적의 합계가 600 ㎡ 미만인 시설
   나) 정신의료기관 또는 의료재활시설로 사용되는 바닥면적의 합계가 300 ㎡ 이상 600㎡ 미만인 시설
   다) 정신의료기관 또는 의료재활시설로 사용되는 바닥면적의 합계가 300 ㎡ 미만이고, 창살(철재·플라스틱 또는 목재 등으로 사람의 탈출 등을 막기 위하여 설치한 것을 말하며, 화재 시 자동으로 열리는 구조로 되어 있는 창살은 제외한다)이 설치된 시설
4) 교육연구시설 내에 합숙소로서 연면적 100 ㎡ 이상인 경우에는 모든 층
5) 노유자 시설로서 다음의 어느 하나에 해당하는 시설
   가) 제7조제1항제7호 각 목에 따른 시설[같은 호 가목2) 및 같은 호 나목부터 바목까지의 시설 중 단독주택 또는 공동주택에 설치되는 시설은 제외하며, 이하 "노유자 생활시설"이라 한다]
   나) 가)에 해당하지 않는 노유자 시설로 해당 시설로 사용하는 바닥면적의 합계가 300 ㎡ 이상 600 ㎡ 미만인 시설
   다) 가)에 해당하지 않는 노유자 시설로 해당 시설로 사용하는 바닥면적의 합계가 300 ㎡ 미만이고, 창살(철재·플라스틱 또는 목재 등으로 사람의 탈출 등을 막기 위하여 설치한 것을 말하며, 화재 시 자동으로 열리는 구조로 되어 있는 창살은 제외한다)이 설치된 시설
6) 숙박시설로 사용되는 바닥면적의 합계가 300㎡ 이상 600 ㎡ 미만인 시설
7) 건물을 임차하여 「출입국관리법」 제52조제2항에 따른 보호시설로 사용하는 부분
8) 복합건축물(별표 2 제30호나목의 복합건축물만 해당한다)로서 연면적 1천 ㎡ 이상인 것은 모든 층

바. 물분무등소화설비를 설치해야 하는 특정소방대상물(위험물 저장 및 처리 시설 중 가스시설 및 지하구는 제외한다)은 다음의 어느 하나에 해당하는 것으로 한다.
   1) 항공기 및 자동차 관련 시설 중 항공기 격납고
   2) 차고, 주차용 건축물 또는 철골 조립식 주차시설. 이 경우 연면적 800 ㎡ 이상인 것만 해당한다.

3) 건축물의 내부에 설치된 차고·주차장으로서 차고 또는 주차의 용도로 사용되는 면적이 200㎡ 이상인 경우 해당 부분(50세대 미만 연립주택 및 다세대주택은 제외한다)
4) 기계장치에 의한 주차시설을 이용하여 20대 이상의 차량을 주차할 수 있는 시설
5) 특정소방대상물에 설치된 전기실·발전실·변전실(가연성 절연유를 사용하지 않는 변압기·전류차단기 등의 전기기기와 가연성 피복을 사용하지 않은 전선 및 케이블만을 설치한 전기실·발전실 및 변전실은 제외한다)·축전지실·통신기기실 또는 전산실, 그 밖에 이와 비슷한 것으로서 바닥면적이 300㎡ 이상인 것[하나의 방화구획 내에 둘 이상의 실(室)이 설치되어 있는 경우에는 이를 하나의 실로 보아 바닥면적을 산정한다]. 다만, 내화구조로 된 공정제어실 내에 설치된 주조정실로서 양압시설(외부 오염 공기 침투를 차단하고 내부의 나쁜 공기가 자연스럽게 외부로 흐를 수 있도록 한 시설을 말한다)이 설치되고 전기기기에 220볼트 이하인 저전압이 사용되며 종업원이 24시간 상주하는 곳은 제외한다.
6) 소화수를 수집·처리하는 설비가 설치되어 있지 않은 중·저준위방사성폐기물의 저장시설. 이 시설에는 이산화탄소소화설비, 할론소화설비 또는 할로겐화합물 및 불활성기체 소화설비를 설치해야 한다.
7) 지하가 중 예상 교통량, 경사도 등 터널의 특성을 고려하여 행정안전부령으로 정하는 터널. 이 시설에는 물분무소화설비를 설치해야 한다.
8) 국가유산 중 「문화유산의 보존 및 활용에 관한 법률」에 따른 지정문화유산(문화유산자료를 제외한다) 또는 「자연유산의 보존 및 활용에 관한 법률」에 따른 천연기념물등(자연유산자료를 제외한다)으로서 소방청장이 국가유산청장과 협의하여 정하는 것

사. 옥외소화전설비를 설치해야 하는 특정소방대상물(아파트등, 위험물 저장 및 처리 시설 중 가스시설, 지하구 및 지하가 중 터널은 제외한다)은 다음의 어느 하나에 해당하는 것으로 한다.
1) 지상 1층 및 2층의 바닥면적의 합계가 9천㎡ 이상인 것. 이 경우 같은 구(區) 내의 둘 이상의 특정소방대상물이 행정안전부령으로 정하는 연소(延燒) 우려가 있는 구조인 경우에는 이를 하나의 특정소방대상물로 본다.
2) 문화유산 중 「문화유산의 보존 및 활용에 관한 법률」 제23조에 따라 보물 또는 국보로 지정된 목조건축물
3) 1)에 해당하지 않는 공장 또는 창고시설로서 「화재의 예방 및 안전관리에 관한 법률 시행령」 별표 2에서 정하는 수량의 750배 이상의 특수가연물을 저장·취급하는 것

2. 경보설비
가. 단독경보형 감지기를 설치해야 하는 특정소방대상물은 다음의 어느 하나에 해

당하는 것으로 한다. 이 경우 5)의 연립주택 및 다세대주택에 설치하는 단독경보형 감지기는 연동형으로 설치해야 한다.
1) 교육연구시설 내에 있는 기숙사 또는 합숙소로서 연면적 2천 ㎡ 미만인 것
2) 수련시설 내에 있는 기숙사 또는 합숙소로서 연면적 2천 ㎡ 미만인 것
3) 다목7)에 해당하지 않는 수련시설(숙박시설이 있는 것만 해당한다)
4) 연면적 400 ㎡ 미만의 유치원
5) 공동주택 중 연립주택 및 다세대주택

나. 비상경보설비를 설치해야 하는 특정소방대상물(모래 · 석재 등 불연재료 공장 및 창고시설, 위험물 저장 및 처리 시설 중 가스시설, 사람이 거주하지 않거나 벽이 없는 축사 등 동물 및 식물 관련 시설 및 지하구는 제외한다)은 다음의 어느 하나에 해당하는 것으로 한다.
1) 연면적 400 ㎡ 이상인 것은 모든 층
2) 지하층 또는 무창층의 바닥면적이 150 ㎡(공연장의 경우 100 ㎡) 이상인 것은 모든 층
3) 지하가 중 터널로서 길이가 500 m 이상인 것
4) 50명 이상의 근로자가 작업하는 옥내 작업장

다. 자동화재탐지설비를 설치해야 하는 특정소방대상물은 다음의 어느 하나에 해당하는 것으로 한다.
1) 공동주택 중 아파트등 · 기숙사 및 숙박시설의 경우에는 모든 층
2) 층수가 6층 이상인 건축물의 경우에는 모든 층
3) 근린생활시설(목욕장은 제외한다), 의료시설(정신의료기관 및 요양병원은 제외한다), 위락시설, 장례시설 및 복합건축물로서 연면적 600㎡ 이상인 경우에는 모든 층
4) 근린생활시설 중 목욕장, 문화 및 집회시설, 종교시설, 판매시설, 운수시설, 운동시설, 업무시설, 공장, 창고시설, 위험물 저장 및 처리 시설, 항공기 및 자동차 관련 시설, 교정 및 군사시설 중 국방 · 군사시설, 방송통신시설, 발전시설, 관광 휴게시설, 지하가(터널은 제외한다)로서 연면적 1천 ㎡ 이상인 경우에는 모든 층
5) 교육연구시설(교육시설 내에 있는 기숙사 및 합숙소를 포함한다), 수련시설(수련시설 내에 있는 기숙사 및 합숙소를 포함하며, 숙박시설이 있는 수련시설은 제외한다), 동물 및 식물 관련 시설(기둥과 지붕만으로 구성되어 외부와 기류가 통하는 장소는 제외한다), 자원순환 관련 시설, 교정 및 군사시설(국방 · 군사시설은 제외한다) 또는 묘지 관련 시설로서 연면적 2천 ㎡ 이상인 경우에는 모든 층
6) 노유자 생활시설의 경우에는 모든 층
7) 6)에 해당하지 않는 노유자 시설로서 연면적 400 ㎡ 이상인 노유자 시설 및 숙박시설이 있는 수련시설로서 수용인원 100명 이상인 경우에는 모든 층

8) 의료시설 중 정신의료기관 또는 요양병원으로서 다음의 어느 하나에 해당하는 시설
   가) 요양병원(의료재활시설은 제외한다)
   나) 정신의료기관 또는 의료재활시설로 사용되는 바닥면적의 합계가 300㎡ 이상인 시설
   다) 정신의료기관 또는 의료재활시설로 사용되는 바닥면적의 합계가 300㎡ 미만이고, 창살(철재·플라스틱 또는 목재 등으로 사람의 탈출 등을 막기 위하여 설치한 것을 말하며, 화재 시 자동으로 열리는 구조로 되어 있는 창살은 제외한다)이 설치된 시설
9) 판매시설 중 전통시장
10) 지하가 중 터널로서 길이가 1천m 이상인 것
11) 지하구
12) 3)에 해당하지 않는 근린생활시설 중 조산원 및 산후조리원
13) 4)에 해당하지 않는 공장 및 창고시설로서 「화재의 예방 및 안전관리에 관한 법률 시행령」 별표 2에서 정하는 수량의 500배 이상의 특수가연물을 저장·취급하는 것
14) 4)에 해당하지 않는 발전시설 중 전기저장시설

라. 시각경보기를 설치해야 하는 특정소방대상물은 다목에 따라 자동화재탐지설비를 설치해야 하는 특정소방대상물 중 다음의 어느 하나에 해당하는 것으로 한다.
   1) 근린생활시설, 문화 및 집회시설, 종교시설, 판매시설, 운수시설, 의료시설, 노유자 시설
   2) 운동시설, 업무시설, 숙박시설, 위락시설, 창고시설 중 물류터미널, 발전시설 및 장례시설
   3) 교육연구시설 중 도서관, 방송통신시설 중 방송국
   4) 지하가 중 지하상가

마. 화재알림설비를 설치해야 하는 특정소방대상물은 판매시설 중 전통시장으로 한다.

바. 비상방송설비를 설치해야 하는 특정소방대상물(위험물 저장 및 처리 시설 중 가스시설, 사람이 거주하지 않거나 벽이 없는 축사 등 동물 및 식물 관련 시설, 지하가 중 터널 및 지하구는 제외한다)은 다음의 어느 하나에 해당하는 것으로 한다.
   1) 연면적 3천5백㎡ 이상인 것은 모든 층
   2) 층수가 11층 이상인 것은 모든 층
   3) 지하층의 층수가 3층 이상인 것은 모든 층

사. 자동화재속보설비를 설치해야 하는 특정소방대상물은 다음의 어느 하나에 해당하는 것으로 한다. 다만, 방재실 등 화재 수신기가 설치된 장소에 24시간 화재를 감시할 수 있는 사람이 근무하고 있는 경우에는 자동화재속보설비를 설치하지 않을 수 있다.

1) 노유자 생활시설
2) 노유자 시설로서 바닥면적이 500㎡ 이상인 층이 있는 것
3) 수련시설(숙박시설이 있는 것만 해당한다)로서 바닥면적이 500㎡ 이상인 층이 있는 것
4) 문화유산 중「문화유산의 보존 및 활용에 관한 법률」제23조에 따라 보물 또는 국보로 지정된 목조건축물
5) 근린생활시설 중 다음의 어느 하나에 해당하는 시설
   가) 의원, 치과의원 및 한의원으로서 입원실이 있는 시설
   나) 조산원 및 산후조리원
6) 의료시설 중 다음의 어느 하나에 해당하는 것
   가) 종합병원, 병원, 치과병원, 한방병원 및 요양병원(의료재활시설은 제외한다)
   나) 정신병원 및 의료재활시설로 사용되는 바닥면적의 합계가 500㎡ 이상인 층이 있는 것
7) 판매시설 중 전통시장

아. 통합감시시설을 설치해야 하는 특정소방대상물은 지하구로 한다.

자. 누전경보기는 계약전류용량(같은 건축물에 계약 종류가 다른 전기가 공급되는 경우에는 그중 최대계약전류용량을 말한다)이 100암페어를 초과하는 특정소방대상물(내화구조가 아닌 건축물로서 벽·바닥 또는 반자의 전부나 일부를 불연재료 또는 준불연재료가 아닌 재료에 철망을 넣어 만든 것만 해당한다)에 설치해야 한다. 다만, 위험물 저장 및 처리 시설 중 가스시설, 지하가 중 터널 및 지하구의 경우에는 그렇지 않다.

차. 가스누설경보기를 설치해야 하는 특정소방대상물(가스시설이 설치된 경우만 해당한다)은 다음의 어느 하나에 해당하는 것으로 한다.
  1) 문화 및 집회시설, 종교시설, 판매시설, 운수시설, 의료시설, 노유자 시설
  2) 수련시설, 운동시설, 숙박시설, 창고시설 중 물류터미널, 장례시설

3. 피난구조설비
 가. 피난기구는 특정소방대상물의 모든 층에 화재안전기준에 적합한 것으로 설치해야 한다. 다만, 피난층, 지상 1층, 지상 2층(노유자 시설 중 피난층이 아닌 지상 1층과 피난층이 아닌 지상 2층은 제외한다), 층수가 11층 이상인 층과 위험물 저장 및 처리시설 중 가스시설, 지하가 중 터널 및 지하구의 경우에는 그렇지 않다.
 나. 인명구조기구를 설치해야 하는 특정소방대상물은 다음의 어느 하나에 해당하는 것으로 한다.
  1) 방열복 또는 방화복(안전모, 보호장갑 및 안전화를 포함한다), 인공소생기 및 공기호흡기를 설치해야 하는 특정소방대상물: 지하층을 포함하는 층수가 7층 이상인 것 중 관광호텔 용도로 사용하는 층
  2) 방열복 또는 방화복(안전모, 보호장갑 및 안전화를 포함한다) 및 공기호흡기를

설치해야 하는 특정소방대상물 : 지하층을 포함하는 층수가 5층 이상인 것 중 병원 용도로 사용하는 층
  3) 공기호흡기를 설치해야 하는 특정소방대상물은 다음의 어느 하나에 해당하는 것으로 한다.
    가) 수용인원 100명 이상인 문화 및 집회시설 중 영화상영관
    나) 판매시설 중 대규모점포
    다) 운수시설 중 지하역사
    라) 지하가 중 지하상가
    마) 제1호바목 및 화재안전기준에 따라 이산화탄소소화설비(호스릴이산화탄소소화설비는 제외한다)를 설치해야 하는 특정소방대상물
다. 유도등을 설치해야 하는 특정소방대상물은 다음의 어느 하나에 해당하는 것으로 한다.
  1) 피난구유도등, 통로유도등 및 유도표지는 특정소방대상물에 설치한다. 다만, 다음의 어느 하나에 해당하는 경우는 제외한다.
    가) 동물 및 식물 관련 시설 중 축사로서 가축을 직접 가두어 사육하는 부분
    나) 지하가 중 터널
  2) 객석유도등은 다음의 어느 하나에 해당하는 특정소방대상물에 설치한다.
    가) 유흥주점영업시설(「식품위생법 시행령」 제21조제8호라목의 유흥주점영업 중 손님이 춤을 출 수 있는 무대가 설치된 카바레, 나이트클럽 또는 그 밖에 이와 비슷한 영업시설만 해당한다)
    나) 문화 및 집회시설
    다) 종교시설
    라) 운동시설
  3) 피난유도선은 화재안전기준에서 정하는 장소에 설치한다.
라. 비상조명등을 설치해야 하는 특정소방대상물(창고시설 중 창고 및 하역장, 위험물 저장 및 처리 시설 중 가스시설 및 사람이 거주하지 않거나 벽이 없는 축사 등 동물 및 식물 관련 시설은 제외한다)은 다음의 어느 하나에 해당하는 것으로 한다.
  1) 지하층을 포함하는 층수가 5층 이상인 건축물로서 연면적 3천 ㎡ 이상인 경우에는 모든 층
  2) 1)에 해당하지 않는 특정소방대상물로서 그 지하층 또는 무창층의 바닥면적이 450 ㎡ 이상인 경우에는 해당 층
  3) 지하가 중 터널로서 그 길이가 500 m 이상인 것
마. 휴대용비상조명등을 설치해야 하는 특정소방대상물은 다음의 어느 하나에 해당하는 것으로 한다.
  1) 숙박시설
  2) 수용인원 100명 이상의 영화상영관, 판매시설 중 대규모점포, 철도 및 도시철도 시설 중 지하역사, 지하가 중 지하상가

4. 소화용수설비

상수도소화용수설비를 설치해야 하는 특정소방대상물은 다음 각 목의 어느 하나에 해당하는 것으로 한다. 다만, 상수도소화용수설비를 설치해야 하는 특정소방대상물의 대지 경계선으로부터 180 m 이내에 지름 75 ㎜ 이상인 상수도용 배수관이 설치되지 않은 지역의 경우에는 화재안전기준에 따른 소화수조 또는 저수조를 설치해야 한다.

가. 연면적 5천 ㎡ 이상인 것. 다만, 위험물 저장 및 처리 시설 중 가스시설, 지하가 중 터널 또는 지하구의 경우에는 제외한다.

나. 가스시설로서 지상에 노출된 탱크의 저장용량의 합계가 100톤 이상인 것

다. 자원순환 관련 시설 중 폐기물재활용시설 및 폐기물처분시설

5. 소화활동설비

가. 제연설비를 설치해야 하는 특정소방대상물은 다음의 어느 하나에 해당하는 것으로 한다.

   1) 문화 및 집회시설, 종교시설, 운동시설 중 무대부의 바닥면적이 200 ㎡ 이상인 경우에는 해당 무대부

   2) 문화 및 집회시설 중 영화상영관으로서 수용인원 100명 이상인 경우에는 해당 영화상영관

   3) 지하층이나 무창층에 설치된 근린생활시설, 판매시설, 운수시설, 숙박시설, 위락시설, 의료시설, 노유자 시설 또는 창고시설(물류터미널로 한정한다)로서 해당 용도로 사용되는 바닥면적의 합계가 1천 ㎡ 이상인 경우 해당 부분

   4) 운수시설 중 시외버스정류장, 철도 및 도시철도 시설, 공항시설 및 항만시설의 대기실 또는 휴게시설로서 지하층 또는 무창층의 바닥면적이 1천 ㎡ 이상인 경우에는 모든 층

   5) 지하가(터널은 제외한다)로서 연면적 1천 ㎡ 이상인 것

   6) 지하가 중 예상 교통량, 경사도 등 터널의 특성을 고려하여 행정안전부령으로 정하는 터널

   7) 특정소방대상물(갓복도형 아파트등은 제외한다)에 부설된 특별피난계단, 비상용 승강기의 승강장 또는 피난용 승강기의 승강장

나. 연결송수관설비를 설치해야 하는 특정소방대상물(위험물 저장 및 처리 시설 중 가스시설 및 지하구는 제외한다)은 다음의 어느 하나에 해당하는 것으로 한다.

   1) 층수가 5층 이상으로서 연면적 6천 ㎡ 이상인 경우에는 모든 층

   2) 1)에 해당하지 않는 특정소방대상물로서 지하층을 포함하는 층수가 7층 이상인 경우에는 모든 층

   3) 1) 및 2)에 해당하지 않는 특정소방대상물로서 지하층의 층수가 3층 이상이고 지하층의 바닥면적의 합계가 1천 ㎡ 이상인 경우에는 모든 층

   4) 지하가 중 터널로서 길이가 1천 m 이상인 것

다. 연결살수설비를 설치해야 하는 특정소방대상물(지하구는 제외한다)은 다음의 어느 하나에 해당하는 것으로 한다.

1) 판매시설, 운수시설, 창고시설 중 물류터미널로서 해당 용도로 사용되는 부분의 바닥면적의 합계가 1천 ㎡ 이상인 경우에는 해당 시설
2) 지하층(피난층으로 주된 출입구가 도로와 접한 경우는 제외한다)으로서 바닥면적의 합계가 150 ㎡ 이상인 경우에는 지하층의 모든 층. 다만, 「주택법 시행령」 제46조제1항에 따른 국민주택규모 이하인 아파트등의 지하층(대피시설로 사용하는 것만 해당한다)과 교육연구시설 중 학교의 지하층의 경우에는 700 ㎡ 이상인 것으로 한다.
3) 가스시설 중 지상에 노출된 탱크의 용량이 30톤 이상인 탱크시설
4) 1) 및 2)의 특정소방대상물에 부속된 연결통로

라. 비상콘센트설비를 설치해야 하는 특정소방대상물(위험물 저장 및 처리 시설 중 가스시설 및 지하구는 제외한다)은 다음의 어느 하나에 해당하는 것으로 한다.
1) 층수가 11층 이상인 특정소방대상물의 경우에는 11층 이상의 층
2) 지하층의 층수가 3층 이상이고 지하층의 바닥면적의 합계가 1천 ㎡ 이상인 것은 지하층의 모든 층
3) 지하가 중 터널로서 길이가 500 m 이상인 것

마. 무선통신보조설비를 설치해야 하는 특정소방대상물(위험물 저장 및 처리 시설 중 가스시설은 제외한다)은 다음의 어느 하나에 해당하는 것으로 한다.
1) 지하가(터널은 제외한다)로서 연면적 1천 ㎡ 이상인 것
2) 지하층의 바닥면적의 합계가 3천 ㎡ 이상인 것 또는 지하층의 층수가 3층 이상이고 지하층의 바닥면적의 합계가 1천 ㎡ 이상인 것은 지하층의 모든 층
3) 지하가 중 터널로서 길이가 500 m 이상인 것
4) 지하구 중 공동구
5) 층수가 30층 이상인 것으로서 16층 이상 부분의 모든 층

바. 연소방지설비는 지하구(전력 또는 통신사업용인 것만 해당한다)에 설치해야 한다.

[비고]
1. 별표 2 제1호부터 제27호까지 중 어느 하나에 해당하는 시설(이하 이 호에서 "근린생활시설등"이라 한다)의 소방시설 설치기준이 복합건축물의 소방시설 설치기준보다 강화된 경우 복합건축물 안에 있는 해당 근린생활시설등에 대해서는 그 근린생활시설등의 소방시설 설치기준을 적용한다.
2. 원자력발전소 중 「원자력안전법」 제2조에 따른 원자로 및 관계시설에 설치하는 소방시설에 대해서는 「원자력안전법」 제11조 및 제21조에 따른 허가기준에 따라 설치한다.
3. 특정소방대상물의 관계인은 제8조제1항에 따른 내진설계 대상 특정소방대상물 및 제9조에 따른 성능위주설계 대상 특정소방대상물에 설치·관리해야 하는 소방시설에 대해서는 법 제7조에 따른 소방시설의 내진설계기준 및 법 제8조에 따른 성능위주설계의 기준에 맞게 설치·관리해야 한다.

28th Day

★★★☆☆

예상 문제10 화재예방, 소방시설 설치·유지 및 안전관리에 관한 법률 시행령 별표 5에 의거하여 문화 및 집회시설(동·식물원은 제외)의 전층에 스프링클러를 설치하여야 하는 특정소방대상물 4가지를 쓰시오. [설계15회기출]

★★★☆☆

예상 문제11 화재예방, 소방시설 설치·유지 및 안전관리에 관한 법령에 따라 '제연설비를 설치하여야 하는 특정소방대상물' 6가지를 쓰시오. [점검16회기출]

★★★☆☆

예상 문제12 특정소방대상물의 관계인이 특정소방대상물의 규모, 용도 및 수용인원을 고려하여 스프링클러설비를 설치하고자 한다. "지붕 또는 외벽이 불연재료가 아니거나 내화구조가 아닌 공장 또는 창고시설"로서 스프링클러설비의 설치대상이 되는 경우 5가지를 쓰시오. [설계17회기출]

★★★☆☆

예상 문제13 화재예방, 소방시설 설치·유지 및 안전관리에 관한 법률 시행령 제15조에 근거한 인명구조기구 중 공기호흡기를 설치해야 할 특정소방대상물을 모두 쓰시오. [점검18회기출]

★★★☆☆

예상 문제14 특정소방대상물의 규모·용도 및 수용인원 등을 고려하여 갖추어야 하는 소방시설의 종류 중 문화 및 집회시설(동·식물원 제외), 종교시설(주요구조부가 목조인 것 제외), 운동시설(물놀이형 시설 제외)의 모든 층에 설치하여야 하는 경우에 해당하는 스프링클러설비 설치대상 4가지를 쓰시오. [설계19회기출]

★★★☆☆

예상 문제15 단독경보형 감지기를 설치하여야 하는 특정소방대상물에 관하여 쓰시오. [점검19회기출]

★★★☆☆

예상 문제16 시각경보기를 설치하여야 하는 특정소방대상물에 관하여 쓰시오. [점검19회기출]

★★★☆☆

예상 문제17 화재예방, 소방시설 설치·유지 및 안전관리에 관한 법령에 따라 무선통신보조설비를 설치하여야 하는 특정소방대상물 (위험물 저장 및 처리 시설 중 가스시설은 제외한다) 5가지를 쓰시오. [점검22회기출]

7 임시소방시설의 종류와 설치기준 등

☞ 소방시설 설치 및 관리에 관한 법률 시행령[별표 8]

1. 임시소방시설의 종류
   가. 소화기
   나. 간이소화장치 : 물을 방사(放射)하여 화재를 진화할 수 있는 장치로서 소방청장이 정하는 성능을 갖추고 있을 것
   다. 비상경보장치 : 화재가 발생한 경우 주변에 있는 작업자에게 화재사실을 알릴 수 있는 장치로서 소방청장이 정하는 성능을 갖추고 있을 것
   라. 가스누설경보기 : 가연성 가스가 누설되거나 발생된 경우 이를 탐지하여 경보하는 장치로서 법 제37조에 따른 형식승인 및 제품검사를 받은 것
   마. 간이피난유도선 : 화재가 발생한 경우 피난구 방향을 안내할 수 있는 장치로서 소방청장이 정하는 성능을 갖추고 있을 것
   바. 비상조명등 : 화재가 발생한 경우 안전하고 원활한 피난활동을 할 수 있도록 자동 점등되는 조명장치로서 소방청장이 정하는 성능을 갖추고 있을 것
   사. 방화포 : 용접·용단 등의 작업 시 발생하는 불티로부터 가연물이 점화되는 것을 방지해주는 천 또는 불연성 물품으로서 소방청장이 정하는 성능을 갖추고 있을 것

2. 임시소방시설을 설치해야 하는 공사의 종류와 규모
   가. 소화기 : 법 제6조제1항에 따라 소방본부장 또는 소방서장의 동의를 받아야 하는 특정소방대상물의 신축·증축·개축·재축·이전·용도변경 또는 대수선 등을 위한 공사 중 법 제15조제1항에 따른 화재위험작업의 현장(이하 이 표에서 "화재위험작업현장"이라 한다)에 설치한다.
   나. 간이소화장치 : 다음의 어느 하나에 해당하는 공사의 화재위험작업현장에 설치한다.
      1) 연면적 3천 m^2 이상
      2) 지하층, 무창층 또는 4층 이상의 층. 이 경우 해당 층의 바닥면적이 600 m^2 이상인 경우만 해당한다.
   다. 비상경보장치: 다음의 어느 하나에 해당하는 공사의 화재위험작업현장에 설치한다.
      1) 연면적 400 m^2 이상
      2) 지하층 또는 무창층. 이 경우 해당 층의 바닥면적이 150 m^2 이상인 경우만 해당한다.
   라. 가스누설경보기 : 바닥면적이 150 m^2 이상인 지하층 또는 무창층의 화재위험작업현장에 설치한다.
   마. 간이피난유도선 : 바닥면적이 150 m^2 이상인 지하층 또는 무창층의 화재위험작업현장에 설치한다.

28th Day

　　바. 비상조명등 : 바닥면적이 150㎡ 이상인 지하층 또는 무창층의 화재위험작업현장에 설치한다.
　　사. 방화포: 용접·용단 작업이 진행되는 화재위험작업현장에 설치한다.
　3. 임시소방시설과 기능 및 성능이 유사한 소방시설로서 임시소방시설을 설치한 것으로 보는 소방시설
　　가. 간이소화장치를 설치한 것으로 보는 소방시설 : 소방청장이 정하여 고시하는 기준에 맞는 소화기(연결송수관설비의 방수구 인근에 설치한 경우로 한정한다) 또는 옥내소화전설비
　　나. 비상경보장치를 설치한 것으로 보는 소방시설 : 비상방송설비 또는 자동화재탐지설비
　　다. 간이피난유도선을 설치한 것으로 보는 소방시설 : 피난유도선, 피난구유도등, 통로유도등 또는 비상조명등

> ※화재위험작업 및 임시소방시설 등(소방시설 설치 및 관리에 관한 법률 시행령 제18조)
> ① 법 제15조제1항에서 "인화성(引火性) 물품을 취급하는 작업 등 대통령령으로 정하는 작업"이란 다음 각 호의 어느 하나에 해당하는 작업을 말한다.
>   1. 인화성·가연성·폭발성 물질을 취급하거나 가연성 가스를 발생시키는 작업
>   2. 용접·용단(금속·유리·플라스틱 따위를 녹여서 절단하는 일을 말한다) 등 불꽃을 발생시키거나 화기(火氣)를 취급하는 작업
>   3. 전열기구, 가열전선 등 열을 발생시키는 기구를 취급하는 작업
>   4. 알루미늄, 마그네슘 등을 취급하여 폭발성 부유분진(공기 중에 떠다니는 미세한 입자를 말한다)을 발생시킬 수 있는 작업
>   5. 그 밖에 제1호부터 제4호까지와 비슷한 작업으로 소방청장이 정하여 고시하는 작업
> ② 법 제15조제1항에 따른 임시소방시설(이하 "임시소방시설"이라 한다)의 종류와 임시소방시설을 설치해야 하는 공사의 종류 및 규모는 별표 8 제1호 및 제2호와 같다.
> ③ 법 제15조제2항에 따른 임시소방시설과 기능 및 성능이 유사한 소방시설은 별표 8 제3호와 같다.

★★★☆☆

 문제18 화재예방, 소방시설 설치·유지 및 안전관리에 관한 법률 시행령」의 임시소방시설과 기능 및 성능이 유사한 소방시설로서 임시소방시설을 설치한 것으로 보는 소방시설을 쓰시오.[점검15회기출]

8 특정소방대상물의 소방시설 설치의 면제기준

☞ 소방시설 설치 및 관리에 관한 법률 시행령[별표 5]

설치가 면제되는 소방시설	설치가 면제되는 기준
1. 자동소화장치	자동소화장치(주거용 주방자동소화장치 및 상업용 주방자동소화장치는 제외한다)를 설치해야 하는 특정소방대상물에 물분무등소화설비를 화재안전기준에 적합하게 설치한 경우에는 그 설비의 유효범위(해당 소방시설이 화재를 감지·소화 또는 경보할 수 있는 부분을 말한다. 이하 같다)에서 설치가 면제된다.
2. 옥내소화전설비	소방본부장 또는 소방서장이 옥내소화전설비의 설치가 곤란하다고 인정하는 경우로서 호스릴 방식의 미분무소화설비 또는 옥외소화전설비를 화재안전기준에 적합하게 설치한 경우에는 그 설비의 유효범위에서 설치가 면제된다.
3. 스프링클러설비	가. 스프링클러설비를 설치해야 하는 특정소방대상물(발전시설 중 전기저장시설은 제외한다)에 적응성 있는 자동소화장치 또는 물분무등소화설비를 화재안전기준에 적합하게 설치한 경우에는 그 설비의 유효범위에서 설치가 면제된다. 나. 스프링클러설비를 설치해야 하는 전기저장시설에 소화설비를 소방청장이 정하여 고시하는 방법에 따라 설치한 경우에는 그 설비의 유효범위에서 설치가 면제된다.
4. 간이스프링클러설비	간이스프링클러설비를 설치해야 하는 특정소방대상물에 스프링클러설비, 물분무소화설비 또는 미분무소화설비를 화재안전기준에 적합하게 설치한 경우에는 그 설비의 유효범위에서 설치가 면제된다.
5. 물분무등소화설비	물분무등소화설비를 설치해야 하는 차고·주차장에 스프링클러설비를 화재안전기준에 적합하게 설치한 경우에는 그 설비의 유효범위에서 설치가 면제된다.
6. 옥외소화전설비	옥외소화전설비를 설치해야 하는 문화재인 목조건축물에 상수도소화용수설비를 화재안전기준에서 정하는 방수압력·방수량·옥외소화전함 및 호스의 기준에 적합하게 설치한 경우에는 설치가 면제된다.
7. 비상경보설비	비상경보설비를 설치해야 할 특정소방대상물에 단독경보형 감지기를 2개 이상의 단독경보형 감지기와 연동하여 설치한 경우에는 그 설비의 유효범위에서 설치가 면제된다.
8. 비상경보설비 또는 단독경보형 감지기	비상경보설비 또는 단독경보형 감지기를 설치해야 하는 특정소방대상물에 자동화재탐지설비 또는 화재알림설비를 화재안전기준에 적합하게 설치한 경우에는 그 설비의 유효범위에서 설치가 면제된다.
9. 자동화재탐지설비	자동화재탐지설비의 기능(감지·수신·경보기능을 말한다)과 성능을 가진 화재알림설비, 스프링클러설비 또는 물분무등소화설비를 화재안전기준에 적합하게 설치한 경우에는 그 설비의 유효범위에서 설치가 면제된다.
10. 화재알림설비	화재알림설비를 설치해야 하는 특정소방대상물에 자동화재탐지설비를 화재안전기준에 적합하게 설치한 경우에는 그 설비의 유효범위에서 설치가 면제된다.
11. 비상방송설비	비상방송설비를 설치해야 하는 특정소방대상물에 자동화재탐지설비 또는 비상경보설비와 같은 수준 이상의 음향을 발하는 장치를 부설한 방송설비를 화재안전기준에 적합하게 설치한 경우에는 그 설비의 유효범위에서 설치가 면제된다.
12. 자동화재속보설비	자동화재속보설비를 설치해야 하는 특정소방대상물에 화재알림설비를 화재안전기준에 적합하게 설치한 경우에는 그 설비의 유효범위에서 설치가 면제된다.
13. 누전경보기	누전경보기를 설치해야 하는 특정소방대상물 또는 그 부분에 아크경보기(옥내배전선로의 단선이나 선로 손상 등으로 인하여 발생하는 아크를 감지하고 경보하는 장치를 말한다) 또는 전기 관련 법령에 따른 지락차단장치를 설치한 경우에는 그 설비의 유효범위에서 설치가 면제된다.

14. 피난구조설비	피난구조설비를 설치해야 하는 특정소방대상물에 그 위치·구조 또는 설비의 상황에 따라 피난상 지장이 없다고 인정되는 경우에는 화재안전기준에서 정하는 바에 따라 설치가 면제된다.	
15. 비상조명등	비상조명등을 설치해야 하는 특정소방대상물에 피난구유도등 또는 통로유도등을 화재안전기준에 적합하게 설치한 경우에는 그 유도등의 유효범위에서 설치가 면제된다.	
16. 상수도소화용수설비	가. 상수도소화용수설비를 설치해야 하는 특정소방대상물의 각 부분으로부터 수평거리 140m 이내에 공공의 소방을 위한 소화전이 화재안전기준에 적합하게 설치되어 있는 경우에는 설치가 면제된다. 나. 소방본부장 또는 소방서장이 상수도소화용수설비의 설치가 곤란하다고 인정하는 경우로서 화재안전기준에 적합한 소화수조 또는 저수조가 설치되어 있거나 이를 설치하는 경우에는 그 설비의 유효범위에서 설치가 면제된다.	

17. 제연설비	가. 제연설비를 설치해야 하는 특정소방대상물[별표 4 제5호가목6)은 제외한다]에 다음의 어느 하나에 해당하는 설비를 설치한 경우에는 설치가 면제된다.
	  1) 공기조화설비를 화재안전기준의 제연설비기준에 적합하게 설치하고 공기조화설비가 화재 시 제연설비기능으로 자동전환되는 구조로 설치되어 있는 경우
	  2) 직접 외부 공기와 통하는 배출구의 면적의 합계가 해당 제연구역[제연경계(제연설비의 일부인 천장을 포함한다)에 의하여 구획된 건축물 내의 공간을 말한다] 바닥면적의 100분의 1 이상이고, 배출구부터 각 부분까지의 수평거리가 30m 이내이며, 공기유입구가 화재안전기준에 적합하게(외부 공기를 직접 자연 유입할 경우에 유입구의 크기는 배출구의 크기 이상이어야 한다) 설치되어 있는 경우
	나. 별표 4 제5호가목6)에 따라 제연설비를 설치해야 하는 특정소방대상물 중 노대(露臺)와 연결된 특별피난계단, 노대가 설치된 비상용 승강기의 승강장 또는 「건축법 시행령」 제91조제5호의 기준에 따라 배연설비가 설치된 피난용 승강기의 승강장에는 설치가 면제된다.	

18. 연결송수관설비	연결송수관설비를 설치해야 하는 소방대상물에 옥외에 연결송수구 및 옥내에 방수구가 부설된 옥내소화전설비, 스프링클러설비, 간이스프링클러설비 또는 연결살수설비를 화재안전기준에 적합하게 설치한 경우에는 그 설비의 유효범위에서 설치가 면제된다. 다만, 지표면에서 최상층 방수구의 높이가 70m 이상인 경우에는 설치해야 한다.	
19. 연결살수설비	가. 연결살수설비를 설치해야 하는 특정소방대상물에 송수구를 부설한 스프링클러설비, 간이스프링클러설비, 물분무소화설비 또는 미분무소화설비를 화재안전기준에 적합하게 설치한 경우에는 그 설비의 유효범위에서 설치가 면제된다. 나. 가스 관계 법령에 따라 설치되는 물분무장치 등에 소방대가 사용할 수 있는 연결송수구가 설치되거나 물분무장치 등에 6시간 이상 공급할 수 있는 수원(水源)이 확보된 경우에는 설치가 면제된다.	
20. 무선통신보조설비	무선통신보조설비를 설치해야 하는 특정소방대상물에 이동통신 구내 중계기 선로설비 또는 무선이동중계기(「전파법」 제58조의2에 따른 적합성평가를 받은 제품만 해당한다) 등을 화재안전기준의 무선통신보조설비기준에 적합하게 설치한 경우에는 설치가 면제된다.	
21. 연소방지설비	연소방지설비를 설치해야 하는 특정소방대상물에 스프링클러설비, 물분무소화설비 또는 미분무소화설비를 화재안전기준에 적합하게 설치한 경우에는 그 설비의 유효범위에서 설치가 면제된다.	

★★★☆☆

문제19 화재예방, 소방시설 설치·유지 및 안전관리에 관한 법령에 따라 '제연설비를 면제할 수 있는 기준'을 쓰시오.[점검16회기출]

9 소방시설을 설치하지 아니할 수 있는 특정소방대상물 및 소방시설의 범위

☞ 소방시설 설치 및 관리에 관한 법률 시행령[별표 7]

구분	특정소방대상물	소방시설
1. 화재 위험도가 낮은 특정소방대상물	석재, 불연성 금속, 불연성 건축재료 등의 가공공장·기계조립공장·주물공장 또는 불연성 물품을 저장하는 창고	옥외소화전 및 연결살수설비
	「소방기본법」 제2조제5호에 따른 소방대(消防隊)가 조직되어 24시간 근무하고 있는 청사 및 차고	옥내소화전설비, 스프링클러설비, 물분무등소화설비, 비상방송설비, 피난기구, 소화용수설비, 연결송수관설비, 연결살수설비
2. 화재안전기준을 적용하기 어려운 특정소방대상물	펄프공장의 작업장, 음료수 공장의 세정 또는 충전을 하는 작업장, 그 밖에 이와 비슷한 용도로 사용하는 것	스프링클러설비, 상수도소화용수설비 및 연결살수설비
	정수장, 수영장, 목욕장, 농예·축산·어류양식용 시설, 그 밖에 이와 비슷한 용도로 사용되는 것	자동화재탐지설비, 상수도소화용수설비 및 연결살수설비
3. 화재안전기준을 달리 적용하여야 하는 특수한 용도 또는 구조를 가진 특정소방대상물	원자력발전소, 핵폐기물처리시설	연결송수관설비 및 연결살수설비
4. 「위험물 안전관리법」 제19조에 따른 자체소방대가 설치된 특정소방대상물	자체소방대가 설치된 위험물 제조소등에 부속된 사무실	옥내소화전설비, 소화용수설비, 연결살수설비 및 연결송수관설비

★★★★☆

문제20 특정소방대상물 가운데 대통령령으로 정하는 "소방시설을 설치하지 아니할 수 있는 특정소방대상물과 그에 따른 소방시설의 범위"를 다음 빈칸에 쓰시오.[점검17회기출]

구분	특정소방대상물	소방시설
화재안전기준을 적용하기 어려운 특정소방대상물	A	B
	C	D

10 특수가연물

☞ 소방기본법 시행령[별표 2]

품명		수량
면화류		200킬로그램 이상
나무껍질 및 대팻밥		400킬로그램 이상
넝마 및 종이부스러기		1,000킬로그램 이상
사류(絲類)		1,000킬로그램 이상
볏짚류		1,000킬로그램 이상
가연성 고체류		3,000킬로그램 이상
석탄·목탄류		10,000킬로그램 이상
가연성 액체류		2세제곱미터 이상
목재가공품 및 나무부스러기		10세제곱미터 이상
고무류·플라스틱류	발포시킨 것	20세제곱미터 이상
	그 밖의 것	3,000킬로그램 이상

[비고]
1. "가연성 고체류"라 함은 고체로서 다음 각 목의 것을 말한다.
   가. 인화점이 섭씨 40도 이상 100도 미만인 것
   나. 인화점이 섭씨 100도 이상 200도 미만이고, 연소열량이 1그램당 8킬로칼로리 이상인 것
   다. 인화점이 섭씨 200도 이상이고 연소열량이 1그램당 8킬로칼로리 이상인 것으로서 융점이 100도 미만인 것
   라. 1기압과 섭씨 20도 초과 40도 이하에서 액상인 것으로서 인화점이 섭씨 70도 이상 섭씨 200도 미만이거나 나목 또는 다목에 해당하는 것
2. "가연성 액체류"라 함은 다음 각 목의 것을 말한다.
   가. 1기압과 섭씨 20도 이하에서 액상인 것으로서 가연성 액체량이 40중량퍼센트 이하이면서 인화점이 섭씨 40도 이상 섭씨 70도 미만이고 연소점이 섭씨 60도 이상인 물품
   나. 1기압과 섭씨 20도에서 액상인 것으로서 가연성 액체량이 40중량퍼센트 이하이고 인화점이 섭씨 70도 이상 섭씨 250도 미만인 물품
   다. 동물의 기름기와 살코기 또는 식물의 씨나 과일의 살로부터 추출한 것으로서 다음의 1에 해당하는 것
      1) 1기압과 섭씨 20도에서 액상이고 인화점이 250도 미만인 것으로서 「위험물안전관리법」 제20조제1항의 규정에 의한 용기기준과 수납·저장기준에 적합하고 용기 외부에 물품명·수량 및 "화기엄금" 등의 표시를 한 것
      2) 1기압과 섭씨 20도에서 액상이고 인화점이 섭씨 250도 이상인 것

11 위험물 및 지정수량

☞ 위험물안전관리법 시행령[별표 1]

위험물			지정수량
유별	성질	품명	
제1류	산화성 고체	1. 아염소산염류	50킬로그램
		2. 염소산염류	50킬로그램
		3. 과염소산염류	50킬로그램
		4. 무기과산화물	50킬로그램
		5. 브롬산염류	300킬로그램
		6. 질산염류	300킬로그램
		7. 요오드산염류	300킬로그램
		8. 과망간산염류	1,000킬로그램
		9. 중크롬산염류	1,000킬로그램
		10. 그 밖에 행정안전부령으로 정하는 것 11. 제1호 내지 제10호의 1에 해당하는 어느 하나 이상을 함유한 것	50킬로그램, 300킬로그램 또는 1,000킬로그램
제2류	가연성 고체	1. 황화린	100킬로그램
		2. 적린	100킬로그램
		3. 유황	100킬로그램
		4. 철분	500킬로그램
		5. 금속분	500킬로그램
		6. 마그네슘	500킬로그램
		7. 그 밖에 행정안전부령으로 정하는 것 8. 제1호 내지 제7호의 1에 해당하는 어느 하나 이상을 함유한 것	100킬로그램 또는 500킬로그램
		9. 인화성고체	1,000킬로그램
제3류	자연발화성 물질 및 금수성 물질	1. 칼륨	10킬로그램
		2. 나트륨	10킬로그램
		3. 알킬알루미늄	10킬로그램
		4. 알킬리튬	10킬로그램
		5. 황린	20킬로그램
		6. 알칼리금속(칼륨 및 나트륨을 제외한다) 및 알칼리토금속	50킬로그램
		7. 유기금속화합물(알킬알루미늄 및 알킬리튬을 제외한다)	50킬로그램
		8. 금속의 수소화물	300킬로그램
		9. 금속의 인화물	300킬로그램
		10. 칼슘 또는 알루미늄의 탄화물	300킬로그램
		11. 그 밖에 행정안전부령으로 정하는 것 12. 제1호 내지 제11호의 1에 해당하는 어느 하나 이상을 함유한 것	10킬로그램, 20킬로그램, 50킬로그램 또는 300킬로그램

제4류	인화성 액체	1. 특수인화물		50리터
		2. 제1석유류	비수용성액체	200리터
			수용성액체	400리터
		3. 알코올류		400리터
		4. 제2석유류	비수용성액체	1,000리터
			수용성액체	2,000리터
		5. 제3석유류	비수용성액체	2,000리터
			수용성액체	4,000리터
		6. 제4석유류		6,000리터
		7. 동식물유류		10,000리터
제5류	자기 반응성 물질	1. 유기과산화물		10킬로그램
		2. 질산에스테르류		10킬로그램
		3. 니트로화합물		200킬로그램
		4. 니트로소화합물		200킬로그램
		5. 아조화합물		200킬로그램
		6. 디아조화합물		200킬로그램
		7. 히드라진 유도체		200킬로그램
		8. 히드록실아민		100킬로그램
		9. 히드록실아민염류		100킬로그램
		10. 그 밖에 행정안전부령으로 정하는 것 11. 제1호 내지 제10호의 1에 해당하는 어느 하나 이상을 함유한 것		10킬로그램, 100킬로그램 또는 200킬로그램
제6류	산화성 액체	1. 과염소산		300킬로그램
		2. 과산화수소		300킬로그램
		3. 질산		300킬로그램
		4. 그 밖에 행정안전부령으로 정하는 것		300킬로그램
		5. 제1호 내지 제4호의 1에 해당하는 어느 하나 이상을 함유한 것		300킬로그램

[비고]
1. "산화성 고체"라 함은 고체[액체(1기압 및 섭씨 20도에서 액상인 것 또는 섭씨 20도 초과 섭씨 40도 이하에서 액상인 것을 말한다) 또는 기체(1기압 및 섭씨 20도에서 기상인 것을 말한다) 외의 것을 말한다]로서 산화력의 잠재적인 위험성 또는 충격에 대한 민감성을 판단하기 위하여 소방방재청장이 정하여 고시(이하 "고시"라 한다)하는 시험에서 고시로 정하는 성질과 상태를 나타내는 것을 말한다. 이 경우 "액상"이라 함은 수직으로 된 시험관(안지름 30밀리미터, 높이 120밀리미터의 원통형유리관을 말한다)에 시료를 55밀리미터까지 채운 다음 당해 시험관을 수평으로 하였을 때 시료액면의 선단이 30밀리미터를 이동하는데 걸리는 시간이 90초 이내에 있는 것을 말한다.
2. "가연성 고체"라 함은 고체로서 화염에 의한 발화의 위험성 또는 인화의 위험성을

판단하기 위하여 고시로 정하는 시험에서 고시로 정하는 성질과 상태를 나타내는 것을 말한다.

3. "인화성 고체"라 함은 고형알코올 그 밖에 1기압에서 인화점이 섭씨 40도 미만인 고체를 말한다.
4. "인화성 액체"라 함은 액체(제3석유류, 제4석유류 및 동식물유류의 경우 1기압과 섭씨 20도에서 액체인 것만 해당한다)로서 인화의 위험성이 있는 것을 말한다.
5. "특수인화물"이라 함은 이황화탄소, 디에틸에테르 그 밖에 1기압에서 발화점이 섭씨 100도 이하인 것 또는 인화점이 섭씨 영하 20도 이하이고 비점이 섭씨 40도 이하인 것을 말한다.
6. "제1석유류"라 함은 아세톤, 휘발유 그 밖에 1기압에서 인화점이 섭씨 21도 미만인 것을 말한다.
7. "알코올류"라 함은 1분자를 구성하는 탄소원자의 수가 1개부터 3개까지인 포화1가 알코올(변성알코올을 포함한다)을 말한다. 다만, 다음 각 목의 1에 해당하는 것은 제외한다.
    가. 1분자를 구성하는 탄소원자의 수가 1개 내지 3개의 포화1가 알코올의 함유량이 60중량퍼센트 미만인 수용액
    나. 가연성 액체량이 60중량퍼센트 미만이고 인화점 및 연소점(태그개방식 인화점 측정기에 의한 연소점을 말한다)이 에틸알코올 60중량퍼센트 수용액의 인화점 및 연소점을 초과하는 것
8. "제2석유류"라 함은 등유, 경유 그 밖에 1기압에서 인화점이 섭씨 21도 이상 70도 미만인 것을 말한다. 다만, 도료류 그 밖의 물품에 있어서 가연성 액체량이 40중량퍼센트 이하이면서 인화점이 섭씨 40도 이상인 동시에 연소점이 섭씨 60도 이상인 것은 제외한다.
9. "제3석유류"라 함은 중유, 클레오소트유 그 밖에 1기압에서 인화점이 섭씨 70도 이상 섭씨 200도 미만인 것을 말한다. 다만, 도료류 그 밖의 물품은 가연성 액체량이 40중량퍼센트 이하인 것은 제외한다.
10. "제4석유류"라 함은 기어유, 실린더유 그 밖에 1기압에서 인화점이 섭씨 200도 이상 섭씨 250도 미만의 것을 말한다. 다만 도료류 그 밖의 물품은 가연성 액체량이 40중량퍼센트 이하인 것은 제외한다.
11. "동식물유류"라 함은 동물의 지육 등 또는 식물의 종자나 과육으로부터 추출한 것으로서 1기압에서 인화점이 섭씨 250도 미만인 것을 말한다. 다만, 법 제20조 제1항의 규정에 의하여 총리령으로 정하는 용기기준과 수납·저장기준에 따라 수납되어 저장·보관되고 용기의 외부에 물품의 통칭명, 수량 및 화기엄금(화기엄금과 동일한 의미를 갖는 표시를 포함한다)의 표시가 있는 경우를 제외한다.
12. "산화성 액체"라 함은 액체로서 산화력의 잠재적인 위험성을 판단하기 위하여 고시로 정하는 시험에서 고시로 정하는 성질과 상태를 나타내는 것을 말한다.

12 성능위주설계

1. 성능위주설계를 하여야 하는 특정소방대상물의 범위
   법 제9조의3제1항에서 "대통령령으로 정하는 특정소방대상물"이란 다음 각 호의 어느 하나에 해당하는 특정소방대상물(신축하는 것만 해당한다)을 말한다.
   1) 연면적 20만제곱미터 이상인 특정소방대상물. 다만, 별표 2 제1호에 따른 공동주택 중 주택으로 쓰이는 층수가 5층 이상인 주택(이하 이 조에서 "아파트 등"이라 한다)은 제외한다.
   2) 다음 각 목의 어느 하나에 해당하는 특정소방대상물. 다만, 아파트 등은 제외한다.
      가. 건축물의 높이가 100미터 이상인 특정소방대상물
      나. 지하층을 포함한 층수가 30층 이상인 특정소방대상물
   3) 연면적 3만제곱미터 이상인 특정소방대상물로서 다음 각 목의 어느 하나에 해당하는 특정소방대상물
      가. 별표 2 제6호나목의 철도 및 도시철도 시설
      나. 별표 2 제6호다목의 공항시설
   4) 하나의 건축물에 「영화 및 비디오물의 진흥에 관한 법률」 제2조제10호에 따른 영화상영관이 10개 이상인 특정소방대상물

2. 성능위주설계를 할 수 있는 자의 자격 등
   1) 성능위주설계를 할 수 있는 자의 자격
      ① 법 제4조에 따라 전문 소방시설설계업을 등록한 자
      ② 전문 소방시설설계업 등록기준에 따른 기술인력을 갖춘 자로서 소방청장이 정하여 고시하는 연구기관 또는 단체
   2) 기술인력
      소방기술사 2명 이상
   3) 자격에 따른 설계범위
      ① 연면적 20만제곱미터 이상인 특정소방대상물. 다만, 별표 2 제1호에 따른 공동주택 중 주택으로 쓰이는 층수가 5층 이상인 주택(이하 이 조에서 "아파트 등"이라 한다)은 제외한다.
      ② 다음 각 목의 어느 하나에 해당하는 특정소방대상물. 다만, 아파트 등은 제외한다.
         가. 건축물의 높이가 100미터 이상인 특정소방대상물
         나. 지하층을 포함한 층수가 30층 이상인 특정소방대상물
      ③ 연면적 3만제곱미터 이상인 특정소방대상물로서 다음 각 목의 어느 하나에 해당하는 특정소방대상물
         가. 별표 2 제6호나목의 철도 및 도시철도 시설
         나. 별표 2 제6호다목의 공항시설

④ 하나의 건축물에 「영화 및 비디오물의 진흥에 관한 법률」 제2조제10호에 따른 영화상영관이 10개 이상인 특정소방대상물

3. 성능위주설계의 신고
   ① 성능위주설계자는 건축법 제11조에 따른 건축허가를 신청하기 전에 별지 제2호서식의 성능위주설계 신고서에 다음 각 호의 서류를 첨부하여 관할 소방서장에게 신고하여야 한다. 다만, 사전검토 신청 시 제출한 서류와 동일한 서류는 제외한다.
   1) 건물의 개요(위치, 구조, 규모, 용도)
   2) 부지 및 도로계획(소방차량 진입동선을 포함한다)
   3) 화재안전기준과 성능위주설계에 따라 소방시설을 설치하였을 경우의 화재안전 성능 비교표
   4) 화재안전계획의 기본방침
   5) 건축물 계획·설계도면
      가. 주단면도 및 입면도
      나. 건축물 내장재료 마감계획
      다. 용도별 기준층 평면도 및 창호도
      라. 방화구획 계획도 및 화재확대 방지계획(연기의 제어방법을 포함한다)
      마. 피난계획 및 피난동선도
      바. 「소방시설 설치·유지 및 안전관리에 관한 법률 시행령」 별표 1의 소방시설의 설치계획 및 설계 설명서
   6) 소방시설 계획·설계도면
      가. 소방시설 계통도 및 용도별 기준층 평면도
      나. 소화용수설비 및 연결송수구 설치위치 평면도
      다. 종합방재센터의 운영 및 설치계획
      라. 상용전원 및 비상전원의 설치계획
   7) 소방시설에 대한 부하 및 용량계산서
   8) 적용된 성능위주설계 요소 개요
   9) 성능위주설계 요소 설계 설명서
   10) 성능위주설계 요소의 성능 평가(별표 1의 시나리오에 따른 화재 및 피난 시뮬레이션을 포함한다)
   11) 성능위주설계 설계업자 또는 설계기관 등록증 사본
   12) 성능위주설계 용역 계약서 사본
   13) 그 밖에 성능위주설계를 증빙할 수 있는 자료
   ② 소방서장은 제1항에 따라 성능위주설계 신고서를 접수하면 성능위주설계 대상 및 자격여부를 확인한 후 지체 없이 소방본부장에게 보고한다.
   ③ 제1항의 성능위주설계 신고서에 첨부된 서류는 건축허가등의 동의절차에 따른 건축허가동의 신고서류와 상이하여서는 아니 된다.

4. 성능위주설계의 변경신고 등
   ① 성능위주설계자는 다음 각 호의 어느 하나에 해당하는 경우에는 별지 제3호서식의 성능위주설계 변경신고서에 제4조제1항 각 호의 서류(변경되는 부분만을 말한다)를 첨부하여 관할 소방서장에게 신고하여야 한다.
      1) 연면적이 10% 이상 증가되는 경우
      2) 연면적을 기준으로 10 % 이상 용도변경이 되는 경우
      3) 층수가 증가되는 경우
      4) 「소방시설 설치·유지 및 안전관리에 관한 법률」과 「화재안전기준」을 적용하기 곤란한 특수공간으로 변경되는 경우
      5) 「건축법」 제16조제1항에 따라 허가를 받았거나 신고한 사항을 변경하려는 경우
      6) 제5호에 해당하지 않는 허가 또는 신고사항의 변경으로 종전의 성능위주설계 심의내용과 달라지는 경우
   ② 소방서장은 제1항에 따라 성능위주설계 변경신고서를 접수하면 성능위주설계의 변경사항을 확인한 후 지체 없이 소방본부장에게 보고한다. 다만, 변경사항이 화재안전성능에 미치는 영향이 경미하다고 인정되는 경우에는 보고하지 않을 수 있다.
   ③ 제2항의 보고를 받은 소방본부장은 성능위주설계의 심의를 실시한 평가단을 구성·운영하여 14일 이내에 심의 결정을 하고, 그 결과를 신고인 및 관할 소방서장에게 통보한다.
   ④ 성능위주설계 심의 결정을 위원회에서 실시한 경우, 소방본부장은 위원회에 변경 심의 상정을 요청하고, 소방청장은 위원회를 개최하여 14일 이내에 심의 결정을 하고, 그 결과를 관할 소방본부장에게 통보한다.
   ⑤ 제1항 각 호의 어느 하나가 건축위원회의 심의를 거쳐야 하는 경우에는 제3조를 준용한다.
5. 화재 및 피난시뮬레이션의 시나리오 작성 기준[별표 1]
   1) 공통사항
      가. 시나리오는 실제 건축물에서 발생 가능한 시나리오를 선정하되, 건축물의 특성에 따라 제2호의 시나리오 적용이 가능한 모든 유형 중 가장 피해가 클 것으로 예상되는 최소 3개 이상의 시나리오에 대하여 실시한다.
      나. 시나리오 작성 시 제3호에 따른 기준을 적용한다.
   2) 시나리오 유형
      가. 시나리오 1
         ① 건물용도, 사용자 중심의 일반적인 화재를 가상한다.
         ② 시나리오에는 다음 사항이 필수적으로 명확히 설명되어야 한다.
            가) 건물사용자 특성
            나) 사용자의 수와 장소
            다) 실 크기

라) 가구와 실내 내용물
마) 연소 가능한 물질들과 그 특성 및 발화원
바) 환기조건
사) 최초 발화물과 발화물의 위치

③ 설계자가 필요한 경우 기타 시나리오에 필요한 사항을 추가할 수 있다.

나. 시나리오 2
① 내부 문들이 개방되어 있는 상황에서 피난로에 화재가 발생하여 급격한 화재연소가 이루어지는 상황을 가상한다.
② 화재 시 가능한 피난방법의 수에 중심을 두고 작성한다.

다. 시나리오 3
① 사람이 상주하지 않는 실에서 화재가 발생하지만, 잠재적으로 많은 재실자에게 위험이 되는 상황을 가상한다.
② 건축물 내의 재실자가 없는 곳에서 화재가 발생하여 많은 재실자가 있는 공간으로 연소 확대되는 상황에 중심을 두고 작성한다.

라. 시나리오 4
① 많은 사람들이 있는 실에 인접한 벽이나 덕트 공간 등에서 화재가 발생한 상황을 가상한다.
② 화재 감지기가 없는 곳이나 자동으로 작동하는 화재진압시스템이 없는 장소에서 화재가 발생하여 많은 재실자가 있는 곳으로의 연소확대가 가능한 상황에 중심을 두고 작성한다.

마. 시나리오 5
① 많은 거주자가 있는 아주 인접한 장소 중 소방시설의 작동범위에 들어가지 않는 장소에서 아주 천천히 성장하는 화재를 가상한다.
② 작은 화재에서 시작하지만 큰 대형화재를 일으킬 수 있는 화재에 중심을 두고 작성한다.

바. 시나리오 6
① 건축물의 일반적인 사용 특성과 관련, 화재하중이 가장 큰 장소에서 발생한 아주 심각한 화재를 가상한다.
② 재실자가 있는 공간에서 급격하게 연소 확대되는 화재를 중심으로 작성한다.

사. 시나리오 7
① 외부에서 발생하여 본 건물로 화재가 확대되는 경우를 가상한다.
② 본 건물에서 떨어진 장소에서 화재가 발생하여 본 건물로 화재가 확대되거나 피난로를 막거나 거주가 불가능한 조건을 만드는 화재에 중심을 두고 작성한다.

3) 시나리오 적용 기준

가. 인명안전 기준

구분	성능기준		비고
호흡 한계선	바닥으로부터 1.8 m 기준		
열에 의한 영향	60 ℃ 이하		
가시거리에 의한 영향	용도	허용가시거리 한계	단, 고휘도 유도등, 바닥유도등, 축광유도표지 설치 시, 집회시설 판매시설 7 m 적용 가능
	기타시설	5 m	
	집회시설 판매시설	10 m	
독성에 의한 영향	성분	독성기준치	기타, 독성가스는 실험결과에 따른 기준치를 적용 가능
	CO	1,400 ppm	
	O_2	15 % 이상	
	CO_2	5 % 이하	

[비고] 이 기준을 적용하지 않을 경우 실험적·공학적 또는 국제적으로 검증된 명확한 근거 및 출처 또는 기술적인 검토자료를 제출하여야 한다.

나. 피난가능시간 기준

(단위 : 분)

용도	W1	W2	W3
사무실, 상업 및 산업건물, 학교, 대학교 (거주자는 건물의 내부, 경보, 탈출로에 익숙하고, 상시 깨어 있음)	<1	3	>4
상점, 박물관, 레저스포츠 센터, 그 밖의 문화집회시설 (거주자는 상시 깨어 있으나, 건물의 내부, 경보, 탈출로에 익숙하지 않음)	<2	3	>6
기숙사, 중/고층 주택 (거주자는 건물의 내부, 경보, 탈출로에 익숙하고, 수면상태일 가능성 있음)	<2	4	>5
호텔, 하숙용도(거주자는 건물의 내부, 경보, 탈출로에 익숙하지도 않고, 수면상태일 가능성 있음)	<2	4	>6
병원, 요양소, 그 밖의 공공 숙소(대부분의 거주자는 주변의 도움이 필요함)	<3	5	>8

[비고]

W1 : 방재센터 등 CCTV 설비가 갖춰진 통제실의 방송을 통해 육성 지침을 제공 할 수 있는 경우 또는 훈련된 직원에 의하여 해당 공간 내의 모든 거주자들이 인지할 수 있는 육성지침을 제공할 수 있는 경우

W2 : 녹음된 음성 메시지 또는 훈련된 직원과 함께 경고방송 제공할 수 있는 경우

W3 : 화재경보신호를 이용한 경보설비와 함께 비 훈련 직원을 활용할 경우

다. 수용인원 산정기준

(단위 : 1인당 면적 m²)

사용용도	m²/인	사용용도	m²/인
집회용도		상업용도	
고밀도지역(고정좌석 없음)	0.65	피난층 판매지역	2.8
저밀도지역(고정좌석 없음)	1.4	2층 이상 판매지역	3.7
		지하층 판매지역	2.8
벤치형 좌석	1인/좌석길이 45.7 cm	보호용도	3.3
고정좌석	고정좌석 수		
취사장	9.3	의료용도	
		입원치료구역	22.3
서가지역	9.3	수면구역(구내숙소)	11.1
열람실	4.6	교정, 감호용도	11.1
수영장	4.6(물 표면)	주거용도	
수영장 데크	2.8	호텔, 기숙사	18.6
헬스장	4.6	아파트	18.6
운동실	1.4	대형 숙식주거	18.6
무대	1.4	공업용도	
접근출입구, 좁은 통로, 회랑	9.3	일반 및 고위험공업	9.3
카지노 등	1	특수공업	수용인원 이상
		업무용도	9.3
스케이트장	4.6		
교육용도		창고용도 (사업용도 외)	수용인원 이상
교실	1.9		
매점, 도서관, 작업실	4.6		

13 국제단위계(SI Unit)

국제단위계(國際單位系, 프랑스어 : Système international d'unités, SI)는 도량형의 하나로, MKS 시스템(Metre-Kilogramme-Second)이라고도 불린다.

1. 국제단위계의 기본단위

    국제단위계에서는 7개의 기본단위가 정해져 있다. 이것을 SI 기본단위(국제단위계 기본단위)라고 한다.

물리	이름	기호
길이	미터	m
질량	킬로그램	kg
시간	초	s
전류	암페어	A
온도	켈빈	K
물질량	몰	mol
광도	칸델라	cd

2. 국제단위계의 유도단위

    1) SI 조립단위, SI 도출단위

    물리적 원리에 따라 여러 기본단위들을 조합하여 새로운 단위를 유도할 수 있다. 이들은 기본단위들을 곱하거나 나누어 얻을 수 있다. SI 조립단위, SI 도출단위라고 부르기도 한다.

유도량	이름	기호
넓이	제곱미터	m^2
부피	세제곱미터	m^3
속력, 속도	미터 매 초	m/s
가속도	미터 매 초 제곱	m/s^2
밀도	킬로그램 매 세제곱미터	kg/m^3
농도	몰 매 세제곱미터	mol/m^3
광휘도	칸델라 매 제곱미터	cd/m^2

    2) SI 표준에서 따로 이름이 주어진 유도단위

    유도단위 중에서 사용의 편의상 특별한 명칭과 기호가 주어지기도 한다. SI 표준에서 따로 이름이 주어진 유도단위는 아래와 같다.

    ① 국제단위계의 무차원 단위

유도량	이름	기호
평면각	라디안	rad
입체각	스테라디안	sr

② 국제단위계의 차원 단위

유도량	이름	기호	SI 단위로 나타낸 값
주파수	헤르츠	[Hz]	s^{-1}
힘	뉴턴	[N]	$kg\ m\ s^{-2}$
압력, 변형력	파스칼	[Pa]	$N/m^2 = kg\ m^{-1}\ s^{-2}$
에너지, 일, 열량	줄	[J]	$N\ m = m^2\ kg\ s^{-2}$
일률, 전력, 동력	와트	[W]	$J/s = m^2\ kg\ s^{-3}$
전하량, 전기량	쿨롱	[C]	$s\ A$
전위차, 기전력, 전압	볼트	[V]	$W/A = m^2\ kg\ s^{-3}\ A^{-1}$
정전용량	패럿	[F]	$C/V = m^{-2}\ kg^{-1}\ s^4\ A^2$
전기저항	옴	[Ω]	$V/A = m^2\ kg\ s^{-3}\ A^{-2}$
전도율	지멘스	[S]	$A/V = m^{-2}\ kg^{-1}\ s^3\ A^2$
자기선속	웨버	[Wb]	$V\ s = m^2\ kg\ s^{-2}\ A^{-1}$
자기선속밀도	테슬라	[T]	$Wb/m^2 = kg\ s^{-2}\ A^{-1}$
인덕턴스	헨리	[H]	$Wb/A = m^2\ kg\ s^{-2}\ A^{-2}$
섭씨온도	섭씨도	[℃]	$K - 273.15$
광선속	루멘	[lm]	$cd\ sr$
조도	럭스	[lx]	$[lm\ m^{-2}]$

4. SI 접두어

10^n	접두어	기호	십진수
10^{12}	테라(tera)	T	1000 000 000 000
10^9	기가(giga)	G	1000 000 000
10^6	메가(mega)	M	1000 000
10^3	킬로(kilo)	k	1000
10^2	헥토(hecto)	h	100
10^1	데카(deka)	da	10
10^{-1}	데시(deci)	d	0.1
10^{-2}	센티(centi)	c	0.01
10^{-3}	밀리(milli)	m	0.001
10^{-6}	마이크로(micro)	μ	0.000 001
10^{-9}	나노(nano)	n	0.000 000 001
10^{-12}	피코(pico)	p	0.000 000 000 001

14 소방시설의 내진설계 기준

[시행 2022.12.1] [소방청고시 제2022-76호, 2022.12.1, 일부개정]

제1조(목적)

이 기준은 「소방시설 설치 및 관리에 관한 법률」 제7조에 따라 소방청장에게 위임한 소방시설의 내진설계 기준에 관하여 필요한 사항을 규정함을 목적으로 한다.

제2조(적용범위)

① 「소방시설 설치 및 관리에 관한 법률 시행령」(이하 "영"이라 한다) 제8조에 따른 옥내소화전설비, 스프링클러설비, 물분무등소화설비(이하 이 조에서 "각 설비"라 한다)는 이 기준에서 정하는 규정에 적합하게 설치하여야 한다. 다만, 각 설비의 성능시험배관, 지중매설배관, 배수배관 등은 제외한다.

② 제1항의 각 설비에 대하여 특수한 구조 등으로 특별한 조사·연구에 의해 설계하는 경우에는 그 근거를 명시하고, 이 기준을 따르지 아니할 수 있다. 이 경우 「소방시설 설치 및 관리에 관한 법률」 제18조에 따른 중앙소방기술심의위원회의 심의를 받아야 한다.

제3조(정의)

이 기준에서 사용하는 용어의 정의는 다음과 같다.

1. "내진"이란 면진, 제진을 포함한 지진으로부터 소방시설의 피해를 줄일 수 있는 구조를 의미하는 포괄적인 개념을 말한다.
2. "면진"이란 건축물과 소방시설을 지진동으로부터 격리시켜 지반진동으로 인한 지진력이 직접 구조물로 전달되는 양을 감소시킴으로써 내진성을 확보하는 수동적인 지진 제어 기술을 말한다.
3. "제진"이란 별도의 장치를 이용하여 지진력에 상응하는 힘을 구조물 내에서 발생시키거나 지진력을 흡수하여 구조물이 부담해야 하는 지진력을 감소시키는 지진 제어 기술을 말한다.
4. "수평지진하중(Fpw)"이란 지진 시 흔들림 방지 버팀대에 전달되는 배관의 동적지진하중 또는 같은 크기의 정적지진하중으로 환산한 값으로 허용응력설계법으로 산정한 지진하중을 말한다.
5. "세장비(L/r)"란 흔들림 방지 버팀대 지지대의 길이(L)와, 최소단면2차반경(r)의 비율을 말하며, 세장비가 커질수록 좌굴(buckling)현상이 발생하여 지진 발생 시 파괴되거나 손상을 입기 쉽다.
6. "지진거동특성"이란 지진발생으로 인한 외부적인 힘에 반응하여 움직이는 특성을 말한다.
7. "지진분리이음"이란 지진발생시 지진으로 인한 진동이 배관에 손상을 주지 않고 배관의 축방향 변위, 회전, 1° 이상의 각도 변위를 허용하는 이음을 말한다. 단, 구경 200 mm 이상의 배관은 허용하는 각도변위를 0.5° 이상으로 한다.
8. "지진분리장치"란 지진 발생 시 건축물 지진분리이음 설치 위치 및 지상에 노출된 건축물과 건축물 사이 등에서 발생하는 상대변위 발생에 대응하기 위해 모든 방향에서의 변위를 허용하는 커플링, 플렉시블 조인트, 관부속품 등의 집합체를 말한다.
9. "가요성이음장치"란 지진 시 수조 또는 가압송수장치와 배관 사이 등에서 발생하는 상대변위 발생에 대응하기 위해 수평 및 수직 방향의 변위를 허용하는 플렉시블 조인트 등을 말한다.

10. "가동중량(Wp)"이란 수조, 가압송수장치, 함류, 제어반등, 가스계 및 분말소화설비의 저장용기, 비상전원, 배관의 작동상태를 고려한 무게를 말하며 다음 각 목의 기준에 따른다.
   가. 배관의 작동상태를 고려한 무게란 배관 및 기타 부속품의 무게를 포함하기 위한 중량으로 용수가 충전된 배관 무게의 1.15배를 적용한다.
   나. 수조, 가압송수장치, 함류, 제어반등, 가스계 및 분말소화설비의 저장용기, 비상전원의 작동상태를 고려한 무게란 유효중량에 안전율을 고려하여 적용한다
11. "근입 깊이"란 앵커볼트가 벽면 또는 바닥면 속으로 들어가 인발력에 저항할 수 있는 구간의 길이를 말한다.
12. "내진스토퍼"란 지진하중에 의해 과도한 변위가 발생하지 않도록 제한하는 장치를 말한다.
13. "구조부재"란 건축설계에 있어 구조계산에 포함되는 하중을 지지하는 부재를 말한다.
14. "지진하중"이란 지진에 의한 지반운동으로 구조물에 작용하는 하중을 말한다.
15. "편심하중"이란 하중의 합력 방향이 그 물체의 중심을 지나지 않을 때의 하중을 말한다.
16. "지진동"이란 지진 시 발생하는 진동을 말한다.
17. "단부"란 직선배관에서 방향 전환하는 지점과 배관이 끝나는 지점을 말한다.
18. "S"란 재현주기 2400년을 기준으로 정의되는 최대고려 지진의 유효수평지반가속도로서 "건축물 내진설계기준(KDS 41 17 00)"의 지진구역에 따른 지진구역계수(Z)에 2400년 재현주기에 해당하는 위험도계수(I) 2.0을 곱한 값을 말한다.
19. "Ss"란 단주기 응답지수(short period response parameter)로서 유효수평지반가속도 S를 2.5배한 값을 말한다.
20. "영향구역"이란 흔들림 방지 버팀대가 수평지진하중을 지지할 수 있는 예상구역을 말한다.
21. "상쇄배관(offset)"이란 영향구역 내의 직선배관이 방향전환 한 후 다시 같은 방향으로 연속될 경우, 중간에 방향전환 된 짧은 배관은 단부로 보지 않고 상쇄하여 직선으로 볼 수 있는 것을 말하며, 짧은 배관의 합산길이는 3.7m 이하여야 한다.
22. "수직직선배관"이란 중력방향으로 설치된 주배관, 교차배관, 가지배관 등으로서 어떠한 방향전환도 없는 직선배관을 말한다. 단, 방향전환부분의 배관길이가 상쇄배관(offset) 길이 이하인 경우 하나의 수직직선배관으로 간주한다.
23. "수평직선배관"이란 수평방향으로 설치된 주배관, 교차배관, 가지배관 등으로서 어떠한 방향전환도 없는 직선배관을 말한다. 단, 방향전환부분의 배관길이가 상쇄배관(offset) 길이 이하인 경우 하나의 수평직선배관으로 간주한다.
24. "가지배관 고정장치"란 지진거동특성으로부터 가지배관의 움직임을 제한하여 파손, 변형 등으로부터 가지배관을 보호하기 위한 와이어타입, 환봉타입의 고정장치를 말한다.
25. "제어반등"이란 수신기(중계반을 포함한다), 동력제어반, 감시제어반 등을 말한다.
26. "횡방향 흔들림 방지 버팀대"란 수평직선배관의 진행방향과 직각방향(횡방향)의 수평지진하중을 지지하는 버팀대를 말한다.
27. "종방향 흔들림 방지 버팀대"란 수평직선배관의 진행방향(종방향)의 수평지진하중을 지지하는 버팀대를 말한다.
28. "4방향 흔들림 방지 버팀대"란 건축물 평면상에서 종방향 및 횡방향 수평지진하중을 지지하거나, 종·횡 단면상에서 전·후·좌·우 방향의 수평지진하중을 지지하는 버팀대를 말한다.

28th Day

제3조의2(공통 적용사항)

① 소방시설의 내진설계에서 내진등급, 성능수준, 지진위험도, 지진구역 및 지진구역계수는 "건축물 내진설계기준(KDS 41 17 00)"을 따르고 중요도계수(I_p)는 1.5로 한다.
② 지진하중은 다음 각 호의 기준에 따라 계산한다.
  1. 소방시설의 지진하중은 "건축물 내진설계기준" 중 비구조요소의 설계지진력 산정방법을 따른다.
  2. 허용응력설계법을 적용하는 경우에는 제1호의 산정방법 중 허용응력설계법 외의 방법으로 산정된 설계지진력에 0.7을 곱한 값을 지진하중으로 적용한다.
  3. 지진에 의한 소화배관의 수평지진하중(F_{pw}) 산정은 허용응력설계법으로 하며 다음 각호 중 어느 하나를 적용한다.
      가. $F_{pw} = C_p \times W_p$
          F_{pw} : 수평지진하중, W_p : 가동중량
          C_p : 소화배관의 지진계수(별표 1에 따라 선정한다.)
      나. 제1호에 따른 산정방법 중 허용응력설계법 외의 방법으로 산정된 설계지진력에 0.7을 곱한 값을 수평지진하중(F_{pw})으로 적용한다.
  4. 지진에 의한 배관의 수평설계지진력이 $0.5 W_p$을 초과하고, 흔들림 방지 버팀대의 각도가 수직으로부터 45도 미만인 경우 또는 수평설계지진력이 $1.0 W_p$를 초과하고 흔들림 방지 버팀대의 각도가 수직으로부터 60도 미만인 경우 흔들림 방지 버팀대는 수평설계지진력에 의한 유효수직반력을 견디도록 설치해야한다.
③ 앵커볼트는 다음 각 호의 기준에 따라 설치한다.
  1. 수조, 가압송수장치, 함, 제어반등, 비상전원, 가스계 및 분말소화설비의 저장용기 등은 "건축물 내진설계기준" 비구조요소의 정착부의 기준에 따라 앵커볼트를 설치하여야 한다.
  2. 앵커볼트는 건축물 정착부의 두께, 볼트설치 간격, 모서리까지 거리, 콘크리트의 강도, 균열 콘크리트 여부, 앵커볼트의 단일 또는 그룹설치 등을 확인하여 최대허용하중을 결정하여야 한다.
  3. 흔들림 방지 버팀대에 설치하는 앵커볼트 최대허용하중은 제조사가 제시한 설계하중값에 0.43을 곱하여야 한다.
  4. 건축물 부착 형태에 따른 프라잉효과나 편심을 고려하여 수평지진하중의 작용하중을 구하고 앵커볼트 최대허용하중과 작용하중과의 내진설계 적정성을 평가하여 설치하여야 한다.
  5. 소방시설을 팽창성·화학성 또는 부분적으로 현장타설된 건축부재에 정착할 경우에는 수평지진하중을 1.5배 증가시켜 사용한다.
④ 수조·가압송수장치·제어반등 및 비상전원 등을 바닥에 고정하는 경우 기초(패드 포함)부분의 구조안전성을 확인하여야 한다.

제4조(수원)

수조는 다음 각 호의 기준에 따라 설치하여야 한다.
1. 수조는 지진에 의하여 손상되거나 과도한 변위가 발생하지 않도록 기초(패드포함), 본체 및 연결부분의 구조안전성을 확인하여야 한다.
2. 수조는 건축물의 구조부재나 구조부재와 연결된 수조 기초부(패드)에 고정하여 지진 시 파손(손상), 변형, 이동, 전도 등이 발생하지 않아야 한다.

3. 수조와 연결되는 소화배관에는 지진 시 상대변위를 고려하여 가요성이음장치를 설치하여야 한다.

제5조(가압송수장치)
① 가압송수장치에 방진장치가 있어 앵커볼트로 지지 및 고정할 수 없는 경우에는 다음 각 호의 기준에 따라 내진스토퍼 등을 설치하여야 한다. 다만, 방진장치에 이 기준에 따른 내진성능이 있는 경우는 제외한다.
  1. 정상운전에 지장이 없도록 내진스토퍼와 본체 사이에 최소 3 ㎜이상 이격하여 설치한다.
  2. 내진스토퍼는 제조사에서 제시한 허용하중이 제3조의2제2항에 따른 지진하중 이상을 견딜 수 있는 것으로 설치하여야 한다. 단, 내진스토퍼와 본체사이의 이격거리가 6 ㎜를 초과한 경우에는 수평지진하중의 2배 이상을 견딜 수 있는 것으로 설치하여야 한다.
② 가압송수장치의 흡입측 및 토출측에는 지진 시 상대변위를 고려하여 가요성이음장치를 설치하여야 한다.
③ 삭제

제6조(배관)
① 배관은 다음 각 호의 기준에 따라 설치하여야 한다.
  1. 건물 구조부재간의 상대변위에 의한 배관의 응력을 최소화하기 위하여 지진분리이음 또는 지진분리장치를 사용하거나 이격거리를 유지하여야 한다.
  2. 건축물 지진분리이음 설치위치 및 건축물 간의 연결배관 중 지상노출 배관이 건축물로 인입되는 위치의 배관에는 관경에 관계없이 지진분리장치를 설치하여야 한다.
  3. 천장과 일체 거동을 하는 부분에 배관이 지지되어 있을 경우 배관을 단단히 고정시키기 위해 흔들림 방지 버팀대를 사용하여야 한다.
  4. 배관의 흔들림을 방지하기 위하여 흔들림 방지 버팀대를 사용하여야 한다.
  5. 흔들림 방지 버팀대와 그 고정장치는 소화설비의 동작 및 살수를 방해하지 않아야 한다.
  6. 삭제
② 배관의 수평지진하중은 다음 각 호의 기준에 따라 계산하여야 한다.
  1. 흔들림 방지 버팀대의 수평지진하중 산정 시 배관의 중량은 가동중량(Wp)으로 산정한다.
  2. 흔들림 방지 버팀대에 작용하는 수평지진하중은 제3조의2제2항제3호에 따라 산정한다.
  3. 수평지진하중(F_{pw})은 배관의 횡방향과 종방향에 각각 적용되어야 한다.
③ 벽, 바닥 또는 기초를 관통하는 배관 주위에는 다음 각 호의 기준에 따라 이격거리를 확보하여야 한다. 다만, 벽, 바닥 또는 기초의 각 면에서 300 ㎜ 이내에 지진분리이음을 설치하거나 내화성능이 요구되지 않는 석고보드나 이와 유사한 부서지기 쉬운 부재를 관통하는 배관은 그러하지 아니하다.
  1. 관통구 및 배관 슬리브의 호칭구경은 배관의 호칭구경이 25 ㎜ 내지 100 ㎜ 미만인 경우 배관의 호칭구경보다 50 ㎜ 이상, 배관의 호칭구경이 100 ㎜ 이상인 경우에는 배관의 호칭구경보다 100 ㎜ 이상 커야 한다. 다만, 배관의 호칭구경이 50 ㎜ 이하인 경우에는 배관의 호칭구경 보다 50 ㎜ 미만의 더 큰 관통구 및 배관 슬리브를 설치할 수 있다.

2. 방화구획을 관통하는 배관의 틈새는 「건축물의 피난·방화구조 등의 기준에 관한 규칙」제14조제2항에 따라 내화채움성능이 인정된 구조 중 신축성이 있는 것으로 메워야 한다.
④ 소방시설의 배관과 연결된 타 설비배관을 포함한 수평지진하중은 제2항의 기준에 따라 결정하여야 한다.

제7조(지진분리이음)

① 배관의 변형을 최소화하고 소화설비 주요 부품 사이의 유연성을 증가시킬 필요가 있는 위치에 설치하여야 한다.
② 구경 65 ㎜ 이상의 배관에는 지진분리이음을 다음 각 호의 위치에 설치하여야 한다.
  1. 모든 수직직선배관은 상부 및 하부의 단부로 부터 0.6 m 이내에 설치하여야 한다. 다만, 길이가 0.9 m 미만인 수직직선배관은 지진분리이음을 설치하지 아니할 수 있으며, 0.9 m~2.1 m 사이의 수직직선배관은 하나의 지진분리이음을 설치할 수 있다.
  2. 제6조제3항 본문의 단서에도 불구하고 2층 이상의 건물인 경우 각 층의 바닥으로부터 0.3 m, 천장으로부터 0.6 m 이내에 설치하여야 한다.
  3. 수직직선배관에서 티분기된 수평배관 분기지점이 천장 아래 설치된 지진분리이음보다 아래에 위치한 경우 분기된 수평배관에 지진분리이음을 다음 각 목의 기준에 적합하게 설치하여야 한다.
    가. 티분기 수평직선배관으로부터 0.6 m 이내에 지진분리이음을 설치한다.
    나. 티분기 수평직선배관 이후 2차측에 수직직선배관이 설치된 경우 1차측 수직직선배관의 지진분리이음 위치와 동일선상에 지진분리이음을 설치하고, 티분기 수평직선배관의 길이가 0.6 m 이하인 경우에는 그 티분기된 수평직선배관에 가목에 따른 지진분리이음을 설치하지 아니한다.
  4. 수직직선배관에 중간 지지부가 있는 경우에는 지지부로부터 0.6 m 이내의 윗부분 및 아랫부분에 설치해야 한다.
③ 제6조제3항제1호에 따른 이격거리 규정을 만족하는 경우에는 지진분리이음을 설치하지 아니할 수 있다.

제8조(지진분리장치)

지진분리장치는 다음 각 호의 기준에 따라 설치하여야 한다.
1. 지진분리장치는 배관의 구경에 관계없이 지상층에 설치된 배관으로 건축물 지진분리이음과 소화배관이 교차하는 부분 및 건축물 간의 연결배관 중 지상 노출 배관이 건축물로 인입되는 위치에 설치하여야 한다.
2. 지진분리장치는 건축물 지진분리이음의 변위량을 흡수할 수 있도록 전후좌우 방향의 변위를 수용할 수 있도록 설치하여야 한다.
3. 지진분리장치의 전단과 후단의 1.8m 이내에는 4방향 흔들림 방지 버팀대를 설치하여야 한다.
4. 지진분리장치 자체에는 흔들림 방지 버팀대를 설치할 수 없다.

제9조(흔들림 방지 버팀대)

① 흔들림 방지 버팀대는 다음 각 호의 기준에 따라 설치하여야 한다.
  1. 흔들림 방지 버팀대는 내력을 충분히 발휘할 수 있도록 견고하게 설치하여야 한다.

2. 배관에는 제6조제2항에서 산정된 횡방향 및 종방향의 수평지진하중에 모두 견디도록 흔들림 방지 버팀대를 설치하여야 한다.
3. 흔들림 방지 버팀대가 부착된 건축 구조부재는 소화배관에 의해 추가된 지진하중을 견딜 수 있어야 한다.
4. 흔들림 방지 버팀대의 세장비(L/r)는 300을 초과하지 않아야 한다.
5. 4방향 흔들림 방지 버팀대는 횡방향 및 종방향 흔들림 방지 버팀대의 역할을 동시에 할 수 있어야 한다.
6. 하나의 수평직선배관은 최소 2개의 횡방향 흔들림 방지 버팀대와 1개의 종방향흔들림 방지 버팀대를 설치하여야 한다. 다만, 영향구역 내 배관의 길이가 6 m 미만인 경우에는 횡방향과 종방향 흔들림 방지 버팀대를 각 1개씩 설치 할 수 있다.

② 소화펌프(충압펌프를 포함한다. 이하 같다) 주위의 수직직선배관 및 수평직선배관은 다음 각 호의 기준에 따라 흔들림 방지 버팀대를 설치한다.
1. 소화펌프 흡입측 수평직선배관 및 수직직선배관의 수평지진하중을 계산하여 흔들림 방지 버팀대를 설치하여야 한다.
2. 소화펌프 토출측 수평직선배관 및 수직직선배관의 수평지진하중을 계산하여 흔들림 방지 버팀대를 설치하여야 한다.

③ 흔들림 방지 버팀대는 소방청장이 고시한 「흔들림 방지 버팀대의 성능인증 및 제품검사의 기술기준」에 따라 성능인증 및 제품검사를 받은 것으로 설치하여야 한다.

제10조(수평직선배관 흔들림 방지 버팀대)

① 횡방향 흔들림 방지 버팀대는 다음 각 호의 기준에 따라 설치하여야 한다.
1. 배관 구경에 관계없이 모든 수평주행배관·교차배관 및 옥내소화전설비의 수평배관에 설치하여야 하고, 가지배관 및 기타배관에는 구경 65 ㎜ 이상인 배관에 설치하여야 한다. 다만, 옥내소화전설비의 수직배관에서 분기된 구경 50 ㎜ 이하의 수평배관에 설치되는 소화전함이 1개인 경우에는 횡방향 흔들림 방지 버팀대를 설치하지 않을 수 있다.
2. 횡방향 흔들림 방지 버팀대의 설계하중은 설치된 위치의 좌우 6 m를 포함한 12 m 이내의 배관에 작용하는 횡방향 수평지진하중으로 영향구역내의 수평주행배관, 교차배관, 가지배관의 하중을 포함하여 산정한다.
3. 흔들림 방지 버팀대의 간격은 중심선을 기준으로 최대간격이 12 m를 초과하지 않아야 한다.
4. 마지막 흔들림 방지 버팀대와 배관 단부 사이의 거리는 1.8 m를 초과하지 않아야 한다.
5. 영향구역 내에 상쇄배관이 설치되어 있는 경우 배관의 길이는 그 상쇄배관 길이를 합산하여 산정한다.
6. 횡방향 흔들림 방지 버팀대가 설치된 지점으로부터 600 ㎜ 이내에 그 배관이 방향전환되어 설치된 경우 그 횡방향 흔들림방지 버팀대는 인접배관의 종방향 흔들림 방지 버팀대로 사용할 수 있으며, 배관의 구경이 다른 경우에는 구경이 큰 배관에 설치하여야 한다.
7. 가지배관의 구경이 65 ㎜ 이상일 경우 다음 각 목의 기준에 따라 설치한다.
   가. 가지배관의 구경이 65 ㎜ 이상인 배관의 길이가 3.7 m 이상인 경우에 횡방향 흔들림 방지 버팀대를 제9조제1항에 따라 설치한다.
   나. 가지배관의 구경이 65 ㎜ 이상인 배관의 길이가 3.7m 미만인 경우에는 횡방향 흔들림 방지 버팀대를 설치하지 않을 수 있다.

8. 횡방향 흔들림 방지 버팀대의 수평지진하중은 별표 2에 따른 영향구역의 최대허용하중 이하로 적용하여야 한다.
9. 교차배관 및 수평주행배관에 설치되는 행가가 다음 각 목의 기준을 모두 만족하는 경우 횡방향 흔들림 방지 버팀대를 설치하지 않을 수 있다.
   가. 건축물 구조부재 고정점으로부터 배관 상단까지의 거리가 150 ㎜ 이내일 것
   나. 배관에 설치된 모든 행가의 75 % 이상이 가목의 기준을 만족할 것
   다. 교차배관 및 수평주행배관에 연속하여 설치된 행가는 가목의 기준을 연속하여 초과하지 않을 것
   라. 지진계수(Cp) 값이 0.5 이하일 것
   마. 수평주행배관의 구경은 150 ㎜ 이하이고, 교차배관의 구경은 100 ㎜ 이하일 것
   바. 행가는 「스프링클러설비의 화재안전기준」 제8조제13항에 따라 설치할 것

② 종방향 흔들림 방지 버팀대는 다음 각 호의 기준에 따라 설치하여야 한다.
1. 배관 구경에 관계없이 모든 수평주행배관·교차배관 및 옥내소화전설비의 수평배관에 설치하여야 한다. 다만, 옥내소화전설비의 수직배관에서 분기된 구경 50 ㎜ 이하의 수평배관에 설치되는 소화전함이 1개인 경우에는 종방향 흔들림 방지 버팀대를 설치하지 않을 수 있다.
2. 종방향 흔들림 방지 버팀대의 설계하중은 설치된 위치의 좌우 12 m를 포함한 24 m 이내의 배관에 작용하는 수평지진하중으로 영향구역내의 수평주행배관, 교차배관 하중을 포함하여 산정하며, 가지배관의 하중은 제외한다.
3. 수평주행배관 및 교차배관에 설치된 종방향 흔들림 방지 버팀대의 간격은 중심선을 기준으로 24 m를 넘지 않아야 한다.
4. 마지막 흔들림 방지 버팀대와 배관 단부 사이의 거리는 12 m를 초과하지 않아야 한다.
5. 영향구역 내에 상쇄배관이 설치되어 있는 경우 배관 길이는 그 상쇄배관 길이를 합산하여 산정한다.
6. 종방향 흔들림 방지 버팀대가 설치된 지점으로부터 600 ㎜ 이내에 그 배관이 방향전환되어 설치된 경우 그 종방향 흔들림방지 버팀대는 인접배관의 횡방향 흔들림 방지 버팀대로 사용할 수 있으며, 배관의 구경이 다른 경우에는 구경이 큰 배관에 설치하여야 한다.

★★★★☆

문제21 「소방시설의 내진설계 기준」에 따른 수평배관의 종방향 흔들림 방지 버팀대에 대한 설치기준을 쓰시오. [설계17회기출]

제11조(수직직선배관 흔들림 방지 버팀대)

수직직선배관 흔들림 방지 버팀대는 다음 각 호의 기준에 따라 설치하여야 한다.
1. 길이 1 m를 초과하는 수직직선배관의 최상부에는 4방향 흔들림 방지 버팀대를 설치하여야 한다. 다만, 가지배관은 설치하지 아니할 수 있다.
2. 수직직선배관 최상부에 설치된 4방향 흔들림 방지 버팀대가 수평직선배관에 부착된 경우 그 흔들림 방지 버팀대는 수직직선배관의 중심선으로부터 0.6 m 이내에 설치되어야 하고, 그 흔들림 방지 버팀대의 하중은 수직 및 수평방향의 배관을 모두 포함하여야 한다.

3. 수직직선배관 4방향 흔들림 방지 버팀대 사이의 거리는 8 m를 초과하지 않아야 한다.
4. 소화전함에 아래 또는 위쪽으로 설치되는 65 mm 이상의 수직직선배관은 다음 각 목의 기준에 따라 설치한다.
    가. 수직직선배관의 길이가 3.7 m 이상인 경우, 4방향 흔들림 방지 버팀대를 1개 이상 설치하고, 말단에 U볼트 등의 고정장치를 설치한다.
    나. 수직직선배관의 길이가 3.7 m 미만인 경우, 4방향 흔들림 방지 버팀대를 설치하지 아니할 수 있고, U볼트 등의 고정장치를 설치한다.
5. 수직직선배관에 4방향 흔들림 방지 버팀대를 설치하고 수평방향으로 분기된 수평직선배관의 길이가 1.2 m 이하인 경우 수직직선배관에 수평직선배관의 지진하중을 포함하는 경우 수평직선배관의 흔들림 방지 버팀대를 설치하지 않을 수 있다.
6. 수직직선배관이 다층건물의 중간층을 관통하며, 관통구 및 슬리브의 구경이 제6조제3항 제1호에 따른 배관 구경별 관통구 및 슬리브 구경 미만인 경우에는 4방향 흔들림 방지 버팀대를 설치하지 아니할 수 있다.

제12조(흔들림 방지 버팀대 고정장치)

흔들림 방지 버팀대 고정장치에 작용하는 수평지진하중은 허용하중을 초과하여서는 아니 된다.
1. 삭제
2. 삭제

제13조(가지배관 고정장치 및 헤드)

① 가지배관의 고정장치는 각 호에 따라 설치하여야 한다.
1. 가지배관에는 별표 3의 간격에 따라 고정장치를 설치한다.
2. 와이어타입 고정장치는 행가로부터 600 mm 이내에 설치하여야 한다. 와이어 고정점에 가장 가까운 행거는 가지배관의 상방향 움직임을 지지할 수 있는 유형이어야 한다.
3. 환봉타입 고정장치는 행가로부터 150 mm 이내에 설치한다.
4. 환봉타입 고정장치의 세장비는 400을 초과하여서는 아니된다. 단, 양쪽 방향으로 두 개의 고정장치를 설치하는 경우 세장비를 적용하지 아니한다.
5. 고정장치는 수직으로부터 45° 이상의 각도로 설치하여야 하고, 설치각도에서 최소 1340N 이상의 인장 및 압축하중을 견딜 수 있어야 하며 와이어를 사용하는 경우 와이어는 1960N 이상의 인장하중을 견디는 것으로 설치하여야 한다.
6. 가지배관 상의 말단 헤드는 수직 및 수평으로 과도한 움직임이 없도록 고정하여야 한다.
7. 가지배관에 설치되는 행가는 「스프링클러설비의 화재안전기준」 제8조제13항에 따라 설치한다.
8. 가지배관에 설치되는 행가가 다음 각 목의 기준을 모두 만족하는 경우 고정장치를 설치하지 않을 수 있다.
    가. 건축물 구조부재 고정점으로부터 배관 상단까지의 거리가 150 mm 이내일 것
    나. 가지배관에 설치된 모든 행가의 75 % 이상이 가목의 기준을 만족할 것
    다. 가지배관에 연속하여 설치된 행가는 가목의 기준을 연속하여 초과하지 않을 것
② 가지배관 고정에 사용되지 않는 건축부재와 헤드 사이의 이격거리는 75 mm 이상을 확보하여야 한다.

제14조(제어반등)

제어반등은 다음 각 호의 기준에 따라 설치하여야 한다.
1. 제어반등의 지진하중은 제3조의2제2항에 따라 계산하고, 앵커볼트는 제3조의2제3항에 따라 설치하여야 한다. 단, 제어반등의 하중이 450N 이하이고 내력벽 또는 기둥에 설치하는 경우 직경 8㎜ 이상의 고정용 볼트 4개 이상으로 고정할 수 있다.
2. 건축물의 구조부재인 내력벽·바닥 또는 기둥 등에 고정하여야 하며, 바닥에 설치하는 경우 지진하중에 의해 전도가 발생하지 않도록 설치하여야 한다.
3. 제어반등은 지진 발생 시 기능이 유지되어야 한다.

제15조(유수검지장치)

유수검지장치는 지진발생시 기능을 상실하지 않아야 하며, 연결부위는 파손되지 않아야 한다.

제16조(소화전함)

소화전함은 다음 각 호의 기준에 따라 설치하여야 한다.
1. 지진 시 파손 및 변형이 발생하지 않아야 하며, 개폐에 장애가 발생하지 않아야 한다.
2. 건축물의 구조부재인 내력벽·바닥 또는 기둥 등에 고정하여야 하며, 바닥에 설치하는 경우 지진하중에 의해 전도가 발생하지 않도록 설치하여야 한다.
3. 소화전함의 지진하중은 제3조의2제2항에 따라 계산하고, 앵커볼트는 제3조의2제3항에 따라 설치하여야 한다. 단, 소화전함의 하중이 450N 이하이고 내력벽 또는 기둥에 설치하는 경우 직경 8㎜ 이상의 고정용 볼트 4개 이상으로 고정할 수 있다.

제17조(비상전원)

비상전원은 다음 각 호의 기준에 따라 설치하여야 한다.
1. 자가발전설비의 지진하중은 제3조의2제2항에 따라 계산하고, 앵커볼트는 제3조의2제3항에 따라 설치하여야 한다.
2. 비상전원은 지진 발생 시 전도되지 않도록 설치하여야 한다.

제18조(가스계 및 분말소화설비)

① 이산화탄소소화설비, 할론소화설비, 할로겐화합물 및 불활성기체소화설비, 분말소화설비의 저장용기는 지진하중에 의해 전도가 발생하지 않도록 설치하고, 지진하중은 제3조의2제2항에 따라 계산하고 앵커볼트는 제3조의2제3항에 따라 설치하여야 한다.
② 이산화탄소소화설비, 할론소화설비, 할로겐화합물 및 불활성기체소화설비, 분말소화설비의 제어반등은 제14조의 기준에 따라 설치하여야 한다.
③ 이산화탄소소화설비, 할론소화설비, 할로겐화합물 및 불활성기체소화설비, 분말소화설비의 기동장치 및 비상전원은 지진으로 인한 오동작이 발생하지 않도록 설치하여야 한다.

제19조(설치·유지기준의 특례)

소방본부장 또는 소방서장은 기존건축물이 증축·개축·대수선되거나 용도변경되는 경우에 있어서 이 기준이 정하는 기준에 따라 해당 건축물에 설치하여야 할 소방시설 내진설계의 공사가 현저하게 곤란하다고 인정되는 경우에는 해당 설비의 기능 및 사용에 지장이 없는 범위 안에서 소방시설의 내진설계 기준 일부를 적용하지 아니할 수 있다.

제20조(재검토 기한)
소방청장은 「훈령·예규 등의 발령 및 관리에 관한 규정」에 따라 이 고시에 대하여 2023년 1월 1일을 기준으로 매 3년이 되는 시점(매 3년째의 12월 31일 까지를 말한다)마다 그 타당성을 검토하여 개선 등의 조치를 하여야 한다.

■ 긍정적 암시가 힘을 키워준다.

영국 정신분석학자 J. A. 하트필드는 '힘의 심리'라는 저서에서 자신에 대한 긍정적 암시가 얼마나 위력을 발휘할 수 있는지 실험을 통해서 증명했다.
그는 악력계를 사용해서 정신 암시가 악력에 미치는 영향을 세 사람의 남자에게 실험해 보았다.
그는 그들에게 세 가지의 다른 조건 하에서 실험을 했다.
먼저 보통의 상태에서 그들에게 힘껏 악력계를 쥐게 했다.
이 실험에서 그들의 평균 악력은 101파운드였다.
다음에는 그들에게 최면술을 걸어 '당신은 참으로 약하다'라고 암시를 준 후 재어 보았더니, 겨우 29파운드로 보통 힘의 3분의 1 이하였다.
그리고 세 번째 실험에는 '당신은 강하다'는 암시를 준 후 재어 보았더니, 평균 악력이 무려 142파운드에 달했다.
마음이 '강하다'는 적극적인 관념으로 충만해지자 그들의 악력이 무려 50%나 증가한 것이다.

- J. A. 하트필드 -

나는 합격할 수 있다. 나는 시험을 잘 본다. 나는 행운이 있다. 라고 항상 생각(긍정적으로 암시)하면 소방시설관리사 시험이 나에게 있어서만은 좀 더 유리할 것입니다.

- 이기덕 원장 -

2025 최신판

30일 완성 Project

소방시설관리사
2차 실기 [설계편]

이기덕 저

- (전)대형소방학원 원장
- (주)대형소방 대표이사
- 소방기술사 수석 합격
- 소방시설관리사 수석 합격

■ 필수 암기사항인 핵심내용과 암기방법 수록(요점정리)
■ 출제빈도가 높은 설계편(소방시설의 용량 계산, 설비별 시공방법) 수록

소방시설의 **설계 및 시공** 과목에 합격하기 위해서는
설계편에 대한 학습이 필요합니다.

유튜브에서 저자가 직접 강의한 동영상을 참고하시면 자격증 취득에
도움이 될 것입니다. **이기덕** 검색 → **재생목록** 클릭

www.kimoonsa.co.kr

머리말

소방시설의 설계 및 시공 과목을 이해하고, 소방시설관리사 2차 실기시험에 합격하는 데 있어서, 이 교재가 도움이 될 수 있도록 집필하였습니다.

이 교재의 특징은

> ① 이 교재는 "소방시설의 설계 및 시공" 과목에만 출제되는 설계파트(소방시설의 용량 계산, 설비별 시공방법, 그 밖의 설계관련 문제)에 중점을 두고 집필하였습니다.
> ② 이 교재는 2024년 9월 14일에 시행된 소방시설관리사 실기(2차) 최신 출제경향을 철저하게 분석하고 이를 반영하였습니다.
> ③ 이 교재는 각 문제마다 별표를 통하여 중요도를 구분하였습니다. 삼성급(별표 3개) 이상은 출제 가능성이 매우 높기 때문에 이해 및 암기까지 철저히 하는 것이 좋습니다.
> ※ 이 한 권의 교재로 설계파트에 대한 공부를 끝낼 수 있도록 집필하였습니다.

여러분의 합격을 위해서 끊임없이 노력할 것이며, 시험과 관계있는 보충 자료를 제공하고 교재 관련 질문에 대한 답변을 할 것입니다. 소방시설관리사 시험 합격과 행운이 함께하시길 소망합니다.

이 교재와 함께할 것은

> ■ 질의응답 : 다음 카페(http://cafe.daum.net/Daehyungpowerstudy)
> ■ 소방시설관리사 실기는 혼자 힘으로 합격하기 어렵기 때문에 직강이나 동영상 강의를 듣는 것이 좋습니다.

이 교재가 나오기까지 출판에 심혈을 기울여 주신 도서출판 기문사 임직원 여러분께 감사드립니다. 또한 수험생 여러분들의 끊임없는 관심과 지적이 있었기에 좀 더 만족할만한 교재가 된 것에 깊은 감사를 드립니다.

교재 작업과 강의 등 바쁜 일상으로 많은 시간을 함께 하지 못했음에도 항상 믿어주고 든든한 후원자가 되어 준 나의 아내(恩正)와 아이들(炯斌, 炯俊)에게 미안함과 고마운 마음을 전합니다.

李記德 드림

합격전략

열정을 가지고 자신의 모든 능력을 쏟아 부으면 소방시설관리사 합격은 당연히 따라오게 되어 있습니다. 합격을 기원합니다.

1 합격에 필요한 내용

소방시설관리사 실기(2차) 시험(소방시설의 설계 및 시공 과목)에 합격하기 위해서는 공통파트(화재안전기준, 설비별 계통도, 그 밖의 소방관련 문제), 설계파트(소방시설의 용량 계산, 설비별 시공방법, 그 밖의 설계관련 문제)에 대하여 충분한 공부가 필요합니다.

2 학습 순서(study process)

① 교재 1권의 숙지 → 참고용 교재

합격에 필요한 내용을 모두 수록하고 있는 교재 1권을 숙지하게 되면 일단 합격권에 들게 됩니다. 이때 참고용 교재를 접하게 되면 지식은 추가될 것입니다. 그러나 교재 1권을 숙지하지 못한 채 참고용 교재를 접할 경우 지식은 교체될 것입니다. 합격은 추가되는 데 있으며, 교체되는 데 있지 않음을 명심해야 합니다.

② 쉬운 것 → 중요한 것

쉬운 것부터 꾸준하게 학습하다 보면 중요한 것(예상문제)이 서서히 눈에 띄게 되는데, 중요한 것은 별도로 정리해 가면서 좀 더 심도 있게 학습하는 것이 효과적입니다.

3 합격을 위해서 꼭 필요한 것

합격을 위해서 꼭 필요한 것은 합격에 대한 믿음(자신감)과 꾸준한 학습시간입니다. 합격에 대한 믿음(자신감)을 갖고서 매일 5시간 이상 꾸준하게 학습한다면 충분히 합격할 수 있습니다.

■ 준비물	■ 풀이순서
• 계산기 2개 • 필기구 2개 • 신분증 • 수험표 • 시계	• 기술형 → 계산형 • 단순 → 복잡 • 아는 것 → 모르는 것 • 쉬운 것 → 어려운 것

출제경향

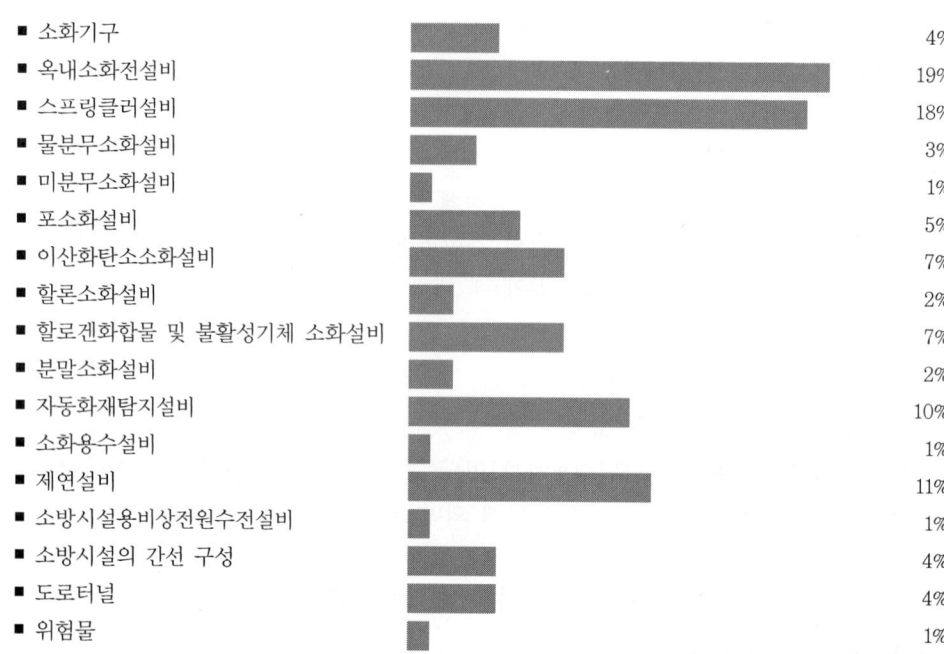

- 소화기구 — 4%
- 옥내소화전설비 — 19%
- 스프링클러설비 — 18%
- 물분무소화설비 — 3%
- 미분무소화설비 — 1%
- 포소화설비 — 5%
- 이산화탄소소화설비 — 7%
- 할론소화설비 — 2%
- 할로겐화합물 및 불활성기체 소화설비 — 7%
- 분말소화설비 — 2%
- 자동화재탐지설비 — 10%
- 소화용수설비 — 1%
- 제연설비 — 11%
- 소방시설용비상전원수전설비 — 1%
- 소방시설의 간선 구성 — 4%
- 도로터널 — 4%
- 위험물 — 1%

구분	7회	8회	9회	10회	11회	12회	13회	14회	15회	16회	17회	18회	19회	20회	21회	22회	23회	24회
계산	27	67	56	44	51	50	64	70	59	59	49	60	81	42	54	73	42	67
비계산	73	33	44	56	49	50	36	30	41	41	51	40	19	58	46	27	58	33

구분	7회	8회	9회	10회	11회	12회	13회	14회	15회	16회	17회	18회	19회	20회	21회	22회	23회	24회
NFSC	70	67	89	56	50	95	86	53	51	48	52	57	60	24	31	43	41	36
기타	30	33	11	44	50	5	14	47	49	52	48	43	40	76	69	57	59	64

구분		7회	8회	9회	10회	11회	12회	13회	14회	15회	16회	17회	18회	19회	20회	21회	22회	23회	24회
계산	NFSC	27	67	56	–	21	45	50	35	17	37	31	41	48	0	4	34	26	24
	기타	–	–	–	44	30	5	14	35	42	22	18	19	33	42	50	39	16	43
비계산	NFSC	43	–	33	56	29	50	36	18	34	11	21	6	12	24	27	9	15	12
	기타	30	33	11	–	20	–	–	12	7	30	30	24	7	34	19	18	43	21
계산, NFSC		70	67	89	100	80	100	100	88	93	70	70	76	93	66	81	82	57	79

☞ **합격전략(설계) : 계산, 화재안전기준**

출제기준

1 시험과목 및 시험방법

구분	시험과목	시험방법
제1차 시험	① 소방안전관리론 및 화재역학 ② 소방수리학·약제화학 및 소방전기 ③ 소방 관련 법령 ④ 위험물의 성상 및 시설기준 ⑤ 소방시설의 구조원리	객관식 4지 선택형
제2차 시험	① 소방시설의 점검실무행정(점검절차 및 점검기구 사용법 포함) ② 소방시설의 설계 및 시공	논문형을 원칙으로 하되 기입형을 가미

2 시험시간

시험구분		시험과목	시험시간	문항 수
제1차 시험		5개 과목	09:30~11:35(125분) (09:00까지 입실)	과목별 25문항 (총 125문항)
		4개 과목(일부면제자)	09:30~11:10(100분) (09:00까지 입실)	
제2차 시험	1교시	소방시설의 점검실무행정	09:30~11:00(90분) (09:00까지 입실)	과목별 3문항 (총 6문항)
	2교시	소방시설의 설계 및 시공	12:00~13:30(90분) (11:30까지 입실)	

3 합격 결정

구분	합격 결정 기준
제1차 시험	매 과목 100점을 만점으로 하여 매 과목 40점 이상, 전 과목 평균 60점 이상 득점한 자
제2차 시험	매 과목 100점을 만점으로 하되, 시험위원의 채점 점수 중 최고 점수와 최저 점수를 제외한 점수가 매 과목 평균 40점 이상, 전 과목 평균 60점 이상을 득점한 자

4 응시자격

1) 소방기술사·위험물기능장·건축사·건축기계설비기술사·건축전기설비기술사 또는 공조냉동기계기술사 자격취득자
2) 소방설비기사 자격을 취득한 후 2년 이상 소방청장이 정하여 고시하는 소방에 관한 실무경력(이하 "**소방실무경력**"이라 함)이 있는 사람
3) 소방설비산업기사 자격을 취득한 후 3년 이상 소방실무경력이 있는 사람

4) 「국가과학기술 경쟁력 강화를 위한 이공계지원 특별법」 제2조제1호에 따른 이공계(이하 "이공계"라 한다) 분야를 전공한 사람으로서 다음 각 목의 어느 하나에 해당하는 사람
   가. 이공계 분야의 박사학위를 취득한 사람
   나. 이공계 분야의 석사학위를 취득한 후 2년 이상 소방실무경력이 있는 사람
   다. 이공계 분야의 학사학위를 취득한 후 3년 이상 소방실무경력이 있는 사람
5) 소방안전공학(소방방재공학, 안전공학을 포함한다) 분야를 전공한 후 다음 각 목의 어느 하나에 해당하는 사람
   가. 해당 분야의 석사학위 이상을 취득한 사람
   나. 2년 이상 소방실무경력이 있는 사람
6) 위험물산업기사 또는 위험물기능사 자격을 취득한 후 3년 이상 소방실무경력이 있는 사람
7) 소방공무원으로 5년 이상 근무한 경력이 있는 사람
8) 소방안전 관련 학과의 학사학위를 취득한 후 3년 이상 소방실무경력이 있는 사람
9) 산업안전기사 자격을 취득한 후 3년 이상 소방실무경력이 있는 사람
10) 다음 각 목의 어느 하나에 해당하는 사람
    가. 특급 소방안전관리대상물의 소방안전관리자로 2년 이상 근무한 실무경력이 있는 사람
    나. 1급 소방안전관리대상물의 소방안전관리자로 3년 이상 근무한 실무경력이 있는 사람
    다. 2급 소방안전관리대상물의 소방안전관리자로 5년 이상 근무한 실무경력이 있는 사람
    라. 3급 소방안전관리대상물의 소방안전관리자로 7년 이상 근무한 실무경력이 있는 사람
    마. 10년 이상 소방실무경력이 있는 사람
    ※ 시험에서 부정한 행위를 한 응시자에 대하여는 그 시험을 정지 또는 무효로 하고, 그 처분이 있은 날부터 2년간 시험 응시자격을 정지한다.(법 제26조의2)

〈응시자격 관련 참고사항〉
■ 대학졸업자란?
  ☞ 고등교육법 제2조 1호부터 제6호의 학교[대학, 산업대학, 교육대학, 전문대학, 원격대학(방송대학, 통신대학, 방송통신대학 및 사이버대학), 기술대학] 학위 및 평생교육법 제4조 제4항 및 「학점인정 등에 관한 법률」 제7조와 9조 등에 의거한 학위 인정
     ※ 응시자격 경력산정 서류심사 기준일은 원서접수 마감일
■ 소방관련학과 · 소방안전관련학과 인정범위, 응시자격별 실무경력인정범위 및 경력기간 산정방법은 소방시설관리사 홈페이지 자료실의 응시자격 서류심사 관련자료 참조

5 답안지 작성 시 유의사항

가. 답안지는 **표지, 연습지, 답안내지(16쪽)**로 구성되어 있으며, 교부받는 즉시 쪽 번호 등 정상 여부를 확인하고 연습지를 포함하여 1매라도 분리하거나 훼손해서는 안 됩니다.

나. 답안지 표지 앞면 빈칸에는 시행연도·자격시험명·과목명을 정확하게 기재하여야 합니다.

다. 채점사항
1. 답안지 작성은 반드시 **검정색 필기구만 사용**하여야 합니다.(그 외 연필류, 유색필기구 등을 사용한 **답항은 채점하지 않으며 0점 처리**됩니다)
2. 수험번호 및 성명은 반드시 연습지 첫 장 좌측 인적사항 기재란에만 작성하여야 하며, **답안지의 인적사항 기재란 외의 부분에 특정인임을 암시하거나 답안과 관련 없는 특수한 표시를 하는 경우 답안지 전체를 채점하지 않으며 0점 처리**합니다.
3. **계산문제는 반드시 계산과정, 답, 단위를 정확히 기재**하여야 합니다.
4. 답안 정정 시에는 두 줄(=)을 긋고 다시 기재하여야 하며, 수정테이프·수정액 등을 사용할 경우 채점상의 불이익을 받을 수 있으므로 사용하지 마시기 바랍니다.
5. 기 작성한 문항 전체를 삭제하고자 할 경우 반드시 해당 문항의 답안 전체에 명확하게 X표시하시기 바랍니다.(**X표시 한 답안은 채점대상에서 제외**)

라. 일반사항
1. 답안 작성 시 문제번호 순서에 관계없이 답안을 작성하여도 되나, 반드시 문제번호 및 문제를 기재(긴 경우 요약기재 가능)하고 해당 답안을 기재하여야 합니다.
2. 각 문제의 답안작성이 끝나면 바로 옆에 **"끝"**이라고 쓰고, 최종 답안작성이 끝나면 줄을 바꾸어 중앙에 **"이하여백"**이라고 써야합니다.
3. 수험자는 시험시간이 종료되면 즉시 답안작성을 멈춰야 하며, 종료시간 이후 계속 답안을 작성하거나 감독위원의 답안지 **제출지시에 불응할 때에는 당회 시험을 무효처리**합니다.
4. 답안지가 부족할 경우 추가 지급하며, 이 경우 먼저 작성한 답안지의 16쪽 우측하단 [   ]란에 **"계속"**이라고 쓰고, 답안지 표지의 우측 상단(총   권 중   번째)에는 답안지 **총 권수, 현재 권수**를 기재하여야 합니다.(예시: 총 2권 중 1번째)

6 합격자

회차	시험일	합격자	회차	시험일	합격자
제1회	1993.05.23	87명	제13회	2013.05.11	147명
제2회	1995.03.19	22명	제14회	2014.05.17	44명
제3회	1996.03.31	29명	제15회	2015.09.05	75명
제4회	1998.09.20	9명	제16회	2016.09.24	122명
제5회	2000.10.15	26명	제17회	2017.10.23	70명
제6회	2002.11.03	18명	제18회	2018.10.13	67명
제7회	2004.10.31	144명	제19회	2019.09.21	283명
제8회	2005.07.03	100명	제20회	2020.09.26	65명
제9회	2006.07.02	70명	제21회	2021.09.18	104명
제10회	2008.09.28	105명	제22회	2022.09.24	172명
제11회	2010.09.05	190명	제23회	2023.09.16	39명
제12회	2011.08.20	216명			

차 례

■ 요점정리 · 13

제1편 유체역학

1. 단위와 차원 · 44
2. 비중, 밀도, 비중량, 비체적 · 46
3. 일, 에너지 · 48
4. 압력 · 50
5. 정압, 동압, 전압 · 54
6. 유속 · 56
7. 유량 · 58
8. 차압식 유량계 · 62
9. 레이놀즈 수 · 66
10. 보일-샬의 법칙 · 68
11. 이상기체상태방정식 · 72
12. 베르누이방정식 · 74
13. 주손실(major loss) · 76
14. 부차적 손실(minor loss) · 82
15. 펌프의 흡입양정(NPSH) · 88
16. 펌프의 전양정 계산법 · 92
17. 펌프의 동력/전효율/전달계수 · 94
18. 펌프의 회전수/비속도 · 96
19. 펌프의 설치/압축비/상사칙 · 98
20. 반발력 · 102
21. 감열과 잠열 · 105
■예상문제_108

제2편 소방시설

1. 소화기구-01(소화기구의 설치) · 156
2. 소화기구-02(소화기구의 추가 설치) · 160
3. 옥내소화전설비-01(수원/토출량) · 164
4. 옥내소화전설비-02(충압펌프/주배관) · 168
5. 옥내소화전설비-03(기동용 수압개폐장치/압력스위치) · 170
6. 옥내소화전설비-04(배관) · 174
7. 옥내소화전설비-05(고가수조 및 압력수조) · 176
8. 옥내소화전설비-06(펌프의 성능/옥내소화전의 방수구) · 178
9. 옥외소화전설비-01(수원/토출량) · 180
10. 옥외소화전설비-02(고가수조 및 압력수조) · 182
11. 스프링클러설비-01(수원) · 184
12. 스프링클러설비-02(가압송수장치/방호구역 · 유수검지장치) · 188
13 스프링클러설비-03(고가수조 및 압력수조) · 190
14. 스프링클러설비-04(배관) · 192
15. 스프링클러설비-05(스프링클러헤드의 설치) · 194
16. 스프링클러설비-06(송수구/드렌처설비) · 198

17. 스프링클러설비-07(수원 및 펌프 등의 겸용) · 200
18. 스프링클러설비-08(건식스프링클러설비의 작동 지연시간) · 202
19. 간이스프링클러설비-01(수원/가압송수장치) · 204
20. 간이스프링클러설비-02(방호구역 · 유수검지장치/급수배관) · 206
21. 간이스프링클러설비-03(간이헤드) · 208
22. 화재조기진압용스프링클러설비-01(수원) · 210
23. 화재조기진압용 스프링클러설비-02(방호구역/배관/헤드) · 212
24. 물분무소화설비(수원/펌프의 토출량) · 214
25. 미분무소화설비(수원/미분무헤드) · 218
26. 포소화설비-01(수원/프레져푸로포서너방식) · 220
27. 포소화설비-02(포소화약제의 저장량/펌프의 토출량) · 222
28. 포소화설비-03(포워터스프링클러헤드/포헤드의 설치) · 224
29. 포소화설비-04(감지용 폐쇄형 스프링클러헤드/포헤드설비의 수원) · 226
30. 포소화설비-05(전역방출방식의 고발포용 고정포방출구) · 228
31. 포소화설비-06(국소방출방식의 고발포용 고정포방출구) · 230
32. 이산화탄소소화설비-01(소화약제 저장량_전역방출방식) · 232
33. 이산화탄소소화설비-02(소화약제 저장량_국소방출방식/호스릴방식) · 236
34. 이산화탄소소화설비-03(배관의 구경/분사헤드에서의 유량) · 240
35. 이산화탄소소화설비-04(과압배출구/증발량) · 242
36. 이산화탄소소화설비-05(무유출/자유 유출) · 244
37. 할론소화설비-01(소화약제의 저장량) · 250
38. 할론소화설비-02(분사헤드) · 254
39. 할로겐화합물 및 불활성기체 소화설비-01(소화약제량의 산정) · 256
40. 할로겐화합물 및 불활성기체 소화설비-02(배관의 두께/배관 내 유량) · 260
41. 분말소화설비-01(소화약제의 저장량) · 264
42. 분말소화설비-02(가압용 가스 또는 축압용 가스/분사헤드에서의 유량) · 268
43. 자동화재탐지설비-01(경계구역) · 270
44. 자동화재탐지설비-02(감지기의 설치) · 272
45. 자동화재탐지설비-03(역률 개선용 콘덴서 용량/선로의 전압 강하) · 276
46. 자동화재탐지설비-04(축전지 용량) · 282
47. 피난구조설비-01(피난기구의 설치) · 288
48. 피난구조설비-02(유도등 및 유도표지의 설치) · 291
49. 피난구조설비-03(광속 및 조도) · 294
50. 소화용수설비-01(소화수조 또는 저수조) · 296
51. 제연설비-01(예상제연구역의 배출량) · 300
52. 제연설비-02(배출구/공기유입구/송풍기의 소요동력) · 303
53. 특별피난계단의 계단실 및 부속실 제연설비-01(급기량) · 308
54. 특별피난계단의 계단실 및 부속실 제연설비-02(유입공기의 배출방식) · 317
55. 특별피난계단의 계단실 및 부속실 제연설비-03(출입문 개방에 필요한 힘) · 319
56. 연결송수관설비-01(가압송수장치) · 323
57. 연결살수설비-01(연결살수헤드의 설치) · 325
58. 연소방지설비(지하구의 화재안전기준) · 327
59. 도로터널-01(옥내소화전설비/물분무소화설비) · 329

60. 도로터널-02(비상경보설비/자동화재탐지설비) · 331
61. 도로터널-03(소화기/연결송수관설비/비상콘센트) · 333
62. 고층건축물-01(옥내소화전설비/스프링클러설비) · 335
■예상문제_339

제3편 위험물

1. 위험물시행규칙-01(소화기구의 설치) · 436
2. 위험물시행규칙-02(옥내소화전설비/옥외소화전설비) · 438
3. 위험물시행규칙-03(스프링클러설비) · 440
4. 위험물시행규칙-04(물분무소화설비/자동화재탐지설비) · 442
5. 위험물세부기준-05(방유제) · 444
6. 위험물세부기준-01(옥내소화전설비의 가압송수장치) · 446
7. 위험물세부기준-02(포소화설비의 수원의 수량) · 448
8. 위험물세부기준-03(탱크의 내용적/공간용적/탱크의 용량) · 452
9. 위험물세부기준-04(불활성가스소화설비/이산화탄소/전역) · 454
10. 위험물세부기준-05(불활성가스소화설비/청정/전역) · 456
11. 위험물세부기준-06(불활성가스소화설비/이산화탄소/국소, 이동식) · 458
12. 위험물세부기준-07(할로겐화물소화설비/할론/전역) · 462
13. 위험물세부기준-08(할로겐화물소화설비/청정/전역) · 464
14. 위험물세부기준-09(할로겐화물소화설비/할론/국소) · 466
15. 위험물세부기준-10(분말소화설비/전역) · 468
16. 위험물세부기준-11(분말소화설비/국소, 이동식) · 470
■예상문제_472

제4편 간선구성

1. 간선구성(소방시설별 간선 수 및 용도) · 486

제5편 종합문제 · 497

제6편 과년도 출제문제

제1회_과년도 출제문제(1993. 5. 23) ············· 558
제2회_과년도 출제문제(1995. 3. 19) ············· 563
제3회_과년도 출제문제(1996. 3. 31) ············· 567
제4회_과년도 출제문제(1998. 9. 20) ············· 571

제5회_과년도 출제문제(2000. 10. 15) ·············· 577
제6회_과년도 출제문제(2002. 11. 3) ·············· 582
제7회_과년도 출제문제(2004. 10. 31) ·············· 588
제8회_과년도 출제문제(2005. 7. 3) ·············· 592
제9회_과년도 출제문제(2006. 7. 2) ·············· 595
제10회_과년도 출제문제(2008. 9. 28) ·············· 599
제11회_과년도 출제문제(2010. 9. 5) ·············· 604
제12회_과년도 출제문제(2011. 8. 21) ·············· 610
제13회_과년도 출제문제(2013. 5. 11) ·············· 615
제14회_과년도 출제문제(2014. 5. 17) ·············· 621
제15회_과년도 출제문제(2015. 9. 5) ·············· 633
제16회_과년도 출제문제(2016. 9. 24) ·············· 642
제17회_과년도 출제문제(2017. 9. 23) ·············· 648
제18회_과년도 출제문제(2018. 10. 13) ·············· 659
제19회_과년도 출제문제(2019. 9. 21) ·············· 669
제20회_과년도 출제문제(2020. 9. 26) ·············· 680
제21회_과년도 출제문제(2021. 9. 18) ·············· 690
제22회_과년도 출제문제(2022. 9. 24) ·············· 698
제23회_과년도 출제문제(2023. 9. 16) ·············· 706

■ 꾸준히 오래 앉아 있는 사람이 성과를 낸다.

두뇌회전이 빠르다는 건 연구자에게 오히려 마이너스다.
일본에는 '수재병'이란 말도 있다.
수재는 중요한 논문을 금방 이해하고 그걸 발전시키기 때문에 빛이 난다.
하지만 진정한 연구는 그 너머에 존재한다.
난제에 부딪히면 수재는 '어렵네'하고 그 옆을 돌아본다.
그랬다가 '어, 이건 내가 할 수 있겠네' 하면서 옆길로 새고, 또 어려운데
부딪히면 다시 옆길로 샌다.
그런 사람은 대학원생까지는 활약하지만 조교수 급이 되면 점점 사라진다.
조교수 때 가서 잘하는 이는 조금 느리다 싶은 그런 사람이었다.
꾸준히 오래 앉아 있는 사람이 좋은 연구자로 발전했다.

- 노벨상 수상자 마스카와 도시히데 교수 -

천재성은 누구나 가질 수 없지만, 인내심은 누구나 가질 수 있습니다.
소방시설관리사나 소방기술사도 꾸준하게 오래 앉아 있어야 합격할 수
있습니다.

- 이기덕 원장 -

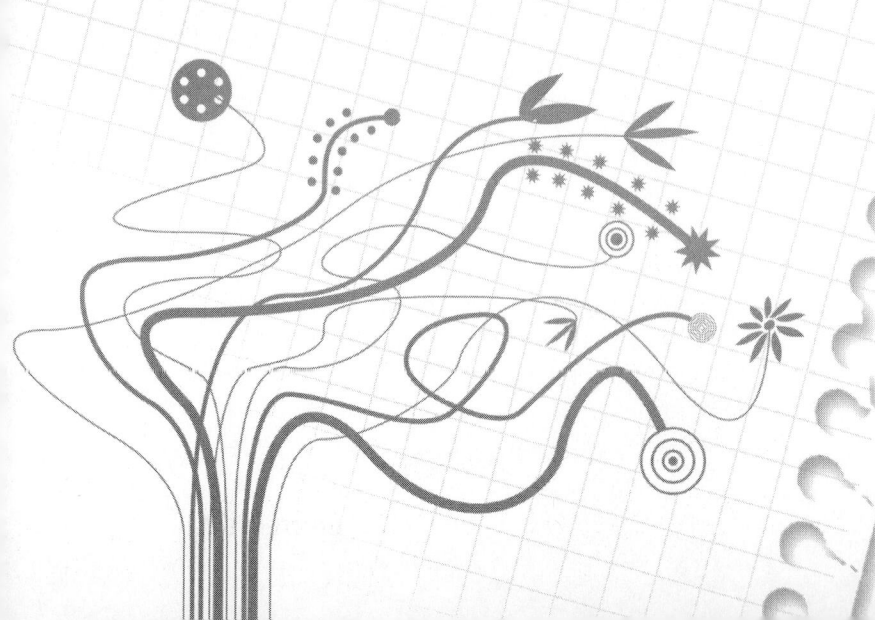

요점정리

1st Day

① 소화기구

특정소방대상물별 소화기구의 능력단위기준

특정소방대상물	소화기구의 능력단위
① **위**락시설	해당 용도의 바닥면적 30 m²마다 능력단위 1단위 이상
② **공**연장·**집**회장·**관**람장·**문**화재·**장**례식장 및 **의**료시설	해당 용도의 바닥면적 50 m²마다 능력단위 1단위 이상
③ **기타**(근린생활시설·판매시설·운수시설·숙박시설·노유자시설·전시장·공동주택·업무시설·방송통신시설·공장·창고시설·항공기 및 자동차관련시설 및 관광휴게시설)	해당 용도의 바닥면적 100 m²마다 능력단위 1단위 이상
④ 그 밖의 것	해당 용도의 바닥면적 200 m²마다 능력단위 1단위 이상

② 옥내소화전설비

충압펌프의 토출압력

충압펌프의 토출압력=자연압+0.2 MPa 이상

압력수조

$$P = p_1 + p_2 + p_3 + 0.17$$

P : 필요한 압력(MPa)
p₁ : 소방용 호스의 마찰손실수두압(MPa)
p₂ : 배관의 마찰손실수두압(MPa)
p₃ : 낙차의 환산수두압(MPa)

$$P_0 = (P + P_a)\frac{V}{V_0} - P_a$$

P₀ : 압력수조 내에 필요한 공기압력(MPa)
P : 필요한 압력(MPa)   Pa : 대기압(MPa)
V : 수조의 용적(m³)   V₀ : 수조 내 공기의 체적(m³)

압력배관용 탄소강관(KS D 3562)

$$\text{스케줄 번호(Schedule number)} = 10 \times \frac{P}{S}$$

P : 최대허용압력(kg/cm²)

S : 허용인장응력(kg/mm²) = $\dfrac{\text{인장강도}(kg/mm^2)}{\text{안전율}}$

$$배관두께(t) = \left(\frac{PD}{175S}\right) + 2.54$$

t : 관의 두께(mm)   D : 관의 외경(mm)

NPSH

$$NPSH\,av = 대기압 - H_h - H_f - H_v$$

$NPSH\,av$: 유효흡입수두(available Net Positive Suction Head)
H_h : 흡입측 수면에서 펌프까지의 흡입 높이(m)
H_f : 흡입측 배관에서 물에 의한 배관마찰손실(m)
H_v : 흡입측 배관 내 물의 포화증기압(m)

$$비교회전도\ N_S = \frac{NQ^{\frac{1}{2}}}{H^{\frac{3}{4}}}\ 에서\ H(NPSH\,re) = \left(\frac{NQ^{\frac{1}{2}}}{Ns}\right)^{\frac{4}{3}}$$

$NPSH\,re$: 필요흡입수두(required Net Positive Suction Head)
Q : 토출량(m³/min)   H : 전양정(m)
N : 회전수(rpm)

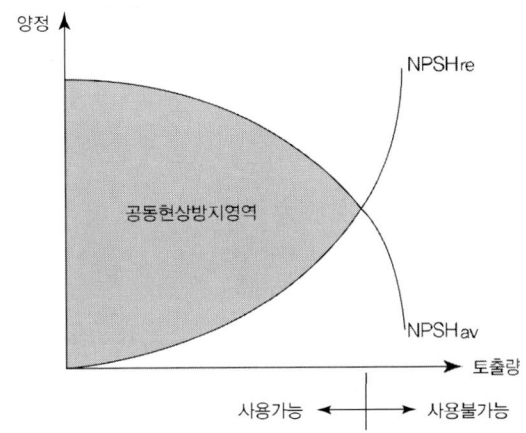

| NPSHav ≥ NPSHre | 공동현상이 발생하지 않음(사용 가능 영역) |
| NPSHav < NPSHre | 공동현상이 발생함(사용 불가능 영역) |

정압, 동압, 전압

정압	동압	전압
$\dfrac{P}{\gamma}$	$\dfrac{v^2}{2g}$	$\dfrac{P}{\gamma} + \dfrac{v^2}{2g}$

펌프의 동력

구분	수동력	축동력	전동기용량
[PS]	$\dfrac{\gamma QH}{75}$	$\dfrac{\gamma QH}{75\eta}$	$\dfrac{\gamma QH}{75\eta} \times K$
[HP]	$\dfrac{\gamma QH}{76}$	$\dfrac{\gamma QH}{76\eta}$	$\dfrac{\gamma QH}{76\eta} \times K$
[kW]	$\dfrac{\gamma QH}{102}$	$\dfrac{\gamma QH}{102\eta}$	$\dfrac{\gamma QH}{102\eta} \times K$

비속도(비교회전도)

$$Ns = \dfrac{NQ^{\frac{1}{2}}}{\left(\dfrac{H}{n}\right)^{\frac{3}{4}}}$$

Ns : 비속도(비교회전도)   N : 회전수(rpm : revolution per minute)
Q : 유량(m³/분)   H : 양정(m)
n : 단수

펌프의 회전수

$$N = \dfrac{120f}{P} \times \left(1 - \dfrac{S}{100}\right)$$

f : 주파수(Hz)   P : 극수   S : 미끄럼률(%)

펌프의 압축비(r)

$$r = \sqrt[E]{\dfrac{P_2}{P_1}}$$

r : 압축비   E : 단수   P : 절대압력

펌프의 상사칙

→ 암기방법 **유양축 123 325**

유량에 대한 상사칙	$\dfrac{Q_2}{Q_1} = \left(\dfrac{N_2}{N_1}\right)^1 \left(\dfrac{D_2}{D_1}\right)^3$
전**양**정에 대한 상사칙	$\dfrac{H_2}{H_1} = \left(\dfrac{N_2}{N_1}\right)^2 \left(\dfrac{D_2}{D_1}\right)^2$
축동력에 대한 상사칙	$\dfrac{P_2}{P_1} = \left(\dfrac{N_2}{N_1}\right)^3 \left(\dfrac{D_2}{D_1}\right)^5 \dfrac{\eta_1}{\eta_2}$

회전수	임펠러 지름	토출량	양정	축동력	효율
N	D	Q	H	P	η

감열(Sensible heat : 현열)

$$Hs = GC\Delta T$$

Hs : 감열(kcal) 　　C : 비열(kcal/kg · ℃)
ΔT : 온도차(℃)　　G : 무게(kg)

잠열(Latent heat)

$$H_L = Gr$$

H_L : 잠열(kcal)　　r : 1kg당 잠열(kcal/kg)

얼음의 융해잠열(흡수열)=물의 응고잠열(방출열)	80 kcal/kg
물의 증발잠열(흡수열)=수증기의 응축잠열(방출열)	539 kcal/kg

Darcy-Weisbach식

$$\Delta H = f \frac{L}{D} \frac{v^2}{2g}$$

ΔH : 마찰손실수두(m)　　f : 관마찰계수($f = \dfrac{64}{Re}$)
L : 관의 길이(m)　　　　　D : 관의 내경(m)
v : 유속(m/s)　　　　　　 g : 중력가속도(9.8m/s²)

Hazen-Williams의 공식

$$\Delta P_m = 6.174 \times 10^5 \times \frac{Q^{1.85}}{C^{1.85} \times D^{4.87}}$$

ΔP_m : 마찰손실압력(kg/cm² · m)　　Q : 유량(ℓ/min)
D : 관의 내경(mm)　　　　　　　　　C : 조도(관의 거칠음 계수)

파이프		C 값
흑관	건식, 준비작동식	100
	습식, 일제살수식	120
백관(아연도금강관)		120
동관		150

1st Day

🔺 부차적 손실(minor loss)

① 관의 급격한 확대에 의한 손실(돌연 확대관의 손실)

$$\Delta H = \frac{(v_1 - v_2)^2}{2g} = K\frac{v_1^2}{2g}, \quad K = (1 - \frac{A_1}{A_2})^2 = (1 - \frac{D_1^2}{D_2^2})^2$$

② 관의 급격한 축소에 의한 손실(돌연 축소관의 손실)

$$\Delta H = \frac{(v_0 - v_2)^2}{2g} = K\frac{v_0^2}{2g}, \quad K = (1 - \frac{A_0}{A_2})^2 = (1 - \frac{D_0^2}{D_2^2})^2$$

③ 관 부속품에 의한 손실

$$f\frac{L_e}{D}\frac{v^2}{2g} = K\frac{v^2}{2g} \text{에서 상당길이}(L_e) = \frac{KD}{f}$$

🔺 옥내소화전 관창에서의 방수량

$$Q = 0.653 D^2 \sqrt{P}$$

Q : 관창에서의 방수량(ℓ/min)   D : 관창 선단의 구경(mm)
P : 관창 선단의 압력(kg/cm²)

🔺 벤추리(venturi) 유량계

$$Q = \frac{C_v A_2}{\sqrt{1 - \left(\frac{A_2}{A_1}\right)^2}} \sqrt{2g\frac{P_1 - P_2}{\gamma_2}}$$

Q : 유량(m³/s) C_v : 속도계수
A : 단면적(m²)   g : 중력가속도
P : 압력(kg/m²) γ_2 : 유체의 비중량(kg/m³)

🔺 운동량 변화 때문에 생기는 반발력(N)

$$F = \rho Q(v_1 - v_2)$$

F : 운동량 변화 때문에 생기는 반발력(N)
ρ : 밀도(kg/m³)   Q : 유량(m³/s)
v_1 : 노즐에서의 유속(m/s) v_2 : 소방호스에서의 유속(m/s)

🔔 옥내소화전 노즐 선단에서의 반발력(kgf)

$$F = 0.15PD^2$$

F : 옥내소화전 노즐 선단에서의 반발력(kgf)
P : 방수압력(MPa)   D : 노즐 지름(mm)

🔔 노즐을 소방호스에 부착시키기 위한 플랜지볼트에 작용하고 있는 힘(kgf)

$$F = \frac{\gamma Q^2 A_1}{2g}\left(\frac{A_1 - A_2}{A_1 A_2}\right)^2$$

F : 플랜지볼트에 작용하고 있는 힘(kgf)
γ : 비중량(kgf/m³)   Q : 유량(m³/s)
g : 중력가속도(9.8m/s²) A_1 : 소방호스의 단면적(m²)
A_2 : 노즐의 단면적(m²)

🔔 보일-샬의 법칙

$$\frac{P_1 V_1}{T_1} = \frac{P_2 V_2}{T_2}$$

P : 절대압력   V : 부피(체적)
T : 절대온도

③ 스프링클러설비

🔔 폐쇄형 스프링클러설비의 방호구역·유수검지장치

$$\text{방호구역·유수검지장치의 수량} = \frac{\text{바닥면적}(m^2)}{3{,}000 m^2 / 1\text{구역}}$$

🔔 스프링클러설비 배관의 구경 계산식

$$Q = Av = \frac{\pi}{4}D^2 v \text{에서 } D = \sqrt{\frac{4Q}{\pi v}}$$

(유속 v : 가지배관은 6 m/s 이하, 그 밖의 배관은 10 m/s 이하)

수평거리

특정소방대상물		수평거리
무대부 · 특수가연물을 저장 또는 취급하는 장소		1.7 m
공동주택(아파트) 세대 내의 거실		2.6 m
그 밖의 특정소방대상물	내화구조	2.3 m
	기타의 구조	2.1 m

방수량 및 방수압력

구분	방수량	방수압력	비고
스프링클러설비	$K\sqrt{10P}$	0.1~1.2 MPa	K=80(표준형)
옥내소화전설비	$0.653D^2\sqrt{10P}$	0.17~0.7 MPa	D=13 mm
옥외소화전설비	$0.653D^2\sqrt{10P}$	0.25~0.7 MPa	D=19 mm

4 간이스프링클러설비

간이스프링클러설비의 방호구역·유수검지장치

$$방호구역 \cdot 유수검지장치\ 수량 = \frac{바닥면적(m^2)}{1,000(m^2/구역)}$$

5 화재조기진압용 스프링클러설비

화재조기진압용 스프링클러설비의 수원

$$수원(Q) = 12개 \times 60\min \times K\sqrt{10P}$$

Q : 수원의 양(ℓ) K : 상수[ℓ/min/(MPa)$^{1/2}$]
P : 헤드 선단의 압력(MPa)

화재조기진압용 스프링클러설비의 방호구역 · 유수검지장치

$$방호구역 \cdot 유수검지장치\ 수량 = \frac{바닥면적(m^2)}{3,000(m^2/구역)}$$

6 물분무소화설비

물분무소화설비의 수원

방호대상물	수원의 저수량
특수가연물	바닥면적×10 ℓ/min×20분
차고 또는 주차장	바닥면적×20 ℓ/min×20분
절연유 봉입 변압기	바닥부분을 제외한 표면적을 합한 면적×10 ℓ/min×20분
케이블트레이, 케이블덕트	투영된 바닥면적×12 ℓ/min×20분
콘베이어 벨트	벨트부분의 바닥면적×10 ℓ/min×20분

7 미분무소화설비

수원의 양

$$Q = N \times D \times T \times S + V$$

Q : 수원의 양(m^3)   N : 방호구역(방수구역) 내 헤드의 개수
D : 설계유량(m^3/min)   T : 설계방수시간(min)
S : 안전율(1.2 이상)   V : 배관의 총체적(m^3)

최고주위온도

$$Ta = 0.9\,Tm - 27.3\,℃$$

Ta : 최고주위온도   Tm : 헤드의 표시온도

8 포소화설비

포워터 스프링클러헤드의 수원

$$포워터 스프링클러헤드의 수원 = N \times 75\,ℓ/min \times 10min$$

N : 바닥면적이 200 m^2를 초과한 층은 200 m^2 이내에 설치된 헤드

옥내포소화전방식 또는 호스릴방식

바닥면적	토출량
200 m^2 이하	N×230 ℓ/min
200 m^2 초과	N×300 ℓ/min

Q : 포소화약제의 양(ℓ)
N : 호스 접결구 수(5개 이상인 경우는 5개)

팽창비

$$팽창비 = \frac{최종\ 발생한\ 포\ 체적}{원래\ 포수용액\ 체적}$$

팽창비율에 따른 포의 종류	포방출구의 종류
팽창비가 20 이하인 것(저발포)	포헤드, 압축공기포헤드
팽창비가 80 이상 1,000 미만인 것(고발포)	고발포용 고정포방출구

포소화설비의 자동식 기동장치(폐쇄형 스프링클러헤드를 사용하는 경우)

$$감지용\ 폐쇄형\ 스프링클러헤드의\ 수량 = \frac{방호구역(바닥면적\ m^2)}{20m^2/개}$$

포워터 스프링클러헤드의 설치 수량

$$포워터\ 스프링클러헤드의\ 설치\ 수량 = \frac{방호구역(바닥면적\ m^2)}{8m^2/개}$$

포헤드의 설치 수량

$$포헤드의\ 설치\ 수량 = \frac{방호구역(바닥면적\ m^2)}{9m^2/개}$$

포헤드의 수원

$$= 바닥면적(m^2) \times 바닥면적\ 1\,m^2당\ 방수량(\ell/min \cdot m^2) \times 10\,min$$

소방대상물	포소화약제의 종류	바닥면적 1 m²당 방사량
차고 · 주차장 및 항공기격납고	단백포	6.5 ℓ 이상
	합성계면활성제포	8.0 ℓ 이상
	수성막포	3.7 ℓ 이상
특수가연물을 저장 · 취급하는 소방대상물	단백포	6.5 ℓ 이상
	합성계면활성제포	6.5 ℓ 이상
	수성막포	6.5 ℓ 이상

고정포방출구의 수원(전역방출방식)

$$= 관포체적(m^3) \times 1\,m^3에\ 대한\ 분당\ 포수용액\ 방출량(\ell/min \cdot m^3) \times 10\,min$$

소방대상물	포의 팽창비	1m³에 대한 분당 포수용액 방출량
항공기격납고	팽창비 80 이상 250 미만의 것	2.00 ℓ
	팽창비 250 이상 500 미만의 것	0.50 ℓ
	팽창비 500 이상 1,000 미만의 것	0.29 ℓ
차고 또는 주차장	팽창비 80 이상 250 미만의 것	1.11 ℓ
	팽창비 250 이상 500 미만의 것	0.28 ℓ
	팽창비 500 이상 1,000 미만의 것	0.16 ℓ
특수가연물을 저장 또는 취급하는 소방대상물	팽창비 80 이상 250 미만의 것	1.25 ℓ
	팽창비 250 이상 500 미만의 것	0.31 ℓ
	팽창비 500 이상 1,000 미만의 것	0.18 ℓ

고정포방출구의 설치 수량

$$\text{고정포방출구의 설치 수량} = \frac{\text{바닥면적}(m^2)}{500 m^2/\text{개}}$$

고정포방출구의 수원(국소방출방식)

$$= \text{방호면적}(m^2) \times \text{방호면적 } 1\,m^2\text{에 대한 1분당 방출량}(\ell/\min \cdot m^2) \times 10\min$$

방호대상물	방호면적 1m²에 대한 1분당 방출량
특수가연물	3 ℓ
기타의 것	2 ℓ

9 이산화탄소 소화설비

충전비

$$\text{충전비} = \frac{\text{저장용기의 내용적}(\ell)}{\text{소화약제의 중량}(kg)}$$

이산화탄소 소화약제 저장량(전역방출방식, 표면화재 방호대상물의 경우)

$$= \text{방호구역 체적} \times W_1 \times \text{보정계수} + \text{개구부 면적} \times 5\,kg/m^2$$

방호구역 체적	W_1(kg/m³)	소화약제 저장량의 최저한도의 양
45 m³ 미만	1.00 kg	45 kg
45 m³ 이상 150 m³ 미만	0.90 kg	
150 m³ 이상 1,450 m³ 미만	0.80 kg	135 kg
1,450 m³ 이상	0.75 kg	1,125 kg

🔺 이산화탄소 소화약제 저장량(전역방출방식, 심부화재 방호대상물의 경우)

=방호구역 체적×W_1+개구부 면적×10 kg/m²

방호대상물	W_1(kg/m³)	설계농도(%)
유압기기를 제외한 전기설비, 케이블실	1.3 kg	50
체적 55m³ 미만의 전기설비	1.6 kg	50
서고, 전자제품창고, 목재가공품창고, 박물관	2.0 kg	65
고무류·면화류 창고, 모피창고, 석탄창고, 집진설비	2.7 kg	75

🔺 이산화탄소 소화약제 저장량(국소방출방식, 면적식)

구분	소화약제 저장량
고압식	방호대상물의 표면적(m²)×13(kg/m²)×1.4
저압식	방호대상물의 표면적(m²)×13(kg/m²)×1.1

🔺 이산화탄소 소화약제 저장량(국소방출방식, 용적식)

구분	소화약제 저장량
고압식	방호공간의 체적(m³)×$\left[8-6\dfrac{a}{A}\right]$×1.4
저압식	방호공간의 체적(m³)×$\left[8-6\dfrac{a}{A}\right]$×1.1

방호공간 : 방호대상물의 각 부분으로부터 0.6 m의 거리에 따라 둘러싸인 공간
a : 방호대상물 주위에 설치된 벽의 면적의 합계(m²)
A : 방호공간의 벽면적(벽이 없는 경우에는 벽이 있는 것으로 가정한 당해 부분의 면적)의 합계(m²)

🔺 이산화탄소 소화약제 저장량(호스릴 이산화탄소 소화설비)

=호스릴 노즐 수량(개)×90(kg/개)

🔺 배관 내 유량

방출방식	배관 내 유량
전역방출방식(표면화재)	$\dfrac{\text{이산화탄소의 소요량}}{1\text{분}}$
전역방출방식(심부화재)	$\dfrac{\text{이산화탄소의 소요량}}{7\text{분}}$, $\dfrac{\text{방호구역}(m^3)\times 0.673(kg/m^3)}{2\text{분}}$ 중 큰 값
국소방출방식	$\dfrac{\text{이산화탄소의 소요량}}{30\text{초}}$

설계농도 30%일 경우 소화약제의 양

$$= 2.303\log\left(\frac{100}{100-C}\right)\times\frac{1}{S} = 2.303\log\left(\frac{100}{100-30}\right)\times\frac{1}{0.53} = 0.673\,\text{kg/m}^3$$

0.53 : 10℃일 때 이산화탄소의 비체적

분사헤드에서의 유량

방출방식	분사헤드에서의 유량
전역방출방식(표면화재)	$\dfrac{\text{이산화탄소의 저장량}}{1\text{분}}$
전역방출방식(심부화재)	$\dfrac{\text{이산화탄소의 저장량}}{7\text{분}}$, $\dfrac{\text{방호구역}(m^3)\times 0.673(kg/m^3)}{2\text{분}}$ 중 큰 값
국소방출방식	$\dfrac{\text{이산화탄소의 저장량}}{30\text{초}}$

과압배출구(Pressure Venting)

CO_2 설비	Inergen[IG-541] 설비
$A = \dfrac{23.9Q}{\sqrt{P[kg/cm^2]}} = \dfrac{239Q}{\sqrt{P[kPa]}}$	$A = \dfrac{42.9Q}{\sqrt{P}}$
A : Vent 면적[mm²] Q : CO_2 유량[kg/min] P : 실구조의 허용인장 강도	A : Vent 면적[cm²] Q : Inergen 방출량[m³/min] P : 실구조의 허용인장 강도[kg/m²]

경량 구조물	1.2[kPa]
일반 구조물	2.4[kPa]
둥근 구조물	4.8[kPa]

경량 구조	10[kg/m²]
블록 마감	50[kg/m²]
철근콘크리트벽	100[kg/m²]

액화이산화탄소로부터 증발되는 증발량

$$= \frac{GC\Delta T[kcal]}{H[kcal/kg]} = \frac{4.19\,GC\Delta T[kcal]}{H[kJ/kg]}$$

이산화탄소 방출 후 농도(1)

$$CO_2(\%) = \frac{v}{V+v}\times 100$$

$CO_2(\%)$: 이산화탄소 방출 후 농도(%)
V : 방호구역 체적(m³)
v : 방사한 이산화탄소 부피(m³)

이산화탄소 방출 후 농도(2)

$$CO_2(\%) = \frac{21 - O_2}{21} \times 100$$

$CO_2(\%)$: 이산화탄소 방출 후 농도(%)
O_2 : 이산화탄소 방출 후 산소 농도(%)
21 : 이산화탄소 방출 전 산소 농도(%)

방출된 이산화탄소의 양

$$CO_2(m^3) = \frac{21 - O_2}{O_2} \times 방호구역의\ 체적$$

이상기체 상태방정식(1)

$$PV = \frac{W}{M} RT$$

P : 절대압력(atm)
M : 분자량
V : 기체 부피(ℓ)
R : 기체 상수($0.082 \text{atm} \cdot \ell / \text{mol} \cdot \text{K}$)
W : 질량(g)
T : 절대온도(K)

이상기체 상태방정식(2)

$$PV = WRT$$

P : 절대압력(kgf/m²)
V : 체적(m³)
W : 질량(kg)
R : 기체상수($\frac{848}{M}$ kgf · m/kg · K)

10 할론소화설비

할론소화약제 저장량(전역방출방식)

$$= 방호구역\ 체적(m^3) \times W_1(kg/m^3) + 개구부\ 면적(m^2) \times W_2(kg/m^2)$$

소방대상물 또는 그 부분		소화약제의 종별	W_1(kg/m³)	W_2(kg/m²)
차고 · 주차장 · 전기실 · 통신기기실 · 전산실 기타 이와 유사한 전기설비가 설치되어 있는 부분		할론 1301	0.32 kg 이상 0.64 kg 이하	2.4 kg
특수가연물을 저장 · 취급하는 소방대상물 또는 그 부분	가연성 고체류 · 가연성 액체류	할론 2402	0.40 kg 이상 1.1 kg 이하	3.0 kg
		할론 1211	0.36 kg 이상 0.71 kg 이하	2.7 kg
		할론 1301	0.32 kg 이상 0.64 kg 이하	2.4 kg
	면화류 · 나무껍질 및 대팻밥 · 넝마 및 종이부스러기 · 사류 · 볏짚류 · 목재가공품 및 나무부스러기를 저장 · 취급하는 것	할론 1211	0.60 kg 이상 0.71 kg 이하	4.5 kg
		할론 1301	0.52 kg 이상 0.64 kg 이하	3.9 kg
	합성수지류를 저장 · 취급하는 것	할론 1211	0.36 kg 이상 0.71 kg 이하	2.7 kg
		할론 1301	0.32 kg 이상 0.64kg 이하	2.4 kg

할론소화약제 저장량(국소방출방식, 면적식)

소화약제의 종별	소화약제 저장량
할론 2402	방호대상물의 표면적(m²)×8.8(kg/m²)×1.1
할론 1211	방호대상물의 표면적(m²)×7.6(kg/m²)×1.1
할론 1301	방호대상물의 표면적(m²)×6.8(kg/m²)×1.25

할론소화약제 저장량(국소방출방식, 용적식)

소화약제의 종별	소화약제 저장량
할론 2402	방호공간의 체적 × $\left[5.2 - 3.9\dfrac{a}{A}\right]$ ×1.1
할론 1211	방호공간의 체적 × $\left[4.4 - 3.3\dfrac{a}{A}\right]$ ×1.1
할론 1301	방호공간의 체적 × $\left[4.0 - 3.0\dfrac{a}{A}\right]$ ×1.25

할론소화약제 저장량(호스릴 할론소화설비)

소화약제의 종별	소화약제 저장량
할론 2402	호스릴 노즐 수량(개)×50(kg/개)
할론 1211	호스릴 노즐 수량(개)×50(kg/개)
할론 1301	호스릴 노즐 수량(개)×45(kg/개)

🔸 분사헤드에서의 유량(전역방출방식)

$$\text{분사헤드에서의 유량(전역방출방식)} = \frac{\text{기준저장량}}{10\text{초}}$$

🔸 분사헤드에서의 유량(국소방출방식)

$$\text{분사헤드에서의 유량(국소방출방식)} = \frac{\text{기준저장량}}{10\text{초}}$$

11 할로겐화합물 및 불활성기체 소화설비

🔸 할로겐화합물 소화약제의 저장량

$$W = \frac{V}{S} \times \left[\frac{C}{(100-C)}\right]$$

W : 소화약제의 무게(kg)
V : 방호구역의 체적(m^3)
S : 소화약제별 선형상수($K_1 + K_2 \times t$)(m^3/kg)

소화약제	K_1	K_2
FC-3-1-10	0.094104	0.00034455
HCFC BLEND A	0.2413	0.00088
HCFC-124	0.1575	0.0006
HFC-125	0.1825	0.0007
HFC-227ea	0.1269	0.0005
HFC-23	0.3164	0.0012
HFC-236fa	0.1413	0.0006
FIC-13I1	0.1138	0.0005
FK-5-1-12	0.0664	0.0002741

C : 체적에 따른 소화약제의 설계농도(%)
t : 방호구역의 최소예상온도(℃)

> 체적에 따른 소화약제의 설계농도(%)는 소화농도(%)에 안전계수(A·C급화재 1.2, B급화재 1.3)를 곱한 값으로 할 것

🔸 불활성기체 소화약제의 저장량

$$X = 2.303\left(\frac{V_S}{S}\right) \times \text{Log}_{10}\left[\frac{100}{(100-C)}\right]$$

X : 공간체적당 더해진 소화약제의 부피(m^3/m^3)
S : 소화약제별 선형상수($K_1 + K_2 \times t$)(m^3/kg)

소화약제	K₁	K₂
IG-01	0.5685	0.00208
IG-100	0.7997	0.00293
IG-541	0.65799	0.00239
IG-55	0.6598	0.00242

C : 체적에 따른 소화약제의 설계농도(%)
Vs : 20℃에서 소화약제의 비체적(m^3/kg)
t : 방호구역의 최소예상온도(℃)

할로겐화합물 및 불활성기체 소화설비의 배관의 두께

$$관의\ 두께(t) = \frac{PD}{2SE} + A$$

P : 최대허용압력(kPa)   D : 배관의 바깥지름(mm)
SE : 최대허용응력(kPa) (배관 재질 인장강도의 1/4값과 항복점의 2/3 값 중 적은 값 × 배관이음효율 × 1.2)

배관이음효율	이음매 없는 배관	1.0
	전기저항 용접배관	0.85
	가열맞대기 용접배관	0.60

A : 나사이음, 홈이음 등의 허용 값(mm) (헤드 설치 부분은 제외한다)

나사이음, 홈이음 등의 허용 값(mm)	나사이음	나사의 높이
	절단홈이음	홈의 깊이
	용접이음	0

배관 내 유량

종류		배관 내 유량
할로겐화합물 소화약제		$\dfrac{\dfrac{V}{S} \times \left[\dfrac{C \times 0.95}{(100 - C \times 0.95)}\right]}{10초}$
불활성기체 소화약제	A·C급 화재	$\dfrac{V \times 2.303 \left(\dfrac{V_S}{S}\right) \times Log_{10}\left[\dfrac{100}{(100 - C \times 0.95)}\right]}{2분}$
	B급 화재	$\dfrac{V \times 2.303 \left(\dfrac{V_S}{S}\right) \times Log_{10}\left[\dfrac{100}{(100 - C \times 0.95)}\right]}{1분}$

12 분말소화설비

🔔 가압용 가스량

가압용 가스	가압용 가스량
질소가스를 사용하는 것	소화약제(kg)×40 ℓ/kg
이산화탄소를 사용하는 것	소화약제(kg)×20g/kg

🔔 축압용 가스량

축압용 가스	축압용 가스량
질소가스를 사용하는 것	소화약제(kg)×10 ℓ/kg
이산화탄소를 사용하는 것	소화약제(kg)×20g/kg

🔔 분말소화약제 저장량(전역방출방식)

=방호구역 체적(m^3)×W_1(kg/m^3)+개구부 면적(m^2)×W_2(kg/m^2)

소화약제의 종별	W_1(kg/m^3)	W_2(kg/m^2)
제1종 분말	0.60 kg	4.5 kg
제2종 분말 또는 제3종 분말	0.36 kg	2.7 kg
제4종 분말	0.24 kg	1.8 kg

🔔 분말소화약제 저장량(국소방출방식)

종류	소화약제의 저장량
제1종 분말	방호공간의 체적×$\left[5.2-3.9\dfrac{a}{A}\right]$×1.1
제2종 분말, 제3종 분말	방호공간의 체적×$\left[3.2-2.4\dfrac{a}{A}\right]$×1.1
제4종 분말	방호공간의 체적×$\left[2.0-1.5\dfrac{a}{A}\right]$×1.1

🔔 분말소화약제 저장량(호스릴 분말소화설비)

종류	소화약제의 저장량
제1종 분말	호스릴 노즐 수량(개)×50(kg/개)
제2종 분말	호스릴 노즐 수량(개)×30(kg/개)
제3종 분말	호스릴 노즐 수량(개)×30(kg/개)
제4종 분말	호스릴 노즐 수량(개)×20(kg/개)

분사헤드에서의 유량(전역방출방식)

$$\text{분사헤드에서의 유량(전역방출방식)} = \frac{\text{소화약제 저장량}}{30\text{초}}$$

분사헤드에서의 유량(국소방출방식)

$$\text{분사헤드에서의 유량(국소방출방식)} = \frac{\text{소화약제 저장량}}{30\text{초}}$$

13 비상경보설비

축전지 용량

$$\text{축전지 용량} = \text{감시전류}(60\text{분}) + \text{동작전류}(10\text{분})$$

14 자동화재탐지설비

전기방식에 따른 선로의 전압 강하

전기 방식	선로의 전압 강하[V]	비고
단상 2선식	$e = \dfrac{35.6LI}{1000A}$	e : 선로의 전압 강하[V] L : 선로 길이[m] I : 부하 전류[A] A : 전선 단면적[mm²]
3상 3선식	$e = \dfrac{30.8LI}{1000A}$	
3상 4선식 단상 3선식	$e = \dfrac{17.8LI}{1000A}$	

15 피난기구

피난기구의 설치 개수

→ 암기방법 노숙의 500 위문운판복 800 기타는 1천

용도	설치 개수
노유자시설 · **숙**박시설 및 **의**료시설	500 m²마다 1개 이상 설치
위락시설 · **문**화집회 및 **운**동시설 · **판**매시설로 사용되는 층 또는 **복**합용도의 층	800 m²마다 1개 이상 설치
계단실형 아파트	각 세대마다 1개 이상 설치
기타(그 밖의 용도의 층)	1,000 m²마다 1개 이상 설치

1st Day

16 유도등 및 유도표지

조도

FUN=DAE
F : 광속[lm]　　U : 조명률
N : 등 수　　D : 감광보상률= $\dfrac{1}{유지율(보수율)}$
A : 면적[m²]　　E : 조도[lx], [lx = $\dfrac{lm}{m^2}$]

17 제연설비

배출량

① 거실의 바닥면적이 400 m² 미만으로 구획된 예상제연구역

　　　바닥면적 1m²당 1m³/min, 최저 5,000m³/hr

※ 바닥면적이 50 m² 미만인 예상제연구역을 통로배출방식으로 하는 경우

통로길이	수직거리	배출량	비고
40 m 이하	2 m 이하	25,000 m³/hr	벽으로 구획된 경우를 포함한다.
	2 m 초과 2.5 m 이하	30,000 m³/hr	
	2.5 m 초과 3 m 이하	35,000 m³/hr	
	3 m 초과	45,000 m³/hr	
40 m 초과 60 m 이하	2 m 이하	30,000 m³/hr	벽으로 구획된 경우를 포함한다.
	2 m 초과 2.5 m 이하	35,000 m³/hr	
	2.5 m 초과 3 m 이하	40,000 m³/hr	
	3 m 초과	50,000 m³/hr	

② 바닥면적 400 m² 이상인 거실의 예상제연구역

　㉮ 예상제연구역이 직경 40 m인 원의 범위 안에 있을 경우

　　　40,000 m³/hr 이상

※ 예상제연구역이 제연경계로 구획된 경우

수직거리	배출량
2 m 이하	40,000 m³/hr 이상
2 m 초과 2.5 m 이하	45,000 m³/hr 이상
2.5 m 초과 3 m 이하	50,000 m³/hr 이상
3 m 초과	60,000 m³/hr 이상

㉯ 예상제연구역이 직경 40m인 원의 범위를 초과할 경우

$$45,000 \text{ m}^3/\text{hr 이상}$$

※ 예상제연구역이 제연경계로 구획된 경우

수직거리	배출량
2 m 이하	45,000 m³/hr 이상
2 m 초과 2.5 m 이하	50,000 m³/hr 이상
2.5 m 초과 3 m 이하	55,000 m³/hr 이상
3 m 초과	65,000 m³/hr 이상

③ 예상제연구역이 통로인 경우의 배출량

$$45,000 \text{ m}^3/\text{hr 이상}$$

※ 예상제연구역이 제연경계로 구획된 경우

수직거리	배출량
2 m 이하	45,000 m³/hr 이상
2 m 초과 2.5 m 이하	50,000 m³/hr 이상
2.5 m 초과 3 m 이하	55,000 m³/hr 이상
3 m 초과	65,000 m³/hr 이상

공기유입구의 크기

공기유입구의 크기=배출량(m^3/min)×35($\text{cm}^2/\text{m}^3/\text{min}$)

송풍기의 소요동력

구분	공기동력	축동력	전동기용량
[PS]	$\dfrac{P_t Q}{75}$	$\dfrac{P_t Q}{75\eta}$	$\dfrac{P_t Q}{75\eta} \times K$
[HP]	$\dfrac{P_t Q}{76}$	$\dfrac{P_t Q}{76\eta}$	$\dfrac{P_t Q}{76\eta} \times K$
[kW]	$\dfrac{P_t Q}{102}$	$\dfrac{P_t Q}{102\eta}$	$\dfrac{P_t Q}{102\eta} \times K$

18 부속실 제연설비

제연구역으로부터 공기가 누설하는 틈새면적

① 출입문의 틈새면적은 다음 식에 따라 산출하는 수치로 할 것

$$A = \left(\frac{L}{\ell}\right) \times A_d$$

A : 출입문의 틈새(m²)

L : 출입문 틈새의 길이(m). 다만, L의 수치가 ℓ의 수치 이하인 경우에는 ℓ의 수치로 할 것

출입문	ℓ	A_d
외여닫이문(실내 쪽으로 열리도록 설치하는 경우)	5.6	0.01
외여닫이문(실외 쪽으로 열리도록 설치하는 경우)	5.6	0.02
쌍여닫이문	9.2	0.03
승강기의 출입문	8.0	0.06

② 창문의 틈새면적은 다음의 식에 따라 산출하는 수치로 할 것

창문	틈새면적(m²)
여닫이식 창문(방수팩킹이 없는 경우)	$2.55 \times 10^{-4} \times$ 틈새의 길이(m)
여닫이식 창문(방수팩킹이 있는 경우)	$3.61 \times 10^{-5} \times$ 틈새의 길이(m)
미닫이식 창문	$1.00 \times 10^{-4} \times$ 틈새의 길이(m)

출입문의 누설량

$$\text{출입문의 누설량}(Q) = 0.827 A_t P^{\frac{1}{N}}$$

Q : 누출되는 공기의 양(m³/sec)
A : 문의 틈새 면적(m²)
P : 문을 경계로 한 실내·외의 기압차(Pa)

수직풍도의 내부 단면적(자연배출식의 경우)

$$A_P = \frac{Q_N}{2}$$

A_P : 수직풍도의 내부단면적(m²)
Q_N : 수직풍도가 담당하는 1개 층의 제연구역의 출입문(옥내와 면하는 출입문을 말한다) 1개의 면적(m²)과 방연풍속(m/s)를 곱한 값(m³/s)

개폐기의 개구면적

$$A_0 = \frac{Q_N}{2.5}$$

A_0 : 개폐기의 개구면적(m²)
Q_N : 수직풍도가 담당하는 1개 층의 제연구역의 출입문(옥내와 면하는 출입문을 말한다) 1개의 면적(m²)과 방연풍속(m/s)를 곱한 값(m³/s)

차압에 의한 힘(F_1)

$$F_1 \times (W-d) = P \times A \times \frac{W}{2}$$

W : 출입문의 폭
P : 차압
d : 손잡이와 출입문 끝단 사이의 거리
A : 출입문의 면적

19 도로터널

옥내소화전설비(도로터널)

토출량	$N \times 190\ell/분$
수원	$N \times 190\ell/분 \times 40분$
양정	$h_1 + h_2 + h_3 + 35m$

물분무소화설비(도로터널)

토출량	$A \times 6\ell/\min \cdot m^2$
수원	$A \times 6\ell/\min \cdot m^2 \times 40\min$

경계구역의 수

$$경계구역의 수 = \frac{터널의 길이(m)}{100m/구역}$$

20 고층건축물

옥내소화전설비(수원과 옥상수조의 저수량)

구분	소방대상물의 층수	수원의 저수량	옥상수조의 저수량
일반건축물	29층 이하	$N \times 2.6\ m^3$	$N \times 2.6\ m^3 \times \frac{1}{3}$
고층건축물	30층 이상 49층 이하	$N \times 5.2\ m^3$	$N \times 5.2\ m^3 \times \frac{1}{3}$
초고층건축물	50층 이상	$N \times 7.8\ m^3$	$N \times 7.8\ m^3 \times \frac{1}{3}$

스프링클러설비(수원과 옥상수조의 저수량)

구분	소방대상물의 층수	수원의 저수량	옥상수조의 저수량
일반건축물	29층 이하	$N \times 1.6\ m^3$	$N \times 1.6\ m^3 \times \frac{1}{3}$
고층건축물	30층 이상 49층 이하	$N \times 3.2\ m^3$	$N \times 3.2\ m^3 \times \frac{1}{3}$
초고층건축물	50층 이상	$N \times 4.8\ m^3$	$N \times 4.8\ m^3 \times \frac{1}{3}$

2nd Day

21 위험물안전관리법 시행규칙

소형 수동식 소화기 수(제조소 등에 전기설비가 설치된 경우)

$$\text{소형 수동식 소화기의 수} = \frac{\text{당해 장소의 면적}(m^2)}{100m^2/\text{개}}$$

소요단위의 계산방법(건축물 그 밖의 공작물 또는 위험물)

구분		소요단위
제조소 또는 취급소	외벽이 내화구조인 것	$\dfrac{\text{연면적}(m^2)}{100m^2/\text{단위}}$
	외벽이 내화구조가 아닌 것	$\dfrac{\text{연면적}(m^2)}{50m^2/\text{단위}}$
저장소	외벽이 내화구조인 것	$\dfrac{\text{연면적}(m^2)}{150m^2/\text{단위}}$
	외벽이 내화구조가 아닌 것	$\dfrac{\text{연면적}(m^2)}{75m^2/\text{단위}}$
제조소 또는 취급소의 옥외에 설치된 공작물		$\dfrac{\text{최대수평투영면적}}{100m^2/\text{단위}}$
저장소의 옥외에 설치된 공작물		$\dfrac{\text{최대수평투영면적}}{150m^2/\text{단위}}$
위험물		$\dfrac{\text{위험물 수량}}{\text{지정수량의 10배}}$

옥내소화전설비

구분	화재안전기준	터널	위험물
방수압력	0.17 MPa~0.7 MPa	0.35 MPa 이상	0.35MPa 이상
방수량	130 ℓ/분 이상	190 ℓ/분 이상	260 ℓ/분 이상
방수시간	20분 이상	40분 이상	30분 이상
기준개수	2개	2개(4차로 이상의 터널의 경우 3개)	5개
수평거리	25 m 이하	50 m 이내의 간격으로 설치	25 m 이하

옥외소화전설비

구분	화재안전기준	터널	위험물
방수압력	0.25 MPa~0.7 MPa	-	0.35 MPa 이상
방수량	350 ℓ/분 이상	-	450 ℓ/분 이상
방수시간	20분 이상	-	30분 이상
기준개수	2개	-	4개
수평거리	40 m 이하	-	40 m 이하

스프링클러설비

구분	화재안전기준	터널	위험물
방수압력	0.1 MPa~1.2 MPa	-	0.1 MPa 이상
방수량	80 ℓ/분 이상	-	80 ℓ/분 이상
방수시간	20분 이상	-	30분 이상
기준개수	10, 20, 30	-	30
수평거리	1.7 m, 2.1 m, 2.3 m 등	-	1.7 m 이하

물분무소화설비

구분	화재안전기준	터널	위험물
방수압력	-	-	0.35 MPa 이상
방수량	10, 12, 20 ℓ/분·m²	6 ℓ/분·m²	20 ℓ/분·m²
방수시간	20분 이상	40분 이상	30분 이상

22 위험물세부기준

포수용액량 및 방출률[포소화설비][포수용액량(ℓ/m²), 방출률(ℓ/m²·min)]

위험물의 구분 \ 포방출구의 종류	Ⅰ형 포수용액량	Ⅰ형 방출률	Ⅱ형, Ⅲ형, Ⅳ형 포수용액량	Ⅱ형, Ⅲ형, Ⅳ형 방출률	특형 포수용액량	특형 방출률
제4류 위험물 중 인화점이 21℃ 미만인 것	120	4	220	4	240	8
제4류 위험물 중 인화점이 21℃ 이상 70℃ 미만인 것	80	4	120	4	160	8
제4류 위험물 중 인화점이 70℃ 이상인 것	60	4	100	4	120	8

연결송액구의 설치 수(N)

$$N = \frac{Aq}{C}$$

A : 탱크의 최대수평단면적(단위 m²)
q : 탱크의 액표면적 1 m²당 방사하여야 할 포수용액의 방출률(단위 ℓ/min)
C : 연결송액구 1구당의 표준송액량(800 ℓ/min)

이산화탄소 소화약제 저장량(전역방출방식)

=(방호구역 체적×W_1+개구부 면적×5 kg/m²)×계수

방호구역의 체적(단위 m³)	W_1(kg/m³)	소화약제 총량의 최저한도(단위 kg)
5 미만	1.20	–
5 이상 15 미만	1.10	6
15 이상 45 미만	1.00	17
45 이상 150 미만	0.90	45
150 이상 1,500 미만	0.80	135
1,500 이상	0.75	1,200

🎓 **이산화탄소 소화약제 저장량**(국소방출방식, 면적식)

구분	소화약제 저장량
고압식	방호대상물의 표면적(m²)×13(kg/m²)×계수×1.4
저압식	방호대상물의 표면적(m²)×13(kg/m²)×계수×1.1

🎓 **이산화탄소 소화약제 저장량**(국소방출방식, 용적식)

구분	소화약제 저장량
고압식	방호공간의 체적× $\left[8-6\dfrac{a}{A}\right]$ ×계수×1.4
저압식	방호공간의 체적× $\left[8-6\dfrac{a}{A}\right]$ ×계수×1.1

방호공간 : 방호대상물의 모든 부분(지반면에 접한 바닥면은 제외)으로부터 0.6m 외부로 이격된 부분에 의하여 둘러싸여진 부분을 말한다.

Q : 단위체적당 소화약제의 양(단위 kg/m³)

a : 방호대상물의 주위에 실제로 설치된 고정벽(방호대상물로부터 0.6m 미만의 거리에 있는 것에 한한다)의 면적의 합계(단위 m²)

A : 방호공간 전체 둘레의 면적(단위 m²)

🎓 **이산화탄소 소화약제 저장량**(호스릴 이산화탄소 소화설비)

$$=호스릴\ 노즐\ 수량(개)\times 90(kg/개)$$

🎓 **할로겐화물 소화약제 저장량**(전역방출방식)

$$=(방호구역\ 체적\times W_1 + 개구부\ 면적\times W_2)\times 계수$$

소화약제의 종류	W_1(kg/m³)	W_2(kg/m²)
할론 2402	0.40 kg	3.0 kg
할론 1211	0.36 kg	2.7 kg
할론 1301	0.32 kg	2.4 kg

$$=(\text{방호구역 체적} \times W_1) \times \text{계수}$$

소화약제의 종류	W_1
HFC-23, HFC-125	0.52
HFC-227ea	0.55
FK-5-1-12	0.84

할로겐화물 소화약제 저장량(국소방출방식, 면적식)

구분	소화약제 저장량
할론 2402	방호대상물의 표면적(m^2)×8.8(kg/m^2)×계수×1.1
할론 1211	방호대상물의 표면적(m^2)×7.6(kg/m^2)×계수×1.1
할론 1301	방호대상물의 표면적(m^2)×6.8(kg/m^2)×계수×1.25

할로겐화물 소화약제 저장량(국소방출방식, 용적식)

구분	소화약제 저장량
할론 2402	방호공간의 체적 × $\left[5.2 - 3.9\dfrac{a}{A}\right]$ × 계수 × 1.1
할론 1211	방호공간의 체적 × $\left[4.4 - 3.3\dfrac{a}{A}\right]$ × 계수 × 1.1
할론 1301	방호공간의 체적 × $\left[4.0 - 3.0\dfrac{a}{A}\right]$ × 계수 × 1.25

분말소화약제 저장량(전역방출방식)

$$=(\text{방호구역 체적} \times W_1 + \text{개구부 면적} \times W_2) \times \text{계수}$$

소화약제의 종류	W_1(kg/m^3)	W_2(kg/m^2)
제1종 분말	0.60 kg	4.5 kg
제2종 분말, 제3종 분말	0.36 kg	2.7 kg
제4종 분말	0.24 kg	1.8 kg

분말소화약제 저장량(국소방출방식, 면적식)

구분	소화약제 저장량
제1종 분말	방호대상물의 표면적(m^2)×8.8(kg/m^2)×계수×1.1
제2종 분말, 제3종 분말	방호대상물의 표면적(m^2)×5.2(kg/m^2)×계수×1.1
제4종 분말	방호대상물의 표면적(m^2)×3.6(kg/m^2)×계수×1.1

분말소화약제 저장량(국소방출방식, 용적식)

구분	소화약제 저장량
제1종 분말	방호공간의 체적 × $\left[5.2 - 3.9\dfrac{a}{A}\right]$ × 계수 × 1.1
제2종 분말, 제3종 분말	방호공간의 체적 × $\left[3.2 - 2.4\dfrac{a}{A}\right]$ × 계수 × 1.1
제4종 분말	방호공간의 체적 × $\left[2.0 - 1.5\dfrac{a}{A}\right]$ × 계수 × 1.1

호스릴설비

① 호스릴 이산화탄소설비

화재안전기준		위험물세부기준	
kg/개	kg/분	kg/개	kg/분
90	60	90	−

② 호스릴 할로겐화합물 소화설비

구분	화재안전기준		위험물세부기준	
	kg/개	kg/분	kg/개	kg/분
2402	50	45	50	45
1211	50	40	45	40
1301	45	35	45	35

③ 호스릴 분말소화설비

구분	화재안전기준		위험물세부기준	
	kg/개	kg/분	kg/개	kg/분
1종	50	45	50	45
2종, 3종	30	27	30	27
4종	20	18	20	18

23 간선구성

설비	기본 가닥수	용도	추가 가닥수	추가 전선용도	비고	
자동화재 탐지설비	6	지구(회로) 공통 응답(발신기) 경종 표시등 경종·표시등 공통	1	지구	전층경보방식일 경우	지구공통선은 7개 경계구역마다 추가함
			2	지구 경종	우선경보방식일 경우	
습식(건식) 스프링클러설비	4	PS(밸브개방확인) TS(밸브주의) 사이렌 공통	3	PS TS 사이렌	사이렌은 자동화재탐지설비의 음향장치와 겸용할 경우 면제 가능함	
준비작동식 (일제살수식) 스프링클러설비	9	전원⊕ 전원⊖ SV(밸브기동) 감지기A 감지기B PS(밸브개방확인) TS(밸브주의) 전화 사이렌	6	SV 감지기A 감지기B PS TS 사이렌		
MCC ⇅ 감시제어반	5	기동 정지 공통 기동확인2			펌프 및 FAN 공통	
CO₂소화설비 할론소화설비 분말소화설비	8	전원⊕ 전원⊖ 기동스위치(SV) 감지기A 감지기B 방출표시등 사이렌 방출지연	5	기동스위치 감지기A 감지기B 방출표시등 사이렌		
제어반 ⇅ 화재표시반	5	공통선 감지기A 감지기B 방출표시등 수동잠금밸브(TS)	3	감지기A 감지기B 방출표시등	수동잠금밸브(TS)는 CO₂ 소화설비에만 해당됨	

■ 99보다 힘센 1

물을 끓이면 증기라는 에너지가 생긴다.
0도씨의 물에서도 99도씨의 물에서도 에너지를 얻을 수 없기는 마찬가지이다.
그 차이가 자그마치 99도씨나 되면서, 에너지를 얻을 수 있는 것은 물이 100도씨를 넘어서면서부터이다.
그러나 99도씨에서 100도씨까지의 차이는 불과 1도씨. 당신은 99까지 올라가고도 1을 더하지 못해 포기한 일은 없는가?

– 시인 정채봉 –

우리의 행로를 가로막는 벽은 언제나 있게 마련입니다.
그러나 뛰어넘을 수 없는 벽은 결코 찾아오지 않습니다.
벽은 벽이 아니라 성공하기 위한 과정일 뿐입니다.
소방기술사나 소방시설관리사의 합격도 가장 끈기 있는 사람에게
주어지는 신의 선물입니다.

– 이기덕 원장 –

제1편

01 유체역학

1 단위와 차원

1. 단위
어떤 양을 수치로 표시하기 위하여 비교의 기준으로서 사용되는 같은 종류의 양을 단위라 한다.

1) 기본단위
① 절대단위계 : 질량(kg), 길이(m), 시간(sec)을 기본단위로 한다.
② 중력단위계 : 힘(kgf), 길이(m), 시간(sec)을 기본단위로 한다.

2) 유도단위
기본단위의 조합으로 만들어진 단위

2. 차원
물리량의 기본단위와 유도단위와 관계
① 절대단위차원(MLT계 차원) : M(질량), L(길이), T(시간)를 기본차원으로 한다.
② 중력단위차원(FLT계 차원) : F(힘), L(길이), T(시간)를 기본차원으로 한다.

3. 각종 단위 및 차원

물리량	절대단위	중력단위	절대단위차원	중력단위차원
길이	m	m	L	L
시간	s	s	T	T
질량	kg	$kgf \cdot s^2/m$	M	$FL^{-1}T^2$
힘	$kg \cdot m/s^2$	kgf	MLT^{-2}	F
면적	m^2	m^2	L^2	L^2
부피	m^3	m^3	L^3	L^3
속도	m/s	m/s	LT^{-1}	LT^{-1}
가속도	m/s^2	m/s^2	LT^{-2}	LT^{-2}
각속도	1/s	1/s	T^{-1}	T^{-1}
밀도	kg/m^3	$kgf \cdot s^2/m^4$	ML^{-3}	$FL^{-4}T^2$
비중량	$kg/m^2 \cdot s^2$	kgf/m^3	$ML^{-2}T^{-2}$	FL^{-3}
일	$kg \cdot m^2/s^2$	$kgf \cdot m$	ML^2T^{-2}	FL
에너지	$kg \cdot m^2/s^2$	$kgf \cdot m$	ML^2T^{-2}	FL
운동량	$kg \cdot m/s$	$kgf \cdot s$	MLT^{-1}	FT
동력	$kg \cdot m^2/s^3$	$kgf \cdot m/s$	ML^2T^{-3}	FLT^{-1}
압력	$kg/m \cdot s^2$	kgf/m^2	$ML^{-1}T^{-2}$	FL^{-2}
점도	$kg/m \cdot s$	$kgf \cdot s/m^2$	$ML^{-1}T^{-1}$	$FL^{-2}T$
동점도	m^2/s	m^2/s	L^2T^{-1}	L^2T^{-1}

연습문제

★★☆☆☆

문제1 절대단위계(MLT계)로 힘의 차원을 표시하시오.

- 계산과정
  힘의 단위 : $kgf = kg \times 9.8 m/s^2$
  힘의 차원 : MLT^{-2}
- 답 : MLT^{-2}

★★☆☆☆

문제2 일률(시간당 에너지)의 차원을 M(질량), L(길이), T(시간)로 표시하시오.

- 계산과정
  일률의 단위 : $kgf \cdot m/s = kg \times 9.8 m/s^2 \times m/s = 9.8 kg \times m^2/s^3$
  일률의 차원 : ML^2T^{-3}
- 답 : ML^2T^{-3}

★★☆☆☆

문제3 점성계수의 차원을 F(힘), L(길이), T(시간)로 표시하시오.

- 계산과정
  점성계수의 단위 : $kgf \cdot s/m^2 = kg \times 9.8 m/s^2 \times s/m^2$
  $= 9.8 kg/m \cdot s = 9.8 \times 1000 g/100 cm \cdot s = 98 g/cm \cdot s = 98 poise$
  점성계수의 차원 : $FL^{-2}T$
- 답 : $FL^{-2}T$

★★☆☆☆

문제4 동점성계수의 차원을 쓰시오.

- 계산과정
  동점성계수의 단위 : $m^2/s = 10^4 cm/s = 10^4 stokes$
  동점성계수의 차원 : L^2T^{-1}
- 답 : L^2T^{-1}

2 비중, 밀도, 비중량, 비체적

1. 비중(specific gravity)
① 정의 : 어떤 물체의 무게와 이와 같은 부피의 4℃의 물의 무게와의 비
② 단위 : 무차원(단위가 없다)
③ 계산식

$$S = \frac{\rho}{\rho_w} = \frac{\gamma}{\gamma_w}$$

S : 비중
ρ_w : 4℃의 물의 밀도(kg/m³)
ρ : t℃의 물질의 밀도(kg/m³)
γ_w : 4℃의 물의 비중량(kgf/m³)
γ : t℃의 물질의 비중량(kgf/m³)

2. 밀도(density)
① 정의 : 물체의 단위체적 내에 있는 질량
② 단위 : g/cm³, kg/m³
③ 계산식

$$PV = nRT = \frac{W}{M}RT \text{ 에서}$$

$$\text{밀도 } \rho = \frac{W}{V} = \frac{PM}{RT}$$

ρ : 밀도(g/ℓ)
W : 질량(g)
V : 부피(ℓ)
P : 절대압력(atm)
M : 분자량(g)
T : 절대온도(K)
R : 기체상수(0.082atm·ℓ/mol·K)

④ 물의 밀도 : 1g/cm³ = 1kg/ℓ = 1000kg/m³ = 1000N·s²/m⁴ = 102kgf·s²/m⁴

3. 비중량(specific weight)
① 정의 : 물체의 단위 체적이 받는 중량
② 단위 : gf/cm³, kgf/m³
③ 계산식

$$\gamma = \rho g$$

γ : 비중량(kgf/m³)
ρ : 밀도(kg/m³)
g : 중력가속도(9.8m/s²)

4. 비체적(specific volume)
① 정의 : 단위질량당의 체적
② 단위 : cm³/g, m³/kg
③ 비체적 $V_s = \dfrac{1}{\rho} = \dfrac{V}{W} = \dfrac{RT}{PM}$

2nd Day

연습문제

★★☆☆☆

문제1 어떤 액체의 체적이 10m³일 때 무게가 8,800 kgf이었다. 이 액체의 비중은 얼마인가?

배점 3

■ 계산과정

$$비중(S) = \frac{\rho}{\rho_w} = \frac{\gamma}{\gamma_w} = \frac{\frac{8,800 kgf}{10 m^3}}{1,000 kgf/m^3} = 0.88$$

■ 답 : 0.88

★★☆☆☆

문제2 물이 들어 있는 U자관 속에 기름을 넣었더니 기름 25 cm와 물 15 cm의 액주가 평형을 이루었다면 이 기름의 비중은 얼마인가?

배점 5

■ 계산과정

$$P = \gamma_1 h_1 = \gamma_2 h_2$$

$$\gamma_1 \times 25\,\text{cm} = 1 gf/\text{cm}^3 \times 15\,\text{cm}$$

$$\gamma_1 = \frac{1 gf/\text{cm}^3 \times 15\,\text{cm}}{25\,\text{cm}} = 0.6 gf/\text{cm}^3$$

$$비중(S) = \frac{\rho}{\rho_w} = \frac{\gamma}{\gamma_w} = \frac{0.6 gf/\text{cm}^3}{1 gf/\text{cm}^3} = 0.6$$

■ 답 : 0.6

★★☆☆☆

문제3 어떤 유체의 밀도가 86 kgf·s²/m⁴이다. 이 액체의 비체적은 몇 m³/kg인가?

배점 3

■ 계산과정

$$비체적\,(V_s) = \frac{1}{\rho} = \frac{1}{86 kgf \cdot s^2/m^4}$$

$$= \frac{1}{86 kg \times 9.8 m/s^2 \times s^2/m^4} = \frac{1}{86 \times 9.8 kg/m^3} = 1.186 \times 10^{-3} m^3/kg$$

■ 답 : $1.186 \times 10^{-3} m^3/kg$

제1편 유체역학

③ 일, 에너지

1. 일(work)
① 정의 : 물체에 힘을 주어 이동시켰을 때, 이 힘의 크기와 물체가 이동한 거리와의 상승적(곱)
② 단위
  J(N·m), erg(dyne·cm), kgf·m, gf·m
③ 계산식

$$W = FS$$

  W : 일(J)
  F : 힘(N)
  S : 거리(m)

2. 에너지(energy)
① 정의 : 물체가 일을 할 수 있는 능력
② 단위 : 일의 단위와 같다.
③ 계산식

위치에너지	중량×위치수두	$G \times Z$	G : 중량(kgf)
속도에너지 (운동에너지)	중량×속도수두	$G \times \dfrac{v^2}{2g}$	Z : 높이(m) v : 속도(m/s)
압력에너지 (유동에너지)	중량×압력수두	$G \times \dfrac{P}{\gamma}$	P : 압력(kgf/m²) γ : 비중량(kgf/m³)

3. 에너지 경사선

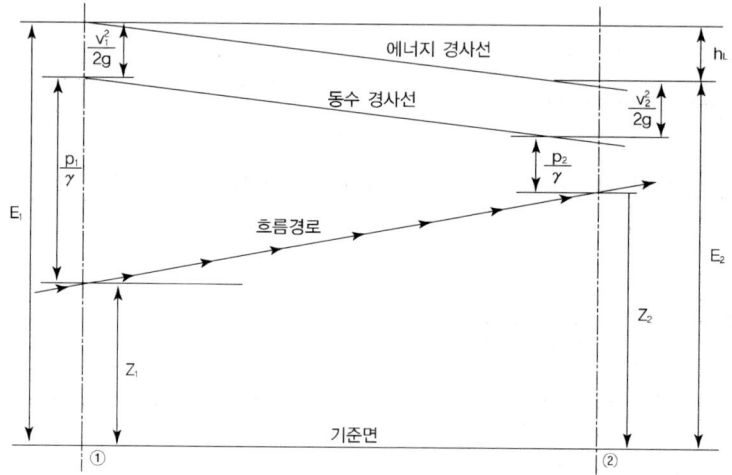

연습문제

★★☆☆☆

문제1 수압 50 kgf/cm²의 물 5kgf가 갖는 압력에너지는 얼마인가? 단, 게이지압력이 영일 때 압력에너지는 없다고 한다.

■ 계산과정

압력에너지 $= G \times \dfrac{P}{\gamma} = 5kgf \times \dfrac{50 kgf/cm^2}{1,000 kgf/m^3}$

$= 5kgf \times \dfrac{50 \times 10^4 kgf/m^2}{1,000 kgf/m^3} = 5kgf \times 500m = 2,500 kgf \cdot m$

■ 답 : $2,500 kgf \cdot m$

★★☆☆☆

문제2 유체가 Vm/sec의 속도로 움직일 경우, 이 유체 2 kg 중량이 할 수 있는 운동에너지는 얼마인가?

■ 계산과정

속도에너지(운동에너지) $= G \times \dfrac{v^2}{2g} = 2kgf \times \dfrac{V^2}{2g} = \dfrac{V^2}{g} [kgf \cdot m] = V^2 [J]$

■ 답 : $V^2 [J]$

4 압력

1. 정의
단위면적에 작용하는 유체의 힘

2. 계산식

$$P = \dfrac{F}{A}$$
$$P = \gamma h$$

P : 압력(kgf/m²)
F : 힘(kgf)
A : 단면적(m²)
γ : 비중량((kgf/m³)
h : 높이(m)

3. 표준대기압
760 mmHg를 기준으로 한 압력
$1atm = 760mmHg = 1.0332 kg/cm^2 = 10.332 mH_2O = 14.7 psi = 101325 Pa$
$= 1.01325 bar$

psi : Pound per square inch(lb/in²)   Pa : Pascal(N/m²)
bar : 10^5Pa   torr : 1mmHg

4. 게이지압력(Gauge Pressure)
① 대기압을 0으로 보고 측정한 압력
② kgf/cm²G, PaG…로 표기, "G"는 생략 가능

5. 절대압력(Absolute Pressure)
① 완전 진공을 0으로 보고 측정한 압력
② kgf/cm²A, PaA…로 표기, "A"는 생략 불가

6. 진공압력(Vacuum Pressure)
① 대기압 이하의 압력
② cmHgV, inHgV…로 표기, "V"는 생략 불가

7. 관계
① 절대압력 = 대기압 + 게이지압력
② 절대압력 = 대기압 - 진공압력

8. 진공도
$$= \dfrac{진공압}{대기압} \times 100 [\%]$$

9. 공학대기압
1 kg/cm²를 기준으로 한 압력(1at)

2nd Day

연습문제

★★★☆☆

문제1 제연설비의 측정 풍압 $10Pa$은 몇 $mmAq$인지를 계산하시오.

■ 계산과정

표준대기압 $101325[Pa] = 10.332[mH_2O] = 10332[mmAq]$ 에서

$101325[Pa] : 10332[mmAq] = 10[Pa] : x[mmAq]$ 가 된다.

외항과 내항의 곱은 일정하므로

$101325[Pa] \times x[mmAq] = 10332[mmAq] \times 10[Pa]$

$x = \dfrac{10332[mmAq] \times 10[Pa]}{101325[Pa]} = 1.02[mmAq]$

■ 답 : $1.02[mmAq]$

★★★☆☆

문제2 다음 압력을 환산하시오.

$$0.4[kgf/mm^2] = (\quad)[MPa]$$

■ 계산과정

$0.4[kgf/mm^2]$
$= 0.4 \times 9.8[N/mm^2] = 0.4 \times 9.8 \times 10^6[N/m^2]$
$= 0.4 \times 9.8 \times 10^6[Pa] = 0.4 \times 9.8 \times 10^6 \times 10^{-6}[MPa]$
$= 3.92[MPa]$

■ 답 : $3.92[MPa]$

> **TIP** ※ 단위
> $kgf = 9.8N$ $m^2 = 10^6 mm^2$
> $N/m^2 = Pa$ $Pa = 10^{-6} MPa$

★★★☆☆

문제3 수두 100[mmAq]로 표시되는 압력은 몇 [Pa]인가?

■ 계산과정

표준대기압 $10,332[mmAq] = 101,325[Pa]$ 에서

$10,332[mmAq] : 101,325[Pa] = 100[mmAq] : x[Pa]$ 가 된다.
외항과 내항의 곱은 일정하므로
$10,332[mmAq] \times x[Pa] = 101,325[Pa] \times 100[mmAq]$

$x[Pa] = \dfrac{101,325[Pa] \times 100[mmAq]}{10,332[mmAq]} = 980.7[Pa]$

- 답 : $980.7[Pa]$

★★★☆☆

문제4 펌프의 흡입측에 설치된 진공계의 바늘이 $500mmHg$을 가리키고 있을 때 펌프 케이싱 내부의 압력은 얼마인지 절대압력(kgf/cm^2)으로 답하시오. 단, 국지대기압은 1기압으로 간주한다.

- 계산과정

  절대압력 = 대기압 − 진공압력
  $= 760mmHg - 500mmHg$
  $= 260mmHg$

  $760[mmHg] = 1.0332[kgf/cm^2]$ 이므로
  $760[mmHg] : 1.0332[kgf/cm^2] = 260[mmHg] : x[kgf/cm^2]$ 가 된다.
  외항과 내항의 곱은 일정하므로
  $760[mmHg] \times x[kgf/cm^2] = 1.0332[kgf/cm^2] \times 260[mmHg]$

  $x = \dfrac{1.0332 kgf/cm^2 \times 260 mmHg}{760 mmHg}$

  $= 0.35 kgf/cm^2$

- 답 : $0.35 kgf/cm^2$

★★★☆☆

문제5 표준대기압 상태인 대기 중에 노출된 큰 저수조의 수면보다 4[m] 위에 설치된 펌프에서 물을 송출할 때 펌프 입구에서의 정체압(kPa)을 절대압력으로 나타내면 약 얼마인가?

- 계산과정

  절대압력 $= 10.332 mAq - 4 mAq = 6.332 mAq$

  $= 6.332 mAq \times \dfrac{101.325 kPa}{10.332 mAq} = 62.1 kPa$

- 답 : $62.1 kPa$

★★★☆☆

문제6 대기압의 크기는 760[mmHg]이고, 수은의 비중은 13.6일 때 240[mmHg]의 절대압력은 계기압력으로 약 몇 [kPa]인가?

■ 계산과정

절대압력 = 계기압력 + 대기압

계기압력 = 절대압력 - 대기압 = $240\text{mmHg} - 760\text{mmHg} = -520\text{mmHg} = -0.52\text{mHg}$

$= -0.52 mHg \times 13,600 kgf/m^3 = -7,072 kgf/m^2$

$= -7,072 kgf/m^2 \times \dfrac{101.325 kPa}{10332 kgf/m^2} = -69.35 kPa$

■ 답 : $-69.35 kPa$

★★★☆☆

문제7 고가수조의 높이는 해발 250[m]이고 수조로부터 물을 공급받는 소화전은 해발 200[m]이다. 연결배관에 흐름이 없다고 가정하고 물의 온도가 20[℃]일 때 소화전에서의 정수압력은 약 몇 [kPa]인가?(단, 물의 비중량은 20[℃]에서 9.8[kN/m³]이다)

■ 계산과정

$P = \gamma h = 9.8 kN/m^3 \times (250m - 200m)$

$= 9.8 kN/m^3 \times 50m = 490 kN/m^2 = 490 kPa$

■ 답 : $490 kPa$

5 정압, 동압, 전압

1. 정압(Ps : Static Pressure)

정압이란 유체의 흐름에 평행인 물체의 표면에 수직으로 미치는 압력으로서 그 표면에 수직인 구멍을 통하여 측정한다. 한쪽 끝이 폐쇄된 덕트의 다른 끝에서 Fan으로 공기를 주입시키면 덕트 내에는 공기의 유동이 없으므로 이때 발생하는 압력은 모두 정압이 된다. 정압은 공기가 흐르고 있는 관이나 장치 등에서, 관벽에 수직으로 작용하는 힘이므로, 정압이 커지면 관로마찰 저항이 커진다.

$$\text{정압} \quad H = \frac{P}{\gamma}$$

※정압의 측정

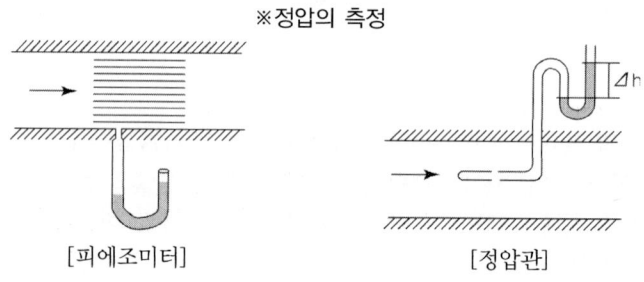

[피에조미터]　　　　　　[정압관]

2. 동압(Pv : Velocity Pressure)

동압이란 유체의 속도에 의해 발생하는 압력이다. 유체의 속도가 증가하는 경우에는 속도의 제곱에 비례하여 커지며, 유체의 밀도가 증가하면 밀도에 비례해서 증가한다.

$$\text{동압} \quad H = \frac{v^2}{2g}$$

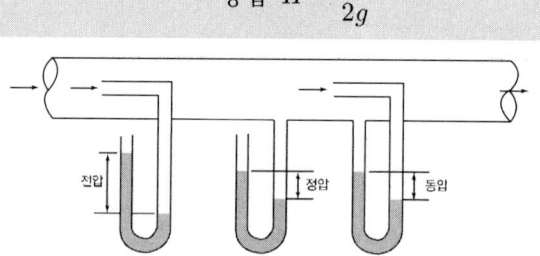

3. 전압(Pt : Total Pressure)

정압과 동압의 합을 전압이라 하며, 수평면을 기준으로 정상흐름에서는 위치수두는 0이 되며, 이 경우의 정수두를 정압, 속도수두를 동압, 그 합을 전압이라고 표현할 수 있다.

$$\text{전압} \quad H = \frac{P}{\gamma} + \frac{v^2}{2g}$$

연습문제

★★★☆☆

문제1 비중이 2인 유체가 정상 유동하고 있다. 동압이 400[kPa]이라면 이 유체의 유속은 몇 [m/s]인가?

- 계산과정

$$동압(H) = \frac{v^2}{2g} \text{에서 } v = \sqrt{2gH} = \sqrt{2g\frac{P}{\gamma}} = \sqrt{2 \times 9.8 m/s^2 \times \frac{400 kPa}{2,000 kgf/m^3}}$$

$$= \sqrt{2 \times 9.8 m/s^2 \times \frac{400 \times 1,000 N/m^2}{2,000 \times 9.8 N/m^3}} = 20 m/s$$

- 답 : $20 m/s$

★★☆☆☆

문제2 피토관으로 측정된 동압이 두 배가 되면 유속은 약 몇 배인가?

- 계산과정

$$동압(H) = \frac{v^2}{2g} \text{에서 } 동압(H) \propto v^2 \text{이므로}$$

$1H : v_1^2 = 2H : v_2^2$

$1H \times v_2^2 = v_1^2 \times 2H$

$v_2^2 = v_1^2 \times \frac{2H}{1H}$

$v_2^2 = v_1^2 \times 2$

양변에 제곱근을 하면,

$\sqrt{v_2^2} = \sqrt{v_1^2} \times \sqrt{2}$

$v_2 = v_1 \times \sqrt{2}$

- 답 : $\sqrt{2}$ 배

6 유속

1. 토리첼리의 정리

①지점과 ②지점에 대하여 베르누이 방정식을 적용하면

$$\frac{P_1}{\gamma}+\frac{v_1^2}{2g}+Z_1=\frac{P_2}{\gamma}+\frac{v_2^2}{2g}+Z_2 \quad \cdots\cdots (1)$$

여기서, $v_1=0$, P_1, P_2 : 대기압이므로

$$\frac{v_2^2}{2g}=Z_1-Z_2$$

여기서, $Z_1-Z_2=H$ (낙차수두)라고 하면

$$\frac{v_2^2}{2g}=H$$

$$v_2=\sqrt{2gH} \quad \cdots\cdots (2)$$

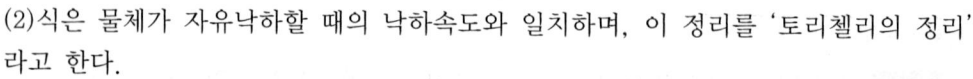

(2)식은 물체가 자유낙하할 때의 낙하속도와 일치하며, 이 정리를 '토리첼리의 정리'라고 한다.

그러나, 실제유속은 실제 존재하는 표면장력과 마찰저항 때문에 토리첼리 정리로부터 계산한 이론 속도보다 작아지게 된다.

그러므로 실제속도 $(v_a)= C_v\sqrt{2gH}$

여기서, C_v : 속도계수(실제속도와 이론속도의 비)

2. 배관에서의 유속 측정

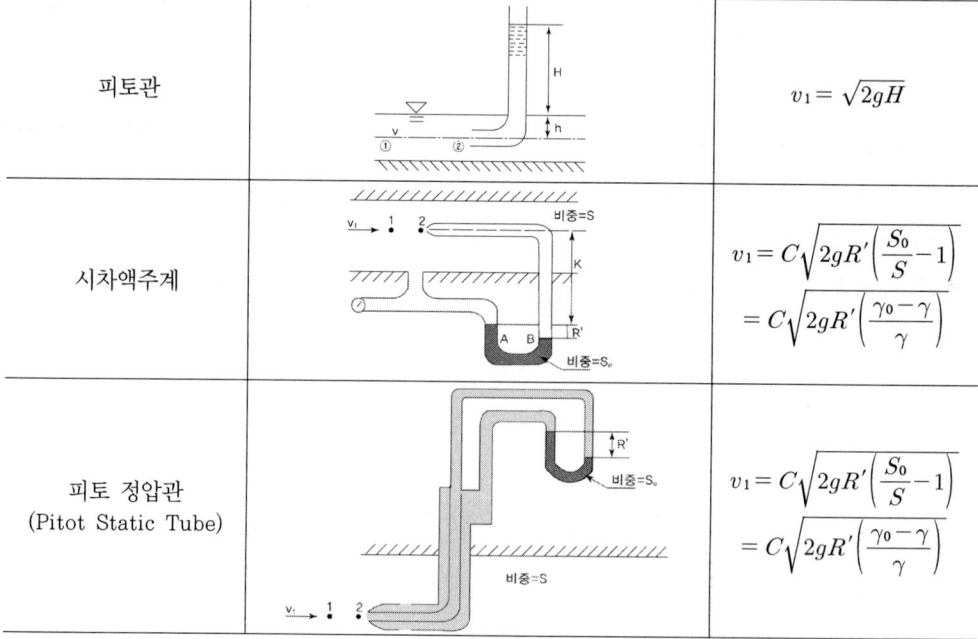

피토관		$v_1=\sqrt{2gH}$
시차액주계		$v_1=C\sqrt{2gR'\left(\frac{S_0}{S}-1\right)}$ $=C\sqrt{2gR'\left(\frac{\gamma_0-\gamma}{\gamma}\right)}$
피토 정압관 (Pitot Static Tube)		$v_1=C\sqrt{2gR'\left(\frac{S_0}{S}-1\right)}$ $=C\sqrt{2gR'\left(\frac{\gamma_0-\gamma}{\gamma}\right)}$

연습문제

★★★☆☆

문제1 물의 유속을 측정하기 위하여 피토 정압관(Pitot Static Tube)을 사용하였더니 정압과 전압의 차이가 5[cmHg]이다. 수은의 비중이 13.6이라면 유속은 몇 [m/s]인가?

■ 계산과정

$$\text{유속 } v = \sqrt{2g\frac{\gamma_1 R - \gamma_2 R}{\gamma_2}}$$
$$= \sqrt{2 \times 9.8 m/s^2 \times \frac{13,600 kgf/m^3 \times 0.05 m - 1,000 kgf/m^3 \times 0.05 m}{1,000 kgf/m^3}}$$
$$= 3.51 m/s$$

■ 답 : $3.51 m/s$

★★★☆☆

문제2 노즐 선단에서의 방사압력을 측정하였더니 200[kPa](계기압력)이었다면 이때 물의 순간 유출속도는 몇 [m/s]인가?

■ 계산과정

$$v = \sqrt{2gH} = \sqrt{2g\frac{P}{\gamma}}$$
$$= \sqrt{2 \times 9.8 m/s^2 \times \frac{200 kPa}{1,000 kgf/m^3}} = \sqrt{2 \times 9.8 m/s^2 \times \frac{200 \times 1,000 N/m^2}{1,000 \times 9.8 N/m^3}}$$
$$= 20 m/s$$

■ 답 : $20 m/s$

★★★☆☆

문제3 피토(Pitot) 정압관을 이용하여 흐르는 물의 속도를 측정하려고 한다. 액주계에는 비중이 13.6인 수은이 들어 있고 액주계에서 수은의 높이 차가 30[cm]일 때 흐르는 물의 속도는 몇 [m/s]인가?(단, 피토 정압관의 보정계수는 0.94이다)

■ 계산과정 :

$$\text{유속 } v = C\sqrt{2g\frac{\gamma_1 R - \gamma_2 R}{\gamma_2}}$$
$$= 0.94 \times \sqrt{2 \times 9.8 m/s^2 \times \frac{13,600 kgf/m^3 \times 0.3 m - 1,000 kgf/m^3 \times 0.3 m}{1,000 kgf/m^3}}$$
$$= 8.09 m/s$$

■ 답 : $8.09 m/s$

7 유량

1. 배관에서의 유량

① 체적 유량 : $Q = Av$
② 질량 유량 : $M = Av\rho$
③ 중량 유량 : $W = Av\gamma$

Q : 배관에서의 체적 유량(m^3/s)
M : 배관에서의 질량 유량(kg/s)
W : 배관에서의 중량 유량(kgf/s)
A : 배관의 단면적(m^2)
v : 유체의 속도(m/s)
ρ : 유체의 밀도(kg/m^3)
γ : 유체의 비중량(kgf/m^3)

2. 노즐 선단에서의 유량(방수량)

$$Q = C_v Av$$

Q : 관창에서의 방수량(m^3/s)
C_v : 속도계수(=0.99)
A : 관창 선단의 면적(m^2)
v : 관창 선단의 유속(m/s)

$$Q = 0.653 D^2 \sqrt{P}$$

Q : 관창에서의 방수량($\ell/\min$)
D : 관창 선단의 구경(옥내소화전 : 13 mm, 옥외소화전 : 19 mm)
P : 관창 선단의 압력(kgf/cm^2)

$$Q = 2.086 D^2 \sqrt{P}$$

Q : 관창에서의 방수량($\ell/\min$)
D : 관창 선단의 구경(옥내소화전 : 13 mm, 옥외소화전 : 19 mm)
P : 관창 선단의 압력(MPa)

3. 연속 방정식(질량 보존의 법칙)

관내를 흐르는 유체는 단면이 변하더라도 흐르는 양은 변하지 않고 일정하다.

① $A_1 v_1 = A_2 v_2$ (체적 유량은 일정)
② $A_1 v_1 \rho_1 = A_2 v_2 \rho_2$ (질량 유량은 일정) → 질량 보존의 법칙
③ $A_1 v_1 \gamma_1 = A_2 v_2 \gamma_2$ (중량 유량은 일정)

연습문제

★★★☆☆

문제1 내경 80 mm인 배관에 소화수가 390 ℓ/min으로 흐를 때 ① 평균 유속, ② 질량 유량, ③ 중량 유량을 계산하시오.

■ 답 : ① 평균 유속

$$Q = Av = \frac{\pi}{4}D^2v \text{에서}$$

$$v = \frac{4Q}{\pi D^2} = \frac{4 \times \frac{390\ell}{\min}}{\pi \times (80mm)^2} = \frac{4 \times \frac{0.39m^3}{60s}}{\pi \times (0.08m)^2} = 1.29 m/\sec$$

② 질량 유량

$$= 390\ell/\min \times 1kg/\ell = 390kg/\min$$

③ 중량 유량

$$= 390\ell/\min \times 1kgf/\ell = 390kgf/\min$$

★★★☆☆

문제2 그림과 같이 배관을 통하여 할론 1301의 정상흐름이 일어나고 있다. 이 흐름이 1차원 유동이라고 할 때 ②지점에서의 할론 1301의 밀도(g/cm³)는 얼마인가? (단, 1. 2지점에서의 내부 단면의 직경은 50 mm, 2 5mm이다)

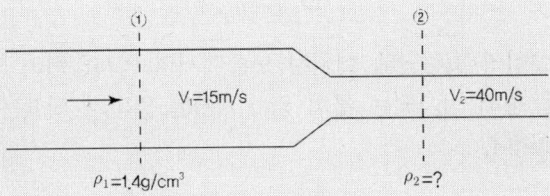

■ 계산과정

$$A_1v_1\rho_1 = A_2v_2\rho_2 \text{에서}$$

$$\rho_2 = \frac{A_1v_1\rho_1}{A_2v_2}$$

$$= \frac{\frac{\pi}{4} \times (50mm)^2 \times 15m/s \times 1.4g/cm^3}{\frac{\pi}{4} \times (25mm)^2 \times 40m/s} = 2.1g/cm^3$$

■ 답 : $2.1g/cm^3$

3rd Day

★★★☆☆

문제3 그림과 같이 수직단면이 원형인 관로를 유체가 흐르고 있다. 입구의 내경은 20[cm], 평균유속은 10[cm/s]이고, 출구의 내경은 40[cm]라고 할 때 출구에서의 평균유속과 중량유량은 각각 얼마인가?

① 유량은 분당의 t수로 구할 것
② 이 유체의 비중은 1.5로 가정한다.

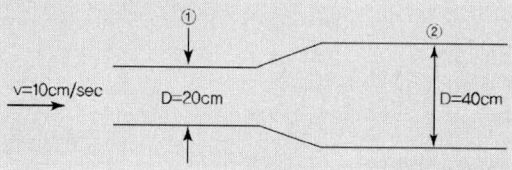

■ 답 : 1) 평균유속

$Q = A_1 v_1 = A_2 v_2$ 에서

$$v_2 = \frac{A_1 v_1}{A_2} = \frac{\frac{\pi}{4} \times (20cm)^2 \times 10cm/s}{\frac{\pi}{4} \times (40cm)^2} = 2.5 cm/s$$

2) 중량유량

$$G = Av\gamma = \frac{\pi}{4} \times (0.4m)^2 \times 0.025 m/s \times 1,500 kgf/m^3 \times 60s/분$$
$$= 280.74 kgf/분 = 0.28074 톤/분 ≒ 0.28 t/분$$

★★★☆☆

문제4 옥내소화전설비의 최상단에 설치된 노즐에서의 방사압력이 3 kgf/cm²이었다. 이 방사 노즐을 통해 방사되는 물의 양(ℓ/분)은 얼마가 되겠는가? 단, 노즐의 구경은 12.8 mm이다.

■ 계산과정

$Q = 0.653 D^2 \sqrt{P}$
$= 0.653 \times (12.8mm)^2 \times \sqrt{3kg/cm^2}$
$= 185.31 ℓ/분$

■ 답 : $185.31 ℓ/분$

★★★☆☆

문제5 어느 옥내소화전의 개폐밸브를 열었더니 유량이 136 ℓ/분, 압력이 1.7 kgf/cm²로 방사되었다. 옥내소화전에서 유량을 200 ℓ/분으로 하려면 방수압력(kgf/cm²)은 얼마가 되어야 하는가?

- 계산과정

$Q = 0.653D^2 \sqrt{P}$ 에서 $Q \propto \sqrt{P}$ 이므로

$Q_1 : \sqrt{P_1} = Q_2 : \sqrt{P_2}$

$136 : \sqrt{1.7} = 200 : \sqrt{P_2}$

외항과 내항의 곱은 일정하므로

$136 \times \sqrt{P_2} = \sqrt{1.7} \times 200$

$\sqrt{P_2} = \sqrt{1.7} \times 200 \times \dfrac{1}{136}$

양변에 제곱을 하면

$P_2 = \left(\sqrt{1.7} \times 200 \times \dfrac{1}{136}\right)^2 = 3.68 kg/cm^2$

- 답 : $3.68 kg/cm^2$

★★★☆☆

문제6 1개층에 3개소씩 옥내소화전설비가 설치된 소방대상물에서 소화전을 동시에 개방하여 노즐선단 방수압력을 측정한 결과 0.5 MPa로 나타났다. 이때 사용한 소화전 노즐의 구경은 몇 mm인지 구하시오. 단, 노즐에서의 방수량은 130 ℓ/min이다.

- 계산과정

$Q = 2.086 D^2 \sqrt{P}$

$130 \ell/min = 2.086 D^2 \sqrt{0.5 MPa}$

$D^2 = 130 \ell/min \times \dfrac{1}{2.086 \times \sqrt{0.5 MPa}}$

양변에 $\dfrac{1}{2}$ 승을 하면

$(D^2)^{\frac{1}{2}} = \left(130\ell/min \times \dfrac{1}{2.086 \times \sqrt{0.5 MPa}}\right)^{\frac{1}{2}}$

$D^{2 \times \frac{1}{2}} = \left(130\ell/min \times \dfrac{1}{2.086 \times \sqrt{0.5 MPa}}\right)^{\frac{1}{2}}$

$D = \left(130\ell/min \times \dfrac{1}{2.086 \times \sqrt{0.5 MPa}}\right)^{\frac{1}{2}} = 9.39 mm$

- 답 : $9.39 mm$

8 차압식 유량계

유체가 흐르고 있는 관로에 오리피스, 플로우 노즐, 벤츄리관과 같은 교축기구를 설치하여 입구측과 출구측의 압력차를 측정하고 베르누이 정리와 연속방정식을 이용하여 유량을 측정

1. 오리피스(orifice) 유량계

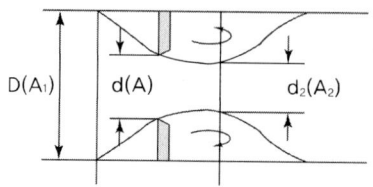

베나탭형, 코오너탭형, 플랜지탭형이 있으며 제작이나 설치가 쉽고 가격이 싸다. 압력손실이 크고 내구성이 부족하다.

$$Q = K\sqrt{P_1 - P_2}$$

Q : 유량(ℓ/min) K : 유량계의 방출계수
P : 압력(kg/cm²)

2. 벤츄리(venturi) 유량계

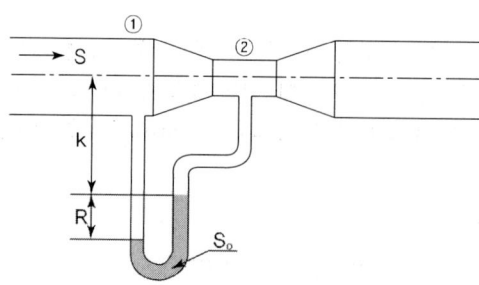

압력손실이 적고 유량측정이 정확하다. 구조가 복잡하고 대형이며, 가격이 비싸다.

$$Q = \frac{C_v A_2}{\sqrt{1 - \left(\dfrac{A_2}{A_1}\right)^2}} \sqrt{2g \frac{P_1 - P_2}{\gamma_2}}$$

Q : 유량(m³/s) C_v : 속도계수
A : 단면적(m²) g : 중력가속도
P : 압력(kgf/m²) γ_2 : 유체의 비중량(kgf/m³)

연습문제

★★★☆☆

문제1 다음 그림을 참고하여 벤추리유량계의 유량 산출 공식을 유도하시오.

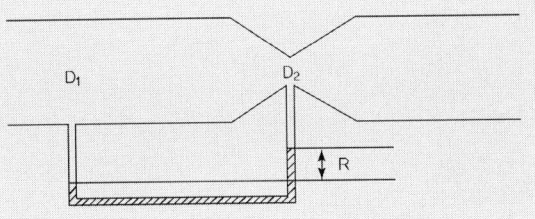

■ 답

베르누이방정식에서 전수두 H는

$\dfrac{P_1}{\gamma_2}+\dfrac{v_1^2}{2g}+Z_1=\dfrac{P_2}{\gamma_2}+\dfrac{v_2^2}{2g}+Z_2$ 에서 수평($Z_1=Z_2$)이므로

$\dfrac{P_1}{\gamma_2}+\dfrac{v_1^2}{2g}=\dfrac{P_2}{\gamma_2}+\dfrac{v_2^2}{2g}$ ············ ①

연속의 방정식에서 체적유량 $Q=A_1v_1=A_2v_2$에서

$v_1=\dfrac{A_2}{A_1}v_2$ ············ ②

①식에 ②식을 대입하면

$\dfrac{P_1}{\gamma_2}+\dfrac{\left(\dfrac{A_2}{A_1}v_2\right)^2}{2g}=\dfrac{P_2}{\gamma_2}+\dfrac{v_2^2}{2g}$

$\dfrac{P_1}{\gamma_2}-\dfrac{P_2}{\gamma_2}=\dfrac{v_2^2}{2g}-\dfrac{\left(\dfrac{A_2}{A_1}v_2\right)^2}{2g}$

$\dfrac{v_2^2}{2g}-\dfrac{\left(\dfrac{A_2}{A_1}v_2\right)^2}{2g}=\dfrac{P_1}{\gamma_2}-\dfrac{P_2}{\gamma_2}$

$\dfrac{v_2^2-\left(\dfrac{A_2}{A_1}v_2\right)^2}{2g}=\dfrac{P_1-P_2}{\gamma_2}$

$v_2^2-\left(\dfrac{A_2}{A_1}v_2\right)^2=2g\dfrac{P_1-P_2}{\gamma_2}$

$$v_2^2 - \left(\frac{A_2}{A_1}\right)^2 v_2^2 = 2g\frac{P_1 - P_2}{\gamma_2}$$

$$v_2^2 \left[1 - \left(\frac{A_2}{A_1}\right)^2\right] = 2g\frac{P_1 - P_2}{\gamma_2}$$

$$v_2^2 = \frac{1}{1 - \left(\frac{A_2}{A_1}\right)^2} 2g\frac{P_1 - P_2}{\gamma_2}$$

양변에 제곱근을 하면

$$v_2 = \frac{1}{\sqrt{1 - \left(\frac{A_2}{A_1}\right)^2}} \sqrt{2g\frac{P_1 - P_2}{\gamma_2}}$$

$$Q = A_2 v_2 = \frac{A_2}{\sqrt{1 - \left(\frac{A_2}{A_1}\right)^2}} \sqrt{2g\frac{P_1 - P_2}{\gamma_2}}$$

마노미터의 압력차 $\Delta P = P_1 - P_2 = (\gamma_1 - \gamma_2)R$ 이므로

$$Q = \frac{A_2}{\sqrt{1 - \left(\frac{A_2}{A_1}\right)^2}} \sqrt{2g\frac{(\gamma_1 - \gamma_2)R}{\gamma_2}}$$

$$Q = \frac{A_2}{\sqrt{1 - \left(\frac{A_2}{A_1}\right)^2}} \sqrt{2g\frac{\gamma_1 - \gamma_2}{\gamma_2}R}$$

★★★★☆

배점 5

문제2 스프링클러설비의 가압펌프 성능배관에 아래와 같은 수은 마노미터를 이용하여 펌프 토출량을 측정하였다. 마노미터의 수은주 높이가 20 mmHg이면 펌프의 토출량은 몇 ℓ/min인가? 단, D_1=100 mm, D_2=50 mm

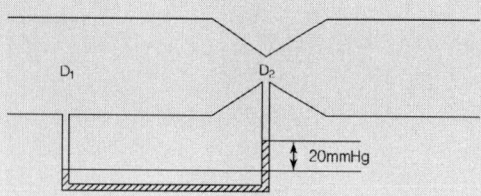

■ 계산과정

$$Q = \frac{A_2}{\sqrt{1 - \left(\frac{A_2}{A_1}\right)^2}} \sqrt{2g\frac{\gamma_1 - \gamma_2}{\gamma_2}R}$$

$$Q = \frac{\frac{\pi}{4} \times (0.05m)^2}{\sqrt{1 - \left(\frac{\frac{\pi}{4} \times (0.05m)^2}{\frac{\pi}{4} \times (0.1m)^2}\right)^2}} \sqrt{2 \times 9.8 m/s^2 \times \frac{13.6 - 1}{1} \times 0.02m}$$

$$= 4.5 \times 10^{-3} m^3/s$$

$$= 4.5 \times 10^{-3} \frac{m^3}{s} \times \frac{1{,}000 \ell}{1 m^3} \times \frac{60 s}{1 \min}$$

$$= 270 \ell/\min$$

- 답 : $270 \ell/\min$

※ 물질의 비중
① 수은의 비중 : 13.6 ② 물의 비중 : 1

★★★★☆

문제3 소화설비의 배관 내경이 10 cm인 관로 상에 지름이 2 cm인 오리피스가 설치되었을 때 오리피스 전후의 압력수두 차이가 120 ㎜일 경우의 유량[ℓ/min]을 계산하시오. 단, 오리피스 유동계수는 0.66이다.

- 계산과정

$$Q = CA_2 \sqrt{2gh}$$

$$= 0.66 \times \frac{\pi}{4} \times (0.02m)^2 \times \sqrt{2 \times 9.8 m/s^2 \times 0.12m} \times \frac{1000\ell}{m^3} \times \frac{60s}{\min}$$

$$= 19.08 [\ell/\min]$$

- 답 : $19.08 [\ell/\min]$

9 레이놀즈 수

1. 정의
① 층류 : 유체 입자가 질서 정연하게 층과 층 사이를 미끄러지면서 흐르는 흐름
② 난류 : 유체 입자들이 불규칙하게 운동하면서 흐르는 흐름

2. 레이놀즈수(Re)에 따른 구분
① 층류 : $Re \leqq 2100$
② 전이영역 : $2100 < Re < 4000$
③ 난류 : $Re \geqq 4000$
④ 임계유속 : 레이놀즈수가 2100(임계레이놀즈수)일 때의 유속

3. 계산식

$$Re = \frac{Dv\rho}{\mu} = \frac{Dv}{\nu}$$

Re : 레이놀즈수
μ : 점도(g/cm · s=poise)
D : 내경(cm)
ν : 동점도(cm²/s=stokes) : 동점도 $\nu = \dfrac{\mu}{\rho}$
ρ : 밀도(g/cm³)
v : 유속(cm/s)

4. 임계레이놀즈수
① 하임계레이놀즈수(임계레이놀즈수)
  난류에서 층류로 변할 때의 레이놀즈수(2,100)
② 상임계레이놀즈수
  층류에서 난류로 변할 때의 레이놀즈수(4,000)

3rd Day

연습문제

★★★☆☆

문제1 비중이 2인 유체가 지름 10[cm]인 곧은 원관에서 층류로 흐를 수 있는 유체의 최대 평균속도는 몇 [m/s]인가? 단, 임계레이놀즈(Reynolds)수는 2,100이고, 점성계수=2[N·s/m²]이다.

배점 3

- 계산과정

$Re = \dfrac{Dv\rho}{\mu}$ 에서

$v = \dfrac{Re \times \mu}{D \times \rho} = \dfrac{2,100 \times 2 N\cdot s/m^2}{0.1m \times 2,000 N\cdot s^2/m^4} = 21 m/s$

- 답 : $21 m/s$

★★★☆☆

문제2 비중이 1인 유체가 지름 80[mm]인 곧은 원 관에 흐를 경우 하임계 유속[m/s] 및 상임계 유속[m/s]을 각각 계산하시오. 단, 점성계수=1[N·s/m²]이다.

배점 5

- 답 : 1) 하임계 유속

$Re = \dfrac{Dv\rho}{\mu}$ 에서

$v = \dfrac{Re \times \mu}{D \times \rho} = \dfrac{2,100 \times 1 N\cdot s/m^2}{0.08m \times 1,000 N\cdot s^2/m^4} = 26.25 m/s$

2) 상임계 유속

$Re = \dfrac{Dv\rho}{\mu}$ 에서

$v = \dfrac{Re \times \mu}{D \times \rho} = \dfrac{4,000 \times 1 N\cdot s/m^2}{0.08m \times 1,000 N\cdot s^2/m^4} = 50 m/s$

⑩ 보일-샬의 법칙

1. 보일의 법칙
온도가 일정할 때 기체의 체적은 압력에 반비례한다.

$$P_1 V_1 = P_2 V_2 = R(일정)$$

2. 샬의 법칙
① 압력이 일정할 때 체적은 절대온도에 비례한다.(온도가 1℃씩 상승함에 따라 그 기체의 체적은 0℃일 때 체적의 1/273씩 증가)

$$\frac{V_1}{T_1} = \frac{V_2}{T_2} = R(일정)$$

② 체적이 일정할 때 절대압력은 절대온도에 비례한다.

$$\frac{P_1}{T_1} = \frac{P_2}{T_2} = R(일정)$$

3. 보일-샬의 법칙
일정량의 기체가 차지하는 체적은 압력에 반비례하고 절대온도에 비례한다.

$$\frac{P_1 V_1}{T_1} = \frac{P_2 V_2}{T_2} = R(일정)$$

P : 절대압력, V : 부피(체적), T : 절대온도

3rd Day

연습문제

★★★☆☆

문제1 물분무소화설비는 수증기에 의한 질식효과가 있다. 20 ℃의 물 1 mole이 화점에 분사되어 모두 수증기로 변했다면 그 때의 수증기의 부피 및 팽창비를 구하시오. 단, 수증기의 온도는 300 ℃, 압력은 대기압 상태, 20 ℃에서의 물 1 g=1 cc이고, 수증기 1 mole은 22.4 ℓ로 한다.

배점 6

■ 계산과정
① 수증기의 부피

샬의 법칙 $\dfrac{V_1}{T_1} = \dfrac{V_2}{T_2}$

$\dfrac{22.4\ell}{20℃+273} = \dfrac{V_2}{300℃+273}$ 에서

$V_2 = 43.8\ell$

② 팽창비

팽창비 = $\dfrac{수증기\ 1mole}{물\ 1mole}$

$= \dfrac{43.8\ell}{18g} = \dfrac{43,800cc}{18cc} = 2,433$

■ 답 : ① 수증기의 부피 : 43.8ℓ
② 팽창비 : 2,433

 TIP
① 300℃의 수증기 $1mole = 43.8\ell$
② 물 $1mole = 18g = 18cc$

★★★☆☆

문제2 STP(표준 온도 압력 상태)에서 1 kmol의 공기 온도가 273 ℃로 증가한 경우에 체적은 몇 배로 증가하는지 수식으로 설명하시오. 단, 온도 변화 전후의 압력 변화는 없으며 이상기체로 가정한다.

배점 5

■ 계산과정
STP(표준 온도 압력 상태)는 0 ℃, 1 atm이며, 조건에서 온도 변화 전후의 압력 변화는 없으며 이상기체로 가정한다고 하였으므로 샬의 법칙이 적용된다.

$\dfrac{V_1}{T_1} = \dfrac{V_2}{T_2}$

제1편 유체역학 **69**

$$\frac{V_1}{0℃+273} = \frac{V_2}{273℃+273}$$

$$\frac{V_1}{273K} = \frac{V_2}{546K}$$

$$V_2 = \frac{V_1}{273K} \times 546K$$

$$V_2 = 2V_1$$

- 답 : STP(표준 온도 압력 상태)에서 1 kmol의 공기 온도가 273 ℃로 증가한 경우에 체적은 2배로 증가한다.

★★★☆☆

문제3 내용적 30 m³인 수조에 20 m³의 물이 0.75 MPa의 압력으로 유지되었으나, 화재로 인하여 소화수가 방사되어 내부압력이 0.35 MPa으로 되었을 때 방사된 물의 양이 얼마인지 구하시오. 단, 대기압은 0.1 MPa, 물은 비압축성 유체로 추가 공급은 없는 것으로 가정한다.

- 계산과정

  0.75 MPa일 경우 공기의 양 = $30\text{m}^3 - 20\text{m}^3 = 10\text{m}^3$

  0.75 MPa일 경우 물의 양 = 20m^3

  $P_1V_1 = P_2V_2$

  $(0.75\text{MPa} + 0.1\text{MPa}) \times 10\text{m}^3 = (0.35\text{MPa} + 0.1\text{MPa}) \times V_2$ 에서

  $V_2 = 18.89\text{m}^3$

  0.35 MPa일 경우 공기의 양(V_2) = 18.89m^3

  0.35 MPa일 경우 물의 양 = $30\text{m}^3 - 18.89\text{m}^3 = 11.11\text{m}^3$

  방사된 물의 양 = $20\text{m}^3 - 11.11\text{m}^3 = 8.89\text{m}^3$

- 답 : $8.89m^3$

★★★☆☆

문제4 화재 시 밀폐된 곳은 연기, 연소가스 및 공기의 혼합기체가 가득차서 이동하게 된다. 처음 실내의 절대온도 $T_1 = 294K$, 화재 시 실내의 절대온도 $T_2 = 923K$라 하면 가스의 부피는 얼마인가? 단, $P_1 = P_2$이고, 기체는 이상기체의 성질을 따른다고 가정한다.

■ 계산과정

$P_1 = P_2$이므로

$$\frac{V_1}{T_1} = \frac{V_2}{T_2}$$

$$\frac{V_1}{294} = \frac{V_2}{923}$$

$$V_2 = \frac{V_1}{294} \times 923$$

$$V_2 = 3.14 V_1$$

■ 답 : 923 K일 때의 부피는 294 K일 때 부피의 3.14배이다.

11 이상기체상태방정식

1. 아보가드로의 법칙

① 같은 온도, 같은 압력 아래에서 모든 기체는 같은 부피 속에 같은 수의 분자를 가진다.

② 표준상태(0 ℃, 1 atm)에서는 어떤 기체라도 같은 부피(22.4 ℓ) 속에 6×10^{23}개 (1 mole)의 분자가 들어 있다.

2. 이상기체상태방정식

$$PV = nRT = \frac{W}{M}RT$$

P : 절대압력(atm) V : 체적(ℓ)
n : 몰 수 W : 질량(g)
M : 분자량 R : 기체상수 : 0.082 atm·ℓ/mol·K
T : 절대온도(K)

$$PV = WRT$$

P : 절대압력(kgf/m^2) V : 체적(m^3)
W : 질량(kg) R : 기체상수($\frac{848}{M}$ kgf·m/kg·K)

3. 원자량

원자	원자량	원자	원자량
C (탄소)	12	F (플루오르)	19
N (질소)	14	Cl (염소)	35.5
O (산소)	16	Br (브롬)	79.9
H (수소)	1	I (요오드)	127
Ar (아르곤)	40		

연습문제

★★★★☆

문제1 25℃에서 내용적 68ℓ 용기 내에 IG-541 소화가스 10 kg을 충전하면 이 용기에서의 가스의 절대압력(atm)은 얼마인가? 단, 질소 52%, 아르곤 40%, 이산화탄소 8%이고, 각 성분기체는 이상기체의 성질을 따른다고 가정하며, 질소, 알곤, 탄소 및 산소의 원자량은 각각 14, 40, 12, 16이고, 절대 0도는 -273.16℃이다.

■ 계산과정

분자량(M)$= 28g \times 0.52 + 40g \times 0.4 + 44g \times 0.08 = 34.08g$

이상기체 상태방정식 $PV = \dfrac{W}{M}RT$ 에서

절대압력 $P = \dfrac{WRT}{VM}$

$= \dfrac{10kg \times 0.082 atm \cdot \ell/mol \cdot K \times (25℃ + 273.16)K}{68\ell \times 34.08}$

$= \dfrac{10,000g \times 0.082 atm \cdot \ell/mol \cdot K \times 298.16K}{68\ell \times 34.08}$

$= 105.5 atm(abs)$

■ 답 : $105.5 atm$

★★★★☆

문제2 소화약제인 IG-100 5 kg이 0.8 m^3의 용기에 충전되어 있다. 용기 내부의 온도가 20℃일 때 절대압력(Pa)은 얼마인가? 단, 기체상수는 296 $J/kg \cdot K$이다.

■ 계산과정

$PV = WRT$ 에서

절대압력 $P = \dfrac{WRT}{V} = \dfrac{5kg \times 296 J/kg \cdot K \times (20℃ + 273)K}{0.8m^3}$

$= \dfrac{5kg \times 296 N \cdot m/kg \cdot K \times (20℃ + 273)K}{0.8m^3}$

$= 542,050 N/m^2$

$= 542,050 Pa(절대)$

■ 답 : $542,050 Pa(절대)$

12 베르누이방정식

1. 베르누이 방정식

베르누이 방정식은 동일 유선상에서의 마찰이 없는 점성, 비압축성 유체의 단위 질량당 유체가 갖는 압력에너지, 위치에너지, 속도에너지의 합은 일정하다는 에너지 보존의 법칙이며, 그 값은 전수두 H로 표시된다.

이상 유체	$\dfrac{P_1}{\gamma}+\dfrac{v_1^2}{2g}+Z_1=\dfrac{P_2}{\gamma}+\dfrac{v_2^2}{2g}+Z_2$	$\dfrac{P_1}{r},\ \dfrac{P_2}{r}$: 압력수두[m] $\dfrac{u_1^2}{2g},\ \dfrac{u_2^2}{2g}$: 속도수두[m] $Z_1,\ Z_2$: 위치수두[m] h_L : 마찰손실수두[m] $v_1,\ v_2$: 유속[m/s] $P_1,\ P_2$: 압력[kgf/m²] γ : 비중량[kgf/m³]
실제 유체	$\dfrac{P_1}{\gamma}+\dfrac{v_1^2}{2g}+Z_1=\dfrac{P_2}{\gamma}+\dfrac{v_2^2}{2g}+Z_2+h_L$	

2. 베르누이 방정식이 성립하기 위한 조건

① 적용되는 임의의 두 점은 동일 유선상에 있다.
② 정상상태(Steady Flow)의 흐름이다.
③ 비압축성 유체이다.
④ 마찰이 없는 흐름이다.

3. 베르누이 방정식의 유도

오일러의 운동방정식을 적분하면 비압축성 유체에 적용할 수 있는 베르누이 방정식을 얻을 수 있다.

$\dfrac{dP}{\rho}+vdv+gdZ=0$ ---------- ①

①식(오일러의 운동방정식)을 적분하면

$\int \dfrac{dP}{\rho}+\int vdv+\int gdZ=0$

$\dfrac{P}{\rho}+\dfrac{v^2}{2}+gZ=c$ ------- ②

②식의 양변에 g를 나누면

$\dfrac{P}{\rho g}+\dfrac{v^2}{2g}+\dfrac{gZ}{g}=const$

여기서 $\rho g=\gamma$ 이므로

$\dfrac{P}{\gamma}+\dfrac{v^2}{2g}+Z=const$ 의 베르누이 방정식을 얻을 수 있다.

그러므로 ①점과 ②점에서의 베르누이 방정식은

$\dfrac{P_1}{\gamma}+\dfrac{v_1^2}{2g}+Z_1=\dfrac{P_2}{\gamma}+\dfrac{v_2^2}{2g}+Z_2=const$

연습문제

★★★☆☆

문제1 어느 소화설비의 상류측 배관 내경이 25 cm, 하류측 배관 내경이 40 cm인 확대배관의 경우 상류측 배관의 유속과 압력이 각각 1.5 m/s, 100 kPa일 때, 하류측 소화배관에서 소화수의 압력[kPa]을 계산하시오. 단 하류측 소화배관에서 소화수의 유속은 0.59 m/s이다.

■ 계산과정

상류측과 하류측은 전수두와 위치수두가 일정하므로

$$\frac{P_1}{\gamma} + \frac{v_1^2}{2g} = \frac{P_2}{\gamma} + \frac{v_2^2}{2g}$$

$$\frac{100[kPa]}{1,000[kgf/m^3]} + \frac{(1.5m/s)^2}{2 \times 9.8m/s^2} = \frac{P_2[kPa]}{1,000[kgf/m^3]} + \frac{(0.59m/s)^2}{2 \times 9.8m/s^2}$$

$$\frac{100 \times 1,000[N/m^2]}{1,000 \times 9.8[N/m^3]} + \frac{(1.5m/s)^2}{2 \times 9.8m/s^2} = \frac{P_2 \times 1,000[N/m^2]}{1,000 \times 9.8[N/m^3]} + \frac{(0.59m/s)^2}{2 \times 9.8m/s^2}$$

상기 식에서 P_2를 계산하면 $P_2 = 100.95[kPa]$

■ 답 : $100.95[kPa]$

★★★☆☆

문제2 그림과 같이 안지름 15[cm]인 사이폰관 속을 물이 흐른다. 대기압을 1.03[kgf/cm²](절대압력), 물의 포화증기압을 0.16[kgf/cm²](절대압력)이라 할 때 늘어뜨린 관의 길이를 조절하여 유량을 최대로 하려면 h는 얼마로 하면 좋은가? (단, 관로에서의 마찰손실은 무시한다)

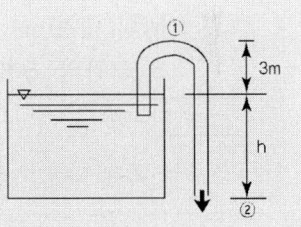

■ 계산과정

$$\frac{P_1}{\gamma} + \frac{v_1^2}{2g} + Z_1 = \frac{P_2}{\gamma} + \frac{v_2^2}{2g} + Z_2$$

게이지압력=절대압력−대기압이며, $v_1 = v_2$이므로

$$\frac{P_1}{\gamma} + Z_1 = \frac{P_2}{\gamma} + Z_2$$

$1.6m - 10.3m + 3m + h = 0 + 0$

$h = 10.3m - 1.6m - 3m = 5.7m$

■ 답 : $5.7m$

13 주손실(major loss)

1. Darcy-Weisbach식

$$\Delta H = f \times \frac{L}{D} \times \frac{v^2}{2g}$$

ΔH : 마찰손실수두(m)
L : 관의 길이(m)
v : 유속(m/s)
f : 관마찰계수
D : 관의 내경(m)
g : 중력가속도($9.8 m/s^2$)

$$f = \frac{64}{Re}$$

$$Re = \frac{Dv\rho}{\mu} = \frac{Dv}{\nu} = \frac{DG}{\mu}$$

Re : 레이놀즈수
μ : 점도(g/cm · s)
D : 내경(cm)
ν : 동점도(cm²/s)
ρ : 밀도(g/cm³)
G : 질량유속(g/cm² · s)
v : 유속(cm/s)

2. Hazen-Williams의 공식

$$\Delta P_m = 6.174 \times 10^5 \times \frac{Q^{1.85}}{C^{1.85} \times D^{4.87}}$$

ΔPm : 마찰손실압력($kgf/cm^2 \cdot m$)
Q : 유량($\ell/\min$)
D : 관의 내경(mm)
C : 조도(관의 거칠음 계수)

파이프		C의 수치
흑관	건식, 준비작동식	100
	습식, 일제살수식	120
백관(아연도금강관)		120
동관, CPVC		150

연습문제

★★★★☆

문제1 관의 내경이 150[mm]인 강관에 0.1[m³/s]로 물이 흐르는 경우, 관의 길이 100[m]인 관의 내부에 생기는 마찰손실수두를 계산하여 구하시오. 단, Darcy-Weisbach 실험식 및 연속법칙을 이용하고 관내의 마찰계수는 0.016이라고 가정한다.

배점 5

■ 계산과정

유속 $v = \dfrac{Q}{A} = \dfrac{Q}{\dfrac{\pi}{4}D^2} = \dfrac{4Q}{\pi D^2} = \dfrac{4 \times 0.1 m^3/s}{\pi \times (150mm)^2} = \dfrac{4 \times 0.1 m^3/s}{\pi \times (0.15m)^2} = 5.66 m/s$

마찰손실수두 $\Delta H = f \times \dfrac{L}{D} \times \dfrac{v^2}{2g}$

$= 0.016 \times \dfrac{100m}{0.15m} \times \dfrac{(5.66m/s)^2}{2 \times 9.8m/s^2} = 17.42m$

■ 답 : $17.42m$

★★★★☆

문제2 수평으로 된 소방배관에 레이놀즈수가 1,200으로 소화수가 흐르고 있을 때 다음을 계산하시오. 단, 유량 200ℓ/min, 배관 길이 100m, 관지름 40㎜이다.

배점 6

1) 배관에서의 마찰손실(m)을 계산하시오.
2) 출발점의 압력이 8kgf/㎠일 경우, 끝점의 압력(kgf/㎠)을 계산하시오.

■ 답 : 1) 마찰손실

유속 $v = \dfrac{Q}{A} = \dfrac{Q}{\dfrac{\pi}{4}D^2} = \dfrac{4Q}{\pi D^2} = \dfrac{4 \times \dfrac{200\ell}{min}}{\pi \times (40mm)^2} = \dfrac{4 \times \dfrac{0.2m^3}{60s}}{\pi \times (0.04m)^2} = 2.65 m/s$

마찰손실 $\Delta H = f \times \dfrac{L}{D} \times \dfrac{v^2}{2g} = \dfrac{64}{Re} \times \dfrac{L}{D} \times \dfrac{v^2}{2g}$

$= \dfrac{64}{1,200} \times \dfrac{100m}{0.04m} \times \dfrac{(2.65m/s)^2}{2 \times 9.8m/s^2} = 47.8m$

2) 끝점의 압력

$= 8 kgf/cm^2 - 47.8m$

$= 8 kgf/cm^2 - 4.78 kgf/cm^2 = 3.22 kgf/cm^2$

4th Day

배점 6

★★★★☆

문제3 소화설비 배관의 내경이 50 cm, 길이가 1,000 m의 곧은 관로를 매초 80 ℓ의 소화수가 흐를 때, 소화배관의 마찰로 손실되는 수두(ΔH)와 상당구배(L_1)를 계산하시오. 단, 마찰계수 $f=0.03$으로 하고 관 벽에서의 마찰에 의한 손실 이외는 전부 무시하고, 상당구배는 소숫점 넷째자리까지 답하시오.

■ 답 : 1) 소화배관의 마찰로 손실되는 수두(ΔH)
$Q = Av$에서

유속 $v = \dfrac{Q}{A} = \dfrac{Q}{\dfrac{\pi}{4}D^2} = \dfrac{4Q}{\pi D^2} = \dfrac{4 \times \dfrac{80\ell}{s}}{\pi \times (50cm)^2} = \dfrac{4 \times \dfrac{0.08m^3}{s}}{\pi \times (0.5m)^2} = 0.407 m/s$

소화배관의 마찰로 손실되는 수두
$\Delta H = f \times \dfrac{L}{D} \times \dfrac{v^2}{2g} = 0.03 \times \dfrac{1,000m}{0.5m} \times \dfrac{(0.407m/s)^2}{2 \times 9.8m/s^2} = 0.51m$

2) 상당구배(L_1)
$L_1 = \dfrac{\Delta H}{L} = \dfrac{0.51m}{1,000m} = 0.00051 m/m \rightarrow 0.0005 m/m$

★★★★☆

배점 10

문제4 주철관 속을 유량 0.01539[m³/s], 점성계수 $\mu = 0.103[N \cdot s/m^2]$, 지름 30[cm], 비중 0.85의 유체가 흐르고 있다. 배관의 길이 3,000[m]일 때 유속, 밀도, 레이놀즈 수, 배관마찰계수 및 배관의 마찰손실수두를 계산하시오.

■ 답 : 1) 유속 $v = \dfrac{Q}{A} = \dfrac{Q}{\dfrac{\pi}{4}D^2} = \dfrac{4Q}{\pi D^2} = \dfrac{4 \times 0.01539 m^3/s}{\pi \times (0.3m)^2} = 0.22 m/s$

2) 밀도 $s = \dfrac{\rho}{\rho_w}$에서, $\rho = s \times \rho_w = 0.85 \times 1,000 N \cdot s^2/m^4 = 850 N \cdot s^2/m^4$

3) 레이놀즈 수 $Re = \dfrac{Dv\rho}{\mu} = \dfrac{0.3m \times 0.22m/s \times 850 N \cdot s^2/m^4}{0.103 N \cdot s/m^2} = 544.66$

4) 관 마찰계수 $f = \dfrac{64}{Re} = \dfrac{64}{544.66} = 0.12$

5) 배관의 마찰손실수두
$\Delta H = f \times \dfrac{L}{D} \times \dfrac{v^2}{2g} = 0.12 \times \dfrac{3,000m}{0.3m} \times \dfrac{(0.22m/s)^2}{2 \times 9.8m/s^2} = 2.96m$

★★★★☆

문제5 소화배관의 내경이 50 mm, 유량이 200 ℓ/분일 경우 배관 입구의 압력이 4 kgf/cm² 라면 30m인 지점에서의 압력(kgf/cm²)은 얼마가 되겠는가? 단, 배관의 마찰손실은 하젠-윌리엄스의 공식에 의해서 산출하시오. 거칠음계수 C=120이다.

■ 계산과정

$$P_2 = P_1 - \Delta P$$

$$= 4kg/cm^2 - \frac{6.174 \times 10^5 \times Q^{1.85} \times L}{C^{1.85} \times D^{4.87}}$$

$$= 4kg/cm^2 - \frac{6.174 \times 10^5 \times (200\ell/\min)^{1.85} \times 30m}{120^{1.85} \times (50mm)^{4.87}}$$

$$= 3.75 kg/cm^2$$

■ 답 : $3.75 kgf/\text{cm}^2$

★★★☆☆

문제6 Hazen-Williams 방정식으로 관로상의 압력손실을 계산할 경우에 다음 항목의 오차범위(%)를 각각 계산하시오.

　1) C-Factor 15%의 오차 경우
　2) 배관 직경 5%의 오차 경우

■ 답 : 1) C-Factor 15%의 오차 경우

$$\Delta P = 6.174 \times 10^5 \times \frac{Q^{1.85}}{C^{1.85} \times D^{4.87}} \text{에서 } \Delta P \propto \frac{1}{C^{1.85}} \text{이므로}$$

$$\Delta P = \frac{1}{(1+0.15)^{1.85}} = 0.772 \rightarrow -22.8\%$$

$$\Delta P = \frac{1}{(1-0.15)^{1.85}} = 1.351 \rightarrow 35.1\%$$

∴ C-Factor 15%의 오차 경우 압력손실의 오차범위 : -22.8~35.1%

　2) 배관 직경 5%의 오차 경우

$$\Delta P = 6.174 \times 10^5 \times \frac{Q^{1.85}}{C^{1.85} \times D^{4.87}} \text{에서 } \Delta P \propto \frac{1}{D^{4.87}} \text{이므로}$$

$$\Delta P = \frac{1}{(1+0.05)^{4.87}} = 0.789 \rightarrow -21.1\%$$

$$\Delta P = \frac{1}{(1-0.05)^{4.87}} = 1.284 \rightarrow 28.4\%$$

∴ 배관 직경 5%의 오차 경우 압력손실의 오차범위 : -21.1%~28.4%

4th Day

★★★★☆

문제7 일정한 소화배관 내의 유체 흐름이 초기상태에서 38 kgf/cm²의 압력강하를 나타내며 960 ℓ/min의 유량이 흐르고 있다. 이때 압력강하가 52 kgf/cm²이 될 경우에는 흐르는 유량은 몇 ℓ/min인가 계산하시오.

■ 계산과정

$\Delta P = 6.174 \times 10^5 \times \dfrac{Q^{1.85}}{C^{1.85} \times D^{4.87}}$ 에서

$\Delta P \propto Q^{1.85}$ 이므로

$\Delta P_1 : Q_1^{1.85} = \Delta P_2 : Q_2^{1.85}$

$38 : 960^{1.85} = 52 : Q_2^{1.85}$ 외항과 내항의 곱은 일정하므로

$38 \times Q_2^{1.85} = 960^{1.85} \times 52$

$Q_2^{1.85} = 960^{1.85} \times \dfrac{52}{38}$ 양변에 $\dfrac{1}{1.85}$ 승을 하면

$Q_2^{1.85 \times \frac{1}{1.85}} = 960^{1.85 \times \frac{1}{1.85}} \times \left(\dfrac{52}{38}\right)^{\frac{1}{1.85}}$

$Q_2 = 960 \times \left(\dfrac{52}{38}\right)^{\frac{1}{1.85}} = 1,137 \ell/\min$

■ 답 : $1,137 \ell/\min$

★★★★☆

문제8 0.02[m³/s]의 유량으로 직경 50[cm]인 주철 관속을 기름이 흐르고 있다. 길이 1,000[m]에 대한 손실수두는 몇 [m]인가?(단, 기름의 점성계수는 0.103[N·s/m²], 비중은 0.9이다)

■ 계산과정

$\Delta H = f \times \dfrac{L}{D} \times \dfrac{v^2}{2g} = \dfrac{64}{Re} \times \dfrac{L}{D} \times \dfrac{v^2}{2g} = \dfrac{64}{\dfrac{Dv\rho}{\mu}} \times \dfrac{L}{D} \times \dfrac{v^2}{2g}$

$= \dfrac{32\mu L v}{D^2 \rho g} = \dfrac{32\mu L \left(\dfrac{Q}{A}\right)}{D^2 \gamma} = \dfrac{32\mu L \left(\dfrac{Q}{\frac{\pi}{4}D^2}\right)}{D^2 \gamma}$

$= \dfrac{128\mu L Q}{\gamma \pi D^4} = \dfrac{128 \times 0.103 N \cdot s/m^2 \times 1,000m \times 0.02 m^3/s}{900 kgf/m^3 \times \pi \times (0.5m)^4}$

$= \dfrac{128 \times 0.103 N \cdot s/m^2 \times 1,000m \times 0.02 m^3/s}{900 \times 9.8 N/m^3 \times \pi \times (0.5m)^4} = 0.15m$

■ 답 : $0.15m$

★★★☆☆

문제9 점성계수가 0.101[N·s/m²], 비중이 0.85인 기름이 내경 300[mm], 길이 3[km]의 주철관 내부를 흐르며 유량은 0.0444[m³/s]이다. 이 관을 흐르는 동안 수두손실은 약 몇 [m]인가?(단, 물의 밀도는 1,000[kg/m³]이다)

■ 계산과정

$$= \frac{128\mu LQ}{\gamma\pi D^4} = \frac{128\mu LQ}{\rho g\pi D^4}$$

$$= \frac{128 \times 0.101 N\cdot s/m^2 \times 3km \times 0.0444 m^3/s}{850 kg/m^3 \times 9.8 m/s^2 \times \pi \times (0.3m)^4}$$

$$= \frac{128 \times 0.101 (kg \times m/s^2)\cdot s/m^2 \times 3,000m \times 0.0444 m^3/s}{850 kg/m^3 \times 9.8 m/s^2 \times \pi \times (0.3m)^4} = 8.1m$$

■ 답 : $8.1m$

★★★☆☆

문제10 지름이 40[cm]인 수평 원관 속을 유체가 유속 8[m/s]로 1,000[m] 거리를 층류로 유동하였을 때 압력손실은 몇 [kPa]인가? 단, 유체의 점성계수는 0.1[Pa·s]이다.

■ 계산과정

$$\Delta H = f \times \frac{L}{D} \times \frac{v^2}{2g} = \frac{64}{Re} \times \frac{L}{D} \times \frac{v^2}{2g}$$

$$= \frac{64}{\frac{Dv\rho}{\mu}} \times \frac{L}{D} \times \frac{v^2}{2g} = \frac{32\mu Lv}{D^2 \rho g}$$

$$= \frac{32 \times 0.1 Pa\cdot s \times 1000m \times 8m/s}{(0.4m)^2 \times 1000 kg/m^3 \times 9.8 m/s^2}$$

$$= \frac{32 \times 0.1 N/m^2\cdot s \times 1000m \times 8m/s}{(0.4m)^2 \times 1000 kg/m^3 \times 9.8 m/s^2}$$

$$= \frac{32 \times 0.1 [(kg\cdot m/s^2)/m^2]\cdot s \times 1000m \times 8m/s}{(0.4m)^2 \times 1000 kg/m^3 \times 9.8 m/s^2}$$

$$= 16.3m$$

$$= 16.3m \times \frac{101.325 kPa}{10.332m} = 160 kPa$$

■ 답 : $160 kPa$

4th Day

14 부차적 손실(minor loss)

1. 관의 급격한 확대에 의한 손실

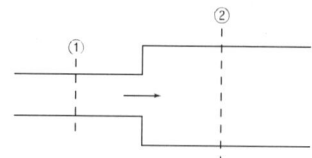

관로의 단면적이 A_1에서 A_2로 급격히 확대될 때, 흐름 속에 와류를 발생시켜 속도가 큰 주류와 작은 와류 사이에 큰 전단력이 발생한다. 관 벽의 전단응력은 와류에 의한 전단력 보다 매우 작으므로 무시하고 단면 1과 2에 운동량의 법칙을 적용하면,

$$p_1 A_2 - p_2 A_2 = \frac{\gamma}{g} Q(v_2 - v_1) \cdots\cdots (1)$$

이 되고, 또 단면 1과 2 사이의 손실수두를 ΔH라 하고, 베르누이 방정식을 적용하면,

$$\frac{p_1}{\gamma} + \frac{v_1^2}{2g} = \frac{p_2}{\gamma} + \frac{v_2^2}{2g} + \Delta H \cdots\cdots (2)$$

식 (1)과 (2)에서,

$$\frac{p_1 - p_2}{\gamma} = \frac{Q}{gA_2}(v_2 - v_1) = \frac{v_2^2 - v_1^2}{2g} + \Delta H$$

으로 표시된다. $\frac{Q}{A_2} = v_2$ 이므로,

손실수두 $\Delta H = \frac{2v_2(v_2 - v_1)}{2g} - \frac{v_2^2 - v_1^2}{2g}$

$= \frac{2v_2^2 - 2v_2v_1 - v_2^2 + v_1^2}{2g} = \frac{(v_1 - v_2)^2}{2g}$

$\Delta H = \left(1 - \frac{v_2}{v_1}\right)^2 \frac{v_1^2}{2g} = K \frac{v_1^2}{2g}$ 이 된다.

따라서, 전항력 계수 K는

$K = \left(1 - \frac{v_2}{v_1}\right)^2 = \left(1 - \frac{A_1}{A_2}\right)^2 = \left(1 - \frac{D_1^2}{D_2^2}\right)^2$ 로 표시된다.

2. 관의 급격한 축소에 의한 손실

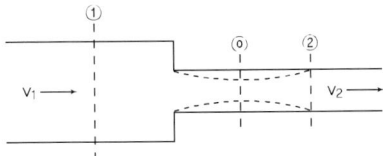

관로의 단면적이 급 축소될 때 흐름은 박리되어, 유면은 A_1에서 A_0로 수축하였다가 A_2로 확대된다. 단면 1에서 0 사이의 에너지 변환은 거의 안정되며, 단면 0에서 2 사이의 에너지 변환은 불안정하고, 그 손실은 단면 1에서 0 사이의 손실보다 훨씬 크다. 따라서, 단면 0에서 2 사이의 손실만을 고려하여 급 확대 손실을 적용하면, 급축소 관로의 손실은 다음과 같다.

$$\Delta H = \left(1 - \frac{A_0}{A_2}\right)^2 \frac{v_0^2}{2g} = K \frac{v_0^2}{2g} \cdots\cdots(1)$$

여기서, $\dfrac{A_0}{A_2}$를 수축계수 C_c로 나타내면

연속방정식 $Q = A_0 v_0 = A_2 v_2$에서

$C_c = \dfrac{A_0}{A_2} = \dfrac{v_2}{v_0}$ 이므로

$v_0 = \dfrac{v_2}{C_c}$를 식 (1)에 적용하면,

$$\Delta H = (1 - C_c)^2 \frac{1}{C_c^2} \frac{v_2^2}{2g} = \left(\frac{1}{C_c} - 1\right)^2 \frac{v_2^2}{2g} \text{ 이 된다.}$$

따라서, 전항력 계수 K는

$$K = \left(\frac{1}{C_c} - 1\right)^2 = \left(\frac{A_2}{A_0} - 1\right)^2 = \left(\frac{v_0}{v_2} - 1\right)^2 \text{로 표시된다.}$$

3. 관부속품에 의한 손실

$$f \times \frac{L_e}{D} \times \frac{v^2}{2g} = K\frac{v^2}{2g} \text{에서 상당길이}(L_e) = \frac{KD}{f}$$

상당길이(등가길이) : 배관 부속을 통하여 물이 흐를 때 일어나는 마찰손실수두와 동일한 크기의 마찰손실을 일으킬 수 있는 동일 구경의 직관 길이를 그 부속의 등가길이라 한다.

※ 관 부속품의 마찰손실수두에 상당하는 직관장(m)

호칭지름 (mm)	90° 엘보	45° 엘보	90° T (분류티)	90° T (직류티)	게이트 밸브	볼밸브	앵글 밸브
15	0.60	0.36	0.90	0.18	0.12	4.95	2.4
20	0.75	0.45	1.20	0.24	0.15	6.00	3.6
25	0.90	0.54	1.50	0.27	0.18	7.50	4.5
32	1.20	0.72	1.80	0.36	0.24	10.50	5.4
40	1.5	0.9	2.1	0.45	0.30	13.8	6.5
50	2.1	1.2	3.0	0.60	0.39	16.5	8.4
65	2.4	1.3	3.6	0.75	0.48	19.5	10.2
80	3.0	1.8	4.5	0.90	0.60	24.0	12.0
100	4.2	2.4	6.3	1.20	0.81	37.5	16.5
125	5.1	3.0	7.5	1.50	0.99	42.0	21.0
150	6.0	3.6	9.0	1.80	1.20	49.5	24.0

① 레듀서는 45° 엘보와 같다.(단, 관경이 작은 쪽에 따른다)
② 유니온, 플랜지, 소켓은 손실수두가 작아서 생략한다.
③ 자동밸브, 글로브밸브는 볼밸브와 같다.
④ 알람밸브, 후드밸브, 스트레이너는 앵글밸브와 같다.

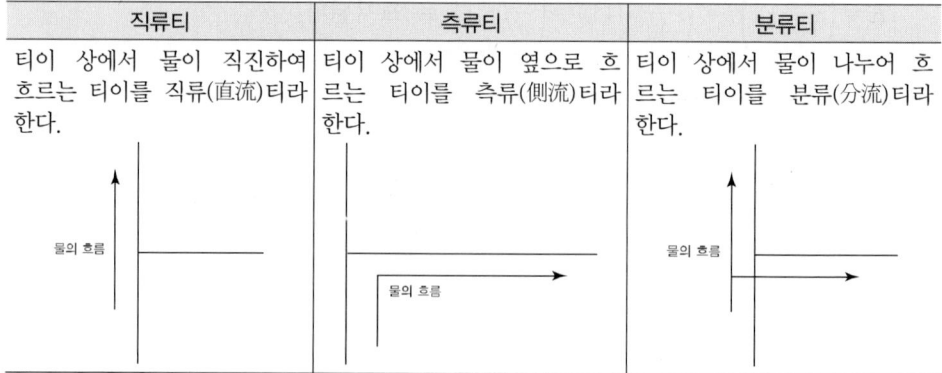

4th Day

? 연습문제

★★★☆☆

문제1 안지름이 100 mm와 150 mm인 원관이 직접 연결되어 있다. 안지름 100 mm의 관에서 150 mm의 관방향으로 매초 230 ℓ의 물이 흐르고 있다. 돌연 확대 부분에서의 손실을 계산하시오.

배점 5

- 계산과정

유속 $v_1 = \dfrac{Q}{A_1} = \dfrac{Q}{\dfrac{\pi}{4}D^2} = \dfrac{230\ell/s}{\dfrac{\pi}{4} \times (100mm)^2} = \dfrac{0.23m^3/s}{\dfrac{\pi}{4} \times (0.1m)^2} = 29.28 m/s$

유속 $v_2 = \dfrac{Q}{A_2} = \dfrac{Q}{\dfrac{\pi}{4}D^2} = \dfrac{230\ell/s}{\dfrac{\pi}{4} \times (150mm)^2} = \dfrac{0.23m^3/s}{\dfrac{\pi}{4} \times (0.15m)^2} = 13.01 m/s$

돌연확대부분에서의 손실

$\Delta H = \dfrac{(v_1 - v_2)^2}{2g}$

$= \dfrac{(29.28m/s - 13.01m/s)^2}{2 \times 9.8m/s^2} = 13.51m$

- 답 : $13.51m$

★★★☆☆

문제2 일직선으로 된 소방노즐에서 300 ℓ/min의 유량이 방출되고 있다. 관의 지름은 2인치 노즐 끝의 지름은 1인치이다. 노즐 끝에서 발생하는 국부손실압력(kPa)을 계산하시오. 단, d/D=1/2이고, 손실계수 K=5.5이다.

배점 5

- 계산과정

유속 $v = \dfrac{Q}{A} = \dfrac{300\ell/\min}{\dfrac{\pi}{4} \times (25.4mm)^2} = \dfrac{\dfrac{0.3m^3}{60s}}{\dfrac{\pi}{4} \times (0.0254m)^2} = 9.87 m/s$

국부손실수두$= K\dfrac{v^2}{2g}$

$= 5.5 \times \dfrac{(9.87m)^2}{2 \times 9.8m/s^2} = 27.34m$

$= 27.34m \times \dfrac{101.325kPa}{10.332mH_2O} = 268.12kPa$

- 답 : $268.12kPa$

제1편 유체역학

★★★☆☆

문제3 지름 30[cm]인 원형 관과 지름 45[cm]인 원형 관이 급격하게 면적이 확대되도록 직접 연결되어 있을 때 작은 관에서 큰 관 쪽으로 매초 230[ℓ]의 물을 보내면 연결부의 손실수두는 약 몇 [m]인가? 단, 면적이 A_1에서 A_2로 급확대될 때 작은 관을 기준으로 한 손실계수는 $\left(1-\dfrac{A_1}{A_2}\right)^2$이다.

■ 계산과정

$$\Delta H = K\dfrac{V_1^2}{2g}$$

$$= \left(1-\dfrac{A_1}{A_2}\right)^2 \times \dfrac{V_1^2}{2g}$$

$$= \left(1-\dfrac{A_1}{A_2}\right)^2 \times \dfrac{\left(\dfrac{Q_1}{A_1}\right)^2}{2g}$$

$$= \left(1-\dfrac{\dfrac{\pi}{4}(0.3m)^2}{\dfrac{\pi}{4}(0.45m)^2}\right)^2 \times \dfrac{\left(\dfrac{0.23m^3/s}{\dfrac{\pi}{4}(0.3m)^2}\right)^2}{2\times 9.8m/s^2} = 0.17m$$

■ 답 : $0.17m$

★★★☆☆

문제4 관의 길이가 20 m이고 내경이 54 mm인 관 중에 90° 엘보 3개, 글로브밸브 2개가 있다. 이 관로상의 상당길이를 포함한 전길이는 몇 m인가? 단, 90° 엘보의 Le/D=30, 글로브밸브의 Le/D=200으로 계산한다.

■ 계산과정

전길이=직관+상당길이

$$= 20m + \dfrac{Le}{D}\times D \times 3개 + \dfrac{Le}{D}\times D \times 2개$$

$$= 20m + 30m/m \times 0.054m \times 3개 + 200m/m \times 0.054m \times 2개$$

$$= 46.46m$$

■ 답 : $46.46m$

4th Day

★★★☆☆

문제5 직경이 10[cm]이고 관마찰계수가 0.04인 원관에 부차적 손실계수가 4인 밸브가 설치되어 있을 때 이 밸브의 등가길이(상당길이)는 몇 [m]인가?

- 계산과정

$$(L_e) = \frac{KD}{f} = \frac{4 \times 10cm}{0.04} = \frac{4 \times 0.1m}{0.04} = 10m$$

- 답 : $10m$

★★★☆☆

문제6 직경이 30[mm], 관마찰계수가 0.022인 관에 글로브밸브(부차 손실계수 $k = 10$)와 표준티($k = 1.8$)를 결합시켜 물을 수송할 경우 관의 상당길이(Equivalent Length)는 몇 [m]인가?

- 계산과정

$$(L_e) = \frac{KD}{f} + \frac{KD}{f} = \frac{10 \times 0.03m}{0.022} + \frac{1.8 \times 0.03m}{0.022} = 16.1m$$

- 답 : $16.1m$

★★★☆☆

문제7 부차적 손실계수 $K = 2$인 관 부속품에서의 손실수두가 2[m]라면 이때의 유속은 약 몇 [m/s]인가?

- 계산과정

$$\Delta H = K \frac{v^2}{2g} \text{에서}$$

$$v = \sqrt{\frac{2g \Delta H}{K}}$$

$$= \sqrt{\frac{2 \times 9.8 m/s^2 \times 2m}{2}} = 4.43 m/s$$

- 답 : $4.43 m/s$

15 펌프의 흡입양정(NPSH : Net Positive Suction Head)

1. 유효흡입양정(NPSHav : available Net Positive Suction Head)

유효흡입양정(NPSHav)는 펌프의 흡입 절대압력에서 그 수온의 포화증기압을 감한 것으로서, 손실 부분을 전부 제거하고 물이 대기압에 의해 펌프 속으로 밀려들어가는 순간 가지고 들어가는 잔여분의 수두이다. 유효흡입수두(NPSHav)는 설계 시 건물의 펌프 설치 상태에 좌우되며, 펌프의 특성과는 관계없이 펌프를 설치하는 주변 조건 및 환경에 따라 결정된다.

$$NPSHav = 대기압 - H_h - H_f - H_v$$

H_h : 펌프의 흡입 높이(m)
H_f : 펌프 흡입측 배관의 배관마찰손실(m)
H_v : 펌프 흡입측 배관 내 물의 포화증기압(m)

2. 필요흡입양정(NPSHre : required Net Positive Suction Head)

펌프에서 소화수를 토출하기 위해서는 펌프 내부의 압력 강하(압력 차)가 필요한데, 이때 필요한 압력 강하는 펌프의 종류와 성능에 따라 다르며, 펌프가 제작될 때 이미 결정되어지는 값으로서 이를 필요흡입양정(NPSHre)이라고 한다.

$$\text{비교회전도 } N_s = \frac{NQ^{\frac{1}{2}}}{H^{\frac{3}{4}}} \text{ 에서 } H(NPSHre) = (\frac{NQ^{\frac{1}{2}}}{N_s})^{\frac{4}{3}}$$

Q : 토출량(m³/min)　　　H : 전양정(m)
N : 회전수(rpm)

3. NPSH와 공동현상과의 관계

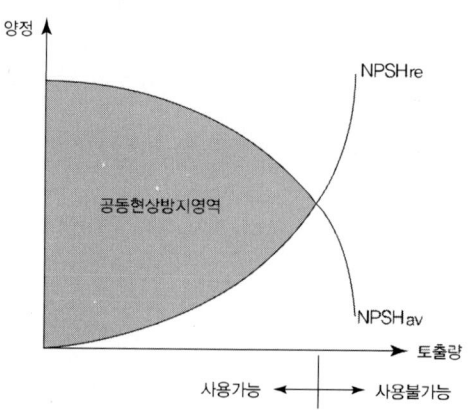

$NPSHav \geq NPSHre$: 공동현상이 발생하지 않음(사용 가능 영역)
$NPSHav < NPSHre$: 공동현상이 발생함(사용 불가능 영역)

연습문제

★★★★☆

문제1 정격토출량이 2,400[ℓ/min]인 스프링클러용 펌프를 그림과 같이 설치하고자 한다. 흡입배관의 호칭구경을 200[mm]로 할 때, 이 펌프의 소요 NPSH는 얼마가 되어야 할 것인가? 단, 설계기준 온도는 21[℃]로 하며, 이 온도에서의 수증기압은 0.01[MPa], 흡입배관을 통하여 2,400[ℓ/min]의 흐름이 일어날 때의 총 마찰손실수두는 2.2[m], 대기압은 0.1[MPa]이라고 하고, 속도수두는 무시한다.

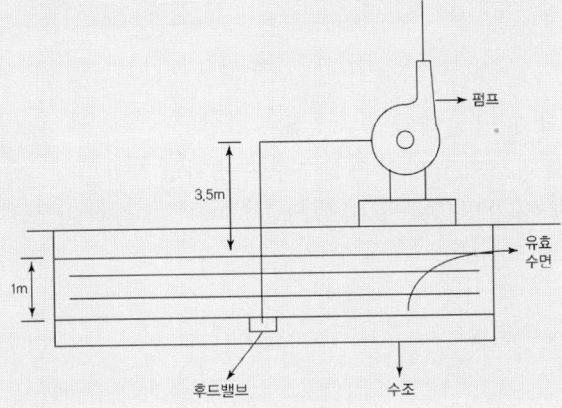

- 계산과정

  $NPSHav$ = 펌프의 흡입 절대압력 − 포화증기압
  = 대기압 − 흡입높이 − 흡입마찰손실수두 − 포화증기압
  = $0.1\text{MPa} - (1\text{m} + 3.5\text{m}) - 2.2\text{m} - 0.01\text{MPa}$
  = $10m - 4.5m - 2.2m - 1m$
  = $2.3m$

- 답 : $2.3m$

★★★★☆

문제2 다음 그림과 같은 송수펌프에서 다음의 조건을 이용하여 이 펌프가 가져야 할 최대 $NPSH$를 구하시오. 단, 25℃에서의 수증기압은 0.01[MPa], 펌프 흡입배관에서의 마찰손실압력은 0.02[MPa], 대기압은 0.1[MPa], 물의 밀도는 1g/cm^3

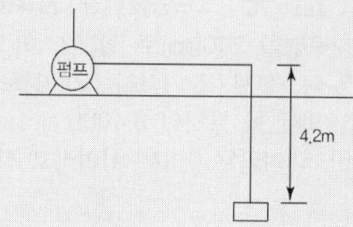

- 계산과정

  $NPSHav$ = 펌프의 흡입절대압력 − 포화증기압

  = 대기압 − 흡입높이 − 흡입마찰손실수두 − 포화증기압

  $= 0.1MPa - 4.2m - 0.02MPa - 0.01MPa$

  $= 10m - 4.2m - 2m - 1m$

  $= 2.8m$

- 답 : $2.8m$

★★★☆☆

문제3 펌프의 입구에 설치된 연성계가 320 mmHg일 때, 이론유효흡입수두를 계산하시오. 단, 대기압은 760 mmHg이다.

- 계산과정

  $NPSH\ av$ = 대기압 − $H_h - H_f - H_v$

  $= 760mmHg - 320mmHg$

  $= 440mmHg$

  $= 440mmHg \times \dfrac{10.332mH_2O}{760mmHg}$

  $= 5.98m$

- 답 : $5.98m$

★★★★☆

문제4 수면이 펌프보다 3 m 낮은 지하수조에서 0.3 m³/min의 물을 이송하는 원심펌프가 있다. 흡입관과 토출관의 구경이 각각 100 ㎜, 토출측 압력계가 0.1 MPa일 때, 이 펌프에 대한 공동현상의 발생여부를 판단하시오. 단, 흡입측의 마찰손실은 3.5 kPa, 흡입관의 속도수두는 무시하고, 대기압은 표준대기압, 물의 온도는 20 ℃, 이 때의 포화수증기압은 2.33 kPa, 필요흡입양정은 5 m이다.

배점 5

■ 계산과정

$NPSH\, av = 대기압 - H_h - H_f - H_v$

$= 10.332 m H_2O - 3m - 3.5 kPa - 2.33 kPa$

$= 7.332 m - 5.83 kPa$

$= 7.332 m - 5.83 kPa \times \dfrac{10.332 m}{101.325 kPa}$

$= 6.7 m$

■ 답 : 유효흡입양정(6.7m)이 필요흡입양정(5m)보다 크므로, 공동현상은 발생하지 않는다.

16 펌프의 전양정 계산법

1. 펌프의 전양정 계산법(1)

$$H = h_1 + h_2 + h_3 + h_4$$

H : 펌프의 전양정(m)
h_1 : 낙차(m)=토출양정+흡입양정=압력수두+위치수두
h_2 : 배관의 마찰손실수두(m)
h_3 : 소방용 호스의 마찰손실수두(m)
h_4 : 노즐 선단의 방사압력 환산수두(잔류속도수두)(m)

System	방사압력 환산수두(m)
옥내소화전설비	17 m
호스릴옥내소화전설비	17 m
옥외소화전설비	25 m
스프링클러설비	10 m

2. 펌프의 전양정 계산법(2)

$$H = 압력계눈금 + 연성계눈금 + 압력계와 연성계의 높이차$$

H : 펌프의 전양정(m)
압력계눈금 : 토출높이+토출마찰+방사압력 환산수두(m)
연성계눈금 : 흡입높이+흡입마찰

3. 펌프의 전양정 계산법(3)

$$H = \frac{P}{\gamma} + \frac{v^2}{2g} + Z + \Delta H$$

H : 펌프의 전양정(m)
$\frac{P}{\gamma}$: 압력수두(m)
$\frac{v^2}{2g}$: 속도수두(m)=노즐 선단의 방사압력 환산수두(m)
Z : 위치수두(m)
ΔH : 배관의 마찰손실수두(m)

4th Day

연습문제

★★★★☆

문제1 다음의 그림에서 펌프의 전양정을 계산하시오.

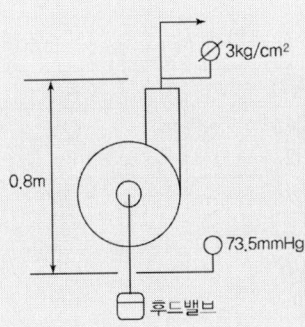

■ 계산과정

전양정 = 연성계 눈금 + 압력계 눈금 + 연성계와 압력계의 높이차

$= 73.5 mmHg + 3 kg/cm^2 + 0.8 m$

$= 73.5 mmHg \times \dfrac{10.332 mH_2O}{760 mmHg} + 30m + 0.8m = 31.8m$

■ 답 : $31.8m$

★★★★☆

문제2 내경이 50[mm]인 소화배관에 물이 260[ℓ/min]으로 흐른다. 압력이 500[kPa]이고, 배관의 중심선이 소화펌프보다 30[m] 높은 곳에 있다. 배관마찰손실이 15 m일 경우 소화펌프의 전양정은 약 몇 [m]인가?

■ 계산과정

$Q = Av$에서 $v = \dfrac{Q}{A} = \dfrac{260 \ell/\min}{\dfrac{\pi}{4}(50mm)^2} = \dfrac{\dfrac{0.26m^3}{60s}}{\dfrac{\pi}{4}(0.05m)^2} = 2.2 m/s$

전양정 $H = \dfrac{P}{\gamma} + \dfrac{v^2}{2g} + Z + \Delta H$

$= \dfrac{500 kPa}{1000 kgf/m^3} + \dfrac{(2.2 m/s)^2}{2 \times 9.8 m/s^2} + 30m + 15m$

$= \dfrac{500 \times 1000 N/m^2}{1000 \times 9.8 N/m^3} + \dfrac{(2.2 m/s)^2}{2 \times 9.8 m/s^2} + 30m + 15m = 96.27m$

■ 답 : $96.27m$

17 펌프의 동력/전효율/전달계수

1. 동력
① 수동력(이론동력): 펌프에 의해서 액체에 공급되는 동력
② 축동력(실제동력): 펌프의 운전에 필요한 동력 $\left[\dfrac{수동력(이론동력)}{전효율}\right]$
③ 전동기 용량(모터동력): 전동기에서 소요되는 동력 [축동력×전달계수]

단위	수동력	축동력	전동기 용량
kW	$\dfrac{\gamma QH}{102}$	$\dfrac{\gamma QH}{102\eta}$	$\dfrac{\gamma QH}{102\eta} \times K$
PS	$\dfrac{\gamma QH}{75}$	$\dfrac{\gamma QH}{75\eta}$	$\dfrac{\gamma QH}{75\eta} \times K$
HP	$\dfrac{\gamma QH}{76}$	$\dfrac{\gamma QH}{76\eta}$	$\dfrac{\gamma QH}{76\eta} \times K$

2. 펌프의 효율
① 체적효율 : 펌프의 실제 흡입량과 실제 토출량의 비

$$체적효율 = \dfrac{펌프의\ 실제\ 토출량}{펌프의\ 실제\ 흡입량} = \dfrac{펌프의\ 실제\ 흡입량 - 펌프\ 내부의\ 누설량}{펌프의\ 실제\ 흡입량}$$

② 수력효율 : 펌프의 실제 양정과 이론 양정의 비

$$수력효율 = \dfrac{펌프의\ 실제\ 전양정}{펌프의\ 이론\ 전양정} = \dfrac{펌프의\ 이론\ 전양정 - 펌프\ 내부의\ 손실수두}{펌프의\ 이론\ 전양정}$$

펌프 내부의 손실수두 : 펌프 내부에서 유체의 마찰, 충돌, 흐름방향 변화, 와류 등으로 인해 발생하는 손실수두

③ 기계효율 : 펌프의 축동력에서 기계적 손실동력을 뺀 값과 축동력과의 비

$$기계효율 = \dfrac{펌프의\ 축동력 - 기계적\ 손실동력}{펌프의\ 축동력}$$

기계적 손실 : 펌프의 베어링, 회전축 등에서 발생하는 기계적 마찰손실

④ 전효율 = 체적효율×수력효율×기계효율

3. 전달계수

동력의 종류	K의 값
전동기 직결	1.1~1.2
V-벨트	1.15~1.25
평-벨트	1.25~1.35
Spur Gear	1.20~1.25
Bevel Gear	1.15~1.25

연습문제

★★★★☆

문제1 펌프의 토출량 390 ℓ/min, 전양정 70.5 m의 경우 펌프의 축동력(kW)을 계산하시오. 단, 펌프 효율은 0.75로 한다.

배점 5

■ 계산과정

$$= \frac{\gamma QH}{102\eta} = \frac{1{,}000 kgf/m^3 \times \dfrac{390\ell}{\min} \times 70.5m}{\dfrac{102 kgf \cdot m/s}{1kW} \times 0.75}$$

$$= \frac{1{,}000 kgf/m^3 \times \dfrac{0.39m^3}{60s} \times 70.5m}{\dfrac{102 kgf \cdot m/s}{1kW} \times 0.75} = 6kW$$

■ 답 : $6kW$

★★★★☆

문제2 양정이 60[m], 토출량이 분당 1,200[ℓ], 효율이 58[%]인 스프링클러설비용 펌프에 전동기를 직결방식으로 설치할 경우의 전동기의 용량은 얼마인가? 단, 전달계수는 1.1이다.

배점 5

■ 계산과정

$$= \frac{\gamma QH}{102\eta} \times K = \frac{1{,}000 kgf/m^3 \times \dfrac{1{,}200\ell}{\min} \times 60m}{\dfrac{102 kgf \cdot m/s}{1kW} \times 0.58} \times 1.1$$

$$= \frac{1{,}000 kgf/m^3 \times \dfrac{1.2m^3}{60s} \times 60m}{\dfrac{102 kgf \cdot m/s}{1kW} \times 0.58} \times 1.1 = 22.3kW$$

■ 답 : $22.3kW$

18 펌프의 회전수/비속도

1. 펌프의 회전수(N)

전동기를 직결하여 사용할 때 펌프의 회전수

$$N = \frac{120f}{P} \times \left(1 - \frac{S}{100}\right)$$

N : 회전수(rpm : revolution per minute)
f : 주파수(Hz)
P : 극수
S : 미끄럼률(%)

2. 비속도(비교회전도)

토출량 1m³/분, 양정 1m가 발생하도록 설계한 경우, 판상임펠러의 매분 회전수를 비속도(비교회전도)라 한다.

$$N_S = \frac{NQ^{\frac{1}{2}}}{\left(\frac{H}{n}\right)^{\frac{3}{4}}}$$

N_S : 비속도(비교회전도)
N : 펌프 회전수(rpm : revolution per minute)
Q : 토출량(m³/min)
H : 전양정(m)
n : 단수

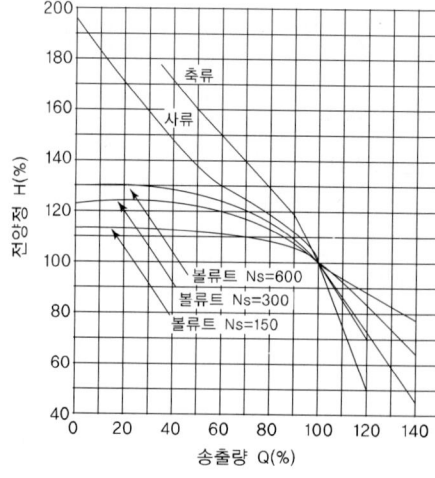

종류	비속도
볼류트펌프(편흡입)	100~300
볼류트펌프(양흡입)	400
사류펌프	800~1,000
축류펌프	1,200 이상

4th Day

연습문제

★★★☆☆

문제1 다음 조건을 참고하여 전동기를 직결하여 사용할 때 펌프의 회전수를 계산하시오.

배점 3

① 주파수는 60[Hz]이다.
② 극수는 4극이다.
③ 미끄럼율은 5%이다.

■ 계산과정

펌프의 회전수 $N = \dfrac{120f}{P} \times \left(1 - \dfrac{S}{100}\right)$

$= \dfrac{120 \times 60Hz}{4극} \times \left(1 - \dfrac{5}{100}\right)$

$= 1,710 [rpm]$

■ 답 : $1,710 [rpm]$

★★★★☆

문제2 양정 220m, 회전수 n=2,900rpm, 비교회전도 176인 4단 원심펌프에서 유량(m³/min)을 구하시오.

배점 5

■ 계산과정

비교회전도 $N_S = \dfrac{NQ^{\frac{1}{2}}}{\left(\dfrac{H}{n}\right)^{\frac{3}{4}}}$ 에서

유량 $Q = \left(\dfrac{N_S \times \left(\dfrac{H}{n}\right)^{\frac{3}{4}}}{N}\right)^2 = \left(\dfrac{176 \times \left(\dfrac{220}{4}\right)^{\frac{3}{4}}}{2,900}\right)^2 = 1.5 \text{ m}^3/\text{min}$

■ 답 : $1.5 \text{ m}^3/\text{min}$

제1편 유체역학 **97**

19 펌프의 설치/압축비/상사칙

1. 펌프의 설치(직렬 및 병렬)

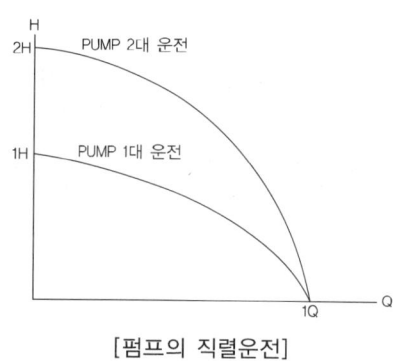

[펌프의 직렬운전]   [펌프의 병렬운전]

2. 펌프의 압축비

$$r = \sqrt[n]{\frac{P_2}{P_1}}$$

r : 압축비 n : 단수 P : 절대압력

3. 펌프의 상사칙

유량에 대한 상사칙	$\dfrac{Q_2}{Q_1} = \left(\dfrac{N_2}{N_1}\right)^1 \left(\dfrac{D_2}{D_1}\right)^3$
전양정에 대한 상사칙	$\dfrac{H_2}{H_1} = \left(\dfrac{N_2}{N_1}\right)^2 \left(\dfrac{D_2}{D_1}\right)^2$
축동력에 대한 상사칙	$\dfrac{P_2}{P_1} = \left(\dfrac{N_2}{N_1}\right)^3 \left(\dfrac{D_2}{D_1}\right)^5 \dfrac{\eta_1}{\eta_2}$

회전수	임펠러 지름	토출량	양정	축동력	효율
N	D	Q	H	P	η

5th Day

연습문제

★★★☆☆

문제1 펌프 1대의 정격 토출량이 130 ℓ/min, 정격 양정이 50 m일 때 동일한 펌프 3대를 직렬 및 병렬로 설치하는 경우 토출량과 토출양정을 계산하여 빈칸을 채우시오.

구분		직렬 연결	병렬 연결
성능	토출량		
	토출 양정		

■ 답 :

구분		직렬 연결	병렬 연결
성능	토출량	130 ℓ/min	390 ℓ/min
	토출 양정	150m	50m

★★★☆☆

문제2 펌프의 흡입측 압력이 1 kgf/cm², 토출측 압력이 16 kgf/cm²으로 하여 4단으로 제작된 펌프가 있다. 펌프의 압축비와 각 단에서의 흡입측 압력과 토출측 압력을 쓰시오.

■ 답 : 1) 펌프의 압축비(가압능력)

$$r = \sqrt[n]{\frac{P_2}{P_1}} = \sqrt[4]{\frac{16}{1}} = 16^{\frac{1}{4}} = 2$$

2) 각 단에서의 흡입측 압력과 토출측 압력

구분	흡입측 압력	토출측 압력
1단	1	$1 \times 2 = 2$
2단	2	$2 \times 2 = 4$
3단	4	$4 \times 2 = 8$
4단	8	$8 \times 2 = 16$

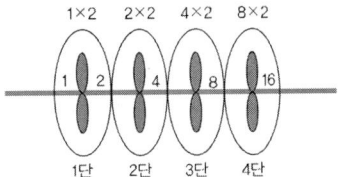

★★★★☆

문제3 임펠러의 회전속도가 1,700[rpm]일 때 토출압 0.5[MPa], 토출량 1,000[ℓ/min]의 성능을 보여주는 어떤 원심펌프를 3,400[rpm]으로 작동시켜 주었다고 하면 그 토출압과 토출량은 각각 얼마가 될 것인가?

■ 답 : 1) 토출압

$$\frac{H_2}{H_1} = \left(\frac{N_2}{N_1}\right)^2 \left(\frac{D_2}{D_1}\right)^2 \text{에서 } D_1 = D_2 \text{이므로 } \frac{H_2}{H_1} = \left(\frac{N_2}{N_1}\right)^2$$

$$H_2 = \left(\frac{N_2}{N_1}\right)^2 \times H_1 = \left(\frac{3,400rpm}{1,700rpm}\right)^2 \times 0.5MPa = 2MPa$$

2) 토출량

$$\frac{Q_2}{Q_1} = \left(\frac{N_2}{N_1}\right)^1 \left(\frac{D_2}{D_1}\right)^3 \text{에서 } D_1 = D_2 \text{이므로 } \frac{Q_2}{Q_1} = \left(\frac{N_2}{N_1}\right)^1$$

$$Q_2 = \left(\frac{N_2}{N_1}\right)^1 \times Q_1 = \left(\frac{3,400rpm}{1,700rpm}\right)^1 \times 1,000 \ell/\min = 2,000 \ell/\min$$

★★★★☆

문제4 유량 110 m³/h, 양정이 70 m가 되는 소방펌프를 설계하여, 제작한 후에 그 성능을 시험한 결과 양정이 60 m이었으며, 회전수는 1,700 rpm이었다. 최초 설계 조건인 양정 70 m를 얻기 위해 어떻게 조치해야 하는지 설명하시오. 펌프의 정격 출력을 당초에는 7.5 kW를 선정하여 설계하였을 때, 소요동력은 얼마로 변경되는지를 계산하시오.

■ 답 : 1) 최초 설계 조건인 양정 70 m를 얻기 위한 조치

$$\frac{H_2}{H_1} = \left(\frac{N_2}{N_1}\right)^2 \left(\frac{D_2}{D_1}\right)^2 \text{에서 } D_1 = D_2 \text{이므로 } \frac{H_2}{H_1} = \left(\frac{N_2}{N_1}\right)^2$$

$$\frac{70m}{60m} = \left(\frac{N_2}{1,700}\right)^2 \text{에서 } N_2 = 1,836.21 rpm$$

∴ 최초 설계 조건인 양정 70 m를 얻기 위해 회전수를 1,836.21[rpm]으로 높인다.

2) 소요동력

$$\frac{P_2}{P_1} = \left(\frac{N_2}{N_1}\right)^3 \left(\frac{D_2}{D_1}\right)^5 \frac{\eta_1}{\eta_2} \text{에서 } D_1 = D_2, \ \eta_1 = \eta_2 \text{이므로 } \frac{P_2}{P_1} = \left(\frac{N_2}{N_1}\right)^3$$

$$\frac{P_2}{7.5kW} = \left(\frac{1,836.21}{1,700}\right)^3 \text{에서 } P_2 = \left(\frac{1,836.21}{1,700}\right)^3 \times 7.5kW = 9.45[kW]$$

배점 10

★★★☆☆

문제5 정격용량이 70 psi에서 1,000 gpm인 디젤엔진 구동 소화펌프가 현장 성능 시험 시 1,700 rpm에서 운전되고 있다. 펌프 제조업체의 성능시험 성적서 내용은 다음과 같다.

구분	체절운전 시	정격운전 시	최대운전 시
유량	0 gpm	1,000 gpm	1,500 gpm
토출압력	99 psi	82 psi	54 psi

반면, 1,700rpm 운전 시의 시험결과치는 다음과 같다.

구분	체절운전 시	정격운전 시	최대운전 시
유량	0 gpm	955 gpm	1,434 gpm
토출압력	90 psi	75 psi	50 psi

펌프 제조업체에서 제시한 성능을 얻기 위해 귀하는 어떤 조치를 취하겠는가? 귀하의 조치가 적절한지 여부를 입증하시오.

배점 10

■ 답 : 1) 조치 사항

$\dfrac{Q_2}{Q_1} = \left(\dfrac{N_2}{N_1}\right)^1 \left(\dfrac{D_2}{D_1}\right)^3$ 에서 $D_1 = D_2$ 이므로 $\dfrac{Q_2}{Q_1} = \left(\dfrac{N_2}{N_1}\right)^1$

$\dfrac{1,000}{955} = \left(\dfrac{N_2}{1,700}\right)^1 \to N_2 = 1,780$

$\dfrac{H_2}{H_1} = \left(\dfrac{N_2}{N_1}\right)^2 \left(\dfrac{D_2}{D_1}\right)^2$ 에서 $D_1 = D_2$ 이므로 $\dfrac{H_2}{H_1} = \left(\dfrac{N_2}{N_1}\right)^2$

$\dfrac{82}{75} = \left(\dfrac{N_2}{1,700}\right)^2 \to N_2 = 1,778$

∴ 회전수를 1700 rpm에서 1780 rpm으로 높인다. (조치사항)

2) 입증

$\dfrac{H_2}{H_1} = \left(\dfrac{N_2}{N_1}\right)^2$ 이므로

$\dfrac{H_2}{90} = \left(\dfrac{1,780}{1,700}\right)^2 \to H_2 = 98.7$

$\dfrac{H_2}{50} = \left(\dfrac{1,780}{1,700}\right)^2 \to H_2 = 54.8$

$\dfrac{Q_2}{Q_1} = \left(\dfrac{N_2}{N_1}\right)^1$ 이므로

$\dfrac{Q_2}{1,434} = \left(\dfrac{1,780}{1,700}\right)^1 \to Q_2 = 1,501$

∴ 체절운전 및 최대 운전시의 유량 및 토출압력을 만족한다.

20 반발력

1. 운동량 변화 때문에 생기는 반발력(N)

$$F = \rho Q(v_1 - v_2)$$

F : 운동량 변화 때문에 생기는 반발력(N)
ρ : 밀도(kg/m^3)
Q : 유량(m^3/s)
v_1 : 노즐에서의 유속(m/s)
v_2 : 소방호스에서의 유속(m/s)

2. 옥내소화전 노즐 선단에서의 반발력(kgf)

$$F = 0.15PD^2$$

F : 옥내소화전 노즐 선단에서의 반발력(kgf)
P : 방수압력(MPa)
D : 노즐 지름(mm)

3. 노즐을 소방호스에 부착시키기 위한 플랜지볼트에 작용하고 있는 힘

$$F = \frac{\gamma Q^2 A_1}{2g}\left(\frac{A_1 - A_2}{A_1 A_2}\right)^2$$

F : 플랜지볼트에 작용하고 있는 힘(kgf)
γ : 비중량(kgf/m^3)
Q : 유량(m^3/s)
g : 중력가속도($9.8m/s^2$)
A_1 : 소방호스의 단면적(m^2)
A_2 : 노즐의 단면적(m^2)

연습문제

★★★★☆

문제1 $2\frac{1}{2}$ 인치 소방호스가 $1\frac{1}{4}$ 인치의 곧은 노즐에 연결되어 있다. 유량은 0.0117 m³/s이다. 운동량 변화 때문에 생기는 반발력(N)을 계산하라. 단, 물의 밀도는 997kg/m³ 이다.

■ 계산과정

$Q = Av$ 에서 소방호스에서의 유속

$$v = \frac{Q}{A} = \frac{Q}{\frac{\pi}{4}D^2}$$

$2\frac{1}{2}$ 인치 $= 2\frac{1}{2}$ 인치 $\times \frac{2.54\,cm}{\text{인치}} = 6.35\,cm = 0.0635m$

$$v = \frac{0.0117 m^3/s}{\frac{\pi}{4} \times (0.0635m)^2} = 3.69 m/s$$

노즐에서의 유속

$$v = \frac{Q}{\frac{\pi}{4}D^2}$$

$1\frac{1}{4}$ 인치 $= 1\frac{1}{4}$ 인치 $\times \frac{2.54\,cm}{\text{인치}} = 3.175\,cm = 0.03175m$

$$v = \frac{0.0117 m^3/s}{\frac{\pi}{4} \times (0.03175m)^2} = 14.78 m/s$$

운동량 변화 때문에 생기는 반발력

$F = \rho Q(v_1 - v_2)$
$= 997 kg/m^3 \times 0.0117 m^3/s \times (14.78 m/s - 3.69 m/s)$
$= 129.36 kg \cdot m/s^2$
$= 129.36 N$

■ 답 : $129.36 N$

★★★☆☆

문제2 옥내소화전설비에서는 방수압력 0.7 MPa을 초과할 수 없도록 규정하고 있다. 방수압력이 0.7 MPa일 경우의 반동력(N)을 계산하시오.

■ 계산과정

$$= 0.15PD^2$$
$$= 0.15 \times 0.7\text{MPa} \times (13\text{mm})^2 = 17.745 \text{kgf}$$
$$= 17.745 \text{kgf} = 17.745 \times 9.8N = 173.9N$$

■ 답 : $173.9N$

★★★★☆

문제3 구경 40 mm인 소방호스가 13 mm의 곧은 노즐에 연결되어 있다. 유량은 300 ℓ/min이다. 노즐을 소방호스에 부착시키기 위한 플랜지볼트에 작용하고 있는 힘(N)을 계산하라.

■ 계산과정

$$= \frac{\gamma Q^2 A_1}{2g}\left(\frac{A_1 - A_2}{A_1 A_2}\right)^2$$

$$= \frac{1,000 kgf/m^3 \times \left(\frac{0.3m^3}{60s}\right)^2 \times \frac{\pi}{4} \times (0.04m)^2}{2 \times 9.8 m/s^2} \times \left(\frac{\frac{\pi}{4} \times (0.04m)^2 - \frac{\pi}{4} \times (0.013m)^2}{\frac{\pi}{4} \times (0.04m)^2 \times \frac{\pi}{4} \times (0.013m)^2}\right)^2$$

$$= 72.775 kgf$$
$$= 72.775 \times 9.8 N$$
$$= 713.2 N$$

■ 답 : $713.2N$

5th Day

21 감열과 잠열

1. 열량의 단위

① kcal(kilogram Calorie)
표준대기압 하에서 순수한 물 1kg의 온도를 14.5 ℃에서 15.5 ℃로 1 ℃ 상승시키는데 필요한 열량

② BTU(British thermal unit)
표준대기압 하에서 순수한 물 1lb를 61.5 °F에서 62.5 °F까지 1 °F 상승시키는데 필요한 열량

③ CHU(Centigrade heat unit)
표준대기압 하에서 순수한 물 1lb를 14.5 ℃에서 15.5 ℃까지 1 ℃ 상승시키는데 필요한 열량으로, PCU로 표시하기도 한다.

2. 열량의 관계

① 1 kcal=3.968 BTU=427 $kgf \cdot m$
② 1 BTU=1,055 J=0.252 kcal
③ 1 CHU=1 PCU=0.4536 kcal=1.8 BTU
④ 1 kcal=427 kgf·m=427×9.8N·m=427×9.8 J=4184.6 J≒4.19 kJ

3. 감열(현열) : 물질의 상태 변화 없이 온도 변화에만 필요한 열

$$Q = GC\Delta T$$

Q : 열량(kcal)
C : 비열(kcal/kg·℃)
ΔT : 온도차(℃)

물의 비열 : 1 kcal/kg·℃

4. 잠열 : 물질의 온도 변화 없이 상태 변화에만 필요한 열

$$Q = Gr$$

Q : 열량(kcal)
r : 잠열(kcal/kg)

① 얼음의 융해잠열(흡수열)=물의 응고잠열(방출열)≒80 kcal/kg
② 물의 증발잠열(흡수열)=수증기의 응축잠열(방출열)≒539 kcal/kg

5. 열역학 제1법칙(에너지 보존 법칙)

열과 일은 본질적으로 같으며 열은 일로 변화시킬 수 있고, 일은 열로 변화시킬 수 있다.

$$Q = AW$$
$$W = JQ$$

Q : 열(kcal)
A : 일의 열당량(1/427 kcal/$kgf \cdot m$)
W : 일($kgf \cdot m$)
J : 열의 일당량(427 $kgf \cdot m$/kcal)

연습문제

★★★☆☆

문제1 물 계통 소화설비에서 20 ℃의 물 150리터가 증발 시에 가지고 달아나는 열량은 몇 kcal인가?

- 계산과정

$$= GC\Delta T + Gr$$
$$= 150 kgf \times 1 kcal/kgf \cdot ℃ \times (100℃ - 20℃) + 150 kgf \times 539 kcal/kgf$$
$$= 92,850 kcal$$

- 답 : $92,850 kcal$

물 150리터=150 kgf

★★★☆☆

문제2 20 ℃의 물소화약제 40 kg을 사용하여 거실의 화재를 소화하였다. 이때 물소화약제 40 kg이 전부 기화하였다면 기화하는데 흡수한 열량은 몇 kcal인가?

- 계산과정

감열= $GC\Delta T = 40 kg \times 1 kcal/kg \cdot ℃ \times (100-20)℃ = 3,200 kcal$

잠열= $Gr = 40 kg \times 539 kcal/kg = 21,560 kcal$

∴ 필요한 열량= $3,200 + 21,560 = 24,760 kcal$

- 답 : $24,760 kcal$

★★★☆☆

문제3 20[℃]의 물 소화약제 50 kg을 사용하여 거실의 화재를 소화하였다. 이 물소화약제 50 kg이 기화하는데 흡수한 열량[MJ]을 계산하시오.

- 계산과정

$$= GC\Delta T + Gr$$
$$= 50kg \times 1kcal/kg \cdot ℃ \times (100-20)℃ + 50kg \times 539kcal/kg$$
$$= 30,950[kcal]$$
$$= 30,950 \times 427 kgf \cdot m$$
$$= 30,950 \times 427 \times 9.8 N \cdot m$$
$$= 30,950 \times 427 \times 9.8 J$$
$$= 30,950 \times 427 \times 9.8 \times 10^{-6} MJ$$
$$= 129.51 MJ$$

- 답 : $129.51 MJ$

★★★☆☆

문제4 어떤 합금의 열전도 도입은 50[BTU/(hr)(ft)(℉)]이다. 이 값을 g-cal/(sec)(m)(℃)로 환산하라. 단, 1[lb]=454[g], 1[ft]=30.48[cm]

- 계산과정

$$= \frac{50 \text{BTU}}{(\text{hr})(\text{ft})(℉)}$$
$$= \frac{50(\text{lb})(℉)}{(\text{hr})(\text{ft})(℉)}$$
$$= \frac{50(\text{lb})(℉)}{(\text{hr})(\text{ft})(℉)} \times \frac{454\text{g}}{\text{lb}} \times \frac{℃}{1.8℉} \times \frac{\text{hr}}{3,600\text{sec}} \times \frac{\text{ft}}{0.3048\text{m}} \times \frac{1.8℉}{℃}$$
$$= \frac{20.7(g)(℃)}{(\sec)(m)(℃)}$$

- 답 : $\dfrac{20.7 g-cal}{(\sec)(m)(℃)}$

예·상·문·제 (유체역학)

★★☆☆☆

문제1 25 ℃, 0.85 atm에서 산소의 밀도(g/ℓ)는 얼마인지 구하시오. 단, 산소는 이상기체로 한다.

풀이

밀도 $\rho = \dfrac{W}{V} = \dfrac{PM}{RT}$

$= \dfrac{0.85 atm \times 32g}{0.082 atm \cdot \ell/mol \cdot K \times (25℃ + 273)K} = 1.11 g/\ell$

★★☆☆☆

문제2 내용적 5 m³인 탱크에 3 m³의 물이 0.9 MPa의 압력으로 유지되었으나, 화재로 인하여 소화수가 방사되어 내부압력이 0.6 MPa로 되었을 때 방사된 물의 양이 얼마인지 구하시오(단, 대기압은 0.1 MPa, 물은 비압축성 유체로 추가 공급은 없는 것으로 가정한다).

풀이

0.9 MPa일 경우 공기의 양 = 5m³ − 3m³ = 2m³

0.9 MPa일 경우 물의 양 = 3m³

$P_1 V_1 = P_2 V_2$

$(0.9 MPa + 0.1 MPa) \times 2m^3 = (0.6 MPa + 0.1 MPa) \times V_2$ 에서

$V_2 = 2.86 m^3$

0.6 MPa일 경우 공기의 양(V_2) = 2.86 m³

0.6 MPa일 경우 물의 양 = 5m³ − 2.86m³ = 2.14m³

방사된 물의 양 = 3m³ − 2.14m³ = 0.86m³

★★☆☆☆

문제3 오일러의 운동방정식 $dP + \rho g dZ + \rho v \cdot dv = 0$ 에서 베르누이 정리식을 유도하시오. 단, dP : 미소 압력, ρ : 유체의 밀도, g : 가속도, dZ : 미소수두, v : 유속, dv : 미소속도이다.

풀이

$dP + \rho g dZ + \rho v \cdot dv = 0$

$\dfrac{dP}{\rho} + v dv + g dZ = 0$ ---------- ①

①식(오일러의 운동방정식)을 적분하면

$\int \dfrac{dP}{\rho} + \int v dv + \int g dZ = 0$

$\dfrac{P}{\rho} + \dfrac{v^2}{2} + gZ = c$ ------ ②

②식의 양변에 g를 나누면

$\dfrac{P}{\rho g} + \dfrac{v^2}{2g} + \dfrac{gZ}{g} = const$

여기서 $\rho g = \gamma$ 이므로

$\dfrac{P}{\gamma} + \dfrac{v^2}{2g} + Z = const$ 의 베르누이 방정식을 얻을 수 있다.

그러므로 ①점과 ②점에서의 베르누이 방정식은

$\dfrac{P_1}{\gamma} + \dfrac{v_1^2}{2g} + Z_1 = \dfrac{P_2}{\gamma} + \dfrac{v_2^2}{2g} + Z_2 = const$

★★★☆☆

문제4 물이 흐르고 있는 관로에서 a지점의 게이지압력이 300kPa이고 유량이 15 kg/s 일 때 a와 b지점 사이의 손실수두(m)를 계산하시오.

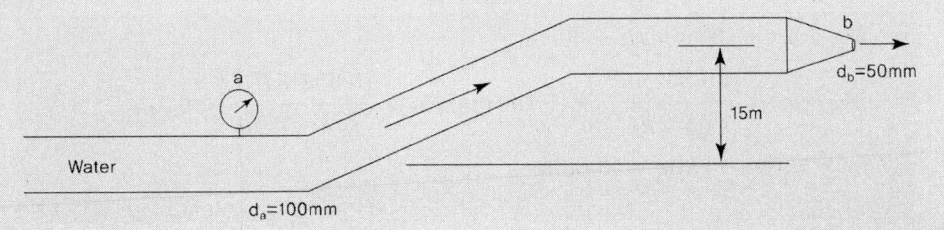

풀이

$$v_1 = \frac{Q}{A_1} = \frac{15kg/s}{\frac{\pi}{4} \times (100mm)^2} = \frac{15\ell/s}{\frac{\pi}{4} \times (0.1m)^2} = \frac{0.015m^3/s}{\frac{\pi}{4} \times (0.1m)^2} = 1.91m/s$$

$$v_2 = \frac{Q}{A_2} = \frac{15kg/s}{\frac{\pi}{4} \times (50mm)^2} = \frac{15\ell/s}{\frac{\pi}{4} \times (0.05m)^2} = \frac{0.015m^3/s}{\frac{\pi}{4} \times (0.05m)^2} = 7.64m/s$$

$$\frac{P_1}{\gamma} + \frac{v_1^2}{2g} + Z_1 = \frac{P_2}{\gamma} + \frac{v_2^2}{2g} + Z_2 + \Delta H$$

$$\frac{300kPa}{1000kgf/m^3} + \frac{(1.91m/s)^2}{2 \times 9.8m/s^2} + 0 = \frac{0}{1000kgf/m^3} + \frac{(7.64m/s)^2}{2 \times 9.8m/s^2} + 15m + \Delta H$$

$$\frac{300 \times 1000 N/m^2}{1000 \times 9.8 N/m^3} + \frac{(1.91m/s)^2}{2 \times 9.8m/s^2} + 0 = \frac{0}{1000kgf/m^3} + \frac{(7.64m/s)^2}{2 \times 9.8m/s^2} + 15m + \Delta H$$

$$\Delta H = 12.82m$$

★★★★☆

문제5 운전 중인 펌프의 압력을 조사하였더니 토출측 압력계는 5.5 kg/cm², 흡입측의 진공계는 100 mmHg이다. 압력계는 진공계보다 30 cm 높은 곳에 설치되어 있다. 다음 물음에 답하시오.

[물음]
1) 펌프의 전양정
2) 펌프의 토출량이 260 ℓ/min일 때 수동력(kW)
3) 펌프의 기계효율이 70 %, 수력효율이 90 %, 체적효율이 95 %일 때 축동력(kW)
4) 전달계수 1.1일 때 전동기의 용량(kW)

풀이

1) 펌프의 전양정

$$= 5.5 kg/cm^2 + 100 mmHg + 30cm$$

$$= 5.5 kg/cm^2 \times \frac{10.332 mH_2O}{1.0332 kg/cm^2} + 100 mmHg \times \frac{10.332 mH_2O}{760 mmHg} + 0.3m$$

$$= 55m + 1.36m + 0.3m = 56.66m$$

2) 수동력(kW)

$$= \frac{rQH}{102} = \frac{1,000 kgf/m^3 \times 260\ell/min \times 56.66m}{102}$$

$$= \frac{1{,}000\,kgf/m^3 \times \dfrac{0.26\,m^3}{60s} \times 56.66m}{102}$$

$$= 2.41\,kW$$

3) 축동력(kW)

전효율(η) = 기계효율 × 수력효율 × 체적효율 = $0.7 \times 0.9 \times 0.95 = 0.6$

축동력(kW) = $\dfrac{수동력}{전효율} = \dfrac{2.41kW}{0.6} = 4.02kW$

4) 전동기 용량(kW)

전동기 용량 = 축동력 × 전달계수 = $4.02kW \times 1.1 = 4.422kW$

★★★★☆

문제6 그림과 같이 관로 상에 펌프가 설치되어 있다. 펌프의 소요동력(kW)을 계산하시오. 단, P₁=500 Pa, P₂=3 bar, Q=0.2 m³/s, d₁=10 cm, d₂=5 cm, h=3 m이다.

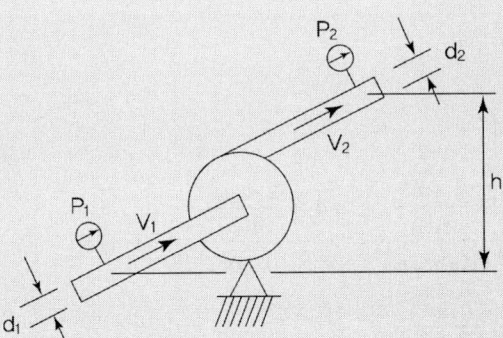

풀이

유속 $v_1 = \dfrac{Q}{A} = \dfrac{Q}{\dfrac{\pi}{4}D^2} = \dfrac{4Q}{\pi D^2} = \dfrac{4 \times 0.2m^3/s}{\pi \times (10cm)^2} = \dfrac{4 \times 0.2m^3/s}{\pi \times (0.1m)^2} = 25.46m/s$

유속 $v_2 = \dfrac{Q}{A} = \dfrac{Q}{\dfrac{\pi}{4}D^2} = \dfrac{4Q}{\pi D^2} = \dfrac{4 \times 0.2m^3/s}{\pi \times (5cm)^2} = \dfrac{4 \times 0.2m^3/s}{\pi \times (0.05m)^2} = 101.86m/s$

$H_1 + H = H_2 + H_f$

$\dfrac{P_1}{\gamma} + \dfrac{v_1^2}{2g} + Z_1 + H = \dfrac{P_2}{\gamma} + \dfrac{v_2^2}{2g} + Z_2 + H_f$

$\dfrac{500Pa}{1000kgf/m^3} + \dfrac{(25.46m/s)^2}{2 \times 9.8m/s^2} + 0 + H = \dfrac{3\,bar}{1000kgf/m^3} + \dfrac{(101.86m/s)^2}{2 \times 9.8m/s^2} + 3m + 0$

$$\frac{500N/m^2}{1000 \times 9.8N/m^3} + \frac{(25.46m/s)^2}{2 \times 9.8m/s^2} + H = \frac{3 \times 10^5 N/m^2}{1000 \times 9.8N/m^3} + \frac{(101.86m/s)^2}{2 \times 9.8m/s^2} + 3m$$

여기에서, 전양정 H=529.85m

∴ 펌프의 소요동력

$$= \frac{\gamma QH}{102}$$

$$= \frac{1000kg/m^3 \times 0.2m^3/s \times 529.85m}{102}$$

$$= 1038.92kW$$

★★★★☆

문제7 유량 2.4 ㎥/min, 배관길이 60 m, 관경 100 ㎜, 마찰손실계수(f) 0.03인 배관을 통하여 높이 10 m까지 송수할 경우 필요한 이론 소요동력(kW)을 계산하시오.(단, 펌프 효율 : 0.6, K값 : 1.1)

풀이

$Q = Av = \frac{\pi}{4}D^2 v$ 에서

유속 $v = \frac{4Q}{\pi D^2} = \frac{4 \times \frac{2.4m^3}{\min}}{\pi \times (100mm)^2} = \frac{4 \times \frac{2.4m^3}{60s}}{\pi \times (0.1m)^2} = 5.1m/s$

마찰손실수두 $\Delta H = f \frac{L}{D} \frac{v^2}{2g}$

$= 0.03 \times \frac{60m}{100mm} \times \frac{(5.1m/s)^2}{2 \times 9.8m/s^2}$

$= 0.03 \times \frac{60m}{0.1m} \times \frac{(5.1m/s)^2}{2 \times 9.8m/s^2} = 23.9m$

전양정 $= 10m + 23.9m = 33.9m$

∴ 필요한 이론 소요 동력

$= \frac{\gamma QH}{102\eta} \times K$

$= \frac{1,000kg/m^3 \times \frac{2.4m^3}{\min} \times 33.9m}{\frac{102kg \cdot m/s}{1kW} \times 0.6} \times 1.1$

$$= \frac{1000kg/m^3 \times \frac{2.4m^3}{60s} \times 33.9m}{\frac{102kg \cdot m/s}{1kW} \times 0.6} \times 1.1$$

$$= 24.4kW$$

★★★☆☆

문제8 어느 소화설비의 상류측 배관 내경이 25 cm, 하류측 배관 내경이 40 cm인 확대 배관의 경우 상류측 배관의 유속과 압력이 각각 1.5 m/s, 100 kPa일 때, 하류측 소화배관에서 소화수의 유속[m/s]과 압력[kPa]을 계산하시오.

풀이

1) 하류측 소화배관에서 소화수의 유속[m/s]
   상류측과 하류측은 유량이 일정하므로
   $A_1 v_1 = A_2 v_2$

   $\frac{\pi}{4} d_1^2 \times v_1 = \frac{\pi}{4} d_2^2 \times v_2$

   $\frac{\pi}{4} \times (25cm)^2 \times 1.5m/s = \frac{\pi}{4} \times (40cm)^2 \times v_2$

   상기 식에서 v_2를 계산하면
   하류측 소화배관에서 소화수의 유속 $v_2 = 0.586[m/s]$

2) 하류측 소화배관에서 소화수의 압력[kPa]
   상류측과 하류측은 전수두와 위치수두가 일정하므로

   $\frac{P_1}{\gamma} + \frac{v_1^2}{2g} = \frac{P_2}{\gamma} + \frac{v_2^2}{2g}$

   $\frac{100[kPa]}{1,000[kgf/m^3]} + \frac{(1.5m/s)^2}{2 \times 9.8m/s^2} = \frac{P_2[kPa]}{1,000[kgf/m^3]} + \frac{(0.586m/s)^2}{2 \times 9.8m/s^2}$

   $\frac{100 \times 1,000[N/m^2]}{1,000 \times 9.8[N/m^3]} + \frac{(1.5m/s)^2}{2 \times 9.8m/s^2} = \frac{P_2 \times 1,000[N/m^2]}{1,000 \times 9.8[N/m^3]} + \frac{(0.586m/s)^2}{2 \times 9.8m/s^2}$

   상기 식에서 P_2를 계산하면
   하류측 소화배관에서 소화수의 압력 $P_2 = 100.95[kPa]$

5th Day

★☆☆☆

문제9 소화설비에 사용하는 배관의 안지름이 27.5㎜, 배관 속을 흐르는 물의 동압이 0.14 kg/cm²인 경우 이 배관을 통과한 유량(Lpm)은 얼마인가? 또한 소화배관 속을 흐르는 물의 동압이 0.085 kg/cm², 유량이 500 Lpm인 경우 본 소화설비의 배관의 구경은 몇 ㎜인가?

풀이

1) 유량

$$= Av = A \times 14\sqrt{P} = \frac{\pi}{4} \times (0.0275m)^2 \times 14 \times \sqrt{0.14 kg/cm^2}$$

$$= 0.00311 [m^3/s] = 0.00311 [m^3/s] \times \frac{1,000\ell}{m^3} \times \frac{60s}{\min}$$

$$= 186.68 [\ell/\min] = 186.68 [Lpm]$$

2) 배관의 구경

$$Q = Av = A \times 14\sqrt{P} \text{에서 } A = \frac{Q}{14\sqrt{P}}$$

$$\frac{\pi}{4}D^2 = \frac{Q}{14\sqrt{P}} \text{에서 } D^2 = \frac{Q}{14\sqrt{P}} \times \frac{4}{\pi}$$

양변에 $\frac{1}{2}$승을 하면

$$(D^2)^{\frac{1}{2}} = \left(\frac{Q}{14\sqrt{P}} \times \frac{4}{\pi}\right)^{\frac{1}{2}}$$

$$D = \left(\frac{Q}{14\sqrt{P}} \times \frac{4}{\pi}\right)^{\frac{1}{2}} = \left(\frac{500 Lpm}{14 \times \sqrt{0.085 kg/cm^2}} \times \frac{4}{\pi}\right)^{\frac{1}{2}}$$

$$= \left(\frac{\frac{500\ell}{\min}}{14 \times \sqrt{0.085 kg/cm^2}} \times \frac{4}{\pi}\right)^{\frac{1}{2}} = \left(\frac{\frac{0.5m^3}{60s}}{14 \times \sqrt{0.085 kg/cm^2}} \times \frac{4}{\pi}\right)^{\frac{1}{2}}$$

$$= 0.05099 [m] = 50.99 [mm]$$

TIP ※ 단위

① $27.5mm = 0.0275m$ ② $500 Lpm = \frac{500\ell}{\min} = \frac{0.5m^3}{60s}$

★★★☆☆

문제10 옥내소화전 방수량 공식 $Q = 0.653D^2\sqrt{P}$ 의 유도과정을 쓰시오. 단, $Q : Lpm$, $D : mm$, $P : kgf/cm^2$

풀이

$Q = Av$

$Q = \dfrac{\pi \times D^2}{4} \times \sqrt{2 \times g \times \dfrac{P}{\gamma}} \times C_v$

중력가속도$(g) = 9.8m/s^2$,
물의 비중량$(\gamma) = 1,000kgf/m^3$,
속도계수$(C_v) = 0.99$ 이므로

$Q[m^3/s] = \dfrac{\pi \times D^2}{4} \times \sqrt{2 \times 9.8m/s^2 \times \dfrac{P}{1,000kgf/m^3}} \times 0.99$

$m^3 = 1,000\ell$, $s = \dfrac{1}{60}min$, $m = 1,000mm$, $kgf/m^2 = \dfrac{1}{10,000}kgf/cm^2$이므로

Q의 단위 m^3/s를 Lpm으로, D의 단위 m를 mm로, P의 단위 kgf/m^2을 kgf/cm^2으로 변환하려면 아래처럼 계수로 단위를 보정하여야 한다.

$Q \times \dfrac{1}{1,000 \times 60} = \dfrac{\pi \times D^2 \times \dfrac{1}{1,000^2}}{4} \times \sqrt{2 \times 9.8m/s^2 \times \dfrac{P \times 10,000}{1,000kgf/m^3}} \times 0.99$

$Q = \dfrac{\pi \times 1,000 \times 60}{4 \times 1,000^2} \times \sqrt{2 \times 9.8 \times \dfrac{10,000}{1,000}} \times 0.99 D^2 \sqrt{P}$

$Q = 0.653 D^2 \sqrt{P}$

★★★☆☆

문제11 직사형 관창에서의 방수량을 Q[Lpm], 노즐오리피스의 직경을 D[mm], 방수압력을 P[MPa]라고 할 때 $Q = 2.086 \times D^2 \sqrt{P}$ 의 관계가 성립된다. 이 관계식을 유도하시오.(단, 중력가속도는 $9.8m/s^2$)이다.

풀이

$Q = Av$

$Q = \dfrac{\pi \times D^2}{4} \times \sqrt{2 \times g \times \dfrac{P}{\gamma}} \times C_v$

중력가속도$(g) = 9.8m/s^2$, 물의 비중량$(\gamma) = 1,000kgf/m^3$,

속도계수$(C_v) = 0.99$이므로

$$Q = \frac{\pi \times D^2}{4} \times \sqrt{2 \times 9.8 m/s^2 \times \frac{P}{1,000 kgf/m^3}} \times 0.99$$

$m^3 = 1,000\ell$, $s = \frac{1}{60}min$, $m = 1,000mm$, $kgf/m^2 = \frac{0.101325}{10,332}MPa$이므로

Q의 단위 m^3/s를 Lpm으로, D의 단위 m를 mm로, P의 단위 kgf/m^2을 MPa로 변환하려면 아래처럼 계수로 단위를 보정하여야 한다.

$$Q \times \frac{1}{1,000 \times 60} = \frac{\pi \times D^2 \times \frac{1}{1,000^2}}{4} \times \sqrt{2 \times 9.8 m/s^2 \times \frac{P \times \frac{10,332}{0.101325}}{1,000 kgf/m^3}} \times 0.99$$

$$Q = \frac{\pi \times 1,000 \times 60}{4 \times 1,000^2} \times \sqrt{2 \times 9.8 \times \frac{10,332}{0.101325 \times 1,000}} \times 0.99 D^2 \sqrt{P}$$

$$Q = 2.086 D^2 \sqrt{P}$$

★★★☆☆

문제12 다음은 소화설비의 배관마찰손실을 구하는 Hazen-Williams의 공식이다.

$$\Delta P(psi/ft) = \frac{4.52 \times Q^{1.85}}{C^{1.85} \times D^{4.87}}$$

Q : gpm(gallon/min), C : 무차원 상수, D : 배관 내경(inch)

위의 공식에서 ΔP의 단위 psi/ft를 $kgf/cm^2/m$로, Q의 단위 gpm을 Lpm으로 D의 단위 inch를 mm로 단위 환산을 한 공식을 쓰시오. 단, 1lb=0.4536kg, 1gallon=3.785ℓ, 1inch=25.4mm이다.

풀이

$\Delta P(psi/ft) = \frac{4.52 \times Q^{1.85}}{C^{1.85} \times D^{4.87}}$ 에서

psi = $\frac{1.0332}{14.7}$kgf/cm^2, ft = 0.3048m, gpm = 3.785Lpm, inch = $25.4mm$이므로

ΔP의 단위 psi/ft를 $kgf/cm^2/m$로, Q의 단위 gpm을 Lpm으로,
D의 단위 inch를 mm로 변환하려면 아래처럼 계수로 단위를 보정하여야 한다.

$$\Delta P[kgf/cm^2/m] \times \frac{\frac{14.7}{1.0332}}{\frac{1}{0.3048}} = \frac{4.52 \times Q^{1.85} \times \left(\frac{1}{3.785}\right)^{1.85}}{C^{1.85} \times D^{4.87} \times \left(\frac{1}{25.4}\right)^{4.87}}$$

$$\Delta P[kgf/cm^2/m] = 4.52 \times \frac{1.0332}{14.7 \times 0.3048} \times \frac{25.4^{4.87}}{3.785^{1.85}} \times \frac{Q^{1.85}}{C^{1.85} \times D^{4.87}}$$

$$\Delta P[kgf/cm^2/m] = 616,749 \times \frac{Q^{1.85}}{C^{1.85} \times D^{4.87}}$$

$$\Delta P[kgf/cm^2/m] = 6.17 \times 10^5 \times \frac{Q^{1.85}}{C^{1.85} \times D^{4.87}}$$

> **TIP** ※ 단위
> ① 1.0332 kgf/cm²=14.7 psi
> ② 1 ft=0.3048 m
> ③ gpm : gallons per minute
> ④ Lpm : liters per minute

★★★★☆

문제13 방수총(유량 1,800[ℓpm]을 사용할 경우, AB구간의 마찰손실을 구하라. 단, Hazen-Williams 공식 $P = 6.17 \times 10^5 \times \frac{Q^{1.85}}{C^{1.85} \times D^{4.87}} \times L$을 사용하고 C값은 100이며, 배관 부속의 등가길이는 90° ELBOW의 경우 4[m], TEE의 경우 10.7[m], GATE VALVE의 경우 1.2[m]이고, 배관망은 차단된 곳이 전혀 없다.

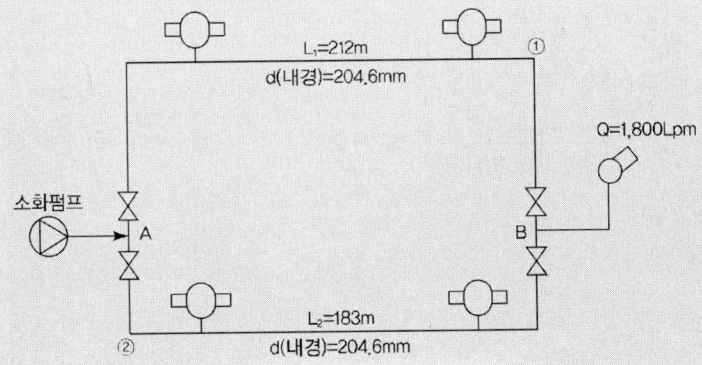

풀이

유량 관계
$Q = Q_1 + Q_2$에서 $1,800 = Q_1 + Q_2$ ············ ①
마찰손실압력 관계
$\Delta P_1 = \Delta P_2$에서
$$6.17 \times 10^5 \times \frac{Q_1^{1.85}}{C^{1.85} \times D_1^{4.87}} \times L_1 = 6.17 \times 10^5 \times \frac{Q_2^{1.85}}{C^{1.85} \times D_2^{4.87}} \times L_2$$

C 및 D는 동일하므로

$Q_1^{1.85} \times L_1 = Q_2^{1.85} \times L_2$

$L_1 = 212m + 1.2m + 4m + 10.7m + 10.7m + 4m + 1.2m = 243.8m$

$L_2 = 183m + 1.2m + 4m + 10.7m + 10.7m + 4m + 1.2m = 214.8m$

$Q_1^{1.85} \times 243.8m = Q_2^{1.85} \times 214.8m$

$Q_1^{1.85} = \dfrac{214.8m}{243.8m} \times Q_2^{1.85}$ 에서 양변에 $\dfrac{1}{1.85}$ 승을 하면

$Q_1^{1.85 \times \frac{1}{1.85}} = \left(\dfrac{214.8m}{243.8m}\right)^{\frac{1}{1.85}} \times Q_2^{1.85 \times \frac{1}{1.85}}$

$Q_1 = 0.9338 Q_2$ ············ ②

Q_2의 계산

①식에 ②식을 대입하면

$1{,}800 = 0.9338 Q_2 + Q_2$

$1{,}800 = (0.9338 + 1) Q_2$

$1{,}800 = 1.9338 Q_2$

$Q_2 = \dfrac{1{,}800}{1.9338} = 930.8\, Lpm$

AB구간의 마찰손실

$\Delta P_2 = 6.17 \times 10^5 \times \dfrac{Q_2^{1.85}}{C^{1.85} \times D_2^{4.87}} \times L_2$

$\quad = 6.17 \times 10^5 \times \dfrac{930.8^{1.85}}{100^{1.85} \times 204.6^{4.87}} \times 214.8m$

$\quad = 0.046 kg/cm^2$

★★★☆☆

문제14 다음 그림은 화살표 방향(A 지점)으로 매분 600[ℓ]의 물이 흐르고 있는 배관의 평면도이다. 두 지점 A, B 사이의 세 분기관의 내경을 40[mm]라고 할 때 다음의 조건을 참조하여 각 분기관의 유수량을 산출하라.

① 배관은 아연도금 탄소강관이다.
② 엘보의 등가길이는 2[m]로 하고 A, B 두 지점에서의 배관접속부속의 마찰손실은 무시한다.
③ 유수에 의한 배관의 마찰손실은 Hazen Williams 공식을 적용한다.

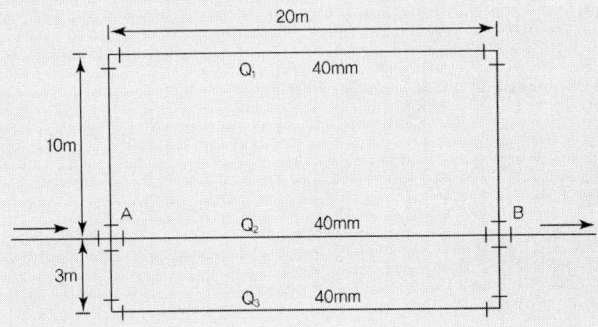

풀이

유량 관계

$Q = Q_1 + Q_2 + Q_3$

$600 = Q_1 + Q_2 + Q_3$ ············ ①

마찰손실압력 관계

$\Delta P_1 = \Delta P_2$

$6.174 \times 10^5 \times \dfrac{Q_1^{1.85}}{C^{1.85} \times D_1^{4.87}} \times L_1 = 6.174 \times 10^5 \times \dfrac{Q_2^{1.85}}{C^{1.85} \times D_2^{4.87}} \times L_2$

C 및 D는 동일하므로

$Q_1^{1.85} \times L_1 = Q_2^{1.85} \times L_2$

$Q_1^{1.85} \times (10m + 2m + 20m + 2m + 10m) = Q_2^{1.85} \times 20m$

$Q_1^{1.85} \times 44m = Q_2^{1.85} \times 20m$

$Q_2^{1.85} = \dfrac{44m}{20m} \times Q_1^{1.85}$ 양변에 $\dfrac{1}{1.85}$ 승을 하면

$Q_2^{1.85 \times \frac{1}{1.85}} = \left(\dfrac{44m}{20m}\right)^{1 \times \frac{1}{1.85}} \times Q_1^{1.85 \times \frac{1}{1.85}}$

$Q_2 = \left(\dfrac{44m}{20m}\right)^{\frac{1}{1.85}} \times Q_1$

6th Day

$Q_2 = 1.53 Q_1$ ············ ②

$\Delta P_1 = \Delta P_3$

$6.174 \times 10^5 \times \dfrac{Q_1^{1.85}}{C^{1.85} \times D_1^{4.87}} \times L_1 = 6.174 \times 10^5 \times \dfrac{Q_3^{1.85}}{C^{1.85} \times D_3^{4.87}} \times L_3$

C 및 D는 동일하므로

$Q_1^{1.85} \times L_1 = Q_3^{1.85} \times L_3$

$Q_1^{1.85} \times (10m + 2m + 20m + 2m + 10m) = Q_3^{1.85} \times (3m + 2m + 20m + 2m + 3m)$

$Q_1^{1.85} \times 44m = Q_3^{1.85} \times 30m$

$Q_3^{1.85} = \dfrac{44m}{30m} \times Q_1^{1.85}$ 양변에 $\dfrac{1}{1.85}$ 승을 하면

$Q_3^{1.85 \times \frac{1}{1.85}} = \left(\dfrac{44m}{30m}\right)^{1 \times \frac{1}{1.85}} \times Q_1^{1.85 \times \frac{1}{1.85}}$

$Q_3 = \left(\dfrac{44m}{30m}\right)^{\frac{1}{1.85}} \times Q_1$

$Q_3 = 1.23 Q_1$ ············ ③

$\Delta P_2 = \Delta P_3$

$6.174 \times 10^5 \times \dfrac{Q_2^{1.85}}{C^{1.85} \times D_2^{4.87}} \times L_2 = 6.174 \times 10^5 \times \dfrac{Q_3^{1.85}}{C^{1.85} \times D_3^{4.87}} \times L_3$

C 및 D는 동일하므로

$Q_2^{1.85} \times L_2 = Q_3^{1.85} \times L_3$

$Q_2^{1.85} \times 20m = Q_3^{1.85} \times (3m + 2m + 20m + 2m + 3m)$

$Q_2^{1.85} \times 20m = Q_3^{1.85} \times 30m$

$Q_3^{1.85} = \dfrac{20m}{30m} \times Q_2^{1.85}$ 양변에 $\dfrac{1}{1.85}$ 승을 하면

$Q_3^{1.85 \times \frac{1}{1.85}} = \left(\dfrac{20m}{30m}\right)^{1 \times \frac{1}{1.85}} \times Q_2^{1.85 \times \frac{1}{1.85}}$

$Q_3 = \left(\dfrac{20m}{30m}\right)^{\frac{1}{1.85}} \times Q_2$

$Q_3 = 0.8 Q_2$ ············ ④

1) Q_1의 계산

$600 = Q_1 + Q_2 + Q_3$

$600 = Q_1 + 1.53 Q_1 + 1.23 Q_1$

$600 = (1 + 1.53 + 1.23) Q_1$

$$600 = 3.76 Q_1$$

$$Q_1 = \frac{600}{3.76} = 159.57 \ell/\min$$

2) Q_2의 계산

$$600 = Q_1 + Q_2 + Q_3$$
$$600 = 159.57 + Q_2 + 0.8 Q_2$$
$$600 - 159.57 = Q_2 + 0.8 Q_2$$
$$600 - 159.57 = (1 + 0.8) Q_2$$
$$600 - 159.57 = 1.8 Q_2$$
$$Q_2 = \frac{600 - 159.57}{1.8} = 244.68 \ell/\min$$

3) Q_3의 계산

$$600 = Q_1 + Q_2 + Q_3$$
$$600 = 159.57 + 244.68 + Q_3$$
$$Q_3 = 600 - 159.57 - 244.68 = 195.75 \ell/\min$$

★★☆☆

문제15 직경이 30 cm인 소화배관에 0.2 m³/sec의 유량이 흐르고 있다. 이 관에 직경이 15 cm이고 길이가 300 m인 관과 직경이 20 cm이고 길이가 600 m인 관이 그림과 같이 평행하게 연결되었다가 다시 30 cm인 관으로 합쳐져 있다. 각 분기관에서의 관마찰계수는 0.022라 할 때 A, B의 유량을 구하시오.(달시방정식에 의해 풀 것)

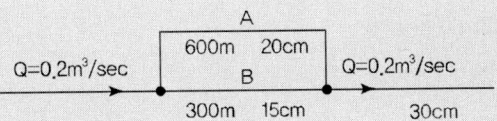

풀이

$$\Delta H = f \times \frac{L}{D} \times \frac{v^2}{2g} = f \times \frac{L}{D} \times \frac{\left(\frac{Q}{A}\right)^2}{2g}$$

$$= f \times \frac{L}{D} \times \frac{\left(\frac{Q}{\frac{\pi}{4}D^2}\right)^2}{2g} = f \times \frac{L}{D} \times \frac{\frac{Q^2}{\frac{\pi^2}{4^2}D^4}}{2g} = f \frac{16 L Q^2}{2g D^5 \pi^2}$$

$\Delta H_1 = \Delta H_2$ 이므로

$$f\frac{16L_1Q_1^2}{2gD_1^5\pi^2} = f\frac{16L_2Q_2^2}{2gD_2^5\pi^2}$$

$$0.022 \times \frac{16 \times 600m \times Q_1^2}{2 \times 9.8 \times (0.2m)^5 \times \pi^2} = 0.022 \times \frac{16 \times 300m \times Q_2^2}{2 \times 9.8 \times (0.15m)^5 \times \pi^2}$$

$3,412 Q_1^2 = 7,189 Q_2^2$

양변에 $\frac{1}{2}$ 승을 하면

$3,412^{\frac{1}{2}} Q_1^{2 \times \frac{1}{2}} = 7,189^{\frac{1}{2}} Q_2^{2 \times \frac{1}{2}}$

$58.4 Q_1 = 84.8 Q_2$

$Q_1 = \frac{84.8}{58.4} Q_2$

$Q_1 = 1.452 Q_2$ ············ ①

$Q_1 + Q_2 = Q$

$Q_1 + Q_2 = 0.2 m^3/\sec$ ············ ②

①식을 ②식에 대입하면

$1.452 Q_2 + Q_2 = 0.2 m^3/\sec$

$(1.452 + 1) Q_2 = 0.2 m^3/\sec$

$Q_2 = \frac{0.2}{(1.452 + 1)} = 0.08 m^3/\sec$

$Q_1 = 0.2 - 0.08 = 0.12 m^3/\sec$

- 답 : A의 유량 : $0.12 m^3/\sec$
  B의 유량 : $0.08 m^3/\sec$

★★☆☆

문제16 그림과 같은 배관에 물이 흐를 경우 배관 ①, ②, ③을 흐르는 유량을 계산하시오. 단, AB 사이의 배관 ①, ②, ③의 마찰손실수두는 모두 같이 각각 10[m]라 한다.

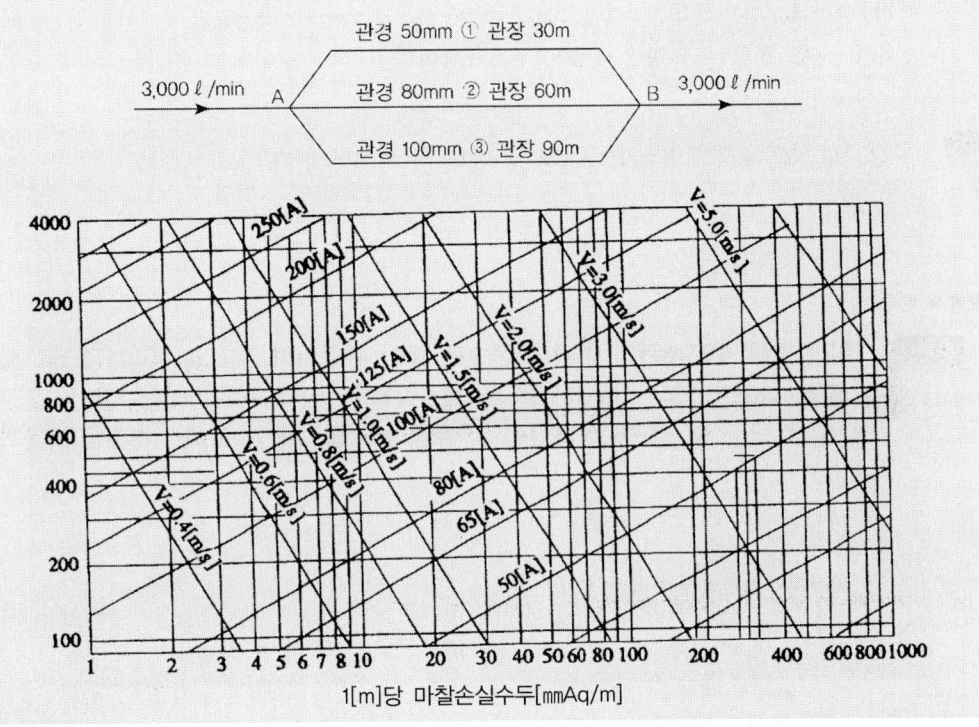

풀이

1) 배관 ①을 흐르는 유량

   1[m]당 마찰손실수두

   $= \dfrac{10 mAq}{30m} = \dfrac{10,000 mmAq}{30m}$

   $= 333 mmAq/m$ 이므로,

   ∴ 배관 ①을 흐르는 유량은 450[ℓ/min]이다.

   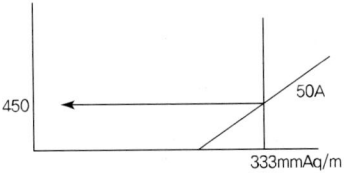

2) 배관 ②를 흐르는 유량

   1[m]당 마찰손실수두

   $= \dfrac{10 mAq}{60m} = \dfrac{10,000 mmAq}{60m}$

   $= 167 mmAq/m$ 이므로,

   ∴ 배관 ②를 흐르는 유량은 950[ℓ/min]이다.

   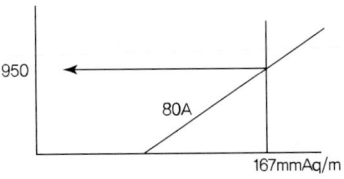

3) 배관 ③을 흐르는 유량

1[m]당 마찰손실수두

$= \dfrac{10mAq}{90m} = \dfrac{10,000mmAq}{90m}$

$= 111mmAq/m$ 이므로,

∴ 배관 ③을 흐르는 유량은 $1,600[\ell/\min]$ 이다.

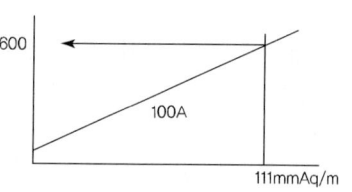

> **TIP** ※ Q_1, Q_2, Q_3의 합계인 Q는 $3,000[\ell/\min]$이 되어야 한다.

★★★★☆

문제17 그림과 같은 루프배관의 ①번 지점으로 물이 유입하여 ②, ③, ④ 지점으로 물이 흘러 나가고 있다. Hardy-Cross 계산방식을 이용해서 각 배관구간(①-②구간, ②-③구간, ④-①구간)의 유량 및 흐름 방향을 구하시오. 단, 조건은 다음과 같다.

① 마찰손실은 다음과 같다.

$$\triangle P = \dfrac{6 \times 10^5 \times Q^2}{100^2 \times D^5} \times L$$

여기서 $\triangle P =$ 마찰손실압력 $[kg/cm^2]$　　　$Q =$ 유량 $[Lpm]$
　　　　$d =$ 배관의 안지름 $[mm]$　　　$L =$ 배관의 등가길이 $[m]$

② 모든 배관의 안지름은 40[mm]이다.
③ 각 구간의 배관부속의 마찰손실은 무시한다.

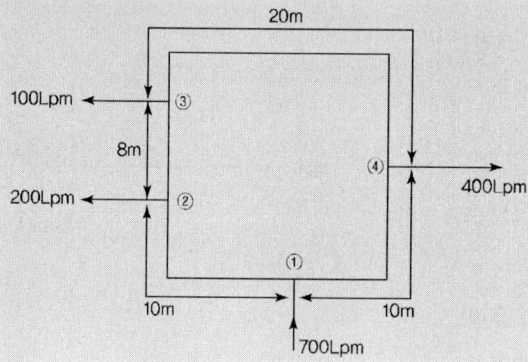

풀이

관로 구간	총배관 길이 L[m]	반복계산 I				반복계산 II			
		유량Q (Lpm)	차압 ΔP (g/cm^2)	$\dfrac{\Delta P}{Q}$	유수 보정치	유량Q (Lpm)	차압 ΔP	$\dfrac{\Delta P}{Q}$	유수 보정치
①-②	10	350	717.77	2.05	-13.5	336.5	663.5		
②-③	8	150	105.47	0.703		136.5	87.34		
③-④	20	50	29.3	0.586		36.5	15.61		
④-①	10	-350	-717.77	2.05		-363.5	-774.21		
합 계			134.77	5.39			-7.76		

$$\text{유수보정치} = -\dfrac{\Sigma \Delta P}{1.85 \times \Sigma\left(\dfrac{\Delta P}{Q}\right)} = -\dfrac{134.77}{1.85 \times 5.39} = -13.5$$

- 답 :

구간	유량(Lpm)	흐름방향
①-② 구간	336.5	① → ②
②-③ 구간	136.5	② → ③
①-④ 구간	363.5	① → ④

※ 풀이순서

1) 관로 구간을 나누고 물의 흐름 방향을 시계방향은 (+)값, 반시계 방향은 (−)값으로 한다.

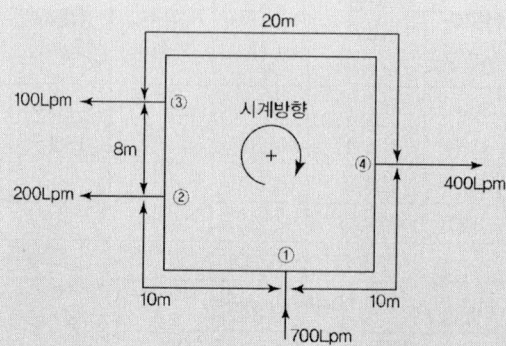

2) 총배관의 길이를 구한다.
3) 최초 유량(Lpm) 값을 예상한다.
4) 하젠 윌리엄 식을 이용해서 차압(압력손실)을 계산한다.

$$\Delta P = \frac{6 \times 10^5 \times 350^2}{100^2 \times 40^5} \times 10m = 0.71777 \,[kg/cm^2] = 717.77 \,[g/cm^2]$$

5) $\dfrac{\Delta P}{Q}$ 값을 계산해서 표에 넣고 전체 합계를 구한다.

6) 유수보정치를 구한다.

$$\text{유수보정치} = -\frac{\Sigma \Delta P}{1.85 \times \Sigma(\dfrac{\Delta P}{Q})} = -\frac{134.77}{1.85 \times 5.39} = -13.5$$

7) 반복계산 I에서 예상했던 유량값에 유수보정치를 더해서 반복계산 II의 유량값으로 기입한다.
8) 상기의 계산을 반복한다.
9) 계산은 ΔP의 합계(절대값)가 $\pm 35.154 g/cm^2$(0.5psi) 이하이면 종결한다.

★★★☆☆

문제18 방수총(유량 1,800[Lpm]을 사용할 경우, Hardy-Cross 계산방식을 이용해서 각 구간의 유량을 구하라.

단, Hazen Williams 공식 $P = 6.17 \times 10^5 \times \dfrac{Q^{1.85}}{C^{1.85} \times D^{4.87}} \times L$을 사용하고, C값은 100이며, 배관 부속의 등가길이는 90° ELBOW의 경우 4[m], TEE의 경우 10.7[m], GATE VALVE의 경우 1.2[m]이고, 배관망은 차단된 곳이 전혀 없다.

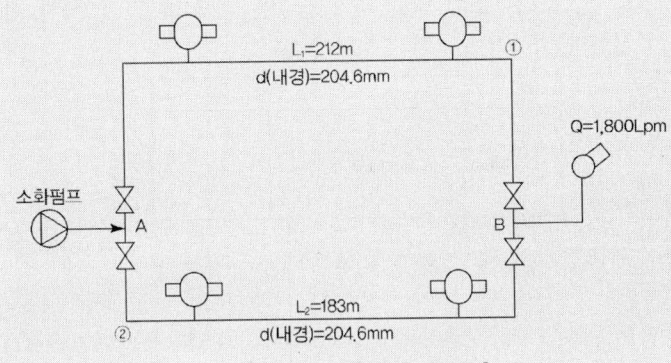

1[m]당 마찰손실수두[mmAq/m]

풀이

관로구간	총배관 길이 $L[m]$	반복계산 Ⅰ				반복계산 Ⅱ			
		유량Q (Lpm)	차압ΔP (g/cm^2)	$\dfrac{\Delta P}{Q}$	유수 보정치	유량Q (Lpm)	차압 ΔP	$\dfrac{\Delta P}{Q}$	유수 보정치
①	243.8	900	48.8	0.054	-30	870			
②	214.8	-900	-43	0.048		-930			
합계			5.8	0.102					

$$\text{유수보정치} = -\dfrac{\Sigma \Delta P}{1.85 \times \Sigma(\dfrac{\Delta P}{Q})} = -\dfrac{5.8}{1.85 \times 0.102} = -30$$

■ 답 : ① 구간의 유량 : $870 Lpm$
　　　② 구간의 유량 : $930 Lpm$

6th Day

★★★★☆

문제19 직육면체 구조의 옥상수조 가압방식의 옥내소화전설비에서 수조의 바닥면적(저수면적) 50 m², 저수면 높이 6 m의 수조 바닥에 연결된 배관으로부터 수직으로 30 m 하부에 위치한 내경 40mm의 옥내소화전 방수구를 통하여 소화수를 대기 중에 개방할 때 다음 사항을 산출하시오.

1) 방수구에서 분출 시의 최대 순간유속(m/s)
2) 저장된 소화수를 수조 바닥까지 비우는데 걸리는 시간(○시간○분 단위까지 계산할 것). 단, 소화수조에 대한 추가 급수는 없으며, 전(全)배관 계통의 마찰 손실은 무시한다.

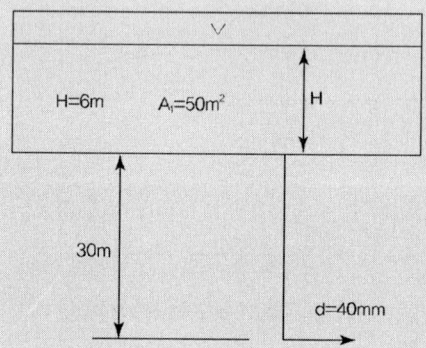

풀이

1) 방수구에서 분출 시의 최대 순간유속(m/s)
$= \sqrt{2gh} = \sqrt{2 \times 9.8 m/s^2 \times 36m} = 26.56 m/s$

2) 저장된 소화수를 수조 바닥까지 비우는데 걸리는 시간

$t = \dfrac{2A_1(\sqrt{h_1} - \sqrt{h_2})}{C_d A_2 \sqrt{2g}} = \dfrac{2 \times 50 m^2 \times (\sqrt{36m} - \sqrt{30m})}{\dfrac{\pi}{4} \times (0.04m)^2 \times \sqrt{2 \times 9.8 m/s^2}}$

$= 9396.72 s$

$= \dfrac{9396.72 s}{3600 s/시간}$

$= 2.61시간$

$= 2시간\ \ 0.61 \times 60분$

$= 2시간\ \ 36.6분$

★★☆☆☆

문제20 다음 그림과 같이 기존 건물을 증축하여 증축 부분에 스프링클러설비를 설치하려고 한다. 소화펌프의 신설 없이 기존 소화펌프로 사용이 가능한지 여부를 검토하시오. 소화펌프로부터 "A"점까지의 배관의 길이 및 크기는 설계도면의 분실로 알 수 없으며 실측이 불가능한 실정이므로 다음의 조건을 참조하시오.

① B점의 필요압력은 2[kg/cm²], 유량은 400[Lpm]이다.
② A점-a 간의 마찰손실 압력은 1.5[kg/cm²]이다.
③ 옥내소화전 노즐 "a"의 방사시험 결과 압력은 4[kg/cm²]이고, 이때 소화펌프 토출측 압력계는 13.6[kg/cm²]를 지시하였다.
④ 소화펌프의 흡입양정은 0, C는 120으로 가정한다.
⑤ 소화펌프의 정격유량 및 정격토출량은 2,000[Lpm], 10[kg/cm²]이다.

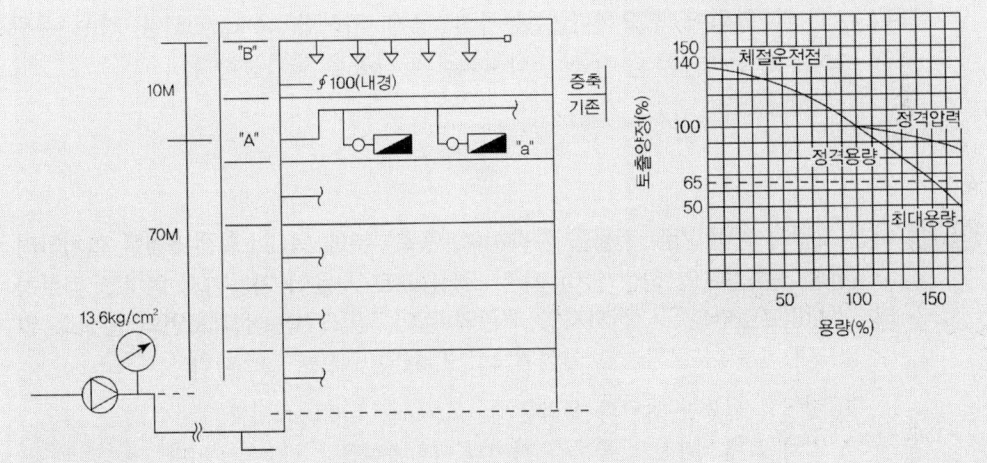

풀이

필요한 압력(B점) = $2\text{kg}/\text{cm}^2$

낙차(B-펌프) = $10m + 70m = 80m$

마찰손실압력(A-B)

$= 6.174 \times 10^5 \times \dfrac{Q^{1.85}}{C^{1.85} \times D^{4.87}} \times L = 6.174 \times 10^5 \times \dfrac{(400\ell/\min)^{1.85}}{120^{1.85} \times (100mm)^{4.87}} \times 10m$

$= 0.01\text{kg}/\text{cm}^2$

마찰손실압력(펌프-A)

a의 방사시험 시 토출측 압력계는 $13.6\text{kg}/\text{cm}^2$이므로,

그래프에서 이때의 유량은 10% 즉, $2,000\text{Lpm} \times 0.1 = 200\text{Lpm}$

200Lpm일 때 펌프-A까지의 마찰손실압력 $= 13.6 - 7 - 5.5 = 1.1 kg/cm^2$

200Lpm일 때 $\Delta P = 1.1\text{kg}/\text{cm}^2$이므로 400Lpm일 때 ΔP는

$\Delta P \propto Q^{1.85}$ 이므로

$\Delta P_1 : Q_1^{1.85} = \Delta P_2 : Q_2^{1.85}$

$1.1 kg/cm^2 : (200 \ell/min)^{1.85} = \Delta P_2 : (400 \ell/min)^{1.85}$

$(200 \ell/min)^{1.85} \times \Delta P_2 = 1.1 kg/cm^2 \times (400 \ell/min)^{1.85}$

$\Delta P_2 = \dfrac{1.1 kg/cm^2 \times (400 \ell/min)^{1.85}}{(200 \ell/min)^{1.85}} = 4 kg/cm^2$

필요한 압력(pump)
=필요한 압력(B점)+낙차+마찰손실압력(A−B)+마찰손실(펌프−A)
= $2kg/cm^2 + 8kg/cm^2 + 0.01kg/cm^2 + 4kg/cm^2 = 14.01kg/cm^2$

- **답**: B점에서 필요한 압력과 유량(2 kg/cm²와 400 Lpm)을 만족하기 위해서 펌프에서는 14 kg/cm²의 압력이 필요하나 성능곡선 상에 의하면 14 kg/cm²일 경우 유량은 400 Lpm이 아닌 0이므로 기존 소화펌프로의 사용은 불가능하다.

★★☆☆

문제21 아래 그림과 같이 기존 건물을 증축하여, 증축부분에 옥내소화전 5개를 설치하려고 한다. 소화펌프의 신설 없이 기존 소화펌프로 사용이 가능한지 여부를 검토하라. 소화펌프로부터 "A"점까지의 배관의 길이 및 크기는 설계도면의 분실로 알 수 없으며, 실측이 불가능한 실정이므로, 다음의 조건을 참조하라.

① "B"점에서 필요한 압력과 유량은 2.6 kg/cm², 700 Lpm이다.
② "A"점과 옥내소화전 노즐 "a" 사이의 마찰손실은 1.5 kg/cm²이다.
③ 옥내소화전 노즐 "a"의 방사시험 결과 압력은 5 kg/cm²이고, 이때 소화펌프 토출측 압력계는 11.0 kg/cm²를 지시하였다.(노즐의 말단직경은 13 mm이다)
④ 소화펌프의 흡입양정은 0, 배관의 H&W "C"값은 120으로 가정한다.
⑤ 소화펌프의 정격유량 및 정격토출압력은 2,000 Lpm, 10 kg/cm²이고, 체절압력은 12 kg/cm²이다.

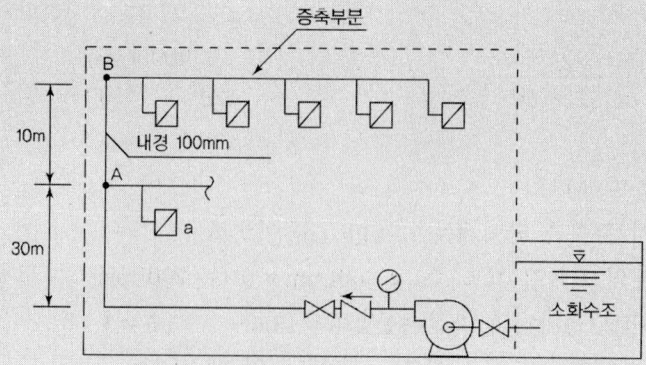

풀이

필요한 압력(B점)= 2.6kg/cm²
낙차(B-펌프)= 10m + 30m = 40m
마찰손실압력(A-B)

$$\Delta P = 6.174 \times 10^5 \times \frac{Q^{1.85}}{C^{1.85} \times D^{4.87}} \times L$$

$$= 6.174 \times 10^5 \times \frac{(700 \ell/\min)^{1.85}}{120^{1.85} \times (100mm)^{4.87}} \times 10m$$

$$= 0.03 \text{kg/cm}^2$$

마찰손실압력(펌프-A)
노즐 a에서의 방수량

$$Q = 0.653 D^2 \sqrt{P}$$

$$= 0.653 \times (13mm)^2 \times \sqrt{5kg/cm^2} = 247 \ell/\min$$

유량 247 ℓ/min일 경우 소화펌프에서 A점까지의 마찰손실압력

$$= 11\text{kg/cm}^2 - 3\text{kg/cm}^2 - 6.5\text{kg/cm}^2 = 1.5\text{kg/cm}^2$$

유량 700 ℓ/min일 경우 소화펌프에서 A점까지의 마찰손실압력

$\Delta P \propto Q^{1.85}$ 이므로

$\Delta P_1 : Q_1^{1.85} = \Delta P_2 : Q_2^{1.85}$

$1.5 : 247^{1.85} = \Delta P_2 : 700^{1.85}$

$247^{1.85} \times \Delta P_2 = 1.5 \times 700^{1.85}$

$$\Delta P_2 = \frac{1.5 \times 700^{1.85}}{247^{1.85}}$$

$\Delta P_2 = 10.3 \text{kg/cm}^2$

증축 후 소화펌프 토출측 필요 압력
=필요한 압력(B점)+낙차+마찰손실압력(A-B)+마찰손실(펌프-A)
= 2.6kg/cm² + 40m + 0.03kg/cm² + 10.3kg/cm²
= 2.6kg/cm² + 4kg/cm² + 0.03kg/cm² + 10.3kg/cm²
= 16.93kg/cm²

■ 답 : 소화펌프의 신설 없이 기존 소화펌프로 사용이 가능한지 여부 : 증축 후 소화펌프 토출측 필요압력(16.93kg/cm²)이 체절압력(12kg/cm²)보다 크므로 기존 소화펌프의 사용은 불가능하다.

6th Day

★★☆☆☆

문제22 그림과 같은 구조의 물소화 설비에서 양정 40m의 성능으로 펌프가 운전 중에 방수노즐 방수압 1.5 kg/cm²이었다. 그러나 이 노즐에 필요한 방수압이 2.5 kg/cm²라 하면 펌프가 제공해야 할 양정은 얼마인가 답하시오. 단, 급수배관의 압력손실은 hazen-williams의 공식을 쓰고, 펌프의 특성곡선은 송출유량과 무관하다고 가정하며 노즐의 방수계수 K=100이다.

풀이

방수압 1.5kg/cm^2일 때 방수량 $Q_1 = K\sqrt{P_1} = 100\sqrt{1.5} = 122.5 \ell/\min$

방수압 2.5kg/cm^2일 때 방수량 $Q_2 = K\sqrt{P_2} = 100\sqrt{2.5} = 158.1 \ell/\min$

방수압 1.5kg/cm^2일 때의 마찰손실압력

$\Delta P_1 = 4kg/cm^2 - 1.5kg/cm^2 = 2.5kg/cm^2$

방수압 2.5kg/cm^2일 때의 마찰손실압력

hazen-williams의 공식 $\Delta P_m = 6.174 \times 10^5 \times \dfrac{Q^{1.85}}{C^{1.85} \times D^{4.87}}$ 에서

$\Delta P \propto Q^{1.85}$ 이므로

$\Delta P_1 : Q_1^{1.85} = \Delta P_2 : Q_2^{1.85}$

$2.5 : 122.5^{1.85} = \Delta P_2 : 158.1^{1.85}$

내항과 외항의 곱은 일정하므로

$122.5^{1.85} \times \Delta P_2 = 2.5 \times 158.1^{1.85}$

$\Delta P_2 = \dfrac{2.5 \times 158.1^{1.85}}{122.5^{1.85}} = 4kg/cm^2$

∴ 펌프가 제공해야 할 양정 $= 2.5kg/cm^2 + 4kg/cm^2 = 6.5kg/cm^2 = 65m$

6th Day

★★★☆☆

문제23 소화설비의 배관 유속을 3 m/s 이하로 제한할 경우, 적합한 배관 관경 산정식은 $D = 84.1\sqrt{Q}$ 로 성립된다. 이 식을 유도하시오.(D : 배관구경 mm, Q : 유량 m³/min)

풀이

$Q = Av$

$Q = \dfrac{\pi}{4}D^2 \times v$

$D^2 = \dfrac{4Q}{\pi v}$

양변에 제곱근을 하면,

$D = \sqrt{\dfrac{4Q}{\pi v}}$

조건에서 $v = 3m/s$ 이므로,

$D = \sqrt{\dfrac{4Q}{\pi \times 3m/s}}$

여기에서, $s = \dfrac{1}{60}min$, m = 1,000mm 이므로,

Q의 단위 m^3/s를 $m^3/\min$으로, D의 단위 m를 mm로 변환하려면 아래처럼 계수로 단위를 보정해 주어야 한다.

$D \times \dfrac{1}{1,000} = \sqrt{\dfrac{4Q \times \dfrac{1}{60}}{\pi \times 3m/s}}$

$D = \sqrt{\dfrac{4Q \times \dfrac{1}{60}}{\pi \times 3m/s}} \times 1,000$

$D = 84.1\sqrt{Q}$

★★★☆☆

문제24 그림과 같이 스프링클러헤드에서 방수가 되고 있다. 그림의 왼쪽 방향으로 몇 개의 헤드가 부착되어 있는지 모르나 개방된 것이 있어 300ℓpm의 물이 그쪽으로 흐르고 있으며, 헤드 직상부의 가지관 속 물의 총압은 4.0 kg/cm², 헤드의 방출계수는 80, 가지배관의 안지름은 40 mm이며, 가지관에서 헤드까지의 물 흐름시 수압변화는 없다고 한다. 헤드에서의 방수량을 구하시오. 단, 수리해석 시 동압을 무시하지 않아야 한다.

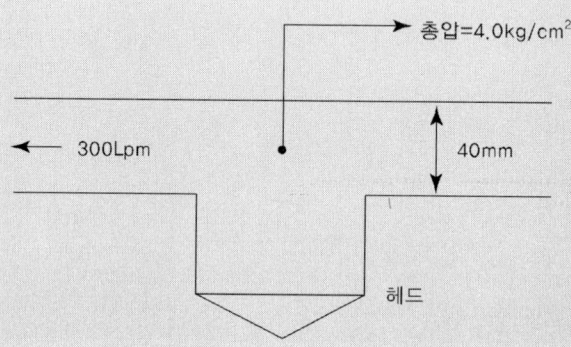

풀이

$q_3 = q_1 + q_2 \;\rightarrow\; q_3 = 300 + q_2$ ············ ①

$P_t = P_n + P_v \;\rightarrow\; 4 = P_n + P_v$ ············ ②

$q_2 = K\sqrt{P_n} \;\rightarrow\; q_2 = 80\sqrt{P_n}$ ············ ③

$q_3 = 0.6597 d^2 \sqrt{P_v} \;\rightarrow\; q_3 = 0.6597 \times 40^2 \sqrt{P_v}$

$\qquad\qquad\qquad q_3 = 1055\sqrt{P_v}$ ············ ④

①+④를 하면 $300 + q_2 = 1055\sqrt{P_v}$ ············ ⑤

②식에서 $P_v = 4 - P_n$ ············ ⑥

⑤+⑥를 하면 $300 + q_2 = 1055\sqrt{4 - P_n}$ ············ ⑦

③식에서 $P_n = \left(\dfrac{q_2}{80}\right)^2$ ············ ⑧

⑦+⑧를 하면 $300 + q_2 = 1055\sqrt{4 - \left(\dfrac{q_2}{80}\right)^2}$

양변에 제곱을 하면

$90000 + 600 q_2 + q_2^{\,2} = 1055^2 \times \left[4 - \left(\dfrac{q_2}{80}\right)^2\right]$

$174.9 q_2^{\,2} + 600 q_2 - 4362100 = 0$

2차 방정식 근의 공식 $x = \dfrac{-b \pm \sqrt{b^2-4ac}}{2a}$ 에서 $(ax^2+bx+c=0)$

$$x = \dfrac{-600 \pm \sqrt{600^2 - 4 \times 174.9 \times (-4362100)}}{2 \times 174.9} = 156.2\, Lpm$$

★★★★☆

문제25 폐쇄형 헤드를 사용하는 스프링클러설비에 설치된 스프링클러헤드 중 A지점에 설치된 헤드 1개만이 개방되었을 때 A 지점에서의 헤드 방사압력은 몇 kg/cm² 인가 구하시오.

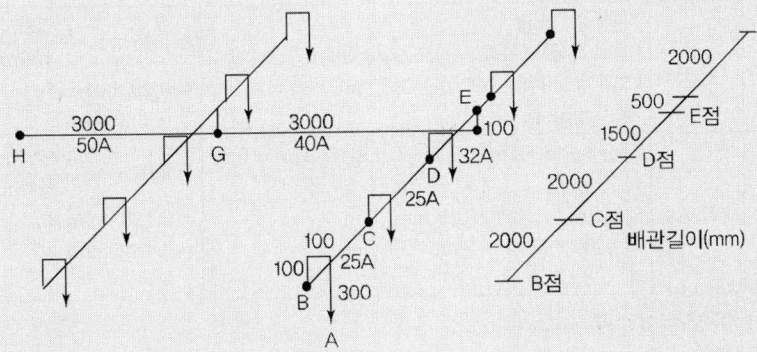

[조건]
① 급수관 『H점』에서의 가압수 압력은 1.5 kgf/cm²로 계산한다.
② 티이 및 엘보는 직경이 다른 티이 및 엘보는 사용치 않는다.
③ 스프링클러헤드는 15A용 헤드가 설치된 것으로 한다.
④ 직관 마찰 손실(100 m당)[단위 : m]

유량 \ 관경	25A	32A	40A	50A
80 ℓ/min	39.82	11.38	5.4	1.68

⑤ A점에서의 헤드 방수량을 80 ℓ/min로 계산한다.
⑥ 관이음쇠 마찰손실에 해당하는 직관길이[m]

관이음쇠 \ 관경	25A	32A	40A	50A
엘보(90°)	0.9	1.2	1.5	2.1
레듀셔	0.54	0.72	0.9	1.2
티이(직류)	0.27	0.36	0.45	0.6
티이(분류)	1.5	1.8	2.1	3

⑦ 방사압력 산정에 필요한 계산과정을 상세히 설명하고, 방사압력을 소숫점 4 자리까지 구하시오.(소숫점 4자리 미만은 삭제)

풀이

1) 배관의 마찰손실수두

구간	구경	총등가길이	배관의 마찰손실수두
G~H	50 A	직관 : 3 m 티이(직류) : 1개×0.6 m=0.6 m 레듀샤 : 1개×1.2 m=1.2 m 계 : 4.8 m	$=4.8m \times \dfrac{1.68mAq}{100m}$ $=0.08064mAq$ $=0.08064m$
E~G	40 A	직관 : 3 m+0.1 m=3.1 m 엘보(90°) : 1개×1.5 m=1.5 m 티이(분류) : 1개×2.1 m=2.1 m 레듀샤 : 1개×0.9 m=0.9 m 계 : 7.6 m	$=7.6m \times \dfrac{5.4mAq}{100m}$ $=0.4104mAq$ $=0.4104m$
D~E	32 A	직관 : 1.5 m 티이(직류) : 1개×0.36 m=0.36 m 레듀샤 : 1개×0.72m=0.72 m 계 : 2.58 m	$=2.58m \times \dfrac{11.38mAq}{100m}$ $=0.293604mAq$ $=0.293604m$
A~D	25 A	직관 : 2 m+2 m+0.1 m+0.1 m+0.3 m=4.5 m 티이(직류) : 1개×0.27 m=0.27 m 엘보(90°) : 3개×0.9 m=2.7 m 레듀샤 : 1개×0.54 m=0.54 m 계 : 8.01 m	$=8.01m \times \dfrac{39.82mAq}{100m}$ $=3.189582mAq$ $=3.189582m$

∴ 배관의 마찰손실수두

$= 0.08064m + 0.4104m + 0.293604m + 3.189582m$

$= 3.974226m$

2) 배관의 낙차

$= 100mm + 100mm - 300mm$

$= -100mm$

$= -0.1m$

∴ 배관의 낙차 $= 0.1m$

3) A점에서의 헤드 방사압력

$= 1.5kg/cm^2 + 0.1m - 3.974226m$

$= 1.5kg/cm^2 + 0.01kg/cm^2 - 0.3974226kg/cm^2$

$= 1.1125774kg/cm^2$

조건에 의하여 소숫점 4자리 미만을 삭제하면

∴ A점에서의 헤드방사압력 $= 1.1125kg/cm^2$

※ 마찰손실계산의 순서

① 문제에서 요구하는 구간이 어디인가를 표시한다.
   문제에서 요구하는 구간이 H에서 A까지이므로 H에서 A까지 표시한다.
② 구간을 세분화한다.
   구간은 구경과 유량 중 어느 하나라도 다를 경우에는 나누어져야 한다.
   구간을 나누는 방법에는 다음 3가지 중 하나를 문제에서 요구하게 된다.

레듀샤를 무시할 경우	레듀샤를 무시하지 않을 경우	
	큰 쪽에 따를 경우	작은 쪽에 따를 경우
• 티이 뒤에 점이 위치한다.	• 레듀샤 뒤에 점이 위치한다.	• 레듀샤 앞에 점이 위치한다.

③ 구간별로 답란에 기재한다.

★★★★☆

문제26 습식스프링클러설비에 설치한 폐쇄형스프링클러헤드 중 A지점에 설치된 헤드 1개만이 개방되었을 때 A지점에서의 헤드방사압력은 몇 MPa인지 구하시오. 단, 구간별로 소수 둘째 자리까지 계산하시오.

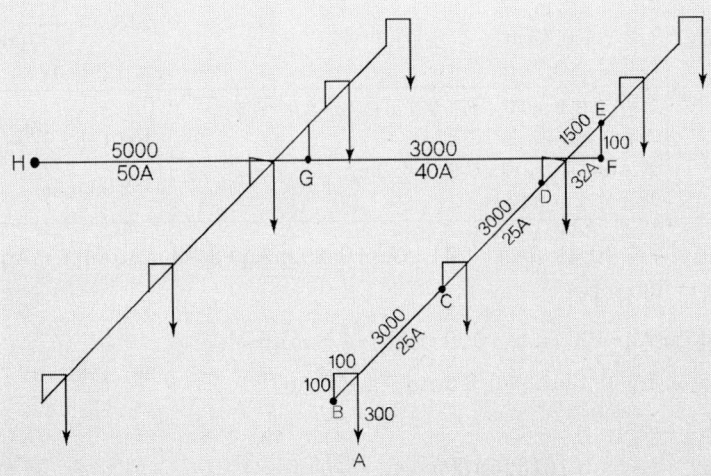

[조건]
 - 급수관 H점에서의 가압수압력은 0.2 MPa이다.
 - 티 및 엘보는 직경이 다른 티 및 엘보를 사용하지 않는다.
 - 스프링클러헤드는 15A용 헤드가 설치된 것으로 한다.
 - A점에서의 헤드 방수량은 80 ℓ/min으로 계산한다.

- 직관 마찰손실(100 m당)은 다음 표를 이용한다.

유량 \ 관경	25A	32A	40A	50A
80 ℓ/min	39.82	11.38	5.4	1.68

- 관이음쇠 마찰손실에 해당하는 직관길이(m)는 다음 표를 이용한다.

관이음쇠 \ 관경	25A	32A	40A	50A
엘보(90°)	0.9	1.2	1.5	2.1
레듀셔	(25×15) 0.54	(32×25) 0.72	(40×32) 0.9	(50×40) 1.2
직류T	0.27	0.36	0.45	0.6
분류T	1.5	1.8	2.1	3

풀이

구간	구경	총등가길이	배관의 마찰손실수두
G~H	50 A	직관 : 5 m 직류T : 0.6 m 레듀샤 : 1.2 m	$6.8m \times \dfrac{1.68mAq}{100m}$ $= 0.11 mAq$
E~G	40 A	직관 : 0.1 m+3 m=3.1 m 엘보(90°) : 1.5 m 분류T : 2.1 m 레듀샤 : 0.9 m	$7.6m \times \dfrac{5.4mAq}{100m}$ $= 0.41 mAq$
D~E	32 A	직관 : 1.5 m 직류T : 0.36 m 레듀샤 : 0.72 m	$2.58m \times \dfrac{11.38mAq}{100m}$ $= 0.29 mAq$
A~D	25 A	직관 : 0.3 m+0.1 m+0.1 m+3 m+3 m=6.5 m 직류T : 0.27 m 엘보(90°) : 3개×0.9 m=2.7 m 레듀샤 : 0.54 m	$10.01m \times \dfrac{39.82mAq}{100m}$ $= 3.99 mAq$

배관의 마찰손실두수=0.11 mAq+0.41 mAq+0.29 mAq+3.99 mAq=4.8 mAq

A점에서의 헤드 방사압력

=0.2 MPa−100 mmAq−100 mmAq+300 mmAq−4.8 mAq

=0.2 MPa−0.1 mAq−0.1 mAq+0.3 mAq−4.8 mAq

=0.2 MPa−4.7 mAq

=0.2 MPa−4.7 mAq × $\dfrac{0.101325 MPa}{10.332 mAq}$

=0.1539 MPa

6th Day

★★★☆☆

문제27 다음 그림은 어느 스프링클러설비의 Isometric Diagram이다. 이 도면과 조건에 의하여 스프링클러헤드 A만을 개방하였을 때 다음 물음에 답하시오.

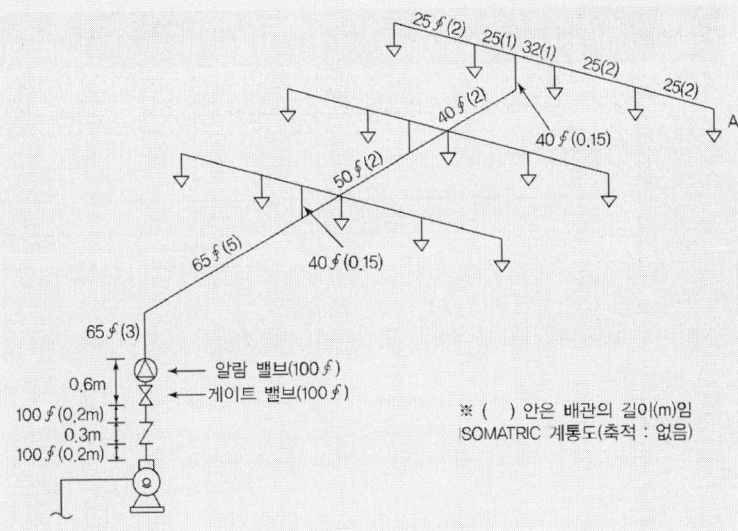

※ ( ) 안은 배관의 길이(m)임
ISOMATRIC 계통도(축척 : 없음)

[조건]
① 펌프의 양정은 토출량에 관계없이 일정하다고 가정한다.
   (펌프의 토출압력 3 kg/cm²)
② 헤드의 방출계수(K)는 90이다.
③ 배관의 마찰 손실은 하젠-윌리엄스의 공식을 따르되 계산의 편의상 다음 식과 같다고 가정한다.

$$\Delta Pm = \frac{6 \times 10^5 \times Q^2}{120^2 \times d^5}$$

단, ΔPm : 배관 1 m당 마찰손실압력(kg/cm²)
    Q : 배관 내의 유수량(ℓ/min)
    d : 배관의 안지름(mm)

④ 배관의 호칭 구경별 안지름은 다음과 같다.

호칭구경	25	32	40	50	65	80	100
내경(mm)	28	37	43	54	69	81	107

⑤ 배관의 부속 및 밸브류의 등가길이(m)는 아래 표와 같으며, 이 표에 없는 부속 또는 밸브류의 등가길이는 무시하여도 좋다.

호칭구경	25 mm	32 mm	40 mm	50 mm	65 mm	80 mm	100 mm
90°엘보	0.8	1.1	1.3	1.6	2.0	2.4	3.2
티(측류)	1.7	2.2	2.5	3.2	4.1	4.9	6.3
게이트밸브	0.2	0.2	0.3	0.3	0.4	0.5	0.7
체크밸브	2.3	3.0	3.5	4.4	5.6	6.7	8.7
알람밸브	–	–	–	–	–	–	8.7

⑥ 가지관과 스프링클러헤드 간의 마찰손실은 무시한다.

[물음]
1) 다음의 빈 칸을 채우시오.

호칭구경	1m당 배관의 마찰손실(kg/cm²)	등가길이 산출	배관의 마찰손실압력 (kg/cm²)
25			
32			
40			
50			
65			
100			

2) 배관의 총마찰손실압력(kg/cm²)를 구하시오.
3) 실층고 낙차의 환산수두압력(kg/cm²)를 구하시오.
4) 방수량을 구하시오.
5) 방수압을 구하시오.

풀이

1)

호칭구경	1m당 배관의 마찰손실(kg/cm²)	등가길이 산출	배관의 마찰손실압력 (kg/cm²)
25	$= \dfrac{6 \times 10^5 \times Q^2}{120^2 \times 28^5}$ $= 2.421 \times 10^{-6} \times Q^2$	직관 $2m + 2m = 4m$ 90°엘보 $1 \times 0.8m = 0.8m$ 계 : $4.8m$	$4.8m \times 2.421 \times 10^{-6} \times Q^2$ $= 1.162 \times 10^{-5} \times Q^2$
32	$= \dfrac{6 \times 10^5 \times Q^2}{120^2 \times 37^5}$ $= 6.009 \times 10^{-7} \times Q^2$	직관 $1m$ 계 : $1m$	$1m \times 6.009 \times 10^{-7} \times Q^2$ $= 6.009 \times 10^{-7} \times Q^2$
40	$= \dfrac{6 \times 10^5 \times Q^2}{120^2 \times 43^5}$ $= 2.834 \times 10^{-7} \times Q^2$	직관 $2m + 0.15m = 2.15m$ 90°엘보 $1 \times 1.3m = 1.3m$ 티(측류) $1 \times 2.5m = 2.5m$ 계 : $5.95m$	$5.95m \times 2.834 \times 10^{-7} \times Q^2$ $= 1.686 \times 10^{-6} \times Q^2$
50	$= \dfrac{6 \times 10^5 \times Q^2}{120^2 \times 54^5}$ $= 9.074 \times 10^{-8} \times Q^2$	직관 $2m$ 계 : $2m$	$2m \times 9.074 \times 10^{-8} \times Q^2$ $= 1.815 \times 10^{-7} \times Q^2$
65	$= \dfrac{6 \times 10^5 \times Q^2}{120^2 \times 69^5}$ $= 2.664 \times 10^{-8} \times Q^2$	직관 $3m + 5m = 8m$ 엘보 $1 \times 2m = 2m$ 계 : $10m$	$10m \times 2.664 \times 10^{-8} \times Q^2$ $= 2.664 \times 10^{-7} \times Q^2$
100	$= \dfrac{6 \times 10^5 \times Q^2}{120^2 \times 107^5}$ $= 2.971 \times 10^{-9} \times Q^2$	직관 $0.2m + 0.2m = 0.4m$ 체크밸브 $1 \times 8.7m = 8.7m$ 게이트밸브 $1 \times 0.7m = 0.7m$ 알람밸브 $1 \times 8.7m = 8.7m$ 계 : $18.5m$	$18.5 \times 2.971 \times 10^{-9} \times Q^2$ $= 5.496 \times 10^{-8} \times Q^2$

2) 배관의 총마찰손실압력
   $= 1.162 \times 10^{-5} \times Q^2 + 6.009 \times 10^{-7} \times Q^2 + 1.686 \times 10^{-6} \times Q^2$
   $+ 1.815 \times 10^{-7} \times Q^2 + 2.664 \times 10^{-7} \times Q^2 + 5.496 \times 10^{-8} \times Q^2$
   $= 1.441 \times 10^{-5} \times Q^2$

3) 실층고 낙차의 환산 수두 압력
   $= 0.2m + 0.3m + 0.2m + 0.6m + 3m + 0.15m$
   $= 4.45m = 0.445 kg/cm^2$

4) 방수량

   조건에서 $K = 90$ 이고,
   헤드에서의 방수압력 $P = 3 - 0.445 - 1.441 \times 10^{-5} \times Q^2$ 이므로
   $Q = K\sqrt{P}$
   $Q = 90 \times \sqrt{3 - 0.445 - 1.441 \times 10^{-5} \times Q^2}$ 양변에 제곱을 하면
   $Q^2 = 90^2 \times (3 - 0.445 - 1.441 \times 10^{-5} \times Q^2)$
   $Q^2 = 8100 \times (3 - 0.445 - 1.441 \times 10^{-5} \times Q^2)$
   $Q^2 = 8100 \times 3 - 8100 \times 0.445 - 8100 \times 1.441 \times 10^{-5} \times Q^2$
   $Q^2 + 8100 \times 1.441 \times 10^{-5} \times Q^2 = 8100 \times 3 - 8100 \times 0.445$
   $(1 + 8100 \times 1.441 \times 10^{-5})Q^2 = 8100 \times 3 - 8100 \times 0.445$
   $Q^2 = \dfrac{8100 \times 3 - 8100 \times 0.445}{1 + 8100 \times 1.441 \times 10^{-5}}$ 에서 양변에 제곱근을 하면
   $\sqrt{Q^2} = \sqrt{\dfrac{8100 \times 3 - 8100 \times 0.445}{1 + 8100 \times 1.441 \times 10^{-5}}}$
   $Q = 136.13 \ell/\min$

5) 방수압

   $Q = K\sqrt{P}$ 에서 $\sqrt{P} = \dfrac{Q}{K}$ 양변에 제곱을 하면
   $P = \left(\dfrac{Q}{K}\right)^2 = \left(\dfrac{136.13 \ell/\min}{90}\right)^2 = 2.29 kg/cm^2$

7th Day

★★☆☆

문제28 그림과 같이 6개의 물분무 노즐에서 물분무가 분사되고 있을 때 배관상의 A지점을 통과하는 유량과 이 지점에서의 수압을 계산하라. 단, 주어진 조건(그림에 표기된 것 외의 것)은 다음과 같다.

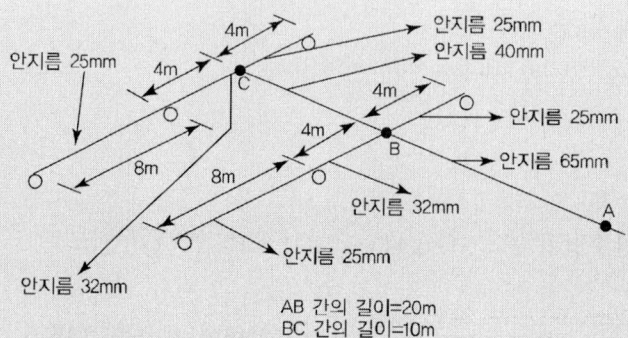

① 각 노즐의 방출계수는 서로 같다.
② 수리계산시 동압은 무시한다.
③ 직관 이외의 관로상 마찰손실은 무시한다.
④ 직관에서의 마찰손실은 Hazen-Williams 공식을 적용하되 계산의 편의상 다음과 같다고 가정한다.

$$\Delta P = \frac{6 \times Q^2 \times 10^5}{100^2 \times d^5}$$

ΔP : 1m당 마찰손실(kg/cm²), Q : 유량(ℓ/min), d : 배관의 안지름(mm)

⑤ 최말단의 노즐의 방사압력은 3.5 kg/cm², 유량은 60 Lpm으로 가정한다.

풀이

NOZZLE TYPE & LOCATION	FLOW IN (Lpm)	PIPE SIZE (mm)	FITTINGS AND DEVICES	PIPE EQUIVALENT LENGTH(m)	FRICTION LOSS (kgf/cm²/m)	REQ. PRESS. (kgf/cm²)	NOTES
E	q 60	25		lgth 8	0.022	Pt 3.5	P=3.5 q=60
				ftg		Pf 0.176	$K = \dfrac{Q}{\sqrt{P}} = \dfrac{60}{\sqrt{3.5}} = 32$
	Q 60			tot 8		Pe	
D	q 61.35	32		lgth 4	0.026	Pt 3.676	
				ftg		Pf 0.105	$q = 32\sqrt{3.676} = 61.35$
	Q 121.35			tot 4		Pe	
	q			lgth		Pt 3.781	
				ftg		Pf	
	Q			tot		Pe	
F	q 60	25		lgth 4	0.022	Pt 3.5	$q_2 = \sqrt{\dfrac{P_2}{P_1}} \times q_1 = \sqrt{\dfrac{3.781}{3.588}} \times 60$
				ftg		Pf 0.088	$= 61.6$
	Q 60			tot 4		Pe	

	q		lgth		Pt 3.588	
			ftg		Pf	
	Q		tot		Pe	
C	q 182.95	40	lgth 10	0.02	Pt 3.781	
			ftg		Pf 0.2	
	Q 182.95		tot 10		Pe	
B	q 187.73	65	lght 20	0.007	Pt 3.981	$q_2 = \sqrt{\dfrac{P_2}{P_1}} \times q_1 = \sqrt{\dfrac{3.981}{3.781}} \times 182.95$
			ftg		Pf 0.142	
	Q 370.68		tot 20		Pe	$= 187.73$
A	q		lgth		Pt 4.123	
			ftg		Pf	
	Q 370.68		tot		Pe	

■ 답 : A지점을 통과하는 유량 : 370.68 Lpm
　　　A지점에서의 수압 : 4.123 kg/cm²

★★☆☆

문제29 다음 그림의 A점에서 필요한 최소압력과 유량을 구하라.

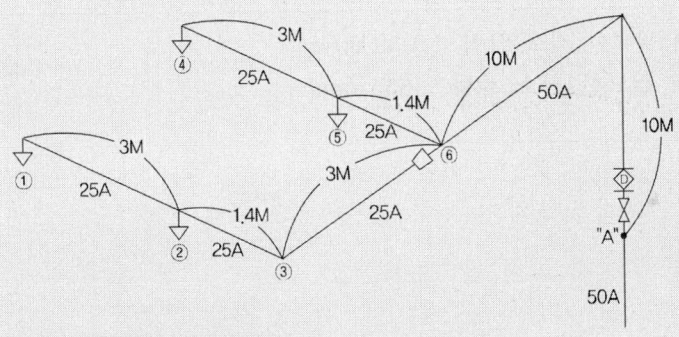

1) 물분무헤드의 최소방사압력은 2.25(kg/cm²)이다.
2) 물분무헤드의 K값은 80이다.
3) 배관의 재질은 흑관으로 신품이다.
4) 배관의 내경은 호칭경을 사용
5) Hazen-Williams 공식을 적용
6) 속도수두는 무시할 것
7) 배관부속의 등가길이(단위 : m) 단, ③과 ⑥ 사이의 레듀샤는 무시하고 적용한다.

배관 부속	구경 25 mm	구경 50 mm
90°엘보	0.6	1.5
90°티	1.5	3.1
게이트밸브	-	0.3
딜루지 밸브	1.5	3.4

풀이

NOZZLE TYPE& LOCATION	FLOW IN (Lpm)	PIPE SIZE (mm)	FITTINGS AND DEVICES	PIPE EQUIVALENT LENGTH(m)	FRICTION LOSS (kgf/cm²/m)	REQ. PRESS. (kgf/cm²)	NOTES
1	q 120	25	엘보	lgth 3	0.13	Pt 2.25	K=80 C=100
				ftg 0.6		Pf 0.48	$q = 80\sqrt{2.25} = 120$
	Q 120			tot 3.6		Pe	
2	q 132	25	티	lgth 1.4	0.53	Pt 2.73	
				ftg 1.5		Pf 1.54	$q = 80\sqrt{2.73} = 132$
	Q 252			tot 2.9		Pe	
3	q 0	25	엘보	lgth 3	0.53	Pt 4.27	
				ftg 0.6		Pf 1.91	
	Q 252			tot 3.6		Pe	
6	q 303	50	티/엘보	lgth 20	0.08	Pt 6.18	$q_2 = \sqrt{\dfrac{P_2}{P_1}} \times q_1$
			딜루지	ftg 8.3		Pf 2.21	
	Q 555		게이트	tot 28.3		Pe 1	$q = \sqrt{\dfrac{6.18}{4.27}} \times 252 = 303$
A	q 555			lgth		Pt 9.39	
				ftg		Pf	
	Q			tot		Pe	

■ 답 : A점에서 필요한 최소 압력 : 9.39 kg/cm²

　　　A점에서 필요한 최소 유량 : 555 Lpm

7th Day

★★☆☆☆

문제30 그림과 같이 설치된 스프링클러설비에서 스프링클러헤드가 모두 개방되었을 경우, 주어진 조건과 수리계산서 양식을 참조하여 다음 물음에 답하시오. 단, 조건은 아래와 같다.

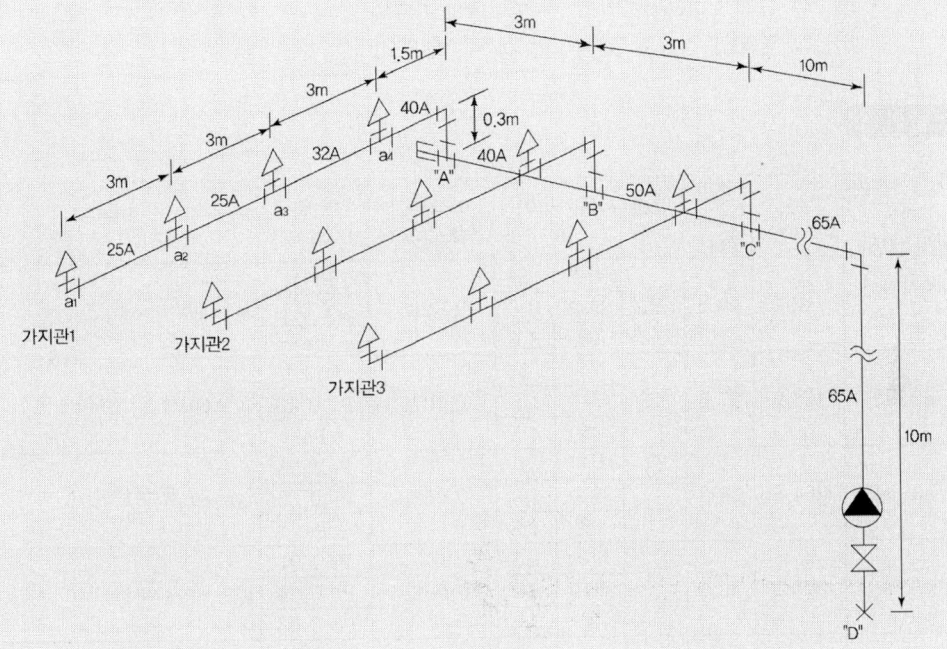

① 속도수두는 무시한다.
② 스프링클러헤드의 최소 방사 압력은 1 kgf/cm² 이상으로 한다.
③ K값은 80으로 한다.
④ 소화배관은 아연도 강관이며 C값은 120으로 한다.
⑤ 가지관 1, 2, 3은 동일하다.
⑥ 배관부속의 등가길이는 아래 표와 같다.
　　(단, 레듀셔 및 스프링클러헤드에 직접 연결되는 부속의 등가길이는 무시하며, 티에서 직류 흐름의 마찰손실은 무시한다.)

배관구경		25A	32A	40A	50A	65A
배관내경(mm)		27.5	36.2	42.1	53.2	69.0
등가길이(m)	90° 엘보	0.6	0.9	1.2	1.5	1.8
	분류티	1.5	1.8	2.4	3.1	3.7
	게이트밸브	−	−	−	−	0.3
	알람밸브	−	−	−	−	4.3

⑦ 배관마찰손실은 하젠 윌리암 공식을 이용한다.

[물음]
1) 가지관 1의 유량 Q_1(ℓ/min)은 얼마인가?
2) 가지관 2의 유량 Q_2(ℓ/min)은 얼마인가?
3) 가지관 3의 유량 Q_3(ℓ/min)은 얼마인가?
4) "D"점에서 필요한 유량(ℓ/min)은 얼마인가?
5) "D"점에서 필요한 압력(kgf/cm²)은 얼마인가?

풀이

스프링클러 헤드 번호위치	유량 (ℓ/min)	배관 크기 (mm)	배관 부속	등가길이 (m)		마찰손실 (kgf/cm²/m)	압력 (kgf/cm²)		비고 C=120, K=80
가지관 1 a1-a2	80	27.5	E1	직관	3	0.0285	Pt	1	$q_1 = 80\sqrt{1} = 80$
				부속	0.6		Pf	0.1	
				계	3.6		Pe		
a2-a3	163.9	27.5	T1	직관	3	0.1075	Pt	1.1	$q_2 = 80\sqrt{1.1} = 83.9$
				부속	1.5		Pf	0.48	
				계	4.5		Pe		
a3-a4	264.5	36.2	T1	직관	3	0.0683	Pt	1.58	$q_3 = 80\sqrt{1.58} = 100.6$
				부속	1.8		Pf	0.33	
				계	4.8		Pe		
a4-A	375.1	42.1	T1 E1	직관	1.8	0.0625	Pt	1.91	$q_4 = 80\sqrt{1.91} = 110.6$
				부속	3.6		Pf	0.34	
				계	5.4		Pe	0.03	
							Pt	2.28	
A-B	375.1	42.1	T1	직관	3	0.0625	Pt	2.28	가지관 1의 유량 $Q_1 = 375.1$
				부속	2.4		Pf	0.34	
				계	5.4		Pe		
B-C	777.2	53.2	T1	직관	3	0.077	Pt	2.62	가지관 2의 유량 $Q_2 = \sqrt{\dfrac{2.62}{2.28}} \times 375.1 = 402.1$
				부속	3.1		Pf	0.47	
				계	6.1		Pe		
C-D	1213.9	69	T1 E1 AV1 GV1	직관	20	0.0496	Pt	3.09	가지관 3의 유량 $Q_3 = \sqrt{\dfrac{3.09}{2.28}} \times 375.1 = 436.7$
				부속	10.1		Pf	1.49	
				계	30.1		Pe	1	
							Pt	5.58	

■ 답 : 1) 가지관 1의 유량 Q_1 : 375.1 ℓ/min
      2) 가지관 2의 유량 Q_2 : 402.1 ℓ/min
      3) 가지관 3의 유량 Q_3 : 436.7 ℓ/min
      4) "D"점에서 필요한 유량 : 1213.9 ℓ/min
      5) "D"점에서 필요한 압력 : 5.58kgf/cm²

★★☆☆☆

문제31 다음 그림의 물분무설비의 수리계산을 통하여 Q_2, Q_3, Q_4, Q_5, Q_6를 계산하시오.

[조건]

① 관의 내경

A-B	B-C	C-D	C-F	E-F
ø 25 mm	ø 25 mm	ø 25 mm	ø 32 mm	ø 25 mm

② 관의 재료 - 강관(흑관)
③ 수리계산시 동압은 무시한다.
④ 마찰손실은 직관만을 고려한다.
⑤ 마찰손실수두 계산은 Hazen-William 공식을 사용한다.
⑥ 물분무 노즐은 모두 동일하다.
⑦ $Q_1 = 100 \ell/\min$ 이며, 노즐 A의 압력은 $1\,kg/cm^2$이다.

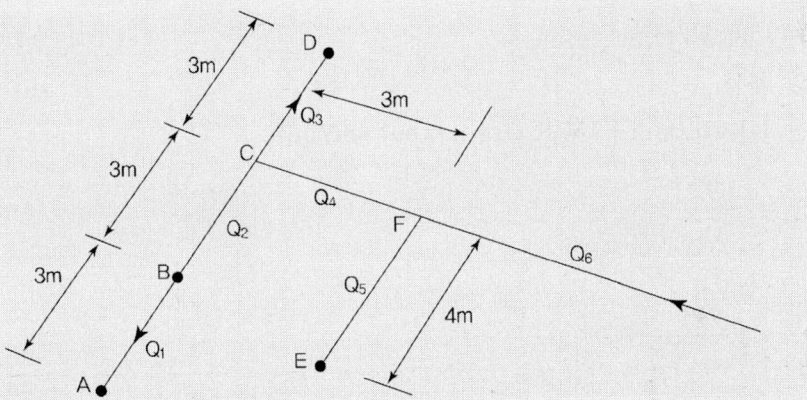

풀이

1) Q_2의 계산

   A-B의 마찰손실압력 $= 6.174 \times 10^5 \times \dfrac{(100\ell/\min)^{1.85}}{100^{1.85} \times (25\text{mm})^{4.87}} \times 3m = 0.29\,kg/cm^2$

   노즐 B의 압력 $= 1\,kg/cm^2 + 0.29\,kg/cm^2 = 1.29\,kg/cm^2$

   노즐 B의 방수량 $= \sqrt{\dfrac{1.29\,kg/cm^2}{1\,kg/cm^2}} \times 100\ell/\min = 113.58\,\ell/\min$

   $Q_2 = 100\ell/\min + 113.58\ell/\min = 213.58\ell/\min$

2) Q_3의 계산

   B-C의 마찰손실압력 $= 6.174 \times 10^5 \times \dfrac{(213.58\ell/\min)^{1.85}}{100^{1.85} \times (25\text{mm})^{4.87}} \times 3m = 1.17\,kg/cm^2$

   C 지점의 압력 $= 1.29\,kg/cm^2 + 1.17\,kg/cm^2 = 2.46\,kg/cm^2$

노즐 D의 방수량 $= \sqrt{\dfrac{2.46 kg/cm^2}{1.29 kg/cm^2}} \times 100 \ell/\min = 138.09 \ell/\min$

$Q_3 = 138.09 \ell/\min$

3) Q_4의 계산

$Q_4 = 213.58 \ell/\min + 138.09 \ell/\min = 351.67 \ell/\min$

4) Q_5의 계산

C-F의 마찰손실압력 $= 6.174 \times 10^5 \times \dfrac{(351.67 \ell/\min)^{1.85}}{100^{1.85} \times (32\text{㎜})^{4.87}} \times 3m = 0.89 kg/cm^2$

F 지점의 압력 $= 2.46 kg/cm^2 + 0.89 kg/cm^2 = 3.35 kg/cm^2$

E-F의 마찰손실압력 $= 6.174 \times 10^5 \times \dfrac{(100 \ell/\min)^{1.85}}{100^{1.85} \times (25\text{㎜})^{4.87}} \times 4m = 0.38 kg/cm^2$

노즐 E의 방수량 $= \sqrt{\dfrac{3.35 kg/cm^2}{1.38 kg/cm^2}} \times 100 \ell/\min = 155.81 \ell/\min$

$Q_5 = 155.81 \ell/\min$

5) Q_6의 계산

$Q_6 = 351.67 \ell/\min + 155.81 \ell/\min = 507.48 \ell/\min$

★★☆☆☆

문제32 이상유체가 흐르는 오리피스의 유량($Q = k\sqrt{P}$)을 구하는 식을 연속방정식과 베르누이정리를 이용하여 유도하시오.(단, 위치수두 및 지점 간의 밀도 차이는 없음)

풀이

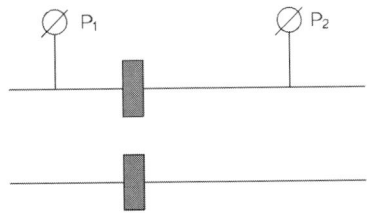

베르누이방정식에서 전수두 H는

$\dfrac{P_1}{\gamma_2} + \dfrac{v_1^2}{2g} + Z_1 = \dfrac{P_2}{\gamma_2} + \dfrac{v_2^2}{2g} + Z_2$ 에서 수평($Z_1 = Z_2$)이므로

$\dfrac{P_1}{\gamma_2} + \dfrac{v_1^2}{2g} = \dfrac{P_2}{\gamma_2} + \dfrac{v_2^2}{2g}$ ············ ①

연속의 방정식에서 체적유량 $Q = A_1 v_1 = A_2 v_2$에서

$v_1 = \dfrac{A_2}{A_1} v_2$ ············ ②

①식에 ②식을 대입하면

$\dfrac{P_1}{\gamma_2} + \dfrac{\left(\dfrac{A_2}{A_1} v_2\right)^2}{2g} = \dfrac{P_2}{\gamma_2} + \dfrac{v_2^2}{2g}$

$\dfrac{P_1}{\gamma_2} - \dfrac{P_2}{\gamma_2} = \dfrac{v_2^2}{2g} - \dfrac{\left(\dfrac{A_2}{A_1} v_2\right)^2}{2g}$

$\dfrac{v_2^2}{2g} - \dfrac{\left(\dfrac{A_2}{A_1} v_2\right)^2}{2g} = \dfrac{P_1}{\gamma_2} - \dfrac{P_2}{\gamma_2}$

$\dfrac{v_2^2 - \left(\dfrac{A_2}{A_1} v_2\right)^2}{2g} = \dfrac{P_1 - P_2}{\gamma_2}$

$v_2^2 - \left(\dfrac{A_2}{A_1} v_2\right)^2 = 2g \dfrac{P_1 - P_2}{\gamma_2}$

$v_2^2 - \left(\dfrac{A_2}{A_1}\right)^2 v_2^2 = 2g \dfrac{P_1 - P_2}{\gamma_2}$

$$v_2^2\left[1-\left(\frac{A_2}{A_1}\right)^2\right]=2g\frac{P_1-P_2}{\gamma_2}$$

$$v_2^2=\frac{1}{1-\left(\frac{A_2}{A_1}\right)^2}2g\frac{P_1-P_2}{\gamma_2}$$

양변에 제곱근을 하면

$$v_2=\frac{1}{\sqrt{1-\left(\frac{A_2}{A_1}\right)^2}}\sqrt{2g\frac{P_1-P_2}{\gamma_2}}$$

$$Q=A_2v_2=\frac{A_2}{\sqrt{1-\left(\frac{A_2}{A_1}\right)^2}}\sqrt{2g\frac{P_1-P_2}{\gamma_2}}$$

여기에서 P_1, P_2의 단위 kg/m²를 kg/cm²로 변경하면 다음과 같다.

$$Q=A_2v_2=\frac{A_2}{\sqrt{1-\left(\frac{A_2}{A_1}\right)^2}}\sqrt{2g\frac{10000\times(P_1-P_2)}{\gamma_2}}$$

$$Q=\frac{A_2}{\sqrt{1-\left(\frac{A_2}{A_1}\right)^2}}\sqrt{2g\frac{10000}{\gamma_2}}\sqrt{P_1-P_2}$$

여기에서 $\dfrac{A_2}{\sqrt{1-\left(\frac{A_2}{A_1}\right)^2}}\sqrt{2g\dfrac{10000}{\gamma_2}}$ 를 K, P_1-P_2를 P로 하면,

$Q=K\sqrt{P}$ 가 된다.

★★★☆☆

문제33 양흡입 원심펌프 및 배관의 규격이 다음과 같을 때 캐비테이션 발생 여부를 판정하시오.

[조건]
Q : 5.6 m³/min   H : 70 m   N : 1750 rpm   흡입고 : 3.9 m
흡입손실수두 : 0.91 m, 수온 : 20 ℃(포화증기압-0.024 kgf/cm²)
펌프흡입고도 : 0 m, 대기압 : 1.0344 kgf/cm²
흡입비속도 S : 1,300이다.
Thoma의 계수는 다음 그림과 같으며 계수는 근사치를 적용한다.

※ Thoma의 계수

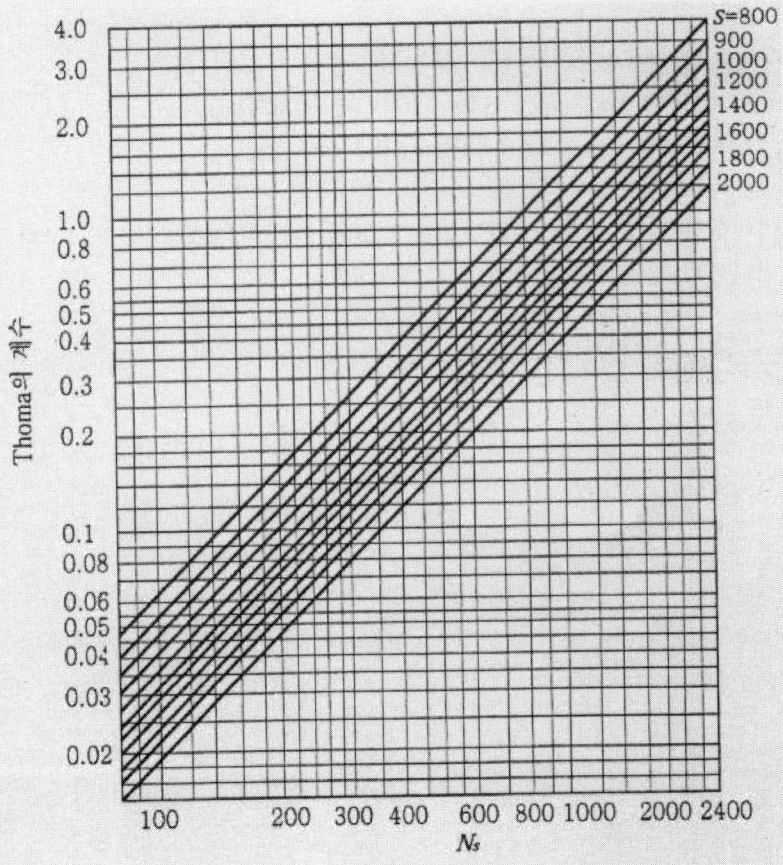

풀이

1) $NPSHre$의 계산

비교회전도 $Ns = \dfrac{NQ^{\frac{1}{2}}}{\left(\dfrac{H}{n}\right)^{\frac{3}{4}}} = \dfrac{1750rpm \times \left(\dfrac{5.6m^3/\min}{2}\right)^{\frac{1}{2}}}{\left(\dfrac{70m}{1}\right)^{\frac{3}{4}}} = 121$

그림에서 Thoma의 계수(σ)=0.045

$\sigma = \dfrac{NPSHre}{H}$ 에서 $NPSHre = \sigma H = 0.045 \times 70m = 3.15m$

2) $NPSHav$의 계산

$NPSHav$ = 대기압 − 흡입높이 − 흡입마찰 − 포화증기압
$= 1.0344 kgf/cm^2 - 3.9m - 0.91m - 0.024 kgf/cm^2$
$= 10.344m - 3.9m - 0.91m - 0.24m$
$= 5.294m$

- 답 : 캐비테이션 발생 여부 : $NPSHav(5.294m)$가 $NPSHre(3.15m)$보다 크므로, 캐비테이션은 발생하지 않는다.

> **TIP** ※ 펌프의 흡입비속도
>
> $\sigma = \dfrac{NPSHre}{H}$
> $NPSHre = \sigma H$
> $\sigma = \left(\dfrac{Ns}{S}\right)^{\frac{4}{3}}$
> $S = \dfrac{NQ^{1/2}}{(NPSHre)^{3/4}}$
>
> ρ : Thoma의 캐비테이션 계수
> H : 전양정
> Ns : 비속도
> S : 펌프의 흡입비속도
> N : 회전속도
> Q : 토출 유량(양흡입의 경우에는 1/2)

★★★☆☆

문제34 유량 2.4 m³/min, 배관길이 60 m, 관경 100 ㎜, 마찰손실계수(f) 0.03인 배관을 통하여 높이 10 m까지 송수할 경우 필요한 이론 소요 동력(kW)을 계산하시오. 단, 펌프효율 : 0.6, K값 : 1.1

풀이

유속 계산

$Q = Av = \dfrac{\pi}{4}D^2 v$ 에서

$v = \dfrac{4Q}{\pi D^2} = \dfrac{4 \times \dfrac{2.4m^3}{\min}}{\pi \times (100mm)^2} = \dfrac{4 \times \dfrac{2.4m^3}{60s}}{\pi \times (0.1m)^2} = 5.09 m/s$

마찰손실수두 계산

$= f \times \dfrac{L}{D} \times \dfrac{v^2}{2g}$

$= 0.03 \times \dfrac{60m}{100mm} \times \dfrac{(5.09m/s)^2}{2 \times 9.8m/s^2}$

$= 0.03 \times \dfrac{60m}{0.1m} \times \dfrac{(5.09m/s)^2}{2 \times 9.8m/s^2} = 23.79m$

전양정 계산

$= 10m + 23.79m = 33.79m$

∴ 필요한 이론 소요 동력

$= \dfrac{\gamma QH}{102\eta} \times K$

$= \dfrac{1000kg/m^3 \times \dfrac{2.4m^3}{\min} \times 33.79m}{102 \times 0.6} \times 1.1$

$= \dfrac{1000kg/m^3 \times \dfrac{2.4m^3}{60s} \times 33.79m}{102 \times 0.6} \times 1.1$

$= 24.29 kW$

■ 인생이란 계단의 연속이다

나는 계단의 원리를 좋아한다.
아무리 잘해도 한 계단인데, 건강하다고 2, 3계단씩 뛰다 보면 언젠가는 부러지게 된다.
올라갈 때도 한 계단, 내려갈 때도 한 계단이다.
삶에서도 여러 계단을 한꺼번에 오를 수는 없다.
그러면 나중에 열 계단씩 한꺼번에 내려앉을 수도 있다.
자만심 때문이다.

— 최경주 —

"인생이란 계단의 연속이다.
매사가 원래 더딘 법이다.
한 번에 높은 계단을 오를 수도 있겠지만, 인생은 대부분 낮고 시시해 보이는 계단을 오르는데 바쳐진다."

— Ralph Ransom —

소방설비기사, 소방시설관리사, 소방기술사 등은 소방인으로서 살아가는 우리에게 있어서 하나의 계단일 수 있습니다. 한 계단, 한 계단씩 천천히 올라가는 것도 좋은 인생입니다.

— 이기덕 원장 —

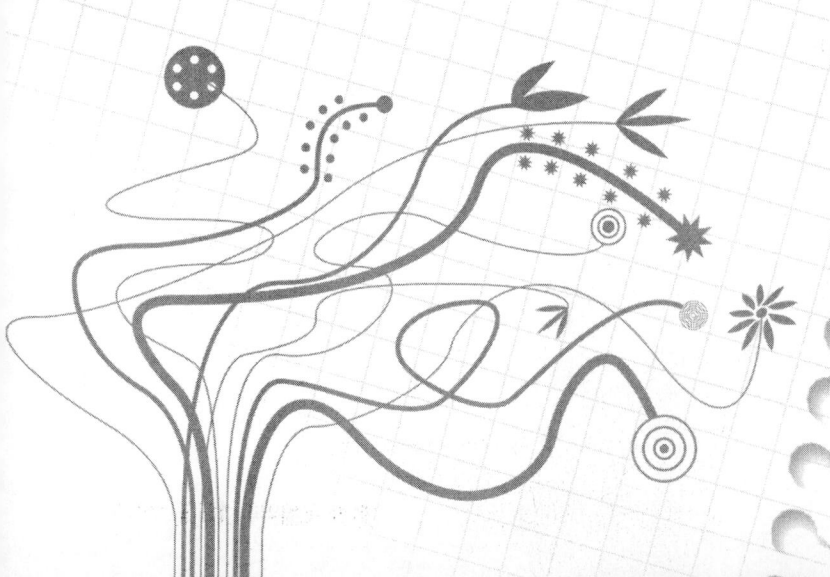

02 소방시설

1 소화기구—01(소화기구의 설치)

1. 소화기구의 능력단위는 다음의 기준에 따를 것

특정소방대상물	소화기구의 능력단위
위락시설	해당 용도의 바닥면적 30 m² 마다 능력단위 1단위 이상
공연장·집회장·관람장·문화재·장례식장 및 의료시설	해당 용도의 바닥면적 50 m² 마다 능력단위 1단위 이상
근린생활시설·판매시설·운수시설·숙박시설·노유자시설·전시장·공동주택·업무시설·방송통신시설·공장·창고시설·항공기 및 자동차관련시설 및 관광휴게시설	해당 용도의 바닥면적 100 m² 마다 능력단위 1단위 이상
그 밖의 것	해당 용도의 바닥면적 200 m² 마다 능력단위 1단위 이상

   소화기구의 능력단위를 산출함에 있어서 건축물의 주요구조부가 내화구조이고, 벽 및 반자의 실내에 면하는 부분이 불연재료·준불연재료 또는 난연재료로 된 특정소방대상물에 있어서는 위 표의 기준면적의 2배를 해당 특정소방대상물의 기준면적으로 한다.

2. 특정소방대상물의 각 층마다 설치하되, 각층이 2 이상의 거실로 구획된 경우에는 각 층마다 설치하는 것 외에 바닥면적이 33 m² 이상으로 구획된 각 거실에도 배치할 것

3. 능력단위가 2단위 이상이 되도록 소화기를 설치하여야 할 특정소방대상물 또는 그 부분에 있어서는 간이소화용구의 능력단위가 전체 능력단위의 2분의 1을 초과하지 아니하게 할 것. 다만, 노유자시설의 경우에는 그렇지 않다.

4. 소형소화기를 설치하여야 할 특정소방대상물 또는 그 부분에 옥내소화전설비·스프링클러설비·물분무등소화설비·옥외소화전설비 또는 대형소화기를 설치한 경우에는 해당 설비의 유효범위의 부분에 대하여는 소화기의 3분의 2(대형소화기를 둔 경우에는 2분의 1)를 감소할 수 있다. 다만, 층수가 11층 이상인 부분, 근린생활시설, 위락시설, 문화 및 집회시설, 운동시설, 판매시설, 운수시설, 숙박시설, 노유자시설, 의료시설, 아파트, 업무시설(무인변전소를 제외한다), 방송통신시설, 교육연구시설, 항공기 및 자동차관련시설, 관광휴게시설은 그러하지 아니하다.

5. 대형소화기를 설치하여야 할 특정소방대상물 또는 그 부분에 옥내소화전설비·스프링클러설비·물분무등소화설비 또는 옥외소화전설비를 설치한 경우에는 해당 설비의 유효범위 안의 부분에 대하여는 대형소화기를 설치하지 아니할 수 있다.

7th Day

연습문제

★★★★☆

문제1 지상 1층에 설치된 위락시설(바닥면적 1,200 m²)에 ABC급 분말소화기를 비치하고자 한다. 최소 A급 몇 단위가 필요한가?

배점 3

- 계산과정

$$= \frac{1{,}200 m^2}{30 m^2/\text{단위}} = 40\text{단위}$$

- 답 : 40단위

★★★★☆

문제2 주요구조부가 내화구조이고, 벽 및 반자의 실내에 면하는 부분이 불연재료로 된 지하 1층 위락시설(바닥면적 1,200 m²)에 ABC급 분말소화기를 비치하고자 한다. 최소 A급 몇 단위가 필요한가?

배점 3

- 계산과정

$$= \frac{1{,}200 m^2}{60 m^2/\text{단위}} = 20\text{단위}$$

- 답 : 20단위

★★★★☆

문제3 바닥면적이 700 m²인 공연장에 ABC급 분말소화기를 비치하고자 한다. 최소 A급 몇 단위가 필요한가?

배점 3

- 계산과정

$$= \frac{700 m^2}{50 m^2/\text{단위}} = 14\text{단위}$$

- 답 : 14단위

★★★★☆

문제4 바닥면적이 700 m²인 공연장에 ABC급 분말소화기를 비치하고자 한다. 최소 A급 몇 단위가 필요한가? 단, 이 건물은 내화구조로서 내장재는 불연재이며, 배치상의 보행거리는 고려하지 않는다.

배점 3

■ 계산과정

$$= \frac{700 m^2}{100 m^2/단위} = 7단위$$

■ 답 : 7단위

★★★★☆

문제5 바닥면적이 700 m²인 병원에 ABC급 분말소화기를 비치하고자 한다. 최소 A급 몇 단위가 필요한가? 단, 이 건물은 내화구조로서 내장재는 불연재이며, 배치상의 보행거리는 고려하지 않는다.

■ 계산과정

$$= \frac{700 m^2}{100 m^2/단위} = 7단위$$

■ 답 : 7단위

★★★★☆

문제6 바닥면적이 1,300[m²]인 판매시설에 소화기구를 설치하려 한다. 소화기구의 최소 능력단위는? 단, 주요 구조부의 내화구조이고, 벽 및 반자의 실내와 면하는 부분이 불연재료이다.

■ 계산과정

$$능력단위 = \frac{1,300 m^2}{200 m^2} = 6.5 \rightarrow 7단위$$

■ 답 : 7단위

★★★★☆

문제7 바닥면적 500[m²]인 사무실에 능력단위 2인 소형소화기를 설치하는 경우에 설치하여야 하는 소화기의 개수는? 단, 추가 및 면제는 없으며 소방대상물의 각 부분이 보행거리 20[m] 이내에 있다고 가정함

■ 계산과정

$$능력단위 = \frac{500 m^2}{100 m^2} = 5단위 \rightarrow 능력단위 2단위 소형소화기 3개$$

■ 답 : 3개

★★★★☆

문제8 바닥면적 1,060 m²의 근린생활시설에 소화기를 설치하는 경우에 능력단위 2단위의 소화기 설치수량을 구하시오.

① 주요구조부는 내화구조이고 실내의 마감재료는 난연재료이다.
② 보행거리에 따른 소화기 수량의 추가는 산정에서 제외한다.

 배점 3

- 계산과정

  능력단위 = $\dfrac{1,060 m^2}{200 m^2}$ = 5.3 → 6단위

  소화기 설치수량 = $\dfrac{6단위}{2단위}$ = 3개

- 답 : 3개

★★★★☆

문제9 건축물의 주요구조부가 내화구조이고, 벽, 반자 등 실내에 면하는 부분이 불연재료로 시공된 바닥면적이 600[m²]인 노유자시설에 필요한 소화기구의 소화능력 단위는 얼마 이상으로 하여야 하는가?

 배점 3

- 계산과정

  능력단위 = $\dfrac{600 m^2}{200 m^2}$ = 3단위

- 답 : 3단위

★★★★☆

문제10 바닥면적 1,420 m²의 숙박시설에 소화기를 설치하는 경우에 능력단위 2단위의 소화기 설치수량을 구하시오.

① 주요구조부는 내화구조이고 실내의 마감재료는 난연재료이다.
② 보행거리에 따른 소화기 수량의 추가는 산정에서 제외한다.
③ 이 숙박시설에는 옥내소화전설비와 스프링클러설비가 설치되어 있다.

 배점 3

- 계산과정

  능력단위 = $\dfrac{1,420 m^2}{200 m^2}$ = 7.1 → 8단위

  소화기 설치수량 = $\dfrac{8단위}{2단위}$ = 4개

- 답 : 4개

2 소화기구-02(소화기구의 추가 설치)

부속용도별로 사용되는 부분에 대하여는 소화기구를 추가하여 설치할 것

용도별	소화기구의 능력단위
1. 다음 각목의 시설. 다만, 스프링클러설비·간이스프링클러설비·물분무등소화설비 또는 상업용 주방자동소화장치가 설치된 경우에는 자동확산소화기를 설치하지 아니 할 수 있다. 가. 보일러실·건조실·세탁소·대량화기취급소 나. 음식점(지하가의 음식점을 포함한다)·다중이용업소·호텔·기숙사·노유자시설·의료시설·업무시설·공장·장례식장·교육연구시설·교정 및 군사시설의 주방. 다만, 의료시설·업무시설 및 공장의 주방은 공동취사를 위한 것에 한한다. 다. 관리자의 출입이 곤란한 변전실·송전실·변압기실 및 배전반실(불연재료로 된 상자 안에 장치된 것을 제외한다)	1. 해당 용도의 바닥면적 25 m^2마다 능력단위 1단위 이상의 소화기로 할 것. 이 경우 나목의 주방에 설치하는 소화기 중 1개 이상은 주방화재용 소화기(K급)로 설치해야 한다. 2. 자동확산소화기는 해당 용도의 바닥면적을 기준으로 10 m^2 이하는 1개, 10 m^2 초과는 2개 이상을 설치하되, 보일러, 가스레인지 등 방호대상에 유효하게 분사될 수 있는 위치에 배치될 수 있는 수량으로 설치할 것
2. 발전실·변전실·송전실·변압기실·배전반실·통신기기실·전산기기실·기타 이와 유사한 시설이 있는 장소. 다만, 제1호 다목의 장소를 제외한다.	해당 용도의 바닥면적 50 m^2마다 적응성이 있는 소화기 1개 이상 또는 유효설치방호체적 이내의 가스·분말·고체에어로졸 자동소화장치, 캐비닛형 자동소화장치(다만, 통신기기실·전자기기실을 제외한 장소에 있어서는 교류 600 V 또는 직류 750 V 이상의 것에 한한다)
3. 위험물안전관리법시행령 별표1에 따른 지정수량의 1/5 이상 지정수량 미만의 위험물을 저장 또는 취급하는 장소	능력단위 2단위 이상 또는 유효설치방호체적 이내의 가스·분말·고체에어로졸 자동소화장치, 캐비닛형 자동소화장치

※ 위험물 및 지정수량

위험물	지정수량
제4류 특수인화물(이황화탄소, 디에틸에테르)	50리터
제4류 제1석유류 비수용성액체(휘발유)	200리터
제4류 알코올류(메탄올, 에탄올)	400리터
제4류 제2석유류 비수용성액체(등유, 경유)	1,000리터

용도별			소화기구의 능력단위
4. 「화재의 예방 및 안전관리에 관한 법률 시행령」별표 2에 따른 **특수가연물**을 저장 또는 취급하는 장소	「화재의 예방 및 안전관리에 관한 법률 시행령」별표 2에서 정하는 수량 이상		「화재의 예방 및 안전관리에 관한 법률 시행령」별표 2에서 정하는 수량의 50배 이상마다 능력단위 1단위 이상
	「화재의 예방 및 안전관리에 관한 법률 시행령」별표 2에서 정하는 수량의 500배 이상		대형소화기 1개 이상
5. 고압가스안전관리법·액화석유가스의 안전관리 및 사업법 및 도시가스사업법에서 규정하는 가연성가스를 연료로 사용하는 장소	액화석유가스 기타 가연성가스를 연료로 사용하는 연소기기가 있는 장소		각 연소기로부터 보행거리 10 m 이내에 능력단위 3단위 이상의 소화기 1개 이상. 다만, 상업용 주방자동소화장치가 설치된 장소는 제외한다.
	액화석유가스 기타 가연성가스를 연료로 사용하기 위하여 저장하는 저장실(저장량 300 kg 미만은 제외한다)		능력단위 5단위 이상의 소화기 2개 이상 및 대형소화기 1개 이상
6. 고압가스안전관리법·액화석유가스의 안전관리 및 사업법 또는 도시가스사업법에서 규정하는 가연성가스를 제조하거나 연료 외의 용도로 저장·사용하는 장소	저장하고 있는 양 또는 1개월 동안 제조·사용하는 양	200 kg 미만	저장하는 장소	능력단위 3단위 이상의 소화기 2개 이상
			제조·사용하는 장소	능력단위 3단위 이상의 소화기 2개 이상
		200 kg 이상 300 kg 미만	저장하는 장소	능력단위 5단위 이상의 소화기 2개 이상
			제조·사용하는 장소	바닥면적 50 m²마다 능력단위 5단위 이상의 소화기 1개 이상
		300 kg 이상	저장하는 장소	대형소화기 2개 이상
			제조·사용하는 장소	바닥면적 50 m²마다 능력단위 5단위 이상의 소화기 1개 이상

※ 특수가연물

품명		수량
면화류		200킬로그램 이상
넝마 및 종이부스러기, 사류, 볏짚류		1,000킬로그램 이상
가연성고체류		3,000킬로그램 이상
석탄·목탄류		10,000킬로그램 이상
가연성액체류		2세제곱미터 이상
고무류·플라스틱류	발포시킨 것	20세제곱미터 이상
	그 밖의 것	3,000킬로그램 이상

8th Day

연습문제

★★★☆☆

문제1 600 m²의 보일러실에 부속용도별로 추가하여야 할 적응성이 있는 소화기의 능력단위 및 자동확산소화장치의 수량을 구하시오.

■ 답 : 1) 소화기의 능력단위 = $\dfrac{600m^2}{25m^2/단위}$ = 24단위

　　　2) 자동확산소화장치의 수량 : 2개

★★★☆☆

문제2 관리자의 출입이 곤란한 변전실에 소화기구의 화재안전기준상 자동확산소화장치를 설치하려 한다. 바닥면적이 230[m²]인 변전실에 부속용도별로 추가하여야 할 적응성이 있는 소화기의 능력단위 및 자동확산소화장치의 수량을 구하시오.

■ 답 : 1) 소화기의 능력단위 = $\dfrac{230m^2}{25m^2/단위}$ = 9.2 → 10단위

　　　2) 자동확산소화장치의 수량 : 2개

★★★☆☆

문제3 280 m²의 발전실에 부속용도별로 추가하여야 할 적응성이 있는 소화기 수량은 몇 개 이상이어야 하는가?

■ 계산과정

= $\dfrac{280m^2}{50m^2/개}$ = 5.6 → 6개

■ 답 : 6개

★★★☆☆

문제4 내연기관을 사용하는 소화펌프실에 용량 900ℓ인 경유 탱크를 설치하였다. 추가로 설치하여야 할 소화기구를 쓰시오.

■ 답 : 능력단위 2단위 이상 또는 유효설치 방호체적 이내의 가스식·분말식·고체에어로졸식 자동소화장치, 캐비넷형자동소화장치

제2석유류 중 비수용성인 경유의 지정수량은 1000ℓ 이므로, 900ℓ 는 지정수량의 1/5 이상 지정수량 미만에 해당된다.

★★★☆☆

문제5 면화류(50,000킬로그램)를 저장하는 창고에 소화기구의 화재안전기준상 소화기구를 설치하려고 한다. 부속용도별로 추가하여야 할 적응성이 있는 소화기의 능력단위를 구하시오.

배점 3

- 계산과정

$$\frac{50,000kg}{200kg} = 250배$$

$$능력단위 = \frac{250배}{50배/단위} = 5단위$$

- 답 : 5단위

★★★☆☆

문제6 가연성 액체류(1,600 m³)를 저장하는 창고에 소화기구의 화재안전기준상 소화기구를 설치하려고 한다. 부속용도별로 추가하여야 할 적응성이 있는 소화기의 능력단위 및 대형소화기의 수량을 구하시오.

배점 4

- 답 : 1) 소화기의 능력단위

$$\frac{1,600m^3}{2m^3} = 800배$$

$$능력단위 = \frac{800배}{50배/단위} = 16단위$$

2) 대형소화기의 수량 : 1개 이상

★★★☆☆

문제7 LPG(2,000킬로그램)를 사용하는 충전소(바닥면적 800 m²)에 소화기구의 화재안전기준상 소화기구를 설치하려고 한다. 부속용도별로 추가하여야 할 적응성이 있는 소화기의 수량을 구하시오.

- 계산과정

$$= \frac{800m^2}{50m^2/개} = 16개$$

∴ 능력단위 5단위 이상의 소화기 16개 이상

- 답 : 16개 이상

제2편 소방시설 **163**

③ 옥내소화전설비-01(수원/토출량)

1. 옥내소화전설비의 수원

1) 옥내소화전설비의 수원은 그 저수량이 옥내소화전의 설치개수가 가장 많은 층의 설치개수(2개 이상 설치된 경우에는 2개)에 2.6 m³(호스릴옥내소화전설비를 포함한다)를 곱한 양 이상이 되도록 하여야 한다.

$$옥내소화전설비의 \ 수원 = N \times 2.6m^3 \ 이상(N : 2개 \ 이하)$$

2) 옥내소화전설비의 수원은 제1항에 따라 산출된 유효수량 외에 유효수량의 3분의 1 이상을 옥상에 설치하여야 한다. 다만, 다음 각 호의 어느 하나에 해당하는 경우에는 그러하지 아니하다.
   ① 지하층만 있는 건축물
   ② 고가수조를 가압송수장치로 설치한 경우
   ③ 수원이 건축물의 최상층에 설치된 방수구보다 높은 위치에 설치된 경우
   ④ 건축물의 높이가 지표면으로부터 10 m 이하인 경우
   ⑤ 주펌프와 동등 이상의 성능이 있는 별도의 펌프로서 내연기관의 기동과 연동하여 작동되거나 비상전원을 연결하여 설치한 경우
   ⑥ 학교·공장·창고시설로서 동결의 우려가 있는 장소에 있어서 기동스위치에 보호판을 부착하여 옥내소화전함 내에 설치하는 경우
   ⑦ 가압수조를 가압송수장치로 설치한 경우

$$옥상수조의 \ 수원 = N \times 2.6m^3 \times \frac{1}{3} \ 이상(N : 2개 \ 이하)$$

2. 옥내소화전설비의 토출량

1) 특정소방대상물의 어느 층에 있어서도 해당 층의 옥내소화전(2개 이상 설치된 경우에는 2개)을 동시에 사용할 경우 각 소화전의 노즐선단에서의 방수압력이 0.17 MPa(호스릴옥내소화전설비를 포함한다) 이상이고, 방수량이 130 ℓ/min(호스릴옥내소화전설비를 포함한다) 이상이 되는 성능의 것으로 할 것. 다만, 하나의 옥내소화전을 사용하는 노즐선단에서의 방수압력이 0.7 MPa을 초과할 경우에는 호스접결구의 인입측에 감압장치를 설치하여야 한다.

2) 펌프의 토출량은 옥내소화전이 가장 많이 설치된 층의 설치개수(2개 이상 설치된 경우에는 2개)에 130 ℓ/min를 곱한 양 이상이 되도록 할 것

$$펌프의 \ 토출량 = N \times 130 \ell/min \ 이상(N : 2개 \ 이하)$$

8th Day

연습문제

★★★★☆

문제1 지상 18층, 지하 4층 건물에 옥내소화전을 설치하려고 한다. 각 층에 옥내소화전이 지상 층에 3개씩 배치되었을 경우, 수원의 용량(m³)을 계산하시오. 단, 지하주차장에는 옥내소화전이 6개씩 설치되었다.

- 계산과정

  $= N \times 2.6 m^3 = 2개 \times 2.6 m^3 = 5.2 m^3$

- 답 : $5.2 m^3$

★★★★☆

문제2 지상 25층 건물에 옥내소화전을 설치하려고 한다. 각 층에 옥내소화전이 4개씩 배치되었을 경우, 옥상수조의 용량(m³)을 계산하시오.

- 계산과정

  $= N \times 2.6 m^3 \times \dfrac{1}{3} = 2개 \times 2.6 m^3 \times \dfrac{1}{3} = 1.74 m^3$ 이상

- 답 : $1.74 m^3$ 이상

★★★★☆

문제3 지상 25층 건물에 옥내소화전을 설치하려고 한다. 각 층에 옥내소화전이 7개씩 배치되었을 경우, 옥상수조의 용량(m³)을 계산하시오.

- 계산과정

  $= N \times 2.6 m^3 \times \dfrac{1}{3} = 2개 \times 2.6 m^3 \times \dfrac{1}{3} = 1.74 m^3$ 이상

- 답 : $1.74 m^3$ 이상

8th Day

★★★★☆

문제4 지상 15층 건물에 옥내소화전을 설치하려고 한다. 각 층에 옥내소화전이 3개씩 배치되었을 경우, 옥상수조를 포함한 전체 수원의 저수량(m³)을 계산하시오.

배점 5

■ 답 : 1) 일반수조(주수원)의 저수량
$= N \times 2.6 m^3 = 2개 \times 2.6 m^3 = 5.2 m^3$ 이상

2) 옥상수조(보조수원)의 저수량
$= N \times 2.6 m^3 \times \frac{1}{3} = 2개 \times 2.6 m^3 \times \frac{1}{3} = 1.74 m^3$ 이상

3) 옥상수조를 포함한 전체 수원의 저수량
$= 5.2 m^3 + 1.74 m^3 = 6.94 m^3$

★★★★☆

문제5 지상 5층 건물에 옥내소화전을 설치하려고 한다. 각 층에 옥내소화전이 2개씩 배치되었을 경우, 펌프의 토출량(ℓ/min)을 계산하시오.

배점 3

■ 계산과정
$= N \times 130 \ell/\min = 2개 \times 130 \ell/\min = 260 \ell/\min$ 이상

■ 답 : $260 \ell/\min$ 이상

★★★★☆

문제6 지상 15층 건물에 옥내소화전을 설치하려고 한다. 각 층에 옥내소화전이 8개씩 배치되었을 경우, 펌프의 토출량(ℓ/min)을 계산하시오.

배점 3

■ 계산과정
$= N \times 130 \ell/\min = 2개 \times 130 \ell/\min = 260 \ell/\min$ 이상

■ 답 : $260 \ell/\min$ 이상

★★★★☆

문제7 25층인 건축물에 옥내소화전이 1층에 4개, 2층에 4개, 3층에 2개가 설치된 소방대상물이 있다. 옥내소화전설비를 위해 필요한 최소 수원의 수량은?

배점 3

■ 계산과정
$= N \times 2.6 m^3 = 2개 \times 2.6 m^3 = 5.2 m^3$

■ 답 : $5.2 m^3$

★★★★☆

문제8 5층 건물에 옥내소화전이 1층에 3개, 2층 이상에 각각 2개씩 총 11개가 설치되어 있을 경우, 해당 건물의 옥내소화전 전용 수원은 얼마 이상 확보하여야 하는가?

■ 계산과정
$$= N \times 2.6m^3 = 2개 \times 2.6m^3 = 5.2m^3$$

■ 답 : $5.2m^3$

★★★★☆

문제9 옥내소화전설비가 각 층 5개씩 설치되어 있을 때, 해당 건물의 옥내소화전 전용 수원은 얼마 이상 확보하여야 하는가? 단, 건축물은 29층 이하이다.

■ 계산과정
$$= N \times 2.6m^3 = 2개 \times 2.6m^3 = 5.2m^3$$

■ 답 : $5.2m^3$

★★★★☆

문제10 옥내소화전이 하나의 층에는 6개로 또 다른 하나의 층에는 3개로, 나머지 모든 층에는 4개씩으로 설치되어 있다. 수원[m³]의 최소 기준은? 단, 29층 이하인 건물이다.

■ 계산과정
$$= N \times 2.6m^3 = 2개 \times 2.6m^3 = 5.2m^3$$

■ 답 : $5.2m^3$

8th Day

4 옥내소화전설비-02(충압펌프/주배관)

1. 옥내소화전설비의 충압펌프

기동용수압개폐장치를 기동장치로 사용할 경우에는 다음 각 목의 기준에 따른 충압펌프를 설치할 것

㉮ 펌프의 토출압력은 그 설비의 최고 위 호스접결구의 자연압보다 적어도 0.2 MPa이 더 크도록 하거나 가압송수장치의 정격토출압력과 같게 할 것

㉯ 펌프의 정격토출량은 정상적인 누설량보다 적어서는 아니 되며, 옥내소화전설비가 자동적으로 작동할 수 있도록 충분한 토출량을 유지할 것

충압펌프의 토출압력 = 자연압 + 0.2MPa

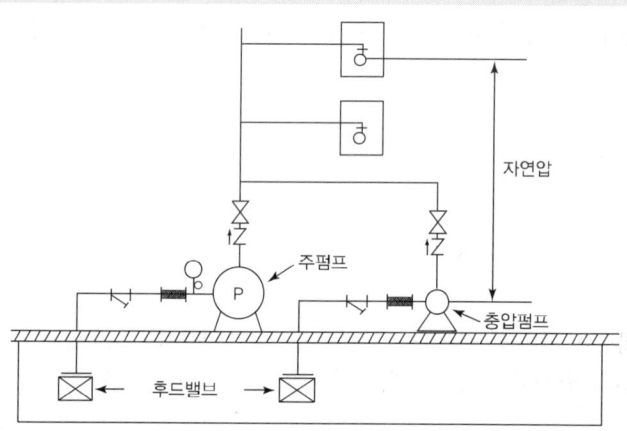

2. 옥내소화전설비의 주배관

① 펌프의 토출측 주배관의 구경은 유속이 4 m/s 이하가 될 수 있는 크기 이상으로 하여야 하고, 옥내소화전방수구와 연결되는 가지배관의 구경은 40 ㎜(호스릴옥내소화전설비의 경우에는 25 ㎜) 이상으로 하여야 하며, 주배관 중 수직배관의 구경은 50 ㎜(호스릴옥내소화전설비의 경우에는 32 ㎜) 이상으로 하여야 한다.

$$Q = Av = \frac{\pi}{4}D^2 v \text{에서 } D = \sqrt{\frac{4Q}{\pi v}}$$

② 연결송수관설비의 배관과 겸용할 경우의 주배관은 구경 100 ㎜ 이상, 방수구로 연결되는 배관의 구경은 65 ㎜ 이상의 것으로 하여야 한다.

8th Day

연습문제

★★★☆☆

문제1 충압펌프와 최고 위에 설치된 옥내소화전설비용 방수구까지의 높이가 70 m일 때 충압펌프의 정격토출압력[MPa]은 얼마 이상으로 하여야 하는가?

 배점 3

- 계산과정
  = 자연압 + $0.2 MPa$ = $70m + 0.2 MPa$ = $0.7 MPa + 0.2 MPa$ = $0.9 MPa$
- 답 : $0.9 MPa$

★★★★☆

문제2 옥내소화전설비 가지배관의 유량이 400 ℓ/min일 경우 배관의 구경(㎜)을 계산하시오.

 배점 5

- 계산과정

$Q = Av = \dfrac{\pi}{4}D^2 v$ 에서

배관의 구경 $D = \sqrt{\dfrac{4Q}{\pi v}} = \sqrt{\dfrac{4 \times 400 \ell/\min}{\pi \times 4 \mathrm{m/s}}} = \sqrt{\dfrac{4 \times 0.4 \mathrm{m}^3/60\mathrm{s}}{\pi \times 4 \mathrm{m/s}}}$

$= 0.046\mathrm{m} = 46\mathrm{㎜}$ 이상

- 답 : 46㎜ 이상

★★★★☆

문제3 각 층에 옥내소화전이 3개씩 설치된 경우 펌프의 토출측 주배관의 구경(㎜)을 계산하시오.

 배점 5

- 계산과정

펌프의 토출량 = $N \times 130 \ell/\min$ = 2개 $\times 130 \ell/\min$ = $260 \ell/\min$ 이상

$Q = Av = \dfrac{\pi}{4}D^2 v$ 에서 $D = \sqrt{\dfrac{4Q}{\pi v}} = \sqrt{\dfrac{4 \times 260 \ell/\min}{\pi \times 4 \mathrm{m/s}}} = \sqrt{\dfrac{4 \times 0.26 \mathrm{m}^3/60\mathrm{s}}{\pi \times 4 \mathrm{m/s}}}$

$= 0.03714\mathrm{m} = 37.14\mathrm{㎜}$ 이상

- 답 : 37.14㎜ 이상

8th Day

5 옥내소화전설비-03(기동용 수압개폐장치/압력스위치)

1. 기동용 수압개폐장치의 정의
"기동용 수압개폐장치"란 소화설비의 배관 내 압력 변동을 검지하여 자동적으로 펌프를 기동 및 정지시키는 것으로서 압력챔버 또는 기동용 압력스위치 등을 말한다.

2. 기동용 수압개폐장치의 종류

압력챔버	기동용 압력스위치
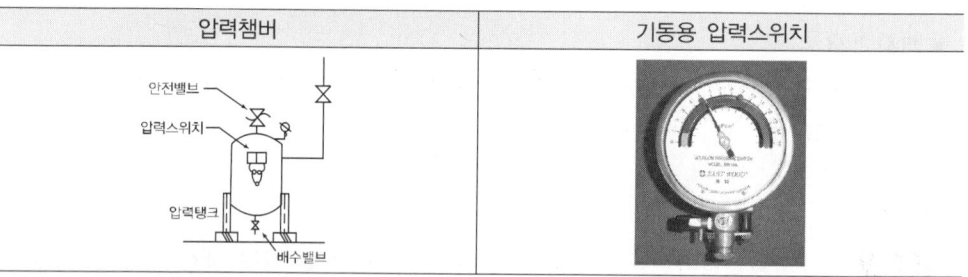	

3. 기동용 수압개폐장치(압력챔버)의 설치목적(기능)
① 펌프의 자동기동 및 정지
② 압력변화의 완충작용
③ 압력변동에 따른 설비의 보호

4. 압력스위치(Pressure Switch)
① 압력스위치에는 "RANGE"와 "DIFF"의 눈금이 있으며 압력스위치 상단부의 나사를 이용하여 조정하게 되어있다.
② RANGE는 펌프의 정지점이며 DIFF는 『정지점과 기동점의 차』로 펌프가 RANGE 위치일 경우 DIFF만큼 압력이 떨어지면 펌프는 다시 기동하게 된다.

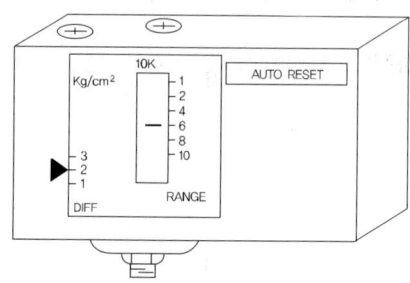

5. 압력스위치의 세팅 방법(NFPA 규정)
① 충압펌프의 정지점 : 주펌프의 체절압력+최소 정수두압력(펌프보다 수조가 높은 경우 그 높이 차이에 대한 압력)
② 충압펌프의 기동점 : 충압펌프의 정지점 - 10psi
③ 주펌프의 기동점 : 충압펌프의 기동점 - 5psi
④ 예비펌프의 기동점 : 주펌프의 기동점 - 10psi
⑤ 주펌프 및 예비펌프의 정지점 : 수동으로 정지되도록 한다.

8th Day

연습문제

★★★☆☆

문제1 다음 그림은 어느 옥내소화전설비의 입상계통도이다. 이 설비에서 펌프의 기동을 수동식의 ON-OFF스위치 조작방식에 의하지 않고 수압개폐장치에 의한 기동방식을 취하려고 한다. 이를 위하여 수압개폐장치에 두개의 압력스위치(도면에서 A 및 B로 명기된 것)를 갖추어 압력스위치 A는 주펌프의 기동용으로 하고, 압력스위치 B는 충압펌프의 기동용으로 사용할 계획이다. 이 경우 압력스위치는 각각 어떤 압력에서 그 기능을 발휘할 수 있도록 조치하면 좋을 것인지 다음의 조건을 참고하여 각 물음에 답하시오.

배점 8

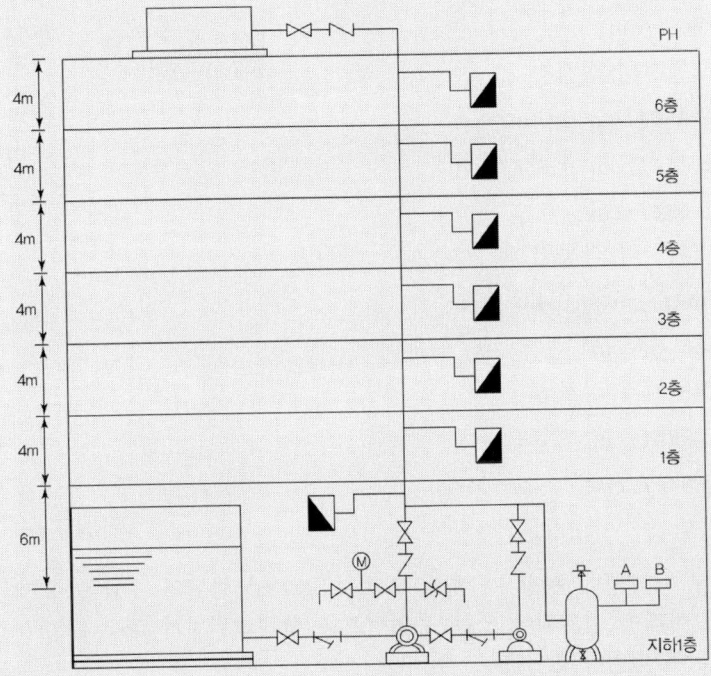

[조건]
① 두 펌프는 각각 체절압력이 정격토출압력의 1.2배 되는 특성을 가지고 있다.
② 주펌프는 정격토출량이 150 ℓ/min, 정격압이 6.5 kgf/cm²이며 충압펌프는 정격토출량이 60 ℓ/min, 정격압력이 6kgf/cm²이다.
③ 옥탑층의 바닥으로부터 고가수조 내의 수면까지의 물의 낙차압은 무시한다.
④ 주펌프 토출측의 릴리프밸브는 7.5 kgf/cm²에서 작동되도록 조정되어 있다.
⑤ 최상부의 배관 내에는 평상 시에 항상 2~2.4 kgf/cm² 범위의 수압을 유지하고자 한다.
⑥ A스위치의 작동압력은 B스위치의 초기 작동압보다 0.4 kgf/cm² 낮은 압력으로 한다.

제2편 소방시설 **171**

⑦ 화재 시 당해설비를 사용한 다음 주펌프의 작동 중지는 수동조작방식으로 하고자 한다.

[물음]
1) B스위치의 작동점은 몇 kgf/cm²인가?
2) B스위치의 정지점은 몇 kgf/cm²인가?
3) A스위치의 작동점은 몇 kgf/cm²인가?
4) A스위치의 정지점은 몇 kgf/cm²인가?

■ 답 : 1) B스위치의 작동점
$= 2\text{kg f}/\text{cm}^2 + 30\text{m}$
$= 2\text{kg f}/\text{cm}^2 + 3\text{kg f}/\text{cm}^2$
$= 5\text{kg} f/cm^2$

2) B스위치의 정지점
$= 2.4\text{kg f}/\text{cm}^2 + 30\text{m}$
$= 2.4\text{kg} f/cm^2 + 3\text{kg} f/cm^2$
$= 5.4\text{kg} f/cm^2$

3) A스위치의 작동점
$= 5\text{kg f}/\text{cm}^2 - 0.4\text{kg f}/\text{cm}^2$
$= 4.6\text{kg} f/cm^2$

4) A스위치의 정지점
$= 6.5\text{kg f}/\text{cm}^2 \times 1.2$
$= 7.8\text{kg} f/cm^2$

① 최상부의 배관에 평상 시 항상 2~2.4 kgf/cm² 범위의 수압을 유지하기 위해서는 30 m 아래에 설치되어 있는 충압펌프용 압력스위치가 5~5.4 kgf/cm²의 압력으로 세팅되어 있어야 한다.
② 배관에서 정상적인 누수 발생 시 5 kgf/cm²로 압력 강하가 발생하게 되면 충압펌프가 작동하여 배관 내부를 충압하게 되며 5.4 kgf/cm²의 압력이 되면 충압펌프는 정지한다.
③ 주펌프의 정지점을 체절압력인 7.8 kgf/cm²로 세팅하면 릴리프밸브의 개방(체절압력 미만 : 7.5 kgf/cm²)으로 주펌프는 자동 정지하지 않는다.

★★★☆☆

문제2 National Fire Codes에 따라 물계통 소화설비의 충압펌프와 주펌프가 배관 내 압력에 따라 자동으로 기동하고 정지할 때 기동 및 정지압력을 세팅(Setting)하시오.

① 모타기동 주펌프 2,400 Lpm
② 보조펌프 토출량 60 Lpm
③ 펌프 정격양정 120 psi
④ 체절압력 135 psi
⑤ 펌프에 대한 물탱크에 최대 및 최소 정수압은 10 psi 및 5 psi

■ 답 : 1) 충압펌프의 정지점
   = 펌프 체절압력 + 최소 정수압
   = 135psi + 5psi = 140psi
2) 충압펌프의 기동점
   = 충압펌프 정지점 − 10psi
   = 140psi − 10psi = 130psi
3) 주펌프 기동점
   = 충압펌프 기동점 − 5psi
   = 130psi − 5psi = 125psi
4) 주펌프 정지점 : 주펌프는 수동으로 정지되도록 한다.
   = 135 psi + 5 psi = 140 psi

> TIP 주펌프 정지점을 140 psi로 세팅 시 체절압력 미만에서 개방되는 릴리프밸브의 작동으로 주펌프는 자동 정지하지 않는다.

8th Day

6 옥내소화전설비-04(배관)

1. 배관과 배관이음쇠는 다음의 어느 하나에 해당하는 것 또는 동등 이상의 강도·내식성 및 내열성 등을 국내·외 공인기관으로부터 인정받은 것을 사용해야 하고, 배관용 스테인리스 강관(KS D 3576)의 이음을 용접으로 할 경우에는 텅스텐 불활성 가스 아크 용접(Tungsten Inertgas Arc Welding)방식에 따른다. 다만, 본 조에서 정하지 않은 사항은 「건설기술 진흥법」 제44조제1항의 규정에 따른 "건설기준"에 따른다.

   ① 배관 내 사용압력이 1.2MPa 미만일 경우에는 다음 각 목의 어느 하나에 해당하는 것
      ㉮ 배관용 탄소강관(KS D 3507)
      ㉯ 이음매 없는 구리 및 구리합금관(KS D 5301). 다만, 습식의 배관에 한한다.
      ㉰ 배관용 스테인리스강관(KS D 3576) 또는 일반배관용 스테인리스강관(KS D 3595)
      ㉱ 덕타일 주철관(KS D 4311)

   ② 배관 내 사용압력이 1.2MPa 이상일 경우에는 다음 각 목의 어느 하나에 해당하는 것
      ㉮ 압력배관용 탄소강관(KS D 3562)
      ㉯ 배관용 아크용접 탄소강강관(KS D 3583)

2. 제1항에도 불구하고 다음 각 호의 어느 하나에 해당하는 장소에는 소방청장이 정하여 고시한 「소방용합성수지배관의 성능인증 및 제품검사의 기술기준」에 적합한 소방용 합성수지배관으로 설치할 수 있다.
   ① 배관을 지하에 매설하는 경우
   ② 다른 부분과 내화구조로 구획된 덕트 또는 피트의 내부에 설치하는 경우
   ③ 천장(상층이 있는 경우에는 상층바닥의 하단을 포함한다. 이하 같다)과 반자를 불연재료 또는 준불연 재료로 설치하고 소화배관 내부에 항상 소화수가 채워진 상태로 설치하는 경우

3. 압력배관용 탄소강관(KS D 3562)

   ① $Schedule$ 번호 $= 10 \times \dfrac{P}{S}$

   P : 최대허용압력(kgf/cm²)

   S : 허용인장응력(kgf/mm²) $= \dfrac{\text{인장강도}(kg/mm^2)}{\text{안전율}}$

   ② 배관두께 $(t) = \left(\dfrac{PD}{175S}\right) + 2.54$

   t : 관의 두께(mm)
   D : 관의 외경(mm)

연습문제

★★★☆☆

문제1 소화배관에 사용되는 강관의 인장강도는 20 kgf/mm²이고, 최고사용압력은 40 kgf/cm²이다. 이 배관의 스케쥴 수(Sch No)는 얼마인가? (단, 안전율은 5)

■ 계산과정

$$스케쥴\ 수(Sch\ No) = 10 \times \frac{최고사용압력}{허용응력}$$

$$= 10 \times \frac{최고사용압력}{\frac{인장강도}{안전율}} = 10 \times \frac{40 kg/cm^2}{\frac{20 kg/mm^2}{5}}$$

$$= 100$$

■ 답 : 100

★★★☆☆

문제2 최고사용압력이 80 kgf/cm²일 경우 호칭구경 50 mm(외경 60.5 mm)이고 최대 인장강도가 42 kgf/mm² 이상인 KS D 3562(SPPS 42)를 사용할 경우 스케쥴(Schedule) 번호와 적정한 배관 두께를 구하시오. 단, 안전율은 4이다.

■ 답 : 1) 스케쥴(Schedule) 번호

$$= 10 \times \frac{P}{S} = 10 \times \frac{80 kg/cm^2}{\frac{42 kg/mm^2}{4}} = 76.19$$

2) 배관 두께

$$= \left(\frac{PD}{175S}\right) + 2.54 [mm] = \left(\frac{80 kg/cm^2 \times 60.5 mm}{175 \times \frac{42 kg/mm^2}{4}}\right) + 2.54 mm = 5.17 [mm]$$

8th Day

7 옥내소화전설비-05(고가수조 및 압력수조)

1. 고가수조의 자연낙차를 이용한 가압송수장치

고가수조의 자연낙차를 이용한 가압송수장치는 다음 각 호의 기준에 따라 설치하여야 한다.

① 고가수조의 자연낙차수두(수조의 하단으로부터 최고층에 설치된 소화전 호스 접결구까지의 수직거리를 말한다)는 다음의 식에 따라 산출한 수치 이상이 되도록 할 것

$$H = h_1 + h_2 + 17 \text{(호스릴옥내소화전설비를 포함한다)}$$

H : 필요한 낙차(m)
h_1 : 소방용호스 마찰손실수두(m)
h_2 : 배관의 마찰손실수두(m)

② 고가수조에는 수위계·배수관·급수관·오버플로우관 및 맨홀을 설치할 것

2. 압력수조를 이용한 가압송수장치

압력수조를 이용한 가압송수장치는 다음 각 호의 기준에 따라 설치하여야 한다.

① 압력수조의 압력은 다음의 식에 따라 산출한 수치 이상으로 할 것

$$P = p_1 + p_2 + p_3 + 0.17 \text{(호스릴옥내소화전설비를 포함한다)}$$

P : 필요한 압력(MPa)
p_1 : 소방용호스의 마찰손실수두압(MPa)
p_2 : 배관의 마찰손실수두압(MPa)
p_3 : 낙차의 환산 수두압(MPa)

$$P_0 = (P + P_a)\frac{V}{V_0} - P_a$$

P_0 : 압력수조 내의 필요한 공기압력(MPa)
P : 필요한 압력(MPa)
P_a : 대기압(MPa)
V : 수조의 용적(m³)
V_0 : 수조 내 공기의 체적(m³)

② 압력수조에는 수위계·급수관·배수관·급기관·맨홀·압력계·안전장치 및 압력저하 방지를 위한 자동식 공기압축기를 설치할 것

8th Day

연습문제

★★★☆☆

문제1 옥내소화전설비의 가압송수장치로 고가수조를 설치하는 경우 고가수조에 필요한 낙차(수조의 하단으로부터 최고 층에 설치된 소화전 호스 접결구까지의 수직거리)를 구하시오.

① 고가수조의 급수구와 최고 위 옥내소화전 방수구 사이의 배관의 마찰손실수두는 12m이다.
② 소방용 호스의 마찰손실수두는 7.8 m이다.

배점 3

■ 계산과정

$= h_1 + h_2 + 17$

$= 12m + 7.8m + 17m = 36.8m$

■ 답 : 36.8 m

★★★★★

문제2 옥내소화전설비의 가압송수장치로 압력수조를 설치하는 경우 압력수조에 필요한 압력(MPa) 및 압력수조 내에 유지시켜 주어야 할 공기의 최소 게이지압력(MPa)을 구하시오.

① 대기압은 절대압력으로 0.1 MPa이다.
② 압력수조의 급수구와 최고 위 옥내소화전 방수구 간의 배관마찰손실은 15 m이다.
③ 옥내소화전 호스의 마찰손실은 8 m이다.
④ 압력수조의 급수구와 최고 위 옥내소화전 방수구와의 낙차는 50 m이며, 수조 내의 수면과 송수구 간의 낙차는 무시한다. 공기의 분자 운동은 이상기체의 성질을 따른다고 가정한다.
⑤ 압력수조 내에는 항상 내용적의 2/3에 달하는 물을 채워두고 있다.

배점 10

■ 답 : 1) 압력수조에 필요한 압력

$= p_1 + p_2 + p_3 + 0.17$

$= 8m + 15m + 50m + 0.17MPa$

$= 0.08MPa + 0.15MPa + 0.5MPa + 0.17MPa = 0.9MPa$

2) 압력수조 내에 유지시켜 주어야 할 공기의 최소 게이지압력

$P_o = (P + P_a) \times \dfrac{V}{V_o} - P_a$

$= (0.9MPa + 0.1MPa) \times \dfrac{1}{\frac{1}{3}} - 0.1MPa = 2.9MPa$

8 옥내소화전설비-06(펌프의 성능/옥내소화전의 방수구)

1. 펌프의 성능시험배관

① 성능시험배관은 펌프의 토출 측에 설치된 개폐밸브 이전에서 분기하여 직선으로 설치하고, 유량측정장치를 기준으로 전단 직관부에는 개폐밸브를 후단 직관부에는 유량조절밸브를 설치할 것. 이 경우 개폐밸브와 유량측정장치 사이의 직관부 거리 및 유량측정장치와 유량조절밸브 사이의 직관부 거리는 해당 유량측정장치 제조사의 설치사양에 따르고, 성능시험배관의 호칭지름은 유량측정장치의 호칭지름에 따른다.

② 유량측정장치는 펌프의 정격토출량의 175% 이상까지 측정할 수 있는 성능이 있을 것

> 유량측정범위 = 펌프의 정격토출량 × 1.75 이상

2. 옥내소화전의 방수구

① 특정소방대상물의 층마다 설치하되, 해당 특정소방대상물의 각 부분으로부터 하나의 옥내소화전방수구까지의 수평거리가 25 m(호스릴옥내소화전설비를 포함한다) 이하가 되도록 할 것. 다만, 복층형 구조의 공동주택의 경우에는 세대의 출입구가 설치된 층에만 설치할 수 있다.

> ※방수구의 최소 수량(정방형 배치) = 가로 설치 수량 × 세로 설치 수량
> 가로 설치 수량 = 가로길이 ÷ (2rcos45°) = 가로길이 ÷ (2 × 25m × cos45°)
> 세로 설치 수량 = 세로길이 ÷ (2rcos45°) = 세로길이 ÷ (2 × 25m × cos45°)

② 바닥으로부터의 높이가 1.5 m 이하가 되도록 할 것
③ 호스는 구경 40 mm(호스릴옥내소화전설비의 경우에는 25 mm) 이상의 것으로서 특정소방대상물의 각 부분에 물이 유효하게 뿌려질 수 있는 길이로 설치할 것
④ 호스릴옥내소화전설비의 경우 그 노즐에는 노즐을 쉽게 개폐할 수 있는 장치를 부착할 것

3. 옥내소화전의 방수구 설치제외

불연재료로 된 특정소방대상물 또는 그 부분으로서 다음 각 호의 어느 하나에 해당하는 곳에는 옥내소화전 방수구를 설치하지 아니할 수 있다.
① 냉장창고 중 온도가 영하인 냉장실 또는 냉동창고의 냉동실
② 고온의 노가 설치된 장소 또는 물과 격렬하게 반응하는 물품의 저장 또는 취급장소
③ 발전소 · 변전소 등으로서 전기시설이 설치된 장소
④ 식물원 · 수족관 · 목욕실 · 수영장(관람석 부분을 제외한다) 또는 그 밖의 이와 비슷한 장소
⑤ 야외음악당 · 야외극장 또는 그 밖의 이와 비슷한 장소

연습문제

★★★☆☆

문제1 펌프의 정격토출량이 650 ℓ/min일 경우 아래 표를 참고하여 다음 물음에 답하시오.

[Orifice Type or Screw Type(나사식, 플랜지식)]

구분	25	32	40	50	65	80	100	125	150
유량범위 [ℓ/min]	35~80	70~360	110~550	220~1,100	450~2,200	700~3,300	900~4,500	1,200~6,000	2,000~10,000

[물음]
1) 유량계의 측정범위를 계산하시오.
2) 적합한 최소 유량계를 선정하시오.
3) 성능시험배관의 구경을 선정하시오.

- 답 : 1) 유량계의 측정범위 $= 650\ell/\min \times 1.75 = 1137.5\ell/\min$ 이상
  2) 적합한 최소 유량계 : 65 mm 유량계
  3) 성능시험배관의 구경 : 65 mm

※ Clamp Type(밴드형)

구분	25	32	40	50	65	80	100	150	200
유량범위 [ℓ/min]	20~150	55~275	75~375	150~550	250~900	300~1125	500~2000	900~3900	1800~7200

★★★☆☆

문제2 가로 100 m, 세로 50 m인 의료시설에 옥내소화전설비를 설치하고자 한다. 정방형 배치의 경우 옥내소화전 방수구의 최소 설치개수를 산출하시오.

- 계산과정
  가로 설치 수량 = 가로 길이 ÷ $(2r\cos 45°)$
  $= 100m \div (2 \times 25m \times \cos 45°) = 2.8 \rightarrow 3$개
  세로 설치 수량 = 세로길이 ÷ $(2r\cos 45°)$
  $= 50m \div (2 \times 25m \times \cos 45°) = 1.4 \rightarrow 2$개
  방수구의 최소 수량 = 가로 설치 수량 × 세로 설치 수량 = 3개 × 2개 = 6개
- 답 : 6개

8th Day

⑨ 옥외소화전설비-01(수원/토출량)

1. 옥외소화전설비의 수원

옥외소화전설비의 수원은 그 저수량이 옥외소화전의 설치개수(옥외소화전이 2개 이상 설치된 경우에는 2개)에 7 m³를 곱한 양 이상이 되도록 하여야 한다.

$$저수량 = N \times 7m^3 \text{ 이상}(N : 2\text{개 이하})$$

2. 옥외소화전설비의 토출량

해당 특정소방대상물에 설치된 옥외소화전(2개 이상 설치된 경우에는 2개의 옥외소화전)을 동시에 사용할 경우 각 옥외소화전의 노즐선단에서의 방수압력이 0.25 MPa 이상이고, 방수량이 350 ℓ/min 이상이 되는 성능의 것으로 할 것. 이 경우 하나의 옥외소화전을 사용하는 노즐선단에서의 방수압력이 0.7 MPa을 초과할 경우에는 호스접결구의 인입측에 감압장치를 설치하여야 한다.

$$토출량 = N \times 350\ell/\min \text{ 이상}(N : 2\text{개 이하})$$

3. 호스접결구

호스접결구는 지면으로부터 높이가 0.5 m 이상 1 m 이하의 위치에 설치하고 특정소방대상물의 각 부분으로부터 하나의 호스접결구까지의 수평거리가 40 m 이하가 되도록 설치하여야 한다.

4. 소화전함

옥외소화전설비에는 옥외소화전마다 그로부터 5 m 이내의 장소에 소화전함을 다음 각 호의 기준에 따라 설치하여야 한다.

① 옥외소화전이 10개 이하 설치된 때에는 옥외소화전마다 5 m 이내의 장소에 1개 이상의 소화전함을 설치하여야 한다.
② 옥외소화전이 11개 이상 30개 이하 설치된 때에는 11개 이상의 소화전함을 각각 분산하여 설치하여야 한다.
③ 옥외소화전이 31개 이상 설치된 때에는 옥외소화전 3개마다 1개 이상의 소화전함을 설치하여야 한다.

8th Day

연습문제

★★★★☆

문제1 어느 소방대상물에 옥외소화전이 6개가 설치되어 있다. 옥외소화전설비를 위해 필요한 최소 수원의 수량(m^3)은?

배점 3

- 계산과정
  = $N \times 7m^3 = 2개 \times 7m^3 = 14m^3$
- 답 : $14m^3$

★★★★☆

문제2 어느 소방대상물에 옥외소화전이 4개 설치되어 있다. 옥외소화전설비를 위해 필요한 펌프의 토출량(ℓ/min)은?

배점 3

- 계산과정
  = $N \times 350\ell/min = 2개 \times 350\ell/min = 700\ell/min$ 이상
- 답 : $700\ell/min$ 이상

★★★★☆

문제3 아래 도면은 어느 소방대상물의 바닥면적 5,400 m^2의 구역을 방호하기 위한 옥외소화전설비의 평면도이다. 각 물음에 답하시오.

배점 4

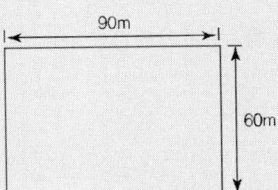

1) 옥외소화전설비의 수원의 저수량을 규격 방수량 이상으로 되게 하기 위하여 옥외소화전의 최대 설치개수는 몇 개인가?
2) 수원의 최소 저수량[m^3]을 산출하시오.

- 답 : 1) 옥외소화전의 최대 설치개수 : 2개
  2) 수원의 최소 저수량
  = 설치개수 $\times 7m^3 = 2개 \times 7m^3 = 14m^3$

TIP 옥외소화전설비의 수원의 저수량 계산 시 최대 설치개수 2개가 이용된다.(옥외소화전이 2개 이상 설치된 경우에는 2개)

9th Day

10 옥외소화전설비-02 (고가수조 및 압력수조)

1. 고가수조의 자연낙차를 이용한 가압송수장치

① 고가수조의 자연낙차수두(수조의 하단으로부터 최고층에 설치된 소화전 호스 접결구까지의 수직거리를 말한다)는 다음의 식에 따라 산출한 수치 이상이 되도록 할 것

$$H = h_1 + h_2 + 25$$

H : 필요한 낙차(m)
h_1 : 소방용 호스 마찰손실수두(m)
h_2 : 배관의 마찰손실수두(m)

② 고가수조에는 수위계 · 배수관 · 급수관 · 오버플로우관 및 맨홀을 설치할 것

2. 압력수조를 이용한 가압송수장치

① 압력수조의 압력은 다음의 식에 따라 산출한 수치 이상으로 할 것

$$P = p_1 + p_2 + p_3 + 0.25$$

P : 필요한 압력(MPa)
p_1 : 소방용 호스의 마찰손실수두압(MPa)
p_2 : 배관의 마찰손실수두압(MPa)
p_3 : 낙차의 환산수두압(MPa)

$$P_0 = (P + P_a)\frac{V}{V_0} - P_a$$

P_0 : 압력수조 내의 필요한 공기압력(MPa)
P : 필요한 압력(MPa)
P_a : 대기압(MPa)
V : 수조의 용적(m^3)
V_0 : 수조 내 공기의 체적(m^3)

② 압력수조에는 수위계 · 급수관 · 배수관 · 급기관 · 맨홀 · 압력계 · 안전장치 및 압력 저하 방지를 위한 자동식 공기압축기를 설치할 것

9th Day

연습문제

★★★☆☆

문제1 옥외소화전설비의 가압송수장치로 고가수조를 설치하는 경우 고가수조에 필요한 낙차(수조의 하단으로부터 최고 층에 설치된 소화전 호스 접결구까지의 수직거리)를 구하시오.

① 고가수조의 급수구와 최고 위 옥외소화전 방수구 사이의 배관의 마찰손실수두는 15 m이다.
② 소방용 호스의 마찰손실수두는 6.5 m이다.

배점 3

- 계산과정
  $= h_1 + h_2 + 25$
  $= 15m + 6.5m + 25m = 46.5m$
- 답 : 46.5 m

★★★★★

문제2 옥외소화전설비의 가압송수장치로 압력수조를 설치하는 경우 압력수조에 필요한 압력(MPa) 및 압력수조 내에 유지시켜 주어야 할 공기의 최소 게이지압력(MPa)을 구하시오.

① 대기압은 절대압력으로 0.1 MPa이다.
② 압력수조의 급수구와 옥외소화전 방수구 간의 배관마찰손실은 10 m이다.
③ 옥외소화전 호스의 마찰손실은 8 m이다.
④ 압력수조의 급수구와 옥외소화전 방수구와의 낙차는 12 m이며, 수조 내의 수면과 송수구 간의 낙차는 무시한다. 공기의 분자 운동은 이상기체의 성질을 따른다고 가정한다.
⑤ 압력수조 내에는 항상 내용적의 3/4에 달하는 물을 채워두고 있다.

배점 10

- 답 : ① 압력수조에 필요한 압력
  $P = p_1 + p_2 + p_3 + 0.25$
  $= 10m + 8m + 12m + 0.25 MPa$
  $= 0.1 MPa + 0.08 MPa + 0.12 MPa + 0.25 MPa$
  $= 0.55 MPa$
  ② 압력수조 내에 유지시켜 주어야 할 공기의 최소 게이지압력
  $P_o = (P + P_a) \times \dfrac{V}{V_o} - P_a$
  $= (0.55 + 0.1) \times \dfrac{1}{\frac{1}{4}} - 0.1$
  $= 2.5 MPa$

제2편 소방시설

11 스프링클러설비-01(수원)

1. 스프링클러설비의 수원은 그 저수량이 다음에 적합하도록 하여야 한다.
   ① 폐쇄형스프링클러헤드를 사용하는 경우에는 다음 표의 스프링클러설비 설치장소별 스프링클러헤드의 기준개수[스프링클러헤드의 설치개수가 가장 많은 층(아파트의 경우에는 설치개수가 가장 많은 세대)에 설치된 스프링클러헤드의 개수가 기준개수보다 작은 경우에는 그 설치개수를 말한다]에 1.6 m³를 곱한 양 이상이 되도록 할 것

스프링클러설비 설치장소			기준개수
지하층을 제외한 층수가 10층 이하인 소방대상물	공장 또는 창고(랙크식 창고를 포함한다)	특수가연물을 저장·취급하는 것	30
		그 밖의 것	20
	근린생활시설·판매시설·운수시설 또는 복합건축물	판매시설 또는 복합건축물(판매시설이 설치되는 복합건축물을 말한다)	30
		그 밖의 것	20
	그 밖의 것	헤드의 부착높이가 8m 이상인 것	20
		헤드의 부착높이가 8m 미만인 것	10
아파트			10
지하층을 제외한 층수가 11층 이상인 소방대상물(아파트를 제외한다)·지하가 또는 지하역사			30

$$수원의\ 저수량 = N \times 1.6 m^3$$
N : 기준개수(설치개수가 기준개수보다 작은 경우에는 그 설치개수)

   ② 개방형스프링클러헤드를 사용하는 스프링클러설비의 수원은 최대 방수구역에 설치된 스프링클러헤드의 개수가 30개 이하일 경우에는 설치헤드 수에 1.6 m³를 곱한 양 이상으로 하고, 30개를 초과하는 경우에는 제5조제1항제9호 및 제10호에 따라 산출된 가압송수장치의 1분당 송수량에 20을 곱한 양 이상이 되도록 할 것

30개 이하	수원의 저수량 = N × 1.6m³
30개 초과	수원의 저수량 = N × K√P × 20분

2. 스프링클러설비의 수원은 제1항에 따라 산출된 유효수량 외에 유효수량의 3분의 1 이상을 옥상에 설치하여야 한다. 다만, 다음 각 호의 어느 하나에 해당하는 경우에는 그러하지 아니하다.
   ① 지하층만 있는 건축물
   ② 고가수조를 가압송수장치로 설치한 경우
   ③ 수원이 건축물의 최상층에 설치된 헤드보다 높은 위치에 설치된 경우
   ④ 건축물의 높이가 지표면으로부터 10 m 이하인 경우
   ⑤ 주펌프와 동등 이상의 성능이 있는 별도의 펌프로서 내연기관의 기동과 연동하여 작동되거나 비상전원을 연결하여 설치한 경우
   ⑥ 가압수조를 가압송수장치로 설치한 경우

9th Day

연습문제

★★★★☆

문제1 지하층을 제외한 층수가 10층인 공장(특수가연물을 저장·취급)에 습식 스프링클러설비를 설치할 경우 수원의 저수량(m^3)을 계산하시오.

- 계산과정
  $= N \times 1.6 m^3 = 30개 \times 1.6 m^3 = 48 m^3$ 이상
- 답 : $48 m^3$ 이상

★★★★☆

문제2 층수가 10층인 일반창고에 습식 스프링클러설비가 설치되어 있다면 이 설비에 필요한 수원의 양은 얼마 이상이어야 하는가? 단, 이 창고는 특수가연물을 저장·취급하지 않는 일반물품을 적용함.

- 계산과정
  $= N \times 1.6 m^3 = 20개 \times 1.6 m^3 = 32 m^3$
- 답 : $32 m^3$

★★★★☆

문제3 지하층을 제외한 층수가 8층인 판매시설에 습식 스프링클러설비를 설치할 경우 수조의 저수량(m^3)을 계산하시오.

- 계산과정
  $= N \times 1.6 m^3 = 30개 \times 1.6 m^3 = 48 m^3$ 이상
- 답 : $48 m^3$ 이상

★★★★☆

문제4 지하층을 제외한 층수가 10층인 근린생활시설에 습식 스프링클러설비를 설치할 경우 수원의 저수량(m^3)을 계산하시오.

- 계산과정
  $= N \times 1.6 m^3 = 20개 \times 1.6 m^3 = 32 m^3$ 이상
- 답 : $32 m^3$ 이상

9th Day

★★★★☆

문제5 지하층을 제외한 층수가 8층인 운수시설에 습식 스프링클러설비를 설치할 경우 수원의 저수량(m^3)을 계산하시오. 단, 헤드의 부착높이는 8m 미만임.

- 계산과정

    = N × 1.6m^3 = 20개 × 1.6m^3 = 32m^3 이상

- 답 : 32m^3 이상

★★★★☆

문제6 지하층을 제외한 층수가 10층인 업무시설에 습식 스프링클러설비를 설치할 경우 수원의 저수량(m^3)을 계산하시오. 단, 헤드의 부착높이는 8m 미만임.

- 계산과정

    = N × 1.6m^3 = 10개 × 1.6m^3 = 16m^3 이상

- 답 : 16m^3 이상

★★★★☆

문제7 지하층을 제외한 층수가 10층인 업무시설에 습식 스프링클러설비를 설치할 경우 수원의 저수량(m^3)을 계산하시오. 단, 헤드의 부착높이는 8m 이상임.

- 계산과정

    = N × 1.6m^3 = 20개 × 1.6m^3 = 32m^3 이상

- 답 : 32m^3 이상

★★★★☆

문제8 지하층을 제외한 층수가 25층인 아파트에 습식 스프링클러설비를 설치할 경우 수원의 저수량(m^3)을 계산하시오. 단, 각 세대 내에는 스프링클러헤드가 12개씩 설치되어 있다.

- 계산과정

    = N × 1.6m^3 = 10개 × 1.6m^3 = 16m^3 이상

- 답 : 16m^3 이상

★★★★☆

문제9 지하역사에 습식 스프링클러설비를 설치할 경우 수원의 저수량(m^3)을 계산하시오.

■ 계산과정
 = N × 1.6m³ = 30개 × 1.6m³ = 48m³ 이상
■ 답 : 48m³ 이상

★★★★☆

문제10 지하층을 제외한 층수가 15층인 아파트에 습식 스프링클러설비를 설치할 경우 수원의 저수량(m³)을 계산하시오. 단, 각 세대 내에는 스프링클러헤드가 8개씩 설치되어 있다.

■ 계산과정
 = N × 1.6m³ = 8개 × 1.6m³ = 12.8m³ 이상
■ 답 : 12.8m³ 이상

★★★★☆

문제11 지하층을 제외한 층수가 25층인 업무시설에 습식 스프링클러설비를 설치할 경우 수원의 저수량(m³)을 계산하시오.

■ 계산과정
 = N × 1.6m³ = 30개 × 1.6m³ = 48m³ 이상
■ 답 : 48m³ 이상

★★★★☆

문제12 지하가에 습식 스프링클러설비를 설치할 경우 수원의 저수량(m³)을 계산하시오.

■ 계산과정
 = N × 1.6m³ = 30개 × 1.6m³ = 48m³ 이상
■ 답 : 48m³ 이상

★★★★☆

문제13 층고가 12 m인 6층 무대부에 3개 회로로 분기하여 개방형 스프링클러헤드를 각 회로 당 20개씩 설치하였을 경우에 소요되는 수원의 양(m³)은 얼마 이상이어야 하는가?

■ 계산과정
 = N × 1.6m³ = 20개 × 1.6m³ = 32m³
■ 답 : $32m^3$

9th Day

12 스프링클러설비-02(가압송수장치/방호구역 · 유수검지장치)

1. 전동기 또는 내연기관에 따른 펌프를 이용하는 가압송수장치

① 가압송수장치의 송수량은 0.1 MPa의 방수압력 기준으로 80ℓ/min 이상의 방수 성능을 가진 기준개수의 모든 헤드로부터의 방수량을 충족시킬 수 있는 양 이상의 것으로 할 것. 이 경우 속도수두는 계산에 포함하지 아니할 수 있다.

② 가압송수장치의 1분당 송수량은 폐쇄형스프링클러헤드를 사용하는 설비의 경우 기준개수에 80ℓ를 곱한 양 이상으로도 할 수 있다.

$$펌프의\ 토출량 = N \times 80ℓ/분$$

③ 가압송수장치의 1분당 송수량은 개방형스프링클러헤드 수가 30개 이하의 경우에는 그 개수에 80ℓ를 곱한 양 이상으로 할 수 있다.

2. 폐쇄형 스프링클러설비의 방호구역 · 유수검지장치

① 하나의 방호구역의 바닥면적은 3,000 m²를 초과하지 아니할 것. 다만, 폐쇄형스프링클러설비에 격자형배관방식을 채택하는 때에는 3,700 m² 범위 내에서 펌프용량, 배관의 구경 등을 수리학적으로 계산한 결과 헤드의 방수압 및 방수량이 방호구역 범위 내에서 소화목적을 달성하는 데 충분할 것

$$방호구역의\ 수량 = \frac{바닥면적(m^2)}{3,000m^2/1구역}$$

② 하나의 방호구역에는 1개 이상의 유수검지장치를 설치하되, 화재 발생 시 접근이 쉽고 점검하기 편리한 장소에 설치할 것

③ 하나의 방호구역은 2개 층에 미치지 아니하도록 할 것. 다만, 1개 층에 설치되는 스프링클러헤드의 수가 10개 이하인 경우와 복층형구조의 공동주택에는 3개 층 이내로 할 수 있다.

④ 유수검지장치를 실내에 설치하거나 보호용 철망 등으로 구획하여 바닥으로부터 0.8 m 이상 1.5 m 이하의 위치에 설치하되, 그 실 등에는 가로 0.5 m 이상 세로 1 m 이상의 출입문을 설치하고, 그 출입문 상단에 "유수검지장치실"이라고 표시한 표지를 설치할 것

⑤ 스프링클러헤드에 공급되는 물은 유수검지장치를 지나도록 할 것. 다만, 송수구를 통하여 공급되는 물은 그러하지 아니하다.

⑥ 자연낙차에 따른 압력수가 흐르는 배관 상에 설치된 유수검지장치는 화재 시 물의 흐름을 검지할 수 있는 최소한의 압력이 얻어질 수 있도록 수조의 하단으로부터 낙차를 두어 설치할 것

연습문제

★★★★☆

문제1 지하층을 제외한 층수가 50층인 복합건축물에 스프링클러설비를 설치할 경우 펌프의 토출량(ℓ/분)을 계산하시오.

■ 계산과정
= N × 80ℓ/분 = 30개 × 80ℓ/분 = 2,400ℓ/분

■ 답 : 2,400ℓ/분

★★★★☆

문제2 바닥면적이 7,500 m²인 지하주차장에 스프링클러설비를 설치하고자 한다. 방호구역 및 유수검지장치의 최소 설치수량을 산출하시오.

■ 계산과정

① 방호구역 : $\dfrac{바닥면적(m^2)}{3,000m^2/1구역} = \dfrac{7,500(m^2)}{3,000m^2/1구역} = 2.5 \to 3구역$

② 유수검지장치 : 3개

■ 답 : ① 방호구역 : 3구역
　　　② 유수검지장치 : 3개

★★★★☆

문제3 지상 20층 지하 1층의 계단실형 APT에 스프링클러설비를 설치하고자 한다. 방호구역 수(지하주차장 포함)를 구하시오. 단, 지상층 층당 바닥면적은 600 m², 지하층 바닥면적은 4,500 m²이다.

■ 계산과정

지상층	$\dfrac{600m^2/층}{3,000m^2/구역} = 0.2구역/층 \to 1구역/층 \times 20개층 = 20구역$
지하층	$\dfrac{4,500m^2}{3,000m^2/구역} = 1.5구역 \to 2구역$
합계	20구역 + 2구역 = 22구역

■ 답 : 22구역

13 스프링클러설비-03(고가수조 및 압력수조)

1. 고가수조의 자연낙차를 이용한 가압송수장치

① 고가수조의 자연낙차수두(수조의 하단으로부터 최고층에 설치된 헤드까지의 수직거리)는 다음의 식에 따라 산출한 수치 이상이 되도록 할 것

$$H = h_1 + 10$$

H : 필요한 낙차(m)
h_1 : 배관의 마찰손실 수두(m)

② 고가수조에는 수위계 · 배수관 · 급수관 · 오버플로우관 및 맨홀을 설치할 것

2. 압력수조를 이용한 가압송수장치

① 압력수조의 압력은 다음의 식에 따라 산출한 수치 이상으로 할 것

$$P = p_1 + p_2 + 0.1$$

P : 필요한 압력(MPa)
p_1 : 낙차의 환산 수두압(MPa)
p_2 : 배관의 마찰손실 수두압(MPa)

$$P_o = (P + P_a) \times \frac{V}{V_o} - P_a$$

P_o : 수조 내에 유지시켜야 할 공기압력(MPa)
P_a : 대기압(MPa)
V : 압력수조 내용적(m³)
V_o : 공기의 부피(m³)

② 압력수조에는 수위계 · 급수관 · 배수관 · 급기관 · 맨홀 · 압력계 · 안전장치 및 압력저하 방지를 위한 자동식 공기압축기를 설치할 것

9th Day

연습문제

★★★★★

문제1 5층 건물에 스프링클러설비가 되어있다. 이 설비에 대한 급수는 압력수조방식이다. 압력수조(내용적 20[m³])와 최고 위 스프링클러헤드까지의 수직높이는 20[m]이고, 수조 내에는 내용적의 1/2만큼 물이 들어있다. 이 경우 수조 내에 유지시켜야 할 공기압력(게이지압력)은 몇 [MPa]인가? 단, 배관 내의 마찰손실은 무시하며, 대기압은 0.1[MPa]이다.

■ 계산과정

압력수조에 필요한 압력

$P = P_1 + P_2 + 0.1 = 20m + 0 + 0.1 MPa = 0.2 MPa + 0 + 0.1 MPa = 0.3 MPa$

수조 내에 유지시켜야 할 공기압력

$P_o = (P + P_a) \times \dfrac{V}{V_o} - P_a = (0.3 MPa + 0.1 MPa) \times \dfrac{20m^3}{10m^3} - 0.1 MPa = 0.7 MPa$

■ 답 : $0.7 MPa$

★★★★★

문제2 습식 스프링클러설비의 가압송수장치로서 압력수조를 설치하는 경우 압력수조 내에 유지시켜 주어야 할 공기의 최소 게이지압력을 구하시오.

① 대기압은 절대압력으로 0.1 MPa이다.
② 압력수조의 송수구와 헤드 간의 배관 마찰손실은 무시한다.
③ 압력수조의 송수구는 최고 위 스프링클러헤드와 같은 높이에 있으며, 수조 내의 수면과 송수구 간의 낙차는 무시한다.
④ 수조 내에는 항상 내용량의 2/3에 달하는 물을 채워 두고 있다.
⑤ 수조로부터 최고 먼 거리에 있는 헤드 개방 시 방수압은 최소한 0.1 MPa(게이지압력)이 되어야 한다.
⑥ 공기의 분자 운동은 이상기체의 성질을 따른다고 가정한다.

■ 계산과정

필요한 압력

$P = P_1 + P_2 + 0.1 = 0 + 0 + 0.1 MPa = 0.1 MPa$

평상시 유지시켜야 할 공기의 압력

$P_o = (P + P_a) \times \dfrac{V}{V_o} - P_a = (0.1 MPa + 0.1 MPa) \times \dfrac{1}{\frac{1}{3}} - 0.1 MPa = 0.5 MPa$

■ 답 : $0.5 MPa$

14 스프링클러설비-04(배관)

배관의 구경은 수리계산에 의하거나 [별표 1]의 기준에 따라 설치할 것. 다만, 수리계산에 따르는 경우 가지배관의 유속은 6 m/s, 그 밖의 배관의 유속은 10 m/s를 초과할 수 없다.

$$Q = Av = \frac{\pi}{4}D^2v \text{에서 } D = \sqrt{\frac{4Q}{\pi v}}$$

[별표1] 스프링클러헤드 수별 급수관의 구경

구분 \ 구경	25	32	40	50	65	80	90	100	125	150
가	2	3	5	10	30	60	80	100	160	161 이상
나	2	4	7	15	30	60	65	100	160	161 이상
다	1	2	5	8	15	27	40	55	90	91 이상

① 폐쇄형스프링클러헤드를 사용하는 설비의 경우로서 1개층에 하나의 급수배관(또는 밸브 등)이 담당하는 구역의 최대면적은 3,000 m²를 초과하지 아니할 것
② 폐쇄형스프링클러헤드를 설치하는 경우에는 "가"란의 헤드 수에 따를 것. 다만, 100개 이상의 헤드를 담당하는 급수배관(또는 밸브)의 구경을 100 mm로 할 경우에는 수리계산을 통하여 제8조제3항제3호에서 규정한 배관의 유속에 적합하도록 할 것

> [제8조제3항제3호] : 가지배관의 유속은 6 m/s, 그 밖의 배관의 유속은 10 m/s 이하

③ 폐쇄형스프링클러헤드를 설치하고 반자 아래의 헤드와 반자 속의 헤드를 동일 급수관의 가지관상에 병설하는 경우에는 "나"란의 헤드 수에 따를 것
④ 제10조제3항제1호의 경우로서 폐쇄형스프링클러헤드를 설치하는 설비의 배관구경은 "다"란에 따를 것

> [제10조제3항제1호] : 무대부·특수가연물을 저장 또는 취급하는 장소에 있어서는 1.7 m 이하

⑤ 개방형스프링클러헤드를 설치하는 경우 하나의 방수구역이 담당하는 헤드의 개수가 30개 이하일 때는 "다"란의 헤드 수에 의하고, 30개를 초과할 때는 수리계산 방법에 따를 것

연습문제

★★★★☆

문제1 스프링클러설비에서 유량이 400 ℓ/min인 경우 가지배관의 구경(mm)을 계산하시오.

■ 계산과정

$Q = Av = \dfrac{\pi}{4}D^2 v$ 에서

가지배관의 구경 $D = \sqrt{\dfrac{4Q}{\pi v}} = \sqrt{\dfrac{4 \times 400 \ell / \min}{\pi \times 6 m/s}} = \sqrt{\dfrac{4 \times 0.4 m^3 / 60s}{\pi \times 6 m/s}}$

$= 0.0376m = 37.6mm$

■ 답 : 37.6mm

★★★★☆

문제2 스프링클러설비에서 유량이 2,400 ℓ/min인 경우 교차배관의 구경(mm)을 계산하시오.

■ 계산과정

$Q = Av = \dfrac{\pi}{4}D^2 v$ 에서 $D = \sqrt{\dfrac{4Q}{\pi v}} = \sqrt{\dfrac{4 \times 2,400 \ell / \min}{\pi \times 10 m/s}} = \sqrt{\dfrac{4 \times 2.4 m^3 / 60s}{\pi \times 10 m/s}}$

$= 0.0714m = 71.4mm$

■ 답 : 71.4mm

★★★★☆

문제3 스프링클러설비에서 유량이 2,400 ℓ/min인 경우 수평주행배관의 구경(mm)을 계산하시오.

■ 계산과정

$Q = Av = \dfrac{\pi}{4}D^2 v$ 에서 $D = \sqrt{\dfrac{4Q}{\pi v}} = \sqrt{\dfrac{4 \times 2,400 \ell / \min}{\pi \times 10 m/s}} = \sqrt{\dfrac{4 \times 2.4 m^3 / 60s}{\pi \times 10 m/s}}$

$= 0.0714m = 71.4mm$

■ 답 : 71.4mm

15 스프링클러설비-05(스프링클러헤드의 설치)

1. 스프링클러헤드는 특정소방대상물의 천장·반자·천장과 반자 사이·덕트·선반 기타 이와 유사한 부분(폭이 1.2 m를 초과하는 것에 한한다)에 설치하여야 한다.
2. 랙크식창고의 경우로서 특수가연물을 저장 또는 취급하는 것에 있어서는 랙크 높이 4 m 이하마다, 그 밖의 것을 취급하는 것에 있어서는 랙크 높이 6 m 이하마다 스프링클러헤드를 설치하여야 한다.
3. 스프링클러헤드를 설치하는 천장·반자·천장과 반자 사이·덕트·선반 등의 각 부분으로부터 하나의 스프링클러헤드까지의 수평거리는 다음 각 호와 같이 하여야 한다. 다만, 성능이 별도로 인정된 스프링클러헤드를 수리계산에 따라 설치하는 경우에는 그러하지 아니하다.
   ① 무대부·특수가연물을 저장 또는 취급하는 장소에 있어서는 1.7 m 이하
   ② 〈삭제 2024.1.1.〉
   ③ 〈삭제 2024.1.1.〉
   ④ 제1호부터 제3호까지 규정 외의 특정소방대상물에 있어서는 2.1 m 이하(내화구조로 된 경우에는 2.3 m 이하)
4. 연소할 우려가 있는 개구부에는 그 상하좌우에 2.5 m 간격으로(개구부의 폭이 2.5 m 이하인 경우에는 그 중앙에) 스프링클러헤드를 설치하되, 스프링클러헤드와 개구부의 내측 면으로부터 직선거리는 15 ㎝ 이하가 되도록 할 것. 이 경우 사람이 상시 출입하는 개구부로서 통행에 지장이 있을 때에는 개구부의 상부 또는 측면(개구부의 폭이 9 m 이하인 경우에 한한다)에 설치하되, 헤드 상호간의 간격은 1.2 m 이하로 설치하여야 한다.
5. 측벽형스프링클러헤드를 설치하는 경우 긴 변의 한쪽 벽에 일렬로 설치(폭이 4.5 m 이상 9 m 이하인 실에 있어서는 긴 변의 양쪽에 각각 일렬로 설치하되 마주보는 스프링클러헤드가 나란히꼴이 되도록 설치)하고 3.6 m 이내마다 설치할 것

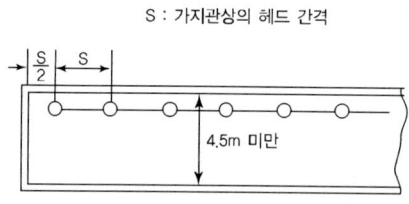
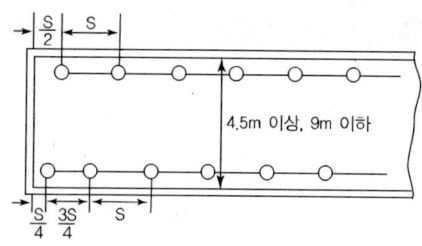

★★★★☆

문제1 가로 14.4 m, 세로 12 m인 특수가연물을 저장하는 단층 창고 건물에 폐쇄형 스프링클러헤드를 정방형으로 설치하고자 한다. 다음의 물음에 답하시오.

1) 헤드와 헤드 사이의 최대 간격(m)을 계산하시오.
2) 헤드의 최대유효방호면적(m²)을 계산하시오.

■ 답 : 1) 헤드와 헤드 사이의 최대 간격
   $S = 2r\cos 45° = 2 \times 1.7m \times \cos 45° = 2.4m$
2) 헤드의 최대유효방호면적
   $= S^2 = (2.4m)^2 = 5.8m^2$

TIP ※ 정방형(정사각형) 배치

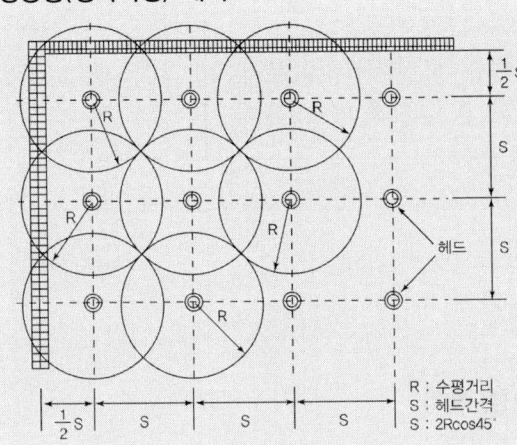

θ	45°
대각선	$2R$
헤드 간의 간격(S)	$2R\cos 45°$
헤드의 최대방호면적	S^2

★★★☆☆

문제2 방호반경을 2.3 m로 하여 스프링클러헤드를 직사각형의 형태로 균일하게 배열한 다음 헤드 간의 간격을 알아보기 위하여 직사각형 형태의 긴 변의 길이를 측정하였더니 4 m이었다. 이 경우 짧은 변의 길이에 해당하는 헤드 간의 길이는 몇 m인가?

배점 5

■ 답 : 피타고라스 정리 $a^2 + b^2 = c^2$에 조건을 대입하면,
   $(4m)^2 + b^2 = (2 \times 2.3m)^2$
   $(4m)^2 + b^2 = (4.6m)^2$
   $b^2 = (4.6m)^2 - (4m)^2$ 양변에 제곱근을 하면,
   $b = \sqrt{(4.6m)^2 - (4m)^2} = 2.27m$

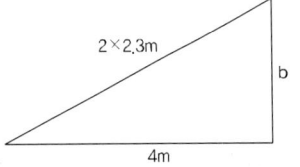

TIP ※ 장방형(직사각형) 배치

θ	대각선	헤드 간의 간격
30°~60°	$2r$	헤드 간의 거리(가로) $S_1 = 2r\cos\theta$ 헤드 간의 거리(세로) $S_2 = 2r\sin\theta$

★★★☆☆

문제3 스프링클러헤드를 내화구조의 건축물에 지그재그형으로 설치하려고 한다. 헤드와 헤드 사이의 거리(A, B)를 계산하시오.

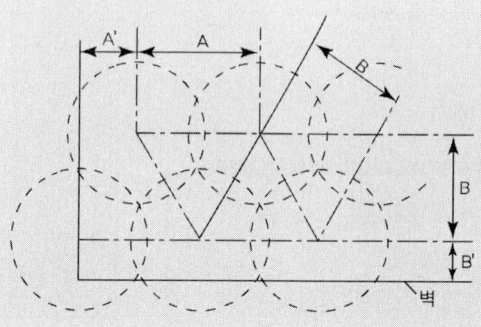

- 답 : $A = 2r\cos 30° = 2 \times 2.3m \times \cos 30° = 3.98m$
  $B = A\cos 30° = 3.98m \times \cos 30° = 3.45m$

※ 나란히형(스테거드형, 지그재그형) 배치

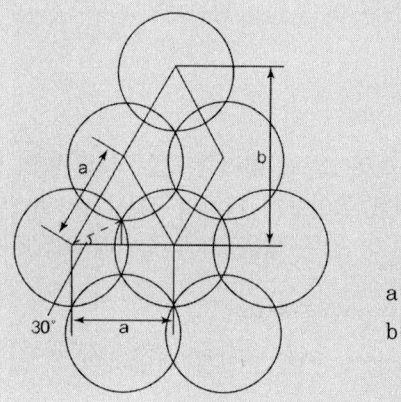

$a = 2r\cos 30°$
$b = 2a\cos 30°$

★★★★☆

문제4 스프링클러설비에 대한 다음 물음에 답하시오. 단, 측벽형 스프링클러헤드는 ↙로 표기하시오.

1) 폭 4m, 길이 10 m인 실내에 측벽형 스프링클러헤드를 설치할 경우 설치수량 및 배치도를 작성하시오.
2) 폭 8 m, 길이 20 m인 실내에 측벽형 스프링클러헤드를 설치할 경우 설치수량 및 배치도를 작성하시오.

- 답 : 1) 폭 4 m, 길이 10 m인 실내에 측벽형 스프링클러헤드를 설치할 경우

① 설치수량

$$= \frac{10m}{3.6m/개} = 2.7 \rightarrow 3개$$

② 배치도

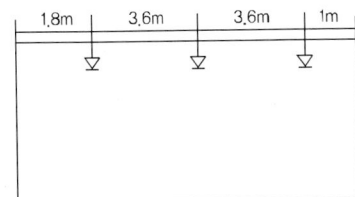

2) 폭 8 m, 길이 20 m인 실내에 측벽형 스프링클러헤드를 설치할 경우

① 설치수량

$$= \frac{20m}{3.6m/개} = 5.5 \rightarrow 6개 \times 2 + 1개 = 13개$$

② 배치도

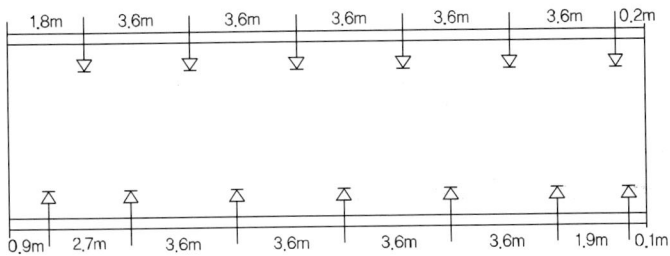

9th Day

16 스프링클러설비-06(송수구/드렌처설비)

1. 스프링클러설비의 송수구

스프링클러설비에는 소방차로부터 그 설비에 송수할 수 있는 송수구를 다음 각 호의 기준에 따라 설치하여야 한다.

① 소방차가 쉽게 접근할 수 있고 잘 보이는 장소에 설치하고, 화재층으로부터 지면으로 떨어지는 유리창 등이 송수 및 그 밖의 소화작업에 지장을 주지 않는 장소에 설치할 것
② 송수구로부터 스프링클러설비의 주배관에 이르는 연결배관에 개폐밸브를 설치한 때에는 그 개폐상태를 쉽게 확인 및 조작할 수 있는 옥외 또는 기계실 등의 장소에 설치할 것
③ 구경 65mm의 쌍구형으로 할 것
④ 폐쇄형스프링클러헤드를 사용하는 스프링클러설비의 송수구는 하나의 층의 바닥면적이 3,000 m²를 넘을 때마다 1개 이상(5개를 넘을 경우에는 5개로 한다)을 설치할 것

$$송수구의\ 수량 = \frac{바닥면적(m^2)}{3,000 m^2/개}$$

⑤ 지면으로부터 높이가 0.5 m 이상 1 m 이하의 위치에 설치할 것

2. 드렌처설비

연소할 우려가 있는 개구부에 다음 각 호의 기준에 따른 드렌처설비를 설치한 경우에는 해당 개구부에 한하여 스프링클러헤드를 설치하지 아니할 수 있다.

① 드렌처헤드는 개구부 위측에 2.5 m 이내마다 1개를 설치할 것

$$드렌처헤드\ 수량 = \frac{연소할\ 우려가\ 있는\ 개구부의\ 폭(m)}{2.5 m/개}$$

② 제어밸브(일제개방밸브·개폐표시형밸브 및 수동조작부를 합한 것)는 특정소방대상물 층마다에 바닥면으로부터 0.8 m 이상 1.5 m 이하의 위치에 설치할 것
③ 수원의 수량은 드렌처헤드가 가장 많이 설치된 제어밸브의 드렌처헤드의 설치개수에 1.6 m³를 곱하여 얻은 수치 이상이 되도록 할 것

$$드렌처설비\ 수원의\ 수량 = 설치개수 \times 1.6 m^3$$

④ 드렌처설비는 드렌처헤드가 가장 많이 설치된 제어밸브에 설치된 드렌처헤드를 동시에 사용하는 경우에 각각의 헤드 선단에 방수압력이 0.1 MPa 이상, 방수량이 80 ℓ/min 이상이 되도록 할 것
⑤ 수원에 연결하는 가압송수장치는 점검이 쉽고 화재 등의 재해로 인한 피해우려가 없는 장소에 설치할 것

9th Day

? 연습문제

★★★☆☆

문제1 바닥면적이 10,000 m²의 경우 폐쇄형 스프링클러헤드를 사용하는 스프링클러설비의 송수구 설치수량을 산출하시오.

- 계산과정

$$= \frac{바닥면적(m^2)}{3,000m^2/개} = \frac{10,000m^2}{3,000m^2/개} = 3.3 \rightarrow 4개$$

- 답 : 4개

★★★☆☆

문제2 연소할 우려가 있는 개구부(높이 4 m, 폭 6 m)에 드렌처설비를 설치할 경우 드렌처헤드의 최소 설치 수량을 산출하시오.

- 계산과정

$$= \frac{연소할\ 우려가\ 있는\ 개구부의\ 폭(m)}{2.5m/개} = \frac{6m}{2.5m/개} = 2.4 \rightarrow 3개$$

- 답 : 3개

★★★★☆

문제3 2개의 방수구역으로서 하나의 제어밸브에 8개씩 드렌처헤드가 설치되어 있는 드렌처설비의 경우 법적인 수원의 수량은?

- 계산과정

$$= N \times 1.6m^3 = 8개 \times 1.6m^3 = 12.8m^3\ 이상$$

- 답 : $12.8m^3$ 이상

★★★★☆

문제4 드렌처설비에서 헤드를 10개씩 4회로 설치했을 경우 그 수원의 수량은 몇 m³인가?

- 계산과정

$$= N \times 1.6m^3 = 10개 \times 1.6m^3 = 16m^3\ 이상$$

- 답 : $16m^3$ 이상

[17] 스프링클러설비-07(수원 및 펌프 등의 겸용)

1. 스프링클러설비의 수원을 옥내소화전설비·간이스프링클러설비·화재조기진압용 스프링클러설비·물분무소화설비·포소화설비 및 옥외소화전설비의 수원을 겸용하여 설치하는 경우의 저수량은 각 소화설비에 필요한 저수량을 합한 양 이상이 되도록 해야 한다. 다만, 이들 소화설비 중 고정식 소화설비(펌프·배관과 소화수 또는 소화약제를 최종 방출하는 방출구가 고정된 설비를 말한다. 이하 같다)가 2 이상 설치되어 있고, 그 소화설비가 설치된 부분이 방화벽과 방화문으로 구획되어 있는 경우에는 각 고정식 소화설비에 필요한 저수량 중 최대의 것 이상으로 할 수 있다.

2. 스프링클러설비의 가압송수장치로 사용하는 펌프를 옥내소화전설비·간이스프링클러설비·화재조기진압용 스프링클러설비·물분무소화설비·포소화설비 및 옥외소화전설비의 가압송수장치와 겸용하여 설치하는 경우의 펌프의 토출량은 각 소화설비에 해당하는 토출량을 합한 양 이상이 되도록 하여야 한다. 다만, 이들 소화설비 중 고정식 소화설비가 2 이상 설치되어 있고, 그 소화설비가 설치된 부분이 방화벽과 방화문으로 구획되어 있으며 각 소화설비에 지장이 없는 경우에는 펌프의 토출량 중 최대의 것 이상으로 할 수 있다.

3. 옥내소화전설비·스프링클러설비·간이스프링클러설비·화재조기진압용 스프링클러설비·물분무소화설비·포소화설비 및 옥외소화전설비의 가압송수장치에 있어서 각 토출측 배관과 일반급수용의 가압송수장치의 토출측 배관을 상호 연결하여 화재 시 사용할 수 있다. 이 경우 연결배관에는 개폐표시형밸브를 설치하여야 하며, 각 소화설비의 성능에 지장이 없도록 하여야 한다.

4. 스프링클러설비의 송수구를 옥내소화전설비·간이스프링클러설비·화재조기진압용스프링클러설비·물분무소화설비·포소화설비·연결송수관설비 또는 연결살수설비의 송수구와 겸용으로 설치하는 경우에는 스프링클러설비의 송수구의 설치기준에 따르되 각각의 소화설비의 기능에 지장이 없도록 하여야 한다.

9th Day

연습문제

★★★★★

문제1 그림과 같은 아파트에 소화설비를 설계하고자 한다. 소화설비가 2 이상 설치되어 있고, 그 소화설비가 설치된 부분이 방화벽과 방화문으로 구획되어 있을 때 법정 최소 소화설비를 설치하고자 한다. 다음을 산정하시오.

배점 10

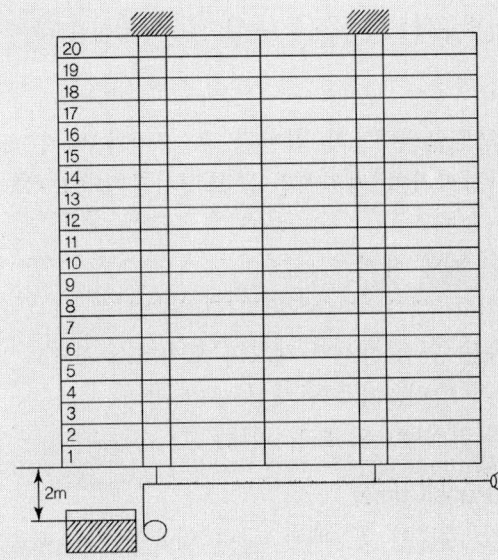

① 50평형 계단식 아파트 20층 80세대, 층간 높이 3[m], 바닥 기준면에서 반자까지 높이 : 2.5[m], 옥내소화전 방수구의 높이 : 1[m], 한 세대당 설치된 스프링클러헤드 수 : 8개
② 최상층 스프링클러헤드까지의 배관마찰손실수두 : 15[m], 최상층 옥내소화전까지 마찰손실수두 : 8[m], 옥내소화전 호스 및 노즐의 마찰손실수두 : 12[m]

[물음]
1) 소화펌프의 양정   2) 소화펌프의 토출량   3) 소화용 보유수량

- 답 : 1) 소화펌프의 양정

  옥내소화전설비

  $H = h_1 + h_2 + h_3 + 17m = 2m + 3m/층 \times 19층 + 1m + 8m + 12m + 17m = 97m$

  스프링클러설비

  $H = h_1 + h_2 + 10m = 2m + 3m/층 \times 19층 + 2.5m + 15m + 10m = 86.5m$

  ∴ 소화펌프의 양정 = 97m

  2) 소화펌프의 토출량 $= N \times 130\ell/min + N \times 80\ell/min$
     $= 1개 \times 130\ell/min + 8개 \times 80\ell/min = 770\ell/min$

  3) 소화용 보유수량 $= 770\ell/min \times 20min = 15,400\ell = 15.4m^3$

18 스프링클러설비-08(건식스프링클러설비의 작동 지연시간)

1. 건식스프링클러설비의 작동 지연시간

건식스프링클러설비는 습식스프링클러설비에 비하여 화재진압이 지연된다. 이러한 작동지연은 트립시간(trip time)과 소화수 이송시간에 의한 것이다. 건식스프링클러설비의 방수 지연시간은 화재 열에 의하여 스프링클러헤드가 감열된 시점부터 스프링클러헤드로 방수되는 시점까지의 시간이다.

> 건식스프링클러설비의 작동 지연시간=트립시간+소화수 이송시간

1) 트립시간(trip time)

화재 열에 의해 스프링클러헤드가 감열된 후 공기가 빠져 나가면서 건식밸브의 클래퍼가 개방되는 시점까지의 지연시간을 트립시간이라고 한다. 트립시간에 영향을 주는 요인은 다음과 같다.
① 건식설비의 2차측 배관 체적
② 공기의 온도
③ 개방된 헤드의 유동 면적(설치된 헤드의 오리피스 구경)
④ 2차측 공기의 초기 압력(2차측의 셋팅 공기 압력)
⑤ 트립 공기의 압력(건식밸브의 트립 압력)

2) 소화수 이송시간(transit time)

건식밸브의 클래퍼가 개방된 후 배관 내의 압축공기가 배출되면서 소화수가 배관 내를 유동하여 스프링클러헤드로 방수되는 시점까지의 지연시간을 소화수 이송시간이라고 한다. 소화수 이송시간에 영향을 주는 요인은 다음과 같다.
① 개방된 헤드의 유동 면적(설치된 헤드의 오리피스 구경)
② 1차측 수압
③ 건식밸브가 개방(트립)된 후 2차측 배관의 공기 압력
④ 건식설비의 2차측 배관 체적

2. 건식스프링클러설비의 작동 지연시간의 단축방법

① 2차측 압축공기의 양을 줄인다.
　－건식설비의 2차측 배관 체적을 작게 하거나, 2차측 공기의 초기 압력(2차측의 세팅 공기 압력)을 작게 한다.
② 배기가속장치(Quick Opening Device)를 설치한다.
　－배기가속장치에는 가속기(Accelerator)와 공기배출기(Exhauster)의 두 가지가 있으며, 스프링클러헤드가 1~2개 개방되어 배관 내 압력이 다소 낮아졌을 때 작동한다.

9th Day

연습문제

★★★★★

문제1 다음 그림의 건식밸브에서 1차측 물의 압력이 4 kgf/cm² 이고, 1차측 단면 직경이 12 cm, 2차측 단면 직경이 18 cm 일 때 2차측 공기압력은 최소 얼마 이상이어야 밸브가 닫히는가? 단, 클래퍼의 자중은 무시한다.

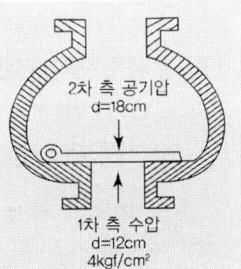

- 계산과정

  밸브의 닫힘 조건 : $F_1 \leq F_2$

  $P_1 A_1 = P_2 A_2$ 에서 $P_1 \times \dfrac{\pi}{4} D_1^2 = P_2 \times \dfrac{\pi}{4} D_2^2$

  $4 kgf/cm^2 \times \dfrac{\pi}{4} \times (12cm)^2 = P_2 \times \dfrac{\pi}{4} \times (18cm)^2$

  $4 kgf/cm^2 \times (12cm)^2 = P_2 \times (18cm)^2$

  $P_2 = \dfrac{(12cm)^2}{(18cm)^2} \times 4 kgf/cm^2 = 1.78 kgf/cm^2$

- 답 : $1.78 kgf/cm^2$

★★★★★

문제2 건식밸브(Dry valve) 1차측 가압수의 압력이 3kgf/cm²이고, 동밸브 2차측의 공기 압력이 0.7 kgf/cm²이다. 1차측의 수압이 클래퍼에 작용하는 단면적이 68 cm²이라 면 이 클래퍼가 개방되지 않을 경우의 2차측의 공기압이 클래퍼에 작용하는 단 면적은 몇 cm²인가 계산하시오. 또 이것이 원형일 경우의 직경(mm)을 계산하시오.

- 답 : 1) 단면적

  밸브의 닫힘 조건 : $F_1 \leq F_2$

  $P_1 A_1 = P_2 A_2$ 에서 $A_2 = \dfrac{P_1 A_1}{P_2} = \dfrac{3 kgf/cm^2 \times 68cm^2}{0.7 kgf/cm^2} = 291.43 cm^2$

  2) 직경

  $A = \dfrac{\pi}{4} D^2$ 에서 $D = \sqrt{\dfrac{4A}{\pi}} = \sqrt{\dfrac{4 \times 291.43 cm^2}{\pi}} = 19.263 cm = 192.63 mm$

10th Day

[19] 간이스프링클러설비-01 (수원/가압송수장치)

1. 간이스프링클러설비의 수원

① 상수도직결형의 경우에는 수돗물
② 수조("캐비닛형"을 포함한다)를 사용하고자 하는 경우에는 적어도 1개 이상의 자동급수장치를 갖추어야 하며, 2개의 간이헤드에서 최소 10분[영 별표 4 제1호마목2)가) 또는 6)과 8)에 해당하는 경우에는 5개의 간이헤드에서 최소 20분] 이상 방수할 수 있는 양 이상을 수조에 확보할 것

> ※ 영 별표 4 제1호마목 2)가) 또는 6)과 8)의 경우
> = 5개 × 50ℓ/min × 20min
> **그 밖의 경우의 수원** = 2개 × 50ℓ/min × 10min

> ※ [영 별표 4 제1호마목 2)가) 또는 6)과 8)]
> 가. 근린생활시설로 사용하는 부분의 바닥면적 합계가 1천 m² 이상인 것은 모든 층
> 6) 숙박시설로 사용되는 바닥면적의 합계가 300 m² 이상 600 m² 미만인 시설
> 8) 복합건축물(별표 2 제30호나목의 복합건축물만 해당한다)로서 연면적 1천 m² 이상인 것은 모든 층

2. 간이스프링클러설비의 가압송수장치

(1) 방수압력(상수도직결형은 상수도압력)은 가장 먼 가지배관에서 2개[영 별표 4 제1호마목2)가) 또는 6)과 8)에 해당하는 경우에는 5개]의 간이헤드를 동시에 개방할 경우 각각의 간이헤드 선단 방수압력은 0.1 MPa 이상, 방수량은 50 L/min 이상이어야 한다. 다만, 2.3.1.7에 따른 주차장에 표준반응형스프링클러헤드를 사용할 경우 헤드 1개의 방수량은 80 L/min 이상이어야 한다.

> ※ 영 별표 4 제1호마목2)가) 또는 6)과 8)에 해당하는 경우의 펌프 토출량
> = 5개 × 50ℓ/min
> **그 밖의 경우의 펌프 토출량** = 2개 × 50ℓ/min

[2.3.1.7] : 간이스프링클러설비가 설치되는 특정소방대상물에 부설된 주차장부분(영 별표 4 제1호바목에 해당하지 않는 부분에 한한다)에는 습식 외의 방식으로 해야 한다. 다만, 동결의 우려가 없거나 동결을 방지할 수 있는 구조 또는 장치가 된 곳은 그렇지 않다.
[영 별표 4 제1호마목] : 간이스프링클러설비를 설치하여야 하는 특정소방대상물

연습문제

★★★★★

문제1 다음 각각의 경우 간이스프링클러설비의 수원의 수량(m^3)을 산출하시오.

1) 바닥면적 합계가 500m^2인 다중이용업소
2) 바닥면적 합계가 1,000m^2인 다중이용업소
3) 바닥면적 합계가 500m^2인 근린생활시설
4) 바닥면적 합계가 1,000m^2인 근린생활시설

- 답 : 1) 바닥면적 합계가 500 m^2인 다중이용업소
  $= 2개 \times 50\ell/min \times 10min = 1,000\ell = 1m^3$ 이상
  2) 바닥면적 합계가 1,000 m^2인 다중이용업소
  $= 2개 \times 50\ell/min \times 10min = 1,000\ell = 1m^3$ 이상
  3) 바닥면적 합계가 500 m^2인 근린생활시설
  $= 2개 \times 50\ell/min \times 10min = 1,000\ell = 1m^3$ 이상
  4) 바닥면적 합계가 1,000 m^2인 근린생활시설
  $= 5개 \times 50\ell/min \times 20min = 5,000\ell = 5m^3$ 이상

★★★★☆

문제2 바닥면적 합계가 1,000 m^2인 다중이용업소에 간이스프링클러설비를 설치할 경우 펌프의 토출량(ℓ/min)을 산출하시오.

- 계산과정
  $= 2개 \times 50\ell/min = 100\ell/min$ 이상
- 답 : $100\ell/min$ 이상

★★★★☆

문제3 물분무등소화설비를 설치하여야 하는 특정소방대상물에 해당하지 아니하는 부분으로서, 간이스프링클러설비가 설치되는 특정소방대상물에 부설된 주차장 부분의 바닥면적이 180 m^2인 경우 간이스프링클러설비용 펌프의 토출량(ℓ/min)을 산출하시오.(단, 표준반응형 스프링클러헤드를 사용하는 경우임)

- 계산과정
  $= 2개 \times 80\ell/min = 160\ell/min$ 이상
- 답 : $160\ell/min$ 이상

20 간이스프링클러설비-02(방호구역·유수검지장치/급수배관)

1. 간이스프링클러설비의 방호구역·유수검지장치

① 하나의 방호구역의 바닥면적은 1,000 m²를 초과하지 아니할 것

$$방호구역 = \frac{바닥면적(m^2)}{1,000m^2/1구역}$$

② 하나의 방호구역에는 1개 이상의 유수검지장치를 설치하되, 화재 발생 시 접근이 쉽고 점검하기 편리한 장소에 설치할 것

③ 하나의 방호구역은 2개 층에 미치지 아니하도록 할 것. 다만, 1개층에 설치되는 간이헤드의 수가 10개 이하인 경우에는 3개층 이내로 할 수 있다.

2. 간이스프링클러설비의 급수배관

① 전용으로 할 것. 다만, 상수도직결형의 경우에는 수도배관 호칭지름 32㎜ 이상의 배관이어야 하고, 간이헤드가 개방될 경우에는 유수신호 작동과 동시에 다른 용도로 사용하는 배관의 송수를 자동 차단할 수 있도록 하여야 하며, 배관과 연결되는 이음쇠 등의 부속품은 물이 고이는 현상을 방지하는 조치를 하여야 한다.

② 배관의 구경은 수리계산에 의하거나 [별표 1]의 기준에 따라 설치할 것. 다만, 수리계산에 의하는 경우 가지배관의 유속은 6 m/s, 그 밖의 배관의 유속은 10 m/s를 초과할 수 없다.

[별표 1] 간이헤드 수별 급수관의 구경

구분\구경	25	32	40	50	65	80	100	125	150
가	2	3	5	10	30	60	100	160	161 이상
나	2	4	7	15	30	60	100	160	161 이상

"가"란 : 폐쇄형 간이헤드를 설치하는 경우
"나"란 : 폐쇄형 간이헤드를 설치하고 반자 아래의 헤드와 반자 속의 헤드를 동일 급수관의 가지관상에 병설하는 경우

연습문제

★★★★☆

문제1 바닥면적이 7,500m²인 지하 주차장에 간이스프링클러설비를 설치하고자 한다. 방호구역 및 유수검지장치의 최소 설치수량을 산출하시오.

■ 답 : ① 방호구역 수량 = $\dfrac{바닥면적(m^2)}{1,000m^2/구역} = \dfrac{7,500m^2}{1,000m^2/구역} = 7.5 \rightarrow 8구역$

② 유수검지장치 수량 : 8개

★★★★☆

문제2 간이스프링클러설비에서 유량이 200 ℓ/min인 경우 가지배관의 구경(mm)을 계산하시오.

■ 계산과정

$Q = Av = \dfrac{\pi}{4}D^2 v$ 에서

$D = \sqrt{\dfrac{4Q}{\pi v}} = \sqrt{\dfrac{4 \times 200\ell/\min}{\pi \times 6m/s}} = \sqrt{\dfrac{4 \times 0.2m^3/60s}{\pi \times 6m/s}}$

$= 0.0266m = 26.6mm$

■ 답 : 26.6mm

★★★★☆

문제3 스프링클러설비에서 유량이 400 ℓ/min인 경우 교차배관의 구경(mm)을 계산하시오.

■ 계산과정

$Q = Av = \dfrac{\pi}{4}D^2 v$ 에서

$D = \sqrt{\dfrac{4Q}{\pi v}} = \sqrt{\dfrac{4 \times 400\ell/\min}{\pi \times 10m/s}} = \sqrt{\dfrac{4 \times 0.4m^3/60s}{\pi \times 10m/s}}$

$= 0.029m = 29mm$

■ 답 : 29mm

TIP 교차배관, 수평주행배관, 펌프 토출측 배관, 펌프 흡입측 배관 내 유속은 모두 10m/s 이다.

21 간이스프링클러설비-03(간이헤드)

간이헤드는 다음 각 호의 기준에 적합한 것을 사용하여야 한다.
① 폐쇄형 간이헤드를 사용할 것
② 간이헤드의 작동온도는 실내의 최대 주위천장온도가 0 ℃ 이상 38 ℃ 이하인 경우 공칭작동온도가 57 ℃에서 77 ℃의 것을 사용하고, 39 ℃ 이상 66 ℃ 이하인 경우에는 공칭작동온도가 79 ℃에서 109 ℃의 것을 사용할 것
③ 간이헤드를 설치하는 천장·반자·천장과 반자 사이·덕트·선반 등의 각 부분으로부터 간이헤드까지의 수평거리는 2.3 m(「스프링클러헤드의 형식승인 및 제품검사의 기술기준」 유효반경의 것으로 한다) 이하가 되도록 하여야 한다. 다만, 성능이 별도로 인정된 간이헤드를 수리계산에 따라 설치하는 경우에는 그러하지 아니하다.

※ 스프링클러헤드의 형식승인 및 제품검사의 기술기준」 유효반경
→ 2.3 m 또는 2.6 m

④ 상향식 간이헤드 또는 하향식 간이헤드의 경우에는 간이헤드의 디플렉터에서 천장 또는 반자까지의 거리는 25 ㎜에서 102 ㎜ 이내가 되도록 설치하여야 하며, 측벽형 간이헤드의 경우에는 102 ㎜에서 152 ㎜ 사이에 설치할 것. 다만, 플러쉬 스프링클러헤드의 경우에는 천장 또는 반자까지의 거리를 102 ㎜ 이하가 되도록 설치할 수 있다.
⑤ 간이헤드는 천장 또는 반자의 경사·보·조명장치 등에 따라 살수장애의 영향을 받지 아니하도록 설치할 것
⑥ 소방대상물의 보와 가장 가까운 간이헤드는 다음 표의 기준에 따라 설치할 것. 다만, 천장면에서 보의 하단까지의 길이가 55 ㎝를 초과하고 보의 하단 측면 끝부분으로부터 간이헤드까지의 거리가 간이헤드 상호간 거리의 2분의 1 이하가 되는 경우에는 간이헤드와 그 부착면과의 거리를 55 ㎝ 이하로 할 수 있다.

간이헤드의 반사판 중심과 보의 수평거리	간이헤드의 반사판 높이와 보의 하단 높이의 수직거리
0.75 m 미만	보의 하단보다 낮을 것
0.75 m 이상 1 m 미만	0.1 m 미만일 것
1 m 이상 1.5 m 미만	0.15 m 미만일 것
1.5 m 이상	0.3 m 미만일 것

⑦ 상향식 간이헤드 아래에 설치되는 하향식 간이헤드에는 상향식 헤드의 방출수를 차단할 수 있는 유효한 차폐판을 설치할 것

10th Day

연습문제

★★★★★

문제1 가로 40 m, 세로 30 m인 일반음식점에 간이스프링클러설비를 설치하고자 한다. 정방형 배치의 경우 간이헤드의 최소 설치개수를 산출하시오.

배점 5

■ 계산과정
 가로 설치 수량 = 가로 길이 ÷ (2rcos45°)
 = $40m ÷ (2 \times 2.3m \times \cos45°)$ = 12.2 → 13개
 세로 설치 수량 = 세로 길이 ÷ (2rcos45°)
 = $30m ÷ (2 \times 2.3m \times \cos45°)$ = 9.2 → 10개
 ∴ 최소 설치개수 = 가로 설치 수량 × 세로 설치 수량 = 13개 × 10개 = 130개
■ 답 : 130개

★★★★★

문제2 건축물의 실내(14m×12m)에 정방형으로 간이스프링클러설비를 설치하고자 하는 경우 간이헤드의 개수를 산출하고, 천장 배치도를 작성하시오. 단, 헤드 간 거리 산출 시 소수점은 반올림하여 정수로 계산하시오.

배점 10

■ 계산과정
 헤드간 거리(S) = $2r\cos45° = 2 \times 2.3m \times \cos45° = 3.25m$ → 3m
 가로개수 = 가로길이 ÷ S = 14m ÷ 3m = 4.6 → 5개
 세로개수 = 세로길이 ÷ S = 12m ÷ 3m = 4개
 ∴ 간이헤드 개수 = 5개 × 4개 = 20개
■ 답 : ① 간이헤드 개수 : 20개
   ② 천장 배치도(단위 mm)

22 화재조기진압용 스프링클러설비-01(수원)

1. 화재조기진압용 스프링클러설비의 수원은 수리학적으로 가장 먼 가지배관 3개에 각각 4개의 스프링클러헤드가 동시에 개방되었을 때 헤드 선단의 압력이 [별표 3]에 의한 값 이상으로 60분간 방사할 수 있는 양으로 계산식은 다음과 같다.

$$Q = 12 \times 60 \times K\sqrt{10p}$$

Q : 수원의 양(ℓ)
K : 상수[ℓ/min/(MPa)$^{1/2}$]
p : 헤드 선단의 압력(MPa)

[별표 3] 화재조기진압용 스프링클러헤드의 최소방사압력(MPa)

최대 층고	최대 저장높이	화재조기진압용 스프링클러헤드				
		K=360 하향식	K=320 하향식	K=240 하향식	K=240 상향식	K=200 하향식
13.7 m	12.2 m	0.28	0.28	-	-	-
13.7 m	10.7 m	0.28	0.28	-	-	-
12.2 m	10.7 m	0.17	0.28	0.36	0.36	0.52
10.7 m	9.1 m	0.14	0.24	0.36	0.36	0.52
9.1 m	7.6 m	0.10	0.17	0.24	0.24	0.34

2. 화재조기진압용 스프링클러설비의 수원은 제1항에 따라 산출된 유효수량 외 유효수량의 3분의 1 이상을 옥상에 설치하여야 한다. 다만, 다음 각 호의 어느 하나에 해당하는 경우에는 그러하지 아니하다.
① 옥상이 없는 건축물 또는 공작물
② 지하층만 있는 건축물
③ 고가수조를 가압송수장치로 설치한 경우
④ 수원이 건축물의 지붕보다 높은 위치에 설치된 경우
⑤ 건축물의 높이가 지표면으로부터 10 m 이하인 경우
⑥ 주펌프와 동등 이상의 성능이 있는 별도의 펌프로서 내연기관의 기동과 연동하여 작동되거나 비상전원을 연결하여 설치한 경우
⑦ 가압수조를 가압송수장치로 설치한 경우

10th Day

연습문제

★★★★☆

문제1 최대 층고 13.7 m, 최대 저장높이 10.7 m, 스프링클러헤드의 방출계수(K) 320, 최소방사압력 0.28 MPa일 경우 화재조기진압용 스프링클러설비 수원의 최소 저수량(m³)을 계산하시오. 단, 정수로 답하시오.

배점 5

■ 계산과정
$$= 12 \times 60 \times K\sqrt{10P}$$
$$= 12개 \times 60\min \times 320 \times \sqrt{10 \times 0.28 MPa}$$
$$= 385{,}532\ell = 385.532 m^3 \rightarrow 386 m^3$$

■ 답 : $386 m^3$

★★★★☆

문제2 층고 10 m, 저장높이 9 m, 스프링클러헤드의 방출계수(K) 240(하향식)일 경우 화재조기진압용 스프링클러설비에 대한 다음 물음에 답하시오. 단, 정수로 답하시오.

배점 10

[물음]
1) 소화펌프의 토출량(ℓ/min)
2) 옥상수조를 포함한 수원의 양(m³)

■ 답 : 1) 소화펌프의 토출량
$$= 12 \times K\sqrt{10P}$$
$$= 12개 \times 240 \times \sqrt{10 \times 0.36 MPa}$$
$$= 5{,}464.41 \ell/\min \rightarrow 5{,}465 \ell/\min$$

2) 옥상수조를 포함한 수원의 양
① 일반수조(주수원)
$$= 12 \times 60 \times K\sqrt{10P}$$
$$= 12개 \times 60\min \times 240 \times \sqrt{10 \times 0.36 MPa}$$
$$= 327{,}865\ell = 327.865 m^3 \rightarrow 328 m^3$$

② 옥상수조(보조수원)
$$= 12개 \times 60\min \times 240 \times \sqrt{10 \times 0.36 MPa} \times \frac{1}{3}$$
$$= 109{,}288\ell = 109.288 m^3 \rightarrow 110 m^3$$

③ 전체 수원
$$= 328 m^3 + 110 m^3 = 438 m^3$$

23 화재조기진압용 스프링클러설비-02(방호구역/배관/헤드)

1. 화재조기진압용 스프링클러설비의 방호구역 및 유수검지장치

① 하나의 방호구역의 바닥면적은 3,000 m²를 초과하지 아니할 것

$$방호구역의\ 수량 = \frac{바닥면적(m^2)}{3,000 m^2/1구역}$$

② 하나의 방호구역에는 1개 이상의 유수검지장치를 설치하되, 화재 발생 시 접근이 쉽고 점검하기 편리한 장소에 설치할 것
③ 하나의 방호구역은 2개층에 미치지 아니하도록 할 것. 다만, 1개층에 설치되는 화재조기진압용 스프링클러헤드의 수가 10개 이하인 경우에는 3개층 이내로 할 수 있다.

2. 화재조기진압용 스프링클러설비의 배관

① 배관의 구경은 수리계산에 따라 설치할 것. 다만, 이 경우 가지배관의 유속은 6 m/s, 그 밖의 배관의 유속은 10 m/s를 초과할 수 없다.

$$Q = Av = \frac{\pi}{4}D^2v \text{에서}\ D = \sqrt{\frac{4Q}{\pi v}}$$

② 연결송수관설비의 배관과 겸용할 경우의 주배관은 구경 100 mm 이상, 방수구로 연결되는 배관의 구경은 65 mm 이상의 것으로 하여야 한다.

3. 화재조기진압용 스프링클러헤드

① 헤드 하나의 방호면적은 6.0 m² 이상 9.3 m² 이하로 할 것

$$헤드의\ 최소\ 설치\ 수량 = \frac{바닥면적(m^2)}{9.3 m^2/개}$$

$$헤드의\ 최대\ 설치\ 수량 = \frac{바닥면적(m^2)}{6.0 m^2/개}$$

② 가지배관의 헤드 사이의 거리는 천장의 높이가 9.1 m 미만인 경우에는 2.4 m 이상 3.7 m 이하로, 9.1 m 이상 13.7 m 이하인 경우에는 3.1 m 이하로 할 것
③ 가지배관 사이의 거리는 2.4 m 이상 3.7 m 이하로 할 것. 다만, 천장의 높이가 9.1 m 이상 13.7 m 이하인 경우에는 2.4 m 이상 3.1 m 이하로 한다.

구분	천장의 높이	
	9.1 m 미만인 경우	9.1 m 이상 13.7 m 이하인 경우
가지배관의 헤드 사이의 거리	2.4 m 이상 3.7 m 이하	3.1 m 이하
가지배관 사이의 거리	2.4 m 이상 3.7 m 이하	2.4 m 이상 3.1 m 이하

연습문제

★★★☆☆

문제1 화재조기진압용 스프링클러설비에서 다음을 계산하시오.

1) 유량이 800 ℓ/min인 경우 가지배관의 최소 구경(㎜)
2) 유량이 4,000 ℓ/min인 경우 수평주행배관의 최소 구경(㎜)

■ 계산과정

1) 유량이 800 ℓ/min인 경우 가지배관의 최소 구경(㎜)

$$Q = Av = \frac{\pi}{4}D^2 v \text{에서} \quad D = \sqrt{\frac{4Q}{\pi v}} = \sqrt{\frac{4 \times 800 \ell/\min}{\pi \times 6m/s}} = \sqrt{\frac{4 \times 0.8 m^3/60s}{\pi \times 6m/s}}$$

$$= 0.05319 m = 53.19 mm$$

2) 유량이 4,000 ℓ/min인 경우 수평주행배관의 최소 구경(㎜)

$$Q = Av = \frac{\pi}{4}D^2 v \text{에서} \quad D = \sqrt{\frac{4Q}{\pi v}} = \sqrt{\frac{4 \times 4,000 \ell/\min}{\pi \times 10m/s}} = \sqrt{\frac{4 \times 4 m^3/60s}{\pi \times 10m/s}}$$

$$= 0.09213 m = 92.13 mm$$

■ 답 : 1) 유량이 800 ℓ/min인 경우 가지배관의 최소 구경 : 53.19㎜
　　　2) 유량이 4,000 ℓ/min인 경우 수평주행배관의 최소 구경 : 92.13㎜

★★★★☆

문제2 특수가연물을 저장 취급하는 높이 13.7 m, 면적 600 ㎡인 랙크식 창고에 화재조기진압용 스프링클러헤드를 설치할 경우 설치할 수 있는 스프링클러헤드의 최소 수량 및 최대 수량을 산출하시오.

■ 계산과정

① 최소 수량 $= \dfrac{600 m^2}{9.3 m^2/개} = 64.5 \rightarrow 65개$

② 최대 수량 $= \dfrac{600 m^2}{6.0 m^2/개} = 100개$

■ 답 : ① 최소 수량 : 65개
　　　② 최대 수량 : 100개

24 물분무소화설비(수원/펌프의 토출량)

1. 물분무소화설비 수원의 저수량

① 특수가연물을 저장 또는 취급하는 특정소방대상물 또는 그 부분에 있어서 그 바닥면적(최대 방수구역의 바닥면적을 기준으로 하며, 50 m² 이하인 경우에는 50 m²) 1m²에 대하여 10 ℓ/min로 20분간 방수할 수 있는 양 이상으로 할 것

② 차고 또는 주차장은 그 바닥면적(최대 방수구역의 바닥면적을 기준으로 하며, 50 m² 이하인 경우에는 50 m²) 1 m²에 대하여 20 ℓ/min로 20분간 방수할 수 있는 양 이상으로 할 것

③ 절연유 봉입 변압기는 바닥부분을 제외한 표면적을 합한 면적 1 m²에 대하여 10 ℓ/min로 20분간 방수할 수 있는 양 이상으로 할 것

④ 케이블트레이, 케이블덕트 등은 투영된 바닥면적 1 m²에 대하여 12 ℓ/min로 20분간 방수할 수 있는 양 이상으로 할 것

⑤ 콘베이어 벨트 등은 벨트 부분의 바닥면적 1 m²에 대하여 10 ℓ/min로 20분간 방수할 수 있는 양 이상으로 할 것

2. 펌프의 1분당 토출량

① 특수가연물을 저장·취급하는 특정소방대상물 또는 그 부분은 그 바닥면적(최대 방수구역의 바닥면적을 기준으로 하며, 50 m² 이하인 경우에는 50 m²) 1 m²에 대하여 10 ℓ를 곱한 양 이상이 되도록 할 것

② 차고 또는 주차장은 그 바닥면적(최대 방수구역의 바닥면적을 기준으로 하며, 50 m² 이하인 경우에는 50 m²) 1 m²에 대하여 20 ℓ를 곱한 양 이상이 되도록 할 것

③ 절연유 봉입 변압기는 바닥면적을 제외한 표면적을 합한 면적 1 m²당 10 ℓ를 곱한 양 이상이 되도록 할 것

④ 케이블트레이, 케이블덕트 등은 투영된 바닥면적 1 m²당 12 ℓ를 곱한 양 이상이 되도록 할 것

⑤ 콘베이어 벨트 등은 벨트 부분의 바닥면적 1 m²당 10 ℓ를 곱한 양 이상이 되도록 할 것

연습문제

★★★★★

문제1 바닥면적이 130 m²인 특수가연물을 저장 또는 취급하는 특정소방대상물을 50 m²와 80 m²의 방수구역으로 나누어 물분무소화설비를 설치하고자 한다. 소화펌프의 최소 토출량(ℓ/min)과 필요한 최소 수원의 양(m³)을 계산하시오.

■ 답 : 1) 소화펌프의 최소 토출량
   $= 바닥면적 \times 10 \ell/\min = 80 m^2 \times 10 \ell/\min = 800 \ell/\min$

 2) 필요한 최소 수원의 양
   $= 800 \ell/분 \times 20분 = 16{,}000 \ell = 16 m^3$

★★★★★

문제2 바닥면적이 350 m²인 특수가연물을 저장 또는 취급하는 특정소방대상물에 물분무소화설비를 설치하고자 한다. 소화펌프의 토출량과 수원의 양을 최소로 적용할 경우 일제개방밸브 수(방수구역 수)를 산출하고, 소화펌프의 최소 토출량(ℓ/min)과 필요한 최소 수원의 양(m³)을 계산하시오.

■ 답 : 1) 일제개방밸브 수(방수구역 수)
   $= \dfrac{350 m^2}{50 m^2/개} = 7개$

 2) 소화펌프의 최소 토출량
   $= 바닥면적 \times 10 \ell/\min = 50 m^2 \times 10 \ell/\min = 500 \ell/\min$

 3) 필요한 최소 수원의 양
   $= 500 \ell/분 \times 20분 = 10{,}000 \ell = 10 m^3$

★★★★★

문제3 바닥면적이 600 m²인 주차장에 100 m²씩 6개의 방수구역으로 나누어 물분무소화설비를 설치하고자 한다. 소화펌프의 최소 토출량(ℓ/min)과 필요한 최소 수원의 양(m³)을 계산하시오.

■ 답 : 1) 소화펌프의 최소 토출량
   $= 바닥면적 \times 20 \ell/\min = 100 m^2 \times 20 \ell/\min = 2{,}000 \ell/\min$

 2) 필요한 최소 수원의 양 $= 2{,}000 \ell/분 \times 20분 = 40{,}000 \ell = 40 m^3$

10th Day

★★★★★

문제4 바닥면적이 400 m²인 지하 주차장에 50 m²씩 8개 구역으로 나누어 물분무소화설비를 설치하려고 한다. 물분무헤드의 표준방사량이 분당 80 ℓ일 때 1개 구역 당 설치해야 할 헤드 수는 몇 개 이상이어야 하는가?

■ 계산과정

$$= \frac{50m^2 \times 20\ell/\min \cdot m^2}{80\ell/\min \cdot 개} = 12.5 \rightarrow 13개$$

■ 답 : 13개

★★★★★

문제5 절연유봉입변압기(가로 5m, 세로 3m, 높이 1.5m)에 물분무소화설비를 설치하고자 한다. 소화펌프의 최소 토출량(ℓ/min)과 최소 수원의 양(m³)을 계산하시오.

■ 답 : 1) 소화펌프의 최소 토출량

$$= [(5m \times 3m \times 1면) + (3m \times 1.5m \times 2면) + (5m \times 1.5m \times 2면)] \times 10\ell/\min \cdot m^2$$
$$= 390\ell/\min$$

2) 필요한 최소 수원의 양 $= 390\ell/\min \times 20\min = 7,800\ell = 7.8m^3$

★★★★★

문제6 절연유봉입변압기(지름 2 m, 높이 3m)에 물분무소화설비를 설치하고자 한다. 소화펌프의 최소 토출량(ℓ/min)과 최소 수원의 양(m³)을 계산하시오. 단, 정수로 답하시오.

■ 답 : 1) 소화펌프의 최소 토출량

$$= \left[\frac{\pi}{4} \times (2m)^2 + \pi \times 2m \times 3m\right] \times 10\ell/\min \cdot m^2 = 220\ell/\min$$

2) 필요한 최소 수원의 양

$$= 220\ell/\min \times 20\min = 4,400\ell = 4.4m^3 \rightarrow 5m^3$$

 ※원통모양의 경우 바닥부분을 제외한 표면적을 합한 면적(A)

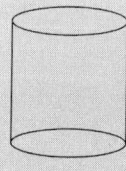

$$A = \pi r^2 + 2\pi r \cdot h = \frac{\pi}{4}D^2 + \pi D \cdot h$$

★★★★★

문제7 가로, 세로, 높이가 5m×5m×5m인 절연유봉입변압기에 물분무소화설비를 설치할 경우 방출계수(K)를 구하시오.(방사압력은 4 kg/cm², 방사량은 10 ℓ/min·m² 이다. 물분무헤드는 8개를 사용한다)

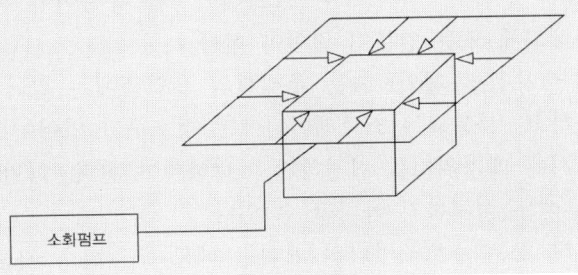

■ 계산과정

펌프의 토출량 = $5m \times 5m \times 5면 \times 10 \ell/min \cdot m^2 = 1,250 \ell/min$

헤드 1개당 방사량 = $\dfrac{1,250 \ell/min}{8개} = 156.25 \ell/min$

$Q = K\sqrt{P}$ 에서 방출계수 $K = \dfrac{Q}{\sqrt{P}} = \dfrac{156.25 \ell/min}{\sqrt{4 kg/cm^2}} = 78.13$

■ 답 : 78.13

★★★★★

문제8 투영된 바닥면적이 30 m²인 케이블트레이에 모터펌프를 이용하여 물분무소화설비를 설치하고자 한다. 소화펌프의 최소 토출량(ℓ/min)과 필요한 최소 수원의 양(m³)을 계산하시오.

■ 답 : 1) 소화펌프의 최소 토출량
   = 바닥면적 × $12\ell/min = 30m^2 \times 12\ell/min = 360\ell/min$

2) 필요한 최소 수원의 양 = $360\ell/분 \times 20분 = 7,200\ell = 7.2m^3$

★★★★★

문제9 벨트부분의 바닥면적이 30 m²인 콘베이어벨트에 모터펌프를 이용하여 물분무소화설비를 설치하고자 한다. 소화펌프의 최소 토출량(ℓ/min)과 필요한 최소 수원의 양(m³)을 계산하시오.

■ 답 : 1) 소화펌프의 최소 토출량
   = 바닥면적 × $10\ell/min = 30m^2 \times 10\ell/min = 300\ell/min$

2) 필요한 최소 수원의 양 = $300\ell/분 \times 20분 = 6,000\ell = 6m^3$

10th Day

㉕ 미분무소화설비(수원/미분무헤드)

1. 미분무수소화설비의 수원

① 미분무수 소화설비에 사용되는 용수는 「먹는 물 관리법」 제5조에 적합하고, 저수조 등에 충수할 경우 필터 또는 스트레이너를 통하여야 하며, 사용되는 물에는 입자·용해고체 또는 염분이 없어야 한다.

② 배관의 연결부(용접부 제외) 또는 주배관의 유입측에는 필터 또는 스트레이너를 설치하여야 하고, 사용되는 스트레이너에는 청소구가 있어야 하며, 검사·유지관리 및 보수 시에 배치위치를 변경하지 아니하여야 한다. 다만, 노즐이 막힐 우려가 없는 경우에는 설치하지 아니할 수 있다.

③ 사용되는 필터 또는 스트레이너의 메쉬는 헤드 오리피스 지름의 80% 이하가 되어야 한다.

④ 수원의 양은 다음의 식을 이용하여 계산한 양 이상으로 하여야 한다.

$$Q = N \times D \times T \times S + V$$

Q : 수원의 양(m^3)
N : 방호구역(방수구역) 내 헤드의 개수
D : 설계유량(m^3/min)
T : 설계방수시간(min)
S : 안전율(1.2 이상)
V : 배관의 총체적(m^3)

⑤ 첨가제의 양은 설계방수시간 내에 충분히 사용될 수 있는 양 이상으로 산정한다.

2. 미분무헤드

① 미분무헤드는 소방대상물의 천장·반자·천장과 반자 사이·덕트·선반·기타 이와 유사한 부분에 설계자의 의도에 적합하도록 설치하여야 한다.

② 하나의 헤드까지의 수평거리 산정은 설계자가 제시하여야 한다.

③ 미분무설비에 사용되는 헤드는 조기반응형 헤드를 설치하여야 한다.

④ 폐쇄형 미분무헤드는 그 설치장소의 평상시 최고주위온도에 따라 다음 식에 따른 표시온도의 것으로 설치하여야 한다.

$$Ta = 0.9\,Tm - 27.3℃$$

Ta : 최고주위온도
Tm : 헤드의 표시온도

⑤ 미분무헤드는 배관, 행거 등으로부터 살수가 방해되지 아니하도록 설치하여야 한다.

연습문제

★★★★☆

문제1 다음 조건에 의거하여 수원의 최소 저장량[m³]을 계산하시오.

① 방호구역 내 헤드 개수 : 20개
② 헤드의 설계유량 : 60[ℓ/min]
③ 설계방수시간 : 30 min
④ 배관 총체적(내용적) : 0.5[m³]

- 계산과정

$= N \times D \times T \times S + V$
$= 20개 \times 60\ell/\min \times 30\min \times 1.2 + 0.5 m^3$
$= 20개 \times 0.06 m^3/\min \times 30\min \times 1.2 + 0.5 m^3$
$= 43.7 m^3$

- 답 : $43.7 m^3$

★★★★☆

문제2 설치장소의 평상 시 최고주위온도가 60℃일 경우 설치하여야 할 폐쇄형 미분무 헤드의 표시온도를 계산하시오.

- 계산과정

최고주위온도 $Ta = 0.9\,Tm - 27.3$ 에서

표시온도 $Tm = \dfrac{Ta + 27.3}{0.9}$

$= \dfrac{60℃ + 27.3}{0.9} = 97℃$

- 답 : 97℃

26 포소화설비-01(수원/프레져푸로포셔너방식)

1. 포소화설비의 수원은 그 저수량이 특정소방대상물에 따라 다음 각 호의 기준에 적합하도록 하여야 한다.
   ① 특수가연물을 저장·취급하는 공장 또는 창고 : 포워터스프링클러설비 또는 포헤드설비의 경우에는 포워터스프링클러헤드 또는 포헤드(이하 "포헤드"라 한다)가 가장 많이 설치된 층의 포헤드(바닥면적이 200 m²를 초과한 층은 바닥면적 200 m² 이내에 설치된 포헤드를 말한다)에서 동시에 표준방사량으로 10분간 방사할 수 있는 양 이상으로, 고정포방출설비의 경우에는 고정포방출구가 가장 많이 설치된 방호구역 안의 고정포방출구에서 표준방사량으로 10분간 방사할 수 있는 양 이상으로 한다. 이 경우 하나의 공장 또는 창고에 포워터스프링클러설비·포헤드설비 또는 고정포방출설비가 함께 설치된 때에는 각 설비별로 산출된 저수량 중 최대의 것을 그 특정소방대상물에 설치하여야 할 수원의 양으로 한다.
   ② 차고 또는 주차장 : 호스릴포소화설비 또는 포소화전설비의 경우에는 방수구가 가장 많은 층의 설치개수(호스릴포방수구 또는 포소화전방수구가 5개 이상 설치된 경우에는 5개)에 6 m³를 곱한 양 이상으로, 포워터스프링클러설비·포헤드설비 또는 고정포방출설비의 경우에는 제1호의 기준을 준용한다. 이 경우 하나의 차고 또는 주차장에 호스릴포소화설비·포소화전설비·포워터스프링클러설비·포헤드설비 또는 고정포방출설비가 함께 설치된 때에는 각 설비별로 산출된 저수량 중 최대의 것을 그 차고 또는 주차장에 설치하여야 할 수원의 양으로 한다.
   ③ 항공기격납고 : 포워터스프링클러설비·포헤드설비 또는 고정포방출설비의 경우에는 포헤드 또는 고정포방출구가 가장 많이 설치된 항공기격납고의 포헤드 또는 고정포방출구에서 동시에 표준방사량으로 10분간 방사할 수 있는 양 이상으로 하되, 호스릴포소화설비를 함께 설치한 경우에는 호스릴포방수구가 가장 많이 설치된 격납고의 호스릴방수구수(호스릴포방수구가 5개 이상 설치된 경우에는 5개)에 6 m³를 곱한 양을 합한 양 이상으로 하여야 한다.
   ④ 발전기실, 엔진펌프실, 변압기, 전기케이블실, 유압설비 : 바닥면적의 합계가 300m² 미만의 장소에는 고정식 압축공기포소화설비를 설치할 수 있다.
2. "프레져푸로포셔너방식"이란 펌프와 발포기의 중간에 설치된 벤추리관의 벤추리 작용과 펌프 가압수의 포소화약제 저장탱크에 대한 압력에 따라 포소화약제를 흡입·혼합하는 방식을 말한다.

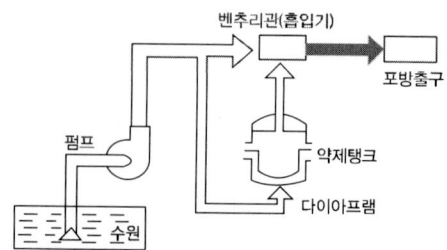

10th Day

연습문제

★★★☆☆

문제1 차고에 포소화전방수구 3개가 설치되어 있다. 포소화전설비에 필요한 수원(m^3)을 구하시오.

배점 3

- 계산과정
  $= N \times 6m^3 = 3개 \times 6m^3 = 18m^3$ 이상
- 답 : $18m^3$ 이상

★★★☆☆

문제2 차고에 포소화전방수구 6개가 설치되어 있다. 포소화전설비에 필요한 수원(m^3)을 구하시오.

배점 3

- 계산과정
  $= N \times 6m^3 = 5개 \times 6m^3 = 30m^3$ 이상
- 답 : $30m^3$ 이상

★★★☆☆

문제3 차고에 호스릴포방수구 6개가 설치되어 있다. 호스릴포소화설비에 필요한 수원(m^3)을 구하시오.

배점 3

- 계산과정
  $= N \times 6m^3 = 5개 \times 6m^3 = 30m^3$ 이상
- 답 : $30m^3$ 이상

★★★☆☆

문제4 항공기격납고에 호스릴포소화전 6개를 설치하였다. 호스릴포소화전에 필요한 수원(m^3)을 구하시오.

배점 3

- 계산과정
  $= N \times 6m^3 = 5개 \times 6m^3 = 30m^3$ 이상
- 답 : $30m^3$ 이상

10th Day

27 포소화설비-02(포소화약제의 저장량/펌프의 토출량)

1. 포소화약제의 저장량(옥내포소화전방식/호스릴방식)

옥내포소화전방식 또는 호스릴방식에 있어서는 다음의 식에 따라 산출한 양 이상으로 할 것. 다만, 바닥면적이 200 m² 미만인 건축물에 있어서는 그 75%로 할 수 있다.

$$Q = N \times S \times 6,000\ell$$

Q : 포소화약제의 양(ℓ)
N : 호스접결구 수(5개 이상인 경우는 5개)
S : 포소화약제의 사용농도(%)

바닥면적	포소화약제의 양
200 m² 미만	$Q = N \times S \times 6,000\ell \times 0.75$
200 m² 이상	$Q = N \times S \times 6,000\ell$

2. 호스릴포소화설비/포소화전설비의 토출량

차고·주차장에 설치하는 호스릴포소화설비 또는 포소화전설비는 다음 각 호의 기준에 따라야 한다.

① 특정소방대상물의 어느 층에 있어서도 그 층에 설치된 호스릴포방수구 또는 포소화전방수구(호스릴포방수구 또는 포소화전방수구가 5개 이상 설치된 경우에는 5개)를 동시에 사용할 경우 각 이동식 포노즐 선단의 포수용액 방사압력이 0.35 MPa 이상이고 300 ℓ/min 이상(1개 층의 바닥면적이 200 m² 이하인 경우에는 230 ℓ/min 이상)의 포수용액을 수평거리 15 m 이상으로 방사할 수 있도록 할 것

바닥면적	토출량
200 m² 이하	$N \times 230\ell/\text{min}$
200 m² 초과	$N \times 300\ell/\text{min}$

② 저발포의 포소화약제를 사용할 수 있는 것으로 할 것
③ 호스릴 또는 호스를 호스릴포방수구 또는 포소화전방수구로 분리하여 비치하는 때에는 그로부터 3 m 이내의 거리에 호스릴함 또는 호스함을 설치할 것
④ 호스릴함 또는 호스함은 바닥으로부터 높이 1.5 m 이하의 위치에 설치하고 그 표면에는 "포호스릴함(또는 포소화전함)"이라고 표시한 표지와 적색의 위치표시등을 설치할 것
⑤ 방호대상물의 각 부분으로부터 하나의 호스릴포방수구까지의 수평거리는 15 m 이하(포소화전방수구의 경우에는 25 m 이하)가 되도록 하고 호스릴 또는 호스의 길이는 방호대상물의 각 부분에 포가 유효하게 뿌려질 수 있도록 할 것

10th Day

연습문제

★★★☆☆

문제1 바닥면적 250 m²인 차고에 옥내포소화전 3개가 설치되어 있다. 옥내포소화전에 필요한 포소화약제량(ℓ)을 구하시오. 단, 포소화약제의 농도는 3%이다.

■ 계산과정
  $= NS6,000\ell = 3개 \times 0.03 \times 6,000\ell = 540\ell$ 이상
■ 답 : 540ℓ 이상

배점 3

★★★☆☆

문제2 바닥면적 175 m²인 차고에 옥내포소화전 3개가 설치되어 있다. 옥내포소화전에 필요한 포소화약제량(ℓ)을 구하시오. 단, 포소화약제의 농도는 3%이다.

■ 계산과정
  $= NS6,000\ell \times 0.75 = 3개 \times 0.03 \times 6,000\ell \times 0.75 = 405\ell$ 이상
■ 답 : 405ℓ 이상

배점 3

★★★☆☆

문제3 바닥면적 250 m²인 차고에 옥내포소화전 3개가 설치되어 있다. 옥내포소화전에 필요한 펌프의 토출량(ℓ/분)을 구하시오.

■ 계산과정
  $= N \times 300\ell/분 = 3개 \times 300\ell/분 = 900\ell/분$ 이상
■ 답 : $900\ell/분$ 이상

배점 3

★★★☆☆

문제4 바닥면적 175 m²인 차고에 옥내포소화전 2개가 설치되어 있다. 옥내포소화전에 필요한 펌프의 토출량(ℓ/분)을 구하시오.

■ 계산과정
  $= N \times 230\ell/분 = 2개 \times 230\ell/분 = 460\ell/분$ 이상
■ 답 : $460\ell/분$ 이상

배점 3

28 포소화설비-03(포워터스프링클러헤드/포헤드의 설치)

1. 포헤드 및 고정포방출구는 포의 팽창비율에 따라 다음 표에 따른 것으로 하여야 한다.

팽창비율에 따른 포의 종류	포방출구의 종류
팽창비가 20 이하인 것(저발포)	포헤드, 압축공기포헤드
팽창비가 80 이상 1,000 미만인 것(고발포)	고발포용 고정포방출구

2. 포워터스프링클러헤드는 특정소방대상물의 천장 또는 반자에 설치하되, 바닥면적 8 m²마다 1개 이상으로 하여 해당 방호대상물의 화재를 유효하게 소화할 수 있도록 할 것

$$\text{포워터스프링클러헤드의 설치 수량} = \frac{\text{방호구역(바닥면적 m}^2\text{)}}{8\text{m}^2/\text{개}}$$

3. 포헤드는 특정소방대상물의 천장 또는 반자에 설치하되, 바닥면적 9 m²마다 1개 이상으로 하여 해당 방호대상물의 화재를 유효하게 소화할 수 있도록 할 것

$$\text{포헤드의 설치 수량} = \frac{\text{방호구역(바닥면적 m}^2\text{)}}{9\text{m}^2/\text{개}}$$

4. 포헤드 상호간에는 다음 각 목의 기준에 따른 거리를 두도록 할 것
   ㉮ 정방형으로 배치한 경우에는 다음의 식에 따라 산정한 수치 이하가 되도록 할 것

$$S = 2r \times \cos 45°$$

   S : 포헤드 상호간의 거리(m)
   r : 유효반경(2.1 m)
   ㉯ 장방형으로 배치한 경우에는 그 대각선의 길이가 다음의 식에 따라 산정한 수치 이하가 되도록 할 것

$$pt = 2r$$

   pt : 대각선의 길이(m)
   r : 유효반경(2.1 m)

5. 포헤드와 벽 방호구역의 경계선과는 제4호에 따른 거리의 2분의 1 이하의 거리를 둘 것

11th Day

연습문제

★★★★☆

문제1 포헤드설비에 대한 다음 물음에 답하시오.

배점 4

1) 바닥면적이 160 m²인 특수가연물 저장 창고에 포워터스프링클러설비를 설치하려고 한다. 포워터스프링클러헤드의 최소 설치 개수를 산출하시오.
2) 바닥면적이 180 m²인 특수가연물 저장 창고에 포헤드설비를 설치하려고 한다. 포헤드의 최소 설치 개수를 산출하시오.

■ 계산과정

1) 포워터스프링클러헤드의 설치 개수

$$= \frac{방호구역(바닥면적\ m^2)}{8m^2/개} = \frac{160m^2}{8m^2/개} = 20개$$

2) 포헤드의 최소 설치 개수

$$= \frac{방호구역(바닥면적\ m^2)}{9m^2/개} = \frac{180m^2}{9m^2/개} = 20개$$

■ 답 : 1) 포워터스프링클러헤드의 설치 개수 : 20개
   2) 포헤드의 최소 설치 개수 : 20개

★★★★☆

문제2 가로 20 m, 세로 10 m인 주차장에 포헤드설비를 설치하고자 한다. 정방형으로 배치한 경우 포헤드의 최소 설치 개수를 산출하시오.

배점 5

■ 계산과정

가로 설치 수량 = 가로길이 ÷ $(2r\cos45°)$ = $20m ÷ (2 × 2.1m × \cos45°)$ = 6.7 → 7개
세로 설치 수량 = 세로길이 ÷ $(2r\cos45°)$ = $10m ÷ (2 × 2.1m × \cos45°)$ = 3.3 → 4개
∴ 최소 설치개수 = 가로 설치 수량 × 세로 설치 수량 = 7개 × 4개 = 28개

■ 답 : 28개

29 포소화설비-04(감지용 폐쇄형 스프링클러헤드/포헤드설비의 수원)

1. 감지용 폐쇄형 스프링클러헤드
① 표시온도가 79 ℃ 미만인 것을 사용하고, 1개의 스프링클러헤드의 경계면적은 20 m² 이하로 할 것

$$감지용\ 헤드의\ 수량 = \frac{바닥면적(m^2)}{20\,m^2/개}$$

② 부착면의 높이는 바닥으로부터 5 m 이하로 하고, 화재를 유효하게 감지할 수 있도록 할 것
③ 하나의 감지장치 경계구역은 하나의 층이 되도록 할 것

2. 포워터 스프링클러설비의 수원
① 가압송수장치는 다음 표에 따른 표준방사량을 방사할 수 있도록 하여야 한다.

구분	표준 방사량
포워터스프링클러헤드	75 ℓ/min 이상

② 포워터스프링클러설비의 경우에는 포워터스프링클러헤드가 가장 많이 설치된 층의 포워터스프링클러헤드(바닥면적이 200 m²를 초과한 층은 바닥면적 200 m² 이내에 설치된 포워터스프링클러헤드를 말한다)에서 동시에 표준방사량으로 10분간 방사할 수 있는 양 이상으로 한다.

3. 포헤드설비의 수원
포헤드가 가장 많이 설치된 층의 포헤드(바닥면적이 200 m²를 초과한 층은 바닥면적 200 m² 이내에 설치된 포헤드를 말한다)에서 동시에 표준방사량으로 10분간 방사할 수 있는 양 이상으로 한다.

소방대상물	포소화약제의 종류	바닥면적 1 m²당 방사량
차고·주차장 및 항공기격납고	단백포	6.5 ℓ 이상
	합성계면활성제포	8.0 ℓ 이상
	수성막포	3.7 ℓ 이상
특수가연물을 저장·취급하는 소방대상물	단백포	6.5 ℓ 이상
	합성계면활성제포	6.5 ℓ 이상
	수성막포	6.5 ℓ 이상

> **TIP** 포워터 스프링클러설비·포헤드설비 또는 고정포방출설비의 경우에는 포헤드 또는 고정포방출구가 가장 많이 설치된 항공기격납고의 포헤드 또는 고정포방출구에서 동시에 표준방사량으로 10분간 방사할 수 있는 양 이상으로 하되, 호스릴포소화설비를 함께 설치한 경우에는 호스릴포방수구가 가장 많이 설치된 격납고의 호스릴방수구수(호스릴포방수구가 5개 이상 설치된 경우에는 5개)에 6 m³를 곱한 양을 합한 양 이상으로 하여야 한다.

11th Day

연습문제

★★★★☆

문제1 바닥면적이 81 m²(9 m×9 m)인 방호구역에 설치해야 할 화재 감지용 폐쇄형 스프링클러헤드의 수량을 산출하시오.

배점 3

- 계산과정

$$= \frac{81m^2}{20m^2/개} = 4.05 \rightarrow 5개$$

- 답 : 5개

★★★★☆

문제2 바닥면적 1,000 m²인 주차장에 포헤드설비를 설치하였다. 수성막포 소화약제를 사용할 경우 포헤드설비에 필요한 수원(m³)을 산출하시오.

배점 3

- 계산과정

$= A \times 바닥면적\ 1m^2당\ 방사량 \times 10min$
$= 200m^2 \times 3.7\ell/min\cdot m^2 \times 10min = 7,400\ell = 7.4m^3$

- 답 : $7.4m^3$

★★★★☆

문제3 바닥면적 1,200 m²인 항공기격납고에 포헤드설비와 호스릴포소화설비(호스릴포 방수구는 4개)를 함께 설치하였다. 수성막포 소화약제를 사용할 경우 항공기격납고에 필요한 수원(m³)을 산출하시오.

배점 5

- 계산과정

= 포헤드설비 수원 + 호스릴포소화설비 수원
$= A \times 바닥면적\ 1m^2당\ 방사량 \times 10분 + N \times 6m^3$
$= 1,200m^2 \times 3.7\ell/m^2\cdot분 \times 10분 + 4개 \times 6m^3$
$= 68.4m^3$ 이상

- 답 : $68.4m^3$ 이상

11th Day

30 포소화설비-05(전역방출방식의 고발포용 고정포방출구)

고발포용포방출구는 다음 각 호의 기준에 따라 설치하여야 한다.

㉮ 개구부에 자동폐쇄장치를 설치할 것. 다만, 해당 방호구역에서 외부로 새는 양 이상의 포수용액을 유효하게 추가하여 방출하는 설비가 있는 경우에는 그러하지 아니하다.

㉯ 고정포방출구는 특정소방대상물 및 포의 팽창비에 따른 종별에 따라 해당 방호구역의 관포체적 1 m³에 대하여 1분당 방출량이 다음 표에 따른 양 이상이 되도록 할 것

소방대상물	포의 팽창비	1m³에 대한 분당 포수용액 방출량
항공기격납고	팽창비 80 이상 250 미만의 것	2.00 ℓ
	팽창비 250 이상 500 미만의 것	0.50 ℓ
	팽창비 500 이상 1,000 미만의 것	0.29 ℓ
차고 또는 주차장	팽창비 80 이상 250 미만의 것	1.11 ℓ
	팽창비 250 이상 500 미만의 것	0.28 ℓ
	팽창비 500 이상 1,000 미만의 것	0.16 ℓ
특수가연물을 저장 또는 취급하는 소방대상물	팽창비 80 이상 250 미만의 것	1.25 ℓ
	팽창비 250 이상 500 미만의 것	0.31 ℓ
	팽창비 500 이상 1,000 미만의 것	0.18 ℓ

$$\text{수원} = \text{관포체적}(m^3) \times \text{분당 포수용액 방출량}(\ell/\min \cdot m^3) \times 10\min$$

㉰ 고정포방출구는 바닥면적 500 m²마다 1개 이상으로 하여 방호대상물의 화재를 유효하게 소화할 수 있도록 할 것

$$\text{고정포방출구의 설치 수량} = \frac{\text{바닥면적}(m^2)}{500 m^2/\text{개}}$$

㉱ 고정포방출구는 방호대상물의 최고부분보다 높은 위치에 설치할 것. 다만, 밀어 올리는 능력을 가진 것은 방호대상물과 같은 높이로 할 수 있다.

㉲ 관포체적이란 해당 바닥면으로부터 방호대상물의 높이보다 0.5 m 높은 위치까지의 체적을 말한다.

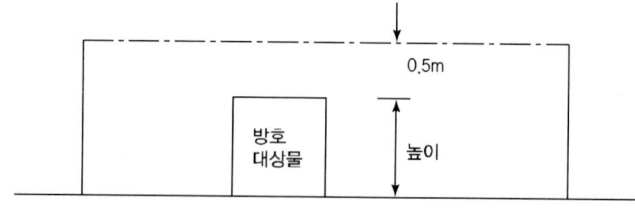

연습문제

★★★★☆

문제1 전역방출방식의 고발포용고정포방출구가 설치된 특수가연물을 저장하는 소방대상물(가로 20 m, 세로 15 m, 높이 5 m)에 높이 2 m인 방호대상물이 설치되어 있다. 관포체적(m³) 및 수원의 저장량(m³)을 산출하시오. 단, 포의 팽창비는 80 이상 250 미만의 것을 사용한다.

- 답 : 1) 관포체적
  $= 20m \times 15m \times (2m + 0.5m) = 20m \times 15m \times 2.5m = 750m^3$
  2) 수원의 저장량
  $= 750m^3 \times 1.25 \ell/m^3 \cdot 분 \times 10분 = 9,375\ell = 9.38m^3$

★★★★☆

문제2 전역방출방식의 고발포용고정포방출구가 설치된 주차장(가로 50 m, 세로 20 m, 높이 3 m)에 높이 2.7 m인 방호대상물이 설치되어 있다. 관포체적(m³) 및 수원의 저장량(m³)을 산출하시오. 단, 포의 팽창비는 250 이상 500 미만의 것을 사용한다.

- 답 : 1) 관포체적
  $= 50m \times 20m \times 3m = 3,000m^3$
  2) 수원의 저장량
  $= 3,000m^3 \times 0.28 \ell/m^3 \cdot 분 \times 10분 = 8,400\ell = 8.4m^3$

★★★★☆

문제3 바닥면적 1,600 m²인 항공기격납고에 고정포방출설비를 설치하려고 할 때, 필요한 고정포방출구의 수량을 산출하시오.

- 계산과정
  $= \dfrac{1,600m^2}{500m^2/개} = 3.2 \rightarrow 4개$
- 답 : 4개

31 포소화설비-06(국소방출방식의 고발포용 고정포방출구)

고발포용포방출구는 다음 각 호의 기준에 따라 설치하여야 한다.
㉮ 방호대상물이 서로 인접하여 불이 쉽게 붙을 우려가 있는 경우에는 불이 옮겨 붙을 우려가 있는 범위 내의 방호대상물을 하나의 방호대상물로 하여 설치할 것
㉯ 고정포방출구는 방호대상물의 구분에 따라 당해 방호대상물의 높이의 3배(1 m 미만의 경우에는 1 m)의 거리를 수평으로 연장한 선으로 둘러쌓인 부분의 면적 1 m^2에 대하여 1분당 방출량이 다음 표에 따른 양 이상이 되도록 할 것

방호대상물	방호면적 1 m^2에 대한 1분당 방출량
특수가연물	3 ℓ
기타의 것	2 ℓ

수원= 방호면적$(m^2) \times 1m^2$에 대한 1분당 방출량$(\ell/min \cdot m^2) \times 10min$

① 외주선 : 당해 방호대상물의 높이의 3배(1 m 미만의 경우에는 1 m)의 거리를 수평으로 연장한 선
② 방호면적 : 당해 방호대상물의 높이의 3배(1 m 미만의 경우에는 1 m)의 거리를 수평으로 연장한 선으로 둘러쌓인 부분의 면적

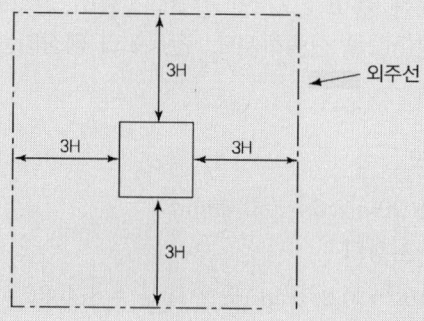

연습문제

★★★★★

문제1 가로 8 m, 세로 6 m, 높이 2.5 m인 특수가연물이 저장된 창고에 국소방출방식으로 고정포방출구를 설치하였을 경우 필요한 수원의 저수량(m³) 및 포소화약제의 저장량(ℓ)을 계산하시오. 단, 소화약제는 수성막포 3%형을 사용한다.

- 답 : ① 수원의 저수량
  = 방호면적 × 표준방사량 × 방사시간
  = $(7.5m + 8m + 7.5m) \times (7.5m + 6m + 7.5m) \times 3\ell/m^2 \cdot min \times 10min$
  = $14,490\ell = 14.49m^3$

  ② 포소화약제의 저장량
  = $14,490\ell \times 0.03 = 434.7\ell$

★★★★★

문제2 특수가연물이 저장된 창고에 국소방출방식으로 고정포방출구를 설치하였을 경우 필요한 수원의 저수량(m³) 및 포소화약제의 저장량(ℓ)을 계산하시오. 단, 소화약제는 단백포 3%형을 사용한다.

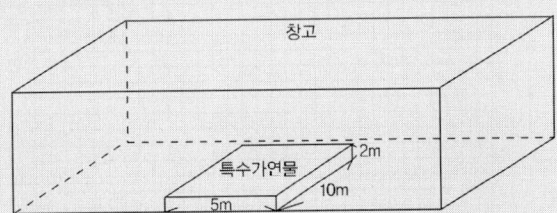

- 답 : ① 수원의 저수량
  = 방호면적 × 표준방사량 × 방사시간
  = $(6m + 5m + 6m) \times (10m + 6m) \times 3\ell/m^2 \cdot min \times 10min$
  = $8,160\ell = 8.16m^3$

  ② 포소화약제의 저장량
  = $8,160\ell \times 0.03$
  = 244.8ℓ

32 이산화탄소소화설비-01(소화약제 저장량_전역방출방식)

1. 이산화탄소 소화약제 저장량(전역방출방식, 표면화재)

전역방출방식에 있어서 가연성액체 또는 가연성가스 등 표면화재 방호대상물의 경우에는 다음 각 목의 기준에 따른다.

㉮ 방호구역의 체적(불연재료나 내열성의 재료로 밀폐된 구조물이 있는 경우에는 그 체적을 감한 체적) $1m^3$에 대하여 다음 표에 따른 양. 다만, 다음 표에 따라 산출한 양이 동표에 따른 저장량의 최저한도의 양 미만이 될 경우에는 그 최저한도의 양으로 한다.

방호구역 체적(V)	방호구역의 체적 $1m^3$에 대한 소화약제의 양(W_1)	소화약제 저장량의 최저한도의 양
45 m³ 미만	1.00 kg	45 kg
45 m³ 이상 150 m³ 미만	0.90 kg	
150 m³ 이상 1,450 m³ 미만	0.80 kg	135 kg
1,450 m³ 이상	0.75 kg	1,125 kg

㉯ 별표1에 따른 설계농도가 34 % 이상인 방호대상물의 소화약제량은 가목의 기준에 따라 산출한 기본소화약제량에 다음 표에 따른 보정계수를 곱하여 산출한다.

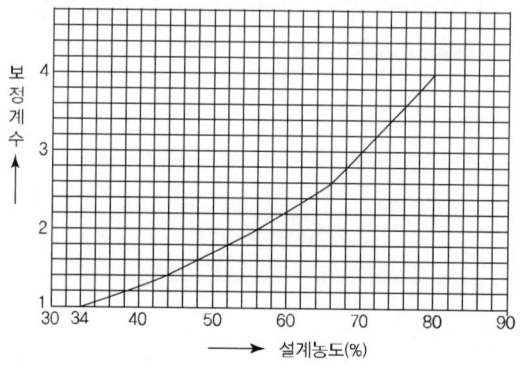

[별표 1] 가연성 액체 또는 가연성가스의 소화에 필요한 설계농도

방호대상물	설계농도(%)
수소(Hydrogen)	75
아세틸렌(Acetylene)	66
일산화탄소(Carbon Monoxide)	64
산화에틸렌(Ethylene Oxide)	53
에틸렌(Ethylene)	49
에탄(Ethane)	40
석탄가스, 천연가스, 사이크로 프로판	37
이소부탄(Iso Butane), 프로판(Propane)	36
부탄(Butane), 메탄(Methane)	34

㉓ 방호구역의 개구부에 자동폐쇄장치를 설치하지 아니한 경우에는 가목 및 나목의 기준에 따라 산출한 양에 개구부면적 1 m²당 5 kg을 가산하여야 한다. 이 경우 개구부의 면적은 방호구역 전체 표면적의 3 % 이하로 하여야 한다.

$$저장량 = V \times W_1 \times 보정계수 + A \times 5 kg/m^2$$

V : 방호구역 체적(m³)
W_1 : 방호구역의 체적 1 m³에 대한 소화약제의 양(kg/m³)
A : 개구부의 면적(자동폐쇄장치를 설치하지 아니한 경우)(m²)

2. 이산화탄소 소화약제 저장량(전역방출방식, 심부화재)

전역방출방식에 있어서 종이·목재·석탄·섬유류·합성수지류 등 심부화재 방호대상물의 경우에는 다음 각 목의 기준에 따른다.

㉮ 방호구역의 체적(불연재료나 내열성의 재료로 밀폐된 구조물이 있는 경우에는 그 체적을 감한 체적) 1 m³에 대하여 다음 표에 따른 양 이상으로 하여야 한다.

방호대상물	W_1(kg/m³)	설계농도(%)
유압기기를 제외한 전기설비, 케이블실	1.3	50
체적 55 m³ 미만의 전기설비	1.6	50
서고, 전자제품창고, 목재가공품창고, 박물관	2.0	65
고무류·면화류창고, 모피창고, 석탄창고, 집진설비	2.7	75

㉯ 방호구역의 개구부에 자동폐쇄장치를 설치하지 아니한 경우에는 가목의 기준에 따라 산출한 양에 개구부 면적 1 m²당 10 kg을 가산하여야 한다. 이 경우 개구부의 면적은 방호구역 전체 표면적의 3 % 이하로 하여야 한다.

$$저장량 = V \times W_1 + A \times 10 kg/m^2$$

V : 방호구역 체적(m³)
W_1 : 방호구역의 체적 1 m³에 대한 소화약제의 양(kg/m³)
A : 개구부의 면적(자동폐쇄장치를 설치하지 아니한 경우)(m²)

> **※ 충전비**
> "충전비"란 용기의 용적과 소화약제의 중량과의 비율을 말한다.
>
> $$충전비 = \frac{저장용기의\ 내용적(\ell)}{소화약제의\ 중량(kg)}$$
>
> 저장용기의 충전비는 고압식은 1.5 이상 1.9 이하, 저압식은 1.1 이상 1.4 이하

11th Day

연습문제

★★★★☆

문제1 불연재료나 내열성의 재료로 밀폐된 구조물을 제외한 방호구역 체적이 250 m³인 표면화재 방호대상물의 경우 이산화탄소 소화약제 저장량(kg)을 산출하시오. 단, 보정계수는 1.4이며, 자동폐쇄장치를 설치하지 아니한 개구부의 면적은 3m²이다.

- 계산과정

$$= V \times W_1 \times 보정계수 + A \times 5kg/m^2$$
$$= 250m^3 \times 0.8kg/m^3 \times 1.4 + 3m^2 \times 5kg/m^2$$
$$= 295kg \text{ 이상}$$

- 답 : 295kg 이상

★★★★☆

문제2 불연재료나 내열성의 재료로 밀폐된 구조물을 제외한 방호구역 체적이 50 m³인 케이블실의 경우 이산화탄소 소화약제 저장량(kg)을 산출하시오. 단, 자동폐쇄장치를 설치하지 아니한 개구부의 면적은 3m²이다.

- 계산과정

$$= V \times W_1 + A \times 10kg/m^2$$
$$= 50m^3 \times 1.3kg/m^3 + 3m^2 \times 10kg/m^2$$
$$= 95kg \text{ 이상}$$

- 답 : 95kg 이상

★★★★☆

문제3 가로 12 m, 세로 6 m, 높이 6 m인 석탄창고에 개구부(가로 2 m, 세로 1.2 m)가 4면에 1개씩 설치되어 있다. 이 소방대상물에 전역방출방식 이산화탄소 소화설비를 설치할 때 필요한 이산화탄소 소화약제의 저장량(kg)은 얼마인가?

- 계산과정

$$= V \times W_1 + A \times 10kg/m^2$$
$$= (12 \times 6 \times 6)m^3 \times 2.7kg/m^3 + (2 \times 1.2)m^2 \times 4개소 \times 10kg/m^2$$
$$= 1262.4kg \text{ 이상}$$

- 답 : 1262.4kg 이상

★★★★☆

문제4 내용적 68ℓ인 고압용기 내에 1.5의 충전비로 충전된 이산화탄소소화약제의 양(kg)은 얼마인가?

■ 계산과정

$$충전비 = \frac{저장용기의\ 내용적(\ell)}{소화약제의\ 중량(kg)} \text{에서}$$

$$소화약제의\ 중량 = \frac{저장용기의\ 내용적(\ell)}{충전비} = \frac{68\ell}{1.5} = 45.33\text{kg}$$

■ 답 : 45.33kg

11th Day

33 이산화탄소소화설비-02_(소화약제 저장량_국소방출방식/호스릴방식)

1. 국소방출방식은 다음 각 목의 기준에 따라 산출한 양에 고압식은 1.4, 저압식은 1.1을 각각 곱하여 얻은 양 이상으로 할 것

   ㉮ 윗면이 개방된 용기에 저장하는 경우와 화재 시 연소면이 한정되고 가연물이 비산할 우려가 없는 경우에는 방호대상물의 표면적 1 m²에 대하여 13kg

   $$저장량(고압식) = 방호대상물의\ 표면적(m^2) \times 13(kg/m^2) \times 1.4$$
   $$저장량(저압식) = 방호대상물의\ 표면적(m^2) \times 13(kg/m^2) \times 1.1$$

   ㉯ 가목 외의 경우에는 방호공간의 체적 1 m³에 대하여 다음의 식에 따라 산출한 양

   $$Q = 8 - 6\frac{a}{A}$$

   Q : 방호공간 1 m³에 대한 이산화탄소 소화약제의 양(kg/m³)
   a : 방호대상물 주위에 설치된 벽의 면적의 합계(m²)
   A : 방호공간의 벽면적(벽이 없는 경우에는 벽이 있는 것으로 가정한 당해 부분의 면적)의 합계(m²)
   방호공간 : 방호대상물의 각 부분으로부터 0.6 m의 거리에 따라 둘러싸인 공간

   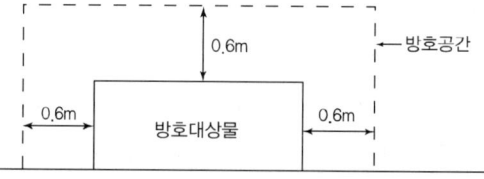

   $$저장량(고압식) = 방호공간의\ 체적 \times \left[8 - 6\frac{a}{A}\right] \times 1.4$$
   $$저장량(저압식) = 방호공간의\ 체적 \times \left[8 - 6\frac{a}{A}\right] \times 1.1$$

2. 호스릴이산화탄소소화설비는 하나의 노즐에 대하여 90 kg 이상으로 할 것

연습문제

★★★☆☆

문제1 윗면이 개방된 용기에 저장하는 경우와 화재 시 연소면이 한정되고 가연물이 비산할 우려가 없는 경우, 이 소방대상물에 국소방출방식 이산화탄소 소화설비를 설치할 때 필요한 이산화탄소 소화약제의 저장량(kg)은 얼마인가? 단, 방호대상물의 표면적은 6 m²이며, 이산화탄소 소화약제 저장방식은 고압식이다.

배점 3

- 계산과정
  $= 방호대상물의 표면적(m^2) \times 13 kg/m^2 \times 1.4$
  $= 6 m^2 \times 13 kg/m^2 \times 1.4$
  $= 109.2 kg$ 이상
- 답 : $109.2 kg$ 이상

★★★★☆

문제2 가로 4 m, 세로 3 m, 높이 2 m인 방호대상물(특수가연물)에 고압식 이산화탄소 소화설비를 설치하고자 한다. 국소방출방식의 경우 다음 물음에 답하시오.

① 방호공간의 체적(m³)
② 방호공간의 벽면적의 합계(m²)
③ 방호대상물 주위에 설치된 벽의 면적의 합계(m²)
④ 소화약제 저장량(kg)

배점 10

- 계산과정
  ① 방호공간의 체적
  $= (0.6m + 4m + 0.6m) \times (0.6m + 3m + 0.6m) \times (2m + 0.6m)$
  $= 5.2m \times 4.2m \times 2.6m$
  $= 56.78 m^3$
  ② 방호공간의 벽면적의 합계
  $= 5.2m \times 2.6m \times 2면 + 4.2m \times 2.6m \times 2면$
  $= 48.88 m^2$
  ③ 방호대상물 주위에 설치된 벽의 면적의 합계
  $= 0$

④ 소화약제 저장량

$= 방호공간의\ 체적(m^3) \times \left[8 - 6\dfrac{a}{A} \right] \times 1.4$

$= 56.78 m^3 \times \left[8 - 6 \times \dfrac{0}{48.88 m^2} \right] \times 1.4$

$= 56.78 m^3 \times [8 - 0] \times 1.4$

$= 56.78 m^3 \times 8 \times 1.4$

$= 636 kg$ 이상

- 답 : ① 방호공간의 체적 : $56.78 m^3$
  ② 방호공간의 벽면적의 합계 : $48.88 m^2$
  ③ 방호대상물 주위에 설치된 벽의 면적의 합계 : 0
  ④ 소화약제 저장량 : $635.94 kg$ 이상

★★★★☆

문제3 다음 그림과 같이 가로 5 m, 세로 10 m, 높이 2 m인 방호대상물(특수가연물)에 고압식 이산화탄소소화설비를 설치하고자 한다. 국소방출방식의 경우 다음 물음에 답하시오.

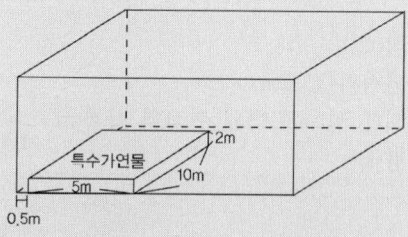

1) 방호공간의 체적(m³)
2) 방호공간의 벽면적의 합계(m²)
3) 방호대상물 주위에 설치된 벽의 면적의 합계(m²)
4) 소화약제 저장량(kg)

- 계산과정
  1) 방호공간의 체적
     $= (0.5 m + 5 m + 0.6 m) \times (10 m + 0.6 m) \times (2 m + 0.6 m)$
     $= 6.1 m \times 10.6 m \times 2.6 m$
     $= 168.12 m^3$
  2) 방호공간의 벽면적의 합계
     $= 6.1 m \times 2.6 m \times 2면 + 10.6 m \times 2.6 m \times 2면$
     $= 86.84 m^2$

3) 방호대상물 주위에 설치된 벽의 면적의 합계
 $= 6.1m \times 2.6m + 10.6m \times 2.6m$
 $= 43.42m^2$

4) 소화약제 저장량
 $=$ 방호공간의 체적$(m^3) \times \left[8 - 6\dfrac{a}{A} \right] \times 1.4$
 $= 168.12m^3 \times \left[8 - 6 \times \dfrac{43.42m^2}{86.84m^2} \right] \times 1.4$
 $= 168.12m^3 \times [8 - 3] \times 1.4$
 $= 168.12m^3 \times 5 \times 1.4$
 $= 1176.84kg$ 이상

■ 답 : 1) 방호공간의 체적 : $168.12m^3$
    2) 방호공간의 벽면적의 합계 : $86.84m^2$
    3) 방호대상물 주위에 설치된 벽의 면적의 합계 : $43.42m^2$
    4) 소화약제 저장량 : $1176.84kg$ 이상

★★★☆☆

문제4 호스릴 노즐의 수량이 3개일 경우 호스릴 이산화탄소 소화설비에 필요한 소화약제량(kg)을 계산하시오.

배점 3

■ 계산과정
 $=$ 호스릴 노즐 수량(개) $\times 90kg/$개
 $= 3$개 $\times 90kg/$개
 $= 270kg$ 이상
■ 답 : $270kg$ 이상

11th Day

34 이산화탄소소화설비-03(배관의 구경/분사헤드에서의 유량)

1. 배관의 구경

배관의 구경은 이산화탄소의 소요량이 다음 각 호의 기준에 따른 시간 내에 방사될 수 있는 것으로 하여야 한다.

① 전역방출방식에 있어서 가연성액체 또는 가연성가스 등 표면화재 방호대상물의 경우에는 1분
② 전역방출방식에 있어서 종이, 목재, 석탄, 섬유류, 합성수지류 등 심부화재 방호대상물의 경우에는 7분. 이 경우 설계농도가 2분 이내에 30%에 도달하여야 한다.

> **TIP** ※ 설계농도 30 %일 경우 소화약제의 양
>
> $$x = 2.303 \log\left(\frac{100}{100-C}\right) \times \frac{1}{S} = 2.303 \log\left(\frac{100}{100-30}\right) \times \frac{1}{0.53} = 0.673 kg/m^3$$
>
> (0.53 : 10 ℃일 때 이산화탄소의 비체적)

③ 국소방출방식의 경우에는 30초

방출방식	배관 내 유량
전역방출방식 (표면화재)	$\dfrac{\text{이산화탄소의 소요량}}{1분}$
전역방출방식 (심부화재)	$\dfrac{\text{이산화탄소의 소요량}}{7분}$, $\dfrac{\text{방호구역}(m^3) \times 0.673(kg/m^3)}{2분}$ 중 큰 값
국소방출방식	$\dfrac{\text{이산화탄소의 소요량}}{30초}$

2. 분사헤드에서의 유량

1) 전역방출방식 : 이산화탄소 소화약제의 저장량이 다음 각 호의 기준에 따른 시간 내에 방사될 수 있는 것으로 하여야 한다.
   ① 전역방출방식에 있어서 가연성액체 또는 가연성가스 등 표면화재 방호대상물의 경우에는 1분
   ② 전역방출방식에 있어서 종이, 목재, 석탄, 섬유류, 합성수지류 등 심부화재 방호대상물의 경우에는 7분. 이 경우 설계농도가 2분 이내에 30 %에 도달하여야 한다.

2) 국소방출방식 : 이산화탄소 소화약제의 저장량은 30초 이내에 방사할 수 있는 것으로 할 것

방출방식	분사헤드에서의 유량
전역방출방식 (표면화재)	$\dfrac{\text{이산화탄소의 저장량}}{1분}$
전역방출방식 (심부화재)	$\dfrac{\text{이산화탄소의 저장량}}{7분}$, $\dfrac{\text{방호구역}(m^3) \times 0.673(kg/m^3)}{2분}$ 중 큰 값
국소방출방식	$\dfrac{\text{이산화탄소의 저장량}}{30초}$

연습문제

★★★★☆

문제1 불연재료나 내열성의 재료로 밀폐된 구조물을 제외한 방호구역 체적이 1,600 m³인 표면화재 방호대상물의 경우 이산화탄소 소화약제 저장량(kg)과 배관에서의 방출유량(kg/s)을 산출하시오. 단, 보정계수는 1.4이며, 자동폐쇄장치를 설치하지 아니한 개구부의 면적은 12m²이다.

■ 답 : 1) 이산화탄소 소화약제 저장량

$= V \times W_1 \times 보정계수 + A \times 5kg/m^2$

$= 1,600m^3 \times 0.75kg/m^3 \times 1.4 + 12m^2 \times 5kg/m^2 = 1,740kg$

2) 배관에서의 방출유량

$= \dfrac{이산화탄소의\ 소요량}{방출시간} = \dfrac{1,740kg}{1분} = \dfrac{1,740kg}{60s} = 29kg/s$

★★★★☆

문제2 실의 크기가 5m×5m×9m인 전자제품창고에 고정식의 고압식 이산화탄소 소화설비를 전역방출방식으로 설치하고자 한다. 다음의 물음에 답하시오.

① 요구되는 CO_2 소요량(kg)은 얼마인가?
② 배관 내 최소 유량(kg/분)은 얼마인가? 단, 소수점은 반올림하여 정수로 답하시오.
③ 배관 내 최소 유량이 흐를 경우 방출시간(분)은 얼마인가?

■ 답 : ① 요구되는 CO_2 소요량 $= V \times W_1 + A \times 10kg/m^2$

$= 5m \times 5m \times 9m \times 2kg/m^3 + 0 \times 10kg/m^2 = 450kg$ 이상

② 배관 내 최소 유량

유량 $= \dfrac{225m^3 \times 2kg/m^3}{7분} = 64.3kg/분 \rightarrow 64kg/분$

유량 $= \dfrac{225m^3 \times 0.673kg/m^3}{2분} = 75.7kg/분 \rightarrow 76kg/분$

∴ 최소 유량은 76kg/분이다.

③ 배관 내 최소 유량이 흐를 경우 방출시간

$= \dfrac{CO_2\ 저장량}{최소\ 유량} = \dfrac{450kg}{76kg/분} = 6분$

35 이산화탄소소화설비-04(과압배출구/증발량)

1. 과압배출구

이산화탄소소화설비의 방호구역에 소화약제가 방출시 과압으로 인하여 구조물 등에 손상이 생길 우려가 있는 장소에는 과압배출구를 설치하여야 한다.

CO₂설비	Inergen[IG-541]설비
$A = \dfrac{23.9Q}{\sqrt{P[kg/cm^2]}} = \dfrac{239Q}{\sqrt{P[kPa]}}$ A : Vent 면적[mm²] Q : CO₂ 유량[kg/min] P : 실구조의 허용인장 강도	$A = \dfrac{42.9Q}{\sqrt{P}}$ A : Vent 면적[cm²] Q : Inergen 방출량[m³/min] P : 실구조의 허용인장 강도[kg/m²]

경량 구조물	1.2[kPa]
일반 구조물	2.4[kPa]
둥근 구조물	4.8[kPa]

경량 구조	10[kg/m²]
블록 마감	50[kg/m²]
철근콘크리트벽	100[kg/m²]

2. 액화 이산화탄소로부터 증발되는 증발량

액화 이산화탄소는 주위 배관으로부터 흡열하여 액상에서 기상으로 증발하며, 액화 이산화탄소의 주위에 있는 배관은 방열하여 온도가 내려가게 된다.

$$\text{증발량} = \frac{GC\Delta T[kcal]}{H[kcal/kg]} = \frac{4.19GC\Delta T[kJ]}{H[kJ/kg]}$$

$$kcal/kg = 427 kgf \cdot m/kg = 427 \times 9.8 N \cdot m/kg$$
$$= 427 \times 9.8 J/kg = 427 \times 9.8 \times \frac{1}{1,000} kJ/kg = 4.19 kJ/kg$$

연습문제

★★★☆☆

문제1 경량구조물(Light building)의 전자제품창고(바닥면적 160 m², 높이 5 m, 개구부 없음)에 전역방출방식의 이산화탄소 소화설비를 설치할 경우 필요한 과압배출구의 면적[mm²]을 계산하시오.(단, 저장용기는 45kg/병이다)

배점 5

- 계산과정

 Q[kg/min]의 계산 : 다음 중 큰 값

 ① $\dfrac{160m^2 \times 5m \times 2kg/m^3}{7\min} = 228.6 kg/\min$

 ② $\dfrac{36병 \times 45kg/병}{7\min} = 231.43 kg/\min$

 ③ $\dfrac{160m^2 \times 5m \times 0.673kg/m^3}{2\min} = 269.2 kg/\min$

 $A = \dfrac{239Q}{\sqrt{P[kPa]}} = \dfrac{239 \times 269.2 kg/\min}{\sqrt{1.2[kPa]}} = 58,733 [mm^2]$ 이상

- 답 : $58,733 [mm^2]$ 이상

★★★☆☆

문제2 이산화탄소 소화설비의 배관으로 이산화탄소소화약제를 방출하는 경우 액화 이산화탄소로부터 증발되는 증발량(kg)은 얼마가 되겠는가? (단, 이산화탄소 저장용기 내의 액화 이산화탄소의 온도는 영하 40℃, 배관의 무게는 20 kg, 이산화탄소의 방출 전 배관의 평균온도는 15 ℃이다. 또한, 이산화탄소가 방출되는 동안의 배관 온도는 영하 20 ℃, 배관의 비열은 0.11 kcal/kg·℃이며, 액화이산화탄소의 증발잠열은 10 kcal/kg이다.)

배점 5

- 계산과정

 증발량 $= \dfrac{GC\Delta T}{H} = \dfrac{배관의\ 감열\,(kcal)}{이산화탄소의\ 증발잠열\,(kcal/kg)}$

 $= \dfrac{20kg \times 0.11 kcal/kg\cdot℃ \times [15-(-20)]℃}{10 kcal/kg} = 7.7 \text{kg}$

- 답 : 7.7kg

11th Day

36 이산화탄소소화설비-05(무유출/자유 유출)

1. 무유출

① 이산화탄소 방출 후 농도

$$CO_2(\%) = \frac{21 - O_2}{21} \times 100$$

$CO_2(\%)$: 이산화탄소 방출 후 농도(%)
O_2 : 이산화탄소 방출 후 산소 농도(%)
21 : 이산화탄소 방출 전 산소 농도(%)

② 방출된 이산화탄소의 양

$$CO_2(m^3) = \frac{21 - O_2}{O_2} \times 방호구역의\ 체적$$

$CO_2(m^3)$: 방출된 이산화탄소의 양(m^3)
O_2 : 이산화탄소 방출 후 산소 농도(%)
21 : 이산화탄소 방출 전 산소 농도(%)

③ 이산화탄소의 농도

$$이산화탄소의\ 농도(\%) = \frac{이산화탄소의\ 체적}{방호구역의\ 체적 + 이산화탄소의\ 체적} \times 100$$

④ 방출된 이산화탄소의 양

$$W = \frac{V}{S} \times \left[\frac{C}{(100-C)} \right]$$

W : 방출된 이산화탄소의 양
S : 비체적(m^3/kg)
C : 설계농도(%)

2. 자유 유출(Free Efflux)

$$W = 2.303 \times \log\left(\frac{100}{100-C}\right) \times \frac{1}{S} \times V$$

W : 방출된 이산화탄소의 양(kg)
S : 비체적(m^3/kg)
C : 설계농도(%)
V : 방호구역 체적(m^3)

11th Day

연습문제

★★★★☆

문제1 이산화탄소를 방출하였더니 농도가 34%이었다. 공기 중의 산소농도는 몇 %인가? 단, 공기 중에는 질소가 79%, 산소가 21% 있다.

배점 5

■ 계산과정

$$CO_2(\%) = \frac{21 - O_2}{21} \times 100 \text{ 에서 } 34 = \frac{21 - O_2}{21} \times 100$$

$$\frac{34}{100} = \frac{21 - O_2}{21}$$

$$\frac{34}{100} \times 21 = 21 - O_2$$

$$O_2 = 21 - \frac{34}{100} \times 21$$

$$O_2 = 13.86\%$$

■ 답 : 13.86%

★★★★☆

문제2 체적이 300 m³인 방호구역에 전역방출방식으로 이산화탄소를 방사하였다. 다음의 물음에 답하시오.

배점 8

[조건]
① 실내의 온도는 50 ℃이며, 산소의 농도를 14%로 하려고 한다.
② 내부의 압력은 1.2 atm(절대압력)이다.
③ 방호구역은 완전 밀폐된다고 가정한다.(무유출)

[물음]
1) 방출된 이산화탄소의 양은 몇 m³인가?
2) 이 때 방사된 이산화탄소의 양은 몇 kg인가?
3) 운무현상에 대하여 설명하시오.

■ 답 : 1) 방출된 이산화탄소의 양

$$CO_2(m^3) = \frac{21 - O_2}{O_2} \times \text{방호구역의 체적}$$

$$= \frac{21 - 14}{14} \times 300 m^3 = 150 m^3$$

제2편 소방시설 **245**

2) 방사된 이산화탄소의 양

$PV = \dfrac{W}{M}RT$ 에서 $W = \dfrac{PVM}{RT}$

$= \dfrac{1.2\,atm \times 150\,m^3 \times 44}{0.082\,atm \cdot \ell/mol \cdot K \times (50+273)K} = 299.03\,kg$

3) 운무현상 : 고압상태의 이산화탄소를 방사하면 대부분은 증기로 방사되지만 그 중의 일부가 −79 ℃인 미세한 드라이아이스 상태로 방사되어 이것이 마치 구름모양처럼 보이는 현상이다.

★★★★☆

배점 5

문제3 방호구역의 체적이 100 m³인 전기실에 이산화탄소 130 kg을 방사하였다. 실내의 온도가 500 ℃, 실내의 기압이 1.2 atm(절대압력)인 경우 이산화탄소의 농도(%)를 구하시오. 단, 방호구역은 완전 밀폐된다고 가정한다.

■ 계산과정

$PV = \dfrac{W}{M}RT$ 에서

이산화탄소의 체적$(V) = \dfrac{WRT}{PM}$

$= \dfrac{130\,kg \times 0.082 \times (500+273)K}{1.2\,atm \times 44} = 156.064\,m^3$

이산화탄소의 농도(%) $= \dfrac{\text{이산화탄소의 체적}}{\text{방호구역의 체적} + \text{이산화탄소의 체적}} \times 100$

$= \dfrac{156.064\,m^3}{100\,m^3 + 156.064\,m^3} \times 100$

$= 60.95\%$

■ 답 : 60.95%

★★★★☆

배점 8

문제4 가로 20 m, 세로 15 m, 높이 5 m인 전기실에 전역방출방식의 이산화탄소 소화설비를 설치하려고 한다. 다음 물음에 답하시오.

① CO_2 방사 후 실내 압력은 780 mmHg(절대압력)이고, 실내 온도는 12℃이다.
② 방호구역은 완전 밀폐된다고 가정한다.(무유출)

[물음]
1) 방사 후 실내의 O_2의 농도가 13vol%라면 실내의 이산화탄소 농도는 몇 vol%인가?
2) 방사된 CO_2의 소비량은 몇 kg인가?

■ 답 : 1) 이산화탄소 농도

$$CO_2(\%) = \frac{21 - O_2}{21} \times 100 = \frac{21 - 13}{21} \times 100 = 38.1\%$$

2) CO_2의 소비량

방사된 CO_2의 소비량(m^3)

$$CO_2(m^3) = \frac{21 - O_2}{O_2} \times 방호구역의\ 체적$$

$$= \frac{21 - 13}{13} \times (20m \times 15m \times 5m) = 923.08 m^3$$

방사된 CO_2의 소비량(kg)

$$PV = \frac{W}{M}RT\ 에서$$

소비량(kg) $W = \frac{PVM}{RT} = \frac{(\frac{780}{760})atm \times 923.08 m^3 \times 44}{0.082 atm \cdot \ell/mol \cdot K \times (12 + 273)K} = 1,785.06 kg$

★★★★★

문제5 바닥면적 100 m², 높이 2.5 m인 통신기기실에 이산화탄소 소화설비를 전역방출방식으로 설치하려고 한다. 다음과 같은 조건에서 각 물음에 답하시오.

배점 10

[조건]
① 약제의 방출계수(Flooding Factor) $K_1 = 1.3\ kg/m^3$로 한다.
② 개구부는 약제방출 전 자동폐쇄 된다.
③ 약제는 내용적 68 ℓ 저장용기에 충전비 1.6으로 저장한다.
④ 비체적 계산은 1기압, 20 ℃를 기준으로 한다.
⑤ 약제는 자유유출(Free Efflux) 상태로 외부로 유출된다.

[물음]
1) 약제의 저장 용기수를 구하시오.
2) 약제 방출 후 통신기기실의 이산화탄소 가스농도를 계산하시오.

■ 답 : 1) 약제의 저장 용기 수

이산화탄소소화약제 저장량 $= 100 m^2 \times 2.5 m \times 1.3 kg/m^3 = 325 kg$

이산화탄소 저장용기 한 병당 약제 저장량

$$= \frac{저장용기\ 내용적(\ell)}{충전비(\ell/kg)} = \frac{68\ell/병}{1.6\ell/kg} = 42.5 kg/병$$

∴ 약제의 저장 용기 수 $= \frac{325 kg}{42.5 kg/병} = 7.6 \to 8병$

2) 약제 방출 후 통신기기실의 이산화탄소 가스농도

$$비체적 = \frac{RT}{PM} = \frac{0.082 atm \cdot \ell/mol \cdot K \times (20+273)K}{1atm \times 44g} = 0.546 \ell/g = 0.546 m^3/kg$$

약제 방출 후 통신기기실의 이산화탄소 가스농도

$$x = 2.303 \log\left(\frac{100}{100-C}\right) \times \frac{1}{S}$$

$$\frac{8병 \times 42.5 kg/병}{100 m^2 \times 2.5 m} = 2.303 \log\left(\frac{100}{100-C}\right) \times \frac{1}{0.546 m^3/kg}$$

$$\frac{8병 \times 42.5 kg/병}{100 m^2 \times 2.5 m} = \ln\left(\frac{100}{100-C}\right) \times \frac{1}{0.546 m^3/kg}$$

$$\frac{8병 \times 42.5 kg/병 \times 0.546 m^3/kg}{100 m^2 \times 2.5 m} = \ln\left(\frac{100}{100-C}\right)$$

$$0.74256 = \ln\left(\frac{100}{100-C}\right)$$

$$e^{0.74256} = \frac{100}{100-C}$$

$$2.1 = \frac{100}{100-C}$$

$$2.1 \times (100-C) = 100$$

$$2.1 \times 100 - 2.1 \times C = 100$$

$$2.1 \times 100 - 100 = 2.1 \times C$$

$$110 = 2.1 \times C$$

$$C = \frac{110}{2.1} = 52.4\%$$

★★★★★

문제6 가로 20 m, 세로 15 m, 높이 5 m인 전기실에 전역방출방식의 이산화탄소 소화설비를 설치하려고 한다. 다음 물음에 답하시오.

① 대기온도 21℃
② CO_2 방사 후 실내압력 740 mmHg(절대압력), 실내온도 12℃
③ 용기체적 68 ℓ, 충전비 1.7
④ 기체상수 : R=0.082ℓ ·atm/mol·K
⑤ 약제는 자유유출(Free Efflux) 상태로 외부로 유출된다.

[물음]
1) 방사 후 실내의 산소(O_2)농도가 13[vol%]라면 실내의 이산화탄소 농도는 몇 [vol%]인가?
2) 방사된 CO_2의 소비량은 몇 병인가?

■ 답 : 1) 실내의 이산화탄소 농도

$$CO_2(\%) = \frac{21 - O_2}{21} \times 100$$

$$= \frac{21 - 13}{21} \times 100$$

$$= 38.1\%$$

2) 방사된 CO_2의 소비량

$$비체적 = \frac{RT}{PM} = \frac{0.082 atm \cdot \ell/mol \cdot K \times (12+273)K}{\frac{740mmHg}{760mmHg} \times 1atm \times 44g}$$

$$= 0.5455\ell/g$$

$$= 0.5455m^3/kg$$

방사된 CO_2의 소비량(kg)

$$= 2.303 \times \log\left(\frac{100}{100-C}\right) \times \frac{1}{S} \times V$$

$$= 2.303 \times \log\left(\frac{100}{100-38.1}\right) \times \frac{1}{0.5455m^3/kg} \times (20m \times 15m \times 5m)$$

$$= 1,319kg$$

이산화탄소 저장용기 한 병당 약제 저장량

$$= \frac{저장용기\ 내용적(\ell)}{충전비(\ell/kg)} = \frac{68\ell/병}{1.7\ell/kg} = 40kg/병$$

∴ 방사된 CO_2의 소비량(병) $= \frac{1319kg}{40kg/병} = 32.9 \to 33병$

37 할론소화설비-01(소화약제의 저장량)

1. 소화약제의 저장량(전역방출방식)

전역방출방식은 다음 각 목의 기준에 따라 산출한 양 이상으로 할 것

㉮ 방호구역의 체적(불연재료나 내열성의 재료로 밀폐된 구조물이 있는 경우에는 그 체적을 제외한다) 1 m³ 당 소화약제의 양

㉯ 방호구역의 개구부에 자동폐쇄장치를 설치하지 아니한 경우에는 "가"목에 따라 산출한 양에 개구부의 면적 1 m²당 소화약제의 양을 가산한 양

$$저장량 = V \times W_1 + A \times W_2$$

W_1 : 방호구역의 체적 1 m³당 소화약제의 양(kg/m³)
W_2 : 개구부의 면적 1 m²당 소화약제의 양(kg/m²)

소방대상물 또는 그 부분		소화약제의 종별	W_1(kg/m³)	W_2(kg/m²)
차고·주차장·전기실·통신기기실·전산실 기타 이와 유사한 전기설비가 설치되어 있는 부분		할론 1301	0.32 kg 이상 0.64 kg 이하	2.4 kg
특수가연물을 저장·취급하는 소방대상물 또는 그 부분	가연성 고체류·가연성 액체류	할론 2402 할론 1211 할론 1301	0.40 kg 이상 1.1 kg 이하 0.36 kg 이상 0.71 kg 이하 0.32 kg 이상 0.64 kg 이하	3.0 kg 2.7 kg 2.4 kg
	면화류·나무껍질 및 대팻밥·넝마 및 종이부스러기·사류·볏짚류·목재가공품 및 나무부스러기	할론 1211 할론 1301	0.60 kg 이상 0.71 kg 이하 0.52 kg 이상 0.64 kg 이하	4.5 kg 3.9 kg
	합성수지류	할론 1211 할론 1301	0.36 kg 이상 0.71 kg 이하 0.32 kg 이상 0.64 kg 이하	2.7 kg 2.4 kg

2. 소화약제의 저장량(국소방출방식)

1) 국소방출방식은 다음 각 목의 기준에 따라 산출한 양에 할론 2402 또는 할론 1211은 1.1을, 할론 1301은 1.25를 각각 곱하여 얻은 양 이상으로 할 것

㉮ 윗면이 개방된 용기에 저장하는 경우와 화재 시 연소면이 1면에 한정되고 가연물이 비산할 우려가 없는 경우에는 다음 표에 따른 양

소화약제의 종별	방호대상물의 표면적 1 m²에 대한 소화약제의 양
할론 2402	8.8kg
할론 1211	7.6kg
할론 1301	6.8kg

소화약제의 종별	소화약제 저장량
할론 2402	방호대상물의 표면적$(m^2) \times 8.8(kg/m^2) \times 1.1$
할론 1211	방호대상물의 표면적$(m^2) \times 7.6(kg/m^2) \times 1.1$
할론 1301	방호대상물의 표면적$(m^2) \times 6.8(kg/m^2) \times 1.25$

㉯ 가목 외의 경우에는 방호공간(방호대상물의 각 부분으로부터 0.6m의 거리에 따라 둘러싸인 공간을 말한다)의 체적 1m³에 대하여 다음의 식에 따라 산출한 양

$$Q = X - Y\frac{a}{A}$$

Q : 방호공간 1 m³에 대한 할론소화약제의 양(kg/m³)
a : 방호대상물의 주위에 설치된 벽의 면적의 합계(m²)
A : 방호공간의 벽면적(벽이 없는 경우에는 벽이 있는 것으로 가정한 해당 부분의 면적)의 합계(m²)
X 및 Y : 다음 표의 수치

소화약제의 종별	X의 수치	Y의 수치
할론 2402	5.2	3.9
할론 1211	4.4	3.3
할론 1301	4.0	3.0

소화약제의 종별	소화약제 저장량
할론 2402	방호공간의 체적 $\times \left[5.2 - 3.9\dfrac{a}{A}\right] \times 1.1$
할론 1211	방호공간의 체적 $\times \left[4.4 - 3.3\dfrac{a}{A}\right] \times 1.1$
할론 1301	방호공간의 체적 $\times \left[4 - 3\dfrac{a}{A}\right] \times 1.25$

3. 소화약제의 저장량(호스릴방식)

호스릴 할론소화설비는 하나의 노즐에 대하여 다음 표에 따른 양 이상으로 할 것

소화약제의 종별	소화약제의 양
할론 2402 또는 1211	50kg
할론 1301	45kg

소화약제의 종별	소화약제 저장량
할론 2402	호스릴 노즐 수량(개) $\times 50(kg/개)$
할론 1211	호스릴 노즐 수량(개) $\times 50(kg/개)$
할론 1301	호스릴 노즐 수량(개) $\times 45(kg/개)$

12th Day

연습문제

★★★☆☆

문제1 방호체적 550 m³인 전기실에 할론 1301 설비를 할 때 필요한 소화약제의 양[kg]은 최소 얼마 이상으로 하여야 하는가?(단, 가로 2 m, 세로 0.8 m인 유리창 2개소와 가로 1 m, 세로 2 m의 자동폐쇄장치가 설치된 방화문이 있음)

- 계산과정

  저장량 $= V \times W_1 + A \times W_2$
  $= 550 m^3 \times 0.32 kg/m^3 + (2m \times 0.8m \times 2개) \times 2.4 kg/m^2$
  $= 183.68 kg$

- 답 : $183.68 kg$

배점 3

★★★☆☆

문제2 윗면이 개방된 용기에 저장하는 경우와 화재 시 연소면이 한정되고 가연물이 비산할 우려가 없는 경우, 이 소방대상물에 국소방출방식 할론 1301 소화설비를 설치할 때 필요한 할론 1301 소화약제의 저장량(kg)은 얼마인가? 단, 방호대상물의 표면적은 6m²이다.

- 계산과정

  = 방호대상물의 표면적$(m^2) \times 6.8 (kg/m^2) \times 1.25$
  $= 6m^2 \times 6.8 kg/m^2 \times 1.25$
  $= 51 kg$ 이상

- 답 : $51 kg$ 이상

배점 3

★★★☆☆

문제3 가로 4 m, 세로 3 m, 높이 2 m인 방호대상물(특수가연물)에 할론 1301 소화설비를 설치하고자 한다. 국소방출방식의 경우 다음 물음에 답하시오.

① 방호공간의 체적(m³)
② 방호공간의 벽면적의 합계(m²)
③ 방호대상물 주위에 설치된 벽의 면적의 합계(m²)
④ 소화약제 저장량(kg)

배점 10

- 계산과정
  ① 방호공간의 체적
  $= (0.6m + 4m + 0.6m) \times (0.6m + 3m + 0.6m) \times (2m + 0.6m)$
  $= 5.2m \times 4.2m \times 2.6m$
  $= 56.78m^3$
  ② 방호공간의 벽면적의 합계
  $= 5.2m \times 2.6m \times 2면 + 4.2m \times 2.6m \times 2면$
  $= 48.88m^2$
  ③ 방호대상물 주위에 설치된 벽의 면적의 합계
  $= 0$
  ④ 소화약제 저장량
  $= 방호공간의 체적 \times \left[4 - 3\dfrac{a}{A} \right] \times 1.25$
  $= 56.78m^3 \times \left[4 - 3 \times \dfrac{0}{48.88m^2} \right] \times 1.25$
  $= 56.78m^3 \times 4kg/m^3 \times 1.25$
  $= 283.9kg$ 이상
- 답 : ① 방호공간의 체적 : $56.78m^3$
  ② 방호공간의 벽면적의 합계 : $48.88m^2$
  ③ 방호대상물 주위에 설치된 벽의 면적의 합계 : 0
  ④ 소화약제 저장량 : $283.9kg$ 이상

★★★☆☆

문제4 호스릴 노즐의 수량이 3개일 경우 호스릴 할론소화설비에 필요한 할론 1301 소화약제량(kg)을 계산하시오.

- 계산과정
  = 호스릴 노즐 수량(개) × 45(kg/개)
  = 3개 × 45kg/개
  = 135kg 이상
- 답 : 135kg 이상

12th Day

38 할론소화설비-02(분사헤드)

1. 분사헤드의 설치

1) 전역방출방식의 할론소화설비의 분사헤드는 다음 각 호의 기준에 따라 설치하여야 한다.
   ① 방사된 소화약제가 방호구역의 전역에 균일하게 신속히 확산할 수 있도록 할 것
   ② 할론 2402를 방출하는 분사헤드는 해당 소화약제가 무상으로 분무되는 것으로 할 것
   ③ 분사헤드의 방사압력은 할론 2402를 방사하는 것은 0.1 MPa 이상, 할론 1211을 방사하는 것은 0.2 MPa 이상, 할론 1301을 방사하는 것은 0.9 MPa 이상으로 할 것
   ④ 기준저장량의 소화약제를 10초 이내에 방사할 수 있는 것으로 할 것

$$유량 = \frac{기준저장량}{10초}$$

2) 국소방출방식의 할론소화설비의 분사헤드는 다음 각 호의 기준에 따라 설치하여야 한다.
   ① 소화약제의 방사에 따라 가연물이 비산하지 아니하는 장소에 설치할 것
   ② 할론 2402를 방사하는 분사헤드는 해당 소화약제가 무상으로 분무되는 것으로 할 것
   ③ 분사헤드의 방사압력은 할론 2402를 방사하는 것은 0.1 MPa 이상, 할론 1211을 방사하는 것은 0.2 MPa 이상, 할론 1301을 방사하는 것은 0.9 MPa 이상으로 할 것
   ④ 기준저장량의 소화약제를 10초 이내에 방사할 수 있는 것으로 할 것

$$유량 = \frac{기준저장량}{10초}$$

2. 충전비

① "충전비"란 용기의 체적과 소화약제의 중량과의 비를 말한다.
② 저장용기의 충전비는 할론 2402를 저장하는 것 중 가압식 저장용기는 0.51 이상 0.67 미만, 축압식 저장용기는 0.67 이상 2.75 이하, 할론 1211은 0.7 이상 1.4 이하, 할론 1301은 0.9 이상 1.6 이하로 할 것

12th Day

연습문제

★★★☆☆

문제1 방호체적 550 m³인 전기실에 할론 1301 설비를 할 때, 필요한 최소 소화약제 저장량(kg)과 배관에서의 방출유량(kg/s)을 산출하시오.(단, 가로 2 m, 세로 0.8 m인 유리창 2개소와 가로 1 m, 세로 2 m의 자동폐쇄장치가 설치된 방화문이 있음)

■ 계산과정
 1) 필요한 최소 소화약제 저장량
  = 방호구역 체적 $\times 0.32 kg/m^3$ + 개구부 면적 $\times 2.4 kg/m^2$
  = $550 m^3 \times 0.32 kg/m^3 + (2m \times 0.8m \times 2개) \times 2.4 kg/m^2$
  = $183.68 kg$
 2) 배관에서의 방출유량
  = $\dfrac{기준저장량}{10초} = \dfrac{183.68 kg}{10s} = 18.37 kg/s$

■ 답 : 1) 필요한 최소 소화약제 저장량 : $183.68 kg$
  2) 배관에서의 방출유량 : $18.37 kg/s$

★★★☆☆

문제2 체적이 600[m³]인 밀폐된 통신기기실에 설계 농도 5[%]의 할론 1301 소화설비를 전역방출방식으로 적용하였다. 68[ℓ] 내용적을 가진 축압식 저장용기수를 3병으로 할 경우 저장용기의 충전비는 얼마인가?

■ 계산과정
 소화약제의 저장량 = $600 m^3 \times 0.32 kg/m^3 = 192 kg$
 병당 소화약제의 충전량 = $192 kg \div 3병 = 64 kg$
 충전비 = $\dfrac{68 \ell}{64 kg} = 1.06$

■ 답 : 1.06

12th Day

39 할로겐화합물 및 불활성기체 소화설비-01(소화약제량의 산정)

1. 할로겐화합물 소화약제는 다음 공식에 따라 산출한 양 이상으로 할 것

$$W = \frac{V}{S} \times \left[\frac{C}{(100-C)}\right]$$

W : 소화약제의 무게(kg)
V : 방호구역의 체적(m^3)
S : 소화약제별 선형상수($K_1 + K_2 \times t$)(m^3/kg)

소화약제	K_1	K_2
FC-3-1-10	0.094104	0.00034455
HCFC BLEND A	0.2413	0.00088
HCFC-124	0.1575	0.0006
HFC-125	0.1825	0.0007
HFC-227ea	0.1269	0.0005
HFC-23	0.3164	0.0012
HFC-236fa	0.1413	0.0006
FIC-13I1	0.1138	0.0005
FK-5-1-12	0.0664	0.0002741

C : 체적에 따른 소화약제의 설계농도(%)
t : 방호구역의 최소예상온도(℃)

2. 불활성기체 소화약제는 다음 공식에 따라 산출한 양 이상으로 할 것

$$X = 2.303\left(\frac{V_S}{S}\right) \times Log_{10}\left[\frac{100}{(100-C)}\right]$$

X : 공간체적당 더해진 소화약제의 부피(m^3/m^3)

소 화 약 제	K_1	K_2
IG-01	0.5685	0.00208
IG-100	0.7997	0.00293
IG-541	0.65799	0.00239
IG-55	0.6598	0.00242

Vs : 20℃에서 소화약제의 비체적(m^3/kg)

3. 체적에 따른 소화약제의 설계농도(%)는 상온에서 제조업체의 설계기준에 따라 인증받은 소화농도(%)에 다음 표에 따른 안전계수를 곱한 값 이상으로 할 것

설계농도	소화농도	안전계수
A급	A급	1.2
B급	B급	1.3
C급	A급	1.35

연습문제

★★★★☆

문제1 할로겐화합물 소화약제(HFC-23)의 소화약제 저장량(kg)을 구하시오.

① 실의 구조는 가로 10 m, 세로 8 m, 높이 5 m이다.
② $K_1 = 0.3164$, $K_2 = 0.0012$, 실온은 10~30 ℃이다.
③ A급화재 발생 가능 장소로써, 소화농도는 14%이다.

- 계산과정

$S = K_1 + K_2 \times t = 0.3164 + 0.0012 \times 10℃ = 0.3284 m^3/kg$

설계농도(C) = 소화농도 × 안전계수 = 14% × 1.2 = 16.8%

방호구역 체적 = 10m × 8m × 5m = 400m³

소화약제 저장량 $W = \dfrac{V}{S} \times \left[\dfrac{C}{100-C} \right]$

$= \dfrac{400m^3}{0.3284m^3/kg} \times \left[\dfrac{16.8}{100-16.8} \right] = 245.95kg$

- 답 : 245.95kg

★★★★☆

문제2 가연성가스인 n-heptane을 저장하는 100 m³인 저장창고에 전역방출방식의 FC-3-1-10 소화약제 소화설비를 설치할 경우 소요약제량을 계산하시오. (조건 : 설계기준 온도는 20℃, 최소설계농도는 8.6 V%, 소화약제의 비체적 상수 $K_1 = 0.0941$, $K_2 = 0.0003$임)

- 계산과정

소화약제별 선형상수(S) = $K_1 + K_2 \times t$

$= 0.0941 + 0.0003 \times 20℃ = 0.1001 m^3/kg$

소요약제량

$= \dfrac{V}{S} \times [\dfrac{C}{(100-C)}]$

$= \dfrac{100m^3}{0.1001m^3/kg} \times [\dfrac{8.6}{(100-8.6)}]$

$= 94 kg$

- 답 : 94kg

★★★★☆

문제3 각 실에 대한 HFC-23 소화약제 소화설비의 소화약제 소요병수를 계산하시오.

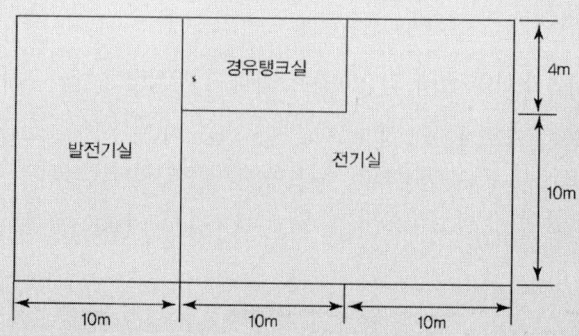

① 방호구역의 층고는 5 m이며, 예상온도는 10~25 ℃이다.
② 저장용기 1병에는 43 kg의 소화약제를 충전한다.
③ 체적에 따른 소화약제의 소화농도는 14.5 %이며, K_1과 K_2는 다음과 같다.

K_1	K_2
0.3164	0.0012

④ 소화약제별 선형상수 계산 시 소수점 넷째자리까지 계산하시오.

▪ 답 : ① 발전기실

$$S = K_1 + K_2 \times t = 0.3164 + 0.0012 \times 10℃ = 0.3284 m^3/kg$$

$$W = \frac{V}{S} \times \left[\frac{C}{(100-C)}\right] = \frac{10m \times 14m \times 5m}{0.3284 m^3/kg} \times \left[\frac{14.5 \times 1.2}{(100-14.5 \times 1.2)}\right] = 449.01 kg$$

$$\therefore \frac{449.01 kg}{43 kg/병} = 10.44 → 11병$$

② 경유탱크실

$$W = \frac{V}{S} \times \left[\frac{C}{(100-C)}\right] = \frac{10m \times 4m \times 5m}{0.3284 m^3/kg} \times \left[\frac{14.5 \times 1.3}{(100-14.5 \times 1.3)}\right] = 141.46 kg$$

$$\therefore \frac{141.46 kg}{43 kg/병} = 3.28 → 4병$$

③ 전기실

$$W = \frac{V}{S} \times \left[\frac{C}{(100-C)}\right]$$

$$= \frac{(20m \times 10m + 10m \times 4m) \times 5m}{0.3284 m^3/kg} \times \left[\frac{14.5 \times 1.35}{(100-14.5 \times 1.35)}\right] = 889.4 kg$$

$$\therefore \frac{889.4 kg}{43 kg/병} = 20.7 → 21병$$

 발전기실은 화재 시 케이블 등이 연소하는 화재이므로 A급화재로 분류된다.

12th Day

★★★★☆

문제4 전기실의 크기가 가로 35 m, 세로 30 m, 높이 7 m인 방호공간에 IG-541 소화약제 소화설비를 아래 조건에 따라 설치할 경우 IG-541의 최소 소화약제량(m³)을 구하시오.

① IG-541의 설계농도는 37 %로 한다.
② 방사 시 온도는 상온(20 ℃)을 기준으로 한다.

배점 5

■ 계산과정

약제량 $= 2.303 \left(\dfrac{V_S}{S} \right) \times Log_{10} \left[\dfrac{100}{(100-C)} \right] \times V$ 에서

문제의 조건이 상온(20℃)을 기준으로 하므로 $S = V_S$ 이다.

그러므로 소화약제량 $= 2.303 \times Log_{10} \left[\dfrac{100}{(100-C)} \right] \times V$

$= 2.303 \times Log_{10} \left[\dfrac{100}{(100-37)} \right] \times (35m \times 30m \times 7m) = 3,396.6 \, m^3$

■ 답 : $3,396.6 \, m^3$

40 할로겐화합물 및 불활성기체 소화설비-02(배관의 두께/배관 내 유량)

1. 배관의 두께

배관의 두께는 다음의 계산식에서 구한 값(t) 이상일 것. 다만, 방출헤드 설치부는 제외한다.

$$\text{관의 두께}(t) = \frac{PD}{2SE} + A$$

P : 최대허용압력(kPa)
D : 배관의 바깥지름(mm)
SE : 최대허용응력(kPa)(배관 재질 인장강도의 1/4값과 항복점의 2/3 값 중 적은 값×배관이음효율×1.2)

배관이음효율	이음매 없는 배관	1.0
	전기저항 용접배관	0.85
	가열맞대기 용접배관	0.60

A : 나사이음, 홈이음 등의 허용 값(mm) (헤드 설치 부분은 제외한다)

나사이음, 홈이음 등의 허용 값(mm)	나사이음	나사의 높이
	절단홈이음	홈의 깊이
	용접이음	0

2. 배관 내 유량

배관의 구경은 해당 방호구역에 할로겐화합물소화약제는 10초 이내에, 불활성기체 소화약제는 A·C급 화재 2분, B급 화재 1분 이내에 방호구역 각 부분에 최소설계농도의 95% 이상 해당하는 약제량이 방출되도록 하여야 한다.

구분		유량 계산식
할로겐화합물 소화약제		$\dfrac{\dfrac{V}{S} \times \left[\dfrac{C \times 0.95}{(100 - C \times 0.95)} \right]}{10\text{초}}$
불활성기체 소화약제	A·C급 화재	$\dfrac{V \times 2.303 \left(\dfrac{V_S}{S} \right) \times Log_{10} \left[\dfrac{100}{(100 - C \times 0.95)} \right]}{2\text{분}}$
	B급 화재	$\dfrac{V \times 2.303 \left(\dfrac{V_S}{S} \right) \times Log_{10} \left[\dfrac{100}{(100 - C \times 0.95)} \right]}{1\text{분}}$

12th Day

연습문제

★★★★★

문제1 다음 조건을 참조하여 할로겐화합물 및 불활성기체 소화설비 배관의 최대허용응력[kPa] 및 관의 두께[mm]를 산출하시오.

① 최대허용압력 : 15,000[kPa]
② 배관의 바깥지름 : 86[mm]
③ 배관 재질 인장강도 : 412[N/mm²]
④ 항복점 : 245[N/mm²]
⑤ 전기저항 용접배관이며, 용접이음 방식을 사용한다.

배점 10

■ 계산과정

① 최대허용응력

$$412 N/mm^2 \times \frac{1}{4} = 103 N/mm^2,$$

$$245 N/mm^2 \times \frac{2}{3} = 163 N/mm^2 \text{ 이므로}$$

최대허용응력 $= 103 N/mm^2 \times 0.85 \times 1.2$
$= 105.06 [N/mm^2] = 105,060 [kPa]$

② 관의 두께

$$t = \frac{PD}{2SE} + A$$

$$= \frac{15,000[kPa] \times 86[mm]}{2 \times 105,060[kPa]} + 0$$

$$= 6.14[mm]$$

■ 답 : ① 최대허용응력 : 105,060[kPa]
　　　② 관의 두께 : $6.14[mm]$

12th Day

배점 5

★★★★★

문제2 할로겐화합물 및 불활성기체 소화설비에 다음 조건과 같은 압력배관용 탄소강관 (SPPS 420, sch 401)을 사용할 때 최대허용압력[MPa]을 구하시오.

① 압력배관용 탄소강관(spps 420)의 인장강도는 420 MPa, 항복점은 250 MPa이다.
② 용접이음에 따른 허용값[mm]은 무시한다.
③ 배관이음효율은 0.85로 한다.
④ 배관의 최대허용응력(SE)은 배관재질 인장강도의 1/4값과 항복점의 2/3 중 작은 값(Q_t)을 기준으로 다음 식을 적용한다.
   $SE = Q_t \times$ 배관이음효율 $\times 1.2$
⑤ 적용되는 배관의 바깥지름은 114.3 mm이고 두께는 6.0 mm이다.
⑥ 헤드의 설치부분은 제외한다.

■ 계산과정

$420 MPa \times \dfrac{1}{4} = 105 MPa$,

$250 MPa \times \dfrac{2}{3} = 167 MPa$ 이므로

최대허용응력 $= 105 MPa \times 0.85 \times 1.2 = 107.1 [MPa]$

관의 두께

$t = \dfrac{PD}{2SE} + A$

$6.0[mm] = \dfrac{P \times 114.3[mm]}{2 \times 107.1[MPa]} + 0$ 에서

최대허용압력 $P = \dfrac{6.0[mm] \times 2 \times 107.1[MPa]}{114.3[mm]} = 11.24[MPa]$

■ 답 : $11.24[MPa]$

12th Day

★★★★☆

문제3 압력배관용 탄소강관인 KS D 3562의 규격이 아래의 표와 같을 경우 할로겐화합물 및 불활성기체 소화설비 배관의 두께[mm], 최대허용응력[kPa] 및 최대허용압력[kPa]을 산출하시오.

배점 10

호칭경	외경	내경	인장강도	항복점	배관 이음효율	용접이음 허용값
65 mm	76.4 mm	66.0 mm	412 N/mm²	245 N/mm²	0.85	0

■ 계산과정

① 배관의 두께

$$= \frac{76.4 - 66}{2} = 5.2mm$$

② 최대허용응력

$$412 N/mm^2 \times \frac{1}{4} = 103 N/mm^2,$$

$$245 N/mm^2 \times \frac{2}{3} = 163 N/mm^2 \text{ 이므로}$$

최대허용응력 $= 103 N/mm^2 \times 0.85 \times 1.2$
$= 105.06 [N/mm^2] = 105,060 [kPa]$

③ 최대허용압력

$$t = \frac{PD}{2SE} + A \text{ 에서}$$

최대허용압력 $P = \frac{(t-A) \times 2SE}{D}$

$$= \frac{(5.2mm - 0) \times 2 \times 105,060 kPa}{76.4mm} = 14,301.36 [kPa]$$

■ 답 : ① 배관의 두께 : $5.2mm$
   ② 최대허용응력 : $105,060 [kPa]$
   ③ 최대허용압력 : $14,301.36 [kPa]$

41 분말소화설비-01(소화약제의 저장량)

1. 전역방출방식은 다음 각 목의 기준에 따라 산출한 양 이상으로 할 것

   ㉮ 방호구역의 체적 1 m³에 대하여 다음 표에 따른 양

소화약제의 종별	방호구역의 체적 1 m³에 대한 소화약제의 양
제1종 분말	0.60 kg
제2종 분말 또는 제3종 분말	0.36 kg
제4종 분말	0.24 kg

   ㉯ 방호구역의 개구부에 자동폐쇄장치를 설치하지 아니한 경우에는 가목에 따라 산출한 양에 다음 표에 따라 산출한 양을 가산한 양

소화약제의 종별	가산량(개구부의 면적 1 m²에 대한 소화약제의 양)
제1종 분말	4.5 kg
제2종 분말 또는 제3종 분말	2.7 kg
제4종 분말	1.8 kg

2. 국소방출방식은 다음의 기준에 따라 산출한 양에 1.1을 곱하여 얻은 양 이상으로 할 것

$$Q = X - Y\frac{a}{A}$$

Q : 방호공간(방호대상물의 각 부분으로부터 0.6 m의 거리에 따라 둘러싸인 공간) 1 m³에 대한 분말소화약제의 양(kg/m³)

a : 방호대상물의 주변에 설치된 벽면적의 합계(m²)

A : 방호공간의 벽면적(벽이 없는 경우에는 벽이 있는 것으로 가정한 해당 부분의 면적)의 합계(m²)

X 및 Y : 다음표의 수치

소화약제의 종별	X의 수치	Y의 수치
제1종 분말	5.2	3.9
제2종 분말 또는 제3종 분말	3.2	2.4
제4종 분말	2.0	1.5

종류	소화약제의 저장량
제1종 분말	방호공간의 체적 $\times \left[5.2 - 3.9\dfrac{a}{A}\right] \times 1.1$
제2종 분말 제3종 분말	방호공간의 체적 $\times \left[3.2 - 2.4\dfrac{a}{A}\right] \times 1.1$
제4종 분말	방호공간의 체적 $\times \left[2.0 - 1.5\dfrac{a}{A}\right] \times 1.1$

3. 호스릴분말소화설비는 하나의 노즐에 대하여 다음 표에 따른 양 이상으로 할 것

소화약제의 종별	소화약제의 양
제1종 분말	50 kg
제2종 분말 또는 제3종 분말	30 kg
제4종 분말	20 kg

종류	소화약제의 저장량
제1종 분말	호스릴 노즐 수량(개)×50(kg/개)
제2종 또는 제3종	호스릴 노즐 수량(개)×30(kg/개)
제4종 분말	호스릴 노즐 수량(개)×20(kg/개)

연습문제

★★★★☆

문제1 소방대상물 내의 보일러실에 제1종 분말을 사용하여 전역방출방식인 분말소화설비를 설치할 때 필요한 약제량(kg)을 계산하시오.(단, 방호체적 120 m³, 개구면적 20 m²이다)

- 계산과정
  $= V \times W_1 + A \times W_2$
  $= 120 \text{m}^3 \times 0.6 \text{kg/m}^3 + 20 \text{m}^2 \times 4.5 \text{kg/m}^2$
  $= 162 \text{kg}$
- 답 : 162kg

★★★★☆

문제2 주차장에 전역방출방식의 제3종 분말소화설비를 설치하고자 한다. 방호대상이 되는 주차장의 용적은 3,000 m³이며, 갑종방화문이 설치되지 않은 개구부의 면적은 20 m²이다. 제3종 분말소화약제의 소요량(kg)을 계산하시오.(단, 방호구획 내에 설치되어 있는 불연성 물체의 용적은 500 m³이다.)

- 계산과정
  $= V \times W_1 + A \times W_2$
  $= (3,000 m^3 - 500 m^3) \times 0.36 \text{kg/m}^3 + 20 \text{m}^2 \times 2.7 \text{kg/m}^2 = 954 \text{kg}$
- 답 : 954kg

★★★★☆

문제3 가로 4 m, 세로 3 m, 높이 2 m인 방호대상물(특수가연물)에 제3종 분말소화설비를 설치하고자 한다. 국소방출방식의 경우 다음 물음에 답하시오.

① 방호공간의 체적(m³)
② 방호공간의 벽면적의 합계(m²)
③ 방호대상물 주위에 설치된 벽의 면적의 합계(m²)
④ 소화약제 저장량(kg)

- 계산과정
  ① 방호공간의 체적
  $= (0.6m + 4m + 0.6m) \times (0.6m + 3m + 0.6m) \times (2m + 0.6m)$
  $= 5.2m \times 4.2m \times 2.6m$
  $= 56.78m^3$
  ② 방호공간의 벽면적의 합계
  $= 5.2m \times 2.6m \times 2면 + 4.2m \times 2.6m \times 2면$
  $= 48.88m^2$
  ③ 방호대상물 주위에 설치된 벽의 면적의 합계
  $= 0$
  ④ 소화약제 저장량
  $= 방호공간의 체적 \times \left[3.2 - 2.4\dfrac{a}{A}\right] \times 1.1$
  $= 56.78m^3 \times \left[3.2 - 2.4 \times \dfrac{0}{48.88m^2}\right] \times 1.1$
  $= 56.78m^3 \times 3.2kg/m^3 \times 1.1$
  $= 199.87kg$ 이상
- 답 : ① 방호공간의 체적 : $56.78m^3$
  ② 방호공간의 벽면적의 합계 : $48.88m^2$
  ③ 방호대상물 주위에 설치된 벽의 면적의 합계 : 0
  ④ 소화약제 저장량 : $199.87kg$ 이상

★★★☆☆

문제4 호스릴 노즐의 수량이 3개일 경우 호스릴 분말소화설비에 필요한 제3종 분말소화약제량(kg)을 계산하시오.

배점 3

- 계산과정
  $= 호스릴 노즐 수량(개) \times 30(kg/개)$
  $= 3개 \times 30kg/개$
  $= 90kg$ 이상
- 답 : $90kg$ 이상

13th Day

42 분말소화설비-02(가압용 가스 또는 축압용 가스/분사헤드에서의 유량)

1. 가압용 가스 또는 축압용 가스
가압용 가스 또는 축압용 가스는 다음 각 호의 기준에 따라 설치하여야 한다.
① 가압용 가스 또는 축압용 가스는 질소가스 또는 이산화탄소로 할 것
② 가압용 가스에 질소가스를 사용하는 것의 질소가스는 소화약제 1 kg마다 40ℓ (35 ℃에서 1기압의 압력상태로 환산한 것) 이상, 이산화탄소를 사용하는 것의 이산화탄소는 소화약제 1 kg에 대하여 20 g에 배관의 청소에 필요한 양을 가산한 양 이상으로 할 것
③ 축압용 가스에 질소가스를 사용하는 것의 질소가스는 소화약제 1kg에 대하여 10ℓ (35 ℃에서 1기압의 압력상태로 환산한 것) 이상, 이산화탄소를 사용하는 것의 이산화탄소는 소화약제 1 kg에 대하여 20 g에 배관의 청소에 필요한 양을 가산한 양 이상으로 할 것
④ 배관의 청소에 필요한 양의 가스는 별도의 용기에 저장할 것

2. 분사헤드에서의 유량

1) 전역방출방식의 분말소화설비의 분사헤드는 다음 각 호의 기준에 따라 설치하여야 한다.
   ① 방사된 소화약제가 방호구역의 전역에 균일하고 신속하게 확산할 수 있도록 할 것
   ② 소화약제 저장량을 30초 이내에 방사할 수 있는 것으로 할 것

$$유량 = \frac{소화약제\ 저장량}{30초}$$

2) 국소방출방식의 분말소화설비의 분사헤드는 다음 각 호의 기준에 따라 설치하여야 한다.
   ① 소화약제의 방사에 따라 가연물이 비산하지 아니하는 장소에 설치할 것
   ② 기준저장량의 소화약제를 30초 이내에 방사할 수 있는 것으로 할 것

$$유량 = \frac{소화약제\ 저장량}{30초}$$

13th Day

연습문제

★★★☆☆

문제1 분말소화설비의 가압용 가스로 질소가스를 사용하는 것에 있어서 소화약제가 250 kg 이라면 이에 필요한 질소가스의 양은 최소 몇 ℓ 정도인가? 단, 35 ℃에서 1기압의 압력 상태로 환산한다.

배점 3

■ 계산과정
  $= 250\text{kg} \times 40\ell/\text{kg} = 10,000\ell$

■ 답 : $10,000\ell$

★★★★☆

문제2 전역방출방식의 제1종 분말소화설비를 한 방호구역의 체적이 500m³이고, 자동폐쇄장치를 설치하지 아니한 개구부의 면적이 10 m²인 경우 다음의 물음에 답하시오.

배점 10

1) 제1종 분말소화약제의 저장량(kg)을 계산하시오.
2) 가압식의 분말소화설비일 경우 가압용가스로 질소를 사용했다면 질소의 양(ℓ)은 얼마가 필요한가?
3) 가압용 가스용기의 수량을 산출하시오. 단, 가압용 가스용기는 내용적 68 ℓ, 충전압력 150 atm(절대), 충전 시 온도 20 ℃이다.

■ 답 : 1) 소화약제의 저장량
  $= V \times W_1 + A \times W_2$
  $= 500m^3 \times 0.6\text{kg}/m^3 + 10m^2 \times 4.5\text{kg}/m^2 = 345\text{kg}$

2) 질소의 양
  $= 345\text{kg} \times 40\ell/\text{kg} = 13,800\ell$

3) 가압용 가스용기의 수량
  13,800 ℓ 는 35 ℃, 1기압 상태이므로
  보일-샬의 법칙 $\dfrac{P_1V_1}{T_1} = \dfrac{P_2V_2}{T_2}$ 에서 $\dfrac{1atm \times 13,800\ell}{(35+273)K} = \dfrac{P_2 \times 68\ell}{(20+273)K}$

  위 식에서 $P_2 = 193 atm$

  150 atm 용기의 수량 $= \dfrac{193 atm}{150 atm/병} = 1.2 \rightarrow 2$병

43 자동화재탐지설비-01(경계구역)

1. 자동화재탐지설비의 경계구역은 다음 각 호의 기준에 따라 설정하여야 한다. 다만, 감지기의 형식승인 시 감지거리, 감지면적 등에 대한 성능을 별도로 인정받은 경우에는 그 성능인정범위를 경계구역으로 할 수 있다.
   ① 하나의 경계구역이 2개 이상의 건축물에 미치지 아니하도록 할 것
   ② 하나의 경계구역이 2개 이상의 층에 미치지 아니하도록 할 것. 다만, 500 m² 이하의 범위 안에서는 2개의 층을 하나의 경계구역으로 할 수 있다.
   ③ 하나의 경계구역의 면적은 600 m² 이하로 하고 한변의 길이는 50 m 이하로 할 것. 다만, 해당 특정소방대상물의 주된 출입구에서 그 내부 전체가 보이는 것에 있어서는 한 변의 길이가 50 m의 범위 내에서 1,000 m² 이하로 할 수 있다.
2. 계단(직통계단 외의 것에 있어서는 떨어져 있는 상하계단의 상호간의 수평거리가 5 m 이하로서 서로 간에 구획되지 아니한 것에 한한다)·경사로(에스컬레이터경사로 포함)·엘리베이터권상기실·린넨슈트·파이프 피트 및 덕트 기타 이와 유사한 부분에 대하여는 별도로 경계구역을 설정하되, 하나의 경계구역은 높이 45m 이하(계단 및 경사로에 한한다)로 하고, 지하층의 계단 및 경사로(지하층의 층수가 1일 경우는 제외한다)는 별도로 하나의 경계구역으로 하여야 한다.
3. 외기에 면하여 상시 개방된 부분이 있는 차고·주차장·창고 등에 있어서는 외기에 면하는 각 부분으로부터 5 m 미만의 범위 안에 있는 부분은 경계구역의 면적에 산입하지 아니한다.
4. 스프링클러설비·물분무등소화설비 또는 제연설비의 화재감지장치로서 화재감지기를 설치한 경우의 경계구역은 해당 소화설비의 방사구역 또는 제연구역과 동일하게 설정할 수 있다.

연습문제

★★★★☆

문제1 소방대상물의 평면도가 다음과 같을 때 최소 경계구역 수를 구하고, 경계구역 일람도를 작성하시오.

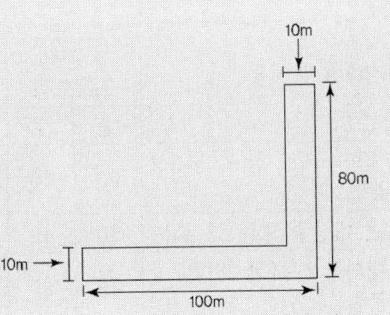

- 답 : ① 최소 경계구역 수 : 4구역
  ② 경계구역 일람도

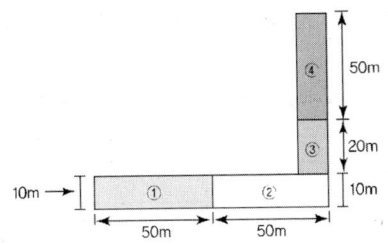

★★★★☆

문제2 아래 그림과 같은 건축물의 경우, 각각에 대하여 최소 경계구역 수를 산출하시오.

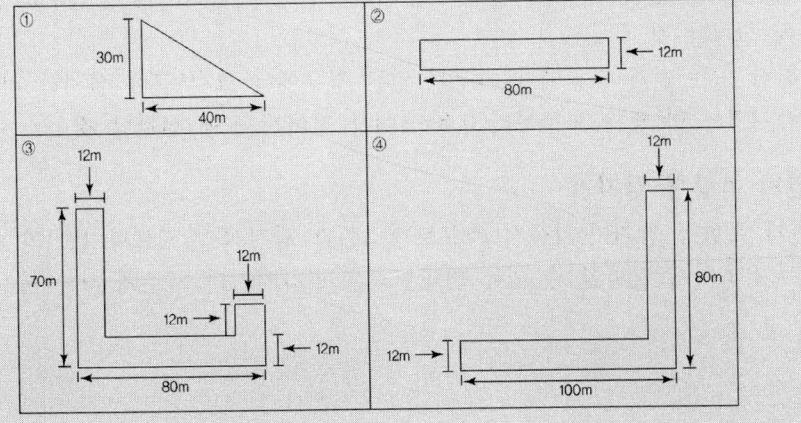

- 답 : ① 1개 구역   ② 2개 구역   ③ 3개 구역   ④ 4개 구역

44 자동화재탐지설비-02(감지기의 설치)

1. 차동식스포트형·보상식스포트형 및 정온식스포트형 감지기

차동식스포트형·보상식스포트형 및 정온식스포트형 감지기는 그 부착 높이 및 특정소방대상물에 따라 다음 표에 따른 바닥면적마다 1개 이상을 설치할 것

(단위 m²)

부착높이 및 소방대상물의 구분		감지기의 종류						
		차동식 스포트형		보상식 스포트형		정온식 스포트형		
		1종	2종	1종	2종	특종	1종	2종
4m 미만	주요구조부를 내화구조로 한 소방대상물 또는 그 부분	90	70	90	70	70	60	20
	기타 구조의 소방대상물 또는 그 부분	50	40	50	40	40	30	15
4m 이상 8m 미만	주요구조부를 내화구조로 한 소방대상물 또는 그 부분	45	35	45	35	35	30	
	기타 구조의 소방대상물 또는 그 부분	30	25	30	25	25	15	

2. 연기감지기

① 감지기의 부착높이에 따라 다음 표에 따른 바닥면적마다 1개 이상으로 할 것

(단위 m²)

부착 높이	감지기의 종류	
	1종 및 2종	3종
4 m 미만	150	50
4 m 이상 20 m 미만	75	

② 감지기는 복도 및 통로에 있어서는 보행거리 30 m(3종에 있어서는 20 m)마다, 계단 및 경사로에 있어서는 수직거리 15 m(3종에 있어서는 10 m)마다 1개 이상으로 할 것
③ 천장 또는 반자가 낮은 실내 또는 좁은 실내에 있어서는 출입구의 가까운 부분에 설치할 것
④ 천장 또는 반자 부근에 배기구가 있는 경우에는 그 부근에 설치할 것
⑤ 감지기는 벽 또는 보로부터 0.6 m 이상 떨어진 곳에 설치할 것

3. 열연기 복합형 감지기

열연기 복합형 감지기(차동식 스포트형 1종과 광전식 스포트형 1종)의 경우 감지기 1개가 유효하게 감지할 수 있는 바닥면적은 열감지기의 기준에 따른다.

4. 열전대식 차동식 분포형 감지기

① 열전대부는 감지구역의 바닥면적 18 m²(주요구조부가 내화구조로 된 특정소방대상물에 있어서는 22 m²)마다 1개 이상으로 할 것. 다만, 바닥면적이 72 m²(주요구조부가 내화구조로 된 특정소방대상물에 있어서는 88 m²) 이하인 특정소방대상물에 있어서는 4개 이상으로 하여야 한다.
② 하나의 검출부에 접속하는 열전대부는 20개 이하로 할 것. 다만, 각각의 열전대부에 대한 작동 여부를 검출부에서 표시할 수 있는 것(주소형)은 형식승인 받은 성능인정범위 내의 수량으로 설치할 수 있다.

5. 열반도체식 차동식 분포형 감지기

① 감지부는 그 부착 높이 및 특정소방대상물에 따라 다음 표에 따른 바닥면적마다 1개 이상으로 할 것. 다만, 바닥면적이 다음 표에 따른 면적의 2배 이하인 경우에는 2개(부착 높이가 8 m 미만이고, 바닥면적이 다음 표에 따른 면적 이하인 경우에는 1개) 이상으로 하여야 한다.

(단위 m²)

부착 높이 및 소방대상물의 구분		감지기의 종류	
		1종	2종
8m 미만	주요구조부가 내화구조로 된 소방대상물 또는 그 구분	65	36
	기타 구조의 소방대상물 또는 그 부분	40	23
8m 이상 15m 미만	주요구조부가 내화구조로 된 소방대상물 또는 그 부분	50	36
	기타 구조의 소방대상물 또는 그 부분	30	23

② 하나의 검출부에 접속하는 감지부는 2개 이상 15개 이하가 되도록 할 것. 다만, 각각의 감지부에 대한 작동 여부를 검출기에서 표시할 수 있는 것(주소형)은 형식승인 받은 성능인정 범위 내의 수량으로 설치할 수 있다.

13th Day

연습문제

★★★★☆

배점 3

문제1 전기실에 자동화재탐지설비의 화재감지기를 설치하고자 한다. 소방대상물의 구조는 내화구조이고, 층간 높이 4 m, 바닥면적 600 m²일 때 감지기(차동식 스포트형 1종)의 수량을 산출하시오.

- 계산과정

$$= \frac{600 m^2}{45 m^2 / 개} = 13.3 \rightarrow 14개$$

- 답 : 14개

★★★★☆

배점 3

문제2 정보전산원 서버기기실에 FM-200 소화약제 소화설비를 설치하고자 한다. 소방대상물의 구조는 내화구조이고, 층간 높이 3.5 m, 바닥면적 600 m²일 때 감지기(광전식 스포트형 2종)의 수량을 산출하시오.

- 계산과정

$$= \frac{600 m^2}{150 m^2 / 개} = 4개$$

교차회로이므로 4개 × 2 = 8개

- 답 : 8개

★★★★☆

배점 3

문제3 할로겐화합물 및 불활성기체 소화약제설비가 설치되어 있는 면적 800[m²], 높이 3.5[m]인 전산실에 복합형 감지기(차동식 스포트형 1종과 광전식 스포트형 1종) 설치 시 최소 감지기 수량을 산출하시오.

- 계산과정

$$= \frac{800 m^2}{90 m^2 / 개} = 8.8 \rightarrow 9개$$

- 답 : 9개

★★★★☆

문제4 지하 4층, 지상 6층인 소방대상물에 광전식 스포트형(2종) 감지기를 설치할 경우 다음 물음에 답하시오. 단, 층고는 4[m]이다.(6점)

① 각 층의 면적이 310[m²]일 때 각 층에 설치되는 감지기의 최소 설치개수는?
② 복도의 보행거리가 53[m]일 때 설치개수는 몇 개 이상이어야 하는가?
③ 계단에 설치되는 감지기의 최소 설치개수는?

■ 답 : ① 각 층의 면적이 310[m²]일 때 각 층에 설치되는 감지기의 최소 설치개수

$$= \frac{310 \mathrm{m}^2}{75 \mathrm{m}^2/\text{개}} = 4.1 \rightarrow 5\text{개}$$

② 복도의 보행거리가 53[m]일 때 설치개수

$$= \frac{53 \mathrm{m}}{30 \mathrm{m}/\text{개}} = 1.7 \rightarrow 2\text{개}$$

③ 계단에 설치되는 감지기의 최소 설치개수

지하층 설치개수 $= \dfrac{4\mathrm{m}/\text{층} \times 4\text{층}}{15\mathrm{m}/\text{개}} = 1.06 \rightarrow 2\text{개}$

지상층 설치개수 $= \dfrac{4\mathrm{m}/\text{층} \times 6\text{층}}{15\mathrm{m}/\text{개}} = 1.6 \rightarrow 2\text{개}$

∴ 총 설치개수 = 2개 + 2개 = 4개

13th Day

45 자동화재탐지설비-03(역률 개선용 콘덴서 용량/선로의 전압 강하)

1. 역률 개선용 콘덴서 용량

$$\text{콘덴서 용량}(Qc) = Pr - Pr' = P \times \tan\theta_1 - P \times \tan\theta_2$$
$$= P(\tan\theta_1 - \tan\theta_2) \text{에서 } \tan\theta = \frac{\sin\theta}{\cos\theta} \text{ 이므로}$$
$$= P\left(\frac{\sin\theta_1}{\cos\theta_1} - \frac{\sin\theta_2}{\cos\theta_2}\right) \text{에서 } \sin^2\theta = 1 - \cos^2\theta \text{ 이므로}$$
$$= P \times \left(\frac{\sqrt{(1-\cos^2\theta_1)}}{\cos\theta_1} - \frac{\sqrt{(1-\cos^2\theta_2)}}{\cos\theta_2}\right)$$

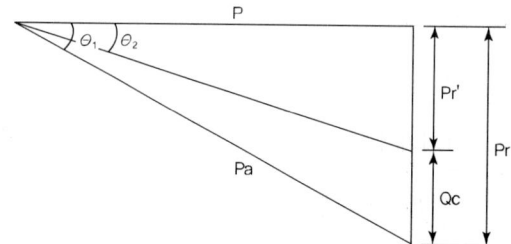

Qc : 콘덴서 용량[kVAR]
P : 유효전력[kW]
$\cos\theta_1$: 개선 전 역률
$\cos\theta_2$: 개선 후 역률

2. 전력

① 피상전력 : 변압기, 차단기 등 전기설비의 부하나 전원의 용량을 표시할 때 사용하는 전력으로 단위는 [VA]를 사용한다.

$$Pa = VI$$

② 유효전력 : 실제로 전동기 등을 돌리는 일을 행하는 전력으로 단위는 [W]를 사용한다.

$$P = Pa \times \cos\theta = VI \times \cos\theta = \text{피상전력} \times \text{역률}$$

③ 무효전력 : 실제로 어떤 일도 행하지 않는 전력으로 단위는 [Var]를 사용한다.

$$Pr = Pa \times \sin\theta = VI \times \sin\theta = \text{피상전력} \times \text{무효률}$$

3. 선로의 전압 강하

전기방식에 따른 선로의 전압 강하는 다음에 따라 산출한다.

전기 방식	선로의 전압 강하[V]	비고
단상 2선식	$e = \dfrac{35.6LI}{1000A}$	e : 선로의 전압 강하[V] L : 선로 길이[m] I : 부하 전류[A] A : 전선 단면적[mm^2]
3상 3선식	$e = \dfrac{30.8LI}{1000A}$	
3상 4선식 단상 3선식	$e = \dfrac{17.8LI}{1000A}$	

13th Day

연습문제

★★★★★

문제1 실부하 8,000 kW 역률 80 %로 운전하는 공장에서 역률을 90%로 개선하는데 필요한 콘덴서 용량[kVAR]을 계산하시오.

배점 5

- 계산과정

$$= P \times \left(\frac{\sqrt{(1-\cos^2\theta_1)}}{\cos\theta_1} - \frac{\sqrt{(1-\cos^2\theta_2)}}{\cos\theta_2} \right)$$

$$= 8{,}000\,kW \times \left(\frac{\sqrt{(1-0.8^2)}}{0.8} - \frac{\sqrt{(1-0.9^2)}}{0.9} \right)$$

$$= 2{,}125\,[kVAR]$$

- 답 : $2{,}125\,[kVAR]$

★★★★★

문제2 포소화설비의 펌프 양정이 70[m], 토출량이 분당 1,400리터, 효율이 60[%]이고 전동기 직결방식으로 펌프를 설치할 때 전동기 용량은 약 몇 [kVA]인가? 단, 역률은 80%이며, 전달계수는 1.1이다.

배점 5

- 계산과정

$$= \frac{\gamma Q H}{102\eta \times \cos\theta} \times K = \frac{1{,}000\,kgf/m^3 \times \frac{1{,}400\ell}{\min} \times 70m}{\frac{102\,kgf \cdot m/s}{1\,kW} \times 0.6 \times 0.8} \times 1.1$$

$$= \frac{1{,}000\,kgf/m^3 \times \frac{1.4m^3}{60s} \times 70m}{\frac{102\,kgf \cdot m/s}{1\,kW} \times 0.6 \times 0.8} \times 1.1 = 37\,kVA$$

- 답 : $37\,kVA$

★★★★☆

문제3 배연댐퍼와 100[m] 떨어진 곳에 방재반이 설치되어 방재반에서 전원을 공급하여 배연댐퍼를 기동시키려고 한다. 댐퍼의 용량이 24[W], 댐퍼와 방재반 사이에 연결된 전원선이 5.5[mm²]일 때 댐퍼 기동 시 선로에서의 전압강하는 몇 [V]인가? (단, 공급전원은 직류 24[V]로 한다)

배점 5

제2편 소방시설 **277**

■ 계산과정

전압강하 $e = \dfrac{35.6LI}{1,000A} = \dfrac{35.6 \times 100m \times \dfrac{24W}{24V}}{1,000 \times 5.5mm^2} = 0.65[V]$

■ 답 : $0.65[V]$

★★★★☆

문제4 수신기로부터 소비전류 200[mA]인 시각경보장치 3개를 아래 그림과 같이 40[m]마다 직렬로 설치하였을 때 마지막 시각경보장치에 공급되는 전압[V]을 계산하시오. 단, 선로의 전선 굵기는 2.0[mm²], 수신기의 출력전압은 DC 24V, 각 시각경보장치는 동시에 동작한다. 소수점 넷째자리까지 계산하시오.

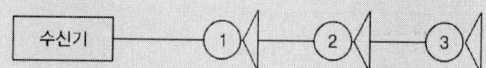

■ 계산과정

수신기~① 선로의 전압강하

$e_1 = \dfrac{35.6LI}{1000A} = \dfrac{35.6 \times 40m \times 600mA}{1000 \times 2mm^2} = \dfrac{35.6 \times 40m \times 0.6A}{1000 \times 2mm^2} = 0.4272[V]$

①~② 선로의 전압강하

$e_2 = \dfrac{35.6LI}{1000A} = \dfrac{35.6 \times 40m \times 400mA}{1000 \times 2mm^2} = \dfrac{35.6 \times 40m \times 0.4A}{1000 \times 2mm^2} = 0.2848[V]$

②~③ 선로의 전압강하

$e_3 = \dfrac{35.6LI}{1000A} = \dfrac{35.6 \times 40m \times 200mA}{1000 \times 2mm^2} = \dfrac{35.6 \times 40m \times 0.2A}{1000 \times 2mm^2} = 0.1424[V]$

∴ 마지막 시각경보기에 공급되는 전압
$= 24V - 0.4272V - 0.2848V - 0.1424V = 23.1456V$

■ 답 : 23.1456V

★★★★☆

문제5 수신기와 지구 경종과의 거리가 20[m]인 공장에서 화재가 발생하였다. 이때 지구경종 5개를 동시에 명동시킬 때 선로에서 발생하는 전압강하를 계산하시오. 단, 경종 1개의 전류용량은 50[mA]이고 전선의 굵기는 2.0[mm²]로 가정한다. 소수점 셋째 자리까지 계산하시오.

■ 계산과정

$$e = \frac{35.6LI}{1000A} = \frac{35.6 \times 20m \times (50mA \times 5개)}{1000 \times 2mm^2} = \frac{35.6 \times 20m \times (0.05A \times 5개)}{1000 \times 2mm^2}$$

$$= 0.089\,V$$

■ 답 : $0.089\,V$

★★★★☆

문제6 수신기에 소비전류가 200 mA인 시각경보장치를 다음과 같은 거리로 배치할 때 화재안전기준에서 허용하는 전압강하의 적합 여부를 판단(아래의 표를 완성)하시오. 단, 수신기의 정격전압은 DC 24 V이며, 전선의 단면적은 2 ㎟이다. 접속저항 등 기타 조건은 무시한다. 소수점 넷째 자리까지 계산하시오.

배점 10

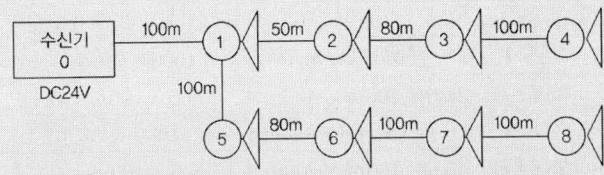

구분	선로의 전압강하
수신기~①	
①~②	
②~③	
③~④	
①~⑤	
⑤~⑥	
⑥~⑦	
⑦~⑧	

구분	공급되는 전압	적합여부
①		
②		
③		
④		
⑤		
⑥		
⑦		
⑧		

13th Day

■ 계산과정

구분	선로의 전압강하
수신기~①	$=\dfrac{35.6LI}{1000A} = \dfrac{35.6 \times 100m \times 1600mA}{1000 \times 2mm^2} = \dfrac{35.6 \times 100m \times 1.6A}{1000 \times 2mm^2} = 2.848\,[\text{V}]$
①~②	$=\dfrac{35.6LI}{1000A} = \dfrac{35.6 \times 50m \times 600mA}{1000 \times 2mm^2} = \dfrac{35.6 \times 50m \times 0.6A}{1000 \times 2mm^2} = 0.534\,[\text{V}]$
②~③	$=\dfrac{35.6LI}{1000A} = \dfrac{35.6 \times 80m \times 400mA}{1000 \times 2mm^2} = \dfrac{35.6 \times 80m \times 0.4A}{1000 \times 2mm^2} = 0.5696\,[\text{V}]$
③~④	$=\dfrac{35.6LI}{1000A} = \dfrac{35.6 \times 100m \times 200mA}{1000 \times 2mm^2} = \dfrac{35.6 \times 100m \times 0.2A}{1000 \times 2mm^2} = 0.356\,[\text{V}]$
①~⑤	$=\dfrac{35.6LI}{1000A} = \dfrac{35.6 \times 100m \times 800mA}{1000 \times 2mm^2} = \dfrac{35.6 \times 100m \times 0.8A}{1000 \times 2mm^2} = 1.424\,[\text{V}]$
⑤~⑥	$=\dfrac{35.6LI}{1000A} = \dfrac{35.6 \times 80m \times 600mA}{1000 \times 2mm^2} = \dfrac{35.6 \times 80m \times 0.6A}{1000 \times 2mm^2} = 0.8544\,[\text{V}]$
⑥~⑦	$=\dfrac{35.6LI}{1000A} = \dfrac{35.6 \times 100m \times 400mA}{1000 \times 2mm^2} = \dfrac{35.6 \times 100m \times 0.4A}{1000 \times 2mm^2} = 0.712\,[\text{V}]$
⑦~⑧	$=\dfrac{35.6LI}{1000A} = \dfrac{35.6 \times 100m \times 200mA}{1000 \times 2mm^2} = \dfrac{35.6 \times 100m \times 0.2A}{1000 \times 2mm^2} = 0.356\,[\text{V}]$

■ 답 :

구분	공급되는 전압	적합여부
①	$= 24 - 2.848 = 21.152\,V$	적합
②	$= 24 - 2.848 - 0.534 = 20.618\,V$	적합
③	$= 24 - 2.848 - 0.534 - 0.5696 = 20.0484\,V$	적합
④	$= 24 - 2.848 - 0.534 - 0.5696 - 0.356 = 19.6924\,V$	적합
⑤	$= 24 - 2.848 - 1.424 = 19.728\,V$	적합
⑥	$= 24 - 2.848 - 1.424 - 0.8544 = 18.8736\,V$	부적합
⑦	$= 24 - 2.848 - 1.424 - 0.8544 - 0.712 = 18.1616\,V$	부적합
⑧	$= 24 - 2.848 - 1.424 - 0.8544 - 0.712 - 0.356 = 17.8056\,V$	부적합

 적합여부 판단 : $24\,V \times 0.8 = 19.2\,V$ 이상이면 적합

★★★★☆

문제7 시각경보기(소비전류 200 mA) 5개를 수신기로부터 각각 50m 간격으로 직렬 설치했을 때 마지막 시각경보기에 공급되는 전압이 얼마인지 계산하시오.(전선은 2 mm², 사용전원은 DC 24 V이다. 소수점 셋째 자리까지 계산하시오.)

■ 계산과정

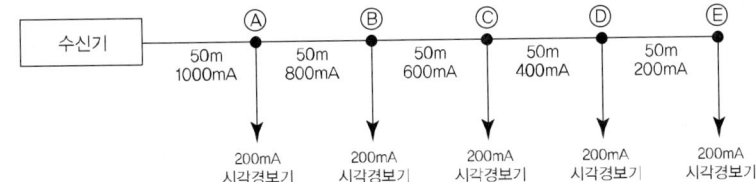

수신기~Ⓐ 선로의 전압강하
$$e_1 = \frac{35.6LI}{1000A} = \frac{35.6 \times 50m \times 1000mA}{1000 \times 2mm^2} = \frac{35.6 \times 50m \times 1A}{1000 \times 2mm^2} = 0.89[\text{V}]$$

Ⓐ~Ⓑ 선로의 전압강하
$$e_2 = \frac{35.6LI}{1000A} = \frac{35.6 \times 50m \times 800mA}{1000 \times 2mm^2} = \frac{35.6 \times 50m \times 0.8A}{1000 \times 2mm^2} = 0.712[\text{V}]$$

Ⓑ~Ⓒ 선로의 전압강하
$$e_3 = \frac{35.6LI}{1000A} = \frac{35.6 \times 50m \times 600mA}{1000 \times 2mm^2} = \frac{35.6 \times 50m \times 0.6A}{1000 \times 2mm^2} = 0.534[\text{V}]$$

Ⓒ~Ⓓ 선로의 전압강하
$$e_4 = \frac{35.6LI}{1000A} = \frac{35.6 \times 50m \times 400mA}{1000 \times 2mm^2} = \frac{35.6 \times 50m \times 0.4A}{1000 \times 2mm^2} = 0.356[\text{V}]$$

Ⓓ~Ⓔ 선로의 전압강하
$$e_5 = \frac{35.6LI}{1000A} = \frac{35.6 \times 50m \times 200mA}{1000 \times 2mm^2} = \frac{35.6 \times 50m \times 0.2A}{1000 \times 2mm^2} = 0.178[\text{V}]$$

∴ 마지막 시각경보기에 공급되는 전압
$= 24V - 0.89V - 0.712V - 0.534V - 0.356V - 0.178V = 21.33V$

■ 답 : $21.33V$

46 자동화재탐지설비-04(축전지 용량)

1. 감시전류 및 작동전류

① 감시전류

$$감시전류 = \frac{회로전압}{(배선회로저항 + 릴레이저항 + 종단저항)}$$

② 작동전류

$$작동전류 = \frac{회로전압}{(배선회로저항 + 릴레이저항)}$$

2. 감시시간 및 작동시간

29층 이하	자동화재탐지설비에는 그 설비에 대한 감시상태를 60분간 지속한 후 유효하게 10분 이상 경보할 수 있는 축전지설비(수신기에 내장하는 경우를 포함한다)를 설치하여야 한다. 다만, 상용전원이 축전지설비인 경우에는 그러하지 아니하다.
30층 이상	자동화재탐지설비에는 그 설비에 대한 감시상태를 60분간 지속한 후 유효하게 30분 이상 경보할 수 있는 축전지설비(수신기에 내장하는 경우를 포함한다)를 설치하여야 한다. 다만, 상용전원이 축전지설비인 경우에는 그러하지 아니하다.

3. 축전지의 용량

축전지의 용량은 다음에 따라 산출한다.

$$축전지의\ 용량 = \frac{1}{L}KI$$

- L : 축전지 용량 저하율(보수율) : 0.8
- K : 용량환산시간(h)
- I : 부하의 방전전류(A)

4. 부동충전방식

① 부동충전방식의 개략도

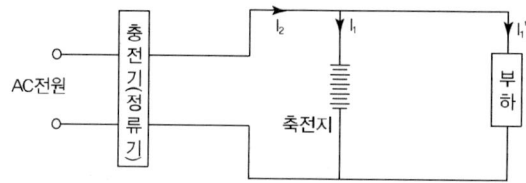

② 2차 전류의 계산

$$I_2 = I_1(축전지충전전류) + I_1{'}(부하전류) = \frac{축전지의\ 정격용량}{방전시간율} + \frac{상시부하}{표준전압}$$

연습문제

★★★★☆

문제1 P형 수신기와 감지기의 배선회로에 대한 다음 각 물음에 답하시오.

① 배선회로저항 : 200 Ω   ② 릴레이저항 : 600 Ω
③ 회로의 전압 : DC 24 V   ④ 종단저항 : 12,000 Ω

[물음]
1) 평상 시 감시전류는 몇 mA인지 계산하시오.
2) 감지기 동작 시 회로에 흐르는 전류는 몇 mA인지 계산하시오.

■ 계산과정

1) 평상 시 감시전류

$$감시전류 = \frac{회로전압}{(배선회로저항 + 릴레이저항 + 종단저항)}$$

$$= \frac{24V}{(200\Omega + 600\Omega + 12,000\Omega)} = 0.00188A = 1.88mA$$

2) 감지기 동작 시 회로에 흐르는 전류

$$동작전류 = \frac{회로전압}{(배선회로저항 + 릴레이저항)}$$

$$= \frac{24V}{(200\Omega + 600\Omega)} = 0.03A = 30mA$$

■ 답 : 1) 평상 시 감시전류 : $1.88mA$
       2) 감지기 동작 시 회로에 흐르는 전류 : $30mA$

★★★★☆

문제2 P형1급 수신기와 감기기와의 사이에 종단저항 10 kΩ, 릴레이저항 950 Ω, 회로의 전압 DC 24 V, 상시 감시전류 2 mA일 때, 감지기 동작 시 흐르는 전류는 몇 mA인가?

■ 계산과정

$$감시전류 \ I = \frac{V}{R} = \frac{회로전압}{릴레이저항 + 선로저항 + 종단저항} = \frac{회로전압}{합성저항} 에서$$

$$합성저항 \ R = \frac{V}{I} = \frac{회로전압}{감시전류} = \frac{24V}{2mA} = \frac{24V}{0.002A} = 12,000\Omega$$

선로저항 = 합성저항 − 릴레이저항 − 종단저항
$$= 12,000\Omega - 950\Omega - 10,000\Omega = 1050\Omega$$

감지기 동작 시 흐르는 전류 = $\dfrac{회로전압}{릴레이저항 + 선로저항}$

$= \dfrac{24\,V}{950\Omega + 1{,}050\Omega}$

$= 0.012A = 12mA$

■ 답 : $12mA$

★★★★★

문제3 사용되는 부하의 방전전류-시간 특성이 아래의 그림과 같고, 단위 전지의 방전 종지전압(최저사용전압)이 1.06[V]일 때 축전지의 용량[Ah]을 산출하시오. 단, 축전지 용량 저하율(보수율)은 0.8을 적용한다.

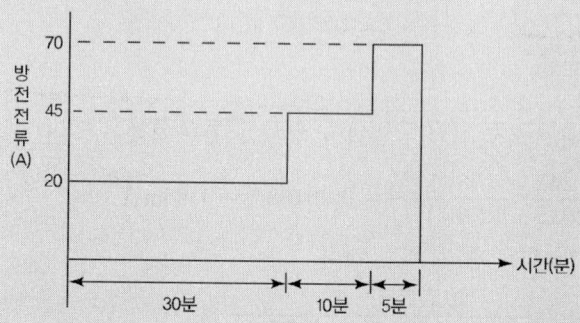

[용량환산시간계수(K)]

최저사용전압 [V/Cell]	0.1분	1분	5분	10분	20분	30분	60분	120분
1.10	0.30	0.46	0.56	0.66	0.87	1.04	1.56	2.60
1.06	0.24	0.33	0.45	0.53	0.70	0.81	1.40	2.45
1.00	0.20	0.27	0.37	0.45	0.60	0.77	1.30	2.30

■ 계산과정

$= \dfrac{1}{L}(K_1I_1 + K_2I_2 + K_3I_3)$

$= \dfrac{1}{0.8} \times (0.81h \times 20A + 0.53h \times 45A + 0.45h \times 70A)$

$= 89.44[Ah]$

■ 답 : $89.44[Ah]$

★★★★★

문제4 소결식 알칼리축전지 용량 저하율 L = 0.8, 최저 축전지온도 5[℃], 허용최저전압 1.06[V/cell]일 때, 축전지 용량은 얼마인가? 단, 용량환산시간 $K_1 = 1.45$, $K_2 = 0.69$, $K_3 = 0.25$ 이다.

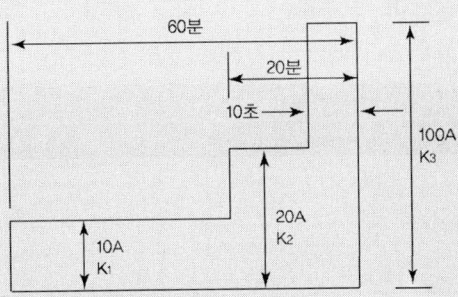

- 계산과정

$$= \frac{1}{L}\left[K_1 I_1 + K_2(I_2 - I_1) + K_3(I_3 - I_2)\right]$$

$$= \frac{1}{0.8} \times \left[1.45 \times 10A + 0.69 \times (20A - 10A) + 0.25 \times (100A - 20A)\right]$$

$$= 51.75[Ah]$$

- 답 : 51.75[Ah]

★★★★★

문제5 40 W 120개, 60W 50개의 비상조명등이 있다. 방전시간은 30분, 연축전지 HS형 54셀(Cell), 허용최저전압 90 V일 때 소요 축전지의 용량을 구하시오. (다만, 부하의 정격전압 100 V, 연축전지 보수율 0.8, 방전시간 30분일 때의 용량환산시간 K는 축전지 공칭전압 1.6 V일 경우 K=1.1, 1.7 V일 경우 K=1.22, 1.8 V일 경우 K=1.54로 한다.)

- 계산과정

전류 $P = VI$ 에서

$$I = \frac{P}{V} = \frac{40\,W \times 120개 + 60\,W \times 50개}{100\,V} = 78A$$

방전종지전압 $= \frac{90\,V}{54\,Cell} = 1.67\,V/Cell$ 이므로 $1.7\,V$를 적용 → $K = 1.22$

축전지용량 $= \frac{1}{L}KI = \frac{1}{0.8} \times 1.22h \times 78A = 118.95[Ah]$

- 답 : 118.95[Ah]

13th Day

★★★★★

문제6 비상용 조명부하가 40[W] 120등, 60[W] 50등이 있다. 방전시간은 30분이며, 연축전지 HS형 54[cell], 허용최저전압은 90[V], 최저 축전지 온도 5[℃]일 때 축전지용량은 몇 [Ah]이겠는가?(단, 전압은 200[V]이며, 연축전지의 용량환산시간 K는 표와 같으며, 보수율은 0.8이라고 한다)

[표] 연축전지의 용량 환산시간 K(상단은 900~2000[Ah], 하단은 900[Ah] 이하)

형식	온도[℃]	10분			30분		
		1.6[V]	1.7[V]	1.8[V]	1.6[V]	1.7[V]	1.8[V]
CS	25	0.9 0.8	1.15 1.06	1.6 1.42	1.41 1.34	1.6 1.55	2.0 1.88
	5	1.15 1.1	1.35 1.25	2.0 1.8	1.75 1.75	1.85 1.8	2.45 2.35
	−5	1.35 1.25	1.6 1.5	2.65 2.25	2.05 2.05	2.2 2.2	3.1 3.0
HS	25	0.58	0.7	0.93	1.03	1.14	1.38
	5	0.62	0.74	1.05	1.11	1.22	1.54
	−5	0.68	0.82	1.15	1.2	1.35	1.68

■ 계산과정

$$\frac{90[V]}{54[cell]} = 1.67[V/cell] \to 1.7[V/cell]$$

30분, 1.7[V/cell], HS형, 5[℃]이므로 표에서 $K = 1.22$

전력 $P = IV$에서 $I = \dfrac{P}{V} = \dfrac{40[W] \times 120[등] + 60[W] \times 50[등]}{200[V]} = 39[A]$

축전지 용량 $= \dfrac{1}{L}KI = \dfrac{1}{0.8} \times 1.22[h] \times 39[A] = 59.48[Ah]$

■ 답 : 59.48[Ah]

★★★★★

문제7 옥내소화전설비의 감시제어반과 겸용으로 사용되는 복합형수신기의 비상전원으로 연축전지를 사용할 때 요구되는 용량(AH)을 아래 조건을 이용하여 산정하시오. 단, 평상 시 또는 화재 시 동시에 작동하는 기기별 수량 및 소비전류는 다음과 같고, 보수율은 0.8을 적용하며, 기타 조건은 무시한다.

No	기기명	작동 수량(개)	소비전류/개(mA)
1	수신기	1	2,000
2	발신기 위치표시등	40	50
3	경종	40	80
4	옥내소화전펌프 기동표시등	40	50
5	시각경보기	20	140

13th Day

■ 계산과정

No	기 기 명	작동수량(개)	소비전류/개(mA)	시간
1	수신기	1	2,000	80분
2	발신기 위치표시등	40	50	80분
3	경종	40	80	10분
4	옥내소화전펌프 기동표시등	40	50	20분
5	시각경보기	20	140	10분

감시전류	1	수신기	$= 1개 \times 2000mA = 2000mA = 2A$
	2	발신기 위치표시등	$= 40개 \times 50mA = 2000mA = 2A$
동작전류	1	경종	$= 40개 \times 80mA = 3200mA = 3.2A$
	2	옥내소화전펌프 기동표시등	$= 40개 \times 50mA = 2000mA = 2A$
	3	시각경보기	$= 20개 \times 140mA = 2800mA = 2.8A$

∴ 요구되는 용량(AH)

$= \dfrac{1}{L} KI$

$= \dfrac{1}{0.8} \times \left(\dfrac{\dfrac{80분}{60분}}{H} \times 2A + \dfrac{\dfrac{80분}{60분}}{H} \times 2A + \dfrac{\dfrac{10분}{60분}}{H} \times 3.2A + \dfrac{\dfrac{20분}{60분}}{H} \times 2A + \dfrac{\dfrac{10분}{60분}}{H} \times 2.8A \right)$

$= 8.75AH$

■ 답 : $8.75AH$

★★★☆☆

문제8 정격용량 60[Ah]인 연축전지를 상시부하 6[kW], 표준전압 100[V]인 소방설비에 부동충전방식으로 시설하고자 한다. 충전기 2차 전류(충전전류)는 몇 [A]인가? (단, 연축전지의 방전율은 10시간율로 한다.)

배점 5

■ 계산과정

$=$ 축전지충전전류 $+$ 부하전류

$= \dfrac{축전지의\ 정격용량}{방전시간율} + \dfrac{상시부하}{표준전압}$

$= \dfrac{60Ah}{10h} + \dfrac{6kW}{100V}$

$= \dfrac{60Ah}{10h} + \dfrac{6 \times 10^3 W}{100V}$

$= 6A + 60A$

$= 66[A]$

■ 답 : $66[A]$

47 피난설비-01(피난기구의 설치)

1. 피난기구

   피난기구는 다음에 따른 개수 이상을 설치하여야 한다.

용도	설치 개수
숙박시설·노유자시설 및 의료시설	500 m^2마다 1개 이상 설치
위락시설·문화집회 및 운동시설·판매시설로 사용되는 층 또는 복합용도의 층	800 m^2마다 1개 이상 설치
계단실형 아파트	각 세대마다 1개 이상 설치
그 밖의 용도의 층	1,000 m^2마다 1개 이상 설치

2. 설치제외 : 영 별표 6 제7호 피난설비의 설치면제 요건의 규정에 따라 다음 각 호의 어느 하나에 해당하는 소방대상물 또는 그 부분에는 피난기구를 설치하지 아니할 수 있다. 다만, 제4조제2항제2호에 따라 숙박시설(휴양콘도미니엄을 제외한다)에 설치되는 완강기 및 간이완강기의 경우에는 그러하지 아니하다.

   1) 다음 각 목의 기준에 적합한 층
      ① 주요구조부가 내화구조로 되어 있어야 할 것
      ② 실내의 면하는 부분의 마감이 불연재료·준불연재료 또는 난연재료로 되어 있고 방화구획이 「건축법 시행령」 제46조의 규정에 적합하게 구획되어 있어야 할 것
      ③ 거실의 각 부분으로부터 직접 복도로 쉽게 통할 수 있어야 할 것
      ④ 복도에 2 이상의 특별피난계단 또는 피난계단이 「건축법 시행령」 제35조에 적합하게 설치되어 있어야 할 것
      ⑤ 복도의 어느 부분에서도 2 이상의 방향으로 각각 다른 계단에 도달할 수 있어야 할 것

   2) 다음 각 목의 기준에 적합한 소방대상물 중 그 옥상의 직하층 또는 최상층(관람집회 및 운동시설 또는 판매시설을 제외한다)
      ① 주요구조부가 내화구조로 되어 있어야 할 것
      ② 옥상의 면적이 1,500 m^2 이상이어야 할 것
      ③ 옥상으로 쉽게 통할 수 있는 창 또는 출입구가 설치되어 있어야 할 것
      ④ 옥상이 소방사다리차가 쉽게 통행할 수 있는 도로(폭 6 m 이상의 것을 말한다) 또는 공지(공원 또는 광장 등을 말한다)에 면하여 설치되어 있거나 옥상으로부터 피난층 또는 지상으로 통하는 2 이상의 피난계단 또는 특별피난계단이 「건축법 시행령」 제35조의 규정에 적합하게 설치되어 있어야 할 것

   3) 주요구조부가 내화구조이고 지하층을 제외한 층수가 4층 이하이며 소방사다리차가 쉽게 통행할 수 있는 도로 또는 공지에 면하는 부분에 영 제2조제1호 각 목의 기준에 적합한 개구부가 2 이상 설치되어 있는 층(문화집회 및 운동시설·판매시설 및 영업시설 또는 노유자시설의 용도로 사용되는 층으로서 그 층의 바닥면적이 1,000 m^2 이상인 것을 제외한다)

4) 갓복도식 아파트 또는 「건축법 시행령」 제46조제5항에 해당하는 구조 또는 시설을 설치하여 인접(수평 또는 수직)세대로 피난할 수 있는 아파트 〈개정 2022. 9. 8.〉
5) 주요구조부가 내화구조로서 거실의 각 부분으로부터 직접 복도로 피난할 수 있는 학교(강의실 용도로 사용되는 층에 한한다)
6) 무인공장 또는 자동창고로서 사람의 출입이 금지된 장소(관리를 위하여 일시적으로 출입하는 장소를 포함한다)
7) 건축물의 옥상부분으로서 거실에 해당하지 아니하고 「건축법 시행령」 제119조제1항제9호에 해당하여 층수로 산정된 층으로 사람이 근무하거나 거주하지 아니하는 장소

3. 피난기구설치의 감소
   1) 피난기구를 설치하여야 할 소방대상물 중 다음 각 호의 기준에 적합한 층에는 제4조제2항에 따른 피난기구의 2분의 1을 감소할 수 있다. 이 경우 설치하여야 할 피난기구의 수에 있어서 소수점 이하의 수는 1로 한다.
      ① 주요구조부가 내화구조로 되어 있을 것
      ② 직통계단인 피난계단 또는 특별피난계단이 2 이상 설치되어 있을 것
   2) 피난기구를 설치하여야 할 소방대상물 중 주요구조부가 내화구조이고 다음 각 호의 기준에 적합한 건널 복도가 설치되어 있는 층에는 제4조제2항에 따른 피난기구의 수에서 해당 건널 복도의 수의 2배의 수를 뺀 수로 한다.
      ① 내화구조 또는 철골조로 되어 있을 것
      ② 건널 복도 양단의 출입구에 자동폐쇄장치를 한 갑종방화문(방화셔터를 제외한다)이 설치되어 있을 것
      ③ 피난·통행 또는 운반의 전용 용도일 것
   3) 피난기구를 설치하여야 할 소방대상물 중 다음 각 호에 기준에 적합한 노대가 설치된 거실의 바닥면적은 제4조제2항에 따른 피난기구의 설치개수 산정을 위한 바닥면적에서 이를 제외한다.
      ① 노대를 포함한 소방대상물의 주요구조부가 내화구조일 것
      ② 노대가 거실의 외기에 면하는 부분에 피난 상 유효하게 설치되어 있어야 할 것
      ③ 노대가 소방사다리차가 쉽게 통행할 수 있는 도로 또는 공지에 면하여 설치되어 있거나, 또는 거실부분과 방화구획되어 있거나 또는 노대에 지상으로 통하는 계단 그 밖의 피난기구가 설치되어 있어야 할 것

4. 피난허용시간은 다음에 따라 산출한다.

거실 피난허용시간	거실피난 개시에서 거실피난 종료까지 허용되는 시간	$a\sqrt{A}$
복도 피난허용시간	복도피난 개시에서 복도피난 종료까지 허용되는 시간	$4\sqrt{A_{12}}$
각층 피난허용시간	출화에서 복도피난 종료까지 허용되는 시간	$8\sqrt{A_{12}}$

a : 보통은 2, 천장의 높이가 6 m 이상일 경우는 3을 적용
A : 각 거실 면적
A_{12} : 층의 거실면적의 합+층의 복도면적의 합

연습문제

★★★★★

문제1 숙박시설의 용도로 사용되는 바닥면적 1,800 m²인 지상 7층에 설치하여야 할 피난기구의 최소 수량을 산출하시오.

- 계산과정

$$= \frac{1,800 m^2}{500 m^2/개} = 3.6 \rightarrow 4개$$

- 답 : 4개

★★★☆☆

문제2 영화관으로 사용하는 부분의 바닥면적이 300 m², 거실의 인구밀도를 1.5 인/m², 피난대상 사람 수가 400명, 출구 폭의 합계가 6 m라 가정하였을 경우 출구 통과시간과 거실의 허용피난시간을 계산하시오. 단, N 값은 3으로 한다.

- 계산과정

  거실 면적(A_1) : 300m²
  거실 인구밀도(ρ) : 1.5인/m²
  출구폭의 합(B_1) : 6m
  피난대상인원(N_1) : 400인
  유출계수(N) : 3인/m·s

  1) 출구통과시간

  $$= \frac{N_1}{N \times B_1} = \frac{400인}{\frac{3인}{m \cdot s} \times 6m} = 22.2s$$

  2) 거실허용피난시간

  $$= 3\sqrt{A_1} = 3\sqrt{300} = 51.96s$$

- 답 : 1) 출구통과시간 : 22.2s
       2) 거실허용피난시간 : 51.96s

48 피난설비-02(유도등 및 유도표지의 설치)

1. 유도등 및 유도표지의 설치

1) 복도통로유도등은 다음 각 목의 기준에 따라 설치할 것
   ① 복도에 설치할 것
   ② 구부러진 모퉁이 및 보행거리 20 m마다 설치할 것

   $$복도통로유도등 \ 설치개수 = \frac{보행거리(m)}{20m} - 1$$

2) 거실통로유도등은 다음 각 목의 기준에 따라 설치할 것
   ① 거실의 통로에 설치할 것. 다만, 거실의 통로가 벽체 등으로 구획된 경우에는 복도통로유도등을 설치하여야 한다.
   ② 구부러진 모퉁이 및 보행거리 20 m마다 설치할 것

   $$거실통로유도등 \ 설치개수 = \frac{보행거리(m)}{20m/개} - 1$$

3) 객석유도등은 다음 각 목의 기준에 따라 설치할 것
   ① 객석유도등은 객석의 통로, 바닥 또는 벽에 설치하여야 한다.
   ② 객석 내의 통로가 경사로 또는 수평로로 되어 있는 부분은 다음의 식에 따라 산출한 수(소수점 이하의 수는 1로 본다)의 유도등을 설치하여야 한다.

   $$설치개수 = \frac{객석의 \ 통로의 \ 직선부분의 \ 길이(m)}{4} - 1$$

4) 유도표지 설치기준
   ① 계단에 설치하는 것을 제외하고는 각 층마다 복도 및 통로의 각 부분으로부터 하나의 유도표지까지의 보행거리가 15 m 이하가 되는 곳과 구부러진 모퉁이의 벽에 설치할 것

   $$유도표지의 \ 설치개수 = \frac{복도및 \ 통로의 \ 직선부분의 \ 길이(m)}{15m/개} - 1$$

   ② 피난구유도표지는 출입구 상단에 설치하고, 통로유도표지는 바닥으로부터 높이 1m 이하의 위치에 설치할 것

2. 유도등 및 유도표지의 제외

1) 다음 각 호의 어느 하나에 해당하는 경우에는 피난구유도등을 설치하지 아니한다.
   ① 바닥면적이 1,000 m² 미만인 층으로서 옥내로부터 직접 지상으로 통하는 출입구(외부의 식별이 용이한 경우에 한한다)
   ② 거실 각 부분으로부터 쉽게 도달할 수 있는 출입구
   ③ 거실 각 부분으로부터 하나의 출입구에 이르는 보행거리가 20 m 이하이고 비상조명등과 유도표지가 설치된 거실의 출입구
   ④ 출입구가 3 이상 있는 거실로서 그 거실 각 부분으로부터 하나의 출입구에 이르는 보행거리가 30 m 이하인 경우에는 주된 출입구 2개소 외의 출입구(유도표지가 부착된 출입구를 말한다). 다만, 공연장·집회장·관람장·전시장·판매시설·운수시설·숙박시설·노유자시설·의료시설·장례식장의 경우에는 그러하지 아니하다.

2) 다음 각 호의 어느 하나에 해당하는 경우에는 통로유도등을 설치하지 아니한다.
   ① 구부러지지 아니한 복도 또는 통로로서 길이가 30 m 미만인 복도 또는 통로
   ② 제1호에 해당하지 않는 복도 또는 통로로서 보행거리가 20 m 미만이고 그 복도 또는 통로와 연결된 출입구 또는 그 부속실의 출입구에 피난구유도등이 설치된 복도 또는 통로

3) 다음 각 호의 어느 하나에 해당하는 경우에는 객석유도등을 설치하지 아니한다.
   ① 주간에만 사용하는 장소로서 채광이 충분한 객석
   ② 거실 등의 각 부분으로부터 하나의 거실출입구에 이르는 보행거리가 20 m 이하인 객석의 통로로서 그 통로에 통로유도등이 설치된 객석

연습문제

★★★★☆

문제1 복도 통로의 보행거리가 70 m일 경우 복도통로유도등의 설치수량을 산출하시오.

- 계산과정

$$= \frac{보행거리(m)}{20m/개} - 1 = \frac{70m}{20m/개} - 1 = 2.5 \rightarrow 3개$$

- 답 : 3개

★★★★☆

문제2 거실 통로의 보행거리가 105 m일 경우 거실통로유도등의 설치수량을 산출하시오.

- 계산과정

$$= \frac{보행거리(m)}{20m/개} - 1 = \frac{105m}{20m/개} - 1 = 4.25 \rightarrow 5개$$

- 답 : 5개

★★★★☆

문제3 객석 통로의 직선부분 길이가 30 m일 경우 객석통로유도등의 설치수량을 산출하시오.

- 계산과정

$$= \frac{객석의\ 통로의\ 직선부분의\ 길이(m)}{4} - 1$$
$$= \frac{30m}{4m/개} - 1 = 6.5 \rightarrow 7개$$

- 답 : 7개

★★★★☆

문제4 통로의 직선부분 길이가 93 m일 경우 유도표지의 설치수량을 산출하시오.

- 계산과정

$$= \frac{복도\ 및\ 통로의\ 직선부분의\ 길이(m)}{15m/개} - 1$$
$$= \frac{93m}{15m/개} - 1 = 5.2 \rightarrow 6개$$

- 답 : 6개

49 피난설비-03(광속 및 조도)

1. 광속

빛이 전달되는 빠르기로 광속도라고도 한다. SI 단위계로는 광속의 기호는 1 m(루멘)으로 나타낸다. 1 lm은 모든 방향으로 동일하게 1 cd(칸델라)의 광도를 가진 점광원에서, 입체각 1 sr의 원뿔모양 안으로 방출하는 광속의 크기이다.

2. 조도

빛에 비추어진 면 위의 단위면적당 광속을 그 면의 조도라고 한다. 조도의 단위는 국제단위계로 룩스(lux, 기호 lx)인데, 이는 1루멘(lumen, 기호 lm)의 광속이 1 m²의 면적에 일정하게 입사할 때의 조도이며, 1 lx = 1 lm/m²으로 나타낸다.

3. 광속 및 조도의 관계식

광속과 조도의 관계식은 다음과 같다.

$$FUN = DAE$$

F : 광속[lm]
U : 조명률
N : 등 수
A : 면적[m²]
D : 감광보상률 = $\dfrac{1}{유지율(보수율)}$
E : 조도[lx], $[lx = \dfrac{lm}{m^2}]$

연습문제

★★★★☆

문제1 길이 15[m], 폭 10[m]인 방재센터의 조명률은 50[%], 전광속도 2400[lm]의 40[W] 형광등이 몇 등 있어야 400[lx]의 조도가 될 수 있는가?(단, 층고는 3.6[m]이며, 조명유지율은 80[%]이다.)

 배점 5

- 계산과정

  FUN = DAE 에서

  $$N = \frac{EAD}{FU} = \frac{400[lx] \times (15 \times 10)m^2 \times \frac{1}{0.8}}{2,400[lm] \times 0.5}$$

  $$= \frac{400[lm/m^2] \times (15 \times 10)m^2 \times \frac{1}{0.8}}{2,400[lm/등] \times 0.5} = 62.5등 \to 63등$$

- 답 : 63등

★★★★☆

문제2 폭이 15 m, 길이 20 m인 방재센터의 조도를 400[lx]로 할 경우 전광속 4,900[lm], 40[W] 2등용의 형광등을 시설할 경우 다음 각 물음에 답하시오.(단, 사용전압은 220[V]이고, 40[W] 형광등 1등 당 전류는 0.15[A], 조명률은 50[%], 감광보상률은 1.3으로 한다.)

1) 비상발전기에 연결되는 부하는 몇 [VA]인가?
2) 방재센터의 회로는 몇 회로로 하여야 하는가? 단, 분기회로는 15[A]를 적용한다.

 배점 6

- 계산과정

  1) 비상발전기에 연결되는 부하

  $$등 수 \ N = \frac{EAD}{FU} = \frac{400[lx] \times 15m \times 20m \times 1.3}{4,900[lm] \times 0.5}$$

  $$= 63.673 = 64등기구 \to 64등기구 \times 2등/등기구 = 128등$$

  부하 $P = VI = 220[V] \times 128등 \times 0.15[A] = 4,224[VA]$

  2) 방재센터의 회로 수

  $$N = \frac{4,224[VA]}{220[V] \times 15[A]} = 1.28 \to 2회로$$

- 답 : 1) 비상발전기에 연결되는 부하 : $4,224[VA]$

  2) 방재센터의 회로 수 : 2회로

50 소화용수설비-01(소화수조 또는 저수조)

1. 소화수조 또는 저수조의 저수량

소화수조 또는 저수조의 저수량은 특정소방대상물의 연면적을 다음 표에 따른 기준면적으로 나누어 얻은 수(소수점 이하의 수는 1로 본다)에 $20\ m^3$를 곱한 양 이상이 되도록 하여야 한다.

소방대상물의 구분	면적
1층 및 2층의 바닥면적 합계가 $15{,}000\ m^2$ 이상인 소방대상물	$7{,}500\ m^2$
그 밖의 소방대상물	$12{,}500\ m^2$

2. 흡수관투입구

지하에 설치하는 소화용수설비의 흡수관투입구는 그 한변이 $0.6\ m$ 이상이거나 직경이 $0.6\ m$ 이상인 것으로 하고, 소요수량이 $80\ m^3$ 미만인 것은 1개 이상, $80\ m^3$ 이상인 것은 2개 이상을 설치하여야 하며, "흡관투입구"라고 표시한 표지를 할 것

소요수량	$80\ m^3$ 미만	$80\ m^3$ 이상
흡수관투입구 수	1개	2개

3. 채수구

소요수량	$20\ m^3$ 이상 $40\ m^3$ 미만	$40\ m^3$ 이상 $100\ m^3$ 미만	$100\ m^3$ 이상
채수구 수	1개	2개	3개
가압송수장치의 1분당 양수량	$1{,}100\ \ell$ 이상	$2{,}200\ \ell$ 이상	$3{,}300\ \ell$ 이상

14th Day

연습문제

★★★★☆

문제1 5층 건물의 연면적이 65,000 m²인 소방대상물에 설치되어야 하는 소화수조 또는 저수조의 저수량을 구하시오. 단, 각 층의 바닥면적은 동일하다.

■ 계산과정

1층 및 2층의 바닥면적 합계 = $\dfrac{65,000 m^2}{5층} \times 2층 = 26,000 m^2$

1층 및 2층의 바닥면적 합계가 $15,000 m^2$ 이상인 소방대상물의 기준면적은 $7,500 m^2$ 이므로

저수량 = $\dfrac{연면적}{기준면적} = \dfrac{65,000 m^2}{7,500 m^2} = 8.6 \rightarrow 9 \times 20 m^3 = 180 m^3$

■ 답 : $180 m^3$

★★★★☆

문제2 소화수조 및 저수조에 대한 다음 물음에 답하시오.

층 구분	지하 1층	지상 1층	지상 2층	지상 3층
바닥면적	6,000 m²	7,000 m²	8,000 m²	8,000 m²

[물음]
① 소화수조 또는 저수조에 확보하여야 할 저수량[m³]을 구하시오.
② 채수구 및 흡수관투입구의 최소 설치수량을 구하시오.

■ 계산과정

소화수조 또는 저수조를 설치 시 저수조에 확보하여야 할 저수량

연면적 = $6,000 m^2 + 7,000 m^2 + 8,000 m^2 + 8,000 m^2 = 29,000 m^2$

1층 및 2층의 바닥면적 합계 = $7,000 m^2 + 8,000 m^2 = 15,000 m^2$

1층 및 2층의 바닥면적 합계가 $15,000 \mathrm{m}^2$ 이상인 소방대상물의 기준면적은 $7,500 \mathrm{m}^2$ 이므로

저수량 = $\dfrac{연면적}{기준면적} = \dfrac{29,000 m^2}{7,500 m^2} = 3.8 \rightarrow 4 \times 20 m^3 = 80 m^3$

■ 답 : ① 소화수조 또는 저수조를 설치 시 저수조에 확보하여야 할 저수량 : $80 m^3$
② 저수조에 설치하여야 할 흡수관 투입구, 채수구의 최소 설치수량
흡수관 투입구 : 2개, 채수구의 최소 설치수량 : 2개

★★★★☆

문제3 각 층의 바닥면적이 3,000 m², 연면적이 42,000 m²인 지하 2층, 지상 12층 오피스건물의 소화용수용 수조를 지하 2층에 설치할 때 다음 물음에 답하시오.(건물구조상 옥탑 물탱크 설치가 불가, 전층에 스프링클러설비가 설치되고 옥내소화전은 층별 5개씩 설치됨)

1) 소화설비의 소요수원
2) 소화용수설비의 소요수원
3) 흡수관투입구 수
4) 채수구 수

■ 계산과정

1) 소화설비의 소요수원

옥내소화전설비의 소요수원 = 5개 × $2.6m^3$ = $13m^3$

스프링클러설비의 소요수원 = 30개 × $1.6m^3$ = $48m^3$

∴ 소화설비의 소요수원의 합계 = $13m^3 + 48m^3 = 61m^3$

2) 소화용수설비의 소요수원

1층 및 2층의 바닥면적 합계 = $3,000m^2 × 2 = 6,000m^2$

1층 및 2층의 바닥면적 합계가 15,000m² 이상인 소방대상물에 해당되지 않는 그 밖의 소방대상물의 기준면적은 12,500m² 이므로

저장량 = $\dfrac{연면적}{기준면적} = \dfrac{42,000m^2}{12,500m^2} = 3.36 \rightarrow 4 × 20m^3 = 80m^3$

■ 답 : 1) 소화설비의 소요수원 : $61m^3$
　　　 2) 소화용수설비의 소요수원 : $80m^3$
　　　 3) 흡수관투입구 수 : 2개
　　　 4) 채수구 수 : 2개

14th Day

★★★★☆

문제4 상수도 시설이 없는 지역에 단층으로 155×155[m] 규모로 다수의 불특정인이 이용하는 시설을 건립하고자 할 때 소화수조(저수조)의 용량, 흡수관투입구 수, 채수구 수를 구하시오.

배점 7

■ 계산과정

소화수조(저수조)의 용량

연면적 $= 155m \times 155m = 24{,}025m^2$

1층 및 2층의 바닥면적 합계 : 단층이므로 $24{,}025m^2$

1층 및 2층의 바닥면적 합계가 $15{,}000m^2$ 이상인 소방대상물의 기준면적은 $7{,}500m^2$ 이므로

저수량 $= \dfrac{24{,}025m^2}{7{,}500m^2} = 3.2 \rightarrow 4 \times 20m^3 = 80m^3$

■ 답 : ① 소화수조(저수조)의 용량 : $80m^3$
　　② 흡입관투입구 수 : 2개
　　③ 채수구 수 : 2개

51 제연설비-01 (예상제연구역의 배출량)

1. 바닥면적 400 m² 미만인 거실의 예상제연구역의 배출량

① 바닥면적 1 m²당 1 m³/min 이상으로 하되, 예상제연구역에 대한 최저 배출량은 5,000 m³/hr 이상으로 할 것 〈개정 2022. 9. 15.〉

② 바닥면적이 50 m² 미만인 예상제연구역을 통로배출방식으로 하는 경우에는 통로보행중심선의 길이 및 수직거리에 따라 다음 표에서 정하는 기준량 이상으로 할 것

통로길이	수직거리	배출량	비고
40 m 이하	2 m 이하	25,000 m³/hr	벽으로 구획된 경우를 포함한다.
	2 m 초과 2.5 m 이하	30,000 m³/hr	
	2.5 m 초과 3 m 이하	35,000 m³/hr	
	3 m 초과	45,000 m³/hr	
40 m 초과 60 m 이하	2 m 이하	30,000 m³/hr	벽으로 구획된 경우를 포함한다.
	2 m 초과 2.5 m 이하	35,000 m³/hr	
	2.5 m 초과 3 m 이하	40,000 m³/hr	
	3 m 초과	50,000 m³/hr	

2. 바닥면적 400 m² 이상인 거실의 예상제연구역의 배출량

① 예상제연구역이 직경 40 m인 원의 범위 안에 있을 경우에는 배출량이 40,000 m³/hr 이상으로 할 것. 다만, 예상제연구역이 제연경계로 구획된 경우에는 그 수직거리에 따라 배출량은 다음 표에 따른다.

수직거리	배출량
2 m 이하	40,000 m³/hr 이상
2 m 초과 2.5 m 이하	45,000 m³/hr 이상
2.5 m 초과 3 m 이하	50,000 m³/hr 이상
3 m 초과	60,000 m³/hr 이상

② 예상제연구역이 직경 40 m인 원의 범위를 초과할 경우에는 배출량이 45,000 m³/hr 이상으로 할 것. 다만, 예상제연구역이 제연경계로 구획된 경우에는 그 수직거리에 따라 배출량은 다음 표에 따른다.

수직거리	배출량
2 m 이하	45,000 m³/hr 이상
2 m 초과 2.5 m 이하	50,000 m³/hr 이상
2.5 m 초과 3 m 이하	55,000 m³/hr 이상
3 m 초과	65,000 m³/hr 이상

3. **통로의 예상제연구역의 배출량**

   예상제연구역이 통로인 경우의 배출량은 45,000 m³/hr 이상으로 할 것. 다만, 예상제연구역이 제연경계로 구획된 경우에는 그 수직거리에 따라 배출량은 다음 표에 따른다.

수직거리	배출량
2 m 이하	45,000 m³/hr 이상
2 m 초과 2.5 m 이하	50,000 m³/hr 이상
2.5m 초과 3 m 이하	55,000 m³/hr 이상
3 m 초과	65,000 m³/hr 이상

4. 배출은 2개 이상의 예상제연구역이 설치된 특정소방대상물에서 배출을 각 예상지역별로 구분하지 아니하고 공동예상제연구역을 동시에 배출하고자 할 때의 배출량은 다음 각 호에 따라야 한다. 다만, 거실과 통로는 공동예상제연구역으로 할 수 없다.

   ① 공동예상제연구역 안에 설치된 예상제연구역이 각각 벽으로 구획된 경우(제연구역의 구획 중 출입구만을 제연경계로 구획한 경우를 포함한다)에는 각 예상제연구역의 배출량을 합한 것 이상으로 할 것. 다만, 예상제연구역의 바닥면적이 400 m² 미만인 경우 배출량은 바닥면적 1 m²당 1 m³/min 이상으로 하고 공동예상구역 전체배출량은 5,000 m³/hr 이상으로 할 것 〈개정 2022. 9. 15.〉

   ② 공동예상제연구역 안에 설치된 예상제연구역이 각각 제연경계로 구획된 경우(예상제연구역의 구획 중 일부가 제연경계로 구획된 경우를 포함하나 출입구부분만을 제연경계로 구획한 경우를 제외한다)에 배출량은 각 예상제연구역의 배출량 중 최대의 것으로 할 것. 이 경우 공동제연예상구역이 거실일 때에는 그 바닥면적이 1,000 m² 이하이며, 직경 40 m 원 안에 들어가야 하고, 공동제연예상구역이 통로일 때에는 보행중심선의 길이를 40 m 이하로 하여야 한다.

14th Day

연습문제

★★★★★

배점 3

문제1 면적이 350 m²인 경유거실의 제연설비 소요배출량(CMH)을 산출하시오.

■ 계산과정

$= 350 m^2 \times 1 m^3/min \cdot m^2 \times 60 min/hr = 21,000 m^3/hr = 21,000 CMH$

■ 답 : $21,000 CMH$

★★★★★

배점 5

문제2 다음 조건을 참고하여 제연설비의 배출기 풍량(m³/hr), 정압(mmAq)을 구하시오.

[조건]
① 바닥면적 800 m²(가로 40 m, 세로 20 m)인 예상제연구역이다.
② 제연경계벽의 수직거리는 2.3 m이다.
③ 덕트의 길이는 120 m, 저항은 0.5 mmAq/m이다.
④ 배출구 저항은 10 mmAq, 그릴 저항은 5 mmAq이다.
⑤ 덕트의 부속류 저항은 덕트 저항의 50 %이다.

■ 계산과정
① 배출기 풍량

400 m² 이상, 40 m 원 초과, 2 m 초과 2.5 m 이하이므로 → 50,000m³/hr
② 배출기 정압
= Duct저항 + 배출구저항 + 그릴저항 + 부속류저항
= 120m × 0.5㎜Aq/m + 10㎜Aq + 5㎜Aq + 120m × 0.5㎜Aq/m × 0.5
= 105mmAq

■ 답 : ① 배출기 풍량 : 50,000m³/hr
② 배출기 정압 : 105㎜Aq

★★★☆☆

문제3 제연설비가 설치된 부분의 거실 바닥면적이 400[m²] 이상이고 수직거리가 2[m] 이하일 때, 예상제연구역이 직경 40[m]인 원의 범위를 초과한다면, 예상제연구역의 배출량은 얼마 이상이어야 하는가?

■ 답 : 45,000[m³/h]

52 제연설비-02(배출구/공기유입구/송풍기의 소요동력)

1. 배출구
예상제연구역의 각 부분으로부터 하나의 배출구까지의 수평거리는 10 m 이내가 되도록 하여야 한다.

> 배출구의 최소 수량(정방형)= 가로 설치 수량×세로 설치 수량
> 가로 설치 수량 = [가로길이 ÷ $(2r\cos 45°)$]
> 세로 설치 수량 = [세로길이 ÷ $(2r\cos 45°)$]

2. 공기유입구의 크기
① 예상제연구역에 공기가 유입되는 순간의 풍속은 5 m/s 이하가 되도록 하고, 유입구의 구조는 유입공기를 상향으로 분출하지 않도록 설치하여야 한다. 다만, 유입구가 바닥에 설치되는 경우에는 상향으로 분출이 가능하며 이때의 풍속은 1 m/s 이하가 되도록 해야 한다. 〈개정 2022. 9. 15.〉

② 예상제연구역에 대한 공기유입구의 크기는 해당 예상제연구역 배출량 1 m³/min에 대하여 35 cm² 이상으로 하여야 한다.

> 공기유입구의 크기= 배출량(m^3/min)×35$(cm^2/m^3/min)$

③ 예상제연구역에 대한 공기유입량은 법적 기준 배출량의 배출에 지장이 없는 양으로 하여야 한다. 〈개정 2022. 9. 15.〉

3. 풍속
① 배출기의 흡입측 풍도 안의 풍속은 15 m/s 이하로 하고 배출측 풍속은 20 m/s 이하로 하여야 한다.
② 유입풍도 안의 풍속은 20 m/s 이하로 하여야 한다.

4. 송풍기의 소요동력은 다음에 따라 산출한다.

단위	공기동력(이론동력)	축동력(실제동력)	전동기용량(모터동력)
[kW]	$\dfrac{P_t Q}{102}$	$\dfrac{P_t Q}{102\eta}$	$\dfrac{P_t Q}{102\eta} \times K$

연습문제

★★★★☆

문제1 가로 50 m, 세로 40 m인 일반음식점에 제연설비를 설치하고자 한다. 정방형 배치의 경우 배출구의 최소 설치개수를 산출하시오.

■ 계산과정

가로 설치 수량 = 가로길이 ÷ (2rcos45°)
  = 50m ÷ (2×10m×cos45°) = 3.5 → 4개
세로 설치 수량 = 세로길이 ÷ (2rcos45°)
  = 40m ÷ (2×10m×cos45°) = 2.8 → 3개
∴ 최소 설치개수 = 가로 설치 수량 × 세로 설치 수량 = 4개 × 3개 = 12개

■ 답 : 12개

★★★★☆

문제2 예상제연구역의 공기유입량이 30,000 m³/hr이고, 유입구를 60 cm×60 cm의 크기로 사용할 때 공기유입구의 최소 설치수량은 몇 개인가?

■ 계산과정

공기유입구의 크기
= 배출량(m³/min) × 35(cm²/m³/min)
= 30,000m³/hr × 35(cm²/m³/min)
= 30,000m³/60min × 35(cm²/m³/min)
= 17,500cm²
공기유입구의 최소 설치수량
$= \dfrac{17,500\text{cm}^2}{(60\text{cm} \times 60\text{cm})/\text{개}} = 4.8 \rightarrow 5$개

■ 답 : 5개

14th Day

★★★★☆

문제3 소요배출량을 30,000 CMH, 흡입측 풍도(DUCT)의 높이를 600 mm로 할 때, 흡입측 풍도의 최소 폭은 얼마(mm)인가? (단, 풍도 내 풍속은 NFSC를 근거로 한다)

배점 5

- 계산과정

  $Q = Av$ 에서 $A = \dfrac{Q}{v}$

  폭을 b라 하면 $0.6m \times b = \dfrac{Q}{v}$ 에서 풍도의

  최소 폭$(b) = \dfrac{Q}{0.6m \times v} = \dfrac{30,000\, CMH}{0.6m \times 15m/s}$

  $= \dfrac{\frac{30,000m^3}{hr}}{0.6m \times 15m/s} = \dfrac{\frac{30,000m^3}{3600s}}{0.6 \times 15m/s} = 0.92593m = 925.93mm$

- 답 : $925.93mm$

★★★★☆

문제4 어떤 지하상가 제연설비를 소방법 동시행령 및 시행규칙과 아래조건에 따라 설치하려고 한다.

배점 6

[조건]
① 주덕트의 높이 제한은 600 mm이다.
② 배출기는 원심 다익형이다.
③ 각종 효율은 무시한다.
④ 예상제연구역의 설계 배출량은 45,000[m³/H]이다.

[물음]
1) 배출기의 흡입측 주덕트의 최소 폭(m)을 계산하시오.
2) 배출기의 배출측 주덕트의 최소 폭[m]을 계산하시오.

- 계산과정

  1) 배출기의 흡입측 주덕트의 최소폭

  $= \dfrac{45,000m^3/hr}{0.6m \times 15m/s} = \dfrac{45,000m^3/3,600s}{0.6m \times 15m/s} = 1.39m$

  2) 배출기의 배출측 주덕트의 최소폭

  $= \dfrac{45,000m^3/hr}{0.6m \times 20m/s} = \dfrac{45,000m^3/3,600s}{0.6m \times 20m/s} = 1.04m$

- 답 : 1) 배출기의 흡입측 주덕트의 최소폭 : $1.39m$
  2) 배출기의 배출측 주덕트의 최소폭 : $1.04m$

14th Day

배점 5

★★★★☆

문제5 바닥면적 300m², 높이 15 m, 전압 70 mmAq, 효율 60 %, 전달계수 1.1인 배출기의 동력(kW)을 산정하시오.

- 계산과정

  풍량(Q)= $300m^2 \times 1m^3/min/m^2 = 300m^3/min$

  동력 $P = \dfrac{P_t Q}{102 \times \eta} \times K$

  $= \dfrac{70mmAq \times 300m^3/min}{\dfrac{102kgf \cdot m/s}{1kW} \times 0.6} \times 1.1$

  $= \dfrac{70kgf/m^2 \times \dfrac{300m^3}{60s}}{\dfrac{102kgf \cdot m/s}{1kW} \times 0.6} \times 1.1 = 6.3\ kW$

- 답 : $6.3\ kW$

배점 5

★★★★★

문제6 대형마트의 지하 2층(무창층)에 거실제연 전용설비를 설계하고자 한다. 제연팬의 전동기 용량[kVA]을 계산하시오.

[조건] 가로 80 m, 세로 50 m, 높이 10 m, 제연팬의 배출공기 온도 : 130 ℃, 외기 온도 : 15 ℃, 동력 여유율 : 15 %, 전동기 역률 : 0.9, 팬효율 : 50 %, 덕트의 전체마찰손실 : 120 mmAq, 20 ℃ 표준 공기의 비중량은 1.203 kg/m³

- 계산과정

  400 m² 이상, 40 m 원 초과이므로 제연팬의 배출량= $45,000 m^3/hr$

  덕트의 전체마찰손실= $120mmAq = 120kgf/m^2$

  전동기 용량= $\dfrac{P_t Q}{102\eta} \times K$

  $= \dfrac{120kgf/m^2 \times \dfrac{45,000m^3}{3,600s}}{\dfrac{102kgf \cdot m/s}{1kW} \times 0.5} \times 1.15 = 33.82 kW$

  $\therefore \dfrac{33.82 kW}{0.9} = 37.58 kVA$

- 답 : $37.58 kVA$

14th Day

★★★★★

문제7 다음의 조건을 참고하여 제연설비의 배출기 풍량(m^3/hr), 정압($mmAq$) 및 전동기의 출력(kW)을 구하시오.

배점 8

① 바닥면적 800m²(가로 40 m, 세로 20 m)인 예상제연구역이다.
② 제연경계벽의 수직거리는 2.5 m이다.
③ 덕트의 길이는 120 m, 저항은 0.5 mmAq/m이다.
④ 배출구 저항은 10 mmAq, 그릴 저항은 5 mmAq, 덕트의 부속류 저항은 덕트 저항의 50 %이다.
⑤ 배출기의 전효율은 60 %이며, 전동기 전달계수는 1.1이다.

■ 계산과정

① 배출기 풍량
  400 m² 이상, 40 m 원 초과, 2 m 초과 2.5 m 이하이므로
  → $50,000 m^3/hr$

② 배출기 정압
  = Duct 저항 + 배출구 저항 + 그릴 저항 + 부속류 저항
  = $120m \times 0.5㎜Aq/m + 10㎜Aq + 5㎜Aq + 120m \times 0.5㎜Aq/m \times 0.5$
  = $105㎜Aq$

③ 전동기의 출력
  $= \dfrac{P_t Q}{102\eta} \times K$

  $= \dfrac{105㎜Aq \times \dfrac{50,000m^3}{hr}}{\dfrac{102 kgf \cdot m/s}{1 kW} \times 0.6} \times 1.1$

  $= \dfrac{105 kgf/m^2 \times \dfrac{50,000m^3}{3,600s}}{\dfrac{102 kgf \cdot m/s}{1 kW} \times 0.6} \times 1.1$

  $= 26.21\ kW$

■ 답 : ① 배출기 풍량 : $50,000 m^3/hr$
       ② 배출기 정압 : $105㎜Aq$
       ③ 전동기의 출력 : $26.21\ kW$

15th Day

53 특별피난계단의 계단실 및 부속실 제연설비-01(급기량)

1. 급기량=누설량+보충량
2. 송풍기의 송풍능력=급기량×1.15
3. 배출용 송풍기의 풍량= Q_N + 여유량

    Q_N : 수직풍도가 담당하는 1개 층의 제연구역의 출입문(옥내와 면하는 출입문) 1개의 면적(m²)과 방연풍속(m/s)를 곱한 값(m³/s)

4. 출입문의 틈새면적

$$A = \left(\frac{L}{\ell}\right) \times A_d$$

A : 출입문의 틈새(m²)
L : 출입문 틈새의 길이(m). 다만, L의 수치가 ℓ의 수치 이하인 경우에는 ℓ의 수치로 할 것

출입문	ℓ	A_d
외여닫이문(실내 쪽으로 열리도록 설치하는 경우)	5.6	0.01
외여닫이문(실외 쪽으로 열리도록 설치하는 경우)	5.6	0.02
쌍여닫이문	9.2	0.03
승강기의 출입문	8.0	0.06

5. 창문의 틈새면적

여닫이식 창문으로서 창틀에 방수팩킹이 없는 경우	$A = 2.55 \times 10^{-4} \times$ 틈새의 길이(m)
여닫이식 창문으로서 창틀에 방수팩킹이 있는 경우	$A = 3.61 \times 10^{-5} \times$ 틈새의 길이(m)
미닫이식 창문이 설치되어 있는 경우	$A = 1.00 \times 10^{-4} \times$ 틈새의 길이(m)

6. 누설량 : 어느 실을 급기 가압할 때 그 실의 문의 틈새를 통하여 누출되는 공기의 양은 다음의 식을 따른다.

$$Q = 0.827 \times A \times P^{\frac{1}{N}}$$

Q : 누출되는 공기의 양(m³/sec)
A : 문의 틈새 면적(m²)
P : 문을 경계로 한 실내·외의 기압차(Pa)
N : 출입문(큰 문)은 2, 창문(작은 문)은 1.6

7. 차압 : 제연구역과 옥내와의 사이에 유지하여야 하는 최소 차압은 40 Pa(옥내에 스프링클러설비가 설치된 경우에는 12.5 Pa) 이상으로 하여야 한다.

연습문제

★★★★★

문제1 누설면적이 0.03 m²가 되는 경로와 0.04 m²가 되는 경로가 직렬로 연결되어 있을 때 유효 누설면적을 계산하시오. 단, 누설이 큰문으로 N값은 2로 한다. 소수점 셋째 자리까지 계산하시오.

- 계산과정

$$A_t = \left(\frac{1}{A_1^N} + \frac{1}{A_2^N}\right)^{-\frac{1}{N}} = \left(\frac{1}{0.03^2} + \frac{1}{0.04^2}\right)^{-\frac{1}{2}} = 0.024 \text{m}^2$$

- 답 : 0.024m^2

★★★★★

문제2 그림과 같은 방호공간으로 구성되어 있는 장소에 제연설비를 설치하고자 한다. 각 출입문의 면적이 $A_1 = 0.04\text{m}^2$, $A_2 = A_3 = 0.03\text{m}^2$, $A_4 = A_5 = A_6 = 0.03\text{m}^2$일 때 전체 유효누설면적을 계산하시오. 단, 누설이 큰문으로 한다. 소수점 넷째 자리까지 계산하시오.

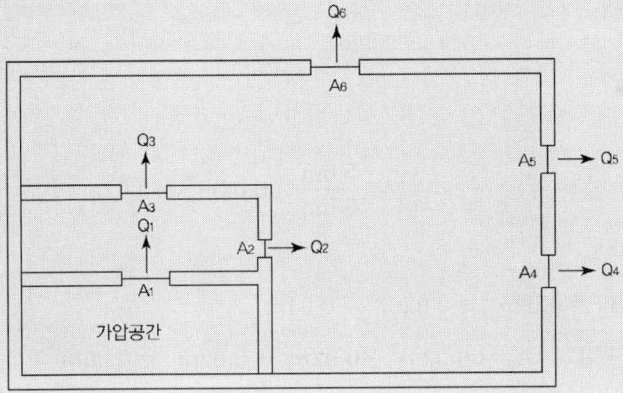

- 계산과정

$A_1 = 0.04 m^2$

$A_{2+3} = A_2 + A_3 = 0.03 + 0.03 = 0.06 m^2$

$A_{4+5+6} = A_4 + A_5 + A_6 = 0.03 + 0.03 + 0.03 = 0.09 m^2$

$$A_t = \left(\frac{1}{A_1^N} + \frac{1}{A_{2+3}^N} + \frac{1}{A_{4+5+6}^N}\right)^{-\frac{1}{N}}$$

15th Day

$$= \left(\frac{1}{0.04^2} + \frac{1}{0.06^2} + \frac{1}{0.09^2}\right)^{-\frac{1}{2}}$$

$$= 0.0312 \text{m}^2$$

- 답 : 0.0312m^2

★★★★★

문제3 그림과 같은 방호공간으로 구성되어 있는 장소에 제연설비를 설치하고자 한다. 각 출입문의 전체유효누설면적을 계산하시오. 모든 출입문은 외여닫이문(실외쪽으로 열리도록 설치하는 경우)으로서 그 틈새의 길이는 각각 5.6 m이다. 소수점 넷째 자리까지 계산하시오.

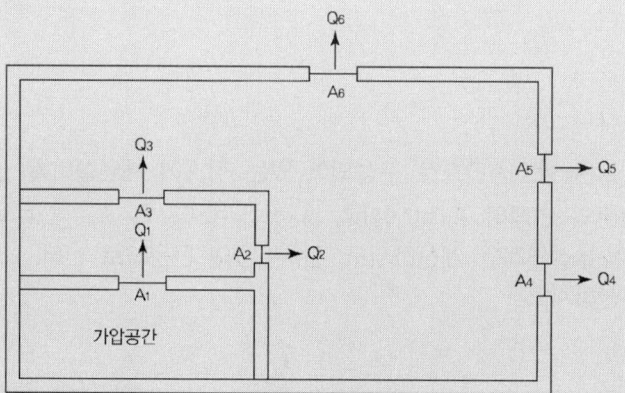

- 계산과정

출입문의 틈새 면적$(A) = \dfrac{L}{\ell} \times A_d = \dfrac{5.6\text{m}}{5.6\text{m}} \times 0.02\text{m}^2 = 0.02\text{m}^2$

$A_1 = 0.02 m^2$

$A_{2+3} = A_2 + A_3 = 0.02 m^2 + 0.02 m^2 = 0.04 m^2$

$A_{4+5+6} = A_4 + A_5 + A_6 = 0.02 m^2 + 0.02 m^2 + 0.02 m^2 = 0.06 m^2$

$A_t = \left(\dfrac{1}{A_1^N} + \dfrac{1}{A_{2+3}^N} + \dfrac{1}{A_{4+5+6}^N}\right)^{-\frac{1}{N}}$

$= \left(\dfrac{1}{0.02^2} + \dfrac{1}{0.04^2} + \dfrac{1}{0.06^2}\right)^{-\frac{1}{2}}$

$= 0.0171 m^2$

- 답 : $0.0171 m^2$

★★★★★

문제4 아래의 조건과 그림을 참조하여 각 출입문의 누설틈새면적(m²), 전체 유효누설틈새면적(m²), 차압을 유지하기 위하여 제연구역에 공급하여야 할 공기량(제연구역에 설치된 출입문의 누설량)(m³/hr)을 계산하시오. 계산과정 중 소수점 발생 시 다섯째 자리에서 반올림하여 넷째 자리까지 계산하시오.

배점 12

① 출입문의 종류 및 틈새의 길이는 다음 표와 같다.

구분	종류	틈새의 길이(m)
A_1	외여닫이문(실외 쪽으로 열리도록 설치하는 경우)	5.8
A_2	외여닫이문(실내 쪽으로 열리도록 설치하는 경우)	5.4
A_3	외여닫이문(실외 쪽으로 열리도록 설치하는 경우)	5.8
A_4	쌍여닫이문	9.6
A_5	외여닫이문(실내 쪽으로 열리도록 설치하는 경우)	5.4
A_6	외여닫이문(실외 쪽으로 열리도록 설치하는 경우)	5.8

② 부속실에 유지하고자 하는 기압은 법적 최소 차압을 이용한다.(스프링클러설비가 설치된 경우)

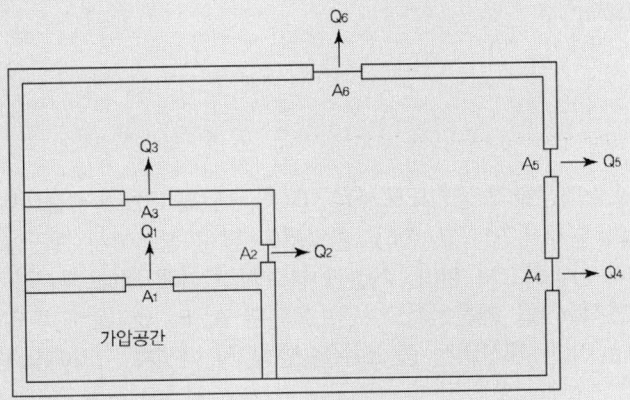

■ 답 : 1) 각 출입문의 면적

$$A_1 = \frac{L}{\ell} \times A_d = \frac{5.8m}{5.6m} \times 0.02m^2 = 0.0207m^2$$

$$A_2 = \frac{L}{\ell} \times A_d = \frac{5.6m}{5.6m} \times 0.01m^2 = 0.01m^2$$

$$A_3 = \frac{L}{\ell} \times A_d = \frac{5.8m}{5.6m} \times 0.02m^2 = 0.0207m^2$$

$$A_4 = \frac{L}{\ell} \times A_d = \frac{9.6m}{9.2m} \times 0.03m^2 = 0.0313m^2$$

$$A_5 = \frac{L}{\ell} \times A_d = \frac{5.6m}{5.6m} \times 0.01m^2 = 0.01m^2$$

$$A_6 = \frac{L}{\ell} \times A_d = \frac{5.8m}{5.6m} \times 0.02m^2 = 0.0207m^2$$

2) 전체 유효누설틈새면적

$A_1 = 0.0207 m^2$

$A_{2+3} = A_2 + A_3 = 0.01 m^2 + 0.0207 m^2 = 0.0307 m^2$

$A_{4+5+6} = A_4 + A_5 + A_6 = 0.0313 m^2 + 0.01 m^2 + 0.0207 m^2 = 0.062 m^2$

$A_t = \left(\dfrac{1}{A_1^N} + \dfrac{1}{A_{2+3}^N} + \dfrac{1}{A_{4+5+6}^N} \right)^{-\frac{1}{N}}$

$= \left(\dfrac{1}{0.0207^2} + \dfrac{1}{0.0307^2} + \dfrac{1}{0.062^2} \right)^{-\frac{1}{2}}$

$= 0.0165 m^2$

3) 차압을 유지하기 위하여 제연구역에 공급하여야 할 공기량

$Q = 0.827 \times A_t \times P^{\frac{1}{N}}$

$= 0.827 \times 0.0165 m^2 \times (12.5 Pa)^{\frac{1}{2}}$

$= 0.0482 m^3/s$

$= 173.52 m^3/hr$

★★★★★

문제5 그림은 소방대상물의 평면도로서 A, B, C, D, E, F는 출입문이며, 각 실은 출입문 이외의 틈새가 없다고 한다. 출입문이 닫힌 상태에서 계단실과 부속실을 동시에 급기 가압하고자 한다. 거실과 부속실 사이에 의해 공기가 유통될 수 있는 틈새의 면적(m^2)을 계산하시오. 단, 출입문 A, B, C, D, E, F의 틈새면적은 각각 0.02 m^2이다. 계산과정 중 소수점 발생 시 다섯째 자리에서 반올림하여 넷째 자리까지 계산하시오.

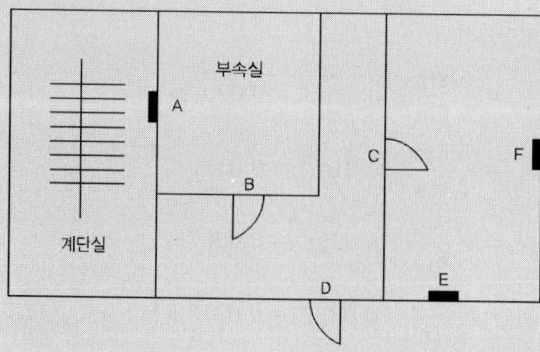

■ 계산과정

$A_{EF} = 0.02 m^2 + 0.02 m^2 = 0.04 m^2$

$$A_{CEF} = \left(\frac{1}{0.02^2} + \frac{1}{0.04^2}\right)^{-\frac{1}{2}} = 0.0179 \text{m}^2$$

$$A_{C-F} = 0.02\text{m}^2 + 0.0179\text{m}^2 = 0.0379\text{m}^2$$

$$A_{B-F} = \left(\frac{1}{0.02^2} + \frac{1}{0.0379^2}\right)^{-\frac{1}{2}} = 0.0177\text{m}^2$$

- 답 : $0.0177 m^2$

★★★★★

문제6 그림은 소방대상물의 평면도로서 A, B, C, D, E, F는 출입문이며, 각 실은 출입문 이외의 틈새가 없다고 한다. 출입문이 닫힌 상태에서 부속실을 급기 가압하고자 한다. 주어진 조건을 이용하여 부속실에 유입시켜야 할 누설량(m³/min)을 산출하시오. 계산과정 중 소수점 발생 시 다섯째 자리에서 반올림하여 넷째 자리까지 계산하시오.

배점 10

① 출입문 A, B, C, D, E, F의 틈새면적은 각각 0.01m^2이다.
② 부속실에 유지하고자 하는 기압은 법적 최소 차압을 이용한다.(스프링클러설비가 설치된 경우)

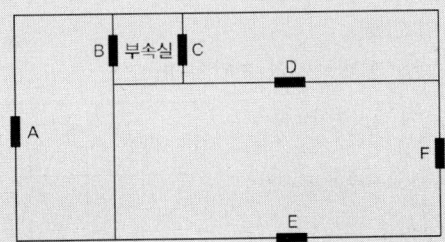

- 계산과정

  총누설틈새면적의 산출

  병렬 $A_{E-F} = 0.01 + 0.01 = 0.02 m^2$

  직렬 $A_{C-F} = \left(\frac{1}{A_C^N} + \frac{1}{A_D^N} + \frac{1}{A_{E-F}^N}\right)^{-\frac{1}{N}}$

  $$= \left(\frac{1}{0.01^2} + \frac{1}{0.01^2} + \frac{1}{0.02^2}\right)^{-\frac{1}{2}} = 0.0067 m^2$$

  직렬 $A_{A-B} = \left(\frac{1}{A_A^N} + \frac{1}{A_B^N}\right)^{-\frac{1}{N}} = \left(\frac{1}{0.01^2} + \frac{1}{0.01^2}\right)^{-\frac{1}{2}} = 0.0071 m^2$

  병렬 $A_{A-F} = A_{A-B} + A_{C-F} = 0.0071 + 0.0067 = 0.0138 m^2$

  부속실에 유입시켜야 할 누설량의 산출

  $Q = 0.827 \times AP^{\frac{1}{N}}$

$$= 0.827 \times 0.0138 m^2 \times (12.5 Pa)^{\frac{1}{2}} = 0.04 m^3/s$$
$$= 0.04 m^3/s \times \frac{60s}{\min} = 2.4 m^3/\min$$

- 답 : $2.4 m^3/\min$

★★★★★

문제7 다음의 그림은 어느 실들에 대한 평면도이다. 이 실들 중 A실을 급기 가압하고자 한다. A실에 유입시켜야 할 풍량은 몇 m³/sec가 되는지 산출하시오. 계산과정 중 소수점 발생 시 다섯째 자리에서 반올림하여 넷째 자리까지 계산하시오.

① 실 외부 대기의 기압은 절대압력으로 101.3 kPa로서 일정하다.
② A실에 유지하고자 하는 기압은 절대압력으로 101.4 kPa이다.
③ 각 실의 문들의 틈새 면적은 0.01 m²이다.
④ 어느 실을 급기 가압할 때 그 실의 문 틈새를 통하여 누출되는 공기의 양은 다음의 식을 따른다.

$$Q = 0.827 \times A \times P^{\frac{1}{2}}$$

Q는 누출되는 공기의 양(m³/sec)
A는 문의 틈새 면적(m²)
P는 문을 경계로 한 실내·외의 기압차(Pa)

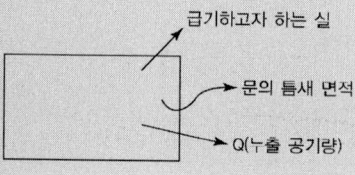
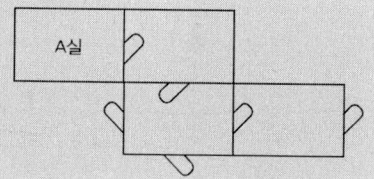

배점 10

- 계산과정

각 실의 문의 면적을 $A_1, A_2, A_3, A_4, A_5, A_6$이라 하면

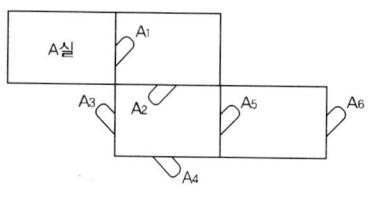

직렬인 A_5, A_6을 합성하면
$$\left(\frac{1}{0.01^2} + \frac{1}{0.01^2}\right)^{-\frac{1}{2}} = 0.0071 m^2$$

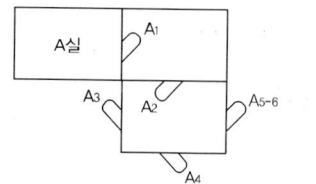

병렬인 $A_3(0.01), A_4(0.01), A_{5-6}(0.0071)$ 을 합성하면
$$0.01 + 0.01 + 0.007 = 0.0271 m^2$$

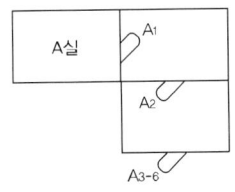

직렬인 $A_1(0.01)$, $A_2(0.01)$, $A_{3-6}(0.0271)$ 을 합성하면

$$\left(\frac{1}{0.01^2}+\frac{1}{0.01^2}+\frac{1}{0.0271^2}\right)^{-\frac{1}{2}}=0.0068m^2$$

문을 경계로 한 실내의 기압차 $P=101400-101300=100Pa$

$Q=0.827AP^{\frac{1}{2}}=0.827\times 0.0068m^2\times(100Pa)^{\frac{1}{2}}=0.0562m^3/\sec$

- 답 : $0.0562m^3/\sec$

★★★★★

문제8 다음의 그림1은 인접한 3개의 실의 평면도이며, 그 외의 부분은 옥외이다. A_1, A_2, A_3, A_4는 출입문이며 항상 닫혀 있고 이때의 각 문의 공기누설 틈새의 면적은 각각 0.01[m²]이다. 지금 a실을 급기 가압하여 동실과 옥외와의 기압차를 64파스칼 되게 유지하였다면 a실에 대한 급기량은 매분 몇 m³인가? 계산과정 중 소수점 발생 시 다섯째 자리에서 반올림하여 넷째 자리까지 계산하시오.

배점 10

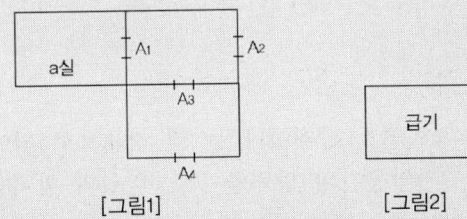

[그림1]   [그림2]

출입문 외의 모든 부분은 완전 밀폐구조이다. [그림2]와 같은 경우의 급기량은 다음 공식이 됨을 참고하라.

$$Q=0.827\times A(p_1-p_2)^{\frac{1}{2}}$$

Q : 급기량[m³/sec]
p_1 : 급기가압실의 기압[Pa]
A : 틈새면적[m²]
p_2 : 옥외의 기압[Pa]

- 계산과정

총누설틈새면적

직렬 $A_{3-4}=\left(\frac{1}{A_1^N}+\frac{1}{A_2^N}\right)^{-\frac{1}{N}}=\left(\frac{1}{0.01^2}+\frac{1}{0.01^2}\right)^{-\frac{1}{2}}=0.0071m^2$

병렬 $A_{2-4}=A_2+A_{3-4}=0.01+0.0071=0.0171m^2$

직렬 $A_{1-4} = \left(\dfrac{1}{A_1^N} + \dfrac{1}{A_{2-4}^N}\right)^{-\frac{1}{N}} = \left(\dfrac{1}{0.01^2} + \dfrac{1}{0.0171^2}\right)^{-\frac{1}{2}} = 0.0086 m^2$

a실에 대한 급기량

$Q = 0.827 \times A(p_1 - p_2)^{\frac{1}{2}} = 0.827 \times 0.0086 m^2 \times (64 Pa)^{\frac{1}{2}}$
$= 0.0569 m^3/\sec = 0.0569 m^3/\sec \times \dfrac{60 \sec}{\min} = 3.41 m^3/\min$

- 답 : $3.41 m^3/\min$

★★★★★

문제9 그림과 같은 가압 대상 공간에 0.1[m³/s]의 풍량으로 급기 가압하고 있을 경우, 가압 대상 공간과 옥외 사이에 형성되는 차압을 구하시오.

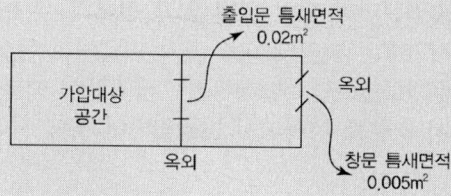

- 계산과정

이 경우는 문과 창문이 직렬연결 상태이나 문 및 창문으로 되어 있어 일반적인 직렬 공식을 적용할 수 없다. 가압공간의 압력을 P_1, 옆실의 압력을 P_2, 외부의 압력을 P_3, 가압 공간의 급기량을 Q_1, 누설면적을 A_1, A_2라 하면 다음의 방정식이 성립한다.

$Q = 0.827 A_1 (P_1 - P_2)^{\frac{1}{N}}$

$Q = 0.827 A_2 (P_2 - P_3)^{\frac{1}{N}}$

여기서 P_1, P_2, P_3는 차압이 아니고 각 실의 압력이다.

$0.1 m^3/s = 0.827 \times 0.02 m^2 \times (P_1 - P_2)^{\frac{1}{2}} \rightarrow P_1 - P_2 = 36.55 Pa$

$0.1 m^3/s = 0.827 \times 0.005 m^2 \times (P_2 - P_3)^{\frac{1}{1.6}} \rightarrow P_2 - P_3 = 163.55 Pa$

$P_1 - P_3 = (P_1 - P_2) + (P_2 - P_3)$ 이므로
$P_1 - P_3 = 36.55 Pa + 163.55 Pa = 200.1 Pa$

- 답 : $200.1 Pa$

54 특별피난계단의 계단실 및 부속실 제연설비-02(유입공기의 배출방식)

1. **수직풍도에 따른 배출** : 옥상으로 직통하는 전용의 배출용 수직풍도를 설치하여 배출하는 것으로서 다음 각 목의 어느 하나에 해당하는 것
   ① 자연배출식 : 굴뚝효과에 따라 배출하는 것

   $$\text{수직풍도의 내부단면적}(A_P) = \frac{Q_N}{2}$$

   (수직풍도의 길이가 100 m를 초과하는 경우에는 산출수치의 1.2배 이상)
   ② 기계배출식 : 수직풍도의 상부에 전용의 배출용 송풍기를 설치하여 강제로 배출하는 것

   $$\text{수직풍도의 내부단면적}(A_P) = \frac{Q_N + \text{여유량}}{15}$$

2. **배출구에 따른 배출** : 건물의 옥내와 면하는 외벽마다 옥외와 통하는 배출구를 설치하여 배출하는 것

   $$\text{개폐기의 개구면적}(A_0) = \frac{Q_N}{2.5}$$

3. **제연설비에 따른 배출** : 거실제연설비가 설치되어 있고 당해 옥내로부터 옥외로 배출하여야 하는 유입공기의 양을 거실제연설비의 배출량에 합하여 배출하는 경우 유입공기의 배출은 당해 거실제연설비에 따른 배출로 갈음할 수 있다.

   Q_N : 수직풍도가 담당하는 1개 층의 제연구역의 출입문(옥내와 면하는 출입문을 말한다) 1개의 면적(m^2)과 방연풍속(m/s)를 곱한 값(m^3/s)

제연구역		방연풍속
계단실 및 그 부속실을 동시에 제연하는 것 또는 계단실만 단독으로 제연하는 것		0.5 m/s 이상
부속실만 단독으로 제연하는 것 또는 비상용승강기의 승강장만 단독으로 제연하는 것	부속실 또는 승강장이 면하는 옥내가 거실인 경우	0.7 m/s 이상
	부속실 또는 승강장이 면하는 옥내가 복도로서 그 구조가 방화구조(내화시간이 30분 이상인 구조를 포함한다)인 것	0.5 m/s 이상

15th Day

연습문제

★★★★☆

문제1 특별피난계단 부속실 제연설비의 수직풍도가 담당하는 1개 층의 제연구역의 출입문 1개의 면적이 2 m², 방연풍속이 0.7 m/s일 경우 다음을 산출하시오.
   1) 자연배출식의 경우 수직풍도의 길이가 150 m일 경우 그 내부 단면적(m²)
   2) 송풍기를 이용한 기계배출식인 경우 수직풍도의 내부 단면적(m²)
   3) 기계배출식에 따라 송풍하는 경우 배출용 송풍기의 풍량(m³/s)

■ 계산과정
   1) 자연배출식의 경우 수직풍도의 길이가 150 m일 경우 그 내부 단면적
      수직풍도의 길이가 100 m를 초과하는 경우에는 1.2배 이상이므로
      $$A_P = \frac{Q_N}{2} \times 1.2 = \frac{Av}{2} \times 1.2 = \frac{2m^2 \times 0.7m/s}{2} \times 1.2 = 0.84m^2$$
   2) 송풍기를 이용한 기계배출식인 경우 수직풍도의 내부 단면적
      $$= \frac{2m^2 \times 0.7m/s}{15m/s} = 0.09m^2$$
   3) 기계배출식에 따라 송풍하는 경우 배출용 송풍기의 풍량
      $$= 2m^2 \times 0.7m/s = 1.4m^3/s$$

■ 답 : 1) 자연배출식의 경우 수직풍도의 길이가 150 m일 경우 그 내부 단면적 : $0.84m^2$
   2) 송풍기를 이용한 기계배출식인 경우 수직풍도의 내부 단면적 : $0.09m^2$
   3) 기계배출식에 따라 송풍하는 경우 배출용 송풍기의 풍량 : $1.4m^3/s$

★★★☆☆

문제2 부속실만 단독으로 제연하는 방식(부속실 또는 승강장이 면하는 옥내가 거실인 경우)에서 배출구에 따른 배출 시 개폐기의 개구면적(m²)을 계산하시오. 단, 출입문의 크기는 2 m×1 m이다.

■ 계산과정
$$= \frac{Q_N}{2.5} = \frac{Av}{2.5} = \frac{(2m \times 1m) \times 0.7m/s}{2.5} = 0.56m^2$$

■ 답 : $0.56m^2$

55 특별피난계단의 계단실 및 부속실 제연설비-03(출입문 개방에 필요한 힘)

1. 개방 시 소요되는 힘

$$F_t = F_1 + F_2 + F_3$$

F_1 : 차압에 의한 힘(N)
F_2 : 자동폐쇄장치의 폐쇄력(N)
F_3 : 출입문 경첩의 마찰력(N)
F_t : 제연구역의 출입문이 모두 닫혀 있는 상태에서 제연설비를 가동시킨 후 출입문의 개방에 필요한 힘(N)
$F_2 + F_3$: 제연구역의 출입문에서 제연설비가 작동하고 있지 아니한 상태에서 그 폐쇄력(N)

제연설비가 가동되었을 경우 출입문의 개방에 필요한 힘은 110 N 이하로 하여야 한다.

2. 차압에 의한 힘

$$F_1 \times (W - d) = P \times A \times \frac{W}{2}$$

W : 출입문의 폭(m)
d : 손잡이와 출입문 끝단 사이의 거리(m)
P : 차압(Pa)
A : 출입문의 면적(m^2)

15th Day

연습문제

★★★★★

문제1 다음의 조건을 이용하여 부속실과 거실 사이의 차압(Pa)을 구하고, 화재안전기준에 의한 최소 차압과 비교하여 설명하시오.

[조건]
① 평상 시 거실과 부속실의 출입문 개방에 필요한 힘 $F_1 = 30N$이다.
② 화재 시 거실과 부속실의 출입문 개방에 필요한 힘 $F_2 = 80N$이다.
③ 출입문 폭(W) = $0.9m$, 높이(h) = $2m$
④ 손잡이는 출입문 끝에서 10 cm 떨어진 위치에 있다.
⑤ 실내에는 스프링클러설비가 설치되었다.

■ 계산과정

부속실과 거실 사이의 차압의 계산
화재 시 차압에 의한 출입문 개방에 필요한 힘
= $F_2 - F_1 = 80N - 30N = 50N$

차압에 의해 출입문에 작용하는 모멘트와 출입문 개방에 필요한 힘 성분의 모멘트 관계

$$F \times (W-d) = PA \times \frac{W}{2}$$

$$50N \times (0.9m - 0.1m) = P \times (0.9m \times 2m) \times \frac{0.9m}{2}$$

$P = 49.38 Pa$

■ 답 : ① 부속실과 거실 사이의 차압 : $49.38 Pa$
② 화재안전기준에 의한 최소 차압과의 비교 설명 : 최소 차압은 $12.5 Pa$ 이상이므로 $49.38 Pa$의 차압은 적합하다.

★★★★★

문제2 특별피난계단의 급기가압제연 중인 부속실의 문을 열려고 한다. 얼마의 힘[N]이 필요한지 식으로 설명하고 계산하시오. 단, 문의 크기는 높이 2 m, 폭 0.9 m, 차압 40 Pa, 경첩과 자동폐쇄장치 등에 작용되는 힘은 30 N 이고, 문손잡이와 출입문 끝단 사이의 거리는 0.1 m이다.

■ 계산과정

$$F_1 \times (W-d) = P \times A \times \frac{W}{2} 에서$$

$$F_1 = \frac{P \times A \times \frac{W}{2}}{(W-d)} = \frac{40Pa \times (2m \times 0.9m) \times \frac{0.9m}{2}}{(0.9m - 0.1m)}$$

$$= \frac{\frac{40N}{m^2} \times (2m \times 0.9m) \times \frac{0.9m}{2}}{(0.9m - 0.1m)} = 40.5N$$

$$F_t = F_1 + F_2 + F_3 = 40.5N + 30N = 70.5N$$

■ 답 : $70.5N$

★★★★★

문제3 특별피난계단의 부속실에 행정자치부 고시에 의해 급기가압방식의 제연설비를 설치하고자 한다. 다음 물음에 답하시오.

배점 10

① 제연구역의 출입문에서 제연설비가 작동하고 있지 아니한 상태에서 그 폐쇄력을 측정한 결과 40 N이었다.
② 제연구역의 출입문이 모두 닫혀 있는 상태에서 제연설비를 가동시킨 후 출입문의 개방에 필요한 힘을 측정한 결과 110 N이었다.

1) 출입문의 크기가 높이 2.0 m×폭 1.2 m라고 하면, 부속실과 거실 사이의 차압은 얼마인가? 단, 손잡이와 출입문 끝단 사이의 거리는 0.1 m이다.

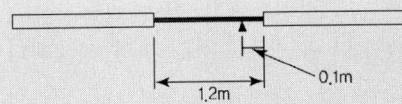

2) 과압방지 조치로써 단위 m²당 1.2 kgf인 플랩댐퍼(면적 0.48 m², 높이 0.8 m)를 설치할 경우 균형추의 위치(h)를 결정하시오. 균형추의 무게는 1.5 kgf이며, 힌지의 작동에 관한 힘은 무시할 것.

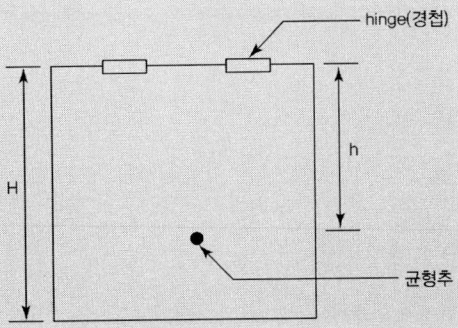

■ 계산과정
1) 부속실과 거실 사이의 차압

$F_t = F_1 + F_2 + F_3$

$110N = F_1 + 40N$ 이므로 $F_1 = 70N$

$F_1 \times (W-d) = P \times A \times \dfrac{W}{2}$

$70N \times (1.2m - 0.1m) = P \times (2m \times 1.2m) \times \dfrac{1.2m}{2}$

$P = 53.4722 \rightarrow 53.5 Pa$

2) 균형추의 위치(h)

압력차의 모멘트 = 플랩댐퍼 무게의 모멘트 + 균형추 무게의 모멘트

$53.5 Pa \times 0.48 m^2 \times \dfrac{0.8m}{2} = 1.2 \text{kg}f/m^2 \times 0.48 m^2 \times \dfrac{0.8m}{2} + 1.5 \text{kg}f \times h$

$\dfrac{53.5N}{m^2} \times 0.48 m^2 \times \dfrac{0.8m}{2} = 1.2 \times \dfrac{9.8N}{m^2} \times 0.48 m^2 \times \dfrac{0.8m}{2} + 1.5 \times 9.8N \times h$

$h = \dfrac{\dfrac{53.5N}{m^2} \times 0.48 m^2 \times \dfrac{0.8m}{2} - 1.2 \times \dfrac{9.8N}{m^2} \times 0.48 m^2 \times \dfrac{0.8m}{2}}{1.5 \times 9.8N} = 0.55m$

$h = 0.55m$

■ 답 : 1) 부속실과 거실 사이의 차압 : $53.5 Pa$
     2) 균형추의 위치 : $0.55m$

모멘트[moment] : 모멘트는 회전축에서 힘의 작용점에 그은 반지름 벡터 r과 힘의 벡터 F의 곱인 [r · F]로 정의되는 벡터량이다.

56 연결송수관설비-01 (가압송수장치)

1. 가압송수장치의 전양정

$$전양정(H) = h_1 + h_2 + h_3 + 35m - 소방차\ 가압능력$$

- h_1 : 낙차(m)=토출양정+흡입양정=압력수두+위치수두
- h_2 : 배관의 마찰손실수두(m)
- h_3 : 소방용 호스의 마찰손실수두(m)
- h_4 : 방출구의 설계압력 환산수두 또는 노즐 선단의 방사압력 환산수두(m)

2. 펌프의 토출량

펌프의 토출량은 2,400 ℓ/min(계단식 아파트의 경우에는 1,200 ℓ/min) 이상이 되는 것으로 할 것. 다만, 해당 층에 설치된 방수구가 3개를 초과(방수구가 5개 이상인 경우에는 5개)하는 것에 있어서는 1개마다 800 ℓ/min(계단식 아파트의 경우에는 400 ℓ/min)를 가산한 양이 되는 것으로 할 것

방수구 수		1개	2개	3개	4개	5개 이상
토출량 [ℓ/min]	특정소방대상물	2,400	2,400	2,400	3,200	4,000
	계단식 아파트	1,200	1,200	1,200	1,600	2,000

3. 연결송수관설비용 방수구

연결송수관설비의 방수구는 그 특정소방대상물의 층마다 설치할 것. 다만, 다음 각 목의 어느 하나에 해당하는 층에는 설치하지 아니할 수 있다.

가. 아파트의 1층 및 2층

나. 소방차의 접근이 가능하고 소방대원이 소방차로부터 각 부분에 쉽게 도달할 수 있는 피난층

다. 송수구가 부설된 옥내소화전을 설치한 특정소방대상물(집회장·관람장·백화점·도매시장·소매시장·판매시설·공장·창고시설 또는 지하가를 제외한다)로서 다음의 어느 하나에 해당하는 층
  (1) 지하층을 제외한 층수가 4층 이하이고 연면적이 6,000m² 미만인 특정소방대상물의 지상층
  (2) 지하층의 층수가 2 이하인 특정소방대상물의 지하층

4. 연결송수관설비용 방수기구함

방수기구함은 피난층과 가장 가까운 층을 기준으로 3개 층마다 설치하되, 그 층의 방수구마다 보행거리 5 m 이내에 설치한다.

15th Day

연습문제

★★★☆☆

문제1 지상 35층인 숙박시설에 연결송수관설비를 설치하려고 한다. 다음 각 물음에 답하시오.

① 배관의 마찰손실수두는 28 m이다.
② 소방용 호스의 마찰손실수두는 12 m이다.
③ 송수구에서 최상층의 방수구까지의 높이는 135 m이다.
④ 소방차의 가압능력은 1.2 MPa이다.
⑤ 해당 층에는 쌍구형 방수구 2개가 설치되어 있다.

[물음]
1) 가압송수장치의 전양정(m)을 계산하시오.
2) 가압송수장치의 토출량(ℓ/min)은 얼마인가?

- 답 : 1) 가압송수장치의 전양정
  $= h_1 + h_2 + h_3 + 35m -$ 소방차 가압능력
  $= 28m + 12m + 135m + 35m - 1.2MPa$
  $= 28m + 12m + 135m + 35m - 120m$
  $= 90m$ 이상

  2) 가압송수장치의 토출량 : $3,200\ell/\text{min}$ 이상

★★★☆☆

문제2 연결송수관설비의 가압송수장치는 최소 얼마 이상의 토출량[ℓ/min]으로 하여야 하는가?

- 답 : $2,400[\ell/\text{min}]$

★★★☆☆

문제3 연결송수관설비의 가압송수장치 설치에서 방수구의 수량이 가장 많이 설치된 층이 3개라면 이 때 필요한 펌프의 분당 토출량은 얼마 이상이어야 하는가? 단, 소방대상물은 지표면에서 최상층 방수구의 높이가 70[m] 이상인 일반건물이다.

- 답 : $2,400[\ell/\text{min}]$

57 연결살수설비-01(연결살수헤드의 설치)

1. 연결살수헤드의 설치
천장 또는 반자의 각 부분으로부터 하나의 살수헤드까지의 수평거리가 연결살수설비 전용헤드의 경우는 3.7 m 이하, 스프링클러헤드의 경우는 2.3 m 이하로 할 것

> ※**헤드의 최소 설치 수(정방형 배치)**= 가로설치수×세로설치수
> 가로설치수 = 가로길이 ÷ ($2r\cos 45°$)
> 세로설치수 = 세로길이 ÷ ($2r\cos 45°$)

2. 가스저장탱크·가스홀더 및 가스발생기의 경우
가스저장탱크·가스홀더 및 가스발생기의 주위에 설치하되, 헤드 상호 간의 거리는 3.7 m 이하로 할 것

> 헤드 상호 간의 거리(S) = $3.7m$ 이하

연습문제

★★★☆☆

문제1 가로 30 m, 세로 25 m인 건축물의 실내에 연결살수설비를 전용헤드를 정방형으로 설치할 경우 다음 물음에 답하시오.

1) 헤드간의 거리는 얼마인가?(단, 소수는 내림하여 정수로 답하시오)
2) 헤드의 최소 설치 수는 얼마인가?

■ 계산과정
  1) 헤드간의 거리
     헤드간의 거리 $(S) = 2r\cos 45° = 2 \times 3.7m \times \cos 45° = 5.23m \rightarrow 5m$
  2) 헤드의 최소 설치 수
     가로 설치 수 = 가로길이 ÷ S = $30m \div 5m$ = 6개
     세로 설치 수 = 세로길이 ÷ S = $25m \div 5m$ = 5개
     ∴ 헤드의 최소 설치 수 = 6개 × 5개 = 30개

■ **답** : 1) 헤드간의 거리 : $5m$
         2) 헤드의 최소 설치 수 : 30개

58 연소방지설비(지하구의 화재안전기준)

1. 연소방지설비의 배관

① 배관의 구경은 다음 각 목의 기준에 적합한 것이어야 한다.

가. 연소방지설비전용헤드를 사용하는 경우에는 다음 표에 따른 구경 이상으로 할 것

하나의 배관에 부착하는 살수헤드의 개수	1개	2개	3개	4개 또는 5개	6개 이상
배관의 구경(mm)	32	40	50	65	80

나. 개방형 스프링클러헤드를 사용하는 경우에는 「스프링클러설비의 화재안전기준(NFSC 103)」[별표 1]의 기준에 따를 것

② 교차배관은 가지배관과 수평으로 설치하거나 또는 가지배관 밑에 설치하고, 그 구경은 제3호에 따르되, 최소구경이 40㎜ 이상이 되도록 할 것

③ 배관에 설치되는 행가는 다음 각 목의 기준에 따라 설치하여야 한다.

가. 가지배관에는 헤드의 설치지점 사이마다 1개 이상의 행가를 설치하되, 헤드 간의 거리가 3.5m을 초과하는 경우에는 3.5m 이내마다 1개 이상 설치할 것. 이 경우 상향식헤드와 행가 사이에는 8㎝ 이상의 간격을 두어야 한다.

나. 교차배관에는 가지배관과 가지배관 사이마다 1개 이상의 행가를 설치하되, 가지배관 사이의 거리가 4.5m을 초과하는 경우에는 4.5m 이내마다 1개 이상 설치할 것

다. 제1호와 제2호의 수평주행배관에는 4.5m 이내마다 1개 이상 설치할 것

2. 연소방지설비의 헤드

① 헤드 간의 수평거리는 연소방지설비 전용헤드의 경우에는 2m 이하, 스프링클러헤드의 경우에는 1.5m 이하로 할 것

② 소방대원의 출입이 가능한 환기구·작업구마다 지하구의 양쪽방향으로 살수헤드를 설정하되, 한쪽 방향의 살수구역의 길이는 3m 이상으로 할 것. 다만, 환기구 사이의 간격이 700m를 초과할 경우에는 700m 이내마다 살수구역을 설정하되, 지하구의 구조를 고려하여 방화벽을 설치한 경우에는 그러하지 아니하다.

15th Day

연습문제

★★★★☆

문제1 길이가 2,500 m이고, 바닥면의 폭이 4.5 m인 지하구에 연소방지설비 전용헤드를 설치할 경우 다음 물음에 답하시오.

1) 살수구역의 최소 수를 산출하시오.
2) 정방형 배치의 경우 하나의 살수구역에 설치하여야 할 헤드의 최소 설치 수는 얼마인가?

■ 계산과정

1) 살수구역의 최소 수
$$= \frac{2,500m}{700m/구역} = 3.5 → 3구역$$

※ 살수구역도

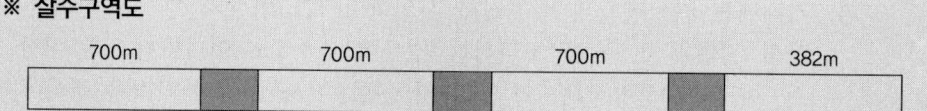

2) 헤드의 최소 설치 수

길이 방향설치 수 = 살수구역의 길이 ÷ S = $6m ÷ 2m = 3$ → 3개

폭 방향설치 수 = 살수구역의 폭 ÷ S = $4.5m ÷ 2m = 2.25$ → 3개

∴ 헤드의 최소 설치 수 = 3개 × 3개 = 9개

■ 답 : 1) 살수구역의 최소 수 : 3구역
　　　 2) 헤드의 최소 설치 수 : 9개

59 도로터널-01(옥내소화전설비/물분무소화설비)

1. 옥내소화전설비

① 소화전함과 방수구는 주행차로 우측 측벽을 따라 50 m 이내의 간격으로 설치하며, 편도 2차선 이상의 양방향 터널이나 4차로 이상의 일방향 터널의 경우에는 양쪽 측벽에 각각 50 m 이내의 간격으로 엇갈리게 설치할 것

② 수원은 그 저수량이 옥내소화전의 설치개수 2개(4차로 이상의 터널의 경우 3개)를 동시에 40분 이상 사용할 수 있는 충분한 양 이상을 확보할 것

③ 가압송수장치는 옥내소화전 2개(4차로 이상의 터널인 경우 3개)를 동시에 사용할 경우 각 옥내소화전의 노즐선단에서의 방수압력은 0.35 MPa 이상이고 방수량은 190 ℓ/min 이상이 되는 성능의 것으로 할 것. 다만, 하나의 옥내소화전을 사용하는 노즐선단에서의 방수압력이 0.7 MPa을 초과할 경우에는 호스접결구의 인입측에 감압장치를 설치하여야 한다.

④ 압력수조나 고가수조가 아닌 전동기 및 내연기관에 의한 펌프를 이용하는 가압송수장치는 주펌프와 동등 이상인 별도의 예비펌프를 설치할 것

⑤ 방수구는 40 ㎜ 구경의 단구형을 옥내소화전이 설치된 벽면의 바닥면으로부터 1.5 m 이하의 높이에 설치할 것

⑥ 소화전함에는 옥내소화전 방수구 1개, 15 m 이상의 소방호스 3본 이상 및 방수노즐을 비치할 것

⑦ 옥내소화전설비의 비상전원은 40분 이상 작동할 수 있을 것

토출량	$N \times 190\ell/$분	
수원	$N \times 190\ell/$분$\times 40$분	N : 2개(4차로 이상의 터널인 경우 3개)
양정	$h_1 + h_2 + h_3 + 35m$	

★ 암
★
★

2. 물분무소화설비

① 물분무헤드는 도로면에 1 m²당 6 ℓ/min 이상의 수량을 균일하게 방수할 수 있도록 할 것

② 물분무설비의 하나의 방수구역은 25 m 이상으로 하며, 3개 방수구역을 동시에 40분 이상 방수할 수 있는 수량을 확보 할 것

③ 물분무설비의 비상전원은 40분 이상 기능을 유지할 수 있도록 할 것

토출량	$A \times 6\ell/min \cdot m^2$
수원	$A \times 6\ell/min \cdot m^2 \times 40min$

16th Day

연습문제

★★★★☆

문제1 도로터널의 길이가 1,500 m인 4차로의 일방향 터널의 경우 옥내소화전함과 방수구의 최소 설치개수, 수원의 최소 저수량(m³)은 얼마인가?

■ 계산과정
① 옥내소화전함과 방수구의 최소 설치개수
$$= \frac{1,500m}{50m} = 30 \rightarrow 30 \times 2 + 1 = 61개$$
② 수원의 최소 저수량
$$= N \times 190\ell/분 \times 40분$$
$$= 3개 \times 190\ell/분 \times 40분 = 22,800\ell = 22.8m^3$$

■ 답 : ① 옥내소화전함과 방수구의 최소 설치개수 : 61개
② 수원의 최소 저수량 : $22.8m^3$

★★★★☆

문제2 도로터널의 길이가 3,000 m이고, 도로면의 폭이 6 m인 2차로 일방향 터널에 물분무소화설비를 설치할 경우 펌프의 토출량(ℓ/min) 및 수원의 저수량(m³)을 계산하시오.

■ 계산과정
① 펌프의 토출량
$$= A \times 6\ell/\min \cdot m^2$$
$$= 25m \times 3구역 \times 6m \times 6\ell/\min \cdot m^2 = 2,700\ell/\min$$
② 수원의 저수량
$$= 펌프의 토출량 \times 40분$$
$$= 2,700\ell/\min \times 40분 = 108,000\ell = 108m^3$$

■ 답 : ① 펌프의 토출량 : $2,700\ell/\min$
② 수원의 저수량 : $108m^3$

60 도로터널-02(비상경보설비/자동화재탐지설비)

1. 비상경보설비
① 발신기는 주행차로 한쪽 측벽에 50m 이내의 간격으로 설치하며, 편도 2차선 이상의 양방향 터널이나 4차로 이상의 일방향 터널의 경우에는 양쪽의 측벽에 각각 50m 이내의 간격으로 엇갈리게 설치할 것
② 발신기는 바닥면으로부터 0.8 m 이상 1.5 m 이하의 높이에 설치할 것
③ 음향장치는 발신기 설치위치와 동일하게 설치할 것
④ 음향장치의 음량은 부착된 음향장치의 중심으로부터 1m 떨어진 위치에서 90 dB 이상이 되도록 할 것
⑤ 음향장치는 터널내부 전체에 동시에 경보를 발하도록 설치할 것
⑥ 시각경보기는 주행차로 한쪽 측벽에 50 m 이내의 간격으로 비상경보설비 상부 직근에 설치하고, 전체 시각경보기는 동기방식에 의해 작동될 수 있도록 할 것

2. 자동화재탐지설비
1) 터널에 설치할 수 있는 감지기의 종류는 다음 각 호의 어느 하나와 같다.
   ① 차동식분포형감지기
   ② 정온식감지선형감지기(아날로그식에 한한다. 이하 같다.)
   ③ 중앙기술심의위원회의 심의를 거쳐 터널화재에 적응성이 있다고 인정된 감지기
2) 하나의 경계구역의 길이는 100 m 이하로 하여야 한다.

$$경계구역의~수 = \frac{터널의~길이(m)}{100m/구역}$$

3) 제1항에 의한 감지기의 설치기준은 다음 각 호와 같다.
   ① 감지기의 감열부와 감열부 사이의 이격거리는 10 m 이하로, 감지기와 터널 좌·우측 벽면과의 이격거리는 6.5 m 이하로 설치할 것
   ② 제1호에도 불구하고 터널 천장의 구조가 아치형의 터널에 감지기를 터널 진행 방향으로 설치하고자 하는 경우에는 감열부와 감열부 사이의 이격거리를 10 m 이하로 하여 아치형 천장의 중앙 최상부에 1열로 감지기를 설치하여야 하며, 감지기를 2열 이상으로 설치하고자 하는 경우에는 감열부와 감열부 사이의 이격거리는 10 m 이하로 감지기 간의 이격거리는 6.5 m 이하로 설치할 것
   ③ 감지기를 천장면에 설치하는 경우에는 감기기가 천장면에 밀착되지 않도록 고정금구 등을 사용하여 설치할 것
   ④ 형식승인 내용에 설치방법이 규정된 경우에는 형식승인 내용에 따라 설치할 것

연습문제

★★★★☆

문제1 터널의 길이 750 m의 경우 경계구역의 수를 구하시오.

- 계산과정

$$경계구역의 \ 수 = \frac{터널의\ 길이(m)}{100m/구역} = \frac{750m}{100m/구역} = 7.5 \rightarrow 8구역$$

- 답 : 8구역

61 도로터널-03(소화기/연결송수관설비/비상콘센트)

1. 소화기
① 소화기의 능력단위는 A급 화재는 3단위 이상, B급 화재는 5단위 이상 및 C급 화재에 적응성이 있는 것으로 할 것
② 소화기의 총중량은 사용 및 운반의 편리성을 고려하여 7kg 이하로 할 것
③ 소화기는 주행차로의 우측 측벽에 50 m 이내의 간격으로 2개 이상을 설치하며, 편도2차선 이상의 양방향 터널과 4차로 이상의 일방향 터널의 경우에는 양쪽 측벽에 각각 50 m 이내의 간격으로 엇갈리게 2개 이상을 설치할 것
④ 바닥면(차로 또는 보행로)으로부터 1.5 m 이하의 높이에 설치할 것
⑤ 소화기구함의 상부에 "소화기"라고 조명식 또는 반사식의 표지판을 부착하여 사용자가 쉽게 인지할 수 있도록 할 것

2. 연결송수관설비
① 방수압력은 0.35 MPa 이상, 방수량은 400 ℓ/min 이상을 유지할 수 있도록 할 것
② 방수구는 50 m 이내의 간격으로 옥내소화전함에 병설하거나 독립적으로 터널출입구 부근과 피난연결통로에 설치할 것
③ 방수기구함은 50 m 이내의 간격으로 옥내소화전함 안에 설치하거나 독립적으로 설치하고, 하나의 방수기구함에는 65 ㎜ 방수노즐 1개와 15 m 이상의 호스 3본을 설치하도록 할 것

3. 비상콘센트
① 비상콘센트설비의 전원회로는 단상교류 220 V인 것으로서 그 공급용량은 1.5 kVA 이상인 것으로 할 것.
② 전원회로는 주배전반에서 전용회로로 할 것. 다만, 다른 설비의 회로의 사고에 따른 영향을 받지 아니하도록 되어 있는 것은 그러하지 아니하다.
③ 콘센트마다 배선용 차단기(KS C 8321)를 설치하여야 하며, 충전부가 노출되지 아니하도록 할 것
④ 주행차로의 우측 측벽에 50 m 이내의 간격으로 바닥으로부터 0.8 m 이상 1.5 m 이하의 높이에 설치할 것

$$\text{비상콘센트의 수} = \frac{\text{터널의 길이(m)}}{50\text{m/개}}$$

16th Day

연습문제

★★★★☆

문제1 도로터널의 길이가 1,500 m인 4차로의 일방향 터널의 경우 연결송수관설비의 방수구와 방수기구함의 최소 설치개수를 산출하시오.

■ 계산과정

① 방수구의 최소 설치개수

$$= \frac{1,500m}{50m} = 30개$$

② 방수기구함의 최소 설치개수

$$= \frac{1,500m}{50m} = 30개$$

■ 답 : ① 방수구의 최소 설치개수 : 30개
　　　② 방수기구함의 최소 설치개수 : 30개

★★★★☆

문제2 도로터널의 길이가 1,500 m인 4차로의 일방향 터널의 경우 비상콘센트의 최소 설치수량을 산출하시오.

■ 계산과정

$$비상콘센트의\ 수 = \frac{터널의\ 길이(m)}{50m/개} = \frac{1,500m}{50m/개} = 30개$$

■ 답 : 30개

62 고층건축물-01(옥내소화전설비/스프링클러설비)

1. 옥내소화전설비

① 수원은 그 저수량이 옥내소화전의 설치개수가 가장 많은 층의 설치개수(5개 이상 설치된 경우에는 5개)에 5.2 m³(호스릴옥내소화전설비를 포함한다)를 곱한 양 이상이 되도록 하여야 한다. 다만, 층수가 50층 이상인 건축물의 경우에는 7.8 m³를 곱한 양 이상이 되도록 하여야 한다.

② 수원은 제1호에 따라 산출된 유효수량 외에 유효수량의 3분의 1 이상을 옥상에 설치하여야 한다.

③ 비상전원은 자가발전설비 또는 축전지설비로서 옥내소화전설비를 40분 이상 작동할 수 있을 것. 다만, 50층 이상인 건축물의 경우에는 60분 이상 작동할 수 있어야 한다.

구분	소방대상물의 층수	수원의 저수량	옥상수조의 저수량
일반건축물	29층 이하	$N \times 2.6 m^3$	$N \times 2.6 m^3 \times \frac{1}{3}$
준초고층건축물	30층 이상 49층 이하	$N \times 5.2 m^3$	$N \times 5.2 m^3 \times \frac{1}{3}$
초고층건축물	50층 이상	$N \times 7.8 m^3$	$N \times 7.8 m^3 \times \frac{1}{3}$

2. 스프링클러설비

① 수원은 스프링클러설비 설치장소별 스프링클러헤드의 기준개수에 3.2 m³를 곱한 양 이상이 되도록 하여야 한다. 다만, 50층 이상인 건축물의 경우에는 4.8 m³를 곱한 양 이상이 되도록 하여야 한다.

② 스프링클러설비의 수원은 제1호에 따라 산출된 유효수량 외에 유효수량의 3분의 1 이상을 옥상에 설치하여야 한다.

③ 비상전원은 자가발전설비, 축전지설비(내연기관에 따른 펌프를 사용하는 경우에는 내연기관의 기동 및 제어용 축전지를 말한다) 또는 전기저장장치로서 스프링클러설비를 유효하게 40분 이상 작동할 수 있을 것. 다만, 50층 이상인 건축물의 경우에는 60분 이상 작동할 수 있어야 한다.

구분	소방대상물의 층수	수원의 저수량	옥상수조의 저수량
일반건축물	29층 이하	$N \times 1.6 m^3$	$N \times 1.6 m^3 \times \frac{1}{3}$
준초고층건축물	30층 이상 49층 이하	$N \times 3.2 m^3$	$N \times 3.2 m^3 \times \frac{1}{3}$
초고층건축물	50층 이상	$N \times 4.8 m^3$	$N \times 4.8 m^3 \times \frac{1}{3}$

16th Day

연습문제

★★★★★

문제1 지상 40층 건물에 옥내소화전을 설치하려고 한다. 각 층에 130 ℓ/min씩 송출하는 옥내소화전이 6개씩 배치되었을 경우, 수원의 용량(m³)을 계산하시오.

- 계산과정

  $= N \times 5.2 m^3 = 5개 \times 5.2 m^3 = 26 m^3$ 이상

- 답 : $26 m^3$ 이상

★★★★★

문제2 지상 50층 건물에 옥내소화전을 설치하려고 한다. 각 층에 130 ℓ/min씩 송출하는 옥내소화전이 6개씩 배치되었을 경우, 수원의 용량(m³)을 계산하시오.

- 계산과정

  $= N \times 7.8 m^3 = 5개 \times 7.8 m^3 = 39 m^3$ 이상

- 답 : $39 m^3$ 이상

★★★★★

문제3 지상 30층 건물에 옥내소화전을 설치하려고 한다. 각 층에 옥내소화전이 6개씩 배치되었을 경우, 옥상수조의 용량(m³)을 계산하시오.

- 계산과정

  $= N \times 5.2 m^3 \times \dfrac{1}{3} = 5개 \times 5.2 m^3 \times \dfrac{1}{3} = 8.67 m^3$ 이상

- 답 : $8.67 m^3$ 이상

★★★★★

문제4 지상 60층 건물에 옥내소화전을 설치하려고 한다. 각 층에 130 ℓ/min씩 송출하는 옥내소화전이 7개씩 배치되었을 경우, 옥상수조의 용량(m³)을 계산하시오.

- 계산과정

  $= N \times 7.8 m^3 \times \dfrac{1}{3} = 5개 \times 7.8 m^3 \times \dfrac{1}{3} = 13 m^3$ 이상

- 답 : $13 m^3$ 이상

16th Day

★★★★★

문제5 지하층을 제외한 층수가 30층인 아파트에 스프링클러설비를 설치할 경우 수원의 저수량(m^3)을 계산하시오.

배점 3

- 계산과정

  $= N \times 3.2 m^3 = 10개 \times 3.2 m^3 = 32 m^3$ 이상

- 답 : $32 m^3$ 이상

★★★★★

문제6 지하층을 제외한 층수가 50층인 아파트에 스프링클러설비를 설치할 경우 수원의 저수량(m^3)을 계산하시오.

배점 3

- 계산과정

  $= N \times 4.8 m^3 = 10개 \times 4.8 m^3 = 48 m^3$ 이상

- 답 : $48 m^3$ 이상

★★★★★

문제7 지하층을 제외한 층수가 30층인 업무시설에 스프링클러설비를 설치할 경우 수원의 저수량(m^3)을 계산하시오.

배점 3

- 계산과정

  $= N \times 3.2 m^3 = 30개 \times 3.2 m^3 = 96 m^3$ 이상

- 답 : $96 m^3$ 이상

★★★★★

문제8 지하층을 제외한 층수가 50층인 업무시설에 스프링클러설비를 설치할 경우 수원의 저수량(m^3)을 계산하시오.

배점 3

- 계산과정

  $= N \times 4.8 m^3 = 30개 \times 4.8 m^3 = 144 m^3$ 이상

- 답 : $144 m^3$ 이상

제2편 소방시설

16th Day

배점 3

★★★★★

문제9 지하층을 제외한 층수가 35층인 판매시설에 스프링클러설비를 설치할 경우 옥상수조의 저수량(m³)을 계산하시오.

■ 계산과정

$$= N \times 3.2 m^3 \times \frac{1}{3} = 30개 \times 3.2 m^3 \times \frac{1}{3} = 32 m^3 \text{ 이상}$$

■ 답 : $32 m^3$ 이상

배점 3

★★★★★

문제10 지하층을 제외한 층수가 30층인 판매시설에 스프링클러설비를 설치할 경우 옥상수조의 저수량(m³)을 계산하시오.

■ 계산과정

$$= N \times 3.2 m^3 \times \frac{1}{3} = 30개 \times 3.2 m^3 \times \frac{1}{3} = 32 m^3 \text{ 이상}$$

■ 답 : $32 m^3$ 이상

배점 3

★★★★★

문제11 지하층을 제외한 층수가 50층인 판매시설에 스프링클러설비를 설치할 경우 옥상수조의 저수량(m³)을 계산하시오.

■ 계산과정

$$= N \times 4.8 m^3 \times \frac{1}{3} = 30개 \times 4.8 m^3 \times \frac{1}{3} = 48 m^3 \text{ 이상}$$

■ 답 : $48 m^3$ 이상

예·상·문·제 (소방시설)

★★★☆☆

문제1 다음의 사무실 건물에 수동식 소화기를 설치하고자 한다. 일반적인 소화기의 개수 및 부속 용도별로 추가하여야 할 소화기를 산출하시오.

① A급 2단위인 분말소화기를 사용한다.
② 지하 1층, 지하 2층은 주차장이다. (지하 2층의 경우 주차장 350 m², 변전실 150 m², 보일러실 200 m² 내 경유 500 ℓ 를 사용)
③ 지상 1층~11층은 사무실이다. 11층의 경우 구내식당 주방(30 m²) 내 LPG 연소기 3대 사용(연소기로부터 보행거리 10 m 이내)
④ 전층에 옥내소화전설비 설치, 지하 주차장에 스프링클러설비 설치
⑤ 내화구조의 건축물이며, 내장재는 불연재이다.
⑥ 각 층의 바닥면적은 700 m²이다.

 풀이

1) 일반적인 소화기의 개수

층	소화기 수량
지하 1층	사무실 건물은 업무시설 용도(내화구조, 불연재)이므로 $\dfrac{700m^2}{200m^2/단위}=3.5단위 \rightarrow 2단위 \ 2개$
지하 2층	상동
1층	상동
2층	상동
3층	상동
4층	상동
5층	상동
6층	상동
7층	상동
8층	상동
9층	상동
10층	상동
11층	상동
소계	A급 2단위인 분말소화기 : 2개/층×13개 층=26개

2) 부속용도별로 추가하여야 할 소화기

층	부속용도	소화기 수량
지하2층	변전실	적응성이 있는 소화기 $\dfrac{150m^2}{50m^2/개} = 3개$
	보일러실	① $\dfrac{200m^2}{25m^2/개} = 8단위 \rightarrow 2단위 4개$ ② 자동확산소화기 2개 ③ 능력단위 2단위 이상 또는 유효설치 방호체적 이내의 가스·분말·고체에어로졸 자동소화장치, 캐비넷형 자동소화장치
11층	주방	① $\dfrac{30m^2}{25m^2/개} = 1.2단위 \rightarrow 2단위 1개 \rightarrow$ K급 소화기 1개 ② 자동확산소화기 2개 ③ 3단위 이상의 소화기 1개

 ※ 제2석유류 중 비수용성인 경유의 지정수량은 1000ℓ이므로, 500ℓ는 지정수량의 1/5 이상 지정수량 미만에 해당된다.

★★★☆☆

문제2 다음의 그림은 어느 옥내소화전설비의 계통을 나타내는 Isometric diagram이다. 이 옥내소화전설비에서 펌프의 소요 정격토출량은 200ℓ/분이다. 주어진 조건을 참고로 하여 각 물음에 답하시오.

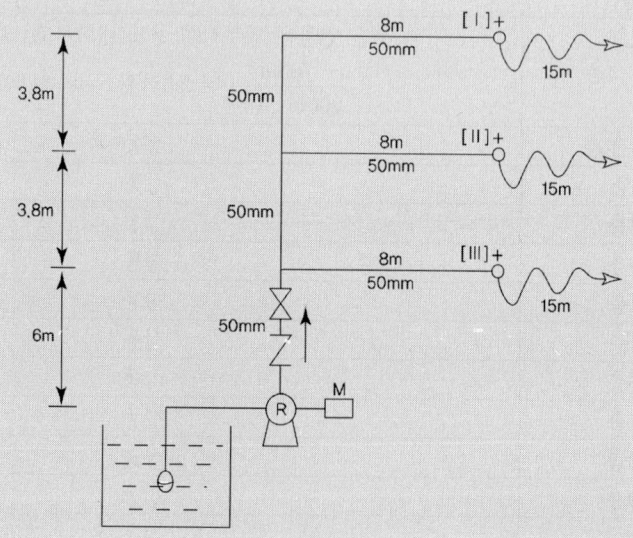

[조건]
① 옥내소화전 [Ⅰ]에서 관창 선단의 방수압력과 방수량은 각각 1.7 kg/cm², 130 ℓ/분이다.
② 호스의 길이 100 m당 130 ℓ/분의 유량에서 마찰손실수두는 15 m이고, 마찰손실의 크기는 유량의 제곱에 정비례한다.
③ 각 밸브 및 관부속품에 대한 등가길이는 다음의 표와 같다.

관부속품	등가길이	관부속품	등가길이
옥내소화전앵글밸브(40mm)	10m	게이트밸브(50mm)	1m
체크밸브(50mm)	5m	90° 엘보(50mm)	1m
		분류티(50mm)	4m

④ 배관의 마찰손실압력은 다음의 식에 따른다고 가정한다.

$$\triangle Pm = \frac{6.0 \times 10^5 \times Q^2}{C^2 \times D^5}$$

 $\triangle Pm$: 배관 1m당 마찰손실 압력강하(kg/cm²·m)
  Q : 유량(ℓ/분)
  C : 관의 거칠음 계수(120)
  D : 관의 내경(mm)(50 mm 배관의 경우 53 mm, 40 mm 배관의 경우 42 mm)

⑤ 펌프의 양정력은 토출량의 대소에 관계없이 일정하다고 가정한다.
⑥ 물음의 정답을 산출할 때 펌프 흡입측의 마찰손실수두, 정압, 동압 등은 일체 계산에 포함시키지 않는다.
⑦ 조건에 없는 것은 무시한다.

[물음]
1) 최고 위 옥내소화전 앵글밸브의 호스접결구에서 관창 선단까지의 마찰손실수두(m)는 얼마인가?
2) 최고 위 옥내소화전 앵글밸브에서의 마찰손실압력(kg/cm²)은 얼마인가?
3) 최고 위 옥내소화전 앵글밸브 인입구로부터 펌프 토출구까지의 총등가길이는 얼마인가?
4) 최고 위 옥내소화전 앵글밸브 인입구로부터 펌프 토출구까지의 마찰손실압력(kg/cm²)은 얼마인가?
5) 펌프의 전동기 소요동력은 몇 kW인가? 단, 효율은 0.6이며, 축동력 계수는 1.1이다.
6) 옥내소화전 [Ⅲ]을 조작하여 방수했을 때 방수량을 $Q(\ell$/분)라고 할 때
   ① 당해 옥내소화전 앵글밸브의 호스접결구에서 관창 선단까지의 마찰손실압력(kg/cm²)은 어떤 식으로 표현되는가?
   ② 당해 옥내소화전 앵글밸브에서의 마찰손실압력(kg/cm²)은 어떤 식으로 표현되는가?
   ③ 당해 옥내소화전 앵글밸브 인입구로부터 펌프 토출구까지의 마찰손실압력(kg/cm²)은 어떤 식으로 표현되는가?
   ④ 당해 관창선단에서의 실제 방수압(kg/cm²)과 방수량(ℓ/분)은 얼마인가?

16th Day

풀이

1) 최고 위 옥내소화전 앵글밸브의 호스접결구에서 관창 선단까지의 마찰손실수두

   마찰손실수두 = $\dfrac{15m}{100m} \times 15m = 2.25m$

2) 최고 위 옥내소화전 앵글밸브에서의 마찰손실압력
   앵글밸브의 등가길이는 10 m, 구경은 42 mm, 거칠음 계수는 120이므로

   마찰손실압력 = $6 \times 10^5 \times \dfrac{(130 \ell/\min)^2}{120^2 \times (42mm)^5} \times 10m = 0.05 kg/cm^2$

3) 최고 위 옥내소화전 앵글밸브 인입구로부터 펌프 토출구까지의 총등가길이
   총등가길이 = 직관 + 등가길이

직관	6 m + 3.8 m + 3.8 m + 8 m = 21.6 m
등가길이	체크밸브 1개 : 5 m 게이트밸브 1개 : 1 m 90° 엘보 1개 : 1 m

   ∴ 총등가길이 = 21.6 m + 5 m + 1 m + 1 m = 28.6 m

4) 최고 위 옥내소화전 앵글밸브 인입구로부터 펌프 토출구까지의 마찰손실압력
   배관의 구경은 53 mm, 길이는 28.6 m, 거칠음 계수는 120이므로

   마찰손실압력 = $6 \times 10^5 \times \dfrac{(130 \ell/\min)^2}{120^2 \times (53mm)^5} \times 28.6m = 0.05 kg/cm^2$

5) 펌프의 전동기 소요동력

   전양정 $H = h_1 + h_2 + h_3 + 17m$

   = 6 m + 3.8 m + 3.8 m + 0.5 m + 0.5 m + 2.25 m + 17 m = 33.85 m

   전동기 소요동력 = $\dfrac{\gamma Q H}{102 \eta} \times K$

   = $\dfrac{1{,}000 kg/m^3 \times 200 \ell/\min \times 33.85m}{102 \times 0.6} \times 1.1$

   = $\dfrac{1{,}000 kg/m^3 \times 0.2 m^3/60s \times 33.85m}{102 \times 0.6} \times 1.1$

   = $2.03 kW$

6) 옥내소화전 [Ⅲ]을 조작하여 방수했을 때 방수량을 $Q(\ell/분)$라고 할 때
   ① 당해 옥내소화전 앵글밸브의 호스접결구에서 관창 선단까지의 마찰손실압력
   호스의 마찰손실압력은 유량의 제곱에 정비례하므로

   $130^2 : 2.25m = Q^2 : \triangle H$

   즉, $130^2 : 0.225 kg/cm^2 = Q^2 : \triangle P$

   $0.225 \times Q^2 = 130^2 \times \triangle P$

   $\triangle P = \dfrac{0.225}{130^2} \times Q^2 = 1.33 \times 10^{-5} \times Q^2$

② 당해 옥내소화전 앵글밸브에서의 마찰손실압력
앵글밸브의 등가길이는 10 m, 구경은 42 ㎜, 거칠음계수는 120, 방수량은 Q이므로

$$\triangle P = 6 \times 10^5 \times \frac{Q^2}{120^2 \times (42㎜)^5} \times 10m = 3.19 \times 10^{-6} \times Q^2$$

③ 당해 옥내소화전 앵글밸브 인입구로부터 펌프 토출구까지의 마찰손실압력
배관의 총등가길이=직관+등가길이
직관 : 6 m + 8 m = 14 m
체크밸브 1개 : 5 m
게이트밸브 1개 : 1 m
분류티 1개 : 4 m
∴ 총등가길이 = 14 m + 5 m + 1 m + 4 m = 24 m
배관의 구경은 53 ㎜, 길이는 24 m, 거칠음계수는 120, 방수량 Q이므로

배관의 마찰손실압력 $= 6 \times 10^5 \times \frac{Q^2}{120^2 \times (53㎜)^5} \times 24m = 2.39 \times 10^{-6} \times Q^2$

④ 당해 관창선단에서의 실제 방수압과 방수량
펌프의 토출압력 P는 [Ⅰ] 방수구에서
$P = P_1 + P_2 + P_3 + 1.7$
$= (0.6+0.38+0.38) kg/cm^2 + (0.05+0.05) kg/cm^2 + 0.225 \, kg/cm^2 + 1.7 \, kg/cm^2$
$= 3.385 \, kg/cm^2$

> 또는, 전양정 $H = h_1 + h_2 + h_3 + 17m$
> $= 6 \, m + 3.8 \, m + 3.8 \, m + 0.5 \, m + 0.5 \, m + 2.25 \, m + 17 \, m = 33.85 \, m$에서 $3.380 \, kg/cm^2$

[Ⅲ]번 방수구에서의 방수압력은
$3.385 \, kg/cm^2 - 0.6 kg/cm^2 - (1.33 \times 10^{-5} + 3.19 \times 10^{-6} + 2.39 \times 10^{-6}) \times Q^2$
$= 2.785 - 1.89 \times 10^{-5} \times Q^2$

> $130 \ell/min = 0.653 D^2 \sqrt{1.7 kg/cm^2}$ 에서 $D = 12.36 mm$

[Ⅲ]번 방수구에서의 방수량은
$Q = 0.653 D^2 \sqrt{P}$
$Q = 0.653 \times 12.36^2 \times \sqrt{2.785 - 1.89 \times 10^{-5} \times Q^2}$ 에서 양변에 제곱하면
$Q^2 = (0.653 \times 12.36^2)^2 \times (2.785 - 1.89 \times 10^{-5} \times Q^2)$
$Q^2 = 9951.77 \times (2.785 - 1.89 \times 10^{-5} \times Q^2)$
$Q^2 = 9951.77 \times 2.785 - 9951.77 \times 1.89 \times 10^{-5} \times Q^2$
$Q^2 + 9951.77 \times 1.89 \times 10^{-5} \times Q^2 = 9951.77 \times 2.785$
$(1 + 9951.77 \times 1.89 \times 10^{-5}) \times Q^2 = 9951.77 \times 2.785$

$$Q^2 = \frac{9951.77 \times 2.785}{1 + 9951.77 \times 1.89 \times 10^{-5}}$$

양변에 제곱근하면

$$Q = \sqrt{\frac{9951.77 \times 2.785}{1 + 9951.77 \times 1.89 \times 10^{-5}}}$$

$$Q = \sqrt{\frac{33917.6}{1.23}}$$

$Q = 152.73 L/분$

Ⅲ번 방수구에서의 방수압력은

$= 2.785 - 1.89 \times 10^{-5} \times (152.73 L/분)^2 = 2.34 kg/cm^2$

- **답** : 방수압 : $2.34 kg/cm^2$, 방수량 : $152.73 \ell/분$

★★★☆☆

문제3 옥내소화전설비에 관한 설계 시 다음 조건을 읽고 답하시오.

[조건]
① 건물규모 : 5층, 각 층의 바닥면적 2000 m²
② 옥내소화전 수량 : 총 30개(각 층당 6개 설치)
③ 소화펌프에서 최상층 소화전 호스접결구까지의 수직거리 : 20 m
④ 소방호스 : 40 mm×15 m(아마호스)×2개
⑤ 호스의 마찰손실수두 값(호스 100 m당)

구분	호스의 호칭구경[mm]					
	40		50		65	
유량[ℓ/min]	아마호스	고무내장호스	아마호스	고무내장호스	아마호스	고무내장호스
130	26 m	12 m	7 m	3 m	–	–
350	–	–	–	–	10 m	4 m

⑥ 배관 및 관부속품의 마찰손실수두 합계 : 40 m
⑦ 배관의 내경

호칭경	15A	20A	25A	32A	40A	50A	65A	80A	100A
내경[mm]	16.4	21.9	27.5	36.2	42.1	53.2	69	81	105.3

[물음]
1) 펌프의 토출량[ℓ/min]을 계산하시오.
2) 펌프의 전양정[m]을 계산하시오.
3) 소방펌프 토출측 주배관의 최소 관경을 [조건 ⑦]에서 선정하시오. 단, 유속은 최대 유속을 적용한다.
4) 펌프의 최대 체절압력[MPa]은 얼마인가?

5) 만일 펌프에서 제일 먼 거리에 있는 옥내소화전 노즐의 방사압력이 0.2 MPa, 방사유량이 200 ℓ/min이라면, 4층에 있는 옥내소화전 노즐의 방사압력이 0.4 MPa일 경우 4층 소화전에서의 방사유량[ℓ/min]은 얼마인가? 단, 전층 노즐구경은 동일하다.
6) 옥내소화전 노즐의 구경[mm]은 얼마인가?
7) 옥상에 저장하여야 하는 소화수조의 용량은 몇 m³인가?

풀이

1) 펌프의 토출량
   $= N \times 130 \ell/\min = 2개 \times 130 \ell/\min = 260 \ell/\min$

2) 펌프의 전양정
   호스의 마찰손실수두 $= \dfrac{26m}{100m} \times (15m \times 2개) = 7.8m$
   $= h_1 + h_2 + h_3 + 17m = 20m + 7.8m + 40m + 17m = 84.8m$

3) 소방펌프 토출측 주배관의 최소 관경
   $Q = Av = \dfrac{\pi}{4} \times D^2 v$ 에서
   $D = \sqrt{\dfrac{4Q}{\pi v}} = \sqrt{\dfrac{4 \times 260 \ell/\min}{\pi \times 4m/s}} = \sqrt{\dfrac{4 \times 0.26 m^3/60s}{\pi \times 4m/s}}$
   $= 0.03714m = 37.14mm \rightarrow 40A$

4) 펌프의 최대 체절압력
   $= 84.8m \times 1.4 = 118.72m = 118.72m \times \dfrac{0.101325 MPa}{10.332m} = 1.16 MPa$

5) 옥내소화전 노즐의 방사유량
   $Q = 2.086 D^2 \sqrt{P}$ 에서 $Q \propto \sqrt{P}$ 이므로
   $200 \ell/\min : \sqrt{0.2 MPa} = Q : \sqrt{0.4 MPa}$
   내항의 곱과 외항의 곱은 같으므로
   $\sqrt{0.2 MPa} \times Q = 200 \ell/\min \times \sqrt{0.4 MPa}$
   $Q = \dfrac{200 \ell/\min \times \sqrt{0.4 MPa}}{\sqrt{0.2 MPa}} = 282.84 \ell/\min$

6) 옥내소화전 노즐의 구경
   $Q = 2.086 \times D^2 \sqrt{P}$ 에서
   $D = \sqrt{\dfrac{Q}{2.086 \sqrt{P}}} = \sqrt{\dfrac{200 \ell/\min}{2.086 \sqrt{0.2 MPa}}} = 14.64mm$

7) 옥상에 저장하여야 하는 소화수조의 용량
   $= N \times 2.6 m^3 \times \dfrac{1}{3} = 2 \times 2.6 m^3 \times \dfrac{1}{3} = 1.74 m^3$

17th Day

★★★☆☆

문제4 내화구조로 된 건축물의 실내(15 m × 12 m)에 정방형으로 습식 스프링클러설비를 설치하고자 하는 경우 스프링클러헤드의 개수를 산출하고, 천장 배치도를 작성하시오. 단, 헤드 간 거리 산출 시 소수점은 반올림하여 정수로 계산하시오.

풀이

1) 스프링클러헤드의 개수 산출

   헤드 간 거리(S) = $2r\cos 45° = 2 \times 2.3m \times \cos 45° = 3.25m \rightarrow 3m$

   가로개수 = 가로길이 ÷ S = $15m \div 3m$ = 5개

   세로개수 = 세로길이 ÷ S = $12m \div 3m$ = 4개

   ∴ 스프링클러헤드의 개수 = 5개 × 4개 = 20개

2) 천장 배치도(단위 : mm)

   (배치도: 가로 1500-3000-3000-3000-3000-1500, 세로 1500-3000-3000-3000-1500, 헤드 5×4 = 20개 배치)

★★★☆☆

문제5 한 개의 방호구역으로 구성된 가로 20 m, 세로 20 m, 높이 10 m의 랙식 창고(내화구조)에 라지드롭형 스프링클러헤드를 정방형으로 설치하려고 한다. 헤드 설치 수를 계산하시오.

풀이

= $20m \div S = 20m \div (2r\cos 45°) = 20m \div (2 \times 2.3m \times \cos 45°) = 6.15 \rightarrow$ 7개

→ 가로 7개 × 세로 7개 = 49개

→ 49개 × 3열 = 147개

17th Day

 ※ 창고시설의 화재안전기술기준(NFTC 609)
2.3.1.2 랙식 창고의 경우에는 2.3.1.1에 따라 설치하는 것 외에 라지드롭형 스프링클러헤드를 랙 높이 3 m 이하마다 설치할 것
2.3.5.1 라지드롭형 스프링클러헤드를 설치하는 천장·반자·천장과 반자사이·덕트·선반 등의 각 부분으로부터 하나의 스프링클러헤드까지의 수평거리는 특수가연물을 저장 또는 취급하는 창고는 1.7 m 이하, 그 외의 창고는 2.1 m(내화구조로 된 경우에는 2.3 m를 말한다) 이하로 할 것

★★★☆☆

문제6 내화구조로 된 건축물의 실내(내측 기준 66 m × 66 m)에 정방형으로 습식 스프링클러설비를 설치하고자 하는 경우 스프링클러헤드의 개수와 습식밸브(유수검지장치)의 최소 개수를 산출하시오(실내의 기둥 및 형광등, 공기 유입, 유출기구 등을 무시하고, 천장 속의 높이는 2.5 m이다).

풀이

1) 스프링클러헤드의 개수
   ① 가로개수 = 가로길이 ÷ $(2r\cos 45°)$
   = $66m ÷ (2 × 2.3m × \cos 45°) = 20.29 → 21$개
   ② 세로개수 = 세로길이 ÷ $(2r\cos 45°)$
   = $66m ÷ (2 × 2.3m × \cos 45°) = 20.29 → 21$개
   ∴ 스프링클러헤드의 개수 = 21개 × 21개 × 2구역 = 882개

2) 유수검지장치의 개수
   = $\dfrac{바닥면적(m^2)}{3{,}000 m^2/1개} = \dfrac{66m × 66m}{3{,}000 m^2/1개} = 1.452 → 2$개

 ※ 반자 아래의 헤드와 반자 속의 헤드를 동일 급수관의 가지관 상에 병설하는 경우
천장과 반자 사이의 거리가 2 m 이상일 경우 스프링클러헤드는 반자 위와 반자 아래에 설치하여야 하므로 반자 아래의 설치개수에 2배(2구역)를 적용하여야 한다.

17th Day

★★★★☆

문제7 가로 22 m, 세로 18 m인 직사각형 형태의 실이 있다. 이 실의 내부에는 기둥이 없고 실내 상부는 반자로 고르게 마감되어 있다. 이 실내에 방호반경 2.3 m로 스프링클러헤드를 직사각형 형태로 설치하고자 할 때 다음의 물음에 답하시오.

[물음]
1) 다음의 빈칸에 적합한 숫자를 넣으시오.

세로열의 헤드 수 \ 가로열의 헤드 수					

2) 설치할 수 있는 헤드의 최소 개수, 최대 개수를 산출하시오.
3) 설치할 수 있는 방법을 쓰시오.
4) 헤드 1개의 최소 방호면적, 최대 방호면적을 산출하시오.

풀이

1) 다음의 빈칸에 적합한 숫자

θ =30도일 때	가로개수 : $22m \div (2 \times 2.3m \times \cos 30°) = 5.5 \to 6개$ 세로개수 : $18m \div (2 \times 2.3m \times \sin 30°) = 7.8 \to 8개$
θ =45도일 때	가로개수 : $22m \div (2 \times 2.3m \times \cos 45°) = 6.7 \to 7개$ 세로개수 : $18m \div (2 \times 2.3m \times \sin 45°) = 5.5 \to 6개$
θ =60도일 때	가로개수 : $22m \div (2 \times 2.3m \times \cos 60°) = 9.5 \to 10개$ 세로개수 : $18m \div (2 \times 2.3m \times \sin 60°) = 4.5 \to 5개$

가로변의 최소 개수, 최대 개수가 6개~10개
세로변의 최소 개수, 최대 개수가 5개~8개이므로

세로열의 헤드 수 \ 가로열의 헤드 수	6	7	8	9	10
5	30	35	40	45	50
6	36	42	48	54	60
7	42	49	56	63	70
8	48	56	64	72	80

2) 설치할 수 있는 헤드의 최소 개수, 최대 개수
   최소 개수(θ=45°일 때) : 가로 개수 × 세로 개수 = 7 × 6 = 42개
   최대 개수(θ=60°일 때) : 가로 개수 × 세로 개수 = 10 × 5 = 50개

3) 설치할 수 있는 방법
① 42개(가로6개×세로7개)   ② 48개(가로6개×세로8개)
③ 42개(가로7개×세로6개)   ④ 49개(가로7개×세로7개)
⑤ 48개(가로8개×세로6개)   ⑥ 45개(가로9개×세로5개)
⑦ 50개(가로10개×세로5개)

4) 헤드 1개의 최소 방호면적, 최대 방호면적
① 최소 방호면적 = 총방호면적 ÷ 최대 헤드 설치 수 = 22m × 18m ÷ 50개 = 7.9m²
② 최대 방호면적 = 총방호면적 ÷ 최소 헤드 설치 수 = 22m × 18m ÷ 42개 = 9.4m²

 ※ **장방형(직사각형) 배치**
① 스프링클러헤드를 장방형(직사각형)으로 배치할 경우

θ	대각선	헤드 간의 간격
30°~60°	2r	헤드 간의 거리(가로) $S_1 = 2r\cos\theta$ 헤드 간의 거리(세로) $S_2 = 2r\sin\theta$

② 42개~50개의 스프링클러헤드를 설치할 수 있으며, 42개 미만의 헤드 설치 시에는 미경계(미살수) 부분이 발생하게 되며, 50개 초과 설치 시에는 skipping 현상이 발생하게 된다.
③ 설치할 수 있는 방법은 아래와 같다.(42개~50개 사이의 개수 : *표시)

세로열의 헤드 수 \ 가로열의 헤드 수	6	7	8	9	10
5	30	35	40	45*	50*
6	36	42*	48*	54	60
7	42*	49*	56	63	70
8	48*	56	64	72	80

★★★☆☆

문제8 스프링클러소화설비의 스프링클러헤드에서 방사되는 방수량(ℓ/분)을 최소 방수량과 최대 방수량으로 구분하여 계산하시오(단, 방출계수 K = 80으로 한다).

풀이

최소 방수량 = $K\sqrt{10P} = 80 \times \sqrt{10 \times 0.1 MPa} = 80\ell/분$

최대 방수량 = $K\sqrt{10P} = 80 \times \sqrt{10 \times 1.2 MPa} = 277.13\ell/분$

※ 방수량 및 방수압력

구분	방수량	방수압력	비고
스프링클러설비	$K\sqrt{10P}$	0.1~1.2MPa	$K=80$(표준형)
옥내소화전설비	$0.653D^2\sqrt{10P}$	0.17~0.7MPa	$D=13mm$
옥외소화전설비	$0.653D^2\sqrt{10P}$	0.25~0.7MPa	$D=19mm$

★★★☆☆

문제9 그림과 같이 2m³의 물이 채워져 있는 내용적 3m³의 압력수조 하부에 방출계수가 90인 스프링클러헤드가 설치되어 있고, 수조의 압력계는 5 kg/cm²을 지시하고 있다. 스프링클러헤드가 개방되어 물이 1m³ 소모되는 순간 헤드로부터 방수되는 물의 양은 매분 몇 ℓ인가?(단, 수조와 헤드 간의 마찰손실은 무시하며, 대기압은 절대압력으로 1 kg/cm²이다)

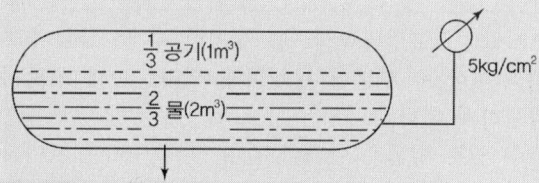

풀이

1m³ 소모되는 순간 헤드의 방사압력은
보일의 법칙 $P_1V_1 = P_2V_2$ 에서
$$P_2 = \frac{P_1V_1}{V_2} = \frac{(5+1)\text{kg/cm}^2 \times 1\text{m}^3}{2\text{m}^3} = 3\text{kg/cm}^2(\text{절대압력})$$

게이지압력 = 절대압력 - 대기압 = $3\text{kg/cm}^2 - 1\text{kg/cm}^2 = 2\text{kg/cm}^2$(게이지압력)

헤드로부터 방수되는 물의 양은
$Q = K\sqrt{P}$ 에서
$Q = 90\sqrt{P} = 90 \times \sqrt{2kg/cm^2} = 127.28\ell/분$

 ※ 절대압력
① 절대압력=대기압+게이지압력
② 절대압력=대기압-진공압력

★★★☆☆

문제10 다음은 스프링클러헤드의 방수량을 구하는 일반적인 공식이다.

$$Q = 80\sqrt{P}$$

Q : 방수량(ℓ/min)   P : 방수압력(kgf/cm²)

위의 공식에서 P의 단위 kgf/cm²를 SI단위계인 MPa로 단위 환산을 한 공식을 쓰시오.

풀이

$Q = 80\sqrt{P\,[kgf/cm^2]}$

여기에서, $kgf/cm^2 = \dfrac{0.101325}{1.0332}MPa$ 이므로

P의 단위 kgf/cm²를 MPa로 변환하려면 아래처럼 계수로 단위를 보정하여야 한다.

$Q' = 80\sqrt{P'[MPa] \times \dfrac{1.0332}{0.101325}}$

$Q' = 80 \times \sqrt{\dfrac{1.0332}{0.101325}}\sqrt{P'[MPa]}$

$Q' = 255.46\sqrt{P'}$

 ※ 표준대기압=1.0332[kgf/cm²]=0.101325[MPa]

★★☆☆☆

문제11 방사량이 1,000ℓ, 방사시간이 5분이며, 방출계수(K)의 값이 80이라면 방사압력(kg/cm²)은 얼마나 되겠는가?

풀이

$Q = K\sqrt{P}$ 에서 $\sqrt{P} = \dfrac{Q}{K}$

$P = \left(\dfrac{Q}{K}\right)^2 = \left(\dfrac{\dfrac{1,000\ell}{5분}}{80}\right)^2 = 6.25 kg/cm^2$

★★★★☆

문제12 내화구조로 된 10층의 사무소 건물에 준비작동식 스프링클러설비를 설치하려고 한다. 다음 각 물음에 답하시오.

① 헤드는 각 층에 50개씩, 높이 3 m 지점에 설치한다.
② 낙차는 35 m이며, 마찰손실수두는 15 m이다.
③ 펌프의 효율은 55 %이다.

[물음]
1) 수원의 최저 저수량(m³)을 계산하시오.
2) 펌프의 전양정을 계산하시오.
3) 펌프의 토출량(m³/min)을 계산하시오.
4) 펌프의 축동력(kW)을 계산하시오.
5) 헤드를 정방형으로 설치 시 헤드 간의 간격(m)을 산출하시오.

풀이

1) 수원의 최저 저수량
   $= N \times 1.6 m^3 = 10개 \times 1.6 m^3 = 16 m^3$

2) 펌프의 전양정
   $= h_1 + h_2 + 10m = 35m + 15m + 10m = 60m$

3) 펌프의 토출량
   $= N \times 80 \ell/\min = 10개 \times 80 \ell/\min = 800 \ell/\min = 0.8 m^3/\min$

4) 펌프의 축동력

$$= \frac{\gamma Q H}{102 \eta} = \frac{1,000 kgf/m^3 \times 0.8 m^3/\min \times 60m}{\frac{102 kgf \cdot m/s}{1 kW} \times 0.55}$$

$$= \frac{1,000 kgf/m^3 \times \frac{0.8 m^3}{60s} \times 60m}{\frac{102 kgf \cdot m/s}{1 kW} \times 0.55} = 14.26 kW$$

5) 헤드 간의 간격
   $= 2r\cos 45° = 2 \times 2.3m \times \cos 45° = 3.25 m$

★★★☆☆

문제13 20층 복도형 아파트에 습식 스프링클러설비 설치 시 다음을 계산하시오. 단, 층당 10세대, 층별 방호면적 990 m², 방수압 1 kg/cm², 실양정 70 m, 손실수두 20 m, 전달계수 1.15, 효율 50%, 배관 내 유속 1.5 m/s, 각 세대는 방 3개, 주방 1개, 화장실 1개로 구성)

1) 소화펌프 토출량(ℓ/min)
2) 물탱크에 저장해야 할 수원의 양(m³)
3) 전동기 동력(kW)
4) 소화펌프 토출관의 구경(mm)
5) 알람밸브 숫자

풀이

1) 소화펌프 토출량
 $= N \times 80\ell/\min = 10개 \times 80\ell/\min = 800\ell/\min$

2) 물탱크에 저장해야 할 수원의 양
 $= 800\ell/\min \times 20분 = 16,000\ell = 16m^3$

3) 전동기 동력
 전양정 $= h_1 + h_2 + 10m = 70m + 20m + 10m = 100m$

 전동기 동력 $= \dfrac{\gamma QH}{102\eta} \times K = \dfrac{1,000 kgf/m^3 \times 0.8 m^3/\min \times 100m}{\dfrac{102 kgf \cdot m/s}{1kW} \times 0.5} \times 1.15$

 $= \dfrac{1,000 kgf/m^3 \times \dfrac{0.8 m^3}{60s} \times 100m}{\dfrac{102 kgf \cdot m/s}{1kW} \times 0.5} \times 1.15 = 30.1 kW$

4) 소화펌프 토출관의 구경
 $Q = \dfrac{\pi}{4} D^2 v$ 에서 $D = \sqrt{\dfrac{4Q}{\pi v}} = \sqrt{\dfrac{4 \times 0.8 m^3/60s}{\pi \times 1.5 m/s}} = 0.106m = 106mm$ 이상

5) 알람밸브 숫자
 1개 층마다 하나의 방호구역이므로 20개

17th Day

★★★☆☆

문제14 지하 2층 지상 12층의 사무소 건물에 있어서 11층 이상에 소방법과 아래의 조건에 따라 스프링클러설비를 설계하려고 한다. 다음 각 물음에 답하시오.

① 11층 및 12층에 설치하는 폐쇄형 스프링클러헤드의 수량은 각각 80개이다.
② 입상관의 내경은 150 mm이고 높이는 40 m이다.
③ 후드밸브로부터 최상층 스프링클러헤드까지의 실고는 50 m이다.
④ 입상관의 마찰손실수두를 제외한 펌프의 후드밸브로부터 최상층, 가장 먼 스프링클러헤드까지의 마찰 및 저항손실수두는 15 m이다.

[물음]
1) 펌프의 최소 토출량(ℓ/min)을 산정하시오.
2) 수원의 최소 유효저수량(m^3)을 산정하시오.
3) 입상관에서의 마찰손실수두(m)를 계산하시오. 단, 입상관은 직관으로 간주, DARCY WEISBACH의 식을 사용, 마찰손실계수는 0.02
4) 펌프의 최소 양정(m)을 계산하시오.
5) 펌프의 축동력(kW)을 계산하시오. 단, 펌프의 효율은 65%

풀이

1) 펌프의 최소 토출량
   $= N \times 80\ell/\min = 30개 \times 80\ell/\min = 2,400\ell/\min$

2) 수원의 최소 유효저수량
   $= N \times 1.6 m^3 = 30개 \times 1.6 m^3 = 48 m^3$

3) 입상관에서의 마찰손실수두

   유속 $v = \dfrac{Q}{A} = \dfrac{Q}{\dfrac{\pi}{4}D^2} = \dfrac{4Q}{\pi D^2} = \dfrac{4 \times \dfrac{2.4 m^3}{60 s}}{\pi \times (0.15 m)^2} = 2.26 m/s$

   마찰손실수두 $\Delta H = f \dfrac{L}{D} \dfrac{v^2}{2g} = 0.02 \times \dfrac{40 m}{0.15 m} \times \dfrac{(2.26 m/s)^2}{2 \times 9.8 m/s^2} = 1.4 m$

4) 펌프의 최소양정
   $= h_1 + h_2 + 10 m = 50 m + 15 m + 1.4 m + 10 m = 76.4 m$

5) 펌프의 축동력

   $= \dfrac{\gamma Q H}{102 \eta} = \dfrac{1,000 kgf/m^3 \times 2.4 m^3/\min \times 76.4 m}{\dfrac{102 kgf \cdot m/s}{1 kW} \times 0.65}$

   $= \dfrac{1,000 kgf/m^3 \times \dfrac{2.4 m^3}{60 s} \times 76.4 m}{\dfrac{102 kgf \cdot m/s}{1 kW} \times 0.65} = 46.1 kW$

★★★☆☆

문제15 지하 2층 지상 12층의 사무소 건물에 스프링클러설비를 설계하려고 한다. 이 스프링클러설비를 소방법, 동시행령, 시행규칙과 다음 조건을 이용하여 물음에 답하시오.

① 11층 및 12층에 설치하는 패쇄형 스프링클러헤드의 수량은 각각 80개이다.
② 펌프의 후드밸브로부터 최상층 스프링클러헤드까지의 실고는 60 m이다.
③ 펌프의 효율은 70 %, 물의 비중량은 1,000 kg/m³, 동력전달계수는 1.1이다.
④ 펌프가 소요 최소 정격용량으로 작동할 때 최상층의 시스템까지 유수에 의하여 일어나는 배관 내 마찰손실수두는 20 m이다.
⑤ 모든 규격치는 최소량을 적용한다.
⑥ 펌프는 전동기 구동형이다.

[물음]
1) 펌프가 가져야 할 정격송수량(ℓ/분)은 최소한 얼마인가?
2) 수원의 최소유효저수량[m³]은 얼마인가?
3) 펌프가 가져야 할 정격송출압(kg/cm²)은 얼마인가?
4) 펌프의 운전에 필요한 전동기의 최소동력은 몇 [kW]인가?
5) 불연재료로 된 천장에 헤드를 아래 그림과 같이 정방형으로 배치하려고 한다. A의 최대길이는 얼마인가? 단, 건물은 내화구조임.

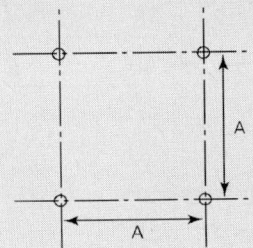

풀이

1) 펌프가 가져야 할 정격송수량
   = 30개 × 80 ℓ/분 = 2,400 ℓ/분

2) 수원의 최소유효저수량
   = 30개 × 1.6 m³ = 48 m^3

3) 펌프가 가져야 할 정격송출압
   전양정 $H = h_1 + h_2 + 10m = 60m + 20m + 10m = 90m$

   정격송출압 $= 90m \times \dfrac{1.0332 kg/cm^2}{10.332m} = 9 kg/cm^2$

4) 펌프의 운전에 필요한 전동기의 최소동력

$$= \frac{\gamma QH}{102\eta} \times K = \frac{1{,}000 kgf/m^3 \times \frac{2.4m^3}{\min} \times 90m}{\frac{102 kgf \cdot m/s}{kW} \times 0.7} \times 1.1$$

$$= \frac{1{,}000 kgf/m^3 \times \frac{2.4m^3}{60s} \times 90m}{\frac{102 kgf \cdot m/s}{kW} \times 0.7} \times 1.1 = 55.5 kW$$

5) A의 최대 길이

$$= 2r\cos 45° = 2 \times 2.3m \times \cos 45° = 3.2526 \rightarrow 3.25m$$

★★★☆☆

문제16 다음은 일제살수식 스프링클러설비의 도면이다. 다음 물음에 답하시오.

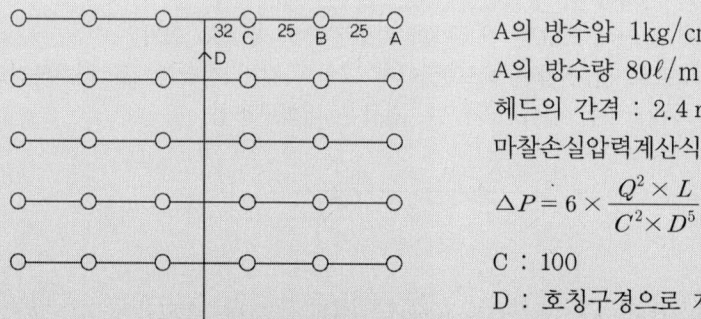

A의 방수압 $1kg/cm^2$
A의 방수량 $80\ell/\min$
헤드의 간격 : 2.4 m
마찰손실압력계산식
$\triangle P = 6 \times \frac{Q^2 \times L}{C^2 \times D^5} \times 10^5$
C : 100
D : 호칭구경으로 계산

[물음]
1) A와 B 사이의 배관마찰손실과 B 헤드에서의 방수량을 계산하시오.
2) B와 C 사이의 배관마찰손실과 C 헤드에서의 방수량을 계산하시오.
3) D 지점의 방수량은 얼마인가?
4) D 지점의 구경[mm]을 계산하시오(법적속도 이용, 호칭구경으로 답하시오).

풀이

■ 계산과정

1) A와 B 사이의 배관마찰손실과 B 헤드에서의 방수량

  ① 마찰손실

  $$\triangle P = 6 \times \frac{Q^2 \times L}{C^2 \times D^5} \times 10^5 = 6 \times \frac{(80\ell/\min)^2 \times 2.4m}{100^2 \times (25mm)^5} \times 10^5 = 0.094 kg/cm^2$$

  ② 방수량

  $$Q = K\sqrt{P} = 80 \times \sqrt{1 + 0.094} = 80 \times \sqrt{1.094} = 83.675 \rightarrow 83.68\ell/\min$$

2) B와 C 사이의 배관마찰손실과 C 헤드에서의 방수량
   ① 마찰손실
   $$\triangle P = 6 \times \frac{Q^2 \times L}{C^2 \times D^5} \times 10^5$$
   $$= 6 \times \frac{(163.68 \ell/\min)^2 \times 2.4m}{100^2 \times (25mm)^5} \times 10^5 = 0.395 kg/cm^2$$
   ② 방수량
   $$Q = K\sqrt{P}$$
   $$= 80 \times \sqrt{1.094 + 0.395} = 80 \times \sqrt{1.489} = 97.62 \ell/\min$$

3) D 지점의 방수량
   $$= (80 + 83.68 + 97.62) \times 2 = 522.6 \ell/\min$$

4) D 지점의 구경[mm]
   $$Q = Av = \frac{\pi}{4}D^2 v \text{에서}$$
   $$D = \sqrt{\frac{4Q}{\pi v}} = \sqrt{\frac{4 \times \frac{522.6\ell}{\min}}{\pi \times 10 m/s}} = \sqrt{\frac{4 \times \frac{0.5226 m^3}{60s}}{\pi \times 10 m/s}}$$
   $$= 0.0333m = 33.3mm \rightarrow 40mm$$

★★★☆☆

문제17 그림과 같은 스프링클러설비의 알람체크밸브 2차측의 시스템 평면도에서 시공 시 배관 상 설치하여야 할 레듀샤 및 티의 규격과 최소 수량을 산출하시오.

① 배관에 설치되는 티는 직류방향 상에 있는 두 접속부의 구경이 동일한 것만을 사용하는 것으로 한다.

② 스프링클러헤드의 관경이 담당하는 헤드의 개수

관경(mm)	25	32	40	50	65	80	100
담당하는 헤드의 수(개)	2	3	5	10	30	60	100

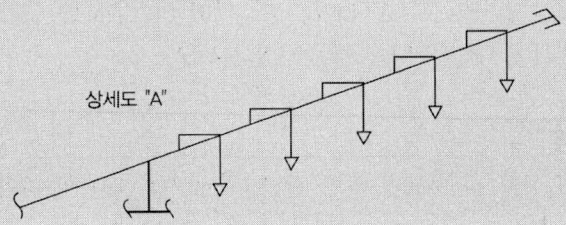

상세도 "A"

17th Day

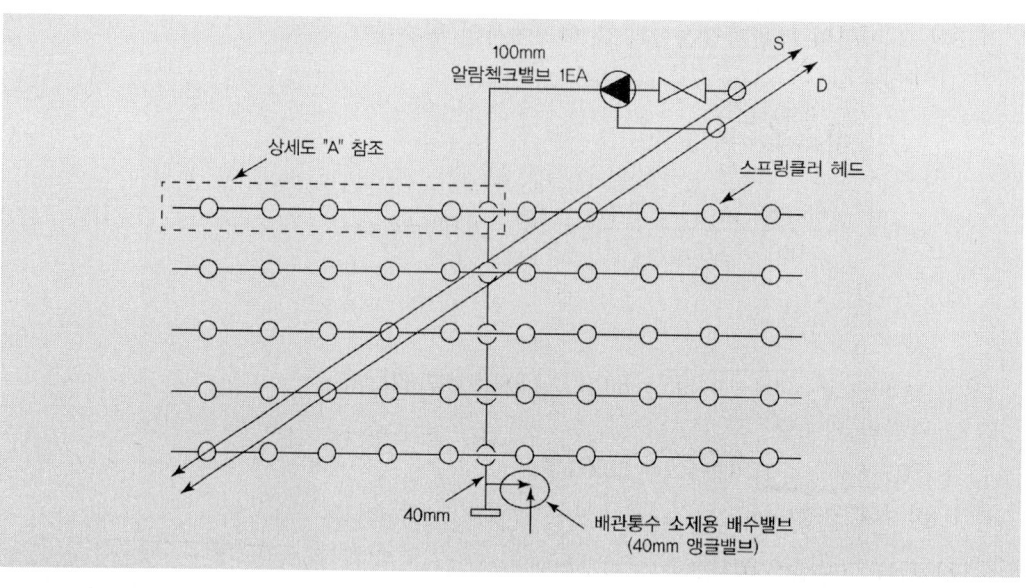

풀이

1) 레듀샤의 규격 및 최소 수량
   규격(25×15), 수량(50)
   규격(40×32), 수량(10)
   규격(65×50), 수량(1)
   규격(100×80), 수량(1)
   규격(32×25), 수량(10)
   규격(50×40), 수량(11)
   규격(80×65), 수량(1)

2) 티의 규격 및 최소 수량
   규격(25×25×25), 수량(20)
   규격(40×40×25), 수량(20)
   규격(50×50×50), 수량(6)
   규격(80×80×50), 수량(2)
   규격(32×32×25), 수량(10)
   규격(40×40×40), 수량(1)
   규격(65×65×50), 수량(2)

★★★☆☆

문제18 H_1헤드에서의 방수압력이 0.1 MPa, 방수량이 80 ℓ/min인 폐쇄형 스프링클러설비의 수리계산에 대하여 다음 물음에 답하시오.

① $H_1 \sim H_4$까지 각 헤드의 설치 간격은 3m이다. 배관의 마찰손실은 하젠-윌리엄스의 공식을 사용한다. 배관 부속에 대한 마찰손실은 무시한다.
② 아연도금 강관(백관)을 사용하며, 거칠음 계수는 120이다.

③ 배관의 호칭 구경별 안지름은 다음과 같다.

호칭구경	25	32	40	50	65	80	100
내경(mm)	28	37	43	54	69	81	107

④ 표준형 스프링클러헤드를 사용하며, 방출계수는 80이다.
⑤ 배관의 호칭구경 결정시 법정속도를 이용하고, 조건상의 표 중에서 선택하여 답하시오.
⑥ 방수압력(MPa) 및 방수량($\ell/\min$) 계산 시 소수점 셋째자리에서 반올림해서 둘째자리까지 답하시오.

[물음]
1) H_1와 H_2 사이 배관의 호칭구경(mm)을 결정하시오.
2) H_2 헤드에서의 방수압력(MPa) 및 방수량($\ell/\min$)을 계산하시오.
3) H_2와 H_3 사이 배관의 호칭구경(mm)을 결정하시오.
4) H_3 헤드에서의 방수압력(MPa) 및 방수량($\ell/\min$)을 계산하시오.
5) H_3와 H_4 사이 배관의 호칭구경(mm)을 결정하시오.
6) H_4 헤드에서의 방수압력(MPa) 및 방수량($\ell/\min$)을 계산하시오.

풀이

1) H_1와 H_2 사이 배관의 호칭구경(mm)

$Q = Av = \dfrac{\pi}{4}D^2 v$ 에서

$D = \sqrt{\dfrac{4Q}{\pi v}} = \sqrt{\dfrac{4 \times 80\ell/\min}{\pi \times 6m/s}} = \sqrt{\dfrac{4 \times \dfrac{0.08m^3}{60s}}{\pi \times 6m/s}}$

$= 0.0168m$
$= 16.8mm \rightarrow 25mm$

2) H_2 헤드에서의 방수압력(MPa) 및 방수량($\ell/\min$)

① H_2 헤드에서의 방수압력
$= 0.1MPa + \Delta P$
$= 0.1MPa + 6.174 \times 10^5 \times \dfrac{Q^{1.85}}{C^{1.85} \times D^{4.87}} \times L$
$= 0.1MPa + 6.174 \times 10^5 \times \dfrac{(80\ell/\min)^{1.85}}{120^{1.85} \times (28mm)^{4.87}} \times 3m$
$= 0.1MPa + 0.078kg/cm^2$
$= 0.1MPa + 0.0078MPa$
$= 0.1078MPa \rightarrow 0.11MPa$

② H_2헤드에서의 방수량

$$Q = K\sqrt{10P}$$
$$= 80 \times \sqrt{10 \times 0.11 MPa}$$
$$= 83.904 \ell/\min \rightarrow 83.9 \ell/\min$$

3) H_2와 H_3 사이 배관의 호칭구경(mm)

$$D = \sqrt{\frac{4Q}{\pi v}} = \sqrt{\frac{4 \times (80+83.9)\ell/\min}{\pi \times 6m/s}}$$

$$= \sqrt{\frac{4 \times 163.9\ell/\min}{\pi \times 6m/s}} = \sqrt{\frac{4 \times \frac{0.1639 m^3}{60s}}{\pi \times 6m/s}}$$

$$= 0.024m$$
$$= 24mm \rightarrow 25mm$$

4) H_3 헤드에서의 방수압력(MPa) 및 방수량($\ell/\min$)

① H_3헤드에서의 방수압력

$$= 0.11MPa + \Delta P$$

$$= 0.11MPa + 6.174 \times 10^5 \times \frac{Q^{1.85}}{C^{1.85} \times D^{4.87}} \times L$$

$$= 0.11MPa + 6.174 \times 10^5 \times \frac{(163.9\ell/\min)^{1.85}}{120^{1.85} \times (28mm)^{4.87}} \times 3m$$

$$= 0.11MPa + 0.295 kg/cm^2$$
$$= 0.11MPa + 0.0295 MPa$$
$$= 0.1395 MPa \rightarrow 0.14 MPa$$

② H_3헤드에서의 방수량

$$Q = K\sqrt{10P}$$
$$= 80 \times \sqrt{10 \times 0.14 MPa}$$
$$= 94.657 \ell/\min \rightarrow 94.66 \ell/\min$$

5) H_3와 H_4 사이 배관의 호칭구경(mm)

$$D = \sqrt{\frac{4Q}{\pi v}} = \sqrt{\frac{4 \times (80+83.9+94.66)\ell/\min}{\pi \times 6m/s}}$$

$$= \sqrt{\frac{4 \times 258.56 \ell/\min}{\pi \times 6m/s}} = \sqrt{\frac{4 \times \frac{0.25856 m^3}{60s}}{\pi \times 6m/s}}$$

$$= 0.0302 m$$
$$= 30.2 mm \rightarrow 32 mm$$

6) H_4 헤드에서의 방수압력(MPa) 및 방수량(ℓ/min)

① H_4 헤드에서의 방수압력

$= 0.14 MPa + \Delta P$

$= 0.14 MPa + 6.174 \times 10^5 \times \dfrac{Q^{1.85}}{C^{1.85} \times D^{4.87}} \times L$

$= 0.14 MPa + 6.174 \times 10^5 \times \dfrac{(258.56 \ell/min)^{1.85}}{120^{1.85} \times (37mm)^{4.87}} \times 3m$

$= 0.14 MPa + 0.176 kg/cm^2$

$= 0.14 MPa + 0.0176 MPa$

$= 0.1576 MPa \rightarrow 0.16 MPa$

② H_4 헤드에서의 방수량

$Q = K\sqrt{10P}$

$= 80 \times \sqrt{10 \times 0.16 MPa}$

$= 101.192 \ell/min \rightarrow 101.19 \ell/min$

★★★☆☆

문제19 H_1헤드에서의 방수압력이 0.1 MPa, 방수량이 80 ℓ/min인 폐쇄형 스프링클러설비의 수리계산에 대하여 다음 물음에 답하시오.

[조건]

① $H_1 \sim H_5$까지 각 헤드의 설치간격은 3m, $A \sim B$ 사이 배관의 길이는 2 m이다. 배관의 마찰손실은 하젠-윌리엄스의 공식을 사용한다. 배관 부속에 대한 마찰손실은 무시한다.

② 아연도금 강관(백관)을 사용하며, 거칠음 계수는 120이다.

③ 배관의 호칭 구경별 안지름은 다음과 같다.

호칭구경	25	32	40	50	65	80	100
내경(mm)	28	37	43	54	69	81	107

④ 표준형 스프링클러헤드를 사용하며, 방출계수는 80이다.

⑤ 배관의 호칭구경 결정 시 법적속도를 이용하고, 조건상의 표 중에서 선택하여 답하시오.

⑥ 방수압력(MPa) 및 방수량(ℓ/min) 계산 시 소수점 셋째자리에서 반올림해서 둘째자리까지 답하시오.

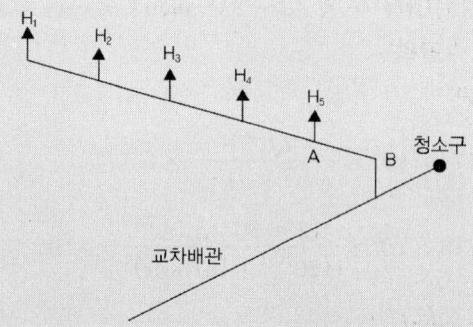

[물음]
1) H_1와 H_2 사이 배관의 호칭구경(mm)을 결정하시오.
2) H_2 헤드에서의 방수압력(MPa) 및 방수량($\ell/\min$)을 계산하시오.
3) H_2와 H_3 사이 배관의 호칭구경(mm)을 결정하시오.
4) H_3 헤드에서의 방수압력(MPa) 및 방수량($\ell/\min$)을 계산하시오.
5) H_3와 H_4 사이 배관의 호칭구경(mm)을 결정하시오.
6) H_4 헤드에서의 방수압력(MPa) 및 방수량($\ell/\min$)을 계산하시오.
7) H_4와 H_5 사이 배관의 호칭구경(mm)을 결정하시오.
8) H_5 헤드에서의 방수압력(MPa) 및 방수량($\ell/\min$)을 계산하시오.
9) A와 B 사이 배관의 호칭구경(mm)을 결정하시오.
10) B지점에서의 방수압력(MPa) 및 방수량($\ell/\min$)을 계산하시오.

풀이

1) H_1와 H_2 사이 배관의 호칭구경(mm)

$Q = Av = \dfrac{\pi}{4}D^2 v$ 에서

$D = \sqrt{\dfrac{4Q}{\pi v}} = \sqrt{\dfrac{4 \times 80\ell/\min}{\pi \times 6m/s}} = \sqrt{\dfrac{4 \times 0.08m^3/60s}{\pi \times 6m/s}}$

$= 0.0168m$

$= 16.8mm \rightarrow 25mm$

2) H_2 헤드에서의 방수압력(MPa) 및 방수량($\ell/\min$)

① H_2 헤드에서의 방수압력

$= 0.1MPa + 6.174 \times 10^5 \times \dfrac{Q^{1.85}}{C^{1.85} \times D^{4.87}} \times L$

$= 0.1MPa + 6.174 \times 10^5 \times \dfrac{(80\ell/\min)^{1.85}}{120^{1.85} \times (28mm)^{4.87}} \times 3m$

$= 0.1MPa + 0.078kg/cm^2$

$$= 0.1MPa + 0.0078MPa$$
$$= 0.1078MPa \rightarrow 0.11MPa$$

② H_2 헤드에서의 방수량

$$Q = K\sqrt{10P}$$
$$= 80 \times \sqrt{10 \times 0.11MPa}$$
$$= 83.904 \ell/\min \rightarrow 83.9\ell/\min$$

3) H_2와 H_3 사이 배관의 호칭구경(mm)

$$D = \sqrt{\frac{4Q}{\pi v}} = \sqrt{\frac{4 \times (80 + 83.9)\ell/\min}{\pi \times 6m/s}}$$
$$= \sqrt{\frac{4 \times 163.9\ell/\min}{\pi \times 6m/s}} = \sqrt{\frac{4 \times 0.1639m^3/60s}{\pi \times 6m/s}}$$
$$= 0.024m$$
$$= 24mm \rightarrow 25mm$$

4) H_3 헤드에서의 방수압력(MPa) 및 방수량($\ell/\min$)

① H_3 헤드에서의 방수압력

$$= 0.11MPa + 6.174 \times 10^5 \times \frac{Q^{1.85}}{C^{1.85} \times D^{4.87}} \times L$$
$$= 0.11MPa + 6.174 \times 10^5 \times \frac{(163.9\ell/\min)^{1.85}}{120^{1.85} \times (28mm)^{4.87}} \times 3m$$
$$= 0.11MPa + 0.295kg/cm^2$$
$$= 0.11MPa + 0.0295MPa$$
$$= 0.1395MPa \rightarrow 0.14MPa$$

② H_3 헤드에서의 방수량

$$Q = K\sqrt{10P}$$
$$= 80 \times \sqrt{10 \times 0.14MPa}$$
$$= 94.657\ell/\min \rightarrow 94.66\ell/\min$$

5) H_3와 H_4 사이 배관의 호칭구경(mm)

$$D = \sqrt{\frac{4Q}{\pi v}} = \sqrt{\frac{4 \times (80 + 83.9 + 94.66)\ell/\min}{\pi \times 6m/s}}$$
$$= \sqrt{\frac{4 \times 258.56\ell/\min}{\pi \times 6m/s}} = \sqrt{\frac{4 \times 0.25856m^3/60s}{\pi \times 6m/s}}$$
$$= 0.0302m$$
$$= 30.2mm \rightarrow 32mm$$

6) H_4 헤드에서의 방수압력(MPa) 및 방수량($\ell/\min$)
   ① H_4 헤드에서의 방수압력

   $= 0.14MPa + 6.174 \times 10^5 \times \dfrac{Q^{1.85}}{C^{1.85} \times D^{4.87}} \times L$

   $= 0.14MPa + 6.174 \times 10^5 \times \dfrac{(258.56\ell/\min)^{1.85}}{120^{1.85} \times (37mm)^{4.87}} \times 3m$

   $= 0.14MPa + 0.176kg/cm^2$

   $= 0.14MPa + 0.0176MPa$

   $= 0.1576MPa \rightarrow 0.16MPa$

   ② H_4 헤드에서의 방수량

   $Q = K\sqrt{10P}$

   $= 80 \times \sqrt{10 \times 0.16MPa}$

   $= 101.192\ell/\min \rightarrow 101.19\ell/\min$

7) H_4와 H_5 사이 배관의 호칭구경(mm)

   $D = \sqrt{\dfrac{4Q}{\pi v}} = \sqrt{\dfrac{4 \times (80 + 83.9 + 94.66 + 101.19)\ell/\min}{\pi \times 6m/s}}$

   $= \sqrt{\dfrac{4 \times 359.75\ell/\min}{\pi \times 6m/s}} = \sqrt{\dfrac{4 \times 0.35975m^3/60s}{\pi \times 6m/s}}$

   $= 0.0356m$

   $= 35.6mm \rightarrow 32mm$

8) H_5 헤드에서의 방수압력(MPa) 및 방수량($\ell/\min$)
   ① H_5 헤드에서의 방수압력

   $= 0.16MPa + 6.174 \times 10^5 \times \dfrac{Q^{1.85}}{C^{1.85} \times D^{4.87}} \times L$

   $= 0.16MPa + 6.174 \times 10^5 \times \dfrac{(359.75\ell/\min)^{1.85}}{120^{1.85} \times (37mm)^{4.87}} \times 3m$

   $= 0.16MPa + 0.325kg/cm^2$

   $= 0.16MPa + 0.0325MPa$

   $= 0.1925MPa \rightarrow 0.19MPa$

   ② H_5 헤드에서의 방수량

   $Q = K\sqrt{10P}$

   $= 80 \times \sqrt{10 \times 0.19MPa}$

   $= 110.272\ell/\min \rightarrow 110.27\ell/\min$

9) A와 B 사이 배관의 호칭구경(mm)

$$D = \sqrt{\frac{4Q}{\pi v}} = \sqrt{\frac{4 \times (80 + 83.9 + 94.66 + 101.19 + 110.27)\ell/\min}{\pi \times 6m/s}}$$

$$= \sqrt{\frac{4 \times 470.02\ell/\min}{\pi \times 6m/s}} = \sqrt{\frac{4 \times 0.47002 m^3/60s}{\pi \times 6m/s}}$$

$$= 0.0407m$$

$$= 40.7mm \rightarrow 40mm$$

10) B지점에서의 방수압력(MPa) 및 방수량($\ell/\min$)

① B지점에서의 방수압력(MPa)

$$= 0.19MPa + 6.174 \times 10^5 \times \frac{Q^{1.85}}{C^{1.85} \times D^{4.87}} \times L$$

$$= 0.19MPa + 6.174 \times 10^5 \times \frac{(470.02\ell/\min)^{1.85}}{120^{1.85} \times (43mm)^{4.87}} \times 2m$$

$$= 0.19MPa + 0.171 kg/cm^2$$

$$= 0.19MPa + 0.0171MPa$$

$$= 0.2071MPa \rightarrow 0.21MPa$$

② B지점에서의 방수량($\ell/\min$)

$$= 470.02\ell/\min$$

17th Day

★★★☆☆

문제20 그림과 같이 설치된 스프링클러설비에서 스프링클러헤드가 모두 개방되었을 경우, 주어진 조건을 참조하여 다음 물음에 답하시오.

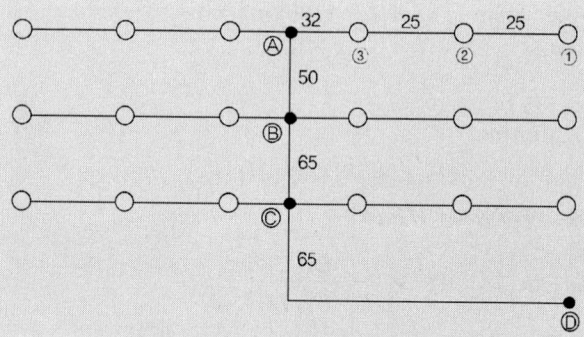

① 소화배관은 아연도금 강관이며 C값은 120으로 한다.
② 배관 부속의 마찰손실은 무시한다.
③ 배관의 마찰손실은 하젠-윌리엄스 공식을 이용한다.
④ 헤드는 정방형으로 배치되었으며, 설치 간격은 3m이다.
⑤ 배관의 호칭 구경별 안지름은 다음과 같다.

호칭 구경	25	32	40	50	65	80	100
내경(mm)	28	37	43	54	69	81	107

[물음]

1) 각 번호에 해당하는 스프링클러헤드의 방수압력, 방수량 및 비고의 내용을 산출하시오. 단, 마찰손실압력 및 방수량 계산 시 소수점 셋째자리에서 반올림해서 둘째자리까지 구하시오.

번호	방수압력[kgf/cm²]	방수량[ℓ/min]	비고
①	1	80	헤드의 방출계수(K) :
②			①~② 구간의 마찰손실압력 :
③			②~③ 구간의 마찰손실압력 :

2) 각 번호에서의 압력, 가지관의 유량 및 비고의 내용을 산출하시오. 단, 마찰손실압력 및 가지관의 유량 계산 시 소수점 셋째자리에서 반올림해서 둘째자리까지 구하시오.

번호	압력[kgf/cm²]	가지관의 유량[ℓ/min]	비고
Ⓐ			③~Ⓐ 구간의 마찰손실압력 :
Ⓑ			Ⓐ~Ⓑ 구간의 마찰손실압력 :
Ⓒ			Ⓑ~Ⓒ 구간의 마찰손실압력 :

3) 교차배관에 있는 Ⓓ점의 필요한 압력[kgf/cm²] 및 유량[ℓ/min]을 산출하시오. 단, Ⓒ~Ⓓ 구간의 배관 길이는 10m이다.

풀이

1) 각 번호에 해당하는 스프링클러헤드의 방수압력, 방수량 및 비고의 내용

$Q = K\sqrt{P}$ 에서 방출계수 $K = \dfrac{Q}{\sqrt{P}} = \dfrac{80\ell/\min}{\sqrt{1kgf/cm^2}} = 80$

①~②구간의 마찰손실 $= \dfrac{6.174 \times 10^5 \times (80\ell/\min)^{1.85}}{120^{1.85} \times (28mm)^{4.87}} \times 3m = 0.08 kgf/cm^2$

②의 방수압력 $= 1kgf/cm^2 + 0.08 kgf/cm^2 = 1.08 kgf/cm^2$

②의 방수량 $= K\sqrt{P} = 80 \times \sqrt{1.08 kg/cm^2} = 83.14 \ell/\min$

②~③구간의 마찰손실 $= \dfrac{6.174 \times 10^5 \times (163.14\ell/\min)^{1.85}}{120^{1.85} \times (28mm)^{4.87}} \times 3m = 0.29 kg/cm^2$

③의 방수압력 $= 1.08 kgf/cm^2 + 0.29 kgf/cm^2 = 1.37 kgf/cm^2$

③의 방수량 $= K\sqrt{P} = 80 \times \sqrt{1.37 kg/cm^2} = 93.64 \ell/\min$

번호	방수압력[kgf/cm²]	방수량[ℓ/min]	비고
①	1	80	80
②	1.08	83.14	0.08 kgf/cm²
③	1.37	93.64	0.29 kgf/cm²

2) 각 번호에서의 압력, 가지관의 유량 및 비고의 내용

③~Ⓐ구간의 마찰손실 $= \dfrac{6.174 \times 10^5 \times (256.78\ell/\min)^{1.85}}{120^{1.85} \times (37mm)^{4.87}} \times 1.5m = 0.09 kg/cm^2$

Ⓐ의 압력 $= 1.37 kgf/cm^2 + 0.09 kgf/cm^2 = 1.46 kgf/cm^2$

Ⓐ~Ⓑ구간의 마찰손실 $= \dfrac{6.174 \times 10^5 \times (513.56\ell/\min)^{1.85}}{120^{1.85} \times (54mm)^{4.87}} \times 3m = 0.1 kg/cm^2$

Ⓑ의 압력 $= 1.46 kgf/cm^2 + 0.1 kgf/cm^2 = 1.56 kgf/cm^2$

Ⓑ가지관의 유량 $= \sqrt{\dfrac{1.56 kgf/cm^2}{1.46 kgf/cm^2}} \times 513.56 \ell/\min = 530.86 \ell/\min$

Ⓑ~Ⓒ구간의 마찰손실 $= \dfrac{6.174 \times 10^5 \times (1044.42\ell/\min)^{1.85}}{120^{1.85} \times (69mm)^{4.87}} \times 3m = 0.11 kg/cm^2$

Ⓒ의 압력 $= 1.56 kgf/cm^2 + 0.11 kgf/cm^2 = 1.67 kgf/cm^2$

Ⓒ가지관의 유량 $= \sqrt{\dfrac{1.67 kgf/cm^2}{1.56 kgf/cm^2}} \times 530.86 \ell/\min = 549.26 \ell/\min$

번호	압력[kgf/cm²]	가지관의 유량[ℓ/min]	비고
Ⓐ	1.46	513.56	0.09 kgf/cm²
Ⓑ	1.56	530.86	0.1 kgf/cm²
Ⓒ	1.67	549.26	0.11 kgf/cm²

3) 교차배관에 있는 ⓓ점의 필요한 압력[kgf/cm²] 및 유량[ℓ/min]
   ① 필요한 압력

   ⓒ~ⓓ구간의 마찰손실 = $\dfrac{6.174 \times 10^5 \times (1593.68 \ell/\min)^{1.85}}{120^{1.85} \times (69mm)^{4.87}} \times 10m$

   $= 0.82 kg/cm^2$

   ∴ 필요한 압력 $= 1.67 kgf/cm^2 + 0.82 kgf/cm^2 = 2.49 kgf/cm^2$

   ② 유량 $= 513.56 + 530.86 + 549.26 = 1593.68 \ell/\min$

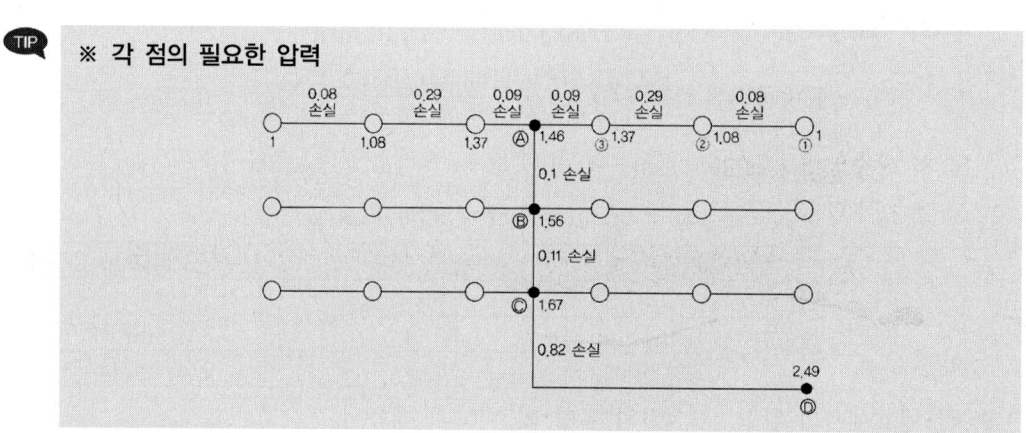

※ 각 점의 필요한 압력

★★★☆☆

문제21 다음의 도면과 도표를 참조하여 각 물음에 답하시오.

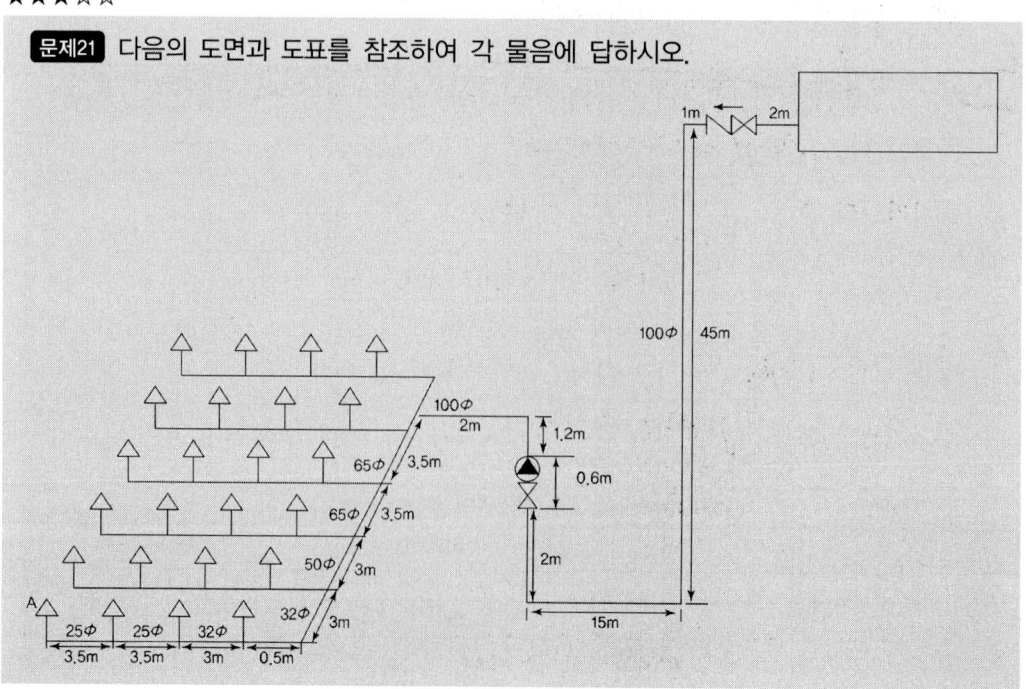

[조건]
① 주어지지 않은 조건은 무시한다.
② 직류티 및 레듀샤는 무시한다.
③ A점 스프링클러헤드만이 개방되었다.

$$\Delta Pm = \frac{6.0 \times 10^5 \times Q^2}{C^2 \times D^5}$$

ΔPm : 배관 1m당 마찰손실(kg/cm²·m)
Q : 유량(ℓ/min)
C : 조도(120)
D : 관경(mm)

④ 배관의 호칭구경별 안지름(mm)

호칭구경	25	32	40	50	65	80	100
내경	28	36	42	53	66	79	103

⑤ 관이음쇠, 밸브류 등의 마찰손실에 상당하는 직관길이(m)

호칭경(mm)	90° 엘보	90° T(측류)	알람체크밸브	게이트밸브	체크밸브
25	0.9	0.27	4.5	0.18	4.5
32	1.2	0.36	5.4	0.24	5.4
50	2.1	0.6	8.4	0.39	8.4
65	2.4	0.75	10.2	0.48	10.2
100	4.2	1.2	16.5	0.81	16.5

⑥ 스프링클러헤드의 방출계수 K는 80이다.

[물음]
1) 각 배관의 관경에 따라 다음 빈칸을 채우시오.

관경(mm)	산출근거	상당관 및 직관길이(m)
25		
32		
50		
65		
100		

2) 배관의 마찰손실압력을 계산하시오.
3) A점 헤드에서 고가수조까지의 낙차(m)를 구하시오.
4) A점 헤드의 실제 방수량(ℓ/min)을 계산하시오.
5) A점 헤드의 실제 방수압력(kg/cm²)을 계산하시오.

풀이

1)

관경	산출근거	상당관 및 직관길이
25	직관 : 3.5 m + 3.5 m = 7 m 90°엘보 1개 : 0.9 m ∴ 계 : 7 m + 0.9 m = 7.9 m	7.9 m
32	직관 : 3 m + 0.5 m + 3m = 6.5 m 90°엘보 1개 : 1.2 m ∴ 계 : 6.5 m + 1.2 m = 7.7 m	7.7 m
50	직관 : 3 m	3 m
65	직관 : 3.5 m + 3.5 m = 7 m	7 m
100	직관 : 2 m + 1.2 m + 2 m + 15 m + 45 m + 1 m + 2 m = 68.2 m 90°T(측류) 1개 : 1.2 m 90°엘보 4개 : 4.2 m × 4개 = 16.8 m 알람체크밸브 1개 : 16.5 m 게이트밸브 2개 : 0.81 m × 2개 = 1.62 m 체크밸브 1개 : 16.5 m ∴ 계 : 68.2m+1.2m+16.8m+16.5m+1.62m+16.5m=120.82m	120.82 m

2) 배관 1m당 마찰손실압력

관경(mm)	배관 1m당 마찰손실압력(kg/cm^2)
25	$\dfrac{6 \times 10^5 \times Q^2}{120^2 \times 28^5} = (\,2.421\,) \times 10^{-6} \times Q^2$
32	$\dfrac{6 \times 10^5 \times Q^2}{120^2 \times 36^5} = (\,6.891\,) \times 10^{-7} \times Q^2$
50	$\dfrac{6 \times 10^5 \times Q^2}{120^2 \times 53^5} = (\,9.963\,) \times 10^{-8} \times Q^2$
65	$\dfrac{6 \times 10^5 \times Q^2}{120^2 \times 66^5} = (\,3.327\,) \times 10^{-8} \times Q^2$
100	$\dfrac{6 \times 10^5 \times Q^2}{120^2 \times 103^5} = (\,3.594\,) \times 10^{-9} \times Q^2$

배관 마찰손실압력

관경(mm)	배관 마찰손실압력(kg/cm^2)
25	$2.421 \times 10^{-6} \times Q^2 \times 7.9m = 1.913 \times 10^{-5} \times Q^2$
32	$6.891 \times 10^{-7} \times Q^2 \times 7.7m = 5.31 \times 10^{-6} \times Q^2$
50	$9.963 \times 10^{-8} \times Q^2 \times 3m = 2.989 \times 10^{-7} \times Q^2$
65	$3.327 \times 10^{-8} \times Q^2 \times 7m = 2.329 \times 10^{-7} \times Q^2$
100	$3.594 \times 10^{-9} \times Q^2 \times 120.82m = 4.342 \times 10^{-7} \times Q^2$

∴ 배관의 마찰손실압력 $= 1.913 \times 10^{-5} \times Q^2 + 5.31 \times 10^{-6} \times Q^2 + 2.989 \times 10^{-7} \times Q^2$
$+ 2.329 \times 10^{-7} \times Q^2 + 4.342 \times 10^{-7} \times Q^2 = 2.54 \times 10^{-5} \times Q^2$

3) A점 헤드에서 고가수조까지의 낙차
   = 45 m − 2 m − 0.6 m − 1.2 m = 41.2 m
4) A점 헤드의 실제 방수량

   $H = h_1 + h_2$

   $41.2 = h_1 + h_2$

   $4.12[kg/cm^2] = 2.54 \times 10^{-5} \times Q^2[kg/cm^2] + P[kg/cm^2]$ ·················· ①

   $Q = K\sqrt{P}$

   $Q = 80\sqrt{P}$

   $\sqrt{P} = \dfrac{Q}{80}$ 양변에 제곱

   $P = \left(\dfrac{Q}{80}\right)^2$

   $P = \dfrac{Q^2}{80^2}$ ·················· ②

   ① 식에 ② 식을 대입하면

   $4.12 = 2.54 \times 10^{-5} \times Q^2 + \dfrac{Q^2}{80^2}$

   $4.12 = (2.54 \times 10^{-5} + \dfrac{1}{80^2})Q^2$ 에서

   $Q^2 = \dfrac{4.12}{2.54 \times 10^{-5} + \dfrac{1}{80^2}}$

   양변에 제곱근을 하면

   $\sqrt{Q^2} = \sqrt{\dfrac{4.12}{2.54 \times 10^{-5} + \dfrac{1}{80^2}}}$

   ∴ A점 헤드의 방수량 $Q = 150.6 \ell/min$

5) A점 헤드의 실제 방수압력

   $P = \dfrac{Q^2}{80^2} = \dfrac{150.6^2}{80^2} = 3.54 kg/cm^2$

18th Day

★★★☆☆

문제22 다음의 그림에서 수면과 노즐간의 높이를 X라 할 때 X를 구하시오.

[조건]

① Hazen-William의 공식은 다음과 같다.

$$\Delta P = \frac{6.0 \times 10^5 \times Q^2}{C^2 \times D^5}$$

② 토출량은 150 ℓ/min으로 일정하다.
③ 수조와 배관접속부의 마찰은 무시한다.
④ 수면에서 접결구까지의 높이는 3 m이다.
⑤ 50 mm 호칭구경의 내경은 54 mm이다.
⑥ 50 mm 관부속품의 등가길이는 다음과 같다.
  • 게이트밸브 : 0.3 m
  • 90°엘보 : 1.6 m
⑦ C의 값은 100이다.
⑧ K=100이다.

[물음]

1) 총등가길이
2) 1m당 배관마찰손실압력(kg/cm²)
3) 배관마찰손실압력(kg/cm²)
4) 헤드에서의 방출압(수면에서 헤드까지의 압력은 0.1X라 할 때)
5) 그러므로 X=

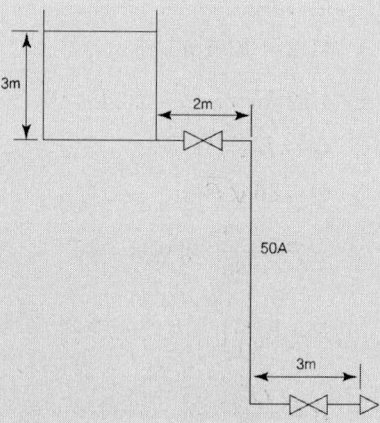

풀이

1) 총등가길이

$X - 3 + 2 + 3 + 0.3 \times 2 + 1.6 \times 2 = 5.8 + X$ [m]

2) 1m당 배관마찰손실압

$6 \times 10^5 \times \dfrac{150^2}{100^2 \times 54^5} = 2.94 \times 10^{-3}$ [kg/cm²]

3) 배관의 마찰손실압력

$2.94 \times 10^{-3} \times (5.8 + X)$
$= 2.94 \times 10^{-3} \times 5.8 + 2.94 \times 10^{-3} X$
$= 0.017 + 2.94 \times 10^{-3} X$ [kg/cm²]

4) 헤드에서의 방출압

$Q = K\sqrt{P}$ 에서

$P = \left(\dfrac{Q}{K}\right)^2 = \left(\dfrac{150}{100}\right)^2 = 2.25$ kg/cm²

5) 그러므로 X=
$P = 0.1X - \Delta P$
$2.25 = 0.1X - (0.017 + 2.94 \times 10^{-3}X)$
$2.25 = 0.1X - 0.017 - 2.94 \times 10^{-3}X$
$2.25 + 0.017 = (0.1 - 2.94 \times 10^{-3})X$
$X = \dfrac{2.25 + 0.017}{0.1 - 2.94 \times 10^{-3}}$
$X = 23.37 m$

★★★☆☆

문제23 다음 그림은 어느 일제개방형 스프링클러설비의 계통을 나타내는 Isometric Diagram이다. 주어진 조건을 참조하여 이 설비가 작동되었을 경우 표의 유량, 구간손실, 손실계 등을 답란의 요구순서대로 수리계산하여 산출하시오. 단, 계산과정은 별도로 기술하시오.

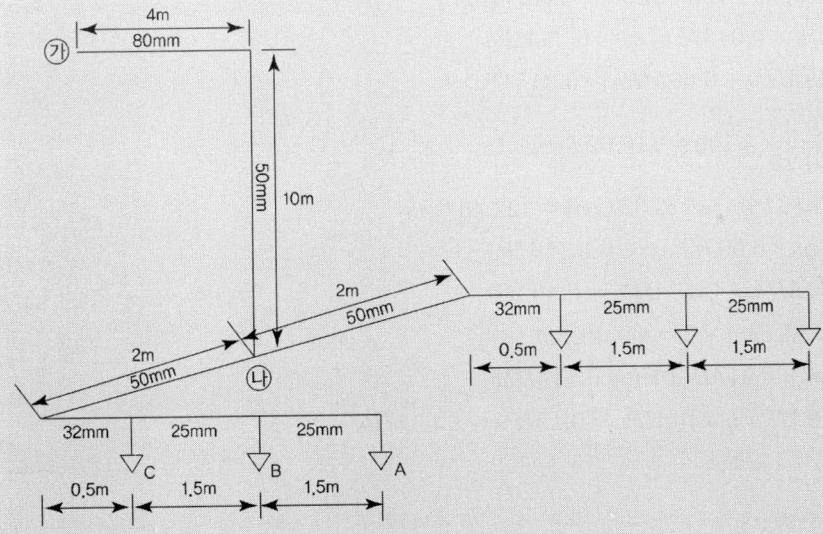

[조건]
① 설치된 개방형헤드 A의 유량은 100 Lpm, 방수압은 0.25 MPa이다.
② 배관 부속 및 밸브류의 마찰손실은 무시한다.
③ 수리계산 시 속도수두는 무시한다.

④ 필요압은 노즐에서의 방사압과 배관 끝에서의 압력을 별도로 구한다.

구간	유량 [Lpm]	길이 [m]	1m당 마찰손실[MPa]	구간손실 [MPa]	낙차 [m]	손실계 [MPa]
헤드 A	100	–	–	–	–	0.25
A~B	100	1.5	0.02	0.03	0	①
헤드 B	②	–	–	–	–	–
B~C	③	1.5	0.04	④	0	⑤
헤드 C	⑥	–	–	–	–	–
C~㈋	⑦	2.5	0.06	⑧	0	⑨
㈋~㈀	⑩	14	0.01	⑪	10	⑫

풀이

① $0.25MPa + 0.03MPa = 0.28MPa$

② $\dfrac{\sqrt{0.28}}{\sqrt{0.25}} \times 100 = 105.83 Lpm$

③ $100 Lpm + 105.83 Lpm = 205.83 Lpm$

④ $1.5m \times 0.04 MPa/m = 0.06 MPa$

⑤ $0.28MPa + 0.06MPa = 0.34MPa$

⑥ $\dfrac{\sqrt{0.34}}{\sqrt{0.25}} \times 100 = 116.62 Lpm$

⑦ $205.83 Lpm + 116.62 Lpm = 322.45 Lpm$

⑧ $2.5m \times 0.06 MPa/m = 0.15 MPa$

⑨ $0.34MPa + 0.15MPa = 0.49MPa$

⑩ $322.45 Lpm \times 2 = 644.9 Lpm$

⑪ $14m \times 0.01 MPa/m = 0.14 MPa$

⑫ $0.49MPa + 0.14MPa - 0.1MPa = 0.53MPa$

★★★☆☆

문제24 다음 그림은 주차장의 일부이다. 이곳에 포소화설비를 설치할 경우 다음 물음에 답하시오. 단, 방호구역은 2개이며, 기타 조건은 무시한다.

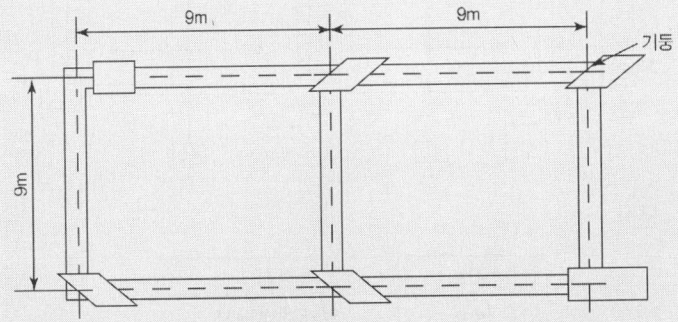

1) 주차장에 설치할 수 있는 포소화설비의 종류 3가지를 쓰시오.
2) 상기 면적에 설치해야 할 포헤드의 수는 몇 개인가? 단, 헤드 간 거리 산출 시 소수점은 반올림하고, 정방형 배치방식으로 산출하시오.
3) 한 개의 방호구역에 대한 분당 포소화약제 수용액의 최저 방사량은 몇 ℓ 인가?
   ① 단백포 소화약제의 경우
   ② 합성계면활성제포 소화약제의 경우
   ③ 수성막포 소화약제의 경우
4) 포헤드 및 일제개방밸브를 상기 도면에 정방형 배치방식으로 표시하시오. 단, 헤드간 거리, 기둥 중심선으로부터 포헤드 설치간격을 꼭 표시해야 함.

풀이

1) 포소화설비의 종류
   ① 포워터스프링클러설비
   ② 포헤드설비
   ③ 고정포방출설비

2) 포헤드의 수
   헤드 간의 거리(S) = $2r\cos 45° = 2 \times 2.1m \times \cos 45° = 2.97 \rightarrow 3m$
   가로열의 헤드 개수 = 가로길이 ÷ S = $9m ÷ 3m$ = 3개
   세로열의 헤드 개수 = 세로길이 ÷ S = $9m ÷ 3m$ = 3개
   ∴ 포헤드의 수 = 3개 × 3개 × 2구역 = 18개

3) 포소화약제 수용액의 최저 방사량
   ① 단백포 소화약제의 경우 : $9m \times 9m \times 6.5\ell/\min \cdot m^2 = 526.5\ell/\min$
   ② 합성계면활성제포 소화약제의 경우 : $9m \times 9m \times 8\ell/\min \cdot m^2 = 648\ell/\min$
   ③ 수성막포 소화약제의 경우 : $9m \times 9m \times 3.7\ell/\min \cdot m^2 = 299.7\ell/\min$

4) 포헤드 및 일제개방밸브를 상기 도면에 정방형 배치방식으로 표시

18th Day

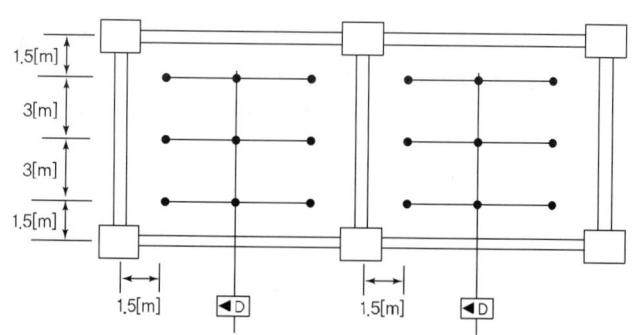

기호	명칭
◀D	일제개방밸브

> ※ 포헤드설비
> ① 포헤드 상호 간의 거리는 정방형으로 배치한 경우에는 다음의 식에 따라 산정한 수치 이하가 되도록 할 것
>
> $$S = 2r\cos 45°$$
>
> S : 포헤드 상호 간의 거리(m)   r : 유효반경(2.1 m)
>
> ② 포헤드는 특정소방대상물별로 그에 사용되는 포소화약제에 따라 1분당 방사량이 다음 표에 따른 양 이상이 되는 것으로 할 것

소방대상물	포소화약제의 종류	바닥면적 1m² 당 방사량
차고 · 주차장 및 항공기격납고	단백포 소화약제	6.5ℓ 이상
	합성계면활성제포 소화약제	8.0ℓ 이상
	수성막포 소화약제	3.7ℓ 이상
특수가연물을 저장 · 취급하는 소방대상물	단백포 소화약제	6.5ℓ 이상
	합성계면활성제포 소화약제	6.5ℓ 이상
	수성막포 소화약제	6.5ℓ 이상

★★★★☆

문제25 바닥면적이 100 m²인 차고, 주차장에 방호용으로 포헤드설비를 설치하려고 한다. 설치해야 할 포헤드의 개수와 약제량을 계산하시오. 단, 단백포 3%형을 사용

 풀이

① 포헤드의 개수

$$= \frac{A}{9m^2/개} = \frac{100m^2}{9m^2/개} = 11.11 \rightarrow 12개$$

② 약제량

$$= 100\text{m}^2 \times 6.5\ell/\text{min}\cdot\text{m}^2 \times 10\text{min} \times 0.03 = 195\ell$$

> **TIP**
> ※ 포헤드설비
> ① 포헤드는 소방대상물의 천장 또는 반자에 설치하되, 바닥면적 9m²마다 1개 이상으로 하여 당해 방호대상물의 화재를 유효하게 소화할 수 있도록 할 것
> ② 약제량=바닥면적×표준방사량×10분×사용농도
> (바닥면적 200 m² 이상일 경우에는 200 m²를 적용)

18th Day

★★★★☆

문제26 가로 30 m, 세로 20 m인 자동차 차고에 포헤드설비를 설치하고자 할 때 다음 물음에 답하시오.

① 감지방식은 스프링클러헤드를 사용한다.
② 층고는 3 m로 한다.
③ 포헤드에 대한 배관 구경은 다음 표와 같다.

설치 헤드 수	1	2	5	8	15	27	55	90	150
관경[mm]	25	32	40	50	65	80	100	125	150

[물음]
1) 설치해야 할 감지용 스프링클러헤드는 어떤 종류를 사용하여야 하는가?
2) 상기의 차고에 설치하는 자동밸브(일제개방밸브)는 최소 몇 개 이상이어야 하는가?
3) 설치해야 할 포헤드는 최소 몇 개 이상이어야 하는가?
4) 설치해야 할 감지용 스프링클러헤드는 최소 몇 개 이상이어야 하는가?

풀이

1) 설치해야 할 감지용 스프링클러헤드의 종류 : 폐쇄형 스프링클러헤드
2) 자동밸브(일제개방밸브) 수량

$$= \frac{30\text{m} \times 20\text{m}}{200\text{m}^2/\text{개}} = 3\text{개}$$

3) 설치해야 할 포헤드의 최소 수량

$$= \frac{200\text{m}^2}{9\text{m}^2/\text{개}} = 22.2 \rightarrow 23\text{개}$$

∴ 23개 × 3구역 = 69개

4) 설치해야 할 감지용 스프링클러헤드의 최소 수량

$$= \frac{200\text{m}^2}{20\text{m}^2/\text{개}} = 10\text{개}$$

∴ 10개 × 3구역 = 30개

TIP

※ 포헤드설비

수원의 양은 포헤드설비의 경우에는 포헤드가 가장 많이 설치된 층의 포헤드(바닥면적이 200 m²를 초과한 층에 있어서는 바닥면적 200 m² 이내에 설치된 포헤드)에서 동시에 표준방사량으로 10분간 방사할 수 있는 양 이상으로 한다. → 여기에서 일제개방밸브의 최대 방수구역의 크기는 200 m² 이하임을 알 수 있다.

★★★★☆

문제27 다음 그림과 같이 차고에 포헤드설비를 설치하였을 경우 아래의 물음에 답하시오.

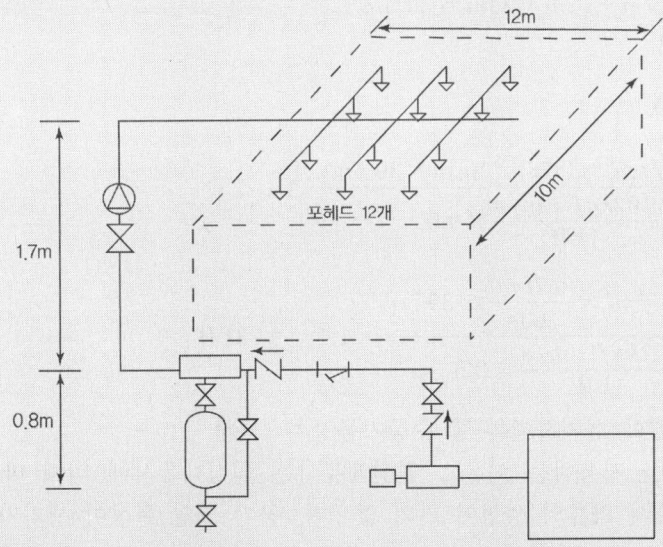

[조건]
① 포헤드의 방사압력은 2.5 kg/cm²이다.
② 배관상의 총마찰손실은 12 m이다.
③ 포소화약제는 3 % 단백포를 사용한다.
④ 펌프의 효율은 60 %이며, 전동기의 전달계수는 1.1이다.

[물음]
1) 포소화약제 원액의 저장량(ℓ)은 얼마인가?
2) 펌프의 최소 토출량(m³/분)은 얼마인가?
3) 펌프의 최소 전양정(m)은 얼마인가?
4) 펌프의 동력(kW)은 얼마인가?
5) 차고, 주차장에 설치하여야 할 수동기동장치는 방사구역마다 몇 개인가?
6) 펌프의 흡입측 배관에서 관경을 변경할 경우 편심레듀샤를 사용하는 이유는?
7) 포소화설비에 필요한 기구를 5가지만 쓰시오(단, 배관상의 부속품은 제외, 도면에 표기되지 아니한 것은 제외, 도면에 명기된 것은 제외한다).

풀이

1) 포소화약제 원액의 저장량
$= 12m \times 10m \times 6.5\ell/분 \cdot m^2 \times 10분 \times 0.03 = 234\ell$

2) 펌프의 최소 토출량
$= 12m \times 10m \times 6.5\ell/분 \cdot m^2 = 780\ell/분 = 0.78m^3/분$

18th Day

3) 펌프의 최소 전양정

$= h_1 + h_2 + h_3$

$= 0.8m + 1.7m + 12m + 25m = 39.5m$

4) 펌프의 동력

$= \dfrac{\gamma QH}{102\eta} \times K$

$= \dfrac{1{,}000 kgf/m^3 \times 0.78 m^3/\min \times 39.5m}{\dfrac{102 kgf \cdot m/s}{1kW} \times 0.6} \times 1.1$

$= \dfrac{1{,}000 kgf/m^3 \times \dfrac{0.78 m^3}{60s} \times 39.5m}{\dfrac{102 kgf \cdot m/s}{1kW} \times 0.6} \times 1.1 = 9.23 kW$

5) 차고, 주차장에 설치하여야 할 수동기동장치 : 1개

6) 편심레듀샤를 사용하는 이유 : 편심레듀샤는 원심레듀샤에 비해 마찰손실이 적고, 배관 내부에서 와류의 생성이 거의 없으며, 공기 고임 현상이 생기지 않는다.

7) 포소화설비에 필요한 기구 : 수조, 소방펌프, 전동기, 포소화약제 저장탱크, 혼합장치

 ※ **포헤드설비**
① 실양정 $h_1 = 0.8\,m + 1.7\,m$
② 포헤드의 방사압력 환산수두 $h_3 = 2.5\,kg/cm^2 = 25\,m$
③ 차고 또는 주차장에 설치하는 포소화설비의 수동식 기동장치는 방사구역마다 1개 이상 설치할 것

★★★★☆

문제28 합성계면활성제포 소화약제 1.5%형을 650:1로 방출하였더니 포의 체적이 33 m³였다. 다음의 물음에 답하시오.

1) 사용된 합성계면활성제포 1.5%형의 사용량(ℓ)은 얼마인가?
2) 사용된 물의 양(m³)은 얼마인가?
3) 같은 양의 합성계면활성제포 원액을 사용하여 팽창비가 280이 되게 포를 방출한다면 방출된 포의 체적(m³)은 얼마가 되겠는가?

풀이

1) 사용된 합성계면활성제포 1.5%형의 사용량

$$\text{팽창비} = \frac{\text{방사된 포 체적}}{\text{방사 전 포수용액 체적}} \text{에서}$$

$$\text{포수용액 체적} = \frac{\text{포 체적}}{\text{팽창비}} = \frac{33\text{m}^3}{650} = \frac{33{,}000\ell}{650} = 50.77\ell \text{이므로}$$

합성계면활성제포 1.5%형의 사용량 $= 50.77\ell \times 0.015 = 0.76\ell$

2) 사용된 물의 양
$= 50.77\ell \times 0.985 = 50\ell = 0.05\text{m}^3$

3) 방출된 포의 체적
= 팽창비 × 포수용액 체적
$= 280 \times 50.77\ell = 14215.6\ell = 14.2156\text{m}^3 \rightarrow 14.22\text{m}^3$

★★★☆☆

문제29 표면화재에 대비하여 전역방출방식의 이산화탄소 소화설비를 설치하고자 한다. 약제의 저장량이 90 kg이고 노즐이 4개 설치되어 있다면, 다음 물음에 답하시오.

1) 노즐 1개가 방출해야 하는 분당 약제량(kg)을 계산하시오.
2) 헤드의 방사율 1.25 kg/mm²·min일 경우, 노즐의 직경(mm)을 계산하시오.

풀이

1) 노즐 1개가 방출해야 하는 분당 약제량(kg)

$$= \frac{90 kg}{4개 \times 1분} = 22.5 kg/\min$$

2) 노즐의 직경(mm)

$$노즐면적 = \frac{22.5 kg/\min}{1.25 kg/mm^2 \cdot \min} = 18 mm^2$$

$$A = \frac{\pi}{4}D^2 에서$$

노즐직경

$$D = \sqrt{\frac{4A}{\pi}}$$

$$= \sqrt{\frac{4 \times 18 mm^2}{\pi}} = 4.79 mm$$

★★★☆☆

문제30 보일러실·변전실·발전실 및 축전지실에 아래와 같은 조건으로 전역방출방식의 고압식 이산화탄소 소화설비를 설치하였을 경우 다음의 물음에 답하시오.

① 이산화탄소소화약제 저장용기는 내용적 68ℓ, 충전량 45kg용의 것을 사용하는 것으로 한다.
② 소화약제 저장량은 표면화재 방호대상물에 준해서 계산한다.

③ 개구부의 상태에 따라 개구부 면적 1m²당 가산하는 소화약제의 양은 5 kg으로 한다.
④ 각 실에 설치된 분사헤드의 방사율은 1개당 1.16 kg/mm²·분으로 하며, 방출시간은 1분을 기준으로 한다.
⑤ 방호구역별 조건은 다음의 표와 같다.

방호구역	크기(m) 면적	크기(m) 높이	개구부의 크기(m²)	개구부 상태	분사헤드의 설치 수(개)
보일러실	17×18	5	6.3	자동폐쇄불가	45
변전실	10×18	6	4.2	자동폐쇄가능	35
발전실	5×8	4	4.2	자동폐쇄불가	7
축전지실	5×3	4	2.1	자동폐쇄가능	2

[물음]
1) 방호구역별로 필요한 소화약제의 양(kg)을 구하시오.
2) 각 실에 필요한 소화약제의 용기 수(병)를 구하시오.
3) 용기저장소에 저장하여야 할 소화약제의 용기 수(병)를 구하시오.
4) 각 실별로 설치된 분사헤드의 분출구 면적(mm²)은 얼마이어야 하는가?(단, 모든 실은 표면화재 방호대상물로 본다.)

풀이

1) 방호구역별로 필요한 소화약제의 양(kg)

보일러실	방호구역의 체적 : $17m \times 18m \times 5m = 1,530m^3$ $1,530m^3 \times 0.75\text{kg}/m^3 = 1147.5\text{kg}$ $6.3m^2 \times 5\text{kg}/m^2 = 31.5\text{kg}$ ∴ $1,147.5\text{kg} + 31.5\text{kg} = 1,179\text{kg}$
변전실	방호구역의 체적 : $10m \times 18m \times 6m = 1,080m^3$ $1,080m^3 \times 0.8\text{kg}/m^3 = 864\text{kg}$
발전실	방호구역의 체적 : $5m \times 8m \times 4m = 160m^3$ $160m^3 \times 0.8\text{kg}/m^3 = 128\text{kg}$ → 최저한도량 135kg $4.2m^2 \times 5\text{kg}/m^2 = 21\text{kg}$ ∴ $135\text{kg} + 21\text{kg} = 156\text{kg}$
축전지실	방호구역의 체적 : $5m \times 3m \times 4m = 60m^3$ $60m^3 \times 0.9\text{kg}/m^3 = 54\text{kg}$

2) 각 실에 필요한 소화약제의 용기 수

보일러실	1,179kg ÷ 45kg = 26.2 → 27병
변전실	864kg ÷ 45kg = 19.2 → 20병
발전실	156kg ÷ 45kg = 3.47 → 4병
축전지실	54kg ÷ 45kg = 1.2 → 2병

3) 용기저장소에 저장하여야 할 소화약제의 용기 수 : 27병

4) 각 실별로 설치된 분사헤드의 분출구 면적(mm^2)

보일러실	$\dfrac{27병 \times 45\text{kg/병}}{\dfrac{분 \cdot 45개}{1.16\text{kg}} \atop mm^2 \cdot 분 \cdot 개} = 23.28mm^2$
변전실	$\dfrac{20병 \times 45\text{kg/병}}{\dfrac{분 \cdot 35개}{1.16\text{kg}} \atop mm^2 \cdot 분 \cdot 개} = 22.17mm^2$
발전실	$\dfrac{4병 \times 45\text{kg/병}}{\dfrac{분 \cdot 7개}{1.16\text{kg}} \atop mm^2 \cdot 분 \cdot 개} = 22.17mm^2$
축전지실	$\dfrac{2병 \times 45\text{kg/병}}{\dfrac{분 \cdot 2개}{1.16\text{kg}} \atop mm^2 \cdot 분 \cdot 개} = 38.79mm^2$

★★★★☆

문제31 다음 그림과 같은 건축물에 설치된 소화설비에 대하여 답안지의 물음에 답하시오.

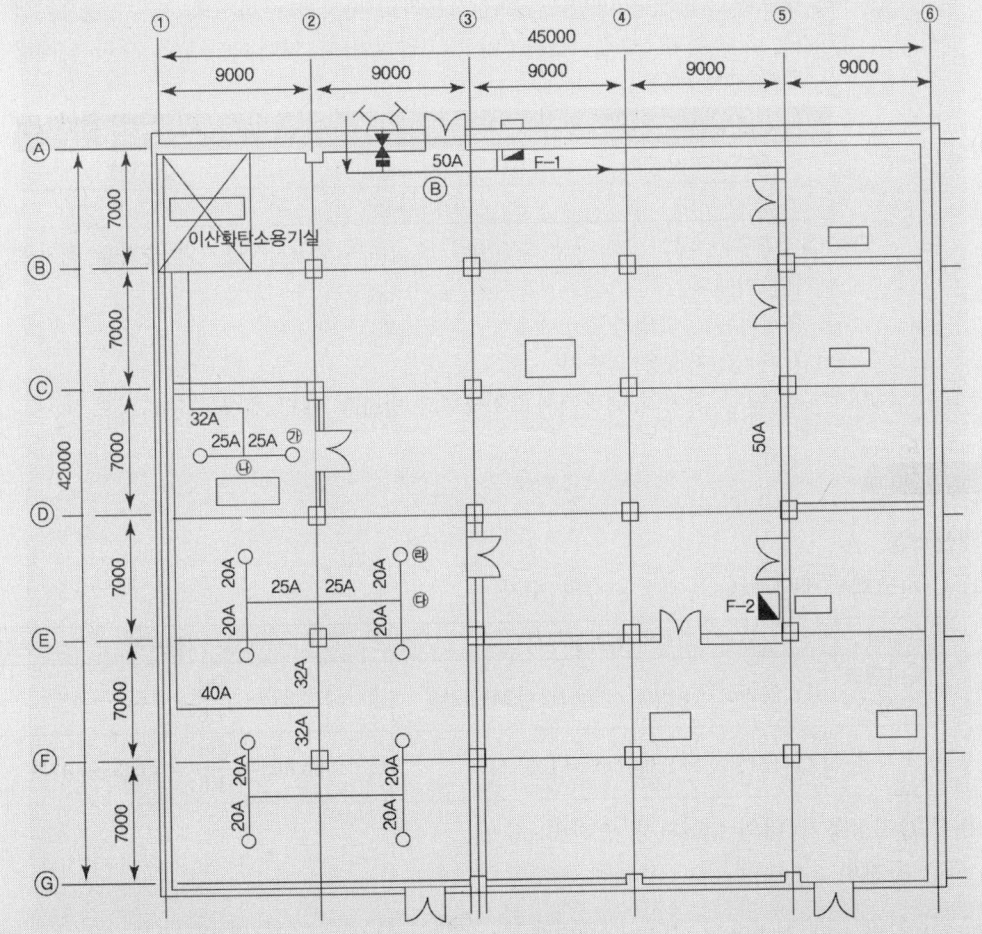

[조건]
① 옥내탱크저장소의 크기(내부) : 9 m × 7 m × 4 m = 252 m³
② 전기실의 크기(내부) : 18 m × 21 m × 4 m = 1,512 m³
③ 옥내탱크저장소에 저장하는 위험물의 종류는 에탄(Ethan)이며, 에탄의 설계농도는 40%이며, 이때 34% 설계농도에 비해 곱하여야 할 보정계수는 1.2이다.
④ 전기실의 화재는 심부화재이며 방호구역 내 CO_2농도가 2분 내에 30%에 도달되어야 한다. 단, 방호구역 내 CO_2농도가 30%가 되기 위해서는 방호구역 체적단위 m³당 0.7 kg의 CO_2소화약제가 필요하다.

제2편 소방시설 **385**

18th Day

[물음]

1) 옥내탱크저장소와 전기실에 이산화탄소 소화설비를 전역방출방식으로 적용할 때 필요한 CO_2 소화약제량과 CO_2 저장용기의 숫자를 구하시오. 단, 저장용기의 크기는 68ℓ이며, 충전비는 1.6이고 고압식이며, 이때 개구부에 대한 약제량은 무시한다.

실 명	소화약제량(설계치)	CO_2 저장용기
옥내탱크저장소	① kg	③ 병
전 기 실	② kg	④ 병

2) CO_2저장용기 내의 CO_2저장 충전비를 조정하여 CO_2저장용기의 숫자를 최저로 하려면 이때의
  ① 충전비는 얼마인가?
  ② 최저 CO_2저장용기 숫자
3) ㉰~㉱ 구간 사이의 배관에서 CO_2약제가 방출될 때의 유량을 구하시오.

풀이

■ 계산과정

1) CO_2소화약제량과 CO_2저장용기의 숫자

실명	소화약제량(설계치)	CO_2 저장용기
옥내탱크저장소	① $252m^3 \times 0.8kg/m^3 \times 1.2 = 241.92kg$	③ $241.92kg \div \dfrac{68\ell}{1.6} = 5.69 \rightarrow 6$병
전기실	② $1512m^3 \times 1.3kg/m^3 = 1965.6kg$	④ $1965.6kg \div \dfrac{68\ell}{1.6} = 46.25 \rightarrow 47$병

2) CO_2저장용기 내의 CO_2저장 충전비
  ① 충전비 : 1.5
  ② 최저 CO_2저장용기 숫자 $= 1965.6kg \div \dfrac{68\ell}{1.5} = 43.35 \rightarrow 44$병

3) ㉰~㉱ 구간 사이의 배관에서 CO_2약제가 방출될 때의 유량

$$\dfrac{1512m^3 \times 1.3kg/m^3}{8개 \times 7분} = 35.1 kg/분$$

$$\dfrac{1512m^3 \times 0.7kg/m^3}{8개 \times 2분} = 66.15 kg/분$$

∴ 배관에서 CO_2약제가 방출될 때의 유량 : 66.15kg/분

19th Day

★★★★☆

문제32 에탄(Ethane)을 저장하는 창고에 이산화탄소 소화설비를 설치하려고 할 때 다음 물음에 답하시오.

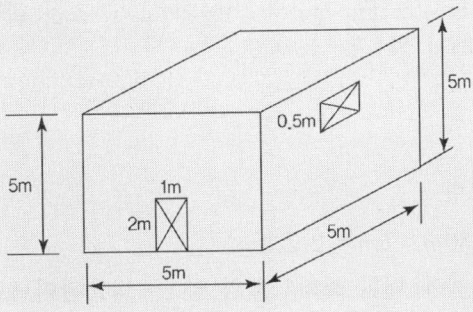

[조건]
① 소화설비의 방식 : 전역방출방식(고압식)
② 저장창고의 규모 : 5m × 5m × 5m
③ 에탄의 소화에 필요한 이산화탄소의 설계농도는 40%이며, 보정계수는 1.2이다.
④ 저장창고의 개구부는 1m × 0.5m × 1개소, 2m × 1m × 1개소가 있다.

[물음]
1) 필요한 이산화탄소 약제의 양(kg)을 계산하시오.
2) 방호구역 내에 이산화탄소가 설계농도로 유지될 때의 산소의 농도는 얼마인가?
3) 이산화탄소 저장용기의 충전비를 최대로 할 경우 저장용기(68ℓ) 1병당 저장약제의 중량은 얼마인가?
4) 3)과 같이 충전비를 최대로 할 경우 필요한 저장용기의 숫자는?

풀이

1) 필요한 이산화탄소 약제의 양

방호구역의 체적 = $5m \times 5m \times 5m = 125m^3$ 이므로

$= 125m^3 \times 0.9 kg/m^3 \times 1.2 + (1m \times 0.5m + 2m \times 1m) \times 5 kg/m^2 = 147.5 kg$

2) 산소의 농도

$CO_2(\%) = \dfrac{21 - O_2}{21} \times 100$ 에서

$O_2 = 21 - \dfrac{CO_2}{100} \times 21 = 21 - \dfrac{40}{100} \times 21 = 12.6\%$

3) 저장용기(68ℓ) 1병당 저장약제의 중량

$= \dfrac{68\ell}{1.9\ell/kg} = 35.79 kg$

4) 필요한 저장용기의 숫자

$= \dfrac{147.5 kg}{35.79 kg/병} = 4.12 \rightarrow 5병$

★★★★☆

문제33 박물관(15 m × 30 m × 5 m)에 고정식의 고압식 이산화탄소 소화설비를 전역방출 방식으로 설치하고자 할 때, 요구되는 CO₂ 소요량(kg) 및 배관 내 최소 유량 (kg/분)을 계산하시오. 단, 개구부(2 m × 1 m) 5개소는 화재와 동시에 닫히는 구조이다. 반올림해서 정수로 답하시오.

풀이

1) 요구되는 CO_2 소요량

   실의 체적 $= 15m \times 30m \times 5m = 2,250m^3$

   방호구역의 체적 $1m^3$에 대한 소화약제의 양 → 박물관이므로 $2kg/m^3$

   ∴ CO_2 소요량 $=$ 실의 체적 $\times 2kg/m^3 = 2,250m^3 \times 2kg/m^3 = 4,500kg$

2) 배관 내 최소 유량

   유량 $= \dfrac{2,250m^3 \times 2kg/m^3}{7분} = 642.8 \to 643kg/분$

   유량 $= \dfrac{2,250m^3 \times 0.673kg/m^3}{2분} = 757.1 \to 757kg/분$

   ∴ 최소 유량은 $757kg/분$이다.

★★★☆☆

문제34 내용적이 40 m³인 어느 실에 대해 할론 1301설비를 하고자 한다. 소화에 필요한 할론 1301의 설계농도를 10% 라고 하면 필요한 할론 1301 소화약제의 양(kg)은 얼마가 되겠는가?(단, 설계 기준 온도는 21℃이고, 이 온도에서의 할론 1301의 비체적은 0.17 m³/kg이다. 개구부에 대한 소화약제의 소요량은 무시한다)

풀이

할론(%) = $\dfrac{21 - O_2}{21} \times 100$

$10\% = \dfrac{21 - O_2}{21} \times 100$ 에서

$\dfrac{10}{100} = \dfrac{21 - O_2}{21}$

$\dfrac{10}{100} \times 21 = 21 - O_2$

$O_2 = 21 - \dfrac{10}{100} \times 21 = 18.9\%$

할론(m³) = $\dfrac{21 - O_2}{O_2} \times$ 방호구역의 체적 $(m^3) = \dfrac{21 - 18.9}{18.9} \times 40 m^3 = 4.444 m^3$

소화약제량(kg) = $\dfrac{체적}{비체적} = \dfrac{4.444 m^3}{0.17 m^3/kg} = 26.14 kg$

※ 다른 풀이 방법

소요약제량 = $\dfrac{V}{S} \times \left[\dfrac{C}{(100-C)}\right] = \dfrac{40 m^3}{0.17 m^3/kg} \times \left[\dfrac{10\%}{(100-10\%)}\right] = 26.14 kg$

19th Day

★★★☆☆

문제35 다음은 어느 할론 1301설비(고압용)의 기기장치의 구성을 보여주고 있는 그림이다. 이 그림을 보고 다음 각 물음에 답하시오.

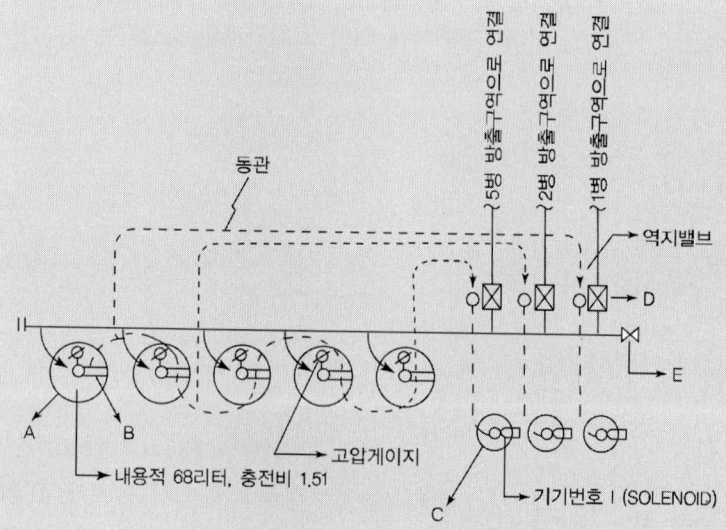

1) 구성장치(A, B, C…)의 명칭을 쓰시오.
2) 한 개의 할론 저장용기의 할론 충전량은 얼마인가?
3) 기기번호 I의 기기를 설치하는 이유는 무엇인가?
4) 동관에 마저 설치해야 할 역지밸브(체크밸브)의 최소 개수는 몇 개인가?
5) 고압용게이지를 설치하는 이유는 무엇인가?
6) 연결관에 역지밸브를 설치하는 이유는 무엇인가?
7) 소방법규 상의 기준 방사시간과 동일한 시간동안 방출된다면 연결관을 흐르는 약제의 양은 매초 몇 kg인가?(단, 전역방출방식이다)

풀이

1) 구성장치의 명칭
   A : 소화약제 저장용기 B : 저장용기밸브 개방장치(니들밸브)
   C : 기동용 가스용기   D : 선택밸브
   E : 안전장치(안전밸브)

2) 한 개의 할론 저장용기의 할론 충전량

   $$\text{할론 충전량} = \frac{\text{용기의 내용적}}{\text{충전비}} = \frac{68\ell}{1.51} = 45.03\,\text{kg}$$

3) 기기번호 I의 기기를 설치하는 이유 : 화재감지기나 수동기동스위치 동작 시 솔레노이드밸브가 작동하여 기동용 가스용기를 개방시킨다.

4) 동관에 마저 설치해야 할 역지밸브의 최소 개수 : 2개

5) 고압용게이지를 설치하는 이유 : 점검 시 저장용기 내부의 압력 확인(압력측정법)

6) 연결관에 역지밸브를 설치하는 이유 : 저장용기의 일부가 개방되어 그 가스압력이 연결관으로 역류되어 다른 용기밸브를 개방할 수 있는데 이것을 방지하기 위하여 설치한다(용기밸브의 보호).

7) 연결관을 흐르는 약제의 양

$$= \frac{45.03kg}{10s} = 4.503 kg/s$$

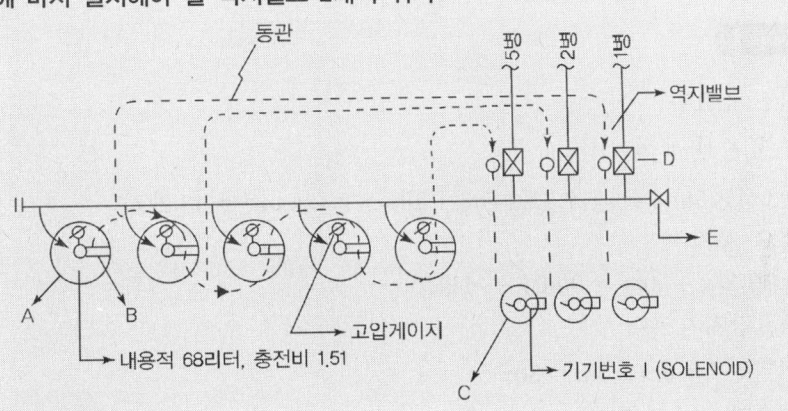

★★★★☆

문제36 가로 20 m, 세로 15 m, 높이 5 m인 자동차 차고에 할론 1301(전역방출방식)소화설비를 하려고 한다. 저장용기실에 설치하여야 할 할론 1301 소화약제의 용기 수(병)를 산출하시오. 단, 저장용기의 충전비는 1.36, 내용적은 68ℓ이며, 자동폐쇄장치는 설치되어 있다.

풀이

최소 소화약제의 저장량	최대 소화약제의 저장량
$= V \times W_1 + A \times W_2$	$= V \times W_1 + A \times W_2$
$= 20m \times 15m \times 5m \times 0.32 kg/m^3 + 0$	$= 20m \times 15m \times 5m \times 0.64 kg/m^3 + 0$
$= 480 kg$	$= 960 kg$

∴ 할로겐화합물 소화약제의 저장량 = 480kg ~ 960kg

최소 용기 수	최대 용기 수
$= \dfrac{480kg}{\dfrac{68\ell}{1.36\ell/kg}} = 9.6 \rightarrow 10$병	$= \dfrac{960kg}{\dfrac{68\ell}{1.36\ell/kg}} = 19.2 \rightarrow 19$병

∴ 소화약제의 용기 수 = 10병 ~ 19병

19th Day

★★★★☆

문제37 할론 1301을 소재로 하였을 때 다음을 계산하라. (전기실의 면적은 6 m × 5 m, 높이 4 m, 개구부 면적 2 m²) 주요구조부 : 내화구조

1) 최소 소요량
2) 필요 용기 수(용기당 50kg)
3) 필요 감지기 수(차동식 스포트형 2종)
4) 최소 회로 수

풀이

1) 최소 소요량
   $= V \times W_1 + A \times W_2$
   $= 6m \times 5m \times 4m \times 0.32 \text{kg}/m^3 + 2m^2 \times 2.4 \text{kg}/m^2 = 43.2 \text{kg}$

2) 필요 용기 수
   $= 43.2 \text{kg} \div 50 \text{kg} = 0.864 \rightarrow 1$병

3) 필요감지기 수
   바닥면적 $= 6m \times 5m = 30m^2$
   회로당 필요감지기 수 $= 30m^2 \div 35m^2/$개 $= 0.8 \rightarrow 1$개
   ∴ 1개/회로 × 2회로 → 2개

4) 최소 회로 수 : 2회로

※ 열감지기

부착높이 및 소방대상물의 구분		감지기의 종류					
		차동식 스포트형		보상식 스포트형		정온식 스포트형		
		1종	2종	1종	2종	특종	1종	2종
4m 미만	주요구조부를 내화구조로 한 소방대상물 또는 그 부분	90	70	90	70	70	60	20
	기타 구조의 소방대상물	50	40	50	40	40	30	15
4m 이상 8m 미만	주요구조부를 내화구조로 한 소방대상물 또는 그 부분	45	35	45	35	35	30	
	기타 구조의 소방대상물	30	25	30	25	25	15	

★★★★☆

문제38 통신기기실에 할론 1301 전역방출방식의 소화설비를 설치하고자 한다. 다음 사항에 대하여 답하시오. 단, 실 면적 10 m × 80 m = 800 m², 실내 층 높이 3 m, 실 체적 2,400 m³, 개구부 면적(자동폐쇄장치 없음) 3 m², 주요구조부 : 내화구조)

1) 통신기기실에 필요한 최저 소요가스량
2) 할론 1301 저장용기 수(병당 50kg 기준)
3) 차동식 스포트형 1종과 광전식 스포트형 1종의 복합형감지기 설치 시 감지기 수
4) 최소 감지기 회로 수

 풀이

1) 통신기기실에 필요한 최저 소요가스량
   $= V \times W_1 + A \times W_2$
   $= 2,400 m^3 \times 0.32 kg/m^3 + 3 m^2 \times 2.4 kg/m^2 = 775.2 kg$

2) 할론 1301 저장용기 수
   $= \dfrac{775.2 kg}{50 kg/병} = 15.5 \to 16$병

3) 복합형 감지기 설치 개수
   $= \dfrac{800 m^2}{90 m^2/개} = 8.8 \to 9$개

4) 최소 감지기 회로 수 : 1회로

TIP ※ **복합형 감지기**
① 열연기 복합형 감지기의 설치개수는 열감지기 기준에 의한다.

부착높이 및 소방대상물의 구분		감지기의 종류						
		차동식 스포트형		보상식 스포트형		정온식 스포트형		
		1종	2종	1종	2종	특종	1종	2종
4m 미만	주요구조부를 내화구조로 한 소방대상물 또는 그 부분	90	70	90	70	70	60	20
	기타 구조의 소방대상물	50	40	50	40	40	30	15

② 복합형 감지기는 교차회로방식을 적용하지 않으므로 방호구역 당 1회로를 적용한다.

★★★☆☆

문제39 다음 도면은 전기시설물이 있는 4개의 실을 방호하기 위한 할론 1301 설비의 평면도이다. 도면과 주어진 조건을 이용하여 다음 물음에 대하여 답하시오.

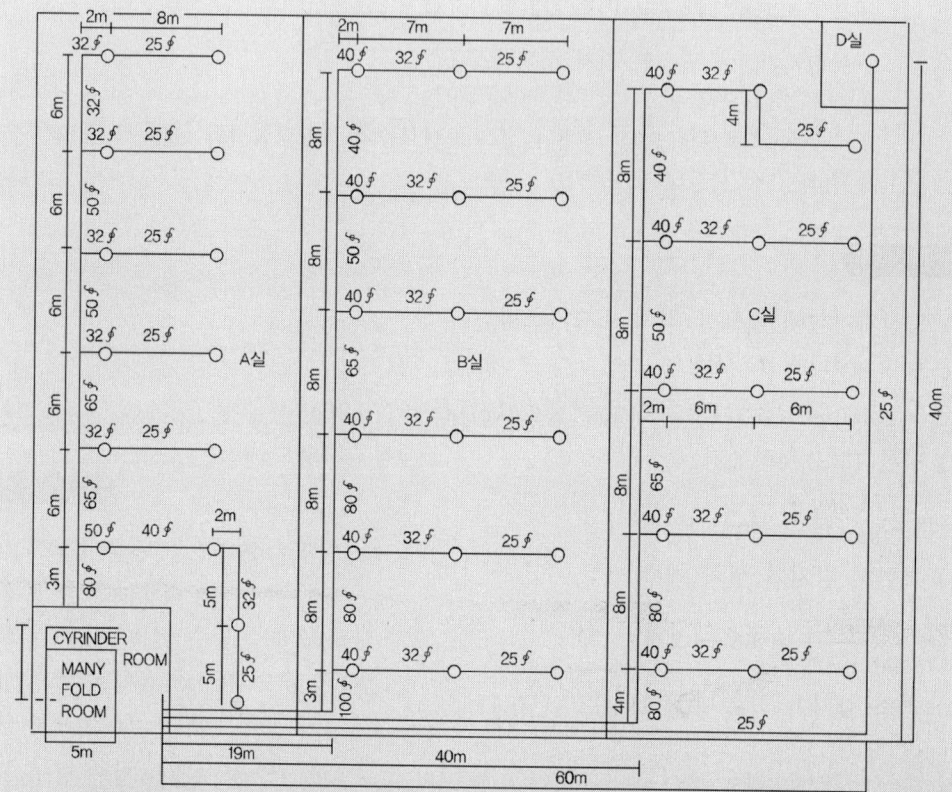

[조건]
① 각 실의 층고(바닥에서 천장까지)는 4(m)이다.
② 배관의 호칭 구경별 안지름[mm]은 다음과 같다.

호칭구경	25	32	40	50	65	80	100	125
내경	28	36	42	53	66	79	103	127

③ 21℃에서 할론 1301의 액체 비중은 1.57이다.
④ 할론 1301의 방출방식은 전역방출방식이다.
⑤ 할론 1301의 약제용기는 각각 내용적 68ℓ 들이로서 약제는 1.7의 충전비로 충전되어 있는 것으로 가정한다.
⑥ 용기밸브 개방방식은 가스압력식이다.

⑦ B실과 C실의 소요량 및 배관의 내용적은 다음과 같다.

구분 적요	산출명	산출량 B실	산출량 C실
소요량	실의 체적	3,696 [m³]	3,224 [m³]
	GAS량	1,182.7 [kg]	1,031.6 [kg]
	소요병수	30병	26병
배관의 내용적	소요량 체적의 1.5배	1146.5 [ℓ]	993.6 [ℓ]
	25	25.83 [ℓ]	20.295 [ℓ]
	32	42.714 [ℓ]	33.21 [ℓ]
	40	27.68 [ℓ]	24.912 [ℓ]
	50	17.64 [ℓ]	17.64 [ℓ]
	65	27.352 [ℓ]	27.352 [ℓ]
	80	78.384 [ℓ]	254.748 [ℓ]
	100	183.216 [ℓ]	
	집합관 80	73.485 [ℓ]	73.485 [ℓ]
	내용적 합계	476.301 [ℓ]	451.642 [ℓ]

[물음]
1) 4개의 실을 방호하기 위한 약제의 병수는 최소 몇 병이 필요한가?
2) 안전밸브는 최소 몇 개가 필요한가?
3) 압력스위치는 최소 몇 개가 필요한가?
4) 기동용 CO_2 용기의 최소 개수는?
5) 솔레노이드식의 밸브해정장치의 개수는?
6) 선택밸브의 최소 개수는?
7) 다음 도표의 공란을 채우시오.
   ① 배관 1m당 배관의 내용적(ℓ)

배관의 호칭 구경	배관의 내용적
25	
32	
40	
50	
65	
80	
100	
125	

19th Day

② A실과 D실의 소요량 및 배관의 내용적

구분 / 적요	산 출 명	산 출 량 A실	산 출 량 D실
소요량	실의 체적	3436 [m³]	144 [m³]
	GAS량	[kg]	[kg]
	소요병수	병	병
배관의 내용적	소요량 체적의 1.5배	[ℓ]	[ℓ]
	25	[ℓ]	[ℓ]
	32	[ℓ]	[ℓ]
	40	[ℓ]	[ℓ]
	50	[ℓ]	[ℓ]
	65	[ℓ]	[ℓ]
	80	[ℓ]	[ℓ]
	100	[ℓ]	[ℓ]
	집합관 80	[ℓ]	[ℓ]
	내용적 합계	[ℓ]	[ℓ]

풀이

1) 4개의 실을 방호하기 위한 약제의 병수 : 30병
2) 안전밸브의 수량 : 1개
3) 압력스위치의 수량 : 4개
4) 기동용 CO_2 용기의 수량 : 4개
5) 솔레노이드식의 밸브해정장치의 수량 : 4개
6) 선택밸브의 수량 : 4개
7) 다음 도표의 공란을 채우시오.
   ① 배관 1m당 배관의 내용적(ℓ)

배관의 호칭 구경	배관의 내용적
25	$\frac{\pi}{4} \times (0.028m)^2 \times 1m \times 1000 \ell/m^3 = 0.616\ell$
32	$\frac{\pi}{4} \times (0.036m)^2 \times 1m \times 1000 \ell/m^3 = 1.018\ell$
40	$\frac{\pi}{4} \times (0.042m)^2 \times 1m \times 1000 \ell/m^3 = 1.385\ell$
50	$\frac{\pi}{4} \times (0.053m)^2 \times 1m \times 1000 \ell/m^3 = 2.206\ell$
65	$\frac{\pi}{4} \times (0.066m)^2 \times 1m \times 1000 \ell/m^3 = 3.421\ell$
80	$\frac{\pi}{4} \times (0.079m)^2 \times 1m \times 1000 \ell/m^3 = 4.902\ell$
100	$\frac{\pi}{4} \times (0.103m)^2 \times 1m \times 1000 \ell/m^3 = 8.332\ell$
125	$\frac{\pi}{4} \times (0.127m)^2 \times 1m \times 1000 \ell/m^3 = 12.668\ell$

② A실과 D실의 소요량 및 배관의 내용적

구분 적요	산 출 명	산 출 량 A실	산 출 량 D실
소요량	실의 체적	3436 [m³]	144 [m³]
소요량	GAS량	$3436 \times 0.32 = 1,099.52$kg	$144 \times 0.32 = 46.08$kg
소요량	소요병수	$\dfrac{1,099.52kg}{40kg/병} = 27.49 \to 28$병	$\dfrac{46.08kg}{40kg/병} = 1.15 \to 2$병
소요량	소요량 체적의 1.5배	$28병 \times 25.4777\ell/병 \times 1.5 = 1,070.1\ell$	$2병 \times 25.4777\ell/병 \times 1.5 = 76.4\ell$
배관의 내용적	25	$45m \times 0.616\ell/m = 27.72\ell$	$100m \times 0.616\ell/m = 61.6\ell$
배관의 내용적	32	$23m \times 1.018\ell/m = 23.414\ell$	0
배관의 내용적	40	$8m \times 1.385\ell/m = 11.08\ell$	0
배관의 내용적	50	$14m \times 2.206\ell/m = 30.884\ell$	0
배관의 내용적	65	$12m \times 3.421\ell/m = 41.052\ell$	0
배관의 내용적	80	$3m \times 4.902\ell/m = 14.706\ell$	0
배관의 내용적	100	0	0
배관의 내용적	집합관 80	73.485ℓ	73.485ℓ
배관의 내용적	내용적 합계	$27.72+23.414+11.08$ $+30.884+41.052+14.706$ $+73.485=222.341\ell$	$61.6+73.485=135.085\ell$

> **TIP**
>
> ※ **할론소화설비**
> ① 조건 '5) 할론 1301의 약제용기는 각각 내용적 68 ℓ 들이로서 약제는 1.7의 충전비로 충전되어 있는 것으로 가정한다.
> → 할론 1301의 약제용기 1병의 소화약제 저장량= $\dfrac{68\ell/병}{1.7\ell/kg} = 40kg/병$
> ② 조건 '3) 21℃에서 할론 1301의 액체 비중은 1.57이다.
> → 할론 1301의 약제용기 1병의 소요량 체적= $\dfrac{40kg/병}{1.57kg/\ell} = 25.4777\ell/병$
> ③ 소요량 체적의 1.5배
> → A실의 소요량 체적의 1.5배=28병×25.4777ℓ/병×1.5=1,070.1ℓ
> → D실의 소요량 체적의 1.5배=2병×25.4777ℓ/병×1.5=76.4ℓ
> ④ 하나의 구역을 담당하는 소화약제 저장용기의 소화약제량의 체적합계보다 그 소화약제 방출 시 방출경로가 되는 배관(집합관 포함)의 내용적이 1.5배 이상일 경우에는 당해 방호구역에 대한 설비는 별도 독립방식으로 하여야 한다.
> → D실의 배관의 내용적 합계(135.085ℓ)가 소요량 체적의 1.5배(76.4ℓ) 이상이므로 D실은 별도 독립방식으로 하여야 한다.

19th Day

★★★★☆

문제40 가로 30 m, 세로 20 m, 높이 6 m이고 출입구가 상호 반대 방향으로 2개인 어느 전기실에 고압식의 할론 1301설비를 전역방출방식으로 설치하고자 한다. 사용할 약제용기는 내용적 70ℓ에 1.4의 충전비로 약제가 충전된 것을 사용하며, 저장용기의 밸브개방방식은 가스압력식이다. 다음 물음에 답하시오.

1) 소방법규 상 최소 약제 산출기준량은 실내 공간 1 m³당 몇 kg인가?
2) 이 전기실에 필요한 최소 소요약제량은 몇 kg인가?
   (단, 약제 방출 시 모든 개구부는 완전 자동 밀폐된다고 가정한다.)
3) 소요약제 용기는 몇 병인가?
4) (1)의 산출기준량에 따라 산출된 약제량을 방사할 때 실내의 할론농도가 5%가 된다고 하면 (3)의 모든 용기로부터 방사된 약제는 실내에 몇 %의 농도를 보여 줄 것인가?
5) 방출표시등은 몇 개가 필요한가?
6) 이 설비에 설치될 스위치는 최소 몇 개가 필요한가?

 풀이

1) 최소 약제 산출기준량 : 0.32 kg
2) 최소 소요약제량
   $= 30m \times 20m \times 6m \times 0.32 \text{kg}/m^3 = 1,152 kg$
3) 소요약제 용기
   $= 1152 kg \div (\frac{70 \ell}{1.4}) = 23.04 \rightarrow 24$병
4) 모든 용기로부터 방사된 약제
   $1,152 kg : 5\% = (24\text{병} \times 50 kg) : V\%$
   $1,152 kg : 5\% = 1,200 kg : V\%$
   $1,152 kg \times V = 5\% \times 1,200 kg$ 에서
   $V = \frac{5\% \times 1,200 kg}{1,152 kg} = 5.21\%$
5) 방출표시등 : 2개
6) 이 설비에 설치될 스위치 : 1개

TIP

※ 방출표시등 및 압력스위치
① 방출표시등은 출입구마다 설치하여야 하는데, 출입구가 상호반대 방향으로 2개 설치되어 있으므로 2개의 방출표시등이 필요하다.
② 압력스위치는 방호구역마다 설치하는데, 방호구역이 하나이므로 1개의 압력스위치가 필요하다.

19th Day

★★☆☆☆

문제41 할론 1301 고압식 전역방출방식 소화설비의 출발압력은 다음 식에 의하여 산출한다.

$$출발압력 = 42 - \frac{(저장용기\ 저장압력 - 할론1301\ 증기압) \times 배관\ 내용적}{저장용기의\ 기체부용적 + 배관\ 내용적}$$

68 ℓ의 내용적을 가지는 고압식의 저장용기 1개의 할론 1301 소화약제의 용적을 43 ℓ라 하고 배관의 내용적을 50 ℓ라 할 때, 출발압력을 구하시오. 단, 할론 1301의 증기압은 14 kg/cm²이고, 할론 1301 저장용기 수는 2병이다.

풀이

$$출발압력 = 42 - \frac{(저장용기\ 저장압력 - 할론1301\ 증기압) \times 배관\ 내용적}{저장용기의\ 기체부용적 + 배관\ 내용적}$$

$$= 42 - \frac{(42\text{kg}/cm^2 - 14\text{kg}/cm^2) \times 50\ell}{(68\ell - 43\ell) \times 2병 + 50\ell} = 28\text{kg}/cm^2$$

★★★★☆

문제42 할로겐화합물 소화약제 소화설비에 있어서 약제 저장량 산출 공식을 유도하시오.

풀이

$$C = \frac{v}{V+v} \times 100 \quad \cdots \cdots \quad ①$$

C : 설계농도(%)
V : 방호구역 부피(m^3)
v : 방사한 할로겐화합물 소화약제 부피(m^3)

$$S = \frac{v}{W} \text{에서}$$

$$v = S \times W \quad \cdots \cdots \quad ②$$

S : 비체적(m^3/kg)
W : 방사한 할로겐화합물 소화약제 질량(kg)

①+②를 하면

$$C = \frac{S \times W}{V + S \times W} \times 100$$

$$C \times (V + S \times W) = S \times W \times 100$$

$$C \times V + C \times S \times W = S \times W \times 100$$

$$C \times V = S \times W \times 100 - C \times S \times W$$

$$C \times V = S \times W \times (100 - C)$$

$$S \times W \times (100 - C) = C \times V$$

$$W = \frac{C}{100 - C} \times \frac{V}{S}$$

$$W = \frac{V}{S} \times \left[\frac{C}{(100 - C)} \right]$$

★★★★☆

문제43 전역방출방식으로 IG-541, IG-100 등 불활성기체 소화약제를 사용할 때 약제량 산정식을 유도하시오.

풀이

소화약제 방출 시 소화약제의 농도가 0에서 C까지 상승하고, 방호구역 내의 압력 상승으로 인하여 누설(자유 유출)이 일어난다.

$$e^X = \frac{100}{100-C}$$

X : 공간체적 당 더해진 소화약제의 부피(m^3/m^3)

C : 체적에 따른 소화약제의 설계농도(%)

$e^X = \dfrac{100}{100-C}$ 의 양변에 $\log_e$를 취하면

$$\log_e(e^X) = \log_e\left[\frac{100}{(100-C)}\right]$$

$$X = \log_e\left[\frac{100}{(100-C)}\right]$$

$\log_e = 2.303 \log_{10}$ 이므로

$$X = 2.303 \log_{10}\left[\frac{100}{(100-C)}\right]$$

약제의 보관온도인 20℃로 환산한 소화약제의 부피를 구하기 위해서 $\dfrac{V_S}{S}$를 곱한다.

(∵ 부피는 온도에 비례해서 증가하므로)

$$X = 2.303\left(\frac{V_S}{S}\right) \times Log_{10}\left[\frac{100}{(100-C)}\right]$$

※ 불활성기체 소화약제 관련

① log(상용로그, common logarithm)

예를 들어 b^x=N에서 b가 10이고 N이 100이면 x는 2이다. 이를 밑 10에 대한 100의 로그라 하며, log100=2로 쓴다.

② ln(자연로그, natural logarithm)

e=2.71828…을 밑으로 사용하는 로그는 자연로그 또는 로그의 발견자인 영국의 네이피어의 이름을 따라 네이피어 로그(Napierian logarithm)라고 하며, 상용로그(log)와 구별하기 위해 ln으로 쓴다.

③ 약제량 계산식의 유도에 있어서 저농도 단기형(할론, 할로겐화합물)은 무유출, 고농도 장기형(CO_2, 불활성기체)은 자유 유출을 적용한다.

19th Day

★★★★★

문제44 전기실의 크기가 가로 35 m, 세로 30 m, 높이 7 m인 방호공간에 할로겐화합물 및 불활성기체 소화설비를 아래 조건에 따라 설치할 경우 다음 문제의 답을 기술하시오.

[조건]
① HCFC Blend A의 설계농도는 8.5%이다.
② HCFC Blend A 용기는 68 ℓ 용 50 kg이다.
③ IG-541 용기는 80 ℓ 용 12 m³로 적용한다.
④ IG-541의 설계농도는 37 %로 한다.
⑤ HCFC Blend A의 $K_1 = 0.2413$, $K_2 = 0.00088$이다.
⑥ 방사 시 온도는 상온(20 ℃)을 기준으로 한다.
⑦ 기타 조건은 무시한다.

[물음]
1) HCFC Blend A의 약제량(kg)과 최소 약제저장용기 수는 몇 병인가?
2) IG-541의 최소 약제용기 수는 몇 병인가?

풀이

1) HCFC Blend A의 약제량(kg)과 최소 약제저장용기 수
   ① HCFC Blend A의 약제량(kg)

   방호구역의 체적(V) = $35m \times 30m \times 7m = 7,350m^3$

   선형상수(S) = $K_1 + K_2 \times t = 0.2413 + 0.00088 \times 20℃ = 0.2589 m^3/kg$

   약제량(W) = $\dfrac{V}{S} \times \left[\dfrac{C}{(100-C)}\right] = \dfrac{7,350m^3}{0.2589m^3/kg} \times \left[\dfrac{8.5}{(100-8.5)}\right] = 2,637.3 kg$

   ② 최소 약제저장용기 수 = $\dfrac{2,637.3kg}{50kg/병} = 52.75 \to 53$병

2) IG-541의 최소 약제용기 수

   약제량 = $2.303 \times \left(\dfrac{V_S}{S}\right) Log_{10}\left[\dfrac{100}{(100-C)}\right] \times V$ 에서

   문제의 조건이 상온(20℃)을 기준으로 하므로 $S = V_S$이다.

   그러므로 약제량 = $2.303 \times Log_{10}\left[\dfrac{100}{(100-C)}\right] \times V$

   $= 2.303 \times Log_{10}\left[\dfrac{100}{(100-37)}\right] \times 7,350m^3$

   $= 3,396.6 \, [m^3]$

   최소 약제용기 수 = $\dfrac{3396.6 m^3}{12 m^3/ea} = 283.05 \to 284$병

19th Day

★★★★★

문제45 가로 15 m, 세로 14 m, 높이 3.5 m인 전산실에 소화약제 중 HFC-23과 IG-541을 설계 시 다음 물음에 답하시오.

[조건]
① HFC-23의 소화농도는 A·C급화재는 38 %, B급화재는 35 %로 한다.
② HFC-23 저장용기는 68리터이며, 충전밀도는 720 kg/m³로 한다.
③ IG-541 소화농도는 33 %로 한다.
④ IG-541 저장용기는 80리터, 충전압력은 19,996 kPa(절대)이다.
⑤ 선형상수를 이용하도록 하며 방사 시 기준온도는 30 ℃로 한다.

소화약제	K_1	K_2
HFC-23	0.3164	0.0012
IG-541	0.65799	0.00239

[물음]
1) HFC-23의 저장량은 최소 몇 kg인가?
2) HFC-23의 용기 수는 최소 몇 병인가?
3) HFC-23 배관 구경 산정 시 기준이 되는 약제량 방사 시 유량은 몇 kg/s인가?
4) IG-541의 저장량은 몇 m³인가?
5) IG-541의 용기 수는 최소 몇 병인가?
6) IG-541 배관 구경 산정 시 기준이 되는 약제량 방사 시 유량은 몇 m³/s인가?

풀이

1) HFC-23의 저장량

   방호구역의 체적 $V = 15m \times 14m \times 3.5m = 735m^3$

   선형상수 $S = K_1 + K_2 \times t = 0.3164 + 0.0012 \times 30℃ = 0.3524 m^3/kg$

   설계농도 $C = $ 소화농도 × 안전계수 $= 38\% \times 1.2 = 45.6\%$

   HFC-23의 저장량

   $$W = \frac{V}{S} \times \left[\frac{C}{(100-C)}\right] = \frac{735m^3}{0.3524m^3/kg} \times \left[\frac{45.6}{(100-45.6)}\right] = 1,748.3 kg$$

2) HFC-23의 용기 수

   저장용기 충전량 = 저장용기 내용적 $(m^3/병) \times$ 충전밀도 (kg/m^3)
   $= 68\ell/병 \times 720 kg/m^3 = 0.068 m^3/병 \times 720 kg/m^3 = 48.96 kg/병$

   HFC-23의 용기 수
   $= \dfrac{1,748.3 kg}{48.96 kg/병} = 35.7 \rightarrow 36병$

3) 약제량 방사 시 유량

$$= \frac{\dfrac{735m^3}{0.3524m^3/kg} \times \left[\dfrac{45.6 \times 0.95}{100-(45.6 \times 0.95)}\right]}{10s} = 159.4 kg/s$$

4) IG-541의 저장량

선형상수 $S = K_1 + K_2 \times t = 0.65799 + 0.00239 \times 30℃ = 0.72969 m^3/kg$

20℃ 비체적 $V_S = K_1 + K_2 \times 20℃ = 0.65799 + 0.00239 \times 20℃ = 0.70579 m^3/kg$

설계농도 $C =$ 소화농도 × 안전계수 $= 33\% \times 1.2 = 39.6\%$

∴ IG-541의 저장량

$$X = 2.303 \times \left(\frac{V_S}{S}\right) \times Log_{10}\left[\frac{100}{(100-C)}\right] \times V$$

$$= 2.303 \times \left(\frac{0.70579 m^3/kg}{0.72969 m^3/kg}\right) \times Log_{10}\left[\frac{100}{(100-39.6)}\right] \times 735m^3 = 358.5m^3$$

5) IG-541의 용기 수

저장용기 충전량 = 저장용기 내용적$(m^3/$병$) \times$ 충전압력(atm)

$= 80\ell/$병 $\times 19,996 kPa$

$= 80\ell/$병 $\times \dfrac{1m^3}{1,000\ell} \times 19,996 kPa \times \dfrac{1atm}{101.325 kPa}$

$= 0.08 m^3/$병 $\times 197.345 atm = 15.787 m^3/$병

∴ IG-541의 용기 수 $= \dfrac{358.5 m^3}{15.787 m^3/병} = 22.7 \rightarrow 23$병

6) 약제량 방사 시 유량

$$= \frac{2.303 \times \left(\dfrac{0.70579}{0.72969}\right) \times Log_{10}\left[\dfrac{100}{(100-39.6 \times 0.95)}\right] \times 735 m^3}{120s}$$

$= 2.796 m^3/s$

  ※ 배관 내 유량

구분		유량 계산식
할로겐화합물 소화약제		$\dfrac{\dfrac{V}{S} \times \left[\dfrac{C \times 0.95}{(100-C \times 0.95)}\right]}{10초}$
불활성기체 소화약제	A · C급 화재	$\dfrac{V \times 2.303 \left(\dfrac{V_S}{S}\right) \times Log_{10}\left[\dfrac{100}{(100-C \times 0.95)}\right]}{2분}$
	B급 화재	$\dfrac{V \times 2.303 \left(\dfrac{V_S}{S}\right) \times Log_{10}\left[\dfrac{100}{(100-C \times 0.95)}\right]}{1분}$

★★★☆☆

문제46 소방대상물에 옥외소화전을 7개 설치하였다. 다음 물음에 답하시오.

[조건]
① 옥외소화전까지 실양정은 8 m, 소방용호스 및 기타의 마찰손실은 15 m이다.
② 펌프는 효율이 60 %인 원심펌프이다.

[물음]
1) 수원의 최소유효저수량(m^3)은 얼마인가?
2) 펌프의 최소유량(m^3/min)은 얼마인가?
3) 펌프의 전양정(m)은 얼마인가?
4) 펌프의 축동력(kW)을 계산하시오.

 풀이

1) 수원의 최소유효저수량
   $= N \times 7m^3 = 2개 \times 7m^3 = 14m^3$
2) 펌프의 최소유량
   $= N \times 350 \ell/\min = 2개 \times 350 \ell/\min = 700 \ell/\min = 0.7 m^3/\min$
3) 펌프의 전양정
   $= h_1 + h_2 + h_3 + 25m = 8m + 15m + 25m = 48m$
4) 펌프의 축동력
   $= \dfrac{\gamma QH}{102 \times \eta} = \dfrac{1,000 kg/m^3 \times \dfrac{0.7 m^3}{60s} \times 48m}{102 \times 0.6} = 9.15 kW$

TIP ※ 옥외소화전설비
① 옥외소화전설비의 수원은 그 저수량이 옥외소화전의 설치개수(옥외소화전이 2개 이상 설치된 경우에는 2개)에 7 m³를 곱한 양 이상이 되도록 하여야 한다.
② 펌프의 1분당 토출량은 옥외소화전의 설치개수(옥외소화전이 2개 이상 설치된 경우에는 2개)에 350 ℓ/min을 곱한 양 이상으로 한다.

★★★☆☆

문제47 옥외소화전설비에서 노즐 선단의 방수압력이 0.3 MPa이었다면 방수량은 몇 Lpm이 되겠는가?

19th Day

풀이

■ 계산과정

방수량 $Q = 0.653 D^2 \sqrt{10P}$
$= 0.653 \times (19mm)^2 \times \sqrt{10 \times 0.3 MPa}$
$= 408.3 \ell/\min = 408.3\, Lpm$

※ 관창에서의 방수량

$$Q = 0.653 D^2 \sqrt{10P}$$

Q : 관창에서의 방수량(ℓ/분)
D : 관창 선단의 구경(mm), 옥내소화전(13 mm), 옥외소화전(19 mm)
P : 관창 선단의 압력(MPa)

★★☆☆

문제48 옥외소화전설비 및 급수관로가 노후하여 성능시험(유량/압력)을 한 결과, 2.5 kgf/cm² 압력에서 300리터/분 용량이 방출되는 것으로 확인되었다. 법정 최소 방사량인 350리터/분 용량을 방사하고자 할 경우에 요구되는 소화전 방수압력(kgf/cm²)은?

풀이

$Q = 0.653 D^2 \sqrt{P}$ 에서 유량 Q는 $\sqrt{P}$에 비례하므로

$300\ell/\min : \sqrt{2.5 kg/cm^2} = 350\ell/\min : \sqrt{P}$ 에서

$300\ell/\min \times \sqrt{P} = \sqrt{2.5 kg/cm^2} \times 350\ell/\min$

$\sqrt{P} = \dfrac{\sqrt{2.5 kg/cm^2} \times 350\ell/\min}{300\ell/\min}$

$P = \left(\dfrac{\sqrt{2.5 kg/cm^2} \times 350\ell/\min}{300\ell/\min} \right)^2 = 3.4 kg/cm^2$

★★★★☆

문제49 옥외소화전설비 등에 대한 다음의 물음에 답하시오.

1) 옥외소화전설비에는 옥외소화전마다 그로부터 5 m 이내의 장소에 소화전함을 설치하여야 한다. 다음 조건일 때 소화전함의 설치기준을 쓰시오.
   ① 옥외소화전 7개 설치 시
   ② 옥외소화전 15개 설치 시
   ③ 옥외소화전 31개 설치 시

2) 어느 소방대상물에 아래 표와 같이 소화설비가 설치되어 있는 경우 가압송수장치의 토출량($ℓ$/min)과 수원의 양(m^3)을 산출하시오. 단, 각 구역은 방화벽과 방화문으로 구획되어 있다.

방호구역	소화설비
A구역	옥내소화전설비(소화전 5개 설치)
A구역	스프링클러설비(기준 개수 30개)
B구역	옥외소화전설비(소화전 3개 설치)
B구역	물분무소화설비(차고 바닥면적 50 m²)
C구역	포소화전설비(호스 접결구 수 5개)

풀이

1) 다음 조건일 때 소화전함의 설치기준
   ① 옥외소화전 7개 설치 시 : 옥외소화전마다 5 m 이내의 장소에 1개 이상의 소화전함을 설치(7개의 소화전함을 설치)
   ② 옥외소화전 15개 설치 시 : 11개 이상의 소화전함을 각각 분산하여 설치(11개의 소화전함을 설치)
   ③ 옥외소화전 31개 설치 시 : 옥외소화전 3개마다 1개 이상의 소화전함을 설치(11개의 소화전함을 설치)

2) 가압송수장치의 토출량과 수원의 양

방호구역	토출량($ℓ$/min)	수원(m^3)
A구역	$2 \times 130 + 30 \times 80 = 2,660$	$2.66 m^3/min \times 20 min = 53.2 m^3$
B구역	$2 \times 350 + 50 \times 20 = 1,700$	$1.7 m^3/min \times 20 min = 34 m^3$
C구역	$5 \times 300 = 1,500$	$1.5 \times 20 = 30 m^3$

① 가압송수장치의 토출량 : 2,660 $ℓ$/min
② 수원의 양 : 53.2 m³

19th Day

> ※ 옥외소화전설비에는 옥외소화전마다 그로부터 5 m 이내의 장소에 소화전함을 다음 각 호의 기준에 따라 설치하여야 한다.
> 1. 옥외소화전이 10개 이하 설치된 때에는 옥외소화전마다 5 m 이내의 장소에 1개 이상의 소화전함을 설치하여야 한다.
> 2. 옥외소화전이 11개 이상 30개 이하 설치된 때에는 11개 이상의 소화전함을 각각 분산하여 설치하여야 한다.
> 3. 옥외소화전이 31개 이상 설치된 때에는 옥외소화전 3개마다 1개 이상의 소화전함을 설치하여야 한다.

★★★★☆

문제50 다음 물음에 답하시오.

1) 옥외소화전설비의 지하배관 매설 시 포스트 인디케이트 밸브(PIV)를 설치하는 이유에 대하여 간단히 쓰시오.
2) 옥외소화전설비의 배관방식을 루프(Loop)형태로 하는 이유에 대하여 간단히 쓰시오.
3) 옥외소화전설비의 방수노즐에서의 선단 방수압력을 피토튜브게이지로 측정하는 방법에 대하여 그림을 그려 설명하시오.
4) 아래 도면은 어느 소방대상물의 바닥면적 5,400 m²의 구역을 방호하기 위한 옥외소화전설비의 평면도이다. 각 물음에 답하시오.

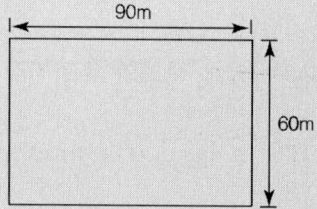

① 옥외소화전설비의 수원의 저수량을 규격 방수량 이상으로 되게 하기 위하여 옥외소화전의 최대 설치개수는 몇 개인가?
② 수원의 최소 저수량[m³]을 산출하시오.
③ 송수펌프의 최소 유효수량[ℓ/min]을 산출하시오.

풀이

1) 인디케이트 밸브(PIV)를 설치하는 이유 : 지상에서 포스트 인디케이트 밸브(PIV)의 개폐 및 개폐 상태 확인

※ 포스트 인디케이트 밸브(PIV)
Post Indicator Valve는 지하 매설 소화수 배관에 사용되는 개폐 표시형 밸브로서, 지상에서 개폐 및 개폐 상태를 확인할 수 있다. Post Indicator Valve는 지상용 제수밸브이다.

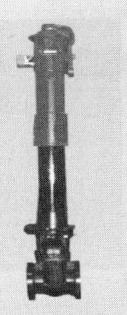

2) 루프(Loop)형태로 하는 이유 : 소화수를 양방향으로 공급하여, 한 쪽 배관 이상(누수, 막힘) 시 다른 쪽 배관으로 소화수를 공급할 수 있기 때문
3) 방수노즐에서의 선단 방수압력을 피토튜브게이지로 측정하는 방법
   ① 설명 : 노즐 선단으로부터 노즐구경의 1/2 떨어진 곳에서 피토튜브게이지(피토게이지, 방수압력측정계)의 중심선과 방수류가 일치하는 위치에 피토튜브게이지의 선단이 오게 하여 압력계(피토튜브게이지)의 지시치를 확인한다.
   ② 그림 :

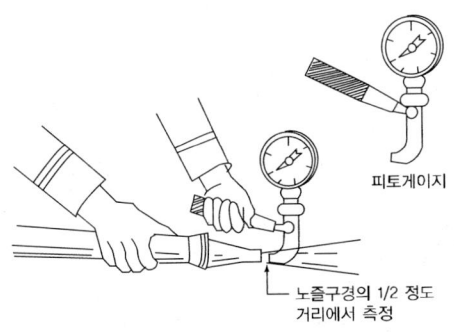

4) 각 물음에 답하시오.
   ① 옥외소화전의 최대 설치개수 : 2개

※옥외소화전설비의 수원의 저수량 계산 시 최대 설치개수 2개가 이용된다.(옥외소화전이 2개 이상 설치된 경우에는 2개)

   ② 수원의 최소 저수량[m^3]
      = 설치개수 $\times 7m^3$ = 2개 $\times 7m^3 = 14m^3$
   ③ 송수펌프의 최소 유효수량[ℓ/min]
      = 설치개수 $\times 350\ell$/min = 2개 $\times 350\ell$/min = 700ℓ/min

★★★★☆

문제51 지상 30층 지하연계 복합건축물에 옥외소화전 5개를 화재안전기준과 다음 조건에 따라 설치하려고 한다. 각 물음에 답하시오.

[조건]
① 옥외소화전은 지상용 A형을 사용한다.
② 펌프에서 첫째 옥외소화전까지의 직관길이는 200 m, 관의 내경은 100 mm, 전양정은 50 m이다.
③ 펌프의 효율 E = 65 %이다.
④ 모든 규격치는 최소량을 적용한다.

[물음]
1) 수원의 최소 유효저수량(m^3)은 얼마인가?
2) 펌프의 최소 유량(m^3/min)은 얼마인가?
3) 직관부분에서의 마찰손실수두(m)는 얼마인가? DARCY WEISBACH의 식을 사용하고 마찰손실 계수는 0.02이다.
4) 펌프의 소요동력[kW]은 얼마인가?
5) 소방용 호스 노즐에서 최소 방수압력[MPa]은 얼마인가?
6) 옥외소화전과 소화전함의 거리(m)는 얼마 이하인가?
7) 소화전함에 설치되는 호스의 구경(mm)을 쓰시오.
8) 소화전의 매몰 깊이(지면으로부터)는 얼마(mm)인가?
9) 소화전의 노출 높이(지면으로부터)는 얼마(mm)인가?
10) 아래와 같이 옥외소화전이 설치된 소방대상물에서 옥외소화전함의 설치수량을 간략하게 쓰시오.
① 옥외소화전이 7개인 경우
② 옥외소화전이 17개인 경우
③ 옥외소화전이 37개인 경우

풀이

1) 수원의 최소 유효저수량[m^3]
   = 설치개수 $\times 7m^3$ = 2개 $\times 7m^3$ = $14m^3$

2) 펌프의 최소 유량(m^3/min)
   = 설치개수 $\times 350\ell/min$ = 2개 $\times 350\ell/min$ = $700\ell/min$ = $0.7m^3/min$

3) 직관부분에서의 마찰손실수두(m)

   $Q = Av = \dfrac{\pi}{4}D^2 v$ 에서

   $v = \dfrac{4Q}{\pi D^2} = \dfrac{4 \times 0.7m^3/min}{\pi \times (100mm)^2} = \dfrac{4 \times \dfrac{0.7m^3}{60s}}{\pi \times (0.1m)^2} = 1.49m/s$

∴ 직관부분에서의 마찰손실수두

$$\Delta H = f \times \frac{L}{D} \times \frac{v^2}{2g}$$

$$= 0.02 \times \frac{200m}{100mm} \times \frac{(1.49m/s)^2}{2 \times 9.8m/s^2}$$

$$= 0.02 \times \frac{200m}{0.1m} \times \frac{(1.49m/s)^2}{2 \times 9.8m/s^2} = 4.53m$$

4) 펌프의 소요동력[kW]

$$= \frac{\gamma QH}{102\eta}$$

5) 소방용 호스 노즐에서 최소 방수압력 : 0.25 MPa
6) 옥외소화전과 소화전함의 거리 : 5 m 이내
7) 소화전함에 설치되는 호스의 구경 : 65 mm
8) 소화전의 매몰 깊이 : 600 mm 이상

> **TIP** ※ 지상용 소화전은 지면으로부터 길이 600 mm 이상 매몰될 수 있어야 하며, 지면으로부터 높이 0.5 m 이상 1 m 이하로 노출될 수 있는 구조이어야 한다.

9) 소화전의 노출 높이 : 500 mm 이상 1,000 mm 이하
10) 옥외소화전함의 설치수량
    ① 옥외소화전이 7개인 경우 : 7개
    ② 옥외소화전이 17개인 경우 : 11개
    ③ 옥외소화전이 37개인 경우 :

    $$\frac{37개(소화전)}{3개(소화전)/개(소화전함)} = 12.3 \rightarrow 13개$$

※ 옥외소화전의 구조·모양 및 치수(소화전의 형식승인 및 제품검사의 기술기준)

1) 옥외소화전은 다음과 같이 구분하되, 지상용 및 지하용(승하강식에 한함)은 흡수관을 연결하여 사용할 수 있는 토출구나 방수총 등을 부착하여 사용할 수 있는 플랜지 등을 함께 설치할 수 있다.

종류	토출구 수	호칭	구분(설치장소)
A형	1	80 이상	지상용
B형	2	100 이상	지상용
C형	3	125 이상	지상용
D형	4	150 이상	지상용
E형	1	80 이상	지하용
F형	1	100 이상	지하용
G형	2	100 이상	지하용

2) 옥외소화전의 구조 및 치수는 다음 각 호에 적합하여야 한다.
   ① 밸브의 개폐는 핸들을 좌회전할 때 열리고 우회전할 때 닫히는 구조이어야 한다.
   ② 옥외소화전은 본체의 양면에 보기 쉽도록 주물된 글씨로 "소화전"이라고 표시하여야 한다.
   ③ 지상용 및 지하용(승하강식에 한함) 소화전의 소화용수가 통과하는 유효단면적은 밸브시트 단면적의 120% 이상이어야 한다.
   ④ 지상용 소화전은 지면으로부터 길이 600mm 이상 매몰될 수 있어야 하며, 지면으로부터 높이 0.5m 이상 1m 이하로 노출될 수 있는 구조이어야 한다.
   ⑤ 지상용 소화전의 토출구 방향은 수평 또는 수평에서 아랫방향으로 30° 이내이어야 하며, 지하용 소화전의 토출구 방향은 수직이어야 한다. 다만, 몸체 일부가 지상으로 상승하는 방식인 지하용 소화전의 토출구 방향은 수평으로 할 수 있다.
   ⑥ 옥외소화전은 사용 후 시트로부터 토출구까지의 담겨 있는 물을 배수할 수 있도록 플러그나 콕크 그 밖의 적합한 장치를 하여야 한다.

★★★★★

문제52 다음 그림과 같은 내화구조의 건축물에 자동화재탐지설비를 설치하고자 한다. 주어진 도면과 조건을 이용하여 다음의 각 물음에 답하시오(각 물음에 대한 산출과정을 쓰시오).

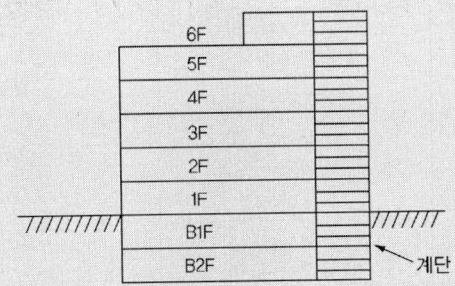

① 각 층의 층고는 다음과 같다.

1F, B1F, B2F	4.5 m
2F~6F	3.5 m

② 각 층의 거실에는 차동식 스포트형(1종) 감지기를, 계단실에는 광전식 스포트형(1종) 감지기를 설치한다.
③ 각 층의 반자 및 복도는 고려하지 않는다.
④ 지상 6층을 제외한 각 층에는 50m²의 화장실이 설치되어 있다.
⑤ 계단실의 면적을 제외한 각 층의 면적은 다음과 같다.

지하 2층~지상 5층	750 m²
지상 6층	150 m²

[물음]
1) 전체 경계구역의 수
2) 차동식 스포트형(1종) 감지기의 수
3) 광전식 스포트형(1종) 감지기의 수

풀이

1) 전체 경계구역의 수

B2F~5F	$\dfrac{750 m^2}{600 m^2/구역} = 1.25 \rightarrow 2구역$ 2구역×7개층=14구역
6F	$\dfrac{150 m^2}{600 m^2/구역} = 0.2 \rightarrow 1구역$
지상 계단	$\dfrac{3.5m \times 5 + 4.5m}{45m/구역} = 0.49 \rightarrow 1구역$
지하 계단	1구역

∴ 전체 경계구역 수 : $14 + 1 + 1 + 1 = 17$구역

2) 차동식 스포트형(1종) 감지기의 수

B2F~1F	거실 : $\dfrac{(750-50)m^2}{45m^2/개} = 15.5 \to 16$개 16개/층×3개층=48개 화장실 : $\dfrac{50m^2}{45m^2/개} = 1.1 \to 2$개 2개×3개층=6개
2F~5F	거실 : $\dfrac{(750-50)m^2}{90m^2/개} = 7.7 \to 8$개 8개/층×4개층=32개 화장실 : $\dfrac{50m^2}{90m^2/개} = 0.5 \to 1$개 1개/층×4개층=4개
6F	$\dfrac{150m^2}{90m^2/개} = 1.6 \to 2$개

∴ 전체 차동식 스포트형(1종) 감지기의 수 : $48+6+32+4+2 = 92$개

3) 광전식 스포트형(1종) 감지기의 수

지상 계단	$\dfrac{3.5m \times 5 + 4.5m}{15m/개} = 1.46 \to 2$개
지하 계단	$\dfrac{4.5m \times 2}{15m/개} = 0.6 \to 1$개

∴ 전체 광전식 스포트형(1종) 감지기의 수 : $2+1 = 3$개

★★★★☆

문제53 건축물 실내 천장 면에 설치된 불꽃감지기의 부착높이가 8.66 m, 불꽃감지기의 공칭감시거리 20 m, 공칭시야각은 60°이다. 불꽃감지기가 바닥면까지 원뿔형의 형태로 감지할 경우 다음 각 물음에 답하시오.

1) 감지기 1개가 감지하는 바닥면의 원 면적[m²]은?
2) 설계적용 시 불꽃감지기의 1개당 실제 감지면적을 바닥면의 원에 내접한 정사각형으로 적용할 경우 정사각형의 면적[m²]은?

풀이

1) 바닥면의 원 면적

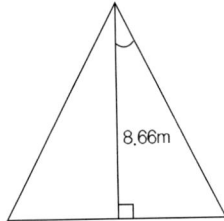 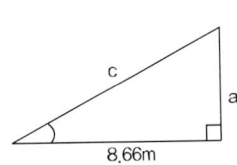

$\tan\theta = \dfrac{a}{b}$ 에서 $a = \tan\theta \times b = \tan 30° \times 8.66m = 5m$

바닥면의 원 면적 $= \pi r^2 = \pi \times (5m)^2 = 78.54 m^2$

2) 정사각형의 면적

정사각형의 면적 $= \dfrac{1}{2} \times D \times r \times 2 = \dfrac{1}{2} \times 10m \times 5m \times 2 = 50 m^2$

★★★☆☆

문제54 양수량이 매분 15[m³]이고, 총양정이 20[m]인 펌프용 전동기에 대하여 다음 각 물음에 답하시오.

1) 펌프의 효율이 65[%]이고 전달계수가 1.15라고 하면 전동기의 용량은 몇 [kW]인가?
2) 이 전동기의 전부하 역률이 60[%]이다. 역률을 90[%]로 개선하려면 전력용 콘덴서는 몇 [kVAR]가 필요한가?
3) 이 전동기의 극수가 4극일 때 동기속도는 몇 [rpm]인가?

풀이

1) 전동기 용량 $= \dfrac{\gamma Q H}{102\eta} \times K$

$= \dfrac{1000 kg/m^3 \times 15 m^3/\min \times 20m}{102 \times 0.65} \times 1.15$

$= \dfrac{1000 kg/m^3 \times 15 m^3/60s \times 20m}{102 \times 0.65} \times 1.15$

$= 86.73 [kW]$

2) 전력용 콘덴서의 용량 $= P \times \left(\dfrac{\sqrt{(1-\cos^2\theta_1)}}{\cos\theta_1} - \dfrac{\sqrt{(1-\cos^2\theta_2)}}{\cos\theta_2} \right)$

$$= 86.73kW \times (\frac{\sqrt{1-0.6^2}}{0.6} - \frac{\sqrt{1-0.9^2}}{0.9})$$
$$= 73.63[\text{kVAR}]$$

3) 동기속도

$$N_s = \frac{120f}{P} = \frac{120 \times 60Hz}{4극} = 1,800[\text{rpm}]$$

★★★★★

문제55 자동화재탐지설비에 대한 다음 물음에 답하시오.

1) 지하 4층, 지상 6층인 건물에 연기감지기(2종)를 설치할 경우 다음 물음에 답하시오. 단, 층고는 3[m]이다.
   ① 각 층의 바닥면적이 310[m²]일 때 각 층에 설치되는 감지기 설치개수
   ② 복도의 보행거리가 53[m]일 때 설치개수
   ③ 계단에 연기감지기(2종)를 설치할 경우 설치개수
2) 감지기회로의 부속회로의 전로와 대지 사이 및 배선 상호간의 절연저항은 1경계구역마다 250[V]의 절연저항측정기를 사용하여 측정하였을 때 몇 [MΩ] 이상이 되어야 하는가?
3) P형 수신기의 감지기회로 배선에서 하나의 공통선에 접속할 수 있는 경계구역은 몇 개 이하로 하여야 하는가?

풀이

1) 지하 4층, 지상 6층인 건물에 연기감지기(2종)를 설치할 경우
   ① 각 층의 바닥면적이 310[m²]일 때 각 층에 설치되는 감지기
   $$= \frac{310m^2}{150m^2/개} = 2.06 \rightarrow 3개$$
   ② 복도의 보행거리가 53[m]일 때 설치개수
   $$= \frac{53m}{30m/개} = 1.7 \rightarrow 2개$$
   ③ 계단에 연기감지기(2종)를 설치할 경우 설치개수
   지상층 : $\frac{6층 \times 3m/층}{15m/개} = 1.2 \rightarrow 2개$
   지하층 : $\frac{4층 \times 3m/층}{15m/개} = 0.8 \rightarrow 1개$
   ∴ 총 설치개수 : 3개

2) 절연저항 : 0.1[MΩ] 이상

3) 경계구역 : 7개 이하

20th Day

★★★☆☆

문제56 할로겐화합물 및 불활성기체 소화설비가 설치되어 있는 건축물에 설치되는 복합형 수신기(소화설비의 감시제어반 겸용)의 비상전원용 연축전지의 용량을 선정하시오. 단, 평상시 동작기기의 소비전류는 1.5 A, 화재 시 동작기기의 소비전류는 4.5 A, 축전지의 여유율(안전율)은 125 % 적용하고 축전지의 용량은 정수로 선정한다. 기타 조건은 무시한다.

풀이

다음은 자동화재탐지설비 및 할로겐화합물 및 불활성기체 소화설비의 비상전원에 대한 본 문제와 관련된 화재안전기준이다.
① 자동화재탐지설비에는 그 설비에 대한 감시상태를 60분간 지속한 후 유효하게 10분 이상 경보할 수 있는 축전지설비를 설치하여야 한다.
② 할로겐화합물 및 불활성기체 소화설비를 유효하게 20분 이상 작동할 수 있어야 한다. 보수율 및 용량환산계수가 조건에 주어지지 않았으므로, 비상전원용 연축전지의 용량 계산은 다음과 같다.

$C = (I_1 t_1 + I_2 t_2) \times a$
$= (1.5A \times 60\text{min} + 4.5A \times 20\text{min}) \times 1.25$
$= (1.5A \times 1h + 4.5A \times 0.33h) \times 1.25$
$= 3.75 [Ah] \rightarrow 4 [Ah]$

★★★★★

문제57 35층의 고층건축물에 설치하는 자동화재탐지설비 수신기의 부하특성이 다음과 같을 경우 수신기에 내장하는 축전지의 용량을 설명하시오.

1) 수신기가 담당하는 부하전류
   ① 평상 시 수신기 감시전류 $I_1 = 2.5A$
   ② 화재 시 수신기가 소비하는 전류의 합 $I_2 = 9.5A$
2) 사용할 축전지의 사양과 환경조건
   ① 사용축전지 : HS형 연축전지
   ② 최저 전지온도 : 25 ℃
   ③ 허용 최저전압 : 1.7 V
   ④ 보수율 : 0.8
3) 제조사에서 제공한 방전시간에 따른 용량환산시간계수는 다음과 같다.

방전시간(분)	10	20	30	40	50	60	70	80	90	100
용량환산시간계수	0.6	0.8	1.0	1.2	1.4	1.6	1.8	1.9	2.0	2.1

20th Day

풀이

$$= \frac{1}{L}(K_1 I_1 + K_2 I_2)$$

$$= \frac{1}{0.8} \times (1.6h \times 2.5A + 1.0h \times 9.5A)$$

$$= 16.875 Ah$$

> **TIP** ※ **고층건축물의 화재안전기준(NFSC 604)**
> 자동화재탐지설비에는 그 설비에 대한 감시상태를 60분간 지속한 후 유효하게 30분 이상 경보할 수 있는 축전지설비(수신기에 내장하는 경우를 포함한다)를 설치하여야 한다. 다만, 상용전원이 축전지설비인 경우에는 그러하지 아니하다.

★★★☆☆

문제58 다음 조건의 회로에서 벨·표시등 공통선의 소요전류와 KS, IEC규격에 의한 전선의 단면적을 구하시오.

[조건]
- 수신기 : P형 25회로, 24 V
- 전압 강하 : 20 %
- 수신기와 선로의 길이는 500 m
- 벨의 소요전류 : 0.06 A
- 표시등의 소요전류 : 0.05 A

풀이

1) 소요전류

   소요전류 $= (0.06A + 0.05A) \times 25$회로 $= 2.75A$

2) 전선의 단면적

   전압강하 $e = \dfrac{35.6 LI}{1,000 A}$ 에서

   전선의 단면적 $A = \dfrac{35.6 LI}{1,000 e} = \dfrac{35.6 \times 500m \times 2.75A}{1,000 \times (24V \times 0.2)} = 10.2 \text{mm}^2$

■ 답 : ① IEC에서 규정하는 가교폴리에틸렌 절연 비닐시스 케이블(XLPE 절연케이블) : 16 mm²
   ② KS C 3611에서 규정하는 가교폴리에틸렌 절연 비닐시스 케이블(CV 케이블) : 14 mm²

※ KS, IEC규격 전선의 단면적

IEC에서 규정하는 가교폴리에틸렌 절연 비닐시스 케이블(XLPE 절연케이블)		KS C 3611에서 규정하는 가교폴리에틸렌 절연 비닐시스 케이블(CV 케이블)의 상응도체 공칭단면적[mm²]	
도체 공칭단면적 [mm²]	단락허용 I2t(kA²·s) ($\theta i = 90°C$, k=143)	도체 공칭단면적 [mm²]	단락허용 I2t(kA²·s) ($\theta i = 90°C$, k=143)
1.5	(0.046)	2	
2.5	(0.128)	3.5	
4	(0.327)	5.5	
6	(0.736)	8	
10	(2.045)	14	
16	(5.235)	22	
25	(12.781)	38	
35	(25.050)	38	
50	(51.123)	60	
70	(100.200)	100	
95	(184.552)	100	
120	(294.466)	150	
150	※(460.103)	150	(404.01)
185	(699.867)	200	
240	(1,177.862)	250	
300	(1,840.410)	325	
400	※(3,271.840)	400	(2,872.96)
500	※(5,112.250)	500	(4,489)
630	(8,116.208)	800	

★★★☆☆

문제59 15층 건물의 지하층 배연구역으로부터 옥상의 배연기까지 닥트로 연결되어 있다. (배연구역에서 배연기까지의 높이 50 m)최대 배연구역의 면적이 300 m² 이고 닥트계의 정압손실이 75 mmAq이다. 효율이 65%인 배연기 소요동력을 구하여라. 단, 전달계수는 1.1이다.

풀이

배출량 = $300m^2 \times 1m^3/\min \cdot m^2 = 300 m^3/\min$

배연기의 소요동력 = $\dfrac{P_t Q}{102\eta} \times K$

$= \dfrac{75\text{mm}Aq \times 300m^3/\min}{102 \times 0.65} \times 1.1$

$= \dfrac{75 kgf/m^2 \times 300 m^3/60\sec}{102 \times 0.65} \times 1.1 = 6.22 kW$

★★★★☆

문제60 그림은 어느 판매장의 무창층에 대한 제연설비 중 연기 배출풍도와 배출FAN을 나타내고 있는 평면도이다. 주어진 조건을 이용하여 풍도에 설치되어야 할 제어 댐퍼를 가장 적합한 지점에 표기한 다음 물음에 답하시오. 단, 댐퍼의 표기는 ⌀의 모양으로 할 것

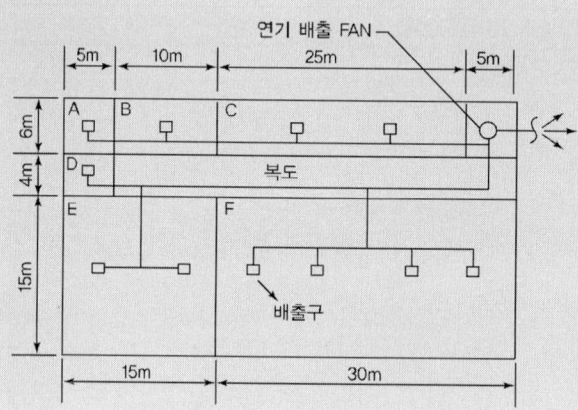

[조건]
① 건물의 주요구조부는 모두 내화구조이다.
② 각 실은 불연성 구조물로 구획되어 있다.
③ 복도의 내부면은 모두 불연재이고 복도 내에 가연물을 두는 일은 없다.
④ 각 실에 대한 연기배출방식에서 공동배출구역방식은 없다.
⑤ 이 판매장에는 경유거실이 없다.

[물음]
1) 제어댐퍼의 설치
2) 각 실(A, B, C, D, E, F실)의 최소 소요배출량은 얼마인가?
3) 배출FAN의 최소 소요배출용량은 얼마인가?
4) C실에 화재가 발생했을 경우 제어댐퍼의 작동 상황(개폐 여부)이 어떻게 되어야 하는지 설명하시오.

풀이

1) 제어댐퍼의 설치

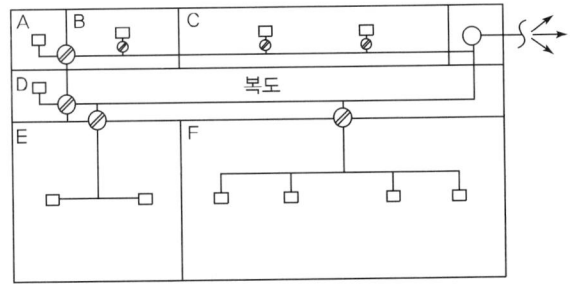

2) 각 실의 최소 소요배출량

A실 : $5m \times 6m \times 1m^3/\min \times 60 = 1,800 m^3/hr \rightarrow 5,000 m^3/hr$

B실 : $10m \times 6m \times 1m^3/\min \times 60 = 3,600 m^3/hr \rightarrow 5,000 m^3/hr$

C실 : $25m \times 6m \times 1m^3/\min \times 60 = 9,000 m^3/hr$

D실 : $4m \times 5m \times 1m^3/\min \times 60 = 1,200 m^3/hr \rightarrow 5,000 m^3/hr$

E실 : $15m \times 15m \times 1m^3/\min \times 60 = 13,500 m^3/hr$

F실 : $30m \times 15m = 450 m^2 \rightarrow 400 m^2$ 이상, 40m 원내이므로 $40,000 m^3/hr$

3) 배출FAN의 최소 소요배출용량 : $40,000 m^3/hr$

4) 제어댐퍼의 작동 상황 : A실, B실, D실, E실, F실의 댐퍼는 폐쇄하고, C실의 댐퍼는 개방되어야 한다.

20th Day

★★★★☆

문제61 그림은 어느 판매장의 무창층에 대한 제연설비 중 연기 배출풍도와 배출FAN을 나타내고 있는 평면도이다. 주어진 조건을 이용하여 풍도에 설치되어야 할 제어댐퍼를 가장 적합한 지점에 표기한 다음 물음에 답하시오(단, 댐퍼의 표기는 ⌀의 모양으로 할 것).

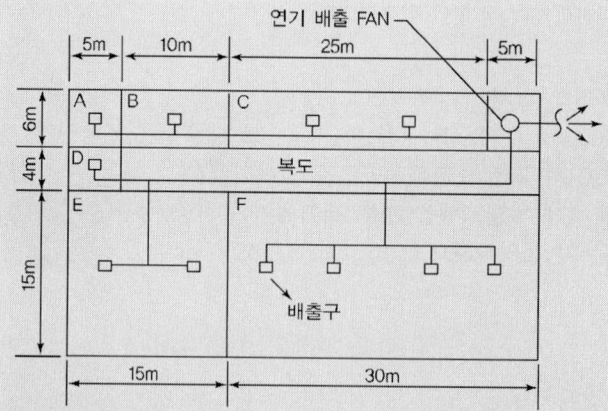

[조건]
① 건물의 주요구조부는 모두 내화구조이다.
② 각 실은 불연성 구조물(벽)로 구획되어 있다.
③ 복도의 내부면은 모두 불연재이고, 복도 내에 가연물을 두는 일은 없다.
④ 각 실에 대한 연기배출방식은 다음과 같다.

A, B, C실	공동예상제연구역
D, E실	공동예상제연구역
F실	독립예상제연구역

⑤ 이 판매장에는 경유거실이 없다.

[물음]
1) 위의 평면도를 간단하게 그리고, 제어댐퍼를 설치하시오.
2) 각 실(A, B, C, D, E, F실)의 최소 소요배출량(m^3/hr)은 얼마인가?
3) 각 예상제연구역의 최소 소요배출량(m^3/hr)은 얼마인가?
4) 배출FAN의 최소 소요배출용량(m^3/hr)은 얼마인가?
5) 배출기 흡입측 주덕트의 최소 면적[m^2]을 계산하시오. 또한 원형 덕트일 경우 그 직경[m] 및 강판의 두께[mm]를 구하시오.
6) 배출기 배출측 주덕트의 최소 면적[m^2]을 계산하시오. 또한 원형 덕트일 경우 그 직경[m] 및 강판의 두께[mm]를 구하시오.

풀이

1) 제어댐퍼의 설치

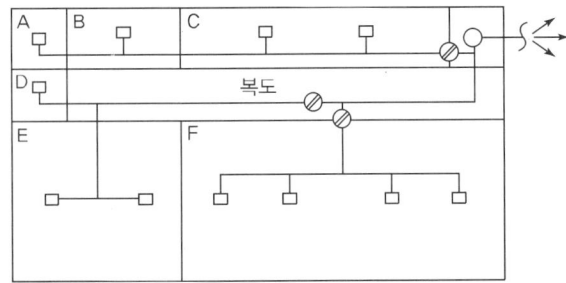

2) 각 실의 최소 소요배출량

A실 : $5m \times 6m \times 1m^3/\min \times 60 = 1,800 m^3/hr$

B실 : $10m \times 6m \times 1m^3/\min \times 60 = 3,600 m^3/hr$

C실 : $25m \times 6m \times 1m^3/\min \times 60 = 9,000 m^3/hr$

D실 : $4m \times 5m \times 1m^3/\min \times 60 = 1,200 m^3/hr$

E실 : $15m \times 15m \times 1m^3/\min \times 60 = 13,500 m^3/hr$

F실 : $30m \times 15m = 450m^2 \rightarrow 400m^2$ 이상, $40m$ 원내이므로 $40,000 m^3/hr$

3) 각 예상제연구역의 최소 소요배출량

A, B, C실	$1,800m^3 + 3,600m^3 + 9,000m^3 = 14,400m^3/hr$
D, E실	$1,200m^3 + 13,500m^3 = 14,700m^3/hr$
F실	$40,000m^3/hr$

4) 배출FAN의 최소 소요배출용량 : $40,000 m^3/hr$

5) 배출기 흡입측 주덕트의 최소 면적, 덕트의 직경 및 강판의 두께

① 주덕트의 최소 면적

$$= \frac{40000 m^3/hr}{15m/\sec \times 3600 \sec/hr} = 0.74 m^2$$

② 덕트의 직경

$$A = \frac{\pi}{4}d^2 \text{에서 } d = \sqrt{\frac{4A}{\pi}} = \sqrt{\frac{4 \times 0.74 m^2}{\pi}} = 0.971 m$$

③ 강판의 두께 : 750 mm 초과 1500 mm 이하이므로 강판의 두께는 0.8 mm

6) 배출기 배출측 주덕트의 최소 면적, 덕트의 직경 및 강판의 두께

① 주덕트의 최소 면적

$$= \frac{40000 m^3/hr}{20m/\sec \times 3600 \sec/hr} = 0.56 m^2$$

② 덕트의 직경

$$d = \sqrt{\frac{4A}{\pi}} = \sqrt{\frac{4 \times 0.56m^2}{\pi}} = 0.844m$$

③ 강판의 두께 : 750 mm 초과 1500 mm 이하이므로 강판의 두께는 0.8 mm

> **TIP**
>
> ※ 배출풍도 및 배출기
> 1) 배출풍도는 아연도금강판 또는 이와 동등 이상의 내식성·내열성이 있는 것으로 하며, 내열성(석면재료를 제외한다)의 단열재로 유효한 단열 처리를 하고, 강판의 두께는 배출풍도의 크기에 따라 다음 표에 따른 기준 이상으로 할 것
>
> | 풍도단면의 긴변 또는 직경의 크기 | 450 mm 이하 | 450 mm 초과 750 mm 이하 | 750 mm 초과 1,500 mm 이하 | 1,500 mm 초과 2,250 mm 이하 | 2,250 mm 초과 |
> |---|---|---|---|---|---|
> | 강판 두께 | 0.5 mm | 0.6 mm | 0.8 mm | 1.0 mm | 1.2 mm |
>
> 2) 배출기의 흡입측 풍도 안의 풍속은 15 m/s 이하로 하고 배출측 풍속은 20 m/s 이하로 할 것

★★★★☆

문제62 제연설비에 대한 다음의 물음에 답하시오.

1) 예상제연구역이 통로인 경우의 배출량(m³/min)을 산출하시오. 단, 통로의 보행거리는 35 m이다.
2) 상기 1)의 예상제연구역(통로)에 대한 공기유입량(m³/min) 및 공기유입구의 크기(m²)를 산출하시오.
3) 상기 1)의 예상제연구역(통로)에 대한 유입풍도의 면적(m²), 유입풍도의 폭(mm) 및 강판의 두께(mm)를 산출하시오. 단, 유입풍도의 높이는 500mm이다.

풀이

1) 예상제연구역이 통로인 경우의 배출량(m³/min)

$= 45,000 m^3/hr = 45,000 m^3/60min = 750 m^3/min$

> ※ 예상제연구역이 통로인 경우의 배출량은 45,000 m³/hr 이상으로 할 것. 다만, 예상제연구역이 제연경계로 구획된 경우에는 그 수직거리에 따라 배출량은 다음 표에 따른다.
>
> | 수직거리 | 배출량 |
> |---|---|
> | 2 m 이하 | 45,000 m³/hr 이상 |
> | 2 m 초과 2.5 m 이하 | 50,000 m³/hr 이상 |
> | 2.5 m 초과 3 m 이하 | 55,000 m³/hr 이상 |
> | 3 m 초과 | 65,000 m³/hr 이상 |

2) 공기유입량(m³/min) 및 공기유입구의 크기(m²)
   ① 공기유입량 : $750 m^3/min$
   ② 공기유입구의 크기
      $= 750 m^3/min \times 35 (cm^2/m^3/min) = 26,250 cm^2 = 2.625 m^2$

TIP ※ ① 예상제연구역에 대한 공기유입량은 배출량 이상이 되도록 하여야 한다.
        ② 예상제연구역에 대한 공기유입구의 크기는 해당 예상제연구역 배출량 $1 m^3/min$ 에 대하여 $35\ cm^2$ 이상으로 하여야 한다.

3) 유입풍도의 면적(m²), 유입풍도의 폭(mm)
   ① 유입풍도의 면적 $= \dfrac{750 m^3/min}{20 m/s} = \dfrac{750 m^3/60 s}{20 m/s} = 0.625 m^2$
   ② 유입풍도의 폭 $= \dfrac{0.625 m^2}{500 mm} = \dfrac{0.625 m^2}{0.5 m} = 1.25 m = 1,250 mm$
   ③ 강판의 두께 : $750\ mm$ 초과 $1,500\ mm$ 이하이므로 $0.8\ mm$

TIP ※ 유입풍도 안의 풍속은 $20\ m/s$ 이하로 하여야 한다.

★☆☆☆☆

문제63 제연설비가 설치된 소방대상물에 화재가 발생되어 연기가 굴뚝으로 분출되고 있다. 이 굴뚝을 통하여 외부로 분출되고 있는 연기의 속도(m/s)를 구하시오. (단, 굴뚝의 높이는 지붕면으로부터 3.5 m, 화재실의 온도는 850 ℃, 850 ℃에서의 연기의 비중량은 0.36 kg/m³이며, 25 ℃에서의 공기의 비중량은 1.33 kg/m³이다)

풀이

$v = \sqrt{2g \dfrac{\gamma_1 - \gamma_2}{\gamma_2} h}$

$= \sqrt{2 \times 9.8 m/s^2 \times \dfrac{1.33 - 0.36}{0.36} \times 3.5 m} = 13.6 m/s$

★☆☆☆☆

문제64 제연설비에서 다음의 자연 배연 시 연기의 유출속도와 외부풍속을 구하라.

① 연기온도 800[℃]일 때 $\gamma_s = 0.33$
② 외부공기 20[℃]일 때 $\gamma_a = 1.20$

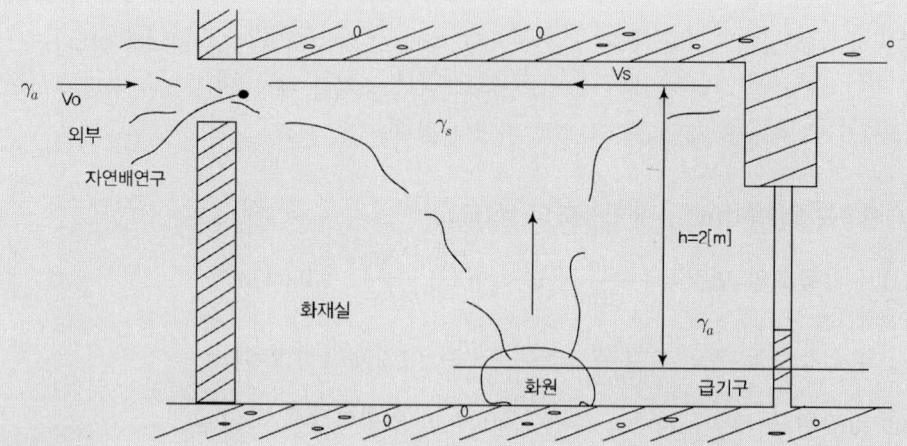

풀이

1) 연기의 유출속도

$$V_s = \sqrt{2g\frac{\gamma_a - \gamma_s}{\gamma_s}h} = \sqrt{2 \times 9.8 \times \frac{1.2 - 0.33}{0.33} \times 2m} = 10.17 m/s$$

2) 외부풍속

$$V_o = \sqrt{2g\frac{\gamma_a - \gamma_s}{\gamma_a}h} = \sqrt{2 \times 9.8 \times \frac{1.2 - 0.33}{1.2} \times 2m} = 5.33 m/s$$

TIP ※ 속도

연기의 유출속도 $V_s = \sqrt{2g\dfrac{\gamma_a - \gamma_s}{\gamma_s}h}$

외부풍속 $V_o = \sqrt{2g\dfrac{\gamma_a - \gamma_s}{\gamma_a}h}$

γ_a : 공기의 비중량, γ_s : 연기의 비중량

★★★☆☆

문제65 다음 도면은 비화재 시 즉, 평상시에는 공조설비로 사용하고 화재 시에는 제연설비로 사용할 때 도면이다. 아래 도면에 댐퍼의 설치위치를 도시하고 평상시 및 화재 시 댐퍼의 개방 및 폐쇄관계를 간단히 설명하시오.

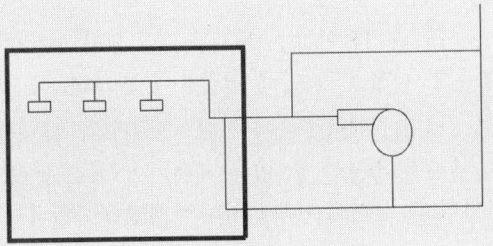

풀이

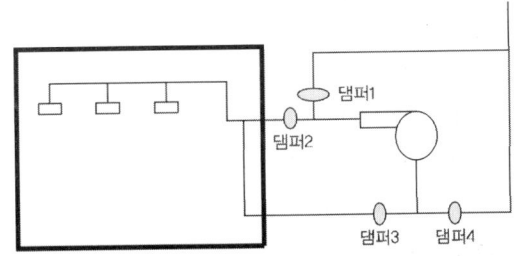

구분	댐퍼1	댐퍼2	댐퍼3	댐퍼4
평상 시	폐쇄	개방	폐쇄	개방
화재 시	개방	폐쇄	개방	폐쇄

★★★★★

문제66 다음은 제연설비의 도면이다. 각 물음에 답하시오.

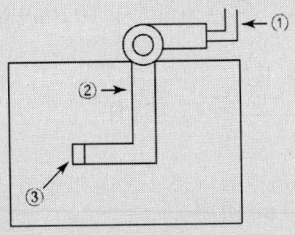

[조건]
① 제연구역의 바닥면적 합계는 350 m²이다.
② 전압은 30 mmHg이며, 전동기 효율은 60 %이다.
③ 전압력과 제연량 손실을 고려한 여유율은 10%이다.

20th Day

[물음]
1) 상기 도면의 제연설비의 방식은 무엇인가?
2) 상기 도면에 표시된 덕트 ①과 ②의 해당 부분 풍속기준을 쓰시오.
3) 상기 도면에 표시된 ③번 부분의 기기류에 MD라고 표기되어 있다면 무엇을 의미하는가?
4) 배출량(m³/min), 공기유입량(m³/min), 공기유입구의 면적(m²)은 얼마인가?
5) 제연설비에 관한 다음 ( ) 안에 알맞은 답을 쓰시오.

   제연 경계폭 (①) 이상, 수직거리 (②) 이내

6) 제연설비의 풍량을 송풍할 수 있는 배출기의 최소 동력(kW)은 얼마인가?
7) 예상제연구역의 각 부분으로부터 하나의 배출구까지의 수평거리는 얼마인가?

풀이

1) 제연설비의 방식 : 제3종기계제연방식
2) 풍속기준 : ① 20 m/s 이하
             ② 15 m/s 이하
3) MD : 모터댐퍼(motor damper)
4) 배출량, 공기유입량, 공기유입구의 면적

   ① 배출량 : $350m^2 \times 1m^3/\min \cdot m^2 = 350m^3/\min$

   ② 공기유입량 : $350m^3/\min$

   ③ 공기유입구의 면적 : $350m^3/\min \times 35cm^2/m^3/\min = 12,250cm^2 = 1.225m^2$

5) 제연설비 : ① 0.6 m
             ② 2 m

6) 배출기의 최소 동력

   전압 $30mmHg = 30mmHg \times \dfrac{10332kgf/m^2}{760mmHg} = 407.84kgf/m^2$

   배출기의 최소 동력 $= \dfrac{P_t Q}{102\eta} = \dfrac{407.84kgf/m^2 \times 350m^3/\min \times 1.1}{102 \times 0.6}$

   $= \dfrac{\dfrac{407.84kgf}{m^2} \times \dfrac{350m^3}{60s} \times 1.1}{\dfrac{102kgf \cdot m/s}{1kW} \times 0.6} = 42.76kW$

7) 배출구까지의 수평거리 : 10 m 이내

★★★★★

문제67 제연설비에 대한 다음 물음에 답하시오.

1) 아래 그림은 어느 판매장의 무창층에 대한 제연설비 중 연기 배출풍도와 배출 FAN을 나타내고 있는 평면도이다. 각 물음에 답하시오.

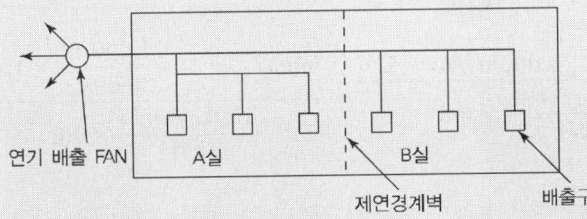

① 풍도에 설치되어야 할 제어댐퍼를 가장 적합한 지점에 표기하시오. (단, 제어댐퍼의 표기는 ⌀의 모양으로 할 것)
② 화재 시 제어댐퍼의 작동상황을 설명하시오.

2) 제연설비 중 자동화재감지기가 화재를 감지함에 따라 작동되도록 연동하여 설치하는 것 4가지를 쓰시오.

3) 전압이 50kgf/m², 풍량이 24,000 m³/hr인 제연설비용 팬(fan)을 설치하였다. 배출기의 동력(kW)을 산출하시오(단, 전동기 효율은 60%, 여유율은 10%로 한다).

4) 배연구역의 바닥면적이 360 m²이고 경유거실인 경우, 다음을 산출하시오.
① 송풍기의 최소 배출량(m³/min)을 계산하시오.
② 배출기의 배출측 풍도를 원형으로 할 때 풍도의 최소 직경(mm)을 계산하시오.
③ 제연구역에 설치하는 공기유입구의 크기는 얼마(cm²) 이상으로 하여야 하는가? 단, 공기유입구의 [급기그릴] 공기 속도는 5m/sec 이하라고 가정한다.

풀이

1) 각 물음에 답하시오.
 ① 풍도에 설치되어야 할 제어댐퍼

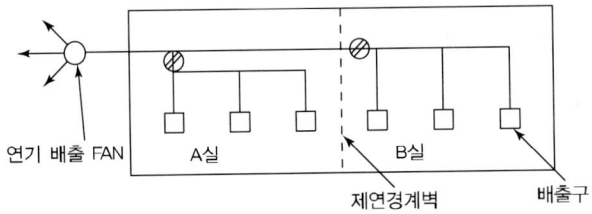

 ② 화재 시 제어댐퍼의 작동상황
   A실 화재 시 : A실 댐퍼 개방, B실 댐퍼 폐쇄
   B실 화재 시 : A실 댐퍼 폐쇄, B실 댐퍼 개방

2) 연동하여 설치하는 것 4가지
 ① 가동식의 벽
 ② 제연경계벽

③ 댐퍼
④ 배출기

3) 배출기의 동력(kW)

배출기의 동력(kW) $= \dfrac{P_t Q}{102\eta}$

$= \dfrac{50 kgf/m^2 \times 24,000 m^3/hr \times 1.1}{\dfrac{102 kgf \cdot m/s}{kW} \times 0.6} = \dfrac{50 kgf/m^2 \times \dfrac{24,000 m^3}{3600 s} \times 1.1}{\dfrac{102 kgf \cdot m/s}{kW} \times 0.6}$

$= 6 kW$

4) 배연구역의 바닥면적이 $360 m^2$이고 경유거실인 경우

① 송풍기의 최소 배출량(m^3/min)

$= 360 m^2 \times 1 m^3/min/m^2 = 360 m^3/min$

② 배출기의 배출측 풍도를 원형으로 할 때 풍도의 최소 직경(mm)

$Q = Av = \dfrac{\pi}{4} D^2 v$에서

$D = \sqrt{\dfrac{4Q}{\pi v}} = \sqrt{\dfrac{4 \times 360 m^3/min}{\pi \times 20 m/s}} = \sqrt{\dfrac{4 \times 360 m^3/60s}{\pi \times 20 m/s}}$

$= 0.618 m = 618 mm$

③ 제연구역에 설치하는 공기유입구의 크기

$= 360 m^3/min \times 35 cm^2/m^3/min = 12,600 cm^2$

★★★☆☆

문제68 다음 그림을 보고 누설틈새의 직렬 관계식인 $A_t = \left(\dfrac{1}{A_1^N} + \dfrac{1}{A_2^N}\right)^{-\frac{1}{N}}$ 을 유도하시오.

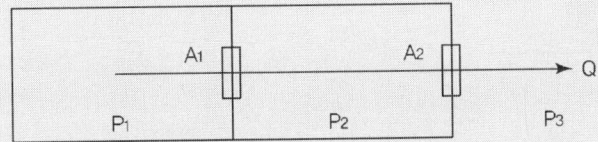

풀이

누설틈새가 직렬로 배치되어 있을 경우 틈새에서의 누설량은 일정($Q_1 = Q_2 = Q$)하나, 각 실의 압력차는 일정하지 않으므로($\Delta P_1 \neq \Delta P_2 \neq \Delta P$)

$Q = KA_t(P_1 - P_3)^{\frac{1}{N}}$ $Q_1 = KA_1(P_1 - P_2)^{\frac{1}{N}}$ $Q_2 = KA_2(P_2 - P_3)^{\frac{1}{N}}$

$Q = Q_1$ 이므로

$KA_t(P_1 - P_3)^{\frac{1}{N}} = KA_1(P_1 - P_2)^{\frac{1}{N}}$

K를 소거하고 양변에 N승을 하면

$A_t^N(P_1 - P_3) = A_1^N(P_1 - P_2)$

$\dfrac{A_t^N}{A_1^N} = \dfrac{P_1 - P_2}{P_1 - P_3}$ ──────────── ①

$Q = Q_2$ 이므로

$KA_t(P_1 - P_3)^{\frac{1}{N}} = KA_2(P_2 - P_3)^{\frac{1}{N}}$

K를 소거하고 양변에 N승을 하면

$A_t^N(P_1 - P_3) = A_2^N(P_2 - P_3)$

$\dfrac{A_t^N}{A_2^N} = \dfrac{P_2 - P_3}{P_1 - P_3}$ ──────────── ②

①+②를 하면

$\dfrac{A_t^N}{A_1^N} + \dfrac{A_t^N}{A_2^N} = \dfrac{P_1 - P_2}{P_1 - P_3} + \dfrac{P_2 - P_3}{P_1 - P_3}$

$\left(\dfrac{1}{A_1^N} + \dfrac{1}{A_2^N}\right)A_t^N = \dfrac{P_1 - P_2 + P_2 - P_3}{P_1 - P_3}$

$\left(\dfrac{1}{A_1^N} + \dfrac{1}{A_2^N}\right)A_t^N = \dfrac{P_1 - P_3}{P_1 - P_3}$

$\left(\dfrac{1}{A_1^N} + \dfrac{1}{A_2^N}\right) A_t^N = 1$ 이므로 $A_t^N = \dfrac{1}{\left(\dfrac{1}{A_1^N} + \dfrac{1}{A_2^N}\right)}$

양변에 $\dfrac{1}{N}$ 승을 하면

$\left(A_t^N\right)^{\frac{1}{N}} = \dfrac{1^{\frac{1}{N}}}{\left(\dfrac{1}{A_1^N} + \dfrac{1}{A_2^N}\right)^{\frac{1}{N}}}$

$A_t = \dfrac{1}{\left(\dfrac{1}{A_1^N} + \dfrac{1}{A_2^N}\right)^{\frac{1}{N}}}$

$A_t = \left(\dfrac{1}{A_1^N} + \dfrac{1}{A_2^N}\right)^{-\frac{1}{N}}$

★★★★★

문제69 특별피난계단의 계단실 및 제연설비의 방호공간으로 구성되어 있는 아래 그림과 같은 장소에 제연설비를 설치하고자 한다. 각 출입문 틈새면적(m²), 전체 유효누설면적(m²), 다음 각 조건에서의 차압을 유지하기 위한 누설량(m³/min)을 구하시오.(단, 스프링클러헤드 미설치)

〈조건〉
- 쌍여닫이문으로 틈새가 10 m인 경우
- 외여닫이문으로 틈새가 5 m인 경우(문 열리는 방향은 실 외측임)

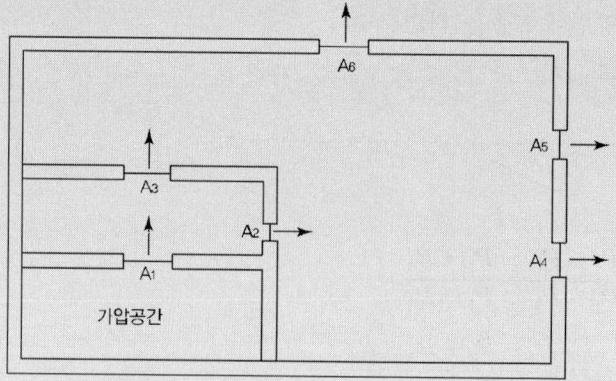

풀이

1) 쌍여닫이문으로 틈새가 10m인 경우
   ① 각 출입문 면적
   $$= \frac{L}{\ell} \times A_d = \frac{10m}{9.2m} \times 0.03m^2 = 0.0326m^2$$
   ② 전체 유효누설면적
   $$A_1 = 0.0326 m^2$$
   $$A_{2+3} = A_2 + A_3 = 0.0326 m^2 + 0.0326 m^2 = 0.0652 m^2$$
   $$A_{4+5+6} = A_4 + A_5 + A_6 = 0.0326 m^2 + 0.0326 m^2 + 0.0326 m^2 = 0.0978 m^2$$
   $$A_t = \left(\frac{1}{A_1^N} + \frac{1}{A_{2+3}^N} + \frac{1}{A_{4+5+6}^N}\right)^{-\frac{1}{N}}$$
   $$= \left(\frac{1}{0.0326^2} + \frac{1}{0.0652^2} + \frac{1}{0.0978^2}\right)^{-\frac{1}{2}}$$
   $$= 0.0279 m^2$$
   ③ 차압을 유지하기 위한 누설량
   $$Q = 0.827 \times A_t \times P^{\frac{1}{N}}$$
   $$= 0.827 \times 0.0279 m^2 \times (40 Pa)^{\frac{1}{2}}$$
   $$= 0.146 m^3/s = 8.76 m^3/\min$$

2) 외여닫이문으로 틈새가 5 m인 경우
   ① 각 출입문 면적
   $$= \frac{L}{\ell} \times A_d = \frac{5.6m}{5.6m} \times 0.02m^2 = 0.02m^2$$
   ② 전체 유효누설면적(m²)
   $$A_1 = 0.02 m^2$$
   $$A_{2+3} = A_2 + A_3 = 0.02 m^2 + 0.02 m^2 = 0.04 m^2$$
   $$A_{4+5+6} = A_4 + A_5 + A_6 = 0.02 m^2 + 0.02 m^2 + 0.02 m^2 = 0.06 m^2$$
   $$A_t = \left(\frac{1}{A_1^N} + \frac{1}{A_{2+3}^N} + \frac{1}{A_{4+5+6}^N}\right)^{-\frac{1}{N}}$$
   $$= \left(\frac{1}{0.02^2} + \frac{1}{0.04^2} + \frac{1}{0.06^2}\right)^{-\frac{1}{2}}$$
   $$= 0.0171 m^2$$

③ 차압을 유지하기 위한 누설량(㎥/min)

$$Q = 0.827 \times A_t \times P^{\frac{1}{N}}$$
$$= 0.827 \times 0.0171 m² \times (40 Pa)^{\frac{1}{2}}$$
$$= 0.0894 m³/s = 5.36 m³/\min$$

03 제3편

위험물

21st Day

1 위험물시행규칙-01(소화기구의 설치)

1. 전기설비의 소화설비
제조소 등에 전기설비(전기배선, 조명기구 등은 제외한다)가 설치된 경우에는 당해 장소의 면적 100㎡마다 소형수동식소화기를 1개 이상 설치할 것

2. 소요단위의 계산방법
건축물 그 밖의 공작물 또는 위험물의 소요단위의 계산방법은 다음의 기준에 의할 것
① 제조소 또는 취급소의 건축물은 외벽이 내화구조인 것은 연면적 100㎡를 1소요단위로 하며, 외벽이 내화구조가 아닌 것은 연면적 50㎡를 1소요단위로 할 것
② 저장소의 건축물은 외벽이 내화구조인 것은 연면적 150㎡를 1소요단위로 하고, 외벽이 내화구조가 아닌 것은 연면적 75㎡를 1소요단위로 할 것
③ 제조소 등의 옥외에 설치된 공작물은 외벽이 내화구조인 것으로 간주하고 공작물의 최대수평투영면적을 연면적으로 간주하여 1) 및 2)의 규정에 의하여 소요단위를 산정할 것
④ 위험물은 지정수량의 10배를 1소요단위로 할 것

구분		소요단위
제조소 또는 취급소	외벽이 내화구조인 것	$\dfrac{\text{연면적}(m^2)}{100m^2/\text{단위}}$
제조소 또는 취급소	외벽이 내화구조가 아닌 것	$\dfrac{\text{연면적}(m^2)}{50m^2/\text{단위}}$
저장소	외벽이 내화구조인 것	$\dfrac{\text{연면적}(m^2)}{150m^2/\text{단위}}$
저장소	외벽이 내화구조가 아닌 것	$\dfrac{\text{연면적}(m^2)}{75m^2/\text{단위}}$
제조소 또는 취급소의 옥외에 설치된 공작물		$\dfrac{\text{최대수평투영면적}}{100m^2/\text{단위}}$
저장소의 옥외에 설치된 공작물		$\dfrac{\text{최대수평투영면적}}{150m^2/\text{단위}}$
위험물		$\dfrac{\text{위험물 수량}}{\text{지정수량의 10배}}$

연습문제

★★★☆☆

문제1 바닥면적 800 m²인 제조소 등에 전기설비(전기배선, 조명기구 등은 제외한다)가 설치된 경우 소형수동식소화기의 설치수량을 산출하시오.

- 계산과정

$$= \frac{800 m^2}{100 m^2/개} = 8개$$

- 답 : 8개

★★★☆☆

문제2 외벽이 내화구조인 연면적 2,000 m²의 제조소 건축물에 필요한 소화기 소요단위를 계산하시오.

- 계산과정

$$= \frac{2,000 m^2}{100 m^2/단위} = 20단위$$

- 답 : 20단위

★★★☆☆

문제3 외벽이 내화구조인 연면적 3,000 m²의 저장소 건축물에 필요한 소화기 소요단위를 계산하시오.

- 계산과정

$$= \frac{3,000 m^2}{150 m^2/단위} = 20단위$$

- 답 : 20단위

2 위험물시행규칙-02(옥내소화전설비/옥외소화전설비)

1. 옥내소화전설비

① 옥내소화전은 제조소 등의 건축물의 층마다 당해 층의 각 부분에서 하나의 호스접속구까지의 수평거리가 25 m 이하가 되도록 설치할 것
② 수원의 수량은 옥내소화전이 가장 많이 설치된 층의 옥내소화전 설치개수(설치개수가 5개 이상인 경우는 5개)에 7.8 m³를 곱한 양 이상이 되도록 설치할 것

$$\text{수원의 수량} = N \times 260\ell/\min \times 30분 = N \times 7,800\ell = N \times 7.8 m^3$$

③ 옥내소화전설비는 각 층을 기준으로 하여 당해 층의 모든 옥내소화전(설치개수가 5개 이상인 경우는 5개의 옥내소화전)을 동시에 사용할 경우에 각 노즐 끝부분의 방수압력이 350 kPa 이상이고 방수량이 1분당 260 ℓ 이상의 성능이 되도록 할 것

구분	화재안전기준	터널	위험물
방수압력	0.17 MPa~0.7 MPa	0.35 MPa 이상	0.35 MPa 이상
방수량	130 ℓ/분 이상	190 ℓ/분 이상	260 ℓ/분 이상
방수시간	20분 이상	40분 이상	30분 이상
기준개수	2개	2개(4차로 이상의 터널의 경우 3개)	5개

2. 옥외소화전설비

① 옥외소화전은 방호대상물의 각 부분(건축물의 경우에는 당해 건축물의 1층 및 2층의 부분에 한한다)에서 하나의 호스접속구까지의 수평거리가 40 m 이하가 되도록 설치할 것. 이 경우 그 설치개수가 1개일 때는 2개로 하여야 한다.
② 수원의 수량은 옥외소화전의 설치개수(설치개수가 4개 이상인 경우는 4개의 옥외소화전)에 13.5 m³를 곱한 양 이상이 되도록 설치할 것

$$\text{수원의 수량} = N \times 450\ell/\min \times 30분 = N \times 13,500\ell = N \times 13.5 m^3$$

③ 옥외소화전설비는 모든 옥외소화전(설치개수가 4개 이상인 경우는 4개의 옥외소화전)을 동시에 사용할 경우에 각 노즐 끝부분의 방수압력이 350 kPa 이상이고, 방수량이 1분당 450 ℓ 이상의 성능이 되도록 할 것

구분	화재안전기준	위험물
방수압력	0.25 MPa~0.7 MPa	0.35 MPa 이상
방수량	350 ℓ/분 이상	450 ℓ/분 이상
방수시간	20분 이상	30분 이상
기준개수	2개	4개

21st Day

연습문제

★★★★☆

문제1 단층 제조소 건축물에 옥내소화전이 6개 설치되었을 경우 펌프의 토출량(ℓ/min) 및 수원의 수량(m³)을 계산하시오.

배점 4

- 계산과정
  ① 펌프의 토출량
   $= N \times 260\ell/\min = 5개 \times 260\ell/\min = 1,300\ell/\min$
  ② 수원의 수량
   $= N \times 7.8m^3 = 5개 \times 7.8m^3 = 39m^3$
- 답 : ① 펌프의 토출량 : $1,300\ell/\min$
   ② 수원의 수량 : $39m^3$

★★★★☆

문제2 단층 제조소 건축물에 옥외소화전이 10개 설치되었을 경우 펌프의 토출량(ℓ/min) 및 수원의 수량(m³)을 계산하시오.

배점 4

- 계산과정
  ① 펌프의 토출량
   $= N \times 450\ell/\min = 4개 \times 450\ell/\min = 1,800\ell/\min$
  ② 수원의 수량
   $= N \times 13.5m^3 = 4개 \times 13.5m^3 = 54m^3$
- 답 : ① 펌프의 토출량 : $1,800\ell/\min$
   ② 수원의 수량 : $54m^3$

③ 위험물시행규칙-03(스프링클러설비)

1. 스프링클러헤드는 방호대상물의 천장 또는 건축물의 최상부 부근(천장이 설치되지 아니한 경우)에 설치하되, 방호대상물의 각 부분에서 하나의 스프링클러헤드까지의 수평거리가 1.7 m(제4호 비고 제1호의 표에 정한 살수밀도의 기준을 충족하는 경우에는 2.6 m) 이하가 되도록 설치할 것

   ※제4호 비고 제1호 표에 정한 살수밀도

살수기준면적(m²)	방사밀도(ℓ/m²분) 인화점 38℃ 미만	방사밀도(ℓ/m²분) 인화점 38℃ 이상	비고
279 미만	16.3 이상	12.2 이상	살수기준면적은 내화구조의 벽 및 바닥으로 구획된 하나의 실의 바닥면적을 말하고, 하나의 실의 바닥면적이 465 m² 이상인 경우의 살수기준면적은 465 m²로 한다. 다만, 위험물의 취급을 주된 작업내용으로 하지 아니하고 소량의 위험물을 취급하는 설비 또는 부분이 넓게 분산되어 있는 경우에는 방사밀도는 8.2 ℓ/m²분 이상, 살수기준 면적은 279 m² 이상으로 할 수 있다.
279 이상 372 미만	15.5 이상	11.8 이상	
372 이상 465 미만	13.9 이상	9.8 이상	
465 이상	12.2 이상	8.1 이상	

2. 개방형 스프링클러헤드를 이용한 스프링클러설비의 방사구역(하나의 일제개방밸브에 의하여 동시에 방사되는 구역을 말한다)은 150 m² 이상(방호대상물의 바닥면적이 150 m² 미만인 경우에는 당해 바닥면적)으로 할 것

3. 수원의 수량은 폐쇄형 스프링클러헤드를 사용하는 것은 30(헤드의 설치개수가 30 미만인 방호대상물인 경우에는 당해 설치개수), 개방형 스프링클러헤드를 사용하는 것은 스프링클러헤드가 가장 많이 설치된 방사구역의 스프링클러헤드 설치개수에 2.4 m³를 곱한 양 이상이 되도록 설치할 것

   수원의 수량 = $N \times 80\ell/\min \times 30분 = N \times 2,400\ell = N \times 2.4 m^3$

4. 스프링클러설비는 3)의 규정에 의한 개수의 스프링클러헤드를 동시에 사용할 경우에 각 끝부분의 방사압력이 100 kPa(제4호 비고 제1호의 표에 정한 살수밀도의 기준을 충족하는 경우에는 50 kPa) 이상이고, 방수량이 1분당 80 ℓ (제4호 비고 제1호의 표에 정한 살수밀도의 기준을 충족하는 경우에는 56 ℓ) 이상의 성능이 되도록 할 것

5. 스프링클러설비에는 비상전원을 설치할 것

구분	화재안전기준	위험물
방수압력	0.1 MPa~1.2 MPa	0.1 MPa 이상
방수량	80 ℓ/분 이상	80 ℓ/분 이상
방수시간	20분 이상	30분 이상
기준개수	10, 20, 30	30
수평거리	1.7 m, 2.1 m, 2.3 m 등	1.7 m 이하

연습문제

★★★★☆

문제1 단층의 위험물 제조소 건축물(가로 50 m, 세로 30 m)에 폐쇄형 스프링클러헤드를 설치할 경우 헤드의 설치수량, 펌프의 토출량(ℓ/min) 및 수원의 수량(m³)을 계산하시오. 단, 스프링클러헤드의 배치는 정방형이다.

배점 6

■ 계산과정

① 스프링클러헤드의 설치수량

가로개수 = 가로길이 ÷ $(2r\cos 45°)$ = $50m ÷ (2 \times 1.7m \times \cos 45°)$ = 20.7 → 21개

세로개수 = 세로길이 ÷ $(2r\cos 45°)$ = $30m ÷ (2 \times 1.7m \times \cos 45°)$ = 12.4 → 13개

∴ 스프링클러헤드의 개수 = 21개 × 13개 = 273개

② 펌프의 토출량

= $N \times 80\ell/min$ = $30개 \times 80\ell/min$ = $2,400\ell/min$

③ 수원의 수량

= $N \times 2.4m^3$ = $30개 \times 2.4m^3$ = $72m^3$

■ 답 : ① 스프링클러헤드의 설치수량 : 273개

② 펌프의 토출량 : $2,400\ell/min$

③ 수원의 수량 : $72m^3$

4 위험물시행규칙-04(물분무소화설비/자동화재탐지설비)

1. 물분무소화설비

1) 분무헤드의 개수 및 배치는 다음 각 목에 의할 것
   ㉮ 분무헤드로부터 방사되는 물분무에 의하여 방호대상물의 모든 표면을 유효하게 소화할 수 있도록 설치할 것
   ㉯ 방호대상물의 표면적(건축물에 있어서는 바닥면적) 1 m²당 3)의 규정에 의한 양의 비율로 계산한 수량을 표준방사량(당해 소화설비의 헤드의 설계압력에 의한 방사량)으로 방사할 수 있도록 설치할 것
2) 물분무소화설비의 방사구역은 150 m² 이상(방호대상물의 표면적이 150 m² 미만인 경우에는 당해 표면적)으로 할 것
3) 수원의 수량은 분무헤드가 가장 많이 설치된 방사구역의 모든 분무헤드를 동시에 사용할 경우에 당해 방사구역의 표면적 1 m²당 1분당 20ℓ의 비율로 계산한 양으로 30분간 방사할 수 있는 양 이상이 되도록 설치할 것
4) 물분무소화설비는 3)의 규정에 의한 분무헤드를 동시에 사용할 경우에 각 끝부분의 방사압력이 350 kPa 이상으로 표준방사량을 방사할 수 있는 성능이 되도록 할 것

구분	화재안전기준	터널	위험물
방수압력	-	-	0.35MPa 이상
방수량	10, 12, 20 ℓ/분·m²	6 ℓ/분·m²	20 ℓ/분·m²
방수시간	20분 이상	40분 이상	30분 이상

2. 자동화재탐지설비

㉮ 자동화재탐지설비의 경계구역은 건축물 그 밖의 공작물의 2 이상의 층에 걸치지 아니하도록 할 것. 다만, 하나의 경계구역의 면적이 500 m² 이하이면서 당해 경계구역이 두개의 층에 걸치는 경우이거나 계단·경사로·승강기의 승강로 그 밖에 이와 유사한 장소에 연기감지기를 설치하는 경우에는 그러하지 아니하다.
㉯ 하나의 경계구역의 면적은 600 m² 이하로 하고 그 한변의 길이는 50 m(광전식분리형 감지기를 설치할 경우에는 100 m) 이하로 할 것. 다만, 당해 건축물 그 밖의 공작물의 주요한 출입구에서 그 내부의 전체를 볼 수 있는 경우에 있어서는 그 면적을 1,000 m² 이하로 할 수 있다.
㉰ 자동화재탐지설비의 감지기(옥외탱크저장소에 설치하는 자동화재탐지설비의 감지기는 제외한다)는 지붕(상층이 있는 경우에는 상층의 바닥) 또는 벽의 옥내에 면한 부분(천장이 있는 경우에는 천장 또는 벽의 옥내에 면한 부분 및 천장의 뒷부분)에 유효하게 화재의 발생을 감지할 수 있도록 설치할 것

21st Day

연습문제

★★★★☆

문제1 물분무소화설비가 설치된 위험물 제조소의 바닥면적이 100 m²일 경우 펌프의 토출량(ℓ/min)과 수원의 수량(m³)을 산출하시오.

■ 계산과정
① 펌프의 토출량 = $100m^2 \times 20\ell/min \cdot m^2 = 2,000\ell/min$
② 수원의 수량 = $2,000\ell/min \times 30min = 60,000\ell = 60m^3$

■ 답 : ① 펌프의 토출량 : $2,000\ell/min$
② 수원의 수량 : $60m^3$

★★★★☆

문제2 위험물 제조소(바닥면적이 600 m²)에 150m²씩 4개의 구역으로 구획하여 물분무소화설비를 설치할 경우 펌프의 최소 토출량(ℓ/min)과 수원의 수량(m³)을 산출하시오.

■ 계산과정
① 펌프의 토출량 = $150m^2 \times 20\ell/min \cdot m^2 = 3,000\ell/min$
② 수원의 수량 = $3,000\ell/min \times 30min = 90,000\ell = 90m^3$

■ 답 : ① 펌프의 토출량 : $3,000\ell/min$
② 수원의 수량 : $90m^3$

5 위험물세부기준-05(방유제)

인화성액체위험물(이황화탄소를 제외한다)의 옥외탱크저장소의 탱크 주위에는 다음 각목의 기준에 의하여 방유제를 설치하여야 한다.

1. 방유제의 용량은 방유제 안에 설치된 탱크가 하나인 때에는 그 탱크 용량의 110% 이상, 2기 이상인 때에는 그 탱크 중 용량이 최대인 것의 용량의 110% 이상으로 할 것. 이 경우 방유제의 용량은 당해 방유제의 내용적에서 용량이 최대인 탱크 외의 탱크의 방유제 높이 이하 부분의 용적, 당해 방유제 내에 있는 모든 탱크의 지반면 이상 부분의 기초의 체적, 간막이 둑의 체적 및 당해 방유제 내에 있는 배관 등의 체적을 뺀 것으로 한다.
2. 방유제는 높이 0.5 m 이상 3 m 이하, 두께 0.2 m 이상, 지하매설 깊이 1 m 이상으로 할 것
3. 방유제 내의 면적은 8만 m² 이하로 할 것
4. 방유제 내에 설치하는 옥외저장탱크의 수는 10(방유제 내에 설치하는 모든 옥외저장탱크의 용량이 20만 ℓ 이하이고, 당해 옥외저장탱크에 저장 또는 취급하는 위험물의 인화점이 70 ℃ 이상 200 ℃ 미만인 경우에는 20) 이하로 할 것
5. 방유제 외면의 2분의 1 이상은 자동차 등이 통행할 수 있는 3 m 이상의 노면폭을 확보한 구내도로(옥외저장탱크가 있는 부지 내의 도로를 말한다)에 직접 접하도록 할 것
6. 방유제는 옥외저장탱크의 지름에 따라 그 탱크의 옆판으로부터 다음에 정하는 거리를 유지할 것
   ① 지름이 15 m 미만인 경우에는 탱크 높이의 3분의 1 이상
   ② 지름이 15 m 이상인 경우에는 탱크 높이의 2분의 1 이상
7. 방유제는 철근콘크리트로 하고, 방유제와 옥외저장탱크 사이의 지표면은 불연성과 불침윤성이 있는 구조(철근콘크리트 등)로 할 것
8. 용량이 1,000만 ℓ 이상인 옥외저장탱크의 주위에 설치하는 방유제에는 다음의 규정에 따라 당해 탱크마다 간막이 둑을 설치할 것
   ① 간막이 둑의 높이는 0.3 m(방유제 내에 설치되는 옥외저장탱크의 용량의 합계가 2억 ℓ를 넘는 방유제에 있어서는 1 m) 이상으로 하되, 방유제의 높이보다 0.2 m 이상 낮게 할 것
   ② 간막이 둑은 흙 또는 철근콘크리트로 할 것
   ③ 간막이 둑의 용량은 간막이 둑 안에 설치된 탱크 용량의 10 % 이상일 것
9. 높이가 1 m를 넘는 방유제 및 간막이 둑의 안팎에는 방유제 내에 출입하기 위한 계단 또는 경사로를 약 50 m마다 설치할 것

21st Day

연습문제

★★★★☆

문제1 위험물 옥외탱크저장소에 용량 50,000 ℓ (직경 4 m, 높이 4.6 m) 탱크 2기, 용량 30,000 ℓ (직경 3 m, 높이 4.5 m) 탱크 1기를 다음 그림과 같이 설치하였을 경우 필요한 방유제의 높이(m)를 구하시오. 단, 방유제 면적은 230 m², 각 탱크의 기초 높이는 0.5 m이며, 기타 구조물의 방유제 내용량과 탱크의 두께 및 보온은 무시하고, 소수 첫째 단위까지 나타내시오.

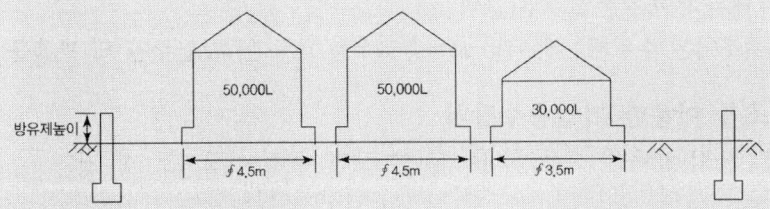

■ 계산과정

기초의 체적 = $\frac{\pi}{4} \times (4.5m)^2 \times 0.5m \times 2 + \frac{\pi}{4} \times (3.5m)^2 \times 0.5m = 20.7m^3$

용량이 최대인 탱크 외의 다른 탱크의 면적 = $\frac{\pi}{4} \times (4m)^2 + \frac{\pi}{4} \times (3m)^2 = 19.6m^2$

방유제 내용적 − 기초 − 다른 탱크 = 방유제 용량
방유제 내용적 − 기초 − 다른 탱크 = 최대 탱크 × 1.1
$230m^2 \times H - 20.7m^3 - 19.6m^2 \times (H - 0.5m) = 50m^3 \times 1.1$
$230H - 20.7 - 19.6H + 19.6 \times 0.5 = 50 \times 1.1$
$230H - 19.6H = 50 \times 1.1 + 20.7 - 19.6 \times 0.5$
$(230 - 19.6)H = 50 \times 1.1 + 20.7 - 19.6 \times 0.5$
$H = \dfrac{50 \times 1.1 + 20.7 - 19.6 \times 0.5}{230 - 19.6}$
$H = 0.3m$ → 법규상 최소 높이 0.5m

■ 답 : 0.5m

| 방유제 내용적 | − | ① 용량이 최대인 탱크 외의 탱크의 방유제 높이 이하 부분의 용적
② 당해 방유제 내에 있는 모든 탱크의 지반면 이상 부분의 기초의 체적
③ 간막이 둑의 체적 및 당해 방유제 내에 있는 배관 등의 체적 | = | 방유제 용량 |

6 위험물세부기준-01(옥내소화전설비의 가압송수장치)

1. 고가수조를 이용한 가압송수장치
① 낙차(수조의 하단으로부터 호스접속구까지의 수직거리를 말한다)는 다음 식에 의하여 구한 수치 이상으로 할 것

$$H = h_1 + h_2 + 35m$$

H : 필요낙차(단위 m)
h_1 : 방수용 호스의 마찰손실수두(단위 m)
h_2 : 배관의 마찰손실수두(단위 m)

② 고가수조에는 수위계, 배수관, 오버플로우용 배수관, 보급수관 및 맨홀을 설치할 것

2. 압력수조를 이용한 가압송수장치
① 압력수조의 압력은 다음 식에 의하여 구한 수치 이상으로 할 것

$$P = p_1 + p_2 + p_3 + 0.35MPa$$

P : 필요한 압력(단위 MPa)
p_1 : 소방용호스의 마찰손실수두압(단위 MPa)
p_2 : 배관의 마찰손실수두압(단위 MPa)
p_3 : 낙차의 환산수두압(단위 MPa)

② 압력수조의 수량은 해당 압력수조 체적의 2/3 이하일 것
③ 압력수조에는 압력계, 수위계, 배수관, 보급수관, 통기관 및 맨홀을 설치할 것

3. 펌프를 이용한 가압송수장치
① 펌프의 토출량은 옥내소화전의 설치개수가 가장 많은 층에 대해 해당 설치개수(설치개수가 5개 이상인 경우에는 5개로 한다)에 260 ℓ/min를 곱한 양 이상이 되도록 할 것
② 펌프의 전양정은 다음 식에 의하여 구한 수치 이상으로 할 것

$$H = h_1 + h_2 + h_3 + 35m$$

H : 펌프의 전양정(단위 m)
h_1 : 소방용 호스의 마찰손실수두(단위 m)
h_2 : 배관의 마찰손실수두(단위 m)
h_3 : 낙차(단위 m)

21st Day

연습문제

★★★☆☆

문제1 위험물 제조소에 옥내소화전설비의 가압송수장치로 고가수조를 설치하는 경우 고가수조에 필요한 낙차(수조의 하단으로부터 최고 층에 설치된 소화전 호스 접결구까지의 수직거리)를 구하시오.

① 고가수조의 급수구와 최고 위 옥내소화전 방수구 사이의 배관의 마찰손실수두는 15 m이다.
② 소방용 호스의 마찰손실수두는 7.8 m이다.

■ 계산과정
= $h_1 + h_2 + 35 = 15m + 7.8m + 35m = 57.8m$

■ 답 : 57.8m

★★★☆☆

문제2 위험물 제조소에 옥내소화전설비의 가압송수장치로 압력수조를 설치하는 경우 압력수조에 필요한 압력(MPa) 및 압력수조 내에 유지시켜 주어야 할 공기의 최소 게이지압력(MPa)을 구하시오.

① 대기압은 절대압력으로 0.1 MPa이다.
② 압력수조의 급수구와 최고 위 옥내소화전 방수구 간의 배관마찰손실은 15 m이다.
③ 옥내소화전 호스의 마찰손실은 8 m이다.
④ 압력수조의 급수구와 최고 위 옥내소화전 방수구와의 낙차는 50 m이며, 수조 내의 수면과 송수구 간의 낙차는 무시한다. 공기의 분자 운동은 이상기체의 성질을 따른다고 가정한다.
⑤ 압력수조 내에는 항상 내용적의 2/3에 달하는 물을 채워두고 있다.

■ 계산과정
1) 압력수조에 필요한 압력
= $p_1 + p_2 + p_3 + 0.35 = 8m + 15m + 50m + 0.35MPa$
= $0.08MPa + 0.15MPa + 0.5MPa + 0.35MPa = 1.08MPa$

2) 압력수조 내에 유지시켜 주어야 할 공기의 최소 게이지압력
$$P_o = (P + P_a) \times \frac{V}{V_o} - P_a$$
= $(1.08MPa + 0.1MPa) \times \dfrac{1}{\frac{1}{3}} - 0.1MPa = 3.44MPa$

■ 답 : 1) 압력수조에 필요한 압력 : $1.08MPa$
2) 압력수조 내에 유지시켜 주어야 할 공기의 최소 게이지압력 : $3.44MPa$

7 위험물세부기준-02(포소화설비의 수원의 수량)

수원의 수량은 다음 각목에 정한 양의 포수용액을 만들기 위하여 필요한 양 이상이 되도록 할 것

가. 포방출구방식의 것은 (1) 및 (2)에 정한 양의 합계량

1) 고정식포방출구는 제1호가목(1)(다)의 표의 위험물의 구분 및 포방출구의 종류에 따라 정한 포수용액량에 해당 탱크의 액표면적을 곱한 양

[제1호가목(1)(다)의 표의 위험물의 구분 및 포방출구의 종류에 따라 정한 포수용액량]

포방출구의 종류 위험물의 구분	Ⅰ형		Ⅱ형·Ⅲ형·Ⅳ형		특형	
	포수용액량	방출률	포수용액량	방출율	포수용액량	방출률
휘발유	120	4	220	4	240	8
경유, 등유	80	4	120	4	160	8
중유	60	4	100	4	120	8

2) 보조포소화전은 제1호가목(2)(나)에 정한 방사량으로 20분간 방사할 수 있는 양

[제1호가목(2)(나)에 정한 방사량] 보조포소화전은 3개(호스접속구가 3개 미만인 경우에는 그 개수)의 노즐을 동시에 사용할 경우에 각각의 노즐선단의 방사압력이 0.35 MPa 이상이고 방사량이 400 ℓ/min 이상의 성능이 되도록 설치 - 방유제 외측의 소화활동상 유효한 위치에 설치하되 각각의 보조포소화전 상호간의 보행거리가 75 m 이하가 되도록 설치

나. 포헤드방식의 것은 헤드의 가장 많이 설치된 방사구역의 모든 헤드를 동시에 사용할 경우에 제1호나목(2)에 정한 방사량으로 10분간 방사할 수 있는 양

[제1호나목(2)에 정한 방사량] 방호대상물의 표면적(건축물의 경우에는 바닥면적) 9 m² 당 1개 이상의 헤드를, 방호대상물의 표면적 1 m²당의 방사량이 6.5 ℓ/min 이상의 비율로 계산한 양의 포수용액을 표준방사량으로 방사할 수 있도록 설치 - 방사구역은 100 m² 이상(방호대상물의 표면적이 100 m² 미만인 경우에는 해당 표면적)

다. 포모니터노즐방식의 것은 제1호다목(3)에 정한 방사량으로 30분간 방사할 수 있는 양

[제1호다목(3)에 정한 방사량] 포모니터노즐은 모든 노즐을 동시에 사용할 경우에 각 노즐 선단의 방사량이 1,900 ℓ/min 이상이고 수평방사거리가 30 m 이상이 되도록 설치

라. 이동식포소화설비는 4개(호스접속구가 4개 미만인 경우에는 그 개수)의 노즐을 동시에 사용할 경우에 각 노즐선단의 방사압력은 0.35 MPa 이상이고 방사량은 옥내에 설치한 것은 200 ℓ/min 이상, 옥외에 설치한 것은 400 ℓ/min 이상으로 30분간 방사할 수 있는 양

마. 가목 내지 라목에 정한 포수용액의 양 외에 배관 내를 채우기 위하여 필요한 포수용액의 양

21st Day

연습문제

★★★★☆

문제1 포소화설비의 설계 시 다음의 조건을 참고하여 물음에 답하시오.

배점 6

① Ⅱ형 방출구 사용, 직경 45 m, 높이 15 m인 휘발유탱크이다.
② 3%형 수성막포 사용, 보조포소화전은 쌍구형 2개가 설치되어 있다.
③ 설치된 송액관의 구경 및 길이는 80 mm : 70 m, 65 mm : 50 m이다.
④ 혼합장치는 프레져푸로포셔너방식이다.

[물음]
1) 포소화약제 저장량(m³)   2) 혼합장치의 방출량(m³/min)

■ 답 : 1) 포소화약제 저장량
= 고정포방출구 필요양 + 보조포소화전 필요양 + 송액관 필요양

$= A \times 포수용액량 \times S + NS\,8000 + \frac{\pi}{4}D^2 \times L \times S \times 1000$

$= \frac{\pi}{4} \times (45m)^2 \times 220\ell/m^2 \times 0.03 + 3개 \times 0.03 \times 8000\ell$

$+ \frac{\pi}{4} \times (0.08m)^2 \times 70m \times 0.03 \times 1000 + \frac{\pi}{4} \times (0.065m)^2 \times 50m \times 0.03 \times 1000$

$= 11,232\ell = 11.23m^3$

2) 혼합장치의 방출량
= 고정포방출구 필요양 + 보조포소화전 필요양

$= A \times 방출률 + N \times 400$

$= \frac{\pi}{4} \times (45m)^2 \times 4\ell/min \cdot m^2 + 3개 \times 400\ell/min$

$= 7,561\ell/min = 7.56m^3/min$

> **TIP** "프레져푸로포셔너방식"이란 펌프와 발포기의 중간에 설치된 벤추리관의 벤추리작용과 펌프 가압수의 포소화약제 저장탱크에 대한 압력에 따라 포소화약제를 흡입·혼합하는 방식을 말한다.

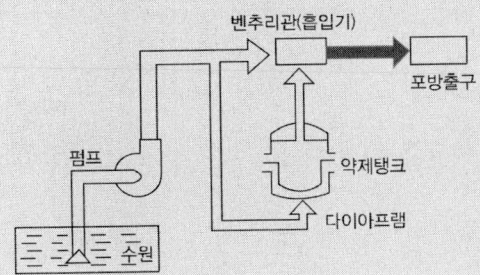

★★★★☆

문제2 다음의 조건에 따라 경유탱크저장소에 고정포 Ⅱ형 방출구로 포소화설비를 설계할 경우, 포원액량[ℓ] 및 펌프 토출량[ℓ/min]은 얼마인가?

[조건]
① 탱크용량 : 600,000 ℓ ② 탱크직경 : 15 m
③ 탱크높이 : 60 m ④ 액표면적 : 100 m²
⑤ 보조포소화전 : 1개 ⑥ 배관경 100 mm, 배관 길이 20 m
⑦ 소화약제 : 수성막포 6 % ⑧ 혼합장치 : 프레져사이드푸로포셔너방식

■ 답 : 1) 포원액량

$= A \times$ 포수용액량 $\times S + NS\,8,000 + A \times L \times 1,000 \times S$

$= 100m^2 \times 120\ell/m^2 \times 0.06 + 1개 \times 0.06 \times 8,000\ell$

$+ \dfrac{\pi}{4} \times (0.1m)^2 \times 20m \times 1,000\ell/m^3 \times 0.06$

$= 1209.42\ell$

2) 펌프 토출량

$= (A \times 방출률 + N \times 400) \times (1-S)$

$= (100m^2 \times 4\ell/m^2\cdot분 + 1개 \times 400\ell/분) \times (1-0.06)$

$= (100m^2 \times 4\ell/m^2\cdot분 + 1개 \times 400\ell/분) \times 0.94$

$= 752\ell/\min$

 "프레져사이드푸로포셔너방식"이란 펌프의 토출관에 압입기를 설치하여 포 소화약제 압입용 펌프로 포소화약제를 압입시켜 혼합하는 방식을 말한다.

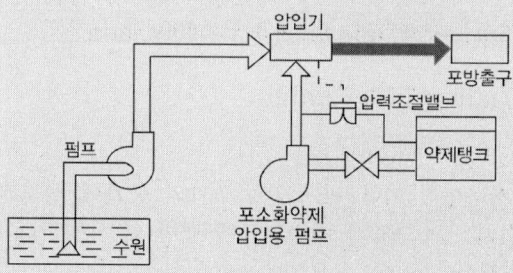

22nd Day

★★★★☆

문제3 옥외탱크저장소에 고정포방출방식을 다음 조건에 따라 설치할 경우 아래 물음에 대하여 답하시오.

[조건] 탱크 용량 600kℓ, 직경 13 m, 높이 6.1 m, 내용물 제1석유류(가솔린), 방출구 Ⅱ형 2개 설치, 포소화약제의 농도 6%, 포수용액량 220 ℓ/m², 원탱크에서 고정포방출구까지의 사용 송액배관의 내경은 105 mm이고, 송액배관의 길이는 100 m, 보조포소화전은 5개가 설치되어 있다.

[물음]
1) 본 탱크에 필요한 포수용액량은 얼마인가?
2) 필요한 원액량은 얼마인가?

■ 답 : 1) 본 탱크에 필요한 포수용액량

$= A \times Q_1 + N \times 8,000\ell + A_1 \times L \times 1,000\ell/m^3$

$= \dfrac{\pi}{4} \times (13m)^2 \times 220\ell/m^2 + 3개 \times 8,000\ell + \dfrac{\pi}{4} \times (0.105m)^2 \times 100m \times 1,000\ell/m^3$

$= 54067\ell = 54.07[m^3]$

2) 필요한 원액량

$= 포수용액량 \times 사용농도 = 54.07[m^3] \times 0.06 = 3.24[m^3]$

★★★★☆

문제4 휘발유 저장용 Floating roof tank를 방호하기 위한 포소화설비의 계통도를 그리고 펌프의 분당 토출량, 수원의 용량 및 소요약제량을 산정하라. 단, 혼합장치는 프레져 푸로포셔너 방식이다.

① 탱크 직경은 30[m]   ② 보조포소화전은 5개소 설치
③ 포원액 농도는 6[%]   ④ 굽도리판과 탱크와의 이격 거리는 1.2[m]

■ 답 : 1) 펌프의 분당 토출량

$= A \times 방출률 + N \times 400$

$= \left[\dfrac{\pi}{4} \times (30m)^2 - \dfrac{\pi}{4} \times (27.6m)^2\right] \times 8\ell/m^2 \cdot \min + 3개 \times 400\ell/\min$

$= 2,068\ell/\min$

2) 수원의 용량

$= A \times 포수용액량 + N \times 400\ell/분 \times 20분$

$= \left[\dfrac{\pi}{4} \times (30m)^2 - \dfrac{\pi}{4} \times (27.6m)^2\right] \times 240\ell/m^2 + 3개 \times 400\ell/분 \times 20분$

$= 50,057\ell = 50.06m^3$

3) 소요 약제량

$= 50.06m^3 \times 0.06 = 3m^3$

8 위험물세부기준-03(탱크의 내용적/공간용적/탱크의 용량)

1. **탱크의 내용적 계산방법**
   1) 타원형 탱크의 내용적
      ① 양쪽이 볼록한 것

      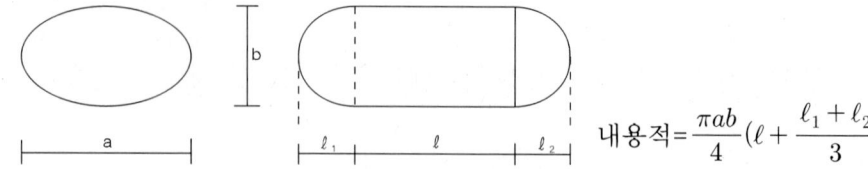

      내용적 $= \dfrac{\pi ab}{4}\left(\ell + \dfrac{\ell_1 + \ell_2}{3}\right)$

      ② 한쪽은 볼록하고 다른 한쪽은 오목한 것

      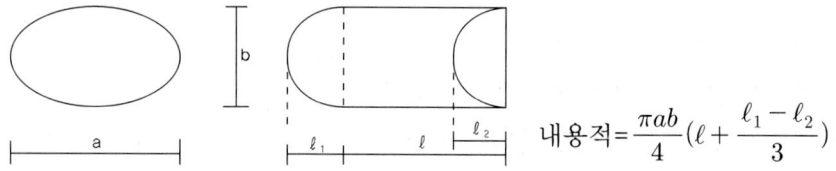

      내용적 $= \dfrac{\pi ab}{4}\left(\ell + \dfrac{\ell_1 - \ell_2}{3}\right)$

   2) 원통형 탱크의 내용적
      ① 횡으로 설치한 것

      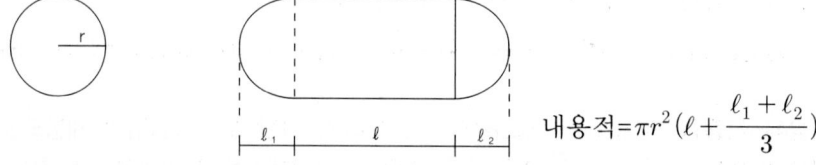

      내용적 $= \pi r^2 \left(\ell + \dfrac{\ell_1 + \ell_2}{3}\right)$

      ② 종으로 설치한 것

      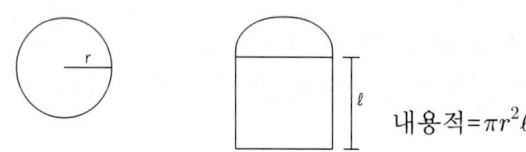

      내용적 $= \pi r^2 \ell$

2. **탱크의 공간용적 및 위험물을 저장 또는 취급하는 탱크의 용량**
   ① 탱크의 공간용적 : 탱크의 내용적의 100분의 5 이상 100분의 10 이하
   ② 위험물을 저장 또는 취급하는 탱크의 용량 : 당해 탱크의 내용적에서 공간용적을 뺀 용적

22nd Day

연습문제

★★★★☆

문제1 다음 그림 및 조건을 참고하여 위험물저장탱크의 내용적, 탱크의 공간용적, 위험물을 저장 또는 취급하는 탱크의 용량을 각각 구하시오.

배점 6

a	b	ℓ_1	ℓ	ℓ_2
10m	8m	3m	9m	3m

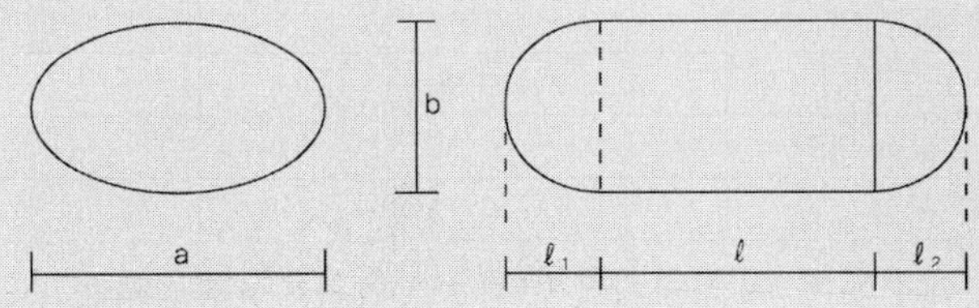

- 계산과정

  ① 탱크의 내용적

  $= \dfrac{\pi ab}{4}(\ell + \dfrac{\ell_1 + \ell_2}{3})$

  $= \dfrac{\pi \times 10m \times 8m}{4} \times (9m + \dfrac{3m + 3m}{3})$

  $= 691.15 \rightarrow 691 m^3$

  ② 탱크의 공간용적

  = 탱크의 내용적의 100분의 5 이상 100분의 10 이하

  $= 691 m^3 \times \dfrac{5}{100}$ 이상 $691 m^3 \times \dfrac{10}{100}$ 이하

  $= 34.55 m^3$ 이상 $69.1 m^3$ 이하

  ③ 위험물을 저장 또는 취급하는 탱크의 용량

  = 탱크의 내용적 – 공간용적

  $= (691 m^3 - 69.1 m^3) \sim (691 m^3 - 34.55 m^3)$

  $= 621.9 m^3 \sim 656.45 m^3$

- 답 : ① 탱크의 내용적 : $691 m^3$

  ② 탱크의 공간용적 : $34.55 m^3$ 이상 $69.1 m^3$ 이하

  ③ 위험물을 저장 또는 취급하는 탱크의 용량 : $621.9 m^3 \sim 656.45 m^3$

9 위험물세부기준-04(불활성가스소화설비/이산화탄소/전역)

1. 다음 표의 방호구역의 체적에 따라 방호구역의 체적 1m³당 소화약제의 양의 비율로 계산한 양. 다만, 그 양이 동표의 소화약제총량의 최저한도 미만인 경우에는 당해 최저한도의 양으로 한다.

방호구역의 체적 (단위 m³)	방호구역의 체적 1m³당 소화약제의 양(단위 kg)	소화약제총량의 최저한도 (단위 kg)
5 미만	1.20	-
5 이상 15 미만	1.10	6
15 이상 45 미만	1.00	17
45 이상 150 미만	0.90	45
150 이상 1,500 미만	0.80	135
1,500 이상	0.75	1,200

2. 방호구역의 개구부에 자동폐쇄장치(갑종방화문, 을종방화문 또는 불연재료의 문으로 이산화탄소소화약제가 방사되기 직전에 개구부를 자동으로 폐쇄하는 장치를 말한다)를 설치하지 않은 경우에는 (1)에 의하여 산출된 양에 당해 개구부의 면적1m²당 5kg의 비율로 계산한 양을 가산한 양
3. 방호구역 내에서 저장 또는 취급하는 위험물에 따라 별표 2에 정한 소화약제에 따른 계수를 (1) 및 (2)에 의하여 산출된 양에 곱해서 얻은 양
4. 이산화탄소를 방사하는 것은 소화약제의 양을 60초 이내에 균일하게 방사할 것

[별표 2] 위험물의 종류에 대한 가스계소화약제의 계수

위험물의 종류	계수	위험물의 종류	계수	위험물의 종류	계수
아크릴로니트릴	1.2	포름산(개미산)프로필	1.0	나프타	1.0
아세트알데히드	1.1	포름산(개미산)메틸	1.0	채종유	1.1
아세트니트릴	1.0	경유	1.0	이황화탄소	3.0
아세톤	1.0	원유	1.0	비닐에틸에테르	1.2
아닐린	1.1	초산(아세트산)	1.1	피리딘	1.1
이소옥탄	1.0	초산에틸	1.0	부타놀	1.1
이소프렌	1.0	초산메틸	1.0	프로판올	1.0
이소프로필아민	1.0	산화프로필렌	1.8	2-프로판올	1.0
이소프로필에테르	1.0	사이클로헥산	1.0	프로필아민	1.0
이소헥산	1.0	디에틸아민	1.0	헥산	1.0
이소헵탄	1.0	디에틸에테르	1.2	헵탄	1.0
이소펜탄	1.0	디옥산	1.6	벤젠	1.0
에탄올	1.2	중유(重油)	1.0	펜탄	1.0
에틸아민	1.0	윤활유	1.0	메타놀	1.6
염화비닐	1.1	테트라하이드로퓨란	1.0	메틸에틸케톤	1.0
옥탄	1.2	등유	1.0	모노클로로벤젠	1.1
휘발유	1.0	트리에틸아민	1.0	그밖의 것	1.1
포름산(개미산)에틸	1.0	톨루엔	1.0		

22nd Day

연습문제

★★★★☆

문제1 옥내탱크저장소의 체적이 100 m³인 방호대상물의 경우 이산화탄소 소화약제 저장량(kg)을 산출하시오. 단, 위험물의 종류에 대한 가스계소화약제의 계수는 1.2이며, 자동폐쇄장치를 설치하지 아니한 개구부의 면적은 3 m²이다.

배점 3

- 계산과정
  $= (V \times W_1 + A \times 5 kg/m^2) \times 계수$
  $= (100 m^3 \times 0.9 kg/m^3 + 3 m^2 \times 5 kg/m^2) \times 1.2$
  $= 126 kg$
- 답 : $126 kg$

★★★★☆

문제2 아세트알데히드를 저장하는 방호구역의 체적이 100 m³인 방호대상물의 경우 이산화탄소 소화약제 저장량(kg)을 산출하시오. 단, 아세트알데히드의 계수는 1.1이며, 자동폐쇄장치를 설치하지 아니한 개구부의 면적은 3 m²이다.

배점 3

- 계산과정
  $= (방호구역\ 체적 \times 1 m^3당\ 소화약제\ 양 + 개구부\ 면적 \times 5 kg/m^2) \times 계수$
  $= (100 m^3 \times 0.9 kg/m^3 + 3 m^2 \times 5 kg/m^2) \times 1.1$
  $= (90 kg + 15 kg) \times 1.1$
  $= 115.5 kg$
- 답 : $115.5 kg$

⑩ 위험물세부기준-05(불활성가스소화설비/청정/전역)

1. IG-100, IG-55 또는 IG-541을 방사하는 것은 다음 표의 소화약제의 종류에 따라 방호구역의 체적 1 m³당 소화약제의 양의 비율로 계산한 양에 방호구역 내에서 저장 또는 취급하는 위험물에 따라 별표 2에 정한 소화약제에 따른 계수를 곱해서 얻은 양

소화약제의 종류	방호구역의 체적 1m³당 소화약제의 양(단위 m³ : 1기압, 20 ℃ 기준)
IG-100	0.516
IG-55	0.477
IG-541	0.472

[별표 2] 위험물의 종류에 대한 가스계소화약제의 계수

위험물의 종류 \ 소화약제의 종별	IG-100	IG-55	IG-541	위험물의 종류 \ 소화약제의 종별	IG-100	IG-55	IG-541
아세트알데히드	1.1	1.1	1.1	디에틸에테르	1.2	1.2	1.2
아세톤	1.0	1.0	1.0	중유(重油)	1.0	1.0	1.0
이소프렌	1.0	1.0	1.0	윤활유	1.0	1.0	1.0
에탄올	1.2	1.2	1.2	등유	1.0	1.0	1.0
에틸아민	1.0	1.0	1.0	톨루엔	1.0	1.0	1.0
염화비닐	1.1	1.1	1.1	나프타	1.0	1.0	1.0
옥탄	1.2	1.2	1.2	채종유	1.1	1.1	1.1
휘발유	1.0	1.0	1.0	이황화탄소	3.0	3.0	3.0
포름산(개미산)에틸	1.0	1.0	1.0	피리딘	1.1	1.1	1.1
포름산(개미산)프로필	1.0	1.0	1.0	부타놀	1.1	1.1	1.1
포름산(개미산)메틸	1.0	1.0	1.0	프로판올	1.0	1.0	1.0
경유	1.0	1.0	1.0	프로필아민	1.0	1.0	1.0
원유	1.0	1.0	1.0	헥산	1.0	1.0	1.0
초산(아세트산)	1.1	1.1	1.1	헵탄	1.0	1.0	1.0
초산에틸	1.0	1.0	1.0	벤젠	1.0	1.0	1.0
초산메틸	1.0	1.0	1.0	펜탄	1.0	1.0	1.0
산화프로필렌	1.8	1.8	1.8	메타놀	1.6	1.6	1.6
사이클로헥산	1.0	1.0	1.0	메틸에틸케톤	1.0	1.0	1.0

2. IG-100, IG-55 또는 IG-541을 방사하는 것은 소화약제의 양의 95 % 이상을 60초 이내에 방사할 것
3. 전역방출방식의 불활성가스소화설비에 사용하는 소화약제는 다음 표에 의할 것

제조소 등의 구분		소화약제의 종류
제4류 위험물을 저장 또는 취급하는 제조소 등	방호구획의 체적이 1,000 m³ 이상의 것	이산화탄소
	방호구획의 체적이 1,000 m³ 미만의 것	이산화탄소, IG-100, IG-55, IG-541
제4류 외의 위험물을 저장 또는 취급하는 제조소 등		이산화탄소

연습문제

★★★★☆

문제1 에탄올을 저장하는 체적 100 m³인 옥내탱크저장소에 IG-55 소화약제를 설치하려고 한다. 다음 각 물음에 답하시오.

1) 소화약제의 양(m³)을 산출하시오. 단, 에탄올의 계수는 1.2 이며, 1기압 20 ℃ 기준임.
2) 분사헤드에서의 최소 방사유량을 산출하시오.

■ 계산과정

1) 소화약제의 양
 $= 100 m^3 \times 0.477 m^3/m^3$ 이상 $\times 1.2$
 $= 57.24 m^3$ 이상

2) 분사헤드에서의 최소 방사유량
 $= \dfrac{57.24 m^3 \times 0.95}{60 s} = 0.9063 m^3/s$

■ 답 : 1) 소화약제의 양 : $57.24 m^3$ 이상
     2) 분사헤드에서의 최소 방사유량 : $0.9063 m^3/s$

22nd Day

11 위험물세부기준-06(불활성가스소화설비/이산화탄소/국소, 이동식)

1. 국소방출방식의 이산화탄소 소화설비는 (1) 또는 (2)에 의하여 산출된 양에 저장 또는 취급하는 위험물에 따라 별표 2에 정한 소화약제에 따른 계수를 곱하고 다시 고압식인 것은 1.4를, 저압식인 것은 1.1을 각각 곱한 양 이상으로 할 것

   1) 면적식 국소방출방식

   액체 위험물을 상부를 개방한 용기에 저장하는 경우 등 화재 시 연소면이 한면에 한정되고 위험물이 비산할 우려가 없는 경우에는 방호대상물의 표면적(해당 방호대상물의 한변의 길이가 0.6 m 이하인 경우에는 해당 변의 길이를 0.6 m로 해서 계산한 면적) 1 m^2당 13 kg의 비율로 계산한 양

구분	소화약제 저장량
고압식	방호대상물의 표면적$(m^2) \times 13(kg/m^2) \times$ 계수$\times 1.4$
저압식	방호대상물의 표면적$(m^2) \times 13(kg/m^2) \times$ 계수$\times 1.1$

   2) 용적식 국소방출방식

   (1)의 경우 외의 경우에는 다음 식에 의하여 구해진 양에 방호공간[방호대상물의 모든 부분(지반면에 접한 바닥면은 제외)으로부터 0.6 m 외부로 이격된 부분에 의하여 둘러싸여진 부분을 말한다]의 체적을 곱한 양

   $$Q = 8 - 6\frac{a}{A}$$

   Q : 단위체적당 소화약제의 양(단위 kg/m^3)
   a : 방호대상물의 주위에 실제로 설치된 고정벽(방호대상물로부터 0.6 m 미만의 거리에 있는 것에 한한다)의 면적의 합계(단위 m^2)
   A : 방호공간 전체 둘레의 면적(단위 m^2)

구분	소화약제 저장량
고압식	방호공간의 체적$(m^3) \times \left[8-6\frac{a}{A}\right](kg/m^3) \times$ 계수$\times 1.4$
저압식	방호공간의 체적$(m^3) \times \left[8-6\frac{a}{A}\right](kg/m^3) \times$ 계수$\times 1.1$

   3) 소화약제의 양을 30초 이내에 균일하게 방사할 것

2. 이동식 이산화탄소소화설비(이동식 불활성가스소화설비)

   (1) 하나의 노즐마다 90 kg 이상의 양으로 할 것

   소화약제의 양= 호스릴 노즐 수량(개)$\times 90(kg/$개$)$

   (2) 노즐은 온도 20 ℃에서 하나의 노즐마다 90 kg/min 이상의 소화약제를 방사할 수 있을 것

연습문제

★★★★☆

문제1 가로 4 m, 세로 3 m, 높이 2 m인 방호대상물(윤활유 저장탱크)에 이산화탄소 소화설비를 설치하고자 한다. 방호대상물에 필요한 소화약제량을 계산하시오. 단, 고압식의 설비이다.

1) 방호공간의 체적(m^3)
2) 방호공간 전체 둘레의 면적(m^2)
3) 방호대상물의 주위에 실제로 설치된 고정벽의 면적의 합계(m^2)
4) 소화약제 저장량(kg)

■ 계산과정

1) 방호공간의 체적
   $= (0.6m + 4m + 0.6m) \times (0.6m + 3m + 0.6m) \times (2m + 0.6m)$
   $= 5.2m \times 4.2m \times 2.6m = 56.78m^3$

2) 방호공간 전체 둘레의 면적
   $= 5.2m \times 2.6m \times 2면 + 4.2m \times 2.6m \times 2면 + 5.2m \times 4.2m \times 1면$
   $= 27.04m^2 + 21.84m^2 + 21.84m^2 = 70.72m^2$

3) 방호대상물의 주위에 실제로 설치된 고정벽의 면적의 합계
   $= 0$

4) 소화약제 저장량
   $= 방호공간의 체적(m^3) \times \left[8 - 6\dfrac{a}{A}\right](kg/m^3) \times 계수 \times 1.4$
   $= 56.78m^3 \times \left[8kg/m^3 - 6kg/m^3 \times \dfrac{0}{70.72m^2}\right] \times 1.0 \times 1.4$
   $= 56.78m^3 \times [8kg/m^3 - 0] \times 1.4$
   $= 56.78m^3 \times 8kg/m^3 \times 1.4$
   $= 635.94kg$

■ 답 : 1) 방호공간의 체적 : $56.78m^3$
   2) 방호공간 전체 둘레의 면적 : $70.72m^2$
   3) 방호대상물의 주위에 실제로 설치된 고정벽의 면적의 합계 : 0
   4) 소화약제 저장량 : $635.94kg$

★★★★☆

문제2 아래와 같은 위험물탱크에 국소방출방식으로 고압식 이산화탄소 소화설비를 설치하려고 한다. 위험물안전관리법에 준하여 방호공간의 체적(m^3), 소화약제 저장량(kg), 한 개의 분사헤드에 대한 방사량(kg/sec)을 산출하시오.

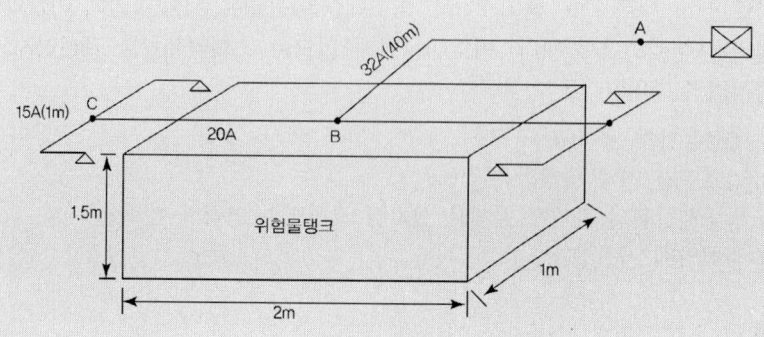

■ 계산과정

1) 방호공간의 체적
$$= (0.6m + 2m + 0.6m) \times (0.6m + 1m + 0.6m) \times (1.5m + 0.6m)$$
$$= 3.2m \times 2.2m \times 2.1m$$
$$= 14.78m^3$$

2) 소화약제 저장량

$A = 3.2m \times 2.1m \times 2면 + 2.2m \times 2.1m \times 2면 + 3.2m \times 2.2m \times 1면 = 29.72m^2$

$a = 0$

소화약제 저장량 = 방호공간의 체적 $\times \left(8 - 6\dfrac{a}{A}\right) \times$ 계수 $\times 1.4$

$$= 14.78m^3 \times \left(8 - 6 \times \dfrac{0}{29.72}\right) \times 1.0 \times 1.4 = 165.54kg$$

3) 한 개의 분사헤드에 대한 방사량
$$= \dfrac{165.54kg}{30s \times 4개} = 1.38kg/s$$

■ 답 : 1) 방호공간의 체적 : $14.78m^3$
　　　 2) 소화약제 저장량 : $165.54kg$
　　　 3) 한 개의 분사헤드에 대한 방사량 : $1.38kg/s$

★★★☆☆

문제3 노즐의 수량이 3개일 경우 이동식 이산화탄소 소화설비에 필요한 소화약제량(kg)을 계산하시오.

■ 계산과정
= 호스릴 노즐 수량(개) × 90kg/개
= 3개 × 90kg/개
= 270kg 이상

■ 답 : 270kg 이상

12 위험물세부기준-07(할로겐화물소화설비/할론/전역)

1. 전역방출방식의 할로겐화물소화설비(할론 2402, 할론 1211 또는 할론 1301을 방사하는 것)는 ①부터 ③까지에 정하는 것에 의하여 산출된 양 이상으로 할 것

    ① 방호구역의 체적 1 m³당 소화약제의 양이 할론 2402에 있어서는 0.40 kg, 할론 1211에 있어서는 0.36 kg, 할론 1301에 있어서는 0.32 kg의 비율로 계산한 양

    ② 방호구역의 개구부에 자동폐쇄장치를 설치하지 않은 경우에는 (1)에 의하여 산출된 양에 당해 개구부의 면적 1 m²당 할론 2402에 있어서는 3.0 kg, 할론 1211에 있어서는 2.7 kg, 할론 1301에 있어서는 2.4 kg의 비율로 계산한 양을 가산한 양

소화약제의 종류	체적당 소화약제 양[kg/m³]	면적당 소화약제 양[kg/m²]
할론 2402	0.40	3.0
할론 1211	0.36	2.7
할론 1301	0.32	2.4

    ③ 방호구역 내에서 저장 또는 취급하는 위험물에 따라 별표 2에 정한 소화약제에 따른 계수를 (1) 및 (2)에 의하여 산출된 양에 곱해서 얻은 양

[별표 2] 위험물의 종류에 대한 가스계소화약제의 계수

위험물의 종류	할론 1301	할론 1211	위험물의 종류	할론 1301	할론 1211
아크릴로니트릴	1.4	1.2	디에틸아민	1.0	1.0
아세트알데히드	1.1	1.1	디에틸에테르	1.2	1.0
아세트니트릴, 아세톤	1.0	1.0	디옥산	1.8	1.6
아닐린	1.1	1.1	중유, 윤활유, 등유	1.0	1.0
이소프렌	1.2	1.0	트리에틸아민	1.0	1.0
이소프로필아민	1.0	1.0	톨루엔	1.0	1.0
이소프로필에테르	1.0	1.0	채종유	1.1	1.1
이소헵탄, 이소펜탄	1.0	1.0	이황화탄소	4.2	1.0
에탄올	1.0	1.2	비닐에틸에테르	1.6	1.4
에틸아민	1.0	1.0	피리딘	1.1	1.1
염화비닐	1.1	1.1	부타놀	1.1	1.1
옥탄	1.0	1.0	프로판올	1.0	1.2
휘발유	1.0	1.0	2-프로판올	1.0	1.0
포름산(개미산)메틸	1.4	1.4	헵탄	1.0	1.0
경유	1.0	1.0	벤젠	1.0	1.0
원유	1.0	1.0	펜탄	1.0	1.0
초산(아세트산)	1.1	1.1	메타놀	2.2	2.4
초산메틸	1.0	1.0	모노클로로벤젠	1.1	1.1
산화프로필렌	2.0	1.8	그밖의 것	1.1	1.1
사이클로헥산	1.0	1.0			

2. 소화약제의 양을 30초 이내에 균일하게 방사할 것

연습문제

★★★☆☆

문제1 옥내탱크저장소의 체적이 80 m³인 표면화재 방호대상물의 경우 할론 1301 소화약제 저장량(kg)을 산출하시오. 단, 위험물의 종류에 대한 가스계소화약제의 계수는 1.2이며, 자동폐쇄장치를 설치하지 아니한 개구부의 면적은 2m²이다.

■ 계산과정
$= (V \times W_1 + A \times W_2) \times 계수$
$= (80m^3 \times 0.32kg/m^3 + 2m^2 \times 2.4kg/m^2) \times 1.2$
$= 36.48kg$

■ 답 : $36.48kg$

13 위험물세부기준-08(할로겐화물소화설비/청정/전역)

할로겐화물 소화약제(HFC-23, HFC-125, HFC-227ea 또는 FK-5-1-12를 방사하는 것)의 저장용기 또는 저장탱크에 저장하는 소화약제의 양은 다음에 정하는 것에 의하여 산출된 양 이상으로 할 것

1. HFC-23, HFC-125, HFC-227ea 또는 FK-5-1-12를 방사하는 것은 다음 표의 소화약제의 종류에 따라 방호구역의 체적 $1m^3$당 소화약제의 양의 비율로 계산한 양에 방호구역 내에서 저장 또는 취급하는 위험물에 따라 별표 2에 정한 소화약제에 따른 계수를 곱해서 얻은 양

소화약제 종류	방호구역의 체적 $1m^3$당 소화약제의 양(단위 kg)
HFC-23, HFC-125	0.52
HFC-227ea	0.55
FK-5-1-12	0.84

[별표 2] 위험물의 종류에 대한 가스계소화약제의 계수

위험물의 종류	HFC-23	HFC-125	HFC-227ea	위험물의 종류	HFC-23	HFC-125	HFC-227ea
아크릴로니트릴	1.4	1.4	1.4	디에틸에테르	1.2	1.2	1.2
아세트알데히드	1.1	1.1	1.1	중유(重油)	1.0	1.0	1.0
아세톤	1.0	1.0	1.0	윤활유	1.0	1.0	1.0
아닐린	1.1	1.1	1.1	등유	1.0	1.0	1.0
이소프렌	1.2	1.2	1.2	톨루엔	1.0	1.0	1.0
에탄올	1.0	1.0	1.0	채종유	1.1	1.1	1.1
염화비닐	1.1	1.1	1.1	이황화탄소	4.2	4.2	4.2
옥탄	1.0	1.0	1.0	부타놀	1.1	1.1	1.1
휘발유	1.0	1.0	1.0	프로판올	1.0	1.0	1.0
경유	1.0	1.0	1.0	프로필아민	1.0	1.0	1.0
원유	1.0	1.0	1.0	헥산	1.0	1.0	1.0
초산(아세트산)	1.1	1.1	1.1	헵탄	1.0	1.0	1.0
초산에틸	1.0	1.0	1.0	벤젠	1.0	1.0	1.0
초산메틸	1.0	1.0	1.0	펜탄	1.0	1.0	1.0
산화프로필렌	2.0	2.0	2.0	메탄올	2.2	2.2	2.2
사이클로헥산	1.0	1.0	1.0	메틸에틸케톤	1.0	1.0	1.0

2. HFC-23, HFC-125, HFC-227ea 또는 FK-5-1-12를 방사하는 것은 소화약제의 양을 10초 이내에 균일하게 방사할 것

3. 저장용기 등의 충전비는 HFC-227ea는 0.9 이상 1.6 이하, HFC-23 및 HFC-125는 1.2 이상 1.5 이하, FK-5-1-12는 0.7 이상 1.6 이하로 한다.

연습문제

★★★★☆

문제1 가로 20 m, 세로 15 m, 높이 4 m인 위험물(산화프로필렌) 제조소에 HFC-227ea 소화약제를 설계 시 다음 물음에 답하시오. 단, 저장용기의 내용적은 80리터이다.

[물음]
1) 소화약제 저장량은 최소 몇 kg인가?
2) 소화약제 저장용기 수는 최소 몇 병인가?
3) 소화약제량 방사 시 유량(kg/s)은 최소 얼마인가?

■ 계산과정
1) 소화약제 저장량
  $= (20m \times 15m \times 4m) \times 0.55 kg/m^3 \times 2 = 1320 kg$

2) 소화약제 저장 용기 수
  $= \dfrac{1320 kg}{\dfrac{80\ell}{0.9\ell/kg}} = 14.85 \rightarrow 15$병

3) 소화약제량 방사 시 유량
  $= \dfrac{1320 kg}{10 s} = 132 kg/s$

■ 답 : 1) 소화약제 저장량 : $1320 kg$
　　　 2) 소화약제 저장 용기 수 : 15병
　　　 3) 소화약제량 방사 시 유량 : $132 kg/s$

[14] 위험물세부기준-09(할로겐화물소화설비/할론/국소)

1. 국소방출방식의 할로겐화물 소화설비는 (1) 또는 (2)에 의하여 산출된 양에 저장 또는 취급하는 위험물에 따라 별표 2에 정한 소화약제에 따른 계수를 곱하고 다시 할론 2402 또는 할론 1211에 있어서는 1.1, 할론 1301에 있어서는 1.25를 각각 곱한 양 이상으로 할 것

   (1) 면적식의 국소방출방식

   액체 위험물을 상부를 개방한 용기에 저장하는 경우 등 화재 시 연소면이 한면에 한정되고 위험물이 비산할 우려가 없는 경우에는 방호대상물의 표면적 $1\,m^2$ 당 할론 2402에 있어서는 8.8 kg, 할론 1211에 있어서는 7.6 kg, 할론 1301에 있어서는 6.8 kg의 비율로 계산한 양

구분	소화약제 저장량
할론 2402	방호대상물의 표면적$(m^2) \times 8.8(kg/m^2) \times$ 계수 $\times 1.1$
할론 1211	방호대상물의 표면적$(m^2) \times 7.6(kg/m^2) \times$ 계수 $\times 1.1$
할론 1301	방호대상물의 표면적$(m^2) \times 6.8(kg/m^2) \times$ 계수 $\times 1.25$

   (2) 용적식의 국소방출방식

   (1)의 경우 외의 경우에는 다음 식에 의하여 구해진 양에 방호공간의 체적을 곱한 양

   $$Q = X - Y\frac{a}{A}$$

   Q : 단위체적당 소화약제의 양 (단위 kg/m³)
   a : 방호대상물 주위에 실제로 설치된 고정벽의 면적의 합계 (단위 m²)
   A : 방호공간 전체 둘레의 면적 (단위 m²)
   X 및 Y : 다음 표에 정한 소화약제의 종류에 따른 수치

소화약제의 종별	X의 수치	Y의 수치
할론 2402	5.2	3.9
할론 1211	4.4	3.3
할론 1301	4.0	3.0

구분	소화약제 저장량
할론 2402	방호공간의 체적 $\times \left[5.2 - 3.9\dfrac{a}{A}\right] \times$ 계수 $\times 1.1$
할론 1211	방호공간의 체적 $\times \left[4.4 - 3.3\dfrac{a}{A}\right] \times$ 계수 $\times 1.1$
할론 1301	방호공간의 체적 $\times \left[4.0 - 3.0\dfrac{a}{A}\right] \times$ 계수 $\times 1.25$

   (3) 소화약제의 양을 30초 이내에 균일하게 방사할 것

2. 이동식할로겐화물소화설비는 하나의 노즐마다 다음 표에 정한 소화약제의 종류에 따른 양 이상으로 할 것

소화약제의 종별	소화약제의 양(단위 kg)
하론 2402	50
하론 1211 또는 하론 1301	45

연습문제

★★★☆☆

문제1 노즐의 수량이 2개일 경우 이동식 할로겐화물 소화설비(할론 1301)에 필요한 소화약제량(kg)을 계산하시오.

배점 3

- 계산과정
 = 노즐 수량(개)×45kg/개
 = 2개 × 45kg/개
 = 90kg 이상
- 답 : 90kg 이상

15 위험물세부기준-10(분말소화설비/전역)

전역방출방식의 분말소화설비는 다음에 정하는 것에 의하여 산출된 양 이상으로 할 것
1. 다음 표에 정한 소화약제의 종별에 따른 양의 비율로 계산한 양

소화약제의 종별	방호구역의 체적 1m³당 소화약제의 양(단위 kg)
탄산수소나트륨을 주성분으로 한 것(제1종 분말)	0.60
탄산수소칼륨을 주성분으로 한 것(제2종 분말) 인산염류 등을 주성분으로 한 것(제3종 분말)	0.36
탄산수소칼륨과 요소의 반응생성물(제4종 분말)	0.24

2. 방호구역의 개구부에 자동폐쇄장치를 설치하지 않은 경우에는 (1)에 의하여 산출된 양에 다음 표에 정한 소화약제의 종별에 따른 양의 비율로 계산한 양을 가산한 양

소화약제의 종별	개구부의 면적 1m²당 소화약제의 양 (단위 kg)
제1종 분말	4.5
제2종·제3종 분말	2.7
제4종 분말	1.8

3. 방호구역 내에서 저장 또는 취급하는 위험물에 따라 별표 2에 정한 소화약제에 따른 계수를 (1) 및 (2)에 의하여 산출된 양에 곱해서 얻은 양

[별표 2] 위험물의 종류에 대한 가스계소화약제의 계수

위험물의 종류 \ 소화약제의 종별	제1종	제2종	제3종	제4종	위험물의 종류 \ 소화약제의 종별	제1종	제2종	제3종	제4종
아세트니트릴	1.0	1.0	1.0	1.0	중유(重油)	1.0	1.0	1.0	1.0
아세톤	1.0	1.0	1.0	1.0	윤활유	1.0	1.0	1.0	1.0
아닐린	1.0	1.0	1.0	1.0	등유	1.0	1.0	1.0	1.0
에탄올	1.2	1.2	1.2	1.2	톨루엔	1.0	1.0	1.0	1.0
염화비닐	–	–	1.0	–	채종유	1.0	1.0	1.0	1.0
옥탄	1.1	1.1	1.1	1.1	부타놀	1.0	1.0	1.0	1.0
휘발유	1.0	1.0	1.0	1.0	프로판올	1.0	1.0	1.0	1.0
경유	1.0	1.0	1.0	1.0	프로필아민	1.1	1.1	1.1	1.1
원유	1.0	1.0	1.0	1.0	헥산	1.2	1.2	1.2	1.2
초산(아세트산)	1.0	1.0	1.0	1.0	헵탄	1.0	1.0	1.0	1.0
초산에틸	1.0	1.0	1.0	1.0	벤젠	1.2	1.2	1.2	1.2
초산메틸	1.1	1.1	1.1	1.1	펜탄	1.4	1.4	1.4	1.4
초산에틸	1.0	1.0	1.0	1.0	메타놀	1.2	1.2	1.2	1.2
사이클로헥산	1.1	1.1	1.1	1.1	메틸에틸케톤	1.0	1.0	1.2	1.0

4. 소화약제의 양을 30초 이내에 균일하게 방사할 것

22nd Day

연습문제

★★★☆☆

문제1 옥내탱크저장소의 체적이 120 m³인 표면화재 방호대상물의 경우 제3종 분말소화약제 저장량(kg)을 산출하시오. 단, 위험물의 종류에 대한 가스계소화약제의 계수는 1.2이며, 자동폐쇄장치를 설치하지 아니한 개구부의 면적은 2 m²이다.

배점 3

- 계산과정

    $= (V \times W_1 + A \times W_2) \times 계수$

    $= (120m^3 \times 0.36kg/m^3 + 2m^2 \times 2.7kg/m^2) \times 1.2$

    $= 58.32kg$

- 답 : $58.32kg$

16 위험물세부기준-11(분말소화설비/국소, 이동식)

1. 국소방출방식의 분말소화설비는 (1) 또는 (2)에 의하여 산출된 양에 저장 또는 취급하는 위험물에 따라 별표 2에 정한 소화약제에 따른 계수를 곱하고 다시 1.1을 곱한 양 이상으로 할 것

   (1) 면적식의 국소방출방식

   액체 위험물을 상부를 개방한 용기에 저장하는 경우 등 화재 시 연소면이 한면에 한정되고 위험물이 비산할 우려가 없는 경우에는 다음 표에 정한 비율로 계산한 양

소화제의 종별	방호대상물의 표면적 1m²당 소화약제의 양
제1종 분말	8.8
제2종·제3종 분말	5.2
제4종 분말	3.6

   (2) 용적식의 국소방출방식

   (1)의 경우 외의 경우에는 다음 식에 의하여 구해진 양에 방호공간의 체적을 곱한 양

   $$Q = X - Y \frac{a}{A}$$

   Q : 단위체적당 소화약제의 양 (단위 kg/m³)
   a : 방호대상물 주위에 실제로 설치된 고정벽의 면적의 합계 (단위 m²)
   A : 방호공간 전체 둘레의 면적 (단위 m²)
   X 및 Y : 다음 표에 정한 소화약제의 종류에 따른 수치

소화약제의 종별	X의 수치	Y의 수치
제1종 분말	5.2	3.9
제2종·제3종 분말	3.2	2.4
제4종 분말	2.0	1.5

   (3) 소화약제의 양을 30초 이내에 균일하게 방사할 것

2. 이동식분말소화설비는 하나의 노즐마다 다음 표에 정한 소화약제의 종류에 따른 양 이상으로 할 것

소화제의 종별	소화약제의 양(단위 kg)
제1종 분말	50
제2종·제3종 분말	30
제4종 분말	20

연습문제

★★★☆☆

문제1 노즐의 수량이 2개일 경우 이동식분말소화설비(제3종 분말)에 필요한 소화약제량(kg)을 계산하시오.

배점 3

- 계산과정
  = 노즐 수량(개) × 30kg/개
  = 2개 × 30kg/개
  = 60kg 이상
- 답 : 60kg 이상

예·상·문·제 (위험물)

★★★★☆

문제1 휘발유를 저장하는 지름 60 m의 플루팅루프탱크에 고정포방출설비를 하고자 한다. 다음의 물음에 답하시오.

[조건]
① 굽도리판과 탱크 옆판의 이격거리는 2 m이며, 한 변의 길이가 90 m인 정사각형의 방유제가 설치되어 있음.
② 혼합장치로는 프레셔사이드프로포셔너방식을 사용하고, 호칭구경 100 ㎜(내경 107 ㎜)의 송액관 150 m를 설치하고자 한다.
③ 포소화약제는 3 %용 수성막포를 사용한다.

[물음]
1) 사용할 수 있는 포방출구의 명칭을 쓰고, 간략하게 설명하시오.
2) 보조포소화전 및 고정포방출구의 최소 설치수량을 산출하시오.
3) 펌프의 토출량(m^3/분), 포수용액량(m^3), 포소화약제의 저장량(m^3)을 각각 산출하시오.
4) 연결송액구의 최소 설치수량을 산출하시오.

풀이

1) 사용할 수 있는 포방출구
   ① 명칭 : 특형
   ② 설명 : 부상지붕구조의 탱크에 상부포주입법을 이용하는 것으로서 부상지붕의 부상부분 상에 높이 0.9 m 이상의 금속제의 칸막이를 탱크 옆판의 내측으로부터 1.2 m 이상 이격하여 설치하고 탱크 옆판과 칸막이에 의하여 형성된 환상부분에 포를 주입하는 것이 가능한 구조의 반사판을 갖는 포방출구

2) 보조포소화전 및 고정포방출구의 최소 설치수량
   ① 보조포소화전
   $$= \frac{90m \times 4}{75m} = 4.8 \rightarrow 5개$$
   ② 고정포방출구 : 10개

3) 펌프의 토출량(m^3/분), 포수용액량(m^3), 포소화약제의 저장량(m^3)
   ① 펌프의 토출량(m^3/분)
   토출량 $= (A \times 방출률 + N \times 400\ell/분) \times 0.97$

$$= \left[\frac{\pi}{4} \times (60^2 - 56^2) \times 8\ell/m^2 \cdot 분 + 3개 \times 400\ell/분\right] \times 0.97$$

$$= 3992\ell/분 = 3.992m^3/분$$

② 포수용액량(m^3)

포수용액량 $= A \times 포수용액량 + N \times 400\ell/분 \times 20분 + \frac{\pi}{4}D^2 \times L \times 1,000$

$$= \frac{\pi}{4} \times [(60m)^2 - (56m)^2] \times 240\ell/m^2 + 3개 \times 400\ell/분 \times 20분$$

$$+ \frac{\pi}{4} \times (0.107m)^2 \times 150m \times 1,000$$

$$= 112,811\ell = 112.811m^3$$

③ 포소화약제의 저장량(m^3)

저장량 $=$ 포수용액량 $\times$ 사용농도

$$= 112.811m^3 \times 0.03 = 3.4m^3$$

> **TIP** ※ 포수용액량 및 방출률
>
> | 위험물의 구분 \ 포방출구의 종류 | I형 포수용액량 (ℓ/m^2) | I형 방출률 ($\ell/m^2 \cdot min$) | II형, III형, IV형 포수용액량 (ℓ/m^2) | II형, III형, IV형 방출률 ($\ell/m^2 \cdot min$) | 특형 포수용액량 (ℓ/m^2) | 특형 방출률 ($\ell/m^2 \cdot min$) |
> |---|---|---|---|---|---|---|
> | 제4류위험물 중 인화점이 21℃ 미만인 것 | 120 | 4 | 220 | 4 | 240 | 8 |
> | 제4류위험물 중 인화점이 21℃ 이상 70℃ 미만인 것 | 80 | 4 | 120 | 4 | 160 | 8 |
> | 제4류위험물 중 인화점이 70℃ 이상인 것 | 60 | 4 | 100 | 4 | 120 | 8 |

4) 연결송액구의 최소 설치수량

$$설치수량 = \frac{\frac{\pi}{4} \times (60m)^2 \times 8\ell/m^2 \cdot 분}{800\ell/분}$$

$$= 28.27 \rightarrow 29개$$

> **TIP** ※ 연결송액구
>
> $$N = \frac{Aq}{C}$$
>
> N : 연결송액구의 설치 수
> A : 탱크의 최대수평단면적(단위 m^2)
> q : 제1호가목(1)(다)에서 정한 탱크의 액표면적 $1m^2$당 방사하여야 할 포수용액의 방출률(단위 $\ell/m^2 \cdot min$)
> C : 연결송액구 1구당의 표준송액량(800 ℓ/min)

23rd Day

★★★★☆

문제2 높이 12 m, 직경 26 m인 경유 저장용 콘루프탱크가 있다. 포방출구는 Ⅱ형, 소화약제는 3 %의 단백포를 사용한다. 보조포소화전은 4개이며, 송액관의 관경은 100 mm가 330 m, 125 mm가 120 m이다. 다음 조건을 참고하여 물음에 답하시오. 단, 홈챔버의 방사압은 3.5 kg/cm², 배관의 마찰손실수두는 18 m, 펌프의 효율 70 %, 전달계수 1.10이며, 프레져프로포셔너를 사용.

[물음]
1) 필요한 최소 포약제량(ℓ)
2) 약제저장 탱크의 용량(ℓ) (단, 탱크 내에는 약제를 85% 충전)
3) 프로포셔너의 방출량(ℓ/min)
4) 펌프의 주배관, 홈챔버의 주배관 및 보조포소화전의 주배관 내경(mm)
   (단, 유속은 3m/sec)
5) 펌프의 동력(kW)

풀이

1) 필요한 최소 포 약제량

   약제량=고정포방출구의 필요양+보조포소화전의 필요양+송액관의 필요양

   $= A \times 포수용액량 \times S + NS8000 + \dfrac{\pi}{4}D^2 \times L \times S \times 1000$

   $= \dfrac{\pi}{4} \times 26^2 \times 120\ell/m^2 \times 0.03 + 3개 \times 0.03 \times 8000\ell$

   $+ \left(\dfrac{\pi}{4} \times 0.1^2 \times 330m \times 0.03 + \dfrac{\pi}{4} \times 0.125^2 \times 120m \times 0.03\right) \times 1000\ell/m^3$

   $= 2753.3\ell$

2) 약제 저장탱크의 용량

   용량= $2753.3\ell \div 0.85 = 3239.2\ell$

3) 프로포셔너의 방출량

   방출량= 고정포방출구의 필요양+보조포소화전의 필요양

   $= A \times 방출율 + N \times 400$

   $= \dfrac{\pi}{4} \times (26m)^2 \times 4\ell/min \cdot m^2 + 3개 \times 400\ell/min$

   $= 2124\ell/min + 1200\ell/min = 3324\ell/min$

4) 펌프의 주배관, 홈챔버의 주배관, 보조포소화전의 주배관의 내경(mm)

   ① 펌프의 주배관의 내경

   $Q = \dfrac{\pi}{4}D^2 v$ 에서 $D = \sqrt{\dfrac{4Q}{\pi v}}$

   $= \sqrt{\dfrac{4 \times 3324\ell/min}{\pi \times 3m/sec}} = \sqrt{\dfrac{4 \times \dfrac{3.324m^3}{60sec}}{\pi \times 3m/sec}} = 0.153m = 153mm$

② 홈챔버의 주배관의 내경

$$D = \sqrt{\frac{4Q}{\pi v}}$$

$$= \sqrt{\frac{4 \times 2124\,\ell/\min}{\pi \times 3\,m/\sec}} = \sqrt{\frac{4 \times \frac{2.124\,m^3}{60\sec}}{\pi \times 3\,m/\sec}} = 0.123\,m = 123\,mm$$

③ 보조포소화전의 주배관의 내경

$$D = \sqrt{\frac{4Q}{\pi v}}$$

$$= \sqrt{\frac{4 \times 1200\,\ell/\min}{\pi \times 3\,m/\sec}} = \sqrt{\frac{4 \times \frac{1.2\,m^3}{60\sec}}{\pi \times 3\,m/\sec}} = 0.092\,m = 92\,mm$$

5) 펌프의 동력

전양정 $H = h_1 + h_2 + h_3 = 12m + 18m + 35m = 65m$

펌프의 동력 $= \dfrac{\gamma Q H}{102\eta} \times K$

$$= \dfrac{1000\,kgf/m^3 \times \dfrac{3.324\,m^3}{60s} \times 65m}{\dfrac{102\,kgf \cdot m/s}{1\,kW} \times 0.7} \times 1.1$$

$= 55.48\,kW$

※ **포수용액량 및 방출률**

위험물의 구분 \ 포방출구의 종류	I형		II형, III형, IV형		특형	
	포수용액량 (ℓ/m^2)	방출률 ($\ell/m^2 \cdot \min$)	포수용액량 (ℓ/m^2)	방출률 ($\ell/m^2 \cdot \min$)	포수용액량 (ℓ/m^2)	방출률 ($\ell/m^2 \cdot \min$)
제4류위험물 중 인화점이 21℃ 미만인 것	120	4	220	4	240	8
제4류위험물 중 인화점이 21℃ 이상 70℃ 미만인 것	80	4	120	4	160	8
제4류위험물 중 인화점이 70℃ 이상인 것	60	4	100	4	120	8

★★★★☆

문제3 경유를 저장하는 위험물 옥외저장탱크의 높이가 7 m, 직경 10 m인 콘루프탱크(Con Roof Tank)에 Ⅱ형 포방출구 및 옥외보조포소화전 2개가 설치되었다.

[조건]
① 배관의 낙차수두와 마찰손실수두는 60 m
② 폼챔버 압력수두로 양정 계산(그림 참조, 보조포소화전 압력수두는 무시)
③ 펌프의 효율은 65%(전동기와 펌프 직결), K=1.1
④ 배관의 송액량은 제외
⑤ 포소화약제의 혼합장치는 프레져푸로포셔너방식을 사용한다.

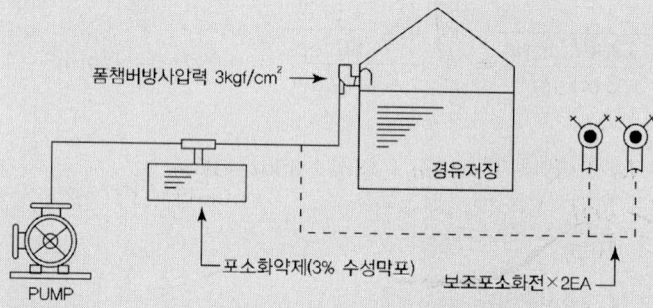

[물음]
1) 포소화약제의 양(ℓ)을 구하라(수성막포 3%).
  ① 고정포방출구의 포소화약제량
  ② 옥외보조포소화전 약제량
2) 펌프의 동력(kW)을 계산하시오.

풀이

1) 포소화약제의 양
  ① 고정포방출구의 포소화약제량
  포소화약제량 = $A \times$ 포수용액량 $\times S$
  $= \dfrac{\pi}{4} \times (10m)^2 \times 120 \ell/m^2 \times 0.03 = 283 \ell$

  ② 옥외보조포소화전 약제량
  약제량 = $NS\,8000 = 3$개 $\times 0.03 \times 8000 \ell = 720 \ell$

2) 펌프의 동력(kW)

  펌프의 토출량 = $\dfrac{\pi}{4} \times (10m)^2 \times 4 \ell/m^2 \cdot \min + 3$개 $\times 400 \ell/\min \cdot$개
  $= 1514 \ell/\min = 1.514 m^3/\min$

  펌프의 전양정 = $60m + 30m = 90m$

$$\text{펌프의 동력(kW)} = \frac{\gamma QH}{102\eta} \times K$$

$$= \frac{1000\,kgf/m^3 \times \dfrac{1.514\,m^3}{\min} \times 90m}{\dfrac{102\,kgf\cdot m/s}{kW} \times 0.65} \times 1.1$$

$$= \frac{1000\,kgf/m^3 \times \dfrac{1.514\,m^3}{60s} \times 90m}{\dfrac{102\,kgf\cdot m/s}{kW} \times 0.65} \times 1.1$$

$$= 37.68\,kW$$

★★★★☆

문제4 다음과 같이 휘발유탱크 1기와 경유탱크 1기를 1개의 방유제에 설치하는 옥외탱크저장소에 대하여 각 물음에 답하시오.

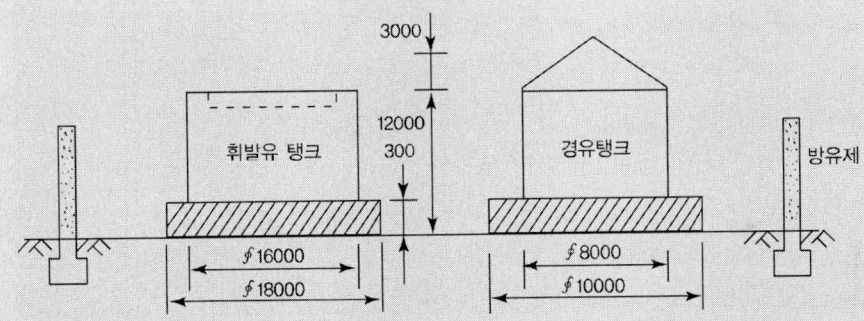

[조건]
1) 탱크용량 및 형태
   ① 휘발유 탱크 : 2,000 m³(지정수량의 10,000배) 플루팅루프탱크(탱크 내 측면과 굽도리판(Foam Dam) 사이의 거리는 0.6 m이다.
   ② 경유탱크 : 콘루프탱크
2) 고정포 방출구 : 경유탱크는 Ⅱ형, 휘발유 탱크는 설계자가 선정하도록 한다.
3) 포소화약제의 종류 : 수성막포 3%
4) 보조포소화전 : 쌍구형×2개 설치
5) 포소화약제 저장탱크의 종류 : 700ℓ, 750ℓ, 800ℓ, 900ℓ, 1000ℓ, 1200ℓ
   (단, 포소화약제의 저장탱크 용량은 포소화약제의 저장량을 말한다)

6) 참고 법규 : 옥외탱크저장소의 보유공지

저장 또는 취급하는 위험물의 최대 저장량	공지의 너비
지정수량의 500배 미만	3 m 이상
지정수량의 500배 이상 1,000배 미만	5 m 이상
지정수량의 1,000배 이상 2,000배 미만	9 m 이상
지정수량의 2,000배 이상 3,000배 미만	12 m 이상
지정수량의 3,000배 이상 4,000배 미만	15 m 이상
지정수량의 4,000배 이상	당해 탱크의 최대 지름과 탱크의 높이 또는 길이 중 큰 것과 같은 거리 이상이어야 한다. 다만, 30 m 초과의 경우에는 30 m 이상으로 할 수 있고, 15 m 미만의 경우에는 15 m 이상으로 하여야 한다.

[물음]

1) 다음 A, B, C, D의 법적으로 최소로 가능한 거리를 정하시오(단, 탱크 측판 두께 및 보온 두께는 무시하시오).

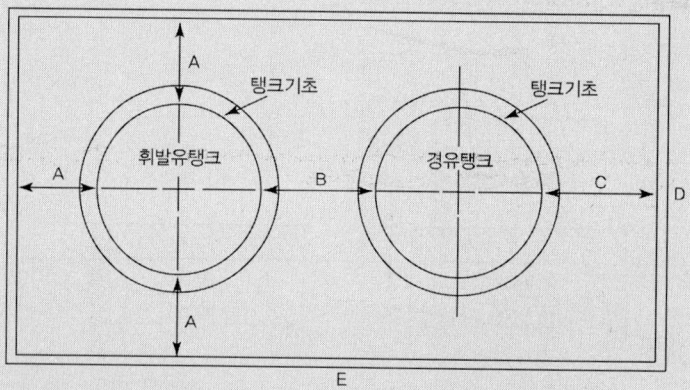

① A(휘발유탱크 측판과 방유제 내측거리, m)
② B(휘발유탱크 측판과 경유탱크 측판사이 거리, m)
③ C(경유탱크 측판과 방유제 내측거리, m)
④ D(방유제의 최소 폭, m)
⑤ E(방유제의 최소 너비, m)
⑥ 방유제의 면적(m²)
⑦ 방유제의 최소 높이(m)

2) 다음에서 요구하는 각 장비의 용량을 구하시오. 단, 포소화약제의 혼합장치는 프레져푸로포셔너방식을 사용한다.
① 포저장탱크의 용량(ℓ)(단, 배관 길이는 50 m이고, 배관 크기는 100 A이다)
② 가압송수장치(펌프)의 유량(Lpm)
③ 소화설비의 수원(저수량, m³)
④ 포소화약제 혼합장치의 최소 유량과 최대 유량의 범위를 정하시오.

풀이

1) A, B, C, D의 법적으로 최소로 가능한 거리

   ① A : $12m \times \dfrac{1}{2} = 6m$

   TIP ※ 방유제와 탱크의 옆판과의 이격거리 기준
   ㉮ 지름이 15 m 미만인 경우에는 탱크 높이의 3분의 1 이상
   ㉯ 지름이 15 m 이상인 경우에는 탱크 높이의 2분의 1 이상

   ② B : 16m

   ③ C : $12m \times \dfrac{1}{3} = 4m$

   ④ D : $6m + 16m + 6m = 28m$

   ⑤ E : $6m + 16m + 16m + 8m + 4m = 50m$

   ⑥ 방유제의 면적 : $50m \times 28m = 1400m^2$

   ⑦ 방유제의 최소 높이

   기초의 체적 $= \dfrac{\pi}{4} \times (18m)^2 \times 0.3m + \dfrac{\pi}{4} \times (10m)^2 \times 0.3m = 99.9 \to 100m^3$

   다른 탱크(경유 탱크)의 면적 $= \dfrac{\pi}{4} \times (8m)^2 = 50.2 \to 50m^2$

   방유제 내용적 − 기초 − 다른 탱크 = 방유제 용량
   방유제 내용적 − 기초 − 다른 탱크 = 최대 탱크 × 1.1
   $1400m^2 \times H - 100m^3 - 50m^2 \times (H - 0.3m) = 2000m^3 \times 1.1$
   $1400 \times H - 100 - 50 \times (H - 0.3) = 2000 \times 1.1$
   $1400H - 100 - 50H + 50 \times 0.3 = 2200$
   $1400H - 100 - 50H + 15 = 2200$
   $1400H - 50H = 2200 + 100 - 15$
   $1350H = 2285$

   $H = \dfrac{2285}{1350} = 1.69m$

2) 요구하는 각 장비의 용량

   ① 포저장탱크의 용량

   ㉮ 경유탱크 화재 시 요구하는 포소화약제량
   $= \dfrac{\pi}{4} \times (8m)^2 \times 120\ell/m^2 \times 0.03 + 3개 \times 0.03 \times 8,000\ell$
   $+ \dfrac{\pi}{4} \times (0.1m)^2 \times 50m \times 1,000\ell/m^3 \times 0.03$
   $= 912.74\ell$

㉯ 휘발유탱크 화재 시 요구하는 포소화약제량

$$= \left[\frac{\pi}{4} \times (16m)^2 - \frac{\pi}{4} \times (14.8m)^2\right] \times 240\ell/m^2 \times 0.03 + 3개 \times 0.03 \times 8,000\ell$$

$$+ \frac{\pi}{4} \times (0.1m)^2 \times 50m \times 1,000\ell/m^3 \times 0.03$$

$$= 940.78\ell$$

∴ 포소화설비에서 요구하는 포소화약제량이 940.78ℓ이므로 조건 중에서 선정하면 포저장탱크의 용량은 1,000ℓ이다.

② 가압송수장치(펌프)의 유량

$$유량 = \left[\frac{\pi}{4} \times (16m)^2 - \frac{\pi}{4} \times (14.8m)^2\right] \times 8\ell/분 \cdot m^2 + 3개 \times 400\ell/분$$

$$= 1432.23\ell/분 = 1432.23 Lpm$$

③ 소화설비의 수원(저수량)

$$수원 = \left[\frac{\pi}{4} \times (16m)^2 - \frac{\pi}{4} \times (14.8m)^2\right] \times 240\ell/m^2 + 3개 \times 8000\ell$$

$$+ \frac{\pi}{4} \times (0.1m)^2 \times 50m \times 1000\ell/m^3$$

$$= 31359\ell = 31.359 m^3$$

④ 최소 유량과 최대 유량의 범위

최소 유량 : $1432.23 Lpm \times 0.5 = 716.115 Lpm$

최대 유량 : $1432.23 Lpm \times 2 = 2864.46 Lpm$

※ 프레져푸로포셔너방식을 사용할 경우 최소 유량과 최대 유량의 범위
① 최소유량은 정격유량의 50 %
② 최대유량은 정격유량의 200 %

★★★★☆

문제5 아래와 같은 위험물 옥외탱크저장소에 포소화설비와 물분무소화설비를 설치하고자 한다. 다음 물음에 답하시오. (단, 한 개 탱크의 화재 경우를 기준으로 하고, 화재탱크 및 인접탱크와 탱크 측면 전체에 물분무소화설비를 적용한다)

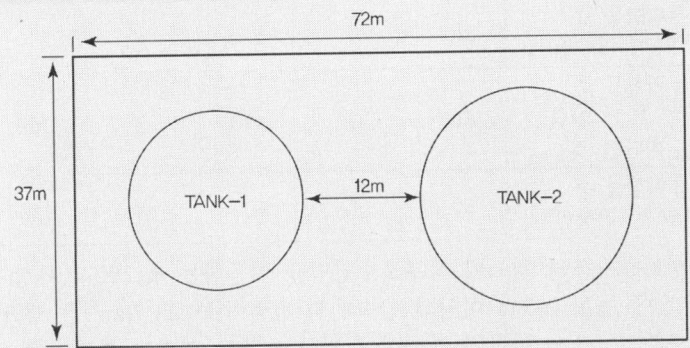

각 탱크의 사양은 다음과 같고, 탱크 본체에 보강링은 없으며, 부상지붕구조탱크 측판과 폼댐(Foam Dam) 간격은 국내법상 최소거리로 적용한다.

항목	TANK-1	TANK-2
탱크 형식/포방출구	고정지붕구조(CRT)/Ⅱ형	부상지붕구조(FRT)/특형
저장 물질	제4류2석유류(비수용성)	제4류1석유류(비수용성)
탱크 규격	직경 20 m × 높이 15 m	직경 25 m × 높이 12 m
저장량/포농도	4,200 m³/3 %	4,900 m³/3 %

[물음]
1) 각 탱크별 고정포방출구의 포수용액 유량(ℓ/min)을 산출하시오.
2) 보조포소화전(최소 수량 적용)의 포수용액 유량(ℓ/min)을 산출하시오.
3) 각 탱크별 물분무소화설비의 소화수 유량(ℓ/min)을 산출하시오.
4) 전체 소화시스템에 요구되는 소화수 펌프의 유량(m³/hr)을 산출하시오.
5) 전체 소화시스템에 요구되는 소화수조의 저장용량(m³)을 산출하시오.

풀이

1) 각 탱크별 고정포방출구의 포수용액 유량
① TANK-1
$$= \frac{\pi}{4} \times (20m)^2 \times 4\ell/m^2 \cdot \min = 1,256.64\ell/\min$$

② TANK-2
부상지붕구조탱크 측판과 폼댐(Foam Dam) 간격은 국내법상 최소거리로 적용
→ 1.2m
$$= \left[\frac{\pi}{4} \times (25m)^2 - \frac{\pi}{4} \times (22.6m)^2\right] \times 8\ell/m^2 \cdot \min = 717.79\ell/\min$$

> ※ 포수용액량(ℓ/m^2) 및 방출률($\ell/m^2 \cdot min$)

포방출구의 종류 위험물의 구분	I형		II형, III형, IV형		특형	
	포수용액량(ℓ/m^2)	방출률($\ell/m^2 \cdot min$)	포수용액량(ℓ/m^2)	방출률($\ell/m^2 \cdot min$)	포수용액량(ℓ/m^2)	방출률($\ell/m^2 \cdot min$)
제4류위험물 중 인화점이 21 ℃ 미만인 것	120	4	220	4	240	8
제4류위험물 중 인화점이 21 ℃ 이상 70 ℃ 미만인 것	80	4	120	4	160	8
제4류위험물 중 인화점이 70 ℃ 이상인 것	60	4	100	4	120	8

특형 : 부상지붕구조의 탱크에 상부포주입법을 이용하는 것으로서 부상지붕의 부상부분 상에 높이 0.9 m 이상의 금속제의 칸막이(Foam Dam)를 탱크 옆판의 내측으로부터 1.2 m 이상 이격하여 설치하고 탱크 옆판과 칸막이에 의하여 형성된 환상부분에 포를 주입하는 것이 가능한 구조의 반사판을 갖는 포방출구

2) 보조포소화전(최소 수량 적용)의 포수용액 유량

보조포소화전의 수량 $= \dfrac{72m + 37m + 72m + 37m}{75m/개} = 2.9 \rightarrow 3개$

보조포소화전의 포수용액 유량 $= 3개 \times 400\ell/min = 1,200\ell/min$

> ※ 보조포소화전
> ① 방유제 외측의 소화활동상 유효한 위치에 설치하되 각각의 보조포소화전 상호간의 보행거리가 75 m 이하가 되도록 설치할 것
> ② 보조포소화전은 3개(호스접속구가 3개 미만인 경우에는 그 개수)의 노즐을 동시에 사용할 경우에 각각의 노즐선단의 방사압력이 0.35 MPa 이상이고, 방사량이 400 ℓ/min 이상의 성능이 되도록 설치할 것
> ③ 보조포소화전은 규정 방사량으로 20분간 방사할 수 있는 양 이상이 되도록 할 것

3) 각 탱크별 물분무소화설비의 소화수 유량
  ① TANK-1
   $= \pi \times 20m \times 37\ell/min \cdot m = 2,324.78\ell/min$
  ② TANK-2
   $= \pi \times 25m \times 37\ell/min \cdot m = 2,905.97\ell/min$

 ※ 물분무설비

옥외저장탱크(이하 이호에서 "공지단축 옥외저장탱크"라 한다)에 다음 각 목의 기준에 적합한 물분무설비로 방호조치를 하는 경우에는 그 보유공지를 규정에 의한 보유공지의 2분의 1 이상의 너비(최소 3 m 이상)로 할 수 있다. 이 경우 공지단축 옥외저장탱크의 화재 시 1 m²당 20 kW 이상의 복사열에 노출되는 표면을 갖는 인접한 옥외저장탱크가 있으면 당해 표면에도 다음 각 목의 기준에 적합한 물분무설비로 방호조치를 함께하여야 한다.
- ㉮ 탱크의 표면에 방사하는 물의 양은 탱크의 원주길이 1 m에 대하여 분당 37 ℓ 이상으로 할 것
- ㉯ 수원의 양은 가목의 규정에 의한 수량으로 20분 이상 방사할 수 있는 수량으로 할 것
- ㉰ 탱크에 보강링이 설치된 경우에는 보강링의 아래에 분무헤드를 설치하되, 분무헤드는 탱크의 높이 및 구조를 고려하여 분무가 적정하게 이루어질 수 있도록 배치할 것

4) 전체 소화시스템에 요구되는 소화수 펌프의 유량
"화재탱크 및 인접탱크와 탱크 측면 전체에 물분무소화설비를 적용한다."는 조건이 있으므로, 화재탱크 및 인접탱크의 물분무설비를 모두 가산하면, 펌프의 유량
$= (1{,}256.64\ell/\min + 1{,}200\ell/\min) \times 0.97 + 2{,}324.78\ell/\min + 2{,}905.97\ell/\min$
$= 7613.69\ell/\min = 456{,}821.4\ell/hr = 456.82 m^3/hr$

 ※ 혼합장치의 종류가 조건에 주어지지 않았으므로, 프레져사이드 프로포셔너방식으로 풀이하였음.

5) 전체 소화시스템에 요구되는 소화수조의 저장용량
고정지붕구조(CRT)/Ⅱ형/제4류2석유류(비수용성)의 경우

포수용액량 $120\ell/m^2$, 방출률 $4\ell/m^2 \cdot \min$, 방사시간 $\dfrac{120\ell/m^2}{4\ell/m^2 \cdot \min} = 30\min$

소화수조의 저장용량 $= (1{,}256.64\ell/\min \times 30\min + 1{,}200\ell/\min \times 20\min) \times 0.97$
$+ 2{,}324.78\ell/\min \times 20\min + 2{,}905.97\ell/\min \times 20\min$
$= 164{,}463\ell = 164.463 m^3$

■ **추운 겨울을 보낸 나무들이 더 아름다운 꽃을 피운다.**

추운 겨울을 보낸 봄 나무들이 더 아름다운 꽃을 피우듯이, 진정한 고난과 시련을 경험하지 않은 사람은 크게 성장할 수 없고, 눈앞에 다가온 행운도 잡지 못하는 법이다.
내 경우에는 인생을 살면서 경험한 셀 수 없이 많은 고난과 좌절이, 당시에는 앞이 보이지 않고 벼랑 끝이라고 여긴 것들이 나중에는 성공의 토대가 되어 주었다.

- 이나모리 가즈오 -

지금은 어렵고 힘들더라도, 이것을 견디고 열공한다면 합격과 행운을 모두 잡고서 행복해질 수 있습니다.

- 이기덕 원장 -

04 간선구성
제4편

23rd Day

1 간선구성(소방시설별 간선 수 및 용도)

설비	기본 가닥수	용도	추가 가닥수	추가 전선용도	비고	
자동화재 탐지설비	6	지구(회로) 공통 응답(발신기) 경종 표시등 경종·표시등 공통	1	지구	전층경보 방식일 경우	지구공통 선은 7개 경계구역 마다 추가함
			2	지구 경종	우선경보 방식일 경우	
습식(건식) 스프링클러설비	4	PS(밸브개방확인) TS(밸브주의) 사이렌 공통	3	PS TS 사이렌	사이렌은 자동화재탐지설비의 음향장치와 겸용할 경우 면제 가능함	
준비작동식 (일제살수식) 스프링클러설비	9	전원⊕ 전원⊖ SV(밸브기동) 감지기A 감지기B PS(밸브개방확인) TS(밸브주의) 전화 사이렌	6	SV 감지기A 감지기B PS TS 사이렌		
MCC ⇵ 감시제어반	5	기동 정지 공통 기동확인2			펌프 및 FAN 공통	
CO_2소화설비 할론소화설비 분말소화설비	8	전원⊕ 전원⊖ 기동스위치(SV) 감지기A 감지기B 방출표시등 사이렌 방출지연(비상스위치)	5	기동스위치 감지기A 감지기B 방출표시등 사이렌		
제어반 ⇵ 화재표시반	5	공통선 감지기A 감지기B 방출표시등 수동잠금밸브(TS)	3	감지기A 감지기B 방출표시등	수동잠금밸브(TS)는 CO_2소화설비에만 해당됨	

23rd Day

연습문제

★★★★☆

문제1 독립된 1층 건물 3개동에 P형 1급 발신기 및 옥내소화전을 그림과 같이 설치하고, P형 1급 수신기는 경비실에 설치하였다. 경보방식은 동별 구분 경보방식을 적용하였으며, 옥내소화전설비의 가압송수장치 기동방식으로 기동용 수압개폐장치를 사용할 경우 간선(㉮~㉳)의 용도 및 최소 전선수를 명기하시오.

배점 16

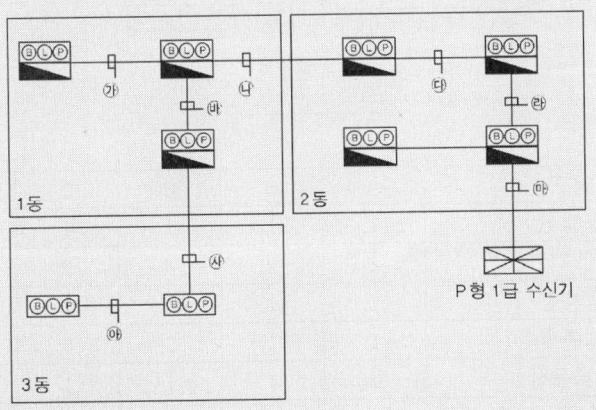

■ 답:

항목	가닥수	용도1	용도2	용도3	용도4	용도5	용도6	용도7
㉮	8	응답	지구	지구공통	경종	표시등	경종표시등공통	소화전기동확인2
㉯	13	응답	지구5	지구공통	경종2	표시등	경종표시등공통	소화전기동확인2
㉰	15	응답	지구6	지구공통	경종3	표시등	경종표시등공통	소화전기동확인2
㉱	16	응답	지구7	지구공통	경종3	표시등	경종표시등공통	소화전기동확인2
㉲	19	응답	지구9	지구공통2	경종3	표시등	경종표시등공통	소화전기동확인2
㉳	11	응답	지구3	지구공통	경종2	표시등	경종표시등공통	소화전기동확인2
㉴	7	응답	지구2	지구공통	경종	표시등	경종표시등공통	
㉵	6	응답	지구	지구공통	경종	표시등	경종표시등공통	

★★★☆☆

문제2 그림의 계통도에서 간선(A~F)의 용도 및 최소 전선수를 명기하시오. 단, 감지기와 경종 표시등 공통선은 별개로 하며, 직상층 우선 경보 방식임

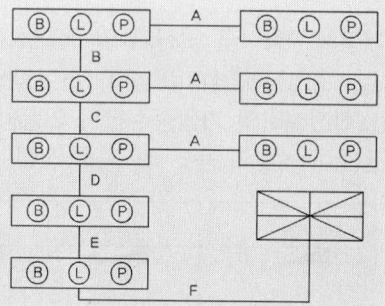

■ 답 :

용도	A	B	C	D	E	F
응답선	1	1	1	1	1	1
지구선	1	2	4	6	7	8
공통선	1	1	1	1	1	2
경종선	1	1	2	3	4	5
표시등선	1	1	1	1	1	1
경종·표시등 공통선	1	1	1	1	1	1
합계	6	7	10	13	15	18

★★★☆☆

문제3 다음 그림과 같이 준비작동식 스프링클러설비를 설치할 경우 ①~③의 간선용도 및 간선수를 산정하시오(교차회로방식).

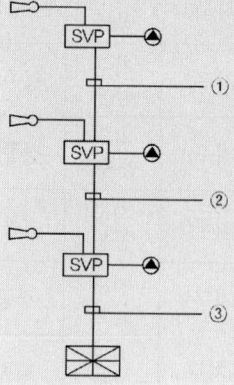

■ 답 :

용도	①	②	③
전원 ⊕	1	1	1
전원 ⊖	1	1	1
SV(밸브기동)	1	2	3
감지기A	1	2	3
감지기B	1	2	3
PS(밸브개방확인)	1	2	3
TS(밸브주의)	1	2	3
전화	1	1	1
싸이렌	1	2	3
합계	9	15	21

TIP ※SVP에서 제어반까지의 결선도

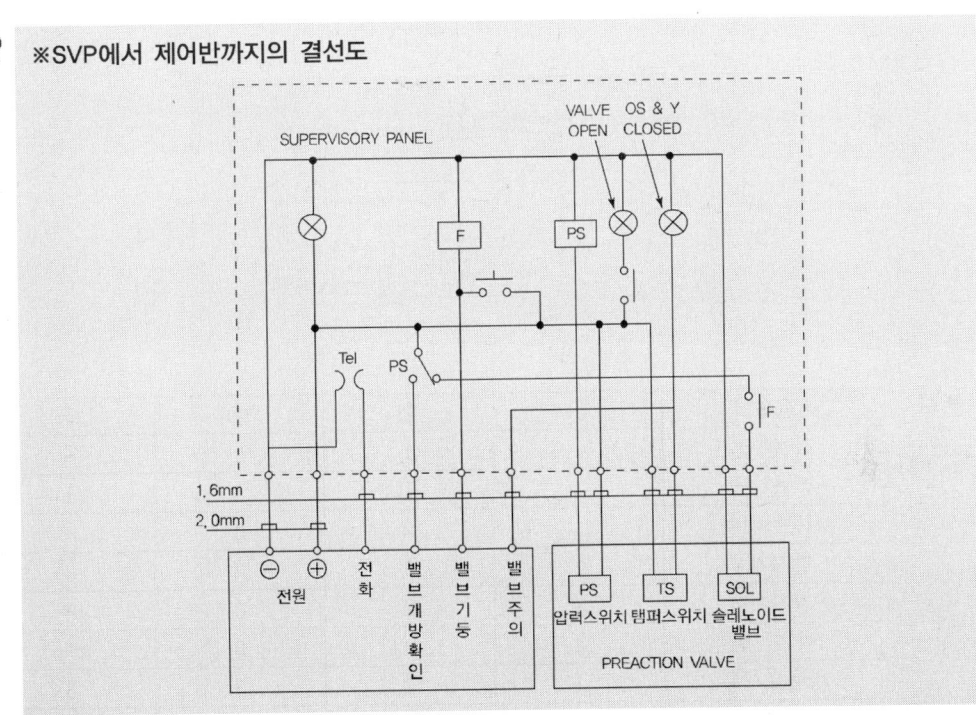

※ 층수가 5층 이상으로서 연면적 $3,000m^2$ 초과 → 우선경보방식

23rd Day

배점 8

★★★☆

문제4 다음 그림과 같이 할론소화설비를 설치할 경우 ①~④의 간선용도 및 간선수를 산정하시오. (교차회로방식)

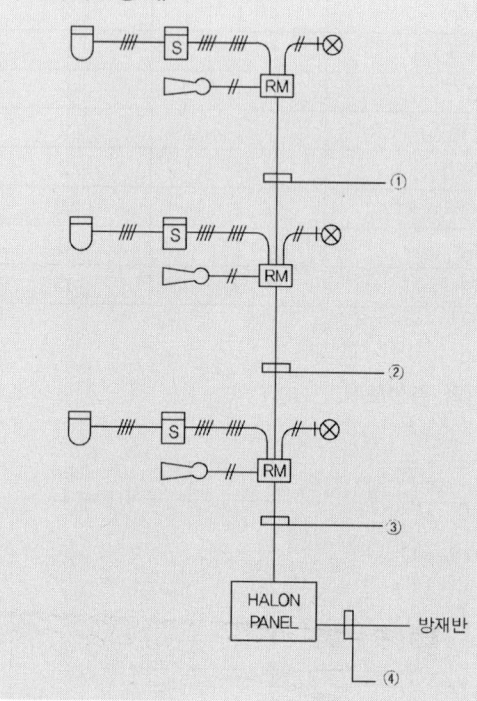

■ 답 :

용도	①	②	③	④
전 원 ⊕	1	1	1	—
전 원 ⊖	1	1	1	1
기동스위치	1	2	3	—
감지기A	1	2	3	3
감지기B	1	2	3	3
싸 이 렌	1	2	3	—
방출표시등	1	2	3	3
방출지연스위치	1	1	1	—
합 계	8	13	18	10

※수동조작함(RM)에서 제어반까지의 결선도

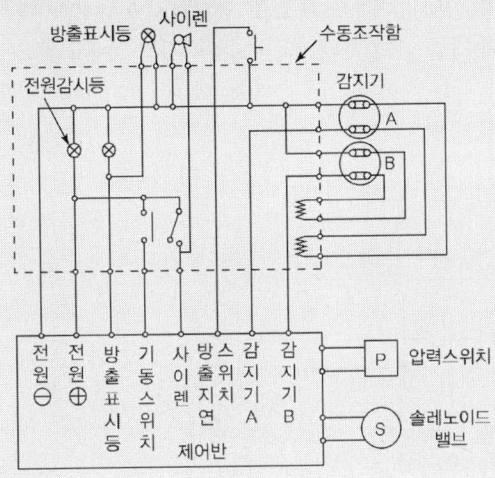

★★★☆☆

문제5 준비작동식 스프링클러설비에 대한 다음의 물음에 답하시오.

[물음]
1) 그림은 준비작동식 스프링클러설비의 전기 계통도이다. ⓐ~ⓕ까지에 대한 전선의 수와 전선의 용도에 대하여 작성하시오. 단, 전선 수는 필요한 최소 전선 수를 사용한다.

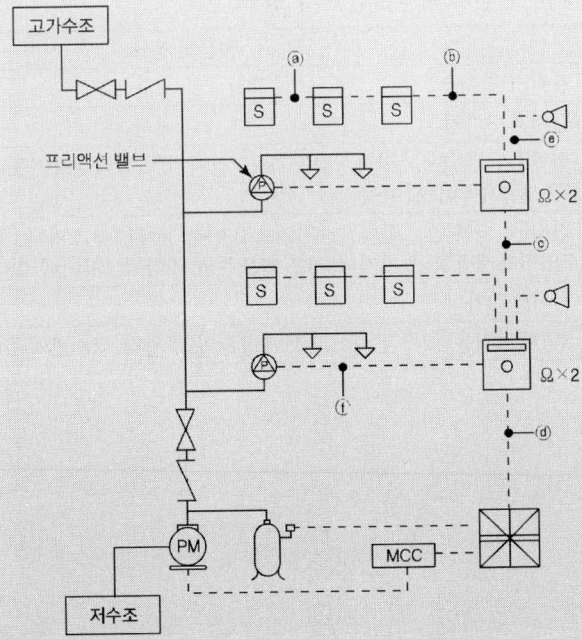

2) 급수용 유도전동기의 운전을 현장에서도 할 수 있고, 멀리 떨어진 제어실에서도 할 수 있는 시퀀스 회로를 구성하시오. 단, 사용 기구는 누름버튼스위치와 전자접촉기를 사용하되 기구 수와 접점 수는 최소 수만을 사용하도록 한다. 단, IM : Induction Motor(유도전동기), NFB : No Fuse Breaker, MC : Magnetic Coil

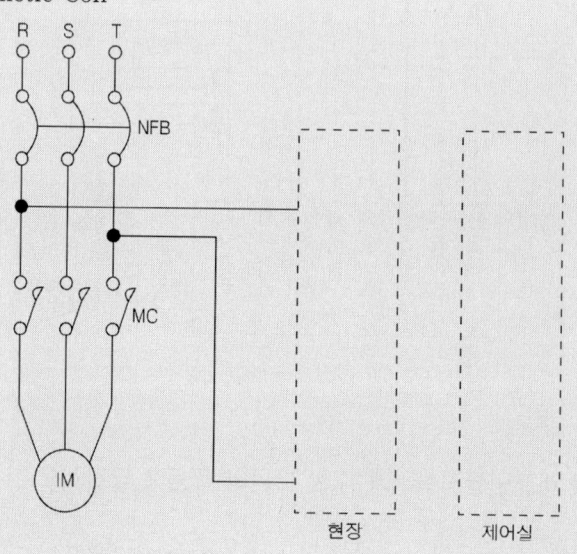

풀이

1) ⓐ~ⓕ까지에 대한 전선의 수와 전선의 용도

기호	전선수	전선의 용도
ⓐ	4	감지기 4가닥
ⓑ	8	감지기 8가닥
ⓒ	9	전원⊕, 전원⊖, 전화, 감지기A, 감지기B, SV(밸브기동), PS(밸브개방확인), TS(밸브주의), 사이렌
ⓓ	15	전원⊕, 전원⊖, 전화, 감지기A 2가닥, 감지기B 2가닥, SV(밸브기동) 2가닥, PS(밸브개방확인) 2가닥, TS(밸브주의) 2가닥, 사이렌 2가닥
ⓔ	2	사이렌 2가닥
ⓕ	6	SV(밸브기동) 2가닥, PS(밸브개방확인) 2가닥, TS(밸브주의) 2가닥

2) 시퀀스 회로의 구성

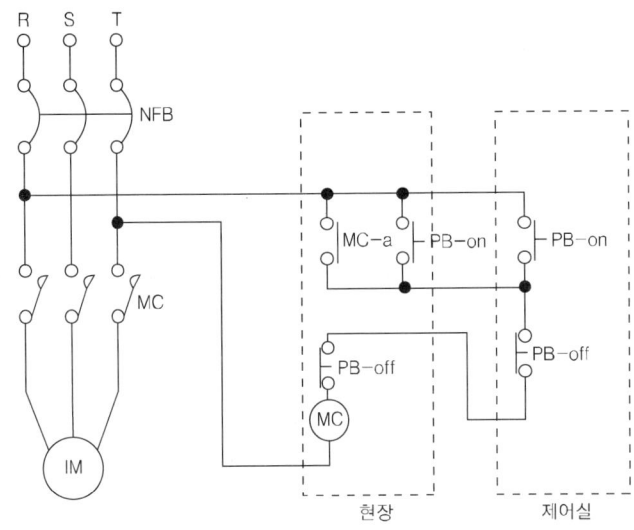

★★★☆☆

문제6 지하 1층~지하 3층의 주차장에 준비작동식 스프링클러설비를 하고 이온화식 연기감지기 2종을 설치하여 소화설비와 연동하는 감지기 배선을 설치하려고 한다. 다음의 각 물음에 답하시오.

[조건]
① 내화구조이며, 각 층의 층고는 3.8 m이다.
② 수신반(감시제어반)은 지상 1층에 설치하고자 한다.
③ 후강전선관을 사용하며, 콘크리트 매입으로 시공한다.

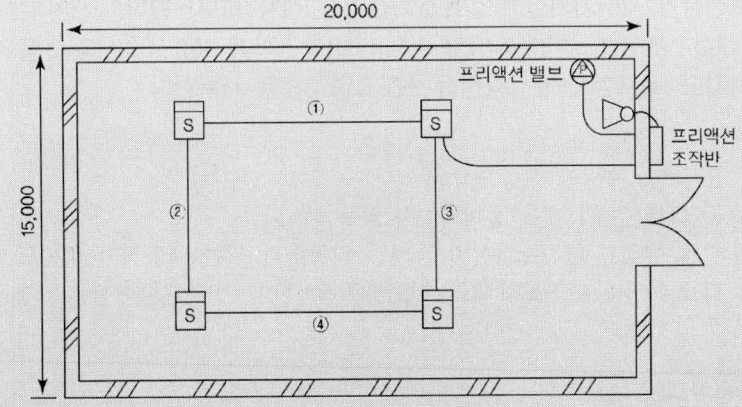

[물음]
1) 감지기에 이용되는 8각 박스, 4각 박스, 로크너트, 부싱의 개수를 산정하시오.
2) 본 설비의 계통도를 작성하고, 계통도 상에 배선의 가닥수를 표기하시오.

풀이

1) 감지기에 이용되는 8각 박스, 4각 박스, 로크너트, 부싱의 개수를 산정하시오.

8각 박스	3개×3개층 → 9개
4각 박스	1개×3개층 → 3개
로크너트	9방출×2개×3개층 → 54개
부싱	9방출×1개×3개층 → 27개

2) 본 설비의 계통도를 작성하고, 계통도 상에 배선의 가닥수를 표기하시오.

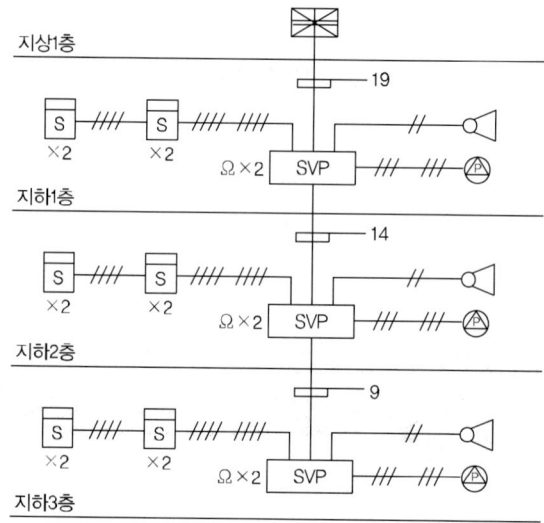

★★★☆☆

문제7 정보전산원 서버기기실에 할론소화설비를 설치하고자 한다. 소방대상물의 구조는 내화구조이고, 층간 높이가 3.5 m, 바닥면적이 600 m²일 때 다음 각 물음에 답하시오. 화재감지기는 광전식 스포트형 2종을 사용한다.

[물음]
1) 감지기의 수량을 산출하시오.
2) 종단저항은 몇 개를 설치하여야 하는가?
3) 설치 예정인 할론소화설비가 자동 작동하기 위한 소방전기 평면도를 다음 그림을 바탕으로 작도하시오. 전역방출방식이며, 천장은폐배선을 사용한다.

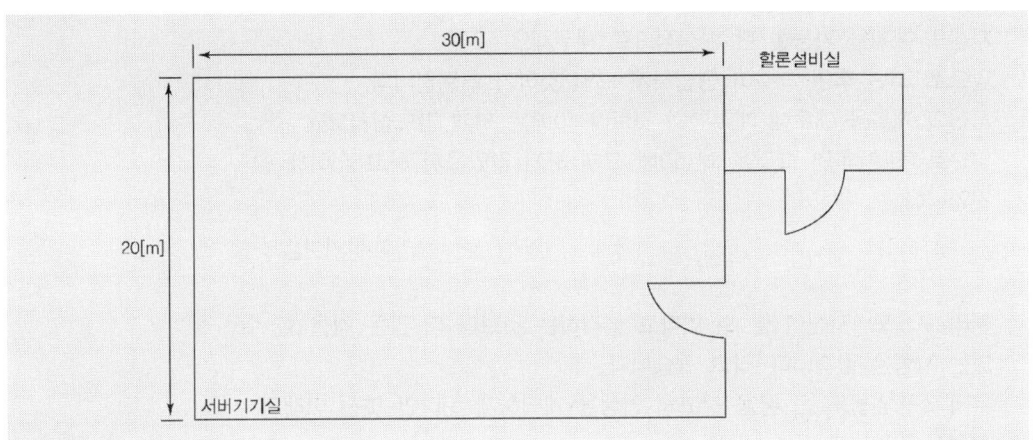

풀이

1) 감지기의 수량

$$= \frac{600m^2}{150m^2/개} = 4개$$

교차회로이므로 4개×2 = 8개 설치

2) 종단저항의 개수 : 2개

3) 할론소화설비가 자동 작동하기 위한 소방전기 평면도

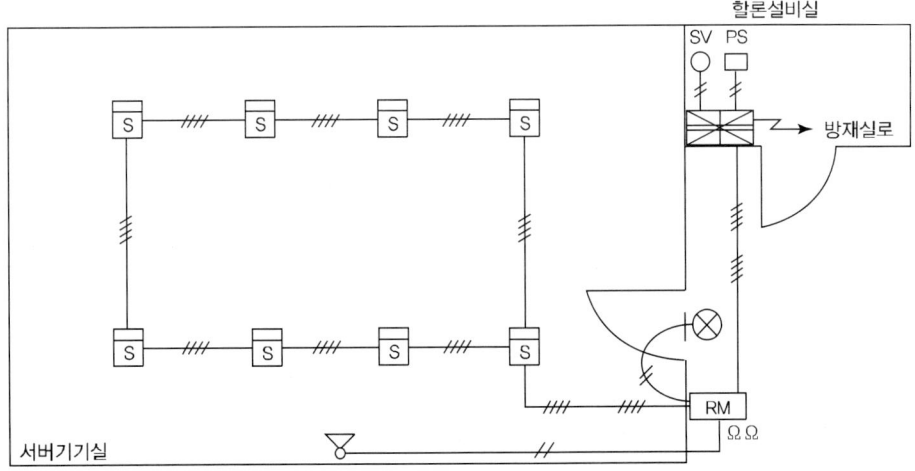

■ **가능한 한 큰 꿈을 꾸세요**

자신의 계획을 가능한 한 환상적으로 세우세요.
앞으로 25년 후면 그것이 평범하게 보일 것이기 때문입니다.
자신의 계획을 애초에 계획했던 것보다 10배는 크게 만드십시오.
앞으로 25년 후면 그것을 왜 50배 크게 하지 않았을까 하고 의아해 할 것입니다.

- 헨리 카티스 -

헨리 포드도 '자신이 할 수 있다고 생각하는 것보다 더 많은 것을 할 수 있는 사람은 없습니다.'라고 했습니다.
우리 소방인들도 큰 꿈을 갖고서 인생을 계획하게 된다면 멋진 미래가 펼쳐질 것입니다.

- 이기덕 원장 -

종합문제

제5편

24th Day

★★★★☆

문제1 소화펌프에 대한 다음의 각 물음에 답하시오.

1) 다음의 그림을 보고 펌프의 전양정(m)을 계산하시오.

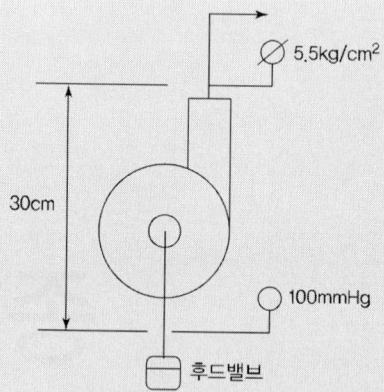

2) 성능시험배관에 수은 마노미터를 이용하여 펌프의 토출량을 측정하였다. 마노미터의 수은주 높이가 20 mm이면 펌프의 토출량은 몇 Lpm인가?(단, D_1 = 100 mm, D_2 = 50 mm)
3) 펌프의 기계효율 70 %, 수력효율 90 %, 체적효율 95 %일 때 축동력(kW)
4) 전동기의 용량(kW)

풀이

1) 펌프의 전양정(m)

   전양정 = 압력계 + 연성계 + 높이차

   $= 5.5 kg/cm^2 + 100 mmHg + 30 cm$

   $= 5.5 kg/cm^2 \times \dfrac{10.332\,mH_2O}{1.0332 kg/cm^2} + 100\,mmHg \times \dfrac{10.332\,mH_2O}{760\,mmHg} + 0.3\,m$

   $= 55m + 1.36m + 0.3m = 56.66m$

2) 펌프의 토출량

$$Q = \dfrac{A_2}{\sqrt{1-\left(\dfrac{A_2}{A_1}\right)^2}} \sqrt{2g \dfrac{\gamma_1 - \gamma_2}{\gamma_2} R}$$

$$Q = \dfrac{\dfrac{\pi}{4} 0.05^2}{\sqrt{1-\left(\dfrac{\dfrac{\pi}{4} 0.05^2}{\dfrac{\pi}{4} 0.1^2}\right)^2}} \sqrt{2 \times 9.8 \times \dfrac{13.6-1}{1} \times 0.02 m}$$

$Q = 4.5 \times 10^{-3} m^3/sec$

$$= 4.5 \times 10^{-3} \frac{m^3}{\text{sec}} \times \frac{1000\ell}{1m^3} \times \frac{60\text{sec}}{1\text{min}}$$

$$= 270 \; \ell/\min = 270 Lpm$$

3) 축동력(kW)

전효율(η) = 기계효율 × 수력효율 × 체적효율 = $0.7 \times 0.9 \times 0.95 = 0.6$

$$축동력 = \frac{rQH}{102\eta} = \frac{1000kg/m^3 \times \frac{0.27m^3}{60\text{sec}} \times 56.66m}{102 \times 0.6} = 4.17kW$$

4) 전동기의 용량(kW)

전동기 용량 = 축동력 × 전달계수
$= 4.17kW \times 1.1 = 4.59kW$

★★★★☆

문제2 폐쇄형 헤드를 사용한 스프링클러설비의 말단 배관 중 K점에 필요한 압력수의 수압을 주어진 조건을 이용하여 산정하시오.

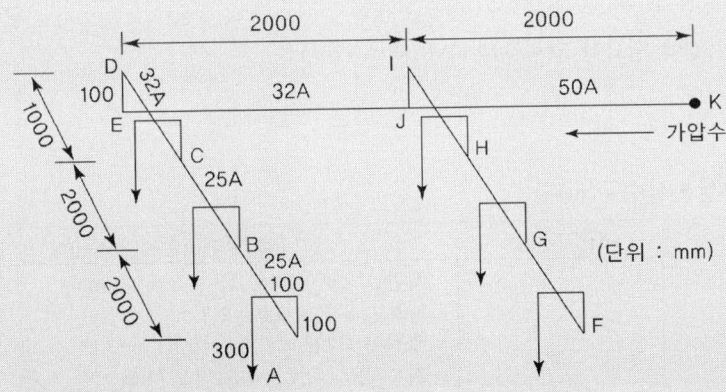

[조건]
  1) 직관의 마찰손실수두(100m당)

(단위 : m)

개수	유량(ℓ/분)	25A	32A	40A	50A
1	80	39.82	11.38	5.4	1.68
2	160	150.42	42.84	20.29	6.32
3	240	307.77	87.66	41.51	12.93
4	320	521.92	148.66	70.4	21.93
5	400	789.04	224.75	106.31	32.99
6	480	1,067.35	321.55	152.26	47.43

2) 관이음쇠 마찰손실에 상당하는 직관길이

(단위 : m)

구분	25A	32A	40A	50A
엘보(90°)	0.9	1.2	1.5	2.1
레듀샤	(25×15A) 0.54	(32×25A) 0.72	(40×32A) 0.9	(50×32A) 1.2
티이(직류)	0.27	0.36	0.45	0.6
티이(분류)	1.50	1.8	2.1	3

3) 헤드 나사는 15 mm이다.
4) 헤드의 방사압력은 $1 kgf/cm^2$이다.
5) 수압산정에 필요한 계산과정을 상세히 명시할 것

[물음]

1) 배관의 마찰손실수두(m)

구간	배관크기(mm)	배관의 마찰손실수두(m)
헤드-B		
B-C		
C-J		
J-K		

2) 배관의 총마찰손실수두(m)
3) K점에 필요한 압력수의 수압(kgf/cm^2)

풀이

1) 배관의 마찰손실수두(m)

구간	배관크기(mm)	배관의 마찰손실수두(m)
A-B	25	직관 : 2 + 0.1 + 0.1 + 0.3 = 2.5 m 엘보 : 3개 × 0.9 = 2.7 m 레듀샤 : 1개 × 0.54 = 0.54 m 계 : 2.5 + 2.7 + 0.54 = 5.74 m 소요수두 : $5.74 \times \dfrac{39.82}{100} = 2.286 m$
B-C	25	직관 : 2 m 분류티 : 1개 × 1.5 = 1.5 m 계 : 2 + 1.5 = 3.5 m 소요수두 : $3.5 \times \dfrac{150.42}{100} = 5.265 m$
C-J	32	직관 : 1 + 0.1 + 2 = 3.1 m 엘보 : 2개 × 1.2 = 2.4 m 분류티 : 1개 × 1.8 = 1.8 m 레듀샤 : 1개 × 0.72 = 0.72 m 계 : 3.1 + 2.4 + 1.8 + 0.72 = 8.02 m 소요수두 : $8.02 \times \dfrac{87.66}{100} = 7.03 m$

J-K	50	직관 : 2 m 분류티 : 1개 × 3 = 3 m 레듀샤 : 1개 × 1.2 = 1.2 m 계 : 2 + 3 + 1.2 = 6.2 m 소요수두 : $6.2 \times \dfrac{47.43}{100} = 2.941m$

2) 배관의 총마찰손실수두
   $= 2.286m + 5.265m + 7.03m + 2.941m = 17.522m$

3) K점에 필요한 압력수의 수압
   $= 1kgf/cm^2 - 0.03kgf/cm^2 + 0.01kgf/cm^2 + 0.01kgf/cm^2 + 1.7522kgf/cm^2$
   $= 2.7422kgf/cm^2$

★★★★☆

문제3 폐쇄형 헤드를 사용한 스프링클러설비의 말단 배관 중 K점에 필요한 압력수의 수압을 주어진 조건을 이용하여 산정하시오.

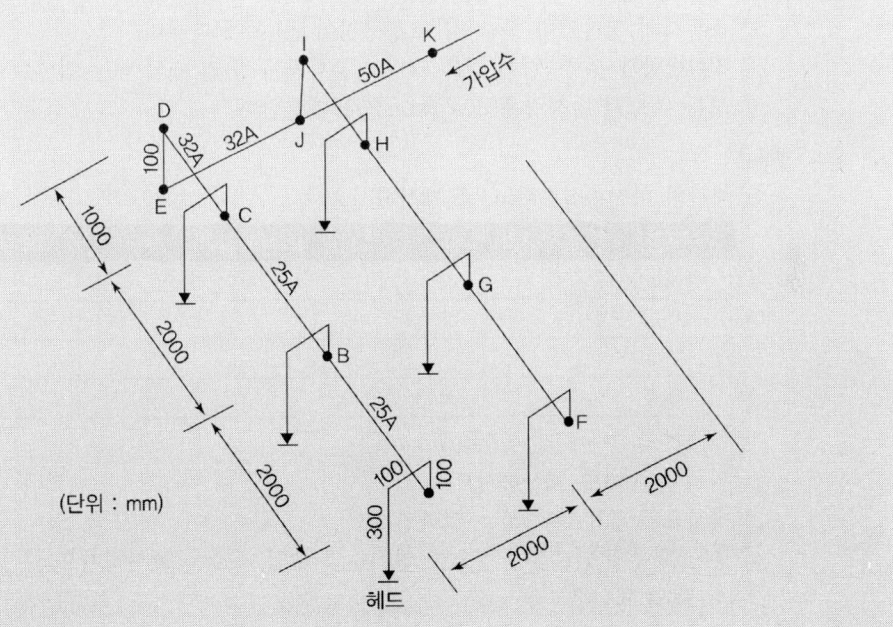

[조건]
① 직관의 마찰손실수두(100 m당)

(단위 : m)

갯수	유량(ℓ/분)	25A	32A	40A	50A
1	80	39.82	11.38	5.4	1.68
2	160	150.42	42.84	20.29	6.32
3	240	307.77	87.66	41.51	12.93
4	320	521.92	148.66	70.4	21.93
5	400	789.04	224.75	106.31	32.99
6	480	1,067.35	321.55	152.26	47.43

② 관이음쇠의 마찰손실에 상당하는 직관길이

(단위 : m)

구분	25A	32A	40A	50A
엘보(90°)	0.9	1.2	1.5	2.1
레듀샤	0.54	0.72	0.9	1.2
티이(직류)	0.27	0.36	0.45	0.6
티이(분류)	1.5	1.8	2.1	3

③ 헤드나사는 PT 1/2(15A)이다.
④ 레듀샤의 상당길이 산출 시 호칭구경이 큰 쪽에 따른다.
⑤ 직류방향과 분류방향이 같은 크기의 분류량(구경)일 때의 티는 직류로 계산한다.
⑥ 모든 헤드의 방사량은 80ℓ/min으로 계산한다.

[물음]
1) 배관의 마찰손실수두(m)를 계산하시오.

구간	호칭구경	직관 및 상당길이	마찰손실수두
헤드~B			
B~C			
C~J			
J~K			

※배관의 총 마찰손실수두(m) :

2) 위치수두(m)를 계산하시오.
3) 방사요구 압력수두(m)는 얼마인가?
4) 총 소요수두와 K점에 필요한 압력수의 수압(kPa)을 계산하시오.
 ① 총 소요수두
 ② K점에 필요한 방수압

풀이

1) 배관의 마찰손실수두

구간	호칭구경	직관 및 상당길이	마찰손실수두
헤드~B	25	직관 : 2 + 0.1 + 0.1 + 0.3 = 2.5m 엘보 : 3개 × 0.9 = 2.7 m 레듀샤 : 1개 × 0.54 = 0.54 m 계 : 2.5 + 2.7 + 0.54 = 5.74 m	$5.74 \times \dfrac{39.82}{100} = 2.29m$
B~C	25	직관 : 2 m 직류티 : 1개 × 0.27 = 0.27 m 계 : 2 + 0.27 = 2.27 m	$2.27 \times \dfrac{150.42}{100} = 3.41m$
C~J	32	직관 : 1 + 0.1 + 2 = 3.1 m 엘보 : 2개 × 1.2 = 2.4 m 분류티 : 1개 × 1.8 = 1.8 m 레듀샤 : 1개 × 0.72 = 0.72 m 계 : 3.1 + 2.4 + 1.8 + 0.72 = 8.02 m	$8.02 \times \dfrac{87.66}{100} = 7.03m$
J~K	50	직관 : 2 m 직류티 : 1개 × 0.6 = 0.6 m 레듀샤 : 1개 × 1.2 = 1.2 m 계 : 2 + 0.6 + 1.2 = 3.8 m	$3.8 \times \dfrac{47.43}{100} = 1.8m$

※ 배관의 총 마찰손실수두 = $2.29m + 3.41m + 7.03m + 1.8m = 14.53m$

2) 위치수두

위치수두 $= 100mm + 100mm - 300mm = -100mm \rightarrow -0.1m$

3) 방사요구 압력수두 : 10 m

4) 총 소요수두와 K점에 필요한 압력수의 수압

① 총 소요수두

$14.53m - 0.1m + 10m = 24.43m$

② K점에 필요한 압력수의 수압

$24.43m \times \dfrac{101.325kPa}{10.332mH_2O} = 239.58kPa$

★★★☆☆

문제4 다음 그림을 보고 펌프 흡입측 배관에 대한 물음에 답하시오.

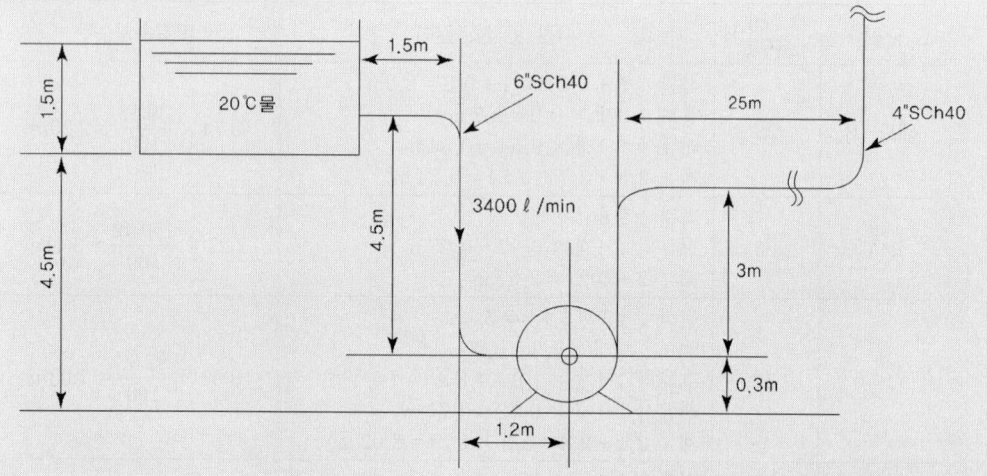

[조건]
- 20℃ 물의 증기압 : 0.24 m
- 20℃ 물의 점도 : 0.98 centipoise
- 4"Sch40 관내경 : 102.3 mm
- inlet의 K값 : 1.0
- 20℃ 물의 밀도 : 998.2 kg/m³
- 6"Sch40 관내경 : 154.1 mm
- 90°엘보의 K값 : 0.54
- 관마찰계수 : 0.016

[물음]
1) 레이놀즈수는?
2) 마찰손실수두는?
3) 정흡입수두는?
4) 유효흡입수두는?

풀이

1) 레이놀즈수

$$v = \frac{Q}{A} = \frac{Q}{\frac{\pi}{4}D^2} = \frac{4Q}{\pi D^2} = \frac{4 \times 3,400 \ell/\min}{\pi \times (154.1mm)^2} = \frac{4 \times 3.4 m^3/60s}{\pi \times (0.1541m)^2} = 3.04 m/\sec$$

$$Re = \frac{Dv\rho}{\mu} = \frac{154.1mm \times 3.04 m/s \times 998.2 kg/m^3}{0.98 centipoise}$$

$$= \frac{15.41cm \times 304cm/s \times 0.9982 g/cm^3}{0.98 \times 0.01 g/cm \cdot s} = 477,164$$

> ※점도의 cgs 단위 : 유체 내부에 $1\,sec^{-1}$의 전단 속도가 있을 때, 유속이 변화하는 방향에 직각인 면에서 점성에 의한 응력이 $1\,dyn/cm^2$이면 그 유체의 점도는 1 poise이다.
> $$1\,poise = 1dyn \cdot sec/cm^2 = 1g/cm \cdot sec$$
> 단위기호로는 P가 사용된다. 0.01P를 1centipoise(cP)이라고 한다. SI 단위로는 1 poise = 0.1 Pa·S가 된다.

2) 마찰손실수두

상당길이 $Le = \dfrac{KD}{f}$

$Le = \dfrac{0.54 \times 0.1541m}{0.016} \times 2개 + \dfrac{1.0 \times 0.1541m}{0.016} \times 1개 = 20m$

총배관길이=직관+상당길이= $1.5m + 4.5m + 1.2m + 20m = 27.2m$

마찰손실수두 $\Delta H = f \times \dfrac{Lv^2}{2gD} = 0.016 \times \dfrac{27.2m \times (3.04m/s)^2}{2 \times 9.8 \times 0.1541m} = 1.3m$

3) 정흡입수두

베르누이방정식에 의해 전수두 H_1과 H_2의 관계식은 다음과 같다.

$H_1 = H_2 + \Delta H$

$\dfrac{P_1}{\gamma} + \dfrac{v_1^2}{2g} + Z_1 = \dfrac{P_2}{\gamma} + \dfrac{v_2^2}{2g} + Z_2 + \Delta H$

$0 + 0 + 4.5m + 1.5m - 0.3m = \dfrac{P_2}{\gamma} + \dfrac{(3.04m)^2}{2 \times 9.8} + 0 + 1.3m$

$5.7m = \dfrac{P_2}{\gamma} + \dfrac{(3.04m)^2}{2 \times 9.8} + 1.3m$

$\dfrac{P_2}{\gamma} = 5.7m - \dfrac{(3.04m)^2}{2 \times 9.8} - 1.3m = 3.9m$

4) 유효흡입수두

$NPSHav$ = 대기압 + 압입높이 − 마찰손실수두 − 증기압

$= \dfrac{10,332 kg/m^2}{998.2 kg/m^3} + 5.7m - 1.3m - 0.24m = 14.51m$

24th Day

★★★★★

문제5 교육연구시설(연구소)에 스프링클러설비를 설치하고자 한다. 조건을 참고하여 각 물음에 답하시오.

[조건]
① 건물의 층별 높이는 다음과 같으며, 지상층은 모두 창문이 있는 건물이다.

	지하2층	지하1층	지상1층	지상2층	지상3층	지상4층	지상5층
층높이[m]	5.5	4.5	4.5	4.5	4	4	4
반자높이[m]	5	4	4	4	3.5	3.5	3.5
바닥면적[m²]	2,500	2,500	2,000	2,000	2,000	1,800	900

② 지상 1층에 있는 국제회의실은 바닥으로부터 반자(헤드 부착면)까지의 높이가 8.5 m이다.
③ 지하 2층 물탱크실의 저수조는 바닥으로부터 0.5 m 높이에 후드밸브가 위치해 있으며, 이 높이까지 물이 차 있고, 저수조는 일반급수용과 소방용을 겸용하며, 내부 크기는 가로 8 m, 세로 5 m, 높이 4 m이다.
④ 스프링클러헤드 설치 시 반자(헤드 부착면) 높이는 위 표에 따른다.
⑤ 배관 및 관부속품의 마찰손실수두는 실양정의 30 % 이다.
⑥ 펌프의 효율은 60 %, 전달계수는 1.1 이다.
⑦ 산출량은 최소치를 적용한다.
⑧ 조건에 없는 사항은 소방관계법령 및 화재안전기준에 따른다.

[물음]
1) 이 건축물에서 스프링클러설비를 설치하여야 하는 층을 모두 쓰시오.
2) 일반급수용 펌프의 흡수구와 소방용 펌프의 흡수구 사이의 수직거리[m]를 산출하시오.
3) 옥상수조를 설치하지 아니할 수 있는 경우 6가지를 쓰시오.
4) 소방용 펌프의 전동기 동력[kW]을 산출하시오.

풀이

1) 이 건축물에서 스프링클러설비를 설치하여야 하는 층
  : 지하 2층, 지하 1층, 지상 4층

※ **스프링클러설비를 설치하여야 하는 특정소방대상물**

스프링클러설비를 설치하여야 하는 특정소방대상물(위험물 저장 및 처리 시설 중 가스시설 또는 지하구는 제외한다)은 다음의 어느 하나와 같다.

1) 문화 및 집회시설(동·식물원은 제외한다), 종교시설(주요구조부가 목조인 것은 제외한다), 운동시설(물놀이형 시설은 제외한다)로서 다음의 어느 하나에 해당하는 경우에는 모든 층
   가) 수용인원이 100명 이상인 것
   나) 영화상영관의 용도로 쓰이는 층의 바닥면적이 지하층 또는 무창층인 경우에는 500㎡ 이상, 그 밖의 층의 경우에는 1천㎡ 이상인 것
   다) 무대부가 지하층·무창층 또는 4층 이상의 층에 있는 경우에는 무대부의 면적이 300㎡ 이상인 것
   라) 무대부가 다) 외의 층에 있는 경우에는 무대부의 면적이 500㎡ 이상인 것
2) 판매시설, 운수시설 및 창고시설(물류터미널에 한정한다)로서 바닥면적의 합계가 5천㎡ 이상이거나 수용인원이 500명 이상인 경우에는 모든 층
3) 층수가 6층 이상인 특정소방대상물의 경우에는 모든 층. 다만, 다음의 어느 하나에 해당하는 경우에는 제외한다.
   가) 주택 관련 법령에 따라 기존의 아파트 등을 리모델링하는 경우로서 건축물의 연면적 및 층높이가 변경되지 않는 경우. 이 경우 해당 아파트등의 사용검사 당시의 소방시설의 설치에 관한 대통령령 또는 화재안전기준을 적용한다.
   나) 스프링클러설비가 없는 기존의 특정소방대상물을 용도변경하는 경우. 다만, 1)·2)·4)·5) 및 8)부터 12)까지의 규정에 해당하는 특정소방대상물로 용도변경하는 경우에는 해당 규정에 따라 스프링클러설비를 설치한다.
4) 다음의 어느 하나에 해당하는 용도로 사용되는 시설의 바닥면적의 합계가 600㎡ 이상인 것은 모든 층
   가) 의료시설 중 정신의료기관
   나) 의료시설 중 종합병원, 병원, 치과병원, 한방병원 및 요양병원(정신병원은 제외한다)
   다) 노유자시설
   라) 숙박이 가능한 수련시설
5) 창고시설(물류터미널은 제외한다)로서 바닥면적 합계가 5천㎡ 이상인 경우에는 모든 층
6) 천장 또는 반자(반자가 없는 경우에는 지붕의 옥내에 면하는 부분)의 높이가 10m를 넘는 랙식 창고(rack warehouse)(물건을 수납할 수 있는 선반이나 이와 비슷한 것을 갖춘 것을 말한다)로서 바닥면적의 합계가 1천5백㎡ 이상인 것
7) 1)부터 6)까지의 특정소방대상물에 해당하지 않는 특정소방대상물의 지하층·무창층(축사는 제외한다) 또는 층수가 4층 이상인 층으로서 바닥면적이 1천㎡ 이상인 층

2) 일반급수용 펌프의 흡수구와 소방용 펌프의 흡수구 사이의 수직거리
10층 이하, 그 밖의 것, 헤드 부착높이 8m 미만이므로 기준개수는 10개를 적용
수원 = $N \times 1.6m^3$ = 10개 $\times 1.6m^3$ = $16m^3$

수직거리 = $\dfrac{16m^3}{8m \times 5m}$ = $0.4m$

3) 옥상수조를 설치하지 아니할 수 있는 경우 6가지
   ① 지하층만 있는 건축물
   ② 고가수조를 가압송수장치로 설치한 스프링클러설비
   ③ 수원이 건축물의 최상층에 설치된 헤드보다 높은 위치에 설치된 경우
   ④ 건축물의 높이가 지표면으로부터 10m 이하인 경우
   ⑤ 주펌프와 동등 이상의 성능이 있는 별도의 펌프로서 내연기관의 기동과 연동하여 작동되거나 비상전원을 연결하여 설치한 경우
   ⑥ 가압수조를 가압송수장치로 설치한 스프링클러설비

4) 소방용 펌프의 전동기 동력
   토출량 = $N \times 80\ell/\min = 10개 \times 80\ell/\min = 800\ell/\min = 0.8m^3/\min$
   실양정(h_1) = $(5.5m - 0.5m) + 4.5m + 4.5m + 4.5m + 4m + 3.5m = 26m$
   전양정 = $h_1 + h_2 + 10m = 26m + 26m \times 0.3 + 10m = 43.8m$

   전동기 동력 = $\dfrac{\gamma QH}{102\eta} \times K$

   = $\dfrac{1{,}000 kgf/m^3 \times 0.8 m^3/\min \times 43.8m}{102 \times 0.6} \times 1.1$

   = $\dfrac{1{,}000 kgf/m^3 \times \dfrac{0.8 m^3}{60s} \times 43.8m}{\dfrac{102 kgf \cdot m/s}{kW} \times 0.6} \times 1.1 = 10.5 kW$

★★★★☆

문제6 지상 12층인 사무실 건물에 스프링클러설비를 설치하려 한다. 아래 조건을 참조하여 각 물음에 답하시오.

[조건]
  1) 층당 바닥면적은 2500 m²이다.
  2) 폐쇄형 습식설비이다.

[물음]
  1) 방호구역 수는 몇 구역인가?
  2) 송수펌프의 최소 토출량($\ell/분$)은 얼마인가?
  3) 수원의 최소 유효저수량(m^3)은 얼마인가?
  4) 옥상수조에 저장하여야 할 수원의 양(m^3)은 얼마 이상인가?
  5) 스프링클러설비 종류 중 시설비가 가장 적게 소요되고 경제성을 감안한 설비의 종류를 쓰시오.

6) 스프링클러 가압송수장치의 성능시험을 위하여 오리피스로 시험한 결과 그림과 같이 수은주의 높이차가 150 mm로 측정되었다. 이 오리피스를 통과하는 유량 (m^3/sec)은 얼마인가? 단, 오리피스 유량계수 $C = 0.72$이다.

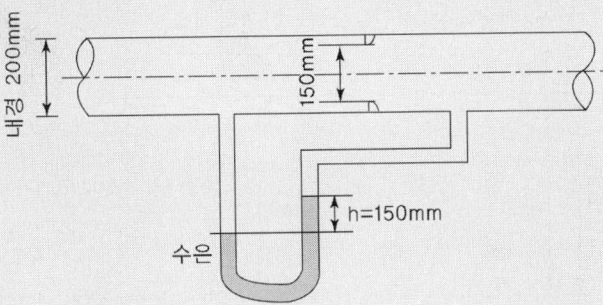

풀이

1) 방호구역 수 : 12구역
2) 송수펌프의 최소 토출량
   토출량 $= 30개 \times 80\ell/분 = 2400\ell/분$
3) 수원의 최소 유효저수량
   유효저수량 $= 30개 \times 1.6m^3 = 48m^3$
4) 옥상수조에 저장하여야 할 수원의 양

   수원의 양 $= 48m^3 \times \dfrac{1}{3} = 16m^3$

5) 경제성을 감안한 설비의 종류 : 습식스프링클러설비
6) 오리피스를 통과하는 유량

$$Q = CA_2\sqrt{2g\dfrac{\gamma_1 - \gamma_2}{\gamma_2}R}$$

$$= 0.72 \times \dfrac{\pi}{4} \times (0.15m)^2 \sqrt{2 \times 9.8 \times \dfrac{13.6-1}{1} \times 0.15m}$$

$$= 0.077 m^3/\text{sec}$$

★★★★☆

문제7 다음 물음에 답하시오.

1) 다음 그림과 같은 직육면체의 물탱크에서 배수밸브를 개방하는 경우 최저 유효 수면까지 물이 배수되는 시간(sec)을 산출하시오.

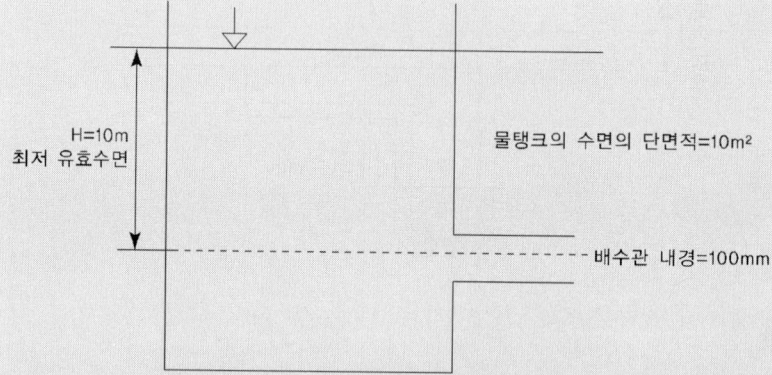

2) 습식 스프링클러설비의 가압송수장치로서 압력수조를 설치하는 경우 압력수조의 필요한 압력(MPa) 및 압력수조 내에 유지시켜 주어야 할 공기의 최소 게이지압력(MPa)을 구하시오.
   ① 대기압은 절대압력으로 0.1 MPa이다.
   ② 압력수조의 송수구와 헤드 간의 배관마찰손실은 20 m이다.
   ③ 압력수조의 송수구와 최고 위 스프링클러헤드와의 낙차는 70 m이며, 수조 내의 수면과 송수구간의 낙차는 무시한다. 공기의 분자운동은 이상기체의 성질을 따른다고 가정한다.
   ④ 수조 내에는 항상 내용적의 2/3에 달하는 물을 채워 두고 있다.

3) 다음 그림의 건식밸브에서 1차측 물의 압력이 4 kgf/cm²이고, 1차측 단면 직경이 12 cm, 2차측 단면 직경이 18 cm일 때 2차측 공기압력은 최소 얼마 이상이어야 밸브가 닫히는가? 단, 클래퍼의 자중은 무시한다.

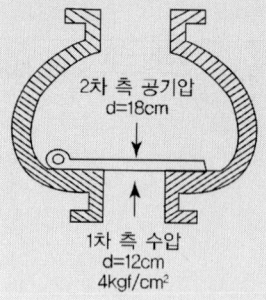

풀이

1) 물이 배수되는 시간

$$t = \frac{2A_1(\sqrt{h_1} - \sqrt{h_2})}{C_d A_2 \sqrt{2g}}$$

$$= \frac{2 \times 10m^2 \times (\sqrt{10m} - \sqrt{0m})}{\frac{\pi}{4} \times (0.1m)^2 \times \sqrt{2 \times 9.8 m/s^2}} = 1818.91 \sec$$

2) 습식 스프링클러설비의 가압송수장치

   ① 압력수조의 필요한 압력

   $P = P_1 + P_2 + 0.1 MPa = 20m + 70m + 0.1 MPa$
   $= 0.2 MPa + 0.7 MPa + 0.1 MPa = 1 MPa$

   ② 압력수조 내에 유지시켜 주어야 할 공기의 최소 게이지압력

   $P_o = (P + P_a) \times \dfrac{V}{V_o} - P_a = (1 + 0.1) \times \dfrac{1}{\frac{1}{3}} - 0.1 = 3.2 MPa$

3) 2차측 공기압력

   $F_1 \leq F_2$

   $P_1 A_1 = P_2 A_2$

   $P_1 \times \dfrac{\pi}{4} D_1^2 = P_2 \times \dfrac{\pi}{4} D_2^2$

   $4 kg/cm^2 \times \dfrac{\pi}{4} \times (12cm)^2 = P_2 \times \dfrac{\pi}{4} \times (18cm)^2$

   $P_2 \fallingdotseq 1.78 kg/cm^2$

25th Day

★★★★★

문제8 물분무소화설비에 대한 다음 각 물음에 답하시오.

1) 바닥면적이 50 m²인 특수가연물을 저장 또는 취급하는 특정소방대상물에 모터펌프를 이용하여 물분무소화설비를 설치하고자 한다. 소화펌프의 최소 토출량(ℓ/min)을 계산하시오.
2) 바닥면적이 130 m²인 특수가연물을 저장 또는 취급하는 특정소방대상물을 50 m²와 80m²의 방수구역으로 나누어 물분무소화설비를 설치하고자 한다. 소화펌프의 최소 토출량(ℓ/min)을 계산하시오.
3) 바닥면적이 350 m²인 특수가연물을 저장 또는 취급하는 특정소방대상물에 물분무소화설비를 설치하고자 한다. 소화펌프의 토출량과 수원의 양을 최소로 적용할 경우 일제개방밸브 수(방수구역 수)를 산출하고, 소화펌프의 최소 토출량(ℓ/min)과 필요한 최소 수원의 양(m³)을 계산하시오.
4) 바닥면적이 400 m²인 지하 주차장에 50 m²씩 8개 구역으로 나누어 물분무소화설비를 설치하려고 한다. 물분무헤드의 표준방사량이 분당 80ℓ일 때 1개 구역당 설치해야 할 헤드 수는 몇 개 이상이어야 하는가?
5) 절연유봉입변압기(지름 2 m, 높이 3 m)에 물분무소화설비를 설치하고자 한다. 소화펌프의 최소 토출량(ℓ/min)과 최소 수원의 양(m³)을 계산하시오. 단, 정수로 답하시오.
6) 투영된 바닥면적이 30 m²인 케이블트레이에 모터펌프를 이용하여 물분무소화설비를 설치하고자 한다. 소화펌프의 최소 토출량(ℓ/min)을 계산하시오.
7) 벨트부분의 바닥면적이 30 m²인 콘베이어벨트에 모터펌프를 이용하여 물분무소화설비를 설치하고자 한다. 소화펌프의 최소 토출량(ℓ/min)을 계산하시오.

풀이

1) 바닥면적이 50m^2인 특수가연물

= 바닥면적 $\times 10\ell/\min = 50m^2 \times 10\ell/\min = 500\ell/\min$

2) 바닥면적이 130m^2인 특수가연물

= 바닥면적 $\times 10\ell/\min = 80m^2 \times 10\ell/\min = 800\ell/\min$

3) 바닥면적이 350m^2인 특수가연물

① 일제개방밸브 수(방수구역 수)

$= \dfrac{350m^2}{50m^2/개} = 7$개

② 소화펌프의 최소 토출량

= 바닥면적 $\times 10\ell/\min = 50m^2 \times 10\ell/\min = 500\ell/\min$

③ 필요한 최소 수원의 양

$= 500\ell/분 \times 20분 = 10,000\ell = 10m^3$

4) 바닥면적이 400m^2인 지하 주차장

$$= \frac{50m^2 \times 20\ell/\min \cdot m^2}{80\ell/\min \cdot 개} = 12.5 \to 13개$$

5) 절연유봉입변압기(지름 $2m$, 높이 $3m$)
   ① 소화펌프의 최소 토출량
   $$= \left[\frac{\pi}{4} \times (2m)^2 + \pi \times 2m \times 3m\right] \times 10\ell/\min \cdot m^2 = 220\ell/\min$$
   ② 필요한 최소 수원의 양
   $$= 220\ell/\min \times 20\min = 4,400\ell = 4.4m^3 \to 5m^3$$

 ※ 원통모양의 경우 바닥부분을 제외한 표면적을 합한 면적(A)

 $A = \pi r^2 + 2\pi r \cdot h = \frac{\pi}{4}D^2 + \pi D \cdot h$

6) 투영된 바닥면적이 $30m^2$인 케이블트레이
   $$= 바닥면적 \times 12\ell/\min = 30m^2 \times 12\ell/\min = 360\ell/\min$$

7) 벨트부분의 바닥면적이 $30m^2$인 콘베이어벨트
   $$= 바닥면적 \times 10\ell/\min = 30m^2 \times 10\ell/\min = 300\ell/\min$$

★★★★☆

문제9 가로 12 m, 세로 10 m, 높이 6 m인 면화류 창고에 자동폐쇄장치가 설치되지 아니한 개구부(가로 2 m, 세로 1.2 m)가 2면에 1개씩 설치되어 있는 소방대상물에 전역방출방식의 고압식 이산화탄소 소화설비를 설치할 경우 다음을 산출하시오. 단, 이산화탄소 소화약제 저장용기의 내용적은 80 ℓ이다.

1) 이산화탄소 소화약제의 최소 저장량(kg)은 얼마인가?
2) 충전비를 조정하여 저장용기 숫자를 최저로 하려면 이때의
   ① 충전비는 얼마인가?
   ② 최소 저장용기 숫자는 얼마인가?
3) 충전비를 조정하여 저장용기 숫자를 최대로 하려면 이때의
   ① 충전비는 얼마인가?
   ② 최대 저장용기 숫자는 얼마인가?

풀이

25th Day

1) 이산화탄소 소화약제의 최소 저장량(kg)

   저장량 = 방호구역 × 체적당 소화약제 양 + 개구부 × $10kg/m^2$

   $= (12 \times 10 \times 6)m^3 \times 2.7kg/m^3 + (2 \times 1.2)m^2 \times 2개 \times 10kg/m^2$

   $= 1,992kg$

2) 충전비를 조정하여 저장용기 숫자를 최저로 하려면

   ① 충전비 : 1.5

   ② 최소 저장용기 숫자

   $= \dfrac{1,992kg}{\dfrac{80\ell}{1.5}} = \dfrac{1,992kg}{\dfrac{80\ell}{1.5\ell/kg}} = 37.35 \rightarrow 38병$

3) 충전비를 조정하여 저장용기 숫자를 최대로 하려면 이때의

   ① 충전비 : 1.9

   ② 최대 저장용기 숫자

   $= \dfrac{1,992kg}{\dfrac{80\ell}{1.9}} = \dfrac{1,992kg}{\dfrac{80\ell}{1.9\ell/kg}} = 47.31 \rightarrow 48병$

> **TIP** ※ 저장용기의 충전비
> 저장용기의 충전비는 고압식은 1.5 이상 1.9 이하, 저압식은 1.1 이상 1.4 이하로 할 것

★★★☆☆

문제10 가로 20 m, 세로 15 m, 높이 5 m인 전산실에 할론1301(전역방출방식) 소화설비를 할 경우 다음을 산출하시오. 단, 자동폐쇄장치가 설치되지 아니한 개구부(가로 2 m, 세로 1.2 m)가 3면에 1개씩 설치되어 있으며, 저장용기의 내용적은 70 ℓ 이다.

1) 저장할 수 있는 소화약제의 최소 저장량(kg) 및 최대 저장량(kg)은 얼마인가?
2) 충전비에 따라서 설치할 수 있는 최소 저장용기 수 및 최대 저장용기 수는 얼마인가?

 풀이

1) 저장할 수 있는 소화약제의 최소 저장량(kg) 및 최대 저장량(kg)

   ① 최소 저장량(kg)

   = 방호구역의 체적 × Q_1 + 개구부 면적 × Q_2

   $= (20 \times 15 \times 5)m^3 \times 0.32kg/m^3 + (2 \times 1.2)m^2 \times 3개 \times 2.4kg/m^2$

   $= 497.28kg$

   ② 최대 저장량(kg)

$$= \text{방호구역의 체적} \times Q_1 + \text{개구부 면적} \times Q_2$$
$$= (20 \times 15 \times 5)m^3 \times 0.64 kg/m^3 + (2 \times 1.2)m^2 \times 3\text{개} \times 2.4 kg/m^2$$
$$= 977.28 kg$$

2) 충전비에 따라서 설치할 수 있는 최소 저장용기 수 및 최대 저장용기 수

① 최소 저장용기 수
$$= \frac{497.28 kg}{\frac{70\ell}{0.9}} = \frac{497.28 kg}{\frac{70\ell}{0.9 \ell/kg}} = 6.39 \rightarrow 7\text{병}$$

② 최대 저장용기 수
$$= \frac{977.28 kg}{\frac{70\ell}{1.6}} = \frac{977.28 kg}{\frac{70\ell}{1.6 \ell/kg}} = 22.3 \rightarrow 22\text{병}$$

> **TIP**
> ※ **저장용기의 충전비**
> 저장용기의 충전비는 할론 2402를 저장하는 것 중 가압식 저장용기는 0.51 이상 0.67 미만, 축압식 저장용기는 0.67 이상 2.75 이하, 할론 1211은 0.7 이상 1.4 이하, 할론 1301은 0.9 이상 1.6 이하로 할 것

★★★☆☆

문제11 도면은 어느 전기실, 발전기실, 방재반실 및 배터리실을 방호하기 위한 할론 1301설비의 배관 평면도이다. 도면과 주어진 조건을 참고하여 각 실의 할론 소화약제의 최소 용기 개수를 구하고, 본 설계의 적합성을 판정하시오.

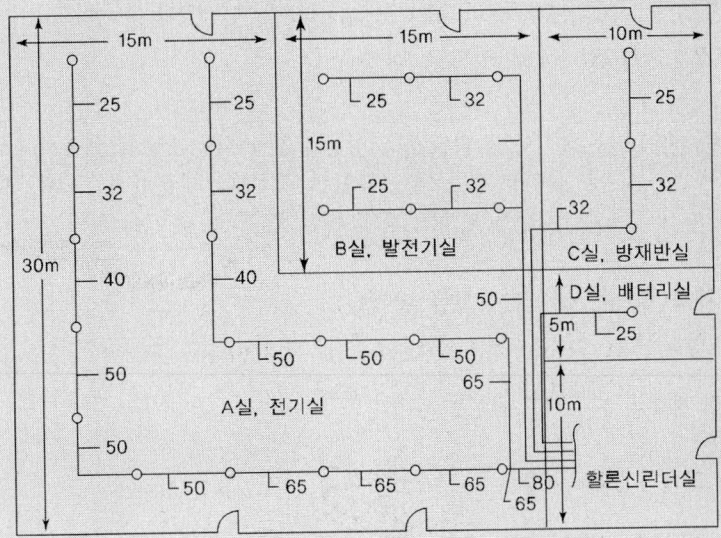

25th Day

[조건]
① 약제용기는 고압식이다. 용기의 내용적은 68 ℓ, 약제 충전량은 50 kg이다.
② 용기실 내의 수직배관을 포함한 각 실에 대한 배관 내용적은 다음과 같다.

A실(전기실)	B실(발전기실)	C실(방재반실)	D실(배터리실)
198 ℓ	78 ℓ	28 ℓ	10 ℓ

③ 각 실에 대한 할론 집합관의 내용적은 88 ℓ이다.
④ 할론 용기밸브와 집합관 간의 연결관에 대한 내용적은 무시한다.
⑤ 설계기준 온도는 20 ℃이다. 20 ℃에서의 액화 할론 1301의 비중은 1.6이다.
⑥ 각 실의 개구부는 없다고 가정한다.
⑦ 소요약제량 산출 시 각 실 내부의 기둥과 내용물의 체적은 무시한다.
⑧ 각 실의 바닥으로부터 천장까지의 높이는 다음과 같다.
  A실 및 B실은 5 m, C실 및 D실은 3 m

[물음]
1) A실(계산과정 및 답, 적합, 부적합 판정) :
2) B실(계산과정 및 답, 적합, 부적합 판정) :
3) C실(계산과정 및 답, 적합, 부적합 판정) :
4) D실(계산과정 및 답, 적합, 부적합 판정) :

풀이

1) A실(계산과정 및 답, 적합, 부적합 판정) :

   소화약제 양 $= (30m \times 15m + 15m \times 15m) \times 5m \times 0.32 kg/m^3 = 1,080 kg$

   최소 용기 개수 $= \dfrac{1,080 kg}{50 kg/병} = 21.6 \rightarrow 22$병

   소요량 체적의 1.5배 $= 22$병 $\times \dfrac{50 kg}{병} \times \dfrac{1}{1.6 kg/\ell} \times 1.5 = 1,031.25 \ell$

   → $1,031.25 \ell > (198 \ell + 88 \ell)$ 이므로 적합

※ 하나의 구역을 담당하는 소화약제 저장용기의 소화약제량의 체적합계보다 그 소화약제 방출시 방출경로가 되는 배관(집합관 포함)의 내용적이 1.5배 이상일 경우에는 해당 방호구역에 대한 설비는 별도 독립방식으로 하여야 한다.

2) B실(계산과정 및 답, 적합, 부적합 판정) :

   소화약제 양 $= 15m \times 15m \times 5m \times 0.32 kg/m^3 = 360 kg$

   최소 용기 개수 $= \dfrac{360 kg}{50 kg/병} = 7.2 \rightarrow 8$병

   소요량 체적의 1.5배 $= 8$병 $\times \dfrac{50 kg}{병} \times \dfrac{1}{1.6 kg/\ell} \times 1.5 = 375 \ell$

   → $375 \ell > (78 \ell + 88 \ell)$ 이므로 적합

3) C실(계산과정 및 답, 적합, 부적합 판정) :

   소화약제 양 $= 10m \times 15m \times 3m \times 0.32kg/m^3 = 144kg$

   최소 용기 개수 $= \dfrac{144kg}{50kg/병} = 2.88 \rightarrow 3병$

   소요량 체적의 1.5배 $= 3병 \times \dfrac{50kg}{병} \times \dfrac{1}{1.6kg/\ell} \times 1.5 = 140.625\ell$

   $\rightarrow 140.625\ell > (28\ell + 88\ell)$이므로 적합

4) D실(계산과정 및 답, 적합, 부적합 판정) :

   소화약제 양 $= 10m \times 5m \times 3m \times 0.32kg/m^3 = 48kg$

   최소 용기 개수 $= \dfrac{48kg}{50kg/병} = 0.96 \rightarrow 1병$

   소요량 체적의 1.5배 $= 1병 \times \dfrac{50kg}{병} \times \dfrac{1}{1.6kg/\ell} \times 1.5 = 46.875\ell$

   $\rightarrow 46.875\ell < (10\ell + 88\ell)$이므로 부적합

★★★★☆

문제12 전역방출방식의 제1종 분말소화설비를 한 방호구역의 체적이 500 m³이고, 자동폐쇄장치를 설치하지 아니한 개구부의 면적이 10 m²인 경우 다음의 물음에 답하시오.

[물음]
1) 제1종 분말소화약제의 저장량(kg)을 계산하시오.
2) 가압식의 분말소화설비일 경우 가압용가스로 질소를 사용했다면 질소의 양(ℓ)은 얼마가 필요한가?
3) 가압용 가스용기의 수량을 산출하시오. 단, 가압용 가스용기는 내용적 68 ℓ, 충전압력 150 atm, 충전 시 온도 20 ℃이다.
4) 저장용기에 설치하는 안전밸브의 작동압력은 얼마인가?
5) 필요한 분사헤드의 최소 개수는? 단, 분사헤드 1개당의 표준방사량은 18 kg/min이다.

풀이

1) 소화약제의 저장량

   저장량 $= V \times W_1 + A \times W_2$

   $= 500m^3 \times 0.6kg/m^3 + 10m^2 \times 4.5kg/m^2 = 345kg$

2) 질소의 양

   질소의 양 $= 345kg \times 40\ell/kg = 13,800\ell$

3) 가압용 가스용기의 수량

13,800ℓ는 35℃, 1기압 상태이므로

보일-샬의 법칙 $\dfrac{P_1 V_1}{T_1} = \dfrac{P_2 V_2}{T_2}$ 에서

$\dfrac{1atm \times 13,800\ell}{(35+273)K} = \dfrac{P_2 \times 68\ell}{(20+273)K}$

위 식에서 $P_2 = 193 atm$

∴ 150 atm 용기의 수량 = $\dfrac{193 atm}{150 atm/병}$ = 1.2 → 2병

※ 가압용 가스에 질소가스를 사용하는 것의 질소가스는 소화약제 1kg마다 40ℓ(35℃에서 1기압의 압력상태로 환산한 것) 이상, 이산화탄소를 사용하는 것의 이산화탄소는 소화약제 1 kg에 대하여 20 g에 배관의 청소에 필요한 양을 가산한 양 이상으로 할 것

4) 안전밸브의 작동압력 : 최고사용압력의 1.8배 이하
5) 분사헤드의 최소 개수

분사헤드의 최소 개수 = $\dfrac{345 kg/30s}{18 kg/min} = \dfrac{345 kg/0.5 min}{18 kg/min}$ = 38.3 → 39개

★★★★★

문제13 1, 2층 바닥면적의 합계가 24,000[m²]인 공장 건축물에 소화용수설비를 설치하려고 한다. 다음 물음에 답하시오.

1) 저수조의 수조용량을 산출하시오.
2) 흡수관 투입구가 원형일 경우 그 직경 및 설치수량을 산출하시오.
3) 상수도소화용수설비를 설치하여야 할 특정소방대상물 2가지를 쓰시오.
4) 소화수조 또는 저수조를 설치하여야 하는 경우에 대하여 기술하시오.

풀이

1) 소화용 수조용량

$\dfrac{연면적}{기준면적} = \dfrac{24,000 m^2}{7,500 m^2} = 3.2$ → 4

소화용 수조용량 = $4 \times 20 m^3 = 80 m^3$

2) 흡수관 투입구가 원형일 경우 그 직경 및 설치수량
① 직경 : 0.6 m 이상
② 설치수량 : 2개 이상

3) 상수도소화용수설비를 설치하여야 할 특정소방대상물
   ① 연면적 5천제곱미터 이상인 것. 다만, 가스시설·지하구 또는 지하가 중 터널의 경우에는 그러하지 아니하다.
   ② 가스시설로서 지상에 노출된 탱크의 저장용량의 합계가 100톤 이상인 것
4) 소화수조 또는 저수조를 설치하여야 하는 경우
   상수도소화용수설비를 설치하여야 하는 특정소방대상물의 대지 경계선으로부터 180미터 이내에 구경 75밀리미터 이상인 상수도용 배수관이 설치되지 아니한 지역에 있어서는 소화수조 또는 저수조를 설치하여야 한다.

※ 소화수조 또는 저수조의 저수량은 소방대상물의 연면적을 다음 표에 따른 기준면적으로 나누어 얻은 수(소수점 이하의 수는 1로 본다)에 $20 m^3$를 곱한 양 이상이 되도록 하여야 한다.

소방대상물의 구분	면적
1층 및 2층의 바닥면적 합계가 15,000 m² 이상인 소방대상물	7,500 m²
그 밖의 소방대상물	12,500 m²

★★★★★

문제14 연면적 90,000 m² 지하 2층, 지상 12층 오피스 건물의 물탱크를 지하 2층에 설치할 때 소화설비 및 용수설비 소요수원 합계량은?(건물 구조상 옥탑 물탱크 설치가 불가, 전층 S/P 설비가 되고 옥내소화전은 층별 10개씩 설치)

풀이

옥내소화전설비의 소요수원 = 2개 × $2.6 m^3$ = $5.2 m^3$
스프링클러설비의 소요수원 = 30개 × $1.6 m^3$ = $48 m^3$
소화설비의 소요수원의 합계 = $5.2 m^3 + 48 m^3 = 53.2 m^3$
$\dfrac{연면적}{기준면적} = \dfrac{90,000 m^2}{12,500 m^2} = 7.2 \rightarrow 8$
소화용수설비의 소요수원 = 8 × $20 m^3$ = $160 m^3$
소요수원의 합계량 = $53.2 m^3 + 160 m^3 = 213.2 m^3$

★★★☆☆

문제15 다음 그림은 바닥면적이 400[m²]인 어느 실의 단면을 나타내고 있다. 실내에 둘레가 12[m]인 석유통을 놓고 불을 질렀더니 t초 뒤에 청결층 y의 값이 2[m]가 되었다면 이 청결층을 계속 유지하기 위해서는 매분 몇 m³의 연기를 실의 상부에서 배출시켜야 할 것인가? 단, 다음의 Hinkley공식이 적용된다고 하자.

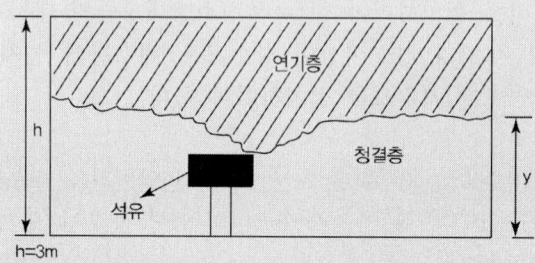

$$t = \frac{20A}{P\sqrt{g}}\left(\frac{1}{\sqrt{y}} - \frac{1}{\sqrt{h}}\right)$$

t : 청결층 깊이 y가 될 때까지의 경과시간[sec]
A : 실의 바닥면적[m²]
P : 불의 둘레[m]
y : 청결층의 깊이[m]
g : 중력가속도[9.8m/sec²]
h : 실의 높이[m]

풀이

청결층의 값 2m가 될 때까지의 경과시간

$$t = \frac{20A}{P\sqrt{g}}\left(\frac{1}{\sqrt{y}} - \frac{1}{\sqrt{h}}\right)$$

$$= \frac{20 \times 400m^2}{12m \times \sqrt{9.8m/\sec^2}}\left(\frac{1}{\sqrt{2m}} - \frac{1}{\sqrt{3m}}\right) = 27.6\sec$$

연기의 배출량

$$Q = \frac{A(h-y)}{t} = \frac{400m^2 \times (3m - 2m)}{27.6\sec} = 14.5m^3/\sec = 870m^3/\min$$

25th Day

★★★★★

문제16 다음 각 물음에 답하시오.

1) 실의 크기가 가로 20 m × 세로 15 m × 높이 5 m인 공간에서 큰 화염의 화재가 t초 시간 후의 청결층 높이 y[m]의 값이 1.8 m가 되었을 때 다음 조건을 이용하여 각 물음에 답하시오.

   [조건]
   ㉮ 연기 발생량[m^3/s]에 관련한 식은 다음과 같다.
   $$Q = \frac{A(H-y)}{t}$$
   여기서, Q : 연기 발생량[m^3/s]
   A : 화재실의 면적[m^2]
   H : 화재실의 높이[m]

   ㉯ 위 식에서 시간 t초는 다음의 Hinkley식을 만족한다. 단, 중력가속도 g는 9.8m/s^2이고, P는 화재경계의 길이[m]로서 큰 화염의 경우 12m, 중간화염의 경우 6m, 작은 화염의 경우 4m를 적용한다.
   $$t = \frac{20A}{P \times \sqrt{g}} \times \left(\frac{1}{\sqrt{y}} - \frac{1}{\sqrt{H}}\right)$$

   ㉰ 연기생성률[kg/s] M에 관련한 식은 다음과 같다.
   $$M = 0.188 \times P \times y^{\frac{3}{2}}$$

   ① 상부의 배연구로부터 몇 m^3/min의 연기를 배출해야 청결층의 높이가 유지되는지 구하시오.
   ② 연기생성률[kg/s]을 구하시오.

2) 다음은 거실 제연설비에 관한 구성이다. 거실 제연의 경우 제연방식은 제연 전용 또는 공조 겸용의 2가지로 크게 구분하며, 세부적으로 아래와 같이 적용할 수 있다. 그림을 보고 다음 각 물음에 답하시오.

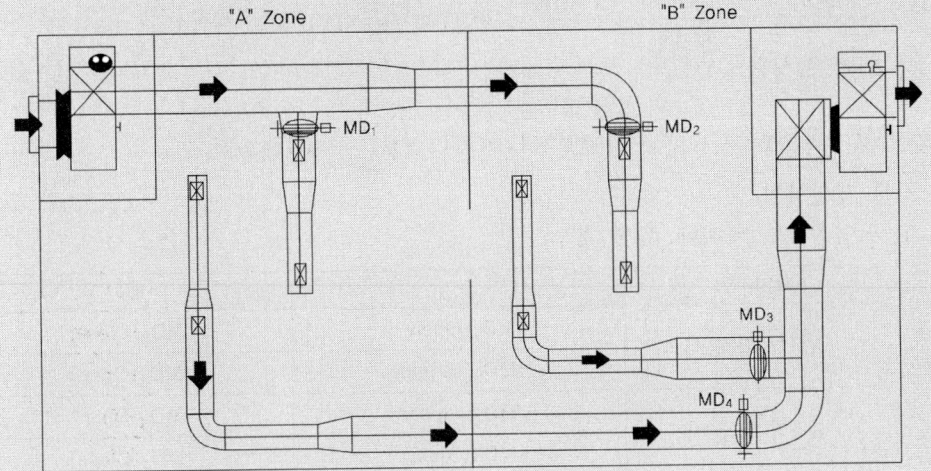

① 동일실 제연방식에 따를 경우 다음의 상황에 따른 댐퍼의 Open 또는 Close 상태를 나타내시오.

제연구역	급기	배기
A구역 화재 시	MD₁( )	MD₃( )
	MD₂( )	MD₄( )
B구역 화재 시	MD₁( )	MD₃( )
	MD₂( )	MD₄( )

② 인접구역 상호제연방식에 따를 경우 다음의 상황에 따른 댐퍼의 Open 또는 Close 상태를 나타내시오.

제연구역	급기	배기
A구역 화재 시	MD₁( )	MD₃( )
	MD₂( )	MD₄( )
B구역 화재 시	MD₁( )	MD₃( )
	MD₂( )	MD₄( )

풀이

1) 실의 크기가 가로 20m
  ① 연기 배출량

  $$t = \frac{20A}{P \times \sqrt{g}} \times \left(\frac{1}{\sqrt{y}} - \frac{1}{\sqrt{H}}\right)$$

  $$= \frac{20 \times 20m \times 15m}{12m \times \sqrt{9.8m/s^2}} \times \left(\frac{1}{\sqrt{1.8m}} - \frac{1}{\sqrt{5m}}\right) = 47.6s$$

  $$Q = \frac{A(H-y)}{t}$$

  $$= \frac{20m \times 15m \times (5m - 1.8m)}{47.6s} = 20.17 m^3/s = 1210.2 m^3/\min$$

  ② 연기 생성률

  $$M = 0.188 \times P \times y^{\frac{3}{2}} = 0.188 \times 12m \times (1.8m)^{\frac{3}{2}} = 5.45 kg/s$$

2) 거실 제연설비
  ① 동일실 제연방식에 따를 경우

제연구역	급기	배기
A구역 화재 시	MD₁(Open)	MD₃(Close)
	MD₂(Close)	MD₄(Open)
B구역 화재 시	MD₁(Close)	MD₃(Open)
	MD₂(Open)	MD₄(Close)

② 인접구역 상호제연방식에 따를 경우

제연구역	급기	배기
A구역 화재 시	MD_1(Close)	MD_3(Close)
	MD_2(Open)	MD_4(Open)
B구역 화재 시	MD_1(Open)	MD_3(Open)
	MD_2(Close)	MD_4(Close)

★★★☆☆

문제17 다음 그림과 같이 제연설비를 설계하고자 한다. 조건을 참조하여 각 물음에 답하시오.

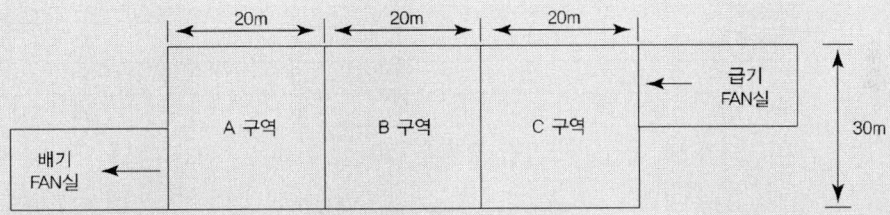

[조건]
① 덕트는 단선으로 표시한다.
② 급기덕트의 풍속은 20 m/s이며, 배기덕트의 풍속은 15 m/s이다.
③ FAN의 정압은 40 mmAq이다.
④ 천장의 높이는 2.5 m이다.
⑤ 제연방식은 인접구역 상호제연방식이며, 공동예상제연구역이 각각 제연경계로 구획되어 있다.
⑥ 제연경계의 수직거리는 2 m 이하이다.

[물음]
1) 예상제연구역의 배출기의 배출량[m³/h]은 얼마 이상으로 하여야 하는가?
2) FAN의 동력(kW)을 구하시오. 단, 효율은 0.55이며, 여유율은 10 %이다.
3) 다음 그림과 같이 급기와 배기를 설치할 경우, 각 조건을 참조하여 도면을 설계하시오. 단, 설계도면은 다음 그림을 기반으로 그 위에 나타내시오.

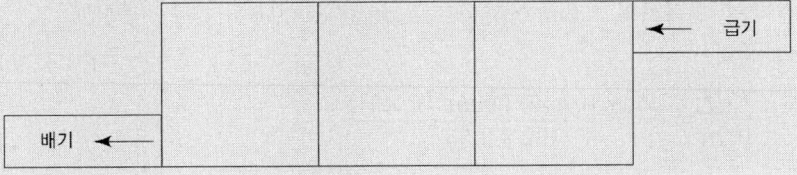

[조건]
㉮ 덕트의 크기(각형 덕트로 하되 높이는 400 mm로 한다.)
㉯ 급기구(정사각형), 배기구(정사각형)의 크기 : 구역당 배기구 4개소, 급기구 1개소로 한다.
㉰ 덕트는 단선으로 표시한다.
㉱ 댐퍼작동순서에 대해서는 표에 표기하시오.

4) 급기구와 배기구로 구분하여 필요한 개소별 풍량, 덕트 단면적, 덕트 크기를 설계하시오. 단, 풍량, 덕트 단면적, 덕트 크기는 소수점 이하 첫째 자리에서 반올림하여 정수로 나타내시오.

덕트의 구분		풍량[CMH]	덕트 단면적[mm²]	덕트 크기 (가로 mm × 높이 mm)
배기덕트	A	①	⑦	⑬
배기덕트	B	②	⑧	⑭
배기덕트	C	③	⑨	⑮
급기덕트	A	④	⑩	⑯
급기덕트	B	⑤	⑪	⑰
급기덕트	C	⑥	⑫	⑱

5) 급기구 크기 및 배기구 크기를 계산하시오.
① 급기구 크기[mm]
② 배기구 크기[mm]

6) 다음의 상황에 따른 댐퍼의 Open 또는 Close 상태를 나타내시오.
 ※댐퍼의 작동 여부(○ : Open, ● : Close)

	배기댐퍼			급기댐퍼		
	A구역	B구역	C구역	A구역	B구역	C구역
A구역 화재 시						
B구역 화재 시						
C구역 화재 시						

풀이

1) 예상제연구역의 배출기의 배출량

$20m \times 30m = 600m^2 \rightarrow 400m^2$ 이상,

$\sqrt{(20m)^2 + (30m)^2} = 36m \rightarrow 40m$ 원 내,

제연경계의 수직거리 : 2m 이하이므로 $40,000m^3/h$

2) FAN의 동력

$$동력 = \frac{P_t Q}{102\eta} = \frac{40\text{mm}Aq \times 40,000m^3/h \times 1.1}{102 \times 0.55}$$

$$= \frac{40 kgf/m^2 \times \dfrac{40,000m^3}{3,600s} \times 1.1}{\dfrac{102 kgf \cdot m/s}{kW} \times 0.55} = 8.71 kW$$

3) 설계도면

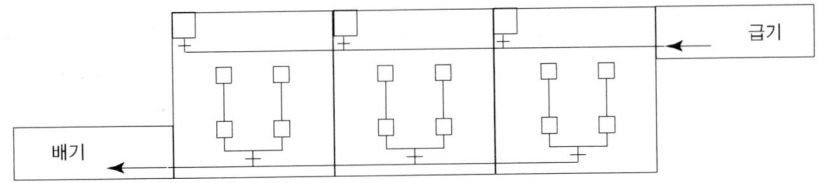

4) 풍량, 덕트 단면적, 덕트 크기

①~③ 배기덕트 풍량 : $40000 m^3/h \rightarrow 40000 CMH$

④~⑥ 급기덕트 풍량 : $\dfrac{40000 m^3/h}{2} = 20000 m^3/h \rightarrow 20000 CMH$

⑦~⑨ 배기덕트 단면적 : $\dfrac{40000 m^3/h}{3600 s/h \times 15 m/s} \times 1000000 mm^2/m^2 = 740741 mm^2$

⑩~⑫ 급기덕트 단면적 : $\dfrac{20000 m^3/h}{3600 s/h \times 20 m/s} \times 1000000 mm^2/m^2 = 277778 mm^2$

⑬~⑮ 배기덕트 크기 : $\dfrac{740741 mm^2}{400 mm} = 1852 mm$

⑯~⑱ 급기덕트 크기 : $\dfrac{277778 mm^2}{400 mm} = 694 mm$

덕트의 구분		풍량[CMH]	덕트 단면적[mm²]	덕트 크기 (가로 mm × 높이 mm)
배기덕트	A	40000	740741	1852×400
배기덕트	B	40000	740741	1852×400
배기덕트	C	40000	740741	1852×400
급기덕트	A	20000	277778	694×400
급기덕트	B	20000	277778	694×400
급기덕트	C	20000	277778	694×400

5) 급기구 크기 및 배기구 크기

① 급기구 크기 $= \sqrt{\dfrac{20000 m^3/h}{60 \min/h} \times 35 cm^2/m^3/\min \times 100 mm^2/cm^2} = 1080 mm$

② 배기구 크기 $= \sqrt{\dfrac{740741 mm^2}{4 개}} = 430 mm$

6) 댐퍼의 상태

	배기댐퍼			급기댐퍼		
	A구역	B구역	C구역	A구역	B구역	C구역
A구역 화재 시	○	●	●	●	○	○
B구역 화재 시	●	○	●	○	●	○
C구역 화재 시	●	●	○	○	○	●

25th Day

★★★★☆

문제18 지하층을 포함한 25층의 특정소방대상물에 특별피난계단의 계단실 및 부속실 제연설비를 설치하고자 한다. 다음의 물음에 답하시오. (단, 스프링클러설비는 설치되지 않음.)

1) 전층의 평면이 아래의 그림과 같을 때 1개 층의 합성누설틈새면적, 1개 층의 누설량 및 전층의 누설량(m³/min)을 산출하시오. 단, 출입문의 틈새면적은 각각 0.01 m²이다.

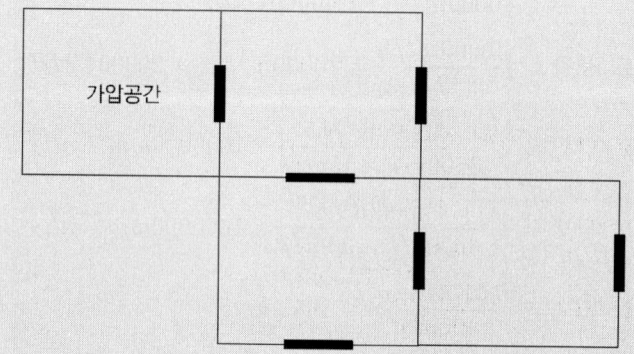

2) 출입구의 면적 2 m², 방연풍속 0.7 m/s일 경우 보충량(m³/min)을 산출하시오. 단, 방연효율은 60 %를 적용한다.
3) 급기송풍기의 송풍능력(m³/min)을 산출하시오.
4) 배출구에 따른 배출의 경우 개폐기의 개구면적(m²)을 산출하시오.
5) 특정소방대상물에 부설된 특별피난계단 또는 비상용승강기의 승강장에는 제연설비를 설치하도록 소방법에 규정되어 있다. 특별피난계단 및 비상용승강기의 설치대상에 대하여 기술하시오.

풀이

1) 1개 층의 합성누설틈새면적, 1개 층의 누설량 및 전층의 누설량

① 1개 층의 합성누설틈새면적

$$\left(\frac{1}{0.01^2}+\frac{1}{0.01^2}\right)^{-\frac{1}{2}} = 0.0071 m^2$$

$$0.0071 + 0.01 = 0.0171 m^2$$

$$\left(\frac{1}{0.0171^2}+\frac{1}{0.01^2}\right)^{-\frac{1}{2}} = 0.0086 m^2$$

$$0.0086 + 0.01 = 0.0186 m^2$$

$$\left(\frac{1}{0.0186^2}+\frac{1}{0.01^2}\right)^{-\frac{1}{2}} = 0.0088 m^2$$

② 1개 층의 누설량

$$= 0.827 \times A \times P^{\frac{1}{N}} = 0.827 \times 0.0088 \times 40^{\frac{1}{2}} = 0.046 m^3/\sec = 2.76 m^3/\min$$

③ 전층의 누설량

$$= 2.76 m^3/\min \times 25층 = 69 m^3/\min$$

2) 보충량

$$보충량 = \left(\frac{2m^2 \times 0.7 m/\sec}{0.6} \times 60 - 2.76 m^3/\min\right) \times 2 = 274.48 m^3/\min$$

3) 급기송풍기의 송풍능력

$$송풍능력 = (69 + 274.48) \times 1.15 = 395.002 m^3/\min$$

4) 배출구에 따른 배출의 경우 개폐기의 개구면적

$$개구면적 = \frac{Q_N}{2.5} = \frac{2m^2 \times 0.7 m/s}{2.5} = 0.56 m^2$$

5) 특별피난계단 및 비상용승강기의 설치대상

① 특별피난계단의 설치대상 : 건축물의 11층(공동주택의 경우에는 16층) 이상인 층 또는 지하 3층 이하인 층으로부터 피난층 또는 지상으로 통하는 직통계단

② 비상용승강기의 설치대상 : 높이 31미터를 초과하는 건축물

★★★☆☆

문제19 다음 그림과 같이 가로 5 m, 세로 10 m, 높이 2 m인 위험물탱크에 고압식 이산화탄소 소화설비를 설치하고자 한다. 국소방출방식의 경우 다음 각 물음에 답하시오.

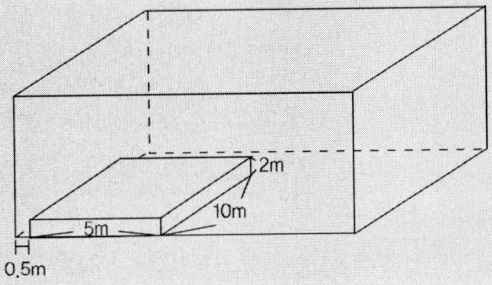

1) 방호공간의 체적(m³)
2) 방호공간 전체 둘레의 면적(m²)
3) 방호대상물의 주위에 실제로 설치된 고정벽의 면적의 합계(m²)
4) 소화약제 저장량(kg)
5) 한 개의 분사헤드에 대한 방사량(kg/s). 단, 헤드는 총 4개를 설치하려고 한다.

풀이

1) 방호공간의 체적
   $= (0.5m + 5m + 0.6m) \times (10m + 0.6m) \times (2m + 0.6m)$
   $= 6.1m \times 10.6m \times 2.6m = 168.12m^3$

2) 방호공간 전체 둘레의 면적
   $= 6.1m \times 2.6m \times 2면 + 10.6m \times 2.6m \times 2면 + 6.1m \times 10.6m \times 1면 = 151.5m^2$

3) 방호대상물의 주위에 실제로 설치된 고정벽의 면적의 합계
   $= 6.1m \times 2.6m + 10.6m \times 2.6m = 43.42m^2$

4) 소화약제 저장량
   $= 방호공간의 체적(m^3) \times \left[8 - 6\dfrac{a}{A} \right] \times 1.4$
   $= 168.12m^3 \times \left[8 - 6 \times \dfrac{43.42m^2}{151.5m^2} \right] \times 1.4 = 1478.2kg$ 이상

5) 한 개의 분사헤드에 대한 방사량
   $= \dfrac{1478.2kg}{30s \times 4개} = 12.32kg/s$

★★★☆☆

문제20 다음 물음에 답하시오.

1) 다음 조건을 참조하여 해발 1,000 m에 설치된 펌프에 공동현상이 일어나는지의 여부를 판단하시오. 단, 중력가속도는 반드시 $9.8\ m/s^2$을 적용할 것

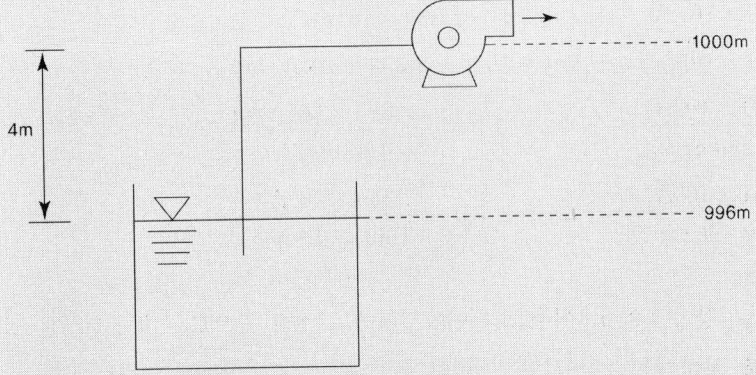

[조건]
① 배관의 마찰손실수두 : 0.7 m
② 해발 0m에서의 대기압 : $1.033 \times 10^5 Pa$
③ 해발 1,000m에서의 대기압 : $0.901 \times 10^5 Pa$
④ 물의 증기압 : $2.334 \times 10^3 Pa$
⑤ 필요흡입양정 : 4.5 m

2) 근린생활시설·복합건축물·생활형 숙박시설 이외의 장소에 간이형 스프링클러헤드를 이용하여 간이스프링클러설비를 설치하고자 할 때 전용수조 설치 시 수원의 양[m^3]은?

3) 표준대기압 상태에서 압력이 일정할 때 15℃의 이산화탄소 100 mol이 있다. 이 상태에서 온도가 30℃로 변화되었을 때의 이산화탄소의 부피[m^3]를 구하시오.

4) 다음 그림은 스프링클러설비에서 배관의 일부를 나타낸 상세도이다. 다음 각 물음에 답하시오.

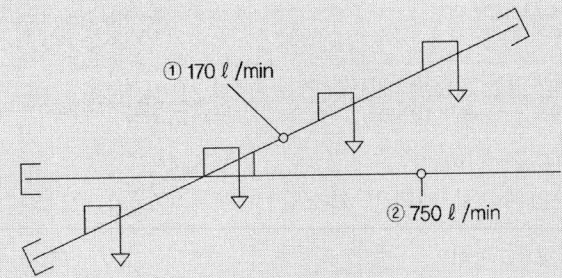

가) ① 부분의 수리계산 시 배관의 최소값[mm]을 구하시오.
나) ② 부분의 수리계산 시 배관의 최소값[mm]을 구하시오.

풀이

1) 펌프에 공동현상이 일어나는지 여부 판단

유효흡입양정 $NPSHav$ = 펌프의 흡입 절대압력 − 포화증기압
= 대기압 − 흡입높이 − 흡입마찰손실수두 − 포화증기압
$= 0.901 \times 10^5 Pa - 4m - 0.7m - 2.334 \times 10^3 Pa$
$= 0.901 \times 10^5 N/m^2 - 4m - 0.7m - 2.334 \times 10^3 N/m^2$
$= \dfrac{0.901 \times 10^5 N/m^2}{1000 kgf/m^3} - 4m - 0.7m - \dfrac{2.334 \times 10^3 N/m^2}{1000 kgf/m^3}$
$= \dfrac{0.901 \times 10^5 N/m^2}{1000 \times 9.8 N/m^3} - 4m - 0.7m - \dfrac{2.334 \times 10^3 N/m^2}{1000 \times 9.8 N/m^3}$
$= 4.25m$

∴ 유효흡입양정(4.25m)이 필요흡입양정(4.5m)보다 작으므로 공동현상은 발생한다.

2) 전용수조 설치 시 수원의 양

$= 2개 \times 50\ell/\min \times 10\min = 1,000\ell = 1m^3$

3) 이산화탄소의 부피

$\dfrac{V_1}{T_1} = \dfrac{V_2}{T_2}$

$\dfrac{22.4\ell}{273 + 0℃} = \dfrac{V_2}{273 + 30℃}$ 에서

$V_2 = \dfrac{22.4\ell}{273 + 0℃} \times (273 + 30℃) = 24.86\ell$

$24.86\ell \times 100mol = 2,486\ell = 2.486m^3$

4) 다음 각 물음에 답하시오.

가) ① 부분의 수리계산 시 배관의 최소값

$Q = Av = \dfrac{\pi}{4} D^2 v$ 에서

$D = \sqrt{\dfrac{4Q}{\pi v}} = \sqrt{\dfrac{4 \times 170\ell/\min}{\pi \times 6m/s}} = \sqrt{\dfrac{4 \times 0.17m^3/60s}{\pi \times 6m/s}}$

$= 0.02452m = 24.52mm$

나) ② 부분의 수리계산시 배관의 최소값

$Q = Av = \dfrac{\pi}{4} D^2 v$ 에서

$D = \sqrt{\dfrac{4Q}{\pi v}} = \sqrt{\dfrac{4 \times 750\ell/\min}{\pi \times 10m/s}} = \sqrt{\dfrac{4 \times 0.75m^3/60s}{\pi \times 10m/s}}$

$= 0.03989m = 39.89mm$

25th Day

★★★★★

문제21 다음 물음에 답하시오.

1) 방호구역 체적이 1250 m³인 표면화재 방호대상물의 경우 이산화탄소 소화약제 최소 저장량(kg)과 배관에서의 방출유량(kg/s)을 산출하시오. 단, 보정계수는 1.2이며, 자동폐쇄장치를 설치하지 아니한 개구부의 면적은 25 m²이다.
2) 방호구역 체적이 500 m³인 박물관의 경우 이산화탄소 소화약제 최소 저장량(kg)과 배관에서의 방출유량(kg/s)을 산출하시오.
3) 방호체적 550 m³인 전기실에 할론 1301 설비를 할 때, 필요한 최소 소화약제 저장량(kg)과 배관에서의 방출유량(kg/s)을 산출하시오.(단, 가로 2 m, 세로 0.8 m 인 유리창 2개소와 가로 1 m, 세로 2 m의 자동폐쇄장치가 설치된 방화문이 있음)
4) 가연성가스인 n-heptane을 저장하는 100 m³인 저장창고에 전역방출방식의 FC-3-1-10 소화약제 소화설비를 설치할 경우 최소 소화약제 저장량(kg)과 배관에서의 방출유량(kg/s)을 산출하시오. (설계기준 온도는 20 ℃, 최소설계농도는 8.6 V%, 소화약제의 비체적 상수 $K_1 = 0.0941$, $K_2 = 0.0003$임)
5) 전기실의 크기가 가로 35 m, 세로 30 m, 높이 7 m인 방호공간에 IG-541 소화약제 소화설비를 아래 조건에 따라 설치할 경우 최소 소화약제 저장량(m³)과 배관에서의 방출유량(m³/s)을 산출하시오.
   ① IG-541 용기는 80 ℓ용 12 m³로 적용
   ② IG-541의 설계농도는 37 %로 한다.
   ③ 방사 시 온도는 상온(20 ℃)을 기준으로 한다.
6) 소방대상물 내의 보일러실에 제1종분말을 사용하여 전역방출방식인 분말소화설비를 설치할 때 필요한 최소 소화약제 저장량(kg)과 배관에서의 방출유량(kg/s)을 산출하시오. 단, 방호체적 120 m³, 개구면적 20 m²이다.

풀이

1) 방호구역 체적이 1250 m³인 표면화재 방호대상물의 경우
   ① 소화약제 최소 저장량(kg)
   = 방호구역 × 체적 $1m^3$당 소화약제 양 × 보정계수 + 개구부 × $5kg/m^2$
   = $1250m^3 \times 0.8kg/m^3 \times 1.2 + 25m^2 \times 5kg/m^2$
   = $1325kg$
   ② 배관에서의 방출유량(kg/s)
   = $\dfrac{\text{이산화탄소의 소요량}}{1\text{분}}$
   = $\dfrac{1325kg}{60s} = 22.08kg/s$

※ 이산화탄소소화설비 배관 내 유량(전역방출방식, 표면화재)

$$= \frac{\text{이산화탄소의 소요량}}{1분}$$

2) 방호구역 체적이 500 m³인 박물관의 경우
   ① 소화약제 최소 저장량(kg)
      = 방호구역 체적 × 체적 $1m^3$에 대한 소화약제의 양 + 개구부 면적 × $10kg/m^2$
      = $500m^3 \times 2kg/m^3 + 0$
      = $1000kg$
   ② 배관에서의 방출유량(kg/s)
      $= \dfrac{\text{이산화탄소의 소요량}}{7분} = \dfrac{500m^3 \times 2kg/m^3}{7 \times 60s} = 2.38 kg/s$
      $= \dfrac{\text{방호구역}(m^3) \times 0.673(kg/m^3)}{2분} = \dfrac{500m^3 \times 0.673 kg/m^3}{2 \times 60s} = 2.8 kg/s$
      ∴ 배관에서의 방출유량(kg/s) = $2.8 kg/s$

 ※ 이산화탄소소화설비 배관 내 유량(전역방출방식, 심부화재)

$\dfrac{\text{이산화탄소의 소요량}}{7분}$ 과 $\dfrac{\text{방호구역}(m^3) \times 0.673(kg/m^3)}{2분}$ 중 큰 값 이상

3) 방호체적 550 m³인 전기실에 할론 1301 설비
   ① 필요한 최소 소화약제 저장량(kg)
      = 방호구역 체적 × $0.32 kg/m^3$ + 개구부 면적 × $2.4 kg/m^2$
      = $550m^3 \times 0.32 kg/m^3 + (2m \times 0.8m \times 2개) \times 2.4 kg/m^2$
      = $183.68 kg$
   ② 배관에서의 방출유량(kg/s)
      $= \dfrac{\text{기준저장량}}{10초} = \dfrac{183.68}{10s} = 18.37 kg/s$

 ※ 할로겐화합물 소화설비 배관 내 유량(전역방출방식)

유량(전역방출방식) $= \dfrac{\text{기준저장량}}{10초}$

4) 가연성가스인 n-heptane을 저장하는 100 m³인 저장창고
   ① 최소 소화약제 저장량(kg)
      소화약제별 선형상수(S) = $K_1 + K_2 \times t = 0.0941 + 0.0003 \times 20℃ = 0.1001$

소요약제량 = $\dfrac{V}{S} \times \left[\dfrac{C}{100-C}\right] = \dfrac{100 m^3}{0.1001 m^3/kg} \times \left[\dfrac{8.6}{100-8.6}\right]$

= $94 kg$

② 배관에서의 방출유량(kg/s)

= $\dfrac{\dfrac{V}{S} \times \left[\dfrac{C \times 0.95}{100-(C \times 0.95)}\right]}{10 sec} = \dfrac{\dfrac{100 m^3}{0.1001 m^3/kg} \times \left[\dfrac{8.6 \times 0.95}{100-(8.6 \times 0.95)}\right]}{10 sec}$

= $8.89 kg/sec$

> **TIP** ※ 할로겐화합물 소화약제 배관 내 유량(전역방출방식)
>
> = $\dfrac{\dfrac{V}{S} \times \left[\dfrac{C \times 0.95}{(100-C \times 0.95)}\right]}{10초}$

5) 전기실의 크기가 가로 35 m, 세로 30 m, 높이 7 m인 방호공간

① 최소 소화약제 저장량(m^3)

약제량 = $2.303 \times \log\left(\dfrac{100}{100-C}\right) \times \dfrac{V_s}{S} \times V$ 에서,

문제의 조건이 상온(20℃)을 기준으로 하므로 $S = V_s$ 이다.

그러므로 약제량 = $2.303 \times \log\left(\dfrac{100}{100-C}\right) \times V$

= $2.303 \times \log\left(\dfrac{100}{100-37}\right) \times 7,350 m^3 = 3,396.6 m^3$

② 배관에서의 방출유량(m^3/s)

= $\dfrac{2.303 \times \log\left[\dfrac{100}{(100-37 \times 0.95)}\right] \times 7,350 m^3}{120 sec} = 26.53 m^3/sec$

> **TIP** ※ 불활성기체 소화약제 배관 내 유량(전역방출방식, A·C급 화재)
>
> = $\dfrac{V \times 2.303 \left(\dfrac{V_S}{S}\right) \times Log_{10}\left[\dfrac{100}{(100-C \times 0.95)}\right]}{2분}$

6) 소방대상물 내의 보일러실에 제1종분말을 사용

① 최소 소화약제 저장량(kg)

= 방호구역 체적(m^3) × kg/m^3 + 개구부 면적(m^2) × 가산량(kg/m^2)

= $120 m^3 \times 0.6 kg/m^3 + 20 m^2 \times 4.5 kg/m^2$

= $162 kg$

② 배관에서의 방출유량(kg/s)

$$= \frac{\text{소화약제 저장량}}{30\text{초}} = \frac{162kg}{30s} = 5.4kg/s$$

> **TIP** ※ 분말소화약제 배관 내 유량(전역방출방식)
> $$= \frac{\text{소화약제 저장량}}{30\text{초}}$$

★★★☆☆

문제22 다음 물음에 답하시오.

1) 다음 각 소화설비의 노즐 및 헤드에서 방사되어야 할 표준 방사량을 쓰시오.
   ① 옥내소화전
   ② 옥외소화전
   ③ 스프링클러헤드
   ④ 포워터 스프링클러헤드
   ⑤ 물분무헤드(차고, 주차장)
   ⑥ 이산화탄소 소화설비(호스릴 방식 20 ℃)
2) 소방대상물의 각 부분으로부터 다음 소방시설물과의 최대 수평거리(m)를 쓰시오.
   ① 이산화탄소소화설비 호스릴방식의 호스접결구
   ② 옥내소화전설비의 방수구
   ③ 차고, 주차장 포소화설비의 포소화전 방수구
   ④ 호스릴 분말소화설비의 호스 접결구
   ⑤ 연결송수관설비의 방수구(지상층, 바닥면적합계 3000 m² 미만의 경우)
3) 고정식 소화설비 중 급수배관 계통에 설치되어 급수를 차단할 수 있는 개폐밸브에 그 개폐상태를 감시제어반에서 확인할 수 있도록 개폐(Open-Close) 스위치를 국내법 상 설치하여야 하는 자동소화설비 6종류를 쓰시오.
4) 아래 그림과 같이 양정 50 m 성능을 갖는 펌프가 운전 중 노즐에서 방수압을 측정하여 보니 1.5 kg/cm²이었다. 만약 노즐의 방수압을 2.5 kg/cm²으로 증가하고자 할 때 조건을 참조하여 펌프가 요구하는 양정(m)은 얼마인가 계산하시오.

[조건]
① 배관의 마찰손실은 헤이젠-윌리엄스 공식을 이용한다.
② 노즐의 방출계수 K=100으로 한다.
③ 펌프의 특성곡선은 토출유량과 무관하다.
④ 펌프와 노즐은 수평관계이다.

풀이

1) 노즐 및 헤드에서 방사되어야 할 표준 방사량
   ① 옥내소화전 : 130 ℓ/분 이상
   ② 옥외소화전 : 350 ℓ/분 이상
   ③ 스프링클러헤드 : 80ℓ/분 이상
   ④ 포워터 스프링클러헤드 : 75 ℓ/분 이상
   ⑤ 물분무헤드(차고, 주차장) : 20 ℓ/분·m² 이상
   ⑥ 이산화탄소 소화설비(호스릴 방식 20 ℃) : 60 kg/분 이상

2) 소방시설물과의 최대 수평거리
   ① 이산화탄소소화설비 호스릴방식의 호스접결구 : 15 m 이하
   ② 옥내소화전설비의 방수구 : 25 m 이하
   ③ 차고, 주차장 포소화설비의 포소화전 방수구 : 25 m 이하
   ④ 호스릴 분말소화설비의 호스 접결구 : 15 m 이하
   ⑤ 연결송수관설비의 방수구(지상층, 바닥면적합계 3000m^2 미만의 경우) : 50 m 이하

> **※ 연결송수관설비의 방수구 수평거리**
> 가. 지하가(터널은 제외한다) 또는 지하층의 바닥면적의 합계가 3,000 m² 이상인 것은 수평거리 25 m
> 나. 가목에 해당하지 아니하는 것은 수평거리 50 m

3) 자동 소화설비 6종류
   ① 스프링클러설비   ② 간이스프링클러설비
   ③ 화재조기진압용 스프링클러설비   ④ 물분무소화설비
   ⑤ 미분무 소화설비   ⑥ 포소화설비

4) 펌프가 요구하는 양정
   방수압 1.5kg/cm²일 때 방수량 = $K\sqrt{P_1} = 100\sqrt{1.5} = 122.5 ℓ/min$
   방수압 2.5kg/cm²일 때 방수량 = $K\sqrt{P_2} = 100\sqrt{2.5} = 158.1 ℓ/min$
   방수압 1.5kg/cm²일 때의 마찰손실압력
   $\Delta P_1 = 50m - 1.5kg/cm^2 = 5kg/cm^2 - 1.5kg/cm^2 = 3.5kg/cm^2$
   방수압 2.5kg/cm²일 때의 마찰손실압력
   hazen-williams의 공식 $\Delta P_m = 6.174 \times 10^5 \times \dfrac{Q^{1.85}}{C^{1.85} \times D^{4.87}}$ 에서

   $\Delta P \propto Q^{1.85}$ 이므로
   $\Delta P_1 : Q_1^{1.85} = \Delta P_2 : Q_2^{1.85}$

$$3.5 : 122.5^{1.85} = \Delta P_2 : 158.1^{1.85}$$

내항과 외항의 곱은 일정하므로

$$122.5^{1.85} \times \Delta P_2 = 3.5 \times 158.1^{1.85}$$

$$\Delta P_2 = \frac{3.5 \times 158.1^{1.85}}{122.5^{1.85}} = 5.61 kg/cm^2 = 56.1 m$$

펌프가 제공해야 할 양정 $H = 56.1m + 25m = 81.1m$

★★★★☆

문제23 그림과 같은 아파트에 소화설비를 설계하고자 한다. 고정식 소화설비가 2 이상 설치되어 있고, 그 소화설비가 설치된 부분이 방화벽과 방화문으로 구획되어 있을 때, 법정 최소 소화설비를 설치한다. 다음을 산정하시오.

1) 소화펌프의 양정
2) 소화펌프의 토출량
3) 소화용 보유 수량
4) 방수기구함 수
5) 스프링클러헤드 수

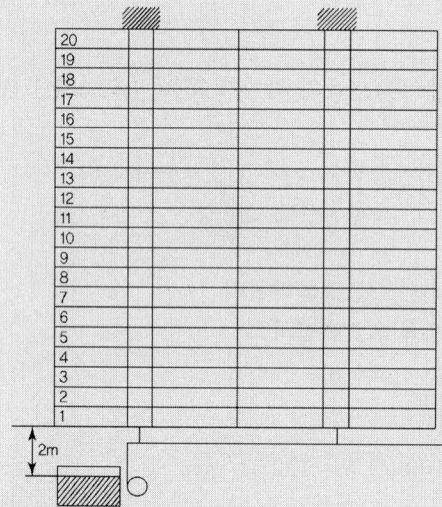

[조건]
- 층고 3 m에 계단식 아파트 50평형 20층 80세대
- 스프링클러헤드는 바닥 기준면에서 반자 높이인 2.5 m에 세대당 8개
- 옥내소화전 앵글밸브는 바닥기준면에서 1 m 높이
- 배관계 마찰손실수두
  • 8 mAq(최상층 옥내소화전까지)
  • 10 mAq(최상층 스프링클러헤드까지)
  • 옥내소화전 호스 및 노즐의 마찰손실수두 2 mAq

풀이

1) 소화펌프의 양정

옥내소화전설비 :
$H = h_1 + h_2 + h_3 + 17m = 2m + 19개층 \times 3m + 1m + 8m + 2m + 17m = 87m$

스프링클러설비 :
$H = h_1 + h_2 + 10m = 2m + 19개층 \times 3m + 2.5m + 10m + 10m = 81.5m$

■ 답 : 87 m

2) 소화펌프의 토출량
   토출량 = 1개 × 130ℓ/min + 8개 × 80ℓ/min = 770ℓ/min
3) 소화용 보유수량
   보유수량 = 770ℓ/min × 20min = 15,400ℓ = 15.4m^3
4) 방수기구함 수 : 6개 × 2 = 12개
5) 스프링클러헤드 수 : 8개 × 80세대 = 640개

① 옥내소화전설비와 스프링클러설비 겸용 시 전양정은 큰 값을, 토출량은 합산한 값을 선정하여야 한다.
② 옥내소화전설비의 수원을 스프링클러설비의 수원과 겸용하여 설치하는 경우의 저수량은 각 소화설비에 필요한 저수량을 합한 양 이상이 되도록 하여야 한다.
③ 방수기구함은 피난층과 가장 가까운 층을 기준으로 3개층마다 설치하되, 그 층의 방수구마다 보행거리 5 m 이내에 설치한다.
④ 아파트의 1층 및 2층에는 연결송수관설비용 방수구를 설치하지 아니할 수 있으므로, 3층부터 20층까지 총 18개 층에 방수구가 설치되며, 방수기구함도 18개 층에 3개층마다 설치한다.

★★★★★

문제24 이산화탄소소화설비에 대한 다음 물음에 답하시오.

1) 에탄을 취급하는 방호구역의 체적이 250 m^3인 방호대상물의 경우 이산화탄소 소화약제의 최소 저장량(kg)을 산출하시오. 단, 에탄의 보정계수는 1.22이며, 자동폐쇄장치를 설치하지 아니한 개구부의 면적은 3 m^2이다.
2) 아세트알데히드를 저장하는 방호구역의 체적이 100 m^3인 방호대상물의 경우 이산화탄소 소화약제 최소 저장량(kg)을 산출하시오. 단, 아세트알데히드의 계수는 1.1이며, 자동폐쇄장치를 설치하지 아니한 개구부의 면적은 3 m^2이다.

풀이

1) 에탄을 취급하는 방호구역의 체적이 250m^3인 방호대상물
   = 방호구역 체적 × 체적 1m^3당 소화약제 양 × 보정계수 + 개구부 면적 × 5kg/m^2
   = 250m^3 × 0.8kg/m^3 × 1.22 + 3m^2 × 5kg/m^2
   = 244kg + 15kg
   = 259kg
2) 아세트알데히드를 저장하는 방호구역의 체적이 100m^3인 방호대상물
   = (방호구역 체적 × 1m^3당 소화약제 양 + 개구부 면적 × 5kg/m^2) × 보정계수

$$= (100m^3 \times 0.9kg/m^3 + 3m^2 \times 5kg/m^2) \times 1.1$$
$$= (90kg + 15kg) \times 1.1$$
$$= 115.5kg$$

★★★★☆

문제25 옥내소화전설비에 대한 다음 물음에 답하시오.

1) 도로터널의 길이가 1,500m인 4차로의 일방향 터널의 경우 옥내소화전함과 방수구의 최소 설치개수, 펌프의 토출량(ℓ/min) 및 수원의 저수량(m^3)은 얼마인가?
2) 지상 50층 건물에 옥내소화전을 설치하려고 한다. 각 층에 옥내소화전이 6개씩 배치되었을 경우, 펌프의 토출량(ℓ/min) 및 수원의 수량(m^3)을 계산하시오.
3) 단층 제조소 건축물에 옥내소화전이 6개 설치되었을 경우 펌프의 토출량(ℓ/min) 및 수원의 수량(m^3)을 계산하시오.

풀이

1) 도로터널
   ① 옥내소화전함과 방수구의 최소 설치개수
   $$= \frac{1,500m}{50m} = 30 \rightarrow 30 \times 2 + 1 = 61개$$
   ② 펌프의 토출량(ℓ/min)
   $$= N \times 190\ell/\min = 3개 \times 190\ell/\min = 570\ell/\min$$
   ③ 수원의 최소 저수량
   $$= 3개 \times 190\ell/분 \times 40분 = 22,800\ell = 22.8m^3$$

TIP

※ 옥내소화전설비(도로터널)
① 수원은 그 저수량이 옥내소화전의 설치개수 2개(4차로 이상의 터널의 경우 3개)를 동시에 40분 이상 사용할 수 있는 충분한 양 이상을 확보할 것
② 가압송수장치는 옥내소화전 2개(4차로 이상의 터널인 경우 3개)를 동시에 사용할 경우 각 옥내소화전의 노즐 선단에서의 방수압력은 0.35 MPa 이상이고 방수량은 190 ℓ/min 이상이 되는 성능의 것으로 할 것

2) 지상 50층 건물에 옥내소화전
   ① 펌프의 토출량(ℓ/min)
   $$= N \times 130\ell/\min = 5개 \times 130\ell/\min = 650\ell/\min$$
   ② 수원의 수량(m^3)
   $$= N \times 7.8m^3 = 5개 \times 7.8m^3 = 39m^3$$

※ 옥내소화전설비

구분	소방대상물의 층수	펌프의 토출량	수원의 저수량	N
일반건축물	29층 이하	$N \times 130 \ell/min$	$N \times 2.6m^3$	2개 이하
고층건축물	30층 이상 49층 이하	$N \times 130 \ell/min$	$N \times 5.2m^3$	5개 이하
초고층건축물	50층 이상	$N \times 130 \ell/min$	$N \times 7.8m^3$	5개 이하

3) 단층 제조소 건축물
  ① 펌프의 토출량(ℓ/min)
   $= N \times 260\ell/min = 5개 \times 260\ell/min = 1,300\ell/min$
  ② 수원의 수량(m^3)
   $= N \times 7.8m^3 = 5개 \times 7.8m^3 = 39m^3$

 ※ 옥내소화전설비

구분	화재안전기준	터널	위험물
방수압력	0.17 MPa~0.7 MPa	0.35 MPa 이상	0.35 MPa 이상
방수량	130 ℓ/분 이상	190 ℓ/분 이상	260 ℓ/분 이상
방수시간	20분 이상	40분 이상	30분 이상
기준개수	2개	2개(4차로 이상의 터널의 경우 3개)	5개
수평거리	25 m 이하	50 m 이내의 간격으로 설치	25 m 이하

★★★★★

문제26 다음 물음에 답하시오.

1) 대형마트의 지하 2층(무창층)에 거실제연 전용설비를 설계하고자 한다. 제연팬의 전동기 용량[kVA]을 계산하시오.
   [조건]
   가로 80 m, 세로 50 m, 높이 10 m, 제연팬의 배출공기 온도 : 130 ℃, 외기 온도 : 15 ℃, 동력 여유율 : 15 %, 전동기 역률 : 0.9, 팬효율 : 50 %, 덕트의 전체마찰손실 : 120 mmAq, 20 ℃ 표준 공기의 비중량은 1.203 kg/m³

2) 내용적 30 m³인 수조에 20 m³의 물이 0.75 MPa의 압력으로 유지되었으나, 화재로 인하여 소화수가 방사되어 내부압력이 0.35 MPa으로 되었을 때 방사된 물의 양이 얼마인지 구하시오.(단, 대기압은 0.1 MPa, 물은 비압축성 유체로 추가 공급은 없는 것으로 가정한다)

3) 비상용 조명부하가 40[W] 120등, 60[W] 50등이 있다. 방전시간은 30분이며, 연축전지 HS형 54[cell], 허용최저전압은 90[V], 최저 축전지 온도 5[℃]일 때 축전지용량은 몇 [Ah]이겠는가?(단, 전압은 200[V]이며, 연축전지의 용량환산시간 K는 표와 같으며, 보수율은 0.8이라고 한다)

[표] 연축전지의 용량 환산시간 K(상단은 900~2000[Ah], 하단은 900[Ah] 이하)

형식	온도 [℃]	10분			30분		
		1.6[V]	1.7[V]	1.8[V]	1.6[V]	1.7[V]	1.8[V]
CS	25	0.9 0.8	1.15 1.06	1.6 1.42	1.41 1.34	1.6 1.55	2.0 1.88
	5	1.15 1.1	1.35 1.25	2.0 1.8	1.75 1.75	1.85 1.8	2.45 2.35
	-5	1.35 1.25	1.6 1.5	2.65 2.25	2.05 2.05	2.2 2.2	3.1 3.0
HS	25	0.58	0.7	0.93	1.03	1.14	1.38
	5	0.62	0.74	1.05	1.11	1.22	1.54
	-5	0.68	0.82	1.15	1.2	1.35	1.68

풀이

1) 제연팬의 전동기 용량

400㎡ 이상, 40m 원 초과이므로 제연팬의 배출량 = $45,000 m^3/hr$

덕트의 전체마찰손실 = $120 mmAq = 120 kgf/m^2$

전동기 용량 = $\dfrac{P_t Q}{102 \eta} \times K$

$= \dfrac{120 kgf/m^2 \times \dfrac{45,000 m^3}{3,600 s}}{\dfrac{102 kgf \cdot m/s}{1 kW} \times 0.5} \times 1.15 = 33.82 kW$

∴ $\dfrac{33.82 kW}{0.9} = 37.58 kVA$

2) 방사된 물의 양

0.75MPa일 경우 공기의 양 = $30 m^3 - 20 m^3 = 10 m^3$

0.75MPa일 경우 물의 양 = $20 m^3$

$P_1 V_1 = P_2 V_2$

$(0.75 MPa + 0.1 MPa) \times 10 m^3 = (0.35 MPa + 0.1 MPa) \times V_2$ 에서

$V_2 = 18.89 m^3$

0.35MPa일 경우 공기의 양(V_2) = $18.89 m^3$

0.35MPa일 경우 물의 양 = $30m^3 - 18.89m^3 = 11.11m^3$

방사된 물의 양 = $20m^3 - 11.11m^3 = 8.89m^3$

3) 축전지용량

$$\frac{90[V]}{54[cell]} = 1.67[V/cell] \rightarrow 1.7[V/cell]$$

30분, 1.7[V/cell], HS형, 5[℃]이므로 표에서 $K = 1.22$

전력 $P = IV$에서 $I = \frac{P}{V} = \frac{40[W] \times 120[\text{등}] + 60[W] \times 50[\text{등}]}{200[V]} = 39[A]$

축전지 용량 = $\frac{1}{L}KI = \frac{1}{0.8} \times 1.22[h] \times 39[A] = 59.475[Ah]$

★★★☆☆

문제27 유도전동기 부하에 사용할 비상용 자가발전설비를 하려고 한다. 이 설비에 사용된 발전기의 조건을 보고 다음 각 물음에 답하시오. 단, 기동용량 800[kVA], 기동 시 전압강하 15[%]까지 허용, 과도리액턴스 20[%]

[물음]
1) 비상용 동기발전기의 병렬운전 조건 5가지를 쓰시오.
2) 발전기 용량은 이론상 몇 [kVA] 이상의 것을 선정하여야 하는가?
3) 발전기용 차단기의 차단용량은 몇 [MVA]인가?

풀이

1) 비상용 동기발전기의 병렬운전 조건
   ① 기전력의 크기가 같을 것
   ② 기전력의 위상이 같을 것
   ③ 기전력의 주파수가 같을 것
   ④ 기전력의 파형이 같을 것
   ⑤ 상의 회전방향이 같을 것

2) 발전기 용량

   발전기 용량 = $(\frac{1}{\text{허용전압강하}} - 1) \times \text{과도리액턴스} \times \text{기동용량}$

   $= (\frac{1}{0.15} - 1) \times 0.2 \times 800\,kVA = 907\,kVA$

3) 발전기용 차단기의 용량

   차단기의 용량 = $\frac{\text{발전기 용량}}{\text{과도리액턴스}} \times 1.25$

$$= \frac{907\,kVA}{0.2} \times 1.25 = 5{,}669\,kVA = 5.669\,MVA$$

★★★☆☆

문제28 표준상태에서 에탄 10[mol%], 프로판 70[mol%], 부탄 20[mol%]의 혼합 비율로 이루어진 탄화수소의 각 농도를 용량퍼센트[vol.%], 중량퍼센트[wt.%]로 나타내시오. 단, 탄소의 원자량 12, 수소의 원자량 1이다.

풀이

1) 용량퍼센트[vol.%]
   ① 에탄 10[mol%] → 10[vol.%]
   ② 프로판 70[mol%] → 70[vol.%]
   ③ 부탄 20[mol%] → 20[vol.%]

2) 중량퍼센트[wt.%]
   에탄의 분자량 = $12 \times 2 + 1 \times 6 = 30$
   프로판의 분자량 = $12 \times 3 + 1 \times 8 = 44$
   부탄의 분자량 = $12 \times 4 + 1 \times 10 = 58$
   혼합가스의 분자량 = $30 \times 0.1 + 44 \times 0.7 + 58 \times 0.2 = 45.4$
   ① 에탄의 중량퍼센트[wt.%]
   $$= \frac{30 \times 0.1}{30 \times 0.1 + 44 \times 0.7 + 58 \times 0.2} \times 100 = \frac{3}{45.4} \times 100 = 6.6[wt.\%]$$
   ② 프로판의 중량퍼센트[wt.%]
   $$= \frac{44 \times 0.7}{30 \times 0.1 + 44 \times 0.7 + 58 \times 0.2} \times 100 = \frac{30.8}{45.4} \times 100 = 67.8[wt.\%]$$
   ③ 부탄의 중량퍼센트[wt.%]
   $$= \frac{58 \times 0.2}{30 \times 0.1 + 44 \times 0.7 + 58 \times 0.2} \times 100 = \frac{11.64}{45.4} \times 100 = 25.6[wt.\%]$$

★★★☆☆

문제29 어떤 가스가 10wt% C_3H_8, 10wt% C_4H_{10}, 16wt% O_2, 36wt% N_2 그리고 나머지는 H_2O로 되어 있다. 이 기체에 대하여 습기준과 건기준 각각의 mole 조성비를 구하시오.

풀이

1) 습기준 mole 조성비

$$C_3H_8 : \frac{0.227}{0.227+0.172+0.5+1.286+1.556} \times 100 = 6\%$$

$$C_4H_{10} : \frac{0.172}{0.227+0.172+0.5+1.286+1.556} \times 100 = 5\%$$

$$O_2 : \frac{0.5}{0.227+0.172+0.5+1.286+1.556} \times 100 = 13\%$$

$$N_2 : \frac{1.289}{0.227+0.172+0.5+1.286+1.556} \times 100 = 34\%$$

$$H_2O : \frac{1.556}{0.227+0.172+0.5+1.286+1.556} \times 100 = 42\%$$

※ 각 기체의 몰수비

$$C_3H_8 : \frac{10}{44} = 0.227 \quad C_4H_{10} : \frac{10}{58} = 0.172 \quad O_2 : \frac{16}{32} = 0.5$$

$$N_2 : \frac{36}{28} = 1.286 \quad H_2O : \frac{28}{18} = 1.556$$

※ 각 기체의 분자량

$$C_3H_8 : 44 \quad C_4H_{10} : 58 \quad O_2 : 32 \quad N_2 : 28 \quad H_2O : 18$$

2) 건기준 mole 조성비

$$C_3H_8 : \frac{0.227}{0.227+0.172+0.5+1.286} \times 100 = 10\%$$

$$C_4H_{10} : \frac{0.172}{0.227+0.172+0.5+1.286} \times 100 = 8\%$$

$$O_2 : \frac{0.5}{0.227+0.172+0.5+1.286} \times 100 = 23\%$$

$$N_2 : \frac{1.286}{0.227+0.172+0.5+1.286} \times 100 = 59\%$$

★★★☆☆

문제30 가로×세로×높이=5m×6m×3m인 실내에 750[kcal/mol]의 발열량을 갖는 탄소분 7.5[kmol]이 적재되어 있는 경우의 화재하중을 계산하여 구하시오.

풀이

$$q = \frac{\Sigma(Gt \cdot Ht)}{H_0 \cdot A} = \frac{\Sigma Qt}{4500A}$$

$$= \frac{750 kcal/mol \times 7.5 kmol}{4500 kcal/kg \times 5m \times 6m} = \frac{750 kcal/mol \times 7.5 \times 1000 mol}{4500 kcal/kg \times 5m \times 6m}$$
$$= 41.67 kg/m^2$$

> **TIP** ※ 화재하중
>
> $$q = \frac{\Sigma(Gt \cdot Ht)}{Ho \cdot A} = \frac{\Sigma Qt}{4500 A}$$
>
> q : 화재하중(kg)
> Ho : 목재의 단위발열량(4,500 kcal/kg)
> Gt : 가연물량(kg)
> A : 화재실 화재구획의 바닥면적(m²)
> Ht : 가연물의 단위 발열량(kcal/kg)
> ΣQt : 화재실 내의 가연물 전체발열량(kcal)

★★★☆☆

문제31 실내 공간이 가로×세로×높이가 8×5×3[m]인 건물 실내에 탄소물질 5[kmol]이 적재되어 있을 때, 3[kg/m²]의 fire load를 가진다고 한다면, 이 탄소물질이 완전 연소하여 발생되는 총 열량[kcal]을 구하시오.

풀이

화재하중 $q = \dfrac{\Sigma Qt}{4,500 A}$ 에서

총 열량 $\Sigma Qt = q \times 4,500 \times A$
$= 3 kg/m^2 \times 4,500 kcal/kg \times (8m \times 5m) = 540,000 kcal$

★★★☆☆

문제32 두께가 300mm인 콘크리트 벽에 열전도율 λ=0.08 W/m·k인 단열재가 붙어 있다. 이때 벽을 통과하는 열량을 단위면적당 500 W/m² 이하로 유지하고 싶다. 콘크리트 쪽 벽의 온도를 700℃, 단열재의 벽 온도는 70℃로 유지하려면 단열재의 두께를 몇 ㎝ 이상으로 하여야 하는가?(단, 열전도율은 1.2 W/m·K이다)

풀이

$$q = \frac{T_h - T_c}{\dfrac{L_1}{\lambda_1} + \dfrac{L_2}{\lambda_2}}$$

$$500 = \frac{700-70}{\frac{0.3}{1.2}+\frac{L_2}{0.08}}$$ 에서 $L_2 = 0.081m = 8.1$ cm

> **TIP**
> ※ 혼합 벽의 정상상태에서 벽을 통한 순열류
>
> $$q = \frac{T_h - T_c}{\frac{L_1}{\lambda_1}+\frac{L_2}{\lambda_2}}$$
>
> q : 벽을 통한 순열류 (단위 면적당 열전달량)
> T_h, T_c : 고온측과 저온측의 온도
> λ_1, λ_2 : 각 벽의 열전도도(열전도율)
> L_1, L_2 : 각 벽의 두께

★★★☆☆

문제33 그림과 같은 화재실의 콘크리트 벽체에서 표면온도 t_A, t_B를 구하시오.

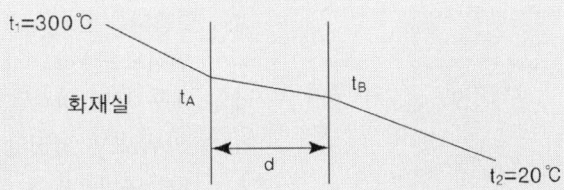

화재실 열전달률(α_{t1}) : 20 kcal/m²h℃
외부 열전달률(α_{t2}) : 10 kcal/m²h℃
전열면적(A) : 5 m²
벽두께(d) : 30 cm
콘크리트 열전도율(λ) : 0.9 kcal/mh℃

풀이

① 표면온도(t_A)

열통과율 $K = \dfrac{1}{\dfrac{1}{\alpha_1}+\dfrac{d}{\lambda}+\dfrac{1}{\alpha_2}} = \dfrac{1}{\dfrac{1}{20}+\dfrac{0.3}{0.9}+\dfrac{1}{10}} = 2.07 [kcal/m^2h℃]$

화재실 열전달량 $q_1 = \alpha_1 A(t_1 - t_A)$, 콘크리트 열전도량 $q_2 = \dfrac{\lambda}{d}A(t_A - t_B)$,

외부 열전달량 $q_3 = \alpha_2 A(t_B - t_2)$, 화재실에서 외부 열통과량 $q = KA(t_1 - t_2)$
화재실 열전달량=콘크리트 열전도량=외부 열전달량이므로
$q_1 = q_2 = q_3 = q$로 할 수 있다.
$q_1 = q$에서
$\alpha_1 A(t_1 - t_A) = KA(t_1 - t_2)$

$$\alpha_1(t_1 - t_A) = K(t_1 - t_2)$$
$$20(300 - t_A) = 2.07(300 - 20)$$
$$\therefore t_A = 271.02\,[\text{℃}]$$

② 표면온도(tB)
$$\alpha_2 A(t_B - t_2) = KA(t_1 - t_2)$$
$$\alpha_2(t_B - t_2) = K(t_1 - t_2)$$
$$10(t_B - 20) = 2.07(300 - 20)$$
$$\therefore t_B = 77.96\,[\text{℃}]$$

★★☆☆☆

문제34 다음 그림과 같은 벽체의 열통과율(Overall Heat Transfer Coefficient)을 유도하시오.(단, $t_i > t_o$)

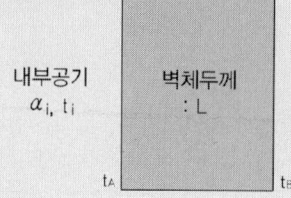

K : 열통과율 kcal/m²h℃
λ : 열전도율 kcal/mh℃
a_i : 내부 표면 열전달계수 kcal/m²h℃
a_o : 외부 표면 열전달계수 kcal/m²h℃
t_i : 내부 공기온도 ℃
t_o : 외부 공기온도 ℃

풀이

화재실 열전달량 $q_1 = \alpha_i A(t_i - t_A)$

콘크리트 열전도량 $q_2 = \dfrac{\lambda}{L} A(t_A - t_B)$

외부 열전달량 $q_3 = \alpha_o A(t_B - t_o)$

화재실 열전달량=콘크리트 열전도량=외부 열전달량이므로
$q_1 = q_2 = q_3 = q$로 할 수 있다.

$q = \alpha_i A(t_i - t_A) \;\rightarrow\; \dfrac{1}{\alpha_i} = \dfrac{A}{q}(t_i - t_A)$

$q = \dfrac{\lambda}{\ell} A(t_A - t_B) \;\rightarrow\; \dfrac{L}{\lambda} = \dfrac{A}{q}(t_A - t_B)$

$q = \alpha_o A(t_B - t_o) \;\rightarrow\; \dfrac{1}{\alpha_o} = \dfrac{A}{q}(t_B - t_o)$

좌항과 우항의 합은 일정하므로

$$\frac{1}{\alpha_i}+\frac{L}{\lambda}+\frac{1}{\alpha_\circ}=\frac{A}{q}(t_i-t_A)+\frac{A}{q}(t_A-t_B)+\frac{A}{q}(t_B-t_\circ)$$

$$\frac{1}{\alpha_i}+\frac{L}{\lambda}+\frac{1}{\alpha_\circ}=\frac{A}{q}t_i-\frac{A}{q}t_A+\frac{A}{q}t_A-\frac{A}{q}t_B+\frac{A}{q}t_B-\frac{A}{q}t_\circ$$

$$\frac{1}{\alpha_i}+\frac{L}{\lambda}+\frac{1}{\alpha_\circ}=\frac{A}{q}t_i-\frac{A}{q}t_\circ$$

$$\frac{1}{\alpha_i}+\frac{L}{\lambda}+\frac{1}{\alpha_\circ}=\frac{A}{q}(t_i-t_\circ)$$

$$q=\frac{1}{\frac{1}{\alpha_i}+\frac{L}{\lambda}+\frac{1}{\alpha_\circ}}A(t_i-t_\circ)$$

화재실에서 외부와의 열통과량을 q, 열통과율을 K라 하면
$q=KA(t_i-t_\circ)$

$\therefore$ 열통과율 $K=\dfrac{1}{\dfrac{1}{\alpha_i}+\dfrac{L}{\lambda}+\dfrac{1}{\alpha_\circ}}$

★★★☆☆

문제35 프로판의 완전연소반응식을 쓰고, 프로판 50 m³를 완전 연소 시 과잉공기율이 50 %일 때의 필요공기량을 계산하시오.

풀이

완전연소 반응식 : $C_3H_8+5O_2 \to 3CO_2+4H_2O$

이론산소량

$1mol : 5mol = 50m^3 : V$

$1mol \times V = 5mol \times 50m^3$

$V=\dfrac{5mol \times 50m^3}{1mol}=250m^3$

이론공기량

$100 : 21 = Air : 250m^3$

$21 \times Air = 100 \times 250m^3$

$\therefore Air = \dfrac{100 \times 250m^3}{21} = \dfrac{250m^3}{\dfrac{21}{100}} = \dfrac{250m^3}{0.21} = 1190m^3$

필요공기량(공급공기량) $= 1190m^3 \times 1.5 = 1785m^3$

26th Day

> **TIP** ※ 과잉공기율
>
> $$\text{과잉공기율} = \frac{\text{공급공기량} - \text{이론공기량}}{\text{이론공기량}} = \frac{\text{공급산소량} - \text{이론산소량}}{\text{이론산소량}}$$

★★☆☆☆

문제36 시간당 100 mol의 프로판(C_3H_8)을 3000 mol의 공기와 함께 급송시켜 연소시킬 경우에 다음을 구하시오. 단, 프로판은 완전 연소된다고 가정한다.
1) 이론공기량
2) 과잉공기 백분율

풀이

1) 이론공기량

완전연소 반응식 : $C_3H_8 + 5O_2 \rightarrow 3CO_2 + 4H_2O$

공기의 필요량

$C_3H_8 : O_2 = 1 mol : 5 mol$

$C_3H_8 : Air = 1 : \dfrac{5}{0.21}$ 에서 $Air = 23.81 mol$

이론 공기량

$1 : 23.81 = 100 : Air$ 에서 $Air = 23.81 \times 100 = 2381 mol$

2) 과잉공기 백분율

$$\text{과잉공기}(\%) = \frac{\text{공급공기량} - \text{이론공기량}}{\text{이론공기량}} \times 100$$

$$= \frac{3000 - 2381}{2381} \times 100 = 26\%$$

★★★☆☆

문제37 부피로 헥산 0.8%, 메탄 2.0%, 에틸렌 0.5%로 구성된 혼합가스의 연소하한값(LFL)과 연소상한값(UFL)을 르샤틀리에(Le chatelier)의 식을 이용하여 계산하고, 혼합가스의 가연성 여부를 판단하시오. 단, 각각의 물질에 대한 LFL과 UFL의 값은 다음 표와 같다.

물질명	연소기준 몰분율	LFL(vol.%)	UFL(vol.%)
헥산(Hexane)	0.24	1.1	7.5
메탄(Methane)	0.61	5.0	15
에틸렌(Ethylene)	0.15	2.7	36.0

풀이

1) 혼합가스의 LFL

$$\frac{100}{LFL} = \frac{V_1}{L_1} + \frac{V_2}{L_2} + \frac{V_3}{L_3}$$

$\frac{100}{LFL} = \frac{24}{1.1} + \frac{61}{5} + \frac{15}{2.7}$ 에서 $LFL = 2.53\%$

2) 혼합가스의 UFL

$$\frac{100}{UFL} = \frac{V_1}{L_1} + \frac{V_2}{L_2} + \frac{V_3}{L_3}$$

$\frac{100}{UFL} = \frac{24}{7.5} + \frac{61}{15} + \frac{15}{36}$ 에서 $UFL = 13.02\%$

3) 혼합가스의 가연성 여부 : 혼합가스의 농도(0.8%+2.0%+0.5%=3.3%)는 연소범위(2.53%~13.02%) 내에 있으므로 이 혼합가스는 가연성가스이다.

★★★☆☆

문제38 표준상태 하에서 표에서와 같은 조성과 연소범위를 갖는 기체에 대한 다음의 물음에 대하여 답하시오.

가연성 기체	조성비[vol.%]	연소범위(공기 중)[vol.%]
methane	75	5.0~15.0
propane	25	2.1~9.5

[물음]
1) 이 가연성 혼합기체의 공기 중에서의 연소하한계[vol.%] 단, Le Chatelier의 법칙을 활용하여 구하시오.
2) 이 가연성 혼합기체 4 m³를 화학양론적으로 완전 연소시키는데 필요한 공기량[m³] 단, 표준상태 하이고, 공기의 조성은 산소 21[vol.%], 질소 79[vol.%]이다.

풀이

1) 연소하한계

$$\frac{100}{L} = \frac{V_1}{L_1} + \frac{V_2}{L_2}$$

$\frac{100}{L} = \frac{75}{5} + \frac{25}{2.1}$ 에서 $L = 3.7\%$

2) 필요한 공기량
   메탄의 완전연소 반응식 : $CH_4 + 2O_2 \rightarrow CO_2 + 2H_2O$
   프로판의 완전연소 반응식 : $C_3H_8 + 5O_2 \rightarrow 3CO_2 + 4H_2O$

혼합기체의 완전연소 반응식

$0.75\,CH_4 + 0.75 \times 2\,O_2 \rightarrow 0.75\,CO_2 + 0.75 \times 2\,H_2O$

$0.25\,C_3H_8 + 0.25 \times 5\,O_2 \rightarrow 0.25 \times 3\,CO_2 + 0.25 \times 4\,H_2O$

$\therefore 0.75\,CH_4 + 0.25\,C_3H_8 + 2.75\,O_2 \rightarrow 1.5\,CO_2 + 2.5\,H_2O$

혼합기체의 연소에 필요한 산소량(m³)

$1m^3 : 2.75m^3 = 4m^3 : O_2$

$1m^3 \times O_2 = 2.75m^3 \times 4m^3$

$\therefore O_2 = \dfrac{2.75m^3 \times 4m^3}{1m^3} = 11m^3$

혼합가스의 연소에 필요한 공기량(m³)

$100 : 21 = Air : 11m^3$

$21 \times Air = 100 \times 11m^3$

$\therefore Air = \dfrac{100 \times 11m^3}{21} = 52.4m^3$

★★★☆☆

문제39 부탄가스(C_4H_{10})의 완전연소반응을 설명하고, 일반적인 가연성 가스가 완전 연소 하는데 필요한 이론 산소량과 이론 혼합비를 계산하시오.

풀이

1) 완전연소반응식

   $C_4H_{10} + 6.5\,O_2 \rightarrow 4\,CO_2 + 5\,H_2O + Q$

   $2\,C_4H_{10} + 13\,O_2 \rightarrow 8\,CO_2 + 10\,H_2O + Q$

2) 이론산소량

   부탄가스 2mol 연소 시 필요한 이론산소량은 13mol이다.

3) 이론 혼합비(Cst)

   이론 공기량 = $\dfrac{13}{0.21} = 61.9\,mol$

   이론 혼합비(Cst) = $\dfrac{2}{2+61.9} \times 100 = 3.13\%$

★★★☆☆

문제40 $LFL_{25} \fallingdotseq 0.55\,Cst$ 공식을 이용하여 C_nH_{2n+2}계의 프로판가스의 폭발하한계 (Vol%)를 구하시오. 단, Cst는 완전 연소시의 공기 중의 연료농도임.

풀이

프로판의 완전연소반응식 : $C_3H_8 + 5O_2 \rightarrow 3CO_2 + 4H_2O$

공기의 몰수 = $\dfrac{\text{산소몰수}}{0.21} = \dfrac{5\text{몰}}{0.21} = 23.81\text{몰}$

화학양론농도(Cst) = $\dfrac{1\text{몰}}{1\text{몰} + 23.81\text{몰}} \times 100 = 4.03\%$

∴ 폭발하한계
$LFL_{25} \fallingdotseq 0.55\,Cst = 0.55 \times 4.03\% = 2.216(\text{Vol}\%)$

★★★☆☆

문제41 프로판의 MOC를 추산하시오. 단, 프로판은 완전 연소한다고 가정하고 프로판의 연소 하한계(LFL)는 2.0 vol%로 계산하시오.

풀이

프로판의 완전연소방정식 : $C_3H_8 + 5O_2 \rightarrow 3CO_2 + 4H_2O$
조건에서 프로판의 연소하한계(LFL)은 2.0 vol%를 적용

$MOC = LFL \times \left(\dfrac{Moles\ O_2}{Moles\ Fuel}\right) = 2.0\% \times \dfrac{5mol}{1mol} = 10\%$

★★★☆☆

문제42 아세틸렌이 표준상태 하의 공기 중에서 완전연소 시 다음에 대하여 풀이하시오.(단, 공기 중 산소 농도는 21[vol.%]이며, 1mol의 발열량은 312.4 kcal/mol 이다)

1) 아세틸렌-공기와의 혼합기에 있어서 아세틸렌의 공기 중 vol.%
2) 아세틸렌-공기와의 혼합기에 있어서 혼합기 1ℓ 당(0℃, 1atm) 발생하는 열량 [kcal/ℓ]

풀이

1) 아세틸렌-공기 혼합가스 중의 아세틸렌의 함유농도
완전연소반응식 : $C_2H_2 + 2.5O_2 \rightarrow 2CO_2 + H_2O$
아세틸렌의 함유농도(Vol%)
$C_2H_2 : O_2 = 1mol : 2.5mol$
$C_2H_2 : Air = 1mol : \dfrac{2.5mol}{0.21}$

$= 1mol : 11.9mol$

$\therefore C_2H_2$ 함유농도 $= \dfrac{1}{1+11.9} \times 100 = 7.75\%$

2) 아세틸렌-공기 혼합가스 1ℓ 의 발열량

$312.4 kcal/mol$ 에서

아세틸렌 $1mol$(전체 $1+11.9=12.9mol$)의 발열량이 $312.4kcal$ 임을 알 수 있다. 아보가드로의 법칙에 의거 STP상태(0℃, 1atm)에서 $1mol = 22.4\ \ell$ 이므로 $12.9mol$ 은 $12.9mol \times 22.4 = 288.96\ \ell$ 이다.

혼합가스 $1\ \ell$ 당의 발열량 $= \dfrac{312.4 Kcal}{288.96\ell} = 1.08 kcal/\ell$

★★★☆☆

문제43 프로판-공기혼합기의 연소에 대한 다음 사항에 대하여 답하시오.(단, 프로판의 공기 중에서의 연소범위는 2.1~9.5(vol.%)이고, 공기의 부피조성은 산소 21%, 질소 79%이다. 그리고 모든 연소반응은 실온, 대기압 하에서 진행된다고 가정한다)

1) 연소하한계에서의 프로판의 당량비
2) 완전연소 후의 발생가스 중의 질소의 조성(vol.%)

풀이

1) 연소하한계에서의 프로판의 당량비

프로판의 완전연소 반응식 : $C_3H_8 + 5O_2 \rightarrow 3CO_2 + 4H_2O$

프로판 1 mol 연소 시 필요한 산소량 및 공기량

산소량 : $5mol$

공기량 $= \dfrac{5mol}{0.21} = 23.8 mol$

연소하한계에서의 프로판과 공기의 혼합비

$C_3H_8 : Air = 2.1 : 97.9$

완전연소반응시의 프로판과 공기의 혼합비

$C_3H_8 : Air = 1 : 23.8$

당량비 $= \dfrac{F/A}{(F/A)st} = \dfrac{\dfrac{44 \times 0.021}{28.84 \times 0.979}}{\dfrac{44 \times 0.01}{28.84 \times 0.238}} = \dfrac{\dfrac{0.021}{0.979}}{\dfrac{0.01}{0.238}} = 0.51$

> ※ **당량비**
> 일정량의 공기에 대한 양론비의 몇 배의 연료가 공급되는가를 나타내는 것

2) 완전연소 후의 발생가스 중의 질소의 조성
   반응 전후의 가스량

반응 전		반응 후
C_3H_8 1mol		CO_2 3 mol
Air 23.8 mol	O_2 5 mol	H_2O 4 mol
	N_2 18.8 mol	N_2 18.8 mol

완전연소 후의 발생가스 중의 질소의 조성

$$N_2(\%) = \frac{N_2}{CO_2 + H_2O + N_2} \times 100 = \frac{18.8}{3+4+18.8} \times 100 = 72.9\%$$

★★☆☆

문제44 표준 상태 하에서 연소반응을 위하여 화학양론비의 프로판과 공기의 혼합기체 49.62[ℓ]가 있을 때 다음 사항에 대하여 답하시오.

1) 화학반응식
2) 혼합 기체의 산소지수
3) 이 혼합 기체에 탄산가스를 첨가하여 한계산소지수(LOI) 14.3을 나타내는데 필요한 탄산가스의 첨가량[ℓ]

풀이

1) 화학반응식 : $C_3H_8 + 5O_2 \rightarrow 3CO_2 + 4H_2O$

2) 혼합기체의 산소지수

$$OI = \frac{5mole}{1 + \frac{5mole}{0.21}} \times 100 = 20.2\%$$

3) 탄산가스의 첨가량

$$CO_2(\ell) = \frac{20.2\% - 14.3\%}{14.3\%} \times 49.62\ell = 20.5\ell$$

27th Day

★★☆☆☆

문제44 상온상압의 조건하에서 산소지수가 20.0인 메탄-공기 혼합기체 210[ℓ]에 질소를 첨가하여 Peak 농도의 한계산소량이 12.5[vol.%]를 나타내었다면, 다음 사항에 대하여 계산하여 구하시오.

1) 첨가된 질소의 양[ℓ]
2) Peak 농도에서의 메탄의 함량[vol. %]

풀이

1) 첨가된 질소량

$$N_2(\ell) = \frac{20 - O_2}{O_2} \times V(\ell) = \frac{20 - 12.5}{12.5} \times 210(\ell) = 126(\ell)$$

2) peak농도에서 메탄의 함량

$$CH_4(\%) = \frac{21 - 20}{21} \times 100 = 4.76\%$$

$210\,\ell \times 0.0476 = 10\,\ell$

메탄의 함량 $= \dfrac{10}{210 + 126} \times 100 = 3\%$

TIP

※ 가스계 관련 공식

① $CO_2(\%) = \dfrac{CO_2(m^3)}{방호구역\ 체적(m^3) + CO_2(m^3)} \times 100$

② $CO_2(\%) = \dfrac{21 - O_2}{21} \times 100$

③ $CO_2(m^3) = \dfrac{21 - O_2}{O_2} \times 방호구역\ 체적(m^3)$

★★☆☆☆

문제45 Thomas' Flashover 판단 기준을 사용해서 바닥면이 6.0 m × 4.0 m와 높이가 3.0 m인 방에서 Flashover가 발생하는데 필요한 열발생속도(Heat Release Rate, MW)를 계산하시오. 단, 방에는 창문이 높이 2.0 m, 폭 3.0 m이고, Flashover에 대한 열 발생속도, $Qfo = 0.007At + 0.378Av\sqrt{Hv}$ [MW]이다.

풀이

At : 벽면적=실의 내부 표면적(m²)−개구부 면적(m²)
$= (6m \times 4m \times 2) + (6m \times 3m \times 2) + (4m \times 3m \times 2) - (2m \times 3m) = 102m^2$

Av : 개구부 면적 = $2m \times 3m = 6m^2$

Hv : 개구부 높이 = $2m$

∴ Flashover에 대한 열발생속도(Heat Release Rate, MW)

$Qfo = 0.007At + 0.378Av\sqrt{Hv}$ [MW]
$= 0.007 \times 102m^2 + 0.378 \times 6m^2 \times \sqrt{2m} = 3.92$ [MW]

★★☆☆☆

문제46 타고 있는 빌딩의 창문으로부터 5 m 떨어진 인접한 건물의 표면에 방사되는 복사열(Radiant Heat Flux)을 계산하시오. 단, 창문의 높이 2.0 m, 폭 3.0 m이고, 화재의 온도는 800 ℃, 방사율(Emissivity) 0.9이다.

아울러 배열인자(Configuration Factor)

$\phi = \frac{1}{90}\left[\frac{x}{\sqrt{1+x^2}}tan^{-1}\left(\frac{y}{\sqrt{1+x^2}}\right) + \frac{y}{\sqrt{1+y^2}}tan^{-1}\left(\frac{x}{\sqrt{1+y^2}}\right)\right]$

x는 Height Ratio, y는 Width Ratio이다.

Stefan-Boltzman Constant $\sigma = 5.67 \times 10^{-8}$ W/m²·K⁴이다.

풀이

x(Height Ratio) = $\frac{창문의\ 높이}{목표물까지의\ 거리} = \frac{2}{5} = 0.4$

y(Width Ratio) = $\frac{창문의\ 폭}{목표물까지의\ 거리} = \frac{3}{5} = 0.6$

Φ : 배열인자(Configuration Factor)

$\Phi = \frac{1}{90}\left[\frac{x}{\sqrt{1+x^2}}tan^{-1}\left(\frac{y}{\sqrt{1+x^2}}\right) + \frac{y}{\sqrt{1+y^2}}tan^{-1}\left(\frac{x}{\sqrt{1+y^2}}\right)\right]$

$\Phi = \frac{1}{90}\left[\frac{0.4}{\sqrt{1+0.4^2}}tan^{-1}\left(\frac{0.6}{\sqrt{1+0.4^2}}\right) + \frac{0.6}{\sqrt{1+0.6^2}}tan^{-1}\left(\frac{0.4}{\sqrt{1+0.6^2}}\right)\right] = 0.228$

창문으로부터 5m 떨어진 인접한 건물의 표면에 방사되는 복사열 = $\Phi \epsilon \sigma T^4$
$= 0.228 \times 0.9 \times 5.67 \times 10^{-8} \times (800+273)^4 = 15,422 [W/m^2] = 15.42 [kW/m^2]$

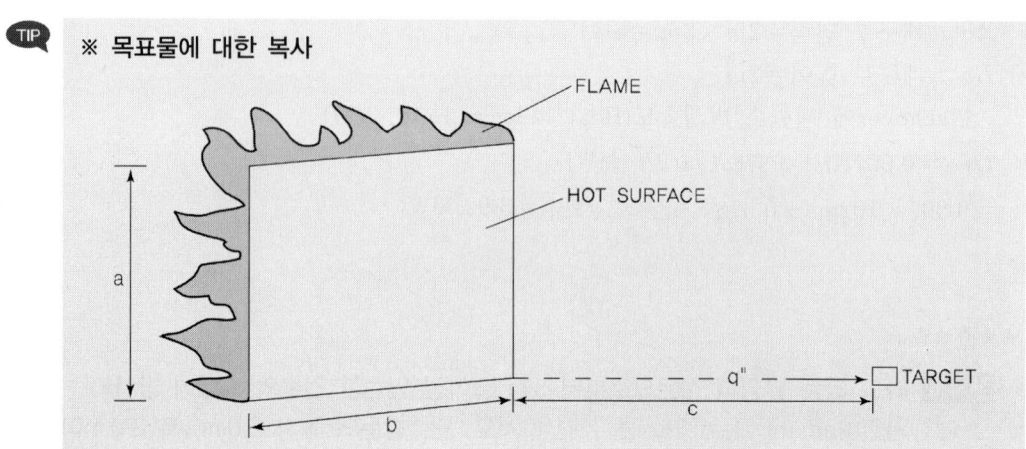

※ 목표물에 대한 복사

과년도 출제문제

제1회 과년도 출제문제(1993. 5. 23)
제2회 과년도 출제문제(1995. 3. 19)
제3회 과년도 출제문제(1996. 3. 31)
제4회 과년도 출제문제(1998. 9. 20)
제5회 과년도 출제문제(2000. 10. 15)
제6회 과년도 출제문제(2002. 11. 3)
제7회 과년도 출제문제(2004. 10. 31)
제8회 과년도 출제문제(2005. 7. 3)
제9회 과년도 출제문제(2006. 7. 2)
제10회 과년도 출제문제(2008. 9. 28)
제11회 과년도 출제문제(2010. 9. 5)
제12회 과년도 출제문제(2011. 8. 21)
제13회 과년도 출제문제(2013. 5. 11)
제14회 과년도 출제문제(2014. 5. 17)
제15회 과년도 출제문제(2015. 9. 5)
제16회 과년도 출제문제(2016. 9. 24)
제17회 과년도 출제문제(2017. 9. 23)
제18회 과년도 출제문제(2018. 10. 13)
제19회 과년도 출제문제(2019. 9. 21)
제20회 과년도 출제문제(2020. 9. 26)
제21회 과년도 출제문제(2021. 9. 18)
제22회 과년도 출제문제(2022. 9. 24)
제23회 과년도 출제문제(2023. 9. 16)
제24회 과년도 출제문제(2024. 9. 14)

27th Day

제1회 과년도 출제문제(1993. 5. 23)

★☆☆☆☆

문제1 자동화재탐지설비에서 다중전송방식의 특징을 기술하시오.

해답
① 하나의 신호선(통신 전선)으로 동시에 2개 이상의 신호 전송이 가능하다.
② R형 수신기의 신호 전송 방식이다.
③ 선로수가 적게 들어 경제적이다.
④ 선로길이를 길게 할 수 있다.
⑤ 증설 또는 이설이 비교적 용이하다.

★★★★☆

문제2 포소화설비의 약제 혼합방식에 대하여 설명하시오.

해답
① 펌프푸로포셔너방식
 "펌프푸로포셔너방식"이란 펌프의 토출관과 흡입관 사이의 배관 도중에 설치한 흡입기에 펌프에서 토출된 물의 일부를 보내고, 농도조정밸브에서 조정된 포소화약제의 필요량을 포소화약제탱크에서 펌프 흡입측으로 보내어 이를 혼합하는 방식을 말한다.
② 프레져푸로포셔너방식
 "프레져푸로포셔너방식"이란 펌프와 발포기의 중간에 설치된 벤추리관의 벤추리작용과 펌프 가압수의 포소화약제 저장탱크에 대한 압력에 따라 포소화약제를 흡입·혼합하는 방식을 말한다.
③ 라인푸로포셔너방식
 "라인푸로포셔너방식"이란 펌프와 발포기의 중간에 설치된 벤추리관의 벤추리작용에 따라 포소화약제를 흡입·혼합하는 방식을 말한다.
④ 프레져사이드푸로포셔너방식
 "프레져사이드푸로포셔너방식"이란 펌프의 토출관에 압입기를 설치하여 포소화약제 압입용펌프로 포소화약제를 압입시켜 혼합하는 방식을 말한다.

★★★★☆

문제3 한 층의 옥내소화전이 6개이다. 전양정이 50 m이며, 전달계수는 1.1, 펌프의 효율은 60 %이다. 전동기 용량(kW)과 소요 마력(HP)을 구하시오. (계산식을 쓰고, 답하시오)

해답 ① 전동기 용량(kW)

정격토출량 = $N \times 130 L/\min = 2개 \times 130 L/\min = 260 L/\min = 0.26 m^3/\min$

전동기 용량(kW)

$$= \frac{\gamma QH}{102\eta} \times K = \frac{1000 kgf/m^3 \times \dfrac{0.26 m^3}{\min} \times 50 m}{\dfrac{102 kgf \cdot m/s}{1 kW} \times 0.6} \times 1.1$$

$$= \frac{1000 kgf/m^3 \times \dfrac{0.26 m^3}{60 s} \times 50 m}{\dfrac{102 kgf \cdot m/s}{1 kW} \times 0.6} \times 1.1 = 3.89 kW$$

② 소요 마력(HP)

$$= \frac{\gamma QH}{76\eta} \times K = \frac{1000 kgf/m^3 \times \dfrac{0.26 m^3}{\min} \times 50 m}{\dfrac{76 kgf \cdot m/s}{1 HP} \times 0.6} \times 1.1$$

$$= \frac{1000 kgf/m^3 \times \dfrac{0.26 m^3}{60 s} \times 50 m}{\dfrac{76 kgf \cdot m/s}{1 HP} \times 0.6} \times 1.1 = 5.23 HP$$

★☆☆☆☆

문제4 물분무등소화설비 중 분말소화설비의 5가지 장점을 기술하시오.

해답 ① 이산화탄소 소화설비보다 소화능력이 우수하며, 소화시간이 짧다.
② 분말소화약제는 완전 절연성이므로, 전기화재에 사용 가능하다.
③ 분말소화약제는 인체에 무해하다.
④ 분말소화약제는 온도 변화에 대한 변질이나 성능의 저하가 없다.
⑤ 분말소화약제의 수명이 반영구적이다.

27th Day

★★☆☆☆

문제5 물올림장치의 설치개요 및 설치기준을 설명하시오.

해답
1. 설치개요
   ① 물올림장치는 수원의 수위가 펌프보다 낮은 위치에 있는 가압송수장치에 설치하는 것으로, 후드밸브가 고장 등으로 누수되어 펌프 흡입측 배관에 물이 없을 경우 펌프가 공회전을 하게 되는데, 이것을 방지하기 위하여 설치한다.
   ② 후드밸브에서 소량 누수 발생 시에는 펌프의 흡입측 배관에 충분한 보충수를 공급하며, 대량 누수 발생으로 인한 물올림탱크의 용량 부족 시에는 감수경보를 발하여 관계자에게 알려준다.
2. 설치기준
   ① 물올림장치에는 전용의 수조를 설치할 것
   ② 수조의 유효수량은 100 L 이상으로 하되, 구경 15 mm 이상의 급수배관에 따라 해당 수조에 물이 계속 보급되도록 할 것

★☆☆☆☆

문제6 공동 현상을 설명하시오.

해답 펌프의 흡입 측 배관에서 발생하는 현상으로 유수 중에 그 수온의 증기압보다 낮은 부분이 생겼을 때 물이 증발하거나 수중에 용해하고 있는 공기가 석출하여 적은 기포가 다수 생성되는 현상이다.

★☆☆☆☆

문제7 연기감지기에서 광전식 감지기의 구조 원리를 설명하시오. (구조는 산란광식 감지기)

해답 광전식 감지기(산란광식)는 주위의 빛을 완전히 차단시키고 연기만 진입하도록 한 암상자 내의 한쪽에서 발광소자의 광속을 하나의 방향으로 조사시키고, 이 광속의 산란광을 받는 방향에 수광소자(광전지)를 설치한다.
화재에 의하여 암상자 내에 연기가 유입되면 연기에 포함된 입자가 광속에 부딪혀 산란반사를 일으키고, 수광소자는 산란광의 일부를 받아 수광량의 변화를 검출하여 신호증폭회로, 스위칭회로를 통하여 수신기에 화재신호를 발신한다.

★★★☆☆

문제8 건식 스프링클러설비의 배기가속장치(Quick-opening Devices) 종류 2가지를 설명하시오.

해답 배기가속장치(Quick-opening Devices)의 종류에는 가속기(Accelerator)와 공기배출기(Exhauster)가 있다.
① 가속기(Accelerator) : 건식밸브마다 설치하며, 입구는 2차측 토출배관에 출구는 건식밸브의 중간챔버에 연결한다. 헤드의 작동에 따라 건식밸브 2차측의 공기압력이 세팅압력보다 낮아졌을 때 가속기가 작동하여, 2차측의 압축공기 일부를 클래퍼 1차측 중간챔버로 보내어 건식밸브가 신속히 개방되도록 한다. 건식밸브(클래퍼)의 개방속도를 가속함으로서 SP헤드에서 공기배출속도를 빠르게 한다.
② 공기배출기(Exhauster) : 교차배관마다 설치하며, 입구는 2차측 토출배관에 출구는 대기 중에 노출되어 있다. 헤드의 작동에 따라 건식밸브 2차측의 공기압력이 세팅압력보다 낮아졌을 때 공기배출기(Exhauster)가 작동하여, 2차측의 압축공기가 대기 중으로 빠르게 배출되도록 한다.

★★☆☆☆

문제9 일제개방밸브의 감압방식과 가압방식에 대하여 설명하시오.

해답 ① 감압개방식 : 밸브 상부에 실린더가 장치되고 여기에 가압수를 충전하면, 가압수가 다이아프램 또는 피스톤 등에 연결된 밸브시트를 눌러 관로를 폐쇄하고 있다. 화재감지기의 신호에 의하여 솔레노이드밸브가 개방되거나 수동개방밸브를 열거나 하면 실린더 내의 압력수가 방출되어 내부가 감압되므로 다이아프램 또는 피스톤이 상부로 올려져 일제개방밸브가 개방된다.
② 가압개방식 : 밸브의 실린더 내를 평상시에는 가압하여 두지 않고 있다가, 화재감지기의 신호에 의하여 밸브 1차측과 실린더가 연결된 배관 상에 설치된 솔레노이드 밸브 또는 수동개방밸브가 개방되면, 1차측의 가압수가 실린더 내로 가압되어 일제개방밸브가 개방된다.

★★☆☆☆

문제10 준비작동식 스프링클러설비의 관계를 2단계로 구분하여 설명하시오.

① 1단계 : 화재가 발생하면 먼저 감지기의 동작에 의해 솔레노이드밸브가 개방되며, 이로 인하여 준비작동식밸브가 개방되어 1차측의 가압수가 2차측으로 유입된다.

② 2단계 : 폐쇄형 헤드 주위의 온도 상승에 의하여 헤드가 개방되면 유입된 물이 방사되어 소화한다.

제2회 과년도 출제문제 (1995. 3. 19)

★★★★★

문제1 자동화재탐지설비에 대하여 다음 물음에 답하시오.

1-1) 그림의 계통도에서 간선(A~F)의 최소 전선수를 명기하시오. 단, 감지기와 경종 표시등 공통선은 별개로 하며, 직상층 우선 경보 방식임

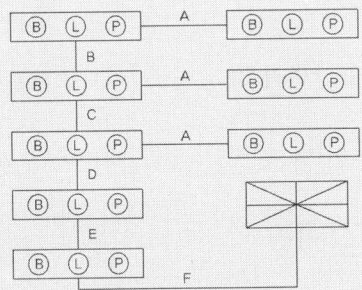

1-2) 중계기의 설치기준에 대하여 기술하시오.

해답 1-1) 그림의 계통도에서 간선(A~F)의 최소 전선 수

구분	A	B	C	D	E	F
응답선	1	1	1	1	1	1
지구선	1	2	4	6	7	8
전화선	1	1	1	1	1	1
공통선	1	1	1	1	1	2
경종선	1	1	2	3	4	5
표시등선	1	1	1	1	1	1
경종·표시등 공통선	1	1	1	1	1	1
합 계	7	8	11	14	16	19

1-2) 중계기 설치기준
① 수신기에서 직접 감지기회로의 도통시험을 하지 않는 것에 있어서는 수신기와 감지기 사이에 설치할 것
② 조작 및 점검에 편리하고 화재 및 침수 등의 재해로 인한 피해를 받을 우려가 없는 장소에 설치할 것
③ 수신기에 따라 감시되지 않는 배선을 통하여 전력을 공급받는 것에 있어서는 전원입력측의 배선에 과전류차단기를 설치하고 해당 전원의 정전이 즉시 수신기에 표시되는 것으로 하며, 상용전원 및 예비전원의 시험을 할 수 있도록 할 것

★★☆☆☆

문제2 스프링클러소화설비에 대해 다음 질문에 답하시오.

2-1) 펌프 토출량이 3,600 L/min일 때 토출유속이 5 m/s이라면 배관의 내경은 몇 mm인가?
2-2) 스프링클러헤드의 배치방식에 대해 분류하고 헤드 설치 시 유의사항에 대해 기술하시오.
2-3) 폐쇄형 습식 스프링클러설비의 특징에 대해 기술하시오.

해답 2-1) 배관의 내경

$Q = Av$에서 관의 단면적 $A = \dfrac{\pi}{4}D^2$이므로 $Q = \dfrac{\pi}{4}D^2 v$이다.

기에서 $D^2 = \dfrac{4Q}{\pi v}$이며, 양변에 제곱근을 하면 $D = \sqrt{\dfrac{4Q}{\pi v}}$

$$D = \sqrt{\dfrac{4 \times 3{,}600 L/min}{\pi \times 5 m/s}} \quad D = \sqrt{\dfrac{4 \times \dfrac{3.6 m^3}{60 s}}{\pi \times 5 m/s}} = 0.1236 m = 123.6 \text{mm}$$

2-2) 스프링클러헤드의 배치방식과 헤드 설치 시 유의사항
① 헤드의 배치방식
  ㉮ 정사각형 배치(정방형 배치)
  ㉯ 직사각형 배치(장방형 배치)
  ㉰ 나란히꼴 배치(지그재그형 배치)
  ㉱ 잡형 배치
  ㉲ 측벽형 헤드 배치
② 헤드 설치 시 유의사항
  ㉮ 상향형 및 하향형은 맞게 선택하여야 한다.
  ㉯ 측벽형은 방향을 맞게 부착하여야 한다.
  ㉰ 건식은 하부로 설치하지 말아야 한다.
  ㉱ 천장으로부터 30㎝ 이내에 설치하여야 한다.
  ㉲ 천장면과 평행되게 설치하여야 한다.

2-3) 폐쇄형 습식 스프링클러설비의 특징
일반적으로 널리 사용하고 있는 방식으로 경보밸브 1차측 및 2차측 배관 내에 항시 가압수가 충전되어 있어 화재가 발생함과 동시에 폐쇄형 스프링클러 헤드가 작동되어 물을 방사함으로서 소화작업을 실시하는 설비이다.
① 구조가 간단하고, 공사비가 저렴하다.
② 유지관리가 용이하며, 동결 우려가 있는 장소에는 사용할 수 없다.
③ 헤드 개방 시 즉시 방수되며, 헤드 오동작 시 수손 피해가 크다.

★★☆☆☆

문제3 이산화탄소 소화설비 공사 시 배관의 시공기준 및 재료 사용기준과 이음이 없는 배관에 대하여 기술하시오.

해답
1) 배관의 시공기준
   배관은 전용으로 하여야 한다.
2) 재료의 사용기준
   ① 강관을 사용하는 경우의 배관은 압력배관용 탄소강관(KS D 3562) 중 스케줄 80(저압식은 스케줄 40) 이상의 것 또는 이와 동등 이상의 강도를 가진 것으로 아연도금 등으로 방식처리된 것을 사용할 것. 다만, 배관의 호칭구경이 20 mm 이하인 경우에는 스케줄 40 이상인 것을 사용할 수 있다.
   ② 동관을 사용하는 경우의 배관은 이음이 없는 동 및 동합금관(KS D 5301)으로서 고압식은 16.5 MPa 이상, 저압식은 3.75 MPa 이상의 압력에 견딜 수 있는 것을 사용할 것
   ③ 고압식의 경우 개폐밸브 또는 선택밸브의 2차측 배관부속은 호칭압력 2.0 MPa 이상의 것을 사용해야 하며, 1차 측 배관부속은 호칭압력 4.0 MPa 이상의 것을 사용해야 하고, 저압식의 경우에는 2.0 MPa의 압력에 견딜 수 있는 배관부속을 사용할 것
3) 이음이 없는 배관
   이음이 없는 강관(무계목 강관)은 용접강관과는 달리 이음매(Seam)가 없으며 용접강관으로는 사용할 수 없는 고압, 고온, 내식 등 특수 배관용, 기계구조용 및 열교환기용에는 필수 불가결한 강관으로써 각종 산업기계, 화학 Plant 등에 사용한다. 소화배관에서는 가스를 소화약제로 사용하는 이산화탄소, 할로겐화합물, 청정소화약제 소화설비의 배관에 주로 사용된다.

★★☆☆☆

문제4 NFSC 규정에 의한 옥내소화전, 스프링클러설비 상용전원회로(저압수전) 계통도를 도해하시오.

해답

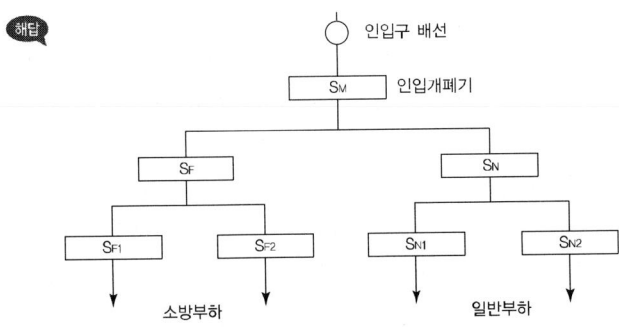

★★★☆☆

문제5 지상 4층 건물에 옥내소화전을 설치하려고 한다. 각 층에 130 L/min씩 송출하는 옥내소화전 3개씩을 배치하며, 이때 실양정은 40 m, 배관의 손실압력수두는 실양정의 25 %라고 본다. 또 호스의 마찰손실수두가 3.5 m, 노즐선단의 손실수두는 17 m, 펌프효율이 0.75, 여유율은 1.2이고, 30분간 연속 방수되는 것으로 하였을 때 다음 사항을 구하시오.

5-1) 펌프의 토출량(m³/min)
5-2) 전양정(m)
5-3) 펌프의 축동력(kW)
5-4) 수원의 용량(m³)

해답 5-1) 펌프의 토출량(m³/min)

$$= N \times 130 L/\min = 2개 \times 130 L/\min = 260 L/\min = 0.26 m^3/\min$$

5-2) 전양정(m)

$$= h_1 + h_2 + h_3 + 17m = 40m + 40m \times 0.25 + 3.5m + 17m = 70.5m$$

5-3) 펌프의 축동력(kW)

$$= \frac{\gamma QH}{102\eta} = \frac{1000 kgf/m^3 \times \dfrac{0.26 m^3}{\min} \times 70.5m \times 1.2}{\dfrac{102 kgf \cdot m/s}{1 kW} \times 0.75}$$

$$= \frac{1000 kgf/m^3 \times \dfrac{0.26 m^3}{60 s} \times 70.5m \times 1.2}{\dfrac{102 kgf \cdot m/s}{1 kW} \times 0.75} = 4.8 kW$$

5-4) 수원의 용량(m³)

$$= 0.26 m^3/\min \times 30분 = 7.8 m^3$$

제3회 과년도 출제문제 (1996. 3. 31)

문제1 A구역(용기 3병), B구역(용기 5병, 체적 242 m³), C구역(용기 3병)에 전역방출방식의 고압식 CO₂ 소화설비를 설치하고자 한다. 이 경우 저장용기는 68 L/45kg, 압력스위치는 선택밸브 상단 배관 상에 설치, CO₂ 제어반은 저장용기실에 설치, 체크밸브는 ─▷─, 저장용기 개방은 가스압력식이다. 각 물음에 답하시오.

1-1) CO₂ 저장용기실의 계통도를 작도하시오.(단, 배관구경 및 케이블 규격은 생략해도 됨)

1-2) B구역에 약제방출 후 가스농도(%)를 계산하시오.(반올림하여 소수점 2자리까지 구한다)

해답 1-1) CO₂ 저장용기실의 계통도를 작도하시오.

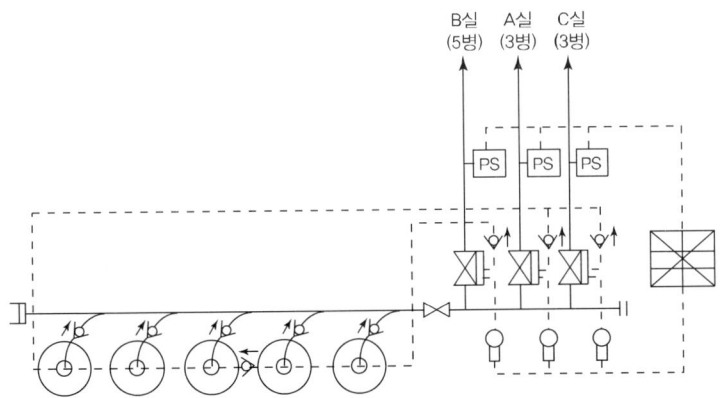

1-2) B구역에 약제 방출 후 가스소화농도를 계산하시오.

가스부피 계산(조건에 없으므로 0 ℃, 1atm 상태라고 가정)

$$PV = \frac{W}{M}RT \text{에서} \quad V = \frac{WRT}{PM}$$

$$= \frac{5병 \times 45\text{kg/병} \times 0.082\,atm \cdot L/mol \cdot K \times (0+273)K}{1\,atm \times 44} = 114.47\,m^3$$

가스농도 계산

$$CO_2(\%) = \frac{\text{가스 부피}}{\text{방호구역} + \text{가스 부피}} \times 100 = \frac{114.47\,m^3}{242\,m^3 + 114.47\,m^3} \times 100$$

$$= 32.11\%$$

문제2 P형과 R형 수신기를 설명하고, 그 차이점을 간략히 비교(대용량 회로 기준)하시오.

① P형 수신기 : P형 수신기를 감지기, 발신기, 경종 등과 전선으로 연결하는 방식으로서 소규모의 건물에 많이 사용된다.
② R형 수신기 : R형은 고유의 신호를 발신하는 중계기에 접속된 다신호식(재래식) 감지기 또는 발신기가 작동하면 중계기에서 고유번호로 변환되어 수신기로 신호를 전송을 하거나, 고유신호 발생장치(아날로그/어드레스식)를 갖는 감지기를 직접 연결하여 신호를 수신한다. R형 수신기는 회선수가 많거나 동일 구내에 많은 건물이 있어 집중 감시가 필요한 경우 등에 사용한다.

항목	P형	R형
시스템의 신뢰성	신뢰성이 낮다.	신뢰성이 높다.
유지관리	유지관리가 어렵다.	유지관리가 쉽다.
회로의 증설, 변경	회로의 증설, 변경이 어렵다.	회로의 증설, 변경이 쉽다.
배관, 배선 공사비	배관, 배선 공사비가 높다.	배관, 배선 공사비가 낮다.
수신기 가격	수신기 가격이 저렴하다.	수신기 가격이 고가이다.

문제3 물계통 소화설비의 가압펌프에 대하여 기술하시오.

3-1) 정격토출량 및 양정이 각각 800 LPM 및 80m인 표준수직원심펌프의 성능특성곡선을 그리고 체절점, 설계점, 150% 유량점 등을 명시하시오.
3-2) 소화펌프의 수온상승 방지장치를 2종류 이상 기술하고, 그 규격을 설명하시오.

3-1) 표준수직원심펌프의 성능특성곡선

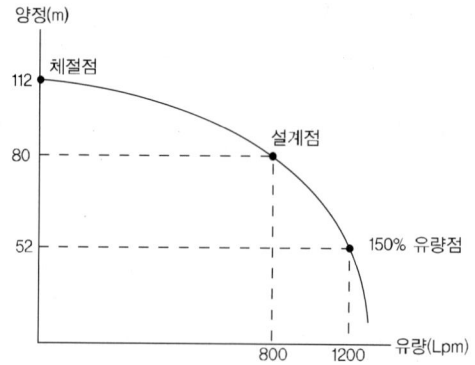

3-2) 소화펌프의 수온상승 방지장치
① 수온상승 방지장치의 종류

㉮ 상시 릴리프 장치
㉯ 자동 릴리프밸브 부착 체크밸브를 사용하는 방법
㉰ 유량을 검출하여 릴리프밸브를 작동시키는 방법
㉱ 순환배관을 이용하는 방법

② 수온상승 방지장치의 규격 : 가압송수장치의 체절운전 시 수온의 상승을 방지하기 위하여 체크밸브와 펌프 사이에서 분기한 구경 20 mm 이상의 배관에 체절압력 미만에서 개방되는 릴리프밸브를 설치하여야 한다.

★★★☆☆

문제4 다음은 스프링클러 가압송수장치 설치기준이다. 다음 ( ) 안에 알맞은 답을 쓰시오.

4-1) 가압송수장치의 정격토출압력은 하나의 헤드 선단에 (a) 이상 (b) 이하의 방수압력이 될 수 있게 하는 크기일 것.

4-2) 가압송수장치의 송수량은 (c)의 방수압력 기준으로 (d) 이상의 방수성능을 가진 기준개수의 모든 헤드로부터의 (e)을 충족시킬 수 있는 양 이상으로 할 것. 이 경우 (f)는 계산에 포함하지 아니할 수 있다.

4-3) 고가수조에는 (g), (h), (i), (j) 및 (k)을 설치할 것.

4-4) 압력수조에는 (l), (m), (n), (o), (p), (q), (r) 및 압력저하 방지를 위한 (s)를 설치할 것.

해답
a : 0.1Mpa
b : 1.2Mpa
c : 0.1Mpa
d : 80 ℓ/분
e : 방수량
f : 속도수두
g : 급수관
h : 배수관
i : 수위계
j : 맨홀
k : 오버플로우관
l : 수위계
m : 급수관
n : 배수관
o : 급기관
p : 맨홀
q : 압력계
r : 안전장치
s : 자동식 공기압축기

★☆☆☆☆

문제5 어느 소방대상물에 스프링클러설비와 분말소화설비를 설치하고자 한다. 이때 폐쇄형 스프링클러헤드 설치 및 취급 시 주의사항과 분말소화설비 배관 시공 시 주의사항을 기술하시오.

해답

1) 스프링클러헤드 설치 시 주의사항
   ① 상향형 및 하향형은 맞게 선택하여야 한다.
   ② 측벽형은 방향을 맞게 부착하여야 한다.
   ③ 건식은 하부로 설치하지 말아야 한다.
   ④ 천장으로부터 30 ㎝ 이내에 설치하여야 한다.
   ⑤ 천장면과 평행되게 설치하여야 한다.

2) 스프링클러헤드 취급 시 주의사항
   ① 운반 시 스프링클러헤드에 충격이 가해지지 않도록 던지거나 서로 부딪치지 않도록 해야 한다.
   ② 건조하고 통풍이 잘되는 곳에 보관해야 한다.
   ③ 스프링클러헤드에는 어떤 목적으로도 끈을 매서는 안 된다.
   ④ 설치시는 반드시 스프링클러헤드 전용렌치를 사용하여야 하며, 무리한 힘을 가하지 말아야 한다.
   ⑤ 충격이 가해진 스프링클러헤드는 절대로 사용하여서는 안 된다.
   ⑥ 반드시 주위 온도에 적합한 스프링클러헤드를 선정하여야 한다.

3) 분말소화설비 배관 시공 시 주의사항
   ① 배관은 전용 배관으로 하여야 한다.
   ② 강관을 사용하는 경우의 배관은 아연도금에 따른 배관용 탄소강관(KS D 3507)이나 이와 동등 이상의 강도·내식성 및 내열성을 가져야 한다.
   ③ 축압식 분말소화설비에 사용하는 것 중 20 ℃에서 압력이 2.5 MPa 이상 4.2 MPa 이하인 것은 압력배관용 탄소강관(KS D 3562) 중 이음이 없는 스케줄 40 이상의 것 또는 이와 동등 이상의 강도를 가진 것으로서 아연도금으로 방식처리된 것을 사용하여야 한다.
   ④ 동관을 사용하는 경우의 배관은 고정압력 또는 최고사용압력의 1.5배 이상의 압력에 견딜 수 있는 것을 사용하여야 한다.
   ⑤ 밸브류는 개폐위치 또는 개폐방향을 표시한 것이어야 한다.
   ⑥ 배관의 관부속 및 밸브류는 배관과 동등 이상의 강도 및 내식성이 있는 것이어야 한다.
   ⑦ 분기배관을 사용할 경우에는 제품검사에 합격한 것으로 설치하여야 한다.
   ⑧ 저장용기 등으로부터 배관의 굴절부까지의 거리는 배관 구경의 20배 이상으로 하여야 한다.

제4회 과년도 출제문제 (1998. 9. 20)

★☆☆☆

문제1 근린생활시설로 사용되는 8층 건물에 스프링클러설비를 설치하고자 한다. 다음의 조건과 그림을 참고하여 물음에 답하시오.

① 토출측 배관의 마찰손실은 토출측 실양정의 35%로 한다.
② 펌프 흡입측의 연성계는 355 mmHg를 지시하고 있으며, 이때의 대기압은 1.03 kg/cm²이다.
③ 펌프의 기계효율 95%, 수력효율 90%, 체적효율 80%이며, 주어지지 않은 것은 무시한다.

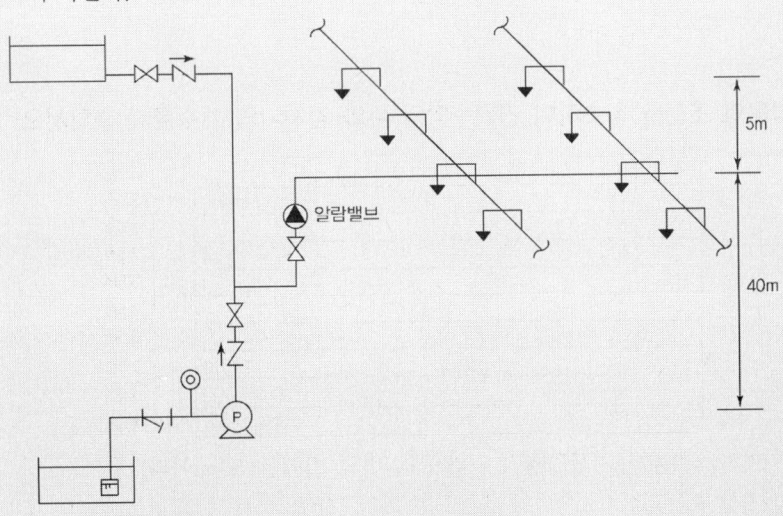

1-1) 펌프의 전양정
1-2) 펌프의 분당 토출량(m3/min)
1-3) 펌프의 동력(kW)

해답 1-1) 펌프의 전양정

연성계 환산수두 $= \dfrac{355\,\text{mmHg}}{760\,\text{mmHg}} \times 1.03\,kg/\text{cm}^2 = 0.481\,kg/\text{cm}^2 = 4.81m$

∴ 전양정
= 연성계 환산수두 + 토출 높이 + 토출측 마찰손실수두 + 방사압력 환산수두
$= 4.81m + 40m + (40m \times 0.35) + 10m = 68.81m$

1-2) 펌프의 분당 토출량
$= N \times 80 L/mim = 20개 \times 80 L/mim = 1,600 L/\min = 1.6\,m^3/\min$

1-3) 펌프의 동력

펌프의 전효율
= 기계효율×수력효율×체적효율 = 0.95×0.9×0.8 = 0.684 = 68.4%

펌프의 동력

$$= \frac{\gamma QH}{102\eta} = \frac{1000 kgf/m^3 \times \dfrac{1.6 m^3}{\min} \times 68.81 m}{\dfrac{102 kgf \cdot m/s}{1 kW} \times 0.684}$$

$$= \frac{1000 kgf/m^3 \times \dfrac{1.6 m^3}{60 s} \times 68.81 m}{\dfrac{102 kgf \cdot m/s}{1 kW} \times 0.684} = 26.3 kW$$

★★★★★

문제2 다음의 조건을 참고하여 경계구역의 수와 감지기의 개수를 산출하시오.

계단	8		
	7		계단
	6		
	5		
	4		
	3		
	2		
	1		
	B1		
	B2		

(층고: 8층 4.5m, 7~1층 3.5m, B1 4.5m, B2 4.5m)

① 지하 2층에서 지상 7층 : 800 m²(한변의 길이는 50 m이다)
② 지상 8층 : 400 m²
③ 계단은 2개소 설치되어 있고, 별도의 경계구역으로 한다.
④ 사용 감지기는 차동식 스포트형(1종)이다.
⑤ 주요구조부는 내화구조이다.
⑥ 계단에는 연기감지기(2종)을 설치한다.
⑦ 지하 2층에서 지상 7층에는 화장실(면적 : 30 m²)이 설치되어 있다.

해답 1) 경계구역 수

지하 2층	$\dfrac{800 m^2}{600 m^2/구역} = 1.3 \rightarrow$ 2개 경계구역
지하 1층	$\dfrac{800 m^2}{600 m^2/구역} = 1.3 \rightarrow$ 2개 경계구역

지상 1층		$\dfrac{800m^2}{600m^2/구역}=1.3 \to$ 2개 경계구역
지상 2층		$\dfrac{800m^2}{600m^2/구역}=1.3 \to$ 2개 경계구역
지상 3층		$\dfrac{800m^2}{600m^2/구역}=1.3 \to$ 2개 경계구역
지상 4층		$\dfrac{800m^2}{600m^2/구역}=1.3 \to$ 2개 경계구역
지상 5층		$\dfrac{800m^2}{600m^2/구역}=1.3 \to$ 2개 경계구역
지상 6층		$\dfrac{800m^2}{600m^2/구역}=1.3 \to$ 2개 경계구역
지상 7층		$\dfrac{800m^2}{600m^2/구역}=1.3 \to$ 2개 경계구역
지상 8층		$\dfrac{400m^2}{600m^2/구역}=0.6 \to$ 1개 경계구역
지상층 계단	좌측	$\dfrac{29m}{45m/구역}=0.6 \to$ 1개 경계구역
	우측	$\dfrac{24.5m}{45m/구역}=0.5 \to$ 1개 경계구역
지하층 계단	좌측	1개 경계구역
	우측	1개 경계구역

∴ 총 경계구역 수=2개×9+1개×5=23개

2) 감지기의 개수

① 연기감지기(2종) 개수

지상층 계단	좌측	$\dfrac{29m}{15m}=1.93 \to$ 2개
	우측	$\dfrac{24.5m}{15m}=1.6 \to$ 2개
지하층 계단	좌측	$\dfrac{9m}{15m}=0.6 \to$ 1개
	우측	$\dfrac{9m}{15m}=0.6 \to$ 1개

∴ 총 연기감지기 개수= 2개×2+1개×2 = 6개

② 차동식 스포트형(1종) 감지기 개수

지하 2층	거실	$\dfrac{770m^2}{45m^2/개}=17.1 \to$ 18개
	화장실	$\dfrac{30m^2}{45m^2/개}=0.7 \to$ 1개

지하 1층	거실	$\dfrac{770m^2}{45m^2/개}=17.1$ → 18개	
	화장실	$\dfrac{30m^2}{45m^2/개}=0.7$ → 1개	
지상 1층	거실	$\dfrac{770m^2}{90m^2/개}=8.6$ → 9개	
	화장실	$\dfrac{30m^2}{90m^2/개}=0.3$ → 1개	
지상 2층	거실	$\dfrac{770m^2}{90m^2/개}=8.6$ → 9개	
	화장실	$\dfrac{30m^2}{90m^2/개}=0.3$ → 1개	
지상 3층	거실	$\dfrac{770m^2}{90m^2/개}=8.6$ → 9개	
	화장실	$\dfrac{30m^2}{90m^2/개}=0.3$ → 1개	
지상 4층	거실	$\dfrac{770m^2}{90m^2/개}=8.6$ → 9개	
	화장실	$\dfrac{30m^2}{90m^2/개}=0.3$ → 1개	
지상 5층	거실	$\dfrac{770m^2}{90m^2/개}=8.6$ → 9개	
	화장실	$\dfrac{30m^2}{90m^2/개}=0.3$ → 1개	
지상 6층	거실	$\dfrac{770m^2}{90m^2/개}=8.6$ → 9개	
	화장실	$\dfrac{30m^2}{90m^2/개}=0.3$ → 1개	
지상 7층	거실	$\dfrac{770m^2}{90m^2/개}=8.6$ → 9개	
	화장실	$\dfrac{30m^2}{90m^2/개}=0.3$ → 1개	
지상 8층	거실	$\dfrac{400m^2}{45m^2/개}=8.8$ → 9개	

∴ 총 차동식 스포트형 감지기 개수 = 18개 × 2 + 9개 × 8 + 1개 × 9 = 117개

★★★★★

문제3 다음 물음에 답하시오.

3-1) 각 번호에 해당하는 전선 수에 대한 다음의 표를 완성하시오.

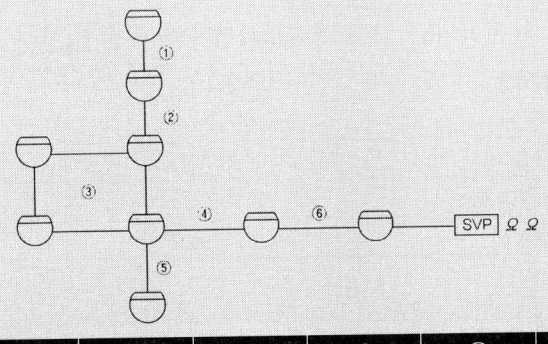

구 간	①	②	③	④	⑤	⑥
전선 수						

3-2) 준비작동식에서 교차회로방식으로 설치하지 않아도 되는 감지기의 종류 5가지를 쓰시오.

해답 3-1) 각 번호에 해당하는 전선 수

구 간	①	②	③	④	⑤	⑥
전선 수	4	8	4	8	4	8

3-2) 교차회로방식으로 설치하지 않아도 되는 감지기의 종류
① 불꽃감지기　　　　　　② 정온식 감지선형 감지기
③ 분포형 감지기　　　　　④ 복합형 감지기
⑤ 광전식 분리형 감지기　 ⑥ 아날로그방식의 감지기
⑦ 다신호방식의 감지기　　⑧ 축적방식의 감지기

★★☆☆☆

문제4 소화약제의 특성을 나타내는 용어 중 ODP와 GWP에 대하여 쓰고, 현재 국내에서 시판되고 있는 청정소화약제의 상품명, 작동시간, 주된 소화원리에 대하여 쓰시오.

해답 1) ODP와 GWP

① ODP의 정의 : 어떤 물질의 오존파괴 능력을 상대적으로 나타내는 지표로서, 이를 오존층 파괴지수라 하며, 다음과 같이 나타낸다.

$$ODP = \frac{\text{어떤 물질 1kg이 파괴하는 오존량}}{\text{CFC-11 1kg이 파괴하는 오존량}}$$

② GWP의 정의 : 어떤 물질이 지구온난화에 영향을 미치는 지표로서, 이를 지구온난화지수라 하며, 다음과 같이 나타낸다.

$$GWP = \frac{\text{어떤 물질 1kg이 기여하는 온난화정도}}{CO_2 1kg\text{이 기여하는 온난화정도}}$$

2) 현재 국내에서 시판되고 있는 청정소화약제의 상품명, 작동시간, 주된 소화원리

상품명	작동시간	주된 소화원리
FM-200	10초 이하	부촉매소화
Inergen	60초 이하	질식소화
NAFS-Ⅲ	10초 이하	부촉매소화
FE-13	10초 이하	부촉매소화

★☆☆☆

문제5 스프링클러헤드의 선정 시 유의사항, 설치 시 유의사항 및 배관 시공 시 유의사항(NFSC기준 아님)에 대하여 기술하시오.

해답 1) 선정 시 유의사항
　① 평상시 주위온도에 따른 적합한 표시온도의 헤드를 선정하여야 한다.
　② 설치장소의 용도에 따른 적합한 헤드를 선정하여야 한다.
　③ 경제성 및 미관을 고려하여 적합한 헤드를 선정하여야 한다.

2) 설치 시 유의사항
　① 상향형 및 하향형은 맞게 선택하여야 한다.
　② 측벽형은 방향을 맞게 부착하여야 한다.
　③ 건식은 하부로 설치하지 말아야 한다.
　④ 천장으로부터 30㎝ 이내에 설치하여야 한다.
　⑤ 천장면과 평행되게 설치하여야 한다.

3) 배관 시공 시 유의사항
　① 배관 절단면은 리이머 등에 의해 다듬질하여야 한다.
　② 용접 전에 용접 부위의 기름, 녹 등을 제거하여야 한다.
　③ 용접 후 슬러그를 제거하여야 한다.
　④ 물이 고일 우려가 있는 곳엔 자동배수밸브(오토드립밸브)를 설치하여야 한다.
　⑤ 피트부분 등 가지배관의 길이가 긴 경우에는 행가를 추가로 설치하여야 한다.
　⑥ 건식 배관은 배수를 위한 적합한 배관 기울기로 설치하여야 한다.

제5회 과년도 출제문제(2000. 10. 15)

★★★☆☆

문제1 자동화재탐지설비의 배선에 대하여 다음 물음에 답하시오.

1-1) 감지기회로를 송배전식으로 하고, 종단저항을 설치하는 이유
1-2) 내화배선으로 시공해야 할 부분
1-3) 내화배선의 시공 방법

해답 1-1) 감지기회로를 송배전식으로 하고, 종단저항을 설치하는 이유

감지기회로의 도통시험을 위하여 설치

1-2) 내화배선으로 시공해야 할 부분

전원회로의 배선

1-3) 내화배선의 시공 방법

사용전선의 종류	공사방법
1. 450/750 V 저독성 난연 가교 폴리올레핀 절연 전선 2. 0.6/1 kV 가교 폴리에틸렌 절연 저독성 난연 폴리올레핀 시스 전력 케이블 3. 6/10 kV 가교 폴리에틸렌 절연 저독성 난연 폴리올레핀 시스 전력용 케이블 4. 가교 폴리에틸렌 절연 비닐시스 트레이용 난연 전력 케이블 5. 0.6/1 kV EP 고무절연 클로로프렌 시스 케이블 6. 300/500 V 내열성 실리콘 고무 절연전선 (180 ℃) 7. 내열성 에틸렌-비닐 아세테이트 고무 절연 케이블 8. 버스덕트(Bus Duct) 9. 기타 전기용품 및 생활용품 안전관리법 및 전기설비기술기준에 따라 동등 이상의 내화성능이 있다고 주무부장관이 인정하는 것	금속관 · 2종금속제가요전선관 또는 합성수지관에 수납하여 내화구조로 된 벽 또는 바닥 등에 벽 또는 바닥의 표면으로부터 25 mm 이상의 깊이로 매설해야 한다. 다만, 다음의 기준에 적합하게 설치하는 경우에는 그렇지 않다. 가. 배선을 내화성능을 갖는 배선전용실 또는 배선용 샤프트 · 피트 · 덕트 등에 설치하는 경우 나. 배선전용실 또는 배선용 샤프트 · 피트 · 덕트 등에 다른 설비의 배선이 있는 경우에는 이로부터 15 cm 이상 떨어지게 하거나 소화설비의 배선과 이웃하는 다른 설비의 배선 사이에 배선지름(배선의 지름이 다른 경우에는 가장 큰 것을 기준으로 한다)의 1.5배 이상의 높이의 불연성 격벽을 설치하는 경우
내화전선	케이블공사의 방법에 따라 설치하여야 한다.

28th Day

★★★☆☆

문제2 스프링클러 소화설비에서 토출량이 2.4 m³/min, 유속이 3 m/sec일 경우 다음 물음에 답시오.

2-1) 토출측 배관의 구경(mm)을 계산하시오.
2-2) 조건상의 토출량을 방사할 경우의 기준개수는 몇 개로 계산되는가?
2-3) 달시-바이스바흐의 수식을 적용하여 입상관에서의 마찰손실수두(m)를 계산하시오.(입상관 구경 150 A, 마찰손실계수 0.02, 높이 60 m, 유속 3 m/s)

해답 2-1) 토출측 배관의 구경

$$Q = Av = \frac{\pi}{4}D^2 v \text{ 에서}$$

$$D = \sqrt{\frac{4Q}{\pi v}} = \sqrt{\frac{4 \times \frac{2.4 m^3}{\min}}{\pi \times 3 m/s}}$$

$$= \sqrt{\frac{4 \times \frac{2.4 m^3}{60 s}}{\pi \times 3 m/s}} = 0.130 m = 130 \text{mm}$$

2-2) 기준개수

$$= \frac{\frac{2.4 m^3}{\min}}{\frac{80 L}{\min}} = \frac{\frac{2,400 L}{\min}}{\frac{80 L}{\min}} = 30 \text{개}$$

2-3) 마찰손실수두(m)

$$\Delta H = f \frac{L v^2}{2gD} = 0.02 \times \frac{60 m \times (3 m/s)^2}{2 \times 9.8 m/s^2 \times 150 \text{mm}}$$

$$= 0.02 \times \frac{60 m \times (3 m/s)^2}{2 \times 9.8 m/s^2 \times 0.15 m}$$

$$= 3.67 m$$

★★★★☆

문제3 포소화설비의 설계 시 다음의 조건을 참고하여 물음에 답하시오.

① Ⅱ형 방출구 사용
② 직경 35 m, 높이 15 m인 휘발유탱크이다.
③ 6%형 수성막포 사용
④ 보조포소화전은 5개가 설치되어 있다.
⑤ 설치된 송액관의 구경 및 길이는 150 mm : 100 m, 125 mm : 80 m, 80 mm : 70 m, 65 mm : 50 m이다.

3-1) 포소화약제 저장량(m³)
3-2) 고정포방출구의 개수
3-3) 혼합장치의 방출량(m³/min)

해답 3-1) 포소화약제 저장량(m³)
= 고정포방출구 필요양+보조포소화전 필요양+송액관 필요양
= $A \times$ 포수용액량 $\times S + NS8000 + \dfrac{\pi}{4}D^2 \times L \times S \times 1000$
= $\dfrac{\pi}{4} \times (35m)^2 \times 220L/m^2 \times 0.06 + 3$개 $\times 0.06 \times 8,000L$
$+ \dfrac{\pi}{4} \times (0.15m)^2 \times 100m \times 0.06 \times 1,000 + \dfrac{\pi}{4} \times (0.125m)^2 \times 80m \times 0.06$
$\times 1,000$
$+ \dfrac{\pi}{4} \times (0.08m)^2 \times 70m \times 0.06 \times 1,000 + \dfrac{\pi}{4} \times (0.065m)^2 \times 50m \times 0.06$
$\times 1,000$
$= 14,335L = 14.335m^3$

3-2) 고정포방출구의 개수
    3개 이상

3-3) 혼합장치의 방출량(m3/min)
    = 고정포방출구 필요양+보조포소화전 필요양
    = $A \times$ 방출률 $+ N \times 400$
    = $\dfrac{\pi}{4} \times (35m)^2 \times 4L/\min \cdot m^2 + 3$개 $\times 400L/\min$
    = $5,048L/\min = 5.048m^3/\min$

★★★★☆

문제4 다음은 CO_2 소화설비의 평면도이다.(단위 : mm) 다음 물음에 답하시오.

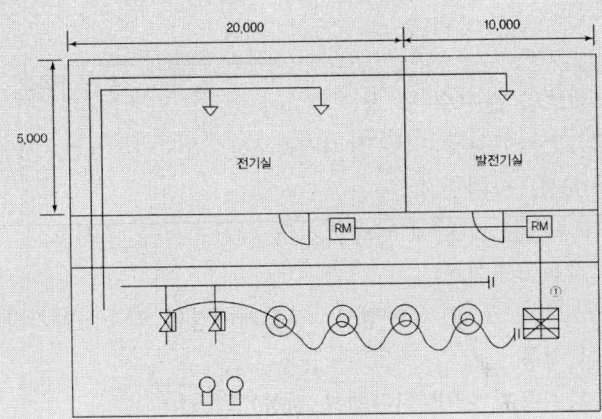

① 차동식 스포트형 2종 감지기를 사용한다.
② 각 층의 층고는 4 m이다.
③ 감지기는 다음 표에 의한 바닥면적마다 1개 이상을 설치한다.

부착높이 및 소방대상물의 구조		차동식	
		1종	2종
4 m 미만	주요구조부를 내화구조	90	70
	기타 구조의 소방대상물	50	40
4 m 이상 8 m 미만	주요구조부를 내화구조	45	35
	기타 구조의 소방대상물	30	25

④ 소방대상물은 내화구조이다.
⑤ 방호구역의 체적당 가스량은 $0.4 \, kg/m^3$로 한다.
⑥ CO_2 충전량은 병당 45kg이다.

4-1) 미완성된 도면을 완성하고 전선가닥수를 최소로 할 때 ①번 부분의 전선수를 용도별로 쓰시오. (오방출 정지스위치는 없는 것으로 간주한다)

4-2) 감지기의 작동부터 약제 방출까지의 작동순서를 쓰시오.

해답 4-1) 미완성된 도면을 완성하고 전선가닥수를 최소로 할 때
(가) 미완성된 도면의 완성

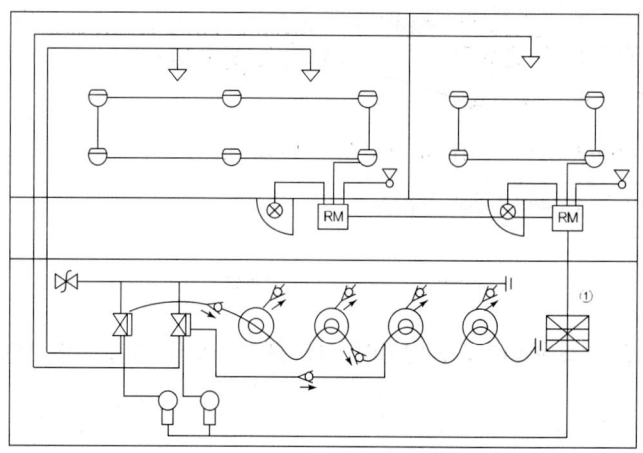

(나) ①번 부분의 전선수 및 용도
전원⊕ 1선, 전원⊖ 1선, 감지기A 2선, 감지기B 2선, 기동스위치 2선, 방출표시등 2선, 사이렌 2선

4-2) 감지기의 작동부터 약제 방출까지의 작동순서를 쓰시오.
① 감지기 작동(2개회로)
② 제어반 : 화재 표시, 음향경보, 자동폐쇄장치 작동, 환기장치 정지
③ 지연장치 작동
④ 기동용 가스용기 개방(전자밸브 작동)

⑤ 저장용기 및 선택밸브 개방
⑥ 약제 방출, 압력스위치 작동 및 방출표시등 점등

★★★★☆

문제5 다음의 CO₂소화설비에 대한 도면을 보고 물음에 답하시오.

① 전기실과 서고는 표면화재로 본다.
② 층고는 4.5 m 이며, 전기실과 서고에는 자동폐쇄장치가 설치되어 있지 않다. 전기실에는 1.8 m×2 m, 서고에는 0.9 m×2 m 크기의 개구부가 설치되어 있다.
③ 저장용기의 내용적은 68L, 충전비는 1.7이다.

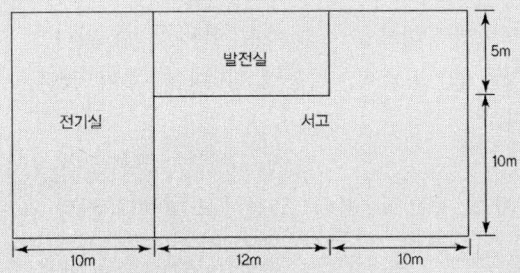

5-1) 전기실과 서고의 약제량을 계산하시오.
5-2) 전기실과 서고의 선택밸브 이후의 유량은 몇 kg/s 인가?
5-3) 저장용기실에 저장할 용기의 최소 병수는?
5-4) 설치되어야 할 체크밸브의 개수는 몇 개인가?

해답 5-1) 전기실과 서고의 약제량

① 전기실 = $10m \times 15m \times 4.5m = 675m^3$
= $675m^3 \times 0.8kg/m^3 + (1.8m \times 2m) \times 5kg/m^2 = 558kg$

② 서고 = $(22m \times 15m - 12m \times 5m) \times 4.5m = 1,215m^3$
= $1,215m^3 \times 0.8kg/m^3 + (0.9m \times 2m) \times 5kg/m^2 = 981kg$

5-2) 선택밸브 이후의 유량

① 전기실 = $\dfrac{558kg}{60s} = 9.3kg/s$

② 서고 = $\dfrac{981kg}{60s} = 16.35kg/s$

5-3) 저장용기실에 저장할 용기의 최소 병수 = $\dfrac{981kg}{\dfrac{68L/병}{1.7L/kg}} = 24.5 \rightarrow 25병$

5-4) 설치되어야 할 체크밸브의 개수
= 연결관 + 기동용 동관 = 25개 + 3개 = 28개

제6회 과년도 출제문제(2002. 11. 3)

★★☆☆☆

문제1 드렌처설비를 시공하고자 한다. 일반적인 사항을 간단히 기술하고, 배관 시 유의사항과 헤드의 방수량 및 배치에 대하여 기술하시오.

해답 1) 일반적인 사항
① 연소할 우려가 있는 개구부에 드렌처설비를 설치한 경우에는 당해 개구부에 한하여 스프링클러헤드를 설치하지 아니할 수 있다.
② 종류로는 창문형, 외벽형, 지붕형, 처마형 등이 있다.
2) 배관 시 유의사항
① 나사접합
㉠ 관을 바이스 등으로 죄어 고정하고 파이프커터 또는 철제톱으로 관축에 직각으로 절단한다.
㉡ 절단 후 절단 단면 내면에 생긴 쇠거스러미(Burr)를 파이프 리머로 r깎아 낸다.
② 용접접합
㉠ 용접 전에 용접 부위의 기름, 녹 따위를 제거한다.
㉡ 용접 부위를 60~70° 정도의 좁은 공간(Chamber)을 주고 깎는다.
③ 플랜지접합
㉠ 쇠브러쉬로 접합면, 볼트구멍 주위의 녹을 깨끗하게 제거한다.
㉡ 볼트는 각 볼트마다 두께 3~6 mm의 튼튼한 것을 사용한다.
3) 헤드의 방수량 : 드렌처설비는 드렌처헤드가 가장 많이 설치된 제어밸브에 설치된 드렌처헤드를 동시에 사용하는 경우에 각각의 헤드 선단에 방수압력이 0.1 MPa 이상, 방수량이 80 L/min 이상이 되도록 할 것
4) 배치 : 드렌처헤드는 개구부 위측에 2.5 m 이내마다 1개를 설치할 것

★★☆☆☆

문제2 성능시험배관의 시공방법을 기술하시오.

해답 1. 성능시험배관은 펌프의 토출 측에 설치된 개폐밸브 이전에서 분기하여 직선으로 설치하고, 유량측정장치를 기준으로 전단 직관부에는 개폐밸브를 후단 직관부에는 유량조절밸브를 설치할 것. 이 경우 개폐밸브와 유량측정장치 사이의 직관부

거리 및 유량측정장치와 유량조절밸브 사이의 직관부 거리는 해당 유량측정장치 제조사의 설치사양에 따르고, 성능시험배관의 호칭지름은 유량측정장치의 호칭지름에 따른다.
2. 유입구에는 개폐밸브를 둘 것
3. 유량측정장치는 펌프의 정격토출량의 175 % 이상 측정할 수 있는 성능이 있을 것
4. 가압송수장치의 체절운전 시 수온의 상승을 방지하기 위하여 체크밸브와 펌프사이에서 분기한 구경 20 mm 이상의 배관에 체절압력 미만에서 개방되는 릴리프밸브를 설치할 것

★★☆☆☆

문제3 면적이 380 m²인 경유거실의 제연설비에 대해 다음 물음에 답하시오.

3-1) 소요 배출량(CMH)을 산출하시오.
3-2) 흡입측 풍도(DUCT)의 높이를 600 mm로 할 때, 풍도의 최소 폭은 얼마(mm)인가? (단, 풍도 내 풍속은 NFSC를 근거로 한다)
3-3) 송풍기의 전압이 50 mmAq이고 효율이 55 %인 다익송풍기 사용 시 축동력(kW)을 구하시오. (단, 회전수는 1200 rpm, 여유율은 20 %)
3-4) 제연설비의 회전차 크기를 변경하지 않고 배출량을 20% 증가시키고자 할 때 회전수(rpm)를 구하시오.
3-5) 4)항의 회전수(rpm)로 운전할 경우 전압(mmAq)을 구하시오.
3-6) 3)항에서의 계산결과를 근거로 15 kW 전동기를 설치 후 풍량의 20 %를 증가시켰을 경우 전동기 사용 가능여부를 설명하시오. (계산과정을 나타낼 것)
3-7) 배연용 송풍기와 전동기의 연결방법에 대하여 설명하시오.
3-8) 제연설비에서 일반적으로 사용하는 송풍기의 명칭과 주요특징을 설명하시오.

해답 3-1) 소요 배출량

$$= 380 m^2 \times 1 m^3/\min \cdot m^2 \times 60 \min/hr = 22,800 m^3/hr = 22,800 CMH$$

3-2) 풍도의 최소 폭

$Q = Av$에서 $A = \dfrac{Q}{v}$

폭을 b라 하면 $0.6b = \dfrac{Q}{v}$에서 풍도의 최소 폭$(b) = \dfrac{Q}{0.6v}$

$$= \dfrac{\dfrac{22,800 m^3}{hr}}{0.6 \times 15 m/s} = \dfrac{\dfrac{22,800 m^3}{3600 s}}{0.6 \times 15 m/s} = 0.7037 m = 703.7 mm$$

3-3) 축동력

$$= \frac{P_t Q}{102\eta} = \frac{50mmAq \times \dfrac{22,800m^3}{hr}}{\dfrac{102kgf \cdot m/s}{1kW} \times 0.55} \times 1.2 = \frac{50kgf/m^2 \times \dfrac{22,800m^3}{3,600s}}{\dfrac{102kgf \cdot m/s}{1kW} \times 0.55} \times 1.2$$

$$= 6.77kW$$

3-4) 회전수

상사법칙 $\dfrac{Q_2}{Q_1} = \dfrac{N_2}{N_1}$ 에서 회전수$(N_2) = \dfrac{Q_2}{Q_1} \times N_1$

$$= \frac{22,800m^3/hr \times 1.2}{22,800m^3/hr} \times 1,200rpm = 1,440rpm$$

3-5) 전압

상사법칙 $\dfrac{P_2}{P_1} = \left(\dfrac{N_2}{N_1}\right)^2$ 에서

전압$(P_2) = \left(\dfrac{N_2}{N_1}\right)^2 \times P_1 = \left(\dfrac{1,440rpm}{1,200rpm}\right)^2 \times 50\text{mm}Aq = 72\text{mm}Aq$

3-6) 전동기 사용 가능 여부

$$전동기용량(kW) = \frac{P_t Q}{102\eta} \times K = \frac{72\text{mm}Aq \times \dfrac{22,800m^3 \times 1.2}{hr}}{\dfrac{102kgf \cdot m/s}{1kW} \times 0.55} \times 1.1$$

$$= \frac{72kgf/m^2 \times \dfrac{22,800m^3 \times 1.2}{3,600s}}{\dfrac{102kgf \cdot m/s}{1kW} \times 0.55} \times 1.1 = 10.73kW$$

따라서, $15kW$ 전동기를 사용할 수 있다.

3-7) 배연용 송풍기와 전동기의 연결방법

배출기의 전동기부분과 배풍기부분은 분리하여 설치하여야 하며, 배풍기부분은 유효한 내열처리를 할 것

3-8) 송풍기의 명칭과 주요특징

① 송풍기의 명칭 : 다익팬(시로코팬)

② 주요특징 : 전곡익형팬으로 소형이고 단가가 작으며 설치공간이 작고 효율이 낮다. 다익팬의 구동동력은 풍량이 증가하면 급격히 증가하며, 사용범위 이상 풍량이 커지면 전동기에 과부하가 걸린다.

★★★☆☆

문제4 동일 방호구역 내에 층별로 옥내소화전이 최대 3개씩 설치된 소방대상물이 있다. 최고위층에서 방수량을 측정하고자 한다. 다음 물음에 답하시오.

4-1) 피토게이지를 이용하여 노즐선단에서의 방수압을 측정하고자 한다. 측정 위치에 대하여 설명하시오.
4-2) 피토게이지를 이용한 방수압 측정 방법(순서)를 구체적으로 기술하시오.
4-3) 옥내소화전 방수량 공식 $Q = 0.653D^2\sqrt{P}$ (Q : Lpm, D : mm, P : kg/cm²)의 유도과정을 쓰시오.
4-4) 규정 방수압 초과 시 발생할 수 있는 문제점 2가지를 쓰시오.
4-5) 소화전 노즐에서 규정 방수압 초과 시 감압방식 4가지를 쓰고 간단히 설명하시오.

해답 4-1) 측정 위치

방수 시 관창선단으로부터 관창 구경의 1/2 떨어진 위치

4-2) 측정 방법(순서)
① 최상층에 설치된 3개소의 옥내소화전함 내에 비치된 호스와 직사형 관창을 각각 인출한다.
② 앵글밸브를 모두 개방하여 펌프 시동표시등 점등 상태 및 방수 유무를 확인한다.
③ 피토게이지를 이용하여 각 노즐 선단에서의 방수압을 측정한다.
④ 피토게이지의 지시치를 읽어 0.17~0.7MPa의 방수압 범위를 확인한다.
⑤ 앵글밸브를 폐쇄 후 펌프를 수동 정지시키고, 펌프시동표시등의 소등상태를 확인한다.

4-3) 유도과정

$Q = Av$

$Q = \dfrac{\pi \times D^2}{4} \times \sqrt{2 \times g \times \dfrac{P}{\gamma}} \times C_v$

중력가속도$(g) = 9.8 m/s^2$, 물의 비중량$(\gamma) = 1{,}000 kgf/m^3$,
속도계수$(C_v) = 0.99$ 이므로

$Q = \dfrac{\pi \times D^2}{4} \times \sqrt{2 \times 9.8 m/s^2 \times \dfrac{P}{1000 kgf/m^3}} \times 0.99$

$m^3 = 1{,}000 L$, $s = \dfrac{1}{60} min$, $m = 1{,}000 mm$, $kgf/m^2 = \dfrac{1}{10{,}000} kgf/cm^2$ 이므로

Q의 단위 m^3/s를 $L/\min$으로, D의 단위 m를 mm로, P의 단위 kgf/m^2을 kgf/cm^2으로 변환하려면 아래처럼 계수로 단위를 보정하여야 한다.

$$Q \times \frac{1}{1,000 \times 60} = \frac{\pi \times D^2 \times \frac{1}{1,000^2}}{4} \times \sqrt{2 \times 9.8 m/s^2 \times \frac{P \times 10,000}{1,000 kgf/m^3}} \times 0.99$$

$$Q = \frac{\pi \times 1,000 \times 60}{4 \times 1,000^2} \times \sqrt{2 \times 9.8 \times \frac{10,000}{1,000}} \times 0.99 D^2 \sqrt{P}$$

$$Q = 0.653 D^2 \sqrt{P}$$

4-4) 규정 방수압 초과 시 발생할 수 있는 문제점 2가지
  ① 큰 반동력으로 인해 소화 작업이 어려워질 수 있다.
  ② 배관, 배관 부속품 및 소방호스가 파손 될 수 있다.

4-5) 감압방식 4가지
  ① 감압용 오리피스방식 : 가장 많이 사용하는 방식으로 앵글밸브와 호스 접결구 사이에 감압용 오리피스를 설치한다.
  ② 고가수조방식 : 고가수조를 건물 옥상에 설치하고, 저층부에 대하여 소화펌프 없이 자연낙차를 이용하는 방식이다.
  ③ 구간별 전용배관방식 : 시스템을 고층부와 저층부로 분리한 후 입상관, 펌프 등을 각각 별도로 구분하여 설치하는 방식이다.
  ④ 중간펌프방식(부스터펌프방식, 가압펌프방식) : 입상배관 중간에 고층부로 급수할 수 있는 중간펌프를 추가로 직렬 설치하는 방식이다.
  ⑤ 감압밸브방식 : 시스템을 고층부와 저층부로 분리한 후 입상관, 감압밸브 등을 각각 별도로 구분하여 설치하는 방식이다.

★★★☆☆

문제5 바닥면적이 1,000 m², 실의 높이가 3 m, 컴퓨터실에 할론 1301 소화설비를 전역방출방식으로 하려고 한다. 다음 물음에 답하시오. (내화구조이며, 3 m × 2 m의 자동폐쇄 되지 않는 개구부 1개소가 있다)

5-1) 할론 1301의 최소 약제량(kg)을 산출하시오.
5-2) 할론 1301 소화약제 저장용기수를 쓰시오. (저장용기는 50 kg의 약제를 저장한다)
5-3) 방호구역에 차동식 스포트형1종 감지기를 설치할 경우 감지기 수를 산출하시오.
5-4) 감지회로의 최소 회로 수는 몇 개인가?
5-5) Soaking Time에 대하여 쓰시오.
5-6) 배관으로 강관을 사용할 경우 배관기준을 쓰시오.
5-7) 약제 방출률이 2 kg/s·cm²이고, 방사 헤드수가 25개, 노즐 1개의 방사압이 2 kg/cm²일 경우 노즐의 최소 오리피스 분구면적(mm²)을 구하시오.

해탑 5-1) 약제량(kg)
$= 1,000m^2 \times 3m \times 0.32kg/m^3 + 3m \times 2m \times 2.4kg/m^2 = 974.4kg$

5-2) 저장용기수
$= \dfrac{974.4kg}{\dfrac{50kg}{병}} = 19.48 \rightarrow 20병$

5-3) 감지기수
$= \dfrac{1,000m^2}{\dfrac{90m^2}{개}} = 11.11 \rightarrow 12개 \rightarrow$ 교차회로 방식이므로 $12개 \times 2 = 24개$

5-4) 감지회로의 최소 회로 수
교차회로방식이므로 2개 회로

5-5) Soaking Time
할론소화약제를 심부화재에 적용할 경우에는 소화가 가능한 고농도로 일정시간 유지시켜 주어야 하는데, 이때 필요한 시간을 Soaking Time(설계농도유지시간)이라 한다.

5-6) 강관을 사용할 경우 배관기준
강관을 사용하는 경우의 배관은 압력배관용 탄소강관(KS D 3562) 중 스케줄 40 이상의 것 또는 이와 동등 이상의 강도를 가진 것으로서 아연도금 등에 따라 방식처리된 것을 사용할 것

5-7) 노즐의 최소 오리피스 분구면적
$= \dfrac{\dfrac{974.4kg}{10s \times 25개}}{\dfrac{2kg}{s \cdot cm^2 \cdot 개}} = 1.9488 cm^2 = 194.88 mm^2$

제7회 과년도 출제문제(2004. 10. 31)

★★★★☆

문제1 다음 각각의 물음에 답하시오. (30점)

1-1) 제연설비 설치장소의 제연구획 기준 5가지를 열거하시오.
1-2) 옥내소화전 노즐선단에서의 방수압력이 7 kg/cm²를 초과하는 경우 시공상 감압방식을 4가지 이상 기술하시오.
1-3) 배관의 외기온도변화나 충격 등에 따른 신축작용에 의한 손상 방지용 신축이음의 종류 3가지 이상 기술하시오.
1-4) 포소화설비 혼합장치의 종류 4가지 열거하고 간략히 설명하시오.
1-5) 습식 외의 스프링클러설비에는 상향식 스프링클러헤드를 설치하여야 하나, 하향식 헤드를 사용할 수 있는 경우 3가지를 쓰시오.

해답 1-1) 제연구획 기준
① 하나의 제연구역의 면적은 1,000 m² 이내로 할 것
② 거실과 통로(복도를 포함한다)는 상호 제연구획할 것
③ 통로상의 제연구역은 보행중심선의 길이가 60 m를 초과하지 아니할 것
④ 하나의 제연구역은 직경 60 m 원내에 들어갈 수 있을 것
⑤ 하나의 제연구역은 2개 이상 층에 미치지 아니하도록 할 것. 다만, 층의 구분이 불분명한 부분은 그 부분을 다른 부분과 별도로 제연구획 하여야 한다.

1-2) 감압방식
① 감압용 오리피스방식
② 고가수조방식
③ 구간별 전용배관방식
④ 중간펌프방식(부스터펌프방식, 가압펌프방식)
⑤ 감압밸브 방식 중 4가지

1-3) 신축이음
① 루우프형(Loop type)
② 슬립형(Slip type)
③ 벨로우즈형(Bellows type)
④ 스위블형(Swivel type)
⑤ 볼조인트(Ball joint) 중 3가지

1-4) 혼합장치
① 펌프 푸로포셔너방식 : 펌프의 토출관과 흡입관 사이의 배관 도중에 설치한

흡입기에 펌프에서 토출된 물의 일부를 보내고, 농도조정밸브에서 조정된 포소화약제의 필요량을 포소화약제탱크에서 펌프 흡입측으로 보내어 이를 혼합하는 방식
② 프레져 푸로포셔너방식 : 펌프와 발포기의 중간에 설치된 벤추리관의 벤추리작용과 펌프 가압수의 포소화약제 저장탱크에 대한 압력에 따라 포소화약제를 흡입·혼합하는 방식
③ 라인 푸로포셔너방식 : 펌프와 발포기의 중간에 설치된 벤추리관의 벤추리작용에 따라 포소화약제를 흡입·혼합하는 방식
④ 프레져사이드 푸로포셔너방식 : 펌프의 토출관에 압입기를 설치하여 포소화약제 압입용펌프로 포소화약제를 압입시켜 혼합하는 방식

1-5) 하향식 헤드를 사용할 수 있는 경우
① 드라이펜던트 스프링클러헤드를 사용하는 경우
② 스프링클러헤드의 설치장소가 동파의 우려가 없는 곳인 경우
③ 개방형 스프링클러헤드를 사용하는 경우

★★☆☆☆

문제2 다음 각각의 물음에 답하시오. (30점)

2-1) 선택밸브 등을 이용하여 전기실 등을 방호하는 CO_2소화설비(연기감지기와 가스압력식 기동장치를 채용한 자동기동방식)의 각종 전기적, 기계적 구성기기의 작동순서를 연기감지기(감지기A, B)의 작동부터 분사헤드에서의 약제방출에 이르기까지 순차적으로 기술하시오. 단, 종합수신반과의 연동은 고려하지 않으며 감지기A, B 중 감지기A가 먼저 작동하고, 전자사이렌의 기동은 하나의 감지기 작동 후 이루어지며, 압력스위치는 선택밸브 2차측에 설치되는 조건임. 기기의 명칭은 일반적인 용어를 사용하되 화재안전기준에서 사용되는 용어도 가능함.

2-2) 스프링클러설비의 감시제어반에서 확인되어야 하는 스프링클러설비의 구성기기의 비정상상태 감시신호 4가지를 쓰시오. 단, 물올림탱크는 설치하지 않은 것으로 하며 수신반은 P형 기준임.

해답 2-1) 작동순서
① A감지기 작동 : 화재표시등 점등, 전자사이렌 기동
② B감지기 작동 : 자동폐쇄장치(전기식) 작동, 지연장치(타이머) 작동
③ 솔레노이드밸브 동작
④ 기동용기 개방
⑤ 저장용기의 용기밸브 및 선택밸브 개방

28th Day

⑥ 가스방출 → 압력스위치 작동 → 방출표시등 점등
⑦ 분사헤드에서 약제 방출

2-2) 비정상상태 감시신호
① 기동용 수압개폐장치의 압력스위치회로 - 각 펌프의 작동여부 확인
② 수조의 저수위감시회로 - 수조의 저수위 확인
③ 유수검지장치 또는 일제개방밸브의 압력스위치회로 - 유수검지장치 또는 일제개방밸브의 작동여부 확인
④ 일제개방밸브를 사용하는 설비의 화재감지기회로 - 화재감지기의 작동여부 확인
⑤ 개폐표시형 개폐밸브의 폐쇄상태 확인회로 - 탬퍼스위치의 작동여부 확인

★★★★☆

문제3 지상 25층 지하1층의 계단실형 APT에 옥내소화전과 스프링클러설비를 설치할 경우 다음 각각의 물음에 답하시오. (40점)

단, 지상층-층당 바닥면적은 320 m², 옥내소화전 2개/층, 폐쇄형 습식 스프링클러 헤드 28개/층
지하층-바닥면적 6,300 m²로 방화구획 완화규정 적용, 옥내소화전 9개와 준비작동식스프링클러설비가 혼합 설치, 소화펌프는 옥내소화전과 스프링클러 겸용이다.

3-1) 소화펌프의 토출량(L/min)과 전동기의 동력(kW)을 구하시오.
실양정 70 m, 손실수두 25 m, 전달계수 1.1, 효율 65%로 하며, 방수압은 옥내소화전을 기준으로 하되 안전율 10 m를 고려함

3-2) 필요한 수원의 양을 구하고, 수원을 전량 지하수조로만 적용하고자 할 때, 화재안전기준(NFSC)에 의한 조치방법을 제시하시오.

3-3) 소화펌프의 토출측 주배관(mm)의 수리계산방식에 의한 최소값을 구하시오.
(배관 내 유속은 옥내소화전화재안전기준-NFSC 102에 의한 상한값 사용)

3-4) 하나의 계단으로부터 출입할 수 있는 세대수가 층당 2세대일 경우 스프링클러설비의 방호구역 설정(지하 주차장 포함)

3-5) 옥내소화전과 호스릴옥내소화전의 차이점(수원, 방수압, 방수량, 배관, 수평거리)을 기술하시오.

해답 3-1) 소화펌프의 토출량과 전동기의 동력
① 소화펌프의 토출량 $= 2개 \times 130 L/\min + 10개 \times 80 L/\min = 1{,}060 L/\min$
② 전동기의 동력(kW)
전양정 $= h_1 + h_2 + h_3 + 17m = 70m + 25m + 17m + 10m = 122m$

$$전동기의\ 동력(kW) = \frac{\gamma QH}{102\eta} \times K = \frac{1000 kgf/m^3 \times \frac{1{,}060 L}{\min} \times 122m}{\frac{102 kgf \cdot m/s}{1 kW} \times 0.65} \times 1.1$$

$$= \frac{1000 kgf/m^3 \times \dfrac{1.06 m^3}{60 s} \times 122 m}{\dfrac{102 kgf \cdot m/s}{1 kW} \times 0.65} \times 1.1 = 35.76 kW$$

3-2) 필요한 수원의 양 등

① 필요한 수원의 양 $= 1,060 L/\min \times 20\min = 21,200 L = 21.2 m^3$

② 조치방법 : 주펌프와 동등 이상의 성능이 있는 별도의 펌프로서 내연기관의 기동과 연동하여 작동되거나 비상전원을 연결하여 설치한다.

3-3) 소화펌프의 토출측 주배관의 수리계산방식에 의한 최소 값

$Q = \dfrac{\pi}{4} D^2 v$ 에서

$$D = \sqrt{\dfrac{4Q}{\pi v}} = \sqrt{\dfrac{4 \times \dfrac{1,060 L}{\min}}{\pi \times \dfrac{4m}{s}}} = \sqrt{\dfrac{4 \times \dfrac{1.06 m^3}{60 s}}{\pi \times \dfrac{4m}{s}}} = 0.075 m = 75 mm$$

3-4) 스프링클러설비의 방호구역 설정

지상층	$\dfrac{320 m^2/층}{3,000 m^2/구역} = 0.11$구역/층 → 1구역/층 × 25개층 = 25구역
지하층	$\dfrac{6,300 m^2}{3,000 m^2/구역} = 2.1$구역 → 3구역
합계	25구역 + 3구역 = 28구역

3-5) 옥내소화전과 호스릴옥내소화전의 차이점

구분	옥내소화전	호스릴옥내소화전
수원	옥내소화전의 설치개수가 가장 많은 층의 설치개수(2개 이상 설치된 경우에는 2개)에 2.6 m³를 곱한 양 이상	옥내소화전의 설치개수가 가장 많은 층의 설치개수(2개 이상 설치된 경우에는 2개)에 2.6 m³를 곱한 양 이상
방수압	0.17 MPa 이상	0.17 MPa 이상
방수량	130 L/min 이상	130 L/min 이상
배관	가지배관 : 40 mm 이상 수직배관 : 50 mm 이상	가지배관 : 25 mm 이상 수직배관 : 32 mm 이상
수평거리	25 m 이하	25 m 이하

제8회 과년도 출제문제(2005. 7. 3)

★★★★☆

문제1 옥외소화전설비에 대하여 아래 조건을 참고하여 문제에 답하시오. (30점)

(정압흡입방식, 기동장치는 기동용 수압개폐장치 사용, 지상식 옥외소화전 2개 설치)
1-1) 펌프의 흡입측과 토출측의 주위 배관을 도시하고 밸브 및 기구 등의 이름을 쓰시오. (12점)
1-2) 안전밸브와 릴리프밸브의 차이점을 쓰시오. (6점)
1-3) 릴리프밸브의 압력설정방법을 쓰시오. (6점)
1-4) 소화전의 동파방지를 위하여 시공 시 유의해야 할 사항 2가지를 쓰시오. (6점) (동파방지 기구 등을 추가적으로 실시하는 것을 고려하지 않음)

해답 1-1) 펌프의 흡입측과 토출측의 주위 배관

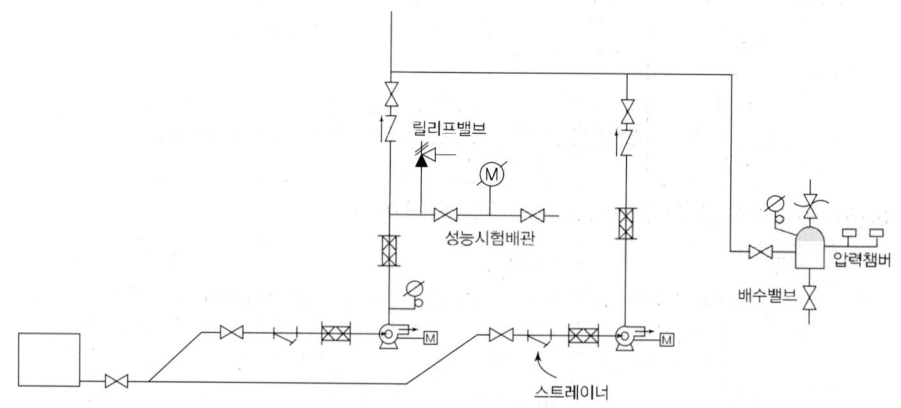

1-2) 안전밸브와 릴리프밸브의 차이점

안전밸브	릴리프밸브
가스나 증기용	액체용
제조시 공장에서 작동압력을 설정	현장에서 임으로 작동압력을 설정 가능

1-3) 릴리프밸브의 압력설정방법
① 동력제어반(MCC)에서 주펌프의 운전스위치를 수동의 위치로 한다.
② 주펌프 토출측 밸브를 폐쇄한다.
③ 주펌프를 동력제어반(MCC)에서 수동으로 기동한다.
④ 릴리프밸브의 위 뚜껑(캡)을 열고 스패너 등으로 릴리프밸브를 조작하여 순환배관으로 물이 흐르는 것을 확인한다. 이때, 압력계의 눈금은 펌프의 체절압력 미만의 압력이어야 한다.

⑤ 릴리프밸브의 위 뚜껑(캡)을 닫는다.
⑥ 동력제어반(MCC)에서 주펌프를 수동으로 정지한다.
⑦ 주펌프 토출측 밸브를 개방한다.
⑧ 주펌프를 동력제어반(MCC)에서 자동 위치로 한다.

1-4) 동파방지를 위하여 시공 시 유의해야 할 사항
① 배관을 동결심도 밑으로 매설한다.
② 배수가 잘 될 수 있도록 모래, 자갈 등으로 주변을 채운다.

★★★★☆

문제2 콘루프형 위험물저장 옥외탱크(내경 15 m × 높이 10 m)에 Ⅱ형포방출구 2개를 설치할 경우 (30점)

[조건] 가. 포수용액량 : 220 L/m²
나. 포방출률 : 4 L/m² · min
다. 소화약제(포)의 사용농도 : 3 %
라. 보조포소화전 4개 설치
마. 송액관 내경 100 mm 길이 500 m

2-1) 고정포방출구에서 방출하기 위하여 필요한 소화약제 저장량 (15점)
2-2) 보조포소화전에서 방출하기 위하여 필요한 소화약제 저장량 (5점)
2-3) 탱크까지 송액관에 충전하기 위하여 필요한 소화약제 저장량 (5점)
2-4) 그 합을 구하라. (5점)

해답 2-1) 고정포방출구에서 방출하기 위하여 필요한 소화약제 저장량
= 액표면적 × 포수용액량 × 사용농도
$= \frac{\pi}{4} \times (15m)^2 \times 220 L/m^2 \times 0.03 = 1,166.32 L$

2-2) 보조포소화전에서 방출하기 위하여 필요한 소화약제 저장량
$= N \times S \times 400 L/min \times 20min = NS\,8000 = 3개 \times 0.03 \times 8,000 L = 720 L$

2-3) 탱크까지 송액관에 충전하기를 하여 필요한 소화약제 저장량
$= A \times L \times S \times 1000 = \frac{\pi}{4} \times (0.1m)^2 \times 500m \times 0.03 \times 1,000 L/m^3 = 117.81 L$

2-4) 그 합을 구하라.
$= 1,166.32 L + 720 L + 117.81 L = 2,004.13 L ≒ 2 m^3$

28th Day

★★★★☆

문제3 한 개의 방호구역으로 구성된 가로 15 m, 세로 15 m, 높이 6 m의 랙크식 창고에 특수가연물을 저장하고 있고, 표준형 스프링클러헤드 폐쇄형을 정방형으로 설치하려고 한다. (40점)

3-1) 헤드 설치 수(15점)
3-2) 총 헤드를 담당하는 최소배관의 구경(스케줄방식 배관) (15점)
3-3) 헤드 1개당 80ℓ/min으로 방출 시 옥상수조를 포함한 수원의 양(ℓ) (10점)

해답 없음(2024년 1월 1일에 제정된 창고시설의 화재안전기술기준(NFTC 609)에 따르면 랙크식 창고에는 "표준형 스프링클러헤드 폐쇄형"을 설치할 수 없음)

TIP ※ 창고시설의 화재안전기술기준(NFTC 609)

2.3.1 스프링클러설비의 설치방식은 다음 기준에 따른다.
2.3.1.1 창고시설에 설치하는 스프링클러설비는 라지드롭형 스프링클러헤드를 습식으로 설치할 것. 다만, 다음의 어느 하나에 해당하는 경우에는 건식스프링클러설비로 설치할 수 있다.
 (1) 냉동창고 또는 영하의 온도로 저장하는 냉장창고
 (2) 창고시설 내에 상시 근무자가 없어 난방을 하지 않는 창고시설
2.3.1.2 랙식 창고의 경우에는 2.3.1.1에 따라 설치하는 것 외에 라지드롭형 스프링클러헤드를 랙 높이 3 m 이하마다 설치할 것. 이 경우 수평거리 15 cm 이상의 송기공간이 있는 랙식 창고에는 랙 높이 3 m 이하마다 설치하는 스프링클러헤드를 송기공간에 설치할 수 있다.
2.3.1.3 창고시설에 적층식 랙을 설치하는 경우 적층식 랙의 각 단 바닥면적을 방호구역 면적으로 포함할 것
2.3.1.4 2.3.1.1 내지 2.3.1.3에도 불구하고 천장 높이가 13.7 m 이하인 랙식 창고에는 「화재조기진압용 스프링클러설비의 화재안전기술기준(NFTC 103B)」에 따른 화재조기진압용 스프링클러설비를 설치할 수 있다.
2.3.2 수원의 저수량은 다음의 기준에 적합해야 한다.
2.3.2.1 라지드롭형 스프링클러헤드의 설치개수가 가장 많은 방호구역의 설치개수(30개 이상 설치된 경우에는 30개)에 3.2 m³(랙식 창고의 경우에는 9.6 m³)를 곱한 양 이상이 되도록 할 것
2.3.2.2 2.3.1.4에 따라 화재조기진압용 스프링클러설비를 설치하는 경우 「화재조기진압용 스프링클러설비의 화재안전기술기준(NFTC 103B)」 2.2.1에 따를 것

제9회 과년도 출제문제(2006. 7. 2)

★★★★★

문제1 할로겐화합물 청정소화설비의 약제 저장량을 구하시오. (25점)

[조건]
가. 10초 동안 약제가 방사될 시 설계농도의 95%에 해당하는 약제가 방출된다.
나. 실의 구조는 가로 4 m, 세로 5 m, 높이 4 m이다.
다. K₁=0.2413, k₂=0.00088, 실온은 20 ℃이다.
라. A,C급화재 발생 가능 장소로써, 소화농도는 8.5%이다.

해답 소화약제별 선형상수$(S) = K_1 + K_2 \times t$
$$= 0.2414 + 0.00088 \times 20℃ = 0.2589 m^3/kg$$

설계농도(C) = 소화농도 × 안전계수 = 8.5% × 1.2 = 10.2%

방호구역 체적$(V) = 4m \times 5m \times 4m = 80m^3$

약제 저장량$(W) = \dfrac{V}{S} \times \left[\dfrac{C}{(100-C)}\right] = \dfrac{80m^3}{0.2589 m^3/kg} \times \left[\dfrac{10.2\%}{(100-10.2\%)}\right]$

$= 35.1 kg$

TIP ※ **설계농도**
설계농도는 소화농도(%)에 안전계수(A·C급화재 1.2, B급화재 1.3)를 곱한 값으로 할 것

★★★★☆

문제2 다음 물음에 각각 답하시오. (40점)

2-1) 바닥면적 350 m², 높이 5 m, 전압 75 mmAq, 효율 65%, 전달계수 1.1인 Fan의 동력을 마력(PS)으로 산정하시오. (10점)
2-2) 길이가 3,000 m인 터널이 있다. 설치할 수 있는 소방시설의 종류를 모두 쓰시오. (10점)
2-3) 전실제연설비의 제어반 기능 5가지를 쓰시오. (20점)

해답 2-1) Fan의 동력

풍량$(Q) = 350m^2 \times 1m^3/min/m^2 = 350m^3/min$

동력$(P) = \dfrac{P_t Q}{75\eta} \times K = \dfrac{75\text{mm}Aq \times \dfrac{350m^3}{min}}{\dfrac{75kgf \cdot m/s}{1PS} \times 0.65} \times 1.1$

$= \dfrac{75kgf/m^2 \times \dfrac{350m^3}{60s}}{\dfrac{75kgf \cdot m/s}{1PS} \times 0.65} \times 1.1 = 9.87PS$

2-2) 설치할 수 있는 소방시설의 종류
 ① 소화기
 ② 옥내소화전설비
 ③ 물분무소화설비
 ④ 비상경보설비
 ⑤ 자동화재탐지설비
 ⑥ 비상조명등
 ⑦ 제연설비
 ⑧ 연결송수관설비
 ⑨ 비상콘센트설비
 ⑩ 무선통신보조설비

2-3) 전실제연설비의 제어반 기능
 ① 급기용 댐퍼의 개폐에 대한 감시 및 원격조작기능
 ② 배출댐퍼 또는 개폐기의 작동여부에 대한 감시 및 원격조작기능
 ③ 급기송풍기와 유입공기의 배출용 송풍기(설치한 경우에 한한다)의 작동여부에 대한 감시 및 원격조작기능
 ④ 제연구역의 출입문의 일시적인 고정개방 및 해정에 대한 감시 및 원격조작기능
 ⑤ 수동기동장치의 작동여부에 대한 감시기능
 ⑥ 급기구 개구율의 자동조절장치(설치하는 경우에 한한다)의 작동여부에 대한 감시기능. 다만, 급기구에 차압표시계를 고정 부착한 자동차압급기댐퍼를 설치하고 당해 제어반에도 차압표시계를 설치한 경우에는 그렇지 않다.
 ⑦ 감시선로의 단선에 대한 감시기능
 ⑧ 예비전원이 확보되고 예비전원의 적합여부를 시험할 수 있어야 할 것

29th Day

★★★★★

문제3 그림과 같은 지상 10층, 지하 2층에 대한 다음 각 물음에 답하시오. 내부는 방화구획이나 칸막이가 되어있지 않다. (35점)

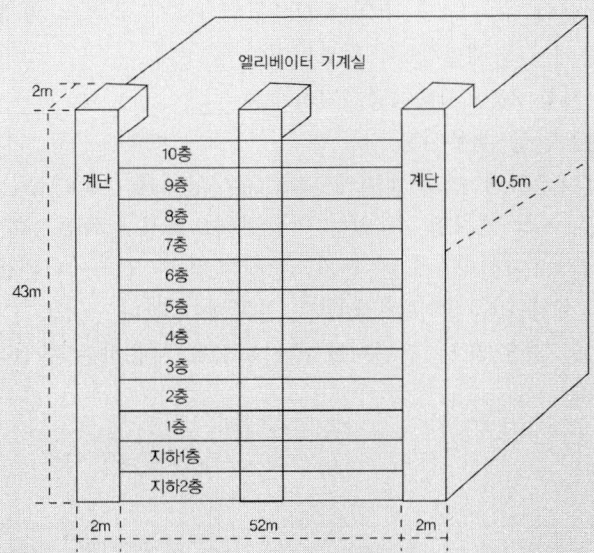

3-1) 자동화재탐지설비의 경계구역 수를 산출하시오. 단, 산출과정을 상세히 설명할 것. (15점)

3-2) 지상1층에서 화재발생시 경보되어야 할 층을 쓰시오. (10점)

3-3) 다음 ( )안을 채우시오. (10점)
자동화재탐지설비에는 그 설비에 대한 감시상태를 ( )분간 지속한 후 유효하게 ( )분 이상 경보할 수 있는 비상전원으로서 ( )(수신기에 내장하는 경우를 포함한다) 또는 전기저장장치(외부 전기에너지를 저장해 두었다가 필요한 때 전기를 공급하는 장치)를 설치해야 한다. 다만, ( )이 ( )인 경우 또는 건전지를 주전원으로 사용하는 무선식 설비인 경우에는 그렇지 않다.

해답 3-1) 자동화재탐지설비의 경계구역 수

- 거실
  1개층 바닥면적 − (계단 2개소 + E/V샤프트 1개소)
  = $56m \times 10.5m - (2m \times 2m \times 3개소) = 576m^2$
  1개층 바닥면적 $576m^2$은 하나의 경계구역에 해당하나, 한 변의 길이가 50m를 초과(56m)하므로 하나의 층은 각각 2개의 경계구역으로 산정
  → 층당 2개 경계구역×12개층 → 24개 구역

- 계단실
  계단실은 지하2층 이상이므로 지상층과 지하층은 별도의 경계구역으로 산정
  → 2개 경계구역×2개 계단실 → 4개 구역

- 엘리베이터기계실

  엘리베이터기계실은 계단, 경사로와 같이 45m마다 구획하는 것이 아니므로, 1개의 경계구역으로 설정

  ∴ 총 경계구역 수= 24개 구역 + 4개 구역 + 1개 구역 = 29개 구역

3-2) 지상 1층에서 화재발생 시 경보되어야 할 층

  지상 1층, 지상 2층, 지하 1층, 지하 2층

3-3) 다음 (   ) 안을 채우시오.

  자동화재탐지설비에는 그 설비에 대한 감시상태를 (60)분간 지속한 후 유효하게 (10)분 이상 경보할 수 있는 비상전원으로서 (축전지설비)(수신기에 내장하는 경우를 포함한다) 또는 전기저장장치(외부 전기에너지를 저장해 두었다가 필요한 때 전기를 공급하는 장치)를 설치해야 한다. 다만, (상용전원)이 (축전지설비)인 경우 또는 건전지를 주전원으로 사용하는 무선식 설비인 경우에는 그렇지 않다.

제10회 과년도 출제문제 (2008. 9. 28)

★★★★☆

문제1 다음의 할로겐화합물 및 불활성기체소화약제에 대하여 답하시오. (30점)

1-1) 다음의 용어 정의를 설명하시오.
① 할로겐화합물 및 불활성기체소화약제
② 할로겐화합물소화약제
③ 불활성기체소화약제
1-2) 할로겐화합물 및 불활성기체소화설비를 설치해서는 안 되는 장소를 쓰시오. (6점)
1-3) 최대허용설계농도가 가장 높은 소화약제명을 쓰시오. (4점)
1-4) 최대허용설계농도가 가장 낮은 소화약제명을 쓰시오. (4점)
1-5) 과압배출구 설치 장소를 쓰시오.
1-6) 자동폐쇄장치의 설치기준을 쓰시오.
1-7) 저장용기 재충전 또는 교체기준을 쓰시오.

해답 1-1) 다음의 용어 정의를 설명

① 할로겐화합물 및 불활성기체소화약제 : 할로겐화합물(할론 1301, 할론 2402, 할론 1211 제외) 및 불활성 기체로서 전기적으로 비전도성이며 휘발성이 있거나 증발 후 잔여물을 남기지 않는 소화약제를 말한다.
② 할로겐화합물소화약제 : 불소, 염소, 브롬 또는 요오드 중 하나 이상의 원소를 포함하고 있는 유기화합물을 기본성분으로 하는 소화약제를 말한다.
③ 불활성기체소화약제 : 헬륨, 네온, 아르곤 또는 질소가스 중 하나 이상의 원소를 기본성분으로 하는 소화약제를 말한다.

1-2) 할로겐화합물 및 불활성기체소화설비를 설치해서는 안 되는 장소
① 사람이 상주하는 곳으로써 최대허용 설계농도를 초과하는 장소
② 「위험물안전관리법 시행령」 별표 1의 제3류위험물 및 제5류위험물을 저장·보관·사용하는 장소. 다만, 소화성능이 인정되는 위험물은 제외한다.

1-3) 최대허용설계농도가 가장 높은 소화약제명
IG-01, IG-100, IG-541, IG-55

1-4) 최대허용설계농도가 가장 낮은 소화약제명
FIC-13I1

※ 최대허용설계농도

소화약제	최대허용설계농도(%)
FC-3-1-10	40
HCFC BLEND A	10
HCFC-124	1.0
HFC-125	11.5
HFC-227ea	10.5
HFC-23	30
HFC-236fa	12.5
FIC-13I1	0.3
FK-5-1-12	10
IG-01	43
IG-100	43
IG-541	43
IG-55	43

1-5) 과압배출구 설치 장소

할로겐화합물 및 불활성기체소화약제 소화설비의 방호구역에 소화약제가 방출 시 과압으로 인하여 구조물 등에 손상이 생길 우려가 있는 장소

1-6) 자동폐쇄장치의 설치기준

① 환기장치 등을 설치한 것은 소화약제가 방출되기 전에 해당 환기장치 등이 정지될 수 있도록 할 것

② 개구부가 있거나 천장으로부터 1 m 이상의 아래부분 또는 바닥으로부터 해당 층의 높이의 3분의 2 이내의 부분에 통기구가 있어 소화약제의 유출에 따라 소화효과를 감소시킬 우려가 있는 것은 소화약제가 방출되기 전에 해당 개구부 및 통기구를 폐쇄할 수 있도록 할 것

③ 자동폐쇄장치는 방호구역 또는 방호대상물이 있는 구획의 밖에서 복구할 수 있는 구조로 하고, 그 위치를 표시하는 표지를 할 것

1-7) 저장용기 재충전 또는 교체기준

① 할로겐화합물소화약제 : 저장용기의 약제량 손실이 5 %를 초과하거나 압력손실이 10 %를 초과할 경우에는 재충전하거나 저장용기를 교체할 것

② 불활성기체소화약제 : 저장용기의 압력손실이 5 %를 초과하는 경우 재충전하거나 저장용기를 교체할 것

★★★★☆

문제2 특별피난계단의 계단실 및 부속실제연설비에 대하여 설명하시오. (40점)

2-1) 제연방식 기준 3가지를 쓰시오. (12점)
2-2) 제연구역 선정기준 3가지를 쓰시오. (12점)
2-3) 다음의 조건을 이용하여 부속실과 거실 사이의 차압(Pa)을 구하고, 화재안전 기준에 의한 최소 차압 40Pa과 비교하여 설명하시오. (16점)

[조건]
① 거실과 부속실의 출입문 개방에 필요한 힘 F_1=50N이다.
② 화재 시 거실과 부속실의 출입문 개방에 필요한 힘 F_2=90N이다.
③ 출입문 폭(W)=0.9m, 높이(h)=2m
④ 손잡이는 출입문 끝에 있다고 가정한다.
⑤ 스프링클러설비 미설치

해답 2-1) 제연방식 기준
① 제연구역에 옥외의 신선한 공기를 공급하여 제연구역의 기압을 제연구역 이외의 옥내(이하 "옥내"라 한다)보다 높게 하되 일정한 기압의 차이(이하 "차압"이라 한다)를 유지하게 함으로써 옥내로부터 제연구역 내로 연기가 침투하지 못하도록 할 것
② 피난을 위하여 제연구역의 출입문이 일시적으로 개방되는 경우 방연풍속을 유지하도록 옥외의 공기를 제연구역내로 보충 공급하도록 할 것
③ 출입문이 닫히는 경우 제연구역의 과압을 방지할 수 있는 유효한 조치를 하여 차압을 유지할 것

2-2) 제연구역 선정기준
① 계단실 및 그 부속실을 동시에 제연하는 것
② 부속실을 단독으로 제연하는 것
③ 계단실을 단독으로 제연하는 것
④ 비상용승강기 승강장을 단독으로 제연하는 것

2-3) 부속실과 거실사이의 차압
① 부속실과 거실 사이의 차압
화재 시 차압에 의한 출입문 개방에 필요한 힘
$= F_2 - F_1 = 90N - 50N = 40N$

차압에 의해 출입문에 작용하는 모멘트와 출입문 개방에 필요한 힘 성분의 모멘트 관계

$F \times (W - d) = PA \times \dfrac{W}{2}$

$40N \times (0.9m - 0) = P \times (0.9m \times 2m) \times \dfrac{0.9m}{2}$

29th Day

$P = 44.44 Pa$

② 화재안전기준에 의한 최소차압 $40 Pa$과 비교하여 설명

최소 차압은 $40 Pa$ 이상이므로 $44.44 Pa$의 차압은 적합하다.

> **TIP** ※화재 시 차압에 의한 출입문 개방에 필요한 힘
>
> $$F \times (W - d) = PA \times \frac{W}{2}$$
>
> F : 화재 시 차압에 의한 출입문 개방에 필요한 힘(N)
> W : 출입문 폭(m) P : 차압(Pa)
> A : 출입문 면적(m²) d : 손잡이 위치(m)

★★★☆☆

문제3 헤드 방수압력이 0.1MPa일 때 방수량이 80 Lpm인 폐쇄형 스프링클러설비의 수리계산에 대하여 답하시오. (30점)

[조건] 1. $H_1 \sim H_5$까지의 각 헤드마다의 방수압력 차이는 0.02MPa이다.
   2. A~B 구간의 마찰손실은 0.03MPa이다.
   3. H_1 헤드에서의 방수량은 80 Lpm이다.

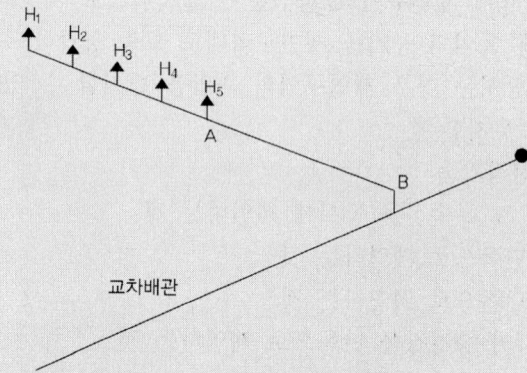

3-1) A 지점의 필요최소압력은 몇 MPa인가? (10점)
3-2) 각 헤드에서의 방수량은 몇 Lpm인가?
3-3) A~B 구간에서의 유량은 몇 Lpm인가?
3-4) A~B 구간에서의 최소 내경은 몇 mm인가?

3-1) A지점의 필요 최소 압력=0.1 MPa+(0.02 MPa×4)=0.18 MPa

3-2) 각 헤드에서의 방수량

$$Q = K\sqrt{10P} \text{ 에서 방출계수 } K = \frac{Q}{\sqrt{10P}} = \frac{80 Lpm}{\sqrt{10 \times 0.1 \text{MPa}}} = 80$$

H_1 헤드에서의 방수량= $K\sqrt{10P}$ = $80 \times \sqrt{10 \times 0.1 \text{MPa}}$ = $80 Lpm$

H_2 헤드에서의 방수량= $K\sqrt{10P}$ = $80 \times \sqrt{10 \times 0.12 \text{MPa}}$ = $87.64 Lpm$

H_3 헤드에서의 방수량= $K\sqrt{10P}$ = $80 \times \sqrt{10 \times 0.14 \text{MPa}}$ = $94.66 Lpm$

H_4 헤드에서의 방수량= $K\sqrt{10P}$ = $80 \times \sqrt{10 \times 0.16 \text{MPa}}$ = $101.19 Lpm$

H_5 헤드에서의 방수량= $K\sqrt{10P}$ = $80 \times \sqrt{10 \times 0.18 \text{MPa}}$ = $107.33 Lpm$

3-3) A~B 구간에서의 유량

$= 80 + 87.64 + 94.66 + 101.19 + 107.33 = 470.82 Lpm$

3-4) A~B 구간에서의 최소 내경

$$Q = Av = \frac{\pi}{4}D^2 v \text{ 에서}$$

$$D = \sqrt{\frac{4Q}{\pi v}} = \sqrt{\frac{4 \times 470.82 Lpm}{\pi \times 6 m/s}}$$

$$= \sqrt{\frac{4 \times \frac{470.82 L}{\min}}{\pi \times 6 m/s}} = \sqrt{\frac{4 \times \frac{0.47082 m^3}{60 s}}{\pi \times 6 m/s}}$$

$$= 0.04081 m = 40.81 \text{mm}$$

제11회 과년도 출제문제(2010. 9. 5)

★★★☆☆

문제1 다음은 소화펌프의 흡입측 배관을 설계한 도면이다. 다음 물음에 답하시오. (40점)

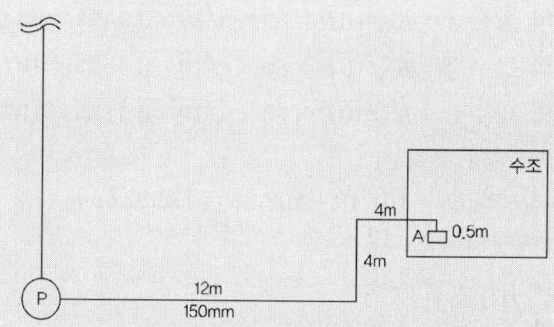

[조건]
1) 펌프의 토출량은 180 m³/hr이다.
2) 소화펌프의 토출압은 0.8 MPa이다.
3) 흡입 배관상의 관부속품(엘보 등)의 직관 상당길이는 10 m로 적용한다.
4) 소화수 증기압은 0.023 kg/cm², 대기압은 1 atm으로 적용한다.
5) 배관 압력손실은 아래의 Hazen-Williams식으로 계산한다. (단, 속도수두는 무시한다)

$$\Delta H = 6.05 \times \frac{Q^{1.85} \times L}{C^{1.85} \times D^{4.87}} \times 10^6$$

여기서, ΔH : 압력손실(mH$_2$O)
Q : 유량(L/min)
C : 마찰계수(100)
L : 배관길이(m)
D : 배관내경(mm)

6) 유효흡입양정의 기준점은 A로 한다.

[물음]
1-1) 흡입배관에서의 마찰손실수두(mH$_2$O)를 계산하시오. (단, 계산과정을 쓰고 답을 소수점 넷째자리에서 반올림해서 셋째자리까지 구하시오) (10점)
1-2) 유효흡입양정(NPSHav : avalable NPSH)을 계산하시오. (단, 계산과정을 쓰고 답을 소수점 넷째자리에서 반올림해서 셋째자리까지 구하시오) (10점)
1-3) 필요흡입양정(NPSHre : required NPSH)이 7mH$_2$O일 때 정상적인 흡입운전 가능여부를 판단하고 그 근거를 쓰시오. (5점)
1-4) 유효흡입양정과 필요흡입양정의 개념을 쓰고, NPSHav와 NPSHre의 관계를 그래프로 설명하시오. (15점)

해답 1-1) 흡입배관에서의 마찰손실수두(mH_2O)

$$= 6.05 \times \frac{Q^{1.85} \times L}{C^{1.85} \times D^{4.87}} \times 10^6$$

$$= 6.05 \times \frac{(180m^3/hr)^{1.85} \times (12m + 4m + 4m + 0.5m + 10m)}{100^{1.85} \times (150㎜)^{4.87}} \times 10^6$$

$$= 6.05 \times \frac{\left(\frac{180000L}{60\min}\right)^{1.85} \times (30.5m)}{100^{1.85} \times (150㎜)^{4.87}} \times 10^6 = 2.5186$$

답 : $2.519 mH_2O$

1-2) 유효흡입양정($NPSH_{av}$: available NPSH)
   = 대기압 + 압입높이 − 흡입마찰 − 증기압
   = $1atm + (4m - 0.5m) - 2.519m - 0.023㎏/㎝^2$
   = $10.332m + 3.5m - 2.519m - 0.23m = 11.083 mH_2O$

답 : $11.083 mH_2O$

1-3) 필요흡입양정($NPSH_{re}$: required NPSH)이 $7mH_2O$일 때 정상적인 흡입운전 가능여부의 판단 및 그 근거
   ① 판단 : 정상적인 흡입운전이 가능하다.
   ② 근거 : 유효흡입양정($NPSH_{av}$)이 $11.083 mH_2O$로서 필요흡입양정($NPSH_{re}$) 인 $7mH_2O$ 이상이므로 공동현상이 발생하지 않으며 정상적인 흡입운전이 가능하다.

1-4) 유효흡입양정과 필요흡입양정의 개념을 쓰고, $NPSH_{av}$와 $NPSH_{re}$의 관계를 그래프로 설명
   ① 유효흡입양정($NPSH_{av}$) : 유효흡입양정($NPSH\,av$; Available Net Positive Suction Head)은 펌프의 흡입 절대압력에서 그 수온의 포화증기압을 감한 것으로서, 손실부분을 전부 제거하고 물이 대기압에 의해 펌프 속으로 밀려들어가는 순간 가지고 들어가는 잔여분의 수두이다.
   ② 필요흡입양정($NPSH_{re}$) : 펌프에서 소화수를 토출하기 위해서는 펌프 내부의 압력 강하가 필요한데, 이때 필요한 압력 강하는 펌프의 종류와 성능에 따라 다르며, 펌프가 제작될 때 이미 결정되어지는 값으로서 이를 필요흡입양정($NPSH\,re$: required Net Positive Suction Head)이라고 한다.

③ $NPSH_{av}$와 $NPSH_{re}$의 관계

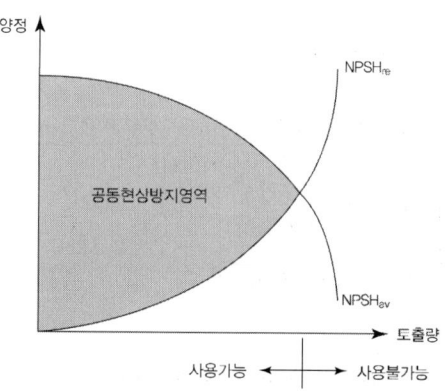

$NPSHav \geq NPSHre$: 공동현상이 발생하지 않음(사용 가능 영역)
$NPSHav < NPSHre$: 공동현상이 발생함(사용 불가능 영역)

★★★★☆

문제2 물분무소화설비의 화재안전기준(NFSC 104)에 관하여 다음 각 물음에 답하시오. (30점)

2-1) 아래 그림과 같이 바닥면이 자갈로 되어 있는 절연유 봉입변압기에 물분무소화설비를 설치하고자 한다. (단, 계산과정을 쓰시오) (15점)

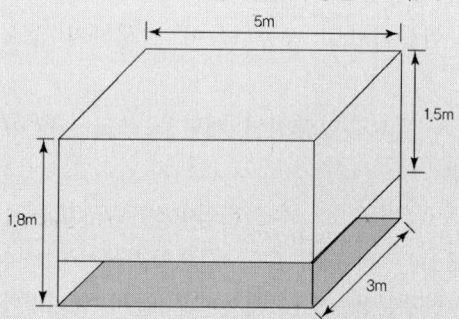

① 소화펌프의 최소 토출량(L/min)을 계산하시오. (10점)
② 필요한 최소 수원의 양(m³)을 계산하시오. (5점)

2-2) 고압의 전기 기기가 있는 경우 물분무헤드와 전기기기의 이격 기준인 아래의 표를 완성하시오. (7점)

전압(kV)	거리(cm)	전압(kV)	거리(cm)

2-3) 차고 또는 주차장에 물분무소화설비를 설치하는 경우 배수설비의 설치기준 4가지를 쓰시오. (8점)

해답 2-1) ① 소화펌프의 최소 토출량(ℓ/min)
  =[(5 m×3 m)+(3 m×1.5 m×2면)+(5 m×1.5 m×2면)]×10 L/m²·min
  =390 L/min
  ② 필요한 최소 수원의 양(m³)=390 L/min×20 min=7,800 L=7.8 m³

2-2) 고압의 전기 기기가 있는 경우 물분무헤드와 전기기기의 이격 기준

전압(kV)	거리(cm)	전압(kV)	거리(cm)
66 이하	70 이상	154 초과 181 이하	180 이상
66 초과 77 이하	80 이상	181 초과 220 이하	210 이상
77 초과 110 이하	110 이상	220 초과 275 이하	260 이상
110 초과 154 이하	150 이상		

2-3) 차고 또는 주차장에 물분무소화설비를 설치하는 경우 배수설비의 설치기준
  ① 차량이 주차하는 장소의 적당한 곳에 높이 10 cm 이상의 경계턱으로 배수구를 설치할 것
  ② 배수구에는 새어나온 기름을 모아 소화할 수 있도록 길이 40 m 이하마다 집수관·소화핏트 등 기름분리장치를 설치할 것
  ③ 차량이 주차하는 바닥은 배수구를 향하여 100분의 2 이상의 기울기를 유지할 것
  ④ 배수설비는 가압송수장치의 최대송수능력의 수량을 유효하게 배수할 수 있는 크기 및 기울기로 할 것

★★★☆☆

문제3 특정소방대상물에 소방시설 설치유지 및 안전관리에 관한 법률과 국가화재안전기준을 적용하여 경보설비를 설치 및 시공하고자 한다. 다음 각 물음에 답하시오. (30점)

3-1) 아래 표와 같이 구획된 3개의 실에 단독경보형감지기를 설치하고자 한다. 각 실에 필요한 최소 설치 수량과 그 근거를 쓰시오. (6점)

실	A실	B실	C실
바닥면적(m²)	28	150	350

3-2) 자동화재탐지설비의 화재안전기준(NFSC 203)과 관련하여 다음의 각 물음에 답하시오. (14점)
  1) 지하층, 무창층 등으로 환기가 잘되지 아니하거나 실내면적이 40 m² 미만인 장소, 감지기의 부착면과 실내 바닥과의 거리가 2.3 m 이하인 곳으로서 일시적으로 발생한 열, 연기 또는 먼지 등으로 인하여 화재신호를 발신할 우려가 있는 장소에 설치가 가능한 적응성 있는 화재감지기 8가지를 쓰시오. (8점)
  2) 위의 장소에서 적응성 있는 감지기를 제외한 일반감지기를 설치할 수 있는 조건을 쓰시오. (6점)

3-3) P형1급 수신기와 감지기의 배선회로에 대한 다음의 각 물음에 답하시오. (10점)
[조건] 1) 배선회로 저항 : 100 Ω
2) 릴레이 저항 : 800 Ω
3) 회로의 전압 : DC24 V
4) 상시 감시전류 : 2 mA
5) 이외의 조건은 무시한다.
1) 감지기의 종단저항은 몇 Ω 인지 계산과정과 답을 쓰시오. (10점)
2) 감지기 동작 시 회로에 흐르는 전류는 몇 mA인가? (계산 과정을 쓰고 답은 소수점 셋째자리에서 반올림하여 둘째자리까지 구하시오) (5점)

[해답] 3-1) 단독경보형 감지기의 최소 설치 수량과 그 근거
1) 최소 설치 수량
① A실 = $\dfrac{28m^2}{150m^2/개}$ = 0.18 → 1개
② B실 = $\dfrac{150m^2}{150m^2/개}$ = 1 → 1개
③ C실 = $\dfrac{350m^2}{150m^2/개}$ = 2.33 → 3개
2) 근거
각 실(이웃하는 실내의 바닥면적이 각각 30 m² 미만이고 벽체의 상부의 전부 또는 일부가 개방되어 이웃하는 실내와 공기가 상호 유통되는 경우에는 이를 1개의 실로 본다) 마다 설치하되, 바닥면적이 150 m²를 초과하는 경우에는 150 m²마다 1개 이상 설치할 것

3-2) 자동화재탐지설비의 화재안전기준(NFSC 203)과 관련
1) 적응성 있는 화재감지기 8가지
① 불꽃감지기
② 정온식 감지선형 감지기
③ 분포형 감지기
④ 복합형 감지기
⑤ 광전식 분리형 감지기
⑥ 아날로그방식의 감지기
⑦ 다신호방식의 감지기
⑧ 축적방식의 감지기
2) 적응성 있는 감지기를 제외한 일반감지기를 설치할 수 있는 조건
자동화재탐지설비의 수신기를 축적기능 등이 있는 것(축적형 감지기가 설치된 장소에는 감지기 회로의 감시전류를 단속적으로 차단시켜 화재를 판단하는 방식 외의 것)으로 설치한 경우

3-3) P형1급 수신기와 감지기의 배선회로에 대한 다음의 각 물음

1) 감지기의 종단저항

계산과정 : $I = \dfrac{V}{R}$

감시전류 $= \dfrac{회로전압}{(배선회로저항 + 릴레이저항 + 종단저항)}$

$2mA = \dfrac{24V}{(100\Omega + 800\Omega + 종단저항)}$

$0.002A = \dfrac{24V}{(100\Omega + 800\Omega + 종단저항)}$

$100\Omega + 800\Omega + 종단저항 = \dfrac{24V}{(0.002A)}$

종단저항 $= \dfrac{24V}{(0.002A)} - 100\Omega - 800\Omega = 11,100\Omega$

답 : $11,100\Omega$

2) 감지기 동작 시 회로에 흐르는 전류

계산과정 : $I = \dfrac{V}{R}$

동작전류 $= \dfrac{회로전압}{(배선회로저항 + 릴레이저항)}$

동작전류$(A) = \dfrac{24V}{(100\Omega + 800\Omega)}$

동작전류$(mA) = \dfrac{24V}{(100\Omega + 800\Omega)} \times 1,000 = 26.666$

답 : $26.67mA$

제12회 과년도 출제문제 (2011. 8. 21)

★★★★☆

문제1 조건을 보고 다음 각 물음에 답하시오. (40점)

[조건]
① 계단식형 아파트로서 지하2층(주차장), 지상 12층(아파트 각층 2세대)인 건축물이다.
② 각 층에 옥내소화전 및 스프링클러설비가 설치되어 있다.
③ 지하층에 옥내소화전 방수구가 3조 설치되어 있다.
④ 아파트의 각 세대별로 설치된 스프링클러헤드의 설치 수량은 12개이다.
⑤ 각 설비가 설치되어 있는 장소는 방화구획, 불연재료로 구획되어 있지 않고, 저수조, 펌프 및 입상배관은 겸용으로 설치되어 있다.
⑥ 옥내소화전설비의 경우 실양정 48 m, 배관마찰손실은 실양정의 15%, 호스의 마찰손실수두는 실양정의 30%를 적용한다.
⑦ 스프링클러설비의 경우 실양정 50 m, 배관마찰손실은 실양정의 35%를 적용한다.
⑧ 펌프의 효율은 체적효율 90%, 기계효율 80%, 수력효율 75%이다.
⑨ 전달계수는 1.1을 적용한다.

1-1) 주펌프의 전양정[m] 및 수원의 양[m³]을 구하시오. (5점)
1-2) 펌프 토출량[L/min] 및 동력[kW]을 구하시오. (10점)
1-3) 옥상수조에 설치하여야 하는 부속장치 5가지를 쓰시오. (5점)
1-4) 옥내소화전 방수구 설치제외 대상 5가지를 쓰시오. (10점)
1-5) 스프링클러설비에서 감시제어반과 동력제어반을 구분하여 설치하지 않아도 되는 경우 4가지에 대하여 쓰시오. (10점)

해답 1-1) ① 펌프의 전양정[m]

옥내소화전설비 전양정$(H) = h_1 + h_2 + h_3 + 17m$
$= 48m + 48m \times 0.15 + 48m \times 0.3 + 17m = 86.6m$

스프링클러설비설비 전양정$(H) = h_1 + h_2 + 10m$
$= 50m + 50m \times 0.35 + 10m = 77.5m$

∴ 주펌프의 전양정은 $86.6m$이다.

② 수원의 양[m³]$= N \times 2.6m^3 + N \times 1.6m^3 = 2개 \times 2.6m^3 + 10개 \times 1.6m^3$
$= 21.2m^3$

1-2) ① 펌프 토출량[L/min]$= N \times 130L/min + N \times 80L/min$
$= 2개 \times 130L/min + 10개 \times 80L/min = 1,060L/min$

② 동력[kW]= $\dfrac{\gamma QH}{102\eta} \times K = \dfrac{1000 kgf/m^3 \times \dfrac{1,060L}{mim} \times 86.6m}{\dfrac{102kgf \cdot m/s}{1kW} \times (0.9 \times 0.8 \times 0.75)} \times 1.1$

$= \dfrac{1000 kgf/m^3 \times \dfrac{1.06m^3}{60s} \times 86.6m}{\dfrac{102kgf \cdot m/s}{1kW} \times (0.9 \times 0.8 \times 0.75)} \times 1.1 = 30.6 kW$

1-3) ① 수위계　　　② 배수관　　　③ 급수관
　　　④ 오버플로우관　　⑤ 맨홀

1-4) ① 냉장창고 중 온도가 영하인 냉장실 또는 냉동창고의 냉동실
　　② 고온의 노가 설치된 장소 또는 물과 격렬하게 반응하는 물품의 저장 또는 취급 장소
　　③ 발전소·변전소 등으로서 전기시설이 설치된 장소
　　④ 식물원·수족관·목욕실·수영장(관람석 부분을 제외한다) 또는 그 밖의 이와 비슷한 장소
　　⑤ 야외음악당·야외극장 또는 그 밖의 이와 비슷한 장소

1-5) ① 다음의 어느 하나에 해당하지 않는 특정소방대상물에 설치되는 경우
　　　㉮ 지하층을 제외한 층수가 7층 이상으로서 연면적이 2,000 ㎡ 이상인 것
　　　㉯ ㉮에 해당하지 않는 특정소방대상물로서 지하층의 바닥면적 합계가 3,000 ㎡ 이상인 것
　　② 내연기관에 따른 가압송수장치를 사용하는 경우
　　③ 고가수조에 따른 가압송수장치를 사용하는 경우
　　④ 가압수조에 따른 가압송수장치를 사용하는 경우

★★★☆☆

문제2 다음의 각 물음에 답하시오. (30점)

2-1) 아파트의 주방에 설치하는 자동식 소화기의 설치기준을 쓰시오. (10점)
2-2) 바닥면적 660 ㎡의 의료시설에 소화기를 설치하는 경우에 능력단위 2단위의 소화기 설치수량을 구하시오. (10점)
[조건]
　① 주요구조부는 내화구조이고 실내의 마감재료는 난연재료이다.
　② 보행거리에 따른 소화기 수량의 추가는 산정에서 제외한다.

2-3) 소화수조 및 저수조의 화재안전기준(NFSC 402)에서 정한 특정소방대상물로부터 180 m 이내에 구경 75 mm 이상의 수도배관이 없는 경우 소화수조 및 저수조에 대한 다음 물음에 답하시오.

[조건]
① 연면적 : 38,500 m², 지하 1층, 지상 3층인 1개동의 특정소방대상물
② 층별 바닥면적 : 지하 1층(2,000 m²), 지상 1층(13,500 m²), 지상 2층(13,500 m²), 지상 3층(9,500 m²)

[물음]
① 소화수조 또는 저수조를 설치 시 저수조에 확보하여야 할 저수량[m³]을 구하시오. (5점)
② 저수조에 설치하여야 할 흡수관 투입구, 채수구의 최소 설치수량을 구하시오. (5점)

해답 2-1) ① 소화약제 방출구는 환기구(주방에서 발생하는 열기류 등을 밖으로 배출하는 장치를 말한다)의 청소부분과 분리되어 있어야 하며, 형식승인 받은 유효설치 높이 및 방호면적에 따라 설치할 것
② 감지부는 형식승인 받은 유효한 높이 및 위치에 설치할 것
③ 차단장치(전기 또는 가스)는 상시 확인 및 점검이 가능하도록 설치할 것
④ 가스용 주방자동소화장치를 사용하는 경우 탐지부는 수신부와 분리하여 설치하되, 공기보다 가벼운 가스를 사용하는 경우에는 천장 면으로 부터 30 cm 이하의 위치에 설치하고, 공기보다 무거운 가스를 사용하는 장소에는 바닥면으로부터 30 cm 이하의 위치에 설치할 것
⑤ 수신부는 주위의 열기류 또는 습기 등과 주위온도에 영향을 받지 아니하고 사용자가 상시 볼 수 있는 장소에 설치할 것

2-2) 능력단위 = $\dfrac{660 m^2}{100 m^2}$ = 6.6 → 7단위

소화기 설치수량 = $\dfrac{7단위}{2단위}$ = 3.5 → 4개

2-3) ① $\dfrac{38500 m^2}{7500 m^2}$ = 5.13 → 6 × 20 m³ = 120 m³

② 흡수관 투입구 : 2개, 채수구의 최소 설치수량 : 3개

★★★★☆

문제3 도로터널 화재안전기준(NFSC 603)에 대한 다음의 각 물음에 답하시오. (30점)

[조건] ① 도로터널의 길이는 2500 m이다.
② 편도 4차선으로 일방향 터널이다.
③ 소방시설 설치유지 및 안전관리에 관한 법률 시행령 [별표4]에 따라 소방시설을 설치한다.

3-1) 터널에 설치하는 옥내소화전 방수구의 최소 설치수량 및 수원의 양[m³]을 구하시오. (10점)

3-2) 화재안전기준에 따른 옥내소화전 및 연결송수관설비의 노즐선단에서의 법적 방수압[MPa] 및 방수량[L/min]을 쓰시오. (6점)

3-3) 도로터널 내 자동화재탐지설비를 설치할 경우 최소 경계구역의 수와 설치 가능한 화재감지기 3가지를 쓰시오. (단, 경계구역은 다른 설비와의 연동은 없다) (6점)

3-4) 도로터널 내 비상콘센트의 최소 설치수량을 산출하고 설치기준을 쓰시오. (8점)

해답 3-1) ① 옥내소화전 방수구의 최소 설치수량 = $\dfrac{2500m}{50m}$ = 50개

∴ 50개 × 2 + 1개 = 101개

② 수원의 양[m³] = $N \times 190 L/min \times 40 min$ = 3개 × 190L/min × 40min
= 22,800L = 22.8m^3

3-2) ① 옥내소화전설비
㉮ 법적 방수압 : 0.35[MPa] 이상
㉯ 법적 방수량 : 190[L/min] 이상

② 연결송수관설비
㉮ 법적 방수압 : 0.35[MPa] 이상
㉯ 법적 방수량 : 400[L/min] 이상

3-3) ① 최소 경계구역의 수 = $\dfrac{2,500m}{100m}$ = 25경계구역

② 설치 가능한 화재감지기 3가지
㉮ 차동식 분포형감지기
㉯ 정온식 감지선형 감지기(아날로그식에 한한다)
㉰ 중앙기술심의위원회의 심의를 거쳐 터널화재에 적응성이 있다고 인정된 감지기

3-4) ① 비상콘센트의 최소 설치수량= $\dfrac{2,500m}{50m}$ = 50개

② 비상콘센트의 설치기준

㉮ 비상콘센트설비의 전원회로는 단상교류 220 V인 것으로서 그 공급용량은 1.5 KVA 이상인 것으로 할 것

㉯ 전원회로는 주배전반에서 전용회로로 할 것. 다만, 다른 설비의 회로 사고에 따른 영향을 받지 않도록 되어 있는 것은 그렇지 않다.

㉰ 콘센트마다 배선용 차단기(KS C 8321)를 설치해야 하며, 충전부가 노출되지 않도록 할 것

㉱ 주행차로의 우측 측벽에 50 m 이내의 간격으로 바닥으로부터 0.8 m 이상 1.5 m 이하의 높이에 설치할 것

제13회 과년도 출제문제(2013. 5. 11)

★★★★☆

문제1 다음 물음에 답하시오. (40점)

1-1) 이산화탄소 소화설비의 화재안전기준에서 정하고 있는 소화약제의 저장용기 설치기준 5가지를 쓰시오. (5점)

1-2) 이산화탄소 소화설비의 화재안전기준에서 정하고 있는 분사헤드 설치제외 장소 4가지를 쓰시오. (5점)

1-3) 방호대상물인 모피창고, 서고 및 에탄(ethane) 저장창고에 고압식 전역방출방식의 이산화탄소 소화설비를 아래의 조건에 따라 설계할 경우 다음 각 물음에 답하시오. (30점)

[조건] ㉠ 모피창고의 크기는 8 m×6 m×3 m이며, 개구부 크기는 2 m×1 m로서 자동폐쇄장치가 설치되어 있다. 모피창고의 설계농도는 75 %이다.
　　　 ㉡ 서고의 크기는 5 m×6 m×3 m이며, 개구부 크기는 1 m×1 m로서 자동폐쇄장치가 없다. 서고의 설계농도는 65 %이다.
　　　 ㉢ 에탄 저장창고의 크기는 5 m×4 m×2 m이며, 개구부 크기는 1 m×1.5 m로서 자동폐쇄장치가 설치되어 있다. 에탄의 보정계수는 1.2이다.
　　　 ㉣ 충전비는 1.511이고, 저장용기의 내용적은 68 L이다.
　　　 ㉤ 집합관에는 3개의 선택밸브를 설치한다.

① 모피창고 및 서고의 최소 소화약제 저장량[kg]을 각각 구하시오. (8점)
② 에탄(ethane) 저장창고의 최소 소화약제 저장량[kg]을 구하시오. (5점)
③ 저장용기 1병당 소화약제 저장량[kg]을 각각 구하시오. (3점)
④ 각 방호대상물의 최소 소화약제 저장용기 개수와 저장용기실에 설치할 최소 소화약제 저장용기 개수를 각각 구하시오. (5점)
⑤ 모피창고 및 에탄(ethane) 저장창고의 산소농도가 10 %일 때 이산화탄소의 농도[%]와 모피창고 및 에탄(ethane) 저장창고에 필요한 이산화탄소 방출체적[m³]을 각각 구하시오. (단, 방호대상물에 방출되는 이산화탄소는 유출되지 않는다고 가정한다) (9점)

해답 1-1) ① 저장용기의 충전비는 고압식은 1.5 이상 1.9 이하, 저압식은 1.1 이상 1.4 이하로 할 것
② 저압식 저장용기에는 내압시험압력의 0.64배부터 0.8배의 압력에서 작동하는 안전밸브와 내압시험압력의 0.8배부터 내압시험압력에서 작동하는 봉판을 설치할 것
③ 저압식 저장용기에는 액면계 및 압력계와 2.3 MPa 이상 1.9 MPa 이하의 압력에서 작동하는 압력경보장치를 설치할 것

④ 저압식 저장용기에는 용기 내부의 온도가 섭씨 영하 18 ℃ 이하에서 2.1 MPa의 압력을 유지할 수 있는 자동냉동장치를 설치할 것

⑤ 저장용기는 고압식은 25 MPa 이상, 저압식은 3.5 MPa 이상의 내압시험압력에 합격한 것으로 할 것

1-2) ① 방재실·제어실 등 사람이 상시 근무하는 장소
② 니트로셀룰로스·셀룰로이드제품 등 자기연소성물질을 저장·취급하는 장소
③ 나트륨·칼륨·칼슘 등 활성금속물질을 저장·취급하는 장소
④ 전시장 등의 관람을 위하여 다수인이 출입·통행하는 통로 및 전시실 등

1-3) ①

모피창고	$= 8m \times 6m \times 3m \times 2.7 kg/m^3 = 388.8 kg$
서고	$= 5m \times 6m \times 3m \times 2kg/m^3 + 1m \times 1m \times 10kg/m^2 = 190kg$

② 방호구역 체적 $= 5m \times 4m \times 2m = 40m^3$

  기본소화약제량 $= 40m^3 \times 1kg/m^3 = 40kg \rightarrow$ 최저 한도량 $45kg$

  ∴ 소화약제 저장량 $= 45kg \times 1.2 = 54kg$

③ 1병당 소화약제 저장량 $= \dfrac{\text{저장용기의 내용적}}{\text{충전비}} = \dfrac{68L}{1.511} = 45kg$

④ ㉮ 각 방호대상물의 최소 소화약제 저장용기 개수

모피창고	$= \dfrac{388.8kg}{45kg/\text{병}} = 8.64 \rightarrow 9\text{병}$
서고	$= \dfrac{190kg}{45kg/\text{병}} = 4.2 \rightarrow 5\text{병}$
에탄 저장창고	$= \dfrac{54kg}{45kg/\text{병}} = 1.2 \rightarrow 2\text{병}$

㉯ 저장용기실에 설치할 최소 소화약제 저장용기 개수 : 9병

⑤ ㉮ 이산화탄소의 농도

모피창고	$= \dfrac{21 - O_2}{21} \times 100 = \dfrac{21 - 10}{21} \times 100 = 52.38\%$
에탄 저장창고	$= \dfrac{21 - O_2}{21} \times 100 = \dfrac{21 - 10}{21} \times 100 = 52.38\%$

㉯ 이산화탄소 방출체적

모피창고	$= \dfrac{21 - O_2}{O_2} \times$ 방호구역 체적 $= \dfrac{21 - 10}{10} \times (8m \times 6m \times 3m) = 158.4m^3$
에탄 저장창고	$= \dfrac{21 - O_2}{O_2} \times$ 방호구역 체적 $= \dfrac{21 - 10}{10} \times (5m \times 4m \times 2m) = 44m^3$

★★★★☆

문제2 다음 물음에 답하시오. (30점)

2-1) 특별피난계단의 계단실 및 부속실 제연설비의 화재안전기준에 의거하여 다음 각 물음에 답하시오. (16점)
  ① 제연구역에 대한 급기 기준 4가지 (8점)
  ② 급기송풍기 설치기준 4가지 (8점)

2-2) 제연설비의 화재안전기준 및 아래 조건에 의거하여 다음 물음에 답하시오. (14점)

[조건] ㉠ 예상제연구역의 거실 바닥 면적은 500 m², 직경은 50 m, 제연경계벽의 수직거리는 3.2 m이다.
㉡ 송풍기의 효율은 50 %이고, 전압은 65 mmAq이다.
㉢ 배출기의 흡입측 풍도의 높이는 600 mm이다.

① 송풍기의 최소 배출량[m³/min] (4점)
② 전동기 용량[kW] (단, 전달계수는 1.2) (4점)
③ 배출기의 흡입측 풍도의 최소 폭[mm] (4점)
④ 흡입측 풍도 강판의 최소 두께[mm] (2점)

해답 2-1) ① ㉮ 부속실만을 제연하는 경우 동일 수직선상의 모든 부속실은 하나의 전용 수직풍도를 통해 동시에 급기할 것. 다만, 동일 수직선상에 2대 이상의 급기송풍기가 설치되는 경우에는 수직풍도를 분리하여 설치할 수 있다.
㉯ 계단실 및 부속실을 동시에 제연하는 경우 계단실에 대하여는 그 부속실의 수직풍도를 통해 급기할 수 있다.
㉰ 계단실만을 제연하는 경우에는 전용 수직풍도를 설치하거나 계단실에 급기풍도 또는 급기송풍기를 직접 연결하여 급기하는 방식으로 할 것
㉱ 하나의 수직풍도마다 전용의 송풍기로 급기할 것
㉲ 비상용승강기의 승강장만을 제연하는 경우에는 비상용승강기의 승강로를 급기풍도로 사용할 수 있다.

② ㉮ 송풍기의 송풍능력은 송풍기가 담당하는 제연구역에 대한 급기량의 1.15배 이상으로 할 것. 다만, 풍도에서의 누설을 실측하여 조정하는 경우에는 그렇지 않다.
㉯ 송풍기에는 풍량조절장치를 설치하여 풍량조절을 할 수 있도록 할 것
㉰ 송풍기에는 풍량을 실측할 수 있는 유효한 조치를 할 것
㉱ 송풍기는 인접 장소의 화재로부터 영향을 받지 않고 접근 및 점검이 용이한 장소에 설치할 것
㉲ 송풍기는 옥내의 화재감지기의 동작에 따라 작동하도록 할 것

㉕ 송풍기와 연결되는 캔버스는 내열성(석면재료를 제외한다)이 있는 것으로 할 것

2-2) ① $= 65,000 m^3/hr = \dfrac{65,000 m^3}{60 min} = 1,083.33 m^3/min$

> ※ 배출량
> 예상제연구역이 직경 40 m인 원의 범위를 초과할 경우에는 배출량이 45,000 m³/hr 이상으로 할 것. 다만, 예상제연구역이 제연경계로 구획된 경우에는 그 수직거리에 따라 배출량은 다음 표에 따른다.
>
> | 수 직 거 리 | 배 출 량 |
> |---|---|
> | 2 m 이하 | 45,000 m³/hr 이상 |
> | 2 m 초과 2.5 m 이하 | 50,000 m³/hr 이상 |
> | 2.5 m 초과 3 m 이하 | 55,000 m³/hr 이상 |
> | 3 m 초과 | 65,000 m³/hr 이상 |

② $= \dfrac{P_t\, Q}{102\eta} \times K = \dfrac{65mm Aq \times \dfrac{65,000 m^3}{hr}}{\dfrac{102 kgf \cdot m/\sec}{1 kW} \times 0.5} \times 1.2$

$= \dfrac{65 kgf/m^2 \times \dfrac{65,000 m^3}{3,600s}}{\dfrac{102 kgf \cdot m/\sec}{1 kW} \times 0.5} \times 1.2 = 27.61 kW$

③ $= \dfrac{\dfrac{65,000 m^3}{hr}}{600mm \times 15 m/s} = \dfrac{\dfrac{65,000 m^3}{3,600 s}}{0.6 m \times 15 m/s} = 2m = 2,000 mm$

> 배출기의 흡입 측 풍도 안의 풍속은 15 m/s 이하로 하고 배출 측 풍속은 20 m/s 이하로 할 것

④ 배출기의 흡입 측 풍도의 최소 폭 2,000 mm는 1,500 mm 초과 2,250 mm 이하에 해당되므로 강판의 최소 두께는 1.0 mm

30th Day

※ 배출풍도

배출풍도는 아연도금강판 또는 이와 동등 이상의 내식성·내열성이 있는 것으로 하며, 내열성(석면재료를 제외한다)의 단열재로 유효한 단열 처리를 하고, 강판의 두께는 배출풍도의 크기에 따라 다음 표에 따른 기준 이상으로 할 것

풍도단면의 긴 변 또는 직경의 크기	450 mm 이하	450 mm 초과 750 mm 이하	750 mm 초과 1,500 mm 이하	1,500 mm 초과 2,250 mm 이하	2,250 mm 초과
강판 두께	0.5 mm	0.6 mm	0.8 mm	1.0 mm	1.2 mm

★★★★☆

문제3 다음 물음에 답하라. (30점)

3-1) 미분무소화설비의 화재안전기준에 의거하여 다음 물음에 답하시오. (12점)
  ① 폐쇄형 미분무헤드의 표시온도가 79℃인 경우 설치장소의 평상시 최고주위온도는 몇 ℃인가. (5점)
  ② 다음 조건에 의거하여 수원의 최소저장량[m³]을 계산하시오. (7점)
  [조건] ㉠ 방호구역 내 헤드개수 : 30개
        ㉡ 헤드의 설계유량 : 50[L/min]
        ㉢ 설계방수시간 : 1시간
        ㉣ 배관 총체적(내용적) : 0.07[m³]

3-2) 수신기로부터 소비전류 250[mA]인 시각경보장치 4개를 아래 그림과 같이 60[m]마다 직렬로 설치하였을 때 마지막 시각경보장치에 공급되는 전압[V]을 계산하시오. (단, 선로의 전선 굵기는 2.0[mm²], 수신기의 출력전압은 DC24V, 각 시각경보장치는 동시에 동작하며 기타 조건은 무시) (10점)

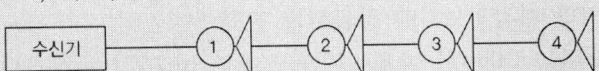

3-3) 옥내소화전설비의 화재안전기술기준에서 정하고 있는 내화배선의 공사방법을 쓰시오.(단, 내화전선을 사용하는 경우는 제외한다.) (8점)

해답 3-1) ① $Ta = 0.9\,Tm - 27.3 = 0.9 \times 79℃ - 27.3 = 43.8℃$

※ 최고주의온도

폐쇄형 미분무헤드는 그 설치장소의 평상시 최고주위온도에 따라 다음 식에 따른 표시온도의 것으로 설치하여야 한다.

$$Ta = 0.9\,Tm - 27.3℃$$

Ta : 최고주위온도
Tm : 헤드의 표시온도

② $= N \times D \times T \times S + V = 30개 \times 50L/\min \times 1시간 \times 1.2 + 0.07m^3$
$= 30개 \times 0.05m^3/\min \times 60\min \times 1.2 + 0.07m^3 = 108.07m^3$

> **TIP** ※미분무수 소화설비의 수원
>
> | $Q = N \times D \times T \times S + V$ | Q : 수원의 양(㎥)
N : 방호구역(방수구역) 내 헤드의 개수
D : 설계유량(㎥/min)
T : 설계방수시간(min)
S : 안전율(1.2 이상)
V : 배관의 총체적(㎥) |
> |---|---|

3-2) 수신기~① 선로의 전압강하

$$e_1 = \frac{35.6LI}{1,000A} = \frac{35.6 \times 60m \times 1,000mA}{1,000 \times 2\text{mm}^2} = \frac{35.6 \times 60m \times 1A}{1,000 \times 2\text{mm}^2} = 1.068 [V]$$

①~② 선로의 전압강하

$$e_2 = \frac{35.6LI}{1,000A} = \frac{35.6 \times 60m \times 750mA}{1,000 \times 2\text{mm}^2} = \frac{35.6 \times 60m \times 0.75A}{1,000 \times 2\text{mm}^2} = 0.801 [V]$$

②~③ 선로의 전압강하

$$e_3 = \frac{35.6LI}{1,000A} = \frac{35.6 \times 60m \times 500mA}{1,000 \times 2\text{mm}^2} = \frac{35.6 \times 60m \times 0.5A}{1,000 \times 2\text{mm}^2} = 0.534 [V]$$

③~④ 선로의 전압강하

$$e_4 = \frac{35.6LI}{1,000A} = \frac{35.6 \times 60m \times 250mA}{1,000 \times 2\text{mm}^2} = \frac{35.6 \times 60m \times 0.25A}{1,000 \times 2\text{mm}^2} = 0.267 [V]$$

∴ 마지막 시각경보기에 공급되는 전압
$= 24V - 1.068V - 0.801V - 0.534V - 0.267V = 21.33V$

3-3) 금속관·2종 금속제 가요전선관 또는 합성수지관에 수납하여 내화구조로 된 벽 또는 바닥 등에 벽 또는 바닥의 표면으로부터 25㎜ 이상의 깊이로 매설해야 한다. 다만, 다음의 기준에 적합하게 설치하는 경우에는 그렇지 않다.

가. 배선을 내화성능을 갖는 배선전용실 또는 배선용 샤프트·피트·덕트 등에 설치하는 경우

나. 배선전용실 또는 배선용 샤프트·피트·덕트 등에 다른 설비의 배선이 있는 경우에는 이로부터 15㎝ 이상 떨어지게 하거나 소화설비의 배선과 이웃하는 다른 설비의 배선 사이에 배선 지름(배선의 지름이 다른 경우에는 가장 큰 것을 기준으로 한다)의 1.5배 이상의 높이의 불연성 격벽을 설치하는 경우

제14회 과년도 출제문제(2014. 5. 17)

★★★☆☆

문제1 다음 각 물음에 답하시오. (40점)

1-1) 아래 조건과 같이 주상복합 건축물의 각 층에 A급 2단위, B급 3단위, C급 적응성의 소화기를 설치할 경우 다음 각 물음에 답하시오. (단, 수평거리에 따른 설치는 무시한다) (15점)

[조건] ㉠ 지하 3층~지하 1층 : 주차장 용도로서 층별 면적은 3,500 m²(단, 지하 3층 바닥면적 중 발전기실 80 m², 변전실 250 m², 보일러실 200 m²)가 구획되어 있다)
㉡ 지상 1층~지상 5층 : 판매시설로서 층별 면적 2,800 m²(단, 지상5층은 80 m²의 음식점(음식점당 주방 35 m², 나머지는 영업장으로 상호 구획)이 6개로 구획되어 있고, 각 주방은 LNG로 사용하며, 연소기구로부터 보행거리 65 m 이내에 있다)
㉢ 지상 6층~지상 33층 : 공동주택으로 각 층 540 m²(4세대)이며, 2세대별 각각 피난계단과 비상용승강기(부속실 겸용)가 있으며 내화구조로 구획됨.
㉣ 발전기, 변전실을 제외한 전층 옥내소화전과 스프링클러설비 설치됨.
㉤ 주요구조부는 내화구조, 내장재는 불연재임.
① 지하 3층~지하 1층 층별로 설치하는 소화기 수량을 주용도, 부속용도별로 산출하시오. (6점)
② 지상 1층~지상 5층 층별로 설치하는 소화기 수량을 주용도, 부속용도별로 산출하시오. (7점)
③ 지상 6층~지상 33층에 설치할 소화기 수량의 합계를 용도별로 산출하시오. (2점)

1-2) 스프링클러 소화수가 입상배관을 통해 "a" 지점에서 13m 위에 있는 "b" 지점으로 송수된다. "a" 지점에서의 배관 내경은 80 mm이며, 설치된 압력계의 압력은 5 kg/cm²이다. "b" 지점에서 배관 내경은 65 mm로 줄어들며, "a" 지점에서 "b" 지점까지의 배관 및 관부속품 전체 마찰손실수두는 13 m이다. 송수 유량이 5,200 ℓ/min인 경우 "b" 지점에서의 압력(Pa)을 구하시오. (6점)

1-3) 다음 그림과 같이 화살표 방향으로 "가" 지점에서 "나" 지점으로 1,250 ℓ/min의 소화수가 흐르고 있다. "가", "나" 사이의 분기관의 내경은 65 mm라고 할 때, 각 분기관에 흐르는 유량(ℓ/min)을 계산하시오. (배관은 스테인리스 강관이며, 엘보 1개의 상당길이는 2.5m로 하고, 분기되는 두 지점의 마찰손실은 무시한다) (7점)

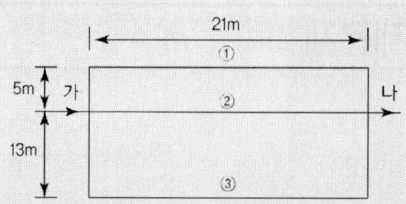

1-4) 펌프에 직결된 전동기(motor)에 공급되는 전원의 주파수가 50 Hz이며, 전동기의 극수는 4극, 펌프의 전양정이 110 m, 펌프의 토출량은 180 ℓ/s, 펌프 운전 시 미끄럼(slip)율이 3%인 전동기가 부착된 편흡입 1단 펌프, 편흡입 2단 펌프 및 양흡입 1단 펌프의 비속도(단위 표기 포함)를 각각 계산하라. (12점)

해답 1-1) ① 주용도

층	소화기 수량
지하 3층	주차장(항공기 및 자동차관련시설) 용도이므로 $\dfrac{3{,}500m^2}{200m^2/단위} = 17.5단위$ $\dfrac{17.5단위}{2단위/개} = 8.75 \rightarrow 9개$
지하 2층	상동
지하 1층	상동
소계	A급 2단위, B급 3단위, C급 적응성의 소화기 27개

부속용도별

부속용도	소화기 수량
발전실	적응성이 있는 소화기 $\dfrac{80m^2}{50m^2/개} = 1.6 \rightarrow 2개$
변전실	적응성이 있는 소화기 $\dfrac{250m^2}{50m^2/개} = 5개$
보일러실	$\dfrac{200m^2}{25m^2/단위} = 8단위 \rightarrow \dfrac{8단위}{2단위/개} = 4개$
소계	A급 2단위, B급 3단위, C급 적응성의 소화기 11개

② 주용도

층	소화기 수량
지상 1층	판매시설이므로 $\dfrac{2{,}800m^2}{200m^2/단위} = 14단위$ $\dfrac{14단위}{2단위/개} = 7개$
지상 2층	상동
지상 3층	상동
지상 4층	상동
지상 5층	상동
소계	A급 2단위, B급 3단위, C급 적응성의 소화기 35개

부속용도별

부속용도	소화기 수량
주방	$\dfrac{35m^2}{25m^2/단위}=1.4단위 \rightarrow \dfrac{1.4단위}{2단위/개}=0.7개 \rightarrow 1개$ 능력단위 3단위 이상의 소화기 1개 음식점이 6개소이므로 (1개+1개)×6개소=12개
음식점	바닥면적이 33㎡ 이상이므로 1개씩 추가로 배치 1개×6개소=6개소
소계	A급 2단위, B급 3단위, C급 적응성의 소화기 18개

③

용도	소화기 수량
각 층	2세대별 각각 $\dfrac{270m^2}{200m^2/단위}=1.35단위$ $\dfrac{1.35단위}{2단위/개}=0.675 \rightarrow 1개$이므로 2개/층×28개층=56개
각 세대	층당 4세대이므로 4개/층×28개층=112개
소계	A급 2단위, B급 3단위, C급 적응성의 소화기 168개

1-2) "b" 지점에서의 압력

$$V=\frac{Q}{A}=\frac{Q}{\frac{\pi}{4}D^2}=\frac{4Q}{\pi D^2} \text{ 이므로}$$

$$V_a=\frac{4\times 5,200L/\min}{\pi\times(80\text{mm})^2}=\frac{4\times 5.2m^3/60s}{\pi\times(0.08m)^2}=17.24m/s$$

$$V_b=\frac{4\times 5,200L/\min}{\pi\times(65\text{mm})^2}=\frac{4\times 5.2m^3/60s}{\pi\times(0.065m)^2}=26.12m/s$$

$$\frac{P_a}{\gamma}+\frac{v_a^2}{2g}+Z_a=\frac{P_b}{\gamma}+\frac{v_b^2}{2g}+Z_b+\Delta H$$

$$\frac{50,000kg/m^2}{1,000kg/m^3}+\frac{(17.24m/s)^2}{2\times 9.8m/s^2}+0=\frac{P_b}{1,000kg/m^3}+\frac{(26.12m/s)^2}{2\times 9.8m/s^2}$$
$$+13m+13m$$

$$\therefore P_b=4,355kg/m^2=4,355kg/m^2\times\frac{101,325Pa}{10,332kg/m^2}=42,709Pa$$

1-3) 각 분기관 ①, ②, ③의 유량을 Q_1, Q_2, Q_3라 하고,
 마찰손실압력을 ΔP_1, ΔP_2, ΔP_3라 하면
 ① 유량 관계
  $Q=Q_1+Q_2+Q_3$

$$1{,}250 = Q_1 + Q_2 + Q_3 \quad \cdots\cdots\cdots\cdots ①$$

② 마찰손실압력 관계

$$\Delta P_1 = \Delta P_2$$

$$6.174 \times 10^5 \times \frac{Q_1^{1.85}}{C^{1.85} \times D_1^{4.87}} \times L_1 = 6.174 \times 10^5 \times \frac{Q_2^{1.85}}{C^{1.85} \times D_2^{4.87}} \times L_2$$

C 및 D는 동일하므로

$$Q_1^{1.85} \times L_1 = Q_2^{1.85} \times L_2$$

$$Q_1^{1.85} \times (5 + 2.5 + 21 + 2.5 + 5) = Q_2^{1.85} \times 21$$

$$Q_1^{1.85} \times 36 = Q_2^{1.85} \times 21$$

$$Q_2^{1.85} = \frac{36}{21} \times Q_1^{1.85}$$

양변에 $\frac{1}{1.85}$ 승을 하면

$$Q_2^{1.85 \times \frac{1}{1.85}} = \left(\frac{36}{21}\right)^{1 \times \frac{1}{1.85}} \times Q_1^{1.85 \times \frac{1}{1.85}}$$

$$Q_2 = \left(\frac{36}{21}\right)^{\frac{1}{1.85}} \times Q_1$$

$$Q_2 = 1.34\, Q_1 \quad \cdots\cdots\cdots\cdots ②$$

$$\Delta P_1 = \Delta P_3$$

$$6.174 \times 10^5 \times \frac{Q_1^{1.85}}{C^{1.85} \times D_1^{4.87}} \times L_1 = 6.174 \times 10^5 \times \frac{Q_3^{1.85}}{C^{1.85} \times D_3^{4.87}} \times L_3$$

C 및 D는 동일하므로

$$Q_1^{1.85} \times L_1 = Q_3^{1.85} \times L_3$$

$$Q_1^{1.85} \times (5 + 2.5 + 21 + 2.5 + 5) = Q_3^{1.85} \times (13 + 2.5 + 21 + 2.5 + 13)$$

$$Q_1^{1.85} \times 36 = Q_3^{1.85} \times 52$$

$$Q_3^{1.85} = \frac{36}{52} \times Q_1^{1.85}$$

양변에 $\frac{1}{1.85}$ 승을 하면

$$Q_3^{1.85 \times \frac{1}{1.85}} = \left(\frac{36}{52}\right)^{1 \times \frac{1}{1.85}} \times Q_1^{1.85 \times \frac{1}{1.85}}$$

$$Q_3 = \left(\frac{36}{52}\right)^{\frac{1}{1.85}} \times Q_1$$

$$Q_3 = 0.82\, Q_1 \quad \cdots\cdots\cdots\cdots ③$$

$\Delta P_2 = \Delta P_3$

$6.174 \times 10^5 \times \dfrac{Q_2^{1.85}}{C^{1.85} \times D_2^{4.87}} \times L_2 = 6.174 \times 10^5 \times \dfrac{Q_3^{1.85}}{C^{1.85} \times D_3^{4.87}} \times L_3$

C 및 D는 동일하므로

$Q_2^{1.85} \times L_2 = Q_3^{1.85} \times L_3$

$Q_2^{1.85} \times 21 = Q_3^{1.85} \times (13 + 2.5 + 21 + 2.5 + 13)$

$Q_2^{1.85} \times 21 = Q_3^{1.85} \times 52$

$Q_3^{1.85} = \dfrac{21}{52} \times Q_2^{1.85}$

양변에 $\dfrac{1}{1.85}$ 승을 하면

$Q_3^{1.85 \times \frac{1}{1.85}} = \left(\dfrac{21}{52}\right)^{1 \times \frac{1}{1.85}} \times Q_2^{1.85 \times \frac{1}{1.85}}$

$Q_3 = \left(\dfrac{21}{52}\right)^{\frac{1}{1.85}} \times Q_2$

$Q_3 = 0.61 Q_2$ ·········· ④

③ Q_1의 계산

$1{,}250 = Q_1 + Q_2 + Q_3$

$1{,}250 = Q_1 + 1.34 Q_1 + 0.82 Q_1$

$1{,}250 = (1 + 1.34 + 0.82) Q_1$

$1{,}250 = 3.16 Q_1$

$Q_1 = \dfrac{1{,}250}{3.16} = 395.57 \ell/\min$

④ Q_2의 계산

$1{,}250 = Q_1 + Q_2 + Q_3$

$1{,}250 = 395.57 + Q_2 + 0.61 Q_2$

$1{,}250 - 395.57 = Q_2 + 0.61 Q_2$

$1{,}250 - 395.57 = (1 + 0.61) Q_2$

$1{,}250 - 395.57 = 1.61 Q_2$

$Q_2 = \dfrac{1{,}250 - 395.57}{1.61} = 530.7 \ell/\min$

⑤ Q_3의 계산

$1{,}250 = Q_1 + Q_2 + Q_3$

$1{,}250 = 395.57 + 530.7 + Q_3$

$Q_3 = 1,250 - 395.57 - 530.7 = 323.73 \ell/\min$

1-4) ① 편흡입 1단 펌프의 비속도

$$\text{회전 수}(N) = \frac{120f}{P} \times \left(1 - \frac{S}{100}\right) = \frac{120 \times 50\text{Hz}}{4극} \times \left(1 - \frac{3\%}{100}\right)$$
$$= 1,455 \text{rpm}$$

$$\text{비속도}(N_s) = \frac{NQ^{\frac{1}{2}}}{\left(\frac{H}{n}\right)^{\frac{3}{4}}} = \frac{1,455 rpm \times \left(\frac{180\ell}{s}\right)^{\frac{1}{2}}}{\left(\frac{110m}{1단}\right)^{\frac{3}{4}}}$$

$$= \frac{1,455 rpm \times \left(\frac{0.18 m^3 \times 60}{\min}\right)^{\frac{1}{2}}}{\left(\frac{110m}{1단}\right)^{\frac{3}{4}}} = 141 \ m^3/\min, \ m, \ rpm$$

② 편흡입 2단 펌프의 비속도

$$\text{비속도}(N_s) = \frac{NQ^{\frac{1}{2}}}{\left(\frac{H}{n}\right)^{\frac{3}{4}}} = \frac{1,455 rpm \times \left(\frac{180\ell}{s}\right)^{\frac{1}{2}}}{\left(\frac{110m}{2단}\right)^{\frac{3}{4}}}$$

$$= \frac{1,455 rpm \times \left(\frac{0.18 m^3 \times 60}{\min}\right)^{\frac{1}{2}}}{\left(\frac{110m}{2단}\right)^{\frac{3}{4}}} = 237 \ m^3/\min, \ m, \ rpm$$

③ 양흡입 1단 펌프의 비속도

$$\text{비속도}(N_s) = \frac{NQ^{\frac{1}{2}}}{\left(\frac{H}{n}\right)^{\frac{3}{4}}} = \frac{1,455 rpm \times \left(\frac{180\ell}{2s}\right)^{\frac{1}{2}}}{\left(\frac{110m}{단}\right)^{\frac{3}{4}}}$$

$$= \frac{1,455 rpm \times \left(\frac{0.18 m^3 \times 60}{2\min}\right)^{\frac{1}{2}}}{\left(\frac{110m}{단}\right)^{\frac{3}{4}}} = 100 \ m^3/\min, \ m, \ rpm$$

★★★☆☆

문제2 다음 각 물음에 답하시오. (30점)

2-1) 아래 조건의 건축물에 자동화재탐지설비 설계 시 최소 경계구역 수를 계산하시오. (단, 모든 감지기는 광전식 스포트형 연기감지기 또는 차동식 스포트형 감지기로서 표준 감시거리 및 감지면적을 가진 감지기로 설치하고 자동식 소화설비 경계구역은 제외) (8점)

[조건] ㉠ 바닥면적 : 28 m×42 m = 1,176 m²
㉡ 연면적 : 1,176 m²×8개층 + 300 m²(옥탑층) = 9,708 m²
㉢ 층 수 : 지하 2층, 지상 6층, 옥탑층
㉣ 층고 : 4 m
㉤ 건물높이 : 4 m×9개층(지하 2층~옥탑층) = 36 m
㉥ 주용도 : 판매시설
㉦ 층별 부속용도 : 지하 2층 : 주차장
　　　　　　　　　지하 1층 : 주차장 및 근린생활시설
　　　　　　　　　지상 1층~지상 6층 : 판매시설
　　　　　　　　　옥탑층 : 계단실, 엘리베이터 권상기실, 기계실, 물탱크실
㉧ 직통계단 : 지하 2층~지상 6층 1개, 지하 2층~옥탑층 1개, 총 2개
㉨ 엘리베이터 : 1개소

2-2) R형 자동화재탐지설비의 신호전송선로에 트위스트 쉴드선을 사용하는 이유, 트위스트 선로의 종류와 원리를 설명하시오. (8점)

2-3) 아래 조건을 참고하여 발전기 용량(kVA)을 계산하시오. (10점)

부하의 종류	출력(kW)	전부하 특성				시동특성		시동순서	비고
		역율(%)	효율(%)	입력(kVA)	입력(kW)	역율(%)	입력(kW)		
비상조명등	8	100	—	8	8	—	8	1	
스프링클러펌프	45	85	88	60.1	51.1	40	140	2	Y-△기동
옥내소화전펌프	22	85	86	30.1	25.6	40	46	3	Y-△기동
제연급기휀	7.5	85	87	10.1	8.6	40	61		직입기동
합계	82.5	—	—	108.3	93.3	—	255		

[조건] ㉠ 발전기 용량계산은 PG방식을 적용하고, 고조파 부하는 고려하지 않음.
㉡ 기동방식에 따른 계수는 1.0 적용.
㉢ 표준역율 : 0.8, 허용전압강하 : 25%, 발전기 리액턴스 : 20%, 과부하 내량 : 1.2

2-4) 금속마그네슘 화재에 대하여 다음 소화설비가 적응성이 없는 이유를 기술하고, 반응식을 쓰시오. (4점)
① 이산화탄소소화설비
② 물분무소화설비

해답 2-1)

지하2층	$\dfrac{1,176m^2}{600m^2/구역}=1.96 \rightarrow 2구역$
지하1층	상동
지상1층	상동
지상2층	상동
지상3층	상동
지상4층	상동
지상5층	상동
지상6층	상동
옥탑층	$\dfrac{300m^2}{600m^2/구역}=0.5 \rightarrow 1구역$
지상 계단	$\dfrac{4m/층 \times 6개층}{45m/구역}=0.53 \rightarrow 1구역$ $\dfrac{4m/층 \times 7개층}{45m/구역}=0.62 \rightarrow 1구역$
지하 계단	2구역
엘리베이터 권상기실	1구역

∴ 최소 경계구역 수 : 22구역

2-2) ① 트위스트 쉴드선을 사용하는 이유 : 자기장 등 외부 요인 때문에 데이터가 변하거나 신호가 감소하는 현상을 막기 위해서
   ㉮ 데이터선 보호 및 노이즈 방지
   ㉯ 발로 밟히거나 해충으로부터의 회선 끊김 방지
   ㉰ 속도향상, 원거리 전송, 벼락이나 누전으로부터 장비 보호
② 트위스트 선로의 종류
   ㉮ UTP(Unshield Twisted Pair) 무차폐 이중 와선으로 된 케이블
   ㉯ FTP(Foil Screened Twisted Pair) 피복 안쪽에만 차폐를 한 케이블
   ㉰ STP(Shield Twisted Pair) 피복 안쪽과 내선에 차폐를 한 케이블
③ 트위스트 선로의 원리

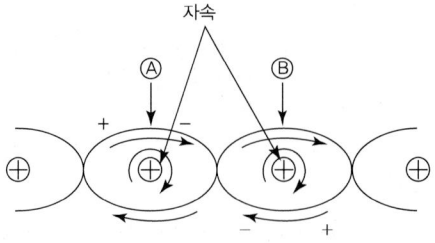

트위스트 선로를 사용하면, 한쪽 선로에서 방해를 주는 자계는 오른 나사의 법칙에 따라 화살표 방향으로 기전력이 발생되며, 다른 선로에서도 화살표 방향으로 기전력이 발생되어, 이 두 선로의 기전력은 서로 상쇄된다.

2-3) $PG_1 = \dfrac{\Sigma W_L \times L}{\cos\theta_G} = \dfrac{93.3kW \times 1}{0.8} = 116.625[kVA]$

PG_1 : 정격운전 상태에서 부하설비의 가동에 필요한 발전기 용량[kVA]

ΣW_L : 부하입력 합계[kW]

L : 부하 수용률

$\cos\theta_G$: 발전기 역률

$PG_2 = \dfrac{1-\Delta E}{\Delta E} \times X'd \times Q_L = \dfrac{1-0.25}{0.25} \times 0.2 \times 140kVA = 84[kVA]$

PG_2 : 부하 중 최대 용량(기동 kVA)의 전동기를 기동할 때에 허용전압강하를 고려한 발전기 용량[kVA]

ΔE : 허용 전압 강하율

$X'd$: 발전기 직축 과도 리액턴스

Q_L : 기동 입력이 가장 큰 전동기의 기동시 돌입용량[kVA]

$PG_3 = \dfrac{\Sigma W_O + (Q_L \times \cos\theta_{QI})}{K \times \cos\theta_G} = \dfrac{51.1kW + (140kVA \times 0.4)}{1.2 \times 0.8}$

$= 111.5625[kVA]$

PG_3 : 부하 중 최대 용량(기동 kVA)의 전동기를 기동 순서상 바지막으로 기동할 때 필요한 발전기 용량[kVA]

ΣW_O : 기저 부하(BASE LOAD)의 입력합계(kW)

Q_L : 기동 입력이 가장 큰 전동기의 기동시 돌입용량[kVA]

$\cos\theta_{QI}$: 기동 돌입부하 기동역률

K : 원동기 과부하 내량

$\cos\theta_G$: 발전기 역률

∴ 계산을 통해 PG_1=116.625[kVA], PG_2=84[kVA], PG_3=111.5625[kVA]라는 값을 구했다. 비상발전기 용량은 3가지 방법으로 구한 값 중에서 가장 큰 116.625[kVA]이다.

2-4) ① 이산화탄소소화설비

이유 : 이산화탄소가 마그네슘과 반응하여 다량의 열과 가연물인 탄소를 생성하므로 적응성이 없다.

반응식 : $2Mg + CO_2 \rightarrow 2MgO + C + Q$

② 물분무소화설비

이유 : 물분무가 마그네슘과 반응하여 다량의 열과 가연물인 수소를 생성하므로 적응성이 없다.

반응식 : $Mg + 2H_2O \rightarrow Mg(OH)_2 + H_2 + Q$

30th Day

★★★★☆

문제3 다음 각 물음에 답하시오. (30점)

3-1) 소화약제 HCFC Blend-A 화학식과 조성비율을 쓰시오. (5점)
3-2) IG-541 소화약제에 관한 것이다. 다음 각 물음에 답하시오. (15점)
　[조건] ㉠ 실 면적 : 300 m², 층고 : 3.5 m, 소화농도 : 35.84 %
　　　　㉡ 노즐에서 소화약제 방사 시 온도 : 20 ℃
　　　　㉢ 전기실로서 최소 예상온도 : 10 ℃
　　　　㉣ 1병당 80 L, 충전압력 : 19,965 kPa
　① IG-541 소화약제량 산출식을 쓰고, 각 기호를 설명하시오. (3점)
　② IG-541의 선형상수 K_1과 K_2 값을 구하시오. (3점)
　③ IG-541의 소화약제량(m³)을 구하시오. (3점)
　④ IG-541의 최소 저장용기 수를 구하시오. (3점)
　⑤ 선택밸브 통과 유량(m³/s)을 구하시오. (3점)
3-3) 자동소화장치 중 가스, 분말, 고체에어로졸 자동소화장치의 설치기준을 쓰시오. (10점)

해답 3-1) HCFC − 123($CHCl_2CF_3$) : 4.75%
　　　　HCFC − 22($CHClF_2$) : 82%
　　　　HCFC − 124($CHClFCF_3$) : 9.5%
　　　　$C_{10}H_{16}$: 3.75%

3-2) ① $X = 2.303 \left(\dfrac{V_S}{S}\right) \times Log_{10}\left[\dfrac{100}{(100-C)}\right]$

　　X : 공간체적당 더해진 소화약제의 부피(m³/m³)
　　S : 소화약제별 선형상수($K_1 + K_2 \times t$)(m³/kg)
　　C : 체적에 따른 소화약제의 설계농도(%)
　　Vs : 20 ℃에서 소화약제의 비체적(m³/kg)
　　t : 방호구역의 최소예상온도(℃)

② IG-541의 분자량 = $28g \times 0.52 + 40g \times 0.4 + 44g \times 0.08 = 34.08g$

$K_1 = \dfrac{22.4}{분자량} = \dfrac{22.4}{34.08} = 0.65728$

$K_2 = \dfrac{K_1}{273} = \dfrac{0.65728}{273.16} = 0.00241$

③ 선형상수 $S = K_1 + K_2 \times t = 0.65728 + 0.00241 \times 10℃ = 0.68138 m^3/kg$

20 ℃ 비체적 $V_S = K_1 + K_2 \times 20℃ = 0.65728 + 0.00241 \times 20℃$
$= 0.70548 m^3/kg$

설계농도 C = 소화농도 × 안전계수 = $35.84\% \times 1.2 = 43.008\%$

실 체적 $V = 300m^2 \times 3.5m = 1,050m^3$

∴ IG-541의 저장량

$$X = 2.303 \times \left(\frac{V_S}{S}\right) \times Log_{10}\left[\frac{100}{(100-C)}\right] \times V$$

$$= 2.303 \times \left(\frac{0.70548 m^3/kg}{0.68138 m^3/kg}\right) \times Log_{10}\left[\frac{100\%}{(100\% - 43.008\%)}\right] \times 1,050 m^3$$

$$= 611.4 m^3$$

④ IG-541의 저장용기 충전량 = 저장용기 내용적(m3/병) × 충전압력(atm)

$$= 80\ell/병 \times 19,965 kPa$$

$$= 80\ell/병 \times \frac{1m^3}{1,000\ell} \times 19,965 kPa \times \frac{1 atm}{101.325 kPa}$$

$$= 0.08 m^3/병 \times 197.04 atm = 15.763 m^3/병$$

∴ IG-541의 용기 수 $= \frac{611.4 m^3}{15.763 m^3/병} = 38.7 \rightarrow 39$병

⑤ $= \dfrac{2.303 \times \left(\dfrac{0.70548}{0.68138}\right) \times Log_{10}\left[\dfrac{100}{(100-43.008 \times 0.95)}\right] \times 1,050 m^3}{120 sec}$

$$= 4.76 m^3/sec$$

3-3) ㉮ 소화약제 방출구는 형식승인을 받은 유효설치범위 내에 설치할 것

㉯ 자동소화장치는 방호구역 내에 형식승인 된 1개의 제품을 설치할 것. 이 경우 연동방식으로서 하나의 형식으로 형식승인을 받은 경우에는 1개의 제품으로 본다.

㉰ 감지부는 형식승인 된 유효설치범위 내에 설치해야 하며 설치장소의 평상시 최고주위온도에 따라 다음 표에 따른 표시온도의 것으로 설치할 것. 다만, 열감지선의 감지부는 형식승인 받은 최고주위온도범위 내에 설치해야 한다.

설치 장소의 최고주위온도	표시온도
39 ℃ 미만	79 ℃ 미만
39 ℃ 이상 64 ℃ 미만	79 ℃ 이상 121 ℃ 미만
64 ℃ 이상 106 ℃ 미만	121 ℃ 이상 162 ℃ 미만
106 ℃ 이상	162 ℃ 이상

㉱ ㉰에도 불구하고 화재감지기 감지부를 사용하는 경우에는 다음의 설치방법에 따를 것

1. 화재감지기는 방호구역 내의 천장 또는 옥내에 면하는 부분에 설치하되 「자동화재탐지설비 및 시각경보장치의 화재안전기술기준(NFTC 203)」 2.4(감지기)에 적합하도록 설치할 것
2. 방호구역 내의 화재감지기의 감지에 따라 작동되도록 할 것
3. 화재감지기의 회로는 교차회로방식으로 설치할 것. 다만, 화재감지기를 「자동화재탐지설비 및 시각경보장치의 화재안전기술기준(NFTC 203)」 2.4.1 단서의 각 감지기로 설치하는 경우에는 그렇지 않다.
4. 교차회로 내의 각 화재감지기회로별로 설치된 화재감지기 1개가 담당하는 바닥면적은 「자동화재탐지설비 및 시각경보장치의 화재안전기술기준(NFTC 203)」 2.4.3.5, 2.4.3.8 및 2.4.3.10에 따른 바닥면적으로 할 것

제15회 과년도 출제문제 (2015. 9. 5)

★★☆☆☆

문제1 「제연설비의 화재안전기준 (NFSC 501)」에 의거하여 다음 각 물음에 답하시오. (40점)

1-1) 아래 조건과 평면도를 참고하여 다음 각 물음에 답하시오. (9점)

[조건]
　가. 예상제연구역의 A구역과 B구역은 2개의 거실이 인접된 구조이다.
　나. 제연경계로 구획할 경우에는 인접구역 상호제연방식을 적용한다.
　다. 최소 배출량 산출시 송풍기 용량 산정은 고려하지 않는다.

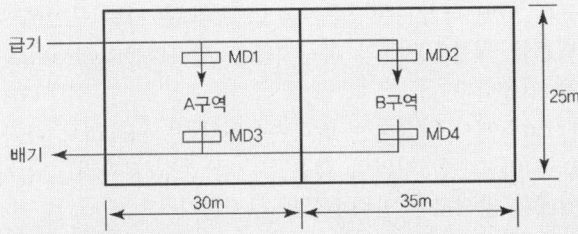

① A구역과 B구역을 자동방화셔터로 구획할 경우 A구역의 최소 배출량[m³/hr]을 구하시오. (3점)
② A구역과 B구역을 자동방화셔터로 구획할 경우 B구역의 최소배출량 [m³/hr]을 구하시오. (3점)
③ A구역과 B구역을 제연경계로 구획할 경우 예상제연구역의 급·배기 댐퍼별 동작상태(개방 또는 폐쇄)를 표기하시오. (3점)

제연구역	급기댐퍼	배기댐퍼
A구역 화재 시	MD 1 :	MD 3 :
	MD 2 :	MD 4 :
B구역 화재 시	MD 1 :	MD 3 :
	MD 2 :	MD 4 :

1-2) 제연설비 설치장소에 대한 제연구역 구획 설정기준 5가지를 쓰시오. (6점)

1-3) 아래 그림과 같은 5개 거실에 제연(배연)설비가 설치되어 있는 경우에 대해 다음 물음에 답하시오. (25점)

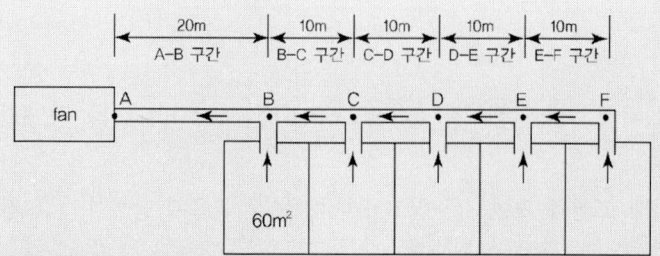

[조건]
가. 각 실의 면적은 60 m²로 동일하고, 배출량은 최소 배출량으로 한다.
나. 주덕트는 사각덕트로 폭과 높이는 1000 mm와 500 mm이다.
다. 주덕트의 벽면 마찰손실계수는 0.02로 모든 덕트 구간에 동일하게 사용한다.
라. 사각덕트를 원형덕트로의 환산지름은 수력지름(hydraulic diameter)의 산출 공식을 이용한다.
마. 각 가지덕트에서 발생하는 압력손실의 합은 5 mmAq로 한다.
바. 주덕트는 마찰손실 이외의 각종 부속품 손실(부차적 손실)은 무시한다.
사. 송풍기에서 발생하는 압력손실은 무시한다.
아. 공기밀도는 1.2 kg/m³이다.
자. 계산식과 풀이과정을 쓰고, 계산은 소수점 셋째자리에서 반올림한다.

① 송풍기의 최소 필요 압력 [Pa]을 계산하시오. (20점)
② 송풍기의 최소 필요 공기동력 [W]을 계산하시오. (5점)

해답 1-1) ① 30m × 25m = 750m² → 400m² 이상

$\sqrt{(30^2 + 25^2)} = 39$m → 40m 원 내이므로 40,000m³/hr 이상

답 : 40,000 m³/hr

② 35m × 25m = 875m² → 400m² 이상

$\sqrt{(35^2 + 25^2)} = 43$m → 40m 원 초과이므로 45,000m³/hr 이상

답 : 45,000 m³/hr

③

제연구역	급기댐퍼	배기댐퍼
A구역 화재 시	MD 1 : 폐쇄	MD 3 : 개방
	MD 2 : 개방	MD 4 : 폐쇄
B구역 화재 시	MD 1 : 개방	MD 3 : 폐쇄
	MD 2 : 폐쇄	MD 4 : 개방

1-2) ① 하나의 제연구역의 면적은 1,000 m² 이내로 할 것
② 거실과 통로(복도를 포함한다)는 상호 제연구획할 것
③ 통로상의 제연구역은 보행중심선의 길이가 60 m를 초과하지 않을 것
④ 하나의 제연구역은 직경 60 m 원내에 들어갈 수 있을 것
⑤ 하나의 제연구역은 2 이상의 층에 미치지 않도록 할 것. 다만, 층의 구분이 불분명한 부분은 그 부분을 다른 부분과 별도로 제연구획 해야 한다.

1-3) ① 배출량 $= 60\text{m}^2 \times 1\text{m}^3/\text{min} \cdot \text{m}^2 = 60\text{m}^3/\text{min} = 3600\text{m}^3/\text{hr} \rightarrow$ 최소 $5000 m^3/hr$

$$\text{수력지름(hydraulic diameter)} = \frac{4(a \times b)}{2(a+b)} = \frac{4(1000\text{mm} \times 500\text{mm})}{2(1000\text{mm} + 500\text{mm})} = 667\text{mm}$$
$$= 0.667m \rightarrow 0.67m$$

A-B구간 배출량 $= 5000\text{m}^3/\text{hr} \times 5 = 25000\text{m}^3/\text{hr}$

A-B구간 풍속 $= \dfrac{Q}{A} = \dfrac{25000\text{m}^3/\text{hr}}{\frac{\pi}{4} \times (0.67\text{m})^2} = \dfrac{25000\text{m}^3/3600\text{s}}{\frac{\pi}{4} \times (0.67\text{m})^2} = 19.7\text{m/s}$

A-B구간 압력손실 $= f \times \dfrac{L}{D} \times \dfrac{v^2}{2g} \times \gamma = 0.02 \times \dfrac{20m}{0.67m} \times \dfrac{(19.7m/s)^2}{2 \times 9.8m/s^2}$
$\times 1.2kg/m^3 = 14.19kg/m^2 (\text{mm}Aq)$

B-C구간 배출량 $= 5000\text{m}^3/\text{hr} \times 4 = 20000\text{m}^3/\text{hr}$

B-C구간 풍속 $= \dfrac{Q}{A} = \dfrac{20000\text{m}^3/\text{hr}}{\frac{\pi}{4} \times (0.67\text{m})^2} = \dfrac{20000\text{m}^3/3600\text{s}}{\frac{\pi}{4} \times (0.67\text{m})^2} = 15.76\text{m/s}$

B-C구간 압력손실 $= f \times \dfrac{L}{D} \times \dfrac{v^2}{2g} \times \gamma = 0.02 \times \dfrac{10m}{0.67m} \times \dfrac{(15.76m/s)^2}{2 \times 9.8m/s^2}$
$\times 1.2kg/m^3 = 4.54kg/m^2 (\text{mm}Aq)$

C-D구간 배출량 $= 5000\text{m}^3/\text{hr} \times 3 = 15000\text{m}^3/\text{hr}$

C-D구간 풍속 $= \dfrac{Q}{A} = \dfrac{15000\text{m}^3/\text{hr}}{\frac{\pi}{4} \times (0.67\text{m})^2} = \dfrac{15000\text{m}^3/3600\text{s}}{\frac{\pi}{4} \times (0.67\text{m})^2} = 11.82\text{m/s}$

C-D구간 압력손실 $= f \times \dfrac{L}{D} \times \dfrac{v^2}{2g} \times \gamma = 0.02 \times \dfrac{10m}{0.67m} \times \dfrac{(11.82m/s)^2}{2 \times 9.8m/s^2}$
$\times 1.2kg/m^3 = 2.55kg/m^2 (\text{mm}Aq)$

D-E구간 배출량 $= 5000\text{m}^3/\text{hr} \times 2 = 10000\text{m}^3/\text{hr}$

D-E구간 풍속 $= \dfrac{Q}{A} = \dfrac{10000\text{m}^3/\text{hr}}{\frac{\pi}{4} \times (0.67\text{m})^2} = \dfrac{10000\text{m}^3/3600\text{s}}{\frac{\pi}{4} \times (0.67\text{m})^2} = 7.88\text{m/s}$

D-E구간 압력손실 $= f \times \dfrac{L}{D} \times \dfrac{v^2}{2g} \times \gamma = 0.02 \times \dfrac{10m}{0.67m} \times \dfrac{(7.88m/s)^2}{2 \times 9.8m/s^2}$
$\times 1.2kg/m^3 = 1.13kg/m^2 (\text{mm}Aq)$

E-F구간 배출량 = $5000 m^3/hr \times 1 = 5000 m^3/hr$

E-F구간 풍속 = $\dfrac{Q}{A} = \dfrac{5000 m^3/hr}{\dfrac{\pi}{4}\times(0.67m)^2} = \dfrac{5000 m^3/3600s}{\dfrac{\pi}{4}\times(0.67m)^2} = 3.94 m/s$

E-F구간 압력손실 = $f \times \dfrac{L}{D} \times \dfrac{v^2}{2g} \times \gamma = 0.02 \times \dfrac{10m}{0.67m} \times \dfrac{(3.94m/s)^2}{2\times 9.8 m/s^2}$
$\times 1.2 kg/m^3 = 0.28 kg/m^2 (mmAq)$

∴ 필요 압력 = $14.19 mmAq + 4.54 mmAq + 2.55 mmAq + 1.13 mmAq + 0.28 mmAq$
$+ 5 mmAq = 27.69 mmAq$

$= 27.69 mmAq \times \dfrac{101325 Pa}{10332 mmAq} = 271.55 Pa$

답 : $271.55 Pa$

② 공기동력 = $\dfrac{P_t \cdot Q}{102} = \dfrac{27.69 mmAq \times 25000 m^3/hr}{102}$

$= \dfrac{27.69 kg/m^2 \times 25000 m^3/3600 s}{\dfrac{102 kg \cdot m/s}{1 kW}} = \dfrac{27.69 kg/m^2 \times 25000 m^3/3600 s}{\dfrac{102 kg \cdot m/s}{1000 W}}$

$= 1885.21 W$

답 : $1885.21 W$

★★☆☆☆

문제2 다음 각 물음에 답하시오. (30점)

2-1) 「유도등 및 유도표지의 화재안전기준 (NFSC 303)」에 관하여 다음 물음에 답하시오. (7점)
  ① 복도통로유도등에 관한 설치기준을 쓰시오. (5점)
  ② 피난층에 이르는 부분의 유도등을 60분 이상 유효하게 작동시킬 수 있는 용량으로 비상전원을 설치하여야 하는 특정소방대상물을 쓰시오. (2점)

2-2) 아래 그림과 같이 휘발유 저장탱크 1기와 중유 저장탱크 1기를 하나의 방유제에 설치하는 옥외탱크저장소에 관하여 다음 각 물음에 답하시오. (단, 포소화약제량 계산에는 포송액관의 부피는 고려하지 않으며, 방유제 용적 계산에는 간막이둑 및 방유제 내의 배관 체적은 무시한다. 계산은 소수점 셋째자리에서 반올림하여 둘째자리까지 구하시오.) (12점)

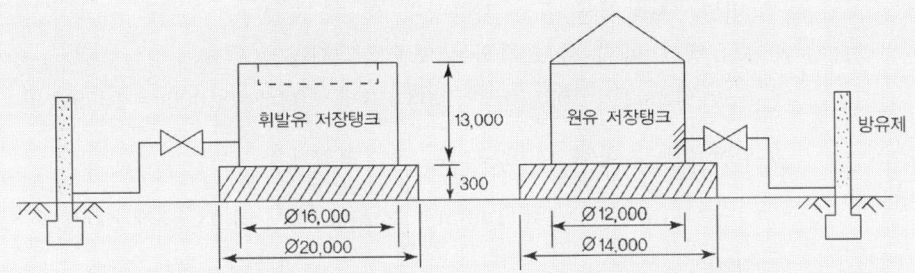

[조건]
　가. 휘발유 저장탱크 : 최대저장용량 1,900 m³, 플루팅루프탱크(탱크 내측면과 굽도리판 사이의 거리는 0.6 m), 특형
　나. 중유 저장탱크 : 최대저장용량 1,000 m³, 콘루프탱크, Ⅱ형(인화점 70 ℃ 이상)
　다. 포소화약제의 종류 : 수성막포 3 %
　라. 보조포소화전 : 3개 설치
　마. 방유제 면적 : 1,500 m²

[물음]
① 최소 포소화약제 저장량 [ℓ]을 계산하시오. (6점)
② 방유제 높이 [m]를 계산하시오. (6점)

2-3) 「도로터널의 화재안전기준 (NFSC 603)」에 관하여 다음 각 물음에 답하시오. (11점)
① 3000 m인 편도 4차로의 일방향 터널에서 터널 양쪽의 측벽 하단에 도로면으로부터 높이 0.8 m, 폭 1.2 m의 유지보수 통로가 있을 경우 도로면을 기준으로 한 발신기 설치 높이를 쓰시오. (2점)
② 비상경보설비에 대한 설치기준을 쓰시오. (4점)
③ 화재에 노출이 우려되는 제연설비와 전원공급선의 운전 유지조건을 쓰시오. (2점)
④ 제연설비의 기동은 자동 또는 수동으로 기동될 수 있도록 하여야 한다. 이 경우 제연설비가 기동되는 조건에 대하여 쓰시오. (3점)

해답

2-1) ① 가. 복도에 설치하되 피난구유도등이 설치된 출입구의 맞은편 복도에는 입체형으로 설치하거나, 바닥에 설치할 것
　　　나. 구부러진 모퉁이 및 ㉮에 따라 설치된 통로유도등을 기점으로 보행거리 20 m마다 설치할 것
　　　다. 바닥으로부터 높이 1 m 이하의 위치에 설치할 것. 다만, 지하층 또는 무창층의 용도가 도매시장·소매시장·여객자동차터미널·지하역사 또는 지하상가인 경우에는 복도·통로 중앙부분의 바닥에 설치해야 한다.
　　　라. 바닥에 설치하는 통로유도등은 하중에 따라 파괴되지 않는 강도의 것으로 할 것
　　② 가. 지하층을 제외한 층수가 11층 이상의 층
　　　나. 지하층 또는 무창층으로서 용도가 도매시장·소매시장·여객자동차터

미널 · 지하역사 또는 지하상가

2-2) ① ㉮ 중유탱크 화재 시 요구하는 포소화약제량
$= \frac{\pi}{4} \times (12m)^2 \times 100\ell/m^2 \times 0.03 + 3개 \times 0.03 \times 8,000\ell = 1059.29\ell$

㉯ 휘발유탱크 화재 시 요구하는 포소화약제량
$= \left[\frac{\pi}{4} \times (16m)^2 - \frac{\pi}{4} \times (14.8m)^2\right] \times 240\ell/m^2 \times 0.03 + 3개 \times 0.03 \times 8,000\ell$
$= 929\ell$

답 : 1059.29ℓ

② 기초의 체적 $= \frac{\pi}{4} \times (20m)^2 \times 0.3m + \frac{\pi}{4} \times (14m)^2 \times 0.3m = 140.43m^3$

다른 탱크(경유 탱크)의 면적 $= \frac{\pi}{4} \times (12m)^2 = 113.1m^2$

방유제 내용적 − 기초 − 다른 탱크 = 방유제 용량
방유제 내용적 − 기초 − 다른 탱크 = 최대 탱크 × 1.1
$1500m^2 \times H - 140.43m^3 - 113.1m^2 \times (H - 0.3m) = 1900m^3 \times 1.1$
$1500H - 140.43 - 113.1H + 113.1 \times 0.3 = 1900 \times 1.1$
$H = \frac{1900 \times 1.1 + 140.43 - 113.1 \times 0.3}{(1500 - 113.1)} = 1.58m$

답 : $1.58m$

2-3) ① 1.6 m 이상 2.3 m 이하
② 1. 발신기는 주행차로 한쪽 측벽에 50 m 이내의 간격으로 설치하며, 편도 2차선 이상의 양방향터널이나 4차로 이상의 일방향터널의 경우에는 양쪽의 측벽에 각각 50 m 이내의 간격으로 엇갈리게 설치하고, 발신기는 바닥면으로부터 0.8 m 이상, 1.5 m 이하의 높이에 설치할 것
   2. 음향장치는 발신기 설치위치와 동일하게 설치할 것. 「비상방송설비의 화재안전기술기준(NFTC 202)」에 적합하게 설치된 방송설비를 비상경보설비와 연동하여 작동하도록 설치한 경우에는 비상경보설비의 지구 음향장치를 설치하지 않을 수 있다.
   3. 음향장치의 음량은 부착된 음향장치의 중심으로부터 1 m 떨어진 위치에서 90 dB 이상이 되도록 하고, 음향장치는 터널 내부 전체에 동시에 경보를 발하도록 설치할 것
   4. 시각경보기는 주행차로 한쪽 측벽에 50 m 이내의 간격으로 비상경보설비의 상부 직근에 설치하고, 설치된 전체 시각경보기는 동기방식에 의해 작동될 수 있도록 할 것
③ 250 ℃의 온도에서 60분 이상 운전 상태를 유지할 수 있도록 할 것
④ 1. 화재감지기가 동작되는 경우
   2. 발신기의 스위치 조작 또는 자동소화설비의 기동장치를 동작시키는 경우
   3. 화재수신기 또는 감시제어반의 수동조작스위치를 동작시키는 경우

★★☆☆

문제3 다음 각 물음에 답하시오. (30점)

3-1) 수계 소화설비에 관한 다음 각 물음에 답하시오. (9점)

① 아래 그림은 펌프를 이용하여 옥내소화전으로 물을 배출하는 개략도이다. 열교환이 없으며, 모든 손실을 무시할 때, 펌프의 수동력[kW]을 계산하시오. (단, P_1은 게이지압이고, 물의 밀도는 998.2 kg/m³, g=9.8 m/s² 대기압은 0.1 MPa, 전달계수 k=1.1, 효율=75%이다. 계산은 소수점 셋째자리에서 반올림하여 둘째자리까지 구하시오.) (5점)

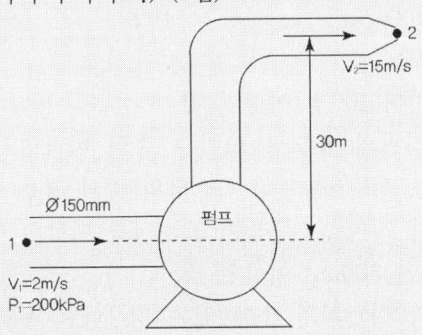

② 「소방시설 설치 및 관리에 관한 법률 시행령」 별표 4에 의거하여 문화 및 집회시설(동·식물원은 제외)의 전층에 스프링클러를 설치하여야 하는 특정소방대상물 4가지를 쓰시오. (4점)

3-2) 가로 15 m×세로 10 m×높이 4 m인 전산기기실에 HFC-125를 설치하고자 한다. 아래 조건을 기준으로 다음 각 물음에 답하시오. (단, 약제 팽창 시 외부로의 누설을 고려한 공차를 포함하지 않으며, 계산은 소수점 다섯째자리에서 반올림하여 넷째자리까지 구하시오.) (7점)

[조건]
  가. 해당 약제의 소화농도는 A,C급 화재 시 7%, B급 화재 시 9%로 적용한다.
  나. 전산기기실의 최소예상온도는 20℃이다.

① HFC-125의 K_1(표준상태에서의 비체적) 및 K_2(단위 온도 당 비체적 증가분) 값을 계산하시오. (2점)

② 「청정소화약제소화설비의 화재안전기준 (NFSC 107A)」에 규정된 방출시간 안에 방출하여야 하는 최소 약제량 (kg)을 구하시오. (5점)

3-3) 「포소화설비의 화재안전기준 (NFSC 105)」에 의거하여 아래 조건에 관한 다음 각 물음에 답하시오. (14점)

[조건]
  가. 높이 3 m, 바닥 크기가 10 m×15 m 인 차고에 호스릴포소화전을 설치한다.
  나. 호스 접결구 수는 6개이며, 5% 수성막포를 사용한다.

① 최소 포소화약제 저장량 [ℓ]을 계산하시오. (4점)
② 차고 및 주차장에 호스릴포소화설비를 설치할 수 있는 조건을 쓰시오. (4점)
③ 포소화설비 기동장치에 설치하는 자동경보장치의 설치기준을 쓰시오. (6점)

해답 3-1) ① 토출량 $= Av = \dfrac{\pi}{4} \times (0.15m)^2 \times 2m/s = 0.035 m^3/s$

전양정 $= 30m + \dfrac{(15m/s)^2}{2 \times 9.8 m/s^2} - \left(\dfrac{200 kPa}{998.2 kg/m^3} + \dfrac{(2m/s)^2}{2 \times 9.8 m/s^2}\right)$

$= 30m + \dfrac{(15m/s)^2}{2 \times 9.8 m/s^2} - \left(\dfrac{200 \times 1000 N/m^2}{998.2 \times 9.8 N/m^3} + \dfrac{(2m/s)^2}{2 \times 9.8 m/s^2}\right)$

$= 30m + 11.48m - (20.48m + 0.2m) = 20.8m$

수동력 $= \dfrac{\gamma Q H}{102} = \dfrac{998.2 kg/m^3 \times 0.035 m^3/s \times 20.8m}{102} = 7.12 kW$

답 : $7.12 kW$

② 가) 수용인원이 100명 이상인 것

나) 영화상영관의 용도로 쓰이는 층의 바닥면적이 지하층 또는 무창층인 경우에는 500 m² 이상, 그 밖의 층의 경우에는 1천 m² 이상인 것

다) 무대부가 지하층·무창층 또는 4층 이상의 층에 있는 경우에는 무대부의 면적이 300 m² 이상인 것

라) 무대부가 다) 외의 층에 있는 경우에는 무대부의 면적이 500 m² 이상인 것

3-2) ① HFC-125의 분자식 : C_2HF_5

HFC-125의 분자량 : $= 12g \times 2 + 1g \times 1 + 19g \times 5 = 120g$

$K_1 = \dfrac{22.4 \ell}{120g} = 0.1867 \ell/g = 0.1867 m^3/kg$

$K_2 = \dfrac{0.1867 m^3/kg}{273} = 0.0007 m^3/kg$

답 : $K_1 = 0.1867 m^3/kg \quad K_2 = 0.0007 m^3/kg$

② $V = 15m \times 10m \times 4m = 600 m^3$

$S = K_1 + K_2 \times t = 0.1867 + 0.0007 \times 20℃ = 0.2007 m^3/kg$

$C = 7\% \times 1.2 = 8.4\%$

$W = \dfrac{V}{S} \times \left[\dfrac{C}{(100-C)}\right] = \dfrac{600 m^3}{0.2007 m^3/kg} \times \left[\dfrac{8.4\% \times 0.95}{(100 - 8.4\% \times 0.95)}\right]$

$= 259.2534 kg$

답 : $259.2534 kg$

3-3) ① $= NS6,000\ell \times 0.75 = 5개 \times 0.05 \times 6,000\ell \times 0.75 = 1125\ell$

　　답 : 1125ℓ

② 가. 완전 개방된 옥상주차장 또는 고가 밑의 주차장으로서 주된 벽이 없고 기둥뿐이거나 주위가 위해방지용 철주 등으로 둘러싸인 부분

나. 지상 1층으로서 지붕이 없는 부분

③ 1. 방사구역마다 일제개방밸브와 그 일제개방밸브의 작동여부를 발신하는 발신부를 설치할 것. 이 경우 각 일제개방밸브에 설치되는 발신부 대신 1개층에 1개의 유수검지장치를 설치할 수 있다.

2. 상시 사람이 근무하고 있는 장소에 수신기를 설치하되, 수신기에는 폐쇄형스프링클러헤드의 개방 또는 감지기의 작동여부를 알 수 있는 표시장치를 설치할 것

3. 하나의 소방대상물에 2 이상의 수신기를 설치하는 경우에는 수신기가 설치된 장소 상호간에 동시 통화가 가능한 설비를 할 것

제16회 과년도 출제문제(2016. 9. 24)

★★☆☆☆

문제1 다음 각 물음에 답하시오. (40점)

1-1) 가로 2 m, 세로 1.8 m, 높이 1.4 m인 가연물에 국소방출방식의 고압식이산화탄소 소화설비를 설치하고자 한다. 다음 물음에 답하시오. (단, 저장용기는 68ℓ/45 kg을 사용하며, 일면에 고정된 벽체는 없다.) (10점)
   ① 방호공간의 체적(m^3)을 구하시오. (2점)
   ② 방호공간 벽면적의 합계(m^2)를 구하시오. (2점)
   ③ 방호대상물 주위에 설치된 벽면적의 합계(m^2)를 구하시오. (2점)
   ④ 이산화탄소 소화설비의 최소 약제량 및 용기수를 구하시오. (4점)

1-2) 체적 55 m^3 미만인 전기설비에서 심부화재발생 시 다음 물음에 답하시오. (30점)
   ① 이산화탄소 비체적(m^3/kg)을 구하시오. (단, 심부화재이므로 온도는 10 ℃를 기준으로 하며 답은 소수점 셋째자리에서 반올림하여 둘째자리까지 구한다.) (5점)
   ② 자유유출(Free efflux)상태에서 방호구역 체적당 소화약제량 산정식을 쓰시오. (5점)
   ③ 이산화탄소소화설비의 화재안전기준(NFSC 106)에 따라 전역방출방식에 있어서 심부화재의 경우 방호대상물별 소화약제의 양과 설계농도를 쓰시오. (12점)

방호대상물	방호구역의 체적$1m^3$에 대한 소화약제의 양	설계 농도(%)
(가)		
(나)		
(다)		
(라)		

   ④ 전역방출방식에서 체적 55 m^3 미만인 전기설비 방호대상물의 설계농도를 구하시오. (단, 계산값은 소수점 셋째자리에서 반올림하여 둘째자리까지 구하고, 설계농도는 반올림하여 정수로 한다.) (8점)

해답 1-1) ① $= (0.6m + 2m + 0.6m) \times (0.6m + 1.8m + 0.6m) \times (1.4m + 0.6m)$
    $= 3.2m \times 3m \times 2m$
    $= 19.2m^3$
   ② $= 3.2m \times 2m \times 2면 + 3m \times 2m \times 2면$
    $= 24.8m^2$
   ③ $= 0$

④ 최소 약제량 = 방호공간의 체적$(m^3) \times \left[8 - 6\dfrac{a}{A}\right] \times 1.4$

$\qquad = 19.2 m^3 \times \left[8 - 6 \times \dfrac{0}{24.8 m^2}\right] \times 1.4 = 215.04 kg$

용기수 $= \dfrac{215.04}{45} = 4.77 \rightarrow$ 5병

1-2) ① $= \dfrac{RT}{PM} = \dfrac{0.082 \times (273 + 10℃)}{1 atm \times 44g} = 0.53 \, m^3/kg$

② $W = 2.303 \times \log\left(\dfrac{100}{100-C}\right) \times \dfrac{1}{S}$

W : 방호구역 체적당 소화약제량(kg/m^3)
C : 설계농도(%)
S : 비체적(m^3/kg)

③

방호대상물	방호구역의 체적 $1 m^3$에 대한 소화약제의 양	설계 농도(%)
(가) 유압기기를 제외한 전기설비, 케이블실	1.3	50
(나) 체적 55 m^3 미만의 전기설비	1.6	50
(다) 서고, 전자제품창고, 목재가공품창고, 박물관	2.0	65
(라) 고무류·면화류창고, 모피창고, 석탄창고, 집진설비	2.7	75

④ $W = 2.303 \times \log\left(\dfrac{100}{100-C}\right) \times \dfrac{1}{S}$

$1.6 kg/m^3 = 2.303 \times \log\left(\dfrac{100}{100-C}\right) \times \dfrac{1}{0.53}$

$1.6 kg/m^3 = \ln\left(\dfrac{100}{100-C}\right) \times \dfrac{1}{0.53}$

$1.6 kg/m^3 \times 0.53 = \ln\left(\dfrac{100}{100-C}\right)$

$0.85 = \ln\left(\dfrac{100}{100-C}\right)$

$e^{0.85} = \dfrac{100}{100-C}$

$e^{0.85} \times (100-C) = 100$

$e^{0.85} \times 100 - 10^{0.85} \times C = 100$

$e^{0.85} \times 100 - 100 = 10^{0.85} \times C$

$C = \dfrac{e^{0.85} \times 100 - 100}{e^{0.85}} = 57\%$

★★☆☆

문제2 다음 각 물음에 답하시오. (30점)

2-1) 스프링클러소화설비의 화재안전기준(NFSC 103)에 따라 다음 각 물음에 답하시오. (24점)
  1) 일반건식밸브와 저압건식밸브의 작동순서를 쓰시오. (6점)
  2) 저압건식밸브 2차측 설정압력이 낮은 경우 장점 4가지를 쓰시오. (4점)
  3) 건식스프링클러헤드의 설치장소 최고온도가 39℃ 미만이고, 헤드를 하향식으로 할 경우 설치 헤드의 표시 온도와 헤드의 종류를 쓰시오. (2점)
  4) 건식스프링클러 2차측 급속개방장치(Quick opening device)의 액셀레이터(Accelerator), 익져스터(Exhauster) 작동원리를 쓰시오. (4점)
  5) 복합 건축물에 설치된 스프링클러소화설비의 주펌프를 2대로 병렬운전할 경우 장점 2가지를 쓰시오. (4점)
  6) 스프링클러 소화설비의 가압방식 중 펌프방식에 있어서 후드밸브와 체크밸브의 이상 유무를 확인하는 방법을 쓰시오. (단, 수조는 펌프보다 아래에 있다.) (4점)

2-2) 간이스프링클러설비의 화재안전기준(NFSC 103A)에 따라 다음 각 물음에 답하시오. (6점)
  1) 상수도직결방식의 배관과 밸브의 설치순서를 쓰시오. (3점)
  2) 펌프를 이용한 배관과 밸브의 설치순서를 쓰시오. (3점)

해답 2-1) 1) ① 일반건식밸브의 작동순서 : 폐쇄형 스프링클러헤드 개방 → 2차측 압력 저하 → 엑셀러레이트 작동 → 클래퍼 개방(일반건식밸브 개방)

② 저압건식밸브의 작동순서 : 폐쇄형 스프링클러헤드 개방 → 2차측 압력 저하 → 엑추에이트 작동 → 밸브의 중간챔버 가압수 배출 → 클래퍼 개방(저압건식밸브 개방)

2) ① 클래퍼 개방시간 단축
② 헤드에서의 방수시간 단축(초기 화재 진압)
③ 공기압축기 용량 감소
④ 초기 세팅 용이(조작 용이)

3) ① 헤드의 표시 온도 : 79℃ 미만
② 헤드의 종류 : 건식스프링클러헤드(dry pendent sprinkler head)

4) ① 액셀레이터(Accelerator) : 헤드의 작동에 따라 건식밸브 2차측의 공기압력이 세팅압력보다 낮아졌을 때 가속기가 작동하여, 2차측의 압축공기 일부를 클래퍼 1차측 중간챔버로 보내어 건식밸브가 신속히 개방되도록 한다.

② 익져스터(Exhauster) : 헤드의 작동에 따라 건식밸브 2차측의 공기압력이 세팅압력보다 낮아졌을 때 공기배출기(Exhauster)가 작동하여, 2

차측의 압축공기가 대기 중으로 빠르게 배출되도록 한다.
5) ① 기동부하 감소
② 공동현상 발생 가능성 감소(흡입측 마찰손실수두 감소)
6) ① 후드밸브의 이상 유무를 확인하는 방법 : 펌프의 토출측 개폐밸브 폐쇄, 물올림탱크의 급수배관(물올림탱크로의 보급수밸브)을 폐쇄한 다음 물올림탱크의 수위 저하 여부를 확인한다.
② 체크밸브의 이상 유무를 확인하는 방법 : 물올림탱크의 물올림밸브(물올림탱크와 펌프 토출측 배관 사이에 설치된 물올림배관상의 개폐밸브)를 폐쇄한 다음 펌프의 물올림누설수두를 열어, 누설수두에서 물이 넘치는지를 확인한다.

2-2) 1) ① 수도용계량기, 급수차단장치, 개폐표시형밸브, 체크밸브, 압력계, 유수검지장치(압력스위치 등 유수검지장치와 동등 이상의 기능과 성능이 있는 것을 포함한다), 2개의 시험밸브의 순으로 설치할 것
② 간이스프링클러설비 이외의 배관에는 화재시 배관을 차단할 수 있는 급수차단장치를 설치할 것
2) 수원, 연성계 또는 진공계(수원이 펌프보다 높은 경우를 제외한다), 펌프 또는 압력수조, 압력계, 체크밸브, 성능시험배관, 개폐표시형밸브, 유수검지장치, 시험밸브의 순으로 설치할 것

★★☆☆☆

문제3 노유자시설에 제연설비를 설치하려고 한다. 다음 그림과 조건을 참조하여 물음에 답하시오. (30점)

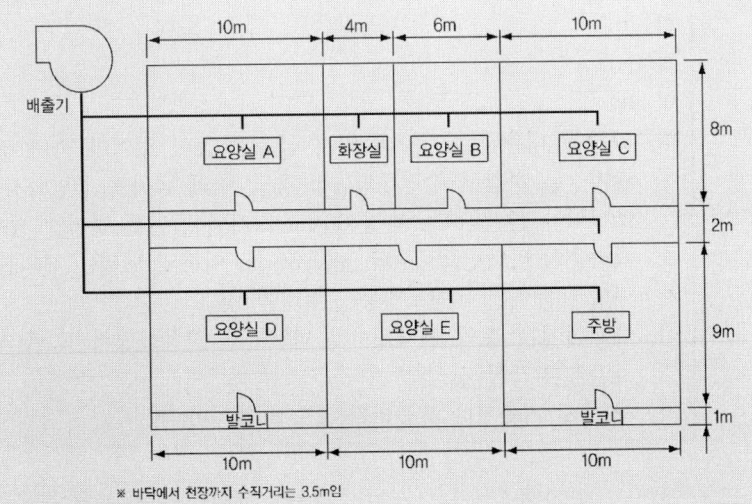

[조건]
가. 노유자시설의 특성상 바닥면적에 관계없이 하나의 제연구역으로 간주한다.
나. 공동배출방식에 따른다.
다. 본 노유자시설은 숙박시설(가족호텔) 제연설비기준에 따라 설치한다.
라. 통로배출방식이 가능한 예상제연구역은 모두 통로배출방식으로 한다.
마. 기계실, 전기실, 창고는 사람이 거주하지 않는다.
바. 건축물 및 통로의 주요구조는 내화구조이고, 마감재는 불연재료이며, 통로에는 가연성 내용물이 없다.

3-1) 1) 배출기 최소풍량(m^3/hr)을 구하시오. (각 실별 풍량 계산과정을 쓸 것) (8점)
2) 배출기 회전수가 600 rpm에서 배출량이 20,000 m^3/hr이고, 축동력이 5.0 kW 이면, 이 배출기가 최소풍량을 배출하기 위해 필요한 최소전동기동력(kW)을 구하시오. (단, 계산값은 소수점 셋째자리에서 반올림하여 둘째자리까지 구하고, 전동기 여유율은 15%를 적용한다.) (4점)
3) '요양실E'에 대하여 다음 물음에 답하시오. (7점)
   ① 필요한 최소공기유입량(m^3/hr)을 구하시오. (2점)
   ② 공기유입구의 최소면적(cm^2)을 구하시오. (5점)
4) 특정소방대상물의 소방안전관리에 대한 물음에 답하시오. (11점)
   ① 소방시설 설치 및 관리에 관한 법률상 강화된 소방시설 기준의 적용대상인 노유자시설과 의료시설에 설치하는 소방설비를 쓰시오. (6점)
   ② 피난기구의 화재안전기준(NFSC 301)에 따라 승강식피난기 및 하향식 피난구용 내림식사다리 설치기준 중 ㈀~㈁에 해당되는 내용을 쓰시오. (5점)

> ▶승강식 피난기 및 하향식 피난구용 내림식사다리는 다음 각 목에 적합하게 설치할 것
> 가. (ㄱ)
> 나. (ㄴ)
> 다. (ㄷ)
> 라. (ㄹ)
> 마. (ㅁ)
> 바. 하강구 내측에는 기구의 연결 금속구 등이 없어야 하며 전개된 피난기구는 하강구 수평투영면적 공간 내의 범위를 침범하지 않는 구조이어야 할 것. 단, 직경 60 cm 크기의 범위를 벗어난 경우이거나, 직하층의 바닥면으로부터 높이 50 cm 이하의 범위는 제외한다.
> 사. 대피실 내에는 비상조명등을 설치할 것
> 아. 대피실에는 층의 위치표시와 피난기구 사용설명서 및 주의사항 표지판을 부착할 것
> 자. 사용 시 기울거나 흔들리지 않도록 설치할 것

차. 승강식 피난기는 한국소방산업기술원 또는 법 제42조제1항에 따라 성능시험기관으로 지정받은 기관에서 그 성능을 검증받은 것으로 설치할 것

해답 3-1) 1) 요양실A : 80 m² → 80 m³/min=4,800 m³/hr → 5,000 m³/hr
화장실 : 화장실은 배출량 산정에서 제외
요양실B : 48 m² → 50 m² 미만이므로 통로배출방식
요양실C : 80 m² → 80 m³/min=4,800 m³/hr → 5,000 m³/hr
요양실D : 발코니를 설치한 숙박시설(가족호텔)의 객실은 배출량 산정에서 제외
요양실E : 100 m² → 100 m³/min=6,000 m³/hr → 6,000 m³/hr
주방 : 90 m² → 90 m³/min=5,400 m³/hr → 5,400 m³/hr
통로 : 통로길이 40 m 이하, 벽으로 구획된 경우이므로 25,000 m³/hr
통로를 제외한 배출량의 합계=5,000+5,000+6,000+5,400=21,400 m³/hr
∴ 거실과 통로는 공동배출방식으로 할 수 없으므로 배출기 최소풍량=25,000 m³/hr

2) $= \left(\dfrac{25,000}{20,000}\right)^3 \times 5.0 kW \times 1.15 = 11.23 kW$

3) ① =6,000 m³/hr 이상
② =100 m³/min×35 cm²/m³/min=3,500 cm²

4) ① 1. 노유자시설에 설치하는 간이스프링클러설비, 자동화재탐지설비 및 단독경보형 감지기
   2. 의료시설에 설치하는 스프링클러설비, 간이스프링클러설비, 자동화재탐지설비 및 자동화재속보설비

② (ㄱ) 승강식 피난기 및 하향식 피난구용 내림식사다리는 설치경로가 설치 층에서 피난층까지 연계될 수 있는 구조로 설치할 것. 다만, 건축물의 구조 및 설치 여건 상 불가피한 경우에는 그렇지 않다.
(ㄴ) 대피실의 면적은 2 m²(2세대 이상일 경우에는 3 m²) 이상으로 하고, 「건축법 시행령」 제46조제4항 각 호의 규정에 적합하여야 하며 하강구(개구부) 규격은 직경 60 cm 이상일 것. 다만, 외기와 개방된 장소에는 그렇지 않다.
(ㄷ) 대피실의 출입문은 60분+ 방화문 또는 60분 방화문으로 설치하고, 피난방향에서 식별할 수 있는 위치에 "대피실" 표지판을 부착할 것. 다만, 외기와 개방된 장소에는 그렇지 않다.
(ㄹ) 착지점과 하강구는 상호 수평거리 15 cm 이상의 간격을 둘 것
(ㅁ) 대피실 출입문이 개방되거나, 피난기구 작동 시 해당층 및 직하층 거실에 설치된 표시등 및 경보장치가 작동되고, 감시제어반에서는 피난기구의 작동을 확인할 수 있어야 할 것

제17회 과년도 출제문제(2017. 9. 23)

★★★★☆

문제1 다음 물음에 답하시오. (40점)

1-1) 특정소방대상물의 관계인이 특정소방대상물의 규모, 용도 및 수용인원을 고려하여 스프링클러설비를 설치하고자 한다. "지붕 또는 외벽이 불연재료가 아니거나 내화구조가 아닌 공장 또는 창고시설"로서 스프링클러설비의 설치대상이 되는 경우 5가지를 쓰시오. (5점)

1-2) 준비작동식 스프링클러설비의 동작순서(block diagram)를 완성하시오. (7점)

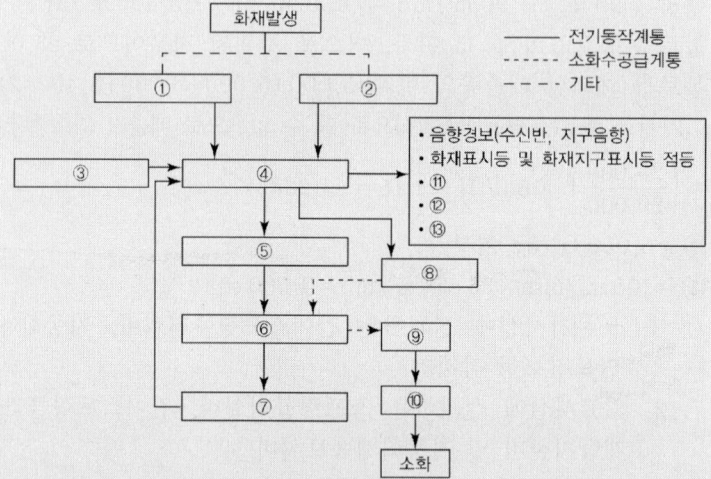

1-3) 감지기회로의 도통시험과 관련하여 다음의 각 물음에 답하시오. (4점)
 ① 종단저항 설치기준 3가지를 쓰시오. (2점)
 ② 회로도통시험을 전압계를 사용하여 시험 시 측정결과에 대한 가부판정기준을 쓰시오. (2점)

1-4) 일제개방밸브를 사용하는 스프링클러설비에 있어서 일제개방밸브 2차측 배관의 부대설비 설치기준을 쓰시오. (4점)

1-5) 「위험물안전관리에 관한 세부기준」에서 부착장소의 최고주위온도와 스프링클러헤드 표시온도를 쓰시오. (5점)

부착장소의 최고주위온도(단위 ℃)	표시온도(단위 ℃)
①	⑥
②	⑦
③	⑧
④	⑨
⑤	⑩

1-6) 감지기의 오작동으로 인하여 준비작동식밸브가 개방되어 1차측의 가압수가 2차측으로 이동하였으나 스프링클러헤드는 개방되지 않았다. 밸브 2차측 배관은 평상시 대기압 상태로서 배관 내의 체적은 3.2m³이고 밸브 1차측 압력은 5.8 kgf/cm²이며, 물의 비중량은 9,800 N/m³, 공기의 분자운동은 이상기체로서 온도 변화는 없다고 할 때 다음 물음에 답하시오. (단, 계산과정을 쓰고, 계산 값은 소수점 셋째자리에서 반올림하여 둘째자리까지 구하시오.) (8점)
① 오작동으로 인하여 밸브 2차측으로 넘어간 소화수의 양(m³)을 구하시오. (5점)
② 밸브 2차측 배관 내에 충수되는 유체의 무게(kN)를 구하시오. (3점)

1-7) 청정소화약제소화설비의 화재안전기준(NFSC 107A)에 관한 다음 물음에 답하시오. (단, 계산과정을 쓰고, 계산 값은 소수점 셋째자리에서 반올림하여 둘째자리까지 구하시오) (7점)
[조건]
- 최대허용압력 : 16,000 kPa
- 배관의 바깥지름 : 8.5 cm
- 배관 재질 인장 강도 : 410 N/mm²
- 항복점 : 250 N/mm²
- 전기저항 용접 배관 방식이며, 용접 이음을 한다.

[물음]
① 배관의 최대허용응력(kPa)을 구하시오. (4점)
② 관의 두께(mm)를 구하시오. (3점)

해답

1-1) 가) 창고시설(물류터미널로 한정한다) 중 4)에 해당하지 않는 것으로서 바닥면적의 합계가 2천5백㎡ 이상이거나 수용인원이 250명 이상인 경우에는 모든 층
나) 창고시설(물류터미널은 제외한다) 중 6)에 해당하지 않는 것으로서 바닥면적의 합계가 2천5백㎡ 이상인 경우에는 모든 층
다) 공장 또는 창고시설 중 7)에 해당하지 않는 것으로서 지하층·무창층 또는 층수가 4층 이상인 것 중 바닥면적이 500㎡ 이상인 경우에는 모든 층
라) 랙식 창고 중 8)에 해당하지 않는 것으로서 바닥면적의 합계가 750㎡ 이상인 경우에는 모든 층
마) 공장 또는 창고시설 중 9)가)에 해당하지 않는 것으로서 「화재의 예방 및 안전관리에 관한 법률 시행령」 별표 2에서 정하는 수량의 500배 이상의 특수가연물을 저장·취급하는 시설

1-2) ① 감지기 A,B 작동
② SVP의 밸브기동스위치 조작
③ 압력챔버의 압력스위치 작동
④ 제어반
⑤ 솔레노이드밸브 개방

⑥ 준비작동식밸브 개방
⑦ 압력스위치 작동
⑧ 주펌프 기동
⑨ 소화수 공급(배관)
⑩ 스프링클러헤드 개방(방수)
⑪ 준비작동식밸브 개방표시등 점등
⑫ 압력챔버의 압력스위치 작동표시등 점등
⑬ 주펌프 기동표시등 점등

1-3) ① 종단저항 설치기준 3가지
   가. 점검 및 관리가 쉬운 장소에 설치할 것
   나. 전용함을 설치하는 경우 그 설치 높이는 바닥으로부터 1.5 m 이내로 할 것
   다. 감지기 회로의 끝부분에 설치하며, 종단감지기에 설치할 경우에는 구별이 쉽도록 해당 감지기의 기판 및 감지기 외부 등에 별도의 표시를 할 것

② 회로도통시험을 전압계를 사용하여 시험 시 측정결과에 대한 가부판정기준
   가. 정상상태 : 2~6 V
   나. 단선상태 : 0 V
   다. 단락상태 : 22~26 V

1-4) ① 개폐표시형밸브를 설치할 것
   ② ①에 따른 밸브와 준비작동식유수검지장치 또는 일제개방밸브 사이의 배관은 다음의 기준과 같은 구조로 할 것
      ㉮ 수직배수배관과 연결하고 동 연결배관상에는 개폐밸브를 설치할 것
      ㉯ 자동배수장치 및 압력스위치를 설치할 것
      ㉰ ㉯에 따른 압력스위치는 수신부에서 준비작동식유수검지장치 또는 일제개방밸브의 작동 여부를 확인할 수 있게 설치할 것

1-5)

부착장소의 최고주위온도(단위 ℃)	표시온도(단위 ℃)
28 미만	58 미만
28 이상 39 미만	58 이상 79 미만
39 이상 64 미만	79 이상 121 미만
64 이상 106 미만	121 이상 162 미만
106 이상	162 이상

1-6) ① 오작동으로 인하여 밸브 2차측으로 넘어간 소화수의 양(m^3)

보일의 법칙 $P_1V_1 = P_2V_2$에 조건을 대입하면,

$(0+1.0332 kgf/cm^2) \times 3.2 m^3 = (5.8+1.0332 kgf/cm^2) \times V_2$

$V_2 = 0.484 m^3$

밸브 2차측으로 넘어간 소화수의 양 $= 3.2 - 0.484 m^3 = 2.716 m^3 \rightarrow 2.72 m^3$

② 밸브 2차측 배관 내에 충수되는 유체의 무게(kN)

$$2.72m^3 \times 9,800N/m^3 = 26,656N = 26.656kN \rightarrow 26.66kN$$

1-7) ① 최대허용응력(kPa)

$$410 \times \frac{1}{4} = 102.5, \quad 250 \times \frac{2}{3} = 166.67 \text{이므로}$$

최대허용응력 $= 102.5 \times 0.85 \times 1.2 = 104.55 N/mm^2 = 104,550 kPa$

② 관의 두께(mm)

$$\text{관의 두께}(t) = \frac{PD}{2SE} + A$$

$$= \frac{16,000kPa \times 85mm}{2 \times 104,550kPa} + 0$$

$$= 6.5mm$$

> **TIP**
>
> **※배관의 두께**
>
> 배관의 두께는 다음의 계산식에서 구한 값(t) 이상일 것. 다만, 방출헤드 설치부는 제외한다.
>
> $$\text{관의 두께}(t) = \frac{PD}{2SE} + A$$
>
> P : 최대허용압력(kPa)
> D : 배관의 바깥지름(mm)
> SE : 최대허용응력(kPa) (배관 재질 인장강도의 1/4값과 항복점의 2/3 값 중 적은 값×배관이음효율×1.2)
>
> | 배관이음효율 | 이음매 없는 배관 | 1.0 |
> |---|---|---|
> | | 전기저항 용접배관 | 0.85 |
> | | 가열맞대기 용접배관 | 0.60 |
>
> A : 나사이음, 홈이음 등의 허용 값(mm) (헤드 설치 부분은 제외한다)
>
> | 나사이음, 홈이음 등의 허용 값(mm) | 나사이음 | 나사의 높이 |
> |---|---|---|
> | | 절단홈이음 | 홈의 깊이 |
> | | 용접이음 | 0 |

★★★★☆

문제2 다음 물음에 답하시오. (30점)

2-1) 주요구조부가 내화구조인 건축물에 자동화재탐지설비를 설치하고자 한다. 다음 조건을 참고하여 물음에 답하시오. (단, 조건에 없는 내용은 고려하지 않는다.) (9점)

[조건]
- 층수 : 지하 2층, 지상 9층
- 바닥면적 : 층별 1,050 m²(가로 35 m, 세로 30 m)
- 연면적 : 11,550 m²
- 각 층의 높이는 지하 2층 4.5 m, 지하 1층 4.5 m, 1층~9층 3.5 m, 옥탑층 3.5 m
- 직통계단 건물 좌, 우측에 1개씩 설치
- 옥탑층은 엘리베이터 권상기실로만 사용되며 건물 좌, 우측에 1개씩 설치
- 각 층 거실과 지하주차장에는 차동식 스포트형 감지기 2종 설치
- 연기감지기 설치장소에는 광전식 스포트형 2종 설치
- 지하 2개 층은 주차장 용도로 준비작동식 유수검지장치(교차회로방식) 설치
- 지상 9개 층은 사무실 용도로 습식 유수검지장치 설치
- 화재감지기는 스프링클러설비와 겸용으로 설치

① 전체 경계구역의 수를 구하시오. (2점)
② 설치해야 할 감지기의 종류별 수량을 구하시오. (5점)

2-2) 국가화재안전기준 (NFSC)에 관한 다음 물음에 답하시오. (7점)
① 송수구 가까운 곳의 보기 쉬운 곳에 송수압력범위를 표시한 표지를 설치하여야 되는 소방시설 중 화재안전기준상 규정하고 있는 소화설비의 종류 4가지를 쓰시오. (2점)
② 연결송수관설비의 송수구 설치기준 중 급수개폐밸브 작동표시스위치의 설치기준을 쓰시오. (3점)
③ 특별피난계단의 계단식 및 부속실 제연설비에서 옥내의 출입문(방화구조의 복도가 있는 경우로서 복도와 거실 사이의 출입문)에 대한 구조 기준을 쓰시오. (2점)

2-3) 다중이용업소의 안전관리에 관한 특별법령상 다음 물음에 답하시오. (6점)
① 다중이용업소에 설치·유지하여야 하는 안전시설 등 중에서 구획된 실(實)이 있는 영업장 내부에 피난통로를 설치하여야 되는 다중이용업의 종류를 쓰시오. (2점)
② 다중이용업소의 영업장에 설치·유지하여야 하는 안전시설 등의 종류 중 영상음향차단장치에 대한 설치·유지기준을 쓰시오. (4점)

2-4) 아래 조건과 같은 배관의 A지점에서 B지점으로 40kg/s의 소화수가 흐를 때 A, B 각 지점에서의 평균속도(m/s)를 계산하시오. (단, 조건에 없는 내용은 고려하지 않으며, 계산과정을 쓰고 답은 소수점 넷째자리에서 반올림하여 셋째자리까지 구하시오.) (3점)

[조건]
- 배관의 재질 : 배관용 탄소강관(KS D 3507)
- A지점 : 호칭지름 100, 바깥지름 114.3 mm, 두께 4.5 mm
- B지점 : 호칭지름 80, 바깥지름 89.1 mm, 두께 4.05 mm

2-5) 「소방시설의 내진설계 기준」에 따른 수평배관의 종방향 흔들림 방지 버팀대에 대한 설치기준을 쓰시오. (5점)

해답 2-1) ① 전체 경계구역의 수

지상 1층 ~ 지상 9층 : $\dfrac{1{,}050m^2}{600m^2} = 1.75 \;\rightarrow\; 2개 \times 9개층 = 18개$

지하 1층 ~ 지하 2층 : $\dfrac{1{,}050m^2}{3{,}000m^2} = 0.35 \;\rightarrow\; 1개 \times 2개층 = 2개$

직통계단(지상층) : $\dfrac{3.5m \times 10층}{45m} = 0.78 \;\rightarrow\; 1개 \times 2개소 = 2개$

직통계단(지하층) : $\dfrac{4.5m \times 2층}{45m} = 0.2 \;\rightarrow\; 1개 \times 2개소 = 2개$

엘리베이터 권상기실 : $1개 \times 2개소 = 2개$

∴ 전체 경계구역의 수 = 18개 + 2개 + 2개 + 2개 + 2개 = 26개

② 설치해야 할 감지기의 종류별 수량
- 차동식 스포트형 감지기 2종

   지상 1층 ~ 지상 9층 : $\dfrac{1{,}050m^2}{70m^2} = 15 \;\rightarrow\; 15개 \times 9개층 = 135개$

   지하 1층 ~ 지하 2층 : $\dfrac{1{,}050m^2}{35m^2} = 30 \;\rightarrow\; 30개 \times 2회로 \times 2개층 = 120개$

   ∴ 전체 감지기(차동식스포트형 2종)의 수 = 135개 + 120개 = 255개

- 광전식 스포트형 감지기 2종

   직통계단(지상층) : $\dfrac{3.5m \times 10층}{15m} = 2.3 \;\rightarrow\; 3개 \times 2개소 = 6개$

   직통계단(지하층) : $\dfrac{4.5m \times 2층}{15m} = 0.6 \;\rightarrow\; 1개 \times 2개소 = 2개$

   엘리베이터 권상기실 : $1개 \times 2개소 = 2개$

   ∴ 전체 감지기(광전식 스포트형 2종)의 수 = 6개 + 2개 + 2개 = 10개

2-2) ① 화재안전기준상 규정하고 있는 소화설비의 종류 4가지

가. 스프링클러설비
나. 화재조기진압용 스프링클러설비
다. 물분무소화설비
라. 포소화설비

② 급수개폐밸브 작동표시스위치의 설치기준

가. 급수개폐밸브가 잠길 경우 탬퍼스위치의 동작으로 인하여 감시제어반 또는 수신기에 표시되어야 하며 경보음을 발할 것

나. 탬퍼스위치는 감시제어반 또는 수신기에서 동작의 유무확인과 동작시험, 도통시험을 할 수 있을 것
　　　다. 탬퍼스위치에 사용되는 전기배선은 내화전선 또는 내열전선으로 설치할 것
　　③ 옥내의 출입문에 대한 구조 기준
　　　가. 출입문은 언제나 닫힌 상태를 유지하거나 자동폐쇄장치에 의해 자동으로 닫히는 구조로 할 것
　　　나. 거실 쪽으로 열리는 구조의 출입문에 자동폐쇄장치를 설치하는 경우에는 출입문의 개방 시 유입공기의 압력에도 불구하고 출입문을 용이하게 닫을 수 있는 충분한 폐쇄력이 있는 것으로 할 것
2-3) ① 구획된 실이 있는 영업장에만 설치한다.〈개정 2018. 7. 10.〉
　　　가. 삭제〈2018. 7. 10.〉
　　　나. 삭제〈2018. 7. 10.〉
　　　다. 삭제〈2018. 7. 10.〉
　　　라. 삭제〈2018. 7. 10.〉
　　　마. 삭제〈2018. 7. 10.〉
　　② 영상음향차단장치에 대한 설치·유지기준
　　　가. 화재 시 자동화재탐지설비의 감지기에 의하여 자동으로 음향 및 영상이 정지될 수 있는 구조로 설치하되, 수동(하나의 스위치로 전체의 음향 및 영상장치를 제어할 수 있는 구조를 말한다)으로도 조작할 수 있도록 설치할 것
　　　나. 영상음향차단장치의 수동차단스위치를 설치하는 경우에는 관계인이 일정하게 거주하거나 일정하게 근무하는 장소에 설치할 것. 이 경우 수동차단스위치와 가장 가까운 곳에 "영상음향차단스위치"라는 표지를 부착하여야 한다.
　　　다. 전기로 인한 화재발생 위험을 예방하기 위하여 부하용량에 알맞은 누전차단기(과전류차단기를 포함한다)를 설치할 것
　　　라. 영상음향차단장치의 작동으로 실내 등의 전원이 차단되지 않는 구조로 설치할 것
2-4) • A지점에서의 평균속도
　　　안지름 = $114.3mm - 4.5mm \times 2 = 105.3mm$

　　　A지점에서의 평균속도 = $\dfrac{Q}{A}$

　　　$= \dfrac{40kg/s}{\dfrac{\pi}{4} \times (105.3mm)^2} = \dfrac{40\ell/s}{\dfrac{\pi}{4} \times (0.1053m)^2} = \dfrac{0.04m^3/s}{\dfrac{\pi}{4} \times (0.1053m)^2} = 4.593m/s$

　• B지점에서의 평균속도

안지름 $= 89.1mm - 4.05mm \times 2 = 81mm$

B지점에서의 평균속도 $= \dfrac{Q}{A}$

$= \dfrac{40kg/s}{\dfrac{\pi}{4} \times (81mm)^2} = \dfrac{40\ell/s}{\dfrac{\pi}{4} \times (0.081m)^2} = \dfrac{0.04m^3/s}{\dfrac{\pi}{4} \times (0.081m)^2} = 7.762 m/s$

2-5) 1. 배관 구경에 관계없이 모든 수평주행배관·교차배관 및 옥내소화전설비의 수평배관에 설치하여야 한다. 다만, 옥내소화전설비의 수직배관에서 분기된 구경 50 mm 이하의 수평배관에 설치되는 소화전함이 1개인 경우에는 종방향 흔들림 방지 버팀대를 설치하지 않을 수 있다.
2. 종방향 흔들림 방지 버팀대의 설계하중은 설치된 위치의 좌우 12 m를 포함한 24 m 이내의 배관에 작용하는 수평지진하중으로 영향구역내의 수평주행배관, 교차배관 하중을 포함하여 산정하며, 가지배관의 하중은 제외한다.
3. 수평주행배관 및 교차배관에 설치된 종방향 흔들림 방지 버팀대의 간격은 중심선을 기준으로 24 m를 넘지 않아야 한다.
4. 마지막 흔들림 방지 버팀대와 배관 단부 사이의 거리는 12 m를 초과하지 않아야 한다.
5. 영향구역 내에 상쇄배관이 설치되어 있는 경우 배관 길이는 그 상쇄배관 길이를 합산하여 산정한다.
6. 종방향 흔들림 방지 버팀대가 설치된 지점으로부터 600 mm 이내에 그 배관이 방향전환되어 설치된 경우 그 종방향 흔들림방지 버팀대는 인접배관의 횡방향 흔들림 방지 버팀대로 사용할 수 있으며, 배관의 구경이 다른 경우에는 구경이 큰 배관에 설치하여야 한다.

★★★☆☆

문제3 다음 각 물음에 답하시오. (30점)

3-1) 소화기구 및 자동소화장치의 화재안전기준(NFSC 101)에 관하여 다음 물음에 답하시오. (8점)
① 소화기 수량산출에 소형소화기를 감소할 수 있는 경우에 관하여 쓰시오. [2점]

구분	내용
소화설비가 설치된 경우	㉠
대형소화기가 설치된 경우	㉡

② 소화기 수량산출에서 소형소화기를 감소할 수 없는 특정소방대상물 4가지를 쓰시오. (2점)

③ 일반화재를 적용대상으로 하는 소화기구의 적응성이 있는 소화약제를 쓰시오. (4점)

구분	내용
가스계 소화약제	㉠
분말소화약제	㉡
액체소화약제	㉢
기타소화약제	㉣

3-2) 항공기격납고에 포소화설비를 설치하고자 한다. 아래 조건을 참고하여 물음에 답하시오. (12점)

[조건]
- 격납고 바닥면적 1,800 m², 높이 12 m
- 격납고 주요구조부가 내화구조이고, 벽 및 천장의 실내에 면하는 부분은 난연재료임
- 격납고 주변에 호스릴포소화설비 6개 설치
- 항공기의 높이 : 5.5 m
- 전역방출방식의 고발포용 고정포방출구 설비 설치
- 팽창비가 220인 수성막포 사용

① 격납고의 소화기구의 총 능력단위를 구하시오. (2점)
② 고정포방출구 최소 설치개수를 구하시오. (3점)
③ 고정포방출구 1개당 최소방출량(L/min)을 구하시오. (3점)
④ 전체 포소화설비에 필요한 포수용액량(m³)을 구하시오. (4점)

3-3) 비상콘센트설비의 화재안전기준(NFSC 504) 등을 참고하여 다음 물음에 답하시오. (10점)

① 업무시설로서 층당 바닥면적은 1,000 m²이며, 층수가 25층인 특정소방대상물에 특별피난계단이 2개소일 경우 비상콘센트의 회로 수, 설치개수 및 전선의 허용전류(A)를 구하시오.(단, 수평거리에 따른 설치는 무시하며, 전선관은 수직으로 설치되어 있으며, 허용전류는 25 % 할증을 고려한다) (5점)

② 소방용 장비 용량이 3 kW, 역률이 65 % 장비를 비상콘센트에 접속하여 사용하고자 한다. 층수가 25층인 특정소방대상물의 각층 층고는 4 m이며, 비상콘센트(비상콘센트용 풀박스)는 화재안전기준에서 허용하는 가장 낮은 위치에 설치하고, 1층의 비상콘센트용 풀박스로부터 수전설비까지의 거리가 100 m일 경우 전선의 단면적(mm²)을 구하시오. (단, 전압강하는 정격전압의 10 %로 하고, 최상층 기준으로 한다) (5점)

3-1) ① 소화기 수량산출에 소형소화기를 감소할 수 있는 경우

구분	내용
소화설비가 설치된 경우	해당 설비의 유효범위의 부분에 대하여는 2.1.1.2 및 2.1.1.3에 따른 소형소화기의 3분의 2를 감소할 수 있다.
대형소화기가 설치된 경우	해당 설비의 유효범위의 부분에 대하여는 2.1.1.2 및 2.1.1.3에 따른 소형소화기의 2분의 1을 감소할 수 있다.

② 소화기 수량산출에서 소형소화기를 감소할 수 없는 특정소방대상물 4가지
  층수가 11층 이상인 부분, 근린생활시설, 위락시설, 문화 및 집회시설, 운동시설, 판매시설, 운수시설, 숙박시설, 노유자시설, 의료시설, 업무시설(무인변전소를 제외한다), 방송통신시설, 교육연구시설, 항공기 및 자동차관련 시설, 관광 휴게시설

③ 일반화재를 적용대상으로 하는 소화기구의 적응성이 있는 소화약제

구분	내용
가스계 소화약제	할론소화약제 할로겐화합물 및 불활성기체소화약제
분말소화약제	인산염류소화약제
액체소화약제	산알칼리소화약제 강화액소화약제 포소화약제 물·침윤소화약제
기타소화약제	고체에어로졸화합물 마른모래 팽창질석·팽창진주암

3-2) ① 격납고의 소화기구의 총 능력단위

$$= \frac{1,800 m^2}{200 m^2} = 9단위$$

② 고정포방출구 최소 설치개수

$$= \frac{1,800 m^2}{500 m^2} = 3.6 \rightarrow 4개$$

③ 고정포방출구 1개당 최소방출량(L/min)

고정포방출구의 최소방출량 $= 1,800 m^2 \times (5.5m + 0.5m) \times 2L/min \cdot m^3$
$= 21,600 L/min$

고정포방출구 1개당 최소방출량 $= \dfrac{21,600 L/min}{4개} = 5,400 L/min$

④ 전체 포소화설비에 필요한 포수용액량(m^3)

$= 21,600 L/min \times 10min + 5개 \times 6m^3$
$= 21.6 m^3/min \times 10min + 5개 \times 6m^3$
$= 246 m^3$

3-3) ① 비상콘센트의 회로 수, 설치개수 및 전선의 허용전류(A)
- 비상콘센트의 회로 수
  = 2회로 × 2계단 = 4회로
- 설치개수
  = 15개층 × 2개 = 30개
- 전선의 허용전류(A)
  $= \dfrac{1.5kVA \times 3개}{220V} \times 1.25 = \dfrac{1.5 \times 1,000VA \times 3개}{220V} \times 1.25 = 25.57A$

② 전선의 단면적(mm²)

$P = VI\cos\theta$ 에서

$I = \dfrac{P}{V\cos\theta} = \dfrac{3kW}{220V \times 0.65} = \dfrac{3,000W}{220V \times 0.65} = 20.98A$

전압강하 $= 220V \times 0.1 = 22V$

$e = \dfrac{35.6LI}{1,000A}$ 에서

전선의 단면적(A) $= \dfrac{35.6LI}{1000e}$

$= \dfrac{35.6 \times (100m + 24층 \times 4m) \times 20.98A}{1,000 \times 22V} = 6.65mm^2$

제18회 과년도 출제문제 (2018.10.13)

★★★★☆

문제1 다음 물음에 답하시오. (40점)

1-1) 벤츄리관(Venturi tube)에 대하여 답하시오. (17점)
① 벤츄리관(Venturi tube)에서 베르누이 정리와 연속방정식 등을 이용하여 유량 구하는 공식을 유도하시오. (12점)

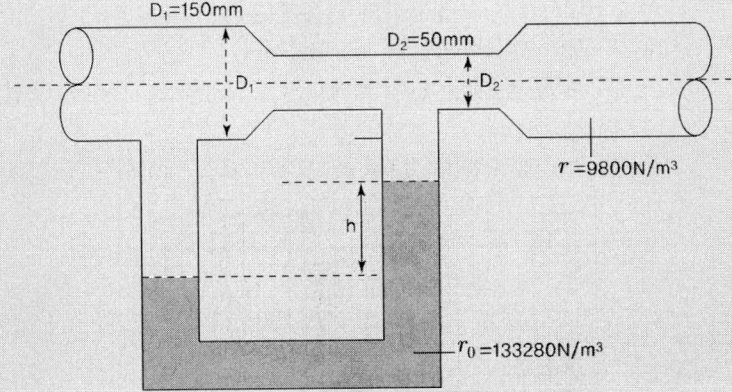

② 위 그림과 같은 벤츄리관(Venturi tube)에서 액주계의 높이 차가 200 mm일 때, 관을 통과하는 물의 유량(m^3/s)을 구하시오. (단, 중력가속도=9.8 m/s^2, π=3.14, 기타 조건은 무시하며, 소수점 여섯째 자리에서 반올림하여 다섯째 자리까지 구하시오) (5점)

1-2) 피난기구의 화재안전기준(NFSC 301)에 대하여 답하시오. (10점)
① 4층 이상의 층에 피난사다리(하향식 피난구용 내림식사다리는 제외)를 설치하는 경우 기준을 쓰시오. (2점)
② "피난기구는 계단, 피난구 기타 피난시설로부터 적당한 거리에 있는 안전한 구조로된 피난 또는 소화활동상 <u>유효한 개구부</u>에 고정하여 설치하거나 필요한 때에 신속하고 유효하게 설치할 수 있는 상태에 둘 것"이라고 규정하고 있다. 여기에서 밑줄 친 유효한 개구부에 대하여 설명하시오. (2점)
③ 지상 10층(업무시설)인 소방대상물의 3층에 피난기구를 설치하고자 한다. 적응성이 있는 피난기구 8가지를 쓰시오. (4점)
④ 지상 10층(판매시설)인 소방대상물의 5층에 피난기구를 설치하고자 한다. 필요한 피난기구의 최소 수량을 산출하시오. (단, 바닥면적은 2000m^2이며, 주요구조부는 내화구조이고, 특별피난계단이 2개소 설치되어 있다) (2점)

1-3) 이산화탄소소화설비의 화재안전기준(NFSC 106) 및 아래 조건에 따라 이산화탄소소화설비를 설치하고자 한다. 다음에 대하여 답하시오. (13점)

[조건] ㉠ 방호구역은 2개 구역으로 한다.
　　　　A구역은 가로 20 m×세로 25 m×높이 5 m
　　　　B구역은 가로 6 m×세로 5 m×높이 5 m
　　㉡ 개구부는 다음과 같다.

구분	개구부 면적	비고
A구역	이산화탄소소화설비의 화재안전기준에서 규정한 최대값 적용	자동폐쇄장치 미설치
B구역	이산화탄소소화설비의 화재안전기준에서 규정한 최대값 적용	자동폐쇄장치 미설치

　　㉢ 전역방출설비이며, 방출시간은 60초 이내로 한다.
　　㉣ 충전비는 1.5, 저장용기의 내용적은 68ℓ 이다.
　　㉤ 각 구역 모두 아세틸렌 저장창고이다.
　　㉥ 개구부 면적 계산 시에 바닥면적을 포함하고, 주어진 조건 외에는 고려하지 않는다.
　　㉦ 설계농도에 따른 보정계수는 아래의 표를 참고한다.

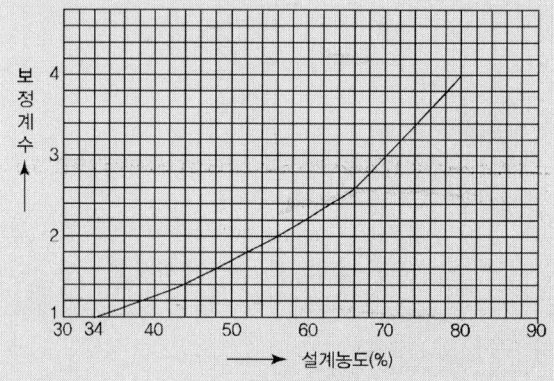

① 각 방호구역 내 개구부의 최대면적(m²)을 구하시오. (2점)
② 각 방호구역의 최소 소화약제 산출량(kg)을 구하시오. (5점)
③ 저장용기실의 최소 저장용기 수 및 최소 소화약제 저장량(kg)을 구하시오. (4점)
④ 이산화탄소소화설비의 화재안전기준 별표 1에서 정하는 가연성 액체 또는 가연성 가스의 소화에 필요한 설계농도(%) 기준 중 석탄가스와 에틸렌의 설계농도(%)를 쓰시오. (2점)

해답 1-1) ① 유량 구하는 공식의 유도
　　　　베르누이방정식에서 전수두 H는
　　　　$\dfrac{P_1}{\gamma} + \dfrac{v_1^2}{2g} + Z_1 = \dfrac{P_2}{\gamma} + \dfrac{v_2^2}{2g} + Z_2$ 에서 수평($Z_1 = Z_2$)이므로
　　　　$\dfrac{P_1}{\gamma} + \dfrac{v_1^2}{2g} = \dfrac{P_2}{\gamma} + \dfrac{v_2^2}{2g}$　………… ⓐ

연속의 방정식에서 체적유량 $Q = A_1 v_1 = A_2 v_2$ 에서

$v_1 = \dfrac{A_2}{A_1} v_2$ ……… ⓑ

ⓐ식에 ⓑ식을 대입하면

$$\dfrac{P_1}{\gamma} + \dfrac{\left(\dfrac{A_2}{A_1} v_2\right)^2}{2g} = \dfrac{P_2}{\gamma} + \dfrac{v_2^2}{2g}$$

$$\dfrac{P_1}{\gamma} - \dfrac{P_2}{\gamma} = \dfrac{v_2^2}{2g} - \dfrac{\left(\dfrac{A_2}{A_1} v_2\right)^2}{2g}$$

$$\dfrac{v_2^2}{2g} - \dfrac{\left(\dfrac{A_2}{A_1} v_2\right)^2}{2g} = \dfrac{P_1}{\gamma} - \dfrac{P_2}{\gamma}$$

$$\dfrac{v_2^2 - \left(\dfrac{A_2}{A_1} v_2\right)^2}{2g} = \dfrac{P_1 - P_2}{\gamma}$$

$$v_2^2 - \left(\dfrac{A_2}{A_1} v_2\right)^2 = 2g \dfrac{P_1 - P_2}{\gamma}$$

$$v_2^2 - \left(\dfrac{A_2}{A_1}\right)^2 v_2^2 = 2g \dfrac{P_1 - P_2}{\gamma}$$

$$v_2^2 \left\{1 - \left(\dfrac{A_2}{A_1}\right)^2\right\} = 2g \dfrac{P_1 - P_2}{\gamma}$$

$$v_2^2 = \dfrac{1}{1 - \left(\dfrac{A_2}{A_1}\right)^2} \times 2g \dfrac{P_1 - P_2}{\gamma}$$

양변에 제곱근을 하면

$$v_2 = \dfrac{1}{\sqrt{1 - \left(\dfrac{A_2}{A_1}\right)^2}} \sqrt{2g \dfrac{P_1 - P_2}{\gamma}}$$

$$Q = A_2 v_2 = \dfrac{A_2}{\sqrt{1 - \left(\dfrac{A_2}{A_1}\right)^2}} \sqrt{2g \dfrac{P_1 - P_2}{\gamma}}$$

마노미터의 압력차 $\Delta P = P_1 - P_2 = (\gamma_o - \gamma) h$ 이므로

$$Q = \dfrac{A_2}{\sqrt{1 - \left(\dfrac{A_2}{A_1}\right)^2}} \sqrt{2g \dfrac{(\gamma_o - \gamma) h}{\gamma}}$$

$$Q = \frac{A_2}{\sqrt{1-\left(\frac{A_2}{A_1}\right)^2}} \sqrt{2g\frac{\gamma_o - \gamma}{\gamma}h}$$

$$Q = \frac{A_2}{\sqrt{1-\left(\frac{D_2}{D_1}\right)^4}} \sqrt{2g\frac{\gamma_o - \gamma}{\gamma}h}$$

② 관을 통과하는 물의 유량

$$Q = \frac{A_2}{\sqrt{1-\left(\frac{D_2}{D_1}\right)^4}} \sqrt{2g\frac{\gamma_o - \gamma}{\gamma}h}$$

$$= \frac{\frac{3.14}{4} \times (0.05m)^2}{\sqrt{1-\left(\frac{50mm}{150mm}\right)^4}} \sqrt{2 \times 9.8m/s^2 \times \frac{133280 - 9800}{9800} \times 0.2m}$$

$$= 0.013878 m^3/s = 0.01388 m^3/s$$

1-2) ① 4층 이상의 층에 피난사다리(하향식 피난구용 내림식사다리는 제외한다)를 설치하는 경우에는 금속성 고정사다리를 설치하고, 당해 고정사다리에는 쉽게 피난할 수 있는 구조의 노대를 설치할 것

② 유효한 개구부 : 가로 0.5 m 이상 세로 1 m 이상인 것을 말한다. 이 경우 개구부 하단이 바닥에서 1.2 m 이상이면 발판 등을 설치하여야 하고, 밀폐된 창문은 쉽게 파괴할 수 있는 파괴장치를 비치하여야 한다.

③ 적응성이 있는 피난기구
  1. 미끄럼대   2. 피난사다리   3. 구조대   4. 완강기
  5. 피난교   6. 피난용트랩   7. 다수인피난장비   8. 승강식피난기

④ 피난기구의 최소 수량 $= \frac{2000m^2}{800m^2} = 2.5 \rightarrow 3개$

주요구조부가 내화구조이고, 특별피난계단이 2개소 설치되어 있으므로 피난기구의 2분의 1을 감소할 수 있다.

$$= \frac{3개}{2} = 1.5 \rightarrow 2개$$

1-3) ① 각 방호구역 내 개구부의 최대면적
  • A구역 $= (20m \times 5m \times 2면 + 25m \times 5m \times 2면 + 20m \times 25m \times 2면) \times 0.03$
     $= 43.5 m^2$
  • B구역 $= (6m \times 5m \times 2면 + 5m \times 5m \times 2면 + 6m \times 5m \times 2면) \times 0.03$
     $= 5.1 m^2$

② 각 방호구역의 최소 소화약제 산출량
  • A구역
    방호구역 체적 $= 20m \times 25m \times 5m = 2500 m^3$

체적에 대한 소화약제량 = $2500m^3 \times 0.75kg/m^3 = 1875kg$

최소 소화약제 산출량 = $1875kg \times 2.6 + 43.5m^2 \times 5kg/m^2 = 5092.5kg$

- B구역

  방호구역 체적 = $6m \times 5m \times 5m = 150m^3$

  체적에 대한 소화약제량 = $150m^3 \times 0.8kg/m^3 = 120kg$ → 최소 $135kg$

  최소 소화약제 산출량 = $135kg \times 2.6 + 5.1m^2 \times 5kg/m^2 = 376.5kg$

③ 저장용기실의 최소 저장용기 수 및 최소 소화약제 저장량

- 최소 저장용기 수

  $= \dfrac{5092.5kg}{\dfrac{68\ell}{1.5}} = 112.3 \rightarrow 113병$

- 최소 소화약제 저장량

  $= 113병 \times \dfrac{68\ell}{1.5} = 5122.67kg$

④ 석탄가스와 에틸렌의 설계농도

- 석탄가스의 설계농도 : 37 %
- 에틸렌의 설계농도 : 49 %

★★★★☆

문제2 다음 물음에 답하시오.

2-1) 화재안전기준 및 아래 조건에 따라 다음에 대하여 답하시오. (18점)

[조건]
- 두 개의 동으로 구성된 건축물로서 A동은 50층의 아파트, B동은 11층의 오피스텔로서 지하층은 공용으로 사용된다.
- A동과 B동은 완전구획하지 않고 하나의 소방대상물로 보며, 소방시설은 각각 별개 시설로 구성한다.
- 지하층은 5개 층으로 주차장, 기계실 및 전기실로 구성되었으며 지하층의 소방시설은 B동에 연결되어 있다.
- A동, B동의 층고는 2.8 m이며, 바닥 면적은 30 m×20 m로 동일하다.
- 지하층의 층고는 3.5 m이며, 바닥 면적은 80 m×60 m이다.
- 옥내소화전설비의 방수구는 화재안전기준상 바닥으로부터 가장 높이 설치되어 있으며, 바닥 등 콘크리트 두께는 무시한다.
- 고가수조의 크기는 8 m×6 m×6 m(H)이며 각 동 옥상 바닥에 설치되어 있다.
- 수조의 토출구는 물탱크의 바닥에 위치한다.
- 계산 시 π=3.14이며 소수점 셋째 자리에서 반올림하여 둘째 자리까지 구한다.
- 주어진 조건 외에는 고려하지 않는다.

① 옥내소화전설비를 정방형으로 배치한 경우, A동과 B동의 최소 수원(m³)을 각각 구하시오. (8점)
② 스프링클러설비가 설치된 경우, 아파트와 오피스텔의 최소 수원(m³)을 각각 구하시오. (6점)
③ B동 고가수조의 소화용수가 자연낙차에 따라 지하 5층 옥내소화전 방수구로 방수되는데 소요되는 최소시간(s)을 구하시오. (4점)

2-2) 물의 압력-온도 상태도와 관련하여 다음에 대하여 답하시오. (12점)
① 물의 압력-온도 상태도(Pressure-Temperature Diagram)를 작도하고, 상태도에 임계점과 삼중점을 표시하고 각각 설명하시오. (4점)
② 상태도에 비등(Ebullition) 현상과 공동(Cavitation) 현상을 작도하고 설명하시오. (4점)
③ 물의 응축잠열과 증발잠열을 설명하고, 증발잠열이 소화효과에 미치는 영향을 설명하시오. (4점)

해답 2-1) ① A동과 B동의 최소 수원
- A동의 최소 수원
  설치수량 : 바닥 면적 30m×20m → 1개
  최소 수원= 1개 × $7.8m^3$ = $7.8m^3$
- B동의 최소 수원
  가로 설치수량= $80m \div (2 \times 25m \times \cos 45) = 2.2$ → 3개
  세로 설치수량= $60m \div (2 \times 25m \times \cos 45) = 1.6$ → 2개
  1개층 설치수량= 3개 × 2개 = 6개
  최소 수원= 2개 × $2.6m^3$ = $5.2m^3$

② 아파트와 오피스텔의 최소 수원
- 아파트의 최소 수원= 10개 × $4.8m^3$ = $48m^3$
- 오피스텔의 최소 수원= 30개 × $1.6m^3$ = $48m^3$

③ 소요되는 최소시간
- B동 소화용수= $5.2m^3 + 48m^3 = 53.2m^3$
- B동 소화용수 높이= $\dfrac{53.2m^3}{8m \times 6m} = 1.11m$

$h_1 = 1.11m + 11개층 \times 2.8m + 4개층 \times 3.5m + (3.5m - 1.5m) = 47.91m$

$h_2 = 47.91m - 1.11m = 46.8m$

$$t = \dfrac{2A_1\left(\sqrt{h_1} - \sqrt{h_2}\right)}{C_d A_2 \sqrt{2g}} = \dfrac{2 \times (8m \times 6m) \times \left(\sqrt{47.91m} - \sqrt{46.8m}\right)}{\dfrac{3.14}{4} \times (0.04m)^2 \times \sqrt{2 \times 9.8 m/s^2}}$$

$= 1,392.42 \text{sec}$

2-2) ① 물의 압력-온도 상태도

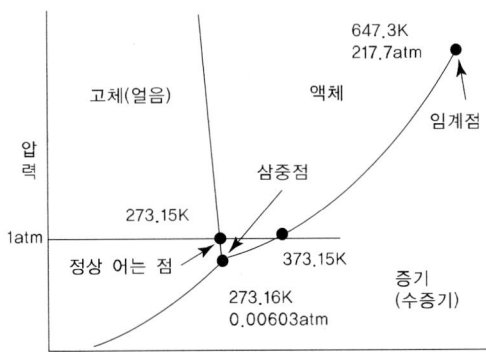

- 임계점 : 기체밀도와 액체밀도가 같은 온도
- 삼중점 : 고체, 액체, 기체가 공존하는 온도

② 비등(Ebullition) 현상과 공동(Cavitation) 현상

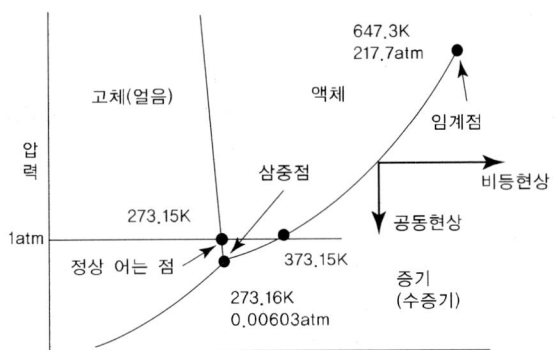

- 비등(Ebullition) 현상 : 비등점 이상에서 물이 비등하는 현상
- 공동(Cavitation) 현상 : 증기압 이하에서 기포가 석출하는 현상(공동이 발생하는 현상)

③ 물의 응축잠열과 증발잠열
  - 물의 응축잠열 : 수증기가 물로 될 때 방출하는 열로서 539 kcal/kg이다.
  - 물의 증발잠열 : 물이 수증기로 될 때 필요한 열로서 539 kcal/kg이다.
  - 증발잠열이 소화효과에 미치는 영향 : 냉각효과에 의해 화재를 진압할 수 있음

★★★★☆

문제3 다음 물음에 답하시오. (30점)

3-1) 자동화재탐지설비에 대하여 답하시오. (12점)
① 아래 조건을 참조하여 실온이 18℃ 일 때 1종 정온식감지기의 최소 작동시간(s)을 계산과정을 쓰고 구하시오. (10점)
[조건]
- 감지기의 공칭작동온도는 80℃ 이고 작동시험온도는 100℃이다.
- 실온이 0℃ 및 0℃ 이외에서 감지기 작동시간의 소수점 이하는 절상하여 계산한다.

② 자동화재탐지설비 및 시각경보장치의 화재안전기준(NFSC 203)에 따른 정온식 감지선형감지의 설치기준이다. ( ) 안의 내용을 차례대로 쓰시오. [2점]

> 감지기와 감지구역의 각 부분과의 수평거리가 내화구조의 경우 1종 (ㄱ) 이하, 2종 (ㄴ) 이하로 할 것. 기타 구조의 경우 1종 (ㄷ) 이하, 2종 (ㄹ) 이하로 할 것

3-2) 가스계 소화설비에 대하여 답하시오. (10점)
① 화재안전기준(NFSC 107A) 및 아래 조건에 따라, HCFC BLEND A를 이용한 소화설비를 설치하였을 때, 전체 소화약제 저장용기에 저장되는 최소 소화약제의 저장량(kg)을 산출하시오. (6점)
[조건]
- 바닥면적 300 m², 높이 4 m의 발전실에 소화농도는 7.0 %로 한다.
- 방사 시 온도는 20℃, K_1=0.2413, K_2=0.00088이다.
- 저장용기의 규격은 68 ℓ, 50 kg용이다.

② 위 ①의 저장용기에 대하여 화재안전기준(NFSC 107A)에서 요구하는 저장용기 교체기준을 쓰시오. (2점)

③ 이산화탄소소화설비의 화재안전기준(NFSC 106)에 따라 이산화탄소소화설비의 설치장소에 대한 안전시설 설치기준 2가지를 쓰시오. (2점)

3-3) 특별피난계단의 계단실 및 부속실 제연설비의 화재안전기준(NFSC 501A)에 따라 부속실에 제연설비를 설치하고자 한다. 아래 조건에 따라 다음에 대하여 답하시오. (8점)
[조건]
- 제연구역에 설치된 출입문의 크기는 폭 1.6 m, 높이 2.0 m이다.
- 외여닫이문으로 제연구역의 실내 쪽으로 열린다.
- 주어진 조건 외에는 고려하지 않으며, 계산값은 소수점 넷째 자리에서 반올림하여 소수점 셋째 자리까지 구한다.

① 출입문의 누설틈새 면적(m²)을 산출하시오. (4점)
② 위 ①의 누설틈새를 통한 최소 누설량(m³/s)을 $Q=0.827AP^{1/2}$의 식을 이용하여 산출하시오. (4점)

해답 3-1) ① 정온식 감지기의 최소 작동시간

t_o(실온이 0 ℃인 경우의 작동시간) : 1종 정온식감지기이며 소수점 이하는 절상하면, 41초

θ(공칭작동온도) : 조건에 의하면, 80 ℃

θr(실온) : 조건에 의하면, 18 ℃

δ(공칭작동온도와 작동시험온도와의 차) : 조건에 의하면, 100 ℃-80 ℃=20 ℃

$$t = \frac{t_o \log_{10}\left(1 + \frac{\theta - \theta r}{\delta}\right)}{\log_{10}\left(1 + \frac{\theta}{\delta}\right)} = \frac{41s \times \log_{10}\left(1 + \frac{80℃ - 18℃}{20℃}\right)}{\log_{10}\left(1 + \frac{80℃}{20℃}\right)} = 35.9 \rightarrow 36\ s$$

※ **정온식감지기의 작동시험**

공칭작동온도의 125 %가 되는 온도이고 풍속이 1 m/s인 수직기류에 투입하는 경우 그 종별에 따라 다음 표에 정하는 시간 이내에 작동하여야 한다.

종별	실온 0℃	실온 0℃ 이외
특종	40초 이하	실온 θr(℃)일 때의 작동시간 t(초)는 다음 식에 의해 산출한다. $t = \dfrac{t_o \log_{10}\left(1 + \dfrac{\theta - \theta r}{\delta}\right)}{\log_{10}\left(1 + \dfrac{\theta}{\delta}\right)}$
1종	40초 초과 120초 이하	
2종	120초 초과 300초 이하	

t_o : 실온이 0 ℃인 경우의 작동시간(초)
θ : 공칭작동온도(℃)
δ : 공칭작동온도와 작동시험온도와의 차(℃)

② 정온식 감지선형감지의 설치기준

ㄱ. 4.5 m   ㄴ. 3 m   ㄷ. 3 m   ㄹ. 1 m

3-2) ① 최소 소화약제의 저장량

V(방호구역의 체적) = $300m^2 \times 4m = 1200m^3$

S(소화약제별 선형상수) = $K_1 + K_2 \times t = 0.2413 + 0.00088 \times 20℃ = 0.2589$

C(설계농도) = 소화농도 × 안전계수 = $7\% \times 1.2 = 8.4\%$

최소 소화약제의 저장량 = $\dfrac{V}{S} \times \left(\dfrac{C}{100-C}\right) = \dfrac{1200m^3}{0.2589} \times \left(\dfrac{8.4}{100-8.4}\right)$

$= 425.04 kg$

전체 소화약제 저장용기에 저장되는 최소 소화약제의 저장량

$= \dfrac{425.04 kg}{50 kg} = 8.5 \rightarrow 9$병 × $50 kg = 450 kg$

※ 발전기실은 화재 시 케이블 등이 연소하는 화재이므로 A·C급화재로 분류된다. → 안전계수 1.2를 적용

② 저장용기 교체기준
저장용기의 약제량 손실이 5%를 초과하거나 압력손실이 10%를 초과할 경우에는 재충전하거나 저장용기를 교체할 것

③ 안전시설 설치기준
1. 소화약제 방출시 방호구역 내와 부근에 가스방출시 영향을 미칠 수 있는 장소에 시각경보장치를 설치하여 소화약제가 방출되었음을 알도록 할 것
2. 방호구역의 출입구 부근 잘 보이는 장소에 약제방출에 따른 위험경고표지를 부착할 것

3-3) ① 출입문의 누설틈새 면적

L(출입문의 틈새길이) $= 1.6m + 2m + 1.6m + 2m = 7.2m$

$A = \left(\dfrac{L}{\ell}\right) \times A_d = \left(\dfrac{7.2m}{5.6m}\right) \times 0.01m^2 = 0.013m^2$

② 누설틈새를 통한 최소 누설량

$Q = 0.827 A P^{1/2} = 0.827 \times 0.013m^2 \times (40Pa)^{1/2} = 0.068m^3/s$

제19회 과년도 출제문제(2019. 9. 21)

★★★★☆

문제1 다음 물음에 답하시오. (40점)

물음 1) 건축물 내 실의 크기가 가로 20 m×세로 20 m×높이 4 m인 노유자시설에 제3종 분말소화기를 설치하고자 한다. 다음을 구하시오. (단, 건축물은 비내화구조이다.) (3점)
  (1) 최소소화능력단위 (2점)
  (2) 2단위 소화기 설치 시 소화기 개수 (1점)

물음 2) 다음을 계산하시오. (21점)
  (1) 소방대상물(B급 화재)에 소화약제 HFC-23인 할로겐화합물소화설비를 설치한다. 다음 조건에 따라 답을 구하시오. (9점)

[조건]
- 소방대상물의 크기 : 가로 20 m×세로 8 m×높이 6 m
- 소화농도 32 %이다.
- 저장용기는 80리터이며, 최대충전밀도 중 가장 큰 것을 사용한다.
- 소화약제 선형상수 값 (K_1=0.3164, K_2=0.0012)
- 방호구역의 온도는 20 ℃이다.
- 화재안전기준의 $W = \dfrac{V}{S} \times \left(\dfrac{C}{100-C}\right)$ 식을 적용한다.
- 소수점 셋째자리에서 반올림하여 둘째자리까지 구한다.
- 주어진 조건 외에는 고려하지 않는다.

소화약제 항목	HFC-23				
최대충전밀도(kg/m³)	768.9	720.8	640.7	560.6	480.6
21℃ 충전압력(kPa)	4,198	4,198	4,198	4,198	4,198
최소사용설계압력(kPa)	9,453	8,605	7,626	6,943	6,392

  ① 소화약제 저장량(kg) (3점)
  ② 소화약제를 방사할 때 분사헤드에서의 유량(kg/s) (6점)
  (2) 소방대상물(C급 화재)에 소화약제 IG-100 불활성기체소화설비를 설치한다. 다음 조건에 따라 답을 구하시오. (12점)

[조건]
- 소방대상물 크기 : 가로 20 m×세로 8 m×높이 6 m
- 소화농도 30 %이다.
- 저장용기는 80리터이며, 충전압력 중 가장 적은 것을 사용한다.

- 소화약제 선형상수의 값과 20 ℃에서 소화약제의 비체적은 같다고 가정한다.
- 화재안전기준의 $X = 2.303 \times \left(\dfrac{V_S}{S}\right) \times \log_{10}\left(\dfrac{100}{100-C}\right)$ 식을 적용한다.
- 소수점 셋째자리에서 반올림하여 둘째자리까지 구한다.
- 주어진 조건 외에는 고려하지 않는다.

항목 \ 소화약제	IG-01		IG-541		IG-55		IG-100	
21℃ 충전압력(kPa)	16,341	20,436	14,997	19,996	31,125	15,320	20,423	30,634	16,575	22,312	28,000
최소사용설계압력(kPa) 1차측	16,341	20,436	14,997	19,996	31,125	15,320	20,423	30,634	16,575	22,312	227.4
최소사용설계압력(kPa) 2차측	비고2 참조							

비고) 1. 1차측과 2차측은 감압장치를 기준으로 한다.
2. 2차측 최소사용설계압력은 제조사의 설계프로그램에 의한 압력값에 따른다.

① 소화약제 저장량(m³) [4점]
② 소화약제 저장용기 수 [8점]

물음 3) 스프링클러설비가 소요되는 펌프의 전양정 66 m에서 말단헤드 압력이 0.1 MPa이다. 말단헤드 압력을 0.2 MPa로 증가시켰을 때 다음 조건에 따라 답을 구하시오. (11점)

[조건]
- 하젠-윌리암스 식을 적용한다.
- 방출계수 K값은 90이다.
- 1 MPa의 환산수두는 100 m이다.
- 실양정은 20 m이다.
- 소수점 셋째자리에서 반올림하여 둘째자리까지 구한다.
- 주어진 조건 외에는 고려하지 않는다.

(1) 말단헤드 유량(L/min) (2점)
(2) 마찰손실압력(MPa) (7점)
(3) 펌프의 토출압력(MPa) (2점)

물음 4) 다음 조건을 참조하여 할로겐화합물 및 불활성기체소화설비에서 배관의 두께(mm)를 구하시오. (5점)

[조건]
- 가열맞대기 용접배관을 사용한다.
- 배관의 바깥지름은 84 mm이다.
- 배관재질의 인장강도 440 MPa, 항복점 300 MPa이다.
- 배관 내 최대허용압력은 12,000 kPa이다.

> ○ 화재안전기준의 $t = \dfrac{PD}{2SE} + A$ 식을 적용한다.
> ○ 소수점 셋째자리에서 반올림하여 둘째자리까지 구한다.
> ○ 주어진 조건 외에는 고려하지 않는다.

해답 물음 1)

(1) 최소소화능력단위
$$= \dfrac{20m \times 20m}{100m^2} = 4단위$$

※특정소방대상물별 소화기구의 능력단위기준

특정소방대상물	소화기구의 능력단위
1. 위락시설	해당 용도의 바닥면적 30 m² 마다 능력단위 1단위 이상
2. 공연장·집회장·관람장·문화재·장례식장 및 의료시설	해당 용도의 바닥면적 50 m² 마다 능력단위 1단위 이상
3. 근린생활시설·판매시설·운수시설·숙박시설·노유자시설·전시장·업무시설·방송 통신시설·공장·창고시설·항공기 및 자동차 관련 시설 및 관광휴게시설	해당 용도의 바닥면적 100 m² 마다 능력단위 1단위 이상
4. 그 밖의 것	해당 용도의 바닥면적 200 m² 마다 능력단위 1단위 이상

(주) 소화기구의 능력단위를 산출함에 있어서 건축물의 주요구조부가 내화구조이고, 벽 및 반자의 실내에 면하는 부분이 불연재·준불연재료 또는 난연재료로 된 특정소방대상물에 있어서는 위 표의 기준면적의 2배를 해당 특정소방대상물의 기준면적으로 한다.

(2) 2단위 소화기 설치 시 소화기 개수
$$= \dfrac{4단위}{2단위/개} = 2개$$

해답 물음 2)

(1) ① 소화약제 저장량(kg)

방호구역의 체적(V) = $20m \times 8m \times 6m = 960m^3$

소화약제별 선형상수(S) = $K_1 + K_2 t = 0.3164 + 0.0012 \times 20℃ = 0.3404$

체적에 따른 소화약제의 설계농도(C) = 소화농도 × 안전계수 = 32% × 1.3
$$= 41.6\%$$

소화약제 저장량(W) = $\dfrac{V}{S} \times \left(\dfrac{C}{100-C}\right)$

$$= \frac{960m^3}{0.3404m^3/kg} \times \left(\frac{41.6\%}{100-41.6\%}\right) = 2,008.917 \rightarrow 2,008.92kg$$

체적에 따른 소화약제의 설계농도(%)는 상온에서 제조업체의 설계기준에서 정한 실험 수치를 적용한다. 이 경우 설계농도는 소화농도(%)에 안전계수(A·C급 화재 1.2, B급 화재 1.3)를 곱한 값으로 하여야 한다.

② 소화약제를 방사할 때 분사헤드에서의 유량(kg/s)

$$= \frac{\frac{960m^3}{0.3404m^3/kg} \times \left(\frac{41.6\% \times 0.95}{100-41.6\% \times 0.95}\right)}{10s} = 184.283 \rightarrow 184.28kg/s$$

해당 방호구역에 할로겐화합물소화약제는 10초 이내에, 불활성기체소화약제는 A·C급 화재 2분, B급 화재 1분 이내에 방호구역 각 부분에 최소설계농도의 95% 이상 해당하는 약제량이 방출되도록 하여야 한다.

(2) ① 소화약제 저장량(m^3)

　　　　방호구역의 체적(V) $= 20m \times 8m \times 6m = 960m^3$

　　　　체적에 따른 소화약제의 설계농도(C) = 소화농도 × 안전계수 = 30% × 1.2
　　　　　　　　　　　　　　　　　　　　　　　= 36%

　　　　공간체적당 더해진 소화약제의 부피(X) $= 2.303 \times \left(\frac{V_S}{S}\right) \times \log_{10}\left(\frac{100}{100-C}\right)$
　　　　에서

　　　　20℃에서 소화약제의 비체적(V_S)=소화약제 선형상수(S)이므로

　　　　소화약제 저장량 $= 2.303 \times \log_{10}\left(\frac{100}{100-C}\right) \times V$

　　　　　　　　　　 $= 2.303 \times \log_{10}\left(\frac{100}{100-36\%}\right) \times 960m^3 = 428.512 \rightarrow 428.51m^3$

체적에 따른 소화약제의 설계농도(%)는 상온에서 제조업체의 설계기준에서 정한 실험 수치를 적용한다. 이 경우 설계농도는 소화농도(%)에 안전계수(A·C급 화재 1.2, B급 화재 1.3)를 곱한 값으로 하여야 한다.

② 소화약제 저장용기 수

　　　　IG-100의 저장용기 충전량=저장용기 내용적(m^3/병)×충전압력(atm)
　　　　$= 80\ell/병 \times 16,575kPa$
　　　　$= 80\ell/병 \times \frac{1m^3}{1,000\ell} \times 16,575kPa \times \frac{1atm}{101.325kPa}$
　　　　$= 13.087m^3/병$

　　　　소화약제 저장용기 수 $= \frac{428.51m^3}{13.087m^3/병} = 32.743 \rightarrow 33병$

해답 물음 3)

(1) 말단헤드 유량(L/min)
$= K\sqrt{10P} = 90 \times \sqrt{10 \times 0.2 MPa} = 127.279 \rightarrow 127.28 L/\min$

(2) 마찰손실압력(MPa)
방수압 0.1MPa일 때 방수량 $Q_1 = K\sqrt{10P} = 90\sqrt{10 \times 0.1 MPa} = 90 L/\min$
방수압 0.2MPa일 때 방수량 $Q_2 = 127.28 L/\min$
방수압 0.1MPa일 때의 마찰손실압력
$\Delta P_1 =$ 전양정 $-$ 실양정 $-$ 말단헤드 압력
$\Delta P_1 = 66m - 20m - 0.1 MPa = 0.66 MPa - 0.2 MPa - 0.1 MPa = 0.36 MPa$
방수압 0.2MPa일 때의 마찰손실압력
hazen-williams의 공식 $\Delta P_m = 6.174 \times 10^5 \times \dfrac{Q^{1.85}}{C^{1.85} \times D^{4.87}}$ 에서
$\Delta P \propto Q^{1.85}$ 이므로
$\Delta P_1 : Q_1^{1.85} = \Delta P_2 : Q_2^{1.85}$
$0.36 MPa : (90 L/\min)^{1.85} = \Delta P_2 : (127.28 L/\min)^{1.85}$
내항과 외항의 곱은 일정하므로
$(90 L/\min)^{1.85} \times \Delta P_2 = 0.36 MPa \times (127.28 L/\min)^{1.85}$
$\Delta P_2 = \dfrac{0.36 MPa \times (127.28 L/\min)^{1.85}}{(90 L/\min)^{1.85}} = 0.683 \rightarrow 0.68 MPa$

(3) 펌프의 토출압력(MPa)
= 실양정 + 마찰손실압력 + 말단헤드 압력
= $0.2 MPa + 0.68 MPa + 0.2 MPa = 1.08 MPa$

해답 물음 4)

$440 MPa \times \dfrac{1}{4} = 110 MPa$, $300 MPa \times \dfrac{2}{3} = 200 MPa$ 이므로
최대허용응력 = $110 MPa \times 0.6 \times 1.2 = 79.2 MPa = 79,200 kPa$
관의 두께$(t) = \dfrac{PD}{2SE} + A$
$= \dfrac{12,000 kPa \times 84 mm}{2 \times 79,200 kPa} + 0$
$= 6.363 \rightarrow 6.36 mm$

배관의 두께는 다음의 계산식에서 구한 값(t) 이상일 것. 다만, 방출헤드 설치부는 제외한다.

$$관의\ 두께(t) = \frac{PD}{2SE} + A$$

P : 최대허용압력(kPa)
D : 배관의 바깥지름(mm)
SE : 최대허용응력(kPa)(배관 재질 인장강도의 1/4값과 항복점의 2/3 값 중 적은 값×배관이음효율×1.2)

배관이음효율	이음매 없는 배관	1.0
	전기저항 용접배관	0.85
	가열맞대기 용접배관	0.60

A : 나사이음, 홈이음 등의 허용 값(mm) (헤드 설치 부분은 제외한다)

나사이음, 홈이음 등의 허용 값(mm)	나사이음	나사의 높이
	절단홈이음	홈의 깊이
	용접이음	0

★★★★☆

문제2 특별피난계단의 계단실 및 부속실 제연설비의 화재안전기준(NFSC 501A) 및 다음 조건을 참조하여 각 물음에 답하시오. (30점)

[조건]	
풍량	○ 업무시설로서 층수는 20층이고, 층별 누설량은 500 m³/hr, 보충량은 5,000 m³/hr이다. ○ 풍량 산정은 화재안전기준에서 정하는 최소 풍량으로 계산한다. ○ 소수점 둘째자리에서 반올림하여 첫째자리까지 구한다.
정압	○ 흡입 루버의 압력강하량 : 150 Pa ○ System effect(흡입) : 50 Pa ○ System effect(토출) : 50 Pa ○ 수평덕트의 압력강하량 : 250 Pa ○ 수직덕트의 압력강하량 : 150 Pa ○ 자동차압댐퍼의 압력강하량 : 250 Pa ○ 송풍기 정압은 10 % 여유율로 하고, 기타 조건은 무시한다. ○ 단위 환산은 표준대기압 조건으로 한다. ○ 소수점 둘째자리에서 반올림하여 첫째자리까지 구한다.
전동기	○ 효율은 55%이고, 전달계수는 1.1이다. ○ 상기 풍량, 정압 조건만 반영한다. ○ 소수점 둘째자리에서 반올림하여 첫째자리까지 구한다.

물음 1) 송풍기의 풍량(m³/hr)을 산정하시오. (8점)
물음 2) 송풍기 정압을 산정하여 mmAq로 표기하시오. (14점)
물음 3) 송풍기 구동에 필요한 전동기 용량(kW)을 계산하시오. (8점)

해답 물음 1)
급기량 = 누설량 + 보충량
$= 500m^3/hr \times 20층 + 5,000m^3/hr = 15,000m^3/hr$
송풍기의 풍량 = 급기량 × 1.15
$= 15,000m^3/hr \times 1.15 = 17,250m^3/hr$

> 송풍기의 송풍능력은 송풍기가 담당하는 제연구역에 대한 급기량의 1.15배 이상으로 하여야 한다. 다만, 풍도에서의 누설을 실측하여 조정하는 경우에는 그러하지 아니한다.

해답 물음 2)
$= (150Pa + 50Pa + 50Pa + 250Pa + 150Pa + 250Pa) \times 1.1 = 990Pa$
$= 990Pa \times \dfrac{10332mmAq}{101325Pa} = 100.94 \rightarrow 100.9mmAq$

> 송풍기와 연결된 덕트의 상호작용 때문에 송풍기의 성능이 감소되는 것을 System effect라고 한다. 그러므로 정압 계산 시 System effect를 보정해 주어야 한다.

해답 물음 3)
$= \dfrac{P_t Q}{102\eta} \times K = \dfrac{17,250m^3/hr \times 100.9mmAq}{102 \times 0.55} \times 1.1$

$= \dfrac{\dfrac{17,250m^3}{3,600s} \times 100.9mmAq}{102 \times 0.55} \times 1.1 = 9.47 \rightarrow 9.5kW$

문제3 다음 물음에 답하시오. (30점)

물음 1) 국가화재안전기준 및 다음 조건에 따라 각 물음에 답하시오. (7점)

[조건]
○ 스프링클러설비 펌프일람표

장비명	수량	유량(ℓ/min)	양정(m)	비고
주펌프	1	2,400	120	전자식 압력 스위치 적용
예비펌프	1	2,400	120	
충압펌프	1	60	120	

(1) 기동용수압개폐장치의 압력설정치(MPa)를 쓰시오. (단, 10 m=0.1 MPa로 하고, 충압펌프의 자동정지는 정격치로 하되 기동~정지 압력차는 0.1 MPa, 나머지 압력차는 0.05 MPa로 설정하며, 압력강하 시 자동기동은 충압-주-예비펌프 순으로 한다.) (3점)
 ① 주펌프 기동점, 정지점
 ② 예비펌프 기동점, 정지점
 ③ 충압펌프 기동점, 정지점
(2) 주펌프 또는 예비펌프 성능시험 시 성능기준에 적합한 양정(m)을 쓰시오. (2점)
 ① 체절운전 시
 ② 정격토출량의 150% 운전 시
(3) 펌프의 성능시험배관에 적합한 유량측정장치의 유량범위를 쓰시오. (2점)
 ① 최소 유량(ℓ/min)
 ② 최대 유량(ℓ/min)

물음 2) 화재예방, 소방시설 설치·유지 및 안전관리에 관한 법령 및 국가화재안전기준에 따라 각 물음에 답하시오. (10점)
(1) 특정소방대상물의 규모·용도 및 수용인원 등을 고려하여 갖추어야 하는 소방시설의 종류 중 문화 및 집회시설(동·식물원 제외), 종교시설(주요구조부가 목조인 것 제외), 운동시설(물놀이형 시설 제외)의 모든 층에 설치하여야 하는 경우에 해당하는 스프링클러설비 설치대상 4가지를 쓰시오. (4점)
(2) 할로겐화합물 및 불활성기체 소화설비의 화재안전기준(NFSC 107A)에 따른 배관의 구경 선정기준을 쓰시오. (2점)
(3) 무선통신보조설비의 화재안전기준(NFSC 505)에 따른 무선기기 접속단자 설치기준을 4가지만 쓰시오. (4점)

물음 3) 국가화재안전기준 및 다음 조건에 따라 각 물음에 답하시오. (13점)

[조건]
○ 지하주차장은 3개 층이며, 각 층의 바닥면적은 60 m×60 m이고, 층고는 4.5 m이다.

> ○ 주차장의 준비작동식 스프링클러설비 감지기는 교차회로방식으로 자동화재탐지설비와 겸용한다.
> ○ 지하 3층 주차장은 기계실(450 m²)과 전기실·발전기실(250 m²)이 있다.
> ○ 지하 3층 기계실은 습식 스프링클러설비를 적용한다.
> ○ 주요구조부는 내화구조이다.
> ○ 주어진 조건 외에는 고려하지 않는다.

(1) 지하주차장 및 기계실에 차동식스포트형 감지기(2종)를 적용할 경우 총 설치수량을 구하시오. (단, 층별 하나의 방호구역 바닥면적은 최대로 적용한다.) (5점)
(2) 스프링클러설비 유수검지장치의 종류별 설치수량을 구하시오. (2점)
(3) 폐쇄형 스프링클러헤드를 사용하는 설비의 방호구역·유수검지장치 설치기준을 6가지만 쓰시오. (6점)

해답 물음 1)

(1) 기동용수압개폐장치의 압력설정치(MPa)
  ① 주펌프 기동점, 정지점
    기동점 : 1.1 MPa−0.05 MPa=1.05 MPa
    정지점 : 없음(수동 정지)
  ② 예비펌프 기동점, 정지점
    기동점 : 1.05 MPa−0.05 MPa=1 MPa
    정지점 : 없음(수동 정지)
  ③ 충압펌프 기동점, 정지점
    기동점 : 1.2 MPa−0.1 MPa=1.1 MPa
    정지점 : 120 m=1.2 MPa
(2) 주펌프 또는 예비펌프 성능시험 시 성능기준에 적합한 양정(m)
    ① 체절운전 시 : 120 m×1.4=168 m 이하
    ② 정격토출량의 150 % 운전 시 : 120 m×0.65=78 m 이상

> 펌프의 성능은 체절운전 시 정격토출압력의 140 %를 초과하지 아니하고, 정격토출량의 150 %로 운전 시 정격토출압력의 65% 이상이 되어야 하며, 펌프의 성능시험배관은 다음 각 호의 기준에 적합하여야 한다.

(3) 펌프의 성능시험배관에 적합한 유량측정장치의 유량범위
    ① 최소 유량 : 2,400 ℓ/min
    ② 최대 유량 : 2,400ℓ/min×1.75=4,200 ℓ/min

해답 물음 2)

(1) 스프링클러설비 설치대상 4가지
  ㉮ 수용인원이 100명 이상인 것
  ㉯ 영화상영관의 용도로 쓰이는 층의 바닥면적이 지하층 또는 무창층인 경우에는 500 m² 이상, 그 밖의 층의 경우에는 1천 m² 이상인 것
  ㉰ 무대부가 지하층·무창층 또는 4층 이상의 층에 있는 경우에는 무대부의 면적이 300 m² 이상인 것
  ㉱ 무대부가 다) 외의 층에 있는 경우에는 무대부의 면적이 500 m² 이상인 것

(2) 배관의 구경 선정기준
  배관의 구경은 해당 방호구역에 할로겐화합물소화약제는 10초 이내에, 불활성기체소화약제는 A·C급 화재 2분, B급 화재 1분 이내에 방호구역 각 부분에 최소설계농도의 95 % 이상 해당하는 약제량이 방출되도록 하여야 한다.

(3) 개정 삭제된 기준임

해답 물음 3)

(1) 차동식스포트형 감지기(2종)의 총 설치수량

지하 1층 주차장	$= \dfrac{60m \times 60m}{35m^2/개} = 102.8 \rightarrow 103개 \times 2회로 = 206개$
지하 2층 주차장	$= \dfrac{60m \times 60m}{35m^2/개} = 102.8 \rightarrow 103개 \times 2회로 = 206개$
지하 3층 주차장	$= \dfrac{60m \times 60m - 450m^2 - 250m^2}{35m^2/개} = 82.8 \rightarrow 83개 \times 2회로 = 166개$
기계실	$= \dfrac{450m^2}{35m^2/개} = 12.8 \rightarrow 13개$

총 설치수량 : 206개+206개+166개+13개=591개

(2) 스프링클러설비 유수검지장치의 종류별 설치수량
  • 준비작동식유수검지장치

지하 1층 주차장	$= \dfrac{60m \times 60m}{3,000m^2/개} = 1.2 \rightarrow 2개$
지하 2층 주차장	$= \dfrac{60m \times 60m}{3,000m^2/개} = 1.2 \rightarrow 2개$
지하 3층 주차장	$= \dfrac{60m \times 60m - 450m^2 - 250m^2}{3,000m^2/개} = 0.9 \rightarrow 1개$

총 설치수량 : 2개+2개+1개=5개

  • 습식유수검지장치 $= \dfrac{450m}{3,000m^2/개} = 0.15 \rightarrow 1개$

(3) 폐쇄형 스프링클러헤드를 사용하는 설비의 방호구역·유수검지장치 설치기준
① 하나의 방호구역의 바닥면적은 3,000 ㎡를 초과하지 않을 것. 다만, 폐쇄형스프링클러설비에 격자형배관방식(2 이상의 수평주행배관 사이를 가지배관으로 연결하는 방식을 말한다)을 채택하는 때에는 3,700 ㎡ 범위 내에서 펌프용량, 배관의 구경 등을 수리학적으로 계산한 결과 헤드의 방수압 및 방수량이 방호구역 범위 내에서 소화목적을 달성하는데 충분하도록 해야 한다.
② 하나의 방호구역에는 1개 이상의 유수검지장치를 설치하되, 화재 시 접근이 쉽고 점검하기 편리한 장소에 설치할 것
③ 하나의 방호구역은 2개 층에 미치지 않도록 할 것. 다만, 1개 층에 설치되는 스프링클러헤드의 수가 10개 이하인 경우와 복층형구조의 공동주택에는 3개 층 이내로 할 수 있다.
④ 유수검지장치를 실내에 설치하거나 보호용 철망 등으로 구획하여 바닥으로부터 0.8 m 이상 1.5 m 이하의 위치에 설치하되, 그 실 등에는 가로 0.5 m 이상 세로 1 m 이상의 개구부로서 그 개구부에는 출입문을 설치하고 그 출입문 상단에 "유수검지장치실"이라고 표시한 표지를 설치할 것. 다만, 유수검지장치를 기계실(공조용기계실을 포함한다)안에 설치하는 경우에는 별도의 실 또는 보호용 철망을 설치하지 않고 기계실 출입문 상단에 "유수검지장치실"이라고 표시한 표지를 설치할 수 있다.
⑤ 스프링클러헤드에 공급되는 물은 유수검지장치를 지나도록 할 것. 다만, 송수구를 통하여 공급되는 물은 그렇지 않다.
⑥ 자연낙차에 따른 압력수가 흐르는 배관 상에 설치된 유수검지장치는 화재 시 물의 흐름을 검지할 수 있는 최소한의 압력이 얻어질 수 있도록 수조의 하단으로부터 낙차를 두어 설치할 것
⑦ 조기반응형 스프링클러헤드를 설치하는 경우에는 습식유수검지장치 또는 부압식스프링클러설비를 설치할 것

제20회 과년도 출제문제(2020. 9. 26)

★☆☆☆

문제1 다음 물음에 답하시오. (40점)

물음 1) 간이스프링클러설비에 관한 다음 물음에 답하시오. (30점)
(1) 소방시설 설치 및 관리에 관한 법률상 간이스프링클러설비를 설치해야하는 특정소방대상물을 쓰시오. (11점)
(2) 다중이용업소의 안전관리에 관한 특별법령상 간이스프링클러설비를 설치해야 하는 특정소방대상물을 쓰시오. (4점)
(3) 간이스프링클러설비의 화재안전기준(NFSC 103A)상 상수도직결형 및 캐비넷형 가압송수장치를 설치할 수 없는 특정소방대상물 3가지를 쓰시오. (6점)
(4) 간이스프링클러설비의 화재안전기준(NFSC 103A)상 가압수조 가압송수장치 방식에서 배관 및 밸브 등의 설치순서에 대하여 명칭을 쓰고, 소방시설 도시기호를 그리시오. (5점)

> 가압수조를 가압송수장치로 이용하여 배관 및 밸브 등을 설치하는 경우에는 수원, 가압수조, (ㄱ), (ㄴ), (ㄷ), (ㄹ), (ㅁ), 2개의 시험밸브의 순으로 설치할 것

(5) 간이스프링클러설비의 화재안전기준(NFSC 103A)상 간이헤드 수별 급수관의 구경에 관한 내용이다. ( )에 들어갈 내용을 쓰시오.(4점)

> "캐비닛형" 및 "상수도직결형"을 사용하는 경우 주배관은 (ㄱ)mm, 수평주행배관은 (ㄴ)mm, 가지배관은 (ㄷ)mm 이상으로 할 것. 이 경우 최장배관은 제5조제6항에 따라 인정받은 길이로 하며 하나의 가지배관에는 간이헤드를 (ㄹ)개 이내로 설치하여야 한다.

물음2) 아래의 그림과 같은 돌연확대관에서 손실수두를 구하는 공식을 유도하고, 중력가속도 $g = 9.8 m/s^2$, 직경 $D_1 = 50mm$, $D_2 = 400mm$, 유량 $Q = 800 \ell/min$ 일 때 돌연확대관에서의 손실수두(m)를 계산하시오. (단, V_1, V_2는 각 지점의 유속이며, 계산 값은 소수점 셋째자리에서 반올림하여 둘째자리까지 구하시오) (10점)

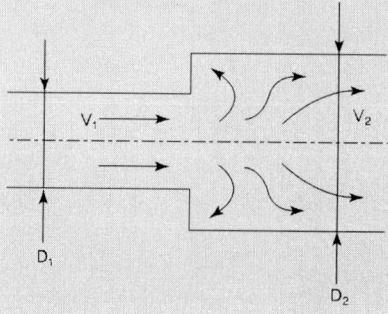

해답 물음 1

(1) 간이스프링클러설비를 설치해야하는 특정소방대상물
　1) 공동주택 중 연립주택 및 다세대주택(연립주택 및 다세대주택에 설치하는 간이스프링클러설비는 화재안전기준에 따른 주택전용 간이스프링클러설비를 설치한다)
　2) 근린생활시설 중 다음의 어느 하나에 해당하는 것
　　가) 근린생활시설로 사용하는 부분의 바닥면적 합계가 1천㎡ 이상인 것은 모든 층
　　나) 의원, 치과의원 및 한의원으로서 입원실이 있는 시설
　　다) 조산원 및 산후조리원으로서 연면적 600㎡ 미만인 시설
　3) 의료시설 중 다음의 어느 하나에 해당하는 시설
　　가) 종합병원, 병원, 치과병원, 한방병원 및 요양병원(의료재활시설은 제외한다)으로 사용되는 바닥면적의 합계가 600㎡ 미만인 시설
　　나) 정신의료기관 또는 의료재활시설로 사용되는 바닥면적의 합계가 300㎡ 이상 600㎡ 미만인 시설
　　다) 정신의료기관 또는 의료재활시설로 사용되는 바닥면적의 합계가 300㎡ 미만이고, 창살(철재·플라스틱 또는 목재 등으로 사람의 탈출 등을 막기 위하여 설치한 것을 말하며, 화재 시 자동으로 열리는 구조로 되어 있는 창살은 제외한다)이 설치된 시설
　4) 교육연구시설 내에 합숙소로서 연면적 100㎡ 이상인 경우에는 모든 층
　5) 노유자 시설로서 다음의 어느 하나에 해당하는 시설
　　가) 제7조제1항제7호 각 목에 따른 시설[같은 호 가목2) 및 같은 호 나목부터 바목까지의 시설 중 단독주택 또는 공동주택에 설치되는 시설은 제외하며, 이하 "노유자 생활시설"이라 한다]
　　나) 가)에 해당하지 않는 노유자 시설로 해당 시설로 사용하는 바닥면적의 합계가 300㎡ 이상 600㎡ 미만인 시설
　　다) 가)에 해당하지 않는 노유자 시설로 해당 시설로 사용하는 바닥면적의 합계가 300㎡ 미만이고, 창살(철재·플라스틱 또는 목재 등으로 사람의 탈출 등을 막기 위하여 설치한 것을 말하며, 화재 시 자동으로 열리는 구조로 되어 있는 창살은 제외한다)이 설치된 시설
　6) 숙박시설로 사용되는 바닥면적의 합계가 300㎡ 이상 600㎡ 미만인 시설
　7) 건물을 임차하여 「출입국관리법」 제52조제2항에 따른 보호시설로 사용하는 부분
　8) 복합건축물(별표 2 제30호나목의 복합건축물만 해당한다)로서 연면적 1천㎡ 이상인 것은 모든 층

(2) 간이스프링클러설비를 설치해야하는 특정소방대상물
   가) 지하층에 설치된 영업장
   나) 법 제9조제1항제1호에 따른 숙박을 제공하는 형태의 다중이용업소의 영업장 중 다음에 해당하는 영업장. 다만, 지상 1층에 있거나 지상과 직접 맞닿아 있는 층(영업장의 주된 출입구가 건축물 외부의 지면과 직접 연결된 경우를 포함한다)에 설치된 영업장은 제외한다.
      (1) 제2조제7호에 따른 산후조리업의 영업장
      (2) 제2조제7호의2에 따른 고시원업(이하 이 표에서 "고시원업"이라 한다)의 영업장
   다) 법 제9조제1항제2호에 따른 밀폐구조의 영업장
   라) 제2조제7호의3에 따른 권총사격장의 영업장
(3) 상수도직결형 및 캐비넷형 가압송수장치를 설치할 수 없는 특정소방대상물 3가지
   1) 근린생활시설로 사용하는 부분의 바닥면적 합계가 1천㎡ 이상인 것은 모든 층
   2) 숙박시설로 사용되는 바닥면적의 합계가 300㎡ 이상 600㎡ 미만인 시설
   3) 복합건축물(별표 2 제30호나목의 복합건축물만 해당한다)로서 연면적 1천㎡ 이상인 것은 모든 층

(4)

ㄱ	압력계	
ㄴ	체크밸브	
ㄷ	성능시험배관	
ㄹ	개폐표시형밸브	
ㅁ	유수검지장치	

(5) ㄱ : 32   ㄴ : 32   ㄷ : 25   ㄹ : 3

해답 물음 2

1. 공식의 유도

배관의 단면적이 A_1에서 A_2로 급확대 될 때, 흐름 속에 와류가 발생되어 큰 주류와 속도가 작은 와류 사이에 속도 차에 의한 큰 전단력이 발생하게 된다.
이때, 배관 벽에서의 마찰손실은 와류에 의해 발생된 전단력보다 대단히 작기 때문에 생략하고 단면 1과 2 사이에 대하여 운동량 법칙을 적용하면

$$P_1 A_2 - P_2 A_2 = \frac{\gamma}{g} Q(V_2 - V_1)$$

단면 1과 2 사이의 손실수두를 h_L이라 하고, 베르누이식을 적용하면

$$\frac{P_1}{\gamma} + \frac{V_1^2}{2g} = \frac{P_2}{\gamma} + \frac{V_2^2}{2g} + h_L$$

$$\frac{P_1-P_2}{\gamma}=\frac{Q}{gA_2}(V_2-V_1)=\frac{V_2^2-V_1^2}{2g}+h_L$$

$\frac{Q}{A_2}=V_2$ 이므로

$$h_L=\frac{2V_2(V_2-V_1)}{2g}-\frac{V_2^2-V_1^2}{2g}=\frac{2V_2^2-2V_2V_1-V_2^2+V_1^2}{2g}=\frac{(V_1-V_2)^2}{2g}$$

2. 돌연확대관에서의 손실수두

$$V_1=\frac{Q}{A_1}=\frac{800\ell/\min}{\frac{\pi}{4}\times(50mm)^2}=\frac{0.8m^3/60s}{\frac{\pi}{4}\times(0.05m)^2}=6.79m/s$$

$$V_2=\frac{Q}{A_2}=\frac{800\ell/\min}{\frac{\pi}{4}\times(400mm)^2}=\frac{0.8m^3/60s}{\frac{\pi}{4}\times(0.4m)^2}=0.11m/s$$

$$h_L=\frac{(V_1-V_2)^2}{2g}=\frac{(6.79-0.11)^2}{2\times9.8m/s^2}\fallingdotseq2.28m$$

★☆☆☆☆

문제2 위험물안전관리에 관한 세부기준에 관한 다음 물음에 답하시오. (30점)

물음 1) 제조소 등에 가스계소화설비를 설치하고자 한다. 다음 물음에 답하시오. (12점)

(1) 해당 방호구역에 전역방출방식으로 IG 계열의 소화약제 소화설비를 설치하고자 한다. 아래 조건을 이용하여 IG-100, IG-55, IG-541을 각각 방사하는 경우 저장해야 하는 최소 소화약제의 양(m^3)을 구하시오. (6점)

[조건]
○ 방호구역은 가로 20 m, 세로 10 m, 높이 5 m이다.
○ 방호구역에는 산화프로필렌을 저장하고 소화약제계수는 1.8이다.
○ 방호구역은 1기압, 20 ℃이다.

(2) 불활성가스소화설비에서 전역방출방식인 경우 안전조치 기준 3가지를 쓰시오. (3점)

(3) HFC-227ea, FIC-13I1, FK-5-1-12의 화학식을 각각 쓰시오. (3점)

물음 2) 이소부틸알콜을 저장하는 내부 직경이 40 m인 고정지붕구조의 탱크에 Ⅱ형 포방출구를 설치하여 방호하려고 한다. 아래 조건을 이용하여 다음 물음에 답하시오. (12점)

[조건]
- 포소화약제는 3%의 수용성액체포소화약제를 사용한다.
- 고정식포방출구의 설계압력환산수두는 35 m, 배관의 마찰손실수두는 20 m, 낙차 30 m이다.
- 펌프의 수력효율은 87%, 체적효율은 85%, 기계효율은 80%이며, 전동기의 전달계수는 1.1로 한다.
- 저장탱크에서 고정포방출구까지 사용하는 송액관의 내경은 100 mm이고, 송액관의 길이는 120 m이다.
- 보조포소화전은 쌍구형(호스접속구가 2개)으로 2개가 설치되어 있다.
- 원주율(π)은 3.14로 한다.
- 포수용액의 비중은 1로 본다.
- 위험물안전관리에 관한 세부기준에 따른다.
- 계산 값은 소수점 셋째자리에서 반올림하여 둘째자리까지 구하시오.
- 기타 조건은 무시한다.

(1) Ⅱ형 방출구의 정의를 쓰시오. (2점)

(2) 소화하는데 필요한 최소 포수용액량(l), 최소 수원의 양(l), 최소 포소화약제의 저장량(l)을 각각 계산하시오. (6점)

(3) 전동기의 출력(kW)을 계산하시오. (단, 유량은 포수용액량으로 한다) (4점)

물음 3) 위험물안전관리에 관한 세부기준상 스프링클러설비의 기준에 관한 다음 물음에 답하시오. (6점)

(1) 폐쇄형 스프링클러헤드를 설치하는 경우 스프링클러헤드의 부착위치에 관한 사항이다. 다음 ( )에 들어갈 내용을 쓰시오. (2점)

- 가연성 물질을 수납하는 부분에 스프링클러헤드를 설치하는 경우에는 제1호 가목의 규정에 불구하고 당해 헤드의 반사판으로부터 하방으로 (ㄱ)m, 수평방향으로 (ㄴ)m의 공간을 보유할 것
- 개구부에 설치하는 스프링클러헤드는 당해 개구부의 상단으로부터 높이 (ㄷ)m 이내의 벽면에 설치할 것

(2) 스프링클러설비의 유수검지장치 설치기준 2가지를 쓰시오. (2점)

(3) 스프링클러설비의 기준에 관한 내용이다. 다음 ( )에 들어갈 내용을 쓰시오. (2점)

건식 또는 (ㄱ)의 유수검지장치가 설치되어 있는 스프링클러설비는 스프링클러헤드가 개방된 후 (ㄴ)분 이내에 당해 스프링클러헤드로부터 방수될 수 있도록 할 것

해답 물음 1

(1) IG-100 소화약제의 양 = $20m \times 10m \times 5m \times 0.516 m^3/m^3 \times 1.8 = 928.8 m^3$

IG-55 소화약제의 양= $20m \times 10m \times 5m \times 0.477m^3/m^3 \times 1.8 = 858.6m^3$

IG-541 소화약제의 양= $20m \times 10m \times 5m \times 0.472m^3/m^3 \times 1.8 = 849.6m^3$

(2) 불활성가스소화설비에서 전역방출방식인 경우 안전조치 기준 3가지

1) 기동장치의 방출용스위치 등의 작동으로부터 저장용기의 용기밸브 또는 방출밸브의 개방까지의 시간이 20초 이상 되도록 지연장치를 설치할 것
2) 수동기동장치에는 (1)에 정한 시간내에 소화약제가 방출되지 않도록 조치를 할 것
3) 방호구역의 출입구 등 보기 쉬운 장소에 소화약제가 방출된다는 사실을 알리는 표시등을 설치할 것

(3) HFC-227ea, FIC-13I1, FK-5-1-12의 화학식

HFC-227ea : CF_3CHFCF_3

FIC-13I1 : CF_3I

FK-5-1-12 : $CF_3CF_2C(O)CF(CF_3)_2$

해답 물음 2

(1) Ⅱ형 방출구의 정의

고정지붕구조 또는 부상덮개부착고정지붕구조(옥외저장탱크의 액상에 금속제의 플로팅, 팬 등의 덮개를 부착한 고정지붕구조의 것을 말한다. 이하 같다)의 탱크에 상부포주입법을 이용하는 것으로서 방출된 포가 탱크옆판의 내면을 따라 흘러내려 가면서 액면 아래로 몰입되거나 액면을 뒤섞지 않고 액면상을 덮을 수 있는 반사판 및 탱크내의 위험물증기가 외부로 역류되는 것을 저지할 수 있는 구조·기구를 갖는 포방출구

(2) 최소 포수용액량

$$= \frac{3.14}{4} \times (40m)^2 \times 240 \times 1.25 + 3개 \times 8000 + \frac{3.14}{4} \times (0.1m)^2 \times 120m \times 1000$$

$= 401,742\ell$

최소 수원의 양= $401,742 \times 0.97 = 389,689.74\ell$

최소 포소화약제의 저장량= $401,742 \times 0.03 = 12,052.26\ell$

(3) 전동기의 출력(kW)

토출량= $\frac{\pi}{4} \times (40m)^2 \times 8 \times 1.25 + 3개 \times 400 = 13,766.37\ell$ /분= $13.77 m^3$/분

전양정= $35m + 20m + 30m = 85m$

전효율= $0.87 \times 0.85 \times 0.8 = 0.59$

전달계수= 1.1

전동기의 출력= $\frac{\gamma QH}{102\eta} \times K = \frac{1000 kgf/m^3 \times \frac{13.77m^3}{60s} \times 85m}{102 \times 0.59} \times 1.1 = 356.57 kW$

해답 물음 3

(1) ㄱ : 0.9 m   ㄴ : 0.4 m   ㄷ : 0.15 m
(2) 스프링클러설비의 유수검지장치 설치기준 2가지
   가. 유수검지장치의 1차측에는 압력계를 설치할 것
   나. 유수검지장치의 2차측에 압력의 설정을 필요로 하는 스프링클러설비에는 당해 유수검지장치의 압력설정치보다 2차측의 압력이 낮아진 경우에 자동으로 경보를 발하는 장치를 설치할 것
(3) ㄱ : 준비작동식   ㄴ : 1

★☆☆☆☆

문제3 다음 물음에 답하시오. (30점)

물음 1) 하디 크로스 방식(Hardy Cross Method)의 유체역학적 기본원리 3가지를 쓰시오. (3점)

물음 2) 하디 크로스 방식(Hardy Cross Method)의 계산절차 중 4단계~8단계의 내용을 쓰시오. (5점)

> ○ 1단계 : 모든 루프의 각 경로와 관련 있는 배관길이, 관경, C Factor (조도)와 같은 중요한 변수를 알아야 한다.
> ○ 2단계 : 각 변수를 적절한 단위로 수치 변환한다. 부속류에 대한 국부손실은 등가배관길이로 변환하여야 한다.
> ○ 3단계 : 루프에 의해 이어지는 연속성이 충족되도록 적절한 분배유량을 가정한다.
> ○ 4단계 : (ㄱ)
> ○ 5단계 : (ㄴ)
> ○ 6단계 : (ㄷ)
> ○ 7단계 : (ㄹ)
> ○ 8단계 : (ㅁ)
> ○ 9단계 : 새롭게 보정된 분배유량으로 dP_f 값이 충분히 작아질 때까지 4단계~7단계까지를 반복한다.
> ○ 10단계 : 마지막 확인사항으로 임의의 경로에 대한 유입점부터 유출점까지의 마찰손실압력을 계산한다. 다른 경로로 두 번째 계산된 마찰손실압력값은 예상되는 범위 내의 동일한 값이 되어야 한다.

물음 3) 그림과 같이 A지점으로 물이 유입되어 B지점으로 유출되고 있다. A~B 사이에 있는 세 개 분기관의 내경이 40 mm라고 할 때 각 분기관으로 흐르는 유량을 계산하시오. (8점)

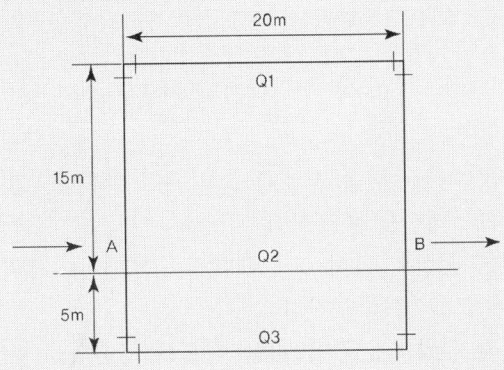

[조건]
○ 배관의 마찰손실압력을 구하는 공식은 다음과 같다.

$$\Delta P = 6.174 \times 10^4 \times \frac{Q^{1.85}}{C^{1.85} \times D^{4.87}} \times L$$

여기서, ΔP : 마찰손실압력(MPa)
Q : 유량(ℓ/min)
C : 조도(120)
D : 배관경(mm)
L : 배관길이(m)

○ 유입점과 유출점에는 1,000 ℓ/min의 유량이 흐르고 있다.
○ 90도 엘보의 등가길이는 2 m이며, A와 B 두 지점의 배관부속 마찰손실은 무시한다.
○ 계산 값은 소수점 셋째자리에서 반올림하여 둘째자리까지 구하시오.

물음 4) 스프링클러설비의 방수압과 방수량 관계식 $Q = 80\sqrt{10P}$ (Q : ℓ/min, P : MPa)의 유도과정을 쓰시오. (단, 헤드의 오리피스 내경(d)은 12.7mm, 방출계수(C)는 0.75이며, 중력가속도(g)는 9.81m/sec², $1MPa = 10kgf/cm^2$ 으로 가정한다) (8점)

물음 5) 스프링클러설비의 화재안전기준(NFSC 103)상 다음 물음에 답하시오. (6점)
(1) 개폐밸브의 개폐상태를 감시제어반에서 확인할 수 있도록 설치하여야 하는 급수개폐밸브 작동표시 스위치의 설치기준을 쓰시오. (3점)
(2) 기동용수압개폐장치를 기동장치로 사용하는 경우 설치하여야 하는 충압펌프의 설치기준을 쓰시오. (3점)

해답 물음 1

1. 폐회로를 따라 한 방향으로 측정한 손실수두의 합은 0이 되어야 한다.

2. 한 점에서 유입하는 유량과 유출하는 질량은 같아야 한다. 즉, 연속방정식을 만족해야 한다.
3. 개개관에 대해서는 손실수두와 유량 사이에는 적당한 함수관계가 유지되어야 한다.

해답 물음 2

ㄱ. 하젠윌리암스 식을 사용하여 각 배관에서의 마찰에 의한 압력손실 ΔP를 계산한다.

ㄴ. 각 루프에 걸쳐 마찰손실을 부호를 고려하여 합한다. 그 손실의 합계가 0.5 psi 이하에 근접하면 계산을 종료한다.

ㄷ. 각 루프에 대한 손실의 합이 0이 아니면, 각 배관에서의 마찰손실을 가정한 유량으로 나누어 $\Sigma \Delta P/Q$를 구한다.

ㄹ. 각 루프에 대해 유량보정 값을 다음 식으로 구한다.

$$\Delta Q = -\frac{\Sigma \Delta P}{1.85 \times \Sigma \left(\frac{\Delta P}{Q}\right)}$$

ㅁ. 그 루프의 유량보정 값을 각 배관의 가정 유량에 더하여 다음번 시도의 유량 값으로 정한다. 이때 공통배관에 대한 보정은 관련 두 루프안의 ΔQ 의 값이 가정유량에 적용되어야 한다.

해답 물음 3

관로구간	총배관길이 L(m)	유량Q	반복계산 I 차압 ΔP (kPa)	$\dfrac{\Delta P}{Q}$	유수보정치	반복계산 II 유량Q (ℓpm)	차압 ΔP	$\dfrac{\Delta P}{Q}$	유수보정치
Q_1	54	300	286.5	0.96	−40.57	259.43	218.97		
Q_2	20	−400	−180.67	0.45		−441.17	−216.57		
		합계	105.83	1.41		합계	2.4		
Q_2	20	400	180.67	0.45	0.14	441.17	216.57		
Q_3	34	−300	−180.39	0.6		−299.4	−179.72		
		합계	−0.28	1.05		합계	36.85		

Q_1=259.43 Q_2=441.17 Q_3=299.4

해답 물음 4

$Q = Av$

여기서 Q : 유량(m³/sec)
      A : 노즐 오리피스의 단면적(m²)
      v : 유속(m/sec)

$$Q = \frac{\pi}{4}d^2 C\sqrt{2gH}$$

여기서 d : 노즐 오리피스의 직경(m)
C : 오리피스의 흐름계수(0.75)
g : 중력가속도(9.81 m/sec²)
H : 수두 (m)

$$Q = C\frac{\pi}{4}d^2 \sqrt{2gH}$$

$$Q = C\frac{\pi}{4}d^2 \sqrt{2g \times 10P}$$

여기서 P : 방사압력 (kgf/cm²)

$$Q = 0.75 \times \frac{\pi}{4}d^2 \sqrt{2 \times 9.81 \times 10P}$$

$$Q = 0.75 \times \frac{\pi}{4} \times 14.01 \times d^2 \sqrt{P}$$

여기서 Q의 단위 m³/sec를 ℓ/min으로
d의 단위 m를 mm로 하면

$$Q = 0.75 \times \frac{\pi}{4} \times 14.01 \times \frac{1000 \times 60}{1000000} \times (12.7mm)^2 \sqrt{P}$$

$$Q = 80\sqrt{P}$$

여기서 P의 단위 kgf/cm²를 MPa로 하면

$$Q = 80\sqrt{10P}$$

해답 물음 5

(1) 급수개폐밸브 작동표시 스위치의 설치기준
  1. 급수개폐밸브가 잠길 경우 탬퍼 스위치의 동작으로 인하여 감시제어반 또는 수신기에 표시되어야 하며 경보음을 발할 것
  2. 탬퍼 스위치는 감시제어반 또는 수신기에서 동작의 유무확인과 동작시험, 도통시험을 할 수 있을 것
  3. 급수개폐밸브의 작동표시 스위치에 사용되는 전기배선은 내화전선 또는 내열전선으로 설치할 것

(2) 충압펌프의 설치기준
  가. 펌프의 토출압력은 그 설비의 최고위 살수장치(일제개방밸브의 경우는 그 밸브)의 자연압보다 적어도 0.2MPa이 더 크도록 하거나 가압송수장치의 정격토출압력과 같게 할 것
  나. 펌프의 정격토출량은 정상적인 누설량보다 적어서는 아니되며 스프링클러설비가 자동적으로 작동할 수 있도록 충분한 토출량을 유지할 것

제21회 과년도 출제문제(2021. 9. 18)

★★☆☆

문제1 다음 물음에 답하시오. (40점)

물음 1) 아래 그림과 같이 관 속에 가득찬 40℃의 물이 중량 유량 980 N/min으로 흐르고 있다. B지점에서 공동현상이 발생하지 않도록 하는 A지점에서의 최소압력(kPa)을 구하시오. (단, 관의 마찰 손실은 무시하고, 40℃ 물의 증기압은 55.32 mmHg이다. 계산값은 소수점 다섯째자리에서 반올림하여 소수점 넷째자리까지 구하시오.) (10점)

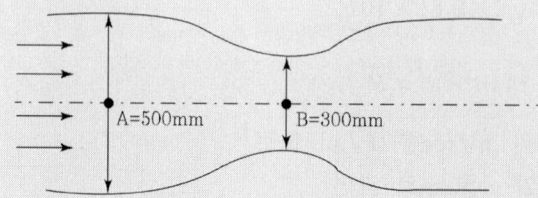

물음 2) 도로터널의 화재안전기준(NFSC 603)에 대하여 아래 조건에 따라 다음 물음에 답하시오. (15점)

[조건]
- 제연설비 설계화재강도의 열량으로 5분 동안 화재가 진행되었다.
- 소화수 및 주위온도는 20℃에서 400℃로 상승하였다.
- 물의 비중은 1, 물의 비열은 4.18 kJ/kg·℃, 물의 증발잠열은 2,253.02 kJ/kg
- 대기압은 표준대기압, 수증기의 비열은 1.85 kJ/kg·℃
- 동력은 3상 380 V 30 kW
- 효율은 0.8, 전달계수는 1.2, 전양정은 25 m
- 계산값은 소수점 셋째자리에서 반올림하여 소수점 둘째자리까지 구하시오.
- 기타 조건은 무시한다.

(1) 물분무소화설비가 작동하여 소화수가 방사되는 경우 수원의 용량(m³)을 구하시오. (단, 방사된 소화수와 생성된 수증기의 40%만 냉각소화에 이용되는 것으로 가정한다.) (10점)
(2) 방사된 수원을 보충하기 위해 필요한 최소시간(s)을 구하시오. (5점)

물음 3) 다음은 소방시설 자체점검사항 등에 관한 고시에서 정하고 있는 소방시설 도시기호에 관한 것이다. ( )에 알맞은 명칭을 쓰고, 도시기호를 그리시오. (5점)

명칭	도시기호
(ㄱ)	
(ㄴ)	
(ㄷ)	
이온화식 감지기(스포트형)	(ㄹ)
시각경보기(스트로브)	(ㅁ)

물음 4) 스프링클러헤드의 특성에 대하여 다음 물음에 답하시오. (10점)
  (1) 화재조기진압용 스프링클러설비의 화재안전기준(NFSC 103B)에서 화재조기진압용 스프링클러설비를 설치할 장소의 구조 중 해당 층의 높이와 천장의 기울기 기준을 쓰시오. (2점)
  (2) 화재조기진압용 스프링클러설비의 화재안전기준(NFSC 103B)에서 화재 조기진압용 스프링클러 가지배관 사이의 거리를 쓰시오. (2점)
  (3) 필요방사밀도(RDD : Required Delivered Density)의 개념을 쓰시오. (2점)
  (4) 실제방사밀도(ADD : Actual Delivered Density)의 개념을 쓰시오. (2점)
  (5) 필요방사밀도와 실제방사밀도의 관계를 설명하시오. (2점)

해답 물음 1)

물의 증기압 $55.32mmHg = \dfrac{55.32mmHg}{760mmHg} \times 101.325kPa = 7.3754kPa$

물의 비중량 $= 9800N/m^3$

물의 중량 유량 $= 980N/\min = 980N/60s$

A지점에서의 유속 $v_A = \dfrac{980N/60s}{\dfrac{\pi}{4} \times (0.5m)^2 \times 9800N/m^3} = 0.0085m/s$

B지점에서의 유속 $v_B = \dfrac{980N/60s}{\dfrac{\pi}{4} \times (0.3m)^2 \times 9800N/m^3} = 0.0236m/s$

$\dfrac{P_A}{\gamma} + \dfrac{v_A^{\,2}}{2g} = \dfrac{P_B}{\gamma} + \dfrac{v_B^{\,2}}{2g}$

$\dfrac{P_A}{9800N/m^3} + \dfrac{(0.0085m/s)^2}{2 \times 9.8m/s^2} = \dfrac{7.3754kPa}{9800N/m^3} + \dfrac{(0.0236m/s)^2}{2 \times 9.8m/s^2}$

$\dfrac{P_A \times 1000}{9800N/m^3} + \dfrac{(0.0085m/s)^2}{2 \times 9.8m/s^2} = \dfrac{7.3754 \times 1000N/m^2}{9800N/m^3} + \dfrac{(0.0236m/s)^2}{2 \times 9.8m/s^2}$

A지점에서의 최소압력 $P_A = 7.4892kPa$

30th Day

해답 물음 2)

(1) 수원의 용량

제연설비의 설계화재강도 = $20MW = 20000kW = 20000kJ/s$

☞ $20000kJ/s \times 5분 \times 60s/분 = 6000000 kJ$

필요한 총열량
= $m \times 4.18kJ/kg \cdot ℃ \times (100℃ - 20℃) + m \times 2253.02 kJ/kg + m \times 1.85 kJ/kg \cdot ℃ \times (400℃ - 100℃)$
= $m \times 3142.42 kJ/kg$

☞ $6000000 kJ = m \times 3142.42 kJ/kg \rightarrow m = 1909.36 kg$

40%만 냉각소화에 이용 → $\dfrac{1909.36 kg}{0.4} \times \dfrac{1m^3}{1000 kg} = 4.77 m^3$

(2) 최소시간

전동기 용량 = $\dfrac{\gamma QH}{102\eta} \times K$

☞ $30kW = \dfrac{1000 kgf/m^3 \times \dfrac{4.77 m^3}{t} \times 25m}{102 \times 0.8} \times 1.2$

☞ $t = 58.46s$

해답 물음 3)

ㄱ	ㄴ	ㄷ	ㄹ	ㅁ
분말·탄산가스·할로겐헤드	포헤드(입면도)	방수구	S I	◇

해답 물음 4)

(1) 해당 층의 높이와 천장의 기울기 기준
   1. 해당층의 높이가 13.7m 이하일 것. 다만, 2층 이상일 경우에는 해당층의 바닥을 내화구조로 하고 다른 부분과 방화구획 할 것
   2. 천장의 기울기가 1,000분의 168을 초과하지 않아야 하고, 이를 초과하는 경우에는 반자를 지면과 수평으로 설치할 것
(2) 가지배관 사이의 거리는 2.4m 이상 3.7m 이하로 할 것. 다만, 천장의 높이가 9.1m 이상 13.7m 이하인 경우에는 2.4m 이상 3.1m 이하로 한다.
(3) 필요방사밀도(RDD : Required Delivered Density)는 단위면적당 화재를 진압하는데 필요한 물의 양(LPM/m²)을 말한다.
(4) 실제방사밀도(ADD: Actual Delivered Density)는 스프링클러로부터 분사된 물 중에서 화염을 통과하여 연소중인 가연물 상단에 실제로 도달한 양을 가연물 상단의 표면적으로 나눈 값(LPM/m²)을 말한다.

(5) 필요방사밀도와 실제방사밀도의 관계 : ADD가 RDD보다 클 때 화재는 진화되며, 빗금 친 부분이 초기진압이 가능한 영역이다.

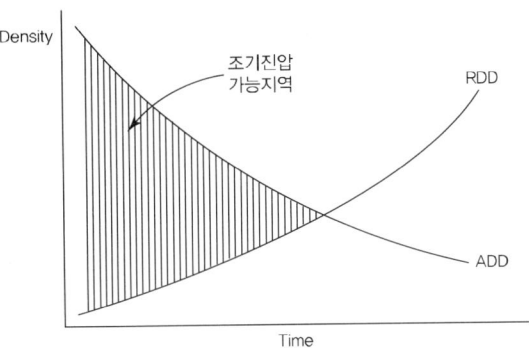

★★★☆☆

문제2 다음 물음에 답하시오. (30점)

물음 1) 이산화탄소소화설비 화재안전기준(NFSC 106)에 대하여 다음 물음에 답하시오. (8점)
(1) 이산화탄소소화설비의 분사헤드 설치 제외 장소 4가지를 쓰시오. (4점)
(2) 가연성 액체 또는 가연성 가스의 소화에 필요한 설계농도에 관하여 ( )에 들어갈 내용을 쓰시오. (4점)

방호대상물	설계농도(%)
수소	75
(ㄱ)	66
산화에틸렌	(ㄴ)
(ㄷ)	40
사이크로 프로판	37
이소부탄	(ㄹ)

물음 2) 바닥면적 600 m², 높이 7 m인 전기실에 할론소화설비(Halon 1301)를 전역방출방식으로 설치하고자 한다. 용기의 부피 72ℓ, 충전비는 최대값을 적용하고, 가로 1.5 m, 세로 2 m의 출입문에 자동폐쇄장치가 없을 경우, 다음 물음에 답하시오. (12점)
(1) 할론소화설비의 화재안전기준(NFSC 107)에 따른 최소 약제량(kg) 및 저장용기 수(개)를 구하시오. (4점)
(2) 할론소화설비의 화재안전기준(NFSC 107)에 따라 계산된 최소 약제량이 방사될 때 실내의 약제농도가 6%라면, Halon 1301 소화약제의 비체적(m³/kg)을 구하시오. (단, 비체적은 소수점 여섯째자리에서 반올림하여 다섯째자리까지 구하시오.) (5점)

　　　(3) 저장용기에 저장된 실제 저장량이 모두 방사된 경우, (2)에서 구한 비체적
　　　　값을 사용하여 약제농도(%)를 계산하시오. (단, 계산값은 소수점 셋째자리
　　　　에서 반올림하여 둘째자리까지 구하시오.) (3점)
　　물음 3) 고층건축물의 화재안전기준(NFSC 604)에 대하여 다음 물음에 답하시오. (10점)
　　　(1) 피난안전구역에 설치하는 소방시설 중 인명구조기구, 피난유도선을 제외한
　　　　나머지 3가지를 쓰시오. (3점)
　　　(2) 피난안전구역에 설치하는 소방시설 설치기준 중 피난유도선 설치기준 3가
　　　　지를 쓰시오. (3점)
　　　(3) 피난안전구역에 설치하는 소방시설 설치기준 중 인명구조기구 설치기준 4
　　　　가지를 쓰시오. (4점)

해답 물음 1)

(1) 분사헤드 설치 제외 장소 4가지
　1. 방재실·제어실 등 사람이 상시 근무하는 장소
　2. 니트로셀룰로스·셀룰로이드제품 등 자기연소성 물질을 저장·취급하는 장소
　3. 나트륨·칼륨·칼슘 등 활성금속물질을 저장·취급하는 장소
　4. 전시장 등의 관람을 위하여 다수인이 출입·통행하는 통로 및 전시실 등

(2) ( )에 들어갈 내용

ㄱ	ㄴ	ㄷ	ㄹ
아세틸렌	53	에탄	36

해답 물음 2)

(1) 최소 약제량(kg) 및 저장용기 수(개)
　1. 최소 약제량 = $600m^2 \times 7m \times 0.32kg/m^3 + 1.5m \times 2m \times 2.4kg/m^2 = 1351.2kg$
　2. 저장용기 수 = $1351.2kg \div \dfrac{72\ell}{1.6\ell/kg} = 30.02 \rightarrow 31$개

(2) Halon 1301 소화약제의 비체적(m^3/kg)

$Halon\ 1301(\%) = 6\% = \dfrac{21-O_2}{21} \times 100 \rightarrow O_2 = 19.74\%$

$Halon\ 1301(m^3) = \dfrac{21-O_2}{O_2} \times 방호구역 = \dfrac{21-19.74}{19.74} \times (600m^2 \times 7m) = 268.08511m^2$

$Halon\ 1301\ 비체적 = \dfrac{268.08511m^3}{1351.2kg} = 0.19841m^3/kg$

(3) 약제농도(%)

$Halon\ 1301\ 체적 = 0.19841m^3/kg \times (\dfrac{72\ell}{1.6\ell/kg} \times 31개) = 276.78195m^3$

$Halon\ 1301\ 농도 = \dfrac{276.78195m^3}{600m^2 \times 7m + 276.78195m^3} \times 100 = 6.18\%$

해답 **물음 3)**

(1) 제연설비, 비상조명등, 휴대용비상조명등

(2) 피난유도선 설치기준 3가지

　가. 피난안전구역이 설치된 층의 계단실 출입구에서 피난안전구역 주 출입구 또는 비상구까지 설치할 것

　나. 계단실에 설치하는 경우 계단 및 계단참에 설치할 것

　다. 피난유도 표시부의 너비는 최소 25 mm 이상으로 설치할 것

　라. 광원점등방식(전류에 의하여 빛을 내는 방식)으로 설치하되, 60분 이상 유효하게 작동할 것

(3) 인명구조기구 설치기준 4가지

　가. 방열복, 인공소생기를 각 2개 이상 비치할 것

　나. 45분 이상 사용할 수 있는 성능의 공기호흡기(보조마스크를 포함한다)를 2개 이상 비치하여야 한다. 다만, 피난안전구역이 50층 이상에 설치되어 있을 경우에는 동일한 성능의 예비용기를 10개 이상 비치할 것

　다. 화재 시 쉽게 반출할 수 있는 곳에 비치할 것

　라. 인명구조기구가 설치된 장소의 보기 쉬운 곳에 "인명구조기구"라는 표지판 등을 설치할 것

★★★★☆☆

문제3 다음 물음에 답하시오. (30점)

물음 1) 경보설비의 비상전원으로 사용되는 축전지가 방전할 때 아래 그림과 같이 시간에 따라 방전전류가 감소하는 경우, 이에 적합한 축전지의 용량(Ah)을 구하시오. (단, 보수율 0.8, 용량환산시간 K는 아래 표와 같다.) (9점)

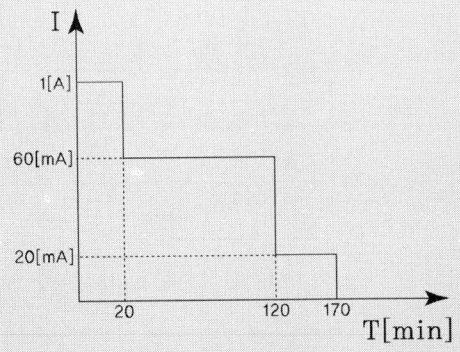

시간(min)	10	20	30	50	100	110	120	150	170
K	1.3	1.4	1.7	2.5	3.4	3.6	3.8	4.8	5.0

물음 2) 자동화재탐지설비 회로에 감지기, 경종, 사이렌 등이 전선으로 연결되어 있을 경우, 각 기기에 흐르는 전류와 개수는 다음과 같다. 각 기기에 인가되는 전압을 80 % 이상으로 유지하기 위한 전선의 최소 공칭 단면적(mm²)을 구하시오. (단, 수신기 공급전압 : 24 V, 감지기 : 20 mA 10개, 경종 : 50 mA 5개, 사이렌 : 30 mA 2개, 전선의 고유저항율 : $\frac{1}{58}$ Ωmm²/m, 도전율 : 97 %, 수신기와 기기간 거리 : 250 m) (8점)

물음 3) 자동화재탐지설비 및 시각경보장치의 화재안전기준(NFSC 203)에 의한 정온식 감지선형 감지기의 설치기준이다. ( )에 들어갈 내용을 쓰시오. (5점)

[조건]
- (ㄱ)이나 고정금구를 사용하여 감지선이 늘어지지 않도록 설치할 것
- 단자부와 마감 고정금구와의 설치간격은 (ㄴ)cm 이내로 설치할 것
- 감지선형 감지기의 굴곡반경은 (ㄷ)cm 이상으로 할 것
- 감지기와 감지구역의 각 부분과의 수평거리가 내화구조의 경우 1종 (ㄹ)m 이하, 2종 (ㅁ)m 이하로 할 것, 기타구조의 경우 1종 3m 이하, 2종 1m 이하로 할 것

물음 4) 아래 그림은 전동기 시퀀스 제어회로 중 일부 회로의 타임차트이다. 이에 맞는 회로의 명칭을 쓰고, 그림의 스위치 소자를 이용하여 시퀀스 제어회로를 완성하시오. (8점)

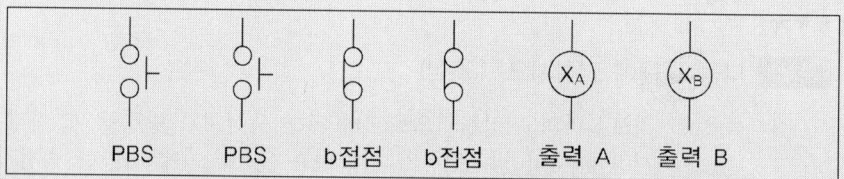

〈스위치소자 및 회로기호〉

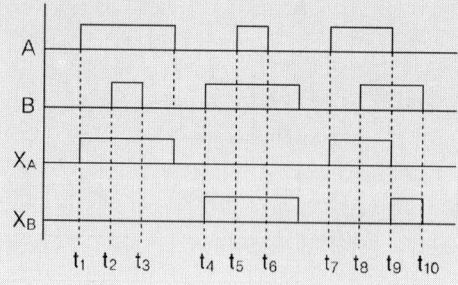

(1) 회로의 명칭
(2) 제어회로 완성

〈타임차트〉

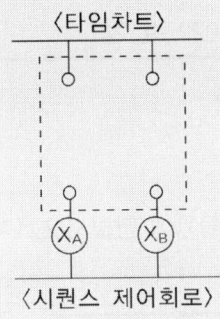

〈시퀀스 제어회로〉

해답 물음 1)

축전지의 용량 $= \dfrac{1}{L} \times [K_1 I_1 + K_2 (I_2 - I_1) + K_3 (I_3 - I_2)]$

$= \dfrac{1}{0.8} \times [5h \times 0.02A + 3.8h \times (0.06A - 0.02A) + 1.4h \times (1A - 0.06A)] = 1.568 Ah$

해답 물음 2)

전류(A) $= 20mA \times 10 + 50mA \times 5 + 30mA \times 2 = 510mA = 0.51A$

인가되는 전압을 80 % 이상으로 유지 → 전압강하(e)는 20 %

전압강하(e) $= 24V \times 0.2 = 4.8V$

전압강하(e) $= \dfrac{35.6LI}{1000A}$

전선의 단면적 $A = \dfrac{35.6LI}{1000e} = \dfrac{35.6 \times 250m \times 0.51A}{1000 \times 4.8V} = 0.95 mm^2$

전선의 공칭 단면적 $= 1.5 mm^2$

해답 물음 3)

ㄱ	ㄴ	ㄷ	ㄹ	ㅁ
보조선	10	5	4.5	3

해답 물음 4)

(1) 회로의 명칭 : 인터록 회로
(2) 제어회로 완성

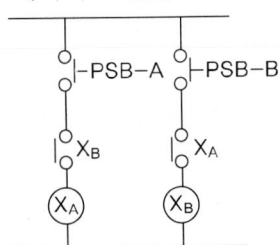

제22회 과년도 출제문제(2022. 9. 24)

★★★☆☆

문제1 다음 계통도 및 조건을 보고 물음에 답하시오. (40점)

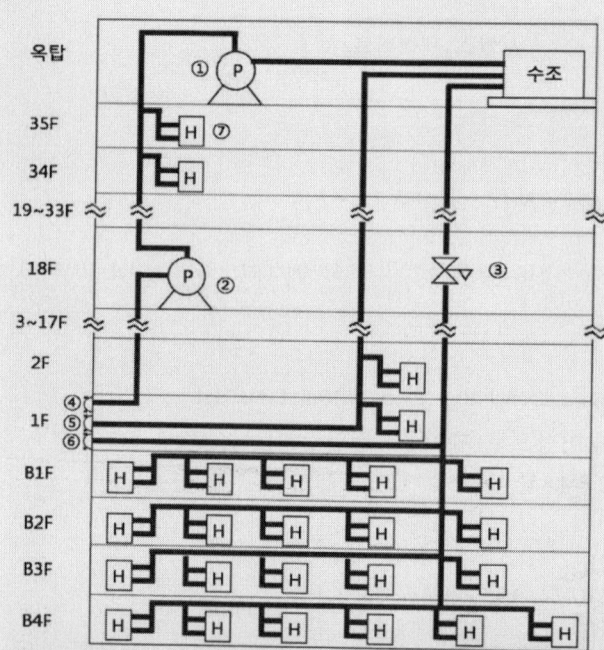

	[범례]	
①	(P)	옥내소화전 주펌프
②	(P)	연결송수관설비 가압펌프
③	⋈	저층부 옥내소화전 감압밸브
④	⊻	연결송수관설비 흡입측 송수구
⑤	⊻	중층부 옥내소화전 및 연결송수관설비 겸용 송수구
⑥	⊻	저층부 옥내소화전 및 연결송수관설비 겸용 송수구
⑦	H	옥내소화전

[조건]
○ 지하 4층/지상 35층 주상복합 건축물로 각 층의 높이는 3 m로 동일함
○ 송수구는 지상 1층 바닥으로부터 1 m 높이에 설치됨
○ 옥내소화전 설치개수는 지상 1층~지상 35층 각 층 1개, 지하 1층~지하 3층 각 층 5개, 지하 4층 6개임
○ 옥내소화전설비 고층부는 펌프방식이고 중층부, 저층부는 고가수조방식이며 저층부 구간은 지하 1층에서 지하 4층까지임
○ 옥내소화전 및 연결송수관설비의 배관 및 부속류 마찰손실은 낙차의 30%를 적용함
○ 펌프의 효율은 50%, 전달계수는 1.1을 적용함
○ 옥내소화전 방수구는 바닥으로부터 1 m 높이, 연결송수관설비 방수구는 바닥으로부터 0.5 m 높이에 설치됨
○ 펌프와 바닥 사이 및 수조와 바닥 사이 높이는 무시함
○ 옥내소화전 호스 마찰손실수두는 7 m, 연결송수관설비 호스 마찰손실수두는 3 m
○ 감압밸브는 바닥으로부터 1 m 높이에 설치됨
○ 수두 10 m는 0.1 MPa로 함
○ 계산값은 소수점 넷째자리에서 반올림하여 소수점 셋째자리까지 구함
○ 기타 조건은 무시함

물음 1) 수조의 최소 수원의 양(m^3)과 고층부의 필요한 최소 동력(kW)을 구하시오. (10점)

물음 2) 고가수조방식으로 적용 가능한 중층부의 가장 높은 층을 구하시오. (6점)

물음 3) 지상 18층에 설치된 감압밸브 2차측 압력을 0 MPa로 설정했다면, 지하 1층의 옥내소화전 노즐선단에서 방수압력(MPa)을 구하시오. (5점)

물음 4) 연결송수관설비 흡입측 송수구에서 소방차 인입압력이 0.7 MPa이다. 이때 연결송수관설비 가압송수장치에 필요한 최소 동력(kW)을 구하시오. (5점)

물음 5) 지상 10층과 지하 4층에 필요한 최소 연결송수관설비 송수구 압력(MPa)을 각각 구하시오. (10점)

물음 6) 옥내소화전에 사용하는 가압송수장치 4가지 방식을 쓰시오. (4점)

해답 물음 1)

최소 수원의 양 및 최소 동력

① 최소 수원의 양 = 2개 × $2.6 m^3$ = $5.2 m^3$

② 최소 동력

   토출량 = 1개 × $130 L/\min$ = $130 L/\min$ = $0.13 m^3/\min$

   전양정 = $7m - (3-1)m + (3-1)m \times 0.3 + 17m = 22.6m$

$$최소\ 동력 = \frac{\gamma HQ}{\eta} \times K = \frac{9.8kN/m^3 \times 22.6m \times 0.13m^3/60s}{0.5} \times 1.1$$
$$= 1.056 kN \cdot m/s = 1.056 kJ/s = 1.056 kW$$

해답 물음 2)

고가수조방식으로 적용 가능한 중층부의 가장 높은 층

필요한 낙차 $H = h_1 + h_2 + 17m$

$H = 7m + 0.3H + 17m \rightarrow H = 34.286m$

$3F + 2m = 34.286m \rightarrow F = 11$

중층부의 가장 높은 층 $= 35 - 11 = 24$층

해답 물음 3)

지하 1층의 옥내소화전 노즐선단에서 방수압력

낙차 $= 1m + 3m \times 17개층 + 2m = 54m$

노즐선단에서 방수압력 $= 54m - 54m \times 0.3 - 7m = 30.8m = 0.308 MPa$

해답 물음 4)

가압송수장치에 필요한 최소 동력

낙차 $h_1 = 0.5m + 3m \times 34개층 - 1m = 101.5m$

전양정 $H = h_1 + h_2 + h_3 + 0.35 MPa - 0.7 MPa$

$= 101.5m + 101.5m \times 0.3 + 3m + 35m - 70m = 99.95m$

토출량 $Q = 2400 L/\min = 2.4 m^3/\min$

$$최소\ 동력 = \frac{\gamma HQ}{\eta} \times K = \frac{9.8kN/m^3 \times 99.95m \times 0.24m^3/60s}{0.5} \times 1.1$$
$$= 8.62 kN \cdot m/s = 8.62 kJ/s = 8.62 kW$$

해답 물음 5)

지상 10층과 지하 4층에 필요한 최소 연결송수관설비 송수구 압력

① 지상 10층에 필요한 송수구 압력

    낙차 $h_1 = 0.5m + 3m \times 8개층 + 2m = 26.5m$

    필요한 송수구 압력 $H = h_1 + h_2 + h_3 + 35m$

    $= 26.5m + 26.5m \times 0.3 + 3m + 35m = 72.45m = 0.7245 MPa \rightarrow 0.725 MPa$

② 지하 4층에 필요한 송수구 압력

    낙차 $h_1 = 1m + 3m \times 4개층 - 0.5m = 12.5m$

    필요한 송수구 압력 $H = h_1 + h_2 + h_3 + 35m$

    $= -12.5m + 12.5m \times 0.3 + 3m + 35m = 29.25m = 0.2925 MPa \rightarrow 0.293 MPa$

해답 물음 6)

가압송수장치 4가지 방식
① 전동기 또는 내연기관에 따른 펌프를 이용하는 가압송수장치
② 고가수조의 자연낙차를 이용한 가압송수장치
③ 압력수조를 이용한 가압송수장치
④ 가압수조를 이용한 가압송수장치

★★★☆☆

문제2 다음 물음에 답하시오. (30점)

물음 1) 지하 2층, 지상 11층인 철근콘크리트 구조의 신축 건축물에 자동화재탐지설비를 설계하고자 한다. 조건을 참고하여 물음에 답하시오. (17점)

[조건]
ㅇ 각 층의 바닥면적은 650 m²이고, 한 변의 길이는 50 m를 넘지 않는다.
ㅇ 각 층의 층고는 4 m이고, 반자는 없다.
ㅇ 각 층은 별도로 구획되지 않고, 복도는 없는 구조이다.
ㅇ 지하 2층에서 지상 11층까지는 직통계단 1개소와 엘리베이터 1개소가 있다.
ㅇ 각 층의 계단실 면적은 15 m², 엘리베이터 승강로의 면적은 10 m²이다.
ㅇ 각 층에는 샤워시설이 있는 50 m²의 화장실이 1개소 있다.
ㅇ 각 층의 구조는 모두 동일하고, 건물의 용도는 사무실이다.
ㅇ 각 층에는 차동식 스포트형 감지기 1종, 계단과 엘리베이터에는 연기감지기 2종을 설치한다.
ㅇ 수신기는 지상 1층에 설치한다.
ㅇ 조건에 주어지지 않은 사항은 고려하지 않는다.

(1) 건축물의 최소 경계구역 수를 구하시오. (5점)
(2) 감지기 종류별 최소 설치 수량을 구하시오. (5점)
(3) 지상 1층에 화재가 발생하였을 경우, 경보를 발하여야 하는 층을 모두 쓰시오. (2점)
(4) 지상 1층에 P형1급 수신기를 설치할 경우, 모든 경계구역으로부터 수신기에 연결되는 배선내역을 쓰고 각각의 최소 전선가닥수를 구하시오. (단, 모든 감지기 배선의 종단저항은 해당 층의 발신기세트 내부에 설치하고, 경종과 표시등은 하나의 공통선을 사용한다) (5점)

물음 2) 3상 유도전동기의 Y-△ 기동제어회로 중 하나이다. 물음에 답하시오. (13점)

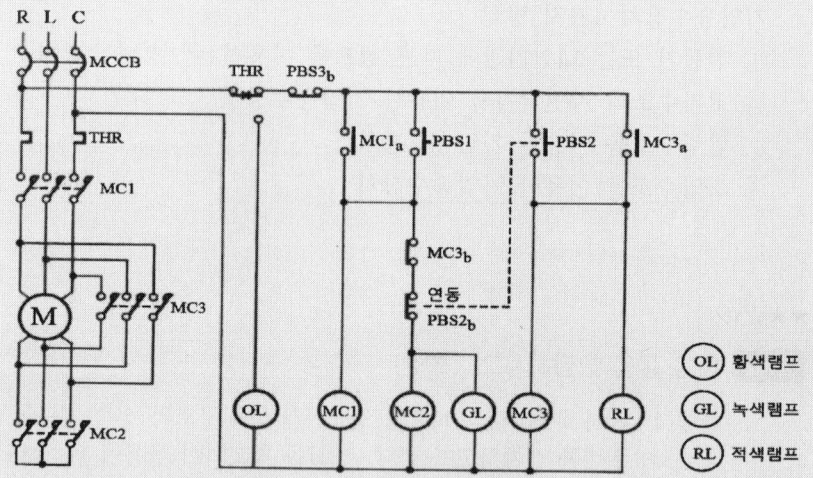

(1) Y-△ 기동제어회로를 사용하는 가장 큰 이유를 쓰시오. (3점)
(2) Y결선에서의 기동전류는 △결선에 비해 몇 배가 되는지 유도과정을 쓰시오. (5점)
(3) 전동기가 △결선으로 운전되고 있을 때, 점등되는 램프를 쓰시오. (3점)
(4) 도면에서 THR의 명칭과 회로에서의 역할을 쓰시오. (2점)

해답 물음 1)

(1) 건축물의 최소 경계구역 수

B2F~11F	$\dfrac{(650-15-10)m^2}{600m^2/\text{구역}} = 1.04 \rightarrow$ 층당 2구역 2구역×13개층=26구역
지상 계단	$\dfrac{4m \times 11\text{개층}}{45m/\text{구역}} = 0.97 \rightarrow$ 1구역
지하 계단	1구역
엘리베이터 승강로	1구역

∴ 최소 경계구역 수 : 26+1+1+1 = 29구역

(2) 감지기 종류별 최소 설치 수량

① 차동식 스포트형 감지기(1종)

B2F~11F	거실 : $\dfrac{(650-15-10-50)m^2}{45m^2/\text{개}} = 13.8 \rightarrow$ 층당 14개 14개×13개층=182개

∴ 최소 차동식 스포트형(1종)의 수 : 182개

② 연기감지기(2종)

지상 계단	$\dfrac{4m \times 11개층}{15m/개} = 2.9 \rightarrow 3개$
지하 계단	$\dfrac{4m \times 2}{15m/개} = 0.5 \rightarrow 1개$
엘리베이터 승강로	1개

∴ 최소 연기감지기(2종)의 수 : 3+1+1 = 5개

(3) 경보를 발하여야 하는 층
  o 발화층 : 지상 1층
  o 그 직상 4개층 : 지상 2층, 지상 3층, 지상 4층, 지상 5층
  o 지하층 : 지하 1층, 지하 2층

(4) 배선내역 및 최소 전선가닥수
  o 응답선 : 1가닥
  o 지구선 : 29가닥
  o 전화선 : 1가닥
  o 공통선 : 5가닥
  o 경종선 : 12가닥
  o 표시등선 : 1가닥
  o 경종·표시등 공통선 : 1가닥

[해답] 물음 2)

(1) Y-△ 기동제어회로를 사용하는 가장 큰 이유
  기동전류를 줄이기 위해서

(2) 유도과정

$$I_Y = \dfrac{\dfrac{V}{\sqrt{3}}}{Z} = \dfrac{V}{\sqrt{3}\,Z}$$

$$I_\triangle = \sqrt{3}\,I_P = \sqrt{3}\,\dfrac{V}{Z} = \dfrac{\sqrt{3}\,V}{Z}$$

$$\dfrac{I_Y}{I_\triangle} = \dfrac{\dfrac{V}{\sqrt{3}\,Z}}{\dfrac{\sqrt{3}\,V}{Z}} = \dfrac{1}{3}$$

(3) 전동기가 △결선으로 운전되고 있을 때, 점등되는 램프
  적색램프

(4) THR의 명칭과 회로에서의 역할
  ① THR의 명칭 : Thermal Relay(열동형 계전기)
  ② 역할 : 과부하나 단락 등으로 인한 과전류 발생시 모터를 보호

★★★★★

문제3 다음 물음에 답하시오. (30점)

물음 1) 아래 그림은 정상류가 형성되는 제연송풍기의 상류측 덕트 단면이다. 다음 조건에 따른 물음에 답하시오. (21점)

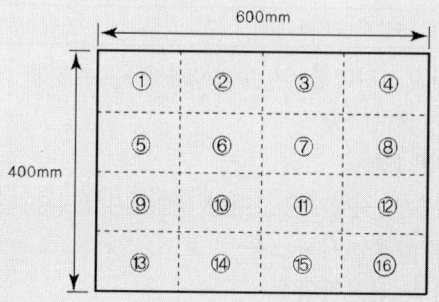

> ○ 덕트 단면의 크기는 600 mm × 400 mm이며, 제연송풍기 풍량을 피토관을 이용하여 동일면적 분할법(폭방향 4개점, 높이방향 4개점으로 총 16개점)으로 측정한다.
> ○ 그림에 나타낸 ①~⑯은 장방형 덕트 단면의 측정점 위치이다.
> ○ 측정위치 ⑥, ⑦, ⑩, ⑪에서 전압과 정압의 차이는 모두 86.4 Pa이고 ②, ③, ⑤, ⑧, ⑨, ⑫, ⑭, ⑮에서 모두 38.4 Pa이며 ①, ④, ⑬, ⑯에서 모두 21.6 Pa이다.
> ○ 덕트마찰계수 f=0.01, 유체 밀도 ρ=1.2 kg/m³, 덕트지름은 수력지름(hydraulic diameter) 수식을 활용한다.
> ○ 계산값은 소수점 넷째자리에서 반올림하여 소수점 셋째자리까지 구한다.
> ○ 기타 조건은 무시한다.

(1) 제연송풍기의 풍량(m³/hr)을 구하시오. (12점)
(2) 덕트 내 평균 풍속(m/s)을 구하시오. (3점)
(3) 달시-바이스바흐(Darcy-Weisbach)식을 이용하여 단위 길이당 덕트마찰손실(Pa/m)을 구하시오. (6점)

물음 2) 아래 그림과 같이 구획된 3개의 거실에서 각 거실 A, B, C의 예상제연구역에 대한 최저 배출량(m³/hr)을 각각 구하시오. (6점)

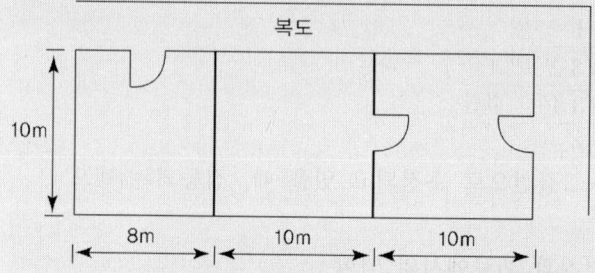

물음 3) 고층건축물의 화재안전기준(NFSC 604)상 피난안전구역에 설치하는 소방시설 설치기준에서 제연설비 설치기준을 쓰시오. (3점)

해답 물음 1)

(1) 제연송풍기의 풍량(m³/hr)

덕트면적 = $0.6m \times 0.4m = 0.24m^2$

제연송풍기의 풍량 = $0.24m^2 \times 8.494m/s \times 3600s/hr = 7338.816m^3/hr$

(2) 덕트 내 평균 풍속(m/s)

⑥, ⑦, ⑩, ⑪의 풍속 = $1.29\sqrt{86.4Pa} = 11.991m/s$

②, ③, ⑤, ⑧, ⑨, ⑫, ⑭, ⑮의 풍속 = $1.29\sqrt{38.4Pa} = 7.994m/s$

①, ④, ⑬, ⑯의 풍속 = $1.29\sqrt{21.6Pa} = 5.995m/s$

덕트 내 평균 풍속 = $\dfrac{11.991 \times 4 + 7.994 \times 8 + 5.995 \times 4}{16} = 8.494m/s$

(3) 단위 길이당 덕트마찰손실

수력반경

$R_h = \dfrac{A}{l} = \dfrac{\text{흐르는 유체의 단면적}}{\text{접수길이}} = \dfrac{0.6m \times 0.4m}{0.6m + 0.4m + 0.6m + 0.4m} = 0.12m$

수력직경 $D_h = 4R_h = 4 \times 0.12m = 0.48m$

단위 길이당 덕트마찰손실 $h_L = f \dfrac{1}{D_h} \dfrac{V^2}{2g}$

$= 0.01 \times \dfrac{1}{0.48m} \times \dfrac{(8.494m/s)^2}{2 \times 9.8m/s^2} \times 1.2kg/m^3 \times 9.8m/s^2 = 0.902Pa/m$

해답 물음 2)

A, B, C의 예상제연구역에 대한 최저 배출량

① A 예상제연구역의 최저 배출량

바닥면적 = $8m \times 10m = 80m^2$

최저 배출량 = $80m^2 \times 1m^3/\text{min} \cdot m^2 \times 60\text{min}/hr = 4800m^3/hr \rightarrow 5000m^3/hr$

② B 예상제연구역의 최저 배출량

바닥면적 = $10m \times 10m = 100m^2$

최저 배출량 = $100m^2 \times 1m^3/\text{min} \cdot m^2 \times 60\text{min}/hr = 6000m^3/hr$

③ C 예상제연구역의 최저 배출량

바닥면적 = $10m \times 10m = 100m^2$

최저 배출량 = $100m^2 \times 1m^3/\text{min} \cdot m^2 \times 60\text{min}/hr = 6000m^3/hr$

해답 물음 3)

피난안전구역과 비제연구역간의 차압은 50 Pa(옥내에 스프링클러설비가 설치된 경우에는 12.5 Pa) 이상으로 하여야 한다. 다만 피난안전구역의 한쪽 면 이상이 외기에 개방된 구조의 경우에는 설치하지 아니할 수 있다.

제23회 과년도 출제문제(2023. 9. 16)

★★★★★

문제1 다음 물음에 답하시오. (40점)

물음 1) 이산화탄소 소화설비를 설치하려고 한다. 조건을 참고하여 물음에 답하시오. (16점)

○ 전자제품 창고의 크기는 가로 12 m, 세로 8 m, 높이 4 m이다.
○ 전역방출방식(심부화재)으로 설계하고 기준온도는 10 ℃로 한다.
○ 10 ℃에서의 이산화탄소의 비체적은 0.52 m³/kg 이다.
○ 약제가 저장용기로부터 헤드로 방출될 때까지 배관 내 유량(kg/min)은 일정하다.
○ 계산 값은 소수점 넷째 자리에서 반올림하여 소수점 셋째 자리까지 구한다.
○ 개구부 가산량 및 그 외 기타 조건은 무시한다.

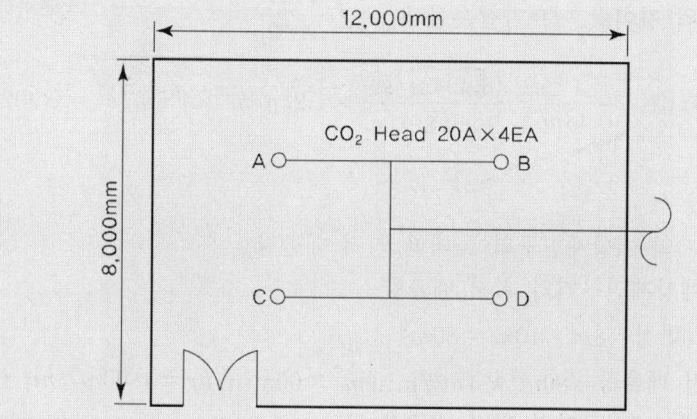

(1) 소화약제의 최소 저장량(kg)을 구하시오. (3점)
(2) 약제방사 후 2분이 경과한 시점에 A헤드에서의 최소 방사량(kg/min)을 구하시오. (5점)
(3) 소화약제 최소 저장량(kg)을 방호구역 내에 모두 방사할 때까지 소요되는 시간(초)을 구하시오. (4점)
(4) 이산화탄소 소화설비의 화재안전기술기준(NFTC 106)에서 정하고 있는 저장용기 기준 5가지를 쓰시오. (단, 저장용기 설치장소 기준은 제외) (4점)

물음 2) 할로겐화합물 및 불활성기체 소화약제량 산출식에 관한 다음 물음에 답하시오. (10점)
  (1) 할로겐화합물 소화약제량 산출식은 무유출(No efflux)방식을 기초로 유도하는데 그 이유를 쓰고, 산출식을 유도하시오. (5점)
  (2) 불활성기체 소화약제량 산출식은 자유유출(Free efflux)방식을 기초로 유도하는데 그 이유를 쓰고, 산출식을 유도하시오. (5점)

물음 3) 할로겐화합물 및 불활성기체 소화설비를 설치하려고 한다. 조건을 참고하여 물음에 답하시오. (14점)

> o 바닥면적 240 m², 층고 4 m인 방호구역에 전역방출방식으로 설치한다.
> o HFC-227ea의 설계농도는 8.8 %로 한다.
> o IG-100의 설계농도는 39.4 %로 한다.
> o 방호구역의 최소예상온도는 15 ℃이다.
> o HFC-227ea의 화학식은 CF_3CHFCF_3이다.
> o 원자량은 다음과 같다.
>
> | 기호 | H | C | N | F | Ar | Ne |
> |---|---|---|---|---|---|---|
> | 원자량 | 1 | 12 | 14 | 19 | 40 | 20 |
>
> o HFC-227ea의 용기는 68리터(충전량 50 kg), IG-100의 용기는 80리터(충전량 12.4 m³)를 사용한다.
> o (1)의 계산 값은 소수점 다섯째 자리에서 반올림하여 소수점 넷째 자리까지 구한다.
> o (2)(3)(4)는 (1)에서 직접 구한 선형상수 K_1과 K_2를 이용한다.

  (1) HFC-227ea와 IG-100의 선형상수 K_1과 K_2를 위의 조건을 이용하여 직접 구하시오. (2점)
  (2) HFC-227ea를 소화약제로 선정할 경우 필요한 최소 용기 수를 구하시오. (3점)
  (3) IG-100을 소화약제로 선정할 경우 필요한 최소 용기 수를 구하시오. (3점)
  (4) 방호구역이 사람이 상주하는 곳이라면 HFC-227ea와 IG-100의 최대 용기 수를 구하시오. (6점)

해답 물음 1)

(1) 저장량 = $(12m \times 8m \times 4m) \times 2kg/m^3 = 768kg$

(2) 전역방출방식에 있어서 종이, 목재, 석탄, 섬유류, 합성수지류 등 심부화재 방호대상물의 경우에는 7분. 이 경우 설계농도가 2분 이내에 30 %에 도달하여야 한다.

설계농도 30%일 경우 소화약제의 양

최소 방사량 = $\dfrac{12m \times 8m \times 4m \times 0.686 kg/m^3}{2\min \times 4개} = 32.928 kg/\min$

최소 방사량 = $\dfrac{12m \times 8m \times 4m \times 0.686 kg/m^3}{2\min \times 4개}$ = $32.928 kg/\min$

(3) 소요되는 시간 = $\dfrac{768 kg}{32.928 kg/\min \times 4개} \times 60초/\min$ = $349.854초$

(4) 저장용기 기준 5가지
   ① 저장용기의 충전비는 고압식은 1.5 이상 1.9 이하, 저압식은 1.1 이상 1.4 이하로 할 것
   ② 저압식 저장용기에는 내압시험압력의 0.64배부터 0.8배의 압력에서 작동하는 안전밸브와 내압시험압력의 0.8배부터 내압시험압력에서 작동하는 봉판을 설치할 것
   ③ 저압식 저장용기에는 액면계 및 압력계와 2.3 MPa 이상 1.9 MPa 이하의 압력에서 작동하는 압력경보장치를 설치할 것
   ④ 저압식 저장용기에는 용기 내부의 온도가 섭씨 영하 18 ℃ 이하에서 2.1 MPa의 압력을 유지할 수 있는 자동냉동장치를 설치할 것
   ⑤ 저장용기는 고압식은 25 MPa 이상, 저압식은 3.5 MPa 이상의 내압시험압력에 합격한 것으로 할 것

해답 물음 2)

(1) 할로겐화합물 소화약제량 산출식은 무유출(No efflux)방식을 기초로 유도
   ① 이유 : 저장압력 및 방사압력이 저압이므로 유출량이 거의 없기 때문에 무유출(No efflux)방식을 기초로 유도한다.
   ② 유도

   $C = \dfrac{v}{V+v} \times 100$ ·················· ①

   C : 설계농도(%)
   V : 방호구역 부피(m^3)
   v : 방사한 청정소화약제 부피(m^3)

   $S = \dfrac{v}{W}$ 에서

   $v = S \times W$ ·················· ②

   S : 비체적(m^3/kg)
   W : 방사한 청정소화약제 질량(kg)

   ①+②를 하면

   $C = \dfrac{S \times W}{V + S \times W} \times 100$

   $C \times (V + S \times W) = S \times W \times 100$

   $C \times V + C \times S \times W = S \times W \times 100$

   $C \times V = S \times W \times 100 - C \times S \times W$

   $C \times V = S \times W \times (100 - C)$

$$S \times W \times (100 - C) = C \times V$$

$$W = \frac{C}{100 - C} \times \frac{V}{S}$$

$$W = \frac{V}{S} \times \left[\frac{C}{(100 - C)}\right]$$

(2) 불활성기체 소화약제량 산출식은 자유유출(Free efflux)방식을 기초로 유도

① 이유 : 저장압력 및 방사압력이 고압이므로 많은 양이 유출되기 때문에 자유유출(Free efflux)방식을 기초로 유도한다.

② 유도

소화약제 방출 시 소화약제의 농도가 0에서 C까지 상승하고, 방호구역 내의 압력 상승으로 인하여 누설(자유 유출)이 일어난다.

$$e^X = \frac{100}{100 - C}$$

X : 공간체적 당 더해진 소화약제의 부피(m^3/m^3)

C : 체적에 따른 소화약제의 설계농도(%)

$e^X = \dfrac{100}{100 - C}$의 양변에 $\log_e$를 취하면

$$\log_e(e^X) = \log_e\left[\frac{100}{(100 - C)}\right]$$

$$X = \log_e\left[\frac{100}{(100 - C)}\right]$$

$\log_e = 2.303 \log_{10}$이므로

$$X = 2.303 \log_{10}\left[\frac{100}{(100 - C)}\right]$$

약제의 보관온도인 20℃로 환산한 소화약제의 부피를 구하기 위해서 $\dfrac{V_S}{S}$를 곱한다.(∵부피는 온도에 비례해서 증가하므로)

$$X = 2.303 \left(\frac{V_S}{S}\right) \times Log_{10}\left[\frac{100}{(100 - C)}\right]$$

해답 물음 3)

(1) HFC-227ea의 분자량 $= 12 + 19 \times 3 + 12 + 1 + 19 + 12 + 19 \times 3 = 170g$

HFC-227ea의 $K_1 = \dfrac{22.4}{170} = 0.1318$

HFC-227ea의 $K_2 = \dfrac{0.1318}{273} = 0.0005$

IG-100의 분자량 $= 14 \times 2 = 28g$

IG-100의 $K_1 = \dfrac{22.4}{28} = 0.8$

IG-100의 $K_2 = \dfrac{0.8}{273} = 0.0029$

(2) 방호구역의 체적 $V = 240m^2 \times 4m = 960m^3$

선형상수 $S = K_1 + K_2 t = 0.1318 + 0.0005 \times 15℃ = 0.1393$

설계농도는 $C = 8.8\%$

저장량 $W = \dfrac{V}{S} \times \left[\dfrac{C}{(100-C)}\right] = \dfrac{960}{0.1393} \times \left[\dfrac{8.8}{(100-8.8)}\right] = 664.979kg$

최소 용기 수 $= \dfrac{664.979}{50} = 13.3 \rightarrow 14$병

(3) 방호구역의 체적 $V = 240m^2 \times 4m = 960m^3$

선형상수 $S = K_1 + K_2 t = 0.8 + 0.0029 \times 15℃ = 0.8435$

20℃에서 비체적 $V_S = K_1 + K_2 t = 0.8 + 0.0029 \times 20℃ = 0.858$

설계농도는 $C = 39.4\%$

저장량 $W = 2.303 \left(\dfrac{V_S}{S}\right) \times Log_{10} \left[\dfrac{100}{(100-C)}\right]$

$= 2.303 \left(\dfrac{0.858}{0.8435}\right) \times Log_{10} \left[\dfrac{39.4}{(100-39.4)}\right] \times 960m^3 = 489.1942$

최소 용기 수 $= \dfrac{489.1942}{12.4} = 39.45 \rightarrow 40$병

(4) HFC-227ea의 최대허용설계농도 $C = 10.5\%$

HFC-227ea의 저장량

$W = \dfrac{V}{S} \times \left[\dfrac{C}{(100-C)}\right] = \dfrac{960}{0.1393} \times \left[\dfrac{10.5}{(100-10.5)}\right] = 808.5118kg$

HFC-227ea의 최대 용기 수 $= \dfrac{808.5118}{50} = 16.17 \rightarrow 16$병

IG-100의 최대허용설계농도 $C = 43\%$

IG-100의 저장량 $W = 2.303 \left(\dfrac{V_S}{S}\right) \times Log_{10} \left[\dfrac{100}{(100-43)}\right]$

$= 2.303 \left(\dfrac{0.858}{0.8435}\right) \times Log_{10} \left[\dfrac{100}{(100-39.4)}\right] \times 960m^3 = 549.0095$

IG-100의 최대 용기 수 $= \dfrac{549.0095}{12.4} = 44.27 \rightarrow 44$병

★★★☆☆

문제2 다음 물음에 답하시오. (30점)

물음 1) 도로터널의 제연설비 중 제트 팬의 시퀀스 제어회로이다. 물음에 답하시오. (19점)

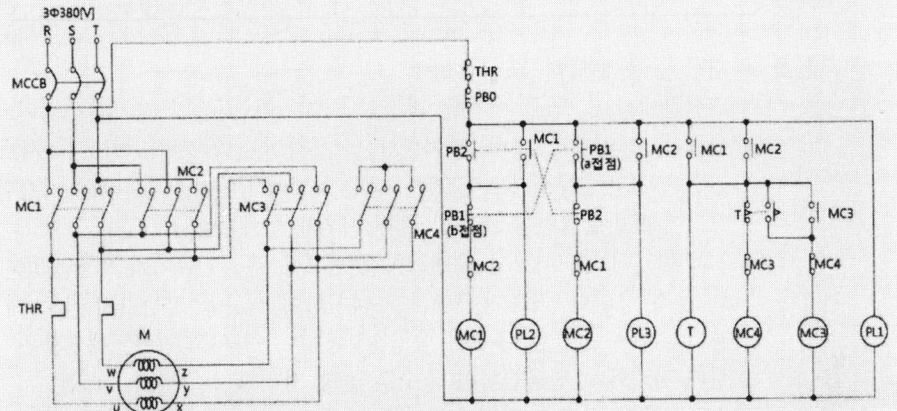

(1) MCCB를 ON시키고 PB2를 눌렀다 떼었을 때 동작 시퀀스를 쓰시오. (단, 타이머 설정시간은 3초이다.) (3점)
(2) 유도전동기에 정격전압 3상 380[V]를 공급할 때, 전자개폐기 MC3 및 MC4 동작 시 전동기 각 상의 권선에 인가되는 전압[V]을 각각 쓰시오. (2점)
(3) 제어회로의 입력신호가 다음과 같을 때 타임차트 ① ~ ⑥을 완성하시오. (단, MC1~MC4는 전자코일, PL1과 PL2는 램프, 타이머 설정시간은 3초, 타임차트 1 칸은 3초로 한다.) (12점)

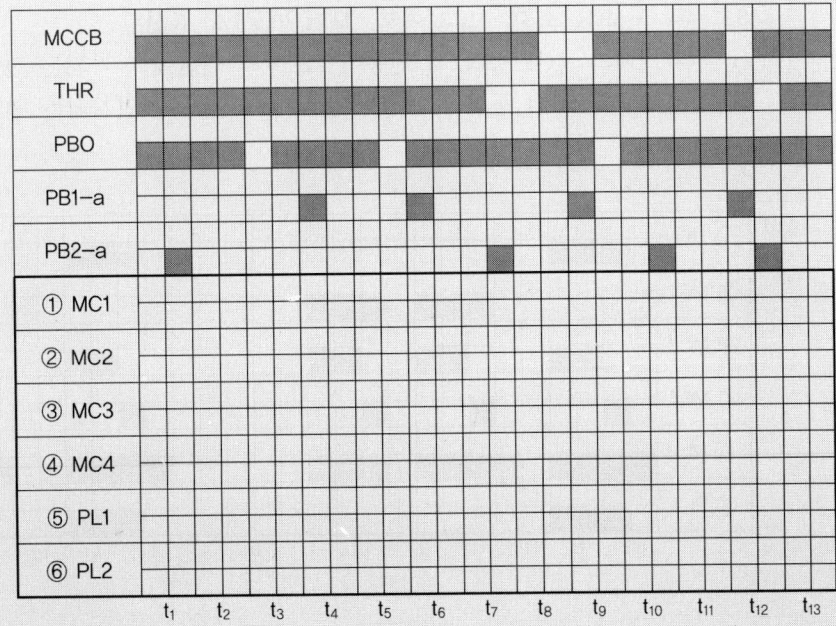

(4) 순시동작 한시복귀 타이머를 사용할 경우 입력신호가 다음과 같을 때 b 접점의 타임 차트를 완성하시오. (2점)

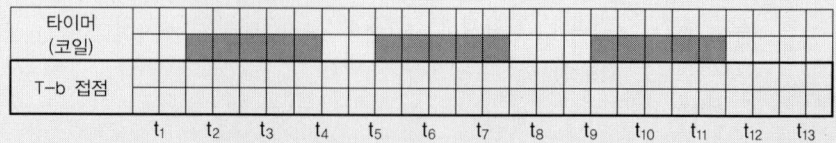

물음 2) 다음 물음에 답하시오. (11점)

(1) 수신반에서 500[m] 이격된 지점의 감지기가 작동할 때 26[mA]의 전류가 흘렀다. 전압강하계산식(간이식)을 이용하여 전압강하[V]를 구하시오. (단, 전선은 표준연동선으로 굵기는 단선 1.2[mm]이며, 계산값은 소수점 셋째 자리에서 반올림하여 소수점 둘째 자리까지 구한다.) (3점)

(2) 3상 380[V], 100[kVA] 옥내소화전 펌프용 유도전동기가 역률 65[%](지상)로 운전 중이다. 전력용콘덴서를 설치하여 역률을 95[%](지상)로 개선하고자 할 경우 필요한 콘덴서 용량[kVar]을 구하시오. (단, 계산값은 소수점 셋째 자리에서 반올림하여 소수점 둘째 자리까지 구한다.) (5점)

(3) 스프링클러 펌프와 직결된 3상 380[V], 60[Hz], 50[kW]의 전동기가 있다. 이 전동기의 동기속도와 회전속도를 구하시오. (단, 슬립은 0.04, 극수는 4극이다.) (3점)

해답 물음 1)

(1) MCCB를 ON → PL1 점등

PB2 푸쉬 → MC1 여자, PL2 점등, T 작동, MC4 여자, 모터 기동(Y 결선)

3초 후 → MC4 소자, MC3 여자, 모터 기동(△ 결선)

(2) ① 전자개폐기 MC3 동작 시 전동기 각 상의 권선에 인가되는 전압 = 380 V

② 전자개폐기 MC4 동작 시 전동기 각 상의 권선에 인가되는 전압

$$= \frac{380\ V}{\sqrt{3}} = 219.39\ V$$

(3)

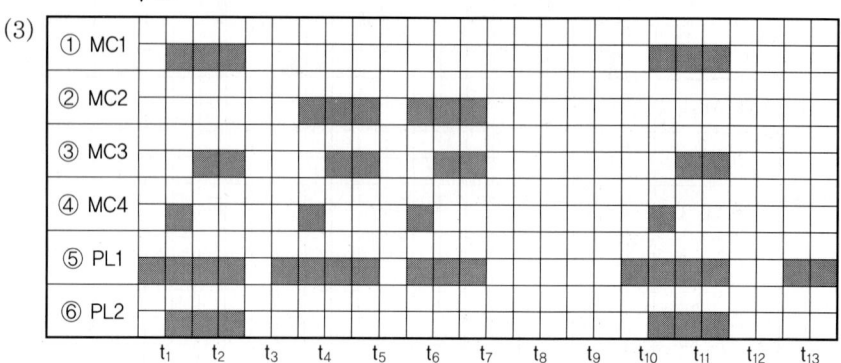

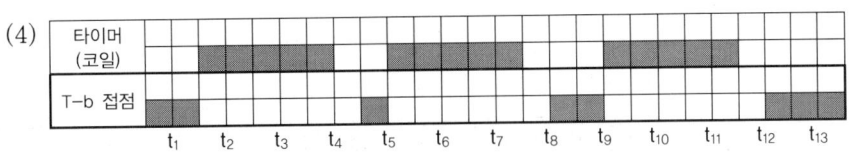

해답 물음 2)

(1) 전압강하 $e = \dfrac{35.6LI}{1000A} = \dfrac{35.6 \times 500m \times 26 \times 10^{-3}A}{1000 \times \dfrac{\pi}{4} \times (1.2mm)^2} = 0.41\,V$

(2) 콘덴서 용량 $Q = 100kVA \times 0.65 \times \left(\dfrac{\sqrt{1-0.65^2}}{0.65} - \dfrac{\sqrt{1-0.95^2}}{0.95} \right) = 40.44\,kVar$

(3) 동기속도 $N_S = \dfrac{120f}{P} = \dfrac{120 \times 60Hz}{4} = 1800\,rpm$

회전속도 $N = \dfrac{120f}{P} \times (1-S) = \dfrac{120 \times 60Hz}{4} \times (1-0.04) = 1728\,rpm$

★★★★★

문제3 다음 물음에 답하시오. (30점)

물음 1) 지상 5층 건물에 옥내소화전설비를 설치하고자 한다. 다음 조건을 참고하여 펌프의 전동기 소요동력(kW)을 구하시오. (단, 계산값은 소수점 셋째 자리에서 반올림하여 둘째 자리까지 구한다.) (3점)

> ○ 각 층의 소화전(개) : 3
> ○ 분당 방수량(L/min) : 130
> ○ 실 양정(m) : 60
> ○ 배관의 압력손실수두(m) : 실 양정의 30%
> ○ 호스의 마찰손실수두(m) : 4
> ○ 노즐선단 방수압력(MPa) : 0.17
> ○ 펌프효율(%) : 70
> ○ 여유율(A) : 1.2
> ○ 전달계수(K) : 1.1

물음 2) 옥내소화전설비의 화재안전기술기준(NFTC 102)상 불연재료로 된 특정소방대상물 또는 그 부분으로서, 옥내소화전 방수구를 설치하지 않을 수 있는 곳 5가지를 쓰시오. (5점)

물음 3) 옥내소화전설비의 화재안전기술기준(NFTC 102)에 관한 다음 물음에 답하시오. (6점)

(1) 비상전원 3가지를 쓰시오. (3점)
(2) 비상전원을 설치하지 아니할 수 있는 경우 3가지를 쓰시오. (3점)

물음 4) 다음은 소방시설 자체점검사항 등에 관한 고시에서 정하고 있는 소방시설 도시기호에 관한 것이다. 명칭에 알맞은 도시기호를 그리시오. (3점)

명칭	도시기호
옥외소화전	(ㄱ)
소화전 송수구	(ㄴ)
옥내소화전(방수용기구 병설)	(ㄷ)

물음 5) 다음은 옥내소화전의 노즐에서 방수량을 구하는 공식이다. 이 공식의 유도과정을 쓰시오. (9점)

$$Q = 0.6597D^2\sqrt{P}$$

여기서, Q : 방수량(L/min)
D : 노즐구경(mm)
P : 방수압력(kg/cm²)

물음 6) 소방시설의 내진설계 기준상 지진분리장치 설치기준 4가지를 쓰시오. (4점)

해답 물음 1)

펌프의 토출량 $Q = N \times 130 \ell/\min = 2개 \times 130 \ell/\min = 260 \ell/\min = 0.26 m^3/\min$

펌프의 전양정 $H = h_1 + h_2 + h_3 + 17m = 60m + 60m \times 0.3 + 4m + 17m = 99m$

전동기 소요동력 = $\dfrac{\gamma QH}{102\eta} \times K$

$= \dfrac{1,000 kgf/m^3 \times 0.26 m^3/60s \times 99m \times 1.2}{102 \times 0.7} \times 1.1 = 7.93 kW$

해답 물음 2)

① 냉장창고 중 온도가 영하인 냉장실 또는 냉동창고의 냉동실
② 고온의 노가 설치된 장소 또는 물과 격렬하게 반응하는 물품의 저장 또는 취급 장소
③ 발전소·변전소 등으로서 전기시설이 설치된 장소
④ 식물원·수족관·목욕실·수영장(관람석 부분을 제외한다) 또는 그 밖의 이와 비슷한 장소
⑤ 야외음악당·야외극장 또는 그 밖의 이와 비슷한 장소

해답 물음 3)

(1) 비상전원 3가지
   ① 자가발전설비
   ② 축전지설비(내연기관에 따른 펌프를 사용하는 경우에는 내연기관의 기동 및 제어용 축전지)

③ 전기저장장치(외부 전기에너지를 저장해 두었다가 필요한 때 전기를 공급하는 장치)
(2) 비상전원을 설치하지 아니할 수 있는 경우 3가지
① 2 이상의 변전소에서 전력을 동시에 공급받을 수 있는 경우
② 하나의 변전소로부터 전력의 공급이 중단되는 때에는 자동으로 다른 변전소로부터 전원을 공급받을 수 있도록 상용전원을 설치한 경우
③ 가압수조방식

해답 물음 4)

해답 물음 5)

$Q = Av$

$Q = \dfrac{\pi \times D^2}{4} \times \sqrt{2 \times g \times \dfrac{P}{\gamma}}$

중력가속도$(g) = 9.8 m/s^2$,

물의 비중량$(\gamma) = 1,000 kgf/m^3$,

$Q[m^3/s] = \dfrac{\pi \times D^2}{4} \times \sqrt{2 \times 9.8 m/s^2 \times \dfrac{P}{1,000 kgf/m^3}}$

$m^3 = 1,000\ell$, $s = \dfrac{1}{60}min$, $m = 1,000mm$, $kgf/m^2 = \dfrac{1}{10,000}kgf/cm^2$ 이므로

Q의 단위 m^3/s를 Lpm으로, D의 단위 m를 mm로, P의 단위 kgf/m^2을 kgf/cm^2으로 변환하려면 아래처럼 계수로 단위를 보정하여야 한다.

$Q \times \dfrac{1}{1,000 \times 60} = \dfrac{\pi \times D^2 \times \dfrac{1}{1,000^2}}{4} \times \sqrt{2 \times 9.8 m/s^2 \times \dfrac{P \times 10,000}{1,000 kgf/m^3}}$

$Q = \dfrac{\pi \times 1,000 \times 60}{4 \times 1,000^2} \times \sqrt{2 \times 9.8 \times \dfrac{10,000}{1,000}} \times D^2 \sqrt{P}$

$Q = 0.6597 D^2 \sqrt{P}$

해답 물음 6)

① 지진분리장치는 배관의 구경에 관계없이 지상층에 설치된 배관으로 건축물 지진분리이음과 소화배관이 교차하는 부분 및 건축물 간의 연결배관 중 지상 노출 배관이 건축물로 인입되는 위치에 설치하여야 한다.

② 지진분리장치는 건축물 지진분리이음의 변위량을 흡수할 수 있도록 전후좌우 방향의 변위를 수용할 수 있도록 설치하여야 한다.
③ 지진분리장치의 전단과 후단의 1.8 m 이내에는 4방향 흔들림 방지 버팀대를 설치하여야 한다.
④ 지진분리장치 자체에는 흔들림 방지 버팀대를 설치할 수 없다.

제24회 과년도 출제문제 (2024. 9. 14)

★★★★★

문제1 다음 물음에 답하시오. (40점)

물음 1) 특별피난계단의 계단실 및 부속실 제연설비에 관한 다음 물음에 답하시오. (23점)

> o 지하 4층/지상 3층의 스프링클러설비가 없는 내화구조 건축물로 특별피난계단 부속실에 제연설비가 설치되어 있다.
> o 방화문 크기(높이×폭) : 2.0 m × 1.0 m
> o 중력가속도 : 9.8 m/s²
> o 현재기온 : 20℃
> o 공기의 밀도 : 1.204 kg/m³
> o 유량계수 C : 0.7
> o 차압은 법적 최소차압을 적용한다.
> o 특별피난계단의 계단실 및 부속실 제연설비의 화재안전성능기준(NFPC 501A), 화재안전기술기준(NFTC 501A)을 따른다.
> o 계산값은 소수점 다섯째자리에서 반올림하여 소수점 넷째자리까지 구한다.

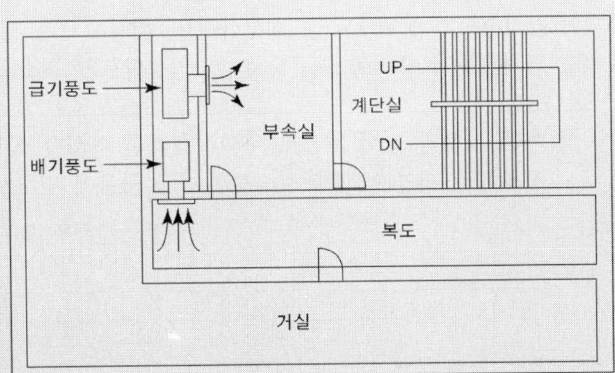

(1) 지상 2층의 부속실과 복도 사이의 누설량을 구하려고 한다. 다음을 각각 계산하시오. (10점)
  ① 화재안전기술기준을 적용한 누설량(m³/s)
  ②「문세트(KS F 3109)」에 따른 기준을 적용한 최대 허용 누설량(m³/s)
(2) 특별피난계단 부속실의 배출용 송풍기 최소 풍량(m³/hr) 및 입상덕트의 최소 크기(m²)를 각각 계산하시오. (4점)

(3) 출입문 개방에 필요한 최대 힘을 기준으로 출입문에 설치된 폐쇄장치(Door Closer)의 폐쇄력(N)을 계산하시오. (단, 출입문 손잡이는 문의 끝에 설치되었다.) (4점)

(4) 수직풍도를 「건축물의 피난·방화구조 등의 기준에 관한 규칙」제3조 제2호의 기준에 맞게 설치할 경우 다음 ( )에 들어갈 내용을 쓰시오. (5점)

> ○ 철근콘크리트조 또는 철골철근콘크리트조로서 두께가 (ㄱ)센티미터 이상인 것
> ○ 골구를 철골조로 하고 그 양면을 두께 (ㄴ)센티미터 이상의 철망모르타르 또는 두께 (ㄷ)센티미터 이상의 콘크리트블록·벽돌 또는 석재로 덮은 것
> ○ 철재로 보강된 콘크리트블록조, 벽돌조 또는 석조로서 철재에 덮은 콘크리트블록 등의 두께가 (ㄹ)센티미터 이상인 것
> ○ 무근콘크리트조·콘크리트블록조·벽돌조 또는 석조로서 그 두께가 (ㅁ)센티미터 이상인 것

물음 2) 특별피난계단의 계단실 및 부속실 제연설비에 관한 다음 물음에 답하시오. (9점)

> ○ 누설량 : 2.5 m³/s   ○ 보충량 : 1.5 m³/s
> ○ 전압 : 600 Pa   ○ 풍도의 누기율 : 누설량의 40 %
> ○ 송풍기 효율 : 60 %   ○ 전달계수 : 1.1

(1) 급기송풍기 풍량(m³/hr)을 계산하시오. (3점)
(2) 급기송풍기 동력(kW)을 계산하시오. (3점)
(3) 급기송풍기 풍량을 기준으로 한 입상덕트의 최소 크기(m²)를 계산하시오. (3점)

물음 3) 아래 그림과 같이 벽으로 구획된 3개의 거실을 상부급기·상부배기방식의 공동예상 제연구역으로 할 경우 다음 물음에 답하시오. (8점)

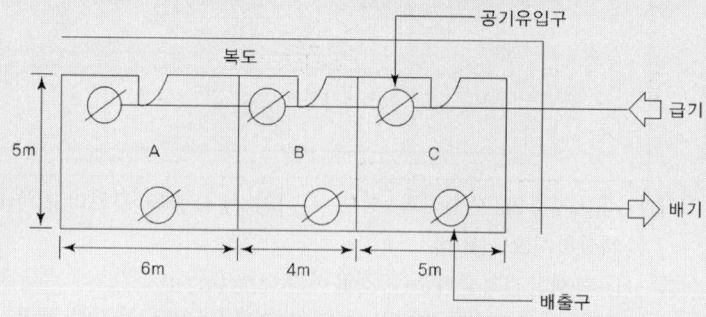

(1) 공동예상 제연구역의 최소 전체 배출량(m³/hr)을 구하시오. (4점)
(2) A, B, C실의 공기유입구와 배출구의 최소 직선거리(m)를 각각 구하시오. (4점)

해답 물음 1)

(1) 지상 2층의 부속실과 복도 사이의 누설량

① 화재안전기술기준을 적용한 누설량(m³/s)

각 출입문의 면적 $= \dfrac{(2+1+2+1)m}{5.6m} \times 0.01m^2 = 0.0107m^2$

전체 유효누설틈새면적 $= \left(\dfrac{1}{0.0107^2} + \dfrac{1}{0.0107^2}\right)^{-\frac{1}{2}} = 0.0076m^2$

누설량 $= 0.827 \times 0.0076m^2 \times (40Pa)^{\frac{1}{2}} = 0.0398m^3/s$

② 「문세트(KS F 3109)」에 따른 기준을 적용한 최대 허용 누설량(m³/s)

$= 0.9m^3/min \cdot m^2 \times \dfrac{min}{60s} \times 0.0107m^2 = 0.0002m^3/s$

TIP 「문세트(KS F 3109)」에 따른 기준 : 공기 누설량이 0.9 m³/min · m²를 초과하지 않아야 한다.

(2) 배출용 송풍기 최소 풍량 및 입상덕트의 최소 크기

1. 배출용 송풍기 최소 풍량

$= \dfrac{(2 \times 1)m^2 \times 0.5m/s}{0.7} \times \dfrac{3600s}{hr} = 5142.8571 m^3/hr$

2. 입상덕트의 최소 크기

$= \dfrac{5142.8571 m^3/hr \times \dfrac{hr}{3600s}}{15m/s} = 0.0952 m^2$

(3) 폐쇄장치(Door Closer)의 폐쇄력(N)

$F_1 \times (W-d) = P \times A \times \dfrac{W}{2}$ 에서

차압에 의한 힘 $F_1 = P \times A \times \dfrac{W}{2} \times \dfrac{1}{(W-d)}$

$= 40Pa \times (2 \times 1)m^2 \times \dfrac{1m}{2} \times \dfrac{1}{(1m-0)}$

$= 40N/m^2 \times (2 \times 1)m^2 \times \dfrac{1m}{2} \times \dfrac{1}{(1m-0)} = 40N$

개방 시 소요되는 힘 $F_t = F_1 + F_2 + F_3$ 에서

폐쇄장치(Door Closer)의 폐쇄력 $F_2 = F_t - F_1 - F_3 = 110N - 40N - 0 = 70N$

$F_t = F_1 + F_2 + F_3$	F_t : 개방 시 소요되는 힘 F_1 : 차압에 의한 힘 F_2 : 자동폐쇄장치의 폐쇄력 F_3 : 출입문 경첩의 마찰력
$F_1 \times (W-d) = P \times A \times \dfrac{W}{2}$	W : 출입문의 폭 d : 손잡이와 출입문 끝단 사이의 거리 P : 차압 A : 출입문의 면적

(4) ( )에 들어갈 내용
  ㄱ. 7   ㄴ. 3   ㄷ. 4   ㄹ. 4   ㅁ. 7

해답 물음 2)

(1) 급기송풍기 풍량
  급기송풍기 풍량 = 누설량 × 풍도의 누기율 + 보충량
  $= 2.5\ m^3/s \times 1.4 + 1.5\ m^3/s$
  $= 5\ m^3/s = 5\ m^3/s \times 3600\ s/hr = 18000\ m^3/hr$

(2) 급기송풍기 동력
  급기송풍기 동력 $= \dfrac{P_t Q}{102\eta} \times K = \dfrac{600Pa \times 5m^3/s}{0.6} \times 1.1$
  $= \dfrac{600 N/m^2 \times 5m^3/s}{0.6} \times 1.1$
  $= 5500 N \cdot m/s = 5500 J/s = 5500\ W = 5.5\ kW$

(3) 입상덕트의 최소 크기
  입상덕트의 최소 크기 $= \dfrac{5m^3/s}{15m/s} = 0.3333 m^2$

해답 물음 3)

(1) 공동예상 제연구역의 최소 전체 배출량
  A실 : $5m \times 6m \times 1m^3/min \cdot m^2 \times 60min/hr = 1800m^3/hr \rightarrow 5000m^3/hr$
  B실 : $5m \times 4m \times 1m^3/min \cdot m^2 \times 60min/hr = 1200m^3/hr \rightarrow 5000m^3/hr$
  C실 : $5m \times 5m \times 1m^3/min \cdot m^2 \times 60min/hr = 1500m^3/hr \rightarrow 5000m^3/hr$
  ∴ $5000 + 5000 + 5000 = 15000 m^3/hr$

(2) 공기유입구와 배출구의 최소 직선거리
  A실 : 최소 직선거리 $= \dfrac{6m}{2} = 3m$

B실 : 최소 직선거리 = $\frac{5m}{2}$ = 2.5m

C실 : 최소 직선거리 = $\frac{5m}{2}$ = 2.5m

- 거실의 바닥면적이 400 m² 미만으로 구획(제연경계에 따른 구획을 제외한다. 다만, 거실과 통로와의 구획은 그렇지 않다)된 예상제연구역에 대한 배출량은 바닥면적 1 m²당 1 m³/min 이상으로 하되, 예상제연구역에 대한 최소 배출량은 5,000 m³/hr 이상으로 하여야 한다.
- 공동예상제연구역 안에 설치된 예상제연구역이 각각 벽으로 구획된 경우(제연구역의 구획 중 출입구만을 제연경계로 구획한 경우를 포함한다)에는 각 예상제연구역의 배출량을 합한 것 이상으로 하여야 한다.
- 바닥면적 400 m² 미만의 거실인 예상제연구역(제연경계에 따른 구획을 제외한다. 다만, 거실과 통로와의 구획은 그렇지 않다)에 대해서는 공기유입구와 배출구간의 직선거리는 5 m 이상 또는 구획된 실의 장변의 2분의 1 이상으로 하여야 한다.

★★★★★

문제2 다음 물음에 답하시오. (30점)

물음 1) 다음 그림을 보고 물음에 답하시오. (단, 계산값은 소수점 셋째자리에서 반올림하여 소수점 둘째자리까지 구한다.) (14점)

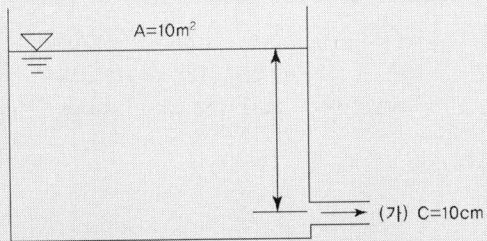

- A : 수면의 면적
- D : 방출구의 직경
- 최고 유효수면과 최저 유효수면의 거리 : 4 m

(1) (가)에서 대기 중으로 방출되는 물의 최대유량(L/min)을 계산하시오. (단, 유량계수 및 배관계통의 마찰손실은 무시한다.) (4점)

(2) 수조에서 물을 배수하고자 할 때 사용되는 배수시간 산출 공식을 연속방정식과 토리첼리의 정리를 이용하여 유도하시오. (6점)

(3) 위 (2)의 공식에 따라 (가)에서 수조의 최고 유효수면부터 최저 유효수면까지 배수하는데 걸리는 최소 시간 t(s)를 계산하시오. (단, 유량계수 및 배관계통의 마찰손실은 무시한다.) (4점)

물음 2) 가스계소화설비에 관한 다음 물음에 답하시오. (단, 계산값은 소수점 넷째 자리에서 반올림하여 소수점 셋째자리까지 구한다.) (13점)

(1) 할론소화설비의 화재안전기술기준(NFTC 107)에 관한 내용이다. ( )에 들어갈 내용을 쓰시오. (2점)

> 기동용가스용기의 체적은 (ㄱ) L 이상으로 하고, 해당 용기에 저장하는 질소 등의 비활성기체는 (ㄴ) MPa 이상(21℃ 기준)의 압력으로 충전할 것. 다만, 기동용가스용기의 체적을 1 L 이상으로 하고, 해당 용기에 저장하는 이산화탄소의 양은 0.6 kg 이상으로 하며, 충전비는 1.5 이상 1.9 이하의 기동용가스용기로 할 수 있다.

(2) 다음 조건을 보고 배관의 최대허용압력(kPa)을 계산하시오. (4점)

> ○ 배관은 전기저항 용접에 의해 제조된 압력배관용 탄소강관이다.
> ○ 배관의 호칭지름은 40 mm(외경 48.6 mm)이며, 두께는 2.43 mm이다.
> ○ 배관재질의 인장강도는 400 MPa이고, 항복점은 250 MPa이다.
> ○ 계산은 「할로겐화합물 및 불활성기체소화설비의 화재안전기술기준(NFTC 107A)」상의 관련식을 근거로 한다.

(3) 할로겐화합물소화약제량(kg)의 산출식에서 적용되는 소화약제별 선형상수 $S(m^3/kg)$는 $K_1 + K_2 \times t$를 말한다. 아보가드로의 법칙과 샤를의 법칙의 개념을 쓰고 이를 이용하여 K_1과 K_2를 설명하시오. (4점)

(4) 심부화재 방호대상물에서 10℃를 기준으로 이산화탄소 소화약제의 선형상수 $S(m^3/kg)$를 산출하시오. (3점)

물음 3) 「소화기구 및 자동소화장치의 화재안전기술기준(NFTC 101)」상 LPG를 연료 외의 용도로 저장하고 있을 때 부속용도별로 추가하는 소화기구 설치기준을 가스 저장량별로 구분하여 모두 쓰시오. (3점)

해답 물음 1)

(1) 물의 최대유량

$Q = A_2 \sqrt{2gh}$

$= \dfrac{\pi}{4} \times (0.1m)^2 \times \sqrt{2 \times 9.8 m/s^2 \times 4m} \times \dfrac{1000\ell}{m^3} \times \dfrac{60s}{\min} = 4172.53 [\ell/\min]$

(2) 배수시간 산출 공식

옥상수조의 액면강하에 따른 체적변화($A_1 v_1$) = 방수구 방사량($A_2 v_2$) 이므로

$\dfrac{dV}{dt} = Q \rightarrow dt = \dfrac{dV}{Q}$

$Q = C d A_2 \sqrt{2gh}$

$dV = A_1 dh$

$$dt = \frac{A_1 dh}{C dA_2 \sqrt{2gh}}$$

$$dt = \frac{A_1 \times \frac{1}{\sqrt{h}}}{C dA_2 \sqrt{2g}} dh$$

$$dt = \frac{A_1 h^{-\frac{1}{2}}}{C dA_2 \sqrt{2g}} dh$$

$$dt = \frac{A_1 h^{-\frac{1}{2}}}{C_d A_2 \sqrt{2g}} dh$$

$$t = \int_{h_2}^{h_1} \frac{A_1}{C_d A_2 \sqrt{2g}} h^{-\frac{1}{2}} dh$$

$$t = \frac{A_1}{C_d A_2 \sqrt{2g}} \times 2 \times \left[h^{\frac{1}{2}} \right]_{h_2}^{h_1}$$

$$t = \frac{2A_1 \left(\sqrt{h_1} - \sqrt{h_2} \right)}{C_d A_2 \sqrt{2g}}$$

(3) 배수하는데 걸리는 최소 시간

$$t = \frac{2A_1 \left(\sqrt{h_1} - \sqrt{h_2} \right)}{C_d A_2 \sqrt{2g}} = \frac{2 \times 10 m^2 \times \left(\sqrt{4m} - \sqrt{0} \right)}{\frac{\pi}{4} \times (0.1m)^2 \times \sqrt{2 \times 9.8 m/s^2}} = 1150.38 s$$

해답 물음 2)

(1) ( )에 들어갈 내용

ㄱ. 5 ㄴ. 6.0

(2) 배관의 최대허용압력

$$400 MPa \times \frac{1}{4} = 100 MPa, \quad 250 MPa \times \frac{2}{3} = 166.667 MPa \text{ 이므로}$$

최대허용응력 $= 100 MPa \times 0.85 \times 1.2 = 102 MPa = 102,000 kPa$

배관의 두께 $t = \frac{PD}{2SE} + A$ 에서

최대허용압력 $P = \frac{(t-A) \times 2SE}{D}$

$$= \frac{(2.43mm - 0) \times 2 \times 102,000}{48.6mm}$$

$$= 104,200 kPa$$

(3) 아보가드로의 법칙과 샤를의 법칙의 개념
  1. 아보가드로의 법칙 : 모든 기체 1몰은 0℃, 1atm에서 22.4 L의 부피와 6.02×10^{23}개의 분자 수를 가진다.
  2. 샤를의 법칙 : 압력이 일정할 때 기체의 부피는 절대온도에 비례한다.
  3. $K_1 = \dfrac{22.4L}{분자량}$
  4. $K_2 = K_1 \times \dfrac{1}{273}$

(4) 이산화탄소 소화약제의 선형상수
  선형상수 $S = K_1 + K_2 t$
  $= \dfrac{22.4L}{44g} + \dfrac{22.4L}{44g} \times \dfrac{1}{273} \times 10℃$
  $= 0.528 L/g = 0.528 m^3/kg$

해답 물음 3)

저장하고 있는 양 또는 1개월 동안 제조·사용 하는 양	200 kg 미만	저장하는 장소	능력단위 3단위 이상의 소화기 2개 이상
		제조·사용하는 장소	능력단위 3단위 이상의 소화기 2개 이상
	200 kg 이상 300 kg 미만	저장하는 장소	능력단위 5단위 이상의 소화기 2개 이상
		제조·사용하는 장소	바닥면적 50 m² 마다 능력단위 5단위 이상의 소화기 1개 이상
	300 kg 이상	저장하는 장소	대형소화기 2개 이상
		제조·사용하는 장소	바닥면적 50 m² 마다 능력단위 5단위 이상의 소화기 1개 이상

★★★★☆

문제3 다음 물음에 답하시오. (단, 계산값은 소수점 둘째자리에서 반올림하여 소수점 첫째자리까지 구한다.)(30점)

물음 1) 자동화재탐지설비의 감지기 회로에 관한 다음 조건을 보고 물음에 답하시오. (10점)

  o 감지기 배선은 1.5 mm²의 HFIX 전선을 사용한다.
  o 전선에 사용된 도체의 고유저항은 1.7×10^{-8} Ω·m이다.
  o 종단저항(10 kΩ)은 회로의 말단 감지기에 설치한다.
  o 수신기에서 말단 감지기까지의 배선 거리는 150 m이다.
  o 수신기에서 하나의 감지기 회로에 사용된 릴레이저항은 800 Ω이다.
  o 수신기의 감지기 회로전압은 DC 24 V이다.

(1) 감지기 회로의 선로저항(Ω)을 계산하시오. (3점)
(2) 평상시 감지기 회로에 흐르는 감시전류 I_1(mA), 말단 감지기가 동작했을 때 감지기 회로에 흐르는 동작전류 I_2(mA)를 각각 계산하시오. (3점)
(3) 자동화재탐지설비의 감지기 배선을 노출배관으로 시공하고자 한다. 계통도의 감지기 배선에 다음과 같은 표기가 있다면, 이 도시 기호가 의미하는 바를 모두 쓰시오. (2점)

$$\text{HFIX 1.5 (16)}$$

(4) 수신기 공통선시험의 목적과 판정기준을 각각 쓰시오. (2점)

물음 2) 자동화재탐지설비의 전원회로에 관한 다음 물음에 답하시오. (10점)
(1) 수신기 교류 전원부의 브리지 정류회로는 그림 (a)와 같고, 변압기 2차측 전압 파형은 그림 (b)와 같다. 변압기의 1차측 전압은 AC 60 Hz, 220 V이고, 2차측 전압은 AC 60 Hz, 24 V이다. 그림 (b)에 표시된 Vm(V)과 T(ms)를 각각 계산하시오. (3점)

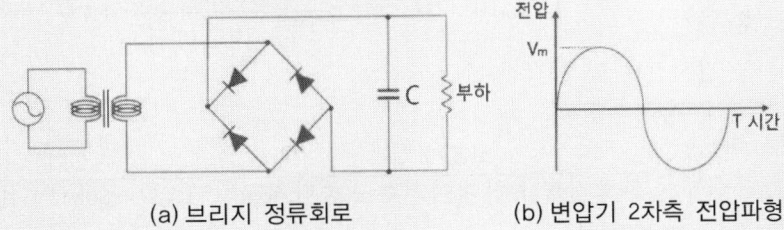

(a) 브리지 정류회로   (b) 변압기 2차측 전압파형

(2) 브리지 정류회로에서 콘덴서 C의 회로 내 역할을 쓰시오. (2점)
(3) 수신기 비상전원으로 연축전지를 사용하고자 한다. 주어진 조건을 참고하여 축전지의 최소 용량(mAh)을 계산하시오. (5점)

○ 경계구역 수는 5개이고, P형 1급 수신기를 사용한다.
○ 평상시 수신기가 감시상태일 때 흐르는 전류는 총 170 mA이다.
○ 화재가 발생하여 수신기가 동작상태일 때 흐르는 전류는 최대 400 mA 이다.
○ 축전지의 보수율은 0.8을 적용한다.
○ 최저 축전지 온도 5℃일 때 사용된 연축전지의 용량환산시간 K는 아래 표와 같다.

시간(분)	10분	20분	30분	60분	100분	120분	180분
용량환산시간 K	1.30	1.45	1.75	2.55	3.45	3.85	5.05

물음 3) 비상콘센트설비에 관한 다음 물음에 답하시오. (10점)
(1) 22.9 kV를 수전하는 건축물에 비상콘센트설비를 설치하고자 한다. 비상콘센트설비의 화재안전기술기준(NFTC 504)상 비상콘센트설비의 상용전원회로 배선은 어디에서 분기할 수 있는지 모두 쓰시오. (2점)

(2) 비상콘센트설비의 화재안전기술기준(NFTC 504)상 비상콘센트설비의 비상전원으로 사용할 수 있는 설비 4종류를 모두 쓰시오. (2점)
(3) 지하 2층, 지상 15층, 연면적이 10,000 m²인 건축물에 비상콘센트설비를 설치하고자 한다. 비상콘센트설비의 화재안전기술기준(NFTC 504)상 비상전원을 설치하지 않을 수 있는 경우를 모두 쓰시오. (3점)
(4) 소방관이 비상콘센트에 6 kW의 동력을 사용하는 전동기를 연결하여 구조활동을 실시하였다. 이때 전동기 코드에 흐르는 전류(A)를 계산하시오. (단, 이 전동기의 역률은 70 %이다.) (3점)

해답 물음 1)

(1) 감지기 회로의 선로저항

$$\text{선로저항 } R = \rho\frac{l}{S} = 1.7 \times 10^{-8} [\Omega \cdot m] \times \frac{150[m]}{1.5[mm^2]}$$
$$= 1.7 \times 10^{-8} [\Omega \cdot m] \times \frac{150[m]}{1.5 \times 10^{-6}[m^2]} = 1.7\Omega$$

(2) 감시전류 및 동작전류

1. 감시전류

$$= \frac{\text{회로전압}}{\text{선로저항} + \text{릴레이저항} + \text{종단저항}} = \frac{24V}{1.7\Omega + 800\Omega + 10000\Omega}$$
$$= 0.2mA$$

2. 동작전류 $= \frac{\text{회로전압}}{\text{선로저항} + \text{릴레이저항}} = \frac{24V}{1.7\Omega + 800\Omega} = 3.0mA$

(3) 도시 기호의 의미

노출배선(전선관) 16C, HFIX 1.5 mm² 전선 2가닥

(4) 공통선시험의 목적과 판정기준

1. 공통선시험의 목적 : 한가닥의 공통선이 담당하고 있는 경계구역의 적정 여부를 확인한다.
2. 판정기준 : 한가닥의 공통선이 담당하고 있는 경계구역의 수가 7 이하이면 정상이다.

해답 물음 2)

(1) 1. $V_m = \sqrt{2}\,V = \sqrt{2} \times 24V = 33.9V$

2. $T = \frac{1}{f} = \frac{1}{60Hz} \times \frac{1000ms}{s} = 16.7ms$

(2) 콘덴서 C의 회로 내 역할 : 산모양의 맥동전류를 평평하게 다듬어서 평활회로(smoothing circuit)로 만드는 역할을 한다.

(3) 축전지의 최소 용량

$$= \frac{1}{L}(K_1 I_1 + K_2 I_2) = \frac{1}{0.8} \times (2.55 \times 170 mA + 1.3 \times 400 mA) = 1191.9 mAh$$

해답 물음 3)

(1) 전력용변압기 2차 측의 주차단기 1차 측 또는 2차 측에서 분기하여 전용배선으로 하여야 한다.
(2) 자가발전설비, 비상전원수전설비, 축전지설비, 전기저장장치
(3) 비상전원을 설치하지 않을 수 있는 경우 : 2 이상의 변전소에서 전력을 동시에 공급받을 수 있거나 하나의 변전소로부터 전력의 공급이 중단되는 때에는 자동으로 다른 변전소로부터 전력을 공급받을 수 있도록 상용전원을 설치한 경우에는 비상전원을 설치하지 않을 수 있다.
(4) 전동기 코드에 흐르는 전류

전류 $I = \dfrac{P}{V} = \dfrac{6\,kW}{220\,V \times 0.7} = \dfrac{6000\,W}{220\,V \times 0.7} = 39.0 A$

■ **긍정은 무한한 힘을 가지고 있다**

긍정적인 마음가짐은 영혼을 살찌우는 보약이다.
이러한 마음가짐은 우리에게 부, 성공, 즐거움과 건강을 가져다준다.
반대로 부정적인 마음가짐은 영혼의 질병이며 쓰레기다.
이는 부, 성공, 즐거움과 건강을 밀어내고 심지어 인생의 모든 것을 앗아간다.

- 나폴레온 힐 -

'소방기술사, 소방시설관리사 등의 자격증 시험이 쉽다. 합격할 수 있다.
아는 것이 많이 나올 것이다. 열심히 하면 충분히 합격할 것이다.'라고
긍정적인 마음을 갖는 것은 합격을 위해 필요한 요소들 중 하나일 것입니다.

- 이기덕 원장 -

소방시설관리사
2차 실기 　설계편

제1편　유체역학
제2편　소방시설
제3편　위험물
제4편　간선구성
제5편　종합문제
제6편　과년도 출제문제

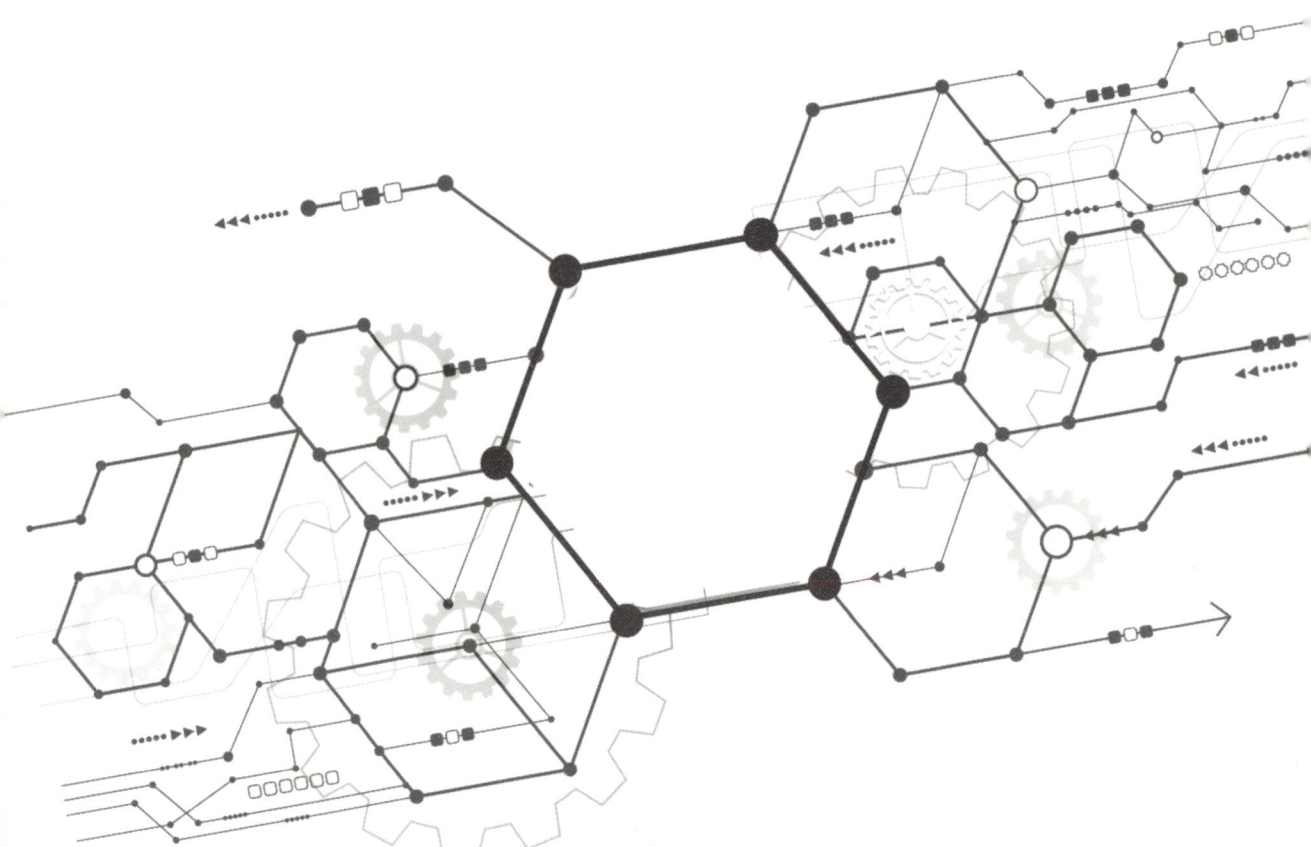

2025 최신판

30일 완성 Project

소방시설관리사 2차 실기 점검편

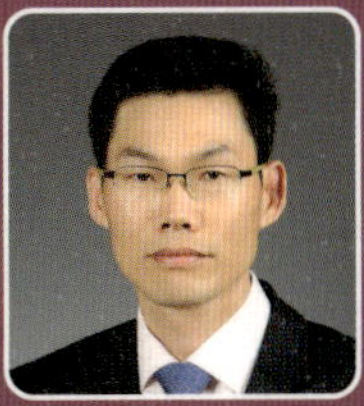

이기덕 저

- (전)대형소방학원 원장
- (주)대형소방 대표이사
- 소방기술사 수석 합격
- 소방시설관리사 수석 합격

■ 필수 암기사항인 핵심내용 수록
■ 출제빈도가 높은 점검편(소방관계법령, 자체점검사항, 설비별 점검사항) 수록

소방시설의 **점검실무행정** 과목에 합격하기 위해서는 **점검편**에 대한 학습이 필요합니다.

유튜브에서 저자가 직접 강의한 동영상을 참고하시면 자격증 취득에 도움이 될 것입니다. **이기덕** 검색 → **재생목록** 클릭

www.kimoonsa.co.kr

2025 최신판

30일 완성 Project

소방시설관리사 2차 실기 [점검편]

이기덕 저

- (전)대형소방학원 원장
- (주)대형소방 대표이사
- 소방기술사 수석 합격
- 소방시설관리사 수석 합격

■ 필수 암기사항인 핵심내용 수록
■ 출제빈도가 높은 점검편(소방관계법령, 자체점검사항, 설비별 점검사항) 수록

소방시설의 **점검실무행정** 과목에 합격하기 위해서는 **점검편**에 대한 학습이 필요합니다.

유튜브에서 저자가 직접 강의한 동영상을 참고하시면 자격증 취득에 도움이 될 것입니다. **이기덕** 검색 → **재생목록** 클릭

www.kimoonsa.co.kr

머리말

소방시설의 점검실무행정 과목을 이해하고, 소방시설관리사 2차 실기시험에 합격하는 데 있어서, 이 교재가 도움이 될 수 있도록 집필하였습니다.

이 교재의 특징은

① 이 교재는 "소방시설의 점검실무행정" 과목에만 출제되는 점검파트(소방관계법령, 자체점검사항, 그 밖의 점검관련 문제)에 중점을 두고 집필하였습니다.
② 이 교재는 2024년 9월 14일에 시행된 소방시설관리사 실기(2차) 최신 출제경향을 철저하게 분석하고 이를 반영하였습니다.
③ 이 교재는 각 문제마다 별표를 통하여 중요도를 구분하였습니다. 삼성급(별표 3개) 이상은 출제 가능성이 매우 높기 때문에 이해 및 암기까지 철저히 하는 것이 좋습니다.
※ 이 한 권의 교재로 점검파트에 대한 공부를 끝낼 수 있도록 집필하였습니다.

여러분의 합격을 위해서 끊임없이 노력할 것이며, 시험과 관계있는 보충 자료를 제공하고 교재 관련 질문에 대한 답변을 할 것입니다. 소방시설관리사 시험 합격과 행운이 함께하시길 소망합니다.

이 교재와 함께할 것은

- 질의응답 : 다음 카페(http://cafe.daum.net/Daehyungpowerstudy)
- 소방시설관리사 실기는 혼자 힘으로 합격하기 어렵기 때문에 직강이나 동영상 강의를 듣는 것이 좋습니다.

이 교재가 나오기까지 출판에 심혈을 기울여 주신 도서출판 기문사 임직원 여러분께 감사드립니다. 또한 수험생 여러분들의 끊임없는 관심과 지적이 있었기에 좀 더 만족할만한 교재가 된 것에 깊은 감사를 드립니다.

교재 작업과 강의 등 바쁜 일상으로 많은 시간을 함께 하지 못했음에도 항상 믿어주고 든든한 후원자가 되어 준 나의 아내(恩正)와 아이들(炯斌, 炯俊)에게 미안함과 고마운 마음을 전합니다.

李記德 드림

합격전략

열정을 가지고 자신의 모든 능력을 쏟아 부으면 소방시설관리사 합격은 당연히 따라오게 되어 있습니다. 합격을 기원합니다.

1 합격에 필요한 내용
소방시설관리사 2차 실기시험(소방시설의 점검실무행정 과목)에 합격하기 위해서는 **공통파트**(화재안전기준, 설비별 계통도, 소방이론), **점검파트**(소방관계법령, 자체점검사항, 설비별 점검 및 점검기구 사용법)에 대한 학습이 필요합니다.

2 학습 순서(study process)
① 교재 1권의 숙지 → 참고용 교재

합격에 필요한 내용을 모두 수록하고 있는 교재 1권을 숙지하게 되면 일단 합격권에 들게 됩니다. 이때 참고용 교재를 접하게 되면 지식은 추가될 것입니다. 그러나 교재 1권을 숙지하지 못한 채 참고용 교재를 접할 경우 지식은 교체될 것입니다. 합격은 추가되는 데 있으며, 교체되는 데 있지 않음을 명심해야 합니다.

② 쉬운 것 → 중요한 것

쉬운 것부터 꾸준하게 학습하다 보면 중요한 것(예상문제)이 서서히 눈에 띄게 되는데, 중요한 것은 별도로 정리해 가면서 좀 더 심도 있게 학습하는 것이 효과적입니다.

3 합격을 위해서 꼭 필요한 것
합격을 위해서 꼭 필요한 것은 합격에 대한 믿음(자신감)과 꾸준한 학습시간입니다. 합격에 대한 믿음(자신감)을 갖고서 매일 5시간 이상 꾸준하게 학습한다면 충분히 합격할 수 있습니다.

4 시험 준비물과 풀이 순서

■ 시험 준비물	■ 풀이 순서
• 계산기 2개 • 필기구 2개 • 신분증 • 수험표 • 시계	• 기술형 → 계산형 • 단순 → 복잡 • 아는 것 → 모르는 것 • 쉬운 것 → 어려운 것

출제경향

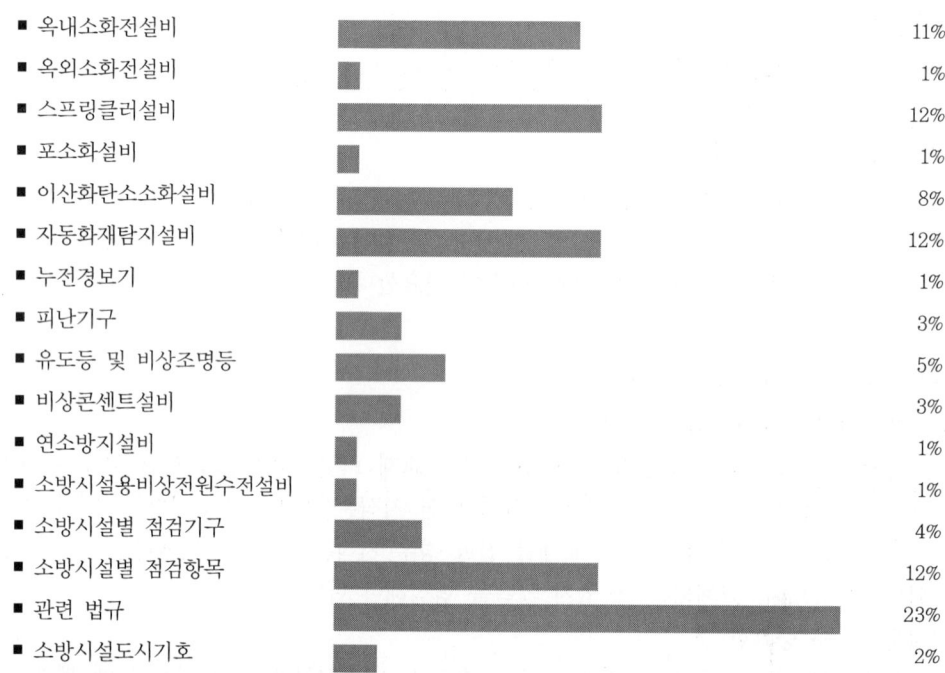

구분	7회	8회	9회	10회	11회	12회	13회	14회	15회	16회	17회	18회	19회	20회	21회	22회	23회	24회
법규	30	30	15	40	30	30	40	20	55	12	31	7	16	45	10	40	23	43
NFSC	40	30		20	10	40	30	54	15	3	24	26	38	18	23	17	40	17
점검표		30	20		20		10	26	26	11	12	14	14	33	24	43	13	23
기준					40	20	20			17	6	10		4			19	
도시기호						10			4	10	6	8	2					13
계통도			20															
시험방법		10	45	40						47	10	35	21		31		5	4
점검기구															12			
밸브	30												9					
기준, 법령	70	90	35	60	100	100	100	100	100	53	79	65	70	100	57	100	95	96

※기준 : NFSC, 위험물세부기준, 소방방재청 고시, 국토교통부 고시, 제품검사기준 등

☞ 합격전략(점검) : 화재안전기준, 법령, 점검표, 기타 기준

출제기준

1 시험과목 및 시험방법

구분	시험과목	시험방법
제1차 시험	① 소방안전관리론 및 화재역학 ② 소방수리학·약제화학 및 소방전기 ③ 소방 관련 법령 ④ 위험물의 성상 및 시설기준 ⑤ 소방시설의 구조원리	객관식 4지 선택형
제2차 시험	① 소방시설의 점검실무행정(점검절차 및 점검기구 사용법 포함) ② 소방시설의 설계 및 시공	논문형을 원칙으로 하되 기입형을 가미

2 시험시간

시험구분		시험과목	시험시간	문항 수
제1차 시험		5개 과목	09:30~11:35(125분) (09:00까지 입실)	과목별 25문항 (총 125문항)
		4개 과목(일부면제자)	09:30~11:10(100분) (09:00까지 입실)	
제2차 시험	1교시	소방시설의 점검실무행정	09:30~11:00(90분) (09:00까지 입실)	과목별 3문항 (총 6문항)
	2교시	소방시설의 설계 및 시공	12:00~13:30(90분) (11:30까지 입실)	

3 합격 결정

구분	합격 결정 기준
제1차 시험	매 과목 100점을 만점으로 하여 매 과목 40점 이상, 전 과목 평균 60점 이상 득점한 자
제2차 시험	매 과목 100점을 만점으로 하되, 시험위원의 채점 점수 중 최고 점수와 최저 점수를 제외한 점수가 매 과목 평균 40점 이상, 전 과목 평균 60점 이상을 득점한 자

4 응시자격

1) 소방기술사·위험물기능장·건축사·건축기계설비기술사·건축전기설비기술사 또는 공조냉동기계기술사 자격취득자
2) 소방설비기사 자격을 취득한 후 2년 이상 소방청장이 정하여 고시하는 소방에 관한 실무경력(이하 "소방실무경력"이라 함)이 있는 사람
3) 소방설비산업기사 자격을 취득한 후 3년 이상 소방실무경력이 있는 사람

4) 「국가과학기술 경쟁력 강화를 위한 이공계지원 특별법」 제2조제1호에 따른 이공계(이하 "이공계"라 한다) 분야를 전공한 사람으로서 다음 각 목의 어느 하나에 해당하는 사람
   가. 이공계 분야의 박사학위를 취득한 사람
   나. 이공계 분야의 석사학위를 취득한 후 2년 이상 소방실무경력이 있는 사람
   다. 이공계 분야의 학사학위를 취득한 후 3년 이상 소방실무경력이 있는 사람
5) 소방안전공학(소방방재공학, 안전공학을 포함한다) 분야를 전공한 후 다음 각 목의 어느 하나에 해당하는 사람
   가. 해당 분야의 석사학위 이상을 취득한 사람
   나. 2년 이상 소방실무경력이 있는 사람
6) 위험물산업기사 또는 위험물기능사 자격을 취득한 후 3년 이상 소방실무경력이 있는 사람
7) 소방공무원으로 5년 이상 근무한 경력이 있는 사람
8) 소방안전 관련 학과의 학사학위를 취득한 후 3년 이상 소방실무경력이 있는 사람
9) 산업안전기사 자격을 취득한 후 3년 이상 소방실무경력이 있는 사람
10) 다음 각 목의 어느 하나에 해당하는 사람
    가. 특급 소방안전관리대상물의 소방안전관리자로 2년 이상 근무한 실무경력이 있는 사람
    나. 1급 소방안전관리대상물의 소방안전관리자로 3년 이상 근무한 실무경력이 있는 사람
    다. 2급 소방안전관리대상물의 소방안전관리자로 5년 이상 근무한 실무경력이 있는 사람
    라. 3급 소방안전관리대상물의 소방안전관리자로 7년 이상 근무한 실무경력이 있는 사람
    마. 10년 이상 소방실무경력이 있는 사람
    ※ 시험에서 부정한 행위를 한 응시자에 대하여는 그 시험을 정지 또는 무효로 하고, 그 처분이 있은 날부터 2년간 시험 응시자격을 정지한다.(법 제26조의2)

〈응시자격 관련 참고사항〉

■ 대학졸업자란?
  ☞ 고등교육법 제2조 1호부터 제6호의 학교[대학, 산업대학, 교육대학, 전문대학, 원격대학(방송대학, 통신대학, 방송통신대학 및 사이버대학), 기술대학] 학위 및 평생교육법 제4조 제4항 및 「학점인정 등에 관한 법률」 제7조와 9조 등에 의거한 학위 인정
     ※ 응시자격 경력산정 서류심사 기준일은 원서접수 마감일
■ 소방관련학과 · 소방안전관련학과 인정범위, 응시자격별 실무경력인정범위 및 경력기간 산정방법은 소방시설관리사 홈페이지 자료실의 응시자격 서류심사 관련자료 참조

5 답안지 작성 시 유의사항

가. 답안지는 **표지, 연습지, 답안내지(16쪽)**로 구성되어 있으며, 교부받는 즉시 쪽 번호 등 정상 여부를 확인하고 연습지를 포함하여 1매라도 분리하거나 훼손해서는 안 됩니다.

나. 답안지 표지 앞면 빈칸에는 시행연도·자격시험명·과목명을 정확하게 기재하여야 합니다.

다. 채점사항
1. 답안지 작성은 반드시 **검정색 필기구만 사용**하여야 합니다.(그 외 연필류, 유색필기구 등을 사용한 **답항은 채점하지 않으며 0점 처리**됩니다)
2. 수험번호 및 성명은 반드시 연습지 첫 장 좌측 인적사항 기재란에만 작성하여야 하며, **답안지의 인적사항 기재란 외의 부분에 특정인임을 암시하거나 답안과 관련 없는 특수한 표시를 하는 경우 답안지 전체를 채점하지 않으며 0점 처리**합니다.
3. **계산문제는 반드시 계산과정, 답, 단위를 정확히 기재**하여야 합니다.
4. 답안 정정 시에는 두 줄(=)을 긋고 다시 기재하여야 하며, 수정테이프·수정액 등을 사용할 경우 채점상의 불이익을 받을 수 있으므로 사용하지 마시기 바랍니다.
5. 기 작성한 문항 전체를 삭제하고자 할 경우 반드시 해당 문항의 답안 전체에 명확하게 X표시하시기 바랍니다.(X표시 한 답안은 채점대상에서 제외)

라. 일반사항
1. 답안 작성 시 문제번호 순서에 관계없이 답안을 작성하여도 되나, 반드시 문제번호 및 문제를 기재(긴 경우 요약기재 가능)하고 해당 답안을 기재하여야 합니다.
2. 각 문제의 답안작성이 끝나면 바로 옆에 **"끝"**이라고 쓰고, 최종 답안작성이 끝나면 줄을 바꾸어 중앙에 **"이하여백"**이라고 써야합니다.
3. 수험자는 시험시간이 종료되면 즉시 답안작성을 멈춰야 하며, 종료시간 이후 계속 답안을 작성하거나 감독위원의 답안지 **제출지시에 불응할 때에는 당회 시험을 무효처리**합니다.
4. 답안지가 부족할 경우 추가 지급하며, 이 경우 먼저 작성한 답안지의 16쪽 우측하단 [   ]란에 **"계속"**이라고 쓰고, 답안지 표지의 우측 상단(총   권 중   번째)에는 답안지 **총 권수, 현재 권수**를 기재하여야 합니다.(예시: 총 2권 중 1번째)

6 합격자

회차	시험일	합격자	회차	시험일	합격자
제1회	1993.05.23	87명	제13회	2013.05.11	147명
제2회	1995.03.19	22명	제14회	2014.05.17	44명
제3회	1996.03.31	29명	제15회	2015.09.05	75명
제4회	1998.09.20	9명	제16회	2016.09.24	122명
제5회	2000.10.15	26명	제17회	2017.10.23	70명
제6회	2002.11.03	18명	제18회	2018.10.13	67명
제7회	2004.10.31	144명	제19회	2019.09.21	283명
제8회	2005.07.03	100명	제20회	2020.09.26	65명
제9회	2006.07.02	70명	제21회	2021.09.18	104명
제10회	2008.09.28	105명	제22회	2022.09.24	172명
제11회	2010.09.05	190명	제23회	2023.09.16	39명
제12회	2011.08.20	216명			

[제1편] 소방시설의 점검

제1장_소화기구의 점검 · 12
1. 가압식 분말소화기의 종합정밀점검 순서 · 12
2. 축압식 분말소화기의 종합정밀점검 순서 · 12

제2장_옥내소화전설비의 점검 · 14
1. 펌프의 성능시험 방법(수동) · 14
2. 성능시험 방법(자동) · 14
3. 소화펌프 성능시험방법 · 15
4. 기동용 수압개폐장치의 점검 · 16
5. 물올림장치의 점검 · 17
6. 후드밸브의 점검 · 17
7. 방수압력 측정방법 · 18
8. 릴리프밸브의 점검 · 19
9. 방수시험 시 펌프의 미기동 원인 · 20

제3장_스프링클러설비의 점검 · 21
1. 습식 유수검지장치(알람밸브) · 21
2. 건식 유수검지장치 · 23
3. 준비작동식 유수검지장치 · 26
4. 일제개방밸브의 종류 · 32

제4장_포소화설비의 점검 · 35
1. 포소화약제 저장탱크 내의 포소화약제 보충 시 조작순서 · 35
2. 포소화약제 저장탱크 내의 포소화약제 보충 시 주의사항 · 35

제5장_이산화탄소 소화설비의 점검 · 37
1. 가스압력식 기동장치의 전자개방밸브 작동 방법 · 37
2. 작동시험 시 정상작동 여부를 판단할 수 있는 확인 사항 · 37
3. 작동시험 · 37
4. 점검 중 소화약제 오방출 방지를 위한 대책 · 38
5. 가스계 소화설비의 약제방출 없이 기동장치 작동시험 방법 · 39
6. GAS계 소화설비의 안전관리 상 문제점 · 40
7. GAS계 소화설비의 유사시 대처요령 · 40
8. GAS계 소화설비의 안전관리 방안 · 41

제6장_할로겐화합물 및 불활성기체 소화설비의 점검 · 42
1. 불활성기체 소화약제 저장용기의 점검방법 및 판정기준 · 42
2. 할로겐화합물 소화약제 저장용기의 점검방법 및 판정기준 · 42
3. 기동용 가스용기의 약제량(가스량) 점검방법 및 판정기준 · 42

제7장_자동화재탐지설비의 점검 ·· 44
    1. P형1급 수신기의 기능시험 · 44   2. 차동식 분포형 공기관식 감지기의 점검 · 47

제8장_부속실 제연설비의 점검 ·· 54
    1. 시험, 측정 및 조정 등 · 54   2. 방연풍속 · 56

제2편 소방관계법령

제1장_건축법 시행령 ·· 60
제2장_건축물의 설비기준 등에 관한 규칙 ·· 67
제3장_건축물의 피난·방화구조 등의 기준에 관한 규칙 ··· 73
제4장_초고층 및 지하연계 복합건축물 재난관리에 관한 특별법 ··························· 89
제5장_초고층 및 지하연계 복합건축물 재난관리에 관한 특별법 시행령 ··············· 91
제6장_초고층 및 지하연계 복합건축물 재난관리에 관한 특별법 시행규칙 ············ 95
제7장_소방시설공사업법 시행령 ··· 100
제8장_다중이용업소의 안전관리에 관한 특별법 ·· 102
제9장_다중이용업소의 안전관리에 관한 특별법 시행령 ······································ 104
제10장_다중이용업소의 안전관리에 관한 특별법 시행규칙 ································· 109
제11장_소방시설 설치 및 관리에 관한 법률 ··· 115
제12장_소방시설 설치 및 관리에 관한 법률 시행령 ·· 117
제13장_소방시설 설치 및 관리에 관한 법률 시행규칙 ··· 125

제3편 소방시설 점검표

제1장_소방시설 등 작동기능/종합정밀 점검표 ·· 144
제2장_소방시설 외관점검표 ·· 208
제3장_다중이용업 점검표(안전시설 등 세부점검표) ·· 219
제4장_방화셔터 점검표[한국산업규격(중량셔터의 검사표준)] ······························ 221
제5장_위험물 점검표 ··· 222

제4편 점검기구

    1. 소화전밸브압력계 · 238   2. 방수압력측정계 · 239
    3. 헤드결합렌치 · 240   4. 검량계 · 241
    5. 액화가스레벨메타 · 242   6. 기동관누설시험기 · 243

7. 공기주입시험기 · 244
8. 열감지기시험기 · 245
9. 연기감지기시험기(SL-HS-119) · 247
10. 풍속풍압계 · 249
11. 폐쇄력 측정기 · 251
12. 차압계 · 252
13. 조도계 · 253
14. 절연저항계 · 254
15. 전류전압측정계 · 256
16. 누전계 · 259
17. 소방시설별 점검 장비 · 260

[제5편] 과년도 출제문제

제1회_과년도 출제문제(1993. 5. 23)	264
제2회_과년도 출제문제(1995. 3. 19)	269
제3회_과년도 출제문제(1996. 3. 31)	275
제4회_과년도 출제문제(1998. 9. 20)	280
제5회_과년도 출제문제(2000. 10. 15)	284
제6회_과년도 출제문제(2002. 11. 3)	288
제7회_과년도 출제문제(2004. 10. 31)	294
제8회_과년도 출제문제(2005. 7. 3)	298
제9회_과년도 출제문제(2006. 7. 2)	302
제10회_과년도 출제문제(2008. 9. 25)	307
제11회_과년도 출제문제(2010. 9. 5)	311
제12회_과년도 출제문제(2011. 8. 21)	317
제13회_과년도 출제문제(2013. 5. 11)	322
제14회_과년도 출제문제(2014. 5. 17)	326
제15회_과년도 출제문제(2015. 9. 5)	331
제16회_과년도 출제문제(2016. 9. 24)	337
제17회_과년도 출제문제(2017. 9. 23)	343
제18회_과년도 출제문제(2018. 10. 13)	354
제19회_과년도 출제문제(2019. 9. 21)	361
제20회_과년도 출제문제(2020. 9. 26)	370
제21회_과년도 출제문제(2021. 9. 18)	378
제22회_과년도 출제문제(2022. 9. 24)	385
제23회_과년도 출제문제(2023. 9. 16)	393

제1편

01 소방시설의 점검

제1장 소화기구의 점검
제2장 옥내소화전설비의 점검
제3장 스프링클러설비의 점검
제4장 포소화설비의 점검
제5장 이산화탄소 소화설비의 점검
제6장 할로겐화합물 및 불활성기체 소화설비의 점검
제7장 자동화재탐지설비의 점검
제8장 부속실 제연설비의 점검

1st Day

제1장 소화기구의 점검

1 가압식 분말소화기의 종합정밀점검 순서

① 저울을 이용하여 소화기의 총중량을 계량하여 약제량의 감소 여부를 확인한다.
② 소화기 고정틀을 이용하여 소화기 본체를 고정시킨다.
③ 캡스패너를 규격에 맞는 것을 사용하여 소화기 홈에 정확히 맞추어 돌린다.
④ 가압용기스패너를 사용하여 가압용기를 분리시킨다.
⑤ 소화약제를 별도의 용기에 옮긴 후 내부조명기를 사용하여 내부에 조명을 비춘다.
⑥ 반사경을 이용하여 내부의 녹의 발생 여부, 부식 상태 등을 확인한다.
⑦ 비커(200cc)에 물을 가득 채운 후 시료 2 g을 수면 위에 고루 살포한 뒤 1시간 이내 침강하지 않으면 정상이다.
⑧ 입도계를 이용하여 45, 75, 150, 425(㎛)에 해당되는 체에 시료를 넣고 입도를 측정한다.
⑨ 이상이 없으면 재조립한다.

> **요점**
> ※가압식 분말소화기의 종합정밀점검 순서
>   ① 소화기의 총중량 측정
>   ② 소화기 내부의 녹의 발생 여부, 부식 상태 등을 확인
>   ③ 소화약제의 침강시험
>   ④ 소화약제의 입도시험

★☆☆☆☆

 문제01 가압식 분말소화기의 종합정밀점검 순서에 대하여 기술하시오.

2 축압식 분말소화기의 종합정밀점검 순서

① 지시압력계를 확인하여 압력의 감소 여부를 확인한다.
② 저울을 이용하여 소화기의 총중량을 계량하여 약제량의 감소 여부를 확인한다.
③ 안전핀을 뺀 후 소화기를 거꾸로 하여 서서히 레버를 당겨서 압축가스를 방출한다.
④ 캡, 밸브를 분리한다.
⑤ 소화약제를 별도의 용기에 옮긴다.
⑥ 내부조명기를 사용하여 내부에 조명을 비춘다.
⑦ 반사경을 이용하여 내부의 녹의 발생 여부, 부식 상태 등을 확인한다.
⑧ 비커(200 cc)에 물을 가득 채운 후 시료 2 g을 수면 위에 고루 살포한 뒤 1시간 이내에 침강하지 않으면 정상이다.

⑨ 입도계를 이용하여 45, 75, 150, 425(㎛)에 해당되는 체에 시료를 넣고 입도를 측정한다.
⑩ 소화약제를 넣고, 캡과 밸브를 닫는다.
⑪ 호스 접속구를 이용하여 질소가스를 규정압력까지 충압한다.
⑫ 안전장치를 세트한다.
⑬ 각 부분의 누설을 비누물로 점검한다.

> ※축압식 분말소화기의 종합정밀점검 순서
>   ① 지시압력계 확인
>   ② 소화기의 총중량 측정
>   ③ 소화기 내부의 녹의 발생 여부, 부식 상태 등을 확인
>   ④ 소화약제의 침강시험
>   ⑤ 소화약제의 입도시험

★☆☆☆☆

문제02 축압식 분말소화기의 종합정밀점검 순서에 대하여 기술하시오.

1st Day

제2장 옥내소화전설비의 점검

1 펌프의 성능시험 방법(수동)

(1) 성능시험 방법

① 소화펌프 2차측의 개폐밸브 및 순환배관 상의 릴리프밸브 폐쇄
② 동력제어반(MCC)에서 소화펌프를 수동 기동
③ 체절운전(토출량 0 %)에서 정격토출압력의 140 % 이하 여부 확인
④ 릴리프밸브 개방하여 체절압력 미만으로 조절
⑤ 성능시험배관의 개폐밸브 완전 개방 및 유량조절밸브를 개방하여 정격토출량의 100 %로 유량 조절, 정격토출압력의 100% 이상 여부 확인
⑥ 유량조절밸브를 더욱 개방하여 정격토출량의 150%로 유량 조절, 정격토출압력의 65 % 이상 여부 확인

(2) 복구 방법

① 소화펌프 작동스위치를 정지 위치로 조정
② 성능시험배관의 개폐밸브 및 유량조절밸브 폐쇄
③ 소화펌프 2차측의 개폐밸브 개방
④ 소화펌프 작동스위치를 자동 위치로 조정

> **TIP** ※펌프의 기동
> ① 자동기동방식으로 펌프를 기동하기 위해서는 펌프기동스위치는 수신반(자동), MCC(자동) 상태여야 한다.
> ② 수신반의 펌프기동스위치와는 관계없이 MCC에서는 펌프 수동 기동이 가능하다.
> ③ MCC(자동)일 경우에만 수신반에서 펌프의 수동 기동이 가능하다.

★★★★☆

 문제01 수동의 경우 소화펌프의 성능시험 방법 및 복구 방법에 대하여 기술하시오.

2 성능시험 방법(자동)

(1) 성능시험 방법

① 충압펌프 작동스위치를 정지 위치로 조정
② 소화펌프 2차측의 개폐밸브 및 순환배관 상의 릴리프밸브 폐쇄
③ 기동용 수압개폐장치(압력탱크)에서 배수밸브를 개방하여 소화펌프를 자동 기동 후 배수밸브 폐쇄

④ 체절운전(토출량 0%)에서 정격토출압력의 140 % 이하 여부 확인
⑤ 릴리프밸브 개방하여 체절압력 미만으로 조절
⑥ 성능시험배관의 개폐밸브 완전 개방 및 유량조절밸브를 개방하여 정격토출량의 100 %로 유량 조절, 정격토출압력의 100 % 이상 여부 확인
⑦ 유량조절밸브를 더욱 개방하여 정격토출량의 150 %로 유량 조절, 정격토출압력의 65 % 이상 여부 확인

(2) 복구 방법
① 소화펌프 작동스위치를 정지 위치로 조정
② 성능시험 배관의 개폐밸브 및 유량조절밸브 폐쇄
③ 소화펌프 2차측의 개폐밸브 개방
④ 충압펌프 작동스위치를 자동 위치로 조정
⑤ 충압펌프 작동으로 인한 충압 후 소화펌프 작동스위치를 자동 위치로 조정

★★★★☆

 문제02 자동기동 방식인 경우 펌프의 성능시험 방법을 기술하시오.[점검3회기출][점검19회기출]

③ 소화펌프 성능시험방법

(1) 무부하 시험방법
① 펌프 토출측 개폐밸브와 성능시험배관의 유량조절밸브를 잠근 상태에서 운전을 하게 될 경우
② 압력계의 지시압이 정격토출압력의 140% 이하인지 확인

(2) 정격부하 시험방법
① 펌프를 기동한 상태에서 유량조절밸브를 개방하여, 유량계의 유량이 정격토출량의 100%일 때
② 압력계와 연성계의 지시압이 정격토출압력 이상이 되는지 확인

(3) 피크부하 시험방법
① 유량조절밸브를 더욱 개방하여, 유량계의 유량이 정격토출량의 150 %일 때
② 압력계와 연성계의 지시압이 정격토출압력의 65 % 이상이 되는지 확인

★★★☆☆

 문제03 소화펌프의 성능시험방법 중 무부하, 정격부하, 피크부하 시험방법에 대하여 쓰시오.[점검5회기출][점검17회기출]

4 기동용 수압개폐장치의 점검

(1) 압력탱크 내의 물 교환방법(재조정하는 방법)

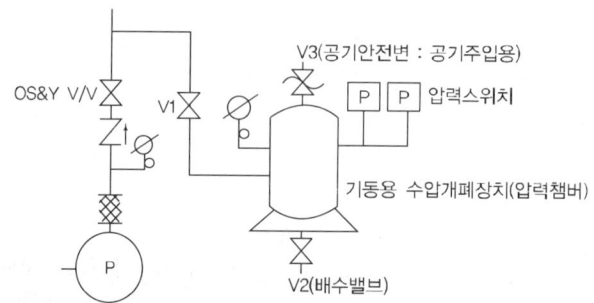

① 동력제어반(MCC)에서 주펌프 및 충압펌프의 작동스위치 정지(수동)
② V1 폐쇄
③ V2 및 V3 개방하여 압력탱크 내의 물을 완전 배수
④ V2 및 V3 폐쇄
⑤ V1 개방
⑥ 동력제어반(MCC)에서 충압펌프의 작동스위치 자동
⑦ 충압펌프 정지 후 동력제어반(MCC)에서 주펌프의 작동스위치 자동

★★★☆☆

> **[예상] 문제04** 옥내소화전설비의 기동용 수압개폐장치를 점검결과 압력챔버 내에 공기를 모두 배출하고 물만 가득 채워져 있다. 기동용 수압개폐장치 압력챔버를 재조정하는 방법을 기술하시오. [점검2회기출][점검16회기출]

(2) 압력스위치의 점검

① 압력스위치의 기동점 및 정지점 확인(도면 등…)
② 압력탱크의 배수밸브 개방 후 각 펌프의 기동점 확인
  - 충압펌프의 기동점
  - 주펌프의 기동점
  - 예비펌프의 기동점
③ 압력탱크의 배수밸브 폐쇄 후 각 펌프의 정지점 확인
  - 충압펌프의 정지점
  - 주펌프의 자동 정지 여부
  - 예비펌프의 자동 정지 여부

★★★☆☆

> **[예상] 문제05** 기동용 수압개폐장치의 압력스위치 점검방법에 대하여 쓰시오.

5 물올림장치의 점검

(1) 자동급수장치 시험
1) 시험 기준
① 변형, 손상, 현저한 부식 등이 있는가를 확인할 것
② 배수밸브를 조작하여 기능이 정상인가를 확인할 것

2) 판정 방법
① 변형, 손상, 현저한 부식 등이 없을 것
② 물올림탱크의 수량이 2/3로 감수되기 전에 작동할 것

(2) 감수경보장치 시험
1) 시험 기준
① 변형, 손상, 현저한 부식 등이 있는가를 확인할 것
② 보급수밸브를 닫고 배수밸브를 조작하여 기능이 정상인가를 확인할 것

2) 판정 방법
① 변형, 손상, 현저한 부식 등이 없을 것
② 물올림탱크의 수량이 1/2로 감수되기 전에 작동할 것

(3) 물올림탱크의 감수 원인
① 물올림탱크의 파손, 균열
② 펌프의 흡입측 배관으로의 누수
③ 후드밸브의 고장으로 인한 누수
④ 배수밸브의 개방
⑤ 자동급수장치의 고장
⑥ 급수밸브의 폐쇄
⑦ 펌프 회전부 등으로의 누수

★★★☆☆

 문제06 물올림장치에 대한 다음 물음에 답하시오.
1) 자동급수장치 시험
2) 감수경보장치 시험
3) 물올림장치의 감수 원인

6 후드밸브의 점검

(1) 점검순서
① 펌프 토출측 개폐밸브를 폐쇄한다.
② 물올림탱크의 급수배관을 폐쇄한다.

③ 물올림탱크의 수위 저하 여부를 점검한다.
④ 수위 저하가 발생하는 경우 후드밸브를 교체하거나 정비하도록 한다.

(2) 복구
① 펌프 토출측 개폐밸브 개방
② 물올림탱크의 급수밸브 개방

★★☆☆☆

 문제07 후드밸브의 점검순서 및 복구방법에 대하여 기술하시오.

7 방수압력 측정방법

(1) 방사노즐(직사형 관창) 방수시의 방수압력 측정방법

봉상방수의 측정은 방수 시 노즐 선단으로부터 노즐 구경의 1/2떨어진 곳에서 방수압력측정계(피토게이지)의 중심선과 방수류가 일치하는 위치에 방수압력측정계(피토게이지)의 선단이 오게 하여 압력계의 지시치를 확인할 것

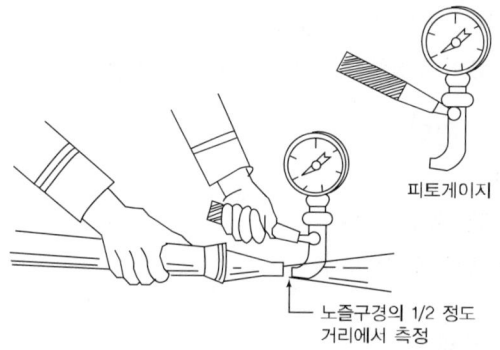

(2) 분무노즐(방사형 관창) 방수시의 방수압력 측정방법

방수압력측정계(피토게이지)로 측정할 수 없거나 분무노즐 방수의 측정은 호스결합금속구와 노즐 사이에 압력계를 부착한 관로수압측정기구(관로연결금속구)를 결합하여 방수하며, 방수시의 압력계 지시치를 읽어 확인할 것

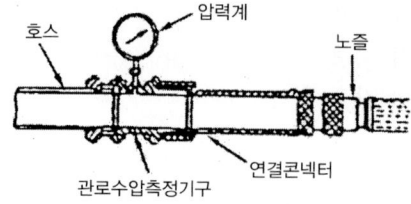

★★★★☆

 문제08 옥내외소화전설비의 방사노즐과 분무노즐 방수시의 방수압력 측정방법에 대하여 쓰시오.[점검5회기출]

8 릴리프밸브의 점검

(1) 점검방법(수동기동방식)
① 주펌프의 정격토출압력 확인
② 주펌프 토출측 개폐밸브 폐쇄
③ 동력제어반(MCC)에서 주펌프를 수동 기동한다.
④ 릴리프밸브 개방 여부 확인(정격토출압력의 140% 미만의 압력)
⑤ 동력제어반(MCC)에서 주펌프를 수동 정지한다.
⑥ 주펌프 토출측 개폐밸브 개방
⑦ 주펌프 작동스위치를 자동 위치로 한다.

(2) 릴리프밸브의 압력설정방법(수동기동방식)
① 동력제어반(MCC)에서 주펌프의 운전스위치를 수동의 위치로 한다.
② 주펌프 토출측 밸브를 폐쇄한다.
③ 주펌프를 동력제어반(MCC)에서 수동으로 기동한다.
④ 릴리프밸브의 윗뚜껑(캡)을 열고 스패너 등으로 릴리프밸브를 조작하여 순환배관으로 물이 흐르는 것을 확인한다. 이때, 압력계의 눈금은 펌프의 체절압력 미만의 압력이어야 한다.
⑤ 릴리프밸브의 윗뚜껑(캡)을 닫는다.
⑥ 동력제어반(MCC)에서 주펌프를 수동으로 정지한다.
⑦ 주펌프 토출측 밸브를 개방한다.
⑧ 주펌프를 동력제어반(MCC)에서 자동 위치로 한다.

(3) 릴리프밸브의 재조정 방법(수동기동방식)
① 주펌프의 정격토출압력 확인
② 주펌프의 토출측 개폐밸브 폐쇄
③ 릴리프밸브 완전 폐쇄
④ 동력제어반(MCC)에서 주펌프를 수동 기동한다.
⑤ 릴리프밸브를 서서히 개방
⑥ 릴리프밸브에서 배수되기 시작하면 압력계의 지침이 정격양정의 140% 미만인지 확인
⑦ 동력제어반(MCC)에서 주펌프를 수동 정지한다.
⑧ 주펌프 토출측 개폐밸브 개방
⑨ 주펌프 작동스위치를 자동 위치로 한다.

(4) 안전밸브와 릴리프밸브의 차이점

안전밸브	릴리프밸브
가스나 증기용	액체용
제조시 공장에서 작동압력 설정	현장에서 임으로 작동압력 설정 가능

★★★★☆

 문제09 펌프를 운전하여 체절압력을 확인하고, 릴리프밸브의 개방 압력을 조정하는 방법을 기술하시오.[점검10회기출]

9 방수시험 시 펌프의 미기동 원인

① 상용전원의 정전 및 비상전원의 고장(또는 전원의 차단)
② 펌프의 고장
③ 기동용 수압개폐장치(압력챔버)에 설치된 압력스위치의 고장
④ 동력제어반(MCC)에 설치된 펌프 기동용 스위치가 "수동(또는 정지)" 위치에 있을 경우
⑤ 동력제어반(MCC)의 각종 차단기류 고장
⑥ 감시제어반에 설치된 펌프 기동용 스위치가 "수동(또는 정지)" 위치에 있을 경우
⑦ 감시제어반의 고장 또는 예비전원의 고장

★★★☆☆

 문제10 방수시험을 하였으나 펌프가 기동하지 않았다. 원인으로 생각되는 사항 5가지를 쓰시오.[점검9회기출]

제3장 스프링클러설비의 점검

1 습식 유수검지장치(알람밸브)

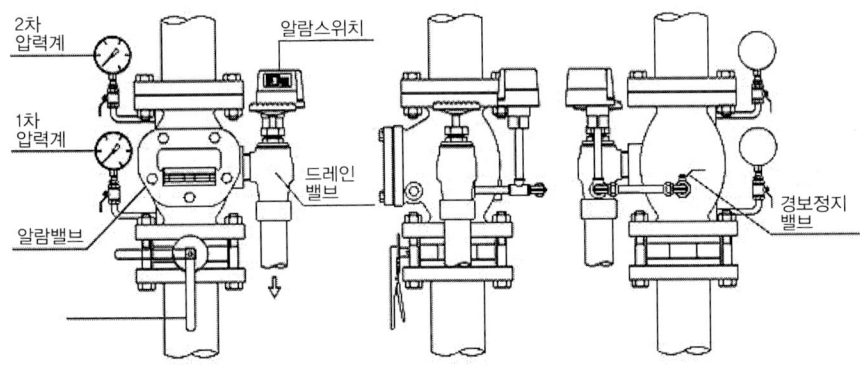

구성 명칭	기능
1차 압력계	1차측 물 공급 압력 유지 상태를 확인
2차 압력계	2차측 물 공급 압력 유지 상태를 확인
배수밸브	시험 또는 보수 시 2차측으로 공급된 물을 퇴수시키는데 사용
압력스위치 (알람스위치)	소화수가 방출될 때 그 흐름을 감지하여 화재 경보를 발신해 주는 스위치
리타딩챔버	습식 유수검지장치의 오동작(오보) 방지
경보시험밸브	정상적인 밸브의 작동 없이 화재 경보를 확인시켜 주는 밸브
제어밸브	1차측 물 공급을 제어시켜주는 밸브
신호정지밸브 (경보정지밸브)	습식 유수검지장치의 작동 중 계속되는 화재 경보를 중지시킬 때 사용

★★★☆☆

 문제01 습식 유수검지장치의 구성명칭 및 기능에 대하여 기술하시오.

(1) 압력스위치에 수압을 가하여 압력스위치의 작동 및 경보를 검사하는 방법(시험작동 방법)
① 경보체크밸브 1차측에 설치된 경보시험밸브를 개방하여 클래퍼의 개폐상태와 관계없이 압력스위치에 수압을 가하는 방법
② 경보체크밸브 2차측에 설치된 배수밸브를 개방하여 2차측 배관의 압력 강하로 인한 클래퍼의 개방에 따라 압력스위치에 수압을 가하는 방법
③ 경보체크밸브 2차측 가지배관 말단에 설치된 말단시험밸브를 개방하여 2차측 배관의 압력 강하로 인한 클래퍼의 개방에 따라 압력스위치에 수압을 가하는 방법

(2) 알람밸브의 동작 이상 시 확인 및 조치사항

1) 알람밸브가 오보(비화재 시의 경보)되는 경우
   ① 말단시험밸브 및 배수밸브의 개방 여부를 확인하고 폐쇄 상태로 유지할 것
   ② 경보 발보 중 압력스위치로 연결되는 볼밸브(경보정지밸브)를 폐쇄하였을 때 경보가 정지되는 경우에는 밸브 내부의 클래퍼 시트 부분의 이물질형성 및 변형 등이 있는지 확인
   ③ 알람밸브 2차측 배관의 누수 여부를 확인하고 누수 시에는 보수할 것

2) 시험밸브 개방 시 경보가 발하지 않는 경우
   ① 압력스위치 내부의 두 전선을 서로 합선하여 경보가 정상적으로 발보되는 경우 압력스위치를 교체하고 경보가 발보되지 않는 경우에는 배선의 단선 상태 및 사이렌이 정상인지를 확인할 것
   ② 압력스위치로 연결되는 볼밸브(경보정지밸브)가 폐쇄되어 있는지를 확인하고 항상 개방 상태를 유지할 것

3) 충압펌프가 잦은 기동을 할 경우
   ① 시험밸브 및 배수밸브 등이 개방되어 있는지 확인하고 폐쇄 상태를 유지한다.
   ② 알람밸브 2차측 배관 등에 누수 등이 있는지 확인하고 누수 시에는 보수한다.

(3) 시험 작동 시 나타나는 현상

① 해당 방호구역 내에 경보
② 감시제어반의 유수검지표시등 점등 및 음향경보
③ 주펌프 기동
④ 감시제어반의 주펌프 기동표시등 점등 및 음향경보

★★★☆☆

 문제02 습식 유수검지장치의 시험 작동 시 나타나는 현상과 시험 작동 방법을 기술하시오. [점검3회기출]

2 건식 유수검지장치

1차측에 가압수 등을 채우고 2차측에 가압공기를 가득 채운 상태에서 폐쇄형 스프링클러헤드 등이 열린 경우 2차측의 압력 저하에 의하여 시트가 열어어 가압수 등이 2차측으로 유출하는 장치를 말한다.

(1) 압력스위치에 수압을 가하여 압력스위치의 작동 및 경보를 검사하는 방법
① 건식밸브 1차측에 설치된 경보시험밸브를 개방하여 압력스위치에 1차측 수압을 가하는 방법(경보시험밸브 개방)
② 건식밸브 2차측 주배관의 제어밸브를 폐쇄한 후 클래퍼 2차측의 압축공기를 배출하여 클래퍼의 개방에 따라 압력스위치에 수압을 가하는 방법(배수밸브 개방)
③ 건식밸브 2차측 주배관의 제어밸브를 개방한 상태에서 압축공기 공급배관의 밸브를 폐쇄하고 주배관의 압축공기를 배출하여 클래퍼의 개방에 따라 압력스위치에 수압을 가하는 방법(말단시험밸브 개방)

★★★☆☆

 문제03 건식 유수검지장치의 압력스위치에 수압을 가하여 압력스위치의 작동 및 경보를 검사하는 방법에 대하여 기술하시오.

(2) Priming Water의 목적
① **누설 여부 확인**
덮개로부터의 누설 여부와 Seat ring의 공기 시트부의 누설 여부 확인
② **충격 감소(완충 작용)**
클래퍼의 급격한 개방 시 충격 감소
③ **기밀 유지(봉수 작용)**
클래퍼의 누설이 없도록 기밀 유지
④ **수평면 유지**
건식 밸브 2차측 공기압력이 수평면에 작용하여 1차측 압력에 대응함
⑤ **중량물**
프라이밍 워터(Priming Water) 자체의 중량이 1차측 압력에 대응함

★★★☆☆

 문제04 Priming Water의 목적 5가지를 쓰시오.

(3) Quick Opening Device(배기가속장치)

Quick Opening Device(배기가속장치)에는 가속기(Accelerator)와 공기배출기(Exhauster)의 두 가지가 있으며, 스프링클러헤드가 1~2개 개방되어 배관 내 압력이 다소 낮아졌을 때 작동한다.

1) 가속기(Accelerator)

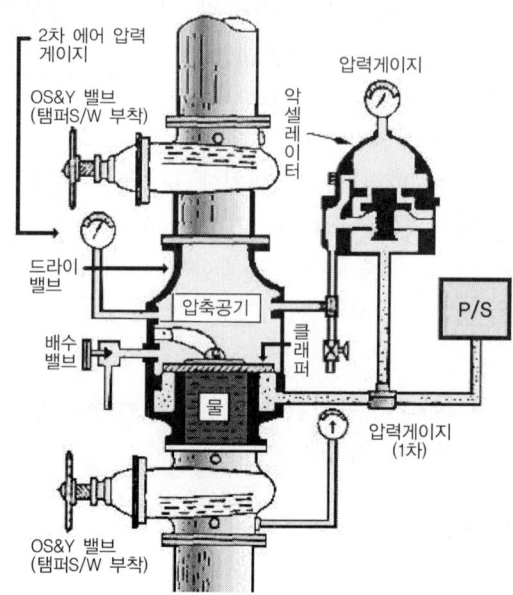

건식밸브마다 설치하며, 입구는 2차측 토출배관에 출구는 건식밸브의 중간챔버에 연결한다. 헤드의 작동에 따라 건식밸브 2차측의 공기압력이 세팅압력보다 낮아졌을 때 가속기가 작동하여 2차측의 압축공기 일부를 클래퍼 1차측 중간챔버로 보내어 건식 밸브가 신속히 개방되도록 한다.

2) 공기배출기(Exhauster)

교차배관마다 설치하며, 입구는 2차측 토출배관에 출구는 대기 중에 노출되어 있다. 헤드의 작동에 따라 건식밸브 2차측의 공기압력이 세팅압력보다 낮아졌을 때 익죠스터가 작동하여 2차측의 압축공기가 대기 중으로 빠르게 배출되도록 한다.

구분	가속기(Accelerator)	공기배출기(Exhauster)
설치 위치	건식밸브에 설치	교차배관마다 설치
설치비	설치비가 작다.	설치비가 크다.
원리	클래퍼의 개방속도를 가속함으로서 SP헤드에서 공기배출속도를 빠르게 한다.(빠른 배출)	헤드에서 공기 배출 시 익죠스터에서도 추가로 공기를 배출한다.(이중 배출)
성능	배기가속 효과가 낮다.	배기가속 효과가 높다.

★★★☆☆

 문제05 건식 스프링클러설비의 배기가속장치(Quick-opening Devices) 종류 2가지를 설명하시오. [설계1회기출][설계16회기출]

(4) 트립 시간(trip time)과 소화수 이송 시간(transit time)

1) 트립 시간(trip time)

① 개요

화재 열에 의해 스프링클러헤드가 감열된 후 공기가 빠져 나가면서 건식밸브의 클래퍼가 개방되는 시점까지의 지연 시간을 트립 시간(trip time)이라고 한다.

② 요인

가. 건식밸브의 2차측 배관 체적
  건식밸브의 2차측 배관 체적이 클수록 트립 시간은 길어진다.

나. 공기의 온도
  공기의 온도가 낮을수록 트립 시간(trip time)은 길어진다.

다. 개방된 헤드의 유동 면적(설치된 헤드의 오리피스 구경)
  개방된 헤드의 유동 면적이 작을수록 트립 시간은 길어진다.

라. 2차측 공기의 초기 압력(2차측의 세팅 공기 압력)
  2차측 공기의 초기 압력이 클수록 트립 시간은 길어진다.

마. 트립 공기의 압력(건식밸브의 트립 압력)
  트립 공기의 압력이 낮을수록 트립 시간은 길어진다.

2) 소화수 이송 시간(transit time)

① 개요

건식밸브의 클래퍼가 개방된 후 배관 내의 압축공기가 배출되면서 소화수가 배관 내를 유동하여 스프링클러헤드로 방수되는 시점까지의 지연 시간을 소화수 이송 시간이라고 한다.

② 요인

가. 개방된 헤드의 유동 면적(설치된 헤드의 오리피스 구경)
  개방된 헤드의 유동 면적이 작을수록 소화수 이송 시간은 길어진다.

나. 1차측 수압
  건식밸브의 1차측 수압이 낮을수록 소화수 이송 시간은 길어진다.

다. 건식밸브가 개방(트립)된 후 2차측 배관의 공기 압력
  건식밸브가 개방(트립)된 후 2차측 배관의 공기 압력이 높을수록 소화수 이송 시간은 길어진다.

라. 건식밸브의 2차측 배관 체적
  건식밸브의 2차측 배관 체적이 클수록 소화수 이송 시간은 길어진다.

★★★☆☆

예상 문제06 건식 스프링클러설비는 습식 스프링클러설비에 비해 화재진압이 지연된다. 이러한 작동지연은 트립 시간(trip time)과 소화수 이송 시간(transit time) 에 의한 것으로 이들에 대하여 간단히 기술하시오.

③ 준비작동식 유수검지장치

1차측에 가압수 등을 채우고 2차측에 공기를 가득 채운 상태에서 화재감지설비의 감지기·화재감지용 헤드, 그 밖의 감지를 위한 기기(감지부)의 작동에 의하여 시트가 열리어 가압수 등이 2차측으로 유출하는 장치를 말한다.

(1) 준비작동식밸브의 동작방법
① 감지기 2회로 동시 작동
② 준비작동식밸브 부근에 설치된 슈퍼비조리판넬의 수동기동스위치를 작동시키는 방법
③ 준비작동식밸브의 중간챔버에 설치된 수동기동밸브를 개방하는 방법
④ 준비작동식밸브를 감시제어반에서 수동으로 작동시키기 위해 설치된 방호구역별 수동기동스위치를 작동시키는 방법
⑤ 감시제어반에서 동작시험스위치를 누른 후 당해 회로 선택스위치로 A, B회로 복수 동작

(2) 압력스위치에 수압을 가하여 압력스위치의 작동 및 경보를 검사하는 방법
① 준비작동식밸브를 감시제어반에서 수동으로 작동시키기 위해 설치된 방호구역별 수동기동스위치를 작동시켜 클래퍼 개방에 따른 수압에 의하여 경보상태 검사
② 준비작동식밸브 부근에 설치되는 슈퍼비죠리판넬의 수동기동스위치를 작동시켜 클래퍼 개방에 따른 수압에 의하여 경보상태 검사
③ 준비작동식밸브의 중간챔버에 설치된 수동기동밸브를 개방하여 클래퍼 개방에 따른 수압에 의하여 경보상태 검사
④ 클래퍼를 개방하지 않고 클래퍼 1차측에 설치된 경보시험밸브 개방에 따른 1차측 수압에 의하여 경보상태를 검사

★★★☆☆

예상 문제07 준비작동식밸브의 압력스위치에 수압을 가하여 압력스위치의 작동 및 경보를 검사하는 방법 4가지에 대하여 기술하시오.

(3) 준비작동식밸브의 오작동 원인
① 해당 구역에 설치된 감지기의 오작동
② 감시제어반에서 연동정지스위치를 정지 위치로 하지 않고, 감지기 작동시험을 한 경우

③ 슈퍼비조리판넬에서 작동 시험 시 자동 복구를 하지 않고 작동한 경우
④ 감시제어반에서 작동 시험 시 자동 복구를 하지 않고 작동한 경우
⑤ 솔레노이드밸브의 누수 또는 고장
⑥ 수동개방밸브의 누수 또는 사람이 오작동
⑦ 슈퍼비조리판넬에서 기동스위치 사람이 오작동(잘못 누름)
⑧ 감시제어반에서 수동기동스위치 사람이 오작동(잘못 누름)

★★★☆☆

 문제08 준비작동식 스프링클러설비에 대하여 답하시오.[점검4회기출][점검19회기출]
1) 준비작동식밸브의 동작방법
2) 준비작동식밸브의 오작동 원인(사람에 의한 것 포함)

(4) 준비작동식밸브(SDV형)의 취급(1)

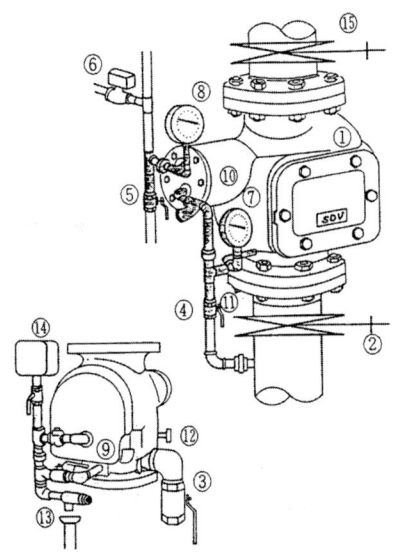

① 준비작동식밸브 본체
② 1차측 제어밸브(개폐표시형)
③ 드레인밸브
④ 세팅밸브
⑤ 수동개방밸브
⑥ 솔레노이드밸브
⑦ 압력계(1차측)
⑧ 압력계(중간챔버용)
⑨ 경보시험밸브
⑩ 중간챔버
⑪ 체크밸브
⑫ 복구레버(밸브 후면)
⑬ 자동배수밸브
⑭ 압력스위치
⑮ 2차측 제어밸브(개폐표시형)

1) 작동순서

① 2차측 제어밸브 잠금
② 감지기 1개 회로 작동 : 경보장치 작동
　 감지기 2개 회로 작동 : 전자밸브 개방
③ 프리액션밸브의 중간챔버 압력 저하 → 푸시로드 후진 → 레버 후진 → 클래퍼 개방
④ 2차측 제어밸브까지 송수
⑤ 경보상태 확인
⑥ 펌프 자동 기동 상태 및 압력 유지 확인

2) 작동 후 조치(배수 및 복구)

배수	① 1차측 제어밸브 및 중간챔버 급수용 볼밸브 잠금 ② 배수밸브 및 수동기동밸브 개방 배수 ③ 제어반을 복구, 경보 및 펌프 정지 확인
복구	① 복구레버 반시계 방향으로 돌려 클래퍼 폐쇄(소리로 확인) ② 배수밸브 및 수동기동밸브 잠금 ③ 중간챔버 급수용 볼밸브 개방 → 중간챔버에 급수 → 압력계(중간챔버용) 압력 지시 확인 ④ 1차측 제어밸브 서서히 개방 ⑤ 중간챔버 급수용 볼밸브 잠금 ⑥ 수신반(제어반)의 스위치 상태 등이 정상인지 확인 ⑦ 2차측 제어밸브 서서히 개방

3) 경보장치 작동시험

① 2차측 제어밸브 잠금
② 경보시험밸브 개방
  ㉠ 압력스위치 연동   ㉡ 경보장치 작동
③ 경보 확인 후 경보시험밸브 잠금
④ 자동배수밸브 버튼 누름(수동 개방) → 배수 및 복구
⑤ 제어반 스위치 상태 확인
⑥ 2차측 제어밸브 서서히 개방

★★★☆☆

> **[예상] 문제09** 스프링클러설비 준비작동밸브(SDV형)의 작동 순서, 작동 후 조치(배수 및 복구), 경보장치 작동시험방법을 설명하시오.[점검2회기출][점검6회기출][점검7회기출][점검19회기출]

(5) 준비작동식밸브의 취급(2)

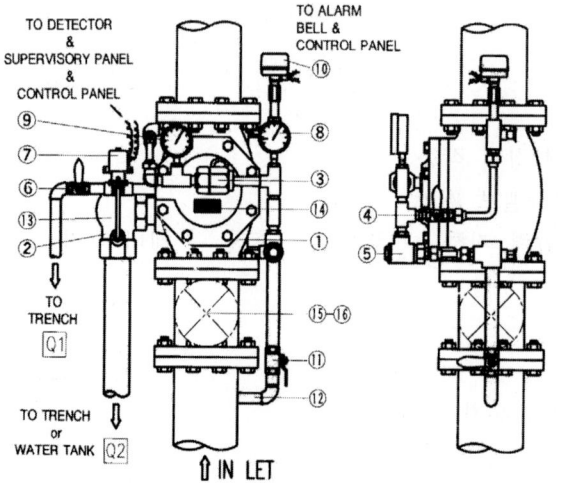

① 준비작동식밸브 본체
② 드레인밸브
③ P.O.R.V
④ 경보시험밸브
⑤ 크린체크밸브
⑥ 수동개방밸브
⑦ 솔레노이드밸브
⑧ 압력계(1차측)
⑨ 압력계(2차측)
⑩ 압력스위치
⑪ 세팅밸브
⑫ 1차측 입수관
⑬ 오토드립밸브
⑭ 명판
⑮ 제어밸브(개폐표시형)
⑯ 탬퍼스위치

1) 작동순서
   ① 2차측 제어밸브(개폐표시형) 잠금
   ② 감지기 1개 회로 작동 → 경보장치 작동
   ③ 감지기 2개 회로 작동 → 솔레노이드밸브 개방
   ④ 프리액션밸브의 중간챔버 압력 저하 → 클래퍼(프리액션밸브) 개방
   ⑤ 2차측 제어밸브(개폐표시형)까지 소화수 급수
   ⑥ P.O.R.V. 작동 → 중간챔버 압력 저하 상태 지속
   ⑦ 경보장치 작동
   ⑧ 펌프 기동 및 세팅압력 유지

2) **작동 후 조치**(배수 및 복구)

배수	① 1차측 제어밸브(개폐표시형) 잠금 ② 세팅밸브 잠금상태 확인 ③ 메인드레인밸브 및 비상개방밸브 개방 → 배수 ④ 제어반 복구 및 펌프 정지
복구	① 메인드레인밸브 및 비상개방밸브 잠금 ② 세팅밸브 개방 → 중간챔버에 급수 → 클래퍼(프리액션밸브) 자동 복구 ③ 1차측 제어밸브(개폐표시형) 서서히 개방 ④ 세팅밸브 잠금 ⑤ 제어반 스위치 상태 확인 ⑥ 주펌프 작동스위치 자동 위치로 조정 ⑦ 2차측 제어밸브(개폐표시형) 서서히 개방

※ PORV(Pressure Operated Relief Valve)
준비작동식밸브의 기동밸브가 수동 및 자동으로 기동되었다가 폐쇄되더라도 밸브 본체 중간챔버의 물을 계속 배수시킴으로서 한번 개방된 준비작동식밸브는 계속 개방상태를 유지하도록 하는 장치.

(6) Preaction System의 Interlock System

1) **Single Interlocked System**

   화재감지기가 동작하게 되면 준비작동식밸브가 개방되는 Preaction System이다. 준비작동식밸브 2차측에 물이 채워진 후에 화재에 의해서 폐쇄형 스프링클러헤드가 개방되면 즉시 방수된다.

2) **Double Interlocked System**(이중연동 준비작동시스템)

   화재감지기와 폐쇄형 헤드 둘 다 동작한 뒤에 준비작동식밸브가 개방되는 Preaction System이다. 실수로 준비작동식밸브가 개방되는 경우, 수분 내에 파이프가 동결이 우려되는 냉장고, 냉동 공간의 방호에 적용한다. 수손 피해 발생을 가장 최소화할 수 있는 시스템이며, Grid 배관방식이나 루프 배관방식에서는 사용이 제한된다.

3) **None Interlocked System**

   화재감지기나 폐쇄형 헤드 중 어느 것 하나만이라도 동작하면 준비작동식밸브가 개

방되는 Preaction System이다. 화재감지시스템의 고장 발생 시에도 스프링클러헤드의 감열에 의해 시스템이 정상적으로 작동한다. 작동으로 인한 스프링클러헤드의 개방에도 준비작동식밸브가 개방되므로 수손피해가 발생할 수 있으며, 준비작동식 밸브의 확실한 동작이 필요한 곳에 적용한다.

종류	밸브 개방 방법	장점	단점	비고
Single Interlocked System	detection	오작동으로 헤드 개방 시 감시 가능	detection 고장 시 system 작동 불가	국내 system과 유사
Double Interlocked System	detection and sprinkler head	오작동 또는 오보로 인한 피해 최소	시간 지연 발생으로 초기 대응력 취약	
None Interlocked System	detection or sprinkler head	detection 고장 시 헤드 감열에 의해 작동	오작동으로 헤드 개방 시 수손 피해	

★★★☆☆

 문제10 Preaction System의 Interlock System의 종류 3가지를 쓰시오.

(7) 더블인터록 프리액션밸브[파라다이스산업]

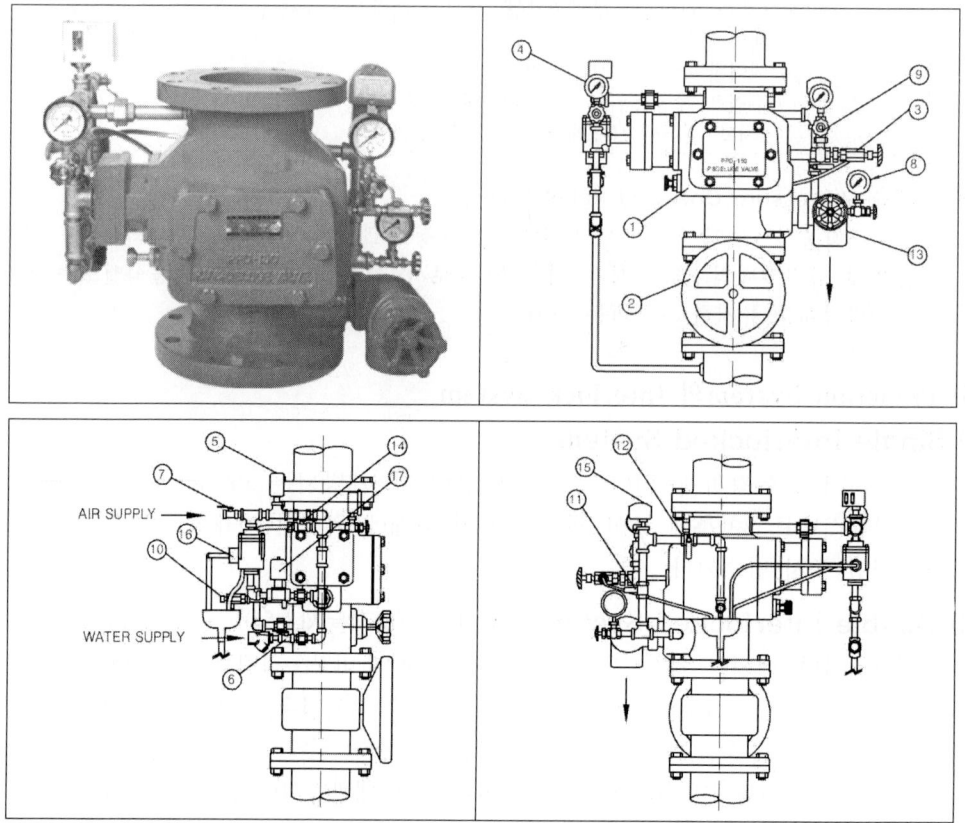

1) 소화준비 상태 후 밸브의 개폐상태

No	품명	개폐상태	No	품명	개폐상태
1	더블인터록 P.V	폐쇄	9	압력계밸브(2차)	개방
2	OS&Y 밸브	개방	10	드립체크밸브	폐쇄
3	공기조절밸브	폐쇄	11	압력스위치(H)시험밸브	폐쇄
4	압력계밸브(세팅부)	개방	12	경보정지밸브	개방
5	압력스위치(L)	-	13	배수밸브	폐쇄
6	작동유니트물공급밸브	개방	14	수동기동밸브	폐쇄
7	공기공급밸브	개방	15	압력스위치(H)	-
8	압력계밸브(1차)	개방	16	엑츄에이트	폐쇄
			17	전자밸브	폐쇄

2) 설치 시 주의사항

① 밸브 본체 내부를 청소, 점검하고 디스크의 작동 이상 유무, 시트고무의 손상 여부 등을 점검한 뒤 배관에 설치한다.
② 밸브 본체 설치가 완료되면 압력계 및 압력스위치를 취부한다.
③ 화살표시(배수) 부위는 배수라인에 연결한다.
④ Air Line에 Air Maintenance Device 또는 콤프레샤를 배관하여 취부한다.

3) 작동시험

2차측 OS&Y V/V를 잠그고 공기조절밸브 ③을 개방하여 2차측 압력을 떨어뜨린 후, 감지기나 슈퍼비죠리판넬의 작동스위치를 눌러 전자밸브를 개방하거나 수동기동밸브 ⑭를 열어서 더블인터록 프리액션밸브를 개방시켜 펌프기동 및 경보 발령을 확인한다.

4) 소화 후 배수

① 소화를 확인한 후 수신반을 복구하고, 펌프를 정지시킨다.
② 1차측 OS&Y V/V ②를 잠그고, 배수밸브 ⑬을 열어 배수시킨다.

4 일제개방밸브

(1) 일제개방밸브의 종류

1) 감압개방식

밸브 상부에 실린더가 장치되고 여기에 가압수를 충전하면 가압수가 다이아프램 또는 피스톤 등에 연결된 밸브시트를 눌러 관로를 폐쇄하고 있다. 화재감지기의 신호에 의하여 솔레노이드밸브가 개방되거나 수동개방밸브를 열거나 하면 실린더 내의 압력수가 방출되어 내부가 감압되므로 다이아프램 또는 피스톤이 상부로 올려져 일제개방밸브가 열린다.

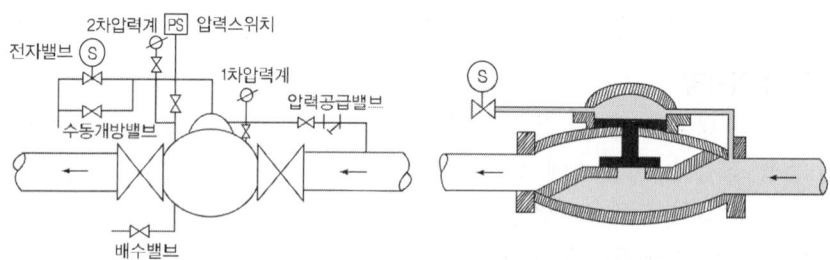

2) 가압개방식

밸브의 실린더 내를 평상시에는 가압하여 두지 않고 있다가 화재감지기의 신호에 의하여 밸브 1차측과 실린더가 연결된 배관 상에 설치된 솔레노이드밸브 또는 수동개방밸브가 개방되면 1차측의 가압수가 실린더 내로 송수·가압되어 일제개방밸브가 열린다.

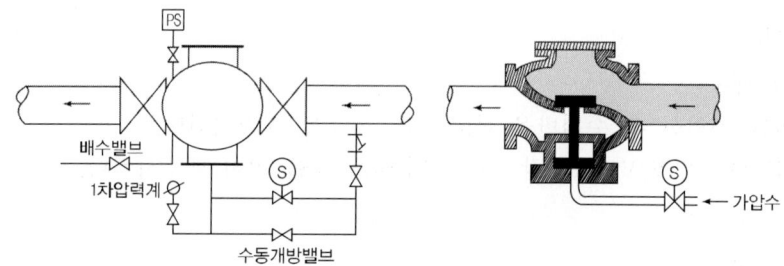

★★★☆☆

예상 문제11 일제개방밸브의 감압방식과 가압방식에 대하여 설명하시오. [설계1회기출]

(2) 일제개방밸브(DELUGE VALVE) 취급(우당 제품)

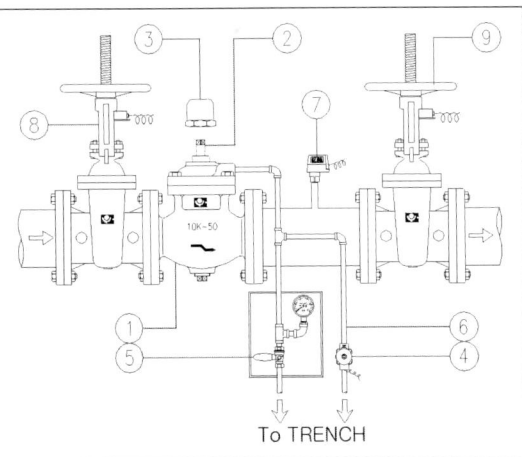

NO	품명	유지방법
1	일제개방밸브	닫힘
2	조절볼트	열림
3	캡	
4	솔레노이드밸브	닫힘
5	수동개방밸브	닫힘
6	감지라인(배관)	
7	압력스위치	DC 24V
8	1차 개폐표시형밸브	열림
9	2차 개폐표시형밸브	열림

1) 세팅(SETTING) 방법
- ⑧1차 개폐표시형 밸브를 잠근다.
- ③캡을 열고 ②조절볼트를 완전히 잠근다.
- ④솔레노이드밸브와 ⑤수동개방밸브가 닫혀있는지 확인한다.
- ⑧1차 개폐표시형 밸브를 개방하면 ①일제개방밸브 1차측 및 ⑥감지라인까지 압력이 설정된다.
- 세팅압력이 설정되면(게이지 확인) ②조절볼트를 완전히 연후(돌려서) ③캡을 잠그면 세팅이 완료된 것이다.

2) 작동(OPERATING) 방법
- 화재가 발생하면 감지기가 연동되어 ④솔레이드밸브를 개방시켜준다.
- ④솔레노이드밸브가 작동되면 1차측에 형성된 세팅압력이 해제되면서 ①일제개방밸브의 디스크가 개방되어 2차측으로 소화수를 방출하게 된다.
- ④솔레노이드밸브의 불량으로 인해 소화작동이 불가능할 때는 ⑤수동개방밸브를 수동으로 열어 화재를 진압할 수 있다.
- 2차측으로 방출된 소화수는 ⑦알람스위치를 접점시켜 방수구역에 화재경보를 발신하게 되며, 수신반에서는 ①일제개방밸브의 개방여부를 확인할 수 있게 해준다.

3) 복구(RESETTING) 방법
복구방법은 세팅방법과 같이 취급하면 된다.

★★☆☆☆

문제12 일제개방밸브(감압식)의 작동 및 복구방법에 대하여 기술하시오.

(3) 일제개방밸브(감압식)의 세팅(볼트세팅 및 압력세팅)

1) 압력세팅
① 솔레노이드밸브 및 수동개방밸브 폐쇄
② 덮개의 캡 개방
③ 조절볼트 완전 상승
④ 1차개폐밸브 개방
⑤ 펌프 급수 공급
⑥ 디류지밸브 1차측 자동 세팅
⑦ 2차측 누수 방지
⑧ 세팅 완료

2) 볼트세팅
① 솔레노이드밸브 및 수동개방밸브 폐쇄
② 덮개의 캡 개방
③ 조절볼트 잠금
④ 1차 개폐밸브 개방
⑤ 펌프 급수 공급
⑥ 디류지밸브 1차측 자동 세팅
⑦ 조절볼트 다시 상승
⑧ 2차측 누수 방지
⑨ 세팅 완료

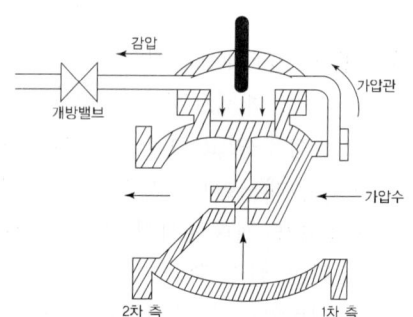

★★★☆☆

 문제13 일제개방밸브(감압식)의 세팅방법을 압력세팅과 볼트세팅으로 구분하여 기술하시오.

(4) 일제개방밸브(감압식)의 작동

① 화재감지기 작동 ② 수동조작함의 　수동기동스위치 작동 ③ 감시제어반의 　수동기동스위치 작동	→	솔레노이드 밸브 개방	→	세팅압력이 감소되어 균압이 상실되므로 본체 피스톤이 개방	→	2차측 개방형헤드가 설치된 전체 방호구역으로 소화수가 방출
④ 폐쇄형 헤드(감지용 헤드)가 화재로 파열	→					
⑤ 수동개방밸브 개방	→					

제4장 포소화설비의 점검

1 포소화약제 저장탱크 내의 포소화약제 보충 시 조작순서

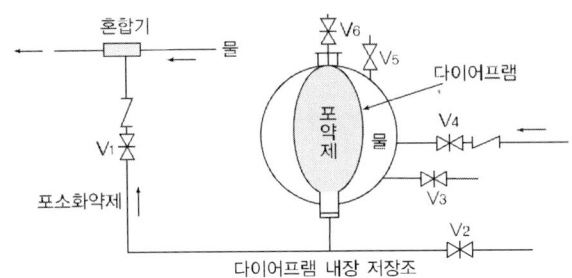

① V_1, V_4를 폐쇄시킨다.
② V_3, V_5를 개방하여 저장탱크 내의 물을 배수한다.
③ V_6를 개방한다.
④ V_2에 포소화약제 송액장치(주입장치)를 접속시킨다.
⑤ V_2를 개방하여 서서히 포소화약제를 주입(송액)시킨다.
⑥ 포소화약제가 보충되었을 때 V_2, V_3를 폐쇄한다.
⑦ 본소화 설비용 펌프를 기동한다.
⑧ V_4를 서서히 개방하면서 저장탱크 내를 가압하여 V_5, V_6로부터 공기를 뺀 후 V_5, V_6를 폐쇄하여 소화펌프를 정지시킨다.
⑨ V_1를 개방한다.

★★★☆☆

 문제01 포소화설비 점검 중 포소화약제저장조 내의 포소화약제 보충 시 조작순서에 대하여 기술하시오. [점검17회기출]

2 포소화약제 저장탱크 내의 포소화약제 보충 시 주의사항

① 포소화약제를 보충할 경우는 저장 포소화약제의 종별, 형식, 제조업자 및 성능 등을 확인하고 동일한 포소화약제를 사용하지 않으면 안 된다.
② 보충작업을 할 경우는 탱크 하부에서 포소화약제를 발포하지 않도록 서서히 송액한다.
③ 탱크 내의 공기를 충분히 배기한다.
④ 다시 가압할 경우는 다이아프램을 파손시키지 않게 서서히 가압하도록 주의한다.

★★★☆☆

예상 문제02 포소화설비 점검 중 포소화약제저장조 내의 포소화약제 보충 시 주의사항에 대하여 기술하시오.

제5장 이산화탄소 소화설비의 점검

1 가스압력식 기동장치의 전자개방밸브 작동 방법

① 감지기 2개 회로 동시 작동
② 수동조작함에서 수동기동스위치 작동
③ 제어반에서 감지기회로 작동시험
④ 제어반에서 방호구역 수동기동스위치 작동

★★☆☆☆

문제01 작동시험 시 가스압력식 기동장치의 전자개방밸브 작동 방법 중 4가지만 쓰시오. [점검10회기출]

2 작동시험 시 정상작동 여부를 판단할 수 있는 확인 사항

① 제어반에 감지기 작동표시등 점등 여부
② 음향장치(사이렌) 작동 여부
③ 지연장치(타이머) 작동 여부
④ 기동용 가스용기에 설치된 솔레노이드밸브 작동 여부
⑤ 방출표시등 점등 여부

★★☆☆☆

문제02 방호구역 내에 설치된 교차회로 감지기를 동시에 작동시킨 후 이산화탄소 소화설비의 정상작동 여부를 판단할 수 있는 확인 사항들에 대해 쓰시오. [점검10회기출]

3 작동시험

(1) 작동시험 전 준비사항

① 소화약제의 성상을 항상 염두에 둘 것
② 설비별로 그 구조와 작동순서가 상이한 것이 있으므로 주의할 것
③ 대체용기, 시험용기의 운반 시 주의할 것
④ 필요에 따라 방열복, 헬멧, 안전화를 준비할 것
⑤ 시험에 사용할 측정기, 공구 등을 사전에 준비하여 둘 것
⑥ 점검 전 도면 등을 통하여 기능, 구조, 성능을 사전에 파악할 것
⑦ 점검 전 점검의 내용, 범위 등을 점검자 전원에게 주지시킬 것

⑧ 점검 전 점검의 내용, 범위, 시간 등에 관하여 충분히 협의하고 구내방송 등을 통하여 알릴 것
⑨ 점검 중 당해 소화설비를 사용할 수 없게 되므로 감시를 위한 조치를 취할 것
⑩ 점검 중 화재 등에 대응방법을 의논하고, 비상사태에 대비한 긴급 연락방법을 구체적으로 정할 것

(2) 시험 시 유의사항 및 시험 후 조치

1) 시험 시 유의사항
① 장치를 작동시킬 때에는 필히 다른 저장용기의 용기밸브 개방장치를 떼어낼 것
② 실내에서 방사시험을 실시하는 경우에는 창 등의 개방, 귀마개의 사용 등 안전에 유의할 것

2) 시험 후 조치
① 점검 종류 후 사용했던 저장용기와 기동용기는 대체용기로 교체할 것
② 점검 종료 후 제어반의 조작장치 등을 확실히 본래대로 환원시킬 것

4 점검 중 소화약제 오방출 방지를 위한 대책

① 제어반의 전자개방밸브 연동스위치를 "정지"상태로 유지하며, 작동시험 시에만 자동으로 절환한다.
② 기동용 가스용기의 전자개방밸브에 안전핀을 삽입하여 기동용 가스용기와 분리한 후 전자개방밸브의 안전핀을 분리해 놓는다.
③ 저장용기의 용기밸브 개방장치를 분리한다.
④ 저장용기 및 기동용 가스용기를 기동동관과 분리한다.
⑤ 저장용기를 움직일 필요가 있을 때는 용기밸브의 안전핀 등 장착물은 반드시 장착되어 있어야 한다.
⑥ 전자밸브는 용기밸브에 접속하지 않은 상태에서 먼저 전원을 넣어 오동작이 없는가를 확인한 후 접속하여야 한다.
⑦ 보수, 점검 중에는 관계자 이외에는 출입을 금하도록 하여야 한다.

★★☆☆☆

 문제03 불연성 가스계 소화설비의 가스압력식 기동방식 점검 시 오동작으로 가스 방출이 일어날 수 있다. 소화약제의 방출을 방지하기 위한 대책을 쓰시오.[점검 4회기출]

5 가스계 소화설비의 약제방출 없이 기동장치 작동시험 방법

1) 동작
① 제어반의 기동정지스위치 조작(정지 위치로)
② 제어반 내의 Timer 설정시간 확인(20초 이상)
③ 기동용기에 부착된 전자개방밸브에 안전핀을 삽입한 후 기동용기와 분리
④ 전자개방밸브에서 안전핀 제거
⑤ 제어반의 기동정지스위치 복구(기동 위치로)
⑥ 다음의 방법으로 기동장치(전자개방밸브) 시험
 ■ 방호구역 내의 A, B회로 동시 작동
 ■ 수동조작함의 누름스위치 조작
 ■ 제어반에서 해당 구역의 화재작동시험(동작시험)으로 A, B회로 작동
⑦ 음향장치의 작동과 설정시간 후 전자개방밸브의 동작 확인(파괴침의 튀어나옴을 확인)

2) 복구
① 제어반의 복구스위치를 조작
② 제어반이 정상적으로 복구 되었는지 1분 동안 확인(감지기 미복구로 인한 사고방지)
③ 제어반의 기동정지스위치 조작(정지 위치로)
④ 안전핀을 이용하여 전자개방밸브 복구(복구 시 소리가 나므로 확인)
⑤ 제어반의 기동정지스위치를 기동 위치로 하여 전자개방밸브의 미동작이 확인되면 기동정지스위치를 다시 조작(정지 위치로)
⑥ 전자개방밸브에 안전핀을 삽입하여 기동용기와 접속
⑦ 제어반의 정상 상태 확인 후 기동정지스위치 복구(기동 위치로)
⑧ 전자개방밸브에서 안전핀 제거

★★★★☆

 문제04 이산화탄소 소화설비 점검 중 소화약제의 방출 없이 기동장치의 작동시험을 행하는 방법(동작 및 복구)에 대하여 기술하시오.

6 GAS계 소화설비의 안전관리 상 문제점

① 수동기동장치를 장난이나 범죄 목적으로 사용 시 인명사고 발생 가능
  - 설치 목적상 소방시설은 누구나 쉽게 사용할 수 있도록 하고 있음(수동조작반의 위치를 0.8~1.5 m의 높이에 부착)
② 불특정다수인이 출입하는 시설의 경우 가스 방출 전 대피시간이 촉박
  - 가스 방출 전에 경고사이렌이 울리고 통상 20~30초 정도의 대피시간 부여로 실질적 대피시간의 촉박
③ 가스계 소화설비의 특성에 관한 건물관계자의 지식 부족
  - 소화성능 및 인체 유해성 등에 관한 전문 지식 부족으로 유사시 적절한 대응에 실패
④ 가스계 소화약제 방출 시 연무현상으로 인한 정상대피 곤란
⑤ 화재감지기의 오동작을 우려하여 자동기동장치를 수동으로 전환
  - 화재 시 감지기 작동에 의한 소화설비의 자동 기동이 곤란
  - 관리인 부재 중 화재 발생 시에는 초기소화에 실패

★★☆☆☆

 문제05 GAS계 소화설비의 안전관리 상 문제점 5가지를 쓰시오.

7 GAS계 소화설비의 유사시 대처요령

1) 화재경보(싸이렌 등)가 울리면 가스방출구역 밖으로 신속 대피
2) 안전요원 또는 관계자는 침착·신속하게 가스 방출구역 내 사람들을 안전지역으로 대피유도
3) 안전요원 및 관계자는 가스 방출구역 내 사람이 모두 대피한 것을 확인 후 가스 방출구역을 폐쇄하고 마지막으로 대피
4) 미처 대피치 못한 상태에서 가스가 방출될 경우
  ① 손수건 등으로 입과 코를 막고 최대한 몸을 구부리고 신속히 탈출
  ② 안전요원은 보호장구를 착용하고, 신속 인명 대피 유도
  ③ 안전요원은 가스 방출구역 내 사람이 모두 대피한 것을 확인 후 마지막으로 대피

8 GAS계 소화설비의 안전관리 방안

① 수동조작반 "경고문" 부착 및 부착위치 상향조정
  - 어린이 등의 손이 잘 닿지 않는 위치에 상향 설치하여 어린이 장난 등에 의한 방출사고 방지
② 비화재 경보 방지 개선
  - 잦은 비화재 경보로 수신기의 스위치를 OFF상태로 관리함으로서 실제 화재의 자동 감지 및 작동 불능 상태
  - 비화재 경보 발생을 방지하기 위해 감지기를 복합형, 축적형 등으로 교체
  - 수신기에 비화재 경보 방지장치의 설치
③ 약제 방출 전 피난 대기 시간 연장 조정
  - 방출구역 내에서 외부로 다중의 피난에 충분한 시간을 주기 위함.
  - 현 지연시간(대부분 약 20초~30초)을 수용인원이 만원인 상태를 가상하여 실제 측정한 후 판단, 연장 조정
④ 다중이 이용하는 시간 중 순찰 강화
  - 화재 시 누구나 사용할 수 있는 수동기동장치를 장난 또는 범죄 목적 등으로 사용할 수 있는 소지를 미연에 차단
⑤ 어린이 단체 관람 시 안전요원 고정 배치·유사시 대처 요령 사전 교육
  - 어린이들의 행동 특성상 장난 등으로 인한 수동조작스위치를 누를 가능성이 많고 유사 시 대처 능력이 떨어지므로 안전요원을 고정 배치하여 신속하고 안전하게 대처
  - 관람 전에 어린이, 교사, 학부모에 대해서는 유사 시 대처 요령 교육
⑥ 인명대피 및 구조용 산소(공기)호흡기 등 비치
  - 유사 시 신속 대피 유도 및 대처를 위한 인명 대피·구조용 산소(공기)호흡기, 확성기 등을 비치

★★☆☆☆

문제06 GAS계 소화설비의 안전관리 방안 6가지를 쓰시오.

제6장 할로겐화합물 및 불활성기체 소화설비의 점검

1 불활성가스 청정소화약제 저장용기의 점검방법 및 판정기준

1) 점검방법
압력측정방법 – 용기밸브의 고압용 게이지를 확인하여 저장용기 내부의 압력을 측정

2) 판정방법
저장용기의 압력손실이 5%를 초과할 경우 재충전하거나 저장용기를 교체할 것

2 할로겐화합물 청정소화약제 저장용기의 점검방법 및 판정기준

1) 점검방법
액위측정방법 – 액면계(액화가스레벨메타)를 사용하여 행하는 방법
① 액면계의 전원스위치를 넣고 전압을 체크한다.
② 용기는 통상의 상태 그대로 하고 액면계 탐침(Probe)과 방사선원(코발트60) 간에 용기를 끼워 넣듯이 삽입한다.
③ 액면계의 검출부를 조심하여 상하방향으로 이동시켜 메타 지침의 흔들림이 크게 다른 부분을 발견하여 그 위치가 용기의 바닥에서 얼마만큼의 높이인가를 측정한다.
④ 액면의 높이와 약제량과의 환산은 전용의 환산척을 이용한다.

2) 판정방법
저장용기의 약제량 손실이 5%를 초과하거나 압력손실이 10%를 초과할 경우에는 재충전하거나 저장용기를 교체할 것

3 기동용 가스용기의 약제량(가스량) 점검방법 및 판정기준

1) 점검방법
중량측정방법 – 검량계를 사용하여 행하는 방법〈이산화탄소를 사용하는 경우〉
① 용기밸브에 설치되어 있는 용기밸브 개방장치, 조작관 등을 떼어낸다.
② 검량계를 이용하여 기동용기의 중량을 측정한다.
③ 약제량은 측정값에서 용기밸브 및 용기의 중량을 뺀 값이다.

2) 판정방법
기동용기의 약제량이 0.6 kg 미만일 경우에는 재충전하거나 기동용기를 교체할 것

★★★★☆

 문제01 불활성가스 청정소화약제 저장용기, 할로겐화합물 청정소화약제 저장용기 및 기동용 가스용기에 대하여 가스량 점검방법 및 판정기준을 각각 쓰시오.[점검6회기출]

제7장 자동화재탐지설비의 점검

1 P형1급 수신기의 기능시험

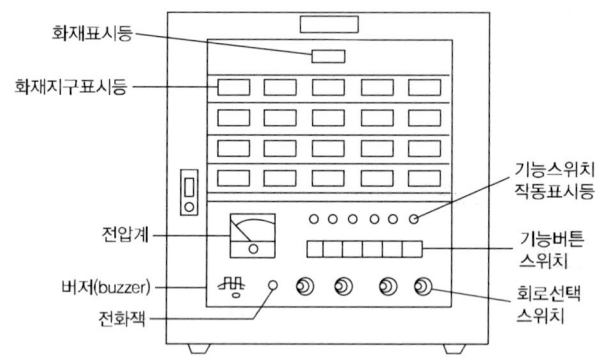

(1) **회로도통시험**

1) **목적**

   감지기회로의 단선유무와 기기 등의 접속 상황을 확인한다.

2) **시험방법**

   ① 회로도통시험스위치를 시험의 위치에 놓는다.
   ② 회로선택스위치를 차례로 회전시킨다.

3) **가부판정의 기준**

   단선 여부를 표시등 또는 전압계로 확인한다.

(2) **공통선시험**

1) **목적**

   공통선이 담당하고 있는 경계구역의 적정 여부를 확인한다.

2) **시험방법**

   ① 수신기 내 접속단자의 공통선을 1선 제거한다.
   ② 회로도통시험을 한다(회로도통시험스위치를 시험의 위치에 놓는다. 회로선택스위치를 차례로 회전시킨다).
   ③ 시험용 계기의 지시등이 단선을 지시한 경계구역의 회선을 조사한다.

3) **가부판정의 기준**

   단선을 지시한 경계구역의 회선을 조사하여, 공통선이 담당하고 있는 경계구역의 수가 7 이하이면 정상

(3) 화재표시 작동시험

1) 목적

화재 시 수신기의 화재표시등, 지구표시등, 주경종, 지구경종의 작동 상태를 확인

2) 시험방법

① 화재표시 작동시험스위치를 시험의 위치에 놓는다.
② 회로선택스위치를 차례로 회전시킨다.
③ 자동복구스위치를 누르거나, 복구스위치를 회로별로 눌러주면서 테스트한다.

3) 가부판정의 기준

수신기의 화재표시등, 지구표시등, 주경종, 지구경종의 작동 여부를 확인한다.

(4) 동시작동시험

1) 목적

감지기가 동시에 수회선 동작하더라도 수신기의 기능에 이상이 없는가를 확인한다.

2) 시험방법

① 화재표시 작동시험스위치를 시험의 위치에 놓는다.
② 회로선택스위치를 차례로 회전시킨다.
③ 복구시킴 없이 5회선을 동시에 작동시킨다.

3) 가부판정의 기준

5회선을 동시에 작동시켰을 때 화재표시등, 지구표시등, 주경종, 지구경종의 작동 여부를 확인한다.

(5) 저전압시험

1) 목적

정격전압의 80% 이하로 저하한 경우에, 수신기의 화재표시등, 지구표시등, 주경종, 지구경종의 작동 상태를 확인

2) 시험방법

① 자동화재탐지설비용 전압시험기 또는 가변저항기 등을 사용하여 교류전원 전압을 정격전압의 80% 이하로 한다.
② 화재표시 작동시험스위치를 시험의 위치에 놓는다.
③ 회로선택스위치를 회전시킨다.

3) 가부판정의 기준

수신기의 화재표시등, 지구표시등, 주경종, 지구경종의 작동 여부를 확인한다.

(6) 회로저항시험
1) 목적
감지기회로의 1회선의 선로저항치가 수신기의 기능에 이상을 가져오는지의 여부 확인

2) 시험방법
① 저항계를 사용하여 감지기회로의 공통선과 표시선 사이의 전로에 대해 측정한다.
② 항상 개로식인 것에 있어서는 회로의 말단 상태를 도통 상태로 하여 측정한다.

3) 가부판정의 기준
하나의 감지기 회로의 합성저항치가 50[Ω] 이하일 것

(7) 지구음향장치의 작동시험
1) 목적
감지기의 작동과 연동하여 당해 지구음향장치가 정상적으로 작동하는지의 여부 확인

2) 시험방법
임의의 감지기 또는 발신기를 작동시킨다.

3) 가부판정의 기준
당해 지구음향장치가 작동하고 음량이 정상일 것

(8) 예비전원시험
1) 목적
상용전원이 사고 등으로 정전된 경우, 자동적으로 예비전원으로 절환되며 또한 정전 복구 시에 자동적으로 일반 상용전원으로 전환되는지의 여부를 확인한다.

2) 시험방법
예비전원시험스위치를 시험의 위치에 놓는다.

3) 가부판정의 기준
상용전원에서 예비전원으로의 전환 여부 및 전압의 정상 여부(24V) 확인

(9) 비상전원시험
1) 목적
상용전원이 정전되었을 때 자동적으로 비상전원으로 전환되며 정전 복구 시에는 자동적으로 상용전원으로 복구되는지의 여부를 다음에 따라 확인할 것

2) 시험방법
① 비상전원으로 축전지설비를 사용하는 것에 대하여 행한다.
② 충전용 전원을 개로의 상태로 하고 전압계의 지시치가 적정한가를 확인한다.
③ 화재표시작동시험에 준하여 시험한 경우 전압계의 지시치가 정격전압의 80% 이상임을 확인한다.

3) 가부판정의 기준

비상전원의 전압, 용량, 전환 여부, 복구 작동 등이 정상이어야 한다.

(10) 절연저항시험

1) **사용하는 측정기**

   직류 250V의 절연저항측정기

2) **시험방법**

   감지기회로 및 부속기기회로

   ① 기기를 부착시키기 전에 측정할 때 : 감지기 및 부속기기를 접속하지 않은 상태에서 배선 상호간을 측정할 것
   ② 기기를 부착시킨 후에 측정할 때 : 부하를 전체적으로 일괄한 경우에 배선과 대지 사이를 측정할 것

   ★★★☆☆

> 문제01 자동화재탐지설비용 수신기의 화재표시작동시험, 회로도통시험, 공통선시험, 예비전원시험, 동시작동시험, 저전압시험 및 회로저항시험의 시험방법과 가부판정기준에 대하여 기술하시오.[점검2회기출][점검6회기출]

2 차동식 분포형 공기관식 감지기의 점검

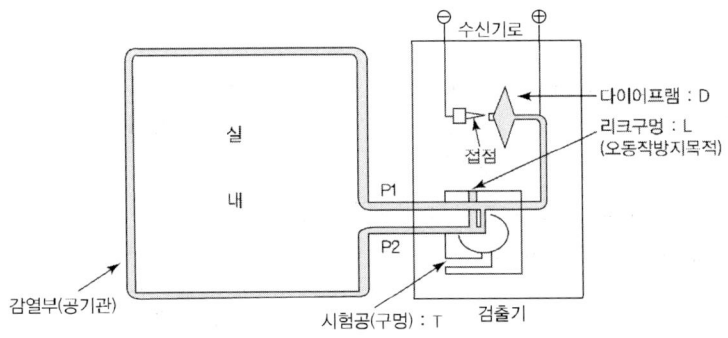

[공기관식 차동식 분포형 감지기의 구조]

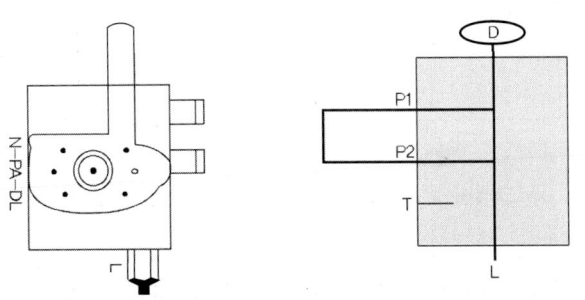

[코크레버의 위치(평상시)]   [공기유통경로(평상시)]

명칭	기능
N	평상시 상태로 P1, P2, L이 유통 상태이다(화재감시 상태).
P·A	동작 시험 시 조작하여 P1, P2, L, T가 유통 상태가 된다.
D·L	검출부의 성능 시험 시 사용
P1 및 P2	공기관의 한쪽 끝을 연결하는 단자
T	작동시험을 위하여 테스트펌프를 접속하는 단자
L	오동작 방지를 위하여 적은 량의 팽창공기를 누설한다.

(1) 화재작동시험(공기주입시험)

감지기의 작동 공기압에 상당하는 공기량을 공기주입시험기(5cc용)에 의하여 투입하여 작동하기까지의 시간 및 경계구역의 표시가 적정한가의 여부를 확인할 것

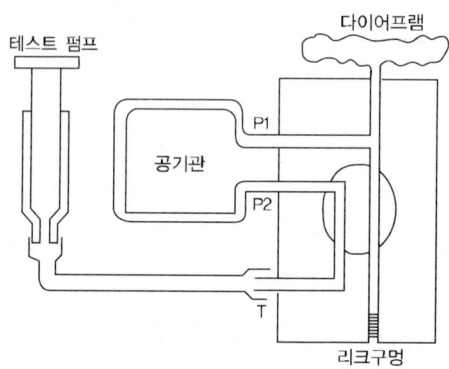

1) 시험 방법

① 검출부의 시험구멍에 공기주입시험기를 접속한다.
② 코크레버(시험코크)를 조작해서 시험 위치(중단)에 조정한다.
③ 검출부에 표시되어 있는 공기량을 공기관에 투입한다.
④ 공기를 투입하고 나서 작동하기까지의 시간을 측정한다.
⑤ 측정이 끝나면 코크레버를 평상시 상태인 상단에 위치시킨다.

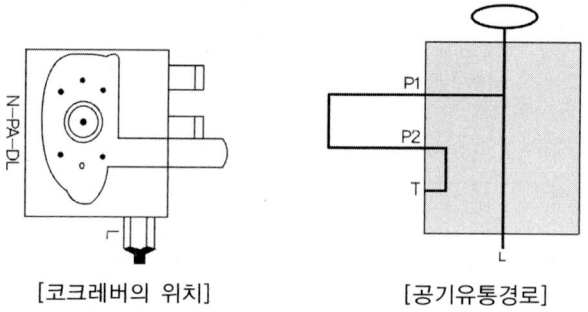

[코크레버의 위치]   [공기유통경로]

2) 판정 방법

① 작동시간은 검출부에 첨부되어 있는 제원표에 의한 범위 이내일 것
② 경계구역의 표시가 적정할 것

※제원표

공기관 길이(m)	공기 주입량(cc)	시간(sec)	
		작동개시시간	작동계속시간
20~40	1.0	0~4	2~30
40~60	1.2	1~6	4~42
60~80	1.5	1~10	6~56
80~100	1.8	2~15	8~72

 ※작동 개시 시간

1) 작동 개시 시간이 기준치 이상일 경우
   ① 리크저항치가 규정치보다 작다.
   ② 접점수고 값이 규정치보다 높다.
   ③ 공기관의 누설
   ④ 공기관의 길이가 너무 길다.
   ⑤ 공기관 접점의 접촉 불량

2) 작동 개시 시간이 기준치 미달인 경우
   ① 리크저항치가 규정치보다 크다.
   ② 접점수고 값이 규정치보다 낮다.
   ③ 공기관의 길이가 주입량에 비해 짧다.
   ④ 공기관의 폐쇄, 변형

★★★☆☆

 문제02 차동식 분포형 공기관식 감지기의 점검 중 화재작동시험(공기주입시험)의 목적, 시험방법, 판정방법 및 작동 개시 시간이 기준치 이상일 경우와 기준치 미달일 경우의 원인에 대하여 기술하시오.

(2) 작동계속시간시험

작동계속시간이란 화재작동시험(공기주입시험)에 의해 감지기가 작동한 때부터 접점이 분리될 때까지의 시간이다. 작동계속시간시험이란 작동계속시간을 측정하는 것으로서 감지기가 작동하여 접점이 형성된 후 일정 시간 작동이 계속되는지의 여부를 시험한다.

1) 시험 방법
① 수신기에서 자동복구 상태로 놓는다.
② 화재작동시험에 의하여 감지기가 작동할 때부터 복구할 때까지의 시간을 측정한다.
③ 측정이 끝나면 코크레버를 평상시 상태인 상단에 위치시킨다.

2) 판정 방법
감지기의 작동계속시간의 정상 여부를 확인할 것(검출부에 첨부되어 있는 제원표에 의한 범위 내의 수치일 것)

> ※ 지속 시간
> 1) 지속 시간이 기준치 이상일 경우
>   ① 리크저항치가 규정치보다 크다.
>   ② 접점수고 값이 규정치보다 낮다.
>   ③ 공기관의 폐쇄, 변형
> 2) 지속 시간이 기준치 미달인 경우
>   ① 리크저항치가 규정치보다 작다.
>   ② 접점수고 값이 규정치보다 높다.
>   ③ 공기관의 누설

★★★☆☆

문제03 차동식 분포형 공기관식 감지기의 점검 중 작동계속시간시험의 목적, 시험방법, 판정방법 및 지속 시간이 기준치 이상일 경우와 기준치 미달일 경우의 원인에 대하여 기술하시오.[점검19회기출]

(3) 유통시험

공기관에 공기를 투입시켜 공기관의 누설, 변형, 막힘 등 공기관의 유통상태 및 공기관 길이의 적합 여부를 시험한다.

1) 시험 방법

① 검출기의 코크레버를 중앙에 위치시킨다.
② 검출부의 시험구멍 또는 공기관의 일단에 마노메타를 접속하고 다른 끝에 공기주입시험기를 접속한다.
③ 공기주입시험기로 공기를 투입하여 마노메타의 수위를 약 100㎜ 상승시켜 수위를 정지시킨다.
④ 코크레버를 이동(하단)시키는 등에 의하여 급기구를 열어 수위의 1/2(50㎜)까지 내려가는 시간(유통시간)을 측정한다.

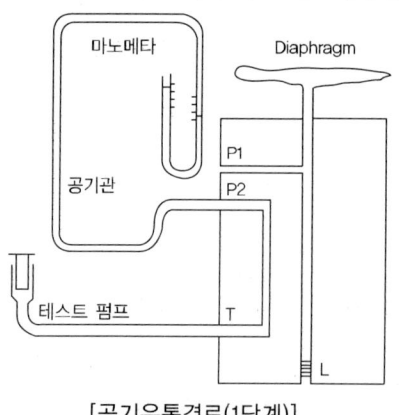
[공기유통경로(1단계)]

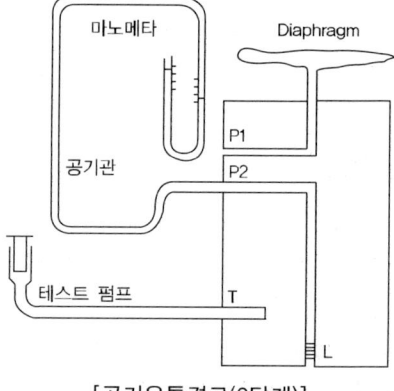
[공기유통경로(2단계)]

2) 판정 방법

공기관 길이에 대한 유통시간은 공기관 유통곡선에 표시되는 범위 내일 것

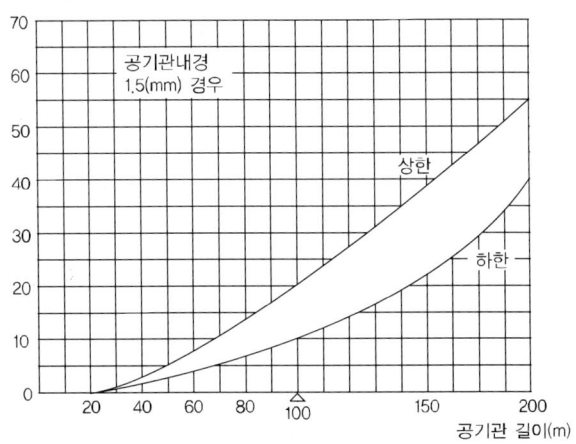

[공기관 길이에 따른 설정시간 그래프]

★★★☆☆

 문제04 차동식 분포형 공기관식 감지기의 점검 중 유통시험의 목적, 시험방법 및 판정방법에 대하여 기술하시오.

(4) 접점수고시험(다이아프램시험)

접점수고란 다이아프램의 접점 간격을 물의 높이(수고)로 나타낸 것이다. 접점수고 값이 낮으면 비화재보의 원인이 되며, 높으면 실보(失報)의 원인이 된다.

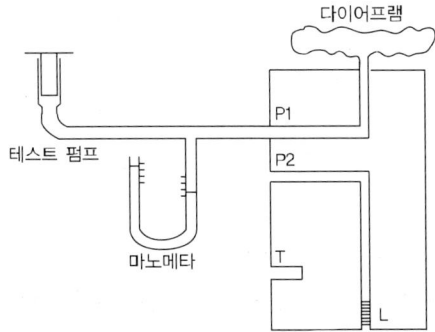

1) 시험 방법

① 검출기의 코크레버를 하단으로 위치시킨다.
② 검출기의 공기관 단자(P1)를 제거한 후 검출기에 마노미터와 공기주입시험기를 접속한다.
③ 공기주입시험기로 공기를 서서히 주입한다.
④ 접점이 붙는 순간의 수고 값을 측정하여 규정 값과 비교한다.

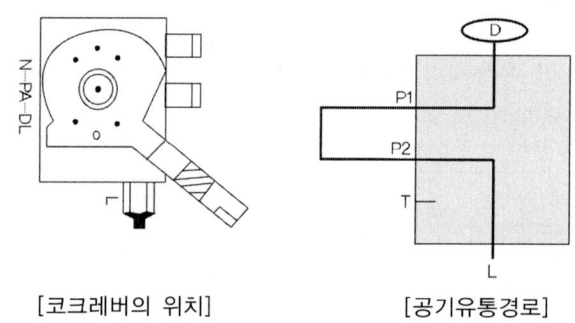

[코크레버의 위치]　　　　　　[공기유통경로]

2) 판정 방법
접점수고 값은 제조사의 사양을 참고하여 15 % 범위 내이면 적합한 것이다.

★★★☆☆

 문제05 차동식 분포형 공기관식 감지기의 점검 중 접점수고시험(다이아프램시험)의 목적, 시험방법 및 판정방법에 대하여 기술하시오.

(5) 리크저항시험
리크공(리크구멍)이 규정치보다 적어진 상태를 리크저항이 크다고 표현한다. 리크저항이 적으면 공기 누설량이 많게 되어 실보의 원인이 되며, 리크저항이 크면 누설량이 적게 되어 비화재보의 원인이 된다.

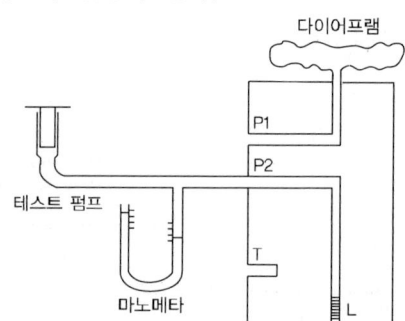

1) 시험 방법
① 검출기의 코크레버를 하단으로 위치시킨다.
② 검출기의 공기관 단자(P2)를 제거한 후 검출기에 마노미터와 공기주입시험기를 접속한다.
③ 공기주입시험기로 공기를 서서히 주입하여 마노미터의 수위를 100 ㎜로 한다.
④ 공기의 주입을 중단한 후 마노미터의 수위가 1/2(50 ㎜) 될 때까지의 시간을 측정한다.

2) 판정 방법
유통시험에서 측정한 수위 하강시간보다 짧아야 한다.

★★★☆☆

 문제06 차동식 분포형 공기관식 감지기의 점검 중 리크저항시험의 목적, 시험방법 및 판정방법에 대하여 기술하시오.

(6) 측정 시 주의사항
① 시험 후 코크레버의 위치는 평상시 상태(상단)에 위치시킨다.
② 마노미터에 사용되는 물이 검출기에 유입되지 않도록 주의한다.
③ 공기관의 길이에 따라서 규정된 공기 주입량을 준수하고 서서히 주입한다.

제8장 부속실 제연설비의 점검(특별피난계단의 계단실 및 부속실 제연설비)

1 시험, 측정 및 조정 등

(1) 제연설비는 설계목적에 적합한지 검토하고 제연설비의 성능과 관련된 건물의 모든 부분(건축설비를 포함한다)이 완성되는 시점에 맞추어 시험·측정 및 조정(이하 "시험 등"이라 한다)을 해야 한다.

(2) 제연설비의 시험 등은 다음 각 호의 기준에 따라 실시하여야 한다.

1) 제연구역의 모든 출입문 등의 크기와 열리는 방향이 설계 시와 동일한지 여부를 확인하고, 동일하지 아니한 경우 급기량과 보충량 등을 다시 산출하여 조정 가능 여부 또는 재설계·개수의 여부를 결정할 것

2) 〈삭제 2024. 4. 1.〉

3) 제연구역의 출입문 및 복도와 거실(옥내가 복도와 거실로 되어 있는 경우에 한한다) 사이의 출입문마다 제연설비가 작동하고 있지 아니한 상태에서 그 폐쇄력을 측정할 것

4) 층별로 화재감지기(수동기동장치를 포함한다)를 동작시켜 제연설비가 작동하는지 여부를 확인할 것. 다만, 둘 이상의 특정소방대상물이 지하에 설치된 주차장으로 연결되어 있는 경우에는 특정소방대상물의 화재감지기 및 주차장에서 하나의 특정소방대상물의 제연구역으로 들어가는 입구에 설치된 제연용 연기감지기의 작동에 따라 해당 특정소방대상물의 수직풍도에 연결된 모든 제연구역의 댐퍼가 개방되도록 하거나 해당 특정소방대상물을 포함한 둘 이상의 특정소방대상물의 모든 제연구역의 댐퍼가 개방되도록 하고 비상전원을 작동시켜 급기 및 배기용 송풍기의 성능이 정상인지 확인할 것

5) 제4호의 기준에 따라 제연설비가 작동하는 경우 다음 각 목의 기준에 따른 시험 등을 실시할 것

㉮ 부속실과 면하는 옥내 및 계단실의 출입문을 동시에 개방할 경우, 유입공기의 풍속이 규정에 따른 방연풍속에 적합한지 여부를 확인하고, 적합하지 아니한 경우에는 급기구의 개구율과 송풍기의 풍량조절댐퍼 등을 조정하여 적합하게 할 것. 이 경우 유입공기의 풍속은 출입문의 개방에 따른 개구부를 대칭적으로 균등 분할하는 10 이상의 지점에서 측정하는 풍속의 평균치로 할 것

※ 방연풍속 측정 위치도

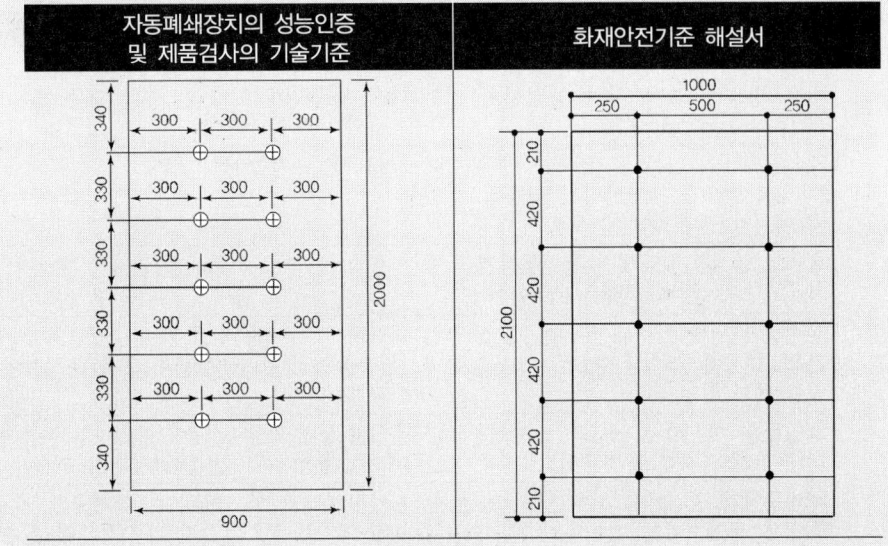

㉯ 가목에 따른 시험 등의 과정에서 출입문을 개방하지 않은 제연구역의 실제 차압이 기준에 적합한지 여부를 출입문 등에 차압측정공을 설치하고 이를 통하여 차압측정기구로 실측하여 확인·조정할 것

㉰ 제연구역의 출입문이 모두 닫혀 있는 상태에서 제연설비를 가동시킨 후 출입문의 개방에 필요한 힘을 측정하여 규정에 따른 개방력에 적합한지 여부를 확인하고, 적합하지 아니한 경우에는 급기구의 개구율 조정 및 플랩댐퍼(설치하는 경우에 한한다)와 풍량조절용댐퍼 등의 조정에 따라 적합하도록 조치할 것. 이때 제연구역의 출입문과 면하는 옥내에 거실제연설비가 설치된 경우에는 이 기준에 따른 제연설비와 해당 거실제연설비를 동시에 작동시킨 상태에서 출입문의 개방력을 측정할 것

㉱ 가목의 기준에 따른 시험 등의 과정에서 부속실의 개방된 출입문이 자동으로 완전히 닫히는지 여부를 확인하고, 닫힌 상태를 유지할 수 있도록 조정할 것

★★★★☆

문제01 하나의 특정소방대상물에 특별피난계단의 계단실 및 부속실 제연설비를 화재안전기준(NFSC 501A)에 의하여 설치한 경우 "시험, 측정 및 조정 등"에 관한 "제연설비 시험 등의 실시 기준"을 모두 쓰시오. [점검18회기출]

> ※ 부속실 가압제연설비의 성능검사 및 조정방법

성능검사	조정방법
제연구역의 모든 출입문 등의 크기와 열리는 방향이 설계 시와 동일한지 여부 확인	동일하지 아니한 경우 급기량과 보충량 등을 다시 산출하여 조정가능 여부 또는 재설계·개수의 여부를 결정할 것
제연구역의 출입문 및 복도와 거실 사이의 출입문마다 제연설비가 작동하고 있지 아니한 상태에서 그 폐쇄력 측정	폐쇄력을 조정할 것
층별로 화재감지기 및 수동기동장치를 동작시켜 제연설비의 작동 여부 확인	작동할 수 있도록 조치할 것
부속실과 면하는 옥내 및 계단실의 출입문을 동시에 개방할 경우, 방연풍속의 적합 여부 확인	적합하지 아니한 경우에는 급기구의 개구율과 송풍기의 풍량조절댐퍼 등을 조정하여 적합하게 할 것
출입문을 개방하지 아니하는 제연구역의 실제 차압의 적합 여부 확인	출입문 등에 차압측정공을 설치하고 이를 통하여 차압측정기구로 실측하여 확인·조정할 것
제연구역의 출입문이 모두 닫혀 있는 상태에서 제연설비를 가동시킨 후 출입문의 개방력 적합 여부 확인	적합하지 아니한 경우에는 급기구의 개구율 조정 및 플랩댐퍼(설치하는 경우에 한한다)와 풍량조절용 댐퍼 등의 조정에 따라 적합하도록 조치할 것
부속실의 개방된 출입문이 자동으로 완전히 닫히는지 여부 확인	닫힌 상태를 유지할 수 있도록 조정할 것

2 방연풍속

(1) 측정방법

1) 부속실과 면하는 옥내 및 계단실의 출입문을 개방시켜 놓는다.
   - 부속실이 20개 이하이면 1개 층 개방
   - 부속실이 20개 초과이면 2개 층 개방
2) 풍속풍압계를 세팅하여 방연풍속 측정 준비
3) 화재감지기 또는 댐퍼의 수동조작스위치를 동작시킨다.
   - 댐퍼 기동 확인
   - 급기팬 기동 확인
4) 방연풍속을 측정한다.
   - 측정장소 : 부속실과 옥내 사이의 출입문
   - 방연풍속 측정위치 : 출입문 개방에 의한 개구부를 대칭적으로 균등분할하는 10 이상의 지점에 검출부의 점표시가 바람 방향과 직각이 되도록 검출부를 대고 풍속을 측정하여 평균치를 산출한다.

(2) 판정기준

방연풍속은 제연구역의 선정방식에 따라 다음 표의 기준에 따라야 한다.

제연구역		방연풍속
계단실 및 그 부속실을 동시에 제연하는 것 또는 계단실만 단독으로 제연하는 것		0.5 ㎧ 이상
부속실만 단독으로 제연하는 것 또는 비상용승강기의 승강장만 단독으로 제연하는 것	부속실 또는 승강장이 면하는 옥내가 거실인 경우	0.7 ㎧ 이상
	부속실 또는 승강장이 면하는 옥내가 복도로서 그 구조가 방화구조(내화시간이 30분 이상인 구조를 포함한다)인 것	0.5 ㎧ 이상

★★★★☆

 문제02 부속실 제연설비의 점검 중 방연풍속의 측정방법에 대하여 기술하시오.

■ 긍정적인 사람은 항상 희망적이다.

긍정적인 사람들은 '나는 할 수 있어!', '잘 해낼 거야!'라고 생각한다.
그런 자신감은 에너지를 샘솟게 하고 안 될 일도 되게 한다.
그들은 항상 가능성을 보고 더 노력하기 때문에 부정적인 사람보다 앞서갈 수밖에 없다.
긍정적인 사람은 인생이라는 경기를 시작할 때부터 100미터 정도의 보너스를 미리 받는 셈이다.

― 전신애 ―

소방기술사나 소방시설관리사의 시험에서도 긍정적인 것이 큰 힘이 될 수 있습니다.
'시험이 쉬울 거야!'
'합격할 것이다.'
'나의 능력을 충분히 발휘할 수 있을 거야!'
'나는 항상 시험을 잘 본다.'

― 이기덕 원장 ―

02 소방관계법령

제1장 건축법 시행령
제2장 건축물의 설비기준 등에 관한 규칙
제3장 건축물의 피난·방화구조 등의 기준에 관한 규칙
제4장 초고층 및 지하연계 복합건축물 재난관리에 관한 특별법
제5장 초고층 및 지하연계 복합건축물 재난관리에 관한 특별법 시행령
제6장 초고층 및 지하연계 복합건축물 재난관리에 관한 특별법 시행규칙
제7장 소방시설공사업법 시행령
제8장 다중이용업소의 안전관리에 관한 특별법
제9장 다중이용업소의 안전관리에 관한 특별법 시행령
제10장 다중이용업소의 안전관리에 관한 특별법 시행규칙
제11장 소방시설 설치 및 관리에 관한 법률
제12장 화재예방, 소방시설 설치·유지 및 안전관리에 관한 법률 시행령
제13장 화재예방, 소방시설 설치·유지 및 안전관리에 관한 법률 시행규칙

제1장 건축법 시행령

[시행 2024. 5. 17.] [대통령령 제34491호, 2024. 5. 7., 타법개정]

제35조(피난계단의 설치)

① 법 제49조제1항에 따라 5층 이상 또는 지하 2층 이하인 층에 설치하는 직통계단은 국토교통부령으로 정하는 기준에 따라 피난계단 또는 특별피난계단으로 설치하여야 한다. 다만, 건축물의 주요구조부가 내화구조 또는 불연재료로 되어 있는 경우로서 다음 각 호의 어느 하나에 해당하는 경우에는 그러하지 아니하다.
  1. 5층 이상인 층의 바닥면적의 합계가 200제곱미터 이하인 경우
  2. 5층 이상인 층의 바닥면적 200제곱미터 이내마다 방화구획이 되어 있는 경우
② 건축물(갓복도식 공동주택은 제외한다)의 11층(공동주택의 경우에는 16층) 이상인 층(바닥면적이 400제곱미터 미만인 층은 제외한다) 또는 지하 3층 이하인 층(바닥면적이 400제곱미터미만인 층은 제외한다)으로부터 피난층 또는 지상으로 통하는 직통계단은 제1항에도 불구하고 특별피난계단으로 설치하여야 한다.
③ 제1항에서 판매시설의 용도로 쓰는 층으로부터의 직통계단은 그 중 1개소 이상을 특별피난계단으로 설치하여야 한다.
④ 건축물의 5층 이상인 층으로서 문화 및 집회시설 중 전시장 또는 동·식물원, 판매시설, 운수시설(여객용 시설만 해당한다), 운동시설, 위락시설, 관광휴게시설(다중이 이용하는 시설만 해당한다) 또는 수련시설 중 생활권 수련시설의 용도로 쓰는 층에는 제34조에 따른 직통계단 외에 그 층의 해당 용도로 쓰는 바닥면적의 합계가 2천 제곱미터를 넘는 경우에는 그 넘는 2천 제곱미터 이내마다 1개소의 피난계단 또는 특별피난계단(4층 이하의 층에는 쓰지 아니하는 피난계단 또는 특별피난계단만 해당한다)을 설치하여야 한다.

★☆☆☆☆

 문제01 특별피난계단으로 설치하여야 할 직통계단을 쓰시오.

제36조(옥외 피난계단의 설치)

건축물의 3층 이상인 층(피난층은 제외한다)으로서 다음 각 호의 어느 하나에 해당하는 용도로 쓰는 층에는 제34조에 따른 직통계단 외에 그 층으로부터 지상으로 통하는 옥외피난계단을 따로 설치하여야 한다.
1. 제2종 근린생활시설 중 공연장(해당 용도로 쓰는 바닥면적의 합계가 300제곱미터 이상인 경우만 해당한다), 문화 및 집회시설 중 공연장이나 위락시설 중 주점영업의 용도로 쓰는 층으로서 그 층 거실의 바닥면적의 합계가 300제곱미터 이상인 것
2. 문화 및 집회시설 중 집회장의 용도로 쓰는 층으로서 그 층 거실의 바닥면적의 합계가 1천 제곱미터 이상인 것

제37조(지하층과 피난층 사이의 개방공간 설치)

바닥면적의 합계가 3천 제곱미터 이상인 공연장·집회장·관람장 또는 전시장을 지하층에 설치하는 경우에는 각 실에 있는 자가 지하층 각 층에서 건축물 밖으로 피난하여 옥외 계

단 또는 경사로 등을 이용하여 피난층으로 대피할 수 있도록 천장이 개방된 외부 공간을 설치하여야 한다.

제38조(관람실 등으로부터의 출구 설치)
법 제49조제1항에 따라 다음 각 호의 어느 하나에 해당하는 건축물에는 국토교통부령으로 정하는 기준에 따라 관람실 또는 집회실로부터의 출구를 설치해야 한다.
1. 제2종 근린생활시설 중 공연장·종교집회장(해당 용도로 쓰는 바닥면적의 합계가 각각 300제곱미터 이상인 경우만 해당한다)
2. 문화 및 집회시설(전시장 및 동·식물원은 제외한다)
3. 종교시설
4. 위락시설
5. 장례시설

제39조(건축물 바깥쪽으로의 출구 설치)
① 법 제49조제1항에 따라 다음 각 호의 어느 하나에 해당하는 건축물에는 국토교통부령으로 정하는 기준에 따라 그 건축물로부터 바깥쪽으로 나가는 출구를 설치하여야 한다.
1. 제2종 근린생활시설 중 공연장·종교집회장·인터넷컴퓨터게임시설제공업소(해당 용도로 쓰는 바닥면적의 합계가 각각 300제곱미터 이상인 경우만 해당한다)
2. 문화 및 집회시설(전시장 및 동·식물원은 제외한다)
3. 종교시설
4. 판매시설
5. 업무시설 중 국가 또는 지방자치단체의 청사
6. 위락시설
7. 연면적이 5천 제곱미터 이상인 창고시설
8. 교육연구시설 중 학교
9. 장례시설
10. 승강기를 설치하여야 하는 건축물

② 법 제49조제1항에 따라 건축물의 출입구에 설치하는 회전문은 국토교통부령으로 정하는 기준에 적합하여야 한다.

제40조(옥상광장 등의 설치)
① 옥상광장 또는 2층 이상인 층에 있는 노대 등(노대나 그 밖에 이와 비슷한 것을 말한다)의 주위에는 높이 1.2미터 이상의 난간을 설치하여야 한다. 다만, 그 노대 등에 출입할 수 없는 구조인 경우에는 그러하지 아니하다.
② 5층 이상인 층이 제2종 근린생활시설 중 공연장·종교집회장·인터넷컴퓨터게임시설제공업소(해당 용도로 쓰는 바닥면적의 합계가 각각 300제곱미터 이상인 경우만 해당한다), 문화 및 집회시설(전시장 및 동·식물원은 제외한다), 종교시설, 판매시설, 위락시설 중 주점영업 또는 장례시설의 용도로 쓰는 경우에는 피난 용도로 쓸 수 있는 광장을 옥상에 설치하여야 한다.
③ 층수가 11층 이상인 건축물로서 11층 이상인 층의 바닥면적의 합계가 1만 제곱미터 이상인 건축물의 옥상에는 다음 각 호의 구분에 따른 공간을 확보하여야 한다.
1. 건축물의 지붕을 평지붕으로 하는 경우 : 헬리포트를 설치하거나 헬리콥터를 통하여 인명 등을 구조할 수 있는 공간

2. 건축물의 지붕을 경사지붕으로 하는 경우 : 경사지붕 아래에 설치하는 대피공간
④ 제3항에 따른 헬리포트를 설치하거나 헬리콥터를 통하여 인명 등을 구조할 수 있는 공간 및 경사지붕 아래에 설치하는 대피공간의 설치기준은 국토교통부령으로 정한다.

제41조(대지 안의 피난 및 소화에 필요한 통로 설치)

① 건축물의 대지 안에는 그 건축물 바깥쪽으로 통하는 주된 출구와 지상으로 통하는 피난계단 및 특별피난계단으로부터 도로 또는 공지(공원, 광장, 그 밖에 이와 비슷한 것으로서 피난 및 소화를 위하여 해당 대지의 출입에 지장이 없는 것을 말한다)로 통하는 통로를 다음 각 호의 기준에 따라 설치하여야 한다.
  1. 통로의 너비는 다음 각 목의 구분에 따른 기준에 따라 확보할 것
     가. 단독주택 : 유효 너비 0.9미터 이상
     나. 바닥면적의 합계가 500제곱미터 이상인 문화 및 집회시설, 종교시설, 의료시설, 위락시설 또는 장례시설 : 유효 너비 3미터 이상
     다. 그 밖의 용도로 쓰는 건축물 : 유효 너비 1.5미터 이상
  2. 필로티 내 통로의 길이가 2미터 이상인 경우에는 피난 및 소화활동에 장애가 발생하지 아니하도록 자동차 진입억제용 말뚝 등 통로 보호시설을 설치하거나 통로에 단차(段差)를 둘 것
② 제1항에도 불구하고 다중이용 건축물, 준다중이용 건축물 또는 층수가 11층 이상인 건축물이 건축되는 대지에는 그 안의 모든 다중이용 건축물, 준다중이용 건축물 또는 층수가 11층 이상인 건축물에 「소방기본법」 제21조에 따른 소방자동차(이하 "소방자동차"라 한다)의 접근이 가능한 통로를 설치하여야 한다. 다만, 모든 다중이용 건축물, 준다중이용 건축물 또는 층수가 11층 이상인 건축물이 소방자동차의 접근이 가능한 도로 또는 공지에 직접 접하여 건축되는 경우로서 소방자동차가 도로 또는 공지에서 직접 소방활동이 가능한 경우에는 그러하지 아니하다.

★☆☆☆☆

문제02 건축물의 대지 안에는 그 건축물 바깥쪽으로 통하는 주된 출구와 지상으로 통하는 피난계단 및 특별피난계단으로부터 도로 또는 공지(공원, 광장, 그 밖에 이와 비슷한 것으로서 피난 및 소화를 위하여 해당 대지의 출입에 지장이 없는 것)로 통하는 통로를 건축법 시행령 제41조의 기준에 따라 설치하여야 한다. 다음의 건축물에 대한 적법한 기준을 쓰시오.
  1. 단독주택 :
  2. 바닥면적의 합계가 500제곱미터 이상인 문화 및 집회시설, 종교시설, 의료시설, 위락시설 또는 장례식장 :
  3. 그 밖의 용도로 쓰는 건축물 :

제46조(방화구획의 설치)

① 법 제49조제2항에 따라 주요구조부가 내화구조 또는 불연재료로 된 건축물로서 연면적이 1천 제곱미터를 넘는 것은 국토교통부령으로 정하는 기준에 따라 다음 각 호의 구조물로 구획(이하 "방화구획"이라 한다)을 해야 한다.
  1. 내화구조로 된 바닥 및 벽

2. 제64조제1항제1호·제2호에 따른 방화문 또는 자동방화셔터(국토교통부령으로 정하는 기준에 적합한 것을 말한다)

★★☆☆☆

문제03 건축법 시행령 제46조(방화구획의 설치)에서 다음 ( ) 안에 들어갈 내용을 쓰시오.
(①)가 내화구조 또는 불연재료로 된 건축물로서 연면적이 (②)를 넘는 것은 국토교통부령으로 정하는 기준에 따라 방화구획을 해야 한다.

② 다음 각 호에 해당하는 건축물의 부분에는 제1항을 적용하지 않거나 그 사용에 지장이 없는 범위에서 제1항을 완화하여 적용할 수 있다.
  1. 문화 및 집회시설(동·식물원은 제외한다), 종교시설, 운동시설 또는 장례시설의 용도로 쓰는 거실로서 시선 및 활동공간의 확보를 위하여 불가피한 부분
  2. 물품의 제조·가공 및 운반 등(보관은 제외한다)에 필요한 고정식 대형 기기(器機) 또는 설비의 설치를 위하여 불가피한 부분. 다만, 지하층인 경우에는 지하층의 외벽 한쪽 면(지하층의 바닥면에서 지상층 바닥 아래면까지의 외벽 면적 중 4분의 1 이상이 되는 면을 말한다) 전체가 건물 밖으로 개방되어 보행과 자동차의 진입·출입이 가능한 경우로 한정한다.
  3. 계단실·복도 또는 승강기의 승강장 및 승강로로서 그 건축물의 다른 부분과 방화구획으로 구획된 부분. 다만, 해당 부분에 위치하는 설비배관 등이 바닥을 관통하는 부분은 제외한다.
  4. 건축물의 최상층 또는 피난층으로서 대규모 회의장·강당·스카이라운지·로비 또는 피난안전구역 등의 용도로 쓰는 부분으로서 그 용도로 사용하기 위하여 불가피한 부분
  5. 복층형 공동주택의 세대별 층간 바닥 부분
  6. 주요구조부가 내화구조 또는 불연재료로 된 주차장
  7. 단독주택, 동물 및 식물 관련 시설 또는 국방·군사시설(집회, 체육, 창고 등의 용도로 사용되는 시설만 해당한다)로 쓰는 건축물
  8. 건축물의 1층과 2층의 일부를 동일한 용도로 사용하며 그 건축물의 다른 부분과 방화구획으로 구획된 부분(바닥면적의 합계가 500제곱미터 이하인 경우로 한정한다)

★★★★☆

문제04 방화구획 대상건축물에 방화구획을 적용하지 아니하거나 그 사용에 지장이 없는 범위에서 방화구획을 완화하여 적용할 수 있는 경우 7가지를 쓰시오.[점검17회기출]

③ 건축물 일부의 주요구조부를 내화구조로 하거나 제2항에 따라 건축물의 일부에 제1항을 완화하여 적용한 경우에는 내화구조로 한 부분 또는 제1항을 완화하여 적용한 부분과 그 밖의 부분을 방화구획으로 구획하여야 한다.
④ 공동주택 중 아파트로서 4층 이상인 층의 각 세대가 2개 이상의 직통계단을 사용할 수 없는 경우에는 발코니에 인접 세대와 공동으로 또는 각 세대별로 다음 각 호의 요건을 모두 갖춘 대피공간을 하나 이상 설치해야 한다. 이 경우 인접 세대와 공동으로 설치하는 대피공간은 인접 세대를 통하여 2개 이상의 직통계단을 쓸 수 있는 위치에 우선 설치되어야 한다.
  1. 대피공간은 바깥의 공기와 접할 것
  2. 대피공간은 실내의 다른 부분과 방화구획으로 구획될 것

3. 대피공간의 바닥면적은 인접 세대와 공동으로 설치하는 경우에는 3제곱미터 이상, 각 세대별로 설치하는 경우에는 2제곱미터 이상일 것
4. 국토교통부장관이 정하는 기준에 적합할 것

> **TIP**
>
> ※국토교통부장관이 정하는 기준 : 제3조(대피공간의 구조)
> ① 건축법 시행령 제46조제4항의 규정에 따라 설치되는 대피공간은 채광방향과 관계없이 거실 각 부분에서 접근이 용이하고 외부에서 신속하고 원활한 구조 활동을 할 수 있는 장소에 설치하여야 하며, 출입구에 설치하는 갑종방화문은 거실 쪽에서만 열 수 있는 구조(대피공간임을 알 수 있는 표지판을 설치할 것)로서 대피공간을 향해 열리는 밖여닫이로 하여야 한다.
> ② 대피공간은 1시간 이상의 내화성능을 갖는 내화구조의 벽으로 구획되어야 하며, 벽·천장 및 바닥의 내부 마감재료는 준불연재료 또는 불연재료를 사용하여야 한다.
> ③ 대피공간은 외기에 개방되어야 한다. 다만, 창호를 설치하는 경우에는 폭 0.7미터 이상, 높이 1.0미터 이상(구조체에 고정되는 창틀 부분은 제외한다)은 반드시 외기에 개방될 수 있어야 하며, 비상 시 외부의 도움을 받는 경우 피난에 장애가 없는 구조로 설치하여야 한다.
> ④ 대피공간에는 정전에 대비해 휴대용 손전등을 비치하거나 비상전원이 연결된 조명설비가 설치되어야 한다.
> ⑤ 대피공간은 대피에 지장이 없도록 시공·유지 관리되어야 하며, 대피공간을 보일러실 또는 창고 등 대피에 장애가 되는 공간으로 사용하여서는 아니 된다. 다만, 에어컨 실외기 등 냉방설비의 배기장치를 대피공간에 설치하는 경우에는 다음 각 호의 기준에 적합하여야 한다.
>   1. 냉방설비의 배기장치를 불연재료로 구획할 것
>   2. 제1호에 따라 구획된 면적은 건축법 시행령 제46조제4항제3호에 따른 대피공간 바닥면적 산정 시 제외할 것

★★★☆☆

 문제05 공동주택 중 아파트로서 4층 이상인 층의 각 세대가 2개 이상의 직통계단을 사용할 수 없는 경우에 설치하는 대피공간이 갖추어야 할 요건 4가지를 쓰시오.

⑤ 제4항에도 불구하고 아파트의 4층 이상인 층에서 발코니에 다음 각 호의 어느 하나에 해당하는 구조 또는 시설을 갖춘 경우에는 대피공간을 설치하지 않을 수 있다.
1. 발코니와 인접 세대와의 경계벽이 파괴하기 쉬운 경량구조 등인 경우
2. 발코니의 경계벽에 피난구를 설치한 경우
3. 발코니의 바닥에 국토교통부령으로 정하는 하향식 피난구를 설치한 경우
4. 국토교통부장관이 제4항에 따른 대피공간과 동일하거나 그 이상의 성능이 있다고 인정하여 고시하는 구조 또는 시설(이하 이 호에서 "대체시설"이라 한다)을 갖춘 경우. 이 경우 국토교통부장관은 대체시설의 성능에 대해 미리 「과학기술분야 정부출연연구기관 등의 설립·운영 및 육성에 관한 법률」 제8조제1항에 따라 설립된 한국건설기술연구원(이하 "한국건설기술연구원"이라 한다)의 기술검토를 받은 후 고시해야 한다.

★★★☆☆

 문제06 공동주택 중 아파트로서 4층 이상인 층의 각 세대가 2개 이상의 직통계단을 사용할 수 없는 경우에는 대피공간을 하나 이상 설치하여야 한다. 대피공간을 설치하지 아니할 수 있는 경우 3가지를 쓰시오.

⑥ 요양병원, 정신병원, 「노인복지법」 제34조제1항제1호에 따른 노인요양시설(이하 "노인요양시설"이라 한다), 장애인 거주시설 및 장애인 의료재활시설의 피난층 외의 층에는 다음 각 호의 어느 하나에 해당하는 시설을 설치하여야 한다.
1. 각 층마다 별도로 방화구획된 대피공간
2. 거실에 접하여 설치된 노대 등
3. 계단을 이용하지 아니하고 건물 외부의 지상으로 통하는 경사로 또는 인접 건축물로 피난할 수 있도록 설치하는 연결복도 또는 연결통로

제56조(건축물의 내화구조)

① 법 제50조제1항 본문에 따라 다음 각 호의 어느 하나에 해당하는 건축물(제5호에 해당하는 건축물로서 2층 이하인 건축물은 지하층 부분만 해당한다)의 주요구조부와 지붕은 내화구조로 해야 한다. 다만, 연면적이 50제곱미터 이하인 단층의 부속건축물로서 외벽 및 처마 밑면을 방화구조로 한 것과 무대의 바닥은 그렇지 않다.
1. 제2종 근린생활시설 중 공연장·종교집회장(해당 용도로 쓰는 바닥면적의 합계가 각각 300제곱미터 이상인 경우만 해당한다), 문화 및 집회시설(전시장 및 동·식물원은 제외한다), 종교시설, 위락시설 중 주점영업 및 장례시설의 용도로 쓰는 건축물로서 관람실 또는 집회실의 바닥면적의 합계가 200제곱미터(옥외관람실의 경우에는 1천 제곱미터) 이상인 건축물
2. 문화 및 집회시설 중 전시장 또는 동·식물원, 판매시설, 운수시설, 교육연구시설에 설치하는 체육관·강당, 수련시설, 운동시설 중 체육관·운동장, 위락시설(주점영업의 용도로 쓰는 것은 제외한다), 창고시설, 위험물저장 및 처리시설, 자동차관련시설, 방송통신시설 중 방송국·전신전화국·촬영소, 묘지관련시설 중 화장시설·동물화장시설 또는 관광휴게시설의 용도로 쓰는 건축물로서 그 용도로 쓰는 바닥면적의 합계가 500제곱미터 이상인 건축물
3. 공장의 용도로 쓰는 건축물로서 그 용도로 쓰는 바닥면적의 합계가 2천 제곱미터 이상인 건축물. 다만, 화재의 위험이 적은 공장으로서 국토교통부령으로 정하는 공장은 제외한다.
4. 건축물의 2층이 단독주택 중 다중주택 및 다가구주택, 공동주택, 제1종 근린생활시설(의료의 용도로 쓰는 시설만 해당한다), 제2종 근린생활시설 중 다중생활시설, 의료시설, 노유자시설 중 아동관련시설 및 노인복지시설, 수련시설 중 유스호스텔, 업무시설 중 오피스텔, 숙박시설 또는 장례시설의 용도로 쓰는 건축물로서 그 용도로 쓰는 바닥면적의 합계가 400제곱미터 이상인 건축물
5. 3층 이상인 건축물 및 지하층이 있는 건축물. 다만, 단독주택(다중주택 및 다가구주택은 제외한다), 동물 및 식물관련시설, 발전시설(발전소의 부속용도로 쓰는 시설은 제외한다), 교도소·감화원 또는 묘지관련시설(화장시설 및 동물화장시설은 제외한다)의 용도로 쓰는 건축물과 철강 관련 업종의 공장 중 제어실로 사용하기 위하여 연면적 50제곱미터 이하로 증축하는 부분은 제외한다.

★☆☆☆☆

 문제07 건축물의 주요구조부를 내화구조로 하여야 하는 건축물 5가지를 쓰시오.

② 법 제50조제1항 단서에 따라 막구조의 건축물은 주요구조부에만 내화구조로 할 수 있다.

제57조(대규모 건축물의 방화벽 등)
① 법 제50조제2항에 따라 연면적 1천 제곱미터 이상인 건축물은 방화벽으로 구획하되, 각 구획된 바닥면적의 합계는 1천 제곱미터 미만이어야 한다. 다만, 주요구조부가 내화구조이거나 불연재료인 건축물과 제56조제1항제5호 단서에 따른 건축물 또는 내부설비의 구조상 방화벽으로 구획할 수 없는 창고시설의 경우에는 그러하지 아니하다.
② 제1항에 따른 방화벽의 구조에 관하여 필요한 사항은 국토교통부령으로 정한다.
③ 연면적 1천 제곱미터 이상인 목조 건축물의 구조는 국토교통부령으로 정하는 바에 따라 방화구조로 하거나 불연재료로 하여야 한다.

제90조(비상용 승강기의 설치)
① 법 제64조제2항에 따라 높이 31미터를 넘는 건축물에는 다음 각 호의 기준에 따른 대수 이상의 비상용 승강기(비상용 승강기의 승강장 및 승강로를 포함한다. 이하 이 조에서 같다)를 설치하여야 한다. 다만, 법 제64조제1항에 따라 설치되는 승강기를 비상용 승강기의 구조로 하는 경우에는 그러하지 아니하다.
  1. 높이 31미터를 넘는 각 층의 바닥면적 중 최대 바닥면적이 1천500제곱미터 이하인 건축물: 1대 이상
  2. 높이 31미터를 넘는 각 층의 바닥면적 중 최대 바닥면적이 1천500제곱미터를 넘는 건축물: 1대에 1천500제곱미터를 넘는 3천 제곱미터 이내마다 1대씩 더한 대수 이상
② 제1항에 따라 2대 이상의 비상용 승강기를 설치하는 경우에는 화재가 났을 때 소화에 지장이 없도록 일정한 간격을 두고 설치하여야 한다.
③ 건축물에 설치하는 비상용 승강기의 구조 등에 관하여 필요한 사항은 국토교통부령으로 정한다.

제91조(피난용 승강기의 설치)
법 제64조제3항에 따른 피난용승강기(피난용승강기의 승강장 및 승강로를 포함한다)는 다음 각 호의 기준에 맞게 설치하여야 한다.
  1. 승강장의 바닥면적은 승강기 1대당 6제곱미터 이상으로 할 것
  2. 각 층으로부터 피난층까지 이르는 승강로를 단일구조로 연결하여 설치할 것
  3. 예비전원으로 작동하는 조명설비를 설치할 것
  4. 승강장의 출입구 부근의 잘 보이는 곳에 해당 승강기가 피난용승강기임을 알리는 표지를 설치할 것
  5. 그 밖에 화재예방 및 피해경감을 위하여 국토교통부령으로 정하는 구조 및 설비 등의 기준에 맞을 것

제2장 건축물의 설비기준 등에 관한 규칙

[시행 2024. 3. 21.] [국토교통부령 제1316호, 2024. 3. 21., 일부개정]

제9조(비상용 승강기를 설치하지 아니할 수 있는 건축물)
1. 높이 31미터를 넘는 각층을 거실외의 용도로 쓰는 건축물
2. 높이 31미터를 넘는 각층의 바닥면적의 합계가 500제곱미터 이하인 건축물
3. 높이 31미터를 넘는 층수가 4개층이하로서 당해 각층의 바닥면적의 합계 200제곱미터(벽 및 반자가 실내에 접하는 부분의 마감을 불연재료로 한 경우에는 500제곱미터)이내마다 방화구획(영 제46조제1항 본문에 따른 방화구획을 말한다. 이하 같다)으로 구획된 건축물

★★★☆☆

 문제01 비상용 승강기를 설치하지 아니할 수 있는 건축물 3가지를 쓰시오.

제10조(비상용 승강기의 승강장 및 승강로의 구조)
1. 비상용 승강기 승강장의 구조
    가. 승강장의 창문·출입구 기타 개구부를 제외한 부분은 당해 건축물의 다른 부분과 내화구조의 바닥 및 벽으로 구획할 것. 다만, 공동주택의 경우에는 승강장과 특별피난계단의 부속실과의 겸용 부분을 특별피난계단의 계단실과 별도로 구획하는 때에는 승강장을 특별피난계단의 부속실과 겸용할 수 있다.
    나. 승강장은 각 층의 내부와 연결될 수 있도록 하되, 그 출입구(승강로의 출입구를 제외한다)에는 갑종방화문을 설치할 것. 다만, 피난층에는 갑종방화문을 설치하지 아니할 수 있다.
    다. 노대 또는 외부를 향하여 열 수 있는 창문이나 제14조제2항의 규정에 의한 배연설비를 설치할 것
    라. 벽 및 반자가 실내에 접하는 부분의 마감재료(마감을 위한 바탕을 포함한다)는 불연재료로 할 것
    마. 채광이 되는 창문이 있거나 예비전원에 의한 조명설비를 할 것
    바. 승강장의 바닥면적은 비상용승강기 1대에 대하여 6제곱미터 이상으로 할 것. 다만, 옥외에 승강장을 설치하는 경우에는 그러하지 아니하다.
    사. 피난층이 있는 승강장의 출입구(승강장이 없는 경우에는 승강로의 출입구)로부터 도로 또는 공지(공원·광장 기타 이와 유사한 것으로서 피난 및 소화를 위한 당해 대지에의 출입에 지장이 없는 것을 말한다)에 이르는 거리가 30미터 이하일 것
    아. 승강장 출입구 부근의 잘 보이는 곳에 당해 승강기가 비상용 승강기임을 알 수 있는 표지를 할 것

★★★☆☆

 문제02 비상용 승강기의 승강장 구조에 대한 기준 중 5가지만 쓰시오.

2. 비상용 승강기의 승강로의 구조
    가. 승강로는 당해 건축물의 다른 부분과 내화구조로 구획할 것
    나. 각 층으로부터 피난층까지 이르는 승강로를 단일구조로 연결하여 설치할 것

제14조(배연설비)

① 법 제49조제2항에 따라 배연설비를 설치하여야 하는 건축물에는 다음 각 호의 기준에 적합하게 배연설비를 설치해야 한다. 다만, 피난층인 경우에는 그렇지 않다.

1. 건축물이 방화구획으로 구획된 경우에는 그 구획마다 1개소 이상의 배연창을 설치하되, 배연창의 상변과 천장 또는 반자로부터 수직거리가 0.9미터 이내일 것. 다만, 반자높이가 바닥으로부터 3미터 이상인 경우에는 배연창의 하변이 바닥으로부터 2.1미터 이상의 위치에 놓이도록 설치하여야 한다.
2. 배연창의 유효면적은 별표 2의 산정기준에 의하여 산정된 면적이 1제곱미터 이상으로서 그 면적의 합계가 당해 건축물의 바닥면적(영 제46조제1항 또는 제3항의 규정에 의하여 방화구획이 설치된 경우에는 그 구획된 부분의 바닥면적을 말한다)의 100분의 1이상일 것. 이 경우 바닥면적의 산정에 있어서 거실바닥면적의 20분의 1 이상으로 환기창을 설치한 거실의 면적은 이에 산입하지 아니한다.
3. 배연구는 연기감지기 또는 열감지기에 의하여 자동으로 열 수 있는 구조로 하되, 손으로도 열고 닫을 수 있도록 할 것
4. 배연구는 예비전원에 의하여 열 수 있도록 할 것
5. 기계식 배연설비를 하는 경우에는 제1호 내지 제4호의 규정에 불구하고 소방관계법령의 규정에 적합하도록 할 것

> **TIP**
> ※ **배연설비를 설치하여야 하는 건축물**
>
> 법 제49조제2항에 따라 다음 각 호의 어느 하나에 해당하는 건축물의 거실(피난층의 거실은 제외한다)에는 배연설비를 해야 한다.
> 1. 6층 이상인 건축물로서 다음 각 목의 어느 하나에 해당하는 용도로 쓰는 건축물
>   가. 제2종 근린생활시설 중 공연장, 종교집회장, 인터넷컴퓨터게임시설제공업소 및 다중생활시설(공연장, 종교집회장 및 인터넷컴퓨터게임시설제공업소는 해당 용도로 쓰는 바닥면적의 합계가 각각 300제곱미터 이상인 경우만 해당한다)
>   나. 문화 및 집회시설
>   다. 종교시설
>   라. 판매시설
>   마. 운수시설
>   바. 의료시설(요양병원 및 정신병원은 제외한다)
>   사. 교육연구시설 중 연구소
>   아. 노유자시설 중 아동 관련 시설, 노인복지시설(노인요양시설은 제외한다)
>   자. 수련시설 중 유스호스텔
>   차. 운동시설
>   카. 업무시설
>   타. 숙박시설
>   파. 위락시설
>   하. 관광휴게시설
>   거. 장례시설
> 2. 다음 각 목의 어느 하나에 해당하는 용도로 쓰는 건축물
>   가. 의료시설 중 요양병원 및 정신병원
>   나. 노유자시설 중 노인요양시설·장애인 거주시설 및 장애인 의료재활시설

[별표 2] 배연창의 유효면적 산정기준

① 미서기창 : $H \times \ell$

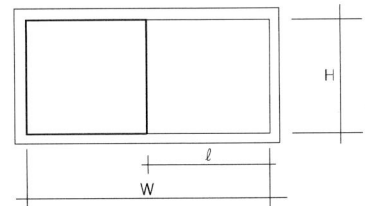

ℓ : 미서기 창의 유효 폭
H : 창의 유효 높이
W : 창문의 폭

② Pivot 종축창 : $H \times \ell'/2 \times 2$

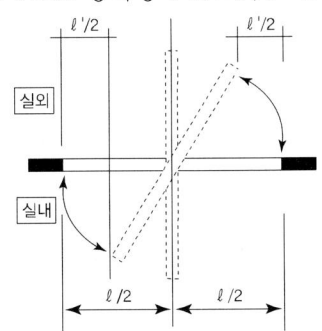

H : 창의 유효 높이
ℓ : 90° 회전 시 창호와 직각방향으로 개방된 수평거리
ℓ' : 90° 미만 0° 초과 시 창호와 직각방향으로 개방된 수평거리

③ Pivot 횡축창 : $(W \times \ell_1) + (W \times \ell_2)$

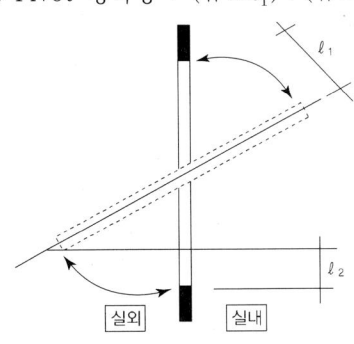

W : 창의 폭
ℓ_1 : 실내 측으로 열린 상부 창호의 길이 방향으로 평행하게 개방된 순거리
ℓ_2 : 실외 측으로 열린 하부 창호로서 창틀과 평행하게 개방된 순수 수평투영거리

④ 들창 : $W \times \ell_2$

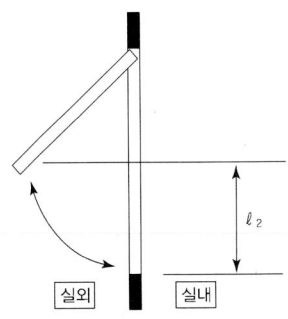

W : 창의 폭
ℓ_2 : 창틀과 평행하게 개방된 순수 수평투영거리

⑤ 미들창 : 창이 실외 측으로 열리는 경우 : $W \times \ell$
　　　　　창이 실내 측으로 열리는 경우 : $W \times \ell_1$
　　　　　(단, 창이 천장(반자)에 근접하는 경우 : $W \times \ell_2$)

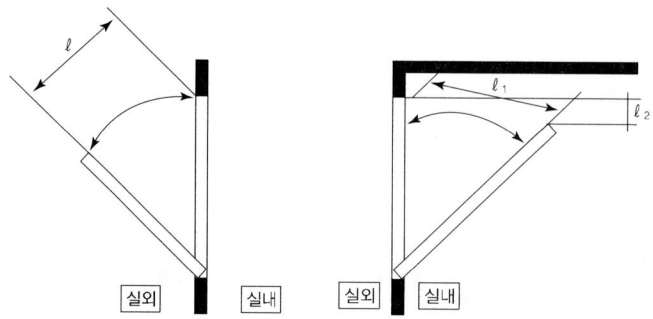

W : 창의 폭
ℓ : 실외 측으로 열린 상부 창호의 길이 방향으로 평행하게 개방된 순거리
ℓ_1 : 실내 측으로 열린 상부 창호의 길이 방향으로 평행하게 개방된 순거리
ℓ_2 : 창틀과 평행하게 개방된 순수 수평투영 거리
※ 창이 천장(또는 반자)에 근접된 경우 창의 상단에서 천장면까지의 거리≤ℓ_1

★★★☆☆

문제03 건축물의 설비기준 등에 관한 규칙에서 정하고 있는 배연설비의 설치기준 5가지를 쓰시오.

② 특별피난계단 및 비상용 승강기의 승강장에 설치하는 배연설비의 구조는 다음 각 호의 기준에 적합하여야 한다.
　1. 배연구 및 배연풍도는 불연재료로 하고, 화재가 발생한 경우 원활하게 배연시킬 수 있는 규모로서 외기 또는 평상 시에 사용하지 아니하는 굴뚝에 연결할 것
　2. 배연구에 설치하는 수동개방장치 또는 자동개방장치(열감지기 또는 연기감지기에 의한 것을 말한다)는 손으로도 열고 닫을 수 있도록 할 것
　3. 배연구는 평상시에는 닫힌 상태를 유지하고, 연 경우에는 배연에 의한 기류로 인하여 닫지 아니하도록 할 것
　4. 배연구가 외기에 접하지 아니하는 경우에는 배연기를 설치할 것
　5. 배연기는 배연구의 열림에 따라 자동적으로 작동하고, 충분한 공기 배출 또는 가압 능력이 있을 것
　6. 배연기에는 예비전원을 설치할 것
　7. 공기유입방식을 급기가압방식 또는 급·배기방식으로 하는 경우에는 제1호 내지 제6호의 규정에 불구하고 소방관계법령의 규정에 적합하게 할 것

★★★☆☆

문제04 건축물의 설비기준 등에 관한 규칙에서 정하고 있는 특별피난계단 및 비상용승강기의 승강장에 설치하는 배연설비의 구조에 대한 기준 중 5가지만 쓰시오.

제20조(피뢰설비)

낙뢰의 우려가 있는 건축물, 높이 20미터 이상의 건축물 또는 영 제118조제1항에 따른 공작물로서 높이 20미터 이상의 공작물(건축물에 영 제118조제1항에 따른 공작물을 설치하여 그 전체 높이가 20미터 이상인 것을 포함한다)에는 다음 각 호의 기준에 적합하게 피뢰설비를 설치하여야 한다.

1. 피뢰설비는 한국산업표준이 정하는 피뢰레벨 등급에 적합한 피뢰설비일 것. 다만, 위험물저장 및 처리시설에 설치하는 피뢰설비는 한국산업표준이 정하는 피뢰시스템레벨 Ⅱ 이상이어야 한다.
2. 돌침은 건축물의 맨 윗부분으로부터 25센티미터 이상 돌출시켜 설치하되, 「건축물의 구조기준 등에 관한 규칙」 제9조에 따른 설계하중에 견딜 수 있는 구조일 것
3. 피뢰설비의 재료는 최소 단면적이 피복이 없는 동선을 기준으로 수뢰부, 인하도선 및 접지극은 50제곱 밀리미터 이상이거나 이와 동등 이상의 성능을 갖출 것
4. 피뢰설비의 인하도선을 대신하여 철골조의 철골구조물과 철근콘크리트조의 철근구조체 등을 사용하는 경우에는 전기적 연속성이 보장될 것. 이 경우 전기적 연속성이 있다고 판단되기 위하여는 건축물 금속 구조체의 최상단부와 지표레벨 사이의 전기저항이 0.2옴 이하이어야 한다.
5. 측면 낙뢰를 방지하기 위하여 높이가 60미터를 초과하는 건축물 등에는 지면에서 건축물 높이의 5분의 4가 되는 지점부터 최상단부분까지의 측면에 수뢰부를 설치하여야 하며, 지표레벨에서 최상단부의 높이가 150미터를 초과하는 건축물은 120미터 지점부터 최상단부분까지의 측면에 수뢰부를 설치할 것. 다만, 건축물의 외벽이 금속부재로 마감되고, 금속부재 상호간에 제4호 후단에 적합한 전기적 연속성이 보장되며 피뢰시스템레벨 등급에 적합하게 설치하여 인하도선에 연결한 경우에는 측면 수뢰부가 설치된 것으로 본다.
6. 접지는 환경오염을 일으킬 수 있는 시공방법이나 화학 첨가물 등을 사용하지 아니할 것
7. 급수·급탕·난방·가스 등을 공급하기 위하여 건축물에 설치하는 금속배관 및 금속재 설비는 전위가 균등하게 이루어지도록 전기적으로 접속할 것
8. 전기설비의 접지계통과 건축물의 피뢰설비 및 통신설비 등의 접지극을 공용하는 통합접지공사를 하는 경우에는 낙뢰 등으로 인한 과전압으로부터 전기설비 등을 보호하기 위하여 한국산업표준에 적합한 서지보호장치[서지(surge : 전류·전압 등의 과도 파형을 말한다)로부터 각종 설비를 보호하기 위한 장치를 말한다]를 설치할 것
9. 그 밖에 피뢰설비와 관련된 사항은 한국산업표준에 적합하게 설치할 것

★★☆☆☆

문제05 피뢰설비에 대한 기준에서 다음 ( ) 안에 들어갈 내용을 쓰시오.
1. 피뢰설비는 한국산업표준이 정하는 피뢰레벨 등급에 적합한 피뢰설비일 것. 다만, 위험물저장 및 처리시설에 설치하는 피뢰설비는 한국산업표준이 정하는 (①) 이상이어야 한다.
2. 돌침은 건축물의 맨 윗부분으로부터 (②) 이상 돌출시켜 설치하되, 「건축물의 구조기준 등에 관한 규칙」 제9조에 따른 설계하중에 견딜 수 있는 구조일 것

3. 피뢰설비의 재료는 최소 단면적이 피복이 없는 동선을 기준으로 수뢰부, 인하도선 및 접지극은 (③) 이상이거나 이와 동등 이상의 성능을 갖출 것
4. 피뢰설비의 인하도선을 대신하여 철골조의 철골구조물과 철근콘크리트조의 철근구조체 등을 사용하는 경우에는 전기적 연속성이 보장될 것. 이 경우 전기적 연속성이 있다고 판단되기 위하여는 건축물 금속 구조체의 최상단부와 지표레벨 사이의 전기저항이 (④) 이하이어야 한다.
5. 측면 낙뢰를 방지하기 위하여 높이가 60미터를 초과하는 건축물 등에는 지면에서 건축물 높이의 (⑤)가 되는 지점부터 최상단부분까지의 측면에 수뢰부를 설치하여야 하며, 지표레벨에서 최상단부의 높이가 150미터를 초과하는 건축물은 (⑥) 지점부터 최상단부분까지의 측면에 수뢰부를 설치할 것.

제3장 건축물의 피난·방화구조 등의 기준에 관한 규칙

[시행 2023. 8. 31.] [국토교통부령 제1247호, 2023. 8. 31., 일부개정]

제3조(내화구조)

1. 벽의 경우에는 다음 각 목의 1에 해당하는 것
   가. 철근콘크리트조 또는 철골철근콘크리트조로서 두께가 10센티미터 이상인 것
   나. 골구를 철골조로 하고 그 양면을 두께 4센티미터 이상의 철망모르타르(그 바름바탕을 불연재료로 한 것에 한한다) 또는 두께 5센티미터 이상의 콘크리트블록·벽돌 또는 석재로 덮은 것
   다. 철재로 보강된 콘크리트블록조·벽돌조 또는 석조로서 철재에 덮은 콘크리트블록 등의 두께가 5센티미터 이상인 것
   라. 벽돌조로서 두께가 19센티미터 이상인 것
   마. 고온·고압의 증기로 양생된 경량기포 콘크리트패널 또는 경량기포 콘크리트블록조로서 두께가 10센티미터 이상인 것

   ★★☆☆☆

    문제01 건축물의 피난·방화구조 등의 기준에 관한 규칙에서 규정하고 있는 "국토교통부령으로 정하는 기준에 적합한 구조" 중 벽의 경우 내화구조에 해당하는 것 5가지를 쓰시오.

2. 외벽 중 비내력벽의 경우에는 제1호의 규정에 불구하고 다음 각 목의 1에 해당하는 것
   가. 철근콘크리트조 또는 철골철근콘크리트조로서 두께가 7센티미터 이상인 것
   나. 골구를 철골조로 하고 그 양면을 두께 3센티미터 이상의 철망모르타르 또는 두께 4센티미터 이상의 콘크리트블록·벽돌 또는 석재로 덮은 것
   다. 철재로 보강된 콘크리트블록조·벽돌조 또는 석조로서 철재에 덮은 콘크리트블록 등의 두께가 4센티미터 이상인 것
   라. 무근콘크리트조·콘크리트블록조·벽돌조 또는 석조로서 그 두께가 7센티미터 이상인 것

3. 기둥의 경우에는 그 작은 지름이 25센티미터 이상인 것으로서 다음 각 목의 1에 해당하는 것. 다만, 고강도 콘크리트(설계기준강도가 50 MPa 이상인 콘크리트를 말한다)를 사용하는 경우에는 국토교통부장관이 정하여 고시하는 고강도 콘크리트 내화성능 관리기준에 적합하여야 한다.
   가. 철근콘크리트조 또는 철골철근콘크리트조
   나. 철골을 두께 6센티미터(경량골재를 사용하는 경우에는 5센티미터) 이상의 철망모르타르 또는 두께 7센티미터 이상의 콘크리트블록·벽돌 또는 석재로 덮은 것
   다. 철골을 두께 5센티미터 이상의 콘크리트로 덮은 것

4. 바닥의 경우에는 다음 각 목의 1에 해당하는 것
   가. 철근콘크리트조 또는 철골철근콘크리트조로서 두께가 10센티미터 이상인 것
   나. 철재로 보강된 콘크리트블록조·벽돌조 또는 석조로서 철재에 덮은 콘크리트블록 등의 두께가 5센티미터 이상인 것

　　다. 철재의 양면을 두께 5센티미터 이상의 철망모르타르 또는 콘크리트로 덮은 것
5. 보(지붕틀을 포함한다)의 경우에는 다음 각 목의 1에 해당하는 것. 다만, 고강도 콘크리트를 사용하는 경우에는 국토교통부장관이 정하여 고시하는 고강도 콘크리트내화성능관리기준에 적합하여야 한다.
　　가. 철근콘크리트조 또는 철골철근콘크리트조
　　나. 철골을 두께 6센티미터(경량골재를 사용하는 경우에는 5센티미터) 이상의 철망모르타르 또는 두께 5센티미터 이상의 콘크리트로 덮은 것
　　다. 철골조의 지붕틀(바닥으로부터 그 아랫부분까지의 높이가 4미터 이상인 것에 한한다)로서 바로 아래에 반자가 없거나 불연재료로 된 반자가 있는 것
6. 지붕의 경우에는 다음 각 목의 1에 해당하는 것
　　가. 철근콘크리트조 또는 철골철근콘크리트조
　　나. 철재로 보강된 콘크리트블록조·벽돌조 또는 석조
　　다. 철재로 보강된 유리블록 또는 망입유리(두꺼운 판유리에 철망을 넣은 것을 말한다)로 된 것
7. 계단의 경우에는 다음 각 목의 1에 해당하는 것
　　가. 철근콘크리트조 또는 철골철근콘크리트조
　　나. 무근콘크리트조·콘크리트블록조·벽돌조 또는 석조
　　다. 철재로 보강된 콘크리트블록조·벽돌조 또는 석조
　　라. 철골조

제4조(방화구조)
1. 철망모르타르로서 그 바름 두께가 2센티미터 이상인 것
2. 석고판 위에 시멘트모르타르 또는 회반죽을 바른 것으로서 그 두께의 합계가 2.5센티미터 이상인 것
3. 시멘트모르타르 위에 타일을 붙인 것으로서 그 두께의 합계가 2.5센티미터 이상인 것
4. 심벽에 흙으로 맞벽치기한 것
5. 「산업표준화법」에 따른 한국산업표준이 정하는 바에 따라 시험한 결과 방화 2급 이상에 해당하는 것

★☆☆☆☆

> **문제02** 건축물의 피난·방화구조 등의 기준에 관한 규칙에서 규정하고 있는 방화구조에 해당하는 것 5가지를 쓰시오.

제8조의2(피난안전구역의 설치기준)
① 영 제34조제3항 및 제4항에 따라 설치하는 피난안전구역(이하 "피난안전구역"이라 한다)은 해당 건축물의 1개층을 대피공간으로 하며, 대피에 장애가 되지 아니하는 범위에서 기계실, 보일러실, 전기실 등 건축설비를 설치하기 위한 공간과 같은 층에 설치할 수 있다. 이 경우 피난안전구역은 건축설비가 설치되는 공간과 내화구조로 구획하여야 한다.
② 피난안전구역에 연결되는 특별피난계단은 피난안전구역을 거쳐서 상·하층으로 갈 수 있는 구조로 설치하여야 한다.
③ 피난안전구역의 구조 및 설비는 다음 각 호의 기준에 적합하여야 한다.[**피난안전구역의 구조 및 설비 기준**]

1. 피난안전구역의 바로 아래층 및 위층은 「녹색건축물 조성 지원법」 제15조제1항에 따라 국토교통부장관이 정하여 고시한 기준에 적합한 단열재를 설치할 것. 이 경우 아래층은 최상층에 있는 거실의 반자 또는 지붕 기준을 준용하고, 위층은 최하층에 있는 거실의 바닥 기준을 준용할 것
2. 피난안전구역의 내부마감재료는 불연재료로 설치할 것
3. 건축물의 내부에서 피난안전구역으로 통하는 계단은 특별피난계단의 구조로 설치할 것
4. 비상용 승강기는 피난안전구역에서 승하차 할 수 있는 구조로 설치할 것
5. 피난안전구역에는 식수공급을 위한 급수전을 1개소 이상 설치하고 예비전원에 의한 조명설비를 설치할 것
6. 관리사무소 또는 방재센터 등과 긴급연락이 가능한 경보 및 통신시설을 설치할 것
7. 별표 1의2에서 정하는 기준에 따라 산정한 면적 이상일 것
8. 피난안전구역의 높이는 2.1미터 이상일 것
9. 「건축물의 설비기준 등에 관한 규칙」 제14조에 따른 배연설비를 설치할 것
10. 그 밖에 소방청장이 정하는 소방 등 재난관리를 위한 설비를 갖출 것

★★★☆☆

문제03 건축물의 피난·방화구조 등의 기준에 관한 규칙에서 규정하고 있는 피난안전구역의 구조 및 설비 기준 중 5가지만 쓰시오.

[별표 1의 2] 피난안전구역의 면적 산정기준

1. 피난안전구역의 면적은 다음 산식에 따라 산정한다.

$$(피난안전구역 위층의 재실자 수 \times 0.5) \times 0.28 \, m^2$$

가. 피난안전구역 윗층의 재실자 수는 해당 피난안전구역과 다음 피난안전구역 사이의 용도별 바닥면적을 사용 형태별 재실자 밀도로 나눈 값의 합계를 말한다. 다만, 문화·집회용도 중 벤치형 좌석을 사용하는 공간과 고정좌석을 사용하는 공간은 다음의 구분에 따라 피난안전구역 윗층의 재실자 수를 산정한다.
   1) 벤치형 좌석을 사용하는 공간 : 좌석길이/45.5 ㎝
   2) 고정좌석을 사용하는 공간 : 휠체어 공간 수+고정좌석 수
나. 피난안전구역 설치 대상 건축물의 용도에 따른 사용 형태별 재실자 밀도는 다음 표와 같다.

용도	사용 형태별		재실자 밀도
문화·집회	고정좌석을 사용하지 않는 공간		0.45
	고정좌석이 아닌 의자를 사용하는 공간		1.29
	벤치형 좌석을 사용하는 공간		-
	고정좌석을 사용하는 공간		-
	무대		1.40
	게임제공업 등의 공간		1.02
운동	운동시설		4.60
교육	도서관	서고	9.30
		열람실	4.60
	학교 및 학원	교실	1.90

보육	보호시설	3.30
의료	입원치료구역	22.3
	수면구역	11.1
교정	교정시설 및 보호관찰소 등	11.1
주거	호텔 등 숙박시설	18.6
	공동주택	18.6
업무	업무시설, 운수시설 및 관련 시설	9.30
판매	지하층 및 1층	2.80
	그 외의 층	5.60
	배송 공간	27.9
저장	창고, 자동차 관련 시설	46.5
산업	공장	9.30
	제조업 시설	18.6

※ 계단실, 승강로, 복도 및 화장실은 사용 형태별 재실자 밀도의 산정에서 제외하고, 취사장·조리장의 사용 형태별 재실자 밀도는 9.30으로 본다.

2. 피난안전구역 설치 대상 용도에 대한 「건축법 시행령」 별표 1에 따른 용도별 건축물의 종류는 다음 표와 같다.

용도	용도별 건축물
문화·집회	문화 및 집회시설(공연장·집회장·관람장·전시장만 해당한다), 종교시설, 위락시설, 제1종 근린생활시설 및 제2종 근린생활시설 중 휴게음식점·제과점·일반음식점 등 음식·음료를 제공하는 시설, 제2종 근린생활시설 중 공연장·종교집회장·게임제공업 시설, 그 밖에 이와 비슷한 문화·집회시설
운동	운동시설, 제1종 근린생활시설 및 제2종 근린생활시설 중 운동시설
교육	교육연구시설, 수련시설, 자동차 관련 시설 중 운전학원 및 정비학원, 제2종 근린생활시설 중 학원·직업훈련소·독서실, 그 밖에 이와 비슷한 교육시설
보육	노유자시설, 제1종 근린생활시설 중 지역아동센터
의료	의료시설, 제1종 근린생활시설 중 의원, 치과의원, 한의원, 침술원, 접골원, 조산원 및 안마원
교정	교정 및 군사시설
주거	공동주택 및 숙박시설
업무	업무시설, 운수시설, 제1종 근린생활시설과 제2종 근린생활시설 중 지역자치센터·파출소·사무소·이용원·미용원·목욕장·세탁소·기원·사진관·표구점, 그 밖에 이와 비슷한 업무시설
판매	판매시설(게임제공업 시설 등은 제외한다), 제1종 근린생활시설 중 슈퍼마켓과 일용품 등의 소매점
저장	창고시설, 자동차 관련 시설(운전학원 및 정비학원은 제외한다)
산업	공장, 제2종 근린생활시설 중 제조업 시설

제9조(피난계단 및 특별피난계단의 구조)

① 영 제35조제1항 각 호 외의 부분 본문에 따라 건축물의 5층 이상 또는 지하 2층 이하의 층으로부터 피난층 또는 지상으로 통하는 직통계단(지하 1층인 건축물의 경우에는 5층 이상의 층으로부터 피난층 또는 지상으로 통하는 직통계단과 직접 연결된 지하 1층의 계단을 포함한다)은 피난계단 또는 특별피난계단으로 설치해야 한다.

② 제1항에 따른 피난계단 및 특별피난계단의 구조는 다음 각 호의 기준에 적합하여야 한다.
1. 건축물의 내부에 설치하는 피난계단의 구조
    가. 계단실은 창문·출입구 기타 개구부(이하 "창문 등"이라 한다)를 제외한 당해 건축물의 다른 부분과 내화구조의 벽으로 구획할 것
    나. 계단실의 실내에 접하는 부분(바닥 및 반자 등 실내에 면한 모든 부분을 말한다)의 마감(마감을 위한 바탕을 포함한다)은 불연재료로 할 것
    다. 계단실에는 예비전원에 의한 조명설비를 할 것
    라. 계단실의 바깥쪽과 접하는 창문 등(망이 들어 있는 유리의 붙박이창으로서 그 면적이 각각 1제곱미터 이하인 것을 제외한다)은 당해 건축물의 다른 부분에 설치하는 창문 등으로부터 2미터 이상의 거리를 두고 설치할 것
    마. 건축물의 내부와 접하는 계단실의 창문 등(출입구를 제외한다)은 망이 들어 있는 유리의 붙박이창으로서 그 면적을 각각 1제곱미터 이하로 할 것
    바. 건축물의 내부에서 계단실로 통하는 출입구의 유효너비는 0.9미터 이상으로 하고, 그 출입구에는 피난의 방향으로 열 수 있는 것으로서 언제나 닫힌 상태를 유지하거나 화재로 인한 연기 또는 불꽃을 감지하여 자동 적으로 닫히는 구조로 된 영 제64조제1항제1호의 60+방화문(이하 "60+방화문"이라 한다) 또는 같은 항 제2호의 방화문(이하 "60분방화문"이라 한다)을 설치할 것. 다만, 연기 또는 불꽃을 감지하여 자동적으로 닫히는 구조로 할 수 없는 경우에는 온도를 감지하여 자동적으로 닫히는 구조로 할 수 있다.
    사. 계단은 내화구조로 하고 피난층 또는 지상까지 직접 연결되도록 할 것

★☆☆☆☆

 문제04 건축물의 피난·방화구조 등의 기준에 관한 규칙에서 규정하고 있는 건축물의 내부에 설치하는 피난계단의 구조에 대한 기준 중 5가지만 쓰시오.

2. 건축물의 바깥쪽에 설치하는 피난계단의 구조
    가. 계단은 그 계단으로 통하는 출입구 외의 창문 등(망이 들어 있는 유리의 붙박이창으로서 그 면적이 각각 1제곱미터 이하인 것을 제외한다)으로부터 2미터 이상의 거리를 두고 설치할 것
    나. 건축물의 내부에서 계단으로 통하는 출입구에는 60+방화문 또는 60분방화문을 설치할 것
    다. 계단의 유효너비는 0.9미터 이상으로 할 것
    라. 계단은 내화구조로 하고 지상까지 직접 연결되도록 할 것

★★☆☆☆

 문제05 건축물의 피난·방화구조 등의 기준에 관한 규칙에서 규정하고 있는 건축물의 바깥쪽에 설치하는 피난계단의 구조에 대한 기준 4가지를 쓰시오.

3. 특별피난계단의 구조
    가. 건축물의 내부와 계단실은 노대를 통하여 연결하거나 외부를 향하여 열 수 있는 면적 1제곱미터 이상인 창문(바닥으로부터 1미터 이상의 높이에 설치한 것에 한한다) 또는 「건축물의 설비기준 등에 관한 규칙」 제14조의 규정에 적합한 구조의 배연설비가 있는 면적 3제곱미터 이상인 부속실을 통하여 연결할 것

나. 계단실·노대 및 부속실(「건축물의 설비기준 등에 관한 규칙」 제10조제2호 가목의 규정에 의하여 비상용승강기의 승강장을 겸용하는 부속실을 포함한다)은 창문 등을 제외하고는 내화구조의 벽으로 각각 구획할 것

다. 계단실 및 부속실의 실내에 접하는 부분(바닥 및 반자 등 실내에 면한 모든 부분을 말한다)의 마감(마감을 위한 바탕을 포함한다)은 불연재료로 할 것

라. 계단실에는 예비전원에 의한 조명설비를 할 것

마. 계단실·노대 또는 부속실에 설치하는 건축물의 바깥쪽에 접하는 창문 등(망이 들어 있는 유리의 붙박이창으로서 그 면적이 각각 1제곱미터 이하인 것을 제외한다)은 계단실·노대 또는 부속실 외의 당해 건축물의 다른 부분에 설치하는 창문 등으로부터 2미터 이상의 거리를 두고 설치할 것

바. 계단실에는 노대 또는 부속실에 접하는 부분 외에는 건축물의 내부와 접하는 창문 등을 설치하지 아니할 것

사. 계단실의 노대 또는 부속실에 접하는 창문 등(출입구를 제외한다)은 망이 들어 있는 유리의 붙박이창으로서 그 면적을 각각 1제곱미터 이하로 할 것

아. 노대 및 부속실에는 계단실외의 건축물의 내부와 접하는 창문 등(출입구를 제외한다)을 설치하지 아니할 것

자. 건축물의 내부에서 노대 또는 부속실로 통하는 출입구에는 60+방화문 또는 60분 방화문을 설치하고, 노대 또는 부속실로부터 계단실로 통하는 출입구에는 60+방화문, 60분방화문 또는 영 제64조제1항제3호의 30분 방화문을 설치할 것. 이 경우 방화문은 언제나 닫힌 상태를 유지하거나 화재로 인한 연기 또는 불꽃을 감지하여 자동적으로 닫히는 구조로 해야 하고, 연기 또는 불꽃으로 감지하여 자동적으로 닫히는 구조로 할 수 없는 경우에는 온도를 감지하여 자동적으로 닫히는 구조로 할 수 있다.

차. 계단은 내화구조로 하되, 피난층 또는 지상까지 직접 연결되도록 할 것

카. 출입구의 유효너비는 0.9미터 이상으로 하고 피난의 방향으로 열 수 있을 것

★☆☆☆☆

 문제06 건축물의 피난·방화구조 등의 기준에 관한 규칙에서 규정하고 있는 특별피난계단의 구조에 대한 기준 중 5가지만 쓰시오.

제10조(관람실 등으로부터의 출구의 설치기준)

영 제38조의 규정에 의하여 문화 및 집회시설 중 공연장의 개별 관람실(바닥면적이 300제곱미터 이상인 것에 한한다)의 출구는 다음 각 호의 기준에 적합하게 설치하여야 한다.

1. 관람실별로 2개소 이상 설치할 것
2. 각 출구의 유효너비는 1.5미터 이상일 것
3. 개별 관람실 출구의 유효너비의 합계는 개별 관람실의 바닥면적 100제곱미터마다 0.6미터의 비율로 산정한 너비 이상으로 할 것

제12조(회전문의 설치기준)

건축물의 출입구에 설치하는 회전문은 다음 각 호의 기준에 적합하여야 한다.

1. 계단이나 에스컬레이터로부터 2미터 이상의 거리를 둘 것
2. 회전문과 문틀 사이 및 바닥 사이는 다음 각 목에서 정하는 간격을 확보하고 틈 사이를

고무와 고무펠트의 조합체 등을 사용하여 신체나 물건 등에 손상이 없도록 할 것
　가. 회전문과 문틀 사이는 5센티미터 이상
　나. 회전문과 바닥 사이는 3센티미터 이하
3. 출입에 지장이 없도록 일정한 방향으로 회전하는 구조로 할 것
4. 회전문의 중심축에서 회전문과 문틀 사이의 간격을 포함한 회전문 날개 끝부분까지의 길이는 140센티미터 이상이 되도록 할 것
5. 회전문의 회전속도는 분당 회전수가 8회를 넘지 아니하도록 할 것
6. 자동회전문은 충격이 가하여지거나 사용자가 위험한 위치에 있는 경우에는 전자감지장치 등을 사용하여 정지하는 구조로 할 것

★☆☆☆☆

문제07 건축물의 피난·방화구조 등의 기준에 관한 규칙에서 규정하고 있는 회전문의 설치기준 중 5가지만 쓰시오.

제13조(헬리포트 및 구조공간 설치 기준)

① 건축물에 설치하는 헬리포트는 다음 각 호의 기준에 적합하여야 한다.
1. 헬리포트의 길이와 너비는 각각 22미터 이상으로 할 것. 다만, 건축물의 옥상 바닥의 길이와 너비가 각각 22미터 이하인 경우에는 헬리포트의 길이와 너비를 각각 15미터까지 감축할 수 있다.
2. 헬리포트의 중심으로부터 반경 12미터 이내에는 헬리콥터의 이·착륙에 장애가 되는 건축물, 공작물, 조경시설 또는 난간 등을 설치하지 아니할 것
3. 헬리포트의 주위 한계선은 백색으로 하되, 그 선의 너비는 38센티미터로 할 것
4. 헬리포트의 중앙 부분에는 지름 8미터의 "ⓗ" 표지를 백색으로 하되, "H" 표지의 선의 너비는 38센티미터로, "○" 표지의 선의 너비는 60센티미터로 할 것
5. 헬리포트로 통하는 출입문에 영 제40조제3항 각 호 외의 부분에 따른 비상문자동개폐장치(이하 "비상문자동개폐장치"라 한다)를 설치할 것

★★★☆☆

문제08 건축물에 설치하는 헬리포트의 설치기준 4가지를 쓰시오.

② 영 제40조제4항제1호에 따라 옥상에 헬리콥터를 통하여 인명 등을 구조할 수 있는 공간을 설치하는 경우에는 직경 10미터 이상의 구조공간을 확보해야 하며, 구조공간에는 구조활동에 장애가 되는 건축물, 공작물 또는 난간 등을 설치해서는 안 된다. 이 경우 구조공간의 표시기준 및 설치기준 등에 관하여는 제1항제3호부터 제5호까지의 규정을 준용한다.
③ 영 제40조제4항제2호에 따라 설치하는 대피공간(경사지붕 아래에 설치하는 대피공간)은 다음 각 호의 기준에 적합해야 한다.
1. 대피공간의 면적은 지붕 수평투영면적의 10분의 1 이상일 것
2. 특별피난계단 또는 피난계단과 연결되도록 할 것
3. 출입구·창문을 제외한 부분은 해당 건축물의 다른 부분과 내화구조의 바닥 및 벽으로 구획할 것
4. 출입구는 유효너비 0.9미터 이상으로 하고, 그 출입구에는 60+방화문 또는 60분방화문을 설치할 것

4의2. 제4호에 따른 방화문에 비상문자동개폐장치를 설치할 것
5. 내부마감재료는 불연재료로 할 것
6. 예비전원으로 작동하는 조명설비를 설치할 것
7. 관리사무소 등과 긴급 연락이 가능한 통신시설을 설치할 것

> **TIP**
>
> ※영 제40조제3항
>
> 층수가 11층 이상인 건축물로서 11층 이상인 층의 바닥면적의 합계가 1만 제곱미터 이상인 건축물의 옥상에는 다음 각 호의 구분에 따른 공간을 확보하여야 한다.
> 1. 건축물의 지붕을 평지붕으로 하는 경우 : 헬리포트를 설치하거나 헬리콥터를 통하여 인명 등을 구조할 수 있는 공간
> 2. 건축물의 지붕을 경사지붕으로 하는 경우 : 경사지붕 아래에 설치하는 대피공간

★★★☆☆

 문제09 층수가 11층 이상인 건축물로서 11층 이상인 층의 바닥면적의 합계가 1만 제곱미터 이상인 건축물의 옥상(건축물의 지붕을 경사지붕으로 하는 경우)에 설치하는 대피공간의 설치기준 중 5가지를 쓰시오.

제14조(방화구획의 설치기준)

① 건축물에 설치하는 방화구획은 다음 각 호의 기준에 적합하여야 한다.[**건축물에 설치하는 방화구획의 설치기준**]
1. 10층 이하의 층은 바닥면적 1천제곱미터(스프링클러 기타 이와 유사한 자동식 소화설비를 설치한 경우에는 바닥면적 3천제곱미터) 이내마다 구획할 것
2. 매 층마다 구획할 것. 다만, 지하 1층에서 지상으로 직접 연결하는 경사로 부위는 제외한다.
3. 11층 이상의 층은 바닥면적 200제곱미터(스프링클러 기타 이와 유사한 자동식 소화설비를 설치한 경우에는 600제곱미터) 이내마다 구획할 것. 다만, 벽 및 반자의 실내에 접하는 부분의 마감을 불연재료로 한 경우에는 바닥면적 500제곱미터(스프링클러 기타 이와 유사한 자동식 소화설비를 설치한 경우에는 1천500제곱미터) 이내마다 구획하여야 한다.
4. 필로티나 그 밖에 이와 비슷한 구조(벽면적의 2분의 1 이상이 그 층의 바닥면에서 위층 바닥 아래 면까지 공간으로 된 것만 해당한다)의 부분을 주차장으로 사용하는 경우 그 부분은 건축물의 다른 부분과 구획할 것

★★★☆☆

 문제10 방화구획의 기준에 대하여 쓰시오.[점검8회기출]
1) 10층 이하의(층 면적 단위) 구획(m²)
   (자동식소화설비 설치 시와 그렇지 않은 경우)
2) 자동식소화설비가 설치된 11층 이상(층 면적 단위) 구획(m²)
   (벽 및 반자의 실내의 접하는 부분의 마감을 불연재료로 사용한 경우와 그렇지 않은 경우)
3) 층 단위 구획

② 제1항에 따른 방화구획은 다음 각 호의 기준에 적합하게 설치하여야 한다.
  1. 영 제46조에 따른 방화구획으로 사용하는 60+방화문 또는 60분방화문은 언제나 닫힌 상태를 유지하거나 화재로 인한 연기 또는 불꽃을 감지하여 자동적으로 닫히는 구조로 할 것. 다만, 연기 또는 불꽃을 감지하여 자동적으로 닫히는 구조로 할 수 없는 경우에는 온도를 감지하여 자동적으로 닫히는 구조로 할 수 있다.
  2. 외벽과 바닥 사이에 틈이 생긴 때나 급수관·배전관 그 밖의 관이 방화구획으로 되어 있는 부분을 관통하는 경우 그로 인하여 방화구획에 틈이 생긴 때에는 그 틈을 한국건설기술연구원장이 국토교통부장관이 정하여 고시하는 기준에 따라 내화채움성능을 인정한 구조로 메울 것
  3. 환기·난방 또는 냉방시설의 풍도가 방화구획을 관통하는 경우에는 그 관통 부분 또는 이에 근접한 부분에 다음 각 목의 기준에 적합한 댐퍼를 설치할 것. 다만, 반도체 공장 건축물로서 방화구획을 관통하는 풍도의 주위에 스프링클러헤드를 설치하는 경우에는 그러하지 아니하다.[**방화댐퍼의 설치기준**]
    가. 화재로 인한 연기 또는 불꽃을 감지하여 자동적으로 닫히는 구조로 할 것. 다만, 주방 등 연기가 항상 발생하는 부분에는 온도를 감지하여 자동적으로 닫히는 구조로 할 수 있다.
    나. 국토교통부장관이 정하여 고시하는 비차열(非遮熱) 성능 및 방연성능 등의 기준에 적합할 것
  4. 자동방화셔터는 다음 각 목의 요건을 모두 갖출 것
    가. 피난이 가능한 60분+ 방화문 또는 60분 방화문으로부터 3미터 이내에 별도로 설치할 것
    나. 전동방식이나 수동방식으로 개폐할 수 있을 것
    다. 불꽃감지기 또는 연기감지기 중 하나와 열감지기를 설치할 것
    라. 불꽃이나 연기를 감지한 경우 일부 폐쇄되는 구조일 것
    마. 열을 감지한 경우 완전 폐쇄되는 구조일 것

★★★☆☆

[예상] 문제11 자동방화셔터가 갖추어야 할 요건 5가지를 쓰시오.

③ 하향식 피난구(덮개, 사다리, 승강식 피난기 및 경보시스템을 포함한다)의 구조는 다음 각 호의 기준에 적합하게 설치해야 한다.[**하향식 피난구의 구조**]
  1. 피난구의 덮개(덮개와 사다리, 승강식 피난기 또는 경보시스템이 일체형으로 구성된 경우에는 그 사다리, 승강식 피난기 또는 경보시스템을 포함한다)는 품질시험을 실시한 결과 비차열 1시간 이상의 내화성능을 가져야 하며, 피난구의 유효 개구부 규격은 직경 60센티미터 이상일 것
  2. 상층·하층 간 피난구의 설치위치는 수직방향 간격을 15센티미터 이상 띄어서 설치할 것
  3. 아래층에서는 바로 위층의 피난구를 열 수 없는 구조일 것
  4. 사다리는 바로 아래층의 바닥면으로부터 50센티미터 이하까지 내려오는 길이로 할 것
  5. 덮개가 개방될 경우에는 건축물 관리시스템 등을 통하여 경보음이 울리는 구조일 것
  6. 피난구가 있는 곳에는 예비전원에 의한 조명설비를 설치할 것

★★★★☆

 문제12 하향식 피난구(덮개, 사다리, 경보시스템을 포함)의 구조에 대한 설치기준 중 5가지만 쓰시오.

제14조의2(복합건축물의 피난시설 등)

같은 건축물 안에 공동주택·의료시설·아동관련시설 또는 노인복지시설(이하 이 조에서 "공동주택 등"이라 한다) 중 하나 이상과 위락시설·위험물저장 및 처리시설·공장 또는 자동차정비공장(이하 이 조에서 "위락시설 등"이라 한다) 중 하나 이상을 함께 설치하고자 하는 경우에는 다음 각 호의 기준에 적합하여야 한다.

1. 공동주택 등의 출입구와 위락시설 등의 출입구는 서로 그 보행거리가 30미터 이상이 되도록 설치할 것
2. 공동주택 등(당해 공동주택 등에 출입하는 통로를 포함한다)과 위락시설 등(당해 위락시설 등에 출입하는 통로를 포함한다)은 내화구조로 된 바닥 및 벽으로 구획하여 서로 차단할 것
3. 공동주택 등과 위락시설 등은 서로 이웃하지 아니하도록 배치할 것
4. 건축물의 주요구조부를 내화구조로 할 것
5. 거실의 벽 및 반자가 실내에 면하는 부분(반자돌림대·창대 그 밖에 이와 유사한 것을 제외한다)의 마감은 불연재료·준불연재료 또는 난연재료로 하고, 그 거실로부터 지상으로 통하는 주된 복도·계단 그 밖에 통로의 벽 및 반자가 실내에 면하는 부분의 마감은 불연재료 또는 준불연재료로 할 것

★★☆☆☆

 문제13 같은 건축물 안에 공동주택·의료시설·아동관련시설 또는 노인복지시설 중 하나 이상과 위락시설·위험물저장 및 처리시설·공장 또는 자동차정비공장 중 하나 이상을 함께 설치하고자 하는 경우에 그 기준 5가지를 쓰시오.

제15조(계단의 설치기준)

① 영 제48조의 규정에 의하여 건축물에 설치하는 계단은 다음 각호의 기준에 적합하여야 한다.
  1. 높이가 3미터를 넘는 계단에는 높이 3미터 이내마다 유효너비 120센티미터 이상의 계단참을 설치할 것
  2. 높이가 1미터를 넘는 계단 및 계단참의 양옆에는 난간(벽 또는 이에 대치되는 것을 포함한다)을 설치할 것
  3. 너비가 3미터를 넘는 계단에는 계단의 중간에 너비 3미터 이내마다 난간을 설치할 것. 다만, 계단의 단높이가 15센티미터 이하이고, 계단의 단너비가 30센티미터 이상인 경우에는 그러하지 아니하다.
  4. 계단의 유효 높이(계단의 바닥 마감면부터 상부 구조체의 하부 마감면까지의 연직방향의 높이를 말한다)는 2.1미터 이상으로 할 것

★☆☆☆☆

 문제14 건축물의 피난·방화구조 등의 기준에 관한 규칙에서 규정하고 있는 건축물에 설치하는 계단의 기준 4가지를 쓰시오.

② 제1항에 따라 계단을 설치하는 경우 계단 및 계단참의 너비(옥내계단에 한한다), 계단의 단높이 및 단너비의 칫수는 다음 각호의 기준에 적합하여야 한다. 이 경우 돌음계단의 단너비는 그 좁은 너비의 끝부분으로부터 30센티미터의 위치에서 측정한다.
  1. 초등학교의 계단인 경우에는 계단 및 계단참의 유효너비는 150센티미터 이상, 단높이는 16센티미터 이하, 단너비는 26센티미터 이상으로 할 것
  2. 중·고등학교의 계단인 경우에는 계단 및 계단참의 유효너비는 150센티미터 이상, 단높이는 18센티미터 이하, 단너비는 26센티미터 이상으로 할 것
  3. 문화 및 집회시설(공연장·집회장 및 관람장에 한한다)·판매시설 기타 이와 유사한 용도에 쓰이는 건축물의 계단인 경우에는 계단 및 계단참의 유효너비를 120센티미터 이상으로 할 것
  4. 제1호부터 제3호까지의 건축물 외의 건축물의 계단으로서 다음 각 목의 어느 하나에 해당하는 층의 계단인 경우에는 계단 및 계단참은 유효너비를 120센티미터 이상으로 할 것
    가. 계단을 설치하려는 층이 지상층인 경우: 해당 층의 바로 위층부터 최상층(상부층 중 피난층이 있는 경우에는 그 아래층을 말한다)까지의 거실 바닥면적의 합계가 200제곱미터 이상인 경우
    나. 계단을 설치하려는 층이 지하층인 경우: 지하층 거실 바닥면적의 합계가 100제곱미터 이상인 경우
  5. 기타의 계단인 경우에는 계단 및 계단참의 유효너비를 60센티미터 이상으로 할 것
  6. 「산업안전보건법」에 의한 작업장에 설치하는 계단인 경우에는 「산업안전 기준에 관한 규칙」에서 정한 구조로 할 것

★☆☆☆☆

문제15 연면적 200제곱미터를 초과하는 건축물에 설치하는 계단 및 계단참의 너비(옥내계단에 한한다), 계단의 단 높이 및 단 너비의 치수에 대한 다음 표를 완성하시오.

구분	계단 및 계단참의 너비	단 높이	단 너비
초등학교의 계단인 경우			
중·고등학교의 계단인 경우			

③ 공동주택(기숙사를 제외한다)·제1종 근린생활시설·제2종 근린생활시설·문화 및 집회시설·종교시설·판매시설·운수시설·의료시설·노유자시설·업무시설·숙박시설·위락시설 또는 관광휴게시설의 용도에 쓰이는 건축물의 주계단·피난계단 또는 특별피난계단에 설치하는 난간 및 바닥은 아동의 이용에 안전하고 노약자 및 신체장애인의 이용에 편리한 구조로 하여야 하며, 양쪽에 벽등이 있어 난간이 없는 경우에는 손잡이를 설치하여야 한다.
④ 제3항의 규정에 의한 난간·벽 등의 손잡이와 바닥마감은 다음 각호의 기준에 적합하게 설치하여야 한다.
  1. 손잡이는 최대지름이 3.2센티미터 이상 3.8센티미터 이하인 원형 또는 타원형의 단면으로 할 것
  2. 손잡이는 벽등으로부터 5센티미터 이상 떨어지도록 하고, 계단으로부터의 높이는 85센티미터가 되도록 할 것
  3. 계단이 끝나는 수평부분에서의 손잡이는 바깥쪽으로 30센티미터 이상 나오도록 설치할 것

★☆☆☆☆

문제16 공동주택(기숙사를 제외한다)·제1종 근린생활시설·제2종 근린생활시설·문화 및 집회시설·종교시설·판매시설·운수시설·의료시설·노유자시설·업무시설·숙박시설·위락시설 또는 관광휴게시설의 용도에 쓰이는 건축물의 주계단·피난계단 또는 특별피난계단에 설치하는 난간 및 바닥은 아동의 이용에 안전하고 노약자 및 신체장애인의 이용에 편리한 구조로 하여야 하며, 양쪽에 벽 등이 있어 난간이 없는 경우에는 손잡이를 설치하여야 한다. 난간·벽 등의 손잡이와 바닥마감에 대한 기준 3가지를 쓰시오.

⑥ 제1항 각호의 규정은 제5항의 규정에 의한 경사로의 설치기준에 관하여 이를 준용한다.
⑦ 제1항 및 제2항에도 불구하고 영 제34조제4항 단서에 따라 피난층 또는 지상으로 통하는 직통계단을 설치하는 경우 계단 및 계단참의 유효너비는 다음 각 호의 구분에 따른 기준에 적합하여야 한다.
  1. 공동주택: 120센티미터 이상
  2. 공동주택이 아닌 건축물: 150센티미터 이상
⑧ 승강기기계실용 계단, 망루용 계단 등 특수한 용도에만 쓰이는 계단에 대해서는 제1항부터 제7항까지의 규정을 적용하지 아니한다.

제15조의2(복도의 너비 및 설치기준)
① 영 제48조의 규정에 의하여 건축물에 설치하는 복도의 유효너비는 다음 표와 같이 하여야 한다.

구분	양옆에 거실이 있는 복도	기타의 복도
유치원·초등학교 중학교·고등학교	2.4 m 이상	1.8 m 이상
공동주택·오피스텔	1.8 m 이상	1.2 m 이상
당해 층 거실의 바닥면적 합계가 200㎡ 이상인 경우	1.5 m 이상 (의료시설의 복도 1.8 m 이상)	1.2 m 이상

② 문화 및 집회시설(공연장·집회장·관람장·전시장에 한한다), 종교시설 중 종교집회장, 노유자시설 중 아동 관련 시설·노인복지시설, 수련시설 중 생활권수련시설, 위락시설 중 유흥주점 및 장례식장의 관람실 또는 집회실과 접하는 복도의 유효너비는 제1항의 규정에 불구하고 다음 각 호에서 정하는 너비로 하여야 한다.
  1. 해당 층에서 해당 용도로 쓰는 바닥면적의 합계가 500제곱미터 미만인 경우 1.5미터 이상
  2. 해당 층에서 해당 용도로 쓰는 바닥면적의 합계가 500제곱미터 이상 1천 제곱미터 미만인 경우 1.8미터 이상
  3. 해당 층에서 해당 용도로 쓰는 바닥면적의 합계가 1천 제곱미터 이상인 경우 2.4미터 이상
③ 문화 및 집회시설 중 공연장에 설치하는 복도는 다음 각 호의 기준에 적합하여야 한다.
  1. 공연장의 개별 관람실(바닥면적이 300제곱미터 이상인 경우에 한한다)의 바깥쪽에는 그 양쪽 및 뒤쪽에 각각 복도를 설치할 것
  2. 하나의 층에 개별 관람실(바닥면적이 300제곱미터 미만인 경우에 한한다)을 2개소 이상 연속하여 설치하는 경우에는 그 관람실의 바깥쪽의 앞쪽과 뒤쪽에 각각 복도를 설치할 것

제18조의2(소방관 진입창의 기준)

법 제49조제3항에서 "국토교통부령으로 정하는 기준"이란 다음 각 호의 요건을 모두 충족하는 것을 말한다.
1. 2층 이상 11층 이하인 층에 각각 1개소 이상 설치할 것. 이 경우 소방관이 진입할 수 있는 창의 가운데에서 벽면 끝까지의 수평거리가 40미터 이상인 경우에는 40미터 이내마다 소방관이 진입할 수 있는 창을 추가로 설치해야 한다.
2. 소방차 진입로 또는 소방차 진입이 가능한 공터에 면할 것
3. 창문의 가운데에 지름 20센티미터 이상의 역삼각형을 야간에도 알아볼 수 있도록 빛반사 등으로 붉은색으로 표시할 것
4. 창문의 한쪽 모서리에 타격지점을 지름 3센티미터 이상의 원형으로 표시할 것
5. 창문의 크기는 폭 90센티미터 이상, 높이 1.2미터 이상으로 하고, 실내 바닥면으로부터 창의 아랫부분까지의 높이는 80센티미터 이내로 할 것
6. 다음 각 목의 어느 하나에 해당하는 유리를 사용할 것
   가. 플로트판유리로서 그 두께가 6밀리미터 이하인 것
   나. 강화유리 또는 배강도유리로서 그 두께가 5밀리미터 이하인 것
   다. 가목 또는 나목에 해당하는 유리로 구성된 이중 유리로서 그 두께가 24밀리미터 이하인 것

제19조(경계벽 등의 구조)

① 법 제49조제4항에 따라 건축물에 설치하는 경계벽은 내화구조로 하고, 지붕밑 또는 바로 위층의 바닥판까지 닿게 하여야 한다.
② 제1항에 따른 경계벽은 소리를 차단하는데 장애가 되는 부분이 없도록 다음 각 호의 어느 하나에 해당하는 구조로 하여야 한다. 다만, 다가구주택 및 공동주택의 세대간의 경계벽인 경우에는 「주택건설기준 등에 관한 규정」 제14조에 따른다.[**경계벽 및 칸막이벽의 구조**]
   1. 철근콘크리트조·철골철근콘크리트조로서 두께가 10센티미터 이상인 것
   2. 무근콘크리트조 또는 석조로서 두께가 10센티미터(시멘트모르타르·회반죽 또는 석고플라스터의 바름 두께를 포함한다) 이상인 것
   3. 콘크리트블록조 또는 벽돌조로서 두께가 19센티미터 이상인 것
   4. 제1호 내지 제3호의 것 외에 국토교통부장관이 정하여 고시하는 기준에 따라 국토교통부장관이 지정하는 자 또는 한국건설기술연구원장이 실시하는 품질시험에서 그 성능이 확인된 것
   5. 한국건설기술연구원장이 제27조제1항에 따라 정한 인정기준에 따라 인정하는 것

제21조(방화벽의 구조)

건축물에 설치하는 방화벽은 다음 각 호의 기준에 적합해야 한다.
1. 내화구조로서 홀로 설 수 있는 구조일 것
2. 방화벽의 양쪽 끝과 위쪽 끝을 건축물의 외벽면 및 지붕면으로부터 0.5미터 이상 튀어나오게 할 것
3. 방화벽에 설치하는 출입문의 너비 및 높이는 각각 2.5미터 이하로 하고, 해당 출입문에는 60+방화문 또는 60분방화문을 설치할 것

제22조(대규모 목조건축물의 외벽 등)

① 연면적이 1천 제곱미터 이상인 목조의 건축물은 그 외벽 및 처마 밑의 연소할 우려가 있는 부분을 방화구조로 하되, 그 지붕은 불연재료로 하여야 한다.

② 제1항에서 **"연소할 우려가 있는 부분"**이라 함은 인접대지경계선·도로중심선 또는 동일한 대지 안에 있는 2동 이상의 건축물(연면적의 합계가 500제곱미터 이하인 건축물은 이를 하나의 건축물로 본다) 상호의 외벽간의 중심선으로부터 1층에 있어서는 3미터 이내, 2층 이상에 있어서는 5미터 이내의 거리에 있는 건축물의 각 부분을 말한다. 다만, 공원·광장·하천의 공지나 수면 또는 내화구조의 벽 기타 이와 유사한 것에 접하는 부분을 제외한다.

제22조의2(고층건축물 피난안전구역 등의 피난 용도 표시)

법 제50조의2제2항에 따라 고층건축물에 설치된 피난안전구역, 피난시설 또는 대피공간에는 다음 각 호에서 정하는 바에 따라 화재 등의 경우에 피난 용도로 사용되는 것임을 표시하여야 한다.

1. 피난안전구역
   가. 출입구 상부 벽 또는 측벽의 눈에 잘 띄는 곳에 "피난안전구역" 문자를 적은 표시판을 설치할 것
   나. 출입구 측벽의 눈에 잘 띄는 곳에 해당 공간의 목적과 용도, 다른 용도로 사용하지 아니할 것을 안내하는 내용을 적은 표시판을 설치할 것
2. 특별피난계단의 계단실 및 그 부속실, 피난계단의 계단실 및 피난용 승강기 승강장
   가. 출입구 측벽의 눈에 잘 띄는 곳에 해당 공간의 목적과 용도, 다른 용도로 사용하지 아니할 것을 안내하는 내용을 적은 표시판을 설치할 것
   나. 해당 건축물에 피난안전구역이 있는 경우 가목에 따른 표시판에 피난안전구역이 있는 층을 적을 것
3. 대피공간 : 출입문에 해당 공간이 화재 등의 경우 대피장소이므로 물건적치 등 다른 용도로 사용하지 아니할 것을 안내하는 내용을 적은 표시판을 설치할 것

제23조(방화지구안의 지붕·방화문 및 외벽 등)

① 법 제51조제3항에 따라 방화지구 내 건축물의 지붕으로서 내화구조가 아닌 것은 불연재료로 하여야 한다.

② 법 제51조제3항에 따라 방화지구 내 건축물의 인접대지경계선에 접하는 외벽에 설치하는 창문등으로서 제22조제2항에 따른 연소할 우려가 있는 부분에는 다음 각 호의 방화설비를 설치해야 한다.

1. 60+방화문 또는 60분방화문
2. 소방법령이 정하는 기준에 적합하게 창문등에 설치하는 드렌처
3. 당해 창문등과 연소할 우려가 있는 다른 건축물의 부분을 차단하는 내화구조나 불연재료로 된 벽·담장 기타 이와 유사한 방화설비
4. 환기구멍에 설치하는 불연재료로 된 방화커버 또는 그물눈이 2밀리미터 이하인 금속망

★★★☆☆

문제17 방화지구 내 건축물의 인접대지경계선에 접하는 외벽에 설치하는 창문 등으로서 연소할 우려가 있는 부분에 설치하는 설비를 쓰시오.[점검17회기출]

제25조(지하층의 구조)

① 법 제53조에 따라 건축물에 설치하는 지하층의 구조 및 설비는 다음 각 호의 기준에 적합하여야 한다.
  1. 거실의 바닥면적이 50제곱미터 이상인 층에는 직통계단 외에 피난층 또는 지상으로 통하는 비상탈출구 및 환기통을 설치할 것. 다만, 직통계단이 2개소 이상 설치되어 있는 경우에는 그러하지 아니하다.
  1의 2. 제2종 근린생활시설 중 공연장·단란주점·당구장·노래연습장, 문화 및 집회시설 중 예식장·공연장, 수련시설 중 생활권수련시설·자연권수련시설, 숙박시설 중 여관·여인숙, 위락시설 중 단란주점·유흥주점 또는 「다중이용업소의 안전관리에 관한 특별법 시행령」제2조에 따른 다중이용업의 용도에 쓰이는 층으로서 그 층의 거실의 바닥면적의 합계가 50제곱미터 이상인 건축물에는 직통계단을 2개소 이상 설치할 것
  2. 바닥면적이 1천 제곱미터 이상인 층에는 피난층 또는 지상으로 통하는 직통계단을 영 제46조의 규정에 의한 방화구획으로 구획되는 각 부분마다 1개소 이상 설치하되, 이를 피난계단 또는 특별피난계단의 구조로 할 것
  3. 거실의 바닥면적의 합계가 1천 제곱미터 이상인 층에는 환기설비를 설치할 것
  4. 지하층의 바닥면적이 300제곱미터 이상인 층에는 식수공급을 위한 급수전을 1개소 이상 설치할 것

② 제1항제1호에 따른 지하층의 비상탈출구는 다음 각 호의 기준에 적합하여야 한다. 다만, 주택의 경우에는 그러하지 아니하다.[**비상탈출구 설치기준**]
  1. 비상탈출구의 유효너비는 0.75미터 이상으로 하고, 유효높이는 1.5미터 이상으로 할 것
  2. 비상탈출구의 문은 피난방향으로 열리도록 하고, 실내에서 항상 열 수 있는 구조로 하여야 하며, 내부 및 외부에는 비상탈출구의 표시를 할 것
  3. 비상탈출구는 출입구로부터 3미터 이상 떨어진 곳에 설치할 것
  4. 지하층의 바닥으로부터 비상탈출구의 아랫부분까지의 높이가 1.2미터 이상이 되는 경우에는 벽체에 발판의 너비가 20센티미터 이상인 사다리를 설치할 것
  5. 비상탈출구는 피난층 또는 지상으로 통하는 복도나 직통계단에 직접 접하거나 통로 등으로 연결될 수 있도록 설치하여야 하며, 피난층 또는 지상으로 통하는 복도나 직통계단까지 이르는 피난통로의 유효너비는 0.75미터 이상으로 하고, 피난통로의 실내에 접하는 부분의 마감과 그 바탕은 불연재료로 할 것
  6. 비상탈출구의 진입부분 및 피난통로에는 통행에 지장이 있는 물건을 방치하거나 시설물을 설치하지 아니할 것
  7. 비상탈출구의 유도등과 피난통로의 비상조명등의 설치는 소방법령이 정하는 바에 의할 것

★★★☆☆

 문제18 거실의 바닥면적이 50제곱미터 이상인 지하층에 설치하는 비상탈출구 위치 기준과 비상탈출구 규격 기준에 대하여 쓰시오.

제26조(방화문의 구조)

영 제64조제1항에 따른 방화문은 한국건설기술연구원장이 국토교통부장관이 정하여 고시하는 바에 따라 다음 각 호의 구분에 따른 기준에 적합하다고 인정한 것을 말한다.

1. 생산공장의 품질 관리 상태를 확인한 결과 국토교통부장관이 정하여 고시하는 기준에 적합할 것
2. 품질시험을 실시한 결과 영 제64조제1항 각 호의 기준에 따른 성능을 확보할 것

제30조(피난용 승강기의 설치기준)

영 제91조제5호에서 "국토교통부령으로 정하는 구조 및 설비 등의 기준"이란 다음 각 호를 말한다.
1. 피난용 승강기 승강장의 구조
    가. 승강장의 출입구를 제외한 부분은 해당 건축물의 다른 부분과 내화구조의 바닥 및 벽으로 구획할 것
    나. 승강장은 각 층의 내부와 연결될 수 있도록 하되, 그 출입구에는 60+방화문 또는 60분방화문을 설치할 것. 이 경우 방화문은 언제나 닫힌 상태를 유지할 수 있는 구조이어야 한다.
    다. 실내에 접하는 부분(바닥 및 반자 등 실내에 면한 모든 부분을 말한다)의 마감(마감을 위한 바탕을 포함한다)은 불연재료로 할 것
    라. 「건축물의 설비기준 등에 관한 규칙」 제14조에 따른 배연설비를 설치할 것. 다만, 「소방시설 설치·유지 및 안전관리에 법률 시행령」 별표 5 제5호가목에 따른 제연설비를 설치한 경우에는 배연설비를 설치하지 아니할 수 있다.

★★★☆☆

 문제19 피난용 승강기 승강장의 구조에 대한 기준 중 5가지만 쓰시오.

2. 피난용 승강기 승강로의 구조
    가. 승강로는 해당 건축물의 다른 부분과 내화구조로 구획할 것
    나. 삭제 〈2018.10.18.〉
    다. 승강로 상부에 「건축물의 설비기준 등에 관한 규칙」 제14조에 따른 배연설비를 설치할 것
3. 피난용 승강기 기계실의 구조
    가. 출입구를 제외한 부분은 해당 건축물의 다른 부분과 내화구조의 바닥 및 벽으로 구획할 것
    나. 출입구에는 60+방화문 또는 60분방화문을 설치할 것
4. 피난용 승강기 전용 예비전원
    가. 정전 시 피난용승강기, 기계실, 승강장 및 폐쇄회로 텔레비전 등의 설비를 작동할 수 있는 별도의 예비전원 설비를 설치할 것
    나. 가목에 따른 예비전원은 초고층 건축물의 경우에는 2시간 이상, 준초고층 건축물의 경우에는 1시간 이상 작동이 가능한 용량일 것
    다. 상용전원과 예비전원의 공급을 자동 또는 수동으로 전환이 가능한 설비를 갖출 것
    라. 전선관 및 배선은 고온에 견딜 수 있는 내열성 자재를 사용하고, 방수조치를 할 것

★★★☆☆

 문제20 피난용 승강기 전용 예비전원의 설치기준을 쓰시오.[점검17회기출]

제4장 초고층 및 지하연계 복합건축물 재난관리에 관한 특별법

[시행 2022. 12. 1.] [법률 제18523호, 2021. 11. 30., 타법개정]

제2조(정의)
이 법에서 사용하는 용어의 정의는 다음 각 호와 같다.
1. "초고층 건축물"이란 층수가 50층 이상 또는 높이가 200미터 이상인 건축물을 말한다.
2. "지하연계 복합건축물"이란 다음 각 목의 요건을 모두 갖춘 것을 말한다.
   가. 층수가 11층 이상이거나 1일 수용인원이 5천명 이상인 건축물로서 지하부분이 지하역사 또는 지하도상가와 연결된 건축물
   나. 건축물 안에 「건축법」 제2조제2항제5호에 따른 문화 및 집회시설, 같은 항 제7호에 따른 판매시설, 같은 항 제8호에 따른 운수시설, 같은 항 제14호에 따른 업무시설, 같은 항 제15호에 따른 숙박시설, 같은 항 제16호에 따른 위락시설 중 유원시설업의 시설 또는 대통령령으로 정하는 용도의 시설이 하나 이상 있는 건축물

★★★★☆

 문제01 다음 용어의 정의를 쓰시오.
1. 초고층 건축물 [점검13회기출]
2. 지하연계 복합건축물

제7조(사전재난영향성 검토협의 내용)
사전재난영향성 검토협의 내용은 다음 각 호와 같다.
1. 종합방재실 설치 및 종합재난관리체제 구축 계획
2. 내진설계 및 계측설비 설치계획
3. 공간 구조 및 배치계획
4. 피난안전구역 설치 및 피난시설, 피난유도계획
5. 소방설비·방화구획, 방연·배연 및 제연계획, 발화 및 연소 확대 방지 계획
6. 관계지역에 영향을 주는 재난 및 안전관리 계획
7. 방범·보안, 테러 대비 시설 설치 및 관리 계획
8. 지하공간 침수 방지 계획
9. 그 밖에 대통령령으로 정하는 사항

★★☆☆☆

 문제02 사전재난영향성 검토협의의 내용 9가지를 쓰시오.

제9조(재난예방 및 피해경감계획의 수립·시행 등)
① 초고층 건축물 등의 관리주체는 그 건축물 등에 대한 재난을 예방하고 피해를 경감하기 위한 계획(이하 "재난예방 및 피해경감계획"이라 한다)을 수립·시행하여야 한다.
② 제1항에 따른 재난예방 및 피해경감계획에는 다음 각 호의 내용을 포함하여야 한다
   1. 재난 유형별 대응·상호응원 및 비상전파 계획
   2. 피난시설 및 피난유도계획

3. 재난 및 테러 등 대비 교육·훈련 계획
4. 재난 및 안전관리 조직의 구성·운영
4의2. 어린이·노인·장애인 등 재난에 취약한 사람의 안전관리대책
5. 시설물의 유지관리계획
6. 소방시설 설치·유지 및 피난계획
7. 전기·가스·기계·위험물 등 다른 법령에 따른 안전관리계획
8. 건축물의 기본현황 및 이용계획
9. 그 밖에 대통령령으로 정하는 필요한 사항

★★★☆☆

 문제03 초고층 건축물 등의 관리주체는 그 건축물 등에 대한 재난을 예방하고 피해를 경감하기 위한 계획(재난예방 및 피해경감계획)을 수립·시행하여야 한다. 재난예방 및 피해경감계획에 포함하여야 할 내용 9가지를 쓰시오.

제17조(종합재난관리체제의 구축)

① 초고층 건축물 등의 관리주체는 관계지역 안에서 재난의 신속한 대응 및 재난정보 공유·전파를 위한 종합재난관리체제를 종합방재실에 구축·운영하여야 한다.
② 종합재난관리체제의 구축 시 다음 각 호의 사항을 포함하여야 한다.[**종합재난관리체제의 구축 시 포함되어야 할 사항**]
　1. 재난대응체제
　　가. 재난상황 감지 및 전파체제
　　나. 방재의사결정 지원 및 재난 유형별 대응체제
　　다. 피난유도 및 상호응원체제
　2. 재난·테러 및 안전 정보관리체제
　　가. 취약지역 안전점검 및 순찰정보 관리
　　나. 유해·위험물질 반출·반입 관리
　　다. 소방시설·설비 및 방화관리 정보
　　라. 방범·보안 및 테러대비 시설관리
　3. 그 밖에 관리주체가 필요로 하는 사항

★★★☆☆

 문제04 초고층 건축물 등의 관리주체는 관계지역 안에서 재난의 신속한 대응 및 재난정보 공유·전파를 위한 종합재난관리체제를 종합방재실에 구축·운영하여야 한다. 종합재난관리체제의 구축 시 포함하여야 할 사항을 모두 쓰시오.

제18조(피난안전구역 설치)

① 초고층 건축물 등의 관리주체는 그 건축물 등에 재난발생 시 상시근무자, 거주자 및 이용자가 대피할 수 있는 피난안전구역을 설치·운영하여야 한다.
② 제1항에 따른 피난안전구역의 기능과 성능에 지장을 초래하는 폐쇄·차단 등의 행위를 하여서는 아니 된다.

제5장 초고층 및 지하연계 복합건축물 재난관리에 관한 특별법 시행령

[시행 2022. 12. 1.] [대통령령 제33004호, 2022. 11. 29., 타법개정]

제14조(피난안전구역 설치기준 등)

① 초고층 건축물 등의 관리주체는 법 제18조제1항에 따라 다음 각 호의 구분에 따른 피난안전구역을 설치하여야 한다.

1. 초고층 건축물 : 「건축법 시행령」 제34조제3항에 따른 피난안전구역을 설치할 것
1의2. 30층 이상 49층 이하인 지하연계 복합건축물 : 「건축법 시행령」 제34조제4항에 따른 피난안전구역을 설치할 것

> **TIP** [건축법 시행령 제34조 제4항] : 준초고층 건축물에는 피난층 또는 지상으로 통하는 직통계단과 직접 연결되는 피난안전구역을 해당 건축물 전체 층수의 2분의 1에 해당하는 층으로부터 상하 5개층 이내에 1개소 이상 설치하여야 한다. 다만, 국토교통부령으로 정하는 기준에 따라 피난층 또는 지상으로 통하는 직통계단을 설치하는 경우에는 그러하지 아니하다.

2. 16층 이상 29층 이하인 지하연계 복합건축물 : 지상층별 거주밀도가 제곱미터당 1.5명을 초과하는 층은 해당 층의 사용형태별 면적의 합의 10분의 1에 해당하는 면적을 피난안전구역으로 설치할 것
3. 초고층 건축물 등의 지하층이 법 제2조제2호나목의 용도로 사용되는 경우 : 해당 지하층에 별표 2의 피난안전구역 면적 산정기준에 따라 피난안전구역을 설치하거나, 선큰[지표 아래에 있고 외기(外氣)에 개방된 공간으로서 건축물 사용자 등의 보행·휴식 및 피난 등에 제공되는 공간을 말한다]을 설치할 것

> **TIP** [법 제2조제2호 나목] : 건축물 안에 「건축법」 2조제2항제5호에 따른 문화 및 집회시설, 같은 항 제7호에 따른 판매시설, 같은 항 제8호에 따른 운수시설, 같은 항 제14호에 따른 업무시설, 같은 항 제15호에 따른 숙박시설, 같은 항 제16호에 따른 위락시설 중 유원시설업의 시설 또는 대통령령으로 정하는 용도의 시설이 하나 이상 있는 건축물

★★★☆☆

문제01 다음 항목의 피난안전구역 설치기준을 쓰시오.[점검13회기출]
1. 초고층 건축물
2. 16층 이상 29층 이하인 지하연계 복합건축물

② 제1항에 따라 설치하는 피난안전구역은 「건축법 시행령」 제34조제5항에 따른 피난안전구역의 규모와 설치기준에 맞게 설치하여야 하며, 다음 각 호의 소방시설(「소방시설 설치 및 관리에 관한 법률 시행령」 별표 1에 따른 소방시설을 말한다)을 모두 갖추어야 한다. 이 경우 소방시설은 「소방시설 설치 및 관리에 관한 법률」 제12조제1항에 따른 화재안전기준에 맞는 것이어야 한다.
1. 소화설비 중 소화기구(소화기 및 간이소화용구만 해당한다), 옥내소화전설비 및 스프링클러설비

2. 경보설비 중 자동화재탐지설비
3. 피난설비 중 방열복, 공기호흡기(보조마스크를 포함한다), 인공소생기, 피난유도선(피난안전구역으로 통하는 직통계단 및 특별피난계단을 포함한다), 피난안전구역으로 피난을 유도하기 위한 유도등·유도표지, 비상조명등 및 휴대용비상조명등
4. 소화활동설비 중 제연설비, 무선통신보조설비

★★★★★

문제02 초고층 건축물 등의 관리주체는 그 건축물 등에 재난발생 시 상시근무자, 거주자 및 이용자가 대피할 수 있는 피난안전구역을 설치·운영하여야 한다. 피난안전구역에 갖추어야 하는 소방시설을 모두 쓰시오.

③ 선큰은 다음 각 호의 기준에 맞게 설치해야 한다.
1. 다음 각 목의 구분에 따라 용도(「건축법 시행령」 별표 1에 따른 용도를 말한다)별로 산정한 면적을 합산한 면적 이상으로 설치할 것
   가. 문화 및 집회시설 중 공연장, 집회장 및 관람장은 해당 면적의 7퍼센트 이상
   나. 판매시설 중 소매시장은 해당 면적의 7퍼센트 이상
   다. 그 밖의 용도는 해당 면적의 3퍼센트 이상
2. 다음 각 목의 기준에 맞게 설치할 것
   가. 지상 또는 피난층(직접 지상으로 통하는 출입구가 있는 층 및 제1항에 따른 피난안전구역을 말한다)으로 통하는 너비 1.8미터 이상의 직통계단을 설치하거나, 너비 1.8미터 이상 및 경사도 12.5퍼센트 이하의 경사로를 설치할 것
   나. 거실(건축물 안에서 거주, 집무, 작업, 집회, 오락, 그 밖에 이와 유사한 목적을 위하여 사용되는 방을 말한다. 이하 같다) 바닥면적 100제곱미터마다 0.6미터 이상을 거실에 접하도록 하고, 선큰과 거실을 연결하는 출입문의 너비는 거실 바닥면적 100제곱미터마다 0.3미터로 산정한 값 이상으로 할 것
3. 다음 각 목의 기준에 맞는 설비를 갖출 것
   가. 빗물에 의한 침수 방지를 위하여 차수판(遮水板), 집수정(물저장고), 역류방지기를 설치할 것
   나. 선큰과 거실이 접하는 부분에 제연설비[드렌처(수막)설비 또는 공기조화설비와 별도로 운용하는 제연설비를 말한다]를 설치할 것. 다만, 선큰과 거실이 접하는 부분에 설치된 공기조화설비가 「소방시설 설치 및 관리에 관한 법률」 제12조제1항에 따른 화재안전기준에 맞게 설치되어 있고, 화재발생 시 제연설비 기능으로 자동 전환되는 경우에는 제연설비를 설치하지 않을 수 있다.
④ 초고층 건축물 등의 관리주체는 피난안전구역에 제1항부터 제3항까지에서 규정한 사항 외에 재난의 예방·대응 및 지원을 위하여 행정안전부령으로 정하는 설비 등을 갖추어야 한다.

★★★★☆

문제03 다음 각각에 대한 선큰의 설치기준을 쓰시오.
   1. 면적 설치기준
   2. 설치기준
   3. 갖추어야 할 설비기준

[별표 1] 용도별 거주밀도

건축 용도	사용형태별	거주 밀도 (명/m²)	비고
1. 문화·집회 용도	가. 좌석이 있는 극장·회의장·전시장 및 그 밖에 이와 비슷한 것 　1) 고정식 좌석 　2) 이동식 좌석 　3) 입석식 나. 좌석이 없는 극장·회의장·전시장 및 그 밖에 이와 비슷한 것 다. 회의실 라. 무대 마. 게임제공업 바. 나이트클럽 사. 전시장(산업전시장)	n 1.30 2.60 1.80 1.50 0.70 1.00 1.70 0.70	1. n은 좌석 수를 말한다. 2. 극장·회의장·전시장 및 그 밖에 이와 비슷한 것에는 「건축법 시행령」 별표 1 제4호 마목의 공연장을 포함한다. 3. 극장·회의장·전시장에는 로비·홀·전실을 포함한다.
2. 상업 용도	가. 매장 나. 연속식 점포 　1) 매장 　2) 통로 다. 창고 및 배송공간 라. 음식점(레스토랑)·바·카페	0.50 0.50 0.25 0.37 1.00	연속식 점포 : 벽체를 연속으로 맞대거나 복도를 공유하고 있는 점포수가 둘 이상인 경우를 말한다.
3. 업무 용도	가. 사무실이 높이 60m 초과하는 부분에 위치 나. 사무실이 높이 60m 이하 부분에 위치	1.25 0.25	
4. 주거 용도	가. 공동주택 나. 호텔	R+1 0.05	R은 세대별 방의 개수를 말한다.
5. 교육 용도	가. 도서관 　1) 서고·통로 　2) 열람실 나. 학교 　1) 교실 　2) 그 밖의 시설	0.10 0.21 0.52 0.21	
6. 운동 용도	운동시설	0.21	
7. 의료 용도	가. 입원치료구역 나. 수면구역(숙소 등)	0.04 0.09	
8. 보육 용도	보호시설(아동 관련 시설, 노인복지시설 등)	0.30	

비고 : 둘 이상의 사용형태로 사용되는 층의 거주밀도는 사용형태별 거주밀도에 해당 사용형태의 면적이 해당 층에서 차지하는 비율을 반영하여 각각 산정한 값을 더하여 산정한다.

6th Day

[별표 2] 피난안전구역 면적 산정기준

1. 지하층이 하나의 용도로 사용되는 경우

   피난안전구역 면적 = (수용인원 × 0.1) × 0.28 ㎡

2. 지하층이 둘 이상의 용도로 사용되는 경우

   피난안전구역 면적 = (사용형태별 수용인원의 합 × 0.1) × 0.28 ㎡

《비고》
1. 수용인원은 사용형태별 면적과 거주밀도를 곱한 값을 말한다. 다만, 업무용도와 주거용도의 수용인원은 용도의 면적과 거주밀도를 곱한 값으로 한다.
2. 건축물의 사용형태별 거주밀도는 다음 표와 같다.

건축용도	사용형태별	거주밀도 (명/㎡)	비고
가. 문화·집회 용도	1) 좌석이 있는 극장·회의장·전시장 및 기타 이와 비슷한 것 　가) 고정식 좌석 　나) 이동식 좌석 　다) 입석식 2) 좌석이 없는 극장·회의장·전시장 및 기타 이와 비슷한 것 3) 회의실 4) 무대 5) 게임제공업 6) 나이트클럽 7) 전시장(산업전시장)	n 1.30 2.60 1.80 1.50 0.70 1.00 1.70 0.70	1. n은 좌석 수를 말한다. 2. 극장·회의장·전시장 및 그 밖에 이와 비슷한 것에는 「건축법 시행령」 별표 1 제4호마목의 공연장을 포함한다. 3. 극장·회의장·전시장에는 로비·홀·전실을 포함한다.
나. 상업 용도	1) 매장 2) 연속식 점포 　가) 매장 　나) 통로 3) 창고 및 배송공간 4) 음식점(레스토랑)·바·카페	0.50 0.50 0.25 0.37 1.00	연속식 점포 : 벽체를 연속으로 맞대거나 복도를 공유하고 있는 점포 수가 둘 이상인 경우를 말한다.
다. 업무 용도		0.25	
라. 주거 용도		0.05	
마. 의료 용도	1) 입원치료구역 2) 수면구역	0.04 0.09	

문제04 피난안전구역 면적 산정기준을 쓰시오. (8점) [점검13회기출]
　　　　1) 지하층이 하나의 용도로 사용되는 경우
　　　　2) 지하층이 둘 이상의 용도로 사용되는 경우

제6장 초고층 및 지하연계 복합건축물 재난관리에 관한 특별법 시행규칙

[시행 2022. 12. 1.] [행정안전부령 제361호, 2022. 12. 1., 타법개정]

제4조(총괄재난관리자에 대한 교육)

① 총괄재난관리자는 총괄재난관리자로 지정된 날부터 6개월 이내에 다음 각 호의 사항을 포함하는 교육을 받아야 하며, 그 후 2년마다 1회 이상 보수교육을 받아야 한다.
1. 재난관리 일반
2. 법 및 하위법령의 주요 내용
3. 재난예방 및 피해경감계획 수립에 관한 사항
4. 관계인, 상시근무자 및 거주자에 대하여 실시하는 재난 및 테러 등에 대한 교육·훈련에 관한 사항
5. 종합방재실의 설치·운영에 관한 사항
6. 종합재난관리체제의 구축에 관한 사항
7. 피난안전구역의 설치·운영에 관한 사항
8. 유해·위험물질의 관리 등에 관한 사항
9. 그 밖에 소방청장이 필요하다고 인정하는 사항

★☆☆☆☆

문제01 총괄재난관리자는 총괄재난관리자로 지정된 날부터 6개월 이내에 교육을 받아야 하며, 그 후 2년마다 1회 이상 보수교육을 받아야 한다. 교육에 포함되어야 하는 사항 9가지를 쓰시오.

제6조(교육 및 훈련 등)

① 초고층 건축물 등의 관리주체는 법 제14조제1항에 따라 관계인, 상시근무자 및 거주자에 대하여 다음 각 호의 구분에 따른 교육 및 훈련을 하여야 한다.
1. 관계인 및 상시근무자에 대한 교육 및 훈련
   가. 재난 발생 상황 보고·신고 및 전파에 관한 사항
   나. 입점자, 이용자 및 거주자 등(장애인 및 노약자를 포함한다)의 대피 유도에 관한 사항
   다. 현장 통제와 재난의 대응 및 수습에 관한 사항
   라. 재난 발생 시 임무, 재난 유형별 대처 및 행동 요령에 관한 사항
   마. 2차 피해 방지 및 저감(低減)에 관한 사항
   바. 외부기관 출동 관련 상황 인계에 관한 사항
   사. 테러 예방 및 대응 활동에 관한 사항
2. 거주자 등에 대한 교육 및 훈련
   가. 피난안전구역의 위치에 관한 사항
   나. 피난층(직접 지상으로 통하는 출입구가 있는 층 및 피난안전구역을 말한다)으로의 대피요령 등에 관한 사항
   다. 피해 저감을 위한 사항
   라. 테러 예방 및 대응 활동에 관한 사항(입점자의 경우만 해당한다)

7th Day

★☆☆☆☆

 문제02 초고층 건축물 등의 관리주체는 관계인, 상시근무자 및 거주자에 대하여 교육 및 훈련을 하여야 한다. 다음 각각에 대한 교육사항을 쓰시오.
　　1. 관계인 및 상시근무자에 대한 교육 및 훈련
　　2. 거주자 등에 대한 교육 및 훈련

② 초고층 건축물 등의 관리주체는 제1항에 따른 교육 및 훈련을 매년 1회 이상 하여야 한다.
③ 초고층 건축물 등의 관리주체는 제1항에 따른 교육 및 훈련의 종류·내용·시기·횟수 및 참여 대상 등을 주요 내용으로 하는 다음 연도 교육 및 훈련계획을 수립하여 매년 12월 15일까지 시·군·구본부장에게 제출하여야 하고, 시·군·구본부장은 같은 해 12월 30일까지 시·도본부장에게 보고하여야 하며, 시·도본부장은 다음 해 1월 10일까지 소방청장에게 보고하여야 한다.
④ 초고층 건축물 등의 관리주체는 제3항에 따른 교육 및 훈련계획에 법 제14조제1항 후단에 따른 소화·피난 등의 훈련과 방화관리상 필요한 교육이 포함되어 있는 경우에는 교육 및 훈련 예정일 14일 전까지 관할 소방서장과 교육 및 훈련의 내용·시기·방법 및 대상 등에 대하여 협의하여야 한다.
⑤ 초고층 건축물등의 관리주체는 제1항에 따른 교육 및 훈련을 하였을 때에는 교육 및 훈련을 한 날부터 10일 이내에 별지 제4호의2서식의 재난 및 테러 등에 대한 교육·훈련 실시 결과서를 시·군·구본부장에게 제출하고, 이를 1년간 보관하여야 한다.
⑥ 시·군·구본부장은 제5항에 따라 관리주체로부터 재난 및 테러 등에 대한 교육·훈련 실시 결과서를 제출받은 날부터 10일 이내에 이를 관할 소방서장에게 통보하여야 한다.
⑦ 소방청장이나 시·도본부장은 초고층 건축물 등의 관리주체가 제1항에 따른 교육 및 훈련을 실시하는 데에 필요한 지원을 할 수 있다.
⑧ 초고층 건축물등의 관리주체는 제1항에 따른 교육 및 훈련에 필요한 장비 및 교재 등을 갖추어야 한다.

제7조(종합방재실의 설치기준)
① 초고층 건축물 등의 관리주체는 법 제16조제1항에 따라 다음 각 호의 기준에 맞는 종합방재실을 설치·운영하여야 한다.
　1. 종합방재실의 개수 : 1개. 다만, 100층 이상인 초고층 건축물 등[「건축법」 제2조제2항제2호에 따른 공동주택(같은 법 제11조에 따른 건축허가를 받아 주택 외의 시설과 주택을 동일 건축물로 건축하는 경우는 제외한다. 이하 "공동주택"이라 한다)은 제외한다]의 관리주체는 종합방재실이 그 기능을 상실하는 경우에 대비하여 종합방재실을 추가로 설치하거나, 관계지역 내 다른 종합방재실에 보조종합재난관리체제를 구축하여 재난관리 업무가 중단되지 아니하도록 하여야 한다.
　2. 종합방재실의 위치
　　가. 1층 또는 피난층. 다만, 초고층 건축물 등에 「건축법 시행령」 제35조에 따른 특별피난계단(이하 "특별피난계단"이라 한다)이 설치되어 있고, 특별피난계단 출입구로부터 5미터 이내에 종합방재실을 설치하려는 경우에는 2층 또는 지하 1층에 설치할 수 있으며, 공동주택의 경우에는 관리사무소 내에 설치할 수 있다.
　　나. 비상용 승강장, 피난 전용 승강장 및 특별피난계단으로 이동하기 쉬운 곳

다. 재난정보 수집 및 제공, 방재 활동의 거점(據點) 역할을 할 수 있는 곳
라. 소방대(消防隊)가 쉽게 도달할 수 있는 곳
마. 화재 및 침수 등으로 인하여 피해를 입을 우려가 적은 곳

★★★★☆

 문제03 95층 건축물에 설치하는 종합방재실의 최소 설치개수 및 위치 기준을 쓰시오. (8점) [점검13회기출]

3. 종합방재실의 구조 및 면적
    가. 다른 부분과 방화구획(防火區劃)으로 설치할 것. 다만, 다른 제어실 등의 감시를 위하여 두께 7밀리미터 이상의 망입(網入)유리(두께 16.3밀리미터 이상의 접합유리 또는 두께 28밀리미터 이상의 복층유리를 포함한다)로 된 4제곱미터 미만의 붙박이창을 설치할 수 있다.
    나. 제2항에 따른 인력의 대기 및 휴식 등을 위하여 종합방재실과 방화구획 된 부속실(附屬室)을 설치할 것
    다. 면적은 20제곱미터 이상으로 할 것
    라. 재난 및 안전관리, 방범 및 보안, 테러 예방을 위하여 필요한 시설·장비의 설치와 근무 인력의 재난 및 안전관리 활동, 재난 발생 시 소방대원의 지휘 활동에 지장이 없도록 설치할 것
    마. 출입문에는 출입 제한 및 통제 장치를 갖출 것

★★★★★

 문제04 초고층 건축물 등에 설치해야 하는 종합방재실의 구조 및 면적에 대한 기준 5가지를 쓰시오.

4. 종합방재실의 설비 등
    가. 조명설비(예비전원을 포함한다) 및 급수·배수설비
    나. 상용전원(常用電源)과 예비전원의 공급을 자동 또는 수동으로 전환하는 설비
    다. 급기(給氣)·배기(排氣) 설비 및 냉방·난방 설비
    라. 전력 공급 상황 확인 시스템
    마. 공기조화·냉난방·소방·승강기 설비의 감시 및 제어시스템
    바. 자료 저장 시스템
    사. 지진계 및 풍향·풍속계(초고층 건축물에 한정한다)
    아. 소화 장비 보관함 및 무정전(無停電) 전원공급장치
    자. 피난안전구역, 피난용 승강기 승강장 및 테러 등의 감시와 방범·보안을 위한 폐쇄회로텔레비전(CCTV)

★★★★★

 문제05 초고층 건축물 등에 설치해야 하는 종합방재실에 갖추어야 하는 설비 등의 종류 9가지를 쓰시오.

② 초고층 건축물 등의 관리주체는 종합방재실에 재난 및 안전관리에 필요한 인력을 3명 이상 상주(常住)하도록 하여야 한다.

③ 초고층 건축물 등의 관리주체는 종합방재실의 기능이 항상 정상적으로 작동되도록 종합방재실의 시설 및 장비 등을 수시로 점검하고, 그 결과를 보관하여야 한다.

제8조(피난안전구역의 설비 등)

「초고층 및 지하연계 복합건축물 재난관리에 관한 특별법 시행령」 제14조제4항에서 "행정안전부령으로 정하는 설비 등"이란 다음 각 호의 장비를 말한다.
1. 자동심장충격기 등 심폐소생술을 할 수 있는 응급장비
2. 다음 각 목의 구분에 따른 수량의 방독면
   가. 초고층 건축물에 설치된 피난안전구역 : 피난안전구역 위층의 재실자 수의 10분의 1 이상
   나. 지하연계 복합건축물에 설치된 피난안전구역: 피난안전구역이 설치된 층의 수용인원의 10분의 1 이상

★★★☆☆

> **[예상] 문제06** 다음 각각에 대한 방독면의 수량산출기준을 쓰시오.
> 가. 초고층 건축물에 설치된 피난안전구역 :
> 나. 지하연계 복합건축물에 설치된 피난안전구역 :

제9조(유해·위험물질의 관리 등)

① 초고층 건축물 등의 관리주체는 그 건축물 등에 유해·위험물질이 반출·반입되었을 때에는 다음 각 호의 사항을 별지 제5호서식의 유해·위험물질 관리대장에 기록하고 관리하여야 한다.
1. 반출·반입 목적
2. 유해·위험물질의 종류, 수량, 용도 및 구입처
3. 유해·위험물질 운반자 및 관리책임자
4. 유해·위험물질 운반차량 종류

제11조(재난대응 및 지원체계의 구축·운영)

① 시·도본부장과 시·군·구본부장은 법 제21조제1항에 따라 다음 각 호의 내용이 포함된 재난대응 및 지원체계를 구축·운영하여야 한다.
1. 초고층 건축물 등의 재난예방 및 피해경감대책
2. 초고층 건축물 등의 총괄재난관리자·종합방재실, 소방관서, 유관기관, 법 제22조제1항에 따른 초기대응대 등과의 비상연락망체계
3. 피난안전구역의 위치 및 비치 장비 목록 등 현황
4. 초고층 건축물 등의 건축물대장 및 설계도서
5. 초고층 건축물 등의 층별 용도, 거주인원 및 위험요인
6. 초기대응대의 구성·운영 현황
7. 긴급구조·화재진압 등을 위한 소방관서와의 직통전화 구축
8. 그 밖에 시·도본부장 및 시·군·구본부장이 필요하다고 인정하는 사항
② 시·도본부장 또는 시·군·구본부장은 반기별 1회 이상 제1항 각 호의 현황을 점검하고, 그 변동사항을 관리하여야 한다.
③ 소방청장은 매년 1회 이상 제1항에 따른 재난대응 및 지원체계의 적정성 등을 점검하고, 초고층 건축물 등의 관리주체 및 관련 기관 등을 지도하여야 한다.

제12조(초기대응대의 구성·운영 등)

① 초기대응대는 해당 초고층 건축물 등에 상주하는 5명 이상의 관계인으로 구성한다. 다만, 공동주택은 3명 이상의 관계인으로 구성할 수 있다.
② 초기대응대는 다음 각 호의 역할을 수행한다.
  1. 재난 발생 장소 등 현황 파악, 신고 및 관계지역에 대한 전파
  2. 거주자 및 입점자 등의 대피 및 피난 유도
  3. 재난 초기 대응
  4. 구조 및 응급조치
  5. 긴급구조기관에 대한 재난정보 제공
  6. 그 밖에 재난예방 및 피해경감을 위하여 필요한 사항

★☆☆☆☆

문제07 초기대응대는 해당 초고층 건축물 등에 상주하는 5명(공동주택은 3명) 이상의 관계인으로 구성한다. 초기대응대의 수행 역할 6가지를 쓰시오.

③ 총괄재난관리자는 초기대응대에 대하여 다음 각 호의 내용을 포함한 교육 및 훈련을 매년 1회 이상 하여야 한다. 이 경우 초기대응대에 대한 교육 및 훈련은 제6조제1항에 따른 교육 및 훈련과 함께 할 수 있다.
  1. 재난 발생 장소 확인 방법
  2. 재난의 신고 및 관계지역 전파 등의 방법
  3. 초기 대응 및 신체 방호 방법
  4. 층별 거주자 및 입점자 등의 피난 유도 방법
  5. 응급구호 방법
  6. 소방 및 피난 시설 작동 방법
  7. 불을 사용하는 설비 및 기구 등의 열원(熱源) 차단 방법
  8. 위험물품 응급조치 방법
  9. 소방대 도착 시 현장 유도 및 정보 제공 등
  10. 안전 방호 방법
  11. 그 밖에 재난 초기 대응에 필요한 사항

★☆☆☆☆

문제08 총괄재난관리자는 초기대응대에 대하여 교육 및 훈련을 매년 1회 이상 하여야 한다. 교육 및 훈련 시 포함 내용 11가지를 쓰시오.

④ 초기대응대는 거주자 등의 피난 유도, 구조 및 응급조치, 불을 사용하는 설비 및 기구 등의 열원 차단 등에 필요한 장비를 갖추어야 한다.

제7장 소방시설공사업법 시행령

[시행 2024. 5. 17.] [대통령령 제34487호, 2024. 5. 7., 타법개정]

제4조(소방시설공사의 착공신고 대상)

법 제13조제1항에서 "대통령령으로 정하는 소방시설공사"란 다음 각 호의 어느 하나에 해당하는 소방시설공사를 말한다. 다만, 「위험물안전관리법」 제2조제1항제6호에 따른 제조소등 또는 「다중이용업소의 안전관리에 관한 특별법」 제2조제1항제4호에 따른 다중이용업소에서의 소방시설공사는 제외한다.

1. 특정소방대상물에 다음 각 목의 어느 하나에 해당하는 설비를 신설하는 공사
   가. 옥내소화전설비(호스릴옥내소화전설비를 포함한다. 이하 같다), 옥외소화전설비, 스프링클러설비·간이스프링클러설비(캐비닛형 간이스프링클러설비를 포함한다. 이하 같다) 및 화재조기진압용 스프링클러설비(이하 "스프링클러설비등"이라 한다), 물분무소화설비·포소화설비·이산화탄소소화설비·할론소화설비·할로겐화합물 및 불활성기체 소화설비·미분무소화설비·강화액소화설비 및 분말소화설비(이하 "물분무등소화설비"라 한다), 연결송수관설비, 연결살수설비, 제연설비(소방용 외의 용도와 겸용되는 제연설비를 「건설산업기본법 시행령」 별표 1에 따른 기계설비·가스공사업자가 공사하는 경우는 제외한다), 소화용수설비(소화용수설비를 「건설산업기본법 시행령」 별표 1에 따른 기계설비·가스공사업자 또는 상·하수도설비공사업자가 공사하는 경우는 제외한다) 또는 연소방지설비
   나. 자동화재탐지설비, 비상경보설비, 비상방송설비(소방용 외의 용도와 겸용되는 비상방송설비를 「정보통신공사업법」에 따른 정보통신공사업자가 공사하는 경우는 제외한다), 비상콘센트설비(비상콘센트설비를 「전기공사업법」에 따른 전기공사업자가 공사하는 경우는 제외한다) 또는 무선통신보조설비(소방용 외의 용도와 겸용되는 무선통신보조설비를 「정보통신공사업법」에 따른 정보통신공사업자가 공사하는 경우는 제외한다)
2. 특정소방대상물에 다음 각 목의 어느 하나에 해당하는 설비 또는 구역 등을 증설하는 공사
   가. 옥내·옥외소화전설비
   나. 스프링클러설비·간이스프링클러설비 또는 물분무등소화설비의 방호구역, 자동화재탐지설비의 경계구역, 제연설비의 제연구역(소방용 외의 용도와 겸용되는 제연설비를 「건설산업기본법 시행령」 별표 1에 따른 기계설비·가스공사업자가 공사하는 경우는 제외한다), 연결살수설비의 살수구역, 연결송수관설비의 송수구역, 비상콘센트설비의 전용회로, 연소방지설비의 살수구역
3. 특정소방대상물에 설치된 소방시설등을 구성하는 다음 각 목의 어느 하나에 해당하는 것의 전부 또는 일부를 개설(改設), 이전(移轉) 또는 정비(整備)하는 공사. 다만, 고장 또는 파손 등으로 인하여 작동시킬 수 없는 소방시설을 긴급히 교체하거나 보수하여야 하는 경우에는 신고하지 않을 수 있다.
   가. 수신반(受信盤)
   나. 소화펌프
   다. 동력(감시)제어반

★★★☆☆

 문제01 특정소방대상물에 설치된 소방시설의 구성 중 전부 또는 일부를 교체하거나 보수하는 공사 시 소방시설공사의 착공신고 대상이 되는 것 3가지를 쓰시오.

제5조(완공검사를 위한 현장확인 대상 특정소방대상물의 범위)

법 제14조제1항 단서에서 "대통령령으로 정하는 특정소방대상물"이란 특정소방대상물 중 다음 각 호의 대상물을 말한다.
1. 문화 및 집회시설, 종교시설, 판매시설, 노유자(老幼者)시설, 수련시설, 운동시설, 숙박시설, 창고시설, 지하상가 및 「다중이용업소의 안전관리에 관한 특별법」에 따른 다중이용업소
2. 다음 각 목의 어느 하나에 해당하는 설비가 설치되는 특정소방대상물
   가. 스프링클러설비등
   나. 물분무등소화설비(호스릴 방식의 소화설비는 제외한다)
3. 연면적 1만제곱미터 이상이거나 11층 이상인 특정소방대상물(아파트는 제외한다)
4. 가연성가스를 제조·저장 또는 취급하는 시설 중 지상에 노출된 가연성가스탱크의 저장용량 합계가 1천톤 이상인 시설

제6조(하자보수 대상 소방시설과 하자보수 보증기간)

법 제15조제1항에 따라 하자를 보수하여야 하는 소방시설과 소방시설별 하자보수 보증기간은 다음 각 호의 구분과 같다.
1. 피난기구, 유도등, 유도표지, 비상경보설비, 비상조명등, 비상방송설비 및 무선통신보조설비 : 2년
2. 자동소화장치, 옥내소화전설비, 스프링클러설비, 간이스프링클러설비, 물분무등소화설비, 옥외소화전설비, 자동화재탐지설비, 상수도소화용수설비 및 소화활동설비(무선통신보조설비는 제외한다) : 3년

★★☆☆☆

 문제02 하자보수 보증기간이 3년인 하자보수 대상 소방시설을 모두 쓰시오.

제8장 다중이용업소의 안전관리에 관한 특별법

[시행 2024. 1. 4.] [법률 제19157호, 2023. 1. 3., 일부개정]

제2조(정의)

"화재위험평가"란 다중이용업의 영업소(이하 "다중이용업소"라 한다)가 밀집한 지역 또는 건축물에 대하여 화재 발생 가능성과 화재로 인한 불특정 다수인의 생명·신체·재산상의 피해 및 주변에 미치는 영향을 예측·분석하고 이에 대한 대책을 마련하는 것을 말한다.

제9조(다중이용업소의 안전관리기준 등)

① 다중이용업주 및 다중이용업을 하려는 자는 영업장에 대통령령으로 정하는 안전시설 등을 행정안전부령으로 정하는 기준에 따라 설치·유지하여야 한다. 이 경우 다음 각 호의 어느 하나에 해당하는 영업장 중 대통령령으로 정하는 영업장에는 소방시설 중 간이스프링클러설비를 행정안전부령으로 정하는 기준에 따라 설치하여야 한다.
　1. 숙박을 제공하는 형태의 다중이용업소의 영업장
　2. 밀폐구조의 영업장
② 소방본부장이나 소방서장은 안전시설 등이 행정안전부령으로 정하는 기준에 맞게 설치 또는 유지되어 있지 아니한 경우에는 그 다중이용업주에게 안전시설 등의 보완 등 필요한 조치를 명하거나 허가관청에 관계 법령에 따른 영업정지 처분 또는 허가 등의 취소를 요청할 수 있다.
③ 다중이용업을 하려는 자(다중이용업을 하고 있는 자를 포함한다)는 다음 각 호의 어느 하나에 해당하는 경우에는 안전시설 등을 설치하기 전에 미리 소방본부장이나 소방서장에게 행정안전부령으로 정하는 안전시설 등의 설계도서를 첨부하여 행정안전부령으로 정하는 바에 따라 신고하여야 한다.[안전시설 등을 설치하기 전에 미리 신고하여야 하는 경우]
　1. 안전시설 등을 설치하려는 경우
　2. 영업장 내부구조를 변경하려는 경우로서 다음 각 목의 어느 하나에 해당하는 경우
　　가. 영업장 면적의 증가
　　나. 영업장의 구획된 실의 증가
　　다. 내부통로 구조의 변경
　3. 안전시설 등의 공사를 마친 경우

★★★☆☆

 문제01 다중이용업을 하려는 자가 소방본부장이나 소방서장에게 총리령으로 정하는 안전시설 등의 설계도서를 첨부하여 총리령으로 정하는 바에 따라 안전시설 등을 설치하기 전에 미리 신고하여야 하는 경우 3가지를 쓰시오.

제10조(다중이용업의 실내장식물)

① 다중이용업소에 설치하거나 교체하는 실내장식물(반자돌림대 등의 너비가 10센티미터 이하인 것은 제외한다)은 불연재료 또는 준불연재료로 설치하여야 한다.

② 제1항에도 불구하고 합판 또는 목재로 실내장식물을 설치하는 경우로서 그 면적이 영업장 천장과 벽을 합한 면적의 10분의 3(스프링클러설비 또는 간이스프링클러설비가 설치된 경우에는 10분의 5) 이하인 부분은 「화재예방, 소방시설 설치·유지 및 안전관리에 관한 법률」 제12조제3항에 따른 방염성능기준 이상의 것으로 설치할 수 있다.

★☆☆☆☆

> **문제02** 다중이용업소의 안전관리에 관한 특별법에 대한 다음 물음에 답하시오.
> 1) 다중이용업소에 설치하거나 교체하는 실내장식물은 불연재료 또는 준불연재료로 설치하여야 한다. 그러하지 않을 수 있는 실내장식물을 쓰시오.
> 2) 다중이용업소에 설치하거나 교체하는 실내장식물을 불연재료 또는 준불연재료로 설치하지 않고, 방염성능기준 이상의 것으로 설치할 수 있는 부분을 쓰시오.

③ 소방본부장이나 소방서장은 다중이용업소의 실내장식물이 제1항 및 제2항에 따른 실내장식물의 기준에 맞지 아니하는 경우에는 그 다중이용업주에게 해당 부분의 실내장식물을 교체하거나 제거하게 하는 등 필요한 조치를 명하거나 허가관청에 관계 법령에 따른 영업정지 처분 또는 허가 등의 취소를 요청할 수 있다.

제15조(다중이용업소에 대한 화재위험평가 등)

① 소방청장, 소방본부장 또는 소방서장은 다음 각 호의 어느 하나에 해당하는 지역 또는 건축물에 대하여 화재를 예방하고 화재로 인한 생명·신체·재산상의 피해를 방지하기 위하여 필요하다고 인정하는 경우에는 화재위험평가를 할 수 있다.[**화재위험평가를 할 수 있는 경우(지역 또는 건축물)**]
  1. 2천제곱미터 지역 안에 다중이용업소가 50개 이상 밀집하여 있는 경우
  2. 5층 이상인 건축물로서 다중이용업소가 10개 이상 있는 경우
  3. 하나의 건축물에 다중이용업소로 사용하는 영업장 바닥면적의 합계가 1천제곱미터 이상인 경우

★★★☆☆

> **문제03** 소방시설관리사가 종합정밀점검과정에서 해당 건축물 내 다중이용업소 수가 지난해보다 크게 증가하여 이에 대한 화재위험평가를 해야 한다고 판단하였다. 「다중이용업소의 안전관리에 관한 특별법」에 따라 다중이용업소에 대한 화재위험평가를 해야 하는 경우를 쓰시오.[점검17회기출]

제9장 다중이용업소의 안전관리에 관한 특별법 시행령

[시행 2024. 4. 23.] [대통령령 제34449호, 2024. 4. 23., 타법개정]

제2조(다중이용업)
1. 「식품위생법 시행령」 제21조제8호에 따른 식품접객업 중 다음 각 목의 어느 하나에 해당하는 것
   가. 휴게음식점영업·제과점영업 또는 일반음식점영업으로서 영업장으로 사용하는 바닥면적의 합계가 100제곱미터(영업장이 지하층에 설치된 경우에는 그 영업장의 바닥면적 합계가 66제곱미터) 이상인 것. 다만, 영업장(내부계단으로 연결된 복층구조의 영업장을 제외한다)이 다음의 어느 하나에 해당하는 층에 설치되고 그 영업장의 주된 출입구가 건축물 외부의 지면과 직접 연결되는 곳에서 하는 영업을 제외한다.
      1) 지상 1층
      2) 지상과 직접 접하는 층
   나. 단란주점영업과 유흥주점영업
1의2. 「식품위생법 시행령」 제21조제9호에 따른 공유주방 운영업 중 휴게음식점영업·제과점영업 또는 일반음식점영업에 사용되는 공유주방을 운영하는 영업으로서 영업장 바닥면적의 합계가 100제곱미터(영업장이 지하층에 설치된 경우에는 그 바닥면적 합계가 66제곱미터) 이상인 것. 다만, 영업장(내부계단으로 연결된 복층구조의 영업장은 제외한다)이 다음 각 목의 어느 하나에 해당하는 층에 설치되고 그 영업장의 주된 출입구가 건축물 외부의 지면과 직접 연결되는 곳에서 하는 영업은 제외한다.
   가. 지상 1층
   나. 지상과 직접 접하는 층
2. 「영화 및 비디오물의 진흥에 관한 법률」 제2조제10호, 같은 조 제16호가목·나목 및 라목에 따른 영화상영관·비디오물감상실업·비디오물소극장업 및 복합영상물제공업
3. 「학원의 설립·운영 및 과외교습에 관한 법률」 제2조제1호에 따른 학원(이하 "학원"이라 한다)으로서 다음 각 목의 어느 하나에 해당하는 것
   가. 「소방시설 설치 및 관리에 관한 법률 시행령」 별표 7에 따라 산정된 수용인원(이하 "수용인원"이라 한다)이 300명 이상인 것
   나. 수용인원 100명 이상 300명 미만으로서 다음의 어느 하나에 해당하는 것. 다만, 학원으로 사용하는 부분과 다른 용도로 사용하는 부분(학원의 운영권자를 달리하는 학원과 학원을 포함한다)이 「건축법 시행령」 제46조에 따른 방화구획으로 나누어진 경우는 제외한다.
      (1) 하나의 건축물에 학원과 기숙사가 함께 있는 학원
      (2) 하나의 건축물에 학원이 둘 이상 있는 경우로서 학원의 수용인원이 300명 이상인 학원
      (3) 하나의 건축물에 제1호, 제2호, 제4호부터 제7호까지, 제7호의2부터 제7호의5까지 및 제8호의 다중이용업 중 어느 하나 이상의 다중이용업과 학원이 함께 있는 경우
4. 목욕장업으로서 다음 각 목에 해당하는 것
   가. 하나의 영업장에서 「공중위생관리법」 제2조제1항제3호가목에 따른 목욕장업 중 맥

반석·황토·옥 등을 직접 또는 간접 가열하여 발생하는 열기나 원적외선 등을 이용하여 땀을 배출하게 할 수 있는 시설 및 설비를 갖춘 것으로서 수용인원(물로 목욕을 할 수 있는 시설부분의 수용인원은 제외한다)이 100명 이상인 것

나. 「공중위생관리법」 제2조제1항제3호나목의 시설 및 설비를 갖춘 목욕장업

5. 「게임산업진흥에 관한 법률」 제2조제6호·제6호의2·제7호 및 제8호의 게임제공업·인터넷컴퓨터게임시설제공업 및 복합유통게임제공업. 다만, 게임제공업 및 인터넷컴퓨터게임시설제공업의 경우에는 영업장(내부계단으로 연결된 복층구조의 영업장은 제외한다)이 다음 각 목의 어느 하나에 해당하는 층에 설치되고 그 영업장의 주된 출입구가 건축물 외부의 지면과 직접 연결된 구조에 해당하는 경우는 제외한다.

가. 지상 1층
나. 지상과 직접 접하는 층

6. 「음악산업진흥에 관한 법률」 제2조제13호에 따른 노래연습장업
7. 「모자보건법」 제2조제10호에 따른 산후조리업
7의2. 고시원업(구획된 실 안에 학습자가 공부할 수 있는 시설을 갖추고 숙박 또는 숙식을 제공하는 형태의 영업)
7의3. 「사격 및 사격장 안전관리에 관한 법률 시행령」 제2조제1항 및 별표 1에 따른 권총사격장(실내사격장에 한정하며, 같은 조 제1항에 따른 종합사격장에 설치된 경우를 포함한다)
7의4. 「체육시설의 설치·이용에 관한 법률」 제10조제1항제2호에 따른 가상체험 체육시설업(실내에 1개 이상의 별도의 구획된 실을 만들어 골프 종목의 운동이 가능한 시설을 경영하는 영업으로 한정한다)
7의5. 「의료법」 제82조제4항에 따른 안마시술소
8. 법 제15조제2항에 따른 화재안전등급(이하 "화재안전등급"이라 한다)이 제11조제1항에 해당하거나 화재발생시 인명피해가 발생할 우려가 높은 불특정다수인이 출입하는 영업으로서 행정안전부령으로 정하는 영업. 이 경우 소방청장은 관계 중앙행정기관의 장과 미리 협의하여야 한다.

> **TIP** ※안전행정부령으로 정하는 영업
> 1. 전화방업·화상대화방업 : 구획된 실 안에 전화기·텔레비전·모니터 또는 카메라 등 상대방과 대화할 수 있는 시설을 갖춘 형태의 영업
> 2. 수면방업 : 구획된 실 안에 침대·간이침대 그 밖에 휴식을 취할 수 있는 시설을 갖춘 형태의 영업
> 3. 콜라텍업 : 손님이 춤을 추는 시설 등을 갖춘 형태의 영업으로서 주류판매가 허용되지 아니하는 영업

제3조(실내장식물)

법 제2조제1항제3호에서 "대통령령으로 정하는 것"이란 건축물 내부의 천장이나 벽에 붙이는(설치하는) 것으로서 다음 각 호의 어느 하나에 해당하는 것을 말한다. 다만, 가구류(옷장, 찬장, 식탁, 식탁용 의자, 사무용 책상, 사무용 의자 및 계산대, 그 밖에 이와 비슷한 것을 말한다)와 너비 10센티미터 이하인 반자돌림대 등과 「건축법」 제52조에 따른 내부마감재료는 제외한다.

1. 종이류(두께 2밀리미터 이상인 것을 말한다)·합성수지류 또는 섬유류를 주원료로 한 물품
2. 합판이나 목재

3. 공간을 구획하기 위하여 설치하는 간이 칸막이(접이식 등 이동 가능한 벽체나 천장 또는 반자가 실내에 접하는 부분까지 구획하지 아니하는 벽체를 말한다)
4. 흡음(吸音)이나 방음(防音)을 위하여 설치하는 흡음재(흡음용 커튼을 포함한다) 또는 방음재(방음용 커튼을 포함한다)

★★★☆☆

 문제01 다중이용업소의 안전관리에 관한 특별법 시행령에서 규정하고 있는 실내장식물의 종류 4가지를 쓰시오.

제9조(안전시설 등)

법 제9조제1항에 따라 다중이용업소의 영업장에 설치·유지해야 하는 안전시설등 및 간이스프링클러설비를 설치해야 하는 영업장은 별표 1의2와 같다.

[별표 1] 안전시설 등(제2조의2 관련)

1. 소방시설
    가. 소화설비
      1) 소화기 또는 자동확산소화기
      2) 간이스프링클러설비(캐비닛형 간이스프링클러설비를 포함한다)
    나. 경보설비
      1) 비상벨설비 또는 자동화재탐지설비
      2) 가스누설경보기
    다. 피난설비
      1) 피난기구
         가) 미끄럼대   나) 피난사다리   다) 구조대
         라) 완강기   마) 다수인 피난장비   바) 승강식 피난기
      2) 피난유도선
      3) 유도등, 유도표지 또는 비상조명등
      4) 휴대용비상조명등
2. 비상구
3. 영업장 내부 피난통로
4. 그 밖의 안전시설
    가. 영상음향차단장치   나. 누전차단기   다. 창문

[별표 1의2] 다중이용업소에 설치·유지하여야 하는 안전시설 등

1. 소방시설
    가. 소화설비
      1) 소화기 또는 자동확산소화기
      2) 간이스프링클러설비(캐비닛형 간이스프링클러설비를 포함한다). 다만, 다음의 영업장에만 설치한다.
         가) 지하층에 설치된 영업장
         나) 법 제9조제1항제1호에 따른 숙박을 제공하는 형태의 다중이용업소의 영업장 중 다음에 해당하는 영업장. 다만, 지상 1층에 있거나 지상과 직접 맞닿아 있는

층(영업장의 주된 출입구가 건축물 외부의 지면과 직접 연결된 경우를 포함한다)에 설치된 영업장은 제외한다.
  (1) 제2조제7호에 따른 산후조리업의 영업장
  (2) 제2조제7호의2에 따른 고시원업(이하 이 표에서 "고시원업"이라 한다)의 영업장
 다) 법 제9조제1항제2호에 따른 밀폐구조의 영업장
 라) 제2조제7호의3에 따른 권총사격장의 영업장
나. 경보설비
 1) 비상벨설비 또는 자동화재탐지설비. 다만, 노래반주기 등 영상음향장치를 사용하는 영업장에는 자동화재탐지설비를 설치하여야 한다.
 2) 가스누설경보기. 다만, 가스시설을 사용하는 주방이나 난방시설이 있는 영업장에만 설치한다.
다. 피난설비
 1) 피난기구
  가) 미끄럼대
  나) 피난사다리
  다) 구조대
  라) 완강기
  마) 다수인 피난장비
  마) 승강식 피난기
 2) 피난유도선. 다만, 영업장 내부 피난통로 또는 복도가 있는 영업장에만 설치한다.
 3) 유도등, 유도표지 또는 비상조명등
 4) 휴대용 비상조명등
2. 비상구. 다만, 다음 각 목의 어느 하나에 해당하는 영업장에는 비상구를 설치하지 않을 수 있다.
 가. 주된 출입구 외에 해당 영업장 내부에서 피난층 또는 지상으로 통하는 직통계단이 주된 출입구 중심선으로부터 수평거리로 영업장의 긴 변 길이의 2분의 1 이상 떨어진 위치에 별도로 설치된 경우
 나. 피난층에 설치된 영업장[영업장으로 사용하는 바닥면적이 33제곱미터 이하인 경우로서 영업장 내부에 구획된 실(室)이 없고, 영업장 전체가 개방된 구조의 영업장을 말한다]으로서 그 영업장의 각 부분으로부터 출입구까지의 수평거리가 10미터 이하인 경우
3. 영업장 내부 피난통로. 다만, 구획된 실(室)이 있는 영업장에만 설치한다.
4. 삭제 〈2014.12.23.〉
5. 그 밖의 안전시설
 가. 영상음향차단장치. 다만, 노래반주기 등 영상음향장치를 사용하는 영업장에만 설치한다.
 나. 누전차단기
 다. 창문. 다만, 고시원업의 영업장에만 설치한다.

《비고》
1. '피난유도선'이란 햇빛이나 전등불로 축광하여 빛을 내거나 전류에 의하여 빛을 내는 유도체로서 화재 발생 시 등 어두운 상태에서 피난을 유도할 수 있는 시설을 말한다.
2. '비상구'란 주된 출입구와 주된 출입구 외에 화재 발생 시 등 비상시 영업장의 내부로부터 지상·옥상 또는 그 밖의 안전한 곳으로 피난할 수 있도록 「건축법 시행령」에 따른 직통계단·피난계단·옥외피난계단 또는 발코니에 연결된 출입구를 말한다.
3. '구획된 실(室)'이란 영업장 내부에 이용객 등이 사용할 수 있는 공간을 벽이나 칸막이 등으로 구획한 공간을 말한다. 다만, 영업장 내부를 벽이나 칸막이 등으로 구획한 공간이 없는 경우에는 영업장 내부 전체 공간을 하나의 구획된 실(室)로 본다.
4. '영상음향차단장치'란 영상 모니터에 화상(畵像) 및 음반 재생장치가 설치되어 있어 영화, 음악 등을 감상할 수 있는 시설이나 화상 재생장치 또는 음반 재생장치 중 한 가지 기능만 있는 시설을 차단하는 장치를 말한다.

★★★☆☆

문제02 다중이용업소의 영업장에 비상구를 설치하지 아니할 수 있는 경우 2가지를 쓰시오.

[별표 4] 화재안전등급

등급	평가점수
A	80 이상
B	60 이상 79 이하
C	40 이상 59 이하
D	20 이상 39 이하
E	20 미만

《비고》
"평가점수"란 다중이용업소에 대하여 화재예방, 화재감지·경보, 피난, 소화설비, 건축방재 등의 항목별로 소방청장이 정하여 고시하는 기준을 갖추었는지에 대하여 평가한 점수를 말한다.

제10장 다중이용업소의 안전관리에 관한 특별법 시행규칙

[시행 2024. 4. 12.] [행정안전부령 제477호, 2024. 4. 12., 일부개정]

제14조(안전점검의 대상, 점검자의 자격 등)

법 제13조제3항에 따른 안전점검의 대상, 점검자의 자격, 점검주기, 점검방법은 다음 각 호와 같다.
1. 안전점검 대상 : 다중이용업소의 영업장에 설치된 영 제9조의 안전시설 등
2. 안전점검자의 자격: 다음 각 목의 어느 하나에 해당하는 사람
    가. 해당 영업장의 다중이용업주 또는 다중이용업소가 위치한 특정소방대상물의 소방안전관리자(소방안전관리자가 선임된 경우에 한한다)
    나. 해당 업소의 종업원 중 다음의 어느 하나에 해당하는 사람
        1) 「화재의 예방 및 안전관리에 관한 법률 시행령」 별표 6 제2호마목 또는 같은 표 제3호자목에 따라 소방안전관리자 자격을 취득한 사람
        2) 「소방시설 설치 및 관리에 관한 법률」 제25조에 따른 소방시설관리사 자격을 취득한 사람
        3) 「국가기술자격법」에 따라 소방기술사·소방설비기사 또는 소방설비산업기사 자격을 취득한 사람
    다. 「화재예방, 소방시설 설치·유지 및 안전관리에 관한 법률」 제29조에 따른 소방시설관리업자
3. 점검주기 : 매 분기별 1회 이상 점검. 다만, 「화재예방, 소방시설 설치·유지 및 안전관리에 관한 법률」 제25조제1항에 따라 자체점검을 실시한 경우에는 자체점검을 실시한 그 분기에는 점검을 실시하지 아니할 수 있다.
4. 점검방법 : 안전시설 등의 작동 및 유지·관리 상태를 점검한다.

[별표 2] 안전시설 등의 설치·유지 기준(제9조 관련)

안전시설등 종류	설치·유지 기준
1. 소방시설	
가. 소화설비	
1) 소화기 또는 자동확산소화기	영업장 안의 구획된 실마다 설치할 것
2) 간이스프링클러설비	「화재예방, 소방시설 설치·유지 및 안전관리에 관한 법률」 제9조제1항에 따른 화재안전기준에 따라 설치할 것. 다만, 영업장의 구획된 실마다 간이스프링클러헤드 또는 스프링클러헤드가 설치된 경우에는 그 설비의 유효범위 부분에는 간이스프링클러설비를 설치하지 않을 수 있다.
나. 비상벨설비 또는 자동화재탐지설비	가) 영업장의 구획된 실마다 비상벨설비 또는 자동화재탐지설비 중 하나 이상을 「화재예방, 소방시설 설치·유지 및 안전관리에 관한 법률」 제9조제1항에 따른 화재안전기준에 따라 설치할 것 나) 자동화재탐지설비를 설치하는 경우에는 감지기와 지구음향장치는 영업장의 구획된 실마다 설치할 것. 다만, 영업장의 구획된 실에 비상방송설비의 음향장치가 설치된 경우 해당 실에는 지구음향장치를 설치하지 않을 수 있다.

		다) 영상음향차단장치가 설치된 영업장에 자동화재탐지설비의 수신기를 별도로 설치할 것
	다. 피난설비	
	1) 피난기구	2층 이상 4층 이하에 위치하는 영업장의 발코니 또는 부속실과 연결되는 비상구에는 피난기구를 화재안전기준에 따라 설치할 것
	2) 피난유도선	가) 영업장 내부 피난통로 또는 복도에 「화재예방, 소방시설 설치·유지 및 안전관리에 관한 법률」 제9조제1항에 따라 소방청장이 정하여 고시하는 유도등 및 유도표지의 화재안전기준에 따라 설치할 것 나) 전류에 의하여 빛을 내는 방식으로 할 것
	3) 유도등, 유도표지 또는 비상조명등	영업장의 구획된 실마다 유도등, 유도표지 또는 비상조명등 중 하나 이상을 「화재예방, 소방시설 설치·유지 및 안전관리에 관한 법률」 제9조제1항에 따른 화재안전기준에 따라 설치할 것
	4) 휴대용 비상조명등	영업장 안의 구획된 실마다 휴대용 비상조명등을 「화재예방, 소방시설 설치·유지 및 안전관리에 관한 법률」 제9조제1항에 따른 화재안전기준에 따라 설치할 것

2. 주된 출입구 및 비상구 (이하 이 표에서 "비상구등"이라 한다)		가. 공통 기준
		1) 설치 위치 : 비상구는 영업장(2개 이상의 층이 있는 경우에는 각각의 층별 영업장을 말한다. 이하 이 표에서 같다) 주된 출입구의 반대방향에 설치하되, 주된 출입구 중심선으로부터의 수평거리가 영업장의 가장 긴 대각선 길이, 가로 또는 세로 길이 중 가장 긴 길이의 2분의 1 이상 떨어진 위치에 설치할 것. 다만, 건물구조로 인하여 주된 출입구의 반대방향에 설치할 수 없는 경우에는 주된 출입구 중심선으로부터의 수평거리가 영업장의 가장 긴 대각선 길이, 가로 또는 세로 길이 중 가장 긴 길이의 2분의 1 이상 떨어진 위치에 설치할 수 있다.
		2) 비상구등 규격 : 가로 75센티미터 이상, 세로 150센티미터 이상(문틀을 제외한 가로길이 및 세로길이를 말한다)으로 할 것
		3) 구조
		  가) 비상구등은 구획된 실 또는 천장으로 통하는 구조가 아닌 것으로 할 것. 다만, 영업장 바닥에서 천장까지 불연재료(不燃材料)로 구획된 부속실(전실), 「모자보건법」 제2조제10호에 따른 산후조리원에 설치하는 방풍실 또는 「녹색건축물 조성 지원법」에 따라 설계된 방풍구조는 그렇지 않다.
		  나) 비상구등은 다른 영업장 또는 다른 용도의 시설(주차장은 제외한다)을 경유하는 구조가 아닌 것이어야 할 것.
		4) 문
		  가) 문이 열리는 방향 : 피난방향으로 열리는 구조로 할 것
		  나) 문의 재질 : 주요 구조부(영업장의 벽, 천장 및 바닥을 말한다. 이하 이 표에서 같다)가 내화구조(耐火構造)인 경우 비상구등의 문은 방화문(防火門)으로 설치할 것. 다만, 다음의 어느 하나에 해당하는 경우에는 불연재료로 설치할 수 있다.
		    (1) 주요 구조부가 내화구조가 아닌 경우
		    (2) 건물의 구조상 비상구등의 문이 지표면과 접하는 경우로서 화재의 연소 확대 우려가 없는 경우
		    (3) 비상구등의 문이 「건축법 시행령」 제35조에 따른 피난계단 또는 특별피난계단의 설치 기준에 따라 설치해야 하는 문이 아니거나 같은 영 제46조에 따라 설치되는 방화구획이 아닌 곳에 위치한 경우

		다) 주된 출입구의 문이 나)(3)에 해당하고, 다음의 기준을 모두 충족하는 경우에는 주된 출입구의 문을 자동문[미서기(슬라이딩)문을 말한다]으로 설치할 수 있다. 　(1) 화재감지기와 연동하여 개방되는 구조 　(2) 정전 시 자동으로 개방되는 구조 　(3) 정전 시 수동으로 개방되는 구조 나. 복층구조(複層構造) 영업장(2개 이상의 층에 내부계단 또는 통로가 각각 설치되어 하나의 층의 내부에서 다른 층의 내부로 출입할 수 있도록 되어 있는 구조의 영업장을 말한다)의 기준 　1) 각 층마다 영업장 외부의 계단 등으로 피난할 수 있는 비상구를 설치할 것 　2) 비상구등의 문이 열리는 방향은 실내에서 외부로 열리는 구조로 할 것 　3) 비상구등의 문의 재질은 가목4)나)의 기준을 따를 것 　4) 영업장의 위치 및 구조가 다음의 어느 하나에 해당하는 경우에는 1)에도 불구하고 그 영업장으로 사용하는 어느 하나의 층에 비상구를 설치할 것 　　가) 건축물 주요 구조부를 훼손하는 경우 　　나) 옹벽 또는 외벽이 유리로 설치된 경우 등 다. 2층 이상 4층 이하에 위치하는 영업장의 발코니 또는 부속실과 연결되는 비상구를 설치하는 경우의 기준 　1) 피난 시에 유효한 발코니[활하중 5킬로뉴턴/제곱미터(5 kN/㎡) 이상, 가로 75센티미터 이상, 세로 150센티미터 이상, 면적 1.12제곱미터 이상, 난간의 높이 100센티미터 이상인 것을 말한다. 이하 이 목에서 같다] 또는 부속실(불연재료로 바닥에서 천장까지 구획된 실로서 가로 75센티미터 이상, 세로 150센티미터 이상, 면적 1.12제곱미터 이상인 것을 말한다. 이하 이 목에서 같다)을 설치하고, 그 장소에 적합한 피난기구를 설치할 것 　2) 부속실을 설치하는 경우 부속실 입구의 문과 건물 외부로 나가는 문의 규격은 가목2)에 따른 비상구등의 규격으로 할 것. 다만, 120센티미터 이상의 난간이 있는 경우에는 발판 등을 설치하고 건축물 외부로 나가는 문의 규격과 재질을 가로 75센티미터 이상, 세로 100센티미터 이상의 창호로 설치할 수 있다. 　3) 추락 등의 방지를 위하여 다음 사항을 갖추도록 할 것 　　가) 발코니 및 부속실 입구의 문을 개방하면 경보음이 울리도록 경보음 발생 장치를 설치하고, 추락위험을 알리는 표지를 문(부속실의 경우 외부로 나가는 문도 포함한다)에 부착할 것 　　나) 부속실에서 건물 외부로 나가는 문 안쪽에는 기둥·바닥·벽 등의 견고한 부분에 탈착이 가능한 쇠사슬 또는 안전로프 등을 바닥에서부터 120센티미터 이상의 높이에 가로로 설치할 것. 다만, 120센티미터 이상의 난간이 설치된 경우에는 쇠사슬 또는 안전로프 등을 설치하지 않을 수 있다.
2의2. 영업장 구획 등		층별 영업장은 다른 영업장 또는 다른 용도의 시설과 불연재료·준불연재료로 된 차단벽이나 칸막이로 분리되도록 할 것. 다만, 가목부터 다목까지의 경우에는 분리 또는 구획하는 별도의 차단벽이나 칸막이 등을 설치하지 않을 수 있다. 가. 둘 이상의 영업소가 주방 외에 객실부분을 공동으로 사용하는 등의 구조인 경우 나. 「식품위생법 시행규칙」 별표 14 제8호가목5)다)에 해당되는 경우 다. 영 제9조에 따른 안전시설등을 갖춘 경우로서 실내에 설치한 유원시설업의 허가 면적 내에 「관광진흥법 시행규칙」 별표 1의2 제1호가목에 따라 청소년게임제공업 또는 인터넷컴퓨터게임시설제공업이 설치된 경우

3. 영업장 내부 피난통로	가.	내부 피난통로의 폭은 120센티미터 이상으로 할 것. 다만, 양 옆에 구획된 실이 있는 영업장으로서 구획된 실의 출입문 열리는 방향이 피난통로 방향인 경우에는 150센티미터 이상으로 설치하여야 한다.
	나.	구획된 실부터 주된 출입구 또는 비상구까지의 내부 피난통로의 구조는 세 번 이상 구부러지는 형태로 설치하지 말 것
4. 창문	가.	영업장 층별로 가로 50센티미터 이상, 세로 50센티미터 이상 열리는 창문을 1개 이상 설치할 것
	나.	영업장 내부 피난통로 또는 복도에 바깥 공기와 접하는 부분에 설치할 것 (구획된 실에 설치하는 것을 제외한다)
5. 영상음향차단장치	가.	화재 시 자동화재탐지설비의 감지기에 의하여 자동으로 음향 및 영상이 정지될 수 있는 구조로 설치하되, 수동(하나의 스위치로 전체의 음향 및 영상장치를 제어할 수 있는 구조를 말한다)으로도 조작할 수 있도록 설치할 것
	나.	영상음향차단장치의 수동차단스위치를 설치하는 경우에는 관계인이 일정하게 거주하거나 일정하게 근무하는 장소에 설치할 것. 이 경우 수동차단스위치와 가장 가까운 곳에 "영상음향차단스위치"라는 표지를 부착하여야 한다.
	다.	전기로 인한 화재발생 위험을 예방하기 위하여 부하용량에 알맞은 누전차단기(과전류차단기를 포함한다)를 설치할 것
	라.	영상음향차단장치의 작동으로 실내 등의 전원이 차단되지 않는 구조로 설치할 것
6. 보일러실과 영업장 사이의 방화구획		보일러실과 영업장 사이의 출입문은 방화문으로 설치하고, 개구부(開口部)에는 방화댐퍼(화재 시 연기 등을 차단하는 장치)를 설치할 것

《비고》
1. "방화문(防火門)"이란 「건축법 시행령」 제64조에 따른 60분+ 방화문, 60분 방화문, 30분 방화문으로서 언제나 닫힌 상태를 유지하거나 화재로 인한 연기의 발생 또는 온도의 상승에 따라 자동적으로 닫히는 구조를 말한다. 다만, 자동으로 닫히는 구조 중 열에 의하여 녹는 퓨즈[도화선(導火線)을 말한다]타입 구조의 방화문은 제외한다.
2. 법 제15조제4항에 따라 소방청장·소방본부장 또는 소방서장은 해당 영업장에 대해 화재위험평가를 실시한 결과 화재위험유발지수가 영 제13조에 따른 기준 미만인 업종에 대해서는 소방시설·비상구 또는 그 밖의 안전시설등의 설치를 면제한다.
3. 소방본부장 또는 소방서장은 비상구의 크기, 비상구의 설치 거리, 간이스프링클러설비의 배관 구경(口徑) 등 소방청장이 정하여 고시하는 안전시설등에 대해서는 소방청장이 고시하는 바에 따라 안전시설등의 설치·유지 기준의 일부를 적용하지 않을 수 있다.

★★★☆☆

문제01 다음 물음에 답하시오.
1) 다중이용업소에 설치하는 비상구 위치 기준과 비상구 규격 기준에 대하여 설명하시오.[점검10회기출]
2) 영업장의 위치가 4층(지하층은 제외한다) 이하인 경우의 비상구 기준을 쓰시오.
3) 안전시설 등의 종류 중 영업장 내부 피난통로의 기준을 쓰시오.

★★★☆☆

문제02 다중이용업소의 영업장에 설치·유지하여야 하는 안전시설등의 종류 중 영상음향차단장치에 대한 설치·유치기준을 쓰시오.[설계17회기출]

[별표 2의 2] 피난안내도 비치 대상 등(제12조제1항 관련)

1. 피난안내도 비치 대상 : 영 제2조에 따른 다중이용업의 영업장. 다만, 다음 각 목의 어느 하나에 해당하는 경우에는 비치하지 않을 수 있다.
   가. 영업장으로 사용하는 바닥면적의 합계가 33제곱미터 이하인 경우
   나. 영업장 내 구획된 실이 없고, 영업장 어느 부분에서도 출입구 및 비상구를 확인할 수 있는 경우
2. 피난안내 영상물 상영 대상
   가. 「영화 및 비디오물 진흥에 관한 법률」 제2조제10호 및 제16호나목의 영화상영관 및 비디오물소극장업의 영업장
   나. 「음악산업 진흥에 관한 법률」 제2조제13호의 노래연습장업의 영업장
   다. 「식품위생법 시행령」 제21조제8호다목 및 라목의 단란주점영업 및 유흥주점영업의 영업장. 다만, 피난안내 영상물을 상영할 수 있는 시설이 설치된 경우만 해당한다.
   라. 삭제 〈2015.1.7.〉
   마. 영 제2조제8호에 해당하는 영업으로서 피난안내 영상물을 상영할 수 있는 시설을 갖춘 영업장
3. 피난안내도 비치 위치 : 다음 각 목의 어느 하나에 해당하는 위치에 모두 설치할 것
   가. 영업장 주 출입구 부분의 손님이 쉽게 볼 수 있는 위치
   나. 구획된 실의 벽, 탁자 등 손님이 쉽게 볼 수 있는 위치
   다. 「게임산업진흥에 관한 법률」 제2조제7호의 인터넷컴퓨터게임시설제공업 영업장의 인터넷컴퓨터게임시설이 설치된 책상. 다만, 책상 위에 비치된 컴퓨터에 피난안내도를 내장하여 새로운 이용객이 컴퓨터를 작동할 때마다 피난안내도가 모니터에 나오는 경우에는 책상에 피난안내도가 비치된 것으로 본다.
4. 피난안내 영상물 상영 시간 : 영업장의 내부구조 등을 고려하여 정하되, 상영 시기(時期)는 다음 각 목과 같다.
   가. 영화상영관 및 비디오물소극장업 : 매 회 영화상영 또는 비디오물 상영 시작 전
   나. 노래연습장업 등 그 밖의 영업 : 매 회 새로운 이용객이 입장하여 노래방 기기(機器) 등을 작동할 때
5. 피난안내도 및 피난안내 영상물에 포함되어야 할 내용 : 다음 각 호의 내용을 모두 포함할 것. 이 경우 광고 등 피난안내에 혼선을 초래하는 내용을 포함해서는 안 된다.
   가. 화재 시 대피할 수 있는 비상구 위치
   나. 구획된 실 등에서 비상구 및 출입구까지의 피난 동선
   다. 소화기, 옥내소화전 등 소방시설의 위치 및 사용방법
   라. 피난 및 대처방법
6. 피난안내도의 크기 및 재질
   가. 크기 : B4(257 mm×364 mm) 이상의 크기로 할 것. 다만, 각 층별 영업장의 면적 또는 영업장이 위치한 층의 바닥면적이 각각 400 m² 이상인 경우에는 A3(297 mm×420 mm) 이상의 크기로 하여야 한다.

나. 재질 : 종이(코팅처리한 것을 말한다), 아크릴, 강판 등 쉽게 훼손 또는 변형되지 않는 것으로 할 것

7. 피난안내도 및 피난안내 영상물에 사용하는 언어 : 피난안내도 및 피난안내영상물은 한글 및 1개 이상의 외국어를 사용하여 작성하여야 한다.
8. 장애인을 위한 피난안내 영상물 상영 : 「영화 및 비디오물의 진흥에 관한 법률」제2조제10호에 따른 영화상영관 중 전체 객석 수의 합계가 300석 이상인 영화상영관의 경우 피난안내 영상물은 장애인을 위한 한국수어ㆍ폐쇄자막ㆍ화면해설 등을 이용하여 상영해야 한다.

★★★★☆

문제03 다음 물음에 답하시오.
1) 피난안내도를 비치하지 아니할 수 있는 경우 2가지
2) 피난안내도 비치 위치 2가지
3) 피난안내도에 포함되어야 할 내용 4가지
4) 피난안내도의 크기 및 재질
5) 피난안내영상물 상영대상 5가지
6) 피난안내영상물 상영시간(시기)
7) 피난안내영상물에 포함되어야 할 내용 4가지

제11장 소방시설 설치 및 관리에 관한 법률

[시행 2023. 7. 4.] [법률 제19160호, 2023. 1. 3., 일부개정]

제11조(자동차에 설치 또는 비치하는 소화기)
① 「자동차관리법」 제3조제1항에 따른 자동차 중 다음 각 호의 어느 하나에 해당하는 자동차를 제작·조립·수입·판매하려는 자 또는 해당 자동차의 소유자는 차량용 소화기를 설치하거나 비치하여야 한다.
  1. 5인승 이상의 승용자동차
  2. 승합자동차
  3. 화물자동차
  4. 특수자동차
② 제1항에 따른 차량용 소화기의 설치 또는 비치 기준은 행정안전부령으로 정한다.

제13조(소방시설기준 적용의 특례)
① 소방본부장이나 소방서장은 제12조제1항 전단에 따른 대통령령 또는 화재안전기준이 변경되어 그 기준이 강화되는 경우 기존의 특정소방대상물(건축물의 신축·개축·재축·이전 및 대수선 중인 특정소방대상물을 포함한다)의 소방시설에 대하여는 변경 전의 대통령령 또는 화재안전기준을 적용한다. 다만, 다음 각 호의 어느 하나에 해당하는 소방시설의 경우에는 대통령령 또는 화재안전기준의 변경으로 강화된 기준을 적용할 수 있다.
  1. 다음 각 목의 소방시설 중 대통령령 또는 화재안전기준으로 정하는 것
     가. 소화기구
     나. 비상경보설비
     다. 자동화재탐지설비
     라. 자동화재속보설비
     마. 피난구조설비
  2. 다음 각 목의 특정소방대상물에 설치하는 소방시설 중 대통령령 또는 화재안전기준으로 정하는 것
     가. 「국토의 계획 및 이용에 관한 법률」 제2조제9호에 따른 공동구
     나. 전력 및 통신사업용 지하구
     다. 노유자(老幼者) 시설
     라. 의료시설
② 다음 각 호의 어느 하나에 해당하는 특정소방대상물 가운데 대통령령으로 정하는 특정소방대상물에는 제12조제1항 전단에도 불구하고 대통령령으로 정하는 소방시설을 설치하지 아니할 수 있다.
  1. 화재 위험도가 낮은 특정소방대상물
  2. 화재안전기준을 적용하기 어려운 특정소방대상물
  3. 화재안전기준을 다르게 적용하여야 하는 특수한 용도 또는 구조를 가진 특정소방대상물
  4. 「위험물안전관리법」 제19조에 따른 자체소방대가 설치된 특정소방대상물

제16조(피난시설, 방화구획 및 방화시설의 관리)

① 특정소방대상물의 관계인은 「건축법」 제49조에 따른 피난시설, 방화구획 및 방화시설에 대하여 정당한 사유가 없는 한 다음 각 호의 행위를 하여서는 아니 된다.
  1. 피난시설, 방화구획 및 방화시설을 폐쇄하거나 훼손하는 등의 행위
  2. 피난시설, 방화구획 및 방화시설의 주위에 물건을 쌓아두거나 장애물을 설치하는 행위
  3. 피난시설, 방화구획 및 방화시설의 용도에 장애를 주거나 「소방기본법」 제16조에 따른 소방활동에 지장을 주는 행위
  4. 그 밖에 피난시설, 방화구획 및 방화시설을 변경하는 행위

② 소방본부장이나 소방서장은 특정소방대상물의 관계인이 제1항 각 호의 어느 하나에 해당하는 행위를 한 경우에는 피난시설, 방화구획 및 방화시설의 관리를 위하여 필요한 조치를 명할 수 있다.

제27조(소방시설관리사의 결격사유)

다음 각 호의 어느 하나에 해당하는 사람은 소방시설관리사가 될 수 없다.
1. 피성년후견인
2. 이 법, 「소방기본법」, 「화재의 예방 및 안전관리에 관한 법률」, 「소방시설공사업법」 또는 「위험물안전관리법」을 위반하여 금고 이상의 실형을 선고받고 그 집행이 끝나거나 (집행이 끝난 것으로 보는 경우를 포함한다) 집행이 면제된 날부터 2년이 지나지 아니한 사람
3. 이 법, 「소방기본법」, 「화재의 예방 및 안전관리에 관한 법률」, 「소방시설공사업법」 또는 「위험물안전관리법」을 위반하여 금고 이상의 형의 집행유예를 선고받고 그 유예기간 중에 있는 사람
4. 제28조에 따라 자격이 취소(이 조 제1호에 해당하여 자격이 취소된 경우는 제외한다)된 날부터 2년이 지나지 아니한 사람

제12장 소방시설 설치 및 관리에 관한 법률 시행령

[시행 2024. 5. 17.] [대통령령 제34488호, 2024. 5. 7., 타법개정]

제2조(정의)

이 영에서 사용하는 용어의 뜻은 다음과 같다.
1. "무창층(無窓層)"이란 지상층 중 다음 각 목의 요건을 모두 갖춘 개구부(건축물에서 채광·환기·통풍 또는 출입 등을 위하여 만든 창·출입구, 그 밖에 이와 비슷한 것을 말한다)의 면적의 합계가 해당 층의 바닥면적(「건축법 시행령」제119조제1항제3호에 따라 산정된 면적을 말한다. 이하 같다)의 30분의 1 이하가 되는 층을 말한다.
   가. 크기는 지름 50센티미터 이상의 원이 통과할 수 있을 것
   나. 해당 층의 바닥면으로부터 개구부 밑부분까지의 높이가 1.2미터 이내일 것
   다. 도로 또는 차량이 진입할 수 있는 빈터를 향할 것
   라. 화재 시 건축물로부터 쉽게 피난할 수 있도록 창살이나 그 밖의 장애물이 설치되지 아니할 것
   마. 내부 또는 외부에서 쉽게 부수거나 열 수 있을 것
2. "피난층"이란 곧바로 지상으로 갈 수 있는 출입구가 있는 층을 말한다.

★★★★☆

 문제01 무창층이라 함은 지상층 중 특정 요건을 모두 갖춘 개구부의 면적의 합계가 당해 층의 바닥면적의 30분의 1 이하가 되는 층을 말한다. 개구부의 특정요건 5가지를 쓰시오.

제7조(건축허가 등의 동의 대상물의 범위 등)

① 법 제6조제1항에 따라 건축물 등의 신축·증축·개축·재축·이전·용도변경 또는 대수선의 허가·협의 및 사용승인(「주택법」제15조에 따른 승인 및 같은 법 제49조에 따른 사용검사,「학교시설사업 촉진법」제4조에 따른 승인 및 같은 법 제13조에 따른 사용승인을 포함하며, 이하 "건축허가등"이라 한다)을 할 때 미리 소방본부장 또는 소방서장의 동의를 받아야 하는 건축물 등의 범위는 다음 각 호와 같다.
1. 연면적(「건축법 시행령」제119조제1항제4호에 따라 산정된 면적을 말한다. 이하 같다)이 400제곱미터 이상인 건축물이나 시설. 다만, 다음 각 목의 어느 하나에 해당하는 건축물이나 시설은 해당 목에서 정한 기준 이상인 건축물이나 시설로 한다.
   가. 「학교시설사업 촉진법」제5조의2제1항에 따라 건축등을 하려는 학교시설 : 100제곱미터
   나. 별표 2의 특정소방대상물 중 노유자(老幼者) 시설 및 수련시설 : 200제곱미터
   다. 「정신건강증진 및 정신질환자 복지서비스 지원에 관한 법률」제3조제5호에 따른 정신의료기관(입원실이 없는 정신건강의학과 의원은 제외하며, 이하 "정신의료기관"이라 한다) : 300제곱미터
   라. 「장애인복지법」제58조제1항제4호에 따른 장애인 의료재활시설(이하 "의료재활시설"이라 한다): 300제곱미터

2. 지하층 또는 무창층이 있는 건축물로서 바닥면적이 150제곱미터(공연장의 경우에는 100제곱미터) 이상인 층이 있는 것
3. 차고·주차장 또는 주차 용도로 사용되는 시설로서 다음 각 목의 어느 하나에 해당하는 것
   가. 차고·주차장으로 사용되는 바닥면적이 200제곱미터 이상인 층이 있는 건축물이나 주차시설
   나. 승강기 등 기계장치에 의한 주차시설로서 자동차 20대 이상을 주차할 수 있는 시설
4. 층수(「건축법 시행령」 제119조제1항제9호에 따라 산정된 층수를 말한다. 이하 같다)가 6층 이상인 건축물
5. 항공기 격납고, 관망탑, 항공관제탑, 방송용 송수신탑
6. 별표 2의 특정소방대상물 중 의원(입원실이 있는 것으로 한정한다)·조산원·산후조리원, 위험물 저장 및 처리 시설, 발전시설 중 풍력발전소·전기저장시설, 지하구(地下溝)
7. 제1호나목에 해당하지 않는 노유자 시설 중 다음 각 목의 어느 하나에 해당하는 시설. 다만, 가목2) 및 나목부터 바목까지의 시설 중 「건축법 시행령」 별표 1의 단독주택 또는 공동주택에 설치되는 시설은 제외한다.
   가. 별표 2 제9호가목에 따른 노인 관련 시설 중 다음의 어느 하나에 해당하는 시설
      1) 「노인복지법」 제31조제1호에 따른 노인주거복지시설, 같은 조 제2호에 따른 노인의료복지시설 및 같은 조 제4호에 따른 재가노인복지시설
      2) 「노인복지법」 제31조제7호에 따른 학대피해노인 전용쉼터
   나. 「아동복지법」 제52조에 따른 아동복지시설(아동상담소, 아동전용시설 및 지역아동센터는 제외한다)
   다. 「장애인복지법」 제58조제1항제1호에 따른 장애인 거주시설
   라. 정신질환자 관련 시설(「정신건강증진 및 정신질환자 복지서비스 지원에 관한 법률」 제27조제1항제2호에 따른 공동생활가정을 제외한 재활훈련시설과 같은 법 시행령 제16조제3호에 따른 종합시설 중 24시간 주거를 제공하지 않는 시설은 제외한다)
   마. 별표 2 제9호마목에 따른 노숙인 관련 시설 중 노숙인자활시설, 노숙인재활시설 및 노숙인요양시설
   바. 결핵환자나 한센인이 24시간 생활하는 노유자 시설
8. 「의료법」 제3조제2항제3호라목에 따른 요양병원(이하 "요양병원"이라 한다). 다만, 의료재활시설은 제외한다.
9. 별표 2의 특정소방대상물 중 공장 또는 창고시설로서 「화재의 예방 및 안전관리에 관한 법률 시행령」 별표 2에서 정하는 수량의 750배 이상의 특수가연물을 저장·취급하는 것
10. 별표 2 제17호나목에 따른 가스시설로서 지상에 노출된 탱크의 저장용량의 합계가 100톤 이상인 것

② 제1항에도 불구하고 다음 각 호의 어느 하나에 해당하는 특정소방대상물은 소방본부장 또는 소방서장의 건축허가등의 동의대상에서 제외된다.
1. 별표 5에 따라 특정소방대상물에 설치되는 소화기구, 누전경보기, 피난기구, 방열복·

방화복·공기호흡기 및 인공소생기, 유도등 또는 유도표지가 법 제9조제1항 전단에 따른 화재안전기준(이하 "화재안전기준"이라 한다)에 적합한 경우 그 특정소방대상물
2. 건축물의 증축 또는 용도변경으로 인하여 해당 특정소방대상물에 추가로 소방시설이 설치되지 아니하는 경우 그 특정소방대상물
3. 법 제9조의3제1항에 따라 성능위주설계를 한 특정소방대상물

제8조(소방시설의 내진설계)

① 법 제7조에서 "대통령령으로 정하는 특정소방대상물"이란 「건축법」 제2조제1항제2호에 따른 건축물로서 「지진·화산재해대책법 시행령」 제10조제1항 각 호에 해당하는 시설을 말한다.
② 법 제7조에서 "대통령령으로 정하는 소방시설"이란 소방시설 중 옥내소화전설비, 스프링클러설비 및 물분무등소화설비를 말한다.

제15조(특정소방대상물의 증축 또는 용도변경 시의 소방시설기준 적용의 특례)

① 법 제13조제3항에 따라 소방본부장 또는 소방서장은 특정소방대상물이 증축되는 경우에는 기존 부분을 포함한 특정소방대상물의 전체에 대하여 증축 당시의 소방시설의 설치에 관한 대통령령 또는 화재안전기준을 적용해야 한다. 다만, 다음 각 호의 어느 하나에 해당하는 경우에는 기존 부분에 대해서는 증축 당시의 소방시설의 설치에 관한 대통령령 또는 화재안전기준을 적용하지 않는다.
1. 기존 부분과 증축 부분이 내화구조(耐火構造)로 된 바닥과 벽으로 구획된 경우
2. 기존 부분과 증축 부분이 「건축법 시행령」 제46조제1항제2호에 따른 자동방화셔터(이하 "자동방화셔터"라 한다) 또는 같은 영 제64조제1항제1호에 따른 60분+ 방화문(이하 "60분+ 방화문"이라 한다)으로 구획되어 있는 경우
3. 자동차 생산공장 등 화재 위험이 낮은 특정소방대상물 내부에 연면적 33제곱미터 이하의 직원 휴게실을 증축하는 경우
4. 자동차 생산공장 등 화재 위험이 낮은 특정소방대상물에 캐노피(기둥으로 받치거나 매달아 놓은 덮개를 말하며, 3면 이상에 벽이 없는 구조의 것을 말한다)를 설치하는 경우

★★★★☆

문제02 특정소방대상물이 증축되는 경우에는 기존부분을 포함한 특정소방대상물의 전체에 대하여 증축 당시의 소방시설 등의 설치에 관한 대통령령 또는 화재안전기준을 적용하여야 한다. 이러한 규정에도 불구하고 기존부분에 대하여 증축 당시의 소방시설 등의 설치에 관한 대통령령 또는 화재안전기준을 적용하지 아니할 수 있는 경우 4가지를 쓰시오.

② 법 제13조제3항에 따라 소방본부장 또는 소방서장은 특정소방대상물이 용도변경되는 경우에는 용도변경되는 부분에 대해서만 용도변경 당시의 소방시설의 설치에 관한 대통령령 또는 화재안전기준을 적용한다. 다만, 다음 각 호의 어느 하나에 해당하는 경우에는 특정소방대상물 전체에 대하여 용도변경 전에 해당 특정소방대상물에 적용되던 소방시설의 설치에 관한 대통령령 또는 화재안전기준을 적용한다.

1. 특정소방대상물의 구조·설비가 화재연소 확대 요인이 적어지거나 피난 또는 화재진압활동이 쉬워지도록 변경되는 경우
2. 용도변경으로 인하여 천장·바닥·벽 등에 고정되어 있는 가연성 물질의 양이 줄어드는 경우

★★★★☆

> **예상 문제03** 소방본부장 또는 소방서장은 특정소방대상물이 용도 변경되는 경우에는 용도 변경되는 부분에 대해서만 용도 변경 당시의 소방시설 등의 설치에 관한 대통령령 또는 화재안전기준을 적용한다. 이러한 규정에도 불구하고 특정소방대상물 전체에 대하여 용도변경 전에 해당 특정소방대상물에 적용되던 소방시설 등의 설치에 관한 대통령령 또는 화재안전기준을 적용할 수 있는 경우 2가지를 쓰시오.

제30조(방염성능기준 이상의 실내장식물 등을 설치해야 하는 특정소방대상물)

법 제20조제1항에서 "대통령령으로 정하는 특정소방대상물"이란 다음 각 호의 것을 말한다.

1. 근린생활시설 중 의원, 조산원, 산후조리원, 체력단련장, 공연장 및 종교집회장
2. 건축물의 옥내에 있는 시설로서 다음 각 목의 시설
   가. 문화 및 집회시설
   나. 종교시설
   다. 운동시설(수영장은 제외한다)
3. 의료시설
4. 교육연구시설 중 합숙소
5. 노유자시설
6. 숙박이 가능한 수련시설
7. 숙박시설
8. 방송통신시설 중 방송국 및 촬영소
9. 다중이용업소
10. 제1호부터 제9호까지의 시설에 해당하지 않는 것으로서 층수가 11층 이상인 것(아파트는 제외한다)

★★★★☆

> **예상 문제04** 소방시설설치·유지 및 안전관리에 관한 법률시행령에서 규정하고 있는 방염성능기준 이상의 실내장식물 등을 설치하여야 하는 특정소방대상물을 쓰시오.

제31조(방염대상물품 및 방염성능기준)

① 법 제20조제1항에서 "대통령령으로 정하는 물품"이란 다음 각 호의 것을 말한다.
1. 제조 또는 가공 공정에서 방염처리를 한 다음 각 목의 물품
   가. 창문에 설치하는 커튼류(블라인드를 포함한다)
   나. 카펫
   다. 벽지류(두께가 2밀리미터 미만인 종이벽지는 제외한다)
   라. 전시용 합판·목재 또는 섬유판, 무대용 합판·목재 또는 섬유판(합판·목재류의 경우 불가피하게 설치 현장에서 방염처리한 것을 포함한다)

마. 암막·무대막(「영화 및 비디오물의 진흥에 관한 법률」제2조제10호에 따른 영화상영관에 설치하는 스크린과 「다중이용업소의 안전관리에 관한 특별법 시행령」제2조제7호의4에 따른 가상체험 체육시설업에 설치하는 스크린을 포함한다)

바. 섬유류 또는 합성수지류 등을 원료로 하여 제작된 소파·의자(「다중이용업소의 안전관리에 관한 특별법 시행령」제2조제1호나목 및 같은 조 제6호에 따른 단란주점영업, 유흥주점영업 및 노래연습장업의 영업장에 설치하는 것으로 한정한다)

2. 건축물 내부의 천장이나 벽에 부착하거나 설치하는 다음 각 목의 것. 다만, 가구류(옷장, 찬장, 식탁, 식탁용 의자, 사무용 책상, 사무용 의자, 계산대, 그 밖에 이와 비슷한 것을 말한다. 이하 이 조에서 같다)와 너비 10센티미터 이하인 반자돌림대 등과 「건축법」제52조에 따른 내부 마감재료는 제외한다.

  가. 종이류(두께 2밀리미터 이상인 것을 말한다)·합성수지류 또는 섬유류를 주원료로 한 물품
  나. 합판이나 목재
  다. 공간을 구획하기 위하여 설치하는 간이 칸막이(접이식 등 이동 가능한 벽체나 천장 또는 반자가 실내에 접하는 부분까지 구획하지 않는 벽체를 말한다)
  라. 흡음(吸音)을 위하여 설치하는 흡음재(흡음용 커튼을 포함한다)
  마. 방음(防音)을 위하여 설치하는 방음재(방음용 커튼을 포함한다)

★★★★☆

 문제05 소방시설설치·유지 및 안전관리에 관한 법률시행령에서 규정하고 있는 방염대상물품의 종류를 모두 쓰시오.

② 법 제20조제3항에 따른 방염성능기준은 다음 각 호의 기준에 따르되, 제1항에 따른 방염대상물품의 종류에 따른 구체적인 방염성능기준은 다음 각 호의 기준의 범위에서 소방청장이 정하여 고시하는 바에 따른다.

1. 버너의 불꽃을 제거한 때부터 불꽃을 올리며 연소하는 상태가 그칠 때까지 시간은 20초 이내일 것
2. 버너의 불꽃을 제거한 때부터 불꽃을 올리지 아니하고 연소하는 상태가 그칠 때까지 시간은 30초 이내일 것
3. 탄화(炭化)한 면적은 50제곱센티미터 이내, 탄화한 길이는 20센티미터 이내일 것
4. 불꽃에 의하여 완전히 녹을 때까지 불꽃의 접촉 횟수는 3회 이상일 것
5. 소방청장이 정하여 고시한 방법으로 발연량(發煙量)을 측정하는 경우 최대연기밀도는 400 이하일 것

★★★★☆

 문제06 소방시설설치·유지 및 안전관리에 관한 법률시행령에서 규정하고 있는 방염성능기준 5가지를 쓰시오.

③ 소방본부장 또는 소방서장은 제1항에 따른 물품 외에 다음 각 호의 어느 하나에 해당하는 물품의 경우에는 방염처리된 물품을 사용하도록 권장할 수 있다.

1. 다중이용업소, 의료시설, 노유자시설, 숙박시설 또는 장례식장에서 사용하는 침구류·소파 및 의자
2. 건축물 내부의 천장 또는 벽에 부착하거나 설치하는 가구류

[별표 9] 소방시설관리업의 업종별 등록기준 및 영업범위

업종별 \ 기술인력 등	기술인력	영업범위
전문 소방시설 관리업	가. 주된 기술인력 　1) 소방시설관리사 자격을 취득한 후 소방 관련 실무경력이 5년 이상인 사람 1명 이상 　2) 소방시설관리사 자격을 취득한 후 소방 관련 실무경력이 3년 이상인 사람 1명 이상 나. 보조 기술인력 　1) 고급점검자 이상의 기술인력 : 2명 이상 　2) 중급점검자 이상의 기술인력 : 2명 이상 　3) 초급점검자 이상의 기술인력 : 2명 이상	모든 특정소방대상물
일반 소방시설 관리업	가. 주된 기술인력 : 소방시설관리사 자격을 취득한 후 소방 관련 실무경력이 1년 이상인 사람 1명 이상 나. 보조 기술인력 　1) 중급점검자 이상의 기술인력 : 1명 이상 　2) 초급점검자 이상의 기술인력 : 1명 이상	특정소방대상물 중 1급, 2급, 3급 소방안전관리 대상물

비고
1. "소방 관련 실무경력"이란 「소방시설공사업법」 제28조제3항에 따른 소방기술과 관련된 경력을 말한다.
2. 보조 기술인력의 종류별 자격은 「소방시설공사업법」 제28조제3항에 따라 소방기술과 관련된 자격·학력 및 경력을 가진 사람 중에서 행정안전부령으로 정한다.

[별표 10] : 과태료의 부과기준

1. 일반기준
   가. 위반행위의 횟수에 따른 과태료의 가중된 부과기준은 최근 1년간 같은 위반행위로 과태료 부과처분을 받은 경우에 적용한다. 이 경우 기간의 계산은 위반행위에 대하여 과태료 부과처분을 받은 날과 그 처분 후 다시 같은 위반행위를 하여 적발된 날을 기준으로 한다.
   나. 가목에 따라 가중된 부과처분을 하는 경우 가중처분의 적용 차수는 그 위반행위 전 부과처분 차수(가목에 따른 기간 내에 과태료 부과처분이 둘 이상 있었던 경우에는 높은 차수를 말한다)의 다음 차수로 한다.
   다. 부과권자는 다음의 어느 하나에 해당하는 경우에는 제2호의 개별기준에 따른 과태료의 2분의 1 범위에서 그 금액을 줄여 부과할 수 있다. 다만, 과태료를 체납하고 있는 위반행위자에 대해서는 그렇지 않다.
   　1) 위반행위가 사소한 부주의나 오류로 인한 것으로 인정되는 경우
   　2) 위반행위자가 법 위반상태를 시정하거나 해소하기 위하여 노력한 사실이 인정되는 경우
   　3) 위반행위자가 처음 위반행위를 한 경우로서 3년 이상 해당 업종을 모범적으로 영위한 사실이 인정되는 경우
   　4) 위반행위자가 화재 등 재난으로 재산에 현저한 손실을 입거나 사업 여건의 악화로 그 사업이 중대한 위기에 처하는 등 사정이 있는 경우

5) 위반행위자가 같은 위반행위로 다른 법률에 따라 과태료·벌금·영업정지 등의 처분을 받은 경우
6) 그 밖에 위반행위의 정도, 위반행위의 동기와 그 결과 등을 고려하여 과태료 금액을 줄일 필요가 있다고 인정되는 경우

2. 개별기준

위반행위	근거 법조문	과태료 금액 (단위 : 만 원)		
		1차 위반	2차 위반	3차 이상 위반
가. 법 제12조제1항을 위반한 경우	법 제61조 제1항제1호			
1) 2) 및 3)의 규정을 제외하고 소방시설을 최근 1년 이내에 2회 이상 화재안전기준에 따라 관리하지 않은 경우		100		
2) 소방시설을 다음에 해당하는 고장 상태 등으로 방치한 경우 가) 소화펌프를 고장 상태로 방치한 경우 나) 화재 수신기, 동력·감시 제어반 또는 소방시설용 전원(비상전원을 포함한다)을 차단하거나, 고장난 상태로 방치하거나, 임의로 조작하여 자동으로 작동이 되지 않도록 한 경우 다) 소방시설이 작동할 때 소화배관을 통하여 소화수가 방수되지 않는 상태 또는 소화약제가 방출되지 않는 상태로 방치한 경우		200		
3) 소방시설을 설치하지 않은 경우		300		
나. 법 제15조제1항을 위반하여 공사 현장에 임시소방시설을 설치·관리하지 않은 경우	법 제61조 제1항제2호	300		
다. 법 제16조제1항을 위반하여 피난시설, 방화구획 또는 방화시설을 폐쇄·훼손·변경하는 등의 행위를 한 경우	법 제61조 제1항제3호	100	200	300
라. 법 제20조제1항을 위반하여 방염대상물품을 방염성능기준 이상으로 설치하지 않은 경우	법 제61조 제1항제4호	200		
마. 법 제22조제1항 전단을 위반하여 점검능력평가를 받지 않고 점검을 한 경우	법 제61조 제1항제5호	300		
바. 법 제22조제1항 후단을 위반하여 관계인에게 점검 결과를 제출하지 않은 경우	법 제61조 제1항제6호	300		
사. 법 제22조제2항에 따른 점검인력의 배치기준 등 자체점검 시 준수사항을 위반한 경우	법 제61조 제1항제7호	300		
아. 법 제23조제3항을 위반하여 점검 결과를 보고하지 않거나 거짓으로 보고한 경우	법 제61조 제1항제8호			
1) 지연 보고 기간이 10일 미만인 경우		50		
2) 지연 보고 기간이 10일 이상 1개월 미만인 경우		100		
3) 지연 보고 기간이 1개월 이상이거나 보고하지 않은 경우		200		
4) 점검 결과를 축소·삭제하는 등 거짓으로 보고한 경우		300		
자. 법 제23조제4항을 위반하여 이행계획을 기간 내에 완료하지	법 제61조			

	않은 경우 또는 이행계획 완료 결과를 보고하지 않거나 거짓으로 보고한 경우	제1항제9호			
	1) 지연 완료 기간 또는 지연 보고 기간이 10일 미만인 경우				50
	2) 지연 완료 기간 또는 지연 보고 기간이 10일 이상 1개월 미만인 경우				100
	3) 지연 완료 기간 또는 지연 보고 기간이 1개월 이상이거나, 완료 또는 보고를 하지 않은 경우				200
	4) 이행계획 완료 결과를 거짓으로 보고한 경우				300
차.	법 제24조제1항을 위반하여 점검기록표를 기록하지 않거나 특정소방대상물의 출입자가 쉽게 볼 수 있는 장소에 게시하지 않은 경우	법 제61조 제1항제10호	100	200	300
카.	법 제31조 또는 제32조제3항을 위반하여 신고를 하지 않거나 거짓으로 신고한 경우	법 제61조 제1항제11호			
	1) 지연 신고 기간이 1개월 미만인 경우				50
	2) 지연 신고 기간이 1개월 이상 3개월 미만인 경우				100
	3) 지연 신고 기간이 3개월 이상이거나 신고를 하지 않은 경우				200
	4) 거짓으로 신고한 경우				300
타.	법 제33조제3항을 위반하여 지위승계, 행정처분 또는 휴업·폐업의 사실을 특정소방대상물의 관계인에게 알리지 않거나 거짓으로 알린 경우	법 제61조 제1항제12호			300
파.	법 제33조제4항을 위반하여 소속 기술인력의 참여 없이 자체점검을 한 경우	법 제61조 제1항제13호			300
하.	법 제34조제2항에 따른 점검실적을 증명하는 서류 등을 거짓으로 제출한 경우	법 제61조 제1항제14호			300
거.	법 제52조제1항에 따른 명령을 위반하여 보고 또는 자료제출을 하지 않거나 거짓으로 보고 또는 자료제출을 한 경우 또는 정당한 사유 없이 관계 공무원의 출입 또는 검사를 거부·방해 또는 기피한 경우	법 제61조 제1항제15호	50	100	300

★★☆☆☆

문제13 소방시설 설치·유지 및 안전관리에 관한 법률 시행령의 규정에 의하면, 소방시설을 고장 상태 등으로 방치한 경우 과태료가 부과된다. 해당 경우 3가지를 쓰시오.

제13장 소방시설 설치 및 관리에 관한 법률 시행규칙

[시행 2023. 4. 19.] [행정안전부령 제397호, 2023. 4. 19., 타법개정]

제17조(연소 우려가 있는 건축물의 구조)

영 별표 4 제1호사목1) 후단에서 "행정안전부령으로 정하는 연소(延燒) 우려가 있는 구조"란 다음 각 호의 기준에 모두 해당하는 구조를 말한다.
1. 건축물대장의 건축물 현황도에 표시된 대지경계선 안에 둘 이상의 건축물이 있는 경우
2. 각각의 건축물이 다른 건축물의 외벽으로부터 수평거리가 1층의 경우에는 6미터 이하, 2층 이상의 층의 경우에는 10미터 이하인 경우
3. 개구부(영 제2조제1호 각 목 외의 부분에 따른 개구부를 말한다)가 다른 건축물을 향하여 설치되어 있는 경우

★★★★☆

 문제01 안전행정부령으로 정하는 연소 우려가 있는 구조의 정의를 쓰시오.

제23조(소방시설등의 자체점검 결과의 조치 등)

① 관리업자 또는 소방안전관리자로 선임된 소방시설관리사 및 소방기술사(이하 "관리업자 등"이라 한다)는 자체점검을 실시한 경우에는 법 제22조제1항 각 호 외의 부분 후단에 따라 그 점검이 끝난 날부터 10일 이내에 별지 제9호서식의 소방시설등 자체점검 실시결과 보고서(전자문서로 된 보고서를 포함한다)에 소방청장이 정하여 고시하는 소방시설등점검표를 첨부하여 관계인에게 제출해야 한다.
② 제1항에 따른 자체점검 실시결과 보고서를 제출받거나 스스로 자체점검을 실시한 관계인은 법 제23조제3항에 따라 자체점검이 끝난 날부터 15일 이내에 별지 제9호서식의 소방시설등 자체점검 실시결과 보고서(전자문서로 된 보고서를 포함한다)에 다음 각 호의 서류를 첨부하여 소방본부장 또는 소방서장에게 서면이나 소방청장이 지정하는 전산망을 통하여 보고해야 한다.
  1. 점검인력 배치확인서(관리업자가 점검한 경우만 해당한다)
  2. 별지 제10호서식의 소방시설등의 자체점검 결과 이행계획서
③ 제1항 및 제2항에 따른 자체점검 실시결과의 보고기간에는 공휴일 및 토요일은 산입하지 않는다.
④ 제2항에 따라 소방본부장 또는 소방서장에게 자체점검 실시결과 보고를 마친 관계인은 소방시설등 자체점검 실시결과 보고서(소방시설등점검표를 포함한다)를 점검이 끝난 날부터 2년간 자체 보관해야 한다.
⑤ 제2항에 따라 소방시설등의 자체점검 결과 이행계획서를 보고받은 소방본부장 또는 소방서장은 다음 각 호의 구분에 따라 이행계획의 완료 기간을 정하여 관계인에게 통보해야 한다. 다만, 소방시설등에 대한 수리·교체·정비의 규모 또는 절차가 복잡하여 다음 각 호의 기간 내에 이행을 완료하기가 어려운 경우에는 그 기간을 달리 정할 수 있다.
  1. 소방시설등을 구성하고 있는 기계·기구를 수리하거나 정비하는 경우 : 보고일부터 10일 이내

2. 소방시설등의 전부 또는 일부를 철거하고 새로 교체하는 경우 : 보고일부터 20일 이내
⑥ 제5항에 따른 완료기간 내에 이행계획을 완료한 관계인은 이행을 완료한 날부터 10일 이내에 별지 제11호서식의 소방시설등의 자체점검 결과 이행완료 보고서(전자문서로 된 보고서를 포함한다)에 다음 각 호의 서류(전자문서를 포함한다)를 첨부하여 소방본부장 또는 소방서장에게 보고해야 한다.
   1. 이행계획 건별 전·후 사진 증명자료
   2. 소방시설공사 계약서

★★★☆☆

 문제03 소방시설 자체점검자가 소방시설에 대하여 자체 점검하였을 때 그 점검 결과에 대한 요식 절차를 간기하시오.[점검2회기출]

제36조(기술인력 참여기준)
법 제33조제4항에 따라 관리업자가 자체점검 또는 소방안전관리업무의 대행을 할 때 참여시켜야 하는 기술인력의 자격 및 배치기준은 다음 각 호와 같다.
1. 자체점검 : 별표 3 및 별표 4에 따른 점검인력의 자격 및 배치기준
2. 소방안전관리업무의 대행 : 「화재의 예방 및 안전관리에 관한 법률 시행규칙」별표 1에 따른 대행인력의 자격 및 배치기준

제37조(점검능력 평가의 신청 등)
① 법 제34조제2항에 따라 점검능력을 평가받으려는 관리업자는 별지 제29호서식의 소방시설등 점검능력 평가신청서(전자문서로 된 신청서를 포함한다)에 다음 각 호의 서류(전자문서를 포함한다)를 첨부하여 평가기관에 매년 2월 15일까지 제출해야 한다.
   1. 소방시설등의 점검실적을 증명하는 서류로서 다음 각 목의 구분에 따른 서류
      가. 국내 소방시설등에 대한 점검실적 : 발주자가 별지 제30호서식에 따라 발급한 소방시설등의 점검실적 증명서 및 세금계산서(공급자 보관용을 말한다) 사본
      나. 해외 소방시설등에 대한 점검실적 : 외국환은행이 발행한 외화입금증명서 및 재외공관장이 발행한 해외점검실적 증명서 또는 점검계약서 사본
      다. 주한 외국군의 기관으로부터 도급받은 소방시설등에 대한 점검실적 : 외국환은행이 발행한 외화입금증명서 및 도급계약서 사본
   2. 소방시설관리업 등록수첩 사본
   3. 별지 제31호서식의 소방기술인력 보유 현황 및 국가기술자격증 사본 등 이를 증명할 수 있는 서류
   4. 별지 제32호서식의 신인도평가 가점사항 확인서 및 가점사항을 확인할 수 있는 다음 각 목의 해당 서류
      가. 품질경영인증서(ISO 9000 시리즈) 사본
      나. 소방시설등의 점검 관련 표창 사본
      다. 특허증 사본
      라. 소방시설관리업 관련 기술 투자를 증명할 수 있는 서류
② 제1항에 따른 신청을 받은 평가기관의 장은 제1항 각 호의 서류가 첨부되어 있지 않은 경우에는 신청인에게 15일 이내의 기간을 정하여 보완하게 할 수 있다.

③ 제1항에도 불구하고 다음 각 호의 어느 하나에 해당하는 자는 상시 점검능력 평가를 신청할 수 있다. 이 경우 신청서·첨부서류의 제출 및 보완에 관하여는 제1항 및 제2항에 따른다.
  1. 법 제29조에 따라 신규로 소방시설관리업의 등록을 한 자
  2. 법 제32조제1항 또는 제2항에 따라 관리업자의 지위를 승계한 자
  3. 제38조제3항에 따라 점검능력 평가 공시 후 다시 점검능력 평가를 신청하는 자
④ 제1항부터 제3항까지에서 규정한 사항 외에 점검능력 평가 등 업무수행에 필요한 세부 규정은 평가기관이 정하되, 소방청장의 승인을 받아야 한다.

제38조(점검능력의 평가)

① 법 제34조제1항에 따른 점검능력 평가의 항목은 다음 각 호와 같고, 점검능력 평가의 세부 기준은 별표 7과 같다
  1. 실적
    가. 점검실적(법 제22조제1항에 따른 소방시설등에 대한 자체점검 실적을 말한다). 이 경우 점검실적(제37조제1항제1호나목 및 다목에 따른 점검실적은 제외한다)은 제20조제1항 및 별표 4에 따른 점검인력 배치기준에 적합한 것으로 확인된 것만 인정한다.
    나. 대행실적(「화재의 예방 및 안전관리에 관한 법률」 제25조제1항에 따라 소방안전관리 업무를 대행하여 수행한 실적을 말한다)
  2. 기술력
  3. 경력
  4. 신인도
② 평가기관은 제1항에 따른 점검능력 평가 결과를 지체 없이 소방청장 및 시·도지사에게 통보해야 한다.

[별표 3] 소방시설등 자체점검의 구분 및 대상, 점검자의 자격, 점검 장비, 점검 방법 및 횟수 등 자체점검 시 준수해야할 사항

1. 소방시설등에 대한 자체점검은 다음과 같이 구분한다.
  가. 작동점검 : 소방시설등을 인위적으로 조작하여 소방시설이 정상적으로 작동하는지를 소방청장이 정하여 고시하는 소방시설등 작동점검표에 따라 점검하는 것을 말한다.
  나. 종합점검 : 소방시설등의 작동점검을 포함하여 소방시설등의 설비별 주요 구성 부품의 구조기준이 화재안전기준과 「건축법」 등 관련 법령에서 정하는 기준에 적합한지 여부를 소방청장이 정하여 고시하는 소방시설등 종합점검표에 따라 점검하는 것을 말하며, 다음과 같이 구분한다.
    1) 최초점검 : 법 제22조제1항제1호에 따라 소방시설이 새로 설치되는 경우 「건축법」 제22조에 따라 건축물을 사용할 수 있게 된 날부터 60일 이내 점검하는 것을 말한다.
    2) 그 밖의 종합점검 : 최초점검을 제외한 종합점검을 말한다.
2. 작동점검은 다음의 구분에 따라 실시한다.
  가. 작동점검은 영 제5조에 따른 특정소방대상물을 대상으로 한다. 다만, 다음의 어느 하나에 해당하는 특정소방대상물은 제외한다.

1) 특정소방대상물 중 「화재의 예방 및 안전관리에 관한 법률」 제24조제1항에 해당하지 않는 특정소방대상물(소방안전관리자를 선임하지 않는 대상을 말한다)
2) 「위험물안전관리법」 제2조제6호에 따른 제조소등(이하 "제조소등"이라 한다)
3) 「화재의 예방 및 안전관리에 관한 법률 시행령」 별표 4 제1호가목의 특급소방안전관리대상물

나. 작동점검은 다음의 분류에 따른 기술인력이 점검할 수 있다. 이 경우 별표 4에 따른 점검인력 배치기준을 준수해야 한다.
1) 영 별표 4 제1호마목의 간이스프링클러설비(주택전용 간이스프링클러설비는 제외한다) 또는 같은 표 제2호다목의 자동화재탐지설비가 설치된 특정소방대상물
   가) 관계인
   나) 관리업에 등록된 기술인력 중 소방시설관리사
   다) 「소방시설공사업법 시행규칙」 별표 4의2에 따른 특급점검자
   라) 소방안전관리자로 선임된 소방시설관리사 및 소방기술사
2) 1)에 해당하지 않는 특정소방대상물
   가) 관리업에 등록된 소방시설관리사
   나) 소방안전관리자로 선임된 소방시설관리사 및 소방기술사

다. 작동점검은 연 1회 이상 실시한다.
라. 작동점검의 점검 시기는 다음과 같다.
1) 종합점검 대상은 종합점검을 받은 달부터 6개월이 되는 달에 실시한다.
2) 1)에 해당하지 않는 특정소방대상물은 특정소방대상물의 사용승인일(건축물의 경우에는 건축물관리대장 또는 건물 등기사항증명서에 기재되어 있는 날, 시설물의 경우에는 「시설물의 안전 및 유지관리에 관한 특별법」 제55조제1항에 따른 시설물통합정보관리체계에 저장·관리되고 있는 날을 말하며, 건축물관리대장, 건물 등기사항증명서 및 시설물통합정보관리체계를 통해 확인되지 않는 경우에는 소방시설완공검사증명서에 기재된 날을 말한다)이 속하는 달의 말일까지 실시한다. 다만, 건축물관리대장 또는 건물 등기사항증명서 등에 기입된 날이 서로 다른 경우에는 건축물관리대장에 기재되어 있는 날을 기준으로 점검한다.

3. 종합점검은 다음의 구분에 따라 실시한다.
가. 종합점검은 다음의 어느 하나에 해당하는 특정소방대상물을 대상으로 한다.
1) 법 제22조제1항제1호에 해당하는 특정소방대상물
2) 스프링클러설비가 설치된 특정소방대상물
3) 물분무등소화설비[호스릴(hose reel) 방식의 물분무등소화설비만을 설치한 경우는 제외한다]가 설치된 연면적 5,000㎡ 이상인 특정소방대상물(제조소등은 제외한다)
4) 「다중이용업소의 안전관리에 관한 특별법 시행령」 제2조제1호나목, 같은 조 제2호(비디오물소극장업은 제외한다)·제6호·제7호·제7호의2 및 제7호의5의 다중이용업의 영업장이 설치된 특정소방대상물로서 연면적이 2,000㎡ 이상인 것
5) 제연설비가 설치된 터널
6) 「공공기관의 소방안전관리에 관한 규정」 제2조에 따른 공공기관 중 연면적(터널·지하구의 경우 그 길이와 평균 폭을 곱하여 계산된 값을 말한다)이 1,000㎡ 이상인 것으로서 옥내소화전설비 또는 자동화재탐지설비가 설치된 것. 다만, 「소방기본법」 제2조제5호에 따른 소방대가 근무하는 공공기관은 제외한다.

나. 종합점검은 다음 어느 하나에 해당하는 기술인력이 점검할 수 있다. 이 경우 별표 4에 따른 점검인력 배치기준을 준수해야 한다.
　1) 관리업에 등록된 소방시설관리사
　2) 소방안전관리자로 선임된 소방시설관리사 및 소방기술사
다. 종합점검의 점검 횟수는 다음과 같다.
　1) 연 1회 이상(「화재의 예방 및 안전에 관한 법률 시행령」 별표 4 제1호가목의 특급 소방안전관리대상물은 반기에 1회 이상) 실시한다.
　2) 1)에도 불구하고 소방본부장 또는 소방서장은 소방청장이 소방안전관리가 우수하다고 인정한 특정소방대상물에 대해서는 3년의 범위에서 소방청장이 고시하거나 정한 기간 동안 종합점검을 면제할 수 있다. 다만, 면제기간 중 화재가 발생한 경우는 제외한다.
라. 종합점검의 점검 시기는 다음과 같다.
　1) 가목1)에 해당하는 특정소방대상물은 「건축법」 제22조에 따라 건축물을 사용할 수 있게 된 날부터 60일 이내 실시한다.
　2) 1)을 제외한 특정소방대상물은 건축물의 사용승인일이 속하는 달에 실시한다. 다만, 「공공기관의 안전관리에 관한 규정」 제2조제2호 또는 제5호에 따른 학교의 경우에는 해당 건축물의 사용승인일이 1월에서 6월 사이에 있는 경우에는 6월 30일까지 실시할 수 있다.
　3) 건축물 사용승인일 이후 가목3)에 따라 종합점검 대상에 해당하게 된 경우에는 그 다음 해부터 실시한다.
　4) 하나의 대지경계선 안에 2개 이상의 자체점검 대상 건축물 등이 있는 경우에는 그 건축물 중 사용승인일이 가장 빠른 연도의 건축물의 사용승인일을 기준으로 점검할 수 있다.
4. 제1호에도 불구하고 「공공기관의 소방안전관리에 관한 규정」 제2조에 따른 공공기관의 장은 공공기관에 설치된 소방시설등의 유지·관리상태를 맨눈 또는 신체감각을 이용하여 점검하는 외관점검을 월 1회 이상 실시(작동점검 또는 종합점검을 실시한 달에는 실시하지 않을 수 있다)하고, 그 점검 결과를 2년간 자체 보관해야 한다. 이 경우 외관점검의 점검자는 해당 특정소방대상물의 관계인, 소방안전관리자 또는 관리업자(소방시설관리사를 포함하여 등록된 기술인력을 말한다)로 해야 한다.
5. 제1호 및 제4호에도 불구하고 공공기관의 장은 해당 공공기관의 전기시설물 및 가스시설에 대하여 다음 각 목의 구분에 따른 점검 또는 검사를 받아야 한다.
　가. 전기시설물의 경우 : 「전기사업법」 제63조에 따른 사용전검사
　나. 가스시설의 경우 : 「도시가스사업법」 제17조에 따른 검사, 「고압가스 안전관리법」 제16조의2 및 제20조제4항에 따른 검사 또는 「액화석유가스의 안전관리 및 사업법」 제37조 및 제44조제2항·제4항에 따른 검사
6. 공동주택(아파트등으로 한정한다) 세대별 점검방법은 다음과 같다.
　가. 관리자(관리소장, 입주자대표회의 및 소방안전관리자를 포함한다. 이하 같다) 및 입주민(세대 거주자를 말한다)은 2년 이내 모든 세대에 대하여 점검을 해야 한다.
　나. 가목에도 불구하고 아날로그감지기 등 특수감지기가 설치되어 있는 경우에는 수신기에서 원격 점검할 수 있으며, 점검할 때마다 모든 세대를 점검해야 한다. 다만, 자동화재탐지설비의 선로 단선이 확인되는 때에는 단선이 난 세대 또는 그 경계구역에 대하여 현장점검을 해야 한다.

다. 관리자는 수신기에서 원격 점검이 불가능한 경우 매년 작동점검만 실시하는 공동주택은 1회 점검 시 마다 전체 세대수의 50퍼센트 이상, 종합점검을 실시하는 공동주택은 1회 점검 시 마다 전체 세대수의 30퍼센트 이상 점검하도록 자체점검 계획을 수립·시행해야 한다.
라. 관리자 또는 해당 공동주택을 점검하는 관리업자는 입주민이 세대 내에 설치된 소방시설등을 스스로 점검할 수 있도록 소방청 또는 사단법인 한국소방시설관리협회의 홈페이지에 게시되어 있는 공동주택 세대별 점검 동영상을 입주민이 시청할 수 있도록 안내하고, 점검서식(별지 제36호서식 소방시설 외관점검표를 말한다)을 사전에 배부해야 한다.
마. 입주민은 점검서식에 따라 스스로 점검하거나 관리자 또는 관리업자로 하여금 대신 점검하게 할 수 있다. 입주민이 스스로 점검한 경우에는 그 점검 결과를 관리자에게 제출하고 관리자는 그 결과를 관리업자에게 알려주어야 한다.
바. 관리자는 관리업자로 하여금 세대별 점검을 하고자 하는 경우에는 사전에 점검 일정을 입주민에게 사전에 공지하고 세대별 점검 일자를 파악하여 관리업자에게 알려주어야 한다. 관리업자는 사전 파악된 일정에 따라 세대별 점검을 한 후 관리자에게 점검 현황을 제출해야 한다.
사. 관리자는 관리업자가 점검하기로 한 세대에 대하여 입주민의 사정으로 점검을 하지 못한 경우 입주민이 스스로 점검할 수 있도록 다시 안내해야 한다. 이 경우 입주민이 관리업자로 하여금 다시 점검받기를 원하는 경우 관리업자로 하여금 추가로 점검하게 할 수 있다.
아. 관리자는 세대별 점검현황(입주민 부재 등 불가피한 사유로 점검을 하지 못한 세대 현황을 포함한다)을 작성하여 자체점검이 끝난 날부터 2년간 자체 보관해야 한다.
7. 자체점검은 다음의 점검 장비를 이용하여 점검해야 한다.

소방시설	점검 장비	규격
모든 소방시설	방수압력측정계, 절연저항계(절연저항측정기), 전류전압측정계	
소화기구	저울	
옥내소화전설비 옥외소화전설비	소화전밸브압력계	
스프링클러설비 포소화설비	헤드결합렌치 (볼트, 너트, 나사 등을 죄거나 푸는 공구)	
이산화탄소소화설비 분말소화설비 할론소화설비 할로겐화합물 및 불활성기체 소화설비	검량계, 기동관누설시험기, 그 밖에 소화약제의 저장량을 측정할 수 있는 점검기구	
자동화재탐지설비 시각경보기	열감지기시험기, 연(煙)감지기시험기, 공기주입시험기, 감지기시험기연결막대, 음량계	
누전경보기	누전계	누전전류 측정용
무선통신보조설비	무선기	통화시험용
제연설비	풍속풍압계, 폐쇄력측정기, 차압계(압력차 측정기)	

통로유도등 비상조명등	조도계(밝기 측정기)	최소눈금이 0.1 럭스 이하인 것

비고
1. 신축·증축·개축·재축·이전·용도변경 또는 대수선 등으로 소방시설이 새로 설치된 경우에는 해당 특정소방대상물의 소방시설 전체에 대하여 실시한다.
2. 작동점검 및 종합점검(최초점검은 제외한다)은 건축물 사용승인 후 그 다음 해부터 실시한다.
3. 특정소방대상물이 증축·용도변경 또는 대수선 등으로 사용승인일이 달라지는 경우 사용승인일이 빠른 날을 기준으로 자체점검을 실시한다.

[별표 4] 소방시설등의 자체점검 시 점검인력의 배치기준

1. 점검인력 1단위는 다음과 같다.
   가. 관리업자가 점검하는 경우에는 소방시설관리사 또는 특급점검자 1명과 영 별표 9에 따른 보조 기술인력 2명을 점검인력 1단위로 하되, 점검인력 1단위에 2명(같은 건축물을 점검할 때는 4명) 이내의 보조 기술인력을 추가할 수 있다.
   나. 소방안전관리자로 선임된 소방시설관리사 및 소방기술사가 점검하는 경우에는 소방시설관리사 또는 소방기술사 중 1명과 보조 기술인력 2명을 점검인력 1단위로 하되, 점검인력 1단위에 2명 이내의 보조 기술인력을 추가할 수 있다. 다만, 보조 기술인력은 해당 특정소방대상물의 관계인 또는 소방안전관리보조자로 할 수 있다.
   다. 관계인 또는 소방안전관리자가 점검하는 경우에는 관계인 또는 소방안전관리자 1명과 보조 기술인력 2명을 점검인력 1단위로 하되, 보조 기술인력은 해당 특정소방대상물의 관리자, 점유자 또는 소방안전관리보조자로 할 수 있다.
2. 관리업자가 점검하는 경우 특정소방대상물의 규모 등에 따른 점검인력의 배치기준은 다음과 같다.

구분	주된 기술인력	보조 기술인력
가. 50층 이상 또는 성능위주설계를 한 특정소방대상물	소방시설관리사 경력 5년 이상 1명 이상	고급점검자 이상 1명 이상 및 중급점검자 이상 1명 이상
나. 「화재의 예방 및 안전관리에 관한 법률 시행령」 별표 4 제1호에 따른 특급 소방안전관리대상물(가목의 특정소방대상물은 제외한다)	소방시설관리사 경력 3년 이상 1명 이상	고급점검자 이상 1명 이상 및 초급점검자 이상 1명 이상
다. 「화재의 예방 및 안전관리에 관한 법률 시행령」 별표 4 제2호 및 제3호에 따른 1급 또는 2급 소방안전관리대상물	소방시설관리사 1명 이상	중급점검자 이상 1명 이상 및 초급점검자 이상 1명 이상
라. 「화재의 예방 및 안전관리에 관한 법률 시행령」 별표 4 제4호에 따른 3급 소방안전관리대상물	소방시설관리사 1명 이상	초급점검자 이상의 기술인력 2명 이상

비고
1. 라목에는 주된 기술인력으로 특급점검자를 배치할 수 있다.
2. 보조 기술인력의 등급구분(특급점검자, 고급점검자, 중급점검자, 초급점검자)은 「소방시설공사업법 시행규칙」 별표 4의2에서 정하는 기준에 따른다.

3. 점검인력 1단위가 하루 동안 점검할 수 있는 특정소방대상물의 연면적(이하 "점검한도면적"이라 한다)은 다음 각 목과 같다.

가. 종합점검: 8,000 ㎡
나. 작동점검: 10,000 ㎡

4. 점검인력 1단위에 보조 기술인력을 1명씩 추가할 때마다 종합점검의 경우에는 2,000 ㎡, 작동점검의 경우에는 2,500 ㎡씩을 점검한도 면적에 더한다. 다만, 하루에 2개 이상의 특정소방대상물을 배치할 경우 1일 점검 한도면적은 특정소방대상물별로 투입된 점검인력에 따른 점검 한도면적의 평균값으로 적용하여 계산한다.

5. 점검인력은 하루에 5개의 특정소방대상물에 한하여 배치할 수 있다. 다만 2개 이상의 특정소방대상물을 2일 이상 연속하여 점검하는 경우에는 배치기한을 초과해서는 안 된다.

6. 관리업자등이 하루 동안 점검한 면적은 실제 점검면적(지하구는 그 길이에 폭의 길이 1.8 m를 곱하여 계산된 값을 말하며, 터널은 3차로 이하인 경우에는 그 길이에 폭의 길이 3.5 m를 곱하고, 4차로 이상인 경우에는 그 길이에 폭의 길이 7 m를 곱한 값을 말한다. 다만, 한쪽 측벽에 소방시설이 설치된 4차로 이상인 터널의 경우에는 그 길이와 폭의 길이 3.5 m를 곱한 값을 말한다. 이하 같다)에 다음의 각 목의 기준을 적용하여 계산한 면적(이하 "점검면적"이라 한다)으로 하되, 점검면적은 점검한도 면적을 초과해서는 안 된다.

가. 실제 점검면적에 다음의 가감계수를 곱한다.

구분	대상용도	가감계수
1류	문화 및 집회시설, 종교시설, 판매시설, 의료시설, 노유자시설, 수련시설, 숙박시설, 위락시설, 창고시설, 교정시설, 발전시설, 지하가, 복합건축물	1.1
2류	공동주택, 근린생활시설, 운수시설, 교육연구시설, 운동시설, 업무시설, 방송통신시설, 공장, 항공기 및 자동차 관련 시설, 군사시설, 관광휴게시설, 장례시설, 지하구	1.0
3류	위험물 저장 및 처리시설, 문화재, 동물 및 식물 관련 시설, 자원순환 관련 시설, 묘지 관련 시설	0.9

나. 점검한 특정소방대상물이 다음의 어느 하나에 해당할 때에는 다음에 따라 계산된 값을 가목에 따라 계산된 값에서 **뺀다**.
  1) 영 별표 4 제1호라목에 따라 스프링클러설비가 설치되지 않은 경우 : 가목에 따라 계산된 값에 0.1을 곱한 값
  2) 영 별표 4 제1호바목에 따라 물분무등소화설비(호스릴 방식의 물분무등소화설비는 제외한다)가 설치되지 않은 경우 : 가목에 따라 계산된 값에 0.1을 곱한 값
  3) 영 별표 4 제5호가목에 따라 제연설비가 설치되지 않은 경우 : 가목에 따라 계산된 값에 0.1을 곱한 값

다. 2개 이상의 특정소방대상물을 하루에 점검하는 경우에는 특정소방대상물 상호간의 좌표 최단거리 5 km마다 점검 한도면적에 0.02를 곱한 값을 점검 한도면적에서 **뺀다**.

7. 제3호부터 제6호까지의 규정에도 불구하고 아파트등(공용시설, 부대시설 또는 복리시설은 포함하고, 아파트등이 포함된 복합건축물의 아파트등 외의 부분은 제외한다. 이하 이 표에서 같다)를 점검할 때에는 다음 각 목의 기준에 따른다.

가. 점검인력 1단위가 하루 동안 점검할 수 있는 아파트등의 세대수(이하 "점검한도 세대수"라 한다)는 종합점검 및 작동점검에 관계없이 250세대로 한다.

나. 점검인력 1단위에 보조 기술인력을 1명씩 추가할 때마다 60세대씩을 점검한도 세대수에 더한다.

다. 관리업자등이 하루 동안 점검한 세대수는 실제 점검 세대수에 다음의 기준을 적용하여 계산한 세대수(이하 "점검세대수"라 한다)로 하되, 점검세대수는 점검한도 세대수를 초과해서는 안 된다.
  1) 점검한 아파트등이 다음의 어느 하나에 해당할 때에는 다음에 따라 계산된 값을 실제 점검 세대수에서 뺀다.
    가) 영 별표 4 제1호라목에 따라 스프링클러설비가 설치되지 않은 경우 : 실제 점검 세대수에 0.1을 곱한 값
    나) 영 별표 4 제1호바목에 따라 물분무등소화설비(호스릴 방식의 물분무등소화설비는 제외한다)가 설치되지 않은 경우 : 실제 점검 세대수에 0.1을 곱한 값
    다) 영 별표 4 제5호가목에 따라 제연설비가 설치되지 않은 경우 : 실제 점검 세대수에 0.1을 곱한 값
  2) 2개 이상의 아파트를 하루에 점검하는 경우에는 아파트 상호간의 좌표 최단거리 5 km마다 점검 한도세대수에 0.02를 곱한 값을 점검한도 세대수에서 뺀다.
8. 아파트등과 아파트등 외 용도의 건축물을 하루에 점검할 때에는 종합점검의 경우 제7호에 따라 계산된 값에 32, 작동점검의 경우 제7호에 따라 계산된 값에 40을 곱한 값을 점검대상 연면적으로 보고 제2호 및 제3호를 적용한다.
9. 종합점검과 작동점검을 하루에 점검하는 경우에는 작동점검의 점검대상 연면적 또는 점검대상 세대수에 0.8을 곱한 값을 종합점검 점검대상 연면적 또는 점검대상 세대수로 본다.
10. 제3호부터 제9호까지의 규정에 따라 계산된 값은 소수점 이하 둘째 자리에서 반올림한다.

★★★★★

문제04 소방시설 등의 자체점검 시 점검인력 배치기준에 대한 다음 물음에 답하시오.
  1) 점검인력 1단위
  2) 점검인력 1단위가 하루 동안 점검할 수 있는 특정소방대상물의 연면적
    ① 종합정밀점검 :
    ② 작동기능점검 :
  3) 관리업자가 하루 동안 점검한 면적은 실제 점검면적과 특정소방대상물의 용도특성에 따른 다음 표의 가중계수를 곱하여 계산한 값(이하 "점검면적"이라 한다)으로 하여야 한다. 다음 표를 완성하시오.

구분	대상 용도	가감계수
1류		
2류		
3류		

  4) 점검인력 1단위에 보조인력을 1명씩 추가할 때마다 점검한도면적에 더할 수 있는 면적
    ① 종합정밀점검의 경우 :
    ② 작동기능점검의 경우 :

9th Day

★★★★★

문제05 소방시설 등의 자체점검 시 점검인력 배치기준에 대한 다음 물음에 답하시오.
1) 점검인력 1단위가 하루 동안 점검할 수 있는 아파트의 세대수(점검한도세대수)
   ① 종합정밀점검
   ② 작동기능점검
2) 점검인력 1단위에 보조인력 1명씩 추가할 때마다 점검한도세대수에 더할 수 있는 세대
   ① 종합정밀점검
   ② 작동기능점검

※ 점검인력 배치기준 예시

예시1) 연면적 20,000 m² 미만 특정소방대상물(일반) 종합정밀점검
▷ ○○노인요양원 종합정밀점검 ※ 현황 : 노유자시설, 지하1층/지상5층, 1개동, 연면적 19,200 m² (SP설비 있음, 제연설비 없음, 물분무등소화설비 없음)

가. 점검면적
① 실제 점검면적 : 19,200 m²
② [별표4]6호가목에 의한 대상 용도별 가감계수를 반영한 면적=19,200 m²×1.1=21,120 m²
③ [별표2] 4호나목에 의한 감소면적=21,120 m²×0.1+21,120 m²×0.1=4,224 m²
④ 점검면적=21,120 m²-4,224 m²=16,896 m²

나. 배치하는 점검인력에 따른 점검일수

점검인력	점검한도면적	점검일수($=\frac{점검면적}{점검한도면적}$)
주1 보조2	8,000 m²	$\frac{16,896 m^2}{8,000 m^2}=2.1 \rightarrow 3$일
주1 보조3	10,000 m²	$\frac{16,896 m^2}{10,000 m^2}=1.7 \rightarrow 2$일
주1 보조4	12,000 m²	$\frac{16,896 m^2}{12,000 m^2}=1.4 \rightarrow 2$일
주1 보조5	14,000 m²	$\frac{16,896 m^2}{14,000 m^2}=1.2 \rightarrow 1$일

예시2) 연면적 20,000 m² 미만 특정소방대상물(아파트) 종합정밀점검
▷ ○○아파트 종합정밀점검 ※ 현황 : 아파트, 380세대(전용면적 85 m² 초과), 지하1층/지상18층, 연면적 19,935.2 m²(SP설비 있음, 제연설비 있음, 물분무등소화설비 없음)

가. 점검세대수
① 실제 점검세대수 : 380세대
② [별표2]5호다목에 의한 감소세대수=380세대×0.1=38세대
③ 점검세대수=380세대-38세대=342세대

나. 배치하는 점검인력에 따른 점검일수

점검인력	점검한도세대수	점검일수($=\frac{점검세대수}{점검한도세대수}$)
주1 보조2	250세대	$\frac{342세대}{250세대}=1.4 \rightarrow 2일$
주1 보조3	310세대	$\frac{342세대}{310세대}=1.1 \rightarrow 2일$

 예시3) 연면적 20,000 m² 이상 특정소방대상물(일반) 종합정밀점검

▷ ○○프라자 종합정밀점검
　※ 현황 : 근린생활시설, 지하2층/지상7층, 2개동, 연면적 34,100 m²
　　(SP설비 있음, 제연설비 없음, 물분무등소화설비 없음)

가. 점검면적
　① 실제 점검면적 : 34,100 m²
　② [별표2]4호가목에 의한 대상 용도별 가감계수를 반영한 면적=34,100 m²×1.0=34,100 m²
　③ [별표2]4호나목에 의한 감소면적=34,100 m²×0.1+34,100 m²×0.1=6,820 m²
　④ 점검면적=34,100 m²-6,820 m²=27,280 m²

나. 배치하는 점검인력에 따른 점검일수

점검인력	점검한도면적	점검일수($=\frac{점검면적}{점검한도면적}$)
주1 보조2	8,000 m²	$\frac{27,280\text{m}^2}{8,000\text{m}^2}=3.4 \rightarrow 4일$
주1 보조3	10,000 m²	$\frac{27,280\text{m}^2}{10,000\text{m}^2}=2.7 \rightarrow 3일$
주1 보조4	12,000 m²	$\frac{27,280\text{m}^2}{12,000\text{m}^2}=2.3 \rightarrow 3일$
주1 보조5	14,000 m²	$\frac{27,280\text{m}^2}{10,000\text{m}^2}=1.9 \rightarrow 2일$

예시3-1) 연면적 20,000 m² 이상 특정소방대상물(일반) 종합정밀점검

▷ ○○정신병원 종합정밀점검
　※ 현황 : 의료시설, 지하2층/지상6층, 2개동, 연면적 38,938 m²
　　(SP설비 있음, 제연설비 있음, 물분무등소화설비 없음)

가. 점검면적
　① 실제 점검면적 : 38,938 m²
　② [별표2]4호가목에 의한 대상 용도별 가감계수를 반영한 면적=38,938 m²×1.1=42,831.8 m²
　③ [별표2]4호나목에 의한 감소면적=42,831.8 m²×0.1=4,283.2 m²
　④ 점검면적=42,831.8 m²-4,283.2 m²=38,548.6 m²

나. 배치하는 점검인력에 따른 점검일수

점검인력	점검한도면적	점검일수($=\frac{점검면적}{점검한도면적}$)
주1 보조2	8,000 m²	$\frac{38,548.6\text{m}^2}{8,000\text{m}^2}=4.8 \rightarrow 5일$
주1 보조3	10,000 m²	$\frac{38,548.6\text{m}^2}{10,000\text{m}^2}=3.9 \rightarrow 4일$

주1 보조4	12,000 m²	$\dfrac{38,548.6\text{m}^2}{12,000\text{m}^2}=3.2 \to 4$일
주1 보조5	14,000 m²	$\dfrac{27,280\text{m}^2}{10,000\text{m}^2}=1.9 \to 2$일

 예시4) 연면적 20,000 m² 이상 특정소방대상물(아파트) 종합정밀점검
▷ 인천 HS아파트 종합정밀점검
　※ 현황 : 아파트 1,500세대(전용면적 85 m² 초과), 지하1층/지상19층,
　　　　　연면적 87,250.4 m²(SP설비 있음, 제연설비 있음, 물분무등소화설비 있음)

가. 점검세대수
　① 실제 점검세대수 : 1,500세대
　② [별표2]5호다목에 의한 감소세대수 : 없음
　③ 점검세대수=1,500세대-0세대=1,500세대
나. 배치하는 점검인력에 따른 점검일수

점검인력	점검한도세대수	점검일수(=$\dfrac{\text{점검세대수}}{\text{점검한도세대수}}$)
주1 보조2	250세대	$\dfrac{1,500\text{세대}}{250\text{세대}}=6.0 \to 6$일
주1 보조3	310세대	$\dfrac{1,500\text{세대}}{310\text{세대}}=4.8 \to 5$일
주1 보조4	370세대	$\dfrac{1,500\text{세대}}{370\text{세대}}=4.1 \to 5$일
주1 보조5	430세대	$\dfrac{1,500\text{세대}}{430\text{세대}}=3.5 \to 4$일

예시4-1) 연면적 20,000 m² 이상 특정소방대상물(아파트) 종합정밀점검
▷ 구월○○아파트 종합정밀점검
　※ 현황 : 아파트 3,384세대(전용면적 85 m² 초과), 지하1층/지상22층,
　　　　　연면적 67,850 m²(SP설비 있음, 제연설비 있음, 물분무등소화설비 없음)

가. 점검세대수
　① 실제 점검세대수 : 3,384세대
　② [별표2]5호다목에 의한 감소세대수=3,384세대×0.1=338.4세대
　③ 점검세대수=3,384세대-338.4세대=3045.6세대
나. 배치하는 점검인력에 따른 점검일수

점검인력	점검한도세대수	점검일수(=$\dfrac{\text{점검세대수}}{\text{점검한도세대수}}$)
주1 보조2	250세대	$\dfrac{3,045.6\text{세대}}{250\text{세대}}=12.2 \to 13$일
주1 보조3	310세대	$\dfrac{3,045.6\text{세대}}{310\text{세대}}=9.8 \to 10$일
주1 보조4	370세대	$\dfrac{3,045.6\text{세대}}{370\text{세대}}=8.2 \to 9$일
주1 보조5	430세대	$\dfrac{3,045.6\text{세대}}{430\text{세대}}=7.1 \to 8$일

 예시5) 연면적 5,000 m² 미만 특정소방대상물(일반) 작동기능점검

▷ 서울 대한전광빌딩(업무시설) 작동기능점검
　※ 현황 : 업무시설 및 주차장, 지하1층/지상5층, 연면적 2,831.2 m²
　　　(SP설비 있음, 제연설비 없음, 물분무등소화설비 없음)

가. 점검면적
　① 실제 점검면적 : 2,831.2 m²
　② [별표2]4호가목에 의한 대상 용도별 가감계수를 반영한 면적=2,831.2 m²×1.0=2,831.2 m²
　③ [별표2]4호나목에 의한 감소면적=2,831.2 m²×0.1+2,831.2 m²×0.1=566.2 m²
　④ 점검면적=2,831.2 m²-566.2 m²=2265 m²

나. 배치하는 점검인력에 따른 점검일수

점검인력	점검한도면적	점검일수($=\dfrac{점검면적}{점검한도면적}$)
주1 보조2	10,000 m²	$\dfrac{2,265 \text{m}^2}{10,000 \text{m}^2}=0.2 \rightarrow 1$일

 예시5-1) 연면적 5,000 m² 미만 특정소방대상물(일반) 작동기능점검

▷ ○○교통(운수시설) 작동기능점검
　※ 현황 : 운수시설 및 주차장, 지하1층/지상5층, 연면적 3,802.1 m²
　　　(SP설비 없음, 제연설비 있음, 물분무등소화설비 없음)

가. 점검면적
　① 실제 점검면적 : 3,802.1 m²
　② [별표2]4호가목에 의한 대상 용도별 가감계수를 반영한 면적=3,802.1 m²×1.0=3,802.1 m²
　③ [별표2]4호나목에 의한 감소면적=3,802.1 m²×0.1+3,802.1 m²×0.1=760.4 m²
　④ 점검면적=3,802.1 m²-760.4 m²=3,041.7 m²

나. 배치하는 점검인력에 따른 점검일수

점검인력	점검한도면적	점검일수($=\dfrac{점검면적}{점검한도면적}$)
주1 보조2	10,000 m²	$\dfrac{3,041.7 \text{m}^2}{10,000 \text{m}^2}=0.3 \rightarrow 1$일

 예시6) 연면적 5,000 m² 미만 특정소방대상물(아파트) 작동기능점검

▷ LTC 아파트 작동기능점검
　※ 현황 : 아파트, 76세대(전용면적 85 m² 이하), 지하1층/지상8층, 1개동
　　　연면적 2,628 m²(SP설비 없음, 제연설비 없음, 물분무등소화설비 없음)

가. 점검세대수
　① 실제 점검세대수 : 76세대
　② [별표2]5호다목에 의한 감소세대수=76세대×0.1+76세대×0.1+76세대×0.1=22.8세대
　③ 점검세대수=76세대-22.8세대=53.2세대

나. 배치하는 점검인력에 따른 점검일수

점검인력	점검한도세대수	점검일수($=\dfrac{점검세대수}{점검한도세대수}$)
주1 보조2	250세대	$\dfrac{53.2\text{세대}}{250\text{세대}}=0.2 \rightarrow 1$일

9th Day

 예시7) 연면적 5,000 m² 이상 특정소방대상물(일반) 작동기능점검

▷ 서울 ○○공장 작동기능점검
  ※ 현황 : 공장시설, 지상3층, 2개동, 연면적 37,900 m²
      (SP설비 없음, 제연설비 없음, 물분무등소화설비 없음)

가. 점검면적
  ① 실제 점검면적 : 37,900 m²
  ② [별표2]4호가목에 의한 대상 용도별 가감계수를 반영한 면적=37,900 m²×1.0=37,910 m²
  ③ [별표2]4호나목에 의한 감소면적=37,900 m²×0.3=11,370 m²
  ④ 점검면적=37,900 m²−11,370 m²=26,530 m²

나. 배치하는 점검인력에 따른 점검일수

점검인력	점검한도면적	점검일수(= $\frac{점검면적}{점검한도면적}$)
주1 보조2	10,000 m²	$\frac{26,530 m^2}{10,000 m^2}=2.7 \to 3$일
주1 보조3	12,500 m²	$\frac{26,530 m^2}{12,500 m^2}=2.1 \to 3$일
주1 보조4	15,000 m²	$\frac{26,530 m^2}{15,000 m^2}=1.8 \to 2$일
주1 보조5	17,500 m²	$\frac{26,530 m^2}{17,500 m^2}=1.5 \to 2$일

 예시8) 연면적 5,000 m² 이상 특정소방대상물(아파트) 작동기능점검

▷ 안산 SSS아파트 작동기능점검
  ※ 현황 : 아파트 1,000세대(전용면적 85 m² 초과), 지하1층/지상15층
      연면적 61,250 m²(SP설비 없음, 제연설비 없음, 물분무등소화설비 없음)

가. 점검세대수
  ① 실제 점검세대수 : 1,000세대
  ② [별표2]5호다목에 의한 감소세대수=1,000세대×0.1+1,000세대×0.1+1,000세대×0.15
    =350세대
  ③ 점검세대수=1,000세대−350세대=650세대

나. 배치하는 점검인력에 따른 점검일수

점검인력	점검한도세대수	점검일수(= $\frac{점검세대수}{점검한도세대수}$)
주1 보조2	350세대	$\frac{650세대}{350세대}=1.85 \to 2$일
주1 보조3	440세대	$\frac{650세대}{440세대}=1.47 \to 2$일
주1 보조4	530세대	$\frac{650세대}{530세대}=1.22 \to 2$일
주1 보조5	620세대	$\frac{650세대}{620세대}=1.04 \to 2$일

 예시8-1) 연면적 5,000 m² 이상 특정소방대상물(아파트) 작동기능점검

▷ 분당 ○○아파트 작동기능점검
  ※ 현황 : 아파트 689세대(전용면적 85 m² 초과), 지하1층/지상13층
    연면적 53,520 m²(SP설비 있음, 제연설비 없음, 물분무등소화설비 없음)

가. 점검세대수
  ① 실제 점검세대수 : 689세대
  ② [별표2]5호다목에 의한 감소세대수=689세대×0.1+689세대×0.1=137.8세대
  ③ 점검세대수=689세대-137.8세대=551.2세대

나. 배치하는 점검인력에 따른 점검일수

점검인력	점검한도세대수	점검일수($=\dfrac{점검세대수}{점검한도세대수}$)
주1 보조2	250세대	$\dfrac{551.2세대}{250세대}=2.2 \to 3$일
주1 보조3	310세대	$\dfrac{551.2세대}{310세대}=1.8 \to 2$일
주1 보조4	370세대	$\dfrac{551.2세대}{370세대}=1.5 \to 2$일

 예시9) 연면적 5,000 m² 미만 특정소방대상물(일반) 작동기능점검

▷ 경기 ABC빌딩(주상복합건물) 작동기능점검
  ※ 현황 : 아파트(47세대 3,577.6 m²), 근린생활시설 및 주차장(1,223 m²)
    지하2층/지상12층, 연면적 4,800.6 m²
    (SP설비 있음, 제연설비 있음, 물분무등소화설비 없음)

가. 점검면적
  ① 아파트 환산면적=47세대×40 m²/세대=1,880 m²
  ② 실제 점검면적=1,880 m²+1,223 m²=3,103 m²
  ③ [별표2]4호가목에 의한 대상 용도별 가감계수를 반영한 면적
    =3,103 m²×1.1=3,413.3 m²
  ④ [별표2]4호나목에 의한 감소면적=3,413.3 m²×0.1=341.3 m²
  ⑤ 점검면적=3,413.3 m²-341.3 m²=3,072 m²

나. 배치하는 점검인력에 따른 점검일수

점검인력	점검한도면적	점검일수($=\dfrac{점검면적}{점검한도면적}$)
주1 보조2	10,000 m²	$\dfrac{3,072 \text{m}^2}{10,000 \text{m}^2}=0.3 \to 1$일

 예시10) 특정소방대상물(복합) 종합정밀점검

▷ 분당○○팰리스빌 종합정밀점검
  ※ 현황 : 업무시설(오피스텔), 판매시설(백화점), 아파트(396세대-85 m² 초과)
    지하 6층/지상 69층, 연면적 385,944.25 m²(판매, 업무시설, 상업용 주차장 및 부속시설 :
    246,912.37 m²/아파트, 부속주차장 및 부속시설 : 139,038.88 m²) (SP설비 있음, 제연설비
    있음, 물분무등소화설비 있음)

가. 점검면적
  ① 아파트 환산면적=396세대×32 m²/세대=12,672 m²

② 실제 점검면적=12,672 m²+246,912.37 m²=259,584.4 m²
③ [별표2]4호가목에 의한 대상 용도별 가감계수를 반영한 면적
  =259,584.4 m²×1.1=285,542.8 m²
④ [별표2]4호나목에 의한 감소면적 : 없음
⑤ 점검면적=285,542.8 m²-0m²=285,542.8 m²

나. 배치하는 점검인력에 따른 점검일수

점검인력	점검한도면적	점검일수($=\frac{점검면적}{점검한도면적}$)
주1 보조2	8,000 m²	$\frac{285,542.8m^2}{8,000m^2}=35.7 \rightarrow 36$일
주1 보조3	10,000 m²	$\frac{285,542.8m^2}{10,000m^2}=28.6 \rightarrow 29$일
주1 보조4	12,000 m²	$\frac{285,542.8m^2}{12,000m^2}=23.8 \rightarrow 24$일
주1 보조5	14,000 m²	$\frac{285,542.8m^2}{14,000m^2}=20.4 \rightarrow 21$일

예시11) 아파트 종합정밀점검 후 일반 작동기능점검 병행

▷ 인천××아파트2차 종합정밀점검/JJ빌딩 작동기능점검
※ 현황 : 아파트 700세대(전용면적 85 m² 초과 400세대, 전용면적 85 m² 미만 300세대),
  지하1층/지상25층, 연면적 100,231.512 m²
  (SP설비 있음, 제연설비 있음, 물분무등소화설비 없음)
  일반건물 업무시설 지하1층/지상3층, 연면적 1,743.89 m²
  (SP설비 없음, 제연설비 없음, 물분무등소화설비 없음)
  2개 건물의 최단주행거리 16 km

가. 점검면적
  1. 아파트 환산 점검면적
    ① 실제 점검세대수 : 700세대
    ② [별표2]5호다목에 의한 감소세대수=700세대×0.1=70세대
    ③ 아파트 점검세대수=700세대-70세대=630세대
    ④ [별표2]6호에 의한 아파트 환산 점검면적=630세대×34㎡/세대=21,420 m²
  2. 일반건물 점검면적
    ① 실제 점검면적 : 1,743.89 m²
    ② [별표2]4호가목에 의한 대상 용도별 가감계수를 반영한 면적
      =1,743.89 m²×1.0=1,743.89 → 1,743.9 m²
    ③ [별표2]4호나목에 의한 감소면적
      =1,743.9 m²×0.3=523.2 m²
    ④ [별표2]4호나목에 따른 점검면적=1,743.9 m²-523.2 m²=1,220.7 m²
    ⑤ [별표2] 7호에 의한 종합정밀점검면적으로 환산=1,220.7 m²×0.8=976.6 m²
  3. 점검면적=21,420 m²+976.6 m²=22,396.6 m²

나. 배치하는 점검인력에 따른 점검일수
  ※ 2개 이상의 특정소방대상물을 하루에 점검하는 경우에는 특정소방대상물 상호간의 좌표 최단거리 5 km마다 점검 한도면적에 0.02를 곱한 값을 점검 한도면적에서 뺀다.

- ☞ 8,000 m² − (8000 m² × 0.02 × 4) = 7,360 m²
- ☞ 10,000 m² − (10,000 m² × 0.02 × 4) = 9,200 m²
- ☞ 12,000 m² − (12,000 m² × 0.02 × 4) = 11,040 m²
- ☞ 14,000 m² − (14,000 m² × 0.02 × 4) = 12,880 m²

점검인력	점검한도면적	점검일수 ($= \dfrac{\text{점검면적}}{\text{점검한도면적}}$)
주1 보조2	7,360 m²	$\dfrac{22,396.6\text{m}^2}{7,360\text{m}^2} = 3.04 \to 4$일
주1 보조3	9,200 m²	$\dfrac{22,396.6\text{m}^2}{9,200\text{m}^2} = 2.4 \to 3$일
주1 보조4	11,040 m²	$\dfrac{22,396.6\text{m}^2}{11,040\text{m}^2} = 2.02 \to 3$일
주1 보조5	12,880 m²	$\dfrac{22,396.6\text{m}^2}{12,880\text{m}^2} = 1.7 \to 2$일

■ 삶은 땀을 먹고 자란다

운동선수들은 운동장에서 자신의 자유와 청춘을 만끽합니다.
땀을 뻘뻘 흘려가면서 말이죠.
육체라는 것은 굉장히 신성하고 정직한 것입니다.
운동선수는요, 매일 안 하면 안 돼요.
세상없는 사람도 매일 안 하면 못하게 되어있죠.

연주하는 사람도 마찬가지입니다.
모든 연주는 전부 몸으로 하는 거지요.
정신으로 하는 게 아니죠.
몸이라고 하는 건 단련하는 겁니다.
가야금을 한 달만 쉬면 못합니다.
못하는 이유는 첫째가 손끝에 물집이 잡혀서 못하고,
두 번째는 손가락 근육이 풀려버려요.
그래서 군말 없이 매일 해야 되요.

— 황병기 —

소방하는 사람도 마찬가지입니다.
매일 하지 않으면 잘할 수도 합격할 수도 없습니다.
한 달만 쉬면 까맣게 잊힙니다.

— 이기덕 원장 —

소방시설 점검표

제1장 소방시설 등 작동기능/종합정밀 점검표
제2장 소방시설 외관점검표
제3장 다중이용업 점검표
제4장 방화셔터 점검표
제5장 위험물 점검표

제1장 소방시설 등 작동기능/종합정밀 점검표

소방시설등 [ ] 작동기능 / [ ] 종합정밀 점검표

☐ **특정소방대상물**

건물명(상호)		대상물 구분	
소 재 지			

☐ **소방시설등 점검결과**

구분	해당설비	점검결과	구분	해당설비	점검결과
소화설비	[ ]소화기구 및 자동소화장치 　[ ]소화기구 　　(소화기·자학·간이) 　[ ]주거용주방자동소화장치 　[ ]상업용주방자동소화장치 　[ ]캐비닛형자동소화장치 　[ ]가스·분말·고체자동 　　소화장치		피난구조 설　비	[ ]피난기구 　[ ]공기안전매트·피난사다리 　　(간이)완강기·미끄럼대· 　　구조대 　[ ]다수인피난장비 　[ ]승강식피난기 　　하향식피난구용내림식 　　사다리	
	[ ]옥내소화전설비			[ ]인명구조기구	
	[ ]스프링클러설비			[ ]유도등	
	[ ]간이스프링클러설비			[ ]유도표지	
	[ ]화재조기진압용스프링클러 　설비			[ ]피난유도선	
	[ ]물분무소화설비			[ ]비상조명등	
	[ ]미분무소화설비			[ ]휴대용비상조명등	
	[ ]포소화설비		소화용수 설　비	[ ]상수도소화용수설비	
	[ ]이산화탄소소화설비			[ ]소화수조 및 저수조	
	[ ]할론소화설비		소화활동 설　비	[ ]거실제연설비	
	[ ]할로겐화합물 및 불활성기체 　소화설비			[ ]부속실 등 제연설비	
				[ ]연결송수관설비	
	[ ]분말소화설비			[ ]연결살수설비	
	[ ]옥외소화전설비			[ ]비상콘센트설비	
경보설비	[ ]단독경보형감지기			[ ]무선통신보조설비	
	[ ]비상경보설비				
	[ ]자동화재탐지설비 및 시각 　경보기			[ ]연소방지설비	
	[ ]비상방송설비		기　타	[ ]방화문, 방화셔터	
	[ ]통합감시시설			[ ]비상구, 피난통로	
	[ ]자동화재속보설비			[ ]방　염	
	[ ]누전경보기		비　고		
	[ ]가스누설경보기				

☐ 다중이용업소 안전시설등 점검결과

구분	해당설비	점검결과	구분	해당설비	점검결과
소화설비	[ ]소화기 또는 자동확산소화기		비상구	[ ]방화문	
	[ ]간이스프링클러설비			[ ]비상구(비상탈출구)	
경보설비	[ ]비상경보설비 또는 자동화재탐지설비		기 타	[ ]영업장 내부 피난통로	
				[ ]영상음향차단장치	
	[ ]가스누설경보기			[ ]누전차단기	
피난구조 설 비	[ ]피난기구			[ ]창 문	
	[ ]피난유도선			[ ]피난안내도·피난안내영상물	
	[ ]유도등, 유도표지 또는 비상조명등			[ ]방염물품	
	[ ]휴대용비상조명등		비 고		

☐ 점검업체(점검인력) 현황

구분	성명	자격구분	자격번호	점검참여일(기간)	서명
주인력					(서명)
보조인력					(서명)
보조인력					(서명)
보조인력					(서명)
보조인력					(서명)
보조인력					(서명)
보조인력					(서명)

점검기간(일자) :   년   월   일부터   년   월   일 까지 (총 점검일수: 일)

소방시설관리업체(등록번호) :   (제0000-00호)

대 표 자 :   (인)

1. 소화기구 및 자동소화장치 점검표

번호	점검항목	점검결과
1-A. 소화기구(소화기, 자동확산소화기, 간이소화용구)		
1-A-001	○ 거주자 등이 손쉽게 사용할 수 있는 장소에 설치되어 있는지 여부	
1-A-002	○ 설치높이 적합 여부	
1-A-003	○ 배치거리(보행거리 소형 20m 이내, 대형 30m 이내) 적합 여부	
1-A-004	○ 구획된 거실(바닥면적 33㎡ 이상)마다 소화기 설치 여부	
1-A-005	○ 소화기 표지 설치상태 적정 여부	
1-A-006	○ 소화기의 변형·손상 또는 부식 등 외관의 이상 여부	
1-A-007	○ 지시압력계(녹색범위)의 적정 여부	
1-A-008	○ 수동식 분말소화기 내용연수(10년) 적정 여부	
1-A-009	● 설치수량 적정 여부	
1-A-010	● 적응성 있는 소화약제 사용 여부	
1-B. 자동소화장치		
	[주거용 주방 자동소화장치]	
1-B-001	○ 수신부의 설치상태 적정 및 정상(예비전원, 음향장치 등) 작동 여부	
1-B-002	○ 소화약제의 지시압력 적정 및 외관의 이상 여부	
1-B-003	○ 소화약제 방출구의 설치상태 적정 및 외관의 이상 여부	
1-B-004	○ 감지부 설치상태 적정 여부	
1-B-005	○ 탐지부 설치상태 적정 여부	
1-B-006	○ 차단장치 설치상태 적정 및 정상 작동 여부	
	[상업용 주방 자동소화장치]	
1-B-011	○ 소화약제의 지시압력 적정 및 외관의 이상 여부	
1-B-012	○ 후드 및 덕트에 감지부와 분사헤드의 설치상태 적정 여부	
1-B-013	○ 수동기동장치의 설치상태 적정 여부	
	[캐비닛형 자동소화장치]	
1-B-021	○ 분사헤드의 설치상태 적합 여부	
1-B-022	○ 화재감지기 설치상태 적합 여부 및 정상 작동 여부	
1-B-023	○ 개구부 및 통기구 설치 시 자동폐쇄장치 설치 여부	
	[가스·분말·고체에어로졸 자동소화장치]	
1-B-031	○ 수신부의 정상(예비전원, 음향장치 등) 작동 여부	
1-B-032	○ 소화약제의 지시압력 적정 및 외관의 이상 여부	
1-B-033	○ 감지부(또는 화재감지기) 설치상태 적정 및 정상 작동 여부	
비고		

※ 점검항목 중 "●"는 종합정밀점검의 경우에만 해당한다.
※ 점검결과란은 양호 "○", 불량 "×", 해당없는 항목은 "/"로 표시한다.
※ 점검항목 내용 중 "설치기준" 및 "설치상태"에 대한 점검은 정상적인 작동 가능 여부를 포함한다.
※ '비고'란에는 특정소방대상물의 위치·구조·용도 및 소방시설의 상황 등이 이 표의 항목대로 기재하기 곤란하거나 이 표에서 누락된 사항을 기재한다.(이하 같다)

2. 옥내소화전설비 점검표

(1면)

번호	점검항목	점검결과
2-A. 수원		
2-A-001	○ 주된수원의 유효수량 적정 여부(겸용설비 포함)	
2-A-002	○ 보조수원(옥상)의 유효수량 적정 여부	
2-B. 수조		
2-B-001	● 동결방지조치 상태 적정 여부	
2-B-002	○ 수위계 설치상태 적정 또는 수위 확인 가능 여부	
2-B-003	● 수조 외측 고정사다리 설치상태 적정 여부(바닥보다 낮은 경우 제외)	
2-B-004	● 실내설치 시 조명설비 설치상태 적정 여부	
2-B-005	○ "옥내소화전설비용 수조" 표지 설치상태 적정 여부	
2-B-006	● 다른 소화설비와 겸용 시 겸용설비의 이름 표시한 표지 설치상태 적정 여부	
2-B-007	● 수조-수직배관 접속부분 "옥내소화전설비용 배관" 표지 설치상태 적정 여부	
2-C. 가압송수장치		
	[펌프방식]	
2-C-001	● 동결방지조치 상태 적정 여부	
2-C-002	○ 옥내소화전 방수량 및 방수압력 적정 여부	
2-C-003	● 감압장치 설치 여부(방수압력 0.7MPa 초과 조건)	
2-C-004	○ 성능시험배관을 통한 펌프 성능시험 적정 여부	
2-C-005	● 다른 소화설비와 겸용인 경우 펌프 성능 확보 가능 여부	
2-C-006	● 펌프 흡입측 연성계·진공계 및 토출측 압력계 등 부속장치의 변형·손상 유무	
2-C-007	● 기동장치 적정 설치 및 기동압력 설정 적정 여부	
2-C-008	○ 기동스위치 설치 적정 여부(ON/OFF 방식)	
2-C-009	● 주펌프와 동등이상 펌프 추가설치 여부	
2-C-010	● 물올림장치 설치 적정(전용 여부, 유효수량, 배관구경, 자동급수) 여부	
2-C-011	● 충압펌프 설치 적정(토출압력, 정격토출량) 여부	
2-C-012	○ 내연기관 방식의 펌프 설치 적정(정상기동(기동장치 및 제어반) 여부, 축전지 상태, 연료량) 여부	
2-C-013	○ 가압송수장치의 "옥내소화전펌프" 표지설치 여부 또는 다른 소화설비와 겸용 시 겸용설비 이름 표시 부착 여부	
	[고가수조방식]	
2-C-021	○ 수위계·배수관·급수관·오버플로우관·맨홀 등 부속장치의 변형·손상 유무	
	[압력수조방식]	
2-C-031	● 압력수조의 압력 적정 여부	
2-C-032	○ 수위계·급수관·급기관·압력계·안전장치·공기압축기 등 부속장치의 변형·손상 유무	
	[가압수조방식]	
2-C-041	● 가압수조 및 가압원 설치장소의 방화구획 여부	
2-C-042	○ 수위계·급수관·배수관·급기관·압력계 등 부속장치의 변형·손상 유무	

(2면)

번호	점검항목	점검결과
2-D. 송수구		
2-D-001	○ 설치장소 적정 여부	
2-D-002	● 연결배관에 개폐밸브를 설치한 경우 개폐상태 확인 및 조작가능 여부	
2-D-003	● 송수구 설치 높이 및 구경 적정 여부	
2-D-004	● 자동배수밸브(또는 배수공)·체크밸브 설치 여부 및 설치 상태 적정 여부	
2-D-005	○ 송수구 마개 설치 여부	
2-E. 배관 등		
2-E-001	● 펌프의 흡입측 배관 여과장치의 상태 확인	
2-E-002	● 성능시험배관 설치(개폐밸브, 유량조절밸브, 유량측정장치) 적정 여부	
2-E-003	● 순환배관 설치(설치위치·배관구경, 릴리프밸브 개방압력) 적정 여부	
2-E-004	● 동결방지조치 상태 적정 여부	
2-E-005	○ 급수배관 개폐밸브 설치(개폐표시형, 흡입측 버터플라이 제외) 적정 여부	
2-E-006	● 다른 설비의 배관과의 구분 상태 적정 여부	
2-F. 함 및 방수구 등		
2-F-001	○ 함 개방 용이성 및 장애물 설치 여부 등 사용 편의성 적정 여부	
2-F-002	○ 위치·기동 표시등 적정 설치 및 정상 점등 여부	
2-F-003	○ "소화전" 표시 및 사용요령(외국어 병기) 기재 표지판 설치상태 적정 여부	
2-F-004	● 대형공간(기둥 또는 벽이 없는 구조) 소화전 함 설치 적정 여부	
2-F-005	● 방수구 설치 적정 여부	
2-F-006	○ 함 내 소방호스 및 관창 비치 적정 여부	
2-F-007	○ 호스의 접결상태, 구경, 방수 압력 적정 여부	
2-F-008	● 호스릴방식 노즐 개폐장치 사용 용이 여부	
2-G. 전원		
2-G-001	● 대상물 수전방식에 따른 상용전원 적정 여부	
2-G-002	● 비상전원 설치장소 적정 및 관리 여부	
2-G-003	○ 자가발전설비인 경우 연료 적정량 보유 여부	
2-G-004	○ 자가발전설비인 경우「전기사업법」에 따른 정기점검 결과 확인	
2-H. 제어반		
2-H-001	● 겸용 감시·동력 제어반 성능 적정 여부(겸용으로 설치된 경우)	
	[감시제어반]	
2-H-011	○ 펌프 작동 여부 확인 표시등 및 음향경보장치 정상작동 여부	
2-H-012	○ 펌프 별 자동·수동 전환스위치 정상작동 여부	
2-H-013	● 펌프 별 수동기동 및 수동중단 기능 정상작동 여부	
2-H-014	● 상용전원 및 비상전원 공급 확인 가능 여부(비상전원 있는 경우)	
2-H-015	● 수조·물올림탱크 저수위 표시등 및 음향경보장치 정상작동 여부	
2-H-016	○ 각 확인회로 별 도통시험 및 작동시험 정상작동 여부	
2-H-017	○ 예비전원 확보 유무 및 시험 적합 여부	

(3면)

번호	점검항목	점검결과
2-H-018	● 감시제어반 전용실 적정 설치 및 관리 여부	
2-H-019	● 기계·기구 또는 시설 등 제어 및 감시설비 외 설치 여부	
2-H-021	[동력제어반] ○ 앞면은 적색으로 하고, "옥내소화전설비용 동력제어반" 표지 설치 여부	
2-H-031	[발전기제어반] ● 소방전원보존형발전기는 이를 식별할 수 있는 표지 설치 여부	

※ 펌프성능시험(펌프 명판 및 설계치 참조)

구분		체절운전	정격운전 (100%)	정격유량의 150% 운전	적정 여부	
토출량 (ℓ/min)	주				1. 체절운전 시 토출압은 정격토출압의 140% 이하일 것 (　)	○설정압력: ○주펌프 　기동:　　MPa 　정지:　　MPa
	예비				2. 정격운전 시 토출량과 토출압이 규정치 이상일 것 (　)	○예비펌프 　기동:　　MPa 　정지:　　MPa
토출압 (MPa)	주				3. 정격토출량의 150%에서 토출압이 정격토출압의 65% 이상일 것 (　)	○충압펌프 　기동:　　MPa
	예비					정지:　　MPa

※ 릴리프밸브 작동압력 :　　　MPa

비고	

3. 스프링클러설비 점검표

(1면)

번호	점검항목	점검결과
3-A. 수원		
3-A-001	○ 주된수원의 유효수량 적정 여부(겸용설비 포함)	
3-A-002	○ 보조수원(옥상)의 유효수량 적정 여부	
3-B. 수조		
3-B-001	● 동결방지조치 상태 적정 여부	
3-B-002	○ 수위계 설치 또는 수위 확인 가능 여부	
3-B-003	● 수조 외측 고정사다리 설치 여부(바닥보다 낮은 경우 제외)	
3-B-004	● 실내설치 시 조명설비 설치 여부	
3-B-005	○ "스프링클러설비용 수조" 표지설치 여부 및 설치 상태	
3-B-006	● 다른 소화설비와 겸용 시 겸용설비의 이름 표시한 표지설치 여부	
3-B-007	● 수조-수직배관 접속부분 "스프링클러설비용 배관" 표지설치 여부	
3-C. 가압송수장치		
	[펌프방식]	
3-C-001	● 동결방지조치 상태 적정 여부	
3-C-002	○ 성능시험배관을 통한 펌프 성능시험 적정 여부	
3-C-003	● 다른 소화설비와 겸용인 경우 펌프 성능 확보 가능 여부	
3-C-004	○ 펌프 흡입측 연성계·진공계 및 토출측 압력계 등 부속장치의 변형·손상 유무	
3-C-005	● 기동장치 적정 설치 및 기동압력 설정 적정 여부	
3-C-006	○ 물올림장치 설치 적정(전용 여부, 유효수량, 배관구경, 자동급수) 여부	
3-C-007	● 충압펌프 설치 적정(토출압력, 정격토출량) 여부	
3-C-008	○ 내연기관 방식의 펌프 설치 적정(정상기동(기동장치 및 제어반) 여부, 축전지 상태, 연료량) 여부	
3-C-009	○ 가압송수장치의 "스프링클러펌프" 표지설치 여부 또는 다른 소화설비와 겸용 시 겸용설비 이름 표시 부착 여부	
	[고가수조방식]	
3-C-021	○ 수위계·배수관·급수관·오버플로우관·맨홀 등 부속장치의 변형·손상 유무	
	[압력수조방식]	
3-C-031	● 압력수조의 압력 적정 여부	
3-C-032	○ 수위계·급수관·급기관·압력계·안전장치·공기압축기 등 부속장치의 변형·손상 유무	
	[가압수조방식]	
3-C-041	● 가압수조 및 가압원 설치장소의 방화구획 여부	
3-C-042	○ 수위계·급수관·배수관·급기관·압력계 등 부속장치의 변형·손상 유무	
3-D. 폐쇄형스프링클러설비 방호구역 및 유수검지장치		
3-D-001	● 방호구역 적정 여부	
3-D-002	● 유수검지장치 설치 적정(수량, 접근·점검 편의성, 높이) 여부	
3-D-003	○ 유수검지장치실 설치 적정(실내 또는 구획, 출입문 크기, 표지) 여부	

(2면)

번호	점검항목	점검결과
3-D-004	● 자연낙차에 의한 유수압력과 유수검지장치의 유수검지압력 적정여부	
3-D-005	● 조기반응형헤드 적합 유수검지장치 설치 여부	

3-E. 개방형스프링클러설비 방수구역 및 일제개방밸브

3-E-001	● 방수구역 적정 여부	
3-E-002	● 방수구역 별 일제개방밸브 설치 여부	
3-E-003	● 하나의 방수구역을 담당하는 헤드 개수 적정 여부	
3-E-004	○ 일제개방밸브실 설치 적정(실내(구획), 높이, 출입문, 표지) 여부	

3-F. 배관

3-F-001	● 펌프의 흡입측 배관 여과장치의 상태 확인	
3-F-002	● 성능시험배관 설치(개폐밸브, 유량조절밸브, 유량측정장치) 적정 여부	
3-F-003	● 순환배관 설치(설치위치·배관구경, 릴리프밸브 개방압력) 적정 여부	
3-F-004	● 동결방지조치 상태 적정 여부	
3-F-005	○ 급수배관 개폐밸브 설치(개폐표시형, 흡입측 버터플라이 제외) 및 작동표시스위치 적정(제어반 표시 및 경보, 스위치 동작 및 도통시험) 여부	
3-F-006	○ 준비작동식 유수검지장치 및 일제개방밸브 2차측 배관 부대설비 설치 적정(개폐표시형 밸브, 수직배수배관, 개폐밸브, 자동배수장치, 압력스위치 설치 및 감시제어반 개방 확인) 여부	
3-F-007	○ 유수검지장치 시험장치 설치 적정(설치위치, 배관구경, 개폐밸브 및 개방형 헤드, 물받이 통 및 배수관) 여부	
3-F-008	● 주차장에 설치된 스프링클러 방식 적정(습식 외의 방식) 여부	
3-F-009	● 다른 설비의 배관과의 구분 상태 적정 여부	

3-G. 음향장치 및 기동장치

3-G-001	○ 유수검지에 따른 음향장치 작동 가능 여부(습식·건식의 경우)	
3-G-002	○ 감지기 작동에 따라 음향장치 작동 여부(준비작동식 및 일제개방밸브의 경우)	
3-G-003	● 음향장치 설치 담당구역 및 수평거리 적정 여부	
3-G-004	● 주 음향장치 수신기 내부 또는 직근 설치 여부	
3-G-005	● 우선경보방식에 따른 경보 적정 여부	
3-G-006	○ 음향장치(경종 등) 변형·손상 확인 및 정상 작동(음량 포함) 여부	
	[펌프 작동]	
3-G-011	○ 유수검지장치의 발신이나 기동용 수압개폐장치의 작동에 따른 펌프 기동 확인 (습식·건식의 경우)	
3-G-012	○ 화재감지기의 감지나 기동용 수압개폐장치의 작동에 따른 펌프 기동 확인 (준비작동식 및 일제개방밸브의 경우)	
	[준비작동식유수검지장치 또는 일제개발밸브 작동]	
3-G-021	○ 담당구역내 화재감지기 동작(수동 기동 포함)에 따라 개방 및 작동 여부	
3-G-022	○ 수동조작함 (설치높이, 표시등) 설치 적정 여부	

(3면)

번호	점검항목	점검결과

3-H. 헤드

3-H-001	○ 헤드의 변형·손상 유무	
3-H-002	○ 헤드 설치 위치·장소·상태(고정) 적정 여부	
3-H-003	○ 헤드 살수장애 여부	
3-H-004	● 무대부 또는 연소우려 있는 개구부 개방형 헤드 설치 여부	
3-H-005	● 조기반응형 헤드 설치 여부(의무 설치 장소의 경우)	
3-H-006	● 경사진 천장의 경우 스프링클러헤드의 배치상태	
3-H-007	● 연소할 우려가 있는 개구부 헤드 설치 적정 여부	
3-H-008	● 습식·부압식스프링클러 외의 설비 상향식 헤드 설치 여부	
3-H-009	● 측벽형 헤드 설치 적정 여부	
3-H-010	● 감열부에 영향을 받을 우려가 있는 헤드의 차폐판 설치 여부	

3-I. 송수구

3-I-001	○ 설치장소 적정 여부	
3-I-002	● 연결배관에 개폐밸브를 설치한 경우 개폐상태 확인 및 조작가능 여부	
3-I-003	● 송수구 설치 높이 및 구경 적정 여부	
3-I-004	○ 송수압력범위 표시 표지 설치 여부	
3-I-005	● 송수구 설치 개수 적정 여부(폐쇄형 스프링클러설비의 경우)	
3-I-006	● 자동배수밸브(또는 배수공)·체크밸브 설치 여부 및 설치 상태 적정 여부	
3-I-007	○ 송수구 마개 설치 여부	

3-J. 전원

3-J-001	● 대상물 수전방식에 따른 상용전원 적정 여부	
3-J-002	● 비상전원 설치장소 적정 및 관리 여부	
3-J-003	○ 자가발전설비인 경우 연료 적정량 보유 여부	
3-J-004	○ 자가발전설비인 경우「전기사업법」에 따른 정기점검 결과 확인	

3-K. 제어반

3-K-001	● 겸용 감시·동력 제어반 성능 적정 여부(겸용으로 설치된 경우)	
	[감시제어반]	
3-K-011	○ 펌프 작동 여부 확인 표시등 및 음향경보장치 정상작동 여부	
3-K-012	○ 펌프 별 자동·수동 전환스위치 정상작동 여부	
3-K-013	● 펌프 별 수동기동 및 수동중단 기능 정상작동 여부	
3-K-014	● 상용전원 및 비상전원 공급 확인 가능 여부(비상전원 있는 경우)	
3-K-015	● 수조·물올림탱크 저수위 표시등 및 음향경보장치 정상작동 여부	
3-K-016	○ 각 확인회로 별 도통시험 및 작동시험 정상작동 여부	
3-K-017	○ 예비전원 확보 유무 및 시험 적합 여부	
3-K-018	● 감시제어반 전용실 적정 설치 및 관리 여부	
3-K-019	● 기계·기구 또는 시설 등 제어 및 감시설비 외 설치 여부	
3-K-020	○ 유수검지장치·일제개방밸브 작동 시 표시 및 경보 정상작동 여부	
3-K-021	○ 일제개방밸브 수동조작스위치 설치 여부	

(4면)

번호	점검항목	점검결과
3-K-022	● 일제개방밸브 사용 설비 화재감지기 회로별 화재표시 적정 여부	
3-K-023	● 감시제어반과 수신기 간 상호 연동 여부(별도로 설치된 경우)	
3-K-031	[동력제어반] ○ 앞면은 적색으로 하고, "스프링클러설비용 동력제어반" 표지 설치 여부	
3-K-041	[발전기제어반] ● 소방전원보존형발전기는 이를 식별할 수 있는 표지 설치 여부	

3-L. 헤드 설치제외

3-L-001	● 헤드 설치 제외 적정 여부(설치 제외된 경우)	
3-L-002	● 드렌처설비 설치 적정 여부	

※ 펌프성능시험(펌프 명판 및 설계치 참조)

구분		체절운전	정격운전 (100%)	정격유량의 150% 운전	적정 여부
토출량 (ℓ/min)	주				1.체절운전 시 토출압은 정격토출압의 140% 이하일 것( )
	예비				2.정격운전 시 토출량과 토출압이 규정치 이상일 것( )
토출압 (MPa)	주				3.정격토출량의 150%에서 토출압이 정격토출압의 65% 이상일 것( )
	예비				

○설정압력:
○주펌프
　기동:　　MPa
　정지:　　MPa
○예비펌프
　기동:　　MPa
　정지:　　MPa
○충압펌프
　기동:　　MPa
　정지:　　MPa

※ 릴리프밸브 작동압력 :　　　MPa

비고	

4. 간이스프링클러설비 점검표

(1면)

번호	점검항목	점검결과
4-A. 수원		
4-A-001	○ 수원의 유효수량 적정 여부(겸용설비 포함)	
4-B. 수조		
4-B-001	○ 자동급수장치 설치 여부	
4-B-002	● 동결방지조치 상태 적정 여부	
4-B-003	○ 수위계 설치 또는 수위 확인 가능 여부	
4-B-004	● 수조 외측 고정사다리 설치 여부(바닥보다 낮은 경우 제외)	
4-B-005	● 실내설치 시 조명설비 설치 여부	
4-B-006	○ "간이스프링클러설비용 수조" 표지 설치상태 적정 여부	
4-B-007	● 다른 소화설비와 겸용 시 겸용설비의 이름 표시한 표지설치 여부	
4-B-008	● 수조-수직배관 접속부분 "간이스프링클러설비용 배관" 표지설치 여부	
3-C. 가압송수장치		
	[상수도직결형]	
4-C-001	○ 방수량 및 방수압력 적정 여부	
	[펌프방식]	
4-C-011	● 동결방지조치 상태 적정 여부	
4-C-012	○ 성능시험배관을 통한 펌프 성능시험 적정 여부	
4-C-013	● 다른 소화설비와 겸용인 경우 펌프 성능 확보 가능 여부	
4-C-014	○ 펌프 흡입측 연성계 · 진공계 및 토출측 압력계 등 부속장치의 변형 · 손상 유무	
4-C-015	● 기동장치 적정 설치 및 기동압력 설정 적정 여부	
4-C-016	● 물올림장치 설치 적정(전용 여부, 유효수량, 배관구경, 자동급수) 여부	
4-C-017	● 충압펌프 설치 적정(토출압력, 정격토출량) 여부	
4-C-018	○ 내연기관 방식의 펌프 설치 적정(정상기동(기동장치 및 제어반) 여부, 축전지 상태, 연료량) 여부	
4-C-019	○ 가압송수장치의 "간이스프링클러펌프" 표지설치 여부 또는 다른 소화설비와 겸용 시 겸용설비 이름 표시 부착 여부	
	[고가수조방식]	
4-C-031	○ 수위계 · 배수관 · 급수관 · 오버플로우관 · 맨홀 등 부속장치의 변형 · 손상 유무	
	[압력수조방식]	
4-C-041	● 압력수조의 압력 적정 여부	
4-C-042	○ 수위계 · 급수관 · 급기관 · 압력계 · 안전장치 · 공기압축기 등 부속장치의 변형 · 손상 유무	
	[가압수조방식]	
4-C-051	● 가압수조 및 가압원 설치장소의 방화구획 여부	
4-C-052	○ 수위계 · 급수관 · 배수관 · 급기관 · 압력계 등 부속장치의 변형 · 손상 유무	
비고		

(2면)

번호	점검항목	점검결과

4-D. 방호구역 및 유수검지장치

4-D-001	● 방호구역 적정 여부	
4-D-002	● 유수검지장치 설치 적정(수량, 접근·점검 편의성, 높이) 여부	
4-D-003	○ 유수검지장치실 설치 적정(실내 또는 구획, 출입문 크기, 표지) 여부	
4-D-004	● 자연낙차에 의한 유수압력과 유수검지장치의 유수검지압력 적정여부	
4-D-005	● 주차장에 설치된 간이스프링클러 방식 적정(습식 외의 방식) 여부	

4-E. 배관 및 밸브

4-E-001	○ 상수도직결형 수도배관 구경 및 유수검지에 따른 다른 배관 자동 송수 차단 여부	
4-E-002	○ 급수배관 개폐밸브 설치(개폐표시형, 흡입측 버터플라이 제외) 및 작동표시 스위치 적정(제어반 표시 및 경보, 스위치 동작 및 도통시험) 여부	
4-E-003	● 펌프의 흡입측 배관 여과장치의 상태 확인	
4-E-004	● 성능시험배관 설치(개폐밸브, 유량조절밸브, 유량측정장치) 적정 여부	
4-E-005	● 순환배관 설치(설치위치·배관구경, 릴리프밸브 개방압력) 적정 여부	
4-E-006	● 동결방지조치 상태 적정 여부	
4-E-007	○ 준비작동식 유수검지장치 2차측 배관 부대설비 설치 적정(개폐표시형 밸브, 수직배수배관·개폐밸브, 자동배수장치, 압력스위치 설치 및 감시제어반 개방 확인) 여부	
4-E-008	○ 유수검지장치 시험장치 설치 적정(설치위치, 배관구경, 개폐밸브 및 개방형 헤드, 물받이 통 및 배수관) 여부	
4-E-009	● 간이스프링클러설비 배관 및 밸브 등의 순서의 적정 시공 여부	
4-E-010	● 다른 설비의 배관과의 구분 상태 적정 여부	

4-F. 음향장치 및 기동장치

4-F-001	○ 유수검지에 따른 음향장치 작동 가능 여부(습식의 경우)	
4-F-002	● 음향장치 설치 담당구역 및 수평거리 적정 여부	
4-F-003	● 주 음향장치 수신기 내부 또는 직근 설치 여부	
4-F-004	● 우선경보방식에 따른 경보 적정 여부	
4-F-005	○ 음향장치(경종 등) 변형·손상 확인 및 정상 작동(음량 포함) 여부	

[펌프 작동]

| 4-F-011 | ○ 유수검지장치의 발신이나 기동용 수압개폐장치의 작동에 따른 펌프 기동 확인 (습식의 경우) | |
| 4-F-012 | ○ 화재감지기의 감지나 기동용 수압개폐장치의 작동에 따른 펌프 기동 확인 (준비작동식의 경우) | |

[준비작동식유수검지장치 작동]

| 4-F-021 | ○ 담당구역내 화재감지기 동작(수동 기동 포함)에 따라 개방 및 작동 여부 | |
| 4-F-022 | ○ 수동조작함(설치높이, 표시등) 설치 적정 여부 | |

비고

(3면)

번호	점검항목	점검결과

4-G. 간이헤드

4-G-001	○ 헤드의 변형·손상 유무	
4-G-002	○ 헤드 설치 위치·장소·상태(고정) 적정 여부	
4-G-003	○ 헤드 살수장애 여부	
4-G-004	● 감열부에 영향을 받을 우려가 있는 헤드의 차폐판 설치 여부	
4-G-005	● 헤드 설치 제외 적정 여부(설치 제외된 경우)	

4-H. 송수구

4-H-001	○ 설치장소 적정 여부	
4-H-002	● 연결배관에 개폐밸브를 설치한 경우 개폐상태 확인 및 조작가능 여부	
4-H-003	● 송수구 설치 높이 및 구경 적정 여부	
4-H-004	● 자동배수밸브(또는 배수공)·체크밸브 설치 여부 및 설치 상태 적정 여부	
4-H-005	○ 송수구 마개 설치 여부	

4-I. 제어반

4-I-001	● 겸용 감시·동력 제어반 성능 적정 여부(겸용으로 설치된 경우)	
	[감시제어반]	
4-I-011	○ 펌프 작동 여부 확인 표시등 및 음향경보장치 정상작동 여부	
4-I-012	○ 펌프 별 자동·수동 전환스위치 정상작동 여부	
4-I-013	● 펌프 별 수동기동 및 수동중단 기능 정상작동 여부	
4-I-014	● 상용전원 및 비상전원 공급 확인 가능 여부(비상전원 있는 경우)	
4-I-015	● 수조·물올림탱크 저수위 표시등 및 음향경보장치 정상작동 여부	
4-I-016	○ 각 확인회로 별 도통시험 및 작동시험 정상작동 여부	
4-I-017	○ 예비전원 확보 유무 및 시험 적합 여부	
4-I-018	● 감시제어반 전용실 적정 설치 및 관리 여부	
4-I-019	● 기계·기구 또는 시설 등 제어 및 감시설비 외 설치 여부	
4-I-020	○ 유수검지장치 작동 시 표시 및 경보 정상작동 여부	
4-I-021	● 감시제어반과 수신기 간 상호 연동 여부(별도로 설치된 경우)	
	[동력제어반]	
4-I-031	○ 앞면은 적색으로 하고, "간이스프링클러설비용 동력제어반" 표지 설치 여부	
	[발전기제어반]	
4-I-041	● 소방전원보존형발전기는 이를 식별할 수 있는 표지 설치 여부	

4-J. 전원

4-J-001	● 대상물 수전방식에 따른 상용전원 적정 여부	
4-J-002	● 비상전원 설치장소 적정 및 관리 여부	
4-J-003	○ 자가발전설비인 경우 연료 적정량 보유 여부	
4-J-004	○ 자가발전설비인 경우 「전기사업법」에 따른 정기점검 결과 확인	

비고

(4면)

번호	점검항목	점검결과

※ 펌프성능시험(펌프 명판 및 설계치 참조)

구분		체절운전	정격운전 (100%)	정격유량의 150% 운전	적정 여부
토출량 (ℓ/min)	주				1. 체절운전 시 토출압은 정격토출압의 140% 이하일 것( )
	예비				2. 정격운전 시 토출량과 토출압이 규정치 이상일 것( )
토출압 (MPa)	주				3. 정격토출량의 150%에서 토출압이 정격토출압의 65% 이상일 것( )
	예비				

○설정압력:
○주펌프
  기동: MPa
  정지: MPa
○예비펌프
  기동: MPa
  정지: MPa
○충압펌프
  기동: MPa
  정지: MPa

※ 릴리프밸브 작동압력 :   MPa

비고	

5. 화재조기진압용 스프링클러설비 점검표

(1면)

번호	점검항목	점검결과
5-A. 설치장소의 구조		
5-A-001	● 설비 설치장소의 구조(층고, 내화구조, 방화구획, 천장 기울기, 천장 자재 돌출부 길이, 보 간격, 선반 물 침투구조) 적합 여부	
5-B. 수원		
5-B-001	○ 주된수원의 유효수량 적정 여부(겸용설비 포함)	
5-B-002	○ 보조수원(옥상)의 유효수량 적정 여부	
5-C. 수조		
5-C-001	● 동결방지조치 상태 적정 여부	
5-C-002	○ 수위계 설치 또는 수위 확인 가능 여부	
5-C-003	● 수조 외측 고정사다리 설치 여부(바닥보다 낮은 경우 제외)	
5-C-004	● 실내설치 시 조명설비 설치 여부	
5-C-005	○ "화재조기진압용 스프링클러설비용 수조" 표지설치 여부 및 설치 상태	
5-C-006	● 다른 소화설비와 겸용 시 겸용설비의 이름 표시한 표지설치 여부	
5-C-007	● 수조-수직배관 접속부분 "화재조기진압용 스프링클러설비용 배관" 표지설치 여부	
5-D. 가압송수장치		
	[펌프방식]	
5-D-001	● 동결방지조치 상태 적정 여부	
5-D-002	○ 성능시험배관을 통한 펌프 성능시험 적정 여부	
5-D-003	● 다른 소화설비와 겸용인 경우 펌프 성능 확보 가능 여부	
5-D-004	○ 펌프 흡입측 연성계·진공계 및 토출측 압력계 등 부속장치의 변형·손상 유무	
5-D-005	● 기동장치 적정 설치 및 기동압력 설정 적정 여부	
5-D-006	○ 물올림장치 설치 적정(전용 여부, 유효수량, 배관구경, 자동급수) 여부	
5-D-007	● 충압펌프 설치 적정(토출압력, 정격토출량) 여부	
5-D-008	○ 내연기관 방식의 펌프 설치 적정(정상기동(기동장치 및 제어반) 여부, 축전지 상태, 연료량) 여부	
5-D-009	○ 가압송수장치의 "화재조기진압용 스프링클러펌프" 표지설치 여부 또는 다른 소화설비와 겸용 시 겸용설비 이름 표시 부착 여부	
	[고가수조방식]	
5-D-021	○ 수위계·배수관·급수관·오버플로우관·맨홀 등 부속장치의 변형·손상 유무	
	[압력수조방식]	
5-D-031	● 압력수조의 압력 적정 여부	
5-D-032	○ 수위계·급수관·급기관·압력계·안전장치·공기압축기 등 부속장치의 변형·손상 유무	
	[가압수조방식]	
5-D-041	● 가압수조 및 가압원 설치장소의 방화구획 여부	
5-D-042	○ 수위계·급수관·배수관·급기관·압력계 등 부속장치의 변형·손상 유무	
비고		

(2면)

번호	점검항목	점검결과

5-E. 방호구역 및 유수검지장치

5-E-001	● 방호구역 적정 여부	
5-E-002	● 유수검지장치 설치 적정(수량, 접근·점검 편의성, 높이) 여부	
5-E-003	○ 유수검지장치실 설치 적정(실내 또는 구획, 출입문 크기, 표지) 여부	
5-E-004	● 자연낙차에 의한 유수압력과 유수검지장치의 유수검지압력 적정여부	

5-F. 배관

5-F-001	● 펌프의 흡입측 배관 여과장치의 상태 확인	
5-F-002	● 성능시험배관 설치(개폐밸브, 유량조절밸브, 유량측정장치) 적정 여부	
5-F-003	● 순환배관 설치(설치위치·배관구경, 릴리프밸브 개방압력) 적정 여부	
5-F-004	● 동결방지조치 상태 적정 여부	
5-F-005	○ 급수배관 개폐밸브 설치(개폐표시형, 흡입측 버터플라이 제외) 및 작동표시 스위치 적정(제어반 표시 및 경보, 스위치 동작 및 도통시험) 여부	
5-F-006	○ 유수검지장치 시험장치 설치 적정(설치위치, 배관구경, 개폐밸브 및 개방형 헤드, 물받이 통 및 배수관) 여부	
5-F-007	● 다른 설비의 배관과의 구분 상태 적정 여부	

5-G. 음향장치 및 기동장치

5-G-001	○ 유수검지에 따른 음향장치 작동 가능 여부	
5-G-002	● 음향장치 설치 담당구역 및 수평거리 적정 여부	
5-G-003	● 주 음향장치 수신기 내부 또는 직근 설치 여부	
5-G-004	● 우선경보방식에 따른 경보 적정 여부	
5-G-005	○ 음향장치(경종 등) 변형·손상 확인 및 정상 작동(음량 포함) 여부	
	[펌프 작동]	
5-G-011	○ 유수검지장치의 발신이나 기동용 수압개폐장치의 작동에 따른 펌프 기동 확인	

5-H. 헤드

5-H-001	○ 헤드의 변형·손상 유무	
5-H-002	○ 헤드 설치 위치·장소·상태(고정) 적정 여부	
5-H-003	○ 헤드 살수장애 여부	
5-H-004	● 감열부에 영향을 받을 우려가 있는 헤드의 차폐판 설치 여부	

5-I. 저장물의 간격 및 환기구

5-I-001	● 저장물품 배치 간격 적정 여부	
5-I-002	● 환기구 설치 상태 적정 여부	

5-J. 송수구

5-J-001	○ 설치장소 적정 여부	
5-J-002	● 연결배관에 개폐밸브를 설치한 경우 개폐상태 확인 및 조작가능 여부	
5-J-003	● 송수구 설치 높이 및 구경 적정 여부	
5-J-004	○ 송수압력범위 표시 표지 설치 여부	
5-J-005	● 송수구 설치 개수 적정 여부	

(3면)

번호	점검항목	점검결과
5-J-006	● 자동배수밸브(또는 배수공)·체크밸브 설치 여부 및 설치 상태 적정 여부	
5-J-007	○ 송수구 마개 설치 여부	

5-K. 전원

번호	점검항목	점검결과
5-K-001	● 대상물 수전방식에 따른 상용전원 적정 여부	
5-K-002	● 비상전원 설치장소 적정 및 관리 여부	
5-K-003	○ 자가발전설비인 경우 연료 적정량 보유 여부	
5-K-004	○ 자가발전설비인 경우 「전기사업법」에 따른 정기점검 결과 확인	

5-L. 제어반

번호	점검항목	점검결과
5-L-001	● 겸용 감시·동력 제어반 성능 적정 여부(겸용으로 설치된 경우)	
	[감시제어반]	
5-L-001	○ 펌프 작동 여부 확인 표시등 및 음향경보장치 정상작동 여부	
5-L-002	○ 펌프 별 자동·수동 전환스위치 정상작동 여부	
5-L-003	● 펌프 별 수동기동 및 수동중단 기능 정상작동 여부	
5-L-004	● 상용전원 및 비상전원 공급 확인 가능 여부(비상전원 있는 경우)	
5-L-005	● 수조·물올림탱크 저수위 표시등 및 음향경보장치 정상작동 여부	
5-L-006	○ 각 확인회로 별 도통시험 및 작동시험 정상작동 여부	
5-L-007	○ 예비전원 확보 유무 및 시험 적합 여부	
5-L-008	● 감시제어반 전용실 적정 설치 및 관리 여부	
5-L-009	● 기계·기구 또는 시설 등 제어 및 감시설비 외 설치 여부	
5-L-010	○ 유수검지장치 작동 시 표시 및 경보 정상작동 여부	
5-L-011	○ 감시제어반과 수신기 간 상호 연동 여부(별도로 설치된 경우)	
	[동력제어반]	
5-L-021	○ 앞면은 적색으로 하고, "화재조기진압용 스프링클러설비용 동력제어반" 표지 설치 여부	
	[발전기제어반]	
5-L-031	● 소방전원보존형발전기는 이를 식별할 수 있는 표지 설치 여부	

5-M. 설치금지 장소

번호	점검항목	점검결과
5-M-001	● 설치가 금지된 장소(제4류 위험물 등이 보관된 장소) 설치 여부	

※ 펌프성능시험(펌프 명판 및 설계치 참조)

구분		체절운전	정격운전 (100%)	정격유량의 150% 운전	적정 여부
토출량 (ℓ/min)	주				1. 체절운전 시 토출압은 정격토출압의 140% 이하일 것 ( )
	예비				2. 정격운전 시 토출량과 토출압이 규정치 이상일 것 ( )
토출압 (MPa)	주				3. 정격토출량의 150%에서 토출압이 정격토출압의 65% 이상일 것 ( )
	예비				

○설정압력:
○주펌프
　기동:　　　MPa
　정지:　　　MPa
○예비펌프
　기동:　　　MPa
　정지:　　　MPa
○충압펌프
　기동:　　　MPa
　정지:　　　MPa

※ 릴리프밸브 작동압력 :　　　MPa

비고	

6. 물분무소화설비 점검표

(1면)

번호	점검항목	점검결과

6-A. 수원

6-A-001	○ 수원의 유효수량 적정 여부(겸용설비 포함)	

6-B. 수조

6-B-001	● 동결방지조치 상태 적정 여부	
6-B-002	○ 수위계 설치 또는 수위 확인 가능 여부	
6-B-003	● 수조 외측 고정사다리 설치 여부(바닥보다 낮은 경우 제외)	
6-B-004	● 실내설치 시 조명설비 설치 여부	
6-B-005	○ "물분무소화설비용 수조" 표지 설치상태 적정 여부	
6-B-006	● 다른 소화설비와 겸용 시 겸용설비의 이름 표시한 표지설치 여부	
6-B-007	● 수조-수직배관 접속부분 "물분무소화설비용 배관" 표지설치 여부	

6-C. 가압송수장치

[펌프방식]

6-C-001	● 동결방지조치 상태 적정 여부	
6-C-002	○ 성능시험배관을 통한 펌프 성능시험 적정 여부	
6-C-003	● 다른 소화설비와 겸용인 경우 펌프 성능 확보 가능 여부	
6-C-004	○ 펌프 흡입측 연성계·진공계 및 토출측 압력계 등 부속장치의 변형·손상 유무	
6-C-005	● 기동장치 적정 설치 및 기동압력 설정 적정 여부	
6-C-006	○ 물올림장치 설치 적정(전용 여부, 유효수량, 배관구경, 자동급수) 여부	
6-C-007	● 충압펌프 설치 적정(토출압력, 정격토출량) 여부	
6-C-008	○ 내연기관 방식의 펌프 설치 적정(정상기동(기동장치 및 제어반) 여부, 축전지 상태, 연료량) 여부	
6-C-009	○ 가압송수장치의 "물분무소화설비펌프" 표지설치 여부 또는 다른 소화설비와 겸용 시 겸용설비 이름 표시 부착 여부	

[고가수조방식]

6-C-021	○ 수위계·배수관·급수관·오버플로우관·맨홀 등 부속장치의 변형·손상 유무	

[압력수조방식]

6-C-031	● 압력수조의 압력 적정 여부	
6-C-032	○ 수위계·급수관·급기관·압력계·안전장치·공기압축기 등 부속장치의 변형·손상 유무	

[가압수조방식]

6-C-041	● 가압수조 및 가압원 설치장소의 방화구획 여부	
6-C-042	○ 수위계·급수관·배수관·급기관·압력계 등 부속장치의 변형·손상 유무	

6-D. 기동장치

6-D-001	○ 수동식 기동장치 조작에 따른 가압송수장치 및 개방밸브 정상 작동 여부	
6-D-002	○ 수동식 기동장치 인근 "기동장치" 표지설치 여부	
6-D-003	○ 자동식 기동장치는 화재감지기의 작동 및 헤드 개방과 연동하여 경보를 발하고, 가압송수장치 및 개방밸브 정상 작동 여부	

(2면)

번호	점검항목	점검결과

6-E. 제어밸브 등

6-E-001	○ 제어밸브 설치 위치(높이) 적정 및 "제어밸브" 표지 설치 여부	
6-E-002	● 자동개방밸브 및 수동식 개방밸브 설치위치(높이) 적정 여부	
6-E-003	● 자동개방밸브 및 수동식 개방밸브 시험장치 설치 여부	

6-F. 물분무헤드

6-F-001	○ 헤드의 변형·손상 유무	
6-F-002	○ 헤드 설치 위치·장소·상태(고정) 적정 여부	
6-F-003	● 전기절연 확보 위한 전기기기와 헤드 간 거리 적정 여부	

6-G. 배관 등

6-G-001	● 펌프의 흡입측 배관 여과장치의 상태 확인	
6-G-002	● 성능시험배관 설치(개폐밸브, 유량조절밸브, 유량측정장치) 적정 여부	
6-G-003	● 순환배관 설치(설치위치·배관구경, 릴리프밸브 개방압력) 적정 여부	
6-G-004	● 동결방지조치 상태 적정 여부	
6-G-005	○ 급수배관 개폐밸브 설치(개폐표시형, 흡입측 버터플라이 제외) 및 작동표시 스위치 적정(제어반 표시 및 경보, 스위치 동작 및 도통시험) 여부	
6-G-006	● 다른 설비의 배관과의 구분 상태 적정 여부	

6-H. 송수구

6-H-001	○ 설치장소 적정 여부	
6-H-002	● 연결배관에 개폐밸브를 설치한 경우 개폐상태 확인 및 조작가능 여부	
6-H-003	● 송수구 설치 높이 및 구경 적정 여부	
6-H-004	○ 송수압력범위 표시 표지 설치 여부	
6-H-005	● 송수구 설치 개수 적정 여부	
6-H-006	● 자동배수밸브(또는 배수공)·체크밸브 설치 여부 및 설치 상태 적정 여부	
6-H-007	○ 송수구 마개 설치 여부	

6-I. 배수설비(차고·주차장의 경우)

6-I-001	● 배수설비(배수구, 기름분리장치 등) 설치 적정 여부	

6-J. 제어반

6-J-001	● 겸용 감시·동력 제어반 성능 적정 여부(겸용으로 설치된 경우)	
	[감시제어반]	
6-J-011	○ 펌프 작동 여부 확인 표시등 및 음향경보장치 정상작동 여부	
6-J-012	○ 펌프 별 자동·수동 전환스위치 정상작동 여부	
6-J-013	● 펌프 별 수동기동 및 수동중단 기능 정상작동 여부	
6-J-014	● 상용전원 및 비상전원 공급 확인 가능 여부(비상전원 있는 경우)	
6-J-015	● 수조·물올림탱크 저수위 표시등 및 음향경보장치 정상작동 여부	
6-J-016	○ 각 확인회로 별 도통시험 및 작동시험 정상작동 여부	
6-J-017	○ 예비전원 확보 유무 및 시험 적합 여부	
6-J-018	● 감시제어반 전용실 적정 설치 및 관리 여부	

(3면)

번호	점검항목	점검결과
6-J-019	● 기계·기구 또는 시설 등 제어 및 감시설비 외 설치 여부	
6-J-031	[동력제어반] ○ 앞면은 적색으로 하고, "물분무소화설비용 동력제어반" 표지 설치 여부	
6-J-041	[발전기제어반] ● 소방전원보존형발전기는 이를 식별할 수 있는 표지 설치 여부	

6-K. 전원

6-K-001	● 대상물 수전방식에 따른 상용전원 적정 여부	
6-K-002	● 비상전원 설치장소 적정 및 관리 여부	
6-K-003	○ 자가발전설비인 경우 연료 적정량 보유 여부	
6-K-004	○ 자가발전설비인 경우 「전기사업법」에 따른 정기점검 결과 확인	

6-L. 물분무헤드의 제외

6-L-001	● 헤드 설치 제외 적정 여부(설치 제외된 경우)	

※ 펌프성능시험(펌프 명판 및 설계치 참조)

구분		체절운전	정격운전 (100%)	정격유량의 150% 운전	적정 여부
토출량 (ℓ/min)	주				1. 체절운전 시 토출압은 정격토출압의 140% 이하일 것 ( ) 2. 정격운전 시 토출량과 토출압이 규정치 이상일 것 ( ) 3. 정격토출량의 150%에서 토출압이 정격토출압의 65% 이상일 것 ( )
	예비				
토출압 (MPa)	주				
	예비				

○설정압력:
○주펌프
　기동: 　　MPa
　정지: 　　MPa
○예비펌프
　기동: 　　MPa
　정지: 　　MPa
○충압펌프
　기동: 　　MPa
　정지: 　　MPa

※ 릴리프밸브 작동압력 :　　　MPa

비고	

7. 미분무소화설비 점검표

(1면)

번호	점검항목	점검결과
7-A. 수원		
7-A-001	○ 수원의 수질 및 필터(또는 스트레이너) 설치 여부	
7-A-002	● 주배관 유입측 필터(또는 스트레이너) 설치 여부	
7-A-003	○ 수원의 유효수량 적정 여부	
7-A-004	● 첨가제의 양 산정 적정 여부(첨가제를 사용한 경우)	
7-B. 수조		
7-B-001	○ 전용 수조 사용 여부	
7-B-002	● 동결방지조치 상태 적정 여부	
7-B-003	○ 수위계 설치 또는 수위 확인 가능 여부	
7-B-004	● 수조 외측 고정사다리 설치 여부(바닥보다 낮은 경우 제외)	
7-B-005	● 실내설치 시 조명설비 설치 여부	
7-B-006	○ "미분무설비용 수조" 표지 설치상태 적정 여부	
7-B-007	● 수조-수직배관 접속부분 "미분무설비용 배관" 표지설치 여부	
7-C. 가압송수장치		
	[펌프방식]	
7-C-001	● 동결방지조치 상태 적정 여부	
7-C-002	● 전용 펌프 사용 여부	
7-C-003	○ 펌프 토출측 압력계 등 부속장치의 변형·손상 유무	
7-C-004	○ 성능시험배관을 통한 펌프 성능시험 적정 여부	
7-C-005	○ 내연기관 방식의 펌프 설치 적정(정상기동(기동장치 및 제어반) 여부, 축전지 상태, 연료량) 여부	
7-C-006	○ 가압송수장치의 "미분무펌프" 등 표지설치 여부	
	[압력수조방식]	
7-C-011	○ 동결방지조치 상태 적정 여부	
7-C-012	● 전용 압력수조 사용 여부	
7-C-013	○ 압력수조의 압력 적정 여부	
7-C-014	○ 수위계·급수관·급기관·압력계·안전장치·공기압축기 등 부속장치의 변형·손상 유무	
7-C-015	○ 압력수조 토출측 압력계 설치 및 적정 범위 여부	
7-C-016	○ 작동장치 구조 및 기능 적정 여부	
	[가압수조방식]	
7-C-021	● 전용 가압수조 사용 여부	
7-C-022	● 가압수조 및 가압원 설치장소의 방화구획 여부	
7-C-023	○ 수위계·급수관·배수관·급기관·압력계 등 구성품의 변형·손상 유무	
7-D. 폐쇄형 미분무소화설비의 방호구역 및 개방형 미분무소화설비의 방수구역		
7-D-001	○ 방호(방수)구역의 설정기준(바닥면적, 층 등) 적정 여부	

(2면)

번호	점검항목	점검결과

7-E. 배관 등

7-E-001	○ 급수배관 개폐밸브 설치(개폐표시형, 흡입측 버터플라이 제외) 및 작동표시 스위치 적정(제어반 표시 및 경보, 스위치 동작 및 도통시험) 여부	
7-E-002	● 성능시험배관 설치(개폐밸브, 유량조절밸브, 유량측정장치) 적정 여부	
7-E-003	● 동결방지조치 상태 적정 여부	
7-E-004	○ 유수검지장치 시험장치 설치 적정(설치위치, 배관구경, 개폐밸브 및 개방형 헤드, 물받이 통 및 배수관) 여부	
7-E-005	● 주차장에 설치된 미분무소화설비 방식 적정(습식 외의 방식) 여부	
7-E-006	● 다른 설비의 배관과의 구분 상태 적정 여부	
	[호스릴 방식]	
7-E-011	● 방호대상물 각 부분으로부터 호스접결구까지 수평거리 적정 여부	
7-E-012	○ 소화약제저장용기의 위치표시등 정상 점등 및 표지 설치 여부	

7-F. 음향장치

7-F-001	○ 유수검지에 따른 음향장치 작동 가능 여부	
7-F-002	○ 개방형 미분무설비는 감지기 작동에 따라 음향장치 작동 여부	
7-F-003	● 음향장치 설치 담당구역 및 수평거리 적정 여부	
7-F-004	● 주 음향장치 수신기 내부 또는 직근 설치 여부	
7-F-005	● 우선경보방식에 따른 경보 적정 여부	
7-F-006	○ 음향장치(경종 등) 변형·손상 확인 및 정상 작동(음량 포함) 여부	
7-F-007	○ 발신기(설치높이, 설치거리, 표시등) 설치 적정 여부	

7-G. 헤 드

7-G-001	○ 헤드 설치 위치·장소·상태(고정) 적정 여부	
7-G-002	○ 헤드의 변형·손상 유무	
7-G-003	○ 헤드 살수장애 여부	

7-H. 전원

7-H-001	● 대상물 수전방식에 따른 상용전원 적정 여부	
7-H-002	● 비상전원 설치장소 적정 및 관리 여부	
7-H-003	○ 자가발전설비인 경우 연료 적정량 보유 여부	
7-H-004	○ 자가발전설비인 경우「전기사업법」에 따른 정기점검 결과 확인	

7-I. 제어반

	[감시제어반]	
7-I-001	○ 펌프 작동 여부 확인 표시등 및 음향경보장치 정상작동 여부	
7-I-002	○ 펌프 별 자동·수동 전환스위치 정상작동 여부	
7-I-003	● 펌프 별 수동기동 및 수동중단 기능 정상작동 여부	
7-I-004	● 상용전원 및 비상전원 공급 확인 가능 여부(비상전원 있는 경우)	
7-I-005	● 수조·물올림탱크 저수위 표시등 및 음향경보장치 정상작동 여부	
7-I-006	○ 각 확인회로 별 도통시험 및 작동시험 정상작동 여부	

11th Day

(3면)

번호	점검항목	점검결과
7-I-007	○ 예비전원 확보 유무 및 시험 적합 여부	
7-I-008	● 감시제어반 전용실 적정 설치 및 관리 여부	
7-I-009	● 기계·기구 또는 시설 등 제어 및 감시설비 외 설치 여부	
7-I-010	○ 감시제어반과 수신기 간 상호 연동 여부(별도로 설치된 경우)	
7-I-021	[동력제어반] ○ 앞면은 적색으로 하고, "미분무소화설비용 동력제어반" 표지 설치 여부	
7-I-031	[발전기제어반] ● 소방전원보존형발전기는 이를 식별할 수 있는 표지 설치 여부	

※ 펌프성능시험(펌프 명판 및 설계치 참조)

구분	체절운전	정격운전 (100%)	정격유량의 150% 운전	적정 여부	
토출량 주 (ℓ/min) 예비				1. 체절운전 시 토출압은 정격토출압의 140% 이하일 것( ) 2. 정격운전 시 토출량과 토출압이 규정치 이상일 것( ) 3. 정격토출량의 150%에서 토출압이 정격토출압의 65% 이상일 것( )	○설정압력: ○주펌프 기동: MPa 정지: MPa ○예비펌프 기동: MPa 정지: MPa ○충압펌프 기동: MPa 정지: MPa
토출압 주 (MPa) 예비					

※ 릴리프밸브 작동압력 :   MPa

비고	

8. 포소화설비 점검표

(1면)

번호	점검항목	점검결과

8-A. 종류 및 적응성

| 8-A-001 | ● 특정소방대상물 별 포소화설비 종류 및 적응성 적정 여부 | |

8-B. 수원

| 8-B-001 | ○ 수원의 유효수량 적정 여부(겸용설비 포함) | |

8-C. 수조

8-C-001	● 동결방지조치 상태 적정 여부	
8-C-002	○ 수위계 설치 또는 수위 확인 가능 여부	
8-C-003	● 수조 외측 고정사다리 설치 여부(바닥보다 낮은 경우 제외)	
8-C-004	● 실내설치 시 조명설비 설치 여부	
8-C-005	○ "포소화설비용 수조" 표지설치 여부 및 설치 상태	
8-C-006	● 다른 소화설비와 겸용 시 겸용설비의 이름 표시한 표지설치 여부	
8-C-007	● 수조-수직배관 접속부분 "포소화설비용 배관" 표지설치 여부	

8-D. 가압송수장치

[펌프방식]

8-D-001	● 동결방지조치 상태 적정 여부	
8-D-002	○ 성능시험배관을 통한 펌프 성능시험 적정 여부	
8-D-003	● 다른 소화설비와 겸용인 경우 펌프 성능 확보 가능 여부	
8-D-004	○ 펌프 흡입측 연성계·진공계 및 토출측 압력계 등 부속장치의 변형·손상 유무	
8-D-005	● 기동장치 적정 설치 및 기동압력 설정 적정 여부	
8-D-006	○ 물올림장치 설치 적정(전용 여부, 유효수량, 배관구경, 자동급수) 여부	
8-D-007	● 충압펌프 설치 적정(토출압력, 정격토출량) 여부	
8-D-008	○ 내연기관 방식의 펌프 설치 적정(정상기동(기동장치 및 제어반) 여부, 축전지 상태, 연료량) 여부	
8-D-009	○ 가압송수장치의 "포소화설비펌프" 표지설치 여부 또는 다른 소화설비와 겸용 시 겸용설비 이름 표시 부착 여부	

[고가수조방식]

| 8-D-021 | ○ 수위계·배수관·급수관·오버플로우관·맨홀 등 부속장치의 변형·손상 유무 | |

[압력수조방식]

| 8-D-031 | ● 압력수조의 압력 적정 여부 | |
| 8-D-032 | ○ 수위계·급수관·급기관·압력계·안전장치·공기압축기 등 부속장치의 변형·손상 유무 | |

[가압수조방식]

| 8-D-041 | ● 가압수조 및 가압원 설치장소의 방화구획 여부 | |
| 8-D-042 | ○ 수위계·급수관·배수관·급기관·압력계 등 부속장치의 변형·손상 유무 | |

| 비고 | | |

(2면)

번호	점검항목	점검결과
8-E. 배관 등		
8-E-001	● 송액관 기울기 및 배액밸브 설치 적정 여부	
8-E-002	● 펌프의 흡입측 배관 여과장치의 상태 확인	
8-E-003	● 성능시험배관 설치(개폐밸브, 유량조절밸브, 유량측정장치) 적정 여부	
8-E-004	● 순환배관 설치(설치위치·배관구경, 릴리프밸브 개방압력) 적정 여부	
8-E-005	● 동결방지조치 상태 적정 여부	
8-E-006	○ 급수배관 개폐밸브 설치(개폐표시형, 흡입측 버터플라이 제외) 적정 여부	
8-E-007	○ 급수배관 개폐밸브 작동표시스위치 설치 적정(제어반 표시 및 경보, 스위치 동작 및 도통시험, 전기배선 종류) 여부	
8-E-008	● 다른 설비의 배관과의 구분 상태 적정 여부	
8-F. 송수구		
8-F-001	○ 설치장소 적정 여부	
8-F-002	● 연결배관에 개폐밸브를 설치한 경우 개폐상태 확인 및 조작가능 여부	
8-F-003	● 송수구 설치 높이 및 구경 적정 여부	
8-F-004	○ 송수압력범위 표시 표지 설치 여부	
8-F-005	● 송수구 설치 개수 적정 여부	
8-F-006	● 자동배수밸브(또는 배수공)·체크밸브 설치 여부 및 설치 상태 적정 여부	
8-F-007	○ 송수구 마개 설치 여부	
8-G. 저장탱크		
8-G-001	● 포약제 변질 여부	
8-G-002	● 액면계 또는 계량봉 설치상태 및 저장량 적정 여부	
8-G-003	● 그라스게이지 설치 여부(가압식이 아닌 경우)	
8-G-004	○ 포소화약제 저장량의 적정 여부	
8-H. 개방밸브		
8-H-001	○ 자동 개방밸브 설치 및 화재감지장치의 작동에 따라 자동으로 개방되는지 여부	
8-H-002	○ 수동식 개방밸브 적정 설치 및 작동 여부	
8-I. 기동장치		
	[수동식 기동장치]	
8-I-001	○ 직접·원격조작 가압송수장치·수동식개방밸브·소화약제혼합장치 기동 여부	
8-I-002	● 기동장치 조작부의 접근성 확보, 설치 높이, 보호장치 설치 적정 여부	
8-I-003	○ 기동장치 조작부 및 호스접결구 인근 "기동장치의 조작부" 및 "접결구" 표지설치 여부	
8-I-004	● 수동식 기동장치 설치개수 적정 여부	
	[자동식 기동장치]	
8-I-011	○ 화재감지기 또는 폐쇄형 스프링클러헤드의 개방과 연동하여 가압송수장치·일제개방밸브 및 포소화약제 혼합장치 기동 여부	
8-I-012	● 폐쇄형 스프링클러헤드 설치 적정 여부	
8-I-013	● 화재감지기 및 발신기 설치 적정 여부	

(3면)

번호	점검항목	점검결과
8-I-014	● 동결우려 장소 자동식기동장치 자동화재탐지설비 연동 여부	
	[자동경보장치]	
8-I-021	○ 방사구역 마다 발신부(또는 층별 유수검지장치) 설치 여부	
8-I-022	○ 수신기는 설치 장소 및 헤드개방·감지기 작동 표시장치 설치 여부	
8-I-023	● 2 이상 수신기 설치 시 수신기간 상호 동시 통화 가능 여부	

8-J. 포헤드 및 고정포방출구

번호	점검항목	점검결과
	[포헤드]	
8-J-001	○ 헤드의 변형·손상 유무	
8-J-002	○ 헤드 수량 및 위치 적정 여부	
8-J-003	○ 헤드 살수장애 여부	
	[호스릴포소화설비 및 포소화전설비]	
8-J-011	○ 방수구와 호스릴함 또는 호스함 사이의 거리 적정 여부	
8-J-012	○ 호스릴함 또는 호스함 설치 높이, 표지 및 위치표시등 설치 여부	
8-J-013	● 방수구 설치 및 호스릴·호스 길이 적정 여부	
	[전역방출방식의 고발포용 고정포 방출구]	
8-J-021	○ 개구부 자동폐쇄장치 설치 여부	
8-J-022	● 방호구역의 관포체적에 대한 포수용액 방출량 적정 여부	
8-J-023	● 고정포방출구 설치 개수 적정 여부	
8-J-024	○ 고정포방출구 설치 위치(높이) 적정 여부	
	[국소방출방식의 고발포용 고정포 방출구]	
8-J-031	● 방호대상물 범위 설정 적정 여부	
8-J-032	● 방호대상물별 방호면적에 대한 포수용액 방출량 적정 여부	

8-K. 전원

번호	점검항목	점검결과
8-K-001	● 대상물 수전방식에 따른 상용전원 적정 여부	
8-K-002	● 비상전원 설치장소 적정 및 관리 여부	
8-K-003	○ 자가발전설비인 경우 연료 적정량 보유 여부	
8-K-004	○ 자가발전설비인 경우 「전기사업법」에 따른 정기점검 결과 확인	

8-L. 제어반

번호	점검항목	점검결과
8-L-001	● 겸용 감시·동력 제어반 성능 적정 여부(겸용으로 설치된 경우)	
	[감시제어반]	
8-L-011	○ 펌프 작동 여부 확인 표시등 및 음향경보장치 정상작동 여부	
8-L-012	○ 펌프 별 자동·수동 전환스위치 정상작동 여부	
8-L-013	● 펌프 별 수동기동 및 수동중단 기능 정상작동 여부	
8-L-014	● 상용전원 및 비상전원 공급 확인 가능 여부(비상전원 있는 경우)	
8-L-015	● 수조·물올림탱크 저수위 표시등 및 음향경보장치 정상작동 여부	
8-L-016	○ 각 확인회로 별 도통시험 및 작동시험 정상작동 여부	
8-L-017	○ 예비전원 확보 유무 및 시험 적합 여부	

(4면)

번호	점검항목	점검결과
8-L-018	● 감시제어반 전용실 적정 설치 및 관리 여부	
8-L-019	● 기계·기구 또는 시설 등 제어 및 감시설비 외 설치 여부	
8-L-031	[동력제어반] ○ 앞면은 적색으로 하고, "포소화설비용 동력제어반" 표지 설치 여부	
8-L-041	[발전기제어반] ● 소방전원보존형발전기는 이를 식별할 수 있는 표지 설치 여부	

※ 펌프성능시험(펌프 명판 및 설계치 참조)

구분		체절운전	정격운전 (100%)	정격유량의 150% 운전	적정 여부
토출량 (ℓ/min)	주				1. 체절운전 시 토출압은 정격토출압의 140% 이하일 것( )
	예비				2. 정격운전 시 토출량과 토출압이 규정치 이상일 것( )
토출압 (MPa)	주				3. 정격토출량의 150%에서 토출압이 정격토출압의 65% 이상일 것( )
	예비				

○ 설정압력:
○ 주펌프
  기동: MPa
  정지: MPa
○ 예비펌프
  기동: MPa
  정지: MPa
○ 충압펌프
  기동: MPa
  정지: MPa

※ 릴리프밸브 작동압력 :   MPa

비고	

9. 이산화탄소소화설비 점검표

(1면)

번호	점검항목	점검결과
9-A. 저장용기		
9-A-001	● 설치장소 적정 및 관리 여부	
9-A-002	○ 저장용기 설치장소 표지 설치 여부	
9-A-003	● 저장용기 설치 간격 적정 여부	
9-A-004	○ 저장용기 개방밸브 자동·수동 개방 및 안전장치 부착 여부	
9-A-005	● 저장용기와 집합관 연결배관 상 체크밸브 설치 여부	
9-A-006	● 저장용기와 선택밸브(또는 개폐밸브) 사이 안전장치 설치 여부	
	[저압식]	
9-A-011	● 안전밸브 및 봉판 설치 적정(작동 압력) 여부	
9-A-012	● 액면계·압력계 설치 여부 및 압력강하경보장치 작동 압력 적정 여부	
9-A-013	○ 자동냉동장치의 기능	
9-B. 소화약제		
9-B-001	○ 소화약제 저장량 적정 여부	
9-C. 기동장치		
9-C-001	○ 방호구역별 출입구 부근 소화약제 방출표시등 설치 및 정상 작동 여부	
	[수동식 기동장치]	
9-C-011	○ 기동장치 부근에 비상스위치 설치 여부	
9-C-012	● 방호구역별 또는 방호대상별 기동장치 설치 여부	
9-C-013	○ 기동장치 설치 적정(출입구 부근 등, 높이, 보호장치, 표지, 전원표시등) 여부	
9-C-014	○ 방출용 스위치 음향경보장치 연동 여부	
	[자동식 기동장치]	
9-C-021	○ 감지기 작동과의 연동 및 수동기동 가능 여부	
9-C-022	● 저장용기 수량에 따른 전자 개방밸브 수량 적정 여부(전기식 기동장치의 경우)	
9-C-023	○ 기동용 가스용기의 용적, 충전압력 적정 여부(가스압력식 기동장치의 경우)	
9-C-024	● 기동용 가스용기의 안전장치, 압력게이지 설치 여부(가스압력식 기동장치의 경우)	
9-C-025	● 저장용기 개방구조 적정 여부(기계식 기동장치의 경우)	
9-D. 제어반 및 화재표시반		
9-D-001	○ 설치장소 적정 및 관리 여부	
9-D-002	○ 회로도 및 취급설명서 비치 여부	
9-D-003	● 수동잠금밸브 개폐여부 확인 표시등 설치 여부	
	[제어반]	
9-D-011	○ 수동기동장치 또는 감지기 신호 수신 시 음향경보장치 작동 기능 정상 여부	
9-D-012	○ 소화약제 방출·지연 및 기타 제어 기능 적정 여부	
9-D-013	○ 전원표시등 설치 및 정상 점등 여부	
비고		

11th Day

(2면)

번호	점검항목	점검결과
	[화재표시반]	
9-D-021	○ 방호구역별 표시등(음향경보장치 조작, 감지기 작동), 경보기 설치 및 작동 여부	
9-D-022	○ 수동식 기동장치 작동표시 표시등 설치 및 정상 작동 여부	
9-D-023	○ 소화약제 방출표시등 설치 및 정상 작동 여부	
9-D-024	● 자동식기동장치 자동·수동 절환 및 절환표시등 설치 및 정상 작동 여부	

9-E. 배관 등

9-E-001	○ 배관의 변형·손상 유무	
9-E-002	● 수동잠금밸브 설치 위치 적정 여부	

9-F. 선택밸브

9-F-001	● 선택밸브 설치 기준 적합 여부	

9-G. 분사헤드

번호	점검항목	점검결과
	[전역방출방식]	
9-G-001	○ 분사헤드의 변형·손상 유무	
9-G-002	● 분사헤드의 설치위치 적정 여부	
	[국소방출방식]	
9-G-011	○ 분사헤드의 변형·손상 유무	
9-G-012	● 분사헤드의 설치장소 적정 여부	
	[호스릴방식]	
9-G-021	● 방호대상물 각 부분으로부터 호스접결구까지 수평거리 적정 여부	
9-G-022	● 소화약제저장용기의 위치표시등 정상 점등 및 표지 설치 여부	
9-G-023	● 호스릴소화설비 설치장소 적정 여부	

9-H. 화재감지기

9-H-001	○ 방호구역별 화재감지기 감지에 의한 기동장치 작동 여부	
9-H-002	● 교차회로(또는 NFSC 203 제7조제1항 단서 감지기) 설치 여부	
9-H-003	● 화재감지기별 유효 바닥면적 적정 여부	

9-I. 음향경보장치

9-I-001	○ 기동장치 조작 시(수동식-방출용스위치, 자동식-화재감지기) 경보 여부	
9-I-002	○ 약제 방사 개시(또는 방출 압력스위치 작동) 후 경보 적정 여부	
9-I-003	● 방호구역 또는 방호대상물 구획 안에서 유효한 경보 가능 여부	
	[방송에 따른 경보장치]	
9-I-011	● 증폭기 재생장치의 설치장소 적정 여부	
9-I-012	● 방호구역·방호대상물에서 확성기 간 수평거리 적정 여부	
9-I-013	● 제어반 복구스위치 조작 시 경보 지속 여부	

9-J. 자동폐쇄장치

9-J-001	○ 환기장치 자동정지 기능 적정 여부	
9-J-002	○ 개구부 및 통기구 자동폐쇄장치 설치 장소 및 기능 적합 여부	

(3면)

번호	점검항목	점검결과
9-J-003	● 자동폐쇄장치 복구장치 설치기준 적합 및 위치표지 적합 여부	
9-K. 비상전원		
9-K-001	● 설치장소 적정 및 관리 여부	
9-K-002	○ 자가발전설비인 경우 연료 적정량 보유 여부	
9-K-003	○ 자가발전설비인 경우 「전기사업법」에 따른 정기점검 결과 확인	
9-L. 배출설비		
9-L-001	● 배출설비 설치상태 및 관리 여부	
9-M. 과압배출구		
9-M-001	● 과압배출구 설치상태 및 관리 여부	
9-N. 안전시설 등		
9-N-001	○ 소화약제 방출알림 시각경보장치 설치기준 적합 및 정상 작동 여부	
9-N-002	○ 방호구역 출입구 부근 잘 보이는 장소에 소화약제 방출 위험경고표지 부착 여부	
9-N-003	○ 방호구역 출입구 외부 인근에 공기호흡기 설치 여부	
비고		

★★★☆☆

 문제01 소방시설 자체점검사항 등에 관한 고시에서 이산화탄소소화설비의 종합정밀 점검표상 수동식 기동장치의 점검항목 4가지와 안전시설 등의 점검항목 3가지를 쓰시오. [점검22회기출]

11th Day

※ 약제저장량 점검리스트 (4면)

설치위치	용기 No.	실내 온도(℃)	약제높이 (cm)	충전량 (kg)	손실량 (kg)	점검 결과	비고
							※ 약제량 손실 5% 초과 시 불량으로 판정합니다.

10. 할론소화설비 점검표

(1면)

번호	점검항목	점검결과

10-A. 저장용기

10-A-001	● 설치장소 적정 및 관리 여부	
10-A-002	○ 저장용기 설치장소 표지 설치상태 적정 여부	
10-A-003	● 저장용기 설치 간격 적정 여부	
10-A-004	○ 저장용기 개방밸브 자동·수동 개방 및 안전장치 부착 여부	
10-A-005	● 저장용기와 집합관 연결배관 상 체크밸브 설치 여부	
10-A-006	● 저장용기와 선택밸브(또는 개폐밸브) 사이 안전장치 설치 여부	
10-A-007	○ 축압식 저장용기의 압력 적정 여부	
10-A-008	● 가압용 가스용기 내 질소가스 사용 및 압력 적정 여부	
10-A-009	● 가압식 저장용기 압력조정장치 설치 여부	

10-B. 소화약제

10-B-001	○ 소화약제 저장량 적정 여부	

10-C. 기동장치

10-C-001	○ 방호구역별 출입구 부근 소화약제 방출표시등 설치 및 정상 작동 여부	
	[수동식 기동장치]	
10-C-011	○ 기동장치 부근에 비상스위치 설치 여부	
10-C-012	● 방호구역별 또는 방호대상별 기동장치 설치 여부	
10-C-013	○ 기동장치 설치상태 적정(출입구 부근 등, 높이, 보호장치, 표지, 전원표시등) 여부	
10-C-014	○ 방출용 스위치 음향경보장치 연동 여부	
	[자동식 기동장치]	
10-C-021	○ 감지기 작동과의 연동 및 수동기동 가능 여부	
10-C-022	● 저장용기 수량에 따른 전자 개방밸브 수량 적정 여부(전기식 기동장치의 경우)	
10-C-023	○ 기동용 가스용기의 용적, 충전압력 적정 여부(가스압력식 기동장치의 경우)	
10-C-024	● 기동용 가스용기의 안전장치, 압력게이지 설치 여부(가스압력식 기동장치의 경우)	
10-C-025	● 저장용기 개방구조 적정 여부(기계식 기동장치의 경우)	

10-D. 제어반 및 화재표시반

10-D-001	○ 설치장소 적정 및 관리 여부	
10-D-002	○ 회로도 및 취급설명서 비치 여부	
	[제어반]	
10-D-011	○ 수동기동장치 또는 감지기 신호 수신 시 음향경보장치 작동 기능 정상 여부	
10-D-012	○ 소화약제 방출·지연 및 기타 제어 기능 적정 여부	
10-D-013	○ 전원표시등 설치 및 정상 점등 여부	
	[화재표시반]	
10-D-021	○ 방호구역별 표시등(음향경보장치 조작, 감지기 작동), 경보기 설치 및 작동 여부	
10-D-022	○ 수동식 기동장치 작동표시 표시등 설치 및 정상 작동 여부	
10-D-023	○ 소화약제 방출표시등 설치 및 정상 작동 여부	

(2면)

번호	점검항목	점검결과
10-D-024	● 자동식기동장치 자동·수동 절환 및 절환표시등 설치 및 정상 작동 여부	

10-E. 배관 등

10-E-001	○ 배관의 변형·손상 유무	

10-F. 선택밸브

10-F-001	● 선택밸브 설치 기준 적합 여부	

10-G. 분사헤드

	[전역방출방식]	
10-G-001	○ 분사헤드의 변형·손상 유무	
10-G-002	● 분사헤드의 설치위치 적정 여부	
	[국소방출방식]	
10-G-011	○ 분사헤드의 변형·손상 유무	
10-G-012	● 분사헤드의 설치장소 적정 여부	
	[호스릴방식]	
10-G-021	● 방호대상물 각 부분으로부터 호스접결구까지 수평거리 적정 여부	
10-G-022	○ 소화약제저장용기의 위치표시등 정상 점등 및 표지 설치상태 적정 여부	
10-G-023	● 호스릴소화설비 설치장소 적정 여부	

10-H. 화재감지기

10-H-001	○ 방호구역별 화재감지기 감지에 의한 기동장치 작동 여부	
10-H-002	● 교차회로(또는 NFSC 203 제7조제1항 단서 감지기) 설치 여부	
10-H-003	● 화재감지기별 유효 바닥면적 적정 여부	

10-I. 음향경보장치

10-I-001	○ 기동장치 조작 시(수동식-방출용스위치, 자동식-화재감지기) 경보 여부	
10-I-002	○ 약제 방사 개시(또는 방출 압력스위치 작동) 후 경보 적정 여부	
10-I-003	● 방호구역 또는 방호대상물 구획 안에서 유효한 경보 가능 여부	
	[방송에 따른 경보장치]	
10-I-011	● 증폭기 재생장치의 설치장소 적정 여부	
10-I-012	● 방호구역·방호대상물에서 확성기 간 수평거리 적정 여부	
10-I-013	● 제어반 복구스위치 조작 시 경보 지속 여부	

10-J. 자동폐쇄장치

10-J-001	○ 환기장치 자동정지 기능 적정 여부	
10-J-002	○ 개구부 및 통기구 자동폐쇄장치 설치 장소 및 기능 적합 여부	
10-J-003	● 자동폐쇄장치 복구장치 및 위치표지 설치상태 적정 여부	

10-K. 비상전원

10-K-001	● 설치장소 적정 및 관리 여부	
10-K-002	○ 자가발전설비인 경우 연료 적정량 보유 여부	
10-K-003	○ 자가발전설비인 경우 「전기사업법」에 따른 정기점검 결과 확인	

(3면)

※ 약제저장량 점검리스트

설치위치	용기 No.	실내 온도(℃)	약제높이 (cm)	충전량 (kg)	손실량 (kg)	점검 결과	비고

※ 약제량 손실 5% 초과 시 불량으로 판정합니다.

11. 할로겐화합물 및 불활성기체소화설비 점검표

(1면)

번호	점검항목	점검결과
11-A. 저장용기		
11-A-001	● 설치장소 적정 및 관리 여부	
11-A-002	○ 저장용기 설치장소 표지 설치 여부	
11-A-003	● 저장용기 설치 간격 적정 여부	
11-A-004	○ 저장용기 개방밸브 자동·수동 개방 및 안전장치 부착 여부	
11-A-005	● 저장용기와 집합관 연결배관 상 체크밸브 설치 여부	
11-B. 소화약제		
11-B-001	○ 소화약제 저장량 적정 여부	
11-C. 기동장치		
11-C-001	○ 방호구역별 출입구 부근 소화약제 방출표시등 설치 및 정상 작동 여부	
	[수동식 기동장치]	
11-C-011	○ 기동장치 부근에 비상스위치 설치 여부	
11-C-012	● 방호구역별 또는 방호대상별 기동장치 설치 여부	
11-C-013	○ 기동장치 설치 적정(출입구 부근 등, 높이, 보호장치, 표지, 전원표시등) 여부	
11-C-014	○ 방출용 스위치 음향경보장치 연동 여부	
	[자동식 기동장치]	
11-C-021	○ 감지기 작동과의 연동 및 수동기동 가능 여부	
11-C-022	● 저장용기 수량에 따른 전자 개방밸브 수량 적정 여부(전기식 기동장치의 경우)	
11-C-023	○ 기동용 가스용기의 용적, 충전압력 적정 여부(가스압력식 기동장치의 경우)	
11-C-024	● 기동용 가스용기의 안전장치, 압력게이지 설치 여부(가스압력식 기동장치의 경우)	
11-C-025	● 저장용기 개방구조 적정 여부(기계식 기동장치의 경우)	
11-D. 제어반 및 화재표시반		
11-D-001	○ 설치장소 적정 및 관리 여부	
11-D-002	○ 회로도 및 취급설명서 비치 여부	
	[제어반]	
11-D-011	○ 수동기동장치 또는 감지기 신호 수신 시 음향경보장치 작동 기능 정상 여부	
11-D-012	○ 소화약제 방출·지연 및 기타 제어 기능 적정 여부	
11-D-013	○ 전원표시등 설치 및 정상 점등 여부	
	[화재표시반]	
11-D-021	○ 방호구역별 표시등(음향경보장치 조작, 감지기 작동), 경보기 설치 및 작동 여부	
11-D-022	○ 수동식 기동장치 작동표시 표시등 설치 및 정상 작동 여부	
11-D-023	○ 소화약제 방출표시등 설치 및 정상 작동 여부	
11-D-024	● 자동식기동장치 자동·수동 절환 및 절환표시등 설치 및 정상 작동 여부	
11-E. 배관 등		
11-E-001	○ 배관의 변형·손상 유무	

(2면)

번호	점검항목	점검결과

11-F. 선택밸브
11-F-001	○ 선택밸브 설치 기준 적합 여부	

11-G. 분사헤드
11-G-001	○ 분사헤드의 변형·손상 유무	
11-G-002	● 분사헤드의 설치높이 적정 여부	

11-H. 화재감지기
11-H-001	○ 방호구역별 화재감지기 감지에 의한 기동장치 작동 여부	
11-H-002	● 교차회로(또는 NFSC 203 제7조제1항 단서 감지기) 설치 여부	
11-H-003	● 화재감지기별 유효 바닥면적 적정 여부	

11-I. 음향경보장치
11-I-001	○ 기동장치 조작 시(수동식-방출용스위치, 자동식-화재감지기) 경보 여부	
11-I-002	○ 약제 방사 개시(또는 방출 압력스위치 작동) 후 경보 적정 여부	
11-I-003	● 방호구역 또는 방호대상물 구획 안에서 유효한 경보 가능 여부	
	[방송에 따른 경보장치]	
11-I-011	● 증폭기 재생장치의 설치장소 적정 여부	
11-I-012	● 방호구역·방호대상물에서 확성기 간 수평거리 적정 여부	
11-I-013	● 제어반 복구스위치 조작 시 경보 지속 여부	

11-J. 자동폐쇄장치
	[화재표시반]	
11-J-001	○ 환기장치 자동정지 기능 적정 여부	
11-J-002	○ 개구부 및 통기구 자동폐쇄장치 설치 장소 및 기능 적합 여부	
11-J-003	● 자동폐쇄장치 복구장치 설치기준 적합 및 위치표지 적합 여부	

11-K. 비상전원
11-K-001	● 설치장소 적정 및 관리 여부	
11-K-002	○ 자가발전설비인 경우 연료 적정량 보유 여부	
11-K-003	○ 자가발전설비인 경우「전기사업법」에 따른 정기점검 결과 확인	

11-L. 과압배출구
11-L-001	● 과압배출구 설치상태 및 관리 여부	

비고	

※ 약제저장량 점검리스트

(3면)

설치위치	용기 No.	실내온도 (℃)	약제높이 (cm)	충전량(압) (kg)(kg/㎠)	손실량 (kg)	점검 결과	비고 (손실5%초과)

※ 약제량 손실(불활성기체는 압력손실) 5% 초과 시 불량으로 판정합니다.

※ 불활성기체는 손실량에 압력게이지 값을 기록합니다.

12. 분말소화설비 점검표

(1면)

번호	점검항목	점검결과

12-A. 저장용기

12-A-001	● 설치장소 적정 및 관리 여부	
12-A-002	○ 저장용기 설치장소 표지 설치 여부	
12-A-003	● 저장용기 설치 간격 적정 여부	
12-A-004	○ 저장용기 개방밸브 자동·수동 개방 및 안전장치 부착 여부	
12-A-005	● 저장용기와 집합관 연결배관 상 체크밸브 설치 여부	
12-A-006	● 저장용기 안전밸브 설치 적정 여부	
12-A-007	● 저장용기 정압작동장치 설치 적정 여부	
12-A-008	● 저장용기 청소장치 설치 적정 여부	
12-A-009	○ 저장용기 지시압력계 설치 및 충전압력 적정 여부(축압식의 경우)	

12-B. 가압용 가스용기

12-B-001	○ 가압용 가스용기 저장용기 접속 여부	
12-B-002	○ 가압용 가스용기 전자개방밸브 부착 적정 여부	
12-B-003	○ 가압용 가스용기 압력조정기 설치 적정 여부	
12-B-004	○ 가압용 또는 축압용 가스 종류 및 가스량 적정 여부	
12-B-005	● 배관 청소용 가스 별도 용기 저장 여부	

12-C. 소화약제

12-C-001	○ 소화약제 저장량 적정 여부	

12-D. 기동장치

12-D-001	○ 방호구역별 출입구 부근 소화약제 방출표시등 설치 및 정상 작동 여부	
	[수동식 기동장치]	
12-D-011	○ 기동장치 부근에 비상스위치 설치 여부	
12-D-012	● 방호구역별 또는 방호대상별 기동장치 설치 여부	
12-D-013	○ 기동장치 설치 적정(출입구 부근 등, 높이, 보호장치, 표지, 전원표시등) 여부	
12-D-014	○ 방출용 스위치 음향경보장치 연동 여부	
	[자동식 기동장치]	
12-D-021	○ 감지기 작동과의 연동 및 수동기동 가능 여부	
12-D-022	● 저장용기 수량에 따른 전자 개방밸브 수량 적정 여부(전기식 기동장치의 경우)	
12-D-023	○ 기동용 가스용기의 용적, 충전압력 적정 여부(가스압력식 기동장치의 경우)	
12-D-024	● 기동용 가스용기의 안전장치, 압력게이지 설치 여부(가스압력식 기동장치의 경우)	
12-D-025	● 저장용기 개방구조 적정 여부(기계식 기동장치의 경우)	

12-E. 제어반 및 화재표시반

12-E-001	○ 설치장소 적정 및 관리 여부	
12-E-002	○ 회로도 및 취급설명서 비치 여부	

비고	

(2면)

번호	점검항목	점검결과
	[제어반]	
12-E-011	○ 수동기동장치 또는 감지기 신호 수신 시 음향경보장치 작동. 기능 정상 여부	
12-E-012	○ 소화약제 방출·지연 및 기타 제어 기능 적정 여부	
12-E-013	○ 전원표시등 설치 및 정상 점등 여부	
	[화재표시반]	
12-E-021	○ 방호구역별 표시등(음향경보장치 조작, 감지기 작동), 경보기 설치 및 작동 여부	
12-E-022	○ 수동식 기동장치 작동표시 표시등 설치 및 정상 작동 여부	
12-E-023	○ 소화약제 방출표시등 설치 및 정상 작동 여부	
12-E-024	● 자동식기동장치 자동·수동 절환 및 절환표시등 설치 및 정상 작동 여부	

12-F. 배관 등

번호	점검항목	점검결과
12-F-001	○ 배관의 변형·손상 유무	

12-G. 선택밸브

번호	점검항목	점검결과
12-G-001	○ 선택밸브 설치 기준 적합 여부	

12-H. 분사헤드

번호	점검항목	점검결과
	[전역방출방식]	
12-H-001	○ 분사헤드의 변형·손상 유무	
12-H-002	● 분사헤드의 설치위치 적정 여부	
	[국소방출방식]	
12-H-011	○ 분사헤드의 변형·손상 유무	
12-H-012	● 분사헤드의 설치장소 적정 여부	
	[호스릴방식]	
12-H-021	● 방호대상물 각 부분으로부터 호스접결구까지 수평거리 적정 여부	
12-H-022	● 소화약제저장용기의 위치표시등 정상 점등 및 표지 설치 여부	
12-H-023	● 호스릴소화설비 설치장소 적정 여부	

12-I. 화재감지기

번호	점검항목	점검결과
12-I-001	○ 방호구역별 화재감지기 감지에 의한 기동장치 작동 여부	
12-I-002	● 교차회로(또는 NFSC 203 제7조제1항 단서 감지기) 설치 여부	
12-I-003	● 화재감지기별 유효 바닥면적 적정 여부	

12-J. 음향경보장치

번호	점검항목	점검결과
12-J-001	○ 기동장치 조작 시(수동식-방출용스위치, 자동식-화재감지기) 경보 여부	
12-J-002	○ 약제 방사 개시(또는 방출 압력스위치 작동) 후 1분 이상 경보 여부	
12-J-003	● 방호구역 또는 방호대상물 구획 안에서 유효한 경보 가능 여부	
	[방송에 따른 경보장치]	
12-J-011	● 증폭기 재생장치의 설치장소 적정 여부	
12-J-012	● 방호구역·방호대상물에서 확성기 간 수평거리 적정 여부	
12-J-013	● 제어반 복구스위치 조작 시 경보 지속 여부	

(3면)

번호	점검항목	점검결과
12-K. 비상전원		
12-K-001	● 설치장소 적정 및 관리 여부	
12-K-002	○ 자가발전설비인 경우 연료 적정량 보유 여부	
12-K-003	○ 자가발전설비인 경우 「전기사업법」에 따른 정기점검 결과 확인	
비고		

13. 옥외소화전설비 점검표

(1면)

번호	점검항목	점검결과
13-A. 수원		
13-A-001	○ 수원의 유효수량 적정 여부(겸용설비 포함)	
13-B. 수조		
13-B-001	● 동결방지조치 상태 적정 여부	
13-B-002	○ 수위계 설치 또는 수위 확인 가능 여부	
13-B-003	● 수조 외측 고정사다리 설치 여부(바닥보다 낮은 경우 제외)	
13-B-004	● 실내설치 시 조명설비 설치 여부	
13-B-005	○ "옥외소화전설비용 수조" 표지설치 여부 및 설치 상태	
13-B-006	● 다른 소화설비와 겸용 시 겸용설비의 이름 표시한 표지설치 여부	
13-B-007	● 수조-수직배관 접속부분 "옥외소화전설비용 배관" 표지설치 여부	
13-C. 가압송수장치		
	[펌프방식]	
13-C-001	● 동결방지조치 상태 적정 여부	
13-C-002	○ 옥외소화전 방수량 및 방수압력 적정 여부	
13-C-003	● 감압장치 설치 여부(방수압력 0.7MPa 초과 조건)	
13-C-004	○ 성능시험배관을 통한 펌프 성능시험 적정 여부	
13-C-005	● 다른 소화설비와 겸용인 경우 펌프 성능 확보 가능 여부	
13-C-006	○ 펌프 흡입측 연성계·진공계 및 토출측 압력계 등 부속장치의 변형·손상 유무	
13-C-007	● 기동장치 적정 설치 및 기동압력 설정 적정 여부	
13-C-008	○ 기동스위치 설치 적정 여부(ON/OFF 방식)	
13-C-009	● 물올림장치 설치 적정(전용 여부, 유효수량, 배관구경, 자동급수) 여부	
13-C-010	● 충압펌프 설치 적정(토출압력, 정격토출량) 여부	
13-C-011	○ 내연기관 방식의 펌프 설치 적정(정상기동(기동장치 및 제어반) 여부, 축전지 상태, 연료량) 여부	
13-C-012	○ 가압송수장치의 "옥외소화전펌프" 표지설치 여부 또는 다른 소화설비와 겸용 시 겸용설비 이름 표시 부착 여부	
	[고가수조방식]	
13-C-021	○ 수위계·배수관·급수관·오버플로우관·맨홀 등 부속장치의 변형·손상 유무	
	[압력수조방식]	
13-C-031	● 압력수조의 압력 적정 여부	
13-C-032	○ 수위계·급수관·급기관·압력계·안전장치·공기압축기 등 부속장치의 변형·손상 유무	
	[가압수조방식]	
13-C-041	● 가압수조 및 가압원 설치장소의 방화구획 여부	
13-C-042	○ 수위계·급수관·배수관·급기관·압력계 등 부속장치의 변형·손상 유무	

(2면)

번호	점검항목	점검결과

13-D. 배관 등

13-D-001	● 호스접결구 높이 및 각 부분으로부터 호스접결구까지의 수평거리 적정 여부	
13-D-002	○ 호스 구경 적정 여부	
13-D-003	● 펌프의 흡입측 배관 여과장치의 상태 확인	
13-D-004	● 성능시험배관 설치(개폐밸브, 유량조절밸브, 유량측정장치) 적정 여부	
13-D-005	● 순환배관 설치(설치위치 · 배관구경, 릴리프밸브 개방압력) 적정 여부	
13-D-006	● 동결방지조치 상태 적정 여부	
13-D-007	○ 급수배관 개폐밸브 설치(개폐표시형, 흡입측 버터플라이 제외) 적정 여부	
13-D-008	● 다른 설비의 배관과의 구분 상태 적정 여부	

13-E. 소화전함 등

13-E-001	○ 함 개방 용이성 및 장애물 설치 여부 등 사용 편의성 적정 여부	
13-E-002	○ 위치 · 기동 표시등 적정 설치 및 정상 점등 여부	
13-E-003	○ "옥외소화전" 표시 설치 여부	
13-E-004	● 소화전함 설치 수량 적정 여부	
13-E-005	○ 옥외소화전함 내 소방호스, 관창, 옥외소화전개방 장치 비치 여부	
13-E-006	○ 호스의 접결상태, 구경, 방수 거리 적정 여부	

13-F. 전원

13-F-001	● 대상물 수전방식에 따른 상용전원 적정 여부	
13-F-002	● 비상전원 설치장소 적정 및 관리 여부	
13-F-003	○ 자가발전설비인 경우 연료 적정량 보유 여부	
13-F-004	○ 자가발전설비인 경우 「전기사업법」에 따른 정기점검 결과 확인	

13-G. 제어반

13-G-001	● 겸용 감시 · 동력 제어반 성능 적정 여부(겸용으로 설치된 경우)	
	[감시제어반]	
13-G-011	○ 펌프 작동 여부 확인 표시등 및 음향경보장치 정상작동 여부	
13-G-012	○ 펌프 별 자동 · 수동 전환스위치 정상작동 여부	
13-G-013	● 펌프 별 수동기동 및 수동중단 기능 정상작동 여부	
13-G-014	● 상용전원 및 비상전원 공급 확인 가능 여부(비상전원 있는 경우)	
13-G-015	● 수조 · 물올림탱크 저수위 표시등 및 음향경보장치 정상작동 여부	
13-G-016	○ 각 확인회로 별 도통시험 및 작동시험 정상작동 여부	
13-G-017	○ 예비전원 확보 유무 및 시험 적합 여부	
13-G-018	● 감시제어반 전용실 적정 설치 및 관리 여부	
13-G-019	● 기계 · 기구 또는 시설 등 제어 및 감시설비 외 설치 여부	

(3면)

번호	점검항목	점검결과
13-G-031	[동력제어반] ○ 앞면은 적색으로 하고, "옥외소화전설비용 동력제어반" 표지 설치 여부	
13-G-041	[발전기제어반] ● 소방전원보존형발전기는 이를 식별할 수 있는 표지 설치 여부	

※ 펌프성능시험(펌프 명판 및 설계치 참조)

구분		체절운전	정격운전 (100%)	정격유량의 150% 운전	적정 여부
토출량 (ℓ/min)	주				1.체절운전 시 토출압은 정격토출압의 140% 이하일 것( )
	예비				2.정격운전 시 토출량과 토출압이 규정치 이상일 것( )
토출압 (MPa)	주				3.정격토출량의 150%에서 토출압이 정격토출압의 65% 이상일 것( )
	예비				

○설정압력:
○주펌프
 기동: MPa
 정지: MPa
○예비펌프
 기동: MPa
 정지: MPa
○충압펌프
 기동: MPa
 정지: MPa

※ 릴리프밸브 작동압력 :   MPa

비고	

14. 비상경보설비 및 단독경보형감지기 점검표

번호	점검항목	점검결과
14-A. 비상경보설비		
14-A-001	○ 수신기 설치장소 적정(관리용이) 및 스위치 정상 위치 여부	
14-A-002	○ 수신기 상용전원 공급 및 전원표시등 정상점등 여부	
14-A-003	○ 예비전원(축전지) 상태 적정 여부(상시 충전, 상용전원 차단 시 자동절환)	
14-A-004	○ 지구음향장치 설치기준 적합 여부	
14-A-005	○ 음향장치(경종 등) 변형·손상 확인 및 정상 작동(음량 포함) 여부	
14-A-006	○ 발신기 설치 장소, 위치(수평거리) 및 높이 적정 여부	
14-A-007	○ 발신기 변형·손상 확인 및 정상 작동 여부	
14-A-008	○ 위치표시등 변형·손상 확인 및 정상 점등 여부	
14-B. 단독경보형감지기		
14-B-001	○ 설치 위치(각 실, 바닥면적 기준 추가설치, 최상층 계단실) 적정 여부	
14-B-002	○ 감지기의 변형 또는 손상이 있는지 여부	
14-B-003	○ 정상적인 감시상태를 유지하고 있는지 여부(시험작동 포함)	

비고

★★★☆☆

 문제02 소방시설 자체점검사항 등에 관한 고시에서 비상경보설비 및 단독경보형감지기 점검표상의 비상경보설비의 점검항목 8가지를 쓰시오.[점검22회기출]

15. 자동화재탐지설비 및 시각경보장치 점검표

(1면)

번호	점검항목	점검결과

15-A. 경계구역

15-A-001	● 경계구역 구분 적정 여부	
15-A-002	● 감지기를 공유하는 경우 스프링클러·물분무소화·제연설비 경계구역 일치 여부	

15-B. 수신기

15-B-001	○ 수신기 설치장소 적정(관리용이) 여부	
15-B-002	○ 조작스위치의 높이는 적정하며 정상 위치에 있는지 여부	
15-B-003	● 개별 경계구역 표시 가능 회선수 확보 여부	
15-B-004	● 축적기능 보유 여부(환기·면적·높이 조건 해당할 경우)	
15-B-005	○ 경계구역 일람도 비치 여부	
15-B-006	○ 수신기 음향기구의 음량·음색 구별 가능 여부	
15-B-007	● 감지기·중계기·발신기 작동 경계구역 표시 여부(종합방재반 연동 포함)	
15-B-008	● 1개 경계구역 1개 표시등 또는 문자 표시 여부	
15-B-009	● 하나의 대상물에 수신기가 2 이상 설치된 경우 상호 연동되는지 여부	
15-B-010	○ 수신기 기록장치 데이터 발생 표시시간과 표준시간 일치 여부	

15-C. 중계기

15-C-001	● 중계기 설치위치 적정 여부(수신기에서 감지기회로 도통시험하지 않는 경우)	
15-C-002	● 설치 장소(조작·점검 편의성, 화재·침수 피해 우려) 적정 여부	
15-C-003	● 전원입력 측 배선 상 과전류차단기 설치 여부	
15-C-004	● 중계기 전원 정전 시 수신기 표시 여부	
15-C-005	● 상용전원 및 예비전원 시험 적정 여부	

15-D. 감지기

15-D-001	● 부착 높이 및 장소별 감지기 종류 적정 여부	
15-D-002	● 특정 장소(환기불량, 면적협소, 저층고)에 적응성이 있는 감지기 설치 여부	
15-D-003	○ 연기감지기 설치장소 적정 설치 여부	
15-D-004	● 감지기와 실내로의 공기유입구 간 이격거리 적정 여부	
15-D-005	● 감지기 부착면 적정 여부	
15-D-006	○ 감지기 설치(감지면적 및 배치거리) 적정 여부	
15-D-007	● 감지기별 세부 설치기준 적합 여부	
15-D-008	● 감지기 설치제외 장소 적합 여부	
15-D-009	○ 감지기 변형·손상 확인 및 작동시험 적합 여부	

15-E. 음향장치

15-E-001	○ 주음향장치 및 지구음향장치 설치 적정 여부	
15-E-002	○ 음향장치(경종 등) 변형·손상 확인 및 정상 작동(음량 포함) 여부	
15-E-003	● 우선경보 기능 정상작동 여부	

(2면)

번호	점검항목	점검결과

15-F. 시각경보장치

15-F-001	○ 시각경보장치 설치 장소 및 높이 적정 여부	
15-F-002	○ 시각경보장치 변형·손상 확인 및 정상 작동 여부	

15-G. 발신기

15-G-001	○ 발신기 설치 장소, 위치(수평거리) 및 높이 적정 여부	
15-G-002	○ 발신기 변형·손상 확인 및 정상 작동 여부	
15-G-003	○ 위치표시등 변형·손상 확인 및 정상 점등 여부	

15-H. 전원

15-H-001	○ 상용전원 적정 여부	
15-H-002	○ 예비전원 성능 적정 및 상용전원 차단 시 예비전원 자동전환 여부	

15-I. 배선

15-I-001	● 종단저항 설치 장소, 위치 및 높이 적정 여부	
15-I-002	● 종단저항 표지 부착 여부(종단감지기에 설치할 경우)	
15-I-003	○ 수신기 도통시험 회로 정상 여부	
15-I-004	● 감지기회로 송배전식 적용 여부	
15-I-005	● 1개 공통선 접속 경계구역 수량 적정 여부(P형 또는 GP형의 경우)	

비고	

16. 비상방송설비 점검표

번호	점검항목	점검결과
16-A. 음향장치		
16-A-001	● 확성기 음성입력 적정 여부	
16-A-002	● 확성기 설치 적정(층마다 설치, 수평거리, 유효하게 경보) 여부	
16-A-003	● 조작부 조작스위치 높이 적정 여부	
16-A-004	● 조작부 상 설비 작동층 또는 작동구역 표시 여부	
16-A-005	● 증폭기 및 조작부 설치 장소 적정 여부	
16-A-006	● 우선경보방식 적용 적정 여부	
16-A-007	● 겸용설비 성능 적정(화재 시 다른 설비 차단) 여부	
16-A-008	● 다른 전기회로에 의한 유도장애 발생 여부	
16-A-009	● 2 이상 조작부 설치 시 상호 동시통화 및 전 구역 방송 가능 여부	
16-A-010	● 화재신호 수신 후 방송개시 소요시간 적정 여부	
16-A-011	○ 자동화재탐지설비 작동과 연동하여 정상 작동 가능 여부	
16-B. 배선 등		
16-B-001	● 음량조절기를 설치한 경우 3선식 배선 여부	
16-B-002	● 하나의 층에 단락, 단선 시 다른 층의 화재통보 적부	
16-C. 전원		
16-C-001	○ 상용전원 적정 여부	
16-C-002	● 예비전원 성능 적정 및 상용전원 차단 시 예비전원 자동전환 여부	
비고		

17. 자동화재속보설비 및 통합감시시설 점검표

번호	점검항목	점검결과
17-A. 자동화재속보설비		
17-A-001	○ 상용전원 공급 및 전원표시등 정상 점등 여부	
17-A-002	○ 조작스위치 높이 적정 여부	
17-A-003	○ 자동화재탐지설비 연동 및 화재신호 소방관서 전달 여부	
17-B. 통합감시시설		
17-B-001	● 주·보조 수신기 설치 적정 여부	
17-B-002	○ 수신기 간 원격제어 및 정보공유 정상 작동 여부	
17-B-003	● 예비선로 구축 여부	
비고		

18. 누전경보기 점검표

번호	점검항목	점검결과
18-A. 설치방법		
18-A-001	● 정격전류에 따른 설치 형태 적정 여부	
18-A-002	● 변류기 설치위치 및 형태 적정 여부	
18-B. 수신부		
18-B-001	○ 상용전원 공급 및 전원표시등 정상 점등 여부	
18-B-002	● 가연성 증기, 먼지 등 체류 우려 장소의 경우 차단기구 설치 여부	
18-B-003	○ 수신부의 성능 및 누전경보 시험 적정 여부	
18-B-004	○ 음향장치 설치장소(상시 사람이 근무) 및 음량·음색 적정 여부	
18-C. 전원		
18-C-001	● 분전반으로부터 전용회로 구성 여부	
18-C-002	● 개폐기 및 과전류차단기 설치 여부	
18-C-003	● 다른 차단기에 의한 전원차단 여부(전원을 분기할 경우)	
비고		

★★★☆☆

 문제03 누전경보기에 대한 종합정밀점검표에서 수신부의 점검항목 4가지와 전원의 점검항목 3가지를 쓰시오. [점검22회기출]

19. 가스누설경보기 점검표

번호	점검항목	점검결과
19-A. 수신부		
19-A-001	○ 수신부 설치 장소 적정 여부	
19-A-002	○ 상용전원 공급 및 전원표시등 정상 점등 여부	
19-A-003	○ 음향장치의 음량·음색·음압 적정 여부	
19-B. 탐지부		
19-B-001	○ 탐지부의 설치방법 및 설치상태 적정 여부	
19-B-002	○ 탐지부의 정상 작동 여부	
19-C. 차단기구		
19-C-001	○ 차단기구는 가스 주배관에 견고히 부착되어 있는지 여부	
19-C-002	○ 시험장치에 의한 가스차단밸브의 정상 개·폐 여부	
비고		

20. 피난기구 및 인명구조기구 점검표

번호	점검항목	점검결과
20-A. 피난기구 공통사항		
20-A-001	● 대상물 용도별 · 층별 · 바닥면적별 피난기구 종류 및 설치개수 적정 여부	
20-A-002	○ 피난에 유효한 개구부 확보(크기, 높이에 따른 발판, 창문 파괴장치) 및 관리상태	
20-A-003	● 개구부 위치 적정(동일직선상이 아닌 위치) 여부	
20-A-004	○ 피난기구의 부착 위치 및 부착 방법 적정 여부	
20-A-005	○ 피난기구(지지대 포함)의 변형 · 손상 또는 부식이 있는지 여부	
20-A-006	○ 피난기구의 위치표시 표지 및 사용방법 표지 부착 적정 여부	
20-A-007	● 피난기구의 설치제외 및 설치감소 적합 여부	
20-B. 공기안전매트·피난사다리·(간이)완강기·미끄럼대·구조대		
20-B-001	● 공기안전매트 설치 여부	
20-B-002	● 공기안전매트 설치 공간 확보 여부	
20-B-003	● 피난사다리(4층 이상의 층)의 구조(금속성 고정사다리) 및 노대 설치 여부	
20-B-004	● (간이)완강기의 구조(로프 손상방지) 및 길이 적정 여부	
20-B-005	● 숙박시설의 객실마다 완강기(1개) 또는 간이완강기(2개 이상) 추가 설치 여부	
20-B-006	● 미끄럼대의 구조 적정 여부	
20-B-007	● 구조대의 길이 적정 여부	
20-C. 다수인 피난장비		
20-C-001	● 설치장소 적정(피난용이, 안전하게 하강, 피난층의 충분한 착지 공간) 여부	
20-C-002	● 보관실 설치 적정(건물외측 돌출, 빗물 · 먼지 등으로부터 장비 보호) 여부	
20-C-003	● 보관실 외측문 개방 및 탑승기 자동 전개 여부	
20-C-004	● 보관실 문 오작동 방지조치 및 문 개방 시 경보설비 연동(경보) 여부	
20-D. 승강식 피난기·하향식 피난구용 내림식 사다리		
20-D-001	● 대피실 출입문 갑종방화문 설치 및 표지 부착 여부	
20-D-002	● 대피실 표지(층별 위치표시, 피난기구 사용설명서 및 주의사항) 부착 여부	
20-D-003	● 대피실 출입문 개방 및 피난기구 작동 시 표시등 · 경보장치 작동 적정 여부 및 감시제어반 피난기구 작동 확인 가능 여부	
20-D-004	● 대피실 면적 및 하강구 규격 적정 여부	
20-D-005	● 하강구 내측 연결금속구 존재 및 피난기구 전개 시 장애발생 여부	
20-D-006	● 대피실 내부 비상조명등 설치 여부	
20-E. 인명구조기구		
20-E-001	○ 설치 장소 적정(화재시 반출 용이성) 여부	
20-E-002	○ "인명구조기구" 표시 및 사용방법 표지 설치 적정 여부	
20-E-003	○ 인명구조기구의 변형 또는 손상이 있는지 여부	
20-E-004	● 대상물 용도별·장소별 설치 인명구조기구 종류 및 설치개수 적정 여부	
비고		

21. 유도등 및 유도표지 점검표

번호	점검항목	점검결과
21-A. 유도등		
21-A-001	○ 유도등의 변형 및 손상 여부	
21-A-002	○ 상시(3선식의 경우 점검스위치 작동시) 점등 여부	
21-A-003	○ 시각장애(규정된 높이, 적정위치, 장애물 등으로 인한 시각장애 유무) 여부	
21-A-004	○ 비상전원 성능 적정 및 상용전원 차단 시 예비전원 자동전환 여부	
21-A-005	● 설치 장소(위치) 적정 여부	
21-A-006	● 설치 높이 적정 여부	
21-A-007	● 객석유도등의 설치 개수 적정 여부	
21-B. 유도표지		
21-B-001	○ 유도표지의 변형 및 손상 여부	
21-B-002	○ 설치 상태(유사 등화광고물·게시물 존재, 쉽게 떨어지지 않는 방식) 적정 여부	
21-B-003	○ 외광·조명장치로 상시 조명 제공 또는 비상조명등 설치 여부	
21-B-004	○ 설치 방법(위치 및 높이) 적정 여부	
21-C. 피난유도선		
21-C-001	○ 피난유도선의 변형 및 손상 여부	
21-C-002	○ 설치 방법(위치·높이 및 간격) 적정 여부	
	[축광방식의 경우]	
21-C-011	● 부착대에 견고하게 설치 여부	
21-C-012	○ 상시조명 제공 여부	
	[광원점등방식의 경우]	
21-C-021	○ 수신기 화재신호 및 수동조작에 의한 광원점등 여부	
21-C-022	○ 비상전원 상시 충전상태 유지 여부	
21-C-023	● 바닥에 설치되는 경우 매립방식 설치 여부	
21-C-024	● 제어부 설치위치 적정 여부	
비고		

22. 비상조명등 및 휴대용비상조명등 점검표

번호	점검항목	점검결과
22-A. 비상조명등		
22-A-001	○ 설치 위치(거실, 지상에 이르는 복도·계단, 그 밖의 통로) 적정 여부	
22-A-002	○ 비상조명등 변형·손상 확인 및 정상 점등 여부	
22-A-003	● 조도 적정 여부	
22-A-004	○ 예비전원 내장형의 경우 점검스위치 설치 및 정상 작동 여부	
22-A-005	● 비상전원 종류 및 설치장소 기준 적합 여부	
22-A-006	○ 비상전원 성능 적정 및 상용전원 차단 시 예비전원 자동전환 여부	
22-B. 휴대용비상조명등		
22-B-001	○ 설치 대상 및 설치 수량 적정 여부	
22-B-002	○ 설치 높이 적정 여부	
22-B-003	○ 휴대용비상조명등의 변형 및 손상 여부	
22-B-004	○ 어둠 속에서 위치를 확인할 수 있는 구조인지 여부	
22-B-005	○ 사용 시 자동으로 점등되는지 여부	
22-B-006	○ 건전지를 사용하는 경우 유효한 방전 방지조치가 되어있는지 여부	
22-B-007	○ 충전식 배터리의 경우에는 상시 충전되도록 되어 있는지의 여부	
비고		

★★★☆☆

 문제04 소방시설 자체점검사항 등에 관한 고시에서 비상조명등 및 휴대용비상조명등 점검표상의 휴대용비상조명등의 점검항목 7가지를 쓰시오. [점검22회기출]

23. 소화용수설비 점검표

번호	점검항목	점검결과

23-A. 소화수조 및 저수조

[수원]
- 23-A-001 ○ 수원의 유효수량 적정 여부

[흡수관투입구]
- 23-A-011 ○ 소방차 접근 용이성 적정 여부
- 23-A-012 ● 크기 및 수량 적정 여부
- 23-A-013 ○ "흡수관투입구" 표지 설치 여부

[채수구]
- 23-A-021 ○ 소방차 접근 용이성 적정 여부
- 23-A-022 ● 결합금속구 구경 적정 여부
- 23-A-023 ● 채수구 수량 적정 여부
- 23-A-024 ○ 개폐밸브의 조작 용이성 여부

[가압송수장치]
- 23-A-031 ○ 기동스위치 채수구 직근 설치 여부 및 정상 작동 여부
- 23-A-032 ○ "소화용수설비펌프" 표지 설치상태 적정 여부
- 23-A-033 ● 동결방지조치 상태 적정 여부
- 23-A-034 ● 토출측 압력계, 흡입측 연성계 또는 진공계 설치 여부
- 23-A-035 ○ 성능시험배관 적정 설치 및 정상작동 여부
- 23-A-036 ○ 순환배관 설치 적정 여부
- 23-A-037 ○ 물올림장치 설치 적정(전용 여부, 유효수량, 배관구경, 자동급수) 여부
- 23-A-038 ○ 내연기관 방식의 펌프 설치 적정(제어반 기동, 채수구 원격조작, 기동표시등 설치, 축전지 설비) 여부

23-B. 상수도소화용수설비

- 23-B-001 ○ 소화전 위치 적정 여부
- 23-B-002 ○ 소화전 관리상태(변형·손상 등) 및 방수 원활 여부

비고

24. 제연설비 점검표

번호	점검항목	점검결과
24-A. 제연구역의 구획		
24-A-001	● 제연구역의 구획 방식 적정 여부 - 제연경계의 폭, 수직거리 적정 설치 여부 - 제연경계벽은 가동 시 급속하게 하강되지 아니하는 구조	
24-B. 배출구		
24-B-001	● 배출구 설치 위치(수평거리) 적정 여부	
24-B-002	○ 배출구 변형·훼손 여부	
24-C. 유입구		
24-C-001	○ 공기유입구 설치 위치 적정 여부	
24-C-002	○ 공기유입구 변형·훼손 여부	
24-C-003	● 옥외에 면하는 배출구 및 공기유입구 설치 적정 여부	
24-D. 배출기		
24-D-001	● 배출기와 배출풍도 사이 캔버스 내열성 확보 여부	
24-D-002	○ 배출기 회전이 원활하며 회전방향 정상 여부	
24-D-003	○ 변형·훼손 등이 없고 V-벨트 기능 정상 여부	
24-D-004	○ 본체의 방청, 보존상태 및 캔버스 부식 여부	
24-D-005	● 배풍기 내열성 단열재 단열처리 여부	
24-E. 비상전원		
24-E-001	● 비상전원 설치장소 적정 및 관리 여부	
24-E-002	○ 자가발전설비인 경우 연료 적정량 보유 여부	
24-E-003	○ 자가발전설비인 경우 「전기사업법」에 따른 정기점검 결과 확인	
24-F. 기 동		
24-F-001	○ 가동식의 벽·제연경계벽·댐퍼 및 배출기 정상 작동(화재감지기 연동) 여부	
24-F-002	○ 예상제연구역 및 제어반에서 가동식의 벽·제연경계벽·댐퍼 및 배출기 수동 기동 가능 여부	
24-F-003	○ 제어반 각종 스위치류 및 표시장치(작동표시등 등) 기능의 이상 여부	
비고		

25. 특별피난계단의 계단실 및 부속실 제연설비 점검표

번호	점검항목	점검결과
25-A. 과압방지조치		
25-A-001	● 자동차압·과압조절형 댐퍼(또는 플랩댐퍼)를 사용한 경우 성능 적정 여부	
25-B. 수직풍도에 따른 배출		
25-B-001	○ 배출댐퍼 설치(개폐여부 확인 기능, 화재감지기 동작에 따른 개방) 적정 여부	
25-B-002	○ 배출용송풍기가 설치된 경우 화재감지기 연동 기능 적정 여부	
25-C. 급기구		
25-C-001	○ 급기댐퍼 설치 상태(화재감지기 동작에 따른 개방) 적정 여부	
25-D. 송풍기		
25-D-001	○ 설치장소 적정(화재영향, 접근·점검 용이성) 여부	
25-D-002	○ 화재감지기 동작 및 수동조작에 따라 작동하는지 여부	
25-D-003	● 송풍기와 연결되는 캔버스 내열성 확보 여부	
25-E. 외기취입구		
25-E-001	○ 설치위치(오염공기 유입방지, 배기구 등으로부터 이격거리) 적정 여부	
25-E-002	● 설치구조(빗물·이물질 유입방지, 옥외의 풍속과 풍향에 영향) 적정 여부	
25-F. 제연구역의 출입문		
25-F-001	○ 폐쇄상태 유지 또는 화재 시 자동폐쇄 구조 여부	
25-F-002	● 자동폐쇄장치 폐쇄력 적정 여부	
25-G. 수동기동장치		
25-G-001	○ 기동장치 설치(위치, 전원표시등 등) 적정 여부	
25-G-002	○ 수동기동장치(옥내 수동발신기 포함) 조작 시 관련 장치 정상 작동 여부	
25-H. 제어반		
25-H-001	○ 비상용축전지의 정상 여부	
25-H-002	○ 제어반 감시 및 원격조작 기능 적정 여부	
25-I. 비상전원		
25-I-001	● 비상전원 설치장소 적정 및 관리 여부	
25-I-002	○ 자가발전설비인 경우 연료 적정량 보유 여부	
25-I-003	○ 자가발전설비인 경우 「전기사업법」에 따른 정기점검 결과 확인	
비고		

26. 연결송수관설비 점검표

번호	점검항목	점검결과

26-A. 송수구

26-A-001	○ 설치장소 적정 여부	
26-A-002	○ 지면으로부터 설치 높이 적정 여부	
26-A-003	○ 급수개폐밸브가 설치된 경우 설치 상태 적정 및 정상 기능 여부	
26-A-004	○ 수직배관별 1개 이상 송수구 설치 여부	
26-A-005	○ "연결송수관설비송수구" 표지 및 송수압력범위 표지 적정 설치 여부	
26-A-006	○ 송수구 마개 설치 여부	

26-B. 배관 등

26-B-001	● 겸용 급수배관 적정 여부	
26-B-002	● 다른 설비의 배관과의 구분 상태 적정 여부	

26-C. 방수구

26-C-001	● 설치기준(층, 개수, 위치, 높이) 적정 여부	
26-C-002	○ 방수구 형태 및 구경 적정 여부	
26-C-003	○ 위치표시(표시등, 축광식표지) 적정 여부	
26-C-004	○ 개폐기능 설치 여부 및 상태 적정(닫힌 상태) 여부	

26-D. 방수기구함

26-D-001	● 설치기준(층, 위치) 적정 여부	
26-D-002	○ 호스 및 관창 비치 적정 여부	
26-D-003	○ "방수기구함" 표지 설치상태 적정 여부	

26-E. 가압송수장치

26-E-001	● 가압송수장치 설치장소 기준 적합 여부	
26-E-002	● 펌프 흡입측 연성계·진공계 및 토출측 압력계 설치 여부	
26-E-003	● 성능시험배관 및 순환배관 설치 적정 여부	
26-E-004	○ 펌프 토출량 및 양정 적정 여부	
26-E-005	○ 방수구 개방시 자동기동 여부	
26-E-006	○ 수동기동스위치 설치 상태 적정 및 수동스위치 조작에 따른 기동 여부	
26-E-007	○ 가압송수장치 "연결송수관펌프" 표지 설치 여부	
26-E-008	● 비상전원 설치장소 적정 및 관리 여부	
26-E-009	○ 자가발전설비인 경우 연료 적정량 보유 여부	
26-E-010	○ 자가발전설비인 경우 「전기사업법」에 따른 정기점검 결과 확인	

비고

27. 연결살수설비 점검표

번호	점검항목	점검결과

27-A. 송수구

번호	점검항목	
27-A-001	○ 설치장소 적정 여부	
27-A-002	○ 송수구 구경(65mm) 및 형태(쌍구형) 적정 여부	
27-A-003	○ 송수구역별 호스접결구 설치 여부(개방형 헤드의 경우)	
27-A-004	○ 설치 높이 적정 여부	
27-A-005	● 송수구에서 주배관 상 연결배관 개폐밸브 설치 여부	
27-A-006	○ "연결살수설비 송수구" 표지 및 송수구역 일람표 설치 여부	
27-A-007	○ 송수구 마개 설치 여부	
27-A-008	○ 송수구의 변형 또는 손상 여부	
27-A-009	● 자동배수밸브 및 체크밸브 설치 순서 적정 여부	
27-A-010	○ 자동배수밸브 설치 상태 적정 여부	
27-A-011	● 1개 송수구역 설치 살수헤드 수량 적정 여부(개방형 헤드의 경우)	

27-B. 선택밸브

번호	점검항목	
27-B-001	○ 선택밸브 적정 설치 및 정상 작동 여부	
27-B-002	○ 선택밸브 부근 송수구역 일람표 설치 여부	

27-C. 배관 등

번호	점검항목	
27-C-001	○ 급수배관 개폐밸브 설치 적정(개폐표시형, 흡입측 버터플라이 제외) 여부	
27-C-002	● 동결방지조치 상태 적정 여부(습식의 경우)	
27-C-003	● 주배관과 타 설비 배관 및 수조 접속 적정 여부(폐쇄형 헤드의 경우)	
27-C-004	○ 시험장치 설치 적정 여부(폐쇄형 헤드의 경우)	
27-C-005	● 다른 설비의 배관과의 구분 상태 적정 여부	

27-D. 헤드

번호	점검항목	
27-D-001	○ 헤드의 변형·손상 유무	
27-D-002	○ 헤드 설치 위치·장소·상태(고정) 적정 여부	
27-D-003	○ 헤드 살수장애 여부	

비고

28. 비상콘센트설비 점검표

번호	점검항목	점검결과
28-A. 전원		
28-A-001	● 상용전원 적정 여부	
28-A-002	● 비상전원 설치장소 적정 및 관리 여부	
28-A-003	○ 자가발전설비인 경우 연료 적정량 보유 여부	
28-A-004	○ 자가발전설비인 경우「전기사업법」에 따른 정기점검 결과 확인	
28-B. 전원회로		
28-B-001	● 전원회로 방식(단상교류 220V) 및 공급용량(1.5kVA 이상) 적정 여부	
28-B-002	● 전원회로 설치개수(각 층에 2이상) 적정 여부	
28-B-003	● 전용 전원회로 사용 여부	
28-B-004	● 1개 전용회로에 설치되는 비상콘센트 수량 적정(10개 이하) 여부	
28-B-005	● 보호함 내부에 분기배선용 차단기 설치 여부	
28-C. 콘센트		
28-C-001	○ 변형·손상·현저한 부식이 없고 전원의 정상 공급여부	
28-C-002	● 콘센트별 배선용 차단기 설치 및 충전부 노출 방지 여부	
28-C-003	○ 비상콘센트 설치 높이, 설치 위치 및 설치 수량 적정 여부	
28-D. 보호함 및 배선		
28-D-001	○ 보호함 개폐용이한 문 설치 여부	
28-D-002	○ "비상콘센트" 표지 설치상태 적정 여부	
28-D-003	○ 위치표시등 설치 및 정상 점등 여부	
28-D-004	○ 점검 또는 사용상 장애물 유무	
비고		

29. 무선통신보조설비 점검표

번호	점검항목	점검결과

29-A. 누설동축케이블등

29-A-001	○ 피난 및 통행 지장 여부(노출하여 설치한 경우)	
29-A-002	● 케이블 구성 적정(누설동축케이블 + 안테나 또는 동축케이블 + 안테나) 여부	
29-A-003	● 지지금구 변형·손상 여부	
29-A-004	● 누설동축케이블 및 안테나 설치 적정 및 변형·손상 여부	
29-A-005	● 누설동축케이블 말단 '무반사 종단저항' 설치 여부	

29-B. 무선기기접속단자, 옥외안테나

29-B-001	○ 설치장소(소방활동 용이성, 상시 근무장소) 적정 여부	
29-B-002	● 단자 설치높이 적정 여부	
29-B-003	● 지상 접속단자 설치거리 적정 여부	
29-B-004	● 접속단자 보호함 구조 적정 여부	
29-B-005	○ 접속단자 보호함 "무선기기접속단자" 표지 설치 여부	
29-B-006	○ 옥외안테나 통신장애 발생 여부	
29-B-007	○ 안테나 설치 적정(견고함, 파손우려) 여부	
29-B-008	○ 옥외안테나에 "무선통신보조설비 안테나" 표지 설치 여부	
29-B-009	○ 옥외안테나 통신 가능거리 표지 설치 여부	
29-B-0010	○ 수신기 설치장소 등에 옥외안테나 위치표시도 비치 여부	

29-C. 분배기, 분파기, 혼합기

29-C-001	● 먼지, 습기, 부식 등에 의한 기능 이상 여부	
29-C-002	● 설치장소 적정 및 관리 여부	

29-D. 증폭기 및 무선이동중계기

29-D-001	● 상용전원 적정 여부	
29-D-002	○ 전원표시등 및 전압계 설치상태 적정 여부	
29-D-003	● 증폭기 비상전원 부착 상태 및 용량 적정 여부	
29-D-004	○ 적합성 평가 결과 임의 변경 여부	

29-E. 기능점검

29-E-001	● 무선통신 가능 여부	

비고		

★★★☆☆

 문제05 소방시설 자체점검사항 등에 관한 고시에서 무선통신보조설비 종합정밀점검표의 누설동축케이블등의 점검항목 5가지와 증폭기 및 무선이동중계기의 점검항목 3가지를 쓰시오. [점검22회기출]

30. 연소방지설비 점검표

번호	점검항목	점검결과
30-A. 배관		
30-A-001	○ 급수배관 개폐밸브 적정(개폐표시형) 설치 및 관리상태 적합 여부	
30-A-002	● 다른 설비의 배관과의 구분 상태 적정 여부	
30-B. 방수헤드		
30-B-001	○ 헤드의 변형·손상 유무	
30-B-002	○ 헤드 살수장애 여부	
30-B-003	○ 헤드상호 간 거리 적정 여부	
30-B-004	● 살수구역 설정 적정 여부	
30-C. 송수구		
30-C-001	○ 설치장소 적정 여부	
30-C-002	● 송수구 구경(65mm) 및 형태(쌍구형) 적정 여부	
30-C-003	○ 송수구 1m 이내 살수구역 안내표지 설치상태 적정 여부	
30-C-004	○ 설치 높이 적정 여부	
30-C-005	● 자동배수밸브 설치상태 적정 여부	
30-C-006	● 연결배관에 개폐밸브를 설치한 경우 개폐상태 확인 및 조작 가능 여부	
30-C-007	○ 송수구 마개 설치상태 적정 여부	
30-D. 방화벽		
30-D-001	● 방화문 관리상태 및 정상기능 적정 여부	
30-D-002	● 관통부위 내화성 화재차단제 마감 여부	
비고		

31. 기타사항 점검표

번호	점검항목	점검결과
31-A. 피난·방화시설		
31-A-001	○ 방화문 및 방화셔터의 관리 상태(폐쇄·훼손·변경) 및 정상 기능 적정 여부	
31-A-002	● 비상구 및 피난통로 확보 적정 여부(피난·방화시설 주변 장애물 적치 포함)	
31-B. 방염		
31-B-001	● 선처리 방염대상물품의 적합 여부(방염성능시험성적서 및 합격표시 확인)	
31-B-002	● 후처리 방염대상물품의 적합 여부(방염성능검사결과 확인)	
비고	※ 방염성능시험성적서, 합격표시 및 방염성능검사결과의 확인이 불가한 경우 비고에 기재한다.	

14th Day

32. 다중이용업소 점검표

(1면)

번호	점검항목	점검결과
32-A. 소화설비		
	소화기구(소화기, 자동확산소화기)	
32-A-001	○ 설치수량(구획된 실 등) 및 설치거리(보행거리) 적정 여부	
32-A-002	○ 설치장소(손쉬운 사용) 및 설치 높이 적정 여부	
32-A-003	○ 소화기 표지 설치상태 적정 여부	
32-A-004	○ 외형의 이상 또는 사용상 장애 여부	
32-A-005	○ 수동식 분말소화기 내용연수 적정여부	
	간이스프링클러설비	
32-A-011	○ 수원의 양 적정 여부	
32-A-012	○ 가압송수장치의 정상 작동 여부	
32-A-013	○ 배관 및 밸브의 파손, 변형 및 잠김 여부	
32-A-014	○ 상용전원 및 비상전원의 이상 여부	
32-A-015	● 유수검지장치의 정상 작동 여부	
32-A-016	● 헤드의 적정 설치 여부 (미설치, 살수장애, 도색 등)	
32-A-017	● 송수구 결합부의 이상 여부	
32-A-018	● 시험밸브 개방시 펌프기동 및 음향 경보 여부	

※ 펌프성능시험(펌프 명판 및 설계치 참조)

구분		체절운전	정격운전 (100%)	정격유량의 150% 운전	적정 여부
토출량 주 (ℓ/min)					1. 체절운전 시 토출압은 정격토출압의 140% 이하일 것 ( )
	예비				2. 정격운전 시 토출량과 토출압이 규정치 이상일 것 ( )
토출압 주 (MPa)					3. 정격토출량의 150%에서 토출압이 정격토출압의 65% 이상일 것 ( )
	예비				

○설정압력:
○주펌프
  기동: MPa
  정지: MPa
○예비펌프
  기동: MPa
  정지: MPa
○충압펌프
  기동: MPa
  정지: MPa

※ 릴리프밸브 작동압력 :   MPa

32-B. 경보설비

번호	점검항목	점검결과
	비상벨·자동화재탐지설비	
32-B-001	○ 구획된 실마다 감지기(발신기), 음향장치 설치 및 정상 작동 여부	
32-B-002	○ 전용 수신기가 설치된 경우 주수신기와 상호 연동되는지 여부	
32-B-003	○ 수신기 예비전원(축전지) 상태 적정 여부(상시 충전, 상용전원 차단 시 자동절환)	
	가스누설경보기	
32-B-011	● 주방 또는 난방시설이 설치된 장소에 설치 및 정상 작동 여부	

32-C. 피난구조설비

번호	점검항목	점검결과
	피난기구	
32-C-001	● 피난기구 종류 및 설치개수 적정 여부	

(2면)

번호	점검항목	점검결과
32-C-002	○ 피난기구의 부착 위치 및 부착 방법 적정 여부	
32-C-003	○ 피난기구(지지대 포함)의 변형·손상 또는 부식이 있는지 여부	
32-C-004	○ 피난기구의 위치표시 표지 및 사용방법 표지 부착 적정 여부	
32-C-005	● 피난에 유효한 개구부 확보(크기, 높이에 따른 발판, 창문 파괴장치) 및 관리상태	
	피난유도선	
32-C-011	○ 피난유도선의 변형 및 손상 여부	
32-C-012	● 정상 점등(화재 신호와 연동 포함) 여부	
	유도등	
32-C-021	○ 상시(3선식의 경우 점검스위치 작동시) 점등 여부	
32-C-022	○ 시각장애(규정된 높이, 적정위치, 장애물 등으로 인한 시각장애 유무) 여부	
32-C-023	○ 비상전원 성능 적정 및 상용전원 차단 시 예비전원 자동전환 여부	
	유도표지	
32-C-031	○ 설치 상태(유사 등화광고물·게시물 존재, 쉽게 떨어지지 않는 방식) 적정 여부	
32-C-032	○ 외광·조명장치로 상시 조명 제공 또는 비상조명등 설치 여부	
	비상조명등	
32-C-041	○ 설치위치의 적정 여부	
32-C-042	● 예비전원 내장형의 경우 점검스위치 설치 및 정상 작동 여부	
	휴대용비상조명등	
32-C-051	○ 영업장안의 구획된 실마다 잘 보이는 곳에 1개 이상 설치 여부	
32-C-052	● 설치높이 및 표지의 적합 여부	
32-C-053	● 사용 시 자동으로 점등되는지 여부	

32-D. 비상구

32-D-001	○ 피난동선에 물건을 쌓아두거나 장애물 설치 여부	
32-D-002	○ 피난구, 발코니 또는 부속실의 훼손 여부	
32-D-003	○ 방화문·방화셔터의 관리 및 작동상태	

32-E. 영업장 내부 피난통로·영상음향차단장치·누전차단기·창문

32-E-001	○ 영업장 내부 피난통로 관리상태 적합 여부	
32-E-002	● 영상음향차단장치 설치 및 정상작동 여부	
32-E-003	● 누전차단기 설치 및 정상작동 여부	
32-E-004	○ 영업장 창문 관리상태 적합 여부	

32-F. 피난안내도·피난안내영상물

32-F-001	○ 피난안내도의 정상 부착 및 피난안내영상물 상영 여부	

32-G. 방염

32-G-001	● 선처리 방염대상물품의 적합 여부(방염성능시험성적서 및 합격표시 확인)	
32-G-002	● 후처리 방염대상물품의 적합 여부(방염성능검사결과 확인)	
비고	※ 방염성능시험성적서, 합격표시 및 방염성능검사결과의 확인이 불가한 경우 비고에 기재한다.	

제2장 소방시설 외관점검표

1 소화기구 및 자동소화장치

점 검 내 용	(년도) 점검결과											
	1월	2월	3월	4월	5월	6월	7월	8월	9월	10월	11월	12월
소화기(간이소화용구 포함)												
거주자 등이 손쉽게 사용할 수 있는 장소에 설치되어 있는지 여부												
구획된 거실(바닥면적 33㎡ 이상)마다 소화기 설치 여부												
소화기 표지 설치 여부												
소화기의 변형·손상 또는 부식이 있는지 여부												
지시압력계(녹색범위)의 적정 여부												
수동식 분말소화기 내용연수(10년) 적정 여부												
자동확산소화기												
견고하게 고정되어 있는지 여부												
소화기의 변형·손상 또는 부식이 있는지 여부												
지시압력계(녹색범위)의 적정 여부												
자동소화장치												
수신부가 설치된 경우 수신부 정상(예비 전원, 음향장치 등) 여부												
본체용기, 방출구, 분사헤드 등의 변형·손상 또는 부식이 있는지 여부												
소화약제의 지시압력 적정 및 외관의 이상 여부												
감지부(또는 화재감지기) 및 차단장치 설치 상태 적정 여부												

② 옥내·외 소화전 설비

점 검 내 용	(년도) 점검결과											
	1월	2월	3월	4월	5월	6월	7월	8월	9월	10월	11월	12월
수원												
주된수원의 유효수량 적정여부 (겸용설비 포함)												
보조수원(옥상)의 유효수량 적정여부												
수조 표시 설치상태 적정 여부												
가압송수장치												
펌프 흡입측 연성계·진공계 및 토출측 압력계 등 부속장치의 변형·손상 유무												
송수구												
송수구 설치장소 적정 여부 (소방차가 쉽게 접근할 수 있는 장소)												
배관												
급수배관 개폐밸브 설치(개폐표시형, 흡입측 버터플라이 제외) 적정 여부												
함 및 방수구 등												
함 개방 용이성 및 장애물 설치 여부 등 사용 편의성 적정 여부												
위치표시등 적정 설치 및 정상 점등 여부												
소화전 표시 및 사용요령(외국어 병기) 기재 표지판 설치 상태 적정 여부												
함 내 소방호스 및 관창 비치 적정 여부												
제어반												
펌프 별 자동·수동 전환스위치 위치 적정 여부												

14th Day

③ (간이)스프링클러설비, 물분무소화설비, 미분무소화설비, 포소화설비

점 검 내 용	(년도) 점검결과											
	1월	2월	3월	4월	5월	6월	7월	8월	9월	10월	11월	12월
수원												
주된수원의 유효수량 적정여부 (겸용설비 포함)												
보조수원(옥상)의 유효수량 적정여부												
수조 표시 설치상태 적정 여부												
저장탱크(포소화설비)												
포소화약제 저장량의 적정 여부												
가압송수장치												
펌프 흡입측 연성계·진공계 및 토출측 압력계 등 부송장치의 변형·손상 유무												
유수검지장치												
유수검지장치실 설치 적정(실내 또는 구획, 출입문 크기, 표지) 여부												
배관												
급수배관 개폐밸브 설치(개폐표시형, 흡입측 버터플라이 제외) 적정 여부												
준비작동식 유수검지장치 및 일제개방밸브 2차측 배관 부대설비 설치 적정												
유수검지장치 시험장치 설치 적정(설치위치, 배관구경, 개폐밸브 및 개방형 헤드, 물받이통 및 배수관) 여부												
다른 설비의 배관과의 구분 상태 적정 여부												
기동장치												
수동조작함(설치높이, 표시등) 설치 적정 여부												
제어밸브 등(물분무소화설비)												
제어밸브 설치 위치 적정 및 표지 설치 여부												
배수설비(물분무소화설비가 설치된 차고·주차장)												
배수설비(배수구, 기름분리장치 등) 설치 적정 여부												
헤드												
헤드의 변형·손상 유무 및 살수장애 여부												
호스릴방식(미분무소화설비, 포소화설비)												
소화약제저장용기 근처 및 호스릴함 위치표시등 정상 점등 및 표지 설치 여부												
송수구												
송수구 설치장소 적정 여부(소방차가 쉽게 접근할 수 있는 장소)												
제어반												
펌프 별 자동·수동 전환스위치 정상위치에 있는지 여부												

★★★☆☆

 문제06 "소방시설 자체점검사항 등에 관한 고시" 중 소방시설외관점검표에 의한 스프링클러, 물분무, 포소화설비의 점검내용 6가지를 쓰시오. [점검18회기출]

4 이산화탄소, 할론소화설비, 할로겐화합물 및 불활성기체소화설비, 분말소화설비

점 검 내 용	(년도) 점검결과											
	1월	2월	3월	4월	5월	6월	7월	8월	9월	10월	11월	12월
저장용기												
설치장소 적정 및 관리 여부												
저장용기 설치장소 표지 설치 여부												
소화약제 저장량 적정 여부												
기동장치												
기동장치 설치 적정(출입구 부근 등, 높이 보호장치, 표지 전원표시등) 여부												
배관 등												
배관의 변형·손상 유무												
분사헤드												
분사헤드의 변형·손상 유무												
호스릴방식												
소화약제저장용기의 위치표시등 정상 점등 및 표지 설치 여부												
안전시설 등(이산화탄소소화설비)												
방호구역 출입구 부근 잘 보이는 장소에 소화약제 방출 위험경고표지 부착 여부												
방호구역 출입구 외부 인근에 공기호흡기 설치 여부												

14th Day

5 자동화재탐지설비, 비상경보설비, 시각경보기, 비상방송설비, 자동화재속보설비

점 검 내 용	(년도) 점검결과											
	1월	2월	3월	4월	5월	6월	7월	8월	9월	10월	11월	12월
수신기												
설치장소 적정 및 스위치 정상 위치 여부												
상용전원 공급 및 전원표시등 정상점등 여부												
예비전원(축전지) 상태 적정 여부												
감지기												
감지기의 변형 또는 손상이 있는지 여부(단독경보형감지기 포함)												
음향장치												
음향장치(경종 등) 변형·손상 여부												
시각경보장치												
시각경보장치 변형·손상 여부												
발신기												
발신기 변형·손상 여부												
위치표시등 변형·손상 및 정상점등 여부												
비상방송설비												
확성기 설치 적정(층마다 설치, 수평거리) 여부												
조작부 상 설비 작동층 또는 작동구역 표시 여부												
자동화재속보설비												
상용전원 공급 및 전원표시등 정상 점등 여부												

14th Day

6 피난기구, 유도등(유도표지), 비상조명등 및 휴대용비상조명등

점 검 내 용	(년도) 점검결과											
	1월	2월	3월	4월	5월	6월	7월	8월	9월	10월	11월	12월
피난기구												
피난에 유효한 개구부 확보(크기, 높이에 따른 발판, 창문 파괴장치) 및 관리 상태												
피난기구(지지대 포함)의 변형·손상 또는 부식이 있는지 여부												
피난기구의 위치표시 표지 및 사용방법 표지 부착 적정 여부												
유도등												
유도등 상시(3선식의 경우 점검스위치 작동 시) 점등 여부												
유도등의 변형 및 손상 여부												
장애물 등으로 인한 시각장애 여부												
유도표지												
유도표지의 변형 및 손상 여부												
설치 상태(쉽게 떨어지지 않는 방식, 장애물 등으로 시각장애 유무) 적정 여부												
비상조명등												
비상조명등 변형·손상 여부												
예비전원 내장형의 경우 점검스위치 설치 및 정상 작동 여부												
휴대용비상조명등												
휴대용비상조명등의 변형 및 손상 여부												
사용 시 자동으로 점등되는지 여부												

7 제연설비, 특별피난계단의 계단실 및 부속실 제연설비

점검내용	(년도) 점검결과 1월 2월 3월 4월 5월 6월 7월 8월 9월 10월 11월 12월
제연구역의 구획	
제연경계의 폭, 수직거리 적정 설치 여부	
배출구, 유입구	
배출구, 공기유입구 변형·훼손 여부	
기동장치	
제어반 각종 스위치류 표시장치(작동표시등 등) 정상 여부	
외기취입구(특별피난계단의 계단실 및 부속실 제연설비)	
설치위치(오염공기 유입방지, 배기구 등으로부터 이격거리) 적정 여부	
설치구조(빗물·이물질 유입방지 등) 적정 여부	
제연구역의 출입문(특별피난계단의 계단실 및 부속실 제연설비)	
폐쇄상태 유지 또는 화재 시 자동폐쇄 구조 여부	
수동기동장치(특별피난계단의 계단실 및 부속실 제연설비)	
기동장치 설치(위치, 전원표시등 등) 적정 여부	

8 연결송수관설비, 연결살수설비

점 검 내 용	(년도) 점검결과											
	1월	2월	3월	4월	5월	6월	7월	8월	9월	10월	11월	12월
연결송수관설비 송수구												
표지 및 송수압력범위 표지 적정 설치 여부												
방수구												
위치표시(표시등, 축광식표지) 적정 여부												
방수기구함												
호스 및 관창 비치 적정 여부												
'방수기구함' 표지 설치상태 적정 여부												
연결살수설비 송수구												
표지 및 송수구역 일람표 설치 여부												
송수구의 변형 또는 손상 여부												
연결살수설비 헤드												
헤드의 변형·손상 유무												
헤드 살수장애 여부												

15th Day

9 비상콘센트설비, 무선통신보조설비, 지하구

점 검 내 용	(년도) 점검결과											
	1월	2월	3월	4월	5월	6월	7월	8월	9월	10월	11월	12월
비상콘센트설비 콘센트												
변형·손상·현저한 부식이 없고 전원의 정상 공급여부												
비상콘센트설비 보호함												
'비상콘센트' 표지 설치상태 적정 여부												
위치표시등 설치 및 정상 점등 여부												
무선통신보조설비 무선기기접속단자												
설치장소(소방활동 용이성, 상시 근무장소) 적정여부												
보호함 '무선기기접속단지' 표지 설치 여부												
지하구(연소방지설비 등)												
연소방지설비 헤드의 변형·손상 여부												
연소방지설비 송수구 1m 이내 살수구역 안내표지 설치 상태 적정 여부												
방화벽												
방화문 관리상태 및 정상기능 적정 여부												

10 기타사항 점검표

점 검 내 용	(년도) 점검결과											
	1월	2월	3월	4월	5월	6월	7월	8월	9월	10월	11월	12월
피난·방화시설												
방화문 및 방화셔터의 관리 상태(폐쇄·훼손·변경) 및 정상 기능 적정 여부												
비상구 및 피난통로 확보 적정여부(피난·방화시설 주변 장애물 적치 포함)												
방염												
선처리 방염대상물품의 적합 여부(방염성능시험성적 서 및 합격표시 확인)												
후처리 방염대상물품의 적합 여부(방염성능검사결과 확인)												

⑪ 위험물 저장·취급시설

점 검 내 용	(년도) 점검결과											
	1월	2월	3월	4월	5월	6월	7월	8월	9월	10월	11월	12월
가연물 방치 여부												
채광 및 환기 설비 관리상태 이상 유무												
위험물 종류에 따른 주의사항을 표시한 게시판 설치 유무												
기름찌꺼기나 폐액 방치 여부												
위험물 안전관리자 선임 여부												
화재 시 응급조치 방법 및 소방관서 등 비상연락망 확보 여부												

⑫ 화기시설

점 검 내 용	(년도) 점검결과											
	1월	2월	3월	4월	5월	6월	7월	8월	9월	10월	11월	12월
화기시설 주변 적정(거리, 수량, 능력단위) 소화기 설치 유무												
건축물의 가연성부분 및 가연성물질로부터 1m 이상의 안전거리 확보 유무												
가연성가스 또는 증기가 발생하거나 체류할 우려가 없는 장소에 설치 유무												
연료탱크가 연소기로부터 2m 이상의 수평 거리 확보 유무												
채광 및 환기설비 설치 유무												
방화환경조성 및 주의, 경고표시 유무												

15th Day

13 가연성 가스시설

점 검 내 용	(년도) 점검결과											
	1월	2월	3월	4월	5월	6월	7월	8월	9월	10월	11월	12월
「도시가스사업법」 등에 따른 검사 실시 유무												
채광이 되어 있고 환기 및 비를 피할 수 있는 장소에 용기 설치 유무												
가스누설경보기 설치 유무												
용기, 배관, 밸브 및 연소기의 파손, 변형, 노후 또는 부식 여부												
환기설비 설치 유무												
화재 시 연료를 차단할 수 있는 개폐밸브 설치상태 적정 여부												
방화환경조성 및 주의, 경고표시 유무												

14 전기시설

점 검 내 용	(년도) 점검결과											
	1월	2월	3월	4월	5월	6월	7월	8월	9월	10월	11월	12월
「전기사업법」에 따른 점검 또는 검사 실시 유무												
개폐기 설치상태 등 손상 여부												
규격 전선 사용 여부												
전선의 접속 상태 및 전선피복의 손상 여부												
누전차단기 설치상태 적정여부												
방화환경조성 및 주의, 경고표시 설치 유무												
전기 관련 기술자 등의 근무 여부												

제3장 | 다중이용업 점검표(안전시설 등 세부점검표)

1 점검대상

대상명		전화번호	
소재지		주용도	
건물구조		대표자		방화관리자	

2 점검사항

점검사항	점검결과	조치사항

① 소화기 또는 자동확산소화기의 외관점검
  − 구획된 실마다 설치되어 있는지 확인
  − 약제 응고상태 및 압력게이지 지시침 확인
② 간이스프링클러설비 작동기능점검
  − 시험밸브 개방 시 펌프기동, 음향경보 확인
  − 헤드의 누수 · 변형 · 손상 · 장애 등 확인
③ 경보설비 작동기능점검
  − 비상벨설비의 누름스위치, 표시등, 수신기 확인
  − 자동화재탐지설비의 감지기, 발신기, 수신기 확인
  − 가스누설경보기 정상작동 여부 확인
④ 피난설비 작동기능점검 및 외관점검
  − 유도등 · 유도표지 등 부착상태 및 점등상태 확인
  − 구획된 실마다 휴대용 비상조명등 비치 여부
  − 화재신호 시 피난유도선 점등상태 확인
  − 피난기구(완강기, 피난사다리 등) 설치상태 확인
⑤ 비상구 관리상태 확인
  − 비상구 폐쇄 · 훼손, 주변 물건 적치 등 관리상태
  − 구조변형, 금속표면 부식 · 균열, 용접부 · 접합부 손상 등 확인(건축물 외벽에 발코니 형태의 비상구를 설치한 경우만 해당)
⑥ 영업장 내부 피난통로 관리상태 확인
  − 영업장 내부 피난통로 상 물건 적치 등 관리상태
⑦ 창문(고시원) 관리상태 확인
⑧ 영상음향차단장치 작동기능점검
  − 경보설비와 연동 및 수동작동 여부 점검
    (화재신호 시 영상음향차단 되는 지 확인)
⑨ 누전차단기 작동 여부 확인
⑩ 피난안내도 설치 위치 확인
⑪ 피난안내영상물 상영 여부 확인
⑫ 실내장식물 · 내부구획 재료 교체 여부 확인
  − 커튼, 카페트 등 방염선처리제품 사용 여부
  − 합판 · 목재 방염성능확보 여부
  − 내부구획재료 불연재료 사용 여부
⑬ 방염 소파 · 의자 사용 여부 확인
⑭ 안전시설 등 세부점검표 분기별 작성 및 1년간 보관 여부
⑮ 화재배상책임보험 가입여부 및 계약기간 확인		

점검일자 :   .   .   .   점검자 :   (서명)

15th Day

문제13 다중이용업소의 영업주는 안전시설 등을 정기적으로 "안전시설 등 세부점검표"를 사용하여 점검하여야 한다. "안전시설 등 세부점검표"의 점검사항 9가지를 쓰시오.(18점) [점검11회기출]

제4장 방화셔터 점검표 [한국산업규격(중량셔터의 검사표준)]

1 셔터의 종류별 검사 항목

종류 \ 검사 항목	준공 시의 치수 검사	설치 상태의 검사	작동 검사	내화 성능 검사	차연 성능 검사
일반 중량 셔터	○	○	○	–	–
방화셔터	○	○	○	○	○

※ 설치 상태의 검사(개방 상태, 폐쇄 상태, 개폐 기구와 천장 안)

2 검사 항목 일람표

		검사 항목
치수 측정	1	안쪽 나비
	2	슬랫 맞물림 길이
	3	가이드레일의 홈 나비
개방 상태	4	가이드레일의 손상
	5	연기 차단재의 손상
	6	수동 폐쇄와 조작 방법 표시
폐쇄 상태	7	슬랫, 하단 마감재의 손상
	8	연기 차단재 및 가이드레일의 틈새 여부
	9	하단 마감재와 바닥면의 접촉 상황
	10	연기 차단재와 가이드레일의 접합부
개폐 기구와 천장 안	11	개폐기 부착 상태, 기름 누설
	12	감기 샤프트의 베어링
	13	스프로킷과 롤러 체인
	14	온도 퓨즈의 부착 상황
	15	자동 폐쇄 장치
	16	제어판의 단자와 접점
	17	절연 저항값의 측정
	18	연동 제어기와 축전지
작동 상태	19	누름 버튼에 의한 조작 상황
	20	리밋 장치의 작동 상황
	21	개폐 조작 중의 이상음
	22	수동 폐쇄의 상태
	23	연동 폐쇄의 상태
	24	폐쇄 속도
	25	수동 조작력
	26	장애물 감지 장치 부착 셔터의 작동 상태
내화 성능	27	30분, 1시간, 2시간 가열
차연 성능	28	시험체 양면 압력차 25Pa일 때 공기 누설량

15th Day

제5장 위험물 점검표

1 (옥내, 옥외) 소화전설비 일반점검표

옥내·옥외		소화전설비	일반점검표	점검연월일 : 점검자 : 서명(또는 인)
제조소 등의 구분			제조소 등의 설치허가 연월일 및 허가번호	
소화설비의 호칭번호				

점검항목			점검내용	점검방법	점검결과	조치 연월일 및 내용
수원	수조		누수·변형·손상의 유무	육안		
	수원량·상태		수원량의 적부	육안		
			부유물·침전물의 유무	육안		
	급수장치		부식·손상의 유무	육안		
			기능의 적부	작동확인		
흡수장치	흡수조		누수·변형·손상의 유무	육안		
			물의 양·상태의 적부	육안		
	밸브		변형·손상의 유무	육안		
			개폐상태 및 기능의 적부	육안 및 작동확인		
	자동급수장치		변형·손상의 유무	육안		
			기능의 적부	육안		
	감수경보장치		변형·손상의 유무	육안		
			기능의 적부	작동확인		
가압송수장치		전동기	변형·손상의 유무	육안		
			회전부 등의 급유상태의 적부	육안		
			기능의 적부	작동확인		
			고정상태의 적부	육안		
			이상소음·진동·발열의 유무	육안		
	내연기관	본체	변형·손상의 유무	육안		
			회전부 등의 급유상태의 적부	육안		
			기능의 적부	작동확인		
			고정상태의 적부	육안		
			이상소음·진동·발열의 유무	육안		
		연료탱크	누설·부식·변형의 유무	육안		
			연료량의 적부	육안		
			밸브개폐상태 및 기능의 적부	육안 및 작동확인		
		윤활유	현저한 노후의 유무 및 양의 적부	육안		
		축전지	부식·변형·손상의 유무	육안		
			전해액량의 적부	육안		
			단자전압의 적부	전압측정		
		동력전달장치	부식·변형·손상의 유무	육안		
			기능의 적부	육안		
		기동장치	부식·변형·손상의 유무	육안		
			기능의 적부	작동확인		
			회전수의 적부	육안		
		냉각장치	냉각수의 누수의 유무 및 물의 양·상태의 적부	육안		
			부식·변형·손상의 유무	육안		
			기능의 적부	작동확인		
		급배기장치	변형·손상의 유무	육안		
			주위의 가연물의 유무	육안		
			기능의 적부	작동확인		
	펌프		누수·부식·변형·손상의 유무	육안		
			회전부 등의 급유상태의 적부	육안		
			기능의 적부	작동확인		
			고정상태의 적부	육안		
			이상소음·진동·발열의 유무	작동확인		
			압력의 적부	육안		
			계기판의 적부	육안		

	기동장치	조작부 주위의 장애물의 유무	육안		
		표지의 손상의 유무 및 기재사항의 적부	육안		
		기능의 적부	작동확인		
전동기 제어 장치	제어반	변형·손상의 유무	육안		
		조작관리상 지장의 유무	육안		
	전원전압	전압의 지시상항	육안		
		전원등의 점등상황	작동확인		
	계기 및 스위치류	변형·손상의 유무	육안		
		단자의 풀림·탈락의 유무	육안		
		개폐상황 및 기능의 적부	육안 및 작동확인		
	휴즈류	손상·용단의 유무	육안		
		종류·용량의 적부	육안		
		예비품의 유무	육안		
	차단기	단자의 풀림·탈락의 유무	육안		
		접점의 소손의 유무	육안		
		기능의 적부	작동확인		
	결선 접속	풀림·탈락·피복손상의 유무	육안		
배관 등	밸브류	변형·손상의 유무	육안		
		개폐상태 및 작동의 적부	작동확인		
	여과장치	변형·손상의 유무	육안		
		여과망의 손상·이물의 퇴적의 유무	육안		
	배관	누설·변형·손상의 유무	육안		
		도장상황 및 부식의 유무	육안		
		드레인비트의 손상의 유무	육안		
소화전	소화전함	부식·변형·손상의 유무	육안		
		주위 장해물의 유무	육안		
		부속공구의 비치의 상태 및 표지의 적부	육안		
	호스 및 노즐	변형·손상의 유무	육안		
		수량 및 기능의 적부	육안		
	표시등	손상의 유무	육안		
		점등의 상황	작동확인		
예비 동력원	자가 발전 설비	본체	변형·손상의 유무	육안	
			회전부 등의 급유상태의 적부	육안	
			기능의 적부	작동확인	
			고정상태의 적부	육안	
			이상소음·진동·발열의 유무	작동확인	
			절연저항치의 적부	저항치측정	
		연료탱크	누설·부식·변형의 유무	육안	
			연료량의 적부	육안	
			밸브개폐상태 및 기능의 적부	육안 및 작동확인	
		윤활유	현저한 노후의 유무 및 양의 적부	육안	
		축전지	부식·변형·손상의 유무	육안	
			전해액량 및 단자전압의 적부	육안 및 전압측정	
		냉각장치	냉각수의 누수의 유무	육안	
			물의 양·상태의 적부	육안	
			부식·변형·손상의 유무	육안	
			기능의 적부	작동확인	
		급배기장치	변형·손상의 유무	육안	
			주위의 가연물의 유무	육안	
			기능의 적부	작동확인	
	축전지설비		부식·변형·손상의 유무	육안	
			전해액량 및 단자전압의 적부	육안 및 전압측정	
			기능의 적부	작동확인	
	기동장치		부식·변형·손상의 유무	육안	
			조작부 주위의 장애물의 유무	육안	
			기능의 적부	작동확인	

16th Day

② (물분무소화설비, 스프링클러설비) 일반점검표

<table>
<tr><td colspan="2"></td><td colspan="2">물분무소화설비
스프링클러설비</td><td>일반점검표</td><td colspan="2">점검연월일 :
점검자 :</td><td>서명(또는 인)</td></tr>
<tr><td colspan="2">제조소 등의 구분</td><td></td><td colspan="2">제조소 등의 설치허가
연월일 및 허가번호</td><td colspan="3"></td></tr>
<tr><td colspan="2">소화설비의 호칭번호</td><td colspan="6"></td></tr>
<tr><td colspan="3">점검항목</td><td colspan="2">점검내용</td><td>점검방법</td><td>점검
결과</td><td>조치 연월일
및 내용</td></tr>
<tr><td rowspan="5">수원</td><td colspan="2">수조</td><td colspan="2">누수·변형·손상의 유무</td><td>육안</td><td></td><td></td></tr>
<tr><td colspan="2" rowspan="2">수원량·상태</td><td colspan="2">수원량의 적부</td><td>육안</td><td></td><td></td></tr>
<tr><td colspan="2">부유물·침전물의 유무</td><td>육안</td><td></td><td></td></tr>
<tr><td colspan="2" rowspan="2">급수장치</td><td colspan="2">부식·손상의 유무</td><td>육안</td><td></td><td></td></tr>
<tr><td colspan="2">기능의 적부</td><td>작동확인</td><td></td><td></td></tr>
<tr><td rowspan="8">흡수장치</td><td colspan="2" rowspan="2">흡수조</td><td colspan="2">누수·변형·손상의 유무</td><td>육안</td><td></td><td></td></tr>
<tr><td colspan="2">물의 양·상태의 적부</td><td>육안</td><td></td><td></td></tr>
<tr><td colspan="2" rowspan="2">밸브</td><td colspan="2">변형·손상의 유무</td><td>육안</td><td></td><td></td></tr>
<tr><td colspan="2">개폐상태 및 기능의 적부</td><td>육안 및 작동확인</td><td></td><td></td></tr>
<tr><td colspan="2" rowspan="2">자동급수장치</td><td colspan="2">변형·손상의 유무</td><td>육안</td><td></td><td></td></tr>
<tr><td colspan="2">기능의 적부</td><td>육안</td><td></td><td></td></tr>
<tr><td colspan="2" rowspan="2">감수경보장치</td><td colspan="2">변형·손상의 유무</td><td>육안</td><td></td><td></td></tr>
<tr><td colspan="2">기능의 적부</td><td>작동확인</td><td></td><td></td></tr>
<tr><td rowspan="32">가압송수장치</td><td rowspan="26">내연기관</td><td rowspan="5">전동기</td><td colspan="2">변형·손상의 유무</td><td>육안</td><td></td><td></td></tr>
<tr><td colspan="2">회전부 등의 급유상태의 적부</td><td>육안</td><td></td><td></td></tr>
<tr><td colspan="2">기능의 적부</td><td>작동확인</td><td></td><td></td></tr>
<tr><td colspan="2">고정상태의 적부</td><td>육안</td><td></td><td></td></tr>
<tr><td colspan="2">이상소음·진동·발열의 유무</td><td>육안</td><td></td><td></td></tr>
<tr><td rowspan="5">본체</td><td colspan="2">변형·손상의 유무</td><td>육안</td><td></td><td></td></tr>
<tr><td colspan="2">회전부 등의 급유상태의 적부</td><td>육안</td><td></td><td></td></tr>
<tr><td colspan="2">기능의 적부</td><td>작동확인</td><td></td><td></td></tr>
<tr><td colspan="2">고정상태의 적부</td><td>육안</td><td></td><td></td></tr>
<tr><td colspan="2">이상소음·진동·발열의 유무</td><td>육안</td><td></td><td></td></tr>
<tr><td rowspan="3">연료탱크</td><td colspan="2">누설·부식·변형의 유무</td><td>육안</td><td></td><td></td></tr>
<tr><td colspan="2">연료량의 적부</td><td>육안</td><td></td><td></td></tr>
<tr><td colspan="2">밸브개폐상태 및 기능의 적부</td><td>육안 및 작동확인</td><td></td><td></td></tr>
<tr><td>윤활유</td><td colspan="2">현저한 노후의 유무 및 양의 적부</td><td>육안</td><td></td><td></td></tr>
<tr><td rowspan="3">축전지</td><td colspan="2">부식·변형·손상의 유무</td><td>육안</td><td></td><td></td></tr>
<tr><td colspan="2">전해액량의 적부</td><td>육안</td><td></td><td></td></tr>
<tr><td colspan="2">단자전압의 적부</td><td>전압측정</td><td></td><td></td></tr>
<tr><td rowspan="2">동력전달장치</td><td colspan="2">부식·변형·손상의 유무</td><td>육안</td><td></td><td></td></tr>
<tr><td colspan="2">기능의 적부</td><td>육안</td><td></td><td></td></tr>
<tr><td rowspan="3">기동장치</td><td colspan="2">부식·변형·손상의 유무</td><td>육안</td><td></td><td></td></tr>
<tr><td colspan="2">기능의 적부</td><td>작동확인</td><td></td><td></td></tr>
<tr><td colspan="2">회전수의 적부</td><td>육안</td><td></td><td></td></tr>
<tr><td rowspan="3">냉각장치</td><td colspan="2">냉각수의 누수의 유무 및 물의 양·상태의 적부</td><td>육안</td><td></td><td></td></tr>
<tr><td colspan="2">부식·변형·손상의 유무</td><td>육안</td><td></td><td></td></tr>
<tr><td colspan="2">기능의 적부</td><td>작동확인</td><td></td><td></td></tr>
<tr><td rowspan="3">급배기장치</td><td colspan="2">변형·손상의 유무</td><td>육안</td><td></td><td></td></tr>
<tr><td colspan="2" rowspan="2">펌프</td><td colspan="2">주위의 가연물의 유무</td><td>육안</td><td></td><td></td></tr>
<tr><td colspan="2">기능의 적부</td><td>작동확인</td><td></td><td></td></tr>
<tr><td colspan="2" rowspan="6">펌프</td><td colspan="2">누수·부식·변형·손상의 유무</td><td>육안</td><td></td><td></td></tr>
<tr><td colspan="2">회전부 등의 급유상태의 적부</td><td>육안</td><td></td><td></td></tr>
<tr><td colspan="2">기능의 적부</td><td>작동확인</td><td></td><td></td></tr>
<tr><td colspan="2">고정상태의 적부</td><td>육안</td><td></td><td></td></tr>
<tr><td colspan="2">이상소음·진동·발열의 유무</td><td>작동확인</td><td></td><td></td></tr>
<tr><td colspan="2">압력의 적부</td><td>육안</td><td></td><td></td></tr>
<tr><td colspan="5">계기판의 적부</td><td>육안</td><td></td><td></td></tr>
</table>

	기동장치		조작부 주위의 장애물의 유무	육안	
			표지의 손상의 유무 및 기재사항의 적부	육안	
			기능의 적부	작동확인	
전동기 제어 장치	제어반		변형·손상의 유무	육안	
			조작관리상 지장의 유무	육안	
	전원전압		전압의 지시상황	육안	
			전원등의 점등상황	작동확인	
	계기 및 스위치류		변형·손상의 유무	육안	
			단자의 풀림·탈락의 유무	육안	
			개폐상황 및 기능의 적부	육안 및 작동확인	
	휴즈류		손상·용단의 유무	육안	
			종류·용량의 적부	육안	
			예비품의 유무	육안	
	차단기		단자의 풀림·탈락의 유무	육안	
			접점의 소손의 유무	육안	
			기능의 적부	작동확인	
	결선접속		풀림·탈락·피복손상의 유무	육안	
배관 등	밸브류		변형·손상의 유무	육안	
			개폐상태 및 작동의 적부	작동확인	
	여과장치		변형·손상의 유무	육안	
			여과망의 손상·이물의 퇴적의 유무	육안	
	배관		누설·변형·손상의 유무	육안	
			도장상황 및 부식의 유무	육안	
			드레인비트의 손상의 유무	육안	
	헤드		변형·손상의 유무	육안	
			부착각도의 적부	육안	
			기능의 적부	조작확인	
예비 동력원	자가 발전 설비	본체	변형·손상의 유무	육안	
			회전부 등의 급유상태의 적부	육안	
			기능의 적부	작동확인	
			고정상태의 적부	육안	
			이상소음·진동·발열의 유무	작동확인	
			절연저항치의 적부	저항치측정	
		연료탱크	누설·부식·변형의 유무	육안	
			연료량의 적부	육안	
			밸브개폐상태 및 기능의 적부	육안 및 작동확인	
		윤활유	현저한 노후의 유무 및 양의 적부	육안	
		축전지	부식·변형·손상의 유무	육안	
			전해액량 및 단자전압의 적부	육안 및 전압측정	
		냉각장치	냉각수의 누수의 유무	육안	
			물의 양·상태의 적부	육안	
			부식·변형·손상의 유무	육안	
			기능의 적부	작동확인	
		급배기장치	변형·손상의 유무	육안	
			주위의 가연물의 유무	육안	
			기능의 적부	작동확인	
	축전지설비		부식·변형·손상의 유무	육안	
			전해액량 및 단자전압의 적부	육안 및 전압측정	
			기능의 적부	작동확인	
	기동장치		부식·변형·손상의 유무	육안	
			조작부 주위의 장애물의 유무	육안	
			기능의 적부	작동확인	
기타사항					

③ 포소화설비 일반점검표

제조소 등의 구분		포소화설비 일반점검표 점검자 : 서명(또는 인)			
제조소 등의 구분			설치허가 연월일 및 허가번호		
소화설비의 호칭번호					
점검항목		점검내용	점검방법	점검결과	조치 연월일 및 내용
수원	수조	누수·변형·손상의 유무	육안		
	수원량·상태	수원량의 적부	육안		
		부유물·침전물의 유무	육안		
	급수장치	부식·손상의 유무	육안		
		기능의 적부	작동확인		
흡수장치	흡수조	누수·변형·손상의 유무	육안		
		물의 양·상태의 적부	육안		
	밸브	변형·손상의 유무	육안		
		개폐상태 및 기능의 적부	육안 및 작동확인		
	자동급수장치	변형·손상의 유무	육안		
		기능의 적부	육안		
	감수경보장치	변형·손상의 유무	육안		
		기능의 적부	작동확인		
가압송수장치	전동기	변형·손상의 유무	육안		
		회전부 등의 급유상태의 적부	육안		
		기능의 적부	작동확인		
		고정상태의 적부	육안		
		이상소음·진동·발열의 유무	육안		
	내연기관 본체	변형·손상의 유무	육안		
		회전부 등의 급유상태의 적부	육안		
		기능의 적부	작동확인		
		고정상태의 적부	육안		
		이상소음·진동·발열의 유무	육안		
	연료탱크	누설·부식·변형의 유무	육안		
		연료량의 적부	육안		
		밸브개폐상태 및 기능의 적부	육안 및 작동확인		
	윤활유	현저한 노후의 유무 및 양의 적부	육안		
	축전지	부식·변형·손상의 유무	육안		
		전해액량의 적부	육안		
		단자전압의 적부	전압측정		
	동력전달장치	부식·변형·손상의 유무	육안		
		기능의 적부	육안		
	기동장치	부식·변형·손상의 유무	육안		
		기능의 적부	작동확인		
		회전수의 적부	육안		
	냉각장치	냉각수의 누수의 유무 및 물의 양·상태의 적부	육안		
		부식·변형·손상의 유무	육안		
		기능의 적부	작동확인		
	급배기장치	변형·손상의 유무	육안		
		주위의 가연물의 유무	육안		
		기능의 적부	작동확인		
	펌프	누수·부식·변형·손상의 유무	육안		
		회전부 등의 급유상태의 적부	육안		
		기능의 적부	작동확인		
		고정상태의 적부	육안		
		이상소음·진동·발열의 유무	작동확인		
		압력의 적부	육안		
		계기판의 적부	육안		

			점검내용	점검방법		
약제저장탱크	탱크		누설의 유무	육안		
			변형·손상의 유무	육안		
			도장상황 및 부식의 유무	육안		
			배관접속부의 이탈의 유무	육안		
			고정상태의 적부	육안		
			통기관의 막힘의 유무	육안		
			압력탱크방식의 경우 압력계의 지시상황	육안		
	소화약제		변질·침전물의 유무	육안		
			양의 적부	육안		
약제혼합장치			변질·침전물의 유무	육안		
			양의 적부	육안		
기동장치	수동기동장치		조작부주위의 장해물의 유무	육안		
			표지의 손상의 유무 및 기재사항의 적부	육안		
			기능의 적부	작동확인		
	자동기동장치	기동용 수압개폐장치 (압력스위치·압력탱크)	변형·손상의 유무	육안		
			압력계의 지시상황	육안		
			기능의 적부	작동확인		
		화재감지장치 (감지기·폐쇄형헤드)	변형·손상의 유무	육안		
			주위장해물의 유무	육안		
			기능의 적부	작동확인		
전동기 제어장치	제어반		변형·손상의 유무	육안		
			조작관리상 지장의 유무	육안		
	전원전압		전압의 지시상황	육안		
			전원등의 점등상황	작동확인		
	계기 및 스위치류		변형·손상의 유무	육안		
			단자의 풀림·탈락의 유무	육안		
			개폐상황 및 기능의 적부	육안 및 작동확인		
	휴즈류		손상·용단의 유무	육안		
			종류·용량의 적부	육안		
			예비품의 유무	육안		
	차단기		단자의 풀림·탈락의 유무	육안		
			접점의 소손의 유무	육안		
			기능의 적부	작동확인		
	결선접속		풀림·탈락·피복손상의 유무	육안		
유수·압력검지장치	자동경보밸브 (유수작동밸브)		변형·손상의 유무	육안		
			기능의 적부	작동확인		
	리타딩챔버		변형·손상의 유무	육안		
			기능의 적부	작동확인		
	압력스위치		단자의 풀림·이탈·손상의 유무	육안		
			기능의 적부	작동확인		
	경보·표시장치		변형·손상의 유무	육안		
			기능의 적부	작동확인		
배관등	밸브류		변형·손상의 유무	육안		
			개폐상태 및 작동의 적부	작동확인		
	여과장치		변형·손상의 유무	육안		
			여과망의 손상·이물의 퇴적의 유무	육안		
	배관		누설·변형·손상의 유무	육안		
			도장상황 및 부식의 유무	육안		
			드레인비트의 손상의 유무	육안		
	저부포주입법의 외부격납함		변형·손상의 유무	육안		
			호스격납상태의 적부	육안		

포방출구	포헤드	변형·손상의 유무	육안		
		부착각도의 적부	육안		
		공기취입구의 막힘의 유무	육안		
		기능의 적부	작동확인		
	포챔버	본체의 부식·변형·손상의 유무	육안		
		봉판의 부착상태 및 손상의 유무	육안		
		공기수입구 및 스크린의 막힘의 유무	육안		
		기능의 적부	작동확인		
	포모니터노즐	변형·손상의 유무	육안		
		공기수입구 및 필터의 막힘의 유무	육안		
		기능의 적부	작동확인		
포소화전	소화전함	부식·변형·손상의 유무	육안		
		주위 장해물의 유무	육안		
		부속공구의 비치의 상태 및 표지의 적부	육안		
	호스 및 노즐	변형·손상의 유무	육안		
		수량 및 기능의 적부	육안		
	표시등	손상의 유무	육안		
		점등의 상황	작동확인		
연결송액구		변형·손상의 유무	육안		
		주위장해물의 유무	육안		
		표시의 적부	육안		
예비동력원	자가발전설비	본체	변형·손상의 유무	육안		
			회전부 등의 급유상태의 적부	육안		
			기능의 적부	작동확인		
			고정상태의 적부	육안		
			이상소음·진동·발열의 유무	작동확인		
			절연저항치의 적부	저항치측정		
		연료탱크	누설·부식·변형의 유무	육안		
			연료량의 적부	육안		
			밸브개폐상태 및 기능의 적부	육안 및 작동확인		
		윤활유	현저한 노후의 유무 및 양의 적부	육안		
		축전지	부식·변형·손상의 유무	육안		
			전해액량 및 단자전압의 적부	육안 및 전압측정		
		냉각장치	냉각수의 누수의 유무	육안		
			물의 양·상태의 적부	육안		
			부식·변형·손상의 유무	육안		
			기능의 적부	작동확인		
		급배기장치	변형·손상의 유무	육안		
			주위의 가연물의 유무	육안		
			기능의 적부	작동확인		
	축전지설비		부식·변형·손상의 유무	육안		
			전해액량 및 단자전압의 적부	육안 및 전압측정		
			기능의 적부	작동확인		
	기동장치		부식·변형·손상의 유무	육안		
			조작부 주위의 장애물의 유무	육안		
			기능의 적부	작동확인		
기타사항						

4 이산화탄소 소화설비 일반점검표

이산화탄소 소화설비			일반점검표		점검연월일 : 점검자 : 서명(또는 인)		
제조소 등의 구분				제조소 등의 설치허가 연월일 및 허가번호			
소화설비의 호칭번호							
점검항목			점검내용	점검방법		점검 결과	조치 연월일 및 내용
이산화탄소소화약제저장용기 등		소화약제저장용기	설치상황의 적부	육안			
			변형·손상의 유무	육안			
		소화약제	양의 적부	육안			
	고압식	용기밸브	변형·손상·부식의 유무	육안			
			개폐상황의 적부	육안			
		용기밸브 개방장치	변형·손상·부식의 유무	육안			
			기능의 적부	작동확인			
	저압식	안전장치	변형·손상·부식의 유무	육안			
		압력경보장치	변형·손상의 유무	육안			
			기능의 적부	작동확인			
		압력계	변형·손상의 유무	육안			
			지시상황의 적부	육안			
		액면계	변형·손상의 유무	육안			
		자동냉동기	변형·손상의 유무	육안			
			기능의 적부	작동확인			
		방출밸브	변형·손상·부식의 유무	육안			
			개폐상황의 적부	육안			
기동용가스용기 등		용기	변형·손상의 유무	육안			
			가스량의 적부	육안			
		용기밸브	변형·손상·부식의 유무	육안			
			개폐상황의 적부	육안			
		용기밸브 개방장치	변형·손상·부식의 유무	육안			
			기능의 적부	작동확인			
		조작관	변형·손상·부식의 유무	육안			
선택밸브			손상·변형의 유무	육안			
			개폐상황의 적부	작동확인			
			기능의 적부	작동확인			
기동장치	수동기동장치		조작부 주위의 장해물의 유무	육안			
			표지의 손상의 유무 및 기재사항의 적부	육안			
			기능의 적부	작동확인			
	자동기동장치	자동수동 전환장치	변형·손상의 유무	육안			
			기능의 적부	작동확인			
		화재감지 장치	변형·손상의 유무	육안			
			감지장해의 유무	육안			
			기능의 적부	작동확인			
경보장치			변형·손상의 유무	육안			
			기능의 적부	작동확인			
압력스위치			단자의 풀림·탈락·손상의 유무	육안			
			기능의 적부	작동확인			
제어장치	제어반		변형·손상의 유무	육안			
			조작관리상 지장의 유무	육안			
	전원전압		전압의 지시상황	육안			
			전원등의 점등상황	작동확인			
	계기 및 스위치류		변형·손상의 유무	육안			
			단자의 풀림·탈락의 유무	육안			
			개폐상황 및 기능의 적부	육안 및 작동확인			
	휴즈류		손상·용단의 유무	육안			
			종류·용량의 적부 및 예비품의 유무	육안			

16th Day

	차단기	단자의 풀림·탈락의 유무	육안		
		접점의 소손의 유무	육안		
		기능의 적부	작동확인		
	결선접속	풀림·탈락·피복손상의 유무	육안		
배관 등	밸브류	변형·손상의 유무	육안		
		개폐상태 및 작동의 적부	작동확인		
	역류방지밸브	부착방향의 적부	육안		
		기능의 적부	작동확인		
	배관	누설·변형·손상·부식의 유무	육안		
	파괴판·안전장치	변형·손상·부식의 유무	육안		
방출표시등		손상의 유무	육안		
		점등의 상황	육안		
분사헤드		변형·손상·부식의 유무	육안		
이동식 노즐	호스·호스릴·노즐	변형·손상의 유무	육안		
		부식의 유무	육안		
	노즐개폐밸브	변형·손상의 유무	육안		
		부식의 유무	육안		
		기능의 적부	작동확인		
예비 동력 원	자가발전설비	본체	변형·손상의 유무	육안		
			회전부 등의 급유상태의 적부	육안		
			기능의 적부	작동확인		
			고정상태의 적부	육안		
			이상소음·진동·발열의 유무	작동확인		
			절연저항치의 적부	저항치측정		
		연료탱크	누설·부식·변형의 유무	육안		
			연료량의 적부	육안		
			밸브개폐상태 및 기능의 적부	육안 및 작동확인		
		윤활유	현저한 노후의 유무 및 양의 적부	육안		
		축전지	부식·변형·손상의 유무	육안		
			전해액량 및 단자전압의 적부	육안 및 전압측정		
		냉각장치	냉각수의 누수의 유무	육안		
			물의 양·상태의 적부	육안		
			부식·변형·손상의 유무	육안		
			기능의 적부	작동확인		
		급배기장치	변형·손상의 유무	육안		
			주위의 가연물의 유무	육안		
			기능의 적부	작동확인		
	축전지설비		부식·변형·손상의 유무	육안		
			전해액량 및 단자전압의 적부	육안 및 전압측정		
			기능의 적부	작동확인		
	기동장치		부식·변형·손상의 유무	육안		
			조작부주위의 장애물의 유무	육안		
			기능의 적부	작동확인		
기타사항					

5 할로겐화물소화설비 일반점검표

할로겐화물 소화설비		일반점검표		점검연월일 : 점검자 : 서명(또는 인)		
제조소 등의 구분			제조소 등의 설치허가 연월일 및 허가번호			
소화설비의 호칭번호						
점검항목			점검내용	점검방법	점검 결과	조치 연월일 및 내용
할로겐화물소화약제저장용기 등	소화약제저장용기		설치상황의 적부	육안		
			변형·손상의 유무	육안		
	소화약제		양 및 내압의 적부	육안 및 압력측정		
	축압식	용기밸브	변형·손상·부식의 유무	육안		
			개폐상황의 적부	육안		
		용기밸브 개방장치	변형·손상·부식의 유무	육안		
			기능의 적부	작동확인		
	가압식	방출밸브	변형·손상·부식의 유무	육안		
			개폐상황의 적부	육안		
		안전장치	변형·손상·부식의 유무	육안		
		압력계	변형·손상의 유무	육안		
		가압가스용기 등	용기	설치상황의 적부 및 변형·손상의 유무	육안		
			가스량	양·내압의 적부	육안 및 압력측정		
			용기밸브	변형·손상·부식의 유무	육안		
				개폐상황의 적부	육안		
			용기밸브 개방장치	변형·손상·부식의 유무	육안		
				기능의 적부	작동확인		
			압력조정기	변형·손상의 유무	육안		
				기능의 적부	작동확인		
기동용가스용기 등	용기		변형·손상의 유무	육안		
			가스량의 적부	육안		
	용기밸브		변형·손상·부식의 유무	육안		
			개폐상황의 적부	육안		
	용기밸브개방장치		변형·손상·부식의 유무	육안		
			기능의 적부	작동확인		
	조작관		변형·손상·부식의 유무	육안		
선택밸브			손상·변형의 유무	육안		
			개폐상황 및 기능의 적부	작동확인		
기동장치	수동기동장치		조작부 주위의 장해물의 유무	육안		
			표지의 손상의 유무 및 기재사항의 적부	육안		
			기능의 적부	작동확인		
	자동기동장치	자동수동 전환장치	변형·손상의 유무	육안		
			기능의 적부	작동확인		
		화재감지장치	변형·손상의 유무	육안		
			감지장해의 유무	육안		
			기능의 적부	작동확인		
경보장치			변형·손상의 유무	육안		
			기능의 적부	작동확인		
압력스위치			단자의 풀림·탈락·손상의 유무	육안		
			기능의 적부	작동확인		

제어장치	제어반	변형·손상의 유무	육안		
		조작관리상 지장의 유무	육안		
	전원전압	전압의 지시상황 및 전원등의 점등상황	육안 및 작동확인		
	계기 및 스위치류	변형·손상 및 단자의 풀림·탈락의 유무	육안		
		개폐상황 및 기능의 적부	육안 및 작동확인		
	휴즈류	손상·용단의 유무	육안		
		종류·용량의 적부 및 예비품의 유무	육안		
	차단기	단자의 풀림·탈락의 유무	육안		
		접점의 소손의 유무	육안		
		기능의 적부	작동확인		
	결선접속	풀림·탈락·피복손상의 유무	육안		
배관 등	밸브류	변형·손상의 유무	육안		
		개폐상태 및 작동의 적부	작동확인		
	역류방지밸브	부착방향의 적부	육안		
		기능의 적부	작동확인		
	배관	누설·변형·손상·부식의 유무	육안		
	파괴판·안전장치	변형·손상·부식의 유무	육안		
방출표시등		손상의 유무	육안		
		점등의 상황	육안		
분사헤드		변형·손상·부식의 유무	육안		
이동식 노즐	호스·호스릴·노즐	변형·손상의 유무	육안		
		부식의 유무	육안		
	노즐개폐밸브	변형·손상의 유무	육안		
		부식의 유무	육안		
		기능의 적부	작동확인		
예비동력원	자가발전설비	본체	변형·손상의 유무	육안		
			회전부 등의 급유상태의 적부	육안		
			기능의 적부	작동확인		
			고정상태의 적부	육안		
			이상소음·진동·발열의 유무	작동확인		
			절연저항치의 적부	저항치측정		
		연료탱크	누설·부식·변형의 유무	육안		
			연료량의 적부	육안		
			밸브개폐상태 및 기능의 적부	육안 및 작동확인		
		윤활유	현저한 노후의 유무 및 양의 적부	육안		
		축전지	부식·변형·손상의 유무	육안		
			전해액량 및 단자전압의 적부	육안 및 전압측정		
		냉각장치	냉각수의 누수의 유무	육안		
			물의 양·상태의 적부	육안		
			부식·변형·손상의 유무	육안		
			기능의 적부	작동확인		
		급배기장치	변형·손상의 유무	육안		
			주위의 가연물의 유무	육안		
			기능의 적부	작동확인		
	축전지설비		부식·변형·손상의 유무	육안		
			전해액량 및 단자전압의 적부	육안 및 전압측정		
			기능의 적부	작동확인		
	기동장치		부식·변형·손상의 유무	육안		
			조작부 주위의 장애물의 유무	육안		
			기능의 적부	작동확인		
기타사항						

6 분말소화설비 일반점검표

		분말소화설비		일반점검표	점검연월일 : 점검자 : 서명(또는 인)		
제조소 등의 구분				제조소 등의 설치허가 연월일 및 허가번호			
소화설비의 호칭번호							
점검항목			점검내용		점검방법	점검 결과	조치 연월일 및 내용
분말소화약제저장용기 등	소화약제저장용기		설치상황의 적부		육안		
			변형·손상의 유무		육안		
	소화약제		양 및 내압의 적부		육안 및 압력측정		
	축압식	용기밸브	변형·손상·부식의 유무		육안		
			개폐상황의 적부		육안		
		용기밸브 개방장치	변형·손상·부식의 유무		육안		
			기능의 적부		작동확인		
		지시압력계	변형·손상의 유무 및 지시상황의 적부		육안		
	가압식	방출밸브	변형·손상·부식의 유무		육안		
			개폐상황의 적부		육안		
		안전장치	변형·손상·부식의 유무		육안		
		정압작동장치	변형·손상의 유무		육안		
		가압가스용기 등	용기	설치상황의 적부 및 변형·손상의 유무	육안		
			가스량	양·내압의 적부	육안 및 압력측정		
			용기밸브	변형·손상·부식의 유무	육안		
				개폐상황의 적부	육안		
			용기밸브 개방장치	변형·손상·부식의 유무	육안		
				기능의 적부	작동확인		
			압력조정기	변형·손상의 유무 및 기능의 적부	육안 및 작동확인		
기동용가스용기 등	용기		변형·손상의 유무		육안		
			가스량의 적부		육안		
	용기밸브		변형·손상·부식의 유무		육안		
			개폐상황의 적부		육안		
	용기밸브개방장치		변형·손상·부식의 유무		육안		
			기능의 적부		작동확인		
	조작관		변형·손상·부식의 유무		육안		
	선택밸브		손상·변형의 유무		육안		
			개폐상황 및 기능의 적부		작동확인		
기동장치	수동기동장치		조작부 주위의 장해물의 유무		육안		
			표지의 손상의 유무 및 기재사항의 적부		육안		
			기능의 적부		작동확인		
	자동기동장치	자동수동 전환장치	변형·손상의 유무		육안		
			기능의 적부		작동확인		
		화재감지장치	변형·손상의 유무		육안		
			감지장해의 유무		육안		
			기능의 적부		작동확인		
경보장치			변형·손상의 유무		육안		
			기능의 적부		작동확인		
압력스위치			단자의 풀림·탈락·손상의 유무		육안		
			기능의 적부		작동확인		
제어장치	제어반		변형·손상의 유무		육안		
			조작관리상 지장의 유무		육안		
	전원전압		전압의 지시상황 및 전원등의 점등상황		육안 및 작동확인		
	계기 및 스위치류		변형·손상 및 단자의 풀림·탈락의 유무		육안		
			개폐상황 및 기능의 적부		육안 및 작동확인		
	휴즈류		손상·용단의 유무		육안		
			종류·용량의 적부 및 예비품의 유무		육안		

치	차단기	단자의 풀림·탈락의 유무	육안		
		접점의 소손의 유무	육안		
		기능의 적부	작동확인		
	결선접속	풀림·탈락·피복손상의 유무	육안		
배관 등	밸브류	변형·손상의 유무	육안		
		개폐상태 및 작동의 적부	작동확인		
	역류방지밸브	부착방향의 적부	육안		
		기능의 적부	작동확인		
	배관	누설·변형·손상·부식의 유무	육안		
	파괴판·안전장치	변형·손상·부식의 유무	육안		
	방출표시등	손상의 유무	육안		
		점등의 상황	육안		
	분사헤드	변형·손상·부식의 유무	육안		
이동식 노즐	호스·호스릴·노즐	변형·손상의 유무	육안		
		부식의 유무	육안		
	노즐개폐밸브	변형·손상의 유무	육안		
		부식의 유무	육안		
		기능의 적부	작동확인		
예비동력원	자가발전설비	본체	변형·손상의 유무	육안		
			회전부 등의 급유상태의 적부	육안		
			기능의 적부	작동확인		
			고정상태의 적부	육안		
			이상소음·진동·발열의 유무	작동확인		
			절연저항치의 적부	저항치측정		
		연료탱크	누설·부식·변형의 유무	육안		
			연료량의 적부	육안		
			밸브개폐상태 및 기능의 적부	육안 및 작동확인		
		윤활유	현저한 노후의 유무 및 양의 적부	육안		
		축전지	부식·변형·손상의 유무	육안		
			전해액량 및 단자전압의 적부	육안 및 전압측정		
		냉각장치	냉각수의 누수의 유무	육안		
			물의 양·상태의 적부	육안		
			부식·변형·손상의 유무	육안		
			기능의 적부	작동확인		
		급배기장치	변형·손상의 유무	육안		
			주위의 가연물의 유무	육안		
			기능의 적부	작동확인		
	축전지설비		부식·변형·손상의 유무	육안		
			전해액량 및 단자전압의 적부	육안 및 전압측정		
			기능의 적부	작동확인		
	기동장치		부식·변형·손상의 유무	육안		
			조작부 주위의 장애물의 유무	육안		
			기능의 적부	작동확인		
기타사항						

⑦ 자동화재탐지설비 일반점검표

자동화재탐지설비		일반점검표	점검연월일 : 점검자 : 서명(또는 인)		
제조소 등의 구분		제조소 등의 설치허가 연월일 및 허가번호			
탐지설비의 호칭번호					
점검항목	점검내용		점검방법	점검결과	조치 연월일 및 내용
감지기	변형·손상의 유무		육안		
	감지장해의 유무		육안		
	기능의 적부		작동확인		
중계기	변형·손상의 유무		육안		
	표시의 적부		육안		
	기능의 적부		작동확인		
수신기 (통합조작반)	변형·손상의 유무		육안		
	표시의 적부		육안		
	경계구역일람도의 적부		육안		
	기능의 적부		작동확인		
주음향장치 지구음향장치	변형·손상의 유무		육안		
	기능의 적부		작동확인		
발신기	변형·손상의 유무		육안		
	기능의 적부		작동확인		
비상전원	변형·손상의 유무		육안		
	전환의 적부		작동확인		
배선	변형·손상의 유무		육안		
	접속단자의 풀림·탈락의 유무		육안		
기타사항					

■ 삶은 땀을 먹고 자란다

운동선수들은 운동장에서 자신의 자유와 청춘을 만끽합니다.
땀을 뻘뻘 흘려가면서 말이죠.
육체라는 것은 굉장히 신성하고 정직한 것입니다.
운동선수는요, 매일 안 하면 안 돼요.
세상없는 사람도 매일 안 하면 못하게 되어있죠.

연주하는 사람도 마찬가지입니다.
모든 연주는 전부 몸으로 하는 거지요.
정신으로 하는 게 아니죠.
몸이라고 하는 건 단련하는 겁니다.
가야금을 한 달만 쉬면 못합니다.
못하는 이유는 첫째가 손끝에 물집이 잡혀서 못하고,
두 번째는 손가락 근육이 풀려버려요.
그래서 군말 없이 매일 해야 되요.

- 황병기 -

소방하는 사람도 마찬가지입니다.
매일 하지 않으면 잘할 수도 합격할 수도 없습니다.
한 달만 쉬면 까맣게 잊힙니다.

- 이기덕 원장 -

1 소화전밸브압력계

(1) 용도
방수압력(동압) 측정이 곤란한 경우 정압 측정 시 사용한다.

(2) 사용법
1) 방수구(소화전밸브)에 연결된 호스 제거
2) 소화전밸브 압력계의 아답타를 방수구(소화전밸브)에 연결
3) 방수구(소화전밸브) 개방
4) 소화전밸브 압력계의 밸브 개방
5) 정압 측정

(3) 주의사항
1) 아답타를 확실하게 연결(누수 방지)
2) 측정 후 Air Cock를 개방하여 기구 내의 압력을 제거하고 기구를 방수구에서 분리(안전사고 방지)

(4) 사용할 수 있는 소화설비
1) 옥내소화전설비
2) 옥외소화전설비

★★☆☆☆

문제01 점검기구 중 소화전밸브 압력계의 용도, 사용법, 주의사항 및 사용할 수 있는 소화설비에 대하여 기술하시오.

2 방수압력측정계

(1) 용도
방수압력(동압)을 측정한다.

(2) 사용법
방수시의 관창선단으로부터 관창 구경의 1/2 떨어진 위치에서 피토관(방수압력 측정계)의 선단 중심선과 방수류의 중심선이 일치하는 위치에 피토관(방수압력 측정계)의 선단이 오도록 하고, 압력계를 방수류와 직각이 되도록 하여 압력계 지침을 읽는다.

(3) 주의 사항
1) 물에 불순물이 완전히 배출된 후에 측정(불순물로 피토튜브가 막힘)
2) 물에 공기가 완전히 배출된 후에 측정(정확한 압력 측정 불가)
3) 반드시 직사형 관창 사용
4) 최상층 소화전 모두 개방한 후 측정(옥내소화전의 경우 5개 이상은 5개)
5) 봉상주수 상태에서 직각으로 측정
6) 최상층, 최하층, 최다층에 대하여 실시

(4) 사용할 수 있는 소화설비명
1) 옥내소화전설비
2) 옥외소화전설비
3) 스프링클러설비
4) 포소화설비

※ 방수압력 판단기준

특정소방대상물의 어느 층에 있어서도 해당 층의 옥내소화전(5개 이상 설치된 경우에는 5개의 옥내소화전)을 동시에 사용할 경우 각 소화전의 노즐선단에서의 방수압력이 0.17MPa(호스릴옥내소화전설비를 포함한다) 이상이고, 방수량이 130ℓ/min(호스릴옥내소화전설비를 포함한다) 이상이 되는 성능의 것으로 할 것. 다만, 하나의 옥내소화전을 사용하는 노즐선단에서의 방수압력이 0.7MPa을 초과할 경우에는 호스접결구의 인입 측에 감압장치를 설치하여야 한다.

★★★☆☆

 문제02 점검기구 중 방수압력측정계의 용도, 사용법, 주의사항 및 사용할 수 있는 소화설비에 대하여 기술하시오.

③ 헤드결합렌치

(1) 용도
스프링클러설비의 헤드를 연결배관으로부터 설치하거나 떼어내는데 사용하는 기구이다.

(2) 주의사항
1) 헤드의 나사부분이 손상이 가지 않도록 한다.
2) 감열부분이나 Deflector에 무리한 힘을 가하여 헤드의 기능을 손상시키지 않도록 한다.

4 검량계

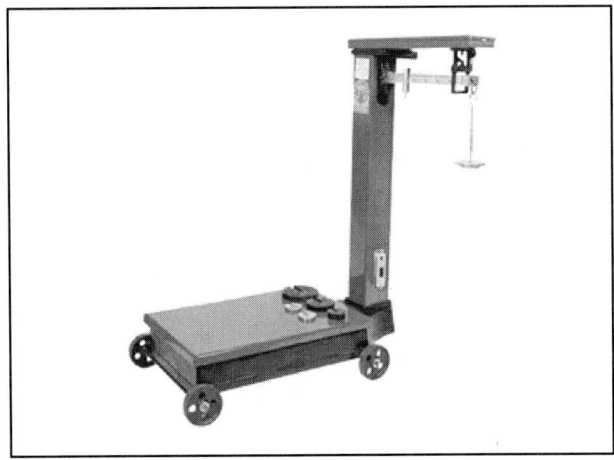

(1) 용도
가스계 및 분말용기의 약제 중량을 측정하는 기구이다.

(2) 사용법
1) 용도 : 기동용 가스용기에 저장하는 이산화탄소의 양 측정
2) 점검순서
   ㉠ 기동용 가스용기밸브에 설치되어 있는 용기밸브 개방장치, 조작관 등을 떼어 낸다.
   ㉡ 검량계를 이용하여 기동용기의 중량을 측정한다.
   ㉢ 이산화탄소의 양은 측정값에서 용기밸브 및 용기의 중량을 뺀 값이다.

(3) 판정방법
기동용 가스용기에 저장하는 이산화탄소의 양은 측정 결과 0.6kg 이상일 것

 ※기동용 가스용기 저장량 판단기준
기동용 가스용기의 용적은 1ℓ 이상으로 하고, 해당 용기에 저장하는 이산화탄소의 양은 0.6 kg 이상으로 하며, 충전비는 1.5 이상으로 할 것

5 액화가스레벨메타

(1) 구성

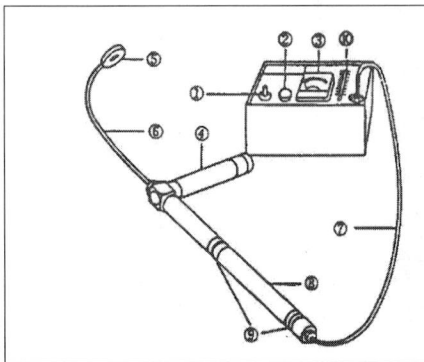

① 전원스위치
② 조정볼륨
③ 계기
④ 탐침(Probe)
⑤ 방사선원(코발트60)
⑥ 지지암
⑦ 전선
⑧ 접속기구
⑨ 연결기구
⑩ 온도계

(2) 사용순서

1) 기기 세팅 : 방사선원의 캡 제거
2) 배터리 체크 : 전원스위치를 CHECK로 한다(계기의 지침이 안정되지 않고 바로 내려갈 때에는 전지가 소모되었으므로 교환한다).
3) 전원스위치 ON : 조정볼륨으로 지침을 조정한다(40~45에 셋팅).
4) 액면 높이 측정 : 지지암을 상하로 천천히 이동하여 지침이 많이 흔들린 최초의 위치를 체크
5) 실내 온도 측정
6) 전원스위치 OFF
7) 저장량 계산
   - 전용의 환산척 이용
   - 약제량 환산표(노모그램) 이용
   - 저장량 계산식

 공식

$$저장량 = S \cdot \rho_l \cdot b + S \cdot \rho_g \cdot (L-b)$$

S : 저장용기단면적(cm²) b : 측정액면높이(cm)
L : 저장용기길이(cm) ρ_l : 액체 CO_2 밀도(g/cc)
ρ_g : 기체 CO_2 밀도(g/cc)

(3) 판정방법

약제량의 측정 결과를 중량표와 비교하여 그 차이가 5% 이하일 것

(4) 사용 시 주의사항

1) 방사선원(코발트60)은 부착한 채로 관리하고, 분실에 각별히 유의할 것
2) 코발트60의 사용 연한은 약 3년임

3) 측정 장소의 주위 온도가 높을 경우 액면의 판별이 곤란하게 되는 것에 주의할 것
4) 지지암은 용기의 크기가 다르더라도 그 용기에 맞게 조정하지 말아야 한다.
5) 전선은 50cm로 되어 있으므로 길이를 연장할 때는 접속기구를 사용해야 한다.
6) 용기는 중량물이므로 거친 취급, 전도 등에 주의할 것
7) 중량표, 점검표 등에는 용기번호, 충전량 등을 기록하여 둘 것
8) 이산화탄소의 충전비는 1.5 이상 1.9 이하로 할 것

(5) 사용 조건의 제한
1) 임계점 이상에서는 사용할 수 없다.(CO_2 임계점 : 31.35 ℃, 하론 1301 임계점 : 67 ℃)
2) 실제로는 26 ℃일 때 오차가 없다.

(6) 액면 높이 측정(b)

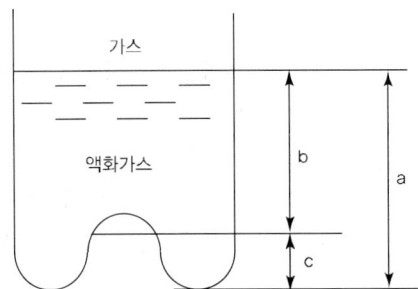

문제03 가스계 소화약제의 약제저장량 측정 시 사용되는 액화가스레벨메타의 구성, 사용법 및 사용 시 주의사항에 대하여 기술하시오.

6 기동관누설시험기

(1) 용도
가스계 소화설비의 기동용 동관 부분의 누설을 시험하기 위한 기구이다.

(2) 구성
1) 800×400×250 mm 케이스
2) 3.5 ℓ 이상의 고압가스 용기에 질소를 50(kg/cm²) 이상 충전
3) 압력을 조정할 수 있는 조정기
4) 압력게이지

(3) 사용법
1) 호스에 부착된 밸브를 잠그고 압력조정기 연결부에 호스를 연결한다.
2) 호스 끝을 기동관에 견고히 연결한다.
3) 용기에 부착된 밸브를 서서히 연다.
4) 게이지 압력을 10(kg/cm²) 미만으로 조정하고 압력조정기의 레버를 서서히 조인다.
5) 본 용기와 연결된 차단밸브가 모두 잠겼는지 확인한다.
6) 호스 끝에 부착된 밸브를 서서히 열어 압력이 5kg/cm² 이 되게 한다.
7) 거품액을 붓에 묻혀 기동관의 각 부분에 칠을 하여 누설 여부를 확인한다.
8) 확인이 끝나면 용기밸브를 먼저 잠그고 호스밸브를 잠근 후 연결부를 분리시킨다.

★★☆☆☆

 문제04 기동관누설시험기의 용도, 구성 및 사용법에 대하여 기술하시오.

7 공기주입시험기

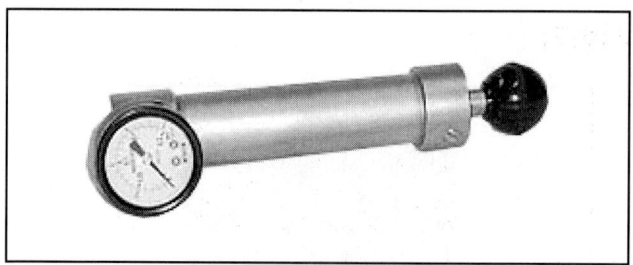

(1) 용도
1) 공기관식 감지기의 동작시험 장비
2) 감지기 동작 시험 및 공기관 누설 검사

(2) 사용방법
1) 주입기에 바늘을 꽂는다.
2) 공기를 흡입한다.

3) 공기를 압축한다.
4) 압력이 1 kg~1.5 kg정도 가압하면 피스톤을 고정시킨다.
5) 공기누설 여부를 확인한다.
6) 거품액을 붓에 묻혀 시험체 각 부분에 칠을 하여 누설점을 찾는다.

8 열감지기시험기

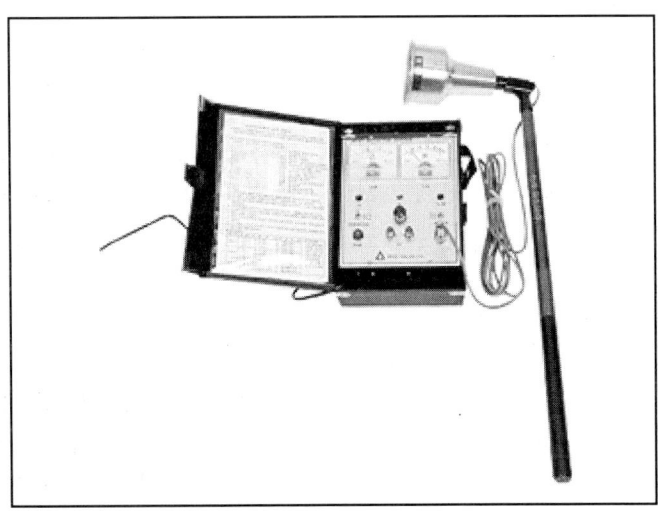

(1) 사용법(부착 감지기)

1) 가열시험기(Adapter)의 플러그를 시험기 본체 Connector에 접속한다.
2) 본체의 전원플러그를 주전원의 전압(110 V 또는 220 V)을 확인 후 접속한다.
3) 본체의 전원스위치를 ON으로 한다(이때 Pilot 표시등 점등).
4) 온도선택스위치를 T1 위치에 놓아 실온을 측정.
5) 온도선택스위치를 T2로 전환하여 가열시험기의 온도가 측정에 필요한 가열온도에 이르도록 온도조절 손잡이를 시계방향으로 돌린다.
6) 가열온도가 표시되면 가열시험기를 감지기에 밀착시켜 작동여부 및 메이커에서 제시하는 작동시간을 점검한다.

(2) 사용법(미부착 감지기)

1) 가열시험기(Adapter)의 플러그를 시험기 본체 Connector에 접속한다.
2) 본체의 전원플러그를 주전원의 전압(110 V 또는 220 V)을 확인 후 접속한다.
3) 본체의 전원스위치를 ON으로 한다(이때 Pilot 표시등 점등).
4) DT(미부착 감지기)단자에 미부착 감지기를 연결한다.
5) 온도선택스위치를 T1의 위치로 놓아 실온을 측정한다.
6) 온도선택스위치를 T2로 전환하여 가열시험기의 온도가 측정에 필요한 가열온도에 이르도록 온도조절 손잡이를 시계방향으로 돌린다.

7) 가열온도가 표시되면 가열시험기를 감지기에 밀착시킨다. 작동여부 및 메이커에서 제시하는 작동시간을 점검한다.
8) 동작 시 TL Lamp(미부착 감지기 동작 Lamp)가 점등된다.

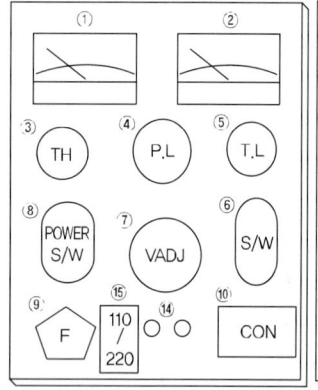
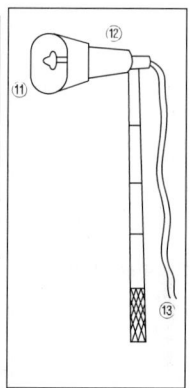

① 전압계　　　　② 온도지시계
③ 실온감지소자　　④ P.L : 전원 램프
⑤ T.L : 미부착 감지기 동작 램프
⑥ S.W : 실온(T_1)과 보조기(T_2)의 온도전환스위치
⑦ VADJ : 온도조정 VR
⑧ P S/W : 전원 스위치
⑨ 퓨즈　　　　　⑩ 커넥터
⑪ T.H : 보조기 온도 감지 소자
⑫ 보조기　　　　⑬ 접속 플러그와 전선
⑭ D.T 단자 : 미부착 감지기 단자
⑮ 110V/220V 전환 스위치

(3) 시험 시 주의사항
1) 가열시험기는 적정의 것을 사용할 것.
2) 가연성 가스 등의 체류에 의하여 인화의 우려가 있는 장소에 설치하는 방폭형 감지기의 시험을 뜨거운 물 등을 사용하여 행하고, 가열시험기를 사용하지 말 것.
3) 비재용형의 감지기는 한 번 시험을 하면 재차 사용할 수 없으므로 시험 후에는 신품과 교환할 것.
4) 비재용형 감지기의 발취는 윤번으로 하고, 도면 또는 점검표 등에 발취를 한 감지기의 위치를 명확히 하여 둘 것.
5) 주전원의 전압과 시험기 본체의 전압이 일치하도록 한다(기기의 손상 방지).
6) 적정온도 이상의 고열로 급격히 가열하지 않는다(감지기 손상 방지).
7) 시험 후 보조기는 냉각한 후 보관한다.

★★☆☆☆

 문제05 열감지기시험기(SL-H-119형)에 대해 다음 물음에 답하시오. [점검4회기출]
1) 미부착 감지기와 시험기와의 계통도
2) 미부착 감지기의 시험방법
3) 미부착 감지기의 동작상태 확인방법

9 연기감지기시험기(SL-HS-119)

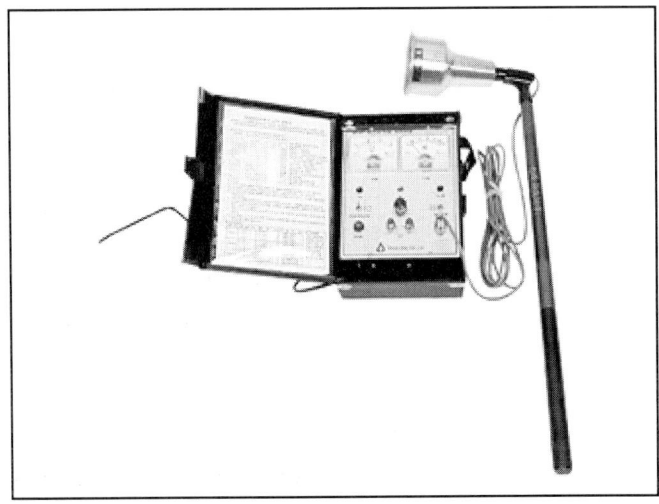

(1) 사용법(부착 감지기)
1) 가연시험기(Adapter)의 플러그를 시험기 본체 Connector에 접속한다.
2) 본체의 전원플러그를 주전원의 전압(110V 또는 220V)을 확인 후 접속한다.
3) 본체의 전원스위치를 ON으로 한다(이때 전원등의 점등 여부 확인).
4) 온도조절손잡이로 Heater의 강약을 조절한다.
5) 가연시험기의 규격에 맞도록 가열하고 발연재료를 기준에 맞도록 넣는다.
6) 발연하기 시작하면 가연시험기를 감지기에 밀착시킨다.
7) 작동여부 및 작동시간을 점검한다.

(2) 사용법(미부착 감지기)
1) 가연시험기(Adapter)의 플러그를 시험기 본체 Connector에 접속한다.
2) 본체의 전원플러그를 주전원의 전압(110 V 또는 220 V)을 확인 후 접속한다.
3) 본체의 전원스위치를 ON으로 한다(이때 전원 등의 점등 여부 확인).
4) D.T단자에 미부착 감지기를 연결한다.
5) 온도조절손잡이로 Heater의 강약을 조절한다.
6) 가연시험기의 규격에 맞도록 가열하고 발연재료를 기준에 맞도록 넣는다.
7) 발연하기 시작하면 가연시험기를 감지기에 밀착시킨다.
8) 작동여부 및 작동시간을 점검한다.
9) 동작 시 미부착 감지기 동작 Lamp(T.L Lamp)가 점등된다.

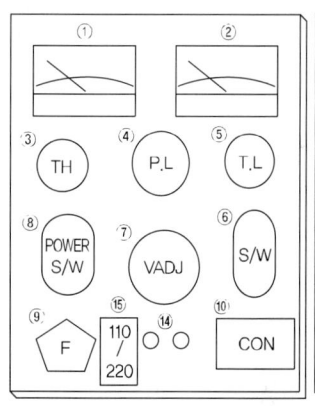
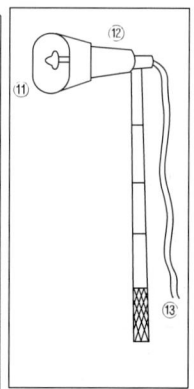

① 전압계　　　　　② 온도지시계
③ 실온감지소자　　④ P.L : 전원 램프
⑤ T.L : 미부착 감지기 동작 램프
⑥ S.W : 실온(T_1)과 보조기(T_2)의 온도전환스위치
⑦ VADJ : 온도조정 VR
⑧ P S/W : 전원 스위치
⑨ 퓨즈　　　　　　⑩ 커넥터
⑪ T.H : 보조기 온도 감지 소자
⑫ 보조기　　　　　⑬ 접속 플러그와 전선
⑭ D.T 단자 : 미부착 감지기 단자
⑮ 110 V/220 V 전환 스위치

(3) 시험 시 주의사항

1) 가연시험기는 적정의 것을 사용할 것
2) 가연시험 시에는 부착면의 기류 등으로 인한 영향이 없도록 할 것
3) 측정현장과 측정기의 전압이 서로 상이할 경우에는 오동작이나 기기가 파손되므로 반드시 전압을 확인한다.
4) 발연재료가 연소할 때 규정 값에 도달하면 곧 실험한다.
5) 15~30℃ 범위를 넘는 고온 또는 저온의 장소에 설치되어 있는 연기감지기는 떼어내어 상온으로 회복시킨 후 측정한다.
6) 측정값이 감도전압의 기준 값 이상으로 된 감지기는 제조회사 또는 영업소로 반송하고 현장에서는 절대 분해하지 않는다.(이온화식 감지기 방사선원 Am241)
7) 발연하기 시작하면 누연이 없도록 감지기에 밀착시킨다.

(4) 연기감지기의 작동시간

종별(농도) 형식	비축적형		축적형	
	이온화식	광전식	이온화식	광전식
1종(5%)	30초	30초	60초	60초
2종(10%)	60초	60초	90초	90초
3종(20%)	60초	60초	90초	90초

★★☆☆☆

문제06 연기감지기시험기에 대하여 부착 감지기 및 미부착 감지기의 시험방법 및 시험 시 주의사항에 대하여 기술하시오.

10 풍속풍압계

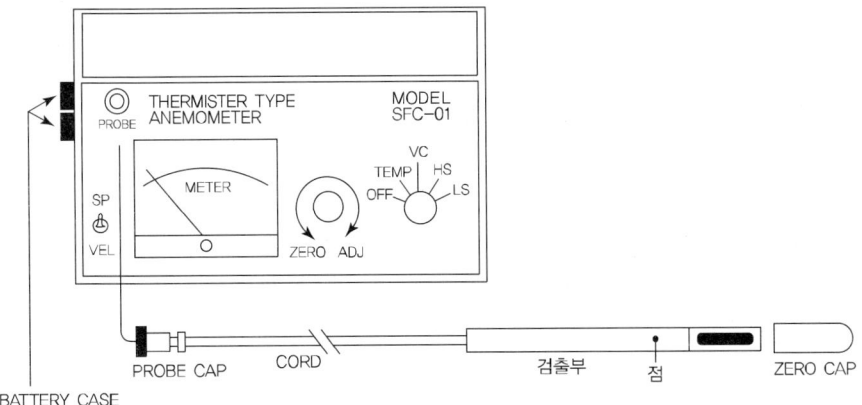

(1) 온도 측정 방법
1) 선택 SW를 OFF에 위치
2) SP-VEL SW를 VEL(풍속)에 위치
3) PROBE CAP을 본체의 PROBE 커넥터에 연결
4) 선택 SW를 VC에 위치
   - 미터가 GOOD의 위치이면 정상
   - 미터가 POOR의 위치이면 건전지 교환
5) 선택 SW를 TEMP에 위치
6) 검출부의 ZERO CAP을 벗긴다.
7) 기류 중에 검출부의 끝부분을 삽입
8) 기류의 온도가 미터의 최하단에 표시

(2) 풍속 측정 방법
1) 선택 SW를 OFF에 위치
2) SP-VEL SW를 VEL(풍속)에 위치
3) PROBE CAP을 본체의 PROBE 커넥터에 연결
4) 선택 SW를 VC에 위치
   - 미터가 GOOD의 위치이면 정상
   - 미터가 POOR의 위치이면 건전지 교환
5) 검출부의 끝 부분에 ZERO CAP을 씌운다.
6) 선택 SW를 LS에 위치
7) ZERO ADJ의 손잡이로 미터의 0점 조정
8) 검출부의 ZERO CAP을 벗긴다.
9) 점표시가 바람 방향과 직각이 되도록 하여 풍속 측정
10) 풍속은 미터의 상단 2줄에 지시

17th Day

11) 풍속에 따라서 LS레인지나 HS레인지를 선택하여 풍속 측정

(3) 정압 측정 방법

1) 선택 SW를 OFF에 위치
2) SP-VEL SW를 VEL(풍속)에 위치
3) PROBE CAP을 본체의 PROBE 커넥터에 연결
4) 선택 SW를 VC에 위치
   - 미터가 GOOD의 위치이면 정상
   - 미터가 POOR의 위치이면 건전지 교환
5) SP-VEL SW를 SP(정압)에 위치
6) 선택 SW를 LS에 위치
7) 검출부의 끝 부분에 ZERO CAP을 씌운다.
8) ZERO ADJ의 손잡이로 미터의 0점 조정.
9) 검출부의 ZERO CAP을 벗긴다.
10) 검출부의 끝 부분을 정압 CAP에 꽂는다.
11) 검출부의 점표시와 정압 CAP의 점표시가 일직선상에 오도록 한 후 고정
12) 덕트 등의 벽면에 정압 CAP을 고정하여 정압 측정
13) 정압은 미터의 중간 2줄에 지시
14) 정압에 따라서 LS레인지나 HS레인지를 선택하여 정압 측정

(4) 주의사항

1) 본체나 검출부에 심한 충격이나 고온을 피한다.
2) 측정 종료 시에는 선택스위치를 OFF 위치에, SP-VEL SW를 VEL(풍속)에 위치
3) 탐지 CAP를 뽑아서 보관해야 한다.

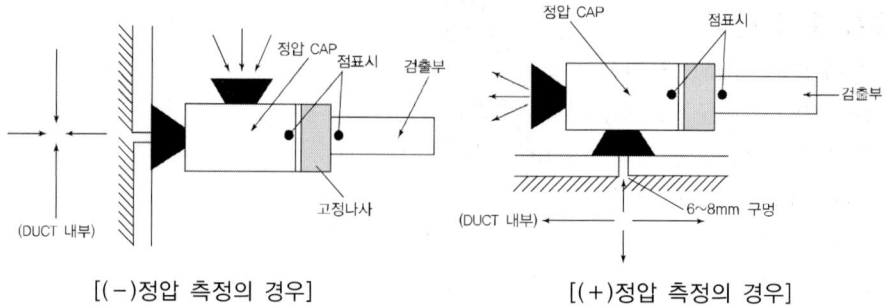

[(-)정압 측정의 경우]   [(+)정압 측정의 경우]

★★☆☆☆

> **문제07** 풍속풍압계의 풍속측정방법 및 정압측정방법에 대하여 기술하시오.

> **※ 풍속 판단기준**
> 1) 거실 제연설비
>
> | | |
> |---|---|
> | 공기유입방식 및 유입구 | 예상제연구역에 공기가 유입되는 순간의 풍속은 5㎧ 이하가 되도록 하고, 유입구의 구조는 유입공기를 하향 60° 이내로 분출할 수 있도록 하여야 한다. |
> | 배출기 및 배출풍도 | 배출기의 흡입측 풍도 안의 풍속은 15㎧ 이하로 하고 배출 측 풍속은 20㎧ 이하로 할 것 |
> | 유입풍도 | 유입풍도 안의 풍속은 20㎧ 이하 |
>
> 2) 부속실 제연설비
>
> | 제 연 구 역 | | 방연풍속 |
> |---|---|---|
> | 계단실 및 그 부속실을 동시에 제연하는 것 또는 계단실만 단독으로 제연하는 것 | | 0.5㎧ 이상 |
> | 부속실만 단독으로 제연하는 것 또는 비상용승강기의 승강장만 단독으로 제연하는 것 | 부속실 또는 승강장이 면하는 옥내가 거실인 경우 | 0.7㎧ 이상 |
> | | 부속실 또는 승강장이 면하는 옥내가 복도로서 그 구조가 방화구조(내화시간이 30분 이상인 구조를 포함한다)인 것 | 0.5㎧ 이상 |

11 폐쇄력 측정기

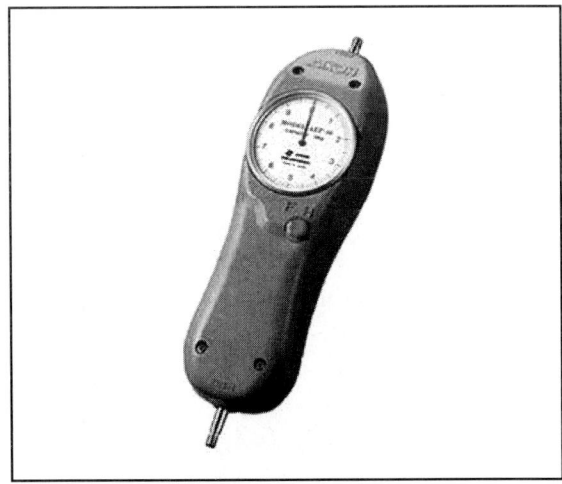

(1) 용도
특별피난계단의 계단실 및 부속실 제연설비의 화재안전기준에 따라 닫힌 출입문의 폐쇄력을 측정하여 그 폐쇄력이 출입문의 개방에 필요한 힘(110N 이하)이 되도록 확인 조정할 것

(2) 측정방법
1) 전원 온, 오프, 피크고정 스위치를 "on" 조정하여 전원을 켠다.

2) kg/LB/Newton 조정스위치를 조정하여 측정하고자 하는 단위로 맞춘다.
3) "센서의 상단부"에 적절한 "아답터"를 사용하여 "측정대상"에 일직선 상으로 접촉시킨다.
4) 모든 측정 전에 "영점버튼"을 눌러 "영점"을 잡는다.
5) 힘을 주어가며(밀거나 당기며) 측정을 시작하여 LCD 표시창에 나타난 수치를 읽는다.

(3) 측정 시 주의사항

1) 폐쇄력 측정기는 자동으로 작동된다. 압력을 측정하기 전 표시창에 "-"가 표시되어 있는지 확인한다.
2) 압력 측정 시 센서의 상단부분을 압력측정 대상에 일직선상으로 맞춰 밀착시킨다.
3) 센서의 상단부를 회전시키지 말 것
4) 센서의 상단부와 측정하려는 물체와의 사이를 반드시 밀착시킬 것

> **TIP** ※ 폐쇄력 판단기준(부속실 제연설비)
> 제연설비가 가동되었을 경우 출입문의 개방에 필요한 힘은 110N 이하로 하여야 한다.

★★☆☆☆

 문제08 폐쇄력 측정기의 용도, 측정방법 및 측정 시 주의사항에 대하여 기술하시오.

12 차압계

(1) 압력측정

1) 전원스위치를 켠다(ON).
2) 영점 세팅키를 눌러서 대기 중 상태에서 영점조정을 한다.
3) 호스연결유닛(+)에 호스를 연결한다.
4) 측정하고자 하는 장소에 호스를 연결시킨다.
5) 표시된 측정(압력측정)값을 직독한다.

(2) 차압측정

1) 전원스위치를 켠다(ON).
2) 영점 세팅키를 눌러서 대기 중 상태에서 영점조정을 한다.
3) 호스연결유닛 (+)(-)에 호스를 각각 연결한다.
4) 측정하고자 하는 장소의 양쪽에 (+)(-)호스를 각각 연결한다.
5) 표시된 측정(차압측정)값을 읽는다.

> **TIP** ※차압 판단기준(부속실 제연설비)
> ① 제연구역과 옥내와의 사이에 유지하여야 하는 최소차압은 40 Pa(옥내에 스프링 클러설비가 설치된 경우에는 12.5 Pa) 이상으로 하여야 한다.
> ② 출입문이 일시적으로 개방되는 경우 개방되지 아니하는 제연구역과 옥내와의 차압은 제1항의 기준에 불구하고 제1항의 기준에 따른 차압의 70 % 미만이 되어서는 아니 된다.
> ③ 계단실과 부속실을 동시에 제연하는 경우 부속실의 기압은 계단실과 같게 하거나 계단실의 기압보다 낮게 할 경우에는 부속실과 계단실의 압력 차이는 5 Pa 이하가 되도록 하여야 한다.

★★☆☆☆

예상 **문제09** 차압계의 사용법(압력측정방법, 차압측정방법)에 대하여 기술하시오.

[13] 조도계

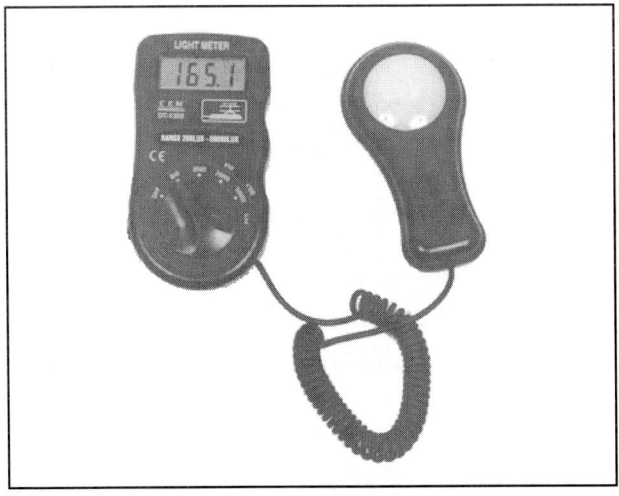

(1) 용도
비상조명등 및 유도등의 조도를 측정하는 기구이다.

(2) 사용법

1) 조도계의 전원스위치를 ON으로 한다.
2) 빛이 노출되지 않는 상태에서 지시눈금이 "0"의 위치인가를 확인한다.
3) 적정한 측정단위를 Range스위치를 이용하여 선택한다.
4) 감광부분을 측정장소에 놓고 수치를 읽는다.

(3) 주의사항

1) 빛의 강도를 모를 경우는 최대치 범위부터 적용한다.
2) 감광부분은 직사광선 등 과도한 광도(조도)에 노출되지 않도록 한다.
3) 습기가 적은 곳에 보관한다.
4) 진동이 없고, 직사광선을 쐬지 않는 곳에 보관한다.

> **TIP** ※ 터널의 비상조명등의 적정한 조도 기준
> 상시 조명이 소등된 상태에서 비상조명등이 점등되는 경우 터널 안의 차도 및 보도의 바닥면의 조도는 10lx 이상, 그 외 모든 지점의 조도는 1lx 이상이 될 수 있도록 설치할 것

★★☆☆☆

[예상] 문제10 비상조명등 및 유도등에 대한 다음의 물음에 답하시오.
1) 조도계의 사용방법에 대하여 기술하시오.
2) 조도계 사용 시 주의사항에 대하여 기술하시오.
3) 비상조명등 및 유도등은 적정한 조도를 유지하여야 하는 바, 다음 각 항목에 대하여 법으로 정한 조도 기준에 대하여 기술하시오.
   ① 비상조명등
   ② 통로유도등(벽에 설치한 것)
   ③ 통로유도등(바닥에 매설한 것)
   ④ 객석유도등

14 절연저항계

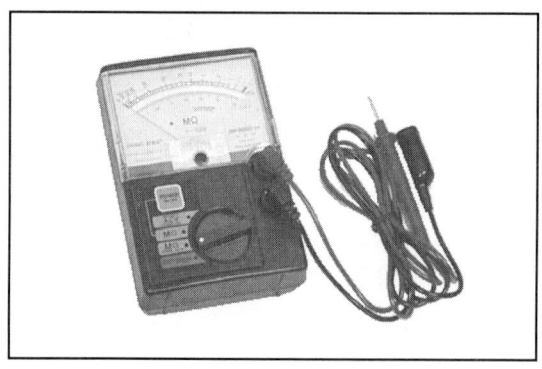

(1) 용도
전선로의 절연저항을 측정하는 기구이다.

(2) 사용법
1) 계기의 접지단자 및 라인단자에 도선을 접속한다.
2) 측정하기 전에 전지시험(Battery Check) 및 0점 확인(Zero Check)을 실시한다.
   - 내장전지시험 : 라인시험용 도선을 접속한 후 라인 도선을 이용하여 전지 체크용 단자(dipole)의 두 극을 접속시켰을 때 계기 바늘이 검은색 때(B로 표시) 내에 있으면 정상이다. 그렇지 않은 경우에는 전지가 소모된 경우이므로 나사를 풀고 전지를 교체해 주어야 한다.
   - 0점 확인 : 계기의 접지단자 및 라인단자에 도선을 접속한 후 두 도선을 단락한 후 스위치를 눌렀을 때 지시치가 0[Ω]이면 정상상태이다.
3) 접지단자의 도선은 접지측에 피측정회로는 라인측에 접속시킨다(이때 피측정 전원의 전원스위치 OFF).
4) 계기의 전원스위치를 누르면 피측정 회로의 절연저항값이 지시된다.

(3) 판정방법

전로의 사용전압 구분		절연저항
400 V 미만	대지전압(접지식 전로는 전선과 대지간의 전압, 비접지식 전로는 전선간의 전압을 말한다)이 150 V 이하인 경우	0.1 MΩ 이상
	대지전압이 150 V 초과 300 V 이하인 경우	0.2 MΩ 이상
	사용전압이 300 V 초과 400 V 미만인 경우	0.3 MΩ 이상
400 V 이상		0.4 MΩ 이상

(4) 주의사항
1) 전로나 기기를 충분히 방전시킨다.
2) 탐침(Probe)을 맨손으로 잡고 측정하면 누설전류가 흘러 절연저항 값이 낮게 측정되는 경우가 있으므로 전기용 고무장갑을 착용한다.
3) 도선 간의 절연저항을 측정 시에는 개폐기를 모두 개방하여야 한다.
4) 반도체를 포함하는 전기회로의 절연저항 측정 시에는 반도체 소자가 손상될 우려가 있으므로 이러한 경우에는 소자 간을 단락한 후에 측정하거나 소자를 분리한 상태에서 측정해야 한다.
5) 전로나 전기기기의 사용전압에 적합한 정격의 절연저항계를 선정하여 측정해야 한다.
6) 선간 절연저항을 측정할 때에는 계기용변성기(PT), 콘덴서, 부하 등을 측정회로에서 분리시킨 후 측정한다.
7) 저압선로는 250V 또는 500 V용을 사용하며 고압선로는 1000 V, 2000 V용을 사용한다.

(5) 교류전압의 측정
접지단자와 라인단자에 도선을 연결하여 일반 전압계와 같이 측정한다.

> **TIP** ※절연저항 판단기준
>
> | | |
> |---|---|
> | 비상경보설비 | 전원회로의 전로와 대지 사이 및 배선 상호 간의 절연저항은 「전기사업법」 제67조에 따른 기술기준이 정하는 바에 의하고, 부속회로의 전로와 대지 사이 및 배선 상호 간의 절연저항은 1경계구역마다 직류 250 V의 절연저항측정기를 사용하여 측정한 절연저항이 0.1 MΩ 이상이 되도록 할 것 |
> | 비상방송설비 | |
> | 자동화재탐지설비 | |
> | 비상콘센트설비 | 절연저항은 전원부와 외함 사이를 500 V 절연저항계로 측정할 때 20 MΩ 이상일 것 |

★★★☆☆

 문제11 절연저항계에 대한 다음 물음에 답하시오.
  1) 시험 방법
  2) 시험 시 주의사항
  3) 전원회로의 전로와 대지 사이 및 배선 상호 간의 절연저항에 대한 기준
  4) 감지기회로 및 부속회로의 전로와 대지 사이 및 배선 상호간의 절연저항에 대한 기준

15 전류전압측정계

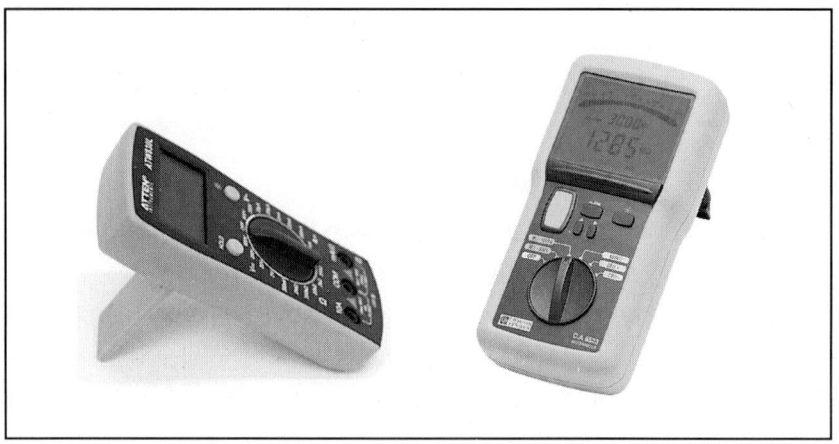

(1) 용도
약전류 회로(수신기, 중계기, 발신기, 각종 기동스위치 등)의 전압, 전류, 저항을 측정하는 장비로서 회로의 단선, 단락 등 기기의 고장, 점검, 검사에 필수적인 장비이다.

(2) 0점 조정 및 전지 체크
  1) 모든 측정 시 사전에 0점 조정 및 전지 체크할 것

2) 0점 조정 : 재측정을 하기 전에 반드시 바늘의 위치가 0점에 고정되어 있는가를 확인하여야 한다. 그렇지 않은 경우에는 0점 조정나사를 돌려 0점에 맞추어야 한다.
3) 전지 체크 : 0점 조정나사를 반시계 방향으로 맨 끝까지 돌려도 바늘이 0점으로 오지 않을 경우는 건전지가 소모된 경우이다.

(3) 직류 전류 측정
1) 0점 조정 및 전지 체크
2) 흑색전선을 측정기의 (-)측 단자에 적색전선을 (+)측 단자에 접속시킨다.
3) 선택스위치를 DC에 고정시킨다.
4) Range를 DC mA의 적정한 위치로 하고 피측정 회로에 측정기의 흑색과 적색의 도선을 직렬로 접속한다.
5) 지침이 나타내는 계기판의 Range에 대응하는 DC 눈금을 읽는다.
6) 바늘이 반대 방향으로 기울어지면 흑색 및 적색도선의 측정위치를 바꾼다.

(4) 직류 전압 측정
1) 0점 조정 및 전지 체크
2) 흑색전선을 측정기의 (-)측 단자에 적색전선을 (+)측 단자에 접속시킨다.
3) 선택스위치를 DC V에 고정시킨다.
4) Range를 DC V의 적정한 위치로 하고 피측정 회로에 측정기의 흑색과 적색의 도선을 병렬로 접속시킨다.
5) 지침이 나타내는 계기판의 Range에 대응하는 DC 눈금의 수치를 읽는다.
6) 바늘이 반대 방향으로 기울어지면 흑색 및 적색도선의 측정위치를 바꾼다.

(5) 교류 전압 측정
1) 0점 조정 및 전지 체크
2) 흑색전선을 측정기의 (-)측 단자에 적색전선을 (+)측 단자에 접속시킨다.
3) 선택스위치를 AC에 고정시킨다.
4) Range를 AC V의 적정한 위치로 하고 피측정 회로에 측정기의 흑색과 적색의 도선을 병렬로 접속시킨다.
5) 지침이 나타내는 계기판의 Range에 대응하는 AC 눈금의 수치를 읽는다.

(6) 직류 저항 측정
1) 흑색전선을 측정기의 (-)측 단자에 적색전선을 (+)측 단자에 접속시킨다.
2) 선택스위치를 Ω의 위치에 고정시킨다.
3) Range를 Ω의 적정한 위치로 하고 (+)와 (-)도선을 단락시켜 0Ω이 되도록 0점을 조정한다(0점 조정 : 볼륨을 돌려서 0Ω이 되도록 조정).
4) 피측정 저항의 양끝에 도선을 접속시키고 Ω의 눈금을 읽는다.

18th Day

5) Ω눈금에 Ω레인지의 배수를 곱한다.

(7) 콘덴서 품질시험(Checking Quality of Condenser)
[시험방법]
1) 0점 조정 및 전지체크
2) 흑색전선을 측정기의 (-)측 단자에 적색전선을 (+)측 단자에 접속시킨다.
3) 선택스위치를 Ω의 위치에 고정시킨다.
4) Range를 ×10kΩ으로 한다.
5) 피측정 콘덴서의 양 끝에 도선을 접속시킨다.

> **TIP** ※판정방법
> 1) 양호한 콘덴서는 전지 전압으로 충전되어 바늘이 한쪽으로 기울다가 바늘이 서서히 ∞의 위치로 되돌아간다.
> 2) 불량한 콘덴서는 바늘이 한쪽으로 기울지 않는다.
> 3) 단락된 콘덴서는 바늘이 ∞위치(원위치)로 되돌아가지 않는다.

(8) 주의사항
1) 측정 시 시험기는 수평으로 놓을 것
2) 측정 범위가 미지수일 때는 레인지의 최대 범위에서 시작하여 범위를 낮추어 갈 것
3) 보관 시 극성선택스위치는 중앙에 둘 것
4) 레인지가 DC mA에 있을 때 고전압이 걸리지 않도록 할 것(시험기의 분로저항이 손상될 우려가 있음)
5) 어떤 장비의 회로 저항을 측정할 때는 측정 전에 장비용 전원을 반드시 차단하여야 한다.
6) 콘덴서가 포함된 회로에서는 콘덴서에 충전된 전류는 방전시켜야 한다.
7) 사용하기 전에 레인지를 확인한다.
8) 진동이 심한 곳 또는 직사광선이나 고온다습한 곳에 두는 것을 피하여야 한다.
9) 동작 중에는 저항 측정을 하지 않는다.

> **TIP** ※전로저항 판단기준
> 자동화재탐지설비의 감지기회로의 전로저항은 50 Ω 이하가 되도록 하여야 하며, 수신기의 각 회로별 종단에 설치되는 감지기에 접속되는 배선의 전압은 감지기 정격전압의 80 % 이상이어야 할 것

★★☆☆☆

 문제12 전류전압측정계의 0점 조정 콘덴서의 품질시험방법 및 사용상 주의사항에 대하여 설명하시오. [점검2회기출]

16 누전계

(1) 용도
전기 선로의 누설전류 및 일반전류를 측정하는데 사용한다.

(2) 사용법
1) 영점 조정나사를 이용하여 0점 조정
2) Battery Check를 하여 Battery의 이상 유무 확인
   - Test Selector(시험 선택기)의 손잡이를 "TEST"에 맞추고
   - 푸시버튼을 눌러 Battery의 이상 유무를 확인(눈금이 중앙 적색선을 초과하여야 한다)
3) Test Selector를 mA에 맞추고 측정단위(예 : 150mA, 300mA)에 고정
4) 변류기의 2개 도선을 각각 누전계의 단자에 접속한다.
5) 측정하고자 하는 전선을 변류기 내로 관통시킨다.
6) 푸시버튼을 눌러 지시치를 읽는다.

(3) 주의사항
600 V 이상의 고압에는 사용하지 않는다.

18th Day

17 소방시설별 점검 장비

소방시설 설치 및 관리에 관한 법률 시행규칙[별표3]

소방시설	점검 장비	규격
모든 소방시설	• 방수압력측정계 • 절연저항계(절연저항측정기) • 전류전압측정계	
소화기구	• 저울	
옥내소화전설비 옥외소화전설비	• 소화전밸브압력계	
스프링클러설비 포소화설비	• 헤드결합렌치(볼트, 너트, 나사 등을 죄거나 푸는 공구)	
이산화탄소소화설비 분말소화설비 할론소화설비 할로겐화합물 및 불활성기체 소화설비	• 검량계 • 기동관누설시험기 • 그 밖에 소화약제의 저장량을 측정할 수 있는 점검기구	
자동화재탐지설비 시각경보기	• 열감지기시험기 • 연감지기시험기 • 공기주입시험기 • 감지기시험기연결막대 • 음량계	
누전경보기	• 누전계	누전전류 측정용
무선통신보조설비	• 무선기	통화시험용
제연설비	• 풍속풍압계 • 폐쇄력측정기 • 차압계(압력차 측정기)	
통로유도등 비상조명등	• 조도계(밝기 측정기)	최소 눈금이 0.1럭스 이하인 것

비고 : 1. 신축·증축·개축·재축·이전·용도변경 또는 대수선 등으로 소방시설이 새로 설치된 경우에는 해당 특정소방대상물의 소방시설 전체에 대하여 실시한다.
2. 작동점검 및 종합점검(최초점검은 제외한다)은 건축물 사용승인 후 그 다음 해부터 실시한다.
3. 특정소방대상물이 증축·용도변경 또는 대수선 등으로 사용승인일이 달라지는 경우 사용승인일이 빠른 날을 기준으로 자체점검을 실시한다.

★★★★☆

 문제13 옥외소화전설비의 법정 점검기구를 기술하시오. [점검1회기출]

★★★★★

문제14 소방시설의 자체점검에서 사용하는 소방시설별 점검기구를 아래와 같이 칸을 그리고 10개의 항목으로 작성하라.(단, 절연저항계의 규격은 비고에 기술하라)[점검3회기출]

구분	설비별	점검기구	규격
①			
②			
·			
·			
⑩			

비고 :

★★★★☆

문제15 소방시설별 점검기구에 대한 다음의 빈칸을 완성하시오. [점검12회기출]

소방시설	점검기구
소화기구	
스프링클러설비, 포소화설비	
이산화탄소 소화설비, 분말소화설비, 할론소화설비, 할로겐화합물 및 불활성기체 소화설비	

★★★★☆

문제16 자동화재탐지설비와 시각경보기 점검에 필요한 점검장비에 관하여 쓰시오. [점검19회기출]

★★★☆☆

문제17 화재예방, 소방시설 설치·유지 및 안전관리에 관한 법령상 소방시설별 점검장비이다. ( )에 들어갈 내용을 쓰시오.(단, 종합정밀점검의 경우임)[점검22회기출]

소방시설	장비
스프링클러설비 포소화설비	• (ㄱ)
이산화탄소소화설비 분말소화설비 할론소화설비 할로겐화합물 및 불활성기체 (다른 원소와 화학 반응을 일으키기 어려운 기체) 소화설비	• (ㄴ) • (ㄷ) • 그 밖에 소화약제의 저장량을 측정할 수 있는 점검기구
자동화재탐지설비 및 시각경보기	• 열감지기시험기 • 연(煙)감지기시험기 • (ㄹ) • (ㅁ) • 음량계

■ 성공한 사람들이 외는 주문

나는 나의 능력을 믿으며, 어떠한 어려움이나 고난도 이겨낼 것이다.
나는 자랑스러운 나를 만들 것이며, 항상 배우는 사람으로서 더 큰 사람이 될 것이다.
나는 늘 시작하는 사람으로서 새롭게 일할 것이며, 어떤 일도 포기하지 않고 끝까지 성공시킬 것이다.
나는 항상 의욕이 넘치는 사람으로서, 행동과 언어, 그리고 표정을 밝게 할 것이다.
나는 긍정적인 사람으로서 마음이 병들지 않도록 할 것이며, 남을 미워하거나 시기, 질투하지 않을 것이다.
나는 내 나이가 몇 살이든 스무 살의 젊음을 유지할 것이며, 한 가지 분야에서 전문가가 되어 나라에 보탬이 될 것이다.
나는 다른 사람의 입장에서 생각하고, 나를 아는 모든 사람들을 사랑할 것이다.
나는 나의 신조를 매일 반복하며 실천할 것이다.

- 웅진그룹 윤석금 회장 -

'한 가지 분야에서 전문가가 되어 나라에 보탬이 될 것이다.'라는 말이 매우 감동적이고, 지나온 날들을 뒤돌아보게 하네요.

- 이기덕 원장 -

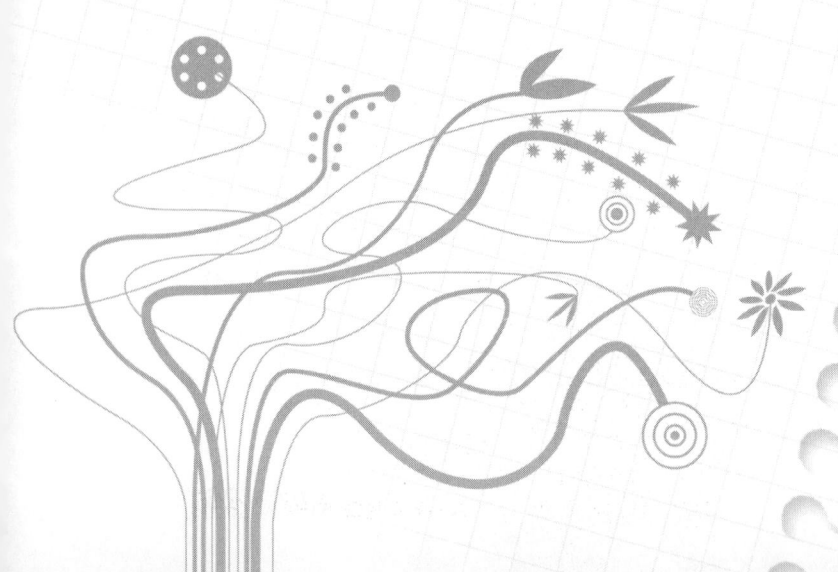

과년도 출제문제

제1회 과년도 출제문제(1993. 5. 23)
제2회 과년도 출제문제(1995. 3. 19)
제3회 과년도 출제문제(1996. 3. 31)
제4회 과년도 출제문제(1998. 9. 20)
제5회 과년도 출제문제(2000. 10. 15)
제6회 과년도 출제문제(2002. 11. 3)
제7회 과년도 출제문제(2004. 10. 31)
제8회 과년도 출제문제(2005. 7. 3)
제9회 과년도 출제문제(2006. 7. 2)
제10회 과년도 출제문제(2008. 9. 28)
제11회 과년도 출제문제(2010. 9. 5)
제12회 과년도 출제문제(2011. 8. 21)
제13회 과년도 출제문제(2013. 5. 11)
제14회 과년도 출제문제(2014. 5. 17)
제15회 과년도 출제문제(2015. 9. 5)
제16회 과년도 출제문제(2016. 9. 24)
제17회 과년도 출제문제(2017. 9. 23)
제18회 과년도 출제문제(2018. 10. 13)
제19회 과년도 출제문제(2019. 9. 21)
제20회 과년도 출제문제(2020. 9. 26)
제21회 과년도 출제문제(2021. 9. 18)
제22회 과년도 출제문제(2022. 9. 24)
제23회 과년도 출제문제(2023. 9. 16)
제24회 과년도 출제문제(2024. 9. 14)

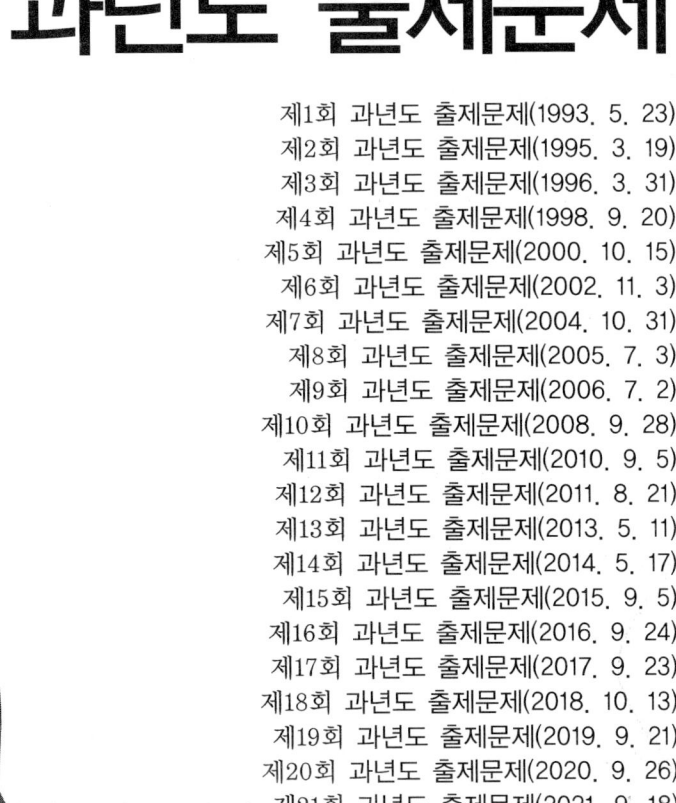

19th Day

제1회 과년도 출제문제(1993. 5. 23)

★★☆☆☆

문제1 다음의 사항을 도시기호로 표시하시오.

1) 경보설비기기류의 중계기
2) 소화전의 포말소화전
3) 저장용기류의 저장용기
4) 헤드류의 물분무헤드(평면도)
5) 방연·방화문의 자동폐쇄장치

해답

1) 경보설비기기류의 중계기

2) 소화전의 포말소화전

3) 저장용기류의 저장용기

4) 헤드류의 물분무헤드(평면도)

5) 방연·방화문의 자동폐쇄장치

★★★☆☆

문제2 유도등의 3선식 배선과 2선식 배선을 간략하게 설명하고, 점멸기를 설치할 경우 점등되어야 할 때를 기술하시오.

해답

1) 3선식 배선과 2선식 배선

3선식 배선	2선식 배선
평상시 소등되어 있음	평상시 점등되어 있음
전기회로에 점멸기를 설치함	전기회로에 점멸기를 설치하지 않음

2) 점멸기를 설치할 경우 점등되어야 할 때
   ① 자동화재탐지설비의 감지기 또는 발신기가 작동되는 때
   ② 비상경보설비의 발신기가 작동되는 때
   ③ 상용전원이 정전되거나 전원선이 단선되는 때
   ④ 방재업무를 통제하는 곳 또는 전기실의 배전반에서 수동으로 점등하는 때
   ⑤ 자동소화설비가 작동되는 때

★★★★☆

문제3 옥외소화전설비의 법정 점검기구를 기술하시오.

해답 ① 소화전밸브압력계
② 방수압력측정계
③ 절연저항계(절연저항측정기)
④ 전류전압측정계

★☆☆☆☆

문제4 위험물안전관리자의 선임대상을 기술하시오.

해답 제조소 등[제6조제3항의 규정에 따라 허가를 받지 아니하는 제조소 등과 이동탱크저장소(차량에 고정된 탱크에 위험물을 저장 또는 취급하는 저장소를 말한다)를 제외한다]의 관계인은 위험물의 안전관리에 관한 직무를 수행하게 하기 위하여 제조소 등마다 대통령령이 정하는 위험물의 취급에 관한 자격이 있는 자로 선임하여야 한다.

TIP
※**위험물안전관리법 제6조제3항**
제1항 및 제2항의 규정에 불구하고 다음 각 호의 1에 해당하는 제조소 등의 경우에는 허가를 받지 아니하고 당해 제조소 등을 설치하거나 그 위치·구조 또는 설비를 변경할 수 있으며, 신고를 하지 아니하고 위험물의 품명·수량 또는 지정수량의 배수를 변경할 수 있다.
1. 주택의 난방시설(공동주택의 중앙난방시설을 제외한다)을 위한 저장소 또는 취급소
2. 농예용·축산용 또는 수산용으로 필요한 난방시설 또는 건조시설을 위한 지정수량 20배 이하의 저장소

19th Day

★★☆☆☆

문제5 연결살수설비의 살수헤드의 점검항목을 기술하시오.

해답
- 헤드의 변형·손상 유무
- 헤드 설치 위치·장소·상태(고정) 적정 여부
- 헤드 살수장애 여부

★★☆☆☆

문제6 소방시설 자체점검 기록부 작성종목 8가지 작성요령을 기술하시오.
점검일자, 점검시설, 점검내용, 점검결과, 결과조치, 비고, 점검담당자, 관리책임자

해답
1. 점검일자
   당해 소방대상물에 설치된 소방시설을 자체 점검한 날짜를 기재한다.
2. 점검시설
   설치된 소방시설 중 점검한 소방시설의 종류를 기재한다.
3. 점검내용
   각 시설 중의 점검한 내용을 기재한다.
4. 점검결과
   해당 소방시설을 점검한 결과 그 시설의 상태를 기재한다.
5. 결과조치
   점검결과가 불량한 상태일 때에는 수리 또는 보완 등의 조치 내용을 기재한다.
6. 비고
   앞의 1~5까지의 기재 사항 중 특기할 사항이나 참고 보충 설명이 필요한 부분만 기재한다.
7. 점검 담당자, 8. 관리책임자는 삭제되었음.

★★★☆☆

문제7 화재안전기준의 누전경보기의 수신기 설치가 제외되는 장소 5곳을 기술하시오.

해답
① 가연성의 증기·먼지·가스 등이나 부식성의 증기·가스 등이 다량으로 체류하는 장소
② 화약류를 제조하거나 저장 또는 취급하는 장소
③ 습도가 높은 장소

④ 온도의 변화가 급격한 장소
⑤ 대전류회로·고주파 발생회로 등에 따른 영향을 받을 우려가 있는 장소

★★★★☆

문제8 스프링클러설비의 말단시험밸브의 시험 작동 시 확인될 수 있는 사항을 간기하시오.

해답
1) 유수검지장치의 기능시험
   ① 압력스위치 작동 여부
   ② 음향장치 작동 여부
   ③ 제어반에 화재표시등 점등 여부
   ④ 제어반에 유수검지등 점등 여부
2) 가압송수장치의 작동시험
   ① 가압송수장치의 작동 여부
   ② 기동용 수압개폐장치의 압력스위치 작동 여부
3) 법정 방수압 확인
4) 법정 방수량 확인

★★★☆☆

문제9 스프링클러설비 헤드의 감열부 유무에 따른 헤드의 설치수와 급수관 구경과의 관계를 도표로 나타내고, 설치된 헤드의 종류별로 점검착안사항을 열거하시오.

해답
1. 헤드의 감열부 유무에 따른 헤드의 설치수와 급수관 구경과의 관계

구분 \ 급수관의 구경	25	32	40	50	65	80	90	100	125	150
폐쇄형 스프링클러헤드를 설치하는 경우(감열부 유)	2	3	5	10	30	60	80	100	160	161 이상
폐쇄형 스프링클러헤드를 설치하고 반자 아래의 헤드와 반자 속의 헤드를 동일 급수관의 가지관 상에 병설하는 경우(감열부 유)	2	4	7	15	30	60	65	100	160	161 이상
개방형 스프링클러헤드를 설치하는 경우 하나의 방수구역이 담당하는 헤드의 개수가 30개 이하일 때(감열부 무)	1	2	5	8	15	27	40	55	90	91 이상

2. 설치된 헤드의 종류별 점검착안사항
    1) 폐쇄형 헤드(감열부 유)
        ① 헤드 설치 부분에 누락되어 있는 부분은 없는가
        ② 헤드의 간격은 규정에 맞는가
        ③ 헤드는 주위 온도에 적합한 것으로 설치되어 있는가
        ④ 헤드의 주위에는 60 cm 이상의 공간을 확보하고 있는가
        ⑤ 부착면과의 거리는 30 cm 이하인가
        ⑥ 헤드의 부착각도 불량 또는 변형 등으로 살수가 한쪽으로 치우칠 우려는 없는가
        ⑦ 헤드 부분에서 누수되는 곳은 없는가
    2) 개방형 헤드(감열부 무)
        ① 헤드의 미설치 부분은 없는가
        ② 헤드의 간격은 규정대로 유지하고 있는가
        ③ 헤드의 부착각도 불량 또는 변형 등으로 살수가 한쪽으로 치우칠 우려는 없는가
        ④ 헤드 주위의 장애물로 인하여 유효살수가 불가능한 부분은 없는가

★★☆☆☆

문제10 고정포소화설비의 종합정밀 점검방법을 기술하시오.

해답
① 헤드 또는 고정포방출구의 부착위치의 적정 여부
② 기기, 배관, 이음쇠, 밸브류, 소화약제, 혼합장치, 기동장치, 이동식 포소화설비의 호스접속구 등의 설치장소(위치) 또는 소화약제저장소의 적정 여부
③ 수원의 용량 및 소화약제저장량의 적정 여부
④ 가압송수장치의 펌프, 전동기 등의 용량 및 설치장소의 적정 여부
⑤ 계산서 내용의 적정 여부
⑥ 기타 관계법령과의 적정 여부

제2회 과년도 출제문제 (1995. 3. 19)

★★★★☆

문제1 스프링클러설비 준비작동밸브 SDV형의 구성 명칭은 다음과 같다. 작동 순서, 작동 후 조치(배수 및 복구), 경보장치 작동시험방법을 설명하시오.

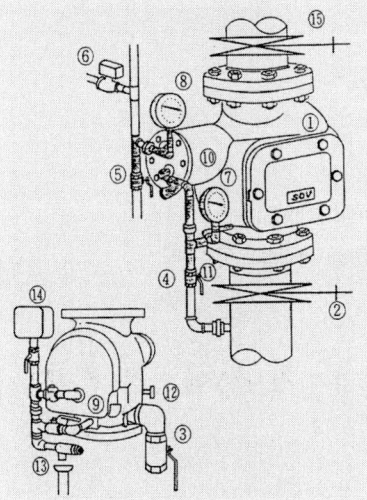

① 준비작동밸브 본체
② 1차측 제어밸브(개폐표시형)
③ 드레인밸브
④ 볼밸브(중간챔버 급수용)
⑤ 수동기동밸브
⑥ 전자밸브
⑦ 압력계(1차측)
⑧ 압력계(중간챔버용)
⑨ 경보시험밸브
⑩ 중간챔버
⑪ 체크밸브
⑫ 복구레버(밸브 후면)
⑬ 자동배수밸브
⑭ 압력스위치
⑮ 2차측 제어밸브(개폐표시형)

해답

1. 작동 순서
   1) 2차측 제어밸브 ⑮ 잠금
   2) 감지기 1개 회로 작동 : 경보장치 작동
      감지기 2개 회로 작동 : 전자밸브 ⑥ 개방
   3) 준비작동밸브 ①의 중간챔버 ⑩ 압력 저하
      → 푸시 로드(Push Rod) 후진, 레버 후진, 클래퍼 개방
   4) 2차측 제어밸브 ⑮까지 송수
   5) 경보 상태 확인
   6) 펌프 자동 기동 상태 및 압력 유지 확인

2. 작동 후 조치
   1) 배수
      ※ 1차측 제어밸브 ② 및 중간챔버 급수용 볼밸브 ④ 잠금
      ※ 배수밸브 ③ 및 수동기동밸브 ⑤ 개방 배수
      ※ 제어반을 복구, 경보 및 펌프기동정지 확인
   2) 복구
      ※ 복구레버 ⑫ 반시계 방향으로 돌려 클래퍼 폐쇄(소리로 확인)

* 배수밸브 ③ 및 수동기동밸브 ⑤ 잠금
* 중간챔버 급수용 볼밸브 ④ 개방 → 중간챔버에 급수
   → 압력계(중간챔버용) ⑧ 압력 지시 확인
* 1차측 제어밸브 ② 서서히 개방
* 중간챔버 급수용 볼밸브 ④ 잠금
* 수신반(제어반)의 스위치 상태 등이 정상적인지 확인
* 2차측 제어밸브 ⑮ 서서히 개방

3. 경보장치 작동시험방법
   1) 2차측 제어밸브 ⑮ 잠금
   2) 경보시험밸브 ⑨ 개방
      * 압력스위치 연동
      * 경보장치 작동
   3) 경보 확인 후 경보시험밸브 ⑨ 잠금
   4) 자동배수밸브 ⑬ 버튼 누름(수동 개방) → 배수 및 복구
   5) 제어반 스위치 상태 확인
   6) 2차측 제어밸브 ⑮ 서서히 개방
※ 참고 : 현장 여건에 따라 제어반의 경보장치 정지 상태로 한 후 작동시험 실시

★★☆☆☆

문제2 전류전압측정계의 0점 조정 콘덴서의 품질시험방법 및 사용상 주의사항에 대하여 설명하시오.

해답 1. 품질시험방법
   ① 0점 조정 및 전지 체크
   ② 흑색전선을 측정기의 (−)측 단자에 적색전선을 (+)측 단자에 접속시킨다.
   ③ 선택스위치를 Ω의 위치에 고정시킨다.
   ④ Range를 ×10kΩ으로 한다.
   ⑤ 피측정 콘덴서의 양쪽 끝에 도선을 접속시킨다.
   [판정 방법]
   ① 양호한 콘덴서는 전지 전압으로 충전되어 바늘이 한쪽으로 기울다가 바늘이 서서히 ∞의 위치로 되돌아간다.
   ② 불량한 콘덴서는 바늘이 한쪽으로 기울지 않는다.
   ③ 단락된 콘덴서는 바늘이 ∞의 위치(원위치)로 되돌아가지 않는다.
2. 사용상 주의사항
   ① 측정 시 시험기는 수평으로 놓을 것

② 측정범위가 미지수일 때는 레인지의 최대 범위에서 시작하여 범위를 낮추어 갈 것
③ 보관 시 극성선택스위치는 중앙에 둘 것
④ 레인지가 DC mA에 있을 때 고전압이 걸리지 않도록 할 것
   (시험기의 분로저항이 손상될 우려가 있음)
⑤ 어떤 장비의 회로 저항을 측정할 때는 측정 전에 장비용 전원을 반드시 차단하여야 한다.
⑥ 콘덴서가 포함된 회로에서는 콘덴서에 충전된 전류는 방전시켜야 한다.
⑦ 사용하기 전에 레인지를 확인한다.
⑧ 진동이 심한 곳 또는 직사광선이나 고온 다습한 곳에 두는 것을 피하여야 한다.
⑨ 동작 중에는 저항 측정을 하지 않는다.

★★★★★

문제3 자동화재탐지설비용 수신기의 화재표시작동시험, 도통시험, 공통선시험, 예비전원시험, 동시작동시험 및 회로저항시험의 시험방법과 가부판정기준에 대하여 기술하시오.

해답 1) 화재표시작동시험
   ① 시험방법
      ㉠ 화재표시작동시험스위치를 시험 위치에 놓는다.
      ㉡ 회로선택스위치를 차례로 회전시킨다.
      ㉢ 자동복구스위치를 누르거나, 복구스위치를 회로별로 눌러주면서 시험한다.
   ② 가부판정기준
      수신기의 화재표시등, 지구표시등, 주경종, 지구경종의 작동 여부를 확인한다.
2) 도통시험
   ① 시험방법
      ㉠ 회로도통시험스위치를 시험 위치에 놓는다.
      ㉡ 회로선택스위치를 차례로 회전시킨다.
   ② 가부판정기준
      단선 여부를 표시등 또는 전압계로 확인한다.
3) 공통선시험
   ① 시험방법
      ㉠ 수신기 내부에 있는 접속단자에서 공통선을 1선 제거한다.

ⓛ 회로도통시험을 한다.(회로도통시험스위치를 시험의 위치에 놓는다. 회로선택스위치를 차례로 회전시킨다.)
ⓒ 시험용 계기의 지시등이 단선을 지시한 경계구역의 회선을 조사한다.
② 가부판정기준
단선을 지시한 경계구역의 회선을 조사하여, 공통선이 담당하고 있는 경계구역의 수가 7 이하이면 정상이다.

4) 예비전원시험
① 시험방법
예비전원시험스위치를 시험 위치에 놓는다.
② 가부판정기준
상용전원에서 예비전원으로의 절환 여부 및 전압의 정상 여부(24V) 확인

5) 동시작동시험
① 시험방법
㉠ 화재표시작동시험스위치를 시험의 위치에 놓는다.
ⓛ 회로선택스위치를 차례로 회전시킨다.
ⓒ 복구시킴 없이 5회선을 동시에 작동시킨다.
② 가부판정기준
5회선을 동시에 작동시켰을 때 화재표시등, 지구표시등, 주경종, 지구경종의 작동 여부를 확인한다.

6) 회로저항시험
① 시험방법
㉠ 저항계를 사용하여 감지기회로의 공통선과 표시선(지구 회로선) 사이의 전로에 대하여 측정한다.
ⓛ 항상 개로식인 것에 있어서는 회로의 말단상태를 도통상태로 한 후에 측정한다.
② 가부판정기준
하나의 감지기 회로의 합성저항치가 50[Ω] 이하일 것

★★★☆☆

문제4 옥내소화전설비의 기동용 수압개폐장치를 점검결과 압력챔버 내에 공기를 모두 배출하고 물만 가득 채워져 있다. 기동용 수압개폐장치 압력챔버를 재조정하는 방법을 기술하시오.

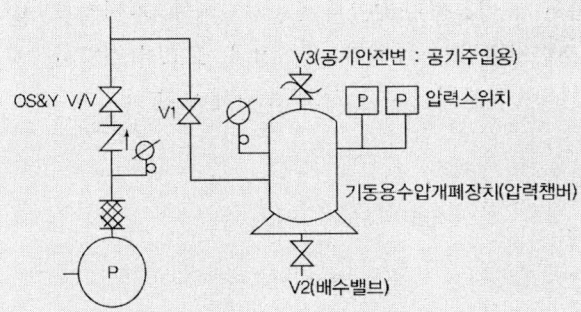

해답
① 주펌프 및 충압펌프의 동력제어반(MCC) "정지(수동)"
② V1 폐쇄
③ V2 및 V3 개방하여 압력탱크 내의 물을 완전 배수
④ V2 및 V3 폐쇄
⑤ V1 개방
⑥ 충압펌프용 동력제어반(MCC) "자동"으로 복구하여 자동 기동
⑦ 충압펌프 정지 후 주펌프용 동력제어반(MCC) "자동" 위치

★★☆☆☆

문제5 소방시설 자체점검자가 소방시설에 대하여 자체 점검하였을 때 그 점검 결과에 대한 요식 절차를 간기하시오.

해답
① 관리업자 또는 소방안전관리자로 선임된 소방시설관리사 및 소방기술사(이하 "관리업자등"이라 한다)는 자체점검을 실시한 경우에는 법 제22조제1항 각 호 외의 부분 후단에 따라 그 점검이 끝난 날부터 10일 이내에 별지 제9호서식의 소방시설등 자체점검 실시결과 보고서(전자문서로 된 보고서를 포함한다)에 소방청장이 정하여 고시하는 소방시설등점검표를 첨부하여 관계인에게 제출해야 한다.
② 제1항에 따른 자체점검 실시결과 보고서를 제출받거나 스스로 자체점검을 실시한 관계인은 법 제23조제3항에 따라 자체점검이 끝난 날부터 15일 이내에 별지 제9호서식의 소방시설등 자체점검 실시결과 보고서(전자문서로 된 보고서를 포함한다)에 다음 각 호의 서류를 첨부하여 소방본부장 또는 소방서장에게 서면이나 소방청장이 지정하는 전산망을 통하여 보고해야 한다.

    1. 점검인력 배치확인서(관리업자가 점검한 경우만 해당한다)
    2. 별지 제10호서식의 소방시설등의 자체점검 결과 이행계획서
③ 제1항 및 제2항에 따른 자체점검 실시결과의 보고기간에는 공휴일 및 토요일은 산입하지 않는다.
④ 제2항에 따라 소방본부장 또는 소방서장에게 자체점검 실시결과 보고를 마친 관계인은 소방시설등 자체점검 실시결과 보고서(소방시설등점검표를 포함한다)를 점검이 끝난 날부터 2년간 자체 보관해야 한다.

제3회 과년도 출제문제 (1996. 3. 31)

★★★★☆

문제1 습식 유수검지장치의 시험 작동 시 나타나는 현상과 시험 작동 방법을 기술하시오.

해답
1) 시험 작동 시 나타나는 현상
   ① 당해 방호구역 내에 경보
   ② 감시제어반의 유수검지표시등 점등
   ③ 주펌프 기동
   ④ 감시제어반의 주펌프 기동표시등 점등
2) 시험 작동 방법
   ① 습식 유수검지장치 1차측에 설치된 경보시험밸브를 개방하여 클래퍼의 개폐 상태와 관계없이 압력스위치에 수압을 가하는 방법
   ② 습식 유수검지장치 2차측에 설치된 배수밸브를 개방하여 2차측 배관의 압력강하로 인한 클래퍼의 개방에 따라 압력스위치에 수압을 가하는 방법
   ③ 습식 유수검지장치 2차측 말단에 설치된 시험용 배관의 말단시험밸브를 개방하여 2차측 배관의 압력강하로 인한 클래퍼의 개방에 따라 압력스위치에 수압을 가하는 방법

★★★★★

문제2 소방시설의 자체점검에서 사용하는 소방시설별 점검기구를 아래와 같이 칸을 그리고 10개의 항목으로 작성하시오.

구분	소방시설	점검장비	규격
①			
②			
·			
·			
⑨			
⑩			

해답

소방시설	점검 장비	규격
모든 소방시설	• 방수압력측정계 • 절연저항계(절연저항측정기) • 전류전압측정계	
소화기구	• 저울	
옥내소화전설비 옥외소화전설비	• 소화전밸브압력계	
스프링클러설비 포소화설비	• 헤드결합렌치(볼트, 너트, 나사 등을 죄거나 푸는 공구)	
이산화탄소소화설비 분말소화설비 할론소화설비 할로겐화합물 및 불활성기체 소화설비	• 검량계 • 기동관누설시험기 • 그 밖에 소화약제의 저장량을 측정할 수 있는 점검기구	
자동화재탐지설비 시각경보기	• 열감지기시험기 • 연감지기시험기 • 공기주입시험기 • 감지기시험기연결막대 • 음량계	
누전경보기	• 누전계	누전전류 측정용
무선통신보조설비	• 무선기	통화시험용
제연설비	• 풍속풍압계 • 폐쇄력측정기 • 차압계(압력차 측정기)	
통로유도등 비상조명등	• 조도계(밝기 측정기)	최소 눈금이 0.1럭스 이하인 것

★★★★☆

문제3 공기주입시험기를 이용한 공기관식 감지기의 작동시험방법과 주의사항에 대하여 기술하시오.

해답 1. 작동시험방법

다음에 의해 감지기의 작동 공기압에 상당하는 공기량을 공기주입시험기에 의하여 투입하여 작동하기까지의 시간 및 경계구역의 표시가 적정한가의 여부를 확인할 것

1) 시험방법
① 검출부의 시험구멍에 공기주입시험기를 접속한다.
② 시험코크(코크레버)를 조작해서 시험 위치(중단)에 조정한다.
③ 검출부에 표시되어 있는 공기량을 공기관에 투입한다.

④ 공기를 투입하고 나서 작동하기까지의 시간을 측정한다.
⑤ 측정이 끝나면 시험코크(코크레버)를 평상시 상태인 상단에 위치시킨다.
   2) 판정방법
      ① 작동시간은 검출부에 첨부되어 있는 제원표에 의한 범위 이내일 것
      ② 경계구역의 표시가 적정할 것
2. 주의사항
   ① 화재작동시험으로부터 투입하는 공기량은 감지기의 감도, 종별 또는 공기관 길이에 의하여 달라지므로 적정량 이상은 다이아프램에 손상을 줄 우려가 있으므로 주의할 것
   ② 투입한 공기가 리크구멍을 통과하지 않는 구조의 것에 있어서는 적정의 공기량을 송입한 직후 신속히 시험코크를 정위치에 복귀시킬 것
   ③ 공기관식의 화재작동 또는 작동계속시험으로 부동작 또는 측정시간이 적정 범위 외의 경우, 혹은 전회의 점검시의 측정치와 대폭으로 다른 경우에는 공기관과 콕크스탠드의 접합부의 죄는 데가 확실한가를 확인한 다음 유통시험 및 접점수고시험을 하여 확인할 것

TIP ※제원표

공기관 길이(m)	공기 주입량(cc)	시간(sec)	
		작동개시시간	작동계속시간
20~40	1.0	0~4	2~30
40~60	1.2	1~6	4~42
60~80	1.5	1~10	6~56
80~100	1.8	2~15	8~72

★★★★★

문제4 자동기동 방식인 경우 펌프의 성능시험 방법을 기술하시오.

해답
1) 성능시험 방법
   ① 충압펌프 작동스위치를 정지 위치로 조정
   ② 소화펌프 2차측의 개폐밸브 및 순환배관 상의 릴리프밸브 폐쇄
   ③ 기동용 수압개폐장치(압력탱크)에서 배수밸브를 개방하여 소화펌프를 자동기동 후 배수밸브 폐쇄
   ④ 체절운전(토출량 0%)에서 정격토출압력의 140% 이하 여부 확인
   ⑤ 릴리프밸브 개방하여 체절압력 미만으로 조절

⑥ 성능시험배관의 개폐밸브 완전 개방 및 유량조절밸브를 개방하여 정격토출량의 100 %로 유량 조절, 정격토출압력의 100 % 이상 여부 확인
⑦ 유량조절밸브를 더욱 개방하여 정격토출량의 150 %로 유량 조절, 정격토출압력의 65 % 이상 여부 확인

2) 복구 방법
① 소화펌프 작동스위치를 정지 위치로 조정
② 성능시험 배관의 개폐밸브 및 유량조절밸브 폐쇄
③ 소화펌프 2차측의 개폐밸브 개방
④ 충압펌프 작동스위치를 자동 위치로 조정
⑤ 충압펌프 작동으로 인한 충압 후 소화펌프 작동스위치를 자동 위치로 조정

★★★★☆

문제5 그림과 같은 CO_2 소화설비 계통도를 보고 다음의 항목에 대하여 답하라.

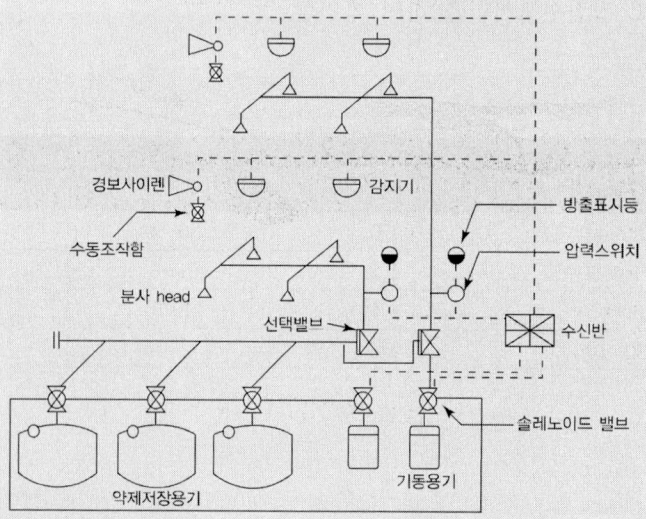

1) 전역방출방식에서 화재 발생 시부터 Head 방사까지의 동작흐름을 제시된 그림을 이용하여 Block diagram으로 표시하라.
  (예 : 화재발생 →)
2) CO_2 소화설비에서 분사 Head 설치 제외 장소를 기술하라.

해답 1) 전역방출방식에서 화재 발생 시부터 Head 방사까지의 작동순서

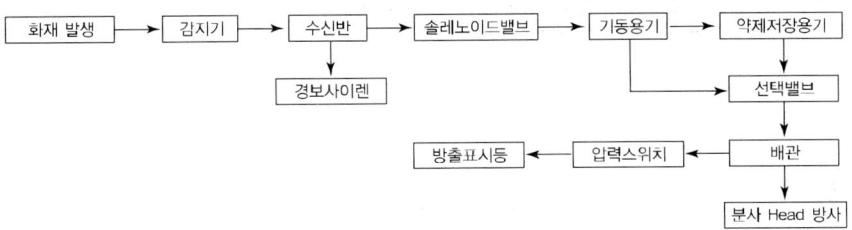

2) 분사헤드 설치 제외 장소
   ① 방재실·제어실 등 사람이 상시 근무하는 장소
   ② 니트로셀룰로스·셀룰로이드제품 등 자기연소성 물질을 저장·취급하는 장소
   ③ 나트륨·칼륨·칼슘 등 활성 금속물질을 저장·취급하는 장소
   ④ 전시장 등의 관람을 위하여 다수인이 출입·통행하는 통로 및 전시실 등

20th Day

제4회 과년도 출제문제(1998. 9. 20)

★★★★☆

문제1 다음 건식밸브의 도면을 보고 물음에 답하시오.

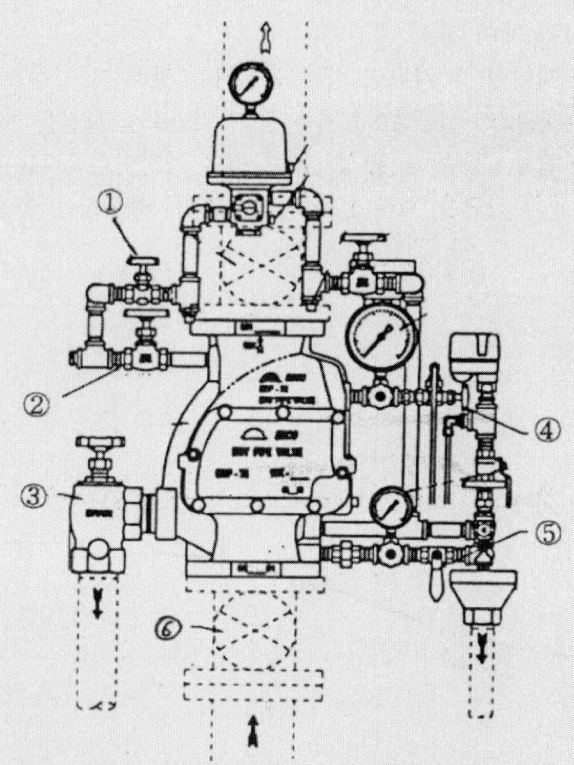

1-1) 건식 밸브의 작동시험방법을 간략히 설명하시오.
1-2) 다음의 (예)와 같이 ①번에서 ⑤번까지의 밸브의 명칭, 밸브의 기능, 평상시 유지상태를 설명하시오.
 (예) ⑥ - 개폐표시형밸브
  - 건식밸브 1차측 급수제어용 밸브
  - 개방

해답 1-1) 건식 밸브의 작동시험방법
  1) 2차측 제어밸브 잠금
  2) ①, ②번 밸브 개방상태 확인, ③, ④, ⑤번 밸브 폐쇄상태인지 확인
  3) ④번 시험밸브 개방
   -이때 2차측의 공기압력 저하로 급속개방장치 작동하여 클래퍼 개방

4) 펌프의 자동기동 상태 확인
5) 화재수신반 점등 상태 확인
6) 해당 방호구역의 경보 확인
7) 시험완료 후 정상 상태로 복구한다.

1-2) 밸브의 명칭, 밸브의 기능, 평상시 유지상태
① - 급속개방기구 공기공급밸브
  - 2차측 배관 내를 공기로 완전 충압될 때까지 급속개방장치(Accelerator)로 유입을 차단
  - 개방
② - 공기공급장치밸브
  - 공기압축기로부터 공급되어지는 공기의 유입을 제어
  - 개방
③ - 메인배수밸브
  - 건식밸브 작동 후 2차측으로 방출된 물을 퇴수시키는데 사용
  - 폐지
④ - 수위조절개폐밸브
  - 초기 세팅을 위하여 2차측에 적정 수위를 채우고 그 여부를 확인
  - 폐지
⑤ - 경보시험밸브
  - 정상적인 밸브의 작동 없이 경보 시험
  - 폐지

★★★★☆

문제2 준비작동식 스프링클러설비에 대하여 답하시오.

2-1) 준비작동식밸브의 동작방법
2-2) 준비작동식밸브의 오작동 원인(사람에 의한 것 포함)

해답 2-1) 준비작동식밸브의 작동 방법
① 감지기 2회로 동시 작동
② 슈퍼비조리판넬에서 기동스위치 작동
③ 준비작동식밸브의 수동개방밸브 개방
④ 감시제어반에서 수동기동스위치 작동

2-2) 준비작동식밸브의 오작동 원인
① 해당 구역에 설치된 감지기의 오작동

② 감시제어반에서 연동정지스위치를 정지 위치로 하지 않고, 감지기 작동시험을 한 경우
③ 슈퍼비조리판넬에서 작동 시험 시 자동복구를 하지 않고 작동한 경우
④ 감시제어반에서 작동 시험 시 자동복구를 하지 않고 작동한 경우
⑤ 솔레노이드밸브의 누수 또는 고장
⑥ 수동개방밸브의 누수 또는 사람이 오작동
⑦ 슈퍼비조리판넬에서 기동스위치 사람이 오작동(잘못 누름)
⑧ 감시제어반에서 수동기동스위치 사람이 오작동(잘못 누름)

★★★☆☆

문제3 불연성 가스계 소화설비의 가스압력식 기동방식 점검 시 오동작으로 가스 방출이 일어날 수 있다. 소화약제의 방출을 방지하기 위한 대책을 쓰시오.

해답 ① 제어반의 전자개방밸브 연동스위치를 "정지"상태로 유지하며, 작동시험 시에만 자동으로 절환한다.
② 기동용 가스용기의 전자개방밸브에 안전핀을 삽입하여 기동용 가스용기와 분리한 후 전자개방밸브의 안전핀을 분리해 놓는다.
③ 저장용기의 용기밸브 개방장치를 분리한다.
④ 저장용기 및 기동용 가스용기를 기동동관과 분리한다.
⑤ 저장용기를 움직일 필요가 있을 때는 용기밸브의 안전핀 등 장착물은 반드시 장착되어 있어야 한다.
⑥ 전자밸브는 용기밸브에 접속하지 않은 상태에서 먼저 전원을 넣어 오동작이 없는가를 확인한 후 접속하여야 한다.
⑦ 보수, 점검 중에는 관계자 이외에는 출입을 금하도록 하여야 한다.

★★★☆☆

문제4 열감지기시험기(SL-H-119형)에 대해 다음 물음에 답하시오.

4-1) 미부착 감지기와 시험기와의 계통도
4-2) 미부착 감지기의 시험방법
4-3) 미부착 감지기의 동작상태 확인방법

해답 4-1) 미부착 감지기와 시험기와의 계통도

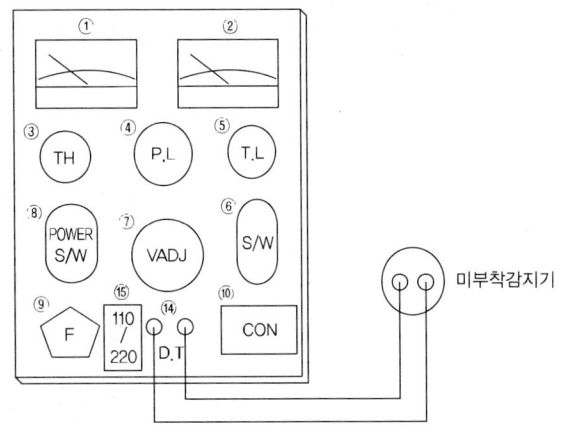

4-2) 미부착 감지기의 시험방법
① 가열시험기(Adapter)의 플러그를 시험기 본체 Connector에 접속한다.
② 본체의 전원플러그를 주전원의 전압(110V 또는 220V)을 확인 후 접속한다.
③ 본체의 전원스위치를 ON으로 한다.(이때 Pilot 표시등 점등)
④ DT(미부착 감지기) 단자에 미부착 감지기를 연결한다.
⑤ 온도선택스위치를 T1 위치에 놓아 실온을 측정한다.
⑥ 온도선택스위치를 T2로 전환하여, 가열시험기의 온도가 측정에 필요한 가열온도에 이르도록 온도조절손잡이를 시계방향으로 돌린다.
⑦ 가열온도가 표시되면 가열시험기를 감지기에 밀착시킨다.
⑧ 작동 여부 및 메이커에서 제시하는 작동시간을 점검한다.

4-3) 미부착 감지기의 동작상태 확인방법
동작 시 TL Lamp(미부착 감지기 동작 Lamp)가 점등된다.

★☆☆☆☆

문제5 봉인과 검인의 정의를 쓰고, 다음 각 설비의 봉인과 검인의 표시위치를 쓰시오.
(스프링클러설비, 분말소화설비, 자동화재탐지설비, 연결송수관설비)

해답 해답 없음(봉인과 검인 관련 고시 삭제)

21st Day

제5회 과년도 출제문제(2000. 10. 15)

★☆☆☆☆

문제1 이산화탄소 소화설비가 오작동으로 방출되었다. 방출 시 미치는 영향에 대하여 농도별로 쓰시오.

해답

공기 중의 CO_2 농도	인체에 미치는 영향
2%	불쾌감이 있다.
4%	눈의 자극, 두통, 귀울림, 현기증, 혈압 상승
8%	호흡 곤란
9%	구토, 감정 둔화
10%	시력 장애, 1분 이내 의식 상실, 장기간 노출 시 사망
20%	중추신경 마비, 단기간 내 사망

★☆☆☆☆

문제2 피난기구의 점검착안사항에 대하여 쓰시오.

해답
① 계단에 접근한 장소가 아닌 곳인가
② 여러 사람의 눈에 잘 보이는 장소인가
③ 조작에 필요한 충분한 넓이가 확보되어 있는가
④ 피난기구를 사용하는데 있어 장애가 되는 간판 기타 차광막 등이 있지는 않은가
⑤ 피난기구를 사용하는 개구부의 구조는 당해 피난기구를 사용하기 위한 적당한 구조로 되어 있는가
⑥ 피난기구를 사용하는 개구부는 층별로 상호 동일 수직선상에 있지 않은가
⑦ 피난기구를 설치하는 개구부에는 피난기구를 설치할 수 있게 철재의 고리가 견고하게 설치되어 있는가

★★★★☆

문제3 소화펌프의 성능시험방법 중 무부하, 정격부하, 피크부하 시험방법에 대하여 쓰고 펌프의 성능곡선을 그리시오.

1) 무부하 시험방법
   ① 소화펌프 토출측 개폐밸브와 성능시험배관의 유량조절밸브를 잠근 상태에서 운전을 하게 될 경우
   ② 압력계의 지시압이 정격토출압력의 140 % 이하인지 확인
2) 정격부하 시험방법
   ① 소화펌프를 기동한 상태에서 유량조절밸브를 개방하여, 유량계의 유량이 정격토출량의 100 %일 때
   ② 압력계와 연성계의 지시압이 정격토출압력 이상이 되는지 확인
3) 피크부하 시험방법
   ① 유량조절밸브를 더욱 개방하여, 유량계의 유량이 정격토출량의 150 %일 때
   ② 압력계와 연성계의 지시압이 정격토출압력의 65 % 이상이 되는지 확인
4) 펌프의 성능곡선

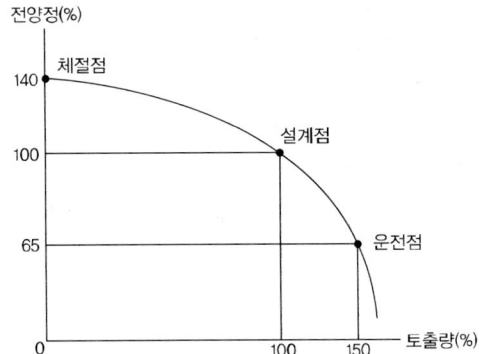

★★★☆☆

문제4 급기가압제연설비의 점검표에 의한 점검항목을 쓰시오. (10가지만)

A. 과압방지조치
   • 자동차압·과압조절형 댐퍼(또는 플랩댐퍼)를 사용한 경우 성능 적정 여부
B. 수직풍도에 따른 배출
   • 배출댐퍼 설치(개폐여부 확인 기능, 화재감지기 동작에 따른 개방) 적정 여부
   • 배출용송풍기가 설치된 경우 화재감지기 연동 기능 적정 여부

C. 급기구
- 급기댐퍼 설치 상태(화재감지기 동작에 따른 개방) 적정 여부

D. 송풍기
- 설치장소 적정(화재영향, 접근·점검 용이성) 여부
- 화재감지기 동작 및 수동조작에 따라 작동하는지 여부
- 송풍기와 연결되는 캔버스 내열성 확보 여부

E. 외기취입구
- 설치위치(오염공기 유입방지, 배기구 등으로부터 이격거리) 적정 여부
- 설치구조(빗물·이물질 유입방지, 옥외의 풍속과 풍향에 영향) 적정 여부

F. 제연구역의 출입문
- 폐쇄상태 유지 또는 화재 시 자동폐쇄 구조 여부
- 자동폐쇄장치 폐쇄력 적정 여부

G. 수동기동장치
- 기동장치 설치(위치, 전원표시등 등) 적정 여부
- 수동기동장치(옥내 수동발신기 포함) 조작 시 관련 장치 정상 작동 여부

H. 제어반
- 비상용축전지의 정상 여부
- 제어반 감시 및 원격조작 기능 적정 여부

I. 비상전원
- 비상전원 설치장소 적정 및 관리 여부
- 자가발전설비인 경우 연료 적정량 보유 여부
- 자가발전설비인 경우 「전기사업법」에 따른 정기점검 결과 확인

★★★★☆

문제5 옥내외소화전설비의 방사노즐과 분무노즐 방수시의 방수압력 측정방법에 대하여 쓰고, 옥외소화전 방수압력이 75.42 PSI일 경우 방수량은 몇 m³/min인가 계산하시오.

해답 1) 방수압력 측정방법
　① 방사노즐 방수 시
　　노즐 선단으로부터 노즐 구경의 1/2 떨어진 곳에서 방수압력측정계(피토게이지)의 중심선과 방수류가 일치하는 위치에 방수압력측정계(피토게이지)의 선단이 오게 하여 압력계의 지시치를 확인한다.
　② 분무노즐 방수 시
　　호스결합금속구와 노즐 사이에 압력계를 부착한 관로연결금속구를 결합하여 방수하며, 방수 시의 압력계 지시치를 확인한다.

2) 방수량 계산

$= 0.653 D^2 \sqrt{P}$

$= 0.653 \times (19\,\text{mm})^2 \times \sqrt{75.42\,\text{PSI} \times \dfrac{1.0332\,\text{kg/cm}^2}{14.7\,\text{PSI}}}$

$= 543\,L/\text{min}$

$= 0.543\,\text{m}^3/\text{min}$

제6회 과년도 출제문제 (2002. 11. 3)

★★★★☆

문제1 가스계소화설비의 이너젠가스 저장용기, 이산화탄소 저장용기, 기동용 가스용기의 약제량(가스량) 산정(점검)방법을 각각 설명하시오.

해답
1) 이너젠가스 저장용기
   ① 측정법
      압력측정법 : 압력계를 사용하여 행하는 방법
   ② 점검방법
      용기밸브에 부착된 압력계를 확인하여 저장용기 내부의 압력을 측정한다.
   ③ 판정방법
      압력손실이 5%를 초과할 경우 재충전하거나 저장용기를 교체할 것
2) 이산화탄소 저장용기
   ① 측정법
      액위측정법 : 액면계(액화가스레벨메타)를 사용하여 행하는 방법
   ② 점검방법
      ㉠ 액면계의 전원스위치를 넣고 전압을 체크한다.
      ㉡ 용기는 통상의 상태 그대로 하고 액면계 탐침(Probe)과 방사선원(코발트 60) 간에 용기를 끼워 넣듯이 삽입한다.
      ㉢ 액면계의 검출부를 조심하여 상하방향으로 이동시켜 메타 지침의 흔들림이 크게 다른 부분을 발견하여 그 위치가 용기의 바닥에서 얼마만큼의 높이인가를 측정한다.
      ㉣ 액면의 높이와 약제량과의 환산은 전용의 환산척을 이용한다.
   ③ 판정방법
      약제량 측정 결과를 중량표와 비교하여 그 차이가 5% 이하일 것
3) 기동용 가스용기
   ① 측정법
      중량측정법 : 검량계를 사용하여 행하는 방법
   ② 점검순서
      ㉠ 용기밸브에 설치되어 있는 용기밸브 개방장치, 조작관 등을 떼어낸다.
      ㉡ 검량계를 이용하여 기동용기의 중량을 측정한다.
      ㉢ 약제량은 측정값에서 용기밸브 및 용기의 중량을 뺀 값이다.

③ 판정방법

 약제량 측정 결과 0.6 kg 이상일 것

[보충자료] 기동용 가스용기의 점검방법 관련 화재안전기술기준

이산화탄소소화설비의 화재안전기술기준(NFTC 106)
2.3.2.3.1 기동용 가스용기 및 해당 용기에 사용하는 밸브는 25 MPa 이상의 압력에 견딜 수 있는 것으로 할 것
2.3.2.3.2 기동용 가스용기에는 내압시험압력의 0.8배부터 내압시험압력 이하에서 작동하는 안전장치를 설치할 것
2.3.2.3.3 기동용가스용기의 체적은 5 L 이상으로 하고, 해당 용기에 저장하는 질소 등의 비활성기체는 6.0 MPa 이상(21 ℃ 기준)의 압력으로 충전할 것
2.3.2.3.4 질소 등의 비활성기체 기동용가스용기에는 충전 여부를 확인할 수 있는 압력게이지를 설치할 것

할론소화설비의 화재안전기술기준(NFTC 107)
2.3.2.3.1 기동용 가스용기 및 해당 용기에 사용하는 밸브는 25 MPa 이상의 압력에 견딜 수 있는 것으로 할 것
2.3.2.3.2 기동용 가스용기에는 내압시험압력의 0.8배부터 내압시험압력 이하에서 작동하는 안전장치를 설치할 것
2.3.2.3.3 기동용 가스용기의 체적은 5 L 이상으로 하고, 해당 용기에 저장하는 질소 등의 비활성기체는 6.0 MPa 이상(21 ℃ 기준)의 압력으로 충전할 것. 다만, 기동용 가스용기의 체적을 1 L 이상으로 하고, 해당 용기에 저장하는 이산화탄소의 양은 0.6 kg 이상으로 하며, 충전비는 1.5 이상 1.9 이하의 기동용 가스용기로 할 수 있다.

할로겐화합물 및 불활성기체소화설비의 화재안전기술기준(NFTC 107A)
2.5.2.3.1 기동용 가스용기 및 해당 용기에 사용하는 밸브는 25 MPa 이상의 압력에 견딜 수 있는 것으로 할 것
2.5.2.3.2 기동용 가스용기에는 내압시험압력의 0.8배부터 내압시험압력 이하에서 작동하는 안전장치를 설치할 것
2.5.2.3.3 기동용 가스용기의 체적은 5 L 이상으로 하고, 해당 용기에 저장하는 질소 등의 비활성기체는 6.0 MPa 이상(21 ℃ 기준)의 압력으로 충전할 것. 다만, 기동용 가스용기의 체적을 1 L 이상으로 하고, 해당 용기에 저장하는 이산화탄소의 양은 0.6 kg 이상으로 하며, 충전비는 1.5 이상 1.9 이하의 기동용 가스용기로 할 수 있다.
2.5.2.3.4 질소 등의 비활성기체 기동용 가스용기에는 충전 여부를 확인할 수 있는 압력게이지를 설치할 것

분말소화설비의 화재안전기술기준(NFTC 108)
2.4.2.3.1 기동용 가스용기 및 해당 용기에 사용하는 밸브는 25 MPa 이상의 압력에 견딜 수 있는 것으로 할 것
2.4.2.3.2 기동용 가스용기에는 내압시험압력의 0.8배부터 내압시험압력 이하에서 작동하는 안전장치를 설치할 것
2.4.2.3.3 기동용 가스용기의 체적은 5 L 이상으로 하고, 해당 용기에 저장하는 질소 등의 비활성기체는 6.0 MPa 이상(21 ℃ 기준)의 압력으로 충전할 것. 다만, 기동용 가스용기의 체적을 1 L 이상으로 하고, 해당 용기에 저장하는 이산화탄소의 양은 0.6 kg 이상으로 하며, 충전비는 1.5 이상 1.9 이하의 기동용 가스용기로 할 수 있다.

21st Day

★★★★☆

문제2 준비작동식밸브의 작동방법(3가지) 및 복구방법을 기술하시오.

해답
1) 작동방법 3가지
   ① 준비작동식밸브를 감시제어반에서 수동으로 작동시키기 위해 설치된 방호구역별 수동기동스위치를 작동시키는 방법
   ② 준비작동식밸브 부근에 설치된 슈퍼비조리패널의 수동기동스위치를 작동시키는 방법
   ③ 준비작동식밸브의 중간챔버에 설치된 수동기동밸브를 개방하는 방법
2) 복구방법
   ① 배수
      ㉠ 1차측 제어밸브 및 중간챔버 급수용 볼밸브 잠금
      ㉡ 배수밸브 및 수동기동밸브 개방, 배수
      ㉢ 제어반 복구, 경보 및 펌프 정지 확인
   ② 복구
      ㉠ 복구레버 반시계 방향으로 돌려 클래퍼 폐쇄(소리로 확인)
      ㉡ 배수밸브 및 수동기동밸브 잠금
      ㉢ 중간챔버 급수용 볼밸브 개방 → 중간챔버에 급수 → 압력계(중간챔버용) 압력 지시 확인
      ㉣ 1차측 제어밸브 서서히 개방
      ㉤ 중간챔버 급수용 볼밸브 잠금
      ㉥ 수신반(감시제어반)의 스위치 상태 등이 정상적인지 확인
      ㉦ 2차측 제어밸브 서서히 개방

★★★★★

문제3 자동화재탐지설비 P형1급 수신기의 화재작동시험, 회로도통시험, 공통선시험, 동시작동시험, 저전압시험의 작동시험방법과 가부판정의 기준을 기술하시오.

해답
1) 화재표시작동시험
   ① 작동시험방법
      ㉠ 화재표시작동시험스위치를 시험의 위치에 놓는다.
      ㉡ 회로선택스위치를 차례로 회전시킨다.
      ㉢ 자동복구스위치를 누르거나, 복구스위치를 회로별로 눌러주면서 테스트한다.

② 가부판정의 기준
　　수신기의 화재표시등, 지구표시등, 주경종, 지구경종의 작동 여부를 확인한다.
2) 회로도통시험
　① 작동시험방법
　　㉠ 회로도통시험스위치를 시험의 위치에 놓는다.
　　㉡ 회로선택스위치를 차례로 회전시킨다.
　② 가부판정의 기준
　　단선 여부를 표시등 또는 전압계로 확인한다.
3) 공통선시험
　① 작동시험방법
　　㉠ 수신기 내 접속단자의 공통선을 1선 제거한다.
　　㉡ 회로도통시험을 한다(회로도통시험스위치를 시험의 위치에 놓는다. 회로선택스위치를 차례로 회전시킨다).
　　㉢ 시험용 계기의 지시등이 단선을 지시한 경계구역의 회선을 조사한다.
　② 가부판정의 기준
　　단선을 지시한 경계구역의 회선을 조사하여, 공통선이 담당하고 있는 경계구역의 수가 7 이하이면 정상이다.
4) 동시작동시험
　① 작동시험방법
　　㉠ 화재표시작동시험스위치를 시험의 위치에 놓는다.
　　㉡ 회로선택스위치를 차례로 회전시킨다.
　　㉢ 복구시킴 없이 5회선을 동시에 작동시킨다.
　② 가부판정의 기준
　　5회선을 동시에 작동시켰을 때 화재표시등, 지구표시등, 주경종, 지구경종의 작동 여부를 확인한다.
5) 저전압시험
　① 작동시험방법
　　㉠ 자동화재탐지설비용 전압시험기 또는 가변저항기 등을 사용하여 교류전원 전압을 정격전압의 80%로 한다.
　　㉡ 화재표시작동시험스위치를 시험의 위치에 놓는다.
　　㉢ 회로선택스위치를 회전시킨다.
　② 가부판정의 기준
　　수신기의 화재표시등, 지구표시등, 주경종, 지구경종의 작동 여부를 확인한다.

21st Day

★★★☆☆

문제4 CO_2 소화설비 수동식 기동장치의 설치기준을 기술하시오.

해답
1. 전역방출방식은 방호구역마다, 국소방출방식은 방호대상물마다 설치할 것
2. 해당 방호구역의 출입구 부분 등 조작을 하는 자가 쉽게 피난할 수 있는 장소에 설치할 것
3. 기동장치의 조작부는 바닥으로부터 높이 0.8 m 이상 1.5 m 이하의 위치에 설치하고, 보호판 등에 따른 보호장치를 설치할 것
4. 기동장치 인근의 보기 쉬운 곳에 "이산화탄소소화설비 수동식 기동장치"라는 표지를 할 것
5. 전기를 사용하는 기동장치에는 전원표시등을 설치할 것
6. 기동장치의 방출용 스위치는 음향경보장치와 연동하여 조작될 수 있는 것으로 할 것

★★★☆☆

문제5 소방용수시설의 설치기준을 기술하시오.

해답
1. 공통기준
   가. 국토의 계획 및 이용에 관한 법률 제36조제1항제1호의 규정에 의한 주거지역·상업지역 및 공업지역에 설치하는 경우 : 소방대상물과의 수평거리를 100미터 이하가 되도록 할 것
   나. 가목 외의 지역에 설치하는 경우 : 소방대상물과의 수평거리를 140미터 이하가 되도록 할 것
2. 소방용수시설별 설치기준
   가. 소화전의 설치기준 : 상수도와 연결하여 지하식 또는 지상식의 구조로 하고, 소방용 호스와 연결하는 소화전의 연결금속구의 구경은 65밀리미터로 할 것
   나. 급수탑의 설치기준 : 급수배관의 구경은 100밀리미터 이상으로 하고, 개폐밸브는 지상에서 1.5미터 이상 1.7미터 이하의 위치에 설치하도록 할 것
   다. 저수조의 설치기준
      (1) 지면으로부터의 낙차가 4.5미터 이하일 것
      (2) 흡수부분의 수심이 0.5미터 이상일 것
      (3) 소방펌프자동차가 쉽게 접근할 수 있도록 할 것
      (4) 흡수에 지장이 없도록 토사 및 쓰레기 등을 제거할 수 있는 설비를 갖출 것

(5) 흡수관의 투입구가 사각형의 경우에는 한 변의 길이가 60센티미터 이상, 원형의 경우에는 지름이 60센티미터 이상일 것
(6) 저수조에 물을 공급하는 방법은 상수도에 연결하여 자동으로 급수되는 구조일 것

제7회 과년도 출제문제(2004. 10. 31)

★★★★☆

문제1 스프링클러설비 중 준비작동식(프리액션) 밸브의 작동방법, 점검방법을 순차적으로 설명하시오. 특히 준비작동식밸브의 작동방법, 복구방법에 관하여는 구체적으로 기술하시오. 단, 준비작동식밸브의 1,2차 배관 양쪽에 개폐밸브가 모두 설치된 것으로 가정 (30점)

해답
1) 작동방법
   ① 준비작동식밸브를 수신반에서 수동으로 작동시키기 위하여 설치된 방호구역별 수동기동스위치를 작동시키는 방법
   ② 준비작동식밸브 부근에 설치된 슈퍼비조리패널의 수동기동스위치를 작동시키는 방법
   ③ 준비작동식밸브의 중간챔버에 설치된 수동기동밸브를 개방하는 방법
2) 작동순서
   ① 2차측 제어밸브 잠금
   ② 감지기 1개 회로 작동 : 경보장치 작동
      감지기 2개 회로 작동 : 전자개방밸브 개방
   ③ 프리액션밸브의 중간챔버 압력 저하 → 푸시로드 후진 → 레버 후진 → 클래퍼 개방
   ④ 2차측 제어밸브까지 송수
   ⑤ 경보상태 확인
   ⑥ 펌프 자동 기동 상태 및 압력 유지 확인
3) 작동 후 조치
   ① 배수
      ㉠ 1차측 제어밸브 및 중간챔버 급수용 볼밸브 잠금
      ㉡ 배수밸브 및 수동기동밸브 개방, 배수
      ㉢ 제어반 복구, 경보 및 펌프 정지 확인
   ② 복구
      ㉠ 복구레버를 반시계 방향으로 돌려 클래퍼 폐쇄(소리로 확인)
      ㉡ 배수밸브 및 수동기동밸브 잠금
      ㉢ 중간챔버 급수용 볼밸브 개방 → 중간챔버에 급수 → 압력계(중간챔버용) 압력 지시 확인
      ㉣ 1차측 제어밸브 서서히 개방

ⓜ 중간챔버 급수용 볼밸브 잠금
ⓑ 수신반(감시제어반)의 스위치 상태 등이 정상적인지 확인
ⓢ 2차측 제어밸브 서서히 개방

4) 경보장치 작동시험
   ① 2차측 제어밸브 잠금
   ② 경보시험밸브 개방
      ㉠ 압력스위치 연동   ㉡ 경보장치 작동
   ③ 경보 확인 후 경보시험밸브 잠금
   ④ 자동배수밸브 버튼 누름(수동 개방) → 배수 및 복구
   ⑤ 수신반(감시제어반) 스위치 상태 확인
   ⑥ 2차측 제어밸브 서서히 개방

★★★☆☆

문제2 지하층을 제외한 11층 건물의 비상콘센트설비의 종합정밀점검을 실시하려 한다. 비상콘센트설비의 화재안전기준에 의거하여 다음 각 물음에 답하시오. (40점)

2-1) 원칙적으로 설치 가능한 비상전원의 종류
2-2) 전원회로 및 그 공급용량
2-3) 층별 비상콘센트 5개씩 설치되어 있다면, 전원회로의 최소 회로 수
2-4) 비상콘센트의 바닥으로부터 설치 높이
2-5) 보호함의 설치기준 3가지

해답 2-1) 원칙적으로 설치 가능한 비상전원 2종류
   ① 자가발전설비 ② 비상전원수전설비 ③ 축전지설비 ④ 전기저장장치

2-2) 전원회로 및 그 공급용량
   전원회로는 단상교류 220 V인 것으로서, 그 공급용량은 1.5 kVA 이상인 것

2-3) 층별 비상콘센트 5개씩 설치되어 있다면 전원회로의 최소 회로 수
   2회로

2-4) 비상콘센트의 바닥으로부터 설치 높이
   0.8 m 이상 1.5 m 이하

2-5) 보호함의 설치기준 3가지
   ① 보호함에는 쉽게 개폐할 수 있는 문을 설치할 것
   ② 보호함 표면에 "비상콘센트"라고 표시한 표지를 할 것
   ③ 보호함 상부에 적색의 표시등을 설치할 것. 다만, 비상콘센트의 보호함을 옥내소화전함 등과 접속하여 설치하는 경우에는 옥내소화전함 등의 표시등과 겸용할 수 있다.

22nd Day

★★★☆☆

문제3 소방시설 등의 자체점검에 있어서 작동기능점검과 종합정밀점검의 대상, 점검자의 자격, 점검횟수를 기술하시오. (30점)

해답 1) 작동기능점검

구분	내용
대상	영 제5조에 따른 특정소방대상물을 대상으로 한다. 다만, 다음의 어느 하나에 해당하는 특정소방대상물은 제외한다. 1) 특정소방대상물 중 「화재의 예방 및 안전관리에 관한 법률」 제24조제1항에 해당하지 않는 특정소방대상물(소방안전관리자를 선임하지 않는 대상을 말한다) 2) 「위험물안전관리법」 제2조제6호에 따른 제조소등(이하 "제조소등"이라 한다) 3) 「화재의 예방 및 안전관리에 관한 법률 시행령」 별표 4 제1호가목의 특급소방안전관리대상물
점검자의 자격	1) 영 별표 4 제1호마목의 간이스프링클러설비(주택전용 간이스프링클러설비는 제외한다) 또는 같은 표 제2호다목의 자동화재탐지설비가 설치된 특정소방대상물 　가) 관계인 　나) 관리업에 등록된 기술인력 중 소방시설관리사 　다) 「소방시설공사업법 시행규칙」 별표 4의2에 따른 특급점검자 　라) 소방안전관리자로 선임된 소방시설관리사 및 소방기술사 2) 1)에 해당하지 않는 특정소방대상물 　가) 관리업에 등록된 소방시설관리사 　나) 소방안전관리자로 선임된 소방시설관리사 및 소방기술사
점검 횟수	연 1회 이상 실시한다.

2) 종합정밀점검

구분	내용
대상	1) 법 제22조제1항제1호에 해당하는 특정소방대상물 2) 스프링클러설비가 설치된 특정소방대상물 3) 물분무등소화설비[호스릴(hose reel) 방식의 물분무등소화설비만을 설치한 경우는 제외한다]가 설치된 연면적 5,000㎡ 이상인 특정소방대상물(제조소등은 제외한다) 4) 「다중이용업소의 안전관리에 관한 특별법 시행령」 제2조제1호나목, 같은 조 제2호(비디오물소극장업은 제외한다)·제6호·제7호·제7호의2 및 제7호의5의 다중이용업의 영업장이 설치된 특정소방대상물로서 연면적이 2,000㎡ 이상인 것 5) 제연설비가 설치된 터널 6) 「공공기관의 소방안전관리에 관한 규정」 제2조에 따른 공공기관 중 연면적(터널·지하구의 경우 그 길이와 평균 폭을 곱하여 계산된 값을 말한다)이 1,000㎡ 이상인 것으로서 옥내소화전설비 또는 자동화재탐지설비가 설치된 것. 다만, 「소방기본법」 제2조제5호에 따른 소방대가 근무하는 공공기관은 제외한다.

점검자의 자격	1) 관리업에 등록된 소방시설관리사 2) 소방안전관리자로 선임된 소방시설관리사 및 소방기술사
점검 횟수	1) 연 1회 이상(「화재의 예방 및 안전에 관한 법률 시행령」 별표 4 제1호가목의 특급 소방안전관리대상물은 반기에 1회 이상) 실시한다. 2) 1)에도 불구하고 소방본부장 또는 소방서장은 소방청장이 소방안전관리가 우수하다고 인정한 특정소방대상물에 대해서는 3년의 범위에서 소방청장이 고시하거나 정한 기간 동안 종합점검을 면제할 수 있다. 다만, 면제기간 중 화재가 발생한 경우는 제외한다.

제8회 과년도 출제문제 (2005. 7. 3)

★★☆☆

문제1 방화구획의 기준에 대하여 쓰시오. (30점)

1-1) 10층 이하의(층 면적 단위) 구획(m²) (8점)
    (자동식 소화설비 설치 시와 그렇지 않은 경우)
1-2) 자동식 소화설비가 설치된 11층 이상(층 면적 단위) 구획(m²) (8점)
    (벽 및 반자의 실내의 접하는 부분의 마감을 불연재료로 사용한 경우와 그렇지 않은 경우)
1-3) 층 단위 구획 (8점)
1-4) 용도 단위 구획 (6점)

해답

1-1) 10층 이하의(층 면적 단위) 구획
    자동식 소화설비 설치 시 : 3000 m² 이내, 그렇지 않은 경우 : 1000 m² 이내
1-2) 자동식 소화설비가 설치된 11층 이상(층 면적 단위) 구획
    불연재료로 사용한 경우 : 1500 m² 이내, 그렇지 않은 경우 : 600 m² 이내
1-3) 층 단위 구획
    매 층마다 구획할 것. 다만, 지하 1층에서 지상으로 직접 연결하는 경사로 부위는 제외한다.
1-4) 용도 단위 구획
    주요구조부를 내화구조로 하여야 하는 대상 부분과 기타 부분 사이의 구획

TIP ※방화구획의 설치기준

1. 10층 이하의 층은 바닥면적 1천제곱미터(스프링클러 기타 이와 유사한 자동식 소화설비를 설치한 경우에는 바닥면적 3천제곱미터) 이내마다 구획할 것
2. 매 층마다 구획할 것. 다만, 지하 1층에서 지상으로 직접 연결하는 경사로 부위는 제외한다.
3. 11층 이상의 층은 바닥면적 200제곱미터(스프링클러 기타 이와 유사한 자동식 소화설비를 설치한 경우에는 600제곱미터) 이내마다 구획할 것. 다만, 벽 및 반자의 실내에 접하는 부분의 마감을 불연재료로 한 경우에는 바닥면적 500제곱미터(스프링클러 기타 이와 유사한 자동식 소화설비를 설치한 경우에는 1천500제곱미터) 이내마다 구획하여야 한다.
4. 필로티나 그 밖에 이와 비슷한 구조(벽면적의 2분의 1 이상이 그 층의 바닥면에서 위층 바닥 아래면까지 공간으로 된 것만 해당한다)의 부분을 주차장으로 사용하는 경우 그 부분은 건축물의 다른 부분과 구획할 것

★★★☆☆

문제2 유도등에 대한 다음 물음에 대하여 기술하시오. (30점)

2-1) 유도등의 평상시 점등상태 (6점)
2-2) 예비전원 감시등이 점등되었을 경우의 원인 (12점)
2-3) 3선식 유도등이 점등되어야 하는 경우의 원인 (12점)

해답

2-1) 유도등은 전기회로에 점멸기를 설치하지 않고 항상 점등 상태를 유지할 것. 다만, 특정소방대상물 또는 그 부분에 사람이 없거나 다음의 어느 하나에 해당하는 장소로서 3선식 배선에 따라 상시 충전되는 구조인 경우에는 그렇지 않다.
  가. 외부의 빛에 의해 피난구 또는 피난방향을 쉽게 식별할 수 있는 장소
  나. 공연장, 암실(暗室) 등으로서 어두워야 할 필요가 있는 장소
  다. 특정소방대상물의 관계인 또는 종사원이 주로 사용하는 장소

2-2) 예비전원 감시등이 점등되었을 경우의 원인
  ① 예비전원 배터리가 불량인 경우
  ② 예비전원 충전부가 불량인 경우
  ③ 예비전원 연결 콘넥타가 분리된 경우

2-3) 3선식 유도등이 점등되어야 하는 경우의 원인
  ① 자동화재탐지설비의 감지기 또는 발신기가 작동되는 때
  ② 비상경보설비의 발신기가 작동되는 때
  ③ 상용전원이 정전되거나 전원선이 단선되는 때
  ④ 방재업무를 통제하는 곳 또는 전기실의 배전반에서 수동으로 점등하는 때
  ⑤ 자동소화설비가 작동되는 때

22nd Day

★★★☆☆

문제3 다음 각 설비의 구성요소에 대한 점검항목 중 소방시설종합정밀점검표의 내용에 따라 답하시오. (40점)

3-1) 옥내소화전설비의 구성요소 중 하나인 '수조'의 점검항목 중 5항목을 기술하시오. (10점)

3-2) 스프링클러설비의 구성요소 중 하나인 '가압송수장치'의 점검항목 중 5항목을 기술하시오.(단, 펌프방식임) (10점)

3-3) 할로겐화합물 및 불활성기체소화설비의 구성요소 중 하나인 '저장용기'의 점검항목 중 5항목을 기술하시오. (10점)

3-4) 지하 3층, 지상 5층, 연면적 5,000 m^2인 경우 화재층이 아래와 같을 때 경보되는 층을 모두 쓰시오. (10점)
㉮ 지하 2층　　㉯ 지상 1층　　㉰ 지상 2층

해답 3-1) 수조의 점검항목
- 동결방지조치 상태 적정 여부
- 수위계 설치상태 적정 또는 수위 확인 가능 여부
- 수조 외측 고정사다리 설치상태 적정 여부(바닥보다 낮은 경우 제외)
- 실내설치 시 조명설비 설치상태 적정 여부
- "옥내소화전설비용 수조" 표지 설치상태 적정 여부
- 다른 소화설비와 겸용 시 겸용설비의 이름 표시한 표지 설치상태 적정 여부
- 수조-수직배관 접속부분 "옥내소화전설비용 배관" 표지 설치상태 적정 여부

3-2) 가압송수장치의 점검항목
- 동결방지조치 상태 적정 여부
- 성능시험배관을 통한 펌프 성능시험 적정 여부
- 다른 소화설비와 겸용인 경우 펌프 성능 확보 가능 여부
- 펌프 흡입측 연성계·진공계 및 토출측 압력계 등 부속장치의 변형·손상 유무
- 기동장치 적정 설치 및 기동압력 설정 적정 여부
- 물올림장치 설치 적정(전용 여부, 유효수량, 배관구경, 자동급수) 여부
- 충압펌프 설치 적정(토출압력, 정격토출량) 여부
- 내연기관 방식의 펌프 설치 적정(정상기동(기동장치 및 제어반) 여부, 축전지 상태, 연료량) 여부
- 가압송수장치의 "스프링클러펌프" 표지설치 여부 또는 다른 소화설비와 겸용 시 겸용설비 이름 표시 부착 여부

3-3) 저장용기의 점검항목
- 설치장소 적정 및 관리 여부
- 저장용기 설치장소 표지 설치 여부

- 저장용기 설치 간격 적정 여부
- 저장용기 개방밸브 자동·수동 개방 및 안전장치 부착 여부
- 저장용기와 집합관 연결배관 상 체크밸브 설치 여부

3-4) 경보되는 층

화재 층	경보되는 층
㉮ 지하 2층	전층(지하 3층 ~ 지상 5층)
㉯ 지상 1층	전층(지하 3층 ~ 지상 5층)
㉰ 지상 2층	전층(지하 3층 ~ 지상 5층)

[보충자료] 층수가 11층(공동주택의 경우에는 16층) 이상의 특정소방대상물은 다음의 기준에 따라 경보를 발할 수 있도록 할 것(자동화재탐지설비의 음향장치 설치기준) 〈개정 2022. 5. 9.〉

① 2층 이상의 층에서 발화한 때에는 발화층 및 그 직상 4개 층에 경보를 발할 것
② 1층에서 발화한 때에는 발화층·그 직상 4개 층 및 지하층에 경보를 발할 것
③ 지하층에서 발화한 때에는 발화층·그 직상층 및 기타의 지하층에 경보를 발할 것

제9회 과년도 출제문제(2006. 7. 2)

★★★☆☆

문제1 다음 물음에 답하시오. (35점)

1-1) 특별피난계단의 계단실 및 부속실의 제연설비의 종합정밀점검표에 나와 있는 점검항목 20가지를 쓰시오. (20점)
1-2) 다중이용업소에 설치하여야 하는 소방시설의 종류를 모두 쓰시오. (15점)

해답 1-1) 특별피난계단의 계단실 및 부속실의 제연설비의 점검항목

A. 과압방지조치
  - 자동차압·과압조절형 댐퍼(또는 플랩댐퍼)를 사용한 경우 성능 적정 여부
B. 수직풍도에 따른 배출
  - 배출댐퍼 설치(개폐여부 확인 기능, 화재감지기 동작에 따른 개방) 적정 여부
  - 배출용 송풍기가 설치된 경우 화재감지기 연동 기능 적정 여부
C. 급기구
  - 급기댐퍼 설치 상태(화재감지기 동작에 따른 개방) 적정 여부
D. 송풍기
  - 설치장소 적정(화재영향, 접근·점검 용이성) 여부
  - 화재감지기 동작 및 수동조작에 따라 작동하는지 여부
  - 송풍기와 연결되는 캔버스 내열성 확보 여부
E. 외기취입구
  - 설치위치(오염공기 유입방지, 배기구 등으로부터 이격거리) 적정 여부
  - 설치구조(빗물·이물질 유입방지, 옥외의 풍속과 풍향에 영향) 적정 여부
F. 제연구역의 출입문
  - 폐쇄상태 유지 또는 화재 시 자동폐쇄 구조 여부
  - 자동폐쇄장치 폐쇄력 적정 여부
G. 수동기동장치
  - 기동장치 설치(위치, 전원표시등 등) 적정 여부
  - 수동기동장치(옥내 수동발신기 포함) 조작 시 관련 장치 정상 작동 여부
H. 제어반
  - 비상용축전지의 정상 여부
  - 제어반 감시 및 원격조작 기능 적정 여부
I. 비상전원
  - 비상전원 설치장소 적정 및 관리 여부

- 자가발전설비인 경우 연료 적정량 보유 여부
- 자가발전설비인 경우 「전기사업법」에 따른 정기점검 결과 확인

1-2) 다중이용업소에 설치하여야 하는 소방시설의 종류

    가. 소화설비
       1) 소화기 또는 자동확산소화기
       2) 간이스프링클러설비(캐비닛형 간이스프링클러설비를 포함한다)

    나. 경보설비
       1) 비상벨설비 또는 자동화재탐지설비
       2) 가스누설경보기

    다. 피난설비
       1) 피난기구
         가) 미끄럼대
         나) 피난사다리
         다) 구조대
         라) 완강기
         마) 다수인 피난장비
         바) 승강식 피난기
       2) 피난유도선
       3) 유도등, 유도표지 또는 비상조명등
       4) 휴대용 비상조명등

★★★★☆

문제2 다음 그림은 차동식 분포형 공기관식 감지기의 계통도를 나타낸 것이다. 각 물음에 답하시오. (25점)

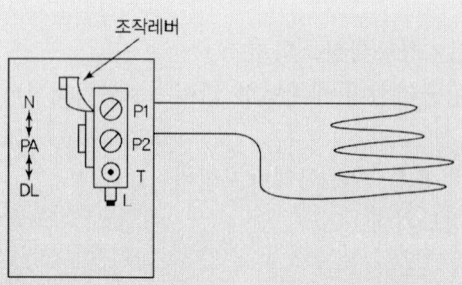

2-1) 동작시험방법을 쓰시오. (5점)
2-2) 동작에 이상이 있는 경우를 2가지 쓰시오. (20점)

해답 2-1) 동작시험방법

다음에 의해 감지기의 작동 공기압에 상당하는 공기량을 공기주입시험기에 의하여 투입하여 작동하기까지의 시간 및 경계구역의 표시가 적정한가의 여부를 확인할 것

가) 시험방법
① 검출부의 시험구멍에 공기주입시험기를 접속한다.
② 시험코크(코크레버)를 조작해서 시험위치(중단)에 조정한다.
③ 검출부에 표시되어 있는 공기량을 공기관에 투입한다.
④ 공기를 투입하고 나서 작동하기까지의 시간을 측정한다.
⑤ 측정이 끝나면 시험코크(코크레버)를 평상시 상태인 상단에 위치시킨다.

나) 판정방법
① 작동시간은 검출부에 첨부되어 있는 제원표에 의한 범위 이내일 것
② 경계구역의 표시가 적정할 것

2-2) 동작에 이상이 있는 경우
① 기준치 이상일 경우
 ㉮ 리크저항치가 규정치보다 작다
 ㉯ 공기관의 누설
 ㉰ 공기관 접점의 접촉 불량
 ㉱ 공기관의 길이가 너무 길다
 ㉲ 접점수고값이 규정치보다 높다
② 기준치 미달인 경우
 ㉮ 리크저항치가 규정치보다 크다
 ㉯ 접점수고값이 규정치보다 낮다

㉰ 공기관의 길이가 주입량에 비해 짧다
㉱ 공기관의 폐쇄, 변형

★★★★☆

문제3 다음 물음에 각각 답하시오. (40점)

[조건] ① 수조의 수위보다 펌프가 높게 설치되어 있다.
② 물올림장치 부분의 부속류를 도시한다.
③ 펌프 흡입측 배관의 밸브 및 부속류를 도시한다.
④ 펌프 토출측 배관의 밸브 및 부속류를 도시한다.
⑤ 성능시험배관의 밸브 및 부속류를 도시한다.

3-1) 펌프 주변의 계통도를 그리고 각 기기의 명칭을 표시하고 기능을 설명하시오. (20점)
3-2) 충압펌프가 5분마다 기동 및 정지를 반복한다. 그 원인으로 생각되는 사항 5가지를 쓰시오. (10점)
3-3) 방수시험을 하였으나 펌프가 기동하지 않았다. 원인으로 생각되는 사항 5가지를 쓰시오. (10점)

해답 3-1) 펌프 주변의 계통도를 그리고 각 기기의 명칭을 표시하고 기능을 설명

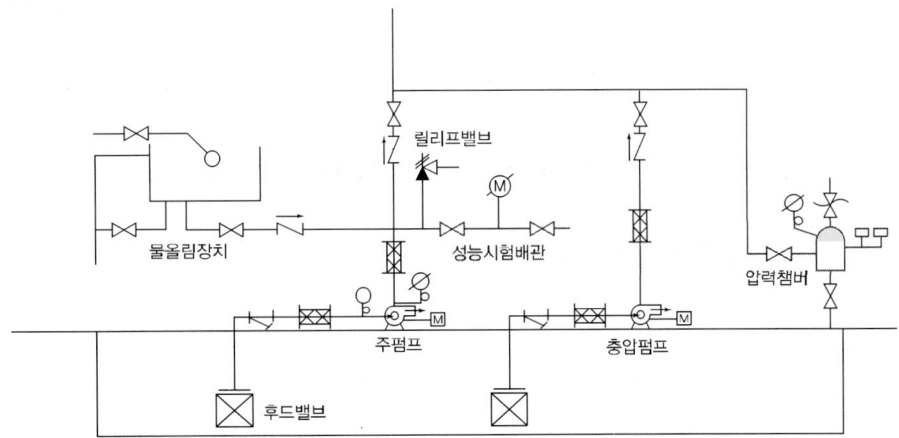

명칭	기능
후드밸브	여과기능, 역류방지기능
후렉시블조인트	진동 전달 방지 및 신축 흡수
연성계 또는 진공계	펌프의 흡입측 진공압력(흡입측 수두) 측정
압력계	펌프의 토출측 게이지압력(토출측 수두) 측정

물올림장치	후드밸브에서 소량 누수 발생 시에는 펌프의 흡입측 배관에 충분한 보충수를 공급하며, 대량 누수 발생으로 인한 물올림탱크의 용량 부족 시에는 감수 경보
순환배관	펌프의 체절운전 시 수온 상승 방지
릴리프밸브	체절압력 미만에서 개방
체크밸브	역류방지
개폐표시형 개폐밸브	성능 시험 시 또는 배관 수리 시 유수 차단
유량계	성능 시험 시 펌프의 유량(토출량) 측정
성능시험배관	가압송수장치의 성능시험
충압펌프	배관 내 압력 손실에 따른 주펌프의 빈번한 기동을 방지하기 위하여 충압 역할을 함
기동용 수압개폐장치 (압력챔버)	소화설비의 배관 내 압력 변동을 검지하여 자동적으로 펌프를 기동 및 정지시킴
송수구	소방차로부터 그 설비에 송수함
주펌프	화재 시 자동 및 수동으로 운전되어, 화재 진압에 필요한 소화수를 토출하여 노즐이나 헤드로 소화수를 공급함

3-2) 충압펌프의 잦은 기동 원인
  ① 펌프 토출측 체크밸브 2차측 배관의 누수
  ② 펌프 토출측 체크밸브의 미세한 개방으로 인한 역류
  ③ 기동용 수압개폐장치(압력챔버)에 설치된 배수밸브의 미세한 개방 또는 누수
  ④ 살수장치(옥내소화전설비 방수구 또는 스프링클러헤드 등)의 미세한 개방 또는 누수
  ⑤ 스프링클러설비일 경우 유수검지장치 등에 설치된 배수밸브의 미세한 개방 또는 누수
  ⑥ 습식스프링클러설비의 말단시험밸브의 미세한 개방 또는 누수

3-3) 방수시험 시 펌프의 미기동 원인
  ① 상용전원의 정전 및 비상전원의 고장(또는 전원의 차단)
  ② 펌프의 고장
  ③ 기동용 수압개폐장치(압력챔버)에 설치된 압력스위치의 고장
  ④ 동력제어반(MCC)에 설치된 펌프 기동용 스위치가 "수동(또는 정지)" 위치에 있을 경우
  ⑤ 동력제어반(MCC)의 각종 차단기류 고장
  ⑥ 감시제어반에 설치된 펌프 기동용 스위치가 "수동(또는 정지)" 위치에 있을 경우
  ⑦ 감시제어반의 고장 또는 예비전원의 고장

제10회 과년도 출제문제 (2008. 9. 25)

★★★☆☆

문제1 다음 각 물음에 답하시오. (40점)

1-1) 다중이용업소에 설치하는 비상구 위치 기준과 비상구 규격 기준에 대하여 설명하시오. (5점)
1-2) 종합정밀점검을 받아야 하는 공공기관의 대상에 대하여 쓰시오. (5점)
1-3) 2 이상의 특정소방대상물이 연결통로로 연결된 경우 다음 물음에 대하여 답하시오. (30점)
   1) 하나의 소방대상물로 보는 조건 중 내화구조로 벽이 없는 통로와 벽이 있는 통로를 구분하여 쓰시오. (10점)
   2) 위 1)외에 하나의 소방대상물로 볼 수 있는 조건 5가지를 쓰시오. (10점)
   3) 별개의 소방대상물로 볼 수 있는 조건에 대하여 쓰시오. (10점)

해답 1-1) 1) 비상구 위치 기준

비상구는 영업장(2개 이상의 층이 있는 경우에는 각각의 층별 영업장을 말한다. 이하 이 표에서 같다) 주된 출입구의 반대방향에 설치하되, 주된 출입구 중심선으로부터의 수평거리가 영업장의 가장 긴 대각선 길이, 가로 또는 세로 길이 중 가장 긴 길이의 2분의 1 이상 떨어진 위치에 설치할 것. 다만, 건물구조로 인하여 주된 출입구의 반대방향에 설치할 수 없는 경우에는 주된 출입구 중심선으로부터의 수평거리가 영업장의 가장 긴 대각선 길이, 가로 또는 세로 길이 중 가장 긴 길이의 2분의 1 이상 떨어진 위치에 설치할 수 있다.

2) 비상구 규격 기준

가로 75센티미터 이상, 세로 150센티미터 이상(문틀을 제외한 가로길이 및 세로길이를 말한다)으로 할 것

1-2) 종합정밀점검을 받아야 하는 공공기관의 대상

「공공기관의 소방안전관리에 관한 규정」제2조에 따른 공공기관 중 연면적(터널·지하구의 경우 그 길이와 평균폭을 곱하여 계산된 값을 말한다)이 1,000 m² 이상인 것으로서 옥내소화전설비 또는 자동화재탐지설비가 설치된 것. 다만, 「소방기본법」제2조제5호에 따른 소방대가 근무하는 공공기관은 제외한다.

1-3) 1) ① 벽이 없는 구조로서 그 길이가 6 m 이하인 경우
     ② 벽이 있는 구조로서 그 길이가 10 m 이하인 경우. 다만, 벽 높이가 바닥에서 천장까지의 높이의 2분의 1 이상인 경우에는 벽이 있는 구조로

보고, 벽 높이가 바닥에서 천장까지의 높이의 2분의 1 미만인 경우에는 벽이 없는 구조로 본다.
2) ① 내화구조가 아닌 연결통로로 연결된 경우
② 컨베이어로 연결되거나 플랜트설비의 배관 등으로 연결되어 있는 경우
③ 지하보도, 지하상가, 지하가로 연결된 경우
④ 자동방화셔터 또는 60분+ 방화문이 설치되지 않은 피트(전기설비 또는 배관설비 등이 설치되는 공간을 말한다)로 연결된 경우
⑤ 지하구로 연결된 경우
3) ① 화재 시 경보설비 또는 자동소화설비의 작동과 연동하여 자동으로 닫히는 자동방화셔터 또는 60분+ 방화문이 설치된 경우
② 화재 시 자동으로 방수되는 방식의 드렌처설비 또는 개방형 스프링클러 헤드가 설치된 경우

★★★☆☆

문제2 이산화탄소 소화설비에 대하여 다음 물음에 각 각 답하시오. (30점)

2-1) 가스압력식 기동장치가 설치된 이산화탄소 소화설비의 작동시험 관련 물음에 답하시오.
1) 작동시험 시 가스압력식 기동장치의 전자개방밸브 작동 방법 중 4가지만 쓰시오. (8점)
2) 방호구역 내에 설치된 교차회로 감지기를 동시에 작동시킨 후 이산화탄소 소화설비의 정상작동 여부를 판단할 수 있는 확인 사항들에 대해 쓰시오. (10점)
2-2) 화재안전기준에서 정하는 소화약제 저장용기를 설치하기에 적합한 장소에 대한 기준 6가지만 쓰시오. (12점)

해답 2-1) 1) ① 감지기 2개 회로 동시 작동
② 수동조작함에서 수동기동스위치 작동
③ 제어반에서 감지기회로 작동시험
④ 제어반에서 방호구역 수동기동스위치 작동
⑤ 전자개방밸브의 수동기동스위치 작동
2) ① 제어반에 감지기 작동표시등 점등 여부
② 음향장치(사이렌) 작동 여부
③ 지연장치(타이머) 작동 여부
④ 기동용 가스용기에 설치된 솔레노이드밸브 작동 여부
⑤ 방출표시등 점등 여부

2-2) ① 방호구역 외의 장소에 설치할 것. 다만, 방호구역 내에 설치할 경우에는 피난 및 조작이 용이하도록 피난구 부근에 설치해야 한다.
② 온도가 40 ℃ 이하이고, 온도변화가 작은 곳에 설치할 것
③ 직사광선 및 빗물이 침투할 우려가 없는 곳에 설치할 것
④ 방화문으로 구획된 실에 설치할 것
⑤ 용기의 설치장소에는 해당 용기가 설치된 곳임을 표시하는 표지를 할 것
⑥ 용기 간의 간격은 점검에 지장이 없도록 3 ㎝ 이상의 간격을 유지할 것
⑦ 저장용기와 집합관을 연결하는 연결배관에는 체크밸브를 설치할 것. 다만, 저장용기가 하나의 방호구역만을 담당하는 경우에는 그렇지 않다.

★★★☆☆

문제3 다음 옥내소화전설비에 관한 물음에 답하시오. (30점)

3-1) 화재안전기준에서 정하는 감시제어반의 기능에 대한 기준을 5가지만 쓰시오. (10점)
3-2) 다음 그림을 보고 펌프를 운전하여 체절압력을 확인하고, 릴리프밸브의 개방 압력을 조정하는 방법을 기술하시오. (20점)

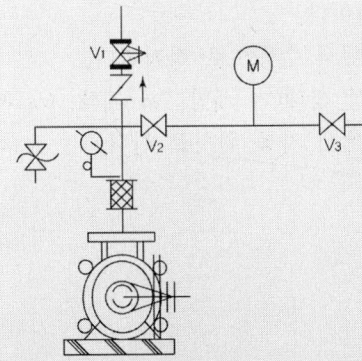

㉮ 조정 시 주펌프의 운전은 수동 운전을 원칙으로 한다.
㉯ 릴리프밸브의 작동점은 체절압력의 90%로 한다.
㉰ 조정 전의 릴리프밸브는 체절압력에서도 개방되지 않은 상태이다.
㉱ 배관의 안전을 위해 주펌프 2차측의 V1은 폐쇄 후 주펌프를 기동한다.
㉲ 조정 전의 V2, V3는 잠근 상태이며, 체절압력의 90% 압력은 성능시험배관을 이용하여 만든다.

해답 3-1) ① 각 펌프의 작동여부를 확인할 수 있는 표시등 및 음향경보기능이 있어야 할 것
② 각 펌프를 자동 및 수동으로 작동시키거나 중단시킬 수 있어야 할 것

③ 비상전원을 설치한 경우에는 상용전원 및 비상전원의 공급여부를 확인할 수 있어야 할 것
④ 수조 또는 물올림수조가 저수위로 될 때 표시등 및 음향으로 경보할 것
⑤ 다음의 각 확인회로마다 도통시험 및 작동시험을 할 수 있도록 할 것
   (1) 기동용수압개폐장치의 압력스위치회로
   (2) 수조 또는 물올림수조의 저수위감시회로
   (3) 2.3.10에 따른 개폐밸브의 폐쇄상태 확인회로
   (4) 그 밖의 이와 비슷한 회로
⑥ 예비전원이 확보되고 예비전원의 적합여부를 시험할 수 있어야 할 것

3-2) ① 펌프 2차측 V_1을 폐쇄한다.
② 주펌프를 MCC에서 수동으로 기동한다.
③ 압력계로 체절압력을 확인한다.
④ 성능시험배관 상의 V_2를 완전히 개방한다.
⑤ 압력를 확인하면서 V_3를 서서히 개방하여, 체절압력의 90%의 압력이 되도록 한다.
⑥ 이 상태에서 릴리프밸브를 서서히 개방한다.
⑦ 릴리프밸브가 개방되는 순간, 릴리프밸브의 개방 압력이 체절압력의 90%로 조정된 상태이다.
⑧ 주펌프를 MCC에서 수동으로 정지한다.
⑨ 제어밸브를 정상 상태(V_1 개방, V_2 폐쇄, V_3 폐쇄)로 복구한다.
⑩ 주펌프를 MCC에서 자동 위치로 한다.

제11회 과년도 출제문제 (2010. 9. 5)

★★★★☆

문제1 다음의 각 물음에 답하시오. (30점)

1-1) 스프링클러설비의 화재안전기준에서 정하는 감시제어반의 설치기준 중 도통시험 및 작동시험을 하여야 하는 확인회로 5가지를 쓰시오. (10점)
1-2) 소방시설 종합정밀점검표에서 자동화재탐지설비의 시각경보장치 점검항목 5가지를 쓰시오. (10점)
1-3) 소방시설 종합정밀점검표에서 할로겐화합물 및 불활성기체소화설비의 수동식 기동장치 점 검항목 5가지를 쓰시오. (10점)

해답 1-1) 도통시험 및 작동시험을 하여야 하는 확인회로
① 기동용수압개폐장치의 압력스위치회로
② 수조 또는 물올림수조의 저수위감시회로
③ 유수검지장치 또는 일제개방 밸브의 압력스위치회로
④ 일제개방밸브를 사용하는 설비의 화재감지기회로
⑤ 2.5.16에 따른 개폐밸브의 폐쇄상태 확인회로

1-2) 자동화재탐지설비의 시각경보장치 점검항목
• 시각경보장치 설치 장소 및 높이 적정 여부
• 시각경보장치 변형·손상 확인 및 정상 작동 여부
※ 5개 항목에서 2개 항목으로 개정 〈2021. 04. 01〉

1-3) 할로겐화합물 및 불활성기체소화설비의 수동식 기동장치 점검항목
• 기동장치 부근에 비상스위치 설치 여부
• 방호구역별 또는 방호대상별 기동장치 설치 여부
• 기동장치 설치 적정(출입구 부근 등, 높이, 보호장치, 표지, 전원표시등) 여부
• 방출용 스위치 음향경보장치 연동 여부
※ 5개 항목에서 4개 항목으로 개정 〈2021. 04. 01〉

24th Day

★★★☆☆

문제2 다음의 각 물음에 답하시오. (30점)

2-1) 다중이용업소의 영업주는 안전시설 등을 정기적으로 "안전시설 등 세부점검표"를 사용하여 점검하여야 한다. "안전시설 등 세부점검표"의 점검사항 중 9가지를 쓰시오. (18점)

2-2) 소방시설 관리업자가 영업 정지에 해당하는 법령을 위반한 경우 위반 행위의 동기 등을 고려하여 그 처분 기준의 1/2까지 경감하여 처분할 수 있다. 경감 처분 요건 중 경미한 위반 사항에 해당하는 요건 3가지를 쓰시오. (6점)

2-3) 화재안전기준의 변경으로 그 기준이 강화되는 경우 기존의 특정소방대상물의 소방시설 등에 대하여 변경 전의 화재안전기준을 적용한다. 그러나 일부 소방시설 등의 경우에는 화재안전기준의 변경으로 강화된 기준을 적용한다. 강화된 화재안전기준을 적용하는 소방시설 등을 3가지만 쓰시오. (6점)

해답 2-1) 안전시설 등 세부점검표의 점검사항

① 소화기 또는 자동확산소화기의 외관점검
  - 구획된 실마다 설치되어 있는지 확인
  - 약제 응고상태 및 압력게이지 지시침 확인
② 간이스프링클러설비 작동기능점검
  - 시험밸브 개방 시 펌프기동, 음향경보 확인
  - 헤드의 누수·변형·손상·장애 등 확인
③ 경보설비 작동기능점검
  - 비상벨설비의 누름스위치, 표시등, 수신기 확인
  - 자동화재탐지설비의 감지기, 발신기, 수신기 확인
  - 가스누설경보기 정상작동여부 확인
④ 피난설비 작동기능점검 및 외관점검
  - 유도등·유도표지 등 부착상태 및 점등상태 확인
  - 구획된 실마다 휴대용 비상조명등 비치 여부
  - 화재신호 시 피난유도선 점등상태 확인
  - 피난기구(완강기, 피난사다리 등) 설치상태 확인
⑤ 비상구 관리상태 확인
  - 비상구 폐쇄·훼손, 주변 물건 적치 등 관리상태
  - 구조변형, 금속표면 부식·균열, 용접부·접합부 손상 등 확인(건축물 외벽에 발코니 형태의 비상구를 설치한 경우만 해당)
⑥ 영업장 내부 피난통로 관리상태 확인
  - 영업장 내부 피난통로 상 물건 적치 등 관리상태
⑦ 창문(고시원) 관리상태 확인
⑧ 영상음향차단장치 작동기능점검

- 경보설비와 연동 및 수동작동 여부 점검
  (화재신호 시 영상음향이 차단되는 지 확인)
⑨ 누전차단기 작동 여부 확인
⑩ 피난안내도 설치 위치 확인
⑪ 피난안내영상물 상영 여부 확인
⑫ 실내장식물·내부구획 재료 교체 여부 확인
  - 커튼, 카페트 등 방염선처리제품 사용 여부
  - 합판·목재 방염성능확보 여부
  - 내부구획재료 불연재료 사용 여부
⑬ 방염 소파·의자 사용 여부 확인
⑭ 안전시설 등 세부점검표 분기별 작성 및 1년간 보관 여부
⑮ 화재배상책임보험 가입여부 및 계약기간 확인

2-2) 경감 처분 요건 중 경미한 위반 사항에 해당하는 요건
① 위반행위가 사소한 부주의나 오류로 인한 것으로 인정되는 경우
② 위반행위자가 법 위반상태를 시정하거나 해소하기 위하여 노력한 사실이 인정되는 경우
③ 위반행위자가 처음 위반행위를 한 경우로서 3년 이상 해당 업종을 모범적으로 영위한 사실이 인정되는 경우
④ 위반행위자가 화재 등 재난으로 재산에 현저한 손실을 입거나 사업 여건의 악화로 그 사업이 중대한 위기에 처하는 등 사정이 있는 경우
⑤ 위반행위자가 같은 위반행위로 다른 법률에 따라 과태료·벌금·영업정지 등의 처분을 받은 경우
⑥ 그 밖에 위반행위의 정도, 위반행위의 동기와 그 결과 등을 고려하여 과태료 금액을 줄일 필요가 있다고 인정되는 경우

2-3) 강화된 화재안전기준을 적용하는 소방시설
① 다음 각 목의 소방시설 중 대통령령 또는 화재안전기준으로 정하는 것
  가. 소화기구
  나. 비상경보설비
  다. 자동화재탐지설비
  라. 자동화재속보설비
  마. 피난구조설비
② 다음 각 목의 특정소방대상물에 설치하는 소방시설 중 대통령령 또는 화재안전기준으로 정하는 것
  가. 「국토의 계획 및 이용에 관한 법률」 제2조제9호에 따른 공동구
  나. 전력 및 통신사업용 지하구
  다. 노유자(老幼者) 시설
  라. 의료시설

24th Day

> **TIP** 제13조(강화된 소방시설기준의 적용대상) 법 제13조제1항제2호 각 목 외의 부분에서 "대통령령으로 정하는 것"이란 다음 각 호의 소방시설을 말한다.
> 1. 「국토의 계획 및 이용에 관한 법률」제2조제9호에 따른 공동구에 설치하는 소화기, 자동소화장치, 자동화재탐지설비, 통합감시시설, 유도등 및 연소방지설비
> 2. 전력 및 통신사업용 지하구에 설치하는 소화기, 자동소화장치, 자동화재탐지설비, 통합감시시설, 유도등 및 연소방지설비
> 3. 노유자 시설에 설치하는 간이스프링클러설비, 자동화재탐지설비 및 단독경보형 감지기
> 4. 의료시설에 설치하는 스프링클러설비, 간이스프링클러설비, 자동화재탐지설비 및 자동화재속보설비

★★★☆☆

문제3 다음은 방화구획선상에 설치되는 자동방화셔터(국토해양부고시 제2010-528호)에 관한 내용이다. 각 물음에 답하시오. (40점)

3-1) 자동방화셔터의 정의를 쓰시오. (5점)
3-2) 다음 문장의 ①~⑥의 빈 칸에 알맞은 용어를 쓰시오. (18점)

> ■ 자동방화셔터는 화재 발생 시 (①)에 의한 일부 폐쇄와 (②)에 의한 완전 폐쇄가 이루어질 수 있는 구조를 가진 것이어야 한다.
> ■ 자동방화셔터에 사용되는 열감지기는 소방시설 설치 및 관리에 관한 법률 제37조에 의한 형식승인에 합격한 (③) 또는 (④)의 것으로서, 정온점 또는 특종의 공칭작동온도가 (⑤)~(⑥)℃인 것으로 하여야 한다.

3-3) 일체형 자동방화셔터의 출입구 설치기준 3가지를 쓰시오. (9점)
3-4) 자동방화셔터의 작동기능을 점검하고자 한다. 셔터 작동 시 확인사항 4가지를 쓰시오. (8점)

해답 3-1) 자동방화셔터의 정의

"자동방화셔터"란 내화구조로 된 벽을 설치하지 못하는 경우 화재 시 연기 및 열을 감지하여 자동 폐쇄되는 셔터로서 건축자재 등 품질인정기관이 이 기준에 적합하다고 인정한 제품을 말한다.

3-2) 빈 칸에 알맞은 용어
① 연기감지기
② 열감지기
③ 보상식
④ 정온식
⑤ 60
⑥ 70

3-3) 삭제〈2020. 1. 30.〉
3-4) 셔터 작동 시 확인 사항 4가지
   ① 누름 버튼에 의한 조작 상황
   ② 리밋 장치의 작동 상황
   ③ 개폐 조작 중의 이상음
   ④ 수동 폐쇄의 상태
   ⑤ 연동 폐쇄의 상태
   ⑥ 폐쇄 속도
   ⑦ 수동 조작력
   ⑧ 장애물 감지 장치 부착 셔터의 작동 상태

※한국산업규격(중량셔터의 검사표준)

표 1 셔터의 종류별 검사 항목

검사 항목 종류	준공 시의 치수 검사	설치 상태의 검사	작동 검사	내화 성능 검사	차연 성능 검사
일반 중량 셔터	○	○	○	-	-
방화셔터	○	○	○	○	○

※설치 상태의 검사(개방 상태, 폐쇄 상태, 개폐 기구와 천장 안)

부표 1 검사 항목 일람표

		검사 항목
치수 측정	1	안쪽 나비
	2	슬랫 맞물림 길이
	3	가이드레일의 홈 나비
개방 상태	4	가이드레일의 손상
	5	연기 차단재의 손상
	6	수동 폐쇄와 조작 방법 표시
폐쇄 상태	7	슬랫, 하단 마감재의 손상
	8	연기 차단재 및 가이드레일의 틈새 여부
	9	하단 마감재와 바닥면의 접촉 상황
	10	연기 차단재와 가이드레일의 접합부
개폐 기구와 천장 안	11	개폐기 부착 상태, 기름 누설
	12	감기 샤프트의 베어링
	13	스프로킷과 롤러 체인
	14	온도 퓨즈의 부착 상황
	15	자동 폐쇄 장치
	16	제어판의 단자와 접점
	17	절연 저항값의 측정
	18	연동 제어기와 축전지
작동 상태	19	누름 버튼에 의한 조작 상황
	20	리밋 장치의 작동 상황
	21	개폐 조작 중의 이상음
	22	수동 폐쇄의 상태
	23	연동 폐쇄의 상태
	24	폐쇄 속도
	25	수동 조작력
	26	장애물 감지 장치 부착 셔터의 작동 상태
내화 성능	27	30분, 1시간, 2시간 가열
차연 성능	28	시험체 양면 압력차 25Pa일 때 공기 누설량

제12회 과년도 출제문제 (2011. 8. 21)

★★★★☆

문제1 다음의 각 물음에 답하시오. (40점)

1-1) 불꽃감지기 설치기준 5가지를 모두 쓰시오. (10점)
1-2) 광원점등방식의 피난유도선 설치기준 6가지를 쓰시오. (12점)
1-3) 연기감지기를 설치하여야 하는 장소 중 먼지 또는 미분 등이 다량으로 체류하여 연기감지기를 설치할 수 없는 장소인 경우 고려하여야 하는 사항 5가지를 쓰시오. (10점)
1-4) 피난구유도등 설치 제외 기준 4가지를 쓰시오. (8점)

해답 1-1) 불꽃감지기 설치기준 5가지
① 공칭감시거리 및 공칭시야각은 형식승인 내용에 따를 것
② 감지기는 공칭감시거리와 공칭시야각을 기준으로 감시구역이 모두 포용될 수 있도록 설치할 것
③ 감지기는 화재 감지를 유효하게 감지할 수 있는 모서리 또는 벽 등에 설치할 것
④ 감지기를 천장에 설치하는 경우에는 감지기는 바닥을 향하여 설치할 것
⑤ 수분이 많이 발생할 우려가 있는 장소에는 방수형으로 설치할 것
⑥ 그 밖의 설치기준은 형식승인 내용에 따르며 형식승인 사항이 아닌 것은 제조사의 시방에 따라 설치할 것

1-2) 광원점등방식의 피난유도선 설치기준 6가지
① 구획된 각 실로부터 주출입구 또는 비상구까지 설치할 것
② 피난유도 표시부는 바닥으로부터 높이 1 m 이하의 위치 또는 바닥면에 설치할 것
③ 피난유도 표시부는 50 cm 이내의 간격으로 연속되도록 설치하되 실내장식물 등으로 설치가 곤란할 경우 1 m 이내로 설치할 것
④ 수신기로부터의 화재 신호 및 수동 조작에 의하여 광원이 점등되도록 설치할 것
⑤ 비상전원이 상시 충전 상태를 유지하도록 설치할 것
⑥ 바닥에 설치되는 피난유도 표시부는 매립하는 방식을 사용할 것
⑦ 피난유도 제어부는 조작 및 관리가 용이하도록 바닥으로부터 0.8 m 이상 1.5 m 이하의 높이에 설치할 것

1-3) 연기감지기를 설치할 수 없는 장소인 경우 고려하여야 하는 사항 5가지

① 불꽃감지기에 따라 감시가 곤란한 장소는 적응성이 있는 열감지기를 설치할 것
② 차동식 분포형 감지기를 설치하는 경우에는 검출부에 먼지, 미분 등이 침입하지 않도록 조치할 것
③ 차동식 스포트형 감지기 또는 보상식 스포트형 감지기를 설치하는 경우에는 검출부에 먼지, 미분 등이 침입하지 않도록 조치할 것
④ 삭제 〈2022. 12. 1〉
⑤ 섬유, 목재 가공 공장 등 화재 확대가 급속하게 진행될 우려가 있는 장소에 설치하는 경우 정온식 감지기는 특종으로 설치할 것. 공칭작동 온도 75 ℃ 이하, 열아날로그식 스포트형 감지기는 화재 표시 설정은 80 ℃ 이하가 되도록 할 것

1-4) 피난구유도등 설치 제외 기준 4가지
① 바닥면적이 1,000 m² 미만인 층으로서 옥내로부터 직접 지상으로 통하는 출입구(외부의 식별이 용이한 경우에 한한다)
② 대각선 길이가 15 m 이내인 구획된 실의 출입구
③ 거실 각 부분으로부터 하나의 출입구에 이르는 보행거리가 20 m 이하이고 비상조명등과 유도표지가 설치된 거실의 출입구
④ 출입구가 3개소 이상 있는 거실로서 그 거실 각 부분으로부터 하나의 출입구에 이르는 보행거리가 30 m 이하인 경우에는 주된 출입구 2개소 외의 출입구(유도표지가 부착된 출입구를 말한다). 다만, 공연장·집회장·관람장·전시장·판매시설·운수시설·숙박시설·노유자시설·의료시설·장례식장의 경우에는 그렇지 않다.

★★★★☆

문제2 다음의 각 물음에 답하시오. (30점)

2-1) 일반 대상물 및 공공기관의 점검시기와 점검 면제기준을 쓰시오. (10점)
2-2) 소방시설별 점검기구에 대한 다음의 빈칸을 완성하시오. (10점)

소방시설	점검기구
소화기구	
스프링클러설비, 포소화설비	
이산화탄소소화설비, 분말소화설비, 할론소화설비, 할로겐화합물 및 불활성기체 소화설비	

2-3) 숙박시설이 설치되지 않은 특정소방대상물의 경우 수용인원산정기준을 쓰시오. (10점)

해답 2-1) 일반 대상물 및 공공기관의 점검시기와 점검 면제기준

점검시기	(1) 작동점검의 점검 시기 　1) 종합점검 대상은 종합점검을 받은 달부터 6개월이 되는 달에 실시한다. 　2) 1)에 해당하지 않는 특정소방대상물은 특정소방대상물의 사용승인일(건축물의 경우에는 건축물관리대장 또는 건물 등기사항증명서에 기재되어 있는 날, 시설물의 경우에는 「시설물의 안전 및 유지관리에 관한 특별법」 제55조제1항에 따른 시설물통합정보관리체계에 저장·관리되고 있는 날을 말하며, 건축물관리대장, 건물 등기사항증명서 및 시설물통합정보관리체계를 통해 확인되지 않는 경우에는 소방시설완공검사증명서에 기재된 날을 말한다)이 속하는 달의 말일까지 실시한다. 다만, 건축물관리대장 또는 건물 등기사항증명서 등에 기입된 날이 서로 다른 경우에는 건축물관리대장에 기재되어 있는 날을 기준으로 점검한다. (2) 종합점검의 점검 시기 　1) 가목1)에 해당하는 특정소방대상물은 「건축법」 제22조에 따라 건축물을 사용할 수 있게 된 날부터 60일 이내 실시한다. 　2) 1)을 제외한 특정소방대상물은 건축물의 사용승인일이 속하는 달에 실시한다. 다만, 「공공기관의 안전관리에 관한 규정」 제2조제2호 또는 제5호에 따른 학교의 경우에는 해당 건축물의 사용승인일이 1월에서 6월 사이에 있는 경우에는 6월 30일까지 실시할 수 있다. 　3) 건축물 사용승인일 이후 가목3)에 따라 종합점검 대상에 해당하게 된 경우에는 그 다음 해부터 실시한다. 　4) 하나의 대지경계선 안에 2개 이상의 자체점검 대상 건축물 등이 있는 경우에는 그 건축물 중 사용승인일이 가장 빠른 연도의 건축물의 사용승인일을 기준으로 점검할 수 있다.
면제기준	소방본부장 또는 소방서장은 소방청장이 소방안전관리가 우수하다고 인정한 특정소방대상물에 대해서는 3년의 범위에서 소방청장이 고시하거나 정한 기간 동안 종합점검을 면제할 수 있다. 다만, 면제기간 중 화재가 발생한 경우는 제외한다.

2-2) 소방시설별 점검기구

소방시설	점검기구
소화기구	저울, 방수압력측정계, 절연저항계, 전류전압측정계
스프링클러설비, 포소화설비	헤드결합렌치, 방수압력측정계, 절연저항계, 전류전압측정계
이산화탄소 소화설비, 분말소화설비, 할론소화설비, 할로겐화합물 및 불활성기체 소화설비	검량계, 기동관누설시험기, 그 밖에 소화약제의 저장량을 측정할 수 있는 점검기구 방수압력측정계, 절연저항계, 전류전압측정계

2-3) 숙박시설이 설치되지 않은 특정소방대상물의 경우 수용인원산정기준

㉮ 강의실·교무실·상담실·실습실·휴게실 용도로 쓰이는 특정소방대상물 : 해당 용도로 사용하는 바닥면적의 합계를 1.9 m²로 나누어 얻은 수

㉯ 강당, 문화 및 집회시설, 운동시설, 종교시설 : 해당 용도로 사용하는 바닥면적의 합계를 4.6 m²로 나누어 얻은 수(관람석이 있는 경우 고정식 의자를 설치한 부분은 그 부분의 의자 수로 하고, 긴 의자의 경우에는 의자의 정면 너비를 0.45 m로 나누어 얻은 수로 한다)

㉰ 그 밖의 특정소방대상물 : 해당 용도로 사용하는 바닥면적의 합계를 3 m²로 나누어 얻은 수

★★☆☆

문제3 스프링클러헤드의 형식승인 및 제품검사기술기준에 대한 다음의 각 물음에 대하여 답하시오. (30점)

3-1) RTI 식을 쓰고 설명하시오. (5점)
3-2) 스프링클러헤드에 반드시 표시하여야 하는 사항 5가지를 쓰시오. (5점)
3-3) 유리벌브형과 퓨지블링크형의 표시온도에 따른 색상에 대한 다음의 표를 완성하시오. (10점)

유리벌브형		퓨지블링크형	
표시온도(℃)	액체의 색별	표시온도(℃)	후레임의 색별
57 ℃	①	77 ℃ 미만	⑥
68 ℃	②	78~120 ℃	⑦
79 ℃	③	121~162 ℃	⑧
93 ℃	④	163~203 ℃	⑨
141 ℃	파랑	204~259 ℃	초록
182 ℃	연한자주	260~319 ℃	오렌지
227 ℃ 이상	⑤	320 ℃ 이상	⑩

3-4) 소방청 소방시설자체점검사항 등에 관한 고시에서 정한 다음의 소방시설도시기호를 쓰시오. (단, 평면도 기준이다) (10점)
① 스프링클러헤드 폐쇄형 하향식
② 스프링클러헤드 개방형 하향식
③ 프리액션밸브
④ 경보델류지밸브
⑤ 솔레노이드밸브

해답 3-1) RTI 식을 쓰고 설명

"반응시간지수(RTI)"란 기류의 온도·속도 및 작동시간에 대하여 스프링클러헤드의 반응을 예상한 지수로서 아래 식에 의하여 계산하고 $(m \cdot s)^{0.5}$을 단위로 한다.

$$RTI = \tau\sqrt{v}$$

τ : 감열체의 시간상수(s)
v : 기류속도(m/s)

3-2) 스프링클러헤드에 반드시 표시하여야 하는 사항 5가지
① 종별
② 형식

③ 형식승인번호
④ 제조번호 또는 로트번호
⑤ 제조연도
⑥ 제조업체명 또는 약호
⑦ 표시온도(폐쇄형 헤드에 한한다)
⑧ 표시온도에 따른 색표시(폐쇄형 헤드에 한한다)
⑨ 최고주위온도(폐쇄형 헤드에 한한다)
⑩ 취급상의 주의사항
⑪ 품질보증에 관한 사항(보증기간, 보증내용, A/S방법, 자체검사필증 등)

3-3) 유리벌브형과 퓨지블링크형의 표시온도에 따른 색상

유리벌브형		퓨지블링크형	
표시온도(℃)	액체의 색별	표시온도(℃)	후레임의 색별
57 ℃	① 오렌지	77 ℃ 미만	⑥ 색표시 안함
68 ℃	② 빨강	78~120 ℃	⑦ 흰색
79 ℃	③ 노랑	121~162 ℃	⑧ 파랑
93 ℃	④ 초록	163~203 ℃	⑨ 빨강
141 ℃	파랑	204~259 ℃	초록
182 ℃	연한자주	260~319 ℃	오렌지
227 ℃ 이상	⑤ 검정	320 ℃ 이상	⑩ 검정

3-4) 소방시설자체점검 등에 관한 고시에서 정한 소방시설도시기호

스프링클러헤드 폐쇄형 하향식(평면도)	
스프링클러헤드 개방형 하향식(평면도)	
프리액션밸브	
경보델류지밸브	◀D
솔레노이드밸브	

제13회 과년도 출제문제 (2013. 5. 11)

★★★★☆

문제1 다음 물음에 답하시오. (40점)

1-1) 연소방지설비의 화재안전기준에서 정하고 있는 연소방지도료를 도포하여야 하는 부분 5가지를 쓰시오. (10점)

1-2) 소방시설 종합정밀점검표에서 거실제연설비의 제어반 점검항목 5가지를 쓰시오. (10점)

1-3) 스프링클러설비의 화재안전기준에서 정하고 있는 폐쇄형 스프링클러설비의 유수검지장치 설치기준 5가지를 쓰시오. (10점)

1-4) 공공기관의 소방안전관리에 관한 규정에서 정하고 있는 공공기관 종합정밀점검 점검인력 배치기준을 쓰시오. (10점)

해답

1-1) 개정 삭제 〈2021.1.15〉

1-2) 개정 삭제 〈2021.4.1〉

1-3) ① 하나의 방호구역에는 1개 이상의 유수검지장치를 설치하되, 화재 발생 시 접근이 쉽고 점검하기 편리한 장소에 설치할 것

② 유수검지장치를 실내에 설치하거나 보호용 철망 등으로 구획하여 바닥으로부터 0.8 m 이상 1.5 m 이하의 위치에 설치하되, 그 실 등에는 가로 0.5 m 이상 세로 1 m 이상의 개구부로서 그 개구부에는 출입문을 설치하고 그 출입문 상단에 "유수검지장치실"이라고 표시한 표지를 설치할 것. 다만, 유수검지장치를 기계실(공조용기계실을 포함한다)안에 설치하는 경우에는 별도의 실 또는 보호용 철망을 설치하지 않고 기계실 출입문 상단에 "유수검지장치실"이라고 표시한 표지를 설치할 수 있다.

③ 스프링클러헤드에 공급되는 물은 유수검지장치를 지나도록 할 것. 다만, 송수구를 통하여 공급되는 물은 그렇지 않다.

④ 자연낙차에 따른 압력수가 흐르는 배관 상에 설치된 유수검지장치는 화재 시 물의 흐름을 검지할 수 있는 최소한의 압력이 얻어질 수 있도록 수조의 하단으로부터 낙차를 두어 설치할 것

⑤ 조기반응형 스프링클러헤드를 설치하는 경우에는 습식유수검지장치 또는 부압식 스프링클러설비를 설치할 것

1-4) 삭제 〈2014.7.7〉

★★★★☆

문제2 초고층 및 지하연계 복합건물 재난관리에 관한 특별법령에 의거하여 다음 각 물음에 답하시오. (30점)

2-1) 초고층 건축물 정의 (3점)
2-2) 다음 항목의 피난안전구역 설치기준 (6점)
  ① 초고층 건축물 (3점)
  ② 16층 이상 29층 이하인 지하연계 복합건물 (3점)
2-3) 피난안전구역에 갖추어야 하는 피난설비의 종류를 5가지만 쓰시오. (단, 피난 안전구역으로 피난을 유도하기 위한 유도등·유도표지는 제외한다.) (5점)
2-4) 피난안전구역 면적 산정기준을 쓰시오. (8점)
  ① 지하층이 하나의 용도로 사용되는 경우
  ② 지하층이 둘 이상의 용도로 사용되는 경우
2-5) 95층 건축물에 설치하는 종합방재실의 최소 설치개수 및 위치 기준을 쓰시오. (8점)

해답

2-1) "초고층 건축물"이란 층수가 50층 이상 또는 높이가 200미터 이상인 건축물을 말한다.

2-2) ① 초고층 건축물에는 피난층 또는 지상으로 통하는 직통계단과 직접 연결되는 피난안전구역을 지상층으로부터 최대 30개 층마다 1개소 이상 설치하여야 한다.
  ② 지상층별 거주밀도가 제곱미터당 1.5명을 초과하는 층은 해당 층의 사용형태별 면적의 합의 10분의 1에 해당하는 면적을 피난안전구역으로 설치할 것

2-3) ① 방열복
  ② 공기호흡기(보조마스크를 포함한다)
  ③ 인공소생기
  ④ 피난유도선(피난안전구역으로 통하는 직통계단 및 특별피난계단을 포함)
  ⑤ 비상조명등
  ⑥ 휴대용 비상조명등

2-4) ① 피난안전구역 면적 = (수용인원×0.1)×0.28 m²
  ② 피난안전구역 면적 = (사용형태별 수용인원의 합×0.1)×0.28 m²

2-5) 1. 종합방재실의 최소 설치개수 : 1개
  2. 위치 기준
    ① 1층 또는 피난층. 다만, 초고층 건축물 등에 특별피난계단이 설치되어 있고, 특별피난계단 출입구로부터 5미터 이내에 종합방재실을 설치하려는 경우에는 2층 또는 지하 1층에 설치할 수 있으며, 공동주택의 경우에는 관리사무소 내에 설치할 수 있다.
    ② 비상용 승강장, 피난 전용 승강장 및 특별피난계단으로 이동하기 쉬운 곳

③ 재난정보 수집 및 제공, 방재 활동의 거점 역할을 할 수 있는 곳
④ 소방대가 쉽게 도달할 수 있는 곳
⑤ 화재 및 침수 등으로 인하여 피해를 입을 우려가 적은 곳

★★★★☆

문제3 다음 물음에 답하시오. (30점)

3-1) 위험물안전관리에 관한 세부기준에서 정하고 있는 이산화탄소 소화설비의 배관기준 5가지를 쓰시오. (10점)

3-2) 위험물안전관리에 관한 세부기준에서 정하고 있는 고정식의 포소화설비의 포방출구 중 Ⅱ형, Ⅳ형에 대하여 각각 설명하시오. (10점)

3-3) 피난기구의 화재안전기준에서 정하고 있는 다수인 피난장비의 설치기준 9가지를 쓰시오. (10점)

해답 3-1) ① 전용으로 할 것

② 강관의 배관은 「압력배관용 탄소강관」(KS D 3562) 중에서 고압식인 것은 스케줄 80 이상, 저압식인 것은 스케줄 40 이상의 것 또는 이와 동등 이상의 강도를 갖는 것으로서 아연도금 등에 의한 방식처리를 한 것을 사용할 것

③ 동관의 배관은 「이음매 없는 구리 및 구리합금관」(KS D 5301) 또는 이와 동등 이상의 강도를 갖는 것으로서 고압식인 것은 16.5 MPa 이상, 저압식인 것은 3.75 MPa 이상의 압력에 견딜 수 있는 것을 사용할 것

④ 관이음쇠는 고압식인 것은 16.5 MPa 이상, 저압식인 것은 3.75 MPa 이상의 압력에 견딜 수 있는 것으로서 적절한 방식처리를 한 것을 사용할 것

⑤ 낙차(배관의 가장 낮은 위치로부터 가장 높은 위치까지의 수직거리를 말한다)는 50 m 이하일 것

3-2) ① Ⅱ형 : 고정지붕구조 또는 부상덮개부착고정지붕구조(옥외저장탱크의 액상에 금속제의 플로팅, 팬 등의 덮개를 부착한 고정지붕구조의 것을 말한다)의 탱크에 상부포주입법을 이용하는 것으로서 방출된 포가 탱크 옆판의 내면을 따라 흘러내려 가면서 액면 아래로 몰입되거나 액면을 뒤섞지 않고 액면상을 덮을 수 있는 반사판 및 탱크 내의 위험물 증기가 외부로 역류되는 것을 저지할 수 있는 구조·기구를 갖는 포방출구

② Ⅳ형 : 고정지붕구조의 탱크에 저부포주입법을 이용하는 것으로서 평상시에는 탱크의 액면 하의 저부에 설치된 격납통(포를 보내는 것에 의하여 용이하게 이탈되는 캡을 갖는 것을 포함한다)에 수납되어 있는 특수호스 등이 송포관의 말단에 접속되어 있다가 포를 보내는 것에 의하여 특수호스 등이 전개되어 그 선단이 액면까지 도달한 후 포를 방출하는 포방출구

3-3) ① 피난에 용이하고 안전하게 하강할 수 있는 장소에 적재 하중을 충분히 견딜 수 있도록 「건축물의 구조기준 등에 관한 규칙」 제3조에서 정하는 구조안전의 확인을 받아 견고하게 설치할 것
② 다수인피난장비 보관실(이하 "보관실"이라 한다)은 건물 외측보다 돌출되지 아니하고, 빗물·먼지 등으로부터 장비를 보호할 수 있는 구조일 것
③ 사용 시에 보관실 외측 문이 먼저 열리고 탑승기가 외측으로 자동으로 전개될 것
④ 하강 시에 탑승기가 건물 외벽이나 돌출물에 충돌하지 않도록 설치할 것
⑤ 상·하층에 설치할 경우에는 탑승기의 하강경로가 중첩되지 않도록 할 것
⑥ 하강 시에는 안전하고 일정한 속도를 유지하도록 하고 전복, 흔들림, 경로이탈 방지를 위한 안전조치를 할 것
⑦ 보관실의 문에는 오작동 방지조치를 하고, 문 개방 시에는 해당 특정소방대상물에 설치된 경보설비와 연동하여 유효한 경보음을 발하도록 할 것
⑧ 피난층에는 해당 층에 설치된 피난기구가 착지에 지장이 없도록 충분한 공간을 확보할 것
⑨ 한국소방산업기술원 또는 법 제46조제1항에 따라 성능시험기관으로 지정받은 기관에서 그 성능을 검증받은 것으로 설치할 것

제14회 과년도 출제문제(2014. 5. 17)

★★★☆☆

문제1 소방시설에 대하여 각 물음에 답하시오. (40점)

1-1) 자동화재탐지설비의 NFSC에서 정하는 설치기준에 따라 다음 각 물음에 답하시오. (23점)
① 일시적으로 발생한 열·연기 또는 먼지 등으로 인하여 화재신호를 발신할 우려가 있는 장소에 설치장소별 적응성 있는 감지기를 설치하기 위한 (별표 2)의 환경상태 구분 장소 7가지를 쓰시오. (7점)
② 정온식 감지선형 감지기 설치기준 8가지를 쓰시오. (16점)

1-2) CO_2 소화설비의 NFSC 기준에서 호스릴이산화탄소 소화설비의 설치기준 5가지를 쓰시오. (10점)

1-3) 옥외소화전설비의 화재안전기준에서 옥외소화전설비에 표시하여야 하는 표지의 명칭과 설치위치 7개소를 쓰시오. (7점)

해답 1-1) ① 1. 흡연에 의해 연기가 체류하며 환기가 되지 않는 장소
2. 취침시설로 사용하는 장소
3. 연기 이외의 미분이 떠다니는 장소
4. 바람에 영향을 받기 쉬운 장소
5. 연기가 멀리 이동해서 감지기에 도달하는 장소
6. 훈소 화재의 우려가 있는 장소
7. 넓은 공간으로 천장이 높아 열 및 연기가 확산하는 장소

② 가. 보조선이나 고정금구를 사용하여 감지선이 늘어지지 않도록 설치할 것
나. 단자부와 마감 고정금구와의 설치간격은 10 cm 이내로 설치할 것
다. 감지선형 감지기의 굴곡반경은 5 cm 이상으로 할 것
라. 감지기와 감지구역의 각 부분과의 수평거리가 내화구조의 경우 1종 4.5 m 이하, 2종 3 m 이하로 할 것. 기타 구조의 경우 1종 3 m 이하, 2종 1 m 이하로 할 것
마. 케이블트레이에 감지기를 설치하는 경우에는 케이블트레이 받침대에 마감금구를 사용하여 설치할 것
바. 지하구나 창고의 천장 등에 지지물이 적당하지 않는 장소에서는 보조선을 설치하고 그 보조선에 설치할 것
사. 분전반 내부에 설치하는 경우 접착제를 이용하여 돌기를 바닥에 고정시키고 그곳에 감지기를 설치할 것

아. 그 밖의 설치방법은 형식승인 내용에 따르며 형식승인 사항이 아닌 것은 제조사의 시방에 따라 설치할 것

1-2)
1. 방호대상물의 각 부분으로부터 하나의 호스접결구까지의 수평거리가 15 m 이하가 되도록 할 것
2. 호스릴이산화탄소소화설비의 노즐은 20 ℃에서 하나의 노즐마다 60 kg/min 이상의 소화약제를 방출할 수 있는 것으로 할 것
3. 소화약제 저장용기는 호스릴을 설치하는 장소마다 설치할 것
4. 소화약제 저장용기의 개방밸브는 호스릴의 설치장소에서 수동으로 개폐할 수 있는 것으로 할 것
5. 소화약제 저장용기의 가장 가까운 곳의 보기 쉬운 곳에 적색의 표시등을 설치하고, 호스릴이산화탄소소화설비가 있다는 뜻을 표시한 표지를 할 것

1-3)

표지의 명칭	설치위치
옥외소화전설비용 수조	옥외소화전설비용 수조의 외측의 보기 쉬운 곳
옥외소화전설비용 배관	소화설비용 흡수배관 또는 소화설비의 수직배관과 수조의 접속부분
옥외소화전펌프	옥외소화전설비용 가압송수장치
옥외소화전	옥외소화전설비의 소화전함 표면
옥외소화전설비용 동력제어반	옥외소화전설비용 동력제어반의 앞면
옥외소화전설비용	소화설비의 과전류차단기 및 개폐기
옥외소화전단자	소화설비용 전기배선의 접속단자

★★★☆☆

문제2 다음 각 물음에 답하시오. (30점)

2-1) 무선통신보조설비의 종합정밀점검표에 대하여 다음 각 물음에 답하시오. (14점)
① 종합정밀점검표에서 분배기, 분파기, 혼합기의 점검항목 2가지를 쓰시오. (2점)
② 종합정밀점검표에서 누설동축케이블의 점검항목 6가지를 쓰시오. (12점)

2-2) 제연설비의 NFSC 및 작동기능점검표에서 정하는 기준에 따라 다음 각 물음에 답하시오. (16점)
① 예상제연구역의 바닥면적 400 m² 미만인 예상제연구역(통로인 예상제연구역은 제외)에 대한 배출구의 설치기준 2가지를 쓰시오. (4점)
② 소방시설 작동기능점검표에서 배연기 점검항목 및 점검내용을 모두 쓰시오. (12점)

해답 2-1) ① • 먼지, 습기, 부식 등에 의한 기능 이상 여부
 • 설치장소 적정 및 관리 여부

② • 피난 및 통행 지장 여부(노출하여 설치한 경우)
• 케이블 구성 적정(누설동축케이블+안테나 또는 동축케이블+안테나) 여부
• 지지금구 변형·손상 여부
• 누설동축케이블 및 안테나 설치 적정 및 변형·손상 여부
• 누설동축케이블 말단 '무반사 종단저항' 설치 여부
※ 6개 항목에서 5개 항목으로 개정〈2021. 04. 01〉

2-2) ① 가. 예상제연구역이 벽으로 구획되어 있는 경우의 배출구는 천장 또는 반자와 바닥 사이의 중간 윗부분에 설치할 것
나. 예상제연구역 중 어느 한 부분이 제연경계로 구획되어 있는 경우에는 천장·반자 또는 이에 가까운 벽의 부분에 설치할 것. 다만, 배출구를 벽에 설치하는 경우에는 배출구의 하단이 해당 예상제연구역에서 제연경계의 폭이 가장 짧은 제연경계의 하단보다 높이 되도록 하여야 한다.
② 개정 삭제〈2021. 04. 01〉

★★★☆☆

문제3 다음 각 물음에 답하시오. (30점)

3-1) 소방시설 설치 및 관리에 관한 법률 시행령에 따라 다음 물음에 답하시오. (20점)
① 특정소방대상물 [별표2]의 복합건축물 구분 항목에서 하나의 건축물에 둘 이상의 용도로 사용되는 경우에도 복합건축물에 해당되지 않는 경우를 모두 쓰시오. (10점)
② 형식승인을 득하여야 하는 소방용품[별표3]에서 소화설비, 경보설비, 피난설비를 구성하는 각각의 제품 또는 기기를 모두 쓰시오. (10점)

3-2) 소방시설 중 비상전원수전설비의 NFSC에 따라 각 물음에 답하시오. (10점)
① 인입선 및 인입구 배선의 시설기준 2가지 (2점)
② 특고압 또는 고압으로 수전하는 경우, 큐비클형 방식의 설치기준 중 환기장치의 설치기준 4가지 (8점)

해답 3-1) ① 1) 관계 법령에서 주된 용도의 부수시설로서 그 설치를 의무화하고 있는 용도 또는 시설
2)「주택법」제35조제1항제3호 및 제4호에 따라 주택 안에 부대시설 또는 복리시설이 설치되는 특정소방대상물
3) 건축물의 주된 용도의 기능에 필수적인 용도로서 다음의 어느 하나에 해당하는 용도

가) 건축물의 설비(제23호마목의 전기저장시설을 포함한다), 대피 또는 위생을 위한 용도, 그 밖에 이와 비슷한 용도

　　　나) 사무, 작업, 집회, 물품 저장 또는 주차를 위한 용도, 그 밖에 이와 비슷한 용도

　　　다) 구내식당, 구내세탁소, 구내운동시설 등 종업원후생복리시설(기숙사는 제외한다) 또는 구내소각시설의 용도, 그 밖에 이와 비슷한 용도

② 1. 소화설비를 구성하는 제품 또는 기기
　　가. 별표 1 제1호가목의 소화기구(소화약제 외의 것을 이용한 간이소화용구는 제외한다)
　　나. 별표 1 제1호나목의 자동소화장치
　　다. 소화설비를 구성하는 소화전, 관창(菅槍), 소방호스, 스프링클러헤드, 기동용 수압개폐장치, 유수제어밸브 및 가스관선택밸브

　2. 경보설비를 구성하는 제품 또는 기기
　　가. 누전경보기 및 가스누설경보기
　　나. 경보설비를 구성하는 발신기, 수신기, 중계기, 감지기 및 음향장치(경종만 해당한다)

　3. 피난구조설비를 구성하는 제품 또는 기기
　　가. 피난사다리, 구조대, 완강기(지지대를 포함한다) 및 간이완강기(지지대를 포함한다)
　　나. 공기호흡기(충전기를 포함한다)
　　다. 피난구유도등, 통로유도등, 객석유도등 및 예비전원이 내장된 비상조명등

　4. 소화용으로 사용하는 제품 또는 기기
　　가. 소화약제(별표 1 제1호나목2)와 3)의 자동소화장치와 같은 호 마목3)부터 9)까지의 소화설비용만 해당한다)
　　나. 방염제(방염액·방염도료 및 방염성 물질을 말한다)

　5. 그 밖에 행정안전부령으로 정하는 소방 관련 제품 또는 기기

3-2) ① 1. 인입선은 특정소방대상물에 화재가 발생할 경우에도 화재로 인한 손상을 받지 않도록 설치해야 한다.

　　2. 인입구 배선은 「옥내소화전설비의 화재안전기술기준(NFTC 102)」 2.7.2의 표 2.7.2(1)에 따른 내화배선으로 해야 한다.

② 가. 내부의 온도가 상승하지 않도록 환기장치를 할 것
　　나. 자연환기구의 개구부 면적의 합계는 외함의 한 면에 대하여 해당 면적의 3분의 1 이하로 할 것. 이 경우 하나의 통기구의 크기는 직경 10 mm 이상의 둥근 막대가 들어가서는 아니 된다.

다. 자연환기구에 따라 충분히 환기할 수 없는 경우에는 환기설비를 설치할 것
라. 환기구에는 금속망, 방화댐퍼 등으로 방화조치를 하고, 옥외에 설치하는 것은 빗물 등이 들어가지 않도록 할 것

제15회 과년도 출제문제(2015. 9. 5)

★★☆☆☆

문제1 다음 각 물음에 답하시오. (40점)

1-1) 「기존다중이용업소 건축물의 구조상 비상구를 설치할 수 없는 경우에 관한 고시」에서 규정한 기존 다중이용업소 건축물의 구조상 비상구를 설치할 수 없는 경우를 쓰시오. (15점)

1-2) 「화재의 예방 및 안전관리에 관한 법률 시행령」 제18조제2항 관련 "보일러 등의 설비 또는 기구 등의 위치·구조 및 관리와 화재예방을 위하여 불을 사용할 때 지켜야 하는 사항" 중 보일러 사용 시 지켜야 하는 사항에 대해 쓰시오. (12점)

1-3) 「소방시설 설치 및 관리에 관한 법률 시행령」의 임시소방시설과 기능 및 성능이 유사한 소방시설로서 임시소방시설을 설치한 것으로 보는 소방시설을 쓰시오. (6점)

1-4) 「다중이용업소의 안전관리에 관한 특별법」에서 다음 각 물음에 답하시오. (7점)
① 밀폐구조의 영업장에 대한 정의를 쓰시오. (1점)
② 밀폐구조의 영업장에 대한 요건을 쓰시오. (6점)

해답

1-1) 1. 비상구 설치를 위하여 건축법 제2조제1항제7호 규정의 주요구조부를 관통하여야 하는 경우
2. 비상구를 설치하여야 하는 영업장이 인접건축물과의 이격거리(건축물 외벽과 외벽 사이의 거리를 말한다)가 100센티미터 이하인 경우
3. 다음 각 목의 어느 하나에 해당하는 경우
    가. 비상구 설치를 위하여 당해 영업장 또는 다른 영업장의 공조설비, 냉·난방설비, 수도설비 등 고정설비를 철거 또는 이전하여야 하는 등 그 설비의 기능과 성능에 지장을 초래하는 경우
    나. 비상구 설치를 위하여 인접건물 또는 다른 사람 소유의 대지경계선을 침범하는 등 재산권분쟁의 우려가 있는 경우
    다. 영업장이 도시미관지구에 위치하여 비상구를 설치하는 경우 건축물 미관을 훼손한다고 인정되는 경우
    라. 당해 영업장으로 사용부분의 바닥면적 합계가 33제곱미터 이하인 경우
4. 그 밖에 관할 소방서장이 현장여건 등을 고려하여 비상구를 설치할 수 없다고 인정하는 경우

1-2) 가. 가연성 벽·바닥 또는 천장과 접촉하는 증기기관 또는 연통의 부분은 규조토 등 난연성 또는 불연성 단열재로 덮어씌워야 한다.

나. 경유·등유 등 액체연료를 사용할 때에는 다음 사항을 지켜야 한다.
  1) 연료탱크는 보일러 본체로부터 수평거리 1미터 이상의 간격을 두어 설치할 것
  2) 연료탱크에는 화재 등 긴급상황이 발생하는 경우 연료를 차단할 수 있는 개폐밸브를 연료탱크로부터 0.5미터 이내에 설치할 것
  3) 연료탱크 또는 보일러 등에 연료를 공급하는 배관에는 여과장치를 설치할 것
  4) 사용이 허용된 연료 외의 것을 사용하지 않을 것
  5) 연료탱크가 넘어지지 않도록 받침대를 설치하고, 연료탱크 및 연료탱크 받침대는 「건축법 시행령」 제2조제10호에 따른 불연재료(이하 "불연재료"라 한다)로 할 것
다. 기체연료를 사용할 때에는 다음 사항을 지켜야 한다.
  1) 보일러를 설치하는 장소에는 환기구를 설치하는 등 가연성 가스가 머무르지 않도록 할 것
  2) 연료를 공급하는 배관은 금속관으로 할 것
  3) 화재 등 긴급 시 연료를 차단할 수 있는 개폐밸브를 연료용기 등으로부터 0.5미터 이내에 설치할 것
  4) 보일러가 설치된 장소에는 가스누설경보기를 설치할 것
라. 화목(火木) 등 고체연료를 사용할 때에는 다음 사항을 지켜야 한다.
  1) 고체연료는 보일러 본체와 수평거리 2미터 이상 간격을 두어 보관하거나 불연재료로 된 별도의 구획된 공간에 보관할 것
  2) 연통은 천장으로부터 0.6미터 떨어지고, 연통의 배출구는 건물 밖으로 0.6미터 이상 나오도록 설치할 것
  3) 연통의 배출구는 보일러 본체보다 2미터 이상 높게 설치할 것
  4) 연통이 관통하는 벽면, 지붕 등은 불연재료로 처리할 것
  5) 연통재질은 불연재료로 사용하고 연결부에 청소구를 설치할 것
마. 보일러 본체와 벽·천장 사이의 거리는 0.6미터 이상이어야 한다.
바. 보일러를 실내에 설치하는 경우에는 콘크리트바닥 또는 금속 외의 불연재료로 된 바닥 위에 설치해야 한다.

1-3) 가. 간이소화장치를 설치한 것으로 보는 소방시설 : 소방청장이 정하여 고시하는 기준에 맞는 소화기(연결송수관설비의 방수구 인근에 설치한 경우로 한정한다) 또는 옥내소화전설비
  나. 비상경보장치를 설치한 것으로 보는 소방시설 : 비상방송설비 또는 자동화재탐지설비
  다. 간이피난유도선을 설치한 것으로 보는 소방시설 : 피난유도선, 피난구유도등, 통로유도등 또는 비상조명등

1-4) ① "밀폐구조의 영업장"이란 지상층에 있는 다중이용업소의 영업장 중 채광·환기·통풍 및 피난 등이 용이하지 못한 구조로 되어 있으면서 대통령령으로 정하는 기준에 해당하는 영업장을 말한다.
   ② 다음에 따른 요건을 모두 갖춘 개구부의 면적의 합계가 영업장으로 사용하는 바닥면적의 30분의 1 이하가 되는 것을 말한다.
      가. 크기는 지름 50센티미터 이상의 원이 통과할 수 있을 것
      나. 해당 층의 바닥면으로부터 개구부 밑부분까지의 높이가 1.2미터 이내일 것
      다. 도로 또는 차량이 진입할 수 있는 빈터를 향할 것
      라. 화재 시 건축물로부터 쉽게 피난할 수 있도록 창살이나 그 밖의 장애물이 설치되지 아니할 것
      마. 내부 또는 외부에서 쉽게 부수거나 열 수 있을 것

★★☆☆☆

문제2 다음 각 물음에 답하시오. (30점)

2-1) 소방시설 종합정밀점검표에서 기타사항 확인표의 피난·방화시설 점검내용 8가지를 쓰시오. (8점)
2-2) 자동화재탐지설비·시각경보기·자동화재속보설비의 작동기능점검표에서 수신기의 점검항목 및 점검내용 10가지를 쓰시오. (10점)
2-3) 다음 명칭에 대한 소방시설 도시기호를 그리시오. (4점)

명칭	도시기호
① 릴리프밸브(일반)	
② 회로시험기	
③ 연결살수헤드	
④ 화재댐퍼	

2-4) 이산화탄소소화설비 종합정밀점검표에서 제어반 및 화재표시등의 점검항목 8가지를 쓰시오. (8점)

해답 2-1) 개정 〈2021. 04. 01〉
- 방화문 및 방화셔터의 관리 상태(폐쇄·훼손·변경) 및 정상 기능 적정 여부
- 비상구 및 피난통로 확보 적정 여부(피난·방화시설 주변 장애물 적치 포함)

2-2) 개정 〈2022. 12. 01〉
- 수신기 설치장소 적정(관리용이) 여부
- 조작스위치의 높이는 적정하며 정상 위치에 있는지 여부
- 경계구역 일람도 비치 여부

- 수신기 음향기구의 음량·음색 구별 가능 여부
- 수신기 기록장치 데이터 발생 표시시간과 표준시간 일치 여부

2-3)

명칭	도시기호
① 릴리프밸브(일반)	
② 회로시험기	
③ 연결살수헤드	
④ 화재댐퍼	

2-4) 개정 〈2022. 12. 01〉
- 설치장소 적정 및 관리 여부
- 회로도 및 취급설명서 비치 여부
- 수동잠금밸브 개폐여부 확인 표시등 설치 여부

[제어반]
- 수동기동장치 또는 감지기 신호 수신 시 음향경보장치 작동 기능 정상 여부
- 소화약제 방출·지연 및 기타 제어 기능 적정 여부
- 전원표시등 설치 및 정상 점등 여부

[화재표시반]
- 방호구역별 표시등(음향경보장치 조작, 감지기 작동), 경보기 설치 및 작동 여부
- 수동식 기동장치 작동표시 표시등 설치 및 정상 작동 여부
- 소화약제 방출표시등 설치 및 정상 작동 여부
- 자동식기동장치 자동·수동 절환 및 절환표시등 설치 및 정상 작동 여부

★★☆☆☆

문제3 다음 각 물음에 답하시오. (30점)

3-1) 「소방시설 설치 및 관리에 관한 법률 시행규칙」 별표 8에서 규정하는 행정처분 일반기준에 대하여 쓰시오. (15점)

3-2) 「자동화재탐지설비 및 시각경보장치의 화재안전기준(NFSC 203)」 별표 1에서 규정한 연기감지기를 설치할 수 없는 장소 중 도금공장 또는 축전지실과 같이 부식성 가스의 발생우려가 있는 장소에 감지기 설치 시 유의사항을 쓰시오. (5점)

3-3) 「피난기구의 화재안전기준(NFSC 301)」 제6조 피난기구 설치의 감소기준을 쓰시오. (10점)

해답 3-1) 가. 위반행위가 둘 이상이면 그 중 무거운 처분기준(무거운 처분기준이 동일한 경우에는 그 중 하나의 처분기준을 말한다. 이하 같다)에 따른다. 다만, 둘 이상의 처분기준이 모두 영업정지이거나 사용정지인 경우에는 각 처분기준을 합산한 기간을 넘지 않는 범위에서 무거운 처분기준에 각각 나머지 처분기준의 2분의 1 범위에서 가중한다.
　나. 영업정지 또는 사용정지 처분기간 중 영업정지 또는 사용정지에 해당하는 위반사항이 있는 경우에는 종전의 처분기간 만료일의 다음 날부터 새로운 위반사항에 따른 영업정지 또는 사용정지의 행정처분을 한다.
　다. 위반행위의 횟수에 따른 행정처분의 기준은 최근 1년간 같은 위반행위로 행정처분을 받은 경우에 적용한다. 이 경우 적용일은 위반행위에 대한 행정처분일과 그 처분 후에 한 위반행위가 다시 적발된 날을 기준으로 한다.
　라. 다목에 따라 가중된 부과처분을 하는 경우 가중처분의 적용 차수는 그 위반행위 전 부과처분 차수(다목에 따른 기간 내에 행정처분이 둘 이상 있었던 경우에는 높은 차수를 말한다)의 다음 차수로 한다.
　마. 처분권자는 위반행위의 동기·내용·횟수 및 위반 정도 등 다음에 해당하는 사유를 고려하여 그 처분을 가중하거나 감경할 수 있다. 이 경우 그 처분이 영업정지 또는 자격정지인 경우에는 그 처분기준의 2분의 1의 범위에서 가중하거나 감경할 수 있고, 등록취소 또는 자격취소인 경우에는 등록취소 또는 자격취소 전 차수의 행정처분이 영업정지 또는 자격정지이면 그 처분기준의 2배 이하의 영업정지 또는 자격정지로 감경(법 제28조 제1호·제4호·제5호·제7호 및 법 제35조제1항제1호·제4호·제5호를 위반하여 등록취소 또는 자격취소된 경우는 제외한다)할 수 있다.
　　1) 가중 사유
　　　가) 위반행위가 사소한 부주의나 오류가 아닌 고의나 중대한 과실에 의한 것으로 인정되는 경우
　　　나) 위반의 내용·정도가 중대하여 관계인에게 미치는 피해가 크다고 인정되는 경우
　　2) 감경 사유
　　　가) 위반행위가 사소한 부주의나 오류 등 과실에 의한 것으로 인정되는 경우
　　　나) 위반의 내용·정도가 경미하여 관계인에게 미치는 피해가 적다고 인정되는 경우
　　　다) 위반 행위자가 처음 해당 위반행위를 한 경우로서 5년 이상 소방시설관리사의 업무, 소방시설관리업 등을 모범적으로 해 온 사실이 인정되는 경우
　　　라) 그 밖에 다음의 경미한 위반사항에 해당되는 경우

(1) 스프링클러설비 헤드가 살수(撒水)반경에 미치지 못하는 경우
(2) 자동화재탐지설비 감지기 2개 이하가 설치되지 않은 경우
(3) 유도등(誘導燈)이 일시적으로 점등(點燈)되지 않는 경우
(4) 유도표지(誘導標識)가 정해진 위치에 붙어 있지 않은 경우

3-2) 1. 차동식분포형감지기를 설치하는 경우에는 감지부가 피복되어 있고 검출부가 부식성가스에 영향을 받지 않는 것 또는 검출부에 부식성가스가 침입하지 않도록 조치할 것
2. 보상식스포트형감지기, 정온식감지기 또는 열아날로그식스포트형감지기를 설치하는 경우에는 부식성가스의 성상에 반응하지 않는 내산형 또는 내알칼리형으로 설치할 것
3. 개정 삭제 〈2022. 12. 01〉

3-3) ① 피난기구를 설치하여야 할 특정소방대상물중 다음의 기준에 적합한 층에는 2.1.2에 따른 피난기구의 2분의 1을 감소할 수 있다. 이 경우 설치하여야 할 피난기구의 수에 있어서 소수점 이하의 수는 1로 한다.
1. 주요구조부가 내화구조로 되어 있을 것
2. 직통계단인 피난계단 또는 특별피난계단이 2 이상 설치되어 있을 것
② 피난기구를 설치해야 할 소방대상물 중 주요구조부가 내화구조이고 다음의 기준에 적합한 건널 복도가 설치되어 있는 층에는 2.1.2에 따른 피난기구의 수에서 해당 건널 복도의 수의 2배의 수를 뺀 수로 한다.
1. 내화구조 또는 철골조로 되어 있을 것
2. 건널 복도 양단의 출입구에 자동폐쇄장치를 한 60분+ 방화문 또는 60분 방화문(방화셔터를 제외한다)이 설치되어 있을 것
3. 피난·통행 또는 운반의 전용 용도일 것
③ 피난기구를 설치하여야 할 특정소방대상물 중 다음의 기준에 적합한 노대가 설치된 거실의 바닥면적은 2.1.2에 따른 피난기구의 설치개수 산정을 위한 바닥면적에서 이를 제외한다.
1. 노대를 포함한 특정소방대상물의 주요구조부가 내화구조일 것
2. 노대가 거실의 외기에 면하는 부분에 피난 상 유효하게 설치되어 있어야 할 것
3. 노대가 소방사다리차가 쉽게 통행할 수 있는 도로 또는 공지에 면하여 설치되어 있거나, 거실부분과 방화 구획되어 있거나 또는 노대에 지상으로 통하는 계단 그 밖의 피난기구가 설치되어 있어야 할 것

제16회 과년도 출제문제 (2016. 9. 24)

★★☆☆☆

문제1 다음 물음에 답하시오. (40점)

1-1) 펌프를 작동시키는 압력챔버 방식에서 압력챔버 공기 교체 방법을 쓰시오. (14점)

1-2) 특정소방대상물의 규모, 용도 및 수용인원 등을 고려하여 갖추어야 하는 소방시설의 종류 중 제연설비에 대하여 다음 물음에 답하시오. (15점)
 1) 소방시설 설치 및 관리에 관한 법률에 따라 '제연설비를 설치하여야 하는 특정소방대상물' 6가지를 쓰시오. (6점)
 2) 소방시설 설치 및 관리에 관한 법률에 따라 '제연설비를 면제할 수 있는 기준'을 쓰시오. (6점)
 3) 제연설비의 화재안전기준(NFSC 501)에 따라 '제연설비를 설치하여야 할 특정소방대상물 중 배출구·공기유입구의 설치 및 배출량 산정에서 이를 제외할 수 있는 부분(장소)'을 쓰시오. (3점)

1-3) 다음은 종합정밀점검표에 관한 사항이다. 각 물음에 답하시오. (11점)
 1) 다중이용업소의 종합정밀점검 시 "가스누설경보기" 점검내용 5가지를 쓰시오. (5점)
 2) 할로겐화합물 및 불활성기체소화설비의 "개구부의 자동폐쇄장치" 점검항목 3가지를 쓰시오. (3점)
 3) 거실제연설비의 "기동장치" 점검항목 3가지를 쓰시오. (3점)

해답 1-1)

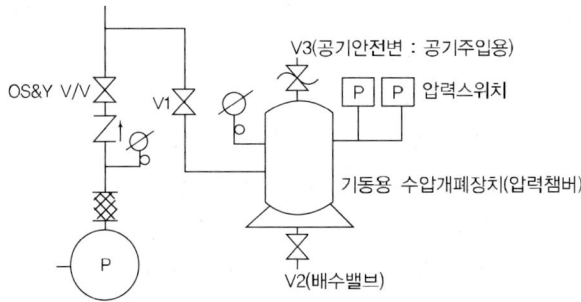

① 동력제어반(MCC)에서 주펌프 및 충압펌프의 작동스위치 정지(수동)
② V1 폐쇄
③ V2 및 V3 개방하여 압력탱크 내의 물을 완전 배수
④ V2 및 V3 폐쇄
⑤ V1 개방
⑥ 동력제어반(MCC)에서 충압펌프의 작동스위치 자동

⑦ 충압펌프 정지 후 동력제어반(MCC)에서 주펌프의 작동스위치 자동

1-2) 1) ① 문화 및 집회시설, 종교시설, 운동시설 중 무대부의 바닥면적이 200㎡ 이상인 경우에는 해당 무대부
② 문화 및 집회시설 중 영화상영관으로서 수용인원 100명 이상인 경우에는 해당 영화상영관
③ 지하층이나 무창층에 설치된 근린생활시설, 판매시설, 운수시설, 숙박시설, 위락시설, 의료시설, 노유자 시설 또는 창고시설(물류터미널로 한정한다)로서 해당 용도로 사용되는 바닥면적의 합계가 1천㎡ 이상인 경우 해당 부분
④ 운수시설 중 시외버스정류장, 철도 및 도시철도 시설, 공항시설 및 항만시설의 대기실 또는 휴게시설로서 지하층 또는 무창층의 바닥면적이 1천㎡ 이상인 경우에는 모든 층
⑤ 지하가(터널은 제외한다)로서 연면적 1천㎡ 이상인 것
⑥ 지하가 중 예상 교통량, 경사도 등 터널의 특성을 고려하여 행정안전부령으로 정하는 터널
⑦ 특정소방대상물(갓복도형 아파트등은 제외한다)에 부설된 특별피난계단, 비상용 승강기의 승강장 또는 피난용 승강기의 승강장

2) 가. 제연설비를 설치해야 하는 특정소방대상물[별표 4 제5호가목6)은 제외한다]에 다음의 어느 하나에 해당하는 설비를 설치한 경우에는 설치가 면제된다.
① 공기조화설비를 화재안전기준의 제연설비기준에 적합하게 설치하고 공기조화설비가 화재 시 제연설비기능으로 자동 전환되는 구조로 설치되어 있는 경우
② 직접 외부 공기와 통하는 배출구의 면적의 합계가 해당 제연구역[제연경계(제연설비의 일부인 천장을 포함한다)에 의하여 구획된 건축물 내의 공간을 말한다] 바닥면적의 100분의 1 이상이고, 배출구부터 각 부분까지의 수평거리가 30 m 이내이며, 공기유입구가 화재안전기준에 적합하게(외부 공기를 직접 자연 유입할 경우에 유입구의 크기는 배출구의 크기 이상이어야 한다) 설치되어 있는 경우

나. 별표 4 제5호가목6)에 따라 제연설비를 설치해야 하는 특정소방대상물 중 노대(露臺)와 연결된 특별피난계단, 노대가 설치된 비상용 승강기의 승강장 또는 「건축법 시행령」 제91조제5호의 기준에 따라 배연설비가 설치된 피난용 승강기의 승강장에는 설치가 면제된다.

3) 제연설비를 설치해야 할 특정소방대상물 중 화장실 · 목욕실 · 주차장 · 발코니를 설치한 숙박시설(가족호텔 및 휴양콘도미니엄에 한한다)의 객실과 사람이 상주하지 않는 기계실 · 전기실 · 공조실 · 50 ㎡ 미만의 창고 등으로

사용되는 부분에 대하여는 배출구·공기유입구의 설치 및 배출량 산정에서 이를 제외할 수 있다.

1-3) 1) 5개 항목에서 1개 항목으로 개정 〈2021. 04. 01〉
- 주방 또는 난방시설이 설치된 장소에 설치 및 정상 작동 여부

2) 개정 〈2021. 04. 01〉
- 환기장치 자동정지 기능 적정 여부
- 개구부 및 통기구 자동폐쇄장치 설치 장소 및 기능 적합 여부
- 자동폐쇄장치 복구장치 설치기준 적합 및 위치표지 적합 여부

3) 개정 삭제 〈2021. 04. 01〉

★★☆☆☆

문제2 다음 물음에 답하시오. (30점)

2-1) 소방시설관리사가 건물의 소방펌프를 점검한 결과 에어락 현상(Air Lock)이라고 판단하였다. 에어락 현상이라고 판단한 이유와 적절한 대책 5가지를 쓰시오. (8점)

2-2) 특별피난계단의 계단실 및 부속실의 제연설비 점검항목 중 방연풍속과 유입공기 배출량 측정방법을 각각 쓰시오. (12점)

2-3) 소화설비에 사용되는 밸브류에 관하여 다음의 명칭에 맞는 도시기호를 표시하고 그 기능을 쓰시오. (10점)

명칭	도시기호	기능
(가) 가스체크밸브		
(나) 앵글밸브		
(다) 후드(Foot)밸브		
(라) 자동배수밸브		
(마) 감압밸브		

해답 2-1) ■ 이유 : 펌프 기동 시 토출량이 0인 상태(액체의 흐름이 막힌 상태)
■ 대책 :
① 펌프의 흡입측 배관을 수조의 하부에 설치한다.
② 펌프 기동 전에 공기를 제거한다.
③ 자동공기제거펌프를 설치한다.
④ 펌프 흡입배관 설치 시 펌프 쪽으로 약간의 기울기를 둔다.
⑤ 펌프의 흡입측에 레듀샤 설치 시 편심레듀샤를 설치한다.

2-2) ■ 점검항목 중 방연풍속 :
- 송풍기에서 가장 먼 층을 기준으로 제연구역 1개층(20층 초과 시 연속되

- 는 2개층) 제연구역과 옥내간의 측정을 원칙으로 하며 필요시 그 이상으로 할 수 있다.
- 방연풍속은 최소 10점 이상 균등 분할하여 측정하며, 측정시 각 측정점에 대해 제연구역을 기준으로 기류가 유입(-) 또는 배출(+) 상태를 측정지에 기록한다.
- 유입공기배출장치(있는 경우)는 방연풍속을 측정하는 층만 개방한다.
- 직통계단식 공동주택은 방화문 개방층의 제연구역과 연결된 세대와 면하는 외기문을 개방할 수 있다.

■ 유입공기 배출량 측정방법 :
- 기계배출식은 송풍기에서 가장 먼 층의 유입공기배출댐퍼를 개방하여 측정하는 것을 원칙으로 한다.
- 기타 방식은 설계조건에 따라 적정한 위치의 유입공기배출구를 개방하여 측정하는 것을 원칙으로 한다.

2-3)

명칭	도시기호	기능
(가) 가스체크밸브		가스 배관 상에 설치되어 역류 방지 기능을 한다.
(나) 앵글밸브		개폐기능 및 유수의 흐름을 90°로 변환하는 기능을 한다.
(다) 후드(Foot)밸브		역류방지 기능 및 여과 기능을 한다.
(라) 자동배수밸브		대기압 상태에서 배관 내에 고인 물을 자동 배수하는 기능을 한다.
(마) 감압밸브		1차측의 고압을 감압하여 2차측으로 보내는 기능을 한다.

★★☆☆

문제3 다음 물음에 답하시오. (30점)

3-1) 복도통로유도등과 계단통로유도등의 설치목적과 각 조도기준을 쓰시오. (8점)

3-2) 화재 시 감지기가 동작하지 않고 화재 발견자가 화재구역에 있는 발신기를 눌렀을 경우, 자동화재탐지설비 수신기에서 발신기 동작상황 및 화재구역을 확인하는 방법을 쓰시오. (3점)

3-3) P형1급 수신기(10회로 미만)에 대한 절연저항시험과 절연내력시험을 실시하였다. (9점)
  1) 수신기의 절연저항시험 방법(측정개소, 계측기, 측정값)을 쓰시오. (3점)

2) 수신기의 절연내력시험 방법을 쓰시오. (3점)
3) 절연저항시험과 절연내력시험의 목적을 각각 쓰시오. (3점)
3-4) P형 수신기에 연결된 지구경종이 작동되지 않는 경우 그 원인 5가지를 쓰시오. (10점)

3-1)

구분	설치목적	조도기준
복도통로유도등	피난통로가 되는 복도에 설치하는 통로유도등으로서 피난구의 방향을 명시하는 것이다.	복도통로유도등은 바닥면으로부터 1 m 높이에, 거실통로유도등은 바닥면으로부터 2 m 높이에 설치하고 그 유도등의 중앙으로부터 0.5 m 떨어진 위치의 바닥면 조도와 유도등의 전면 중앙으로부터 0.5 m 떨어진 위치의 조도가 1 lx 이상이어야 한다. 다만, 바닥면에 설치하는 통로유도등은 그 유도등의 바로 윗부분 1 m의 높이에서 법선조도가 1 lx 이상이어야 한다.
계단통로유도등	피난통로가 되는 계단이나 경사로에 설치하는 통로유도등으로 바닥면 및 디딤바닥면을 비추는 것이다.	계단통로유도등은 바닥면 또는 디딤바닥 면으로부터 높이 2.5 m의 위치에 그 유도등을 설치하고 그 유도등의 바로 밑으로부터 수평거리로 10 m 떨어진 위치에서의 법선조도가 0.5 lx 이상이어야 한다.

※ 유도등의 형식승인 및 제품검사의 기술기준 제23조(조도시험)
통로유도등 및 객석유도등은 그 유도등은 비상전원의 성능에 따라 유효점등시간 동안 등을 켠 후 주위 조도가 0 lx인 상태에서 다음과 같은 방법으로 측정하는 경우, 그 조도는 각각 다음 각 호에 적합하여야 한다.
1. 계단통로유도등은 바닥면 또는 디딤바닥 면으로부터 높이 2.5 m의 위치에 그 유도등을 설치하고 그 유도등의 바로 밑으로부터 수평거리로 10 m 떨어진 위치에서의 법선조도가 0.5 lx 이상이어야 한다.
2. 복도통로유도등은 바닥면으로부터 1 m 높이에, 거실통로유도등은 바닥면으로부터 2 m 높이에 설치하고 그 유도등의 중앙으로부터 0.5 m 떨어진 위치의 바닥면 조도와 유도등의 전면 중앙으로부터 0.5 m 떨어진 위치의 조도가 1 lx 이상이어야 한다. 다만, 바닥면에 설치하는 통로유도등은 그 유도등의 바로 윗부분 1 m의 높이에서 법선조도가 1 lx 이상이어야 한다.

3-2) ① 발신기 동작상황을 확인하는 방법 : 발신기표시등의 점등 여부 확인
  ② 화재구역을 확인하는 방법 : 화재지구표시등(화재지구등)의 점등 여부 확인

3-3) 1) 수신기의 절연된 충전부와 외함간의 절연저항은 직류 500 V의 절연저항계로 측정한 값이 5 MΩ(교류입력측과 외함간에는 20 MΩ) 이상이어야 한다.

※ 수신기 형식승인 및 제품검사의 기술기준 제19조(절연저항시험)
① 수신기의 절연된 충전부와 외함간의 절연저항은 직류 500 V의 절연저항계로 측정한 값이 5 MΩ(교류입력측과 외함간에는 20 MΩ) 이상이어야 한다. 다만, P형, P형복합식, GP형 및 GP형복합식의 수신기로서 접속되는 회선수가 10 이상인 것 또는 R형, R형복합식, GR형 및 GR형복합식의 수신기로서 접속되는 중계기가 10 이상인 것은 교류 입력측과 외함 간을 제외하고 1회선당 50 MΩ 이상이어야 한다.
② 절연된 선로간의 절연저항은 직류 500 V의 절연저항계로 측정한 값이 20 MΩ 이상이어야 한다.

2) 수신기의 절연된 충전부와 외함 간의 절연내력은 60 Hz의 정현파에 가까운 실효전압 500 V(정격전압이 60 V를 넘고 150 V 이하인 것은 1000 V, 정격전압이 150 V를 넘는 것은 그 정격전압에 2를 곱하여 1천을 더한 값)의 교류전압을 가하는 시험에서 1분간 견디는 것이어야 한다.

3) ① 절연저항시험의 목적 : 절연제의 누전 여부를 알아보는 시험(두개의 도체나 금속체 사이에 얼마만큼 누전이 되고 있는가를 알아보는 시험)
② 절연내력시험의 목적 : 절연체가 특정 전압에 견디는지의 여부를 알아보는 시험

3-4) ① 지구경종 기구 불량
② 감지기 선로 단선
③ 수신기의 릴레이 불량
④ 수신기에서 지구경종 정지 상태
⑤ 수신기 전원 불량

제17회 과년도 출제문제 (2017. 9. 23)

★★☆☆

문제1 다음 물음에 답하시오. (40점)

1-1) 자동화재탐지설비의 감지기 설치기준에서 다음 물음에 답하시오. (7점)
① 설치장소별 감지기 적응성(연기감지기를 설치할 수 없는 경우 적용)에서 설치장소의 환경상태가 "물방울이 발생하는 장소"에 설치할 수 있는 감지기의 종류별 설치조건을 쓰시오. (3점)
② 설치장소별 감지기 적응성(연기감지기를 설치할 수 없는 경우 적용)에서 설치장소의 환경상태가 "부식성 가스가 발생할 우려가 있는 장소"에 설치할 수 있는 감지기의 종류별 설치조건을 쓰시오. (4점)

1-2) 다음 국가화재안전기준(NFSC)에 대하여 각 물음에 답하시오 (5점)
① 무선통신보조설비를 설치하지 아니할 수 있는 경우의 특정소방대상물의 조건을 쓰시오. (2점)
② 분말소화설비의 자동식 기동장치에서 가스압력식 기동장치의 설치기준 3가지를 쓰시오. (3점)

1-3) [소방용품의 품질관리 등에 관한 규칙]에서 성능인증을 받아야 하는 대상의 종류 중 "그밖에 소방청장이 고시하는 소방용품"에 대하여 괄호에 적합한 품명을 쓰시오. (6점)

① 분기배관	⑧ 승강식 피난기	⑮ (B)
② 시각경보장치	⑨ 미분무헤드	⑯ (C)
③ 자동폐쇄장치	⑩ 압축공기포헤드	⑰ (D)
④ 피난유도선	⑪ 플랩댐퍼	⑱ (E)
⑤ 방열복	⑫ 비상문자동개폐장치	⑲ (F)
⑥ 방염제품	⑬ 포소화약제혼합장치	
⑦ 다수인피난장비	⑭ (A)	

1-4) 다음 빈칸에 소방시설 도시기호를 넣고 그 기능을 설명하시오. (6점)

명칭	도시기호	기능
시각경보기	A	시각경보기는 소리를 듣지 못하는 청각장애인을 위하여 화재나 피난 등 긴급한 상태를 볼 수 있도록 알리는 기능을 한다.
기압계	B	E
방화문 연동제어기	C	F
포헤드 (입면도)	D	포소화설비가 화재 등으로 작동되어 포소화약제가 방호구역에 방출될 때 포헤드에서 공기와 혼합하여서 포를 발포한다.

1-5) 특정소방대상물 가운데 대통령령으로 정하는 "소방시설을 설치하지 아니할 수 있는 특정소방대상물과 그에 따른 소방시설의 범위"를 다음 빈칸에 쓰시오. (4점)

구분	특정소방대상물	소방시설
화재안전기준을 적용하기 어려운 특정소방대상물	A	B
	C	D

1-6) 다음 조건을 참조하여 물음에 답하시오. (단, 아래 조건에서 제시하지 않은 사항은 고려하지 않는다) (12점)

[조건]
- 최근에 준공한 내화구조의 건축물로서 소방대상물의 용도는 복합건축물이며, 지하 3층, 지상 11층으로 1개 층의 바닥면적은 1,000제곱미터이다.
- 지하 3층부터 지하 2층까지 주차장, 지하 1층은 판매시설, 지상 1층부터 11층까지는 업무시설이다.
- 소방대상물의 각 층별 높이는 5.0 m이다.
- 물탱크는 지하 3층 기계실에 설치되어 있고, 소화펌프 흡입구보다 높으며, 기계실과 물탱크실은 별도로 구획되어 있다.
- 옥상에는 옥상수조가 설치되어 있다.
- 펌프의 기동을 위해 기동용수압개폐장치가 설치되어 있다.
- 한 개 층에 설치된 스프링클러헤드 수는 160개이고, 지하 1층부터 지하 11층까지 모두 하향식 헤드만 설치되어 있다.
- 스프링클러설비 적용현황
  - 지하 3층, 지하 1층 ~ 지상 11층은 습식스프링클러설비(알람밸브)방식이다.
  - 지하 2층은 준비작동식스프링클러설비 방식이다.
- 옥내소화전은 층별로 5개가 설치되어 있다.
- 소화 주펌프의 명판을 확인한 결과 정격양정은 105m이다.
- 체절양정은 정격양정의 130%이다.
- 소화펌프 및 소화배관은 스프링클러설비와 옥내소화전설비를 겸용으로 사용한다.
- 지하 1층과 지상 11층은 콘크리트 슬래브(천장) 하단에 가연성단열재(100 mm)로 시공되었다.
- 반자의 재질
  - 지상 1층, 11층은 준불연재료이다.
  - 지하 1층, 지상 2층~10층은 불연재료이다.
- 반자와 콘크리트 슬래브(천장) 하단까지의 거리는 아래와 같다. (주차장 제외)
  - 지하 1층은 2.2 m, 지상 1층은 1.9 m이며 그 외의 층은 모두 0.7 m이다.

① 상기 건축물의 점검과정에서 소화수원의 적정여부를 확인하고자 한다. 모든 수원용량(저수조 및 옥상수조)을 구하시오. [2점]

② 스프링클러헤드의 설치상태를 점검한 결과, 일부 층에서 천장과 반자 사이에 스프링클러헤드가 누락된 것이 확인되었다. 지하주차장을 제외한 층 중 천장과 반자 사이에 스프링클러헤드를 화재안전기준에 적합하게 설치해야 하는 층과 스프링클러가 설치되어야 하는 이유를 쓰시오. (4점)
③ 무부하시험, 정격부하시험 및 최대부하시험 방법을 설명하고 실제 성능시험을 실시하여 그 값을 토대로 펌프성능시험곡선을 작성하시오. (6점)

해답 1-1) ① "물방울이 발생하는 장소"에 설치할 수 있는 감지기의 종류별 설치조건
  1. 보상식 스포트형 감지기, 정온식 감지기 또는 열아날로그식 스포트형 감지기를 설치하는 경우에는 방수형으로 설치할 것
  2. 보상식 스포트형 감지기는 급격한 온도변화가 없는 장소에 한하여 설치할 것
  3. 불꽃감지기를 설치하는 경우에는 방수형으로 설치할 것
② "부식성가스가 발생할 우려가 있는 장소"에 설치할 수 있는 감자기의 종류별 설치조건
  1. 차동식 분포형 감지기를 설치하는 경우에는 감지부가 피복되어 있고 검출부가 부식성가스에 영향을 받지 않는 것 또는 검출부에 부식성가스가 침입하지 않도록 조치할 것
  2. 보상식 스포트형 감지기, 정온식감지기 또는 열아날로그식 스포트형 감지기를 설치하는 경우에는 부식성가스의 성상에 반응하지 않는 내산형 또는 내알칼리형으로 설치할 것
  3. 개정 삭제 〈2022.12.01〉

1-2) ① 무선통신보조설비를 설치하지 아니할 수 있는 경우의 특정소방대상물의 조건
지하층으로서 특정소방대상물의 바닥부분 2면 이상이 지표면과 동일하거나 지표면으로부터의 깊이가 1 m 이하인 경우에는 해당층에 한하여 무선통신보조설비를 설치하지 아니할 수 있다.
② 분말소화설비의 자동식 기동장치에서 가스압력식 기동장치의 설치기준 3가지
  가. 기동용 가스용기 및 해당 용기에 사용하는 밸브는 25 MPa 이상의 압력에 견딜 수 있는 것으로 할 것
  나. 기동용가스용기에는 내압시험압력의 0.8배부터 내압시험압력 이하에서 작동하는 안전장치를 설치할 것
  다. 기동용가스용기의 체적은 5 L 이상으로 하고, 해당 용기에 저장하는 질소 등의 비활성기체는 6.0 MPa 이상(21 ℃ 기준)의 압력으로 충전할 것. 다만, 기동용가스용기의 체적을 1 L 이상으로 하고, 해당 용기에 저장하

는 이산화탄소의 양은 0.6 kg 이상으로 하며, 충전비는 1.5 이상 1.9 이하의 기동용가스용기로 할 수 있다.

1-3) A : 가스계 소화설비 설계프로그램
 B : 자동차압급기댐퍼〈개정 2023. 3. 28.〉
 C : 가압수조식 가압송수장치
 D : 캐비닛형 간이스프링클러설비
 E : 상업용 주방자동소화장치
 F : 압축공기포혼합장치
 - 가스계소화설비용 수동식 기동장치〈신설 2023. 1. 13.〉
 - 휴대용비상조명등〈신설 2023. 1. 13.〉
 - 소방전원공급장치〈신설 2023. 1. 13.〉
 - 호스릴이산화탄소소화장치〈신설 2023. 1. 13.〉
 - 과압배출구〈신설 2023. 1. 13.〉
 - 흔들림 방지 버팀대〈신설 2023. 1. 13.〉
 - 소방용 수격흡수기〈신설 2023. 1. 13.〉
 - 소방용 행가〈신설 2023. 1. 13.〉
 - 간이형수신기〈신설 2023. 1. 13.〉
 - 방화포〈신설 2023. 3. 28.〉
 - 간이소화장치〈신설 2023. 3. 28.〉
 - 유량측정장치〈신설 2023. 3. 28.〉
 - 배출댐퍼〈신설 2023. 3. 28.〉
 - 송수구〈신설 2023. 3. 28.〉

1-4) A :
 B :
 C :
 D :
 E : 대기압을 측정하는 기능을 한다.
 F : 제연구역의 출입문 등에 설치하는 것으로서 화재 발생 시 옥내에 설치된 감지기 작동과 연동하여 출입문을 자동적으로 닫게 하는 기능을 한다.

1-5) A : 펄프공장의 작업장, 음료수 공장의 세정 또는 충전을 하는 작업장, 그 밖에 이와 비슷한 용도로 사용하는 것
 B : 스프링클러설비, 상수도소화용수설비 및 연결살수설비

C : 정수장, 수영장, 목욕장, 농예·축산·어류양식용 시설, 그 밖에 이와 비슷한 용도로 사용되는 것

D : 자동화재탐지설비, 상수도소화용수설비 및 연결살수설비

1-6) ① 수원용량(저수조 및 옥상수조)
- 저수조
$$= 30개 \times 1.6m^3 + 2개 \times 2.6m^3 = 53.2m^3$$
- 옥상수조
$$= 53.2m^3 \times \frac{1}{3} = 17.74m^3$$

② 스프링클러헤드를 화재안전기준에 적합하게 설치해야 하는 층과 스프링클러가 설치되어야 하는 이유

설치해야 하는 층	설치되어야 하는 이유
지하 1층	천장과 반자 중 한쪽이 불연재료이고, 천장과 반자 사이의 거리가 1m 이상이므로
지상 1층	천장과 반자 중 한쪽이 불연재료이고, 천장과 반자 사이의 거리가 1m 이상이므로
지상 11층	천장 및 반자가 불연재료 외의 것이고, 천장과 반자 사이의 거리가 0.5m 이상이므로

③ 무부하시험, 정격부하시험 및 최대부하시험 방법을 설명하고, 실제 성능시험을 실시하여 그 값을 토대로 펌프성능시험곡선을 작성.

- 무부하시험, 정격부하시험 및 최대부하시험 방법

무부하시험	㉮ 펌프 토출측 개폐밸브와 성능시험배관의 유량조절밸브를 잠근 상태에서 운전을 하게 될 경우 ㉯ 압력계의 지시압이 정격토출압력의 140% 이하인지 확인
정격부하시험	㉮ 펌프를 기동한 상태에서 유량조절밸브를 개방하여, 유량계의 유량이 정격토출량의 100%일 때 ㉯ 압력계와 연성계의 지시압이 정격토출압력 이상이 되는지 확인
최대부하시험	㉮ 유량조절밸브를 더욱 개방하여, 유량계의 유량이 정격토출량의 150%일 때 ㉯ 압력계와 연성계의 지시압이 정격토출압력의 65% 이상이 되는지 확인

- 펌프성능시험곡선

구분	체절운전	정격운전(100%)	정격유량의 150% 운전
토출량(ℓ/min)	0	$= 30개 \times 80 + 5개 \times 130$ $= 3,050$	$= 3,050 \times 1.5$ $= 4,575$
토출압(MPa)	$= 1.05MPa \times 1.3$ $= 1.365MPa$	$1.05MPa$	$= 1.05MPa \times 0.65$ $= 0.6825MPa$

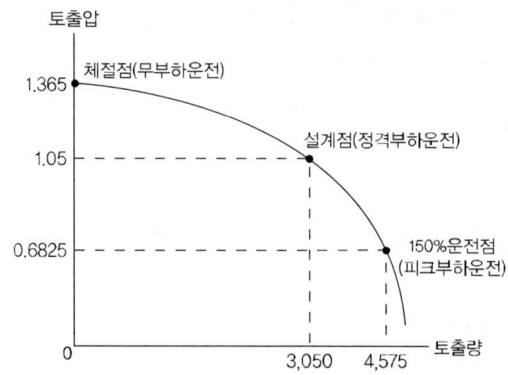

★★☆☆☆

문제2 다음 물음에 답하시오. (30점)

2-1) [건축물의 피난, 방화구조 등의 기준에 관한 규칙]에 따라 다음 물음에 답하시오. (8점)
 ① 방화지구 내 건축물의 인접대지경계선에 접하는 외벽에 설치하는 창문 등으로서 연소할 우려가 있는 부분에 설치하는 설비를 쓰시오. (4점)
 ② 피난용 승강기 전용 예비전원의 설치기준을 쓰시오. (4점)

2-2) 소방시설관리사가 종합정밀점검과정에서 해당 건축물 내 다중이용업소 수가 지난해보다 크게 증가하여 이에 대한 화재위험평가를 해야 한다고 판단하였다. 「다중이용업소의 안전관리에 관한 특별법」에 따라 다중이용업소에 대한 화재위험평가를 해야 하는 경우를 쓰시오. (3점)

2-3) 방화구획 대상건축물에 방화구획을 적용하지 아니하거나 그 사용에 지장이 없는 범위에서 방화구획을 완화하여 적용할 수 있는 경우 7가지를 쓰시오. (7점)

2-4) 제연 TAB(Testing Adjusting Balancing)과정에서 소방시설관리사가 제연설비 작동 중에 거실에서 부속실로 통하는 출입문 개방에 필요한 힘을 구하려고 한다. 다음 조건을 보고 물음에 답하시오. (단, 계산과정을 쓰고, 답은 소수점 셋째자리에서 반올림하여 둘째자리까지 구하시오) (7점)
[조건]
 • 지하 2층, 지상 20층 공동주택
 • 부속실과 거실 사이의 차압은 50 Pa
 • 제연설비 작동 전 거실에서 부속실로 통하는 출입문 개방에 필요한 힘은 60 N
 • 출입문 높이 2.1 m, 폭은 1.1 m
 • 문의 손잡이에서 문의 모서리까지의 거리 0.1 m
 • Kd=상수(1.0)
 ① 제연설비 작동 중에 거실에서 부속실로 통하는 출입문 개방에 필요한 힘(N)을 구하시오. (5점)

② 국가화재안전기준(NFSC 501A)의 제연설비가 작동되었을 경우 출입문의 개방에 필요한 최대 힘(N)과 ①에서 구한 거실에서 부속실로 통하는 출입문 개방에 필요한 힘(N)의 차이를 구하시오. (2점)

2-5) 소방시설관리사가 종합정밀점검 중에 연결송수관설비 가압송수장치를 기동하여 연결송수관용 방수구에서 피토게이지로 측정한 방수압력이 72.54 psi일 때 방수량(m^3/min)을 계산하시오. (단, 계산과정을 쓰고, 답은 소수점 셋째자리에서 반올림하여 둘째자리까지 구하시오) (5점)

해답 2-1) ① 연소할 우려가 있는 부분에 설치하는 설비

    가. 60+방화문 또는 60분방화문

    나. 소방법령이 정하는 기준에 적합하게 창문 등에 설치하는 드렌처

    다. 당해 창문 등과 연소할 우려가 있는 다른 건축물의 부분을 차단하는 내화구조나 불연재료로 된 벽·담장 기타 이와 유사한 방화설비

    라. 환기구멍에 설치하는 불연재료로 된 방화커버 또는 그물눈이 2밀리미터 이하인 금속망

② 피난용 승강기 전용 예비전원의 설치기준

    가. 정전 시 피난용 승강기, 기계실, 승강장 및 폐쇄회로 텔레비전 등의 설비를 작동할 수 있는 별도의 예비전원 설비를 설치할 것

    나. 가목에 따른 예비전원은 초고층 건축물의 경우에는 2시간 이상, 준초고층 건축물의 경우에는 1시간 이상 작동이 가능한 용량일 것

    다. 상용전원과 예비전원의 공급을 자동 또는 수동으로 전환이 가능한 설비를 갖출 것

    라. 전선관 및 배선은 고온에 견딜 수 있는 내열성 자재를 사용하고, 방수조치를 할 것

2-2) 1. 2천제곱미터 지역 안에 다중이용업소가 50개 이상 밀집하여 있는 경우

    2. 5층 이상인 건축물로서 다중이용업소가 10개 이상 있는 경우

    3. 하나의 건축물에 다중이용업소로 사용하는 영업장 바닥면적의 합계가 1천제곱미터 이상인 경우

2-3) 1. 문화 및 집회시설(동·식물원은 제외한다), 종교시설, 운동시설 또는 장례시설의 용도로 쓰는 거실로서 시선 및 활동공간의 확보를 위하여 불가피한 부분

    2. 물품의 제조·가공 및 운반 등(보관은 제외한다)에 필요한 고정식 대형 기기(器機) 또는 설비의 설치를 위하여 불가피한 부분. 다만, 지하층인 경우에는 지하층의 외벽 한쪽 면(지하층의 바닥면에서 지상층 바닥 아래면까지의 외벽 면적 중 4분의 1 이상이 되는 면을 말한다) 전체가 건물 밖으로 개방되어 보행과 자동차의 진입·출입이 가능한 경우로 한정한다.

    3. 계단실·복도 또는 승강기의 승강장 및 승강로로서 그 건축물의 다른 부분

과 방화구획으로 구획된 부분. 다만, 해당 부분에 위치하는 설비배관 등이 바닥을 관통하는 부분은 제외한다.
4. 건축물의 최상층 또는 피난층으로서 대규모 회의장·강당·스카이라운지·로비 또는 피난안전구역 등의 용도로 쓰는 부분으로서 그 용도로 사용하기 위하여 불가피한 부분
5. 복층형 공동주택의 세대별 층간 바닥 부분
6. 주요구조부가 내화구조 또는 불연재료로 된 주차장
7. 단독주택, 동물 및 식물 관련 시설 또는 국방·군사시설(집회, 체육, 창고 등의 용도로 사용되는 시설만 해당한다)로 쓰는 건축물
8. 건축물의 1층과 2층의 일부를 동일한 용도로 사용하며 그 건축물의 다른 부분과 방화구획으로 구획된 부분(바닥면적의 합계가 500제곱미터 이하인 경우로 한정한다)

2-4) ① 출입문 개방에 필요한 힘

$$F_1 \times (W-d) = P \times A \times \frac{W}{2}$$

$$F_1 \times (1.1m - 0.1m) = 50N/m^2 \times (2.1m \times 1.1m) \times \frac{1.1m}{2}$$

$$F_1 = 63.525N$$

출입문 개방에 필요한 힘 $= F_1 + F_2 + F_3$
$= 63.525N + 60N = 123.525N \rightarrow 123.53N$

② 힘(N)의 차이
$= 110N - 123.53N = -13.53N$

2-5) $Q = AV = \frac{\pi}{4}d^2 \times \sqrt{2gh}$

$$= \frac{\pi}{4} \times (0.065m)^2 \times \sqrt{2 \times 9.8m/s^2 \times 72.54psi \times \frac{10.332mH_2O}{14.7psi}} \times 60$$

$$= 6.29m^3/min$$

★★☆☆

문제3 다음 물음에 답하시오.

3-1) 종합정밀점검표에 관하여 다음 물음에 답하시오. (12점)
① 화재조기진압용 스프링클러설비의 설치금지 장소 2가지를 쓰시오. (2점)
② 미분무소화설비의 가압송수장치 중 압력수조를 이용한 가압송수장치 점검항목 4가지를 쓰시오. (4점)
③ 피난기구 및 인명구조기구의 공통사항을 제외한 승강식피난기, 피난사다리 점검항목을 모두 쓰시오. (6점)

3-2) 소방시설관리사가 지상 53층인 건축물의 점검과정에서 설계도면상 자동화재탐지설비의 통신 및 신호배선방식의 적합성 판단을 위해 「고층건축물의 화재안전기술기준(NFTC 604)」에서 확인해야 할 배선관련 사항을 모두 쓰시오.

3-3) 화재의 예방 및 안전관리에 관한 법률상 특수가연물의 저장 및 취급기준을 쓰시오. (3점)

3-4) 포소화약제 저장탱크 내 약제를 보충하고자 한다. 다음 그림을 보고 그 조작순서를 쓰시오. (단, 모든 설비는 정상상태로 유지되어 있었다) (6점)

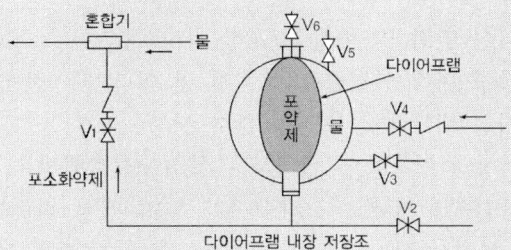

3-5) 할로겐화합물 및 불활성기체소화설비 점검과정에서 점검자의 실수로 감지기 A, B가 동시에 작동하여 소화약제가 방출되기 전에 해당 방호구역 앞에서 점검자가 즉시 적절한 조치를 취하여 약제방출을 방지했다. 아래 물음에 답하시오.(단, 여기서 약제방출 지연시간은 30초이며, 제3자의 개입은 없었다)
① 조치를 취한 장치의 명칭 및 설치위치 (2점)
② 조치를 취한 장치의 기능

3-6) 지하 3층, 지상 5층 복합건축물의 소방안전관리자가 소방시설을 유지, 관리하는 과정에서 고의로 제어반에서 화재발생 시 소화펌프 및 제연설비가 자동으로 작동되지 않도록 조작하여 실제 화재가 발생했을 때 소화설비와 제연설비가 작동하지 않았다. 아래 물음에 답하시오.(단, 이 사고는 「소방시설 설치 및 관리에 관한 법률」 제12조제3항을 위반하여 동법 제56조의 벌칙을 적용받았다) (4점)
① 위 사례에서 소방안전관리자의 위반사항과 그에 따른 벌칙을 쓰시오. [2점]
② 위 사례에서 화재로 인해 사람이 상해를 입은 경우, 소방안전관리자가 받게 될 벌칙을 쓰시오. (2점)

해답 3-1)

① 개정 〈2021. 04. 01〉
  • 설치가 금지된 장소(제4류 위험물 등이 보관된 장소) 설치 여부
② 개정 〈2021. 04. 01〉
  • 동결방지조치 상태 적정 여부
  • 전용 압력수조 사용 여부
  • 압력수조의 압력 적정 여부
  • 수위계·급수관·급기관·압력계·안전장치·공기압축기 등 부속장치의 변형·손상 유무

- 압력수조 토출측 압력계 설치 및 적정 범위 여부
- 작동장치 구조 및 기능 적정 여부

③ 개정 〈2021. 04. 01〉
- 대피실 출입문 갑종방화문 설치 및 표지 부착 여부
- 대피실 표지(층별 위치표시, 피난기구 사용설명서 및 주의사항) 부착 여부
- 대피실 출입문 개방 및 피난기구 작동 시 표시등·경보장치 작동 적정 여부 및 감시제어반 피난기구 작동 확인 가능 여부
- 대피실 면적 및 하강구 규격 적정 여부
- 하강구 내측 연결금속구 존재 및 피난기구 전개 시 장애발생 여부
- 대피실 내부 비상조명등 설치 여부

3-2) 50층 이상인 건축물에 설치하는 통신·신호배선은 이중배선을 설치하도록 하고 단선(斷線) 시에도 고장표시가 되며 정상 작동할 수 있는 성능을 갖도록 설비를 하여야 한다.
1. 수신기와 수신기 사이의 통신배선
2. 수신기와 중계기 사이의 신호배선
3. 수신기와 감지기 사이의 신호배선

3-3) 1. 특수가연물은 다음 각 목의 기준에 따라 쌓아 저장해야 한다. 다만, 석탄·목탄류를 발전용(發電用)으로 저장하는 경우는 제외한다.

가. 품명별로 구분하여 쌓을 것
나. 다음의 기준에 맞게 쌓을 것

구분	살수설비를 설치하거나 방사능력 범위에 해당 특수가연물이 포함되도록 대형수동식소화기를 설치하는 경우	그 밖의 경우
높이	15미터 이하	10미터 이하
쌓는 부분의 바닥면적	200제곱미터(석탄·목탄류의 경우에는 300제곱미터) 이하	50제곱미터(석탄·목탄류의 경우에는 200제곱미터) 이하

다. 실외에 쌓아 저장하는 경우 쌓는 부분이 대지경계선, 도로 및 인접 건축물과 최소 6미터 이상 간격을 둘 것. 다만, 쌓는 높이보다 0.9미터 이상 높은 「건축법 시행령」 제2조제7호에 따른 내화구조(이하 "내화구조"라 한다) 벽체를 설치한 경우는 그렇지 않다.
라. 실내에 쌓아 저장하는 경우 주요구조부는 내화구조이면서 불연재료여야 하고, 다른 종류의 특수가연물과 같은 공간에 보관하지 않을 것. 다만, 내화구조의 벽으로 분리하는 경우는 그렇지 않다.
마. 쌓는 부분 바닥면적의 사이는 실내의 경우 1.2미터 또는 쌓는 높이의 1/2 중 큰 값 이상으로 간격을 두어야 하며, 실외의 경우 3미터 또는 쌓는 높이 중 큰 값 이상으로 간격을 둘 것

3-4) ① V_1, V_4를 폐쇄시킨다.
② V_3, V_5를 개방하여 저장탱크 내의 물을 배수한다.
③ V_6를 개방한다.
④ V_2에 포소화약제 송액장치(주입장치)를 접속시킨다.
⑤ V_2를 개방하여 서서히 포소화약제를 주입(송액)시킨다.
⑥ 포소화약제가 보충되었을 때 V_2, V_3를 폐쇄한다.
⑦ 본소화 설비용 펌프를 기동한다.
⑧ V_4를 서서히 개방하면서 저장탱크 내를 가압하여 V_5, V_6로부터 공기를 뺀 후 V_5, V_6를 폐쇄하여 소화펌프를 정지시킨다.
⑨ V_1를 개방한다.

3-5) ① 조치를 취한 장치의 명칭 및 설치위치
- 조치를 취한 장치의 명칭 : 방출지연스위치
- 설치위치 : 수동식 기동장치의 부근
② 조치를 취한 장치의 기능
자동복귀형 스위치로서 수동식 기동장치의 타이머를 순간 정지시키는 기능

3-6) ① 소방안전관리자의 위반사항과 그에 따른 벌칙
- 위반사항 : 소방시설의 기능과 성능에 지장을 줄 수 있는 폐쇄(잠금을 포함한다)·차단 등의 행위
- 벌칙 : 5년 이하의 징역 또는 5천만 원 이하의 벌금
② 사람이 상해를 입은 경우, 소방안전관리자가 받게 될 벌칙
7년 이하의 징역 또는 7천만 원 이하의 벌금

제18회 과년도 출제문제 (2018.10.13)

★★★☆☆

문제1 다음 물음에 답하시오. (40점)

1-1) R형 복합형 수신기의 화재표시 및 제어기능(스프링클러설비)의 조작, 시험 시 표시창에 표시되어야 하는 성능시험 항목에 대하여 세부 확인사항 5가지를 쓰시오. (10점)
  ① 화재 표시창 (5점)
  ② 제어 표시창 (5점)

1-2) R형 복합형 수신기 점검 중 1계통에 있는 전체 중계기의 통신램프가 점멸되지 않을 경우 발생 원인과 확인 절차를 각각 쓰시오. (6점)

1-3) 소방펌프 동력제어반의 점검 시 화재신호가 정상 출력되었음에도 동력제어반의 전로기구 및 관리상태 이상으로 소방펌프의 자동기동이 되지 않을 수 있는 주요 원인 5가지를 쓰시오. (5점)

1-4) 소방펌프용 농형유도전동기에서 Y결선과 △결선의 피상전력이 $Pa = \sqrt{3}\,VI$ [VA]으로 동일함을 전류, 전압을 이용하여 증명하시오. (5점)

1-5) 아날로그방식 감지기에 관하여 다음 물음에 답하시오. (9점)
  ① 감지기의 동작특성에 대하여 설명하시오. (3점)
  ② 감지기의 시공방법에 대하여 설명하시오. (3점)
  ③ 수신반 회로수 산정에 대하여 설명하시오. (3점)

1-6) 중계기 점검 중 감지기가 정상 동작하여도 중계기가 신호입력을 못 받을 때의 확인절차를 쓰시오. (5점)

해답 1-1) ① 화재 표시창

수신기(화재알림형 수신기는 제외한다)는 화재신호를 수신하는 경우 적색의 화재표시등에 의하여 화재의 발생을 자동적으로 표시함과 동시에, 지구표시장치에 의하여 화재가 발생한 해당 경계구역을 자동적으로 표시하고, 주음향장치 및 지구음향장치가 울리도록 되어야 하며, 주음향장치는 스위치에 의하여 주음향장치의 울림이 정지된 상태에서도 새로운 경계구역의 화재신호를 수신하는 경우에는 자동적으로 주음향장치의 울림정지 기능을 해제하고 주음향장치가 울려야 한다.

② 제어 표시창
  1. 각 유수검지장치, 일제개방밸브 및 펌프의 작동여부를 확인할 수 있는 표시기능이 있어야 한다.
  2. 수원 또는 물올림탱크의 저수위 감시 표시기능이 있어야 한다.

3. 일제개방밸브를 개방시킬 수 있는 스위치를 설치하여야 한다.
4. 각 펌프를 수동으로 작동 또는 중단시킬 수 있는 스위치를 설치하여야 한다.
5. 일제개방밸브를 사용하는 설비의 화재감지를 화재감지기에 의하는 경우에는 경계회로 별로 화재표시를 할 수 있어야 한다.

1-2)
발생 원인	확인 절차
수신기 불량	통신단자 전압 확인
통신카드 불량	정상인 통신카드를 이용하여 정상 여부 확인
통신선로 단선	단자 전압 확인

1-3) 1. 동력제어반(MCC)의 전원 차단 상태
2. 동력제어반(MCC)의 퓨즈 불량 상태
3. 동력제어반(MCC)의 자동/수동 선택스위치 수동 상태
4. 동력제어반(MCC)의 열동계전기 동작 상태
5. 동력제어반(MCC)의 전자접촉기 불량 상태

1-4) Y결선과 △결선은 모두 3상이므로 피상전력은 모두 $Pa = 3V_pI_p$ 이다.

Y결선 시 $I_l = I_p$, $V_l = \sqrt{3}\,V_p$ 이므로 $V_p = \dfrac{V_l}{\sqrt{3}}$ 가 된다.

△결선 시 $V_l = V_p$, $I_l = \sqrt{3}\,I_p$ 이므로 $I_p = \dfrac{I_l}{\sqrt{3}}$ 가 된다.

Y결선 시 피상전력 $Pa = 3V_pI_p = 3 \times \dfrac{V_l}{\sqrt{3}} \times I_p = \sqrt{3}\,V_lI_l = \sqrt{3}\,VI$

△결선 시 피상전력 $Pa = 3V_pI_p = 3 \times V_l \times \dfrac{I_l}{\sqrt{3}} = \sqrt{3}\,V_lI_l = \sqrt{3}\,VI$

1-5) ① 감지기의 동작특성
 - 온도 또는 연기 농도를 항상 검지하여 아날로그 신호를 수신기로 송출한다.
 - 수신기의 프로그램에 의해 단계적으로 경보를 발생한다.
② 감지기의 시공방법
 - 감지기에 고유번호를 부여하여 각각 수신기에 연결한다.
③ 수신반 회로수 산정
 - 감지기마다 1회로로 산정한다.

1-6) 중계기의 입력 전압 확인 → 중계기의 입력 단자를 단락시켜 중계기의 불량 여부 확인 → 중계기 번호의 프로그램상의 누락이나 불일치 여부 확인

★★★★☆

문제2 다음 물음에 답하시오. (30점)

2-1) 물계통 소화설비의 관부속(90도 엘보, 티(분류)) 및 밸브류(볼밸브, 게이트밸브, 체크밸브, 앵글밸브)의 상당 직관장(등가길이)이 작은 것부터 순서대로 도시기호를 그리시오. (단, 상당 직관장 배관경은 65 mm이고 동일 시험조건이다) (8점)

2-2) "소방시설 자체점검사항 등에 관한 고시"중 소방시설외관점검표에 의한 스프링클러, 물분무, 포소화설비의 점검내용 6가지를 쓰시오. (4점)

2-3) 고시원업(구획된 실 안에 학습자가 공부할 수 있는 시설을 갖추고 숙박 또는 숙식을 제공하는 형태의 영업)의 영업장에 설치된 간이스프링클러설비에 대하여 작동기능점검표에 의한 점검내용과 종합정밀점검표에 의한 점검내용을 모두 쓰시오. (10점)

2-4) 하나의 특정소방대상물에 특별피난계단의 계단실 및 부속실 제연설비의 화재안전기술기준(NFTC 501A)에 의하여 설치한 경우 "시험, 측정 및 조정 등"에 관한 "제연설비 시험 등의 실시 기준"을 모두 쓰시오. (8점)

해답 2-1)

2-2) 개정 〈2022.12.01〉

수원
- 주된 수원의 유효수량 적정여부(겸용설비 포함)
- 보조수원(옥상)의 유효수량 적정여부
- 수조 표시 설치상태 적정 여부

저장탱크(포소화설비)
- 포소화약제 저장량의 적정 여부

가압송수장치
- 펌프 흡입측 연성계·진공계 및 토출측 압력계 등 부송장치의 변형·손상 유무

유수검지장치
- 유수검지장치실 설치 적정(실내 또는 구획, 출입문 크기, 표지) 여부

배관
- 급수배관 개폐밸브 설치(개폐표시형, 흡입측 버터플라이 제외) 적정 여부
- 준비작동식 유수검지장치 및 일제개방밸브 2차측 배관 부대설비 설치 적정
- 유수검지장치 시험장치 설치 적정(설치 위치, 배관구경, 개폐밸브 및 개방형 헤드, 물받이통 및 배수관) 여부
- 다른 설비의 배관과의 구분 상태 적정 여부

기동장치
- 수동조작함(설치높이, 표시등) 설치 적정 여부

제어밸브 등(물분무소화설비)
- 제어밸브 설치 위치 적정 및 표지 설치 여부

배수설비(물분무소화설비가 설치된 차고·주차장)
- 배수설비(배수구, 기름분리장치 등) 설치 적정 여부

헤드
- 헤드의 변형·손상 유무 및 살수장애 여부

호스릴방식(미분무소화설비, 포소화설비)
- 소화약제저장용기 근처 및 호스릴함
- 위치표시등 정상 점등 및 표지 설치 여부

송수구
- 송수구 설치장소 적정 여부(소방차가 쉽게 접근할 수 있는 장소)

제어반
- 펌프 별 자동·수동 전환스위치 정상위치에 있는지 여부

2-3) 개정 〈2022.12.01.〉
　　1. 작동점검
　　　　・ 수원의 양 적정 여부
　　　　・ 가압송수장치의 정상 작동 여부
　　　　・ 배관 및 밸브의 파손, 변형 및 잠김 여부
　　　　・ 상용전원 및 비상전원의 이상 여부
　　2. 종합점검
　　　　・ 수원의 양 적정 여부
　　　　・ 가압송수장치의 정상 작동 여부
　　　　・ 배관 및 밸브의 파손, 변형 및 잠김 여부
　　　　・ 상용전원 및 비상전원의 이상 여부
　　　　・ 유수검지장치의 정상 작동 여부
　　　　・ 헤드의 적정 설치 여부(미설치, 살수장애, 도색 등)
　　　　・ 송수구 결합부의 이상 여부
　　　　・ 시험밸브 개방 시 펌프기동 및 음향 경보 여부

2-4) 1. 제연구역의 모든 출입문 등의 크기와 열리는 방향이 설계 시와 동일한지 여부를 확인하고, 동일하지 아니한 경우 급기량과 보충량 등을 다시 산출하여 조정가능 여부 또는 재설계·개수의 여부를 결정할 것
　　2. 삭제 〈2024. 4. 1.〉
　　3. 제연구역의 출입문 및 복도와 거실(옥내가 복도와 거실로 되어 있는 경우에 한한다) 사이의 출입문마다 제연설비가 작동하고 있지 아니한 상태에서 그 폐쇄력을 측정할 것

4. 층별로 화재감지기(수동기동장치를 포함한다)를 동작시켜 제연설비가 작동하는지 여부를 확인할 것. 다만, 둘 이상의 특정소방대상물이 지하에 설치된 주차장으로 연결되어 있는 경우에는 특정소방대상물의 화재감지기 및 주차장에서 하나의 특정소방대상물의 제연구역으로 들어가는 입구에 설치된 제연용 연기감지기의 작동에 따라 해당 특정소방대상물의 수직풍도에 연결된 모든 제연구역의 댐퍼가 개방되도록 하거나 해당 특정소방대상물을 포함한 둘 이상의 특정소방대상물의 모든 제연구역의 댐퍼가 개방되도록 하고 비상전원을 작동시켜 급기 및 배기용 송풍기의 성능이 정상인지 확인할 것
5. "4"의 기준에 따라 제연설비가 작동하는 경우 다음의 기준에 따른 시험 등을 실시할 것 〈개정 2022.12.01.〉
    가. 부속실과 면하는 옥내 및 계단실의 출입문을 동시에 개방할 경우, 유입공기의 풍속이 2.7의 규정에 따른 방연풍속에 적합한지 여부를 확인하고, 적합하지 아니한 경우에는 급기구의 개구율과 송풍기의 풍량조절댐퍼 등을 조정하여 적합하게 할 것. 이 경우 유입공기의 풍속은 출입문의 개방에 따른 개구부를 대칭적으로 균등 분할하는 10 이상의 지점에서 측정하는 풍속의 평균치로 할 것
    나. "가"에 따른 시험 등의 과정에서 출입문을 개방하지 않은 제연구역의 실제 차압이 2.3.3의 기준에 적합한지 여부를 출입문 등에 차압측정공을 설치하고 이를 통하여 차압측정기구로 실측하여 확인·조정할 것
    다. 제연구역의 출입문이 모두 닫혀 있는 상태에서 제연설비를 가동시킨 후 출입문의 개방에 필요한 힘을 측정하여 2.3.2의 규정에 따른 개방력에 적합한지 여부를 확인하고, 적합하지 아니한 경우에는 급기구의 개구율 조정 및 플랩댐퍼(설치하는 경우에 한한다)와 풍량조절용댐퍼 등의 조정에 따라 적합하도록 조치할 것
    라. "가"에 따른 시험 등의 과정에서 부속실의 개방된 출입문이 자동으로 완전히 닫히는지 여부를 확인하고, 닫힌 상태를 유지할 수 있도록 조정할 것

★★★★☆

문제3 다음 물음에 답하시오. (30점)

3-1) 피난안전구역에 설치하는 소방시설 중 제연설비 및 휴대용비상조명등의 설치기준을 고층건축물의 화재안전기술기준(NFTC 604)에 따라 각각 쓰시오. (6점)

3-2) 지하구의 화재안전기술기준(NFTC 605)에 관하여 다음 물음에 답하시오. (5점)
① 연소방지도료와 난연테이프의 용어 정의를 각각 쓰시오. (2점) 〈삭제 2022.12.01〉
② 방화벽의 용어 정의와 설치기준을 각각 쓰시오. (3점)

3-3) 소방시설 설치 및 관리에 관한 법률 시행령 제11조에 근거한 인명구조기구 중 공기호흡기를 설치해야 할 특정소방대상물과 설치기준을 각각 쓰시오. (7점)

3-4) 다음 물음에 답하시오. (12점)
① LCX 케이블(LCX-FR-SS-42D-146)의 표시사항을 빈 칸에 쓰시오. (5점)

표시	설명
LCX	누설동축케이블
FR	난연성(내열성)
SS	ㄱ
42	ㄴ
D	ㄷ
14	ㄹ
6	ㅁ

② 위험물안전관리법 시행규칙에 따른 제5류 위험물에 적응성이 있는 대형·소형 소화기의 종류를 모두 쓰시오. (7점)

해답 3-1) 1. 제연설비

피난안전구역과 비제연구역 간의 차압은 50 Pa(옥내에 스프링클러설비가 설치된 경우에는 12.5 Pa) 이상으로 하여야 한다. 다만 피난안전구역의 한쪽 면 이상이 외기에 개방된 구조의 경우에는 설치하지 아니할 수 있다.

2. 휴대용비상조명등

가. 피난안전구역에는 휴대용비상조명등을 다음 각 호의 기준에 따라 설치하여야 한다.

1) 초고층건축물에 설치된 피난안전구역 : 피난안전구역 위층의 재실자 수(건축물의 피난·방화구조 등의 기준에 관한 규칙 별표 1의2에 따라 산정된 재실자 수를 말한다)의 10분의 1 이상

2) 지하연계 복합건축물에 설치된 피난안전구역 : 피난안전구역이 설치된 층의 수용인원(영 별표 2에 따라 산정된 수용인원을 말한다)의 10분의 1 이상

나. 건전지 및 충전식 건전지의 용량은 40분 이상 유효하게 사용할 수 있는 것으로 한다. 다만, 피난안전구역이 50층 이상에 설치되어 있을 경우의 용량은 60분 이상으로 할 것

3-2) ① 개정 삭제 〈2022.12.01〉

② 방화벽의 용어 정의와 설치기준

1. "방화벽"이란 화재 시 발생한 열, 연기 등의 확산을 방지하기 위하여 설치하는 벽을 말한다.
2. 방화벽의 설치기준

    가. 내화구조로서 홀로 설 수 있는 구조일 것

    나. 방화벽의 출입문은 「건축법 시행령」 제64조에 따른 방화문으로서 60분+ 방화문 또는 60분 방화문으로 설치할 것

    다. 방화벽을 관통하는 케이블·전선 등에는 국토교통부 고시(「건축자재 등 품질인정 및 관리기준」)에 따라 내화채움구조로 마감할 것

    라. 방화벽은 분기구 및 국사(局舍, central office)·변전소 등의 건축물과 지하구가 연결되는 부위(건축물로부터 20 m 이내)에 설치할 것

    마. 자동폐쇄장치를 사용하는 경우에는 「자동폐쇄장치의 성능인증 및 제품검사의 기술기준」에 적합한 것으로 설치할 것

3-3)

설치해야 할 특정소방대상물	설치 수량
• 지하층을 포함하는 층수가 7층 이상인 관광호텔 및 5층 이상인 병원	• 각 2개 이상 비치할 것. 다만, 병원의 경우에는 인공소생기를 설치하지 않을 수 있다.
• 문화 및 집회시설 중 수용인원 100명 이상의 영화상영관 • 판매시설 중 대규모 점포 • 운수시설 중 지하역사 • 지하가 중 지하상가	• 층마다 2개 이상 비치할 것. 다만, 각 층마다 갖추어 두어야 할 공기호흡기 중 일부를 직원이 상주하는 인근 사무실에 갖추어 둘 수 있다.
• 물분무등소화설비 중 이산화탄소소화설비를 설치하여야 하는 특정소방대상물	• 이산화탄소소화설비가 설치된 장소의 출입구 외부 인근에 1대 이상 비치할 것

3-4) ① LCX 케이블(LCX-FR-SS-42D-146)의 표시사항

SS	ㄱ. 자기지지
42	ㄴ. 절연체 외경
D	ㄷ. 특성임피던스
14	ㄹ. 사용주파수
6	ㅁ. 결합손실 표시

② 제5류 위험물에 적응성이 있는 대형·소형 소화기의 종류

1. 봉상수(棒狀水)소화기
2. 무상수(霧狀水)소화기
3. 봉상강화액소화기
4. 무상강화액소화기
5. 포소화기

제19회 과년도 출제문제 (2019. 9. 21)

★★★☆☆

문제1 다음 물음에 답하시오. (40점)

물음 1) 개정 삭제 〈2021.3.25〉

물음 2) 공동주택(아파트) 지하 주차장에 설치되어 있는 준비작동식 스프링클러설비에 대해 작동기능점검을 실시하려고 한다. 다음 물음에 관하여 각각 쓰시오. (단, 작동기능점검을 위해 사전조치사항으로 2차측 개폐밸브는 폐쇄하였다.) (9점)

(1) 준비작동식밸브(프리액션밸브)를 작동시키는 방법에 관하여 모두 쓰시오. (4점)
(2) 작동기능점검 후 복구절차이다. ( )에 들어갈 내용을 쓰시오. (5점)

1. 펌프를 정지시키기 위해 1차측 개폐밸브 폐쇄
2. 수신기의 복구스위치를 눌러 경보를 정지, 화재표시등을 끈다.
3. (ㄱ)
4. (ㄴ)
5. 급수밸브(세팅밸브)를 개방하여 급수
6. (ㄷ)
7. (ㄹ)
8. (ㅁ)
9. 펌프를 수동으로 정지한 경우 수신반을 자동으로 놓는다. (복구 완료)

물음 3) 이산화탄소소화설비의 종합정밀점검 시 '전원 및 배선'에 대한 점검항목 중 5가지를 쓰시오. (5점)

물음 4) 소방대상물의 주요구조부가 내화구조인 장소에 공기관식 차동식 분포형 감지기가 설치되어 있다. 다음 물음에 답하시오. (13점)

(1) 공기관식 차동식 분포형 감지기의 설치기준에 관하여 쓰시오. (6점)
(2) 공기관식 차동식 분포형 감지기의 작동계속시험방법에 관하여 ( )에 들어갈 내용을 쓰시오. (4점)

1. 검출부의 시험구멍에 (ㄱ)을/를 접속한다.
2. 시험코크를 조작해서 (ㄴ)에 놓는다.
3. 검출부에 표시된 공기량을 (ㄷ)에 투입한다.
4. 공기를 투입한 후 (ㄹ)을/를 측정한다.

28th Day

(3) 작동계속시험 결과 작동지속시간이 기준치 미만으로 측정되었다. 이러한 결과가 나타나는 경우의 조건 3가지를 쓰시오. (3점)

물음 5) 자동화재탐지설비에 대한 작동기능점검을 실시하고자 한다. 다음 물음에 답하시오. (8점)
(1) 개정 삭제 〈2021.3.25〉
(2) 수신기에서 예비전원 감시등이 소등상태일 경우 예상원인과 점검방법이다. ( )에 들어갈 내용을 쓰시오. (4점)

예상원인	조치 및 점검방법
1. 퓨즈 단선	(ㄴ)
2. 충전 불량	(ㄷ)
3. (ㄱ)	(ㄹ)
4. 배터리 완전 방전	

해답 물음 1) 개정 삭제 〈2021.3.25〉

해답 물음 2)
(1) 준비작동식밸브(프리액션밸브)를 작동시키는 방법
 ① 감지기 2회로 동시 작동시키는 방법
 ② 준비작동식밸브 부근에 설치된 슈퍼비조리판넬의 수동기동스위치를 작동시키는 방법
 ③ 준비작동식밸브의 중간챔버에 설치된 수동기동밸브를 개방하는 방법
 ④ 준비작동식밸브를 감시제어반에서 수동으로 작동시키기 위해 설치된 방호구역별 수동기동스위치를 작동시키는 방법
 ⑤ 감시제어반에서 동작시험스위치를 누른 후 당해 회로 선택스위치로 A, B회로 복수 동작시키는 방법
(2) 작동기능점검 후 복구절차
 ㄱ. 펌프 정지 및 솔레노이드밸브 복구 확인
 ㄴ. 배수밸브 및 수동기동밸브 잠금
 ㄷ. 1차측 제어밸브 서서히 개방
 ㄹ. 급수밸브(세팅밸브) 잠금
 ㅁ. 2차측 제어밸브 서서히 개방

해답 물음 3) 개정 삭제 〈2021. 04. 01〉

해답 물음 4)
(1) 공기관식 차동식 분포형 감지기의 설치기준
 ㉮ 공기관의 노출부분은 감지구역마다 20 m 이상이 되도록 할 것

㈎ 공기관과 감지구역의 각 변과의 수평거리는 1.5 m 이하가 되도록 하고, 공기관 상호간의 거리는 6 m(주요구조부를 내화구조로 한 특정소방대상물 또는 그 부분에 있어서는 9 m) 이하가 되도록 할 것
㈐ 공기관은 도중에서 분기하지 아니하도록 할 것
㈑ 하나의 검출부분에 접속하는 공기관의 길이는 100 m 이하로 할 것
㈒ 검출부는 5° 이상 경사되지 아니하도록 부착할 것
㈓ 검출부는 바닥으로부터 0.8 m 이상 1.5 m 이하의 위치에 설치할 것
(2) 공기관식 차동식 분포형 감지기의 작동계속시험방법
ㄱ. 공기주입시험기
ㄴ. 시험 위치(중단)
ㄷ. 공기관
ㄹ. 작동하기까지의 시간
(3) 작동지속시간이 기준치 미만으로 나타나는 경우의 조건
① 리크저항치가 규정치보다 작다.
② 접점수고 값이 규정치보다 높다.
③ 공기관의 누설

해답 물음 5)
(1) 개정 삭제 〈2021.3.25〉
(2) 예상원인과 점검방법
ㄱ. 배터리 컨넥터 미연결
ㄴ. 전원스위치를 끄고, 예비전원 컨넥터 분리 후 기판에 표시된 용량의 퓨즈로 교체
ㄷ. 배터리 불량
ㄹ. 연결 컨넥터 분리 후 예비전원 교체

★★★☆☆

문제2 다음 물음에 답하시오. (30점)

물음 1) 소방시설 설치 및 관리에 관한 법률에 따른 특정소방대상물의 관계인이 특정소방대상물의 규모·용도 및 수용인원 등을 고려하여 갖추어야 하는 소방시설의 종류에서 다음 물음에 답하시오. (13점)
 (1) 단독경보형 감지기를 설치하여야 하는 특정소방대상물에 관하여 쓰시오. (6점)
 (2) 시각경보기를 설치하여야 하는 특정소방대상물에 관하여 쓰시오. (4점)
 (3) 자동화재탐지설비와 시각경보기 점검에 필요한 점검장비에 관하여 쓰시오. (3점)

물음 2) 화재안전기준 및 다음 조건에 따라 물음에 답하시오. (6점)
[조건] 소화설비 펌프주위 배관도

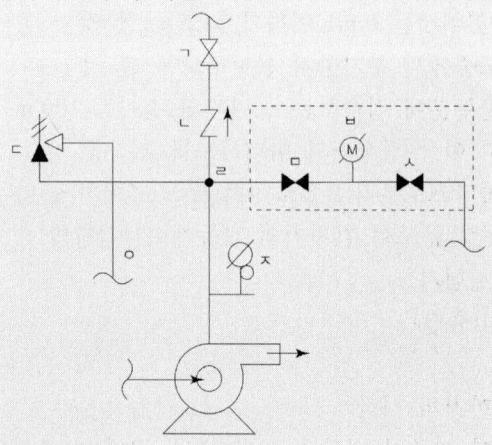

(1) ( )에 들어갈 내용을 쓰시오. (2점)

기호	소방시설 도시기호	명칭 및 기능
ㄴ		(①)
ㄷ		(②)

(2) 점선 부분의 설치기준 2가지를 쓰시오. (2점)
(3) 펌프 성능시험방법을 ( )에 순서대로 쓰시오. (2점)

[보기]
1. 주펌프 기동   2. 주펌프 정지   3. 'ㄱ' 폐쇄   4. 'ㄷ' 개방   5. 'ㅁ' 개방
6. 'ㅂ' 확인   7. 'ㅅ' 개방   8. 'ㅇ' 확인   9. 'ㅈ' 확인

① 체절운전 시 : 3 - ( ) - ( ) - ( ) - ( ) - ( ) (1점)
② 정격운전 시 : 3 - ( ) - ( ) - ( ) - ( ) - ( ) - ( ) (1점)

물음 3) 소방시설관리사 시험의 응시자격에서 소방안전관리자 자격을 가진 사람은 최소 몇 년 이상의 실무경력이 필요한지 각각 쓰시오. (3점)

○ 특급 소방안전관리자로 (ㄱ)년 이상 근무한 실무 경력이 있는 사람
○ 1급 소방안전관리자로 (ㄴ)년 이상 근무한 실무 경력이 있는 사람
○ 3급 소방안전관리자로 (ㄷ)년 이상 근무한 실무 경력이 있는 사람

물음 4) 제연설비의 설치장소 및 제연구획의 설치기준에 관하여 각각 쓰시오. (8점)
(1) 설치장소에 대한 구획기준 (5점)
(2) 제연구획의 설치기준 (3점))

물음 1)

(1) 단독경보형 감지기를 설치해야 하는 특정소방대상물은 다음의 어느 하나에 해당하는 것으로 한다. 이 경우 5)의 연립주택 및 다세대주택에 설치하는 단독경보형 감지기는 연동형으로 설치해야 한다.
   1) 교육연구시설 내에 있는 기숙사 또는 합숙소로서 연면적 2천㎡ 미만인 것
   2) 수련시설 내에 있는 기숙사 또는 합숙소로서 연면적 2천㎡ 미만인 것
   3) 다목7)에 해당하지 않는 수련시설(숙박시설이 있는 것만 해당한다)
   4) 연면적 400㎡ 미만의 유치원
   5) 공동주택 중 연립주택 및 다세대주택

(2) 시각경보기를 설치해야 하는 특정소방대상물은 다목에 따라 자동화재탐지설비를 설치해야 하는 특정소방대상물 중 다음의 어느 하나에 해당하는 것으로 한다.
   1) 근린생활시설, 문화 및 집회시설, 종교시설, 판매시설, 운수시설, 의료시설, 노유자 시설
   2) 운동시설, 업무시설, 숙박시설, 위락시설, 창고시설 중 물류터미널, 발전시설 및 장례시설
   3) 교육연구시설 중 도서관, 방송통신시설 중 방송국
   4) 지하가 중 지하상가

(3) 열감지기시험기, 연(煙)감지기시험기, 공기주입시험기, 감지기시험기연결막대, 음량계, 절연저항계(절연저항측정기), 전류전압측정계

물음 2)

(1) ( )에 들어갈 내용
   ① 체크밸브, 역류 방지 기능
   ② 릴리프밸브(일반), 체절압력 미만에서 개방되어 펌프의 수온 상승 방지 기능

(2) 점선 부분의 설치기준
   ① 성능시험배관은 펌프의 토출 측에 설치된 개폐밸브 이전에서 분기하여 직선으로 설치하고, 유량측정장치를 기준으로 전단 직관부에는 개폐밸브를 후단 직관부에는 유량조절밸브를 설치할 것. 이 경우 개폐밸브와 유량측정장치 사이의 직관부 거리 및 유량측정장치와 유량조절밸브 사이의 직관부 거리는 해당 유량측정장치 제조사의 설치사양에 따르고, 성능시험배관의 호칭지름은 유량측정장치의 호칭지름에 따른다.
   ② 유량측정장치는 펌프의 정격토출량의 175% 이상까지 측정할 수 있는 성능이 있을 것

(3) 펌프 성능시험방법
   ① 체절운전 시 : 3 - (1) - (9) - (4) - (8) - (2)
   ② 정격운전 시 : 3 - (5) - (1) - (7) - (6) - (9) - (2)

해답 물음 3)
ㄱ. 2
ㄴ. 3
ㄷ. 7

해답 물음 4)
(1) 제연설비의 설치장소는 다음 각 호에 따른 제연구역으로 구획하여야 한다.
   ① 하나의 제연구역의 면적은 1,000 m² 이내로 할 것
   ② 거실과 통로(복도를 포함한다. 이하 같다)는 각각 제연구획할 것
   ③ 통로상의 제연구역은 보행중심선의 길이가 60 m를 초과하지 않을 것
   ④ 하나의 제연구역은 직경 60 m 원내에 들어갈 수 있을 것
   ⑤ 하나의 제연구역은 2 이상의 층에 미치지 않도록 할 것. 다만, 층의 구분이 불분명한 부분은 그 부분을 다른 부분과 별도로 제연구획 해야 한다.
(2) 제연구역의 구획은 보ㆍ제연경계벽(이하 "제연경계"라 한다) 및 벽(화재 시 자동으로 구획되는 가동벽ㆍ방화셔터ㆍ방화문을 포함한다. 이하 같다)으로 하되, 다음의 기준에 적합해야 한다.
   ① 재질은 내화재료, 불연재료 또는 제연경계벽으로 성능을 인정받은 것으로서 화재 시 쉽게 변형ㆍ파괴되지 아니하고 연기가 누설되지 않는 기밀성 있는 재료로 할 것
   ② 제연경계는 제연경계의 폭이 0.6 m 이상이고, 수직거리는 2 m 이내이어야 한다. 다만, 구조상 불가피한 경우는 2 m를 초과할 수 있다.
   ③ 제연경계벽은 배연 시 기류에 따라 그 하단이 쉽게 흔들리지 않고, 가동식의 경우에는 급속히 하강하여 인명에 위해를 주지 않는 구조일 것

★★★☆☆

문제3 다음 물음에 답하시오. (30점)

물음 1) 이산화탄소소화설비(NFTC 106)에 관하여 다음 물음에 답하시오. (8점)
  (1) 이산화탄소소화설비의 방출지연스위치 작동점검 순서를 쓰시오. (4점)
  (2) 분사헤드의 오리피스구경 등에 관하여 ( )에 들어갈 내용을 쓰시오. (4점)

구분	기준
표시내용	(ㄱ)
분사헤드의 개수	(ㄴ)
방출율 및 방출압력	(ㄷ)
오리피스의 면적	(ㄹ)

물음 2) 자동화재탐지설비(NFSC 203)에 관하여 다음 물음에 답하시오. (17점)
 (1) 중계기 설치기준 3가지를 쓰시오. (3점)
 (2) 다음 표에 따른 설비별 중계기 입력 및 출력 회로수를 각각 구분하여 쓰시오. (4점)

설비별	회로	입력(감시)	출력(제어)
자동화재탐지설비	발신기, 경종, 시각경보기	(ㄱ)	(ㄴ)
습식 스프링클러설비	압력스위치, 탬퍼스위치, 사이렌	(ㄷ)	(ㄹ)
준비작동식 스프링클러설비	감지기A, 감지기B, 압력스위치, 탬퍼스위치, 솔레노이드, 사이렌	(ㅁ)	(ㅂ)
할로겐화합물 및 불활성기체소화설비	감지기A, 감지기B, 압력스위치, 지연스위치, 솔레노이드, 사이렌, 방출표시등	(ㅅ)	(ㅇ)

 (3) 광전식 분리형 감지기 설치기준 6가지를 쓰시오. (6점)
 (4) 취침·숙박·입원 등 이와 유사한 용도로 사용되는 거실에 설치하여야 하는 연기감지기의 설치대상 특정소방대상물 4가지를 쓰시오. (4점)
물음 3) 개정 삭제 〈2022.12.01.〉
물음 4) 간이스프링클러설비(NFSC 103A)의 간이헤드에 관한 것이다. ( )에 들어갈 내용을 쓰시오. (2점)

> 간이헤드의 작동온도는 실내의 최대 주위천장온도가 0℃ 이상 38℃ 이하인 경우 공칭작동온도가 (ㄱ)의 것을 사용하고, 39℃ 이상 66℃ 이하인 경우에는 공칭작동온도가 (ㄴ)의 것을 사용한다.

해답 물음 1)
(1) 이산화탄소소화설비의 방출지연스위치 작동점검 순서
 ① 기동용기에 부착된 솔레노이드에 안전핀 삽입 후 분리한다.
 ② 감지기 또는 수동조작함을 작동시켜 타이머 작동을 확인한다.
 ③ 방출지연스위치를 조작한다.
 ④ 타이머 정지 여부를 확인한 후 설비를 복구한다.
(2) 분사헤드의 오리피스구경 등에 관하여 ( )에 들어갈 내용
 ㄱ. 오리피스의 크기, 제조일자, 제조업체가 표시되도록 할 것
 ㄴ. 분사헤드의 개수는 방호구역에 소화약제의 방출 시간이 충족되도록 설치할 것
 ㄷ. 분사헤드의 방출률 및 방출압력은 제조업체에서 정한 값으로 할 것
 ㄹ. 분사헤드의 오리피스의 면적은 분사헤드가 연결되는 배관구경 면적의 70 % 이하가 되도록 할 것

28th Day

해답 물음 2)

(1) 중계기 설치기준
　① 수신기에서 직접 감지기회로의 도통시험을 하지 않는 것에 있어서는 수신기와 감지기 사이에 설치할 것
　② 조작 및 점검에 편리하고 화재 및 침수 등의 재해로 인한 피해를 받을 우려가 없는 장소에 설치할 것
　③ 수신기에 따라 감시되지 아니하는 배선을 통하여 전력을 공급받는 것에 있어서는 전원입력 측의 배선에 과전류차단기를 설치하고 해당 전원의 정전이 즉시 수신기에 표시되는 것으로 하며, 상용전원 및 예비전원의 시험을 할 수 있도록 할 것

(2) 중계기 입력 및 출력 회로수
　ㄱ. 1　ㄴ. 2　ㄷ. 2　ㄹ. 1　ㅁ. 4　ㅂ. 2　ㅅ. 4　ㅇ. 3

※설비별 중계기 입력 및 출력 회로

설비별	입력(감시) 회로	출력(제어) 회로
자동화재탐지설비	○ 발신기	○ 경종 ○ 시각경보기
습식 스프링클러설비	○ 압력스위치 ○ 탬퍼스위치	○ 사이렌
준비작동식 스프링클러설비	○ 감지기A ○ 감지기B ○ 압력스위치 ○ 탬퍼스위치	○ 솔레노이드 ○ 사이렌
할로겐화합물 및 불활성기체소화설비	○ 감지기A ○ 감지기B ○ 압력스위치 ○ 지연스위치	○ 솔레노이드 ○ 사이렌 ○ 방출표시등

(3) 광전식 분리형 감지기 설치기준
　① 감지기의 수광면은 햇빛을 직접 받지 않도록 설치할 것
　② 광축(송광면과 수광면의 중심을 연결한 선)은 나란한 벽으로부터 0.6m 이상 이격하여 설치할 것
　③ 감지기의 송광부와 수광부는 설치된 뒷벽으로부터 1m 이내 위치에 설치할 것
　④ 광축의 높이는 천장 등(천장의 실내에 면한 부분 또는 상층의 바닥 하부 면을 말한다) 높이의 80% 이상일 것
　⑤ 감지기의 광축의 길이는 공칭감시거리 범위 이내일 것
　⑥ 그 밖의 설치기준은 형식승인 내용에 따르며 형식승인 사항이 아닌 것은 제조사의 시방에 따라 설치할 것

　　(4) 연기감지기의 설치대상 특정소방대상물
　　　　① 공동주택 · 오피스텔 · 숙박시설 · 노유자시설 · 수련시설
　　　　② 교육연구시설 중 합숙소
　　　　③ 의료시설, 근린생활시설 중 입원실이 있는 의원 · 조산원
　　　　④ 교정 및 군사시설
　　　　⑤ 근린생활시설 중 고시원

해답 물음 3) 개정 삭제 〈2022.12.01〉

해답 물음 4)
　　ㄱ. 57 ℃에서 77 ℃
　　ㄴ. 79 ℃에서 109 ℃

28th Day

제20회 과년도 출제문제 (2020. 9. 26)

★★☆☆

문제1 다음 물음에 답하시오. (40점)

물음 1) 복합건축물에 관한 다음 물음에 답하시오. (20점)

> [조건]
> ○ 건축물의 개요 : 철근콘크리트조, 지하 2층~지상 8층, 바닥면적 200 m², 연면적 2,000 m², 1개동
> ○ 지하 1층·지하 2층 : 주차장
> ○ 1층(피난층)~3층 : 근린생활시설(소매점)
> ○ 4층~8층 : 공동주택(아파트), 각 층에 주방(LNG 사용) 설치
> ○ 층고 3m, 무창층 및 복도식 구조 없음, 계단 1개 설치
> ○ 소화기구, 유도등·유도표지는 제외하고 소방시설을 산출하되, 법정 용어를 사용할 것
> ○ 화재예방, 소방시설 설치·유지 및 안전관리에 관한 법령상 특정소방대상물의 소방시설 설치의 면제기준을 적용할 것
> ○ 주어진 조건 외에는 고려하지 않는다.

(1) 소방시설 설치 및 관리에 관한 법률상 설치되어야 하는 소방시설의 종류 6가지를 쓰시오. (단, 물분무등소화설비 및 연결송수관설비는 제외함) (6점)
(2) 연결송수관설비의 화재안전기준(NFSC 502)상 연결송수관설비 방수구의 설치가 가능한 층과 제외기준을 위의 조건을 적용하여 각각 쓰시오. (3점)
(3) 2층을 노인의료복지시설(노인요양시설)로 구조변경 없이 용도변경하려고 한다. 다음 물음에 답하시오. (4점)
  ① 소방시설 설치 및 관리에 관한 법률상 2층에 추가로 설치되어야 하는 소방시설의 종류를 쓰시오.
  ② 소방기본법령상 불꽃을 사용하는 용접·용단기구로서 용접 또는 용단하는 작업장에서 지켜야하는 사항을 쓰시오. (단, 산업안전보건법 제38조의 적용을 받는 사업장은 제외함)
(4) 2층에 일반음식점영업(영업장 사용면적 100 m²)을 하고자 한다. 다음에 답하시오. (7점)
  ① 다중이용업소의 안전관리에 관한 특별법령상 영업장의 비상구에 부속실을 설치하는 경우 부속실 입구의 문과 부속실에서 건물 외부로 나가는 문(난간 높이 1 m)에 설치하여야 하는 추락 등의 방지를 위한 시설을 각각 쓰시오.

② 다중이용업소의 안전관리에 관한 특별법령상 안전시설등 세부점검표의 점검사항 중 피난설비 작동기능점검 및 외관점검에 관한 확인사항 4가지를 쓰시오.

물음 2) 다음 물음에 답하시오. (20점)

(1) 특별피난계단의 계단실 및 부속실 제연설비의 화재안전기준(NFSC 501A)상 방연풍속 측정방법, 측정결과 부적합 시 조치방법을 각각 쓰시오. (4점)

(2) 특별피난계단의 계단실 및 부속실 제연설비의 성능시험조사표에서 송풍기 풍량측정의 일반사항 중 측정점에 대하여 쓰고, 풍속·풍량 계산식을 각각 쓰시오. (8점)

(3) 수신기의 기록장치에 저장하여야 하는 데이터는 다음과 같다. ( )에 들어갈 내용을 순서에 관계없이 쓰시오. (4점)

> ○ (ㄱ)
> ○ (ㄴ)
> ○ 수신기와 외부배선(지구음향장치용의 배선, 확인장치용의 배선 및 전화장치용의 배선을 제외한다)과의 단선 상태
> ○ (ㄷ)
> ○ 수신기의 주경종스위치, 지구경종스위치, 복구스위치 등 기준 제11조(수신기의 제어기능)을 조작하기 위한 스위치의 정지 상태
> ○ (ㄹ)
> ○ 수신기 형식승인 및 제품검사의 기술기준 제15조의2제2항에 해당하는 신호(무선식 감지기·무선식 중계기·무선식 발신기와 접속되는 경우에 한함)
> ○ 수신기 형식승인 및 제품검사의 기술기준 제15조의2제3항에 의한 확인신호를 수신하지 못한 내역(무선식 감지기·무선식 중계기·무선식 발신기와 접속되는 경우에 한함)

(4) 미분무소화설비의 화재안전기준(NFSC 104A)상 '미분무'의 정의를 쓰고, 미분무소화설비의 사용압력에 따른 저압, 중압 및 고압의 압력(MPa)범위를 각각 쓰시오. (4점)

해답 물음 1)

(1) 소방시설의 종류 6가지
① 주거용 주방자동소화장치
② 옥내소화전설비
③ 스프링클러설비
④ 자동화재탐지설비
⑤ 피난기구
⑥ 시각경보기

(2) 방수구의 설치가 가능한 층과 제외기준
- 방수구의 설치가 가능한 층 : 지상2층~지상8층
- 제외기준 : 소방차의 접근이 가능하고 소방대원이 소방차로부터 각 부분에 쉽게 도달할 수 있는 피난층, 송수구가 부설된 옥내소화전을 설치한 특정소방대상물(집회장·관람장·백화점·도매시장·소매시장·판매시설·공장·창고시설 또는 지하가를 제외한다)로서 지하층의 층수가 2 이하인 특정소방대상물의 지하층

(3) 노인의료복지시설(노인요양시설)
① 2층에 추가로 설치되어야 하는 소방시설의 종류
자동화재속보설비, 가스누설경보기, 피난기구
② 용접 또는 용단하는 작업장에서 지켜야 하는 사항
1. 용접 또는 용단 작업장 주변 반경 5미터 이내에 소화기를 갖추어 둘 것
2. 용접 또는 용단 작업장 주변 반경 10미터 이내에는 가연물을 쌓아두거나 놓아두지 말 것. 다만, 가연물의 제거가 곤란하여 방화포 등으로 방호조치를 한 경우는 제외한다.

(4) 일반음식점영업(영업장 사용면적 100 m²)
① 추락 등의 방지를 위한 시설
가) 발코니 및 부속실 입구의 문을 개방하면 경보음이 울리도록 경보음 발생장치를 설치하고, 추락위험을 알리는 표지를 문(부속실의 경우 외부로 나가는 문도 포함한다)에 부착할 것
나) 부속실에서 건물 외부로 나가는 문 안쪽에는 기둥·바닥·벽 등의 견고한 부분에 탈착이 가능한 쇠사슬 또는 안전로프 등을 바닥에서부터 120센터미터 이상의 높이에 가로로 설치할 것
② 피난설비 작동기능점검 및 외관점검에 관한 확인사항 4가지
1. 유도등·유도표지 등 부착상태 및 점등상태 확인
2. 구획된 실마다 휴대용비상조명등 비치 여부
3. 화재신호 시 피난유도선 점등상태 확인
4. 피난기구(완강기, 피난사다리 등) 설치상태 확인

해답 물음 2)
(1) 방연풍속 측정방법, 측정결과 부적합 시 조치방법
부속실과 면하는 옥내 및 계단실의 출입문을 동시에 개방할 경우, 유입공기의 풍속이 규정에 따른 방연풍속에 적합한지 여부를 확인하고, 적합하지 아니한 경우에는 급기구의 개구율과 송풍기의 풍량조절댐퍼 등을 조정하여 적합하게 할 것. 이 경우 유입공기의 풍속은 출입문의 개방에 따른 개구부를 대칭적으로 균등 분할하는 10 이상의 지점에서 측정하는 풍속의 평균치로 할 것

(2) 송풍기 풍량측정의 일반사항 중 측정점과 풍속·풍량 계산식
- 측정점 : 풍량 측정점은 덕트 내의 풍속, 시공상태, 현장 여건 등을 고려하여 송풍기의 흡입측 또는 토출측 덕트에서 정상류가 형성되는 위치를 선정한다. 일반적으로 엘보 등 방향전환 지점 기준 하류쪽은 덕트직경(장방형 덕트의 경우 상당지름)의 7.5배 이상 상류쪽은 2.5배 이상 지점에서 측정하여야 하며, 직관길이가 미달하는 경우 최적위치를 선정하여 측정하고 측정기록지에 기록한다.
- 풍속·풍량 계산식
  - 피토관 측정시 풍속은 아래공식으로 계산한다.
    $V = 1.29\sqrt{P_v}$ (V : 풍속 m/s, P_v : 동압 Pa)
  - 풍량 계산은 아래공식으로 계산한다.
    $Q = 3,600 VA$ (Q : 풍량 m³/h, V : 평균풍속 m/s, A : 덕트의 단면적

(3) 수신기의 기록장치에 저장하여야 하는 데이터의 ( )에 들어갈 내용
ㄱ. 주전원과 예비전원의 on/off 상태
ㄴ. 경계구역의 감지기, 중계기 및 발신기 등의 화재신호와 소화설비, 소화활동설비, 소화용수설비의 작동신호
ㄷ. 수신기에서 제어하는 설비로의 출력신호와 수신기에 설비의 작동 확인표시가 있는 경우 확인신호
ㄹ. 가스누설신호(단, 가스누설신호표시가 있는 경우에 한함)

(4) '미분무'의 정의와, 미분무소화설비의 사용압력에 따른 저압, 중압 및 고압의 압력(MPa)범위
① '미분무'란 물만을 사용하여 소화하는 방식으로 최소설계압력에서 헤드로부터 방출되는 물입자 중 99%의 누적체적분포가 400 ㎛ 이하로 분무되고 A, B, C급 화재에 적응성을 갖는 것을 말한다.
② 저압 : 1.2 MPa 이하
③ 중압 : 1.2 MPa 초과 3.5 MPa 이하
④ 고압 : 3.5 MPa 초과

28th Day

★★☆☆

문제2 다음 물음에 답하시오. (30점)

물음 1) 소방시설 설치 및 관리에 관한 법률상 소방시설 등의 자체점검 시 점검인력 배치기준에 관한 다음 물음에 답하시오. (15점)
(1) 다음 ( )에 들어갈 내용을 쓰시오. (9점)

구분	대상용도	가감계수
1류	문화 및 집회시설, (ㄱ), (ㄴ), 의료시설, 노유자시설, 수련시설, (ㄷ), 위락시설, 창고시설, 교정시설, 발전시설, 지하가, (ㄹ)	(ㅅ)
2류	공동주택, 근린생활시설, (ㅁ), (ㅂ), 운동시설, 업무시설, 방송통신시설, 공장, 항공기 및 자동차 관련 시설, 군사시설, 관광휴게시설, 장례시설, 지하구	(ㅇ)
3류	위험물 저장 및 처리시설, 문화재, 동물 및 식물 관련 시설, 자원순환 관련 시설, 묘지 관련 시설	(ㅈ)

(2) 소방시설 설치 및 관리에 관한 법률상 소방시설의 자체점검 시 인력배치기준에 따라, 지하구의 길이가 800 m, 4차로인 터널의 길이가 1,000 m일 때, 다음에 답하시오. (6점)
① 지하구의 실제점검면적(m²)을 구하시오.
② 한쪽 측벽에 소방시설이 설치되어 있는 터널의 실제점검면적(m²)을 구하시오.
③ 한쪽 측벽에 소방시설이 설치되어 있지 않는 터널의 실제점검면적(m²)을 구하시오.

물음 2) 소방시설 자체점검사항 등에 관한 고시에 관한 다음 물음에 답하시오. (9점)
(1) 통합감시시설 종합정밀점검 시 주·보조수신기 점검항목을 쓰시오. (5점)
(2) 거실제연설비 종합정밀점검 시 송풍기 점검사항을 쓰시오. (4점)

물음 3) 자동화재탐지설비 및 시각경보장치의 화재안전기준(NFSC 203)상 감지기에 관한 다음 물음에 답하시오. (6점)
(1) 연기감지기를 설치할 수 없는 경우, 건조실·살균실·보일러실·주조실·영사실·스튜디오에 설치할 수 있는 적응열감지기 3가지를 쓰시오. (3점)
(2) 감지기회로의 도통시험을 위한 종단저항의 기준 3가지를 쓰시오. (3점)

해답 물음 1)
(1) ( )에 들어갈 내용
ㄱ. 종교시설   ㄴ. 판매시설   ㄷ. 숙박시설
ㄹ. 복합건축물   ㅁ. 운수시설   ㅂ. 교육연구시설
ㅅ. 1.1   ㅇ. 1.0   ㅈ. 0.9

(2) 지하구의 길이가 800m, 4차로인 터널의 길이가 1,000 m일 때
① 지하구의 실제점검면적 = $800m \times 1.8m = 1,440m^2$

② 한쪽 측벽에 소방시설이 설치되어 있는 터널의 실제점검면적
   $= 1,000m \times 3.5m = 3,500m^2$

③ 한쪽 측벽에 소방시설이 설치되어 있지 않은 터널의 실제점검면적
   $= 1,000m \times 7m = 7,000m^2$

해답 물음 2)

(1) 개정 삭제 〈2021. 04. 01〉
(2) 개정 삭제 〈2021. 04. 01〉

해답 물음 3)

(1) 적응열감지기 3가지
   1. 정온식(특종)   2. 정온식(1종)   3. 열아날로그식
(2) 종단저항의 기준 3가지
   가. 점검 및 관리가 쉬운 장소에 설치할 것
   나. 전용함을 설치하는 경우 그 설치 높이는 바닥으로부터 1.5 m 이내로 할 것
   다. 감지기 회로의 끝부분에 설치하며, 종단감지기에 설치할 경우에는 구별이 쉽도록 해당감지기의 기판 및 감지기 외부 등에 별도의 표시를 할 것

★★☆☆☆

문제3 다음 물음에 답하시오. (30점)

물음 1) 소방시설 자체점검사항 등에 관한 고시에서 규정하고 있는 조사표에 관한 사항이다. 다음 물음에 답하시오. (16점)
  (1) 내진설비 성능시험 조사표의 종합정밀점검표 중 가압송수장치, 지진분리이음, 수평배관 흔들림 방지 버팀대의 점검항목을 각각 쓰시오. (10점)
  (2) 개정 삭제 〈2021.04.01.〉
물음 2) 다중이용업소의 안전관리에 관한 특별법령상 다중이용업소의 비상구 공통기준 중 비상구 구조, 문이 열리는 방향, 문의 재질에 대하여 규정된 사항을 각각 쓰시오. (10점)
물음 3) 옥내소화전설비의 화재안전기술기준(NFTC 102)상 배선에 사용되는 전선의 종류 및 공사방법에 관한 다음 물음에 답하시오. (4점)
  (1) 내화전선의 내화성능을 설명하시오. (2점)
  (2) 개정 삭제 〈2022.03.04〉

해답 물음 1)

(1) 가압송수장치, 지진분리이음, 수평배관 흔들림 방지 버팀대의 점검항목
   1. 가압송수장치 : 개정 〈2021. 04. 01〉

[앵커볼트]
- 수평지진하중과 수직작용하중 산정의 적합 여부
- 앵커볼트 허용저항값 산정의 적합 여부
- 앵커볼트의 내진설계 적정 여부

[가압송수장치의 흡입측 및 토출측]
- 가요성이음장치 설치 여부

[내진스토퍼]
- 내진스토퍼와 본체(방진가대의 측면) 사이 이격거리
- 내진스토퍼의 허용하중 적정여부
- 방진장치와 겸용인 경우 내진스토퍼의 적합 여부

2. 지진분리이음 : 개정 〈2021. 04. 01〉
- 지진분리이음 설치 위치 적정 여부
- 65 ㎜ 이상의 수직직선배관에서 지진분리이음 설치 위치
- 티분기 수평직선배관으로부터 수직직선배관의 지진분리이음 설치의 적합 여부
- 수직직선배관에 중간지지부(건축물에 지지부분)가 있는 경우 지진분리이음 설치위치 적정 여부

3. 수평직선배관 흔들림 방지 버팀대 : 개정 〈2021. 04. 01〉

[횡방향 흔들림 방지 버팀대]
- 수평주행배관, 교차배관, 옥내소화전 설비의 수평배관 및 65 ㎜ 이상의 가지배관 및 기타배관에 설치 여부
- 횡방향 흔들림 방지 버팀대 설계하중 산정의 적합 여부
- 횡방향 흔들림 방지 버팀대의 간격 12 m 초과 여부
- 마지막 흔들림 방지 버팀대와 배관 단부사이의 거리가 1.8 m 초과 여부
- 옵셋길이를 합산하여 배관길이 산정 여부
- 인접배관의 횡방향 흔들림 방지 버팀대로 역할을 하는 흔들림 방지 버팀대의 경우, 설치된 종방향 흔들림 방지 버팀대가 배관이 방향 전환된 지점으로부터 600 ㎜ 이내 설치되어 있는지 여부
- 65 ㎜ 이상인 가지배관의 길이가 3.7 m 이상인 경우 횡방향 흔들림방지 버팀대 적정 설치 여부
- 65 ㎜ 이상인 가지배관의 길이가 3.7 m 미만인 경우 횡방향 흔들림방지 버팀대 미설치여부 및 가지배관 수평지진하중 산정의 적합 여부
- 횡방향 흔들림 방지 버팀대 미설치에 해당되는 행가의 적정 여부

[종방향 흔들림 방지 버팀대]
- 수평주행배관, 교차배관, 옥내소화전 설비의 수평배관에 설치 여부
- 종방향 흔들림 방지 버팀대 설계하중 산정의 적합 여부

- 종방향 흔들림 방지 버팀대의 간격 24 m 초과 여부
- 마지막 흔들림 방지 버팀대와 배관 단부사이의 거리가 12 m 초과 여부
- 옵셋길이를 합산하여 배관길이 산정 여부
- 횡방향 흔들림 방지 버팀대 설치지점으로부터 600 ㎜ 이내 배관이 방향 전환된 경우, 횡방향 흔들림 방지 버팀대의 종방향 흔들림 방지 버팀대로 사용 적합 여부

해답 물음 2)

1) 구조
   가) 비상구등은 구획된 실 또는 천장으로 통하는 구조가 아닌 것으로 할 것. 다만, 영업장 바닥에서 천장까지 불연재료(不燃材料)로 구획된 부속실(전실), 「모자보건법」 제2조제10호에 따른 산후조리원에 설치하는 방풍실 또는 「녹색건축물 조성 지원법」에 따라 설계된 방풍구조는 그렇지 않다.
   나) 비상구등은 다른 영업장 또는 다른 용도의 시설(주차장은 제외한다)을 경유하는 구조가 아닌 것이어야 할 것.
2) 문이 열리는 방향: 피난방향으로 열리는 구조로 할 것
3) 문의 재질: 주요 구조부(영업장의 벽, 천장 및 바닥을 말한다. 이하 이 표에서 같다)가 내화구조(耐火構造)인 경우 비상구등의 문은 방화문(防火門)으로 설치할 것. 다만, 다음의 어느 하나에 해당하는 경우에는 불연재료로 설치할 수 있다.
   (1) 주요 구조부가 내화구조가 아닌 경우
   (2) 건물의 구조상 비상구등의 문이 지표면과 접하는 경우로서 화재의 연소 확대 우려가 없는 경우
   (3) 비상구등의 문이 「건축법 시행령」 제35조에 따른 피난계단 또는 특별피난계단의 설치 기준에 따라 설치해야 하는 문이 아니거나 같은 영 제46조에 따라 설치되는 방화구획이 아닌 곳에 위치한 경우

해답 물음 3)

(1) 내화전선의 내화성능은 KS C IEC 60331-1과 2(온도 830℃/가열시간 120분) 표준 이상을 충족하고, 난연성능 확보를 위해 KS C IEC 60332-3-24 성능 이상을 충족할 것
(2) 개정 삭제 〈2022.03.04.〉

제21회 과년도 출제문제 (2021. 9. 18)

★★☆☆

문제1 다음 물음에 답하시오. (40점)

물음 1) 비상경보설비 및 단독경보형감지기의 화재안전기준(NFSC 201)에서 발신기의 설치기준이다. ( )에 들어갈 내용을 쓰시오. (5점)

> 1. 조작이 쉬운 장소에 설치하고, 조작스위치는 바닥으로부터 0.8 m 이상 1.5 m 이하의 높이에 설치할 것
> 2. 특정소방대상물의 층마다 설치하되, 해당 층의 각 부분으로부터 하나의 발신기까지의 (ㄱ)가 25 m 이하가 되도록 할 것. 다만, 복도 또는 별도로 구획된 실로서 (ㄴ)가 40 m 이상일 경우에는 추가로 설치해야 한다.
> 3. 발신기의 위치표시등은 (ㄷ)에 설치하되, 그 불빛은 부착 면으로부터 (ㄹ) 이상의 범위 안에서 부착지점으로부터 10 m 이내의 어느 곳에서도 쉽게 식별할 수 있는 (ㅁ)으로 할 것

물음 2) 옥내소화전설비의 화재안전기준(NFSC 102)에서 소방용 합성수지배관의 성능인증 및 제품검사의 기술기준에 적합한 소방용 합성수지배관을 설치할 수 있는 경우 3가지를 쓰시오. (6점)

물음 3) 옥내소화전설비의 방수압력 점검 시 노즐 방수압력이 절대압력으로 2,760 mmHg일 경우 방수량(m^3/s)과 노즐에서의 유속(m/s)을 구하시오. (단, 유량계수는 0.99, 옥내소화전 노즐 구경은 1.3cm이다.) (10점)

물음 4) 소방시설 자체점검사항 등에 관한 고시의 소방시설외관점검표에 대하여 다음 물음에 답하시오. (7점)
  (1) 소화기의 점검내용 5가지를 쓰시오. (3점)
  (2) 개정 삭제 〈2022.12.01.〉

물음 5) 건축물의 소방점검 중 다음과 같은 사항이 발생하였다. 이에 대한 원인과 조치방법을 각각 3가지씩 쓰시오. (12점)
  (1) 아날로그감지기 통신선로의 단선표시등 점등 (6점)
  (2) 습식스프링클러설비의 충압펌프의 잦은 기동과 정지 (단, 충압펌프는 자동정지, 기동용수압개폐장치는 압력챔버방식이다.) (6점)

해답 물음 1)

ㄱ	ㄴ	ㄷ	ㄹ	ㅁ
수평거리	보행거리	함의 상부	15°	적색등

해답 물음 2)

1. 배관을 지하에 매설하는 경우
2. 다른 부분과 내화구조로 구획된 덕트 또는 피트의 내부에 설치하는 경우
3. 천장(상층이 있는 경우에는 상층바닥의 하단을 포함한다. 이하 같다)과 반자를 불연재료 또는 준불연 재료로 설치하고 소화배관 내부에 항상 소화수가 채워진 상태로 설치하는 경우

해답 물음 3)

노즐 방수압력(절대압력) = $2,760\,mmHg - 760\,mmHg = 2,000\,mmHg$

방수량 = $C_v A v = C_v A \times \sqrt{2gH}$

$$= 0.99 \times \frac{\pi}{4} \times (0.013m)^2 \times \sqrt{2 \times 9.8 m/s^2 \times \frac{2,000\,mmHg}{760\,mmHg} \times 10.332\,mH_2O} = 0.003\,m^3/s$$

유속 = $\sqrt{2gH} = \sqrt{2 \times 9.8 m/s^2 \times \frac{2,000\,mmHg}{760\,mmHg} \times 10.332\,mH_2O} = 23.085\,m/s$

해답 물음 4)

(1) 소화기의 점검내용 5가지
1. 거주자 등이 손쉽게 사용할 수 있는 장소에 설치되어 있는지 여부
2. 구획된 거실(바닥면적 33㎡ 이상)마다 소화기 설치 여부
3. 소화기 표지 설치 여부
4. 소화기의 변형·손상 또는 부식이 있는지 여부
5. 지시압력계(녹색범위)의 적정 여부
6. 수동식 분말소화기 내용연수(10년) 적정 여부

(2) 개정 삭제 〈2022.12.01.〉

해답 물음 5)

(1) 아날로그감지기 통신선로의 단선표시등 점등

원인	조치방법
감지기 통신선로 단선	감지기 통신선로 수리
중계기 고장	중계기 교체
수신기 통신카드 고장	수신기 통신카드 수리

(2) 습식스프링클러설비의 충압펌프의 잦은 기동과 정지

원인	조치방법
말단시험밸브 개방	말단시험밸브 폐쇄
압력챔버의 배수밸브 개방	압력챔버의 배수밸브 폐쇄
알람밸브의 배수밸브 개방	알람밸브의 배수밸브 폐쇄

29th Day

★★★☆☆

문제2 다음 물음에 답하시오. (30점)

물음 1) 소방시설 자체점검사항 등에 관한 고시의 소방시설등(작동기능, 종합정밀) 점검표에 대하여 다음 물음에 답하시오. (10점)
  (1) 제연설비 배출기의 점검항목 5가지를 쓰시오. (5점)
  (2) 분말소화설비 가압용 가스용기의 점검항목 5가지를 쓰시오. (5점)

물음 2) 건축물의 피난, 방화구조 등의 기준에 관한 규칙에 대하여 다음 물음에 답하시오. (10점)
  (1) 건축물의 바깥쪽에 설치하는 피난계단의 구조 기준 4가지를 쓰시오. (4점)
  (2) 하향식 피난구(덮개, 사다리, 경보시스템을 포함한다) 구조 기준 6가지를 쓰시오. (6점)

물음 3) 비상조명등의 화재안전기준(NFSC 304) 설치기준에 관한 내용 중 일부이다. ( )에 들어갈 내용을 쓰시오. (5점)

> 비상전원은 비상조명등을 20분 이상 유효하게 작동시킬 수 있는 용량으로 할 것. 다만, 다음 각 목의 특정소방대상물의 경우에는 그 부분에서 피난층에 이르는 부분의 비상조명등을 60분 이상 유효하게 작동시킬 수 있는 용량으로 하여야 한다.
> 가. 지하층을 제외한 층수가 11층 이상의 층
> 나. 지하층 또는 무창층으로서 용도가 (ㄱ)·(ㄴ)·(ㄷ)·(ㄹ) 또는 (ㅁ)

물음 4) 유도등 및 유도표지의 화재안전기준(NFSC 303)에서 공연장 등 어두워야 할 필요가 있는 장소에 3선식 배선으로 상시 충전되는 유도등의 전기회로에 점멸기를 설치하는 경우, 점등되어야 하는 때에 해당하는 것 5가지를 쓰시오. (5점)

해답 물음 1)
(1) 제연설비 배출기의 점검항목 5가지
  1. 배출기와 배출풍도 사이 캔버스 내열성 확보 여부
  2. 배출기 회전이 원활하며 회전방향 정상 여부
  3. 변형·훼손 등이 없고 V-벨트 기능 정상 여부
  4. 본체의 방청, 보존상태 및 캔버스 부식 여부
  5. 배풍기 내열성 단열재 단열처리 여부
(2) 분말소화설비 가압용 가스용기의 점검항목 5가지
  1. 가압용 가스용기 저장용기 접속 여부
  2. 가압용 가스용기 전자개방밸브 부착 적정 여부
  3. 가압용 가스용기 압력조정기 설치 적정 여부
  4. 가압용 또는 축압용 가스 종류 및 가스량 적정 여부
  5. 배관 청소용 가스 별도 용기 저장 여부

[해답] 물음 2)

(1) 건축물의 바깥쪽에 설치하는 피난계단의 구조 기준 4가지
   1. 계단은 그 계단으로 통하는 출입구외의 창문등(망이 들어 있는 유리의 붙박이창으로서 그 면적이 각각 1제곱미터 이하인 것을 제외한다)으로부터 2미터 이상의 거리를 두고 설치할 것
   2. 건축물의 내부에서 계단으로 통하는 출입구에는 60+방화문 또는 60분방화문을 설치할 것
   3. 계단의 유효너비는 0.9미터 이상으로 할 것
   4. 계단은 내화구조로 하고 지상까지 직접 연결되도록 할 것

(2) 하향식 피난구(덮개, 사다리, 경보시스템을 포함한다) 구조 기준 6가지
   1. 피난구의 덮개(덮개와 사다리, 승강식피난기 또는 경보시스템이 일체형으로 구성된 경우에는 그 사다리, 승강식피난기 또는 경보시스템을 포함한다)는 품질시험을 실시한 결과 비차열 1시간 이상의 내화성능을 가져야 하며, 피난구의 유효 개구부 규격은 직경 60센티미터 이상일 것
   2. 상층·하층 간 피난구의 수평거리는 15센티미터 이상 떨어져 있을 것
   3. 아래층에서는 바로 위층의 피난구를 열 수 없는 구조일 것
   4. 사다리는 바로 아래층의 바닥면으로부터 50센티미터 이하까지 내려오는 길이로 할 것
   5. 덮개가 개방될 경우에는 건축물관리시스템 등을 통하여 경보음이 울리는 구조일 것
   6. 피난구가 있는 곳에는 예비전원에 의한 조명설비를 설치할 것

[해답] 물음 3)

ㄱ	ㄴ	ㄷ	ㄹ	ㅁ
도매시장	소매시장	여객자동차터미널	지하역사	지하상가

[해답] 물음 4)

1. 자동화재탐지설비의 감지기 또는 발신기가 작동되는 때
2. 비상경보설비의 발신기가 작동되는 때
3. 상용전원이 정전되거나 전원선이 단선되는 때
4. 방재업무를 통제하는 곳 또는 전기실의 배전반에서 수동으로 점등하는 때
5. 자동소화설비가 작동되는 때

★★★☆☆

문제3 다음 물음에 답하시오. (30점)

물음 1) 할론 1301 소화설비 약제저장용기의 저장량을 측정하려고 한다. 다음 물음에 답하시오. (12점)
  (1) 액위측정법을 설명하시오. (3점)
  (2) 아래 그림의 레벨메터(Level meter) 구성부품 중 각 부품(㉠~㉢)의 명칭을 쓰시오. (3점)

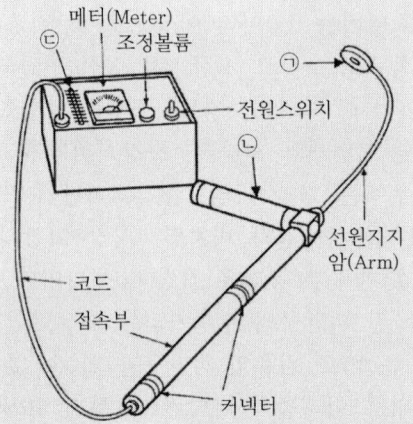

  (3) 레벨메터(Level meter) 사용 시 주의사항 6가지를 쓰시오. (6점)

물음 2) 자동소화장치에 대하여 다음 물음에 답하시오. (5점)
  (1) 소화기구 및 자동소화장치의 화재안전기준(NFSC 101)에서 가스용 주방 자동소화장치를 사용하는 경우 탐지부 설치 위치를 쓰시오. (2점)
  (2) 소방시설 자체점검사항 등에 관한 고시의 소방시설등(작동기능, 종합정밀) 점검표에서 상업용 주방 자동소화장치의 점검항목을 쓰시오. (3점)

물음 3) 준비작동식 스프링클러설비 전기 계통도(R형 수신기)이다. 최소 배선 수 및 회로 명칭을 각각 쓰시오. (4점)

구분	전선의 굵기	최소 배선 수 및 회로명칭
①	1.5 mm²	(ㄱ)
②	2.5 mm²	(ㄴ)
③	2.5 mm²	(ㄷ)
④	2.5 mm²	(ㄹ)

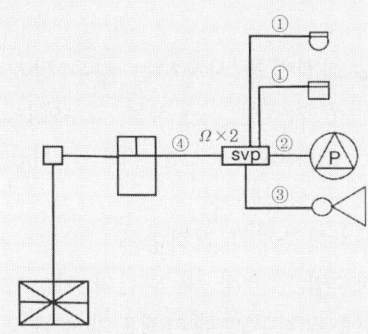

물음 4) 특별피난계단의 부속실(전실) 제연설비에 대하여 다음 물음에 답하시오. (9점)
   (1) 소방시설 자체점검사항 등에 관한 고시의 소방시설 성능시험조사표에서 부속실 제연설비의 "차압 등" 점검항목 4가지를 쓰시오. (4점)
   (2) 전층이 닫힌 상태에서 차압이 과다한 원인 3가지를 쓰시오. (2점)
   (3) 방연풍속이 부족한 원인 3가지를 쓰시오. (3점)

해답 물음 1)
(1) 액위측정법
   1. 기기 세팅 : 방사선원의 캡 제거
   2. 배터리 체크 : 전원스위치를 CHECK로 한다(계기의 지침이 안정되지 않고 바로 내려갈 때에는 전지가 소모되었으므로 교환한다).
   3. 전원스위치 ON : 조정볼륨으로 지침을 조정한다(40~45에 셋팅).
   4. 액면 높이 측정 : 지지암을 상하로 천천히 이동하여 지침이 많이 흔들린 최초의 위치를 체크
   5. 실내 온도 측정
   6. 전원스위치 OFF
   7. 저장량 계산

(2) ㉠~㉢의 명칭

㉠	㉡	㉢
방사선원(코발트60)	탐침(Probe)	온도계

(3) 레벨메터(Level meter) 사용 시 주의사항 6가지
   1. 방사선원(코발트60)은 부착한 채로 관리하고, 분실에 각별히 유의할 것
   2. 코발트60의 사용 연한은 약 3년임
   3. 측정 장소의 주위 온도가 높을 경우 액면의 판별이 곤란하게 되는 것에 주의할 것
   4. 지지암은 용기의 크기가 다르더라도 그 용기에 맞게 조정하지 말아야 한다.
   5. 전선은 50 cm로 되어 있으므로 길이를 연장할 때는 접속기구를 사용해야 한다.
   6. 용기는 중량물이므로 거친 취급, 전도 등에 주의할 것

물음 2)

(1) 가스용 주방자동소화장치를 사용하는 경우 탐지부는 수신부와 분리하여 설치하되, 공기보다 가벼운 가스를 사용하는 경우에는 천장 면으로 부터 30㎝ 이하의 위치에 설치하고, 공기보다 무거운 가스를 사용하는 장소에는 바닥 면으로부터 30㎝ 이하의 위치에 설치할 것

(2) 상업용 주방 자동소화장치의 점검항목
 1. 소화약제의 지시압력 적정 및 외관의 이상 여부
 2. 후드 및 덕트에 감지부와 분사헤드의 설치상태 적정 여부
 3. 수동기동장치의 설치상태 적정 여부

물음 3)

ㄱ : 4가닥(감지기 4가닥)
ㄴ : 6가닥(SV 2가닥, PS 2가닥, TS 2가닥)
ㄷ : 2가닥(사이렌 2가닥)
ㄹ : 9가닥(전원⊕, 전원⊖, 감지기A, 감지기B, SV, PS, TS, 사이렌, 전화)

물음 4)

(1) "차압 등" 점검항목 4가지
 1. 제연구역과 옥내 사이 최소차압 적정 여부
 2. 제연설비 가동 시 출입문 개방력 적정 여부
 3. 비개방층 최소차압 적정 여부
 4. 부속실과 계단실 차압 적정 여부(계단실과 부속실 동시 제연의 경우)

(2) 전 층이 닫힌 상태에서 차압이 과다한 원인 3가지
 1. 급기송풍기의 풍량 과다
 2. 급기송풍기에 설치된 풍량조절댐퍼 많이 열림
 3. 자동차압·과압조절형 급기댐퍼의 차압조절기능 고장

(3) 방연풍속이 부족한 원인 3가지
 1. 급기송풍기의 풍량 부족
 2. 급기송풍기에 설치된 풍량조절댐퍼 많이 닫힘
 3. 급기풍도에서의 누설

제22회 과년도 출제문제 (2022. 9. 24)

★★★★☆

문제1 다음 물음에 답하시오. (40점)

물음 1) 누전경보기의 화재안전기준(NFSC 205)에서 누전경보기의 설치방법에 대하여 쓰시오. (7점)

물음 2) 누전경보기에 대한 종합정밀점검표에서 수신부의 점검항목 4가지와 전원의 점검항목 3가지를 쓰시오. (7점)

물음 3) 소방시설 설치 및 관리에 관한 법률에 따라 무선통신보조설비를 설치하여야 하는 특정소방대상물(위험물 저장 및 처리 시설 중 가스시설은 제외한다) 5가지를 쓰시오. (5점)

물음 4) 소방시설 자체점검사항 등에 관한 고시에서 무선통신보조설비 종합정밀점검표의 누설동축케이블 등의 점검항목 5가지와 증폭기 및 무선이동중계기의 점검항목 3가지를 쓰시오. (8점)

물음 5) 개정 삭제 〈2022.12.01.〉

물음 6) 소방시설 자체점검사항 등에 관한 고시에서 이산화탄소소화설비의 종합정밀점검표상 수동식 기동장치의 점검항목 4가지와 안전시설 등의 점검항목 3가지를 쓰시오. (7점)

해답 물음 1)

누전경보기의 설치방법

① 경계전로의 정격전류가 60 A를 초과하는 전로에 있어서는 1급 누전경보기를, 60 A 이하의 전로에 있어서는 1급 또는 2급 누전경보기를 설치할 것. 다만, 정격전류가 60 A를 초과하는 경계전로가 분기되어 각 분기회로의 정격전류가 60 A 이하로 되는 경우 당해 분기회로마다 2급 누전경보기를 설치한 때에는 당해 경계전로에 1급 누전경보기를 설치한 것으로 본다.

② 변류기는 특정소방대상물의 형태, 인입선의 시설방법 등에 따라 옥외 인입선의 제1지점의 부하측 또는 제2종 접지선측의 점검이 쉬운 위치에 설치할 것. 다만, 인입선의 형태 또는 특정소방대상물의 구조상 부득이한 경우에는 인입구에 근접한 옥내에 설치할 수 있다.

③ 변류기를 옥외의 전로에 설치하는 경우에는 옥외형으로 설치할 것

해답 물음 2)

수신부의 점검항목 4가지와 전원의 점검항목 3가지
1. 수신부의 점검항목 4가지
   ① 상용전원 공급 및 전원표시등 정상 점등 여부
   ② 가연성 증기, 먼지 등 체류 우려 장소의 경우 차단기구 설치 여부
   ③ 수신부의 성능 및 누전경보 시험 적정 여부
   ④ 음향장치 설치장소(상시 사람이 근무) 및 음량·음색 적정 여부
2. 전원의 점검항목 3가지
   ① 분전반으로부터 전용회로 구성 여부
   ② 개폐기 및 과전류차단기 설치 여부
   ③ 다른 차단기에 의한 전원차단 여부(전원을 분기할 경우)

해답 물음 3)

무선통신보조설비를 설치하여야하는 특정소방대상물 5가지
① 지하가(터널은 제외한다)로서 연면적 1천 m² 이상인 것
② 지하층의 바닥면적의 합계가 3천 m² 이상인 것 또는 지하층의 층수가 3층 이상이고 지하층의 바닥면적의 합계가 1천 m² 이상인 것은 지하층의 모든 층
③ 지하가 중 터널로서 길이가 500 m 이상인 것
④ 지하구 중 공동구
⑤ 층수가 30층 이상인 것으로서 16층 이상 부분의 모든 층

해답 물음 4)

누설동축케이블 등의 점검항목 5가지와 증폭기 및 무선이동중계기의 점검항목 3가지
1. 누설동축케이블 등의 점검항목 5가지
   ① 피난 및 통행 지장 여부(노출하여 설치한 경우)
   ② 케이블 구성 적정(누설동축케이블+안테나 또는 동축케이블+안테나) 여부
   ③ 지지금구 변형·손상 여부
   ④ 누설동축케이블 및 안테나 설치 적정 및 변형·손상 여부
   ⑤ 누설동축케이블 말단 '무반사 종단저항' 설치 여부
2. 증폭기 및 무선이동중계기의 점검항목 3가지
   ① 상용전원 적정 여부
   ② 전원표시등 및 전압계 설치상태 적정 여부
   ③ 증폭기 비상전원 부착 상태 및 용량 적정 여부
   ④ 적합성 평가 결과 임의 변경 여부

해답 물음 5) 개정 삭제 〈2022.12.01.〉

해답 물음 6)
수동식 기동장치의 점검항목 4가지와 안전시설 등의 점검항목 3가지
1. 수동식 기동장치의 점검항목 4가지
   ① 기동장치 부근에 비상스위치 설치 여부
   ② 방호구역별 또는 방호대상별 기동장치 설치 여부
   ③ 기동장치 설치 적정(출입구 부근 등, 높이, 보호장치, 표지, 전원표시 등) 여부
   ④ 방출용 스위치 음향경보장치 연동 여부
2. 안전시설 등의 점검항목 3가지
   ① 소화약제 방출알림 시각경보장치 설치기준 적합 및 정상 작동 여부
   ② 방호구역 출입구 부근 잘 보이는 장소에 소화약제 방출 위험경고표지 부착 여부
   ③ 방호구역 출입구 외부 인근에 공기호흡기 설치 여부

★★★★☆

문제2 다음 물음에 답하시오. (30점)

물음 1) 소방시설 설치 및 관리에 관한 법률상 종합정밀점검의 대상인 특정소방대상물을 나열한 것이다. ( )에 들어갈 내용을 쓰시오. (5점)

1) (ㄱ)가 설치된 특정소방대상물
2) (ㄴ) [호스릴(Hose Reel) 방식의 (ㄴ)만을 설치한 경우는 제외한다] 가 설치된 연면적 5,000 m² 이상인 특정소방대상물(위험물 제조소등은 제외한다)
3) 「다중이용업소의 안전관리에 관한 특별법 시행령」제2조제1호나목, 같은 조 제2호(비디오물소극장업은 제외한다) · 제6호 · 제7호 · 제7호의2 및 제7호의5의 다중이용업의 영업장이 설치된 특정소방대상물로서 연면적이 2,000 m² 이상인 것
4) (ㄷ)가 설치된 터널
5) 「공공기관의 소방안전관리에 관한 규정」제2조에 따른 공공기관 중 연면적(터널·지하구의 경우 그 길이와 평균폭을 곱하여 계산된 값을 말한다)이 1,000 m² 이상인 것으로서 (ㄹ) 또는 (ㅁ)가 설치된 것. 다만, 「소방기본법」 제2조 저15호에 따른 소방대가 근무하는 공공기관은 제외한다.

물음 2) 아래 조건을 참고하여 다음 물음에 답하시오. (11점)

> 1) 용도 : 복합건축물(1류 가감계수 : 1.2)
> 2) 연면적 : 450,000 m²(아파트, 의료시설, 판매시설, 업무시설)
>   ① 아파트 400세대(아파트용 주차장 및 부속용도 면적 합계 : 180,000 m²)
>   ② 의료시설, 판매시설, 업무시설 및 부속용도 면적 : 270,000 m²
> 3) 스프링클러설비, 이산화탄소소화설비, 제연설비 설치됨
> 4) 점검인력 1단위+보조인력 2인

(1) 소방시설 설치 및 관리에 관한 법률상 위 특정소방대 상물에 대해 소방시설관리업자가 종합정밀점검을 실시할 경우 점검면적과 적정한 최소 점검일수를 계산하시오. (8점)

(2) 소방시설 설치 및 관리에 관한 법률상 소방시설관리업자가 위 특정소방대상물의 종합정밀점검을 실시한 후 부착해야 하는 점검기록표의 기재사항 5가지 중 3가지(대상명은 제외)만 쓰시오. (3점)

물음 3) 소방시설 설치 및 관리에 관한 법률상 소방시설등의 자체점검의 횟수 및 시기, 점검결과보고서의 제출기한 등에 관한 내용이다. ( )에 들어갈 내용을 쓰시오. (7점)

> 1) 본 문항의 특정소방대상물은 연면적 1,500 m²의 종합정밀점검 대상이며, 공공기관, 특급소방안전관리대상물, 종합정밀점검 면제 대상물이 아니다.
> 2) 위 특정소방대상물의 관계인은 종합정밀점검과 작동기능점검을 각각 연 (ㄱ) 이상 실시해야 하고, 관계인이 종합정밀점검 및 작동기능점검을 실시한 경우 (ㄴ) 이내에 소방본부장 또는 소방서장에게 점검결과보고서를 제출해야 하며, 그 점검결과를 (ㄷ)간 자체 보관해야 한다.
> 3) 소방시설관리업자가 점검을 실시한 경우, 점검이 끝난 날부터 (ㄹ) 이내에 점검 인력 배치 상황을 포함한 소방시설 등에 대한 자체점검실적을 평가기관에 통보하여야 한다.
> 4) 소방본부장 또는 소방서장은 소방시설이 화재안전기준에 따라 설치 또는 유지·관리되어 있지 아니할 때에는 조치명령을 내릴 수 있다. 조치명령을 받은 관계인이 조치명령의 연기를 신청하려면 조치명령의 이행기간 만료 (ㅁ) 전까지 연기신청서를 소방본부장 또는 소방서장에게 제출하여야 한다.
> 5) 위 특정소방대상물의 사용승인일이 2014년 5월 27일인 경우 특별한 사정이 없는 한 2022년에는 종합정밀점검을 (ㅂ)까지 실시해야 하고, 작동기능점검을 (ㅅ) 까지 실시해야 한다.

물음 4) 소방시설 설치 및 관리에 관한 법률상 소방청장이 소방시설관리사의 자격을 취소하거나 2년 이내의 기간을 정하여 자격의 정지를 명할 수 있는 사유 7가지를 쓰시오. (7점)

해답 물음 1)
㉠ 스프링클러설비
㉡ 물분무등소화설비
㉢ 제연설비
㉣ 옥내소화전설비
㉤ 자동화재탐지설비

해답 물음 2)
(1) 점검면적과 최소 점검일수
  1. 점검면적
    아파트 환산면적 = 400세대 × 32m^2/세대 = 12,800m^2
    실제 점검면적 = 12,800m^2 + 270,000m^2 = 282,800m^2
    [별표2] 4호가목에 의한 대상 용도별 가감계수를 반영한 면적
      = 282,800m^2 × 1.1 = 311,080m^2
    [별표2] 4호나목에 의한 감소면적 : 없음
      점검면적 = 311,080m^2 − 0m^2 = 311,080m^2
  2. 최소 점검일수 = $\dfrac{311,080 m^2}{12,000 m^2}$ = 25.9 → 26일

(2) 점검기록표의 기재사항 5가지 중 3가지
  ① 점검기간
  ② 점검업체명
  ③ 점검자
  ④ 점검의 구분
  ⑤ 유효기간

해답 물음 3)
㉠ 1회
㉡ 7일
㉢ 2년
㉣ 10일
㉤ 5일
㉥ 5월 말일
㉦ 11월 말일

해답 물음 4)

자격의 정지를 명할 수 있는 사유 7가지
① 거짓이나 그 밖의 부정한 방법으로 시험에 합격한 경우
② 제20조제6항에 따른 소방안전관리 업무를 하지 아니하거나 거짓으로 한 경우
③ 제25조에 따른 점검을 하지 아니하거나 거짓으로 한 경우
④ 제26조제6항을 위반하여 소방시설관리사증을 다른 자에게 빌려준 경우
⑤ 제26조제7항을 위반하여 동시에 둘 이상의 업체에 취업한 경우
⑥ 제26조제8항을 위반하여 성실하게 자체점검 업무를 수행하지 아니한 경우
⑦ 제27조 각 호의 어느 하나에 따른 결격사유에 해당하게 된 경우

★★★★☆

문제3 다음 물음에 답하시오. (30점)

물음 1) 화재예방, 소방시설 설치·유지 및 안전관리에 관한 법령상 소방시설별 점검장비이다. ( )에 들어갈 내용을 쓰시오. (단, 종합정밀점검의 경우임) (5점)

소방시설	장비
스프링클러설비 포소화설비	o (ㄱ)
이산화탄소소화설비 분말소화설비 할론소화설비 할로겐화합물 및 불활성기체 (다른 원소와 화학 반응을 일으키기 어려운 기체) 소화설비	o (ㄴ) o (ㄷ) o 그 밖에 소화약제의 저장량을 측정할 수 있는 점검기구
자동화재탐지설비 시각경보기	o 열감지기시험기 o 연(煙)감지기시험기 o (ㄹ) o (ㅁ) o 음량계

물음 2) 소방시설 자체점검사항 등에 관한 고시에서 비상조명등 및 휴대용비상조명등 점검표상의 휴대용비상조명등의 점검항목 7가지를 쓰시오. (7점)

물음 3) 옥내소화전설비의 화재안전기준(NPSC 102)에서 가압송수장치의 압력수조에 설치해야 하는 것을 5가지만 쓰시오. (5점)

물음 4) 소방시설 자체점검사항 등에 관한 고시에서 비상경보설비 및 단독경보형 감지기 점검표상의 비상경보설비의 점검항목 8가지를 쓰시오. (8점)

물음 5) 가스누설경보기의 화재안전기준(NFSC 206)에서 분리형 경보기의 탐지부 및 단독형 경보기 설치제외 장소 5가지를 쓰시오. (5점)

[해답] 물음 1)
  ㉠ 헤드결합렌치
  ㉡ 검량계
  ㉢ 기동관누설시험기
  ㉣ 공기주입시험기
  ㉤ 감지기시험기연결폴대

[해답] 물음 2
휴대용비상조명등의 점검항목 7가지
  ① 설치 대상 및 설치 수량 적정 여부
  ② 설치 높이 적정 여부
  ③ 휴대용비상조명등의 변형 및 손상 여부
  ④ 어둠 속에서 위치를 확인할 수 있는 구조인지 여부
  ⑤ 사용 시 자동으로 점등되는지 여부
  ⑥ 건전지를 사용하는 경우 유효한 방전 방지조치가 되어있는지 여부
  ⑦ 충전식 배터리의 경우에는 상시 충전되도록 되어 있는지의 여부

[해답] 물음 3
압력수조에 설치해야 하는 것 5가지
수위계 · 급수관 · 배수관 · 급기관 · 맨홀 · 압력계 · 안전장치 및 압력저하 방지를 위한 자동식 공기압축기 중 5가지

[해답] 물음 4
비상경보설비의 점검항목 8가지
  ① 수신기 설치장소 적정(관리용이) 및 스위치 정상 위치 여부
  ② 수신기 상용전원 공급 및 전원표시등 정상점등 여부
  ③ 예비전원(축전지) 상태 적정 여부(상시 충전, 상용전원 차단 시 자동절환)
  ④ 지구음향장치 설치기준 적합 여부
  ⑤ 음향장치(경종 등) 변형 · 손상 확인 및 정상 작동(음량 포함) 여부
  ⑥ 발신기 설치 장소, 위치(수평거리) 및 높이 적정 여부
  ⑦ 발신기 변형 · 손상 확인 및 정상 작동 여부
  ⑧ 위치표시등 변형 · 손상 확인 및 정상 점등 여부

[해답] 물음 5
분리형 경보기의 탐지부 및 단독형 경보기 설치제외 장소 5가지
  ① 출입구 부근 등으로서 외부의 기류가 통하는 곳
  ② 환기구 등 공기가 들어오는 곳으로부터 1.5m 이내인 곳

③ 연소기의 폐가스에 접촉하기 쉬운 곳
④ 가구·보·설비 등에 가려져 누설가스의 유통이 원활하지 못한 곳
⑤ 수증기, 기름 섞인 연기 등이 직접 접촉될 우려가 있는 곳

제23회 과년도 출제문제 (2023. 9. 16)

★★★★★

문제1 다음 물음에 답하시오. (40점)

물음 1) 소방시설 폐쇄·차단 시 행동요령 등에 관한 고시상 소방시설의 점검·정비를 위하여 소방시설이 폐쇄·차단된 이후 수신기 등으로 화재신호가 수신되거나 화재상황을 인지한 경우 특정소방대상물의 관계인의 행동요령 5가지를 쓰시오. (5점)

물음 2) 화재안전성능기준(NFPC) 및 화재안전기술기준(NFTC)에 대하여 다음 물음에 답하시오. (16점)

(1) 소화기구 및 자동소화장치의 화재안전기술기준(NFTC 101)상 용어의 정의에서 정한 자동확산소화기의 종류 3가지를 설명하시오. (6점)

(2) 유도등 및 유도표지의 화재안전성능기준(NFPC 303)상 유도등 및 유도표지를 설치하지 않을 수 있는 경우 4가지를 쓰시오. (4점)

(3) 전기저장시설의 화재안전기술기준(NFTC 607)에 대하여 다음 물음에 답하시오. (6점)
① 전기저장장치의 설치장소에 대하여 쓰시오. (2점)
② 배출설비 설치기준 4가지를 쓰시오. (4점)

물음 3) 소방시설 자체점검사항 등에 관한 고시에 대하여 다음 물음에 답하시오. (12점)

(1) 평가기관은 배치신고 시 오기로 인한 수정사항이 발생한 경우 점검인력 배치상황 신고 사항을 수정해야 한다. 다만, 평가기관이 배치기준 적합여부 확인 결과 부적합인 경우에 관할 소방서의 담당자 승인 후에 평가기관이 수정할 수 있는 사항을 모두 쓰시오. (8점)

(2) 소방청장, 소방본부장 또는 소방서장이 부실점검을 방지하고 점검품질을 향상시키기 위하여 표본조사를 실시하여야 하는 특정소방대상물 대상 4가지를 쓰시오. (4점)

물음 4) 소방시설등(작동점검·종합점검) 점검표에 대하여 다음 물음에 답하시오. (7점)

(1) 소방시설등(작동점검·종합점검) 점검표의 작성 및 유의사항 2가지를 쓰시오. (2점)

(2) 연결살수설비 점검표에서 송수구 점검항목 중 종합점검의 경우에만 해당하는 점검항목 3가지와 배관 등 점검항목 중 작동점검에 해당하는 점검항목 2가지를 쓰시오. (5점)

29th Day

해답 물음 1

① 폐쇄·차단되어 있는 모든 소방시설(수신기, 스프링클러 밸브 등)을 정상상태로 복구한다.
② 즉시 소방관서(119)에 신고하고, 재실자를 대피시키는 등 적절한 조치를 취한다.
③ 화재신호가 발신된 장소로 이동하여 화재여부를 확인한다.
④ 화재로 확인된 경우에는 초기소화, 상황전파 등의 조치를 취한다.
⑤ 화재가 아닌 것으로 확인된 경우에는 재실자에게 관련 사실을 안내하고, 수신기에서 화재경보 복구 후 비화재보 방지를 위해 적절한 조치를 취한다.

해답 물음 2

(1) 자동확산소화기의 종류 3가지
　① "일반화재용자동확산소화기"란 보일러실, 건조실, 세탁소, 대량화기취급소 등에 설치되는 자동확산소화기를 말한다.
　② "주방화재용자동확산소화기"란 음식점, 다중이용업소, 호텔, 기숙사, 의료시설, 업무시설, 공장 등의 주방에 설치되는 자동확산소화기를 말한다.
　③ "전기설비용자동확산소화기"란 변전실, 송전실, 변압기실, 배전반실, 제어반, 분전반등에 설치되는 자동확산소화기를 말한다.
(2) 유도등 및 유도표지를 설치하지 않을 수 있는 경우 4가지
　① 바닥면적이 1,000제곱미터 미만인 층으로서 옥내로부터 직접 지상으로 통하는 출입구 또는 거실 각 부분으로부터 쉽게 도달할 수 있는 출입구 등의 경우에는 피난구유도등을 설치하지 않을 수 있다.
　② 구부러지지 아니한 복도 또는 통로로서 그 길이가 30미터 미만인 복도 또는 통로 등의 경우에는 통로유도등을 설치하지 않을 수 있다.
　③ 주간에만 사용하는 장소로서 채광이 충분한 객석 등의 경우에는 객석유도등을 설치하지 않을 수 있다.
　④ 유도등이 제5조와 제6조에 따라 적합하게 설치된 출입구·복도·계단 및 통로 등의 경우에는 유도표지를 설치하지 않을 수 있다.
(3) ① 전기저장장치의 설치장소
　　　전기저장장치는 관할 소방대의 원활한 소방활동을 위해 지면으로부터 지상 22m(전기저장장치가 설치된 전용 건축물의 최상부 끝단까지의 높이) 이내, 지하 9m(전기저장장치가 설치된 바닥면까지의 깊이) 이내로 설치해야 한다.
　② 배출설비 설치기준 4가지
　　㉠ 배풍기·배출덕트·후드 등을 이용하여 강제적으로 배출할 것
　　㉡ 바닥면적 $1\,m^2$에 시간당 $18\,m^3$ 이상의 용량을 배출할 것
　　㉢ 화재감지기의 감지에 따라 작동할 것
　　㉣ 옥외와 면하는 벽체에 설치

> 해답 물음 3
(1) 평가기관이 수정할 수 있는 사항
　　가. 소방시설의 설비 유무
　　나. 점검인력, 점검일자
　　다. 점검 대상물의 추가·삭제
　　라. 건축물대장에 기재된 내용으로 확인할 수 없는 사항
　　　　1) 점검 대상물의 주소, 동수
　　　　2) 점검 대상물의 주용도, 아파트(세대수를 포함한다) 여부, 연면적 수정
　　　　3) 점검 대상물의 점검 구분
(2) 특정소방대상물 대상 4가지
　　① 점검인력 배치상황 확인 결과 점검인력 배치기준 등을 부적정하게 신고한 대상
　　② 표준자체점검비 대비 현저하게 낮은 가격으로 용역계약을 체결하고 자체점검을 실시하여 부실점검이 의심되는 대상
　　③ 특정소방대상물 관계인이 자체점검한 대상
　　④ 그 밖에 소방청장, 소방본부장 또는 소방서장이 필요하다고 인정한 대상

> 해답 물음 4
(1) 소방시설등(작동점검·종합점검) 점검표의 작성 및 유의사항 2가지
　　① 소방시설등 (작동, 종합)점검결과보고서의 '각 설비별 점검결과'에는 본 서식의 점검번호를 기재한다.
　　② 자체점검결과(보고서 및 점검표)를 2년간 보관하여야 한다.
(2) 작동점검에 해당하는 점검항목 2가지
　　① 송수구 점검항목 중 종합점검의 경우에만 해당하는 점검항목
　　　　1) 송수구에서 주배관 상 연결배관 개폐밸브 설치 여부
　　　　2) 자동배수밸브 및 체크밸브 설치 순서 적정 여부
　　　　3) 1개 송수구역 설치 살수헤드 수량 적정 여부(개방형 헤드의 경우)
　　② 배관 등 점검항목 중 작동점검에 해당하는 점검항목
　　　　1) 급수배관 개폐밸브 설치 적정(개폐표시형, 흡입측 버터플라이 제외) 여부
　　　　2) 시험장치 설치 적정 여부(폐쇄형 헤드의 경우)

29th Day

★★★★☆

문제2 다음 물음에 답하시오. (30점)

물음 1) 소방시설 자체점검사항 등에 관한 고시상 소방시설 성능시험조사표에 대하여 다음 물음에 답하시오. (19점)
  (1) 스프링클러설비 성능시험조사표의 성능 및 점검항목 중 수압시험 점검항목 3가지를 쓰시오. (3점)
  (2) 다음은 스프링클러설비 성능시험조사표의 성능 및 점검항목 중 수압시험 방법을 기술한 것이다. ( )에 들어갈 내용을 쓰시오. (4점)

> 수압시험은 (ㄱ)MPa의 압력으로 (ㄴ)시간 이상 시험하고자 하는 배관의 가장 낮은 부분에서 가압하되, 배관과 배관·배관부속류·밸브류·각종장치 및 기구의 접속부분에서 누수현상이 없어야 한다. 이 경우 상용수압이 (ㄷ)MPa 이상인 부분에 있어서의 압력은 그 상용수압에 (ㄹ)MPa을 더한 값으로 한다.

  (3) 도로터널 성능시험조사표의 성능 및 점검항목 중 제연설비 점검항목 7가지만 쓰시오. (7점)
  (4) 스프링클러설비 성능시험조사표의 성능 및 점검항목 중 감시제어반의 전용실(중앙 제어실 내에 감시제어반 설치 시 제외) 점검항목 5가지를 쓰시오. (5점)

물음 2) 소방시설 설치 및 관리에 관한 법령상 소방시설등의 자체점검 결과의 조치 등에 대하여 다음 물음에 답하시오. (6점)
  (1) 자체점검 결과의 조치 중 중대위반사항에 해당하는 경우 4가지를 쓰시오. (4점)
  (2) 다음은 자체점검 결과 공개에 관한 내용이다. ( )에 들어갈 내용을 쓰시오. (2점)

> ○ 소방본부장 또는 소방서장은 법 제24조제2항에 따라 자체점검 결과를 공개하는 경우 (ㄱ)일 이상 법 제48조에 따른 전산시스템 또는 인터넷 홈페이지 등을 통해 공개해야 한다.
> ○ 소방본부장 또는 소방서장은 이의신청을 받은 날부터 (ㄴ)일 이내에 심사, 결정하여 그 결과를 지체없이 신청인에게 알려야 한다.

물음 3) 차동식 분포형 공기관식 감지기의 화재작동시험(공기주입시험)을 했을 경우 동작 시간이 느린 경우(기준치 이상)의 원인 5가지를 쓰시오. (5점)

해답 물음 1
(1) 수압시험 점검항목 3가지
  ① 가압송수장치 및 부속장치(밸브류·배관·배관부속류·압력챔버)의 수압시험(접속상태에서 실시한다. 이하 같다)결과

② 옥외연결송수구 연결배관의 수압시험결과
③ 입상배관 및 가지배관의 수압시험결과
(2) ㉠ 1.4, ㉡ 2, ㉢ 1.05 ㉣ 0.35
(3) 제연설비 점검항목 7가지
① 설계 적정(설계화재강도, 연기발생률 및 배출용량) 여부
② 위험도분석을 통한 설계화재강도 설정 적정 여부(화재강도가 설계화재강도보다 높을 것으로 예상될 경우)
③ 예비용 제트팬 설치 여부(종류환기방식의 경우)
④ 배연용 팬의 내열성 적정 여부((반)횡류환기방식 및 대배기구 방식의 경우)
⑤ 개폐용 전동모터의 정전 등 전원차단 시 조작상태 적정 여부(대배기구 방식의 경우)
⑥ 화재에 노출 우려가 있는 제연설비, 전원공급선 및 전원공급장치 등의 250℃ 온도에서 60분 이상 운전 가능 여부
⑦ 제연설비 기동방식(자동 및 수동) 적정 여부
⑧ 제연설비 비상전원 용량 적정 여부
(4) 감시제어반의 전용실 점검항목 5가지
① 다른 부분과 방화구획 적정 여부
② 설치 위치(층) 적정 여부
③ 비상조명등 및 급·배기설비 설치 적정 여부
④ 무선기기 접속단자 설치 적정 여부
⑤ 바닥면적 적정 확보 여부

해답 물음 2

(1) 중대위반사항에 해당하는 경우 4가지
① 소화펌프(가압송수장치를 포함한다. 이하 같다), 동력·감시 제어반 또는 소방시설용 전원(비상전원을 포함한다)의 고장으로 소방시설이 작동되지 않는 경우
② 화재 수신기의 고장으로 화재경보음이 자동으로 울리지 않거나 화재 수신기와 연동된 소방시설의 작동이 불가능한 경우
③ 소화배관 등이 폐쇄·차단되어 소화수(消火水) 또는 소화약제가 자동 방출되지 않는 경우
④ 방화문 또는 자동방화셔터가 훼손되거나 철거되어 본래의 기능을 못하는 경우
(2) ㉠ 30, ㉡ 10

해답 물음 3
① 리크저항치가 규정치보다 작다.
② 접점수고값이 규정치보다 높다.
③ 공기관의 누설
④ 공기관의 길이가 너무 길다.
⑤ 공기관 접점의 접촉 불량

★★★★★

문제3 다음 물음에 답하시오. (30점)

물음 1) 소방시설등(작동점검·종합점검) 점검표상 분말소화설비 점검표의 저장용기 점검항목 중 종합점검의 경우에만 해당하는 점검항목 6가지를 쓰시오. (6점)

물음 2) 지하구의 화재안전성능기준(NFPC 605)상 방화벽 설치기준 5가지를 쓰시오. (5점)

물음 3) 화재조기진압용 스프링클러설비에서 수리학적으로 가장 먼 가지배관 4개에 각각 4개의 스프링클러헤드가 하향식으로 설치되어 있다. 이 경우 스프링클러헤드가 동시에 개방되었을 때 헤드 선단의 최소방사압력 0.28 MPa, K(L/min·$MPa^{1/2}$)=320일 때 수원의 양(m^3)을 구하시오. (단, 소수점 셋째 자리에서 반올림하여 소수점 둘째 자리까지 구하시오) (5점)

물음 4) 화재안전기술기준(NFTC)에 대하여 다음 물음에 답하시오. (9점)
  (1) 포소화설비의 화재안전기술기준(NFTC 105)상 다음 용어의 정의를 쓰시오. (5점)
    ① 펌프 프로포셔너방식 (1점)
    ② 프레셔 프로포셔너방식 (1점)
    ③ 라인 프로포셔너방식 (1점)
    ④ 프레셔사이드 프로포셔너방식 (1점)
    ⑤ 압축공기포 믹싱챔버방식 (1점)
  (2) 고층건축물의 화재안전기술기준(NFTC 604)상 초고층 및 지하연계 복합건축물 재난관리에 관한 특별법 시행령에 따른 피난안전구역에 설치하는 소방시설 중 인명구조 기구의 설치기준 4가지를 쓰시오. (4점)

물음 5) 특별피난계단의 계단실 및 부속실 제연설비의 화재안전성능기준(NFPC 501A)상 제연설비의 시험기준 5가지를 쓰시오. (5점)

해답 물음 1
① 설치장소 적정 및 관리 여부
② 저장용기 설치 간격 적정 여부
③ 저장용기와 집합관 연결배관 상 체크밸브 설치 여부
④ 저장용기 안전밸브 설치 적정 여부

⑤ 저장용기 정압작동장치 설치 적정 여부
⑥ 저장용기 청소장치 설치 적정 여부

해답 물음 2
① 내화구조로서 홀로 설 수 있는 구조일 것
② 방화벽의 출입문은 「건축법 시행령」 제64조에 따른 방화문으로서 60분+ 방화문 또는 60분 방화문으로 설치하고, 항상 닫힌 상태를 유지하거나 자동폐쇄장치에 의하여 화재 신호를 받으면 자동으로 닫히는 구조로 해야 한다.
③ 방화벽을 관통하는 케이블·전선 등에는 국토교통부 고시(내화구조의 인정 및 관리기준)에 따라 내화충전 구조로 마감할 것
④ 방화벽은 분기구 및 국사·변전소 등의 건축물과 지하구가 연결되는 부위(건축물로부터 20미터 이내)에 설치할 것
⑤ 자동폐쇄장치를 사용하는 경우에는 「자동폐쇄장치의 성능인증 및 제품검사의 기술기준」에 적합한 것으로 설치할 것

해답 물음 3
수원 $Q = 12 \times 60 \times K\sqrt{10P} = 12 \times 60 \times 320\sqrt{10 \times 0.28} = 385,533L = 385.53m^3$

해답 물음 4
(1) ① "펌프 프로포셔너방식"이란 펌프의 토출관과 흡입관 사이의 배관도중에 설치한 흡입기에 펌프에서 토출된 물의 일부를 보내고, 농도 조정밸브에서 조정된 포 소화약제의 필요량을 포 소화약제 저장탱크에서 펌프 흡입측으로 보내어 이를 혼합하는 방식을 말한다.
② "프레셔 프로포셔너방식"이란 펌프와 발포기의 중간에 설치된 벤추리관의 벤추리작용과 펌프 가압수의 포 소화약제 저장탱크에 대한 압력에 따라 포 소화약제를 흡입·혼합하는 방식을 말한다.
③ "라인 프로포셔너방식"이란 펌프와 발포기의 중간에 설치된 벤추리관의 벤추리작용에 따라 포 소화약제를 흡입·혼합하는 방식을 말한다.
④ "프레셔사이드 프로포셔너방식"이란 펌프의 토출관에 압입기를 설치하여 포 소화약제 압입용펌프로 포 소화약제를 압입시켜 혼합하는 방식을 말한다.
⑤ "압축공기포 믹싱챔버방식"이란 물, 포 소화약제 및 공기를 믹싱챔버로 강제 주입시켜 챔버 내에서 포수용액을 생성한 후 포를 방사하는 방식을 말한다.
(2) 인명구조 기구의 설치기준 4가지
① 방열복, 인공소생기를 각 2개 이상 비치할 것
② 45분 이상 사용할 수 있는 성능의 공기호흡기(보조마스크를 포함한다)를 2개 이상 비치하여야 한다. 다만, 피난안전구역이 50층 이상에 설치되어 있을 경우에는 동일한 성능의 예비용기를 10개 이상 비치할 것

③ 화재 시 쉽게 반출할 수 있는 곳에 비치할 것
④ 인명구조기구가 설치된 장소의 보기 쉬운 곳에 "인명구조기구"라는 표지판 등을 설치할 것

해답 물음 5

① 제연구역의 모든 출입문 등의 크기와 열리는 방향이 설계 시와 동일한지 여부를 확인할 것
② 출입문 등이 설계 시와 동일한 경우에는 출입문마다 그 바닥 사이의 틈새가 평균적으로 균일한지 여부를 확인할 것
③ 제연구역의 출입문 및 복도와 거실(옥내가 복도와 거실로 되어 있는 경우에 한한다) 사이의 출입문마다 제연설비가 작동하고 있지 아니한 상태에서 그 폐쇄력을 측정할 것
④ 옥내의 층별로 화재감지기(수동기동장치를 포함한다)를 동작시켜 제연설비가 작동하는지 여부를 확인할 것. 다만, 둘 이상의 특정소방대상물이 지하에 설치된 주차장으로 연결되어 있는 경우에는 주차장에서 하나의 특정소방대상물의 제연구역으로 들어가는 입구에 설치된 제연용 연기감지기의 작동에 따라 특정소방대상물의 해당 수직풍도에 연결된 모든 제연구역의 댐퍼가 개방되도록 하고 비상전원을 작동시켜 급기 및 배기용 송풍기의 성능이 정상인지 확인할 것
⑤ 제4호의 기준에 따라 제연설비가 작동하는 경우 방연풍속, 차압, 및 출입문의 개방력과 자동 닫힘 등이 적합한지 여부를 확인하는 시험을 실시할 것

제24회 과년도 출제문제(2024. 9. 14)

★★★★★

문제1 다음 물음에 답하시오. (40점)

물음 1) 스프링클러설비 펌프 주변의 배관을 소방시설 도시기호를 이용하여 올바르게 그리시오. (13점)
  (1) 펌프 흡입측 배관(단, 수원의 수위가 펌프보다 낮고, 연성계(진공계)는 제외) (5점)
  (2) 성능시험배관(유량계 사용) (3점)
  (3) 기동용 수압개폐장치(압력챔버 방식 적용, 인입측 차단밸브는 제외) (5점)

  - 답안 작성예시 -

  ㅇ 순환배관 :

물음 2) 소방시설 자체점검사항 등에 관한 고시상 소방시설등 점검표 중 "스프링클러설비 점검표 3-F 배관"에서 아래 내용의 점검항목과 그에 대응하는 스프링클러설비의 화재안전기술기준(NFTC 103)의 내용을 각각 쓰시오. (12점)
  (1) 펌프 흡입측 배관 (4점)
    ㅇ 점검항목 :
    ㅇ 스프링클러설비의 화재안전기술기준 펌프의 흡입 측 배관 설치 기준:
  (2) 성능시험배관 (6점)
    ㅇ 점검항목 :
    ㅇ 스프링클러설비의 화재안전기술기준 펌프의 성능시험배관 설치 기준:
  (3) 순환 배관 (2점)
    ㅇ 점검항목 :

물음 3) 소방시설 자체점검사항 등에 관한 고시상 소방시설등 점검표 중 "스프링클러설비 점검표 3-C 가압송수장치"의 펌프방식 작동점검 항목 3가지를 쓰시오. (단, 가압송수장치의 "스프링클러펌프" 표지설치 여부 또는 다른 소화설비와 겸용 시 겸용 설비 이름 표시 부착 여부는 제외) (3점)

물음 4) 소방시설 자체점검사항 등에 관한 고시상 소방시설등 점검표 중 "옥내소화전설비 점검표의 2-C 가압송수장치"의 펌프방식과 "스프링클러설비 점검표의 3-C 가압송수장치"의 펌프방식의 점검항목을 비교하였을 때, 공통되는 사항을 제외하고 옥내소화전설비 점검표의 2-C 가압송수장치의 펌프방식에만 있는 점검항목 4가지를 쓰시오. (단, 가압송수장치의 "옥내소화전펌프" 표지설치 여부 또는 다른 소화 설비와 겸용 시 겸용설비 이름 표시 부착 여부는 제외) (4점)

29th Day

물음 5) 소방시설 자체점검사항 등에 관한 고시상 소방시설등 점검표 중 "기타사항 점검표의 31-A 피난·방화시설" 점검항목 2가지를 쓰시오. (2점)

물음 6) 소방시설 설치 및 관리에 관한 법령상 다음의 지하 2층 지상 8층인 특정소방대상물에 설치되어야 하는 소방시설 중 경보설비 4가지와 소화활동설비 2가지를 쓰시오. (6점)

> o 건축물의 용도는 근린생활시설(산후조리원 포함)이고, 높이는 32m
> o 건축허가일은 2023년 1월 1일
> o 각 층의 바닥면적 1,000 m²
> o 스프링클러설비는 설치됨
> o 화재 수신기 설치 장소에는 주간에만 근무자가 있음
> o 소방시설 설치 및 관리에 관한 법률 시행령 [별표5] 특정소방대상물의 소방시설 설치의 면제 기준을 따른다.
> o 기타 조건은 무시한다.

해답 물음 1

(1) 펌프 흡입측 배관	(2) 성능시험배관	(3) 기동용 수압개폐장치

해답 물음 2

(1) 펌프 흡입측 배관
  o 점검항목 : 펌프의 흡입측 배관 여과장치의 상태 확인
  o 스프링클러설비의 화재안전기술기준 펌프의 흡입 측 배관 설치 기준 :
    1. 공기 고임이 생기지 않는 구조로 하고 여과장치를 설치할 것
    2. 수조가 펌프보다 낮게 설치된 경우에는 각 펌프(충압펌프를 포함한다)마다 수조로부터 별도로 설치할 것

(2) 성능시험배관 (6점)
  o 점검항목 : 성능시험배관 설치(개폐밸브, 유량조절밸브, 유량측정장치) 적정 여부
  o 스프링클러설비의 화재안전기술기준 펌프의 성능시험배관 설치 기준 :
    1. 성능시험배관은 펌프의 토출 측에 설치된 개폐밸브 이전에서 분기하여 직선으로 설치하고, 유량측정장치를 기준으로 전단 직관부에는 개폐밸브를 후단 직관부에는 유량조절밸브를 설치할 것. 이 경우 개폐밸브와 유량측정장치 사이의 직관부 거리 및 유량측정장치와 유량조절밸브 사이의 직관

부 거리는 해당 유량측정장치 제조사의 설치사양에 따르고, 성능시험배관의 호칭지름은 유량측정장치의 호칭지름에 따른다.
	2. 유량측정장치는 펌프의 정격토출량의 175% 이상 측정할 수 있는 성능이 있을 것
(3) 순환 배관
	o 점검항목 : 순환배관 설치(설치위치·배관구경, 릴리프밸브 개방압력) 적정 여부

해답 물음 3
1. 성능시험배관을 통한 펌프 성능시험 적정 여부
2. 펌프 흡입측 연성계·진공계 및 토출측 압력계 등 부속장치의 변형·손상 유무
3. 내연기관 방식의 펌프 설치 적정(정상기동(기동장치 및 제어반) 여부, 축전지 상태, 연료량) 여부

해답 물음 4
1. 옥내소화전 방수량 및 방수압력 적정 여부
2. 감압장치 설치 여부(방수압력 0.7MPa 초과 조건)
3. 기동스위치 설치 적정 여부(ON/OFF 방식)
4. 주펌프와 동등이상 펌프 추가설치 여부

해답 물음 5
1. 방화문 및 방화셔터의 관리 상태(폐쇄·훼손·변경) 및 정상 기능 적정 여부
2. 비상구 및 피난통로 확보 적정 여부(피난·방화시설 주변 장애물 적치 포함)

해답 물음 6
1. 경보설비 4가지 : 자동화재탐지설비, 시각경보기, 비상방송설비, 자동화재속보설비
2. 소화활동설비 2가지 : 제연설비, 연결송수관설비

★★★★★

문제2 다음 물음에 답하시오. (30점)
	물음 1) 이산화탄소소화설비에 대하여 다음 물음에 답하시오. (7점)
		(1) 이산화탄소소화설비에서 솔레노이드밸브의 작동시험 방법 4가지만 쓰시오. (4점)
		(2) 소방시설 자체점검사항 등에 관한 고시상 "이산화탄소소화설비 점검표 9-N 안전시설 등"의 점검항목 3가지를 쓰시오. (3점)

물음 2) 다음 물음에 답하시오. (8점)
(1) 소방시설 자체점검사항 등에 관한 고시상 "소화용수설비 점검표 23-A 소화수조 및 저수조" 중 채수구의 점검항목 4가지를 쓰시오. (4점)
(2) 스프링클러설비의 화재안전기술기준(NFTC 103)에 관한 내용이다. (   )에 들어갈 내용을 쓰시오. (4점)

> 준비작동식 유수검지장치 또는 일제개방밸브 작동의 화재감지회로는 교차회로 방식으로 할 것. 다만, 다음 어느 하나에 해당되는 경우에는 그렇지 않다.
> 가. 스프링클러설비의 배관 또는 헤드에 누설경보용 물 또는 (ㄱ)가 채워지거나 (ㄴ)의 경우
> 나. 화재감지기를 불꽃감지기, 정온식 감지선형감지기, 분포형감지기, 복합형 감지기, (ㄷ), 아날로그방식의 감지기, (ㄹ), 축적방식의 감지기 중 하나로 설치한 때

물음 3) 다음 물음에 답하시오. (7점)
(1) 소방시설 설치 및 관리에 관한 법령상 특정소방대상물이 증축되는 경우에도 소방본부장 또는 소방서장이 기존 부분에 대해서 증축 당시의 소방시설의 설치에 관한 대통령령 또는 화재안전기준을 적용하지 않는 경우 4가지를 쓰시오. (4점)
(2) 다중이용업소의 안전관리에 관한 특별법령상 간이스프링클러설비를 설치하여야 할 다중이용업소의 영업장 3가지만 쓰시오. (3점)

물음 4) 특별피난계단의 계단실 및 부속실 제연설비의 화재안전성능기준(NFPC 501A)에 관한 다음 물음에 답하시오. (8점)
(1) 특별피난계단의 계단실 및 부속실 제연설비에서 배출댐퍼 및 개폐기의 직근 또는 제연구역에 설치된 수동기동장치로 작동 또는 개방하는 4가지를 쓰시오. (4점)
(2) 특별피난계단의 계단실 및 부속실 제연설비의 차압 등에 관한 기준이다. (   )에 들어갈 내용을 쓰시오. (4점)

> 제6조(차압 등) ① 제4조제1호의 기준에 따라 제연구역과 옥내와의 사이에 유지해야 하는 최소 차압은 40파스칼(옥내에 스프링클러설비가 설치된 경우에는 (ㄱ)파스칼) 이상으로 해야 한다.
> ② 제연설비가 가동되었을 경우 출입문의 개방에 필요한 힘은 (ㄴ) 뉴턴 이하로 해야 한다.
> ③ 제4조제2호의 기준에 따라 출입문이 일시적으로 개방되는 경우 개방되지 않은 제연구역과 옥내와의 차압은 제1항의 기준에도 불구하고 제1항의 기준에 따른 차압의 (ㄷ)퍼센트 이상이어야 한다.
> ④ 계단실과 부속실을 동시에 제연하는 경우 부속실의 기압은 계단실과 같게 하거나 계단실의 기압보다 낮게 할 경우에는 부속실과 계단실의 압력 차이는 (ㄹ)파스칼 이하가 되도록 해야 한다.

물음 1

(1) 솔레노이드밸브의 작동시험 방법 4가지
   1. 감지기 2개 회로 동시 작동
   2. 수동조작함에서 수동기동스위치 작동
   3. 제어반에서 감지기회로 작동시험
   4. 제어반에서 방호구역 수동기동스위치 작동

(2) "안전시설 등"의 점검항목 3가지
   1. 소화약제 방출알림 시각경보장치 설치기준 적합 및 정상 작동 여부
   2. 방호구역 출입구 부근 잘 보이는 장소에 소화약제 방출 위험경고표지 부착 여부
   3. 방호구역 출입구 외부 인근에 공기호흡기 설치 여부

물음 2

(1) 채수구의 점검항목 4가지
   1. 소방차 접근 용이성 적정 여부
   2. 결합금속구 구경 적정 여부
   3. 채수구 수량 적정 여부
   4. 개폐밸브의 조작 용이성 여부

(2) ( )에 들어갈 내용
   ㄱ. 압축공기
   ㄴ. 부압식스프링클러설비
   ㄷ. 광전식분리형감지기
   ㄹ. 다신호방식의 감지기

물음 3

(1) 대통령령 또는 화재안전기준을 적용하지 않는 경우 4가지
   1. 기존 부분과 증축 부분이 내화구조(耐火構造)로 된 바닥과 벽으로 구획된 경우
   2. 기존 부분과 증축 부분이 「건축법 시행령」 제46조제1항제2호에 따른 자동방화셔터(이하 "자동방화셔터"라 한다) 또는 같은 영 제64조제1항제1호에 따른 60분+ 방화문(이하 "60분+ 방화문"이라 한다)으로 구획되어 있는 경우
   3. 자동차 생산공장 등 화재 위험이 낮은 특정소방대상물 내부에 연면적 33제곱미터 이하의 직원 휴게실을 증축하는 경우
   4. 자동차 생산공장 등 화재 위험이 낮은 특정소방대상물에 캐노피(기둥으로 받치거나 매달아 놓은 덮개를 말하며, 3면 이상에 벽이 없는 구조의 것을 말한다)를 설치하는 경우

(2) 간이스프링클러설비를 설치하여야 할 다중이용업소의 영업장 3가지
   1. 지하층에 설치된 영업장

29th Day

      2. 밀폐구조의 영업장
      3. 권총사격장의 영업장

해답 물음 4

(1) 수동기동장치로 작동 또는 개방하는 4가지
    1. 전 층의 제연구역에 설치된 급기댐퍼의 개방
    2. 당해 층의 배출댐퍼 또는 개폐기의 개방
    3. 급기송풍기 및 유입공기의 배출용 송풍기의 작동
    4. 개방·고정된 모든 출입문(제연구역과 옥내 사이의 출입문에 한한다)의 개폐장치의 작동

(2) ( )에 들어갈 내용
    ㄱ. 12.5
    ㄴ. 110
    ㄷ. 70
    ㄹ. 5

★★★★★

문제3 다음 물음에 답하시오. (30점)

  물음 1) 소방시설 설치 및 관리에 관한 법령상 소방시설등의 자체점검에 관한 내용이다. ( )에 들어갈 내용을 쓰시오. (6점)

> ○ '최초점검'이란 해당 특정소방대상물의 소방시설등이 신설된 경우 「건축법」제22조에 따라 건축물을 사용할 수 있게 된 날부터 (ㄱ)일 이내 점검하는 것을 말하며, 이는 자체점검의 구분 중 (ㄴ)에 해당한다.
>
> ○ 관리업자 또는 소방안전관리자로 선임된 소방시설관리사 및 소방기술사(이하 "관리업 자등"이라 한다)는 자체점검을 실시한 경우에는 그 점검이 끝난 날부터 (ㄷ)일 이내에 소방시설등 자체점검 실시결과 보고서(전자문서로 된 보고서를 포함한다)에 소방청장이 정하여 고시하는 소방시설등점검표를 첨부하여 관계인에게 제출해야 한다.
>
> ○ 관리업자등으로부터 자체점검 실시결과 보고서를 제출받거나 스스로 자체점검을 실시한 관계인은 자체점검이 끝난 날부터 (ㄹ)일 이내에 소방시설등 자체점검실시 결과보고서(전자문서로 된 보고서를 포함한다)에 다음 각 호의 서류를 첨부하여 소방본부장 또는 소방서장에게 서면이나 소방청장이 지정하는 전산망을 통하여 보고해야 한다.

> 1. 점검인력 배치확인서(관리업자가 점검한 경우만 해당한다)
> 2. 별지 제10호서식의 소방시설등의 자체점검 결과 이행계획서
>
> ○ 소방시설등의 자체점검 결과 이행계획서를 보고받은 소방본부장 또는 소방서장은 다음 각 호의 구분에 따라 이행계획의 완료 기간을 정하여 관계인에게 통보해야 한다. 다만, 소방시설등에 대한 수리·교체·정비의 규모 또는 절차가 복잡하여 다음 각 호의 기간 내에 이행을 완료하기가 어려운 경우에는 그 기간을 달리 정할 수 있다.
>
> 1. 소방시설등을 구성하고 있는 기계·기구를 수리하거나 정비하는 경우 : 보고일부터 (ㅁ)일 이내
> 2. 소방시설등의 전부 또는 일부를 철거하고 새로 교체하는 경우 : 보고일부터 (ㅂ)일 이내

물음 2) 소방시설 설치 및 관리에 관한 법령에 관한 다음 물음에 답하시오. (12점)

(1) 다음 아파트에 대한 종합(정밀)점검을 실시할 경우, 소방시설 설치 및 관리에 관한 법령상 점검세대수와 종합(정밀)점검에 필요한 최소한의 일수를 계산 과정과 함께 답하시오. (6점)

> ○ 세대수는 총 2,700세대이다.
> ○ 스프링클러설비와 제연설비가 설치되어 있고, 물분무등소화설비는 없다.
> ○ 점검인력 1단위에 보조(기술)인력 2명을 추가하여 종합(정밀)점검을 실시한다.
> ○ 다른 조건은 고려하지 않는다.

(2) 다음 공장에 대한 작동(기능)점검(단, 소규모점검이 아님)을 실시할 경우, 소방시설 설치 및 관리에 관한 법령상 점검면적과 작동(기능)점검에 필요한 최소한의 일수를 계산 과정과 함께 답하시오. (6점)

> ○ 연면적은 50,000 m²이다.
> ○ 스프링클러설비, 물분무등소화설비, 제연설비는 없다.
> ○ 점검인력 1단위에 보조(기술)인력 1명을 추가하여 작동(기능)점검을 실시한다.
> ○ 다른 조건은 고려하지 않는다.

물음 3) 소방시설 설치 및 관리에 관한 법령상 특정소방대상물의 수용인원 산정에 관하여 다음 물음에 답하시오. (단, 다른 조건은 고려하지 않음) (4점)

(1) 침대가 없는 숙박시설 바닥면적의 합계가 260 m²이고, 숙박시설 종사자가 13명인 경우, 이 숙박시설의 수용인원을 계산 과정과 함께 답하시오. (2점)

(2) 휴게실 용도로 사용하는 바닥면적의 합계가 150 m²인 특정소방대상물의 수용인원을 계산 과정과 함께 답하시오. (2점)

29th Day

물음 4) 소방시설 설치 및 관리에 관한 법령상 소방시설을 설치하지 않을 수 있는 특정 소방대상물 및 소방시설의 범위에 관한 내용이다. ( )에 들어갈 내용을 쓰시오. (4점)

구분	특정소방대상물	설치하지 않을 수 있는 소방시설
1. 화재 위험도가 낮은 특정소방대상물	석재, 불연성금속, 불연성 건축재료 등의 가공공장·기계조립공장 또는 불연성 물품을 저장하는 창고	(ㄱ) 및 연결살수설비
2. 화재안전기준을 적용하기 어려운 특정소방대상물	펄프공장의 작업장, 음료수 공장의 세정 또는 충전을 하는 작업장, 그 밖에 이와 비슷한 용도로 사용하는 것	(ㄴ), 상수도소화용수설비 및 연결살수설비
	정수장, 수영장, 목욕장, 농예·축산·어류양식용 시설, 그 밖에 이와 비슷한 용도로 사용되는 것	(ㄷ), 상수도소화용수설비 및 연결살수설비
3. 화재안전기준을 달리 적용해야 하는 특수한 용도 또는 구조를 가진 특정소방대상물	원자력발전소, 중·저준위방사성폐기물의 저장시설	연결송수관설비 및 연결살수설비
4. 「위험물 안전관리법」 제19조에 따른 자체소방대가 설치된 특정소방대상물	자체소방대가 설치된 제조소등에 부속된 사무실	(ㄹ), 소화용수설비, 연결살수설비 및 연결송수관설비

물음 5) 소방시설 설치 및 관리에 관한 법령상 대통령령이나 화재안전기준이 변경되어 그 기준이 강화되는 경우 강화된 기준을 적용할 수 있는 소방시설 중 의료시설에 설치하는 것 4가지를 쓰시오. (4점)

해답 물음 1

ㄱ. 60   ㄴ. 종합점검   ㄷ. 10
ㄹ. 15   ㅁ. 10   ㅂ. 20

해답 물음 2

(1) 점검세대수와 종합(정밀)점검에 필요한 최소한의 일수
  1. 점검세대수
    ① 실제 점검세대수 : 2,700세대
    ② 감소세대수=2,700세대×0.1=270세대
    ③ 점검세대수=2,700세대-270세대=2,430세대
  2. 종합(정밀)점검에 필요한 최소한의 일수
    $\dfrac{2,430세대}{370세대}=6.6 \rightarrow 7일$

(2) 점검면적과 작동(기능)점검에 필요한 최소한의 일수
　가. 점검면적
　　① 실제 점검면적 : 50,000m²
　　② 가감계수를 반영한 면적=50,000m²×1.0=50,000m²
　　③ 감소면적=50,000m²×0.3=15,000m²
　　④ 점검면적=50,000m²-15,000m²=35,000m²
　나. 작동(기능)점검에 필요한 최소한의 일수
　　$\dfrac{35,000\text{m}^2}{12,500\text{m}^2} = 2.8 \rightarrow 3$일

해답 물음 3

(1) 숙박시설의 수용인원

　종사자수(13명) + $\dfrac{260m^2}{3m^2/\text{명}} = 99.67 \rightarrow 100$명

(2) 특정소방대상물의 수용인원

　$\dfrac{150m^2}{1.9m^2/\text{명}} = 78.95 \rightarrow 79$명

해답 물음 4

ㄱ. 옥외소화전　　　ㄴ. 스프링클러설비
ㄷ. 자동화재탐지설비　ㄹ. 옥내소화전설비

해답 물음 5

1. 스프링클러설비　　2. 간이스프링클러설비
3. 자동화재탐지설비　4. 자동화재속보설비

■ 일을 시작할 때 가장 중요한 것은 꿈의 크기이다.

개인이든 조직이든 일을 시작할 때 가장 중요한 것은 꿈의 크기이다.
꿈의 크기가 얼마나 큰가에 따라 성과물의 결과도 달라지는 법이다.
어떤 조직이든 리더가 세운 비전과 목표 이상의 성과를 내기는 어렵다.
그리고 리더가 낮은 비전을 세웠음에도 불구하고 세계 최고가 된 회사를 본 적이 없다.

- 이승한 홈플러스 회장 -

리더가 가진 꿈의 크기만큼 조직은 성장한다는 믿음을 가지고 있습니다.
그러나 다른 사람들의 회의적 시각 때문에, 혹은 비전을 달성하기까지 겪어야 하는 역경과 고난 때문에, 많은 사람들은 그 꿈과 비전을 실현 가능한 크기로 줄여나가면서 현실에 적응하곤 합니다.
소방기술사, 소방시설관리사, 소방안전교육사의 합격이라는 목표를 가진 사람에게… 산은 높을수록, 오르기 힘들수록 매력이 있음을 기억하십시오.

저자 | 이 기 덕

- (전)대형소방학원 원장
- 소방기술사(수석 합격)
- (주)대형소방 대표이사
- 소방시설관리사(수석 합격)

■ 1993년 소방설비기사 취득을 계기로 소방에 입문하였으며, 지금까지 기사, 관리사, 기술사 강의에 전념하고 있다.

■ 강의를 통하여 자격증 취득에 대한 노하우를 깨치게 되었으며, 자격증 취득이 어려운 혹자들에게 그 노하우를 전수하고 있다.

■ '소방을 제대로 아는 것보다 자격증의 취득이 더 단순하고 쉽다.'라는 지론을 소유하고 있으며, 오늘도 쉬운 교재와 강의를 위해 노력하고 있다.

http://cafe.daum.net/Daehyungpowerstudy

소방시설관리사 2차 실기 [설계+점검]

2014년 7월 10일 초 판 발행
2025년 1월 10일 12판 1쇄 개정판 발행

저 자 이 기 덕
발행인 한인환 · 한재성
발행처 도서출판 **기문사**
등 록 1978. 8. 9. NO. 6-0637
주 소 서울시 동대문구 안암로 50-1(용두동) 홍신빌딩 3층
전 화 02) 2265-7214(代)/922-8662~3
팩 스 02) 922-8772

homepage : www.kimoonsa.co.kr
e-mail : book@kimoonsa.co.kr

저자와의 협의하에 인지생략

ISBN : 979-11-989452-7-3 13530

정가 : 83,000원

● 불법복사는 지적재산을 훔치는 범죄행위입니다.
저작권법 제97조의 5(권리의 침해죄)에 따라 위반자는 5년 이하의 징역 또는 5천만 원 이하의 벌금에 처하게 됩니다.